머리말

2026년 국내외 상황이 급변하고 무제한 국가 경쟁력 시대, 구미 불산(불화수소산) 누출사고, 2014년 세월호 참사 이후 모든 안전인의 자성과 새로운 각오, 안전업계와 관련된 관, 민, 산, 학, 연 모두의 변화가 절실히 요구되는 절박한 때에 산업안전산업기사를 목표로 공부하고자 하는 수험생들에게 그 결단과 노력에 먼저 감사를 드린다.

특히 2018년 4월 27일 남북정상회담 및 시장개방으로 인한 국내외 무제한 경쟁력에 부딪치고 우리의 목표인 최상의 품질 달성 등 우리의 당면한 문제를 우리 스스로 해결하기 위해서는 우리 모든 안전인들이 끝없이 연구하는 노력이 계속 이어져야 하고 이러기 위한 뚜렷한 동기 부여를 위해서는 안전관리자에 대한 활용 영역 확대, 안전기사에 대한 Incentive 부여 등이 시급히 마련되어야 한다고 본다.

대한민국헌법 제34조 및 안전관리헌장에서도 국민의 안전을 강조하고 있다.

본서는 연구용도 참고용도 아니며 오로지 산업안전산업기사 합격을 위하여 전면 개정법 적용, NCS(특허 제10-2687805호) 기준을 적용, 시험에 필요한 내용으로만 구성하였다.

본서는 산업안전산업기사 자격증 취득을 대비해 이렇게 만들었다.

❶ 본서의 요점정리는 간단하고 명료하게 구체적으로 표현을 했으며 본 교재 1권으로 합격토록 했다. (장별 출제예상문제는 예습, 복습으로 꾸며져 있다.)
❷ 본문의 요점에서 이해하지 못했다면 출제예상문제에서 반드시 이해할 수 있도록 하였다.
❸ 한 문제(1항목)를 이해하면 열 문제(10항목)를 해결할 수 있게 구성하였다.
❹ 본서는 최근 심도 있게 거론이 되고 있는 출제예상문제를 빠짐없이 수록하여 타 교재와 차별화가 되도록 구성하였다.
❺ 산업안전산업기사 자격증 취득의 결론은 본서의 요점과 예상문제 및 합격날개와 합격작전으로 합격을 보장할 수 있도록 엮었다.
❻ 최근 출제된 과년도 출제문제를 개정 출제기준을 적용하여 백과사전식으로 해설 수록하여 수험준비에 만전을 기하였다.
❼ 별표를 개수로 1~5까지 구성하였고 출제예상은 파란색으로 중요점을 강조하여 틀림없이 합격될 수 있도록 하였다.

본 산업안전산업기사가 세상에 출간되기까지 불철주야 인고의 고통을 함께 한 세화 출판사의 박 용 사장님을 비롯한 임직원께도 고맙게 생각하며 오늘이 있기까지 변함없이 은혜와 사랑을 주시는 나의 하나님께 진정으로 감사드립니다.

저자 씀

산업안전산업기사 접수부터 자격증 수령까지

필기시험

1. 응시자격 조건

2. 필기원서 접수
* www.Q-net.or.kr에서 접수
* 검정수수료 - 19,400원

3. 필기시험
필기시험은 과목당 40점 이상 전과목 평균 60점 이상의 점수를 획득하여야 합니다.
(시험시간은 과목당 30분)

자격증 신청 및 수령

1. 자격증 신청
- 방법1 방문신청
- 방법2 인터넷 신청

신분증, 수수료(3,100원) 준비
택배 발송시 수수료(2,280원)

2. 자격증 수령
- 방문수령
- 등기우편으로 수령

www.Q-net.or.kr 로 신청하세요.

SAFETY ENGINEER

Information

4. 합격여부 확인 →  실기 시험

1. 실기원서 접수

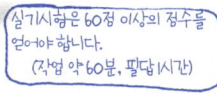
최종 합격

3. 합격여부 확인 ←  2. 실기시험

산업안전산업기사 접수부터 자격증 수령까지 | **5**

2026년
원서 접수방법 및 유의사항

**산업안전산업기사시험은
인터넷을 통해서만 접수가 가능합니다.**

❶ 한국산업인력공단 인터넷 원서 접수 사이트 (www.Q-net.or.kr)로 접속합니다.

❷ 회원가입을 해야만 접수할 수 있습니다. 오른쪽 상단에 있는 (회원가입)아이콘을 클릭하면 회원가입 동의를 묻는 회원가입 약관 창이 나옵니다.

❸ 회원가입 약관 창에서 (동의)를 클릭하시고 인적사항 입력 창에서 성명, 주민등록번호, 우편번호, 주소 등을 입력하고 원서와 자격증에 부착할 사진을 지정하여 올립니다. 입력항목 중에서 ＊표시가 있는 항목은 반드시 입력합니다.

※ 알림서비스를 (예)로 선택하시면 응시한 시험의 합격 여부 및 과목별 득점 내역을 핸드폰 메시지로 무료 전송해주므로 편리합니다.

❹ 회원가입 화면에서 필수 항목을 모두 입력하고 (확인)을 클릭하면 가입이 완료됩니다.

❺ 접수를 하려면 먼저 로그인을 하셔야 합니다. 주민등록번호와 비밀번호를 입력하고 로그인하면 원서 접수 창이 열립니다.

❻ 왼쪽 상단에 있는 '원서 접수'를 클릭하면 현재 접수할 수 있는 자격시험이 정기와 상시로 구분되어 나타납니다. 기사와 산업기사는 정기시험만 있습니다.

❼ 응시 시험을 선택하면 응시 시험에서 선택할 수 있는 응시 종목이 나타납니다. 원하는 종목을 클릭하면 이제까지 입력한 정보에 맞게 수검원서가 나타납니다. (다음)을 클릭하면 시험장을 선택할 수 있는 화면이 나타납니다.

❽ 시험장을 선택하면 시험일자와 시간을 선택하는 화면이 나타납니다.

❾ 응시할 시험 장소를 클릭하세요. 수검 비용을 결제하는 화면이 나타납니다. (카드결제)와 (계좌이체) 중에서 선택하세요.

❿ 결제를 성공적으로 마친 후 (결제성공)을 클릭하면 수험표가 나타납니다. 이 수험표는 시험 볼 때 꼭 필요하므로 반드시 인쇄하여 보관해야 합니다. 아울러 정확한 시험 날짜 및 장소를 확인하세요.

※ 자세한 사항은 www.Q-net.or.kr에 접속하여 Q-Net 길라잡이를 이용하세요.

2026
개정26판 총44쇄

ISO 9001:2015 / 한국산업기술진흥협회
▶ ISO 9001:2015 인증
▶ 안전연구소 인정

CBT 백과사전식
NCS적용 문제해설

녹색자격증
녹색직업

CBT 실전 연습
AI 기출문제 학습앱
 맞추다 MACHUDA
https://machuda.kr

세계유일무이
365일 저자상담직통전화
010-7209-6627

2025년 전회차 CBT 복기문제 수록

산업안전산업기사

필기 1

안전공학박사/명예교육학박사
대한민국산업현장교수/기술지도사

정재수 지음

1과목 · 산업재해 예방 및 안전보건교육
2과목 · 인간공학 및 위험성 평가·관리
3과목 · 기계·기구 및 설비 안전 관리

"산업안전 우수 숙련기술자" 선정

안전분야 베스트셀러
35년 독보적 1위
최신 기출문제 수록

산업안전, 건설안전 기사·지도사·기능장·기술사 등 관련 자격 및 의문사항에 대하여
365일 성심 성의껏 답변해 드리고 있습니다. 저자와 상담 후 교재를 구입하세요.
www.sehwapub.co.kr

PATENT 특허
제10-2687805호

대한민국 최초, 최다, 최고, 최상, 최적 적중률의 안전관리 완벽합격!

● 특허 제10-2687805호 ●
명칭 : 국가직무능력표준에 따른 자격사 교육 콘텐츠 생성 자동화 방법, 장치 및 시스템

도서출판  세화

NCS 자격검정 활용

가. 자격종목

1) 개념

자격종목은 국가기술자격의 등급을 직종별로 구분한 것으로 국가기술자격 취득의 기본단위를 말함(국가기술자격별 2조). 자격종목 개편은 국가기술자격종목 신설의 필요성, 기존 자격종목의 직무내용, 범위 및 난이도, 산업현장 적합도 등을 고려하여 새로운 국가기술자격을 신설하거나 기존의 국가기술자격을 통합, 폐지하는 것을 의미함

2) 구성요소

자격종목 개편은 ① 자격종목, ② 직무내용, ③ 검토대상 능력군, ④ 검정필요여부, ⑤ 출제기준과 비교, ⑥ 검토의견, ⑦ 추가 · 삭제가 포함되어야 함

구성요소	세부 내용
자격종목	검토대상 국가기술자격종목 제시
직무내용	자격종목의 직무내용 제시
검토대상 능력군	검토대상 능력군의 능력단위, 능력단위요소, 수행준거 제시
검정필요여부	수행준거 중 자격검정에 필요한 부분 제시
출제기준과 비교	검정이 필요한 수행준거와 출제기준을 비교
검토의견	비교를 통해 현행 국가기술자격의 출제기준 검토
추가 · 삭제	출제기준 검토를 통해 추가나 삭제가 필요한 부분 제시

나. 출제기준

1) 개념

출제기준은 자격검정의 대상이 되는 종목의 과목별 출제의 대상범위를 나타낸 것으로 출제 문제 작성방법과 시험내용범위의 기준을 의미함(국가기술자격법 시행규칙 제38조)

2) 구성요소

출제기준은

① 직무분야, ② 자격종목, ③ 적용기간, ④ 직무내용, ⑤ 필기검정방법, ⑥ 문제수, ⑦ 시험기간, ⑧ 필기과목명, ⑨ 필기과목 출제 문제수, ⑩ 실기검정방법, ⑪ 시험기간, ⑫ 실기과목명, ⑬ 필기, 실기과목별 주요항목, ⑭ 세부항목, ⑮ 세세항목이 포함되어야 함

구성요소		세부내용
직무분야		해당 자격이 활용되는 직무분야
자격종목		국가기술자격의 등급을 직종별로 구분한 것, 국가기술자격 취득의 기본단위
적용기간		작성된 출제기준이 개정되기 전까지 실제 자격검정에 적용되는 기간
직무내용		자격을 부여하기 위하여 개인의 능력의 정도를 평가해야 할 내용
필기과목	필기검정방법	필기시험의 검정방법, 현행 국가기술자격에서는 객관식, 단답형 또는 주관식 논문형이 있음
	문제수	필기시험의 전체 문제수 제시
	시험기간	필기시험 시간
	필기과목명	기술자격의 종목별 필기시험과목
	출제 문제수	필기시험의 문제수

산업안전(산업)기사 응시자격

산업안전기사	산업안전산업기사
1. 산업기사 등급 이상의 자격을 취득한 후 응시하려는 종목이 속하는 동일 및 유사 직무분야에서 1년 이상 실무에 종사한 사람 2. 기능사 자격을 취득한 후 응시하려는 종목이 속하는 동일 및 유사 직무 분야에서 3년 이상 실무에 종사한 사람 3. 응시하려는 종목과 응시하려는 종목이 속하는 동일 및 유사 직무분야의 다른 종목의 기사 등급 이상의 자격을 취득한 사람 4. 관련학과의 대학졸업자 등 또는 그 졸업예정자 5. 3년제 전문대학 관련학과 졸업자 등으로서 졸업 후 응시하려는 종목이 속하는 동일 및 유사 직무분야에서 1년 이상 실무에 종사한 사람 6. 2년제 전문대학 관련학과 졸업자 등으로서 졸업 후 응시하려는 종목이 속하는 동일 및 유사 직무분야에서 2년 이상 실무에 종사한 사람 7. 동일 및 유사 직무분야의 기사 수준 기술훈련과정 이수자 또는 그 이수 예정자 8. 동일 및 유사 직무분야의 산업기사 수준 기술훈련과정 이수자로서 이수 후 응시하려는 종목이 속하는 동일 및 유사 직무분야에서 2년 이상 실무에 종사한 사람 9. 응시하려는 종목이 속하는 동일 및 유사 직무분야에서 4년 이상 실무에 종사한 사람 10. 외국에서 동일한 종목에 해당하는 자격을 취득한 사람	다음 각 호의 어느 하나에 해당하는 사람 1. 기능사 등급 이상의 자격을 취득한 후 응시하려는 종목이 속하는 동일 및 유사 직무분야에서 1년 이상 실무에 종사한 사람 2. 응시하려는 종목이 속하는 동일 및 유사 직무분야의 다른 종목의 산업기사 등급 이상의 자격을 취득한 사람 3. 관련학과의 2년제 또는 3년제 전문대학졸업자 등 또는 그 졸업예정자 4. 관련학과의 대학졸업자 등 또는 그 졸업예정자 5. 동일 및 유사 직무분야의 산업기사 수준 기술훈련과정 이수자 또는 그 이수 예정자 6. 응시하려는 종목이 속하는 동일 및 유사 직무분야에서 2년 이상 실무에 종사한 사람 7. 고용노동부령으로 정하는 기능경기대회 입상자 8. 외국에서 동일한 종목에 해당하는 자격을 취득한 사람

전국 한국산업인력공단 전화번호

지사명	주소	검정안내 전화번호
한국산업인력공단	44538 울산광역시 중구 종가로 345	1644-8000
서울지역본부	02512 서울 동대문구 장안벚꽃로 279	02-2137-0590
서울서부지사	03302 서울 은평구 진관3로 36	02-2024-1700
서울남부지사	07225 서울 영등포구 버드나루로 110	02-876-8322
강원지사	24408 강원도 춘천시 동내면 원창고개길 135	033-248-8500
강원동부지사	25440 강원도 강릉시 사천면 방동길 60	033-650-5700
부산지역본부	46519 부산시 북구 금곡대로 441번길 26	051-330-1910
부산남부지사	48518 부산시 남구 신선로 454-18	051-620-1910
경남지사	51519 경남 창원시 성산구 두대로 239	055-212-7200
경남서부지사	52733 경남 진주시 남강로 1689	055-791-0700
울산지사	44538 울산광역시 중구 종가로 347	052-220-3224
대구지역본부	42704 대구 달서구 성서공단로 213	053-580-2300
경북지사	36616 경북 안동시 서후면 학가산 온천길 42	054-840-3000
경북동부지사	37580 경북 포항시 북구 법원로 140번길 9	054-230-3200
경북서부지사	39371 경북 구미시 산호대로 253	054-713-3005
인천지역본부	21634 인천 남동구 남동서로 209	032-820-8600
경기지사	16626 경기도 수원시 권선구 호매실로 46-68	031-249-1201
경기북부지사	11780 경기도 의정부시 추동로 140	031-850-9100
경기동부지사	13313 경기도 성남시 수정구 성남대로 1217	031-750-6200
경기서부지사	14488 경기도 부천시 길주로 463번길 69	032-719-0800
경기남부지사	17561 경기도 안성시 공도읍 공도로 51-23	031-615-9000
광주지역본부	61008 광주광역시 북구 첨단벤처로 82	062-970-1700
전북지사	54852 전북 전주시 덕진구 유상로 69	063-210-9200
전남지사	57948 전남 순천시 순광로 35-2	061-720-8500
전남서부지사	58604 전남 목포시 영산로 820	061-288-3300
제주지사	63220 제주 제주시 복지로 19	064-729-0701
대전지역본부	35000 대전광역시 중구 서문로 25번길 1	042-580-9100
충북지사	28456 충북 청주시 흥덕구 1순환로 394번길 81	043-279-9000
충남지사	31081 충남 천안시 서북구 천일고1길 27	041-620-7600
세종지사	30128 세종특별자치시 한누리대로 296	044-410-8000

※ 청사이전이나 조직 변동시 주소 및 전화번호가 변경될 수 있음

이 책을 보는 방법

개념

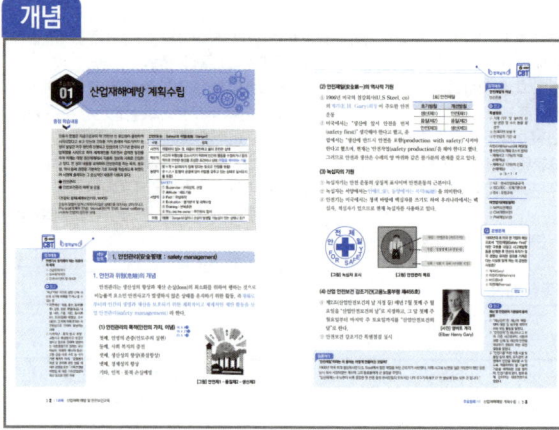

❶ 이론, 요점 정리
출제기준과 동일하며 간단하고 명료하게 요점을 개념별로 정리하여 문제해결 능력을 강화할 수 있도록 하였습니다.

❷ 안전 그림(삽화)
이해하기 쉬운 삽화를 구성하여 이론에 대한 이해와 필기 학습 준비에 만전을 기하도록 하였습니다.

❸ 참고
각 이론당 참고파트를 2단으로 구성하여 시안성이 좋도록 하였으며 빠른 이해를 도울 수 있도록 하였습니다.

❹ TIP
단원별 합격예측란을 구성하여 용어정의를 추가했습니다. 용어를 정확히 이해하고 나면 책 내용을 더욱 쉽게 이해할 수 있습니다.

❺ 합격날개
합격날개에 합격예측 및 관련 법규 등을 함께 수록하여 재미를 가미했습니다.

핵심

SAFETY ENGINEER

도서출판세화의 수험서는 …
누구나 쉽고 재미있게 … 공부할 수 있도록 …
또한 자신감 있게 … 시험에 응시하여 합격할 수 있도록 …
구성되어 있습니다.

Information

유형

❻ 출제예상문제

최근 심도있게 거론되는 출제예상문제를 빠짐없이 수록하여 실전감각을 키울 수 있도록 하였습니다. 최근 바뀐 보기변경에 따라 ①~④순으로 보기를 구성하였습니다.

❼ 과년도 출제문제

최신 기출문제와 예적 문제를 수록하여 출제유형과 경향에 익숙해질 수 있도록 하였습니다.

해설

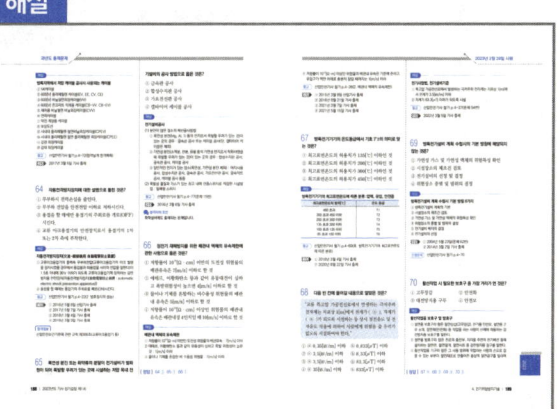

❽ 출제예상문제·과년도 출제문제 정답 및 해설

제1회 해설에서 이해하지 못했다면 제3회, 4회 문제해설에서 이해할 수 있도록 하였으며 참고란과 기출문제 날짜를 표시하여 합격을 보장할 수 있도록 하였습니다.

❾ 1주일에 끝나는 합격요점 QR코드

휴식시간에도 공부할 수 있는 합격요점 QR코드가 있습니다.

이 책을 보는 방법 | **9**

2026년 산업안전산업기사 출제기준

직무분야 : 안전관리	중직무분야 : 안전관리	자격종목 : 산업안전산업기사	적용 기간 : 2025.1.1~2026.12.31.	출제비중
직무내용 : 제조 및 서비스업 등 각 산업현장에 소속되어 산업재해 예방계획의 수립에 관한 사항을 수행하여, 작업환경의 점검 및 개선에 관한 사항, 사고사례 분석 및 개선에 관한 사항, 근로자의 안전교육 및 훈련 등을 수행하는 직무이다.				세화 저자 분석
필기검정방법 : 객관식(100문제)		시험시간 : 150분		100%적중

필기과목명	문제수	주요항목	세부항목	세세항목	비중
1과목 산업재해 예방 및 안전보건 교육	20	1. 산업재해예방 계획수립	1. 안전관리	1. 안전과 위험의 개념 2. 안전보건관리 제이론 3. 생산성과 경제적 안전도 4. 재해예방활동기법 5. KOSHA GUIDE 6. 안전보건예산 편성 및 계상	20
			2. 안전보건관리 체제 및 운용	1. 안전보건관리조직 구성 2. 산업안전보건위원회 운영 3. 안전보건경영시스템 4. 안전보건관리규정	
		2. 안전보호구 관리	1. 보호구 및 안전장구 관리	1. 보호구의 개요 2. 보호구의 종류별 특성 3. 보호구의 성능기준 및 시험방법 4. 안전보건표지의 종류·용도 및 적용 5. 안전보건표지의 색채 및 색도기준	15
		3. 산업안전심리	1. 산업심리와 심리검사	1. 심리검사의 종류 2. 심리학적 요인 3. 지각과 정서 4. 동기·좌절·갈등 5. 불안과 스트레스	15
			2. 직업적성과 배치	1. 직업적성의 분류 2. 적성검사의 종류 3. 직무분석 및 직무평가 4. 선발 및 배치 5. 인사관리의 기초	
			3. 인간의 특성과 안전과의 관계	1. 안전사고 요인 2. 산업안전심리의 요소 3. 착상심리 4. 착오 5. 착시 6. 착각현상	
		4. 인간의 행동 과학	1. 조직과 인간행동	1. 인간관계 2. 사회행동의 기초 3. 인간관계 메커니즘 4. 집단행동 5. 인간의 일반적인 행동특성	20
			2. 재해 빈발성 및 행동과학	1. 사고경향 2. 성격의 유형 3. 재해 빈발성 4. 동기부여 5. 주의와 부주의	

필기과목명	문제수	주요항목	세부항목	세세항목	비중
1과목 산업재해 예방 및 안전보건 교육	20	4. 인간의 행동 과학	3. 집단관리와 리더십	1. 리더십의 유형 2. 리더십과 헤드십 3. 사기와 집단역학	20
			4. 생체리듬과 피로	1. 피로의 증상 및 대책 2. 피로의 측정법 3. 작업강도와 피로 4. 생체리듬 5. 위험일	
		5. 안전보건교육 의 내용 및 방 법	1. 교육의 필요성과 목적	1. 교육목적 2. 교육의 개념 3. 학습지도 이론 4. 교육심리학의 이해	20
			2. 교육방법	1. 교육훈련기법 2. 안전보건교육방법 (TWI, O.J.T, OFF.J.T 등) 3. 학습목적의 3요소 4. 교육법의 4단계 5. 교육훈련의 평가방법	
			3. 교육실시 방법	1. 강의법 2. 토의법 3. 실연법 4. 프로그램학습법 5. 모의법 6. 시청각교육법 등	
			4. 안전보건교육계획 수립 및 실시	1. 안전보건교육의 기본방향 2. 안전보건교육의 단계별 교육과정 3. 안전보건교육 계획	
			5. 교육내용	1. 근로자 정기안전보건 교육내용 2. 관리감독자 정기안전보건 교육내용 3. 신규채용시와 작업내용변경시 안전보건 교 육내용 4. 특별교육대상 작업별 교육내용	
		6. 산업안전관계 법규	1. 산업안전보건법령	1. 산업안전보건법 2. 산업안전보건법 시행령 3. 산업안전보건법 시행규칙 4. 산업안전보건기준 관한 규칙 5. 관련 고시 및 지침에 관한 사항	10
2과목 인간공학 및 위험성 평가 · 관리	20	1. 안전과 인간공학	1. 인간공학의 정의	1. 정의 및 목적 2. 배경 및 필요성 3. 작업관리와 인간공학 4. 사업장에서의 인간공학 적용분야	25
			2. 인간-기계체계	1. 인간-기계 시스템의 정의 및 유형 2. 시스템의 특성	
			3. 체계설계와 인간요소	1. 목표 및 성능명세의 결정 2. 기본설계 3. 계면설계 4. 촉진물 설계 5. 시험 및 평가 6. 감성공학	
			4. 인간요소와 휴먼에러	1. 인간실수의 분류 2. 형태적 특성 3. 인간실수 확률에 대한 추정기법 4. 인간실수 예방기법	

필기과목명	문제수	주요항목	세부항목	세세항목	비중
2과목 인간공학 및 위험성 평가·관리	20	2. 위험성 파악·결정	1. 위험성 평가	1. 위험성 평가의 정의 및 개요 2. 평가대상 선정 3. 평가항목 4. 관련법에 관한 사항	30
			2. 시스템 위험성 추정 및 결정	1. 시스템 위험성 분석 및 관리 2. 위험분석 기법 3. 결함수 분석 4. 정성적, 정량적 분석 5. 신뢰도 계산	
		3. 위험성 감소 대책 수립· 실행	1. 위험성 감소대책 수립 및 실행	1. 위험성 개선대책(공학적·관리적)의 종류 2. 허용가능한 위험수준 분석 3. 감소대책에 따른 효과 분석 능력	5
		4. 근골격계질환 예방관리	1. 근골격계 유해요인	1. 근골격계 질환의 정의 및 유형 2. 근골격계 부담작업의 범위	10
			2. 인간공학적 유해요인 평가	1. OWAS 2. RULA 3. REBA 등	
			3. 근골격계 유해요인 관리	1. 작업관리의 목적 2. 방법연구 및 작업측정 3. 문제해결절차 4. 작업개선안의 원리 및 도출방법	
		5. 유해요인 관리	1. 물리적 유해요인 관리	1. 물리적 유해요인 파악 2. 물리적 유해요인 노출기준 3. 물리적 유해요인 관리대책 수립	5
			2. 화학적 유해요인 관리	1. 화학적 유해요인 파악 2. 화학적 유해요인 노출기준 3. 화학적 유해요인 관리대책 수립	
			3. 생물학적 유해요인 관리	1. 생물학적 유해요인 파악 2. 생물학적 유해요인 노출기준 3. 생물학적 유해요인 관리대책 수립	
		6. 작업환경 관리	1. 인체계측 및 체계제어	1. 인체계측 및 응용원칙 2. 신체반응의 측정 3. 표시장치 및 제어장치 4. 통제표시비 5. 양립성 6. 수공구	25
			2. 신체활동의 생리학적 측정법	1. 신체반응의 측정 2. 신체역학 3. 신체활동의 에너지 소비 4. 동작의 속도와 정확성	
			3. 작업 공간 및 작업자세	1. 부품배치의 원칙 2. 활동분석 3. 개별 작업 공간 설계지침	
			4. 작업측정	1. 표준시간 및 연구 2. work sampling의 원리 및 절차 3. 표준자료 (MTM, Work factor 등)	
			5. 작업환경과 인간공학	1. 빛과 소음의 특성 2. 열교환과정과 열압박 3. 진동과 가속도 4. 실효온도와 Oxford 지수 5. 이상환경(고열, 한랭, 기압, 고도 등) 및 노출에 따른 사고와 부상 6. 사무/VDT 작업 설계 및 관리	
			6. 중량물 취급 작업	1. 중량물 취급 방법 2. NIOSH Lifting Equation	

필기과목명	문제수	주요항목	세부항목	세세항목	비중
3과목 기계·기구 및 설비 안전 관리	20	1. 기계안전시설 관리	1. 안전시설 관리 계획하기	1. 기계 방호장치 2. 안전작업절차 3. 공정도를 활용한 공정분석 4. Fool Proof 5. Fail Safe	10
			2. 안전시설 설치하기	1. 안전시설물 설치기준 2. 안전보건표지 설치기준 3. 기계 종류별[지게차, 컨베이어, 양중기(건설용은 제외), 운반 기계] 안전장치 설치기준 4. 기계의 위험점 분석	
			3. 안전시설 유지·관리하기	1. KS B 규격과 ISO 규격 통칙에 대한 지식 2. 유해위험기계기구 종류 및 특성	
		2. 기계분야 산업재해 조사	1. 재해조사	1. 재해조사의 목적 2. 재해조사시 유의사항 3. 재해발생시 조치사항 4. 재해의 원인분석 및 조사기법	30
		3. 기계설비 위험요인 분석	1. 공작기계의 안전	1. 절삭가공기계의 종류 및 방호장치 2. 소성가공 및 방호장치	45
			2. 프레스 및 전단기의 안전	1. 프레스 재해방지의 근본적인 대책 2. 금형의 안전화	
			3. 기타 산업용 기계 기구	1. 롤러기 2. 원심기 3. 아세틸렌 용접장치 및 가스집합 용접장치 4. 보일러 및 압력용기 5. 산업용 로봇 6. 목재 가공용 기계 7. 고속회전체 8. 사출성형기	
			4. 운반기계 및 양중기	1. 지게차 2. 컨베이어 3. 양중기(건설용은 제외) 4. 운반 기계	
		4. 기계안전점검	1. 안전점검계획 수립	1. 기계·기구(롤러기, 원심기 등)의 종류 2. 기계·기구의 위험요소 3. 안전장치 분류 능력 4. 안전장치 종류 5. 압력용기	10
			2. 안전점검 실행	1. 작업의 안전 2. 사고형태 및 원인 3. 기계설비 이상 현상 4. 방호장치의 종류 5. 방호장치 설치방법 및 성능조건 6. 안전검사	
			3. 안전점검 평가	1. 위험요인 도출 2. 시스템 개선	
		5. 기계설비 유지·관리	1. 기계설비 위험요인 대책 제시	1. 작업장 위험요인 관리대책 2. 기계의 위험점 분석 3. 기계기구·전기설비의 위험요소	15
			2. 기계설비 유지·관리	1. 기계·전기 등 설비의 안전기준 2. 기계·전기 등 설비의 점검 관리 3. 기계·전기 등 설비의 안전검사이력 등 정보 관리	

필기과목명	문제수	주요항목	세부항목	세세항목	비중
4과목 전기 및 화학설비 안전관리	20	1. 전기작업 안전관리	1. 전기작업의 위험성 파악	1. 전기일반 작업 수칙	
			2. 전기작업 안전 수행	1. 정전 작업 수칙 2. 활선 작업 수칙	
			3. 전기설비 및 기기	1. 배(분)전반 2. 개폐기 3. 보호계전기 4. 과전류 및 누전 차단기	
		2. 감전재해 및 방지대책	1. 감전재해 예방 및 조치	1. 안전전압 2. 허용접촉 및 보폭 전압 3. 인체의 저항	
			2. 감전재해의 요인	1. 감전요소 2. 감전사고의 형태 3. 전압의 구분 4. 통전전류의 세기 및 그에 따른 영향	
			3. 절연용 안전장구	1. 절연용 안전보호구 2. 절연용 안전방호구	
		3. 정전기 장·재해 관리	1. 정전기 위험요소 파악	1. 정전기 발생원리 2. 정전기의 발생현상 3. 방전의 형태 및 영향 4. 정전기의 장해	
			2. 정전기 위험요소 제거	1. 접지 2. 유속의 제한 3. 보호구의 착용 4. 대전방지제 5. 가습 6. 제전기 7. 본딩	
		4. 전기 방폭 관리	1. 전기방폭설비	1. 방폭구조의 종류 및 특징 2. 방폭구조 선정 및 유의사항 3. 방폭형 전기기기	
			2. 전기방폭 사고예방 및 대응	1. 전기폭발등급 2. 위험장소 선정 3. 절연저항, 접지저항, 정전용량 측정	
		5. 전기설비 위험요인 관리	1. 전기설비 위험요인 파악	1. 단락 2. 누전 3. 과전류 4. 스파크 5. 접촉부과열 6. 절연열화에 의한 발열 7. 지락 8. 낙뢰	
			2. 전기설비 위험요인 점검 및 개선	1. 유해위험기계기구 종류 및 특성 2. 접지 및 피뢰설비 점검	
		6. 화재·폭발 검토	1. 화재·폭발 이론 및 발생 이해	1. 연소의 정의 및 요소 2. 인화점 및 발화점 3. 연소·폭발의 형태 및 종류 4. 연소(폭발)범위 및 위험도 5. 완전연소 조성농도 6. 화재의 종류 및 예방대책 7. 연소파와 폭굉파 8. 폭발의 원리	
			2. 소화 원리 이해	1. 소화의 정의 2. 소화의 종류 3. 소화기의 종류	
			3. 폭발방지대책 수립	1. 폭발방지대책 2. 폭발하한계 및 폭발상한계의 계산	

필기과목명	문제수	주요항목	세부항목	세세항목	비중
4과목 전기 및 화학설비 안전관리	20	7. 화학물질 안전관리 실행	1. 화학물질(위험물, 유해 화학물질) 확인	1. 위험물의 기초화학 2. 위험물의 정의 3. 위험물의 종류 4. 노출기준 5. 유해화학물질의 유해요인	
			2. 화학물질(위험물, 유해 화학물질) 유해 위험성 확인	1. 위험물의 성질 및 위험성 2. 위험물의 저장 및 취급방법 3. 인화성 가스취급시 주의사항 4. 유해화학물질 취급시 주의사항 5. 물질안전보건자료(MSDS)	
			3. 화학물질 취급설비 개념 확인	1. 각종 장치(고정, 회전 및 안전장치 등) 종류 2. 화학장치(반응기, 정류탑, 열교환기 등) 특성 3. 화학설비(건조설비 등)의 취급시 주의사항 4. 전기설비(계측설비 포함)	
		8. 화공 안전운 전·점검	1. 안전점검계획 수립	1. 안전운전 계획	
			2. 설비 및 공정 안전	1. 화학설비(반응기, 정류탑, 열교환기 등)의 종류 및 안전 기준 2. 건조설비의 종류 및 재해 형태 3. 제어계측장치 4. 안전장치의 종류	
			3. 안전점검 평가	1. 공정안전 자료 2. 위험성 평가 3. 비상조치 계획	
5과목 건설공사 안전 관리	20	1. 건설현장 안 전점검	1. 안전점검 계획 수립	1. 공종별, 공정별 안전점검 계획 2. 안전점검표 작성 3. 자체검사 기계·기구	
			2. 안전점검 고려사항	1. 공사장 작업환경 특수성 2. 안전관리 조직 3. 재해사례 검토	
		2. 건설현장 유 해·위험요인 관리	1. 건설공사 유해·위험요 인확인	1. 유해·위험요인 선정 2. 안전보건자료 3. 유해위험방지계획서	
		3. 건설업 산업 안전보건관리 비 관리	1. 건설업 산업안전보건관 리비 규정	1. 건설업산업안전보건관리비의 계상 및 사용 기준 2. 건설업산업안전보건관리비 대상액 작성요령 3. 건설업산업안전보건관리비의 항목별 사용 내역	
		4. 건설현장 안 전시설 관리	1. 안전시설 설치 및 관리	1. 추락 방지용 안전시설 2. 붕괴 방지용 안전시설 3. 낙하, 비래방지용 안전시설 4. 개인보호구	
			2. 건설공구 및 기계	1. 건설공구의 종류 및 안전수칙 2. 건설기계의 종류 및 안전수칙	
		5. 비계·거푸집 가시설 위험 방지	1. 건설 가시설물 설치 및 관리	1. 비계 2. 작업통로 및 발판 3. 거푸집 및 동바리 4. 흙막이	
		6. 공사 및 작업 종류별 안전	1. 양중 및 해체공사	1. 양중공사 시 안전수칙 2. 해체공사 시 안전수칙	
			2. 콘크리트 및 PC 공사	1. 콘크리트공사 시 안전수칙 2. PC공사 시 안전수칙	
			3. 운반 및 하역작업	1. 운반작업 시 안전수칙 2. 하역작업 시 안전수칙	

산업안전산업기사 출제문제 분석표

2026년 대비 합격분석표

과목	단원	시행년월일									계 (기사)	빈도 (%)
		2023 1회	2023 2회	2023 3회	2024 1회	2024 2회	2024 3회	2025 1회	2025 2회	2025 3회		
1과목 산업재해 예방 및 안전 보건 교육	1. 산업재해예방계획수립	3	2	4	6	2	3	3	2	3	28	19.6
	2. 안전보호구관리	2	2	1	1	2	1	2	2	2	15	10.5
	3. 산업안전심리	2	1	2	1	2	1	2	2	1	14	9.8
	4. 인간의 행동과학	5	8	6	5	3	4	5	6	7	49	34.3
	5. 안전보건교육의 내용 및 방법	2	5	4	4	3	0	2	4	5	29	20.3
	6. 산업안전관계법규	1	0	0	0	0	1	1	2	3	8	5.6
	계	15	18	17	17	12	10	15	18	21	143	100.0
2과목 인간공학 및 위험성 평가·관리	1. 안전과 인간공학	2	4	6	4	7	4	6	8	7	48	27.3
	2. 위험성 파악·결정	11	7	8	7	9	10	6	8	8	74	42.0
	3. 위험성 감소 대책 수립·실행	0	0	0	0	0	0	1	1	0	2	1.1
	4. 근골격계질환 예방관리	1	0	0	0	0	0	1	0	1	3	1.7
	5. 유해요인 관리	1	1	0	0	0	0	0	0	0	2	1.1
	6. 작업환경 관리	6	8	5	7	3	6	6	2	4	47	26.7
	계	21	20	19	18	19	20	20	19	20	176	100.0
3과목 기계·기구 및 설비 안전 관리	1. 기계안전시설 관리	2	1	4	3	3	2	2	2	2	21	9.2
	2. 기계분야 산업재해 조사	7	5	4	7	11	9	8	4	4	59	25.9
	3. 기계설비 위험요인 분석	14	13	13	13	14	19	14	16	13	129	56.6
	4. 기계안전점검	1	2	1	1	1	1	1	3	0	11	4.8
	5. 기계설비 유지·관리	1	2	1	1	0	1	1	0	1	8	3.5
	계	25	23	23	25	29	32	26	25	20	228	100.0

과목	단원	시행년월일									계 (기사)	빈도 (%)
		2023 1회	2023 2회	2023 3회	2024 1회	2024 2회	2024 3회	2025 1회	2025 2회	2025 3회		
4과목 전기 및 화학설비 안전 관리	1. 전기작업 안전관리	1	0	2	1	1	2	0	2	1	10	5.7
	2. 감전재해 및 방지대책	2	3	2	2	2	5	3	2	3	24	13.6
	3. 정전기 장·재해 관리	3	4	3	5	3	2	2	2	1	25	14.2
	4. 전기 방폭 관리	2	0	2	4	0	2	4	2	2	18	10.2
	5. 전기설비 위험요인 관리	2	3	1	2	1	1	0	1	0	11	6.3
	6. 화재·폭발 검토	4	1	3	2	4	3	5	4	5	31	17.6
	7. 화학물질 안전관리 실행	5	8	7	4	9	3	6	6	7	55	31.3
	8. 화공 안전운전·점검	1	1	0	0	0	0	0	0	0	2	1.1
	계	20	20	20	20	20	18	20	19	19	176	100.0
5과목 건설공사 안전 관리	1. 건설현장 안전점검	0	3	1	1	2	1	2	0	1	11	6.3
	2. 건설현장 유해·위험요인 관리	0	0	2	1	1	2	1	1	2	10	5.7
	3. 건설업 산업 안전보건관리비 관리	1	0	1	1	3	1	3	3	1	14	8.0
	4. 건설현장 안전시설 관리	3	6	3	3	4	6	4	6	9	44	25.0
	5. 비계·거푸집 가시설 위험 방지	6	4	5	9	5	4	1	6	3	43	24.4
	6. 공사 및 작업종류별 안전	9	6	9	5	5	6	7	3	4	54	30.7
	계	19	19	21	20	20	20	18	19	20	176	100.0

미국 버클리대학 공부 지침서

나도 이렇게 공부하면 **산업안전기사자격증(건강·장수·부자)**을 취득할 수 있다.

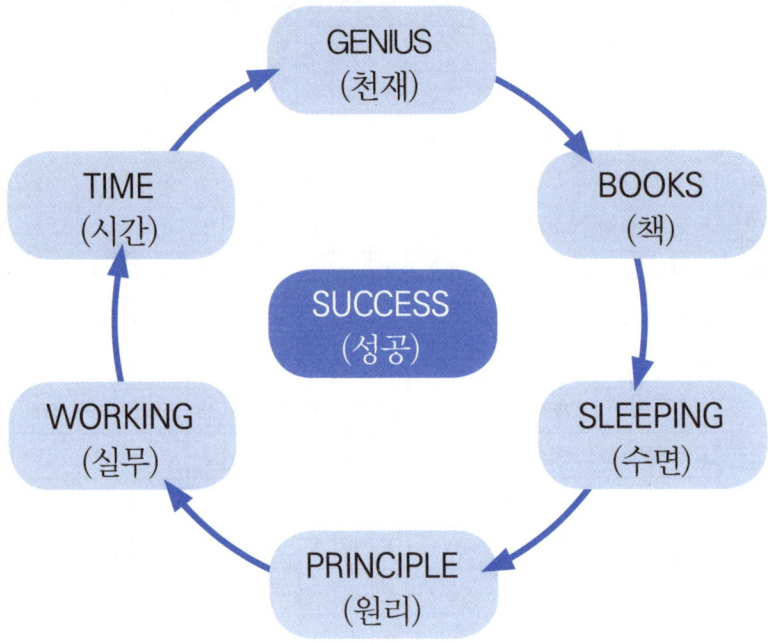

1 ST. 나는 천재라는 自負心(自信感)을 가지고 공부 — 天才
2 ND. 책은 항상 소지하고 1PAGE라도 읽어라 — 册
3 RD. 잠은 충분히 잔다 — 睡眠
4 TH. 원리에 충실 — 원리를 확실하게 파악 — 原理
5 TH. 실무에 접하는 기회 — 實務
6 TH. 시간은 자신이 만들어라 — 時間

안전관리헌장

개정:안전행정부고시 제2014-7호

재난 및 안전관리기본법 제7조에 의하여 안전관리헌장을 다음과 같이 개정 고시합니다.

2014년 1월 29일
안전행정부장관

　　안전은 재난, 안전사고, 범죄 등의 각종 위험에서 국민의 생명과 건강 그리고 재산을 지키는 가장 중요한 근본이다.

　　모든 국민은 안전할 권리가 있으며, 안전문화를 정착시키는 일은 국민의 행복과 국가의 미래를 위해 반드시 필요하다.

　　이에 우리는 다음과 같이 다짐한다.

Ⅰ. 모든 국민은 가정, 마을, 학교, 직장 등 사회 각 분야에서 안전수칙을 준수하고 안전 생활을 적극 실천한다.

Ⅰ. 국가와 지방자치단체는 국민의 안전기본권을 보장하는 안전종합대책을 수립하고, 안전을 위한 투자에 최우선의 노력을 하며, 어린이, 장애인, 노약자는 특별히 배려한다.

Ⅰ. 자원봉사기관, 시민단체, 전문가들은 사고 예방 및 구조 활동, 안전 관련 연구 등에 적극 참여하고 협력한다.

Ⅰ. 유치원, 학교 등 교육 기관은 국민이 바른 안전 의식을 갖도록 교육하고, 특히 어릴 때부터 안전 습관을 들이도록 지도한다.

Ⅰ. 기업은 안전제일 경영을 실천하고, 위험 요인을 없애 사고가 발생하지 않도록 적극 노력한다.

차례

1과목 산업재해 예방 및 안전보건교육

주요항목 01 산업재해예방 계획수립

세부항목 1 안전관리(安全管理 : safety management) 　　1-2
　　1. 안전과 위험(危險)의 개념 　　1-2
　　2. 안전 용어 정의 　　1-4
　　3. 안전보건관리 제(諸)이론 　　1-7
　　4. 생산성과 경제적 안전도 　　1-8
　　5. 재해예방활동기법 　　1-10
　　6. 위험예지활동 　　1-12
　　7. KOSHA GUIDE(안전보건기술지침) 　　1-17
　　8. 안전보건예산 편성 및 계상 　　1-18
　　9. 안전 관련 역사 　　1-21

세부항목 2 안전보건관리 체제 및 운용 　　1-23
　　1. 안전보건관리조직 구성 　　1-23
　　2. 산업안전보건위원회 운영 　　1-25
　　· 출제예상문제 　　1-33

주요항목 02 안전보호구 관리

세부항목 1 보호구 및 안전장구 관리 　　1-52
　　1. 보호구의 개요 　　1-52
　　2. 보호구 선택시의 유의사항 　　1-52
　　3. 안전인증보호구 　　1-52
　　4. 안전인증 기관의 확인 　　1-53

세부항목 2 보호구의 종류별 특성, 성능기준 및 시험방법 　　1-54
　　1. 안전모 　　1-54
　　2. 안전대 　　1-55
　　3. 호흡용 보호구 　　1-57
　　4. 보안경 　　1-58
　　5. 안전화 　　1-58
　　6. 보호면 　　1-59
　　7. 방음보호구 적용범위 　　1-60

세부항목 3 안전보건표지의 종류·용도 및 적용	1-61
1. 산업안전보건표지 종류	1-61
2. 안전보건표지판의 크기 및 표준기준	1-62
3. 안전보건표지의 종류와 형태	1-63
세부항목 4 안전보건표지의 색채 및 색도기준	1-64
• 출제예상문제	1-66

주요항목 03 산업안전심리

세부항목 1 산업심리와 심리검사	1-74
1. 심리검사의 종류	1-74
2. 인사관리의 중요기능	1-74
3. 인간관계의 기제(메커니즘 : mechanism)	1-75
4. 인간관계 관리방법	1-76
5. 모랄 서베이(morale survey)	1-77
6. 양립성[일명 모집단 전형(兩立性 : compatibility)]	1-77
세부항목 2 작업적성과 배치	1-78
1. 직업적성의 분류	1-78
2. 성격검사 유형	1-80
3. 사고발생 경향 및 기제	1-81
세부항목 3 인간의 특성과 안전과의 관계	1-84
1. 안전사고 요인	1-84
2. 착상심리	1-84
3. 직무분석	1-86
• 출제예상문제	1-88

주요항목 04 인간의 행동과학

세부항목 1 조직과 인간행동	1-98
1. 안전심리 및 사고요인	1-98
세부항목 2 재해 반발성 및 행동과학	1-100
1. 재해설	1-100
2. 동기 및 욕구이론	1-101
세부항목 3 생체리듬과 피로	1-104
1. 스트레스 및 RMR	1-104
2. 피로(fatigue)	1-105
3. 생체리듬(biorhythm)	1-109
세부항목 4 집단관리와 리더십	1-111

1. 집단관리	1-111
2. 욕구저지 이론	1-112
3. 욕구저지 반응기제에 관한 가설	1-113
4. 리더십(leadership)	1-113

세부항목 5 착오와 실수 1-117

1. 착시(Optical illusion)	1-117
2. 인간의 주의특성	1-119
3. 부주의	1-122
• 출제예상문제	1-125

주요항목 05 안전보건교육의 내용 및 방법

세부항목 1 교육의 필요성과 목적 1-137
1. 교육목적	1-137
2. 교육의 개념	1-138

세부항목 2 안전보건교육계획수립 및 실시 1-139
1. 안전보건교육 계획	1-139
2. 안전보건교육의 기본방향	1-139

세부항목 3 교육방법 1-141
1. 교육 훈련 기법	1-141
2. 학습목적의 3요소	1-143
3. 안전보건교육방법(O.J.T, OFF.J.T)	1-144

세부항목 4 교육실시 방법 1-146
1. 토의식과 강의식 교육	1-146
2. 관리감독자 교육	1-148
3. 교육심리학(Educational Psychology)의 이해	1-150

세부항목 5 교육내용 1-154
1. 안전보건교육의 3단계 및 진행 4단계	1-154
2. 안전보건교육 교육대상별 교육내용 및 시간	1-155
3. 안전보건관리책임자 등에 대한 교육시간	1-164
4. 검사원 성능검사 교육	1-164
5. 특수형태근로종사자에 대한 안전보건교육	1-165
6. 물질안전보건자료에 관한 교육내용	1-165
7. 교육훈련평가의 4단계(직접효과와 간접효과를 측정)	1-166
• 출제예상문제	1-167

주요항목 06 산업안전관계법규

세부항목 1 산업안전보건법 — 1-179

- 제1장 총칙 — 1-179
- 제2장 안전보건관리체제 등 — 1-180
- 제3장 안전보건교육 — 1-181
- 제4장 유해·위험 방지 조치 — 1-182
- 제5장 도급 시 산업재해 예방 — 1-182
- 제6장 유해·위험 기계 등에 대한 조치 — 1-184
- 제7장 유해·위험물질에 대한 조치 — 1-186
- 제8장 근로자 보건관리 — 1-187
- 제9장 산업안전지도사 및 산업보건지도사 — 1-188
- 제10장 근로감독관 등 — 1-188
- 제11장 보칙 — 1-189
- 제12장 벌칙 — 1-190
- 부칙〈법률 제20677호, 2025. 1. 21〉 — 1-190

세부항목 2 산업안전보건법 시행령 — 1-191

- 제1장 총칙 — 1-191
- 제2장 안전보건관리체제 등 — 1-192
- 제3장 안전보건교육 — 1-196
- 제4장 유해·위험 방지 조치 — 1-197
- 제5장 도급 시 산업재해 예방 — 1-201
- 제6장 유해·위험 기계 등에 대한 조치 — 1-205
- 제7장 유해·위험물질에 대한 조치 — 1-207
- 제8장 근로자 보건관리 — 1-208
- 제9장 산업안전지도사 및 산업보건지도사 — 1-209
- 제10장 보칙 — 1-209
- 제11장 벌칙 — 1-210
- 부칙〈대통령령 제35597호, 2025. 6. 20.〉 — 1-210
- 산업안전보건법, 영·규칙 별표 — 1-211

세부항목 3 산업안전보건법 시행규칙 — 1-223

- 제1장 총칙 — 1-223
- 제2장 안전보건관리체제 등 — 1-224
- 제3장 안전보건교육 — 1-225
- 제4장 유해·위험 방지 조치 — 1-226
- 제5장 도급 시 산업재해 예방 — 1-231
- 제6장 유해·위험 기계 등에 대한 조치 — 1-234
- 제7장 유해·위험물질에 대한 조치 — 1-236
- 제8장 근로자 보건관리 — 1-238
- 제9장 산업안전지도사 및 산업보건지도사 — 1-241
- 제10장 근로감독관 등 — 1-241
- 제11장 보칙 — 1-242
- 부칙〈제443호, 2025. 5. 30.〉 — 1-242
- • 출제예상문제 — 1-260

2과목　인간공학 및 위험성 평가·관리

주요항목 01　안전과 인간공학

세부항목 1　인간공학(Ergonomics)의 정의 　2-2
 1. 정의 및 목적 　2-2
 2. 배경 및 필요성 　2-4
 3. 작업관리와 인간공학 　2-5
 4. 사업장에서의 인간공학 적용분야 　2-5

세부항목 2　인간-기계체계 　2-6
 1. 인간-기계 시스템의 정의 및 유형 　2-6
 2. 시스템의 특성 　2-7
 3. 인간과 기계의 기능 비교 　2-10

세부항목 3　체계설계와 인간요소 　2-12
 1. 목표 및 성능명세의 결정 　2-12
 2. 기계설비 고장유형 　2-12
 3. 인간-기계(man-machine) 시스템의 신뢰도 　2-13
 4. 설비의 신뢰도 　2-14
 5. 신뢰도 개선(改善) 및 설계 　2-17
 6. 감성공학(感性工學 : image engineering) 　2-18

세부항목 4　인간요소와 휴먼에러 　2-19
 1. 인간실수의 분류 　2-19
 2. 형태적 특성 　2-20
 3. 인간실수 확률에 대한 추정기법 　2-21
 4. 인간실수 예방기법 　2-22

 · 출제예상문제 　2-24

주요항목 02　위험성 파악·결정

세부항목 1　위험성 평가 　2-36
 1. 위험성 평가의 정의 및 개요 　2-36
 2. 평가대상 선정 　2-37
 3. 평가항목 　2-41
 4. HAZOP 위험관리 절차 　2-42
 5. 관련법에 관한 사항 　2-44
 6. 보전성공학 　2-48
 7. 공정안전보고서의 세부 내용 등 　2-51
 8. 인간실수 확률에 대한 추정기법 적용 　2-52
 9. 인간에러(Human Error) 　2-54

세부항목 2 시스템 위험성 추정 및 결정 — 2-56
- 1. 시스템 위험성 분석 및 관리 — 2-56
- 2. 위험분석기법 — 2-57
- 3. 결함수[FTA(故障樹木 : fault tree)] 분석 — 2-67
- 4. 정성적, 정량적 분석 — 2-79
- 5. 신뢰도 계산 — 2-83
- 6. 인간에러(human error)예방대책 — 2-84
- • 출제예상문제 — 2-85

주요항목 03 위험성 감소 대책 수립·실행

세부항목 1 위험성 감소 대책 수립 및 실행 — 2-103
- 1. 위험성 개선대책(공학적·관리적)의 종류 — 2-103
- 2. 허용가능한 위험수준 분석 — 2-105
- 3. 감소대책에 따른 효과 분석 능력 — 2-105
- • 출제예상문제 — 2-108

주요항목 04 근골격계질환 예방관리

세부항목 1 근골격계 유해요인 — 2-111
- 1. 근골격계 질환의 정의 및 유형 — 2-111
- 2. 근골격계부담작업(고용노동부 고시 제2020-12호) — 2-112

세부항목 2 인간공학적 유해요인 평가 — 2-113

세부항목 3 근골격계 유해요인 관리 — 2-114
- 1. 작업관리(유해요인 조사) 목적 — 2-114
- 2. 방법 연구 및 작업 측정 — 2-114
- 3. 문제 해결 절차 — 2-115
- 4. 작업개선안의 원리 및 도출방법 — 2-116
- • 출제예상문제 — 2-117

주요항목 05 유해 요인 관리

세부항목 1 물리적 유해요인 관리 — 2-124
- 1. 물리적 요인(Physical Agents) 파악 — 2-124
- 2. 화학물질 및 물리적 인자의 노출기준 — 2-136
- 3. 물리적 유해요인 관리대책 수립 — 2-138

세부항목 ❷ 화학적 유해요인 관리 — 2-140
1. 화학적 유해요인 파악 — 2-140
2. 화학적 유해요인 노출기준 — 2-141
3. 화학적 유해요인 관리대책 수립 — 2-141

세부항목 ❸ 생물학적 유해요인 관리 — 2-142
1. 생물학적 요인(Biological Agents) 파악 — 2-142
2. 생물학적 유해요인 등 노출기준 — 2-143
3. 생물학적 유해요인 관리대책 수립 — 2-146

- 출제예상문제 — 2-149

주요항목 06 작업환경 관리

세부항목 ❶ 인체계측 및 체계제어 — 2-158
1. 인체계측 및 응용원칙 — 2-158
2. 신체반응의 측정 — 2-159

세부항목 ❷ 신체활동의 생리학적 측정법 — 2-160
1. 신체반응의 측정(작업의 종류에 따른 측정방법) — 2-160
2. 부품(공간)배치의 4원칙 — 2-161
3. 의자의 설계원칙 — 2-161

세부항목 ❸ 작업공간 및 작업자세 — 2-162
1. 개별작업공간(work space) 설계지침 — 2-162
2. 활동분석 — 2-162
3. display가 형성하는 목시각(目視角) — 2-163

세부항목 ❹ 작업측정 — 2-164
1. 기계설계 진행방법 — 2-164
2. 신체부위의 운동 — 2-166

세부항목 ❺ 작업환경과 인간공학 — 2-167
1. 열교환과정과 열압박 — 2-167
2. 실효온도 및 OXford지수 — 2-167
3. 이상환경 및 노출에 따른 사고와 부상 — 2-168
4. 통제표시비 — 2-175
5. 표시장치 및 제어장치 — 2-177
6. 양립성(compatibility) — 2-179
7. 수공구(手工具) — 2-179
8. 사무/VDT작업설계 및 관리 — 2-181

세부항목 ❻ 중량물 취급 작업 — 2-188
1. 중량물 취급 방법 — 2-188
2. NIOSH Lifting Equation — 2-191

- 출제예상문제 — 2-192

3과목　기계·기구 및 설비안전 관리

주요항목 01　기계안전 시설관리

세부항목 1　안전시설 관리 계획하기 　3-2
 1. 기계 방호장치 　3-2
 2. 풀프루프(Fool proof) 　3-4
 3. 페일세이프(fail safe) 　3-7

세부항목 2　안전시설 설치하기 　3-9
 1. 안전시설물 설치기준 　3-9
 2. 기계 종류별 안전장치 설치기준 　3-15

세부항목 3　안전시설 유지·관리하기 　3-20
 1. KSB 규격과 ISO 규격 통칙에 대한 지식 　3-20
 2. 유해위험기계 종류 및 특성 　3-26
 · 출제예상문제 　3-28

주요항목 02　기계분야 산업재해 조사

세부항목 1　재해(災害 : accident)조사 　3-32
 1. 재해조사의 목적 　3-32
 2. 재해의 원인분석 및 조사기법 　3-33
 3. 재해(사고)조사방향 　3-34
 4. 재해(사고)조사시의 유의사항 　3-34

세부항목 2　산재분류 및 통계분석 　3-35
 1. 산재분류의 이해 　3-35
 2. 산업재해발생의 mechanism(형태) 3가지 　3-36
 3. 재해 법칙 　3-36
 4. 산업재해발생 조치순서 　3-37
 5. 미국의 PDCA법 　3-38
 6. 하인리히 산업재해예방의 4원칙 　3-38
 7. 하인리히 사고예방대책 기본원리 5단계 　3-38
 8. 재해관련 통계의 종류 및 계산 　3-46
 9. 재해손실비의 종류 및 계산 　3-48

세부항목 3　안전점검·검사·인증 및 진단 　3-52
 1. 안전점검(安全點檢 : safety inspection)의 정의 및 목적 　3-52
 2. 안전점검의 종류 　3-53
 3. 안전점검표 작성 　3-54
 4. 안전인증 　3-57
 5. 자율안전확인대상 　3-59
 6. 안전진단 및 안전검사 　3-61
 · 출제예상문제 　3-64

주요항목 03 기계설비 위험요인 분석

세부항목 ❶ 공작기계(工作機械 : machine tools)의 안전   3-82
     1. 절삭가공기계의 종류 및 방호장치   3-82
     2. 선반   3-82
     3. 밀링(milling)머신   3-86
     4. 플레이너(planer)와 셰이퍼·슬로터   3-88
     5. 드릴(drill)링머신   3-90
     6. 연삭기(grinding machine)   3-93
     7. 소성가공 및 방호장치   3-98

세부항목 ❷ 프레스 및 전단기의 안전   3-99
     1. 프레스 재해방지의 근본적인 대책   3-99
     2. 금형(die)의 안전화   3-107

세부항목 ❸ 기타 산업용 기계·기구   3-111
     1. 롤러기(壓搾機 : rolling mill)   3-111
     2. 원심기(centrifugal machine)   3-114
     3. 아세틸렌용접장치 및 가스집합용접장치   3-116
     4. 보일러(boiler)   3-123
     5. 압력용기 및 공기압축기   3-124
     6. 산업용 로봇   3-128
     7. 고속회전체   3-130
     8. 사출성형기   3-131
     9. 목재가공용 기계   3-133

세부항목 ❹ 운반기계 및 양중기   3-138
     1. 지게차(fork lift)   3-138
     2. 컨베이어(conveyor)   3-140
     3. 리프트(lift)   3-143
     4. 양중기(건설용 제외)   3-144
     5. 운반기계(구내운반차)   3-159

     • 출제예상문제   3-160

주요항목 04 기계안전점검

세부항목 ❶ 기계공정의 특수성 분석   3-192
     1. 설계도(설비 도면, 장비사양서 등) 검토   3-192
     2. 파레토도, 특성요인도, 클로즈분석, 관리도   3-193
     3. 공정의 특수성에 따른 위험요인   3-194
     4. 설계도에 따른 안전지침   3-196
     5. 특수작업(特殊作業)의 조건   3-197
     6. 표준안전 작업절차서   3-198
     7. 공정도를 활용한 공정분석 기술   3-198

세부항목 2 기계의 위험 안전조건 분석   3-201
    1. 기계의 위험요인   3-201
    2. 본질적 안전   3-202
    3. 기계의 일반적인 안전사항과 안전조건   3-203
    4. 유해위험기계기구의 종류, 기능과 작동원리   3-203
    5. 기계(機械)의 위험성   3-204
    6. 설비보전의 개념   3-207
    7. 기계의 위험점 조사 능력   3-208
    8. 기계작동 원리분석기술   3-209
    • 출제예상문제   3-212

주요항목 05 기계설비 유지·관리

세부항목 1 비파괴 검사(非破壞檢査 : bondestuctive inspection)의 종류 및 특징   3-218
    1. 파괴시험   3-218
    2. 비파괴시험   3-220
    3. 수공구류 안전기준   3-224

세부항목 2 소음·진동 방지 기술   3-226
    1. 진동방지 기술   3-226
    2. 소음방지 기술   3-229
    • 출제예상문제   3-231

SAFETY ENGINEER

산업재해 예방 및 안전보건교육

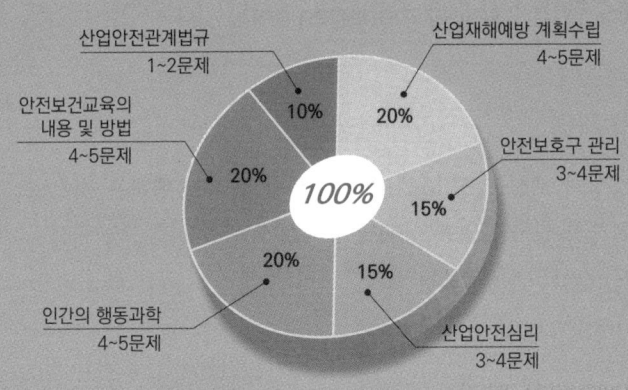

산업안전관계법규 1~2문제	10%
산업재해예방 계획수립 4~5문제	20%
안전보호구 관리 3~4문제	15%
산업안전심리 3~4문제	15%
인간의 행동과학 4~5문제	20%
안전보건교육의 내용 및 방법 4~5문제	20%

출제기준 및 비중(적용기간 : 2024. 1. 1. ~ 2026. 12. 31.)

산업재해예방 계획수립 　주요항목 01
　출제예상문제 ●

안전보호구 관리 　주요항목 02
　출제예상문제 ●

산업안전심리 　주요항목 03
　출제예상문제 ●

인간의 행동과학 　주요항목 04
　출제예상문제 ●

안전보건교육의 내용 및 방법 　주요항목 05
　출제예상문제 ●

산업안전관계법규 　주요항목 06
　출제예상문제 ●

- NCS기준과 2026년 합격기준을 정확하게 적용하였습니다.
- "특허"받은 책과 "맞추다" CBT기법으로 AI기출을 적용했습니다.

주요항목 01 산업재해예방 계획수립

중점 학습내용

인류의 문명은 지금으로부터 약 75만년 전 유인원이 출현하여 시작되었다고 보고 있는데 고대를 거쳐 중세에 이르기까지 문명의 발달은 아주 완만히 진행되고 있었으며 1711년 영국의 산업혁명을 시작으로 하여 세계대전을 치르면서 급격한 발전을 하여 이제는 대량 생산체제에서 자동화·정보화 사회로 진입하고 있다. 본 장의 내용을 요약하여 안전관리를 하는 목적, 중요성, 역사 등에 관련된 기본적인 기초 지식을 학습하도록 하였으며 시험에 출제되는 그 중심적인 내용은 다음과 같다.

❶ 안전관리
❷ 안전보건관리 체제 및 운용

건강의 정의(세계보건기구, WHO)
단순히 질병이 없거나 허약하지 않은 상태만을 의미하는 것이 아니고, Physical(육체적 안녕), Mental(정신적 안녕), Social wellbeing (사회적 안녕)이 완전한 상태

안전(安全 : Safety)과 위험(危險 : Danger)

구분	정의
사전적	위험하지 않은 것, 마음이 편안하고 몸이 온전한 상태
학문적	사고의 위험성을 감소시키기 위하여 인간의 행동을 수정하거나 물리적으로 안전한 환경을 조성한 조건이나 상태 : 위험을 제어하는 기술
동양적	安 = 宀 + 女(여자가 집에 있다는 뜻으로 안정을 뜻함) 全 = 八 + 王(왕이 궁궐에 앉아 위엄을 갖추고 있는 상태로 질서유지를 뜻함)
서양적	**SAFETY** ① **S**upervise : 관리감독, 관찰 ② **A**ttitude : 태도기술 ③ **F**act : 현상파악 ④ **E**valuation : 평가분석 및 대책수립 ⑤ **T**raining : 반복훈련 ⑥ **Y**ou are the owner : 주인의식 철저
위험	(危險 : Danger)손실이나 손상이 발생할 가능성이 있는 상태나 조건

합격예측

안전기사 합격해야 하는 이유이자 목적
① 건강유지(제1)
② 장수하기(제2)
③ 돈(부자) 많이 벌기(제3)

참고

"재난"이란 국민의 생명·신체·재산과 국가에 피해를 주거나 줄 수 있는 것
① 자연재난 : 태풍, 홍수, 호우(豪雨), 강풍, 풍랑, 해일(海溢), 대설, 낙뢰, 가뭄, 지진, 황사(黃砂), 조류(藻類) 대발생, 조수(潮水), 그 밖에 이에 준하는 자연현상으로 인하여 발생하는 재해
② 사회재난 : 화재·붕괴·폭발·교통사고·화생방사고·환경오염사고 등으로 인하여 발생하는 대통령령으로 정하는 규모 이상의 피해와 에너지·통신·교통·금융·의료·수도 등 국가기반 체계의 마비, 「감염병의 예방 및 관리에 관한 법률」에 따른 감염병 또는 「가축전염병예방법」에 따른 가축전염병의 확산 등으로 인한 피해

세부항목 1. 안전관리(安全管理 : safety management)

1. 안전과 위험(危險)의 개념

안전관리는 생산성의 향상과 재산 손실(loss)의 최소화를 위하여 행하는 것으로 비능률적 요소인 안전사고가 발생하지 않은 상태를 유지하기 위한 활동, 즉 재해로부터의 인간의 생명과 재산을 보호하기 위한 계획적이고 체계적인 제반 활동을 산업 안전관리(safety management)라 한다.

(1) 안전관리의 목적(안전의 가치, 이념) 16. 5. 8 ⑦ 19. 4. 27 ⑦ 23. 4. 1 ⑦

첫째, 인명의 존중(인도주의 실현)
둘째, 사회 복지의 증진
셋째, 생산성의 향상(품질향상)
넷째, 경제성의 향상
기타, 인적·물적 손실예방

[그림] 안전제1 – 품질제2 – 생산제3

(2) 안전제일(安全第一)의 역사적 기원

① 1906년 미국의 철강회사(U.S Steel. co)의 게리(E.H. Gary)회장이 주도한 안전운동
② 미국에서는 "생산에 앞서 안전을 먼저(safety first)" 생각해야 한다고 했고, 유럽에서는 "생산에 반드시 안전을 포함(production with safety)"시켜야 한다고 했으며, 현재는 '안전작업(safety production)'을 해야 한다고 했다. 그러므로 안전과 생산은 수레의 양 바퀴와 같은 불가분의 관계를 갖고 있다.

[표] 안전제일

초기방침	개선방침
생산(제1)	안전(제1)
품질(제2)	품질(제2)
안전(제3)	생산(제3)

[사진] 앨버트 게리
(Elbert Henry Gary)

(3) 녹십자의 기원

① 녹십자기는 안전 운동의 상징적 표시이며 안전운동의 근본이다.
② 녹십자는 서양에서는 인애(仁愛), 동양에서는 복덕(福德)을 의미한다.
③ 안전기는 미국에서는 청색 바탕에 백십자를 쓰기도 하며 우리나라에서는 백십자, 적십자가 있으므로 현재 녹십자를 사용하고 있다.

[그림] 녹십자 표시

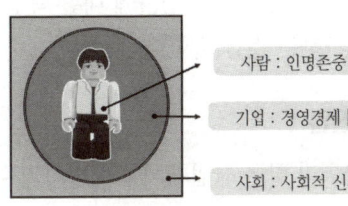
[그림] 안전관리 목표
- 사람 : 인명존중 [인도주의]
- 기업 : 경영경제 [손실방지]
- 사회 : 사회적 신뢰 [안전한 직장]

(4) 산업 안전보건 강조기간(고용노동부령 제455호)

① 제2조(산업안전보건의 날 지정 등) 매년 7월 첫째 주 월요일을 "산업안전보건의 날"로 지정하고, 그 달 첫째 주 월요일부터 마지막 주 토요일까지를 "산업안전보건의 달"로 한다.
② 안전보건 강조기간 특별점검 실시

읽을거리
'안전제일'이라는 이 용어는 어떻게 만들어진 것일까?
1906년 미국 최대 철강회사인 U.S. Steel에서 철판 작업을 하던 근로자가 사망했다. 이때 사고로 남편을 잃은 미망인이 했던 말은 당시 회사 사장이었던 게리와 그의 동료들에게 큰 울림을 주었다. "당신에게는 내 남편이 비록 종업원 몇 천명 중의 한사람일지 모르지만 나와 우리가족에겐 단 한 명밖에 없는 모든 것입니다."

합격예측

안전제일의 이념
인간존중

⊙ 참고

특별점검
① 기계·기구 및 설비의 신설·변경 및 수리 등을 할 경우
② 천재지변 발생 후
③ 안전강조 기간 내

하인리히(Heinrich)의 제창(일명 하인리히 재해 코스트 법칙)
- 재해사고 1건당의 직접 손해액(a)
- 재해사고 1건당의 간접 손해액(b)
  a : b = 1 : 4

① KS : 한국산업표준규격
② ISO/IEC : 국제기준규격
③ EN : 유럽규격

미연방지(예방철학)
① MP(보전예방)
② CM(개량보전)
③ PM(예방보전)

Q 은행문제

1900년대 초 미국 한 기업의 회장으로서 "안전제일(Safety First)"이란 구호를 내걸고 사고예방활동을 전개한 후 안전의 투자가 결국 경영상 유리한 결과를 가져온다는 사실을 알게 하는 데 공헌한 사람은?

① 게리(Gary)
② 하인리히(Heinrich)
③ 버드(Bird)
④ 피렌제(Firenze)

정답 ①

⊙ 참고

재난 및 안전관리 기본법의 용어정의
① "재난관리"란 재난의 예방·대비·대응 및 복구를 위하여 하는 모든 활동을 말한다.
② "안전관리"란 재난이나 그 밖의 각종 사고로부터 사람의 생명·신체 및 재산의 안전을 확보하기 위하여 하는 모든 활동을 말한다.
③ "안전기준"이란 각종 시설 및 물질 등의 제작, 유지관리 과정에서 안전을 확보할 수 있도록 적용하여야 할 기술적 기준을 체계화한 것을 말하며, 안전기준의 분야, 범위 등에 관하여는 대통령령으로 정한다.

2. 안전 용어 정의

(1) 안전사고(accident)

안전 사고란 고의성이 없는 어떤 불안전한 행동이나 조건이 선행되어 일을 저해시키거나 또는 능률을 저하시키며 직접 또는 간접적으로 인명이나 재산의 손실을 가져올 수 있는 사건을 말한다.(생산공정이 잘못되어가는 잠재적 지표)

① 원하지 않는 사상(Undesired Event) 20. 8. 22 [기]

② 비능률적인 사상(Inefficient Event)

③ 변형된 사상(Strained Event)

(2) 재해(loss, calamity)

재해란 안전 사고의 결과로 일어난 인명과 재산의 손실을 말한다.

(3) 산업재해(industrial losses)

통제를 벗어난 에너지의 광란으로 인하여 입은 인명과 재산의 피해 현상을 산업재해(industrial losses)라 말한다.(3일 이상의 휴업을 요하는 부상자)

(4) 작업환경 측정

작업환경 측정이라 함은 작업 환경의 실태를 파악하기 위하여 해당 근로자 또는 작업장에 대하여 사업주가 유해인자에 대한 측정 계획을 수립한 후 시료(試料)를 채취하고 분석·평가하는 것을 말한다.

(5) 안전보건진단

안전보건진단이라 함은 산업재해를 예방하기 위하여 잠재적 위험성의 발견과, 그 개선 대책을 수립할 목적으로 고용노동부장관이 지정하는 자가 하는 조사·평가를 말한다.

(6) 중대재해 16. 3. 6 [기][산] 16. 5. 8 [기] 20. 8. 22 [기] 21. 3. 7 [기] 21. 5. 15 [기] 21. 9. 12 [기] 23. 2. 28 [기] 25. 2. 7 [기] 25. 3. 29 [지]

중대재해라 함은 산업재해 중 사망 등 재해의 정도가 심하거나 다수의 재해자가 발생한 경우로서 고용노동부령으로 정하는 재해를 말한다.

① 사망자가 1명 이상 발생한 재해

② 3개월 이상의 요양이 필요한 부상자가 동시에 2명 이상 발생한 재해

③ 부상자 또는 직업성 질병자가 동시에 10명 이상 발생한 재해

(7) 안전사고와 부상의 종류

1 중상해

부상으로 인하여 2주 이상의 노동손실을 가져온 상해

참고

(1) 산업재해

① 산업 안전 보건법 제2조에서, 「산업 재해」라 함은 노무를 제공하는 사람이 업무에 관계되는 건설물·설비·원재료·가스·증기·분진 등에 의하거나 작업 그 밖에 업무에 기인하여 사망 또는 부상하거나 질병에 걸리는 것을 말한다.

② 1개월 이내에 산업재해조사표를 작성하여 지방고용노동관서의 장에게 제출해야 하는 기준 : 3일 이상의 휴업이 필요한 부상을 입거나 질병에 걸린 사람이 발행한 경우

(2) 작업관련성 질병 (work related disease)

① 종류 : 직업성 근·골격 및 뇌·심혈관 질환

② 발생원인

㉮ 작업장 내의 위험요인

㉯ 근로자의 개인요인

㉰ 근로자의 생활환경 요인

(3) 직업병 (Occupational disease)

① 종류 : 진폐증, 소음성 난청, 중금속 중독

② 발생원인 : 작업장의 물리·화학·생물학적 위험요인 노출

참고

산업재해보상보험법의 적용 대상자 : 4일 이상 요양(치료 또는 치유기간)을 필요로 하는 업무상 재해

용어정의

"근로자대표"란 근로자의 과반수로 조직된 노동조합이 있는 경우에는 그 노동조합을, 근로자의 과반수로 조직된 노동조합이 없는 경우에는 근로자의 과반수를 대표하는 자를 말한다.

[Q] 은행문제

안전관리를 "안전은 (①)을(를) 제어하는 기술"이라 정의할 때 다음 중 ①에 들어갈 용어로 예방 관리적 차원과 가장 가까운 용어는?

① 위험 ② 사고
③ 재해 ④ 상해

정답 ①

2 경상해
부상으로 1일 이상 14일 미만의 노동손실을 가져온 상해

3 경미상해
부상으로 8시간 이하의 휴무 또는 작업에 종사하면서 치료를 받는 상해

[그림] 안전관리의 정의

(8) ILO(국제 노동 통계)의 근로불능 상해의 종류 18. 4. 28 ㉮ 23. 2. 28 ㉮

1 사망
안전 사고로 사망하거나 혹은 입은 사고의 결과로 생명을 잃는 것 : 노동 손실일수 7,500일

2 영구 전노동불능 상해
부상 결과로 노동 기능을 완전히 잃게 되는 부상(신체 장해 등급 제1급에서 제3급에 해당) : 노동 손실 일수 7,500일

3 영구 일부노동불능 상해 19. 3. 3 ㉮ 20. 8. 22 ㉮
부상 결과로 신체 부분의 일부가 노동 기능을 상실한 부상(신체 장해 등급 제4급에서 제14급에 해당)

4 일시 전노동불능 상해 18. 3. 4 ㉮
의사의 진단(소견)에 따라 일정기간 정규 노동에 종사할 수 없는 상해 정도(신체 장해가 남지 않는 일반적인 휴업 재해)

5 일시 일부노동불능 상해
의사의 진단으로 일정 기간 정규 노동에 종사할 수 없으나 휴무 상해가 아닌 상해, 즉 일시 가벼운 노동에 종사하는 경우

6 응급(구급)조치 상해
부상을 입은 다음 치료(1일 미만)를 받고 다음부터 정상작업에 임할 수 있는 정도의 상해

(9) 공해와 사상

1 공해
자연 환경을 인간 행위에 의하여 오염시키는 것으로서 공기오염·수질오염·토질오염을 말한다. 이 3가지가 생명과 환경의 위기를 만들고 있다.(대책 : 생명살림운동)

2 사상
어느 특정인에게 주는 피해 중에서 기관이나 타인과의 계약에 의하지 않고 자신의 업무 수행 중에 입은 상해로서 의료 및 그 밖에 보상을 청구할 수 없는 상해를 말한다.

합격예측

사고
예측할 수 없는 사상

ILO에서 정한 상해 정도별 분류
① 사망
② 영구 전노동불능 상해
③ 영구 일부노동불능 상해
④ 일시 전노동불능 상해
⑤ 일시 일부노동불능 상해
⑥ 구급조치 상해

안전사고의 본질적 4가지 특성
① 사고발생의 시간성
② 우연성 중의 법칙성
③ 필연성 중의 우연성
④ 사고의 재현 불가능성

합격예측 및 관련법규

산업재해보상보험법 용어정의
① "업무상의 재해"란 업무상의 사유에 따른 근로자의 부상·질병·장해 또는 사망을 말한다.
② "근로자"·"임금"·"평균임금"·"통상임금"이란 각각 「근로기준법」에 따른 "근로자"·"임금"·"평균임금"·"통상임금"을 말한다. 다만, 「근로기준법」에 따라 "임금" 또는 "평균임금"을 결정하기 어렵다고 인정되면 고용노동부장관이 정하여 고시하는 금액을 해당 "임금" 또는 "평균임금"으로 한다.
③ "유족"이란 사망한 자의 배우자(사실상 혼인 관계에 있는 자를 포함한다. 이하 같다.)·자녀·부모·손자녀·조부모 또는 형제자매를 말한다.
④ "치유"란 부상 또는 질병이 완치되거나 치료의 효과를 더 이상 기대할 수 없고 그 증상이 고정된 상태에 이르게 된 것을 말한다.
⑤ "장해"란 부상 또는 질병이 치유되었으나 정신적 또는 육체적 훼손으로 인하여 노동능력이 상실되거나 감소된 상태를 말한다.
⑥ "폐질"이란 업무상의 부상 또는 질병에 따른 정신적 또는 육체적 훼손으로 노동능력이 상실되거나 감소된 상태로서 그 부상 또는 질병이 치유되지 아니한 상태를 말한다.
⑦ "진폐(塵肺)"란 분진을 흡입하여 폐에 생기는 섬유증식성(纖維增殖性) 변화를 주된 증상으로 하는 질병을 말한다.

합격예측
Near Accident(무상해 사고)
일체의 인적·물적 손실이 없는 사고 17. 7. 23 ㉮ 23. 3. 1 ㉷

합격자의 조언
fail safe는 시험에도 출제되지만 인생도 그렇게 살면 성공한다.

합격예측
(1) 페일 세이프(fail safe)의 기능
  ① 고장이 생겨도 어느 기간 동안은 정상기능이 유지되는 구조
  ② 병렬 계통이나 대기 여분을 갖춰 항상 안전하게 유지되는 기능
(2) 풀 프루프(fool proof) 20. 8. 23 ㉷ 21. 3. 7 ㉮
  ① 인간의 실수가 있어도 안전장치가 설치되어 사고나 재해로 연결되지 않는 구조
  ② 바보가 작동을 시켜도 안전하다는 뜻
  ③ 「실패가 없다」, 「바보라도 취급한다」라는 뜻으로 정리하면,
    ㉮ 정해진 순서대로 조작하지 않으면 기계가 작동하지 않는다.
    ㉯ 오조작을 하여도 사고가 나지 않는다.

참고
근로기준법상 근로자는 ① 직업의 종류에 관계없이 ② 사업 또는 사업장에서 ③ 임금을 목적으로 근로를 제공하는 자를 말한다(근로기준법 제2조 제1호). 또한 ④ 사용자와 근로자 사이에 근로 제공과 임금 지급의 실질적인 관계가 종속적이어야 한다. 이를 사용종속관계라 하며 판례에 의해 확립되었다.

용어정의
16. 8. 21 ㉷
Temper Proof 18. 3. 4 ㉷
산업 현장의 생산설비의 경우 안전장치가 부착되어 있으나 생산성을 위해 제거하고 사용하는 경우가 있다. 설비 설계자는 고의로 안전장치를 제거하는 데에도 대비하여야 하는데 이러한 예방 설계

(10) 직업병

직업의 특수성으로 인하여 발생하는 질병으로서 직업의 종류, 환경 및 작업 방법의 불량으로 인하여 근로자의 건강을 해치는 것을 말한다.

(11) 페일세이프(fail safe)

인간 또는 기계에 과오나 동작상의 실패가 있어도 안전 사고를 발생시키지 않도록 2중 또는 3중으로 통제 장치를 가하는 것을 말한다.

(12) 사건(Incident)

① 위험요인이 사고로 발전되었거나 사고로 이어질 뻔했던 원하지 않는 사상 (Event)
② 인적·물적 손실인 상해·질병 및 재산적 손실뿐만 아니라 인적·물적 손실이 발생되지 않는 아차사고를 포함

(13) 위험(Hazard)

직·간접적으로 인적·물적, 환경적 피해를 주는 원인이 될 수 있는 실제 또는 잠재된 상태를 말한다.

(14) 위험도(Risk)

① 특정한 위험요인이 위험한 상태로 노출되어 특정한 사건으로 이어질 수 있는 사고의 빈도(가능성)와 사고의 강도(중대성) 조합
② 위험의 크기 또는 위험의 정도
③ 위험도 = 발생빈도 × 발생강도

(15) 근로자

근로자라 함은 「근로 기준법」 제2조 제1항 제1호에 따른 근로자를 말한다.

(16) 사업주

사업주라 함은 근로자를 사용하여 사업을 하는 자를 말한다.

(17) 산업안전보건 강조기간 설정에 관한 규정 (고용노동부훈령 제455호, 2023. 5. 8. 개정)

제1조(목적) 이 훈령은 「산업안전보건법」 제4조제1항제5호에 따라 산업안전보건 강조기간을 설정하여 홍보활동을 효과적으로 전개함으로써 국민의 자율적인 산업재해예방 활동을 촉진함을 목적으로 한다.

3. 안전보건관리 제(諸)이론

(1) Webster 사전에 의한 안전 정의

① 안전은 상해, 손실, 감소, 손해 또는 위험에 노출되는 것으로부터의 자유 상태를 말한다.
② 안전은 그와 같은 자유를 위한 보관, 보호 또는 방호 장치와 시건 장치, 질병의 방지에 필요한 지식 및 기술을 말한다.

(2) H.W. Heinrich의 안전론 정의 19. 8. 4 ⑦ 20. 6. 7 ⑦

① 안전(safety) = 사고방지(accident prevention : 1931년 대표 저서)
② 사고방지는 물리적 환경과 인간 및 기계의 관계(performance)를 통제하는 과학인 동시에 기술이다.
③ 하인리히는 과학과 기술의 체계를 안전에 도입하였다.

(3) J.H. Harvey의 3E 17. 5. 7 ⑦ 19. 3. 3 ⑦

Harvey는 안전 사고를 방지하고 안전을 도모하기 위하여 3E의 조치가 균형을 이루어야 한다고 주장하여 안전에 크게 기여하였다.

[표] 3E·3S·4S

3E	3S	4S
safety education(안전교육) safety engineering(안전기술) safety enforcement(안전독려)	① 단순화(simplification) ② 표준화(standardization) ③ 전문화(specification)	4S = 3S + 총합화 (synthesization)

참고
안전학자의 생애 주기

	1881	1901	1906	1921	1931	1962	1969	1980
Elbert H. Gary	출생 (1846)	회사 CEO	안전 제일	사망 (1927)				
H. W. "Bill" Heinrich	출생 (1886.10.6.)				1:29:300 (1929)	사망 (1962.6.22.)		
Frank E. Bird Jr.				출생 (1921)				
Peter C. Compes					출생 (1930)			TOP

합격예측

3E
① 교육
② 기술
③ 독려

3正5S
(1) 3정
　① 정품
　② 정량
　③ 정위치
(2) 5S 운동
　① 정리(Seiri)
　② 정돈(Seiton)
　③ 청소(Seiso)
　④ 청결(Seiketsu)
　⑤ 습관화(Shitsuke)

무재해운동의 이념
인간존중

참고
(1) 안전평가시 안전조직을 유효하게 활용하기 위한 3가지 분석방법의 기본유형
　① 안전활동분석(직무분석)
　② 권한분석(계층별 책임분석)
　③ 관계분석(부서간 연락조정분석)
(2) 관리의 조건
　16. 3. 6 ⑦ 25. 7. 19 ⑦
　계획(plan) → 실시(do) → 검토(check) → 조치(개선, action)

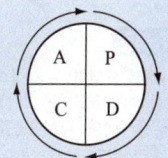

[그림] 안전관리 4-cycle

(3) 안전관리성적을 평가할 때 채택하는 주요 평가 척도 4가지
　① 상대척도
　② 절대척도
　③ 평정척도
　④ 도수척도

4. 생산성과 경제적 안전도

(1) 생산성 향상을 위한 안전의 효율적 관리

① PDCA는 사업 활동에서 생산 및 품질·안전 등을 관리하는 방법이다.
② Plan(계획) – Do(실행) – Check(검증) – Act(개선)의 4단계를 반복하여 업무를 지속적으로 개선한다.
③ 안전 우선(안전제일 : 安全第一)의 정책은 생산성 향상과 연결되며 품질개선에도 바람직한 영향을 미치게 된다.

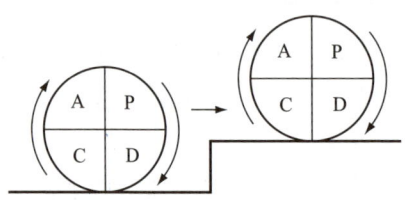

[그림] PDCA

(2) 제조물 책임(Product Liability : PL) 19. 3. 3 24. 2. 15

1 개요

① 제조물 책임이란 결함 제조물로 인해 생명·신체 또는 재산 손해가 발생할 경우 제조업자 또는 판매업자가 그 손해에 대하여 배상 책임을 지는 것
② 유럽에서는 100여년의 역사를 가지고 있으며, 미국, 일본에서도 1960~70년대부터 사회문제로 대두되어 '소비자 위험부담시대'에서 '판매자 위험부담시대'로 변환(우리나라의 제조물 책임법은 2000년 1월 12일 제정되어 2002년 7월 1일부터 시행)
③ 제조업에서 사고발생을 방지할 책임이 있기 때문에 결함 제조물에 대한 전적인 책임이 있다.

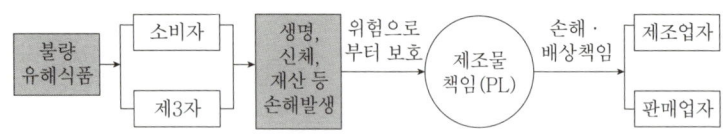

[그림] 제조물 책임

④ 제조물 결함으로 인한 손해 제조업자 등의 손해배상 책임규정 피해자 보호도모 국민생활 안전향상 국민경제의 건전한 발전에 기여

2 제조물 책임(PL)의 권리

① 1964년 미국의 케네디 대통령이 소비자의 4대 권리를 주장하고 법령으로 제정

[사진] 존 F. 케네디
(1917.5.29~1963.11.22)

② 소비자의 4대 권리

㉮ 알리는 권리(The Right to be Informed)

㉯ 안전의 권리(The Right to be Safety)

㉰ 선택의 권리(The Right to be Chosen)

㉱ 들어주는 권리(The Right to be Heard)

3 PL의 방향

① **미국** : PL 청구에 대한 판례법으로 손해를 배상하도록 책임부여

㉮ 과실책임 17. 3. 25 [기]

㉠ 설계상의 과실 ㉡ 제조상의 과실 ㉢ 경고 표시상의 과실

㉯ 보증(담보)책임 : 명시보증, 묵시보증

㉰ 엄격책임 : 불합리하고 위험한 상태의 제조물에 대한 책임

② **일본** : 민법으로 손해배상에 대한 청구를 심의

㉮ 계약책임 ㉯ 불법행위책임 ㉰ 보증보험

㉱ PL에 대한 형법적용 : 업무상 과실치사 등

4 대책

① 법률은 어떠한 경우라도 소비자에게 손해를 입혀서는 안 된다는 안전이념이 철저해야 한다.(제조업자, 판매업자의 안전의식 토착화)

② 우리나라에서도 하루 속히 이러한 법규들을 정리해서 안전이 국민생활에 정착될 수 있도록 노력하여야 한다.

5 결함 16. 3. 6 [기]

"결함"이란 제품의 안전성이 결여된 것을 의미하는데, "제품의 특성", "예견되는 사용형태", "인도된 시기"등을 고려하여 결함의 유무를 결정한다.

① 설계상의 결함 : 제조업자가 합리적인 대체설계를 채용하였더라면 피해나 위험을 줄이거나 피할 수 있었음에도 대체 설계를 채용하지 아니하여 해당 제조물이 안전하지 못하게 된 경우 23. 4. 1 [지]

② 제조상의 결함 : 제조업자가 제조물에 대한 제조, 가공상의 주의 의무 이행 여부에 불구하고 제조물이 의도한 설계와 다르게 제조, 가공됨으로써 안전하지 못하게 된 경우

③ 경고 표시상의 결함 : 제조업자가 합리적인 설명, 지시, 경고, 기타의 표시를 하였더라면 해당 제조물에 의하여 발생될 수 있는 피해나 위험을 줄이거나 피할 수 있었음에도 이를 하지 아니한 경우

6 제조물 책임의 소멸시효

① 손해배상 책임이 있는 제조업자를 안 날로부터 3년(단기 소멸시효)

② 제조업자가 제조물을 공급한 날로부터 10년(다만, 잠복기간 경과 후 손해 발생 시에는 손해가 발생한 때로부터 기산)

합격예측

생산성에 영향을 미치는 요소

① 생산량(P : Production)
② 품질(Q : Quality)
③ 원가(C : Cost)
④ 납기(D : Delivery)
⑤ 안전(S : Safety)
⑥ 환경(M : Morale)

읽을거리

PDCA 사이클

월터 슈하트(Walter A. Shewhart), 에드워즈 데밍(W. Edwards Deming)이 이 개념을 널리 퍼뜨렸는데, 특히 데밍 박사가 1950년대 일본의 품질혁신을 이끌어 내면서 크게 유명해졌다. 이 때문에 토요타(Toyota)와 같은 일본의 제조업 기업들은 PDCA를 「기본 중의 기본」으로 생각하고 있다. 자주 접하는 ISO 9001이라는 용어에도 PDCA가 담겨 있다. ISO 9001은 국제표준화기구 ISO(International Organization for Standardization)에서 제정한 품질 시스템에 대한 기준 특히 설계/개발, 생산, 설치 및 서비스에서 품질 보증 모델을 말한다. 2000년에 종합적 품질관리에 PDCA 요소를 적용하는 개정을 한 후, 2008년, 2015년 개정을 거친 것이 현재의 ISO 9001이다.

[사진] W Edwards Deming (1900~1993)

합격예측

무재해운동기본 이념 3원칙의 정의 21. 8. 23 산 21. 5. 15 기
① 무의원칙 : 근원적으로 산업재해를 없애는 것이며 '0'의 원칙이다. 17. 5. 7 기
② 참가의 원칙 : 근로자 전원이 참석하여 문제해결 등을 실천하는 원칙
③ 안전제일(선취해결)의 원칙 : 무재해를 실현하기 위해 일체의 위험요인을 사전에 발견, 파악, 해결하여 재해를 예방하거나 방지하기 위한 원칙 19. 4. 27 기 21. 8. 14 기

무재해 운동의 3요소의 정의
① 최고 경영자의 안전경영자세 – 사업주
② 관리감독자에 의한 안전보건의 추진 – 관리감독자(안전관리 라인화)
③ 직장소집단의 자주안전 활동의 활성화 – 근로자

무재해운동 개시신청서
관련기관제출기간 : 14[일]

Q 은행문제

다음 중 산업안전보건위원회에서 심의·의결된 내용 등 회의 결과를 근로자에게 알리는 방법으로 가장 적절하지 않은 것은? 25. 8. 16 산
① 사보에 게재
② 일간 신문에 게재
③ 사업장 게시판에 게재
④ 자체 정례조회를 통한 전달

정답 ②

합격예측

무재해운동의 추진 3기둥(요소) 19. 3. 3 기
① 최고경영자의 안전경영자세
② 관리감독자에 의한 안전보건의 추진
③ 직장소집단 자주안전 활동의 활성화

---

5. 재해예방활동기법

(1) 무재해운동의 정의

무재해운동이란 인간존중의 이념에 바탕을 두어 직장의 안전과 건강을 다함께 선취하자는 운동이다.(1979. 9. 1부터 시행, 2019. 1. 25(규칙 제862호) 기록인증제 폐지, 사업장자율운동 전환) 19. 9. 21 산

(2) 무재해운동기본이념 3대원칙
16. 5. 8 기 16. 10. 1 산 17. 3. 5 기 17. 8. 26 산
17. 9. 23 기 19. 4. 23 산 19. 9. 21 기 20. 6. 7 기
21. 3. 7 기 21. 5. 15 기 23. 3. 1 산 25. 5. 10 산

① 무의 원칙('0'의 원칙)
② 선취의 원칙(안전제일의 원칙)
③ 참가의 원칙

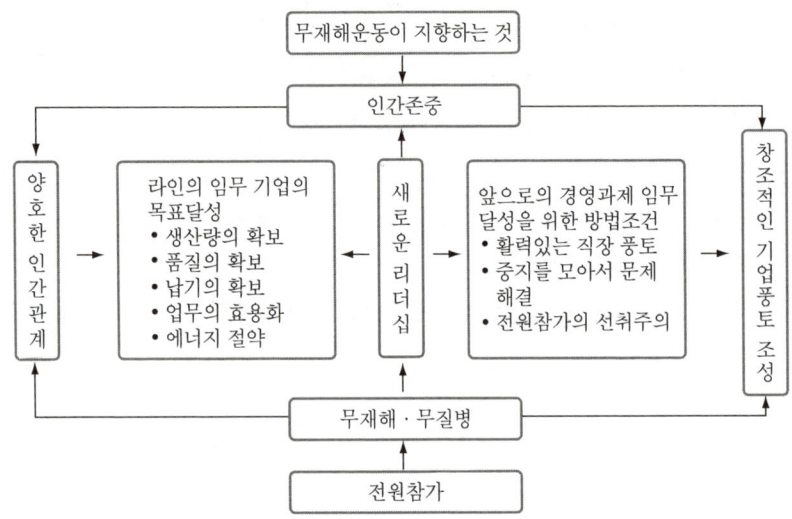

[그림] 무재해운동의 전개과정

(3) 무재해운동의 3요소(3기둥)
16. 3. 6 기 16. 5. 8 기 17. 3. 5 산 17. 5. 7 기
19. 3. 3 기 19. 11. 9 기실 20. 9. 27 기

[그림] 무재해운동의 3요소(3기둥)

(4) 무재해운동의 3이념

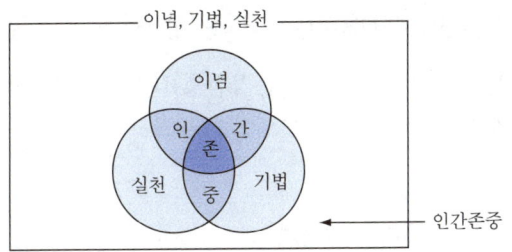

[그림] 무재해운동의 이념·기법·실천(3이념)

(5) "무재해"라 함은 무엇을 뜻하는가(무재해의 용어의 정의) 17. 3. 5 ㉆

"무재해"란 무재해운동 시행사업장에서 근로자가 업무에 기인하여 사망 또는 4일 이상의 요양을 요하는 부상 또는 질병에 이환되지 않는 것을 말한다. 다만, 다음 각 목의 어느 하나에 해당하는 경우에는 무재해로 본다.

① 업무수행 중의 사고 중 천재지변 또는 돌발적인 사고로 인한 구조행위 또는 긴급피난 중 발생한 사고
② 출·퇴근 도중에 발생한 재해
③ 운동경기 등 각종 행사 중 발생한 재해
④ 천재지변 또는 돌발적인 사고 우려가 많은 장소에서 사회통념상 인정되는 업무수행 중 발생한 사고
⑤ 제3자의 행위에 의한 업무상 재해
⑥ 업무상 질병에 대한 구체적인 인정기준 중 뇌혈관질병 또는 심장질병에 의한 재해
⑦ 업무시간외에 발생한 재해. 다만, 사업주가 제공한 사업장내의 시설물에서 발생한 재해 또는 작업개시전의 작업준비 및 작업종료후의 정리정돈과정에서 발생한 재해는 제외한다.
⑧ 도로에서 발생한 사업장 밖의 교통사고, 소속 사업장을 벗어난 출장 및 외부기관으로 위탁 교육중 발생한 사고, 회식중의 사고, 전염병 등 사업주의 법 위반으로 인한 것이 아니라고 인정되는 재해

근거 사업장 무재해 운동 추진 및 운영에 관한 규칙 제2조(정의)

(6) 무재해운동의 시간 계산 방식

① 시간 계산(총시간) = 실제 근로시간수 × 실근무자수(단, 건설업 이외의 300인 미만 사업장 적용) 15. 3. 8 ㉆
② 사무직은 통산 8시간으로 계산(건설현장근로자의 실근로산정이 어려울 경우 1일 10시간)

참고
사업장 무재해 운동 추진 및 운영에 관한 규칙 (2019. 1. 25. 제862호)

산업안전보건법 시행규칙 제73조(산업재해 발생보고)
사업주는 산업재해로 사망자가 발생하거나 3일 이상의 휴업이 필요한 부상을 입거나 질병에 걸린 사람이 발생한 경우에는 법 제57조제3항에 따라 해당 산업재해가 발생한 날부터 1개월 이내에 별지 제30호 서식의 산업재해조사표를 작성하여 관할 지방고용노동관서의 장에게 제출(전자문서에 의한 제출을 포함한다)하여야 한다. 16. 3. 6 ㉞

결론
무재해의 산업재해와 산업안전보건법의 산업재해는 차이가 있습니다.

> **참고**
>
> **목표값 산정방법**
>
> ① 달성 가능한 수치를 정한다.
> ② 목표시간 : ○○인시(人時)
> ③ 도수율 : ○○/월
> ④ 강도율 : ○○/월
> ⑤ 표준강도값 : ○○/월

> **합격예측**
>
> **무재해 1배수 목표시간의 계산 방법**
>
> ① $\frac{\text{연간 총 근로시간}}{\text{연간 총 재해자수}}$
>
> ② $\frac{\text{1인당 연평균 근로시간} \times 100}{\text{재해율}}$
>
> ③ $\frac{\text{연평균 근로자수} \times \text{1인당 연평균 근로시간}}{\text{연간 총 재해자수}}$

> ① "안전문화활동"이란 안전교육, 안전훈련, 홍보 등을 통하여 안전에 관한 가치와 인식을 높이고 안전을 생활화하도록 하는 등 재난이나 그 밖의 각종 사고로부터 안전한 사회를 만들어가기 위한 활동을 말한다.
> ② "재난관리정보"란 재난관리를 위하여 필요한 재난상황정보, 동원가능 자원정보, 시설물정보, 자리정보를 말한다.

> **문제해결의 4단계(4 Round)**
>
> ① 1R – 현상파악
> ② 2R – 본질추구
> ③ 3R – 대책수립
> ④ 4R – 행동목표설정

6. 위험예지활동

16. 3. 6 [기] 16. 5. 8 [기] [산] 17. 3. 5 [기] [산] 17. 5. 7 [기] 17. 8. 26 [기] 17. 9. 23 [기] 18. 3. 4 [산] 19. 4. 27 [기] [산] 19. 8. 4 [기] 20. 6. 7 [기] 20. 6. 14 [산] 20. 9. 27 [기] 21. 3. 7 [기] 21. 8. 14 [기] 22. 3. 5 [기]

(1) 위험예지훈련의 4단계(문제 해결 4단계)

안전을 선취하고 전원 일치의 마음가짐을 길러주는 훈련으로 다음 4단계를 활용한다.(직장내에서 소수인원으로 토의하고 생각하며 이해한다.)

1 제1단계(현상파악) 22. 3. 5 [기]

① 어떤 위험이 잠재하고 있는가?

② 전원이 토론으로 도해(圖解)의 상황 속에 잠재한 위험 요인을 발견한다.

2 제2단계(요인 조사 : 본질추구) 20. 6. 7 [기] 20. 8. 22 [기] 22. 4. 24 [기]

① 이것이 위험 요점이다!(위험의 포인트 결정 및 지적 확인)

② 발견된 위험 요인 가운데 중요하다고 생각되는 위험을 파악하고 ○표나 ◎표를 붙인다.(문제점 발견 및 중요문제 결정)

3 제3단계(대책수립) 22. 3. 5 [기]

① 당신이라면 어떻게 할 것인가?

② ◎표를 한 중요 위험을 해결하기 위해서는 어떻게 하면 좋은가를 생각하여 구체적인 대책을 세운다.

4 제4단계(행동계획설정 : 행동목표설정) 19. 3. 3 [기]

① 우리는 이렇게 한다.(우수한 대책 합의)

② 대책 중 중점적인 실시 사항에 ※표를 붙여 그것을 실천하기 위한 팀의 행동목표를 설정한다.(행동계획 결정)

(2) 위험예지훈련의 종류 19. 9. 21 [산]

① 감수성 훈련 : 문제점파악 감수성 훈련

② 문제해결 훈련 : 문제점 해결방법 파악 훈련

③ 단시간 미팅 훈련 : TBM(Tool Box Meeting) : 즉시즉응법

④ 집중력 훈련

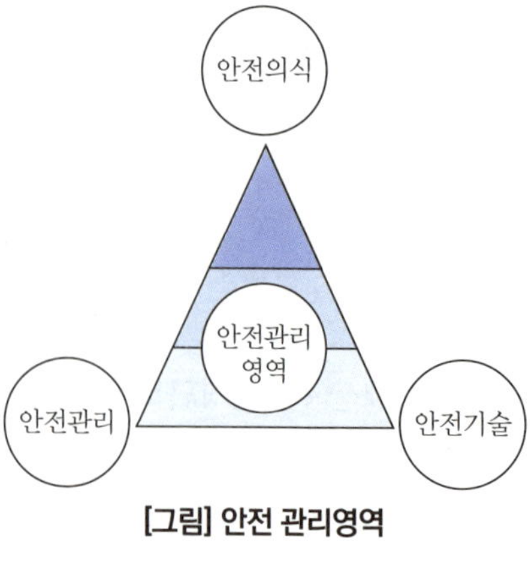

[그림] 안전 관리영역

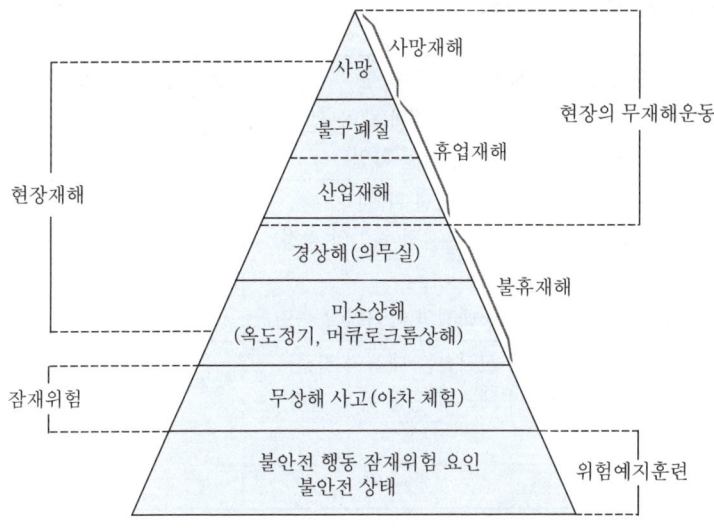

[그림] 잠재위험요인과 상해사고의 관계도

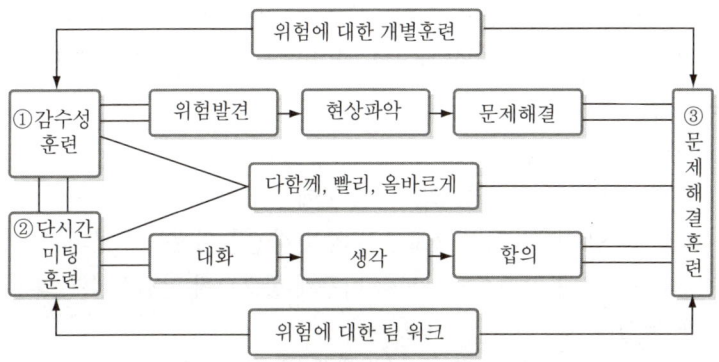

[그림] 위험예지훈련 3가지

⑤ 특징 18. 4. 28 ⑦
㉮ 위험예지훈련은 직장이나 작업의 상황 속에서 위험요인을 발견하는 감수성을 개인의 팀(5~6명) 수준으로 높이는 감수성 훈련이다.
㉯ 직장에서 전원의 집중력의 향상, 특히 단시간 미팅이 필요하다.
㉰ 발견한 위험을 해결하는 팀의 문제해결능력을 향상하는 것이 필요하다.
㉱ 위험예지훈련은 위험요인을 행동하기 전에 팀의 의욕으로 해결하는 문제해결훈련이다.

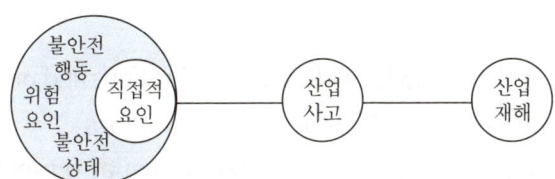

[그림] 산업재해 원인

합격예측

지적확인이란 17. 5. 7 ⑭
작업을 안전하게 오조작 없이 하기 위하여 작업공정의 요소요소에서 자신의 행동을 [○○ 좋아!]라고 대상을 지적하여 큰 소리로 확인하는 것을 말한다. (눈, 팔, 손, 입, 귀 등 감각기관을 총동원하여 확인)

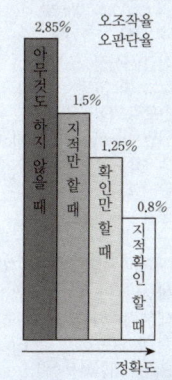

자문자답카드 위험예지훈련 16. 5. 8 ⑦
한 사람이 스스로 위험요인을 발견, 파악하여 단시간에 행동목표를 정하여 지적확인을 하며, 특히 비정상적인 작업의 안전을 확보하기 위한 위험예지훈련

Q 은행문제

다음 중 무재해운동 추진에 있어 무재해로 보는 경우가 아닌 것은?
① 출·퇴근 도중에 발생한 재해
② 제3자의 행위에 의한 업무상 재해
③ 운동경기 등 각종 행사 중 발생한 재해
④ 사업주가 제공한 사업장내의 시설물에서 작업개시전의 작업준비 및 작업종료후의 정리정돈과정에서 발생한 재해

정답 ④

ECR(Error Cause Removal)
과오원인제거

작업분석(새로운 작업방법의 개발원칙) : ECRS 17. 5. 7 ⑦
19. 8. 4 ⑦ 21. 9. 12 ⑦ 23. 7. 8 ⑭
① 제거(Eliminate)
② 결합(Combine)
③ 재조정(Rearrange)
④ 단순화(Simplify)

합격예측

Taylor의 과학적 관리법의 원칙 4가지
① 동작능력 활용의 원칙
② 작업량 절약의 원칙
③ 동작개선의 원칙
④ 부품배치의 원칙

TBM 위험예지훈련의 정의
16. 3. 6 〈기〉 16. 10. 1 〈기〉
17. 5. 7 〈기〉 19. 3. 3 〈산〉
① 작업 시작전 : 5~15분
② 작업 후 : 3~5분 정도의 시간으로 팀장을 주축
③ 인원 : 5~6명 정도가 회사의 현장 주변에서 짧은 시간의 회합
④ 상황 : 즉시즉응훈련

1인 위험예지훈련 19. 3. 3 〈기〉
① 한 사람 한 사람의 위험에 대한 감수성 향상을 도모하기 위하여 삼각 및 One Point 위험예지훈련을 통합한 활용기법의 하나이다.
② 한 사람 한 사람(리더 제외)이 동시에 공통의 도해로 4라운드까지의 1인 위험예지를 지적확인하면서 단시간에 실시한다.
③ 그 결과를 리더의 사회로 서로서로 발표하고 강평함으로써 자기 개발의 도모를 겨냥하고 있다.
(2014년 1회 출제)

위험요인은 산업재해나 사고의 원인이 될 가능성이 있는 불안전 행동과 불안전 상태이다.
원인 ⇨ 현상 ⇨ 결과
(⋯때문에) (⋯해서) (⋯된다)

브레인스토밍(BS)의 4원칙 (4S)
① 비판금지(Support)
② 자유분방(Silly)
③ 대량발언(Speed)
④ 수정발언(Synergy)

무재해운동 실천의 3기법
① 팀미팅기법
② 선취기법
③ 문제해결기법

위험예지훈련의 4R 23. 3. 1 〈산〉
① 1단계 : 현상파악
② 2단계 : 본질추구
③ 3단계 : 대책수립
④ 4단계 : 목표설정

(3) 문제해결 8단계 4라운드

문제해결 8단계(10가지 요령)	문제해결 4라운드	시행방법
① 문제제기(해결하여야 할 과제의 발견과 테마 설정) ② 현상파악(테마에 관한 현상파악, 사실 확인)	현상파악(1R)	본다.
③ 문제점 발견(현상, 사실 중의 문제점 파악) ④ 중요 문제 결정(가장 중요하고 본질적 원인의 결정)	본질추구(2R)	생각한다.
⑤ 해결책 구상(해결방침의 책정) ⑥ 구체적 대책수립(시행가능한 대책의 아이디어 수립)	대책수립(3R)	계획한다.
⑦ 중점사항 결정(중점적으로 실시하는 대책의 결정) ⑧ 실시계획 책정(실시계획의 체크와 행동 목표 설정)	행동목표설정(4R)	결단한다.
⑨ 실천		실천한다.
⑩ 반성 및 평가		반성한다.

(4) 집중발상법(Brain Storming : BS) 18. 4. 28 〈기〉 20. 9. 27 〈기〉

① 개요 : 브레인스토밍이란 6~12명 정도의 구성원으로 잠재의식을 일깨워 자유로이 아이디어를 개발하자는 토의식 아이디어 개발기법이다. (A.F. Osborn, 1941년)
② 기본 전제 조건 17. 3. 5 〈기〉
  ㉮ 창의력은 정도의 차이는 있으나 누구에게나 있다.
  ㉯ 비창의적인 사회문화적 풍토는 창의적 개발을 저해하고 있다.
  ㉰ 자유를 허용하고 부정적 태도를 바꾸게 함으로써 발전적인 창의성을 개발할 수 있다.
③ BS의 4원칙 17. 8. 26 〈기〉 17. 9. 23 〈산〉 18. 8. 19 〈기〉 19. 4. 27 〈기〉 20. 6. 7 〈기〉
  20. 8. 22 〈기〉 20. 9. 27 〈기〉 21. 3. 7 〈기〉 23. 2. 28 〈기〉
  ㉮ 비판금지(criticism is ruled out) : 좋다, 나쁘다 비판은 하지 않는다.
  ㉯ 자유분방(free wheeling) : 마음대로 자유로이 발언한다.
  ㉰ 대량발언(quantity is wanted) : 무엇이든 좋으니 많이 발언한다.
  ㉱ 수정발언(combination and improvement of thought) : 타인의 생각에 동참하거나 보충 발언해도 좋다.

(5) 전체 관찰방법

① 시각 : 기기장비의 위, 아래, 뒤, 속을 본다.(look ABBI ; look above, below, behind and inside equipment)
② 청각 : 진동이나 이상음을 듣는다.(listen for vibrations and unusual sounds)
③ 후각 : 이상한 냄새를 맡는다.(smell unusual odors)
④ 몸 : 정상 외의 온도나 진동을 느낀다.(feel unusual temperatures and vibration)

(6) 안전감독 실시 방법(STOP : Safety Training Observation Program)

① 숙련된 관찰자(안전관리자)는 불안전한 행위를 관찰하기 위하여 관찰 사이클(observation cycle)을 이용한다.(관리감독자 안전관찰 훈련 : 현장에서 실시)

② stop의 목적은 각 계층의 감독자들이 숙련된 안전관찰을 행하여 사고를 미연에 방지하고자 함이다. (미국 Du Pont 회사 개발) 19. 9. 21 기

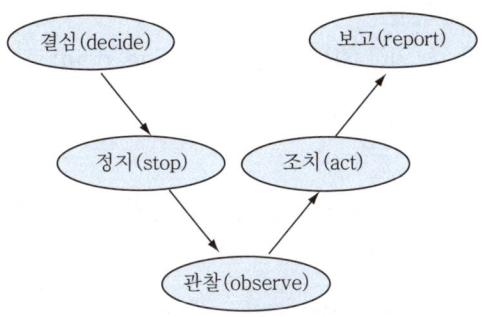

[그림] STOP 훈련 사이클

[표] 안전확인 5지 운동

종 류	호칭(수지의 가르침)	확인점
모지(무지) (마음)	하나, 자기도 동료도 부상을 당하거나 당하게 하지 말자	정신차려서 마음의 준비
시지(식지) (복장)	둘, 복장을 단정하게 안전 작업[부드러운 충고, 사람의 화(和)와 신뢰]	연락, 신호, 그리고 복장의 정비
중지(규정)	셋, 서로가 지키자 안전수칙(정리정돈은 안전의 중심)	통로를 넓게 규정과 기준
약지(정비)	넷, 정비·올바른 운전(물에 닿지 않는 손가락, 재해를 일으키지 않는 행동)	기계 차량의 점검 정비
새끼손가락 (확인)	다섯, 언제나 점검 또는 점검(새끼 손가락도 도움이 된다. 보호구는 반드시)	표시는 뚜렷하게 안전 확인

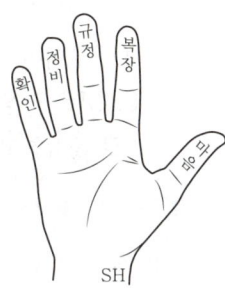

[그림] 5지 운동

[그림] touch and call 15. 5. 31 기

합격예측

재해예방과 위험방지 비교
(1) 재해예방(災害豫防 : Prevention of injury)
  ① 소극적인 대책
  ② 위험은 방치하고 재해만 피하는 개념
  ③ 정책적이고 포괄적인 의미
  예 제2차 산업재해예방계획 수립
(2) 위험방지(Prevention of hazard)
  ① 적극적인 대책
  ② 잠재된 위험까지도 제거하는 개념
  ③ 기술적이고 과학적인 의미
  예 유해·위험방지계획서 제출

STOP(Safety Training Observation Program)이란
감독자를 대상으로 한 안전관찰훈련 과정

(1) 안전확인 5지 운동
  ① 모지 : 마음
  ② 시지 : 복장
  ③ 중지 : 규정
  ④ 약지 : 정비
  ⑤ 새끼손가락 : 확인
(2) 5C(안전행동실천) 운동
10. 9. 5 기 18. 3. 4 기 18. 9. 15 기
21. 3. 7 기 21. 5. 15 기
  ① Correctness(복장단정)
  ② Cleaning(청소청결)
  ③ Clearance(정리정돈)
  ④ Checking(점검확인)
  ⑤ Concentration(전심전력)

터치앤콜(Touch and Call)
16. 5. 8 기 19. 8. 4 기 21. 5. 15 기
① 왼손을 맞잡고 같이 소리치는 것으로 전원이 스킨십(Skinship)을 느끼도록 하는 것
② 팀의 일체감, 연대감을 조성할 수 있다.
③ 대뇌 구피질에 좋은 이미지를 불어넣어 안전행동을 하도록 하는 것

Q 은행문제

연간 안전보건관리계획의 초안 작성자로 가장 적합한 사람은?
① 경영자
② 관리감독자
③ 안전스태프
④ 근로자대표

정답 ③

(7) 위험예지응용기법의 종류

1 TBM 역할연기훈련

하나의 팀이 TBM에서 위험예지활동에 대하여 역할 연기하는 것을 다른 팀이 관찰하여 연기 종료 후 전원이 강평하는 식으로 서로 교대하여 TBM 위험예지를 체험 학습하는 훈련이다.

2 one point 위험예지훈련

위험예지훈련 4R 중 2R, 3R, 4R을 모두 one point로 요약하여 실시하는 TBM 위험예지훈련이다.

3 삼각위험예지훈련

위험예지훈련을 보다 빠르게, 보다 간편하게, 전원 참여로 말하거나 쓰는 것이 미숙한 작업장을 위한 방법이다.

4 단시간 미팅(즉시즉응훈련) 진행과정   19. 4. 27 ⑦

단시간에 활기에 넘친 충실한 위험예지활동을 포함한 TBM을 그 때 그 장소에 즉응하여 전원이 역할 연습하여 체험 학습하는 것이며 TBM의 내용은 다음과 같다.

① TBM은 통상 작업 시작 전에 5분~15분 정도의 시간을 들여 행하여진다. 또한 작업 종업시의 극히 짧은 3분~5분으로 행하는 미팅도 TBM의 하나이다.
② TBM은 직장, 현장, 공구 상자 등의 근처에서 될 수 있는 한 작은 원을 만들어 이루어진다.(인원 5~7명 정도 : 소규모)
③ TBM은 직장이나 작업의 상황에 잠재된 위험을 모두가 말을 하는 가운데 스스로 생각하고 납득하고 합의하는 것이다.

5 TBM 진행 5단계   18. 9. 15 ⑦

1단계	도입	직장체조, 상호인사, 목표제창
2단계	점검정비	건강, 복장, 공구, 보호구, 안전장치, 사용기기 등 점검정비
3단계	작업지시	당일 작업에 대한 설명 및 지시를 받고 복창하여 확인
4단계	위험예측	당일 작업의 위험을 예측하고 대책 토의, 원포인트 위험예지훈련
5단계	확인	대책을 수립하고 팀의 목표 확인, 원포인트 지적확인, 터치 앤 콜

6 5C 운동   18. 3. 4 ⑦ 18. 9. 15 ⑦

① 복장단정(Correctness)
② 정리정돈(Clearance)
③ 청소청결(Cleaning)
④ 점검·확인(Checking)
⑤ 전심전력(Concentration)

밑 빠진 독에 물 붓기
throwing water on thirsty soil
⇨ 산업재해

[그림] 산업재해

7. KOSHA GUIDE(안전보건기술지침)

(1) 코샤 가이드(KOSHA GUIDE) 정의 및 법적 구속력

① KOSHA GUIDE의 정의는 법령에서 정한 최소 수준이 아닌 좀 더 높은 수준의 안전보건 향상을 위해 광범위한 기술적 사항을 정리한 자료
② 사업장의 자율적 안전보건 수준을 한층 향상하기 위한 기술지침이라고 볼 수 있다.(자율적 안전보건 가이드)
③ KOSHA GUIDE는 법적 구속력은 없다. 가끔 설치검사, PSM, 안전진단 중 검사원이 해당 가이드의 기준을 중용하라는 코멘트를 남기긴한다. 24. 2. 15 ㉮

(2) KOSHA GUIDE의 기호 설명

기술지침에는 GUIDE 표시, 분야별 또는 업종별 분류기호, 공표순서, 제·개정년도의 순으로 번호를 부여

㉠ KOSHA GUIDE D - 1 - 2024
- 제·개정년도
- 공표순서
- 분야별 또는 업종별 분류기호
- 가이드표시

No	구분	분류기호	No	구분	분류기호
1	안전설계지침	D	8	작업환경 관리지침	W
2	공정안전지침	P	9	건강진단 및 관리지침	H
3	화재보호지침	F	10	건설안전지침	C
4	점검·정비·유지관리지침	O	11	안전·보건 일반지침	G
5	기계일반지침	M	12	조선·항만하역지침	B
6	전기·계장일반지침	E	13	화학공업지침	K
7	시료 채취 및 분석 지침	A	14	리스크관리지침	X

참고자료

건설재해예방
(1) 건설재해예방기술지도란?
건설공사는 재해예방 조치 및 현장 안전관리사항에 대하여 "재해예방 전문지도기관"의 지도를 받아야 한다.
(2) 기술지도 대상 및 개요
- 대상 : 공사금액 1억 이상, 120억(토목공사 150억) 미만의 공사(1개월 이상의 공사)
- 계약시기 : 발주자가 공사 착공 전 기술지도 계약 체결
- 기술지도 진행 : 공사시작 후 15일 마다 1회
(3) 건설재해예방기술지도 제외공사
- 공사기간 1개월 미만인 공사
- 육지와 연결되지 아니한 도서지역(제주도 제외)에서 이루어지는 공사
- 안전관리자를 선임하여 안전관리자 업무만을 전담하도록 하는 공사
- 유해위험방지계획서 제출 대상공사
(4) 관련법령
- 산업안전보건법 제73조
- 산업안전보건법 시행령 제59조
(5) 수행업무
- 안전관련서식 및 교육자료 제공
- 현장여건에 적합한 안전활동 기법지도
- 산업안전보건관리 사용계획 등 지도
- 기타 표준 안전작업지침에 관한 사항 지도, 점검

읽을거리

4차 산업시대 산재예방 시스템(스마트 안전장비)
① 사물인터넷을 기반으로 한 안전장치, 기기 및 시설 등 : 예컨대 IOT를 기반으로 한 화재, 누출 알림장치, 각종 스마트 보호구 및 방호장치, 헬스케어 시스템으로 근로자의 건강증진 서비스, VR/AR을 활용한 안전교육 및 훈련
② 클라우드와 빅데이터 분석을 통한 산재예방시스템 구축
③ 스마트팩토리로 제품 생산의 전 과정이 무선통신으로 연결되어 제품의 입고, 조립, 생산, 포장, 출하까지 자동 시스템으로 ICT기술을 접목해 실시간 진단, 모니터링할 수 있는 중앙제어 시스템 공정
④ 스마트안전장비의 종류
  1. 지능형 CCTV   2. 스마트 밴드   3. 스마트 에어백 조끼
  4. 개구부 개폐 경보시스템   5. 충돌협착방지장치   6. 자율주행 로봇관리 시스템 등

합격예측

기업경영의 우선순위
안전 제1 – 품질 제2 – 생산 제3

안전의 4M(생산 효율)+1E
① Man
② Machine
③ Material
④ Method
⑤ Environment

17. 3. 5 [산]

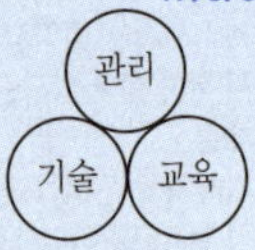

① 3E
- Enforcement
- Engineering
- Education

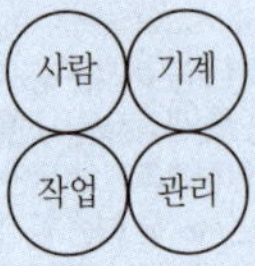

② 사고의 배후요인 4M
- Man
- Machine
- Media
- Managment

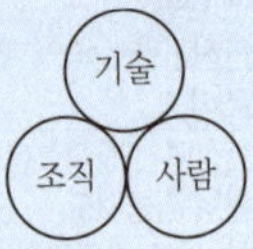

③ TOP
- Technique
- Organization
- Person

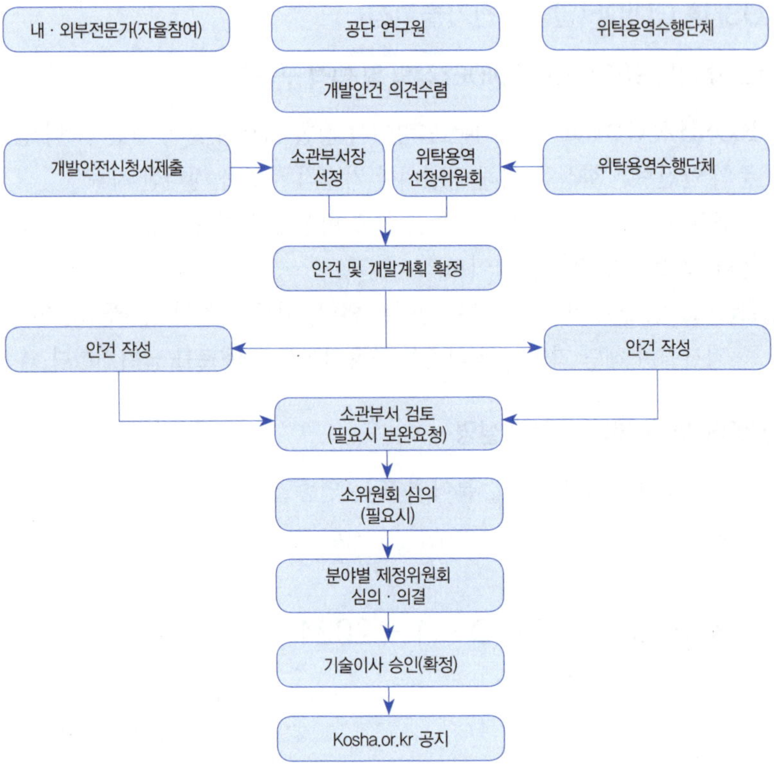

[그림] KOSHA GUIDE 흐름도

[참고] 안전보건공단 KOSHA GUIDE 검색 방법

8. 안전보건예산 편성 및 계상

(1) 예산이란

① 재해예방을 위하여 필요한 안전보건에 관한 인력시설 및 장비 구비에 필요한 예산
② 위험 요인 개선을 위한 예산인데 위험성 평가, 개선대책에 필요한 예산
③ 안전보건 관리체계 구축을 위한 예산

(2) 안전보건 예산 반영 시 고려항목

① 설비 및 시설물에 대한 안전점검 비용
② 근로자 안전보건교육 훈련 비용
③ 안전관련물품 및 보호구 등 구입비용
④ 작업환경측정 및 특수 건강검진 비용
⑤ 안전진단 및 컨설팅 비용
⑥ 위험설비 자동화 등 안전시설 개선 비용

⑦ 작업환경개선 및 근골격계질환 예방 비용
⑧ 안전보건 우수사례 포상 비용
⑨ 안전보건지원에 촉진하기 위한 캠페인 등 지원

참고사항1 중대재해 처벌 등에 관한 법률(약칭 : 중대재해처벌법)

[시행 2022. 1. 27.][법률 제17907호, 2021. 1. 26., 제정]

제4조(사업주와 경영책임자 등의 안전 및 보건 확보의무) ① 사업주 또는 경영책임자 등은 사업주나 법인 또는 기관이 실질적으로 지배·운영·관리하는 사업 또는 사업장에서 종사자의 안전·보건상 유해 또는 위험을 방지하기 위하여 그 사업 또는 사업장의 특성 및 규모 등을 고려하여 다음 각 호에 따른 조치를 하여야 한다.
1. 재해예방에 필요한 인력 및 예산 등 안전보건관리체계의 구축 및 그 이행에 관한 조치
2. 재해 발생 시 재발방지 대책의 수립 및 그 이행에 관한 조치
3. 중앙행정기관·지방자치단체가 관계 법령에 따라 개선, 시정 등을 명한 사항의 이행에 관한 조치
4. 안전·보건 관계 법령에 따른 의무이행에 필요한 관리상의 조치

② 제1항제1호·제4호의 조치에 관한 구체적인 사항은 대통령령으로 정한다.

참고사항2 중대재해 처벌 등에 관한 법률(약칭 : 중대재해처벌법 시행령)

[시행 2022. 12. 8.][대통령령 제33023호, 2022. 12. 6., 타법개정]

제4조(안전보건관리체계의 구축 및 이행 조치) 법 제4조제1항제1호에 따른 조치의 구체적인 사항은 다음 각 호와 같다.
1. 사업 또는 사업장의 안전·보건에 관한 목표와 경영방침을 설정할 것
2. 「산업안전보건법」 제17조부터 제19조까지 및 제22조에 따라 두어야 하는 인력이 총 3명 이상이고 다음 각 목의 어느 하나에 해당하는 사업 또는 사업장인 경우에는 안전·보건에 관한 업무를 총괄·관리하는 전담 조직을 둘 것. 이 경우 나목에 해당하지 않던 건설사업자가 나목에 해당하게 된 경우에는 공시한 연도의 다음 연도 1월 1일까지 해당 조직을 두어야 한다.
   가. 상시근로자 수가 500명 이상인 사업 또는 사업장
   나. 「건설산업기본법」 제8조 및 같은 법 시행령 별표 1에 따른 토목건축공사업에 대해 같은 법 제23조에 따라 평가하여 공시된 시공능력의 순위가 상위 200위 이내인 건설사업자
3. 사업 또는 사업장의 특성에 따른 유해·위험요인을 확인하여 개선하는 업무절차를 마련하고, 해당 업무절차에 따라 유해·위험요인의 확인 및 개선이 이루어지는지를 반기 1회 이상 점검한 후 필요한 조치를 할 것. 다만, 「산업안전보건법」 제36조에 따른 위험성평가를 하는 절차를 마련하고, 그 절차에 따라 위험성평가를 직접 실시하거나 실시하도록 하여 실시 결과를 보고받은 경우에는 해당 업무절차에 따라 유해·위험요인의 확인 및 개선에 대한 점검을 한 것으로 본다.
4. 다음 각 목의 사항을 이행하는 데 필요한 예산을 편성하고 그 편성된 용도에 맞게 집행하도록 할 것
   가. 재해 예방을 위해 필요한 안전·보건에 관한 인력, 시설 및 장비의 구비
   나. 제3호에서 정한 유해·위험요인의 개선
   다. 그 밖에 안전보건관리체계 구축 등을 위해 필요한 사항으로서 고용노동부장관이 정하여 고시하는 사항
5. 「산업안전보건법」 제15조, 제16조 및 제62조에 따른 안전보건관리책임자, 관리감독자 및 안전보건총괄책임자(이하 이 조에서 "안전보건관리책임자 등"이라 한다)가 같은 조에서 규정한 각각의 업무를 각 사업장에서 충실히 수행할 수 있도록 다음 각 목의 조치를 할 것

합격예측 및 관련법규

중대재해처벌법 제2조(정의)
이 법에서 사용하는 용어의 뜻은 다음과 같다.
1. "중대재해"란 "중대산업재해"와 "중대시민재해"를 말한다.
2. "중대산업재해"란 「산업안전보건법」 제2조제1호에 따른 산업재해 중 다음 각 목의 어느 하나에 해당하는 결과를 야기한 재해를 말한다.
   가. 사망자가 1명 이상 발생
   나. 동일한 사고로 6개월 이상 치료가 필요한 부상자가 2명 이상 발생
   다. 동일한 유해요인으로 급성중독 등 대통령령으로 정하는 직업성 질병자가 1년 이내에 3명 이상 발생
3. "중대시민재해"란 특정 원료 또는 제조물, 공중이용시설 또는 공중교통수단의 설계, 제조, 설치, 관리상의 결함을 원인으로 하여 발생한 재해로서 다음 각 목의 어느 하나에 해당하는 결과를 야기한 재해를 말한다. 다만, 중대산업재해에 해당하는 재해는 제외한다.
   가. 사망자가 1명 이상 발생
   나. 동일한 사고로 2개월 이상 치료가 필요한 부상자가 10명 이상 발생
   다. 동일한 원인으로 3개월 이상 치료가 필요한 질병자가 10명 이상 발생

읽을거리

ESG(환경, 사회, 지배구조)란

환경, 사회, 지배구조의 용어로 환경, 사회, 지배구조에 대한 새로운 투자기준으로 2004년 UN 보고서에서 처음 사용되었다.
ESG는 기업경영에서 지속가능성을 달성하기 위한 핵심요소로 E(Environmental)는 기후변화와 탄소배출, 환경오염 등의 환경오염등의 환경보호를 의미 S(Social)는 데이터보호와 프라이버시, 산업재해 등의 사회적 가치 경험을 의미 G(Governance)는 감사위원회 구성, 기업윤리 등의 지배구조 윤리경영을 의미
산업통상자원부의 K-ESG 지표 4개 영역 61개 지표중에 안전분야는 안전보건추진체계, 산업재해율의 2개 지표가 해당된다.
안전은 결국 생산과 품질과 연계되기 때문에 ESG경영에 있어 무엇보다 안전경영이 가장 중요하다고 사료된다.

[그림] ESG

가. 안전보건관리책임자등에게 해당 업무 수행에 필요한 권한과 예산을 줄 것
　나. 안전보건관리책임자등이 해당 업무를 충실하게 수행하는지를 평가하는 기준을 마련하고, 그 기준에 따라 반기 1회 이상 평가·관리할 것
6. 「산업안전보건법」 제17조부터 제19조까지 및 제22조에 따라 정해진 수 이상의 안전관리자, 보건관리자, 안전보건관리담당자 및 산업보건의를 배치할 것. 다만, 다른 법령에서 해당 인력의 배치에 대해 달리 정하고 있는 경우에는 그에 따르고, 배치해야 할 인력이 다른 업무를 겸직하는 경우에는 고용노동부장관이 정하여 고시하는 기준에 따라 안전·보건에 관한 업무 수행시간을 보장해야 한다.
7. 사업 또는 사업장의 안전·보건에 관한 사항에 대해 종사자의 의견을 듣는 절차를 마련하고, 그 절차에 따라 의견을 들어 재해 예방에 필요하다고 인정하는 경우에는 그에 대한 개선방안을 마련하여 이행하는지를 반기 1회 이상 점검한 후 필요한 조치를 할 것. 다만, 「산업안전보건법」 제24조에 따른 산업안전보건위원회 및 같은 법 제64조·제75조에 따른 안전 및 보건에 관한 협의체에서 사업 또는 사업장의 안전·보건에 관하여 논의하거나 심의·의결한 경우에는 해당 종사자의 의견을 들은 것으로 본다.
8. 사업 또는 사업장에 중대산업재해가 발생하거나 발생할 급박한 위험이 있을 경우를 대비하여 다음 각 목의 조치에 관한 매뉴얼을 마련하고, 해당 매뉴얼에 따라 조치하는지를 반기 1회 이상 점검할 것
　가. 작업 중지, 근로자 대피, 위험요인 제거 등 대응조치
　나. 중대산업재해를 입은 사람에 대한 구호조치
　다. 추가 피해방지를 위한 조치
9. 제3자에게 업무의 도급, 용역, 위탁 등을 하는 경우에는 종사자의 안전·보건을 확보하기 위해 다음 각 목의 기준과 절차를 마련하고, 그 기준과 절차에 따라 도급, 용역, 위탁 등이 이루어지는지를 반기 1회 이상 점검할 것
　가. 도급, 용역, 위탁 등을 받는 자의 산업재해 예방을 위한 조치 능력과 기술에 관한 평가기준·절차
　나. 도급, 용역, 위탁 등을 받는 자의 안전·보건을 위한 관리비용에 관한 기준
　다. 건설업 및 조선업의 경우 도급, 용역, 위탁 등을 받는 자의 안전·보건을 위한 공사기간 또는 건조기간에 관한 기준

참고사항3　산업안전보건법 제39조(보건조치)

제39조(보건조치) ① 사업주는 다음 각 호의 어느 하나에 해당하는 건강장해를 예방하기 위하여 필요한 조치(이하 "보건조치"라 한다)를 하여야 한다.
1. 원재료·가스·증기·분진·흄(fume, 열이나 화학반응에 의하여 형성된 고체증기가 응축되어 생긴 미세입자를 말한다)·미스트(mist, 공기 중에 떠다니는 작은 액체방울을 말한다)·산소결핍·병원체 등에 의한 건강장해
2. 방사선·유해광선·고열·한랭·초음파·소음·진동·이상기압 등에 의한 건강장해
3. 사업장에서 배출되는 기체·액체 또는 찌꺼기 등에 의한 건강장해
4. 계측감시(計測監視), 컴퓨터 단말기 조작, 정밀공작(精密工作) 등의 작업에 의한 건강장해
5. 단순반복작업 또는 인체에 과도한 부담을 주는 작업에 의한 건강장해
6. 환기·채광·조명·보온·방습·청결 등의 적정기준을 유지하지 아니하여 발생하는 건강장해
7. 폭염·한파에 장시간 작업함에 따라 발생하는 건강장해

② 제1항에 따라 사업주가 하여야 하는 보건조치에 관한 구체적인 사항은 고용노동부령으로 정한다.

9. 안전 관련 역사

(1) 유럽

- 1700년 : 이탈리아 의학자 라마니치가 다년간 임상 경험을 통한 41종의 직업병에 대한 증상과 예방법을 논술
- 1802년 : 영국에서 방직 공장에 대한 '소년공보호법'을 제정
- 1819년 : 영국에서 '소년공보호법'을 개정하여 소년 보호를 위한 근대적 공장법 제도를 만듦
- 1844년 : 영국에서 '공장법'을 개정하여 기계 장치 및 안전 설비를 갖추도록 함
- 1889년 : 프랑스 파리에서 제1회 국제산업재해예방회의가 개최됨
- 1890년 : 독일 베를린에서 노동시간, 노동자의 최저 연령 및 부인 노동 등을 협의한 국제 회의가 개최됨
- 1891년 : 노동 법규의 국제 규약화의 필요성을 인식하고, 안전기술 교환을 위하여 600명의 통신 회원 선출, 스위스에 산업재해 예방 상설 사무국을 설치
- 1893년 : 네덜란드의 암스테르담에 안전박물관 설치
- 1905년 : 베를린에서 부녀자의 야간 작업 금지와 황인의 사용금지 논의
- 1916년 : 영국 런던에 '안전제일협회'가 창립되어 1918년에는 '영국안전제일협회'로, 1923년에는 '국민안전제일협회'로 개칭됨
- 1929년 : 제12회 국제노동회의에서 재해 예방에 관한 노동 조약안 및 권고안 채택

(2) 미국

- 1836년 : 메사추세츠주에서 소년 보호를 목적으로 공장법을 제정
- 1906년 : 일리노이주에 있는 US 제강회사의 게리(Gary) 사장이 인도주의적 견지에서 '생산 제일'의 방침을 고쳐서 '안전 제일', '품질 제이', '생산 제삼'이라는 운영정책을 시행
- 1908년 : 뉴욕주에서 '근로자 보상법'이 채택됨
- 1913년 : '미국안전협의회'가 설립됨
- 1931년 : 하인리히(Heinrich, H. W.)가 '산업 사고 방지'라는 책을 출간하여 인간의 불안전한 행동이 불안전한 작업 조건보다 사고 발생 원인에 더 큰 비중을 차지한다고 제시
- 1947년 : 모든 주에서 '근로자 보상법'을 적용
- 1970년 : '산업안전과 보건에 관한 법령'(Occupational Safety and Health Administration : OSHA)을 제정

합격예측

중대재해 3가지
① 사망자가 1명 이상 발생한 재해
② 3개월 이상의 요양이 필요한 부상자가 동시에 2명 이상 발생한 재해
③ 부상자 또는 직업성 질병자가 동시에 10명 이상 발생한 재해

(1) 1명의 통제인원
한 사람의 통제하에 팀웍(team work)을 이룰 수 있는 적절한 인원은 5~6명 정도이다.

(2) ECR(Error Cause Removal)의 실수 및 과오의 요인
사업장에서 직접 작업을 하는 작업자 스스로가 자기의 부주의 또는 제반오류의 원인을 생각함으로써 작업의 개선을 하도록 하는 제안이다.

[표] ECR(Error Cause Removal)의 실수 및 과오의 요인 3가지

실수 및 과오의 요인	세부 내용
능력 부족	적성, 지식, 기술, 인간관계
주의 부족	개성, 감정의 불안정, 습관성
환경조건 부적당	표준 불량, 규칙 불충분, 연락 및 의사소통 불량, 작업조건 불량

합격예측 및 관련법규

산업안전보건법 제1조(목적)
이 법은 산업 안전 및 보건에 관한 기준을 확립하고 그 책임의 소재를 명확하게 하여 산업재해를 예방하고 쾌적한 작업환경을 조성함으로써 노무를 제공하는 사람의 안전 및 보건을 유지·증진함을 목적으로 한다.

이상에서 유럽과 미국의 산업안전운동을 살펴보았다. 연대적 고찰을 통한 안전에 대한 역사적 사고방식의 흐름은 다음과 같다.

소년 보호 → 안전 설비 → 연소자·부녀자 보호 → 인명 존중 운동 → 보건법

또한 안전 운동의 상징으로 녹십자가 사용되고 있는데, 녹십자는 1927년 이래 줄곧 안전 운동의 상징으로 쓰여져 왔으며, 흰색 바탕에 녹색의 십자(cross) 표시를 한다.

(3) 우리나라

- 1952년 : 육군 본부 인사 참모부에 안전계를 두어 육군 안전 업무를 실시하기 시작했는데, 우리나라에서 안전 업무를 체계적으로 시작한 첫 부서가 됨
- 1953년 : 근로기준법에 안전과 보건에 대한 규정을 제정
- 1956년 : 내무부 치안국에 한·미 합동 안전협의회 설치
- 1962년 : 보건사회부 노동국에 '산업안전보건위원회'와 교통부에 '안전관실' 설치 및 산업안전규정 제정 공포
- 1963년 : 철도청에 '안전관실'을 둠. 노동청이 발족되어 노정국 근로기준과에서 산업안전과 보건 업무 담당
- 1964년 : '대한산업안전본부'가 설립됨
- 1965년 : 내무부 치안국 교통과에 교통안전 전담 부서를 두고 '교통안전위원회' 설치
- 1966년 : 노동청 노정국에 산업안전과 설치
- 1973년 : '대한산업안전본부'가 '사단법인 대한산업안전협회'로 개칭
- 1977년 : 국립 노동과학연구소 발족
- 1982년 : 7월 1일부터 산업안전보건법 시행
- 2004년 : 11월 4일 안전관리헌장제정·공포
- 2014년 : 11월 19일 "국민안전처" 출범
- 2026년 : 1월 1일 산업안전보건법 시행규칙 개정 적용

산업안전운동의 시작이 유럽은 1700년대 초반이고, 1800년대부터 구체적으로 안전운동이 전개되어 왔고, 미국에서는 1830년대인 데 비해 우리나라는 1950년대에 들어서야 안전활동이 전개되었다.

합격예측

산업재해방지를 위한 안전보건관리조직의 목적

① 모든 위험요소의 제거
② 위험제거기술의 수준향상
③ 재해예방률의 향상
④ 단위당 예방비용의 절감

(1) 안전점검의 안전 5요소
① 인간
② 도구(기계)
③ 원재료
④ 환경
⑤ 작업방법

(2) 안전관리 조직의 구비조건
① 회사의 특성과 규모에 부합되게 조직되어야 한다.
② 조직의 기능이 충분히 발휘될 수 있는 제도적 체계가 갖추어져야 한다.
③ 조직을 구성하는 관리자의 책임과 권한이 분명해야 한다.
④ 생산 라인과 밀착된 조직이어야 한다.

안전보건관리조직의 형태 3가지 16. 5. 8 [기] 16. 10. 1 [기] 17. 9. 23 [기] 21. 8. 14 [기]

① Line형(직계식) : 100명 미만의 소규모 사업장
② Staff형(참모식) : 100~1,000명의 중규모 사업장
③ Line-staff형(복합식) : 1,000명 이상의 대규모 사업장

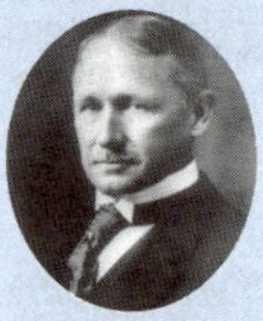

F.W. Taylor
(1856~1915)

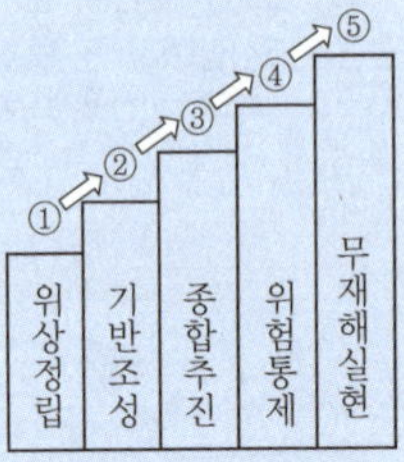

[그림] 안전경영전략 5단계

2. 안전보건관리 체제 및 운용

1. 안전보건관리조직 구성

① 현재 기준의 범위 내에서의 안전유지적 방향에서 계획한다.
② 기준의 재설정 방향에서 계획한다.
③ 문제 해결의 방향에서 계획한다.

(1) 계획의 구비조건

(2) 계획 작성(수립)시 고려사항 16. 3. 6 ⑦ 19. 3. 3 ⑦ 20. 6. 14 ⑭ 20. 8. 22 ⑦ 20. 9. 27 ⑦

① 사업장의 실태에 맞도록 독자적으로 작성하되 실현 가능성이 있도록 하여야 한다.
② 계획의 목표는 점진적으로 하여 높은 수준으로 한다.
③ 직장 단위로 구체적으로 작성한다.
④ 현재의 문제점을 검토하기 위해 자료를 조사 수집한다.
⑤ 계획에서 실시까지의 미비점, 잘못된 점을 피드백(feed back) 할 수 있는 조정기능을 갖고 있을 것
⑥ 적극적인 선취안전을 취하여 새로운 생각과 정보를 활용한다.
⑦ 계획안이 효과적으로 실시되도록 Line-staff 관계자에게 충분히 납득시킨다.

[표] 안전보건관리 조직형태

16. 3. 6 기 / 16. 10. 1 산 / 17. 3. 5 기 / 17. 5. 7 기
17. 8. 26 기 / 19. 3. 3 기 / 19. 8. 4 기 / 19. 9. 21 산 / 20. 8. 22 기 / 20. 8. 23 산 / 21. 3. 7 기

구 분	장 점	단 점	비 고
line형 조직 경영자 ↓ 생산지시 · 안전지시 ↓ 작업자	① 안전에 관한 명령과 지시는 생산 라인을 통해 신속·정확히 전달 실시된다. ② 중소 규모 기업에 활용된다. 20. 9. 27 기 21. 3. 7 기 25. 2. 7 기산	① 안전 전문 입안이 되어 있지 않아 내용이 빈약하다. ② 안전의 정보가 불충분하다. 21. 9. 12 기 22. 4. 24 기 25. 5. 10 산	① 근로자 100명 미만 사업장에 적합 ② 생산과 안전을 동시에 지시
staff형 조직 경영자 ↓ 생산지시 · 안전스태프지시 ↓ 작업자	① 안전 전문가가 안전 계획을 세워 문제 해결 방안을 모색하고 조치한다. ② 경영자의 조언과 자문 역할을 한다. ③ 안전 정보 수집이 용이하고 빠르다. 24. 2. 15 기	① 생산 부문에 협력하여 안전 명령을 전달 실시하므로 안전과 생산을 별개로 취급하기 쉽다. ② 생산 부문은 안전에 대한 책임과 권한이 없다. 18. 4. 28 기 19. 9. 21 기 20. 6. 7 기	① 관리 상호간 커뮤니케이션이 원활하도록 해야 안전 관리가 잘 이루어진다. ② 근로자 100~1,000명 정도 ③ 테일러(F.W Taylor)가 제창한 기능형 조직에서 발전
line and staff형 조직 경영자—스태프 ↓ 생산지시 · 안전지시 ↓ 작업자 16. 5. 8 기 17. 5. 7 산	① 안전 전문가에 의해 입안된 것을 경영자의 지침으로 명령·실시하므로 정확·신속히 이루어진다. ② 안전 입안·계획·평가·조사는 스태프에서, 생산 기술·안전 대책은 라인에서 실시한다.	① 명령계통과 조언, 권고적 참여가 혼동되기 쉽다. 18. 3. 4 기 ② 스태프의 월권 행위가 있을 수 있다.	① line형과 staff형의 결점을 상호 보완할 수 있는 방식인데 주로 대기업에서 활용되며 우리나라 산업안전보건법에서도 권장된다. ② 근로자 1,000명 이상 17. 3. 5 기 19. 4. 27 기 22. 3. 5 기

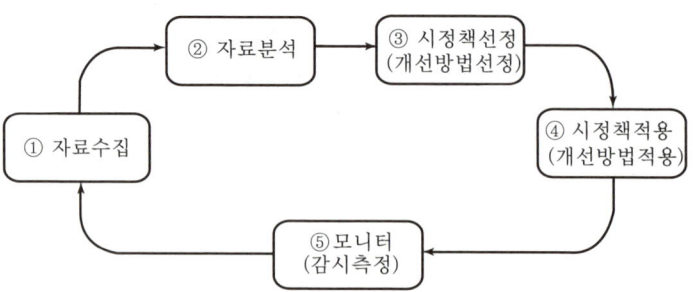

[그림] 개선된 최신 안전보건관리 기법 순서

2. 산업안전보건위원회 운영

(1) 산업안전보건위원회

1 산업안전보건위원회 구성 대상(산업안전보건법 시행령)

① 상시근로자 50명, 100명, 300명 이상 사업
② 공사금액 120억원(토목공사업 : 150억원) 이상인 건설업

사업의 종류	사업장의 상시근로자 수
1. 토사석 광업 2. 목재 및 나무제품 제조업 : 가구제외 3. 화학물질 및 화학제품 제조업 : 의약품 제외(세제, 화장품 및 광택제 제조업과 화학섬유 제조업은 제외한다) 4. 비금속 광물제품 제조업 5. 1차 금속 제조업 6. 금속가공제품 제조업 : 기계 및 가구 제외 7. 자동차 및 트레일러 제조업 8. 기타 기계 및 장비 제조업(사무용 기계 및 장비 제조업은 제외한다) 9. 기타 운송장비 제조업(전투용 차량 제조업은 제외한다)	상시근로자 50명 이상
10. 농업 11. 어업 12. 소프트웨어 개발 및 공급업 13. 컴퓨터 프로그래밍, 시스템 통합 및 관리업 13의2. 영상·오디오물 제공 서비스업 14. 정보서비스업 15. 금융 및 보험업 16. 임대업 : 부동산 제외 17. 전문, 과학 및 기술 서비스업(연구개발업은 제외한다) 18. 사업지원 서비스업 19. 사회복지 서비스업	상시근로자 300명 이상
20. 건설업 22. 3. 5 ㉠	공사금액 120억원 이상(「건설산업기본법 시행령」 별표1의 종합공사를 시공하는 업종의 건설업종란 제1호에 따른 토목공사업의 경우에는 150억원 이상
21. 제1호부터 제13호까지, 제13호의2 및 제14호부터 제20호까지의 사업을 제외한 사업	상시근로자 100명 이상

Q 은행문제

산업안전보건법령상 안전보건관리규정에 포함해야 할 내용이 아닌 것은? 19. 4. 27 ②
① 안전보건교육에 관한 사항
② 사고조사 및 대책수립에 관한 사항
③ 안전보건관리 조직과 그 직무에 관한 사항
④ 산업재해보상보험에 관한 사항

정답 ④

2 산업안전보건위원회의 구성(산업안전보건법 시행령)

① 근로자 위원
  ㉮ 근로자 대표
  ㉯ 명예산업안전감독관이 위촉되어 있는 사업장의 경우 근로자대표가 지명하는 1명 이상의 명예산업안전감독관
  ㉰ 근로자 대표가 지명하는 9명 이내의 해당 사업장의 근로자(명예산업안전감독관이 근로자 위원으로 지명되어 있는 경우에는 그 수를 제외한 수의 근로자)

② 사용자 위원
  ㉮ 해당 사업의 대표자
  ㉯ 안전관리자(안전관리전문기관에 위탁한 사업장의 경우에는 그 전문기관의 해당 사업장 담당자) 1명
  ㉰ 보건관리자(보건관리자의 업무를 보건관리전문기관에 위탁한 경우에는 그 전문기관의 해당 사업장 담당자) 1명
  ㉱ 산업보건의(해당 사업장에 선임되어 있는 경우로 한정한다)
  ㉲ 해당 사업의 대표자가 지명하는 9명 이내의 해당 사업장 부서의 장(다만, 상시근로자 50명 이상 100명 미만을 사용하는 사업장에서는 제외하고 구성할 수 있다)

3 산업안전보건위원회 심의·의결사항(산업안전보건법)

① 안전보건관리규정의 작성 및 변경에 관한 사항
② 사업장의 산업재해예방계획의 수립에 관한 사항
③ 안전보건교육에 관한 사항
④ 근로자의 건강진단 등 건강관리에 관한 사항
⑤ 작업환경측정 등 작업환경의 점검 및 개선에 관한 사항
⑥ 산업재해의 원인조사 및 재발방지대책수립에 관한 사항 중 중대재해에 관한 사항
⑦ 산업재해에 관한 통계의 기록 및 유지에 관한 사항
⑧ 유해하거나 위험한 기계·기구·설비를 도입한 경우의 안전 및 보건 관련 조치에 관한 사항
⑨ 그 밖에 해당 사업장 근로자의 안전 및 보건을 유지·증진시키기 위하여 필요한 사항

4 산업안전보건위원회 회의(산업안전보건법 시행령)

① 회의개최 주기
  ㉮ **정기회의** : 분기마다 산업안전보건위원회의 위원장 소집
  ㉯ **임시회의** : 위원장이 필요하다고 인정할 대에 소집
② 회의록에 기록할 사항
  ㉮ 개최일시 및 장소   ㉯ 출석 인원
  ㉰ 심의내용 및 의결·결정사항   ㉱ 그 밖의 토의사항

(2) 안전관계자 업무

1 안전보건관리책임자의 업무 16. 3. 6 ⑦
① 사업장의 산업재해 예방계획의 수립에 관한 사항
② 안전보건관리규정의 작성 및 변경에 관한 사항
③ 안전보건교육에 관한 사항
④ 작업환경의 측정 등 작업환경의 점검 및 개선에 관한 사항
⑤ 근로자의 건강진단 등 건강 관리에 관한 사항
⑥ 산업재해의 원인조사 및 재발방지대책수립에 관한 사항
⑦ 산업재해에 관한 통계의 기록 및 유지에 관한 사항
⑧ 안전장치 및 보호구 구입시의 적격품 여부 확인에 관한 사항
⑨ 그밖에 근로자의 유해·위험예방조치에 관한 사항으로서 고용노동부령으로 정하는 사항

2 안전관리자의 업무 17. 3. 5 ⑦ 17. 5. 7 ⑦ 17. 9. 23 ⑦ 18. 3. 4 ⑦ 18. 4. 28 ⑦
18. 8. 19 ⓢ 20. 6. 7 ⑦ 21. 9. 12 ⑦ 22. 4. 24 ⑦ 25. 2. 7 ⑦
① 산업안전보건위원회 또는 안전보건에 관한 노사협의체에서 심의·의결한 업무와 해당 사업장의 안전보건관리규정 및 취업규칙에서 정한 업무
② 위험성평가에 관한 보좌 및 지도·조언
③ 안전인증대상 기계 등과 자율안전확인대상 기계 등 구입 시 적격품의 선정에 관한 보좌 및 지도·조언
④ 해당 사업장 안전교육계획의 수립 및 안전교육 실시에 관한 보좌 및 지도·조언
⑤ 사업장 순회점검·지도 및 조치의 건의
⑥ 산업재해 발생의 원인 조사·분석 및 재발 방지를 위한 기술적 보좌 및 지도·조언
⑦ 산업재해에 관한 통계의 유지·관리·분석을 위한 보좌 및 지도·조언
⑧ 법 또는 법에 따른 명령으로 정한 안전에 관한 사항의 이행에 관한 보좌 및 지도·조언
⑨ 업무수행 내용의 기록·유지
⑩ 그 밖에 안전에 관한 사항으로서 고용노동부장관이 정하는 사항

3 법적 용어정의
① 안전보건관리책임자
  사업장을 실질적으로 총괄하여 관리하는 사람
② 안전관리자
  안전에 관한 기술적인 사항을 관리하는 사람이다. 안전관리자를 두어야 할 사업의 종류, 규모 및 안전관리자의 수·자격·직무·권한·선임방법 그 밖에 필요한 사항은 대통령령으로 정한다.

합격예측

재해발생의 분석시 3가지
18. 4. 28 ⑦ 19. 3. 3 ⑦ 21. 5. 15 ⑦
22. 4. 24 ⑦ 23. 2. 28 ⑦ 23. 5. 13 ⑦
① 기인물 : 불안전한 상태에 있는 물체(환경포함)
② 가해물 : 직접 사람에게 접촉되어 위해를 가한 물체
③ 사고의 형태(재해형태) : 물체(가해물)와 사람과의 접촉현상

참고

산업재해용어 중 시험에 출제 예상
① 부딪힘(충돌)
② 떨어짐(낙하)·날아옴(비래)
③ 붕괴·무너짐(도괴)

[그림] 넘어짐(전도)현상

[그림] 떨어짐
(추락 : Fall from height)

은행문제

다음 재해사례에서 기인물에 해당하는 것은? 19. 3. 3 ⑦

기계작업에 배치된 작업자가 반장의 지시를 받기 전에 정지된 선반을 운전시키면서 변속치차의 덮개를 벗겨내고 치차를 저속으로 운전하면서 급유하려고 할 때 오른손이 변속치차에 맞물려 손가락이 절단되었다.

① 덮개 ② 급유
③ 선반 ④ 변속치차

정답 ③

[표] 산업재해용어

용어(발생형태)	세부내용
떨어짐	• 높이가 있는 곳에서 사람이 떨어짐 • 사람이 인력(중력)에 의하여 건축물, 구조물, 가설물, 수목, 사다리 등의 높은 장소에서 떨어지는 것
넘어짐	• 사람이 미끄러지거나 넘어짐 • 사람이 거의 평면 또는 경사면, 층계 등에서 구르거나 넘어진 경우
깔림, 뒤집힘	• 물체의 쓰러짐이나 뒤집힘 • 기대어져 있거나 세워져 있는 물체 등이 쓰러진 경우 및 지게차 등의 건설기계 등이 운행·작업 중 뒤집혀진 경우
부딪힘·접촉	• 물체에 부딪힘, 접촉 • 재해자 자신의 움직임·동작으로 인하여 기인물에 접촉 또는 부딪히거나, 물체가 고정부에서 이탈하지 않은 상태로 움직임(규칙, 불규칙) 등에 의하여 접촉한 경우
맞음	• 날아오거나 떨어진 물체에 맞음 • 구조물, 기계 등에 고정되어 있는 물체가 중력, 원심력, 관성력 등에 의하여 고정부에서 이탈하거나 또는 설비 등으로부터 물질이 분출되어 사람을 가해하는 경우
끼임	• 기계설비에 끼이거나 감김 • 두 물체 사이의 움직임에 의하여 일어난 것으로 직선운동하는 물체 사이의 끼임, 회전부와 고정체 사이의 끼임, 로울러 등의 회전체 사이에 물리거나 회전체·돌기부 등에 감긴 경우
무너짐	• 건축물이나 쌓여진 물체가 무너짐 • 토사, 적재물, 구조물, 건축물, 가설물 등이 전체적으로 허물어져 내리거나 주요 부분이 꺾어져 무너지는 경우
감전	• 전기설비의 충전부 등에 신체의 일부가 직접 접촉하거나 유도전류의 통전으로 근육의 수축, 호흡곤란, 심실세동 등이 발생한 경우 또는 특별고압 등에 접근함에 따라 발생한 섬락 접촉, 합선, 혼촉 등으로 인하여 발생한 아크에 접촉된 경우
이상온도접촉	• 고·저온 환경 또는 물체에 노출·접촉된 경우
화학물질 누출·접촉	• 유해·위험물질에 노출·접촉 또는 흡입한 경우
산소결핍	• 유해물질과 관련 없이 산소가 부족한 상태·환경에 노출되었거나 이물질 등에 의하여 기도가 막혀 호흡기능이 불충분한 경우
폭발·파열	• '폭발'은 건축물, 용기 내 또는 대기 중에서 물질의 화학적, 물리적 변화가 급격히 진행되어 열, 폭음, 폭발압이 동반하여 발생하는 경우 • '파열'은 배관, 용기 등이 물리적인 압력에 의하여 찢어지거나 터진 경우로서 폭풍압이 동반되지 않은 경우를 말한다.
화재	• 가연물에 점화원이 가해져 비의도적으로 불이 일어난 경우를 말한다.

용어(발생형태)	세부내용
불균형 및 무리한 동작	• 물체의 취급 없이 일시적이고 급격한 행위·동작 등 신체동작(반응)에 의한 경우나, 물체의 취급과 관련하여 근육의 힘을 많이 사용하는 경우로서 밀기, 당기기, 지탱하기, 들어올리기, 돌리기, 잡기, 운반하기 등과 같은 행위·동작
폭력행위	• 의도적인 또는 의도가 불분명한 위험행위(마약, 정신질환 등)로 자신 또는 타인에게 상해를 입힌 폭력·폭행을 말하며, 협박·언어·성폭력 등을 포함한다.
절단·베임·찔림	• 사람과 물체간의 직접적인 접촉에 의한 것으로서 칼 등 날카로운 물체의 취급 또는 톱, 절단기 등의 회전날 부위에 접촉되어 신체가 절단되거나 베어진 경우
빠짐·익사	• 수중에 빠지거나 익사한 경우
사업장 내 교통사고	• 사업장 내의 도로에서 발생된 교통사고
사업장 외 교통사고	• 사업장 외의 도로에서 발생된 모든 교통사고와 해상·항공과 관련하여 발생한 교통사고
체육행사 등의 사고	• 업무와 관련한 체육행사, 워크숍, 회식 등에서 상해를 입는 경우
동물상해	• 동물에 의해 근로자가 상해를 입은 경우로 동물(개, 소, 말 등)에 물리거나 차이는 등에 의해 상해를 입은 경우

> 참고 **재해발생형태의 분류기준**

① 두 가지 이상의 발생형태가 연쇄적으로 발생된 재해의 경우는 상해결과 또는 피해를 크게 유발한 형태로 분류한다.

재해자가 「넘어짐」으로 인하여 기계의 동력전달부위 등에 끼이는 사고가 발생하여 신체부위가 「절단」된 경우	끼임
재해자가 구조물 상부에서 「넘어짐」으로 인하여 사람이 떨어져 두개골 골절이 발생한 경우	떨어짐
재해자가 「넘어짐」 또는 「떨어짐」으로 물에 빠져 익사한 경우	빠짐·익사

② 「맞음」, 「이상온도 노출·접촉」, 「유해·위험물질 노출·접촉」의 분류

물체 또는 물질이 떨어지거나 날아와 타박상 등의 상해를 입었을 경우	「맞음」
고·저온 물체 또는 물질이 떨어지거나 날아와 화상을 입었을 경우	「이상온도 노출·접촉」
떨어지거나 날아온 물체 또는 물질의 특성에 의하여 상해를 입은 경우	「유해·위험물질 노출·접촉」

합격예측

재해원인분석 3종목
① 사고의 유형 : 추락, 전도, 충돌, 낙하 및 비래, 협착, 감전, 폭발, 붕괴 및 도괴, 파열, 화재, 이상온도 접촉, 유해물 접촉, 무리한 동작 등
② 기인물 : 불안전한 상태에 있는 물체(환경 포함)
③ 가해물 : 사람에게 직접 접촉되어 위해를 가한 물체 (환경 포함)

안전보건관리에 대한 규정
① 안전수칙
② 실비관리 규정
③ 안전작업표준
④ 각종 위원회 규정
⑤ 안전보건관리규정

[그림] 관리감독자

Q 은행문제

스태프형 안전조직에 있어서 스태프의 주된 역할이 아닌 것은? 16. 3. 6 ⑦
① 실시계획의 추진
② 안전관리 계획안의 작성
③ 정보수집과 주지, 활용
④ 기업의 제도적 기본방침 시달

정답 ④

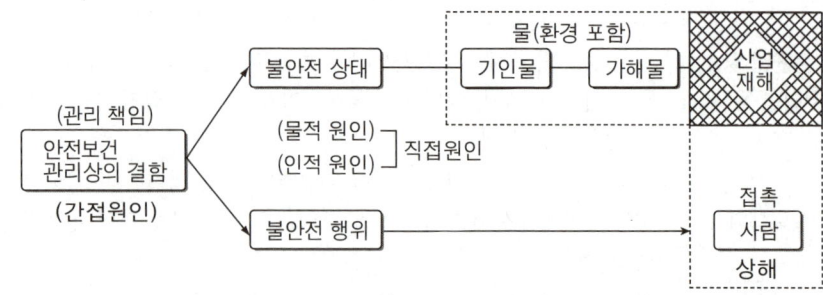

[그림] 재해 발생 모델 12. 6. 23 ⑦

4 관리감독자 업무 내용 18. 3. 4 ⑭ 20. 9. 27 ⑦

① 사업장내 관리감독자가 지휘·감독하는 작업과 관련되는 기계·기구 또는 설비의 안전보건점검 및 이상유무의 확인
② 관리감독자에게 소속된 근로자의 작업복·보호구 및 방호장치의 점검과 그 착용·사용에 관한 교육·지도
③ 해당 작업에서 발생한 산업재해에 관한 보고 및 이에 대한 응급조치
④ 해당 작업의 작업장의 정리·정돈 및 통로확보의 확인·감독
⑤ 해당 사업장의 다음 각 목의 어느 하나에 해당하는 사람의 지도·조언에 대한 협조
  ㉮ 안전관리자(안전관리전문기관에 위탁한 사업장의 경우에는 그 전문기관의 해당 사업장 담당자)
  ㉯ 보건관리자(보건관리전문기관에 위탁한 사업장의 경우에는 그 전문기관의 해당 사업장 담당자)
  ㉰ 안전보건관리담당자(안전보건관리담당자의 업무를 안전관리 전문기관 또는 보건관리전문기관에 위탁한 사업장은 그 전문기관의 해당 사업장 담당자)
  ㉱ 산업보건의
⑥ 위험성평가에 관한 업무
  ㉮ 유해·위험요인의 파악에 대한 참여
  ㉯ 개선조치의 시행에 대한 참여
⑦ 그 밖에 해당 작업의 안전 및 보건에 관한 사항으로서 고용노동부령으로 정하는 사항

5 안전관리계획 작성시 고려해야 할 사항
① 목표와 대책과의 균형을 유지할 것
② 대책 작성에 있어서는 조감도를 작성할 것

6 대책의 우선순위 결정시 유의사항
① 목표달성에 대한 기여도
② 대책의 긴급성에 의해 우선순위를 결정
③ 문제의 확대 가능성의 여부
④ 대책의 난이성에 따라 우선순위를 정하지 말 것

7 안전보건관리계획 내용의 주요항목
① 중점사항과 세부실시 사항
② 실시 시기
③ 실시 부서 및 실시 담당자
④ 실시상의 유의점
⑤ 실시 결과의 보고 및 확인

(3) 안전보건경영시스템

1 안전보건경영시스템의 개요
사업주가 자율적으로 해당 사업장의 산업재해를 예방하기 위하여 안전보건관리체제를 구축하고 정기적으로 위험성평가를 실시하여 잠재 유해·위험요인을 지속적으로 개선하는 등 산업재해예방을 위한 조치사항을 체계적으로 관리하는 제반 활동을 말한다.

2 안전보건경영시스템의 구성요소

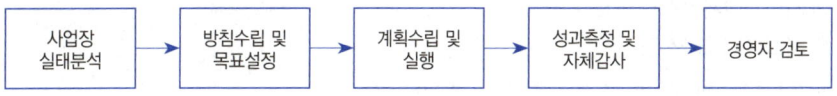

(4) 안전보건관리규정

1 안전보건관리규정 작성시 포함되어야 할 사항(산업안전보건법)
① 안전 및 보건에 관한 관리조직과 그 직무에 관한 사항
② 작업장의 안전 및 보건관리에 관한 사항
③ 안전보건교육에 관한 사항
④ 사고조사 및 대책수립에 관한 사항
⑤ 그 밖에 안전 및 보건에 관한 사항

2 안전보건관리규정 작성시 유의하여야 할 사항
① 관리자층의 직무와 권한, 근로자에게 강제하거나 요청한 부분을 명확히 할 것
② 작성 또는 변경시에는 현장의 의견을 충분히 반영할 것
③ 규정된 기준은 법정기준을 상회하도록 할 것
④ 관계법령의 제·개정에 따라 개정할 수 있도록 라인활용에 쉬운 규정일 것
⑤ 규정의 내용은 정상시는 물론 이상시, 사고시 및 재해발생시의 조치에 대해서도 규정할 것

3 안전보건관리규정의 작성·변경절차(산업안전보건법)
① 안전보건관리규정을 작성하거나 변경할 때에는 산업안전보건위원회의 심의·의결을 거쳐야 한다.
② 안전보건관리규정의 작성·변경시기(산업안전보건법 시행규칙)
 : 사유가 발생한 날부터 30일 이내에 작성·변경하여야 한다.

[표] 안전보건관리규정을 작성하여야 할 사업의 종류 및 상시근로자수(산업안전보건법 시행규칙)

사업의 종류	상시근로자수
① 농업 ② 어업 ③ 소프트웨어 개발 및 공급업 ④ 컴퓨터프로그래밍, 시스템 통합 및 관리업 ④의 2. 영상·오디오물 제공 서비스업 ⑤ 정보서비스업 ⑥ 금융 및 보험업 ⑦ 임대업(부동산 제외) ⑧ 전문, 과학 및 기술서비스업(연구개발업은 제외) ⑨ 사회지원서비스업 ⑩ 사회복지서비스업	상시근로자 300명 이상
⑪ ①부터 ④까지, ④의 2 및 ⑤부터 ⑩까지의 사업을 제외한 사업	상시근로자 100명 이상

주요항목 01 산업재해예방 계획수립 출제예상문제

출제예상문제는 복습, 예습문제로 엮었습니다. *WHY : 실제시험에도 순서에 관계없이 출제됩니다. 예습 후 다음장에 공부한 문제가 있으면 기억이 배가 됩니다.

01 ★★ 안전유지와 생산관계와의 거리가 먼 것은?

① 신뢰성 향상 ② 기술 축적 향상
③ 생산량 과다 할당 ④ 인간관계 개선

해설

안전관리 확보와 생산유지의 함수 관계
① 안전은 생산성 향상의 바탕이 된다.
② 안전은 불필요한 경비절감의 근원이 된다.
③ 안전은 직장의 질서유지를 증가시킨다.
④ 안전은 인간관계를 향상시킨다.
⑤ 안전은 생산목표의 척도가 된다.

02 ★★★ 다음 사고 원인에 대한 설명 중에서 틀린 것은?

① 교육적 원인 : 안전지식의 부족
② 간접 원인 : 고의에 의한 사고
③ 인적 원인 : 불안전한 행동
④ 직접 원인 : 불량환경 및 설비

해설

사고와 사건
(1) 고의에 의한 것은 사건(event)이며 직접 원인이다.
(2) 사고와 사건의 차이
　① 사고(accident) : 고의성이 없는 행동
　② 사건(event) : 고의성이 있는 행동 예 강간, 강도, 도둑질

03 ★ 사고방지대책을 수립하고자 할 때 하인리히는 5단계설을 주장하였다. 제1단계로 먼저 하여야 할 일은?

① 안전예산 확보 ② 안전점검표 작성
③ 안전조직 편성 ④ 안전교육 훈련

해설

안전사고방지 5단계
① 제1단계 : 조직
② 제2단계 : 사실의 발견
③ 제3단계 : 분석
④ 제4단계 : 시정책의 선정
⑤ 제5단계 : 적용

> 참고 안전조직이 완전할 때 사고가 없으며 가정, 직장, 나라도 안전하다.

04 ★ 다음 인간의 불안전한 행동 중 그 빈도가 가장 높은 것은?

① 잘못해서 딴 것과 바꾸었다.
② 잊었다.
③ 위험은 알았으나 무시했다.
④ 착각했다.

해설

직접원인(불안전 행동) 빈도
① 알고 안 하는 사고가 70[%] 이상이다.
② 욕구가 만족하지 못할 때 알면서 대부분 무시한다.

05 ★★★★ 하인리히의 사고방지대책 제4단계(시정방법의 선정)에서 하여야 할 내용과 거리가 먼 것은?

① 안전규칙이나 수칙의 개선
② 안전관리자의 선임
③ 안전행정 및 기술적 개선
④ 인원배치 조정 및 안전운동의 전개

[정답] 01 ③　02 ②　03 ③　04 ③　05 ②

해설

사고방지의 기본원리 5단계

제1단계 : 안전조직
　① 경영자의 안전 목표 설정
　② 안전관리자의 선임
　③ 안전의 라인 및 참모조직
　④ 안전활동 방침 및 계획 수립
　⑤ 조직을 통한 안전활동 전개

제2단계 : 사실의 발견
　① 사고 및 활동기록의 검토
　② 작업 분석
　③ 점검 및 검사
　④ 사고 조사
　⑤ 각종 안전회의 및 토의
　⑥ 근로자의 제안 및 여론조사

제3단계 : 분석
　① 사고원인 및 경향분석
　② 사고기록 및 관계자료 분석
　③ 인적, 물적, 환경적 조건 분석
　④ 작업공정 분석
　⑤ 교육훈련 및 적정배치 분석
　⑥ 안전수칙 및 보호장비의 적부

제4단계 : 시정방법의 선정
　① 기술적 개선
　② 배치 조정
　③ 교육훈련의 개선
　④ 안전행정의 개선
　⑤ 규정 및 수칙, 제도의 개선
　⑥ 안전운동의 전개 기타

제5단계 : 시정책의 적용
　① 교육적 대책
　② 기술적 대책
　③ 단속 대책(3E 적용단계)

06 ★★★ 다음의 재해발생 원인 가운데서 불안전한 상태에 해당하는 것은?

① 안전장치, 보호구의 불사용
② 안전장치, 보호구의 불비, 부적절
③ 규칙의 무시
④ 작업준비의 불안전

해설

재해발생의 직접원인
(1) ①, ③, ④는 불안전 행동의 원인, 즉 인적인 원인이다.
(2) 재해의 직접원인 비율
　① 불안전 행동(인적 원인) : 88[%]
　② 불안전한 상태(물적 원인) : 10[%]

07 ★★★★★ 효율적인 안전관리를 위해서는 4가지의 기본관리 cycle을 갖춰 활동을 되풀이함으로써 안전관리의 수준이 향상된다. 다음 중 안전관리 cycle 요소가 아닌 것은?

① 계획(plan)　　② 예산(budget)
③ 실시(do)　　　④ 조치(action)

해설

안전관리의 4사이클
(1) 계획을 세운다(plan : P)
　① 목표를 정한다.
　② 목표를 달성하는 방법을 정한다.
(2) 계획대로 실시한다(do : D)
　① 환경과 설비를 개선한다.
　② 점검한다.
　③ 교육 훈련한다.
　④ 그 밖에 계획을 실행에 옮긴다.
(3) 결과를 검토한다(check : C)
(4) 검토 결과에 의해 조치를 취한다(action : A)
　① 정해진 대로 행해지지 않았으면 수정한다.
　② 문제점이 발견되었을 때 개선한다.
　③ 개선의 방법에는 방법개선(method improvement)과 공정변경(process change)의 2가지 방향이 있다.
　④ 더욱 좋은 개선책을 고안하여 다음 계획에 들어간다.
(5) 관리조건 3단계 : P → D → S(see = check + action)

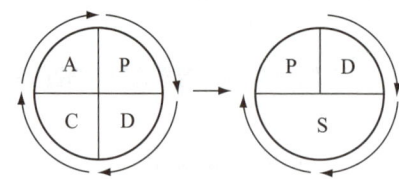

[그림] 안전관리 4사이클 및 3단계

◎ 실기 시험에도 자주 출제되고 있습니다.

08 ★★★ 지적확인의 특성은?

① 인간의 의식을 강화한다.
② 인간의 지식수준을 높인다.
③ 인간의 안전태도를 형성한다.
④ 인간의 육체적 기능수준을 높인다.

해설

지적확인
① 사람의 눈이나 귀 등 오관의 감각기관을 총동원해서 작업의 정확성과 안전을 확인하는 것을 말한다.
② 결론은 인간의식 강화단계이다.

[정답] 06 ②　07 ②　08 ①

09
버드의 재해분포에 따르면 30건의 물적 손실사고가 발생하면 무손실사고는 몇 건이 발생하는가?

① 300 ② 400
③ 600 ④ 800

해설

버드의 1 : 10 : 30 : 600의 법칙
① 중상, 또는 폐질 : 1
② 경상(물적, 인적 상해) : 10
③ 무상해 사고(물적 손실 발생) : 30
④ 무상해 무사고 고장(위험 순간) : 600

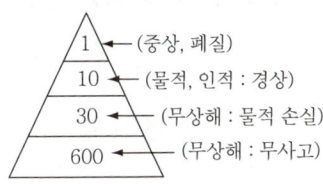

[그림] 버드의 1 : 10 : 30 : 600의 법칙

10
위험예지훈련 4R 방식 중 위험의 포인트를 결정하여 지적 확인하는 단계로 옳은 것은?

① 1단계(현상파악) ② 2단계(본질추구)
③ 3단계(대책수립) ④ 4단계(목표설정)

해설

위험예지훈련의 4단계[4-Round]
- 준비 : 멤버가 많을 때에는 서브팀 편성멤버 4~6명 역할분담(리더, 서기, 발표자, 코멘트, 보고서 담당), 신문용지 배포
- 도입 : 전원기립, 리더(서브리더)인사정렬, 구령, 건강 확인 등
- 제1단계 : 현상파악(어떤 위험이 잠재하고 있는가?)(도해의 배포)위험요인과 초래되는 현상(5~7항목 정도) 『해서는 안 된다.』 『~ 때문에 ~된다』(15분 정도)
- 제2단계 : 본질추구(이것이 위험의 포인트이다.)
   ① 문제라고 생각되는 항목에 ○표 밑줄
   ② ◎표 2항목(합의 요약). 밑줄 위험의 포인트(지적 확인 제창) 『~해서~된다』(15분) 정도
- 제3단계 : 대책수립(당신이라면 어떻게 하겠는가?)
   ◎표 항목에 대한 구체적이고 실천 가능한 대책 → 3항목 정도 → 전체로 5~7항목 정도(15분 정도)
- 제4단계 : 목표설정(우리들은 이렇게 하자.)
   4R – ① 중점 실시 항목(합의 요약) → (1~2항목 밑줄)
   4R – ② 팀의 행동목표 → 지적 확인 제창 『~을 ~하여 ~하자. 좋아!』(15분 정도)
- 확인 발표 & 코멘트 : 목표설정
   ① 원 포인트 지적 확인 연습(3회 『○○ 좋아!』)
   ② 터치 앤 콜(touch and call) 『무재해로 나가자, 좋다!』
   ③ 발표자가 1R~4R 순서대로 읽어나간다.
   ④ 상대팀의 발표 → 코멘트

○실제 현장에서도 실시하는 방법입니다.

11
무재해 운동의 추진 기법 중 위험예지훈련의 4라운드에서 제2단계 진행방법은 무엇인가?

① 본질추구 ② 현상파악
③ 목표설정 ④ 대책수립

해설

위험예지훈련 4 Round
① 제1단계 : 현상파악
② 제2단계 : 본질추구
③ 제3단계 : 대책수립
④ 제4단계 : 목표설정

○문제 10번을 보세요. 이번 시험에도 또 출제되겠지요.

12
다음 사항 중 불안전한 상태는 어느 것인가?

① 무단작업을 한다.
② 안전장치가 없다.
③ 보호구를 착용하지 않는다.
④ 안전장치를 사용하지 않는다.

해설

인적원인과 물적원인
(1) ①, ③, ④는 불안전한 행동이다.
(2) 상태는 물적이며 행동은 인적이다.

13
위험예지훈련 진행방법 중 '본질추구'는 제 몇 라운드에 해당하는가?

① 제1라운드 ② 제2라운드
③ 제3라운드 ④ 제4라운드

해설

위험예지훈련 기초 4라운드
① 제1라운드 : 현상파악
② 제2라운드 : 본질추구
③ 제3라운드 : 대책수립
④ 제4라운드 : 목표달성

참고 위험예지훈련은 반드시 출제됩니다. 또 문제은행에도 있습니다.

[정답] 09 ③ 10 ② 11 ① 12 ② 13 ②

14 사고발생의 5단계 중 재해를 예방하기 위하여 몇 단계를 제거하면 되는가?

① 3단계 ② 4단계
③ 2단계 ④ 5단계

해설

사고발생 5단계
(1) 불안전한 행동, 불안전한 상태를 제거하는 것이 가장 바람직하다(직접원인).
(2) 사고발생 5단계
　① 제1단계 : 사회적, 유전적, 환경적 요인
　② 제2단계 : 개인적 성격
　③ 제3단계 : 불안전한 행동 및 불안전한 상태
　④ 제4단계 : 사고
　⑤ 제5단계 : 재해

15 무재해운동 개시 보고는 누구에게 하는가?

① 고용노동부장관
② 산업안전공단 관할 기술 지도원장
③ 고용노동부 담당 근로감독관
④ 안전보건 관리책임자

해설

무재해운동 적용 사업장 및 적용범위
① 안전관리자를 선임해야 할 사업장 : 상시 근로자 50인 이상 사업장
② 건설공사의 경우 도급 금액이 10억원
③ 해외 건설공사의 경우 상시 근로자 500인 이상이거나 도급 금액 1억 달러 이상인 건설현장
④ 그 밖에 무재해운동 개시 보고서를 한국산업안전공단 이사장 또는 기술 지도원장에 통보한 사업장

16 어떤 사업장에서 상해 또는 질병이 5명 발생하였는데 이때 버드(Frank E. Bird, Jr.)의 재해비율 연구에 의한 경상이 일어날 수 있는 횟수는 어느 정도인가?

① 50명 ② 100명
③ 150명 ④ 200명

해설

버드의 1 : 10 : 30 : 600
(1) 버드의 사고 구성 비율 : 버드는 1753498건의 사고를 분석하고, 중상 또는 폐질 1, 경상(물적 또는 인적 상해) 10, 무상해 사고(물적 손실) 30, 무상해 무사고 고장(위험순간) 600의 비율로 사고가 발생한다고 정의하였다.
(2) 상해 질병은 5명×10 = 50명

17 다음은 안전관리의 일상업무인 안전점검을 행하는 사이클(주기)이다. 이 사이클을 바르게 설명한 것은?

① 실상의 파악 – 결함의 발견 – 대책의 결정 – 대책의 실시
② 결함의 발견 – 대책의 결정 – 대책의 실시 – 실상의 파악
③ 실상의 파악 – 결함의 발견 – 대책의 실시 – 대책의 결정
④ 결함의 발견 – 실상의 파악 – 대책의 결정 – 대책의 실시

해설

안전점검의 순환체계
실태(실상)의 파악 → 결함의 발견 → 대책의 결정 → 대책의 실시

[그림] 안전관리 사이클

18 다음 그림과 같이 K공업의 위험예지 시트의 경우 위험요인 파악이 잘못된 것은 어느 것인가?

K군은 화물에 와이어를 걸고 들어올리다가 위치가 나빠 바닥에 내리고, 와이어의 위치를 고치고 있다.

[정답] 14 ① 15 ② 16 ① 17 ① 18 ③

① 화물이 고리에서 벗어지는 것을 방지하는 장치가 없다.
② 한꺼번에 두 가지의 동작을 하고 있는 등 불안전한 행동이나 상태가 보인다.
③ 작동 팬던트 스위치는 적당하다.
④ 와이어의 고리는 손 위치가 화물에 끼임 위치에 있다.

> **해설**
>
> **위험요인 파악**
> ① 작동 팬던트를 눈으로 볼 수가 없어 위치가 부적당하다.
> ② 화물고리 각도는 30[°] 이내로 하는 것이 하중을 줄일 수 있다.

19 ★★★ 인간의 의식을 강화하고 오류를 감소하며 신속, 정확한 판단과 조치를 위한 효과적인 방법은 다음 어느 것인가?

① 확인 철저
② 환호 응답
③ 지적 환호
④ 작업표준의 교육과 훈련

> **해설**
>
> **지적 환호**
> ① 지적 환호는 무재해운동에서 실시
> ② 오류를 감소하는 데 효과적

20 ★★★★ 다음 중 재해방지 기본원칙에 해당되지 않는 것은?

① 대책선정 원칙
② 손실우연 원칙
③ 예방가능 원칙
④ 통계의 원칙

> **해설**
>
> **재해예방 4원칙**
> ① 예방가능의 원칙
> ② 손실우연의 원칙
> ③ 원인연계의 원칙
> ④ 대책선정의 원칙
> ◐실기시험에도 자주 출제되고 있습니다.

21 ★★★ 다음은 재해발생의 메커니즘을 나타낸 것이다. 기초 원인은 어떤 것과 같은 요인인가?

① 사고
② 직접원인
③ 간접원인
④ 재해

> **해설**
>
> **재해발생의 과정(메커니즘)**
>
>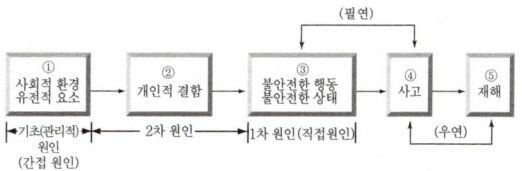
>
> [그림] 사고발생 메커니즘(mechanism) 18. 9. 15 기 20. 6. 14 산

22 ★★★ 다음 재해예방 원칙 중 대책 선정의 원칙을 바르게 설명한 것은?

① 재해는 원인만 제거되면 예방 가능하다.
② 재해예방을 위한 방안은 반드시 있다.
③ 손실은 우연히 일어나므로 예방 가능하다.
④ 재해는 어떤 원인과 결과에 따라 일어난다.

> **해설**
>
> **재해예방 4원칙** 예
> ① 예방가능의 원칙
> ② 대책선정의 원칙
> ③ 손실우연의 원칙
> ④ 원인연계의 원칙

23 ★★★★ 사고방지대책의 기본원리 중 3E를 적용하는 단계는?

① 제1단계
② 제3단계
③ 제4단계
④ 제5단계

> **해설**
>
> **사고방지 5단계**
> ① 제1단계 : 안전조직
> ② 제2단계 : 사실의 발견
> ③ 제3단계 : 분석
> ④ 제4단계 : 시정방법의 선정
> ⑤ 제5단계 : 시정책의 적용(3E 적용)

[정답] 19 ③ 20 ④ 21 ③ 22 ② 23 ④

24 작업자 자신이 자기의 부주의 이외에 제반 오류의 원인을 생각함으로써 개선을 하도록 하는 과오 원인 제거기법으로 옳은 것은?

① TBM ② STOP
③ BS ④ ECR

해설

ECR 운동
① ECR : 직접 작업을 하는 작업자 자신이 자기의 부주의 이외에 제반 오류의 원인을 생각함으로써 개선을 하도록 한다.
② ZD 운동에서는 ECR 혹은 ECE라고도 한다.
③ STOP : 미국의 듀퐁(Du Pont)에서 개발한 것으로 감독자를 대상으로 한 안전관찰훈련이다.
④ total observation(전체관찰기법) : 감각기관을 모두 활용하는 기법이다.

25 재해방지 원칙에 속하지 않는 것은?

① 같은 사고에서 생기는 손실(상해)의 종류 정도는 우연적이다.
② 재해방지의 대상은 우연의 손실보다는 사고의 발생 방지에 주력한다.
③ 직접 원인은 물적 원인과 인적 원인으로 구별된다.
④ 직접 원인에는 그것의 존재 이유가 있다. 이것을 1차 원인이라 한다.

해설

손실우연의 원칙
① 사고는 우연적이기도 하지만 필연적이다.
② 물론 사고로 인한 손실에는 우연성이 개재된다.
③ 직접 원인은 1차 원인
◐본 문제는 기출 문제이나 명확하지 않습니다. 답은 ②로 기억하세요.

26 무재해운동의 추진기법 중 위험예지훈련의 4라운드에서 제3단계 진행방법은 무엇인가?

① 본질추구 ② 현상파악
③ 목표설정 ④ 대책수립

해설

위험예지훈련의 4라운드
① 제1라운드 : 현상파악
② 제2라운드 : 본질추구
③ 제3라운드 : 대책수립
④ 제4라운드 : 목표설정

27 버드(Bird)의 재해발생에 관한 이론 중 '기본원인'은 몇 단계에 해당되는가?

① 제1단계 ② 제2단계
③ 제3단계 ④ 제4단계

해설

버드의 도미노 이론 5단계
① 제1단계 : 제어의 부족(관리)
② 제2단계 : 기본원인(기원)
③ 제3단계 : 직접원인(징후)
④ 제4단계 : 사고(접촉)
⑤ 제5단계 : 상해(손실)

28 재해사고의 예방대책 5단계 중 시정책의 적용 내용에 맞지 않는 것은?

① 3E의 적용
② 기술적인 대책 우선 적용
③ 대책 실시에 따른 재평가
④ 안전기준의 수정

해설

3E 대책
3E 대책은 하베이(J. H. Harvey)가 제창한 것이다. 하인리히는 시정책으로 기술적 개선(engineering revision), 설득호소(persuasion and appeal), 교육훈련(discipline), 인사조정(personnel adjustment) 등을 들고 있으나 결국 3E로 귀결된다고 할 수 있다. 3E를 약술하면 다음과 같다.
(1) 기술(engineering)적 대책(공학적 대책) : 안전설계, 작업행정의 개선, 안전기준의 설정, 환경 설비의 개선, 점검 보존의 확립 등을 행한다.
(2) 교육(education)적 대책 : 안전교육 및 훈련을 실시한다.
(3) 규제(enforcement)적 대책(단속, 감독 또는 관리적 대책) : 단속 대책은 엄격한 규칙에 의해 제도적으로 시행되어야 하므로 다음의 조건이 충족되어야 한다.

[정답] 24 ④ 25 ② 26 ④ 27 ② 28 ④

① 적합한 기준 설정
② 각종 규정 및 수칙의 준수
③ 전 종업원의 기준 이해
④ 경영자 및 관리자의 솔선수범
⑤ 부단한 동기부여와 사기 향상

> 참고) 행정, 수칙, 규정은 제4단계 시정방법 선정 단계에서 실시한다.

29 재해발생 과정 이론을 옳게 연결시킨 것은?

① 선천적 결함 – 개인 결함 – 불안전 행동·불안전상태 – 사고 – 재해
② 개인적 결함 – 선천적 결함 – 사고 – 재해 – 불안전 행동 상태
③ 불안전 행동 상태 – 개인 결함 – 선천적 결함 – 사고 – 재해
④ 개인적 결함 – 불안전 행동 상태 – 선천적 결함 – 재해 – 사고

해설
하인리히의 도미노(domino) 이론 5단계
① 제1단계 : 사회적, 환경적, 유전적 결함(선천적 결함)
② 제2단계 : 개인적 결함
③ 제3단계 : 불안전 행동과 불안전 상태
④ 제4단계 : 사고
⑤ 제5단계 : 재해(상해)
➡ 실기에도 출제되며 이번 시험에도 출제된다.

30 무재해운동 추진기법 중 위험예지훈련의 4라운드에서 제4단계 진행방법은 무엇인가?

① 목표설정   ② 현상파악
③ 대책수립   ④ 본질추구

해설
위험예지문제 해결 4단계(4라운드) 진행방법
① 제1단계 : 현상파악(문제제기, 현상 파악)
② 제2단계 : 본질추구(문제점 발견, 중요문제 결정)
③ 제3단계 : 대책수립(해결책 구성, 구체적 대책 수립)
④ 제4단계 : 행동목표 설정(중점 중요사항, 실시계획 책정)

31 안전사고방지의 기본원칙 중 2단계 사실의 발견과 관계없는 것은?

① 교육훈련의 분석   ② 안전토의
③ 사고조사   ④ 안전진단

해설
안전사고 기본원칙 2단계
(1) 교육훈련의 분석은 제3단계
(2) 사실의 발견 내용(제2단계)
　① 사고 및 활동기록 검토
　② 작업분석
　③ 안전점검
　④ 사고조사
　⑤ 안전회의 및 토의
　⑥ 종업원 여론조사

32 무재해운동의 3원칙에 해당되지 않는 것은?

① 무의 원칙   ② 보장의 원칙
③ 선취의 원칙   ④ 참가의 원칙

해설
무재해운동의 3원칙
① 무의 원칙
② 선취(안전제일)의 원칙
③ 참가의 원칙

33 버드(Bird)의 재해발생에 관한 연쇄이론 중 직접적인 원인은 몇 단계에 해당되는가?

① 제1단계   ② 제2단계
③ 제3단계   ④ 제4단계

해설
버드의 연쇄성 이론 5단계
① 제1단계 : 제어 부족(관리부재)
② 제2단계 : 기본 원인
③ 제3단계 : 직접 원인(징후)
④ 제4단계 : 사고(접촉)
⑤ 제5단계 : 상해(손실)

[정답] 29 ①　30 ①　31 ①　32 ②　33 ③

34 ★★ 사고발생은 다음 중 어느 것에 기인되어 일어나는가?

① 사람의 불안전한 행동에 의하여만 일어난다.
② 불안전한 상태에 의하여 일어난다.
③ 불안전한 행동과 불안전한 상태가 복합되어 일어난다.
④ 위 모두 해당되지 않는다.

해설

재해비율
① 재해사고(98%) = 불안전한 행동(88%) + 불안전한 상태(10%)
② 재해원인 = 인적원인 + 물적원인

35 ★★★ 다음 재해발생 원인 중 기술적 원인에 속하지 않는 것은?

① 구조·재료의 부적합
② 생산 방법의 부적당
③ 점검 정비 보존 불량
④ 안전수칙의 오해

해설

재해의 간접원인(관리적 원인)
(1) 기술적 원인
　① 건물·기계장치 설계 불량
　② 구조·재료의 부적합
　③ 생산공정의 부적당
　④ 점검 및 보존 불량
(2) 교육적 원인
　① 안전지식의 부족
　② 안전수칙의 오해
　③ 경험훈련의 미숙
　④ 작업방법의 교육 불충분
　⑤ 유해·위험작업의 교육 불충분
(3) 작업관리상의 원인
　① 안전관리조직의 결함
　② 안전수칙 미제정
　③ 작업준비 불충분
　④ 인원배치 부적당
　⑤ 작업지시 부적당
결론 : 안전수칙의 오해는 교육적 원인이다.

36 ★★ 작업장에서 가장 높은 비율을 차지하는 사고원인은?

① 작업방법
② 작업환경
③ 시설장비의 결함
④ 근로자의 불안전한 행동

해설

인적원인(불안전한 행동)
(1) ④는 안전사고의 88[%]이다.
(2) 그 밖에 불안전 상태는 사고의 10[%]이다.

37 ★★ 불안전한 행동의 원인이 아닌 것은?

① 생리적 원인　　② 심리적 원인
③ 교육적 원인　　④ 안전수칙 원인

해설

불안전 행동의 원인
① 생리적　　② 심리적
③ 교육적　　④ 환경적
➡ ① 문제 35번을 정독했으면 답이 보이지요.
　② 실기 필답형 2003년, 2004년 출제

38 ★★ 다음 중 근로자의 불안전한 행동이 아닌 것은?

① 보호구, 복장 잘못 사용
② 기계장치의 저속
③ 불안전한 상태 방치
④ 물 자체의 결함

해설

재해의 직접 원인

불안전한 상태(물적)	불안전한 행동(인적)
① 물 자체 결함	① 위험장소 접근
② 안전방호장치 결함	② 안전장치의 기능 제거
③ 복장, 보호구의 결함	③ 복장, 보호구의 잘못 사용
④ 물의 배치 및 작업장소 결함	④ 기계 기구 잘못 사용
⑤ 작업환경의 결함	⑤ 운전중인 기계장치의 손실
⑥ 생산공정의 결함	⑥ 불안전한 속도 조작
⑦ 경계표시, 설비의 결함	⑦ 위험물 취급 부주의
	⑧ 불안전한 상태 방치
	⑨ 불안전한 자세 동작
	⑩ 감독 및 연락 불충분

[정답] 34 ③　35 ④　36 ④　37 ④　38 ④

39 위험예지훈련 4R방식 중 위험의 포인트를 결정하여 지적 확인하는 단계로 옳은 것은?

① 1단계(현상파악) ② 2단계(본질추구)
③ 3단계(대책수립) ④ 4단계(목표설정)

해설

위험예지훈련 4R
① 제1R : 잠재위험요인 발견
② 제2R : 본질추구(지적확인단계)
③ 제3R : 위험예방대책 실시
④ 제4R : 행동목표설정
◐ 유사한 문제가 반복되는 것은 문제은행식이며 이번 시험에도 출제될 수 있다는 것을 강조합니다.

40 재해발생시 긴급처리 순서를 알맞게 기술한 것은?

① 피재자의 응급조치 – 피재기계의 정지 – 통보 – 2차 재해방지 – 현장보존
② 피재기계의 정지 – 통보 – 2차 재해방지 – 피재자의 응급조치 – 현장보존
③ 피재자의 응급조치 – 피재기계의 정비 – 2차 재해방지 – 통보 – 현장보존
④ 피재기계의 정지 – 피재자의 응급조치 – 통보 – 2차 재해방지 – 현장보존

해설

재해발생 긴급처리 순서
(1) 재해발생처리 순서의 7단계 : 긴급처리 – 재해조사 – 원인강구 – 대책수립 – 대책실시계획 – 실시 – 평가
(2) 제1단계(긴급처리 5단계)
　① 피재기계의 정지
　② 피재자의 응급조치
　③ 관계자에게 통보
　④ 2차 재해방지
　⑤ 현장보존

41 다음 중 불안전한 상태가 아닌 것은 어느 것인가?

① 위험물질의 방치 ② 난폭한 성격
③ 기계의 상태 불량 ④ 환기 불량

해설

① 난폭한 성격은 불안전한 행동이다.
② 불안전 상태는 물적 원인을 말한다.

참고 문제 38번 해설

42 안전추진을 위한 동기부여를 하부기구에 대해서 생각할 경우 가장 중점적 대상이 되어야 하는 것은 다음 중 누구인가?

① 최고 경영자 ② 기업 경영자
③ 제일선 감독자 ④ 경영 관리자

해설

안전추진 기구
① 안전추진시 하부기구의 중점적 대상은 제일선 감독자이다.
② 최상부기구의 안전추진은 최고 경영자이다.

43 노무를 제공하는 사람이 업무에 관계되는 건설물, 설비, 원재료, 가스, 증기, 분진 등에 의하거나 작업, 그 밖의 업무에 기인하여 사망, 부상, 질병에 이환되는 것을 무엇이라 하는가?

① 케이슨병 ② 직업병
③ 산업재해 ④ 상해

해설

용어정의
(1) "산업재해"라 함은 노무를 제공하는 사람이 업무에 관계되는 건설물·설비·원재료·가스·증기·분진 등에 의하거나 작업 그 밖의 업무에 기인하여 사망 또는 부상하거나 질병에 걸리는 것을 말한다.
(2) "근로자"라 함은 「근로기준법」 제2조 제1항 제1호에 따른 근로자를 말한다.
(3) "사업주"라 함은 근로자를 사용하여 사업을 행하는 자를 말한다.
(4) "근로자대표"라 함은 노동조합이 조직되어 있는 경우 그 노동조합을, 노동조합이 조직되어 있지 아니한 경우에는 근로자의 과반수를 대표하는 자를 말한다.
(5) "작업환경측정"이라 함은 작업환경의 실태를 파악하기 위하여 해당 근로자 또는 작업장에 대하여 사업주가 측정계획을 수립하여 시료의 채취 및 그 분석·평가를 하는 것을 말한다.
(6) "안전보건진단"이라 함은 산업재해를 예방하기 위하여 잠재적 위험성의 발견과 그 개선대책의 수립을 목적으로 조사·평가하는 것을 말한다.
(7) "중대재해"라 함은 산업재해 중 사망 등 재해의 정도가 심하거나 다수의 재해자가 발생한 경우로서 고용노동부령으로 정하는 재해를 말한다.

참고 산업안전보건법 제2조(정의)

[정답]　39 ②　40 ④　41 ②　42 ③　43 ③

44 ★★★ 무재해 운동의 이념은?

① 인간존중의 이념 ② 이윤추구의 이념
③ 재해방지의 이념 ④ 무사고 이념

해설

무재해 운동의 정의
무재해 운동의 근본이념은 인간존중의 이념이며, 안전과 건강을 다함께 선취하는 운동이다.

45 ★★★★★ 다음 중 지적 확인시의 의식수준은?

① phase Ⅰ ② phase Ⅱ
③ phase Ⅲ ④ phase Ⅳ

해설

의식 level의 단계 분류

단계(phase)	의식의 mode	주의 작용	생리적 상태	신뢰성	뇌파 작용
phase 0	무의식, 실신	zero	수면, 뇌발작	zero	γ파
phase Ⅰ	의식흐림 (subnormal, 의식 몽롱함)	inactive	피로, 단조로움, 졸음, 술취함	0.9 이하	θ파
phase Ⅱ	이완상태 (normal, relaxed)	passive, 마음이 안쪽으로 향함	안정기거, 휴식 시, 정례작업(정상작업시)	0.99~0.99999	α파
phase Ⅲ	상쾌한 상태 (nomal, clear)	active, 앞으로 향하는 주시야도 넓다.	적극 활동시(지적 확인 단계)	0.999999 이상	β파
phase Ⅳ	과긴장 상태 (hyper normal, excited)	일점으로 응집, 판단 정지	긴급방위 반응, 당황해서 panic (감정 흥분시 당황한 상태)	0.9 이하	β파 또는 전자파

46 ★★★ 안전사고 방지의 기본원칙 중 사실적 발견과 관계없는 것은?

① 교육훈련의 분석 ② 안전토의
③ 사고조사 ④ 안전진단

해설

사고방지 기본원칙
(1) 제2단계 : 사실의 발견 사항
   ① 자료수집
   ② 작업공정의 분석, 위험분석
   ③ 점검·검사 및 조사 실시
(2) 교육훈련분석 : 제3단계, 분석평가 한다.

47 ★★ 다음 중 안전관리란 말을 가장 적절히 설명한 것은?

① 조직 내 마련된 위험에 대한 사전통제 방법
② 안전공학보다 관리적 측면을 강조한 안전활동
③ 산업심리나 인간공학적인 측면을 강조한 안전수단
④ 안전공학 측면을 강조하는 안전수단

해설

안전관리
(1) 안전관리의 목적은 재해를 사전에 통제하는 것이다.
(2) 안전관리(safety management)
생산성의 향상과 손실(loss)의 최소화를 위하여 행하는 것으로 비능률적 요소인 사고가 발생하지 않은 상태를 유지하기 위한 활동 즉 재해로부터 인간의 생명과 재산을 보호하기 위한 계획적이고 체계적인 제반 활동을 말한다.
◐ 실기시험 용어 정의로 출제됩니다.

48 ★★★★★ 작업에 들어갈 때 그림과 같이 수지를 하나하나 꺾으면서 안전을 확인하고 전부 끝나면 힘차게 쥐고 '무사고로 가자' 하는 안전확인 5지 운동에 속하지 않는 것은?

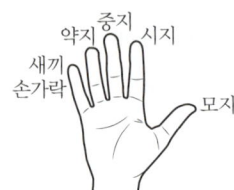

① 모지 : 마음 ② 시지 : 복장
③ 약지 : 확인 ④ 중지 : 규정

해설

안전확인 5지 운동
① 모지(하나) : 마음의 준비
② 시지(둘) : 복장
③ 중지(셋) : 규정과 기준
④ 약지(넷) : 점검 정비
⑤ 새끼손가락(다섯) : 안전확인

[정답] 44 ① 45 ③ 46 ① 47 ① 48 ③

49. 무재해운동의 이념 중 선취의 원칙이란?

① 재해를 예방하거나 방지하는 것
② 근로자 전원이 일체감을 조성하는 것
③ 사고의 잠재요인을 사전에 파악하는 것
④ 근로자 전원이 자발성, 자주성으로 안전활동을 촉진하는 것

해설

무재해 운동 3원칙
① 선취의 원칙
② 참가의 원칙
③ 무의 원칙

50. 다음 중 사고방지의 기본원리 중 그 시정책을 선정하는 데 필요한 조치가 아닌 것은?

① 기술교육 및 훈련의 개선
② 안전행정의 개선
③ 안전점검의 사고조사
④ 인사조정 및 감독체제의 강구

해설

안전사고 방지 4단계
(1) 시정책의 선정(대책의 선정)
  ① 기술적
  ② 관리적
  ③ 제도적
(2) 안전점검 및 사고조사는 제2단계 : 사실의 발견(현상 파악) 단계에서 한다.

51. 버드(Bird)의 재해발생에 관한 이론 중 '직접 원인'은 몇 단계에 해당되는가?

① 제1단계 ② 제2단계
③ 제3단계 ④ 제4단계

해설

버드(Frank Bird)의 사고연쇄성 5단계
① 제1단계 : 통제(control)의 부족(관리의 부재) : 계획, 조직, 지시, 통제
② 제2단계 : 기본적 원인(기원론, 원인학)
③ 제3단계 : 직접적 원인(징후)
④ 제4단계 : 사고(접촉)
⑤ 제5단계 : 상해(손실)

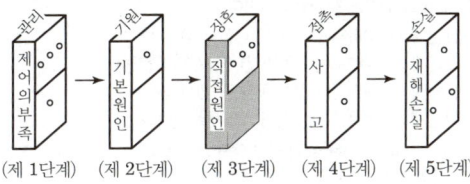

[그림] 버드의 재해연쇄 이론

52. 다음 중 문제해결방법이 아닌 것은?

① 현상파악 ② 대책수립
③ 행동목표설정 ④ 안전평가

해설

문제해결 4라운드
① 현상파악
② 본질추구
③ 대책수립
④ 행동목표설정

53. 위험예지훈련 4R 방식 중 위험의 포인트를 결정하여 "합의 요약"하는 단계로 옳은 것은?

① 1단계 ② 2단계
③ 3단계 ④ 4단계

해설

위험예지훈련의 4R
① 1R : 도해 배포
② 2R : 지적 확인 제창
③ 3R : 구체적 대책
④ 4R : 합의 요약

[정답] 49 ① 50 ③ 51 ③ 52 ④ 53 ④

54 ★★ 위험예지훈련의 진행방법에서 3R(라운드)에 해당하는 것은?

① 목표설정　　② 본질추구
③ 현상파악　　④ 대책수립

해설

위험예지 문제해결 4단계(4round)
① 제1단계 : 현상파악(문제제기, 현상파악)
② 제2단계 : 본질추구(문제점 발견, 중요 문제 결정)
③ 제3단계 : 대책수립(해결책 구상, 구체적 대책수립)
④ 제4단계 : 행동목표설정(중점 중요사항, 실시계획 책정)
◆ 문제 52, 문제 53은 실제 같은 문제입니다. 이번 시험에도 출제된다는 것을 기억하십시오.

55 ★★ 안전사고의 관리적 원인 중 기술적 원인에 해당되지 않는 것은?

① 인원배치 부적당
② 점검·정비·보존불량
③ 생산방법의 부적당
④ 구조재료의 부적합

해설

기술적 원인
기계·기구·설비 등의 방호설비, 경계설비, 보호구정비 등의 기술적 결함
◆ 인원배치 부적당은 관리적 원인이다.

56 ★★★ 안전사고방지 기본원칙 중 사실의 발견과 관계가 먼 것은?

① 사고조사　　② 안전조사
③ 안전토의　　④ 교육훈련의 분석

해설

사고방지의 기본원리 5단계
(1) 제1단계 : 안전조직
  ① 경영자의 안전 목표 설정
  ② 안전관리자의 선임
  ③ 안전의 라인 및 참모조직
  ④ 안전활동방침 및 계획 수립
  ⑤ 조직을 통한 안전활동 전개
(2) 제2단계 : 사실의 발견
  ① 사고 및 활동 기록의 검토
  ② 작업분석
  ③ 점검 및 검사
  ④ 사고조사
  ⑤ 각종 안전회의 및 토의
  ⑥ 근로자의 제안 및 여론조사
(3) 제3단계 : 분석
  ① 사고원인 및 경향성 분석
  ② 사고기록 및 관계자료 분석
  ③ 인적·물적 환경조건 분석
  ④ 작업공정 분석
  ⑤ 교육훈련 및 적정배치 분석
  ⑥ 안전수칙 및 보호장비의 적부
(4) 제4단계 : 시정방법의 선정
  ① 기술적 개선
  ② 배치조정
  ③ 교육훈련의 개선
  ④ 안전행정의 개선
  ⑤ 규칙 및 수칙 등 제도의 개선
  ⑥ 안전운동의 전개 기타
(5) 제5단계 : 시정책의 적용
  ① 교육적 대책
  ② 기술적 대책
  ③ 단속 대책

57 ★★ 다음 재해발생원인 중 기초원인에 해당하는 것은?

① 불안전한 설계 구조
② 불안전한 장비 사용
③ 불안전한 복장 보호구
④ 불충분한 안전관리 활동

해설

기초원인 – 습관적, 사회적, 환경적, 유전적, 관리감독적 특성
① 조직적인 안전활동의 결여, 감독자의 안전관리 안전위원회의 결여, 사고조사의 결여, 조직의 결여 등
② 불충분한 안전관리 활동, 비효과적인 안전활동
③ 안전활동의 수행 방향과 참여의 결여
④ 가드설치의 실패, 충분한 응급조치, 개인보호구, 안전공구, 안전작업 환경 결여
⑤ 신입 작업자의 적성과 작업경험을 시험하는 적당한 과정 결여
⑥ 작업자의 사기의욕의 저하
⑦ 안전작업 규정의 시행규제의 결여
⑧ 사고발생 책임 소재의 결여

[정답] 54 ④　55 ①　56 ④　57 ④

58 무재해운동을 추진하기 위한 3요소가 아닌 것은?

① 경영층의 엄격한 안전방침 및 자세
② 안전활동의 라인화
③ 직장 자주활동의 활성화
④ 전 종업원의 안전요원화

해설

무재해운동의 3요소(3기둥)
① 경영층의 엄격한 안전방침 및 자세
② 안전활동의 라인화
③ 직장 자주활동의 활성화

59 사고방지의 기본원리에 대하여 설명한 것이다. 해당되지 않는 것은?

① 관리책임의 원칙   ② 원인연계의 원칙
③ 손실우연의 원칙   ④ 예방가능의 원칙

해설

산업재해 4원칙 4가지
(1) ②, ③, ④
(2) 대책 선정의 원칙

60 다음 설명 중 재해의 특징이 아닌 것은?

① 모든 재해는 사전에 방지할 수 있다.
② 모든 재해의 발생에는 원인이 존재한다.
③ 모든 재해는 대책이 선정된다.
④ 모든 재해는 인적 손상과 물적 손실이 수반된다.

해설

재해의 특징
① 재해예방 4원칙에 따라 모든 재해는 예방이 가능하다.(단, 천재지변 제외)
② 재해는 인적과 물적이 동시에 있을 수 있지만 인적·물적이 각각 발생하는 예가 많다.

61 다음 중 사고의 간접원인이 아닌 것은?

① 정신적 원인   ② 관리적 원인
③ 신체적 원인   ④ 물적 원인

해설

① 사고의 직접원인 : 인적 원인, 물적 원인
② 사고의 간접원인 : 교육적, 관리적, 정신적, 신체적, 기술적 원인

62 다음 중 무재해운동의 3원칙에 해당되지 않는 것은?

① 무의 원칙   ② 보장의 원칙
③ 선취의 원칙 ④ 참가의 원칙

해설

무재해운동의 3원칙
① 무의 원칙
② 선취의 원칙
③ 참가의 원칙

63 산업재해의 원인으로 간접적 원인에 해당되지 않는 것은?

① 기술적 원인   ② 물적 원인
③ 정신적 원인   ④ 교육적 원인

해설

물적 원인과 인적 원인은 직접 원인이다.
▶ 문제 61번과 유사합니다. 문제은행식이니 계속 출제가 되겠지요.

64 다음 내용 중 사람의 결함에 의한 사고원인과 밀접한 것은 어떤 것인가?

① 소음 진동   ② 정비불량
③ 과로   ④ 보호구 구입 보관

해설

사고원인
① 소음 진동 : 환경 원인
② 정비불량 : 불안전한 상태
③ 보호구 구입 보관 : 불안전한 상태
④ 과로 : 인간의 피로 상태

💬 **합격자의 조언**
적극적인 언어를 사용하라. 부정적인 언어는 복 나가는 언어다.

[정답] 58 ④   59 ①   60 ④   61 ④   62 ②   63 ②   64 ③

65. 안전관리자의 업무에 해당되지 않는 것은?

① 해당 사업장 안전교육 계획의 수립 및 실시에 관한 보좌 및 지도·조언
② 직업병 발생의 원인조사 및 대책수립
③ 산업재해발생의 원인조사 및 재발방지를 위한 지도·조언
④ 안전에 관련된 보호구의 구입시 적격품 선정에 관한 보좌 및 지도

해설

안전관리자 업무
① 산업안전보건위원회 또는 안전보건에 관한 노사협의체에서 심의·의결한 업무와 해당 사업장의 안전보건관리규정 및 취업규칙에서 정한 업무
② 위험성 평가에 관한 보좌 및 지도·조언
③ 안전인증대상 기계 등과 자율안전확인대상 기계 구입시 적격품의 선정에 관한 보좌 및 지도·조언
④ 해당 사업장 안전교육계획의 수립 및 안전교육 실시에 관한 보좌 및 지도·조언
⑤ 사업장 순회점검·지도 및 조치의 건의
⑥ 산업재해 발생의 원인 조사·분석 및 재발 방지를 위한 기술적 보좌 및 지도·조언
⑦ 산업재해에 관한 통계의 유지·관리·분석을 위한 보좌 및 지도·조언
⑧ 법 또는 법에 따른 명령으로 정한 안전에 관한 사항의 이행에 관한 보좌 및 지도·조언
⑨ 업무수행 내용의 기록·유지
⑩ 그 밖에 안전에 관한 사항으로서 고용노동부장관이 정하는 사항

◆ 안전관리자가 자기 업무를 모른다면 말이 안 되겠지요.

66. 다음은 안전조직 형태를 설명한 것이다. 맞게 이어 놓은 것은?

① 명령과 보고관계 간단명료한 조직 – 라인 조직
② 경영자에게 조언과 자문역할을 한다 – 라인 조직
③ 명령과 조언 권고가 혼동되기 쉬운 조직 – 스태프 조직
④ 생산부문은 안전에 대한 책임과 권한이 없다 – 라인스태프 조직

해설

안전조직
① 경영자에게 조언 자문 : 스태프 조직
② 명령과 권고 혼동 조직 : 라인스태프 혼형
③ 생산부문은 안전에 대한 책임이 없다 : 스태프 조직

참고 어떤 형태로도 안전조직 3유형은 기업체에서 적용해야 한다.

67. 다음 중 안전보건관리규정에 포함되어야 할 사항이 아닌 것은?

① 안전 및 보건관리조직
② 재해코스트 분석방법
③ 사고 및 재해에 대한 조치
④ 안전보건교육

해설

안전보건관리규정에 포함사항
① 안전 및 보건에 관한 관리조직과 그 직무에 관한 사항
② 안전보건교육에 관한 사항
③ 작업장의 안전 및 보건관리에 관한 사항
④ 사고 조사 및 대책 수립에 관한 사항
④ 그 밖에 안전 및 보건에 관한 사항

정보제공
산업안전보건법 제25조(안전보건관리규정의 작성)

68. A사업장은 평균 근로자수가 1,000명의 중규모이다. 안전조직은 어떤 형태가 가장 적합한가?

① 라인형 안전조직
② 스태프형 안전조직
③ 라인스태프 병행조직
④ 생산부서장이 안전책임자 겸직 조직

해설

근로자수에 따른 안전조직
① 라인식 조직 : 100명 이하(소규모)
② 스태프식 조직 : 100~1,000명(중규모)
③ 라인스태프 혼형 : 1,000명 이상(대규모)

참고 우리나라 산업안전보건법에서는 라인스태프 혼형 안전 조직을 권고하고 있다.

69. 다음 안전관리조직 중 스태프(staff)형의 장점이 아닌 것은?

① 안전정보 수집이 신속하다.
② 안전기술 축적이 용이하다.
③ 안전기술 명령이 신속하다.
④ 경영자의 자문역할을 한다.

[정답] 65 ② 66 ① 67 ② 68 ② 69 ③

> **해설**
>
> 스태프형의 장점
> ① 안전 전문가가 안전 계획을 세워 문제해결 방안을 모색하고 조치한다.
> ② 경영자에게 조언과 자문 역할을 한다.
> ③ 안전정보 수집이 빠르고 용이하다.
>
> **참고** 안전기술 명령의 신속은 라인조직이다.

70 ★★ 안전조직을 설명한 것 중 line-staff에 해당되는 것은?

① 조언이나 권고적 참여가 혼동된다.
② 안전과 생산은 별개로 생각한다.
③ 안전에 대한 정보가 불충분하다.
④ 안전책임과 권한이 생산부문에는 없다.

> **해설**
>
> 혼형(라인+스태프)의 특징
> ① 안전 전문가에 의해 입안된 것을 경영자의 지침으로 명령을 실시하므로 정확, 신속히 이루어진다.(장점)
> ② 명령계통과 조언 권고적 참여가 혼동되기 쉽다.(단점)

71 ★ 라인 및 참모식의 혼합식 안전조직 특성이 아닌 것은?

① 안전활동을 전담하는 부서를 두어 안전에 관한 업무를 관장하는 제도이다.
② 안전업무에 관한 계획 등은 전문 기술자에 의해 추진되고 집행은 생산에서 행한다.
③ 안전은 전체 종업원의 직접 참여로 이루어진다.
④ 안전활동과 생산이 상호 연관을 가지고 운용된다.

> **해설**
>
> 안전조직
> ① 안전계획에서 입안, 추진, 모든 것이 staff에서 이루어지는 것은 참모식 조직이다.
> ② 라인-스태프 혼형의 장점을 설명한 것이다.
>
> ⊙ 이번 시험에도 출제되니 꼭 기억하세요.

72 ★★★ 효율적인 안전관리를 위해서는 4가지의 기본관리 사이클을 갖춰 활동을 되풀이함으로써 안전관리의 수준이 향상된다. 다음 중 관리 사이클 요소가 아닌 것은?

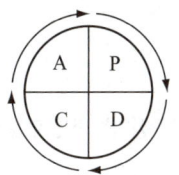

① 계획(plan) ② 예산(budget)
③ 실시(do)   ④ 조치(action)

> **해설**
>
> PDCA
> ① 안전관리 4사이클 순서 : P → D → C → A
> ② C : Check(검토)를 의미합니다.

73 ★★ 안전관리계획 수립시의 유의사항을 나열한 것이다. 틀린 것은?

① 목표는 낮은 수준에서 높은 수준으로 점진적으로 설정할 것
② 근본적인 안전대책을 강구할 것
③ 규정된 기준은 법정기준을 상회하도록 할 것
④ 복수적인 안을 넣어 그 중에서 선택할 것

> **해설**
>
> 안전관리계획 수립
> (1) 안전관리계획은 복수적이어서는 안 된다. 반드시 단일안으로 통일되어야 한다.
> (2) ①, ②, ③ 외 관계 법령의 제·개정에 따라 즉시 개정한다.
> (3) 작성 또는 개정시에 현장의 의견을 충분히 반영한다.

74 ★★ 안전조직 형태 중 직계(line)형의 특징은?

① 독립된 안전참모 조직을 보유하고 있다.
② 대규모의 사업장에 적합하다.
③ 안전지시나 명령이 신속히 수행된다.
④ 안전지식이나 기술축적이 용이하다.

[정답] 70 ① 71 ① 72 ② 73 ④ 74 ③

해설

안전조직 특징
(1) ①, ④는 스태프식의 특징
(2) ②는 라인스태프식 혼형의 특징

75 ★★★★★ 안전업무를 관장하는 전문부문을 두는 안전보건조직은?

① line형 조직
② staff형 조직
③ line-staff 혼형조직
④ staff-line 혼형조직

해설

staff형 장점
① 안전 전문가가 안전계획을 세워 문제 해결방안을 모색하고 조치한다.
② 경영자에게 조언과 자문 역할을 한다.
③ 안전정보 수집이 용이하고 빠르다.

[그림] 스태프형의 골격

76 ★★ 다음 중 라인식 안전조직의 특성이 아닌 것은?

① 모든 명령은 생산계통을 따라 이루어진다.
② 참모식 조직보다 경제적인 조직이다.
③ 안전관리 전담요원을 별도로 지정한다.
④ 규모가 작은 사업장에 적용된다.

해설

안전조직의 특성
(1) 라인식 : 100명 미만에 적합
 ① 모든 명령은 생산계통을 따라 이루어진다.
 ② 참모식보다 경제적 조직이다.
 ③ 규모가 작은 사업장에 적용된다.
 ④ 라인형 장점 : 안전명령 및 지시가 용이
 ⑤ 라인형 단점 : 안전지식과 기술축적 불가
(2) 참모식 : 100명~1,000명 정도에 적합
 ① 생산계통과 견해 차이로 마찰이 일어난다.
 ② 전담기능에 의거 수행되므로 발전적이다.
 ③ 참모형 장점 : 안전지식과 기술축적 용이
 ④ 참모형 단점 : 안전지시가 용이치 못함
(3) 혼합식 : 1,000명 이상 사업장에 적합
 ① 생산기능과 잘 협조가 이루어진다.
 ② 전 근로자의 안전활동에 참여기회 부여
 ③ 라인 각 계층에 안전업무를 겸임할 수 있다.

◐ 지금까지 안전조직에 관한 것을 잊어도 이번 문제만 기억하면 필기도 합격이며 실기도 합격이다.

77 ★★ 개선계획을 작성함에 있어서 먼저 공정도를 작성하지 않으면 안 된다. 공정별 유해·위험 분포도를 작성할 때의 중요 포인트에 해당되지 않는 것은?

① 공정 내의 유해 위험인자의 발견
② 공정별 종사인원의 파악
③ 각 공정간의 작업의 흐름에 따른 표준작업 관계
④ 각 공정별 종사자의 적성

해설

개선계획서의 목차(포인트)
① 공정별 유해·위험 분포도
② 재해발생 현황
③ 재해 다발원인 및 유형분석
④ 교육 및 점검계획
⑤ 유해·위험 작업부서 및 근로자수
⑥ 개선계획(공통사항 중점개선계획)

78 ★★ 안전조직 중 안전스태프의 주의사항이 아닌 것은?

① 안전관리 목표 및 방침안 작성
② 정보수집안 수집 활용
③ 실시계획의 추진
④ 작업자의 적정배치에 대하여 조치한다.

해설

작업자의 적정배치는 인사과에 안전관리자의 부탁(협조) 사항이다.
◐ 여러분도 열심히 공부해 자격증 취득하세요.^^

[정답] 75 ② 76 ③ 77 ④ 78 ④

79 ★★★ 다음은 안전조직 형태를 설명한 것이다. 맞게 연결된 것은?

① 명령과 보고 관계, 간단 명료한 조직 - 라인조직
② 경영자의 조언과 자문역할을 한다 - 라인조직
③ 명령자 조언 권고가 혼동되기 쉬운 조직 - 스태프 조직
④ 생산부문에 있어 안전에 대한 책임과 권한이 없다 - 라인스태프

해설

안전조직의 종류
② 스태프 조직 ③ 라인스태프 조직 ④ 스태프 조직
➡ 똑같은 문제가 나왔지요. 왜냐고요. 문제은행식이니까요.

80 ★★★ 사업주의 안전에 대한 책임에 해당되지 않는 것은?

① 안전기구의 조직
② 안전활동 참여 및 감독
③ 사고기록 조사 및 분석
④ 안전방침 수립 및 시달

해설

사업주의 안전책임
(1) 사고기록 조사 및 분석은 안전관리자 직무
(2) 사업주의 안전책임
　① 안전조직 편성운영
　② 안전예산의 책정 및 진행
　③ 안전한 기계설비 및 작업환경의 유지, 개선
　④ 기본방침 및 안전시책의 시달 및 지시

81 ★★ 다음 중 안전관리규정에 포함되어야 할 사항이 아닌 것은?

① 총칙
② 재해코스트 분석방법
③ 조직과 책임
④ 안전기준

해설

규정에 포함 사항
① 총칙　　　　　　② 조직과 책임
③ 안전보건위원회　④ 안전기준
⑤ 보건기준　　　　⑥ 교육훈련
⑦ 점검과 검사　　　⑧ 긴급조치
⑨ 재해 및 사고조사보고　⑩ 보호구 관리
⑪ 상벌　　　　　　⑫ 제안제도

82 ★★★ 라인식(직계식) 조직의 특성으로 옳지 않은 것은?

① 안전관리 전담 요원을 별도로 지정한다.
② 모든 명령은 생산계통을 따라 이루어진다.
③ 규모가 작은 사업장에 적용된다.
④ 참모식 조직보다 경제적인 조직이다.

해설

라인식 조직
(1) ①은 스태프(staff)식 조직이다.
(2) 라인식은 100명 미만의 중소기업에 적합한 안전조직이다.

83 ★★ 다음 중 안전관리자의 업무인 것은?

① 산재 발생시 원인조사 분석, 기술적 보좌 및 지도
② 안전보건 관리규정의 작성
③ 산업재해에 관한 통계의 기록 미 유지
④ 안전장치 및 보호구 구입 여부 확인

해설

산업안전보건법령 제18조를 기억하셔야 합니다.

84 ★★ 안전조직 중 라인스태프(line staff)의 장점을 가장 잘 나타낸 것은?

① 안전 전문가에 의해 입안된 것을 경영자의 지침으로 명령 실시토록 하므로 정확 신속하다.
② 안전 전문가가 안전대책을 세워 전문적인 문제해결 방안을 모색 대처한다.
③ 안전실시의 지시는 명령계통으로 신속히 전달된다.
④ 경영자에게 조언과 자문역할을 한다.

해설

안전조직
(1) ③은 라인형 조직의 장점
(2) ②, ④는 스태프형 조직의 장점

[정답] 79 ①　80 ③　81 ②　82 ①　83 ①　84 ①

85 안전관리의 조직형태 중에서 경영자(수뇌부)의 지휘와 명령이 위에서 아래로 하나의 계통이 잘 되어 잘 전달되며 소규모 기업에 적합한 방식은?

① 스태프 방식   ② 라인 방식
③ 라인스태프 방식   ④ 라운드 방식

해설
규모에 따른 안전조직
① 대규모 : 라인스태프
② 중규모 : 스태프
③ 소규모 : 라인식

86 안전관리조직의 기본방식이 아닌 것은?

① line system
② staff system
③ line-staff system
④ safety system

해설
안전관리조직의 3유형
① 라인형
② 스태프형
③ 라인스태프 혼형

87 다음은 안전관리자가 수행하여야 할 4가지 사항이다. 이 중에서 안전관리자가 작업 안전수칙의 이행 상태를 확인하고 불안전한 상태나 조건을 지적하고 시정하는 항목은 어느 것인가?

① 안전기획의 수립과 시행
② 잠재 위험성의 발견과 통제
③ 안전의 교육 및 훈련
④ 사고의 조사분석 및 시정

해설
안전관리자 수행 사항
① 안전관리계획 계획단계에서 실시한다.
② 안전은 계획(plan)에서 직접 원인을 제거한다.
③ 지적과 시정은 분석에서 실시한다.

88 다음 중 근로자가 준수하여야 할 안전수칙에 포함되는 사항이 아닌 것은?

① 보호구의 착용시기, 종류, 요령의 지시
② 작업대 및 기계주변의 청결 및 정돈의 강조
③ 작업장 내의 무질서 및 소란의 금지 강조
④ 작업장에 알맞은 환기, 조명, 냉난방 장치 등의 설치 강조

해설
안전수칙
(1) 환기, 조명 등은 안전보건관리 책임자가 할 일이다.
(2) 근로자 이행사항
  ① 작업 전후 안전점검 실시
  ② 안전작업의 이행
  ③ 보고, 신호, 안전수칙 준수
  ④ 개선 필요시 적극적 의견 제안

89 다음 안전관리조직 중 스태프(staff)형의 장점이 아닌 것은?

① 안전정보수집이 신속하다.
② 안전기술축적이 용이하다.
③ 안전기술명령이 신속하다.
④ 경영자의 자문역할을 한다.

해설
③은 라인형의 장점이다.

90 안전문제의 계획에서부터 실시에 이르기까지의 명령은 생산라인을 따라서 시달되는 것과 같은 조직형태는 다음의 어느 것이라고 생각하는가?

① 참모식 조직   ② 기동식 조직
③ 단계식 조직   ④ 직계식 조직

해설
소규모 사업에 적합한 라인식(직계식, 직선식)을 의미한다.

[정답] 85 ② 86 ④ 87 ④ 88 ④ 89 ③ 90 ④

91 다음 중 안전관리 계획수립시 기본계획에 해당되지 않는 것은?

① 산재사업장 및 직장 단위로 구체적으로 계획한다.
② 계획의 목표는 점진적이고 중간 수준의 것으로 한다.
③ 사후형보다는 사전형의 안전대책을 채택한다.
④ 여러 개의 안을 만들어 최종안을 채택한다.

해설

안전계획 작성시 고려사항 3가지
① 직장 단위로 구체적으로 작성한다.
② 계획목표는 점진적으로 하여 높은 수준으로 한다.
③ 사업장의 실태에 맞도록 독자적으로 수립하되 실현 가능성이 있도록 한다.

92 대규모 기업에서 많이 채택되고 있는 안전 조직 방식은?

① 라인 방식   ② 스태프 방식
③ 라인스태프 방식   ④ 인간, 기계제방식

해설

규모에 따른 안전조직
① 소규모 : 라인식
② 중규모 : 스태프식
③ 대규모 : 라인스태프 혼형

93 안전관리 조직의 기본 방식이 아닌 것은?

① 라인 시스템   ② 스태프 시스템
③ 라인스태프 시스템   ④ 세이프티 시스템

해설

안전조직은 ①, ②, ③ 3가지뿐이다.

94 관리감독자의 업무에 해당되지 않는 것은?

① 보호구 구입시 적격품 선정
② 기계설비의 안전·보건 점검 및 이상유무의 확인
③ 산업재해에 관한 보고 및 그에 대한 응급 조치
④ 작업장의 정리정돈 및 통로확보의 확인·감독

해설

관리감독자 업무
① 사업장내 관리감독자가 지휘·감독하는 작업(이하 이 조에서 "해당 작업"이라한다)과 관련되는 기계·기구 또는 설비의 안전·보건점검 및 이상유무의 확인
② 관리감독자에게 소속된 근로자의 작업복·보호구 및 방호장치의 점검과 그 착용·사용에 관한 교육·지도
③ 해당 작업에서 발생한 산업재해에 관한 보고 및 이에 대한 응급조치
④ 해당 작업의 작업장의 정리·정돈 및 통로확보의 확인·감독
⑤ 해당 사업장의 다음 각 목의 어느 하나에 해당하는 사람의 지도·조언에 대한 협조
  가. 안전관리자(안전관리전문기관에 위탁한 사업장의 경우에는 그 전문기관의 해당 사업장 담당자)
  나. 보건관리자(보건관리전문기관에 위탁한 사업장의 경우에는 그 전문기관의 해당 사업장 담당자)
  다. 안전보건관리담당자(안전보건관리담당자의 업무를 안전관리전문기관 또는 보건관리전문기관에 위탁한 사업장은 그 전문기관의 해당 사업장 담당자)
  라. 산업보건의
⑥ 위험성평가에 관한 다음 각 목의 업무
  가. 유해·위험요인의 파악에 대한 참여
  나. 개선조치의 시행에 대한 참여
⑦ 그 밖에 해당작업의 안전 및 보건에 관한 사항으로서 고용노동부령으로 정하는 사항

95 안전보건관리책임자의 업무에 대하여 기술한 것 중에서 잘못된 것은?

① 유해·위험방지 업무의 총괄관리
② 작업환경점검 업무의 총괄관리
③ 산업재해예방계획의 수립에 관한 사항
④ 안전에 관한 보조자의 감독

해설

안전보건관리책임자의 업무내용
① 사업장의 산업재해예방계획의 수립에 관한 사항
② 안전보건관리규정의 작성 및 변경에 관한 사항
③ 안전보건교육에 관한 사항
④ 작업환경의 측정 등 작업환경의 점검 및 개선에 관한 사항
⑤ 근로자의 건강진단 등 건강관리에 관한 사항
⑥ 산업재해의 원인조사 및 재발방지대책의 수립에 관한 사항
⑦ 산업재해에 관한 통계의 기록 및 유지에 관한 사항
⑧ 안전장치 및 보호구 구입시의 적격품 여부확인에 관한 사항
⑨ 그 밖에 근로자의 유해·위험방지 조치에 관한 사항으로 고용노동부령으로 정하는 사항

합격자의 조언
① 헌 돈은 새 돈으로 바꿔 사용하라. 새 돈은 충성심을 보여준다.
② 최신교재가 최신정보로 합격을 보장한다.

[정답] 91 ② 92 ③ 93 ④ 94 ① 95 ④

주요항목 02 안전보호구 관리

중점 학습내용

본 장은 보호구 정의, 보호구를 사용하는 목적, 선택시 유의사항, 종류 등을 집중적으로 서술하였다. 안전보건표지를 보고 위험성, 유해성을 알 수 있도록 하였으며 특히 색채 조절의 목적 등을 나열하였다. 시험에 출제가 예상되는 중심적인 내용은 다음과 같다.
❶ 보호구 및 안전장구 관리
❷ 보호구의 종류별 특성, 성능기준 및 시험 방법
❸ 안전보건표지의 종류·용도 및 적용
❹ 안전보건표지 색채 및 색도 기준

[그림] 안전보건표지 5종류

세부항목 1. 보호구 및 안전장구 관리

합격예측

개인보호구의 구비조건 19. 3. 3 ⓐ
① 착용시 작업이 용이할 것
② 유해·위험물에 대하여 방호가 안전할 것
③ 재료의 품질이 우수할 것
④ 구조 및 표면 가공성이 좋을 것
⑤ 외관 및 디자인이 미려할 것

합격예측 및 관련법규

(1) 안전인증 및 자율안전확인의 표시 16. 3. 6 ㉮

(2) 물체가 떨어지거나 날아올 위험 또는 근로자가 추락할 위험이 있는 작업 : 안전모
(3) 충격흡수장치 성능기준 18. 3. 4 ㉮
① 최대전달충격력은 6.0[kN] 이하이어야 함
② 감속거리는 1,000[mm] 이하이어야 함

1. 보호구의 개요 19. 4. 27 ㉮

외계의 유해한 자극물을 차단하거나 또는 그 영향을 감소시키려는 목적을 가지고 근로자의 신체 일부 또는 전부에 장착하는 것이며 소극적이며 2차적인 안전대책이다.

2. 보호구 선택시의 유의사항 16. 5. 8 ⓐ

① 사용 목적에 적합한 것
② 보호구 검정에 합격하고 보호 성능이 보장되는 것
③ 작업 행동에 방해되지 않는 것
④ 착용이 용이하고 크기 등 사용자에게 편리한 것

3. 안전인증보호구

(1) 안전인증대상 보호구의 종류 18. 4. 28 ㉮

① 추락 및 감전 위험방지용 안전모
② 안전화 ③ 안전장갑
④ 방진마스크 ⑤ 방독마스크
⑥ 송기마스크 ⑦ 전동식 호흡보호구
⑧ 보호복 ⑨ 안전대 ⑩ 차광 및 비산물 위험방지용 보안경
⑪ 용접용 보안면 ⑫ 방음용 귀마개 또는 귀덮개

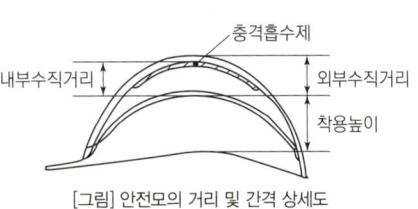

[그림] 안전모의 거리 및 간격 상세도

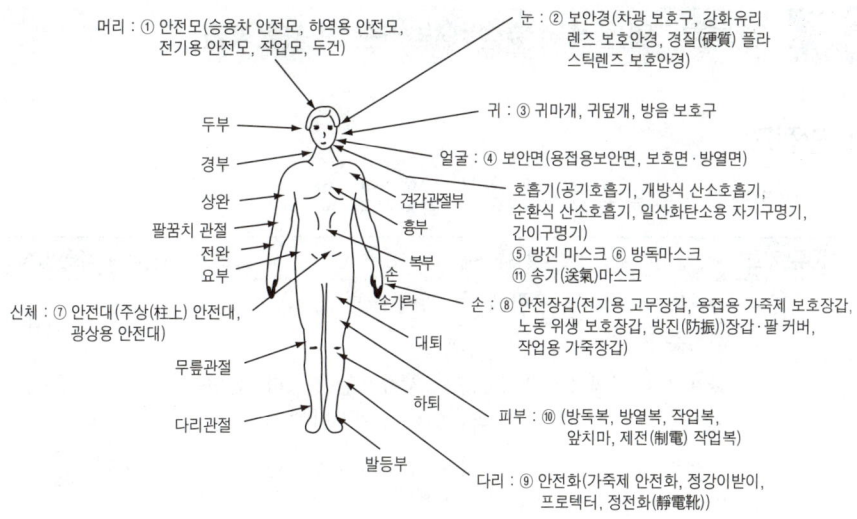

[그림] 보호구 착용

(2) 자율안전확인대상 보호구

① 안전모(추락 및 감전 위험방지용 안전모 제외)
② 보안경(차광 및 비산물 위험방지용 보안경 제외)
③ 보안면(용접용 보안면 제외)

4. 안전인증 기관의 확인

(1) 확인 사항

① 안전인증서에 적힌 제조 사업장에서 해당 안전인증 대상기계 등을 생산하고 있는지 여부
② 안전인증을 받은 안전인증 대상기계 등이 안전인증기준에 적합한지 여부
③ 제조자가 안전인증을 받을 당시의 기술능력·생산체계를 지속적으로 유지하고 있는지 여부
④ 안전인증 대상기계 등이 서면심사 내용과 같은 수준 이상의 재료 및 부품을 사용하고 있는지 여부

(2) 확인 주기

① 안전인증을 받은 제조자가 안전인증기준을 지키고 있는지 여부 확인
② 확인주기 : 매년 확인(다만, 안전인증을 신청하여 안전인증을 받은 경우는 2년마다)

합격예측

보호구 점검과 관리방법
① 정기적으로 점검할 것
② 청결하고 습기가 없는 장소에 보관할 것
③ 보호구 사용 후 세척하여 깨끗이 보관할 것
④ 세척 후 건조시킨 후 보관할 것

안전인증이 아닌 유해·위험 기계 등의 안전인증 표시

절연장갑의 등급 및 표시
18. 4. 28 ⓐ 18. 8. 19 ㉠
19. 4. 27 ㉠ 20. 6. 14 ⓐ
20. 9. 27 ⓐ 21. 5. 15 ㉠
25. 2. 7 ⓐ

등급	최대사용전압		등급별 색상
	교류(V, 실효값)	직류(V)	
00	500	750	갈색
0	1,000	1,500	빨간색
1	7,500	11,250	흰색
2	17,000	25,500	노란색
3	26,500	39,750	녹색
4	36,000	54,000	등색

㈜ 직류값은 교류에 1.5를 곱하면 된다.
예 500×1.5=750

참고

안전보호구와 위생보호구의 차이
(1) 안전보호구
 ① 두부에 대한 보호구 : 안전모
 ② 추락 방지에 대한 보호구 : 안전대
 ③ 발에 대한 보호구 : 안전화
 ④ 손에 대한 보호구 : 안전장갑
 ⑤ 얼굴에 대한 보호구 : 보안면
(2) 위생보호구
 ① 유해 화학물질의 흡입방지를 위한 보호구 : 방진, 방독, 송기마스크
 ② 눈의 보호에 대한 보호구 : 보안경
 ③ 소음의 차단에 대한 보호구 : 귀마개, 귀덮개

2. 보호구의 종류별 특성, 성능기준 및 시험방법

세부항목

1. 안전모

(1) 안전모의 종류 및 용도 16. 5. 8 [산] 17. 9. 23 [기] 19. 4. 27 [산] 19. 8. 4 [기] 19. 9. 21 [기] 23. 2. 28 [기]

종류 기호	사용구분	모체의 재질	내전압성
AB	물체낙하, 날아옴, 추락에 의한 위험을 방지, 경감시키는 것	합성수지	비내전압성
AE	물체낙하, 날아옴에 의한 위험을 방지 또는 경감하고 머리부위 감전에 의한 위험을 방지하기 위한 것	합성수지 (FRP)(주②)	내전압성 (주①)
ABE	물체의 낙하 또는 날아옴 및 추락에 의한 위험을 방지하기 위한 것 및 감전 방지용	합성수지 (FRP)	내전압성

[주] ① 내전압성이란 7,000[V] 이하의 전압에 견디는 것을 말한다. 18. 4. 28 [기]
② FRP : Fiber Glass Reinforced Plastic(유리섬유 강화 플라스틱)

(2) 안전모의 구비조건

① 일반구조요건

㉮ 안전모는 모체, 착장체(머리고정대, 머리받침고리, 머리받침끈) 및 턱끈을 가질 것

㉯ 착장체의 머리고정대는 착용자의 머리부위에 적합하도록 조절할 수 있을 것

㉰ 착장체의 구조는 착용자의 머리에 균등한 힘이 분배되도록 할 것

㉱ 모체, 착장체 등 안전모의 부품은 착용자에게 상해를 줄 수 있는 날카로운 모서리 등이 없을 것

㉲ 턱끈은 사용 중 탈락되지 않도록 확실히 고정되는 구조일 것

㉳ 안전모의 착용높이는 85[mm] 이상이고 외부수직거리는 80[mm] 미만일 것

㉴ 안전모의 내부수직거리는 25[mm] 이상 50[mm] 미만일 것

㉵ 안전모의 수평간격(모체내면과 머리모형 전면 또는 측면거리)은 5[mm] 이상일 것 17. 5. 7 [기]

㉶ 머리받침끈이 섬유인 경우에는 각각의 폭은 15[mm] 이상이어야 하며, 교차되는 끈의 폭의 합은 72[mm] 이상일 것

㉷ 턱끈의 폭은 10[mm] 이상일 것 17. 3. 5 [산] 24. 2. 15 [기] 25. 5. 10 [기]

㉸ 안전모의 모체, 착장체를 포함한 질량은 440[g]을 초과하지 않을 것

② AB종 안전모는 일반구조 조건에 적합해야 하고 충격흡수재를 가져야 하며, 리벳(Rivet) 등 기타 돌출부가 모체의 표면에서 5[mm] 이상 돌출되지 않아야 한다.

합격예측

안전모의 시험성능기준 및 부가성능기준
16. 10. 1 [기] 18. 4. 28 [기] 19. 4. 27 [기] 19. 9. 21 [산] 20. 9. 27 [기]

항목	성능
	시험성능기준
내관통성	종류 AE, ABE종 안전모는 관통거리가 9.5[mm] 이하이고, AB종 안전모는 관통거리가 11.1[mm] 이하이어야 한다.(자율안전확인에서는 관통거리가 11.1[mm] 이하)
충격흡수성	최고전달충격력이 4,450[N]을 초과해서는 안되며, 모체와 착장체의 기능이 상실되지 않아야 한다.
내전압성 21. 5. 15 [기]	AE, ABE종 안전모는 교류 20[kV]에서 1분간 절연파괴 없이 견뎌야 하고, 이때 누설되는 충전전류는 10[mA] 이하이어야 한다.(자율안전확인에서는 제외)
내수성 17. 3. 5 [기]	AE, ABE종 안전모는 질량증가율이 1[%] 미만이어야 한다.(자율안전확인에서는 제외)
난연성 17. 8. 26 [산]	모체가 불꽃을 내며 5초 이상 연소되지 않아야 한다.
턱끈풀림	150[N] 이상 250[N] 이하에서 턱끈이 풀려야 한다.
	부가성능기준
측면변형방호	최대 측면변형은 40[mm], 잔여변형은 15[mm] 이내 이어야 한다.
금속용융물분사방호	• 용융물에 의해 10[mm] 이상의 변형이 없고 관통되지 않아야 한다. • 금속 용융물의 방출을 정지한 후 5초 이상 불꽃을 내며 연소되지 않을 것(자율안전확인에서는 제외)

질량증가율[%]

$$= \frac{\text{담근후의 질량} - \text{담그기전의 질량}}{\text{담그기 전의 질량}} \times 100$$

[예] $\frac{410-400}{400} \times 100 = 2.5[\%]$

• 결론 : 불합격
• 이유 : 합격은 1[%] 미만

③ AE종 안전모는 일반구조 조건에 적합해야 하고 금속제의 부품을 사용하지 않고, 착장체는 모체의 내외면을 관통하는 구멍을 뚫지 않고 붙일 수 있는 구조로서 모체의 내외면을 관통하는 구멍 핀홀 등이 없어야 한다.
④ ABE종 안전모는 상기 ②, ③의 조건에 적합해야 한다.

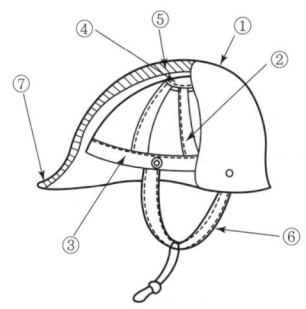

번호	명칭	
①	모체	
②	착장체	머리받침끈
③		머리받침(고정)대
④		머리받침고리
⑤	충격흡수재(자율안전확인에서 제외)	
⑥	턱끈	
⑦	모자챙(차양)	

[그림] 안전모의 구조 16. 10. 1 17. 9. 23 18. 3. 4 23. 3. 1

2. 안전대

(1) 안전대의 종류 18. 9. 15 19. 4. 27 23. 7. 8

종 류	사용 구분	비고
벨트식(B식)	U자걸이 전용	
안전그네식(H식)	1개걸이 전용	
안전그네식(H식)	안전블록(H식 적용)	와이어로프지름 : 4[mm] 이상
	추락방지대(H식 적용)	와이어로프지름 : 8[mm] 이상

(2) U자걸이로 사용할 수 있는 안전대의 구조

① 동체 대기 벨트, 각링 및 신축 조절기가 있을 것
② D링 및 각링은 안전대 착용자의 동체 양측에 해당하는 곳에 위치해야 한다.
③ 신축 조절기가 로프로부터 이탈하지 말 것

(3) 안전대 구조 및 용어정의

① **벨트** : 신체에 착용하는 띠모양의 부품
② **버클** : 벨트를 착용하기 위해 그 끝에 부착한 금속장치
③ **동체 대기 벨트** : U자걸이 사용시 벨트와 겹쳐서 몸체에 대는 역할을 하는 띠
④ **로프** : 벨트와 지지 로프 그 밖에 걸이 설비, 안전대를 안전하게 걸기 위한 설비
⑤ **훅** : 로프와 걸이 설비 등 또는 D링과 연결하기 위한 고리 모양의 금속장치

> **참고**
> **안전모**
> 물체의 낙하, 비래 또는 추락에 의한 위험을 방지 또는 경감하거나 감전에 의한 위험을 방지하기 위하여 사용한다.
>
> **안전모 착용 대상 사업장**
> ① 2[m] 이상의 고소 작업
> ② 비계의 조립, 해체 작업
> ③ 차량계 하역운반기계의 하역 작업
> ④ 낙하 위험 작업
> ⑤ 동력으로 작동되는 기계 작업

> **참고**
> **안전모의 용어정의**
> ① "모체"라 함은 착용자의 머리부를 덮는 주된 물체를 말한다.
> ② "착장체"라 함은 머리받침끈, 머리고정대 및 머리받침고리 등으로 구성되어 안전모를 머리부위에 고정시켜주며, 안전모에 충격이 가해졌을 때 착용자의 머리부위에 전해지는 충격을 완화시켜주는 기능을 갖는 부품을 말한다.
> ③ "충격흡수재"라 함은 안전모에 충격이 가해졌을 때, 착용자의 머리부위에 전해지는 충격을 완화하기 위하여 모체의 내면에 붙이는 부품을 말한다.
> ④ "턱끈"이라 함은 모체가 착용자의 머리부위에서 탈락하는 것을 방지하기 위한 부품을 말한다.
> ⑤ "통기구멍"이라 함은 통풍의 목적으로 모체에 있는 구멍을 말한다.

> **Q 은행문제** 16. 5. 8
> 호흡용 보호구와 각각의 사용환경에 연결이 옳지 않은 것은?
> ① 송기마스크 - 산소결핍장소의 분진 및 유독가스
> ② 공기호흡기 - 산소결핍장소의 분진 및 유독가스
> ③ 방독마스크 - 산소결핍장소의 유독가스
> ④ 방진마스크 - 산소비결핍장소의 분진
>
> 정답 ③

합격예측

안전대의 사용구분
① U자걸이 전용(전주 위 작업)
② 1개걸이 전용(고소 작업)
③ 안전블록
④ 추락방지대

Q 은행문제 17. 5. 7 ⑦

다음 설명에 해당하는 안전대와 관련된 용어로 옳은 것은?(단, 보호구 안전인증 고시 기준)

신체지지의 목적으로 전신에 착용하는 띠 모양의 것으로서 상체 등 신체 일부만을 지지하는 것은 제외한다.

① 안전그네   ② 벨트
③ 죔줄   ④ 버클

정답 ①

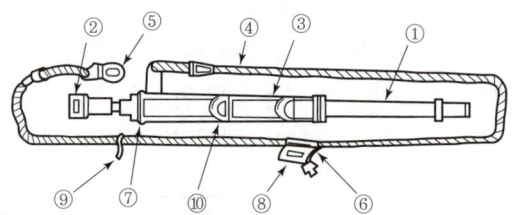

[그림] 안전대의 명칭

⑥ 신축 조절기 : 로프의 길이를 조절하기 위하여 로프에 설치된 금속장치
⑦ D링 : 벨트와 로프를 연결하기 위한 D자형 금속장치
⑧ 8자형 링 : 안전대를 1개걸이로 사용할 때 훅과 로프를 연결하기 위한 8자형 금속장치
⑨ 세 개 이음형 고리 : 안전대를 1개걸이로 사용할 때 훅과 로프를 연결하기 위한 세 개 이음형고리 금속장치
⑩ 각링 : 벨트와 신축 조절기를 연결하기 위한 큰 형태의 금속장치

(4) 추락방지대가 부착된 안전대의 구조 21. 8. 14 ⑦

① 추락방지대를 추락하여 사용하는 안전대는 신체지지의 방법으로 안전그네만을 사용하여야 하며 수직구명줄이 포함될 것
② 수직구명줄에서 걸이설비와의 연결부위는 훅 또는 카라비너 등이 장착되어 걸이설비와 확실히 연결될 것
③ 유연한 수직구명줄은 합성섬유로프 또는 와이어로프 등이어야 하며 구명줄이 고정되지 않아 흔들림에 의한 추락방지대의 오작동을 막기 위하여 적절한 긴장수단을 이용, 팽팽히 당겨질 것
④ 죔줄은 합성섬유로프, 웨빙, 와이어로프 등일 것
⑤ 고정된 추락방지대의 수직구명줄은 와이어로프 등으로 하며 최소지름이 8[mm] 이상일 것
⑥ 고정 와이어로프에는 하단부에 무게추가 부착되어 있을 것

(5) 안전대용 죔줄(로프)의 구비조건

① 부드럽고 되도록 미끄럽지 않을 것
② 충격, 인장강도가 강할 것
③ 완충성이 높을 것
④ 내마모성이 높을 것
⑤ 습기나 약품류에 침범당하지 않을 것
⑥ 내열성이 높을 것

합격예측

방열두건의 사용구분 22. 4. 24 ⑦

차광도 번호	사용구분
#2~#3	고로강판가열로, 조괴(造塊) 등의 작업
#3~#5	전로 또는 평로 등의 작업
#6~#8	전기로의 작업

▼ 참고

방진마스크의 성능 19. 3. 3 ⑦

종류		등급	염화나트륨(NaCl) 및 파라핀 오일(Paraffin oil) 시험(%)
여과재 분진 등 포집효율	분리식	특급	99.95[%] 이상
		1급	94.0[%] 이상
		2급	80.0[%] 이상
	안면부 여과식	특급	99.0[%] 이상
		1급	94.0[%] 이상
		2급	80.0[%] 이상

	종류	등급	질량(g)
여과재 질량	분리식	전면형	500 이하
		반면형	300 이하

	형태	등급	누설률(%)
안면부 누설률	분리식	전면형	0.05 이하
		반면형	5 이하
	안면부 여과식	특급	5 이하
		1급	11 이하
		2급	25 이하

3. 호흡용 보호구

(1) 방진마스크의 구비조건
① 여과효율이 좋을 것
② 흡배기저항이 낮을 것
③ 사용적(積)이 적을 것
④ 중량이 가벼울 것
⑤ 시야가 넓을 것
⑥ 안면밀착성이 좋을 것
⑦ 피부 접촉 부분의 고무질이 좋을 것

(2) 방진·방독마스크

사용조건 : 산소농도 18[%] 이상인 장소

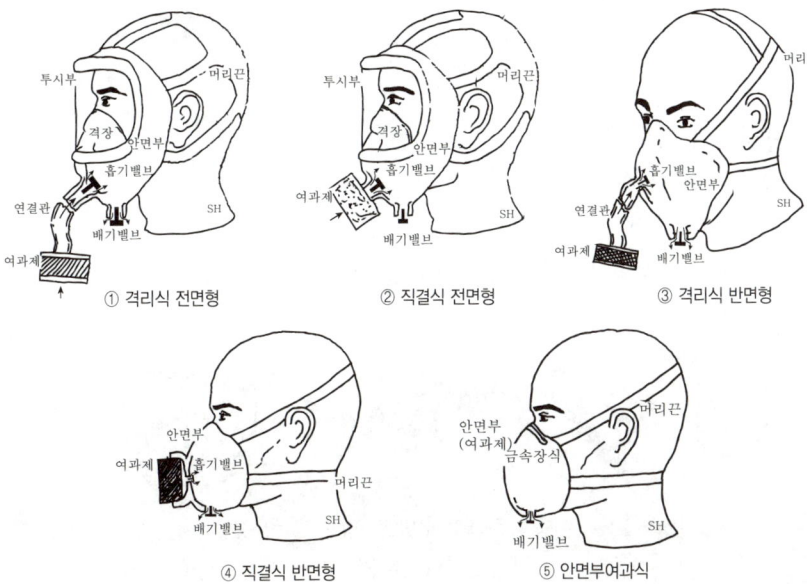

[그림] 방진마스크의 종류

[표] 방독마스크 흡수관(정화통)의 종류

종 류	시험가스	정화통 외부측면 표시색
유기화합물용	시클로헥산(C_6H_{12}) 디메틸에테르(CH_3OCH_3), 이소부탄(C_4H_{10})	갈색
할로겐용	염소가스 또는 증기(Cl_2)	회색
황화수소용	황화수소가스(H_2S)	회색
시안화수소용	시안화수소가스(HCN)	회색
아황산용	아황산가스(SO_2)	노란색
암모니아용	암모니아가스(NH_3)	녹색

*복합용 및 겸용의 정화통 : ① 복합용[해당가스 모두 표시(2층 분리)]
　　　　　　　　　　　　　② 겸용[백색과 해당가스 모두 표시(2층 분리)]

참고

방진마스크의 적용범위
분진, 미스트 및 흄(이하 "분진 등"이라 한다.)이 호흡기를 통하여 체내에 유입되는 것을 방지하기 위하여 사용되는 마스크

방독마스크 등급 및 사용장소

등급	사용장소
고농도	가스 또는 증기의 농도가 100분의 2(암모니아에 있어서는 100분의 3) 이하의 대기 중에서 사용하는 것
중농도	가스 또는 증기의 농도가 100분의 1(암모니아에 있어서는 100분의 1.5) 이하의 대기 중에서 사용하는 것
저농도 및 최저농도	가스 또는 증기의 농도가 100분의 0.1 이하의 대기 중에서 사용하는 것으로서 긴급용이 아닌 것

비고 : 방독마스크는 산소농도가 18% 이상인 장소에서 사용하여야 하고, 고농도와 중농도에서 사용하는 방독마스크는 전면형(격리식, 직결식)을 사용해야 한다.

합격예측

① "파과"라 함은 정화통 내의 정화제에 의해 흡입공기 중의 유해물질이 거의 정상적으로 흡수제거 또는 무독화된 후, 정화제의 제독능력이 떨어졌기 때문에 정화통의 배기공기에서의 유해물질 농도가 최대허용 파과한도를 넘게 되는 현상을 말한다.
② "파과시간"이라 함은 어느 일정농도의 유해물질을 포함한 공기를 일정유량으로 정화통에 통과하기 시작해서부터 파과가 보일 때까지의 시간을 말한다.
③ "파과곡선"이라 함은 파과시간과 유해물질 농도와의 관계를 나타낸 곡선을 말한다.

합격예측

안전화의 종류 19.3.3 ⑦
① 가죽제 안전화 : 낙하·충격, 찔림 방지
② 고무제 안전화 : 낙하·충격, 찔림, 방수
③ 정전기 안전화 : 낙하·충격, 찔림, 정전기 방지
④ 발등 안전화 : 낙하·충격, 찔림으로부터 발 및 발등 보호
⑤ 절연화 : 낙화·충격, 찔림, 저압전기에 의한 감전 방지
⑥ 절연장화 : 고압에 의한 감전 방지 및 방수
⑦ 화학물질용 안전화 : 물체의 낙하, 충격 또는 날카로운 물체에 의한 찔림 위험으로부터 발을 보호하고 화학물질로부터 유해위험을 방지

참고

안전화의 적용범위
물체의 낙하, 충격 또는 날카로운 물체로 인한 위험이나 화학약품 등으로부터 발 또는 발등을 보호하거나 감전 또는 정전기의 인체대전을 방지하기 위하여 사용하는 안전화

합격예측

방독마스크 정화통의 표시사항
① 사용범위
② 사용상의 주의사항
③ 파과곡선도
④ 사용시간 기록카드

참고

섭씨 영하 8도 이하인 급냉동 어창에서 하는 하역작업 : 방한모·방한복·방한화·방한장갑

합격예측

고무제 안전화의 장소구분

구분	사용장소
일반용	일반작업장
내유용	탄화수소류의 윤활유 등을 취급하는 작업장
내산용	무기산을 취급하는 작업장
내알칼리용	알칼리를 취급하는 작업장
내산·알칼리 겸용	무기산 및 알칼리를 취급하는 작업장

4. 보안경

(1) 보안경의 구분 17.5.7 ⓢ

안전인증(차광보안경)	자율안전확인
자외선용	유리보안경
적외선용	플라스틱보안경
복합용	도수렌즈보안경
용접용	

(2) 보안경의 일반조건

① 특정한 위험에 대해 적절한 보호를 할 수 있을 것
② 착용했을 때 편안할 것
③ 내구성이 있을 것
④ 충분히 소독되어 있을 것
⑤ 세척이 쉬울 것
⑥ 견고하게 고정되어 착용자가 움직이더라도 쉽게 탈착 또는 움직이지 않을 것

보호안경   이중보호안경 코발트, 방진,   (안경알) 색은 원하는 대로
                용접, 그라인더용   끼울 수 있음
                                      보호안경(산소용접용)

[그림] 보안경의 종류

5. 안전화

(1) 안전화 성능 시험 종류

종류	성능 시험 종류
가죽제 안전화	은면결렬시험, 인열강도시험, 6가크롬함량, 내부식성시험, 인장강도시험, 내유성시험, 내압박성시험, 내충격성시험, 박리저항시험, 내답발성시험 등 20.8.22⑦
고무제 안전화	인강강도 및 노화후 인장강도시험, 내유성시험, 내화학성시험, 완성품의 내화학성시험, 파열강도시험, 선심 및 내답판의 내부식성시험, 누출방지시험 등

(2) 가죽제 발보호 안전화의 일반구조

① 제조하는 과정에서 발가락 끝부분에 선심을 넣어 압박 및 충격에 대하여 착용자의 발가락을 보호할 수 있는 구조일 것
② 착용감이 좋으며 작업하기 편리할 것
③ 견고하게 제작하여야 하며 부분품의 마무리가 확실하여야 하고 형상은 균형되어 있을 것
④ 선심의 내측은 헝겊, 가죽, 고무 또는 플라스틱 등으로 감싸고 특히 후단부의 내측은 보강되어 있을 것

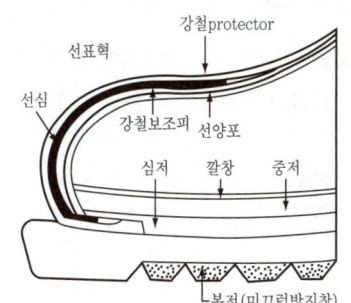

[그림] 안전화의 재료 및 구조

[표] 안전화 시험 높이·하중

구분	높이[mm]	하중[kN]
중작업용	1,000	15±0.1
보통작업용	500	10±0.1
경작업용	250	4.4±0.1

[표] 절연장화의 종류 및 용도

종류	용도
A종	주로 300[V]를 초과 교류 600[V], 직류 750[V] 이하의 작업에 사용하는 것
B종	주로 교류 600[V], 직류 750[V] 초과 3,500[V] 이하의 작업에 사용
C종	주로 3,500[V] 초과 7,000[V] 이하 작업에 사용

① 단화 : 113[mm] 미만   ② 중단화 : 113[mm] 이상   ③ 장화 : 178[mm] 이상

[그림] 안전화 높이(h) : 보호구 안전인증고시[별표 2]

6. 보호면

일반 보호면 각 부품의 재료가 갖추어야 할 성질 6가지
① 구조적으로 충분한 강도를 가지며 가벼울 것
② 착용시 피부에 해가 없을 것
③ 수시로 세척 소독이 가능한 것일 것
④ 금속을 사용할 시에는 녹슬지 않는 것일 것
⑤ 플라스틱을 사용할 시에는 난연성의 것일 것
⑥ 투시부에 사용되는 플라스틱은 광학적 성능을 가질 것

용어정의
① "귀마개"라 함은 외이도에 삽입함으로써 차음효과를 나타내는 방음보호구를 말한다.
② "귀덮개"라 함은 귀 전체를 덮음으로써 차음효과를 나타내는 방음보호구를 말한다.

합격예측
안전보건표지 목적 16. 5. 8
① 유해 위험한 기계·기구나 자재의 위험성을 표시로 경고하여 작업자로 하여금 예상되는 재해를 사전에 예방하기 위함이다.
② 공장내 안전보건 표지 부착의 주된목적 : 안전의식 고취

방독마스크 시험성능기준

	형태		유량 (l/min)	차압 (Pa)
안면부 흡기 저항	격리식 및 직결식	전면형	160	250 이하
			30	50 이하
			95	150 이하
		반면형	160	200 이하
			30	50 이하
			95	130 이하
안면부 배기 저항	격리식 및 직결식		160	300 이하

	형태		누설률 (%)
안면부 누설률	격리식 및 직결식	전면형	0.05 이하
		반면형	5 이하

	형태		질량 (g)
정화통질량	격리식 및 직결식	전면형	500 이하
		반면형	300 이하

	형태		시야(%)	
			유효시야	겹침시야
시야	전면형	1안식	70 이상	80 이상
		2안식		20 이상

합격예측
색채의 종류에 따른 표시사항
① 주황색 : 위험표지
② 빨간색 : 방화·정지·금지표지
③ 노란색 : 주의표지
④ 녹색 : 안전, 진행, 구급기호
⑤ 파란색 : 조심
⑥ 자주색 : 방사능 표지
⑦ 흰색 : 통로·정돈

참고
인시덴트(incident)
강도가 높은 재해를 불휴재해(不休災害)로 피해를 축소(피해완화)하는 의미를 갖는다.

합격예측
절연장갑의 시험성능기준

인장강도	1,400[N/cm²] 이상(평균값)
신장률	100분의 600 이상(평균값)
영구신장률	100분의 15 이하
경년변화시험	인장강도	노화전 100분의 80 이상
	신장률	노화전 100분의 80 이상
	영구신장률	100분의 15 이하
뚫림강도시험	18[N/mm] 이상
화염억제시험	55[mm] 미만으로 화염 억제
저온시험	찢김, 깨짐 또는 갈라짐이 없을 것
내열성시험	이상이 없을 것

Q 은행문제
보호구 안전인증 고시상 안전대 충격흡수 장치의 동하중 시험성능기준에 관한 사항으로 ( )에 알맞은 기준은? 22.4.24 ㉠

• 최대전달충격력은 (ㄱ)[kN] 이하이어야 함
• 감속거리는 (ㄴ)[mm] 이하이어야 함

① ㄱ : 6.0 ㄴ : 1,000
② ㄱ : 6.0 ㄴ : 2,000
③ ㄱ : 8.0 ㄴ : 1,000
④ ㄱ : 8.0 ㄴ : 2,000

정답 ①

7. 방음보호구 적용범위

소음이 발생되는 사업장에 있어서 근로자의 청력을 보호하기 위하여 사용하는 귀마개와 귀덮개(이하 "방음보호구"라 한다.)에 대하여 적용한다.

(1) 종류 및 등급 19.8.4 ㉠ 21.3.7 ㉠

종류	등급	기호	성능
귀마개	1종	EP-1	저음부터 고음까지 차음하는 것
	2종	EP-2	주로 고음을 차음하여 회화음 영역인 저음은 차음하지 않는 것
귀덮개	-	EM	

(2) 방음보호구의 구조조건

① 귀마개의 구비조건
 ㉮ 귀(외이도)에 잘 맞을 것
 ㉯ 사용 중 심한 불쾌함이 없을 것
 ㉰ 사용 중에 쉽게 빠지지 않을 것
② 귀덮개의 구비조건
 ㉮ 귀덮개는 귀 전체를 덮을 수 있는 크기로 하고, 발포 플라스틱 등의 흡음재료로 감쌀 것
 ㉯ 귀 주위를 덮는 덮개의 안쪽 부위는 발포 플라스틱 또는 공기 혹은 액체를 봉입한 플라스틱 튜브 등에 의해 귀 주위에 완전하게 밀착되는 구조로 할 것
 ㉰ 머리띠 또는 걸고리 등의 길이를 조절할 수 있는 것으로 철재인 경우에는 적당한 탄성을 가져 착용자에게 압박감 또는 불쾌감을 주지 않을 것

(3) 소음성난청의 판정기준 18.4.28 ㉾

① A, C, C1, C2, D1, D2로 구분한다.
② C~C2는 관찰대상자에 해당되어 건강상담과 보호구착용·추적검사·근로시간단축 등의 사후 관리를 취해야 한다.
③ D1~D2는 직업병 확진 의뢰 등의 조치를 취해야 한다.

세부항목 3. 안전보건표지의 종류·용도 및 적용

1. 산업안전보건표지 종류

(1) 금지 표지
출입금지, 보행금지, 차량통행금지, 사용금지, 탑승금지, 금연, 화기금지, 물체이동 금지 등으로 흰색 바탕에 기본 모형은 빨간색, 관련 부호 및 그림은 검은색이다.

(2) 경고표지
인화성물질 경고, 산화성물질 경고, 폭발물 경고, 급성독성물질 경고, 부식성물질 경고 등은 금지표지에 준하며, 방사성물질 경고, 고압전기 경고, 매달린 물체경고, 낙하물 경고, 고온 경고, 저온 경고, 몸균형 상실 경고, 레이저광선 경고, 위험장소 경고 등으로 바탕은 노란색 기본 모형, 관련 부호 및 그림은 검은색이다.

(3) 지시표지
보안경 착용, 방독마스크 착용, 방진마스크 착용, 보안면 착용, 안전모 착용, 귀마개 착용, 안전화 착용, 안전장갑 착용, 안전복 착용으로 바탕은 파란색으로 그 관련 그림은 흰색으로 나타난다.

(4) 안내표지
녹십자표지, 응급구호표지, 들것, 세안장치, 비상구, 좌측 비상구, 우측 비상구가 있는데 바탕은 흰색, 기본 모형 및 관련 부호는 녹색, 바탕은 녹색, 관련 부호 및 그림은 흰색으로 나타낸다.(바탕과 부호 교차 가능 예 녹색 ↔ 흰색)

(5) 관계자외 출입금지
허가대상물질작업장, 석면취급/해체작업장, 금지대상물질의 취급 실험실 등이며 출입구(단, 실외 또는 출입구가 없을 시 근로자가 보기 쉬운 장소), 글자는 흰색 바탕에 흑색 다음 글자는 적색(○○○제조/사용/보관중, 석면취급/해체 중, 발암물질 취급 중)

[표] 산업안전보건표지의 의미

기본형태		표지의 의미	사용예
⊘	금지 표지	는 어떤 특정한 행위가 허용되지 않음을 나타낸다. 이 표지는 흰색바탕에 빨간색 원과 45[°]각도의 빗선으로 이루어진다. 금지한 내용은 원의 중앙에 검은색으로 표현하며, 둥근 테와 빗선의 굵기는 원 외경의 10[%]이다.	
△	경고 표지	는 일정한 위험에 따라 경고를 나타낸다. 이 표지는 노란색 바탕에 검은색 삼각테로 이루어지며, 경고할 내용은 삼각형 중앙에 검은색으로 표현하고 노란색의 면적이 전체의 50[%] 이상을 차지하도록 하여야 한다. 마름모형(◇)은 예외임	

합격예측

안전보건표지 종류 및 규격
① 금지표지 : 원형에 사선
② 경고표지 : 삼각형·마름모형
③ 지시표지 : 원형
④ 안내표지 : 정사각형 또는 직사각형

산업안전색채의 종류에 따른 사용예
① 빨간색 : 정지신호, 소화설비 및 그 장소, 유해행위의 금지(금지표지)
② 노란색 : 위험경고, 주의표지, 기계방호물(경고표지)
③ 파란색 : 특정 행위의 지시 및 사실의 고지(지시표지)
④ 녹색 : 비상구 및 피난소, 사람 및 차량의 통행표시
⑤ 흰색 : 파랑, 녹색에 대한 보조색
⑥ 검은색 : 문자 및 빨강, 노랑에 대한 보조색

유기화합물용 안전장갑의 시험방법

재료에 대한 시험방법	투과저항 시험, 마모저항 시험, 절삭저항 시험, 인열강도 시험, 뚫림강도 시험
완성품에 대한 시험방법	공기누출 시험, 물을 이용한 누출 시험
부가성능 시험방법	투과저항(부가성능)

Q 은행문제

고무제 안전화의 구비조건이 아닌 것은?
① 유해한 흠, 균열, 기포, 이물질 등이 없어야 한다.
② 바닥, 발등, 발 뒤꿈치 등의 접착부분에 물이 들어오지 않아야 한다.
③ 에나멜 도포는 벗겨져야 하며, 건조가 완전하여야 한다.
④ 완성품의 성능은 압박감, 충격 등의 성능시험에 합격하여야 한다.

정답 ③

합격예측

산업안전보건표지의 구분
16. 3. 6 기 18. 9. 15 기
19. 3. 3 기 19. 9. 21 산

① 금지표지 : 바탕은 흰색, 기본모형은 빨간색, 관련부호 및 그림은 검은색
② 경고표지 : 바탕은 노란색, 기본모형·관련부호 및 그림은 검은색 다만, 인화성 물질 경고, 산화성물질 경고, 폭발성물질 경고, 급성독성물질 경고, 부식성 물질 경고 및 발암성·변이원성·생식독성·전신독성·호흡기과민성 물질 경고의 경우 바탕은 무색, 기본모형은 빨간색(검은색도 가능)
③ 지시표지 : 바탕은 파란색, 관련 그림은 흰색
④ 안내표지 : 바탕은 흰색, 기본모형 및 관련부호는 녹색, 바탕은 녹색, 관련부호 및 그림은 흰색

안전보건표지의 [%] 19. 8. 4 기
산업안전보건표지 속의 그림 또는 부호의 크기는 안전보건표지의 크기와 비례하여야 하며, 안전·보건표지 전체규격의 30[%] 이상

성능기준(보안면의 투과율)
(1) 일반보안면

구 분		투과율 [%]
투명투시부		85 이상
채색 투시부	밝음	50±7
	중간밝기	23±4
	어두움	14±4

(2) 용접용 보안면

커버 플레이트	89[%] 이상
자동용접 필터	낮은 수준의 최소시감투과율 0.16[%] 이상

	지시 표지	는 일정한 행동을 취할 것을 지시하는 것으로 파란색의 원형이며, 지시하는 내용을 흰색으로 표현한다. 원의 직경은 부착된 거리의 40분의 1 이상이어야 하며, 파란색은 전체 면적의 50[%] 이상일 것 18. 3. 4 산	
	안내 표지	는 안전에 관한 정보를 제공한다. 이 표지는 녹색바탕의 정방형 또는 장방형이며, 표현하고자 하는 내용은 흰색이고, 녹색은 전체 면적의 50[%] 이상이 되어야 한다. (예외 : 안전제일표지)	

2. 안전보건표지판의 크기 및 표준기준 17. 5. 7 산

번호	기 본 모 형	규 격 비 율	표시사항
1		$d \geq 0.025L$ $d_1 = 0.8d$ $0.7d < d_2 < 0.8d$ $d_3 = 0.1d$	금지 표지
2		$a \geq 0.034L$ $a_1 = 0.8a$ $0.7a < a_2 < 0.8a$ $a \geq 0.025L$ $a_1 = 0.8a$ $0.7a < a_2 < 0.8a$	경고 표지
3		$d \geq 0.025L$ $d_1 = 0.8d$	지시 표지 18. 9. 15 기
4		$b \geq 0.0224L$ $b_2 = 0.8b$	안내 표지
5		$h < l$ $h_2 = 0.8h$ $1 \times h \geq 0.0005L^2$ $h - h_2 = 1 - l_2 = 2e_2$ $l/h = 1, 2, 4, 8$ (4종류)	안내 표지
6	A B C	모형 안쪽에는 A, B, C로 3가지 구역으로 구분하여 글씨를 기재한다.	1. 모형크기(가로 40cm, 세로 25cm 이상) 2. 글자크기(A : 가로 4cm, 세로 5cm 이상, B : 가로 2.5cm, 세로 3cm 이상, C : 가로 3cm, 세로 3.5cm 이상)	관계자외 출입금지
7	A B C	모형 안쪽에는 A, B, C로 3가지 구역으로 구분하여 글씨를 기재한다.	1. 모형크기(가로 70cm, 세로 50cm 이상) 2. 글자크기(A : 가로 8cm, 세로 10cm 이상, B, C : 가로 6cm, 세로 6cm 이상)	관계자외 출입금지

3. 안전보건표지의 종류와 형태

16. 3. 6 기 16. 5. 8 기 17. 5. 7 기 17. 9. 23 기 19. 3. 3 산
19. 4. 27 기 20. 6. 7 기 20. 8. 22 기 20. 9. 27 기 21. 3. 7 기
22. 4. 24 기 23. 3. 1 산

① 금지표지 18. 4. 28 기 18. 9. 15 산	101 출입금지	102 보행금지	103 차량통행금지	104 사용금지	105 탑승금지	106 금 연	107 화기금지
108 물체이동 금지	② 경고표지 17. 9. 23 기 18. 3. 4 기 19. 4. 27 산 20. 6. 7 기 20. 6. 14 산 20. 8. 22 기 24. 2. 15 기	201 인화성 물질경고	202 산화성 물질경고	203 폭발성 물질경고	204 급성독성 물질경고 25. 2. 7 기	205 부식성 물질경고	206 방사성 물질경고
207 고압전기 경고	208 매달린 물체경고 25. 2. 7 산	209 낙하물 경고	210 고온 경고	211 저온 경고	212 몸균형 상실경고	213 레이저 광선경고	214 발암성·변이 원성·생식독 성·전신독성· 호흡기과민성 물질 경고
215 위험장소 경고	③ 지시표지	301 보안경 착용	302 방독마스크 착용	303 방진마스크 착용	304 보안면 착용	305 안전모 착용	306 귀마개 착용
307 안전화 착용	308 안전장갑 착용	309 안전복 착용	④ 안내표지 21. 8. 14 기 22. 3. 5 기	401 녹십자 표지	402 응급구호 표지	403 들것	404 세안장치
405 비상용기구	406 비상구	407 좌측비상구	408 우측비상구	⑤ 관계자외 출입금지 21. 8. 14 기	501 허가대상물질 작업장 관계자외 출입금지 (허가물질 명칭) 제조/사용/보관 중 보호구/보호복 착용 흡연 및 음식물 섭취 금지	502 석면취급/ 해체작업장 관계자외 출입금지 석면 취급/해체 중 보호구/보호복 착용 흡연 및 음식물 섭취 금지	503 금지대상물질 의 취급 실험 실 등 관계자외 출입금지 발암물질 취급 중 보호구/보호복 착용 흡연 및 음식물 섭취 금지

⑥ 문자 추가시 예시문

▶ 내자신의 건강과 복지를 위하여 안전을 늘 생각한다.
▶ 내가정의 행복과 화목을 위하여 안전을 늘 생각한다.
▶ 내자신의 실수로 동료를 해치지 않도록 하기 위하여 안전을 늘 생각한다.
▶ 내자신이 일으킨 사고로 오는 회사의 재산과 과실을 방지하기 위하여 안전을 늘 생각한다.
▶ 내자신의 방심과 불안전한 행동이 조국의 번영에 장애가 되지 않도록 하기 위하여 안전을 늘 생각한다.

합격예측

안전인증 제품 표시사항
① 형식 또는 모델명
② 규격 또는 등급 등
③ 제조자명
④ 제조번호 및 제조연월
⑤ 안전인증 번호

참고

송기마스크의 종류
① 호스마스크
② 에어라인마스크
③ 복합식 에어라인마스크

안전대 시험성능기준
• 완성품의 정하중 성능

구분	명칭	시험하중	성능기준
완성품	벨트식	15 [kN] (1,530 [kgf])	1. 파단되지 않을 것 2. 신축조절 기의 기 능이 상 실되지 않을 것
	안전그네식	15 [kN] (1,530 [kgf])	시험몸통으 로부터 빠 지지 말 것

귀마개의 일반구조 15. 3. 8 기
① 귀마개는 사용수명 동안 피부자극, 피부질환, 알레르기 반응 혹은 그 밖에 다른 건강상의 부작용을 일으키지 않을 것
② 귀마개 사용 중 재료에 변형이 생기지 않을 것
③ 귀마개를 착용할 때 귀마개의 모든 부분이 착용자에게 물리적인 손상을 유발시키지 않을 것
④ 귀마개를 착용할 때 밖으로 돌출되는 부분이 외부의 접촉에 의하여 귀에 손상이 발생하지 않을 것
⑤ 귀(외이도)에 잘 맞을 것
⑥ 사용 중 심한 불쾌함이 없을 것
⑦ 사용 중에 쉽게 빠지지 않을 것

근무중 안전완장을 항시 착용하여야 하는 자(분)
① 안전보건관리책임자
② 안전관리자
③ 안전보건 관리담당자
④ 관리감독자

[참고]

방독마스크

(1) 방독마스크의 일반구조
① 착용 시 이상한 압박감이나 고통을 주지 않을 것
② 착용자의 얼굴과 방독마스크의 내면사이의 공간이 너무 크지 않을 것
③ 전면형은 호흡 시에 투시부가 흐려지지 않을 것
④ 격리식 및 직결식 방독마스크는 정화통·흡기밸브·배기밸브 및 머리끈을 쉽게 교환할 수 있고, 착용자 자신이 스스로 안면과 방독마스크 안면부와의 밀착성 여부를 수시로 확인할 수 있을 것
(2) 방독마스크 각 부의 구조
① 방독마스크는 쉽게 착용할 수 있고, 착용하였을 때 안면부가 안면에 밀착되어 공기가 새지 않을 것
② 정화통 내부의 흡착제는 견고하게 충진되고 충격에 의해 외부로 노출되지 않을 것
③ 흡기밸브는 미약한 호흡에 대하여 확실하고 예민하게 작동할 것
④ 배기밸브는 방독마스크의 내부와 외부의 압력이 같을 경우 항상 닫혀 있어야 하고 미약한 호흡에 대하여 확실하고 예민하게 작동하여야 하며 외부의 힘에 의하여 손상되지 않도록 덮개 등으로 보호되어 있을 것
⑤ 연결관은 신축성이 좋아야 하고 여러 모양의 구부러진 상태에서도 통기에 지장이 없어야 하고 턱이나 팔의 압박이 있는 경우에도 통기에 지장이 없어야 하며 목의 운동에 지장을 주지 않을 정도의 길이를 가질 것
⑥ 머리끈은 적당한 길이 및 탄력성을 갖고 길이를 쉽게 조절할 수 있을 것

[세부항목] 4. 안전보건표지의 색채 및 색도기준

17. 3. 5 [기] 17. 8. 26 [산] 18. 3. 4 [기] 19. 9. 21 [기] 20. 8. 22 [기] 20. 9. 27 [기] 21. 3. 7 [기] 21. 5. 15 [기] 23. 2. 28 [기]

색채	색도기준	용도	사용 [예]
빨간색	7.5R 4/14	금지	정지신호, 소화설비 및 그 장소, 유해행위의 금지
		경고	화학물질 취급장소에서의 유해·위험 경고
노란색	5Y 8.5/12	경고	화학물질 취급장소에서의 유해·위험 경고 이외의 위험 경고, 주의표지 또는 기계방호물 18. 4. 28 [산]
파란색	2.5PB 4/10	지시	특정 행위의 지시 및 사실의 고지 18. 8. 19 [기] 22. 4. 24 [기]
녹색	2.5G 4/10	안내	비상구 및 피난소, 사람 또는 차량의 통행표지 18. 8. 19 [산]
흰색	N9.5		파란색 또는 녹색에 대한 보조색 16. 10. 1 [기][산]
검은색	N0.5		문자 및 빨간색 또는 노란색에 대한 보조색

[참고] 1. 허용 오차 범위 H=±2, V=±0.3, C=±1(H는 색상, V는 명도, C는 채도를 말한다.
2. 위의 색도기준은 한국산업규격(KS)에 따른 색의 3속성에 의한 표시방법(KSA 0062 기술표준원 고시 제2008-0759)에 따른다.

(1) 안전표찰을 부착하여야 할 곳

① 작업복 또는 보호의의 우측 어깨
② 안전모의 좌우면
③ 안전완장

(2) 색채조절의 목적

① 작업자에 대한 감정적 효과, 피로방지 등을 통하여 생산능률 향상에 있다.
② 재해사고방지를 위한 표지의 명확화 등에 목적이 있다.

(3) 색의 3속성

① 색상(hue) : 유채색에만 있는 속성이며 색의 기본적 종별을 말한다.
② 명도(value) : 눈이 느끼는 색의 명암의 정도, 즉 밝기를 나타낸다.
③ 채도(chroma) : 색의 선명도의 정도, 즉 색깔의 강약을 의미한다.

(4) 색의 선택 조건

① 차분하고 밝은 색을 선택한다.
② 안정감을 낼 수 있는 색을 선택한다.
③ 악센트(accent)를 준다.
④ 자극이 강한 색을 피한다.
⑤ 순백색을 피한다.
⑥ 차가운 색, 아늑한 색을 구분하여 사용한다.

(5) 안전증표의 도형 및 표시방법

① 표시

 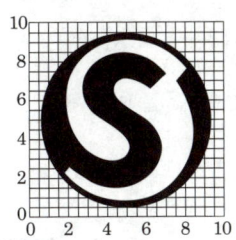

② 표시방법
㉮ 표시의 크기는 유해·위험기계등의 크기에 따라 조정할 수 있다.
㉯ 표시의 표상을 명백히 하기 위하여 필요한 경우에는 표시 주위에 한글·영문 등의 글자로 필요한 사항을 덧붙여 적을 수 있다.
㉰ 표시는 유해·위험기계등이나 이를 담은 용기 또는 포장지의 적당한 곳에 붙이거나 인쇄하거나 새기는 등의 방법으로 해야 한다.
㉱ 표시는 테두리와 문자를 파란색, 그 밖의 부분을 흰색으로 표현하는 것을 원칙으로 하되, 안전인증표시의 바탕색 등을 고려하여 테두리와 문자를 흰색, 그 밖의 부분을 파란색으로 표현할 수 있다. 이 경우 파란색의 색도는 2.5PB 4/10으로, 흰색의 색도는 N9.5로 한다[색도기준은 한국산업표준(KS)에 따른 색의 3속성에 의한 표시방법(KS A 0062)에 따른다].
㉲ 표시를 하는 경우에 인체에 상해를 입힐 우려가 있는 재질이나 표면이 거친 재질을 사용해서는 안 된다.

합격예측

방진마스크의 등급 및 사용장소

등급	사용장소
특급	• 베릴륨 등과 같이 독성이 강한 물질들을 함유한 분진 등 발생장소 • 석면 취급 장소
1급	• 특급 마스크 착용 장소를 제외한 분진 등 발생장소 • 금속흄 등과 같이 열적으로 생기는 분진 등 발생장소 • 기계적으로 생기는 분진 등 발생장소(규소 등과 같이 2급 마스크를 착용하여도 무방한 경우는 제외한다.)
2급	특급 및 1급 마스크 착용 장소를 제외한 분진 등 발생장소

"음압수준"이란 음압을 다음 식에 따라 데시벨(dB)로 나타낸 것을 말하며 KS C 1505(적분평균소음계) 또는 KS C 1502(소음계)에 규정하는 소음계의 "C" 특성을 기준으로 한다.
17. 8. 26 ㉮ 24. 2. 15 ㉮
25. 2. 7 ㉮

$$\text{음압수준(dB)} = 20\log 10 \frac{P}{P_0}$$

P : 측정음압으로서 파스칼[Pa] 단위를 사용
P_0 : 기준음압으로서 $20[\mu Pa]$ 사용

방열복의 종류 및 질량

종류	착용부위	질량[kg]
방열상의	상체	3.0 이하
방열하의	하체	2.0 이하
방열일체복	몸체(상·하체)	4.3 이하
방열장갑	손	0.5 이하
방열두건	머리	2.0 이하

주요항목 02 안전보호구 관리
출제예상문제

출제예상문제는 복습, 예습문제로 엮었습니다. *WHY : 실제시험에도 순서에 관계없이 출제됩니다. 예습 후 다음장에 공부한 문제가 있으면 기억이 배가 됩니다.

01 ★★ 다음 중 방진마스크의 선정기준에 해당되는 것은?

① 흡기저항이 높은 것일수록 좋다.
② 흡기저항 상승률이 낮은 것일수록 좋다.
③ 배기저항이 높은 것일수록 좋다.
④ 분진포집 효율이 낮은 것일수록 좋다.

해설
방진마스크 선정기준
① 여과효율이 좋을 것 ② 흡배기저항이 낮을 것
③ 사용적이 적을 것   ④ 중량이 가벼울 것
⑤ 시야가 넓을 것   ⑥ 안면밀착성이 좋을 것
⑦ 피부 접촉 부위의 고무질이 좋을 것

02 ★ 다음 중 안전모의 시험성능기준으로 적당하지 않은 것은?

① 외관   ② 안전성
③ 내충격성   ④ 내수성

해설
안전모 시험성능의 종류
① 내관통성   ② 내전압성
③ 내수성   ④ 난연성
⑤ 충격흡수성 ⑥ 턱끈풀림

03 ★★ 건강장해의 근원적 예방대책이 아닌 것은?

① 생산공정 또는 작업방법을 무해화(無害化)한다.
② 보호구의 사용, 작업시간의 단축 등을 강구한다.
③ 환경을 개선하고 유해요인을 배제한다.
④ 작업방법을 개선하고 노동부담을 경감한다.

해설
보호구(2차적 대책)
보호구는 소극적 대책이며 근본적 예방대책은 아니다.

04 ★ 다음 보호구를 선택할 때 주의사항을 설명했다. 틀린 것은?

① 귀마개 – 피부에 유해한 영향을 주지 않는 것일 것
② 안전모 – 내전, 내수, 내충격에 강한 것일 것
③ 보안경 – 상해 등을 주는 각이나 요철이 없고 불쾌감이 없을 것
④ 방진마스크 – 흡배기저항이 높은 것일 것

해설
방진마스크는 흡배기저항이 낮을 것
● 흡배기저항이 높으면 어떻게 숨을 쉬나요.

05 ★★ 다음은 방진마스크 선택시 주의점을 설명한 것이다. 잘못 설명한 것은?

① 포집률이 좋아야 한다.
② 흡기저항 상승률이 높을수록 좋다.
③ 시야가 넓을수록 좋다.
④ 안면의 밀착성이 큰 것일수록 좋다.

해설
흡배기저항이 낮아야 한다.
● 문제 4번을 이해했으면 문제 5번은 답이 자동으로 나오지요.

[정답] 01 ② 02 ① 03 ② 04 ④ 05 ②

06 ★★ 다음의 소음예방 방법 중 가장 바람직한 방법은?
① 기계 장치 등의 구조를 바꾸거나 다른 기계로 대체한다.
② 소음원을 제거 감소시킨다.
③ 소음이 작업자에게 전달되지 않도록 음원을 은폐하고 소음흡수장치를 한다.
④ 귀마개나 귀덮개를 사용하여 음의 강도를 줄인다.

해설
소음예방
① 소음대책의 첫째 방법 : 소음원 자체 제거
② 기타는 소극적인 방법이다.

07 ★★ 보호구가 갖추어야 할 구비요건 중 거리가 먼 것은?
① 착용이 간편할 것
② 작업에 방해가 되지 않을 것
③ 유해·위험요소에 대한 방호가 완전할 것
④ 가격이 저렴할 것

해설
보호구의 구비조건
(1) ①, ②, ③ 외
(2) 재료의 품질이 우수할 것
(3) 구조와 끝마무리가 양호할 것
(4) 겉모양과 보기가 좋을 것

참고 보호구는 생명과 직결되므로 가격이 비싸더라도 보호구는 안전하고 완전해야 한다.

08 ★★★ 공장 내 안전표지를 부착하는 이유는?
① 능률적인 작업을 유도하기 위하여
② 인간심리의 활성화 촉진
③ 인간행동의 변화통제
④ 공장 내 환경정비 목적

해설
안전표지의 사용목적
① 유해 위험 기계, 기구, 자재 등의 위험성을 표시로 경고하여 작업자로 하여금 예상되는 재해를 사전에 예방
② 작업대상의 유해위험성의 성질에 따라 작업행위를 통제하고, 대상물을 신속 용이하게 판별하여 안전한 행동을 하게 함으로써 재해와 사고를 미연에 방지

09 ★★ 작업장에서 보호구를 보다 효율적으로 사용할 수 있게 하는 기본적 사항이 아닌 것은?
① 작업에 알맞은 보호구를 선정해야 한다.
② 필요수량만큼을 반드시 비치해야 한다.
③ 생산성 향상을 위한 최소의 보호구를 사용토록 한다.
④ 올바른 사용방법을 제대로 교육시켜야 한다.

해설
보호구는 최대의 보호구를 사용하여 손상시 항상 교체토록 한다.

10 ★★★ 유기용제에서 발생한 독성을 제거하기 위한 방독마스크의 흡수제로 옳은 것은?
① 호프칼라이트 ② 큐프라마이트
③ 활성탄   ④ 소다라임

해설
흡수제
① 흡수제의 종류 : 활성탄, 실리카겔(silicagel), 소다라임(sodalime), 호프칼라이트(hopecalite), 큐프라마이트(kuperamite) 등
② 유기용제 독성제거 : 활성탄

11 ★★★★★ 다음은 산업안전표지의 기본 모형을 그린 것이다. 이것은 어느 표지에 이용하는가?

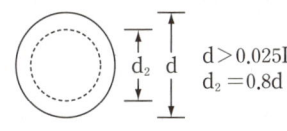

① 금지 ② 경고
③ 지시 ④ 안내

해설
안전표지의 기본 모형
① 금지 : ⊘   ② 경고 : ◇·△   ③ 안내 : □
➡ 가로, 세로 등 숫자기억은 할 필요 없습니다.

[정답] 06 ② 07 ④ 08 ③ 09 ③ 10 ③ 11 ③

12 다음 보기의 안전표지가 나타내는 의미는?

① 위험장소 경고 ② 위험물질 경고
③ 유해물질 경고 ④ 고온 경고

해설

경고표지 종류

인화성물질 경고	산화성물질 경고	폭발성 물질경고	급성독성 물질경고	위험장소 경고

13 인간행동의 색채조절의 효과로 기대되는 것이 아닌 것은 어느 것인가?

① 밝기의 증가 ② 생산의 증가
③ 피로의 증가 ④ 작업능력의 향상

해설

색채조절의 목적
① 피로의 감소
② 생산능률 향상
③ 재해사고 방지
④ 표지의 명확화

14 다음은 근로자가 위험 작업장에서 보호구를 착용하고자 할 때 꼭 알아두어야 할 사항이다. 이 중에서 가장 그 의미가 약한 것은?

① 위험을 예측하는 방법
② 보호구의 종류와 성능
③ 보호구의 가격과 구입 방법
④ 착용방법과 관리방법

해설

보호구 기본원칙
① 보호구의 가격, 구입방법 등은 근로자가 알아두어야 할 사항이 아니다.
② 중요사항은 ①, ②, ④이다.

15 방독마스크를 사용할 수 없는 장소에 해당되는 것은?

① 산소농도가 28[%] 이하인 장소
② 산소농도가 22[%] 이하인 장소
③ 산소농도가 18[%] 이하인 장소
④ 산소농도가 20[%] 이하인 장소

해설

산소결핍
산소농도가 18[%] 이하이면 우선적으로 산소마스크를 착용해야 한다.

참고 산소결핍은 대기중 산소농도가 18[%] 미만이다.

16 다음 보호구 종류 사용상 연관을 연결한 것이다. 사용 용도가 잘못된 것은?

① 비래장소 작업자 - 안전모
② 분진비산장소 작업자 - 방독마스크
③ 인력운반 취급자 - 안전화
④ 토사작업자 - 내열 석면장갑

해설

흙작업시 면장갑이 적합하다.

17 방진마스크의 구조조건 중 맞지 않는 것은?

① 여과효율이 좋을 것
② 중량이 가볍고 안면밀착성이 좋을 것
③ 하방 시야가 50[°] 이상 넓을 것
④ 흡배기저항이 높을 것

해설

흡배기저항이 낮아야 한다.
↪ 이번 시험에도 이 문제가 출제되겠지요.Why! 자주자주 나오니까.

[정답] 12 ① 13 ③ 14 ③ 15 ③ 16 ④ 17 ④

18 다음 중 납중독을 일으킬 위험이 높은 분진이나 퓸(fume) 발산작업에 사용하는 보호구는?

① 산소마스크
② 여과효율 99[%] 이상인 방진마스크
③ 호스마스크
④ 격리식 방독마스크

[해설]

방진마스크
(1) 방진마스크의 구분 및 사용장소 18. 3. 4⑦

등급	특급	1급	2급
사용 장소	• 베릴륨 등과 같이 독성이 강한 물질들을 함유한 분진 등 발생장소 • 석면 취급 장소	• 특급 마스크 착용장소를 제외한 분진 등 발생장소 • 금속흄 등과 같이 열적으로 생기는 분진 등 발생장소 • 기계적으로 생기는 분진 등 발생장소(규소 등과 같이 2급 방진마스크를 착용하여도 무방한 경우는 제외한다.)	• 특급 및 1급 마스크 착용장소를 제외한 분진 등 발생 장소
배기밸브가 없는 안면부여과식 마스크는 특급 및 1급 장소에 사용해서는 안 된다.			

(2) 성능

형태 및 등급		염화나트륨(NaCl) 및 파라핀 오일(Paraffin oil) 시험[%]
분리식	특급	99.95 이상
	1급	94.0 이상
	2급	80.0 이상
안면부 여과식	특급	99.0 이상
	1급	94.0 이상
	2급	80.0 이상

19 다음 중 보호구가 잘못 사용된 것은 어느 것인가?

① 폐수맨홀 청소 – 방진마스크
② 아세틸렌용접 – 실드헬멧
③ 용광로 – 고열복
④ 3[m]의 작업 – 안전벨트

[해설]
폐수맨홀 청소는 방독마스크를 착용해야 한다.
[참고] 2[m] 이상 작업부터 고소작업이라 한다.

20 지시표지를 나타내는 색도기준으로 옳은 것은?

① 7.5R 4/14   ② 5Y 8.5/12
③ 2.5PB 4/10   ④ 2.5G 4/10

[해설]

산업안전색채의 종류, 색도기준 및 표시사항

종류	기준	표시사항	사용 예
빨간색	7.5R 4/14	금지	정지신호, 소화설비 및 그 장소
노란색	5Y 8.5/12	경고	위험경고, 주의표지, 기계방호물
파란색	2.5PB 4/10	지시	특정행위의 지시 및 사실의 고지
녹색	2.5G 4/10	안내	비상구, 피난소, 사람·차량통행표지

21 감전으로 인하여 호흡이 정지된 환자의 응급치료에 있어서 인공호흡을 하는 경우 1분간에 몇 회 정도의 속도로 30분 이상 계속할 것인가?

① 60번 정도   ② 30번 정도
③ 20번 정도   ④ 15번 정도

[해설]

인공호흡
① 인공호흡은 5초 간격으로 1분에 12~15회가 적당하다.
② 1분 내 소생률은 95[%]이다.

22 산소가 결핍되어 있는 장소에서 사용되는 마스크는?

① 방진마스크   ② 방독마스크
③ 송기마스크   ④ 특급 방진마스크

[해설]

산소결핍시 보호구
① 산소마스크 ② 송기마스크 ③ 구명줄 ④ 안전모

23 산업안전 보호구 중 분진포집효율이 가장 좋은 것은? (단, 분리식)

① 99[%]   ② 99.95[%]
③ 99.9[%]   ④ 95[%]

[정답] 18 ② 19 ① 20 ③ 21 ④ 22 ③ 23 ②

해설

방진마스크의 분진포집효율
① 특급 : 99.95[%] 이상
② 1급 : 94[%] 이상
③ 2급 : 80[%] 이상

24 ★★ 들것, 비상구, 응급구호표지를 나타내는 색은?
① 빨간색 ② 노란색
③ 초록색 ④ 주황색

해설

안전표지 및 색상
① 금지 : 빨간색(정지신호, 소화설비)
② 경고 : 노란색(위험경고, 주의, 기계방호물)
③ 안내 : 초록색(비상구, 피난구)
④ 지시 : 파란색(특정행위 지시, 사실의 고지)

25 ★★ 산업안전색채 중 잠재한 위험을 일깨워주거나 불안한 행위에 주의를 환기시킬 위치에 설치하는 경고표지의 색은 다음 중 어느 것인가?
① 빨간색 ② 노란색
③ 초록색 ④ 파란색

해설

주의표시 : 경고표지 등은 노란색이다.

참고 문제 24번 해설 참조

26 ★ 방진마스크의 구비조건으로 옳지 않은 것은?
① 흡배기저항이 높을 것
② 중량이 가벼울 것
③ 안면밀착성이 좋을 것
④ 포집효율이 좋을 것

해설

방진마스크의 구비조건(선정기준)
① 여과효율이 좋을 것   ② 흡배기저항이 낮을 것
③ 사용적이 적을 것   ④ 중량이 가벼울 것
⑤ 시야가 넓을 것   ⑥ 안면밀착성이 좋을 것
⑦ 피부 접촉 부위의 고무질이 좋을 것

27 ★★ 산업안전보건표지는 그 사용목적에 따라 4개 종류로 분류되고 있다. 다음 중 이에 속하지 않는 것은?
① 금지표지 ② 방향표지
③ 경고표지 ④ 안내표지

해설

산업안전보건표지종류
① 금지표지 ② 경고표지
③ 지시표지 ④ 안내표지

28 ★★★ 다음 보호구 중 고소작업에 맞지 않는 것은?
① 안전모   ② 안전화
③ 안전벨트 안전망 ④ 핫스틱

해설

고소작업
① 핫스틱은 전기활선 작업시에 사용한다.
② 고소작업은 2[m] 이상에서 작업하는 것을 말한다.

29 ★★★★ 가스마스크를 사용할 때 유의사항이 잘못 기술된 것은?
① 흡수관의 손상여부를 확인한다.
② 유해가스에 알맞은 흡수관을 사용한다.
③ 유독가스의 농도가 높을수록 격리식을 사용한다.
④ 탱크 및 맨홀 내부에서는 직결식을 사용한다.

해설

가스마스크
① 탱크 및 맨홀 내부에는 격리식을 사용한다.
② 가스마스크는 방독마스크를 말한다.

30 ★★ 안전블록이 부착된 안전대의 구조에 있어 안전블록의 줄은 와이어로프인 경우 최소지름은 얼마 이상이어야 하는가?
① 2[mm]   ② 4[mm]
③ 8[mm]   ④ 10[mm]

[정답] 24 ③ 25 ② 26 ① 27 ② 28 ④ 29 ④ 30 ②

> **해설**
>
> 안전대의 구비조건
> ① 충격인장강도에 강할 것
> ② 습기나 약품에 강할 것
> ③ 매끄럽지 않을 것
> ④ 와이어로프 최소지름 : 4[mm] 이상

31 ★★ 산업안전보건표지 중 지시표지는 어떠한 색채의 종류인가?

① 초록색 ② 파란색
③ 빨간색 ④ 노란색

> **해설**
>
> 안전·보건표지 및 색
> ① 금지 : 빨간색
> ② 경고 : 노란색
> ③ 지시 : 파란색
> ④ 안내 : 초록색

32 ★★ 안전표지 중 주의, 위험표지의 글자, 보조색에 이용되는 색채는?

① 보라색 ② 빨간색
③ 검은색 ④ 흰색

> **해설**
>
> 위험장소 경고표지
>
>
>
> ① 흰색 : 파란색, 녹색에 대한 보조색
> ② 검은색 : 문자 및 빨간색, 노란색에 대한 보조색

33 ★★ 특급 방진마스크를 착용하여야 할 작업은?

① 암석의 파쇄작업
② 철분이 비산하는 작업
③ 베릴륨을 함유한 분진 발생 장소
④ 염소 탱크 내의 작업

> **해설**
>
> ①, ②, ④ : 특급 및 1급으로 가능하다.

34 ★★★ 다음 중 열에 가장 잘 견디는 장갑은?

① 고무장갑 ② 면장갑
③ 가죽장갑 ④ 석면장갑

> **해설**
>
> 장갑
> ① 열에 우수한 것은 석면   ② 열에 약한 것은 고무장갑
> ③ 용접시는 가죽장갑

35 ★★ 암모니아용 방독마스크의 정화통 색은?

① 검은색 ② 황색
③ 녹색   ④ 빨간색

> **해설**
>
> 방독마스크 흡수관(정화통)의 종류
>
> | 종류 | 시험가스 | 정화통 외부측면 표시색 |
> |---|---|---|
> | 유기화합물용 | 시클로헥산(C_6H_{12}), 디메틸에테르(CH_3OCH_3), 이소부탄(C_4H_{10}) | 갈색 |
> | 할로겐용 | 염소가스 또는 증기(Cl_2) | 회색 |
> | 황화수소용 | 황화수소가스(H_2S) | 회색 |
> | 시안화수소용 | 시안화수소가스(HCN) | 회색 |
> | 아황산용 | 아황산가스(SO_2) | 노란색 |
> | 암모니아용 | 암모니아가스(NH_3) | 녹색 |

36 ★★ 할로겐가스용 방독마스크의 정화통 색은?

① 빨간색 ② 회색
③ 녹색   ④ 황적색

> **해설**
>
> 할로겐가스용 정화통색 : 회색
>
> **참고** 문제 35번 해설 참조

37 ★★ 다음 건설현장에 안전보건표지를 설치하려 한다. 그 종류와 분류가 맞는 것은?

① 물체이동 – 금지표지   ② 인화성물질 – 지시표지
③ 위험장소 – 안내표지   ④ 안전띠 착용 – 경고표지

[**정답**] 31 ② 32 ③ 33 ③ 34 ④ 35 ③ 36 ② 37 ①

> **해설**
>
> 안전보건표지
> ① 경고표지 : 인화성물질, 위험장소
> ② 안전띠 착용 : 지시표지

38 ★★ 다음 안전보건표지를 알맞게 나타낸 것은?

① 부식성 물질 저장 – 경고표지
② 금연 – 지시표지
③ 화기엄금 – 경고표지
④ 안전모 착용 – 안내표지

> **해설**
>
> 안전표지
> ① 금연 : 금지표지
> ② 화기엄금 : 금지표지
> ③ 안전모 착용 : 지시표지

39 ★★ 산업안전보건표지 중에서 정사각형(혹은 직사각형) 모양에 그림으로 나타낸 표지는?

① 금지표지　　② 경고표지
③ 지시표지　　④ 안내표지

> **해설**
>
> 안전보건표지
> ① 경고표지 : 삼각형
> ② 금지와 지시표지 : 원형

40 ★★ 다음 중 안전대용 로프의 구비조건이 아닌 것은?

① 내마모성이 높을 것　② 완충성이 높을 것
③ 내열성이 높을 것　　④ 값이 싸야 한다.

> **해설**
>
> 안전대의 구비조건
> (1) ①, ②, ③ 외 충격인장강도에 강할 것
> (2) 습기나 약품에 강할 것
> (3) 매끄럽지 않을 것
> ◎ 문제가 중복되는 이유는 기출문제이고 이번시험에 이 문제가 출제될 수 있다는 증명입니다.

41 ★★★ AE와 ABE형의 안전모의 내수성 시험은 모체를 20~25[℃]의 수중에 24시간 담가놓은 후 대기 중에 꺼내어 수분을 제거한 무게 증가율이 얼마일 때 합격하는가?

① 1[%] 미만　　② 2[%] 이하
③ 2.5[%] 미만　④ 3[%] 이하

> **해설**
>
> 안전모의 주요 성능 시험
> ① 내관통성 시험 : 높이 3.048[m](10[ft])에서 0.45[kg]의 철제추를 자유낙하시키고 관통거리를 측정한다.
> ② 충격흡수성 시험 : 내관통성 시험과 같이 3.6[kg]의 충격추를 1.524[m](5[ft]) 높이에서 자유낙하시켜 전달충격력을 측정하고 평균치가 3,781[N](850[lb])이하, 최고전달충격력이 4,450[N](1,000[lb]) 이하이다.
> ③ 내수성 시험 : AE형과 ABE형 안전모의 모체를 수중에 24시간 담가 놓은 후, 표면의 물을 닦아 내고 무게를 측정하여 질량증가율이 1[%] 미만이어야 한다.
> ④ 난연성 시험 : AE형과 ABE형 안전모의 모체로부터 넓이 25[mm], 길이 125[mm]의 시험편의 중간의 75[mm]의 연소시간이 60초 이상이어야 한다.
> ⑤ 내전압성 시험 : AE형과 ABE형 안전모는 20[kV]에 1분간 견디고, 충전전류가 10[mA] 이하이어야 한다.

42 현장에서 안전책임자, 안전관리자는 근무 중에 안전완장을 착용해야 한다. 안전완장에 바탕색깔과 어떤 내용을 한글로 표시해야 하는가?

① 노란, 직책　　② 노란, 성명
③ 흰색, 직책　　④ 흰색, 성명

> **해설**
>
> 안전완장의 표시사항
> '노란색 바탕'에 검은색 한글 고딕체로 '직책'을 표시한다.

43 안전장갑의 종류는 사용구분에 따라 규정 지어진다. 사용구분이 주로 300[V]를 초과하고 교류 600[V] 또는 직류 750[V] 이하의 작업에서 사용하는 안전장갑의 종류는 다음 중 어느 것인가?

① A종　　② B종
③ C종　　④ D종

[정답] 38 ①　39 ④　40 ④　41 ①　42 ①　43 ①

> [해설]
>
> **안전장갑의 종류**
>
> | | | |
> |---|---|---|
> | 내전압용
안전장갑
(절연장갑) | 전기에 의한
감전 방지용 | A종 | 주로 300[V]를 초과하고 교류
600[V] 또는 직류 750[V] 이
하의 작업에 사용 |
> | | | B종 | 주로 교류 600[V] 또는 직류
750[V]를 초과하고 3,500 [V]
이하의 작업에 사용 |
> | | | C종 | 주로 3,500[V]를 초과하고
7,000[V] 이하의 작업에 사용 |
> | 유기화합물용
안전장갑
(보호장갑) | 액체상태의 유기화합물이 피부를 통하여 인체에 흡수
되는 것을 방지하기 위하여 사용 | | |

44 안전대를 인장시험기로 시험할 때 인장강도는?

① 900[kgf] ② 1,100[kgf]
③ 1,300[kgf] ④ 1,530[kgf]

> [해설]
>
> **안전대 시험**
> ① 안전대의 정하중 성능시험으로 인장시험기로 15[kN](1,530[kgf])
>   인장하중을 가한다.
> ② 1분간 유지한 후 기능상실 여부를 조사한다.

45 다음 중 신체지지의 목적으로 전신에 착용하는 것으로 높은 곳에서의 추락을 방지하는 목적으로 사용되는 보호구는?

① 벨트식 ② 안전블록
③ 추락방지대 ④ 안전그네식

> [해설]
>
> **안전대의 종류**
>
> | 구분 | 용도 |
> |---|---|
> | 안전그네 | 신체지지의 목적으로 전신에 착용하는 띠모양의 부품 |
> | 벨트 | 신체지지의 목적으로 허리에 착용하는 띠모양의 부품 |
> | 추락방지대 | 신체의 추락을 방지하기 위해 자동잠김장치를 갖추고 짧은줄과 수직 구명줄에 연결된 금속장치 |
> | 안전블록 | 안전그네와 연결하여 추락 발생시 추락을 억제할 수 있는 자동잠김장치가 갖추어져 있고 짧은줄이 자동적으로 수축되는 금속장치 |

46 안전보건표지에 사용하는 색채 가운데 비상구 및 피난소 사람 또는 차량이 통행표지에 사용하는 색채는 다음 중 어느 것인가?

① 빨간색 ② 노란색
③ 녹색 ④ 파란색

> [해설]
>
> **산업안전보건표지의 종류**
>
> | 구분 | 형태 | 용도 |
> |---|---|---|
> | 금지 | 빨간색(원형) | 정지신호, 소화설비 및 그 장소, 유해행위의 금지 |
> | 경고 | 노란색(삼각형) | 위험경고, 주의표지 또는 기계 방호물 |
> | | 빨간색(마름모) | 화학물질 취급장소 유해위험 경고 |
> | 지시 | 파란색(원형) | 특정 행위의 지시 및 사실의 고지 |
> | 안내 | 녹색(사각형, 녹십자는 원형) | 비상구 및 피난소, 통행표지 |

47 내전압용 절연장갑의 성능기준에 있어 최대사용전압에 따른 등급 구분에서 최소등급인 "00등급"의 색상으로 옳은 것은?

① 갈색 ② 흰색
③ 노란색 ④ 녹색

> [해설]
>
> **절연장갑의 등급 및 표시**
>
> | 등급 | 최대사용전압 | | 등급별
색 상 |
> |---|---|---|---|
> | | 교류(V, 실효값) | 직류(V) | |
> | 00 | 500 | 750 | 갈색 |
> | 0 | 1,000 | 1,500 | 빨간색 |
> | 1 | 7,500 | 11,250 | 흰색 |
> | 2 | 17,000 | 25,500 | 노란색 |
> | 3 | 26,500 | 39,750 | 녹색 |
> | 4 | 36,000 | 54,000 | 등색 |

💬 **합격자의 조언**
1. 본전 생각을 하지 말라. 손해가 이익을 끌고 온다.
2. 돈을 내 맘대로 쓰지 말라. 돈에게 물어보고 사용하라.
3. 느낌을 소중히 하라. 느낌은 신의 목소리다.

[정답] 44 ④ 45 ④ 46 ③ 47 ①

 # 산업안전심리

중점 학습내용

본 장은 안전 공학도로서 안전기사의 기본적인 인간의 심리를 파악하기 위한 내용을 주로 구성하여 딱딱함보다는 때로는 흥미있는 내용을 다루었으며 시험에 출제가 예상되는 그 중심적인 내용은 다음과 같다.

❶ 산업심리와 심리검사
❷ 직업적성과 배치
❸ 인간의 특성과 안전과의 관계

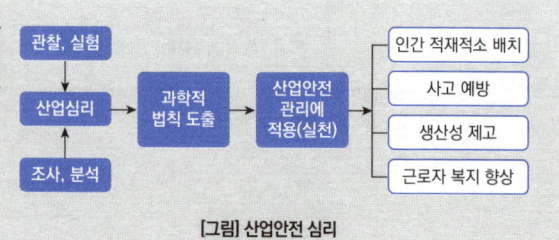

[그림] 산업안전 심리

합격예측

산업심리학 연구목적
① 근로자의 복지증진
② 인간 적재적소 배치

16. 3. 6 ⑦ 17. 5. 7 ⑦
18. 4. 28 ⑦ 20. 6. 14 ㉔
23. 5. 13 ㉔

심리(직무)검사의 구비조건
① 표준화 : 검사절차의 일관성 및 통일성의 표준화
② 객관성(무오염성) : 채점자의 편견, 주관성 배제
③ 규준 : 검사결과를 해석하기 위한 비교의 틀
④ 신뢰성(반복성) : 검사응답의 일관성(반복성)
⑤ 타당성(적절성) : 측정하고자 하는 것을 실제로 측정하는 것
⑥ 실용성 : 이용방법 용이

산업심리학과 직접 관련이 있는 학문
① 인사관리학
② 인간공학
③ 사회심리학
④ 심리학
⑤ 응용심리학
⑥ 안전관리학
⑦ 노동과학
⑧ 행동과학
⑨ 신뢰성 공학

세부항목 1. 산업심리와 심리검사

1. 심리검사의 종류

(1) 산업심리의 정의

① 산업심리학은 응용심리학으로 인간심리의 관찰·실험·조사 및 분석을 통하여 얻은 일정한 과학적 법칙을 이용하여 생산을 증가하고 근로자의 복지를 증진하고자 하는 데 목적을 두고 있다.
② 산업심리학은 사람을 적재적소에 배치할 수 있는 과학적 판단과 배치된 사람이 만족하게 자기 책무를 다할 수 있는 여건을 만들어 주는 방법을 연구하는 학문이다.

(2) 인사관리의 산업심리 목적

① 근로자 작업에 대한 능률분석
② 근로자 집단의 개인 및 작업에 대한 분석

2. 인사관리의 중요기능

① 조직과 리더십
③ 배치
⑤ 업무 평가
② 선발(시험 및 적성검사)
④ 작업분석
⑥ 상담 및 노사간의 이해

3. 인간관계의 기제(메커니즘 : mechanism) 18. 8. 19 ⑦ 21. 3. 7 ⑦

심리학적으로 인간의 정신 발달은 여러 단계를 거친다. 각 단계는 일정한 시기에 시작하여 끝나는 단계는 명확하지 않고 일생동안 계속되는 경우가 대부분이다.

(1) 일체화 : 심리적 결함

(2) 동일화(identification) 18. 3. 4 ⑦ 18. 4. 28 ⑦ 20. 8. 23 ㉠ 21. 5. 15 ⑦ 25. 2. 7 ㉠

① 다른 사람의 행동 양식이나 태도를 투입시키거나 다른 사람 가운데서 자기와 비슷한 점을 발견하는 것
② 부모나 형 등의 중요한 인물들의 태도나 행동을 따라하는 것

(3) 역할학습 : 유희

(4) 투사(projection : 투출) 16. 3. 6 ⑦ 16. 10. 1 ㉠ 19. 4. 27 ⑦ 22. 3. 5 ⑦

자기 속의 억압된 것을 다른 사람의 것으로 생각하는 것
ex ① 안되면 조상 탓 ② 서투른 무당이 장구 탓

(5) 커뮤니케이션(communication)

갖가지 행동양식의 기초를 매개로 하여 어떤 사람으로부터 다른 사람에게 전달되는 과정
① 언어   ② 몸짓   ③ 신호   ④ 기호

(6) 공감

① 이입공감   ② 동정과 구분(직접공감)

(7) 모방(imitation) 19. 9. 21 ⑦

남의 행동이나 판단을 표본으로 하여 그것과 같거나 또는 그것에 가까운 행동 또는 판단을 취하려는 것
① 직접모방   ② 간접모방   ③ 부분모방

(8) 암시(suggestion) 18. 4. 28 ㉠ 22. 3. 5 ⑦

다른 사람으로부터의 판단이나 행동을 무비판적으로 논리적, 사실적 근거 없이 받아들이는 것
① 각성암시
② 최면암시

합격예측

조하리의 창(Johari's window)에서 "나는 모르지만 다른 사람은 알고 있는 영역" : Blind area 20. 6. 7 ⑦

4. 인간관계 관리방법

(1) 인간관계 관리의 필요성

산업의 발전에 따라 기업의 규모가 확대되고, 작업의 기계화가 가속됨으로써 인간이 소외되고 노동조합의 발전으로 노사의 이해가 요구됨으로써 인간관계 관리가 절실하게 되었으며 안전은 물론 경영 전반에 걸쳐 매우 중요한 과제로 등장하게 되었다.

(2) 호손(Hawthorne) 공장 실험 18. 3. 4 🖈 18. 9. 15 🖈 19. 4. 27 🖈 19. 9. 21 🖈 21. 5. 15 🖈

인간관계 관리의 개선을 위한 연구로 미국의 메이요(E. Mayo, 1880~1949) 교수가 주축이 되어 호손 공장에서 실시되었다.

① 작업능률을 좌우하는 것은 단지 임금, 노동시간 등의 노동조건과 조명, 환기, 그 밖에 작업환경으로서의 물적 조건보다 종업원의 태도, 즉 심리적, 내적 양심과 감정이 중요하다.

② 물적 조건도 그 개선에 의하여 효과를 가져올 수 있으나 종업원의 심리적 요소가 더욱 중요하다.(인간관계가 작업 및 작업설계에 영향을 줌) 10. 9. 5 🖈 22. 3. 5 🖈 22. 4. 24 🖈

(3) 개인적인 카운슬링(counseling) 방법 17. 3. 5 🖈 21. 5. 15 🖈 22. 4. 24 🖈

① 직접 충고(수칙 불이행시 적합)
② 설득적 방법
③ 설명적 방법

(4) 로저스(C.R. Rogers)의 방법

지시적 카운슬링과 비지시적 카운슬링의 병용

(5) 카운슬링의 순서 16. 3. 6 🖈

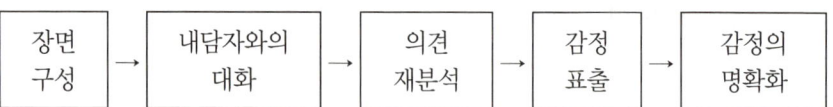

장면 구성 → 내담자와의 대화 → 의견 재분석 → 감정 표출 → 감정의 명확화

(6) 카운슬링의 효과

① 정신적 스트레스 해소
② 동기부여
③ 안전 태도 형성

5. 모랄 서베이(morale survey)

(1) 모랄 서베이의 효용 17. 8. 26 ㉠ 19. 3. 3 ㉡

① 근로자의 심리, 욕구를 파악하여 불만을 해소하고 노동 의욕을 높인다.
② 경영관리를 개선하는 데 자료를 얻는다.
③ 종업원의 정화작용을 촉진시킨다.

(2) 모랄 서베이(morale survey : 사기 양양 : 사기조사)의 주요 방법 22. 3. 5 ㉠ 23. 3. 1 ㉡

① 통계에 의한 방법 : 사고 상해율, 생산성, 지각, 조퇴, 이직 등을 분석하여 파악하는 방법
② 사례연구법 : 경영 관리상의 여러 가지 제도에 나타나는 사례에 대해 연구함으로써 현상을 파악하는 방법
③ 관찰법 : 종업원의 근무 실태를 계속 관찰함으로써 문제점을 찾아내는 방법
④ 실험연구법 : 실험 그룹과 통제 그룹으로 나누고 정황, 자극을 주어 태도 변화 여부를 조사하는 방법
⑤ 태도조사법(의견조사) : 질문지법, 면접법, 집단토의법, 투사법, 문답법 등에 의해 의견을 조사하는 방법 16. 5. 8 ㉡ 18. 9. 15 ㉠

6. 양립성[일명 모집단 전형(compatibility, 兩立性)]

18. 3. 4 ㉡ 18. 4. 28 ㉠ 18. 8. 19 ㉠
18. 9. 15 ㉠ 19. 8. 4 ㉠ 22. 3. 5 ㉠
23. 6. 4 ㉠ 24. 2. 15 ㉠ 25. 2. 7 ㉠

자극들간의, 반응들간의 혹은 자극-반응들간의 관계가(공간, 운동, 개념, 양식) 인간의 기대에 일치되는 정도를 말하며, 양립성 정도가 높을수록, 정보처리시 정보변환(암호화, 재암호화)이 줄어들게 되어 학습이 더 빨리 진행되고, 반응시간이 더 짧아지고, 오류가 적어지며, 정신적 부하가 감소하게 된다.

(1) 개념 양립성 : 외부로부터의 자극에 대해 인간이 가지는 개념적 현상의 양립성
  예) 빨간색버튼 : 정지, 녹색버튼 : 운전

(2) 공간 양립성 : 표시장치나 조종장치의 물리적인 형태나 공간적인 배치의 양립성 예) 오른쪽 : 오른손 조절장치, 왼쪽 : 왼손 조절장치 17. 8. 26 ㉠ 19. 8. 4 ㉡

(3) 운동 양립성 : 표시장치, 조종장치, 체계반응 등의 운동 방향의 양립성
  예) 조종장치를 오른쪽으로 돌리면 지침도 오른쪽으로 이동

(4) 양식(modality) 양립성 : 직무에 알맞는 응답양식의 존재 양립성(기계가 특정음성에 정해진 반응) 예) 소리로 제시된 정보는 말로 반응케 하는 것이, 시각적으로 제시된 정보는 손으로 반응하는 것이 양립성이 높다.

합격예측

인사관리의 목표
종업원을 적재적소에 배치하여 능률을 극대화하고, 종업원의 만족을 추구하는 것이 그 목표이다. 즉, 생산과 만족을 동시에 얻고자 하는 것이다.

양립성의 종류
① 운동 양립성

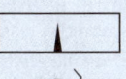

② 공간 양립성

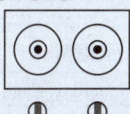

③ 개념 양립성

④ 양식 양립성

인사심리검사의 구비조건
① 타당성
② 신뢰성
③ 실용성

Q 은행문제

집단 안전교육과 개별 안전교육 및 안전교육을 위한 카운슬링 등 3가지 안전교육방법 중 개별안전 교육방법에 해당되는 것이 아닌 것은?

① 일을 통한 안전교육
② 상급자에 의한 안전교육
③ 문답방식에 의한 안전교육
④ 안전기능 교육의 추가지도

정답 ③

세부항목 2. 직업적성과 배치

1. 직업적성의 분류

(1) 적성검사의 목적

① 적성검사는 개인이 어떤 직무에 임하기에 앞서 그 직무를 최상의 상태로 수행할 수 있는 신뢰성과 타당성에 관하여 진단하고 예측하려는 방법론적 목적을 말한다.(작업자 적성검사 목적 : 작업자의 생산능률 향상) 21. 9. 12 ㉮
② 측정원 행동에 의한 검사(사무직검사, 필기형검사, 기계이해검사)

(2) 적성의 발견 방법

① 자기이해(self-understanding)
② 계발적 경험(exploratory experience)
③ 적성검사(適性檢査)

(3) 적성검사

① 인간의 지능(intelligence)과 평가치

$$지능지수(IQ) = \frac{지능연령}{생활연령} \times 100$$

② 적성검사의 정의
  ㉮ 기초 능력 : 정신 능력, 지각 기능, 정신 운동의 기능과 같은 양에 있어서 포괄된 기능
  ㉯ 직무 특유 능력(job specific ability) : 어떤 불특정의 직무를 수행하면서 필요한 학습 또는 경험의 축적에 의하여 얻어진 능력
③ 기계적 적성 17. 5. 7 ㉮
  ㉮ 손과 팔의 솜씨 ㉯ 공간 시각화 ㉰ 기계적 이해
④ 사무적 적성 : 지각의 정확도

(4) 적성배치시 작업의 특성

① 환경적 조건 ② 작업적 조건 ③ 작업 내용
④ 작업 형태 ⑤ 법적 자격 및 제한

(5) 적성 배치시 작업자의 특성 19. 9. 21 ㉯

① 지적 능력 ② 성격 ③ 기능
④ 업무수행력 ⑤ 연령적 특성 ⑥ 신체적 특성

합격예측

적성발견방법 3가지
① 적성검사
② 계발적 경험
③ 자기이해

적성검사 2가지
① 특수직업 적성검사 : 어느 특정의 직무에서 요구되는 능력을 가졌는가의 여부를 검사 하는 것이다.
② 일반기업 적성검사 : 어느 직업 분야에서 발전할 수 있겠느냐 하는 가능성을 알기 위한 검사이다.

Q 은행문제

다음 중 작업 적성과 관련된 설명으로 틀린 것은? 18. 3. 4 ㉱
① 사원선발용 적성검사는 작업 행동을 예언하는 것을 목적으로도 사용한다.
② 직업 적성검사는 직무 수행에 필요한 잠재적인 특수 능력을 측정하는 도구이다.
③ 직업 적성검사를 이용하여 훈련 및 승진대상자를 평가하는 데 사용할 수 있다.
④ 직업 적성은 단기적 집중 직업 훈련을 통해서 개발이 가능하도록 신중하게 사용해야 한다.

정답 ④

합격예측

타당도가 높은 적성검사
(1) 구성(인) 타당도 17. 3. 5 ㉮
  ① 수렴타당도 21. 3. 7 ㉮
  ② 변별타당도
(2) 준거관련 타당도
  ① 동시타당도
  ② 예측타당도
(3) 내용타당도
(4) 안면타당도
(5) 검사·재검사 신뢰도

작업자의 적성요인 18. 3. 4 ㉮ 21. 3. 7 ㉮
① 성격(인간성)
② 지능
③ 흥미

(6) 심리(적성)검사의 종류 18. 3. 4 ⓼ 20. 6. 7 ⓘ

① 계산에 의한 검사 : 계산검사, 기록검사, 수학응용검사
② 시각적 판단검사 : 형태비교검사, 입체도 판단검사, 언어식별검사, 평면도판단검사, 명칭판단검사, 공구판단검사
③ 운동능력검사(Moter Ability Test)
　㉮ 추적(Tracing) : 아주 작은 통로에 선을 그리는 것
　㉯ 두드리기(Tapping) : 가능한 빨리 점을 찍는 것
　㉰ 점찍기(Dotting) : 원속에 점을 빨리 찍는 것
　㉱ 복사(Copying) : 간단한 모양을 베끼는 것
　㉲ 위치(Location) : 일정한 점들을 이어 크거나 작게 변형
　㉳ 블록(Blocks) : 그림의 블록 개수 세기
　㉴ 추적(Pursuit) : 미로 속의 선을 따라가기
④ 정밀도 검사(정확성 및 기민성) : 교환검사, 회전검사, 조립검사, 분해검사
⑤ 안전검사 : 건강진단, 실기시험, 학과시험, 감각기능검사, 전직조사 및 면접
⑥ 창조성검사(상상력을 발동시켜 창조성 개발능력을 점검하는 검사)

합격예측
시각적 판단검사의 종류
① 언어판단검사
② 형태비교검사
③ 평면도 판단검사
④ 입체도 판단검사
⑤ 공구판단검사
⑥ 명칭판단검사

Q 은행문제
1. 적성검사의 유형 중 체력검사에 포함되지 않는 것은?
① 감각기능검사
② 근력검사
③ 신경기능검사
④ 크루즈 지수(Kruse's Index)
　　정답 ③

2. 스텝 테스트, 슈나이더 테스트는 어떠한 방법의 피로판정검사인가? 19. 4. 27 ⓘ
① 타액검사
② 반사검사
③ 전신적 관찰
④ 심폐검사
　　정답 ④

(7) K. Lewin의 법칙 16. 3. 6 ⓘ 18. 3. 4 ⓘ 23. 5. 13 ⓼

① Lewin은 인간 행동(B)은 그 사람이 가진 자질, 즉 개체(P)와 심리적 환경(E)과의 상호 함수 관계에 있다고 정의하였다. (수학 방정식 적용)

$$B = f(P, E)$$

② 개체(P)와 심리적 환경(E)과의 통합체를 심리적 상태(S)라고 하여 인간의 행동은 심리적 상태와 긴밀히 의존하고 또 규정받는다고 정의하였다.
③ P와 E에 의해 성립되는 심리적 상태 S를 심리적 생활공간(LSP : Psychological life space) 또는 간단히 생활공간(life space)이라고 정의하였다.
④ Lewin에 의하면 인간의 행동은 어떤 순간에 있어서 어떤 행동, 어떤 심리적 장(field)을 일으키느냐, 일으키지 않느냐는 심리적 생활공간의 구조에 따라 결정된다는 것이다.

적성배치 효과
① 자아실현기회부여
② 근로의욕고취
③ 재해사고예방

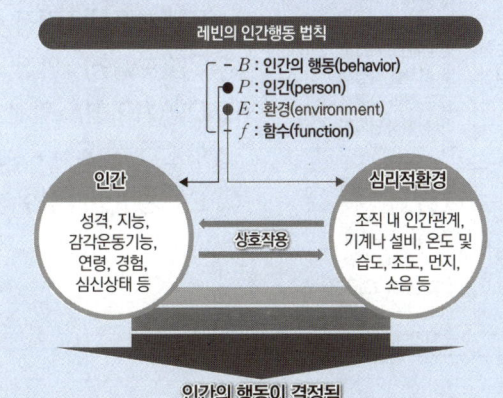

K.Lewin의 법칙
16. 10. 1 ⓼ 17. 5. 7 ⓘ 17. 8. 26 ⓘ 17. 9. 23 ⓘ 18. 9. 15 ⓘ
19. 4. 27 ⓼ 19. 8. 4 ⓼ 19. 9. 21 ⓘ 20. 8. 22 ⓘ 20. 9. 27 ⓘ
21. 8. 14 ⓘ 22. 4. 24 ⓘ 23. 2. 28 ⓘ 23. 3. 1 ⓼ 24. 2. 15 ⓼

- B : 인간의 행동(behavior)
- P : 인간(person)
- E : 환경(environment)
- f : 함수(function)

합격예측

정확도 및 기민성 검사(정밀성 검사)의 종류
① 교환검사
② 회전검사
③ 조립검사
④ 분해검사

참고

인사관리
① 인사관리의 목적 : 사람과 일과의 관계
② 직무시사회(job preview) : 인사 선발의 한 방법
③ 관료주의 4가지 차원
  ㉮ 조직도에 나타난 조직의 크기와 넓이
  ㉯ 관리자가 책임질 수 있는 근로자의 수
  ㉰ 관리자를 소단위로 분산
  ㉱ 작업의 단순화와 전문화
④ 관료주의는 사회 변화, 기술 진보에 효율적 적응 불가

합격예측

리더십의 구분

구분	특징
직무 중심적 리더십	• 생산과업, 생산방법 및 세부절차를 중요시한다. • 공식화된 권력에 의존, 부하들을 치밀하게 감독한다.
부하 중심적 리더십	• 부하와의 관계를 중시, 부하의 욕구충족과 발전 등 개인적인 문제를 중요시한다. • 권한의 위임, 부하에게 자유재량을 부여한다.
구조 주도적 리더십	• 부하의 과업환경을 구조화하는 리더 행동 • 부하의 과업 설정 및 분배, 의사소통 및 절차를 분명히 하고 성과도 구체화, 정확히 평가한다.
고려적 리더십	• 부하와의 관계를 중요시한다. • 부하와 리더사이의 신뢰성, 온정, 친밀감, 상호존중, 협조 등 조성에 주력한다.

2. 성격검사 유형

(1) Y-K(Yutaka-Kohata) 성격검사

직업 성격 유형	작업 성격 인자	적성 직종의 일반적 성향
CC'형 : 담즙질 (진공성형)	① 운동 및 결단이 빠르고 기민하다. ② 적응이 빠르다. 20.9.27 ㉠ ③ 세심하지 않다. ④ 내구, 집념이 부족 ⑤ 진공, 자신감 강함	① 대인적 직업 ② 창조적, 관리자적 직업 ③ 변화있는 기술적, 가공작업 ④ 변화있는 물품을 대상으로 하는 불연속 작업
MM'형 : 흑담즙질 (신경질형)	① 운동성 느리고 지속성이 풍부 ② 적응이 느리다. ③ 세심, 억제, 정확하다. ④ 내구성, 집념, 지속성 ⑤ 담력, 자신감 강하다.	① 연속적, 신중적, 인내적 작업 ② 연구개발적, 과학적 작업 ③ 정밀, 복잡성 작업
SS'형 : 다혈질 (운동성형)	①, ②, ③, ④ : CC'형과 동일 ⑤ 담력, 자신감 약하다.	① 변화하는 불연속적 작업 ② 사람 상대 상업적 작업 ③ 기민한 동작을 요하는 작업
PP'형 : 점액질 (평범수동성형)	①, ②, ③, ④ : MM'형과 동일 ⑤ 약하다.	① 경리사무, 흐름작업 ② 계기관리, 연속작업 ③ 지속적 단순작업
Am형 : 이상질	① 극도로 나쁘다. ② 극도로 느리다. ③ 극도로 결핍 ④ 극도로 강하거나 약하다.	① 위험을 수반하지 않는 단순한 기술적 작업 ② 직업상 부적응적 성격자는 정신위생적 치료 요함

(2) Y·G(矢田部·Guilford) 성격검사 20.6.7 ㉠

① A형(평균형) : 조화적, 적응적
② B형(右偏형) : 정서 불안정, 활동적, 외향적(불안정, 부적응, 적극형)
③ C형(左偏형) : 안전 소극형(온순, 소극적, 안전, 비활동, 내향적)
④ D형(右下형) : 안전, 적응, 적극형(정서 안전, 사회 적응, 활동적 대인관계 양호) 23.6.4 ㉠ 24.2.15 ㉠ 25.2.7 ㉠
⑤ E형(左下형) : 불안전, 부적응, 수동형(D형과 반대)

1-80 | 1과목 산업재해 예방 및 안전보건교육

(3) 산업심리검사의 구비요건(기준) 18. 4. 28 🗓 19. 3. 3 🗓

① **타당성(validity)** : 측정하려고 하는 성능을 어느 정도 충실히 수행하고 있는가를 나타내는 것(예 내용, 전이, 조직내, 조직간 타당도)
② **신뢰성(reliability)** : 동일한 검사를 동일한 사람에게 시간 간격을 두고 실시할 때 그 결과가 크게 다르지 않는 것
③ **실용성(practicability)** : 검사를 실시하고 채점하기 용이하다든지, 또는 결과의 해석이나 이용의 방법이 간단하다든지, 비용이 적게 든다는 것
④ **표준화(standardization)** : 일관성, 통일성
⑤ **규준(norm)** : 비교의 틀
⑥ **객관성(objectivity)** : 동일결과

3. 사고발생 경향 및 기제

(1) 사고발생 경향

① 개인차
② 지능
③ 성격과 태도
④ 특수기능

(2) 안나 프로이트(Anna Freud)의 적응기제

① 자아의 무의식 영역에서 일어나는 심리기제
② 갈등이나 불안, 좌절, 죄책감으로 인한 심리적 불균형이 초래될 때 심리내부의 평형상태를 유지하기 위해 일어남
③ 방어기제의 병리성은 균형, 방어의 강도, 연령의 적절성, 철회 가능성을 통해서 판단
④ **억압** : 의식에서 용납하기 어려운 생각, 욕망, 충동 등을 무의식 속에 머물도록 눌러 놓는 것(예 어려운 과제가 있을 때 그 과제를 아예 잊어 버린다.)
⑤ **취소** : 상대가 입은 피해를 원상복구 시키려는 행위(예 바람을 피우는 유부남이 아내에게 친절하게 대하는 행위)
⑥ **반동형성** : 무의식 속의 받아들여질 수 없는 생각, 소원, 충동 등을 정반대의 것으로 표현하는 것(예 미운 놈 떡 하나 더 준다. 어떤 학생이 교사에게 불만이 많은데 순종을 잘하는 경우)
⑦ **투사** : 받아들일 수 없는 충동이나 욕망, 자신의 실패 등을 타인의 탓으로 돌리는 것(예 안 되면 조상 탓, 서투른 무당의 장구 탓) 16. 10. 1 🗓 19. 4. 27 🗓 22. 3. 5 🗓

소질적인 사고요인
① 지능 18. 3. 4 🗓
② 성격
③ 감각운동기능(시각기능)

지능(intelligence)
① 지능과 사고의 관계는 비례적 관계에 있지 않으며 그 보다 높거나 낮으면 부적응을 초래한다.
② Chiseli Brown은 지능 단계가 낮을수록 또는 높을수록 이직률 및 사고 발생률이 높다고 지적하였다.

① 소시오메트리 : 사회 측정법으로 집단에 있어 각 구성원 사이의 견인과 배척관계를 조사하여 어떤 개인의 집단 내에서의 관계나 위치를 발견하고 평가하는 방법 [집단의 인간관계(선호도)를 조사하는 방법]
  16. 3. 6 🗓 22. 3. 5 🗓
② 소시오그램(교우도식) : 소시오메트리를 복잡한 도면(상호간의 관계를 선으로 연결)으로 나타내는 것
③ 표시방법
  ㉮ ⟶ 일방적 결합
  ㉯ ⟷ 상호결합
  ㉰ ┈▶ 일방적 거부
  ㉱ ◀┈▶ 상호거부

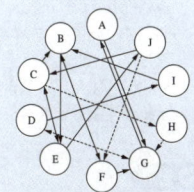

[그림] 소시오그램 (교우도식)

억측판단 17. 7. 23 🗓 19. 3. 3 🗓
① 작업공정 중 규정대로 수행하지 않고 '괜찮다'고 생각하여 자기주관대로 행하는 행동
② 객관적인 위험을 행동으로 옮김
예 신호등의 신호가 녹색에서 황색으로 바뀌었으나 괜찮다고 판단하고 지나감

합격예측
사람은 그 성격이 작업에 적응되지 못할 경우 안전사고를 발생시킨다.

참고
시각기능(재해와 시각 관계)
① Tiffin. J는 시각기능에 결함이 있는 자에게 재해가 많았고, Fletcher. E.E는 두 눈의 시력이 불균형인 자에게 재해가 많음을 지적하였다.
② 시각기능과 재해발생에 있어서는 반응속도, 그 자체보다 반응의 정확도에 더 관계가 깊다.

합격예측
리더의 상황적 합성이론
(F.Fredler) 25. 3. 29 산
(1) 리더의 행동 스타일 분류
① LPC(The Least Preferred Co-woker)점수 사용
② LPC점수 : 리더에게 "함께 일하기 가장 싫은 동료에 대하여 어떻게 평가하느냐" 질문
(2) 리더십의 상황 분류 20. 8. 22 기
① 과업구조 : 과업의 복잡성과 단순성
② 리더와 부하와의 관계 : 친밀감, 신뢰성, 존경 등
③ 리더의 지휘권력 : 합법적, 공식적, 강압적 등

참고
grid training(그리드훈련) : 도구를 이용한 실험실 훈련

은행문제
동일 부서 직원 6명의 선호 관계를 분석한 결과 다음과 같은 소시오그램이 작성되었다. 이 소시오그램에서 실선은 선호 관계, 점선은 거부관계를 나타낼 때 4번 직원의 선호신분 지수는 얼마인가? 19. 9. 21 기

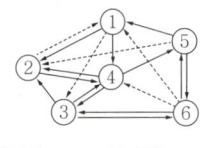

① 0.2　② 0.33
③ 0.4　④ 0.6

정답 ③

⑧ 투입 : 공격적인 충동이 자신에게 향하는 것(예 부부싸움을 하다가 화가 난 남편이 자신의 머리를 벽에 부딪쳐 자해하는 경우)
⑨ 전치 : 전체가 부분에 의해 표현되거나 부분이 전체로 표현되는 경우, 또는 어떤 생각이나 감정 등을 표현해도 덜 위험한 대상에게 옮기는 것(예 종로에서 뺨 맞고 한강에서 화풀이 한다.)
⑩ 부정 : 의식화하기에 불쾌한 생각, 감정, 현실 등을 무의식적으로 부정(예 임종말기의 환자가 자신의 병을 의사가 오진했다고 주장하는 경우, 남학생이 자위행위를 하고 나서 손을 여러 번 씻는 경우) 16. 5. 8 기
⑪ 합리화 : 사회적으로 그럴 듯한 설명이나 이유를 대는 것(예 내가 중이 되니 고기가 천하다. 신포도이론, 달콤한 레몬기제)
⑫ 보상 : 자신이 가지고 있는 결함을 다른 것으로 보상받기 위해 자신의 감정을 지나치게 강조하는 것(예 작은 고추가 맵다. 땅에서 가까워야 오래 산다. 지적으로 열등한 사람이 운동을 열심히 하는 것 등) 18. 9. 15 산
⑬ 퇴행 : 심한 스트레스나 좌절을 당했을 때, 현재의 발달단계보다 더 이전의 발달단계로 후퇴하는 것(예 동생이 태어난 후 대소변을 가리지 못하는 아이) 17. 3. 5 산
⑭ 승화 : 본능적인 에너지를 개인적으로나 사회적으로 용납되는 형태로 유용하게 돌려쓰는 것(예 강한 공격적 욕구를 가진 사람이 격투기 선수가 되는 경우)
⑮ 전환 : 신체감각기관과 수의근계통 증상의 표현(예 입대영장을 받고나서 시각장애를 일으키는 경우)
⑯ 신체화 : 신체부위의 증상으로 표현(예 사촌이 땅을 사면 배가 아프다.)
⑰ 동일시 : 주위의 중요한 인물들의 태도와 행동을 닮는 것(예 윗물이 맑아야 아랫물이 맑다.) 18. 3. 4 기 19. 4. 27 산
⑱ 행동화 : 스트레스와 내부갈등을 제거하기 위한 행동으로 무의식적 욕구나 욕망을 충동적인 행동으로 충족하는 것(예 남편의 구타를 예상한 아내가 먼저 남편을 자극하여 매를 맞는 것)
⑲ 대치 : 목적하던 것을 못 가지는 데에서 오는 좌절감과 불안을 최소화하기 위해 원래의 것과 비슷한 것을 가짐으로 만족하는 것(예 꿩대신 닭)
⑳ 해리 : 마음을 편치 않게 하는 성격의 일부가 그 사람의 지배를 벗어나 하나의 독립된 성격인 것처럼 행동하는 경우(예 이중인격, 몽유병, 지킬박사와 하이드)

(3) 관리그리드(Managerial Grid)의 리더십 5가지 이론

리더의 행동을 생산에 대한 관심(production concern)과 인간에 대한 관심(people concern)으로 구분하고 grid(격자)로 개량화하여 분류하였다.

① 무관심(1, 1 : 자유방임, 포기)형
  ㉮ 생산과 인간에 대한 관심이 모두 낮은 무관심한 유형
  ㉯ 리더 자신의 직분을 유지하는 데 필요한 최소의 노력만을 투입하는 리더 유형

② 인기(1, 9)형
  ㉮ 인간에 대한 관심은 매우 높고 생산에 대한 관심은 매우 낮은 유형
  ㉯ 부서원들과의 만족스런 관계와 친밀한 분위기를 조성하는 데 역점을 기울이는 리더 유형

③ 과업(9, 1)형 16. 10. 1 ㉮ 18. 8. 19 ㉮ 20. 6. 7 ㉮ 23. 6. 4 ㉮
  ㉮ 생산에 대한 관심은 매우 높지만 인간에 대한 관심은 매우 낮은 유형
  ㉯ 인간적인 요소보다도 과업수행에 대한 능력을 중요시하는 리더유형

④ 타협(5, 5)형
  ㉮ 중간형(사람과 업무의 절충형)
  ㉯ 과업의 생산성과 인간적 요소를 절충하여 적당한 수준의 성과를 지향하는 유형

⑤ 이상(9, 9)형 22. 3. 5 ㉮
  ㉮ 팀형으로 인간에 대한 관심과 생산에 대한 관심이 모두 높은 유형
  ㉯ 구성원들에게 공동목표 및 상호의존관계를 강조하고, 상호신뢰적이고 상호존중관계 속에서 구성원들의 몰입을 통하여 과업을 달성하는 리더유형

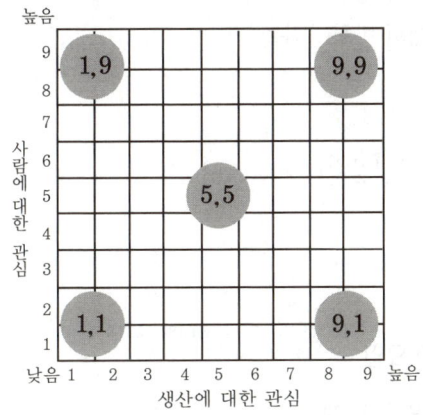

[그림] R.R.Blake와 J.S.Mouton 관리그리드 이론

합격예측

Tiffin의 동기유발요인
(1) 공식적 자극
  ① 적극적 : 상여금, 돈, 특권, 승진, 작업계획의 선택 등
  ② 소극적 : 견책, 해고, 임시고용, 특권박탈 등
(2) 비공식적 자극
  ① 적극적 : 격려 및 칭찬, 친절한 태도, 직장동료에 의한 존경 등
  ② 소극적 : 악평, 비난, 배척, 동료 간의 비협조 등

작업동기의 행동 3가지 결정요인
① 능력
② 동기
③ 상황적 제약조건

정신능력 분석단계 7단계
① 지각속도
② 공간 시각화
③ 수 능숙도
④ 언어이해
⑤ 어휘유양성
⑥ 기억
⑦ 귀납적 추리능력

안전사고 유발의 심리적 요인
① 인간의 발전
② 인간의 성장 및 성숙과정
③ 연령

참고

간결성 원리의 정의
인간의 심리활동에 있어서 최소 에너지에 의해 어떤 목적에 달성하도록 하려는 경향을 말하며, 이 원리는 착오, 착각, 생략, 단락 등 사고의 심리적 요인을 불러일으키는 원인이 된다.

합격예측

착오요인
(1) 인지과정착오
 ① 생리·심리적 능력의 한계
 ② 정보수용능력의 한계
 ③ 감각차단현상
 ④ 정서불안정 등 심리적 요인
(2) 판단과정착오
 ① 합리화
 ② 능력부족
 ③ 정보부족
 ④ 자신과잉(과신)
(3) 조작과정착오
 판단한 내용에 따라 실제 동작하는 과정에서의 착오

개성적 결함 요인(사고의 요인)
① 과도한 자존심과 자만심
② 사치와 허영심
③ 고집 및 과도한 집착성
④ 인내력 부족
⑤ 감정의 장기지속성
⑥ 도전적 성격 및 다혈질
⑦ 나약한 마음
⑧ 태만(나태)
⑨ 경솔성(성급함)

프로이트 적응기제 중 합리화 유형 4가지
(1) 신포도형
 ① 포도를 먹고자 한 여우가 모든 노력을 통해서도 그것을 먹을 수 없게 되자 그 포도의 맛이 시기 때문에 먹을 필요가 없다고 자기 자신의 행위를 스스로 위로하는 것
 ② 어떤 목표를 달성하려했으나 실패한 사람이 처음부터 그것을 원하지 않았다고 하는 것
(2) 달콤한 레몬형
 자기가 현재 가지고 있는 것이야말로 그가 원하던 것이라고 스스로 믿는 것
(3) 투사형 19. 4. 27 ⑦
 자신의 결함이나 실수를 자기 이외의 다른 대상에게로 책임을 전가시키는 것
(4) 망상형
 이치에 맞지 않는 잘못된 생각이나 근거가 없는 주관적인 신념으로 자신을 합리화 하는 것

세부항목 **3. 인간의 특성과 안전과의 관계**

1. 안전사고 요인 16. 5. 8 ⑦

(1) 인간동작의 외적 조건

① **동적 조건** : 대상물의 동적 성질을 나타내는 것으로 가장 최대 요인
② **정적 조건** : 높이, 크기, 깊이 등에 좌우
③ **환경조건** : 온도, 습도, 소음 수준에 의해 좌우

(2) 인간동작의 내적 조건 18. 3. 4 ⑦

① 피로, 긴장 등에 의한 생리적 조건
② 근무 경력에 의한 경험 시간
③ 개인차 : 적성, 성격, 개성

(3) 동작 실패의 원인이 되는 조건

① **자세의 불균형** : 행동의 습관, 환경적 요인 등
② **피로** : 신체조건, 질병, 스트레스 등
③ **작업강도** : 작업량, 작업속도, 작업시간 등
④ **기상조건** : 온도, 습도, 그 밖에 기상조건 등
⑤ **환경조건** : 작업환경, 심리적 환경

(4) 인간의 행동특성

① 간결성의 원리
② 주의의 일점 집중 현상
③ 순간적인 경우 대피 방향 : 좌측
④ 동조행동
⑤ 좌측통행
⑥ Risk Taking(위험감수) : 객관적인 위험을 자기스스로 판단하여 행동에 옮기는 심리 특성

2. 착상심리

(1) 인지과정 착오의 요인 16. 5. 8 ⑭ 17. 9. 23 ⑦ 18. 4. 28 ⑭ 20. 8. 22 ⑦ 25. 2. 7 ⑭

① 생리, 심리적 능력의 한계
② 정보량 저장(정보 수용능력의 한계)의 한계
③ 감각차단현상
④ 정서불안정

(2) 심리적, 그 밖에 요인

불안·공포·과로·수면부족 등

(3) 판단과정 착오요인 16. 5. 8 기 17. 3. 5 기 20. 6. 7 기 20. 8. 22 기

① 자기합리화
② 능력부족
③ 정보부족
④ 과신(자신 과잉)
⑤ 작업조건불량

(4) 조작 과정의 착오 요인

① 작업자의 기능미숙(기술부족)
② 작업경험부족
③ 피로

(5) 인간의식의 공통적 경향

① 의식은 현상의 대응력에 한계가 있다.
② 의식은 그 초점에서 멀어질수록 희미해진다.
③ 당면한 문제에 의식의 초점이 합치되지 않고 있을 때는 대응력이 저감된다.
④ 인간의 의식은 중단되는 경향이 있다.
⑤ 인간의 의식은 파동한다. 극도의 긴장을 유지할 수 있는 시간은 불과 수초라고 하며 긴장 후에는 반드시 이완한다.

(6) 진전(Tremor) : 잔잔한 떨림 19. 8. 4 기

① 진전(tremor)과 표동(drift)이 문제가 되는 동작 : 정지 조정(static reaction)
② 정지 조정에서 문제가 되는 것 : 진전
③ 진전이 일어나기 쉬운 조건 : 떨지 않도록 노력할 때
④ 진전이 가장 많이 일어나는 운동 : 수직운동
⑤ 진전이 적게 일어나는 경우 : 손이 심장 높이에 있을 때
⑥ 교통사고 : 땅거미 질 무렵에 가장 많이 발생한다.

(7) ECR(Error Cause Removal) 제안 제도에서 실수 및 과오의 구체적 원인 16. 5. 8 산

① 능력부족 : 적성, 지식, 기술, 인간관계
② 주의부족 : 개성, 감정의 불안정, 습관성(관습성)
③ 환경조건의 부적당 : 제 표준의 불량, 규칙 불충분, 연락 및 의사소통 불량, 작업조건 불량

합격예측

인간착오 또는 오인의 메커니즘 17. 8. 26 기 21. 9. 12 기
① 위치의 오인
② 순서의 오인
③ 패턴의 오인
④ 형태의 오인
⑤ 기억의 틀림

합격예측

(1) 인간착오요인의 사고율
  ① 정보인지과정 : 59.6[%]
  ② 정보판단과정 : 34.8[%]
  ③ 정보동작실현과정 : 4.8[%]
  ④ 기타 : 0.8[%]

(2) 리스크 테이킹(risk taking) 17. 5. 7 기 19. 3. 3 산
  ① 객관적인 위험을 자기 편리한 대로 판단하여 의지결정을 하고 행동에 옮기는 현상이다.
  ② 안전태도가 양호한 자는 risk taking 정도가 적다.
  ③ 안전태도 수준이 같은 경우 작업의 달성 동기, 성격, 일의 능률, 적성배치, 심리상태 등 각종 요인의 영향으로 risk taking의 정도는 변한다.

(3) 그 밖의 행동특성
  ① 순간적인 경우의 대피방향은 좌측(우측에 비해 2배 이상)
  ② 동조 행동 : 소속집단의 행동기준이나 원칙을 지키고 따르려고 하는 행동
  ③ 좌측 보행 : 자유로운 상태에서 보행할 경우 좌측벽면 쪽으로 보행하는 경우가 많음
  ④ 근도 반응 : 정상적인 루트가 있음에도 지름길을 택하는 현상
  ⑤ 생략 행위 : 객관적 판단력의 약화로 나타나는 현상

합격예측

적응기제의 전형적인 형태

스트레스	일반적인 방어기제
실패	합리화, 보상
죄책감	합리화
적대감	백일몽, 억압
열등감	동일시, 보상, 백일몽
실연	합리화, 백일몽, 고립
개인의 능력한계	백일몽, 고립

합격예측

직무분석

① 직무에 관한 정보를 수집, 분석하여 직무의 내용과 직무를 담당하는 자의 자격요건을 체계화하는 활동
② 직무를 구성하는 요소
  ㉮ 과업(task)
  ㉯ 의무(duty)
  ㉰ 책임(responsibility)

[표] 재해발생 시점에서의 인간심리

대 분 류	소 분 류
1A. 자기는 경험이 있기 때문에 절대로 안전하다고 생각하며 작업을 하였다.	1a-점검이 불충분하여 기계설비의 돌발사고에 대처할 수 없었다. 1b-작업방법에 잘못이 있다고 느끼지 못했다. 1c-이상한 상태에 정신을 차리지 못했다. 1d-이상한 상태를 느꼈으나 적절한 방법을 취하지 않았다.
2B. 다소는 위험을 느꼈으나 염려 없다고 생각하며 작업을 하였다.	2a-(규정대로 하게 되면) 작업이 까다롭다. 2b-(규정대로 하게 되면) 작업이 귀찮다. 2c-자기의 기능이 있다고 믿었다.
3C. 실제는 위험하였으나 그때는 위험하다고 느끼지 못했다.	3a-경험이 없으므로 위험을 느끼지 못했다. 3b-언제나 하고 있는 작업으로 익숙하기 때문에 그다지 위험하다고 느끼지 못했다. 3c-이제까지 몇 번이나 작업을 하였으나 아무일도 없었으므로
4D. 위험을 의식하지 않는다. 또는 예상하지 않고 작업을 하였다.	4a-특히 즐거운 것, 염려가 없었기 때문에 4b-외적 조건에 이목을 빼앗겼기 때문에 4c-작업을 서둘러 하였기 때문에 4d-작업을 쫓겨서 하였기 때문에 4e-바른 방법이었으나 실수하였다.
5E. 너무나 단순한 작업이므로 반사적으로 작업을 하였다.	5a-이상한 설비, 기계상태를 정상으로 회복시키려고 하여 5b-반사적으로 손을 꿰매고 작업을 하였기 때문에 5c-바른 작업방법이었으나 실수하였다.
6F. 자기의 작업 방법은 옳았으나 제3자의 과오 때문에 일어났다.	6a-공동작업중의 동료에 의해서 6b-단순작업중에 제3자에 의해서 6c-자기의 작업에 관계가 없는 기계, 설비에 의해서

〈비고〉 1A의 항목은 적극적인 자신을 가지고 작업을 하였을 때 4D의 항목은 위험이나 안전을 생각하지 않고, 또 위험한 상태가 일어날 것이라고 생각하지 않고 작업을 하였을 때 4a~4d의 조건이 강하게 작용하였을 때(경험이 없는 자에게 많다.)

3. 직무분석

(1) 직무분석

① 직무에 관한 정보를 수집, 분석하여 직무의 내용과 직무를 담당하는 자의 자격요건을 체계화하는 활동
② 직무를 구성하는 3요소
  ㉮ 과업(task)
  ㉯ 의무(duty)
  ㉰ 책임(responsibility)

(2) 직무분석 방법의 선정 16. 3. 6 ② 19. 4. 27 ②

① 방법의 선정 기준

분석대상 직무의 성격, 수집자료의 용도, 주어진 분석 조건 등에 따라 결정

② 직무분석의 방법

㉮ 결정적 사건기법(critical incident technique : 행동 상태 면담법)

  ㉠ 목적 : 평균 수준의 수행자와 우수한 수행자의 능력을 확인

  ㉡ 방법 : 특수한 환경에서 일하는 사람들이 사건의 원인이거나 원인이 될 수도 있었던 장비, 행위(Practice) 및 다른 사람에 관한 사항을 서면이나 구두로 보고

㉯ 직접적인 안전 측정, 관찰(관찰법) : 많은 방법 중에서 가장 보편적이면서도 가장 효과적인 방법으로 직접 안전을 진단하고, 참여하여 관찰하는 방법(실제 작업환경에서 종사자들을 관찰)

㉰ 그 밖의 주요 직무분석의 방법 : 절차 검토법, 면접법, 조사법, 설문지법, 작업일지법 등

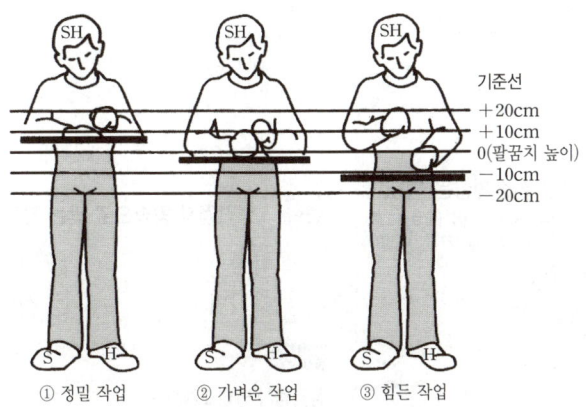

[그림] 팔꿈치 높이와 작업대 높이의 관계

[표] 작업대 높이 기준(워킹 데스크) (단위 : cm)

구분	정밀작업	경(사무)작업	중작업	비고
입식작업	+5 ~ +10	0 ~ -10	-10 ~ -20	큰사람 기준
좌식작업	+5 ~ +10	-3 ~ -5	-5 ~ -10	작은사람 기준

보충학습

작업대 높이

(1) 최적높이 설계지침

① 작업면의 높이는 상완이 자연스럽게 수직으로 늘어뜨려지고 전완은 수평 또는 약간 아래로 비스듬하여 작업면과 적절하고 편안한 관계를 유지할 수 있는 수준

② 작업대가 높은 경우 앞가슴을 위로 올리는 경향, 겨드랑이를 벌린 상태 등

③ 작업대가 낮은 경우 가슴이 압박 받음, 상체의 무게가 양팔꿈치에 걸림 등

(2) 착석식(의자식) 작업대 높이

① 조절식으로 설계하여 개인에 맞추는 것이 가장 바람직

② 작업높이가 팔꿈치 높이와 동일

③ 섬세한 작업(미세부품조립 등)일수록 높아야 하며(팔꿈치 높이보다 +5 ~ +10[cm]) 거친작업에는 약간 낮은 편이 유리

④ 작업면 하부 여유공간이 가장 큰 사람의 대퇴부가 자유롭게 움직일 수 있도록 설계

⑤ 작업대 높이 설계시 고려사항 16. 10. 1 ②
  ㉮ 의자의 높이
  ㉯ 작업대의 두께
  ㉰ 대퇴 여유

(3) 입식 작업대 높이 19. 4. 27 ④

① 경조립 또는 이와 유사한 조작작업 : 팔꿈치 높이보다 0 ~ -10[cm] 낮게

② 섬세한 작업일수록 높아야 하며, 거친작업은 약간 낮게 설치

③ 고정높이 작업면은 가장 큰 사용자에게 맞도록 설계(발판, 발받침대 등 사용)

④ 높이 설계시 고려사항
  ㉮ 근전도(EMG)
  ㉯ 인체계측(신장 등)
  ㉰ 무게중심 결정(물체의 무게 및 크기 등)

주요항목 03 산업안전심리 출제예상문제

출제예상문제는 복습, 예습문제로 엮였습니다. *WHY : 실제시험에도 순서에 관계없이 출제됩니다. 예습 후 다음장에 공부한 문제가 있으면 기억이 배가 됩니다.

01 ★★★ 적성에 따른 직무를 맡기기 위해 직무수행상 요구되는 주항목이 아닌 것은 어느 것인가?

① 숙련도 ② 능력
③ 성격   ④ 지식

해설

적성검사의 인간능력의 범위
① 기초능력 : 정신능력, 지각능력, 정신운동의 기능과 같은 양에 있어서 포괄된 기능
② 직무 특유능력(job specific abilities) : 어떤 불특정의 직무를 수행하면서 필요한 학습 또는 경험의 축적에 의하여 얻어진 능력

02 ★★★★★ 다음의 의식수준 중 주의의 일점 집중현상은 어느 단계에서 일어나는가? 16. 10. 1 ㈜ 17. 5. 7 ㈜ 18. 4. 28 ㈜ 18. 9. 15 ㈜ 19. 3. 3 ㈜ 20. 9. 27 ㈜ 21. 3. 7 ㈜ 21. 5. 15 ㈜

① phase Ⅰ   ② phase Ⅱ
③ phase Ⅲ   ④ phase Ⅳ

해설

의식 레벨의 단계적 분류

phase	의식의 상태	주의의 작용
0	무신경, 실신(무의식상태)	0
Ⅰ	이상, 의식불명	부주의
Ⅱ	정상	수동적, 심적내향
Ⅲ	정상, 명쾌	적극적, 심적외향
Ⅳ	과긴장	일점에 고정

phase	생리상태	신뢰성
0	수면, 뇌발작	0
Ⅰ	피로, 단조로움, 졸음, 주취	0.9 이하
Ⅱ	안정기거, 휴식, 정상 작업시	0.99~0.99999
Ⅲ	적극적 활동시	0.999999 이상
Ⅳ	감정 흥분(공포상태)	0.9 이하

03 ★★★ Phase Ⅲ의 의식수준은 정보처리의 5가지 채널 중 몇 단계의 채널까지 대응되는가?

① 1, 2의 채널까지
② 1, 2, 3의 채널까지
③ 1, 2, 3, 4의 채널까지
④ 1, 2, 3, 4, 5의 채널까지

해설

phase Ⅲ의 신뢰성
① 0.999999 이상
② 1~5 채널 모두 필요

04 ★★ 성격검사 방법으로 맞는 것은?

① 실험법   ② 기능검사법
③ 투사기법   ④ 선택법

해설

성격검사 방법 2가지
① 투사기법
② 질문지항 사용

05 ★★★ 욕구저지를 일으키게 하는 장애에 대한 반응으로 분류할 수 없는 것은?

① 장애우위형   ② 자아우위형
③ 욕구고집형   ④ 반동형성형

[정답] 01 ④ 02 ④ 03 ④ 04 ③ 05 ④

> **해설**

욕구저지
(1) 욕구저지 장애반응 : ①, ②, ③ 3종류이다.
(2) 욕구저지 반응기제 가설 3종류
　　① 욕구저지 공격가설
　　② 욕구저지 퇴행가설
　　③ 욕구저지 고착가설

06 ★★★★★ 다음 중 운동의 시지각이 아닌 것은?

① 자동운동　　② 항상운동
③ 유도운동　　④ 가현운동

> **해설**

운동의 시지각현상(착각현상)
(1) 자동운동 : 암실에서 정지된 소광점을 응시하고 있으면 움직임을 볼 수 있는 현상이며 생기기 쉬운 조건은 아래 4종류이다.
　　① 광점이 작을 것
　　② 시야의 다른 부분이 어두울 것
　　③ 광의 강도가 작을 것
　　④ 대상이 단순할 것
(2) 유도운동 : 실제로 움직이지 않은 것이 어느 기준의 이동에 의해 움직이는 것처럼 느껴지는 현상
(3) 가현운동(β운동) : 정지하고 있는 물체가 급속히 나타나든가 소멸하는 것으로 인하여 일어나는 운동-영화 영상의 방법

07 ★★★★ 슈퍼(Super, D. E.)에 의한 직업적성 및 성장과정에 해당되지 않는 것은?

① 탐색　　② 확립
③ 상황　　④ 유지

> **해설**

슈퍼의 직업적 성장과정
① 탐색　② 확립　③ 유지

08 ★★ 일반적으로 사고를 일으키기 쉬운 성격에 해당되지 않는 것은?

① 쾌락주의적 성격
② 허영심이 강한 성격
③ 소심한 성격
④ 도덕성이 강한 성격

> **해설**

성격상 사고가 많은 유형
① 허영적
② 쾌락주의적
③ 도덕적 결벽성의 결여
④ 소심한 성격

09 ★★★ 다음 중 욕구저지(欲求沮止) 반응기제에 관한 가설이 아닌 것은?

① 욕구저지 – 공격가설
② 욕구저지 – 퇴행가설
③ 욕구저지 – 고착가설
④ 욕구저지 – 보상가설

> **해설**

욕구저지 반응기제에 관한 가설
① 욕구저지 – 공격가설 : 욕구저지는 공격을 유발한다.
② 욕구저지 – 퇴행가설 : 욕구저지는 원시적 단계로 역행한다.
③ 욕구저지 – 고착가설 : 욕구저지는 자포자기적 반응을 유발한다.

10 ★★★★★ 레빈(Lewin)은 인간의 행동관계를 B = f(P·E)라는 공식으로 설명하였다. 안전태도 형성상 E가 나타내는 뜻으로 옳은 것은?

① 안전 동기 부여　　② 인간의 지능
③ 인간의 행동　　　④ 인간 주변의 환경

> **해설**

레빈(Kurt Lewin)의 법칙
B = f(P·E)
B = f(L·S·P)
L = f(m·s·l)
　여기서
　B : Behavior(행동)
　P : Person(소질)-연령, 경험, 심신상태, 성격, 지능 등에 의하여 결정
　E : Environment(환경)-심리적 영향을 미치는 인간관계, 작업환경, 설비적 결함
　f : function(함수)-적성, 그 밖에 PE에 영향을 주는 조건
　L : Life space(생활공간)
　m : member
　s : situation
　l : leader

[정답]　06 ②　07 ③　08 ④　09 ④　10 ④

11 ★★★★★ 다음 중 직무 만족 요인과 가장 상관이 있는 것은?

① 일의 내용
② 작업조건
③ 인간관계
④ 기업 혜택

해설

허즈버그(Frederick Herzberg)의 동기위생 이론
① 각 노동자에게 보다 새롭고 힘든 과업을 부여한다.
② 노동자에게 불필요한 통제를 배제한다.
③ 각 노동자에게 완전하고 자연스러운 단위의 도급작업을 부여할 수 있도록 일을 조정한다.
④ 자기 과업을 위한 노동자의 책임감을 증대시킨다.
⑤ 노동자에게 정기보고서를 통한 직접적인 정보를 제공한다.
⑥ 특정 작업을 할 기회를 부여한다.
⑦ 동기위생 이론은 일을 통한 위생 이론이라고도 한다.

12 ★★★ 산업재해 발생 중에는 안전의식 레벨이 좌우된다. 의식 작용에 적극적 대응이 가능한 상태는?

① 당황한 몸짓
② 판단을 동반한 행동
③ 느긋한 행동
④ 단조로움이 많아 졸음이 온 행동

해설

판단이 동반된 것은 대응이 가능하다.

13 ★★ 다음 중 안전기능 표준의 3원칙이 아닌 것은?

① 위험작업 규제
② 준비 상태
③ 인간관계 개선
④ 안전표준 작업

해설

안전기능 표준 3원칙
① 위험작업 규제
② 안전표준 작업
③ 준비 상태

14 ★★★★★ 한번 재해를 당하면 겁쟁이가 되거나 신경과민이 되어 그 사람이 갖는 대응 능력이 열화하기 때문에 재해를 빈발하게 된다는 설(說)은?

① 기회설
② 암시설
③ 경향설
④ 미숙설

해설

재해유(누)발자 유형
(1) 상황성 누발자의 재해유발원인
  ① 작업이 어렵기 때문에
  ② 기계설비실의 결함이 있기 때문에
  ③ 환경상 주의력 집중이 곤란하기 때문에
  ④ 심신에 근심이 있기 때문에
(2) 소질성 누발자
  ① 주의력의 산만, 주의력 지속 불능
  ② 주의력 범위의 협소, 편중
  ③ 저지능
  ④ 불규칙, 흐리멍덩함
  ⑤ 경시, 경솔함
  ⑥ 정직하지 못함
  ⑦ 흥분성(침착성 결여)
  ⑧ 비협조적
  ⑨ 도덕성 결여
  ⑩ 소심한 성격(도전적)
  ⑪ 감각 운동의 부적합
(3) 미숙성 누발자
  ① 기능 미숙
  ② 환경 미숙
(4) 습관성 누발자
  ① 재해 경험의 겁쟁이(신경과민)
  ② 일종의 슬럼프(slump)
(5) 재해 빈발성
  ① 기회설 : 작업에 어려움이 많기 때문에 재해가 유발된다는 설
  ② 암시설 : 일종의 습관성 누발자 형태
  ③ 재해 빈발 경향자설 : 재해 빈발 소질이 있는 자

15 ★★★ 안전심리에서 중요시하는 인간요소는?

① 대상자의 기능
② 대상자의 개성과 사고력
③ 대상자의 적응 정도
④ 대상자의 습관

해설

안전심리의 중요 요소는 개성과 사고력이다.

[정답] 11 ① 12 ② 13 ③ 14 ② 15 ②

16 소셜 스킬즈(social skills)란?

① 모랄을 앙양시키는 능력
② 인간을 사물에 적응시키는 능력
③ 사물을 인간에 적응시키는 능력
④ 인간을 구속하는 능력

해설
동기를 부여하고 일할 수 있게 만드는 것이다.

17 숙련된 관찰자가 불안전 행위를 보고 관찰하기 위한 올바른 행동 순서는?

① 결심 → 보고 → 정지 → 관찰
② 결심 → 정지 → 관찰 → 보고
③ 보고 → 관찰 → 결심 → 정지
④ 정지 → 결심 → 보고 → 관찰

해설
STOP의 관찰 사이클(Observation Cycle) 순서
결심(Decide) → 정지(Stop) → 관찰(Observe) → 조치(Act) → 보고(Report)

18 다음 중 직무 만족도가 높은 개인적 특성이 아닌 것은?

① 직무의 수준이 높을수록
② 교육 수준이 높을수록
③ 연령이 낮을수록
④ 정서적 부적응이 낮을수록

해설
연령이 낮으면 직무 만족도가 없다.

19 소시오그램(Sociogram)이란?

① 집단 내의 각 성원의 결합 상태를 나타낸 교우도식을 뜻한다.
② 인간관계론에 있어 비공식 조직의 특성을 뜻한다.
③ 사회 생활의 역학적 구조를 뜻한다.
④ 공식 조직 내의 각 성원간의 구조도식을 뜻한다.

해설
소시오그램 : 교우도식 또는 집단의 구조도를 말한다.

20 안전사고발생의 심리적 요인으로 해당되는 것은?

① 육체적 능력 초과   ② 신경계통 이상
③ 감정   ④ 극도의 피로

해설
육체적 피로 요인 : ①, ②, ④

21 phase Ⅲ의 의식수준은 의식이 명석하고 사물을 적극적으로 받아들이려고 하는 상태인데 이 상태는 몇 분 정도 지속되는가?

① 5분 정도   ② 15분 정도
③ 40분 정도   ④ 1시간 정도

해설
의식 레벨의 3단계
① 의식이 명석하고 사물을 적극적으로 받아들인다.
② 주의력이 강한 주의 집중 상태, 가장 좋은 상태이다.
③ 지속 상태 15분이 최적이며 경우에 따라 30분까지 가능하다.

22 다음은 행동과학자의 제 이론(諸理論)을 전개시키고 있다. 관계가 다른 것은?

① 맥그리거(P. McGregor) - XY 이론
② 맥클랜드(MeClelland) - 성취동기 이론
③ 허즈버그(Herzberg) - 성숙, 미성숙
④ 리커트(R. Likert) - 상호작용 영향력

해설
Herzberg는 위생동기 이론을 역설하였다.

【정답】 16① 17② 18③ 19① 20③ 21② 22③

23 인간의 행동(B)은 인간의 조건(P), 환경조건(E)과의 함수관계에 의해서 결정된다. 즉 B = f(P·E)이다. 이때의 E를 가장 잘 설명한 것은 어느 것인가?

① 심리적 환경   ② 물리적 환경
③ 사회적 환경   ④ 작업 환경

해설

레빈(Lewin)의 행동특성 법칙
B = f(P·E)
① B(Behavior) : 행동
② P(Person) : 소질
③ E(Environment) : 심리적 영향을 미치는 인간관계, 작업환경, 설비적 결함
④ f(function) : 함수−적성, 그 밖에 PE에 영향을 주는 조건

24 일반적으로 연구조사에 사용되는 기준은 3가지 요건을 갖추어야 한다. 다음 중 기준의 3요건에 포함되지 않는 것은?

① 적절성   ② 무오염성
③ 신뢰성   ④ 객관성

해설

기준의 3요건
① 무오염성
② 신뢰성
③ 적절성

25 다음 중 주의의 특성이 아닌 것은?

① 주의력을 강화하면 기능은 저하된다.
② 주의는 동시에 두 개 방향에 집중하지 못한다.
③ 한 지점에 주의를 집중하면 다른 지점은 주의력이 약해진다.
④ 고도의 주의는 장시간 지속될 수 없다.

해설

주의를 강화하면 기능 역시 강화된다.

26 재해가 발생했을 때 심리상태를 조사하여 알고 있었기 때문에 그렇게 하려고 하였으나 제대로 되지 않았다고 대답하는 자에게는 어떤 교육이 필요한가?

① 자질 교육   ② 지식 교육
③ 기능 교육   ④ 태도 교육

해설

알고 있으나 하지 않은 것은 행동이기 때문에 태도 교육이 필요하다.

27 다음은 사고와 연결시 인간의 행동특성을 설명한 것이다. 틀린 것은?

① 안전 태도가 불량한 사람은 리스크 테이킹(risk taking)의 빈도가 높다.
② 돌발적 상태하에서는 인간의 주의력이 분산된다.
③ 자아의식이 약하거나 스트레스에 저항력이 약한 자는 동조 경향을 나타내기 쉽다.
④ 순간적으로 대피하는 경우에 우측보다 좌측으로 몸을 피하는 경향이 높다.

해설

돌발적 사고는 주의가 집중된다.

28 다음 중 문제해결의 정보처리 Level을 옳게 설명한 것은?

① 동적 의지와 결정의 비정상적 레벨이다.
② 미지경험의 상태에 대처하는 정보처리이다.
③ Routine 작업의 정보처리 레벨이다.
④ 주시하지 않고 될 수 있는 정보처리 레벨이다.

해설

미지경험의 사태에 대처

[정답] 23 ① 24 ④ 25 ① 26 ④ 27 ② 28 ②

29 다음 내용 중 사람의 결함에 의한 사고 원인과 가장 밀접한 것은 어떤 것인가?

① 소음 진동
② 정비 불량
③ 과로
④ 보호구 구입 보관

해설
①, ②, ④는 물체의 결함이다.

30 다음 중 기회설과 관계되는 재해 누발 소질자는?

① 소질성 누발자
② 습관성 누발자
③ 미숙성 누발자
④ 상황성 누발자

해설
기회설 : 재해를 많이 발생시키는 것은 종사하는 직업에 위험성이 많기 때문

31 다음 중 직무 만족도에 영향을 주는 개인적 특성이 아닌 것은?

① 직무 만족도는 유색인종보다 백인이 더욱 높다.
② 직무 만족도는 여성보다 남성이 더욱 높다.
③ 직무 만족도는 지능이 높을수록 더욱 증가된다.
④ 직무 만족도는 직무 연한에 따라 증가된다.

해설
직무 만족도는 지능지수와 무관하다.

32 인간의 심리 중에는 안전수단이 생략되어 불안전 행위를 나타낸다. 다음 중 안전수단이 생략되는 경우가 아닌 것은?

① 의식 과잉이 있을 때
② 피로하거나 과로했을 때
③ 주변의 영향이 있을 때
④ 작업규율이 엄할 때

해설
안전수단
① 작업규율이 엄하면 안전 행동을 할 수 있다.
② 규율이란 안전수칙이고 교육이다.

33 인간의 에러(착오) 중 개인 능력에 속하지 않는 것은?

① 자질
② 긴장수준
③ 피로상태
④ 교육훈련

해설
인간에러 요인 : 긴장수준, 피로상태, 교육훈련

34 다음 중 사람의 기술 분류에 해당되는 것은?

① 육체적 – 지능적 – 심리적 – 언어적
② 근력적 – 정신적 – 심리적 – 조작적
③ 전신적 – 조작적 – 인식적 – 언어적
④ 조작적 – 인식적 – 정적 – 동적

해설
사람의 기술 분류 4가지
① 전신적 기술
② 조작적 기술
③ 인식적 기술
④ 언어적 기술

35 다음 중 제일 기본적인 욕구는?

① 배고픔
② 호기심
③ 애정
④ 능력

해설
배가 불러야 다음 욕구가 있다.

[정답] 29 ③ 30 ④ 31 ③ 32 ④ 33 ① 34 ③ 35 ①

36 다음의 인간관계 메커니즘 중에서 남의 행동이나 판단을 표본으로 하여 그것과 같거나 그것에 가까운 행동 또는 판단을 취하려는 것은?

① 투사(projection)
② 암시(suggestion)
③ 모방(imitation)
④ 동일화(identification)

해설
인간관계 메커니즘
① 투사(투출) : 자기 자신 속의 억압된 것을 다른 사람의 것으로 생각
② 동일화 : 다른 사람의 행동이나 태도 등을 자기에게 투입시켜 같아지게 하거나 비슷한 점을 발견
③ 암시 : 다른 사람의 판단이나 행동을 무비판적으로 논리적, 사실적 근거없이 받아들이는 것

37 인간의 의식동작을 올바르게 전달하는 순서는 다음 중 어느 것인가?

① 5관을 통합 → 운동신경 → 지각 → 두뇌 → 정보수집 → 근력운동
② 근육운동 → 5관을 통합 → 운동신경 → 두뇌 → 지각 → 정보수집 → 근육운동
③ 5관 → 정보수집 → 두뇌 → 지각 → 판단 → 운동신경 → 근육운동 → 판단
④ 5관 → 정보수집 → 지각 → 두뇌 → 판단 → 운동신경 → 근육운동

해설
④는 의식 전달 순서이다.

38 작업 부서의 교우관계를 나타낸 그림을 무엇이라 하는가?

① 소시오그램(sociogram)
② 리던던시(redendancy)
③ 휴먼 릴레이션 픽처(human relation ficture)
④ 매니지리얼 그리드(managerial grid)

해설
소시오메트리(비공식집단 인간관계 양식)
① 사회측정법은 집단 내에서의 개인 상호간의 감정 형태와 관심도를 측정하여 집단 구조(group structure), 집단발전 내지는 사회적 관계의 측정과 정의를 내리려고 시도한 방법의 하나로 쓰이는 사회측정 이론으로 모레노(J. L. Moreno)에 의하여 창안되었다.
② 소시오메트리(sociometry)는 집단의 구조를 밝혀내어 집단 내에서 개인간의 인기의 정도, 지위, 좋아하고 싫어하는 정도, 하위 집단의 구성 여부와 형태, 집단에의 충성도, 집단의 응집력 등을 연구·조사하여 행동지도의 자료를 삼는 것을 말한다.

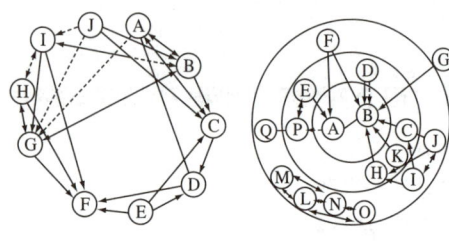

교우도식(Ⅰ)   교우도식(Ⅱ)

(Ⅰ)에서 보는 바와 같은 교우도식 또는 집단의 구조도를 소시오그램(sociogram)이라고 한다. 이 소시오그램에 의하면 시각적으로 집단의 구조나 구성원의 위치나 직위에 대한 이해가 쉽게 된다. 그 예를 들면 (Ⅱ)와 같다.
소시오메트리(sociometry)의 유용성은 널리 인정받고 있다. ① 집단관계에서 하위 집단을 발견하여 그 그룹을 해체시키든가 집단 내에서 개인의 위치를 변경하는 데에 도움을 주고, ② 고립자와 상호 반목자를 발견 지도함으로써 원만한 인간관계의 유지와 직장의 생활성과 사기를 높일 수가 있는 것이다.

39 다음 중 동기부여 욕구에 속하지 않는 것은?

① 책임   ② 성취
③ 인정   ④ 안전

해설
구체적 동기유발 요인(동기부여 욕구)
① 안정   ② 기회
③ 참여   ④ 인정
⑤ 경제   ⑥ 성과(성취)
⑦ 권력   ⑧ 적응도
⑨ 독자성   ⑩ 의사소통

[정답] 36 ③   37 ④   38 ①   39 ④

40 ★ 인간의 신뢰도와 관계없는 것은 다음 중 어느 것인가?

① 의식수준 ② 동기
③ 긴장수준 ④ 주의력

해설

인간신뢰도

(1) 인간의 신뢰도는 ①, ③, ④이다.
(2) 기계의 신뢰성 요인 : 재질, 기능, 작동방법

41 ★★ 안전사고를 내기 쉬운 사람의 성격은 다음 중 어느 것인가?

① 소심한 성격 ② 침착한 성격
③ 숙고형 ④ 근면형

해설

소심한 성격 : 안전사고를 내기 쉬운 성격

42 ★ 인간의 심리를 이용한 기준과 관계가 적은 것은?

① 작업량 ② 작업의 수
③ 작업의 질 ④ 학습기간 훈련비용

해설

인간의 심리는 양, 질, 수이다.

43 ★★ 개인적 카운슬링 진행은 아래 요소들의 적절한 수준에 의한 조합으로 지도 능력을 갖춘다. 알맞은 수준은?

> ㉠ 사실의 재진술 ㉡ 장면의 구성
> ㉢ 내담자와의 대화 ㉣ 감정의 반사
> ㉤ 감정의 명확화

① ㉡-㉠-㉢-㉤-㉣
② ㉡-㉢-㉠-㉣-㉤
③ ㉢-㉣-㉤-㉠-㉡
④ ㉠-㉢-㉡-㉤-㉣

해설

카운슬링 22. 4. 24 [기]

(1) 개인적 카운슬링 방법
 ① 직접충고 : 수칙 불이행시 적합
 ② 설득적 방법
 ③ 설명적 방법
(2) 카운슬링의 순서
 장면 구성 → 내담자 대화 → 의견(사실) 재분석 → 감정 표출 → 감정의 명확화
(3) Rogers, C. R.의 카운슬링 방법
 ① 지시적 카운슬링
 ② 비지시적 카운슬링
 ③ 절충적 카운슬링

44 ★★★ 다음은 인간의식의 공통점을 설명한 것이다. 잘못 설명한 것은 어느 것인가?

① 의식에는 대응력(對應力)의 한계가 있다.
② 의식은 그 초점에서 멀어질수록 밝아진다고 생각된다.
③ 인간의식은 중단하는 경향이 있다.
④ 인간의식은 파동을 이루고 있다.

해설

인간의식(주의력) 수준과 설비 상태

안전수준	대응 포인트	인간주의력 ≥ 설비의 상태
안전	인간측 고수준 기대	높은 수준 > 불안전 상태
불안전	사고재해 가능성	높은 수준 ≦ 불안전 상태
안전	설비측 fool-proof, fail-safe, 커버	낮은 수준 < 본질적 안전화

45 ★★ 작업 능률을 높이고 마음을 침착하게 할 수 있는 색채로 알맞은 것은?

① 연한 황색 ② 연한 녹청색
③ 연한 백색 ④ 연한 검은색

해설

연한 녹청색은 안정감을 나타낸다.

[정답] 40 ② 41 ① 42 ④ 43 ② 44 ② 45 ②

46 어떤 동기가 잘 부여된 사람이 목표 달성에서 좌절감을 느끼게 되는 시기는 다음 중 언제인가?

① 어떤 외적 방해와 목표 달성이 부적당할 때
② 어떤 행동을 방해하는 장애에 행동의 요구가 만족할 때
③ 어떤 내적 방해와 목표 달성이 부적당할 때
④ 어떤 행동을 방해하는 장애에 심리적 요구가 불충분할 때

해설
동기는 내적 체계이므로 목표 달성이 안 된 것은 외적인 방해이다.

47 극히 제한된 짧은 시간 내에 한꺼번에 처리하여야 할 여러 가지 복잡한 문제가 많이 밀어닥칠 때 인간의 감각과 지각 기관이 느끼는 의식 상태(반응)는?

① 혼란과 갈등을 느낀다.
② 정서적으로 안정되게 받아들인다.
③ 순서적으로 기억하고 처리한다.
④ 무기력하고 최면 현상이 일어난다.

해설
여러 가지 일이 동시에 닥치면 인간의 심리는 혼란과 갈등뿐이다.

48 기계적 이해(機械的理解)는 단일의 심리학적 인자가 아니고 복합적 인자로 되어 있는 적성이다. 다음 중 기계적 이해를 구성하는 인자가 아닌 것은?

① 추리(推理)
② 지각속도(知覺速度)
③ 공간시각화(空間視覺化)
④ 손과 팔의 솜씨

해설
기계적 이해 구성인자
① 추리
② 지각속도
③ 공간시각화
참고 ④는 기계적 적성이다.

49 작업자들에게 적성검사를 실시하는 가장 큰 목적은?

① 작업자의 협조를 얻기 위함
② 작업자의 생산능력을 최대 발휘시키기 위함
③ 작업자의 인간관계 개선
④ 작업자의 업무량을 최대로 할당하기 위함

해설
적성검사의 정의
① 개인의 개성, 소질, 재능 등이 어떤 분야에 적합한가를 일정한 방식에 의해서 객관적으로 확인하는 인간 능력의 측정 행위가 적성검사의 목적이자 정의이다.
② 생산 현장에서는 생산 능력을 최대로 발휘하기 위함이다.

50 자생적 조직의 중요성 및 종업원의 심리적 작업조건이 보다 더 중요하다는 Hawthorne 실험은?

① Herzberg   ② Mechel
③ Maslow   ④ Mayo

해설
Mayo의 강조 사항이다.

51 다음은 사회 행동의 기본 형태를 연결지은 것이다. 잘못 연결된 것은? 19. 3. 3 ㉮

① 대립 – 공격, 경쟁
② 도피 – 정신병, 자살
③ 협력 – 분업
④ 조직 – 경쟁, 다툼

해설
사회 행동의 기본 형태는 ①, ②, ③ 외 융합(강제, 타협, 통합) 등이다.

[정답] 46 ① 47 ① 48 ④ 49 ② 50 ④ 51 ④

52 다음은 사고 비유발자의 특성에 관한 설명이다. 틀린 것은?

① 의욕과 집착력이 강하다.
② 자기의 감정을 통제할 수 있고 온순하다.
③ 주의력 범위가 좁고 편중되어 있다.
④ 상황 판단이 정확하며 추진력이 강하다.

해설

주의 범위가 좁고 편중되어 있으면 사고가 발생한다.

53 테크니컬 스킬즈란? 20. 6. 14

① 인간을 사물에 적응시키는 능력
② 인간의 모랄을 앙양시키는 능력
③ 커뮤니케이션을 양호하게 하는 능력
④ 사물을 인간에 유익하도록 처리하는 능력

해설

테크니컬 스킬즈 : 사물을 인간에 유익하도록 처리하는 능력

54 다음 중 동기유발 요인에 속하는 것은?

① 목적달성   ② 책임
③ 작업 자체   ④ 작업조건

해설

동기유발
(1) 책임도 동기유발 요인이다.
(2) 동기유발 요인
　　① 안정   ② 참여   ③ 기회
　　④ 인정   ⑤ 경제   ⑥ 성과
　　⑦ 권력   ⑧ 적응도 ⑨ 독자성 의사소통

💬 **합격자의 조언**
1. 돈을 애인처럼 사랑하라. 기적을 보여준다.
2. 기회는 눈 깜박하는 사이에 지나간다. 순발력을 키워라.
3. 말이 씨앗이다. 좋은 종자를 골라서 심어라.

보충학습

법령에 따른 재해·사고 비교

산업안전보건법	
중대재해	• 사망자 1명 • 3개월 이상 요양 부상자 동시 2명 • 부상자, 질병자 동시 10명
중대산업사고	• 유해·위험 설비로부터 누출, 화재, 폭발 등으로 근로자 또는 주변지역에 피해를 입힌 사고

중대재해처벌법	
중대산업재해	• 사망자 1명 • 6개월 이상 요양 부상자 2명 • 직업성 질병자 1년이내 3명
중대시민재해	• 사망자 1명 • 2개월 이상 요양 부상자 10명 • 3개월 이상 질병자 10명

건설기술진흥법	
건설사고	• 사망 또는 3일 이상 휴업 • 1천만원 이상의 재산피해
중대한 건설사고	• 사망자 3명 이상 • 부상자 10명 이상 • 시설물이 붕괴 또는 전도되어 재시공이 필요한 경우

[정답] 52 ③   53 ④   54 ②

주요항목 04. 인간의 행동과학

중점 학습내용

인간의 특성과 안전은 인간의 기본적인 심리 성격 등을 파악하기 위하여 구성하였으며 또 생체리듬과 안전관리자로서 필요한 리더십 등도 기술하여 21세기 안전관리자의 역할을 강조하였다. 시험에 출제가 예상되는 그 중심적인 내용은 다음과 같다.

❶ 조직과 인간행동   ❷ 재해빈발성 및 행동과학
❸ 생체리듬과 피로   ❹ 집단관리와 리더십
❺ 착오와 실수

[그림] 재해의 외적·내적 요인

합격예측

안전심리의 5요소
① 동기 ② 기질 ③ 감정
④ 습성 ⑤ 습관

습관의 4요소
동기, 기질, 감정, 습성

참고

개성과 사고력
인간의 개성과 사고력은 안전심리에서 고려되는 가장 중요한 요소이다.

Q 은행문제

직무만족에 긍정적인 영향을 미칠 수 있고, 그 결과 개인 생산능력의 증대를 가져오는 인간의 특성을 의미하는 용어는?
① 위생 요인 ② 동기부여 요인
③ 성숙-미성숙 ④ 의식의 우회
정답 ②

읽을거리

습관, 루틴, 의식
① 습관 : 내가 인지하지 않고 환경에 의해 촉발되는 행동
② 루틴 : 어느 정도의 의지와 노력이 필요한 행동(최고의 능력을 내기 위한 습관)
③ 의식 : 행동에 의미를 부여하면서 필연적으로 습관, 루틴에 비해 더 많은 에너지를 투입하고 몰입하는 행동

세부항목 1. 조직과 인간행동

1. 안전심리 및 사고요인

(1) 안전(산업)심리 5요소 16. 5. 8 ⑦ 18. 3. 4 ⑭ 18. 8. 19 ⑭ 18. 9. 15 ⑦ 19. 4. 27 ⑦ 19. 8. 4 ⑦ 20. 8. 22 ⑦ 20. 9. 27 ⑦ 21. 3. 7 ⑦ 21. 5. 15 ⑦ 22. 3. 5 ⑦ 23. 7. 8 ⑭

① 동기(motive) : 동기는 능동적인 감각에 의한 자극에서 일어나는 사고(思考)의 결과로서 사람의 마음을 움직이는 원동력이다.

② 기질(temper) : 인간의 성격, 능력 등 개인적인 특성을 말하는 것으로 성장시의 생활환경에서 영향을 받으며 특히 여러 사람과의 접촉 및 주위 환경에 따라 달라진다.

③ 감정(emotion) : 감정이란 지각, 사고 등과 같이 대상의 성질을 아는 작용이 아니고 희로애락 등의 의식을 말한다. 사람의 감정은 안전과 밀접한 관계를 가지고 사고를 일으키는 정신적 동기를 만든다.

④ 습성(habits) : 동기, 기질, 감정 등이 밀접한 연관관계를 형성하여 인간의 행동에 영향을 미칠 수 있도록 하는 것을 말한다.

⑤ 습관(custom) : 성장과정을 통해 형성된 특성 등이 자신도 모르게 습관화된 현상을 말하며 습관에 영향을 미치는 요소로는 ㉮ 동기, ㉯ 기질, ㉰ 감정, ㉱ 습성 등이 있다.

(2) 안전사고 요인

① 감각운동 기능
  ㉮ 지각 : 감시적 역할
  ㉯ 청각 : 연락적 역할
  ㉰ 피부감각 : 경보적 역할
  ㉱ 심부감각 : 조절적 역할

② 지각 : 물적 작업조건 자체가 아니라 물적 작업조건에 대한 지각이 능률에 영향을 준다.

③ 안전수단을 생략(단락)하는 경우 17. 9. 23 ㉮ 21. 3. 7 ㉮
  ㉮ 의식 과잉   ㉯ 피로, 과로   ㉰ 주변 영향

지각이란
- 자극을 인식하고, 조직화하고, 의미를 파악하는 과정

- 이 사과는 빨갛다
- 이 사과의 향은 향기롭다 — 감각
- 이 사과는 보기보다 무겁다
- 이것은 사과다 — 지각

(3) 구체적 동기유발 요인 15. 5. 31 ㉮

① 안정(security)   ② 기회(opportunity)
③ 참여(participation)   ④ 인정(recognition)
⑤ 경제(economic)   ⑥ 성과(accomplishment)
⑦ 권력(power)   ⑧ 적응도(conformity)
⑨ 독자성(independence)   ⑩ 의사소통(communication)

(4) 사고를 많이 일으키는 성격

① 허영적   ② 쾌락주의적
③ 도덕적 결벽성의 결여   ④ 소심한 성격

(5) 정신상태 불량으로 일어나는 안전사고 요인

일명 사고 요인이 되는 정신적인 요소라고도 한다.
① 안전의식의 부족   ② 주의력 부족   ③ 방심 및 공상
④ 개성적 결함   ⑤ 그릇됨과 판단력 부족

(6) 정신력과 관계되는 생리적 현상 21. 3. 7 ㉮

① 시력 및 청각의 이상   ② 신경계통의 이상   ③ 육체적 능력의 초과
④ 근육운동의 부적합 ⑤ 극도의 피로

(7) 개성적 결함 요인(요소) 17. 5. 7 ㉮

① 과도한 자존심 및 자만심   ② 다혈질 및 인내력 부족   ③ 약한 마음
④ 도전적 성격   ⑤ 감정의 장기 지속성   ⑥ 경솔성
⑦ 과도한 집착성   ⑧ 배타성   ⑨ 게으름

합격예측

사고 경향성자의 유형 4가지
① 상황성 누발자
  → 주변상황
② 습관성 누발자
  → 경험에 의해서
③ 소질성 누발자
  → 개인의 능력
④ 미숙성 누발자
  → 기능 또는 환경

합격예측

(1) 감각차단 현상 18. 9. 15 ㉮
단조로운 업무가 장시간 지속될 때 작업자의 감각 기능 및 판단능력이 둔화 또는 마비되는 현상을 말한다.

(2) 성장과 발달에 관한 이론
성장과 발달을 규제하는 요인은 유전, 환경, 자아의 3요소를 들 수 있으며, 제 학설은 다음과 같다.
① 생득설(nativism) : 성장발달의 원동력이 개체 내에 있다는 설로서 사람의 능력은 태어날 때부터 타고난다는 입장이다.(유전론에 의해 설명)
② 경험설(empiricism) : 성장의 원동력이 개체 밖에 있다는 설이다. (환경론 설명)
③ 폭주설(convergence theory) : 성장발달은 내적 성실과 외적 사정의 폭주에 의하여 발생하는 것으로 생득설과 경험설의 결합인 절충설로서 유전과 환경을 중요시했다.
④ 체제설(organization theory) : 발달이란 유전과 환경사이에 발달하려는 자아와의 역동적 관계에서 이루어진다는 설이다.

Q 은행문제

인간이 환경을 지각(perception)할 때 가장 먼저 일어나는 요인은? 17. 9. 23 ㉮
① 해석   ② 기대
③ 선택   ④ 조직화

정답 ③

합격예측

인간(집단)변화의 4단계

① 1단계 : 지식의 변용
② 2단계 : 태도의 변용
③ 3단계 : 행동(개인)의 변용
④ 4단계 : 집단(조직)의 변용

참고

억측판단이 발생하는 배경 4가지 17. 3. 5 [산] 22. 4. 24 [기]

① 희망적인 관측 : 그때도 그랬으니까 괜찮겠지 하는 관측
② 정보나 지식의 불확실 : 위험에 대한 정보의 불확실 및 지식의 부족
③ 과거의 선입관 : 과거에 그 행위로 성공하는 경험의 선입관
④ 초조한 심정 : 일을 빨리 끝내고 싶은 초조한 심정

Q 은행문제

1. 사고 경향성 이론에 관한 설명으로 틀린 것은? 19. 3. 3 [기] 22. 4. 24 [기]

① 개인의 성격보다는 어떤 특정한 환경에서 훨씬 더 사고를 일으키기 쉽다.
② 어떠한 사람이 다른 사람보다 사고를 더 잘 일으킨다는 이론이다.
③ 사고를 많이 내는 여러 명의 특성을 측정하여 사고를 예방하는 것이다.
④ 검증하기 위한 효과적인 방법은 다른 두 시기 동안에 같은 사람의 사고기록을 비교하는 것이다.

정답 ①

2. 직무동기 이론 중 기대이론에서 성과를 나타냈을 때 보상이 있을 것이라는 수단성을 높이려면 유의해야 할 점이 있는데, 이에 해당되지 않는 것은? 17. 9. 23 [기]

① 보상의 약속을 철저히 지킨다.
② 신뢰할 만한 성과의 측정방법을 사용한다.
③ 보상에 대한 객관적인 기준을 사전에 명확히 제시한다.
④ 직무수행을 위한 충분한 정보와 자원을 공급받는다.

정답 ④

세부항목 2. 재해 반발성 및 행동과학

1. 재해설

(1) 재해 빈발설

① 기회설 : 작업에 어려움(위험성)이 많기 때문에 재해가 유발하게 된다는 설 20. 9. 27 [기]
② 암시설 : 한번 재해를 당한 사람은 겁쟁이가 되거나 신경과민 등으로 재해를 유발하게 된다는 설 15. 8. 16 [기]
③ 경향설 : 근로자 가운데 재해가 빈발하는 소질적 결함자가 있다는 설

(2) 재해 누발자의 유형

① 미숙성 누발자 16. 10. 1 [기]
㉮ 기능 미숙자
㉯ 환경에 익숙하지 못한 자

② 상황성 누발자 17. 8. 26 [산] 17. 9. 23 [기] 19. 3. 3 [기] 19. 4. 27 [기] 19. 8. 4 [기] 20. 8. 22 [기] 20. 8. 23 [산] 21. 3. 7 [기] 21. 8. 14 [기]
㉮ 작업에 어려움이 많은 자
㉯ 기계 설비의 결함
㉰ 심신에 근심이 있는 자
㉱ 환경상 주의력의 집중이 혼란되기 때문에 발생되는 자

③ 습관성 누발자
㉮ 재해의 경험에 의해 겁쟁이가 되거나 신경과민이 된 자
㉯ 일종의 슬럼프(slump) 상태에 빠져 있는 자

④ 소질성 누발자 20. 9. 27 [기]
㉮ 개인적 소질 가운데 재해 원인의 요소를 가지고 있는 자
㉯ 개인의 특수 성격 소유자

(3) 소질성 누발자의 공통된 성격 18. 3. 4 [기]

① 주의력 산만, 주의력 지속 불능
② 주의력 범위의 협소 및 편중
③ 저지능 ([예] 지능, 성격, 시각기능)
④ 불규칙, 흐리멍텅함
⑤ 경시, 경솔성
⑥ 정직하지 못함
⑦ 흥분성
⑧ 비협조성
⑨ 도덕성의 결여
⑩ 소심한 성격
⑪ 감각운동의 부적합

2. 동기 및 욕구이론

(1) Herzberg의 동기·위생이론

① 위생요인(유지욕구) : 인간의 동물적 욕구를 반영하는 것으로 Maslow의 욕구 단계에서 생리적, 안전, 사회적 욕구와 비슷하다.
② 동기요인(만족욕구) : 자아실현을 하려는 인간의 독특한 경향을 반영한 것으로 Maslow의 자아실현 욕구와 비슷하다.

[표] 위생요인과 동기요인

위생요인(직무환경)	동기요인(직무내용)
회사 정책과 관리, 개인 상호간의 관계, 감독, 임금, 보수, 작업 조건, 지위, 안전	성취감, 책임감, 안정감, 성장과 발전, 도전감, 일 그 자체(일의 내용)

③ 동기부여 방법
㉮ 각 노동자에게 보다 새롭고 힘든 과업을 부여한다.
㉯ 노동자에게 불필요한 통제를 배제한다.
㉰ 각 노동자에게 완전하고 자연스러운 단위의 도급 작업을 부여할 수 있도록 일을 조정한다.
㉱ 자기 과업을 위한 노동자의 책임감을 증대시킨다.
㉲ 노동자에게 정기 보고서를 통한 직접적인 정보를 제공한다.
㉳ 특정 작업을 할 기회를 부여한다.

(2) 데이비스(K. Davis)의 동기부여이론 등식

① 경영의 성과 = 인간의 성과 × 물질의 성과
② 능력(ability) = 지식(knowledge) × 기능(skill)
③ 동기유발(motivation) = 상황(situation) × 태도(attitude)
④ 인간의 성과(human performance) = 능력 × 동기유발

은행문제

1. 다음 중 허즈버그(Herzberg)가 직무확충의 원리로서 제시한 내용과 거리가 가장 먼 것은?
① 책임을 지고 일하는 동안에는 통제를 추가한다.
② 자신의 일에 대해서 책임을 더 지도록 한다.
③ 직무에서 자유를 제공하기 위하여 부가적 권위를 부여한다.
④ 전문가가 될 수 있도록 전문화된 과제들을 부과한다.
— 정답 ①

2. 대상물에 대해 지름길을 사용하여 판단할 때 발생하는 지각의 오류가 아닌 것은?
① 후광효과 ② 최근효과
③ 결론효과 ④ 초두효과
— 정답 ③

합격예측

안전교육훈련 동기부여방법
① 안전의 근본이념(참가치)을 인식시킬 것
② 안전목표를 명확히 설정할 것
③ 결과를 알려줄 것(K. R법 : Knowledge Results)
④ 상과 벌을 줄 것(상벌제도를 합리적으로 시행할 것)
⑤ 경쟁과 협동을 유도할 것
⑥ 동기유발의 최적수준을 유지할 것

읽을거리

Abraham Harold Maslow
(1908.4.1~1970.6.8.)

매슬로는 뉴욕 브루클린(Brooklyn)에서 태어나고 자랐다. 러시아에서 이주해 온 유대인 집안의 7남매 중 장남이었는데, 그에 대한 부모님의 교육에 대한 열정이 높았다. 어린 시절 매슬로는 수줍음이 많고 소극적인 성격에 겁도 많았다. 선생님들과 친구들의 반유대주의 때문에 힘든 시간을 보내기도 하였다. 자기애적 성향이 강하고 흑인에 대한 편견에 사로잡혀 있던 어머니와는 적대적인 관계였다. 1928년 첫 번째 결혼을 하고는 위스콘신대학교에서 심리학 교육을 받으면서 실험적 행동주의자가 되기로 마음먹었다. 위스콘신에서는 주로 행동과 성에 관하여 연구하였다. 1930년에 학부를 졸업한 뒤 1931년에 석사학위를 받았고, 1934년에는 박사학위까지 받았다. 졸업 후에는 뉴욕으로 돌아가서 손다이크(Thorndike)와 함께 컬럼비아에서 연구를 하였다. 그곳에서 매슬로는 인간의 성에 대한 연구에 더욱 관심을 집중하였다. 이후 브루클린(Brooklyn)대학교의 강단에 섰고, 당시 미국으로 이주해 온 유럽의 많은 지성들, 즉 아들러(Adler), 프롬(Fromm), 호나이(Horney) 등을 만나게 되었다. 1951년부터 1969년까지는 브랜디스(Brandeis)대학교의 심리학 부장을 맡았는데, 그때 골드슈타인(Goldstein)과 만났다. 캘리포니아에서 만년을 보내다가 1970년에 심장발작으로 사망한 매슬로는 인본주의 흐름에 앞장선 인물로 평가되고 있다.
[출처 : 네이버 지식백과]

합격예측

Vroom의 기대 이론
의사결정을 하는 인지적 요소와 사람이 의사결정을 위해 이 요소들을 처리해가는 방법들을 나타내주는 것으로, 공식은 다음과 같다. 19. 9. 21 ⑦

동기적인 힘(motivational force) = 유인가 × 기대 23. 4. 1 ⑦
① 힘은 동기와 같은 의미로 쓰이며 행동을 결정하는 역할을 한다.
② 유인가(valence) : 여러 행동 대안의 결과에 대해서 개인이 갖고 있는 매력의 강도를 의미한다.
③ 기대(expectancy) : 어떤 행동적인 대안을 선택했을 때 성공할 확률이 얼마인가를 예측하는 것을 말한다.

매슬로우의 기본과정
① 인간은 특수한 형태의 충족되지 못한 욕구들을 만족시키기 위하여 동기화되어 있다.
② 하위 욕구로부터 상위의 욕구로 발달한다.
③ 하위에 있는 욕구일수록 강하고 우선순위가 높다.
④ 상위로 올라갈수록 각 욕구의 만족 비율이 낮아진다.

Q 은행문제

매슬로우의 욕구단계이론에서 편견 없이 받아들이는 성향, 타인과의 거리를 유지하며 사생활을 즐기거나 창의적 성격으로 봉사, 특별히 좋아하는 사람과 긴밀한 관계를 유지하려는 인간의 욕구에 해당하는 것은? 16. 5. 8 ⑦
① 생리적 욕구
② 사회적 욕구
③ 자아실현의 욕구
④ 안전에 대한 욕구

정답 ③

(3) McClelland의 성취동기이론

성취 욕구가 높은 사람의 특징은 다음과 같다.
① 적절한 위험을 즐긴다.
② 즉각적인 복원 조치를 강구할 줄 알고, 자신이 하고 있는 일이 구체적으로 어떻게 진행되고 있는가를 알고 싶어한다.
③ 성공에서 얻어지는 보수보다는 성취 그 자체와 그 과정에 보다 많은 관심을 기울인다.
④ 과업에 전념하여 그 목표가 달성될 때까지 자신의 노력을 경주한다.

(4) McGregor의 X, Y이론 16. 3. 6 ⑦ 16. 5. 8 ⑦ 17. 9. 23 ⑦ 18. 3. 4 ⑦ 19. 3. 3 ⑦ 20. 6. 7 ⑦ 21. 5. 15 ⑦ 24. 2. 15 ⑦

[표] X·Y 이론 특징

X이론의 특징	Y이론의 특징
인간 불신감	상호 신뢰감
성악설	성선설
인간은 원래 게으르고 태만하여 남의 지배를 받기를 즐긴다.	인간은 부지런하고 근면 적극적이며 자주적이다.
물질욕구(저차원 욕구)	정신욕구(고차원 욕구)
명령 통제에 의한 관리	목표 통합과 자기통제에 의한 자율관리
저개발국형	선진국형

[표] X·Y 이론의 관리처방   17. 3. 5 ⑦ 17. 5. 7 ㉮ 17. 9. 23 ㉮ 18. 4. 28 ⑦ 18. 9. 15 ⑦ 19. 9. 21 ⑦ 21. 9. 12 ⑦ 23. 2. 28 ⑦ 23. 5. 13 ㉮

X이론	Y이론
경제적 보상 체제의 강화	민주적 리더십의 확립
권위주의적 리더십의 확립	분권화의 권한과 위임
면밀한 감독과 엄격한 통제	목표에 의한 관리
상부책임제도의 강화	직무확장
조직구조의 고층성	비공식적 조직의 활용
	자체평가제도의 활성화

(5) 매슬로우(Maslow, A. H.)의 욕구 5단계 이론

16. 3. 6 산 16. 5. 8 기 16. 8. 21 산 16. 8. 21 기 19. 10. 1 산 16. 10. 1 기 17. 3. 5 기
17. 5. 7 기 18. 3. 4 산 18. 4. 28 기 18. 8. 19 산 18. 9. 16 산 19. 3. 3 기
19. 4. 27 기 19. 8. 4 산 20. 6. 14 산 20. 9. 27 기 21. 3. 7 기 21. 8. 14 기 22. 4. 24 기

① 제1단계(생리적 욕구 : 생명유지의 기본적 욕구) : 기아, 갈증, 호흡, 배설, 성욕 등 인간의 가장 기본적인 욕구(종족보존)
② 제2단계(안전욕구) : 자기보존욕구 23. 4. 1 산 25. 2. 7 기산
③ 제3단계(사회적 욕구) : 소속감과 애정욕구
④ 제4단계(존경욕구) : 인정받으려는 욕구
⑤ 제5단계(자아실현의 욕구) : 잠재적인 능력을 실현하고자 하는 욕구(성취욕구)

(6) 알더퍼(Alderfer)의 ERG 이론(1969년 발표) 19. 9. 21 산 21. 9. 12 기 23. 5. 13 산

알더퍼는 생존(existence), 관계(relation), 성장(growth)의 이론을 제시했다.

① 생존(존재)욕구
  ㉮ 유기체의 생존유지 관련 욕구
  ㉯ 의식주
  ㉰ 봉급, 부가급수, 안전한 작업조건
  ㉱ 직무안전
② 관계욕구
  ㉮ 대인욕구
  ㉯ 사람과 사람의 상호작용
③ 성장욕구
  ㉮ 개인적 발전능력
  ㉯ 잠재력 충족

[표] Maslow의 이론과 Alderfer 이론과의 관계 16. 5. 8 산 16. 10. 1 기 20. 8. 23 산 25. 3. 29 산

이론 \ 욕구	저차원적 이론 ←————————→ 고차원적 이론		
Maslow	생리적 욕구, 물리적 측면의 안전 욕구	대인관계 측면의 안전욕구, 사회적 욕구, 존경욕구	자아실현의 욕구
Aldefer(ERG 이론)	존재욕구(E)	관계욕구(R)	성장욕구(G)

💗 참고 더글라스 맥그리거(Douglas McGregor) : 심리학자이자 교수(미국 안티오크대학 총장)

합격예측

Maslow의 욕구단계이론
① 1단계 생리적 욕구 : 기아, 갈증, 호흡, 배설, 성욕 등 인간의 가장 기본적인 욕구(종족보존)
② 2단계 안전욕구 : 안전을 구하려는 욕구
③ 3단계 사회적 욕구 : 애정, 소속에 대한 욕구(친화욕구)
④ 4단계 인정을 받으려는 욕구 : 자기 존경의 욕구로 자존심, 명예, 성취, 지위에 대한 욕구(승인의 욕구)
⑤ 5단계 자아실현의 욕구 : 잠재적인 능력을 실현하고자 하는 욕구(성취욕구)

합격예측

18. 4. 28 기 19. 8. 4 기
21. 5. 15 기 22. 3. 5 기

(1) 스트레스의 자극 요인
  ① 자존심의 손상(내적 요인)
  ② 업무상의 죄책감(내적 요인)
  ③ 현실에서의 부적응(내적 요인)
  ④ 직장에서의 대인 관계 상의 갈등과 대립(외적 요인)

(2) 스트레스 해소법
  ① 자기 자신을 돌아보는 반성의 기회를 가끔씩 가진다.
  ② 주변 사람과의 대화를 통해서 해결책을 모색한다.
  ③ 스트레스는 가급적 빨리 푼다.
  ④ 출세에 조급한 마음을 가지지 않는다.

Q 은행문제

스트레스(Stress)에 관한 설명으로 가장 적절한 것은? 19. 3. 3 기
① 스트레스 상황에 직면하는 기회가 많을수록 스트레스 발생 가능성은 낮아진다.
② 스트레스는 직무몰입과 생산성 감소의 직접적인 원인이 된다.
③ 스트레스는 부정적인 측면만 가지고 있다.
④ 스트레스는 나쁜 일에서만 발생한다.

정답 ②

합격예측

피로

심리적이면서 생리적 요소를 모두 가지고 있는 요인

참고

① 평균 에너지가 4일 때도 있으니 문제를 정독한다. 틀린 것이 아니다.
② 동적근력작업
$= E \times (작업시간) + 1.5 \times (휴식시간)$
$= 4 \times 60$

합격예측

콜만의 일관성 이론

① 균형개념 : 사람은 누구나 자기에 대한 인지적 균형감 및 일치감을 극대화하는 방향으로 행동하게 되며 그 행동에서 만족감을 갖는다.
② 자기존중 : 자기 이미지 개념으로 기본적으로 이것은 자기 가치에 대한 인식이다. 높은 자기존중의 사람들은 일관성을 유지하고 따라서 만족상태를 유지하기 위해 더 높은 성과를 올리려고 한다.

합격예측

(1) 동기부여(motivation)에 있어 동기가 가지는 성질
① 행동을 촉발시키는 개인의 힘을 뜻하는 활성화
② 일정한 강도와 방향을 지닌 행동을 유지시키는 지속성
③ 노력의 투입을 선택적으로 한 방향으로 지향하도록 하는 통로화
(2) 고차원적 욕구이론 20. 6. 7 [기]
① 매슬로우 존경, 자아실현의 욕구
② 알더퍼의 성장욕구
③ Herzberg의 동기요인
④ 맥그리거의 Y이론
(3) 저차원적 욕구이론
① 매슬로우 생리적, 안전, 사회적 욕구
② 알더퍼의 생존욕구, 관계욕구
③ Herzberg의 위생요인
④ 맥그리거의 X이론

세부항목

3. 생체리듬과 피로

1. 스트레스 및 RMR

(1) 스트레스 원인

① 자기욕심 ② 명예욕 ③ 출세 ④ 건강 ⑤ 사랑의 갈망 ⑥ 재물탐욕

(2) 작업강도 16. 3. 6 [산]

① 작업강도는 에너지 대사율로 나타내며 energy의 대사율로 알려져 있는 RMR(Relative Metabolic Rate)은 다음과 같은 식으로 표시된다.

$$RMR = \frac{노동대사량}{기초대사량} = \frac{작업시의\ 소비\ energy - 안정시\ 소비\ energy}{기초대사량}$$

㉮ 작업시의 소비에너지는 작업중에 소비한 산소의 소모량으로 측정한다.
㉯ 안정시의 소비에너지는 의자에 앉아서 호흡하는 동안에 소비한 산소의 소모량으로 측정한다.

[주] RMR7 이상은 되도록 기계화하고 RMR10이상은 반드시 기계화

[주] 작업의 지속시간 : RMR3 : 3시간 지속가능
RMR7 : 약 10분간 지속가능

㉰ 기초대사량(BMR : 생명유지에 필요한 단위시간당 에너지량)은 다음 식과 기초대사량 표에 의하여 산출한다. 19. 3. 3 [기]

$A = H^{0.725} \times W^{0.425} \times 72.46$

여기서, A : 몸의 표면적[cm^2], H : 신장[cm], W : 체중[kg]

② 작업강도 구분 16. 10. 1 [산] 18. 3. 4 [기] 21. 5. 15 [기] 21. 9. 12 [기]

㉮ 0~2RMR(가벼운 작업)
㉯ 2~4RMR(보통 작업)
㉰ 4~7RMR(힘든 작업)
㉱ 7RMR 이상(굉장히 힘든 작업)

③ 작업강도에 영향을 주는 요인 19. 9. 21 [기]

㉮ 에너지소비
㉯ 작업대상의 복잡성
㉰ 작업대상의 종류
㉱ 작업대상의 변화
㉲ 작업의 정밀도
㉳ 작업의 밀도
㉴ 작업자세
㉵ 작업범위
㉶ 대인관계
㉷ 위험성의 정도
㉸ 작업시간의 길이 등

(3) 휴식 16.5.8 ② ④ 16.10.1 ② 18.9.15 ② 20.6.14 ④ 22.4.24 ④ 23.6.4 ② 24.2.15 ②

① 작업장에서는 적당한 간격을 두어 작업자의 피로를 풀어주는 것이 생산성 향상 및 안전성의 측면에서도 중요하며 이의 대책 중의 하나가 휴식시간의 확보이다.
② 작업에 대한 평균에너지가 5[kcal/분]인 경우 작업에 소요되는 에너지 E[kcal/분]일 때 작업시간 60분당 휴식시간 R[분]은 다음 식으로 산출한다.

$$\text{Murrel의 휴식시간}(R) = \frac{60(E-5)}{E-1.5}[\text{분}]$$

여기서, R : 휴식시간(분)　　E : 작업시 평균 에너지 소비량[kcal/분]
　　　　60분 : 총작업 시간　　1.5[kcal/분] : 휴식시간 중의 에너지 소비량
　　　　5[kcal/분] : 기초대사량을 포함한 보통작업에 대한 평균 에너지
　　　　(기초대사량을 포함하지 않을 경우 : 4[kcal/분])

2. 피로(fatigue)

어느 정도 일정한 시간 작업활동을 계속하면 객관적으로 작업능률의 감퇴 및 저하, 착오의 증가, 주관적으로는 주의력 감소, 흥미의 상실, 권태 등으로 일종의 복잡한 심리적 불쾌감을 일으키는 현상이다. (생리적, 심리적, 작업면 변화)

(1) 피로의 종류

① 주관적 피로 : 피로는 '피곤하다'라는 자각을 제일의 징후로 하게 된다. 대개의 경우 피로감은 권태감이나 단조감 또는 포화감이 따르며 의지적 노력이 없어지고 주의가 산만하게 되고 불안과 초조감이 쌓여 극단적인 경우에는 직무나 직장을 포기하게도 된다.
② 객관적 피로 : 객관적 피로는 생산된 것의 양과 질의 저하를 지표로 한다. 피로에 의해서 작업리듬이 깨지고 주의가 산만해지고, 작업 수행의 의욕과 힘이 떨어지며 따라서 생산 성적이 떨어지게 된다.
③ 생리적(기능적) 피로 : 피로는 생체의 제기능 또는 물질의 변화를 검사 결과를 통해서 추정한다. 현재 고안되어 있는 여러 가지 검사법의 대부분은 생리적 기능적 피로를 취급하고 있다. 그러나 피로란 특정한 실체가 있는 것도 아니기 때문에 피로에 특유한 반응이나 증상은 존재하지 않는다.
④ 근육피로
　㉮ 해당 근육의 자각적 피로　　㉯ 휴식의 욕구
　㉰ 수행도의 양적 저하　　　　㉱ 생리적 기능의 변화
⑤ 신경피로
　㉮ 사용된 신경계통의 통증　　㉯ 정신피로 증상 중 일부
　㉰ 근육피로 증상 중 일부

합격예측

인간측의 피로인자

① 정신상태 및 신체적 상태
② 생리적 리듬
③ 작업시간 및 작업내용
④ 사회환경 및 작업환경

[▼] 참고

정신피로와 육체피로의 차이

① 정신피로 : 정신적 긴장에 의해서 일어나는 중추신경계 피로
② 육체피로 : 육체적 근육에 의한 피로(신체피로)

합격예측

피로의 요인

① 개체의 조건 - 신체적, 정신적 조건, 체력, 연령, 성별, 경력 등
② 작업조건
㉮ 질적 조건 : 작업강도(단조로움, 위험성, 복잡성, 심적, 정신적 부담 등)
㉯ 양적 조건 : 작업속도, 작업시간
③ 환경조건 - 온도, 습도, 소음, 조명시설 등
④ 생활조건 - 수면, 식사, 취미활동 등
⑤ 사회적 조건 - 대인관계, 통근조건, 임금과 생활수준, 가족간의 화목 등

[Q] 은행문제

산업스트레스의 요인 중 직무특성과 관련된 요인으로 볼 수 없는 것은? 18. 8. 19 [산] 22. 9. 14 [산]

① 조직구조
② 작업속도
③ 근무시간
④ 업무의 반복성

정답 ①

(2) 피로 현상의 3단계

① 1단계 : 중추신경 피로
② 2단계 : 반사운동신경 피로
③ 3단계 : 근육피로

(3) 피로의 증상 17. 5. 7 [기] 18. 3. 4 [기] 18. 8. 19 [산]

① 신체적 증상(생리적 현상)
㉮ 작업에 대한 몸자세가 흐트러지고 지치게 된다.
㉯ 작업에 대한 무감각, 무표정, 경련 등이 일어난다.
㉰ 작업 효과나 작업량이 감퇴 및 저하된다.

② 정신적 증상(심리적 현상)
㉮ 주의력이 감소 또는 경감된다.
㉯ 불쾌감이 증가된다.
㉰ 긴장감이 해지 또는 해소된다.
㉱ 권태, 태만해지고 관심 및 흥미감이 상실된다.
㉲ 졸음, 두통, 싫증, 짜증이 일어난다.

(4) 피로 요인

기계적 요인	인간적 요인	
① 기계의 종류	① 생체적 리듬	② 정신적 상태
② 조작부분의 배치	③ 신체적 상태	④ 작업시간
③ 조작부분의 감촉	⑤ 작업내용	⑥ 작업환경
④ 기계 이해의 난이(難易)	⑦ 사회적 환경	
⑤ 기계의 색채		

(5) 피로측정 방법의 종류

① 호흡기능검사
② 순환기능검사
③ 자율신경기능검사
④ 운동기능검사
⑤ 정신, 신경적 기능검사
⑥ 심적 기능검사
⑦ 생화학적 측정검사
⑧ 자각적 측정 : 자각증상수, 자각피로도
⑨ 타각적 측정 : 표정, 태도, 자세, 동작, 궤적, 단위동작 소요시간, 작업량, 작업 과오 등

(6) 피로측정검사 방법 3가지 16. 5. 8 ⑦ 18. 4. 28 ⑦ 20. 9. 27 ⑦

검사방법	검사항목	측정 방법 및 기기
생리적 방법 23. 7. 8 ⑦	• 근력, 근활동(筋活動) • 반사 역치(反射 閾値) • 대뇌피질 활동 • 호흡 순환 기능 • 인지 역치(認知 閾値) : 플리커법	• 근전계(筋電計:EMG) • 뇌파계(EEG), 플리커 검사 • schneider test, 심전계(心電計 : ECG) • 청력검사(audiometer), 근점 거리계(近點距離計)
심리학적 방법	• 변별 역치(辨別 閾値) • 정신 작업, 피부(전위)저항 • 동작 분석, 행동 기록 • 연속 반응 시간 집중 유지 기능 • 전신 자각 증상	• Ebbinghaus촉각계, 연속 촬영법 • 피부 전기 반사(GSR), CMI, THI 등 • holygraph(안구운동측정 등) • 전자계산 • Kleapelin 가산법 • 표적, 조준, 기록 장치
생화학적 방법	• 혈색소 농도 • 뇨단백, 뇨교질 배설량 • 혈액 수분, 혈단백 • 응혈시간 • 혈액 • 뇨전해질 • 부신피질 기능	• 광도계 • 뇨단백검사, Donaggio검사 • 혈청 굴절률계 • storanbelt graph • Na, K, Cl의 상태변동측정 • 17-OHCS

(7) 피로측정 대상 작업에 따른 분류

① 정적 근력작업 19. 3. 3 ⑦ 22. 3. 5 ⑦

㉮ 에너지 대사량과 맥박수와의 상관관계 및 시간적 경과에 따른 변화, 근전도(EMG)를 측정한다.

㉯ 호기성(혐기성) 호흡이 되기 쉬워 피로의 증상이 빨리 나타난다.

② 동적 근력작업

㉮ 에너지 대사량, 산소 소비량 및 CO_2 배출량 등과 호흡량, 맥박수, EMG, 체온, 발한량 등을 측정한다.

㉯ 산소빚(산소부채 : oxygen debt) : 육체적 근력작업 후 맥박이나 호흡이 즉시 정상으로 회복되지 않고 서서히 회복되는 것은 작업 중에 형성된 젖산 등의 노폐물을 재분해하기 위한 것으로 이 과정에 소비되는 추가분의 산소량을 의미한다. 19. 9. 21 ⑭

합격예측

기계측의 피로인자
① 기계의 종류
② 기계의 색채
③ 조작부분의 배치
④ 조작부분의 감촉
⑤ 기계의 이해 용이도

허세이에 의한 단조감, 권태감 피로회복 대책
① 일의 가치를 가르치는 일
② 동작의 교대를 가르치는 일
③ 휴식 부여

Q 은행문제

1. 리더십에 대한 연구 방법 중 통솔력이 리더 개인의 특별한 성격과 자질에 의존한다고 설명하는 이론은?
① 특질접근법
② 상황접근법
③ 행동접근법
④ 제한된 특질접근법

정답 ①

2. 스트레스에 대한 설명으로 틀린 것은? 18. 4. 28 ⑦
① 사람이 스트레스를 받게 되면 감각기관과 신경이 예민해진다.
② 스트레스 수준이 증가할수록 수행성과는 일정하게 감소한다.
③ 스트레스는 환경의 요구가 지나쳐 개인의 능력한계를 벗어날 때 발생한다.
④ 스트레스 요인에는 소음, 진동, 열 등과 같은 환경영향뿐만 아니라 개인적인 심리적 요인들도 포함된다.

정답 ②

합격예측

점멸-융합주파수(Flicker Fusion Frequency) : 인치역치방법
① 깜빡이는 불빛이 계속 켜진 것처럼 보일 때의 주파수 (약 30[Hz])
② 목적 : 피로의 정도 측정
17. 3. 5 ⑦ 19. 9. 21 ⑦
20. 8. 23 ⑦

합격예측

작업에 수반되는 피로의 예방 대책
① 작업부하를 작게 할 것
② 근로시간과 휴식을 적정하게 할 것
③ 작업속도 및 작업정도 등을 적절하게 할 것
④ 불필요한 마찰을 배제할 것
⑤ 정적동작을 피할 것
⑥ 직장체조를 통한 혈액순환을 촉진할 것(운동을 적당히 할 것)
⑦ 충분한 영양을 섭취할 것 (건강식품의 준비, 비타민 B·C 등의 적정한 영양제 보급 등)

생체리듬과 피로현상
① 혈액의 수분, 염분량 : 주간은 감소하고 야간에는 증가한다.
② 체온, 혈압, 맥박수 : 주간은 상승하고 야간에는 저하한다.
③ 야간에는 소화분비액 불량, 체중이 감소한다.
④ 야간에는 말초운동기능 저하, 피로의 자각증상이 증대된다.

참고

바이오리듬
인간의 생리적 주기 또는 리듬을 나타낸다.
신체(physical)
감성(sensitivity)
지성(intellectual)의 머리글자를 따서 PSI학설이라고도 한다.

은행문제

특정과업에서 에너지 소비수준에 영향을 미치는 인자가 아닌 것은?
19. 3. 3 **기**
① 작업방법
② 작업속도
③ 작업관리
④ 도구

정답 ③

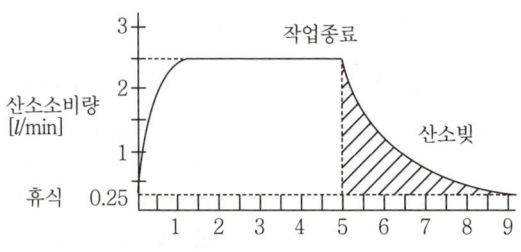

[그림] 산소빚(oxygen debt)

③ **신경적 작업** : 맥박수, 부정맥, 평균 호흡진폭, 피부전기반사(GSR), 혈압, 안전도(眼電度), 요중의 스테로이드량, 아드레날린 배설량 등을 측정
④ **심적 작업** : 점멸 융합 주파수, 반응시간, 안구운동, 뇌전도, 시각, 청각, 촉각, 주의력, 집중력 등을 측정

(8) 허세이의 피로

피로의 종류	회복 대책
신체의 활동에 의한 피로	① 기계력의 사용, 작업의 교대 ② 작업중의 휴식 ③ 활동을 국한하는 목적 이외의 동작을 배제
정신적 노력에 의한 피로	휴식 양성 훈련
신체적 긴장에 의한 피로	① 운동을 통한 긴장 해소 ② 휴식을 통한 긴장 해소
정신적 긴장에 의한 피로	① 주도면밀하고 현명하며, 동적인 작업계획을 수립 ② 불필요한 마찰을 배제
환경과의 관계로 인한 피로	① 작업장에서의 부적절한 제 관계를 배제하는 일 ② 가정과 생활의 위생에 관한 교육
영양 및 배설의 불충분	① 조식, 중식 및 종업시 등의 습관의 감시 ② 보건식량의 준비 ③ 신체의 위생에 관한 교육 및 운동의 필요에 관한 계몽
질병에 의한 피로	① 신속하고 유효 적절한 치료 ② 보건상 유해한 작업상의 조건을 개선 ③ 적당한 예방법의 교육
천후에 의한 피로	온도, 습도, 통풍의 조절
단조감, 권태감에 의한 피로	① 일의 가치를 교육하는 일 ② 동작의 교대를 교육하는 일 ③ 휴식의 부여

(9) 피로의 예방과 회복대책 16. 3. 6 [산]

① 휴식과 수면을 취한다.(가장 좋은 방법)
② 충분한 영양(음식)을 섭취한다.
③ 산책 및 가벼운 체조를 한다.
④ 음악감상, 오락 등에 의해 기분을 전환한다.
⑤ 목욕, 마사지 등 물리적 요법을 행한다.

3. 생체리듬(biorhythm)

(1) 정의

① 인간주기율(人間週期律)이라고도 하며, 신체(physical)·감성(sensitivity)·지성(intellectual)의 머리글자를 따서 PSI 학설이라고도 한다.
② 통속적으로는 생물시계·체내시계라고도 한다.
③ biological rhythm의 줄인말로서 인간의 생리적 주기 또는 리듬에 관한 이론이다.

(2) 바이오리듬의 곡선 표시

① 바이오리듬의 곡선 표시방법은 구체적으로 통일되어 있으며 색 또는 선으로 표시하는 두 가지 방법이 사용된다.
② 육체적 리듬인 P는 파란(청)색, 감성적 리듬인 S는 빨간(적)색, 지성적 리듬인 I는 초록(녹)색으로 나타낸다.
③ P는 실선(—)으로 S는 점선(……)으로, I는 실선과 점선(—·—·—·—)으로 나타내며 위험한 날은 ·, 하트형, 클로버형 등으로 표시한다.

(3) 위험일(critical day) 17. 3. 5 [기] 18. 4. 28 [기] 22. 3. 5 [기] 22. 4. 24 [기]

P, S, I 3개의 서로 다른 리듬은 안정기[positive phase(+)]와 불안정기[negative phase(−)]를 교대하면서 반복하여 사인(sine) 곡선을 그려 나가는데 (+) 리듬에서 (−) 리듬으로 또는 (−) 리듬에서 (+) 리듬으로 변화하는 점을 영(zero) 또는 위험일이라 하며, 이런 위험일은 한 달에 6일 정도 일어난다. 특히 1년에 1~3회 정도 생기는 육체적, 감성적 또는 지성적 리듬의 위험일이 함께 겹치는 날에는 많은 실수가 생겨 뜻하지 않은 사고가 발생한다. '바이오리듬'상 위험일에는 평소보다 뇌졸중이 5.4배, 심장질환의 발작이 5.1배, 자살은 무려 6.8배나 더 많이 발생된다고 한다.

합격예측

바이오리듬상 위험일의 변화
① 뇌졸중 5.4배 발생
② 심장질환 발작 5.1배 발생
③ 자살은 6.8배 발생

용어정의

① 소시얼 스킬즈(social skills) : 사람과 사람사이의 커뮤니케이션을 양호하게 하고, 사람들의 요구를 충족케하고 모랄을 앙양시키는 능력
② 테크니컬 스킬즈(technical skills) : 사물을 인간의 목적에 유익하도록 처리하는 능력

합격예측

자기효능감(Self-efficacy)
어떤 과업을 성취할 수 있는 자신의 능력에 대한 스스로의 믿음 22. 3. 5 [기]

참고

(1) 파슨즈(parsons)의 집단의 기능
① 적응기능
② 목표달성기능
③ 통합기능
④ 내면화기능
(2) 카리스마적(변화지향적) 리더십 이론
① 부하에게 사명감과 전망, 매력적 이미지를 보여줌
② 부하에게 도전적인 기대감을 심어줌
③ 부하에게 존경과 확신을 줌
④ 부하에게 보다 향상되고 미래의 비전을 제시함

Q 은행문제

집단 간의 갈등 요인으로 옳지 않은 것은? 19. 4. 27 [기]
① 욕구 좌절
② 제한된 자원
③ 집단간의 목표 차이
④ 동일한 사안을 바라보는 집단 간의 인식 차이

정답 ①

① 육체적 리듬(P : Physical cycle)
  ㉮ 23일 주기
  ㉯ 파란(청)색 표시
  ㉰ 실선 표시
  ㉱ 식욕, 소화력, 활동력, 지구력 등이 증가
② 감성적 리듬(S : Sensitivity cycle) 20. 6. 7 ㉮
  ㉮ 28일 주기
  ㉯ 빨간(적)색 표시
  ㉰ 점선 표시
  ㉱ 감정, 주의심, 창조력, 희로애락 등이 증가
③ 지성적 리듬(I : Intellectual cycle) 18. 3. 4 ㉮ 20. 9. 27 ㉮ 24. 2. 15 ㉮
  ㉮ 33일 주기
  ㉯ 초록(녹)색 표시
  ㉰ 일점쇄선 표시
  ㉱ 상상력, 사고력, 기억력, 인지력, 판단력 등이 증가

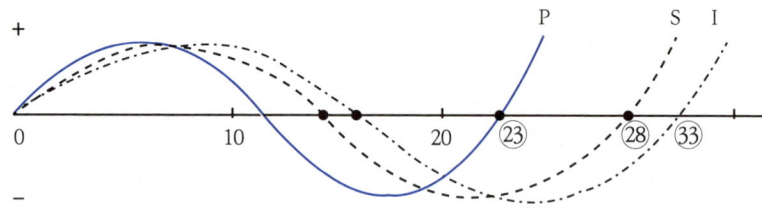

[그림] Biorhythm

(4) 사고발생 시간
① 24시간 중 사고발생률이 가장 심한 시간대 : 03~05시 사이
② 주간 일과 중 : 오전 10시~11시, 오후 15~16시 사이

(5) 위험일의 변화 및 특징 17. 8. 26 ㉮ 17. 9. 23 ㉮ 18. 4. 28 ㉮ 20. 9. 27 ㉮ 21. 3. 7 ㉮ 23. 6. 4 ㉮
① 혈액의 수분과 염분량 : 주간에 감소, 야간에 상승 25. 2. 7 ㉮
② 체온, 혈압, 맥박수 : 주간에 상승, 야간에 감소
③ 체중 감소, 소화분비액 불량, 말초운동 기능 저하, 피로의 자각 증상 증가

(6) tension level 변화의 특징
① 긴장 수준이 저하되면 인간의 기능이 저하되고 주관적으로도 여러 가지 불쾌 증상이 일어남과 동시에 사고 경향이 커진다.
② 인간이 긴장 수준이 변화하여 낮아졌을 때 human error가 생기기 쉬운 것은 인간의 안전성에 관련된 특성이라고 할 수 있다.

세부항목 4. 집단관리와 리더십

1. 집단관리

(1) 집단의 유형
① 심리적 집단
② 사회적 집단

(2) 일반적 집단의 기능
① 응집력 : 집단 내부로부터 생기는 힘
② 행동의 규범 : 집단규범은 집단을 유지하고 집단의 목표를 달성하기 위한 것으로 집단에 의해 지지되며 통제가 행해진다.
③ 집단의 목표 : 집단이 하나의 집단으로서의 역할을 다하기 위해서는 집단 목표가 있어야 한다.

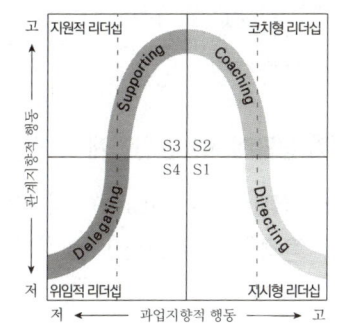

[그림] 상황적 리더십 이론 21. 3. 7 ㉮

(3) 집단효과 21. 3. 7 ㉮
① 동조효과(응집력)
② synergy 효과(상승효과)
③ 견물(見物)효과 : 자랑스럽게 생각

(4) 집단효과의 결정요인
① 참여와 분배
② 문제해결 과정
③ 갈등해소
④ 영향력과 동조
⑤ 의사결정 과정
⑥ 리더십(leadership)
⑦ 의사소통
⑧ 지지도 및 신뢰

(5) 집단관리시 유의해야 할 사항 16. 3. 6 ㉮
① 집단규범(group norm) : 집단이 존속하고 멤버의 상호작용이 이루어지고 있는 동안 집단규범은 그 집단을 유지하며, 집단의 목표를 달성하는 데 필수적인 것으로서 자연 발생적으로 성립되는 것이다.(변화가 가능, 유동적)
② 집단 참가감(participation) : 성원이 그 집단에 기여하는 공헌도는 중요한 역할을 맡는 지위의 높이만큼 크며, 이것이 소속 집단에 대한 참가감과 결부되어 목적달성을 위한 근무 의욕을 향상시킨다.

합격예측

집단의 기능 3가지
① 응집력 : 집단의 내부로부터 생기는 힘
② 행동의 규범(집단규범) : 집단을 유지하고 집단의 목표를 달성하기 위한 것으로 집단에 의해 저지되며 통제가 행하여진다.
③ 집단목표 : 집단의 역할을 위해 집단의 목표가 있어야 한다.

비공식 집단의 특성
① 경영통제권이나 관리 영역 밖에 존재한다.
② 규모가 과히 크지 않기 때문에 개인적 접촉기회가 많다.
③ 동료애의 욕구가 있다.
④ 응집력이 크다.

집단행동 16. 5. 8 ㉮ 17. 5. 7 ㉮ 23. 5. 13 ㉠

(1) 통제있는 집단행동 : 규칙·규율 같은 룰(rule)이 존재한다.
① 관습
② 제도적 행동
③ 유행(fashion)

(2) 비통제의 집단행동 : 성원의 감정, 정서에 의해 좌우되고 연속성이 희박하다.
① 군중(Crowd) : 공통된 규범이나 조직성 없이 우연히 조직된 인간의 일시적 집합
② 모브(Mob) : 비통제의 집단행동 중 폭동과 같은 것을 의미하며 군중보다 합의성이 없고 감정에 의해서만 행동하는 특성 19. 9. 21 ㉮
③ 패닉(Panic) : 위험을 회피하기 위해서 일어나는 집합적인 도주현상(방어적 행동)
④ 심리적 전염(Mental Epidemic)

Q 은행문제

이상적인 상황 하에서 방어적인 행동 특징을 보이는 집단행동은?
① 군중 ② 패닉
③ 모브 ④ 심리적 전염

정답 ②

합격예측
인간의 사회적 행동의 기본형태 17. 8. 26 산 22. 3. 5 기
① 협력(cooperation) : 조력, 분업
② 대립(opposition) : 공격, 경쟁
③ 도피(escape) : 고립, 정신병, 자살
④ 융합(accomodation) : 강제, 타협, 통합

합격예측
(1) 개성의 형성조건 3가지
　① 습관 : 습관 행동, 규칙적 행동
　② 환경조건 및 교육
　③ 습성(행동 경향) : 중심적 습성, 주변적 습성, 지배적 습성
(2) 행동기준 평정척도[行動基準 評定尺度, behaviorally anchored rating scale]
　① 평정척도의 한 종류로서, 척도상의 눈금이나 눈금간의 위치에 부합하는 행동을 하나의 문장으로 만들어서 그 위치에 기재함으로써 그 위치의 의미를 부여하는 방식이다.
　② 1963년 Smith와 Kendall이 산업장면에서의 행동을 측정하는 데 처음으로 사용하였다.
(3) 부하의 욕구
　① 주도적 리더 : 생리적, 안전욕구가 강한 부하
　② 후원적 리더 : 존경욕구가 강한 부하
　③ 참여적 리더 : 성취욕구, 자율적 독립성이 강한 부하

[표] 과업환경

구분	특징
부하의 과업	• 과업이 모호하다 　- 후원적, 참여적리더 • 과업의 명확화 　- 주도적 리더
집단의 성격	• 초기형성 　- 주도적 리더 • 집단의 안정 또는 정확하다 　- 후원적, 참여적리더
조직체의 요소	비상상황 또는 심각한 상황 - 주도적 리더

(6) 적응과 역할[슈퍼(Super)의 역할이론]
① 역할기대
② 역할연기
③ 역할조성
④ 역할갈등

(7) 집단에서의 인간관계
① 경쟁(competition) : 상대방보다 목표에 빨리 도달하고자 하는 노력(강요)
② 공격(aggression) : 상대방을 가해하거나 또는 압도하여 어떤 목적을 달성하는 것
③ 융합(accommodation) : 상반되는 목표가 강제(coercion), 타협(compromise), 통합(integration)에 의하여 공통된 하나가 되는 것
④ 코퍼레이션(cooperation) : 인간들의 힘을 함께 모으는 것
　㉮ 협력
　㉯ 조력
　㉰ 분업
⑤ 도피(escape)와 고립(isolation) : 인간의 열등감에서 오며, 자기가 소속된 인간관계에서 이탈함으로써 얻는 것

2. 욕구저지 이론

(1) 로젠츠바이크(S. Rosenzweig)의 욕구저지 상황 요인
① 외적 결여 : 욕구 만족의 대상이 존재하지 않는다.
② 외적 상실 : 지금까지 욕구를 만족시키던 대상이 없어진다.
③ 외적 갈등 : 외부의 조건으로 심리적 갈등(conflict)이 생긴다.
④ 내적 결여 : 개체에 욕구 만족의 능력과 자질이 없다.
⑤ 내적 상실 : 개체의 능력이 상실되었다.
⑥ 내적 갈등 : 개체 내의 압력으로 인해서 심리적 갈등이 생긴다.

(2) 레빈(K. Lewin)의 갈등(conflict) 상황의 3가지 기본형
① 접근-접근형 갈등(approach-approach conflict) : 정반대 방향에 정(正)의 유의성(有意性)을 가진 목표가 동시에 존재하는 경우
② 접근-회피형 갈등(approach-avoidance conflict) : 동일한 대상이 정(正)·부(負)의 양방(兩方)의 유의성을 동시에 구비했을 경우
③ 회피-회피형 갈등(avoidance-avoidance conflict) : 정반대 방향에 부(負)의 유의성을 가진 목표가 동시에 존재하는 경우

3. 욕구저지 반응기제에 관한 가설

(1) 욕구저지 공격 가설

욕구저지는 공격을 유발한다.

① 로젠츠바이크의 욕구저지 공격 반응
  ㉮ 외벌반응(外罰反應) : 욕구저지 장면에서 사람, 상황 등 외부로 공격을 가하는 행위
  ㉯ 내벌반응(內罰反應) : 욕구저지 장면에서 자기자신의 책임을 느껴 자기자신에게 공격을 가하는 반응
  ㉰ 무벌반응(無罰反應) : 욕구저지 장면에서 공격을 회피하는 반응
② 로젠츠바이크의 욕구저지 장해에 대한 반응
  ㉮ 장해우위형(障害優位型) : 장해 그 자체에 대하여 강조점을 둔다.
  ㉯ 자아방위형(自我防衛型) : 저지당해 불만에 빠진 자아의 방위를 강조한다.
  ㉰ 욕구고집형(欲求固執型) : 저지권 욕구를 포기하지 않고 욕구충족을 강조한다.

(2) 욕구저지 퇴행가설

욕구저지는 원시적 단계로 역행한다.

(3) 욕구저지 고착가설

욕구저지는 자포자기적 반응을 유발한다.

4. 리더십(leadership)

(1) 리더십의 정의

$$L = f(l \cdot f_l \cdot s)$$

여기서, L : 리더십(leadership)
  f : 함수(function)
  l : 리더(leader)
  f_l : 추종자(멤버 : follower)
  s : 상황요인(situation variables)

(2) 리더십의 이론 16. 5. 8 ㉮ 19. 4. 27 ㉮

① 특성이론 : 리더의 기능 수행과 리더로서의 지위 획득 및 유지가 리더 개인의 성격이나 자질에 의존한다고 주장하며, 리더의 성격 특성을 분석·연구한다.

합격예측

생리적 욕구에서 의식적 통제가 어려운 순서
① 호흡욕구 ② 안전욕구
③ 해갈욕구 ④ 배설욕구
⑤ 수면욕구 ⑥ 식욕

리더의 일반적인 구비요건
① 화합성
② 통찰력
③ 판단력
④ 정서적 안전성 및 활발성

리더십의 특성조건
① 기술적 숙련
② 대인적 숙련
③ 혁신적 능력
④ 교육훈련능력
⑤ 협상적 능력
⑥ 표현능력

강화이론 20. 8. 22 ㉮
인간의 동기에 대한 이론 중 자극, 반응, 보상의 세 가지 핵심변인을 가지고 있으며, 표출된 행동에 따라 보상을 주는 방식에 기초한 동기이론

Q 은행문제

1. 다음 중 리더의 행동스타일 리더십을 연결시킨 것으로 잘못 연결된 것은?
① 부하 중심적 리더십 - 치밀한 감독
② 직무 중심적 리더십 - 생산과업 중시
③ 부하 중심적 리더십 - 부하와의 관계 중시
④ 직무 중심 리더십 - 공식권한과 권력에 의존

정답 ①

24. 7. 5 ㉮ 25. 5. 10 ㉮
2. 기업조직의 원리 중 지시 일원화의 원리에 대한 설명으로 가장 적절한 것은?
① 지시에 따라 최선을 다해서 주어진 임무나 기능을 수행하는 것
② 책임을 완수하는 데 필요한 수단을 상사로부터 위임받은 것
③ 언제나 작속 상사에게서만 지시를 받고 특정 부하 직원들에게만 지시하는 것
④ 가능한 조직의 각 구성원이 한 가지 특수 직무만을 담당하도록 하는 것

정답 ③

합격예측

리더십의 3가지 유형 17.8.26 ❸ 18.9.15 ㉮ 21.5.15 ㉮ 22.3.5 ㉮

① 권위형 : 지도자가 모든 정책을 단독적으로 결정하기 때문에 부하직원들은 오로지 따르기만 하면 된다.
② 민주형 : 혼자 정책을 결정하려 하지 않고 집단 토론이나 집단 결정을 통해서 정책을 결정한다.
③ 자유방임형 : 지도자가 집단구성원에게 완전히 자유를 주는 경우로서 그는 전혀 리더십을 행사하지 않고 단지 명목적인 리더의 자리만 지킨다.

합격예측

(1) 베버의 관료주의 조직을 움직이는 4가지 기본원칙
① 노동의 분업 : 작업의 단순화 및 전문화
② 권한의 위임 : 관리자를 소단위로 분산
③ 통제의 범위 : 각 관리자가 책임질 수 있는 작업자의 수
④ 구조 : 조직의 높이와 폭

(2) 관료조직의 문제점
① 인간의 가치와 욕구를 무시하고 인간을 조직도 내의 한 구성요소로만 취급한다.
② 개인의 성장이나 자아실현의 기회가 주어지지 않는다.
③ 개인은 상실되고 독자성이 없어질 뿐 아니라 직무 자체나 조직의 구조, 방법 등에 작업자가 아무런 관여도 할 수가 없다.
④ 사회적 여건이나 기술의 변화에 신속히 대응하기가 어렵다.

은행문제

부하의 행동에 영향을 주는 리더십 중 조언, 설명, 보상조건 등의 제시를 통한 적극적인 방법은? 18.3.4 ❸
① 강요   ② 모범
③ 제언   ④ 설득

정답 ④

② **행동이론** : 리더가 취하는 행동에 역점을 두고 리더십을 설명하는 이론이다. 이 이론에 입각한 리더는 그 자신의 행동에 따라 집단 성원에 의해 리더로 선정되며, 나아가 리더로서의 역할과 리더십이 결정된다고 한다.

③ **상황이론** : 리더에게 초점을 맞추는 것이 아니라 리더가 처해 있는 상황을 강조하고 분석하는 것으로서 상황에 근거해 리더의 가치가 판단된다고 간주한다. 즉, 리더의 행동이란 단순히 상황이 만든 것이며, 효율적인 작업 결과도 리더에 의한 것이 아니라 상황에 의한 것으로 본다.

④ 결론적으로 리더십의 효율성을 증진시키는 데에는 여러 가지 방법이 있으나 아래의 4가지 측면이 중요하다.

㉮ 리더는 자신의 능력, 성격 특성 등을 스스로 파악하여 리더십 기술의 개발과 향상에 힘써야 한다.

㉯ 리더는 부하의 가정환경, 성장과정, 개성 등과 같은 부하에 대한 제반 사항을 파악함으로써 부하와의 관계에서 신뢰감을 유지하고 효율적인 리더십 발휘를 염두에 두어야 한다.

㉰ 집단의 당면 목표, 집단의 구조와 응집성, 사기 및 집단 상황의 변화에 항상 민감해야 하며 적절한 대처 방안을 강구한다.

㉱ 집단 성원의 동기유발과 관련된 문제로서 상벌, 경쟁과 협동, 개인과 집단에 관련된 문제를 정확히 구분하고, 그 체계를 융통성 있고 일관되게 실시하도록 노력한다.

(3) 리더십의 유형

① **지도형태에 따른 분류**
㉮ 인간 지향성
㉯ 임무 지향성

② **선출방식에 따른 분류** 17.5.7 ㉮
㉮ leadership : 선출된 자의 권한 대행
㉯ headship : 임명된 자의 권한 행사

③ **업무추진의 방식에 따른 분류**
㉮ 권위주의적(전제적) 리더
㉯ 민주적 리더
㉰ 자유방임적 리더

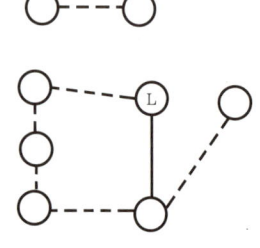

[그림] 자유방임형 리더

(4) Lippitt와 White의 리더십(leadership)의 유형별 특징 16.5.8 기

유효성 변수 \ 유형	전제적[권위(권력)주의적] 리더	민주적 리더	자유방임적 리더
리더 부재시 구성원의 태도	좌절감을 가진다.	계속 작업을 유지	불만족(불변)이다.
리더와 집단과의 관계	수동적, 주의환기를 요한다.	호의적	리더에 무관심
집단행위의 특성	냉담, 공격적, 노동이 많다.	안정적, 응집력이 크다.	냉담, 초조
성과(생산성)	우위 결정이 쉽다.	우위 결정이 힘들다.	최악

(5) leadership과 headship의 비교

16.3.6 기 16.8.21 기 16.10.1 기 17.5.7 기 17.9.23 기
18.3.4 산 18.8.19 19.9.21 기 20.8.23 산 20.9.27 기
21.5.15 기 22.4.24 기 23.2.28 기 23.5.13 산 24.5.9 기

개인과 상황 변수	leadership	headship
권한 행사	선출된 리더	임명적 헤드
권한 부여	밑으로부터 동의	위에서 위임
권한 귀속	집단 목표에 기여한 공로 인정	공식화된 규정에 의함
상사와 부하와의 관계	개인적인 영향	지배적
부하와의 사회적 관계(간격)	좁음	넓음
지휘 형태	민주주의적	권위주의적
책임 귀속	상사와 부하	상사
권한 근거	개인적(비공식적)	법적 또는 공식적

(6) 리더십(leadership)의 변화 4단계

① 지식의 변용 → ② 태도의 변용 → ③ 행동의 변용(개인행동) → ④ 집단 또는 조직에 대한 성과(집단행동)

(7) 리더십의 기법(Hare, M.의 방법론)

① 참가의 기회
② 호소권의 부여
③ 관대한 분위기
④ 지식의 부여
⑤ 향상의 기회
⑥ 일관된 규율

합격예측

성실한 지도자(성공한 리더)들의 공통적으로 소유한 속성
16.3.6 기 25.2.7 산 25.5.10 산
① 업무수행능력
② 강한 출세욕구
③ 상사에 대한 긍정적 태도
④ 강력한 조직 능력
⑤ 원만한 사교성
⑥ 판단능력
⑦ 자신에 대한 긍정적인 태도
⑧ 매우 활동적이며 공격적인 도전
⑨ 실패에 대한 두려움
⑩ 부모로부터의 정서적 독립
⑪ 조직의 목표에 대한 충성심
⑫ 자신의 건강과 체력 단련

합격예측

(1) 조직이 지도자에게 부여하는 권한 17.3.5 산 20.6.14 산
 ① 보상적 권한 23.3.1 산
 ② 강압적 권한
 ③ 합법적 권한
(2) 지도자 자신이 자신에게 부여하는 권한(부하직원들의 존경심) 17.3.5 기
 ① 위임된 권한 17.9.23 기
 ② 전문성의 권한
(3) French와 Raven의 리더가 가지고 있는 세력의 유형 19.4.27 산 23.5.13 산
 ① 보상세력 ② 합법세력
 ③ 전문세력 ④ 강압세력
 ⑤ 참조세력

용어정의

① 권력(power)
구성원의 행동에 영향을 줄 수 있는 잠재능력으로 부하를 순종하도록 할 수가 있는 영향력
② 권한(authority)
부하로부터 순종을 강요할 수 있는 공식적 통제권리

Q 은행문제

목표를 설정하고 그에 따르는 보상을 약속함으로써 부하를 동기화하려는 리더십은? 19.3.3 기
① 교환적 리더십
② 변혁적 리더십
③ 참여적 리더십
④ 지시적 리더십

정답 ①

합격예측

직무만족도(직무확대)를 높이는 방법
① 일에 대한 개인적인 책임감이나 책무를 증가시킨다.
② 완전하고 자연스러운 작업 단위를 제공한다.
③ 새롭고 어려운 임무를 수행하도록 한다.
④ 특정의 직무에 전문가가 될 수 있도록, 고도로 전문화된 임무를 배당한다.
⑤ 직무에 부과되는 자유와 권한을 준다.

착시분류
(1) 기하학적 착시
 ① 방향착시
 ② 동화착시
 ③ 원근법착시
 ④ 분할거리의 착시
(2) 반전착시
(3) 원의 착시
(4) 대비착시

[표] 리더행동의 4가지 범주

종류	용도
주도적 리더	부하에게 작업계획의 지휘, 작업지시를 하며 절차를 따르도록 요구
후원적 (지원적) 리더	부하들의 욕구, 온정, 안정 등 친밀한 집단분위기의 조성
참여적 리더	부하와 정보의 공유 등 부하의 의견을 존중하여 의사결정에 반영
성취 지향적 리더	부하와 도전적 목표설정, 높은 수준의 작업수행을 강조, 목표에 대한 자신감을 갖도록 하는 리더

Q 은행문제

리더십을 결정하는 중요한 3가지 요소와 가장 거리가 먼 것은?
① 부하의 특성과 행동
② 리더의 특성과 행동
③ 집단과 집단간의 관계
④ 리더십이 발생하는 상황의 특성

정답 ③

---

(8) 리더십의 기술

① 경영기술
② 인간기술
③ 전문기술

(9) 헤드십의 특징

① 권한 근거는 공식적이다.
② 상사와 부하와의 관계는 종속적이다.
③ 상사와 부하와의 사회적 간격은 넓다.
④ 지휘 형태는 권위주의적이다.

(10) 리더십에 있어서 권한의 역할 17. 5. 7

① **보상적 권한** : 조직의 지도자들은 그들의 부하에게 보상을 할 수 있는 능력을 가지고 있다.
② **강압적 권한** : 지도자들이 부여받은 권한 중에서 보상적 권한만큼 중요한 것이 바로 강압적 권한인데 이 권한으로 부하들을 처벌할 수 있다. 19. 9. 21 ㉮ 21. 3. 7 ㉮
③ **합법적 권한** : 조직의 규정에 의해 권력 구조가 공식화된 것을 말한다. 군대나 정부기관은 부하직원들을 통제하거나 부하직원들에게 영향을 끼칠 수 있는 지도자의 권리와 이 권한을 받아들여야 하는 부하직원들의 의무를 합법화한다.
④ **위임된 권한** : 부하직원들의 지도자의 생각과 목표를 얼마나 잘 따르는지와 관련된 것이다. 진정한 리더십과 흡사한 것으로서 부하직원들이 지도자가 정한 목표를 자신의 것으로 받아들이고 목표를 성취하기 위해 지도자와 함께 일하는 것이다.
⑤ **전문성의 권한** : 지도자가 집단의 목표 수행에 필요한 분야에 얼마나 많은 전문적인 지식을 갖고 있는가와 관련된(전문적 권력) 권한이다.

세부항목 **5. 착오와 실수**

1. 착시(Optical illusion)

(1) 착시현상 : 정상적인 시력을 가지고도 물체를 정확하게 볼 수 없는 현상을 말한다. [예] 주위의 풍경, 고속도로 주행시의 노면 등

① α−운동(α−movement) : Müller Lyer의 기하학적 착시에서 가운데 선의 길이는 선 양끝의 화살표 방향에 따라 길게 또는 짧게 보이는데 화살표의 내향도형과 외향도형을 β−운동이 발생할 수 있는 시간 간격으로, 동일한 장소에 제시하면 화살표의 운동이 보임으로써 객관적으로 주선의 신축운동이 지각된다.

② β−운동(β−movement) : 영화·영상 기법으로 사용되는 것으로서 어떤 자극이 순간적으로 제시되었다가 적당한 시간 경과 후 다른 곳에 동일한 자극이 순간적으로 제시되면 마치 물체가 처음 장소에서 다른 장소로 움직인 것처럼 보인다.

③ γ−운동(γ−movement) : 하나의 자극을 짧은 시간에 순간적으로 제시할 때 팽창하는 것처럼 보이며 없어질 때는 수축하는 것처럼 보인다.

④ δ−운동(δ−movement) : 강도가 서로 다른 두 개의 자극을 아주 짧은 시간 간격을 둔 시점 좌우에 차례로 제시하면, 보통의 β−운동과는 달리 자극에서의 순서와는 역으로 강한 자극에서 약한 자극으로 거슬러 올라가는 것처럼 보인다.

⑤ ε−운동(ε−movement) : 한쪽에는 흰 바탕에 검은 자극을, 다른 쪽에는 검은 바탕에 백색 자극의 질이 다른 두 개의 자극을 적당한 시간 조건으로 제시하면 제1자극에서 제2자극으로 옮아가는 운동이 나타나는 것과 동시에 흑에서 백으로 또는 백에서 흑으로 색이 변화하는 운동이 수반되어 발생하는 현상을 말한다.

보충학습 **적응기제 3가지** 18. 3. 4 [기] 19. 3. 3 [기] [산] 19. 8. 4 [기] 21. 9. 12 [기] 23. 3. 1 [산]

① 도피기제(Excape Mechanism) : 갈등을 해결하지 않고 도망감

구분	특징	구분	특징
억압	무의식으로 쑤셔 넣기	백일몽	공상의 나래를 펼침
퇴행	유아 시절로 돌아가 유치해짐	고립(거부)	외부와의 접촉을 끊음

② 방어기제(Defense Mechanism) : 갈등을 이겨내려는 능동성과 적극성 17. 3. 5 [산] 19. 3. 3 [기] 22. 4. 24 [기] 24. 2. 15 [산]

구분	특징
보상	열등감을 다른 곳에서 강점으로 발휘함
합리화	자기변명, 자기실패의 합리화, 자기미화 24. 2. 15 [기] 25. 2. 7 [기]
승화	열등감과 욕구불만을 사회적으로 바람직한 가치로 나타내는 것 25. 2. 7 [산]
동일시	힘 있고 능력 있는 사람을 통해 자기만족을 얻으려 함
투사	자신의 열등감을 다른 것에 던져 그것들도 결점이 있음을 발견해서 열등감에서 벗어나려 함

③ 공격기제(Aggressive Mechanism) : 직접적, 간접적

[Q] **은행문제** 17. 3. 5 [기]

성공적인 리더가 가지는 중요한 관리기술이 아닌 것은?

① 매 순간 신속하게 의사결정을 한다.
② 집단의 목표를 구성원과 함께 정한다.
③ 구성원이 집단과 어울리도록 협조한다.
④ 자신이 아니라 집단에 대해 많은 관심을 가진다.

정답 ①

합격예측

군화(게스탈트)의 법칙

① 근접의 요인 : 근접된 물건의 정리
② 동류의 요인 : 매우 비슷한 물건끼리 정리
③ 폐합의 요인 : 밀폐형을 가지런히 정리
④ 연속의 요인 : 연속을 가지런히 정리
⑤ 좋은 형태의 요인 : 좋은 형태(규칙성, 상징성, 단순성)로 정리

리더의 수명주기 이론

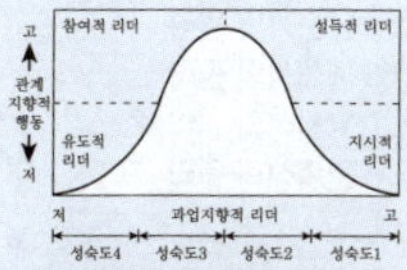

[그림] 리더의 행동 유형

[표] 리더의 과업관계

리더의 구분	과업	관계	리더	비고
지시적 리더	고	저	주도적	일방적, 리더 중심의 의사결정
설득적 리더	고	고	후원적	리더와 부하간의 쌍방적 의사결정
참여적 리더	저	고		부하와 원만한 관계, 부하 의사를 결정에 반영
유도적(위양적) 리더	저	저		부하자신이 자율행동, 자기통제에 의존하는 리더

합격예측

① 주의 : 행동하고자 하는 목적에 의식수준이 집중하는 심리상태
② 부주의 : 목적 수행을 위한 행동전개 과정 중 목적에서 벗어나는 심리적·육체적인 변화의 현상으로 바람직하지 못한 정신상태를 총칭

용어정의

간결성의 원리 16. 10. 1 기
물적 세계에 서투름이나 생략 행위가 존재하고 있는 것처럼 심리활동에 있어서도 최소 에너지에 의해 어느 목적에 달성하도록 하려는 경향이 있는데 이것을 간결성의 원리라 한다.
예 정리정돈 태만 및 생략

Q 은행문제

다음 그림은 지각집단화의 원리 중 한 예이다. 이러한 원리를 무엇이라 하는가?

●●●●●●◆◆◆◆◆◆
●●●●●●◆◆◆◆◆◆
●●●●●●◆◆◆◆◆◆

① 단순성의 원리
② 폐쇄성의 원리
③ 유사성의 원리
④ 연속성의 원리

정답 ③

합격예측

17. 3. 5 기 22. 3. 5 기
군화(게스탈트)의 법칙
① 게스탈트는 '모양, 형태'라는 뜻으로 독일의 심리학자 M.베스트하이머가 처음으로 제기한 원리이다.
② 사물을 볼 때 무리를 지어서 보려는 시각적 심리를 뜻하며 관련이 있는 요소끼리 통합된 것으로 지각 된다는 점에서 '군화의 법칙'이라고도 한다.

(2) 착시의 종류(현상) 16. 3. 6 기

구 분	그 림	현 상
Müller-Lyer의 동화착시 16. 8. 21 산 18. 9. 15 산	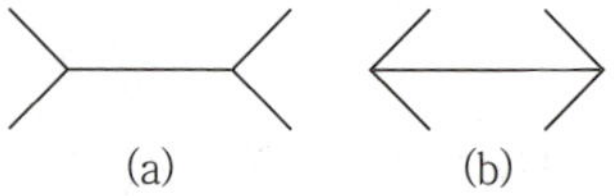 (a) >—< (b) <—>	(a)가 (b)보다 길게 보인다. 실제 (a)=(b)
Helmholtz의 분할착시	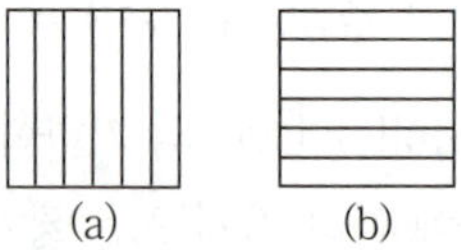 (a) 세로선들 (b) 가로선들	(a)는 세로로 길어 보이고, (b)는 가로로 길어 보인다.
Hering의 착시 21. 5. 15 기 23. 6. 4 기 23. 7. 8 기	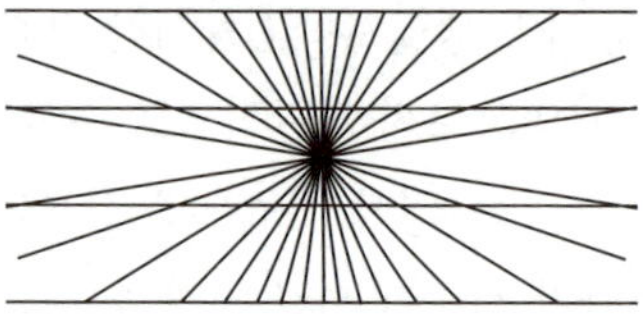 방사선과 두 직선	가운데 두 직선이 곡선으로 보인다.
Köhler의 착시 (윤곽착오) 17. 8. 26 산	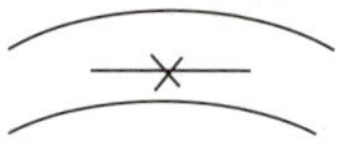 호와 직선	우선 평행의 호(弧)를 본 경우에 직선은 호의 반대방향으로 굽어 보인다.
Poggendorf의 착시	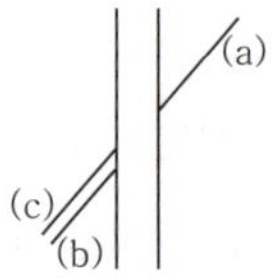 (a), (b), (c) 사선과 직선	(a)와 (c)가 일직선상으로 보인다. 실제는 (a)와 (b)가 일직선이다.
Zöller의 방향 착시 19. 9. 21 기	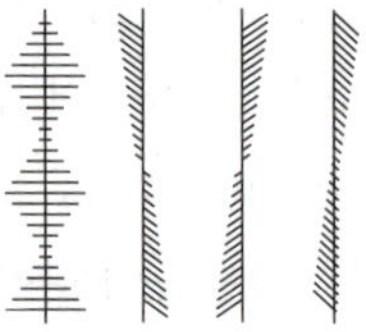 세로선과 짧은 사선	세로의 선이 굽어 보인다.
Orbigon의 착시	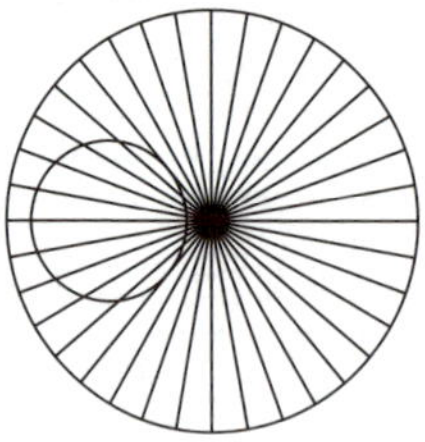 원과 방사선	안쪽 원이 찌그러져 보인다.
Sander의 착시	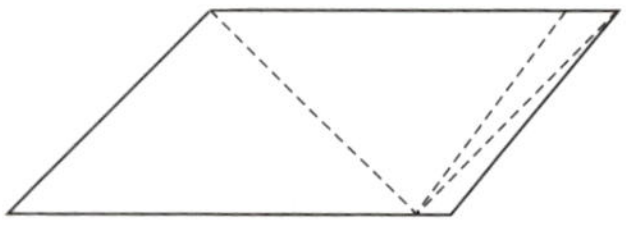 평행사변형과 점선	두 점선의 길이가 다르게 보인다.
Ponzo의 착시	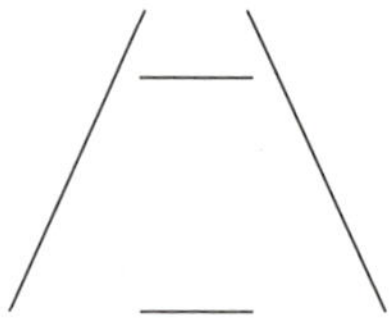 사다리꼴	두 수평선부의 길이가 다르게 보인다.

(3) 군화(gestalt : 게스탈트)의 4법칙(접근성, 유사성, 연속성, 폐쇄성) 10. 3. 7 기 22. 3. 5 기

① 근접의 요인 : 근접된 물건끼리 정리한다.
② 동류의 요인 : 매우 비슷한 물건끼리 정리한다.
③ 폐합의 요인 : 밀폐형을 가지런히 정리한다.
④ 연속의 요인 : 연속을 가지런히 정리한다.
⑤ 좋은 형체의 요인 : 좋은 형체(단순성, 규칙성, 상징성)로 정리한다.

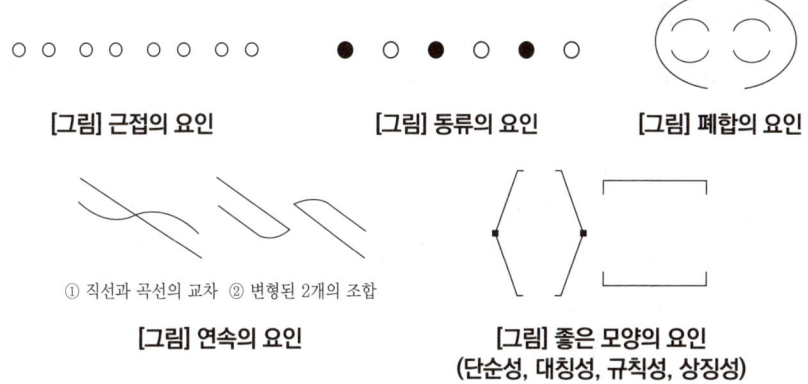

[그림] 근접의 요인   [그림] 동류의 요인   [그림] 폐합의 요인

① 직선과 곡선의 교차   ② 변형된 2개의 조합

[그림] 연속의 요인   [그림] 좋은 모양의 요인
(단순성, 대칭성, 규칙성, 상징성)

(4) 인간의 착각 현상 16. 10. 1 기 17. 5. 7 산 18. 9. 15 기 19. 4. 27 기 20. 9. 27 기 21. 5. 15 기 22. 4. 24 기

① 가현운동(β운동) : 객관적으로 정지하고 있는 대상물이 급속히 나타나든가 소멸하는 것으로 인하여 일어나는 운동으로 마치 대상물이 운동하는 것처럼 인식되는 현상을 말한다. 영화의 영상은 가현운동(β운동)을 활용한 것이다.
② 유도운동 : 움직이지 않는 것이 움직이는 것처럼 느껴지는 현상 19. 9. 21 기
③ 자동운동 : 암실에서 정지된 소광점을 응시하면 광점이 움직이는 것같이 보이는 현상을 자동운동이라 한다.

2. 인간의 주의특성

주의 ① 외부 자극 중 일부만 선택해서 보고 듣는 현상
② 인간은 자기에게 필요한 정보만을 선택

(1) 주의의 특성 3가지 16. 5. 8 기 16. 10. 1 기 18. 3. 4 산 18. 4. 28 기 18. 8. 19 기 19. 3. 3 산 20. 9. 27 기 21. 9. 12 기 22. 3. 5 기 23. 2. 25 기 23. 3. 1 산

① 선택성 : 사람은 한 번에 여러 종류의 자극을 자각하거나 수용하지 못하며 소수의 특정한 것으로 한정해서 선택하는 기능을 말한다.
② 방향성 : 공간적으로 보면 시선의 초점에 맞았을 때는 쉽게 인지되지만 시선에서 벗어난 부분은 무시되기 쉽다.
③ 변동(단속)성 : 주의는 리듬이 있어 언제나 일정한 수순을 지키지는 못한다.

합격예측
운동의 시지각(착각현상)

(1) 자동운동 : 암실내에서 정리된 소광점을 응시하고 있으면 그 광점이 움직이는 것을 볼 수 있는데 이것을 자동운동이라 한다. 자동운동이 생기기 쉬운 조건은 다음과 같다. 22. 3. 5 기
 ① 광점이 작을 것 23. 4. 1 기
 ② 시야의 다른 부분이 어두울 것
 ③ 광의 강도가 작을 것
 ④ 대상이 단순할 것
(2) 유도운동 : 실제로 움직이지 않는 것이 어느 기준의 이동에 유도되어 움직이는 것처럼 느껴지는 현상을 말한다.
(3) 가현운동 : 객관적으로 정지하고 있는 대상물이 급속히 나타나든가 소멸하는 것으로 인하여 일어나는 운동으로 마치 대상물이 운동하는 것처럼 인식되는 현상을 말한다.(β운동 : 영화·영상의 방법)

참고
① 보통의 조건에서 변화하지 않는 단순한 자극을 명료하게 의식하고 있을 수 있는 시간은 불과 수초에 지나지 않는다. 다시 말하면, 본인은 주의하고 있더라도 실제로는 의식하지 못하는 순간이 반드시 존재하는 것이다.
② 착각 : 감각적으로 물리현상을 왜곡하는 지각현상 23. 6. 4 기

합격예측

주의의 특징 3가지

① 선택성 : 여러 종류의 자극을 자각할 때 소수의 특정한 것에 한하여 선택하는 기능
② 방향성 : 주시점만 인지하는 기능
③ 단속(변동)성 : 주의에는 주기적으로 부주의의 리듬이 존재

(2) 주의의 특성 17. 5. 7 [기] 19. 3. 3 [기] 20. 6. 7 [기] 21. 3. 5 [기]

① 주의력의 단속(변동)성(고도의 주의는 장시간 지속 불능)
② 주의력의 중복집중의 곤란(주의는 동시에 두 개 이상의 방향을 잡지 못함)
③ 주의를 집중한다는 것은 좋은 태도라 할 수 있으나 반드시 최상이라 할 수는 없다.
④ 한 지점에 주의를 집중하면 다른 곳의 주의는 약해진다.

(3) 주의의 수준

① 0(zero)레벨(수준)
㉮ 수면중
㉯ 자극에 의한 반응시간 내
② 중간레벨(수준) 19. 4. 27 [산] 23. 5. 13 [산]
㉮ 다른 곳에 주의를 기울이고 있을 때
㉯ 일상과 같은 조건일 경우
㉰ 가시 시야 내 부분
③ 고레벨(수준)
㉮ 주시 부분
㉯ 예기 레벨이 높을 때

(4) 주의의 대상 작업의 형태에 따른 분류

① 선택적 주의(selective attention)
② 집중적 주의(focused attention)
③ 분할 주의(divided attention)

(5) 주의의 외적 조건

① 자극의 대소
② 자극의 신기성
③ 자극의 반복
④ 자극의 대비
⑤ 자극의 이동
⑥ 자극의 강도

(6) 주의의 내적 조건

① 욕구
② 흥미
③ 기대
④ 자극의 의미

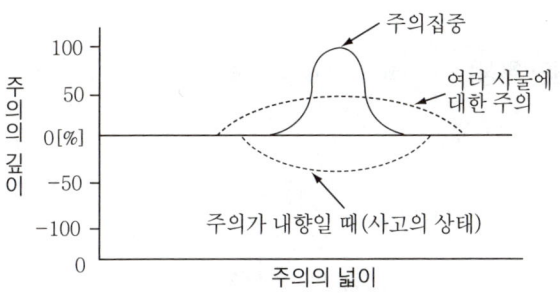

[그림] 주의의 깊이와 넓이

[표] 의식 수준(레벨)의 5단계

16. 10. 1 산 18. 4. 28 기 18. 9. 15 산
19. 3. 3 기 20. 9. 27 기 21. 3. 7 기
21. 8. 14 기

단계	의식의 모드	주의작용	생리적 상태	신뢰성	뇌파 패턴
제0단계	무의식, 실신	zero	수면, 뇌발작	zero	γ파
제1단계	의식 흐림 (subnormal, 의식몽롱함)	inactive	피로, 단조로움, 졸음, 술 취함	0.9 이하	θ파
제2단계	이완상태 (normal, relaxed)	passive, 마음이 안쪽으로 향한다.	안정 기거, 휴식시, 정례작업시 (정상 작업시)	0.99~ 0.99999	α파
제3단계	상쾌한 상태 (normal, clear)	active, 앞으로 향하는 주의, 시야도 넓다.	적극 활동시	0.999999 이상	β파
제4단계	과긴장 상태 (hypernormal, exited)	일점으로 응집, 판단 정지	긴급 방위반응, 당황해서 panic (감정 흥분시 당황한 상태)	0.9 이하	β파 또는 전자파

주 일본의 의학자 "하시모토 쿠니에" 제시

[표] 인간의 주의력 수준과 설비 상태와의 관계

인간의 주의력 설비의 상태	안전 수준	대응 포인트
높은 수준 > 불안전 상태	안 전	인간측의 고수준에 기대
높은 수준 ≤ 불안전 상태	불안전	사고 발생 가능성
낮은 수준 < 본질적 안전화	안 전	설비측 fool-proof, fail-safe, 안전덮개

합격예측

의식 level의 단계별 생리적 상태

① 범주(Phase) 0 : 수면, 뇌발작
② 범주(Phase) Ⅰ : 피로, 단조로움, 졸음, 술 취함
③ 범주(Phase) Ⅱ : 안정 기거, 휴식시, 정례작업시
④ 범주(Phase) Ⅲ : 적극 활동시
⑤ 범주(Phase) Ⅳ : 긴급 방위반응, 당황해서 panic

합격예측

억측판단 16. 3. 6 기 23. 6. 4 기

부주의가 발생하는 경우에 있어 자동차를 운전할 때 신호가 바뀌기 전에 신호가 바뀔 것을 예상하고 자동차를 출발시키는 행동

[그림] 주의의 일점집중

인간의 착각을 방지하기 위한 인간공학적인 설계

물건, 기구 또는 환경을 설계하는 과정에서 인간을 고려

같은 벨 소리를 내는 전화기 → 불빛과 함께 벨이 울리도록 하면 식별 가능

미등만 켜고 있으면 정차를 인지하지 못함 → 추돌사고 위험 → 비상등으로 위험방지

용어정의

부주의

부주의는 무의식적인 행위 또는 그것에 가까운 의식의 주변에서 행하여지는 행위에서 나타나는 현상으로 불안전한 행위뿐만 아니라 불안전한 상태에도 적용되는 것이다.

합격예측

(1) 정보처리의 5가지 채널
① 반사(대뇌를 통하지 않는 정보처리) : ①의 채널
② 주시하지 않아도 되는 조작 : ②의 채널
③ 루틴작업의 동작(처리할 정보의 순서를 미리 알고 있는 경우) : ③의 채널
④ 동적 의지 결정을 필요로 하는 조작 : ④의 채널
⑤ 문제 해결적인 조작 : ⑤의 채널

(2) 의식수준과 대체 채널과의 관계
① Phase Ⅱ의 경우는 ①~③의 채널까지는 대응되나 그 이상 채널에 대한 정보처리는 무리가 생겨서 실수를 하게 된다.
② Phase Ⅲ는 가장 좋은 의식수준 상태로, 이때는 ①~⑤의 모든 채널에 대응된다.

합격예측

부주의 현상의 의식수준 상태
① 의식의 단절 : Phase 0 상태
② 의식의 우회 : Phase 0 상태
③ 의식수준의 저하 : Phase Ⅰ 이하 상태
④ 의식의 과잉 : Phase Ⅳ 상태

합격예측

성인학습의 원리 17. 8. 26 ㉠
① 자발적 학습의 원리 : 강제적인 학습이 아니다.
② 자기주도적 학습의 원리 : 자기가 설계한 목적 및 방법으로 학습한다.
③ 상호학습의 원리 : 교학상장(敎學相長)을 기하는 학습이다.
④ 생활적응의 원리 : 이론보다 실생활에 적용되는 학습이어야 한다.

3. 부주의

(1) 부주의의 원인(현상) 17. 8. 26 ㉠ 19. 8. 4 ㉠ 23. 6. 4 ㉠

① 의식의 단절

[그림] 의식의 단절

지속적인 것은 의식의 흐름에 단절이 생기고 공백상태가 나타나는 경우(의식의 중단)

② 의식의 우회 17. 3. 5 ㉠ 17. 9. 23 ㉢ 18. 3. 4 ㉠ 18. 9. 15 ㉢

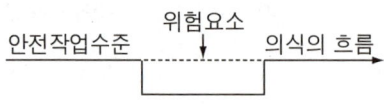

[그림] 의식의 우회

의식의 흐름이 샛길로 빗나가는 경우이며 작업도중 걱정, 고뇌, 욕구불만 등에 의해 발생(내적 조건)

③ 의식수준의 저하 25. 2. 7 ㉠

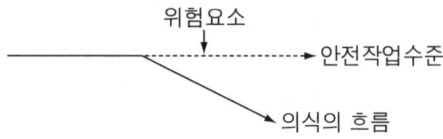

[그림] 의식수준의 저하

뚜렷하지 않은 의식의 상태로 심신이 피로하거나 단조로움 등에 의해 발생

④ 의식의 혼란

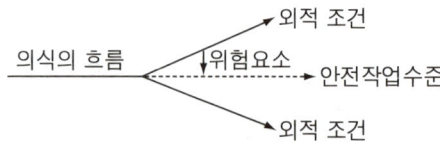

[그림] 의식의 혼란

외부의 자극이 애매모호하거나, 자극이 강할 때 및 약할 때 등과 같이 외적 조건에 의해 의식이 혼란하거나 분산되어 위험요인에 대응할 수 없을 때 발생

⑤ 의식의 과잉 20. 6. 7 ⑦

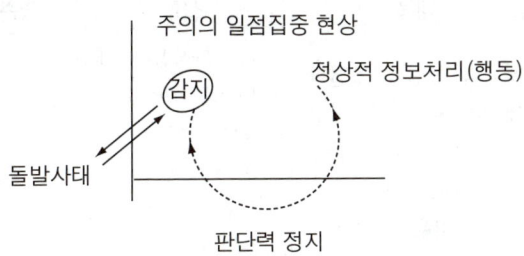

[그림] 의식의 과잉

돌발사태, 긴급 이상 상태 직면시 순간적으로 의식이 긴장하고 한 방향으로만 집중하는 판단력 정지, 긴급 방위 반응 등의 주의의 일점집중 현상이 발생

(2) 부주의의 원인과 대책

① 외적 원인과 대책 19. 4. 27 ⑦ 20. 8. 22 ⑦
  ㉮ 작업환경조건 불량 : 환경 정비
  ㉯ 작업순서의 부적당 : 작업순서 정비

② 내적 원인과 대책 17. 5. 7 ⑭ 18. 4. 28 ⑭ 20. 6. 7 ⑦
  ㉮ 소질적 문제 : 적성 배치
  ㉯ 의식의 우회 : 카운슬링(상담)
  ㉰ 경험, 미경험자 : 안전교육훈련
  ㉱ 작업순서 부자연성 : 인간공학적 접근

③ 정신적 측면에 대한 대책 16. 3. 6 ⑦ 17. 9. 23 ⑦
  ㉮ 주의력의 집중 훈련
  ㉯ 스트레스의 해소
  ㉰ 안전의식의 고취
  ㉱ 작업의욕의 고취

④ 기능 및 작업적 측면에 대한 대책 17. 5. 7 ⑦ 18. 8. 19 ⑦ 25. 2. 7 ⑦
  ㉮ 적성 배치
  ㉯ 안전작업 방법 습득
  ㉰ 표준작업 동작의 습관화

⑤ 설비 및 환경적 측면에 대한 대책
  ㉮ 설비 및 작업환경의 안전화
  ㉯ 표준작업제도의 도입
  ㉰ 긴급시의 안전대책

합격예측 — 스트레스

(1) 외적 자극 스트레스 요인
  ① 경제적인 어려움
  ② 대인관계상의 갈등과 대립
  ③ 가족관계상의 갈등
  ④ 가족의 죽음이나 질병
  ⑤ 자신의 건강문제
  ⑥ 상대적인 박탈감

(2) 내적 자극 스트레스 요인
  ① 자존심의 손상과 공격 방어 심리
  ② 출세욕의 좌절감과 자만심의 상충
  ③ 지나친 과거에의 집착과 허탈
  ④ 업무상의 죄책감
  ⑤ 지나친 경쟁심과 재물에 대한 욕심
  ⑥ 남에게 의지하고자 하는 심리
  ⑦ 가족간의 대화단절 의견의 불일치

합격예측 — 부주의 발생의 외·내적 원인

① 외적 원인
  작업순서의 부적당, 작업 및 환경조건 불량
② 내적 원인
  소질적 조건, 의식의 우회, 경험 및 미경험

Q 은행문제

1. 인적 오류로 인한 사고를 예방하기 위한 대책 중 성격이 다른 것은?
① 작업의 모의훈련
② 정보의 피드백 개선
③ 설비의 위험요인 개선
④ 적합한 인체측정치 적용
정답 ①

2. 현대 조직이론에서 작업자의 수직적 직무 권한을 확대하는 방안에 해당하는 것은? 19. 3. 3 ⑦
① 직무순환(job rotation)
② 직무분석(job analysis)
③ 직무확충(job enrichment)
④ 직무평가(job evaluation)
정답 ③

읽을거리

파블로프

Ivan Petrovich Pavlov
(1849 ~ 1936)

러시아의 생리학자. 개가 주인의 발자국 소리만 들어도 침을 분비한다는 조건 반사를 발견하여 실험적인 대뇌 생리학의 길을 열었다. 또한 유물론적 심리학의 기초를 다졌다. 페테르부르크 대학에서 생리학을 배우고 독일에서 실험기술을 습득, 군의학교 교수가 되었다. 러시아 혁명 후 레닌의 원조를 받아, 과학 아카데미 부속 생리학 연구소 소장이 된다. 그가 초기에 행한 연구는 주로 순환생리, 소화생리로 이미 1904년에 소화액 분비의 신경 지배에 관한 연구로 노벨 생리의학상을 받았다.
1902년 타액이 밖으로 나오도록 수술한 개에게서 타액선을 연구 중, 사육사의 발소리에 개가 타액을 흘리는 것을 발견하여, 조건 반사의 연구에 착수, 1923년 연구를 집성하여 발표. 만년에는 수면, 본능, 신경증의 연구를 진행하였다. 많은 제자가 배출되어 조건 반사의 연구는 국외의 생리학계와 심리학계에서 활발하게 진행되었다

[출처 : 철학사전, 2009]

[표] S-R 학습이론의 종류   16. 5. 8 ⑦

종류	내용	실험	학습의 원리 및 법칙
조건반사(반응)설 (Pavlov)	행동의 성립을 조건화에 의해 설명. 즉, 일정한 훈련을 통하여 반응이나 새로운 행동의 변용을 가져올 수 있다.	개의 소화작용에 대한 타액 반응 실험 ① 음식 → 타액 ② 종 → 타액 음식 → 타액 ③ 종 → 타액	① 일관성의 원리 ② 강도의 원리 ③ 시간의 원리 ④ 계속성의 원리 18. 4. 28 ⑭ 23. 5. 13 ⑭
시행착오설 (Thorndike)	학습이란 시행착오의 과정을 통하여 선택되고 결합되는 것(성공한 행동은 각인되고 실패한 행동은 배제)	문제상자 속에 고양이를 가두고 밖에 생선을 두어 탈출하게 함(반복될수록 무작위 동작이나 소요시간 감소)	① 효과의 법칙 ② 연습의 법칙 ③ 준비성의 법칙
조작(도구)적 조건화설 (Skinner) 19. 4. 27 ⑦	어떤 반응에 대해 체계적이고 선택적으로 강화를 주어 그 반응이 반복해서 일어날 확률을 증가시키는 것	스키너 상자 속에 쥐를 넣어 쥐의 행동에 따라 음식물이 떨어지게 한다.	① 강화의 원리 ② 소거의 원리 ③ 조형의 원리 ④ 자발적 회복의 원리 ⑤ 변별의 원리

(3) 학습지도 원리   20. 9. 27 ⑦

① **자발성의 원리** : 학습자 스스로 학습에 참여해야 한다는 원리
② **개별화의 원리** : 학습자가 가지고 있는 각각의 요구 및 능력에 맞게 지도해야 한다는 원리
③ **사회화의 원리** : 공동학습을 통해 협력과 사회화를 도와준다는 원리
④ **통합의 원리** : 학습을 종합적으로 지도하는 것으로 학습자의 능력을 조화있게 발달시키는 원리
⑤ **직관의 원리** : 구체적인 사물을 제시하거나 경험 등을 통해 학습효과를 거둘 수 있다는 원리
⑥ **목적의 원리** : 학습자는 학습목표가 분명하게 인식되었을 때 자발적이고 적극적인 학습활동을 하게 된다.

주요항목 04 인간의 행동과학 출제예상문제

출제예상문제는 복습, 예습문제로 엮었습니다. *WHY : 실제시험에도 순서에 관계없이 출제됩니다. 예습 후 다음장에 공부한 문제가 있으면 기억이 배가 됩니다.

01 ★★★★★ 데이비스(K. Davis)의 동기부여 이론에서의 동기유발은?

① 지식×기능
② 지식×태도
③ 상황×기능
④ 상황×태도

해설
데이비스(K.Davis)의 동기부여 이론 등식
(1) 경영의 성과 = 인간의 성과×물질의 성과
(2) 능력(ability) = 지식(knowledge)×기능(skill)
(3) 동기유발(motivation) = 상황(situation)×태도(attitude)
(4) 인간의 성과(human performance) = 능력×동기유발

02 ★★★ 다음 중 임명된 지도자의 권한 행사는?

① 매니저십(managership)
② 리더십(leadership)
③ 멤버십(membership)
④ 헤드십(headship)

해설
지도자의 권한 행사
① 헤드십 : 임명된 자의 권한 행사
② 리더십 : 선출된 자의 권한 행사

03 ★★ 다음 중 생리적 변화에 관계 있는 것은?

① 작업 태도, 감정의 변화
② 대사물질의 양적, 질적 변화
③ 감각 기능, 순환 기능, 반사 기능
④ 질과 양의 변화

해설
생리적 변화
(1) 생리적 변화는 피로나 긴장 등이다.
(2) ①, ②, ④는 태도의 변화이다.

04 ★★ 인간 행동에 색채 조절의 효과로 기대되는 것이 아닌 것은?

① 밝기의 증가
② 대사물질의 양적, 질적 변화
③ 피로의 증진
④ 작업 능력 향상

해설
색채 조절의 효과
① 감정의 효과
② 피로 방지
③ 생산 능률 향상

05 ★★ 다음 중 동기부여에 속하는 것과 거리가 먼 것은?

① 개인 욕구
② 능력
③ 욕망
④ 충동

해설
동기부여
(1) 동인(動因)은 사람을 행동으로 행하게 하는 것이다.
① 동기의 내적 조건(욕구, 소망, 욕망, 충동)
② 동기의 외적 조건(복리후생, 작업환경, 상찬, 공감, 승인, 달성)
(2) 유인(誘因)은 행동을 결정짓게 하는 목표이다.

06 피로의 예방 및 회복대책에 들지 않는 것은?

① 동적 동작을 한다.
② 온도·습도 등 작업환경을 개선한다.
③ 작업속도를 조정한다.
④ 작업 외 시간을 활용한다.

[정답] 01 ④ 02 ④ 03 ③ 04 ③ 05 ② 06 ④

> 해설

허세이(Alfred Hershey)의 피로회복법

종류	회복 대책
신체의 활동에 의한 피로	활동을 국한하는 목적 이외의 동작을 배제, 기계력의 사용, 작업의 교대, 작업중의 휴식
정신적 노력에 의한 피로	휴식, 양성 훈련
신체적 긴장에 의한 피로	운동 또는 휴식에 의한 긴장을 푸는 일, 그 밖에 위 항에 준함
정신적 긴장에 의한 피로	주도면밀하고 현명하고, 동적인 작업계획을 세우는 것, 불필요한 마찰을 배제하는 일
환경과의 관계에 의한 피로	작업장에서의 부적절한 제 관계를 배제하는 일, 가정생활의 위생에 관한 교육을 하는 일
영양 및 배설의 불충분	조식, 중식 및 종업시 등의 관습의 감시, 건강식품의 준비, 신체의 위생에 관한 교육 및 운동의 필요에 관한 계몽
질병에 의한 피로	속히 유효 적절한 의료를 받게 하는 일, 보건상 유해한 작업상의 조건을 개선하는 일, 적당한 예방법을 가르치는 일
기후에 의한 피로	온도, 습도, 통풍의 조절
단조감·권태감에 의한 피로	일의 가치를 가르치는 일, 동작의 교대를 가르치는 일, 휴식

07 ★★★★★ 맥그리거의 X, Y 이론에 따라 관리를 하고자 할 때 X 이론에 가까운 작업자에게는 어떤 동기부여를 하여야 하는가?

① 보수의 인상　　② 작업환경 개선
③ 승진　　　　　④ 직무 확장

> 해설

맥그리거 X, Y 이론 대비표

X 이론 (인간을 부정적 측면으로 봄)	Y 이론 (인간을 긍정적 측면으로 봄)
인간불신	상호신뢰
성악설	성선설
인간은 본래 게으르고 태만하여 수동적이고 남의 지배받기를 즐긴다.	인간은 본래 부지런하고 적극적이며 스스로의 일을 자기 책임하에 자주적으로 행한다.
저차원적 욕구(물질욕구)	고차원적 욕구(정신적 욕구)
명령통제에 의한 관리	목표 통합과 자기통제에 의한 관리
저개발국형	선진국형

08 ★★ 리더십에 있어 갖고 있는 권한 중 승진 누락에 관련된 권한은?

① 전문성 권한　　② 강압적 권한
③ 합법적 권한　　④ 위임된 권한

> 해설

리더십 권한 역할 5가지

① 보상적 권한 : 승진, 봉급 인상
② 강압적 권한 : 부하, 처벌, 승진 누락, 봉급 인상 거부
③ 합법적(존경) 권한 : 군대, 정부기관, 교사 ⇒ ①, ②, ③은 조직이 지도자에게 부여한 권한
④ 위임된 권한 : 지도자와 함께, 지도자 자신이 자신에게 부여한 권한
⑤ 전문성의 권한 : 전문적 지식·부하들이 스스로 따른다.(존경 = 권한)

09 ★★ risk taking의 발생 요인은?

① 신체적 부적격성　　② 정서불안정
③ 부적절한 태도　　　④ 기능 미숙

> 해설

risk taking(위험감수)

① 객관적인 위험을 자기 나름대로 판단
② 의지결정하고 행동에 옮기는 것

10 ★★★★★ 매슬로우의 인간의 욕구 중 안전욕구는 몇 단계 욕구인가?

① 1단계 욕구　　② 2단계 욕구
③ 3단계 욕구　　④ 4단계 욕구

> 해설

Maslow의 욕구

① 제1단계 : 생리적 욕구(기본적 욕구, 종족 보존, 기아, 갈등, 호흡, 배설, 성욕 등)
② 제2단계 : 안전욕구(안전을 구하려는 욕구)
③ 제3단계 : 사회적 욕구(애정, 소속에 대한 욕구, 친화 욕구)
④ 제4단계 : 인정받으려는 욕구(자기존경 욕구, 자존심, 명예, 성취, 자위, 승인의 욕구)
⑤ 제5단계 : 자아실현의 욕구(잠재적 능력실현 욕구, 성취욕구)

💬 **합격자의 조언**
2016.8.21 기사, 산업기사 동시출제

[정답] 07 ①　08 ②　09 ③　10 ②

11 ★★
작업자 자신이 자기의 부주의 이외에 제반 오류의 원인을 생각함으로써 개선을 하도록 하는 과오 원인 제거 기법으로 옳은 것은?

① TBM   ② STOP
③ BS   ④ ECR

해설

용어정의
① TBM(Tool Box Meeting) : 위험예지훈련에 적용
② STOP(Safety Training Observation Program) : 감독자 안전관찰 훈련
③ BS(Brain Storming) : 집중발상법
④ ECR(Error Cause Removal) : 직접 작업을 하는 작업자 자신이 자기의 부주의 이외에 제반 오류의 원인을 생각함으로써 개선하도록 하는 방법

12 ★★
감정 상태가 장시간 계속 상태를 잘 설명하는 용어는 무엇인가?

① 정서(emotion)   ② 감정(feeling)
③ 기분(mood)   ④ 정조(sentiment)

해설

정서
① 골똘하게 생각하여 일어나는 감정이며, 분노, 공포, 기쁨 등의 복잡한 감정을 말한다.
② 외부 정보의 자극에 의해서 환기된다.
③ 결과로 재해를 일으킬 수 있는 불안전 행동이 될 만한 것이 많다.

13 ★★★★★
데이비스(K. Davis)의 동기부여 이론에서 인간의 능력에 적합한 것은?

① 지식×기능   ② 지식×태도
③ 기능×상황   ④ 상황×태도

해설

데이비스(K.Davis)의 동기부여 이론 등식
① 경영의 성과 = 인간의 성과×물질의 성과
② 능력(ability) = 지식(knowledge)×기능(skill)
③ 동기유발(motivation) = 상황(situation)×태도(attitude)
④ 인간의 성과(human performance) = 능력×동기유발

14 ★★
일반적으로 사고를 일으키기 쉬운 성격에 해당되지 않는 것은?

① 쾌락주의적 성격   ② 허영심이 강한 성격
③ 소심한 성격   ④ 도덕성이 강한 성격

해설
도덕성이 약할 때 사고가 발생한다.

15 ★★
역할 연기법의 장점이 아닌 것은?

① 한 문제에 대해 관찰능력을 높인다.
② 자기반성과 창조성이 개발된다.
③ 높은 의지결정의 훈련으로는 기대할 수 없다.
④ 의견 발표에 자신이 생긴다.

해설

역할 연기법(role playing)의 단점
① 목적이 명확하지 않고 계획적으로 실시하지 않으면 학습에 연계되지 않는다.
② 높은 수준의 의사결정에 효과를 기대할 수 없다.

16 ★★
인간의 동기부여에 관한 맥그리거의 Y 이론을 가장 잘 표현한 것은?

① 인간은 수동적이다.
② 인간은 게으르다.
③ 인간은 천성적으로 남들을 돕는다.
④ 인간은 남을 잘 속인다.

해설
Y 이론은 성선설을 의미한다.

17 ★★
맥그리거(McGregor)의 Y 이론이란?

① 인간은 천성적으로 남을 돕는다.
② 인간은 게으르다.
③ 사람은 남을 잘 속인다.
④ 인간은 남의 지배받기를 즐긴다.

[정답] 11 ④ 12 ① 13 ① 14 ④ 15 ③ 16 ③ 17 ①

> [해설]
>
> **맥그리거의 X 이론, Y 이론**
>
> | X 이론 | Y 이론 |
> |---|---|
> | 인간불신(성악설) | 상호신뢰(성선설) |
> | 저차욕구 | 고차(정신)욕구 |
> | 규제관리 | 자기관리 |
> | 저개발국형 | 선진국형 |

18 ★★ 다음 중 지도자 자신이 자신에게 부여한 권한은?

① 강압적 권한 ② 보상적 권한
③ 합법적 권한 ④ 전문성의 권한

> [해설]
>
> **전문성의 권한**
> ① 전문적인 지식을 갖고 있다.
> ② 부하직원들이 인정하게 되면 이들은 자발적으로 지도자를 따른다.

19 ★★ 인간 에러 원인의 레벨(level)을 분류할 경우 요구된 것을 실행하고자 하여도 필요한 물건이나 정보에너지(energy) 등의 공급이 없다고 하는 것처럼 작업자가 움직이려 해도 움직일 수 없으므로 발생하는 에러(error)를 무엇이라 하는가?

① primary error ② secondary error
③ third error   ④ command error

> [해설]
>
> command error는 움직이려 해도 움직일 수 없는 것이다.

20 ★★★ 착각을 일으키기 쉬운 조건을 잘못 설명한 것은?

① 착각은 인간 노력으로 고칠 수 있다.
② 정보의 결함이 있으면 착각이 일어난다.
③ 착각은 인간측의 결함에 의해서 발생한다.
④ 환경조건이 나쁘면 착각이 일어난다.

> [해설]
>
> 착각 조건 : 인간, 기계, 환경

21 ★★ 집단역학(group dynamics)에서 사용되는 개념 중 집단효과(group effect)와 관계없는 것은?

① 집단의 결정   ② 집단의 형성
③ 집단목표   ④ 집단표준

> [해설]
>
> **집단역학에서 사용하는 개념**
> ① 집단규범(집단표준) ② 집단목표
> ③ 집단응집력   ④ 집단결정

22 ★★ 다음은 부주의 발생 현상이다. 혼미한 정신상태에서 심신의 피로나 단조로운 반복작업시에 일어나는 현상은 어떤 것인가?

① 의식의 과잉   ② 의식의 단절
③ 의식의 우회   ④ 의식수준의 저하

> [해설]
>
> **부주의 현상 5가지**
> ① 의식의 단절(의식의 중단) : 지속적인 흐름에 공백이 발생하며 질병이 있는 경우에만 발생, 건강한 경우 발생하지 않는다(phase : 0).
> ② 의식의 우회 : 우연의 걱정, 고뇌, 욕구불만 상태이며 재난을 당할 수 있다(phase : 0).
> ③ 의식수준의 저하 : 심신의 피로, 단조로운 상태이다(phase : Ⅰ).
> ④ 의식의 혼란 : 자극이 애매모호하거나 너무 강할 때, 약할 때 발생하며 위험 요인에 대응 곤란
> ⑤ 의식의 과잉 : 돌발사태, 긴급사태에 직면하면 순간적으로 긴장되어 의식이 한 방향으로 주의, 일점집중 현상이 발생(phase : Ⅳ).

23 ★★ 부주의 발생에 관한 외적 조건에 속하지 않는 것은?

① 작업순서 부적당 ② 작업강도
③ 의식의 우회   ④ 기상조건

> [해설]
>
> **부주의**
> (1) 부주의 외적 조건
>   ① 작업 및 환경조건 불량   ② 작업순서 부적당
>   ③ 작업강도   ④ 기상조건
> (2) 부주의 내적 조건
>   ① 소질적 요인   ② 의식의 우회
>   ③ 경험부족 및 미숙련   ④ 피로
>   ⑤ 정서불안정

[정답] 18 ④ 19 ④ 20 ① 21 ② 22 ④ 23 ③

24 매슬로우의 5단계 욕구 성장 과정을 관리감독자의 능력과 연결시켰다. 틀린 것은?

① 종합적 능력-자기실현의 욕구
② 인간적 능력-생리적 욕구
③ 기술적 능력-안전의 욕구
④ 포괄적 능력-존경의 욕구

해설
생리적 욕구 : 의, 식, 주 등의 기본적 욕구이다.

25 바이오리듬에서 육체적 리듬을 표시하는 색채는?

① 청색   ② 황색
③ 적색   ④ 녹색

해설
바이오리듬의 색
① 육체적 리듬 : 청색   ② 지성적 리듬 : 녹색
③ 감성적 리듬 : 적색

26 숙련 관찰자가 불안전한 행위를 관찰하기 위한 순서 중 맞는 것은?

① 결심-보고-정지-관찰-조치
② 결심-정지-관찰-조치-보고
③ 보고-정지-관찰-결심-조치
④ 보고-결심-관찰-정지-조치

해설
본 문제는 STOP 훈련의 설명이다.

27 리더십과 헤드십의 차이 설명이다. 맞는 것은?

① 헤드십에서의 책임은 상사에 있지 않고 부하에 있다.
② 헤드십은 부하와의 사회적 간격이 좁다.
③ 권한 행사 측면에서 보면 리더십은 선출된 리더인 반면, 헤드십은 임명에 의하여 권한을 행사할 수 있다.
④ 리더십의 지위 형태는 권위주의적인 반면, 헤드십의 지위 형태는 민주적이다.

해설
헤드십과 리더십의 차이

개인과 상황변수	헤드십	리더십
권한 행사	임명된 헤드	선출된 리더
책임 귀속	상사	상사와 부하
부하와 사회적 간격	넓음	좁음
지휘 형태	권위주의적	민주주의적

28 피로를 발생시키는 외적인 요인으로 적당하지 않은 것은?

① 작업의 강도   ② 작업환경 조건
③ 경제적 조건   ④ 작업의 경험

해설
작업의 경험은 피로의 내적 요인이다.

29 Lippitt와 White 이론 중 리더십(leader ship)의 유형에 가장 거리가 먼 것은?

① 독재형   ② 민주형
③ 자유방임형   ④ 솔직형

해설
Lippitt와 White의 리더십 유형
① 독재형   ② 민주형   ③ 자유방임형

30 산업심리학 측면에서 인사관리의 중요한 기능에 속하지 않는 것은 다음 중 어느 것인가?

① 업무평가
② 작업분석
③ 작업계획
④ 조직과 리더십(leadership)

해설
인사관리의 중요기능
① 조직과 리더십   ② 선발   ③ 배치   ④ 작업분석
⑤ 업무평가   ⑥ 상담 및 노사간의 이해

[정답] 24 ②　25 ①　26 ②　27 ③　28 ④　29 ④　30 ③

31 재해발생 간접원인 중 구조 재료의 부적당은 다음 중 어느 원인에 해당하는가?

① 교육적 원인　② 기술적 원인
③ 작업 관리상의 원인　④ 불안전한 상태

해설
불안전 상태는 직접원인이며 재료의 부적당은 기술적 원인이다.

32 다음은 부주의를 정의한 것이다. 잘못 설명한 것은?

① 부주의는 불안전한 행위와 불안전 상태에도 적용된다.
② 부주의는 결과적으로 실패인 동작이다.
③ 부주의는 유사한 착각이나 본질적인 지식의 부족에 기인한다.
④ 부주의는 인간능력 한계가 넘는 범위로 행위한 동작의 실패 원인을 말한다.

해설
부주의는 행동이 아니고 결과이다.

33 피로 대책의 원칙 중 단조로움이나 권태감에 의한 피로 대책은?

① 용의주도한 작업계획의 수립 이행
② 불필요한 마찰의 배제
③ 작업교대제 실시, 습도, 통풍의 조절
④ 일의 가치를 가르침

해설
허세이의 피로 대책 설명이다.

34 주의의 외적 조건이 아닌 것은?

① 자극의 반복　② 자극의 운동
③ 자극의 의미　④ 자극의 신기성

해설
주의
(1) 주의의 외적 조건
　① 자극의 대소　② 자극의 정도
　③ 자극의 신기성　④ 자극의 반복
　⑤ 자극의 운동　⑥ 자극의 대비
(2) 주의의 내적 조건
　① 욕구　② 흥미
　③ 기대　④ 자극의 의미

35 관료주의 조직의 특징에 들지 않는 것은?

① 조직의 모든 구성원은 오직 한 사람의 상사에게만 보고한다.
② 조직이 몇 개의 하부 구성 단위로 분화된다.
③ 합리적이고 공식적인 구조로 되어 있다.
④ 사회의 변화나 기술 정보에 효과적으로 적용할 수 있다.

해설
사회변화에 적응 불가능하다.

36 다음 중 헤드십의 특성이 아닌 것은?

① 권한 근거는 공식적이다.
② 상사와 부하와의 관계는 지배적이다.
③ 부하와의 사회적 간격은 좁다.
④ 지휘 형태는 권위주의적이다.

해설
부하와 사회적 간격이 좁은 것은 리더십이다.

37 안전심리에서 고려되는 가장 중요한 요소는 다음 중 어느 것인가?

① 개성과 사고력　② 지식 정도
③ 안전규칙　④ 신체적 조건과 기능

해설
안전심리
① 심리의 중요요소는 개성과 사고력이다.
② 심리의 목표는 인간의 복지향상이다.

[정답] 31 ② 32 ④ 33 ④ 34 ③ 35 ④ 36 ③ 37 ①

38 허즈버그의 직무 만족을 산출해내는 요인을 동기요인이라 부른다. 이 요인 중에서 가장 중요한 것은?

① 일의 내용 ② 직무의 수준
③ 대인관계 ④ 개인적 발전

해설
허즈버그의 동기요인 중 가장 중요한 것은 일의 내용이다.

39 감각온도란 사람의 생리와 심리의 양면을 조화시키는 온도로 다음과 같은 요소들이 관계된다. 다음 중 이들 요소가 망라된 것은?

① 습도 및 온도 ② 습도, 온도 및 기류
③ 습도, 온도 및 생리 ④ 습도, 온도 및 불쾌지수

해설
감각온도(체감온도, 실효온도)의 결정 요소
① 온도 ② 습도 ③ 대류(공기유동) : 기류

40 카운슬링 방법이 아닌 것은?

① 직접적 충고 ② 설득에 의한 방법
③ 설명적 방법 ④ 임상적 방법

해설
개인적 카운슬링 방법 3가지
① 직접적
② 설득적
③ 설명적

41 다음의 역할 이론 중 자아탐구(自我探究)의 수단인 동시에 자아실현(自我實現)의 수단이기도한 것은?

① 역할연기(role playing)
② 역할기대(役割期待)
③ 역할형성(role shaping)
④ 역할갈등(役割葛藤)

해설
역할연기의 설명이다.

42 데이비스의 동기부여 이론에서 인간의 능력에 적합한 것은?

① 지식×기능 ② 지식×태도
③ 기능×상황 ④ 상황×태도

해설
K. Davis의 동기부여 이론 등식
① 경영의 성과 = 인간 성과×물질 성과
② 능력 = 지식×기능
③ 동기유발 = 상황×태도
④ 인간의 성과 = 능력×동기유발

43 인간의 사회행동 기본형태에 해당되지 않는 것은 무엇인가?

① 대립 ② 협력
③ 도피 ④ 모방

해설
인간의 사회행동의 기본형태 4가지
① 협력 : 조력, 분업 ② 대립 : 공격, 경쟁
③ 도피 : 고립, 정신병, 자살 ④ 융합 : 강제, 타협

44 다음 중 맥그리거의 X 이론에 해당되는 것은?

① 상호신뢰감 ② 고차적인 욕구
③ 규제관리 ④ 자기통제

해설
내용이론과 과정이론

내용 이론	합리적 경제인 모형	X이론, 과학적 관리론 (타율적 인간 : 수직하향 통제)
	사회인 모형	Y이론, 인간관계론 (자율적 인간 : 수평상향 참여)
	성장이론 (자아실현인)	Maslow 욕구단계설, Myrray의 명시적 욕구이론, Alderfer의 ERG이론, McLelland의 성취동기이론, McGregor의 XY이론, Likert의 관리체제이론, Aryris의 성숙 미성숙이론, Herzberg의 욕구충족 2개요인이론
	복잡인 모형	Hackman & Oldham의 직무특성이론, E.Schein의 복잡인 모형, Ouchi의 Z이론

[정답] 38 ① 39 ② 40 ④ 41 ① 42 ① 43 ④ 44 ③

과정이론	공정성(형평성) 이론	Adams의 공정성 이론
	기대이론	Vroom의 동기기대이론, Poter & Lawler의 업적만족이론(업적성취에 따른 보상정도), Georgopoulos의 통로목표이론, Atkinson의 기대모형
	학습이론(강화이론)	Skinner의 강화이론(순차이론)
	목표설정이론	Locker의 이론

45 ★★★ 다음 중 지각의 해석상 문제에 기인된 것을 설명한 것은?

① 잘못한 의사결정 ② 잘못한 조작
③ 잘못한 풀이 ④ 첨가할 양의 오인

해설

지각문제 기인 : 잘못한 풀이

46 ★★★★ 피로가 되는 내부요인이 아닌 것은?

① 경험 ② 책임감
③ 대인관계 ④ 모방

해설

피로
(1) 피로의 외부인자
　① 작업조건　② 환경조건
　③ 생활조건　④ 대인관계
(2) 피로의 내부인자
　① 신체적 특징　② 호흡기
　③ 순환기　④ 뇌신경의 질환
　⑤ 성별　⑥ 연령
　⑦ 성격　⑧ 기질
　⑨ 감정　⑩ 책임감
　⑪ 경험　⑫ 습관
　⑬ 영양

47 ★★★★ 다음 중 단조감의 극복이나 해결을 위한 방책으로서 현장 근로자들을 위한 대책은?

① 개인이 담당하는 직무의 양을 많이 주고 단순화한다.
② 개인이 담당하는 직무의 양을 가능한 한 많이 준다.
③ 개인이 담당하는 직무의 양을 가능한 한 고도화한다.
④ 개인이 담당하는 직무를 단순화한다.

해설

동기부여 방법 및 단조로움 해소법
① 각 노동자에게 보다 새롭고 힘든 과업을 부여한다.
② 노동자에게 불필요한 통제를 배제한다.
③ 각 노동자에게 완전하고 자연스러운 단위의 도급 작업을 부여할 수 있도록 일을 조정한다.
④ 자기 과업을 위한 노동자의 책임감을 증대시킨다.
⑤ 노동자에게 정기보고서를 통하여 직접적인 정보를 제공한다.
⑥ 특정 작업을 할 기회를 부여한다.

48 ★★★★ 각종 감각에 주어야 할 역할과 연결이 잘못된 것은?

① 지각–전처리 역할 ② 청각–연락적 역할
③ 피부감각–경보적 역할 ④ 후각–조절적 역할

해설

지각은 감시적 역할이다.

49 ★★ 다음 중 집단의 기능과 관계없는 것은?

① 집단목표 ② 행동규범
③ 집단이해 ④ 응집력

해설

집단의 기능 3가지
① 집단목표 ② 행동규범 ③ 응집력

50 ★★ 다음은 리더십에 있어서의 권한의 역할이다. 이들 중 조직이 지도자에게 부여한 권한이 아닌 것은?

① 위임된 권한 ② 강압적 권한
③ 보상적 권한 ④ 합법적 권한

해설

리더십 권한 역할 5가지
① 보상적 권한 : 승진, 봉급 인상
② 강압적 권한 : 부하, 처벌, 승진 누락, 봉급 인상 거부
③ 합법적(존경) 권한 : 군대, 정부기관, 교사 ⇒ 조직이 지도자에게 부여한 권한
④ 위임된 권한 : 지도자와 함께, 지도자 자신이 자신에게 부여한 권한
⑤ 전문성의 권한 : 전문적 지식 ⇒ 부하들이 스스로 따른다(존경 = 권한)

[정답] 45 ③　46 ③　47 ③　48 ①　49 ③　50 ①

51 ★★ 환경에 익숙하지 못하기 때문에 재해를 일으킨 자는?

① 미숙성 누발자(未熟性 累發者)
② 상황성 누발자(狀況性 累發者)
③ 습관성 누발자(習慣性 累發者)
④ 소질성 누발자(素質性 累發者)

해설

상황성 누발자의 재해유발원인
① 작업이 어렵기 때문에
② 기계설비의 결함이 있기 때문에
③ 환경상 주의력 집중이 곤란하기 때문에
④ 심신에 근심이 있기 때문에

52 ★★★ 다음은 리더의 의사결정 과정을 연결시킨 것이다. 알맞은 것은?

① 권위주의적 리더 - 집단 중심
② 민주주의적 리더 - 종업원 중심
③ 방임주의적 리더 - 집단 중심
④ 민주주의적 리더 - 집단 중심

해설

민주국가는 전체 집단 중심이다.

53 ★★ 피로를 발생시키는 외적인 요인으로 적당하지 않은 것은?

① 작업의 강도(난이도, 시간)
② 작업환경조건
③ 경제적 조건(임금, 보수)
④ 작업의 경험(숙련도)

해설

피로의 요인
(1) 피로의 외적 원인
  ① 작업시간과 작업강도 : log(작업계속의 한계 시간) = a log(RMR) + d
  ② 작업환경조건 : 열악한 작업환경(기온, 습도, 복사열, 기류, 조명, 진동, 소음, 분진 등)이 작업 강도에 직접 관여하여 육체적, 정신적으로 부하를 높인다.
  ③ 작업속도 : 전력적인 작업은 오래 계속될 수 없다. 100[m]를 11초에 달렸다고 해서 1[km]를 110초에 달릴 수 없듯이 인간은 거의 경제속도 부근에서 작업하고 있다. 정상 상태의 유지한계가 능률적인 작업속도 결정의 기준이 되어 있으며 주작업의 에너지대사율(RMR) 4.5 부근이 한계이다. 8시간 작업을 지속한다고 하면 2.3(RMR) 정도가 된다.
  ④ 작업시각과 작업시간 : 야간 근무자는 주간 근무자에 비하여 작업 경과시간 80[%]에서 피로 상태에 도달한다고 보며, 주간에만 또는 야간에만 작업하는 경우보다 주야 윤번(주야 교대) 상태에서는 수면시간의 단축과 생체리듬에 역행함으로써 피로율은 더욱 커진다.
  ⑤ 작업태도 : 작업자의 작업태도는 작업자가 원래 일에 취미를 갖고 쾌락한 긴장감과 노력감을 유지하느냐의 여부가 중요하다. 의욕이 높을 때에는 주관적 피로감(생리, 심리적)이 작고 작업의 능률도 오른다.
  ⑥ 경제적 조건 : 임금, 보수
(2) 피로의 내적 원인
  ① 작업의욕저하
  ② 흥미의 상실
  ③ 직장 불만(실업의 불안) 등
  ④ 구속감·속박감
  ⑤ 인간관계 속의 여러 가지 마찰
  ⑥ 가정불화
  ⑦ 가정 내의 갖가지 우려(가족의 질환)
  ⑧ 여러 가지 불만(임금, 불공평한 취급, 정치나 경제에 대한 불만 등)
  ⑨ 위기감·위험감
  ⑩ 불건전한 이성관계
  ⑪ 과대한 책임
  ⑫ 신체상의 불안이나 고장
  ⑬ 성격적으로 부적응일 경우
  ⑭ 피로에 대한 암시
  ⑮ 소극적 감정

54 ★★ 다음 중 피로의 측정 방법이 아닌 것은?

① 물리학적 방법
② 자각적 방법과 타각적 방법
③ 생화학적 방법
④ 심리학적 방법

해설

피로 측정 방법
(1) 피로의 측정 방법
  ① 생리적
  ② 생화학적
  ③ 심리학적
  ④ 타각적(플리커법, 연속생명 호칭법)
(2) TGE 계수(육체적 부하도)
  TGE 계수 = 평균기온(T) × 평균복사열(G) × 평균에너지 대사율(E)

[정답] 51 ① 52 ④ 53 ④ 54 ①

55 다음 인간의 생리적 욕구 중에서 의식적 통제가 가장 힘든 것은 어느 것인가?

① 안전욕구 ② 식욕
③ 수면욕구 ④ 배설욕구

해설

생리적 욕구 중 의식통제가 힘든 순서
① 호흡욕구 ② 안전욕구
③ 해갈욕구 ④ 배설욕구
⑤ 수면욕구 ⑥ 활동욕구
⑦ 활동실시(사회활동 : 동물과 구별)

56 습관에 직접 영향을 주지 않는 것은?

① 욕구 ② 동기
③ 감정 ④ 습성

해설

습관 및 심리 5요소
(1) 습관에 영향을 주는 요인
  ① 동기 ② 기질
  ③ 감정 ④ 습성
(2) 안전심리의 5요소(동기 5요소)
  ① 동기 ② 기질
  ③ 감정 ④ 습성
  ⑤ 습관

57 작업에 대한 평균에너지의 상한을 4[kcal]로 잡고, 휴식시간 중에 에너지 소비량을 분당 1.5[kcal]로 추산할 때, 어떤 작업의 에너지가 분당 8[kcal]라면 60분간의 총작업시간 내에 포함되어야 하는 휴식시간은 약 얼마인가?

① 28분 ② 30분
③ 37분 ④ 49분

해설

휴식
(1) 휴식시간 산출방법
  $R = \dfrac{60(E-4)}{E-1.5}$
  여기서, R : 휴식시간[분]
    E : 작업시 평균에너지의 소비량[kcal/분]
    총작업시간 : 60[분] = 1시간
    시간중의 에너지 소비량 : 1.5[kcal/분]
(2) $R = \dfrac{60(E-4)}{E-1.5} = \dfrac{60(8-4)}{8-1.5} = 37[분]$

58 매슬로우(Maslow)의 욕구 5단계 중 인간의 가장 기본적인 욕구는?

① 생리적 욕구 ② 애정적인 욕구
③ 자아실현의 욕구 ④ 안전에 대한 욕구

해설

매슬로우 욕구 5단계
① 제1단계 : 생리적 욕구(의, 식, 주, 성의 기본적 욕구)
② 제2단계 : 안전욕구(생명, 생활, 외부로부터 자기보호욕구)
③ 제3단계 : 사회적 욕구
④ 제4단계 : 존경의 욕구
⑤ 제5단계 : 자아실현의 욕구(성취욕구)

59 스트레스가 환경이나 그 밖에 외부에서 일어나는 자극에 속하지 않는 것은?

① 자존심의 손상 ② 대인관계 갈등
③ 죽음, 질병 ④ 경제적 어려움

해설

자존심의 손상은 내적 원인이다.

60 다음은 인간의 비질런스(vigilance) 현상에 영향을 미치는 조건이다. 관계없는 것은? 19. 4. 27❷

① 작업 직후에는 검출률이 낮다.
② 발생빈도가 높은 신호는 검출률이 높다.
③ 불규칙적인 신호에 대한 검출률이 낮다.
④ 오래 지속되는 신호는 검출률이 높다.

해설

비질런스
(1) 인간의 vigilance(주의하는 상태, 긴장상태, 경계상태) 현상에 영향을 끼치는 조건
  ① 검출 능력은 작업 시작 후 빠른 속도로 저하된다.
  ② 발생빈도가 높은 신호일수록 검출률이 높다.
  ③ 규칙적인 신호에 대한 검출률이 높다.
  ④ 신호강도가 높고 오래 지속되는 신호는 검출하기 쉽다.
(2) 검출(detection) : 신호의 존재여부 결정
(3) 신호에 따른 3가지 기능
  ① 검출
  ② 상대식별
  ③ 절대식별

[정답] 55 ① 56 ① 57 ③ 58 ① 59 ① 60 ①

61 다음 중 선출된 지도자의 권한 행사는?

① 멤버십(membership)
② 헤드십(headship)
③ 리더십(leadership)
④ 매니저십(managership)

해설

헤드십과 리더십의 차이

개인과 상황 변수	헤드십	리더십
권한 행사 방법	임명적 헤드	선출된 리더
권한 부여 형태	위에서 위임	밑으로부터 동의
권한 근거	법적 또는 공식적	개인능력
권한 귀속 관계	공식화된 규정에 의함	집단목표에 기여한 공로 인정
상관과 부하의 관계	지배적(강압적)	개인적인 영향에 좌우
책임 귀속 문제	상사	상사와 부하 동시
부하와 사회적 간격	넓음	좁음
지휘 형태	권위주의적	민주주의적

62 다음 민주형 리더의 설명 중 틀린 것은?

① 추종자에게 참여와 자유 인정
② 추종자에게 참여 자유가 무제한 공급
③ 리더의 통제와 조정, 자유폭 제한
④ 추종자의 적극적 자기실현 기회의 확보

해설

민주형 리더는 자유가 있는 만큼 책임이 있다.

63 다음 중 관료주의의 중요한 4가지 차원이 아닌 것은?

① 조직도에 나타난 조직의 크기와 넓이
② 관리자가 책임질 수 있는 근로자의 수
③ 관리자를 대단위로 묶어 분산
④ 작업의 단순화와 전문화

해설

관료주의 4가지 차원은 ①, ②, ④ 외 관리자를 소단위로 묶어 분산한다.

64 다음 중 대인적인 능력에 속하는 것과 거리가 먼 것은?

① 높은 기대
② 개인에 대한 존경
③ 팀의 지향
④ 조직 성장

해설

개인에 대한 존경은 일종의 욕구이다.

65 인간의 사회활동 욕구를 구성하는 요소가 아닌 것은 다음 중 어느 것인가?

① 경제활동
② 통제활동
③ 생활활동
④ 호흡행동

해설

사회활동 욕구
(1) 인간, 동물 구별
(2) ①, ②, ③ 외 가족행동, 정신활동

66 다음 욕구 중 의식적 통제가 어려운 순서를 나타낸 것은?

① 배설욕구 → 안전욕구 → 수면욕구 → 호흡욕구
② 호흡욕구 → 배설욕구 → 안전욕구 → 수면욕구
③ 호흡욕구 → 안전욕구 → 배설욕구 → 수면욕구
④ 수면욕구 → 호흡욕구 → 안전욕구 → 배설욕구

해설

의식적 통제가 어려운 순서
① 호흡욕구 ② 안전욕구 ③ 배설욕구 ④ 수면욕구

67 맥그리거의 Y 이론에 해당되는 것은?

① 인간 불신감
② 물질적 욕구
③ 목표 통합과 자기통제형
④ 저개발국형

해설

맥그리거 이론
① Y 이론 : 성선설 ② X 이론 : 성악설

[정답] 61 ③ 62 ② 63 ③ 64 ② 65 ④ 66 ③ 67 ③

68 주의특징을 말한 것이다. 틀린 것은?
① 선택성   ② 방향성
③ 변동성   ④ 정진성

해설

주의특징 3가지 16. 5. 8 ⑦
① 선택성
② 방향성
③ 변동성

69 RMR에 의한 작업강도에서 경작업이란 작업강도가 얼마인 작업을 말하는가? 19. 3. 3 ⑦
① 0~2   ② 2~4
③ 4~7   ④ 7~9

해설

작업강도구분
① 0~2 : 경작업
② 2~4 : 中(중)작업
③ 4~7 : 重(중)작업
④ 7 이상 : 招重(초중) 작업

70 작업의 능률과 안전을 도모하기 위하여 휴식시간을 부여하여야 한다. 작업에 대한 평균에너지 값의 상한을 5[kcal/분]으로 잡을 때 휴식시간 산출공식으로 옳은 것은? (단, R : 휴식시간(분), E : 작업시 평균소비에너지값(kcal/분), 총 작업시간 : 60분, 휴식시간 중 에너지소비량 : 1.5 [kcal/분]이다.)

① $R = \dfrac{60(E-5)}{E-1.5}$ ② $R = \dfrac{50(E-5)}{E-15}$

③ $R = \dfrac{60(E-4)}{E-5}$ ④ $R = \dfrac{50(E-5)}{E-4}$

해설

휴식시간 산출

작업에 대한 평균에너지의 상한 값을 5[ckal/분](기초대사량 값 포함)이라 할 때 어떤 활동이 이 한계를 넘는다면 휴식시간을 삽입하여 초과분을 보상해 주어야 한다.

∴ $R = \dfrac{60(E-5)}{E-1.5}$

71 다음 적응기제 중 자기의 난처한 입장이나 실패의 결과를 이유나 변명으로 일관하는 것, 또는 실제의 행위나 상태보다 훌륭하게 평가되기 위하여 구실을 내세우는 행위를 무엇이라 하는가?
① 투사   ② 도피
③ 합리화   ④ 동일화

해설

합리화의 정의 및 종류
(1) 정의
  자신이 무의식적으로 저지른 일관성 있는 행동에 대해 그럴듯한 이유를 붙여 설명하는 일종의 자기 변명으로 자신의 행동을 정당화하여 자신이 받을 수 있는 상처를 완화시킴
(2) 종류
  ① 신 포도형 : 목표달성 실패시에 자기는 처음부터 원하지 않은 일이라 변명(이솝우화 : 포도를 먹을 수 없게 되자 "저 포도는 시어서 따지 않았다"고 변명)
  ② 달콤한 레몬형 : 현재의 상태 과시, '이것이야 말로 내가 원하는 것이다'라고 변명

72 Taylor의 과학적 관리와 거리가 먼 것은? 16. 10. 1 ⑦ 21. 9. 12 ⑦
① 시간 – 동작 연구를 적용하였다.
② 생산의 효율성을 상당히 향상시켰다.
③ 인간중심의 관점으로 일을 재설계한다.
④ 인센티브를 도입함으로써 작업자들을 동기화시킬 수 있다.

해설

Frederick W.Taylor 과학적 관리
(1) 과학적 관리의 원칙(생산성과 종업원의 임금 동시 향상) → 작업환경의 재설계
  ㉮ 과학적 방법
  ㉯ 과학적 선발과 교육
  ㉰ 개인주의가 아닌 협동심 고취
  ㉱ 경영층과 근로자들의 일을 최적화 하기 위한 작업의 균등분배
(2) 단점
  ㉮ 고임금을 희망하는 근로자들을 비인간적으로 착취
  ㉯ 최소 인원으로 작업이 가능하여 대량의 실업자 유발

💬 **합격자의 조언**
1. 작은 것 탐내다가 큰 것을 잃는다. 무엇이 큰 것인가를 판단하라.
2. 돌다리만 두드리지 마라. 그 사이에 남들은 결승점에 가 있다.
3. 돈의 노예로 살지 말라. 돈의 주인으로 기쁘게 살아가라.

[정답] 68 ④ 69 ① 70 ① 71 ③ 72 ③

주요항목 05 안전보건교육의 내용 및 방법

중점 학습내용

본 장은 교육의 개요, 필요성, 목적, 방법 등을 서술하여 안전 공학도로서 기본적인 교육내용만 소개하였다. 특히 강의식 교육과 토의식 교육을 구분하여 필요시 적재적소에 사용할 수 있도록 하였다. 매체별 교육방법 등을 구성하여 교육시 매체를 활용하여 좀더 나은 학습이 되리라 생각된다. 본 장의 시험에 출제가 예상되는 그 중심적인 내용은 다음과 같다.

❶ 교육의 필요성과 목적
❷ 교육방법
❸ 교육실시 방법
❹ 교육내용
❺ 안전보건교육 계획수립 및 실시

[그림] 교육의 3단계

세부항목 1. 교육의 필요성과 목적

1. 교육목적

(1) 교육이란 18. 8. 19 ⓐ

피교육자를 자연적 상태(잠재 가능성)로부터 어떤 이상적인 상태(바람직한 상태)로 이끌어 가는 작용이다.(인간행동의 계획적 변화)

㊟ 인간행동 = 내현적 + 외현적

(2) 교육훈련의 목적 20. 8. 22 ㉮

① 단순히 근로자를 산업재해로부터 미연에 방지할 뿐만 아니라
② 재해의 발생으로 파생되는 직접 및 간접적인 경제적 손실을 방지하고
③ 안전보건 확보를 위한 지식·기능 및 태도의 향상을 기하여 생산을 위한 방법의 개선·향상을 목표로 하고
④ 근로자에게 작업의 안전보건에 대한 안전감을 주어 기업에 대한 신뢰감을 높여
⑤ 생산성이나 품질의 향상에 기여하는 데 있다.

(3) 교육훈련의 필요성

① 재해의 대부분의 현상은 물(物) 대 사람의 이상한 접촉에 기인하는 것이며 무엇이 이상한가를 작업자에게 알릴 필요가 있다.

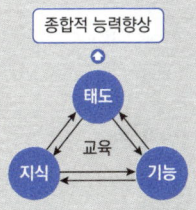

합격조언

교육
① 교육은 쓸모 없는 돌도 다듬어서 수석이 된다.
② 버려지고 잘못된 나무도 잘 가꾸면 분재가 된다.
③ 이것이 교육이며 안전기사에 합격된다.

합격예측

형식적 교육의 3요소
① 교육의 주체 : 강사, 교도자
② 교육의 객체 : 수강자, 학생
③ 교육의 매개체 : 교육내용, 교재

행동변화의 전개과정
자극 → 욕구 → 판단 → 행동

Q 은행문제

교육의 형태에 있어 존 듀이(Dewey)가 주장하는 대표적인 형식적 교육에 해당하는 것은?
① 가정안전교육　16. 3. 6 ㉮
② 사회안전교육
③ 학교안전교육
④ 부모안전교육

정답 ③

합격예측

안전보건교육의 목적 17.5.7 / 18.4.28
① 인간의 정신(의식)의 안전화
② 행동(동작)의 안전화
③ 작업환경의 안전화
④ 설비와 물자의 안전화

학습지도의 원리 22.4.24
① 자기활동의 원리
② 개별화의 원리
③ 사회화의 원리
④ 통합의 원리
⑤ 직관의 원리
⑥ 목적의 원리

안전보건교육에서 근로자 함양체득 사항
① 잠재위험 발견능력
② 비상사태 대응능력
③ 직면한 문제의 사고 발생 가능성 예지능력

Q 은행문제

1. 안전교육의 목적으로 볼 수 없는 것은? 16.5.8 / 20.8.22
① 생산성 및 품질향상 기여
② 직·간접적 경제적 손실방지
③ 작업자를 산업재해로부터 미연 방지
④ 안전한 태도 습관화를 위한 반복 교육
   정답 ④

2. Skinner의 학습이론은 강화이론이라고 한다. 강화에 대한 설명으로 틀린 것은? 17.9.23
① 처벌은 더 강한 처벌에 의해서만 그 효과가 지속되는 부작용이 있다.
② 부분강화에 의하면 학습은 서서히 진행되지만, 빠른 속도로 학습효과가 사라진다.
③ 부적강화란 반응 후 처벌이나 비난 등의 해로운 자극이 주어져서 반응발생률이 감소하는 것이다.
④ 정적강화란 반응 후 음식이나 칭찬 등의 이로운 자극을 주었을 때 반응발생률이 높아지는 것이다.
   정답 ②

② 안전보건은 과거의 재해 경험에 의거, 누적된 지식을 활용함으로써 유지되는 것인데 재해에 관한 실험은 물(物)에 대해서는 할 수 있으나 특히 사람에 관한 사항에는 한계가 있어 실시하기가 곤란하다.

③ 생산기술의 진전 및 변화에 따라 생산공정이나 작업방법도 변화하고 안전보건에 관한 새로운 시책이 요구되고 있음에도 불구하고 일반적으로는 설계기준이나 생산기술이나 작업표준 속에 안전보건에 관한 시책이 완전하게 포함되어 있지 않다.

④ 직장의 위험성이나 유해성에 관한 지식, 기능 및 태도는 그것들이 확실하게 습관화될 때까지 항상 반복하여 근로자를 교육 훈련하지 않으면 이해, 납득, 습득, 이행이 되지 않는다. '물(物)의 측면에서 안전보건을 확보한다'라고 하는 것이 안전보건관리의 기본임은 두말할 나위도 없으나 작업의 성질 등에 따라서는 물(物)의 안전화에 한계가 있는 경우가 있다. 물(物)의 안전화와 병행하여 사람의 안전화가 안전보건관리의 2대 지주라고 할 수 있다. 사람의 안전화, 다시 말하면 교육 훈련이 충분하게 실시되지 않았기 때문에 근로자가 불안전 행동을 취함으로써 큰 재해를 초래한 예는 적지 않다. 최근의 재해발생 상황, 산업사회의 변화 등을 보면 안전보건교육에 대한 필요성은 과거보다도 높아져 가고 있다.

2. 교육의 개념

교육훈련의 기본은 가르치는 상대가 ① 어떤 것을 이해했는가, ② 어느 정도 실행했는가, ③ 어떻게 직장에서 실행하게 되는가를 보는 것으로부터 시작된다.
안전보건교육에서는 교육을 받는 사람이 생각하고, 행동하게 하도록 시키는 것이 중요하다. 또한

① 배우는 사람이 과거에 경험한 것과 체득한 지식을 최대한으로 살리도록 해야 한다.(지식교육)
② 가르치는 사람이 가지고 있는 지식과 경험을 배우는 사람에게 어떻게 잘 전달할 것인가에 대하여 가르치는 방법을 공부한다.(기능교육)
③ 배우는 사람에게 실제 실습, 실험을 통하여 몸으로 얻도록 실기적 지도가 가능한 실습장을 만들어야 한다.(태도교육)

이것이 직장교육의 3가지 기본방법이다.

그 교육의 종류와 내용은
① 지식을 전달하는 교육(지식교육)
② 기능을 습득시키는 교육(기능교육)
③ 태도를 익히는 교육(태도교육)
결론 : 문제해결을 능숙하게 행하는 교육(종합적 능력 향상)

세부항목 2. 안전보건교육계획 수립 및 실시

1. 안전보건교육계획

(1) 안전보건교육계획의 준비계획(포함사항) 18. 4. 28 기

① 교육목표 설정 : 첫째 과제
② 교육 대상자와 범위 설정
③ 교육의 과정 결정
④ 교육방법 결정
⑤ 보조자료 및 강사, 조교의 편성
⑥ 교육진행 사항
⑦ 소요예산 산정

(2) 안전보건교육계획의 실시계획(세부사항)

① 소요인원
② 교육장소
③ 소요기자재
④ 시범 및 실습계획
⑤ 평가계획
⑥ 일정표
⑦ 소요예산 책정
⑧ 사내·외 현장견학

(3) 안전보건교육계획 수립시 고려할 사항 15. 5. 31 기 19. 3. 3 기

① 정보수집(자료수집)
② 현장의 의견 반영
③ 교육시행 체계와 관계 고려
④ 법규정 교육과 그 이상의 교육

2. 안전보건교육의 기본방향

(1) 안전교육의 3요소 17. 3. 5 기 17. 5. 7 기 17. 8. 26 산 18. 8. 19 산 19. 8. 4 기 20. 6. 7 기 20. 6. 14 산 21. 5. 15 기 23. 5. 13 산

요소 분류	교육의 주체	교육의 객체	교육의 매개체
형식적 교육	교도자(강사)	교육생(수강자 : 대상)	교육자료(교재 : 내용)
비형식적 교육	부모, 형, 선배, 사회인사	자녀와 미성숙자	교육적 환경, 인간관계

합격예측
(1) 안전교육의 3단계 순서
  지식 → 기능 → 태도
(2) 집단교육의 4단계 순서
  지식 → 태도 → 개인 → 집단

합격예측
교육계획의 수립 및 추진 순서
12. 9. 15 기 20. 6. 7 기
21. 8. 14 기 22. 3. 5 기
① 교육의 필요점(요구사항)을 발견한다. 24. 5. 9 기
② 교육대상을 결정하고(파악) 그것에 따라 교육내용 및 교육방법을 결정한다.
③ 교육의 준비를 한다.
④ 교육을 실시한다.
⑤ 교육의 성과를 평가한다.

합격예측
교육의 준비사항
19. 9. 21 산 20. 6. 7 기
① 지도교육안 작성(이론 수업) 4단계
  ㉮ 준비(도입)단계 : 5분
  ㉯ 제시단계 : 40분
  ㉰ 실습 또는 적용 단계 : 10분
  ㉱ 확인 또는 평가 단계 : 5분
② 교재준비
③ 강사선정

Q 은행문제
교재의 선택기준으로 옳지 않은 것은?
① 정적이며 보수적이어야 한다.
② 사회성과 시대성에 걸맞는 것이어야 한다.
③ 설정된 교육목적을 달성할 수 있는 것이어야 한다.
④ 교육대상에 따라 흥미, 필요, 능력 등에 적합해야 한다.

정답 ①

합격예측
23. 3. 5 기
타일러 학습경험 선정의 원리
① 동기유발(만족)의 원리
② 기회의 원리
③ 가능성의 원리
④ 다목적 달성의 원리
⑤ 전이가능성의 원리

동기의 기능의 종류
① 시발적(initiative)기능 : 동기가 행동을 촉발시키는 힘을 주어 행동을 하도록 하는 기능을 말한다.
② 지향적(directive)기능 : 일정한 목표를 향한 행동을 일으키게 하는 어떤 내적인 기능을 말한다.
③ 강화적(reinforcement)기능 : 학습자로 하여금 어떤 학습목표에 대한 결과가 주는 만족의 여부 및 행동의 적부성을 선택하도록 하는 기능을 말한다.

Q 은행문제

1. 시간 연구를 통해서 근로자들에게 차별성과급제를 적용하면 효율적이라고 주장한 과학적 관리법의 창시자는?
   17. 9. 23 기
   ① 게젤(Q.A.L.Gesell)
   ② 테일러(F.Taylor)
   ③ 웨슬리(D.Wechsler)
   ④ 샤인(Edgar H. Sehein)
   ─ 정답 ②

2. 다음 중 엔드라고지 모델에 기초한 학습자로서의 성인의 특징과 가장 거리가 먼 것은?
   18. 4. 28 기 21. 5. 15 기
   ① 성인들은 주체 중심적으로 학습하고자 한다.
   ② 성인들은 자기 주도적으로 학습하고자 한다.
   ③ 성인들은 많은 다양한 경험을 가지고 학습에 참여한다.
   ④ 성인들은 왜 배워야 하는지에 대해 알고자 하는 욕구를 가지고 있다.
   ─ 정답 ①

(2) 교육목표에 관한 사항

① 교육 및 훈련의 범위
② 교육 보조자료의 준비 및 사용지침
③ 교육훈련의 의무와 책임한계 명시

(3) R.W Tyler(타일러) 교육(학습)지도 원리   17. 9. 23 기 18. 4. 28 기 22. 4. 24 기 23. 2. 28 기 23. 7. 8 산

① **자발성(자기활동)의 원리** : 학습자 자신이 자발적으로 학습에 참여하는 데 중점을 둔 원리이다.
② **개별화의 원리** : 학습자가 지니고 있는 각자의 요구와 능력 등에 알맞은 학습활동의 기회를 마련해 주어야 한다는 원리이다.(계열성 원리)   **20. 9. 27 기**
③ **사회화의 원리** : 학습내용을 현실 사회의 사상과 문제를 기반으로 하여 학교에서 경험한 것과 사회에서 경험한 것을 교류시키고 공동학습을 통해서 협력적이고 우호적인 학습을 진행하는 원리이다.
④ **통합의 원리** : 학습을 총합적인 전체로서 지도하는 원리로, 동시 학습 원리와 같다.(통합성 원리)
⑤ **직관의 원리** : 구체적인 사물을 직접 제시하거나 경험시킴으로써 큰 효과를 거둘 수 있다는 원리이다.
⑥ 목적의 원리
⑦ 생활화의 원리
⑧ 과학화의 원리
⑨ 자연화의 원리 등

세부항목 **3. 교육방법**

1. 교육 훈련 기법

(1) 교육지도의 원칙(교육지도 8원칙) 16. 5. 8 ⑦ 18. 9. 15 ⑦ 20. 9. 27 ⑦

1 피교육자 중심의 교육실시
① 교육이나 훈련은 피교육자가 교육내용을 충분히 이해해 주어야만 의미가 있는 것이다.
② 지도자가 아무리 설명을 하고 시범을 보여 주어도 상대방이 그것을 들어 주고 보아주지 않는다면 교육을 하지 않은 것과 마찬가지가 되는 것이다.

2 동기부여를 한다
① 가르치기에 앞서서 우선 상대방으로부터 알려고 하는 의욕이 일어나게 하는 것이 중요하다.
② 가르쳐야 할 교육의 가치를 개인의 이해 관계와 직결시킨다.

3 반복한다
① 지식은 반복에 의해 기억되고, 기억된 것이 신속 정확한 협응동작을 가능케 한다.
② 반복학습을 함으로써 지식, 기술, 기능 및 태도가 몸에 익혀져 향상되는 것이다.

4 쉬운 것에서부터 어려운 것으로 한다
① 지도교육을 행할 때, 상대방이 이해할 수 있는 것
② 행동화할 수 있는 것부터 나가는 것이 필요하며, 그에 따라서 피교육자는 습득의 기쁨, 달성의 기쁨을 얻어 더욱 공부하려는 의욕을 일으킬 것이며
③ 성공감의 부여도 되고 자신과 만족을 획득하여 자기개발의 길도 개척해 나간다.

5 한 번에 한 가지씩을 한다
① 지도교육을 할 때 욕심을 내어 한꺼번에 이것저것 많은 것을 가르치려고 하면 상대방에게 흡수 능력 이상의 것을 강요하기 쉽다.
② 교육의 성과는 양보다 질을 중시한다는 점을 명시해야 할 것이다.

6 인상의 강화
① 특히 중요한 것, 작업상 안전보건에 관계되는 핵심 등은 확실하게 알게 해 둘 필요가 있다.
② 지도자는 그 나름대로 인상을 강화시키는 수단을 강구하지 않으면 안 된다.
③ 그 방법으로서는 교육교재의 연구, 재해사례나 현장 사진 이용, 강조, 반복 설명, 질문, 토의 등의 방법이 있으며 인상의 강화 방법은 다음과 같다.
　㉮ 현장의 사진 제시 또는 교육 전 견학
　㉯ 보조자료의 활용

합격예측

(1) 교육효과순서 17. 5. 7 ㈜
시각 → 청각 → 촉각 → 미각 → 후각(시청촉미후)
(2) 5관의 교육이해도(효과치)
① 시각효과 : 60[%]
② 청각효과 : 20[%]
③ 촉각효과 : 15[%]
④ 미각효과 : 3[%]
⑤ 후각효과 : 2[%]

기능적인 이해를 돕는 방법
① 기억의 강화
② 경솔한 임의 행동 억제
③ 생략 행위의 금지
④ 독자적인 자기만족 억제
⑤ 이상 발견시 응급조치 용이

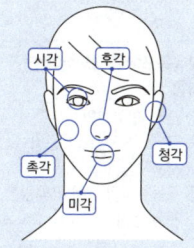

[그림] 오감

Q 은행문제

직무분석을 위한 자료수집 방법에 관한 설명으로 맞는 것은?
19. 4. 27 ⑦
① 관찰법은 직무의 시작에서 종료까지 많은 시간이 소요되는 직무에 적용하기 쉽다.
② 면접법은 자료의 수집에 많은 시간과 노력이 들고, 수량화된 정보를 얻기가 힘들다.
③ 중요사건법은 일상적인 수행에 관한 정보를 수집하므로 해당 직무에 대한 포괄적인 정보를 얻을 수 있다.
④ 설문지법은 많은 사람들로부터 짧은 시간내에 정보를 얻을 수 있으며, 양적인 자료보다 질적인 자료를 얻을 수 있다.

정답 ②

합격예측

지식교육의 4단계

(1) 도입(1단계)
피교육자의 동기부여

(2) 제시(2단계)
① 교재를 보인다, 이야기를 한다.
② 어느 정도 암기하였는가 질문한다.
③ 학습을 위한 과제와 자료를 준다.

(3) 학습반응(3단계)
① 자습시킨다.
② 상호학습

(4) 성과확인(4단계)
① 어느 정도 이해하였는가를 본다.
② 어떠한 잘못을 하였는가를 본다.

교육목표에 포함되어야 할 사항

① 교육 및 훈련의 범위
② 교육 보조자료의 준비 및 사용지침
③ 교육훈련의 의무와 책임한계의 명시

㉰ 사고사례의 제시
㉱ 중요점의 재강조
㉲ 토의과제 제시 및 의견청취
㉳ 속담, 격언과의 연결 및 암시

7 오감(5관)을 활용한다

① 사물을 습득시키기 위해서는 인간의 5가지 감각기관을 각기 목적에 알맞게 될 수 있는 대로 복합적으로 활용하는 것이 바람직하다.

② 인상 강화와 결합된다.

㉮ 5감의 교육효과치 16. 3. 6 [산] 23. 2. 28 [기] 23. 7. 8 [산]

㉠ 시각효과 : 60[%] ㉡ 청각효과 : 20[%] ㉢ 촉각효과 : 15[%]
㉣ 미각효과 : 3[%] ㉤ 후각효과 : 2[%]

㉯ 이해도

㉠ 귀 : 20[%] ㉡ 눈 : 40[%] ㉢ 귀+눈 : 60[%]
㉣ 입 : 80[%] ㉤ 머리+손, 발 : 90[%]

㉰ 감각 기능별 반응시간 17. 5. 7 [산] 23. 2. 28 [기]

㉠ 청각 ㉡ 촉각 ㉢ 시각 ㉣ 미각 ㉤ 통각 : 0.7[초]

[표] 오감의 특징

감각	시간	자극	내용	특징
시각(눈)	0.20초	빛	밝기, 형태, 움직임, 색	정보의 90[%]를 입수
청각(귀)	0.17초	소리	소리의 크기, 높이, 음색 등	모든 방향에서 들어오는 정보를 포착
미각(혀)	0.29초	수용성 화학물질	단맛, 신맛, 쓴맛 등의 맛	시각 및 후각 등 다른 감각과 함께 가능
촉각(피부)	0.18초	기계적 자극, 압력, 온도 자극	촉감, 압력, 통증, 열기	압각, 통각, 온도 감각으로 구분
후각(코)	-	화학물질, 휘발성물질	꽃, 과일, 부패, 약, 수지 등의 냄새	특정 냄새를 맡으면 그 냄새와 관련된 기억이 의도와 상관없이 떠오르게 됨

Q 은행문제

기업조직의 원리 가운데 지시 일원화의 원리를 가장 잘 설명하고 있는 것은?

① 지시에 따라 최선을 다해서 주어진 임무나 기능을 수행하는 것
② 책임을 완수하는 데 필요한 수단을 상사로부터 위임받은 것
③ 언제나 직속 상사에게서만 지시를 받고 특정 부하직원들에게만 지시하는 것
④ 조직의 각 구성원이 가능한 한 가지 특수 직무만을 담당하도록 하는 것

정답 ③

8 기능적인 이해를 돕는다 20. 6. 7 [기]

① 기술교육 과정에서 가장 중요한 것이 바로 기능적인 이해의 증진이다. '왜 그렇게 되어야 하는가?' 하는 문제에 관하여 근거 있게 기능적으로 이해시켜야 한다.

② 무조건 암기식 교육이나 주입식 교육은 오래가지 않으며 기억량이 적을 뿐만 아니라 행동상에도 무리가 오는 법이다.

2. 학습목적의 3요소

(1) 학습의 목적

강의 계획의 처음 단계로 학습목적은 목표, 주제, 학습정도의 3요소로 구성되며, 이 3요소가 학습목적에 반드시 포함되어야 한다. 학습목적은 명확하고 간결하여야 하며, 수강자들의 지식, 경험, 능력, 배경, 요구, 태도 등에 유의하여야 하고, 한정된 기간 내에 강의를 끝낼 수 있도록 작성해야 한다.

(2) 학습의 목적에 포함 사항(학습목적의 3요소) 16. 3. 6 [기] 17. 5. 7 [산] 18. 3. 4 [기] 21. 3. 7 [기] [기] 21. 9. 12 [기]

① 목표(goal)
② 주제(subject)
③ 정도(level of learning)

(3) 학습목적·학습성과

① 학습목적 : '안전의식을 높이기 위한 베르크호프의 재해 정의를 이해한다'
　㉮ 목표 : 안전의식의 고양
　㉯ 주제 : 베르크호프의 재해 정의
　㉰ 학습정도 : 이해한다.
② 학습성과(학습목적을 세분하여 구체적으로 표현) 15. 3. 8 [기]
　㉮ 업무재해요인으로서 재해를 이해한다.
　㉯ 재해발생시 시간, 거리와의 관계를 이해한다.
　㉰ 재해발생의 돌발성을 이해한다.

(4) 안전교육 평가방법 19. 9. 21 [산]

구 분	관찰법			테스트법		
	관 찰	면 접	노 트	질 문	평가 시험	테스트
지 식	○	○	×	○	●	●
기 능	○	×	●	×	×	●
태 도	●	●	×	○	○	×

※ (범례) ● 우수, ○ 보통, × 불량

① 안전교육 평가방법에서 테스트법은 지식교육과 기능교육의 평가방법으로 우수한 반면, 태도교육의 평가방법으로는 불량하다.
② 평가방법은 자료분석법, 상호평가법도 있다.

합격예측

안전보건교육계획의 준비계획에 포함하여야 할 사항
① 교육목표 설정
② 교육대상자 범위결정
③ 교육과정의 결정
④ 교육방법 및 형태 결정
⑤ 교육 보조자료 및 강사, 조교의 편성
⑥ 교육진행사항
⑦ 필요 예산의 산정

학습목적의 3요소
① 목표
② 주제
③ 학습정도의 4요소
인지, 지각, 이해, 적용

안전교육계획에 포함시켜야 할 사항
① 교육목표
② 교육의 종류 및 교육대상
③ 교육의 과목 및 교육내용
④ 교육기간(교육시기)
⑤ 교육방법
⑥ 교육장소
⑦ 교육담당자 및 강사

구안법(project method)의 특징 16. 5. 8 [기] 17. 8. 26 [기] 17. 9. 23 [기] 18. 3. 4 [기] [산]
① 학생이 마음속에 생각하고 있는 것을 외부에 구체적으로 실현하고 형상화하기 위해서 자기 스스로가 계획을 세워 수행하는 학습 활동으로 이루어지는 형태이다.
② Collings는 구안법을 탐험(exploration), 구성(construction), 의사소통(communication), 유희(play), 기술(skill)의 5가지로 지적하고 산업시찰, 견학, 현장실습 등도 이에 해당된다고 하였다.
③ 구안법의 4단계 : 목적결정, 계획수립, 활동(수행), 평가 20. 9. 27 [기] 21. 3. 7 [기]

(5) 학습의 전개과정

① 쉬운 것부터 어려운 것으로 실시
② 과거에서 현재, 미래의 순으로 실시
③ 많이 사용하는 것에서 적게 사용하는 순으로 실시
④ 간단한 것에서 복잡한 것으로 실시

(6) 학습의 정도 : 학습시킬 내용의 범위와 정도 16. 5. 8 [기] 17. 5. 7 [산] 22. 3. 5 [기] 22. 4. 24 [기]

① 인지(to acquaint) ② 지각(to know)
③ 이해(to understand) ④ 적용(to apply)

(7) 학습평가의 기본기준 4가지

① 타당도(성) ② 신뢰도(성)
③ 객관도(성) ④ 실용도(성)

(8) 강의 계획 4단계

① 제1단계 : 학습목적과 학습성과 설정
② 제2단계 : 학습자료 수집 및 체계화
③ 제3단계 : 강의방법 설정
④ 제4단계 : 강의안 작성

(9) 강의안의 작성

① 강의방식이 선정된 뒤에는 효율적으로 강의할 수 있도록 내용을 연구하고 연구가 끝나는 대로 강의안을 작성한다.
② 강의안은 강의계획과 강의내용으로 나누어 작성한다.
　㉮ 강의계획은 강의제목, 학습목적, 학습정리, 강의 보조자료의 순으로 기재한다.
　㉯ 강의내용은 도입, 전개, 종결의 3단계로 분류하여 서술하며, 각 단계의 주요 항목마다 소요시간과 필요한 보조자료를 명기한다.

3. 안전보건교육방법(O.J.T, OFF.J.T)

(1) OJT(On the Job Training) 20. 9. 27 [기]

관리감독자 등 직속상사가 부하직원에 대해서 일상 업무를 통하여 지식, 기능, 문제해결 능력 및 태도 등을 교육훈련하는 방법이며, 개별교육 및 추가지도에 적합하다. ([예] 코칭, 직무순환, 멘토링 등)

합격예측

OJT와 OFF.J.T

① O.J.T(On the Job Training) : 현장중심 교육으로 직속상사가 현장에서 업무상의 개별교육이나 지도훈련을 하는 교육형태이다.
② OFF.J.T(OFF the Job Training) : 계층별 또는 직능별 등과 같이 공통된 교육대상자를 현장외의 한 장소에 모아 집체 교육훈련을 실시하는 교육형태이다.

20. 8. 22 [기] 20. 8. 23 [산]

(1) 안전교육의 기본방향 3가지
① 사고사례 중심의 안전교육
② 안전작업(표준작업)을 위한 안전교육
③ 안전의식 향상을 위한 안전교육

(2) 프로그램 학습법의 장·단점

[장점] 18. 8. 19 [기]
① 기본 개념학습이나 논리적인 학습에 유리하다.
② 지능, 학습속도 등 개인차를 고려할 수 있다.
③ 수업의 모든 단계에 적용이 가능하다.
④ 수강자들이 학습이 가능한 시간대의 폭이 넓다.
⑤ 매 학습마다 피드백을 할 수 있다.
⑥ 학습자의 학습과정을 쉽게 알 수 있다.

[단점] 21. 9. 12 [기]
① 한번 개발된 프로그램 자료는 변경이 어렵다.
② 개발비가 많이 들고 제작과정이 어렵다.
③ 교육 내용이 고정되어 있다.
④ 학습에 많은 시간이 걸린다.
⑤ 집단 사고의 기회가 없다.
⑥ 수강생의 사회성이 결여되기 쉽다.

[표] OJT와 OFF JT 특징

16. 10. 1 기 17. 3. 5 기 17. 5. 7 기 17. 9. 23 산 18. 3. 4 기 18. 8. 19 기 산
18. 9. 15 기 산 19. 3. 3 기 산 19. 4. 27 기 20. 6. 14 산 20. 8. 22 기 21. 3. 7 기
21. 5. 15 기 21. 9. 12 기 22. 3. 5 기 22. 4. 24 기 23. 2. 28 기 23. 5. 13 산

OJT의 특징	OFF JT의 특징
① 개개인에게 적절한 지도훈련이 가능하다.	① 다수의 근로자에게 조직적 훈련을 행하는 것이 가능하다. 25. 2. 7 산
② 직장의 실정에 맞게 구체적이고 실제적 훈련이 가능하다.	② 훈련에만 전념하게 된다.
③ 즉시 업무에 연결되는 관계로 몸과 관련이 있다.	③ 각자 전문가를 강사로 초청하는 것이 가능하다.
④ 훈련에 필요한 업무의 계속성이 끊어지지 않는다.	④ 특별 설비기구를 이용하는 것이 가능하다.
⑤ 효과가 곧 업무에 나타나며 훈련의 좋고 나쁨에 따라 개선이 쉽다.	⑤ 각 직장의 근로자가 많은 지식이나 경험을 교류할 수 있다.
⑥ 훈련효과를 보고 상호 신뢰, 이해도가 높아지는 것이 가능하다.	⑥ 교육훈련목표에 대하여 집단적 노력이 흐트러질 수 있다.

(2) OFF JT(OFF the Job Training) 19. 11. 19 산

공통된 교육목적을 가진 근로자를 일정한 장소에 집합시켜 외부강사를 초청하여 실시하는 방법으로 집합교육에 적합하다.

(3) 교육의 기본 방향

1 교육전개 방법

안전교육은 인간 측면에 대한 사고 예방 수단의 하나인 동시에 안전인간 형성을 위한 항구적인 목표라고도 할 수 있다. 기업의 규모나 특성에 따라 안전교육 방향을 설정하는 데는 차이가 있으나 원칙적으로 다음과 같이 3가지로 기본방향을 정하고 있다.

① 사고사례 중심의 안전교육
② 안전작업(표준작업)을 위한 안전교육
③ 안전의식 향상을 위한 안전교육

2 안전교육목적

① 인간정신의 안전화 ② 행동의 안전화
③ 환경의 안전화 ④ 설비와 물자의 안전화

[표] 안전교육의 기능적 역할

기 능	역 할
• 전달기능 • 경험적응기능 • 습관형성기능	• 안전지식의 함양 • 안전기능의 체득 • 안전태도의 향상

합격예측

기본교육 훈련방식 3가지
① 지식형성 : 제시방식
② 기능숙련 : 실습방식
③ 태도개발 : 참가방식

합격예측

(1) 대집단 토의
  ① 포럼
  ② 심포지엄
  ③ 패널디스커션
(2) 소집단 토의
  ① 브레인 스토밍
  ② 개별지도 토의

● 참고

실연법(Performance method) 19. 3. 3 기
학습자가 이미 설명을 듣거나 시범을 보고 알게 된 지식이나 기능을 교사의 지휘나 감독 아래 연습에 적용을 해보게 하는 교육 방법

합격예측

모의법(Simulation mothod)
실제의 장면이나 상태와 극히 유사한 사태를 인위적으로 만들어 그 속에서 학습토록 하는 교육방법

프로그램학습법(Programmed self-instruction method)
16. 5. 8 기 21. 5. 15 기
① 수업 프로그램이 학습의 원리에 의하여 만들어지고 학생이 자기학습 속도에 따른 학습이 허용되어 있는 상태에서 학습자가 프로그램 자료를 가지고 단독으로 학습토록 교육하는 방법
② 개발비가 많이 드는 것이 단점이다.

세부항목 4. 교육실시 방법

1. 토의식과 강의식 교육

(1) 토의식 교육방법

① **문제법(Problem Method)** : 문제법은 첫째, 문제의 인식, 둘째, 해결방법의 연구계획, 셋째, 자료의 수집, 넷째, 해결방법의 실시, 다섯째, 정리와 결과의 검토 단계를 거친다.(지식, 기능, 태도, 기술 종합교육 등) 19. 4. 27 기 22. 4. 24 기

② **사례연구법(Case Study : Case Method)** : 먼저 사례를 제시하고 문제적 사실들과 그의 상호관계에 대해서 검토하고 대책을 토의한다. 20. 8. 22 기

③ **포럼(Forum : 공개토론회)** : 새로운 자료나 교재를 제시하고 거기서의 문제점을 피교육자로 하여금 제기하게 하거나 의견을 여러 가지 방법으로 발표하게 하고 다시 깊이 파고들어 토의를 행하는 방법이다. 16. 3. 6 기 17. 5. 7 기 17. 9. 23 기 18. 9. 15 기 21. 9. 12 기 23. 6. 4 기 24. 2. 15 기

④ **심포지엄(Symposium)** : 몇 사람의 전문가에 의하여 과제에 관한 견해를 발표하게 한 뒤 참가자로 하여금 의견이나 질문을 하게 하여 토의하는 방법이다.
18. 3. 4 기 18. 9. 15 기 20. 6. 7 기 22. 3. 5 기 23. 7. 8 기 25. 2. 7 기

⑤ **패널 디스커션(Panel Discussion : Workshop)** : 패널 멤버(교육과제에 정통한 전문가 4~5명)가 피교육자 앞에서 자유로이 토의를 하고, 다음에 피교육자 전원이 참가하여 사회자의 사회에 따라 토의하는 방법이다.
16. 3. 6 기 17. 5. 7 산 17. 9. 23 기 18. 3. 4 기 21. 5. 15 기

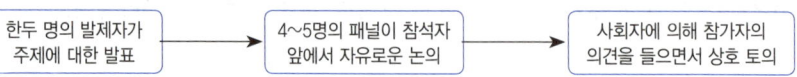

[그림] 패널 디스커션

⑥ **버즈 세션(Buzz Session)** : 6-6회의라고도 하며, 먼저 사회자와 기록계를 선출한 후 나머지 사람은 6명씩의 소집단으로 구분하고, 소집단별로 각각 사회자를 선발하여 6분씩 자유토의를 행하여 의견을 종합하는 방법이다.
16. 3. 6 기 17. 8. 26 기 19. 8. 4 산 23. 2. 28 기

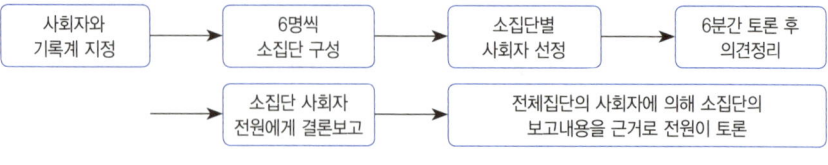

[그림] 버즈 세션 20. 8. 22 기

합격예측

듀이의 사고과정의 5단계
18. 9. 15 기 19. 4. 27 기 20. 6. 7 기

① 1단계 : 시사를 받는다.(suggestion)
② 2단계 : 머리로 생각한다.(intellectualization)
③ 3단계 : 가설을 설정한다.(hypothesis)
④ 4단계 : 추론한다.(reasoning)
⑤ 5단계 : 행동에 의하여 가설을 검토한다.

합격예측

(1) 전이(transference)의 의미
전이란 어떤 내용을 학습한 결과가 다른 학습이나 반응에 영향을 주는 현상을 의미하는 것으로 학습효과를 전이라고도 한다.
17. 5. 7 기 18. 9. 15 산

① 적극적 전이효과 : 선행학습이 다음의 학습에 촉진적, 진취적 효과를 주는 것을 말한다.
② 소극적 전이효과 : 선행학습이 제2의 학습에 방해가 된다든지 학습능률을 감퇴시키는 것을 말한다.

(2) 학습전이의 조건 16. 10. 1 기 17. 9. 23 산 20. 8. 22 기
① 선행학습 학습정도
② 선행학습 유의성
③ 선행학습 시간적 간격
④ 학습자의 태도
⑤ 학습자의 지능

Q 은행문제

1. 일반적으로 태도교육의 효과를 높이기 위하여 취할 수 있는 가장 바람직한 교육방법은?
① 강의식
② 프로그램학습법
③ 토의식
④ 문답식
정답 ③

2. 교육전용시설 또는 그 밖에 교육을 실시하기에 적합한 시설에서 실시하는 교육방법은?
① 집합교육 17. 9. 23 기
② 통신교육
③ 현장교육
④ on-line교육
정답 ①

[표] 토의식 교육과 강의식 교육의 비교 17. 3. 5 [기] 17. 5. 7 [기] 18. 4. 28 [기] 19. 8. 4 [기] 19. 9. 21 [기] 20. 6. 7 [기] 20. 9. 27 [기] 23. 4. 1 [기] 23. 7. 8 [기]

토 의 식	강 의 식
• 교육의 주역은 참가자이다. • 참가자가 자주적, 적극적이 되기 쉽다. • 상호통행적, 상호개발적이다. • 교육내용을 참가자 전원에 철저하게 주의시키기 쉽다. • 중지를 모아 문제의 대책을 검토할 수 있다. • 참가자 개개인에게 동기부여가 쉽다. • 기능적·태도적인 것의 교육이 쉽다. • 발언, 질문하기가 쉬우므로 참가의 만족감이 크다. • 회의의 결론, 결정에 참가자가 납득, 협조하여 목표의 달성 의욕을 높인다. • 참가자 1인당의 피상적 경비는 많아질 수 있으나 효과는 올리기 쉽다.	• 교육의 주역은 강사이다. • 수강자가 의타적, 소극적이 되기 쉽다. • 일방통행적, 개인개발적이다. • 교육내용을 철저하게 주의시키기 어렵다. • 생각이나 원리, 법규 등을 단시간에 체계적, 이론적으로 다수인에게 전달할 수 있다. • 참가자 개개인에 동기부여가 어렵다. • 기능적·태도적인 것의 교육이 어렵다. • 발언, 질문이 어렵고 참여의식이 낮다. • 참가자의 납득, 협조를 얻기 어렵고 목표 달성 의욕도 환기시키기 어렵다. • 강사의 결론, 요청을 타인의 일로 받아들이기 쉽다. • 수강자 1인당 경비는 적으나 교육효과를 올리기 어려운 경우도 있다.

(2) 교수(teaching) 과정 6단계

① 제1단계 : 교수 목록 진술
② 제2단계 : 사전 평가
③ 제3단계 : 보충 과정(특별지도)
④ 제4단계 : 교수 전략 결정
⑤ 제5단계 : 교수 전개(수업 전체)
⑥ 제6단계 : 평가

(3) 하버드(Harvard)학파의 5단계 교수법 18. 4. 28 [산] 19. 3. 3 [산] 20. 8. 22 [기] 20. 9. 27 [기] 23. 5. 13 [산]

① 제1단계 : 준비시킨다.
② 제2단계 : 교시(발표)시킨다.
③ 제3단계 : 연합(조합)한다.
④ 제4단계 : 총괄한다.
⑤ 제5단계 : 응용시킨다.

(4) 안전지도 교육방법의 최적수업 방법 18. 3. 4 [기] 18. 9. 15 [기] 20. 8. 22 [기]

① 도입 : 강의법, 시범법, 반복법(단시간에 많은 내용 교육)
② 정리 : 자율학습법
③ 전개(중간), 정리(마지막) : 반복법, 토의법, 실연법 19. 3. 3 [기]
④ 도입, 전개, 정리 : 프로그램학습법, 모의학습법, 학생상호학습법

(5) 앞(前)에 실시한 교육이 뒤(後)에 실시한 학습을 방해하는 조건

① 앞의 학습이 불완전할 경우
② 앞뒤의 학습내용이 비슷한 경우
③ 뒤의 학습을 앞의 학습 직후에 실시하는 경우
④ 앞의 학습내용을 제어하기 직전에 실시하는 경우

1과목

합격예측

(1) MTP(Management Training Program)
① FEAF(Far East Air Forces)라고도 하며, 대상은 TWI보다 약간 높은 계층을 목표로 하고, TWI와는 달리 관리 문제에 보다 더 치중하고 있다.
② 교육내용 : 관리의 기능, 조직원 원칙, 조직의 운영, 시간관리학습의 원칙과 부하지도법, 훈련의 관리, 신인을 맞이하는 방법과 대행자를 육성하는 요령, 회의의 주관, 작업의 개선, 안전한 작업, 과업관리, 사기앙양 등
③ 한 클라스는 10~15명, 2시간씩 20회에 걸쳐 40시간 훈련하도록 되어 있다.

(2) ATT 교육대상
한 번 교육을 받은 관리자가 그 부하인 감독자가 강사(지도자)가 될 수 있다.

참고

하버드 도서관에 붙어있는 명언
① 공부할 때의 고통은 잠깐이지만 못배운 고통은 평생이다.
② 개같이 공부해서 정승같이 놀자.
③ 실패는 용서해도 포기는 용서 못한다.

[Q] 은행문제

안전교육방법 중 수업의 도입이나 초기단계에 적용하며, 많은 인원에 대하여 단시간에 많은 내용을 동시에 교육하는 경우에 사용되는 방법으로 가장 적절한 것은?

① 시범 ② 반복법
③ 토의법 ④ 강의법

정답 ④

2. 관리감독자 교육

16. 3. 6 ⑦ ⑭ 16. 8. 21 ⑭ 17. 5. 7 ⑭ 17. 8. 26 ⑭
18. 3. 4 ⑦ ⑭ 18. 4. 28 ⑦ 19. 3. 3 ⑦ 19. 8. 4 ⑭
20. 6. 7 ⑦ 22. 3. 5 ⑦ 22. 4. 24 ⑦ 23. 5. 13 ⑭ 23. 2. 28 ⑦

(1) 기업(산업) 내 정형교육(TWI : Training Within Industry)

산업내훈련은 1942년부터 1944년에 걸쳐 직장클래스에 대한 훈련방식으로 미국 정부에 의해 개발되었다. 그 후 영국에서 세계 각국으로 보급되었다.

주로 감독자를 교육대상자로 하며, 감독자는 ① 직무에 관한 지식, ② 책임에 관한 지식, ③ 작업을 가르치는 능력, ④ 작업방법을 개선하는 기능, ⑤ 사람을 다루는 기량의 5가지 요건을 구비해야 한다는 전제하에 ③, ④, ⑤항을 교육내용으로 하며, 전체 교육시간은 10시간으로, 1일 2시간씩 5일간 실시한다. 한 클래스는 10명 정도, 토의식과 실연법을 중심으로 한다. 오늘날은 작업 안전 훈련 과정을 포함하여 4개 과정으로 하고 있다. TWI 교육내용은 다음과 같다. 18. 8. 19 ⑭ 25. 2. 7 ⑭

① 작업 방법 훈련(Job Method Training : JMT) : 작업개선
② 작업 지도 훈련(Job Instruction Training : JIT) : 작업지도·지시
③ 인간 관계 훈련(Job Relations Training : JRT) : 부하 통솔 21. 5. 15 ⑦
④ 작업 안전 훈련(Job Safety Training : JST) : 작업안전

👉 안전작업(Job Safety : JS)은 (사)일본산업훈련협회가 1966년 영국식의 산업내훈련을 검토해서 1969년에 완성하였다. 산업내훈련의 개최자는 처음에는 노동성이었지만 1955년에 일본산업훈련협회가 설립 된 이래 동 협회가 산업내훈련 트레이너 양성 세미나를 개최하고 있다.

① 일을 가르치는 법(Job Instruction : JI)
  ㉮ 제1단계 : 익힐 준비를 시킨다.
  ㉯ 제2단계 : 작업을 설명한다.
  ㉰ 제3단계 : 시켜본다.
  ㉱ 제4단계 : 가르친 후를 본다.
② 개선의 방법(Job Methods : JM)
  ㉮ 제1단계 : 작업을 분해한다.
  ㉯ 제2단계 : 상세하게 자문한다.
  ㉰ 제3단계 : 새로운 방법에 전개한다.
  ㉱ 제4단계 : 새로운 방법을 실시한다.
③ 사람을 다루는 법(Job Relation : JR)
  ㉮ 제1단계 : 사실을 파악한다.
  ㉯ 제2단계 : 잘 생각하고 정한다.
  ㉰ 제3단계 : 조치를 취한다.
  ㉱ 제4단계 : 나중을 확인한다.

④ 안전작업(Job Safety : JS)
    ㉮ 제1단계 : 사고가 되는 요인을 생각한다.
    ㉯ 제2단계 : 대책을 생각하고 정한다.
    ㉰ 제3단계 : 대책을 실시한다.
    ㉱ 제4단계 : 결과를 검토한다.

(2) MTP(Management Training Program) 19. 9. 21 ㉠

한 클래스는 10~15명, 2시간씩 20회에 걸쳐 40시간 훈련하도록 되어 있다.

(3) ATT(American Telephone & Telegraph Company) 16. 3. 6 ㉠ 18. 3. 4 ㉢ 25. 2. 7 ㉢

1차 훈련(1일 8시간씩 2주간), 2차 과정에서는 문제가 발생할 때마다 하도록 되어 있으며, 진행방법은 통상 토의식에 의하여 지도자의 유도로 과제에 대한 의견을 제시하게 하여 결론을 내려가는 방식(한번 훈련 받은 관리자가 그 부하 감독자에 대해 지도원이 될 수 있는 교육 방법)을 취한다. 교육내용은 다음과 같다. 20. 8. 22 ㉠

① 계획적인 감독   ② 인원배치 및 작업의 계획
③ 작업의 감독   ④ 공구와 자료의 보고 및 기록
⑤ 개인작업의 개선 ⑥ 인사관계
⑦ 종업원의 기술향상 ⑧ 훈련
⑨ 안전 등

(4) CCS(Civil Communication Section) 17. 9. 23 ㉠

주로 강의법에 토의법이 가미된 것으로 매주 4일, 4시간씩 8주간(합계 128 시간)에 걸쳐 실시하도록 되어 있다.

[표] case method(사례연구법) 16. 10. 1 ㉠ 17. 8. 26 ㉢

특징	① 사례 해결에 직접 참가하여 해결해 가는 과정에서 판단력을 개발 ② 관련사실의 분석 방법이나 종합적인 상황 판단 ③ 대책 입안 등에 효과적인 방법
장점	① 흥미가 있어 학습동기유발 최적 ② 사물에 대한 관찰력과 분석력 향상 ③ 판단력 및 응용력 향상
단점	① 발표를 할 때나 발표하지 않을 때 원칙과 규칙의 체계적인 습득 필요함 ② 적극적인 참여와 의견의 교환을 위한 리더의 역할이 필요함 ③ 적절한 사례의 확보곤란 및 진행방법에 대한 철저한 연구가 필요함

합격예측

CCS(Civil Communication Section) 17. 9. 23 ㉠ 21. 3. 7 ㉠

① ATP(Administration Training Program)라고도 하며, 당초에는 일부 회사의 톱매니지먼트에 대해서만 행하여졌던 것이 널리 보급된 것이라고 한다.
② 교육내용 : 정책의 수립, 조직(경영부분, 조직형태, 구조 등), 통제(조직통제의 적용, 품질관리, 원가통제의 적용 등) 및 운영(운영조직, 협조에 의한 회사 운영) 등

Q 은행문제

인간의 정보처리 기능 중 그 용량이 7개 내외로 작아, 순간적 망각 등 인적 오류의 원인이 되는 것은? 19. 4. 27 ㉠
① 지각   ② 작업기억
③ 주의력   ④ 감각보관

정답 ②

합격예측

(1) 교육심리학의 정의
교육심리학은 「교육에 관련된 여러 가지 문제를 심리학적으로 연구함에 있어서 교육적인 방향을 목표로 하는 경험과학이며 기술이다.」라고 말할 수 있다.

(2) 행동의 방정식
① S-R : 유기체에 자극을 주면 반응함으로써 새로운 행동이 발달된다. (Thorndike, Pavlov 이론)
② S-O-R : 유기체 스스로가 능동적으로 발산해 보이려는 데 자극을 줌으로써 강화되어 새로운 행동으로 발달한다.(Skinner, Huil 이론)
③ B=f(P.E) : 행동의 발달이란 유기체와 환경과의 상호작용의 결과이다.(Lewin 이론)

합격예측

시행착오설의 학습법칙
① 연습 또는 반복의 법칙 : 모든 학습은 연습을 통하여 진보향상되고 바람직한 행동의 변화를 가져오게 된다.
② 효과의 법칙 : 『결과의 법칙』이라고도 한다. 어떤 일을 계획하고 실천해서 그 결과가 자기에게 만족스러운 상태에 이르면 더욱 그 일을 계속하려는 의욕이 생긴다.
③ 준비성의 법칙 : 준비성이란 학습을 하려고 하는 모든 행동의 준비적 상태를 말한다. 준비성이 사전에 충분히 갖추어진 학습활동은 학습이 만족스럽게 잘되지만, 준비성이 되어 있지 않을 때에는 실패하기 쉽다.

3. 교육심리학(Educational Psychology)의 이해

(1) 파지와 망각 23. 7. 8 ⓐ

1 파지(retention)
과거의 학습경험이 현재와 미래의 행동에 영향을 주는 작용(기억의 단계)

2 망각(forgetting)
① 파지의 행동이 지속되지 않는 것
② 경험내용, 인상 등이 약해지거나 소멸되는 현상

3 기억의 과정 18. 4. 28 ㉠

기명(memorizing) → 파지(retention) → 재생(recall) → 재인(recognition)

① 기억 : 과거의 경험이 어떠한 형태로 미래의 행동에 영향을 주는 작용이라 할 수 있다.
② 기명 : 사물의 인상을 마음에 간직하는 것을 말한다.
③ 파지 : 간직, 인상이 보존되는 것을 말한다.(현재와 미래에 지속) 16. 5. 8 ㉠ 20. 6. 14 ⓐ 21. 9. 12 ㉠
④ 재생 : 보존된 인상이 다시 의식으로 떠오르는 것을 말한다.
⑤ 재인 : 과거에 경험했던 것과 같은 비슷한 상태에 부딪혔을 때 떠오르는 것을 말한다. 16. 10. 1 ㉠ 19. 9. 21 ⓐ

4 망각방지법(파지를 유지하기 위한 방법)
① 적절한 지도 계획을 수립하여 연습을 할 것
② 연습은 학습한 직후에 시키며, 간격을 두고 때때로 연습을 할 것
③ 학습자료는 학습자에게 의미를 알게 질서 있게 학습시킬 것

5 에빙하우스(H. Ebbinghaus)의 망각곡선 이론 16. 3. 6 ㉠

망각곡선에 의하면 학습 직후의 망각률이 가장 높다는 것을 알 수 있고, 1시간 경과 후의 파지율이 44.2[%]이고, 1일(24시간) 후에는 전체의 1/3에 해당하는 33.7[%]이고, 그 후부터는 망각이 완만하여 6일(144시간)이 경과한 뒤에는 파지량이 전체의 1/4 정도인 14.6[%]가 된다.

① 1시간 경과 : 약 50[%] 이상 망각 19. 9. 21 ㉠
② 48시간 경과 : 약 70[%] 이상 망각
③ 31일 경과 : 약 80[%] 이상 망각

> **참고** H.Ebbinghaus(1855~1909) : 기억을 세계 최초로 연구한 독일의 심리학자

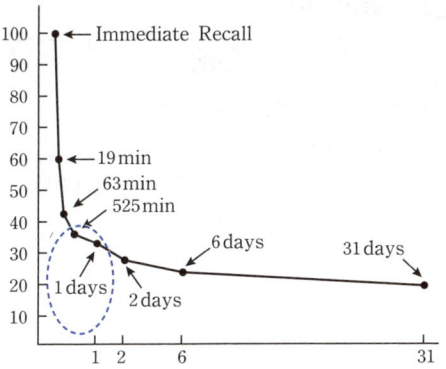

[그림] 에빙하우스 망각곡선(curve of forgetting)

Elapsed time since learning	retention [%]
immediately	100
20 minutes	58
1 hour	44
9 hours	36
1 day	33
2 days	28
6 days	25
31 days	21

(2) 자극과 반응(Stimulus & Response) : S-R 이론

1 Pavlov의 조건반사(반응)설의 학습원리

① 시간의 원리(the time principle)
② 강도의 원리(the intensity principle)
③ 일관성의 원리(the consistency principle)
④ 계속성의 원리(the continuity principle)

2 Thorndike의 시행착오설

① 연습 또는 반복의 법칙(the law of exercise or repetition)
② 효과의 법칙(the law of effect)
③ 준비성의 법칙(the law of readiness)

3 Guthrie : 접근적 조건화설

4 Skinner : 조작적 조건화설

5 전이(transfer)의 조건

① 선행학습의 정도
② 학습자료의 유사성
③ 선행학습과 학습 후의 시간적 간격
④ 학습자의 태도
⑤ 학습자의 지능

[그림] 에드워드 손다이크
(Edward Thorndike, 1874~1949)
미 교육심리학 선구자
예 고양이 실험

[표] 적응기제의 기본형태

방어적 기제		도피적 기제	
• 보 상	• 합리화	• 고 립	• 퇴 행
• 동일시	• 승 화	• 억 압	• 백일몽

참고 I.P.Pavlov : 러시아의 생리학자

합격예측

문제해결법의 단계
① 1단계 : 문제의 인식
② 2단계 : 해결방법의 연구계획
③ 3단계 : 자료의 수집
④ 4단계 : 해결방법의 실시
⑤ 5단계 : 정리와 결과의 검토

합격예측

(1) 조건반사설에 의한 학습이론의 원리
① 시간의 원리 : 조건자극(총소리)이 무조건자극(음식물)보다 시간적으로 동시 또는 조금 앞서서 주어야만 조건화 즉 강화가 잘된다는 원리이다.
② 강도의 원리 : 조건반사적인 행동이 이루어지려면 먼저 준 자극의 정도에 비해 적어도 같거나 보다 강한 자극을 주어야 바람직한 결과를 낳게 된다.
③ 일관성의 원리 : 조건자극은 일관된 자극물을 사용하여야 한다는 원리이다.
④ 계속성의 원리 : 자극과 반응과의 관계를 반복하여 횟수를 거듭할수록 조건화가 잘 형성된다는 원리이다.

(2) 형태설의 구분
① 통찰설 : 쾰러(Köhler)
② 장설 : 레빈(Lewin)
③ 기호형태설 : 톨만(Tolman)

합격예측

기억률 = $\dfrac{\text{최초 기억에 소요된 시간} - \text{그후 기억에 소요된 시간}}{\text{최초 기억에 소요된 시간}} \times 100$

① 기억한 내용은 급속하게 잊어버리게 되지만 시간의 경과와 함께 잊어버리는 비율은 완만해진다.
② 오래되지 않은 기억은 잊어버리기 쉽고 오래 된 기억은 잊어버리기 어렵다.

[표] 전습법과 분습법의 장점

전습법	분습법
• 망각이 적다. • 학습에 필요한 반복이 적다. • 연합이 생긴다. • 시간과 노력이 적다.	• 어린이는 분습법을 좋아한다. • 학습효과가 빨리 나타난다. • 주의와 집중력의 범위를 좁히는 데 적합하다. • 길고 복잡한 학습에 적합하다.

6 망상인격 : 편집성 인격
① 자기 주장이 강함
② 빈약한 대인관계
③ 유머 결핍
④ 과민성, 완고, 질투, 시기심이 강함
⑤ 소외당할시 악의적 행동

7 강박인격
① 완벽주의자로서 항시 만족을 못 느낌
② 엄격하고 지나칠 정도로 양심적
③ 우유부단
④ 욕망 절제
⑤ 기준에 적합하도록 지나치게 신경쓰는 자

8 순환인격
① 외부의 자극과 관계없이 울적한 상태에서 쾌적한 상태로 변하는 데 시간이 오래 걸리는 형
② 명랑한 상태에서는 외향적, 따뜻하고 친하기 쉬운 자로서 정력적이고 적극적인 사람으로 왜곡 판단

9 적응과 역할(Super, D. E.의 역할이론)
① **역할연기(Role playing)** : 자아 탐색인 동시에 자아실현의 수단이다. (예 체험학습)
② **역할기대(Role expectation)** : 자기자신의 역할을 기대하고 감수하는 자는 자기 직업에 충실하다고 본다.
③ **역할조성(Role shaping)** : 여러 가지 역할이 발생시 그 중 어떤 역할에는 불응 또는 거부감을 나타내거나 또 다른 역할에는 적응하여 실현하기 위해 일을 구할 때 발생한다.
④ **역할갈등(Role conflict)** : 작업 중 서로 상반(모순)된 역할이 기대될 경우 갈등이 발생한다.

10 인간의 착상(着想)심리

① 인간의 생각은 건전하다고만 볼 수 없다.
② 대표적인 판단상의 공통적 과오의 실험 결과를 나타낸 것으로서 심리학 전공의 남녀 1,400명(남녀 각각 700명)을 상대로 조사한 것이다.

[표] 착상심리의 실험 결과

잘못 생각하는 내용	남[%]	여[%]
무당은 미래를 예측할 수 있다.	20	21
아래턱이 마른 사람은 의지가 약하다.	20	22
여자는 남자보다 지력이 열등하다.	11	8
인간의 능력은 태어날 때부터 동일하다.	21	24
얼굴을 보면 지능 정도를 알 수 있다.	23	29
민첩한 사람은 느린 사람보다 착오가 많다.	26	26
눈동자가 자주 움직이는 사람은 정직하지 못하다.	23	36

[표] 인지이론의 학습(형태이론)

구분	특징	실험방법	학습원리
통찰설 (Köhler)	문제해결의 목적과 수단의 관계에서 통찰이 성립되어 일어나는 것	① 우회로 실험 (병아리) ② 도구사용 및 도구 조합의 실험 (원숭이와 바나나)	① 문제해결은 갑자기 일어나며 완전하다. ② 통찰에 의한 수행은 원활하고 오류가 없다. ③ 통찰에 의한 문제해결은 상당기간 유지된다. ④ 통찰에 의한 원리는 쉽게 다른 문제에 적용된다.
장이론 (Lewin)	학습에 해당하는 인지구조의 성립 및 변화는 심리적 생활공간(환경영역, 내적·개인적 영역, 내적욕구, 동기 등)에 의한다.		장이란 역동적인 상호관련 체제(형태 자체를 장이라 할 수 있고 인지된 환경은 장으로 생각할 수도 있다.)
기호-형태설 (Tolman)	어떤 구체적인 자극(기호)은 유기체의 측면에서 볼 때 일정한 형의 행동결과로서의 자극대상(의미체)을 도출한다.		형태주의 이론과 행동주의 이론의 혼합

🔻 **참고** 장 피아제(Jean Piaget)의 "인지이론"

인간의 사고, 추리, 문제해결, 지식과 같은 인지과정과 이러한 과정의 발달을 체계적으로 설명하는 장 피아제의 대표되는 이론(동물연구, 4가지 발달단계: 감각운동기-전조작기-구체적조작기-형식적조작기), 스위스철학자, 자연과학자, 발달심리학자

합격예측

전이이론 3가지 18. 9. 15 ㉎
① 동일요소설: 선행학습경험과 새로운 학습경험 사이에 같은 요소가 있을 때에는 서로의 사이에 연합 또는 연결의 현상이 일어난다는 설이다. (E.L.Thorndike)
② 일반화설: 학습자가 하나의 경험을 하면 그것으로 그치는 것이 아니고 다른 비슷한 상황에서 같은 방법이나 태도로 대하려는 경향이 있어서 이것이 효과를 가져와 전이가 이루어진다는 설이다. (C.H.Judd)
③ 형태이조설(移調說): 형태심리학자들이 입증한 학설로 이것은 경험할 때의 심리학적 사태가 대체로 비슷한 경우라면 먼저 학습할 때에 머릿속에 형성되었던 구조가 그대로 옮겨가기 때문에 전이가 이루어진다는 설이다.

합격예측

학습평가도구의 기본적인 기준 4가지 17. 3. 5 ㉎ 22. 4. 24 ㉎
① 타당도: 측정하고자 하는 본래 목적과 일치하느냐의 정도를 나타내는 기준이다.
② 신뢰도: 신용도로서 측정의 오차가 얼마나 작냐를 나타내는 것이다.
③ 객관도: 측정의 결과에 대해 누가 보아도 일치된 의견이 나올 수 있는 성질이다.
④ 실용도: 사용에 편리하고 쉽게 적용시킬 수 있는 기준이 실용도가 높은 것이다.

Q 은행문제

학습경험 조직의 원리와 가장 거리가 먼 것은? 19. 3. 3 ㉎ 23. 7. 8 ㉎
① 가능성의 원리
② 계속성의 원리
③ 계열성의 원리
④ 통합성의 원리

정답 ①

합격예측

기본교육 훈련방식
① 지식형성(knowledge building) : 제시방식
② 기능숙련(skill training) : 실습방식
③ 태도개발(attitude development) : 참가방식

준비성(도)의 의미
① 정신발달의 정도
② 정서적 반응
③ 사회적 발달
④ 생리적 조건
⑤ 학습의 습관

Q 은행문제 16. 5. 8 기

"예측변인이 준거와 얼마나 관련되어 있느냐"를 나타낸 타당도를 무엇이라 하는가?
① 내용타당도
② 준거관련타당도
③ 수렴타당도
④ 구성개념타당도

정답 ②

합격예측

교시법(안전교육훈련의 기술교육)의 4단계 21. 3. 7 기
① 1단계 : 준비단계 (도입 : preparation)
② 2단계 : 일을 해 보이는 단계(실연 : presentation)
③ 3단계 : 일을 시켜보는 단계(실습 : performance)
④ 4단계 : 보습 지도의 단계 (확인 : follow-up)

합격예측

(1) 학과교육의 4단계
도입 → 제시 → 적용 → 확인
(2) 창의력발휘 3요소 16. 3. 6 기
① 전문지식
② 상상력
③ 내적 동기

세부항목 5. 교육내용

1. 안전보건교육의 3단계 및 진행 4단계 17. 5. 7 기 19. 4. 27 기 산 19. 8. 4 기 21. 9. 12 기

(1) 제1단계(지식교육) 16. 10. 1 산
① 강의, 시청각 교육을 통한 지식의 전달과 이해
② 작업의 종류나 내용에 따라 교육범위가 다르다.

(2) 제2단계(기능교육) 17. 8. 26 기 19. 4. 27 기 20. 8. 22 기 20. 9. 27 기 21. 3. 7 기 22. 3. 5 기 22. 3. 5 기
① 교육대상자가 그것을 스스로 행함으로 얻어진다.
② 개인의 반복적 시행착오에 의해서만 얻어진다.
③ 시범, 견학, 실습, 현장실습교육을 통한 경험체득과 이해

(3) 제3단계(태도교육) 16. 10. 1 기 18. 4. 28 기 19. 4. 27 산 19. 9. 21 기 21. 5. 15 기

생활지도, 작업동작지도 등을 통한 안전의 습관화
① 청취한다.　　　　　② 이해, 납득시킨다.
③ 모범(시범)을 보인다.　④ 권장(평가)한다.
⑤ 칭찬한다.　　　　　⑥ 벌을 준다.

[표] 단계별 교육목표 및 내용

단계별	과정	교육목표	내용
1단계 18. 4. 28 기	지식교육	① 안전의식 제고 ② 기능 지식의 주입 ③ 안전의 감수성 향상	① 안전의식을 향상 ② 안전의 책임감을 주입 ③ 기능, 태도 교육에 필요한 기초 지식을 주입 ④ 안전규정 숙지
2단계	기능교육	① 안전작업의 기능 ② 표준작업의 기능 ③ 위험예측 및 응급처치기능	① 전문적 기술기능 ② 안전기술기능 ③ 방호장치 관리기능 ④ 점검·검사장비기능
3단계	태도교육	① 작업 동작의 정확화 ② 공구, 보호구 취급태도의 안전화 ③ 점검태도의 정확화 ④ 언어태도의 안전화 **결론** 안전한 마음가짐을 몸에 익히는 심리적 교육방법 17. 3. 5 산 23. 3. 1 산	① 표준작업방법의 습관화 ② 공구 보호구 취급과 관리 자세의 확립 ③ 작업 전후의 점검·검사요령의 정확한 습관화 ④ 안전작업 지시전달 확인 등 언어태도의 습관화 및 정확화 19. 3. 3 산 21. 3. 7 산 21. 5. 15 기
추후지도	특징	① 지식-기능-태도 교육을 반복 ② 정기적인 OJT 실시 ③ 태도교육훈련 기본방식 : 참가방식 19. 3. 3 기	

(4) 교육진행(훈련) 4단계 순서

단계	교육방법
제1단계 : 도입 (학습할 준비를 시킨다)	• 마음을 안정시킨다. • 무슨 작업을 할 것인가를 말해준다. • 그 작업에 대해 알고 있는 정도를 확인한다. • 작업을 배우고 싶은 의욕을 갖게 한다. • 정확한 위치에 자리잡게 한다.
제2단계 : 제시 (작업을 설명한다)	• 주요 단계를 하나씩 설명해주고, 시범해보이고, 그려보인다. • 급소를 강조한다. • 확실하게, 빠짐없이, 끈기있게 지도한다. • 이해할 수 있는 능력 이상으로 강요하지 않는다.
제3단계 : 적용 (작업을 시켜본다)	• 작업을 시켜보고 잘못을 고쳐준다.(작업습관확립) • 작업을 시키면서 설명하게 한다.(공감) • 다시 한번 시키면서 급소를 말하게 한다. • 확실히 알았다고 할 때까지 확인한다.
제4단계 : 확인 (가르친 뒤 살펴본다)	• 일에 임하도록 한다. • 모르는 것이 있을 때는 물어 볼 사람을 정해둔다. • 질문을 하도록 분위기를 조성한다. • 점차 지도 횟수를 줄여간다.

은행문제

1. 다음 중 작업장에서의 사고예방을 위한 조치로 틀린 것은?
① 모든 사고는 사고 자료가 연구될 수 있도록 철저히 조사되고 자세히 보고되어야 한다.
② 안전의식고취 운동에서의 포스터는 처참한 장면과 함께 부정적인 문구의 사용이 효과적이다.
③ 안전장치는 생산을 방해해서는 안 되고, 그것이 제 위치에 있지 않으면 기계가 작동되지 않도록 설계되어야 한다.
④ 감독자와 근로자는 특수한 기술뿐만 아니라 안전에 대한 태도교육을 받아야 한다.

정답 ②

2. 조직 구성원의 태도는 조직성과와 밀접한 관계가 있다. 태도(attitude)의 3가지 구성 요소에 포함되지 않는 것은?
① 인지적 요소
② 정서적 요소
③ 행동경향 요소
④ 성격적 요소

정답 ④

합격예측

조건반사설의 종류
① 시간의 원리
② 강도의 원리
③ 일관성의 원리
④ 계속성의 원리

안전교육의 3단계
① 1단계 : 지식교육
② 2단계 : 기능교육
③ 3단계 : 태도교육

2. 안전보건교육 교육대상별 교육내용 및 시간

(1) 근로자 채용 시의 교육 및 작업내용 변경시의 교육내용

① 산업안전 및 산업재해 예방에 관한 사항(화재·폭발 사고 발생 시 대피에 관한 사항을 포함한다)
② 산업보건 및 건강장해 예방에 관한 사항
③ 위험성 평가에 관한 사항
④ 산업안전보건법령 및 산업재해보상보험 제도에 관한 사항
⑤ 직무스트레스 예방 및 관리에 관한 사항
⑥ 직장 내 괴롭힘, 고객의 폭언 등으로 인한 건강장해 예방 및 관리에 관한 사항
⑦ 기계·기구의 위험성과 작업의 순서 및 동선에 관한 사항
⑧ 작업 개시 전 점검에 관한 사항
⑨ 정리정돈 및 청소에 관한 사항
⑩ 사고 발생 시 긴급조치에 관한 사항
⑪ 물질안전보건자료에 관한 사항

합격예측

교육의 본질적 기능 4가지

① 인간형성 작용으로서의 교육
 성숙자가 미성숙자를 도와주는 작용이며 이를 인간형성 작용이라고 한다.
 결국 교육이란 미성숙한 인간이 성숙한 인간이 되어 천부의 내재적 소질을 조화롭게 발전시킴으로써 이상적 인간이 되도록 사랑의 힘으로 돕는 일이다.
② 가치형성 작용으로서의 교육
 교육은 아동이 자신의 가치를 형성할 수 있도록 다양한 경험을 통하여 기존의 가치를 체험하고 체득하게 하며, 나아가 자신의 가치를 정립할 수 있도록 도와주어야 한다.
③ 문화전달 및 문화형성 작용으로서의 교육
 교육은 문화전달의 기능을 발휘하고 나아가서 새로운 문화를 창조하는 역할을 수행하는 것이다.
④ 사회화 과정으로서의 교육은 민족이나 국가의 발전과 사회개조에 공헌하는 인간형성을 중시한다.
 교육의 사회적응 기능 – 사회 변화에 순응하는 교육기능, 개인의 사회적응 능력으로서의 기능(교육의 사회 개혁적 기능)

(2) 근로자의 정기안전보건교육내용

① 산업안전 및 산업재해 예방에 관한 사항(화재·폭발 사고 발생 시 대피에 관한 사항을 포함한다)
② 산업보건 및 건강장해 예방에 관한 사항(폭염·한파작업으로 인한 건강장해 발생 시 응급조치에 관한 사항을 포함한다)
③ 위험성 평가에 관한 사항
④ 건강증진 및 질병 예방에 관한 사항
⑤ 유해·위험 작업환경 관리에 관한 사항
⑥ 산업안전보건법령 및 산업재해보상보험 제도에 관한 사항
⑦ 직무스트레스 예방 및 관리에 관한 사항
⑧ 직장 내 괴롭힘, 고객의 폭언 등으로 인한 건강장해 예방 및 관리에 관한 사항

(3) 관리감독자 정기안전보건교육내용

① 산업안전 및 산업재해 예방에 관한 사항(화재·폭발 사고 발생 시 대피에 관한 사항을 포함한다)
② 산업보건 및 건강장해 예방에 관한 사항(폭염·한파작업으로 인한 건강장해 발생 시 응급조치에 관한 사항을 포함한다)
③ 위험성 평가에 관한 사항
④ 유해·위험 작업환경 관리에 관한 사항
⑤ 산업안전보건법령 및 산업재해보상보험 제도에 관한 사항
⑥ 직무스트레스 예방 및 관리에 관한 사항
⑦ 직장 내 괴롭힘, 고객의 폭언 등으로 인한 건강장해 예방 및 관리에 관한 사항
⑧ 작업공정의 유해·위험과 재해 예방대책에 관한 사항
⑨ 사업장 내 안전보건관리체제 및 안전·보건조치 현황에 관한 사항
⑩ 표준안전 작업방법 결정 및 지도·감독 요령에 관한 사항
⑪ 현장근로자와의 의사소통능력 및 강의능력 등 안전보건교육 능력 배양에 관한 사항
⑫ 비상시 또는 재해 발생 시 긴급조치에 관한 사항
⑬ 그 밖의 관리감독자의 직무에 관한 사항

(4) 관리감독자 채용 시 및 작업내용 변경 시 교육내용

① 산업안전 및 산업재해 예방에 관한 사항(화재·폭발 사고 발생 시 대피에 관한 사항을 포함한다)
② 산업보건 및 건강장해 예방에 관한 사항
③ 위험성 평가에 관한 사항
④ 산업안전보건법령 및 산업재해보상보험 제도에 관한 사항
⑤ 직무스트레스 예방 및 관리에 관한 사항
⑥ 직장 내 괴롭힘, 고객의 폭언 등으로 인한 건강장해 예방 및 관리에 관한 사항

⑦ 기계·기구의 위험성과 작업의 순서 및 동선에 관한 사항
⑧ 작업 개시 전 점검에 관한 사항
⑨ 물질안전보건자료에 관한 사항
⑩ 사업장 내 안전보건관리체제 및 안전·보건조치 현황에 관한 사항
⑪ 표준안전 작업방법 결정 및 지도·감독 요령에 관한 사항
⑫ 비상시 또는 재해 발생 시 긴급조치에 관한 사항
⑬ 그 밖의 관리감독자의 직무에 관한 사항

합격예측

단계별 교육시간
16. 5. 8 산 19. 3. 3 기
21. 5. 15 기 21. 8. 14 기

교육법의 4단계	강의식	토의식
1단계 : 도입	5분	5분
2단계 : 제시	40분	10분
3단계 : 적용	10분	40분
4단계 : 확인	5분	5분

[표] 근로자 안전보건교육(제26조제1항, 제28조제1항 관련)

16. 5. 8 산 17. 3. 5 기 산
17. 5. 7 기 18. 3. 4 산
20. 6. 7 산 20. 8. 23 산

교육과정	교육대상		교육시간
(가) 정기교육	1) 사무직 종사 근로자		매반기 6시간 이상
	2) 그 밖의 근로자	가) 판매업무에 직접 종사하는 근로자	매반기 6시간 이상
		나) 판매업무에 직접 종사하는 근로자 외의 근로자	매반기 12시간 이상
(나) 채용 시의 교육	1) 일용근로자 및 근로계약기간이 1주일 이하인 기간제근로자		1시간 이상
	2) 근로계약기간이 1주일 초과 1개월 이하인 기간제근로자		4시간 이상
	3) 그 밖의 근로자		8시간 이상 19. 9. 21 기
(다) 작업내용 변경 시 교육	1) 일용근로자 및 근로계약기간이 1주일 이하인 기간제근로자		1시간 이상 19. 9. 21 산
	2) 그 밖의 근로자		2시간 이상
(라) 특별교육	1) 일용근로자 및 근로계약기간이 1주일 이하인 기간제근로자 : 별표5제1호라목(제39호는 제외한다)에 해당하는 작업에 종사하는 근로자에 한정한다.		2시간 이상
	2) 일용근로자 및 근로계약기간이 1주일 이하인 기간제근로자 : 별표5제1호라목제39호에 해당하는 작업에 종사하는 근로자에 한정한다.		8시간 이상 22. 4. 24 기
	3) 일용근로자 및 근로계약기간이 1주일 이하인 기간제근로자를 제외한 근로자 : 별표5제1호라목에 해당하는 작업에 종사하는 근로자에 한정한다.		가) 16시간 이상(최초 작업에 종사하기 전 4시간 이상 실시하고 12시간은 3개월 이내에서 분할하여 실시 가능) 나) 단기간 작업 또는 간헐적 작업인 경우에는 2시간 이상
(마) 건설업 기초 안전보건교육	건설 일용근로자		4시간 이상 18. 3. 4 기 21. 9. 12 기

합격예측 및 관련법규

17. 8. 26 기 22. 3. 5 기
23. 2. 28 기

제139조(유해·위험작업에 대한 근로시간 제한 등) ① 사업주는 유해하거나 위험한 작업으로서 높은 기압에서 하는 작업 등 대통령령으로 정하는 작업에 종사하는 근로자에게는 1일 6시간, 1주 34시간을 초과하여 근로하게 해서는 아니 된다.
② 사업주는 대통령령으로 정하는 유해하거나 위험한 작업에 종사하는 근로자에게 필요한 안전조치 및 보건조치 외에 작업과 휴식의 적정한 배분 및 근로시간과 관련된 근로조건의 개선을 통하여 근로자의 건강 보호를 위한 조치를 하여야 한다.
예 잠함 잠수작업

합격예측

직무수행 준거가 갖추어야 할 3가지 특성
① 적절성
② 실용성
③ 안정성

Q 은행문제

아담스(Adams)의 형평이론(공평성)에 대한 설명으로 틀린 것은? 19. 4. 27 기

① 성과(outcome)란 급여, 지위, 인정 및 기타 부가 보상 등을 의미한다.
② 투입(input)이란 일반적인 자격, 교육수준, 노력 등을 의미한다.
③ 작업동기는 자신의 투입대비 성과결과만으로 비교한다.
④ 지각에 기초한 이론이므로 자기자신을 지각하고 있는 사람을 개인(person)이라 한다.

정답 ③

[비고] ① 위 표의 적용을 받는 "일용근로자"란 근로계약을 1일 단위로 체결하고 그 날의 근로가 끝나면 근로관계가 종료되어 계속 고용이 보장되지 않는 근로자를 말한다.
② 일용근로자가 위 표의 나목 또는 라목에 따른 교육을 받은 날 이후 1주일 동안 같은 사업장에서 같은 업무의 일용근로자로 다시 종사하는 경우에는 이미 받은 위 표의 나목 또는 라목에 따른 교육을 면제한다.
③ 다음 각 목의 어느 하나에 해당하는 경우는 위 표의 가목부터 라목까지의 규정에도 불구하고 해당 교육과정별 교육시간의 2분의 1 이상을 그 교육시간으로 한다.
　㉮ 영 별표 1 제1호에 따른 사업
　㉯ 상시근로자 50명 미만의 도매업, 숙박 및 음식점업
④ 근로자가 다음 각 목의 어느 하나에 해당하는 안전교육을 받은 경우에는 그 시간만큼 위 표의 가목에 따른 해당 반기의 정기교육을 받은 것으로 본다.
　㉮ 「원자력안전법 시행령」 제148조제1항에 따른 방사선작업종사자 정기교육
　㉯ 「항만안전특별법 시행령」 제5조제1항제2호에 따른 정기안전교육
　㉰ 「화학물질관리법 시행규칙」 제37조제4항에 따른 유해화학물질 안전교육
⑤ 근로자가 「항만안전특별법 시행령」 제5조제1항제1호에 따른 신규안전교육을 받은 때에는 그 시간만큼 위 표의 나목에 따른 채용 시 교육을 받은 것으로 본다.
⑥ 방사선 업무에 관계되는 작업에 종사하는 근로자가 「원자력안전법 시행규칙」 제138조제1항제2호에 따른 방사선작업종사자 신규교육 중 직장교육을 받은 때에는 그 시간만큼 위 표의 라목에 따른 특별교육 중 별표 5 제1호라목의 33.란에 따른 특별교육을 받은 것으로 본다.

[표] 관리감독자 안전보건교육(제26조제1항 관련)

교육과정	교육시간
가. 정기교육	연간 16시간 이상
나. 채용 시 교육	8시간 이상
다. 작업내용 변경 시 교육	2시간 이상
라. 특별교육	16시간 이상(최초 작업에 종사하기 전 4시간 이상 실시하고, 12시간은 3개월 이내에서 분할하여 실시 가능)
	단기간 작업 또는 간헐적 작업인 경우에는 2시간 이상

[표] 특별안전보건교육대상 작업 별 교육내용 16. 3. 6 ㉠ 19. 3. 3 ㉠ 23. 3. 1 ㉠

작업명	교육내용
(1) 고압실 내 작업(잠함공법이나 그 밖의 압기공법으로 대기압을 넘는 기압인 작업실 또는 수갱 내부에서 하는 작업만 해당한다)	• 고기압 장해의 인체에 미치는 영향에 관한 사항 • 작업의 시간·작업방법 및 절차에 관한 사항 • 압기공법에 관한 기초지식 및 보호구 착용에 관한 사항 • 이상 발생 시 응급조치에 관한 사항 • 그 밖에 안전보건관리에 필요한 사항
(2) 아세틸렌용접장치 또는 가스집합용접장치를 사용하는 금속의 용접·용단 또는 가열작업(발생기·도관 등에 의하여 구성되는 용접장치만 해당한다)	• 용접 흄, 분진 및 유해광선 등의 유해성에 관한 사항 • 가스용접기, 압력조정기, 호스 및 취관두 등의 기기점검에 관한 사항 • 작업방법·순서 및 응급처치에 관한 사항 • 안전기 및 보호구 취급에 관한 사항 • 화재 예방 및 초기 대응에 관한 사항 • 그 밖에 안전보건관리에 필요한 사항
(3) 밀폐된 장소(탱크 내 또는 환기가 극히 불량한 좁은 장소를 말한다)에서 하는 용접작업 또는 습한 장소에서 하는 전기용접 장치 19. 4. 27 ㉠ 20. 6. 7 ㉠	• 작업순서, 안전작업방법 및 수칙에 관한 사항 • 환기설비에 관한 사항 • 전격 방지 및 보호구 착용에 관한 사항 • 질식 시 응급조치에 관한 사항 • 작업환경 점검에 관한 사항 • 그 밖에 안전보건관리에 필요한 사항
(4) 폭발성·물반응성·자기반응성·자기발열성 물질, 자연발화성 액체·고체 및 인화성 액체의 제조 또는 취급작업(시험연구를 위한 취급작업은 제외한다)	• 폭발성·물반응성·자기반응성·자기발열성 물질, 자연발화성 액체·고체 및 인화성 액체의 성질이나 상태에 관한 사항 • 폭발 한계점, 발화점 및 인화점 등에 관한 사항 • 취급방법 및 안전수칙에 관한 사항 • 이상 발견 시의 응급처치 및 대피 요령에 관한 사항 • 화기·정전기·충격 및 자연발화 등의 위험방지에 관한 사항 • 작업순서, 취급주의사항 및 방호거리 등에 관한 사항 • 그 밖에 안전보건관리에 필요한 사항
(5) 액화석유가스·수소가스 등 인화성 가스 또는 폭발성 물질 중 가스의 발생장치 취급 작업	• 취급가스의 상태 및 성질에 관한 사항 • 발생장치 등의 위험 방지에 관한 사항 • 고압가스 저장설비 및 안전취급방법에 관한 사항 • 설비 및 기구의 점검 요령 • 그 밖에 안전보건관리에 필요한 사항
(6) 화학설비 중 반응기, 교반기·추출기의 사용 및 세척작업	• 각 계측장치의 취급 및 주의에 관한 사항 • 투시창·수위 및 유량계 등의 점검 및 밸브의 조작주의에 관한 사항 • 세척액의 유해성 및 인체에 미치는 영향에 관한 사항 • 작업 절차에 관한 사항 • 그 밖에 안전보건관리에 필요한 사항
(7) 화학설비의 탱크 내 작업	• 차단장치·정지장치 및 밸브개폐장치의 점검에 관한 사항 • 탱크 내의 산소농도 측정 및 작업환경에 관한 사항 • 안전보호구 및 이상 발생 시 응급조치에 관한 사항 • 작업절차·방법 및 유해·위험에 관한 사항 • 그 밖에 안전보건관리에 필요한 사항

은행문제

1. 직무분석을 위한 정보를 얻는 방법과 거리가 가장 먼 것은? 22. 4. 24 ㉠
① 관찰법   ② 직무수행법
③ 설문지법 ④ 서류함기법

정답 ④

해설 직무분석방법 5가지
① 관찰법   ② 면접법
③ 설문조사법 ④ 작업일지법
⑤ 결정사건법

2. 학습 성취에 직접적인 영향을 미치는 요인과 가장 거리가 먼 것은? 23. 5. 13 ㉠
① 적성   ② 준비도
③ 개인차 ④ 동기유발

정답 ①

해설 학습성취에 직접적인 영향을 미치는 요인
① 준비도 ② 개인차
③ 동기유발

합격예측

(1) 교육법의 4단계
　① 1단계: 도입-학습준비
　② 2단계: 제시-작업설명
　③ 3단계: 적용-실습 및 응용
　④ 4단계: 확인-총괄
(2) 준비성(readiness)
　① 어떤 학습이 효과적으로 이루어질 수 있기 위한 학습자의 준비 상태 또는 정도를 말한다.
　② 어떤 학습에서 성공하기 위한 조건으로서의 학습자의 성숙의 정도를 의미한다.

[표] 준비도의 의미와 요인

준비성(도)의 의미	준비도를 결정하는 요인
• 정신발달의 정도 • 정서적 반응 • 사회적 발달 • 생리적 조건 • 학습의 습관	• 성숙 • 생활연령 • 정신연령 • 경험 • 개인차

합격예측

시청각교육의 필요성 17.3.5 ❸ 20.9.27 ㉮
① 교수의 효율성을 높여줄 수 있다.
② 지식팽창에 따른 교재의 구조화를 기할 수 있다.
③ 인구증가에 따른 대량 수업 체제가 확립될 수 있다.
④ 교사의 개인차에서 오는 교수의 평준화를 기할 수 있다.
⑤ 어떤 사물에 대하여 완전히 이해하려면 현실적이고 구체적인 지각경험을 기초로 해야 한다.
⑥ 사물의 정확한 이해는 건전한 사고력을 유발하고 태도에 영향을 주어 바람직한 인격형성을 시킬 수 있다.

Q 은행문제

교육훈련을 통하여 기업의 차원에서 기대할 수 있는 효과로 옳지 않은 것은? 19.4.27 ㉮
① 리더십과 의사소통기술이 향상된다.
② 작업시간이 단축되어 노동비용이 감소된다.
③ 인적 자원의 관리비용이 증대되는 경향이 있다.
④ 직무만족과 직무충실화로 인하여 직무태도가 개선된다.

정답 ③

작업명	교육내용
(8) 분말·원재료 등을 담은 호퍼·저장창고 등 저장탱크의 내부작업	• 분말·원재료의 인체에 미치는 영향에 관한 사항 • 저장탱크 내부작업 및 복장보호구 착용에 관한 사항 • 작업의 지정·방법·순서 및 작업환경 점검에 관한 사항 • 팬·풍기(風旗) 조작 및 취급에 관한 사항 • 분진 폭발에 관한 사항 • 그 밖에 안전보건관리에 필요한 사항
(9) 다음 각 목에 정하는 설비에 의한 물건의 가열·건조작업 　가. 건조설비 중 위험물 등에 관계되는 설비로 속부피가 1세제곱미터 이상인 것 　나. 건조설비 중 가목의 위험물 등의 물질에 관계되는 설비로서, 연료를 열원으로 사용하는 것(그 최대연소소비량이 매 시간당 10킬로그램 이상인 것만 해당한다) 또는 전력을 열원으로 사용하는 것(정격소비전력이 10킬로와트 이상인 경우만 해당한다)	• 건조설비 내외면 및 기기기능의 점검에 관한 사항 • 복장보호구 착용에 관한 사항 • 건조 시 유해가스 및 고열 등이 인체에 미치는 영향에 관한 사항 • 건조설비에 의한 화재·폭발 예방에 관한 사항
(10) 다음 각 목에 해당하는 집재장치(집재기·가선·운반기구·지주 및 이들에 부속하는 물건으로 구성되고, 동력을 사용하여 원목 또는 장작과 숯을 담아 올리거나 공중에서 운반하는 설비를 말한다)의 조립, 해체, 변경 또는 수리작업 및 이들 설비에 의한 집재 또는 운반작업 　가. 원동기의 정격출력이 7.5킬로와트를 넘는 것 　나. 지간의 경사거리 합계가 350미터 이상인 것 　다. 최대사용하중이 200킬로그램 이상인 것	• 기계의 브레이크 비상정지장치 및 운반경로, 각종 기능 점검에 관한 사항 • 작업시작 전 준비사항 및 작업방법에 관한 사항 • 취급물의 유해·위험에 관한 사항 • 구조상의 이상 시 응급처치에 관한 사항 • 그 밖에 안전보건관리에 필요한 사항
(11) 동력에 의하여 작동되는 프레스기계를 5대 이상 보유한 사업장에서 해당 기계로 하는 작업 17.9.23 ㉮ 20.6.14 ❸	• 프레스의 특성과 위험성에 관한 사항 • 방호장치 종류와 취급에 관한 사항 • 안전작업방법에 관한 사항 • 프레스 안전기준에 관한 사항 • 그 밖에 안전보건관리에 필요한 사항
(12) 목재가공용 기계(둥근톱기계, 띠톱기계, 대패기계, 모떼기기계 및 라우터만 해당하며, 휴대용은 제외한다)를 5대 이상 보유한 사업장에서 해당 기계로 하는 작업	• 목재가공용 기계의 특성과 위험성에 관한 사항 • 방호장치의 종류와 구조 및 취급에 관한 사항 • 안전기준에 관한 사항 • 안전작업방법 및 목재 취급에 관한 사항 • 그 밖에 안전보건관리에 필요한 사항 16.10.1 ㉮

작업명	교육내용
(13) 운반용 등 하역기계를 5대 이상 보유한 사업장에서의 해당 기계로 하는 작업	• 운반하역기계 및 부속설비의 점검에 관한 사항 • 작업순서와 방법에 관한 사항 • 안전운전방법에 관한 사항 • 화물의 취급 및 작업신호에 관한 사항 • 그 밖에 안전보건관리에 필요한 사항
(14) 1톤 이상의 크레인을 사용하는 작업 또는 1톤 미만의 크레인 또는 호이스트를 5대 이상 보유한 사업장에서 해당 기계로 하는 작업	• 방호장치의 종류, 기능 및 취급에 관한 사항 • 걸고리·와이어로프 및 비상정지장치 등의 기계·기구 점검에 관한 사항 • 화물의 취급 및 작업방법에 관한 사항 • 신호방법 및 공동작업에 관한 사항 • 인양 물건의 위험성 및 낙하·비래(飛來)·충돌재해 예방에 관한 사항 • 인양물이 적재될 지반의 조건, 인양하중, 풍압 등이 인양물과 타워크레인에 미치는 영향 • 그 밖에 안전보건관리에 필요한 사항
(15) 건설용 리프트·곤돌라를 이용한 작업	• 방호장치의 기능 및 사용에 관한 사항 • 기계, 기구, 달기체인 및 와이어 등의 점검에 관한 사항 • 화물의 권상·권하 작업방법 및 안전작업지도에 관한 사항 • 기계·기구에 특성 및 동작원리에 관한 사항 • 신호 방법 및 공동 작업에 관한 사항 • 그 밖에 안전보건관리에 필요한 사항
(16) 주물 및 단조작업 21. 9. 12 ⑦	• 고열물의 재료 및 작업환경에 관한 사항 • 출탕·주조 및 고열물의 취급과 안전작업방법에 관한 사항 • 고열작업의 유해·위험 및 보호구 착용에 관한 사항 • 안전기준 및 중량물 취급에 관한 사항 • 그 밖에 안전보건관리에 필요한 사항
(17) 전압이 75볼트 이상인 정전 및 활선작업 16. 10. 1 ⑭ 17. 3. 5 ⑭ 19. 8. 4 ⑭	• 전기의 위험성 및 전격 방지에 관한 사항 • 해당 설비의 보수 및 점검에 관한 사항 • 정전작업·활선작업 시의 안전작업방법 및 순서에 관한 사항 • 절연용 보호구, 절연용 보호구 및 활선작업용 기구 등의 사용에 관한 사항 • 그 밖에 안전보건관리에 필요한 사항
(18) 콘크리트 파쇄기를 사용하여 하는 파쇄작업(2미터 이상인 구축물의 파쇄작업만 해당한다) 22. 3. 5 ⑦	• 콘크리트 해체 요령과 방호거리에 관한 사항 • 작업안전조치 및 안전기준에 관한 사항 • 파쇄기의 조작 및 공통작업신호에 관한 사항 • 보호구 및 방호장비 등에 관한 사항 • 그 밖에 안전보건관리에 필요한 사항
(19) 굴착면의 높이가 2미터 이상이 되는 지반굴착(터널 및 수직갱 외의 갱굴착은 제외한다)작업	• 지반의 형태·구조 및 굴착 요령에 관한 사항 • 지반의 붕괴재해예방에 관한 사항 • 붕괴 방지용 구조물 설치 및 작업방법에 관한 사항 • 보호구의 종류 및 사용에 관한 사항 • 그 밖에 안전보건관리에 필요한 사항
(20) 흙막이 지보공의 보강 또는 동바리를 설치하거나 해체하는 작업	• 작업안전 점검 요령과 방법에 관한 사항 • 동바리의 운반·취급 및 설치 시 안전작업에 관한 사항 • 해체작업 순서와 안전기준에 관한 사항 • 보호구 취급 및 사용에 관한 사항 • 그 밖에 안전보건관리에 필요한 사항

은행문제

교육 대상자수가 많고, 교육 대상자의 학습능력의 차이가 큰 경우 집단안전교육방법으로서 가장 효과적인 방법은? 16. 3. 6 ⑭ 18. 9. 15 ⑦
① 문답식 교육
② 토의식 교육
③ 시청각 교육
④ 상담식 교육

정답 ③

합격예측

하버드학파의 5단계 교수법
① 1단계 : 준비한다.
② 2단계 : 교시한다.
③ 3단계 : 연합한다.
④ 4단계 : 총괄시킨다.
⑤ 5단계 : 응용시킨다.

(1) 아담스의 공정성 이론
① 직무에 있어서 투입에 대한 산출의 비율이 타 종업원과 일치할 때 공정성이 존재하고 불일치할 때 불공정성이 존재한다.
② 불공정성이 지각될 때 공정성 회복을 위해 긴장이 유발되며 불공정성이 클수록 긴장이 커진다.

(2) Z이론(Sven Lundstedt)
맥그리그의 X이론(권위형)과 Y이론(민주형)은 인간해석을 이분화 한 것으로 인간은 그렇게 단순한 것이 아니라 복잡한 면이 있다는 걸 강조하기 위해 Z이론(자유방임형) 제시

(3) Z이론의 인간해석
① 인간은 조직의 규율과 제도의 억압된 상황에서 사는 것을 원치 않는다.
② 인간은 선천적으로 과학적 탐구 정신을 가지고 있어 모든 상황에 의문을 제기하고 실험하여 새로운 것을 발견하고 또 발전시켜 나간다.

(4) 샤인(Edgar.H.Schein)의 복잡한 인간관
시대적 변천에 따른 인간모형의 변화 순서

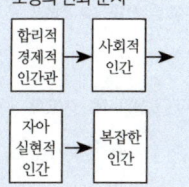

은행문제

1. 안전 교육시 강의안의 작성 원칙에 해당되지 않는 것은? 19. 4. 27 ⑦
① 구체적 ② 논리적
③ 실용적 ④ 추상적

정답 ④

2. 심리검사 종류에 관한 설명으로 맞는 것은? 19. 4. 27 ⑦
① 성격 검사 : 인지능력이 직무 수행을 얼마나 예측하는지 측정한다.
② 신체능력 검사 : 근력, 순발력, 전반적인 신체조정능력, 체력 등을 측정한다.
③ 기계적성 검사 : 기계를 다루는데 있어 예민성, 색채 시각, 청각적 예민성을 측정한다.
④ 지능 검사 : 제시된 진술문에 대하여 어느 정도 동의하는지에 관해 응답하고, 이를 척도 점수로 측정한다.

정답 ②

합격예측

특수형태근로종사자에 대한 최초노무제공 시 교육내용

아래의 내용중 특수형태근로종사자의 직무에 적합한 내용을 교육해야 한다.
① 산업안전 및 산업재해 예방에 관한 사항(화재·폭발 사고 발생 시 대피에 관한 사항을 포함한다)
② 산업보건 및 건강장해 예방에 관한 사항
③ 건강증진 및 질병 예방에 관한 사항
④ 유해·위험 작업환경 관리에 관한 사항
⑤ 산업안전보건법령 및 산업재해보상보험 제도에 관한 사항
⑥ 직무스트레스 예방 및 관리에 관한 사항
⑦ 직장 내 괴롭힘, 고객의 폭언 등으로 인한 건강장해 예방 및 관리에 관한 사항
⑧ 기계·기구의 위험성과 작업의 순서 및 동선에 관한 사항
⑨ 작업 개시 전 점검에 관한 사항
⑩ 정리정돈 및 청소에 관한 사항
⑪ 사고 발생 시 긴급조치에 관한 사항
⑫ 물질안전보건자료에 관한 사항
⑬ 교통안전 및 운전안전에 관한 사항
⑭ 보호구 착용에 관한 사항

작업명	교육내용
(21) 터널 안에서의 굴착작업(굴착용 기계를 사용하여 하는 굴착작업 중 근로자가 칼날 밑에 접근하지 않고 하는 작업은 제외한다) 또는 같은 작업에서의 터널 거푸집 지보공의 조립 또는 콘크리트 작업	• 작업환경의 점검 요령과 방법에 관한 사항 • 붕괴 방지용 구조물 설치 및 안전작업방법에 관한 사항 • 재료의 운반 및 취급·설치의 안전기준에 관한 사항 • 보호구의 종류 및 사용에 관한 사항 • 소화설비의 설치장소 및 사용방법에 관한 사항 • 그 밖에 안전보건관리에 필요한 사항
(22) 굴착면의 높이가 2미터 이상이 되는 암석의 굴착작업	• 폭발물 취급 요령과 대피 요령에 관한 사항 • 안전거리 및 안전기준에 관한 사항 • 방호물의 설치 및 기준에 관한 사항 • 보호구 및 작업신호 등에 관한 사항 • 그 밖에 안전보건관리에 필요한 사항
(23) 높이가 2미터 이상인 물건을 쌓거나 무너뜨리는 작업(하역기계로만 하는 작업은 제외한다)	• 원부재료의 취급방법 및 요령에 관한 사항 • 물건의 위험성·낙하 및 붕괴재해예방에 관한 사항 • 적재방법 및 전도 방지에 관한 사항 • 보호구 착용에 관한 사항 • 그 밖에 안전보건관리에 필요한 사항
(24) 선박에 짐을 쌓거나 부리거나 이동시키는 작업	• 하역 기계·기구의 운전방법에 관한 사항 • 운반·이송경로의 안전작업방법 및 기준에 관한 사항 • 중량물 취급 요령과 신호 요령에 관한 사항 • 작업안전점검과 보호구 취급에 관한 사항 • 그 밖에 안전보건관리에 필요한 사항
(25) 거푸집 동바리의 조립 또는 해체작업	• 동바리의 조립방법 및 작업 절차에 관한 사항 • 조립재료의 취급방법 및 설치기준에 관한 사항 • 조립 해체 시의 사고예방에 관한 사항 • 보호구 착용 및 점검에 관한 사항 • 그 밖에 안전보건관리에 필요한 사항
(26) 비계의 조립·해체 또는 변경작업	• 비계의 조립순서 및 방법에 관한 사항 • 비계작업의 재료 취급 및 설치에 관한 사항 • 추락재해 방지에 관한 사항 • 보호구 착용에 관한 사항 • 비계상부작업 시 최대 적재하중에 관한 사항 • 그 밖에 안전보건관리에 필요한 사항
(27) 건축물의 골조, 다리의 상부구조 또는 탑의 금속제의 부재로 구성되는 것(5미터 이상인 것만 해당한다)의 조립·해체 또는 변경작업	• 건립 및 버팀대의 설치순서에 관한 사항 • 조립 해체 시의 추락재해 및 위험요인에 관한 사항 • 건립용 기계의 조작 및 작업신호방법에 관한 사항 • 안전장비 착용 및 해체순서에 관한 사항 • 그 밖에 안전보건관리에 필요한 사항
(28) 처마 높이가 5미터 이상인 목조건축물의 구조 부재의 조립이나 건축물의 지붕 또는 외벽 밑에서의 설치작업	• 붕괴·추락 및 재해 방지에 관한 사항 • 부재의 강도·재질 및 특성에 관한 사항 • 조립·설치순서 및 안전작업방법에 관한 사항 • 보호구 착용 및 작업점검에 관한 사항 • 그 밖에 안전보건관리에 필요한 사항

작업명	교육내용
(29) 콘크리트 인공구조물(그 높이가 2미터 이상인 것만 해당한다)의 해체 또는 파괴작업	• 콘크리트 해체기계의 점검에 관한 사항 • 파괴 시의 안전거리 및 대피 요령에 관한 사항 • 작업방법·순서 및 신호 요령에 관한 사항 • 해체·파괴 시의 작업안전기준 및 보호구에 관한 사항 • 그 밖에 안전보건관리에 필요한 사항
(30) 타워크레인을 설치(상승작업을 포함한다)·해체하는 작업	• 붕괴·추락 및 재해 방지에 관한 사항 • 설치·해체순서 및 안전작업방법에 관한 사항 • 부재의 구조·재질 및 특성에 관한 사항 • 신호방법 및 요령에 관한 사항 • 이상 발생 시 응급조치에 관한 사항 • 그 밖에 안전보건관리에 필요한 사항
(31) 보일러(소형 보일러 및 다음 각 목에서 정하는 보일러는 제외한다)의 설치 및 취급 작업 가. 몸통 반지름이 750밀리미터 이하이고 그 길이가 1,300밀리미터 이하인 증기보일러 나. 전열면적이 3제곱미터 이하인 증기보일러 다. 전열면적이 14제곱미터 이하인 온수보일러 라. 전열면적이 30제곱미터 이하인 관류보일러	• 기계 및 기기 점화장치 계측기의 점검에 관한 사항 • 열관리 및 방호장치에 관한 사항 • 작업순서 및 방법에 관한 사항 • 그 밖에 안전보건관리에 필요한 사항
(32) 게이지압력을 제곱센티미터당 1킬로그램 이상으로 사용하는 압력용기의 설치 및 취급 작업	• 안전시설 및 안전기준에 관한 사항 • 압력용기의 위험성에 관한 사항 • 용기 취급 및 설치기준에 관한 사항 • 작업안전 점검방법 및 요령에 관한 사항 • 그 밖에 안전보건관리에 필요한 사항
(33) 방사선 업무에 관계되는 작업(의료 및 실험용은 제외한다) 19. 3. 3 ㉠	• 방사선의 유해·위험 및 인체에 미치는 영향 • 방사선의 측정기기 기능의 점검에 관한 사항 • 방호거리·방호벽 및 방사선물질의 취급 요령에 관한 사항 • 응급처치 및 보호구 착용에 관한 사항 • 그 밖에 안전보건관리에 필요한 사항
(34) 밀폐공간에서의 작업 19. 4. 27 ㉠	• 산소농도 측정 및 작업환경에 관한 사항 • 사고 시의 응급처치 및 비상시 구출에 관한 사항 • 보호구 착용 및 사용방법에 관한 사항 • 밀폐공간작업의 안전작업방법에 관한 사항 • 그 밖에 안전보건관리에 필요한 사항
(35) 허가 및 관리 대상 유해물질의 제조 또는 취급작업	• 취급물질의 성질 및 상태에 관한 사항 • 유해물질이 인체에 미치는 영향 • 국소배기장치 및 안전설비에 관한 사항 • 안전작업방법 및 보호구 사용에 관한 사항 • 그 밖에 안전보건관리에 필요한 사항
(36) 로봇작업	• 로봇의 기본원리·구조 및 작업방법에 관한 사항 • 이상 발생 시 응급조치에 관한 사항 • 안전시설 및 안전기준에 관한 사항 • 조작방법 및 작업순서에 관한 사항

합격예측

TBM 진행 3단계
① 1단계 : 도입한다.
② 2단계 : 의견을 내도록 한다.
③ 3단계 : 정리한다.

안전태도교육의 원칙
① 청취한다.
② 이해하고 납득한다.
③ 항상 모범을 보여준다.
④ 권장한다.
⑤ 처벌한다.
⑥ 좋은 지도자를 얻도록 힘쓴다.
⑦ 적정배치를 한다.
⑧ 평가한다.

(1) 집단역학(집단상호간 나타나는 현상)
 ① 권력구조
 ② 조직정치
 ③ 갈등
 ④ 커뮤니케이션 등
(2) Tuckman의 집단 형성 과정
 형성→혼란/갈등→규범화→성취/수행→해체
(3) 루블(Ruble)과 토마스(Thomas) 갈등관리
 ① 경쟁(강요)
 ② 절충
 ③ 수용
 ④ 협동
 ⑤ 회피
(4) 갈등 축소 전략(방법)
 ① 대면
 ② 초월적 목표 설정
 ③ 자원의 확충
 ④ 공통관심사 강조
(5) 갈등 해결 방법(수단)
 ① 분배적 협상 : 자원의 크기 한정시 자기 몫 극대화
 ② 통합적 협상 : 모두 만족, 상호 승리

강의계획의 4단계
① 1단계 : 학습목적과 학습성과의 설정
② 2단계 : 학습자료수집 및 체계화
③ 3단계 : 교수방법의 선정
④ 4단계 : 강의안 작성

합격예측

Kirkpatrick의 교육훈련평가의 4단계 18. 3. 4 ⑦
① 1단계 : 반응단계
② 2단계 : 학습단계
③ 3단계 : 행동단계
④ 4단계 : 결과단계

작업지도기법의 4단계
(1) 제1단계 : 학습할 준비를 시킨다.
  ① 마음을 안정시킨다.
  ② 작업을 배우고 싶은 의욕을 갖게 한다.
  ③ 무슨 작업을 할 것인가를 말해준다.
  ④ 작업에 대해 알고 있는 정도를 확인한다.
  ⑤ 정확한 위치에 자리 잡게 한다.
(2) 제2단계 : 작업을 설명한다.
  ① 주요단계를 하나씩 설명해 주고 시범해 보이고 그려 보인다.
  ② 급소를 강조한다.
  ③ 확실하게 빠짐없이, 끈기 있게 지도한다.
  ④ 이해할 수 있는 능력 이상으로 강요하지 않는다.
(3) 제3단계 : 작업을 시켜본다.
(4) 제4단계 : 가르친 뒤를 살펴본다.

Q 은행문제

다음 중 교육형태의 분류에 있어 가장 적절하지 않은 것은?
① 교육의도에 따라 형식적 교육, 비형식적 교육
② 교육성격에 따라 일반교육, 교양교육, 특수교육
③ 교육방법에 따라 가정교육, 학교교육, 사회교육
④ 교육내용에 따라 실업교육, 직업교육, 고등교육

정답 ③

작업명	교육내용
(37) 석면해체·제거작업	• 석면의 특성과 위험성 • 석면해체·제거의 작업방법에 관한 사항 • 장비 및 보호구 사용에 관한 사항 • 그 밖에 안전보건관리에 필요한 사항
(38) 가연물이 있는 장소에서 하는 화재위험작업	• 작업준비 및 작업절차에 관한 사항 • 작업장 내 위험물, 가연물의 사용·보관·설치 현황에 관한 사항 • 화재위험작업에 따른 인근 인화성 액체에 대한 방호조치에 관한 사항 • 화재위험작업으로 인한 불꽃, 불티 등의 비산(飛散)방지조치에 관한 사항 • 인화성 액체의 증기가 남아 있지 않도록 환기 등의 조치에 관한 사항 • 화재감시자의 직무 및 피난교육 등 비상조치에 관한 사항 • 그 밖에 안전보건관리에 필요한 사항
(39) 타워크레인을 사용하는 작업 시 신호업무를 하는 작업 21. 8. 14 ⑦	• 타워크레인의 기계적 특성 및 방호장치 등에 관한 사항 • 화물의 취급 및 안전작업방법에 관한 사항 • 신호방법 및 요령에 관한 사항 • 인양 물건의 위험성 및 낙하·비래·충돌재해 예방에 관한 사항 • 인양물이 적재될 지반의 조건, 인양하중, 풍압 등이 인양물과 타워크레인에 미치는 영향 • 그 밖에 안전보건관리에 필요한 사항

3. 안전보건관리책임자 등에 대한 교육시간 17. 5. 7 ⑦ 20. 8. 22 ⑦

교육대상	교육시간	
	신규교육	보수교육
① 안전보건관리책임자	6시간 이상	6시간 이상
② 안전관리자, 안전관리전문기관의 종사자	34시간 이상	24시간 이상
③ 보건관리자, 보건관리전문기관의 종사자	34시간 이상	24시간 이상
④ 건설재해예방 전문지도기관의 종사자	34시간 이상	24시간 이상
⑤ 석면조사기관의 종사자	34시간 이상	24시간 이상
⑥ 안전보건관리담당자	–	8시간 이상
⑦ 안전검사기관, 자율안전검사기관의 종사자	34시간 이상	24시간 이상

4. 검사원 성능검사 교육

교육과정	교육대상	교육시간
성능검사 교육	–	28시간 이상

5. 특수형태근로종사자에 대한 안전보건교육

교육과정	교육시간
가. 최초 노무제공 시 교육	2시간 이상(특별교육을 실시한 경우는 면제한다)
나. 특별교육	16시간 이상(최초 작업에 종사하기 전 4시간 이상 실시하고 12시간은 3개월 이내에서 분할하여 실시가능)
	단기간 작업 또는 간헐적 작업인 경우에는 2시간 이상

[표] 건설업 기초안전보건교육에 대한 내용 및 시간

교육내용	소계 4시간
건설공사의 종류(건축·토목 등) 및 시공 절차	1시간
산업재해 유형별 위험요인 및 안전보건조치	2시간
안전보건관리체제 현황 및 산업안전보건 관련 근로자 권리·의무	1시간

[표] 교육훈련기법의 종류 23. 10. 7 실필

종류	기법
강의법	안전지식의 전달방법으로 특히 초보적인 단계에 대해서는 효과가 큰 방법
시범	기능이나 작업과정을 학습시키기 위해 필요로 하는 분명한 동작을 제시하는 방법
반복법	이미 학습한 내용이나 기능을 반복해서 말하거나 실연토록 하는 방법
토의법	10~20인 정도로 초보가 아닌 안전지식과 관리에 대한 유경험자에게 적합한 방법
실연법	이미 설명을 듣고 시범을 보아서 알게 된 지식이나 기능을 교사의 지도 아래 직접 연습을 통해 적용해 보는 방법
프로그램 학습법	학습자가 프로그램 자료를 가지고 단독으로 학습하도록 하는 방법
모의법	실제의 장면이나 상황을 인위적으로 비슷하게 만들어두고 학습하게 하는 방법
구안법 (Project method)	참가자 스스로가 계획을 수립하고 행동하는 실천적인 학습활동 과제에 대한 목표 결정 → 계획수립 → 활동시킨다 → 행동 → 평가

6. 물질안전보건자료에 관한 교육내용

① 대상화학물질의 명칭(또는 제품명)
② 물리적 위험성 및 건강 유해성
③ 취급상의 주의사항
④ 적절한 보호구
⑤ 응급조치 요령 및 사고시 대처방법
⑥ 물질안전보건자료 및 경고표지를 이해하는 방법

합격예측

안전교육의 진행 4단계
① 1단계 : 도입(준비)
② 2단계 : 제시(설명)
③ 3단계 : 적용(응용)
④ 4단계 : 평가(확인)

용어정의

① 전습법(whole method) : 학습재료를 하나의 전체로 묶어서 학습하는 방법이다.
② 분습법(part method) : 학습재료를 작게 나누어서 조금씩 학습하는 방법으로 순수 분습법, 점진적 분습법, 반복적 분습법이 있다.

Q 은행문제

1. 교육훈련 평가의 목적과 관계가 가장 먼 것은? 16. 10. 1 기
① 문제해결을 위하여
② 작업자의 적정배치를 위하여
③ 지도 방법을 개선하기 위하여
④ 학습지도를 효과적으로 하기 위하여
　　정답 ①

2. 조직에서 의사소통망은 조직 내의 구성원들간에 정보를 교환하는 경로구조를 의미하는데, 이 의사소통망의 유형이 아닌 것은? 16. 10. 1 기
① 원형　　② X자형
③ 사슬형　④ 수레바퀴형
　　정답 ②

해설 의사소통망 유형
① 바퀴형(수레바퀴형)
② 원형　　③ 개방형
④ 선형　　⑤ Y형

참고

MSDS란?
① 물질 안전 보건 자료 (Material Safety Data Sheet) : 물질에 관한 여러 가지 정보를 담은 자료를 말한다.
② 물질에 관한 정보는 그 물질의 이름, 성분, 유해성, 위험성, 보관방법, 다룰 때 주의할 점, 필요한 보호구, 몸에 묻거나 먹었을 때 등의 응급조치 등 여러 가지 정보가 포함된다.

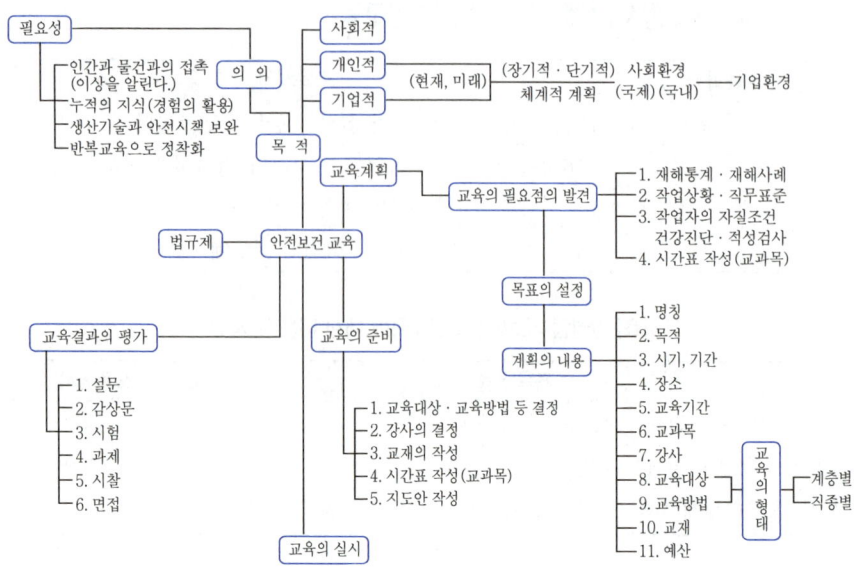

[그림] 안전보건교육의 체계

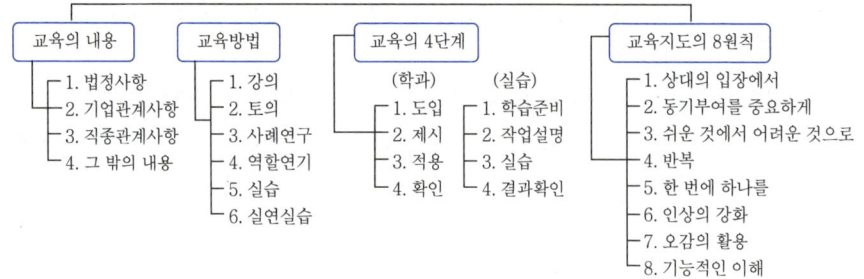

[그림] 안전보건교육(내용, 방법, 단계, 원칙)

7. 교육훈련평가의 4단계(직접효과와 간접효과를 측정)

① 제1단계 : 반응단계(훈련을 어떻게 생각하고 있는가?)
② 제2단계 : 학습단계(어떠한 원칙과 사실 및 기술 등을 배웠는가?)
③ 제3단계 : 행동단계(교육훈련을 통하여 직무수행 상 어떠한 행동의 변화를 가져왔는가?)
④ 제4단계 : 결과단계(교육훈련을 통하여 코스트절감, 품질개선, 안전관리, 생산증대 등에 어떠한 결과를 가져왔는가?)

주요항목 05 안전보건교육의 내용 및 방법 출제예상문제

출제예상문제는 복습, 예습문제로 엮었습니다. *WHY : 실제시험에도 순서에 관계없이 출제됩니다. 예습 후 다음장에 공부한 문제가 있으면 기억이 배가 됩니다.

01 ★★ 안전교육계획을 수립하기 위한 작업순서이다. 필요한 순서가 아닌 것은 어느 것인가? 20. 6. 7 기

① 교육의 필요점을 발견한다.
② 교육대상을 결정한다.
③ 교육을 실시한다.
④ 교육담당자를 정한다.

해설
교육계획의 수립 및 추진순서
① 교육의 필요점을 발견한다.
② 교육대상을 결정하고 그것에 따라 교육내용 및 교육방법을 결정한다.
③ 교육의 준비를 한다.
④ 교육을 실시한다.
⑤ 교육의 성과를 평가한다.

💬 **합격자의 조언**
함정이 있는 문제입니다.

02 ★ 안전교육의 목적을 설명한 것 중 잘못 말한 것은?

① 재해발생에 필요한 요소들을 교육하여 재해방지를 하기 위함
② 생산성이나 품질의 향상에 기여하는 데 필요하기 때문
③ 작업자에게 안정감을 부여하고 기업에 대한 신뢰감을 부여하기 위함
④ 외부에 안전교육 실시를 PR하기 위하여

해설
안전교육의 목적
① 인간정신의 안전화
② 행동의 안전화
③ 환경의 안전화
④ 설비물자의 안전화

03 ★★ 다음 중 교육내용에 속하지 않는 것은?

① 직업 관계 사항   ② 법정 사항
③ 환경의 안전화   ④ 교육대상 및 방법

해설
교육대상과 방법은 교육계획에 포함사항이다.

04 ★★★★★ 다음 중 교육의 3요소가 바르게 나열된 것은?

① 교사-학생-교육재료
② 교사-학생-부모
③ 학생-환경-교육재료
④ 학생-부모-사회지식인

해설
교육의 3요소
① 주체
　㉮ 형식적 : 교도자(강사)
　㉯ 비형식적 : 부모, 형, 선배, 사회인사
② 객체
　㉮ 형식적 : 학생(수강자)
　㉯ 비형식적 : 자녀, 미성숙자
③ 매개체
　㉮ 형식적 : 교재
　㉯ 비형식적 : 환경, 인간관계, 교육내용

05 ★★ 알아야 할 것의 개념형성을 계획하는 교수법의 교육종류는?

① 지식교육   ② 태도교육
③ 문제해결교육   ④ 기능교육

[정답] 01 ④ 02 ④ 03 ④ 04 ① 05 ①

해설

교육의 3단계

종류	내용	생각의 포인트
지식 교육	• 취급기계와 설비의 구조, 기능, 성능의 개념을 이해시킨다. • 재해 발생의 원리를 이해시킨다. • 작업에 필요한 법규, 규정, 기준을 습득시킨다.	알고 싶은 것의 개념을 주지시킨다.
기능 교육	(실기교육) • 작업 방법, 기계장치, 계기류의 조작 행위를 몸으로 습득시킨다. (문제해결의 종류) • 과거, 현재의 문제를 대상으로 하여 사실의 확인과 문제점의 발견, 원인의 탐구로부터 대책을 세우는 순서를 알고 문제 해결의 능력을 향상시킨다.	협력 대응 능력의 육성, 실기를 주체로 행한다.
태도 교육	• 안전작업에 임하는 자세와 동작을 습득시킨다. • 직장 규칙, 안전 규칙을 몸으로 습득시킨다. • 의욕을 가지고 한다.	가치관 형성 교육을 행한다.

06 ★★ 어떤 자극을 받았을 때 그것에 의하여 과거에 기억했던 것들 중에서 어떤 이미지가 환기되어 오는 현상을 무엇이라 하는가?

① 기명(記銘) ② 재생(再生)
③ 연상(聯想) ④ 추상(推想)

해설

파지와 망각
① 파지(retention) : 학습된 행동이 지속되는 것
② 기억 과정 : 기명 → 파지 → 재생 → 재인 → 기억
③ 기명(memorizing) : 새로운 사상(event)이 중추신경에 기록되는 것
④ 재생(recall) : 간직된 기록이 다시 의식적으로 떠오르는 것

07 ★★★ 쌍방적 의사전달(two-way process communication)에 의한 교육방식은?

① 강의식 교육 ② 차트에 의한 교육
③ 토의식 교육 ④ 시청각 교육

해설

강의법과 토의식
① 강의법 : 최적 인원 40~50명, 일방적 방법
② 토의식 : 쌍방적 의사전달 방법, 최적인원은 10~20명이며 적극성, 지도성, 협동성을 가르치는 데 유효하다.

08 ★ 안전교육의 목적을 설명한 것 중 잘못 말한 것은?

① 재해발생에 필요한 요소들을 교육하여 재해방지하기 위함
② 생산성이나 품질의 향상에 기여하는 데 필요하기 때문
③ 작업자에게 안정감을 부여하고 기업에 대한 신뢰감을 부여하기 위함
④ 외부에 안전교육 실시를 PR하기 위하여

해설

교육의 목적이 PR하기 위한 것은 아니다.

09 ★★ 경험한 내용이나 학습된 내용을 다시 생각하여 작업에 적용하지 아니하고 방치함으로써 경험의 내용이나 인상이 약해지거나 소멸되는 현상은?

① 착각 ② 훼손
③ 망각 ④ 단절

해설

기억과 망각
(1) 파지 : 획득한 행동이나 내용이 지속되는 것
(2) 망각 : 지속되지 않고 소실되는 현상
(3) 기억의 과정(기명 → 파지 → 재생 → 재인 → 기억)
  ① 기억 : 과거의 경험이 어떠한 형태로 미래의 행동에 영향을 주는 작용
  ② 기명 : 사물의 인상을 마음속에 간직하는 것
  ③ 재생 : 보존된 인상을 다시 의식으로 떠올리는 것
  ④ 파지 : 인상이 보존되는 것
  ⑤ 재인 : 과거에 경험했던 것과 같은 비슷한 상태에 부딪혔을 때 떠오르는 것을 말한다.
(4) 망각방지법(파지를 유지하기 위한 방법)
  ① 적절한 지도 계획을 수립하여 연습을 할 것
  ② 연습은 학습한 직후에 시키며, 간격을 두고 때때로 연습을 할 것
  ③ 학습자료는 학습자에게 의미를 알게 질서있게 학습시킬 것

10 ★★ 안전교육의 일반적인 내용은 다음 사항들이다. 이 중 알맞지 않은 것은 어느 것인가?

① 기능에 관한 훈련 ② 지식에 관한 훈련
③ 태도에 관한 훈련 ④ 경영에 관한 훈련

[정답] 06 ② 07 ③ 08 ④ 09 ③ 10 ④

[해설]
안전교육의 종류
① 안전지식의 교육 ② 안전기능의 교육 ③ 안전태도의 교육

11 ★★★ 학습목적을 세분하여 구체적으로 결정한 것을 무엇이라 하는가?
① 주제
② 학습목표
③ 학습정도
④ 학습성과

[해설]
학습성과 : 학습목적을 세분하여 구체적으로 한 것

[보충학습]
강의 계획 4단계
① 학습목적과 학습성과의 결정 ② 학습자료의 수집 및 체계화
③ 교수방법선정 ④ 강의안 작성

12 ★★ 안전교육의 목표로서 가장 중요한 것은?
① 안전대책
② 안전척도
③ 안전심리
④ 안전기준

[해설]
안전교육의 목표는 안전행동의 습관화 및 안전척도이다.

13 ★ 훈련 후 직무 성과에 있어 개인차이가 있다. 이 개인차는 개인적 변수에 따라 나타난다. 개인적 변수에 해당되지 않는 것은?
① 신체적 특징
② 개인의 적성
③ 교육과 경험
④ 작업 균형 및 배치

[해설]
작업 균형 및 배치는 전체적, 환경적 특성이다.

14 ★★ 안전교육목표에 포함시켜야 할 사항은 어느 것인가?
① 강의 순서
② 과정 소개
③ 강의 개요
④ 교육 및 훈련의 범위

[해설]
①, ②, ③은 준비 사항이다.

15 ★★★★★ 작업 지도 4단계 기법 중 확실하게, 빠짐없이, 끈기 있게 지도하는 단계는? 19. 9. 21 기 산
① 제1단계 : 학습할 준비를 시킨다.
② 제2단계 : 작업을 설명한다.
③ 제3단계 : 작업을 시켜본다.
④ 제4단계 : 가르친 뒤를 살펴본다.

[해설]
교육지도 4단계

단 계	교 육 방 법
제1단계 (학습할 준비를 시킨다.)	① 마음을 안정시킨다. ② 무슨 작업을 할 것인가를 말해준다. ③ 그 작업에 대해 알고 있는 정도를 확인한다. ④ 작업을 배우고 싶은 의욕을 갖게 한다. ⑤ 정확한 위치에 자리잡게 한다.
제2단계 (작업을 설명한다.)	① 주요 단계를 하나씩 설명해 주고, 시범해 보이고, 그려 보인다. ② 급소를 강조한다. ③ 확실하게, 빠짐없이, 끈기있게 지도한다. ④ 이해할 수 있는 능력 이상으로 강요하지 않는다.
제3단계 (작업을 시켜 본다.)	① 작업을 지켜보고 잘못을 고쳐준다. ② 작업을 시키면서 설명하게 한다. ③ 작업을 시키면서 급소를 말하게 한다. ④ 확실히 알았다고 할 때까지 확인한다.
제4단계 (가르친 뒤 살펴본다.)	① 일에 임하도록 한다. ② 모르는 것이 있을 때에는 물어 볼 사람을 정해둔다. ③ 질문을 하도록 분위기를 조성한다. ④ 점차 지도 횟수를 줄여간다.

16 ★★★★★ 다음 중 자극반응시간(reaction time)이 가장 빠른 순서대로 나열된 것은?
① 청각 – 시각 – 촉각 – 통각
② 시각 – 청각 – 촉각 – 통각
③ 청각 – 촉각 – 시각 – 통각
④ 시각 – 촉각 – 청각 – 통각

[해설]
감각 기능별 반응시간
① 청각 : 0.17[초]   ② 촉각 : 0.18[초]
③ 시각 : 0.20[초]   ④ 미각 : 0.29[초]
⑤ 통각 : 0.7[초]

[정답] 11 ④ 12 ② 13 ④ 14 ④ 15 ② 16 ③

17 경험한 내용이나 학습된 행동을 다시 생각하여 적용하지 아니하고 방치함으로써 경험의 내용이 약해지거나 소멸되는 현상은?

① 착각
② 훼손
③ 망각
④ 단절

해설

파지
(1) 파지(retention)
　과거의 학습경험이 현재와 미래의 행동에 영향을 주는 작용. 즉, 학습이 행동에 지속되는 것
(2) 파지(기억)가 오래 지속되는 순서
　① 기억(기명) : 새로운 사상이 중추신경에 기록되는 것
　② 파지 : 기록이 계속 간직
　③ 재생(recall) : 간직된 기억이 다시 의식으로 떠오르는 것
　④ 재인(recognition) : 재생을 실현할 수 있는 상태

18 다음 중 안전교육이 꼭 필요한 대상과 관계가 먼 것은?

① 회사에 처음 들어온 자
② 위험 작업에 종사하고 있는 자
③ 똑같은 방법으로 안전지식과 기능이 숙달된 자
④ 다른 공장에서 전입되어 온 자

해설

지식과 기능이 숙련된 자도 전혀 교육이 필요하지 않은 것도 아니며 또 꼭 필요한 것도 아니다.

19 다음 중 학습의 목적에 포함되는 내용이 아닌 것은?

① 목표
② 주제
③ 학습정도
④ 학습성과

해설

학습목적
(1) 학습목적 3단계
　① 목표
　② 주제
　③ 학습정도
(2) 학습성과 : 학습목적이 세분된 것

20 학과교육이 4단계의 순서대로 나열된 것은?

① 도입-제시-적용-확인
② 제시-도입-확인-적용
③ 도입-적용-확인-지시
④ 제시-적용-확인-도입

해설

학과교육 4단계
① 제1단계 : 도입(준비)
② 제2단계 : 제시
③ 제3단계 : 적용
④ 제4단계 : 확인(평가)

21 다음 중 전이(transfer)의 조건이 아닌 것은?

① 학습방법
② 학습정도
③ 학습시간
④ 학습내용

해설

전이(transfer)
(1) 전이(transfer)의 의미
　① 한 상황에서 학습이 다른 상황에서의 학습이나 문제 해결에 직접·간접으로 영향을 미치는 것을 전이라 한다.
　② 전이현상은 과거의 경험에 의해 주로 좌우되지만, 학습 방법·학습 자료의 제시 방법·경험을 일반화하는 습관·학습 자료의 유사성·학습태도·학습의 장 등의 영향을 받는다. 따라서 이들이 적절히 조화를 이룰 때에 전이효과도 그만큼 커진다.
　③ 전이란 이전 경험의 결과가 다음 경험을 획득함에 영향을 미치거나, 효과가 옮겨가는 것을 말하는데 전이의 결과는 두 가지가 있다.
　　㉮ 긍정적 전이(positive transfer)는 이전의 학습이 다음 학습을 하는 데 도움을 주는 경우이다. 이를테면 덧셈 학습의 결과가 곱셈을 학습하는 데 도움을 주는 것을 말한다.
　　㉯ 부정적 전이(negative transfer)는 이전의 학습이 다음 학습을 하는 데 방해하거나, 금지하거나, 지체하게 되는 경우를 말한다. 이를테면 한 외래어의 어미 변화를 학습하는 것이 곧이어 행해지는 다른 외래어의 어미 변화 학습에 혼돈을 일으키게 하는 경우이다.
(2) 전이의 이론
　① 형식도야설 : Locke를 중심으로 발달 연습의 효과
　② 동일요소설 : F. L. Thorndike의 태도상의 동일 요소, 절차상의 동일 요소, 내용상의 동일 요소
　③ 일반화설 : 저드(C. H. Judd)
　④ 형태전이설 : 게슈탈트(Gestalt)

[정답] 17 ③　18 ③　19 ④　20 ①　21 ③

22 안전교육을 실시함에 있어 사람의 판단 잘못으로 인하여 일어나는 사고예방을 위한 교육은 무엇에 중점을 두어야 하는가?

① 안전심리   ② 안전태도
③ 안전지식   ④ 안전의식

해설
판단의 잘못은 지식교육이다.

23 인간의 검출능력이 가장 높은 때는?

① 작업시작 후 30분까지
② 30분에서 1시간 사이
③ 1시간에서 2시간 사이
④ 2시간에서 3시간 사이

해설
인간의 검출능력
(1) 작업시작 후 30분에서 40분 사이가 가장 우수하며 점차 떨어져 24시간 이후에는 50[%]가 망각된다.
(2) 에빙하우스의 망각곡선
  ① 1시간 경과 : 50[%] 이상 망각
  ② 2일 경과 : 70[%] 이상 망각
  ③ 1달 이상 : 80[%] 이상 망각

24 다음 그림은 학습시간과 근로자의 과오를 나타낸 것이다. 맞는 것은?

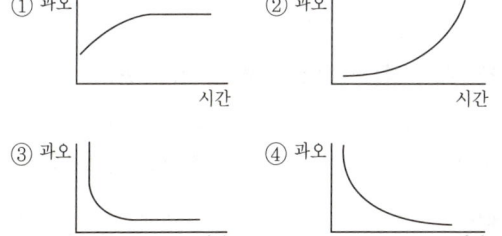

해설
학습시간과 근로자 과오
① 시간이 흐를수록 인간의 실수는 점차 수평으로 줄어든다.
② 자동차의 운전을 생각하면 된다.

25 다음 감각기능 중 반응시간이 제일 빠른 것은?

① 청각   ② 촉각
③ 시각   ④ 미각

해설
반응시간
① 청각 : 0.17[초]   ② 촉각 : 0.18[초]
③ 시각 : 0.20[초]   ④ 미각 : 0.29[초]
⑤ 통각 : 0.70[초]

26 학습의 정도(level of learning)란 주제를 학습시킬 때와 내용의 정도를 뜻한다. 다음 중 학습의 정도의 4단계에 포함되지 않는 것은?

① 인지(to aquaint)
② 이해(to understand)
③ 회상(to recall)
④ 적용(to apply)

해설
학습목적 정도 4단계
① 인지(to acquaint)
② 지각(to know)
③ 이해(to understand)
④ 적용(to apply)

27 교육훈련시 발견 학습적인 관점에서 자료가 필요하다. 그 용도의 자료와 관계가 적은 것은?

① 직접 이해시키는 데 필요한 자료
② 계획에 필요한 자료
③ 탐구에 필요한 자료
④ 발전에 필요한 자료

해설
직접 이해는 탐구가 아닌 즉흥적이다.

💬 **합격자의 조언**
1. 절망속에서도 희망을 잃지 말라. 희망만이 희망을 싹 틔운다.
2. 기쁨 넘치는 노래를 불러라. 그 소리를 듣고 사방팔방에서 몰려든다.
3. 지갑은 돈이 사는 아파트다. 나의 돈을 좋은 아파트에 입주시켜라.

[정답] 22 ③   23 ①   24 ③   25 ①   26 ③   27 ①

28 다음 안전교육방법 중 피교육자의 인간동작과 관련 있는 교육방법은?

① 강의식 ② 토의식
③ 문답식 ④ 실연식

해설

실연법(performance method)
학습자가 이미 설명을 듣거나 시범을 보고 알게 된 지식이나 기능을 교사의 지휘나 감독 아래 직접적으로 연습 적용해 보게 하는 교육 방법

29 학과교육의 4단계 중에서 2단계는?

① 제시 ② 도입
③ 확인 ④ 적용

해설

학과교육과 실습교육
(1) 학과교육의 4단계
 ① 도입   ② 제시(설명)
 ③ 적용(응용) ④ 확인(종합)
(2) 실습교육의 4단계
 ① 학습준비 ② 작업설명
 ③ 실습   ④ 결과시찰

30 태도형성의 기능 4가지에 속하지 않는 것은?

① 자아방위적인 기능 ② 가치표현의 기능
③ 적응기능   ④ 잠재능력의 개발기능

해설

태도형성기능 4가지
① 자아방위적인 기능 ② 가치표현적 기능
③ 적응기능   ④ 지식기능

31 특별안전보건교육 중 로봇작업의 교육내용이 아닌 것은?

① 조립 해체시의 사고예방에 관한 사항
② 이상시 응급조치에 관한 사항
③ 안전시설 및 안전기준에 관한 사항
④ 조작방법 및 작업순서에 관한 사항

해설

로봇의 특별안전교육
① 로봇의 기본원리, 구조 및 작업방법에 관한 사항
② 이상시 응급조치에 관한 사항
③ 안전시설 및 안전기준에 관한 사항
④ 조작방법 및 작업순서에 관한 사항

32 토의식 교육기법에서 가장 많이 시간이 소비되는 단계는?

① 도입단계 ② 제시단계
③ 적용단계 ④ 확인단계

해설

교육진행 4단계 시간배분(60분 교육시)
① 강의식 : 도입(5분) → 제시(40분) → 적용(10분) → 확인(5분)
② 토의식 : 도입(5분) → 제시(10분) → 적용(40분) → 확인(5분)

33 토의진행방법에서의 토의를 통제하는 과정은 몇 단계에서 정해지는가?

① 제1단계 ② 제2단계
③ 제3단계 ④ 제4단계

해설

토의식 교육
(1) 토의진행 4단계 : 준비 → 제시 → 적용 → 평가
(2) 통제단계는 제3단계 적용단계이다.

34 시청각적 학습방법의 장점이 아닌 것은?

① 교수의 평준화 ② 교재의 구조화
③ 개인차의 고려 ④ 대량수업체제 확립

해설

시청각적 방법(audio-visual method)의 장점은 ①, ②, ④ 외 교수의 효율성을 높일 수 있다.

[정답] 28 ④ 29 ① 30 ④ 31 ① 32 ③ 33 ③ 34 ③

35 다음 중 모의법(simulation) 교육의 특징은? 17. 5. 7⑦

① 단위시간당 교육비가 많이 든다.
② 시설의 유지비가 저렴하다.
③ 시간의 소비가 거의 없다.
④ 학생 대 교사의 비율이 낮다.

해설

모의법(simulation method) 교육의 특징
(1) 뜻
  실제의 장면이나 상태와 유사한 장면을 인위적으로 만들어 학습하는 방법
(2) 적용하는 학습
  ① 수업의 모든 단계
  ② 학교수업, 직업교육
  ③ 실제 상태로 위험성이 다를 경우
  ④ 작업조작을 중요시하는 경우
(3) 제약조건
  ① 단위교육비가 비싸고 시간의 소비가 많다.
  ② 시설의 유지비가 비싸다(높다).
  ③ 다른 교육방법에 비하여 학생 대 교사비가 높다.

36 직장규율과 안전규율 등을 몸에 익히기 위하여 실시하는 교육의 종류는 무엇인가?

① 지식교육
② 문제해결교육
③ 기능교육
④ 태도교육

해설

몸과 행동에 관계되는 것은 태도교육이다.

37 다음 중 작업위험분석방법이 아닌 것은?

① 면접법   ② 관찰법
③ 설문지법 ④ 강의법

해설

작업위험분석방법
① 면접법
② 관찰법
③ 설문지법
④ ①+②+③법

38 안전교육의 대상자에 대한 설명 중 틀린 것은?

① 신규 채용자 중 계절 작업자는 교육대상에서 제외한다.
② 작업내용 변경자는 필히 교육대상이 된다.
③ 신규 채용자 중 감시 작업자는 교육대상이 된다.
④ 위험작업 종사자는 교육대상이다.

해설

어떤 근로자도 교육대상에서 제외될 수 없다.

39 강의법에 의한 교육시 최적 수강자 수는?

① 30~50인   ② 50~70인
③ 70~90인   ④ 90~110인

해설

강의방식
① 강의식(40~50명 최적)
② 문답식
③ 문제제시식

40 앞의 학습이 뒤의 학습에 미치는 영향을 무엇이라 하는가?

① 반사(reflex)   ② 반응(reaction)
③ 전이(transfer)   ④ 효과(effect)

해설

전이의 결과 2가지
① 긍정적 전이 : 이전의 학습이 다음 학습에 도움을 주는 경우
② 부정적 전이 : 이전의 학습이 다음 학습에 방해 혹은 금지되는 경우

41 안전교육의 4단계법을 순서대로 연결한 것 중 알맞는 것은?

① 준비 → 제시 → 적용 → 확인
② 준비 → 적용 → 확인 → 제시
③ 제시 → 준비 → 적용 → 확인
④ 확인 → 준비 → 제시 → 적용

[정답] 35 ① 36 ④ 37 ④ 38 ① 39 ① 40 ③ 41 ①

해설
학과교육의 4단계이다.

42 ★★★★ 교육작업 지도기법 중 '이해할 수 있는 능력 이상으로 강요하지 않는다'는 몇 단계에 속하는가?

① 1단계　　② 2단계
③ 3단계　　④ 4단계

해설
제2단계 제시단계의 설명이다.

43 ★★ 훈련의 평가라 함은 그 훈련의 목적을 달성하였는가를 분석하는 것이다. 그런데 교육훈련 평가의 중심 대상인 실적평가에 있어서 직접효과를 측정하는 4단계의 방법을 채택하게 되는데 이 훈련평가의 4단계 중 틀린 것은 어느 것인가?

① 제1단계 – 반응단계
② 제2단계 – 작업단계
③ 제3단계 – 행동단계
④ 제4단계 – 결과단계

해설
제2단계 – 설명단계

44 ★★★ 교육형태에 따라 지도하는 교육자를 기준으로 분류한 협의교수법과 거리가 먼 것은?

① 역할연기법　　② 강의식법
③ 대화식법　　　④ 설명회식법

해설
특수 목적을 이용한 회의방식
(1) role playing(역할연기법) : 참석자에 일정한 역할을 주고 토의시키는 학습방법으로서 흥미와 좋은 자세를 갖게 하며 태도교육에 사용된다.
(2) case method(사례연구법) : 경영교육의 효과적인 방법으로 기업이 도입한 것이며 case의 성질과 검토방법은 다음과 같다.
　① 문제발견능력
　② 문제내용의 비판력
　③ 대책의 입안능력
　④ 종합적인 판단력

45 ★★ 안전화를 이룩하기 위한 안전교육 중 안전교육을 통해 안전행동을 실행해 낼 수 있는 동기를 부여하는 교육은 무엇인가?

① 안전지식교육　　② 안전기능교육
③ 안전태도교육　　④ 안전환경교육

해설
행동의 교정은 태도교육이다.

46 ★★ 다음 안전교육의 방법 중 전개 단계에서 가장 좋은 방법은?

① 시범　　② 강의법
③ 토의법　④ 평가법

해설
학습성과의 순서
① 도입 : 서론부분으로 학습자의 주의력과 관심포착(1시간 강의에서 5분 정도)
② 전개 : 본론으로서 학습의 중요부분
③ 종결 : 강의의 대단원

47 산업안전보건법령상 안전보건개선계획서에 개선을 위하여 포함되어야 하는 중점개선 항목에 해당되지 않는 것은? 21. 5. 15 ㉮

① 시설　　　　　② 안전·보건 관리체제
③ 안전·보건교육　④ 보호구 착용

해설
안전보건개선계획서 중점개선 항목
① 시설
② 안전·보건관리체제
③ 안전·보건교육
④ 산업재해 예방 및 작업환경의 개선

정보제공
산업안전보건법 시행규칙 제61조(안전보건개선계획의 제출 등)

【정답】 42 ②　43 ②　44 ①　45 ③　46 ③　47 ④

48 하버드학파의 학습지도법의 5단계를 바르게 나열한 것은?

① 준비시킨다 – 연합시킨다 – 교시한다 – 총괄시킨다 – 응용시킨다
② 준비시킨다 – 연합시킨다 – 총괄시킨다 – 교시한다 – 응용시킨다
③ 준비시킨다 – 교시한다 – 연합시킨다 – 총괄시킨다 – 응용시킨다
④ 준비시킨다 – 교시한다 – 응용시킨다 – 연합시킨다 – 총괄시킨다

해설
하버드 학파 교수법 5단계
① 준비한다 ② 교시한다 ③ 연합한다
④ 총괄한다 ⑤ 응용한다

49 역할연기(role playing) 교육의 장점이 아닌 것은?

① 의견발표에 자신이 생기고 고찰력이 풍부해진다.
② 관찰능력을 높이고 감수성이 향상된다.
③ 매 반응마다 피드백이 주어지기 때문에 학습자가 흥미를 갖는다.
④ 자기태도에 반성과 창조성이 싹튼다.

해설
역할연기(role playing)
(1) role playing의 장점
 1) ①, ②, ④ 외
 2) 문제에 적극적으로 참가하여 흥미를 갖게 하며, 타인의 장점과 단점이 잘 나타난다.
 3) 사람을 보는 눈이 신중하게 되고, 관대하게 되며 자신의 능력을 알게 된다.
(2) role playing의 단점
 1) 목적이 명확하지 않고 계획적으로 실시하지 않으면 학습에 연계되지 않는다.
 2) 높은 수준의 의사 결정에 대한 훈련을 하는 데는 그다지 효과를 기대할 수 없다.

50 학습평가의 기본적인 기준이 아닌 것은?

① 실용도(實用度)   ② 타당도(妥當度)
③ 습숙도(習熟度)   ④ 신뢰도(信賴度)

해설
학습평가 기본기준
①, ②, ④ 외 객관도

51 인간에 대한 변화 중에 가장 쉽게 변화를 가져올 수 있는 것은 다음 중 어느 것인가?

① 태도의 변화   ② 지식의 변화
③ 행동의 변화   ④ 조직의 성장변화

해설
지식 – 기능 – 태도의 순이다.

52 안전교육의 평가방법으로 가장 적합한 것은?

① 관찰   ② 면접
③ 질문   ④ 테스트

해설
교육의 종류와 학습평가법

평가방법 교육종류	관찰	면접	노트	질문	평가 시험	테스트
지식교육	△	△	×	△	○	○
기능교육	○	×	○	×	×	○
태도교육	○	○	×	△	△	×

※ ○ : 우수, △ : 보통, × : 부적합

53 다음 중 안전기능교육의 3원칙이 아닌 것은?

① 위험작업 규제   ② 준비 상태
③ 인간관계 개선   ④ 안전 표준작업

해설
안전기능교육의 3원칙
① 준비(readiness)기능
② 위험작업의 규제
③ 안전작업 표준화

[정답] 48 ③ 49 ③ 50 ③ 51 ② 52 ④ 53 ③

54 불안전 행동을 예방하기 위하여 수정해야 할 조건의 시간이 짧은 것부터 길게 나타내는 순서대로 올바른 것은?

① 집단행위 – 개인행위 – 태도 – 지식
② 개인행위 – 태도 – 지식 – 집단행위
③ 태도 – 지식 – 집단행위 – 개인행위
④ 지식 – 태도 – 개인행위 – 집단행위

해설
불안전한 행동을 안전 행동으로 바꾸는 순서
지식교육 – 태도교육 – 개인교육 – 집단교육

55 사고예방을 위한 훈련 프로그램에서 다루지 않는 사항은 다음 중 어느 것인가?

① 직무 지식
② 안전에 대한 의식
③ 사고 보고서
④ 생산성 향상

해설
예방의 목적이 생산성 향상은 아니다.

56 안전보건교육은 안전관리 3E 중의 하나이다. 안전교육의 기본 방향이 아닌 것은?

① 사고 중심의 안전보건교육
② 안전 표준작업을 위한 교육
③ 안전의식 고취를 위한 교육
④ 적성 능력 향상을 위한 교육

해설
안전교육으로 적성 능력을 향상시킨다는 것은 불가능하다.

57 다음 교육방법 중 수업의 중간이나 마지막 단계에 행하는 방법은?

① 강의법
② 토의법
③ 프로그램법
④ 실연법

해설
교육기법
① 강의법 : 수업의 도입이나 초기 단계
② 프로그램 : 수업의 모든 단계
③ 토의법 : 수업의 중간이나 마지막 단계에 적합하다.
④ 실연법 : 수업의 중간이나 마지막 단계(단, 적용이 가능하나 토의법보다 효과가 크다.)

58 안전태도교육의 기본과정을 옳게 설명한 순서는?

① 들어본다 → 이해시킨다 → 시범을 보인다 → 평가한다
② 이해시킨다 → 들어본다 → 시범을 보인다 → 평가한다
③ 시범을 보인다 → 이해시킨다 → 들어본다 → 평가한다
④ 들어본다 → 시범을 보인다 → 이해시킨다 → 평가한다

해설
태도교육의 4단계 설명이다.

59 안전관리교육을 위한 교재(敎材) 중 안전작업 분석도표(sheet)는 무엇을 위한 것인가?

① 안전관리기능을 위한 교재
② 안전사상((思想)을 위한 교재
③ 안전관리지식을 위한 교재
④ 안전태도(態度)를 위한 교재

해설
분석도표는 지식교재이다.

60 귀납적인 문제 해결의 방법이나 태도 교육에 많이 활용되고 있는 교육 기법은?

① 단계법
② 교육방법
③ 강의식법
④ 토의식법

[정답] 54 ④ 55 ④ 56 ④ 57 ④ 58 ① 59 ③ 60 ①

[해설]
태도교육
① 작업 동작의 정확화가 필요
② 단계법이 필요

61 교육의 3요소가 아닌 것은?
① 교재 ② 교육방법
③ 수강자 ④ 강사

[해설]
교육의 3요소
① 주체 : 강사
② 객체 : 수강자
③ 매개체 : 교재

62 ★★ 짧은 교육기간에 많은 내용을 전달하기 위해서는 다음 중 어느 교육방법이 적당한가?
① 강의식 ② 문답식
③ 토의식 ④ 질문식

[해설]
강의식은 단시간에 많은 내용의 전달이 가능하다.

63 ★ 다음 중 강의법의 장점이 아닌 것은?
① 여러 가지 수업매체를 동시에 활용할 수 있다.
② 학습자의 태도, 정서 등의 감화를 위한 학습에 효과적이다.
③ 사실, 사상을 시간, 장소의 제한없이 제시할 수 있다.
④ 강사와 학습자가 시간을 효과적으로 이용할 수 있다.

[해설]
④를 할 수 없는 것이 강의법의 단점이다.

64 ★★ 근로자안전보건교육으로 8시간 이상(일용근로자는 1시간 이상) 교육을 실시하여야 하는 교육과정은?
① 정기교육
② 채용 시 교육
③ 작업내용 변경 시 교육
④ 특별교육

[해설]
대상자별 교육시간
(1) 정기교육
　　① 사무직 종사 근로자 : 매반기 6시간 이상
　　② 관리감독자 : 연간 16시간 이상
(2) 신규채용 시 교육 : 8시간 이상(일용근로자 1시간 이상)
(3) 작업내용 변경 시 교육 : 2시간 이상(일용근로자 1시간 이상)
(4) 특별안전보건교육(일용근로자) : 2시간 이상

65 ★★ "위험물의 성질"에 관한 안전교육 지도안을 작성하려고 한다. "제시"에 해당되는 것은?
① 위험정도를 말한다.
② 위험물 취급물질을 설명한다.
③ 문제에 대하여 질문을 받는다.
④ 취급상 제규정을 준수, 확인한다.

[해설]
안전교육법의 4단계
(1) 도입(준비) : ①
(2) 제시(설명) : ②
(3) 적용(응용) : ③
(4) 확인(총괄) : ④

66 ★★ 알고 있는 지식을 심화시키거나 어떠한 자료에 대해 보다 명료한 생각을 갖도록 하기 위하여 실시하는 교육방법은 어느 것인가?
① Lecture method
② Discussion method
③ Performance method
④ Demonstration method

[정답] 61 ② 62 ① 63 ④ 64 ② 65 ② 66 ②

해설

Discussion method(토의법)
① 수업의 중간이나 마지막 단계에 적합
② 학교수업이나 직업훈련의 특정 분야
③ 알고 있는 지식을 심화시키거나 어떠한 자료에 대해 보다 명료한 생각을 갖도록 하는 경우
④ 팀웍이 필요한 경우

67 ★★★ 학습평가의 기본적인 기준이 아닌 것은?

① 실용도(實用度)   ② 타당도(妥當度)
③ 습숙도(習熟度)   ④ 신뢰도(信賴度)

해설

학습평가의 기본적인 기준
① 타당도 : 측정하고자 하는 본래 목적과 일치하느냐의 정도를 나타내는 기준
② 신뢰도 : 신용도로서 측정의 오차가 얼마나 작으냐를 나타내는 것
③ 객관도 : 측정의 결과에 대해 누가 보아도 일치된 의견이 나올 수 있는 성질
④ 실용도 : 사용에 편리하고 쉽게 적용시킬 수 있는 기준이 실용도가 높은 것

보충학습

매슬로가 1954년 발표한 논문 "동기부여와 인간성(Motive and Personality)"에서 인간욕구의 5단계설을 제시하면서 동기부여와 욕구의 변화단계를 말하였다. 그 후 1970년에 자아초월의 욕구를 추가하여 현재는 매슬로 인간욕구 6단계설을 제안하였다.

매슬로의 인간욕구 6단계설
[Maslow's hierarchy of needs(6 categories), 1970]
① 제1단계 : 생리적 욕구(Physiological Needs)
② 제2단계 : 안전의 욕구(Safety security Needs)
③ 제3단계 : 사회적 욕구(Acceptance Needs)
④ 제4단계 : 자아의 욕구(Self-esteem Needs)
⑤ 제5단계 : 자아실현의 욕구(Self-actualization)
⑥ 제6단계 : 자아초월의 욕구(Self-transcendence)
결론 : 자아초월 = 이타정신 = 남을 배려하는 마음

68 건설업 기초안전·보건 교육에 대한 내용 및 시간에서 산업재해 유형별 위험요인 및 안전보건조치는 몇 시간 교육을 실시하는가?

① 1   ② 2
③ 3   ④ 4

해설

건설업 기초안전보건교육에 대한 내용 및 시간

교육내용	소계 4시간
건설공사의 종류(건축·토목 등) 및 시공 절차	1시간
산업재해 유형별 위험요인 및 안전보건조치	2시간
안전보건관리체제 현황 및 산업안전보건 관련 근로자 권리·의무	1시간

69 안전보건관리 담당자의 보수교육시간은?

① 6   ② 8
③ 10   ④ 12

해설

안전보건관리책임자 등에 대한 교육

교육대상	교육시간	
	신규교육	보수교육
안전보건관리책임자	6시간 이상	6시간 이상
안전관리자, 안전관리전문기관의 종사자	34시간 이상	24시간 이상
보건관리자, 보건관리전문기관의 종사자	34시간 이상	24시간 이상
건설재해예방 전문지도기관의 종사자	34시간 이상	24시간 이상
석면조사기관의 종사자	34시간 이상	24시간 이상
안전보건관리담당자	–	8시간 이상
안전검사기관, 자율안전검사기관의 종사자	34시간 이상	24시간 이상

합격자의 조언
1. 불경기에도 돈은 살아서 숨쉰다. 돈의 숨소리에 귀를 기울여라.
2. 값진 곳에 돈을 써라. 돈도 신이 나면 떼지어 몰려온다.

[정답] 67 ③   68 ②   69 ②

주요항목 06 산업안전관계법규

중점 학습내용

대한민국의 산업안전보건법에 관한 법은 근로기준법으로부터 태동되었다.
본 장의 내용은 다음과 같이 NCS 출제기준에 의거 구성하여 이번 산업안전기사 및
산업안전산업기사 시험 합격에 대비하였다.

❶ 산업안전보건법
❷ 산업안전보건법 시행령
❸ 산업안전보건법 시행규칙
❹ 산업안전보건기준에 관한 규칙(각 과목별 수록)
❺ 관련고시 및 지침에 관한 사항(각 과목별 수록)

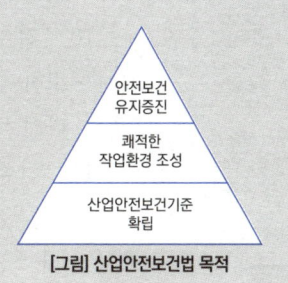

[그림] 산업안전보건법 목적

세부항목

1. 산업안전보건법

[시행 2025. 7. 22.] [법률 제20677호, 2025. 1. 21., 타법 개정]

제1장 총칙

제1조(목적) 이 법은 산업 안전 및 보건에 관한 기준을 확립하고 그 책임의 소재를 명확하게 하여 산업재해를 예방하고 쾌적한 작업환경을 조성함으로써 노무를 제공하는 사람의 안전 및 보건을 유지·증진함을 목적으로 한다.

제2조(정의) 이 법에서 사용하는 용어의 뜻은 다음과 같다.

1. "산업재해"란 노무를 제공하는 사람이 업무에 관계되는 건설물·설비·원재료·가스·증기·분진 등에 의하거나 작업 또는 그 밖의 업무로 인하여 사망 또는 부상하거나 질병에 걸리는 것을 말한다.
2. "중대재해"란 산업재해 중 사망 등 재해 정도가 심하거나 다수의 재해자가 발생한 경우로서 고용노동부령으로 정하는 재해를 말한다.
3. "근로자"란 「근로기준법」 제2조제1항제1호에 따른 근로자를 말한다.
4. "사업주"란 근로자를 사용하여 사업을 하는 자를 말한다.
5. "근로자대표"란 근로자의 과반수로 조직된 노동조합이 있는 경우에는 그 노동조합을, 근로자의 과반수로 조직된 노동조합이 없는경우에는 근로자의 과반수를 대표하는 자를 말한다.
6. "도급"이란 명칭에 관계없이 물건의 제조·건설·수리 또는 서비스의 제공, 그 밖의 업무를 타인에게 맡기는 계약을 말한다.

합격예측 및 관련법규

「근로기준법」

제2조(정의) ① 이 법에서 사용하는 용어의 뜻은 다음과 같다.
1. "근로자"란 직업의 종류와 관계없이 임금을 목적으로 사업이나 사업장에 근로를 제공하는 자를 말한다.
2. "사용자"란 사업주 또는 사업 경영 담당자, 그 밖에 근로자에 관한 사항에 대하여 사업주를 위하여 행위하는 자를 말한다.
3. "근로"란 정신노동과 육체노동을 말한다.
4. "근로계약"이란 근로자가 사용자에게 근로를 제공하고 사용자는 이에 대하여 임금을 지급하는 것을 목적으로 체결된 계약을 말한다.
5. "임금"이란 사용자가 근로의 대가로 근로자에게 임금, 봉급, 그 밖에 어떠한 명칭으로든지 지급하는 일체의 금품을 말한다.
6. "평균임금"이란 이를 산정하여야 할 사유가 발생한 날 이전 3개월 동안에 그 근로자에게 지급된 임금의 총액을 그 기간의 총일수로 나눈 금액을 말한다. 근로자가 취업한 후 3개월 미만인 경우도 이에 준한다.

합격날개

7. "1주"란 휴일을 포함한 7일을 말한다.
8. "소정(所定)근로시간"이란 제50조, 제69조 본문 또는 「산업안전보건법」제46조에 따른 근로시간의 범위에서 근로자와 사용자 사이에 정한 근로시간을 말한다.
9. "단시간근로자"란 1주 동안의 소정근로시간이 그 사업장에서 같은 종류의 업무에 종사하는 통상 근로자의 1주 동안의 소정근로시간에 비하여 짧은 근로자를 말한다.
② 제1항제6호에 따라 산출된 금액이 그 근로자의 통상임금보다 적으면 그 통상임금액을 평균임금으로 한다.

합격예측 및 관련법규

「건설산업기본법」제2조제4호

4. "건설공사"란 토목공사, 건축공사, 산업설비공사, 조경공사, 환경시설공사, 그 밖에 명칭에 관계없이 시설물을 설치·유지·보수하는 공사(시설물을 설치하기 위한 부지조성공사를 포함한다) 및 기계설비나 그 밖의 구조물의 설치 및 해체공사 등을 말한다. 다만, 다음 각 목의 어느 하나에 해당하는 공사는 포함하지 아니한다.
  가. 「전기공사업법」에 따른 전기공사
  나. 「정보통신공사업법」에 따른 정보통신공사
  다. 「소방시설공사업법」에 따른 소방시설공사
  라. 「국가유산수리 등에 관한 법률」에 따른 국가유산수리공사

---

7. "도급인"이란 물건의 제조·건설·수리 또는 서비스의 제공, 그밖의 업무를 도급하는 사업주를 말한다. 다만, 건설공사발주자는 제외한다.
8. "수급인"이란 도급인으로부터 물건의 제조·건설·수리 또는 서비스의 제공, 그 밖의 업무를 도급받은 사업주를 말한다.
9. "관계수급인"이란 도급이 여러 단계에 걸쳐 체결된 경우에 각 단계별로 도급받은 사업주 전부를 말한다.
10. "건설공사발주자"란 건설공사를 도급하는 자로서 건설공사의 시공을 주도하여 총괄·관리하지 아니하는 자를 말한다. 다만, 도급받은 건설공사를 다시 도급하는 자는 제외한다.
11. "건설공사"란 다음 각 목의 어느 하나에 해당하는 공사를 말한다.
    가. 「건설산업기본법」 제2조제4호에 따른 건설공사
    나. 「전기공사업법」 제2조제1호에 따른 전기공사
    다. 「정보통신공사업법」 제2조제2호에 따른 정보통신공사
    라. 「소방시설공사업법」에 따른 소방시설공사
    마. 「국가유산수리 등에 관한 법률」에 따른 국가유산수리공사
12. "안전보건진단"이란 산업재해를 예방하기 위하여 잠재적 위험성을 발견하고 그 개선대책을 수립할 목적으로 조사·평가하는 것을 말한다.
13. "작업환경측정"이란 작업환경 실태를 파악하기 위하여 해당 근로자 또는 작업장에 대하여 사업주가 유해인자에 대한 측정계획을 수립한 후 시료(試料)를 채취하고 분석·평가하는 것을 말한다.

제2장 안전보건관리체제 등

제1절 안전보건관리체제

제14조(이사회 보고 및 승인 등) ① 「상법」 제170조에 따른 주식회사 중 대통령령으로 정하는 회사의 대표이사는 대통령령으로 정하는 바에 따라 매년 회사의 안전 및 보건에 관한 계획을 수립하여 이사회에 보고하고 승인을 받아야 한다.
② 제1항에 따른 대표이사는 제1항에 따른 안전 및 보건에 관한 계획을 성실하게 이행하여야 한다.
③ 제1항에 따른 안전 및 보건에 관한 계획에는 안전 및 보건에 관한 비용, 시설, 인원 등의 사항을 포함하여야 한다.

대상 ① 상시근로자 500명 이상인 회사
② 전년도 시공능력평가액(토목·건축공사업에 한함)순위 상위 1,000위 이내의 건설회사

내용 ① 전년도 안전보건활동실적
② 안전보건경영방침 및 안전보건활동 계획
③ 안전보건관리 체계·인원 및 역할
④ 안전 및 보건에 관한 시설 및 비용

제2절 안전보건관리규정

제25조(안전보건관리규정의 작성) ① 사업주는 사업장의 안전 및 보건을 유지하기 위하여 다음 각 호의 사항이 포함된 안전보건관리규정을 작성하여야 한다. 21. 5. 15 ㉠ 22. 4. 24 ㉠ 23. 6. 4 ㉠

1. 안전 및 보건에 관한 관리조직과 그 직무에 관한 사항
2. 안전보건교육에 관한 사항
3. 작업장의 안전 및 보건 관리에 관한 사항
4. 사고 조사 및 대책 수립에 관한 사항
5. 그 밖에 안전 및 보건에 관한 사항

② 제1항에 따른 안전보건관리규정(이하 "안전보건관리규정"이라 한다)은 단체협약 또는 취업규칙에 반할 수 없다. 이 경우 안전보건관리규정 중 단체협약 또는 취업규칙에 반하는 부분에 관하여는 그 단체협약 또는 취업규칙으로 정한 기준에 따른다.

③ 안전보건관리규정을 작성하여야 할 사업의 종류, 사업장의 상시근로자 수 및 안전보건관리규정에 포함되어야 할 세부적인 내용, 그 밖에 필요한 사항은 고용노동부령으로 정한다.

제3장 안전보건교육

제29조(근로자에 대한 안전보건교육) ① 사업주는 소속 근로자에게 고용노동부령으로 정하는 바에 따라 정기적으로 안전보건교육을 하여야 한다.

② 사업주는 근로자를 채용할 때와 작업내용을 변경할 때에는 그 근로자에게 고용노동부령으로 정하는 바에 따라 해당 작업에 필요한 안전보건교육을 하여야 한다. 다만, 제31조제1항에 따른 안전보건교육을 이수한 건설 일용근로자를 채용하는 경우에는 그러하지 아니하다.

③ 사업주는 근로자를 유해하거나 위험한 작업에 채용하거나 그 작업으로 작업내용을 변경할 때에는 제2항에 따른 안전보건교육 외에 고용노동부령으로 정하는 바에 따라 유해하거나 위험한 작업에 필요한 안전보건교육을 추가로 하여야 한다.

④ 사업주는 제1항부터 제3항까지의 규정에 따른 안전보건교육을 제33조에 따라 고용노동부장관에게 등록한 안전보건교육기관에 위탁할 수 있다.

합격예측 및 관련법규

「전기공사업법」 제2조제1호
1. "전기공사"란 다음 각 목의 어느 하나에 해당하는 설비 등을 설치·유지·보수하는 공사 및 이에 따른 부대공사로서 대통령령으로 정하는 것을 말한다.
  가. 「전기사업법」 제2조제16호에 따른 전기설비
  나. 전력 사용 장소에서 전력을 이용하기 위한 전기계장설비(電氣計裝設備)
  다. 전기에 의한 신호표지
  라. 「신에너지 및 재생에너지 개발·이용·보급 촉진법」 제2조제3호에 따른 신·재생에너지 설비 중 전기를 생산하는 설비
  마. 「지능형전력망의 구축 및 이용촉진에 관한 법률」 제2조제2호에 따른 지능형전력망 중 전기설비

「정보통신공사업법」 제2조제2호
2. "정보통신공사"란 정보통신설비의 설치 및 유지·보수에 관한 공사와 이에 따르는 부대공사(附帶工事)로서 대통령령으로 정하는 공사를 말한다.

「상법」
제170조(회사의 종류) 회사는 합명회사, 합자회사, 유한책임회사, 주식회사와 유한회사의 5종으로 한다.

제4장 유해·위험 방지 조치

제34조(법령 요지 등의 게시 등) 사업주는 이 법과 이 법에 따른 명령의 요지 및 안전보건관리규정을 각 사업장의 근로자가 쉽게 볼 수 있는 장소에 게시하거나 갖추어 두어 근로자에게 널리 알려야 한다.

제5장 도급 시 산업재해 예방

제1절 도급의 제한

제58조(유해한 작업의 도급금지) ① 사업주는 근로자의 안전 및 보건에 유해하거나 위험한 작업으로서 다음 각 호의 어느 하나에 해당하는 작업을 도급하여 자신의 사업장에서 수급인의 근로자가 그 작업을 하도록 해서는 아니 된다.
  1. 도금작업
  2. 수은, 납 또는 카드뮴을 제련, 주입, 가공 및 가열하는 작업
  3. 제118조제1항에 따른 허가대상물질을 제조하거나 사용하는 작업

② 사업주는 제1항에도 불구하고 다음 각 호의 어느 하나에 해당하는 경우에는 제1항 각 호에 따른 작업을 도급하여 자신의 사업장에서 수급인의 근로자가 그 작업을 하도록 할 수 있다.
  1. 일시·간헐적으로 하는 작업을 도급하는 경우
  2. 수급인이 보유한 기술이 전문적이고 사업주(수급인에게 도급을 한 도급인으로서의 사업주를 말한다)의 사업 운영에 필수 불가결한 경우로서 고용노동부장관의 승인을 받은 경우

③ 사업주는 제2항제2호에 따라 고용노동부장관의 승인을 받으려는 경우에는 고용노동부령으로 정하는 바에 따라 고용노동부장관이 실시하는 안전 및 보건에 관한 평가를 받아야 한다.

④ 제2항제2호에 따른 승인의 유효기간은 3년의 범위에서 정한다.

⑤ 고용노동부장관은 제4항에 따른 유효기간이 만료되는 경우에 사업주가 유효기간의 연장을 신청하면 승인의 유효기간이 만료되는 날의 다음 날부터 3년의 범위에서 고용노동부령으로 정하는 바에 따라 그 기간의 연장을 승인할 수 있다. 이 경우 사업주는 제3항에 따른 안전 및 보건에 관한 평가를 받아야 한다.

⑥ 사업주는 제2항제2호 또는 제5항에 따라 승인을 받은 사항 중 고용노동부령으로 정하는 사항을 변경하려는 경우에는 고용노동부령으로 정하는 바에 따라 변경에 대한 승인을 받아야 한다.

⑦ 고용노동부장관은 제2항제2호, 제5항 또는 제6항에 따라 승인, 연장승인 또는 변경승인을 받은 자가 제8항에 따른 기준에 미달하게 된 경우에는 승인, 연장승인 또는 변경승인을 취소하여야 한다.

⑧ 제2항제2호, 제5항 또는 제6항에 따른 승인, 연장승인 또는 변경승인의 기준·절차 및 방법, 그 밖에 필요한 사항은 고용노동부령으로 정한다.

제2절 도급인의 안전조치 및 보건조치

제62조(안전보건총괄책임자) ① 도급인은 관계수급인 근로자가 도급인의 사업장에서 작업을 하는 경우에는 그 사업장의 안전보건관리책임자를 도급인의 근로자와 관계수급인 근로자의 산업재해를 예방하기 위한 업무를 총괄하여 관리하는 안전보건총괄책임자로 지정하여야 한다. 이 경우 안전보건관리책임자를 두지 아니하여도 되는 사업장에서는 그 사업장에서 사업을 총괄하여 관리하는 사람을 안전보건총괄책임자로 지정하여야 한다.

② 제1항에 따라 안전보건총괄책임자를 지정한 경우에는 「건설기술 진흥법」제64조제1항제1호에 따른 안전총괄책임자를 둔 것으로 본다.

③ 제1항에 따라 안전보건총괄책임자를 지정하여야 하는 사업의 종류와 사업장의 상시근로자 수, 안전보건총괄책임자의 직무·권한, 그 밖에 필요한 사항은 대통령령으로 정한다.

제3절 건설업 등의 산업재해 예방

제67조(건설공사발주자의 산업재해 예방 조치) ① 대통령령으로 정하는 건설공사의 건설공사발주자는 산업재해 예방을 위하여 건설공사의 계획, 설계 및 시공 단계에서 다음 각 호의 구분에 따른 조치를 하여야 한다.

1. 건설공사 계획단계 : 해당 건설공사에서 중점적으로 관리하여야 할 유해·위험요인과 이의 감소방안을 포함한 기본안전보건대장을 작성할 것
2. 건설공사 설계단계 : 제1호에 따른 기본안전보건대장을 설계자에게 제공하고, 설계자로 하여금 유해·위험요인의 감소방안을 포함한 설계안전보건대장을 작성하게 하고 이를 확인할 것
3. 건설공사 시공단계 : 건설공사발주자로부터 건설공사를 최초로 도급받은 수급인에게 제2호에 따른 설계안전보건대장을 제공하고, 그 수급인에게 이를 반영하여 안전한 작업을 위한 공사안전보건대장을 작성하게 하고 그 이행 여부를 확인할 것

② 제1항 각 호에 따른 대장에 포함되어야 할 구체적인 내용은 고용노동부령으로 정한다.

제4절 그 밖의 고용형태에서의 산업재해 예방

제77조(특수형태근로종사자에 대한 안전조치 및 보건조치 등) ① 계약의 형식에 관계없이 근로자와 유사하게 노무를 제공하여 업무상의 재해로부터 보호할 필요가 있음에도 「근로기준법」 등이 적용되지 아니하는 사람으로서 다음 각 호의 요건을 모두 충족하는 사람(이하 "특수형태근로종사자"라 한다)의 노무를 제공받는 자는 특수형태근로종사자의 산업재해 예방을 위하여 필요한 안전조치 및 보건조치를 하여야 한다.

합격예측 및 관련법규

(1) 대통령령으로 정하는 건설공사
총 공사금액 50억원 이상 건설공사의 발주자에게 공사 계획·설계·시공 등 전 과정에서 조치 의무를 부여

(2) 특수형태근로종사자
① 보험설계사·우체국보험 모집원 ② 건설기계 직접 운전자(27종) ③ 학습지교사 ④ 골프장 캐디 ⑤ 택배기사 ⑥ 퀵서비스기사 ⑦ 대출모집인 ⑧ 신용카드회원 모집인 ⑨ 대리운전기사
※ 산업안전보건법 = 산업재해보상보험법

(3) 특수형태근로종사자 : 건설기계 운전자(27종)
① 불도저 ② 굴착기 ③ 로더 ④ 지게차 ⑤ 스크레이퍼 ⑥ 덤프트럭 ⑦ 기중기 ⑧ 모터그레이더 ⑨ 롤러 ⑩ 노상안정기 ⑪ 콘크리트배칭플랜트 ⑫ 콘크리트피니셔 ⑬ 콘크리트살포기 ⑭ 콘크리트믹서트럭 ⑮ 콘크리트펌프 ⑯ 아스팔트믹싱플랜트 ⑰ 아스팔트피니셔 ⑱ 아스팔트살포기 ⑲ 골재살포기 ⑳ 쇄석기 ㉑ 공기압축기 ㉒ 천공기 ㉓ 항타 및 항발기 ㉔ 자갈채취기 ㉕ 준설선 ㉖ 특수건설기계 ㉗ 타워크레인

합격예측 및 관련법규

제73조(건설공사의 산업재해 예방 지도) ① 대통령령으로 정하는 건설공사의 건설공사 발주자 또는 건설공사도급인(건설공사발주자로부터 건설공사를 최초로 도급받은 수급인은 제외한다)은 해당 건설공사를 착공하려는 경우 제74조에 따라 지정받은 전문기관(이하 "건설재해예방전문지도기관"이라 한다)과 건설 산업재해 예방을 위한 지도계약을 체결하여야 한다. 〈개정 2021. 8. 17.〉
② 건설재해예방전문지도기관은 건설공사도급인에게 산업재해 예방을 위한 지도를 실시하여야 하고, 건설공사도급인은 지도에 따라 적절한 조치를 하여야 한다. 〈신설 2021. 8. 17.〉
③ 건설재해예방전문지도기관의 지도업무의 내용, 지도대상 분야, 지도의 수행방법, 그 밖에 필요한 사항은 대통령령으로 정한다. 〈개정 2021. 8. 17.〉

---

1. 대통령령으로 정하는 직종에 종사할 것
2. 주로 하나의 사업에 노무를 상시적으로 제공하고 보수를 받아 생활할 것
3. 노무를 제공할 때 타인을 사용하지 아니할 것

② 대통령령으로 정하는 특수형태근로종사자로부터 노무를 제공받는 자는 고용노동부령으로 정하는 바에 따라 안전 및 보건에 관한 교육을 실시하여야 한다.
③ 정부는 특수형태근로종사자의 안전 및 보건의 유지·증진에 사용하는 비용의 일부 또는 전부를 지원할 수 있다.

제6장 유해·위험 기계 등에 대한 조치

제1절 유해하거나 위험한 기계 등에 대한 방호조치 등

제80조(유해하거나 위험한 기계·기구에 대한 방호조치) ① 누구든지 동력(動力)으로 작동하는 기계·기구로서 대통령령으로 정하는 것은 고용노동부령으로 정하는 유해·위험 방지를 위한 방호조치를 하지 아니하고는 양도, 대여, 설치 또는 사용에 제공하거나 양도·대여의 목적으로 진열해서는 아니 된다.
② 누구든지 동력으로 작동하는 기계·기구로서 다음 각 호의 어느 하나에 해당하는 것은 고용노동부령으로 정하는 방호조치를 하지 아니하고는 양도, 대여, 설치 또는 사용에 제공하거나 양도·대여의 목적으로 진열해서는 아니 된다.

1. 작동 부분에 돌기 부분이 있는 것
2. 동력전달 부분 또는 속도조절 부분이 있는 것
3. 회전기계에 물체 등이 말려 들어갈 부분이 있는 것

③ 사업주는 제1항 및 제2항에 따른 방호조치가 정상적인 기능을 발휘할 수 있도록 방호조치와 관련되는 장치를 상시적으로 점검하고 정비하여야 한다.
④ 사업주와 근로자는 제1항 및 제2항에 따른 방호조치를 해체하려는 경우 등 고용노동부령으로 정하는 경우에는 필요한 안전조치 및 보건조치를 하여야 한다.

제2절 안전인증

제83조(안전인증기준) ① 고용노동부장관은 유해하거나 위험한 기계·기구·설비 및 방호장치·보호구(이하 "유해·위험기계 등"이라 한다)의 안전성을 평가하기 위하여 그 안전에 관한 성능과 제조자의 기술 능력 및 생산 체계 등에 관한 기준(이하 "안전인증기준"이라한다)을 정하여 고시하여야 한다.
② 안전인증기준은 유해·위험기계 등의 종류별, 규격 및 형식별로 정할 수 있다.

제3절 자율안전확인의 신고

제89조(자율안전확인의 신고) ① 안전인증대상기계 등이 아닌 유해·위험기계 등으로서 대통령령으로 정하는 것(이하 "자율안전확인대상기계 등"이라 한다)을 제조하거나 수입하는 자는 자율안전확인대상기계 등의 안전에 관한 성능이 고용노동

부장관이 정하여 고시하는 안전기준(이하 "자율안전기준"이라 한다)에 맞는지 확인(이하 "자율안전확인"이라 한다)하여 고용노동부장관에게 신고(신고한 사항을 변경하는 경우를 포함한다)하여야 한다. 다만, 다음 각 호의 어느 하나에 해당하는 경우에는 신고를 면제할 수 있다.
1. 연구·개발을 목적으로 제조·수입하거나 수출을 목적으로 제조하는 경우
2. 제84조제3항에 따른 안전인증을 받은 경우(제86조제1항에 따라 안전인증이 취소되거나 안전인증표시의 사용 금지 명령을 받은 경우는 제외한다)
3. 다른 법령에 따라 안전성에 관한 검사나 인증을 받은 경우로서 고용노동부령으로 정하는 경우

② 고용노동부장관은 제1항 각 호 외의 부분 본문에 따른 신고를 받은 경우 그 내용을 검토하여 이 법에 적합하면 신고를 수리하여야 한다.
③ 제1항 각 호 외의 부분 본문에 따라 신고를 한 자는 자율안전확인대상기계 등이 자율안전기준에 맞는 것임을 증명하는 서류를 보존하여야 한다.
④ 제1항 각 호 외의 부분 본문에 따른 신고의 방법 및 절차, 그 밖에 필요한 사항은 고용노동부령으로 정한다.

제4절 안전검사

제93조(안전검사) ① 유해하거나 위험한 기계·기구·설비로서 대통령령으로 정하는 것(이하 "안전검사대상기계 등"이라 한다)을 사용하는 사업주(근로자를 사용하지 아니하고 사업을 하는 자를 포함한다. 이하 이 조, 제94조, 제95조 및 제98조에서 같다)는 안전검사대상기계 등의 안전에 관한 성능이 고용노동부장관이 정하여 고시하는 검사기준에 맞는지에 대하여 고용노동부장관이 실시하는 검사(이하 "안전검사"라 한다)를 받아야 한다. 이 경우 안전검사대상기계 등을 사용하는 사업주와 소유자가 다른 경우에는 안전검사대상기계 등의 소유자가 안전검사를 받아야 한다.
② 제1항에도 불구하고 안전검사대상기계 등이 다른 법령에 따라 안전성에 관한 검사나 인증을 받은 경우로서 고용노동부령으로 정하는 경우에는 안전검사를 면제할 수 있다.
③ 안전검사의 신청, 검사 주기 및 검사합격 표시방법, 그 밖에 필요한 사항은 고용노동부령으로 정한다. 이 경우 검사 주기는 안전검사대상기계 등의 종류, 사용연한(使用年限) 및 위험성을 고려하여 정한다.

제5절 유해·위험기계 등의 조사 및 지원 등

제101조(성능시험 등) 고용노동부장관은 안전인증대상기계 등 또는 자율안전확인대상기계 등의 안전성능의 저하 등으로 근로자에게 피해를 주거나 줄 우려가 크다고 인정하는 경우에는 대통령령으로 정하는 바에 따라 유해·위험기계 등을

합격예측 및 관련법규

제128조의2(휴게시설의 설치)
① 사업주는 근로자(관계수급인의 근로자를 포함한다. 이하 이 조에서 같다)가 신체적 피로와 정신적 스트레스를 해소할 수 있도록 휴식시간에 이용할 수 있는 휴게시설을 갖추어야 한다.
② 사업주 중 사업의 종류 및 사업장의 상시 근로자 수 등 대통령령으로 정하는 기준에 해당하는 사업장의 사업주는 제1항에 따라 휴게시설을 갖추는 경우 크기, 위치, 온도, 조명 등 고용노동부령으로 정하는 설치·관리기준을 준수하여야 한다.
[본조신설 2021. 8. 17.]

제조하는 사업장에서 제품 제조과정을 조사할 수 있으며, 제조·수입·양도·대여하거나 양도·대여의 목적으로 진열된 유해·위험기계 등을 수거하여 안전인증기준 또는 자율안전기준에 적합한지에 대한 성능시험을 할 수 있다.

제7장 유해·위험물질에 대한 조치

제1절 유해·위험물질의 분류 및 관리

제104조(유해인자의 분류기준) 고용노동부장관은 고용노동부령으로 정하는 바에 따라 근로자에게 건강장해를 일으키는 화학물질 및 물리적 인자 등(이하 "유해인자"라 한다)의 유해성·위험성 분류기준을 마련하여야 한다.

제2절 석면에 대한 조치

제119조(석면조사) ① 건축물이나 설비를 철거하거나 해체하려는 경우에 해당 건축물이나 설비의 소유주 또는 임차인 등(이하 "건축물·설비소유주 등"이라 한다)은 다음 각 호의 사항을 고용노동부령으로 정하는 바에 따라 조사(이하 "일반석면조사"라 한다)한 후 그 결과를 기록하여 보존하여야 한다.
  1. 해당 건축물이나 설비에 석면이 포함되어 있는지 여부
  2. 해당 건축물이나 설비 중 석면이 포함된 자재의 종류, 위치 및 면적
② 제1항에 따른 건축물이나 설비 중 대통령령으로 정하는 규모 이상의 건축물·설비소유주 등은 제120조에 따라 지정받은 기관(이하 "석면조사기관"이라 한다)에 다음 각 호의 사항을 조사(이하 "기관석면조사"라 한다)하도록 한 후 그 결과를 기록하여 보존하여야 한다. 다만, 석면함유 여부가 명백한 경우 등 대통령령으로 정하는 사유에 해당하여 고용노동부령으로 정하는 절차에 따라 확인을 받은 경우에는 기관석면조사를 생략할 수 있다.
  1. 제1항 각 호의 사항
  2. 해당 건축물이나 설비에 포함된 석면의 종류 및 함유량
③ 건축물·설비소유주 등이 「석면안전관리법」 등 다른 법률에 따라 건축물이나 설비에 대하여 석면조사를 실시한 경우에는 고용노동부령으로 정하는 바에 따라 일반석면조사 또는 기관석면조사를 실시한 것으로 본다.
④ 고용노동부장관은 건축물·설비소유주 등이 일반석면조사 또는 기관석면조사를 하지 아니하고 건축물이나 설비를 철거하거나 해체하는 경우에는 다음 각 호의 조치를 명할 수 있다.
  1. 해당 건축물·설비소유주 등에 대한 일반석면조사 또는 기관석면조사의 이행 명령
  2. 해당 건축물이나 설비를 철거하거나 해체하는 자에 대하여 제1호에 따른 이행 명령의 결과를 보고받을 때까지의 작업중지 명령

제8장 근로자 보건관리

제1절 근로환경의 개선

제125조(작업환경측정) ① 사업주는 유해인자로부터 근로자의 건강을 보호하고 쾌적한 작업환경을 조성하기 위하여 인체에 해로운 작업을 하는 작업장으로서 고용노동부령으로 정하는 작업장에 대하여 고용노동부령으로 정하는 자격을 가진 자로 하여금 작업환경측정을 하도록 하여야 한다.
② 제1항에도 불구하고 도급인의 사업장에서 관계수급인 또는 관계수급인의 근로자가 작업을 하는 경우에는 도급인이 제1항에 따른 자격을 가진 자로 하여금 작업환경측정을 하도록 하여야 한다.
③ 사업주(제2항에 따른 도급인을 포함한다. 이하 이 조 및 제127조에서 같다)는 제1항에 따른 작업환경측정을 제126조에 따라 지정받은 기관(이하 "작업환경측정기관"이라 한다)에 위탁할 수 있다. 이 경우 필요한 때에는 작업환경측정 중 시료의 분석만을 위탁할 수 있다.
④ 사업주는 근로자대표(관계수급인의 근로자대표를 포함한다. 이하 이 조에서 같다)가 요구하면 작업환경측정 시 근로자대표를 참석시켜야 한다.
⑤ 사업주는 작업환경측정 결과를 기록하여 보존하고 고용노동부령으로 정하는 바에 따라 고용노동부장관에게 보고하여야 한다. 다만, 제3항에 따라 사업주로부터 작업환경측정을 위탁받은 작업환경측정기관이 작업환경측정을 한 후 그 결과를 고용노동부령으로 정하는 바에 따라 고용노동부장관에게 제출한 경우에는 작업환경측정 결과를 보고한 것으로 본다.
⑥ 사업주는 작업환경측정 결과를 해당 작업장의 근로자(관계수급인 및 관계수급인 근로자를 포함한다. 이하 이 항, 제127조 및 제175조제5항제15호에서 같다)에게 알려야 하며, 그 결과에 따라 근로자의 건강을 보호하기 위하여 해당 시설·설비의 설치·개선 또는 건강진단의 실시 등의 조치를 하여야 한다.
⑦ 사업주는 산업안전보건위원회 또는 근로자대표가 요구하면 작업환경측정 결과에 대한 설명회 등을 개최하여야 한다. 이 경우 제3항에 따라 작업환경측정을 위탁하여 실시한 경우에는 작업환경측정기관에 작업환경측정 결과에 대하여 설명하도록 할 수 있다.
⑧ 제1항 및 제2항에 따른 작업환경측정의 방법·횟수, 그 밖에 필요한 사항은 고용노동부령으로 정한다.

제2절 건강진단 및 건강관리

제129조(일반건강진단) ① 사업주는 상시 사용하는 근로자의 건강관리를 위하여 건강진단(이하 "일반건강진단"이라 한다)을 실시하여야 한다. 다만, 사업주가 고용노동부령으로 정하는 건강진단을 실시한 경우에는 그 건강진단을 받은 근로자에 대하여 일반건강진단을 실시한 것으로 본다.

합격예측 및 관련법규

근로기준법
제101조(감독 기관)
① 근로조건의 기준을 확보하기 위하여 고용노동부와 그 소속 기관에 근로감독관을 둔다.
② 근로감독관의 자격, 임면(任免), 직무 배치에 관한 사항은 대통령령으로 정한다.

제38조(안전조치)
① 사업주는 다음 각 호의 어느 하나에 해당하는 위험으로 인한 산업재해를 예방하기 위하여 필요한 조치를 하여야 한다.
  1. 기계·기구, 그 밖의 설비에 의한 위험
  2. 폭발성, 발화성 및 인화성 물질 등에 의한 위험
  3. 전기, 열, 그 밖의 에너지에 의한 위험
② 사업주는 굴착, 채석, 하역, 벌목, 운송, 조작, 운반, 해체, 중량물 취급, 그 밖의 작업을 할 때 불량한 작업방법 등에 의한 위험으로 인한 산업재해를 예방하기 위하여 필요한 조치를 하여야 한다.
③ 사업주는 근로자가 다음 각 호의 어느 하나에 해당하는 장소에서 작업을 할 때 발생할 수 있는 산업재해를 예방하기 위하여 필요한 조치를 하여야 한다.
  1. 근로자가 추락할 위험이 있는 장소
  2. 토사·구축물 등이 붕괴할 우려가 있는 장소
  3. 물체가 떨어지거나 날아올 위험이 있는 장소
  4. 천재지변으로 인한 위험이 발생할 우려가 있는 장소

제39조(보건조치)
① 사업주는 다음 각 호의 어느 하나에 해당하는 건강장해를 예방하기 위하여 필요한 조치(이하 "보건조치"라 한다)를 하여야 한다.
  1. 원재료·가스·증기·분진·흄(fume, 열이나 화학반응에 의하여 형성된 고체증기가 응축되어 생긴 미세입자를 말한다)·미스트(mist, 공기 중에 떠다니는 작은 액체방울을 말한다)·산소결핍·병원체 등에 의한 건강장해

---

② 사업주는 제135조제1항에 따른 특수건강진단기관 또는 「건강검진기본법」 제3조제2호에 따른 건강검진기관(이하 "건강진단기관"이라 한다)에서 일반건강진단을 실시하여야 한다.
③ 일반건강진단의 주기·항목·방법 및 비용, 그 밖에 필요한 사항은 고용노동부령으로 정한다.

제9장 산업안전지도사 및 산업보건지도사

제142조(산업안전지도사 등의 직무) ① 산업안전지도사는 다음 각 호의 직무를 수행한다.
  1. 공정상의 안전에 관한 평가·지도
  2. 유해·위험의 방지대책에 관한 평가·지도
  3. 제1호 및 제2호의 사항과 관련된 계획서 및 보고서의 작성
  4. 그 밖에 산업안전에 관한 사항으로서 대통령령으로 정하는 사항
② 산업보건지도사는 다음 각 호의 직무를 수행한다.
  1. 작업환경의 평가 및 개선 지도
  2. 작업환경 개선과 관련된 계획서 및 보고서의 작성
  3. 근로자 건강진단에 따른 사후관리 지도
  4. 직업성 질병 진단(「의료법」 제2조에 따른 의사인 산업보건지도사만 해당한다) 및 예방 지도
  5. 산업보건에 관한 조사·연구
  6. 그 밖에 산업보건에 관한 사항으로서 대통령령으로 정하는 사항
③ 산업안전지도사 또는 산업보건지도사(이하 "지도사"라 한다)의 업무 영역별 종류 및 업무 범위, 그 밖에 필요한 사항은 대통령령으로 정한다.

제10장 근로감독관 등

제155조(근로감독관의 권한) ① 「근로기준법」 제101조에 따른 근로감독관(이하 "근로감독관"이라 한다)은 이 법 또는 이 법에 따른 명령을 시행하기 위하여 필요한 경우 다음 각 호의 장소에 출입하여 사업주, 근로자 또는 안전보건관리책임자 등(이하 "관계인"이라 한다)에게 질문을 하고, 장부, 서류, 그 밖의 물건의 검사 및 안전보건점검을 하며, 관계 서류의 제출을 요구할 수 있다.
  1. 사업장
  2. 제21조제1항, 제33조제1항, 제48조제1항, 제74조제1항, 제88조제1항, 제96조제1항, 제100조제1항, 제120조제1항, 제126조제1항 및 제129조제2항에 따른 기관의 사무소
  3. 석면해체·제거업자의 사무소

4. 제145조제1항에 따라 등록한 지도사의 사무소

② 근로감독관은 기계·설비 등에 대한 검사를 할 수 있으며, 검사에 필요한 한도에서 무상으로 제품·원재료 또는 기구를 수거할 수 있다. 이 경우 근로감독관은 해당 사업주 등에게 그 결과를 서면으로 알려야 한다.

③ 근로감독관은 이 법 또는 이 법에 따른 명령의 시행을 위하여 관계인에게 보고 또는 출석을 명할 수 있다.

④ 근로감독관은 이 법 또는 이 법에 따른 명령을 시행하기 위하여 제1항 각 호의 어느 하나에 해당하는 장소에 출입하는 경우에 그 신분을 나타내는 증표를 지니고 관계인에게 보여 주어야 하며, 출입시 성명, 출입시간, 출입 목적 등이 표시된 문서를 관계인에게 내주어야 한다.

제11장 보칙

제158조(산업재해 예방활동의 보조·지원) ① 정부는 사업주, 사업주단체, 근로자단체, 산업재해 예방 관련 전문단체, 연구기관 등이 하는 산업재해 예방사업 중 대통령령으로 정하는 사업에 드는 경비의 전부 또는 일부를 예산의 범위에서 보조하거나 그 밖에 필요한 지원(이하 "보조·지원"이라 한다)을 할 수 있다. 이 경우 고용노동부장관은 보조·지원이 산업재해 예방사업의 목적에 맞게 효율적으로 사용되도록 관리·감독하여야 한다.

② 고용노동부장관은 보조·지원을 받은 자가 다음 각 호의 어느 하나에 해당하는 경우 보조·지원의 전부 또는 일부를 취소하여야 한다. 다만, 제1호 및 제2호의 경우에는 보조·지원의 전부를 취소 하여야 한다.

1. 거짓이나 그 밖의 부정한 방법으로 보조·지원을 받은 경우
2. 보조·지원 대상자가 폐업하거나 파산한 경우
3. 보조·지원 대상을 임의매각·훼손·분실하는 등 지원 목적에 적합하게 유지·관리·사용하지 아니한 경우
4. 제1항에 따른 산업재해 예방사업의 목적에 맞게 사용되지 아니한 경우
5. 보조·지원 대상 기간이 끝나기 전에 보조·지원 대상 시설 및 장비를 국외로 이전한 경우
6. 보조·지원을 받은 사업주가 필요한 안전조치 및 보건조치 의무를 위반하여 산업재해를 발생시킨 경우로서 고용노동부령으로 정하는 경우

③ 고용노동부장관은 제2항에 따라 보조·지원의 전부 또는 일부를 취소한 경우에는 해당 금액 또는 지원에 상응하는 금액을 환수하되, 같은 항 제1호의 경우에는 지급받은 금액에 상당하는 액수 이하의 금액을 추가로 환수할 수 있다. 다만, 제2항제2호 중 보조·지원 대상자가 파산한 경우에 해당하여 취소한 경우는 환수하지 아니한다.

---

2. 방사선·유해광선·고온·저온·초음파·소음·진동·이상기압 등에 의한 건강장해
3. 사업장에서 배출되는 기체·액체 또는 찌꺼기 등에 의한 건강장해
4. 계측감시(計測監視), 컴퓨터 단말기 조작, 정밀공작(精密工作) 등의 작업에 의한 건강장해
5. 단순반복작업 또는 인체에 과도한 부담을 주는 작업에 의한 건강장해
6. 환기·채광·조명·보온·방습·청결 등의 적정기준을 유지하지 아니하여 발생하는 건강장해

제63조(도급인의 안전조치 및 보건조치)
도급인은 관계수급인 근로자가 도급인의 사업장에서 작업을 하는 경우에 자신의 근로자와 관계수급인 근로자의 산업재해를 예방하기 위하여 안전 및 보건 시설의 설치 등 필요한 안전조치 및 보건조치를 하여야 한다. 다만, 보호구 착용의 지시 등 관계수급인 근로자의 작업행동에 관한 직접적인 조치는 제외한다.

합격예측 및 관련법규

「건강검진기본법」

제3조(정의) 이 법에서 사용하는 용어의 정의는 다음과 같다.
1. "건강검진"이란 건강상태 확인과 질병의 예방 및 조기발견을 목적으로 제2호에 따른 건강검진기관을 통하여 진찰 및 상담, 이학적 검사, 진단검사, 병리검사, 영상의학 검사 등 의학적 검진을 시행하는 것을 말한다.
2. "건강검진기관(이하 "검진기관"이라 한다)"이란 국가건강검진을 실시하기 위하여 제14조에 따라 지정을 받아 건강검진을 시행하는 기관을 말한다.

「의료법」

제2조(의료인)
① 이 법에서 "의료인"이란 보건복지부장관의 면허를 받은 의사·치과의사·한의사·조산사 및 간호사를 말한다.
② 의료인은 종별에 따라 다음 각 호의 임무를 수행하여 국민보건 향상을 이루고 국민의 건강한 생활 확보에 이바지할 사명을 가진다.
  1. 의사는 의료와 보건지도를 임무로 한다.
  2. 치과의사는 치과 의료와 구강 보건지도를 임무로 한다.
  3. 한의사는 한방 의료와 한방 보건지도를 임무로 한다.
  4. 조산사는 조산(助産)과 임산부 및 신생아에 대한 보건과 양호지도를 임무로 한다.
  5. 간호사는 다음 각 목의 업무를 임무로 한다.
   가. 환자의 간호요구에 대한 관찰, 자료수집, 간호판단 및 요양을 위한 간호
   나. 의사, 치과의사, 한의사의 지도하에 시행하는 진료의 보조
   다. 간호 요구자에 대한 교육·상담 및 건강증진을 위한 활동의 기획과 수행, 그 밖의 대통령령으로 정하는 보건활동
   라. 제80조에 따른 간호조무사가 수행하는 가목부터 다목까지의 업무 보조에 대한 지도

---

④ 제2항에 따라 보조·지원의 전부 또는 일부가 취소된 자에 대해서는 고용노동부령으로 정하는 바에 따라 취소된 날부터 3년 이내의 기간을 정하여 보조·지원을 하지 아니할 수 있다.

⑤ 보조·지원의 대상·방법·절차, 관리 및 감독, 제2항 및 제3항에 따른 취소 및 환수 방법, 그 밖에 필요한 사항은 고용노동부장관이 정하여 고시한다.

제12장 벌칙

제167조(벌칙) ① 제38조제1항부터 제3항까지(제166조의2에서 준용하는 경우를 포함한다), 제39조제1항(제166조의2에서 준용하는 경우를 포함한다) 또는 제63조(제166조의2에서 준용하는 경우를 포함한다)를 위반하여 근로자를 사망에 이르게 한 자는 7년 이하의 징역 또는 1억원 이하의 벌금에 처한다. 〈개정 2020. 3. 31.〉

② 제1항의 죄로 형을 선고받고 그 형이 확정된 후 5년 이내에 다시 제1항의 죄를 저지른 자는 그 형의 2분의 1까지 가중한다. 〈개정 2020. 5. 26.〉

제168조~제172조(벌칙)

제173조(양벌규정)

제174조(형벌과 수강명령 등의 병과)

제175조(과태료)

부칙〈법률 제20677호, 2025. 1. 21.〉

2 산업안전보건법 시행령

[시행 2025. 6. 21.] [대통령령 제35597호, 2025. 6. 20., 타법 개정]

제1장 총칙

제1조(목적) 이 영은 「산업안전보건법」에서 위임된 사항과 그 시행에 필요한 사항을 규정함을 목적으로 한다.

제5조(산업 안전 및 보건 의식을 북돋우기 위한 시책 마련) 고용노동부장관은 법 제4조제1항제5호에 따라 산업 안전 및 보건에 관한 의식을 북돋우기 위하여 다음 각 호와 관련된 시책을 마련해야 한다.

1. 산업 안전 및 보건 교육의 진흥 및 홍보의 활성화
2. 산업 안전 및 보건과 관련된 국민의 건전하고 자주적인 활동의 촉진
3. 산업 안전 및 보건 강조 기간의 설정 및 그 시행

제10조(공표대상 사업장) ① 법 제10조제1항에서 "대통령령으로 정하는 사업장"이란 다음 각 호의 어느 하나에 해당하는 사업장을 말한다.

1. 산업재해로 인한 사망자(이하 "사망재해자"라 한다)가 연간 2명 이상 발생한 사업장
2. 사망만인율(死亡萬人率 : 연간 상시근로자 1만명당 발생하는 사망재해자 수의 비율을 말한다)이 규모별 같은 업종의 평균 사망만인율 이상인 사업장
3. 법 제44조제1항 전단에 따른 중대산업사고가 발생한 사업장
4. 법 제57조제1항을 위반하여 산업재해 발생 사실을 은폐한 사업장
5. 법 제57조제3항에 따른 산업재해의 발생에 관한 보고를 최근 3년 이내 2회 이상 하지 않은 사업장

② 제1항제1호부터 제3호까지의 규정에 해당하는 사업장은 해당 사업장이 관계수급인의 사업장으로서 법 제63조에 따른 도급인이 관계수급인 근로자의 산업재해 예방을 위한 조치의무를 위반하여 관계수급인 근로자가 산업재해를 입은 경우에는 도급인의 사업장(도급인이 제공하거나 지정한 경우로서 도급인이 지배·관리하는 제11조 각 호에 해당하는 장소를 포함한다. 이하 같다)의 법 제10조제1항에 따른 산업재해발생건수 등을 함께 공표한다.

제11조(도급인이 지배·관리하는 장소) 법 제10조제2항에서 "대통령령으로 정하는 장소"란 다음 각 호의 어느 하나에 해당하는 장소를 말한다.

1. 토사(土砂)·구축물·인공구조물 등이 붕괴될 우려가 있는 장소
2. 기계·기구 등이 넘어지거나 무너질 우려가 있는 장소
3. 안전난간의 설치가 필요한 장소
4. 비계(飛階) 또는 거푸집을 설치하거나 해체하는 장소

합격예측 및 관련법규

제7조(건강증진사업 등의 추진)
고용노동부장관은 법 제4조제1항제9호에 따른 노무를 제공하는 사람의 안전 및 건강의 보호·증진에 관한 사항을 효율적으로 추진하기 위하여 다음 각 호와 관련된 시책을 마련해야 한다. 〈개정 2020. 9. 8., 2022. 8. 16.〉

1. 노무를 제공하는 사람의 안전 및 건강 증진을 위한 사업의 보급·확산
2. 깨끗한 작업환경의 조성
3. 직업성 질병의 예방 및 조기 발견을 위한 사업

합격예측 및 관련법규

「철도산업발전기본법」 제3조 제4호
4. "철도차량"이라 함은 선로를 운행할 목적으로 제작된 동력차·객차·화차 및 특수차를 말한다.

「건설산업기본법」 제23조(시공능력의 평가 및 공시)
① 국토교통부장관은 발주자가 적정한 건설사업자를 선정할 수 있도록 하기 위하여 건설사업자의 신청이 있는 경우 그 건설사업자의 건설공사 실적, 자본금, 건설공사의 안전·환경 및 품질관리 수준 등에 따라 시공능력을 평가하여 공시하여야 한다.
② 삭제 〈1999. 4. 15.〉
③ 제1항에 따른 시공능력의 평가 및 공시를 받으려는 건설사업자는 국토교통부령으로 정하는 바에 따라 전년도 건설공사 실적, 기술자 보유현황, 재무상태, 그 밖에 국토교통부령으로 정하는 사항을 국토교통부장관에게 제출하여야 한다.
④ 제1항과 제3항에 따른 시공능력의 평가방법, 제출자료의 구체적인 사항 및 공시 절차, 그 밖에 필요한 사항은 국토교통부령으로 정한다.

5. 건설용 리프트를 운행하는 장소
6. 지반(地盤)을 굴착하거나 발파작업을 하는 장소
7. 엘리베이터홀 등 근로자가 추락할 위험이 있는 장소
8. 석면이 붙어 있는 물질을 파쇄하거나 해체하는 작업을 하는 장소
9. 공중 전선에 가까운 장소로서 시설물의 설치·해체·점검 및 수리 등의 작업을 할 때 감전의 위험이 있는 장소
10. 물체가 떨어지거나 날아올 위험이 있는 장소
11. 프레스 또는 전단기(剪斷機)를 사용하여 작업을 하는 장소
12. 차량계(車輛系) 하역운반기계 또는 차량계 건설기계를 사용하여 작업하는 장소
13. 전기 기계·기구를 사용하여 감전의 위험이 있는 작업을 하는 장소
14. 「철도산업발전기본법」 제3조제4호에 따른 철도차량(「도시철도법」에 따른 도시철도차량을 포함한다)에 의한 충돌 또는 협착의 위험이 있는 작업을 하는 장소
15. 그 밖에 화재·폭발 등 사고발생 위험이 높은 장소로서 고용노동부령으로 정하는 장소

제12조(통합공표 대상 사업장 등) 법 제10조제2항에서 "대통령령으로 정하는 사업장"이란 다음 각 호의 어느 하나에 해당하는 사업이 이루어지는 사업장으로서 도급인이 사용하는 상시근로자 수가 500명 이상이고 도급인 사업장의 사고사망만인율(질병으로 인한 사망재해자를 제외하고 산출한 사망만인율을 말한다. 이하 같다)보다 관계수급인의 근로자를 포함하여 산출한 사고사망만인율이 높은 사업장을 말한다.
1. 제조업
2. 철도운송업
3. 도시철도운송업
4. 전기업

제2장 안전보건관리체제 등

제13조(이사회 보고·승인 대상 회사 등) ① 법 제14조제1항에서 "대통령령으로 정하는 회사"란 다음 각 호의 어느 하나에 해당하는 회사를 말한다.
1. 상시근로자 500명 이상을 사용하는 회사
2. 「건설산업기본법」 제23조에 따라 평가하여 공시된 시공능력(같은 법 시행령 별표 1의 종합공사를 시공하는 업종의 건설업종란 제3호에 따른 토목건축공사업에 대한 평가 및 공시로 한정한다)의 순위 상위 1천위 이내의 건설회사

② 법 제14조제1항에 따른 회사의 대표이사(「상법」 제408조의2제1항 후단에 따라 대표이사를 두지 못하는 회사의 경우에는 같은 법 제408조의5에 따른 대표집행임원을 말한다)는 회사의 정관에서 정하는 바에 따라 다음 각 호의 내용을 포함한 회사의 안전 및 보건에 관한 계획을 수립해야 한다.
1. 안전 및 보건에 관한 경영방침
2. 안전·보건관리 조직의 구성·인원 및 역할
3. 안전·보건 관련 예산 및 시설 현황
4. 안전 및 보건에 관한 전년도 활동실적 및 다음 연도 활동계획

제24조(안전보건관리담당자의 선임 등) ① 다음 각 호의 어느 하나에 해당하는 사업의 사업주는 법 제19조제1항에 따라 상시근로자 20명 이상 50명 미만인 사업장에 안전보건관리담당자를 1명 이상 선임해야 한다. 22. 3. 5 ⑦
1. 제조업
2. 임업
3. 하수, 폐수 및 분뇨 처리업
4. 폐기물 수집, 운반, 처리 및 원료 재생업
5. 환경 정화 및 복원업

② 안전보건관리담당자는 해당 사업장 소속 근로자로서 다음 각 호의 어느 하나에 해당하는 요건을 갖추어야 한다.
1. 제17조에 따른 안전관리자의 자격을 갖추었을 것
2. 제18조에 따른 보건관리자의 자격을 갖추었을 것
3. 고용노동부장관이 정하여 고시하는 안전보건교육을 이수했을 것

③ 안전보건관리담당자는 제25조 각 호에 따른 업무에 지장이 없는 범위에서 다른 업무를 겸할 수 있다.

④ 사업주는 제1항에 따라 안전보건관리담당자를 선임한 경우에는 그 선임 사실 및 제25조 각 호에 따른 업무를 수행했음을 증명할 수 있는 서류를 갖추어 두어야 한다.

제25조(안전보건관리담당자의 업무) 안전보건관리담당자의 업무는 다음 각 호와 같다.
1. 법 제29조에 따른 안전보건교육 실시에 관한 보좌 및 지도·조언
2. 법 제36조에 따른 위험성평가에 관한 보좌 및 지도·조언
3. 법 제125조에 따른 작업환경측정 및 개선에 관한 보좌 및 지도·조언
4. 법 제129조부터 제131조까지에 따른 건강진단에 관한 보좌 및 지도·조언
5. 산업재해 발생의 원인 조사, 산업재해 통계의 기록 및 유지를 위한 보좌 및 지도·조언
6. 산업 안전·보건과 관련된 안전장치 및 보호구 구입 시 적격품 선정에 관한 보좌 및 지도·조언

합격예측 및 관련법규

「상법」
제408조의2(집행임원 설치회사, 집행임원과 회사의 관계)
① 회사는 집행임원을 둘 수 있다. 이 경우 집행임원을 둔 회사(이하 "집행임원 설치회사"라 한다)는 대표이사를 두지 못한다.
② 집행임원 설치회사와 집행임원의 관계는 「민법」 중 위임에 관한 규정을 준용한다.
③ 집행임원 설치회사의 이사회는 다음의 권한을 갖는다.
1. 집행임원과 대표집행임원의 선임·해임
2. 집행임원의 업무집행 감독
3. 집행임원과 집행임원 설치회사의 소송에서 집행임원 설치회사를 대표할 자의 선임
4. 집행임원에게 업무집행에 관한 의사결정의 위임 (이 법에서 이사회 권한사항으로 정한 경우는 제외한다)
5. 집행임원이 여러 명인 경우 집행임원의 직무 분담 및 지휘·명령관계, 그 밖에 집행임원의 상호관계에 관한 사항의 결정
6. 정관에 규정이 없거나 주주총회의 승인이 없는 경우 집행임원의 보수 결정
④ 집행임원 설치회사는 이사회의 회의를 주관하기 위하여 이사회 의장을 두어야 한다. 이 경우 이사회 의장은 정관의 규정이 없으면 이사회 결의로 선임한다.

제408조의5(대표집행임원)
① 2명 이상의 집행임원이 선임된 경우에는 이사회 결의로 집행임원 설치회사를 대표할 대표집행임원을 선임하여야 한다. 다만, 집행임원이 1명인 경우에는 그 집행임원이 대표집행임원이 된다.
② 대표집행임원에 관하여는 이 법에 다른 규정이 없으면 주식회사의 대표이사에 관한 규정을 준용한다.
③ 집행임원 설치회사에 대하여는 제395조를 준용한다.

합격예측 및 관련법규

「노동조합 및 노동관계조정법」
(약칭 : 노동조합법)

제10조(설립의 신고) ① 노동조합을 설립하고자 하는 자는 다음 각 호의 사항을 기재한 신고서에 제11조의 규정에 의한 규약을 첨부하여 연합단체인 노동조합과 2 이상의 특별시·광역시·특별자치시·도·특별자치도에 걸치는 단위노동조합은 고용노동부장관에게, 2 이상의 시·군·구(자치구를 말한다)에 걸치는 단위노동조합은 특별시장·광역시장·도지사에게, 그 외의 노동조합은 특별자치시장·특별자치도지사·시장·군수·구청장(자치구의 구청장을 말한다. 이하 제12조제1항에서 같다)에게 제출하여야 한다. 〈개정 1998. 2. 20., 2006. 12. 30., 2010. 6. 4., 2014. 5. 20.〉
1. 명칭
2. 주된 사무소의 소재지
3. 조합원수
4. 임원의 성명과 주소
5. 소속된 연합단체가 있는 경우에는 그 명칭
6. 연합단체인 노동조합에 있어서는 그 구성노동단체의 명칭, 조합원수, 주된 사무소의 소재지 및 임원의 성명·주소

② 제1항의 규정에 의한 연합단체인 노동조합은 동종산업의 단위노동조합을 구성원으로 하는 산업별 연합단체와 산업별 연합단체 또는 전국규모의 산업별 단위노동조합을 구성원으로 하는 총연합단체를 말한다.

제32조(명예산업안전감독관 위촉 등) ① 고용노동부장관은 다음 각 호의 어느 하나에 해당하는 사람 중에서 법 제23조제1항에 따른 명예산업안전감독관(이하 "명예산업안전감독관"이라 한다)을 위촉할 수 있다.

1. 산업안전보건위원회 구성 대상 사업의 근로자 또는 노사협의체 구성·운영 대상 건설공사의 근로자 중에서 근로자대표(해당 사업장에 단위 노동조합의 산하 노동단체가 그 사업장 근로자의 과반수로 조직되어 있는 경우에는 지부·분회 등 명칭이 무엇이든 관계없이 해당 노동단체의 대표자를 말한다. 이하 같다)가 사업주의 의견을 들어 추천하는 사람
2. 「노동조합 및 노동관계조정법」 제10조에 따른 연합단체인 노동조합 또는 그 지역 대표기구에 소속된 임직원 중에서 해당 연합단체인 노동조합 또는 그 지역 대표기구가 추천하는 사람
3. 전국 규모의 사업주단체 또는 그 산하조직에 소속된 임직원 중에서 해당 단체 또는 그 산하조직이 추천하는 사람
4. 산업재해 예방 관련 업무를 하는 단체 또는 그 산하조직에 소속된 임직원 중에서 해당 단체 또는 그 산하조직이 추천하는 사람

② 명예산업안전감독관의 업무는 다음 각 호와 같다. 이 경우 제1항제1호에 따라 위촉된 명예산업안전감독관의 업무 범위는 해당 사업장에서의 업무(제8호는 제외한다)로 한정하며, 제1항제2호부터 제4호까지의 규정에 따라 위촉된 명예산업안전감독관의 업무 범위는 제8호부터 제10호까지의 규정에 따른 업무로 한정한다. 21. 5. 15 ⑦

1. 사업장에서 하는 자체점검 참여 및 「근로기준법」 제101조에 따른 근로감독관(이하 "근로감독관"이라 한다)이 하는 사업장 감독 참여
2. 사업장 산업재해 예방계획 수립 참여 및 사업장에서 하는 기계·기구 자체검사 참석
3. 법령을 위반한 사실이 있는 경우 사업주에 대한 개선 요청 및 감독기관에의 신고
4. 산업재해 발생의 급박한 위험이 있는 경우 사업주에 대한 작업중지 요청
5. 작업환경측정, 근로자 건강진단 시의 참석 및 그 결과에 대한 설명회 참여
6. 직업성 질환의 증상이 있거나 질병에 걸린 근로자가 여러 명 발생한 경우 사업주에 대한 임시건강진단 실시 요청
7. 근로자에 대한 안전수칙 준수 지도
8. 법령 및 산업재해 예방정책 개선 건의
9. 안전·보건 의식을 북돋우기 위한 활동 등에 대한 참여와 지원
10. 그 밖에 산업재해 예방에 대한 홍보 등 산업재해 예방업무와 관련하여 고용노동부장관이 정하는 업무

③ 명예산업안전감독관의 임기는 2년으로 하되, 연임할 수 있다.

④ 고용노동부장관은 명예산업안전감독관의 활동을 지원하기 위하여 수당 등을 지급할 수 있다.

⑤ 제1항부터 제4항까지에서 규정한 사항 외에 명예산업안전감독관의 위촉 및 운영 등에 필요한 사항은 고용노동부장관이 정한다.

제33조(명예산업안전감독관의 해촉) 고용노동부장관은 다음 각 호의 어느 하나에 해당하는 경우에는 명예산업안전감독관을 해촉(解囑)할 수 있다.

1. 근로자대표가 사업주의 의견을 들어 제32조제1항제1호에 따라 위촉된 명예산업안전감독관의 해촉을 요청한 경우
2. 제32조제1항제2호부터 제4호까지의 규정에 따라 위촉된 명예산업안전감독관이 해당 단체 또는 그 산하조직으로부터 퇴직하거나 해임된 경우
3. 명예산업안전감독관의 업무와 관련하여 부정한 행위를 한 경우
4. 질병이나 부상 등의 사유로 명예산업안전감독관의 업무 수행이 곤란하게 된 경우

제35조(산업안전보건위원회의 구성) ① 산업안전보건위원회의 근로자위원은 다음 각 호의 사람으로 구성한다. 20. 6. 7 [기] 23. 2. 28 [기] 23. 6. 4 [기] 23. 7. 8 [기]

1. 근로자대표
2. 명예산업안전감독관이 위촉되어 있는 사업장의 경우 근로자대표가 지명하는 1명 이상의 명예산업안전감독관
3. 근로자대표가 지명하는 9명(근로자인 제2호의 위원이 있는 경우에는 9명에서 그 위원의 수를 제외한 수를 말한다) 이내의 해당 사업장의 근로자

② 산업안전보건위원회의 사용자위원은 다음 각 호의 사람으로 구성한다. 다만, 상시근로자 50명 이상 100명 미만을 사용하는 사업장에서는 제5호에 해당하는 사람을 제외하고 구성할 수 있다.

1. 해당 사업의 대표자(같은 사업으로서 다른 지역에 사업장이 있는 경우에는 그 사업장의 안전보건관리책임자를 말한다. 이하 같다)
2. 안전관리자(제16조제1항에 따라 안전관리자를 두어야 하는 사업장으로 한정하되, 안전관리자의 업무를 안전관리전문기관에 위탁한 사업장의 경우에는 그 안전관리전문기관의 해당 사업장 담당자를 말한다) 1명
3. 보건관리자(제20조제1항에 따라 보건관리자를 두어야 하는 사업장으로 한정하되, 보건관리자의 업무를 보건관리전문기관에 위탁한 사업장의 경우에는 그 보건관리전문기관의 해당 사업장 담당자를 말한다) 1명
4. 산업보건의(해당 사업장에 선임되어 있는 경우로 한정한다)
5. 해당 사업의 대표자가 지명하는 9명 이내의 해당 사업장 부서의 장

합격예측 및 관련법규

21. 3. 7 [기]
「산업안전보건법」 21. 5. 15 [기]

제15조(안전보건관리책임자)
① 사업주는 사업장을 실질적으로 총괄하여 관리하는 사람에게 해당 사업장의 다음 각 호의 업무를 총괄하여 관리하도록 하여야 한다.
1. 사업장의 산업재해 예방계획의 수립에 관한 사항
2. 제25조 및 제26조에 따른 안전보건관리규정의 작성 및 변경에 관한 사항
3. 제29조에 따른 안전보건교육에 관한 사항
4. 작업환경측정 등 작업환경의 점검 및 개선에 관한 사항
5. 제129조부터 제132조까지에 따른 근로자의 건강진단 등 건강관리에 관한 사항
6. 산업재해의 원인 조사 및 재발 방지대책 수립에 관한 사항
7. 산업재해에 관한 통계의 기록 및 유지에 관한 사항
8. 안전장치 및 보호구 구입 시 적격품 여부 확인에 관한 사항
9. 그 밖에 근로자의 유해·위험 방지조치에 관한 사항으로서 고용노동부령으로 정하는 사항

② 제1항 각 호의 업무를 총괄하여 관리하는 사람(이하 "안전보건관리책임자"라 한다)은 제17조에 따른 안전관리자와 제18조에 따른 보건관리자를 지휘·감독한다.
③ 안전보건관리책임자를 두어야 하는 사업의 종류와 사업장의 상시근로자 수, 그 밖에 필요한 사항은 대통령령으로 정한다. 22. 4. 24 [기]

제24조(산업안전보건위원회)
① 사업주는 사업장의 안전 및 보건에 관한 중요 사항을 심의·의결하기 위하여 사업장에 근로자위원과 사용자위원이 같은 수로 구성되는 산업안전보건위원회를 구성·운영하여야 한다.
② 사업주는 다음 각 호의 사항에 대해서는 제1항에 따른 산업안전보건위원회(이하 "산업안전보건위원회"라 한다)의 심의·의결을 거쳐야 한다.
1. 제15조제1항제1호부터 제5호까지 및 제7호에 관한 사항
2. 제15조제1항제6호에 따른 사항 중 중대재해에 관한 사항

3. 유해하거나 위험한 기계·기구·설비를 도입한 경우 안전 및 보건 관련 조치에 관한 사항
4. 그 밖에 해당 사업장 근로자의 안전 및 보건을 유지·증진시키기 위하여 필요한 사항

③ 산업안전보건위원회는 대통령령으로 정하는 바에 따라 회의를 개최하고 그 결과를 회의록으로 작성하여 보존하여야 한다.

④ 사업주와 근로자는 제2항에 따라 산업안전보건위원회가 심의·의결한 사항을 성실하게 이행하여야 한다.

⑤ 산업안전보건위원회는 이 법, 이 법에 따른 명령, 단체협약, 취업규칙 및 제25조에 따른 안전보건관리규정에 반하는 내용으로 심의·의결해서는 아니 된다.

⑥ 사업주는 산업안전보건위원회의 위원에게 직무 수행과 관련한 사유로 불리한 처우를 해서는 아니 된다.

⑦ 산업안전보건위원회를 구성하여야 할 사업의 종류 및 사업장의 상시근로자 수, 산업안전보건위원회의 구성·운영 및 의결되지 아니한 경우의 처리방법, 그 밖에 필요한 사항은 대통령령으로 정한다.

③ 제1항 및 제2항에도 불구하고 법 제69조제1항에 따른 건설공사도급인(이하 "건설공사도급인"이라 한다)이 법 제64조제1항제1호에 따른 안전 및 보건에 관한 협의체를 구성한 경우에는 산업안전보건위원회의 위원을 다음 각 호의 사람을 포함하여 구성할 수 있다.
  1. 근로자위원 : 도급 또는 하도급 사업을 포함한 전체 사업의 근로자대표, 명예산업안전감독관 및 근로자대표가 지명하는 해당 사업장의 근로자
  2. 사용자위원 : 도급인 대표자, 관계수급인의 각 대표자 및 안전관리자

제36조(산업안전보건위원회의 위원장) 산업안전보건위원회의 위원장은 위원 중에서 호선(互選)한다. 이 경우 근로자위원과 사용자위원 중 각 1명을 공동위원장으로 선출할 수 있다.

제37조(산업안전보건위원회의 회의 등) ① 법 제24조제3항에 따라 산업안전보건위원회의 회의는 정기회의와 임시회의로 구분하되, 정기회의는 분기마다 산업안전보건위원회의 위원장이 소집하며, 임시회의는 위원장이 필요하다고 인정할 때에 소집한다. 22. 3. 5

② 회의는 근로자위원 및 사용자위원 각 과반수의 출석으로 개의(開議)하고 출석위원 과반수의 찬성으로 의결한다.

③ 근로자대표, 명예산업안전감독관, 해당 사업의 대표자, 안전관리자 또는 보건관리자는 회의에 출석할 수 없는 경우에는 해당 사업에 종사하는 사람 중에서 1명을 지정하여 위원으로서의 직무를 대리하게 할 수 있다.

④ 산업안전보건위원회는 다음 각 호의 사항을 기록한 회의록을 작성하여 갖추어 두어야 한다.
  1. 개최 일시 및 장소
  2. 출석위원
  3. 심의 내용 및 의결·결정 사항
  4. 그 밖의 토의사항

제3장 안전보건교육

제40조(안전보건교육기관의 등록 및 취소) ① 법 제33조제1항 전단에 따라 법 제29조제1항부터 제3항까지의 규정에 따른 안전보건교육에 대한 안전보건교육기관(이하 "근로자안전보건교육기관"이라 한다)으로 등록하려는 자는 법인 또는 산업안전·보건 관련 학과가 있는 「고등교육법」 제2조에 따른 학교로서 별표 10에 따른 인력·시설 및 장비 등을 갖추어야 한다.

② 법 제33조제1항 전단에 따라 법 제31조제1항 본문에 따른 안전보건교육에 대한 안전보건교육기관으로 등록하려는 자는 법인 또는 산업 안전·보건 관련 학과

가 있는 「고등교육법」 제2조에 따른 학교로서 별표 11에 따른 인력·시설 및 장비를 갖추어야 한다.

③ 법 제33조제1항 전단에 따라 법 제32조제1항 각 호 외의 부분 본문에 따른 안전보건교육에 대한 안전보건교육기관(이하 "직무교육기관"이라 한다)으로 등록할 수 있는 자는 다음 각 호의 어느 하나에 해당하는 자로 한다.

1. 「한국산업안전보건공단법」에 따른 한국산업안전보건공단(이하 "공단"이라 한다)
2. 다음 각 목의 어느 하나에 해당하는 기관으로서 별표 12에 따른 인력·시설 및 장비를 갖춘 기관
   가. 산업 안전·보건 관련 학과가 있는 「고등교육법」 제2조에 따른 학교
   나. 비영리법인

④ 법 제33조제1항 후단에서 "대통령령으로 정하는 중요한 사항"이란 다음 각 호의 사항을 말한다.

1. 교육기관의 명칭(상호)
2. 교육기관의 소재지
3. 대표자의 성명

⑤ 제1항부터 제3항까지의 규정에 따른 안전보건교육기관에 관하여 법 제33조제4항에 따라 준용되는 법 제21조제4항제5호에서 "대통령령으로 정하는 사유에 해당하는 경우"란 다음 각 호의 경우를 말한다.

1. 교육 관련 서류를 거짓으로 작성한 경우
2. 정당한 사유 없이 교육 실시를 거부한 경우
3. 교육을 실시하지 않고 수수료를 받은 경우
4. 법 제29조제1항부터 제3항까지, 제31조제1항 본문 또는 제32조제1항 각 호 외의 부분 본문에 따른 교육의 내용 및 방법을 위반한 경우

제4장 유해·위험 방지 조치

제41조(고객의 폭언 등으로 인한 건강장해 발생 등에 대한 조치) 법 제41조제2항에서 "업무의 일시적 중단 또는 전환 등 대통령령으로 정하는 필요한 조치"란 다음 각 호의 조치 중 필요한 조치를 말한다.

1. 업무의 일시적 중단 또는 전환
2. 「근로기준법」 제54조제1항에 따른 휴게시간의 연장
3. 법 제41조제1항에 따른 폭언 등으로 인한 건강장해 관련 치료 및 상담 지원
4. 관할 수사기관 또는 법원에 증거물·증거서류를 제출하는 등 법 제41조제1항에 따른 고객응대근로자 등이 같은 항에 따른 폭언 등으로 인하여 고소, 고발 또는 손해배상 청구 등을 하는 데 필요한 지원

합격예측 및 관련법규

「고등교육법」

제2조(학교의 종류) 고등교육을 실시하기 위하여 다음 각 호의 학교를 둔다.
1. 대학
2. 산업대학
3. 교육대학
4. 전문대학
5. 방송대학·통신대학·방송통신대학 및 사이버대학(이하 "원격대학"이라 한다)
6. 기술대학
7. 각종학교

「근로기준법」

제54조(휴게) ① 사용자는 근로시간이 4시간인 경우에는 30분 이상, 8시간인 경우에는 1시간 이상의 휴게시간을 근로시간 도중에 주어야 한다.
② 휴게시간은 근로자가 자유롭게 이용할 수 있다.

제42조(유해위험방지계획서 제출 대상) ① 법 제42조제1항제1호에서 "대통령령으로 정하는 사업의 종류 및 규모에 해당하는 사업"이란 다음 각 호의 어느 하나에 해당하는 사업으로서 전기 계약용량이 300킬로와트 이상인 경우를 말한다.

1. 금속가공제품 제조업 : 기계 및 가구 제외
2. 비금속 광물제품 제조업
3. 기타 기계 및 장비 제조업
4. 자동차 및 트레일러 제조업
5. 식료품 제조업
6. 고무제품 및 플라스틱제품 제조업
7. 목재 및 나무제품 제조업
8. 기타 제품 제조업
9. 1차 금속 제조업
10. 가구 제조업
11. 화학물질 및 화학제품 제조업
12. 반도체 제조업
13. 전자부품 제조업

② 법 제42조제1항제2호에서 "대통령령으로 정하는 기계·기구 및 설비"란 다음 각 호의 어느 하나에 해당하는 기계·기구 및 설비를 말한다. 이 경우 다음 각 호에 해당하는 기계·기구 및 설비의 구체적인 범위는 고용노동부장관이 정하여 고시한다.

1. 금속이나 그 밖의 광물의 용해로
2. 화학설비
3. 건조설비
4. 가스집합 용접장치
5. 법 제117조제1항에 따른 제조 등 금지물질 또는 법 제118조제1항에 따른 허가대상물질 관련 설비
6. 분진작업 관련 설비

③ 법 제42조제1항제3호에서 "대통령령으로 정하는 크기 높이 등에 해당하는 건설공사"란 다음 각 호의 어느 하나에 해당하는 공사를 말한다.

1. 다음 각 목의 어느 하나에 해당하는 건축물 또는 시설 등의 건설·개조 또는 해체(이하 "건설 등"이라 한다) 공사
   가. 지상높이가 31미터 이상인 건축물 또는 인공구조물
   나. 연면적 3만제곱미터 이상인 건축물
   다. 연면적 5천제곱미터 이상인 시설로서 다음의 어느 하나에 해당하는 시설
      1) 문화 및 집회시설(전시장 및 동물원·식물원은 제외한다)
      2) 판매시설, 운수시설(고속철도의 역사 및 집배송시설은 제외한다)

3) 종교시설
4) 의료시설 중 종합병원
5) 숙박시설 중 관광숙박시설
6) 지하도상가
7) 냉동·냉장 창고시설
2. 연면적 5천제곱미터 이상인 냉동·냉장 창고시설의 설비공사 및 단열공사
3. 최대 지간(支間)길이(다리의 기둥과 기둥의 중심사이의 거리)가 50미터 이상인 다리의 건설 등 공사
4. 터널의 건설 등 공사
5. 다목적댐, 발전용댐, 저수용량 2천만톤 이상의 용수 전용 댐 및 지방상수도 전용 댐의 건설 등 공사
6. 깊이 10미터 이상인 굴착공사

제43조(공정안전보고서의 제출 대상) ① 법 제44조제1항 전단에서 "대통령령으로 정하는 유해하거나 위험한 설비"란 다음 각 호의 어느 하나에 해당하는 사업을 하는 사업장의 경우에는 그 보유설비를 말하고, 그 외의 사업을 하는 사업장의 경우에는 별표 13에 따른 유해·위험물질 중 하나 이상의 물질을 같은 표에 따른 규정량 이상 제조·취급·저장하는 설비 및 그 설비의 운영과 관련된 모든 공정설비를 말한다. 19. 4. 27 ㉮

1. 원유 정제처리업
2. 기타 석유정제물 재처리업
3. 석유화학계 기초화학물질 제조업 또는 합성수지 및 기타 플라스틱물질 제조업. 다만, 합성수지 및 기타 플라스틱물질 제조업은 별표 13 제1호 또는 제2호에 해당하는 경우로 한정한다.
4. 질소 화합물, 질소·인산 및 칼리질 화학비료 제조업 중 질소질 비료 제조
5. 복합비료 및 기타 화학비료 제조업 중 복합비료 제조(단순혼합 또는 배합에 의한 경우는 제외한다)
6. 화학 살균·살충제 및 농업용 약제 제조업[농약 원제(原劑) 제조만 해당한다]
7. 화약 및 불꽃제품 제조업

② 제1항에도 불구하고 다음 각 호의 설비는 유해하거나 위험한 설비로 보지 않는다.

1. 원자력 설비
2. 군사시설
3. 사업주가 해당 사업장 내에서 직접 사용하기 위한 난방용 연료의 저장설비 및 사용설비

합격예측 및 관련법규

제128조의2(휴게시설의 설치)
① 사업주는 근로자(관계수급인의 근로자를 포함한다. 이하 이 조에서 같다)가 신체적 피로와 정신적 스트레스를 해소할 수 있도록 휴식시간에 이용할 수 있는 휴게시설을 갖추어야 한다.
② 사업주 중 사업의 종류 및 사업장의 상시근로자 수 등 대통령령으로 정하는 기준에 해당하는 사업장의 사업주는 제1항에 따라 휴게시설을 갖추는 경우 크기, 위치, 온도, 조명 등 고용노동부령으로 정하는 설치·관리기준을 준수하여야 한다.
[본조신설 2021. 8. 17.]

합격예측 및 관련법규

제59조(기술지도계약 체결 대상 건설공사 및 체결 시기)
① 법 제73조제1항에서 "대통령령으로 정하는 건설공사"란 공사금액 1억원 이상 120억원(「건설산업기본법 시행령」 별표 1의 종합공사를 시공하는 업종의 건설업종란 제1호의 토목공사업에 속하는 공사는 150억원) 미만인 공사와 「건축법」 제11조에 따른 건축허가의 대상이 되는 공사를 말한다. 다만, 다음 각 호의 어느 하나에 해당하는 공사는 제외한다. 〈개정 2022. 8. 16.〉
1. 공사기간이 1개월 미만인 공사
2. 육지와 연결되지 않은 섬 지역(제주특별자치도는 제외한다)에서 이루어지는 공사
3. 사업주가 별표 4에 따른 안전관리자의 자격을 가진 사람을 선임(같은 광역지방자치단체의 구역 내에서 같은 사업주가 시공하는 셋 이하의 공사에 대하여 공동으로 안전관리자의 자격을 가진 사람 1명을 선임한 경우를 포함한다)하여 제18조제1항 각 호에 따른 안전관리자의 업무만을 전담하도록 하는 공사
4. 법 제42조제1항에 따라 유해위험방지계획서를 제출해야 하는 공사

② 제1항에 따른 건설공사의 건설공사발주자 또는 건설공사도급인(건설공사도급인은 건설공사발주자로부터 건설공사를 최초로 도급받은 수급인은 제외한다)은 법 제73조제1항의 건설산업재해 예방을 위한 지도계약(이하 "기술지도계약"이라 한다)을 해당 건설공사 착공일의 전날까지 체결해야 한다. 〈신설 2022. 8. 16.〉
[제목개정 2022. 8. 16.]

---

4. 도매·소매시설
5. 차량 등의 운송설비
6. 「액화석유가스의 안전관리 및 사업법」에 따른 액화석유가스의 충전·저장시설
7. 「도시가스사업법」에 따른 가스공급시설
8. 그 밖에 고용노동부장관이 누출·화재·폭발 등의 사고가 있더라도 그에 따른 피해의 정도가 크지 않다고 인정하여 고시하는 설비

③ 법 제44조제1항 전단에서 "대통령령으로 정하는 사고"란 다음 각 호의 어느 하나에 해당하는 사고를 말한다.
1. 근로자가 사망하거나 부상을 입을 수 있는 제1항에 따른 설비(제2항에 따른 설비는 제외한다. 이하 제2호에서 같다)에서의 누출·화재·폭발 사고
2. 인근 지역의 주민이 인적 피해를 입을 수 있는 제1항에 따른 설비에서의 누출·화재·폭발 사고

제44조(공정안전보고서의 내용) ① 법 제44조제1항 전단에 따른 공정안전보고서에는 다음 각 호의 사항이 포함되어야 한다.
1. 공정안전자료
2. 공정위험성 평가서
3. 안전운전계획
4. 비상조치계획
5. 그 밖에 공정상의 안전과 관련하여 고용노동부장관이 필요하다고 인정하여 고시하는 사항

② 제1항제1호부터 제4호까지의 규정에 따른 사항에 관한 세부 내용은 고용노동부령으로 정한다.

제46조(안전보건진단의 종류 및 내용) ① 법 제47조제1항에 따른 안전보건진단(이하 "안전보건진단"이라 한다)의 종류 및 내용은 별표 14와 같다.
② 고용노동부장관은 법 제47조제1항에 따라 안전보건진단 명령을 할 경우 기계·화공·전기·건설 등 분야별로 한정하여 진단을 받을 것을 명할 수 있다.
③ 안전보건진단 결과보고서에는 산업재해 또는 사고의 발생원인, 작업조건·작업방법에 대한 평가 등의 사항이 포함되어야 한다.

제49조(안전보건진단을 받아 안전보건개선계획을 수립할 대상) 법 제49조제1항 각 호 외의 부분 후단에서 "대통령령으로 정하는 사업장"이란 다음 각 호의 사업장을 말한다. 22. 4. 24 ②
1. 산업재해율이 같은 업종 평균 산업재해율의 2배 이상인 사업장
2. 법 제49조제1항제2호(사업주가 필요한 안전조치 또는 보건조치를 이행하지 아니하여 중대재해가 발생한 사업장)에 해당하는 사업장

3. 직업성 질병자가 연간 2명 이상(상시근로자 1천명 이상 사업장의 경우 3명 이상) 발생한 사업장
4. 그 밖에 작업환경 불량, 화재·폭발 또는 누출 사고 등으로 사업장 주변까지 피해가 확산된 사업장으로서 고용노동부령으로 정하는 사업장

제5장 도급 시 산업재해 예방

제51조(도급승인 대상 작업) 법 제59조제1항 전단에서 "급성 독성, 피부 부식성 등이 있는 물질의 취급 등 대통령령으로 정하는 작업"이란 다음 각 호의 어느 하나에 해당하는 작업을 말한다.

1. 중량비율 1퍼센트 이상의 황산, 불화수소, 질산 또는 염화수소를 취급하는 설비를 개조·분해·해체·철거하는 작업 또는 해당 설비의 내부에서 이루어지는 작업. 다만, 도급인이 해당 화학물질을 모두 제거한 후 증명자료를 첨부하여 고용노동부장관에게 신고한 경우는 제외한다.
2. 그 밖에 「산업재해보상보험법」 제8조제1항에 따른 산업재해보상보험 및 예방심의위원회(이하 "산업재해보상보험 및 예방심의위원회"라 한다)의 심의를 거쳐 고용노동부장관이 정하는 작업

제52조(안전보건총괄책임자 지정 대상사업) 법 제62조제1항에 따른 안전보건총괄책임자(이하 "안전보건총괄책임자"라 한다)를 지정해야 하는 사업의 종류 및 사업장의 상시근로자 수는 관계수급인에게 고용된 근로자를 포함한 상시근로자가 100명(선박 및 보트 건조업, 1차 금속 제조업 및 토사석 광업의 경우에는 50명) 이상인 사업이나 관계수급인의 공사금액을 포함한 해당 공사의 총공사금액이 20억원 이상인 건설업으로 한다.

제53조(안전보건총괄책임자의 직무 등) ① 안전보건총괄책임자의 직무는 다음 각 호와 같다. 20. 6. 7 ㉮

1. 법 제36조에 따른 위험성평가의 실시에 관한 사항
2. 법 제51조 및 제54조에 따른 작업의 중지
3. 법 제64조에 따른 도급 시 산업재해 예방조치
4. 법 제72조제1항에 따른 산업안전보건관리비의 관계수급인 간의 사용에 관한 협의·조정 및 그 집행의 감독
5. 안전인증대상기계 등과 자율안전확인대상기계 등의 사용 여부 확인

② 안전보건총괄책임자에 대한 지원에 관하여는 제14조제2항을 준용한다. 이 경우 "안전보건관리책임자"는 "안전보건총괄책임자"로, "법 제15조제1항"은 "제1항"으로 본다.

③ 사업주는 안전보건총괄책임자를 선임했을 때에는 그 선임 사실 및 제1항 각 호의 직무의 수행내용을 증명할 수 있는 서류를 갖추어 두어야 한다.

합격예측 및 관련법규

「**산업재해보상보험법**」(약칭: 산재보험법)
제8조(산업재해보상보험 및 예방심의위원회) ① 산업재해보상보험 및 예방에 관한 중요 사항을 심의하게 하기 위하여 고용노동부에 산업재해보상보험 및 예방심의위원회(이하 "위원회"라 한다)를 둔다.
② 위원회는 근로자를 대표하는 자, 사용자를 대표하는 자 및 공익을 대표하는 자로 구성하되, 그 수는 각각 같은 수로 한다.
③ 위원회는 그 심의 사항을 검토하고, 위원회의 심의를 보조하게 하기 위하여 위원회에 전문위원회를 둘 수 있다.

「건설기술 진흥법」
제2조(정의) 이 법에서 사용하는 용어의 뜻은 다음과 같다
5. "감리"란 건설공사가 관계 법령이나 기준, 설계도서 또는 그 밖의 관계 서류 등에 따라 적정하게 시행될 수 있도록 관리하거나 시공관리·품질관리·안전관리 등에 대한 기술지도를 하는 건설사업관리 업무를 말한다.
6. "발주청"이란 건설공사 또는 건설기술용역을 발주(發注)하는 국가, 지방자치단체, 「공공기관의 운영에 관한 법률」 제5조에 따른 공기업·준정부기관, 「지방공기업법」에 따른 지방공사·지방공단, 그 밖에 대통령령으로 정하는 기관의 장을 말한다.

「건축법」
제25조(건축물의 공사감리)
① 건축주는 대통령령으로 정하는 용도·규모 및 구조의 건축물을 건축하는 경우 건축사나 대통령령으로 정하는 자를 공사감리자(공사시공자 본인 및 「독점규제 및 공정거래에 관한 법률」 제2조에 따른 계열회사는 제외한다)로 지정하여 공사감리를 하게 하여야 한다.
② 제1항에도 불구하고 「건설산업기본법」 제41조제1항 각 호에 해당하지 아니하는 소규모 건축물로서 건축주가 직접 시공하는 건축물 및 주택으로 사용하는 건축물 중 대통령령으로 정하는 건축물의 경우에는 대통령령으로 정하는 바에 따라 허가권자가 해당 건축물의 설계에 참여하지 아니한 자 중에서 공사감리자를 지정하여야 한다. 다만, 다음 각 호의 어느 하나에 해당하는 건축물의 건축주가 국토교통부령으로 정하는 바에 따라 허가권자에게 신청하는 경우에는 해당 건축물을 설계한 자를 공사감리자로 지정할 수 있다.
1. 「건설기술 진흥법」 제14조에 따른 신기술을 적용하여 설계한 건축물
2. 「건축서비스산업 진흥법」 제13조제4항에 따른 역량 있는 건축사가 설계한 건축물
3. 설계공모를 통하여 설계한 건축물
③ 공사감리자는 공사감리를 할 때 이 법과 이 법에 따른 명령이나 처분, 그 밖의 관계 법령에 위반된 사항을 발견하거나 공사시공자가 설계도서대로 공사를 하지 아니하면 이를

제55조(산업재해 예방 조치 대상 건설공사) 법 제67조제1항 각 호 외의 부분에서 "대통령령으로 정하는 건설공사"란 총공사금액이 50억원 이상인 공사를 말한다.

제56조(안전보건조정자의 선임 등) ① 법 제68조제1항에 따른 안전보건조정자(이하 "안전보건조정자"라 한다)를 두어야 하는 건설공사는 각 건설공사의 금액의 합이 50억원 이상인 경우를 말한다.
② 제1항에 따라 안전보건조정자를 두어야 하는 건설공사발주자는 제1호 또는 제4호부터 제7호까지에 해당하는 사람 중에서 안전보건조정자를 선임하거나 제2호 또는 제3호에 해당하는 사람 중에서 안전보건조정자를 지정해야 한다.
1. 법 제143조제1항에 따른 산업안전지도사 자격을 가진 사람
2. 「건설기술 진흥법」 제2조제6호에 따른 발주청이 발주하는 건설공사인 경우 발주청이 같은 법 제49조제1항에 따라 선임한 공사감독자
3. 다음 각 목의 어느 하나에 해당하는 사람으로서 해당 건설공사 중 주된 공사의 책임감리자
  가. 「건축법」 제25조에 따라 지정된 공사감리자
  나. 「건설기술 진흥법」 제2조제5호에 따른 감리 업무를 수행하는 자
  다. 「주택법」 제43조에 따라 지정된 감리자
  라. 「전력기술관리법」 제12조의2에 따라 배치된 감리원
  마. 「정보통신공사업법」 제8조제2항에 따라 해당 건설공사에 대하여 감리 업무를 수행하는 자
4. 「건설산업기본법」 제8조에 따른 종합공사에 해당하는 건설현장에서 안전보건관리책임자로서 3년 이상 재직한 사람
5. 「국가기술자격법」에 따른 건설안전기술사
6. 「국가기술자격법」에 따른 건설안전기사 자격을 취득한 후 건설안전 분야에서 5년 이상의 실무경력이 있는 사람
7. 「국가기술자격법」에 따른 건설안전산업기사 자격을 취득한 후 건설안전 분야에서 7년 이상의 실무경력이 있는 사람
③ 제1항에 따라 안전보건조정자를 두어야 하는 건설공사발주자는 분리하여 발주되는 공사의 착공일 전날까지 제2항에 따라 안전보건조정자를 선임하거나 지정하여 각각의 공사 도급인에게 그 사실을 알려야 한다.

제57조(안전보건조정자의 업무) ① 안전보건조정자의 업무는 다음 각 호와 같다.
1. 법 제68조제1항에 따라 같은 장소에서 이루어지는 각각의 공사 간에 혼재된 작업의 파악
2. 제1호에 따른 혼재된 작업으로 인한 산업재해 발생의 위험성 파악
3. 제1호에 따른 혼재된 작업으로 인한 산업재해를 예방하기 위한 작업의 시기·내용 및 안전보건 조치 등의 조정

4. 각각의 공사 도급인의 안전보건관리책임자 간 작업 내용에 관한 정보 공유 여부의 확인

② 안전보건조정자는 제1항의 업무를 수행하기 위하여 필요한 경우 해당 공사의 도급인과 관계수급인에게 자료의 제출을 요구할 수 있다.

제63조(노사협의체의 설치 대상) 법 제75조제1항에서 "대통령령으로 정하는 규모의 건설공사"란 공사금액이 120억원(「건설산업기본법 시행령」 별표 1의 종합공사를 시공하는 업종의 건설업종란 제1호에 따른 토목공사업은 150억원) 이상인 건설공사를 말한다.

제64조(노사협의체의 구성) ① 노사협의체는 다음 각 호에 따라 근로자위원과 사용자위원으로 구성한다.

1. 근로자위원
   가. 도급 또는 하도급 사업을 포함한 전체 사업의 근로자대표
   나. 근로자대표가 지명하는 명예산업안전감독관 1명. 다만, 명예산업안전감독관이 위촉되어 있지 않은 경우에는 근로자대표가 지명하는 해당 사업장 근로자 1명
   다. 공사금액이 20억원 이상인 공사의 관계수급인의 각 근로자대표

2. 사용자위원
   가. 도급 또는 하도급 사업을 포함한 전체 사업의 대표자
   나. 안전관리자 1명
   다. 보건관리자 1명(별표 5 제44호에 따른 보건관리자 선임대상 건설업으로 한정한다)
   라. 공사금액이 20억원 이상인 공사의 관계수급인의 각 대표자

② 노사협의체의 근로자위원과 사용자위원은 합의하여 노사협의체에 공사금액이 20억원 미만인 공사의 관계수급인 및 관계수급인 근로자대표를 위원으로 위촉할 수 있다.

③ 노사협의체의 근로자위원과 사용자위원은 합의하여 제67조제2호에 따른 사람을 노사협의체에 참여하도록 할 수 있다.

제65조(노사협의체의 운영 등) ① 노사협의체의 회의는 정기회의와 임시회의로 구분하여 개최하되, 정기회의는 2개월마다 노사협의체의 위원장이 소집하며, 임시회의는 위원장이 필요하다고 인정할 때에 소집한다.

② 노사협의체 위원장의 선출, 노사협의체의 회의, 노사협의체에서 의결되지 않은 사항에 대한 처리방법 및 회의 결과 등의 공지에 관하여는 각각 제36조, 제37조제2항부터 제4항까지, 제38조 및 제39조를 준용한다. 이 경우 "산업안전보건위원회"는 "노사협의체"로 본다.

축물의 공사감리는 제1항부터 제9항까지 및 제11항부터 제14항까지의 규정에도 불구하고 각각 해당 법령으로 정하는 바에 따른다.
⑪ 제2항에 따라 허가권자가 공사감리자를 지정하는 건축물의 건축주는 제21조에 따른 착공신고를 하는 때에 감리비용이 명시된 감리 계약서를 허가권자에게 제출하여야 하고, 제22조에 따른 사용승인을 신청하는 때에는 감리용역 계약 내용에 따라 감리비용을 지불하여야 한다. 이 경우 허가권자는 감리 계약서에 따라 감리비용이 지불되었는지를 확인한 후 사용승인을 하여야 한다.
⑫ 제2항에 따라 허가권자가 공사감리자를 지정하는 건축물의 건축주는 설계자의 설계의도가 구현되도록 해당 건축물의 설계자를 건축과정에 참여시켜야 한다. 이 경우 「건축서비스산업 진흥법」 제22조를 준용한다.
⑬ 제12항에 따라 설계자를 건축과정에 참여시켜야 하는 건축주는 제21조에 따른 착공신고를 하는 때에 해당 계약서 등 대통령령으로 정하는 서류를 허가권자에게 제출하여야 한다.
⑭ 허가권자는 제11항의 감리비용에 관한 기준을 해당 지방자치단체의 조례로 정할 수 있다.

「주택법」
제43조(주택의 감리자 지정 등) ① 사업계획승인권자가 제15조제1항 또는 제3항에 따른 주택건설사업계획을 승인하였을 때와 시장·군수·구청장이 제66조제1항 또는 제2항에 따른 리모델링의 허가를 하였을 때에는 「건축사법」 또는 「건설기술 진흥법」에 따른 감리자격이 있는 자를 대통령령으로 정하는 바에 따라 해당 주택건설공사의 감리자로 지정하여야 한다. 다만, 사업주체가 국가·지방자치단체·한국토지주택공사·지방공사 또는 대통령령으로 정하는 자인 경우와 「건축법」 제25조에 따라 공사감리를 하는 도시형 생활주택의 경우에는 그러하지 아니하다.
② 사업계획승인권자는 감리자가 감리자의 지정에 관한 서류를 부정 또는 거짓으로 제출하거나, 업무 수행 중 위반 사항이 있음을 알고도 묵인하는 등 대통령령으로 정하는 사유

제66조(기계·기구 등) 법 제76조에서 "타워크레인 등 대통령령으로 정하는 기계·기구 또는 설비 등"이란 다음 각 호의 어느 하나에 해당하는 기계·기구 또는 설비를 말한다.
 1. 타워크레인
 2. 건설용 리프트
 3. 항타기(해머나 동력을 사용하여 말뚝을 박는 기계) 및 항발기(박힌 말뚝을 빼내는 기계)

제67조(특수형태근로종사자의 범위 등) 법 제77조제1항제1호에 따른 요건을 충족하는 사람은 다음 각 호의 어느 하나에 해당하는 사람으로 한다.
 1. 보험을 모집하는 사람으로서 다음 각 목의 어느 하나에 해당하는 사람
   가. 「보험업법」 제83조제1항제1호에 따른 보험설계사
   나. 「우체국예금·보험에 관한 법률」에 따른 우체국보험의 모집을 전업(專業)으로 하는 사람
 2. 「건설기계관리법」 제3조제1항에 따라 등록된 건설기계를 직접 운전하는 사람
 3. 「통계법」 제22조에 따라 통계청장이 고시하는 직업에 관한 표준분류(이하 "한국표준직업분류표"라 한다)의 세세분류에 따른 학습지 교사
 4. 「체육시설의 설치·이용에 관한 법률」 제7조에 따라 직장체육시설로 설치된 골프장 또는 같은 법 제19조에 따라 체육시설업의 등록을 한 골프장에서 골프경기를 보조하는 골프장 캐디
 5. 한국표준직업분류표의 세분류에 따른 택배원으로서 택배사업(소화물을 집화·수송 과정을 거쳐 배송하는 사업을 말한다)에서 집화 또는 배송 업무를 하는 사람
 6. 한국표준직업분류표의 세분류에 따른 택배원으로서 고용노동부장관이 정하는 기준에 따라 주로 하나의 퀵서비스업자로부터 업무를 의뢰받아 배송 업무를 하는 사람
 7. 「대부업 등의 등록 및 금융이용자 보호에 관한 법률」 제3조제1항 단서에 따른 대출모집인
 8. 「여신전문금융업법」 제14조의2제1항제2호에 따른 신용카드회원 모집인
 9. 고용노동부장관이 정하는 기준에 따라 주로 하나의 대리운전업자로부터 업무를 의뢰받아 대리운전 업무를 하는 사람

제6장 유해·위험 기계 등에 대한 조치

제70조(방호조치를 해야 하는 유해하거나 위험한 기계·기구) 법 제80조제1항에서 "대통령령으로 정하는 것"이란 별표 20에 따른 기계·기구를 말한다.

제72조(타워크레인 설치·해체업의 등록요건) ① 법 제82조제1항 전단에 따라 타워크레인을 설치하거나 해체하려는 자가 갖추어야 하는 인력·시설 및 장비의 기준은 별표 22와 같다.

② 법 제82조제1항 후단에서 "대통령령으로 정하는 중요한 사항"이란 다음 각 호의 사항을 말한다.

1. 업체의 명칭(상호)
2. 업체의 소재지
3. 대표자의 성명
4. 별표 22 제1호에 따라 보유한 인력

제74조(안전인증대상기계 등) ① 법 제84조제1항에서 "대통령령으로 정하는 것"이란 다음 각 호의 어느 하나에 해당하는 것을 말한다.

1. 다음 각 목의 어느 하나에 해당하는 기계 또는 설비
   가. 프레스
   나. 전단기 및 절곡기(折曲機)
   다. 크레인
   라. 리프트
   마. 압력용기
   바. 롤러기
   사. 사출성형기(射出成形機)
   아. 고소(高所) 작업대
   자. 곤돌라

2. 다음 각 목의 어느 하나에 해당하는 방호장치
   가. 프레스 및 전단기 방호장치
   나. 양중기용(揚重機用) 과부하 방지장치
   다. 보일러 압력방출용 안전밸브
   라. 압력용기 압력방출용 안전밸브
   마. 압력용기 압력방출용 파열판
   바. 절연용 방호구 및 활선작업용(活線作業用) 기구
   사. 방폭구조(防爆構造) 전기기계·기구 및 부품
   아. 추락·낙하 및 붕괴 등의 위험 방지 및 보호에 필요한 가설기자재로서 고용노동부장관이 정하여 고시하는 것
   자. 충돌·협착 등의 위험 방지에 필요한 산업용 로봇 방호장치로서 고용노동부장관이 정하여 고시하는 것

에 해당하는 경우에는 감리자를 교체하고, 그 감리자에 대하여는 1년의 범위에서 감리업무의 지정을 제한할 수 있다.

③ 사업주체(제66조제1항 또는 제2항에 따른 리모델링의 허가만 받은 자도 포함한다. 이하 이 조, 제44조 및 제47조에서 같다)와 감리자 간의 책임 내용 및 범위는 이 법에서 규정한 것 외에는 당사자 간의 계약으로 정한다.

④ 국토교통부장관은 제3항에 따른 계약을 체결할 때 사업주체와 감리자 간에 공정하게 계약이 체결되도록 하기 위하여 감리용역표준계약서를 정하여 보급할 수 있다.

「전력기술관리법」
제12조의2(감리원의 배치 등)
① 다음 각 호의 어느 하나에 해당하는 자(이하 "감리업자 등"이라 한다)가 공사감리를 하려는 경우에는 산업통상자원부장관이 정하여 고시하는 감리원 배치 기준에 따라 소속 감리원을 공사 시작 전에 배치하여야 한다.
1. 감리업자
2. 제12조제2항제1호에 따라 소속 감리원에게 공사감리 업무를 수행하게 하는 자

② 감리업자 등은 소속 감리원을 배치한 경우(변경 배치한 경우를 포함한다)에는 그 배치 현황을 30일 이내에 시·도지사에게 신고하여야 한다. 이 경우 감리업자는 발주자의 확인을 받아야 한다.

③ 감리업자 등은 그가 시행한 공사감리 용역이 끝났을 때에는 공사감리 완료보고서를 30일 이내에 시·도지사에게 제출하여야 한다. 이 경우 감리업자는 발주자의 확인을 받아야 한다.

④ 시·도지사는 제2항에 따른 감리원 배치 현황 신고서 또는 제3항에 따른 공사감리 완료보고서를 접수한 경우에는 그 사실을 기록하고 관리하여야 하며, 감리업자 등이 신청하는 경우에는 감리원 배치확인서 또는 공사감리 완료증명서를 발급하여야 한다.

⑤ 제2항에 따른 감리원 배치 현황 신고서 및 제3항에 따른 공사감리 완료보고서의 내용 및 제출 방법, 제4항에 따른 감리원 배치확인서 및 공사감리 완료증명서의 발급 등에 관하여 필요한 사항은 산업통상자원부령으로 정한다.

「정보통신공사업법」
제8조(건설업의 종류) ① 건설업의 종류는 종합공사를 시공하는 업종과 전문공사를 시공하는 업종으로 한다.
② 건설업의 구체적인 종류 및 업무범위 등에 관한 사항은 대통령령으로 정한다.

「보험업법」
제83조(모집할 수 있는 자) ① 모집을 할 수 있는 자는 다음 각 호의 어느 하나에 해당하는 자이어야 한다.
1. 보험설계사

「건설기계관리법」
제3조(등록 등) ① 건설기계의 소유자는 대통령령으로 정하는 바에 따라 건설기계를 등록하여야 한다.

「통계법」
제22조(표준분류) ① 통계청장은 통계작성기관이 동일한 기준에 따라 통계를 작성할 수 있도록 국제표준분류를 기준으로 산업, 직업, 질병·사인(死因) 등에 관한 표준분류를 작성·고시하여야 한다. 이 경우 통계청장은 미리 관계 기관의 장과 협의하여야 한다.
② 통계작성기관의 장은 통계를 작성하는 때에는 통계청장이 제1항에 따라 작성·고시하는 표준분류에 따라야 한다. 다만, 통계의 작성목적상 불가피하게 표준분류와 다른 기준을 적용하고자 하는 때에는 미리 통계청장의 동의를 받아야 한다.
③ 통계청장은 표준분류의 내용을 변경하거나 요약·발췌하여 발간함으로써 표준분류의 내용이 사실과 다르게 전달될 우려가 있다고 인정되는 경우에는 그 발간자에 대하여 시정을 명할 수 있다.

「체육시설의 설치·이용에 관한 법률」 (약칭 : 체육시설법)
제7조(직장체육시설) ① 직장의 장은 직장인의 체육 활동에 필요한 체육시설을 설치·운영하여야 한다.
② 제1항에 따른 직장의 범위와 체육시설의 설치 기준은 대통령령으로 정한다.

3. 다음 각 목의 어느 하나에 해당하는 보호구
  가. 추락 및 감전 위험방지용 안전모
  나. 안전화
  다. 안전장갑
  라. 방진마스크
  마. 방독마스크
  바. 송기(送氣)마스크
  사. 전동식 호흡보호구
  아. 보호복
  자. 안전대
  차. 차광(遮光) 및 비산물(飛散物) 위험방지용 보안경
  카. 용접용 보안면
  타. 방음용 귀마개 또는 귀덮개
② 안전인증대상기계 등의 세부적인 종류, 규격 및 형식은 고용노동부장관이 정하여 고시한다.

제77조(자율안전확인대상기계 등) ① 법 제89조제1항 각 호 외의 부분 본문에서 "대통령령으로 정하는 것"이란 다음 각 호의 어느 하나에 해당하는 것을 말한다.
1. 다음 각 목의 어느 하나에 해당하는 기계 또는 설비
  가. 연삭기(研削機) 또는 연마기. 이 경우 휴대형은 제외한다.
  나. 산업용 로봇
  다. 혼합기
  라. 파쇄기 또는 분쇄기
  마. 식품가공용 기계(파쇄·절단·혼합·제면기만 해당한다)
  바. 컨베이어
  사. 자동차정비용 리프트
  아. 공작기계(선반, 드릴기, 평삭·형삭기, 밀링만 해당한다)
  자. 고정형 목재가공용 기계(둥근톱, 대패, 루타기, 띠톱, 모떼기 기계만 해당한다)
  차. 인쇄기
2. 다음 각 목의 어느 하나에 해당하는 방호장치
  가. 아세틸렌 용접장치용 또는 가스집합 용접장치용 안전기
  나. 교류 아크용접기용 자동전격방지기
  다. 롤러기 급정지장치
  라. 연삭기 덮개
  마. 목재 가공용 둥근톱 반발 예방장치와 날 접촉 예방장치

바. 동력식 수동대패용 칼날 접촉 방지장치
사. 추락·낙하 및 붕괴 등의 위험 방지 및 보호에 필요한 가설기자재(제74조제1항제2호아목의 가설기자재는 제외한다)로서 고용노동부장관이 정하여 고시하는 것
3. 다음 각 목의 어느 하나에 해당하는 보호구
   가. 안전모(제74조제1항제3호가목의 안전모는 제외한다)
   나. 보안경(제74조제1항제3호차목의 보안경은 제외한다)
   다. 보안면(제74조제1항제3호카목의 보안면은 제외한다)
② 자율안전확인대상기계 등의 세부적인 종류, 규격 및 형식은 고용노동부장관이 정하여 고시한다.

제7장 유해·위험물질에 대한 조치

제84조(유해인자 허용기준 이하 유지 대상 유해인자) 법 제107조제1항 각 호 외의 부분 본문에서 "대통령령으로 정하는 유해인자"란 별표 26 각 호에 따른 유해인자를 말한다.

제89조(기관석면조사 대상) ① 법 제119조제2항 각 호 외의 부분 본문에서 "대통령령으로 정하는 규모 이상"란 다음 각 호의 어느 하나에 해당하는 경우를 말한다.
1. 건축물(제2호에 따른 주택은 제외한다. 이하 이 호에서 같다)의 연면적 합계가 50제곱미터 이상이면서, 그 건축물의 철거·해체하려는 부분의 면적 합계가 50제곱미터 이상인 경우
2. 주택(「건축법 시행령」제2조제12호에 따른 부속건축물을 포함한다. 이하 이 호에서 같다)의 연면적 합계가 200제곱미터 이상이면서, 그 주택의 철거·해체하려는 부분의 면적 합계가 200제곱미터 이상인 경우
3. 설비의 철거·해체하려는 부분에 다음 각 목의 어느 하나에 해당하는 자재(물질을 포함한다. 이하 같다)를 사용한 면적의 합이 15제곱미터 이상 또는 그 부피의 합이 1세제곱미터 이상인 경우
   가. 단열재
   나. 보온재
   다. 분무재
   라. 내화피복재(耐火被覆材)
   마. 개스킷(Gasket: 누설방지재)
   바. 패킹재(Packing material : 틈박이재)
   사. 실링재(Sealing material : 액상 메움재)
   아. 그 밖에 가목부터 사목까지의 자재와 유사한 용도로 사용되는 자재로서 고용노동부장관이 정하여 고시하는 자재

제19조(체육시설업의 등록)
① 제12조에 따른 사업계획의 승인을 받은 자가 제11조에 따른 시설을 갖춘 때에는 영업을 시작하기 전에 대통령령으로 정하는 바에 따라 시·도지사에게 그 체육시설업의 등록을 하여야 한다. 등록 사항(문화체육관광부령으로 정하는 경미한 등록 사항을 제외한다)을 변경하려는 때에도 또한 같다.
② 시·도지사는 골프장업 또는 스키장업에 대한 사업계획의 승인을 받은 자가 그 승인을 받은 사업시설 중 대통령령으로 정하는 규모 이상의 시설을 갖추었을 때에는 제1항에도 불구하고 문화체육관광부령으로 정하는 기간에 나머지 시설을 갖출 것을 조건으로 그 체육시설업을 등록하게 할 수 있다.

「여신전문금융업법」
제14조의2(신용카드회원의 모집) ① 신용카드회원을 모집할 수 있는 자는 다음 각 호의 어느 하나에 해당하는 자이어야 한다.
1. 해당 신용카드업자의 임직원
2. 신용카드업자를 위하여 신용카드 발급계약의 체결을 중개(仲介)하는 자(이하 "모집인"이라 한다)

「건축법 시행령」
제2조(정의) 이 영에서 사용하는 용어의 뜻은 다음과 같다.
12. "부속건축물"이란 같은 대지에서 주된 건축물과 분리된 부속용도의 건축물로서 주된 건축물을 이용 또는 관리하는 데에 필요한 건축물을 말한다.

제96조의2(휴게시설 설치·관리기준 준수 대상 사업장의 사업주) 법 제128조의2제2항에서 "사업의 종류 및 사업장의 상시 근로자 수 등 대통령령으로 정하는 기준에 해당하는 사업장"이란 다음 각 호의 어느 하나에 해당하는 사업장을 말한다.
1. 상시근로자(관계수급인의 근로자를 포함한다. 이하 제2호에서 같다) 20명 이상을 사용하는 사업장(건설업의 경우에는 관계수급인의 공사금액을 포함한 해당 공사의 총공사금액이 20억원 이상인 사업장으로 한정한다)
2. 다음 각 목의 어느 하나에 해당하는 직종(「통계법」 제22조제1항에 따라 통계청장이 고시하는 한국표준직업분류에 따른다)의 상시근로자가 2명 이상인 사업장으로서 상시근로자 10명 이상 20명 미만을 사용하는 사업장(건설업은 제외한다)
  가. 전화 상담원
  나. 돌봄 서비스 종사원
  다. 텔레마케터
  라. 배달원
  마. 청소원 및 환경미화원
  바. 아파트 경비원
  사. 건물 경비원
  [본조신설 2022. 8. 16.]

4. 파이프 길이의 합이 80미터 이상이면서, 그 파이프의 철거·해체하려는 부분의 보온재로 사용된 길이의 합이 80미터 이상인 경우

② 법 제119조제2항 각 호 외의 부분 단서에서 "석면함유 여부가 명백한 경우 등 대통령령으로 정하는 사유"란 다음 각 호의 어느 하나에 해당하는 경우를 말한다.
1. 건축물이나 설비의 철거·해체 부분에 사용된 자재가 설계도서, 자재 이력 등 관련 자료를 통해 석면을 함유하고 있지 않음이 명백하다고 인정되는 경우
2. 건축물이나 설비의 철거·해체 부분에 석면이 중량비율 1퍼센트를 초과하여 함유된 자재를 사용하였음이 명백하다고 인정되는 경우

제8장 근로자 보건관리

제95조(작업환경측정기관의 지정 요건) 법 제126조제1항에 따라 작업환경측정기관으로 지정받을 수 있는 자는 다음 각 호의 어느 하나에 해당하는 자로서 작업환경측정기관의 유형별로 별표 29에 따른 인력·시설 및 장비를 갖추고 법 제126조제2항에 따라 고용노동부장관이 실시하는 작업환경측정기관의 측정·분석능력 확인에서 적합 판정을 받은 자로 한다.
1. 국가 또는 지방자치단체의 소속기관
2. 「의료법」에 따른 종합병원 또는 병원
3. 「고등교육법」 제2조제1호부터 제6호까지의 규정에 따른 대학 또는 그 부속기관
4. 작업환경측정 업무를 하려는 법인
5. 작업환경측정 대상 사업장의 부속기관(해당 부속기관이 소속된 사업장 등 고용노동부령으로 정하는 범위로 한정하여 지정받으려는 경우로 한정한다)

제99조(유해·위험작업에 대한 근로시간 제한 등) ① 법 제139조제1항에서 "높은 기압에서 하는 작업 등 대통령령으로 정하는 작업"이란 잠함(潛函) 또는 잠수 작업 등 높은 기압에서 하는 작업을 말한다.
② 제1항에 따른 작업에서 잠함·잠수 작업시간, 가압·감압방법 등 해당 근로자의 안전과 보건을 유지하기 위하여 필요한 사항은 고용노동부령으로 정한다.
③ 법 제139조제2항에서 "대통령령으로 정하는 유해하거나 위험한 작업"이란 다음 각 호의 어느 하나에 해당하는 작업을 말한다.
1. 갱(坑) 내에서 하는 작업
2. 다량의 고열물체를 취급하는 작업과 현저히 덥고 뜨거운 장소에서 하는 작업
3. 다량의 저온물체를 취급하는 작업과 현저히 춥고 차가운 장소에서 하는 작업
4. 라듐방사선이나 엑스선, 그 밖의 유해 방사선을 취급하는 작업
5. 유리·흙·돌·광물의 먼지가 심하게 날리는 장소에서 하는 작업

6. 강렬한 소음이 발생하는 장소에서 하는 작업
7. 착암기(바위에 구멍을 뚫는 기계) 등에 의하여 신체에 강렬한 진동을 주는 작업
8. 인력(人力)으로 중량물을 취급하는 작업
9. 납·수은·크롬·망간·카드뮴 등의 중금속 또는 이황화탄소·유기용제, 그 밖에 고용노동부령으로 정하는 특정 화학물질의 먼지·증기 또는 가스가 많이 발생하는 장소에서 하는 작업

제9장 산업안전지도사 및 산업보건지도사

제101조(산업안전지도사 등의 직무) ① 법 제142조제1항제4호에서 "대통령령으로 정하는 사항"이란 다음 각 호의 사항을 말한다.
1. 법 제36조에 따른 위험성평가의 지도
2. 법 제49조에 따른 안전보건개선계획서의 작성
3. 그 밖에 산업안전에 관한 사항의 자문에 대한 응답 및 조언

② 법 제142조제2항제6호에서 "대통령령으로 정하는 사항"이란 다음 각 호의 사항을 말한다.
1. 법 제36조에 따른 위험성평가의 지도
2. 법 제49조에 따른 안전보건개선계획서의 작성
3. 그 밖에 산업보건에 관한 사항의 자문에 대한 응답 및 조언

제10장 보칙

제109조(산업재해 예방사업의 지원) 법 제158조제1항 전단에서 "대통령령으로 정하는 사업"이란 다음 각 호의 어느 하나에 해당하는 업무와 관련된 사업을 말한다.
1. 산업재해 예방을 위한 방호장치, 보호구, 안전설비 및 작업환경개선 시설·장비 등의 제작, 구입, 보수, 시험, 연구, 홍보 및 정보제공 등의 업무
2. 사업장 안전·보건관리에 대한 기술지원 업무
3. 산업 안전·보건 관련 교육 및 전문인력 양성 업무
4. 산업재해예방을 위한 연구 및 기술개발 업무
5. 법 제11조제3호에 따른 노무를 제공하는 자의 건강을 유지·증진하기 위한 시설의 운영에 관한 지원 업무
6. 안전·보건의식의 고취 업무
7. 법 제36조에 따른 위험성평가에 관한 지원 업무
8. 안전검사 지원 업무
9. 유해인자의 노출 기준 및 유해성·위험성 조사·평가 등에 관한 업무

합격예측 및 관련법규

제117조(민감정보 및 고유식별정보의 처리) 고용노동부장관(법 제143조3항에 따라 지도자 자격시험 실시를 대행하는 자, 법 제165조에 따라 고용노동부장관의 권한을 위임받거나 업무를 위탁받은 자와 이 영 제116조제4항 전단에 따라 재위탁받은 자를 포함한다)은 다음 각 호의 사무를 수행하기 위해 불가피한 경우「개인정보 보호법」제23조의 건강에 관한 정보(제1호부터 제6호까지 및 제9호의 사무를 수행하는 경우로 한정한다), 같은 법 시행령 제18조제2호의 범죄경력자료에 해당하는 정보(제7호 및 제8호의 사무를 수행하는 경우로 한정한다) 및 같은 영 제19조제1호·제4호의 주민등록번호·외국인등록번호가 포함된 자료를 처리할 수 있다. 〈개정 2021. 11. 19., 2022. 8. 16. 2023. 6. 27.〉
1. 법 제8조에 따라 고용노동부장관이 협조를 요청한 사항으로서 산업재해 또는 건강진단 관련 자료의 처리에 관한 사무
2. 법 제57조에 따른 산업재해 발생 기록 및 보고 등에 관한 사무
3. 법 제129조부터 제136조까지의 규정에 따른 건강진단에 관한 사무
4. 법 제137조에 따른 건강관리카드 발급에 관한 사무
5. 법 제138조에 따른 질병자의 근로 금지·제한에 관한 지도, 감독에 관한 사무
6. 법 제141조에 따른 역학조사에 관한 사무
7. 법 제143조에 따른 지도사 자격시험에 관한 사무
8. 법 제145조에 따른 지도사의 등록에 관한 사무
9. 제7조제3호에 따른 직업성 질병의 예방 및 조기 발견에 관한 사무

합격예측 및 관련법규

제118조(규제의 재검토) ① 고용노동부장관은 제96조의2에 따른 휴게시설 설치·관리기준 준수 대상 사업장의 사업주 범위에 대하여 2022년 8월 18일을 기준으로 4년마다(매 4년이 되는 해의 기준일과 같은 날 전까지를 말한다) 그 타당성을 검토하여 개선 등의 조치를 해야 한다. 〈신설 2022. 8. 16.〉

② 고용노동부장관은 다음 각 호의 사항에 대하여 다음 각 호의 기준일을 기준으로 3년마다(매 3년이 되는 해의 기준일과 같은 날 전까지를 말한다) 그 타당성을 검토하여 개선 등의 조치를 해야 한다. 〈개정 2020. 3. 3., 2022. 3. 8., 2022. 8. 16.〉

1. 제2조제1항 및 별표 1 제3호에 따른 대상사업의 범위 : 2019년 1월 1일
2. 제13조제1항에 따른 이사회 보고·승인 대상 회사 : 2022년 1월 1일
3. 제14조제1항 및 별표 2 제33호에 따른 안전보건관리책임자 선임 대상인 건설업의 건설공사 금액 : 2022년 1월 1일
4. 제24조에 따른 안전보건관리담당자의 선임 대상사업 : 2019년 1월 1일
5. 제52조에 따른 안전보건총괄책임자 지정 대상사업 : 2020년 1월 1일
6. 제95조에 따른 작업환경측정기관의 지정 요건 : 2020년 1월 1일
7. 제100조에 따른 자격·면허 취득자의 양성 또는 근로자의 기능 습득을 위한 교육기관의 지정 취소 등의 사유 : 2020년 1월 1일

10. 직업성 질환의 발생 원인을 규명하기 위한 역학조사·연구 또는 직업성 질환 예방에 필요하다고 인정되는 시설·장비 등의 구입 업무
11. 작업환경측정 및 건강진단 지원 업무
12. 법 제126조제2항에 따른 작업환경측정기관의 측정·분석 능력의 확인 및 법 제135조제3항에 따른 특수건강진단기관의 진단·분석 능력의 확인에 필요한 시설·장비 등의 구입 업무
13. 산업의학 분야의 학술활동 및 인력 양성 지원에 관한 업무
14. 그 밖에 산업재해 예방을 위한 업무로서 산업재해보상보험 및 예방심의위원회의 심의를 거쳐 고용노동부장관이 정하는 업무

제11장 벌칙

제119조(과태료의 부과기준) 법 제175조제1항부터 제6항까지의 규정에 따른 과태료의 부과기준은 별표 35와 같다.

부칙〈대통령령 제35597호, 2025. 6. 20.〉

산업안전보건법, 영·규칙 별표

[별표2] 안전보건관리책임자를 두어야 할 사업의 종류 및 사업장의 상시근로자 수

사업의 종류	상시근로자 수
1. 토사석 광업 2. 식료품 제조업, 음료 제조업 3. 목재 및 나무제품 제조업;가구 제외 4. 펄프, 종이 및 종이제품 제조업 5. 코크스, 연탄 및 석유정제품 제조업 6. 화학물질 및 화학제품 제조업;의약품 제외 7. 의료용 물질 및 의약품 제조업 8. 고무 및 플라스틱제품 제조업 9. 비금속 광물제품 제조업 10. 1차 금속 제조업 11. 금속가공제품 제조업;기계 및 가구 제외 12. 전자부품, 컴퓨터, 영상, 음향 및 통신장비 제조업 13. 의료, 정밀, 광학기기 및 시계 제조업 14. 전기장비 제조업 15. 기타 기계 및 장비 제조업 16. 자동차 및 트레일러 제조업 17. 기타 운송장비 제조업 18. 가구 제조업 19. 기타 제품 제조업 20. 서적, 잡지 및 기타 인쇄물 출판업 21. 해체, 선별 및 원료 재생업 22. 자동차 종합 수리업, 자동차 전문 수리업	상시근로자 50명 이상
23. 농업 24. 어업 25. 소프트웨어 개발 및 공급업 26. 컴퓨터 프로그래밍, 시스템 통합 및 관리업 27. 정보서비스업 28. 금융 및 보험업 29. 임대업;부동산 제외 30. 전문, 과학 및 기술 서비스업(연구개발업은 제외한다) 31. 사업지원 서비스업 32. 사회복지 서비스업	상시근로자 300명 이상
33. 건설업	공사금액 20억원 이상
34. 제1호부터 제33호까지의 사업을 제외한 사업	상시근로자 100명 이상

[별표3] 안전관리자를 두어야 하는 사업의 종류, 사업장의 상시근로자 수, 안전관리자의 수 및 선임방법

사업의 종류	상시근로자 수	안전관리자의 수	안전관리자의 선임방법
1. 토사석 광업 2. 식료품 제조업, 음료 제조업 3. 섬유제품 제조업; 의복 제외 4. 목재 및 나무제품 제조업; 가구 제외 5. 펄프, 종이 및 종이제품 제조업 6. 코크스, 연탄 및 석유정제품 제조업 7. 화학물질 및 화학제품 제조업; 의약품 제외	상시근로자 50명 이상 500명 미만	1명 이상	별표 4 각 호의 어느 하나에 해당하는 사람(같은 표 제3호·제7호 및 제9호부터 제12호까지에 해당하는 사람은 제외한다)을 선임해야 한다.
8. 의료용 물질 및 의약품 제조업 9. 고무 및 플라스틱제품 제조업 10. 비금속 광물제품 제조업 11. 1차 금속 제조업 12. 금속가공제품 제조업; 기계 및 가구 제외 13. 전자부품, 컴퓨터, 영상, 음향 및 통신장비 제조업 14. 의료, 정밀, 광학기기 및 시계 제조업 15. 전기장비 제조업 16. 기타 기계 및 장비 제조업 17. 자동차 및 트레일러 제조업 18. 기타 운송장비 제조업 19. 가구 제조업 20. 기타 제품 제조업 21. 산업용 기계 및 장비 수리업 22. 서적, 잡지 및 기타 인쇄물 출판업 23. 폐기물 수집, 운반, 처리 및 원료 재생업 24. 환경 정화 및 복원업 25. 자동차 종합 수리업, 자동차 전문 수리업 26. 발전업 27. 운수 및 창고업	상시근로자 500명 이상	2명 이상	별표 4 각 호의 어느 하나에 해당하는 사람(같은 표 제7호 및 제9호부터 제12호까지에 해당하는 사람은 제외한다)을 선임하되, 같은 표 제1호·제2호(「국가기술자격법」에 따른 산업안전산업기사의 자격을 취득한 사람은 제외한다) 또는 제4호에 해당하는 사람이 1명 이상 포함되어야 한다.

사업의 종류	상시근로자 수	안전관리자의 수	안전관리자의 선임방법
28. 농업, 임업 및 어업 29. 제2호부터 제21호까지의 사업을 제외한 제조업 30. 전기, 가스, 증기 및 공기조절 공급업(발전업은 제외한다) 31. 수도, 하수 및 폐기물 처리, 원료 재생업(제23호 및 제24호에 해당하는 사업은 제외한다) 32. 도매 및 소매업 33. 숙박 및 음식점업 34. 영상·오디오 기록물 제작 및 배급업 35. 방송업	상시근로자 50명 이상 1천명 미만. 다만, 제37호의 사업(부동산 관리업은 제외한다)과 제40호의 사업의 경우에는 상시근로자 100명 이상 1천명 미만으로 한다.	1명 이상	별표 4 각 호의 어느 하나에 해당하는 사람(같은 표 제3호 및 제9호부터 제12호까지에 해당하는 사람은 제외한다. 다만, 제28호 및 제30호부터 제46호까지의 사업의 경우 별표 4 제3호에 해당하는 사람에 대해서는 그렇지 않다)을 선임해야 한다.
36. 우편 및 통신업 37. 부동산업 38. 임대업; 부동산 제외 39. 연구개발업 40. 사진처리업 41. 사업시설 관리 및 조경 서비스업 42. 청소년 수련시설 운영업 43. 보건업 44. 예술, 스포츠 및 여가 관련 서비스업 45. 개인 및 소비용품수리업(제25호에 해당하는 사업은 제외한다) 46. 기타 개인 서비스업 47. 공공행정(청소, 시설관리, 조리 등 현업업무에 종사하는 사람으로서 고용노동부장관이 정하여 고시하는 사람으로 한정한다) 48. 교육서비스업 중 초등·중등·고등 교육기관, 특수학교·외국인학교 및 대안학교(청소, 시설관리, 조리 등 현업업무에 종사하는 사람으로서 고용노동부장관이 정하여 고시하는 사람으로 한정한다)	상시근로자 1천명 이상	2명 이상	별표 4 각 호의 어느 하나에 해당하는 사람(같은 표 제7호·제11호 및 제12호에 해당하는 사람은 제외한다)을 선임하되, 같은 표 제1호·제2호·제4호 또는 제5호에 해당하는 사람이 1명 이상 포함되어야 한다.

합격예측

건설업 연도별 선임기준
① 공사금액 60억 원 이상 80억 원 미만 공사의 경우 : 2022년 7월 1일
② 공사금액 50억 원 이상 60억 원 미만 공사의 경우 : 2023년 7월 1일

사업의 종류	상시근로자 수	안전관리자의 수	안전관리자의 선임방법
49. 건설업	공사금액 50억원 이상(관계수급인은 100억원 이상) 120억원 미만(「건설산업기본법 시행령」 별표 1 제1호가목의 토목공사업의 경우에는 150억원 미만)	1명 이상	별표 4 제1호부터 제7호까지 및 제10호부터 제12호까지의 어느 하나에 해당하는 사람을 선임해야 한다.
	공사금액 120억원 이상(「건설산업기본법 시행령」 별표 1 제1호가목의 토목공사업의 경우에는 150억원 이상) 800억원 미만		별표 4 제1호부터 제7호까지 및 제10호의 어느 하나에 해당하는 사람을 선임해야 한다.
	공사금액 800억원 이상 1,500억원 미만	2명 이상. 다만, 전체 공사기간을 100으로 할 때 공사 시작에서 15에 해당하는 기간과 공사 종료 전의 15에 해당하는 기간(이하 "전체 공사기간 중 전·후 15에 해당하는 기간"이라 한다) 동안은 1명 이상으로 한다.	별표 4 제1호부터 제7호까지 및 제10호의 어느 하나에 해당하는 사람을 선임하되, 같은 표 제1호부터 제3호까지의 어느 하나에 해당하는 사람이 1명 이상 포함되어야 한다.
	공사금액 1,500억원 이상 2,200억원 미만	3명 이상. 다만, 전체 공사기간 중 전·후 15에 해당하는 기간은 2명 이상으로 한다.	별표 4 제1호부터 제7호까지 및 제12호의 어느 하나에 해당하는 사람을 선임하되, 같은 표 제12호에 해당하는 사람은 1명만 포함될 수 있고, 같은 표 제1호 또는 「국가

사업의 종류	상시근로자 수	안전관리자의 수	안전관리자의 선임방법
46. 건설업 (계속)	공사금액 2,200억원 이상 3천억원 미만	4명 이상. 다만, 전체 공사기간 중 전·후 15에 해당하는 기간은 2명 이상으로 한다.	「기술자격법」에 따른 건설안전기술사(건설안전기사 또는 산업안전기사의 자격을 취득한 후 7년 이상 건설안전 업무를 수행한 사람이거나 건설안전산업기사 또는 산업안전산업기사의 자격을 취득한 후 10년 이상 건설안전 업무를 수행한 사람을 포함한다) 자격을 취득한 사람(이하 "산업안전지도사 등"이라 한다)이 1명 이상 포함되어야 한다.
	공사금액 3천억원 이상 3,900억원 미만	5명 이상. 다만, 전체 공사기간 중 전·후 15에 해당하는 기간은 3명 이상으로 한다.	별표 4 제1호부터 제7호까지 및 제12호의 어느 하나에 해당하는 사람을 선임하되, 같은 표 제12호에 해당하는 사람이 1명만 포함될 수 있고, 산업안전지도사등이 2명 이상 포함되어야 한다. 다만, 전체 공사기간 중 전·후 15에 해당하는 기간에는 산업안전지도사 등이 1명 이상 포함되어야 한다.
	공사금액 3,900억원 이상 4,900억원 미만	6명 이상. 다만, 전체 공사기간 중 전·후 15에 해당하는 기간은 3명 이상으로 한다.	
	공사금액 4,900억원 이상 6천억원 미만	7명 이상. 다만, 전체 공사기간 중 전·후 15에 해당하는 기간은 4명 이상으로 한다.	별표 4 제1호부터 제7호까지 및 제12호의 어느 하나에 해당하는 사람을 선임하되, 같은 표 제12호에 해당하는 사람은 2명까지만 포함될 수 있고,

사업의 종류	상시근로자 수	안전관리자의 수	안전관리자의 선임방법
46. 건설업 (계속)	공사금액 6천억원 이상 7,200억원 미만	8명 이상. 다만, 전체 공사기간 중 전·후 15에 해당하는 기간은 4명 이상으로 한다.	산업안전지도사 등이 2명 이상 포함되어야 한다. 다만, 전체 공사기간 중 전·후 15에 해당하는 기간에는 산업안전지도사 등이 2명 이상 포함되어야 한다.
	공사금액 7,200억원 이상 8,500억원 미만	9명 이상. 다만, 전체 공사기간 중 전·후 15에 해당하는 기간은 5명 이상으로 한다.	별표 4 제1호부터 제7호까지 및 제12호의 어느 하나에 해당하는 사람을 선임하되, 같은 표 제12호에 해당하는 사람은 2명까지만 포함될 수 있고, 산업안전지도사 등이 3명 이상 포함되어야 한다. 다만, 전체 공사기간 중 전·후 15에 해당하는 기간에는 산업안전지도사 등이 3명 이상 포함되어야 한다.
	공사금액 8,500억원 이상 1조원 미만	10명 이상. 다만, 전체 공사기간 중 전·후 15에 해당하는 기간은 5명 이상으로 한다.	
	1조원 이상	11명 이상[매 2천억원(2조원 이상부터는 매 3천억원)마다 1명씩 추가한다]. 다만, 전체 공사기간 중 전·후 15에 해당하는 기간은 선임 대상 안전관리자 수의 2분의 1(소수점 이하는 올림한다) 이상으로 한다.	

[비고]
1. 철거공사가 포함된 건설공사의 경우 철거공사만 이루어지는 기간은 전체 공사기간에는 산입되나 전체 공사기간 중 전·후 15에 해당하는 기간에는 산입되지 않는다. 이 경우 전체 공사기간 중 전·후 15에 해당하는 기간은 철거공사만 이루어지는 기간을 제외한 공사기간을 기준으로 산정한다.
2. 철거공사만 이루어지는 기간에는 공사금액별로 선임해야 하는 최소 안전관리자 수 이상으로 안전관리자를 선임해야 한다.

[별표 4] 안전관리자의 자격

안전관리자는 다음 각 호의 어느 하나에 해당하는 사람으로 한다.
1. 법 제143조제1항에 따른 산업안전지도사 자격을 가진 사람
2. 「국가기술자격법」에 따른 산업안전산업기사 이상의 자격을 취득한 사람
3. 「국가기술자격법」에 따른 건설안전산업기사 이상의 자격을 취득한 사람
4. 「고등교육법」에 따른 4년제 대학 이상의 학교에서 산업안전 관련 학위를 취득한 사람 또는 이와 같은 수준 이상의 학력을 가진 사람
5. 「고등교육법」에 따른 전문대학 또는 이와 같은 수준 이상의 학교에서 산업안전 관련 학위를 취득한 사람
6. 「고등교육법」에 따른 이공계 전문대학 또는 이와 같은 수준 이상의 학교에서 학위를 취득하고, 해당 사업의 관리감독자로서의 업무(건설업의 경우는 시공실무경력)를 3년(4년제 이공계 대학 학위 취득자는 1년) 이상 담당한 후 고용노동부장관이 지정하는 기관이 실시하는 교육(1998년 12월 31일까지의 교육만 해당한다)을 받고 정해진 시험에 합격한 사람. 다만, 관리감독자로 종사한 사업과 같은 업종(한국표준산업분류에 따른 대분류를 기준으로 한다)의 사업장이면서, 건설업의 경우를 제외하고는 상시근로자 300명 미만인 사업장에서만 안전관리자가 될 수 있다.
7. 「초·중등교육법」에 따른 공업계 고등학교 또는 이와 같은 수준 이상의 학교를 졸업하고, 해당 사업의 관리감독자로서의 업무(건설업의 경우는 시공실무경력)를 5년 이상 담당한 후 고용노동부장관이 지정하는 기관이 실시하는 교육(1998년 12월 31일까지의 교육만 해당한다)을 받고 정해진 시험에 합격한 사람. 다만, 관리감독자로 종사한 사업과 같은 종류인 업종(한국표준산업분류에 따른 대분류를 기준으로 한다)의 사업장이면서, 건설업의 경우를 제외하고는 별표 3 제28호 또는 제33호의 사업을 하는 사업장(상시근로자 50명 이상 1천명 미만인 경우만 해당한다)에서만 안전관리자가 될 수 있다.
8. 다음 각 목의 어느 하나에 해당하는 사람. 다만, 해당 법령을 적용받은 사업에서만 선임될 수 있다.
    가. 「고압가스 안전관리법」 제4조 및 같은 법 시행령 제3조제1항에 따른 허가를 받은 사업자 중 고압가스를 제조·저장 또는 판매하는 사업에서 같은 법 제15조 및 같은 법 시행령 제12조에 따라 선임하는 안전관리 책임자
    나. 「액화석유가스의 안전관리 및 사업법」 제5조 및 같은 법 시행령 제3조에 따른 허가를 받은 사업자 중 액화석유가스 충전사업·액화석유가스 집단공급사업 또는 액화석유가스 판매사업에서 같은 법 제34조 및 같은 법 시행령 제15조에 따라 선임하는 안전관리책임자
    다. 「도시가스사업법」 제29조 및 같은 법 시행령 제15조에 따라 선임하는 안전관리 책임자

라. 「교통안전법」 제53조에 따라 교통안전관리자의 자격을 취득한 후 해당 분야에 채용된 교통안전관리자

마. 「총포·도검·화약류 등의 안전관리에 관한 법률」 제2조제3항에 따른 화약류를 제조·판매 또는 저장하는 사업에서 같은 법 제27조 및 같은 법 시행령 제54조·제55조에 따라 선임하는 화약류제조보안책임자 또는 화약류관리보안책임자

바. 「전기사업법」 제73조에 따라 전기사업자가 선임하는 전기안전관리자

9. 제16조제2항에 따라 전담 안전관리자를 두어야 하는 사업장(건설업은 제외한다)에서 안전 관련 업무를 10년 이상 담당한 사람

10. 「건설산업기본법」 제8조에 따른 종합공사를 시공하는 업종의 건설현장에서 안전보건관리책임자로 10년 이상 재직한 사람

11. 「건설기술 진흥법」에 따른 토목·건축 분야 건설기술인 중 등급이 중급 이상인 사람으로서 고용노동부장관이 지정하는 기관이 실시하는 산업안전교육(2023년 12월 31일까지의 교육만 해당한다)을 이수하고 정해진 시험에 합격한 사람

12. 「국가기술자격법」에 따른 토목산업기사 또는 건축산업기사 이상의 자격을 취득한 후 해당 분야에서의 실무경력이 다음 각 목의 구분에 따른 기간 이상인 사람으로서 고용노동부장관이 지정하는 기관이 실시하는 산업안전교육(2023년 12월 31일까지의 교육만 해당한다)을 이수하고 정해진 시험에 합격한 사람

   가. 토목기사 또는 건축기사 : 3년

   나. 토목산업기사 또는 건축산업기사 : 5년

[별표] 산업안전보건위원회를 구성해야 할 사업의 종류 및 사업장의 상시근로자 수

사업의 종류	상시근로자 수
1. 토사석 광업 2. 목재 및 나무제품 제조업;가구제외 3. 화학물질 및 화학제품 제조업;의약품 제외(세제, 화장품 및 광택제 제조업과 화학섬유 제조업은 제외한다) 4. 비금속 광물제품 제조업 5. 1차 금속 제조업 6. 금속가공제품 제조업;기계 및 가구 제외 7. 자동차 및 트레일러 제조업 8. 기타 기계 및 장비 제조업(사무용 기계 및 장비 제조업은 제외한다) 9. 기타 운송장비 제조업(전투용 차량 제조업은 제외한다)	상시근로자 50명 이상

사업의 종류	상시근로자 수
10. 농업 11. 어업 12. 소프트웨어 개발 및 공급업 13. 컴퓨터 프로그래밍, 시스템 통합 및 관리업 13의2. 영상·오디오물 제공 서비스업 14. 정보서비스업 15. 금융 및 보험업 16. 임대업;부동산 제외 17. 전문, 과학 및 기술 서비스업(연구개발업은 제외한다) 18. 사업지원 서비스업 19. 사회복지 서비스업	상시근로자 300명 이상 18. 8. 19 산
20. 건설업 22. 3. 5 기	공사금액 120억원 이상 (「건설산업기본법 시행령」 별표 1에 따른 토목공사 업에 해당하는 공사의 경 우에는 150억원 이상)
21. 제1호부터 제20호까지의 사업을 제외한 사업	상시근로자 100명 이상

[별표13] 유해·위험물질 규정량

번호	유해·위험물질	CAS번호	규정량[kg]
1	인화성 가스	-	제조·취급 : 5,000 (저장 : 200,000)
2	인화성 액체	-	제조·취급 : 5,000 (저장 : 200,000)
3	메틸 이소시아네이트	624-83-9	제조·취급·저장 : 1,000
4	포스겐	75-44-5	제조·취급·저장 : 500
5	아크릴로니트릴	107-13-1	제조·취급·저장 : 10,000
6	암모니아	7664-41-7	제조·취급·저장 : 10,000
7	염소	7782-50-5	제조·취급·저장 : 1,500
8	이산화황	7446-09-5	제조·취급·저장 : 10,000
9	삼산화황	7446-11-9	제조·취급·저장 : 10,000
10	이황화탄소	75-15-0	제조·취급·저장 : 10,000
11	시안화수소	74-90-8	제조·취급·저장 : 500
12	불화수소(무수불산)	7664-39-3	제조·취급·저장 : 1,000
13	염화수소(무수염산)	7647-01-0	제조·취급·저장 : 10,000
14	황화수소	7783-06-4	제조·취급·저장 : 1,000
15	질산암모늄	6484-52-2	제조·취급·저장 : 500,000
16	니트로글리세린	55-63-0	제조·취급·저장 : 10,000

번호	유해 · 위험물질	CAS번호	규정량[kg]
17	트리니트로톨루엔	118-96-7	제조·취급·저장 : 50,000
18	수소	1333-74-0	제조·취급·저장 : 5,000
19	산화에틸렌	75-21-8	제조·취급·저장 : 1,000
20	포스핀	7803-51-2	제조·취급·저장 : 500
21	실란(Silane)	7803-62-5	제조·취급·저장 : 1,000
22	질산(중량 94.5% 이상)	7697-37-2	제조·취급·저장 : 50,000
23	발연황산(삼산화황 중량 65% 이상 80% 미만)	8014-95-7	제조·취급·저장 : 20,000
24	과산화수소(중량 52% 이상)	7722-84-1	제조·취급·저장 : 10,000
25	톨루엔 디이소시아네이트	91-08-7, 584-84-9, 26471-62-5	제조·취급·저장 : 2,000
26	클로로술폰산	7790-94-5	제조·취급·저장 : 10,000
27	브롬화수소	10035-10-6	제조·취급·저장 : 10,000
28	삼염화인	7719-12-2	제조·취급·저장 : 10,000
29	염화 벤질	100-44-7	제조·취급·저장 : 2,000
30	이산화염소	10049-04-4	제조·취급·저장 : 500
31	염화 티오닐	7719-09-7	제조·취급·저장 : 10,000
32	브롬	7726-95-6	제조·취급·저장 : 1,000
33	일산화질소	10102-43-9	제조·취급·저장 : 10,000
34	붕소 트리염화물	10294-34-5	제조·취급·저장 : 10,000
35	메틸에틸케톤과산화물	1338-23-4	제조·취급·저장 : 10,000
36	삼불화 붕소	7637-07-2	제조·취급·저장 : 1,000
37	니트로아닐린	88-74-4, 99-09-2, 100-01-6, 29757-24-2	제조·취급·저장 : 2,500
38	염소 트리플루오르화	7790-91-2	제조·취급·저장 : 1,000
39	불소	7782-41-4	제조·취급·저장 : 500
40	시아누르 플루오르화물	675-14-9	제조·취급·저장 : 2,000
41	질소 트리플루오르화물	7783-54-2	제조·취급·저장 : 20,000
42	니트로 셀롤로오스(질소 함유량 12.6% 이상)	9004-70-0	제조·취급·저장 : 100,000
43	과산화벤조일	94-36-0	제조·취급·저장 : 3,500
44	과염소산 암모늄	7790-98-9	제조·취급·저장 : 3,500
45	디클로로실란	4109-96-0	제조·취급·저장 : 1,000
46	디에틸 알루미늄 염화물	96-10-6	제조·취급·저장 : 10,000
47	디이소프로필 퍼옥시디카보네이트	105-64-6	제조·취급·저장 : 3,500
48	불산(중량 10% 이상)	7664-39-3	제조·취급·저장 : 10,000
49	염산(중량 20% 이상)	7647-01-0	제조·취급·저장 : 20,000
50	황산(중량 20% 이상)	7664-93-9	제조·취급·저장 : 20,000
51	암모니아수(중량 20% 이상)	1336-21-6	제조·취급·저장 : 50,000

[비고]

1. 인화성 가스란 인화한계 농도의 최저한도가 13[%] 이하 또는 최고한도와 최저한도의 차가 12[%] 이상인 것으로서 표준압력(101.3[kPa])하의 20[℃]에서 가스 상태인 물질을 말한다.
2. 인화성 가스 중 사업장 외부로부터 배관을 통해 공급받아 최초 압력조정기 후단 이후의 압력이 0.1[MPa](계기압력) 미만으로 취급되는 사업장의 연료용 도시가스(메탄 중량성분 85[%] 이상으로 이 표에 따른 유해·위험물질이 없는 설비에 공급되는 경우에 한정한다)는 취급 규정량을 50,000[kg]으로 한다.
3. 인화성 액체란 표준압력(101.3[kPa])에서 인화점이 60[℃] 이하이거나 고온·고압의 공정운전조건으로 인하여 화재·폭발위험이 있는 상태에서 취급되는 가연성 물질을 말한다.
4. 인화점의 수치는 태그밀폐식 또는 펜스키마르테르식 등의 밀폐식 인화점 측정기로 표준압력(101.3 [kPa])에서 측정한 수치 중 작은 수치를 말한다.
5. 유해·위험물질의 규정량이란 제조·취급·저장 설비에서 공정과정 중에 저장되는 양을 포함하여 하루 동안 최대로 제조·취급 또는 저장할 수 있는 양을 말한다.
6. 규정량은 화학물질의 순도 100[%]를 기준으로 산출하되, 농도가 규정되어 있는 화학물질은 그 규정된 농도를 기준으로 한다.
7. 사업장에서 다음 각 목의 구분에 따라 해당 유해·위험물질을 그 규정량 이상 제조·취급·저장하는 경우에는 유해·위험설비로 본다.
   가. 한 종류의 유해·위험물질을 제조·취급·저장하는 경우 : 해당 유해·위험물질의 규정량 대비 하루 동안 제조·취급 또는 저장할 수 있는 최대치 중 가장 큰 값($\frac{C}{T}$)이 1 이상인 경우
   나. 두 종류 이상의 유해·위험물질을 제조·취급·저장하는 경우 : 유해·위험물질별로 가 목에 따른 가장 큰 값($\frac{C}{T}$)을 각각 구하여 합산한 값(R)이 1 이상인 경우, 그 계산식은 다음과 같다.
   $$R = \frac{C_1}{T_1} + \frac{C_2}{T_2} + \cdots\cdots\cdots + \frac{C_n}{T_n}$$
   주) C_n : 유해·위험물질별(n) 규정량과 비교하여 하루 동안 제조·취급 또는 저장할 수 있는 최대치 중 가장 큰 값
   　　T_n : 유해·위험물질별(n) 규정량
8. 가스를 전문으로 저장·판매하는 시설 내의 가스는 이 표의 규정량 산정에서 제외한다.

[별표14] 안전보건진단의 종류 및 내용

종류	진단내용
종합진단	1. 경영·관리적 사항에 대한 평가 　가. 산업재해 예방계획의 적정성 　나. 안전·보건 관리조직과 그 직무의 적정성 　다. 산업안전보건위원회 설치·운영, 명예산업안전감독관의 역할 등 근로자의 참여 정도 　라. 안전보건관리규정 내용의 적정성 2. 산업재해 또는 사고의 발생 원인(산업재해 또는 사고가 발생한 경우만 해당한다) 3. 작업조건 및 작업방법에 대한 평가 4. 유해·위험요인에 대한 측정 및 분석 　가. 기계·기구 또는 그 밖의 설비에 의한 위험성 　나. 폭발성·물반응성·자기반응성·자기발열성 물질, 자연발화성 액체·고체 및 인화성 액체 등에 의한 위험성 　다. 전기·열 또는 그 밖의 에너지에 의한 위험성 　라. 추락, 붕괴, 낙하, 비래(飛來) 등으로 인한 위험성 　마. 그 밖에 기계·기구·설비·장치·구축물·시설물·원재료 및 공정 등에 의한 위험성 　바. 법 제118조제1항에 따른 허가대상물질, 고용노동부령으로 정하는 관리대상 유해물질 및 온도·습도·환기·소음·진동·분진, 유해광선 등의 유해성 또는 위험성 5. 보호구, 안전·보건장비 및 작업환경 개선시설의 적정성 6. 유해물질의 사용·보관·저장, 물질안전보건자료의 작성, 근로자 교육 및 경고표시 부착의 적정성 7. 그 밖에 작업환경 및 근로자 건강 유지·증진 등 보건관리의 개선을 위하여 필요한 사항
안전진단	종합진단 내용 중 제2호·제3호, 제4호가목부터 마목까지 및 제5호 중 안전 관련 사항
보건진단	종합진단 내용 중 제2호·제3호, 제4호바목, 제5호 중 보건 관련 사항, 제6호 및 제7호

[별표20] 유해·위험 방지를 위한 방호조치가 필요한 기계·기구

1. 예초기
2. 원심기
3. 공기압축기
4. 금속절단기
5. 지게차
6. 포장기계(진공포장기, 랩핑기로 한정한다)

3 산업안전보건법 시행규칙

[시행 2026. 1. 1.] [고용노동부령 제443호, 2025. 5. 30., 일부 개정]

제1장 총칙

제1조(목적) 이 규칙은 「산업안전보건법」 및 같은 법 시행령에서 위임된 사항과 그 시행에 필요한 사항을 규정함을 목적으로 한다.

제3조(중대재해의 범위) 법 제2조제2호에서 "고용노동부령으로 정하는 재해"란 다음 각 호의 어느 하나에 해당하는 재해를 말한다. 22. 3. 5 ㉮
   1. 사망자가 1명 이상 발생한 재해
   2. 3개월 이상의 요양이 필요한 부상자가 동시에 2명 이상 발생한 재해
   3. 부상자 또는 직업성 질병자가 동시에 10명 이상 발생한 재해

제6조(도급인의 안전·보건 조치 장소) 「산업안전보건법 시행령」(이하 "영"이라 한다) 제11조제15호에서 "고용노동부령으로 정하는 장소"란 다음 각 호의 어느 하나에 해당하는 장소를 말한다.
   1. 화재·폭발 우려가 있는 다음 각 목의 어느 하나에 해당하는 작업을 하는 장소
      가. 선박 내부에서의 용접·용단작업
      나. 안전보건규칙 제225조제4호에 따른 인화성 액체를 취급·저장하는 설비 및 용기에서의 용접·용단작업
      다. 안전보건규칙 제273조에 따른 특수화학설비에서의 용접·용단작업
      라. 가연물(可燃物)이 있는 곳에서의 용접·용단 및 금속의 가열 등 화기를 사용하는 작업이나 연삭숫돌에 의한 건식연마작업 등 불꽃이 발생할 우려가 있는 작업
   2. 안전보건규칙 제132조에 따른 양중기(揚重機)에 의한 충돌 또는 협착(狹窄)의 위험이 있는 작업을 하는 장소
   3. 안전보건규칙 제420조제7호에 따른 유기화합물 취급 특별장소
   4. 안전보건규칙 제574조제1항 각 호에 따른 방사선 업무를 하는 장소
   5. 안전보건규칙 제618조제1호에 따른 밀폐공간
   6. 안전보건규칙 별표 1에 따른 위험물질을 제조하거나 취급하는 장소
   7. 안전보건규칙 별표 7에 따른 화학설비 및 그 부속설비에 대한 정비·보수 작업이 이루어지는 장소

제2장 안전보건관리체제 등

제1절 안전보건관리체제

제9조(안전보건관리책임자의 업무) 법 제15조제1항제9호에서 "고용노동부령으로 정하는 사항"이란 법 제36조에 따른 위험성평가의 실시에 관한 사항과 안전보건규칙에서 정하는 근로자의 위험 또는 건강장해의 방지에 관한 사항을 말한다.

제10조(도급사업의 안전관리자 등의 선임) 안전관리자 및 보건관리자를 두어야 할 수급인인 사업주는 영 제16조제5항 및 제20조제3항에 따라 도급인인 사업주가 다음 각 호의 요건을 모두 갖춘 경우에는 안전관리자 및 보건관리자를 선임하지 않을 수 있다.

1. 도급인인 사업주 자신이 선임해야 할 안전관리자 및 보건관리자를 둔 경우
2. 안전관리자 및 보건관리자를 두어야 할 수급인인 사업주의 사업의 종류별로 상시근로자 수(건설공사의 경우에는 건설공사 금액을 말한다. 이하 같다)를 합계하여 그 상시근로자 수에 해당하는 안전관리자 및 보건관리자를 추가로 선임한 경우

제12조(안전관리자 등의 증원·교체임명 명령) ① 지방고용노동관서의 장은 다음 각 호의 어느 하나에 해당하는 사유가 발생한 경우에는 법 제17조제4항·제18조제4항 또는 제19조제3항에 따라 사업주에게 안전관리자·보건관리자 또는 안전보건관리담당자(이하 이 조에서 "관리자"라 한다)를 정수 이상으로 증원하게 하거나 교체하여 임명할 것을 명할 수 있다. 다만, 제4호에 해당하는 경우로서 직업성 질병자 발생 당시 사업장에서 해당 화학적 인자(因子)를 사용하지 않은 경우에는 그렇지 않다. 23. 2. 28 ⑦

1. 해당 사업장의 연간재해율이 같은 업종의 평균재해율의 2배 이상인 경우
2. 중대재해가 연간 2건 이상 발생한 경우. 다만, 해당 사업장의 전년도 사망만인율이 같은 업종의 평균 사망만인율 이하인 경우는 제외한다.
3. 관리자가 질병이나 그 밖의 사유로 3개월 이상 직무를 수행할 수 없게 된 경우
4. 별표 22 제1호에 따른 화학적 인자로 인한 직업성 질병자가 연간 3명 이상 발생한 경우. 이 경우 직업성 질병자의 발생일은 「산업재해보상보험법 시행규칙」 제21조제1항에 따른 요양급여의 결정일로 한다.

② 제1항에 따라 관리자를 정수 이상으로 증원하게 하거나 교체하여 임명할 것을 명하는 경우에는 미리 사업주 및 해당 관리자의 의견을 듣거나 소명자료를 제출받아야 한다. 다만, 정당한 사유 없이 의견진술 또는 소명자료의 제출을 게을리한 경우에는 그렇지 않다.

③ 제1항에 따른 관리자의 정수 이상 증원 및 교체임명 명령은 별지 제4호서식에 따른다.

제2절 안전보건관리규정

제25조(안전보건관리규정의 작성) ① 법 제25조제3항에 따라 안전보건관리규정을 작성해야 할 사업의 종류 및 상시근로자 수는 별표 2와 같다.
② 제1항에 따른 사업의 사업주는 안전보건관리규정을 작성해야 할 사유가 발생한 날부터 30일 이내에 별표 3의 내용을 포함한 안전보건관리규정을 작성해야 한다. 이를 변경할 사유가 발생한 경우에도 또한 같다. 21. 5. 15 ⑦ 22. 4. 24 ⑦
③ 사업주가 제2항에 따라 안전보건관리규정을 작성할 때에는 소방·가스·전기·교통 분야 등의 다른 법령에서 정하는 안전관리에 관한 규정과 통합하여 작성할 수 있다.

제3장 안전보건교육

제26조(교육시간 및 교육내용) ① 법 제29조제1항부터 제3항까지의 규정에 따라 사업주가 근로자에게 실시해야 하는 안전보건교육의 교육시간은 별표 4와 같고, 교육내용은 별표 5와 같다. 이 경우 사업주가 법 제29조제3항에 따른 유해하거나 위험한 작업에 필요한 안전보건교육(이하 "특별교육"이라 한다)을 실시한 때에는 해당 근로자에 대하여 법 제29조제2항에 따라 채용할 때 해야 하는 교육(이하 "채용 시 교육"이라 한다) 및 작업내용을 변경할 때 해야 하는 교육(이하 "작업내용 변경 시 교육"이라 한다)을 실시한 것으로 본다.
② 제1항에 따른 교육을 실시하기 위한 교육방법과 그 밖에 교육에 필요한 사항은 고용노동부장관이 정하여 고시한다.
③ 사업주가 법 제29조제1항부터 제3항까지의 규정에 따른 안전보건교육을 자체적으로 실시하는 경우에 교육을 할 수 있는 사람은 다음 각 호의 어느 하나에 해당하는 사람으로 한다.
  1. 다음 각 목의 어느 하나에 해당하는 사람
    가. 법 제15조제1항에 따른 안전보건관리책임자
    나. 법 제16조제1항에 따른 관리감독자
    다. 법 제17조제1항에 따른 안전관리자(안전관리전문기관에서 안전관리자의 위탁업무를 수행하는 사람을 포함한다)
    라. 법 제18조제1항에 따른 보건관리자(보건관리전문기관에서 보건관리자의 위탁업무를 수행하는 사람을 포함한다)
    마. 법 제19조제1항에 따른 안전보건관리담당자(안전관리전문기관 및 보건관리전문기관에서 안전보건관리담당자의 위탁업무를 수행하는 사람을 포함한다)
    바. 법 제22조제1항에 따른 산업보건의

2. 공단에서 실시하는 해당 분야의 강사요원 교육과정을 이수한 사람
3. 법 제142조에 따른 산업안전지도사 또는 산업보건지도사(이하 "지도사"라 한다)
4. 산업안전보건에 관하여 학식과 경험이 있는 사람으로서 고용노동부장관이 정하는 기준에 해당하는 사람

제4장 유해·위험 방지 조치

제37조(위험성평가 실시내용 및 결과의 기록·보존) ① 사업주가 법 제36조제3항에 따라 위험성평가의 결과와 조치사항을 기록·보존할 때에는 다음 각 호의 사항이 포함되어야 한다.
1. 위험성평가 대상의 유해·위험요인
2. 위험성 결정의 내용
3. 위험성 결정에 따른 조치의 내용
4. 그 밖에 위험성평가의 실시내용을 확인하기 위하여 필요한 사항으로서 고용노동부장관이 정하여 고시하는 사항

② 사업주는 제1항에 따른 자료를 3년간 보존해야 한다.

제38조(안전보건표지의 종류·형태·색채 및 용도 등) ① 법 제37조제2항에 따른 안전보건표지의 종류와 형태는 별표 6과 같고, 그 용도, 설치·부착 장소, 형태 및 색채는 별표 7과 같다.
② 안전보건표지의 표시를 명확히 하기 위하여 필요한 경우에는 그 안전보건표지의 주위에 표시사항을 글자로 덧붙여 적을 수 있다. 이 경우 글자는 흰색 바탕에 검은색 한글고딕체로 표기해야 한다.
③ 안전보건표지에 사용되는 색채의 색도기준 및 용도는 별표 8과 같고, 사업주는 사업장에 설치하거나 부착한 안전보건표지의 색도기준이 유지되도록 관리해야 한다.
④ 안전보건표지에 관하여 법 또는 법에 따른 명령에서 규정하지 않은 사항으로서 다른 법 또는 다른 법에 따른 명령에서 규정한 사항이 있으면 그 부분에 대해서는 그 법 또는 명령을 적용한다.

제40조(안전보건표지의 제작) ① 안전보건표지는 그 종류별로 별표 9에 따른 기본모형에 의하여 별표 7의 구분에 따라 제작해야 한다.
② 안전보건표지는 그 표시내용을 근로자가 빠르고 쉽게 알아볼 수 있는 크기로 제작해야 한다.
③ 안전보건표지 속의 그림 또는 부호의 크기는 안전보건표지의 크기와 비례해야 하며, 안전보건표지 전체 규격의 30퍼센트 이상이 되어야 한다.

④ 안전보건표지는 쉽게 파손되거나 변형되지 않는 재료로 제작해야 한다.
⑤ 야간에 필요한 안전보건표지는 야광물질을 사용하는 등 쉽게 알아볼 수 있도록 제작해야 한다.

제41조(고객의 폭언 등으로 인한 건강장해 예방조치) 사업주는 법 제41조제1항에 따라 건강장해를 예방하기 위하여 다음 각 호의 조치를 해야 한다.

1. 법 제41조제1항에 따른 폭언 등을 하지 않도록 요청하는 문구 게시 또는 음성 안내
2. 고객과의 문제 상황 발생 시 대처방법 등을 포함하는 고객응대업무 매뉴얼 마련
3. 제2호에 따른 고객응대업무 매뉴얼의 내용 및 건강장해 예방 관련 교육 실시
4. 그 밖에 법 제41조제1항에 따른 고객응대근로자의 건강장해 예방을 위하여 필요한 조치

제42조(제출서류 등) ① 법 제42조제1항제1호에 해당하는 사업주가 유해위험방지계획서를 제출할 때에는 사업장별로 별지 제16호서식의 제조업 등 유해위험방지계획서에 다음 각 호의 서류를 첨부하여 해당 작업 시작 15일 전까지 공단에 2부를 제출해야 한다. 이 경우 유해위험방지계획서의 작성기준, 작성자, 심사기준, 그 밖에 심사에 필요한 사항은 고용노동부장관이 정하여 고시한다. 19. 4. 27 ㉮ 21. 3. 7 ㉮ '22. 3. 5 ㉮

1. 건축물 각 층의 평면도
2. 기계·설비의 개요를 나타내는 서류
3. 기계·설비의 배치도면
4. 원재료 및 제품의 취급, 제조 등의 작업방법의 개요
5. 그 밖에 고용노동부장관이 정하는 도면 및 서류

② 법 제42조제1항제2호에 해당하는 사업주가 유해위험방지계획서를 제출할 때에는 사업장별로 별지 제16호서식의 제조업 등 유해위험방지계획서에 다음 각 호의 서류를 첨부하여 해당 작업 시작 15일 전까지 공단에 2부를 제출해야 한다.

1. 설치장소의 개요를 나타내는 서류
2. 설비의 도면
3. 그 밖에 고용노동부장관이 정하는 도면 및 서류

③ 법 제42조제1항제3호에 해당하는 사업주가 유해위험방지계획서를 제출할 때에는 별지 제17호서식의 건설공사 유해위험방지계획서에 별표 10의 서류를 첨부하여 해당 공사의 착공(유해위험방지계획서 작성 대상 시설물 또는 구조물의 공사를 시작하는 것을 말하며, 대지 정리 및 가설사무소 설치 등의 공사 준비기간은 착공으로 보지 않는다) 전날까지 공단에 2부를 제출해야 한다. 이 경우 해당 공사가 「건설기술 진흥법」제62조에 따른 안전관리계획을 수립해야 하는 건설공사에 해당하는 경우에는 유해위험방지계획서와 안전관리계획서를 통합하여 작성한 서류를 제출할 수 있다.

> **합격예측 및 관련법규**
>
> **제46조(확인)** ① 법 제42조제1항제1호 및 제2호에 따라 유해위험방지계획서를 제출한 사업주는 해당 건설물·기계·기구 및 설비의 시운전단계에서, 법 제42조제1항제3호에 따른 사업주는 건설공사 중 6개월 이내마다 법 제43조제1항에 따라 다음 각 호의 사항에 관하여 공단의 확인을 받아야 한다. 12. 8. 20.〉
> 1. 유해위험방지계획서의 내용과 실제공사 내용이 부합하는지 여부
> 2. 법 제42조제6항에 따른 유해위험방지계획서 변경내용의 적정성
> 3. 추가적인 유해·위험요인의 존재 여부
>
> ② 공단은 제1항에 따른 확인을 할 경우에는 그 일정을 사업주에게 미리 통보해야 한다.
> ③ 제44조제4항에 따른 건설물·기계·기구 및 설비 또는 건설공사의 경우 사업주가 고용노동부장관이 정하는 요건을 갖춘 지도사에게 확인을 받고 별지 제22호서식에 따라 그 결과를 공단에 제출하면 공단은 제1항에 따른 확인에 필요한 현장방문을 지도사의 확인결과로 대체할 수 있다. 다만, 건설업의 경우 최근 2년간 사망재해(별표 1 제3호라목에 따른 재해는 제외한다)가 발생한 경우에는 그렇지 않다.
> ④ 제3항에 따른 유해위험방지계획서에 대한 확인은 제44조제4항에 따라 평가를 한 자가 해서는 안 된다.

④ 같은 사업장 내에서 영 제42조제3항 각 호에 따른 공사의 착공시기를 달리하는 사업의 사업주는 해당 공사별 또는 해당 공사의 단위작업공사 종류별로 유해위험방지계획서를 분리하여 각각 제출할 수 있다. 이 경우 이미 제출한 유해위험방지계획서의 첨부서류와 중복되는 서류는 제출하지 않을 수 있다.

⑤ 법 제42조제1항 단서에서 "산업재해발생률 등을 고려하여 고용노동부령으로 정하는 기준에 해당하는 사업주"란 별표 11의 기준에 적합한 건설업체(이하 "자체심사 및 확인업체"라 한다)의 사업주를 말한다.

⑥ 자체심사 및 확인업체는 별표 11의 자체심사 및 확인방법에 따라 유해위험방지계획서를 스스로 심사하여 해당 공사의 착공 전날까지 별지 제18호서식의 유해위험방지계획서 자체심사서를 공단에 제출해야 한다. 이 경우 공단은 필요한 경우 자체심사 및 확인업체의 자체심사에 관하여 지도·조언할 수 있다.

제43조(유해위험방지계획서의 건설안전분야 자격 등) 법 제42조제2항에서 "건설안전 분야의 자격 등 고용노동부령으로 정하는 자격을 갖춘 자"란 다음 각 호의 어느 하나에 해당하는 사람을 말한다.

1. 건설안전 분야 산업안전지도사
2. 건설안전기술사 또는 토목·건축 분야 기술사
3. 건설안전산업기사 이상의 자격을 취득한 후 건설안전 관련 실무경력이 건설안전기사 이상의 자격은 5년, 건설안전산업기사 자격은 7년 이상인 사람

제45조(심사 결과의 구분) ① 공단은 유해위험방지계획서의 심사 결과를 다음 각 호와 같이 구분·판정한다.

1. 적정 : 근로자의 안전과 보건을 위하여 필요한 조치가 구체적으로 확보되었다고 인정되는 경우
2. 조건부 적정 : 근로자의 안전과 보건을 확보하기 위하여 일부 개선이 필요하다고 인정되는 경우
3. 부적정 : 건설물·기계·기구 및 설비 또는 건설공사가 심사기준에 위반되어 공사착공 시 중대한 위험이 발생할 우려가 있거나 해당 계획에 근본적 결함이 있다고 인정되는 경우

② 공단은 심사 결과 적정판정 또는 조건부 적정판정을 한 경우에는 별지 제20호서식의 유해위험방지계획서 심사 결과 통지서에 보완사항을 포함(조건부 적정판정을 한 경우만 해당한다)하여 해당 사업주에게 발급하고 지방고용노동관서의 장에게 보고해야 한다.

③ 공단은 심사 결과 부적정판정을 한 경우에는 지체 없이 별지 제21호서식의 유해위험방지계획서 심사 결과(부적정) 통지서에 그 이유를 기재하여 지방고용노동관서의 장에게 통보하고 사업장 소재지 특별자치시장·특별자치도지사·시장·군수·구청장(구청장은 자치구의 구청장을 말한다. 이하 같다)에게 그 사실을 통보해야 한다.

④ 제3항에 따른 통보를 받은 지방고용노동관서의 장은 사실 여부를 확인한 후 공사착공중지명령, 계획변경명령 등 필요한 조치를 해야 한다.
⑤ 사업주는 지방고용노동관서의 장으로부터 공사착공중지명령 또는 계획변경명령을 받은 경우에는 유해위험방지계획서를 보완하거나 변경하여 공단에 제출해야 한다.

제51조(공정안전보고서의 제출 시기) 사업주는 영 제45조제1항에 따라 유해하거나 위험한 설비의 설치·이전 또는 주요 구조부분의 변경공사의 착공일(기존 설비의 제조·취급·저장 물질이 변경되거나 제조량·취급량·저장량이 증가하여 영 별표 13에 따른 유해·위험물질 규정량에 해당하게 된 경우에는 그 해당일을 말한다) 30일 전까지 공정안전보고서를 2부 작성하여 공단에 제출해야 한다. 20. 6. 7 ㉮

제61조(안전보건개선계획의 제출 등) ① 법 제50조제1항에 따라 안전보건개선계획서를 제출해야 하는 사업주는 법 제49조제1항에 따른 안전보건개선계획서 수립·시행 명령을 받은 날부터 60일 이내에 관할 지방고용노동관서의 장에게 해당 계획서를 제출(전자문서로 제출하는 것을 포함한다)해야 한다. 21. 5. 15 ㉮
② 제1항에 따른 안전보건개선계획서에는 시설, 안전보건관리체제, 안전보건교육, 산업재해 예방 및 작업환경의 개선을 위하여 필요한 사항이 포함되어야 한다.

제63조(기계·설비 등에 대한 안전 및 보건조치) 법 제53조제1항에서 "안전 및 보건에 관하여 고용노동부령으로 정하는 필요한 조치"란 다음 각 호의 어느 하나에 해당하는 조치를 말한다.
1. 안전보건규칙에서 건설물 또는 그 부속건설물·기계·기구·설비·원재료에 대하여 정하는 안전조치 또는 보건조치
2. 법 제87조에 따른 안전인증대상기계 등의 사용금지
3. 법 제92조에 따른 자율안전확인대상기계 등의 사용금지
4. 법 제95조에 따른 안전검사대상기계 등의 사용금지
5. 법 제99조제2항에 따른 안전검사대상기계 등의 사용금지
6. 법 제117조제1항에 따른 제조 등 금지물질의 사용금지
7. 법 제118조제1항에 따른 허가대상물질에 대한 허가의 취득

제67조(중대재해 발생 시 보고) 사업주는 중대재해가 발생한 사실을 알게 된 경우에는 법 제54조제2항에 따라 지체 없이 다음 각 호의 사항을 사업장 소재지를 관할하는 지방고용노동관서의 장에게 전화·팩스 또는 그 밖의 적절한 방법으로 보고해야 한다.
1. 발생 개요 및 피해 상황
2. 조치 및 전망
3. 그 밖의 중요한 사항

합격예측 및 관련법규

제50조(공정안전보고서의 세부 내용 등)
① 영 제44조에 따라 공정안전보고서에 포함해야 할 세부내용은 다음 각 호와 같다.
 1. 공정안전자료
  가. 취급·저장하고 있거나 취급·저장하려는 유해·위험물질의 종류 및 수량
  나. 유해·위험물질에 대한 물질안전보건자료
  다. 유해하거나 위험한 설비의 목록 및 사양
  라. 유해하거나 위험한 설비의 운전방법을 알 수 있는 공정도면
  마. 각종 건물·설비의 배치도
  바. 폭발위험장소 구분도 및 전기단선도
  사. 위험설비의 안전설계·제작 및 설치 관련 지침서
 2. 공정위험성평가서 및 잠재위험에 대한 사고예방·피해 최소화 대책(공정위험성평가서는 공정의 특성 등을 고려하여 다음 각 목의 위험성평가 기법 중 한 가지 이상을 선정하여 위험성평가를 한 후 그 결과에 따라 작성해야 하며, 사고예방·피해최소화 대책은 위험성평가 결과 잠재위험이 있다고 인정되는 경우에만 작성한다)
  가. 체크리스트 (Check List)
  나. 상대위험순위 결정 (Dow and Mond Indices)
  다. 작업자 실수 분석 (HEA)
  라. 사고 예상 질문 분석 (What-if)
  마. 위험과 운전 분석 (HAZOP)
  바. 이상위험도 분석 (FMECA)
  사. 결함 수 분석(FTA)
  아. 사건 수 분석(ETA)
  자. 원인결과 분석(CCA)
  차. 가목부터 자목까지의 규정과 같은 수준 이상의 기술적 평가기법

뒷면에 계속

제72조(산업재해 기록 등) 사업주는 산업재해가 발생한 때에는 법 제57조제2항에 따라 다음 각 호의 사항을 기록·보존해야 한다. 다만, 제73조제1항에 따른 산업재해조사표의 사본을 보존하거나 제73조제5항에 따른 요양신청서의 사본에 재해 재발방지 계획을 첨부하여 보존한 경우에는 그렇지 않다.

1. 사업장의 개요 및 근로자의 인적사항
2. 재해 발생의 일시 및 장소
3. 재해 발생의 원인 및 과정
4. 재해 재발방지 계획

제73조(산업재해 발생 보고 등) ① 사업주는 산업재해로 사망자가 발생하거나 3일 이상의 휴업이 필요한 부상을 입거나 질병에 걸린 사람이 발생한 경우에는 법 제57조제3항에 따라 해당 산업재해가 발생한 날부터 1개월 이내에 별지 제30호서식의 산업재해조사표를 작성하여 관할 지방고용노동관서의 장에게 제출(전자문서로 제출하는 것을 포함한다)해야 한다.

② 제1항에도 불구하고 다음 각 호의 모두에 해당하지 않는 사업주가 법률 제11882호 산업안전보건법 일부개정법률 제10조제2항의 개정규정의 시행일인 2014년 7월 1일 이후 해당 사업장에서 처음 발생한 산업재해에 대하여 지방고용노동관서의 장으로부터 별지 제30호서식의 산업재해조사표를 작성하여 제출하도록 명령을 받은 경우 그 명령을 받은 날부터 15일 이내에 이를 이행한 때에는 제1항에 따른 보고를 한 것으로 본다. 제1항에 따른 보고기한이 지난 후에 자진하여 별지 제30호서식의 산업재해조사표를 작성·제출한 경우에도 또한 같다.

1. 안전관리자 또는 보건관리자를 두어야 하는 사업주
2. 법 제62조제1항에 따라 안전보건총괄책임자를 지정해야 하는 도급인
3. 법 제73조제2항에 따라 건설재해예방전문지도기관의 지도를 받아야 하는 건설공사도급인(법 제69조제1항의 건설공사도급인을 말한다. 이하 같다)
4. 산업재해 발생사실을 은폐하려고 한 사업주

③ 사업주는 제1항에 따른 산업재해조사표에 근로자대표의 확인을 받아야 하며, 그 기재 내용에 대하여 근로자대표의 이견이 있는 경우에는 그 내용을 첨부해야 한다. 다만, 근로자대표가 없는 경우에는 재해자 본인의 확인을 받아 산업재해조사표를 제출할 수 있다.

④ 제1항부터 제3항까지의 규정에서 정한 사항 외에 산업재해발생 보고에 필요한 사항은 고용노동부장관이 정한다.

⑤ 「산업재해보상보험법」 제41조에 따라 요양급여의 신청을 받은 근로복지공단은 지방고용노동관서의 장 또는 공단으로부터 요양신청서 사본, 요양업무 관련 전산입력자료, 그 밖에 산업재해예방업무 수행을 위하여 필요한 자료의 송부를 요청받은 경우에는 이에 협조해야 한다.

제5장 도급 시 산업재해 예방

제1절 도급의 제한

제74조(안전 및 보건에 관한 평가의 내용 등) ① 사업주는 법 제58조제2항제2호에 따른 승인 및 같은 조 제5항에 따른 연장승인을 받으려는 경우 법 제165조제2항, 영 제116조제2항에 따라 고용노동부장관이 고시하는 기관을 통하여 안전 및 보건에 관한 평가를 받아야 한다.
② 제1항의 안전 및 보건에 관한 평가에 대한 내용은 별표 12와 같다.

제2절 도급인의 안전조치 및 보건조치

제79조(협의체의 구성 및 운영) ① 법 제64조제1항제1호에 따른 안전 및 보건에 관한 협의체(이하 이 조에서 "협의체"라 한다)는 도급인 및 그의 수급인 전원으로 구성해야 한다.
② 협의체는 다음 각 호의 사항을 협의해야 한다.
  1. 작업의 시작 시간
  2. 작업 또는 작업장 간의 연락방법
  3. 재해발생 위험이 있는 경우 대피방법
  4. 작업장에서의 법 제36조에 따른 위험성평가의 실시에 관한 사항
  5. 사업주와 수급인 또는 수급인 상호 간의 연락 방법 및 작업공정의 조정
③ 협의체는 매월 1회 이상 정기적으로 회의를 개최하고 그 결과를 기록·보존해야 한다. 21. 5. 15 ❷ 23. 6. 4 ❷

제80조(도급사업 시의 안전·보건조치 등) ① 도급인은 법 제64조제1항제2호에 따른 작업장 순회점검을 다음 각 호의 구분에 따라 실시해야 한다.
  1. 다음 각 목의 사업 : 2일에 1회 이상 22. 3. 5 ❷
      가. 건설업
      나. 제조업
      다. 토사석 광업
      라. 서적, 잡지 및 기타 인쇄물 출판업
      마. 음악 및 기타 오디오물 출판업
      바. 금속 및 비금속 원료 재생업
  2. 제1호 각 목의 사업을 제외한 사업 : 1주일에 1회 이상
② 관계수급인은 제1항에 따라 도급인이 실시하는 순회점검을 거부·방해 또는 기피해서는 안 되며 점검 결과 도급인의 시정요구가 있으면 이에 따라야 한다.
③ 도급인은 법 제64조제1항제3호에 따라 관계수급인이 실시하는 근로자의 안전·보건교육에 필요한 장소 및 자료의 제공 등을 요청받은 경우 협조해야 한다.

합격예측 및 관련법규

제87조(공사기간 연장 요청 등) ① 건설공사도급인은 법 제70조제1항에 따라 공사기간 연장을 요청하려면 같은 항 각 호의 사유가 종료된 날부터 10일이 되는 날까지 별지 제35호 서식의 공사기간 연장 요청서에 다음 각 호의 서류를 첨부하여 건설공사발주자에게 제출해야 한다. 다만, 해당 공사기간의 연장 사유가 그 건설공사의 계약기간 만료 후에도 지속될 것으로 예상되는 경우에는 그 계약기간 만료 전에 건설공사발주자에게 공사기간 연장을 요청할 예정임을 통지하고, 그 사유가 종료된 날부터 10일이 되는 날까지 공사기간 연장을 요청할 수 있다. 〈개정 2021. 1. 19., 2022. 8. 18.〉
1. 공사기간 연장 요청 사유 및 그에 따른 공사 지연사실을 증명할 수 있는 서류
2. 공사기간 연장 요청 기간 산정 근거 및 공사 지연에 따른 공정 관리 변경에 관한 서류

② 건설공사의 관계수급인은 법 제70조제2항에 따라 공사기간 연장을 요청하려면 같은 항의 사유가 종료된 날부터 10일이 되는 날까지 별지 제35호 서식의 공사기간 연장 요청서에 제1항 각 호의 서류를 첨부하여 건설공사도급인에게 제출해야 한다. 다만, 해당 공사기간 연장 사유가 그 건설공사의 계약기간 만료 후에도 지속될 것으로 예상되는 경우에는 그 계약기간 만료 전에 건설공사도급인에게 공사기간 연장을 요청할 예정임을 통지하고, 그 사유가 종료된 날부터 10일이 되는 날까지 공사기간 연장을 요청할 수 있다.

③ 건설공사도급인은 제2항에 따른 요청을 받은 날부터 30일 이내에 공사기간 연장 조치를 하거나 10일 이내에 건설공사발주자에게 그 기간의 연장을 요청해야 한다.

④ 건설공사발주자는 제1항 및 제3항에 따른 요청을 받은 날부터 30일 이내에 공사기간 연장 조치를 해야 한다. 다만, 남은 공사기간 내에 공사를 마칠 수 있다고 인정되는 경우에는 그 사유와 그 사유를 증명하는 서류를 첨부하여 건설공사도급인에게 통보해야 한다.

제81조(위생시설의 설치 등 협조) ① 법 제64조제1항제6호에서 "위생시설 등 고용노동부령으로 정하는 시설"이란 다음 각 호의 시설을 말한다.
1. 휴게시설
2. 세면·목욕시설
3. 세탁시설
4. 탈의시설
5. 수면시설

② 도급인이 제1항에 따른 시설을 설치할 때에는 해당 시설에 대해 안전보건규칙에서 정하고 있는 기준을 준수해야 한다.

제82조(도급사업의 합동 안전·보건점검) ① 법 제64조제2항에 따라 도급인이 작업장의 안전 및 보건에 관한 점검을 할 때에는 다음 각 호의 사람으로 점검반을 구성해야 한다.
1. 도급인(같은 사업 내에 지역을 달리하는 사업장이 있는 경우에는 그 사업장의 안전보건관리책임자)
2. 관계수급인(같은 사업 내에 지역을 달리하는 사업장이 있는 경우에는 그 사업장의 안전보건관리책임자)
3. 도급인 및 관계수급인의 근로자 각 1명(관계수급인의 근로자의 경우에는 해당 공정만 해당한다)

② 법 제64조제2항에 따른 정기 안전·보건점검의 실시 횟수는 다음 각 호의 구분에 따른다.
1. 다음 각 목의 사업 : 2개월에 1회 이상
    가. 건설업
    나. 선박 및 보트 건조업
2. 제1호의 사업을 제외한 사업 : 분기에 1회 이상

제3절 건설업 등의 산업재해 예방

제86조(기본안전보건대장 등) ① 법 제67조제1항제1호에 따른 기본안전보건대장에는 다음 각 호의 사항이 포함되어야 한다. 〈개정 2024. 6. 28.〉
1. 건설공사 계획단계에서 예상되는 공사내용, 공사규모 등 공사 개요
2. 공사현장 제반 정보
3. 건설공사에 설치·사용 예정인 구조물, 기계·기구 등 고용노동부장관이 정하여 고시하는 유해·위험요인과 그에 대한 안전조치 및 위험성 감소방안
4. 산업재해 예방을 위한 건설공사발주자의 법령상 주요 의무사항 및 이에 대한 확인

② 법 제67조제1항제2호에 따른 설계안전보건대장에는 다음 각 호의 사항이 포함되어야 한다. 다만, 건설공사발주자가「건설기술 진흥법」제39조제3항 및 제4항에 따라 설계용역에 대하여 건설엔지니어링사업자로 하여금 건설사업관리를 하게 하고 해당 설계용역에 대하여 같은 법 시행령 제59조제4항제8호에 따른 공사기간 및 공사비의 적정성 검토가 포함된 건설사업관리 결과보고서를 작성·제출받은 경우에는 제1호를 포함하지 않을 수 있다.〈개정 2021. 1. 19., 2024. 6. 28.〉

1. 안전한 작업을 위한 적정 공사기간 및 공사금액 산출서
2. 건설공사 중 발생할 수 있는 유해·위험요인 및 시공단계에서 고려해야 할 유해·위험요인 감소방안
3. 삭제〈2024. 6. 28.〉   4. 삭제〈2024. 6. 28.〉
5. 법 제72조제1항에 따른 산업안전보건관리비(이하 "산업안전보건관리비"라 한다)의 산출내역서
6. 삭제〈2024. 6. 28.〉

③ 법 제67조제1항제3호에 따른 공사안전보건대장에 포함하여 이행여부를 확인해야 할 사항은 다음 각 호와 같다.〈개정 2021. 1. 19., 2024. 6. 28.〉

1. 설계안전보건대장의 유해·위험요인 감소방안을 반영한 건설공사 중 안전보건 조치 이행계획
2. 법 제42조제1항에 따른 유해위험방지계획서의 심사 및 확인결과에 대한 조치내용
3. 고용노동부장관이 정하여 고시하는 건설공사용 기계·기구의 안전성 확보를 위한 배치 및 이동계획
4. 법 제73조제1항에 따른 건설공사의 산업재해 예방 지도를 위한 계약 여부, 지도결과 및 조치내용

④ 제1항부터 제3항까지의 규정에 따른 기본안전보건대장, 설계안전보건대장 및 공사안전보건대장의 작성과 공사안전보건대장의 이행여부 확인 방법 및 절차 등에 관하여 필요한 사항은 고용노동부장관이 정하여 고시한다.

제93조(노사협의체 협의사항 등) 법 제75조제5항에서 "고용노동부령으로 정하는 사항"이란 다음 각 호의 사항을 말한다.

1. 산업재해 예방방법 및 산업재해가 발생한 경우의 대피방법
2. 작업의 시작시간, 작업 및 작업장 간의 연락방법
3. 그 밖의 산업재해 예방과 관련된 사항

제4절 그 밖의 고용형태에서의 산업재해 예방

제95조(교육시간 및 교육내용 등) ① 특수형태근로종사자로부터 노무를 제공받는 자가 법 제77조제2항에 따라 특수형태근로종사자에 대하여 실시해야 하는 안전 및 보건에 관한 교육시간은 별표 4와 같고, 교육내용은 별표 5와 같다.

② 특수형태근로종사자로부터 노무를 제공받는 자가 제1항에 따른 교육을 자체적으로 실시하는 경우 교육을 할 수 있는 사람은 제26조제3항 각 호의 어느 하나에 해당하는 사람으로 한다.
③ 특수형태근로종사자로부터 노무를 제공받는 자는 제1항에 따른 교육을 안전보건교육기관에 위탁할 수 있다.
④ 제1항에 따른 교육을 실시하기 위한 교육방법과 그 밖에 교육에 필요한 사항은 고용노동부장관이 정하여 고시한다.
⑤ 특수형태근로종사자의 교육면제에 대해서는 제27조제4항을 준용한다. 이 경우 "사업주"는 "특수형태근로종사자로부터 노무를 제공받는 자"로, "근로자"는 "특수형태근로종사자"로, "채용"은 "최초 노무제공"으로 본다.

제6장 유해·위험 기계 등에 대한 조치

제1절 유해하거나 위험한 기계 등에 대한 방호조치 등

제98조(방호조치) ① 법 제80조제1항에 따라 영 제70조 및 영 별표 20의 기계·기구에 설치해야 할 방호장치는 다음 각 호와 같다.
1. 영 별표 20 제1호에 따른 예초기 : 날접촉 예방장치
2. 영 별표 20 제2호에 따른 원심기 : 회전체 접촉 예방장치
3. 영 별표 20 제3호에 따른 공기압축기 : 압력방출장치
4. 영 별표 20 제4호에 따른 금속절단기 : 날접촉 예방장치
5. 영 별표 20 제5호에 따른 지게차 : 헤드 가드, 백레스트(backrest), 전조등, 후미등, 안전벨트
6. 영 별표 20 제6호에 따른 포장기계 : 구동부 방호 연동장치

② 법 제80조제2항에서 "고용노동부령으로 정하는 방호조치"란 다음 각 호의 방호조치를 말한다.
1. 작동 부분의 돌기부분은 묻힘형으로 하거나 덮개를 부착할 것
2. 동력전달부분 및 속도조절부분에는 덮개를 부착하거나 방호망을 설치할 것
3. 회전기계의 물림점(롤러나 톱니바퀴 등 반대방향의 두 회전체에 물려 들어가는 위험점)에는 덮개 또는 울을 설치할 것

③ 제1항 및 제2항에 따른 방호조치에 필요한 사항은 고용노동부장관이 정하여 고시한다.

제2절 안전인증

제107조(안전인증대상기계 등) 법 제84조제1항에서 "고용노동부령으로 정하는 안전인증대상기계 등"이란 다음 각 호의 기계 및 설비를 말한다.

1. 설치·이전하는 경우 안전인증을 받아야 하는 기계
   가. 크레인
   나. 리프트
   다. 곤돌라
2. 주요 구조 부분을 변경하는 경우 안전인증을 받아야 하는 기계 및 설비
   가. 프레스
   나. 전단기 및 절곡기(折曲機)
   다. 크레인
   라. 리프트
   마. 압력용기
   바. 롤러기
   사. 사출성형기(射出成形機)
   아. 고소(高所)작업대
   자. 곤돌라

제114조(안전인증의 표시) ① 법 제85조제1항에 따른 안전인증의 표시 중 안전인증대상기계 등의 안전인증의 표시 및 표시방법은 별표 14와 같다.
② 법 제85조제1항에 따른 안전인증의 표시 중 법 제84조제3항에 따른 안전인증대상기계 등이 아닌 유해·위험기계 등의 안전인증 표시 및 표시방법은 별표 15와 같다.

제3절 자율안전확인의 신고

제119조(신고의 면제) 법 제89조제1항제3호에서 "고용노동부령으로 정하는 경우"란 다음 각 호의 어느 하나에 해당하는 경우를 말한다.
1. 「농업기계화촉진법」 제9조에 따른 검정을 받은 경우
2. 「산업표준화법」 제15조에 따른 인증을 받은 경우
3. 「전기용품 및 생활용품 안전관리법」 제5조 및 제8조에 따른 안전인증 및 안전검사를 받은 경우
4. 국제전기기술위원회의 국제방폭전기기계·기구 상호인정제도에 따라 인증을 받은 경우

제4절 안전검사

제124조(안전검사의 신청 등) ① 법 제93조제1항에 따라 안전검사를 받아야 하는 자는 별지 제50호서식의 안전검사 신청서를 제126조에 따른 검사 주기 만료일 30일 전에 영 제116조제2항에 따라 안전검사 업무를 위탁받은 기관(이하 "안전검사기관"이라 한다)에 제출(전자문서로 제출하는 것을 포함한다)해야 한다.
② 제1항에 따른 안전검사 신청을 받은 안전검사기관은 검사 주기 만료일 전후 각각 30일 이내에 해당 기계·기구 및 설비별로 안전검사를 해야 한다. 이 경우 해당 검사기간 이내에 검사에 합격한 경우에는 검사 주기 만료일에 안전검사를 받은 것으로 본다.

합격예측 및 관련법규

「**농업기계화 촉진법**」(약칭: 농업기계화법)
제9조(농업기계의 검정) ① 농업기계의 제조업자와 수입업자는 제조하거나 수입하는 농업용 트랙터, 콤바인 등 농림축산식품부령으로 정하는 농업기계에 대하여 농림축산식품부장관의 검정을 받아야 한다. 다만, 연구·개발 또는 수출을 목적으로 제조하거나 수입하는 경우에는 그러하지 아니하다.
② 누구든지 제1항에 따른 검정을 받지 아니하거나 검정에 부적합판정을 받은 농업기계를 판매·유통해서는 아니 된다.
③ 농림축산식품부장관은 제1항에 따른 검정에 적합판정을 받은 농업기계와 동일한 형식의 농업기계에 대하여 품질유지 등을 위하여 필요하다고 인정하면 그 농업기계에 대하여 사후검정을 할 수 있다.
④ 농업기계 제조업자나 수입업자는 제1항에 따른 검정이나 제3항에 따른 사후검정에 이의가 있으면 농림축산식품부령으로 정하는 바에 따라 이의신청을 할 수 있다.
⑤ 제1항에 따른 검정 및 제3항에 따른 사후검정의 종류·신청·기준·방법과 검정 용도의 제품 처리, 검정 결과의 공표 등에 필요한 사항은 농림축산식품부령으로 정한다.
⑥ 제1항에 따른 검정을 받으려는 자는 농림축산식품부장관이 정하는 바에 따라 수수료를 내야 한다.

「**산업표준화법**」
제15조(제품의 인증) ① 산업통상자원부장관이 필요하다고 인정하여 심의회의 심의를 거쳐 지정한 광공업품을 제조하는 자는 공장 또는 사업장마다 산업통상자원부령으로 정하는 바에 따라 인증기관으로부터 그 제품의 인증을 받을 수 있다.
② 제1항에 따라 제품의 인증을 받은 자는 그 제품·포장·용기·납품서 또는 보증서에 산업통상자원부령으로 정하는 바에 따라 그 제품이 한국산업표준에 적합한 것임을 나타내는 표시(이하 이 조에서 "제품인증표시"라 한다)를 하거나 이를 홍보할 수 있다.

③ 제1항에 따른 인증을 받은 자가 아니면 제품·포장·용기·납품서·보증서 또는 홍보물에 제품인증표시를 하거나 이와 유사한 표시를 하여서는 아니 된다.
④ 제3항을 위반하여 제품인증표시를 하거나 이와 유사한 표시를 한 제품을 그 사실을 알고 판매·수입하거나 판매를 위하여 진열·보관 또는 운반하여서는 아니 된다.

전기용품 및 생활용품 안전관리법 (약칭: 전기생활용품안전법)

제5조(안전인증 등) ① 안전인증대상제품의 제조업자(외국에서 제조하여 대한민국으로 수출하는 자를 포함한다. 이하 같다) 또는 수입업자는 안전인증대상제품에 대하여 모델(산업통상자원부령으로 정하는 고유한 명칭을 붙인 제품의 형식을 말한다. 이하 같다)별로 산업통상자원부령으로 정하는 바에 따라 안전인증기관의 안전인증을 받아야 한다.
② 안전인증대상제품의 제조업자 또는 수입업자는 안전인증을 받은 사항을 변경하려는 경우에는 산업통상자원부령으로 정하는 바에 따라 안전인증기관으로부터 변경인증을 받아야 한다. 다만, 제품의 안전성과 관련이 없는 것으로서 산업통상자원부령으로 정하는 사항을 변경하는 경우에는 그러하지 아니하다.
③ 안전인증기관은 안전인증대상제품이 산업통상자원부장관이 정하여 고시하는 제품시험의 안전기준 및 공장심사기준에 적합한 경우 안전인증을 하여야 한다. 다만, 안전기준이 고시되지 아니하거나 고시된 안전기준을 적용할 수 없는 경우의 안전인증대상제품에 대해서는 산업통상자원부령으로 정하는 바에 따라 안전인증을 할 수 있다.
④ 안전인증기관은 제3항에 따라 안전인증을 하는 경우 산업통상자원부령으로 정하는 바에 따라 조건을 붙일 수 있다. 이 경우 그 조건은 해당 제조업자에게 부당한 의무를 부과하는 것이어서는 아니 된다.

제126조(안전검사의 주기와 합격표시 및 표시방법) ① 법 제93조제3항에 따른 안전검사대상기계 등의 안전검사 주기는 다음 각 호와 같다.
1. 크레인(이동식 크레인은 제외한다), 리프트(이삿짐운반용 리프트는 제외한다) 및 곤돌라 : 사업장에 설치가 끝난 날부터 3년 이내에 최초 안전검사를 실시하되, 그 이후부터 2년마다(건설현장에서 사용하는 것은 최초로 설치한 날부터 6개월마다)
2. 이동식 크레인, 이삿짐운반용 리프트 및 고소작업대 : 「자동차관리법」제8조에 따른 신규등록 이후 3년 이내에 최초 안전검사를 실시하되, 그 이후부터 2년마다
3. 프레스, 전단기, 압력용기, 국소 배기장치, 원심기, 롤러기, 사출성형기, 컨베이어 및 산업용 로봇, 혼합기, 파쇄기 또는 분쇄기 : 사업장에 설치가 끝난 날부터 3년 이내에 최초 안전검사를 실시하되, 그 이후부터 2년마다(공정안전보고서를 제출하여 확인을 받은 압력용기는 4년마다)

② 법 제93조제3항에 따른 안전검사의 합격표시 및 표시방법은 별표 16과 같다.

제5절 유해·위험기계 등의 조사 및 지원 등

제136조(제조 과정 조사 등) 영 제83조에 따른 제조 과정 조사 및 성능시험의 절차 및 방법은 제110조, 제111조제1항 및 제120조의 규정을 준용한다.

제7장 유해·위험물질에 대한 조치

제1절 유해·위험물질의 분류 및 관리

제141조(유해인자의 분류기준) 법 제104조에 따른 근로자에게 건강장해를 일으키는 화학물질 및 물리적 인자 등(이하 "유해인자"라 한다)의 유해성·위험성 분류기준은 별표 18과 같다.

제156조(물질안전보건자료의 작성방법 및 기재사항) ① 법 제110조제1항에 따른 물질안전보건자료 대상물질(이하 "물질안전보건자료 대상물질"이라 한다)을 제조·수입하려는 자가 물질안전보건자료를 작성하는 경우에는 그 물질안전보건자료의 신뢰성이 확보될 수 있도록 인용된 자료의 출처를 함께 적어야 한다.
② 법 제110조제1항제5호에서 "물리·화학적 특성 등 고용노동부령으로 정하는 사항"이란 다음 각 호의 사항을 말한다.
1. 물리·화학적 특성
2. 독성에 관한 정보
3. 폭발·화재 시의 대처방법
4. 응급조치 요령
5. 그 밖에 고용노동부장관이 정하는 사항

③ 그 밖에 물질안전보건자료의 세부 작성방법, 용어 등 필요한 사항은 고용노동부장관이 정하여 고시한다.

제167조(물질안전보건자료를 게시하거나 갖추어 두는 방법) ① 법 제114조제1항에 따라 물질안전보건자료 대상물질을 취급하는 사업주는 다음 각 호의 어느 하나에 해당하는 장소 또는 전산장비에 항상 물질안전보건자료를 게시하거나 갖추어 두어야 한다. 다만, 제3호에 따른 장비에 게시하거나 갖추어 두는 경우에는 고용노동부장관이 정하는 조치를 해야 한다.
　1. 물질안전보건자료 대상물질을 취급하는 작업공정이 있는 장소
　2. 작업장 내 근로자가 가장 보기 쉬운 장소
　3. 근로자가 작업 중 쉽게 접근할 수 있는 장소에 설치된 전산장비
② 제1항에도 불구하고 건설공사, 안전보건규칙 제420조제8호에 따른 임시 작업 또는 같은 조 제9호에 따른 단시간 작업에 대해서는 법 제114조제2항에 따른 물질안전보건자료 대상물질의 관리 요령으로 대신 게시하거나 갖추어 둘 수 있다. 다만, 근로자가 물질안전보건자료의 게시를 요청하는 경우에는 제1항에 따라 게시해야 한다.

제168조(물질안전보건자료 대상물질의 관리 요령 게시) ① 법 제114조제2항에 따른 작업공정별 관리 요령에 포함되어야 할 사항은 다음 각 호와 같다.
　1. 제품명
　2. 건강 및 환경에 대한 유해성, 물리적 위험성
　3. 안전 및 보건상의 취급주의 사항
　4. 적절한 보호구
　5. 응급조치 요령 및 사고 시 대처방법
② 작업공정별 관리 요령을 작성할 때에는 법 제114조제1항에 따른 물질안전보건자료에 적힌 내용을 참고해야 한다.
③ 작업공정별 관리 요령은 유해성·위험성이 유사한 물질안전보건자료 대상물질의 그룹별로 작성하여 게시할 수 있다.

제2절 석면에 대한 조치

제175조(석면조사의 생략 등 확인 절차) ① 법 제119조제2항 각 호 외의 부분 단서에 따라 건축물이나 설비의 소유주 또는 임차인 등(이하 이 조에서 "건축물·설비 소유주 등"이라 한다)이 영 제89조제2항 각 호에 따른 석면조사의 생략 대상 건축물이나 설비에 대하여 확인을 받으려는 경우에는 별지 제74호서식의 석면조사의 생략 등 확인신청서에 다음 각 호의 구분에 따른 서류를 첨부하여 관할 지방고용노동관서의 장에게 제출해야 한다. 이 경우 제2호에 따른 건축물대장 사본을 제출한 경우에는 제3항에 따른 확인 통지가 된 것으로 본다.

제8조(안전인증대상 수입 중고 전기용품의 안전검사) ① 중고 안전인증대상 전기용품을 외국에서 수입하려는 자는 산업통상자원부령으로 정하는 바에 따라 해당 안전인증대상 전기용품의 안전성을 확인하기 위한 안전검사를 받아야 한다. 다만, 제5조제1항에 따른 안전인증을 받거나 제6조 각 호에 따른 안전인증의 면제 사유에 해당하는 경우에는 그러하지 아니하다.
② 제1항에 따른 안전검사의 기준은 제5조제3항에 따른 안전기준을 준용한다.

제132조(자율검사프로그램의 인정 등) ① 사업주가 법 제98조제1항에 따라 자율검사프로그램을 인정받기 위해서는 다음 각 호의 요건을 모두 충족해야 한다. 다만, 법 제98조제4항에 따른 검사기관(이하 "자율안전검사기관"이라 한다)에 위탁한 경우에는 제1호 및 제2호를 충족한 것으로 본다. 18. 5. 8
　1. 검사원을 고용하고 있을 것
　2. 고용노동부장관이 정하여 고시하는 바에 따라 검사를 할 수 있는 장비를 갖추고 이를 유지·관리할 수 있을 것
　3. 제126조에 따른 안전검사 주기의 2분의 1에 해당하는 주기(영 제78조제1항제3호의 크레인 중 건설현장 외에서 사용하는 크레인의 경우에는 6개월)마다 검사를 할 것
　4. 자율검사프로그램의 검사기준이 법 제93조제1항에 따라 고용노동부장관이 정하여 고시하는 검사기준(이하 "안전검사기준"이라 한다)을 충족할 것
② 자율검사프로그램에는 다음 각 호의 내용이 포함되어야 한다.
　1. 안전검사대상기계 등의 보유 현황
　2. 검사원 보유 현황과 검사를 할 수 있는 장비 및 장비 관리방법(자율안전검사기관에 위탁한 경우에는 위탁을 증명할 수 있는 서류를 제출한다)
　3. 안전검사대상기계 등의 검사 주기 및 검사기준
　4. 향후 2년간 안전검사대상기계 등의 검사수행계획

5. 과거 2년간 자율검사프로그램 수행 실적(재신청의 경우만 해당한다)

③ 법 제98조제1항에 따라 자율검사프로그램을 인정받으려는 자는 별지 제52호서식의 자율검사프로그램 인정신청서에 제2항 각 호의 내용이 포함된 자율검사프로그램을 확인할 수 있는 서류 2부를 첨부하여 공단에 제출해야 한다.

④ 제3항에 따른 자율검사프로그램 인정신청서를 제출받은 공단은「전자정부법」제36조제1항에 따른 행정정보의 공동이용을 통하여 다음 각 호의 어느 하나에 해당하는 서류를 확인해야 한다. 다만, 제2호의 서류에 대해서는 신청인이 확인에 동의하지 않는 경우에는 그 사본을 첨부하도록 해야 한다.
1. 법인 : 법인등기사항증명서
2. 개인 : 사업자등록증

⑤ 공단은 제3항에 따라 자율검사프로그램 인정신청서를 제출받은 경우에는 15일 이내에 인정 여부를 결정한다.

⑥ 공단은 신청받은 자율검사프로그램을 인정하는 경우에는 별지 제53호서식의 자율검사프로그램 인정서에 인정증명 도장을 찍은 자율검사프로그램 1부를 첨부하여 신청자에게 발급해야 한다.

⑦ 공단은 신청받은 자율검사프로그램을 인정하지 않는 경우에는 별지 제54호서식의 자율검사프로그램 부적합 통지서에 부적합한 사유를 밝혀 신청자에게 통지해야 한다.

1. 건축물이나 설비에 석면이 함유되어 있지 않은 경우 : 이를 증명할 수 있는 설계도서 사본, 건축자재의 목록·사진·성분분석표, 건축물 안팎의 사진 등의 서류. 이 경우 성분분석표는 건축자재 생산회사가 발급한 것으로 한다.
2. 건축물이 2017년 7월 1일 이후「건축법」제21조에 따른 착공신고를 한 신축 건축물인 경우: 건축물대장 사본
3. 건축물이나 설비에 석면이 1퍼센트(무게 퍼센트) 초과하여 함유되어 있는 경우 : 공사계약서 사본(자체공사인 경우에는 공사계획서)

② 법 제119조제3항에 따라 건축물·설비소유주 등이「석면안전관리법」에 따른 석면조사를 실시한 경우에는 별지 제74호서식의 석면조사의 생략 등 확인신청서에「석면안전관리법」에 따른 석면조사를 하였음을 표시하고 그 석면조사 결과서를 첨부하여 관할 지방고용노동관서의 장에게 제출해야 한다. 다만,「석면안전관리법 시행규칙」제26조에 따라 건축물석면조사 결과를 관계 행정기관의 장에게 제출한 경우에는 석면조사의 생략 등 확인신청서를 제출하지 않을 수 있다.

③ 지방고용노동관서의 장은 제1항 및 제2항에 따른 신청서가 제출되면 이를 확인한 후 접수된 날부터 20일 이내에 그 결과를 해당 신청인에게 통지해야 한다.

④ 지방고용노동관서의 장은 제3항에 따른 신청서의 내용을 확인하기 위하여 기술적인 사항에 대하여 공단에 검토를 요청할 수 있다.

제185조(석면농도의 측정방법) ① 법 제124조제2항에 따른 석면농도의 측정방법은 다음 각 호와 같다.
1. 석면해체·제거작업장 내의 작업이 완료된 상태를 확인한 후 공기가 건조한 상태에서 측정할 것
2. 작업장 내에 침전된 분진을 흩날린 후 측정할 것
3. 시료채취기를 작업이 이루어진 장소에 고정하여 공기 중 입자상 물질을 채취하는 지역시료채취방법으로 측정할 것

② 제1항에 따른 측정방법의 구체적인 사항, 그 밖의 시료채취 수, 분석방법 등에 관하여 필요한 사항은 고용노동부장관이 정하여 고시한다.

제8장 근로자 보건관리

제1절 근로환경의 개선

제186조(작업환경측정 대상 작업장 등) ① 법 제125조제1항에서 "고용노동부령으로 정하는 작업장"이란 별표 21의 작업환경측정 대상 유해인자에 노출되는 근로자가 있는 작업장을 말한다. 다만, 다음 각 호의 어느 하나에 해당하는 경우에는 작업환경측정을 하지 않을 수 있다.
1. 안전보건규칙 제420조제1호에 따른 관리대상 유해물질의 허용소비량을 초과하지 않는 작업장(그 관리대상 유해물질에 관한 작업환경측정만 해당한다)

2. 안전보건규칙 제420조제8호에 따른 임시 작업 및 같은 조 제9호에 따른 단시간 작업을 하는 작업장(고용노동부장관이 정하여 고시하는 물질을 취급하는 작업을 하는 경우는 제외한다)
3. 안전보건규칙 제605조제2호에 따른 분진작업의 적용 제외 작업장(분진에 관한 작업환경측정만 해당한다)
4. 그 밖에 작업환경측정 대상 유해인자의 노출 수준이 노출기준에 비하여 현저히 낮은 경우로서 고용노동부장관이 정하여 고시하는 작업장

② 안전보건진단기관이 안전보건진단을 실시하는 경우에 제1항에 따른 작업장의 유해인자 전체에 대하여 고용노동부장관이 정하는 방법에 따라 작업환경을 측정하였을 때에는 사업주는 법 제125조에 따라 해당 측정주기에 실시해야 할 해당 작업장의 작업환경측정을 하지 않을 수 있다.

제2절 건강진단 및 건강관리

제195조(근로자 건강진단 실시에 대한 협력 등) ① 사업주는 법 제135조제1항에 따른 특수건강진단기관 또는 「건강검진기본법」 제3조제2호에 따른 건강검진기관(이하 "건강진단기관"이라 한다)이 근로자의 건강진단을 위하여 다음 각 호의 정보를 요청하는 경우 해당 정보를 제공하는 등 근로자의 건강진단이 원활히 실시될 수 있도록 적극 협조해야 한다.
1. 근로자의 작업장소, 근로시간, 작업내용, 작업방식 등 근무환경에 관한 정보
2. 건강진단 결과, 작업환경측정 결과, 화학물질 사용 실태, 물질안전보건자료 등 건강진단에 필요한 정보

② 근로자는 사업주가 실시하는 건강진단 및 의학적 조치에 적극 협조해야 한다.
③ 건강진단기관은 사업주가 법 제129조부터 제131조까지의 규정에 따라 건강진단을 실시하기 위하여 출장검진을 요청하는 경우에는 출장검진을 할 수 있다.

제197조(일반건강진단의 주기 등) ① 사업주는 상시 사용하는 근로자 중 사무직에 종사하는 근로자(공장 또는 공사현장과 같은 구역에 있지 않은 사무실에서 서무·인사·경리·판매·설계 등의 사무업무에 종사하는 근로자를 말하며, 판매업무 등에 직접 종사하는 근로자는 제외한다)에 대해서는 2년에 1회 이상, 그 밖의 근로자에 대해서는 1년에 1회 이상 일반건강진단을 실시해야 한다. 18. 4. 28 ⚑ 21. 8. 14 ⚑
② 법 제129조에 따라 일반건강진단을 실시해야 할 사업주는 일반건강진단 실시 시기를 안전보건관리규정 또는 취업규칙에 규정하는 등 일반건강진단이 정기적으로 실시되도록 노력해야 한다.

제198조(일반건강진단의 검사항목 및 실시방법 등) ① 일반건강진단의 제1차 검사항목은 다음 각 호와 같다.
1. 과거병력, 작업경력 및 자각·타각증상(시진·촉진·청진 및 문진)

> **합격예측 및 관련법규**
> **제194조의2(휴게시설의 설치·관리기준)** 법 제128조의2 제2항에서 "크기, 위치, 온도, 조명 등 고용노동부령으로 정하는 설치·관리기준"이란 별표 21의2의 휴게시설 설치·관리기준을 말한다.
> [본조신설 2022. 8. 18.]

2. 혈압·혈당·요당·요단백 및 빈혈검사
　　3. 체중·시력 및 청력
　　4. 흉부방사선 촬영
　　5. AST(SGOT) 및 ALT(SGPT), γ-GTP 및 총콜레스테롤

② 제1항에 따른 제1차 검사항목 중 혈당·γ-GTP 및 총콜레스테롤 검사는 고용노동부장관이 정하는 근로자에 대하여 실시한다.

③ 제1항에 따른 검사 결과 질병의 확진이 곤란한 경우에는 제2차 건강진단을 받아야 하며, 제2차 건강진단의 범위, 검사항목, 방법 및 시기 등은 고용노동부장관이 정하여 고시한다.

④ 제196조 각 호 및 제200조 각 호에 따른 법령과 그 밖에 다른 법령에 따라 제1항부터 제3항까지의 규정에서 정한 검사항목과 같은 항목의 건강진단을 실시한 경우에는 해당 항목에 한정하여 제1항부터 제3항에 따른 검사를 생략할 수 있다.

⑤ 제1항부터 제4항까지의 규정에서 정한 사항 외에 일반건강진단의 검사방법, 실시방법, 그 밖에 필요한 사항은 고용노동부장관이 정한다.

제220조(질병자의 근로금지) ① 법 제138조제1항에 따라 사업주는 다음 각 호의 어느 하나에 해당하는 사람에 대해서는 근로를 금지해야 한다.
　　1. 전염될 우려가 있는 질병에 걸린 사람. 다만, 전염을 예방하기 위한 조치를 한 경우는 제외한다.
　　2. 조현병, 마비성 치매에 걸린 사람
　　3. 심장·신장·폐 등의 질환이 있는 사람으로서 근로에 의하여 병세가 악화될 우려가 있는 사람
　　4. 제1호부터 제3호까지의 규정에 준하는 질병으로서 고용노동부장관이 정하는 질병에 걸린 사람

② 사업주는 제1항에 따라 근로를 금지하거나 근로를 다시 시작하도록 하는 경우에는 미리 보건관리자(의사인 보건관리자만 해당한다), 산업보건의 또는 건강진단을 실시한 의사의 의견을 들어야 한다.

제221조(질병자 등의 근로 제한) ① 사업주는 법 제129조부터 제130조에 따른 건강진단 결과 유기화합물·금속류 등의 유해물질에 중독된 사람, 해당 유해물질에 중독될 우려가 있다고 의사가 인정하는 사람, 진폐의 소견이 있는 사람 또는 방사선에 피폭된 사람을 해당 유해물질 또는 방사선을 취급하거나 해당 유해물질의 분진·증기 또는 가스가 발산되는 업무 또는 해당 업무로 인하여 근로자의 건강을 악화시킬 우려가 있는 업무에 종사하도록 해서는 안 된다.

② 사업주는 다음 각 호의 어느 하나에 해당하는 질병이 있는 근로자를 고기압 업무에 종사하도록 해서는 안 된다.
　　1. 감압증이나 그 밖에 고기압에 의한 장해 또는 그 후유증
　　2. 결핵, 급성상기도감염, 진폐, 폐기종, 그 밖의 호흡기계의 질병

3. 빈혈증, 심장판막증, 관상동맥경화증, 고혈압증, 그 밖의 혈액 또는 순환기 계의 질병
4. 정신신경증, 알코올중독, 신경통, 그 밖의 정신신경계의 질병
5. 메니에르씨병, 중이염, 그 밖의 이관(耳管)협착을 수반하는 귀 질환
6. 관절염, 류마티스, 그 밖의 운동기계의 질병
7. 천식, 비만증, 바세도우씨병, 그 밖에 알레르기성·내분비계·물질대사 또는 영양장해 등과 관련된 질병

③ 사업주는 다음 각 호의 어느 하나에 해당하는 경우에는 미리 보건관리자(의사인 보건관리자만 해당한다), 산업보건의 또는 건강진단을 실시한 의사의 의견을 들어야 한다.
1. 제1항 또는 제2항에 따라 근로를 제한하려는 경우
2. 제1항 또는 제2항에 따라 근로가 제한된 근로자 중 건강이 회복된 근로자를 다시 근로하게 하려는 경우

제9장 산업안전지도사 및 산업보건지도사

제225조(자격시험의 공고) 「한국산업인력공단법」에 따른 한국산업인력공단(이하 "한국산업인력공단"이라 한다)이 지도사 자격시험을 시행하려는 경우에는 시험 응시자격, 시험과목, 일시, 장소, 응시 절차, 그 밖에 자격시험 응시에 필요한 사항을 시험 실시 90일 전까지 일간신문 등에 공고해야 한다.

제10장 근로감독관 등

제235조(감독기준) 근로감독관은 다음 각 호의 어느 하나에 해당하는 경우 법 제155조제1항에 따라 질문·검사·점검하거나 관계 서류의 제출을 요구할 수 있다.
1. 산업재해가 발생하거나 산업재해 발생의 급박한 위험이 있는 경우
2. 근로자의 신고 또는 고소·고발 등에 대한 조사가 필요한 경우
3. 법 또는 법에 따른 명령을 위반한 범죄의 수사 등 사법경찰관리의 직무를 수행하기 위하여 필요한 경우
4. 그 밖에 고용노동부장관 또는 지방고용노동관서의 장이 법 또는 법에 따른 명령의 위반 여부를 조사하기 위하여 필요하다고 인정하는 경우

제236조(보고·출석기간) ① 지방고용노동관서의 장은 법 제155조제3항에 따라 보고 또는 출석의 명령을 하려는 경우에는 7일 이상의 기간을 주어야 한다. 다만, 긴급한 경우에는 그렇지 않다.
② 제1항에 따른 보고 또는 출석의 명령은 문서로 해야 한다.

합격예측 및 관련법규

제158조(산업재해 예방활동의 보조·지원) ① 정부는 사업주, 사업주단체, 근로자단체, 산업재해 예방 관련 전문단체, 연구기관 등이 하는 산업재해 예방사업 중 대통령령으로 정하는 사업에 드는 경비의 전부 또는 일부를 예산의 범위에서 보조하거나 그 밖에 필요한 지원(이하 "보조·지원"이라 한다)을 할 수 있다. 이 경우 고용노동부장관은 보조·지원이 산업재해 예방사업의 목적에 맞게 효율적으로 사용되도록 관리·감독하여야 한다.

② 고용노동부장관은 보조·지원을 받은 자가 다음 각 호의 어느 하나에 해당하는 경우 보조·지원의 전부 또는 일부를 취소하여야 한다. 다만, 제1호 및 제2호의 경우에는 보조·지원의 전부를 취소하여야 한다.
1. 거짓이나 그 밖의 부정한 방법으로 보조·지원을 받은 경우
2. 보조·지원 대상자가 폐업하거나 파산한 경우
3. 보조·지원 대상을 임의 매각·훼손·분실하는 등 지원 목적에 적합하게 유지·관리·사용하지 아니한 경우
4. 제1항에 따른 산업재해 예방사업의 목적에 맞게 사용되지 아니한 경우
5. 보조·지원 대상 기간이 끝나기 전에 보조·지원 대상 시설 및 장비를 국외로 이전한 경우
6. 보조·지원을 받은 사업주가 필요한 안전조치 및 보건조치 의무를 위반하여 산업재해를 발생시킨 경우로서 고용노동부령으로 정하는 경우

③ 고용노동부장관은 제2항에 따라 보조·지원의 전부 또는 일부를 취소한 경우, 같은 항 제1호 또는 제3호부터 제5호까지의 어느 하나에 해당하는 경우에는 해당 금액 또는 지원에 상응하는 금액을 환수하되 대통령령으로 정하는 바에 따라 지급받은 금액의 5배 이하의 금액을 추가로 환수할 수 있고, 같은 항 제2호(파산한 경우에는 환수하지 아니한다) 또는 제6호에 해당하는 경우에는 해당 금액 또는 지원에 상응하는 금액을 환수한다. 〈개정 2021. 5. 18.〉

제11장 보칙

제237조(보조·지원의 환수와 제한) ① 법 제158조제2항제6호에서 "고용노동부령으로 정하는 경우"란 보조·지원을 받은 후 3년 이내에 해당 시설 및 장비의 중대한 결함이나 관리상 중대한 과실로 인하여 근로자가 사망한 경우를 말한다.

② 법 제158조제4항에 따라 보조·지원을 제한할 수 있는 기간은 다음 각 호와 같다.
1. 법 제158조제2항제1호의 경우 : 5년
2. 법 제158조제2항제2호부터 제6호까지의 어느 하나의 경우 : 3년
3. 법 제158조제2항제2호부터 제6호까지의 어느 하나를 위반한 후 5년 이내에 같은 항 제2호부터 제6호까지의 어느 하나를 위반한 경우 : 5년

제243조(규제의 재검토) ① 고용노동부장관은 별표 21의2에 따른 휴게시설 설치·관리기준에 대하여 2022년 8월 18일을 기준으로 4년마다(매 4년이 되는 해의 기준일과 같은 날 전까지를 말한다) 그 타당성을 검토하여 개선 등의 조치를 해야 한다. 〈신설 2022. 8. 18.〉

② 고용노동부장관은 다음 각 호의 사항에 대하여 다음 각 호의 기준일을 기준으로 3년마다(매 3년이 되는 해의 기준일과 같은 날 전까지를 말한다) 그 타당성을 검토하여 개선 등의 조치를 해야 한다. 〈개정 2022. 8. 18.〉
1. 제12조에 따른 안전관리자 등의 증원·교체임명 명령: 2020년 1월 1일
2. 제220조에 따른 질병자의 근로금지: 2020년 1월 1일
3. 제221조에 따른 질병자의 근로제한: 2020년 1월 1일
4. 제229조에 따른 등록신청 등: 2020년 1월 1일
5. 제241조제2항에 따른 건강진단 결과의 보존: 2020년 1월 1일

부칙 〈고용노동부령 제443호, 2025. 5. 30.〉

[별표2] 안전보건관리규정을 작성하여야 할 사업의 종류 및 상시근로자 수

사업의 종류	상시근로자 수
1. 농업 2. 어업 3. 소프트웨어 개발 및 공급업 4. 컴퓨터 프로그래밍, 시스템 통합 및 관리업 4의 2. 영상·오디오물 제공 서비스업 5. 정보서비스업 6. 금융 및 보험업 7. 임대업 ; 부동산 제외 8. 전문, 과학 및 기술 서비스업(연구개발업은 제외한다) 9. 사업지원 서비스업 10. 사회복지 서비스업	상시근로자 300명 이상을 사용하는 사업장 20. 6. 7㉠ 22. 3. 5㉠
11. 제1호부터 제4호까지, 제4의 2 및 제5호부터 제10호까지의 사업을 제외한 사업	상시근로자 100명 이상을 사용하는 사업장 21. 3. 7㉠

[별표3] 안전보건관리규정의 세부 내용

1. 총칙
   가. 안전보건관리규정 작성의 목적 및 적용 범위에 관한 사항
   나. 사업주 및 근로자의 재해 예방 책임 및 의무 등에 관한 사항
   다. 하도급 사업장에 대한 안전·보건관리에 관한 사항

2. 안전보건 관리조직과 그 직무
   가. 안전보건 관리조직의 구성방법, 소속, 업무 분장 등에 관한 사항
   나. 안전보건관리책임자(안전보건총괄책임자), 안전관리자, 보건관리자, 관리감독자의 직무 및 선임에 관한 사항
   다. 산업안전보건위원회의 설치·운영에 관한 사항
   라. 명예산업안전감독관의 직무 및 활동에 관한 사항
   마. 작업지휘자 배치 등에 관한 사항

3. 안전보건교육
   가. 근로자 및 관리감독자의 안전·보건교육에 관한 사항
   나. 교육계획의 수립 및 기록 등에 관한 사항

4. 작업장 안전관리
   가. 안전보건관리에 관한 계획의 수립 및 시행에 관한 사항
   나. 기계·기구 및 설비의 방호조치에 관한 사항
   다. 유해·위험기계 등에 대한 자율검사프로그램에 의한 검사 또는 안전검사에 관한 사항
   라. 근로자의 안전수칙 준수에 관한 사항
   마. 위험물질의 보관 및 출입 제한에 관한 사항

④ 제2항에 따라 보조·지원의 전부 또는 일부가 취소된 자에 대해서는 고용노동부령으로 정하는 바에 따라 취소된 날부터 5년 이내의 기간을 정하여 보조·지원을 하지 아니할 수 있다.〈개정 2021. 5. 18.〉
⑤ 보조·지원의 대상·방법·절차, 관리 및 감독, 제2항 및 제3항에 따른 취소 및 환수 방법, 그 밖에 필요한 사항은 고용노동부장관이 정하여 고시한다.

바. 중대재해 및 중대산업사고 발생, 급박한 산업재해 발생의 위험이 있는 경우 작업중지에 관한 사항
사. 안전표지·안전수칙의 종류 및 게시에 관한 사항과 그 밖에 안전관리에 관한 사항

5. 작업장 보건관리
    가. 근로자 건강진단, 작업환경측정의 실시 및 조치절차 등에 관한 사항
    나. 유해물질의 취급에 관한 사항
    다. 보호구의 지급 등에 관한 사항
    라. 질병자의 근로 금지 및 취업 제한 등에 관한 사항
    마. 보건표지·보건수칙의 종류 및 게시에 관한 사항과 그 밖에 보건관리에 관한 사항

6. 사고 조사 및 대책 수립
    가. 산업재해 및 중대산업사고의 발생 시 처리 절차 및 긴급조치에 관한 사항
    나. 산업재해 및 중대산업사고의 발생원인에 대한 조사 및 분석, 대책 수립에 관한 사항
    다. 산업재해 및 중대산업사고 발생의 기록·관리 등에 관한 사항

7. 위험성평가에 관한 사항
    가. 위험성평가의 실시 시기 및 방법, 절차에 관한 사항
    나. 위험성 감소대책 수립 및 시행에 관한 사항

8. 보칙
    가. 무재해운동 참여, 안전·보건 관련 제안 및 포상·징계 등 산업재해 예방을 위하여 필요하다고 판단하는 사항
    나. 안전·보건 관련 문서의 보존에 관한 사항
    다. 그 밖의 사항
        사업장의 규모·업종 등에 적합하게 작성하며, 필요한 사항을 추가하거나 그 사업장에 관련되지 않는 사항은 제외할 수 있다.

보충학습 1   관리감독자의 유해·위험 방지(산업안전보건기준에 관한 규칙 [별표2]

직업의 종류	직무수행 내용
1. 프레스 등을 사용하는 작업(제2편 제1장 제3절)	㉮ 프레스 등 및 그 방호장치를 점검하는 일 ㉯ 프레스 등 그 방호장치에 이상이 발견되면 즉시 필요한 조치를 하는 일 ㉰ 프레스 등 그 방호장치에 전환스위치를 설치했을 때 그 전환스위치의 열쇠를 관리하는 일 ㉱ 금형의 부착·해체 또는 조정작업을 직접 지휘하는 일
2. 목재가공용 기계를 취급하는 작업(제2편 제1장 제4절)	㉮ 목재가공용 기계를 취급하는 작업을 지휘하는 일 ㉯ 목재가공용 기계 및 그 방호장치를 점검하는 일 ㉰ 목재가공용 기계 및 그 방호장치에 이상이 발견된 즉시 보고 및 필요한 조치를 하는 일 ㉱ 작업 중 지그(jig) 및 공구 등의 사용 상황을 감독하는 일
3. 크레인을 사용하는 작업(제2편 제1장 제9절 제2관·제3관)	㉮ 작업방법과 근로자 배치를 결정하고 그 작업을 지휘하는 일 ㉯ 재료의 결함 유무 또는 기구 및 공구의 기능을 점검하고 불량품을 제거하는 일 ㉰ 작업 중 안전대 또는 안전모의 착용 상황을 감시하는 일
4. 위험물을 제조하거나 취급하는 작업(제2편 제2장 제1절)	㉮ 작업을 지휘하는 일 ㉯ 위험물을 제조하거나 취급하는 설비 및 그 설비의 부속설비가 있는 장소의 온도·습도·차광 및 환기 상태 등을 수시로 점검하고 이상을 발견하면 즉시 필요한 조치를 하는 일 ㉰ 나목에 따라 한 조치를 기록하고 보관하는 일
5. 건조설비를 사용하는 작업(제2편 제2장 제5절)	㉮ 건조설비를 처음으로 사용하거나 건조방법 또는 건조물의 종류를 변경했을 때에는 근로자에게 미리 그 작업방법을 교육하고 작업을 직접 지휘하는 일 ㉯ 건조설비가 있는 장소를 항상 정리정돈하고 그 장소에 가연성 물질을 두지 않도록 하는 일

6. 아세틸렌 용접장치를 사용하는 금속의 용접·용단 또는 가열작업(제2편제2장제6절제1관)	㉮ 작업방법을 결정하고 작업을 지휘하는 일
	㉯ 아세틸렌 용접장치의 취급에 종사하는 근로자로 하여금 다음의 작업요령을 준수하도록 하는 일
	  (1) 사용 중인 발생기에 불꽃을 발생시킬 우려가 있는 공구를 사용하거나 그 발생기에 충격을 가하지 않도록 할 것
	  (2) 아세틸렌 용접장치의 가스누출을 점검할 때에는 비눗물을 사용하는 등 안전한 방법으로 할 것
	  (3) 발생기실의 출입구 문을 열어 두지 않도록 할 것
	  (4) 이동식 아세틸렌 용접장치의 발생기에 카바이드를 교환할 때에는 옥외의 안전한 장소에서 할 것
	㉰ 아세틸렌 용접작업을 시작할 때에는 아세틸렌 용접장치를 점검하고 발생기 내부로부터 공기와 아세틸렌의 혼합가스를 배제하는 일
	㉱ 안전기는 작업 중 그 수위를 쉽게 확인할 수 있는 장소에 놓고 1일 1회 이상 점검하는 일
	㉲ 아세틸렌 용접장치 내의 물이 동결되는 것을 방지하기 위하여 아세틸렌 용접장치를 보온하거나 가열할 때에는 온수나 증기를 사용하는 등 안전한 방법으로 하도록 하는 일

작업의 종류	직무수행 내용
	⑪ 발생기 사용을 중지하였을 때에는 물과 잔류 카바이드가 접촉하지 않은 상태로 유지하는 일 ⑫ 발생기를 수리·가공·운반 또는 보관할 때에는 아세틸렌 및 카바이드에 접촉하지 않은 상태로 유지하는 일 ⑬ 작업에 종사하는 근로자의 보안경 및 안전장갑의 착용 상황을 감시하는 일
7. 가스집합 용접장치의 취급작업(제2편제2장 제6절제2관)	㉮ 작업방법을 결정하고 작업을 직접 지휘하는 일 ㉯ 가스집합장치의 취급에 종사하는 근로자로 하여금 다음의 작업요령을 준수하도록 하는 일 　(1) 부착할 가스용기의 마개 및 배관 연결부에 붙어 있는 유류·찌꺼기 등을 제거할 것 　(2) 가스용기를 교환할 때에는 그 용기의 마개 및 배관 연결부 부분의 가스누출을 점검하고 배관 내의 가스가 공기와 혼합되지 않도록 할 것 　(3) 가스누출 점검은 비눗물을 사용하는 등 안전한 방법으로 할 것 　(4) 밸브 또는 콕은 서서히 열고 닫을 것 ㉰ 가스용기의 교환작업을 감시하는 일 ㉱ 작업을 시작할 때에는 호스·취관·호스밴드 등의 기구를 점검하고 손상·마모 등으로 인하여 가스나 산소가 누출될 우려가 있다고 인정할 때에는 보수하거나 교환하는 일 ㉲ 안전기는 작업 중 그 기능을 쉽게 확인할 수 있는 장소에 두고 1일 1회 이상 점검하는 일 ㉳ 작업에 종사하는 근로자의 보안경 및 안전장갑의 착용 상황을 감시하는 일
8. 거푸집 및 동바리의 고정·조립 또는 해체 작업/노천 굴착작업/흙막이 지보공의 고정·조립 또는 해체 작업/터널의 굴착작업/구축물 등의 해체작업(제2편제4장제1절제2관·제4장제2절제1관·제4장제2절제3관제1속·제4장제4절)	㉮ 안전한 작업방법을 결정하고 작업을 지휘하는 일 ㉯ 재료·기구의 결함 유무를 점검하고 불량품을 제거하는 일 ㉰ 작업 중 안전대 및 안전모 등 보호구 착용 상황을 감시하는 일
9. 높이 5미터 이상의 비계(飛階)를 조립·해체하거나 변경하는 작업(해체작업의 경우 가목은 적용 제외)(제1편 제7장제2절) 16. 10. 1㉮	㉮ 재료의 결함 유무를 점검하고 불량품을 제거하는 일 ㉯ 기구·공구·안전대 및 안전모 등의 기능을 점검하고 불량품을 제거하는 일 ㉰ 작업방법 및 근로자 배치를 결정하고 작업 진행 상태를 감시하는 일 ㉱ 안전대와 안전모 등의 착용 상황을 감시하는 일
10. 달비계 작업(제1편 제7장제4절)	㉮ 작업용 섬유로프, 작업용 섬유로프의 고정점, 구명줄의 고정점, 작업대, 고리걸이용 철구 및 안전대 등의 결손 여부를 확인하는 일 ㉯ 작업용 섬유로프 및 안전대 부착설비용 로프가 고정점에 풀리지 않는 매듭방법으로 결속되었는지 확인하는 일

작업의 종류	직무수행 내용
	㉢ 근로자가 작업대에 탑승하기 전 안전모 및 안전대를 착용하고 안전대를 구명줄에 체결했는지 확인하는 일 ㉣ 작업방법 및 근로자 배치를 결정하고 작업 진행 상태를 감시하는 일
11. 발파작업(제2편 제4장제2절제2관)	㉮ 점화 전에 점화작업에 종사하는 근로자가 아닌 사람에게 대피를 지시하는 일 ㉯ 점화작업에 종사하는 근로자에게 대피장소 및 경로를 지시하는 일 ㉰ 점화 전에 위험구역 내에서 근로자가 대피한 것을 확인하는 일 ㉱ 점화순서 및 방법에 대하여 지시하는 일 ㉲ 점화신호를 하는 일 ㉳ 점화작업에 종사하는 근로자에게 대피신호를 하는 일 ㉴ 발파 후 터지지 않은 장약이나 남은 장약의 유무, 용수(湧水)의 유무 및 암석·토사의 낙하 여부 등을 점검하는 일 ㉵ 점화하는 사람을 정하는 일 ㉶ 공기압축기의 안전밸브 작동 유무를 점검하는 일 ㉷ 안전모 등 보호구 착용 상황을 감시하는 일
12. 채석을 위한 굴착작업(제2편제4장제2절제5관)	㉮ 대피방법을 미리 교육하는 일 ㉯ 작업을 시작하기 전 또는 폭우가 내린 후에는 암석·토사의 낙하·균열의 유무 또는 함수(含水)·용수(湧水) 및 동결의 상태를 점검하는 일 ㉰ 발파한 후에는 발파장소 및 그 주변의 암석·토사의 낙하·균열의 유무를 점검하는 일
13. 화물취급작업(제2편제6장제1절)	㉮ 작업방법 및 순서를 결정하고 작업을 지휘하는 일 ㉯ 기구 및 공구를 점검하고 불량품을 제거하는 일 ㉰ 그 작업장소에는 관계 근로자가 아닌 사람의 출입을 금지하는 일 ㉱ 로프 등의 해체작업을 할 때에는 하대(荷臺) 위의 화물의 낙하위험 유무를 확인하고 작업의 착수를 지시하는 일
14. 부두와 선박에서의 하역작업(제2편제6장제2절)	㉮ 작업방법을 결정하고 작업을 지휘하는 일 ㉯ 통행설비·하역기계·보호구 및 기구·공구를 점검·정비하고 이들의 사용 상황을 감시하는 일 ㉰ 주변 작업자간의 연락을 조정하는 일
15. 전로 등 전기작업 또는 그 지지물의 설치, 점검, 수리 및 도장 등의 작업(제2편제3장)	㉮ 작업구간 내의 충전전로 등 모든 충전 시설을 점검하는 일 ㉯ 작업방법 및 그 순서를 결정(근로자 교육 포함)하고 작업을 지휘하는 일 ㉰ 작업근로자의 보호구 또는 절연용 보호구 착용 상황을 감시하고 감전재해 요소를 제거하는 일 ㉱ 작업 공구, 절연용 방호구 등의 결함 여부와 기능을 점검하고 불량품을 제거하는 일 ㉲ 작업장소에 관계 근로자 외에는 출입을 금지하고 주변 작업자와의 연락을 조정하며 도로작업 시 차량 및 통행인 등에 대한 교통통제 등 작업전반에 대해 지휘·감시하는 일 ㉳ 활선작업용 기구를 사용하여 작업할 때 안전거리가 유지되는지 감시하는 일 ㉴ 감전재해를 비롯한 각종 산업재해에 따른 신속한 응급처치를 할 수 있도록 근로자들을 교육하는 일

직업의 종류	직무수행 내용

16. 관리대상 유해물질을 취급하는 작업(제3편제1장)	㉮ 관리대상 유해물질을 취급하는 근로자가 물질에 오염되지 않도록 작업방법을 결정하고 작업을 지휘하는 업무
	㉯ 관리대상 유해물질을 취급하는 장소나 설비를 매월 1회 이상 순회점검하고 국소배기장치 등 환기설비에 대해서는 다음 각 호의 사항을 점검하여 필요한 조치를 하는 업무. 단, 환기설비를 점검하는 경우에는 다음의 사항을 점검
	  (1) 후드(hood)나 덕트(duct)의 마모·부식, 그 밖의 손상 여부 및 정도
	  (2) 송풍기와 배풍기의 주유 및 청결 상태
	  (3) 덕트 접속부가 헐거워졌는지 여부
	  (4) 전동기와 배풍기를 연결하는 벨트의 작동 상태
	  (5) 흡기 및 배기 능력 상태
	㉰ 보호구의 착용 상황을 감시하는 업무
	㉱ 근로자가 탱크 내부에서 관리대상 유해물질을 취급하는 경우에 다음의 조치를 했는지 확인하는 업무
	  (1) 관리대상 유해물질에 관하여 필요한 지식을 가진 사람이 해당 작업을 지휘
	  (2) 관리대상 유해물질이 들어올 우려가 없는 경우에는 작업을 하는 설비의 개구부를 모두 개방
	  (3) 근로자의 신체가 관리대상 유해물질에 의하여 오염되었거나 작업이 끝난 경우에는 즉시 몸을 씻는 조치
	  (4) 비상시에 작업설비 내부의 근로자를 즉시 대피시키거나 구조하기 위한 기구와 그 밖의 설비를 갖추는 조치
	  (5) 작업을 하는 설비의 내부에 대하여 작업 전에 관리대상 유해물질의 농도를 측정하거나 그 밖의 방법으로 근로자가 건강에 장해를 입을 우려가 있는지를 확인하는 조치
	  (6) 제(5)에 따른 설비 내부에 관리대상 유해물질이 있는 경우에는 설비 내부를 충분히 환기하는 조치
	  (7) 유기화합물을 넣었던 탱크에 대하여 제(1)부터 제(6)까지의 조치 외에 다음의 조치
	    (가) 유기화합물이 탱크로부터 배출된 후 탱크 내부에 재유입되지 않도록 조치
	    (나) 물이나 수증기 등으로 탱크 내부를 씻은 후 그 씻은 물이나 수증기 등을 탱크로부터 배출
	    (다) 탱크 용적의 3배 이상의 공기를 채웠다가 내보내거나 탱크에 물을 가득 채웠다가 내보내거나 탱크에 물을 가득 채웠다가 배출
	㉲ 나목에 따른 점검 및 조치 결과를 기록·관리하는 업무

17. 허가대상 유해물질 취급작업(제3편제2장)	㉮ 근로자가 허가대상 유해물질을 들이마시거나 허가대상 유해물질에 오염되지 않도록 작업수칙을 정하고 지휘하는 업무 ㉯ 작업장에 설치되어 있는 국소배기장치나 그 밖에 근로자의 건강장해 예방을 위한 장치 등을 매월 1회 이상 점검하는 업무 ㉰ 근로자의 보호구 착용 상황을 점검하는 업무
18. 석면 해체·제거 작업(제3편제2장 제6절)	㉮ 근로자가 석면분진을 들이마시거나 석면분진에 오염되지 않도록 작업방법을 정하고 지휘하는 업무 ㉯ 작업장에 설치되어 있는 석면분진 포집장치, 음압기 등의 장비의 이상 유무를 점검하고 필요한 조치를 하는 업무 ㉰ 근로자의 보호구 착용 상황을 점검하는 업무

직업의 종류	직무수행 내용

19. 고압작업(제3편
제5장)
	㉮ 작업방법을 결정하여 고압작업자를 직접 지휘하는 업무
	㉯ 유해가스의 농도를 측정하는 기구를 점검하는 업무
	㉰ 고압작업자가 작업실에 입실하거나 퇴실하는 경우에 고압작업자의 수를 점검하는 업무
	㉱ 작업실에서 공기조절을 하기 위한 밸브나 콕을 조작하는 사람과 연락하여 작업실 내부의 압력을 적정한 상태로 유지하도록 하는 업무
	㉲ 공기를 기압조절실로 보내거나 기압조절실에서 내보내기 위한 밸브나 콕을 조작하는 사람과 연락하여 고압작업자에 대하여 가압이나 감압을 다음과 같이 따르도록 조치하는 업무
	  (1) 가압을 하는 경우 1분에 제곱센티미터당 0.8킬로그램 이하의 속도로 함
	  (2) 감압을 하는 경우에는 고용노동부장관이 정하여 고시하는 기준에 맞도록 함
	㉳ 작업실 및 기압조절실 내 고압작업자의 건강에 이상이 발생한 경우 필요한 조치를 하는 업무

20. 밀폐공간 작업 (제3편제10장)	㉮ 산소가 결핍된 공기나 유해가스에 노출되지 않도록 작업 시작 전에 해당 근로자의 작업을 지휘하는 업무 ㉯ 작업을 하는 장소의 공기가 적절한지를 작업 시작 전에 측정하는 업무 ㉰ 측정장비·환기장치 또는 송기마스크 등을 작업 시작 전에 점검하는 업무 ㉱ 근로자에게 송기마스크 등의 착용을 지도하고 착용 상황을 점검하는 업무

보충학습 2   시설물의 안전 및 유지관리에 관한 특별법

시설물의 안전 및 유지관리에 관한 특별법 (약칭 : 시설물안전법)

(1) 용어의 정의

① "시설물"이란 건설공사를 통하여 만들어진 교량·터널·항만·댐·건축물 등 구조물과 그 부대시설로서 제7조 각 호에 따른 제1종시설물, 제2종시설물 및 제3종시설물을 말한다.
② "관리주체"란 관계 법령에 따라 해당 시설물의 관리자로 규정된 자나 해당 시설물의 소유자를 말한다. 이 경우 해당 시설물의 소유자와의 관리계약 등에 따라 시설물의 관리책임을 진 자는 관리주체로 보며, 관리주체는 공공관리주체(公共管理主體)와 민간관리주체(民間管理主體)로 구분한다.
③ "공공관리주체"란 다음 각 목의 어느 하나에 해당하는 관리주체를 말한다.
  ㉮ 국가·지방자치단체
  ㉯ 「공공기관의 운영에 관한 법률」 제4조에 따른 공공기관
  ㉰ 「지방공기업법」에 따른 지방공기업
④ "민간관리주체"란 공공관리주체 외의 관리주체를 말한다.
⑤ "안전점검"이란 경험과 기술을 갖춘 자가 육안이나 점검기구 등으로 검사하여 시설물에 내재(內在)되어 있는 위험요인을 조사하는 행위를 말하며, 점검목적 및 점검수준을 고려하여 국토교통부령으로 정하는 바에 따라 정기안전점검 및 정밀안전점검으로 구분한다. 14. 9. 20 ㉮

⑥ "정밀안전진단"이란 시설물의 물리적·기능적 결함을 발견하고 그에 대한 신속하고 적절한 조치를 하기 위하여 구조적 안전성과 결함의 원인 등을 조사·측정·평가하여 보수·보강 등의 방법을 제시하는 행위를 말한다.
⑦ "긴급안전점검"이란 시설물의 붕괴·전도 등으로 인한 재난 또는 재해가 발생할 우려가 있는 경우에 시설물의 물리적·기능적 결함을 신속하게 발견하기 위하여 실시하는 점검을 말한다.
⑧ "내진성능평가(耐震性能評價)"란 지진으로부터 시설물의 안전성을 확보하고 기능을 유지하기 위하여 「지진·화산재해대책법」 제14조제1항에 따라 시설물별로 정하는 내진설계기준(耐震設計基準)에 따라 시설물이 지진에 견딜 수 있는 능력을 평가하는 것을 말한다.
⑨ "도급(都給)"이란 원도급·하도급·위탁, 그 밖에 명칭 여하에도 불구하고 안전점검·정밀안전진단이나 긴급안전점검, 유지관리 또는 성능평가를 완료하기로 약정하고, 상대방이 그 일의 결과에 대하여 대가를 지급하기로 한 계약을 말한다.
⑩ "하도급"이란 도급받은 안전점검·정밀안전진단이나 긴급안전점검, 유지관리 또는 성능평가 용역의 전부 또는 일부를 도급하기 위하여 수급인(受給人)이 제3자와 체결하는 계약을 말한다.
⑪ "유지관리"란 완공된 시설물의 기능을 보전하고 시설물이용자의 편의와 안전을 높이기 위하여 시설물을 일상적으로 점검·정비하고 손상된 부분을 원상복구하며 경과시간에 따라 요구되는 시설물의 개량·보수·보강에 필요한 활동을 하는 것을 말한다.
⑫ "성능평가"란 시설물의 기능을 유지하기 위하여 요구되는 시설물의 구조적 안전성, 내구성, 사용성 등의 성능을 종합적으로 평가하는 것을 말한다.
⑬ "하자담보책임기간"이란 「건설산업기본법」과 「공동주택관리법」 등 관계 법령에 따른 하자담보책임기간 또는 하자보수기간 등을 말한다.

(2) 시설물의 안전 및 유지관리 기본계획의 수립 18. 3. 4 ② 20. 9. 27 ②

① 국토교통부장관은 시설물이 안전하게 유지관리될 수 있도록 하기 위하여 5년마다 시설물의 안전 및 유지관리에 관한 기본계획을 수립·시행하고, 이를 관보에 고시하여야 한다. 기본계획을 변경하는 경우에도 또한 같다.(제5조)
② 기본계획에는 다음 각 호의 사항이 포함되어야 한다.
　㉮ 시설물의 안전 및 유지관리에 관한 기본목표 및 추진방향에 관한 사항
　㉯ 시설물의 안전 및 유지관리체계의 개발, 구축 및 운영에 관한 사항
　㉰ 시설물의 안전 및 유지관리에 관한 정보체계의 구축·운영에 관한 사항
　㉱ 시설물의 안전 및 유지관리에 필요한 기술의 연구·개발에 관한 사항
　㉲ 시설물의 안전 및 유지관리에 필요한 인력의 양성에 관한 사항
　㉳ 그 밖에 시설물의 안전 및 유지관리에 관하여 대통령령으로 정하는 사항

(3) 시설물의 안전 및 유지관리에 관한 특별법 시행규칙(약칭 : 시설물안전법 시행규칙)

제2조(안전점검의 종류) 「시설물의 안전 및 유지관리에 관한 특별법」(이하 "법"이라 한다) 제2조제5호에 따른 안전점검은 다음 각 호와 같이 구분한다.
　1. 정기안전점검 : 시설물의 상태를 판단하고 시설물이 점검 당시의 사용요건을 만족시키고 있는지 확인할 수 있는 수준의 외관조사를 실시하는 안전점검
　2. 정밀안전점검 : 시설물의 상태를 판단하고 시설물이 점검 당시의 사용요건을 만족시키고 있는지 확인하며 시설물 주요부재의 상태를 확인할 수 있는 수준의 외관조사 및 측정·시험장비를 이용한 조사를 실시하는 안전점검 21. 9. 12 ② 22. 9. 19 ㉾

시설물의 안전 및 유지관리에 관한 특별법 시행령 [별표 1]

제1종시설물 및 제2종시설물의 종류(제4조 관련)

구분	제1종시설물	제2종시설물
1. 교량		
가. 도로교량	1) 상부구조형식이 현수교, 사장교, 아치교 및 트러스교인 교량 2) 최대 경간장 50미터 이상의 교량(한 경간 교량은 제외한다) 3) 연장 500미터 이상의 교량 4) 폭 12미터 이상이고 연장 500미터 이상인 복개구조물	1) 경간장 50미터 이상인 한 경간 교량 2) 제1종시설물에 해당하지 않는 교량으로서 연장 100미터 이상의 교량 3) 제1종시설물에 해당하지 않는 복개구조물로서 폭 6미터 이상이고 연장 100미터 이상인 복개구조물
나. 철도교량	1) 고속철도 교량 2) 도시철도의 교량 및 고가교 3) 상부구조형식이 트러스교 및 아치교인 교량 4) 연장 500미터 이상의 교량	제1종시설물에 해당하지 않는 교량으로서 연장 100미터 이상의 교량
2. 터널		
가. 도로터널	1) 연장 1천미터 이상의 터널 2) 3차로 이상의 터널 3) 터널구간의 연장이 500미터 이상인 지하차도	1) 제1종시설물에 해당하지 않는 터널로서 고속국도, 일반국도, 특별시도 및 광역시도의 터널 2) 제1종시설물에 해당하지 않는 터널로서 연장 300미터 이상의 지방도, 시도, 군도 및 구도의 터널 3) 제1종시설물에 해당하지 않는 지하차도로서 터널구간의 연장이 100미터 이상인 지하차도
나. 철도터널	1) 고속철도 터널 2) 도시철도 터널 3) 연장 1천미터 이상의 터널	제1종시설물에 해당하지 않는 터널로서 특별시 또는 광역시에 있는 터널
3. 항만		
가. 갑문	갑문시설	
나. 방파제, 파제제 및 호안	연장 1천미터 이상인 방파제	1) 제1종시설물에 해당하지 않는 방파제로서 연장 500미터 이상의 방파제 2) 연장 500미터 이상의 파제제 3) 방파제 기능을 하는 연장 500미터 이상의 호안
다. 계류시설	1) 20만톤급 이상 선박의 하역시설로서 원유부이(BUOY)식 계류시설(부대시설인 해저송유관을 포함한다) 2) 말뚝구조의 계류시설(5만톤급 이상의 시설만 해당한다)	1) 제1종시설물에 해당하지 않는 원유부이식 계류시설로서 1만톤급 이상의 원유부이식 계류시설(부대시설인 해저송유관을 포함한다) 2) 제1종시설물에 해당하지 않는 말뚝구조의 계류시설로서 1만톤급 이상의 말뚝구조의 계류시설 3) 1만톤급 이상의 중력식 계류시설

4. 댐		다목적댐, 발전용댐, 홍수전용댐 및 총저수용량 1천만톤 이상의 용수전용댐	제1종시설물에 해당하지 않는 댐으로서 지방상수도전용댐 및 총저수용량 1백만톤 이상의 용수전용댐
5. 건축물	가. 공동주택		16층 이상의 공동주택
	나. 공동주택 외의 건축물	1) 21층 이상 또는 연면적 5만제곱미터 이상의 건축물 2) 연면적 3만제곱미터 이상의 철도 역시설 및 관람장 3) 연면적 1만제곱미터 이상의 지하도상가(지하보도면적을 포함한다)	1) 제1종시설물에 해당하지 않는 건축물로서 16층 이상 또는 연면적 3만제곱미터 이상의 건축물 2) 제1종시설물에 해당하지 않는 건축물로서 연면적 5천제곱미터 이상(각 용도별 시설의 합계를 말한다)의 문화 및 집회시설, 종교시설, 판매시설, 운수시설 중 여객용 시설, 의료시설, 노유자시설, 수련시설, 운동시설, 숙박시설 중 관광숙박시설 및 관광 휴게시설 3) 제1종시설물에 해당하지 않는 철도 역시설로서 고속철도, 도시철도 및 광역철도 역시설 4) 제1종시설물에 해당하지 않는 지하도상가로서 연면적 5천제곱미터 이상의 지하도상가(지하보도면적을 포함한다)
6. 하천	가. 하구둑	1) 하구둑 2) 포용조수량 8천만톤 이상의 방조제	제1종시설물에 해당하지 않는 방조제로서 포용조수량 1천만톤 이상의 방조제
	나. 수문 및 통문	특별시 및 광역시에 있는 국가하천의 수문 및 통문(通門)	1) 제1종시설물에 해당하지 않는 수문 및 통문으로서 국가하천의 수문 및 통문 2) 특별시, 광역시, 특별자치시 및 시에 있는 지방하천의 수문 및 통문
	다. 제방		국가하천의 제방[부속시설인 통관(通管) 및 호안(護岸)을 포함한다]
	라. 보	국가하천에 설치된 높이 5미터 이상인 다기능 보	제1종시설물에 해당하지 않는 보로서 국가하천에 설치된 다기능 보
	마. 배수펌프장	특별시 및 광역시에 있는 국가하천의 배수펌프장	1) 제1종시설물에 해당하지 않는 배수펌프장으로서 국가하천의 배수펌프장 2) 특별시, 광역시, 특별자치시 및 시에 있는 지방하천의 배수펌프장
7. 상하수도	가. 상수도	1) 광역상수도 2) 공업용수도 3) 1일 공급능력 3만톤 이상의 지방상수도	제1종시설물에 해당하지 않는 지방상수도

나. 하수도		공공하수처리시설(1일 최대처리용량 500톤 이상인 시설만 해당한다)
8. 옹벽 및 절토사면		1) 지면으로부터 노출된 높이가 5미터 이상인 부분의 합이 100미터 이상인 옹벽 2) 지면으로부터 연직(鉛直)높이(옹벽이 있는 경우 옹벽 상단으로부터의 높이) 30미터 이상을 포함한 절토부(땅깎기를 한 부분을 말한다)로서 단일 수평연장 100미터 이상인 절토사면
9. 공동구		공동구

[비고]
1. "도로"란 「도로법」 제10조에 따른 도로를 말한다.
2. 교량의 "최대 경간장"이란 한 경간에서 상부구조의 교각과 교각의 중심선 간의 거리를 경간장으로 정의할 때, 교량의 경간장 중에서 최댓값을 말한다. 한 경간 교량에 대해서는 교량 양측 교대의 흉벽 사이를 교량 중심선에 따라 측정한 거리를 말한다.
3. 교량의 "연장"이란 교량 양측 교대의 흉벽 사이를 교량 중심선에 따라 측정한 거리를 말한다.
4. 도로교량의 "복개구조물"이란 하천 등을 복개하여 도로의 용도로 사용하는 모든 구조물을 말한다.
5. "갑문, 방파제, 파제제, 호안"이란 「항만법」 제2조제5호가목2)에 따른 외곽시설을 말한다.
6. "계류시설"이란 「항만법」 제2조제5호가목4)에 따른 계류시설을 말한다.
7. "댐"이란 「저수지·댐의 안전관리 및 재해예방에 관한 법률」 제2조제1호에 따른 저수지·댐을 말한다.
8. 위 표 제4호의 용수전용댐과 지방상수도전용댐이 위 표 제7호가목의 제1종시설물 중 광역상수도·공업용수도 또는 지방상수도의 수원지시설에 해당하는 경우에는 위 표 제7호의 상하수도시설로 본다.
9. 위 표의 건축물에는 그 부대시설인 옹벽과 절토사면을 포함하며, 건축설비, 소방설비, 승강기설비 및 전기설비는 포함하지 아니한다.
10. 건축물의 연면적은 지하층을 포함한 동별로 계산한다. 다만, 2동 이상의 건축물이 하나의 구조로 연결된 경우와 둘 이상의 지하도상가가 연속되어 있는 경우에는 연면적의 합계를 말한다.
10의2. 건축물의 층수에는 필로티나 그 밖에 이와 비슷한 구조로 된 층을 포함한다.
11. "공동주택 외의 건축물"은 「건축법 시행령」 별표 1에서 정한 용도별 분류를 따른다.
12. 건축물 중 주상복합건축물은 "공동주택 외의 건축물"로 본다.
13. "운수시설 중 여객용 시설"이란 「건축법 시행령」 별표 1 제8호에 따른 운수시설 중 여객자동차터미널, 일반철도역사, 공항청사, 항만여객터미널을 말한다.
14. "철도 역시설"이란 「철도의 건설 및 철도시설 유지관리에 관한 법률」 제2조제6호가목에 따른 역 시설(물류시설은 제외한다)을 말한다. 다만, 선하역사(시설이 선로 아래 설치되는 역사를 말한다)의 선로구간은 연속되는 교량시설물에 포함하고, 지하역사의 선로구간은 연속되는 터널시설물에 포함한다.
15. 하천시설물이 행정구역 경계에 있는 경우 상위 행정구역에 위치한 것으로 한다.
16. "포용조수량"이란 최고 만조(滿潮)시 간척지에 유입될 조수(潮水)의 양을 말한다.
17. "방조제"란 「공유수면 관리 및 매립에 관한 법률」 제37조, 「농어촌정비법」 제2조제6호, 「방조제 관리법」 제2조제1호 및 「산업입지 및 개발에 관한 법률」 제20조제1항에 따라 설치한 방조제를 말한다.

18. 하천의 "통문"이란 제방을 관통하여 설치한 사각형 단면의 문짝을 가진 구조물을 말하며, "통관"이란 제방을 관통하여 설치한 원형 단면의 문짝을 가진 구조물을 말한다.
19. 하천의 "다기능 보"란 용수 확보, 소수력 발전 및 도로(하천 횡단) 등 두 가지 이상의 기능을 갖는 보를 말한다.
20. "배수펌프장"이란 「하천법」 제2조제3호나목에 따른 배수펌프장과 「농어촌정비법」 제2조제6호에 따른 배수장을 말하며, 빗물펌프장을 포함한다.
21. 동일한 관리주체가 소관하는 배수펌프장과 연계되어 있는 수문 및 통문은 배수펌프장에 포함된다.
22. 위 표 제7호의 상하수도의 광역상수도, 공업용수도 및 지방상수도에는 수원지시설, 도수관로·송수관로(터널을 포함한다), 취수시설, 정수장, 취수·가압펌프장 및 배수지를 포함하고, 배수관로 및 급수시설은 제외한다.
23. "공동구"란 「국토의 계획 및 이용에 관한 법률」 제2조제9호에 따른 공동구를 말하며, 수용시설(전기, 통신, 상수도, 냉·난방 등)은 제외한다.

시설물의 안전 및 유지관리에 관한 특별법 시행령 [별표 3]

[표] 안전점검, 정밀안전진단 및 성능평가의 실시시기 22. 4. 24

안전등급	정기안전점검	정밀안전점검		정밀안전진단	성능평가
		건축물	건축물 외 시설물		
A등급	반기에 1회 이상	4년에 1회 이상	3년에 1회 이상	6년에 1회 이상	5년에 1회 이상
B·C등급		3년에 1회 이상	2년에 1회 이상	5년에 1회 이상	
D·E등급	1년에 3회 이상	2년에 1회 이상	1년에 1회 이상	4년에 1회 이상	

[비고]
1. "안전등급"이란 시설물의 안전등급을 말한다.
2. 준공 또는 사용승인 후부터 최초 안전등급이 지정되기 전까지의 기간에 실시하는 정기안전점검은 반기에 1회 이상 실시한다.
3. 제1종 및 제2종 시설물 중 D·E등급 시설물의 정기안전점검은 해빙기·우기·동절기 전 각각 1회 이상 실시한다. 이 경우 해빙기 전 점검시기는 2월·3월로, 우기 전 점검시기는 5월·6월로, 동절기 전 점검시기는 11월·12월로 한다.
4. 공동주택의 정기안전점검은 「공동주택관리법」 제33조에 따른 안전점검(지방자치단체의 장이 의무관리대상이 아닌 공동주택에 대하여 같은 법 제34조에 따라 안전점검을 실시한 경우에는 이를 포함한다)으로 갈음한다.
5. 최초로 실시하는 정밀안전점검은 시설물의 준공일 또는 사용승인일(구조형태의 변경으로 시설물로 된 경우에는 구조형태의 변경에 따른 준공일 또는 사용승인일을 말한다)을 기준으로 3년 이내(건축물은 4년 이내)에 실시한다. 다만, 임시 사용승인을 받은 경우에는 임시 사용승인일을 기준으로 한다.
6. 최초로 실시하는 정밀안전진단은 준공일 또는 사용승인일(준공 또는 사용승인 후에 구조형태의 변경으로 제1종시설물로 된 경우에는 최초 준공일 또는 사용승인일을 말한다) 후 10년이 지난 때부터 1년 이내에 실시한다. 다만, 준공 및 사용승인 후 10년이 지난 후에 구조형태의 변경으로 인하여 제1종시설물로 된 경우에는 구조형태의 변경에 따른 준공일 또는 사용승인일부터 1년 이내에 실시한다.
7. 최초로 실시하는 성능평가는 성능평가대상시설물 중 제1종시설물의 경우에는 최초로 정밀안전진단을 실시하는 때, 제2종시설물의 경우에는 법 제11조제2항에 따른 하자담보책임기간이 끝나기 전에 마지막으로 실시하는 정밀안전점검을 실시하는 때에 실시한다. 다만, 준공 및 사용승인 후 구조형태의 변경으로 인하여 성능평가대상시설물로 된 경우에는 제5호 및 제6호에 따라 정밀안전점검 또는 정밀안전진단을 실시하는 때에 실시한다.

8. 정밀안전점검 및 정밀안전진단의 실시 주기는 이전 정밀안전점검 및 정밀안전진단을 완료한 날을 기준으로 한다. 다만, 정밀안전점검 실시 주기에 따라 정밀안전점검을 실시한 경우에도 법 제12조에 따라 정밀안전진단을 실시한 경우에는 그 정밀안전진단을 완료한 날을 기준으로 정밀안전점검의 실시 주기를 정한다.
9. 정밀안전점검, 긴급안전점검 및 정밀안전진단의 실시 완료일이 속한 반기에 실시하여야 하는 정기안전점검은 생략할 수 있다.
10. 정밀안전진단의 실시 완료일부터 6개월 전 이내에 그 실시 주기의 마지막 날이 속하는 정밀안전점검은 생략할 수 있다.
11. 성능평가 실시 주기는 이전 성능평가를 완료한 날을 기준으로 한다.
12. 증축, 개축 및 리모델링 등을 위하여 공사 중이거나 철거예정인 시설물로서, 사용되지 않는 시설물에 대해서는 국토교통부장관과 협의하여 안전점검, 정밀안전진단 및 성능평가의 실시를 생략하거나 그 시기를 조정할 수 있다.

♥ 참고1

[표] 시설물의 안전등급 기준

안전등급	시설물의 상태
가. A(우수)	문제점이 없는 최상의 상태
나. B(양호)	보조부재에 경미한 결함이 발생하였으나 기능 발휘에는 지장이 없으며, 내구성 증진을 위하여 일부의 보수가 필요한 상태
다. C(보통)	주요부재에 경미한 결함 또는 보조부재에 광범위한 결함이 발생하였으나 전체적인 시설물의 안전에는 지장이 없으며, 주요부재에 내구성, 기능성 저하 방지를 위한 보수가 필요하거나 보조부재에 간단한 보강이 필요한 상태
라. D(미흡)	주요부재에 결함이 발생하여 긴급한 보수·보강이 필요하며 사용제한 여부를 결정하여야 하는 상태
마. E(불량)	주요부재에 발생한 심각한 결함으로 인하여 시설물의 안전에 위험이 있어 즉각 사용을 금지하고 보강 또는 개축을 하여야 하는 상태

♥ 참고2

건설기술진흥법 시행령

제98조(안전관리계획의 수립) ① 법 제62조제1항에 따른 안전관리계획(이하 "안전관리계획"이라 한다)을 수립하여야 하는 건설공사는 다음 각 호와 같다. 이 경우 원자력시설공사는 제외하며, 해당 건설공사가 「산업안전보건법」 제42조에 따른 유해위험 방지 계획을 수립하여야 하는 건설공사에 해당하는 경우에는 해당 계획과 안전관리계획을 통합하여 작성할 수 있다. 19. 3. 3 ⑦ 22. 3. 5 ⑦

1. 「시설물의 안전 및 유지관리에 관한 특별법」 제7조제1호 및 제2호에 따른 1종시설물 및 2종시설물의 건설공사(같은 법 제2조제11호에 따른 유지관리를 위한 건설공사는 제외한다)
2. 지하 10미터 이상을 굴착하는 건설공사. 이 경우 굴착 깊이 산정 시 집수정(集水井), 엘리베이터 피트 및 정화조 등의 굴착 부분은 제외하며, 토지에 높낮이 차가 있는 경우 굴착 깊이의 산정방법은 「건축법 시행령」 제119조제2항을 따른다.
3. 폭발물을 사용하는 건설공사로서 20미터 안에 시설물이 있거나 100미터 안에 사육하는 가축이 있어 해당 건설공사로 인한 영향을 받을 것이 예상되는 건설공사

4. 10층 이상 16층 미만인 건축물의 건설공사
4의2. 다음 각 목의 리모델링 또는 해체공사
 가. 10층 이상인 건축물의 리모델링 또는 해체공사
 나. 「주택법」 제2조제25호다목에 따른 수직증축형 리모델링
5. 「건설기계관리법」 제3조에 따라 등록된 다음 각 목의 어느 하나에 해당하는 건설기계가 사용되는 건설공사
 가. 천공기(높이가 10미터 이상인 것만 해당한다)
 나. 항타 및 항발기
 다. 타워크레인
5의2. 제101조의2제1항 각 호의 가설구조물을 사용하는 건설공사
6. 제1호부터 제4호까지, 제4호의2, 제5호 및 제5호의2의 건설공사 외의 건설공사로서 다음 각 목의 어느 하나에 해당하는 공사
 가. 발주자가 안전관리가 특히 필요하다고 인정하는 건설공사
 나. 해당 지방자치단체의 조례로 정하는 건설공사 중에서 인·허가기관의 장이 안전관리가 특히 필요하다고 인정하는 건설공사

② 건설업자와 주택건설등록업자는 법 제62조제1항에 따라 안전관리계획을 수립하여 발주청 또는 인·허가기관의 장에게 제출하는 경우에는 미리 공사감독자 또는 건설사업관리 기술자의 검토·확인을 받아야 하며, 건설공사를 착공하기 전에 발주청 또는 인·허가기관의 장에게 제출하여야 한다. 안전관리계획의 내용을 변경하는 경우에도 또한 같다.

③ 법 제62조제1항에 따라 안전관리계획을 제출받은 발주청 또는 인·허가기관의 장은 안전관리계획의 내용을 검토하여 안전관리계획을 제출받은 날부터 20일 이내에 건설사업자 또는 주택건설등록업자에게 그 결과를 통보해야 한다.

④ 발주청 또는 인·허가기관의 장이 제3항에 따라 안전관리계획의 내용을 심사하는 경우에는 제100조제2항에 따른 건설안전점검기관에 검토를 의뢰하여야 한다. 다만, 「시설물의 안전 및 유지관리에 관한 특별법」 제7조제1호 및 제2호에 따른 1종시설물 및 2종시설물의 건설공사의 경우에는 한국시설안전공단에 안전관리계획의 검토를 의뢰하여야 한다.

⑤ 발주청 또는 인·허가기관의 장은 제3항에 따른 안전관리계획의 심사 결과를 다음 각 호의 구분에 따라 판정한 후 제1호 및 제2호의 경우에는 승인서(제2호의 경우에는 보완이 필요한 사유를 포함하여야 한다)를 건설업자 또는 주택건설등록업자에게 발급하여야 한다.
1. 적정 : 안전에 필요한 조치가 구체적이고 명료하게 계획되어 건설공사의 시공상 안전성이 충분히 확보되어 있다고 인정될 때
2. 조건부 적정 : 안전성 확보에 치명적인 영향을 미치지는 아니하지만 일부 보완이 필요하다고 인정될 때
3. 부적정 : 시공 시 안전사고가 발생할 우려가 있거나 계획에 근본적인 결함이 있다고 인정될 때

⑥ 발주청 또는 인·허가기관의 장은 건설업자 또는 주택건설등록업자가 제출한 안전관리계획서가 제5항제3호에 따른 부적정 판정을 받은 경우에는 안전관리계획의 변경 등 필요한 조치를 하여야 한다.

— 이하 생략 —

제106조(건설사고조사위원회의 구성·운영 등) ① 건설사고조사위원회는 위원장1명을 포함한 12명 이내의 위원으로 구성한다. 18. 4. 28 ② 18. 9. 15 ② 21. 5. 15 ②
② 건설사고조사위원회의 위원은 다음 각 호의 어느 하나에 해당하는 사람 중에서 해당 건설사고조사위원회를 구성·운영하는 국토교통부장관, 발주청 또는 인·허가기관의 장이 임명하거나 위촉한다.
1. 건설공사 업무와 관련된 공무원
2. 건설공사 업무와 관련된 단체 및 연구기관 등의 임직원
3. 건설공사 업무에 관한 학식과 경험이 풍부한 사람
③ 제2항제2호 및 제3호에 따른 위원의 임기는 2년으로 하며, 위원의 사임 등으로 새로 위촉된 위원의 임기는 전임위원 임기의 남은 기간으로 한다.
④ 건설사고조사위원회 위원의 제척·기피·회피에 관하여는 제20조를 준용한다. 이 경우 "중앙심의위원회 등"은 "건설사고조사위원회"로, "각 위원회의 심의·의결"은 "건설사고조사위원회의 심의·의결"로, "안건"은 "사고"로, "심의"는 "조사"로 본다.
⑤ 법 제68조제2항에 따른 건설사고조사위원회의 권고 또는 건의를 받은 국토교통부장관, 발주청 또는 인·허가기관의 장, 그 밖의 관계 행정기관의 장은 그 조치 결과를 국토교통부장관 및 건설사고조사위원회에 통보하여야 한다.
⑥ 건설사고조사위원회의 회의에 출석하는 위원에게는 예산의 범위에서 수당과 여비 등을 지급할 수 있다. 다만, 공무원인 위원이 그 소관 업무와 직접적으로 관련되어 출석하는 경우에는 그러하지 아니하다.
⑦ 제1항부터 제6항까지에서 규정한 사항 외에 건설사고조사위원회의 구성 및 운영 등에 필요한 사항은 국토교통부장관이 정하여 고시한다.

보충학습 3   산업안전보건법 시행규칙[별표1]

건설업체 산업재해발생률 및 산업재해 발생 보고의무 위반건수의 산정 기준과 방법(제4조 관련)

1. 산업재해발생률 및 산업재해발생 보고의무 위반에 따른 가감점 부여대상이 되는 건설업체는 매년 「건설산업기본법」 제23조에 따라 국토교통부장관이 시공능력을 고려하여 공시하는 건설업체 중 고용노동부장관이 정하는 업체로 한다.
2. 건설업체의 산업재해발생률은 다음의 계산식에 따른 업무상 사고사망만인율(이하 "사고사망만인율"이라 한다)로 산출하되, 소수점 셋째 자리에서 반올림한다.

$$\text{사고사망만인율}[\text{‰}] = \frac{\text{사고사망자 수}}{\text{상시근로자 수}} \times 10{,}000$$

3. 제2호의 계산식에서 사고사망자 수는 다음과 같은 기준과 방법에 따라 산출한다.
  가. 사고사망자 수는 사고사망만인율 산정 대상 연도의 1월 1일부터 12월 31일까지의 기간 동안 해당 업체가 시공하는 국내의 건설 현장(자체사업의 건설 현장은 포함한다. 이하 같다)에서 사고사망재해를 입은 근로자 수를 합산하여 산출한다. 다만, 별표 18 제2호마목에 따른 이상기온에 기인한 질병사망자는 포함한다.
    1) 「건설산업기본법」 제8조에 따른 종합공사를 시공하는 업체의 경우에는 해당 업체의 소속 사고사망자 수에 그 업체가 시공하는 건설현장에서 그 업체로부터 도급을 받은 업체(그 도급을 받은 업체의 하수급인을 포함한다. 이하 같다)의 사고사망자 수를 합산하여 산출한다.

2) 「건설산업기본법」 제29조제3항에 따라 종합공사를 시공하는 업체(A)가 발주자의 승인을 받아 종합공사를 시공하는 업체(B)에 도급을 준 경우에는 해당 도급을 받은 종합공사를 시공하는 업체(B)의 사고사망자 수와 그 업체로부터 도급을 받은 업체(C)의 사고사망자 수를 도급을 한 종합공사를 시공하는 업체(A)와 도급을 받은 종합공사를 시공하는 업체(B)에 반으로 나누어 각각 합산한다. 다만, 그 산업재해와 관련하여 법원의 판결이 있는 경우에는 산업재해에 책임이 있는 종합공사를 시공하는 업체의 사고사망자 수에 합산한다.
3) 제73조제1항에 따른 산업재해조사표를 제출하지 않아 고용노동부장관이 산업재해 발생연도 이후에 산업재해가 발생한 사실을 알게 된 경우에는 그 알게 된 연도의 사고사망자 수로 산정한다.

나. 둘 이상의 업체가 「국가를 당사자로 하는 계약에 관한 법률」 제25조에 따라 공동계약을 체결하여 공사를 공동이행 방식으로 시행하는 경우 해당 현장에서 발생하는 사고사망자 수는 공동수급업체의 출자 비율에 따라 분배한다.

다. 건설공사를 하는 자(도급인, 자체사업을 하는 자 및 그의 수급인을 포함한다)와 설치, 해체, 장비 임대 및 물품 납품 등에 관한 계약을 체결한 사업주의 소속 근로자가 그 건설공사와 관련된 업무를 수행하는 중 사고사망재해를 입은 경우에는 건설공사를 하는 자의 사고사망자 수로 산정한다.

라. 사고사망자 중 다음의 어느 하나에 해당하는 경우로서 사업주의 법 위반으로 인한 것이 아니라고 인정되는 재해에 의한 사고사망자는 사고사망자 수 산정에서 제외한다.
1) 방화, 근로자간 또는 타인간의 폭행에 의한 경우
2) 「도로교통법」에 따라 도로에서 발생한 교통사고에 의한 경우(해당 공사의 공사용 차량·장비에 의한 사고는 제외한다)
3) 태풍·홍수·지진·눈사태 등 천재지변에 의한 불가항력적인 재해의 경우
4) 작업과 관련이 없는 제3자의 과실에 의한 경우(해당 목적물 완성을 위한 작업자 간의 과실은 제외한다)
5) 그 밖에 야유회, 체육행사, 취침·휴식 중의 사고 등 건설작업과 직접 관련이 없는 경우

마. 재해 발생 시기와 사망 시기의 연도가 다른 경우에는 재해 발생 연도의 다음연도 3월 31일 이전에 사망한 경우에만 산정 대상 연도의 사고사망자 수로 산정한다.

4. 제2호의 계산식에서 상시근로자 수는 다음과 같이 산출한다.

$$상시근로자 수 = \frac{연간\ 국내공사\ 실적액}{건설업\ 월평균임금 \times 12} \times 노무비율$$

가. '연간 국내공사 실적액'은 「건설산업기본법」에 따라 설립된 건설업자의 단체, 「전기공사업법」에 따라 설립된 공사업자단체, 「정보통신공사업법」에 따라 설립된 정보통신공사협회, 「소방시설공사업법」에 따라 설립된 한국소방시설협회에서 산정한 업체별 실적액을 합산하여 산정한다.

나. '노무비율'은 「고용보험 및 산업재해보상보험의 보험료징수 등에 관한 법률 시행령」 제11조제1항에 따라 고용노동부장관이 고시하는 일반 건설공사의 노무비율(하도급 노무비율은 제외한다)을 적용한다.

다. '건설업 월평균임금'은 「고용보험 및 산업재해보상보험의 보험료징수 등에 관한 법률 시행령」 제2조제1항제3호가목에 따라 고용노동부장관이 고시하는 건설업 월평균임금을 적용한다.

5. 고용노동부장관은 제3호라목에 따른 사고사망자 수 산정 여부 등을 심사하기 위하여 다음 각 목의 어느 하나에 해당하는 사람 각 1명 이상으로 심사단을 구성·운영할 수 있다.
   가. 전문대학 이상의 학교에서 건설안전 관련 분야를 전공하는 조교수 이상인 사람
   나. 공단의 전문직 2급 이상 임직원
   다. 건설안전기술사 또는 산업안전지도사(건설안전 분야에만 해당한다) 등 건설안전 분야에 학식과 경험이 있는 사람
6. 산업재해 발생 보고의무 위반건수는 다음 각 목에서 정하는 바에 따라 산정한다.
   가. 건설업체의 산업재해 발생 보고의무 위반건수는 국내의 건설현장에서 발생한 산업재해의 경우 법 제57조제3항에 따른 보고의무를 위반(제73조제1항에 따른 보고기한을 넘겨 보고의무를 위반한 경우는 제외한다)하여 과태료 처분을 받은 경우만 해당한다.
   나. 「건설산업기본법」 제8조에 따른 종합공사를 시공하는 업체의 산업재해 발생 보고의무 위반건수에는 해당 업체로부터 도급받은 업체(그 도급을 받은 업체의 하수급인을 포함한다)의 산업재해 발생 보고의무 위반건수를 합산한다.
   다. 「건설산업기본법」 제29조제3항에 따라 종합공사를 시공하는 업체(A)가 발주자의 승인을 받아 종합공사를 시공하는 업체(B)에 도급을 준 경우에는 해당 도급을 받은 종합공사를 시공하는 업체(B)의 산업재해 발생 보고의무 위반건수와 그 업체로부터 도급을 받은 업체(C)의 산업재해 발생 보고의무 위반건수를 도급을 준 종합공사를 시공하는 업체(A)와 도급을 받은 종합공사를 시공하는 업체(B)에 반으로 나누어 각각 합산한다.
   라. 둘 이상의 건설업체가 「국가를 당사자로 하는 계약에 관한 법률」 제25조에 따라 공동계약을 체결하여 공사를 공동이행 방식으로 시행하는 경우 산업재해 발생 보고의무 위반건수는 공동수급업체의 출자비율에 따라 분배한다.

주요항목 06 산업안전관계법규 출제예상문제

출제예상문제는 복습, 예습문제로 엮었습니다. *WHY : 실제시험에도 순서에 관계없이 출제됩니다. 예습 후 다음장에 공부한 문제가 있으면 기억이 배가 됩니다.

01 ★★ 산업안전보건법의 목적에 해당되지 않는 것은?

① 산업안전보건기준의 확립
② 산업재해의 예방과 쾌적한 작업환경조성
③ 산업안전보건에 관한 정책의 수립 및 실시
④ 근로자의 안전과 보건유지·증진

해설
산업안전보건법 제1조(목적)

02 ★★ 산업안전보건법에서 사용하는 용어의 정의를 설명한 것 중 옳지 않은 것은?

① '사업주'라 함은 근로자를 사용하여 사업을 행하는 자를 말한다.
② '근로자 대표'라 함은 노동조합이 조직되어 있는 경우 노동조합을, 아닌 경우에는 근로자의 1/3을 대표하는 자를 말한다.
③ '중대재해'라 함은 산업재해 중 사망 등 재해의 정도가 심한 것으로서 고용노동부령이 정하는 재해를 말한다.
④ '산업재해'라 함은 노무를 제공하는 사람이 업무에 관계되는 건설물·설비·원재료·가스·증기·분진 등에 의하거나 작업 그 밖의 업무에 기인하여 사망 또는 부상하거나 질병에 걸리는 것을 말한다.

해설
산업안전보건법 제2조(정의)

03 ★ 다음 중 정부의 책무에 속하지 않는 것은?

① 산업안전보건정책의 수립 및 집행
② 기계, 기구 및 설비의 안전성 확보에 관한 사항
③ 산업재해 예방 지원 및 지도
④ 산업재해의 조사 및 통계유지에 관한 사항

해설
산업안전보건법 제4조(정부의 책무)

04 ★★ 다음 중에서 산업재해의 예방을 위하여 사업주가 지켜야 할 의무사항을 지키지 않아도 되는 자는?

① 기계, 기구 그 밖의 설비를 설계 또는 제조하는 자
② 기계, 기구 및 설비를 수입 또는 판매하는 자
③ 건설물을 설계, 건설하는 자
④ 원재료 등을 제조·수입하는 자

해설
산업안전보건법 제5조(사업주 등의 의무)

05 ★ 산업재해예방을 위하여 기준을 준수하여야 할 자는 누구인가?

① 사업주　　② 근로자
③ 안전관리자　④ 관리감독자

해설
산업안전보건법 제6조(근로자의 의무)

[정답] 01 ③　02 ②　03 ②　04 ②　05 ②

06 산업재해예방통합시스템의 구축·운영은 누가 하는가?

① 국무총리
② 고용노동부장관
③ 중앙노동위원회 위원장
④ 한국산업안전공단 이사장

해설
산업안전보건법 제9조(산업재해예방통합정보시스템 구축·운영 등)

07 산업재해예방에 관한 중·장기 기본계획을 수립·공표하여야 할 자는 누구인가?

① 사업주
② 산업안전보건 정책심의위원회
③ 한국산업안전공단 이사장
④ 고용노동부장관

해설
산업안전보건법 제7조(산업재해예방에 관한 기본 계획의 수립·공표)

08 산업안전보건법령의 요지를 게시 또는 비치해야 할 자는 누구인가?

① 사업주
② 산업안전보건위원회
③ 한국산업안전공단 이사장
④ 고용노동부장관

해설
산업안전보건법 제5조(사업주 등의 의무)

09 다음 중 안전보건관리책임자의 직무가 아닌 것은 어느 것인가?

① 근로자의 안전보건교육에 관한 사항
② 안전관리자와 보건관리자의 선임에 관한 사항
③ 산업재해예방계획의 수립에 관한 사항
④ 작업환경의 점검 및 개선에 관한 사항

해설
산업안전보건법 제15조(안전보건관리책임자)

10 안전보건관리체제 중 경영조직에서 생산과 관련되는 해당 업무와 소속 직원을 직접 지휘·감독하는 부서의 장이나 그 직위를 담당하는 자로 지정하여야 하는 직위에 해당하는 것은?

① 관리감독자 ② 안전관리자
③ 보건관리자 ④ 안전보건관리책임자

해설
산업안전보건법 제16조(관리감독자)

11 안전보건총괄책임자에 관한 사항 중 옳지 못한 것은?

① 동일한 장소에서 행하여지는 사업의 일부를 도급에 의하여 행하는 사업으로서 대통령령이 정하는 사업의 사업주가 지정한다.
② 해당 사업의 관리책임자를 안전보건총괄책임자로 지정해야 한다.
③ 건설업 중 공사금액이 30억 이상인 경우 안전보건총괄책임자를 선임해야 한다.
④ 안전보건총괄책임자는 작업중지명령을 내릴 수 있다.

해설
① 산업안전보건법 제62조(안전보건총괄책임자)
② 산업안전보건법 시행령 제52조(안전보건총괄책임자 지정대상사업)

12 안전보건관리규정의 작성시 반드시 포함되어야 할 사항이 아닌 것은?

① 안전보건교육에 관한 사항
② 안전보건관리조직과 그 직무에 관한 사항
③ 사고조사 및 대책수립에 관한 사항
④ 안전진단 및 안전성 평가에 관한 사항

해설
산업안전보건법 제25조(안전보건관리규정의 작성)

[정답] 06 ② 07 ④ 08 ① 09 ② 10 ① 11 ③ 12 ④

13 안전보건관리규정에 대한 다음 설명 중 옳지 않은 것은?

① 안전보건관리규정은 사업장의 안전보건유지를 위하여 사업주가 작성하여야 한다.
② 안전보건관리규정은 사업주 및 근로자 모두 준수하여야 한다.
③ 안전보건관리규정을 작성할 때에는 산업안전보건위원회의 심의를 거쳐야 한다.
④ 안전보건관리규정을 신고할 때는 안전관리자와 보건관리자의 의견이 기재된 서면을 첨부해야 한다.

해설
① 산업안전보건법 제25조(안전보건관리규정의 작성)
② 산업안전보건법 제27조(안전보건관리규정의 준수)

14 다음 중 사업주는 위험을 방지하기 위하여 안전상의 조치를 하여야 한다. 안전상의 조치에 대한 의무가 없는 경우는?

① 전기·열 그 밖의 에너지에 의한 위험
② 기계·기구 그 밖의 설비에 의한 위험
③ 폭발성·발화성 및 인화성 물질 등에 의한 위험
④ 가스·분진 및 유해광선에 의한 위험

해설
산업안전보건법 제38조(안전조치)

15 다음 중 근로자의 건강장해예방을 위한 보건상의 조치사항이 아닌 것은?

① 방사선·유해광선 및 이상기압 등에 의한 건강장해
② 계측감시·컴퓨터단말기·정밀조작작업에 의한 건강장해
③ 폭발성·발화성 물질 등에 의한 건강장해
④ 원재료·가스 ·분진 등에 의한 건강장해

해설
산업안전보건법 제39조(보건조치)

16 다음 중 산업안전보건법의 내용에 맞지 않는 것은?

① 사업주가 작업을 중지시켜야 하는 경우는 산업재해발생의 급박한 위험이 있을 때와 중대재해가 발생하였을 때이다.
② 고용노동부장관은 중대재해가 발생한 경우 근로감독관과 관계전문가로 하여금 재해원인조사, 안전보건진단 등 필요한 조치를 취할 수 있다.
③ 사업주가 취해야 할 안전·보건상의 조치사항은 고용노동부장관이 정한다.
④ 사업주가 작업중지 등에 관한 사항을 위반시는 3년 이하의 징역 또는 2천만원 이하의 벌금을 부과해야 한다.

해설
산업안전보건법 제51조(사업주의 작업중지)

17 안전보건상의 조치, 근로자 준수사항 및 작업중지 등 사업주 또는 근로자가 하여야 할 조치에 필요한 기술상의 지침과 작업환경표준은 누가 정하는가?

① 고용노동부장관
② 산업안전보건위원회
③ 한국산업안전공단 이사장
④ 사업주

해설
산업안전보건법 제53조(고용노동부장관의 시정조치 등)

18 중대재해가 발생하면 즉시 작업을 중지시키고 재해원인조사 및 안전보건진단을 실시할 수 있는 법적 근거는?

① 안전보건조치   ② 작업중지조치
③ 감독과 명령 등   ④ 안전보건진단 등

해설
산업안전보건법 제53조(고용노동부장관의 시정조치 등)

[정답] 13 ④ 14 ④ 15 ③ 16 ④ 17 ① 18 ②

19 도급사업에 있어서 사업주가 하여야 할 안전보건조치사항이 아닌 것은?

① 사업주간의 협의체 구성 및 운영
② 건설업 작업장은 2일에 1회 이상 점검
③ 수급인이 행하는 근로자의 안전보건교육에 대한 지도와 지원
④ 안전관리비의 계상 및 사용

해설
산업안전보건법 제64조(도급에 따른 산업재해 예방조치)

20 다음 중 양도, 대여, 설치가 제한되는 위험기계·기구에 설치하는 방호장치는 누가 정하는가?

① 한국산업안전공단 이사장
② 국무총리
③ 고용노동부장관
④ 산업안전보건 정책심의위원회

해설
산업안전보건법 제80조(유해하거나 위험한 기계·기구 등의 방호조치)

21 고용노동부장관은 유해·위험한 기계·기구 및 설비를 제작 또는 수입하는 자로 하여금 안전성을 확보하게 하기 위하여 어떤 기준을 정할 수 있는가?

① 설계 및 안전기준
② 제작 및 설계기준
③ 설계 및 성능기준
④ 안전인증기준

해설
산업안전보건법 제83조(안전인증기준)

22 다음 중 자율안전확인대상 보안경의 사용구분에 따른 종류에 해당하지 않는 것은?

① 유리보안경
② 자외선보안경
③ 플라스틱보안경
④ 도수렌즈보안경

해설
안전인증 보안경(차광보안경)
① 자외선용 ② 적외선용 ③ 복합용 ④ 용접용

23 화학물질을 제조·투입·사용·운반하고자 할 때 취급 근로자가 쉽게 볼 수 있는 곳에 비치하지 않아도 되는 것은?

① 화학물질의 명칭·성분 및 함유량
② 안전보건상의 취급 주의사항
③ 인체 및 환경에 미치는 영향
④ 보호구의 종류

해설
산업안전보건법 제110조(물질안전보건자료의 작성 및 제출)

24 작업환경 측정에 관한 다음 설명 중 옳지 않은 것은?

① 작업환경 측정은 고용노동부장관이 정하는 자격을 가진 자로 하여금 측정, 평가하도록 하고 그 결과를 기록, 보존해야 한다.
② 사업주가 작업환경 측정을 실시할 때 근로자 대표의 요구가 있을 때에는 근로자 대표를 입회시켜야 한다.
③ 사업주는 작업환경 측정결과를 해당 작업장 근로자에게 알려야 한다.
④ 작업환경 측정의 방법, 횟수, 그 밖에 필요한 사항은 고용노동부령으로 정한다.

해설
산업안전보건법 제125조(작업환경 측정)

25 다음 중 3년간 보존해야 할 서류가 아닌 것은?

① 관리책임자, 안전관리자 등의 선임에 관한 서류
② 자체검사에 관한 서류
③ 건강진단에 관한 서류
④ 화학물질의 유해성 조사에 관한 서류

해설
산업안전보건법 제164조(서류의 보존)

【 정답 】 19 ④ 20 ③ 21 ④ 22 ② 23 ④ 24 ① 25 ②

26 다음 중 5년간 보존해야 할 서류에 해당되는 것은?
① 관리책임자의 선임에 관한 서류
② 화학물질의 유해성 조사에 관한 서류
③ 건강진단에 관한 서류
④ 지도사 업무에 관한 사항

해설

산업안전보건법 제164조(서류의 보존)

27 이동식 크레인을 사용하여 작업하는 경우 작업시작 전 점검사항이 아닌 것은?
① 권과방지장치 그 밖의 경보장치의 기능
② 브레이크·클러치 및 조정장치의 기능
③ 와이어로프가 통하고 있는 곳 및 작업장소의 지반 상태
④ 이탈 등의 방지장치 기능의 이상유무

해설

이동식 크레인 작업시작 전 점검사항
① 권과방지장치 그 밖의 경보장치의 기능
② 브레이크·클러치 및 조정장치의 기능
③ 와이어로프가 통하고 있는 곳 및 작업장소의 지반상태

참고) 산업안전보건기준에 관한 규칙(별표 3) 작업시작 전 점검사항
◎ 실기 필답형 및 작업형에도 출제됩니다.

28 다음 중 산업안전보건법상의 양중기가 아닌 것은?
① 크레인　　② 리프트
③ 곤돌라　　④ 항타기

해설

양중기 종류
① 크레인
② 이동식 크레인
③ 리프트
④ 곤돌라
⑤ 승강기

참고) ① 산업안전보건기준에 관한 규칙 제132조(양중기)
② 2005년 9월 4일(문제 113번)
◎ 제6과목 및 실기(필답형, 작업형)에도 출제됩니다.

29 다음 중 산업안전보건법상 안전관리자의 업무에 해당하는 것은?
① 사업장 순회점검·지도 및 조치의 건의
② 작업방법의 공학적, 위생적 개선
③ 작업환경의 측정 및 평가
④ 작업장 내의 산업위생시설의 점검 및 위생

해설

안전관리자 업무
① 산업안전보건위원회에서 심의·의결한 직무와 해당 사업자의 안전보건관리규정 및 취업규칙에서 정한 직무
② 위험성평가에 관한 보좌 및 지도·조언
③ 안전인증대상기계 등과 자율안전확인대상기계 등 구입 시 적격품의 선정에 관한 보좌 및 지도·조언
④ 해당 사업장 안전교육계획의 수립 및 안전교육 실시에 관한 보좌 및 지도·조언
⑤ 사업장 순회점검·지도 및 조치의 건의
⑥ 산업재해 발생의 원인 조사·분석 및 재발 방지를 위한 기술적 보좌 및 지도·조언
⑦ 산업재해에 관한 통계의 유지·관리·분석을 위한 보좌 및 지도·조언
⑧ 법 또는 법에 따른 명령으로 정한 안전에 관한 사항의 이행에 관한 보좌 및 지도·조언
⑨ 업무수행 내용의 기록·유지
⑩ 그 밖에 안전에 관한 사항으로서 고용노동부장관이 정하는 사항

참고) ① 2006년 3월 5일(문제 6번)
　　　② 산업안전보건법 시행령 제18조(안전관리자의 업무 등)
◎ ① 2002년 3월 10일(문제 14번)
　② 2004년 3월 7일(문제 18번)

30 다음 중 상시근로자 50명 이상 500명 미만의 사업장으로서 안전관리자를 선임해야 할 대상 사업장이 아닌 것은?
① 제1차 금속제조업
② 우편 및 통신업
③ 화합물 및 화학제품 제조업
④ 출판, 인쇄 및 기록매체 복제업

해설

우편 및 통신업은 상시근로자 1,000명 이상일 경우 2명의 안전관리자를 선임한다.

참고) 산업안전보건법 시행령 별표 3(안전관리자를 두어야 할 사업의 종류·사업장의 상시근로자 수, 안전관리자의 수 및 선임방법)

[정답] 26 ④　27 ④　28 ④　29 ①　30 ②

31 안전보건관리규정 작성 및 심사에 관한 규정에 의한 안전관리자의 업무 중 틀린 것은?

① 유해·위험 기계·기구 및 설비의 정기검사 및 안전검사 계획수립
② 안전점검, 교육, 훈련계획수립 및 실시
③ 발파작업, 화재발생 및 토석의 붕괴에 있어서 통일경보의 제정 시행
④ 하도급자에 대한 관리방안수립

해설
산업안전보건법 시행령 제18조(안전관리자의 업무 등)

32 건설업 중 유해위험방지계획서를 작성하여 고용노동부장관에게 제출해야 할 사업 중 틀린 것은?

① 터널건설 등의 공사
② 최대지간길이 31[m] 이상인 교량건설 등 공사
③ 다목적댐·발전용댐 및 저수용량 2천만톤 이상의 용수 전용댐·지방상수도 전용댐 건설 등의 공사
④ 깊이 10[m] 이상인 굴착공사

해설
고용노동부령이 정하는 사업
(1) ①, ③, ④
(2) 지상높이 31[m] 이상인 건축물 및 공작물
(3) 최대지간길이가 50[m] 이상인 교량건설 등 공사

참고 산업안전보건법 시행령 제42조(유해위험방지계획서 제출 대상)
◈ 본 문제는 실기 필답, 작업 및 제3과목, 제6과목에서 출제됩니다.

33 안전표지의 구성요소로 맞지 않는 것은?

① 모양   ② 범위
③ 색깔   ④ 내용

해설
안전표지의 구성요소
① 모양
② 색깔(채)
③ 내용

참고 산업안전보건법 시행규칙 별표6(안전보건표지의 종류와 형태)

34 다음 중 크레인의 "운전반경"에 대한 설명이 올바른 것은?

① 상부회전체의 최대높이에서 화물의 밑부분까지 이르는 수직거리를 말함
② 상부회전체의 최대높이에서 화물의 윗부분까지 이르는 수직거리를 말함
③ 상부회전체의 회전 중심에서 화물의 중심까지 이르는 수평거리를 말함
④ 하부회전체의 회전 중심에서 화물의 중심까지 이르는 수평거리를 말함

해설
용어정리
① 정격하중 : 크레인의 권상하중에서 훅, 그래브 또는 버킷 등 달기기구의 중량에 상당하는 하중을 뺀 하중
② 권상하중 : 들어 올릴 수 있는 최대의 하중
③ 정격속도 : 크레인에 정격하중에 상당하는 하중을 매달고 권상, 주행, 선회, 또는 횡행할 때의 최고속도
④ 운전반경 : 선회중심으로부터 버킷이나 훅 등의 작업부하시에 있어서의 수평거리, 운전반경이 클수록 인양능력은 저하된다.

35 안전보건관리책임자의 업무한계가 아닌 것은?

① 작업환경측정 등 작업환경의 점검 및 개선에 관한 사항
② 산업재해예방계획의 수립에 관한 사항
③ 산업재해에 관한 통계의 기록, 유지에 관한 사항
④ 건설물 설비작업장소의 위험에 따른 방지조치 사항

해설
산업안전보건법 제15조(안전보건관리책임자)
참고 2005년 9월 4일(문제 12번)

36 산업안전보건개선계획의 수립대상 사업장이 아닌 것은?

① 중대재해의 가능성이 높은 사업장
② 사업주가 필요한 안전조치 또는 보건조치를 이행하지 아니하여 중대재해가 발생한 사업장

[정답] 31 ③ 32 ② 33 ② 34 ③ 35 ④ 36 ①

③ 대통령령으로 정하는 수 이상의 직업성 질병자가 발생한 사업장
④ 유해인자의 노출기준을 초과한 사업장

해설

안전보건개선계획
(1) 안전보건개선계획 수립대상 사업장의 종류
   ① 산업재해율이 같은 업종의 규모별 평균 산업재해율보다 높은 사업장
   ② 사업주가 필요한 안전조치 또는 보건조치를 이행하지 아니하여 중대재해가 발생한 사업장
   ③ 대통령령으로 정하는 수 이상의 직업성 질병자가 발생한 사업장
   ④ 유해인자의 노출기준을 초과한 사업장
(2) 안전보건개선계획의 수립·시행명령을 받은 사업주는 고용노동부장관이 정하는 바에 따라 안전보건개선계획서를 작성하여 그 명령을 받은 날부터 60일 이내에 관할 지방고용노동관서의 장에게 제출하여야 한다.

참고 산업안전보건법 제49조(안전보건개선계획의 수립·시행명령)

37 ★★★ 산업안전보건법상 도급사업에 있어서 안전보건총괄책임자를 선임하여야 할 사업이 아닌 것은?(단, 상시근로자 50명 이상)
① 선박 및 보트 건조업
② 1차 금속산업
③ 토사석 광업
④ 화합물 및 화학제품 제조업

해설

안전보건총괄책임자의 지정대상 사업
① 선박 및 보트 건조업
② 1차 금속제조업
③ 토사석 광업

참고 산업안전보건법 시행령 제52조(안전보건총괄책임자 지정 대상사업)

38 ★★ 다음 중 안전관리자의 업무가 아닌 것은?
① 산업재해발생 원인조사 및 대책수립
② 산업재해보고 및 응급조치
③ 안전교육계획수립 및 실시
④ 안전에 관련된 보호구의 구입시 적격품 선정

해설

산업재해보고 및 응급조치는 관리감독자의 업무내용이다.

39 산업안전보건법상 사업내 안전보건교육 중 근로자 정기안전보건교육의 내용인 것은?
① 산업재해사례에 관한 사항
② 안전보건표지에 관한 사항
③ 보호구 및 안전장치 취급과 사용에 관한 사항
④ 산업안전 및 사고 예방에 관한 사항

해설

근로자의 정기안전보건교육 내용
① 산업안전 및 사고 예방에 관한 사항
② 산업보건 및 직업병 예방에 관한 사항
③ 위험성평가에 관한 사항
④ 건강증진 및 질병 예방에 관한 사항
⑤ 유해·위험 작업환경관리에 관한 사항
⑥ 「산업안전보건법」및 산업재해 보상보험 제도에 관한 사항
⑦ 직무스트레스 예방 및 관리에 관한 사항
⑧ 직장내 괴롭힘, 고객의 폭언 등으로 인한 건강장해 예방 및 관리에 관한 사항

참고 산업안전보건법 시행규칙 [별표5] 근로자의 정기안전보건교육

40 다음 중 산업안전보건법령상 안전관리자를 증원하거나, 교체를 해야 하는 경우가 아닌 것은?
① 해당 사업장의 연간재해율이 같은 업종 평균재해율의 3배인 경우
② 작업환경불량, 화재·폭발 또는 누출사고 등으로 사회적 물의를 일으킨 경우
③ 중대재해가 연간 2건 이상 발생한 경우
④ 안전관리자가 질병이나 그 밖의 사유로 6개월 동안 직무를 수행할 수 없게 된 경우

해설

안전관리자 증원·교체명령내용
① 해당 사업장의 연간재해율이 같은 업종 평균재해율의 2배 이상인 때
② 중대재해가 연간 2건 이상 발견한 경우
③ 관리자가 질병 그 밖에 사유로 3개월 이상 직무를 수행할 수 없게 된 경우
④ 화학적 인자로 인한 직업성질병자가 연간 3명 이상 발생한 경우

참고 산업안전보건법 시행규칙 제12조(안전관리자 등의 증원·교체임명명령)

[정답] 37 ④ 38 ② 39 ④ 40 ②

MEMO

2과목

인간공학 및 위험성 평가·관리

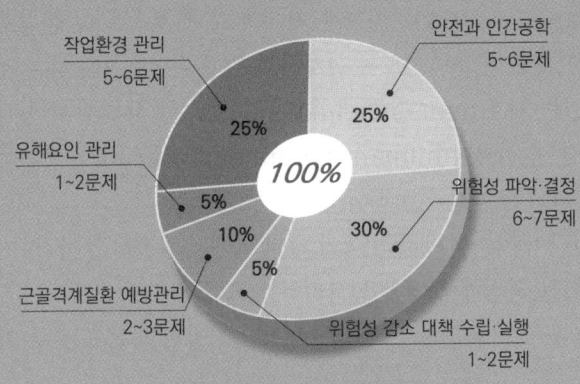

출제기준 및 비중(적용기간 : 2024. 1. 1. ~ 2026. 12. 31.)

- 안전과 인간공학 **주요항목 01**
  출제예상문제
- 위험성 파악·결정 **주요항목 02**
  출제예상문제
- 위험성 감소 대책 수립·실행 **주요항목 03**
  출제예상문제
- 근골격계질환 예방관리 **주요항목 04**
  출제예상문제
- 유해요인 관리 **주요항목 05**
  출제예상문제
- 작업환경 관리 **주요항목 06**
  출제예상문제

- NCS기준과 2026년 합격기준을 정확하게 적용하였습니다.
- "특허"받은 책과 "맞추다" CBT기법으로 AI기출을 적용했습니다.

주요항목 01

안전과 인간공학

중점 학습내용

본 장은 안전 공학도로서 인간의 삶과 목적이 과연 무엇인가를 간략하게 정의하였으며, 인간·기계의 기능, 장단점 등을 기술하고 인간으로서 안전하게 작업할 수 있는 기본사항 등을 구체적으로 서술하여 안전 공학도가 기본적으로 인지해야 할 내용을 제시하였다. 시험에 출제가 예상되는 그 중심내용은 다음과 같이 하였다.

❶ 인간공학의 정의
❷ 인간-기계 체계
❸ 체계 설비와 인간 요소
❹ 인간요소와 휴먼에러

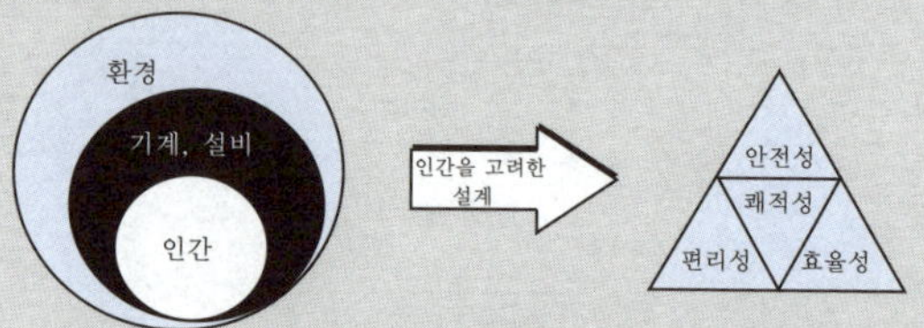

[그림] 인간공학의 목적

CBT 합격날개

합격예측

인간공학의 목표 25. 2. 7 [산]
① 첫째 : 안전성 향상과 사고 방지
② 둘째 : 기계조작의 능률성과 생산성의 향상
③ 셋째 : 쾌적성

합격용어 17. 9. 23 [기] 19. 4. 27 [기] 23. 5. 23 [산] 24. 2. 15 [기]

(1) 인간공학
기계, 기구, 환경 등의 물적 조건을 인간의 특성과 능력에 잘 조화하도록 설계하기 위한 수단을 연구하는 학문이다.

(2) 표기방법 15. 5. 31 [기]
① 유럽중심 : Ergonomics(그리스어의 ergon과 nomics의 합성어), 「ergon(노동 또는 작업, work)+nomos(법칙 또는 관리, laws)+ics(학문 또는 학술)」인간의 특성에 맞게 일을 수행하도록 하는 학문
② 미국중심 : Human factor

세부항목 1. 인간공학(人間工學 : Ergonomics)의 정의

1. 정의 및 목적

(1) 정의

미국의 차파니스(Chapanis, A.)는 인간공학은 기계와 그 기계조작 및 환경조건을 인간의 특성, 능력과 한계에 잘 조화하도록 설계하기 위한 수단을 연구하는 것으로, 인간과 기계의 조화있는 체계(man－machine system)를 갖추기 위한 학문이라고 했다. 다시 말하면, 인간공학(human factors engineering : 인간중심)이란 '인간이 사용할 수 있도록 설계하는 과정'이다.

① 인간공학의 초점은 인간이 만들어 생활의 여러 가지 면에서 사용하는 물질, 기구 또는 환경을 설계하는 과정에서 인간을 고려하는 데 있다.

② 인간이 만든 물건, 기구 또는 환경의 설계 과정에서 인간공학의 목표는 두 가지이다.

㉮ 사람이 잘 사용할 수 있도록 실용적 효능을 높이고 건강, 안정, 만족과 같은 특정한 인간의 가치기준을 유지하거나 높이는 데 있다. 22. 4. 24 [기]

㉯ 인간의 복지향상

③ 인간공학의 접근방법(approach)은 인간이 만들어 사람이 사용하는 물체, 기구 또는 환경을 설계하는 데 인간의 특성이나 행동에 관한 적절한 정보를 체계적으로 적용하는 것이다.

(2) 인간공학의 내용

① **아동, 청년, 노인의 각종 작업 능력의 발달, 쇠퇴 및 개인차** : 작업의 종류와 그 작업을 수행하는 사람들의 유형에 따라 작업의 수행 능력에 차이가 있으며, 또한 각 개인의 능력 차이에 따라서 작업의 성과가 다르게 나타난다.
② **작업 숙달** : 만일, 사람이 장치에 적합하고 또한 장치가 사람에게 적합하고 직무 절차가 가장 적합하다면 시간, 비용, 노력을 보다 적게 들이고도 요구되는 작업의 숙련도에 도달할 수 있다.
③ **인간의 생리적인 면과 작업 능률과의 관계** : 피로, 중압감 등의 인간의 생리적인 특성들은 작업성과에 커다란 영향을 미친다.
④ **작업방법과 작업능률과의 관계** : 어느 개인이나 집단의 능력 및 특성에 적합한 작업방법에 따라서 작업을 수행하면 작업의 능률이 향상된다.
⑤ **작업형태와 작업능률과의 관계** : 근로시간, 근로일정 등의 작업기간과 휴식시간, 휴일 및 근무 교대(보기 1일 3교대) 등에 관한 작업 제도는 작업의 능률에 영향을 미친다.
⑥ **작업환경과 작업능률과의 관계** : 대기조건(기후, 온도, 기압, 고도 등), 조명, 소음, 먼지, 방사선 그리고 작업장의 기계 장비 및 부품의 배치 등은 작업의 성과에 영향을 미친다.
⑦ **작업의 사회적 조건** : 작업 조직 제도, 교통, 주거 및 기업의 형태 등을 들 수 있다.
⑧ **문제되는 장비나 설비의 운용방법 및 절차** : 문제되는 장치에 대한 적절한 운용방법 및 그 특성들을 근로자가 확실히 알 수 있도록 한다.
⑨ **이들 품목들의 인간 요소적 측면에서의 시험 및 평가** : 문제시되는 장치들이 인간의 특성에 적합한지를 시험 및 평가한다.
⑩ **작업의 설계** : 근로자에게 자신의 작업 항목에 대한 검사 책임을 부여하거나, 근로자로 하여금 자신에게 적합한 작업 방법을 스스로 선택할 수 있는 기회를 준다. 또한 수행해야 할 작업에 대한 인원을 적절히 결정하여 근로자들을 적재적소에 배치한다.

(3) 인간공학의 연구목적(Chapanis, A.) 16.5.8 🅖 17.3.5 🅢 21.8.14 🅖 22.3.5 🅖 25.2.7 🅖

① **첫째** : 안전성의 향상과 사고방지
② **둘째** : 기계 조작의 능률성과 생산성의 향상
③ **셋째** : 쾌적성
위 3가지의 궁극적인 목적은 <u>안전과 능률(안전성 및 효율성 향상)</u>이다.

합격용어 18.4.28 🅢 21.3.7 🅖
Chapanis의 위험확률 분석

확률 수준	발생 빈도 (frequency of occurrence)
극히 발생하지 않는 (impossible)	10^{-8}/day
매우 가능성이 없는 (extremely unlikely)	10^{-6}/day
거의 발생하지 않는 (remote)	10^{-5}/day
가끔 발생하는 (occasional)	10^{-4}/day
가능성이 있는 (reasonably probable)	10^{-3}/day
자주 발생하는 (frequent)	10^{-2}/day

합격예측

인간공학적 제어예방(control prevention) 프로그램에는 4개의 주요 구성요소
① 존재하거나 잠재적인 문제
② 문제가 시키는 위험요소의 규명과 평가
③ 공학적이면서 경영적인 교정방법의 설계와 수행
④ 도입된 교정방법의 효율성 감시와 평가

체계가 공통적으로 갖는 일반적 특성
① 체계의 목적
② 임무 및 기본기능
③ 입력 및 출력
④ 통신유대
⑤ 절차

인간의 성능 특성
① 속도
② 정확성
③ 사용자 만족

인간공학적 설계대상 15.3.3 🅖
① 물건(Objects)
② 기계(Machinery)
③ 환경(Environment)

Q 은행문제

산업안전 분야에서의 인간공학을 위한 제반 언급사항으로 관계가 먼 것은? 18.3.4 🅢
① 안전관리자와의 의사소통 원활화
② 인간과오 방지를 위한 구체적 대책
③ 인간행동 특성자료의 정량화 및 축적
④ 인간 - 기계체계의 설계 개선을 위한 기금의 축적

정답 ④

합격예측

인간기준의 4가지 유형
① 인간성능척도
② 생리학적 지표
③ 사고발생빈도
④ 주관적 반응

인간공학의 필요성
① 산업재해감소
② 생산원가절감
③ 직무만족도향상
④ 재해로 인한 손실감소
⑤ 기업의 이미지와 상품 선호도 향상
⑥ 노사간의 신뢰구축

체계설계과정에서의 인간공학의 기여도 17. 5. 7 ㉠ 20. 8. 22 ㉠
① 성능의 향상
② 훈련비용의 절감
③ 인력이용률의 향상
④ 사고 및 오용으로부터의 손실감소
⑤ 생산 및 경비유지의 경제성 증대
⑥ 사용자의 수용도 향상

Rasmussen의 행동 세 가지 분류 17. 5. 7 ㉠ 22. 3. 5 ㉠ 24. 2. 15 ㉠
① 숙련 기반 행동 23. 6. 4 ㉠ (skill-based behavior)
② 지식 기반 행동 (knowledge-based behavior)
③ 규칙 기반 행동 (rule-based behavior)

Q 은행문제

인간공학의 연구를 위한 수집자료 중 동공확장 등과 같은 것은 어느 유형으로 분류되는 자료라 할 수 있는가?
① 생리 지표
② 주관적 자료
③ 강도 척도
④ 성능 자료

정답 ①

(4) 인간공학의 가치 및 효과 17. 3. 5 ㉠ 17. 5. 7 ㉢ 18. 3. 4 ㉢

① 성능의 향상
② 훈련비용의 절감
③ 인력이용률의 향상
④ 사고 및 오용에 의한 손실 감소
⑤ 생산 및 장비유지의 경제성 증대
⑥ 사용자의 수용도 향상

2. 배경 및 필요성

(1) 배경

1940년대부터로 인간공학이 시스템의 설계나 개발에 응용되어 발전을 통해 여러 관점의 변화를 가져왔다.

① 인간위주의 설계철학 : 기계를 인간에게 맞춤(fitting the task to the man)
② 기계위주의 설계철학 : 기계가 존재하고 여기에 맞는 사람을 선발하거나 훈련
③ 인간-기계 시스템 관점 : 인간과 기계를 적절히 결합시킨 최적 통합체계의 설계를 강조
④ 시스템, 설비, 환경의 창조과정에서 기본적인 인생의 가치기준(human values)에 초점을 두어 개인을 중시

(2) 인간공학의 연구의 분석방법

① 순간조작 분석
② 지각운동정보 분석
③ 연속 control 부담 분석
④ 전 작업 부담 분석
⑤ 사용빈도 분석
⑥ 기계의 상호연관성 분석

(3) 인간공학의 연구방법 및 필요성 16. 10. 1 ㉠ 21. 5. 15 ㉠

① 묘사적 연구(descriptive study) : 현장 연구로 인간기준이 사용
② 실험적 연구(experimental research) : 작업 성능에 대한 모의 실험
③ 평가적 연구(evaluation research) : 체계 성능에 대한 man-machine system이나 제품 등을 평가(인간공학 연구방법 중 실제의 제품이나 시스템이 추구하는 특성 및 수준이 달성되는지를 비교하고 분석하는 연구)

3. 작업관리와 인간공학

(1) 작업관리 정의

생산작업을 가장 합리적, 효율적으로 개선하여 표준화하고, 표준화된 작업의 실시 과정에서 그 표준이 유지되도록 통제하여 안전하게 작업을 실시 하도록 하는 것이다.

(2) 작업관리의 목적

① 최선의 방법 발견, 방법 개선
② 방법, 재료, 설비, 공구 등의 표준화
③ 제품품질의 균일화
④ 생산비의 절감
⑤ 새로운 방법의 작업지도
⑥ 안전

(3) 인간기준의 종류(Human Criteria) 16.10.1 ㉒ 21.3.7 ㉮

① 인간의 성능(빈도수·지속성·자연성) 척도
② 주관적 반응 : 개인성능연구
③ 생리학적 지표(척도) : 동공확장 등으로 연구
④ 사고 및 과오의 빈도

(4) 인간기준의 평가기준

① 빈도 척도
② 강도 척도
③ 잠복시간 척도
④ 지속시간 척도
⑤ 인간의 신뢰도(반복성)

4. 사업장에서의 인간공학 적용분야

(1) 사업장에서의 인간공학 적용 분야 및 기대효과 16.3.6 ㉮ 20.6.22 ㉮

① 작업관련성 유해·위험 작업 분석(작업환경개선)
② 제품설계에 있어 인간에 대한 안전성평가(장비 및 공구설계)
③ 작업공간의 설계
④ 인간-기계 인터페이스 디자인
⑤ 재해 및 질병 예방

합격예측

인간공학 기준(척도)의 요건
17. 8. 26 ⑦ 19. 8. 4 ㉠ 20. 9. 27 ⑦
22. 3. 5 ⑦ 23. 7. 8 ⑦ 24. 2. 15 ⑦
① 적절성
② 무오염성
③ 기준척도의 신뢰성
④ 표준화
⑤ 객관성
⑥ 규준
⑦ 타당성
⑧ 민감도
⑨ 검출성
⑩ 변별성

인간 – 기계 기능계에서 기본 기능 16. 10. 1 ㉠
① 감지(sensing)
② 정보저장
 (information storage)
③ 정보처리 및 결심
 (information processing and decision)
④ 행동기능
 (acting function)

인간 – 기계 시스템 설계 6단계
16. 3. 6 ⑦ 19. 3. 3 ⑦
① 1단계 : 시스템의 목표와 성능 명세 결정
② 2단계 : 시스템의 정의
③ 3단계 : 기본설계(작업설계, 직무분석, 기능할당)
④ 4단계 : 인터페이스설계
⑤ 5단계 : 보조물설계
⑥ 6단계 : 시험 및 평가

Q 은행문제

항공기 위치 표시장치의 설계원칙에 있어, 다음 보기의 설명에 해당하는 것은? 18. 3. 4 ㉠
23. 3. 1 ㉠

[보기]
항공기의 경우 일반적으로 이동부분의 영상이 고정된 눈금이나 좌표계에 나타내는 것이 바람직하다.

① 통합
② 양립적 이동
③ 추종표시
④ 표시의 현실성

정답 ②

---

(2) 인간공학의 연구기준 중 체계묘사기준

① 체계의 수명
② 신뢰도
③ 정비도
④ 가용도
⑤ 운용비
⑥ 운용 용이도
⑦ 소요인력

보충학습

[표] 감성공학과 인간 interface(계면)의 3단계 17. 3. 5 ㉠ 20. 6. 14 ㉠

구 분	특 성
신체적(형태적) 인터페이스	인간의 신체적 또는 형태적 특성의 적합성여부(필요조건)
인지적 인터페이스	인간의 인지능력, 정신적 부담의 정도(편리 수준)
감성적 인터페이스	인간의 감정 및 정서의 적합성여부(쾌적 수준)

※ 1. 감성적인 부분을 고려하지 않을 시 나타난 결과 : 진부감(陳腐感) 12. 5. 20 ㉠
 2. 인지적 특성이 가장 많이 고려되는 사용자의 인터페이스요소 : 한글입력방식 07. 8. 8 ㉠
 3. 계면(面) : 인간과 기계가 만나는 면 19. 9. 21 ㉠

세부항목 2. 인간–기계체계

1. 인간 – 기계 시스템의 정의 및 유형 17. 8. 26 ㉠

(1) 인간–기계 시스템(man-machine system) 정의

① 시스템(system, 또는 체계)이란, '특정한 기능을 수행하기 위한 조화 있는 상호작용을 하거나 상호 관련되어서 어떤 공통된 목표에 의해 통합된 사물들의 집단'이라 정의된다. 연구목적 : 안전의 극대화, 생산능률 향상 19. 3. 3 ⑦ 23. 2. 28 ⑦ 24. 2. 15 ⑦ 25. 2. 7 ⑦

② 시스템의 종류는 개방 시스템(open system)과 폐쇄 시스템(closed system)의 두 가지로 나뉜다.
 ㉮ 개방 시스템은 입력에 반응하는 출력이 다시 입력에 연결되지 않고 입력에 영향을 끼치지 않는 시스템인 데 반해서, 폐쇄 시스템은 피드백(feedback) 경로가 있어서 입력에서 반응하는 출력이 다시 입력에 연결되어 영향을 끼치는 시스템이다.
 ㉯ 시스템 내부에는 그 시스템과 관련을 가지는 또 다른 시스템이 있을 수 있는데, 이 내부 시스템을 흔히 하부 시스템(下部體系 : subsystem)이라 부른다.

③ 모든 시스템은 하부 시스템을 가지고 있으며, 또한 어떤 특정한 목적을 가지고 있으며, 시스템이 그 목적을 달성하기 위해서는 특정한 임무들이 수행되어져야 한다.

④ 각각의 임무는 사람 또는 기계에 적절히 할당되어 수행되며, 각 임무를 수행함으로써 이들이 통합된 인간-기계 시스템으로서의 새롭고 큰 힘을 나타내는 것이다.(설계원칙 : 인간의 효율이 우선적 설계)

(2) 인간-기계 시스템 유형

① 수동시스템
  ㉮ 신체적 힘을 동력원으로 사용자가 수공구나 기타 보조물 등을 사용하여 작업을 수행
  ㉯ 가장 다양성이 높은 체계

② 기계시스템(반자동)
  ㉮ 동력은 기계, 제어는 사람
  ㉯ 고도로 통합된 부품들로 구성
  ㉰ 운전자 조종에 의해 운용되며 융통성 없음

③ 자동시스템
  ㉮ 기계가 모든 임무를 사전 설계에 따라 수행
  ㉯ 인간은 감시와 보전 등의 역할 담당

2. 시스템의 특성

(1) 감지기능

인간은 감각기관(눈, 코, 귀 등)을 통해서 감지하지만, 기계는 전자장치 또는 기계장치를 통해 감지한다.

(2) 정보보관기능

인간은 두뇌에 기억하지만, 기계는 자기테이프 또는 천공카드(punch card) 등에 보관한다.

(3) 정보처리 및 의사결정

기억된 내용을 근거로 간단하거나 복잡한 과정을 통해 의사 결정을 내리는 과정이다.

(4) 행동기능

결정된 사항의 실행과 조정을 하는 과정이다.

합격예측

정보보관기능
① 기계 : 펀치카드, 자기테이프, 형판, 기록, 자료표
① 인간 : 기억된 학습내용

인간의 인지능력과 정보습득

	시각	83[%]
	청각	11[%]
정보량	후각	3.5[%]
	촉각	1.5[%]
	미각	1[%]

인터페이스 설계의 종류
① 작업공간
② 표시장치
③ 조종장치
④ 제어장치
⑤ 컴퓨터와의 대화

인간-기계 시스템 설계원칙 16. 8. 21 ㉮
① 배열을 고려한 설계
② 양립성에 맞는 설계
③ 인체 특성에 적합한 설계

Q 은행문제

1. 안전가치분석의 특징으로 틀린 것은? 17. 5. 7
① 기능위주로 분석한다.
② 왜 비용이 드는가를 분석한다.
③ 특정 위험의 분석을 위주로 한다.
④ 그룹 활동은 전원의 중지를 모은다.
    정답 ③

2. 작업기억과 관련된 설명으로 틀린 것은? 17. 5. 7
① 단기기억이라고도 한다.
② 오랜 기간 정보를 기억하는 것이다.
③ 작업기억 내의 정보는 시간이 흐름에 따라 쇠퇴할 수 있다.
④ 리허설(rehearsal)은 정보를 작업기억 내에 유지하는 유일한 방법이다.
    정답 ②

합격예측
인간-기계체계 유형
19. 3. 3 ⓐ 19. 9. 21 ㉮
① 수동체계의 경우 : 장인과 공구, 가수와 앰프
② 기계화 체계의 경우 : 운전하는 사람과 자동차 엔진
③ 자동화 체계 : 인간은 주로 감시, 프로그램 입력, 정비 유지

합격예측
① 인간요소적 기능 4가지
  • 작업설계
  • 직무분석
  • 작업명세
  • 요원선발 기준
② SD법(Semantic Differential Method)
오즈구드(Osgood C.E) 등이 각 나라의 언어가 표현하는 의미가 어느 정도 유사한지 조사하는 연구를 통해 평가성, 역량성, 활동성의 3가지 인자로 구성되어 있다는 것을 발견

16. 5. 8 ㉮

[표] 실험실과 현장연구비교

구분	실험실	현장
변수형태	용기(쉽다)	어렵다
현실성	낮다	높다
동기부여	높다	낮다
안정성	높다	낮다

Q 은행문제
자동화시스템에서 인간의 기능으로 적절하지 않은 것은?
① 설비보전   17. 3. 5 ㉮
② 작업계획 수립
③ 조정 장치로 기계를 통제
④ 모니터로 작업 상황 감시

정답 ③

여기에서, 정보보관기능은 다른 세 기능 모두와 상호작용을 하므로, 나머지 세 기능은 '감지 → 정보처리 및 의사 결정 → 행동 기능'의 순서대로 수행된다.

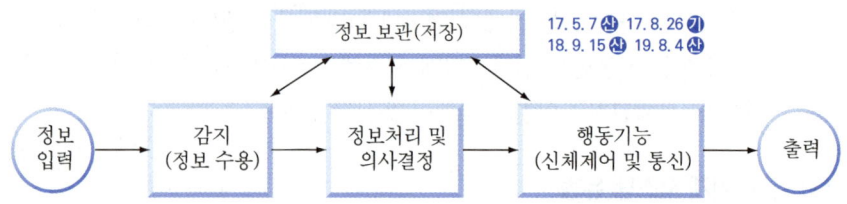

[그림] 인간-기계 통합시스템의 인간 또는 기계에 의해서 수행되는 기본 기능의 유형

인간은 자신의 능력 한계에 도구, 공구 및 기계 등을 사용함으로써 능력을 확대하여 최대의 작업능률을 올리고자 하므로, 인간-기계의 통합시스템은 자연적으로 요구된다.

인간-기계 통합시스템(Man-Machine System : MMS)이란, 한 명 이상의 사람과 한 가지 이상의 기계, 그리고 이들의 환경으로 구성되어 인간만으로 또는 기계만으로 발휘하는 그 이상의 큰 능력을 나타내는 시스템을 말한다.

그런데 인간-기계 통합시스템으로서 대부분의 작업 활동이 수행되므로, 이 통합 시스템의 유형과 그 운용방식 및 특성 등을 잘 알아서 목적하는 바 그 임무를 효율적으로 수행하는 것이 중요하다.

인간-기계 통합시스템의 유형은 인간 대 기계의 통제 정도에 따라서 세 가지로 구분된다.

① **수동 시스템(manual system)** : 수동 시스템은 사용자가 손공구나 그 밖에 보조물 등을 사용하여 자기의 신체적 힘을 동력원으로 하여 작업을 수행하고, 작업의 능률화를 이룩하는 시스템이다. 수동 시스템에서 인간의 역할은 어떤 처리를 위한 힘을 제공하고 기계를 제어하는 것이다. 사용자는 자신의 공구나 보조물에 많은 양의 정보를 주고받으며, 전형적으로 자기 보조에 맞추어 일한다.

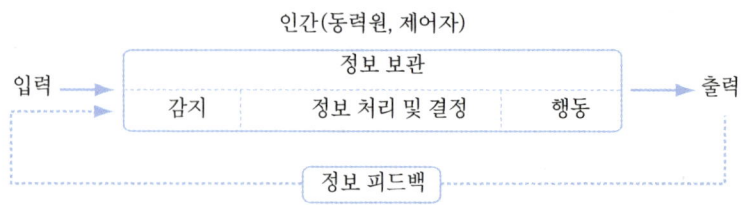

[그림] 수동 시스템

② **기계 시스템(mechanical system)** : 기계 시스템은 반자동 시스템이라고도 하는데, 여러 종류의 동력 공작 기계와 같이 고도로 통합된 부품들로 구성되어 있다. 이 시스템에서 인간의 역할은 제어 기능을 담당한다. 즉, 기계를 돌리고 멈추며, 중간 과정에 대한 조정을 한다. 힘에 대한 공급(동력원)은 기계가 담당한다. 19. 4. 27 ⓒ 21. 9. 12 ㉮

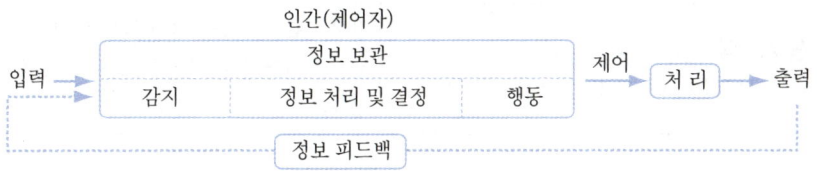

[그림] 기계(반자동) 시스템

③ **자동 시스템(automatic system)** : 시스템이 완전히 자동화된 경우에는 감지, 정보 처리 및 의사 결정, 행동 기능 및 정보 보관 등 모든 임무를 미리 설계된 대로 기계가 수행하게 된다. 이 자동 시스템은 미리 설계되고 프로그램화된 대로 수행되나, 만일 실제 작용이 목표로 한 작용과 달라질 때에는 자동적으로 목표 작용을 지양하는 기능을 가지고 있다. 자동 시스템에 있어서 신뢰성이 완전하다고 하는 것은 불가능한 것이므로, 인간은 주로 감시(monitor)하거나 처리 과정을 감독하는 역할을 담당하게 된다.

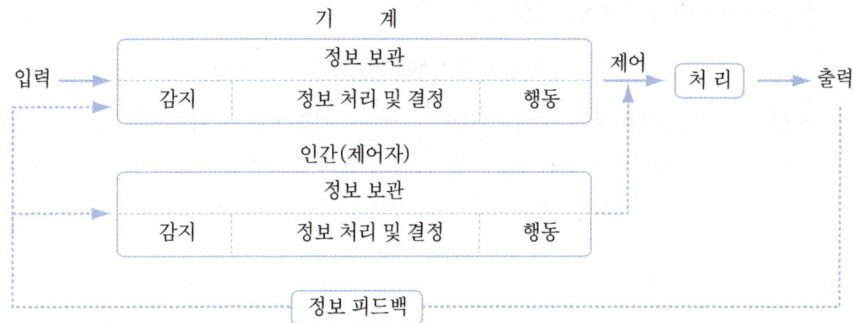

[그림] 자동 시스템

합격예측 17. 5. 7 ㉠ 17. 9. 23 ㉮

수동체계(manual system)
수동체계는 수공구나 그 밖에 보조물로 이루어지며 자신의 신체적인 힘을 동력원으로 사용하여 작업을 통제하는 인간 사용자와 결합한다.

행동기능
어떤 체계의 행동(action)기능이란 내려진 의사결정의 결과로 발생하는 조작행위를 말한다.
① 물리적인 조종행위나 과정 : 조종장치작동, 물체나 물건을 취급, 이동, 변경, 개조하는 것 등이 있다.
② 통신행위 : 음성(사람의 경우), 신호, 기록 등의 방법이 사용된다.

인간 커뮤니케이션 Link 종류
① 방향성 Link
② 통신계 Link
③ 시각 Link

Q 은행문제

고령자의 정보처리 과업을 설계할 경우 지켜야 할 지침으로 틀린 것은? 17. 5. 7 ㉮
① 표시 신호를 더 크게 하거나 밝게 한다.
② 개념, 공간, 운동 양립성을 높은 수준으로 유지한다.
③ 정보처리 능력에 한계가 있으므로 시분할 요구량을 늘린다.
④ 제어표시장치를 설계할 때 불필요한 세부내용을 줄인다.

정답 ③

용어정리

① 감정 : 비교적 단순한 심리적 체험 예 밝다, 어둡다
② 감성 : 외부의 물리적 자극에 따른 감각, 지각으로 사람의 내부에 일어나는 고도의 심리적 체험 예 쾌적감, 온화함

[표] 운용방식 및 부품과 연결장치의 특성에 의한 인간-기계 통합시스템의 분류

시스템 유형 및 운용 방식	부 품	부품간의 연결장치	보 기
수동 시스템 : 22. 4. 24 ⑦ 사용자 조작, 융통성 있음	손공구 및 보조물	인간(사용자)	장인과 공구, 가수와 앰프
기계 시스템 : 운전자 조정, 융통성 없음	상호 관련도가 대단히 높은 여러 부속품들이 명확히 구분할 수 없는 부품 및 연결장치를 이루고 있다.		엔진, 자동차, 공작기계
자동 시스템 : 18. 8. 19 ⑭ 미리 고정 또는 프로그램됨	(동력) 기계 시스템	전선, 도관, 지레 등이 제어회로를 이룬다.	자동화된 처리 공장, 자동교환대, 컴퓨터, NC 공작 기계

3. 인간과 기계의 기능 비교

인간과 기계의 차이는 무엇인가? 감각 기능을 가지고 있고 정보를 보관할 수가 있고 의사결정을 할 수 있으며, 업무를 효과적으로 수행할 수 있다는 점에서 인간과 기계의 차이는 별로 없다. 다만, 작업 수행에 있어서는 기계가 훨씬 능률적이고 전문적인 데 비해서 인간은 생리적, 사회적 특성에 의하여 그 능력의 한계가 제한되어 있다. 반면에, 의사 결정의 논리적 능력에 있어서는 인간의 능력이 훨씬 우수하다.

인간과 기계의 차이는 직무의 할당면에서도 문제가 된다. 즉, 수행되어야 할 어떤 특정한 직무가 주어졌을 때, 이것을 인간에게 할당할 것인지, 아니면 기계에 할당할 것인지 하는 문제이다. 이러한 할당은 대체적으로 두드러진 상대적 우월성이나 경제성 등에 의해서 거의 결정된다.

[표] 인간과 기계의 기능 비교 19. 9. 21 ⑭

구 분	인간이 기계보다 우수한 기능	기계가 인간보다 우수한 기능
감지 기능	• 저에너지 자극 감지 • 복잡 다양한 자극 형태 식별 • 예기치 못한 사건의 감지	• 인간의 정상적 감지 범위 밖의 자극 감지 • 인간 및 기계에 대한 모니터 기능
정보저장	• 기억된 학습	• 펀치카드, 녹음테이프, 형판
정보처리 및 결정 18. 4. 28 ⑦ 20. 6. 14 ⑭ 23. 6. 4 ⑦	• 많은 양의 정보를 장시간 보관 • 관찰을 통한 일반화 • 귀납적 추리(원인 → 결과) • 원칙 적용 • 다양한 문제 해결(정서적)	• 암호화된 정보를 신속하게 대량 보관 • 연역적 추리(결과 → 원인) • 정량적 정보처리 18. 8. 19 ⑦ 18. 9. 15 ⑦ 23. 3. 1 ⑭
행동 기능	• 과부하 상태에서는 중요한 일에만 전념	• 과부하 상태에서도 효율적 작동 • 장시간 중량 작업 • 반복작업, 동시에 여러 가지 작업 가능

[표] 인간-기계의 장단점 16. 5. 8 ❹ 18. 9. 15 ❼ 20. 6. 7 ❼ 21. 3. 7 ❼

구분	장 점	단 점 25. 2. 7 ❼
인간	① 시각, 청각, 촉각, 후각, 미각 등의 작은 자극도 감지한다. ② 각각으로 변화하는 자극 패턴을 인지한다. ③ 예기치 못한 자극을 탐지한다. ④ 기억에서 적절한 정보를 꺼낸다. ⑤ 결정시에 여러 가지 경험을 꺼내 맞춘다. ⑥ 귀납적으로 추리한다. ⑦ 원리를 여러 문제해결에 응용한다. ⑧ 주관적인 평가를 한다. ⑨ 아주 새로운 해결책을 생각한다. ⑩ 조작이 다른 방식에도 몸으로 순응한다.	① 어떤 한정된 범위 내에서만 자극을 감지할 수 있다. ② 드물게 일어나는 현상을 감지할 수 없다. ③ 수계산을 하는 데 한계가 있다. ④ 신속 고도의 신뢰도로서 대량정보를 꺼낼 수 없다. ⑤ 운전작업을 정확히 일정한 힘으로 할 수 없다. ⑥ 반복작업을 확실하게 할 수 없다. ⑦ 자극에 신속 일관된 반응을 할 수 없다. ⑧ 장시간 연속해서 작업을 수행할 수 없다.
기계	① 초음파 등과 같이 인간이 감지 못하는 것에도 반응한다. ② 드물게 일어나는 현상을 감지할 수 있다. ③ 신속하면서 대량의 정보를 기억할 수 있다. ④ 신속정확하게 정보를 꺼낸다. ⑤ 특정 프로그램에 대해서 수량적 정보를 처리한다. ⑥ 입력신호에 신속하고 일관된 반응을 한다. ⑦ 연역적인 추리를 한다. ⑧ 반복 동작을 확실히 한다. ⑨ 명령대로 작동한다. ⑩ 동시에 여러 가지 활동을 한다. ⑪ 물리량을 셈하거나 측정하든가 한다.	① 미리 정해 놓은 활동만을 할 수 있다. ② 학습을 한다든가 행동을 바꿀 수 없다. ③ 추리를 하거나 주관적인 평가를 할 수 없다. ④ 즉석에서 적응할 수 없다. ⑤ 기계에 적합한 부호화된 정보만 처리한다.

합격예측

(1) 기계화 체계(mechanical system)

반자동(semiautomatic)체계라고도 하며, 동력제어장치가 공작기계와 같이 고도로 통합될 부품들로 구성되어 있다. 이 체계는 변화가 별로 없는 기능들을 수행하도록 설계되어 있으며, 동력은 전형적으로 기계가 제공하고, 운전자의 기능은 조정장치를 사용하여 통제하는 것이다. 인간은 표시장치를 통하여 체계의 상태에 대한 정보를 받고, 정보처리 및 의사결정 기능을 수행하여 결심한 것을 조종장치를 사용하여 실행한다.

(2) 인식과 자극의 정보처리 과정 3단계 내용 19. 8. 4 ❼
① 인지단계
② 인식단계
③ 행동단계

합격예측

① 심리적 정보처리단계 :
회상(recall)
인식(recognition)
정리(retention)
② 인간의 정보처리시간 :
0.5초(인간의 정보처리능력 한계)

Q 은행문제

신호검출 이론의 응용분야가 아닌 것은? 17. 8. 26 ❹
① 품질검사 ② 의료진단
③ 교통통제 ④ 시뮬레이션

정답 ④

해설

SDT(신호검출)이론의 응용
① 소리의 파형, 빛, 레이다영상 등의 시각신호 및 다른 종류의 신호에도 청각과 동일하게 적용
② 응용분야 : 음파탐지, 품질검사 임무, 증인증언, 의료진단, 항공교통통제 등 광범위하게 적용

합격예측

초기고장

(1) 정의

불량제조나 생산과정에서의 품질관리의 미비로부터 생기는 고장으로서 점검작업이나 시운전 등으로 사전에 방지할 수 있는 고장이다. 초기고장은 결함을 찾아내 고장률을 안전시키는 기간이라 하여 디버깅(debugging)기간이라고 하고 물품을 실제로 장시간 움직여 보고 그 동안에 고장난 것을 제거하는 공정이라 하여 번인(burnin)기간이라고도 한다.

(2) 초기고장의 고장발생 원인
① 표준 이하의 재료 사용
② 불충분한 품질관리
③ 표준 이하의 작업자 솜씨
④ 불충분한 Debugging
⑤ 빈약한 가공 및 취급 기술
⑥ 조립상의 과오
⑦ 오염
⑧ 부적절한 조치
⑨ 부적절한 시동
⑩ 저장 및 운반중의 부품 고장
⑪ 부적절한 포장 및 수송

우발고장

(1) 정의

예측할 수 없을 때에 생기는 고장으로 시운전이나 점검작업으로는 방지할 수 없다. 각 요소의 우발고장에 있어서는 평균고장시간과 비율을 알고 있으면 제어계 전체 고장을 일으키지 않는 신뢰도를 구할 수 있다.

(2) 우발고장의 고장발생원인 18. 9. 15 산
① 안전계수가 낮기 때문에
② stress가 strength보다 크기 때문에
③ 사용자의 과오 때문에
④ 최선의 검사방법으로도 탐지되지 않은 결함 때문에
⑤ 디버깅 중에도 발견되지 않은 고장 때문에
⑥ 예방보전에 의해서도 예방될 수 없는 고장 때문에
⑦ 천재지변에 의한 고장 때문에

세부항목 3. 체계설계와 인간요소

1. 목표 및 성능명세의 결정

(1) 체계설계 과정의 주요단계

① 제1단계 : 목표 및 성능명세의 결정
② 제2단계 : 체계의 정의
③ 제3단계 : 기본설계
④ 제4단계 : 계면(인터페이스)설계
⑤ 제5단계 : 촉진물 설계
⑥ 제6단계 : 시험 및 평가

(2) 설비의 신뢰도 요인

① 재질
② 기능
③ 작동방법

2. 기계설비 고장유형

(1) 초기고장 17. 8. 26 산 17. 9. 23 산 18. 3. 4 기

① 감소형 고장
② 설계상, 구조상 결함, 불량 제조·생산과정 등의 품질관리 미비로 생기는 고장형태
③ 점검작업이나 시운전 작업 등으로 사전에 방지할 수 있는 고장
④ 디버깅(Debugging)기간 : 기계의 초기 결함을 찾아내 고장률을 안정시키는 기간 22. 4. 24 기
⑤ 번인(Burn-in)기간 : 물품을 실제로 장시간 가동하여 그 동안에 고장난 것을 제거하는 기간
⑥ 비행기 : 에이징(Aging)이라 하여 3년 이상 시운전
⑦ 욕조곡선(Bath-tub) : 예방보전을 하지 않을 때의 곡선은 서양식 욕조 모양과 비슷하게 나타나는 현상
⑧ 예방보전(PM : Preventive Maintenance) : 디버깅, 번인, 에이징

(2) 우발고장 16. 3. 6 기 23. 2. 28 기 24. 2. 15 기

① 일정형
② 신뢰도는 지수형으로, 고장까지의 무고장 동작시간은 지수분포로 나타낸다.

③ 우발적 사고, 자살 등 랜덤(random)꼴로 재해 발생
④ 예측할 수 없을 때에 생기는 고장으로 점검 작업이나 시운전 작업으로 재해를 방지할 수 없다.
⑤ 신뢰도 $R(t) = e^{-\frac{t}{t_0}} = e^{-\lambda t}$ (평균고장시간 t_0인 요소가 t시간 동안 고장을 일으키지 않을 확률)

(3) 마모고장

① 증가형
② 점차로 고장률이 상승하는 형으로 볼 베어링 등 기계적 요소나 부품의 마모, 사람의 노화 현상
③ 마모나 노화에 의해 어떤 시점에서 집중적으로 고장나는 특징을 가진다.
④ 고장이 집중적으로 일어나기 직전에 교환을 하면 고장을 사전에 방지할 수 있다.
⑤ 장치의 일부가 수명을 다해서 생기는 고장으로, 안전 진단 및 적당한 보수에 의해서 방지할 수 있는 고장이다.

$$고장률(\lambda) = \frac{고장건수(r)}{총 가동시간(T)}$$

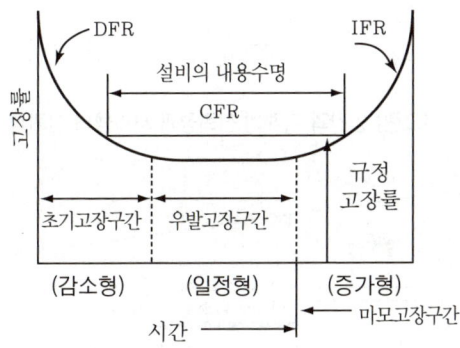

[그림] 기계설비 고장유형

3. 인간-기계(man-machine) 시스템의 신뢰도

(1) 직렬체계(serial system) : 직접 운전 작업

신뢰도 $R_s = r_1 \times r_2$
$r_1 < r_2$이면 $R_s \leq r_2$

[그림] 직렬체계

합격예측

마모고장
(1) 정의
　장치의 일부가 수명을 다해서 생기는 고장으로서, 안전진단 및 적당한 보수에 의해서 방지할 수 있는 고장이다.
(2) 마모고장기의 고장발생원인
　① 부식 또는 산화
　② 마모 또는 피로
　③ 노화 및 퇴화
　④ 불충분한 정비
　⑤ 수축 또는 균열
　⑥ 부적절한 오버홀(over haul)

고장 유형 3가지
① 초기고장 : 감소형
　(DFR : Decreasing Failure Rate) - 디버깅기간, 번인 기간
② 우발고장 : 일정형
　(CFR : Constant Failure Rate) - 내용 수명
③ 마모고장 : 증가형
　(IFR : Increasing Failure Rate) - 정기진단(검사)

Screening 실험
스크리닝은 부품의 잠재결함을 조기에 제거하는 비파괴적 선별기술로, 제품의 구입·안정·출하 등에 있어 신뢰성을 확인·보증하는 시험이다. 스크리닝은 실제 사용시 쉽게 고장이 나는 잠재결함을 초기에 강제로 제거하는 기술이므로 실제사용시 고장모드와는 똑같지 않을 수 있다.

Q 은행문제

심장의 박동주기 동안 심근의 전기적 신호를 피부에 부착한 전극들로 부터 측정하는 것으로 심장이 수축과 확장을 할 때, 일어나는 전기적 변동을 기록한 것은?

① 뇌전도계　② 근전도계
③ 심전도계　④ 안전도계

정답 ③

합격예측
록시스템의 종류 3가지
① interlock : 인간과 기계 사이에 두는 안전장치 또는 기계에 두는 안전장치
② intralock : 인간의 내면에 존재하는 통제장치
③ translock : interlock과 interalock 사이에 두는 안전 장치

합격예측
(1) 색의 시각적 암호
 ① 일반적으로 9가지 면색 구별 가능(훈련을 할 경우 20-30개까지 식별)
 ② 효과적인 적용 : 탐색, 위치확인, 정밀한 조사 등
(2) 다차원 시각적 암호
 색이나 숫자로 된 단일 암호보다 색-숫자의 중복으로 된 조합암호 차원의 전달된 정보량이 많은 것으로 실험 결과 확인

Q 은행문제
1. 다음 중 시스템 신뢰도에 관한 설명으로 옳지 않은 것은?
 ① 시스템의 성공적 퍼포먼스를 확률로 나타낸 것이다.
 ② 각 부품이 동일한 신뢰도를 가질 경우 직렬구조의 신뢰도는 병렬구조에 비해 신뢰도가 낮다.
 ③ 시스템의 병렬구조는 시스템의 어느 한 부품이 고장나면 시스템이 고장나는 구조이다.
 ④ n중 k구조는 n개의 부품으로 구성된 시스템에서 k개 이상의 부품이 작동하면 시스템이 정상적으로 가동되는 구조이다.
   정답 ③

2. 인간-기계시스템에 대한 평가에서 평가척도나 기준(criteria)으로 관심의 대상이 되는 변수는? 16. 5. 8
 ① 독립변수   ② 종속변수
 ③ 확률변수   ④ 통제변수
   정답 ②

(2) 병렬체계(parallel system)

① 인간과 기계가 병렬로 작업을 하게 되면 신뢰도는 기계 단독이나 직렬 작업보다 높아진다.
② 인간과 기계를 병렬로 조합할 때 인간의 역할은 여러 가지가 있으나 그 중 감시의 역할을 하게 하여 기계의 약점을 보강할 수 있도록 해야 한다.
 예 계기 감시 작업

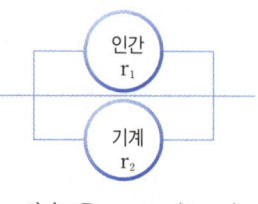

신뢰도 $R_s = r_1 + r_2(1-r_1)$
$r_1 < r_2$이면 $R_s > r_2$

[그림] 병렬체계

(3) man-machine system의 신뢰성

신뢰성 R_S는 인간의 신뢰성 R_H와 기계의 신뢰성 R_E의 상승적 작용에 의해 $R_S = R_H \cdot R_E$로 나타낸다.

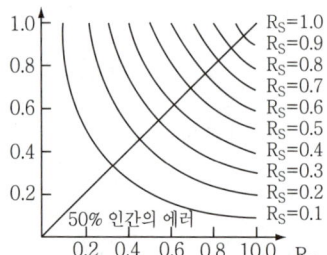

R_S : 시스템의 신뢰성
R_H : 인간의 신뢰성
R_E : 기계의 신뢰성

[그림] 인간과 기계의 신뢰성과 시스템의 신뢰성

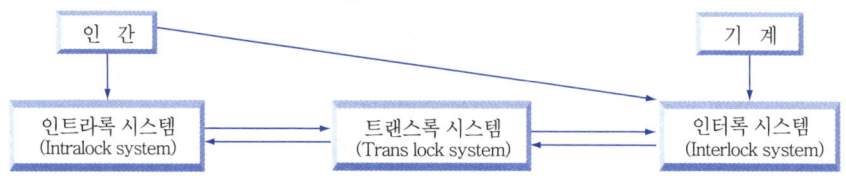

[그림] lock(록) 시스템의 종류

4. 설비의 신뢰도

(1) 직렬연결구조

제어계가 R개의 요소로 만들어져 있고 각 요소의 고장이 독립적으로 발생하는 것이라면, 어떤 요소의 고장도 제어계의 기능을 잃는 상태로 있다고 할 때에 신뢰성 공학에서는 직렬이라고 하고 다음과 같이 나타낸다. 예 자동차 운전

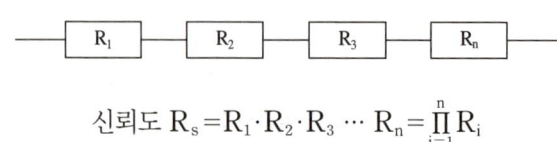

신뢰도 $R_s = R_1 \cdot R_2 \cdot R_3 \cdots R_n = \prod_{i=1}^{n} R_i$

(2) 병렬(parallel system)연결(R_S : fail safety) 구조 16. 5. 8 ④ 17. 5. 7 ⑦

열차나 항공기의 제어장치처럼 한 부분의 결함이 중대한 사고를 일으킬 우려가 있는 경우에 페일세이프 시스템을 적용한다. 이 시스템은 결함이 생긴 부품의 기능을 대체시킬 수 있는 장치를 중복 부착시키는 시스템이다.(신뢰도가 가장 높다.)

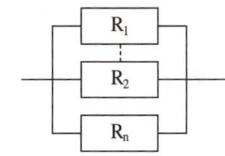

$$R_S = 1 - \{(1-R_1)(1-R_2)\cdots(1-R_n)\} = 1 - \prod_{i=1}^{n}(1-R_i)$$

(3) 요소의 병렬구조

요소의 병렬 fail safety 작용으로 조합된 시스템의 신뢰도는 다음 식으로 계산한다.

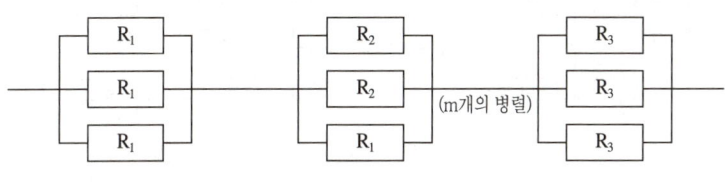

$$R_S = \prod_{i=1}^{n}\{1-(1-R_i)^m\}$$

(4) 시스템의 병렬구조

항공기의 조종장치는 엔진 가동 유압 펌프계와 교류 전동기 가동 유압 펌프계의 쌍방이 고장을 일으켰을 경우의 응급용으로서 수동장치 3단의 fail safety 방법이 사용되고 있다. 이같은 시스템을 병렬로 한 방식은 다음과 같이 나타낸다.

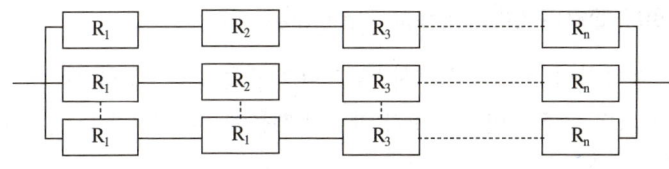

$$R_S = 1 - (1 - \prod_{i=1}^{n} R_i)^m$$

(5) 병렬 model과 중복설계구조 : fail safe system 18. 8. 19 ④

① 리던던시(redundancy) : 리던던시는 일부에 고장이 발생되더라도 전체가 고장이 일어나지 않도록 기능적으로 여력(redundant)인 부분을 부가해서 신뢰도를 향상시키려는 중복 설계(용장도)를 의미한다.

합격예측

예방보전이 효율적으로 수행될 경우의 효과
① 생산시스템의 정지시간이 줄게 되며, 이에 따른 유효손실이 감소되고,
② 수리작업의 회수가 줄고 기계수리비용이 감소되며,
③ 납기지연으로 인한 고객불만이 없어지고 매출이 신장되며,
④ 예비기계를 보유할 필요성이 감소되고,
⑤ 현장에서 작업자가 보다 안전하게 작업할 수 있어,
⑥ 결국 생산시스템의 신뢰도가 향상되고 제조원가는 절감된다.

Q 은행문제

1. 인지 및 인식의 오류를 예방하기 위해 목표와 관련하여 작동을 계획해야 하는데 특수하고 친숙하지 않은 상황에서 발생하며, 부적절한 분석이나 의사결정을 잘못하여 발생하는 오류는? 18. 8. 19 ⑦
① 기능에 기초한 행동 (Skill-based Behavior)
② 규칙에 기초한 행동 (Rule-based Behavior)
③ 사고에 기초한 행동 (Accident-based Behavior)
④ 지식에 기초한 행동 (Knowledge-based Behavior)

정답 ④

2. 프레스에 설치된 안전장치 수명은 지수분포를 따르며, 평균수명은 100시간이다. 새로 구입한 S형 안전장치가 향후 50시간 동안 고장없이 작동할 확률(A)과 이미 100시간을 사용한 안전장치가 향후 50시간 이상 견딜 확률(B)은 각각 얼마인가? 17. 5. 7 ④ 21. 9. 12 ⑦

해설
① 50시간 동안 고장 없이 작동할 확률(A)
$= e^{-\frac{50}{100}} = e^{-0.5} = 0.607$
② 앞으로 100시간 이상 견딜 확률(B)
$= e^{-\frac{100}{100}} = e^{-1} = 0.368$

합격자의 조언
실기 필답형도 출제

② 리던던시의 방식
  ㉮ 병렬 리던던시
  ㉯ 대기 리던던시
  ㉰ M out of N 리던던시(N개 중 M개 동작시 계는 정상)
  ㉱ 스페어에 의한 교환
  ㉲ fail-safe
③ 구조적 fail safe 종류 16. 3. 6 ㉠ 17. 9. 23 ㉠
  ㉮ 다경로하중구조
  ㉯ 분할구조
  ㉰ 교대(떠받는)구조
  ㉱ 하중경감구조

(6) 간략(簡略)구조(Reducible Structure)

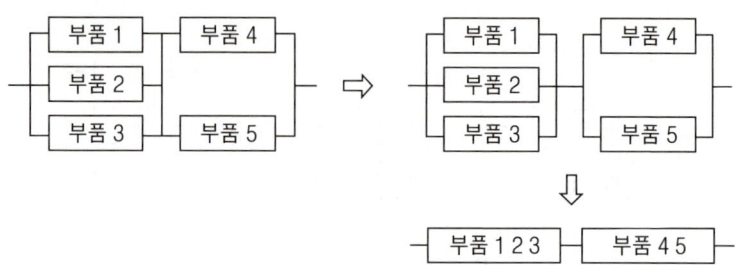

[그림] 간략구조

시스템을 분해하여 몇 개의 서브시스템이나 부품들로 나누었을 때, 경우에 따라서는 그 신뢰도 구조가 직렬과 병렬 구조의 반복 구조이기 때문에, 좀더 간단한 구조로 간략화될 수 있는 구조

(7) 비간략(非簡略)구조(Irreducible Structure)

시스템을 분해하여 몇 개의 서브시스템이나 부품들로 나누었을 때, 그 신뢰도 구조가 직렬과 병렬 구조의 반복 구조가 아니기 때문에, 더 이상 간단한 구조로 간략화될 수 없는 구조

[그림] 비간략 구조

① **사상공간법**(事象空間法)(event space method) : 주어진 시스템에서 발생 가능한 모든 경우를 나열하여 사상공간목록을 작성, 목록에 포함된 사상들을 시스템이 고장날 경우와 정상 가동될 경우로 분류하여, 시스템의 신뢰도를 정상 가동될 경우에 대한 확률의 합계로 구한다. 나열된 사상들은 상호 배제적이고 누락된 사상이 없어야 하며, 부품 고장이 상호 독립적이면 어떤 시스템에도 적용할 수 있으나, 부품의 수가 많으면 사상공간목록의 작성이 힘이 든다.

② **경로추적법**(經路追跡法)(path tracing method) : 신뢰도 block diagram에서 모든 부품이 없는 경우에서부터 시작하여 1개, 2개, 3개 등으로 부품수를 점차 증가시켜 나가며, 시스템이 정상 가동할 완전 경로들을 밝혀 이 완전 경로들의 합집합의 확률을 구하면 이것이 시스템의 신뢰도가 된다. 완전 경로들은 일반적으로 상호 배제적이 아니므로 반드시 합집합의 확률을 구하여야 하며, 이 합집합의 확률을 구하는 식을 전개하고 항들을 간략화하는 계산이 복잡하다.

③ **분해법**(分解法)(decomposition method) : 복잡한 시스템의 신뢰도 구조를 좀더 간단한 구조로 분해하여 조건부 확률을 이용해서 시스템의 신뢰도를 구하는 방법이다.

'그 부품이 없었다면' 신뢰도 구조가 아주 간단해질 수 있는 '주요부품(key-stone component)' X를 선정하면, 시스템의 신뢰도는 이 주요부품 X의 상태에 따라 2가지 경우로 나누어 생각할 수 있으므로,

$R = \Pr[X]\Pr[\text{시스템 정상가동}|X] + \Pr[\overline{X}]\Pr[\text{시스템 정상가동}|\overline{X}]$ 이 된다.

5. 신뢰도 개선(改善) 및 설계 23.7.8

(1) 간단한 설계

(2) 여유있는 설계(여유용량, 안전계수)

(3) 부품 개선

(4) 중복설계 : 시스템의 신뢰도를 개선하기 위해 구조에 평행경로를 부가하는 것

① 단일체계
  ㉮ 체계중복(system or unit redundancy) : 전체의 시스템을 중복 설치하는 방법
  ㉯ 부품중복(component redundancy) : 각 부품을 개별적으로 중복 설치하는 방법
② 절충체계

합격예측

(1) 인간과오의 배후요인 4요소(안전) 15. 8. 16 ⑦
① Man
② Machine
③ Media
④ Management

(2) 효율화 대상 4M(생산)
① Machine : 설비의 효율화
② Material : 원재료, 에너지의 효율화
③ Man : 작업의 효율화
④ Method : 관리의 효율화

• **결론** : 안전 4M과 생산 4M을 구분한다.

합격예측

Miller의 인간의 절대식별 능력 이론인 "Magical Number 7±2" 16. 3. 6 ⑦
① 절대식별 실험을 통한 정보이론에 근거한 전달된 정보량 계산
② 전달된 정보량과 입력정보량을 통한 경로용량 확인
③ 실험을 통한 밀러의 Magical Number 7±2 확인
④ 한계가 많은 절대식별에 미치는 요인 분석 (정보전달의 신뢰성 향상 방안을 찾고자 함)

인간실수 분류
① omission error : 작업수행을 행하지 않으므로 발생된 error
② time error : 수행지연
③ commision error : 불확실한 수행
④ sequential error : 순서착오
⑤ extraneous error : 불필요한 작업수행

Item(항목)은 기계계, 전기계, 유체계로 구분한다.
① 기계계 : 변형, 마모, 파손, 탈락, 가열 등
② 전기계 : 개방, 단락, 잡음, Drift, 입출력 불량, 절연 불량
③ 유체계 : 누설, 부식, 폐쇄 등

보충학습

[표] 저항력의 종류 16. 5. 8 ⑭

구 분	특 성
탄성저항 (elastic resistance)	조종장치의 변위에 따라 변하며 변위에 대한 궤환이 항력과 체계적인 관계를 가지고 있는 것이 이점
점성저항 (viscous damping)	① 출력과 반대방향으로 속도에 비례해서 작용하는 힘 때문에 생기는 항력 ② 원활한 제어를 도우며, 규정된 변위 속도 유지 효과 ③ 우발적인 조종장치의 동작을 감소시키는 효과
관성 (inertia)	① 물체의 질량으로 인한 운동(방향)에 대한 저항으로 가속도에 따라 변함 ② 원활한 제어를 도우며, 우발적인 작동 가능성 감소
정지(static) 및 미끄럼(coulomb) 마찰	① 처음 움직임에 대한 정지 마찰은 급격히 감소하나 미끄럼 마찰은 계속 운동에 저항하며 변위나 속도에 무관 ② 제어 동작에 도움이 되지 못하며 인간성능을 저하 ③ 우발적인 작동 가능성을 줄이고, 손떨림을 감소시켜 조종장치를 한 곳에 유지하는 데는 도움

6. 감성공학(感性工學 : image engineering)

① 인간이 가지고 있는 소망으로서의 이미지나 감성을 구체적인 제품설계로 실현해 내는 공학적인 접근방법
② 인간감성의 정성·정량적 측정, 이의 분석과 평가를 통한 제품, 환경설계에서의 반영과정
③ 나가마치 미츠오(Mitsio Nagamachi, 1989)는 '감성공학(感性工學, human sensibility ergonomics)은 인간이 가지고 있는 소망으로서의 이미지나 감성을 물리적인 디자인 요소로 해석하여 구체적인 제품설계로 실현해내는 공학적인 접근방법이다.'라고 하였다.

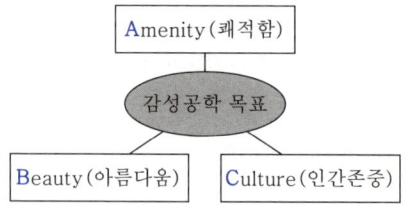

[그림] 감성공학 ABC

▶ 감성이란 : 외부로부터의 감각 자극에 대한 반응으로 외부로부터의 감각 정보에 대하여 직관적이고 순간적으로 발생되는 것

4. 인간요소와 휴먼에러

1. 인간실수의 분류

(1) 인간에러(human error)의 배후요인(4M) 20.6.7 기 23.4.1 기 23.5.13 산

① 맨(Man) : 본인 이외의 사람(팀워크, 커뮤니케이션)
② 머신(Machine) : 장치나 기계 등의 물적요인(본질안전화, 표준화, 점검, 정비)
③ 미디어(Media) : 인간과 기계를 잇는 매체란 뜻으로 작업의 방법이나 순서, 작업 정보의 실태나 환경과의 관계, 정리정돈 등이 포함된다.(환경개선, 작업방법개선 등) 18.4.28 산 19.8.4 기
④ 매니지먼트(Management) : 안전법규의 준수방법, 단속, 점검 관리 외에 지휘감독, 교육훈련 등이 여기에 속한다.(적성배치, 교육·훈련)

(2) 과오의 원인 3가지

① 불확성
② 시간지연
③ 순서착오

(3) 인간과오의 내적 요인과 외적 요인 20.6.7 기

내적 요인(심리적 요인)	외적 요인(물리적 요인)
① 지식 부족	① 단조로운 작업
② 의욕이나 사기 결여	② 복잡한 작업
③ 서두르거나 절박한 상황	③ 생산성이나 지나친 강조
④ 체험적 습관	④ 과다자극 경로
⑤ 선입관	⑤ 재촉
⑥ 주의 소홀	⑥ 동일형상·유사형상의 배열
⑦ 과다자극, 과소자극	⑦ 양립성에 맞지 않는 경우
⑧ 피로	⑧ 공간적 배치 원칙에 위배

(4) 인간의 신뢰성 3요소

① 주의력 : 인간의 주의력에는 넓이와 깊이가 있고 또한 내향성과 외향성이 있다. 주의가 외향일 때는 시각을 통하여 사물을 관찰하면서 주의력을 경주할 때이고, 내향일 때는 사고의 상태로서 시각을 통한 사물의 관찰에는 시신경계가 활동하지 않는 상태이다.
② 긴장 수준 : 긴장 수준을 측정하는 방법으로, 인체 에너지의 대사율, 체내 수분의 손실량 또는 흡기량의 억제도 등을 측정하는 방법이 가장 많이 사용되며 긴장도를 측정하는 방법으로 뇌파계를 사용할 수도 있다.

합격예측

인간의 오류(error) 유형
16.10.1 기 18.9.15 산
18.3.4 기 19.4.27 기
21.9.12 기 22.4.24 기

① 오류(Mistake)
판단이나 추론의 과정에서 실패 또는 결함이 있는 경우 부적당한 계획으로 원래 목적 수행 실패
예) 운전자의 작업진단 실패 및 잘못된 절차 선택

② 경실수(Slip)
19.3.3 기 21.5.15 기
23.2.28 기 24.2.15 기
• 계획된 목적수행에 필요한 행위의 실행에 오류가 발생 25.2.7 기
• 실행과정에서 수행이나 기억에 실패한 경우
예) 다이얼을 잘못 읽음, 비슷한 여러 개의 조절기에 하나를 잘못 선택

③ 위반(Violation)
절차서에서 지시한 것을 고의로 따르지 않고 다른 방법을 선택
• 통상위반(Routine violations) : 개개인이 통상 규칙이나 절차를 따르지 않음
• 예외적위반(Exceptional violations) : 예상치 못한 돌발적 행동 → 우연의 결과가 아니므로 회사의 문화 변화로 예방 가능

④ 착각(Illusion) :
감각적으로 물리 현상을 왜곡하는 지각 오류

⑤ 건망증(Lapse) :
일련의 과정에서 일부를 빠뜨리거나 기억의 실패에 의해 발생하는 오류

Q 은행문제 17.9.23 기

좋은 코딩 시스템의 요건에 해당하지 않는 것은?
① 코드의 검출성
② 코드의 식별성
③ 코드의 표준화
④ 단순차원 코드의 사용

정답 ④

합격예측

대뇌정보처리 error
① 인지 miss : 작업정보의 입수에서 감각중추로 하는 인지까지 일어난 것으로 확인 miss도 이에 포함된다.
② 판단 miss : 중추과정에서 일으키는 것으로 의지결정의 miss나 기억에 관한 실패도 이에 포함된다.
③ 동작 또는 조작의 miss : 운동중추에서 올바른 지령은 주어졌으나 동작 도중에 miss를 일으키는 것으로 좁은 의미의 조작 miss를 말한다.

fail safe
인간이나 기계가 과오나 동작상 실수가 있더라도 사고 또는 재해가 발생되지 않도록 2중, 3중으로 통제를 가하는 체계

Q 은행문제

1. 안전 설계방법 중 페일세이프 설계(fail-safe design)에 대한 설명으로 가장 적절한 것은?
① 오류가 전혀 발생하지 않도록 설계
② 오류가 발생하기 어렵게 설계
③ 오류가 위험을 표시하는 설계
④ 오류가 발생하였더라도 피해를 최소화하는 설계

　　　　　　정답 ④

2. 작업공간 설계에 있어 "접근제한요건"에 대한 설명으로 맞는 것은? 17. 8. 26 ⑦
① 조절식 의자와 같이 누구나 사용할 수 있도록 설계한다.
② 비상벨의 위치를 작업자의 신체조건에 맞추어 설계한다.
③ 트럭운전이나 수리작업을 위한 공간을 확보하여 설계한다.
④ 박물관의 미술품 전시와 같이, 장애물 뒤의 타겟과의 거리를 확보하여 설계한다.

　　　　　　정답 ④

③ 의식 수준 18. 8. 19 ⚙
　㉮ 경험 수준 : 해당 분야의 근무경력 연수
　㉯ 지식 수준 : 안전에 대한 교육 및 훈련을 포함한 안전에 대한 지식 수준
　㉰ 기술 수준 : 생산 및 안전기술의 정도
　주 인간실수 주원인 : 인간 고유의 변화성

2. 형태적 특성 19. 3. 3 ⑦ 19. 8. 4 ⑦⚙ 20. 6. 14 ⚙ 21. 3. 7 ⑦ 21. 8. 14 ⑦

(1) 심리적 분류(Swain)의 인적(독립행동)오류(불확정, 시간지연, 순서착오)

① 생략에러(Omission Errors : 부작위 실수) : 직무 또는 어떤 단계를 수행치 않음 (누락오류) 19. 8. 4 ⑦ 20. 9. 27 ⑦ 23. 7. 8 ⚙ 24. 2. 15 ⑦
② 실행에러(Commission error : 작위 실수) : 직무의 불확실한 수행(예) 선택, 순서, 시간, 정성적 착오) 23. 6. 4 ⑦ 23. 7. 8 ⚙
③ 과잉행동에러(Extraneous error : 불필요한 과오) : 수행되지 않아야 할 직무수행 17. 8. 26 ⑦
④ 순서에러(Sequential error : 순서적 과오) : 순서에서 벗어난 직무수행
⑤ 시간에러(Timing error : 지연오류) : 계획된 시간 내에 직무수행 실패 너무 늦거나 일찍 수행

(2) 인간의 행동과정을 통한 분류

① 입력실수(Input error) : 감지 결함
② 정보처리 실수(Information error) : 착각
③ 의사결정 실수(Decision making error) : 의사결정 과오
④ 출력실수(Output error) : 출력 과오
⑤ 피드백 실수(Feedback error) : 제어 과오

(3) 대뇌의 정보처리 에러 18. 4. 28 ⑦

① 인지착오 : 확인미스(인지실수)
② 판단착오 : 기억에 대한 실패(판단실수)
③ 조치착오 : 동작 또는 조작실수

(4) 실수원인의 level(수준적) 분류 19. 4. 27 ⚙ 23. 5. 13 ⚙ 25. 2. 7 ⚙ 25. 5. 10 ⑦

① 1차실수(Primary error : 주과오) : 작업자 자신으로부터 발생한 실수
② 2차실수(Secondary error : 2차과오) : 작업형태나 조건 중에서 문제가 생겨 발생한 실수, 어떤 결함에서 파생
③ 커맨드 실수(Command error : 지시과오) : 직무를 하려고 해도 필요한 정보, 물건, 에너지 등이 없어 발생하는 실수

(5) 작업별 human error

① 조작에러 : 기계를 조작하는 데 발생하는 에러
② 설치에러 : 설치, 장치를 설치할 때에 잘못된 착수와 조정을 한 에러
③ 보존에러 : 점검 보수를 주로 하는 보존작업상의 에러
④ 검사에러 : 검사시 발생하는 에러로 검사에 관한 기록상의 에러 등도 포함된다.
⑤ 제조에러 : 컨베이어 시스템에 의한 조립을 주로 하는 제조공정에서의 에러

(6) 인간과오의 종합적 요인

① 개인적 특성
② 작업자의 교육, 훈련, 교시 등의 문제
③ 직장의 성격
④ 작업 자체의 특성과 환경조건
⑤ 인간-기계 체계의 인간공학적 설계상 결함

3. 인간실수 확률에 대한 추정기법

(1) 인간과오의 실수 확률

산업현장에서의 인간과오 종류는 매우 다양하다. 업종, 기업, 사업장 또는 장치나 작업의 종류에 따라서 산업 안전상의 문제가 되고 있는 인간과오의 내용이나 형태, 그 배경요인, 사고의 형태, 파급효과 등은 각기 다른 형태로 나타난다.

일반적인 인간과오의 형태는 크게 다섯 가지로 나눌 수 있다.
① 해야 할 일을 하지 않는다.
② 해야 할 일을 불충분하게 수행한다.
③ 해야 할 일과 상이한 일을 한다.
④ 필요없는 일을 수행한다.
⑤ 시간적으로 부당한 일을 한다.

(2) 이산적 직무에서의 인간실수 확률

① 인간실수 확률(human error probability : HEP) : 특정한 직무에서 하나의 착오가 발생할 확률(할당된 시간은 내재적이거나 명시되지 않음)

$$HEP = \frac{\text{인간의 실수 수}}{\text{전체실수 발생기회의 수}}$$

② 직무의 성공적 수행확률(직무신뢰도)

$$1 - HEP$$

합격예측

조작상 발생빈도수 순서
① 1순위 : 지식관련(자극의 과대, 과소)
② 2순위 : 정보관련(완전하지 못한 정보전달)
③ 3순위 : 표시장치(표시방법, 위치의 부적절)
④ 4순위 : 제어장치(배치, 식별성, 접촉성의 부적절)
⑤ 5순위 : 조작환경(작업공간, 환경조건의 부적절)
⑥ 6순위 : 시간관련(작업시간의 부적절)

참고

검사작업의 작업자가 볼 베어링을 검사하고 있다. 어느 날 10,000개의 베어링을 조사하여 800개의 불량품을 발견하였으나, 이 Lot에는 실제로 2,000개의 불량품이 있었다. 이 때 HEP는?

① $HEP = \frac{1,200}{10,000} = 0.12$

② HEP : 인간신뢰도의 기본 단위

합격예측

명료도 지수(明瞭度 指數 : articulation index)
① 음성을 미소 주파수 대역폭의 성분으로 나눈 다음 그들 각 성분이 음절 명료도 s에 기여하는 정보를 밝히고 여러 가지 경우의 음절 명료도를 계산할 수 있도록 하기 위해 고안된 것
② 명료도 지수 A_0는 s를 다음 식에 따라 환산한 것이다.
$A_0 = -(Q/p) \cdot \log_{10}(1-s)$
③ 주파수 f에서의 대역폭 1[Hz]당의 명료도를 지수 기여도를 D라 하면
$D = (dA_0/df)_f$ 의 관계가 있으므로 예를 들어, 주파수 0에서 f_x까지 전송한 경우의 명료도 지수는
$A_{f_x} = \int_0^{f_x} D df$ 와 같이 계산할 수 있다. 또 p는 피시험인 숙련도를 나타내는 계수이다.

합격예측
작업에 의한 인간과오의 분류
조작과오
설치과오
보존과오
검사과오

SP = K(HE)에서
① K≒1 : HE가 SP에 중대한 영향을 끼침
② K<1 : HE가 SP에 risk를 줌
③ K≒0 : HE가 SP에 아무런 영향을 주지 않음

합격용어
foolproof 20. 8. 23 ❹
기계장치의 설계단계에서부터 안전화를 도모하는 기본적 개념. 즉, 인간의 착각·착오·실수 등 인간과오를 방지하기 위한 것

합격예측
동작분석
(1) 목시동작분석
  ① therbling 분석
  ② 동작경제원칙
    ㉮ 신체사용에 관한 원칙
    ㉯ 작업역 배치원칙
    ㉰ 공구, 설비의 설계 원칙
  ③ 작업자공정도
(2) 미세동작분석
  ① film/tape 분석
    ㉮ micro motion study(simochart)
    ㉯ memo motion study
  ② VTR 분석
    ㉮ Video micro motion
    ㉯ Video memo motion
    ㉰ VTD(Video Tape Discussion)
  ③ cycle graph
  ④ chrono cycle graph
  ⑤ strobo 분석
  ⑥ eye camera

---

③ 연속적인 직무의 유형
  ㉮ 경계(vigilance)
  ㉯ 안정화(stabilizing)
  ㉰ 추적(tracking)

④ 인간실수율(λ) = $\dfrac{실수\ 수}{총직무기간}$

(3) 인간이 과오를 범하기 쉬운 작업특성(성격)

① 공동작업
  ㉮ 2인 이상의 작업자에 의한 작업 step 사이
  ㉯ 고속에서의 수동제어 사이
  ㉰ 분산 배치되어 있는 조작반(操作盤)의 수동제어 사이

② 속도와 정확성을 요하는 작업
  ㉮ 고속을 요하는 작업이나 극도로 정확한 timing을 요하는 작업
  ㉯ 의사결정시간이 짧은 작업

③ 변별(辨別)을 요하는 작업
  ㉮ 다수의 입력원에 기초한 의사결정(다경로 의사결정)
  ㉯ 장시간에 걸친 표시장치의 감시(장시간 감시)
  ㉰ 2개 이상의 표시장치에 따른 빠른 변화의 비교

④ 부적당한 입력특성을 갖는 경우
  ㉮ 자극입력의 성질과 timing을 모두 또는 어느 한쪽을 예측할 수 없는 경우
  ㉯ 변별해야 할 표시장치가 공통적인 특성을 많이 갖고 있거나 표시 장치가 빠르게 변화하는 경우
  ㉰ 부적당한 시각, 청각 feedback에 따라서 행동해야 하는 경우
  ㉱ 과오의 해소책이 작업수행을 방해하는 경우

4. 인간실수 예방기법

(1) Rasmussen의 인간행동 수준의 3단계 16. 5. 8 ㉮ 18. 8. 19 ㉮ 23. 6. 4 ㉮ 24. 2. 15 ㉮

① **지식수준** : 여러 종류의 자극과 정보에 대해 심사숙고하여 의사를 결정하고 행동을 수행하는 것으로서, 예기치 못한 일이나 복잡한 문제를 해결할 수 있는 행동 수준의 의식수준

② **규칙수준** : 일상적인 반복작업 등으로서 경험에 의해 판단하고 행동규칙 등에 따라 반응하여 수행하는 의식수준

③ **숙련(반사)조작수준** : 오랜 경험이나 본능에 의하여 의식하지 않고 행동하는 것으로서, 아무런 생각없이 반사운동처럼 수행하는 의식수준

(2) System Performance와 Human Error의 관계

$$SP = f(H \cdot E) = K(H \cdot E)$$

① $K \fallingdotseq 1$: HE가 SP에 중대한 영향을 끼친다.(HCE : Human Caused Error)
② $K < 1$: HE가 SP에 risk를 준다.
③ $K \fallingdotseq 0$: HE가 SP에 아무런 영향을 주지 않는다(SCE : Situation Caused Error).

(3) 인간행동 관계요소

$$B = f(P \cdot E)$$

여기서, B : 행동, P : 개성, E : 환경, f : 함수

$$B = f(P \cdot E) \rightarrow Ba = f(P \cdot M \cdot E)$$

여기서, Ba : 사고행동, P : 개성, M : 물질, E : 환경

(4) Fail – safe

작업방법이나 기계설비에 결함이 발생되더라도 사고가 발생되지 않도록 이중, 삼중으로 제어를 하는 것을 말한다.

① Fail passive : 일반적인 산업기계 방식의 구조로 부품의 고장시 기계장치는 정지 상태로 옮겨간다.
② Fail operational : 병렬 또는 대기 여분계의 부품을 구성한 경우이며, 부품의 고장이 있어도 다음 정기점검까지 운전이 가능한 구조로 운전상 제일 선호하는 안전한 운전방법이다. 17. 5. 7 ⑦ 22. 3. 5 ⑦
③ Fail active : 부품이 고장나면 기계는 경보를 울리는 가운데 짧은 시간 동안의 운전이 가능하다.
④ Fail soft : 기계설비 또는 장치의 일부가 고장났을 때, 기능의 저하가 되더라도 전체로서는 기능을 정지시키지 않는 기법
⑤ Tamper proof : 고의로 안전장치를 제거하는 경우를 대비한 예방 설계 개념
19. 9. 21 ⑦

> **Q 은행문제**
>
> 휴먼 에러 예방 대책 중 인적 요인에 대한 대책이 아닌 것은?
> 18. 3. 4 ⑦
> ① 설비 및 환경 개선
> ② 소집단 활동의 활성화
> ③ 작업에 대한 교육 및 훈련
> ④ 전문인력의 적재적소 배치
>
> 정답 ①
>
> **해설**
> 휴먼에러 예방대책
> ① 물적대책 : 설비 및 환경 개선
> ② 인적대책
> ㉮ 소집단 활동의 활성화
> ㉯ 작업에 대한 교육 및 훈련
> ㉰ 전문인력의 적재적소 배치

주요항목 01 안전과 인간공학 출제예상문제

출제예상문제는 복습, 예습문제로 엮었습니다. *WHY : 실제시험에도 순서에 관계없이 출제됩니다. 예습 후 다음장에 공부한 문제가 있으면 기억이 배가 됩니다.

01 ★★★★ 다음 중 인간-기계 체계의 주목적은?
① 피로의 경감
② 경제성과 보건성
③ 신뢰성 향상과 사용도 확보
④ 안전의 최대화와 능률의 극대화

해설

인간 공학
① 인간-기계의 최종목적은 안전과 능률이다.
② 인간 공학의 최종목표 역시 안전과 능률이다.

02 ★★ 현실적으로 시스템을 사용하는 때에는 정비나 보수가 필수 불가결한 작업이다. 이러한 작업들로 인해 시스템의 신뢰도 함수가 가장 크게 영향을 받는 구조는?
① 대기구조
② n 중 K구조
③ 병렬구조
④ 직렬구조

해설

직렬연결·병렬연결 비교
(1) 직렬연결
  ① 제어계가 r개의 요소로 연결
  ② 각 요소의 고장이 독립적으로 발생
  ③ 어떤 요소의 고장도 제어계의 기능을 잃는 상태
(2) 병렬system
  ① 항공기나 열차의 제어장치처럼 한 부분의 결함이 중대한 사고를 일으킬 염려가 있는 경우에 적용하는 system
  ② 결함이 생긴 부품의 기능을 대체시킬 수 있는 장치를 중복 부착시켜 주는 system

보충학습

계면설계(interface design)
① 작업공간, 표시장치, 조종장치 등이 계면에 해당
② 계면설계를 위한 인간요소 관련 자료는 상식과 경험, 정량적 자료, 전문가의 판단 등

03 ★ 제어결과를 목표와 비교하여 상이할 경우 다시 feedback하여 수정해 나가는 제어방식은?
① open loop control
② sequential control
③ automation
④ closed loop control

해설

제어방식 비교
① 개방루프 제어방식 : 항공기의 방향 조정의 경우 항공기의 진로를 유지하기 위하여 기체의 역학적 특성, 진로상의 공기의 밀도와 바람 등을 사전에 충분히 알고 조정 방향을 시간적으로 프로그램함으로써 항공기가 소정의 비행로를 따라 비행하게 되는데 이와 같은 제어방식을 말한다.
② 피드백 제어방식 : 제어결과를 측정하여 목표로 하는 동작이나 상태와 비교하여 잘못된 점을 수정해 나가는 제어방식으로 피드백 제어에서는 제어의 결과를 목표와 비교하기 위하여 출력이 피드백측으로 피드백되어 전체가 하나의 폐루프를 구성하기 때문에 일명 폐쇄루프제어(closed loop control)라고도 한다.

04 ★★★ 평균고장시간이 4×10^8 시간인 요소 4개가 직렬 체계를 이루었을 때 이 체계의 수명은?
① 1×10^8 [시간]
② 4×10^8 [시간]
③ 16×10^8 [시간]
④ 8.3×10^8 [시간]

해설

직렬체계
① system이 직렬계를 이룬 경우는 그 요소의 개수로 나누어준다.
② 풀이 : $4 \times 10^8 \times \dfrac{1}{4} = 1 \times 10^8$ [hr]

보충학습 16. 10. 1

각각 10,000[시간] A, B
2개 지수분포 : $10,000 \times \left(1 + \dfrac{1}{2}\right) = 15,000$ [시간]

[정답] 01 ④ 02 ④ 03 ④ 04 ①

05 ★ 다음 인간의 단점 중 운동 출력 특징을 설명한 것은?

① 서 있는 자세에 의한 불안정 때문에 넘어지고 떨어지고 현기증을 일으킨다.
② 인간 감각기는 극히 한정된 대상밖에 지각할 수 없다.
③ 유사한 기억 때문에 혼란과 망각을 일으킨다.
④ 종래 습관이나 규율을 경시하거나 무시한다.

해설
인간의 장점과 약점

구 분	장 점	단 점
감각입력 (感覺入力) 특성	① 감각기는 단독 또는 복합하여 지각대상(知覺對象)의 질적 특징을 민첩하고 상세하게 분석한다. ② 패턴(pattern) 인식에 의하여 복잡한 소음 중에서 특정 대상을 직관적으로 인지한다. ③ 예측과 주의에 의하여 거대한 소음 중에서 특정의 필요 신호를 선택한다.	① 인간의 감각기는 물리현상 중의 극히 제한된 대상밖에 지각할 수 없다. ② 패턴 인식에 의한 착시(錯視), 감각기의 특성에 의한 착각(錯覺)이 일어나기 쉽다. ③ 예측하지 못한 사태에 빠지면 모르고 그냥 넘어가거나, 예측 과잉으로 주의가 생략되기 쉽다.
운동출력 (運動出力) 특성	① 양발로 서있으므로 동작·보행·운반의 자유도가 매우 크다. ② 양손에 의하여 다차원 동작(多次元動作)과 적응 처리의 숙련성, 창조적 기능을 발휘한다.	① 서 있는 자세에 의한 불안정 때문에 넘어지고, 떨어지고, 현기증을 일으킨다. ② 출력에는 기계적인 한계가 있으며, 힘이나 동력을 가하면 동작이 흐트러지기 쉽다.
중추처리 (中樞處理) 특성	① 지식과 체험이 풍부한 기억, 학습 능력이 우수하다. ② 직선적 사고에 의한 유연한 판단, 논리적 사고, 합리적인 판단을 한다. ③ 상황에 따라 신속히 판단을 바꾸고(非線形), 의지적 억제에 의하여 행동을 합리적으로 바꾼다. ④ 창의적 연구, 현상을 의심하고 다시 관찰하고, 발상과 창조, 호기심이 풍부하다. ⑤ 주체적 활동을 좋아하며, 의욕과 실천력으로 능력이 배가한다.	① 유사한 기억 때문에 혼란과 망각을 일으킨다. ② 판단 시간이 늦고 양도 적다. 급박한 장면에서는 판단이 흐려지기 쉽다. ③ 판단을 요하지 않는 단순 동작의 반복에 약하고, 쉽게 의식도 둔해지며, 피로하기 쉽다. ④ 종래의 습관이나 규율을 경시하거나 무시한다. ⑤ 자기욕구의 만족을 위해서는 수단 방법을 가리지 않고, 감정적으로 자기 주장을 내세운다.

06 ★★★ 안전진단 및 적절한 보전(保全)에 의해 방지할 수 있는 고장의 형태는?

① 초기고장 ② 마모고장
③ 피로고장 ④ 우발고장

해설
기계고장률의 기본모형
(1) 초기고장
  ① 감소형(DFR : Decreasing Failure Rate)
  ② 설계상·구조상 결함, 불량제조, 생산과정 등의 품질관리의 미비로 생기는 고장
  ③ 점검 작업이나 시운전 작업 등으로 사전에 방지할 수 있는 고장
  ④ 디버깅(debugging) 기간 : 기계의 결함을 찾아내 고장률을 안정시키는 기간
  ⑤ 번인(burn-in) 기간 : 물품을 실제로 장시간 움직여 보고 그동안에 고장난 것을 제거하는 기간
  ⑥ 비행기 : 에이징이라 하여 3년 이상 시운전
  ⑦ 욕조곡선(bath-tub) : 예방보전을 하지 않을 때의 곡선은 서양식 욕조 모양과 비슷하게 나타나는 현상
  ⑧ 예방보전(PM : Preventive Maintenance) → 디버깅, 번인, 에이징(aging)
(2) 우발고장
  ① 일정형(CFR : Constant Failure Rate)
  ② 신뢰도는 지수형으로, 고장까지의 무고장 동작시간은 지수분포로 나타낸다.
  ③ 우발적 사고, 자살 등 랜덤(random)꼴로 재해 발생
  ④ 예측할 수 없을 때에 생기는 고장으로 점검 작업이나 시운전 작업으로 재해를 방지할 수 없다.
  ⑤ 신뢰도 : $R(t) = e^{-\frac{t}{t_0}} = e^{-\lambda t}$ (평균고장시간 t_0인 요소가 t 시간 동안 고장을 일으키지 않을 확률)
(3) 마모고장
  ① 증가형(IFR : Increasing Failure Rate)
  ② 점차로 고장률이 상승하는 형으로, 볼 베어링 등 기계적 요소나 부품의 마모, 사람의 노화현상
  ③ 마모나 노화에 의해 어떤 시점에서 집중적으로 고장나는 특징을 가진다.
  ④ 고장이 집중적으로 일어나기 직전에 교환을 하면 고장을 사전에 방지할 수 있다.

07 ★★★★★ 인간과 기계의 신뢰도가 인간 60[%], 기계 95[%]인 경우 병렬 작업시 전체 신뢰도는? 18. 9. 15

① 98[%]   ② 99%[%]
③ 97%[%]   ④ 94%[%]

해설
신뢰도 계산
$R_s = 1 - (1 - 0.6)(1 - 0.95) = 0.98 \times 100 = 98[\%]$

[정답] 05 ① 06 ② 07 ①

08 기계설비의 배치에 대한 안전성 평가에서 검토해야 할 사항이 아닌 것은?

① 작업의 흐름에 따라 기계를 배치한다.
② 기계설비를 통로측에 설치할 수 없을 경우에는 작업자가 통로 쪽으로 등을 향하여 일하도록 배치하여야 한다.
③ 비상시에 쉽게 대비할 수 있는 통로를 마련하고 사고 진압을 위한 활동 통로가 반드시 마련되어야 한다.
④ 공장 내외는 안전한 통로를 두어야 하며, 통로는 선을 그어 작업장과 명확히 구별하도록 한다.

해설
기계설비 배치
① 작업자의 등은 통로 반대쪽이어야 한다.
② 이유는, 햇빛을 보고 작업할 수 없다.

09 시스템 또는 제품에 관한 모든 사고를 식별하고 설계 및 제조과정을 통하여 이들의 사고를 최소화하고 제어하는 것을 보증하는 시스템 공학의 일부분인 학문은?

① 시스템공학 ② 신뢰성 공학
③ 운용 안전성 공학 ④ 시스템안전공학

해설
시스템안전
어떤 시스템에 있어서 기능, 시간, 코스트의 제약조건하에서 인원 및 설비가 당하는 상해 및 손상을 최소한으로 줄이는 것

10 다음의 부품배치 원칙 중 위치를 정하기 위한 기준은? 12. 9. 15 ㉮

① 중요성의 원칙과 사용빈도의 원칙
② 사용빈도의 원칙과 기능별 배치의 원칙
③ 기능별 배치의 원칙과 사용순서의 원칙
④ 사용순서의 원칙과 중요성의 원칙

해설
위치 정하기 기준 : 중요성의 원칙과 사용빈도의 원칙

11 인간-기계 시스템에서 수동제어 시스템에 속하지 않는 것은?

① 연속적 추적 제어 ② 프로그램 제어
③ 계층 구조적 제어 ④ 시간 차트 제어

해설
자동제어의 종류
① 시퀀스 제어 ② 되먹임 제어 ③ 오토메이션

12 인간과 기계의 기능을 비교하여 인간의 기능이 현존하는 기계의 기능을 능가하는 경우는? 18. 9. 15 ㉮

① 주위의 이상하거나 예기치 못한 사건들을 감지한다.
② 사전에 명시된 사건, 특히 드물게 발생하는 사건을 감지한다.
③ 정보를 신속하고 대량으로 보관한다.
④ 큰 부하가 걸리는 상황에서도 효율적으로 작동한다.

해설
인간이 현존하는 기계를 능가하는 기능
① 저에너지의 자극을 감지하는 기능
② 복잡 다양한 자극의 형태를 식별하는 기능
③ 예기치 못한 사건들을 감지하는 기능(예감, 느낌)
④ 다량의 정보를 장시간 기억하고 필요시 내용을 회상하는 기능
⑤ 관찰을 일반화하여 귀납적으로 추리하는 기능
⑥ 원칙을 적용하여 다양한 문제를 해결하는 기능
⑦ 어떤 운용 방법이 실패할 경우 다른 방법을 선택(융통성)
⑧ 다양한 경험을 토대로 의사 결정, 상황적인 요구에 따라 적응적인 결정, 비상사태시 임기응변
⑨ 주관적으로 추산하고 평가하는 기능
⑩ 문제 해결에 있어서 독창력을 발휘하는 기능
⑪ 과부하(overload) 상태에서는 중요한 일에만 전념하는 기능

13 다음은 초기고장과 마모고장의 고장형태와 그 예방대책에 관한 내용이다. 연결이 잘못된 것은?

① 초기고장-감소형 ② 마모고장-증가형
③ 초기고장-디버깅 ④ 마모고장-스크리닝

해설
마모고장은 정기진단이 필요하다.

[정답] 08 ② 09 ④ 10 ① 11 ② 12 ① 13 ④

14 다음 중 layout의 원칙인 것은?

① 인간이나 기계의 흐름을 라인화한다.
② 사람이나 물건의 이동거리를 단축하기 위해 기계 배치를 분산화한다.
③ 운반작업을 수작업화한다.
④ 중간중간에 중복부분을 만든다.

해설

layout의 원칙
① 기계배치를 집중화할 것
② 운반작업을 기계화할 것
③ 중간부분에 중복부분을 없앨 것

15 다음 시스템의 신뢰도를 구하시오. (단위 %)
19. 4. 27 ㉠

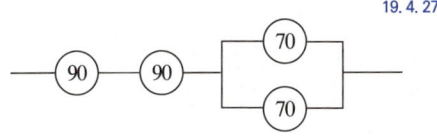

① 54[%]   ② 64[%]
③ 74[%]   ④ 84[%]

해설

신뢰도
$R_s = 0.9 \times 0.9\{1-(1-0.7)(1-0.7)\}$
$= 0.7371 \times 100 = 73.71 = 74[\%]$

16 인간의 신뢰도가 60[%], 기계의 신뢰도가 90[%]이면 인간과 기계가 직렬체계로 작업할 때의 신뢰도는 몇 [%]로 보는가? 18. 8. 19 ㉠

① 30   ② 54
③ 150   ④ 540

해설

$R_s = $ 인간 × 기계 $= 0.6 \times 0.9 = 0.54 \times 100 = 54[\%]$

17 인간공학에 사용되는 인간기준의 기본유형이 아닌 것은?

① 주관적 반응   ② 생리학적 지표
③ 인간성능척도   ④ 환경적응척도

해설

인간기준(human criteria)의 종류
① 인간의 성능 척도
② 주관적 반응
③ 생리학적 지표
④ 사고 및 과오빈도

18 작업설계를 함에 있어 철학적 접근방법은 무엇을 강조하는가? 18. 9. 15 ㉠

① 작업에 대한 책임   ② 작업만족도
③ 적성배치   ④ 작업능률

해설

작업설계
① 작업만족도를 위한 수단 : 작업만족도는 작업설계를 함에 있어 철학적으로 고려한 것이다.
② 작업설계(job design) ┌ 작업확대
                      └ 작업효율화(윤택화)
→ 작업만족도(job satisfaction) → 작업순환(작업능률, 생산성 향상)

19 인간이 현존하는 기계를 능가하는 조건이 아닌 것은?

① 어떤 운용방법이 실패할 경우 다른 방법을 선택한다.
② 관찰을 통해서 일반화하고 연역적으로 추리한다.
③ 원칙을 적용하여 다양한 문제를 해결한다.
④ 주위의 이상하거나 예기치 못한 사건들을 감지한다.

해설

인간·기계 기능
① 인간은 귀납적 기능으로 추리한다.
② 기계는 연역적 기능으로 추리한다.

[정답] 14 ① 15 ③ 16 ② 17 ④ 18 ② 19 ②

20 인간-기계 체계를 분석하는 방법 중의 하나인 OSD(Operational Sequence Diagram)에 사용되는 기본 기호 중 전달정보를 나타내는 기호는?

① 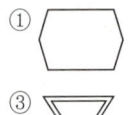   ②
③    ④ ○

해설

OSD(Operational Sequence Diagram)
'정보 – 의사결정 – 행동'으로 하는 작업순서를 기호로써 표시하는 방법
(1) 기본 기호
  ○ : 수신정보, □ : 행동, ▽ : 전달정보
(2) lamp가 점화된 것을 보고 button을 누르는 작업 순서

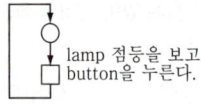

(3) light가 자동으로 켜지면 작업자는 그것을 보고 button을 누르는 경우의 OSD
  ① 작업자를 중심으로 한 기술

  ② 시스템을 중심으로 한 기술

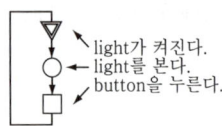

21 현실적으로 시스템을 사용하는 때에는 정비 보수가 불가결하다. 이러한 작업들로 인해 시스템의 신뢰도 함수가 가장 크게 영향을 받는 구조는?

① 내부구조   ② 중복구조
③ 병렬구조   ④ 직렬구조

해설
직렬연결은 자동차 운전 형태이다.

22 인간-기계 관계 측정법이 아닌 것은 어느 것인가?

① 순간조작 분석   ② 지각운동 정보분석
③ 정신적 신체 분석 ④ 사용빈도 분석

해설

인간-기계 관계 측정법(인간공학 연구방법)
① 순간조작 분석
② 지각운동 정보 분석
③ 연속 컨트롤 부담 분석
④ 전작업 부담 분석
⑤ 기계의 상호 연관성 분석
⑥ 사용빈도 부담 분석

23 인간-기계 체계의 분석 및 설계(체계 설계)에 있어서의 인간공학의 가치에 해당되지 않는 것은?

① 인력이용률의 향상
② 사고 및 미스로 인한 손실방지
③ 생산 및 정비유지의 경제성 증대
④ 적정배치

해설

인간-기계 체계의 설계에 있어서 인간공학의 가치
① 적절한 배경
② 적절한 장비
③ 적절한 환경
④ 적절한 직무
⑤ 훈련비용의 절감
⑥ 인력이용률의 향상
⑦ 사고 및 오용으로부터의 손실감소
⑧ 생산 및 정비유지의 경제성 증대

24 시스템 분석 및 설계에 있어서 인간공학의 가치와 거리가 먼 것은?

① 작업 숙련도의 감소
② 사용자의 수용도 향상
③ 성능치 향상
④ 사고 및 오용의 감소

해설
시스템과 인간공학은 발전하는 것이다.

[정답] 20 ③   21 ④   22 ③   23 ④   24 ①

25 인간-기계시스템에 대한 평가에서 평가척도나 기준(criteria)으로서 관심의 대상이 되는 변수는?

① 독립변수 ② 종속변수
③ 확률변수 ④ 통제변수

해설
종속변수
평가척도나 기준으로서 관심의 대상이 되는 변수

KEY ① 2015년 8월 16일(문제 30번) 출제
② 2019년 3월 3일 산업기사(문제 21번) 출제

26 자동제어 중 feedback 제어에 관한 설명 중 틀린 것은?

① 순서에 의하여 설명한다.
② 기계적 변위 제어
③ 제어의 목표치와 상태를 비교한다.
④ 자동 동작으로 일정한 값을 유지

해설
순서에 의한 것은 sequence 제어이다.

27 인간 – 기계 통합체계의 형태에 해당되지 않는 것은?

① 수동 ② 자동
③ 감지 ④ 기계화

해설
기계체계의 형태
① 수동체계 ② 기계화체계 ③ 자동화체계

28 인간공학적으로 조작구를 설계할 때 고려하여야 할 사항이 아닌 것은?

① 중량감 ② 탄력성
③ 마찰력 ④ 관성력

해설
조작구 설계시 인간공학적으로 고려하여야 할 사항
① 탄력성 ② 마찰력 ③ 관성력

29 화학설비의 안전성 평가 과정에서 제3단계인 정량적 평가 항목에 해당되는 것은?

① 목록 ② 공정계통도
③ 화학설비용량 ④ 건조물의 도면

해설
3단계 : 정량적 평가항목
① 해당 화학설비의 취급물질 ② 해당 화학설비의 용량
③ 온도 ④ 압력
⑤ 조작

KEY ① 2016년 3월 6일 기사 출제
② 2019년 3월 3일 산업기사 (문제 25번) 출제

30 인간 – 기계 체계에서 인간과 기계가 만나는 면(面)을 무엇이라고 하는가?

① 계면 ② 포락면
③ 의사결정면 ④ 인체설계면

해설
인간 – 기계의 계면(interface)
인간과 기계가 만나는 면(面)

31 인간 – 기계 시스템에서 시스템의 설계를 다음과 같이 구분할 때 제3단계인 기본설계에 해당되지 않는 것은?

1단계 : 시스템의 목표와 성능 명세 결정
2단계 : 시스템의 정의
3단계 : 기본설계
4단계 : 인터페이스설계
5단계 : 보조물설계
6단계 : 시험 및 평가

① 작업설계 ② 화면설계
③ 직무분석 ④ 기능할당

해설
인간 – 기계 시스템 기본 설계 3단계
① 작업설계 ② 직무분석
③ 기능할당 ④ 인간성능-요건명세

[정답] 25 ② 26 ① 27 ③ 28 ① 29 ③ 30 ① 31 ②

32 인간의 실수 중 개인 능력에 속하지 않는 것은?

① 긴장수준 ② 피로상태
③ 교육훈련 ④ 자질

해설
인간의 신뢰성 요인
① 주의력
② 의식수준
③ 긴장수준

● 자질은 인간의 특성이다.

33 인간에러 원인 중 개인능력에 해당되지 않는 것은?

① 피로상태 ② 교육훈련
③ 긴장수준 ④ 상태변화

해설
의식수준의 종류
① 경험연수
② 지식수준
③ 기술수준

34 인간의 실수원인 중 개인특성에 해당되는 것이 아닌 것은?

① 심신기능 ② 건강상태
③ 작업부적성 ④ 지식부족

해설
개인특성 3가지 : ①, ②, ③

35 다음 인간 – 기계 체계에서 각종 감각기능에 주어진 역할이 공통역할과 다른 것은?

① 지각 ② 청각
③ 미각 ④ 후각

해설
자극반응시간(reaction time)
① 시각 : 0.20[초]
② 청각 : 0.17[초]
③ 촉각 : 0.18[초]
④ 미각 : 0.70[초]

36 인간과 기계 체계에서 의사결정을 실행에 옮기는 과정에 해당되는 사항은?

① 기억 ② 응답
③ 출력 ④ 조작

해설
의사결정
① 정보저장 : 기억
② 통제 및 작업과정 : 행동기능
③ 행동 직전의 결심 및 조작 : 정보처리 및 의사결정
④ 의사결정을 실행에 옮기는 과정 : 출력

37 인간의 감각 중 반응시간이 가장 빠른 것은?

① 시각 ② 통각
③ 청각 ④ 촉각

해설
청각이 0.17초로 제일 빠르다.

38 다음 중 일정한 고장률을 유지한다고 알려져 있는 전자기구는? 06. 5. 14 기

① 트랜지스터 ② 진공관
③ 콘덴서 ④ 퓨즈

해설
콘덴서 : 일정한 시간 유지로 고장률 방지

39 부호의 3가지 유형과 관계없는 것은? 16. 3. 6 기

① 임의적 부호 ② 묘사적 부호
③ 사실적 부호 ④ 추상적 부호

해설
부호의 유형 3가지
① 임의적 부호 : 이미 고안된 부호이며 배워야 하는 부호이다.
② 묘사적 부호 : 사물이나 행동을 단순하고 정확하게 묘사한 부호이다.
③ 추상적 부호 : 전언의 기본요소를 도식적으로 압축한 부호이다.

[정답] 32 ④ 33 ④ 34 ④ 35 ① 36 ③ 37 ③ 38 ③ 39 ③

40 기준의 요건에 대한 설명 중 맞는 것은? 20.6.7 기

① 적절성 : 반복 실험시 재현성이 있어야 한다.
② 신뢰성 : 기준척도는 측정하고자 하는 변수 이외의 다른 변수의 영향을 받아서는 안된다.
③ 무오염성 : 기준이 의도된 목적에 부합하여야 한다.
④ 민감도 : 동일 단위로 환산 가능한 척도여야 한다.

해설

기준의 구비조건 3가지
(1) 인간의 신뢰도를 높이면 인간행동의 잘못은 크게 줄어든다.
(2) 사용되는 기준 3가지 : ①, ②, ③
(3) 설명은 제외

41 우리가 흔히 사용하는 시각적 표시장치와 청각적 표시장치 중 청각적 표시장치를 사용하는 것이 더 좋은 경우는?

① 전언이 공간적인 위치를 다룬다.
② 수신자의 청각 계통이 과부하 상태일 때
③ 직무상 수신자가 한 곳에 머무르는 경우
④ 수신장소가 너무 밝거나 암조응이 요구될 때

해설

①, ②, ③ 은 시각적 표시장치가 효과적일 때이다.

42 인간의 청각적 식별이 가능한 자극의 차원은?

① 강도
② 형태
③ 구성
④ 위치

해설

시각적 식별차원
① 형태 ② 구성 ③ 위치

43 정보가 음성으로 전달되어야 효과적일 때는 어느 경우인가?

① 정보가 어렵고 추상적일 때
② 정보가 긴급할 때
③ 정보의 영구적인 기록이 필요할 때
④ 여러 종류의 정보를 동시에 제시해야 할 때

해설

청각장치와 시각장치의 사용 경위 20.6.7 기 21.3.7 기 23.2.28 기 24.5.9 기 25.2.7 산

청각장치 사용(예)	시각장치 사용(예)
① 전언이 간단할 경우	① 전언이 복잡할 경우
② 전언이 짧을 경우	② 전언이 길 경우
③ 전언이 후에 재참조되지 않을 경우	③ 전언이 후에 재참조될 경우
④ 전언이 시간적인 사상(event)을 다룰 경우	④ 전언이 공간적인 위치를 다룰 경우
⑤ 전언이 즉각적인 행동을 요구할 경우	⑤ 전언이 즉각적인 행동을 요구하지 않을 경우
⑥ 수신자의 시각 계통이 과부하 상태일 경우	⑥ 수신자의 청각 계통이 과부하 상태일 경우
⑦ 수신 장소가 너무 밝거나 암조응(暗調應) 유지가 필요할 경우	⑦ 수신 장소가 너무 시끄러울 경우
⑧ 직무상 수신자가 자주 움직이는 경우	⑧ 직무상 수신자가 한 곳에 머무르는 경우

44 다음 중 정보의 시각적 제시가 바람직한 경우는?

① 주위 환경이 소란할 때
② 정보가 간단하고 직선적일 때
③ 정보가 정확한 순간을 다룰 때
④ 작동자가 여러 곳으로 움직여야 할 때

해설

②, ③, ④ 는 청각적 제시가 바람직한 상태이다.

45 통제표시비(C/D비)를 설계할 때에 고려해야 할 요소가 아닌 것은?

① 계기의 크기
② 방향성
③ 조작시간
④ 신뢰도

해설

통제표시비 설계 5요소
① 계기의 크기
② 공차
③ 목측거리
④ 조작시간
⑤ 방향성

【정답】 40 ④ 41 ② 42 ① 43 ② 44 ① 45 ④

46 양립성이란 인간의 기대가 자극들, 반응들, 혹은 자극-반응 등과 모순되지 않는 관계를 말한다. 다음 중 양립성의 분류에 해당되지 않는 것은?

① 공간 양립성   ② 형태 양립성
③ 개념 양립성   ④ 운동 양립성

해설

양립성의 종류
① 공간 양립성
② 개념 양립성
③ 운동 양립성
④ 양식 양립성

47 인간이 과오를 범하기 쉬운 작업 성격이 아닌 것은?

① 단독작업
② 공동작업
③ 장시간 감시
④ 다경로 의사결정

해설

인간과오를 유발하기 쉬운 작업의 특성
(1) 공동작업
　① 고속작업에서 수동제어 사이
　② 2인 이상의 작업자에 의한 step 사이
　③ 분산 배치되어 있는 조작반 수동제어 사이
(2) 속도와 정확성
　① 고속을 요하는 작업
　② 극도로 정확한 타이밍을 요하는 작업
　③ 의사결정 시간이 짧은 작업
(3) 판별
　① 장시간에 걸친 표시장치의 감시
　② 두 개 이상의 표시장치에 대한 빠른 변화의 비교
　③ 다수의 입력원에 기초한 의사결정
(4) 부적당한 입력특성
　① 구별해야 할 표시장치가 공통적인 특성을 많이 갖고 있는 경우
　② 구별해야 할 표시장치가 빠르게 변화하는 경우
　③ 자극 입력의 성질과 타이밍을 예측할 수 없는 경우
　④ 과오의 해결책이 작업수행을 방해하는 경우
　⑤ 부적당한 시각, 청각 또는 feedback에 따라서 행동하는 경우

48 정보를 전송하기 위한 표시장치를 선택할 때 청각장치를 사용하는 것이 더 좋은 경우는?

① 전언이 즉각적인 행동을 요구한다.
② 전언이 공간적인 위치를 다룬다.
③ 수신 장소가 너무 시끄러울 때
④ 직무상 수신자가 한 곳에 머무르는 경우

해설

정보전송
(1) ②, ③, ④ 는 시각적 표시장치를 사용하는 것이 효과적이다.
(2) 시각적 장치는 눈으로만 보는 것이 아니고 글로 쓰고 메모하는 것이다.

49 다음 중 정보를 받아들이는 기계에서 정보의 변수에 해당되는 사항이 아닌 것은?

① 규칙성   ② 정확성
③ 빈도   ④ 강도

해설

규칙성은 행동의 변수이다.

50 고장 모드의 예측선정시 item으로 전기 계통에 속하지 않는 것은?

① 개방   ② 잡음
③ 입·출력 불량   ④ 변형

해설

item
(1) FMEA의 전기 계통의 item
　① 개방   ② 탈락
　③ 잡음   ④ drift
　⑤ 입·출력불량 ⑥ 절연불량
(2) 기계적 item
　① 변형   ② 마모
　③ 파손   ④ 탈락
　⑤ 가열
(3) 유체계 item
　① 누설   ② 부식
　③ 폐쇄

[정답] 46 ② 47 ① 48 ① 49 ① 50 ④

51. 사고의 외적 요인으로서의 4M에 해당되지 않는 것은?

① Man
② Machine
③ Material
④ Media

해설

사고의 외적 요인 4M(인간에러 배후요인 4M)
① Man
② Machine
③ Media(Method)
④ Management

52. 피로에 영향을 주는 기계측의 인자가 아닌 것은?

① 기계의 종류
② 기계의 크기
③ 조작부분의 감촉
④ 기계의 색

해설

①, ③, ④ 외 조작부분의 배치

53. 기억 후 망각률이 가장 높은 기간은?

① 하루 이내
② 하루 이상 7일 이내
③ 7일 이상 15일 이내
④ 15일 이상 30일 이내

해설

기억은 24시간 이내 50[%] 이상을 망각한다.

54. 인간의 동작을 분석하는 경우 동작경제법칙에 속하지 않는 것은? 16. 10. 1 산

① 동작범위는 가급적 최소로 할 것
② 양손동작은 가급적 동시에 하도록 할 것
③ 동작순서는 합리화할 것
④ 중심이동을 가급적 크게 할 것

해설

동작경제의 3원칙
(1) 동작능력활용의 원칙(신체사용에 관한 원칙)
 ① 발 또는 왼손으로 할 수 있는 것은 오른손을 사용하지 않는다.
 ② 양손으로 동시에 작업을 시작하고 동시에 끝낸다.
(2) 작업량 절약의 원칙(공구 및 설비의 설계에 관한 원칙)
 ① 적게 운동한다.
 ② 재료나 공구는 취급하는 부근에 정돈할 것
 ③ 동작의 수를 줄일 것
 ④ 동작의 양을 줄일 것
 ⑤ 물건을 장시간 취급할 때는 장구를 사용할 것
(3) 동작개선의 원칙(작업역의 배치에 관한 원칙)
 ① 동작이 자동적으로 리드미컬한 순서로 한다.
 ② 양손은 동시에 반대방향으로 좌우대칭적으로 운동하게 할 것
 ③ 관성, 중력, 기계력 등을 이용할 것
 ④ 작업점의 높이를 적당히 하고 피로를 줄인다.

55. 기계의 정보처리기능에 알맞은 것은?

① 임기응변적 기능
② 응용능력적 기능
③ 연역적 처리 기능
④ 귀납적 처리 기능

해설

정보처리기능
① 기계는 연역적
② 인간은 귀납적

56. 계기반(計器盤) panel의 형 중 주로 대략의 값과 시간적 변화를 필요로 하는 경우에 쓰이는 경우는?

① 지침이동형(指針移動形)
② 지침고정형(指針固定形)
③ 계수형(計數型)
④ 원형 눈금

해설

Panel 선택
① 계수형 : 정확, 정밀값
② 원형 눈금 : 대략적 값

[정답] 51 ③ 52 ② 53 ① 54 ④ 55 ③ 56 ④

57 인간에러요인 중 환경조건의 상태악화와 관련이 먼 것은?

① 정전 ② 색채부조화
③ 소음 ④ 고온

해설
인간의 동작특성 중 외적 요인
① 동적(動的) 조건 : 대상물의 동적 성질에 따른 조건이며 최대 요인이 된다.
② 정적(靜的)조건 : 높이, 폭, 길이, 크기 등의 조건
③ 환경(環境)조건 : 기온, 습도, 조명, 분진 등의 물리적 환경 조건

58 Human error의 주요소인 정신력과 관계있는 생리적 조건이 아닌 것은?

① 피로 ② 근육운동의 부적합
③ 생리적 이상 ④ 정신력의 부족

해설
근육운동의 부적합은 물리적인 요인이다.

59 인간과 기계계에서 기계의 표시기에 해당되는 인간계의 요소는?

① 환경요인 ② 기억
③ 감각기 ④ 중추신경

해설
표시기는 보기 위한 눈이다. 즉, 감각기를 의미한다.

60 다음 중 사정효과(range effect)를 바르게 설명한 것은? 21. 3. 7 ②

① 조작자가 움직일 수 있는 속도나 조종장치에 가할 수 있는 위험에는 상한이 없다.
② 조작자는 작은 오차에는 과잉반응, 큰 오차에는 과소반응을 한다.
③ 조작자는 비우발적인 입력신호는 미리 알 수 있다.
④ 조작자는 남을 때까지는 반응하지 못한다.

해설
② 는 사정효과의 설명이다.

61 다음 표시장치 중 동적 표시장치는?

① 도로표지판 ② 도표
③ 지도 ④ 고도계

해설
표시장치
(1) 정적 표시장치
 ① 간판 ② 도표 ③ 그래프 ④ 인쇄물 ⑤ 필기물
(2) 동적 표시장치
 ① 온도계 ② 기압계 ③ 속도계 ④ 고도계

62 display를 layout할 때의 기본요인이 아닌 것은?

① 확인 ② group 편성
③ 관련성 ④ 보편성

해설
display의 기본요인
① 확인
② group 편성
③ 관련성
④ 가시성

63 음량수준을 측정할 수 있는 세 가지 척도에 해당되지 않는 것은? 19. 3. 3 ②

① phon에 의한 음량수준
② 지수에 의한 수준
③ 인식소음수준
④ sone에 의한 음량수준

해설
음량수준 측정 3가지 : ①, ③, ④

[정답] 57 ① 58 ② 59 ③ 60 ② 61 ④ 62 ④ 63 ②

64 ★★ 기계의 정보저장 형태에 속하지 않는 것은 다음 중 어느 것인가?

① 펀치카드
② 자기테이프
③ 녹음테이프
④ 위치카드

해설

정보저장
(1) 인간의 저장방법 : 기억
(2) 기계의 저장방법 : ①, ②, ③

65 단일 차원의 시각적 암호 중 구성암호, 영문자암호, 숫자암호에 대하여 암호로서의 성능이 가장 좋은 것부터 배열한 것은? 17. 5. 7 산

① 숫자암호 – 영문자암호 – 구성암호
② 영문자암호 – 숫자암호 – 구성암호
③ 영문자암호 – 구성암호 – 숫자암호
④ 구성암호 – 숫자암호 – 영문자암호

해설

시각적 암호의 비교
- 숫자, 영자, 기하적 형상, 구성, 색의 비교실험
  식별, 위치, 계수, 비교, 확인의 실험 → 숫자, 색 암호의 성능 우수, 다음으로 영자, 형상암호, 구성암호의 순

66 감각저장으로부터 정보를 작업기억으로 전달하기 위한 코드화 분류에 해당되지 않는 것은? 21. 5. 15 기

① 시각코드
② 촉각코드
③ 음성코드
④ 의미코드

해설

코드화 분류
① 시각코드
② 음성코드
③ 의미코드

[정답] 64 ④ 65 ① 66 ②

주요항목 02 위험성 파악·결정

중점 학습내용

본 장은 위험성 파악·결정 등을 기술하였다. 특히 안전성 평가 6단계 기법을 기술하여 자기자신을 항상 산업재해에 대비하여 점검과 예방을 할 수 있도록 하였고 산업체에서 산업재해가 일어나지 않도록 하기 위하여 21세기 실무안전관리자의 역할을 할 수 있도록 하였다. 그 중심적인 내용은 다음과 같다.

❶ 위험성 평가
❷ 시스템 위험성 추정 및 결정

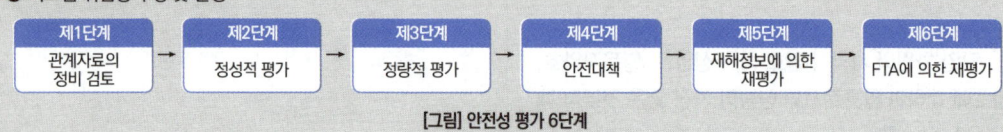

[그림] 안전성 평가 6단계

합격예측 25. 2. 7 산

리스크(risk : 위험) 처리기술
① 회피(avoidance)
② 경감, 감축(reduction)
③ 보류(retention)
④ 전가(transfer)

① 신뢰도 : $R(t) = e^{-\lambda t}$
② 불신뢰도 : $R(t) = 1 - e^{-\lambda t}$

Q 은행문제

위험성평가(risk assessment)의 순서가 올바르게 나열한 것은?
19. 3. 30 기

ㄱ. 위험요인의 결정
ㄴ. 유해위험 요인별 위험성 조사·분석
ㄷ. 기록 및 검토
ㄹ. 위험성 감소조치의 실시
ㅁ. 유해 위험요인 파악

① ㄱ→ㄴ→ㄷ→ㄹ→ㅁ
② ㄱ→ㄴ→ㄹ→ㄷ→ㅁ
③ ㄴ→ㅁ→ㄱ→ㄹ→ㄷ
④ ㅁ→ㄴ→ㄱ→ㄹ→ㄷ

정답 ④

  **1. 위험성 평가**

1. 위험성 평가의 정의 및 개요

(1) Assessment의 정의

Assessment란 설비나 제품의 설비, 제조, 사용에 있어서 기술적, 관리적 측면에 대하여 종합적인 안전성을 사전에 평가하여 개선책을 제시하는 것을 말한다.

(2) 안전평가의 종류 21. 8. 14 기

① 테크놀로지 어세스먼트(Technology Assessment) :
 기술개발과정에서 효율성과 위험성을 종합적으로 분석 판단함과 아울러 대체 수단의 이해득실을 평가하여 의사결정에 필요한 포괄적인 자료를 체계화한 조직적인 계측과 예측의 process라고 말한다. 일명 '기술개발의 종합평가'라고도 말할 수 있다.

② 세이프티 어세스먼트(Safety Assessment)=Risk Assessment :
 설비의 전공정에 걸친 안전성 사전평가 행위

③ Risk Assessment(Risk Management) : 위험성 평가

④ Human Assessment : 인간, 사고상의 평가

(3) 안전성 평가의 목적

① 화학설비의 안전성의 평가의 목적은 다음과 같다. 화학물질을 제조, 저장, 취급하는 화학설비(건조설비 포함)를 신설, 변경, 이전하는 경우, 설계단계에서 화학설비의 안전성을 확보하기 위하여 안전성 평가를 실시함으로써 화학설비의 사용시 발생할 위험을 근원적으로 예방하고자 하는 데 평가의 목적이 있다.

② 사업장의 근본적 안전을 확보하기 위해서 기계·설비의 설계단계에서 안전성을 충분히 검토하여 위험의 발견시 필요한 조치를 강구함으로써 재해를 사전에 예방하고자 하는 데 그 목적이 있다.

③ 법적 목적 : 산업안전보건법에서는 고용노동부령이 정하는 업종 및 규모에 해당하는 사업의 사업주는 해당 사업에 관계있는 건설물, 기계·기구 및 설비 등을 설치, 이전하거나 그 주요 구조부분을 변경할 때는 유해·위험방지계획서를 해당작업시작 15일 전(건설업은 공사착공 전날)까지 한국산업안전보건공단에 2부를 제출하도록 하고 있다.

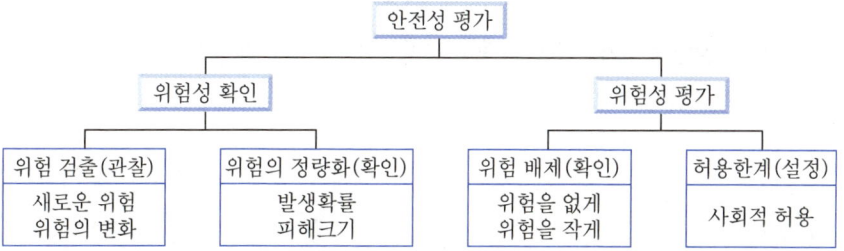

[그림] 안전성 평가

2. 평가대상 선정

(1) 안전성 평가 6단계

1 1단계 : 관계 자료의 정비 검토(작성 준비)

① 입지조건
② 화학설비 배치도
③ 건조물의 평면도, 단면도 및 입면도
④ 제조공정의 개요
⑤ 기계실 및 전기실의 평면도, 단면도 및 입면도
⑥ 공정계통도
⑦ 운전요령
⑧ 요원배치 계획
⑨ 배관이나 계장 등의 계통도
⑩ 제조공정상 일어나는 화학반응
⑪ 원재료, 중간체, 제품 등의 물리화학적인 성질 및 인체에 미치는 영향

합격예측

안전성 평가의 6단계

① 1단계 : 관계자료의 정비 검토
② 2단계 : 정성적 평가
③ 3단계 : 정량적 평가
④ 4단계 : 안전대책
⑤ 5단계 : 재해정보에 의한 재평가
⑥ 6단계 : FTA에 의한 재평가

참고

유해·위험방지계획서 제출서류(제조업)

① 건축물 각 층의 평면도
② 기계·설비의 개요를 나타내는 서류
③ 기계·설비의 배치도면
④ 원재료 및 제품의 취급, 제조 등의 작업방법의 개요
⑤ 그 밖에 고용노동부장관이 정하는 도면 및 서류

합격예측

정량적 평가의 5항목

① 해당 화학설비의 취급물질
② 용량   ③ 온도
④ 압력   ⑤ 조작

Q 은행문제

중량물 들기작업을 수행하는 데, 10분 간의 산소소비량을 측정한 결과 200[L]의 배기량 중에 산소가 16[%], 이산화탄소가 4[%]로 분석되었다. 해당 작업에 대한 분당 산소소비량[L/min]은 얼마인가?(단, 공기 중 질소는 79vol[%], 산소는 21vol[%]이다.)

해설

① 분당 배기량 :
$$V_2 = \frac{\text{총 배기량}}{\text{시간}} = \frac{200}{10}$$
$= 20[\text{L/min}]$

② 분당 흡기량 :
$$V_1 = \frac{(100 - O_2 - CO_2)}{79} \times V_2$$
$$= \frac{(100-16-4)}{79} \times 20$$
$= 20.25[\text{L/min}]$

③ 분당 산소소비량 :
$= (V_1 \times 21[\%]) - (V_2 \times 16[\%])$
$= (20.25 \times 0.21) - (20 \times 0.16)$
$= 1.05[\text{L/min}]$

합격예측

안전성 평가의 4가지
① 체크리스트에 의한 평가
② 위험의 예측평가
③ 고장형과 영향분석
④ FTA법

비간략구조의 신뢰도 구하는 방법
① 사상공간법
② 경로추적법
③ 분해법
④ minimum cut-set
⑤ minimum tie-set

(1) 정성적 평가(제2단계)
① 설계관계 22. 3. 5 ⑦
　입지조건, 공장내의 배치, 건물용, 소방용 설비 등
② 운전관계
　원재료, 중간제품 등의 위험성, 프로세스의 운전조건 수송, 저장 등에 대한 안전대책, 프로세스기기의 선정요건
(2) 안전성평가(安全性評價 : safety assessment)
① 새로운 시스템이나 설비(設備) 등을 도입할 때, 사고의 발생을 미연(未然)에 방지하기 위해서, 설계(設計)나 계획단계(計劃段階)에서 안전에 관한 평가를 시행하는 것으로, 그 결과에 따라서 대책(對策)을 강구(講究)한다.
② 운용 중인 시스템이나 설비에 관해서, 각각의 위험도(危險度)를 평가함으로써, 대책의 우선순위를 결정하는 등, 효율적인 안전 관리(安全管理)·안전투자(安全投資)를 가능하게 하기 위한 평가에 관한 것이라는 것도 있다.

Q 은행문제

위험성 평가 시 위험의 크기를 결정하는 방법이 아닌 것은?
　　　　　　　　　　20. 9. 19 ⓢ
① 덧셈법　　② 곱셈법
③ 뺄셈법　　④ 행렬법
　　　　　　　　정답 ③

해설

위험성 평가 시 위험의 크기 결정 방법
① 덧셈법
② 곱셈법
③ 행렬법

2 2단계 : 정성적 평가

16. 5. 8 ⑦　16. 10. 1 ⓢ　17. 3. 5 ⑦　17. 8. 26 ⑦
18. 3. 4 ⑦　19. 3. 3 ⑦　21. 3. 7 ⑦　23. 7. 8 ⑦　25. 2. 7 ⑦

① 정성적 평가내용에 포함사항
　㉮ 입지조건
　㉯ 공장 내의 배치
　㉰ 소방설비
　㉱ 공정기기
　㉲ 수송·저장
　㉳ 원재료, 중간체, 제품

② 1·2단계의 입지조건에 포함 사항
　㉮ 지형은 적절한가, 지반은 연약하지 않은가, 배수는 적당한가
　㉯ 지진, 태풍 등에 대한 준비는 충분한가
　㉰ 물, 전기, 가스 등의 사용 설비는 충분히 확보되어 있는가
　㉱ 철도, 공항, 시가지, 공공시설에 관한 안전을 고려하고 있는가
　㉲ 긴급시에 소방서, 병원 등의 방재구급기관의 지원 체제는 확보되어 있는가

3 3단계 : 정량적 평가항목
16. 3. 6 ⑦　19. 3. 3 ⓢ　19. 4. 27 ⑦　20. 6. 7 ⑦　20. 8. 22 ⑦

① 해당 화학설비의 취급물질
② 해당 화학설비의 용량
③ 온도
④ 압력
⑤ 조작

[표] 정량적 평가법(위험도 등급 및 점수)

구분	A(10점)	B(5점)	C(2점)	D(0점)
물질	① 폭발성 물질 ② 발화성 물질 중 금속리튬, 금속칼륨, 금속나트륨, 황린 ③ 가연성 가스 중 1[m²]당 2[kg] 이상의 압력을 가진 아세틸렌 ④ 위의 ①~③과 동일한 정도의 위험성이 있는 물질	① 발화성의 물질 중 황화린, 적린 ② 산화성의 물질 중 염소산염류, 과염소산염, 무기과산화물 ③ 인화성의 물질 중 인화점이 영하 30[℃] 미만의 물질 ④ 가연성 가스 ⑤ 위의 ①~④와 동일한 정도의 위험성이 있는 물질	① 발화성의 물질 중 셀룰로이드류, 탄화칼슘, 인화석회, 마그네슘분말, 알루미늄 분말 ② 인화성의 물질 중 인화점이 영하 30[℃] 이상 30[℃] 미만의 물질 ③ 위의 ①~②와 동일한 위험성이 있는 물질	A·B 및 C 어느 것에도 속하지 않는 물질
	여기서 말한 물질이란 원재료, 중간체 및 생성물 중 가장 위험성이 큰 것을 말함. 폭발한계의 10[%] 미만의 미량으로 취급하는 경우는 고려하지 않음			

구분	A(10점)	B(5점)	C(2점)	D(0점)
화학 설비의 용량	1,000 이상	500 이상 1,000 미만	100 이상 500 미만	100 미만
	100 이상	50 이상 100 미만	10 이상 50 미만	10 미만
	* 촉매 등을 충전한 반응 장치 등에 관해서는 충전물을 제외한 공간체적으로 함. * 기액혼합계에 있어서의 반응장치에 관해서는 반응형태에 따라, 정제장치에 관해서는 정제 형태에 따라 선택하되 화학반응이 일어나지 않는 정제장치 및 저장장치에 관해서는 1등급을 감하여 평가한다. 단, D급의 것에 대하여는 그대로 한다. ① 기체로 취급하는 경우의 용량(단위 : m³) ② 액체로 취급하는 경우의 용량(단위 : m³)			
온도	1,000[℃] 이상으로 취급되는 경우에 그 취급 온도가 발화 온도 이상의 경우	① 1,000[℃] 이상으로 취급되는 경우에 그 취급온도가 발화 온도 미만의 경우 ② 250[℃] 이상 1,000[℃] 미만에서 취급 온도가 발화온도 이상인 경우	① 250[℃] 이상 1,000[℃] 미만에서 취급하는 경우에 그 취급온도가 발화 온도 미만의 경우 ② 250[℃] 미만에서 취급하는 경우에 그 취급온도가 발화 온도 이상의 경우	250[℃] 미만에서 취급하는 경우에 그 취급온도가 발화온도 미만의 경우
압력 (1[cm²]당 [kg])	1,000 이상	200 이상 1,000 미만	10 이상 200 미만	10 미만
조 작	폭발범위 또는 그 부근에서의 조작	① 온도 상승속도가 400 이상의 조작 ② 운전조건이 통상의 조건에서 25[%] 변화하면 위 ①의 상태로 되는 조작 ③ 운전자의 판단으로 조작이 행해지는 것 ④ 설비 내에 공기 등의 불순물이 들어가 위험한 반응을 일으킬 가능성이 있는 조작 ⑤ 분진폭발을 일으킬 염려가 있는 먼지 혹은 증기를 취급하는 조작 ⑥ 위의 ①~⑤와 동일한 정도의 위험성이 있는 조작	① 온도 상승속도가 4 이상 400 미만의 조작 ② 운전 조건이 통상의 조건에서 25[%] 변화하면 위 ①의 상태로 되는 조작 ③ 그 조작이 미리 기계에 프로그램화되어 있는 것 ④ 정제조작 중 화학반응이 따르는 것 ⑤ 위의 ①~④와 동일한 정도의 위험성이 있는 조작	① 온도 상승속도가 4 미만의 조작 ② 운전조건이 통상의 조건에서 25[%] 변화하면 위 ①의 상태로 되는 조작 ③ 반응용기 내에 70[%] 이상의 물이 들어있는 것 ④ 정제조작 중 화학반응이 따르지 않는 것 및 저장 ⑤ 위의 ①~④ 외에 A, B 및 C의 어느 것에도 속하지 않는 조작	

※ 주 : 온도 상승속도(1분당 섭씨 몇 도)=A÷(B×C×D)

여기서, A : 반응에 따른 발열속도(1분당 킬로칼로리 : kcal/min)
B : 화학설비 내의 물질의 비열(섭씨 1도 및 1킬로칼로리 : kcal/kg·℃)
C : 화학설비 내의 물질의 밀도(1세제곱미터당 킬로그램)
D : 화학설비 내의 용량(세제곱미터)

합격예측

위험도 등급 및 점수
① 1등급(16점 이상) : 위험도가 높음
② 2등급(11~15점 이하) : 주위 상황, 다른 설비와 관련해서 평가한다.
③ 3등급(10점 이하) : 위험도가 낮다.

예방보전(Preventive Maintenance : PM)
① 예방보전(豫防保全)은 기계설비의 성능이 표준이하의 상태(고장)로 떨어지는 것을 사전에 방지하는 보전활동을 말한다.
② 설비의 예방보전(PM)이란 예정된 시기에 점검 및 시험·급유·조정·분해정비(overhaul)·계획적 수리 및 부품품 갱신 등을 행하여, 설비성능의 저하와 고장 및 사고를 미연에 방지하고, 설비의 성능을 표준 이상으로 유지하는 보전활동이다.

제2단계 : 정성적 평가요소
(1) 설계관계 평가요소
 ① 건조물 18. 3. 4 **7**
 ② 입지조건
 ③ 공장내 배치
(2) 운전관계 평가요소
 ① 원재료
 ② 중간제품
 ③ 공정 및 공정기기
 ④ 수송 및 저장

합격예측

안전점검의 멀티플 체크의 순서

① 1단계(시스템 어프로치) : 대상에 대한 시스템에 어떤 문제 있는가를 명확히 한다.
② 2단계 : 체크리스트에 의하여 안전진단을 행한다.
③ 3단계(FMEA) : 주요 요인에 대한 잠재위험성을 정량적으로 평가하여 중요도를 정한다.
④ 4단계(안전대책의 시행) : FMEA 결과를 기초로 안전대책을 실행한다.
⑤ 5단계(what if) : 재해상정에 의한 제4단계까지의 경과를 평가하여 보고 "만약에 …라면" 등으로 살펴본다.
⑥ 6단계 : EAT와 FTA를 활용하여 종합 평가한다.

4 4단계 : 안전대책수립 18. 9. 15 ㉮ 21. 5. 15 ㉮ 23. 2. 28 ㉮ 25. 2. 7 ㉮

① 설비 등에 관한 대책(위험등급 1·2등급의 물적 안전조치사항)
  ㉮ 소화용수 및 살수설비설치
  ㉯ 특수한 계장 또는 설비
  ㉰ 폐기설비 및 급랭설비
  ㉱ 용기 내 폭발방지설비설치
  ㉲ 원격조작
  ㉳ 경보장치설치
  ㉴ 가스검지기설치
  ㉵ 배기설비설치
  ㉶ 비상용 전원장치설치
  ㉷ 폭풍으로부터 보호대책(1급 : 30[m] 이상 격리, 2급 : 15[m] 이상 격리)

② 위험등급 3등급시 설비 등에 관한 대책
  ㉮ 소화용수 및 살수설비설치
  ㉯ 정전기 방지대책강구
  ㉰ 배기설비설치

③ 관리적 대책
  ㉮ 적정한 인원배치
  ㉯ 보전
  ㉰ 안전교육훈련

5 5단계 : 재해 사례(정보)에 의한 평가

6 6단계 : FTA에 의한 재평가

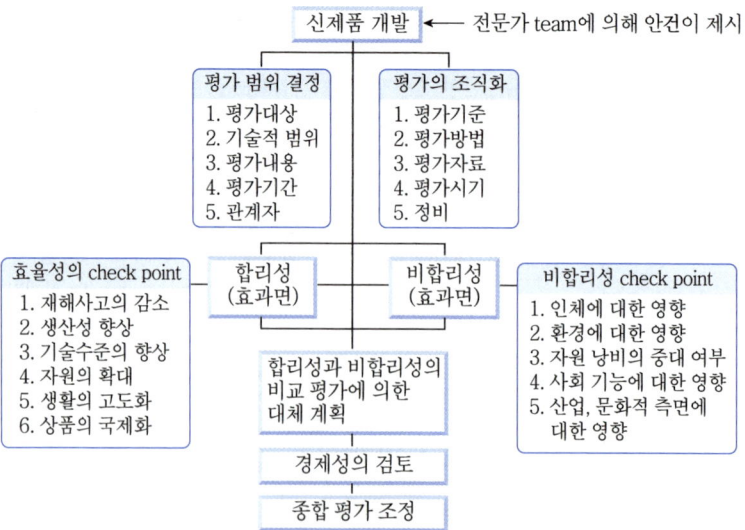

[그림] 기술개발의 종합평가도

3. 평가항목

(1) HAZOP 위험성 평가 용어정리

① 의도(intention) : 의도는 어떤 부분이 어떻게 작동될 것으로 기대된 것을 뜻한다. 이것은 서술적일 수 있고 도면화될 수도 있다. 많은 경우에 플로 시트나 라인 다이어그램을 사용한다.(설계자가 바라고 있는 운전조건)

② 이상(deviation : 이탈) : 이상은 의도에서 벗어난 것을 뜻하며 유인어를 체계적으로 적용하여 얻어진다.

③ 원인(cause) : 이상이 발생한 원인을 뜻한다. 이상이 있을 수 있거나 현실적인 원인을 가질 경우, 의미있는 것으로 취급한다.

④ 결과(consequence) : 이상이 발생할 경우 그 결과이다.

⑤ 위험(hazard) : 손상, 부상 또는 손실을 초래할 수 있는 결과를 뜻한다.

⑥ 공정변수(pzrameter) : 유량, 압력, 온도, 물리량이나 공정의 흐름조건을 나타내는 변수

(2) 유인어(guide words) 16. 5. 8 ⑦ 18. 3. 4 ⑦ 20. 8. 22 ⑦ 20. 9. 27 ⑦ 23. 6. 4 ⑦

간단한 말로써 창조적 사고를 유도하고 자극하여 이상(deviation)을 발견하기 위하여 의도(intention)를 한정시키기 위해 사용한다. 즉, 구성원들의 사고를 이용해 조작방법이나 오동작을 개선하는 것이다.

① NO 또는 NOT : 설계 의도의 완전한 부정을 의미

② AS Well AS : 성질상의 증가를 나타내는 것으로 설계의도와 운전조건 등 부가적인 행위와 함께 일어나는 것을 의미

③ PART OF : 성질상의 감소, 성취나 성취되지 않음을 나타냄

④ MORE LESS : 양의 증가 또는 양의 감소로 양과 성질을 함께 나타냄

⑤ OTHER THAN : 완전한 대체를 의미 21. 9. 12 ⑦ 22. 4. 24 ⑦

⑥ REVERSE : 설계의도와 논리적인 역을 의미

(3) 사고발생확률 계산

현상 A, B, C … N의 발생확률을 $q_A q_B q_C … q_N$으로 하면 그것들의 논리곱 및 논리합의 확률은 다음과 같다. n개의 논리 현상에 대하여

① 논리곱(AND 게이트)확률 : $q(A \cdot B \cdot C \cdots N) = q_A \cdot q_B \cdot q_C \cdots q_N$

② 논리합(OR 게이트)확률 : $q(A+B+C \cdots N) = 1-(1-q_A)(1-q_B)(1-q_C)$
$$= 1-(1-q_N)$$

따라서 불 대수와 이들의 확률 현상의 계산식을 사용함으로써 FT의 모든 최하단의 현상발생확률이 주어지면 그 FT의 정상 현상, 즉 구하고자 하는 재해의 발생확률을 계산할 수 있다.

합격예측

비합리성의 체크포인트
① 사회기능에 대한 영향
② 산업, 문화적 측면에 대한 영향
③ 인체에 대한 영향
④ 자연환경에 대한 영향
⑤ 자원낭비의 증대여부

생략사상을 나타내는 기호

① 생략사상

② 생략사상(인간의 에러)
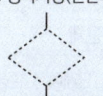

③ 생략사상(간소화)

④ 생략사상(조작자의 간과)

합격예측

효율성의 체크 point
① 재해사고의 감소
② 생산성의 향상
③ 기술수준의 향상
④ 자원의 확대
⑤ 생활의 고도화
⑥ 상품의 고도화

- 최소컷셋 : 시스템의 위험성
- 최소패스셋 : 시스템의 신뢰성

은행문제

1. 위험관리 단계에서 발생빈도보다는 손실에 중점을 두며, 기업 간 의존도, 한 가지 사고가 여러가지 손실을 수반하는 것에 대해 유의하여 안전에 미치는 영향의 강도를 평가하는 단계는? 17. 9. 23 ⑦
① 위험의 파악 단계
② 위험의 처리 단계
③ 위험의 분석 및 평가 단계
④ 위험의 검출확인, 측정방법 단계

정답 ③

2. 다음의 위험관리 단계를 순서대로 나열한 것으로 맞는 것은? 19. 9. 21 ⑭

[다음]
㉠ 위험의 분석
㉡ 위험의 파악
㉢ 위험의 처리
㉣ 위험의 평가

① ㉠-㉡-㉢-㉣
② ㉡-㉠-㉣-㉢
③ ㉠-㉢-㉡-㉣
④ ㉡-㉢-㉠-㉣

정답 ②

(4) minimal cut과 minimal path

① minimal cut : FT는 신뢰성 그래프에서 대응하고 있는 것에서 얻어진 개념으로 FT에서의 cut이란 그 중에 포함되는 모든 기본사상이 일어났을 때 정상사상이 일어나게 되는 기본사상의 짜임인 것이다. 이와 같은 cut 중 정상사상이 일어나기 위한 필요 최소한도의 cut을 minimal cut이라 한다. FTA에 있어서 이러한 minimal cut은 시스템의 약점을 표시한다.

② minimal path : path란 그 속에 포함되는 모든 기본사상이 일어나지 않았을 때 정상사상이 일어나지 않게 되는 기본사상의 짜임으로 그 필요 최소한의 것을 minimal path라고 한다. FTA에 있어서 이러한 minimal path는 대책의 필요점을 표시한다.

4. HAZOP 위험관리 절차 23. 3. 1 ⑭

(1) 위험 및 운전성 검토절차

① 목적과 범위를 결정한다.
② 검토 팀(team)을 선정한다.
③ 검토 준비를 한다.
④ 검토를 행한다.
⑤ 후속조치를 취한다.
⑥ 결과를 기록한다.

(2) 위험 및 운전성 검토 구성원 : 구성인원은 3~5명

① 연구개발담당자
② 생산관리부장
③ 화공기술자
④ 기계기술자
⑤ 설계관리감독자

(3) 위험 및 운전성 검토준비작업 4단계

① 1단계 : 자료의 수집
② 2단계 : 수집된 자료의 수정
③ 3단계 : 검토순서 계획의 수립
④ 4단계 : 필요한 회의 수집

(4) 위험성 평가(risk assessment)

risk management(위험관리)와 동의어로서, 산업안전에 속하는 위험관리는 바로 안전성 평가이다.

(5) 위험성 평가의 순서

① 위험성의 검출과 확인
② 위험성 측정과 분석평가
③ 위험성의 처리(위험성의 제거 내지 극소화)
④ 위험성 처리방법의 선택
⑤ 계속적인 위험성 감시

(6) 기술개발의 종합평가(technology assessment) 21. 8. 14 ⑦

① technology assessment : 기술개발의 과정에서 효율성과 비합리성을 종합적으로 분석, 판단하고 대체수단의 이해득실을 평가하여 의사결정에 필요한 종합적인 자료를 체계화한 조직적인 계획과 예측의 과정을 의미한다.

② technology assessment의 5단계
  ㉮ 1단계 : 사회적 복리 기여도
  ㉯ 2단계 : 실현 가능성
  ㉰ 3단계 : 안전성과 위험성
  ㉱ 4단계 : 경제성
  ㉲ 5단계 : 종합평가 조정

(7) TOP이론(콤페스, P.C.Compes)

① T(Technology) : 기술적 사항으로 불안전한 상태를 지칭
② O(Organization) : 조직적 사항으로 불안전한 조직을 지칭
③ P(Person) : 인적사항으로 불안전한 행동을 지칭

(8) 시스템 안전해석

① 인간-기계 시스템 해석(man-machine system analysis)
② 정성적 해석 및 정량적 해석
③ 연역적 해석 및 귀납적 해석
④ 결함수 분석(FTA), 사건수 분석(ETA), 고장형태와 영향해석(FMEA), 중요도해석(FMECA), 특성요인도, MORT 해석

합격예측

기술개발의 종합평가
① 1단계 : 사회적 복리기여도
② 2단계 : 실현가능성
③ 3단계 : 안전성과 위험성
④ 4단계 : 경제성
⑤ 5단계 : 종합평가(조성)

용어정의

컷(cut)
컷이란 그 속에 포함되어 있는 모든 기본사상(여기서는 통상사상, 생략 결함사상 등을 포함한 기본사상)이 일어났을 때 정상사상을 일으키는 기본사상의 집합을 말한다.

Q 은행문제 22. 4. 24 ⑦

다음에서 설명하는 용어는?

유해·위험요인을 파악하고 해당 유해·위험요인에 의한 부상 또는 질병의 발생 가능성(빈도)과 중대성(강도)을 추정·결정하고 감소대책을 수립하여 실행하는 일련의 과정을 말한다.

① 위험성 결정
② 위험성 평가
③ 위험빈도 추정
④ 유해·위험요인 파악

정답 ②

5. 관련법에 관한 사항

(1) 유해위험방지계획서 제출대상 사업장(제조업 분야 : 전기계약용량 300[kW] 이상인 사업)

① 금속가공제품 제조업 : 기계 및 가구 제외
② 비금속 광물제품 제조업
③ 기타 기계 및 장비 제조업
④ 자동차 및 트레일러 제조업
⑤ 식료품 제조업
⑥ 고무제품 및 플라스틱제품 제조업
⑦ 목재 및 나무제품 제조업
⑧ 기타 제품 제조업
⑨ 1차 금속 제조업
⑩ 가구 제조업
⑪ 화학물질 및 화학제품 제조업
⑫ 반도체 제조업
⑬ 전자부품 제조업

(2) 유해위험방지계획서의 제출대상 기계·기구 및 설비

① 금속이나 그 밖의 광물의 용해로
② 화학설비
③ 건조설비
④ 가스집합용접장치
⑤ 근로자의 건강에 상당한 장해를 일으킬 우려가 있는 물질로서 고용노동부령으로 정하는 물질의 밀폐·환기·배기를 위한 설비

(3) 유해위험방지계획서 제출 대상 건설공사

① 건축물 또는 시설 등의 건설·개조 또는 해체공사
  ㉮ 지상높이가 31미터 이상인 건축물 또는 인공구조물
  ㉯ 연면적 3만제곱미터 이상인 건축물
  ㉰ 연면적 5천제곱미터 이상인 시설
    ㉠ 문화 및 집회시설(전시장 및 동물원·식물원은 제외한다)
    ㉡ 판매시설, 운수시설(고속철도의 역사 및 집배송시설은 제외한다)
    ㉢ 종교시설
    ㉣ 의료시설 중 종합병원

유해위험방지계획서 첨부서류 : 제42조 제3항 관련(공사 개요 및 안전보건관리계획)

① 공사 개요서(별지 제101호 서식)
② 공사현장의 주변 현황 및 주변과의 관계를 나타내는 도면(매설물 현황을 포함한다)
③ 건설물, 사용 기계설비 등의 배치를 나타내는 도면
④ 전체 공정표
⑤ 산업안전보건관리비 사용계획(별지 제102호서식)
⑥ 안전관리 조직표
⑦ 재해 발생 위험 시 연락 및 대피방법

NLE(들기작업 지침 : NIOSH Lifting Equation)

(1) 개발목적
  들기작업에 대한 권장무게 한계(RWL)를 쉽게 산출하도록 하여 작업의 위험성을 예측하여 인간공학적인 작업방법의 개선을 통해 작업자의 직업성 요통을 사전에 예방하는 것이다.

(2) 개요
  ① 취급중량과 취급횟수, 중량물 취급위치·인양거리·신체의 비틀기·중량물 들기 쉬움 정도 등 여러 요인을 고려한다.
  ② 정밀한 작업평가, 작업 설계에 이용한다.
  ③ 중량물 취급에 관한 생리학·정신물리학·생체역학·병리학의 각 분야에서의 연구 성과를 통합한 결과이다.

페일세이프 설계

① 페일 패시브(자동감지) : 고장시에 에너지를 최소화(정지)시킨다.
② 페일 액티브(자동제어) : 고장시에 대책을 취할 때까지 안전상태로 유지시킨다.
③ 페일 오퍼레이셔널(차단 및 조정) : 고장시에 시정조치를 취할 때까지 안전하게 기능을 유지시킨다.

ⓐ 숙박시설 중 관광숙박시설
　　　ⓑ 지하도상가
　　　ⓒ 냉동·냉장 창고시설
② 연면적 5천제곱미터 이상인 냉동·냉장 창고시설의 설비공사 및 단열공사
③ 최대지간길이가 50[m] 이상인 교량건설 등 공사
④ 터널건설 등의 공사
⑤ 다목적댐, 발전용댐 및 저수용량 2천만톤 이상의 용수전용댐, 지방상수도 전용댐 건설 등의 공사
⑥ 깊이 10[m] 이상인 굴착공사

(4) 신제품의 안전성 평가방법

① 연구개발단계에서부터 안전성에 대한 정보수집이 이루어져야 하며 이에 따른 재해예방기술의 개발도 병행해 나가야 한다. 필요한 때에는 기계장치의 안전설계에 필요한 자료를 얻기 위한 여러 가지 실험과 연구를 통하여 사고 방지를 위한 공학적 자료를 수집해야 한다

② 원재료의 성질을 어떤 것으로 할 것인지, 그 재료에 대한 물리적, 화학적, 기계적 성질을 충분히 조사·검토해야 한다.

③ 모든 설계는 구조, 강도, 기능과 조작성, 보수성, 신뢰성 등을 충분히 감안하여 설정된 안전설계기준에 의하여 본질적 안전화를 기초로 해야 하며 여기에 풀프루프(foolproof), 페일세이프(fail-safe) 등의 안전장치를 채용하여 잘못 사용, 오조작, 고장시의 대책을 세우고 과부하 등에 대한 충분한 검토가 있어야 한다.

④ 생산에 사용되는 재료는 설계서에 지정된 재료인지, 구입된 재료나 부품은 규격표시 제품인지, 설계대로 가공되고 있는지, 생산관리가 제대로 되고 있는지 등을 충분히 검토해야 한다.

합격예측

NLE 장·단점
① 장점
　㉮ 들기작업시 안전하게 작업할 수 있는 작업물의 중량을 계산할 수 있다.
　㉯ 인간공학적 작업부하, 작업자세로 인한 부하, 생리학적 측면의 작업부하 모두를 고려한 것이다.
② 단점
　㉮ 전문성이 요구된다.
　㉯ 들기작업에만 적절하게 쓰일 수 있으며, 반복적인 작업자세, 밀기, 당기기 등과 같은 작업에 대해서는 평가가 어렵다.

[표] NLE

작업분석/ 평가도구	분석가능 유해요인	적용 신체부위	적용가능 업종
NIOSH 들기 작업지침 (NIOSH Lifting Equation)	• 반복성 • 부자연스런 또는 취하기 어려운 자세 • 과도한 힘	• 허리	• 포장물 배달 · 음료 배달 • 조립작업 • 인력에 의한 중량물 취급작업 • 무리한 힘이 요구되는 작업 • 고정된 들기작업

• **NLE 분석절차** : NLE 분석절차는 먼저 자료 수집(작업물 하중, 수평거리, 수직거리 등)을 하여서 단순작업인지 복합작업인지를 밝혀야 한다. 복합작업이면 복합작업 분석을 해야 하고 단순작업일 때 NLE를 분석하는데 분석할 때 권장무게한계(RWL)와 들기 지수(LI)를 구해서 평가한다.

합격예측 및 관련법규

제45조(심사결과의 구분)
① 공단은 유해·위험방지계획서의 심사결과에 따라 다음 각 호와 같이 구분·판정한다.
17. 8. 26 ㉠ 18. 8. 19 ㉠
23. 7. 8 ㉠ 24. 2. 15 ㉠
1. 적정 : 근로자의 안전과 보건상 필요한 조치가 구체적으로 확보되었다고 인정되는 경우
2. 조건부 적정 : 근로자의 안전과 보건을 확보하기 위하여 일부 개선이 필요하다고 인정되는 경우
3. 부적정 : 건설물·기계·기구 및 설비 또는 건설공사가 심사기준에 위반되어 공사착공 시 중대한 위험발생의 우려가 있거나 계획에 근본적 결함이 있다고 인정되는 경우

② 공단은 심사결과 적정판정 또는 조건부 적정판정을 한 경우에는 별지 제20호 서식의 유해·위험방지계획서 심사결과통지서에 보완사항을 포함 (조건부 적정판정을 한 경우에 한한다)하여 해당사업주에게 교부하고 지방고용노동관서의 장에게 보고하여야 한다.

③ 공단은 심사결과 부적정 판정을 한 경우에는 지체없이 별지 제21호 서식의 유해·위험방지계획서 심사결과(부적정)통보서에 그 이유를 기재하여 지방고용노동관서의 장에게 통보하고 사업장 소재지 특별자치도지사·시장·군수·구청장에게 그 사실을 통보하여야 한다.

④ 제3항에 따른 통보를 받은 지방고용노동관서의 장은 사실여부를 확인한 후 공사착공중지명령·계획변경명령 등 필요한 조치를 하여야 한다.

⑤ 사업주는 지방고용노동관서의 장으로부터 공사착공중지명령 또는 계획변경명령을 받은 경우에는 계획서를 보완 또는 변경하여 공단에 제출하여야 한다.

(5) 사용중인 기계의 안전성 평가방법

기존 기계에 대한 안전성 평가는 실제로 기계를 사용하는 입장에서 검토되는 것으로 경험을 통하여 평가를 하므로 어렵지는 않다. 그러나 여기서 주의해야 할 것은 장시간 사용으로 인한 기계의 노후, 부품의 노후, 재질의 노후 등 보이지 않는 기계 자체의 물성적 변화에 의한 잠재적 위험을 평가할 것이냐 하는 것이다.

(6) 사용중인 기계의 개조에 대한 안전성 평가방법

사용중인 기계에 새로 부착되는 부분은 신제품의 안전성 평가 중 고려되어야 할 사항이 적용되어야 하며, 기존 부분의 안전성 평가는 사용중인 기계의 안전성 평가에 따라서 한다. 다만, 새로운 부분과 기존 부분의 연결점에 있어서는 노후된 기존 부분에 대한 설계상의 충분한 검토가 있어야 한다.

(7) 시설배치에 따른 안전성 평가방법

① 작업의 흐름에 따라 기계를 설치한다. 불필요한 운반 작업을 제거할 수 있으며 공간을 경제적으로 이용할 수 있게 된다. 크레인, 포크리프트 등을 이용하는 운반기계설비의 자동화에 크게 도움이 된다.
② 기계설비 주위에 충분한 운전 공간, 보수점검 공간을 확보한다. 재료, 반제품, 공구상자 등을 놓을 수 있는 공간도 고려해야 한다.
③ 공장 내외는 안전한 통로를 두어야 하며 통로는 선을 그어 작업장과 명확히 구별하도록 한다.
④ 기계설비를 통로측에 설치할 수 없을 경우에는 작업자가 통로 쪽으로 등을 향하여 일하지 않도록 배치한다.
⑤ 원재료나 제품을 놓을 장소를 충분히 확보한다.
⑥ 기계설비의 설치에 있어서 기계설비의 사용중 필요한 보수·점검이 용이하도록 배치한다.
⑦ 비상시에 쉽게 대피할 수 있는 통로를 마련하고 사고 진압을 위한 활동 통로가 반드시 마련되어야 한다.
⑧ 장래의 확장을 고려하여 배치한다.

합격예측 17. 5. 7 ㉠

근섬유(muscle fibers)
긴 원주형 세포로 대부분 근원섬유(myofibrils)이라 불리는 수축성 요소들로 구성된다.
① 근육섬유(fiber)는 패스트 트위치(백근 fast tsitch : FT)와 슬로 트위치(적근 slow twitch : ST)의 2가지 섬유가 있다.
② 패스트 트위치는 미오글로빈이 적어서 백색으로 보이며(백근), 슬로 트위치는 반대로 많아서 암적색으로 보인다.(적근)
③ FT섬유는 무산소성 운동에 동원되며, 단거리 달리기와 같이 단시간 운동에 많이 사용된다.
④ ST섬유는 유산소성 운동에 동원되며, 장시간 지속되는 운동에 사용된다.
⑤ FT는 ST보다 근육섬유가 거의 2배 빨리 최대 장력에 도달하고, 빨리 완화된다.
⑥ FT섬유(백근)는 ST섬유(적근)보다 지름도 더 크며, 고농축 마이오신 ATP아제 (myosin-ATPase)로 되어 있다.
⑦ 이러한 차이 때문에 FT섬유가 보다 높은 장력을 나타내지만, 피로도 빨리 오게 된다.

합격예측 및 관련법규

제46조(확인)
① 법 제42조제1항 제1호 및 제2호에 따라 유해·위험방지계획서를 제출한 사업주는 해당 건설물·기계·기구 및 설비의 시운전단계에서, 법 제42조제1항제3호에 따른 사업주는 건설공사 중 6개월 이내마다 법 제43조제1항에 따라 다음 각 호의 사항에 관하여 공단의 확인을 받아야 한다.
1. 유해·위험방지계획서의 내용과 실제공사 내용이 부합하는지 여부
2. 법 제42조제6항에 따른 유해·위험방지계획서 변경내용의 적정성
3. 추가적인 유해·위험요인의 존재 여부
② 공단은 제1항에 따른 확인을 할 경우에는 그 일정을 사업주에게 미리 통보해야 한다.
③ 제44조제4항에 따른 건설물·기계·기구 및 설비 또는 건설공사의 경우 사업주가 고용노동부장관이 정하는 요건을 갖춘 지도사에게 확인을 받고 별지 제22호서식에 따라 그 결과를 공단에 제출하면 공단은 제1항에 따른 확인에 필요한 현장방문을 지도사의 확인결과로 대체할 수 있다. 다만, 건설업의 경우 최근 2년간 사망재해(별표 1 제3호 마목에 따른 재해는 제외한다)가 발생한 경우에는 그렇지 아니하다.
④ 제3항에 따른 유해·위험방지계획서에 대한 확인은 제44조제4항에 따라 평가를 한 자가 하여서는 안 된다.

[표] 공장시설배치에 따른 안전성 평가의 일반적 유의사항

시설물	추 천 기 준
철로 인입선	• 1.2[m] 이내의 주위에 시설물을 두지 않는다. • 철로 위 7[m] 이내에는 시설물을 두지 않는다. • 철로와 고압선간에는 최소 10[m] 간격을 유지한다.
통 로	• 차량이 통행하는 통로는 가장 큰 차량의 폭보다 70[cm] 이상 넓어야 한다. • 일방통행이 아니고 쌍방통행일 경우에는 가장 넓은 차량의 2배보다 1[m] 넓게 한다. 또한 차량 속도 제한은 10[km/hr] 이내로 한다.
출 구	비상용으로도 적합해야 한다. 따라서 작업장에는 적어도 서로 반대방향에 2개의 출구가 있는 것이 좋다.
층 계	경사각이 30~35[°] 이하로 해야 하며, 각 단 높이는 20[cm] 이하로 하고 미끄러지지 않는 재료를 사용해야 한다.
층계 손잡이	0.8[m] 이상 높이의 층계에는 손잡이를 설치하는 것이 좋다. 폭이 1.1[m] 이하인 경우에는 한쪽에 손잡이를 두는 것이 좋으며 1.1[m] 이상인 경우에는 양쪽에, 그리고 2.2[m] 이상인 경우에는 중간에도 손잡이를 두는 것이 좋다.
바 닥	평평하여야 하며 미끄러지지 않아야 한다.
바닥개구부	1[m] 높이로 사방 손잡이를 둘러 세우고 중간 0.5[m] 높이에도 둘러주는 것이 좋다. 바닥에는 턱을 두르는 것이 좋다.
보수유지용 통로	모든 기계설비는 보수유지를 위한 통로, 사다리, 난간이 마련되어야 한다. 사다리와 난간은 미끄러지지 않는 재질로 되어야 하며 보호손잡이나 울을 설치해야 한다.
머리 위의 시설물	적어도 2[m] 위에 설치되어야 한다.
전기시설물	고전압기계는 허가된 작업자만 취급하도록 하여야 한다. 스위치판, 변압기, 접지 등의 모든 전기 시설물은 전기사업법에 준하여야 하며, 위험·경고표지가 있어야 한다.
고압증기 보일러	고압가스안전관리법에 준해서 한다.
압력용기	ASME Code에 준함이 바람직하며 안전판·파열판·용융 플러그 등은 정기적 검사·보수유지가 필수적으로 시행되어야 한다.
조 명	충분한 조명이 유지되어야 한다.
환 기	먼지·가스 등의 환기가 잘 되어야 하며 필요한 곳에는 국소배기장치가 설치되어야 한다.
배 관	각종 배관은 내용물에 따라 색칠하여 구분함이 바람직하다. 소방용 배관은 적색, 위험물 배관은 황색, 안전한 물질 배관은 녹색
경고표시	위험지역, 금연지역, 고압전기시설, 기계가동, 밸브개폐 등의 지역에는 경고 표지 등의 알맞은 표지를 부착해야 한다.
응급조치 시설	최소한의 응급조치시설이 있어야 하며 상임 의사가 없는 소규모 사업장에서는 응급조치를 할 수 있는 사람이 있어야 한다.

합격예측

제49조(보고 등) 공단은 유해·위험방지계획서의 작성·제출·확인업무와 관련하여 다음 각 호의 하나에 해당하는 사업장을 발견한 경우에는 지체없이 이 해당 사업장의 명칭·소재지 및 사업주명 등을 명시하여 지방고용노동관서의 장에게 보고하여야 한다.
1. 유해·위험방지계획서를 제출하지 아니한 사업장
2. 유해·위험방지계획서 제출기간이 경과한 사업장
3. 제43조 각 호의 자격을 갖춘 자의 의견을 듣지 아니하고 유해·위험방지계획서를 작성한 사업장

Q 은행문제

어떤 작업을 수행하는 작업자의 배기량을 5분간 측정하였더니 100[L]이었다. 가스미터를 이용하여 배기 성분을 조사한 결과 산소가 20[%], 이산화탄소가 3[%]이었다. 이 때 작업자의 분당 산소소비량(A)과 분당 에너지소비량(B)은 약 얼마인가?(단, 흡기공기 중 산소는 21[vol%], 질소는 79[vol%]를 차지하고 있다.)

① A : 0.038[L/min]
　B : 0.77[kcal/min]
② A : 0.058[L/min]
　B : 0.57[kcal/min]
③ A : 0.073[L/min]
　B : 0.36[kcal/min]
④ A : 0.093[L/min]
　B : 0.46[kcal/min]

정답 ④

해설

① 분당배기량
　V_2 = 100L/5mm
　　 = 20L/mm
② 분당흡입량
　$V_1 = \dfrac{100\% - O_2 - CO_2}{100\% - 21\%}$
　　× 20L/min ≒ 19.49L/min
③ 분당산소소비량
　= (V_1 × 21%) − (V_2 × 20%)
　= 0.093L/min
④ 분당에너지 소비량
　= 0.093L/min × 5
　= 0.46kcal/min

은행문제

1. 설비관리 책임자 A는 동종 업종의 TPM 추진사례를 벤치마킹하여 설비관리 효율화를 꾀하고자 한다. 설비관리 효율화 중 작업자 본인이 직접 운전하는 설비의 마모율 저하를 위하여 설비의 윤활관리를 일상에서 직접 행하는 활동과 가장 관계가 깊은 TPM 추진단계는?

① 개별개선활동단계
② 자주보전활동단계
③ 계획보전활동단계
④ 개량보전활동단계

　　　　　　　정답 ②

2. 다음 [보기]가 설명하는 보전은?

[보기]
미국의 GE사가 처음으로 사용한 보전으로, 설계에서 폐기에 이르기까지 기계설비의 전과정에서 소요되는 설비의 열화손실과 보전 비용을 최소화하여 생산성을 향상시키는 보전방법

① 생산보전　② 계량보전
③ 사후보전　④ 예방보전

　　　　　　　정답 ①

3. 설치보전 방법 중 설비의 열화를 방지하고 그 진행을 지연시켜 수명을 연장하기 위한 점검, 청소, 주유 및 교체 등의 활동은? 21. 5. 15 ⑦ 23. 6. 4 ⑦ 25. 2. 7 ⑦

① 사후 보전　② 계량 보전
③ 일상 보전　④ 보전 예방

　　　　　　　정답 ③

(8) Potential FMEA에서의 평가요소

미국의 3대 자동차회사('빅 3')인 제너럴 모터스, 포드, 크라이슬러가 공동으로 마련한 QS9000 규격의 Potential FMEA에서의 평가요소로는 빈도, 강도, 검출이 있고, 위험순위(RPN : Risk Priority Number)에 따라 식별된 고장 모드를 순위화한다. 이러한 요소들의 순위는 FMEA의 유형과 대상에 따라 다른 평가요소값을 가지며 평가요소를 정하는 방법으로는 정성적 방법과 정량적 방법이 있다.

① 빈도(Occurrence) - 고장의 빈도
② 강도(Severity) - 고장의 심각도
③ 검출(Detection) - 고객에게 도달하기 전의 고장검출력
④ RPN = (빈도) × (강도) × (검출)

(9) 정성적 방법

컴포넌트의 이론적인(예상되는) 습성에 따라야 한다. 예로, 빈도의 경우에 기대되는 습성이 정규성이라면, 이런 습성의 시간에 대한 빈도들은 정규분포를 따른다. 강도의 경우, 예상 습성이 로그 정규성이라면 치명적, 재앙적의 반대인 사소한 범주에 속해 척도는 오른쪽이나 왼쪽으로 쏠린다(skew). 검출의 경우, 이산형 분포하면 조직 내에서 고장을 발견하는 것의 반대인 고객에 의해 발견되는 것이 더 문제이므로 이산적인 결과(고객 대 내부조직)를 나타낸다.

(10) 정량적 방법

실제 데이터, 통계적 공정관리 데이터, 역사적 데이터들로 정확해야 한다.

6. 보전성공학

(1) 보전(Maintenance)

1 정의

수리 가능한 부품이나 시스템을 사용 가능한 상태로 유지시키고 고장이나 결함을 회복시키기 위한 제반 조치 및 활동을 뜻한다.

　예 KS A 3004 정의
　　- 아이템을 사용 및 작동이 가능한 상태로 유지하거나, 또는 고장, 결점 등을 회복하기 위한 모든 조치 및 활동(M1, 보전)

2 보전의 분류 22. 4. 24 ⑦

① 예방보전(Preventive Maintenance) : 아이템 사용중의 고장을 미연에 방지하거나 아이템을 사용가능한 상태로 유지하기 위하여 계획적으로 하는 보전(KS A 3004)

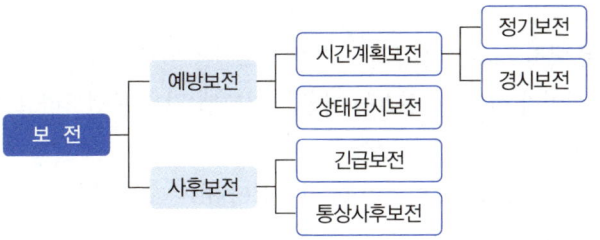

② **사후보전**(Corrective Maintenance, Breakdown Maintenance) : 고장이 발생한 후에 아이템을 작동가능상태로 회복하기 위하여 하는 보전(KS A 3004)

③ **시간계획보전**(Scheduled Maintenance) : 예정된 시간계획에 의한 예방보전의 총칭

④ **상태감시보전**(Condition-based Maintenance) : 사용 및 사용중의 동작상태를 확인, 열화경향의 검출, 고장이나 결함의 표적, 고장에 이르는 결과의 기록 및 추적 등의 목적으로 어느 시점에 있어서의 동작치 및 그 경향을 점검, 시험, 계측, 경보 등의 수단 또는 장치에 의하여 감시하는 것

⑤ **정기보전**(Periodic Maintenance) : 예정된 시간간격으로 행하는 예방보전

⑥ **경시보전**(Age-based Maintenance) : 시스템, 재질, 부품 등이 예정된 동작시간에 달하였을 때 행하는 예방보전

[표] 보전예방(Maintenance Prevention : MP)

실시시기	① 기계설비의 노후화가 진행되어 일반적인 보전으로 cost나 생산성에 있어 효율성이 없을 경우 ② 부품 등의 공급에 지장이 있을 경우
실시방법	① 설비의 갱신 ② 갱신의 경우 보전성, 안전성, 신뢰성 등의 보전실시 ③ 기존설비의 보전보다 설계, 제작단계까지 소급하여 보전이 필요없을 정도의 안전한 설계 및 제작이 필요

[표] 보전작업의 형태

서비스	주유, 청소, 유효 수명부품의 교체
점검 및 검사	규모와 형태에 따라 점검, 검사 또는 분해 세부 검사로 분류
시정조치	수리, 조정, 교환

은행문제

다음 설명에 해당하는 설비보전 방식의 유형은?

[다음]
설비보전 정보와 신기술을 최초로 신뢰성, 조작성, 보전성, 안전성, 경제성 등이 우수한 설비의 선정, 조달 또는 설계를 통하여 궁극적으로 설비의 설계, 제작 단계에서 보전활동이 불필요한 체제를 목표로 한 설비보전 방법을 말한다.

① 계량보전   ② 보전예방
③ 사후보전   ④ 일상보전

정답 ②

3 보전성

① 정의 : 주어진 조건에서 규정된 기간에 보전을 완료할 수 있는 성질 또는 능력을 보전성이라 하며 이 성질을 확률로 나타낼 경우 보전도라고 한다.

② 보전성의 척도

㉮ 평균수리시간(Mean Times To Repair : MTTR)

$$MTTR = \frac{1}{평균수리율(\mu)}$$

㉯ 평균정지시간(MDT) : 설비의 보전을 위해 설비가 정지된 시간의 평균을 평균정지시간이라 하며 다음 식에 의해 구한다.

$$MDT = \frac{총보전작업시간}{총보전작업건수}$$

4 집중보전의 장·단점

① 장점
㉮ 기동성
㉯ 인원배치의 유연성
㉰ 노동력의 유효한 이용
㉱ 보전용 설비공구의 유효한 이용
㉲ 보전원 기능향상의 유리성
㉳ 보전비 통제의 확실성
㉴ 보전기술자 육성의 유리성
㉵ 보전 책임의 명확성

② 단점
㉮ 운전과의 일체감의 결합성
㉯ 현장감독의 곤란성
㉰ 현장 왕복시간 증대
㉱ 작업일정 조정의 곤란성
㉲ 특정설비에 대한 습숙의 곤란성

5 신뢰성 시험

① 현지시험
② 모의 시험
㉮ 파괴시험
㉠ 수명시험
- 정상수명시험
- 가속수명시험
- 강제열화시험
- 방치시험

㉡ 한계시험

은행문제

신뢰성과 보전성을 효과적으로 개선하기 위해 작성하는 보전기록 자료로서 가장 거리가 먼 것은? 19. 3. 3 ❹ 19. 4. 27 ❹
① 자재관리표
② MTBF 분석표
③ 설비이력카드
④ 고장원인대책표

정답 ①

은행문제

사용조건을 정상사용 조건보다 강화하여 사용함으로써 고장발생시간을 단축하고 검사비용의 절감효과를 얻고자 하는 수명시험은? 19. 9. 21 ㉮
① 중도중단시험
② 가속수명시험
③ 감속수명시험
④ 정시중단시험

정답 ②

⑭ 비파괴 시험
　㉠ 동작시험
　　• 환경시험　　　　• 정상시험
　㉡ 방치시험

7. 공정안전보고서의 세부 내용 등

(1) 공정안전자료

① 취급·저장하고 있거나 취급·저장하려는 유해·위험물질의 종류 및 수량
② 유해·위험물질에 대한 물질안전보건자료
③ 유해하거나 위험한 설비의 목록 및 사양
④ 유해하거나 위험한 설비의 운전방법을 알 수 있는 공정도면
⑤ 각종 건물·설비의 배치도
⑥ 폭발위험장소 구분도 및 전기단선도
⑦ 위험설비의 안전설계·제작 및 설치 관련 지침서

(2) 공정위험성 평가서 및 잠재위험에 대한 사고예방·피해 최소화 대책

공정위험성 평가서는 공정의 특성 등을 고려하여 다음 각 목의 위험성평가 기법 중 한 가지 이상을 선정하여 위험성평가를 한 후 그 결과에 따라 작성하여야 하며, 사고예방·피해최소화 대책의 작성은 위험성평가 결과 잠재위험이 있다고 인정되는 경우만 해당한다.

① 체크리스트(Check List)
② 상대위험순위 결정(Dow and Mond Indices)
③ 작업자 실수 분석(HEA)
④ 사고 예상 질문 분석(What-if)
⑤ 위험과 운전 분석(HAZOP)
⑥ 이상위험도 분석(FMECA)
⑦ 결함 수 분석(FTA)
⑧ 사건 수 분석(ETA)
⑨ 원인결과 분석(CCA)
⑩ ①부터 ⑨까지의 규정과 같은 수준 이상의 기술적 평가기법

(3) 안전운전계획

① 안전운전지침서
② 설비점검·검사 및 보수계획, 유지계획 및 지침서
③ 안전작업허가

Q 은행문제

NIOSH 지침에서 최대허용한계(MPL)는 활동한계(AL)의 몇 배인가? 21. 9. 12 ㉮

① 1배　② 3배
③ 5배　④ 9배

정답 ②

해설

중량물 취급 기준(NOISH)
(1) 중량물 취급 감시기준(AL)
AL[kg]=40×(15/H)×{1-0.004(V-75)}×(0.7+7.5/D×(1-F/Fmax)
H=대상물체의 수평거리
V=대상물체의 수직거리
D=대상물체의 이동거리
F=중량물 취급작업의 빈도
(2) 중량물 취급 최대허용기준(MPL)
MPL=3×AL

합격예측

지역보전의 장·단점
(1) 장점
① 운전과의 일체감
② 현장감독의 용이성
③ 현장왕복시간 단축
④ 작업일정 조정 용이
⑤ 특정설비에 대한 습숙성
(2) 단점
① 노동력의 유효이용 곤란
② 인원배치의 유연성 제약
③ 보전용 설비공구의 중복

부문보전의 장·단점
(1) 장점
① 운전과의 일체감
② 현장감독의 용이성
③ 현장왕복시간 단축
④ 작업일정 조정 용이
⑤ 특정설비에 대한 습숙성
(2) 단점
지역보전의 결점 이외에 다음과 같은 단점이 있다.
① 생산우선에 의한 보전 경시
② 보전기술 향상이 곤란
③ 보전책임의 분할

연속적 직무에서의 인간 실수율
① 연속적인 직무의 유형
㉮ 경계(vigilance)
㉯ 안정화(stabilizing)
㉰ 추적(tracking)
② 인간실수율
인간실수율(λ) = $\dfrac{\text{실수수}}{\text{총직무기간}}$

인간정보처리 과정에서 실수(error)가 일어나는 것 16. 8. 21 ⓐ
① 입력에러 : 확인미스
② 매개에러 : 결정미스
③ 동작에러 : 동작미스
④ 판단에러 : 의지결정의 미스

④ 도급업체 안전관리계획
⑤ 근로자 등 교육계획
⑥ 가동 전 점검지침
⑦ 변경요소 관리계획
⑧ 자체감사 및 사고조사계획
⑨ 그 밖에 안전운전에 필요한 사항

(4) 비상조치계획

① 비상조치를 위한 장비·인력보유현황
② 사고발생 시 각 부서·관련 기관과의 비상연락체계
③ 사고발생 시 비상조치를 위한 조직의 임무 및 수행 절차
④ 비상조치계획에 따른 교육계획
⑤ 주민홍보계획
⑥ 그 밖에 비상조치 관련 사항

(5) 보전의 3요소

① 물품
② 사람
③ 보수용 부품 및 설비

[표] 예방보전

	구분	내용
예방보전(PM) : 상시 또는 정기적으로 감시하여 고장 및 결함을 사전에 검출	시간기준보전 (TBM)	돌발적인 고장이나 프로세스의 에러 등을 예방하기 위하여 보전주기에 의해 실시
	상태기준보전 (CBM)	고장이나 예상되는 부분에 계측장비 등을 설치하여 이상현상을 미리 검출하여 설비의 상태에 따라 보전주기나 방법을 결정
	적응보전 (AM)	설비의 노후나 생산환경 등 주변의 여건도 고려하여 설비 상태를 파악, 보전하는 경우

8. 인간실수 확률에 대한 추정기법 적용

(1) 위급사건기법(CIT : Critical Incident Technique)

① 개요
㉮ 사람의 잘못은 피할 수가 없다.
㉯ 인간의 오류의 가능성이나 부정적 결과에 대한 추정 기법을 줄이기 위한 방법으로는 인력 선정과 훈련장치, 절차 및 환경의 설계에 의해 줄일 수 있다.

② 위급사건의 정보화 자료 : 예방수단 개발의 귀중한 실제결함이나 행태적 특이성반영 단서제공
③ 정보수집을 위한 면접 : 위험했던 경험들을 확인
　㉮ 사고나 위기 일발
　㉯ 조작실수
　㉰ 불안전한 조건과 관행 등

(2) 직무위급도 분석(pickrel, et, al의 실수효과 심각성의 4등급)

① 안전　　　　　　② 경미
③ 중대　　　　　　④ 파국적

(3) THERP(Technique for Human Error Rate Prediction) 20. 8. 22 ㉠ 23. 2. 28 ㉠

① 인간실수율 예측기법(THERP)은 인간신뢰도 분석에서의 HEP에 대한 예측기법
② 인간신뢰도 분석 사건나무
　㉮ 분석하고자 하는 작업을 기본적 행위로 분할하여 각 행위의 성공 또는 실패확률을 결합하여 성공확률을 추정하는 정량적 분석방법
　㉯ A가 먼저 수행되고 B가 수행되므로 작업 B에 대한 확률은 모두 조건부로 표현
　㉰ 소문자는 작업의 성공, 대문자는 작업의 실패
　㉱ 각 가지에 성공 또는 실패의 조건부 확률이 주어지면 각 경로의 확률계산 가능

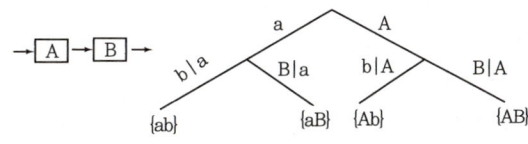

[그림] THERP

(4) 조작자 행동나무(OAT : Operator Action Tree)

① OAT접근방법 : ㉮ 감지　㉯ 진단　㉰ 반응
② 기본적 OAT

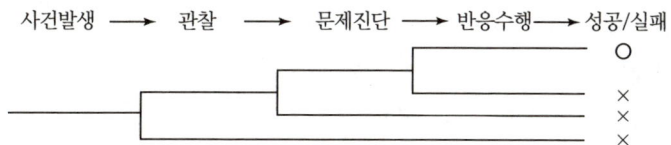

합격예측

윤활제의 작용
① 감마작용　② 냉각작용
③ 밀봉작용　④ 청정작용
⑤ 녹부식방지작용
⑥ 방진작용
⑦ 동력전달작용

윤활제의 종류 및 점도

구분	종류
액체	스핀들유, 절연유, 냉동기유, 터빈유, 압축기유, 실린더유, 디젤엔진유, 절삭유 등
반고체 액상	그리스, 기어콤파운드 등
고체	그라파이트, 2유화몰리브덴
점도	기름의 유동성을 나타내는 척도로서 점도가 높을수록 유동성이 좋지 않다.

참고

VDT작업
(1) 온도 및 습도
　① 온도 : 18~24[℃]
　② 습도 : 40~70[%] 유지
(2) 컴퓨터단말기조작업무에 대한 조치사항
　① 실내는 명암의 차이가 심하지 아니하도록 하고 직사광선이 들어오지 아니하는 구조로 할 것
　② 저휘도형의 조명기구를 사용하고 창·벽면 등은 반사되지 아니하는 재질을 사용할 것
　③ 컴퓨터단말기 및 키보드를 설치하는 책상 및 의자는 작업에 종사하는 근로자에 따라 그 높낮이를 조절할 수 있는 구조로 할 것
　④ 연속적인 컴퓨터단말기작업에 종사하는 근로자에 대하여는 작업시간 중에 적정한 휴식시간을 부여할 것

(5) 간헐적 사건의 결함나무(FTA : Fault Tree Analysis)

기초결함 집합의 영향이 논리적 AND나 OR gate를 통해 명시된 전체체계 실패에 이를 때까지 전파

(6) 인간신뢰도 예측을 위한 컴퓨터 모의실험

① Monte Carlo 모의실험
② 확정적 모의실험

9. 인간에러(Human Error)

(1) 작업상황 개선

① 전문가의 점검

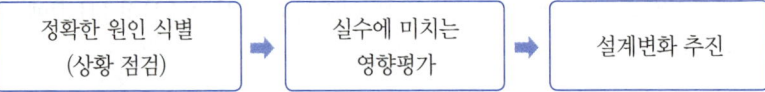

② 작업자의 참여

실수원인 제거(ECR : Error Cause Removal) 프로그램 → 품질관리 분임조(생산착오와 결함감소)

(2) 요원 변경

① 만족스런 작업상황에서의 실수(인간요소)
  ㉮ 불충분한 숙련도
  ㉯ 시력결함
  ㉰ 불량한 태도
  ㉱ 안전의식 부족 등
② 인간과 직무의 완전한 조화 : 신체적 및 정신적 적성이 절대적인 영향 요소일 수 있다.
③ 필요할 경우 작업순환 → 적정한 작업발견에 도움

(3) 체계의 영향 감소

① 인간실수가 체계에 미치는 영향감소
  ㉮ 인간실수를 포용하는 체계설계
  ㉯ 중복설계(redundancy)
  ㉰ 기계는 인간성능감시, 인간은 기계성능감시
  ㉱ 중요한 작업의 요원중복 활용
  ㉲ 주체계를 후원하기 위한 예비품 대기

② 체계의 영향 감소시킨 설계
  ㉮ 수많은 점검항목
  ㉯ 중복설계
  ㉰ 안전규정
    → 심각한 인간실수가 특정순서대로 범해져야 심각한 사고유발

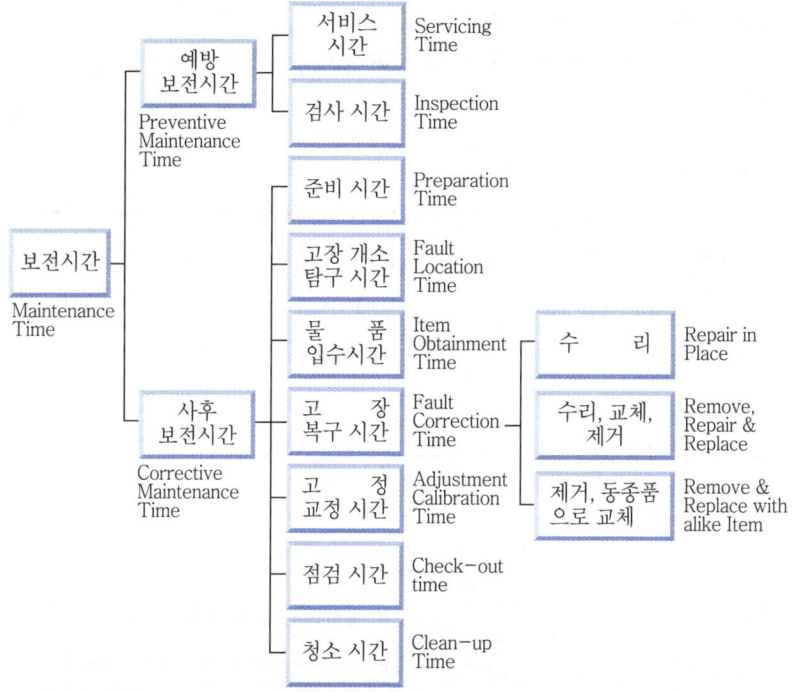

[그림] 보전시간의 구성(MIL-STD-721 B)

> **참고**
> • 보전성 관련 용어 및 정의
>   ① maintain ─────── 보전하다 ─── 유지하다
>   ② maintenance ─── 보전 ─────── 유지보수
>   ③ maintainability ─ 보전성 ───── 유지보수성
>   보전도 ───── 유지보수도
>   ④ 보전 : 아이템을 사용 및 작동이 가능한 상태로 유지하거나, 또는 고장, 결점 등을 회복하기 위한 모든 조치 및 활동비교 - 정비라고도 함

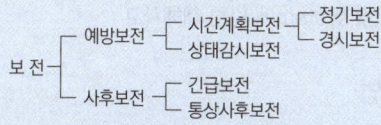

• **방책**~ 60 PM(생산보전) : Productive M
       70~ TPM   : Total PM
• **방식**~ 40 BM(사후보전) : Breakdown M
       50~ PM(예방보전) : Preventive M   (시간베이스)
           CM(계량보전) : Corrective M   ~70 정기보전
       80~ PM(예지보전) : Predictive M   80~ 예지보전
           MP(보전예방) : M Prevention   (시간베이스)

합격예측

열화의 종류와 분류
① 절대적 열화 : 노후화
② 기술적 열화 : 성능 변화
③ 경제적 열화 : 가치 감소
④ 상대적 열화 : 구식화

Q 은행문제 17. 8. 26 ㉮

시스템의 운용단계에서 이루어져야 할 주요한 시스템안전 부분의 작업이 아닌 것은?
① 생산시스템 분석 및 효율성 검토
② 안전성 손상 없이 사용설명서의 변경과 수정을 평가
③ 운용, 안전성 수준유지를 보증하기 위한 안전성 검사
④ 운용, 보전 및 위급 시 절차를 평가하여 설계시 고려사항과 같은 타당성 여부 식별

정답 ①

용어정의

① 제조물 : 다른 동산이나 부동산의 일부를 구성하는 경우를 포함한 제조 또는 가공된 동산
② 제조 : 제조물의 설계, 가공, 검사, 표시를 포함한 일련의 행위

합격예측

제조물 책임법의 영향

긍정적	① 제품의 안전성 향상 ② 소비자 권익 향상 ③ 기업경쟁력 향상
부정적	① 전제품의 원가상승 ② 클레임의 증가에 따른 기업경영악화 ③ 신제품 개발지연 ④ 기업 이미지의 저하

세부항목 2. 시스템 위험성 추정 및 결정

1. 시스템 위험성 분석 및 관리

(1) system의 개요

1 system이란 18. 4. 28 ❖ 19. 9. 21 ❖

① 요소의 집합에 의해 구성되고 ② system 상호간에 관계를 유지하면서
③ 정해진 조건 아래에서 ④ 어떤 목적을 위하여 작용하는 집합체라 할 수 있다.

2 시스템안전(system safety)이란

어떤 시스템에 있어서 기능, 시간, 코스트(cost) 등의 제약조건하에서 인원 및 설비가 당하는 상해 및 손상을 최소한으로 줄이는 것이다. 특히 시스템 안전을 달성하기 위해서는 시스템의 계획 → 설계 → 제조 → 운용 등의 단계를 통하여 시스템의 안전관리 및 시스템안전공학을 정확히 적용시키는 것이 필요하다.

3 산업시스템이란

① 시스템 구성요소와 재료 ② 부품 ③ 기계
④ 설비 ⑤ 일하는 사람

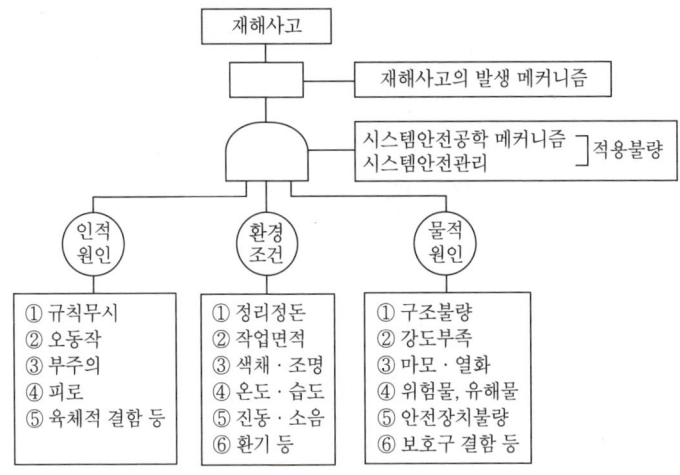

[그림] system에 따른 재해사고

(2) 시스템의 기능 및 달성방법

1 시스템의 기능

① 정보의 전달
② 물질 혹은 에너지의 생산
③ 사람, 물질, 에너지의 수송

합격예측

시스템안전공학

① 시스템 안전공학은 과학적, 공학적 원리를 적용해서 시스템 내의 위험성을 적시에 식별하고 그 예방 또는 제어에 필요한 조치를 도모하기 위한 시스템 공학의 한 분야이다.
② 시스템의 안전성을 명시, 예측 또는 평가하기 위한 공학적 설계, 안전해석의 원리 및 수법을 기초로 한다.
③ 수학, 물리학 및 관련 과학 분야의 전문적 지식과 특수기술을 기초로 하여 성립한다.

용어정의

시스템안전

시스템 전체에 대하여 종합적이고 균형이 잡힌 안전성을 확보하는 것이다.

합격예측

시스템안전 프로그램의 내용

① 계획의 개요
② 안전조직
③ 계약조건
④ 관련부문과의 조정
⑤ 안전기준
⑥ 안전해석
⑦ 안전성의 평가
⑧ 안전데이터의 수집 및 분석
⑨ 경과 및 결과의 분석

체계설계 과정에서 가장 먼저 실시하는 것

성능명세서결정

MIL-STD-882A

미군군 안전물자조달을 위한 군용규격을 나타내는 것

2 시스템안전관리의 업무수행요건 18.3.4

① 시스템의 안전에 필요한 사항의 동일성의 식별(identification)
② 안전활동의 계획, 조직 및 관리
③ 다른 시스템 프로그램 영역과의 조정
④ 시스템안전에 대한 목표를 유효하게 적시에 실현하기 위한 프로그램의 해석 검토 및 평가

3 시스템의 안전성 확보책(MIL-STD-882B) 17.8.26

① 제1단계 : 위험상태의 존재 최소화(fail safe)설계(설계 및 공정계획시 위험 제거)
② 제2단계 : 안전장치의 설치(채택)
③ 제3단계 : 경보장치의 설치(채택)
④ 제4단계 : 특수 수단 개발과 표식 등의 규격화(절차 및 교육훈련 개발)

4 시스템의 안전달성방법

① 재해예방
  ㉮ 위험의 소멸
  ㉯ 위험수준의 제한
  ㉰ 유해·위험물의 대체사용 및 완전 차폐
  ㉱ 페일세이프(fail safe)의 설계
  ㉲ 고장의 최소화
  ㉳ 중지 및 회복 등
② 피해의 최소화 및 억제
  ㉮ 격리   ㉯ 탈출 및 생존   ㉰ 보호구 사용
  ㉱ 구조   ㉲ 적은 손실의 용인
③ 시스템 안전달성을 위한 프로그램 진행단계
  제1단계 구상단계 → 제2단계 사양결정단계 → 제3단계 설계단계 → 제4단계 제작(제조)단계 → 제5단계 운영(조업)단계

2. 위험분석기법

(1) 시스템 분석의 종류

1 작용하는 프로그램의 단계에 따라

① 예비위험분석(PHA)
② 서브시스템 사고분석(sub-system hazard analysis)
③ 시스템 사고분석
④ 운용사고분석(O&S)

Q 은행문제

1. 시스템안전 계획의 수립 및 작성 시 반드시 기술하여야 하는 것으로 거리가 가장 먼 것은?
① 안전성 관리 조직
② 시스템의 신뢰성 분석 비용
③ 작성되고 보존하여야 할 기록의 종류
④ 시스템 사고의 식별 및 평가를 위한 분석법

정답 ②

2. 시스템 설계자가 통상적으로 하는 평가방법 중 거리가 먼 것은?
① 기능평가   ② 성능평가
③ 도입평가   ④ 신뢰성 평가

정답 ③

합격예측

시스템 안전설계의 원칙
① 1단계 : 위험상태의 존재를 최소화(페일세이프 도입)
② 2단계 : 안전장치의 채용
③ 3단계 : 경보장치의 채용
④ 4단계 : 특수한 수단의 강구

시스템의 구조
① 기본시스템 :
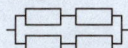
② 체계중복 :
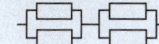
③ 부품중복(신뢰도상) :

④ 절충중복 :

[Q] 은행문제

1. 조종 장치의 우발작동을 방지하는 방법 중 틀린 것은?
17. 3. 5 [기]
① 오목한 곳에 둔다.
② 조종 장치를 덮거나 방호해서는 안 된다.
③ 작동을 위해서 힘이 요구되는 조종 장치에는 저항을 제공한다.
④ 순서적 작동이 요구되는 작업일 때 순서를 지나치지 않도록 잠김 장치를 설치한다.

정답 ②

2. 일반적으로 위험(Risk)은 3가지 기본요소로 표현되며 3요소(Troplets)로 정의된다. 3요소에 해당되지 않는 것은?
17. 3. 5 [기]
① 사고 시나리오(S_i)
② 사고 발생 확률(P_i)
③ 시스템 불이용도(Q_i)
④ 파급효과 또는 손실(X_i)

정답 ③

2 해석의 수리적 방법에 따라

① 정성적 분석　② 정량적 분석

3 논리적 견지에 따라

① 귀납적 분석　② 연역적 분석

4 시스템의 구상단계(제조·설계 단계)에서 이루어져야 할 사항 : 시스템 안전계획(SSP : System Safety Plan) 작성

① 시스템안전 프로그램의 설정 및 실시 방법 기술
② 시스템안전 부문의 작업진행상황을 평가하기 위한 기초 문서
③ 작업목표 및 목표달성을 기술한 관리상의 문서
④ SSP에 기술될 내용
　㉮ 시스템안전 프로그램의 설정 및 실시 방법 기술
　㉯ 허용수준까지 최소화 또는 제거되어야 할 사고의 종류
　㉰ 시스템에서 생기는 모든 사고의 식별 및 평가를 위한 분석법(해석법)의 양식
　㉱ 작성되고 보존되어야 할 기록의 종류

5 안전성 평가의 4가지 기법

① 체크리스트에 의한 방법(check list)
② 위험의 예측 평가(layout의 검토)
③ 고장형 영향 분석(FMEA법)
④ FTA법

[표] Risk 처리(위험조정)기술 4가지 17. 9. 23 [기] 18. 8. 19 [기] 19. 3. 3 [산] 24. 7. 5 [산]

구분		특징
위험의 회피		예상되는 위험을 차단하기 위해 위험과 관계된 활동을 하지 않는 경우
위험의 제거(경감)	위험방지	위험의 발생건수를 감소시키는 예방과 손실의 정도를 감소시키는 경감을 포함
	위험분산	시설, 설비 등의 집중화를 방지하고 분산하거나 재료의 분리저장 등으로 위험 단위를 증대
	위험결합	각종 협정이나 합병 등을 통하여 규모를 확대시키므로 위험의 단위를 증대
	위험제한	계약서, 서식 등을 작성하여 기업의 위험을 제한하는 방법
위험의 보유(보류)		무지로 인한 소극적 보유 위험을 확인하고 보유하는 적극적 보유(위험의 준비와 부담 : 준비금 설정, 자가보험 등)
위험의 전가		회피와 제거가 불가능할 경우 전가하려는 경향(보험, 보증, 공제, 기금제도 등)

6 불대수(G.Boole)의 기본공식 21.3.7 ㉮ 22.3.5 ㉮

① 항등정리

A+0 =A, A×1 = A (A에 0과 1을 각각 대입하면 A에 대입한 값이 나오므로 결과는 A가 된다.)

A+1 =1 (A에 0과 1을 넣어도 결과는 언제나 1이 된다. 왜냐하면 불대수는 0과 1로 이루어진 2진수이므로)

A×0 = 0 (A에 0과 1을 넣어도 결과는 언제나 0이 된다.)

② 멱등법칙 23.6.4 ㉮

A+A=A

A×A=A (+는 합집합, ×는 교집합으로서 A와 A의 교집합과 합집합은 항상 A이다.)

A+A'=1 (A와 non A의 합집합은 1, 즉 신호있음)

A×A'=0 (A와 non A의 교집합은 0, 즉 신호없음)

③ 교환법칙 18.9.15 ㉮

A+B = B+A (A와 B의 합집합은 B와 A의 합집합과 같다.)

A×B = B×A (A와 B의 교집합은 B와 A의 교집합과 같다.)

④ 결합법칙

A+(B+C)=(A+B)+C (B와 C의 합집합에 A를 합한 것은 A와 B의 합집합에 C를 합한 것과 같다.)

A×(B×C)=(A×B)×C (B와 C의 교집합과 A와의 교집합은 A와 B의 교집합과 C와의 교집합과 같다.)

⑤ 분배법칙 23.5.13 ㉯

A×(B+C)=(A×B)+(A×C)

A+(B×C)=(A+B)×(A+C)

⑥ 흡수법칙

A+A×B = A (A와 B의 교집합과 A의 합집합은 A이다.)

A+A'×B = A+B (non A와 B의 교집합과 A의 합집합은 A와 B의 합집합과 같다.)

⑦ 보수정리

A+A'=1 (A와 non A의 합집합은 A)

A×A'=0 (A와 non A의 교집합은 0)

⑧ 다중부정

A"=A (non A의 non은 A)

⑨ 드 모르간의 법칙

A'+B' = (A×B)' (non A와 non B의 합집합은 A와 B의 교집합의 non과 같다.)

합격예측

명제의(예)

$A + \overline{A} = 1$

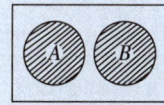
$A + B$

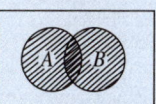
$A + B$

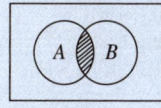
$A \cdot B$

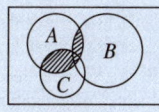
$A \cdot (B+C)$
$= (A \cdot B) + (A \cdot C)$

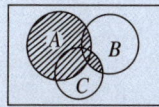
$A + (B \cdot C)$
$= (A+B) \cdot (A+C)$

위험처리기술 17.3.5 ㉰
① 위험의 회피
② 위험의 제거(경감)
  ㉮ 위험 방지
  ㉯ 위험 분산
  ㉰ 위험 결합
  ㉱ 위험 제한
③ 위험의 보유(보류)
④ 위험의 전가

합격예측

PHA의 4가지 주요목표
(1) 시스템에 대한 모든 주요한 사고를 식별하고 대충의 말로 표시할 것(사고발생의 확률은 식별 초기에는 고려되지 않음)
(2) 사고를 유발하는 요인을 식별할 것
(3) 사고가 발생한다고 가정하고 시스템에 생기는 결과를 식별하고 평가할 것
(4) 식별된 사고의 4가지 범주로 분류할 것
 ① 파국적
 ② 중대(위기적)
 ③ 한계적
 ④ 무시

위험관리내용
① 위험의 파악
② 위험의 처리
③ 사고발생확률 및 예측

(1) 위험관리 4단계
 ① 제1단계 : 위험파악
 ② 제2단계 : 위험분석
 ③ 제3단계 : 위험평가
 ④ 제4단계 : 위험처리
(2) SSPP에 포함되어야 할 사항
 ① 계획의 개요
 ② 안전조직
 ③ 계약조건
 ④ 관련부문과의 조정
 ⑤ 안전기준
 ⑥ 안전해석
 ⑦ 안전성평가
 ⑧ 안전자료 수집과 갱신
(3) SSPP시스템 안전 업무 18. 3. 4 산
 ① 정성해석
 ② 운용해석
 ③ 프로그램 심사의 참가

참고
FTA 방법
• 연역적
• 정량적

---

(2) 예비위험분석(PHA : Preliminary Hazards Analysis) 17. 3. 5 산 19. 4. 27 산

PHA는 모든 시스템안전 프로그램의 최초 개발 단계의 분석으로서 시스템 내의 위험요소가 얼마나 위험한 상태에 있는가를 정성적으로 평가하는 것이다.

1 PHA의 목적 16. 5. 8 산 20. 6. 7 기 20. 6. 14 산 23. 7. 8 기

시스템 개발 단계에서 시스템 고유의 위험 영역을 식별하고 예상되는 재해의 위험 수준을 구상단계에서 적용하고 평가하는 데 있다. 12. 3. 4 기 18. 8. 19 기 19. 3. 3 기 19. 9. 21 기 21. 5. 15 기 22. 3. 5 기 22. 4. 24 기 23. 3. 1 산

2 PHA의 기법
① check list에 의한 기법
② 기술적 판단에 의한 기법
③ 경험에 따른 기법

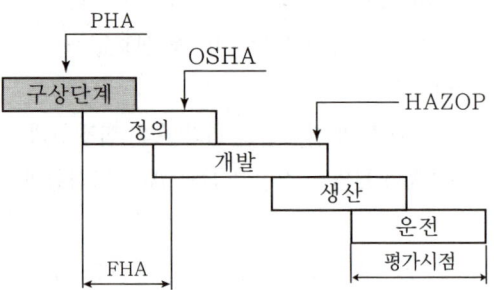

[그림] PHA·OSHA·FHA·HAZOP 19. 3. 3 기 23. 2. 28 기

3 PHA의 카테고리 분류 16. 5. 8 기 18. 9. 15 기 20. 9. 27 기 22. 3. 5 기 23. 3. 1 산

① Class 1 : 파국적(Catastrophic) – 사망, 시스템 손상
 인간의 과오, 환경, 설계의 특성, 서브시스템의 고장 또는 기능 불량이 시스템의 성능을 저하시켜 그 결과 시스템의 손실을 초래하는 상태

② Class 2 : 위기적(Critical) – 심각한 상해, 시스템 중대 손상
 인간의 과오, 환경, 설계의 특성, 서브시스템의 고장 또는 기능 불량이 시스템의 성능을 저하시켜 시스템에 중대한 지장을 초래하거나 인적 부상을 가져오므로 즉시 수정 조치를 필요로 하는 상태

③ Class 3 : 한계적(Marginal) – 경미한 상해, 시스템 성능 저하
 시스템의 성능 저하가 인원의 부상이나 시스템 전체에 중대한 손해를 입히지 않고 제어가 가능한 상태 20. 6. 14 산

④ Class 4 : 무시(Negligible) – 경미 상해 및 시스템 저하 없음
 시스템의 성능, 기능이나 인적 손실이 전혀 없는 상태

(3) 결함위험분석(FHA : Fault Hazards Analysis)

1 정의
FHA는 분업에 의하여 여럿이 분담 설계한 subsystem간의 interface를 조정하여 각각의 subsystem 및 전 시스템의 안전성에 악영향을 끼치지 않게 하기 위한 분석기법이다.

> **보충학습**
>
> 원인결과 분석기법(Cause Consequence Analysis : CCA)
> 결함수 분석기법(FTA) 및 사건수 분석기법(ETA)을 결합한 것으로, 잠재된 사고의 결과 및 근본적인 원인을 찾아내고, 사고결과와 원인 사이의 상호관계를 예측하며, 리스크 정량적으로 평가하는 리스크 평가방법

2 FHA의 기재사항
① 서브시스템의 요소
② 그 요소의 고장형
③ 고장형에 대한 고장률
④ 요소 고장시 시스템의 운용 형식
⑤ 서브시스템에 대한 고장의 영향
⑥ 2차 고장
⑦ 고장형을 지배하는 뜻밖의 일
⑧ 위험성의 분류
⑨ 전 시스템에 대한 고장의 영향
⑩ 기타

프로그램 : 세화   시스템 : FHA

#1 구성요소 명칭	#2 구성요소 위험방식	#3 시스템 작동방식	#4 서브시스템에서 위험영향	#5 서브시스템, 대표적 시스템 위험영향	#6 환경적 요인	#7 위험영향을 받을 수 있는 2차 요인	#8 위험수준	#9 위험관리

[그림] FHA 작업표

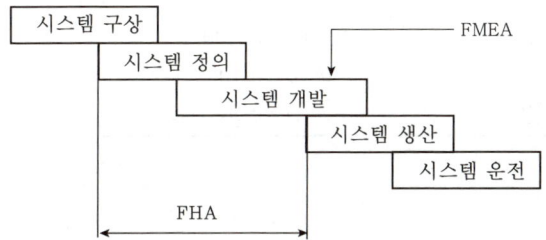

[그림] FHA·FMEA 적용단계

합격예측

FMEA의 장·단점
18. 3. 4 [산] 19. 3. 3 [기] 19. 8. 4 [산]

① 장점 : 서식이 간단하고 비교적 적은 노력으로 특별한 훈련없이 분석을 할 수 있다.
② 단점 : 논리성이 부족하고 특히 각 요소 간의 영향을 분석하기 어렵기 때문에 동시에 두 가지 이상의 요소가 고장날 경우 분석이 곤란하며, 또한 요소가 물체로 한정되어 있기 때문에 인적원인을 분석하는 데는 곤란이 있다.

β값의 조건부 확률

고장의 영향	β의 값
대단히 자주 일어나는 손실	$\beta=1.00$
보통 일어날 수 있는 손실	$0.10\le\beta<1.00$
적지만 일어날 수 있는 손실	$0<\beta<0.10$
영향 없음	$\beta=0$

FMEA 고장등급의 결정

고장등급	고장구분	판단기준	대책내용
Ⅰ	치명고장	임무 수행 불능, 인명 손실	설계 변경이 필요
Ⅱ	중대고장	임무의 중대한 부분 불달성	설계의 재검토가 필요
Ⅲ	경미고장	임무의 일부 불달성	설계 변경은 불필요
Ⅳ	미소고장	영향이 전혀 없음	설계 변경은 전혀 불필요

CCA(원인결과분석)
① 잠재된 사고의 결과 및 사고의 근본적인 원인을 찾아내고 사고결과와 원인 사이의 상호관계를 예측하여 위험성을 정량적으로 평가하는 기법
② FTA와 ETA 혼합형

(4) 고장 형태 및 영향분석(FMEA : Failure Modes and Effects Analysis)

1 정의

FMEA는 서브시스템 위험분석이나 시스템 위험분석을 위하여 일반적으로 사용되는 전형적인 정성적, 귀납적 분석방법으로 시스템에 영향을 미치는 모든 요소의 고장을 형태별로 분석하여 그 영향을 검토하는 것이다. 18. 8. 19 [산] 21. 3. 7 [기] 23. 7. 8 [산]

2 FMEA의 실시 순서

시스템이나 기기의 설계 단계에서 FMEA의 실시 순서는 다음과 같다.

[표] FMEA 실시 순서

순 서	주 요 내 용
제1단계 대상 시스템의 분석	① 기기·시스템의 구성 및 기능의 전반적 파악 ② FMEA 실시를 위한 기본 방침의 결정 ③ 기능 block과 신뢰성 block의 작성
제2단계 고장형태와 그 영향의 해석	① 고장형태의 예측과 설정 ② 고장원인의 상정 ③ 상위 항목의 고장 영향의 검토 ④ 고장 검지법의 검토 ⑤ 고장에 대한 보상법이나 대응법의 검토 ⑥ FMEA 워크시트에 기입 ⑦ 고장 등급의 평가
제3단계 치명도 해석과 개선책의 검토	① 치명도 해석 ② 해석 결과의 정리와 설계 개선으로 제언

3 FMECA(고장의 형과 영향 및 치명도분석) 16. 3. 6 [기] 19. 4. 27 [산]

FMEA와 CA를 병용한 안전해석 기법으로 정량적 해석이 가능하다.

[표] FMEA 고장영향과 발생확률 16. 3. 6 [기]

고장의 영향	발생 확률(β의 값)	비고
실제의 손실	$\beta=1.00$	자주
예상되는 손실	$0.10\le\beta<1.00$	보통
가능한 손실	$0<\beta<0.10$	드물게
영향 없음	$\beta=0$	무

4 FMEA에서의 고장의 형태

① 개로 또는 개방 고장
② 폐로 또는 폐쇄 고장
③ 기동 고장
④ 정지 고장
⑤ 운전 계속의 고장
⑥ 오작동 고장

5 FMEA 고장등급 평가요소 5가지

① C_1 : 기능적 고장의 영향의 중요도
② C_2 : 영향을 미치는 시스템의 범위
③ C_3 : 고장 발생의 빈도
④ C_4 : 고장방지의 가능성
⑤ C_5 : 신규 설계의 정도

6 평가요소 전부를 사용하는 경우 고장 평점 C_s는

$$C_s = (C_1 \cdot C_2 \cdot C_3 \cdot C_4 \cdot C_5)^{\frac{1}{5}}$$

[표] MIL-STD-882B DOD 분류

분류	범주	해당 재난
파국(catastrophic)	I	사망 또는 시스템 상실
중대재해(critical)	II	중상, 직업병 또는 중요 시스템 손상
경미재해(marginal)	III	경상, 경미한 직업병 또는 시스템의 가벼운 손상
무시재해(negligible)	IV	사소한 상처, 직업병 또는 시스템 손상

(5) MORT(Management Oversight and Risk Tree : 경영소홀 및 위험수 분석)

① 1970년 이후 미국의 W.G.Johnson 등에 의해 개발된 최신 시스템 안전프로그램으로서 원자력 산업의 고도 안전 달성을 위해 개발된 분석기법이다. 이는 산업안전을 목적으로 개발된 시스템안전 프로그램으로서의 의의가 크다.
② FTA와 같은 논리기법을 이용하여 관리, 설계, 생산, 보전 등의 광범위한 안전을 도모하는 원자력산업 외에 일반 산업안전에도 적용이 기대된다.

합격예측

CA(치명도 분석 : 정량적 분석)
고장이 직접 시스템의 손실과 사상에 연결되어 높은 위험도(criticality)를 가진 요소나 고장의 형태에 따른 분석법

참고

DOD 시스템 역사
① MIL-STD-882B에 능숙한 것은 DOD 시스템 안전 프로그램을 이해하기 위해 필요하다.
② 공식적으로 MIL-STD-882A(1997년 6월 28일)를 대체하기 위해 1984년 3월 30일에 나왔고, 1987년 7월 1일에 갱신하였다.

합격예측

안전해석 기법의 종류
① FTA(결함수분석법) : 정량적, 연역적 분석법
② PHA(예비사고분석) : 최초단계(개발단계) 분석법, 정성적 분석법
③ FMEA(고장형과 영향분석) : 정성적·귀납적 분석법
④ FHA(결함수위험분석) : 서브시스템 분석법
⑤ DT와 ETA(사상수분석법) : 정량적, 귀납적 분석법
⑥ THERP(인간과오율 예측기법) : 인간과오의 정량적 분석법
⑦ MORT(경영소홀 및 위험수분석) : 광범위한 안전도모 및 고도의 안전달성

Q 은행문제

시스템이 저장되고 이동되고 실행됨에 따라 발생하는 작동시스템의 기능이나 과업, 활동으로부터 발생되는 위험에 초점을 맞춘 위험분석 차트는? 17. 3. 6 기
① 결함수분석(FTA : Fault Tree Analysis)
② 사상수분석(ETA : Event Tree Analysis)
③ 결함위험분석(FHA : Fault Hazard Analysis)
④ 운용위험분석(OHA : Operating Hazard Analysis)

정답 ④

(6) 운용 및 지원위험분석(Operating and Support → O&S Hazard Analysis)

1 정의

시스템의 모든 사용 단계에서 생산, 보전, 시험, 운반, 저장, 운전, 비상탈출, 구조, 훈련 및 폐기 등에 사용되는 인원, 순서, 설비에 관하여 위험을 동정하고 제어하며 그들의 안전 요건을 결정하기 위하여 실시하는 해석이며 위험에 초점을 맞춘 위험분석 차트이다.

2 운용 및 지원위험해석의 결과는 다음의 경우에 있어서 기초 자료가 된다.

① 위험의 염려가 있는 시기와 그 기간 중의 위험을 최소화하기 위해 필요한 행동의 동정
② 위험을 배제하고 제어하기 위한 설계변경
③ 방호장치, 안전설비에 대한 필요조건과 그들의 고장을 검출하기 위하여 필요한 보전 순서의 동정
④ 운전 및 보전을 위한 경보, 주의, 특별한 순서 및 비상용 순서
⑤ 취급, 저장, 운반, 보전 및 개수를 위한 특정한 순서

(7) 디시전 트리(Decision Trees)

1 decision trees는 요소의 신뢰도를 이용하여 시스템의 신뢰도를 나타내는 시스템 모델의 하나로 귀납적이고, 정량적인 분석방법이다.

2 decision trees가 재해사고의 분석에 이용될 때는 event tree라고 하며, 이 경우 trees는 재해사고의 발단이 된 요인에서 출발하여 2차적 원인과 안전수단의 적부 등에 의해 분기되고 최후에 재해 사상에 도달한다.

3 디시전 트리의 작성방법

① 통상 좌로부터 우로 진행된다.
② 요소 또는 사상을 나타내는 시점에서 성공 사상은 상방에, 실패 사상은 하방에 분기된다.
③ 분기마다 안전도와 불안전도의 발생확률(분기된 각 사상의 확률의 합은 항상 1이다)이 표시된다.
④ 마지막으로 각각의 제곱의 합으로써 시스템의 안전도가 계산된다.

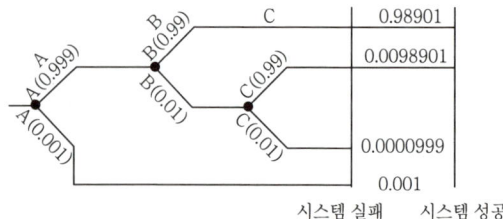

[그림] decision tree의 예

(8) THERP(인간과오율 예측기법 : Technique for Human Error Rate Prediction) 17.3.5❹ 17.5.7❹ 17.9.23❷ 19.8.4❷ 23.2.28❷ 23.5.13❷ 24.5.9❷

① 시스템에 있어서 인간의 과오(human error)를 정량적으로 평가하기 위하여 1963년 Swain 등에 의해 개발된 기법이다.
② 인간의 과오율 추정법 등 5개의 스텝으로 되어 있다. 여기에 표시하는 것은 그 중 인간의 동작이 시스템에 미치는 영향을 나타내는 그래프적 방법이다.
③ 기본적으로 ETA의 변형이라고 볼 수 있는데 루프(loop : 고리), 바이패스(bypass)를 가질 수가 있고 man-machine system의 국부적인 상세분석에 적합하다.(100만 운전시간당 과오도수를 기본과오율로 평가)

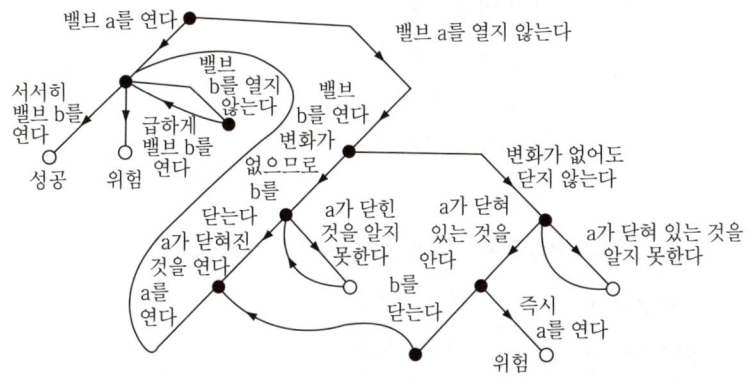

[그림] THERP

(9) ETA, FAFR, CA

1 ETA(Event Tree Analysis : 사건수분석) 16.5.8❹ 17.5.7❷ 18.9.15❹ 21.8.14❷ 23.5.13❹
① 사상의 안전도를 사용하는 연속된 사건들의 시스템 모델의 하나이다.
② 귀납적, 정량적 분석(정상 또는 고장)으로 발생경로 파악하는 방법이다.
③ 재해의 확대 요인의 분석(나무가지가 갈라지는 형태)에 적합하다.
④ ETA의 작성은 좌에서 우로 진행한다.
⑤ 각 사상의 확률의 합은 1.0이다.

2 FAFR(Fatality Accident Frequency Rate)
① 클레츠(Kletz)가 고안
② 위험도를 표시하는 단위로 10^8(1억)시간당 사망자 수를 나타낸다. 즉, 일정한 업무 또는 작업행위에 직접 노출된 10^8시간(1억 시간)당 사망확률
③ 단위시간당 위험률로서, 근로자 수가 1,000명의 사업장에서 50년간 근로 총 시간 수를 의미
④ 화학공업의 FAFR : $0.35 \sim 0.4 \rightarrow 4 \times 10^8$시간당 1회 사망을 의미

합격예측

푸아송 분포 19.9.21❷
(Poisson distribution)
① 단위 시간안에 어떤 사건이 몇 번 발생할 것인지를 표현하는 이산 확률분포이다.
② 푸아송 분포는 18세기에 시메옹 드니 푸아송의 1838년 "민사사건과 형사사건 재판의 확률에 관한 연구"라는 논문을 통해 알려졌다.

용어정의
① 의도(intention) : 어떤 부분이 어떻게 작동될 것으로 기대된 것을 의미하는 것으로 서술적일 수도 있고 도면화될 수도 있다.
② 이상(deviations) : 의도에서 벗어난 것을 말하며 유인어를 체계적으로 적용하여 얻어진다.
③ 원인(causes) : 이상이 발생한 원인을 의미한다.
④ 결과(consequences) : 이상이 발생할 경우 그것에 대한 결과이다.
⑤ 위험(hazard) : 손실, 손상, 부상 등을 초래할 수 있는 결과를 의미한다.

Q 은행문제
1. 작업장 내의 색채조절이 적합하지 못한 경우에 나타나는 상황이 아닌 것은?
① 안전표지가 너무 많아 눈에 거슬린다.
② 현란한 색배합으로 물체 식별이 어렵다.
③ 무채색으로만 구성되어 중압감을 느낀다.
④ 다양한 색채를 사용하면 작업의 집중도가 높아진다.
  정답 ④

2. 압박이나 긴장에 대한 척도 중 생리적 긴장의 화학적 척도에 해당하는 것은?
① 혈압 ② 호흡수
③ 혈액 성분 ④ 심전도
  정답 ③

합격예측

FTA 16. 3. 6 기
정상사상인 재해현상으로부터 기본사상인 재해원인을 향해 연역적 분석을 행하는 것이 특징이다.

FTA 창안자
1962년 미국 벨전화연구소의 Watson에 의해 군용으로 고안되었다.

Q 은행문제 18. 8. 19 기

인간공학에 있어 기본적인 가정에 관한 설명으로 틀린 것은?
① 인간 기능의 효율은 인간–기계 시스템의 효율과 연계된다.
② 인간에게 적절한 동기부여가 된다면 좀 더 나은 성과를 얻게 된다.
③ 개인이 시스템에서 효과적으로 기능을 하지 못하여도 시스템의 수행도는 변함없다.
④ 장비, 물건, 환경 특성이 인간의 수행도와 인간–기계 시스템의 성과에 영향을 준다.

정답 ③

3 CA(Criticality Analysis : 치명도 분석) 21. 5. 15 기

① 고장이 직접 시스템의 손실과 인명의 사상에 연결되는 높은 위험도(criticality)를 가진 요소나 고장의 형태에 따른 정량적 분석법이다.
② 고장의 형태가 기기 전체의 고장에 어느 정도 영향을 주는가를 정량적으로 평가하는 방법이다.
③ 정성적 방법에 의한 FMEA에 대해 정량적 및 귀납적 성격을 부여한다.
   (예 항공기 안전성 평가사용)
④ 고장 등급의 평가

   치명도$(C_E) = C_1 \times C_2 \times C_3 \times C_4 \times C_5$

   여기서, C_1 : 고장 영향의 중대도
   C_2 : 고장의 발생빈도
   C_3 : 고장 검출의 곤란도
   C_4 : 고장 방지의 곤란도
   C_5 : 고장 시정시 단의 여유도

[표] 고장형의 위험도의 분류(SAE : 미국자동차협회)

category I	생명의 상실
category II	작업의 실패
category III	운용의 지연 또는 손실
category IV	극단적인 계획 외의 관리로 이어질 고장

(10) 위험 및 운용성 분석

1 위험 및 운용성 분석(HAZOP : HAZard and OPerability study) 20. 6. 14 산 22. 3. 5 기

각각의 장비에 대해 잠재된 위험이나 기능저하, 운전 잘못 등과 전체로서의 시설을 결과적으로 미칠 수 있는 영향 등을 평가하기 위해서 공정이나 설계도 등에 체계적이고 비판적인 검토를 행하는 것을 말한다. (예 화학공장 등 위험성 평가)

2 위험 및 운용성 분석의 성패를 좌우하는 중요요인

① 팀의 기술능력과 통찰력
② 사용된 도면, 자료 등의 정확성
③ 발견된 위험의 심각성을 평가할 때 팀의 균형감각 유지 능력
④ 이상(deviation), 원인(cause), 결과(consequence)들을 발견하기 위해 상상력을 동원하는데 보조수단으로 사용할 수 있는 팀의 능력

3. 결함수[FTA(故障樹木 : fault tree)] 분석

(1) FTA에 의한 고장해석 : 결함수 분석(목분석)법

1 FTA(Fault Tree Analysis)
① 고장 계통 분석
② 고장의 나무 해석
③ 고장목 해석
④ 폴트 트리 해석
⑤ FTA의 특징 22. 4. 24 ㉮
   ㉮ FTA는 시스템이나 기기의 신뢰성이나 안전성을 그림으로 그려 해석하는 방법으로, 대륙간 탄도탄(ICBM : Intercontinental Ballistic Missile)의 고장에 곤욕을 치르고 있던 미 국방성이 BTL에 의뢰하여 W. A. Watson 등에 의해 고안되어 1961년 개발 미사일의 발사 제어 시스템의 안전성 확립에 활용하여 성과를 거두고, 1965년 Boeing 항공회사의 D. F. Haasl에 의해 보완됨으로써 실용화되기 시작한 시스템의 고장 해석 방법이다.
   ㉯ FTA는 미사일 발사제어 시스템의 안전성 해석에 활용된 이외에 원자력 플랜트, 화학 플랜트, 교통 시스템 등의 안전성 해석에도 활용되어 효과를 인정받아 신뢰성 해석에도 응용되기 시작했다.
   ㉰ FTA는 시스템의 고장을 발생시키는 사상(event)과 그 원인과의 인간관계를 논리기호(AND와 OR)를 활용하여 나뭇가지 모양의 그림으로 나타낸 고장계통도(Fault Tree Diagram : 고장나무 그림, 故障木圖, 故障樹形圖, FT圖)로 작성하고, 이에 의거하여 시스템의 고장확률을 구함으로써 문제가 되는 부분을 찾아내어 시스템의 신뢰성을 개선하는 계량적인 고장 해석 및 신뢰성 평가방법이다.

2 FTA의 일반적 절차
① 순서 1 : 해석의 대상이 되는 시스템 및 기구의 구성, 기능, 작동을 조사하고 조작 방법을 파악한다.
② 순서 2 : 톱사상을 파악한다.
③ 순서 3 : 톱사상에 관련된 1차 요인을 톱 사상 아래에 열거한다.
④ 순서 4 : 톱사상과 1차 요인을 논리기호로 연결한다.
⑤ 순서 5 : 1차 요인마다 2차 요인을 열거하고 서로 논리기호로 연결한다.
⑥ 순서 6 : 순서 5에서와 같이 3차, 4차, …, n차 요인을 열거하고 각각 상위의 요인과 논리기호로 연결하여 FT도를 완성한다.
⑦ 순서 7 : Boole대수를 이용하여 FT도를 간소화한다.

합격예측

FTA에 의한 재해사례연구순서 16. 10. 1 ㉮ 19. 3. 3 ㉮
① 제1단계 : 톱사상의 선정
② 제2단계 : 사상마다의 재해 원인및 요인 규명
③ 제3단계 : FT도 작성
④ 제4단계 : 개선계획 작성
⑤ 제5단계 : 개선안 실시계획

참고

FTA(FT)
운용중인 시스템이나 동작중인 기기에 발생하면 좋지 않은 사상(톱사상)을 정상에 두고, 그 사상이 발생하는 데에 필요한 1차 요인, 2차 요인 및 그 이하의 요인들을 그 밑에 차례로 전개하고, 이들 요인들을 논리기호로 결합한다.
이와 같이 하면 나무를 거꾸로 세운 모양의 그림이 얻어지므로 이를 FT도라고 부르고, FT도를 작성하고 해석하는 것을 FTA라고 한다.

Q 은행문제

1. 청각에 관한 설명으로 틀린 것은? 17. 8. 26 ㉮
① 인간에게 음의 높고 낮은 감각을 주는 것은 음의 진폭이다.
② 1000[Hz] 순음의 가청최소음압을 음의 강도 표준치로 사용한다.
③ 일반적으로 음이 한 옥타브 높아지면 진동수는 2배 높아진다.
④ 복합음은 여러 주파수대의 강도를 표현한 주파수별 분포를 사용하여 나타낸다.

정답 ①

2. 초음파 소음(ultrasonic noise)에 대한 설명으로 잘못 된 것은? 17. 8. 26 ㉮
① 전형적으로 20000[Hz] 이상이다.
② 가청영역 위의 주파수를 갖는 소음이다.
③ 소음이 3[dB] 증가하면 허용기간은 반감한다.
④ 20000[Hz] 이상에서 노출 제한은 110[dB]이다.

정답 ③

⑧ 순서 8 : 각 요인에 발생 확률을 배당한다. 이때 기본사상, 비전개사상 모두에 발생 확률이 배당되는지를 반드시 확인한다.
⑨ 순서 9 : 논리기호에 의거, 톱사상의 발생확률을 계산한다.
⑩ 순서 10 : 톱 사상의 발생확률시 요구 수준 이하인가를 확인한다. 요구수준에 미달하면 대책을 강구한다.

3 FTA의 간소 절차
① 순서 1 : FT도를 작성한다.
② 순서 2 : 최하위 고장원인인 기본사상에 대한 고장확률을 추정한다.
③ 순서 3 : 기본사상에 중복이 있는 경우 Boole 대수에 의거하여 고장목(故障木)을 간소화한다.
④ 순서 4 : 시스템의 고장확률을 계산하고 문제점을 찾는다.
⑤ 순서 5 : 문제점의 개선 및 신뢰성의 향상대책을 강구한다.

(2) FTA의 실시

1 FTA의 활용 및 기대 효과
① 사고원인 규명의 간편화
② 사고원인 분석의 일반화
③ 사고원인 분석의 정량화
④ 노력, 시간의 절감
⑤ 시스템의 결함진단
⑥ 안전점검 체크리스트 작성

2 톱 사상의 선정

톱 사상은 FTA의 출발점이며, 톱 사상에 의해 해석의 내용이 달라지므로 신중하게 선정해야 한다.

복잡한 시스템에 대해 FTA를 실시할 경우 바라지 않는 사상이 상당히 많이 있을 수 있으므로 적절히 톱 사상을 선정하지 않으면 FTA의 효과는 기대하기 힘들다. 따라서 다음 사항을 고려해야 한다.
① 사상이 명확히 정의되어야 하고 또한 평가될 수 있어야 함
② 가능한 한 다수의 하위 레벨 사상을 포함하는 사상이어야 함
③ 설계상 또는 기술상 대처 가능한 사상이어야 함

일반적으로 한 시스템이나 기기에 대해 2종류의 고장 유형을 톱 사상으로 선정하여 FT도를 작성하여 검토하면 충분하다. 예를 들어, 문짝의 경우에는
• 문짝이 닫히지 않는다.
• 문짝이 닫힌 상태에서 열리지 않는다.

시스템이나 기기를 구성하고 있는 서브시스템이나 컴포넌트에 대해 각각의 임무 달성을 방해하는 톱사상을 선정하여 FT도를 작성하여 검토할 수 있다.

3 1차 요인

1차 요인은 톱사상이 발생하는 직접적인 원인의 하나로 서로 독립적인 사상이다. 따라서, 1차 요인 중 하나 또는 둘 이상이 그 기능을 다하지 않으면 톱사상이 발생한다.

1차 요인은 시스템이나 기기의 기본 기능을 달성하기 위해 필요한 기본적인 요인을 가리키며, 부수 기능을 달성하기 위해 필요한 요인은 포함하지 않는다. 그러나 환경 조건까지 포함한 모든 요인을 망라해야 한다.

4 논리기호

FT도 작성을 위해 필요한 최소한의 기호는 다음(다음 페이지의 표)과 같다.
- 신뢰성 블록도와 FT도의 관계
① 직렬 신뢰성 블록도와 FT도의 관계 : 직렬 블록도는 다음과 같이 AND 게이트로 결합된 FT도이다.

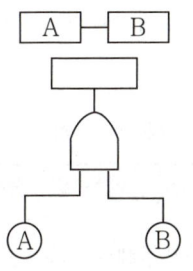 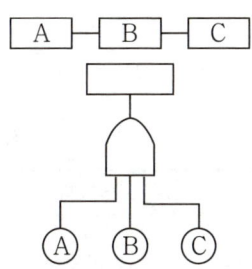

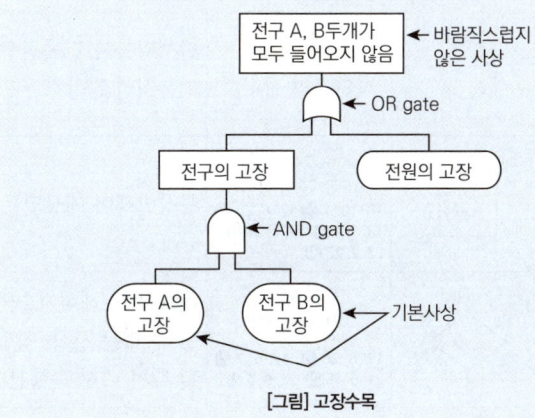

[그림] 고장수목

합격예측

① 우선적 AND Gate
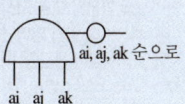
ai, aj, ak 순으로

② 짜맞춤 AND Gate
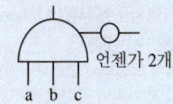
언젠가 2개

③ 위험지속 기호
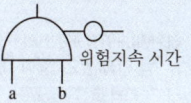
위험지속 시간

④ 배타적 OR Gate
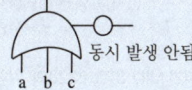
동시 발생 안됨

Q 은행문제

다음 내용의 ( )안에 들어갈 내용을 순서대로 정리한 것은?
18. 8. 19 ⑦

근섬유의 수축단위는 (A)(이)라 하는데, 이것은 두 가지 기본형의 단백질 필라멘트로 구성되어 있으며, (B)이(가) (C) 사이로 미끄러져 들어가는 현상으로 근육의 수축을 설명하기도 한다.

① A : 근막, B : 마이오신, C : 액틴
② A : 근막, B : 액틴, C : 마이오신
③ A : 근원섬유, B : 근막, C : 근섬유
④ A : 근원섬유, B : 액틴, C : 마이오신

정답 ④

보충학습

고장수목

대규모 시스템에서는 랜덤한 이상이 거듭되어 바람직하지 못한 사상(事象)이 발생할 때가 많다. 이와 같은 이상의 조합을 조직적으로 구하는 그림과 같은 논리 다이어그램을 고장수목이라 한다.

합격예측

우선적 AND Gate
입력사상 가운데 어느 사상이 다른 사상보다 먼저 일어났을 때에 출력사상이 생긴다. 예를 들면 「A는 B보다 먼저」와 같이 기입한다.

MTTR(평균수리시간 : Mean Time To Repair)
체계의 고장발생 순간부터 수리가 완료되어 정상작동하기까지의 평균시간

(1) MIL-STD-882B의 시스템 안전 필요사항에 대한 우선권 순서
최소 리스트를 위한 설계 → 안전장치 설치 → 경보장치 설치 → 절차 및 교육훈련 개발

(2) MIL-STD-882B의 위험성평가 매트릭스(Matrix) 분류 20. 6. 7 ㉠
① 자주 발생(Frequent)
② 보통 발생(Probable)
③ 가끔 발생(Occasional)
④ 거의 발생하지 않음(Remote)
⑤ 극히 발생하지 않음(Improbable)

---

② 병렬 신뢰성 블록도와 FT도의 관계 : 병렬 블록도는 다음과 같이 OR 게이트로 결합된 FT도이다.

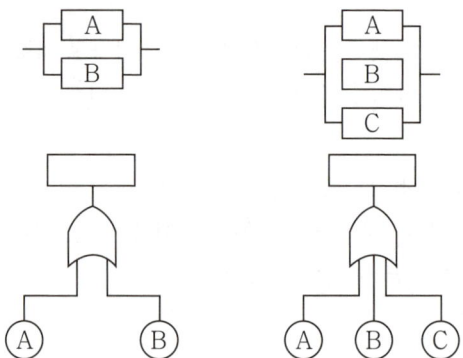

③ 논리게이트 17. 5. 7 ㉣ 18. 4. 28 ㉠ 18. 9. 15 ㉣

㉮ OR 게이트 – 입력사상 발생확률의 합(단, 각 블록의 발생확률 0.1 이하)
㉯ AND 게이트 – 입력사상과 발생확률의 곱
㉰ 제약 게이트 – 입력사상과 조건사상 발생확률의 곱으로 계산된다.
㉱ OR 게이트, AND 게이트 및 제약(억제) 게이트로 혼합결합된 FT도

[표] FTA의 기호 19. 9. 21 ㉣

번호	기 호	명 칭	입·출력현상
1	(직사각형)	결함사상 21. 8. 14 ㉠	두가지 상해중 하나가 고장 또는 결함으로 나타나는 비정상적 사건(중간 또는 정상사상) 21. 5. 15 ㉠
2	(원)	기본사상 17. 8. 26 ㉣ 18. 8. 19 ㉣ 20. 6. 14 ㉣ 23. 7. 8 ㉣	더 이상 전개되지 않는 기본적인 사상
3	(점선 원)	기본사상 (인간의 실수)	발생확률이 단독적으로 얻어지는 낮은 레벨의 기본적인 사상
4	(집 모양)	통상사상 16. 10. 1 ㉣ 17. 8. 26 ㉠ 18. 3. 4 ㉠ 22. 4. 24 ㉠ 23. 2. 28 ㉠	통상발생이 예상되는 사상(예상되는 원인)
5	(다이아몬드)	생략사상 17. 8. 26 ㉠ 17. 5. 7 ㉠ 21. 5. 15 ㉠ 23. 6. 4 ㉠	정보부족, 해석기술의 불충분으로 더 이상 전개할 수 없는 사상. 작업진행에 따라 해석이 가능할 때는 다시 속행한다.

번호	기호	명칭	입·출력현상
6		생략사상 (인간의 실수)	
7		전이기호 (IN) 18. 4. 28 산 23. 5. 13 산	FT도상에서 부분에의 이행 또는 연결을 나타낸다. 삼각형 정상의 선은 정보의 전입 루트를 뜻한다.
8		전이기호 (OUT)	FT도상에서 다른 부분에의 이행 또는 연결을 나타낸다. 삼각형 옆의 선은 정보의 전출을 뜻한다.
9		전이기호 (수량이 다르다)	
10		AND 게이트 (논리기호) 23. 3. 1 산	모든 입력사상이 공존할 때만이 출력사상이 발생한다.
11		OR 게이트 (논리기호) 20. 9. 27 기	입력사상 중 어느 것이나 하나가 존재할 때 출력사상이 발생한다.
12		수정 게이트	입력사상에 대해서 이 게이트로 나타내는 조건이 만족하는 경우에만 출력사상이 발생한다.
13		우선적 AND 게이트 17. 3. 5 기 17. 9. 23 산 19. 4. 27 산	입력사상 중에 어떤 현상이 다른 현상보다 먼저 일어날 때에 출력현상이 생긴다. 16. 10. 1 기
14		조합 AND 게이트 23. 6. 4 기	3개 이상의 입력현상 중에 언젠가 2개가 일어나면 출력이 생긴다. 16. 5. 8 기 산 17. 3. 5 기 17. 9. 23 산 19. 4. 27 산 19. 8. 4 기 21. 9. 12 기
15		배타적 OR 게이트 20. 6. 7 기	OR Gate로 2개 이상의 입력이 동시에 존재할 때에는 출력사상이 생기지 않는다. 예를 들면 '동시에 발생하지 않는다'라고 기입한다.
16		위험 지속 AND 게이트 19. 3. 3 산 19. 9. 21 기	입력현상이 생겨서 어떤 일정한 기간이 지속될 때에 출력이 생긴다. 만약 그 시간이 지속되지 않으면 출력은 생기지 않는다.

합격예측

억제 Gate(논리기호)
10. 9. 5 기 19. 3. 3 기 19. 8. 4 산
수정 Gate의 일종으로 억제 모디파이어(Inhibit Modifier)라고도 하며 입력현상이 일어나 조건을 만족하면 출력이 생기고, 조건이 만족되지 않으면 출력이 생기지 않는다.

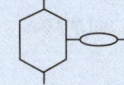

[그림] 억제 Gate
23. 7. 8 산

짜맞춤 AND Gate
3개 이상의 입력사상 가운데 어느 것이든 2개가 일어나면 출력사상이 생긴다. 예를 들면 「어느 것이든 2개」라고 기입한다.

은행문제

작업기억(working memory)에 관련된 설명으로 옳지 않은 것은?
23. 5. 13 산
① 오랜 기간 정보를 기억하는 것이다.
② 작업기억 내의 정보는 시간이 흐름에 따라 쇠퇴할 수 있다.
③ 작업기억의 정보는 일반적으로 시각, 음성, 의미 코드의 3가지로 코드화된다.
④ 리허설(rehearsal)은 정보를 작업기억 내에 유지하는 유일한 방법이다.

정답 ①

합격예측

부정 Gate

부정 모디파이어 라고도 하며 입력현상의 반대인 출력이 된다. 18. 8. 19 ⑦ 22. 3. 5 ⑦

[그림] 부정 Gate

합격용어

배타적 OR Gate

OR Gate로 2개 이상의 입력이 동시에 존재할 때에는 출력사상이 생기지 않는다. 예를 들면「동시에 발생하지 않는다.」라고 기입한다.
① 귀납법 : 개별적인 특수한 사실로부터 일반적인 원리를 이끌어내는 방법
예 귀납적 탐구 방법 : 자연현상을 관찰하여 얻은 자료를 종합하고 분석하여 규칙성을 발견하고, 이로부터 일반적인 원리나 법칙을 이끌어내는 탐구 방법.
　- 여러 개별적인 사실로부터 결론을 이끌어내며, 가설 설정 단계가 없음.
② 연역법 : 일반적인 원리로부터 개별적인 특수한 사실을 이끌어내는 방법

5 여타의 기호 및 사상

① Tabular AND Gate : AND 게이트의 입력사상으로 매우 많은 종국사상이 있을 때를 표시

② m-out-of-n Gate : n개의 입력사상 중 적어도 m개의 사상이 발생할 때에만 출력사상이 발생하는 경우를 표시. m개의 입력사상이 동시에 발생할 필요는 없다.

③ Exclusive OR Gate : 입력사상 중 어느 하나만 발생하고, 나머지는 발생하지 않을 때를 표시

④ Priority AND Gate : 2개의 사상 중 1개의 사상이 먼저 발생하고 다른 사상은 나중에 발생할 때를 표시

　예 화재 경보기가 고장나고 다음에 화재가 발생

⑤ Inhibit Gate : 입력사상이 일어났을 때의 조건을 표시하며, 사상이 발생한 때만 출력사상이 일어남을 표시

　예 입력사상이 자동차의 전조등 고장이고 출력사상이 도로를 보지 못할 때, 억제조건은 밖이 어두울 때임.

⑥ AND-NOT Gate : 한 사상이 발생되고 두번째 사상이 발생되지 않을 때의 조건을 표시

⑦ 정상사상(Top Event) : 고장목의 정상에 오는 사상으로, 보통 '바람직하지 않은 사상'이 정상사상이 된다.

　예 시스템 정지, 용기 파괴, 압력 저하 등

⑧ 중간사상(Intermediate Event) : 정상사상을 제외하고 더 분해되어 정상사상으로 야기할 수 있는 사상

⑨ 종국사상(Terminal Event) : 더 이상 분해될 수 없는 사상으로, 다음과 같이 분류된다.

　㉮ 미전개사상(Undeveloped Event) : 원래는 더 전개해야 하는 사상이나, 설계 단계에서 원인 규명을 위한 정보 부족으로 전개할 수 없거나 더 이상 해석의 필요가 없는 사상

　㉯ 기본사상(Basic Event) : 더 이상 분해될 수 없는 컴포넌트 레벨의 사상이나 외부사상을 가리키고 컴포넌트 고장은 컴포넌트의 상태별로 1차 고장, 2차 고장, 명령 고장으로 분류된다. 1차 고장(Primary failure)은 컴포넌트 결함의 결과로 작동 조건과 환경 조건이 설계 한계 내에 있을 때 발생, 2차 고장(secondary failure)은 비정상적인 작동 조건이나 환경 조건의 결과로 발생하는 고장이다. 명령고장[command failures(signal failure)]은 컴포넌트에 잘못된 명령이자 신호를 입력했을 때 발생하는 고장임.

㉰ 가형사상(House Event) : 신뢰성 분석자가 켜거나 끌 수 있는 종국사상의 특별한 형태로서, 어떤 시나리오하에서 시스템의 고장 습성을 연구하기 위해 사용된다.

(3) FTA의 중요 분야별 효과

[1] 설계 등에 대한 효과

기본 설계 단계에서 FMEA를 실시함으로써 중대한 고장 유형들을 찾아낸 후 이들 중 1~2개의 고장 유형을 톱사상으로 한 FTA를 실시함으로써 고장을 많이 발생시키는 기본사상을 파악, 설계변경 등에 의해 그와 같은 고장유형을 제거한다. 기본설계단계에서 FMEA를 실시하지 않고 상세설계단계에서 설계변경을 하면 손실이 크게 된다.

안전성 해석에서도 활용하여 인명, 건물 등에 위험을 초래하는 기본 사상들을 제거할 수 있다.

[2] 고장해석에 대한 효과

FTA는 시장에서 발생하는 중대한 트러블에 대해 고장해석을 하여 대책을 세우고자 할 때 사용하면 효과가 크다.

FTA를 활용하면, 다음과 같은 효과가 있다.

① 논리기호를 이용하여 그림으로 전개하므로 입력부터 출력까지 계통적으로 검토할 수 있다.

② 고장원인에는 컴포넌트 부품 등 하드웨어의 고장 이외에 인간의 조작 미스, 지시서나 도면의 미스, 컴퓨터 소프트웨어의 미비 등 소프트웨어의 문제 및 온도변화, 습도 등 자연현상에 기인하는 것도 적지 않은바, FTA에 의하면 이들에 대해서도 검토가 가능하다.

③ FTA도에는 톱사상, 1차 요인, 2차 요인과 기본사상과의 관계 및 해석 결과가 명시되어 있으므로 검토 누락을 방지할 수 있다.

[3] FTA특징 17. 5. 7 [산] 17. 8. 26 [기] 18. 4. 28 [기] 19. 8. 4 [기]

① Top down형식(연역적)

② 정량적 해석기법(컴퓨터 처리가 가능)

③ 논리기호를 사용한 특정사상에 대한 해석

④ 서식이 간단해서 비전문가도 짧은 훈련으로 사용할 수 있다.

⑤ Human Error의 검출이 어렵다.

[4] FTA의 작성시기

① 기계설비를 설치 가동할 경우

② 위험 내지는 고장의 우려가 있거나 그러한 사유가 발생하였을 경우

③ 재해가 발생하였을 경우

합격예측

결함사상은 최상단(정상사상)이나 중간(중간사상)에 사용

FTA(결함수 분석법)의 활용 및 기대효과

① 사고원인 규명의 간편화
② 사고원인 분석의 일반화
③ 사고원인 분석의 정량화
④ 노력시간의 절감
⑤ 시스템의 결함진단
⑥ 안전점검표 작성

부적응의 유형

구분	특징
망상인격	자기주장이 강하고 빈약한 대인관계
순환인격	울적한 상태에서 명랑한 상태로 상당히 장기간에 걸쳐 기분 변동
분열인격	자폐적, 수줍음, 사교를 싫어하는 형태, 친밀한 인간관계 회피
폭발인격	갑자기 예고없이 노여움 폭발, 흥분 잘하고 과민성, 자기행동의 합리화
강박인격	양심적, 우유부단, 욕망제지, 타인으로부터 인정받기를 지나치게 원함(완전주의)
기타	히스테리인격, 소극적 공격적 인격, 무력인격, 부적합인격, 반사회인격 등

합격예측

AND와 OR
① AND 게이트는 논리적(곱)의 확률을 나타낸다. 16. 3. 6 ②
② OR 게이트는 논리화(합)의 확률을 나타낸다.

위험지속기호
입력사상이 생겨 어느 일정시간 지속하였을 때에 출력사상이 생긴다. 예를 들면 「위험지속시간」과 같이 기입한다.

Q 은행문제

재해예방 측면에서 시스템의 FT에서 상부측 정상사상의 가장 가까운 쪽에 OR 게이트를 인터록이나 안전장치 등을 활용하여 AND 게이트로 바꿔주면 이 시스템의 재해율에는 어떠한 현상이 나타나겠는가? 16. 3. 6 ②
① 재해율에는 변화가 없다.
② 재해율의 급격한 증가가 발생한다.
③ 재해율의 급격한 감소가 발생한다.
④ 재해율의 점진적인 증가가 발생한다.

정답 ③

보충학습 FTA에 의한 고장해석 사례

그림과 같은 신뢰성 블록선도로 표현되는 시스템의 고장목(fault tree)을 만들고 시스템의 고장률을 구하라.(숫자는 각 요소의 고장확률이다.)

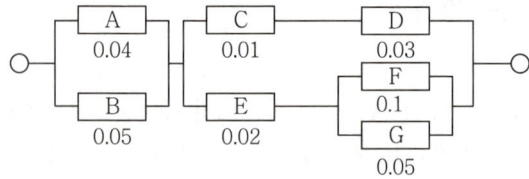

◐ 위 그림의 고장목을 만들고 시스템의 고장률을 구하면 아래 그림과 같다.

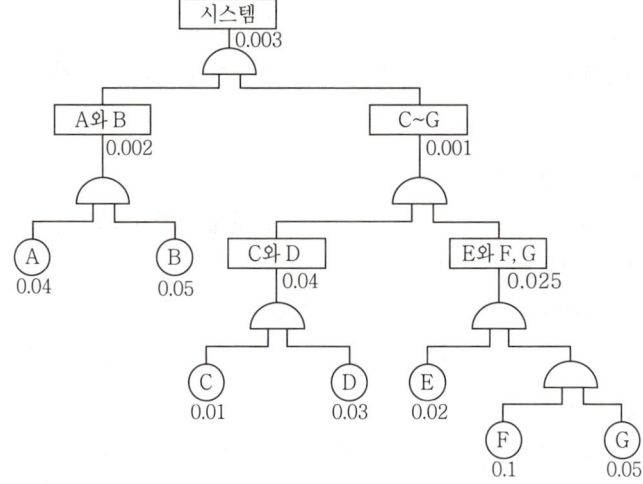

[표] 논리연산표 18. 3. 4 ㊚

연산	의미	논리기호	연산식	진리표	집합	스위치 회로
AND	두 개의 입력이 1일 때 1출력		$Y = A \cdot B$	입력 A B / 출력 Y 0 0 / 0 0 1 / 0 1 0 / 0 1 1 / 1	교집합 ∩	
OR	한 개 이상 입력이 1일 때 1출력		$Y = A + B$	입력 A B / 출력 Y 0 0 / 0 0 1 / 1 1 0 / 1 1 1 / 1	합집합 ∪	
NOT	입력과 반대출력		$Y = \overline{A}$	입력 A / 출력 Y 0 / 1 1 / 0	여집합 ⊂	

연산	의미	논리기호	연산식	진리표	집합	스위치회로
XOR	두 개의 입력이 서로 다를 때 1이 출력		$Y = A \oplus B$ $= \overline{A}B + A\overline{B}$	입력 A B / 출력 Y 0 0 / 0 0 1 / 1 1 0 / 1 1 1 / 0		
NAND	AND에 NOT를 연결		$Y = \overline{(A \cdot B)}$ $= \overline{A} + \overline{B}$	입력 A B / 출력 Y 0 0 / 1 0 1 / 1 1 0 / 1 1 1 / 0		
NOR	OR에 NOT를 연결		$Y = \overline{(A+B)}$ $= \overline{A} \cdot \overline{B}$	입력 A B / 출력 Y 0 0 / 1 0 1 / 0 1 0 / 0 1 1 / 0		
XNOR	XOR에 NOT를 연결		$Y = \overline{(A \oplus B)}$ $= \overline{A} \cdot \overline{B} + AB$	입력 A B / 출력 Y 0 0 / 1 0 1 / 0 1 0 / 0 1 1 / 1		

5 D. R. Cheriton의 FTA에 의한 재해사례 연구순서

① 제1단계 : 톱(top)사상의 선정
② 제2단계 : 사상마다 재해원인 및 요인규명
③ 제3단계 : FT(Fault Tree)도의 작성
④ 제4단계 : 개선계획 작성
⑤ 제5단계 : 개선안 실시계획

(4) 동작 경제의 3원칙(Barnes)

동작경제의 3원칙은 길브레드(F. B. Gilbreth)가 처음 사용하고, 반즈(R. M. Barnes)가 개량, 보완

1 신체의 사용에 관한 원칙(Use of The human body)

① 두 손의 동작은 같이 시작하고 같이 끝나도록 한다.
② 휴식시간을 제외하고는 양손이 동시에 쉬지 않도록 한다.
③ 두 팔의 동작은 동시에 서로 반대방향으로 대칭적으로 움직이도록 한다.
④ 손과 신체의 동작은 작업을 원만하게 처리할 수 있는 범위 내에서 가장 낮은 동작 등급을 사용하도록 한다.
⑤ 가능한 한 관성을 이용하여 작업을 하도록 하되 작업자가 관성을 억제하여야 하는 경우에는 발생되는 관성을 최소화하도록 한다.

합격예측

17. 5. 7 ㉠ 17. 9. 23 ㉠
18. 3. 4 ㉮ 18. 4. 28 ㉮
18. 9. 15 ㉠ 21. 3. 7 ㉠

① 최소컷셋(minimal cut set) : 어떤 고장이나 실수를 일으키면 재해가 일어날까 하는 식으로 결국은 시스템의 위험성(반대로 말하면 안전성)을 표시하는 것
② 최소패스셋(minimal path set) : 어떤 고장이나 실수를 일으키지 않으면 재해는 일어나지 않는다고 하는 것. 즉 시스템의 신뢰성을 나타낸다. 18. 8. 19 ㉠

위험 및 운전성 검토의 검토목적
19. 3. 3 ㉠㉮ 19. 4. 27 ㉮
① 기존시설의 안전도 향상
② 설비구입 여부 결정
③ 설계의 검사
④ 작업수칙의 검토
⑤ 공장건설 여부와 건설장소 결정
⑥ 공급자에게 문의사항 획득

길브레드(Gilbrete) 동작경제의 3원칙 06. 8. 6 ㉠ 23. 3. 1 ㉮
(1) 동작능력 활용의 원칙
① 발 또는 왼손으로 할 수 있는 것은 오른손을 사용하지 않는다.
② 양손으로 동시에 작업하고 동시에 끝낸다.
(2) 작업량 절약의 원칙
① 적게 운동할 것
② 재료나 공구는 취급하는 부근에 정돈할 것
③ 동작의 수를 줄일 것
④ 동작의 양을 줄일 것
⑤ 물건을 장시간 취급할 시 장구를 사용할 것
(3) 동작개선의 원칙 25. 2. 7 ㉮
① 동작을 자동적으로 리드미컬한 순서로 할 것
② 양손은 동시에 반대의 방향으로, 좌우 대칭적으로 운동하게 할 것
③ 관성, 중력, 기계력 등을 이용할 것

참고
추정적 개연성
10,000~100,000시간 내에 결함발생 1건일 때 추정적 개연성이 있다고 한다.

⑥ 손의 동작은 원활하고 연속적인 동작이 되도록 하며, 방향이 급작스럽게 크게 변화하는 모양의 직선동작은 피하도록 한다.
⑦ 탄도동작은 제한되거나 통제된 동작보다 더 신속하고 용이하며 정확하다.
⑧ 가능하다면 쉽고도 자연스러운 리듬이 작업동작에 생기도록 작업을 배치한다.
⑨ 눈의 초점을 모아야 작업을 할 수 있는 경우는 가능하면 없애고 불가피한 경우에는 눈의 초점이 모아져야 하는 두 작업 지점간의 거리를 최소화한다.

2 작업장의 배치에 관한 원칙(Arrangement of the workplace) 19. 9. 21 ㉠
① 모든 공구나 재료는 제 위치에 있도록 한다.
② 공구재료 및 제어기기는 사용위치에 가까이 두도록 한다.
③ 중력 이송원리를 이용한 부품상자나 용기를 이용하여 부품을 부품사용장소에 가까이 보낼 수 있도록 한다.
④ 가능하다면 낙하식 운반방법을 사용한다.
⑤ 공구나 재료는 작업조작이 원활하게 수행되도록 그 위치를 정한다.
⑥ 작업자가 잘 보면서 작업을 할 수 있도록 한다. 이를 위해서는 적절하게 조명을 해 주는 것이 첫 번째 요건이다.
⑦ 작업자가 작업 중 자세의 변경, 즉 앉거나 서는 것을 임의로 할 수 있도록 작업대와 의자높이가 조정되도록 한다.
⑧ 작업자가 좋은 자세를 취할 수 있도록 의자는 높이 뿐만 아니라 디자인도 좋아야 한다.

3 공구 및 설비 디자인에 관한 원칙(Design of tools and equipment) 23. 2. 28 ㉠
① 치구나 발로 작동시키는 기기를 사용할 수 있는 작업에서는 이러한 기기를 활용하여 양손이 다른 일을 할 수 있도록 한다. 24. 2. 15 ㉠
② 공구의 기능은 결합하여서 사용하도록 한다. 25. 2. 7 ㉠
③ 공구와 재료는 가능한 한 사용하기 쉽도록 미리 위치를 잡아준다.
④ 각 손가락이 서로 다른 작업을 할 때에는 작업량을 각 손가락의 능력에 맞도록 분배해야 한다.
⑤ 레버, 핸들 및 통제기기는 작업자가 몸의 자세를 크게 바꾸지 않더라도 조작하기 쉽도록 배열한다.

[표] 서블릭(therblig)의 분류

구분	동작	방법
효율적인 therblig	기본적인 동작	빈손이동, 운반, 쥐기, 내려놓기, 미리놓기
	동작의 목적을 가지는 동작	사용, 조립, 분해
비효율적인 therblig	정신적 또는 반정신적 동작	찾기, 고르기, 바로놓기, 검사, 계획
	정체적인 부분의 동작	불가피한 지연, 피할 수 있는 지연, 휴식, 잡고있기

(5) 컷셋·미니멀 컷셋 요약

1 16. 10. 1 ㉮
21. 8. 14 ㉮
22. 4. 24 ㉮

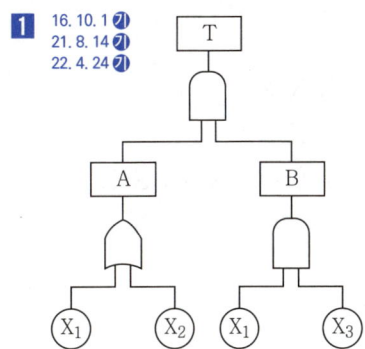

$T = A \cdot B$
$= \begin{matrix} X_1 \\ X_2 \end{matrix} \cdot B$
$= X_1 X_1 X_3$
$ X_2 X_1 X_3$

즉, 컷셋은 $(X_1 X_3)(X_1 X_2 X_3)$
미니멀 컷셋은 $(X_1 X_3)$

2 20. 9. 27 ㉮

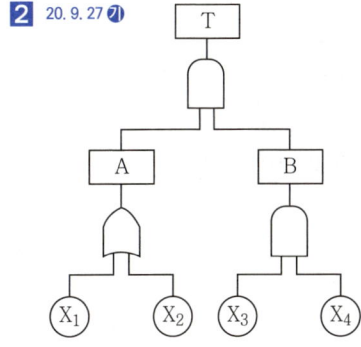

$T = A \cdot B$
$= \begin{matrix} X_1 \\ X_2 \end{matrix} \cdot B$
$= X_1 X_3 X_4$
$ X_2 X_3 X_4$

즉, 컷셋은 $(X_1 X_3 X_4)(X_2 X_3 X_4)$
미니멀 컷셋은 $(X_1 X_3 X_4)$
또는 $(X_2 X_3 X_4)$

3

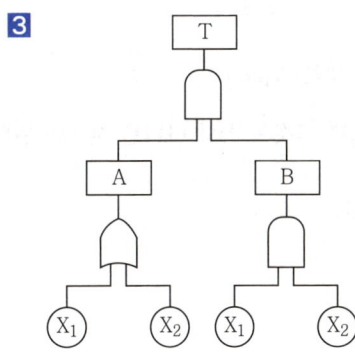

$T = A \cdot B$
$= \begin{matrix} X_1 \\ X_2 \end{matrix} \cdot B$
$= X_1 X_1 X_2$
$ X_2 X_1 X_2$

즉, 컷셋 및 미니멀 컷셋 $(X_1 X_2)$

4 16. 3. 6 ㉯
19. 9. 21 ㉯

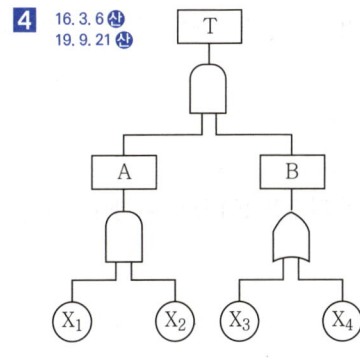

$T = A \cdot B$
$= \begin{matrix} X_1 \\ X_2 \end{matrix} \cdot B$
$= X_1 X_2 X_3$
$ X_1 X_2 X_4$

즉, 컷셋은 $(X_1 X_2 X_3)(X_1 X_2 X_4)$
미니멀 컷셋은 $(X_1 X_2 X_3)$ 또는 $(X_1 X_2 X_4)$

합격예측
18. 3. 4 ㉯ 19. 4. 27 ㉯

① 컷셋(cut set) : 정상사상을 발생시키는 기본사상의 집합으로 그 안에 포함되는 모든 기본사상이 발생할 때 정상사상을 발생시킬 수 있는 기본사상의 집합
② 패스셋(path set) : 모든 기본사상이 일어나지 않을 때 처음으로 정상사상이 일어나지 않는 기본사상의 집합 (고장나지 않도록 하는 사상의 조합)

17. 5. 7 ㉮ 18. 4. 28 ㉯
20. 9. 27 ㉮ 23. 6. 4 ㉮

Q 은행문제

1. 다음 중 FTA에서 어떤 고장이나 실수를 일으키지 않으면 정상사상(top event)은 일어나지 않는다고 하는 것으로 시스템의 신뢰성을 표시하는 것은?
① cut set
② minimal cut set
③ free event
④ minimal path set

정답 ④

2. 그림과 같이 FTA로 분석된 시스템에서 현재 모든 기본 사상에 대한 부품이 고장난 상태이다. 부품 X_1부터 부품 X_5까지 순서대로 복구한다면 어느 부품을 수리 완료하는 순간부터 시스템은 정상가동이 되겠는가? 17. 3. 5 ㉮ 20. 8. 22 ㉮

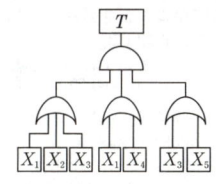

① 부품 X_2 ② 부품 X_3
③ 부품 X_4 ④ 부품 X_5

정답 ②

해설
① AND게이트는 모든 입력 사상이 공존할 때만이 출력사상이 발생
② OR게이트는 입력사상 중 어느것이나 존재할 때 출력사상이 발생

합격예측

시스템 안전관리
① 시스템안전에 필요한 사항의 동일성의 식별(identification)
② 안전활동의 계획, 조직과 관리
③ 다른 시스템 프로그램 영역과 조정
④ 시스템안전에 대한 목표를 유효하게 적시에 실현시키기 위한 프로그램의 해석, 검토 및 평가 등의 시스템 안전업무

bit(binary unit의 합성어) 17.5.7 ①
① bit란 실현가능성이 같은 2개의 대안 중 하나가 명시되었을 때 얻을 수 있는 정보량
② 정보량 : 실현가능성이 같은 n개의 대안이 있을 때 총 정보량
$H = \log_2 n$

FT도에서 최소컷셋 19.8.4 ②
(Minimal cut set)
(X₁)(X₂, X₃)

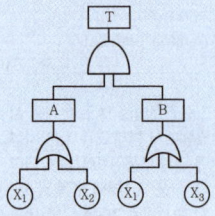

Q 은행문제
반복되는 사건이 많이 있는 경우에 FTA의 최소 컷셋을 구하는 알고리즘이 아닌 것은?
16.10.1 ① 17.3.5 ①
20.6.14 ① 20.8.23 ①
① Fussel Algorithm
② Boolean Algorithm
③ Monte Carlo Algorithm
④ Limnios & Ziani Algorithm

정답 ③

해설
FTA의 최소 컷 셋을 구하는 알고리즘
① Boolean algorithm(부울대수)
② MOCUS algorithm(쌍대 FT 작성 후 적용)
③ Limnios & Ziani algorithm

---

5 17.3.5 ② 23.2.28 ② 23.3.1 ①

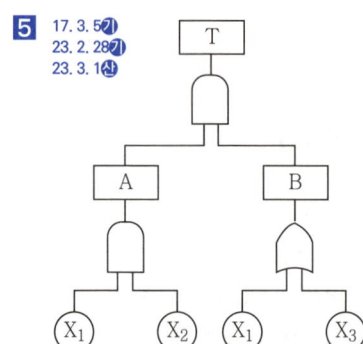

$T = A \cdot B$
$= \dfrac{X_1}{X_2} \cdot B$
$= X_1 X_2 X_1$
$\quad X_1 X_2 X_3$

즉, 컷셋은 $(X_1 X_2)(X_1 X_2 X_3)$
미니멀 컷셋은 $(X_1 X_2)$

6

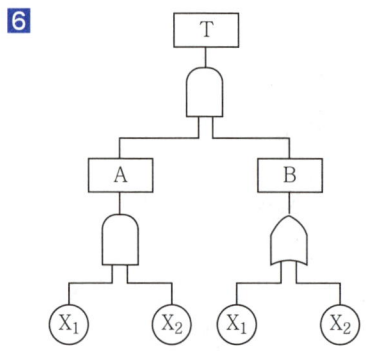

$T = A \cdot B$
$= \dfrac{X_1}{X_2} \cdot B$
$= X_1 X_2 X_1$
$\quad X_1 X_2 X_2$

컷셋·미니멀 컷셋은 $(X_1 X_2)$

7 $(X_1 X_2)(X_1 X_2 X_3)(X_1 X_2 X_4)$ → 미니멀 컷셋은 $(X_1 X_2)$

8 $(X_1 X_3)(X_1 X_2 X_3)(X_1 X_3 X_4)$ → 미니멀 컷셋은 $(X_1 X_3)$

즉, 구해진 컷셋 중 어느 것이든 한 조만 있으면 그것이 바로 미니멀 컷셋이 된다.

(6) ETA(Event Tree Analysis : 사건수 분석)

1 사상 계통 분석

2 사상의 나무 해석

3 사상의 목 해석

① ETA는 FTA와 유사하게 시스템이나 기기의 인간관계를 도시하여 검토하는 데에 사용하는 방법이다.
② FTA - 톱사상(결과) → 복수의 기본사상(원인)
③ ETA - 하나의 기본사상(원인) → 톱사상(결과)

예를 들어 탱크의 기름유출로부터 화재발생의 과정을 ET도로 나타내면 다음과 같다.

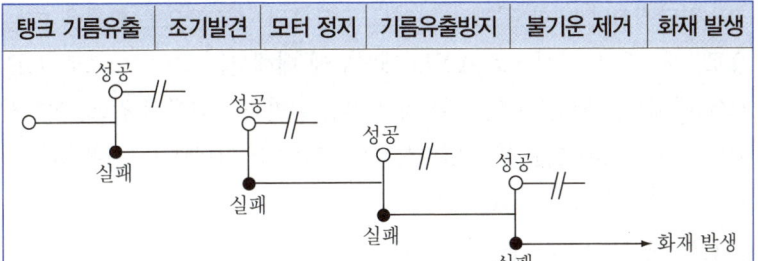

합격예측

MORT(Managment Oversight and Risk Tree)
미국에너지연구개발청(ERDA)의 Johnson에 의해 개발된 시스템안전 프로그램이다.

4. 정성적, 정량적 분석

(1) 고장목의 정량적 평가

고장목의 정량적 해석은 고장목의 논리적 구조를 확률의 형태로 바꾸고, 기본사상의 발생확률로부터 정상사상의 발생확률을 계산하는 방법이다. 이를 위해서는 고장발생확률이나 인간오류 발생확률과 같은 수치가 준비되어서 이 수치가 기본사상에 할당되어야 한다.

① 최소절단집합을 이용하는 방법으로, 각 절단을 이루고 있는 기본고장의 고장확률을 곱해서 최소절단집합의 확률을 구하고 이를 이용하여 정상사상의 확률을 구하는 방법이다. 일반식은 다음과 같고, M은 최소절단집합의 수이다.

$$P[T]=\sum_{j=1}^{M}\left\{\prod_{i\in M_j}^{n} P[E_i]\right\}$$

요약정리

(1) 컷셋(Cut set)을 구하는 방법

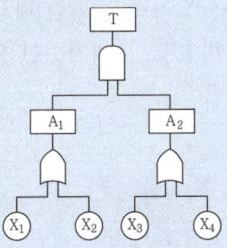

① AND(⌒)는 곱으로, OR(⌒)은 합으로 표현한다.
② 끝단부터 차례대로 논리식으로 표현해 보면 $A_1=X_1+X_2$이고, $A_2=X_3+X_4$이다.(둘 모두 OR 회로이므로)
③ 톱 사상 $T=A_1\cdot A_2=(X_1+X_2)\cdot(X_3+X_4)$이다.($A_1$과 A_2의 AND 회로이므로)
④ 분배법칙으로 분리시키면 $X_1\cdot X_3+X_1\cdot X_4+X_2\cdot X_3+X_2\cdot X_4$이다.
⑤ 따라서 $(X_1, X_3), (X_1, X_4), (X_2, X_3), (X_2, X_4)$가 된다. (AND 연산 즉, 곱으로 된 것들을 묶어준다)

(2) 패스 셋(Path set)을 구하는 법

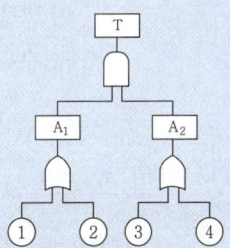

① 패스 셋을 바로 구하는 법은 없다. FT도상의 AND는 OR로, OR는 AND로 바꿔서 컷 셋을 구하면 그것이 패스 셋이 된다.
② 컷 셋은 (①+②)(③+④)=①③+①④+②③+②④이 된다.
③ 그러나 패스 셋을 구하기 위해서는 AND와 OR 게이트를 각각 OR와 AND 게이트로 변환시켜야 한다. 따라서 A_1은 ①·②가 되고, A_2는 ③·④가 된다. 이후 톱 사상 $T=A_1+A_2=$(①②)+(③④)가 된다. (A_1과 A_2의 AND 회로를 OR 회로로 계산해야 하므로) 이는 (①, ②), (③, ④)가 된다.

> **합격예측**
> **시스템에 영향을 미치는 고장의 형태**
> ① 노출 또는 개방된 고장
> ② 폐쇄 또는 차단된 고장
> ③ 가동 및 정지의 고장
> ④ 운전단속의 고장
> ⑤ 오작동 등

> **참고**
> **MIL-STD-882B 용어 정의**
> ① hazard : 예측할 수 있는 재해의 상태
> ② risk : 위험중요도와 위험가능성의 형태로 재난의 발생 표현
> ③ safety : 죽음과 부상, 직업병을 야기시킬 수 있는 요인 또는 설비나 재산에 손실을 줄 수 있는 상황에서 벗어난 상태
> ④ system safety : 시스템의 수명곡선을 통하여 작업효율, 시간, 비용을 제한하는 최적의 안전을 위하여 기술과 관리의 원칙과 규정 그리고 기법들을 적용한 시스템

② 최소절단집합에 대한 정보가 없어도 고장목의 구조만으로 확률을 아는 방법으로, 계산은 원리적으로 AND 게이트에 대해서는 곱셈(∩)으로, OR 게이트에 대해서는 덧셈(∪)의 확률 계산이다. 일반식은 다음과 같고, 여기서 R은 입력사상의 신뢰성을, F는 입력사상의 고장률을 나타내며, 이때 발생되는 모든 입력사상은 상호 독립적이다.

㉮ OR 게이트 : $F_E = 1 - \prod_{i=1}^{n}(1-F_i)$

$R_E = 1 - \prod_{i=1}^{n} R_i$

㉯ AND 게이트 : $F_E = 1 - \prod_{i=1}^{n} F_i$

$R_E = 1 - \prod_{i=1}^{n}(1-R_i)$

(2) 고장목의 정성적 평가

① FTA는 바람직하지 못한 사상을 발견하여 발생을 제어하거나, 허용 수준 이하로 억제하기 위한 해석이므로, 기본사상의 어떤 조합이 정상사상 발생에 많은 영향을 가지고 있는 것이 중요하다.
② 정성적 평가는 최소절단집합에 따라 수행되는데, 최소절단집합은 고장을 발생시키기에 불가결한 기본고장의 집합으로, 기본고장에 대한 최소절단집합은 유일하며, 시스템의 고장은 최소절단집합의 합집합으로 표현이 가능하다.
③ 정성적 평가는 최소절단집합에 따라 수행된다.
④ 절단집합의 치명도는 절단집합 안의 기본사상의 수(차수)에 달려 있다.
⑤ 차수 1의 절단집합은 차수 2 또는 그 이상의 절단집합보다 더 치명적이다.
⑥ 중요한 인자로는 최소 절단집합의 기본사상의 유형이다. 다음 순위에 따라 기본사상의 치명도를 정한다. 이 순위는 인간의 실수가 작동중인 설비의 고장보다 더 많이 발생하고 작동중인 설비의 고장은 대기중인 설비의 고장보다 더 많이 발생한다는 가정에 근거한다. 기본사상이 둘일 때는 다음 표에 따른다.

※ 순위 : 인간의 실수 → 작동중인 설비고장 → 대기중인 설비고장

> **합격예측**
> **MIL-STD-882E 심각도 카테고리** 20. 8. 23 ⓐ

설명	심각도 카테고리	사고 결과 기준
재앙수준	1	다음 중 하나 이상을 유발할 수 있다. : 사망, 영구적 완전장애, 회복 불가한 중대한 환경 영향 또는 $10M 이상의 금전적 손실
임계수준	2	다음 중 하나 이상을 유발할 수 있다. : 영구적 부분 장애, 3명 이상의 입원을 유발할 수 있는 직업병이나 상해, 회복 가능한 중대한 환경 영향 또는 $1M~ $10M의 금전적 손실
미미한 수준	3	다음 중 하나 이상을 유발할 수 있다. : 1일 이상 결근을 유발하는 직업병이나 상해, 회복 가능한 중간정도의 환경 영향 또는 $100K~ $1M의 금전적 손실
무시 가능수준	4	다음 중 하나 이상을 유발할 수 있다. : 결근을 유발하지 않는 직업병이나 상해, 최소한의 환경 영향 또는 $100K 이하의 금전적 손실

[표] 기본사상의 순위

순위	기본사상 1	기본사상 2
1	인간실수	인간실수
2	인간실수	작동중인 설비의 고장
3	인간실수	대기중인 설비의 고장
4	작동중인 설비의 고장	작동중인 설비의 고장
5	작동중인 설비의 고장	대기중인 설비의 고장
6	대기중인 설비의 고장	대기중인 설비의 고장

(3) 절단집합과 통과집합의 정의

① 고장목의 절단집합(Cut Set)은 어떤 기본사상이 (동시에) 발생시 정상사상이 발생하는 것을 보장하는 기본사상의 집합이다. 최소 절단집합 안의 기본사상들의 수는 절단집합의 차수(order)라 한다.
② 고장목의 통과집합(Path Set)은 (동시에) 정상사상이 발생하지 않게 하는 기본사상들이 집합이다.

(4) 최소절단집합과 최소통과집합의 의미

① 절단집합은 시스템의 기능을 저지하는 기본사상의 집합이며 그 속에 포함되어 있는 모든 기본사상이 발생시에 정상사상이 발생하는 것을 말한다.
② 보통은 여러 개의 절단집합이 존재하며 절단집합 등 정상사상을 발생시키는 절단집합을 최소절단집합이라 한다.
③ 최소절단집합은 최소절단집합 내에 포함되는 기본사상이 전수 발생한 때에 최초의 정상사상이 발생하는 기본사상의 집합이다.
④ 최소절단집합 내의 어느 기본사상 중 하나라도 발생하지 않으면 정상사상이 발생하지 않는 집합을 말한다. 따라서 최소절단집합은 각 절단집합 중 중복되는 집합을 제거한 것이 된다.
⑤ 고장목에서 정상사상의 발생에 기여도가 높은 기본사상들의 조합을 찾아내는 방법으로 최소절단집합(minimal cut set) 또는 최소통과집합(minimal path set)이 사용된다.
⑥ 정상사상을 일으키기 위한 최소한의 절단을 최소절단이라 하며 이는 어떤 고장이나 실수를 일으키면 재해가 일어날까 하는 것으로 결국 시스템의 위험성(안전성)을 표시하는 것이고, 최소통과는 어떤 고장이나 실수를 일으키지 않으면 재해는 일어나지 않는다고 하는 것, 다시 말하면 시스템의 신뢰성을 표시하는 것이다.

합격예측

① FTA(결함수분석법) : 정량적, 연역적 분석법
② PHA(예비사고분석) : 최초단계(개발단계) 분석법, 정성적 분석
③ FMEA(고장형과 영향분석) : 정성적·귀납적 분석법
④ FHA(결함위험분석) : 서브 시스템 분석법
⑤ DT와 ETA(사상수분석법) : 정량적, 귀납적 분석법
⑥ THERP(인간과오율 예측기법) : 인간과오의 정량적 분석법
⑦ MORT(경영소홀 및 위험수분석) : FTA와 논리기법이 같음.

합격예측

(1) OAT접근방법
  ① 감지
  ② 진단
  ③ 반응
(2) 인간신뢰도 예측을 위한 컴퓨터 모의실험
  ① Monte Carlo 모의실험
  ② 확정적 모의실험
(3) 최소 컷 셋(Minimal cut set)
  ① 시스템의 신뢰도를 구하기 위해서 중복되는 컷 셋을 제거하고 꼭 필요한 최소한의 컷 셋으로 만드는 것을 말한다.
  ② AND는 곱(·)으로, OR는 합(+)으로 연결하여 부울대수의 연산을 활용하여 간략화시킨다.
(4) 최소 패스 셋(Minimal path set)
  ① FTA에서 시스템의 신뢰도를 표시하는 것이다.
  ② 어떤 고장이나 실수를 일으키지 않으면 정상사상(Top event)은 일어나지 않는다고 한다.

(5) 고장목의 작성과 단순화

① 고장목의 작성은 FTA에 있어서 가장 많은 시간이 소요되는 과정이며, 본 단계에서는 모든 정보가 정리되므로 중요하게 다루어야 하는 단계이다. 또한 정확한 고장목을 작성하려면 분석자는 먼저 시스템을 완전히 이해하고 있어야 하며, 일반적으로 고장목은 다음과 같은 단계를 거쳐 작성된다.
  ㉮ 예방될 수 있는 하나의 정상사상(Top Event)을 선정한다.
  ㉯ 정상사상의 원인이 되는 모든 종류의 1차적 사상과 2차적 사상을 결정한다.
  ㉰ AND Gate와 OR Gate를 사용하여 정상사상과 원인사상의 관계를 정한다.
  ㉱ 각 사상을 더 분석할 것인지의 여부를 결정한다.

② 완성된 고장목은 동일한 기본사상이 2개 이상 반복하여 발생될 수 있는데, 이러한 경우는 단순화가 필요하다. 고장목의 단순화는 논리기호에 따라서 상위사상의 발생의 성립 요건을 조사하면 좋고 그것에는 Boolean대수를 사용하는 것이 적절하다. OR 게이트로만 구성되는 고장목의 경우는 논리적으로 전부가 정상사상에 대하여 하나의 OR 게이트로 연결된 것과 같은 형태이며, 또한 실제 발생확률은 적지만 AND 게이트만으로 구성된 고장목의 경우도 전체가 AND 게이트로 구성된다. 단순화를 고려할 사항은 다음과 같다.
  ㉮ AND 게이트의 바로 아래에 있는 매우 높은 확률의 사상(>0.99)은 삭제될 수 있다.
  ㉯ 종국사상 자체가 정상사상을 일으킨다면, 복합확률이 적어도 단일사상의 절단집합의 확률합보다 작은 차수인 AND 게이트 바로 아래의 종국사상은 제거될 수 있다.
  ㉰ 고장목의 단일사상의 최소절단집합의 확률보다 작은 크기의 차수인 OR 게이트 바로 아래의 종국사상은 제거될 수 있다.

[표] FTA 도표에 사용하는 논리기호

명칭	기호	명칭	기호	명칭	기호
AND Gate		OR Gate		생략사상 (간소화)	
기본사상		생략사상		전이기호	
기본사상 (인간의 실수)		생략사상 (인간의 실수)		전이기호 (전출)	
기본사상 (조작자의 간과)		생략사상 (조작자의 간과)		전이기호 (수량이 다르다.)	

5. 신뢰도 계산

(1) 신뢰도의 평가지수

① 신뢰도(Reliability : Rt)
체계 또는 부품이 주어진 운용조건하에서 의도하는 사용기간 중에 의도한 목적에 만족스럽게 작동할 확률 17. 9. 23

② 가용도(Availability : At)
체계가 어떤 시점에서 만족스럽게 작동할 수 있는 확률로서 순간가용도, 구간가용도, 고유가용도로 분류 17. 9. 23

③ 정비도(Maintainability : Mt)
고장난 체계가 일정한 시간 안에 수리될 확률

④ 고장률(Hazard rate : ht)
단위시간당 시간구간 초에 정상 작동하던 체계가 그 시간구간 내에 고장나는 비율

⑤ 고장밀도함수(Failure density function : ft)
단위시간당 고장이 발생하는 체계의 비율

(2) MTBF(평균고장간격 : Mean Time Between Failures) 16. 3. 6 18. 3. 4 18. 4. 28 19. 3. 3 19. 9. 21 21. 3. 7

① 고장이 발생되어도 다시 수리를 해서 쓸 수 있는 제품을 의미 :

무고장 시간의 평균 $\left[MTBF_s = \dfrac{1}{\lambda} + \dfrac{1}{2\lambda} + \cdots + \dfrac{1}{n\lambda} \right]$

$$F = \dfrac{1}{\lambda} = t_0, \quad t_0 = \dfrac{1}{\lambda}$$

$$고장률(\lambda) = \dfrac{고장(불량품)\ 건수}{총\ 가동시간} (건/시간)$$

② 고장에서 고장까지의 정상 상태에 머무르는 무고장 동작 시간의 평균치
③ 평균고장 발생의 시간 길이로 수리하면서 사용하는 제품의 신뢰도 척도
④ 고장 사이의 작동시간 평균치 : 보전성 개선 목적(보전기록자료)

(3) MTTF(고장까지의 평균시간 : Mean Time To Failure) 22. 4. 24

① 기계의 평균수명으로 모든 기계가 t_0를 갖지 않기 때문에 확률분포로 파악
② 고장이 발생하면 그것으로 수명이 없어지는 제품
③ 한번 고장이 발생하면 수명이 다하는 것으로 생각하여 수리하지 않고 폐기 또는 교환하는 제품의 고장까지의 평균시간 $\left[MTTF \left(1 + \dfrac{1}{2} + \cdots + \dfrac{1}{n} \right) \right]$
④ 고장이 일어나기까지의 동작시간 평균치

합격예측

MTBF(평균고장간격 : Mean Time Between Failures)
① 체계의 고장발생 순간부터 수리가 완료되어 정상가동 하다가 다시 고장이 발생하기까지의 평균시간
② 고장률(λ) = $\dfrac{고장건수(R)}{총가동시간(T)}$
③ $MTBF = \dfrac{1}{\lambda} = \left(\dfrac{T}{R} \right)$

MTTF(평균고장시간 : Mean Time To Failure)
① 체계가 작동하기 시작한 후 고장이 발생하기까지의 평균시간 System의 수명
② 직렬계의 경우 :
계의 수명 = $\dfrac{MTTF}{n}$
③ 병렬계의 수명의 경우 :
계의 수명 = $MTBF \left(1 + \dfrac{1}{2} + \dfrac{1}{3} + \cdots + \dfrac{1}{n} \right)$
MTTF : 평균고장시간
n : 직렬 또는 병렬계의 요소

Q 은행문제

어느 부품 1,000개를 100,000시간 동안 가동하였을 때 5개의 불량품이 발생하였을 경우 평균동작시간(MTTF)은? 23. 2. 28 24. 5. 9
① 1×10^6 시간
② 2×10^7 시간
③ 1×10^8 시간
④ 2×10^9 시간

정답 ②

해설

평균동작시간 계산
$MTTF = \dfrac{부품수 \times 가동시간}{불량품수(고장수)}$
$= \dfrac{1000 \times 100000}{5}$
$= 20000000 = 2 \times 10^7$

합격예측

MTTR(평균수리시간 : Mean Time To Repair)
체계의 고장발생 순간부터 수리가 완료되어 정상가동하기까지의 평균시간

(4) MTTR(평균수리시간 : Mean Time To Repair) 15.3.8 ❹ 17.3.5 ㉠ 18.8.19 ❹

체계의 고장발생 순간부터 수리가 완료되어 정상적으로 작동을 시작하기까지의 평균고장시간이며 지수분포를 따른다.

① $MTTR = \dfrac{1}{U(평균수리율)} = \dfrac{수리시간\ 합계}{수리횟수}(시간)$

② $MDT(평균정지시간) = \dfrac{총보전\ 작업시간}{총보전\ 작업건수}$

[표] 수명분포(시험분석)

명 칭	기 호
지수분포	① 연속확률분포 중에서 상수 고장률(CFR)과 무기억성(Memoryless property)을 가지는 유일한 연속 확률 분포 ② 우발적인 고장을 다루는 데 적합하다. ③ 최빈값≤중앙값≤평균값
푸아송분포	• 일정한 시간 또는 시간 공간 내에서 발생하는 사건의 발행회수에 따른 확률
와이블분포	• 지수분포를 일반화한 분포로서 고장률 함수가 상수, 증가 또는 감소 함수인 수명 분포들을 모형화할 때 적합한 분포
감마분포	① 정규분포로 설명할 수 없는 부분을 보완하기 위해 나온 확률 분포 ② ∝번째 사건이 일어날 때까지 걸리는 시간에 대한 연속확률 분포
정규분포	① 특정값의 출현비율을 그렸을 때, 중심(평균값)을 기준으로 좌우 대칭 형태가 나타난다. ② 가우스분포라고도 한다. ③ 평균과 중값, 최빈값이 같다.
대수정규분포	① 왼편이 볼록(concave)한 분포 ② 어떤 사건의 위험도가 급격히 증가했다가 급격히 낮아지는 모형

6. 인간에러(human error)예방대책 18.3.4 ㉠

① 작업상황 개선   ② 요원변경   ③ 체계의 영향감소

인간실수가 체계에 미치는 영향감소	① 인간실수를 포용하는 체계설계 ② 중복설계(redundancy) ③ 기계는 인간성능 감시, 인간은 기계성능 감시 ④ 중요한 작업의 요원중복 활용 ⑤ 주체계를 후원하기 위한 예비품 대기
체계의 영향을 감소시킨 설계	① 수많은 점검항목 ② 중복설계 ③ 안전규정 → 심각한 인간실수가 특정순서대로 범해져야 심각한 사고유발

주요항목 02 위험성 파악·결정 출제예상문제

출제예상문제는 복습, 예습문제로 엮었습니다. *WHY : 실제시험에도 순서에 관계없이 출제됩니다. 예습 후 다음장에 공부한 문제가 있으면 기억이 배가 됩니다.

01 ★★ 시스템의 설계단계에서 이루어져야 할 시스템 안전부문의 작업이 아닌 것은?

① 구상단계에서 작성된 시스템안전 프로그램 계획을 실시한다.
② 장치설계에 반영할 안전성 설계기준을 결정하여 발표한다.
③ 예비위험분석을 완전한 시스템안전 위험분석으로 갱신 발전시킨다.
④ 운용 안전성 분석을 실시한다.

해설
운용 안전성 분석기법(OSA)
① 시스템 요건의 지정된 시스템의 모든 사용 단계에서 생산, 보전, 시험, 운반, 순서, 설비에 관한 Hazard를 동정하고 제어한다.
② 안전요건을 결정하기 위하여 실시하는 해석이다.
③ 제조, 조립, 시험 단계에서 실시한다.

02 ★★★★★ 인간-기계 체계에서 인간의 실수와 그것으로 인해 생길 수 있는 위험을 예측하는 기법은?

① FHA　　② PHA
③ FMEA　④ THERP

해설
THERP
(1) FHA(결함 사고위험분석 : Fault Hazard Analysis)
  ① subsystem의 분석에 사용되는 분석방법
  ② subsystem : 전체 system을 구성하고 있는 system의 한 구성요소
  ③ FHA의 기재사항
    ㉮ subsystem의 요소
    ㉯ 요소의 고장형태
    ㉰ 고장형에 대한 고장률
    ㉱ 요소 고장시 system의 운용 형식
    ㉲ subsystem에 대한 고장 영향
    ㉳ 2차 고장
    ㉴ 고장형을 지배하는 뜻밖의 일
    ㉵ 위험성의 분류
    ㉶ 전 system에 대한 고장 영향
  ④ 위험성의 평가순서
    ㉮ 위험성의 검출과 확인
    ㉯ 위험성 측정과 분석평가
    ㉰ 위험성 처리
    ㉱ 위험성 처리 방법과 확인
    ㉲ 계속적인 위험성 감시
(2) THERP(Technique for Human Error Rate Prediction)
  ① system에 있어서 인간의 과오(Human Error)를 정량적으로 평가하기 위해 개발된 기법
  ② ETA의 변형으로 고리(loop), 바이패스(by-pass)를 가질 수 있다.
  ③ man-machine system의 국부적인 상세한 분석에 적합
  ④ 인간의 동작이 system에 미치는 영향을 그래프적 방법으로 나타냄
  ⑤ 인간과오율 추정법 등으로 구성되었다.

03 ★★★ 시스템안전 달성을 위하여 실시하여야 할 사항과 거리가 먼 것은?

① 경보장치를 채택
② 위험상태의 존재를 최대화
③ 안전장치를 채용
④ 안전달성을 위한 특수 수단 개발과 표식 등을 규격화

해설
시스템안전의 우선도
① 위험상태의 존재 최소화
② 안전장치의 채택
③ 경보장치의 채택
④ 특수한 수단의 개발(위험의 제어를 위한 순서 및 훈련)과 표식 등의 규격화

[정답] 01 ④　02 ④　03 ②

04 FTA의 특징과 관계없는 것은?

① 재해의 정량적 예측 가능
② 간단한 FT도의 작성으로 정량적 해석 가능
③ 컴퓨터 처리 가능
④ 귀납적 해석 가능

해설

FTA의 특징
① 정상사상인 재해현상으로부터 기본사상인 재해원인을 향해 연역적인 분석을 행하므로 재해현상과 재해원인의 상호관련을 정확하게 해석하여 안전대책을 검토할 수 있다.
② 정량적 해석이 가능하므로 정량적 예측을 행할 수 있다.

05 시스템안전에 대한 접근방법 중 연역적 방법은?

① 예비위험분석
② 결함위험분석
③ 시스템위험분석
④ 결함수분석

해설

시스템 안전
① PHA : 정성적
② FTA : 연역적 + 정량적
③ FHA : subsystem 분석

06 다음 중 시스템 안전관리 프로그램의 기본적인 분야가 아닌 것은?

① 운용안전계획
② 사고·사건계획
③ 비상대책계획
④ 안전통제계획

해설

시스템 프로그램의 기본적 분야
① 운용안전계획
② 비상대책계획
③ 안전통제계획

07 복잡한 시스템을 설계, 가동하기 전의 구상 단계에서 시스템의 근본적인 위험성을 평가하는 가장 기초적인 위험도 분석기법은 무엇인가?

① 결함수분석법(FTA)
② 예비위험분석(PHA)
③ 고장의 형과 영향분석(FMEA)
④ 운용 안전성 분석(OSA)

해설

PHA
예비위험분석(Preliminary Hazards Analysis : PHA) : 시스템 안전 프로그램에 있어 최초 개발 단계의 분석으로 위험요소가 얼마나 위험한 상태인가를 정성적으로 평가함으로써 설계변경 등을 하지 않고 효과적이고 경제적인 시스템의 안전성을 확보할 수 있는 것이며, 분석 방법에는 ① 점검 카드의 사용, ② 경험에 따른 방법, ③ 기술적 판단에 의한 방법이 있다.

08 시스템의 안전계획에 기술되어야 할 내용과 관계가 없는 것은?

① 안전성 관리 조직 및 타의 프로그램 기능과의 관계
② 시스템에 생기는 모든 사고의 식별 및 평가를 위한 해석법의 양식
③ 시스템의 위험요인에 대한 구체적인 개선 대책
④ 허용수준까지 최소화 또는 제거되어야 할 사고의 종류

해설

system safety plan은 ①, ②, ④ 외 작성하고 보존되어야 할 기록의 종류

09 시스템안전 분석에서 가장 필요한 것은?

① 각 단계별 비용 대 효과 분석
② 모든 과정에서 정확한 한계 방법
③ 계획을 수행하기 위한 특수 기술
④ 시스템의 개념적 모델 선정

해설

시스템의 개념적 모델 선정이 안전 분석에서 가장 중요하다.

[정답] 04 ④ 05 ④ 06 ② 07 ② 08 ③ 09 ④

10 다음의 시스템에 있어서의 신뢰도는?

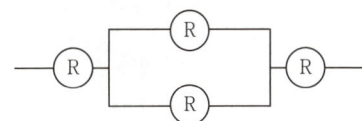

① R^4
② $2R-R^2$
③ $2R^3-R^4$
④ $2R^2-R^4$

해설

신뢰도 상세계산
① $(1-R)(1-R)=1-2R+R$
② $1-(1-2R+R^2)=2R-R^2$
③ $R(2R-R^2)=2R^2-R^3$
④ $(2R^2-R^3)\times R=2R^3-R^4$

11 다음 그림은 무슨 사상을 나타내는가?

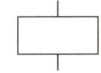

① 결함사상
② 기본사상
③ 통상사상
④ 생략사상

해설

FTA기호

 : 기본사상   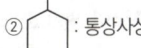 : 통상사상

12 시스템안전 프로그램의 목표사항으로 보증할 필요가 있지 않은 것은?

① 사명 및 필요사항과 모순되지 않는 안전성의 시스템 설계에 의한 구체화
② 신재료 및 신제조, 시험 기술의 채용 및 사용에 따른 위험의 최소화
③ 유사한 시스템 프로그램에 의하여 작성된 과거 안전성 데이터의 고찰 및 이용
④ 시스템의 사고조사에 관한 구체적 기준

해설

시스템안전 프로그램 보증사항 : ①, ②, ③

13 시스템 분석 및 설계에 있어서 인간공학의 가치와 거리가 먼 것은?

① 작업 숙련도의 감소
② 사용자의 수용도 향상
③ 성능의 향상
④ 사고 및 오용의 감소

해설

인간공학의 가치 : ②, ③, ④

14 FT도에 사용되는 기호 중 더 이상의 세부적인 분류가 필요없는 사상을 의미하는 기호는?

해설

FTA기호
① : 전이기호
③ : 개별적 결함사상
④ : 생략사상

15 입력현상 중에서 어떤 현상이 다른 현상보다 먼저 일어나 출력현상이 생기는 수정 게이트는?

① AND 게이트
② 우선적 AND 게이트
③ 조합 AND 게이트
④ 배타적 OR 게이트

해설

수정게이트
(1) AND 게이트 : 모든 입력사상이 공존할 때 출력사상이 발생
(2) 조합 AND 게이트 : 3개 이상의 입력 현상 중에 언젠가 2개가 일어나면 출력이 생긴다.
(3) 배타적 OR 게이트 : OR 게이트이지만 2개 또는 2 이상의 입력이 동시에 존재하는 경우에는 출력이 생기지 않는다.

【 정답 】 10 ③   11 ①   12 ④   13 ①   14 ②   15 ②

16 인간과 기계의 신뢰도에서 인간 60[%], 기계 95[%]의 병렬 작업시 신뢰도는 다음 중 어느 것인가?

① 98[%] ② 99[%]
③ 97[%] ④ 96[%]

해설

R = 1 − (1 − r_1)(1 − r_2)
 = 1 − (1 − 0.6)(1 − 0.95)
 = 0.98 × 100[%] = 98[%]

17 다음 그림은 무엇을 나타내는가?

① 기본사상 ② 통상사상
③ 생략사상 ④ 전이기호

해설

FTA기호
① FTA 기호를 본문에서 꼭 확인할 것
② 전이기호를 나타낸다.

18 시스템의 설계단계에서 이루어져야 할 시스템안전 부분의 작업이 아닌 것은?

① 구상단계에서 작성된 시스템안전 프로그램 계획을 실시한다.
② 장치설계에 반영할 안전성 설계기준을 결정하여 발표한다.
③ 예비위험분석을 완전히 시스템 안전위험분석으로 갱신 발전시킨다.
④ 운용 안전성 분석을 실시한다.

해설

시스템안전 부분작업
(1) ①, ②, ③ 외 3가지가 있다.
(2) 하청업자나 대리점에 대한 시방서 중에 시스템안전을 위한 필요사항을 정의하여 포함시킬 것
(3) 시스템안전이 손상되지 않게 하기 위하여 설계 트레이드 오프 회의에 참가할 것
(4) 안전부문의 모든 결정 사항은 문서로 하며, 정확한 시스템안전에 관한 것은 파일로 하여 보존할 것

19 시스템의 신뢰도 중에 고장원인의 기여율이 가장 낮은 것은?

① 부품 ② 설계
③ 제품 ④ 사용

해설

제품의 고장은 없다.

20 다음 중 직렬계의 특성은?

① 요소의 수가 많을수록 신뢰도는 높아진다.
② 요소 전부가 고장이어야 계는 고장이다.
③ 계의 수명은 요소 중에서 수명이 가장 짧은 것으로 정하여진다.
④ 요소의 수가 많을수록 수명이 길어진다.

해설

①, ②, ④는 병렬계의 특성이다.

21 결함수에서 입력현상이 생겨서 어떤 일정한 시간이 지속된 때에 출력이 생기고, 만약 그 시간이 지속되지 않으면 출력이 생기지 않는 기호는?

① 전이기호 ② 위험지속기호
③ 시간지연기호 ④ 시간연장기호

해설

FTA기호

기 호	명 칭	설 명
위험지속시간	위험 지속 AND 게이트	입력사상이 생겨서 어떤 일정한 기간이 지속될 때에 출력이 생긴다. 만약 그 시간이 지속되지 않으면 출력은 생기지 않는다.

[정답] 16 ① 17 ④ 18 ③ 19 ③ 20 ③ 21 ②

22
입력 B_1과 B_2의 어느 한쪽이 일어나면 출력 A가 생기는 경우를 '논리합'의 관계라 한다. 이때 입력과 출력 사이에는 무슨 게이트로 연결되는가?

① AND 게이트 ② 억제 게이트
③ OR 게이트   ④ 부정 게이트

해설

논리곱 : AND 게이트

23
다음 그림과 같은 FT(Fault Tree)도가 있을 때 G_1의 발생확률은 얼마인가?(단, ⓐ의 발생확률이 0.3, ⓑ는 0.4, ⓒ는 0.3, ⓓ는 0.5이다.) 19. 9. 21 기 20. 9. 12 기

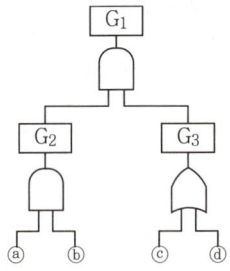

① 0.078   ② 0.00078
③ 0.0078   ④ 0.78

해설

발생확률
(1) $G_1 = G_2 \times G_3 = 0.12 \times 0.65 = 0.078$
(2) $G_2 = ⓐ \times ⓑ = 0.3 \times 0.4 = 0.12$
(3) $G_3 = 1 - (1 - ⓒ)(1 - ⓓ) = 1 - (1 - 0.3)(1 - 0.5) = 0.65$
∴ G_1의 발생확률은 0.078이다.

24
FT도 중에서 그림에서 제시된 T의 재해 발생확률은? 21. 3. 7 기

① 0.171
② 0.192
③ 0.242
④ 0.271

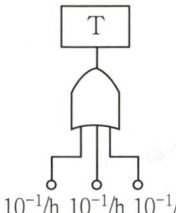

$10^{-1}/h$ $10^{-1}/h$ $10^{-1}/h$

해설

T의 재해발생률(병렬)
$R_s = 1 - [(1 - 0.1)(1 - 0.1)(1 - 0.1)] = 0.271$

25
다음 시스템의 신뢰도는 어느 것인가? (단위 : %)

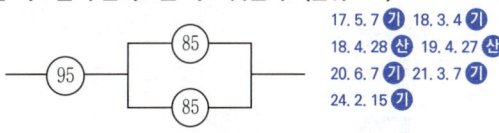

17. 5. 7 기 18. 3. 4 기
18. 4. 28 산 19. 4. 27 산
20. 6. 7 기 21. 3. 7 기
24. 2. 15 기

① 90.9[%]   ② 92.9[%]
③ 88.9[%]   ④ 86.9[%]

해설

시스템 신뢰도
$R_s = 0.95 \times \{1 - (1 - 0.85)(1 - 0.85)\} = 0.9286 \times 100 = 92.9[\%]$

26
위험 및 운전성 검토의 절차에서 제4단계에 해당하는 것은?

① 목적과 범위결정   ② 검토준비
③ 검토실시   ④ 후속조치후 결과기록

해설

검토절차 5단계
① 1단계 : 목적과 범위 결정
② 2단계 : 검토팀의 선정
③ 3단계 : 검토준비
④ 4단계 : 검토실시
⑤ 5단계 : 후속조치후 결과기록

27
위험 및 운전성 검토시에 고려해야 할 위험의 형태가 아닌 것은?

① 지역 기간산업의 위험
② 작업중인 인원 및 일반대중에 대한 위험
③ 제품 품질에 대한 위험
④ 환경에 대한 위험

해설

검토시 고려할 위험의 형태
① 공장 및 기계설비에 대한 위험
② 작업중인 인원 및 일반대중에 대한 위험
③ 제품 품질에 대한 위험
④ 환경에 대한 위험

【 정답 】 22 ③ 23 ① 24 ④ 25 ② 26 ③ 27 ①

28 ETA의 7단계에 해당되지 않는 것은?

① 설계　　② 심사
③ 제작　　④ 확인

해설

ETA의 7단계 순서
① 설계　② 심사　③ 제작　④ 검사
⑤ 보전　⑥ 운전　⑦ 안전대책

29 다음 중 서브시스템 해석에 주로 사용되는 시스템 해석기법은?

① FMEA　　② PHA
③ ETA　　　④ FHA

해설

FHA(Fault Hazard Analysis)
결함위험분석으로 서브시스템 해석 등에 사용되는 해석법이다.

참고 시스템안전에서의 사실의 발견방법
① FTA(Fault Tree Analysis) : 결함수 분석(목분석법)
② ETA(Event Tree Analysis) : 귀납적, 정량적 분석
③ FMEA(Failure Mode and Effect Analysis) : 고장의 유형과 영향 분석
④ FMECA(Failure Mode Effect and Criticality Analysis) : FMEA + CA(정성적 + 정량적)
⑤ THERP(Technique for Human Error Rate Prediction) : 인간과 오율 예측법
⑥ OS(Operability Study) : 안전요건 결정기법
⑦ MORT(Management Oversight and Risk Tree) : 연역적, 정량적 분석기법

30 결함수 분석(FTA : Fault Tree Analysis)에서 시스템의 안전성을 정량적으로 평가할 때, 이 평가에 포함되는 5개 항목에 대한 위험 점수가 합산해서 몇 점 이상이면 결함수 분석을 다시 하게 되는가? 20. 9. 27⑦

① 10점 이상　　② 14점 이상
③ 16점 이상　　④ 20점 이상

해설

정량적 평가
(1) 정량적 평가 5항목에 의해 A(10점), B(5점), C(2점), D(0점)으로 판정하고 폭발 등급(위험 등급)은 1급이 합산한 점수가 16점 이상, 2급은 11~16점 사이, 3급은 11점 미만(10점 이하)으로서 안전대책을 강구

(2) 정량적 평가 5항목
① 해당 화학설비의 취급물질
② 해당 화학설비의 용량
③ 온도
④ 압력
⑤ 조작

참고 온도상승속도(°C/분 → A÷(B×C×D)

31 어떤 결함수의 쌍대결함수를 구하여 컷셋을 구하면 이 컷셋은 본래 결함수의 무엇에 해당되는가?

① 컷셋　　　　② 패스셋
③ 최소컷셋　　④ 최소패스셋

해설

미니멀 패스셋(minimal path set)
① 미니멀 패스를 구하기 위해서는 미니멀 컷과 미니멀 패스의 쌍대성(雙對性)을 이용하여 용이하게 구할 수 있다.
② 대상 FT의 쌍대 FT(Dual Fault Tree)를 구하면 된다. 쌍대 FT란 원래의 FT의 논리곱을 논리합으로, 논리합을 논리곱으로 치환시켜 모든 사상이 일어나지 않게 할 경우를 상정하여 FT를 그리고, 그 쌍대 FT의 미니멀 컷을 구하면 그것이 원하는 FT의 미니멀 패스가 되는 것이다.

32 다음은 FTA(Fault Tree Analysis)에 사용되는 논리 기호이다. 맞지 않는 것은?

① ▭ : 결함사상
② ⬠ : 기본사상
③ ⬠ : 통상사상(가형사상)
④ ◇ : 이하 생략의 결함사상

해설

◯ : 기본사상

[정답] 28 ④　29 ④　30 ③　31 ④　32 ②

33 FTA에 의한 재해사례 연구순서 중 제1단계는?

① 사상(事象)의 재해원인 규명
② FT도(圖)의 작성
③ 톱(top)사상의 선정
④ 개선계획의 작성

해설

D. R. Cheriton의 FTA에 의한 재해사례 연구순서
① 제1단계 : Top사상의 선정
② 제2단계 : 사상의 재해 원인의 규명
③ 제3단계 : FT도의 작성
④ 제4단계 : 개선계획의 작성

34 FTA의 기호 중 통상상태를 나타내는 기호는?

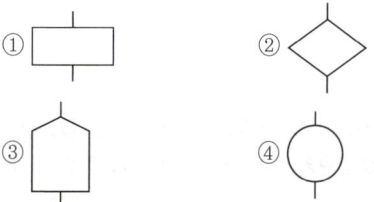

해설

FTA의 기호

기 호	명 칭	특 징
	결함사상	개별적인 결함사상
	기본사상	더 이상 전개되지 않는 기본적인 사상
	통상사상	통상 발생이 예상되는 사상 (예상되는 원인)
	생략사상	정보 부족, 해석 기술의 불충분으로 더 이상 전개할 수 없는 사상. 작업 진행에 따라 해석이 가능할 때는 다시 속행한다.

35 다음의 FT도에서 몇 개의 미니멀 컷셋(minimal cut set)이 존재하는가?

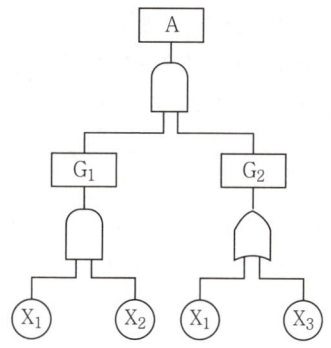

① 1개 ② 2개
③ 3개 ④ 4개

해설

컷셋 개수

$A = G_1 \cdot G_2$
$= \begin{matrix} X_1 \\ X_2 \end{matrix} \cdot G_2$
$= \begin{matrix} X_1, X_2, X_1 \\ X_1, X_2, X_3 \end{matrix}$ ┐ 컷셋

◐ 컷셋 중 1개조가 미니멀 컷셋이 된다.

36 사고원인 가운데 인간의 과오에 기인된 원인분석위험을 계산함으로써 제품의 결함을 감소시키기 위해 개발된 것은?

① PHA ② FMEA
③ THERP ④ MORT

해설

인간 과오율
(1) MORT(Management Oversight and Risk Tree)
① 미국 에너지연구개발청(ERDA)의 존슨에 의해 1990년 개발된 시스템 안전 프로그램이다.
② MORT 프로그램은 트리를 중심으로 FTA와 같은 논리 기법을 이용하여 관리, 설계, 생산, 보존 등의 광범위하게 안전을 도모하는 것으로서 고도의 안전 달성을 목적으로 한 것이다.(원자력 산업에 이용)
(2) THERP(Technique for Human Error Rate Prediction)시스템에 있어서 인간의 과오를 정량적으로 평가하기 위하여 1963년에 개발된 기법이다.

[정답] 33 ③ 34 ③ 35 ② 36 ③

37 최소컷셋(minimal cut set)이란?

① 컷세트 중에 타 컷셋을 포함하고 있는 것을 배제하고 남은 컷셋들을 의미한다.
② 어느 고장이나 에러를 일으키지 않으면 재해가 일어나지 않는 시스템의 신뢰성이다.
③ 기본사상이 일어났을 때 정상사상을 일으키는 기본사상의 집합이다.
④ 기본사상이 일어나지 않을 때 정상사상이 일어나지 않는 기본사상의 집합이다.

해설

컷셋
② : 미니멀 패스
③ : 컷
④ : 패스와 미니멀 패스

38 시스템 A의 확률은? 20. 6. 7 ⑦

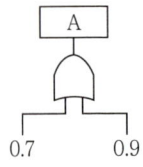

① 0.64　　② 0.82
③ 0.92　　④ 0.97

해설

A = 1 − (1 − 0.7)(1 − 0.9) = 0.97

39 기업에서 설비효율 향상을 위해 작업자의 자주보전 활동과 설비의 예방보전활동을 전사적으로 추진하는 것을 무엇이라 하는가?

① TQC(Total Quality Control)
② TPM(Total Productive Maintenance)
③ TSM(Total Safety Management)
④ FTA(Fault Tree Analysis)

해설

② : 전사적 생산 예방보전활동

40 FTA(Fault Tree Analysis)란 무엇인가?

① 재해발생을 귀납적, 정성적으로 해석, 예측할 수 있다.
② 재해발생을 연역적, 정성적으로 해석, 예측할 수 있다.
③ 재해발생을 연역적, 정량적으로 해석, 예측할 수 있다.
④ 재해발생을 귀납적, 정량적으로 해석, 예측할 수 있다.

해설

FTA
① FTA는 시스템의 고장 상태를 먼저 선정하고 그 고장의 요인을 순차 하위 레벨로 전개하여 가면서 해을 진행하여 나가는 하향식(top-down) 방법으로, 고장발생의 인간관계를 AND Gate나 OR Gate를 사용하여 논리표(logic diagram)의 형으로 나타내는 시스템 안전 해석 방법이다.
② 재해발생을 연역적, 정량적으로 해석하고 예측한다.

41 특정조합의 기본사상들이 동시에 결함을 발생하였을 때 정상사상을 일으키는 기본사상의 집합을 무엇이라 하는가?

① cut sets　　② minimal cut sets
③ path sets　　④ minimal path set

해설

컷과 패스
① 컷(cut) : 컷이란 그 속에 포함되어 있는 모든 기본사상(여기서는 통상사상, 생략, 결함사상 등을 포함한 기본사상)이 일어났을 때 정상사상을 일으키는 기본사상의 집합을 말한다.
② 미니멀 컷(minimal cut sets) : 컷 중 그 부분 집합만으로는 정상사상을 일으키는 일이 없는 것, 즉 정상사상을 일으키기 위한 필요 최소한의 컷을 미니멀 컷이라 한다.
③ 패스(path)와 미니멀 패스(minimal path set) : 패스란 그 속에 포함되는 기본사상이 일어나지 않을 때 처음으로 정상사상이 일어나지 않는 기본사상의 집합으로서, 미니멀 패스는 그 필요 최소한 것이다.
④ 미니멀 컷은 어느 고장이나 에러를 일으키면 재해가 일어나는가 하는 것. 즉, 시스템의 위험성(반대로 안전성)을 나타내는 것이며, 미니멀 패스는 어느 고장이나 에러를 일으키지 않으면 재해가 일어나지 않는다는 것. 즉, 시스템의 신뢰성을 나타내는 것이라 할 수 있다. 다시 말하면 미니멀 컷은 시스템의 기능을 마비시키는 사고요인의 집합이며, 미니멀 패스는 시스템의 기능을 살리는 요인의 집합이라 할 수 있다.

[정답] 37 ①　38 ④　39 ②　40 ③　41 ①

42 시스템안전 프로그램에서의 최초 단계 해석으로서 시스템 내의 위험한 요소가 어떤 위험상태에 있는가를 정성적으로 평가하는 방법은?

① FHA ② FTA
③ FMEA ④ PHA

해설
PHA : 예비위험분석

43 FTA를 수행할 때 각 기본사상들의 발생이 독립적이 아닌 경우에는 FT를 직·병렬 혼합구조로 파악하여 정상사상의 발생확률의 범위를 구한다. 다음 그림을 보고 정상사상 발생확률의 하한과 상한을 구하면?(단, 발생확률은 $Q_1 = 0.1$, $Q_2 = 0.2$, $Q_3 = 0.3$이다)

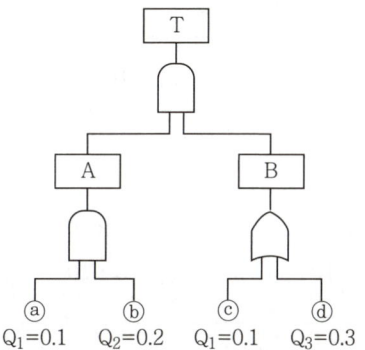

① 0.02, 0.37 ② 0.03, 0.02
③ 0.04, 0.3 ④ 0.01, 0.4

해설
발생확률
T = A × B
A = ⓐ × ⓑ
B = 1 − (1 − ⓒ)(1 − ⓓ)

44 다음 FTA의 논리기호 중 시스템의 기본사상을 나타내는 것은?

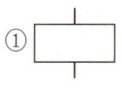 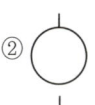

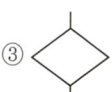 

해설
FTA기호
① 결함사상 : 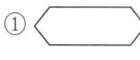   ② 생략사상 :
③ 통상사상 :

45 FTA의 논리기호 중 OR 게이트는?

해설
FTA기호
① : 조건 ② : 기본사상 ③ : AND Gate

46 다음은 FTA(Fault Tree Analysis)에 사용되는 논리기호이다. 맞지 않는 것은?

① ☐ : 결함사상
② △ : 기본사상
③ ⌂ : 통상사상(가형사상)
④ ◇ : 이하 생략의 결함사상

해설
FTA기호
① 기본사상 : ○
② 이행기호 : △

[정답] 42 ④ 43 ① 44 ② 45 ④ 46 ②

47 다음은 결함수 분석법의 절차를 나타낸 것이다. 맞는 것은?

① 제일 먼저 FT(Fault Tree)를 작성한다.
② 제일 먼저 cut set, minimal cut set를 구성한다.
③ 재해의 위험도를 검토하여 해석할 재해를 결정하는 것이 최우선이다.
④ 해석하는 재해의 발생확률을 제일 먼저 계산한다.

해설

결함수 분석법의 절차(순서)
① 재해의 위험도를 검토하여 해석할 재해를 결정한다(PHA 실시)
② 재해의 위험도를 고려하여 재해발생확률의 목표치 결정
③ 해석하는 재해에 관계되는 모든 결함원인조사(PHA, FMEA 실시)
④ FT 작성
⑤ cut set, minimal cut set를 구한다.

48 부품 A, B, C, D의 신뢰도가 r로 동일할 때 그림과 같은 시스템의 신뢰도를 구하면? 22. 3. 5 ②

① $r^2(2-r)^2$
② $r^2(2-r^2)$
③ $r^2(2-r)$
④ $r(2-r^2)$

해설

신뢰도 계산
$R = [1 - (1-r)(1-r)] \times [1 - (1-r)(1-r)]$
$= r^2(2-r)^2$

49 FT를 작성하기 위해서는 몇 가지 기본 기호를 사용하여야 한다. 그림의 삼각형 기호는 다음 중 어느 것을 나타내는가?

① 결함사상
② 기본사상
③ 조건기호
④ 전이기호

해설

전입·전출

(in : 전입) (out : 전출)

① 삼각형은 tree를 한 장의 종이에 쓸 수 없을 때에 사용
② 전송전기 또는 연결한 것을 나타내는 기호로 적용한다.

50 아래의 FT도(圖)에 있어 A의 사상(事象)이 발생할 수 있는 확률을 구하시오.(단, 사상 ⓐ, ⓑ, ⓒ의 발생확률은 각각 0.1, 0.2, 0.15이다)

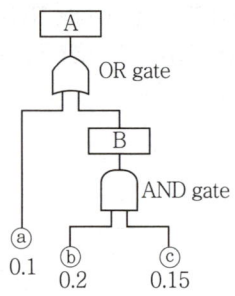

① 1.27×10^{-1}
② 3.5×10^{-1}
③ 3.25×10^{-2}
④ 7.3×10^{-2}

해설

$R_s = 1 - (1 - ⓐ)(1 - B)$
$= 1 - (1 - 0.1)(1 - 0.03) = 0.127$

51 결함수 분석법의 활용 및 기대 효과와 거리가 먼 것은?

① 사고원인 규명의 간편화
② 사고원인 규명의 이중화
③ 사고원인 분석의 정량화
④ 사고원인 분석의 일반화

[정답] 47 ③ 48 ① 49 ④ 50 ① 51 ②

해설

결함수 분석법의 기대 효과(FTA 효과)
① 사고원인 규명의 간편화
② 사고원인 규명의 일반화
③ 사고원인 분석의 정량화
④ 노력시간 절감
⑤ 시스템 결함 진단
⑥ 안전점검표 작성

52 ★★★★ 다음 그림과 같은 결함수에 대해 기본사상의 발생이 상호 독립적이 아닌 경우의 정상사상 발생 확률의 범위를 구하고자 한다. 옳은 것은?(단, 0.1, 0.2는 기본사상의 발생확률을 나타낸다.)

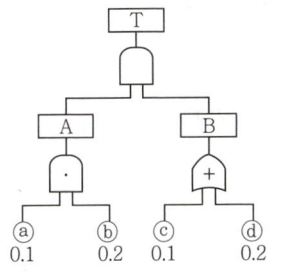

① (0.1~0.42)
② (0.02~0.28)
③ (0.3~0.37)
④ (0.4~0.37)

해설

발생 확률
① $A = R_S = 0.1 \times 0.2 = 0.02$
② $B = R_S = 1 - (1 - 0.1)(1 - 0.2) = 0.28$

53 ★★★ 다음의 결함수에서 정상사상의 재해발생확률을 구하면?(단, 기본사상 ⓐ, ⓑ의 발생확률은 각각 0.1, 0.2이다)
23. 5. 13 ⚠

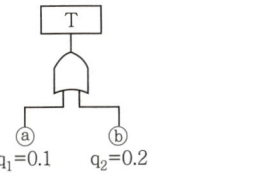

① 0.02
② 0.3
③ 0.28
④ 0.2

해설

$R_S = 1 - (1 - 0.1)(1 - 0.2) = 0.28$

54 ★★ 결함수 분석법(FTA)에 해당되지 않는 사항은?

① 새로운 시스템의 개발과 설계 및 생산시 안전관리 측면에서 적용되는 방법
② 결함의 원인과 요인을 추적하지만 상이한 조직의 결함은 직접 발견할 수 없는 점
③ 조직의 기능역할 중에서 주요도가 높은 구성적 요소의 결함으로 인해 발생하는 경로 요인 분석
④ 원하지 않는 결과를 연구할 수 있도록 모든 사건을 추적하는 논리적 도표

해설

상이한 조직의 결함을 발견할 수 있는 것이 FTA이다.

55 ★ 다음 그림은 무슨 사상을 나타내는가?

① 결함사상
② 기본사상
③ 통상사상
④ 생략사상

해설

FTA 기호
① 기본사상   ② 생략사상   ③ 통상사상

56 ★★★ 예비위험분석에서 달성하기 위하여 노력하여야 하는 4가지 주요 사항이 아닌 것은?

① 시스템에 관한 주요 사고를 식별하고, 개략적인 말로 표시할 것
② 사고를 초래하는 요인을 식별할 것
③ 사고 발생 확률을 계산할 것
④ 식별된 위험을 4가지 범주로 분류할 것

[정답] 52 ② 53 ③ 54 ② 55 ① 56 ③

> 해설

예비위험분석
(1) 식별된 위험을 4가지 범주로 분류하는 것은 FMEA(고장형태와 영향분석)법에도 통용된다.
(2) ①, ②, ④ 외 사고가 발생한다고 가정하고 시스템에 결과를 식별하여 평가

57 ★★★ 결함수상의 다음 그림의 기호는 무슨 게이트를 나타내는가?

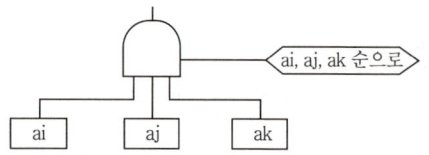

① 우선적 AND 게이트
② 조합 AND 게이트
③ 배타적 AND 게이트
④ AND 게이트

> 해설

우선적 AND게이트
그림을 잘 보라. AND 게이트에 ai, aj, ak 순으로 되어 있음을 알 수 있다.

58 ★★ 다음 그림의 결함수를 간략히 한 것은?

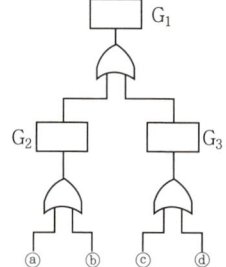

① 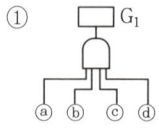   ②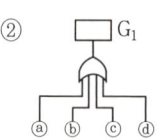

③ 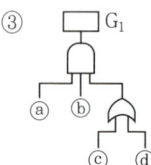   ④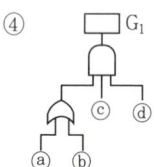

> 해설

tree의 간략화
$G_1 = G_2 = G_3 + G_2 = ⓐ+ⓑ$, $G_3 = ⓒ+ⓓ$
∴ ⓐ + ⓑ + ⓒ + ⓓ

59 ★★★★★ Safety Assessment 점검 6단계에서 잠재 위험성을 정량적으로 평가하는 단계는?

① 제1단계   ② 제2단계
③ 제3단계   ④ 제4단계

> 해설

안전성 평가
① 제1단계 : 관계자료의 정비 검토
② 제2단계 : 정성적 평가
③ 제3단계 : 정량적 평가
④ 제4단계 : 안전대책수립
⑤ 제5단계 : 재해정보(사례)에 의한 평가
⑥ 제6단계 : FTA에 의한 재평가

60 ★★ 결함수 분석상 다음 그림의 정상사상의 발생확률이 맞는 것은?

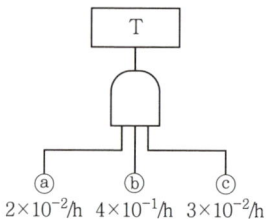

2×10^{-2}/h 4×10^{-1}/h 3×10^{-2}/h

① 9×10^{-2}/h   ② 9×10^{-5}/h
③ 24×10^{-4}/h   ④ 24×10^{-5}/h

> 해설

발생 확률 계산
$T = ⓐ \times ⓑ \times ⓒ$
$= (2 \times 10^{-2}) \times (4 \times 10^{-1}) \times (3 \times 10^{-2})$
$= 24 \times 10^{-5}$/h

[정답] 57 ① 58 ② 59 ③ 60 ④

61 결함수의 OR 게이트이지만 2개 또는 2 이상의 입력이 동시에 존재하는 경우에는 출력이 생기지 않는 게이트는?

① OR 게이트
② 조합 OR 게이트
③ 배타적 OR 게이트
④ 우선적 OR 게이트

해설

배타적 OR 게이트
AND Gate는 OR Gate에서 이 수정기호를 병용함으로써 여러 가지의 조건부 Gate를 구성할 수 있는 편리한 것이다. 기호 내에 다음에 나타내는 조건을 기입한다.
(1) 우선적 AND Gate
   입력사상 가운데 어느 사상이 다른 사상보다 먼저 일어났을 때에 출력사상이 생긴다. 예를 들면 'A는 B보다 먼저'와 같이 기입한다.
(2) 짜맞춤 AND Gate
   3개 이상의 입력사상 가운데 어느 것인가 2개가 일어나면 출력사상이 생긴다. 예를 들면 '어느 것인가 2개'라고 기입한다.
(3) 위험지속기호
   입력사상이 생겨 어느 일정 시간 지속하였을 때에 출력사상이 생긴다. 예를 들면 '위험 지속 시간'과 같이 기입한다.
(4) 배타적 OR Gate
   OR Gate로 2개 이상의 입력이 동시에 존재할 때에는 출력사상이 생기지 않는다. 예를 들면 '동시에 발생하지 않는다'라고 기입한다.

62 결함수상의 다음 그림의 기호는?

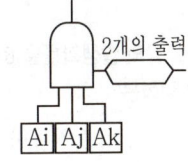

① 우선적 AND 게이트
② 조합 AND 게이트
③ AND 게이트
④ 배타적 OR 게이트

해설
2개의 출력이라고 되어 있으니까 조합이다.

63 운영 안전성 분석(OSA)은 제품개발 사이클의 무슨 단계에서 실시하는가?

① 구상단계
② 설계단계
③ 제조, 조립 및 시험단계
④ 운영단계

해설

OSA(운영 및 지원위험해석)
시스템 요건이 지정된 시스템의 모든 사용 단계에서 생산, 보전, 시험, 운반, 저장, 운전, 비상탈출, 구조, 훈련 및 폐기 등에 사용되는 인원, 순서, 설비에 관하여 해저드를 동정하고 제어하면서 그들의 안전 요건을 결정하기 위하여 실시하는 해석이다.

64 그림에서 나타내는 기호는 무슨 사상을 나타내는가?

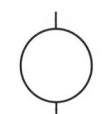

① 결함사상
② 기본사상
③ 통상사상
④ 생략사상

해설

FTA 기본논리기호

기호	사상	기호	사상
▭	결함사상	◇ (점선)	생략사상 (인간의 실수)
○	기본사상	◇	생략사상 (조작자의 간과)
○ (점선)	기본사상 (인간의 실수)	◇	생략사상 (간소화)
⦾	기본사상 (조작자의 간과)	△	전이기호
⬠	통상사상	△	전이기호 (전출)
◇	생략사상	▽	전이기호 (수량이 다르다)

[정답] 61 ③ 62 ② 63 ③ 64 ②

65 결함수 해석법(FTA)을 최초로 사용하기 시작한 사람은 누구인가?

① 하인리히 ② 시몬스
③ 왓슨 ④ 레오드

해설

결함수 분석법(FTA)의 발달과정
① 1962년 벨 전화 연구소의 Watson에 의해 처음 고안
② 벨 전화 연구소 Mearns에 의해 개량(미사일의 우발사고 예측 문제 해결)
③ 보잉사의 Haasl, Schroder, Jakson 등이 컴퓨터를 이용한 시뮬레이션의 개발, 본격적 발달
④ 1960년대 중반 : 항공 우주안전 분야 → 원자력 산업 → 산업안전 분야로 발달
⑤ 1965년 Kolodner나 Recht 등에 의해 산업안전 분야에 소개

66 시스템 안전접근방법 중 귀납적, 정량적 방법인 것은?

① OS ② ETA
③ FTA ④ FMEA

해설

ETA(Event Tree Analysis : 사상수 분석법)
귀납적, 정량적 안전분석기법

67 보기와 같은 위험관리의 단계를 순서대로 올바르게 나열한 것은?

| ㉠ 위험의 분석 | ㉡ 위험의 파악 |
| ㉢ 위험의 처리 | ㉣ 위험의 평가 |

① ㉠-㉡-㉢-㉣ ② ㉡-㉢-㉠-㉣
③ ㉡-㉠-㉣-㉢ ④ ㉠-㉢-㉡-㉣

해설

위험관리의 4단계
① 제1단계 : 위험의 파악
② 제2단계 : 위험의 분석
③ 제3단계 : 위험의 평가
④ 제4단계 : 위험의 처리

68 다음 중 설비보전관리에서 설비이력카드, MTBF분석표, 고장원인대책표와 관련이 깊은 관리는? 20. 6. 14 실

① 보전기록관리 ② 보전자재관리
③ 보전작업관리 ④ 예방보전관리

해설

보전기록관리
① 신뢰성·보전성을 효과적으로 개선하기 위한 보전기록 자료
② MTBF 분석표, 설비이력카드, 고장원인 대책표 등

69 제조물 책임(PL : Product Liability)에서 제품손해 배상의 대상이 아닌 것은?

① 제조결함 ② 보전결함
③ 설계결함 ④ 경고결함

해설

과실책임
① 설계결함
② 제조결함
③ 경고결함

70 FMEA에서 고장의 발생확률을 β라 하고, 0 < β < 0.10일 때의 고장의 영향은?

① 영향 없음 ② 가능한 손실
③ 예상되는 손실 ④ 실제의 손실

해설

FMEA

영 향	발생확률
실제의 손실	$\beta = 1.00$
예상되는 손실	$0.10 \leq \beta < 1.00$
가능한 손실	$0 < \beta < 0.10$
영향 없음	$\beta = 0$

[정답] 65 ③ 66 ② 67 ③ 68 ① 69 ② 70 ②

71. 디버깅(debugging)이란?

① 초기고장기간의 고장원인 도출과정
② 우발고장기간의 고장원인 도출과정
③ 마모고장기간의 고장원인 도출과정
④ 고장원인 도출과는 상관이 없다.

해설

기계설비 고장유형
(1) 초기고장 : 감소형(DFR), 디버깅 기간, 번인 기간. 예방대책 → 위험 분석(MP : 보전예방)
　① 디버깅 기간 : 기계의 결함을 찾아내 고장률을 안정시키는 기간
　② 번인 기간 : 물품을 실제로 장기간 움직여 보고 그 동안에 고장난 것을 제거하는 기간
(2) 우발고장 : 일정형(CFR), 사용조건상의 고장을 말하며 고장률이 가장 낮다. CFR 기간의 길이를 내용수명(耐用壽命)이라 한다.(CM : 개량보전)
(3) 마모고장 : 증가형(IFR), 정기진단(검사) 필요, 설비의 피로에 의해 생기는 고장(PM : 예방보전)

72. 어느 부품 1만개를 1만 시간 가동중에 5개의 불량품이 발생하였다. 평균 고장시간(MTBF)은?

① 1×10^6시간
② 2×10^7시간
③ 1×10^8시간
④ 2×10^9시간

해설

$MTBF = \dfrac{1}{\lambda} = \dfrac{10,000 \times 10,000}{5} = 2 \times 10^7$시간

73. n개의 요소를 가진 병렬계에 있어서 요소의 수명(MTTF)이 지수분포에 따를 경우, 계의 수명은?

① $MTTF \times n$
② $MTTF \times \dfrac{1}{n}$
③ $MTTF \times \left(1 + \dfrac{1}{2} + \cdots + \dfrac{1}{n}\right)$
④ $MTTF \times \left(1 \times \dfrac{1}{2} \times \cdots \times \dfrac{1}{n}\right)$

해설

고장까지의 평균시간(Mean Time Failure)

74. 기계의 기능에서 전형적인 고장률을 표시하는 곡선이 있다. 유용수명 기간중에 우발적인 고장 기간은 언제부터 주로 발생하는가?

① 기계의 시운전시에 발생한다.
② 기계의 일정 안정기에 들어서 발생한다.
③ 기계부품의 수명이 다 되었을 때 발생한다.
④ 기계 초기부터 계속 발생하는 현상이다.

해설

고장률
(1) ①, ④ 는 초기고장이며 감소형이다.
(2) ② 는 우발고장이며 일정형이다.
(3) ③ 은 마모고장이며 증가형이다.

75. 시스템안전 달성을 위한 설계단계 중 위험 상태의 최소화 단계에 해당되는 것은?

① 경보장치
② 페일세이프
③ 안전장치
④ 특수수단 강구

해설

시스템안전 프로그램의 5단계
(1) 제1단계 : 구상단계(요구되는 기능의 검토)
(2) 제2단계 : 시방결정단계(기능의 결정 : 종류, 용량, 성능, 안전도, 신뢰도)
(3) 제3단계 : 설계단계(기본설계 및 세부설계)
　① 첫째 : 우선 위험상태를 최소로 한다. (fail safe 및 용장성 도입)
　② 둘째 : 안전장치, 안전울타리, interlock 방식 등
　③ 셋째 : 경보장치 채택
(4) 제4단계 : 제작단계(작업표준 보전방식 안전점검 기초)
(5) 제5단계 : 조업단계

76. 세이프티 어세스먼트 점검 6단계에서 잠재 위험성을 정량적으로 평가하는 단계는?

① 제1단계
② 제2단계
③ 제3단계
④ 제4단계

해설

안전성 평가 6단계
① 제1단계 : 관계자료의 작성 준비
② 제2단계 : 정성적 평가
③ 제3단계 : 정량적 평가
④ 제4단계 : 안전대책
⑤ 제5단계 : 재평가
⑥ 제6단계 : FTA에 의한 재평가

[정답] 71 ① 　72 ② 　73 ③ 　74 ② 　75 ② 　76 ③

77 ★★ 수리하면서 사용하는 체계에서 고장과 고장 사이 시간의 평균치는?

① MTBF ② MTTF
③ MTTFF ④ MTBME

> **해설**
>
> MTBF
> ① 평균고장간격
> ② 고장까지의 평균시간

78 ★★★ 화학설비의 안전성 평가단계를 다음의 보기를 가지고 바르게 나타낸 것은?

| ㉠ 관계자료의 정비검토 | ㉡ 정성적 평가 |
| ㉢ 정량적 평가 | ㉣ 안전대책 |

① ㉠-㉡-㉢-㉣ ② ㉠-㉢-㉡-㉣
③ ㉠-㉢-㉣-㉡ ④ ㉠-㉡-㉣-㉢

> **해설**
>
> 화학설비의 안전성 평가 6단계(기본순서)
> ① 제1단계 : 관계자료의 정비검토
> ② 제2단계 : 정성적 평가
> ③ 제3단계 : 정량적 평가
> ④ 제4단계 : 안전대책
> ⑤ 제5단계 : 재해정보에 의한 재평가
> ⑥ 제6단계 : FTA에 의한 재평가

79 ★★ 프레스에 있어서 가이드포스트의 설치위치로 적절한 것은?

① 작업위치의 상형
② 작업위치의 하형
③ 작업위치의 반대측의 상형
④ 작업위치 반대측의 하형

> **해설**
>
> 프레스 금형의 기본명칭
> Guide Post(기둥)는 반드시 작업자 위치 정면 하형이다.

80 ★★ 설비는 사용함에 따라 점차 성능의 저하나 고장이 발생하는데 이와 같은 설비 열화의 대책으로 가장 좋은 방법은?

① 일상보전 ② 예방보전
③ 개량보전 ④ 설비갱신

> **해설**
>
> 보전에는 예방이 가장 중요하다.

81 ★★ 항공기의 안전성 평가에 널리 사용되는 기법으로서 각 중요 부품의 고장률, 운용, 형태, 보정계수, 사용시간, 비율 등을 고려하여 정량적, 귀납적으로 부품의 위험도를 평가하는 분석 기법은? 21. 5. 15 기

① FMEA ② CA
③ FTA ④ ETA

> **해설**
>
> CA
> (1) FMEA : 가장 일반적이고 전형적인 방법, 정성적, 귀납적 해석방법
> (2) CA : 위험성이 높은 요소, 직접 시스템의 손상이나 인원의 사상에 연결되는 요소에 대해서 특별한 주의와 해석이 필요하며 항공기 안전성 평가에 적용
> (3) FTA : 결함수 분석법
> (4) ETA : 귀납적, 정량적 방법이며 작성은 좌에서 우로, 성공사상은 상측에, 실패사상은 하측에 분기된다. ETA에서 분기된 각 사상의 확률의 합은 항상 1이다.

82 ★★★ 위험관리 내용을 가장 잘 설명한 것은?

① 위험의 식별
② 위험의 양적 제시
③ 위험수준의 결정
④ 위험성의 확인 및 평가

> **해설**
>
> 위험관리는 위험수준을 결정하기 위한 것이며 위험 및 운전성 검토 등 합성 경험을 제공하는 것이다.

[정답] 77 ① 78 ① 79 ② 80 ② 81 ② 82 ③

83 ★★ 위험 및 운전성 검토를 수행하기 위하여 필요한 4단계 준비작업에 적합하지 않은 것은?

① 자료의 수집 ② 안전수칙의 작성
③ 검토 순서 계획의 수립 ④ 필요한 회의 소집

해설

준비작업 4단계
① 자료의 수집
② 수집된 자료를 적당한 형태로 수정
③ 검토순서 계획의 수립
④ 필요한 회의 소집

84 ★ 많은 부품들이 직렬구조로 이루어진 시스템에서, 아주 적은 t에 대해서 부품의 고장률이 $h_i(t) = \lambda_i + K_i t^n$이고, 상당부분을 차지하는 부품들이 $\lambda_i \neq 0$이면, 이 시스템의 고장은 어떤 분포를 따른다고 할 수 있는가? 21. 5. 15 〔기〕

① 인양분포 ② 지수분포
③ 정규분포 ④ t 분포

해설

지수분포를 설명하고 있다.

85 ★★ FTA를 수행함에 있어 기본사상들의 발생이 서로 독립인가 아닌가의 여부를 파악하기 위해서는 다음 중 어느 값을 계산해 보아야 가장 적합한가? 25. 2. 7 〔기〕

① 발생확률 ② 고장률
③ 분산 ④ 공분산

해설

공분산의 설명이다.

86 ★★★ 어떤 전자기기의 수명은 지수분포에 따르며, 그 평균수명은 1,000시간이라고 한다. 그런데 이러한 기기를 1,000시간 사용하였으나 아직은 고장없이 작동하고 있다. 이 기기가 앞으로 500시간 동안 고장없이 정상 작동할 확률은? 17. 5. 7 〔산〕 21. 9. 12 〔기〕

① $e^{-0.5}$ ② $e^{-1.5}$
③ $1-e^{-0.5}$ ④ $1-e^{-1.5}$

해설

작동할 확률
(1) MTBF(평균고장간격 : Mean Time Between Failures)
① 고장이 발생되어도 다시 수리를 해서 쓸 수 있는 제품을 의미
→ 무고장 시간의 평균
$MTBF = \frac{1}{\lambda} = t_0 \therefore t_0 = \frac{1}{\lambda}$ $\lambda : 고장률 = \frac{고장(불량품) 건수}{총 가동시간}$
② 고장에서 고장까지의 정상상태에 머무르는 무고장 동작시간의 평균치
③ 평균고장발생의 시간 길이로 수리하면서 사용하는 제품의 신뢰도 척도
(2) MTTF(고장까지의 평균시간 : Mean Time to Failure)
① 기계의 평균수명으로 모든 기계가 t_0를 갖지 않기 때문에 확률분포로 파악
② 고장이 발생하면 그것으로 수명이 없어지는 제품
③ 한번 고장이 발생하면 수명이 다한 것으로 생각하여 수리하지 않고 폐기하거나 교환하는 제품의 고장까지의 평균시간
(3) 마모고장
① 증가형(IFR : Increasing Failure Rate) : C
② 점차로 고장률이 상승하는 형으로 볼 베어링 등 기계적 요소나 부품의 마모, 사람의 노화현상
③ 마모나 노화에 의해 어떤 시점에서 집중적으로 고장나는 특징을 가진다.
④ 고장이 집중적으로 일어나기 직전에 교환을 하면 고장을 사전에 방지할 수 있다.
(4) 감소형(DFR)
① 보전효과 : 예방보전(PM)을 하지 않음. debugging이 유효
② 신뢰도 R_ω ③ 고장밀도함수 f_ω

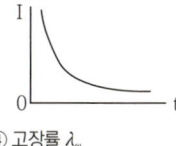 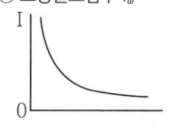

④ 고장률 λ_ω

(5) 일정형(CFR)
① 예방보존효과(PM)
② 신뢰도 R_ω ③ 고장밀도함수 f_ω

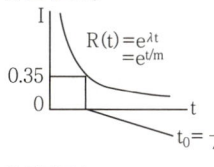 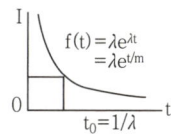

$R(t) = e^{\lambda t} = e^{t/m}$ $f(t) = \lambda e^{\lambda t} = \lambda e^{t/m}$

④ 고장률 λ_ω

(6) $R(t) = e^{-\lambda t} = e^{-\frac{t}{t_0}} = e^{-\frac{500}{1000}} = e^{-0.5} = 0.6065$

[**정답**] 83 ② 84 ② 85 ④ 86 ①

여기서, t_0 : 평균 고장 시간(평균 수명)
λ : 고장률
t : 앞으로 사용할 시간

표준 평점 척도	수개념 이해 하위5% 하위20% 중간50% 상위20% 상위5%
숫자 평점 척도 단극 척도	바른 자세로 듣는다. 1 2 3 4 5
숫자 평점 척도 단극 척도	정직하다 -2 -1 0 1 2
도식 평점 척도	유아가 스스로 이를 닦습니까? 전혀 그렇지 않다. / 별로 그렇지 않다. / 보통이다 / 대체로 그렇다. / 항상 그렇다.

87 공장의 안전점검 중 설비의 안전상태 유지 확보를 위한 가장 적합한 점검방법은?

① 설계 사전검사   ② 수입검사
③ 시업검사(始業檢査)   ④ 기본동작검사

해설
시업검사
① 시업검사는 설비의 안전상태 유지확보를 위해 작업을 시작하기 전에 실시한다.
② 설비의 안전점검을 말한다.

88 어느 부품 1만개를 1만 시간 가동 중에 5개의 불량품이 발생하였다. 평균고장시간(MTBF)은?

① 1×10^6시간   ② 2×10^7시간
③ 1×10^8시간   ④ 2×10^9시간

해설
MTBF 계산
$MTBF = \dfrac{총작동시간}{고장개수} = \dfrac{10^4 \times 10^4}{5} = 2 \times 10^7$

89 활동의 내용마다 "우·양·가·불가"로 평가하고 이 평가내용을 합하여 다시 종합적으로 정규화하여 평가하는 안전성 평가기법은? 20. 8. 23 산

① 평점척도법   ② 쌍대비교법
③ 계층적 기법   ④ 일관성 검정법

해설
평점척도법의 종류

종류	측정방법
기술 평점 척도	건강 생활 : 신체 부분에 대한 관심 ① 신체 주요부분의 명칭(머리, 다리, 팔, 손 등)을 안다. ② 신체 주요부분의 명칭과 주요기능(걷는다, 잡는다 등)을 안다. ③ 신체 세부적 부분의 명칭(팔꿈치, 뒤꿈치)을 안다. ④ 신체 세부적 부분의 명칭과 기능을 안다.

90 환경요소의 조합에 의해서 부과되는 스트레스나 노출로 인해서 개인에 유발되는 긴장을 나타내는 환경요소 복합지수가 아닌 것은? 20. 8. 23 산

① 카타온도(kata temperature)
② Oxford 지수(wet-dry index)
③ 실효온도(effective temperature)
④ 열 스트레스 지수(heat stress index)

해설
카타계 (Kata thermometer)
① 유리제 막대 모양의 알코올 한난계로, 기온과 풍속과 온감의 관계를 구하는 것
② 건구와 습구가 있다.
③ 용도 : 체감을 기초로 더위와 추위를 측정
주 ① 영국의 생리학자 힐(L.Hill)이 발명
  ② Kata(그리스어 : 내려간다)

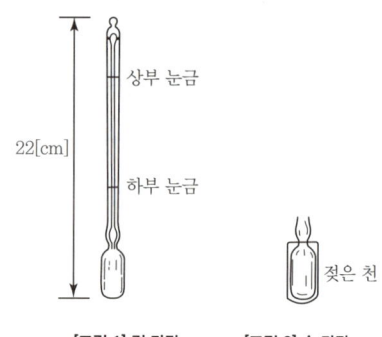

[그림 1] 건 카타   [그림 2] 습 카타

[정답] 87 ③ 88 ② 89 ① 90 ①

주요항목 03 위험성 감소 대책 수립·실행

중점 학습내용

본 장은 산업안전기사 및 산업기사에서 NCS출제기준에 의해 다음과 같이 구성하였다.
위험성 개선대책
❶ 위험물 개선대책(공학적·관리적)의 종류
❷ 허용가능한 위험수준 분석
❸ 감소대책에 따른 효과 분석 능력

세부항목 1. 위험성 감소 대책 수립 및 실행

1. 위험성 개선대책(공학적·관리적)의 종류

(1) 유해·위험요소의 제거 또는 대체 등 본질적(근원적) 대책

유해·위험요인을 제거하거나 대체한다는 것은 근로자가 위험에 노출되거나, 심각한 피해를 볼 위험성을 근본적으로 없앨 수 있으므로 가장 우선하여 고려하여야 한다.

위험을 제거하거나 대체할 수 있는 조치를 성공적으로 이행할 수있는경우, 해당 위험요인에 대한 추가적인 감소대책 수립은 필요하지 않을 수 있다.

그러나, 위험요인의 제거 또는 대체가 불가능한 경우에는 순차적으로 다음의 감소대책 마련을 고려해야 한다.

제거·대체 예
① 인화성 물질을 대체하여 화재·폭발의 위험을 제거
② 급성독성 물질을 일반 물질로 대체하여 건강장해 위험을 낮춤
③ 전기로 작동하는 기계를 공압식으로 교체하여 감전 위험을 제거
④ 소음이 심한 기계를 차폐형으로 교체하여 소음 저감
⑤ 높은 건물의 외벽 청소작업을 내부에서 실시할 수 있도록 설계 등

(2) 위험을 격리 또는 방호하는 공학적 대책

위험요인의 제거 또는 대체가 불가능한 경우, 차선의 해결책은 파악된 유해·위험 요인에서 발생하는 위험을 줄이는 데 도움이 될 수 있는 도구, 장비, 기술 및 공학적 조치를 고려하는 것이다.

합격예측 및 관련법규

사업장 위험성평가에 관한 지침 제3조(정의)
① 이 고시에서 사용하는 용어의 뜻은 다음과 같다.
1. "유해·위험요인"이란 유해·위험을 일으킬 잠재적 가능성이 있는 것의 고유한 특징이나 속성을 말한다.
2. "위험성"이란 유해·위험요인이 사망, 부상 또는 질병으로 이어질 수 있는 가능성과 중대성 등을 고려한 위험의 정도를 말한다.
3. "위험성평가"란 사업주가 스스로 유해·위험요인을 파악하고 해당 유해·위험요인의 위험성 수준을 결정하여, 위험성을 낮추기 위한 적절한 조치를 마련하고 실행하는 과정을 말한다. 25. 2. 7 25. 5. 10
4. "근로자"란 기간제, 단시간, 파견 등 고용형태 및 국적과 관계없이 「산업안전보건법」 제2조제3호에 따른 근로자를 말한다.

> **합격예측**
> **곱셈식에 의한 위험성 결정**
> 빈도와 강도를 조합하여 위험성 수준을 결정하는 방법
> 위험성(크기)=
> 가능성(빈도)×중대성(강도)
> • 건설안전(빈도)=위험성의 크기 / 중대성(강도)=위험요소의 발생횟수 / 작업경과 시간
> • 건설안전(강도)=위험성의 크기 / 가능성(빈도)=위험요소의 크기 / 발생빈도

공학적 대책은 근로자 개인의 보호가 아닌 위험한 영역에 접근하지 못하도록 하는 수단을 통해 보호를 제공할 수 있어서 활용 가치가 높다.

단순하지만 비용 효율적인 장비, 도구, 설비의 개선은 작업에 종사하는 개별 근로자뿐만 아니라 위험에 처할 위험이 있는 전체 근로자의 위험성을 줄이는 데에도 큰 효과가 있을 수 있다.

공학적 대책 예
① 끼임 위험이 있는 회전부에 덮개 등 방호장치를 설치
② 추락 위험이 있는 작업 장소에 안전난간을 설치
③ 무거운 짐을 운반하기 위해 중량물 이동 설비 도입
④ X선 장비 등 위험 공정을 완전히 격리하여 배치
⑤ 작업에 적절한 조명 설비 설치

(3) 절차서 마련, 작업절차 교육 등 관리적 대책

안전한 작업 방법에 대한 절차서를 마련하고 근로자 교육 실시여부를 검토하여, 이미 시행 중인 조치와 어떤 추가적인 관리대책이 필요한지를 고려한다.

관리적 대책의 수행은 비교적 간단하고 실행하기 쉬울 수 있으며 작업의 효율성 향상에도 도움이 될 수 있다.

그러나, 많은 업무상 사고와 질병이 발생하게 되는 이유
• 사업주가 위험을 유발하는 관행의 제거 등을 중요하게 생각하지 않고, 관리자, 근로자 등은 안전한 작업절차를 잘 알지 못하거나 작업장 내 위험한 것이 무엇인지에 대한 적절한 교육을 받지 못하였기 때문이다.

따라서, 관리적 대책은 지속적이고 현장에서 일상적으로 적용되도록 시행되어야 한다.

관리적 대책 예
① 설비를 안전하게 작동하거나 작업을 수행하는 방법에 대해 명확한 절차와 지침을 마련
② 안전 및 보건 정보 제공 – 사용 설명서, 경고 표지, 화학물질에 대한 정보 등
③ 작업장, 설비 배치의 조정 또는 재설계(지게차 이동 경로 조정 등)
④ 위험성평가 교육을 포함하여 작업과 관련한 안전 및 보건 교육 제공

(4) 유해·위험요인에 적합한 개인보호구를 지급하고 착용

개인보호구는 사용자가 고려해야 할 최종 위험관리 대책 중 하나이며, 이미 시행한 다른 위험관리 대책을 강화 할 수 있는 방안이다.

개인보호구의 사용은 최소한으로 유지하고 다른 개선대책의 대안으로 사용하지 않도록 해야 한다.

앞서 고려한 대책을 통해 근로자들에 대한 보호를 제공하는 것이 합리적이나, 이의 조치가 어려울 때 개별 근로자에 대한 보호 조치로 고려해야 한다.

개인보호구 사용 대책 예
① 추락 위험이 있는 장소에서 작업발판, 안전난간 등의 설치가 곤란한 경우 안전대 부착설비 설치 및 안전대 착용
② 고압 활선 작업 시 절연보호구 착용
③ 물체가 떨어질 위험이 있는 건설현장에서 안전모 착용
④ 연마(삭) 작업 중 방진마스크 착용

2. 허용가능한 위험수준 분석

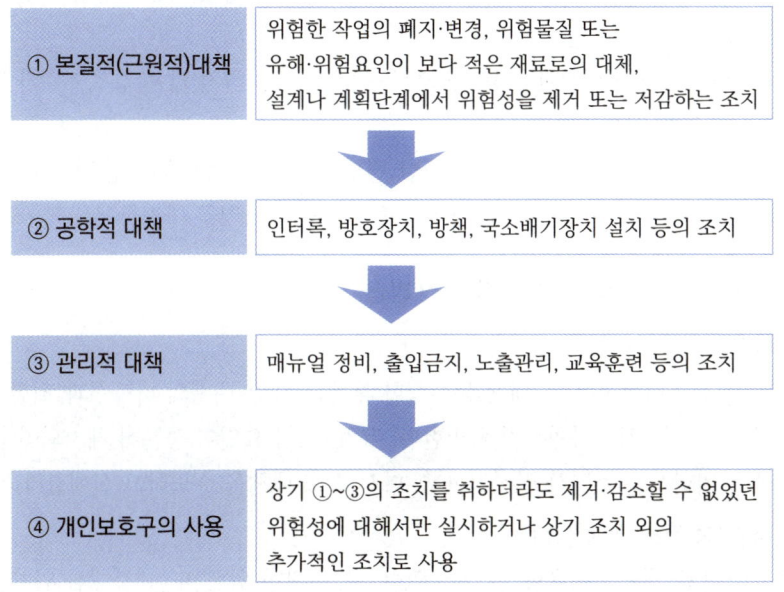

자료출처 : KOSHA 중·소규모 사업장을 위한 쉽고 간편한 위험성평가 방법 안내서

[그림] 위험성 감소 대책 수립 순서

3. 감소대책에 따른 효과 분석 능력

(1) 감소대책 수립

① 위험한 작업의 폐지·변경, 유해·위험물질 대체 등의 조치 또는 설계나 계획 단계에서 위험성을 제거 또는 저감하는 조치
② 연동장치, 환기장치 설치 등의 공학적 대책
③ 사업장 작업절차 정비 등의 관리적 대책
④ 개인용 보호구의 사용

합격예측

위험의 정의
① 상당한 위험 : 위험 감소 대책을 세워야 하는 위험
② 중대한 위험 : 안전 대책을 세운 후 작업을 해야 하는 위험
③ 허용 불가한 위험 : 작업 즉시 중단(작업을 계속하려면 즉시 개선을 실행해야 하는 위험)

(2) 규정에 따른 감소대책

① 위험성의 크기
② 영향을 받는 근로자 수
③ 위험한 작업의 폐지·변경, 유해·위험 물질 대체 등의 조치
④ 설계나 계획 단계에서 위험성을 제거 또는 점검하는 조치
⑤ 연동 장치, 환기 장치 설치 등의 공학적 대책
⑥ 사업장 작업 절차서 정비 등의 관리적 대책
⑦ 개인용 보호구의 사용

(3) 위험성 감소 대책 수립·실행 시 고려 사항

① 공정 또는 작업의 위험성의 크기가 사전에 자체 설정한 허용 가능한 위험성 범위인지 확인
② 위험성이 자체 설정한 허용 가능한 수준으로 감소하지 않는 경우 : 추가 감소 대책 수립·실행
③ 중대 재해, 중대 산업 사고, 심각한 질병 발생의 우려와 위험성 감소 대책 실행에 많은 시간이 소요되는 경우 : 즉각적 잠정 조치를 마련할 것

(4) 위험성 감소 대책 수립·실행 추진 방법

① 위험성 감소 대책 수립
　기본적으로 위험성 감소 대책을 실행한 후에는 해당 대책의 타당성과 위험성이 적절한 수준으로 감소하였는지 확인한다. 유해·위험 요인이 충분히 제거되지 않은 경우에는 위험성을 추정하고 결정한 후 다시 감소 대책을 수립하고 실행한다.

② 위험성 감소 대책 실행
　추진위험의 정도가 허용할 수 없는 위험, 즉 '상당한 위험' 또는 '중대한 위험', '허용 불가 위험'에 해당하면 구체적인 작업 환경 개선 대책을 수립하여 실행한다.

③ 추진 내용 검토 확인
　㉮ 작업 환경 개선이 완료된 이후에는 위험의 정도가 수용할 수 있는 범위 내에 들어갈 수 있도록 한다.
　㉯ 감소 대책의 효과적인 실행을 위해서 실행에 필요한 조치·방안, 시간, 비용 등의 사용 계획 및 적용된 관리 방안들에 대한 재검토 일정과 같은 사항에 대한 구체적인 계획을 수립한다.

(5) 위험성 감소 대책 수립 시 주의 사항

① 위험성 감소 조치 전보다 위험성이 더 커지지 않았는지 확인한다.
② 작업자의 판단과 행동에 의존한 조치, 위험성 감소 근거가 불분명한 조치가 되지 않도록 한다.
③ 작업성·생산성·품질의 연관성 및 작업자의 의견 청취만으로 위험성을 낮게 판단하고 있지 않은지 확인한다.

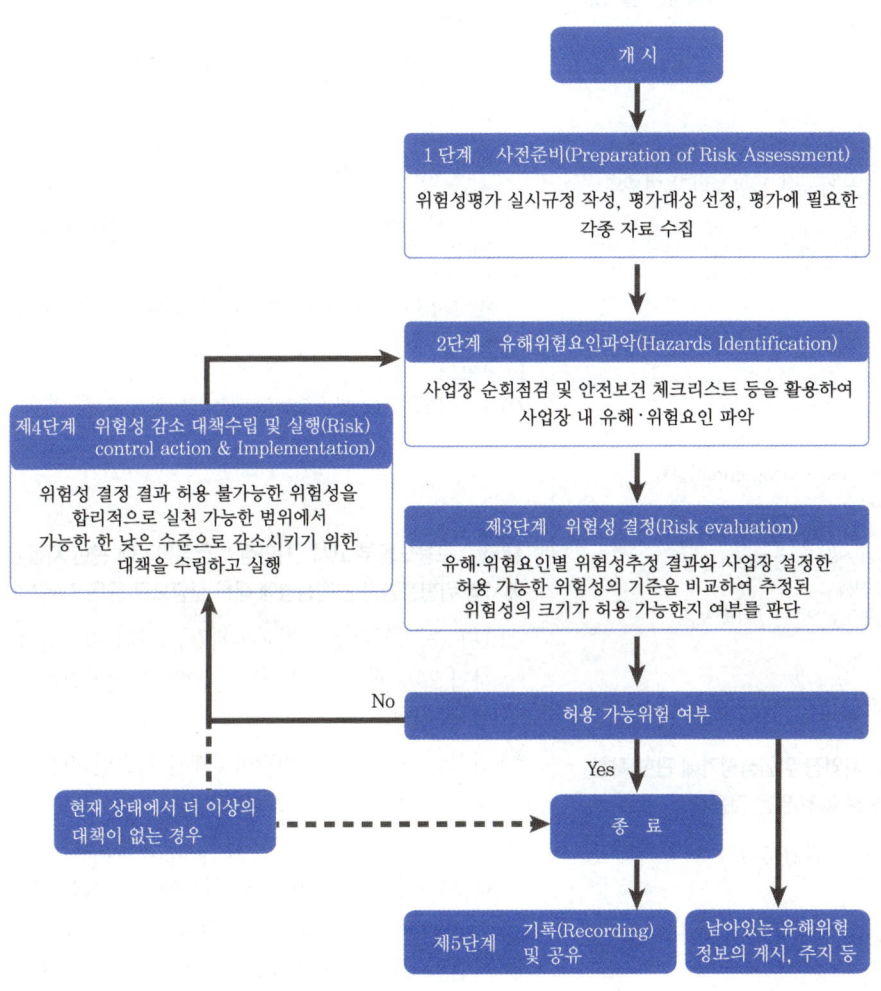

[그림] 위험성 평가 절차

주요항목 03 위험성 감소 대책 수립·실행 출제예상문제

출제예상문제는 복습, 예습문제로 엮었습니다. *WHY : 실제시험에도 순서에 관계없이 출제됩니다. 예습 후 다음장에 공부한 문제가 있으면 기억이 배가 됩니다.

01 위험성평가(risk assessment)를 실시하는 절차를 순서대로 옳게 나열한 것은?

㉠ 위험성 감소대책의 수립 및 실행
㉡ 근로자의 작업과 관계되는 유해·위험요인의 파악
㉢ 추정한 위험성이 허용 가능한 위험성인지 여부의 결정
㉣ 평가대상의 선정 등 사전준비

① ㉢→㉡→㉣→㉠
② ㉢→㉡→㉠→㉣
③ ㉢→㉡→㉣→㉠
④ ㉣→㉡→㉢→㉠

해설
위험성평가(risk assessment, risk management)절차
① 평가대상의 선정 등 사전준비
② 근로자의 직업과 관계되는 유해·위험요인의 파악
③ 추정한 위험성이 허용 가능한 위험성인지 여부의 결정
④ 위험성 감소대책의 수립 및 실행
⑤ 위험성평가 실시내용 및 결과에 관한 3년간 기록·보존

02 고용노동부 고시 「사업장 위험성평가에 관한 지침」에서의 위험성평가 방법으로 옳지 않은 것은?

① 안전보건관리책임자는 위험성평가의 실시를 총괄 관리한다.
② 안전관리자, 보건관리자는 위험성평가의 실시를 관리한다.
③ 안전관리자, 보건관리자는 유해·위험요인의 파악, 위험성의 추정, 결정, 위험성 감소대책의 수립·실행을 한다.
④ 해당 작업에 종사하는 근로자는 특별한 사정이 없는 한 해당 작업에 대한 유해·위험요인을 파악하거나 감소대책을 수립하는 데 참여한다.

해설
위험성평가의 방법
① 안전보건관리책임자 등 해당 사업장에서 사업의 실시를 총괄 관리하는 사람에게 위험성평가의 실시를 총괄 관리하게 할 것
② 사업장의 안전관리자, 보건관리자 등이 위험성평가의 실시에 관하여 안전보건관리책임자를 보좌하고 지도·조언하게 할 것
③ 관리감독자가 유해·위험요인을 파악하고 그 결과에 따라 개선조치를 시행하게 할 것
④ 기계·기구, 설비 등과 관련된 위험성평가에는 해당 기계·기구, 설비 등에 전문 지식을 갖춘 사람을 참여하게 할 것
⑤ 안전·보건관리자의 선임의무가 없는 경우에는 제2호에 따른 업무를 수행할 사람을 지정하는 등 그 밖에 위험성평가를 위한 체제를 구축할 것

합격정보
사업장 위험성평가에 관한 지침 제7조(위험성평가의 방법)

03 고용노동부 고시 「사업장 위험성평가에 관한 지침」에서의 위험성평가 인정신청에 대한 설명으로 옳은 것은?

① 1년 중 사업수행 기간이 6개월 미만인 일시적인 사업 또는 계절사업을 하는 사업장은 인정신청을 할 수 있다.
② 건설업 중 잔여공사기간이 6개월 미만인 건설공사는 인정신청을 할 수 있다.
③ 수급사업장이 산업안전보건법상 안전관리자 또는 보건관리자 선임대상인 경우에는 인정신청에서 수급사업장을 제외할 수 있다.
④ 사업의 일부 또는 전부를 도급에 의하여 행하는 사업장은 도급사업장의 사업주가 수급사업장을 일괄하여 인정을 신청할 수 없다.

[정답] 01 ④ 02 ③ 03 ③

> 해설

인정 신청할 수 없는 사업장
① 제22조에 따라 인정이 취소된 날부터 1년이 경과하지 아니한 사업장
② 최근 1년 이내에 제22조제1항 제2호부터 제4호까지의 규정 중 어느 하나에 해당하는 사유가 있는 사업장

04 다음 중 위험성평가 방법에 해당하지 않는 것은?

① 결과도출법
② 핵심요인 기술법
③ 체크리스트법
④ 빈도·강도법

> 해설

위험성평가 방법
① 위험 가능성과 중대성을 조합한 빈도·강도법
② 체크리스트(Checklist)법
③ 위험성 수준 3단계(저·중·고) 판단법
④ 핵심요인 기술(One Point Sheet)법
⑤ 상대위험순위 결정(Dow and Mond Indices)
⑥ 작업자 실수 분석(HEA)
⑦ 사고 예상 질문 분석(What-if)
⑧ 위험과 운전 분석(HAZOP)
⑨ 이상위험도 분석(FMECA)
⑩ 결함 수 분석(FTA)
⑪ 사건 수 분석(ETA)
⑫ 원인결과 분석(CCA)

> 합격정보

사업장 위험성평가에 관한 지침 제7조(위험성평가의 방법)

05 위험성평가를 실시하려고 한다. 실시 순서가 올바르게 된 것은?

| ㉠ 근로자의 작업과 관계되는 유해·위험요인의 파악 |
| ㉡ 평가대상의 선정 등 사전 준비 |
| ㉢ 위험성평가 실시내용 및 결과에 관한 기록 및 보존 |
| ㉣ 위험성 감소대책의 수립 및 실행 |
| ㉤ 추정한 위험성이 허용 가능한 위험성인지 여부의 결정 |

① ㉠ → ㉡ → ㉤ → ㉣ → ㉢
② ㉡ → ㉠ → ㉤ → ㉣ → ㉢
③ ㉠ → ㉡ → ㉣ → ㉤ → ㉢
④ ㉡ → ㉠ → ㉣ → ㉤ → ㉢

> 해설

위험성평가 절차
① 사전준비
② 유해·위험요인 파악
③ 위험성 결정
④ 위험성 감소대책 수립 및 실행
⑤ 위험성평가 실시내용 및 결과에 관한 기록 및 보존

> 합격정보

사업장 위험성평가에 관한 지침 제8조(위험성평가의 절차)

06 최초 위험성평가시 작성하여야 하는 실시규정에 포함되는 사항과 가장 거리가 먼 것은?

① 평가의 목적 및 방법
② 평가담당자 및 책임자의 역할
③ 평가시기 및 절차
④ 평가기법 연구 및 검토

> 해설

최초 위험성평가시 실시규정
① 평가의 목적 및 방법
② 평가담당자 및 책임자의 역할
③ 평가시기 및 절차
④ 근로자에 대한 참여·공유방법 및 유의사항
⑤ 결과의 기록·보존

> 합격정보

사업장 위험성평가에 관한 지침 제9조(사전준비)

07 위험성 감소를 위한 대책 수립 및 실행시 반영하여야 하는 조치로 보기 어려운 것은?

① 개인용 보호구의 사용
② 공학적 대책
③ 법률적 대책
④ 관리적 대책

> 해설

위험성 감소를 위한 대책 수립 및 실행시 반영하여야 하는 필요한 조치
① 위험한 작업의 폐지·변경, 유해·위험물질 대체 등의 조치 또는 설계나 계획 단계에서 위험성을 제거 또는 저감하는 조치
② 연동장치, 환기장치 설치 등의 공학적 대책
③ 사업장 작업절차서 정비 등의 관리적 대책
④ 개인용 보호구의 사용

> 합격정보

사업장 위험성평가에 관한 지침 제12조(위험성 감소대책 수립 및 실행)

[정답] 04 ① 05 ② 06 ④ 07 ③

08 다음 중 위험성평가 인정신청서를 제출한 사업장에 대하여 하는 인정심사 항목이 아닌 것은?

① 사업주의 보상 가능 수준
② 위험성평가 실행수준
③ 구성원의 참여 및 이해 수준
④ 재해발생 수준

해설

인정심사 항목
① 사업주의 관심도
② 위험성평가 실행수준
③ 구성원의 참여 및 이해 수준
④ 재해발생 수준

합격정보
사업장 위험성평가에 관한 지침 제17조(인정심사)

보충학습
사업장 위험성평가에 관한 지침 제22조(인정의 취소)
① 위험성평가 인정사업장에서 인정 유효기간 중에 다음 각 호의 어느 하나에 해당하는 사업장은 인정을 취소하여야 한다.
  1. 거짓 또는 부정한 방법으로 인정을 받은 사업장
  2. 인정기간 중 다음 각 목의 어느 하나에 해당하는 중대재해가 발생한 사업장. 다만, 법 제5조에 따른 사업주의 의무와 직접적으로 관련이 없는 재해로서 「고용보험 및 산업재해보상보험의 보험료징수 등에 관한 법률 시행령」 제18조의5제1항에서 정하는 사유는 제외한다.
    가. 사망자가 1명 이상 발생한 재해
    나. 3개월 이상의 요양이 필요한 부상자가 동시에 2명 이상 발생한 재해
    다. 부상자 또는 직업성 질병자가 동시에 10명 이상 발생한 재해
  3. 근로자의 부상(3일 이상의 휴업)을 동반한 중대산업사고 발생사업장
  4. 법 제10조에 따른 산업재해 발생건수, 재해율 또는 그 순위 등이 공표된 사업장(영 제10조제1항제1호 및 제5호에 한정한다)
  5. 제21조에 따른 사후점검을 거부하거나 점검 결과 다음 각 목의 어느 하나의 사유가 확인된 사업장
    가. 제19조에 따른 인정기준을 충족하지 못한 경우
    나. 현장심사 또는 사후점검에서 개선하도록 지적된 사항을 이행하지 않아 조치 기간을 부여하였음에도 이행하지 않은 것이 확인된 경우
  6. 사업주가 자진하여 인정 취소를 요청한 사업장
  7. 그 밖에 인정취소가 필요하다고 공단 광역본부장·지역본부장 또는 지사장이 인정한 사업장
② 공단은 제1항에 해당하는 사업장에 대해서는 인정심사위원회에 상정하여 인정취소 여부를 결정하여야 한다. 이 경우 해당 사업장에는 소명의 기회를 부여하여야 한다.
③ 제2항에 따라 인정심사위원회가 인정취소를 결정한 경우 인정취소일은 제1항에 따른 인정취소 사유가 발생한 날로 한다.

[정답] 08 ①

주요항목 04 근골격계질환 예방관리

중점 학습내용

본 장은 산업안전기사 및 산업기사 NCS 출제기준에 따라 다음과 같이 구성하였다.
1. 근골격계 유해요인
2. 인간공학적 유해요인 평가
3. 근골격계 유해요인 관리

세부항목 1. 근골격계 유해요인

1. 근골격계 질환의 정의 및 유형

(1) 근골격계질환의 정의

반복적인 동작, 부적절한 작업자세, 무리한 힘의 사용, 날카로운 면과의 신체접촉, 진동 및 온도 등의 요인에 의하여 발생하는 건강장해로서 목, 어깨, 허리, 팔, 다리의 신경·근육 및 그 주변 신체조직 등에 나타나는 질환이다.

(2) 근골계질환의 종류

① 결절종 : 낭포(물혹)성 종양, 손에 발생
② 요추부염좌 : 허리뼈(요추) 부위의 인대 손상
③ 백색수지증(레이노 증후군) : 손이 저리고 흰색으로 변한다. 심하면 청색으로 변함. 괴사발생(이유 : 진동공구 사용)
④ 방아쇠수지증 : 손가락 염증
⑤ 추간판탈출증 : 경추, 요추에서 발생
⑥ 드퀘르뱅 건초염(Dequervain Syndrome) : 스위스 의사이름을 따서 만든 병(손목건초염)
⑦ 손목터널증후군(수근관증후군) 등

합격예측

NIOSH(미국국립산업안전보건연구원)
(National Institute of Occupational Safety & Health)

미국의 산업안전보건법에 의하여 1972년에 설립되어 1974년 보건복지부 산하의 질병관리·예방센터로 편입되었으며 행정규제력이 없는 순수 연구기관

〈NIOSH의 주요 업무〉
① 근로자 또는 사업주 요청에 의한 작업장 유해요인 조사
② 작업관련 안전보건 연구 및 권고안 제출
③ 작업장 내 화학물질, 기계 등의 유해위험성 평가
④ 산업안전보건청(OSHA) 또는 광산안전보건청(MSHA)에 적절한 기준 제안
⑤ 산업안전보건 인력양성

합격예측

1. Snook's Table 분석법

인력 운반작업에서 안전한계값을 결정하기 위해 Snook에 의해 1978년에 개발되었다. 인력 운반작업에 포함된 요인들이 인지에 어떠한 영향을 주는지를 조사하는 것이다. 이러한 요인들은 들기 빈도, 들기작업 최대무게, 작업의 종류(내리기, 밀기, 당기기, 운반), 성별, 물체 길이, 너비, 운반거리, 밀고/당기기 높이를 포함한다.

2. SI(Strain index)

SI(Strain index)란 생리학, 생체역학, 상지질환에 대한 병리학을 기초로 한 정량적 평가기법이다. 상지질환(근골격질환)의 원인이 되는 위험요인들이 작업자에게 노출되어 있거나 그렇지 않은 상태를 구별하는 데 사용된다. 이 기법은 상지질환에 대한 정량적 평가기법으로 근육사용 힘(강도), 근육사용 기간, 빈도, 자세, 작업속도, 하루 작업시간 등 6개의 위험요소로 구성되어 있으며, 이를 곱한 값으로 상지질환의 위험성을 평가한다.

3. 작업평가기법의 종류
① NIOSH Lifting Equation (NLE)
② Ovako Working-posture Analysis System (OWAS)
③ Rapid Upper Limb Assessment(RULA)
④ Rapid Entire Body Assessment(REBA)
⑤ 기타(ANSI-Z 365, Snook's Table, SI, 진동)

---

(3) 누적손상장해(누적외상성질환 : CTDs)의 발생인자

① 무리한 힘(과도한 힘)의 사용
② 장시간의 진동 및 온도
③ 반복도가 높은 작업(반복적인 동작)
④ 부적절한 자세
⑤ 날카로운 면과의 신체접촉

> **참고** CTDs : Cumulative Trauma Discorders

2. 근골격계부담작업(고용노동부 고시 제2020-12호)

「산업안전보건법」제39조제1항제5호 및 안전보건규칙 제656조제1호에 따른 근골격계부담작업이란 다음 각 호의 어느 하나에 해당하는 작업을 말한다. 다만, 단기간작업 또는 간헐적인 작업은 제외한다. 18. 8. 19 ㉮ 22. 3. 5 ㉮ 23. 2. 28 ㉮ 24. 2. 15 ㉮

1. 하루에 4시간 이상 집중적으로 자료입력 등을 위해 키보드 또는 마우스를 조작하는 작업
2. 하루에 총 2시간 이상 목, 어깨, 팔꿈치, 손목 또는 손을 사용하여 같은 동작을 반복하는 작업
3. 하루에 총 2시간 이상 머리 위에 손이 있거나, 팔꿈치가 어깨위에 있거나, 팔꿈치를 몸통으로부터 들거나, 팔꿈치를 몸통뒤쪽에 위치하도록 하는 상태에서 이루어지는 작업
4. 지지되지 않은 상태이거나 임의로 자세를 바꿀 수 없는 조건에서, 하루에 총 2시간 이상 목이나 허리를 구부리거나 트는 상태에서 이루어지는 작업
5. 하루에 총 2시간 이상 쪼그리고 앉거나 무릎을 굽힌 자세에서 이루어지는 작업
6. 하루에 총 2시간 이상 지지되지 않은 상태에서 1kg 이상의 물건을 한손의 손가락으로 집어 옮기거나, 2kg 이상에 상응하는 힘을 가하여 한손의 손가락으로 물건을 쥐는 작업
7. 하루에 총 2시간 이상 지지되지 않은 상태에서 4.5kg 이상의 물건을 한 손으로 들거나 동일한 힘으로 쥐는 작업
8. 하루에 10회 이상 25kg 이상의 물체를 드는 작업
9. 하루에 25회 이상 10kg 이상의 물체를 무릎 아래에서 들거나, 어깨 위에서 들거나, 팔을 뻗은 상태에서 드는 작업
10. 하루에 총 2시간 이상, 분당 2회 이상 4.5kg 이상의 물체를 드는 작업
11. 하루에 총 2시간 이상 시간당 10회 이상 손 또는 무릎을 사용하여 반복적으로 충격을 가하는 작업 25. 2. 7 ㉮

세부항목 2. 인간공학적 유해요인 평가

평가도구명 (Analysis Tools)	구분	평가 요소
(1) REBA (레바 : Rapid Entire Body Assessment)	평가되는 위해요인	반복성, 힘, 불편한 자세
	관련된 신체부위	손목, 팔, 어깨, 목, 상체, 허리, 다리
	적용대상 직업종류	간호사, 청소부, 주부 등의 작업이 비고정적인 형태의 서비스업계통
	한계점	반복성 미고려
(2) OWAS 22. 4. 24 [기] (와스 : Ovaco Working Posture Analysing System)	평가되는 위해요인	자세, 힘, 노출시간
	관련된 신체부위	상체, 허리, 하체
	적용대상 직업종류	중량물 취급
	한계점	중량물작업 한정, 반복성 미고려
(3) JSI (시 : Job Strain index : 작업긴장도 지수)	평가되는 위해요인	반복성, 힘, 불편한 자세
	관련된 신체부위	손, 손목
	적용대상 직업종류	경조립작업, 검사, 육류가공, 포장, 자료입력, 세탁
	한계점	손, 손목부위 작업 한정, 평가의 객관성
(4) RULA (루라 : Rapid Upper Limb Assessment)	평가되는 위해요인	반복성, 힘, 불편한 자세
	관련된 신체부위	손목, 팔, 팔꿈치, 어깨, 목, 상체
	적용대상 직업종류	조립작업, 목공작업, 정비작업, 육류가공, 교환대, 치과
	한계점	반복성과 정적자세의 고려가 다소 미흡, 전문성 요구
(5) Revised NIOSH Lifting Equation (NIOSH 들기 작업 지침)	평가되는 위해요인	반복성, 힘, 불편한 자세
	관련된 신체부위	허리
	적용대상 직업종류	물자취급(운반, 정리), 음료수운반, 4[kg] 이상의 중량물취급, 과도한 힘을 요하는 작업, 고정된 들기 작업
	한계점	전문성 요구

합격예측

1. NLE(NIOSH Lifting Equation)
들기작업에 대한 권장무게한계(RWL)를 쉽게 산출하도록 하여 작업의 위험성을 예측하여 인간공학적인 작업방법의 개선을 통해 작업자의 직업성 요통을 사전에 예방하는 것

2. OWAS
OWAS(Ovako Working-posture Analysis System)는 핀란드의 철강회사인 Ovako 사와 핀란드 노동위생연구소가 1970년대 중반에 육체작업에 있어서 부적절한 작업자세를 구별해낼 목적으로 개발한 평가 기법

3. RULA
RULA(Rapid Upper Limb Assessment)는 어깨, 팔목, 손목, 목 등 상지(upper limb)에 초점을 맞추어서 작업자세로 인한 작업부하를 쉽고 빠르게 평가하기 위해 만들어진 기법

세부항목 **3. 근골격계 유해요인 관리**

1. 작업관리(유해요인 조사) 목적

유해요인 조사는 근골격계질환을 예방하기 위하여 근골격계부담작업이 있는 공정·부서·라인·팀 등 사업장 내 전체 작업을 대상으로 유해요인을 찾아 제거하거나 감소시키는데 목적을 두고 있다.

아울러, 유해요인 조사의 결과는 근골격계질환의 이환을 부정하는 근거 또는 반증자료로 사용할 수 없다.

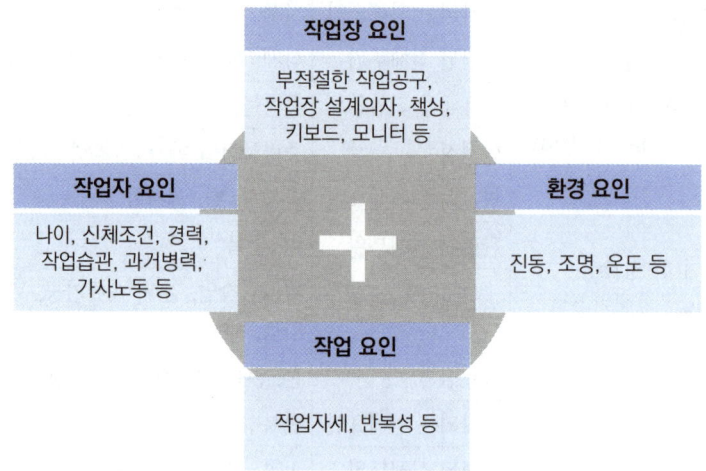

[그림] 근골격계질환 발생요인

2. 방법 연구 및 작업 측정

산업안전보건기준에 관한 규칙

제657조(유해요인 조사) ① 사업주는 근로자가 근골격계부담작업을 하는 경우에 3년마다 다음 각 호의 사항에 대한 유해요인조사를 하여야 한다. 다만, 신설되는 사업장의 경우에는 신설일부터 1년 이내에 최초의 유해요인 조사를 하여야 한다.
  1. 설비·작업공정·작업량·작업속도 등 작업장 상황
  2. 작업시간·작업자세·작업방법 등 작업조건
  3. 작업과 관련된 근골격계질환 징후와 증상 유무 등

② 사업주는 다음 각 호의 어느 하나에 해당하는 사유가 발생하였을 경우에 제1항에도 불구하고 1개월 이내에 조사대상 및 조사방법 등을 검토하여 유해요인 조사를 해야 한다. 다만, 제1호에 해당하는 경우로서 해당 근골격계질환에 대하여 최근 1년 이내에 유해요인 조사를 하고 그 결과를 반영하여 제659조에 따른 작업환경 개선에 필요한 조치를 한 경우는 제외한다.

1. 법에 따른 임시건강진단 등에서 근골격계질환자가 발생하였거나 근로자가 근골격계질환으로「산업재해보상보험법 시행령」별표3 제2호가목·마목 및 제12호라목에 따라 업무상 질병으로 인정받은 경우(근골격계부담작업이 아닌 작업에서 근골격계질환자가 발생하였거나 근골격계부담작업이 아닌 작업에서 발생한 근골격계질환에 대해 업무상 질병으로 인정 받은 경우를 포함한다)
2. 근골격계부담작업에 해당하는 새로운 작업·설비를 도입한 경우
3. 근골격계부담작업에 해당하는 업무의 양과 작업공정 등 작업환경을 변경한 경우

③ 사업주는 유해요인 조사에 근로자 대표 또는 해당 작업 근로자를 참여시켜야 한다.

제658조(유해요인 조사 방법 등) 사업주는 유해요인 조사를 하는 경우에 근로자와의 면담, 증상 설문조사, 인간공학적 측면을 고려한 조사 등 적절한 방법으로 하여야 한다. 이 경우 제657조제2항제1호에 해당하는 경우에는 고용노동부장관이 정하여 고시하는 방법에 따라야 한다.

3. 문제 해결 절차

제659조(작업환경 개선) 사업주는 유해요인 조사 결과 근골격계질환이 발생할 우려가 있는 경우에 인간공학적으로 설계된 인력작업 보조설비 및 편의설비를 설치하는 등 작업환경 개선에 필요한 조치를 하여야 한다.

제660조(통지 및 사후조치) ① 근로자는 근골격계부담작업으로 인하여 운동범위의 축소, 쥐는 힘의 저하, 기능의 손실 등의 징후가 나타나는 경우 그 사실을 사업주에게 통지할 수 있다.

② 사업주는 근골격계부담작업으로 인하여 제1항에 따른 징후가 나타난 근로자에 대하여 의학적 조치를 하고 필요한 경우에는 제659조에 따른 작업환경 개선 등 적절한 조치를 하여야 한다.

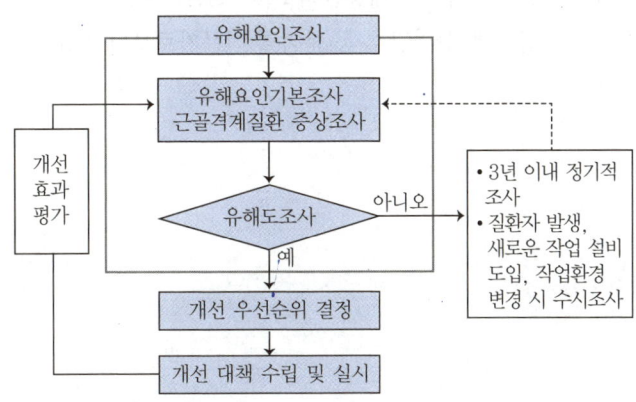

[그림] 근골격계질환 유해요인조사 절차

4. 작업개선안의 원리 및 도출방법

제661조(유해성 등의 주지) ① 사업주는 근로자가 근골격계부담작업을 하는 경우에 다음 각 호의 사항을 근로자에게 알려야 한다.
1. 근골격계부담작업의 유해요인
2. 근골격계질환의 징후와 증상
3. 근골격계질환 발생 시의 대처요령
4. 올바른 작업자세와 작업도구, 작업시설의 올바른 사용방법
5. 그 밖에 근골격계질환 예방에 필요한 사항

② 사업주는 제657조제1항과 제2항에 따른 유해요인 조사 및 그 결과, 제658조에 따른 조사방법 등을 해당 근로자에게 알려야 한다.

③ 사업주는 근로자대표의 요구가 있으면 설명회를 개최하여 제657조제2항제1호에 따른 유해요인 조사 결과를 해당 근로자와 같은 방법으로 작업하는 근로자에게 알려야 한다.

제662조(근골격계질환 예방관리 프로그램 시행) ① 사업주는 다음 각 호의 어느 하나에 해당하는 경우에 근골격계질환 예방관리 프로그램을 수립하여 시행하여야 한다.
1. 근골격계질환으로 「산업재해보상보험법 시행령」 별표 3 제2호가목·마목 및 제12호라목에 따라 업무상 질병으로 인정받은 근로자가 연간 10명 이상 발생한 사업장 또는 5명 이상 발생한 사업장으로서 발생 비율이 그 사업장 근로자 수의 10퍼센트 이상인 경우
2. 근골격계질환 예방과 관련하여 노사 간 이견(異見)이 지속되는 사업장으로서 고용노동부장관이 필요하다고 인정하여 근골격계질환 예방관리 프로그램을 수립하여 시행할 것을 명령한 경우

② 사업주는 근골격계질환 예방관리 프로그램을 작성·시행할 경우에 노사협의를 거쳐야 한다.

③ 사업주는 근골격계질환 예방관리 프로그램을 작성·시행할 경우에 인간공학·산업의학·산업위생·산업간호 등 분야별 전문가로부터 필요한 지도·조언을 받을 수 있다.

주요항목 04 근골격계질환 예방관리 출제예상문제

출제예상문제는 복습, 예습문제로 엮였습니다. *WHY : 실제시험에도 순서에 관계없이 출제됩니다. 예습 후 다음장에 공부한 문제가 있으면 기억이 배가 됩니다.

01 1970년대 중반 핀란드의 철강회사인 Ovako사와 FIOH(Finnish Institute of Occupational Health)가 근력을 발휘하기에 부적절한 작업자세를 구별해 낼 목적으로 공동 개발한 OWAS 평가항목과 거리가 먼 것은? 25. 2. 7 ①

① 몸통의 자세
② 다리의 자세
③ 팔의 자세
④ 손목의 자세

해설
평가항목
(1) OWAS 평가항목
　① 허리　② 팔　③ 다리(하지)　④ 하중
(2) RULA에서 평가하는 신체부위
　① 위팔　② 아래팔　③ 손목　④ 목　⑤ 몸통　⑥ 다리

02 NIOSH 들기지침에 관한 설명으로 옳지 않은 것은?

① OWAS, RULA, REBA 등이 평가기법으로 사용된다.
② 초기에는 양손 대칭 작업에만 적용할 수 있었으나, 그 이후에는 비대칭작업, 커플링(coupling) 효과가 추가되었다.
③ 이 가이드는 역학적(epidemiological), 생체역학적(biomechanical), 생리학적(physiological), 물리학적(psychophysical) 기준에 근거하여 개발되었다.
④ 권장무게한계(Recommended Weight of Limit)를 계산하여 제시하여 준다.

해설
NLE(NIOSH Lifting Equation)
개발목적은 들기작업에 대한 권장무게한계(RWL)를 쉽게 산출하도록 하여 작업의 위험성을 예측하여 인간공학적인 작업방법의 개선을 통해 작업자의 직업성 요통을 사전에 예방하는 것이다.

[표] 작업분석

작업분석/평가도구	· NIOSH 들기작업지침(NIOSH Lifting Equation)
분석가능 유해요인	· 반복성 · 부자연스러운 또는 취하기 어려운 자세 · 과도한 힘
적용 신체부위	· 허리
적용가능 업종	· 포장물 배달 · 음료 배달 · 조립작업 · 인력에 의한 중량물 취급작업 · 무리한 힘이 요구되는 작업 · 고정된 들기작업

03 다음은 유해요인평가에서 근골격계 부담작업을 평가하는 기법들에 대한 설명이다. 옳은 것을 모두 고른 것은?

ㄱ. OWAS기법은 몸통(허리), 팔, 다리, 무게, 목의 자세에 대하여 평가한다.
ㄴ. RULA기법은 몸통(허리), 상완(위팔), 전완(아래팔), 손목, 손목비틀림, 목, 다리의 자세에 대하여 평가하며, 근육사용 및 힘을 고려한다.
ㄷ. REBA기법은 몸통(허리), 상완(위팔), 전완(아래팔), 손목, 목, 다리의 자세에 대하여 평가하며, 힘 및 발의 사용을 고려한다.

① ㄱ
② ㄱ, ㄴ
③ ㄱ, ㄷ
④ ㄴ, ㄷ

해설
REBA(레바)의 개발목적
① 근골격계질환과 관련한 유해인자에 대한 개인작업자의 노출정도를 평가한다.
② 상지 작업을 중심으로 한 RULA와 비교하여 간호사 등과 같이 예측이 힘든 다양한 자세에서 이루어지는 서비스업에서의 전체적인 신체에 대한 부담 정도와 유해인자의 노출 정도를 분석한다.

[정답] 01 ④　02 ①　03 ②

작업분석/평가도구	REBA(Rapid Entire Body Assessment)
분석가능 유해요인	· 반복성 · 부자연스러운 또는 취하기 어려운 자세 · 과도한 힘 · 한계점 : 반복성 미고려
적용 신체부위	· 손목 　　　　· 아래팔 · 팔꿈치 　　　· 어깨 · 목 　　　　　· 몸통 · 허리 　　　　· 다리 · 무릎
적용가능 업종	· 환자를 들거나 이송　· 간호사 · 간호보조　　　　　· 관리업 · 가정부　　　　　　· 식료품 창고 · 전화교환원　　　　· 초음파기술자 · 치과의사/치위생사　· 수의사

04 근골격계질환 발생의 원인 중 직접원인이 아닌 것은?

① 숙련도　　　　② 부적절한 자세
③ 반복성　　　　④ 과도한 힘

해설

근골격계질환
반복적인 동작, 부적절한 작업자세, 무리한 힘의 사용, 날카로운 면과의 신체접촉, 진동 및 온도 등의 요인에 의하여 발생하는 건강장해로서 목, 어깨, 허리, 상·하지의 신경·근육 및 그 주변 신체조직 등에 나타나는 질환을 말한다.

05 23[kg]의 부재를 제자리에서 들어 올리는 들기작업을 수행할 때 시작점에서 NIOSH의 들기작업공식에 의한 들기지수(LI)는?

- 중량물과 몸통과의 수평거리(H)는 50[cm]이다.
- 중량물을 들기 시작하는 손의 수직높이(V)는 75[cm]이다.
- 중량물을 들어올리는 수직이동거리(D)는 25[cm]이다.
- 회전(A)은 발생하지 않는다.
- 물체의 모양은 손으로 쉽게 잡을 수 있는 경우이다. (CM=1.0)
- 1시간 이내의 작업 이후 회복시간이 작업시간의 1.2배 정도 되는 짧은 수준의 작업으로서 빈도변수(FM)는 0.8이다.

① 1.25　　　　② 1.50
③ 2.00　　　　④ 2.50

해설

들기지수(LI)=작업물 무게/RWL=23/9.2=2.50
(1) 미국 산업안전보건원에서 개발한 들기지수로 허용중량한계(RWL)을 구하고 실제 중량물을 RWL로 나누어 LIFTING INDEX(LI)를 산출하여 관리토록하는 방법. (X≤1 되어야 안전하다는 공식)
- RWL = 23×HM×VM×DM×AM×FM×CM
  = 23×0.5×1.0×1.0×1.0×0.8×1.0
  = 9.2
- HM=수평계수=25/H
- VM=수직계수=1−(0.003V−75)=1.0
- DM=거리계수=0.82+(4.5/D)=1.0
- AM=비대칭성계수=1−(0.032A)=1.0
- FM=빈도계수=0.8
- CM=결합계수(손잡이 유무)=1.0

(2) 참고사항
- 들기 지수는 1보다 작으면 안전한 작업이다.
- 작업지속시간과 작업의 횟수를 조사한다.
- 들기작업의 최대 권장 하중은 23kg이다.

(3) NLE 적용이 힘든 경우
- 한 손으로 물건을 취급하는 경우에는 적용이 힘들다.
- 8시간 이상 연속적으로 물건을 취급하는 경우는 작업한계 초과
- 앉거나 무릎을 굽힌 자세로 작업하는 경우
- 취급물의 무게 균형이 불안정한 경우
- 밀거나 끄는 작업시
- 물자취급 속도가 빠른 경우 (약 75cm/s 이상)

06 산업안전보건기준에 관한 규칙상 근골격계부담작업과 근골격계질환에 관한 설명으로 옳지 않은 것은?

① "근골격계부담작업"이란 단순반복작업 또는 인체에 과도한 부담을 주는 작업에 의한 건강장해에 따른 작업으로서 작업량·작업속도·작업강도 및 작업장 구조 등에 따라 고용노동부장관이 정하여 고시하는 작업을 말한다.

② "근골격계질환"이란 반복적인 동작, 부적절한 작업자세, 무리한 힘의 사용, 날카로운 면과의 신체접촉, 진동 및 온도 등의 요인에 의하여 발생하는 건강장해로서 목, 어깨, 허리, 팔·다리의 신경·근육 및 그 주변 신체조직 등에 나타나는 질환을 말한다.

[정답] 04 ①　05 ④　06 ④

③ "근골격계질환 예방관리 프로그램"이란 유해요인 조사, 작업환경 개선, 의학적관리, 교육·훈련, 평가에 관한 사항 등이 포함된 근골격계질환을 예방관리하기 위한 종합적인 계획을 말한다.
④ 근로자는 근골격계부담작업으로 인하여 운동범위의 축소, 쥐는 힘의 저하, 기능의 손실 등의 징후가 나타나는 경우 즉시 관할 지방노동청에 신고하여야 한다.

> **해설**
> **산업안전보건기준에 관한 규칙 제660조(통지 및 사후조치)**
> ① 근로자는 근골격계부담작업으로 인하여 운동범위의 축소, 쥐는 힘의 저하, 기능의 손실 등의 징후가 나타나는 경우 그 사실을 사업주에게 통지할 수 있다.
> ② 사업주는 근골격계부담작업으로 인하여 제1항에 따른 징후가 나타난 근로자에 대하여 의학적 조치를 하고 필요한 경우에는 제659조에 따른 작업환경 개선 등 적절한 조치를 하여야 한다.

07 근골격계질환의 유형에 대한 설명으로 옳지 않은 것은?

① 외상 과염은 팔꿈치 부위의 인대에 염증이 생김으로써 발생하는 증상이다.
② 수근관 증후군은 손목이 꺾인 상태나 과도한 힘을 준 상태에서 반복적 손 운동을 할 때 발생한다.
③ 회내근 증후군은 과도한 망치질, 노젓기 동작 등으로 손가락이 저리고 손가락 굴곡이 약화되는 증상이다.
④ 결절종은 반복, 구부림, 진동 등에 의하여 건의 섬유질이 손상되거나 찢어지는 등의 건에 염증이 생기는 질환이다.

> **해설**
> **결절종(ganglion)**
> ① 얇은 섬유성 피막 내에 약간 노랗고 젤라틴같이 끈적이는 액체를 함유하고 있는 낭포(물혹)성 종양
> ② 손바닥 쪽이나 손등 쪽의 손목, 혹은 손가락, 발목에 물혹이 발생하는 질환

08 산업안전보건법령상 근골격계부담작업에 해당하지 않는 것은? (단, 단기간작업 또는 간헐적인 작업은 제외한다.)

① 하루에 10회 이상 25kg 이상의 물체를 드는 작업
② 하루에 총 2시간 이상, 분당 2회 이상 4.5kg 이상의 물체를 드는 작업
③ 하루에 총 1시간 이상 쪼그리고 앉거나 무릎을 굽힌 자세에서 이루어지는 작업
④ 하루에 4시간 이상 집중적으로 자료입력 등을 위해 키보드 또는 마우스를 조작하는 작업

> **해설**
> **근골격계부담작업**
> ① 하루에 4시간 이상 집중적으로 자료입력 등을 위해 키보드 또는 마우스를 조작하는 작업
> ② 하루에 총 2시간 이상 목, 어깨, 팔꿈치, 손목 또는 손을 사용하여 같은 동작을 반복하는 작업
> ③ 하루에 총 2시간 이상 머리 위에 손이 있거나, 팔꿈치가 어깨위에 있거나, 팔꿈치를 몸통으로부터 들거나, 팔꿈치를 몸통뒤쪽에 위치하도록 하는 상태에서 이루어지는 작업
> ④ 지지되지 않은 상태이거나 임의로 자세를 바꿀 수 없는 조건에서, 하루에 총 2시간 이상 목이나 허리를 구부리거나 트는 상태에서 이루어지는 작업
> ⑤ 하루에 총 2시간 이상 쪼그리고 앉거나 무릎을 굽힌 자세에서 이루어지는 작업
> ⑥ 하루에 총 2시간 이상 지지되지 않은 상태에서 1kg 이상의 물건을 한 손의 손가락으로 집어 옮기거나, 2kg 이상에 상응하는 힘을 가하여 한손의 손가락으로 물건을 쥐는 작업
> ⑦ 하루에 총 2시간 이상 지지되지 않은 상태에서 4.5kg 이상의 물건을 한 손으로 들거나 동일한 힘으로 쥐는 작업
> ⑧ 하루에 10회 이상 25kg 이상의 물체를 드는 작업
> ⑨ 하루에 25회 이상 10kg 이상의 물체를 무릎 아래에서 들거나, 어깨 위에서 들거나, 팔을 뻗은 상태에서 드는 작업
> ⑩ 하루에 총 2시간 이상, 분당 2회 이상 4.5kg 이상의 물체를 드는 작업
> ⑪ 하루에 총 2시간 이상 시간당 10회 이상 손 또는 무릎을 사용하여 반복적으로 충격을 가하는 작업
>
> **합격정보**
> 근골격계부담작업의 범위 및 유해요인조사 방법에 관한 고시 제3조(근골격계부담작업)

[정답] 07 ④　08 ③

09 다음 근골격계질환의 발생원인 중 작업요인이 아닌 것은?

① 작업강도 ② 작업자세
③ 직무만족도 ④ 작업의 반복도

해설

근골격계질환 발생 작업요인
① 작업의 반복도 (반복적인 동작)
② 작업자세 (부적절한 작업자세)
③ 작업강도 (무리한 힘의 사용)
④ 접촉 스트레스 (날카로운 면과의 신체접촉)
⑤ 작업환경 (진동, 온도, 조명 등 기타 요인)

10 산업안전보건법령상 근골격계부담작업 유해요인 조사에 관한 설명으로 옳지 않은 것은?

① 사업주는 유해요인 조사에 근로자 대표 또는 해당 작업 근로자를 참여시켜야 한다.
② 사업주는 근로자가 근골격계부담작업을 하는 경우 3년마다 유해요인 조사를 하여야 한다.
③ 신규 입사자가 근골격계부담작업을 배치되는 경우 즉시 유해요인 조사를 실시해야 한다.
④ 신설되는 사업장의 경우 신설일로부터 1년 이내에 최초의 유해요인 조사를 실시해야 한다.

해설

근골격계부담작업 유해요인 조사
① 사업주는 근로자가 근골격계부담작업을 하는 경우 3년마다 유해요인 조사를 하여야 한다.
② 신설되는 사업장의 경우 신설일로부터 1년 이내에 최초의 유해요인 조사를 실시해야 한다.
③ 사업주는 유해요인 조사에 근로자 대표 또는 해당 작업 근로자를 참여시켜야 한다.

합격정보
산업안전보건기준에 관한 규칙 제657조(유해요인 조사)

11 유해요인 조사 방법 중 OWAS(Ovako Working Posture Analysis System)에 관한 설명으로 옳지 않은 것은?

① OWAS의 작업자세 수준은 4단계로 분류된다.
② OWAS는 작업자세로 인한 부하를 평가하는 데 초점이 맞추어져 있다.
③ OWAS는 신체 부위의 자세뿐만 아니라 중량물의 사용도 고려하여 평가한다.
④ OWAS는 작업자세를 허리, 팔, 손목으로 구분하여 각 부위의 자세를 코드로 표현한다.

해설

OWAS 작업자세
OWAS는 작업자세를 허리, 상지(팔), 하지(다리), 하중으로 구분하여 각 부위의 자세를 코드로 표현한다.

12 상완, 전완, 손목을 그룹 A로 목, 상체, 다리를 그룹 B로 나누어 측정, 평가하는 유해요인의 평가방법은?

① RULA(rapid upper limb assessment)
② REBA(rapid entire body assessment)
③ OWAS(Ovako working posture analysis system)
④ NIOSH 들기작업지침(Revised NIOSH lifting equation)

해설

RULA(Rapid Upper Limb Assessment)
① 1993년 신체부위 중 상지부의 작업자세를 평가하기 위해 개발되었으며, 작업과 관련하여 발생할 수 있는 상지의 근골격계질환에 대한 인간공학적인 작업을 평가하는 도구이다.
② RULA는 비교적 사용이 용이하고 작업분석을 수행하는데 인간공학 전문가의 정확한 분석 이전에 일차적인 분석 도구로 유용하다.
③ RULA는 작업자세 평가, 근육의 사용여부, 힘과 부하량의 평가 3부분으로 나누어 평가한다.
  ㉮ 작업자세 평가 : 신체를 크게 2부분으로 나누어 평가한다.
    - 그룹 A : 상완, 전완, 손목
    - 그룹 B : 목, 상체, 다리
  ㉯ 근육 사용여부 : 정적인 자세가 1분 이상 유지되거나 분당 4회 이상 반복적으로 작업을 한 경우 1점 추가된다.
  ㉰ 힘과 부하량의 평가 : 외부 힘이 사용된 양에 따라 점수가 추가되며, 최소 0점에서 최고 3점의 점수가 추가된다.
  위 ㉮, ㉯, ㉰의 값을 다 더하여 총괄 점수를 계산한다. 산출된 총괄 점수는 점수별로 조치 수준을 구하는 데 사용된다.

[정답] 09 ③ 10 ③ 11 ④ 12 ①

13 근골격계질환의 위험을 평가하기 위하여 유해요인 평가도구 중 하나인 RULA(Rapid Upper Limb Assessment)를 적용하여 작업을 평가한 결과, 최종 점수가 4점으로 평가되었다면 결과에 대한 해석으로 옳은 것은?

① 수용가능한 안전한 작업으로 평가됨
② 계속적 추적관찰을 요하는 작업으로 평가됨
③ 빠른 작업개선과 작업위험요인의 분석이 요구됨
④ 즉각적인 개선과 작업위험요인의 정밀조사가 요구됨

해설

RULA 평가기준
① 1~2점 : 안전한 공정
② 3~4점 : 부분적 개선과 추후조사가 필요한 공정
③ 5~6점 : 빠른 작업개선과 작업 위험요인의 분석이 요구됨
④ 7점 : 즉각적인 작업환경의 개선과 위험요인의 분석이 요구됨

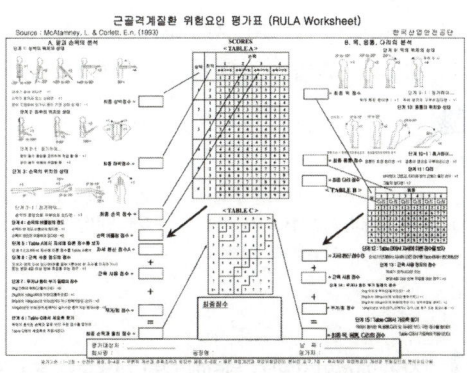

[그림] 근골격계질환 위험요인 평가표 (RULA Worksheet)

14 다음 중 허리부위나 중량물취급 작업에 대한 유해요인의 주요 평가기법은?

① REBA ② JSI
③ RULA ④ NLE

해설

NLE(NIOSH Lifting Equation)
① 미국 산업안전보건연구원(NIOSH)에서 중량물을 취급하는 작업에 대한 요통 예방을 목적으로 작업 평가와 작업 설계를 지원하기 위해서 개발되었다.
② 중량물 취급과 취급 횟수뿐만 아니라 중량물 취급 위치·인양거리·신체의 비틀기·중량물 들기 쉬움 정도 등 여러 요인을 고려하고 있으며, 보다 정밀한 작업평가·작업설계에 이용할 수 있게 되어 있다.

③ 그러나, 이 기법은 들기 작업에만 적절하게 쓰일 수 있기 때문에, 반복적인 작업자세, 밀기, 당기기 등과 같은 작업들에 대한 평가에는 어려움이 있다.
④ 들기지수(Lifting Index)가 1 보다 크게 되면 요통의 발생 위험이 높은 것으로 간주하여 들기지수가 1 이하가 되도록 작업을 설계/개선할 필요가 있음을 의미한다.

15 NIOSH 들기 작업 지침에 따라 권장 무게 한계(RWL)를 산출하고자 할 때, RWL이 최적이 되는 조건과 거리가 먼 것은?

① 정면에서 중량물 중심까지의 비틀림이 없을 때
② 작업자와 물체의 수평거리가 25cm 보다 작을 때
③ 물체를 이동시킨 수직거리가 75cm 보다 작을 때
④ 수직높이가 팔을 편안히 늘어뜨린 상태의 손 높이일 때

해설

RWL 최적 조건
물체를 이동시킨 수직거리가 25cm 보다 작을 때

16 작업관리의 주목적과 가장 거리가 먼 것은?

① 생산성 향상
② 무결점 달성
③ 최선의 작업방법 개발
④ 재료, 설비, 공구 등의 표준화

해설

작업관리의 주목적
① 최선의 작업방법 개발
② 재료, 설비, 공구 등의 표준화
③ 생산성 향상(생산비 절감)
④ 품질의 균일화
⑤ 작업 안전

[정답] 13 ② 14 ④ 15 ③ 16 ②

17 작업관리에 관한 내용으로 옳지 않은 것은?
① 작업연구에는 시간연구, 동작연구, 방법연구가 있다.
② 방법연구는 테일러에 의해 시작, 길브레스에 의해 더욱 발전되었다.
③ 작업관리는 생산과정에서 인간이 관여하는 작업을 주 연구대상으로 한다.
④ 작업관리는 생산 활동의 여러 과정 중 작업 요소를 조사, 연구하여 합리적인 작업 방법을 설정하는 것이다.

해설
방법연구의 선구자는 길브레스(F.B Gilbreth)이다.

18 작업연구에 대한 설명으로 옳지 않은 것은?
① 작업연구는 보통 동작연구와 시간연구로 구성된다.
② 시간연구는 표준화된 작업방법에 의하여 작업을 수행할 경우에 소요되는 표준시간을 측정하는 분야이다.
③ 동작연구는 경제적인 작업방법을 검토하여 표준화된 작업방법을 개발하는 분야이다.
④ 동작연구는 작업측정으로, 시간연구는 방법연구라고도 한다.

해설
동작연구는 방법연구, 시간연구는 작업측정이라고도 한다.

19 작업관리에서 사용되는 기본 문제해결 절차로 가장 적합한 것은?
① 연구대상선정 → 분석과 기록 → 분석 자료의 검토 → 개선안의 수립 → 개선안의 도입
② 연구대상선정 → 분석 자료의 검토 → 분석과 기록 → 개선안의 수립 → 개선안의 도입
③ 분석 자료의 검토 → 분석과 기록 → 개선안의 수립 → 연구대상선정 → 개선안의 도입
④ 분석 자료의 검토 → 개선안의 수립 → 분석과 기록 → 연구대상선정 → 개선안의 도입

해설
작업관리 기본 문제해결 절차
연구대상선정 → 분석과 기록 → 분석 자료의 검토 → 개선안의 수립 → 개선안의 도입

20 문제해결 절차에 관한 설명으로 옳지 않은 것은?
① 작업방법의 분석 시에는 공정도나 시간차트, 흐름도 등을 사용한다.
② 선정된 개선안은 작업자나 관련 부서의 이해와 협조 과정을 거쳐 시행하도록 한다.
③ 개선절차는 "연구대상선정 → 현 작업방법 분석 → 분석 자료의 검토 → 개선안 선정 → 개선안 도입" 순으로 이루어진다.
④ 개선 분석 시 5W1H의 What은 작업 순서의 변경, Where, When, Who는 작업 자체의 제거, How는 작업의 결합 분석을 의미한다.

해설
5W1H
개선 분석 시 5W1H의 What은 작업 순서의 변경, Where, When, Who는 작업 자체의 제거, How는 작업의 단순화를 의미한다.

21 작업 개선의 일반적 원리에 대한 내용으로 옳지 않은 것은?
① 충분한 여유 공간
② 단순 동작의 반복화
③ 자연스러운 작업 자세
④ 과도한 힘의 사용 감소

해설
단순 동작을 반복하는 것은 가급적 피하고, 휴식 시간을 갖거나 스트레칭을 하는 등 작업 자세를 바꿀 수 있도록 해야한다.

[정답] 17 ② 18 ④ 19 ① 20 ④ 21 ②

22 작업 개선방법을 관리적 개선방법과 공학적 개선방법으로 구분할 때 공학적 개선방법에 속하는 것은?

① 적절한 작업자의 선발
② 작업자의 교육 및 훈련
③ 작업자의 작업속도 조절
④ 작업자의 신체에 맞는 작업장 개선

해설

작업 개선방법
1. 관리적 개선방법
   ① 적절한 작업자 선발
   ② 작업자 교육 및 훈련
   ③ 작업확대(작업의 다양성 제공)
   ④ 작업일정 및 작업속도 조절
   ⑤ 휴식시간 제공
   ⑥ 작업습관 변화
   ⑦ 작업공간, 공구 및 장비의 정기적인 청소 및 유지보수
   ⑧ 작업자 교대 등
2. 공학적 개선방법
   공구, 장비, 작업장, 제품 등의 재배열, 수정, 재설계, 교체 등

23 다음 중 작업개선에 있어서 개선의 ECRS에 해당하지 않는 것은? 24. 5. 14 ⑦

① 보수(Repair)
② 제거(Eliminate)
③ 단순화(Simplify)
④ 재배치(Rearrange)

해설

개선의 ECRS
① 제거(Eliminate) : 이 작업 꼭 필요한가? 제거할 수 없는가?
② 결합(Combine) : 이 작업을 다른 작업과 결합시키면 더 나은 결과가 생길 것인가?
③ 재배치(Rearrange) : 이 작업의 순서를 바꾸면 좀 더 효율적이지 않을까?
④ 단순화(Simplify) : 이 작업을 좀 더 단순화할 수 있지 않을까?

[정답] 22 ④ 23 ①

주요항목 05. 유해 요인 관리

중점 학습내용

본 장은 산업안전기사 및 산업기사 NCS 출제기준에 따라 다음과 같이 구성하였다.
❶ 물리적 유해요인(소음, 진동, 고열, 방사선) 관리
❷ 화학적 유해요인(입자상 물질, 가스상 물질) 관리
❸ 생물학적 유해요인(바이오에어로졸, 곰팡이, 박테리아) 관리

세부항목 1. 물리적 유해요인 관리

1. 물리적 요인(Physical Agents) 파악

(1) 소음(騷音 : noise)

1 소음(騷音 : noise)
시끄러워서 불쾌함을 느끼게 만드는 소리

2 소음 작업이란?
1일 8시간 작업을 기준으로 85데시벨 이상의 소음이 발생하는 작업

3 강렬한 소음작업
① 90데시벨 이상의 소음이 1일 8시간 이상 발생하는 작업
② 95데시벨 이상의 소음이 1일 4시간 이상 발생하는 작업
③ 100데시벨 이상의 소음이 1일 2시간 이상 발생하는 작업
④ 105데시벨 이상의 소음이 1일 1시간 이상 발생하는 작업
⑤ 110데시벨 이상의 소음이 1일 30분 이상 발생하는 작업
⑥ 115데시벨 이상의 소음이 1일 15분 이상 발생하는 작업

4 충격소음작업
① 120데시벨을 초과하는 소음이 1일 1만회 이상 발생하는 작업
② 130데시벨을 초과하는 소음이 1일 1천회 이상 발생하는 작업
③ 140데시벨을 초과하는 소음이 1일 1백회 이상 발생하는 작업

💙참고 산업안전보건기준에 관한 규칙 제512조(정의)

  **은행문제** 19. 3. 3 ㉮

다음 중 고장 소음에 대한 방지계획에 있어 소음원에 대한 대책에 해당하지 않는 것은?
① 해당 설비의 밀폐
② 설비실의 차음벽 시공
③ 작업자의 보호구 착용
④ 소음기 및 흡음장치 설치

정답 ③

소음원에서 소음을 줄이는 방법
(1) 음향적 설계
  ① 진동시스템의 에너지를 줄인다.
  ② 에너지와 소음발산 시스템과의 조합을 줄인다.
  ③ 구조를 바꿔서 적은 소음이 노출되게 한다.
(2) 저소음 기계로 교체
(3) 작업방법의 변경

[표] 인체에 미치는 영향

구분	특징
생리적	① 교감신경과 내분비계통을 흥분 ② 맥박증가, 혈압상승, 근육의 긴장, 혈액성분과 소변의 변화, 타액과 위액 분비억제, 부신호르몬의 이상분비 등
심리적	① 불쾌감과 소음으로 인한 수면 방해 ② 사고나 집중력 방해 ③ 두뇌작업이나 노동의 악영향 ④ 대화나 텔레비전 청취 방해 등 일상생활 방해로 인한 초조감(생활소음)
신체적	동맥경화, 위궤양, 태아의 발육저하 등
청력 손실	① 일시적 또는 영구적 난청현상 발생 ② 가장 적은 압력 : $0.000002[N/m^2]$
주파수	① $1,000[Hz]$: 가장 큰 소리 느낌 ② $100[Hz]$: 저음 가장 작은 소리 느낌

[표] 직업적 청력상실 영향

구분	특징
일시적 난청	① 큰 소리 들은 후 순간적으로 일어나는 청력 저하 → 일반적으로 수일 휴식 후는 정상 청력 회복 ② Corti씨 기관의 신경발달에 손상 → 신경의 전도성이 저하되는 비가역적 피로현상
영구적 난청 (소음성 난청) 16. 10. 1 ⑦	① Corti씨 기관내 유모 세포의 불가역적 파괴현상 ② 고주파음에 오랜시간 노출시에 발생 ③ C_5-dip-$4,000[Hz]$를 중심으로 청력손실이 가장 크다. ④ $4,000[cps]$ 이상의 높은 음역과 $4,500[cps]$ 이하의 청력 장해
불연속적인 소음으로 부터 청력손실	① 간헐적인 소음, 충돌소음, 그리고 충격소음 등을 포함 ② 심한 노출시 청력상실(난청판정구분기호 : D_1)

5 소음작업 등의 관리기준

① 소음 감소 조치기준
  ㉮ 기계기구 등의 대체
  ㉯ 시설의 밀폐
  ㉰ 흡음 또는 격리 등

② 소음 수준의 주지(근로자에게 알려야 하는 사항)
  ㉮ 해당 작업장소의 소음 수준
  ㉯ 인체에 미치는 영향 및 증상
  ㉰ 보호구의 선정 및 착용방법
  ㉱ 그 밖에 소음건강장해 방지에 필요한 사항

Q 은행문제 21. 5. 15 ㉎

2016년 H작업장 내의 설비 3대에서는 각각 80[dB]과 86[dB] 및 78[dB]의 소음을 발생시키고 있다. H작업장의 전체 소음은 약 몇 [dB]인가?

정답

$$PWL(dB)$$
$$= 10\log\left(10^{\frac{A_1}{10}} + 10^{\frac{A_2}{10}} + 10^{\frac{A_3}{10}}\right)$$
$$= 10\log\left(10^{\frac{80}{10}} + 10^{\frac{86}{10}} + 10^{\frac{78}{10}}\right)$$
$$≒ 87.5$$

합격예측

조명 방법
(1) 직접조명
　① 조명기구 간단, 효율성 좋고 설치비용 저렴
　② 기구구조에 따라 눈부심 현상 있음, 균일한 조도 얻기 힘들고 강한 음영 생성
(2) 간접조명
　① 눈부심 현상 없고 조도가 균일
　② 설치가 복잡, 기구효율이 나쁘고 실내입체감이 작아짐
(3) 전반조명
　① 균등한 조도를 얻기 위해 일정한 간격과 일정한 높이로 광원배치
　② 공장 등에서 많이 사용
(4) 국소조명
　① 작업면상의 필요한 장소만 높은 조도를 취하는 방법
　② 밝고 어둠의 차가 심해 눈부심 현상이 나타나고 눈의 피로가중
(5) 전반·국소조명 혼합
　① 작업면 전반에 적당한 조도 제공
　② 필요한 장소에는 높은 조도를 주는 방식

③ 난청발생에 따른 조치(소음성난청)
　㉮ 해당 작업장의 소음성난청 발생 원인조사
　㉯ 청력손실감소 및 재발방지 대책 마련
　㉰ ㉯의 규정에 의한 대책의 이행여부 확인
　㉱ 작업전환 등 의사의 소견에 따른 조치
　㉲ 일시적 청력변화가 높은 소음에 반복 노출시 영구정 청력변화(PTS) 변화
　㉳ **영구적 청력변화를 소음성 난청이라 하며 주로 1,000[Hz]이상의 고주파, 특히 4,000[Hz]에서 현저하게 청력손실**
　㉴ 음의 크기 레벨과 등첨감곡선
　㉵ 1[kHz]의 순음과 같은 크기로 느끼는 각 주파수별 음암레벨을 연결한 선을 '등청감곡선'이라 함
　㉶ 고주파로 구성되는 소음에 노출시 소음성난청이 발생

④ **청력보존 프로그램**
　소음노출 평가, 소음노출 기준 초과에 따른 공학적 대책, 청력보호구의 지급과 착용, 소음의 유해성과 예방에 관한 교육, 정기적 청력검사, 기록·관리사항 등이 포함된 소음성 난청을 예방·관리하기 위한 종합적인 계획을 말한다.

(2) 진동

1 진동의 정의

물체가 기준 위치에 대해 반복운동을 하는 흔들림 현상으로 이러한 진동은 때로는 유용한 경우도 있지만 대부분 원하지 않는 공해진동으로써 인간의 생리적 장해와 심리적 불쾌감을 유발하며, 기계자체의 수명과 건축구조물 수명에 나쁜 영향을 준다. 공해진동의 진동수 범위는 1~90[Hz]이며 진동레벨로는 60[dB]~80[dB]까지가 많고 사람이 느끼는 최소 진동가속도 레벨은 55±5[dB] 정도이다.

[표] 진동작업

구분	기계·기구
진동작업에 쓰이는 기계·기구의 종류	① 착암기　　　　　② 동력을 이용한 해머 ③ 체인톱　　　　　④ 엔진커터 ⑤ 동력을 이용한 연삭기　⑥ 임팩트 렌치 ⑦ 그 밖에 진동으로 인하여 건강장해를 유발할 수 있는 기계·기구
보호구 착용	방진장갑 등 진동 보호구 착용
근로자에게 알려야 할 사항 (유해성 등의 주지)	① 인체에 미치는 영향 및 증상 ② 보호구의 선정 및 착용방법 ③ 진동기계, 기구 관리방법 ④ 진동장해 예방방법

[표] 진동대책

구분	진동대책
국소 진동 (hand transmitted vibration)	① 진동공구에서의 진동 발생을 감소 ② 적절한 휴식 ③ 진동공구의 무게를 10[kg] 이상 초과하지 않게 할 것 ④ 손에 진동이 도달하는 것을 감소시키며, 진동의 감폭을 위하여 장갑(glove) 사용
전신 진동 대책 (근로자와 발진원 사이의 진동대책)	① 구조물의 진동을 최소화 ② 발진원의 격리 ③ 전파 경로에 대한 수용자의 위치 ④ 수용자의 격리 ⑤ 측면 전파 방지 ⑥ 작업시간 단축(1일 2시간 초과금지)

2 진동의 영향

① 생리적, 작업능률, 정신적인 영향

구분	증상
생리기능에 미치는 영향	① 심장 : 혈관계에 대한 영향 및 교감 신경계의 영향으로 인해 혈압 상승, 맥박 증가, 발한 등의 증상 ② 소화기계 : 위장내압의 증가, 복합상승, 내장하수 등의 증상 ③ 기타 : 내분비계 반응 장애, 척수 장애, 청각 장애, 시각 장애 등의 증상
작업능률에 미치는 영향	① 시각 대상이 움직이므로 쉽게 피로해진다. ② 평형감각에 영향을 줄 수 있다. ③ 촉각신경에 영향을 줄 수 있다.
정신적·일상생활에 미치는 영향	① 정신적 영향 : 불안정한 상태로 심할 경우 정신적 불안정 증상 유발 ② 일상생활 방해 : 숙면을 취하지 못하고, 불면증이 나타나며 주위가 산만해진다. 강한 진동으로 인한 내·외벽의 균열이 발생하기도 한다.

㉮ 건강상의 장해 : 진동장해를 총칭하는 용어로 진동증후군을 사용하고 있으며, 가장 대표적인 수지백색증이 있다. 또한 국소진동은 근골격계질환의 위험요인이다.

㉯ 노출기준 : ACGIH의 경우 하루 평균 진동 노출시간을 기준으로 초과할 수 없는 진동가속도의 수준을 제시

합격예측

(1) 진동에서 악화·비정상·정상 판단설비진단 방법
 ① 상호판단 19. 8. 4 ㉮
 ② 비교판단
 ③ 절대판단
(2) 실패원인과 발생한 장소의 탐지구분
 ① 직접 방법
 ② 평균 방법
 ③ 주파수 방법

Q 은행문제

1. 회전축이나 베어링 등이 마모 등으로 변형되거나 회전의 불균형에 의하여 발생하는 진동을 무엇이라고 하는가?
 ① 단속진동 ② 정상진동
 ③ 충격진동 ④ 우연진동
  정답 ②

2. 기계 진동에 의하여 물체에 힘이 가해질 때 전하를 발생하거나 전하가 가해질 때 진동 등을 발생시키는 물질의 특성을 무엇이라고 하는가?
 ① 압자   ② 압전효과
 ③ 스트레인 ④ 양극현상
  정답 ②

합격예측

[표] 산업용 로봇의 동작형태에 의한 분류

용어	의미
원통좌표 로봇 (cylinderical robot)	팔의 자유도가 주로 원통좌표 형식
극좌표 로봇 (polar robot, spherical robot)	팔의 자유도가 주로 극좌표 형식
직각좌표 로봇 (rectangular robot, cartesian robot)	팔의 자유도가 주로 직각좌표 형식
관절로봇 (articulated robot)	자유도가 주로 다관절인 로봇

② 신체장해

㉮ 전신장해의 원인, 증상, 예방대책

구분	특징
원인	트랙터, 트럭, 버스, 기차, 흙파는 기계, 헬리콥터 및 각종 영농기계 탑승시
증상	① 진동수와 가속도가 클수록 장해 및 진동감각증대 ② 압박감과 통증으로 공포심, 오한 ③ 만성적으로 반복될 경우 천장골좌상, 신장손상으로 혈뇨 자각적 동요감, 불쾌감, 불안감, 동통 등
예방법	① 노출시간의 단축(1일 2시간 초과금지) ② 진동 완화 위한 기계설계
치료	특별한 치료법이 없으며, 심할 경우 노출 중단, 임상증상에 따른 대증요법

㉯ 부분장해의 원인 및 증상

구분		특징
원인		① 전기톱, 착암기, 압축해머, 병타해머, 분쇄기, 산림용 농업기기 등 ② 손가락을 통해 작용, 팔꿈치관절 및 어깨관절 손상 및 혈관 신경계 장해 유발
증상	직접적 진동	① 뼈, 관절, 신경근육, 인대, 혈관 등 연부조직 이상 ② 관절연골의 괴저, 천공 등 기형성 관절염, 가성 관절염 및 점액낭염 등
증상	간접적 진동	① Raynaud's Phenomenon : 혈관신경계이상으로 혈액순환이 안되어 Raynaud 현상유발(손가락의 말초혈관 운동장해) 손가락이 창백해지고 동통 추위 노출시 더욱 악화되어 Dead Finger 또는 White Finger(백납병)라는 병이 된다.
증상	간접적 진동	② Raynaud's Disease : Raynaud현상이 혈관의 기질적 변화로 협착 또는 폐쇄될 경우 손가락 피부의 괴저가 일어나기도 하는데 이것을 Raynaud병이라 한다.(기질적 변화가 있을 때)

3 진동법에 의한 설비진단의 종류

① 간이진단 방법의 특징

㉮ 다수의 설비를 간단한 방법으로 신속하게 진단

㉯ 휴대용 진동계나 진단기 등의 측정 및 기록기기 사용

㉰ 정상 및 이상의 판별과 문제점을 찾아 원인과 부위 파악

[표] 간이진단(1차진단)의 구분

목적	방법	내용
정상, 비정상, 악화 정도의 판단	상호 판단	같은 종류의 기계가 다수 있을 때 그 기계들 상호간에 비교, 판단
	비교 판단	초기치가 증가되는 정도가 주의 또는 위험의 판단으로 사용
	절대 판단	측정치가 직접적으로 양호, 주의, 위험 수준으로 판단
실패의 원인과 발생한 장소의 탐지	직접 방법	진동의 주 방향이 비정상의 원인을 탐지하는 데 사용 (불평형, 중심을 잘못 맞춘 상태)
	평균 방법	최고치와 평균치 비의 증가가 비정상의 원인을 탐지하는 데 사용(흠집, 마멸)
	주파수 방법	주파수 영역이 비정상의 원인을 탐지하는 데 사용(회전부와 롤러 베어링)

② 정밀진단 방법의 특징
  ㉮ 간이진단에서 파악된 이상 원인이나 진동측정이 불가능한 장소에서 분석하여 예측하는 방법
  ㉯ 진동수 조사 및 파형 처리나 각종의 처리기술 응용

③ 진동작업
  다음 각 목의 어느 하나에 해당하는 기계·기구를 사용하는 작업을 말한다.
  ㉮ 착암기(鑿巖機)
  ㉯ 동력을 이용한 해머
  ㉰ 체인톱
  ㉱ 엔진 커터(engine cutter)
  ㉲ 동력을 이용한 연삭기
  ㉳ 임팩트 렌치(impact wrench)
  ㉴ 그 밖에 진동으로 인하여 건강장해를 유발할 수 있는 기계·기구

[표] ACGIH의 진동가속도 노출기준(TLV)

일일노출시간(하루평균 노출시간)	주파수 보정 가속도[m/s²]
4~8[hr] 이하	4
2~4[hr] 이하	6
1~2[hr] 이하	8
1[hr] 이하	12

합격예측

안전인증
(1) 국내인증
  ① KOSHA18001 : 한국산업안전보건공단(KOSHA)
  ② K-OHSMS18001 : 한국인정원(KAB)
  ③ OHSAS18001 : 한국가스안전공사(KGS)
(2) 외국인증
  ① 다국적(연합)인증 : OHSAS18001
  ② 외국 인증기관 : BSI, BVQI, LRQA DNV, TÜV
(3) 안전경영 평가제도
  ① 미국 : VPP, SHARP, OHSMS
  ② 영국 : BS8800, HS(G)65
  ③ 호주 : NSCA5-STAR
  ④ 일본 : OHSMS
  ⑤ 중국 : OSHMS

Q 은행문제 22. 3. 5 ㉮
산업안전보건법령상 사업주가 진동 작업을 하는 근로자에게 충분히 알려야 할 사항과 거리가 가장 먼 것은?
① 인체에 미치는 영향과 증상
② 진동기계·기구 관리방법
③ 보호구 선정과 착용방법
④ 진동재해 시 비상연락체계

정답 ④

해설 유해성 등의 주지
① 인체에 미치는 영향과 증상
② 보호구의 선정과 착용방법
③ 진동 기계·기구 관리방법
④ 진동 장해 예방방법

합격정보
산업안전보건기준에 관한 규칙 제519조(유해성 등의 주지)

(3) 고열(高熱)

1 습구흑구온도지수(WBGT : Wet Bulb Globe Temperature)
① 고열로 인한 스트레스를 발산하는 지수는 열평형, 대사열, HSI(열압박지수), 유효온도, WBGT 등이 있다.
② WBGT는 기온, 습도, 유속, 방사선의 고열로 인한 스트레스에 미치는 영향을 종합하여 나타낸 지수이다.
③ 몸의 높은 열, 섭씨 39.6도에서 40.5도 사이의 열을 이른다.

2 더위 지수(WBGT)의 산출식
① 옥외, 태양방사가 있는 실외인 경우(옥외장소)
$$WBGT[℃] = (0.7 \times 습구온도) + (0.2 \times 흑구온도) + (0.1 \times 건구온도)$$
② 실내나 또는 태양방사가 없는 실외인 경우
$$WBGT[℃] = (0.7 \times 습구온도) + (0.3 \times 흑구온도)$$

[그림] 더위지수 측정기

3 산업안전보건기준에 관한 규칙
제558조(정의) 이 장에서 사용하는 용어의 뜻은 다음과 같다.
1. "고열"이란 열에 의하여 근로자에게 열경련·열탈진 또는 열사병 등의 건강장해를 유발할 수 있는 더운 온도를 말한다.
2. "한랭"이란 냉각원(冷却源)에 의하여 근로자에게 동상 등의 건강장해를 유발할 수 있는 차가운 온도를 말한다.
3. "다습"이란 습기로 인하여 근로자에게 피부질환 등의 건강장해를 유발할 수 있는 습한 상태를 말한다.

제559조(고열작업 등) ① "고열작업"이란 다음 각 호의 어느 하나에 해당하는 장소에서의 작업을 말한다.
1. 용광로, 평로(平爐), 전로 또는 전기로에 의하여 광물이나 금속을 제련하거나 정련하는 장소

[합격예측] 섭씨온도

역사적으로는 Celsius가 1기압의 조건에서 물의 빙점을 0℃로 하고 비점을 100℃로 하여 그 사이를 100등분 하여 눈금을 작성한 온도. 현재는 열역학적 정의에 기초를 둔 Kelvin온도에서 273.16을 뺀 값을 섭씨온도로 정하였는데 이것이 일반적인 섭씨온도계의 눈금임.
① 섭씨온도 = (화씨온도 −32) × 5/9
② 화씨온도 = (9/5 × 섭씨온도) + 32

[용어정의] 고열

열에 의하여 근로자에게 열경련, 열탈진 또는 열사병 등의 건강장해를 유발할 수 있는 더운 온도

습구흑구온도지수(WBGT : WetBulb Globe Temperature)

근로자가 고열환경에 종사함으로써 받는 열스트레스 또는 위해를 평가하기 위한 도구(단위 : ℃) 로써 기온, 기습 및 복사열을 종합적으로 고려한 지표를 말한다.

2. 용선로(鎔船爐) 등으로 광물·금속 또는 유리를 용해하는 장소
3. 가열로(加熱爐) 등으로 광물·금속 또는 유리를 가열하는 장소
4. 도자기나 기와 등을 소성(燒成)하는 장소
5. 광물을 배소(焙燒) 또는 소결(燒結)하는 장소
6. 가열된 금속을 운반·압연 또는 가공하는 장소
7. 녹인 금속을 운반하거나 주입하는 장소
8. 녹인 유리로 유리제품을 성형하는 장소
9. 고무에 황을 넣어 열처리하는 장소
10. 열원을 사용하여 물건 등을 건조시키는 장소
11. 갱내에서 고열이 발생하는 장소
12. 가열된 노(爐)를 수리하는 장소
13. 그 밖에 고용노동부장관이 인정하는 장소

② "한랭작업"이란 다음 각 호의 어느 하나에 해당하는 장소에서의 작업을 말한다.
1. 다량의 액체공기·드라이아이스 등을 취급하는 장소
2. 냉장고·제빙고·저빙고 또는 냉동고 등의 내부
3. 그 밖에 고용노동부장관이 인정하는 장소

③ "다습작업"이란 다음 각 호의 어느 하나에 해당하는 장소에서의 작업을 말한다.
1. 다량의 증기를 사용하여 염색조로 염색하는 장소
2. 다량의 증기를 사용하여 금속·비금속을 세척하거나 도금하는 장소
3. 방적 또는 직포(織布) 공정에서 가습하는 장소
4. 다량의 증기를 사용하여 가죽을 탈지(脫脂)하는 장소
5. 그 밖에 고용노동부장관이 인정하는 장소

제562조(고열장해 예방 조치) 사업주는 근로자가 고열작업을 하는 경우에 열경련·열탈진 등의 건강장해를 예방하기 위하여 다음 각 호의 조치를 하여야 한다.
1. 근로자를 새로 배치할 경우에는 고열에 순응할 때까지 고열작업시간을 매일 단계적으로 증가시키는 등 필요한 조치를 할 것
2. 근로자가 온도·습도를 쉽게 알 수 있도록 온도계 등의 기기를 작업장소에 상시 갖추어 둘 것

(4) 방사선(Radioactive ray)

1 개요

방사성물질(radioactive substance)이 붕괴하면서 방출하는 파동(wave) 또는 입자의 흐름이며 에너지를 전달한다. 투과력에 따라 알파선(alpha ray), 베타선(beta ray), 감마선(gamma ray)으로 이름 붙여졌으며 이 중 알파선은 투과력이 가장 약해 종이 한 장 정도로 막을 수 있을 정도이다.

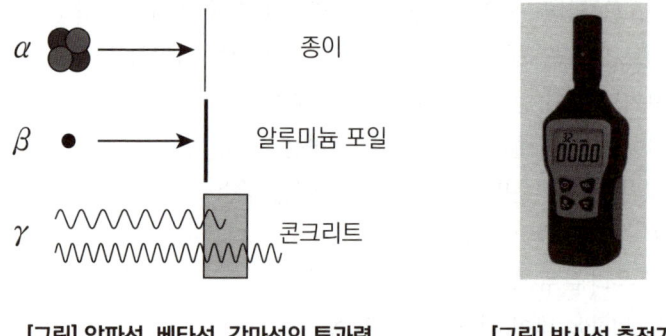

[그림] 알파선, 베타선, 감마선의 투과력　　[그림] 방사선 측정기

2 방사선의 발견
① 방사선은 1896년 베크렐(H. Becquerel, 1852-1908)이 최초로 발견하였다.
② 대학원생이었던 퀴리부인(M. Curie, 1867-1934)은 우라늄 광석에 들어 있는 특별한 원소만이 방사선을 낼 수 있다는 것을 밝혔고 남편 피에르(P. Curie, 1859-1906)와 함께 그 원소들을 추출하여 폴로늄과 라듐이라고 이름을 붙였으며 방사능(radioactivity)이라는 용어를 처음으로 사용하였다. 베크렐과 퀴리부부는 방사선 발견의 공로로 1903년에 노벨 물리학상을 받았다. 퀴리부인은 1911년에는 라듐과 폴로늄 원소 발견에 대한 공로로 노벨 화학상을 받았다.
③ 1899년에 러더퍼드(E. Rutherford, 1871-1937)는 당시에 방사선원(radioactive source)으로 사용한 피치블렌드에서 나오는 방사선이 물질을 투과하는 능력이 다른 두 종류가 있다는 것을 밝혔다.

3 특성
방사선은 이온화방사선(전리방사선)과 비이온화방사선(비전리방사선)으로 구분된다.
① **이온화 방사선** : 어떤 물질에 외부에서 강한 에너지를 가할 시 불안정해지고 주위에 있던 전자가 튀어나오는 현상을 이온화라 함.
② **비이온화방사선** : 이온화를 일으킬 정도의 에너지는 아니지만 안정된 바닥상태를 들뜨게 만드는 에너지

4 건강상 장해
건강에 유해하다고 알려진 방사선(X선, r선, 자외선, 가시광선, 적외선 등)을 유해광선이라 한다.

5 산업안전보건기준에 관한 규칙

제573조(정의) 이 장에서 사용하는 용어의 뜻은 다음과 같다.
1. "방사선"이란 전자파나 입자선 중 직접 또는 간접적으로 공기를 전리(電離)하는 능력을 가진 것으로서 알파선, 중양자선, 양자선, 베타선, 그 밖의 중하전입자선, 중성자선, 감마선, 엑스선 및 5만 전자볼트 이상(엑스선 발생장치의 경우에는 5천 전자볼트 이상)의 에너지를 가진 전자선을 말한다.
2. "방사성물질"이란 핵연료물질, 사용 후의 핵연료, 방사성동위원소 및 원자핵분열 생성물을 말한다.
3. "방사선관리구역"이란 방사선에 노출될 우려가 있는 업무를 하는 장소를 말한다.

제574조(방사성물질의 밀폐 등) ① 사업주는 근로자가 다음 각 호에 해당하는 방사선 업무를 하는 경우에 방사성물질의 밀폐, 차폐물(遮蔽物)의 설치, 국소배기장치의 설치, 경보시설의 설치 등 근로자의 건강장해를 예방하기 위하여 필요한 조치를 하여야 한다.
1. 엑스선 장치의 제조·사용 또는 엑스선이 발생하는 장치의 검사업무
2. 선형가속기(線形加速器), 사이크로트론(cyclotron) 및 신크로트론(synchrotron) 등 하전입자(荷電粒子)를 가속하는 장치(이하 "입자가속장치"라 한다)의 제조·사용 또는 방사선이 발생하는 장치의 검사 업무
3. 엑스선관과 케노트론(kenotron)의 가스 제거 또는 엑스선이 발생하는 장비의 검사 업무
4. 방사성물질이 장치되어 있는 기기의 취급 업무
5. 방사성물질 취급과 방사성물질에 오염된 물질의 취급 업무
6. 원자로를 이용한 발전업무
7. 갱내에서의 핵원료물질의 채굴 업무
8. 그 밖에 방사선 노출이 우려되는 기기 등의 취급 업무

② 사업주는 「원자력안전법」 제2조제23호의 방사선투과검사를 위하여 같은 법 제2조제6호의 방사성동위원소 또는 같은 법 제2조제9호의 방사선발생장치를 이동사용하는 작업에 근로자를 종사하도록 하는 경우에는 근로자에게 다음 각 호에 따른 장비를 지급하고 착용하도록 하여야 한다.
1. 「원자력안전법 시행규칙」 제2조제3호에 따른 개인선량계
2. 방사선 경보기

③ 근로자는 제2항에 따라 지급받은 장비를 착용하여야 한다.

제575조(방사선관리구역의 지정 등) ① 사업주는 근로자가 방사선업무를 하는 경우에 건강장해를 예방하기 위하여 방사선 관리구역을 지정하고 다음 각 호의 사항을 게시하여야 한다.

1. 방사선량 측정용구의 착용에 관한 주의사항
2. 방사선 업무상 주의사항
3. 방사선 피폭(被曝) 등 사고 발생 시의 응급조치에 관한 사항
4. 그 밖에 방사선 건강장해 방지에 필요한 사항

② 사업주는 방사선업무를 하는 관계근로자가 아닌 사람이 방사선 관리구역에 출입하는 것을 금지하여야 한다.

③ 근로자는 제2항에 따라 출입이 금지된 장소에 사업주의 허락 없이 출입해서는 아니 된다.

제576조(방사선 장치실) 사업주는 다음 각 호의 장치나 기기(이하 "방사선장치"라 한다)를 설치하려는 경우에 전용의 작업실(이하 "방사선장치실"이라 한다)에 설치하여야 한다. 다만, 적절히 차단되거나 밀폐된 구조의 방사선장치를 설치한 경우, 방사선장치를 수시로 이동하여 사용하여야 하는 경우 또는 사용목적이나 작업의 성질상 방사선장치를 방사선장치실 안에 설치하기가 곤란한 경우에는 그러하지 아니하다.

1. 엑스선장치
2. 입자가속장치
3. 엑스선관 또는 케노트론의 가스추출 및 엑스선 이용 검사장치
4. 방사성물질을 내장하고 있는 기기

제577조(방사성물질 취급 작업실) 사업주는 근로자가 밀봉되어 있지 아니한 방사성물질을 취급하는 경우에 방사성물질 취급 작업실에서 작업하도록 하여야 한다. 다만, 다음 각 호의 경우에는 그러하지 아니하다.

1. 누수의 조사
2. 곤충을 이용한 역학적 조사
3. 원료물질 생산 공정에서의 이동상황 조사
4. 핵원료물질을 채굴하는 경우
5. 그 밖에 방사성물질을 널리 분산하여 사용하거나 그 사용이 일시적인 경우

제578조(방사성물질 취급 작업실의 구조) 사업주는 방사성물질 취급 작업실 안의 벽·책상 등 오염 우려가 있는 부분을 다음 각 호의 구조로 하여야 한다.

1. 기체나 액체가 침투하거나 부식되기 어려운 재질로 할 것
2. 표면이 편평하게 다듬어져 있을 것
3. 돌기가 없고 파이지 않거나 틈이 작은 구조로 할 것

제579조(게시 등) 사업주는 방사선 발생장치나 기기에 대하여 다음 각 호의 구분에 따른 내용을 근로자가 보기 쉬운 장소에 게시하여야 한다.

1. 입자가속장치
   가. 장치의 종류
   나. 방사선의 종류와 에너지
2. 방사성물질을 내장하고 있는 기기
   가. 기기의 종류
   나. 내장하고 있는 방사성물질에 함유된 방사성 동위원소의 종류와 양(단위: 베크렐)
   다. 해당 방사성물질을 내장한 연월일
   라. 소유자의 성명 또는 명칭

제580조(차폐물 설치 등) 사업주는 근로자가 방사선장치실, 방사성물질 취급작업실, 방사성물질 저장시설 또는 방사성물질 보관·폐기 시설에 상시 출입하는 경우에 차폐벽(遮蔽壁), 방호물 또는 그 밖의 차폐물을 설치하는 등 필요한 조치를 하여야 한다.

제581조(국소배기장치 등) 사업주는 방사성물질이 가스·증기 또는 분진으로 발생할 우려가 있을 경우에 발산원을 밀폐하거나 국소배기장치 등을 설치하여 가동하여야 한다.

제582조(방지설비) 사업주는 근로자가 신체 또는 의복, 신발, 보호장구 등에 방사성물질이 부착될 우려가 있는 작업을 하는 경우에 판 또는 막 등의 방지설비를 설치하여야 한다. 다만, 작업의 성질상 방지설비의 설치가 곤란한 경우로서 적절한 보호조치를 한 경우에는 그러하지 아니하다.

제583조(방사성물질 취급용구) ① 사업주는 방사성물질 취급에 사용되는 국자, 집게 등의 용구에는 방사성물질 취급에 사용되는 용구임을 표시하고, 다른 용도로 사용해서는 아니 된다.
② 사업주는 제1항의 용구를 사용한 후에 오염을 제거하고 전용의 용구걸이와 설치대 등을 사용하여 보관하여야 한다.

제584조(용기 등) 사업주는 방사성물질을 보관·저장 또는 운반하는 경우에 녹슬거나 새지 않는 용기를 사용하고, 겉면에는 방사성물질을 넣은 용기임을 표시하여야 한다.

제585조(오염된 장소에서의 조치) 사업주는 분말 또는 액체 상태의 방사성물질에 오염된 장소에 대하여 즉시 그 오염이 퍼지지 않도록 조치한 후 오염된 지역임을 표시하고 그 오염을 제거하여야 한다.

제586조(방사성물질의 폐기물 처리) 사업주는 방사성물질의 폐기물은 방사선이 새지 않는 용기에 넣어 밀봉하고 용기 겉면에 그 사실을 표시한 후 적절하게 처리하여야 한다.

2. 화학물질 및 물리적 인자의 노출기준

[시행 2020. 1. 16.] [고용노동부고시 제2020-48호, 2020. 1. 14., 일부개정]

제1장 총칙

제1조(목적) 이 고시는 「산업안전보건법」 제106조 및 제125조, 「산업안전보건법 시행규칙」제144조에 따라 인체에 유해한 가스, 증기, 미스트, 흄이나 분진과 소음 및 고온 등 화학물질 및 물리적 인자(이하 "유해인자"라 한다)에 대한 작업환경평가와 근로자의 보건상 유해하지 아니한 기준을 정함으로써 유해인자로부터 근로자의 건강을 보호하는데 기여함을 목적으로 한다.

제2조(정의) ① 이 고시에서 사용하는 용어의 뜻은 다음과 같다.

1. "노출기준"이란 근로자가 유해인자에 노출되는 경우 노출기준 이하 수준에서는 거의 모든 근로자에게 건강상 나쁜 영향을 미치지 아니하는 기준을 말하며, 1일 작업시간동안의 시간가중평균노출기준(Time Weighted Average, TWA), 단시간노출기준(Short Term Exposure Limit, STEL) 또는 최고노출기준(Ceiling, C)으로 표시한다.

2. "시간가중평균노출기준(TWA)"이란 1일 8시간 작업을 기준으로 하여 유해인자의 측정치에 발생시간을 곱하여 8시간으로 나눈 값을 말하며, 다음 식에 따라 산출한다.

$$TWA 환산값 = \frac{C_1 T_1 + C_2 T_2 + \cdots + C_n T_n}{8}$$

주 C : 유해인자의 측정치(단위 : ppm, mg/m³ 또는 개/cm³)
　　T : 유해인자의 발생시간(단위 : 시간)

3. "단시간노출기준(STEL)"이란 15분간의 시간가중평균노출값으로서 노출농도가 시간가중평균노출기준(TWA)을 초과하고 단시간노출기준(STEL) 이하인 경우에는 1회 노출 지속시간이 15분 미만이어야 하고, 이러한 상태가 1일 4회 이하로 발생하여야 하며, 각 노출의 간격은 60분 이상이어야 한다.

4. "최고노출기준(C)"이란 근로자가 1일 작업시간동안 잠시라도 노출되어서는 아니 되는 기준을 말하며, 노출기준 앞에 "C"를 붙여 표시한다.

② 이 고시에서 특별히 규정하지 아니한 용어는 「산업안전보건법」(이하 "법"이라 한다), 「산업안전보건법 시행령」(이하 "영"이라 한다), 「산업안전보건법 시행규칙」(이하 "규칙"이라 한다) 및 「산업안전보건기준에 관한 규칙」(이하 "안전보건규칙"이라 한다)이 정하는 바에 따른다.

제3조(노출기준 사용상의 유의사항) ① 각 유해인자의 노출기준은 해당 유해인자가 단독으로 존재하는 경우의 노출기준을 말하며, 2종 또는 그 이상의 유해인자가

혼재하는 경우에는 각 유해인자의 상가작용으로 유해성이 증가할 수 있으므로 제6조에 따라 산출하는 노출기준을 사용하여야 한다.

② 노출기준은 1일 8시간 작업을 기준으로 하여 제정된 것이므로 이를 이용할 경우에는 근로시간, 작업의 강도, 온열조건, 이상기압 등이 노출기준 적용에 영향을 미칠 수 있으므로 이와 같은 제반요인을 특별히 고려하여야 한다.

③ 유해인자에 대한 감수성은 개인에 따라 차이가 있고, 노출기준 이하의 작업환경에서도 직업성 질병에 이환되는 경우가 있으므로 노출기준은 직업병진단에 사용하거나 노출기준 이하의 작업환경이라는 이유만으로 직업성질병의 이환을 부정하는 근거 또는 반증자료로 사용하여서는 아니 된다.

④ 노출기준은 대기오염의 평가 또는 관리상의 지표로 사용하여서는 아니 된다.

제4조(적용범위) ① 노출기준은 법 제39조에 따른 작업장의 유해인자에 대한 작업환경개선기준과 법 제125조에 따른 작업환경측정결과의 평가기준으로 사용할 수 있다.

② 이 고시에 유해인자의 노출기준이 규정되지 아니하였다는 이유로 법, 영, 규칙 및 안전보건규칙의 적용이 배제되지 아니하며, 이와 같은 유해인자의 노출기준은 미국산업위생전문가협회(American Conference of Governmental Industrial Hygienists, ACGIH)에서 매년 채택하는 노출기준(TLVs)을 준용한다.

제2장 노출기준

제5조(화학물질) ① 화학물질의 노출기준은 별표 1과 같다.

② 별표 1의 발암성, 생식세포 변이원성 및 생식독성 정보는 법상 규제 목적이 아닌 정보제공 목적으로 표시하는 것으로서 발암성은 국제암연구소(International Agency for Research on Cancer, IARC), 미국산업위생전문가협회(American Conference of Governmental Industrial Hygienists, ACGIH), 미국독성프로그램(National Toxicology Program, NTP), 「유럽연합의 분류·표시에 관한 규칙(European Regulation on the Classification, Labelling and Packaging of substances and mixtures, EU CLP)」 또는 미국산업안전보건청(American Occupational Safety & Health Administration, OSHA)의 분류를 기준으로, 생식세포 변이원성 및 생식독성은 유럽연합의 분류·표시에 관한 규칙(European Regulation on the Classification, Labelling and Packaging of substances and mixtures, EU CLP)을 기준으로 「화학물질의 분류·표시 및 물질안전보건자료에 관한 기준」에 따라 분류한다.

감작(感作 : sensitization)
생체내에 이종항원을 투여하여 항체를 보유시키는 일로 개체의 과민성을 제거하는 일은 탈감작이라고 한다.

제6조(혼합물) ① 화학물질이 2종 이상 혼재하는 경우에 혼재하는 물질간에 유해성이 인체의 서로 다른 부위에 작용한다는 증거가 없는 한 유해작용은 가중되므로 노출기준은 다음식에 따라 산출하되, 산출되는 수치가 1을 초과하지 아니하는 것으로 한다

$$\frac{C_1}{T_1} + \frac{C_2}{T_2} + \cdots + \frac{C_n}{T_n}$$

C : 화학물질 각각의 측정치
T : 화학물질 각각의 노출기준

② 제1항의 경우와는 달리 혼재하는 물질간에 유해성이 인체의 서로 다른 부위에 유해작용을 하는 경우에 유해성이 각각 작용하므로 혼재하는 물질 중 어느 한 가지라도 노출기준을 넘는 경우 노출기준을 초과하는 것으로 한다.

제7조(분진) 삭제

제8조(용접분진) 삭제

제9조(소음) ① 소음수준별 노출기준은 별표 2-1과 같다.
② 충격소음의 노출기준은 별표 2-2와 같다.

제10조(고온) 작업의 강도에 따른 고온의 노출기준은 별표 3과 같다.

제10조의2(라돈) 라돈의 노출기준은 별표 4와 같다.

제11조(표시단위) ① 가스 및 증기의 노출기준 표시단위는 피피엠(ppm)을 사용한다.
② 분진 및 미스트 등 에어로졸(Aerosol)의 노출기준 표시단위는 세제곱미터당 밀리그램(mg/㎥)을 사용한다. 다만, 석면 및 내화성세라믹섬유의 노출기준 표시단위는 세제곱센티미터당 개수(개/㎤)를 사용한다.
③ 고온의 노출기준 표시단위는 습구흑구온도지수(이하"WBGT"라 한다)를 사용하며 다음 각 호의 식에 따라 산출한다.

1. 태양광선이 내리쬐는 옥외 장소 :
   WBGT(℃)=(0.7×자연습구온도)+(0.2×흑구온도)+(0.1×건구온도)

2. 태양광선이 내리쬐지 않는 옥내 또는 옥외 장소 :
   WBGT(℃)=(0.7×자연습구온도)+(0.3×흑구온도)

3. 물리적 유해요인 관리대책 수립

(1) 소음

1 인체에 미치는 영향
① 불쾌감, 정신피로를 발생시켜서 재해를 증가시킬 수 있고 작업능률을 저하, 청력장해를 초래할 수 있다.

② 청력장해는 일시적인 난청인 경우와 영구적으로 오는 난청 2가지의 경우가 있다.
③ 영구적인 난청(직업성난청)은 높은 소음에 장기간 폭로 될 때 회복되 지 않는 내이성 난청의 일종이며, 나중에는 말소리까지도 침범 당하여 잘 듣지 못한다.

2 예방 관리 대책
① 소음발생이 큰 기계, 기구를 교체하거나 격리시킨다.
② 발생원에 대한 방음흡음시설 설치(칸막이 등) 등을 한다.
③ 작업시에는 귀마개, 귀덮개 등 차음보호구 착용을 생활화 한다.

(2) 진동

1 인체에 미치는 영향
① 국소진동이 직접 수지부에 가하여져 수지부 혈관 및 관절에 기계적 공진현상을 일으켜 말초장해를 유발하며 중추, 말초, 골관절 장해를 일으킨다.
② 손가락의 창백현상, 손가락의 감각이상, 두통, 감작 등의 증상을 일으킨다.
   (예) 레이노병) 25. 7. 10 ㉮

2 예방관리 대책
① 진동흡수 장갑을 착용하고 작업한다.
② 공구의 보수관리를 철저히 한다.
③ 작업시간을 단축한다.

(3) 자외선

1 인체에 미치는 영향
① 피부의 홍반현상, 색소침착, 각막의 부종과 괴사, 피부암 등을 일으킬 수 있다.
② 용접시에 발생되는 자외선은 각막결막염과 노출된 피부에 장해를 일으키며, 불활성가스 또는 금속 아-크용접등은 강력한 자외선을 발생하며 눈 및 피부에 화상을 입히는 일이 많다.

2 예방 관리 대책
① 유해광선 장해를 예방하는 근본원칙은 방사선 발생원의 격리, 산란선 누선방지 등 방사선의 피폭방지에 있어 필름밧지(film badge) 또는 포켓선량계로 피폭량을 측정한다.
② 피부보호의, 보호안경, 보호장갑, 안전모(방열용)등 개인보호구를 착용한다.

(4) 이상기압

1 인체에 미치는 영향
① 고압하에서는 가스가 혈액중에 용해되어 있다가 급격한 감압으로, 특히 질소가 혈관과 조직내에 기포를 형성하고 혈관이 약한 부위에 따라 피부의 가려움이 온다.
② 질병으로 근육통, 관절통, 호흡곤란, 시력장해, 반신불수 등을 일으킨다.

2 예방관리 대책
① 수심에 따른 체재시간의 한도와 적절한 감압법을 엄수하여야 한다.
② 고기압 환경에 부적절한 고령자, 결핵천식 등의 만성호흡기 질환자, 심맥관계 이상자, 만성부비강염, 중이염, 골관절 이상자등은 그 작업을 하지 않도록 하여야 한다.

세부항목 2. 화학적 유해요인 관리

1. 화학적 유해요인 파악

화학적 요인(Chemical Agents)은 작업환경 중의 각종 화학물질이 화학적 환경인자를 구성한다. 화학물질(독성, 부식성, 인화성 및 반응성 등으로 구분)은 환경 중에 입자상 또는 가스상으로 존재한다.
입자장으로는 분진, 흄, 미스트가 있고, 가스상으로는 가스와 증기가 있다.

(1) 분류
① 입자상 물질(particulate) : 공기 중 오염물질이 고체나 액체상태로 입자 형상을 가지는 것. 예 분진, 흄, 오일미스트
② 가스상 물질(gaseous pollutants) : 기체 형태의 오염물질
　　예 아황산 가스(SO_2), 오존(O_3), 벤젠(benzene)
　　보충학습 에어로졸 : 입자상 물질이 공기중에 부유된 상태

(2) 특징

1 입자상 물질
① 분진(먼지, dust) : 고체덩어리가 분쇄, 연마, 마찰 등에 의하여 미립자 형태로 변환되어 공기 중에 부유되어 있거나 부유된 후 침강 되어 있는 물질
　㉮ 1차분진(primary dust)
　㉯ 2차분진(secondary dust)

② 흄(fume) : 금속이 용접이나 고열에 의하여 기화되어 공기 중으로 비산된 후 급속히 응축되어 생성된 고체 상태의 미립자
③ 미스트(mist) : 액체가 외부의 충격이나 힘에 의하여 액체 입자형태로 공기중으로 비산되어 있는 물질. 예 오일미스트(oil mist)
④ 포그(fog) : 액체가 기화된 후 기온의 강하로 다시 응축되어 액체 상태의 미립자로 변환되어 공기 중에 부유되어 있는 상태

2 가스상 물질

① 가스(gas) : 상온에서 기체 상태로 존재하는 오염물질. 예 벤젠(benzene), 톨루엔(toluene), 크실렌(xylene)
② 증기(vapor) : 상온에서는 주로 액체상태로 존재하지만 분압에 의하여 공기 중으로 기화되어 공기 중에 기체상태로 혼합되어 있는 물질. 예 벤젠(bensene), 톨루엔(toluene), 크실렌(xylene)

2. 화학적 유해요인 노출기준

적용 : 화학물질 및 물리적 인자의 노출기준

3. 화학적 유해요인 관리대책 수립

(1) 관련규격 및 자료

① KOSHA GUIDE W-6-2016, 화학물질의 유해성, 위험성 평가지침
② KOSHA GUIDE W-12-2017, 고열작업환경 관리지침
③ KOSHA GUIDE W-17-2015, 한랭작업환경 관리지침
④ KOSHA GUIDE H-131-2013, 혈액원성 병원체에 의한 건강장해 예방지침
⑤ KOSHA GUIDE H-66-2012, 근골격계질환 예방을 위한 작업환경개선지침
⑥ 일본중앙노동재해방지협회, 위생관리자를 위한 리스크 평가, 2016

(2) 관련법규·규칙·고시 등

① 사업장 위험성평가에 관한 지침(고용노동부 고시 제2024-76호)
② 산업안전보건기준에 관한 규칙 제4장 소음 및 진동에 의한 건강장해의 예방
③ 산업안전보건기준에 관한 규칙 제5장 이상기압에 의한 건강장해의 예방
④ 산업안전보건기준에 관한 규칙 제6장 온도·습도에 의한 건강장해의 예방
⑤ 산업안전보건기준에 관한 규칙 제8장 병원체에 의한 건강장해의 예방
⑥ 산업안전보건기준에 관한 규칙 제12장 근골격계부담작업에 의한 건강장해 예방

합격예측

작업환경의 유해요인 5가지
① 물리적요인
② 화학적요인
③ 생물학적요인
④ 인간공학적요인
⑤ 사회심리적요인

[표] 유해·위험요인 파악 방법 및 내용

방법	파악내용
사업장 순회점검	작업특성(조건) 파악, 취급 화학물질 파악, 위험작업이나 설비 특이점 파악, 설비의 정상 작동유무, 작업장 환경점검 등
산업보건관련 정보자료	작업공정도, 화학물질의 물질안전보건자료(MSDS) 및 취급량, 작업환경측정결과, 건강진단결과, 근골격계부담작업 유해·위험요인조사 결과, 작업허가서, 작업표준절차서, 재해사례 현황, 교육일지, 표지사용 현황 등
근로자 면담	건강관련 증상호소 유무, 작업내용 및 작업환경 관련 불편내용, 근로자 개인특성(흡연, 음주, 질병 등) ※ 개인정보의 경우 비밀보호

[표] 유해·위험요인 개선·관리 예

구분	개선 · 관리 방안
작업조건 개선 (가능성 관리)	• 공정 자동화 • 작업시간 및 시기조정, 작업전환(변경), 휴식시간 조절 • 작업방법 변경 및 작업속도 조절
작업환경 개선 (가능성 및 중대성 관리)	• 화학물질의 제거·대체·격리 및 사용량 줄임 • 인력작업 보조설비 및 편의설비 설치 • 국소배기장치 등 환기장치 설치, 흡음시설 설치, 대피용 기구 및 구출장비 비치, 안내표지 설치, 세척시설 설치
관리적 사항 개선 (중대성 관리)	• 교육 및 훈련, 운동/스트레칭 및 영양지도, 건강증진 프로그램 운영, 점검결과 기록관리, 요통예방 운동
근로자 개인특성 (중대성 관리)	• 금연 및 금주, 개인질병 관리, 건강진단, 보호구 착용

세부항목 3. 생물학적 유해요인 관리

1. 생물학적 요인(Biological Agents) 파악

(1) 바이오에어로졸

① 에어로졸은 공기 중에 섞여있는 고체나 액체의 물질로서 일정한 형태가 있는 것이다.
② 바이오에어로졸은 생물학적 특성이 있는 일정한 형태가 있는 것을 말한다.
③ 종류 : 곰팡이, 박테리아, 바이러스, 애완동물에서 나오는 가죽, 털, 피부, 고양이 타액, 진드기, 바퀴벌레, 꽃가루

(2) 곰팡이

① 생물학적 특성 : 핵막으로 둘러싸인 진짜 핵을 가지고 있는 진핵생물을 곰팡이라 한다. 번식된 곰팡이나 곰팡이 포자를 간단하게 제거할 방법은 없고, 습기를 관리하는 것이 성장을 억제하는 유일한 방법이다.
② 생존특성 : 모든 곰팡이는 독립영양생물인 식물과 달리 외부로부터 영양원이 공급되어야 생존할 수 있는 종속영양 생물임.

(3) 박테리아

① 생물학적 특성 : 원시적인 세포핵을 가지고 있는 생물
② 생존특성 : 박테리아는 무기물에서부터 유기화학물까지 다양하게 이용할 수 있다. 공기 중에서 분리된 박테리아는 기생해서 사는것이 대부분이지만, 살아있지 않은 복합한 유기물을 이용하는 것도 있다. 호기성 세균과 혐기성 세균으로 구분되며 일반적으로 실외보다 실내가 박테리아 농도가 높다.

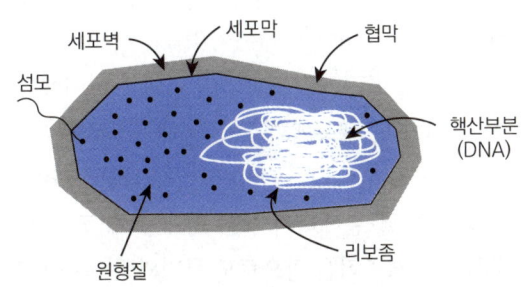

[그림] 박테리아 구조

2. 생물학적 유해요인(유해인자의 유해성·위험성 분류기준 : 산업안전보건법 시행규칙 제141조 관련)등 노출기준

(1) 화학물질의 분류기준

① 물리적 위험성 분류기준
　가) 폭발성 물질 : 자체의 화학반응에 따라 주위환경에 손상을 줄 수 있는 정도의 온도·압력 및 속도를 가진 가스를 발생시키는 고체·액체 또는 혼합물
　나) 인화성 가스 : 20℃, 표준압력(101.3kPa)에서 공기와 혼합하여 인화되는 범위에 있는 가스와 54℃ 이하 공기 중에서 자연발화하는 가스를 말한다. (혼합물을 포함한다)
　다) 인화성 액체 : 표준압력(101.3kPa)에서 인화점이 93℃ 이하인 액체

합격예측

생물학적 유해인자는 사람이 아닌 살아있거나 죽은 유기체 그 자체와 이들로부터 떨어져 나오는(배출하는) 파편, 배설물, 독소, 휘발성화합물(VOC) 등

라) 인화성 고체 : 쉽게 연소되거나 마찰에 의하여 화재를 일으키거나 촉진할 수 있는 물질
마) 에어로졸 : 재충전이 불가능한 금속·유리 또는 플라스틱 용기에 압축가스·액화가스 또는 용해가스를 충전하고 내용물을 가스에 현탁시킨 고체나 액상입자로, 액상 또는 가스상에서 폼·페이스트·분말상으로 배출되는 분사장치를 갖춘 것
바) 물반응성 물질 : 물과 상호작용을 하여 자연발화되거나 인화성 가스를 발생시키는 고체·액체 또는 혼합물
사) 산화성 가스 : 일반적으로 산소를 공급함으로써 공기보다 다른 물질의 연소를 더 잘 일으키거나 촉진하는 가스
아) 산화성 액체 : 그 자체로는 연소하지 않더라도, 일반적으로 산소를 발생시켜 다른 물질을 연소시키거나 연소를 촉진하는 액체
자) 산화성 고체 : 그 자체로는 연소하지 않더라도 일반적으로 산소를 발생시켜 다른 물질을 연소시키거나 연소를 촉진하는 고체
차) 고압가스 : 20℃, 200킬로파스칼(kpa) 이상의 압력 하에서 용기에 충전되어 있는 가스 또는 냉동액화가스 형태로 용기에 충전되어 있는 가스(압축가스, 액화가스, 냉동액화가스, 용해가스로 구분한다)
카) 자기반응성 물질 : 열적(熱的)인 면에서 불안정하여 산소가 공급되지 않아도 강렬하게 발열·분해하기 쉬운 액체·고체 또는 혼합물
타) 자연발화성 액체 : 적은 양으로도 공기와 접촉하여 5분 안에 발화할 수 있는 액체
파) 자연발화성 고체 : 적은 양으로도 공기와 접촉하여 5분 안에 발화할 수 있는 고체
하) 자기발열성 물질 : 주위의 에너지 공급 없이 공기와 반응하여 스스로 발열하는 물질(자기발화성 물질은 제외한다)
거) 유기과산화물 : 2가의 -O-O-구조를 가지고 1개 또는 2개의 수소 원자가 유기라디칼에 의하여 치환된 과산화수소의 유도체를 포함한 액체 또는 고체 유기물질 25. 3. 29
너) 금속 부식성 물질 : 화학적인 작용으로 금속에 손상 또는 부식을 일으키는 물질

② 건강 및 환경 유해성 분류기준
가) 급성 독성 물질 : 입 또는 피부를 통하여 1회 투여 또는 24시간 이내에 여러 차례로 나누어 투여하거나 호흡기를 통하여 4시간 동안 흡입하는 경우 유해한 영향을 일으키는 물질
나) 피부 부식성 또는 자극성 물질 : 접촉 시 피부조직을 파괴하거나 자극을 일으키는 물질(피부 부식성 물질 및 피부 자극성 물질로 구분한다)

다) 심한 눈 손상성 또는 자극성 물질 : 접촉 시 눈 조직의 손상 또는 시력의 저하 등을 일으키는 물질(눈 손상성 물질 및 눈 자극성 물질로 구분한다)
라) 호흡기 과민성 물질 : 호흡기를 통하여 흡입되는 경우 기도에 과민반응을 일으키는 물질
마) 피부 과민성 물질 : 피부에 접촉되는 경우 피부 알레르기 반응을 일으키는 물질
바) 발암성 물질 : 암을 일으키거나 그 발생을 증가시키는 물질
사) 생식세포 변이원성 물질 : 자손에게 유전될 수 있는 사람의 생식세포에 돌연변이를 일으킬 수 있는 물질
아) 생식독성 물질 : 생식기능, 생식능력 또는 태아의 발생·발육에 유해한 영향을 주는 물질
자) 특정 표적장기 독성 물질(1회 노출) : 1회 노출로 특정 표적장기 또는 전신에 독성을 일으키는 물질
차) 특정 표적장기 독성 물질(반복 노출) : 반복적인 노출로 특정 표적장기 또는 전신에 독성을 일으키는 물질
카) 흡인 유해성 물질 : 액체 또는 고체 화학물질이 입이나 코를 통하여 직접적으로 또는 구토로 인하여 간접적으로, 기관 및 더 깊은 호흡기관으로 유입되어 화학적 폐렴, 다양한 폐 손상이나 사망과 같은 심각한 급성 영향을 일으키는 물질
타) 수생 환경 유해성 물질 : 단기간 또는 장기간의 노출로 수생생물에 유해한 영향을 일으키는 물질
파) 오존층 유해성 물질 : 「오존층 보호를 위한 특정물질의 제조규제 등에 관한 법률」 제2조제1호에 따른 특정물질

(2) 물리적 인자의 분류기준 25. 3. 29 ㉙

① 소음 : 소음성난청을 유발할 수 있는 85데시벨(A) 이상의 시끄러운 소리
② 진동 : 착암기, 손망치 등의 공구를 사용함으로써 발생되는 백랍병·레이노 현상·말초순환장애 등의 국소 진동 및 차량 등을 이용함으로써 발생되는 관절통·디스크·소화장애 등의 전신 진동
③ 방사선 : 직접·간접으로 공기 또는 세포를 전리하는 능력을 가진 알파선·베타선·감마선·엑스선·중성자선 등의 전자선
④ 이상기압 : 게이지 압력이 제곱센티미터당 1킬로그램 초과 또는 미만인 기압
⑤ 이상기온 : 고열·한랭·다습으로 인하여 열사병·동상·피부질환 등을 일으킬 수 있는 기온

(3) 생물학적 인자의 분류기준

① 혈액매개 감염인자 : 인간면역결핍바이러스, B형·C형간염바이러스, 매독바이러스 등 혈액을 매개로 다른 사람에게 전염되어 질병을 유발하는 인자
② 공기매개 감염인자 : 결핵·수두·홍역 등 공기 또는 비말감염 등을 매개로 호흡기를 통하여 전염되는 인자
③ 곤충 및 동물매개 감염인자 : 쯔쯔가무시증, 렙토스피라증, 유행성출혈열 등 동물의 배설물 등에 의하여 전염되는 인자 및 탄저병, 브루셀라병 등 가축 또는 야생동물로부터 사람에게 감염되는 인자

※ 비고
제1호에 따른 화학물질의 분류기준 중 가목에 따른 물리적 위험성 분류기준별 세부 구분기준과 나목에 따른 건강 및 환경 유해성 분류기준의 단일물질 분류기준별 세부 구분기준 및 혼합물질의 분류기준은 고용노동부장관이 정하여 고시한다.

3. 생물학적 유해요인 관리대책 수립

[표] 유해인자별 노출 농도의 허용기준(시행규칙 제145조제1항 관련)

유해인자		허용기준			
		시간가중평균값(TWA)		단시간 노출값(STEL)	
		ppm	mg/m³	ppm	mg/m³
1. 6가크롬[18540-29-9] 화합물 (Chromium VI compounds)	불용성		0.01		
	수용성		0.05		
2. 납[7439-92-1] 및 그 무기화합물 (Lead and its inorganic compounds)			0.05		
3. 니켈[7440-02-0] 화합물(불용성 무기화합물로 한정한다)(Nickel and its insoluble inorganic compounds)			0.2		
4. 니켈카르보닐 (Nickel carbonyl; 13463-39-3)		0.001			
5. 디메틸포름아미드 (Dimethylformamide; 68-12-2)		10			
6. 디클로로메탄(Dichloromethane; 75-09-2)		50			
7. 1,2-디클로로프로판 (1,2-Dichloro propane; 78-87-5)		10		110	
8. 망간[7439-96-5] 및 그 무기화합물 (Manganese and its inorganic compounds)			1		

유해인자	허용기준			
	시간가중평균값(TWA)		단시간 노출값(STEL)	
	ppm	mg/m³	ppm	mg/m³
9. 메탄올(Methanol; 67-56-1)	200		250	
10. 메틸렌 비스(페닐 이소시아네이트) [Methylene bis(phenyl isocya nate); 101-68-8 등]	0.005			
11. 베릴륨[7440-41-7] 및 그 화합물 (Beryllium and its compounds)		0.002		0.01
12. 벤젠(Benzene; 71-43-2) 25. 3. 29	0.5		2.5	
13. 1,3-부타디엔(1,3-Butadiene; 106-99-0)	2		10	
14. 2-브로모프로판 (2-Bromopropane; 75-26-3)	1			
15. 브롬화 메틸 (Methyl bromide; 74-83-9)	1			
16. 산화에틸렌(Ethylene oxide; 75-21-8)	1			
17. 석면(제조·사용하는 경우만 해당한다) (Asbestos; 1332-21-4 등)		0.1개/cm³		
18. 수은[7439-97-6] 및 그 무기화합물 (Mercury and its inorganic compounds)	20	0.025		
19. 스티렌(Styrene; 100-42-5)			40	
20. 시클로헥사논 (Cyclohexanone; 108-94-1)	25		50	
21. 아닐린(Aniline; 62-53-3)	2			
22. 아크릴로니트릴 (Acrylonitrile; 107-13-1)	2			
23. 암모니아(Ammonia; 7664-41-7 등)	25		35	
24. 염소(Chlorine; 7782-50-5)	0.5		1	
25. 염화비닐(Vinyl chloride; 75-01-4)	1			
26. 이황화탄소 (Carbon disulfide; 75-15-0)	1			
27. 일산화탄소 (Carbon monoxide; 630-08-0)	30		200	
28. 카드뮴[7440-43-9] 및 그 화합물 (Cadmium and its compounds)		0.01(호흡성 분진인 경우 0.002)		

유해인자	허용기준			
	시간가중평균값(TWA)		단시간 노출값(STEL)	
	ppm	mg/m³	ppm	mg/m³
29. 코발트[7440-48-4] 및 그 무기화합물 (Cobalt and its inorganic compounds)		0.02		
30. 콜타르피치[65996-93-2] 휘발물 (Coal tar pitch volatiles)		0.2		
31. 톨루엔(Toluene; 108-88-3)	50		150	
32. 톨루엔-2,4-디이소시아네이트(Toluene-2,4-diisocyanate; 584-84-9 등)	0.005		0.02	
33. 톨루엔-2,6-디이소시아네이트(Toluene-2,6-diisocyanate; 91-08-7 등)	0.005		0.02	
34. 트리클로로메탄 (Trichloromethane; 67-66-3)	10			
35. 트리클로로에틸렌 (Trichloroethylene; 79-01-6)	10		25	
36. 포름알데히드 (Formaldehyde; 50 -00-0)	0.3			
37. n-헥산(n-Hexane; 110-54-3)	50			
38. 황산(Sulfuric acid; 7664-93-9)		0.2		0.6

※ 비고

1. "시간가중평균값(TWA, Time-Weighted Average)"이란 1일 8시간 작업을 기준으로 한 평균노출농도로서 산출공식은 다음과 같다.

$$TWA환산값 = \frac{C_1 \cdot T_1 + C_1 \cdot T_1 + \cdots + C_n \cdot T_n}{8}$$

   주) C : 유해인자의 측정농도(단위 : ppm, mg/m³ 또는 개/cm³)
   T : 유해인자의 발생시간(단위 : 시간)

2. "단시간 노출값(STEL, Short-Term Exposure Limit)"이란 15분 간의 시간가중평균값으로서 노출 농도가 시간가중평균값을 초과하고 단시간 노출값 이하인 경우에는 ① 1회 노출 지속시간이 15분 미만이어야 하고, ② 이러한 상태가 1일 4회 이하로 발생해야 하며, ③ 각 회의 간격은 60분 이상이어야 한다.

3. "등"이란 해당 화학물질에 이성질체 등 동일 속성을 가지는 2개 이상의 화합물이 존재할 수 있는 경우를 말한다.

주요항목 05 유해 요인 관리 출제예상문제

출제예상문제는 복습, 예습문제로 엮었습니다. *WHY : 실제시험에도 순서에 관계없이 출제됩니다. 예습 후 다음장에 공부한 문제가 있으면 기억이 배가 됩니다.

01 크롬에 대한 설명으로 옳은 것은?

① 은백색 광택이 있는 금속이다.
② 중독 시 미나마타병이 발병한다.
③ 비중이 물보다 작은 값을 나타낸다.
④ 3가 크롬이 인체에 가장 유해하다.

해설

크롬(Cr)중독
① 전기업체의 크롬합금, 크롬도금이나 시멘트공장, 사진현상소, 크롬연료 제조공장 등에서 일하는 근로자들에게 많이 발생하고 있다.
② 크롬중독은 피부와 점막에 자극 증상을 일으켜 궤양을 형성하지만 통증이 없는 특징이 있고 눈꺼풀, 손가락마디, 손톱 부근 등에서 증상이 잘 나타난다.
③ 사회적으로 문제가 되고 있는 직업병, 비충격 천공증세를 일으키는데 이것은 코의 점막을 자극하여 콧물이 나오다가 염증이 생기면 고름이 나오고, 딱지가 생겼다 하는 증상이 반복되어 코 내부의 물렁뼈에 구멍이 생기는 무서운 병이다.
④ 발암성 물질로서 폐암을 일으킬 우려가 있는 물질이다.

KEY ① 2018년 3월 4일 출제
② 2018년 4월 28일 출제

보충학습
① 크롬의 직업병은 대부분 이따이이따이병으로 알고 있고 실제 학명도 동일하나 여러분은 실기시험에서는 폐암, 비중격 천공증세로 써야 합니다.
② 3가, 6가의 화합물 사용
③ 미나마타병 원인 : 수은(Hg)

02 분진폭발의 특징으로 옳은 것은?

① 연소속도가 가스폭발보다 크다.
② 완전연소로 가스중독의 위험이 작다.
③ 화염의 파급속도보다 압력의 파급속도가 빠르다.
④ 가스 폭발보다 연소시간은 짧고 발생에너지는 작다.

해설

압력의 속도
① 압력속도는 300[m/s] 정도이다.
② 화염속도보다는 압력속도가 훨씬 빠르다.

KEY ① 2018년 4월 28일 기사 출제
② 2019년 8월 4일(문제 86번) 출제)

03 1sone에 관한 설명으로 ( )에 알맞은 수치는?

1sone : (ㄱ)[Hz], (ㄴ)[dB]의 음압수준을 가진 순음의 크기

① ㄱ : 1,000, ㄴ : 1
② ㄱ : 4,000, ㄴ : 1
③ ㄱ : 1,000, ㄴ : 40
④ ㄱ : 4,000, ㄴ : 40

해설

음의 크기의 수준
① Phon : 1,000[Hz] 순음의 음압수준(dB)을 나타낸다.
② sone : 1,000[Hz], 40[dB]의 음압수준을 가진 순음의 크기 (=40[Phon])를 1 [sone]이라 한다.
③ sone과 Phon의 관계식
∴ sone치 = $2^{(phon-40)/10}$

KEY ① 2015년 8월 16일(문제 22번) 출제
② 2016년 3월 6일 기사, 산업기사 동시 출제
③ 2019년 3월 3일(문제 29번) 출제
④ 2019년 4월 27일(문제 55번) 출제
⑤ 2021년 5월 15일(문제 30번) 출제

[정답] 01 ① 02 ③ 03 ③

04 다음 중 인화성 물질이 아닌 것은?

① 디에틸에테르 ② 아세톤
③ 에틸알코올 ④ 과염소산칼륨

해설

산화성 고체

$KClO_4$(과염소산칼륨) → KCl(차아염소산칼륨) + $2O_2$(산소)

KEY ▶ 2016년 8월 21일(문제 81번) 출제

합격정보

산업안전보건기준에 관한 규칙 [별표 1] 위험물질의 종류

보충학습

위험물 분류
① 산고(산화성 고체)
② 가고(가연성 고체)
③ 자금(자연발화성 물질 및 금수성 물질)
④ 인해(인화성 액체)
⑤ 자생(자기반응성 물질)
⑥ 산액(산화성 액체)

05 건축물 공사에 사용되고 있으나, 불에 타는 성질이 있어서 화재 시 유독한 시안화수소가스가 발생되는 물질은?

① 염화비닐 ② 염화에틸렌
③ 메타크릴산메틸 ④ 우레탄

해설

우레탄

(1) 카밤산에스터
 ① 화학식 H_2NCOOR. 카밤산 H_2NCOOH의 −OH기가 −OR기로 치환된 에스터 화합물이다.
 ② R가 에틸기 C_2H_5인 경우는 카밤산에틸, R이 메틸기 CH_3인 경우는 카밤산메틸이라 한다.
 ③ 카르밤산과 알코올 또는 페놀에서 생기는 에스터이다. 유리카밤산은 불안정하여 존재하지는 않으나 에스터로서는 안정하다.
 ④ 알코올 또는 페놀류(類)의 존재를 확인하기 위하여 사용되나 그 이용도는 낮다.(예 2021년 이천 물류창고 화재)

(2) 카밤산에틸
 ① 화학식 $H_2NCOOC_2H_5$. 대표적인 우레탄이다.
 ② 단순히 우레탄이라 할 때는 이것을 가리킬 때가 많다.
 ③ 막대 모양 결정이며, 녹는 점 49~50[℃], 끓는 점 184[℃]이다.
 ④ 최면제로서 쓰이지만 그 작용이 약하므로, 특히 심장병 등에서 다른 최면약의 사용을 기피하는 경우에 사용된다.
 ⑤ 습관성이 강하므로 사용시에는 주의해야 한다.

KEY ▶ 2017년 5월 7일(문제 99번) 출제

06 물과의 반응으로 유독한 포스핀가스를 발생하는 것은?

① HCl ② NaCl
③ Ca_3P_2 ④ $Al(OH)_3$

해설

포스핀가스(PH_3)

Ca_3P_2(인화칼슘) + $6H_2O$ → $3Ca(OH)_2$ + $2PH_3$(포스핀)

07 다음 중 인화점이 가장 낮은 것은?

① 벤젠 ② 메탄올
③ 이황화탄소 ④ 경유

해설

인화점[℃]
① 벤젠 : −11[℃]
② 이황화탄소 : −30[℃]
③ 가솔린 : −43[℃]
④ 경유 : 40~85[℃]

08 정신적 작업 부하에 관한 생리적 척도에 해당하지 않는 것은?

① 근전도 ② 뇌파도
③ 부정맥 지수 ④ 점멸융합주파수

해설

근전도(EMG : electro-myogram : 육체적)
① 근육활동의 전위차를 기록한 것
② 심장근의 근전도를 특히 심전도(ECG : Electro-cardiogram)
③ 신경활동 전위차의 기록은 ENG(electroneurogram)

KEY ▶ ① 2016년 3월 6일 기사(문제 24번) 출제
② 2016년 10월 1일 기사 출제
③ 2019년 3월 3일(문제 54번) 출제

[정답] 04 ④ 05 ④ 06 ③ 07 ③ 08 ①

09 다음 물질 중 물에 가장 잘 용해되는 것은?

① 아세톤 ② 벤젠
③ 톨루엔 ④ 휘발유

해설

아세톤(CH_3COCH_3)

(1) 용도
  ① 아세톤은 아주 중요한 용매중 하나이며 플라스틱이나 셀룰로스 도료 제작, 공업용, 제약용, 가정용, 식품 처리과정에서 추출 용매로서 사용된다.(제4류 위험물, 제1석유류)
  ② 아세틸렌을 녹여 저장하는 용도로도 사용된다.
  ③ 유기합성의 원료로도 사용되며 아세톤으로부터 생성되는 대표적인 화합물은 다이아세톤 알코올이다.
  ④ 다이아세톤 알코올은 용매, 시너 등으로 사용된다.
  ⑤ 실생활에서는 물과 유기용매 모두에 대해서 잘 녹는다는 성질을 이용하여, 페인트와 같이 물로 세척되지 않는 물질을 세척하는데 사용된다.

(2) 아세틸렌의 용제
  ① 아세톤(CH_3COCH_3)
  ② 디메틸포름아미드(DMF)

KEY ① 2009년 5월 10일 (문제 94번) 출제
② 2020년 6월 7일 (문제 95번) 출제

10 가스누출감지경보기 설치에 관한 기술상의 지침으로 틀린 것은?

① 암모니아를 제외한 가연성가스 누출감지경보기는 방폭성능을 갖는 것이어야 한다.
② 독성가스 누출감지경보기는 해당 독성가스 허용농도의 25[%] 이하에서 경보가 울리도록 설정하여야 한다.
③ 하나의 감지대상가스가 가연성이면서 독성인 경우에는 독성가스를 기준하여 가스누출감지경보기를 선정하여야 한다.
④ 건축물 안에 설치되는 경우, 감지 대상가스의 비중이 공기보다 무거운 경우에는 건축물 내의 하부에 설치하여야 한다.

해설

경보설정치
① 가연성 가스누출감지경보기는 감지대상 가스의 폭발하한계 25퍼센트 이하, 독성가스 누출감지경보기는 해당 독성가스의 허용농도 이하에서 경보가 울리도록 설정하여야 한다.
② 가스누출감지경보의 정밀도는 경보설정치에 대하여 가연성 가스누출감지경보기는 ±25퍼센트 이하, 독성가스누출감지경보기는 ±30퍼센트 이하이어야 한다.

합격정보
고용노동부고시 제2020-49호 가스누출감지경보기 설치에 관한 기술상의 지침

11 다음 가스 중 가장 독성이 큰 것은?

① CO   ② $COCl_2$
③ NH_3 ④ H_2

해설

포스겐($COCl_2$)
① 중요한 유기화학 공업 원료로서 합성수지·고무·합성섬유(폴리우레탄)·도료·의약·용제 등의 원료로 사용됨
② 1, 2차 세계대전 당시 화학무기로 사용되었으며 가스 흡입시 재채기, 호흡 곤란 등의 증상을 나타내며, 2~8시간 이후부터 폐수종을 일으켜 사망하게 됨
③ TWA(시간가중 평균 노출기준) : 0.1[ppm]

KEY ① 2014년 8월 17일(문제 97번) 출제
② 2017년 3월 5일(문제 96번) 출제
③ 2019년 4월 27일(문제 98번) 출제

12 스트레스의 영향으로 발생된 신체 반응의 결과인 스트레인(strain)을 측정하는 척도가 잘못 연결된 것은?

① 인지적 활동 – EEG
② 육체적 동적 활동 – GSR
③ 정신 운동적 활동 – EOG
④ 국부적 근육 활동 – EMG

해설

Strain 척도

생리적 긴장척도			심리적 긴장척도	
화학적	전기적	신체적	활동	태도
• 혈액 성분 • 요 성분 • 산소 소비량 • 산소 결손 • 산소 회복 곡선(긴장도) • 열량	• 뇌전도(EEG) • 심전도(ECG) • 근전도(EMG) • 안전도(EOG) • 전기피부반응(GSR)	• 혈압 • 심박수 • 부정맥 • 박동량 • 박동결손 • 신체 온도 • 호흡수	• 작업 속도 • 실수 • 눈 깜박수	• 권태 • 안락감 • 기타 태도 요소

[정답] 09 ① 10 ② 11 ② 12 ②

KEY ① 2015년 3월 8일 산업기사(문제 29번) 출제
② 2016년 3월 6일 기사 출제
③ 2016년 10월 1일 기사 출제
④ 2019년 3월 3일 기사 출제

13 청각적 표시장치의 설계 시 적용하는 일반 원리에 대한 설명으로 틀린 것은?

① 양립성이란 긴급용 신호일 때는 낮은 주파수를 사용하는 것을 의미한다.
② 검약성이란 조작자에 대한 입력신호는 꼭 필요한 정보만을 제공하는 것이다.
③ 근사성이란 복잡한 정보를 나타내고자 할 때 2단계의 신호를 고려하는 것이다.
④ 분리성이란 두 가지 이상의 채널을 듣고 있다면 각 채널의 주파수가 분리되어 있어야 한다는 의미이다.

해설

양립성(compatibility : 兩立性)
① 자극들간의 반응들간의 혹은 자극-반응들간의 관계가(공간, 운동, 개념적) 인간의 기대에 일치되는 정도
② 양립성 정도가 높을수록, 정보처리시 정보변환(암호화, 재암호화)이 줄어들게 되어 학습이 더 빨리 진행되고, 반응시간이 더 짧아지고, 오류가 적어지며, 정신적 부하가 감소하게 된다.
③ 공간적 양립성, 운동적 양립성, 개념적 양립성, 양식(modality) 양립성
   예 소리로 제시된 정보는 말로 반응케 하는것이, 시각적으로 제시된 정보는 손으로 반응하는 것이 양립성이 높다.
④ 개념 양립성 : 사람들이 가지고 있는 개념적 연상(어떤 암호체계에서 청색이 정상을 나타내듯이)의 양립성

14 불연성이지만 다른 물질의 연소를 돕는 산화성 액체 물질에 해당하는 것은?

① 히드라진
② 과염소산
③ 벤젠
④ 암모니아

해설

위험물의 분류
① 제1류(산화성 고체) : 아염소산, 염소산, 과염소산나트륨, 무기과산화물, 삼산화크롬, 브롬산염류, 요오드산염류, 과망간산염류, 중크롬산염류
② 제2류(가연성 고체) : 황화인, 적린, 유황, 철분, Mg, 금속분류, 인화성 고체
③ 제3류(자연발화성 및 금수성 물질) : K, Na, 알킬Al, 알킬Li, 황린, 칼슘 또는 Al의 탄화물류 등
④ 제4류(인화성 액체) : 특수인화물류, 동식물류, 알코올류, 제1석유류~제4석유류
⑤ 제5류(자기반응성 물질) : 유기산화물류, 질산에스테르류(니트로셀룰로오스, 질산에틸, 니트로글리세린), 셀룰로이드류, 니트로화합물, 아조화합물류, 디아조화합물류, 히드라진 유도체류
⑥ 제6류(산화성 액체) : 과염소산, 과산화수소, 질산

KEY ① 2017년 5월 7일 출제
② 2018년 4월 25일 출제
③ 2018년 8월 19일 기사 출제
④ 2021년 3월 7일(문제 95번) 출제
⑤ 2021년 5월 15일(문제 86번) 출제

15 화학물질 및 물리적 인자의 노출기준에서 정한 유해인자에 대한 노출기준의 표시단위가 잘못 연결된 것은?

① 에어로졸 : ppm
② 증기 : ppm
③ 가스 : ppm
④ 고온 : 습구흑구온도지수(WBGT)

해설

에어로졸
병원균 감염의 경로 중 하나로 1[μm]이하 연무질에 포함된 바이러스가 공기 중을 떠다니다 흡입됐을 때 일으키는 감염을 말함

합격팁

노출기준의 표시단위

구분	표시단위
가스 및 증기	① ppm 또는 mg/m^3 ② $mg/m^3 = \dfrac{ppm \times 분자량(g)}{24.45(25℃ \cdot 1기압)}$
분진	mg/m^3(단, 석면은 개수/cm^3)
고온	습구 흑구 온도지수(WBGT) ① 옥외(태양광선이 내리쬐는 장소) : WBGT[℃]=(0.7×자연습구온도)+(0.2×흑구온도)+(0.1×건구온도) ② 옥내 또는 옥외(태양광선이 내리쬐지 않는 장소) : WBGT[℃]=(0.7×자연습구온도)+(0.3×흑구온도)

[주] ppm : 허용농도단위(parts per million)

[정답] 13 ① 14 ② 15 ①

16 다음 중 노출기준(TWA, ppm) 값이 가장 작은 물질은?

① 염소 ② 암모니아
③ 에탄올 ④ 메탄올

해설

독성 가스의 허용노출기준(TWA)

가스명칭	허용농도 (ppm)	가스명칭	허용농도 (ppm)
이산화탄소(CO_2)	5,000	불화수소(HF)	3
일산화탄소(CO)	50	염소(Cl_2)	1
산화에틸렌(C_2H_4O)	50	포스겐($COCl_2$)	0.1
암모니아(NH_3)	25	브롬(Br_2)	0.1
일산화질소(NO)	25	불소(F_2)	0.1
디메틸아민[$(CH_3)_2NH$]	25	오존(O_3)	0.1
브롬메틸(CH_3Br)	20	인화수소(PH_3)	0.3
황화수소(H_2S)	10	아세트알데히드(CH_3CHO)	200
시안화수소(HCN)	10	포름알데히드(HCHO)	5
아황산가스(SO_2)	5	메틸아민(CH_3NH_2)	10
염화수소(HCl)	5		

KEY
① 2016년 8월 21일 기사 출제
② 2018년 3월 4일(문제 100번) 출제

17 음량수준을 평가하는 척도와 관계없는 것은?

① dB ② HSI
③ phon ④ sone

해설

음의 크기와 수준

① Phon : 1,000[Hz] 순음의 음압수준(dB)을 나타낸다.
② sone : 1,000[Hz], 40[dB]의 음압수준을 가진 순음의 크기(40[Phon])를 1[sone]이라 한다.
③ sone과 Phon의 관계식
  ∴ sone치 = $2^{(phon-40)/10}$
④ 인식소음 수준
  ㉮ PN[dB](perceived noise level)의 척도는 910~1,090[Hz]대의 소음 음압수준
  ㉯ PL[dB](perceived level of noise)의 척도는 3,150 [Hz]에 중심을 둔 1/3 옥타브대 음을 기준으로 사용
⑤ 음압레벨(PWL, Sound Power Lever)
  PWL = $10\log\left(\dfrac{P}{P_0}\right)$dB
  (P : 음압[Watt], P_0 : 기준의 음압 10~12[Watt])

KEY
① 2015년 8월 16일(문제 22번) 출제
② 2016년 3월 6일 기사, 산업기사 동시 출제
③ 2019년 3월 3일(문제 29번) 출제
④ 2019년 4월 27일(문제 59번) 출제

보충학습
① HSI(human-system interface) : 인간-시스템 인터페이스
② HSI(Heat stress Index) : 열압박지수

18 중량물 들기 작업 시 5분간의 산소소비량을 측정한 결과 90[L]의 배기량 중에 산소가 16[%], 이산화탄소가 4[%]로 분석되었다. 해당 작업에 대한 산소소비량[L/min]은 약 얼마인가?(단, 공기 중 질소는 79[vol%], 산소는 21[vol%]이다.)

① 0.948 ② 1.948
③ 4.74 ④ 5.74

해설

산소 소비량 계산

① 분당 배기량 :
$V_2 = \dfrac{총 배기량}{시간} = \dfrac{90}{5} = 18[L/min]$

② 분당 흡기량 :
$V_1 = \dfrac{(100-O_2-CO_2)}{79} \times V_2 = \dfrac{(100-16-4)}{79} \times 18 = 18.23[L/min]$

③ 분당 산소소비량 :
$= (V_1 \times 21[\%]) - (V_2 \times 16[\%]) = (18.23 \times 0.21) - (18 \times 0.16)$
$= 0.948[L/min]$

KEY 2017년 3월 5일 산업기사 출제

19 고열장해와 가장 거리가 먼 것은?

① 열사병 ② 열경련
③ 열호족 ④ 열발진

해설

고열장해의 종류
① 열사병
② 열탈진
③ 열경련
④ 열허탈
⑤ 열피로
⑥ 열발진

[정답] 16 ① 17 ② 18 ① 19 ③

20 고열(Heat stress)의 작업환경 평가와 관련된 내용으로 틀린 것은?

① 가장 일반적인 방법은 습구흑구온도(WBGT)를 측정하는 방법이다.
② 자연습구온도는 대기온도를 측정하긴 하지만 습도와 공기의 움직임에 영향을 받는다.
③ 흑구온도는 복사열에 의해 발생하는 온도이다.
④ 습도가 높고 대기 흐름이 적을 때 낮은 습구온도가 발생한다.

해설
습도가 높고 대기 흐름이 적을 때 높은 습구온도가 발생한다.

21 온도표시에 관한 내용으로 틀린 것은?

① 냉수는 4℃ 이하를 말한다.
② 실온은 1~35℃를 말한다.
③ 미온은 30~40℃를 말한다.
④ 온수는 60~70℃를 말한다.

해설
냉수는 5℃ 이하를 말한다.

22 산업안전보건법령상 1회라도 초과노출되어서는 안 되는 충격소음의 음압수준(dB(A)) 기준은?

① 120
② 130
③ 140
④ 150

해설
충격소음의 음압수준 기준
① 충격소음이라 함은 최대음압수준에 120dB(A) 이상인 소음이 1초 이상의 간격으로 발생하는 것을 말함
② 최대 음압수준이 140dB(A)를 초과하는 충격소음에 노출되어서는 안됨

합격정보
화학물질 및 물리적 인자의 노출기준 [별표 2의2] 충격소음의 노출기준

23 근로자 개인의 청력 손실 여부를 알기 위해 사용하는 청력 측정용 기기는?

① Audiometer
② Noise dosimeter
③ Sound level meter
④ Impact sound level meter

해설
① Audiometer → 청력 검사기(청력계)
② Noise dosimeter → 소음 선량계
③ Sound level meter → 소음 측정기
④ Impact sound level meter → 충격음 측정기

24 진동을 측정하기 위한 기기는?

① 충격측정기(Impulse meter)
② 레이저판독판(Laser readout)
③ 가속측정기(Accelerometer)
④ 소음측정기(Sound level meter)

해설
가속측정기(가속도계)(Accelerometer)
① 어떤 운동체의 가속도를 재는 기구
② 진자를 운동체에 매달아두면 운동체의 가속도의 영향을 받아 진자가 흔들리는데 이것이 가속도에 비례하는 성질을 이용
③ 주로 지진계나 기계의 운행 중 발생하는 미세한 진동을 잴 때 사용

25 방사성 물질의 단위에 대한 설명이 잘못된 것은?

① 방사능의 SI단위는 Becquerel(Bq)이다.
② 1Bq는 3.7×10^{10} dps이다.
③ 물질에 조사되는 선량은 röntgen(R)으로 표시한다.
④ 방사선의 흡수선량은 Gray(Gy)로 표시한다.

해설
방사성 물질의 단위
① Bq(베크렐) : 1초에 방사성 붕괴가 1번 일어날 때 1Bq
② Ci(퀴리) : 라듐(Ra-226) 1g이 1초에 일으키는 붕괴 수
③ 1Bq = 1dps(disintegration per second)
④ 1Ci = 3.7×10^{10} Bq = 3.7×10^{10} dps

[정답] 20 ④ 21 ① 22 ③ 23 ① 24 ③ 25 ②

26 다음 화학적 인자 중 농도의 단위가 다른 것은?

① 흄　　② 석면
③ 분진　　④ 미스트

해설

화학적 인자 농도 단위
① 흄, 분진, 미스트 : ppm, mg/m³
② 석면 : 개/cm³

27 석면농도를 측정하는 방법에 대한 설명 중 ( )안에 들어갈 적절한 기체는? (단, NIOSH 방법 기준)

> 공기 중 석면농도를 측정하는 방법으로 충전식 휴대용펌프를 이용하여 여과지를 통하여 공기를 통과시켜 시료를 채취한 다음, 이 여과지에 (A) 증기를 씌우고 (B)시약을 가한 후 위상차현미경으로 400~450배의 배율에서 섬유수를 계수한다.

① 솔벤트, 메틸에틸케톤
② 아황산가스, 클로로포름
③ 아세톤, 트리아세틴
④ 트리클로로에탄, 트리클로로에틸렌

해설

석면농도 측정
작업환경 중의 분석대상 물질을 MCE(membrane cellulose ester) 여과지로 포집한 다음 아세톤과 트리아세틴으로 전처리를 실시한 후 위상차현미경(Phase Contrast Microscopy, PCM)을 이용하여 계수분석 한다.
(아세톤은 석면을 용해시키는 역할을 하며, 트리아세틴은 석면 섬유를 구별하기 위한 역할을 한다.)

합격정보

KOSHA GUIDE A-175-2019 석면에 대한 작업환경측정·분석 기술 지침

28 산업안전보건법령상 가스상 물질의 측정에 관한 내용 중 일부이다. ( )에 들어갈 내용으로 옳은 것은?

> 검지관방식으로 측정하는 경우에는 1일 작업시간동안 1시간 간격으로 ( )회 이상 측정하되 측정시간마다 2회 이상 반복 측정하여 평균값을 산출하여야 한다. 다만, …〈후략〉

① 2　　② 4
③ 6　　④ 8

해설

가스상 물질 검지관방식의 측정
검지관방식으로 측정하는 경우에는 1일 작업시간 동안 1시간 간격으로 6회 이상 측정하되 측정시간마다 2회 이상 반복 측정하여 평균값을 산출하여야 한다. 다만, 가스상 물질의 발생시간이 6시간 이내일 때에는 작업시간 동안 1시간 간격으로 나누어 측정하여야 한다.

합격정보

작업환경측정 및 정도관리 등에 관한 고시 제25조(검지관방식의 측정)

29 가스상 물질의 분석 및 평가를 위한 열탈착에 관한 설명으로 틀린 것은?

① 이황화탄소를 활용한 용매 탈착은 독성 및 인화성이 크고 작업이 번잡하여 열탈착이 보다 간편한 방법이다.
② 활성탄관을 이용하여 시료를 채취한 경우, 열탈착에 300℃ 이상의 온도가 필요하므로 사용이 제한된다.
③ 열탈착은 용매탈착에 비하여 흡착제에 채취된 일부 분석물질만 기기로 주입되어 감도가 떨어진다.
④ 열탈착은 대개 자동으로 수행되며 탈착된 분석물질이 가스크로마토그래피로 직접 주입되도록 되어 있다.

해설

열탈착은 용매탈착보다 더 많은 분석물질을 채취할 수 있으며, 분석 감도도 높다.

[정답] 26 ② 27 ③ 28 ③ 29 ③

30 입자상 물질을 입자의 크기별로 측정하고자 할 때 사용할 수 있는 것은?

① 가스크로마토크래피
② 사이클론
③ 원자발광분석기
④ 직경분립충돌기

해설

직경분립충돌기(cascade impactor)
① 입자의 질량크기 분포를 얻을 수 있음
② 흡입성, 흉곽성, 호흡성 입자의 크기별 분포와 농도를 계산 가능
③ 호흡기에 부분별로 침착된 입자크기의 자료를 추정 가능

31 입자상 물질의 크기 표시를 하는 방법 중 입자의 면적을 이등분하는 직경으로 과소평가의 위험성이 있는 것은?

① 마틴직경
② 페렛직경
③ 스톡스직경
④ 등면적직경

해설

입자상 물질의 크기 표시를 하는 방법
① 마틴직경 : 입자의 면적을 2등분하는 선의 길이로 나타내는 직경
② 페렛직경 : 입자의 가장자리를 이등분하는 직경(입자 한쪽 끝, 다른 한쪽 끝 가장자리로 나타냄)
③ 등면적직경 : 입자의 면적과 동일한 면적을 가진 원의 직경으로 환산한 직경

32 입자상 물질을 채취하기 위해 사용하는 막여과지에 관한 설명으로 틀린 것은?

① MCE 막여과지 : 산에 쉽게 용해되므로 입자상 물질 중의 금속을 채취하여 원자흡광광도법으로 분석하는데 적당하다.
② PVC 막여과지 : 유리규산을 채취하여 X-선 회절법으로 분석하는데 적절하다.
③ PTFE 막여과지 : 농약, 알칼리성 먼지, 콜타르피치 등을 채취하는데 사용한다.
④ 은막 여과지 : 금속은, 결합제, 섬유 등을 소결하여 만든 것으로 코크스 오븐에 대한 저항이 약한 단점이 있다.

해설

은막 여과지(silver membrane filter)
① 균일한 금속은을 소결하여 만듦(결합제나 섬유가 포함되어 있지 않음)
② 열적, 화학적 안정성이 있음
③ 온도에 대한 저항력이 큼
④ 코크스 제조공장의 코크스 오븐 배출물질, 콜타르피치 휘발물질, 석영, 다핵방향족 탄화수소 채취에 사용

33 호흡성 먼지에 관한 내용으로 옳은 것은? (단, ACGIH를 기준으로 한다.)

① 평균 입경은 $1\mu m$이다.
② 평균 입경은 $4\mu m$이다.
③ 평균 입경은 $10\mu m$이다.
④ 평균 입경은 $50\mu m$이다.

해설

ACGIH의 분류
① 흡입성 분진 : 평균 입경 $100\mu m$, 입경 범위 $1~100\mu m$
② 흉곽성 분진 : 평균 입경 $10\mu m$
③ 호흡성 분진 : 평균 입경 $4\mu m$

34 다음 중 자외선에 관한 내용과 가장 거리가 먼 것은?

① 비전리 방사선이다.
② 인체와 관련된 Dorno선을 포함한다.
③ 100~1000nm 사이의 파장을 갖는 전자파를 총칭하는 것으로 열선이라고도 한다.
④ UV-B는 약 280~315nm의 파장의 자외선이다.

해설

자외선(ultraviolet, UV)은 파장이 가시광선보다 짧은 10-400nm에 해당하는 전자기파이다.

[정답] 30 ④ 31 ① 32 ④ 33 ② 34 ③

MEMO

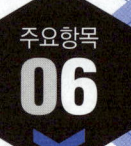

주요항목 06

작업환경 관리

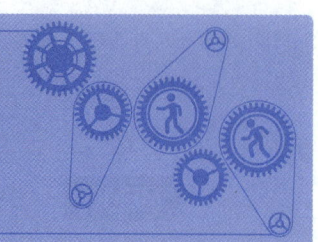

중점 학습내용

본 장은 작업환경관리로 인체계측 및 작업공간으로 인체계측방법과 계측자료의 응용원칙 등을 기술하였다. 부품배치의 4원칙과 설계의 원칙 및 특수작업역을 기술하여 자기자신을 항상 재해에 대비하여 점검할 수 있도록 하였고 산업체에서 산업재해가 일어나지 않도록 하기 위하여 21세기 실무안전관리자의 역할을 할 수 있도록 하였다. 시험에 출제가 예상되는 그 중심적인 내용은 다음과 같다.

❶ 인체계측 및 체계제어
❷ 신체활동의 생리학적 측정법
❸ 작업공간 및 작업자세
❹ 작업측정
❺ 작업환경과 인간공학
❻ 중량물 취급작업

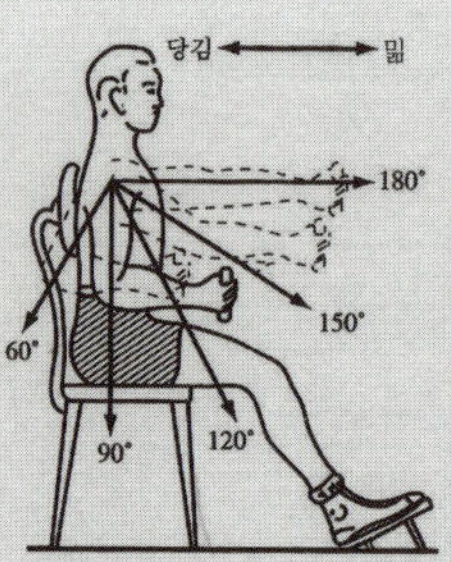

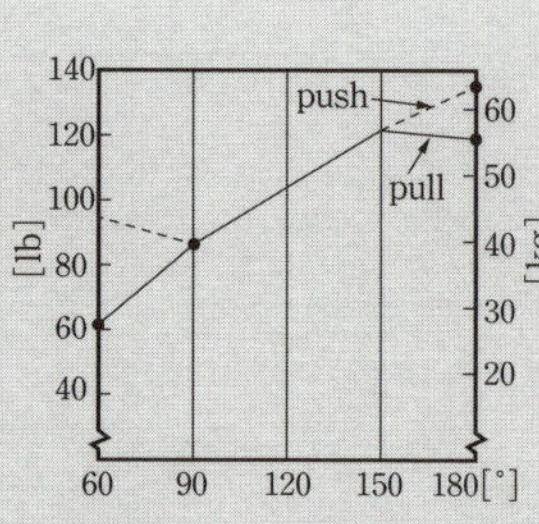

합격날개

합격예측

인체계측의 의의 및 목적

① 인간 - 기계 체계(man-machine system)를 인간공학적 입장에서 새로이 설계하거나 개선하는 경우 가장 기초가 되는 인간인자는 인체계측 데이터(data)이다.
② 인간공학적 설계를 위한 자료가 목적이다.
③ 인간공학에서의 인체계측은 인간과 기계기구 사이에 개재하는 여러 관계를 추구하고 사용상태의 향상을 도모하려는 것이다.

사정효과(range effect) 15. 5. 31 [기] 21. 3. 7 [기]

눈으로 보지 않고 손을 수평면상에서 움직이는 경우에 짧은 거리는 지나치고 긴 거리는 못 미치는 경향을 말하며 조작자가 작은 오차에는 과잉반응, 큰 오차에는 과소반응을 하는 것이다.

세부항목 **1. 인체계측 및 체계제어**

1. 인체계측 및 응용원칙

(1) 인체계측방법 20. 9. 27 [기]

1 정적 인체계측(구조적 인체치수)

① 체위를 일정하게 규제한 정지상태에서의 기본자세(선 자세, 앉은 자세)에 관한 신체의 각 부를 계측하는 것이다.

② 마틴식 인체계측기를 활용하며 나체 측정을 원칙으로 한다.(측정점과 측정항목 : 57점, 205항목)

2 동적 인체계측(기능적 인체치수) 17. 5. 7 [산]

① 일반적으로 상지나 하지의 운동이나 체위의 움직임에 따른 상태에서 계측(특정작업에 국한) 한다.

② 실제 작업 또는 생활 조건에 밀접한 관계를 갖는 현실성 있는 인체치수를 구할 수 있다.

③ 마틴식(Martin type anthropometer) 계측기로는 측정이 불가능하며, 사진 및 시네마 필름을 사용한 3차원 해석 장치나 새로운 계측 시스템이 요구된다.

2. 신체반응의 측정

(1) 최대치수와 최소치수(극단적인 사람을 위한) 설계

구분	최대 집단치	최소 집단치
정의	대상 집단에 대한 인체 측정 변수의 상위 백분위수(percentile)를 기준으로 90, 95, 99[%]치가 사용 예) 울타리	관련 인체 측정 변수 분포의 하위 백분위수를 기준으로 1, 5, 10[%]치가 사용
사용 예	① 출입문, 통로, 의자사이의 간격 등의 공간 여유의 결정 ② 줄사다리, 그네 등의 지지물의 최소 지지중량(강도)	선반의 높이 또는 조정장치까지의 거리, 버스나 전철의 손잡이 등의 결정

주 효과와 비용고려 : 95[%]나 5[%]치 사용

(2) 조절범위(조정범위) 설계

① 사무실 의자의 높낮이 조절, 자동차 좌석의 전후조절 등
② 통상 5[%]치에서 95[%]치까지에서 90[%] 범위를 수용대상으로 설계
③ 가장 우선적으로 설계적용 고려순서 : 조절식 → 극단치 → 평균치

(3) 평균치를 기준으로 한 설계

최대치수나 최소치수 조절식으로 하기가 곤란할 때 평균치를 기준으로 하여 설계한다.(예 ① 은행창구 ② 슈퍼마켓 계산대)

[표] 인체 측정상의 주의사항

구분	방 법
목적의 확인	계측 목적을 확인한다. 이것은 아래 항목의 결정에 중요하다.
피측자 선정	통계적으로 수백 명 이상의 집단을 계측하는 것이 바람직하다. 같은 연령의 사람에게도 여러 가지 변동요인(성차, 지역차, 운동차, 학력차, 일 등)에 의해서 계측치에 편차가 생기기 때문에 그것을 명심하고 피측자를 선정한다.
정밀도와 측정 방법	[mm] 정도로 계측하기 위해서는 인류학적인 측정 방법에 준한 것이 바람직하다. 그러나 이 측정에는 상당한 숙련을 필요로 한다. 그 때문에 여유를 포함한 측정이나, 동작 범위 등의 해석에는 사진 계측 등의 방법을 고려하는 것이 좋다. 보충학습 측정에 사용되는 기구 ① 정적인 계측에 적당한 것 : 마틴 측정기, 실루엣 사진기 등 ② 동적인 자세의 계측기에 적당한 것 : 사이클 그래프, 마르티스트로보, 시네마 필름, VTR 등
기록 용지의 작성	측정 월일·장소·피험자명·측정 부위를 명기한 그림, 측정 부위 피험자명 등을 기입한 카드를 준비한다.

합격예측

조종장치의 설계기준
① 조종장치는 더 큰 힘을 발휘하고 넓은 파악범위를 갖게 하며 불필요한 노력과 위험을 감소시키기 위하여 개발되어 왔다.
② 조종장치의 주된 목적은 인간신체의 확장이라고 할 수 있다.
③ 2차원 혹은 3차원의 기하학적인 모양을 사용하면, 형상코딩은 촉각과 시각 둘 다 가능하다.
④ 어둡거나 중복된 확인이 필요한 상황에서 실수를 최소화하는 데 특히 유용하며, 상대적으로 많은 종류의 모양 판별을 가능하게 한다.
⑤ 조종장치는 인간기계체계가 최대의 효율을 발휘할 수 있고 사용자의 능력과 한계를 고려하여 설계되어야 한다.

인체계측자료의 응용원칙
① 최대치수와 최소치수 : 최대치수 또는 최소치수를 기준으로 하여 설계한다.
② 조절범위(조절식) : 체격이 다른 여러 사람에 맞도록 만든 것이다.
③ 평균치를 기준으로 한 설계 : 최대치수나 최소치수, 조절식으로 하기에 곤란할 때 평균치를 기준으로 하여 설계한다.

Q 은행문제

다음 중 선 자세와 앉은 자세의 비교에서 틀린 것은?
① 서 있는 자세보다 앉은 자세에서 혈액순환이 향상된다.
② 서 있는 자세보다 앉은 자세에서 균형감이 높다.
③ 서 있는 자세보다 앉은 자세에서 정확한 팔 움직임이 가능하다.
④ 앉은 자세보다 서 있는 자세에서 척추에 더 많은 해를 줄 수 있다.

정답 ④

참고

① 근전도(EMG : electromyogram) : 근육활동의 전위차를 기록한 것으로, 심장근의 근전도를 심전도(ECG : electrocardiogram)라 하며, 신경활동 전위차의 기록은 ENG(electroneurogram)라 한다. 19. 4. 27 ⓐ

② 피부전기반사 17. 8. 26 ⓐ (GSR : Galvanic Skin Reflex) : 작업부하의 정신적 부담도가 피로와 함께 증대하는 양상을 수장(手掌) 내측의 전기저항의 변화에서 측정하는 것으로, 피부전기저항 또는 정신전류현상이라고 한다.

③ 플리커값 : 정신적 부담이 대뇌피질의 활동수준에 미치고 있는 영향을 측정한 값

③ EEG : 뇌전도 20. 8. 23 ⓐ

합격예측

정적 위치조정 중의 떨림

진전(tremor : 잔잔한 떨림)을 감소시키는 방법
① 몸과 작업에 관계되는 부위를 잘 받친다.
② 손이 심장높이(상하좌우 : 8in)에 있을 때 손떨림이 적다.
③ 작업대상물에 기계적 마찰이 있을 때

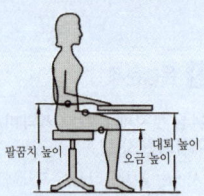

[그림] 신체 치수와 작업대 및 의자 높이의 관계

Q 은행문제

격렬한 육체적 작업의 작업부담 평가 시 활용되는 주요 생리적 척도로만 이루어진 것은? 17. 8. 26 ⓐ
① 부정맥, 작업량
② 맥박수, 산소 소비량
③ 점멸융합주파수, 폐활량
④ 점멸융합주파수, 근전도

정답 ②

구 분	방 법
자세의 규제	기본이 되는 선 자세와 앉은 자세에 관하여 서술하면 다음과 같다. ① 선 자세 : 등줄기를 긴장하지 않고 펴서, 어깨 힘을 뺀다. 손바닥을 몸쪽으로 돌리고, 손가락을 대퇴부 쪽으로 가볍게 붙인다. 무릎은 자연스럽게 펴고, 자에 발꿈치를 붙이고, 양발의 첫째 발가락을 약 45°로 벌리고, 머리는 귀와 눈이 수평이 되게 한다. ② 앉은 자세 : 연골머리 높이로 조절한 수평면에 앉아, 등줄기를 펴고 걸터앉는다. 손을 가볍게 쥐고 대퇴부 위에 놓고, 좌우 대퇴부는 대략 평행하게 하고, 무릎을 직각으로 하고, 발바닥을 바닥에 평행하게 붙인다. 머리는 귀와 눈을 수평하게 한다.
측정 요령	① 측정점을 확인하고 랜드마크(landmark)를 붙인다. ② 피험자의 자세를 점검한다. ③ 피험자에게는 가능한 한 접촉하지 않는다. ④ 정확하게 기구를 유지한다. ⑤ 측정은 원칙적으로 우측에서 한다. ⑥ 복창하고 기록한다. ⑦ 측정에 누락이 없는가를 확인한다.

2 신체활동의 생리학적 측정법

1. 신체반응의 측정(작업의 종류에 따른 측정방법)

(1) 동적 근력작업(動的筋力作業) 16. 3. 6 ⓐ 16. 10. 1 ⓐ 19. 3. 3 ⓐ 21. 8. 14 ⓐ

에너지대사량, 즉 에너지대사율(RMR), 산소섭취량, CO_2 배출량 등과 호흡량, 심박수, 근전도(EMG : 국소적 근육활동척도) 등

(2) 정적 근력작업(靜的筋力作業)

에너지대사량과 심박수와의 상관관계, 또 그 시간적 경과, 근전도 등

(3) 신경적 작업(神經的作業)

심박수, 매회 평균호흡진폭, 수장(手掌) 피부저항치, 정신전류현상, 오줌 속의 스테로이드, 노르아드레날린 배설량 등

(4) 심적 작업

플리커값(인지역치) 등을 측정

2. 부품(공간)배치의 4원칙

(1) 중요성(도)의 원칙(일반적 위치결정)

부품을 작동하는 성능이 체계의 목표 달성에 긴요한 정도에 따라 우선순위를 결정한다.

(2) 사용빈도의 원칙(일반적 위치결정)

부품을 사용하는 빈도에 따라 우선순위를 결정한다.

(3) 기능별 배치의 원칙(배치결정)

기능적으로 관련된 부품들(표시장치, 조정장치 등)을 모아서 배치한다.

(4) 사용순서의 원칙(배치결정)

사용순서에 따라 장치들을 가까이에 배치한다.

3. 의자의 설계원칙

(1) 체중분포

① 사람이 의자에 앉았을 때 체중이 주로 좌골결절(坐骨結節 : ischiadic tuberosity)에 실려야 편안하다.
② 체중분포는 등압선으로 표시한다.

(2) 의자좌판(면)의 높이

① 좌판 앞부분이 대퇴를 압박하지 않도록 오금 높이보다 높지 않아야 한다. 이때 치수는 5[%]치 이상 되는 모든 사람을 수용할 수 있게 선택하고, 신발의 뒤꿈치가 수센티미터를 더한다는 점을 감안해야 한다.(최소집단치 적용)
② 사무실 의자의 좌판과 등판 각도는 좌판각도 3[°], 등판각도 100[°]가 적합하다.

(3) 의자좌판(면)의 깊이와 폭(넓이)

① 좌판의 바람직한 깊이와 폭은 (다용도, 타자용, 휴게실용 등) 의자 종류에 따라 다르지만 일반적으로 폭은 큰 사람에게 맞도록 하고, 깊이는 장딴지 여유를 주고 대퇴를 압박하지 않도록 작은 사람에게 맞도록 해야 한다.
② 의자가 길거나 옆으로 붙어있는 경우 팔꿈치 폭을 고려한다.(95[%]치 사용 : 콩나물 효과)

(4) 몸통(상반신)의 안정

사람이 의자에 앉을 때 체중이 주로 좌골결절에 실려야 몸통 안정이 쉬워진다. 이 점에서 좌판과 등판의 각도, 등판의 만곡, 등판의 지지가 중요한 역할을 한다.

세부항목 3. 작업공간 및 작업자세

1. 개별작업공간(work space) 설계지침

(1) 작업공간포락면(包絡面 : envelope) 18. 4. 28 ㉮ 19. 4. 27 ㉮

① 한 장소에 앉아서 수행하는 작업활동에서 사람이 작업하는 데 사용하는 공간을 말한다.
② 작업의 성질에 따라 포락면의 경계가 달라진다.

(2) 파악한계(grasping reach)

앉은 작업자가 특정한 수작업 기능을 편히 수행할 수 있는 공간의 외곽한계를 말한다.

(3) 특수작업역(域)

특정 공간에서 작업하는 구역

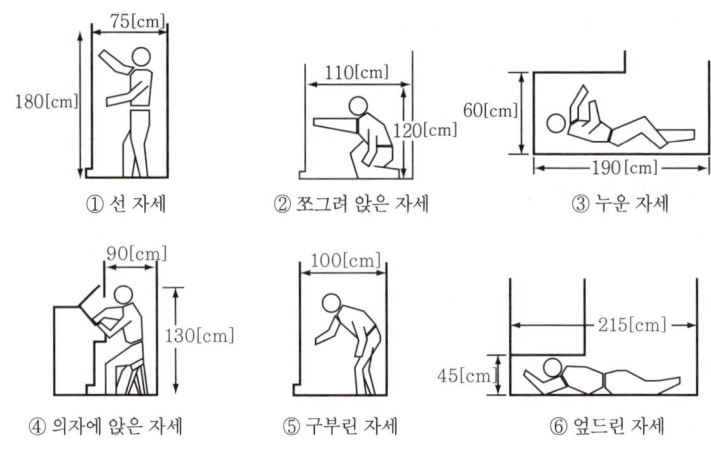

[그림] 특수작업역의 작업자세

2. 활동분석

(1) 수평작업대

1 정상작업역(正常作業域) 19. 4. 27 ㉯

상완(上腕)을 자연스럽게 수직으로 늘어뜨린 채 전완(前腕)만으로 편하게 뻗어 파악할 수 있는 구역(34~45[cm])

2 최대작업역(最大作業域) 17. 8. 26 ㉯ 18. 9. 15 ㉯

전완과 상완을 곧게 펴서 파악할 수 있는 구역(55~65[cm])

합격예측

용어정의

(1) 단위시간당 영구보관(기억)할 수 있는 정보량
0.7 [bit/sec]

(2) 인간의 기억 속에 보관할 수 있는 총용량
약 1억(10^8 : 100[mega]) ~1,000조(10^{15})[bit]

(3) 신체 반응의 정보량
인간이 신체적 반응을 통하여 전송할 수 있는 정보량은 그 상한치가 약 10[bit/sec] 정도이다.

(4) 경로용량 및 전달된 정보량
① channel(경로용량) capacity : 절대식별에 근거하여 자극에 대해서 우리에게 줄 수 있는 최대정보량
② 전달된 정보량 : 자극의 불확실성과 반응의 불확실성의 중복부분을 나타낸다.

용어정의

작업공간포락면
한 장소에 앉아서 수행하는 작업활동에서, 사람이 작업하는 데 사용되는 공간을 말한다.

은행문제

1. 작업자세로 인한 부하를 분석하기 위하여 인체 주요 관절의 힘과 모멘트를 정역학적으로 분석하려고 할 때, 분석에 반드시 필요한 인체 관련 자료가 아닌 것은? 15. 3. 8 ㉮
① 관절 각도
② 관절의 종류
③ 분절(Segment) 무게
④ 분절(Segment) 무게 중심
정답 ②

2. 신체 반응의 척도 중 생리적 스트레인의 척도로 신체적 변화의 측정 대상에 해당하지 않는 것은? 18. 3. 4 ㉯ 19. 9. 21 ㉮
① 혈압
② 부정맥
③ 혈액성분
④ 심박수
정답 ③

[3] 어깨중심선과의 간격

19[cm]

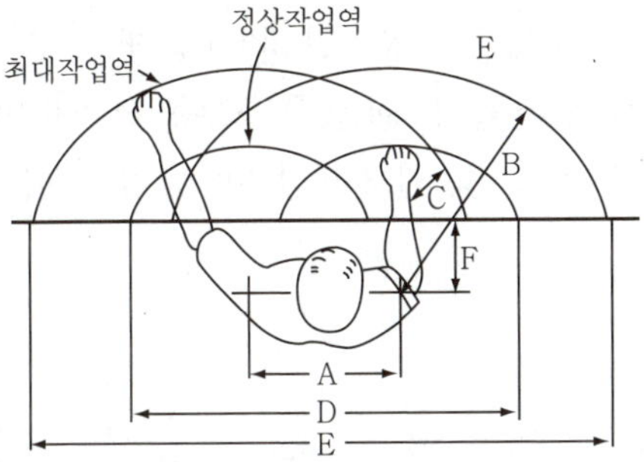

[그림] 정상작업역과 최대작업역

[표] 작업대 설계기준

치 수	미 국 인		한 국 인	
	남 자	여 자	남 자	여 자
A	40.64	35.56	37.78	34.92
B	67.31	59.69	62.10	57.91
C	39.37	35.56	34.73	32.14

D=2C+A E=2B+A F=19[cm]

[4] 팔꿈치 높이 : 작업대 높이기준 16. 3. 6 [기] 19. 4. 27 [산]

① 경조립 작업은 팔꿈치 높이보다 5~10[cm] 정도 낮게
② 중조립작업은 팔꿈치 높이보다 10~20[cm] 정도 낮게
③ 정밀 작업은 팔꿈치 높이보다 0~10[cm] 정도 높게

3. display가 형성하는 목시각(目視角)

(1) 수평작업조건 17. 5. 7 [기] 23. 2. 28 [기]

① 최적조건 : 15[°] 좌우및 아래쪽
② 제한조건 : 95[°] 좌우

(2) 수직작업조건

① 최적조건 : 0~30[°] 하한
② 제한조건 : 75[°] 상한, 85[°] 하한

(3) 정상작업 위치에서 모든 display를 보기 위한 조업자의 시계

60~90[°]

[합격예측]

근골격계 질환의 특성

① 미세한 근육이나 조직의 손상으로 시작된다.
② 초기에 치료하지 않을시 완치가 어렵다.
③ 신체의 기능장해를 유발한다.
④ 집단발병의 우려가 있다.
⑤ 완전 치료가 어렵고 발생의 최소화를 하는 것이 중요하다.

심장활동의 측정

① 심장주기 : 수축기(약 0.3초), 확장기(약 0.5초)의 주기 측정
② 심박수 : 분당 심장 주기수 측정(분당 75회)
③ 심전도(ECG) : 심장근 수축에 따른 전기적 변화를 피부에 부착한 전극으로 측정
④ 심전도계 : 심장의 수축과 확장의 전기적 변동 기록

의자설계시 인간공학적 원칙 4가지 20. 6. 7 [기] 23. 8. 22 [기] 23. 2. 28 [기] 23. 5. 13 [산]

① 등받이의 굴곡은 요추의 굴곡(전만곡)과 일치해야 한다.
② 좌면의 높이는 사람의 신장에 따라 조절 가능해야 한다.
③ 정적인 부하와 고정된 작업자세를 피해야 한다.
④ 의자의 높이는 오금의 높이보다 같거나 낮아야 한다.

[참고]

VFF(시각적 점멸융합 주파수)

중추신경계의 피로, 즉 정신피로의 척도로 사용되는 측정법이다. 18. 9. 15 [산]

[Q] 은행문제

입식작업을 위한 작업대의 높이를 결정하는데 있어 고려하여야 할 사항과 가장 관계가 적은 것은? 19. 9. 21 [산]

① 작업의 빈도
② 작업자의 신장
③ 작업물의 크기
④ 작업물의 무게

정답 ①

(4) 정적자료와 동적자료의 상관관계

① 높이(키, 눈, 어깨, 엉덩이) : 3[%] 감소
② 팔꿈치 높이 : 작업 중에 들어 올리면 5[%] 증가
③ 앉은 무릎 높이 및 오금 높이 : 굽 높은 구두를 신으면 변화(그 외 변화 없음)
④ 전방 또는 측방 팔길이 : 편안한 자세면 30[%] 감소, 어깨와 몸통을 심하게 돌리면 20[%] 증가

4. 작업측정

1. 기계설계 진행방법

(1) 인간공학 입장에서 본 기계설계의 진행방법

① Ross A. McFarland
  ㉮ 작업분석
  ㉯ 청사진 단계
  ㉰ mock-up 단계(모형제작 단계)
② W. E. Woodson
  ㉮ 준비
  ㉯ 선택
  ㉰ 점검

(2) 기계설비의 layout 검토사항(기계배치시 고려사항)

① 작업의 흐름에 따라 기계를 배치한다.
② 기계, 설비 주위에는 충분한 공간을 둔다.
③ 공장의 내외에는 안전한 통로 확보 및 항시 이것을 유효하게 확보한다.
④ 원자재 또는 제품 저장소 공간을 충분히 확보한다.
⑤ 기계, 설비의 설치시 사용중 점검, 보수가 용이하도록 배려한다.
⑥ 압력용기, 고속회전체, 고압전기설비, 폭발성 물품을 취급하는 기계, 설비 등의 설치에 있어서는 작업자와의 관계위치, 원격거리 등을 고려한다.
⑦ 장래 확장을 고려하여 설계 및 배치를 한다.

(3) 기계설계의 개선

재해방지를 위한 기계설계의 인간공학적 안전대책은 인간의 특성에 맞추어 기계의 조작이나 안전성 여부를 설계할 때부터 적합하도록 해야 한다.

합격예측

조종장치의 저항력
① 탄성저항 : 조종장치의 변위에 따라 변한다.
② 점성저항 : 출력과 반대방향으로, 그 속도에 비례해서 작용하는 힘 때문에 생기는 저항력이다.
③ 관성저항 : 관계된 기계장치의 중량으로 인한 운동(또는 운동방향의 변화)에 대한 저항으로 가속에 따라 변한다.
④ 정지 및 미끄럼 마찰저항 : 처음 움직임에 대한 저항력인 정지마찰은 급격히 감소하나, 미끄럼마찰은 계속하여 운동에 저항하며 변위나 속도(또는 가속도)와는 무관하다.

(1) 뼈의 역할
① 신체 중요부분 보호
② 신체의 지지 및 형상 유지
③ 신체 활동 수행

(2) 뼈의 기능
① 골수에서 혈구세포를 만드는 조혈 기능
② 칼슘, 인 등의 무기질 저장 및 공급 기능

(3) 근골격계 질환 유형
• 허리부위
① 요부염좌
② 근막통 증후군
③ 추간판 탈출증
④ 척추분리증 등
• 어깨부위
① 근막통 증후군
② 상완이두 건막염
③ 극상근 건염
④ 견봉하점액낭염
• 목부위
① 근막통 증후군
② 경추자세 증후군
• 손과 목부위
① 수근관 증후군(손목터널 증후군)
② 방아쇠 손가락
③ 결절종
④ 척골관 증후군
⑤ 수완진동 증후군
• 팔꿈치 부위
① 외상과염(테니스 엘보)
② 내상과염(골프 엘보)
③ 척골관 증후군
④ 자연성 척골 신경마비 등

① **구조의 개선** : 많은 경우에 재해는 근로자가 가동중인 기계 속에 부주의로 인하여 손, 발 등 인체의 일부를 넣기 때문에 발생한다. 근로자가 실수나 부주의로 인하여 이러한 잘못을 범할 수가 있는데, 혹 근로자가 이런 잘못을 했다 하더라도 재해가 발생되지 않도록 하기 위해서는 기계 및 작업환경의 구조를 변경하여 개선하도록 해야 한다.

② **방호장치의 설치** : 많은 공작기계의 경우, 회전부분이나 절삭부분 등의 위험한 요소가 노출되어 있어 작업복이나 머리칼 또는 인체의 일부가 노출된 부분에 접촉하게 되면 재해가 발생하기 쉽다. 그러나 어느 경우에 있어서는 기계 자체의 기능 때문에 구조를 변경할 수 없게 될 경우 또는 구조 변경시에 드는 경제적 비용 때문에 할 수 없는 구조에는 노출되어 있는 위험한 부분에 보호망 같은 안전방호장치를 설치하여 위험을 방지하도록 해야 한다.

③ **자동정지장치** : 근로자의 부주의로 인해 위험부분에 인체가 접촉되었을 때나 적절한 기계 조작을 취하지 못했을 때는 가동중인 기계가 자동적으로 정지하도록 설계하여 재해를 방지하도록 한다. 자동정지장치로서는 적외선을 이용한 광전식(光電式)과 전파를 이용한 전자감응식(電子感應式) 등이 있다. 또는 인체가 가동중인 기계에 닿지 않도록 작업 수행에 지장이 없는 정도로 일정한 길이의 끈을 손이나 몸에 설치하여 재해를 방지하도록 한다.

④ **인체의 생리기능에 적합한 설계** : 실제 작업활동에 있어서 기계의 조작에 위험이 따르는 면보다는 기계를 조작하는 활동이 인간의 생리적 특성 및 기능에 부적합하게 되어 있어 피로하기 쉽고 비능률적인 생산활동을 하는 경우가 많다. 그렇기 때문에 기계장비나 설비 등을 조작하고 다루는 데 있어서 인간의 생리적 기능에 적합하도록 설계해야 한다.

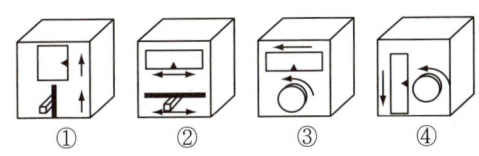

[그림] 혼란을 일으킬 가능성이 적은 제어기 및 표시장치

보기를 들면, 표시기의 눈금 숫자는 오른쪽방향으로 증가하며, 기계나 차량 등의 운전대에 설치된 손잡이(handle)의 회전방향대로 기계나 차량 등이 움직이도록 설계한 것 등이다. 인간의 생리적 기능에 적합하게 설계된 것으로서는 그림과 같은 것들을 들 수 있다.

그림에서 ①, ② 는 손잡이와 눈금의 이동을 같은 방향으로 하였고, ③, ④ 는 다이얼의 방향과 눈금의 방향을 같은 방향으로 한 경우인데, 만일 이들을 설계의 부주의로 인해 반대방향으로 했다면 작동상의 혼란을 일으켜 사고의 원인이 된다.

합격예측

근력·지구력·완력
① 근력 : 등척적으로 근육이 낼 수 있는 최대의 힘으로 정적조건에서 힘을 낼 수 있는 근육의 능력
② 지구력 : 근육을 사용하여 특정한 힘을 유지할 수 있는 시간으로 표현
③ 완력 : 밀고 당기는 힘의 측정, 팔을 앞으로 뻗었을 때 최대이며, 왼손은 오른손보다 10[%] 정도 적다.

용어정의

근골격계질환 16. 10. 1 ⑦
반복적인 동작, 부적절한 작업자세, 무리한 힘의 사용, 날카로운 면과의 신체접촉, 진동 및 온도 등의 요인에 의하여 발생하는 건강장해로서 목, 어깨, 허리, 상·하지의 신경·근육 및 그 주변 신체조직 등에 나타나는 질환을 말한다.

은행문제

1. 일반적으로 보통 작업자의 정상적인 시선으로 가장 적합한 것은? 17. 3. 5 ⑦
① 수평선을 기준으로 위쪽 5[°] 정도
② 수평선을 기준으로 위쪽 15[°] 정도
③ 수평선을 기준으로 아랫쪽 5[°] 정도
④ 수평선을 기준으로 아랫쪽 15[°] 정도

정답 ④

2. Q10 효과에 직접적인 영향을 미치는 인자는? 20. 9. 19 ⑦
① 고온 스트레스
② 한랭한 작업장
③ 중량물의 취급
④ 분진의 다량발생

정답 ①

해설 Q10
① Q10은 생물의 반응 속도는 온도와 함께 증대하며, 온도 10[℃] 올라감에 따라 반응속도는 2~3의 값을 갖는다.
② Q10효과에 가장 큰 영향을 미치는 것은 "고온"이다.

합격정보

고온 : 심장에서 흐르는 혈액의 대부분을 냉각시키기 위해 외부 모세혈관으로 순환시키게 되어 뇌중추에 공급되는 혈액을 감소시킴

합격예측

신체부위의 동작

① • 굴곡(flexion) : 부위 간의 각도 감소
• 신전(extension) : 부위 간의 각도 증가
② • 외전(abduction) : 몸의 중심선으로부터의 이동
• 내전(adduction) : 몸의 중심선으로의 이동
③ • 외선(lateral rotation) : 몸의 중심선으로부터의 회전
• 내선(medial rotation) : 몸의 중심선으로의 회전

합격예측

신호검출이론(SDT: Signal detection theory)
24. 7. 27 [기] 25. 2. 7 [기]

(1) 정의
① 소음이 신호검출에 미치는 영향을 파악하고 이와 관련된 최적의 의사결정 기준을 다루는 이론
② 신호의 탐지가 신호에 대한 관찰자의 민감도와 관찰자의 반응 기준에 달려 있다는 이론
(2) 신호상황에 따른 인간 판정결과 4가지
① Hit: 신호를 신호로 판정(올바른 판정: 긍정)
② False Alam: 소음을 신호로 판정(허위경보)
③ Miss: 신호가 있었으나 탐지누락
④ Correct Rejection: 소음을 소음으로 판정

이와 같이, 인간의 생리적 기능에 적합한 설계가 이루어지면 작업능률향상에 기여할 수 있지만, 반대로 기계의 조작방법이 인간의 생리적 기능에 부적합하게 설계되어 있다면 작동의 혼란으로 인해 피로하기 쉽고 비능률적인 면도 있을 뿐만 아니라, 사고를 일으키는 원인이 되기도 한다.

2. 신체부위의 운동

(1) 기본적인 동작 19. 4. 27 [기] 23. 5. 13 [산]

① 굴곡(flexion : 굽히기)－부위간의 각도가 감소
신전(extension : 펴기)－부위간의 각도가 증가 — 팔꿈치 운동

② 내전(adduction : 모으기)－몸의 중심선으로 향하는 이동
외전(abduction : 벌리기)－몸의 중심선에서 밖으로 이동 — 팔·다리운동

③ 내선(medial rotation)－몸의 중심선으로 회전
외선(lateral rotation)－몸의 중심선에서 밖으로 회전 — 발운동

④ 회내(하향 : pronation)－손바닥을 아래로
회외(상향 : supination)－손바닥을 위로 — 손운동

(2) 실용적인 동작

① 위치(positioning) 동작
② 연속(continuous) 동작
③ 조작(manipulative) 동작
④ 반복(repetitive) 동작
⑤ 축차(sequential) 동작
⑥ 정지(static) 조종(정)

보충문제

다음 중 좌식작업이 가장 적합한 작업은? 22. 4. 24 [기]

① 정밀 조립 작업
② 4.5kg 이상의 중량물을 다루는 작업
③ 작업장이 서로 떨어져 있으며 작업장 간 이동이 잦은 작업
④ 작업자의 정면에서 매우 높거나 낮은 곳으로 손을 자주 뻗어야 하는 작업

[정답] ①

세부항목 **5. 작업환경과 인간공학**

1. 열교환과정과 열압박

(1) 열교환방법 18. 9. 15 [산] 19. 9. 21 [기]

인간과 주위와의 열교환 과정은 다음과 같이 열균형 방정식으로 나타낼 수 있다.

S(열축적)=M(대사열)−E(증발)±R(복사)±C(대류)−W(한 일)

여기서, S는 열이득 및 열손실량이며, 열평형 상태에서는 0이다.

(2) 열교환에 영향을 주는 요인

1 대사열 19. 3. 3 [산]

① 인체는 대사활동의 결과로 계속 열을 발생한다.(성인남자 휴식상태 : 1[kcal/분]≒70[W], 앉아서 하는 활동 : 1.5~2[kcal/분], 보통 신체활동 5[kcal/분]≒350[W], 중노동 : 10~20[kcal/분])

② 에너지대사 : 체내에서 유기물을 합성화하거나 분해하는데 필요한 에너지

2 대류

고온의 액체나 기체가 고온대에서 저온대로 직접 이동하여 일어나는 열전달이다.

3 복사(radiation)

광속으로 공간을 퍼져 나가는 전자에너지이다.

4 증발(evaporation)

37[℃]의 물 1[g]을 증발시키는 데 필요한 증발열(에너지)은 2,410[joule/g](575.7[cal/g])이며, 매 [g]의 물이 증발할 때마다 이만한 에너지가 제거된다.

$$\text{열손실률}(R) = \frac{\text{증발에너지}(Q)}{\text{증발시간}(t)}$$

5 P4SR(추정 4시간 발한율)

주어진 일을 수행하는 데 순환된 젊은 남자의 4시간 동안의 발한량을 건습구 온도, 공기유동속도, 에너지소비, 피복을 고려하여 추정한 지수이다.

2. 실효온도 및 OXford지수

(1) Oxford지수 17. 3. 5 [기] 17. 9. 23 [기] 18. 4. 28 [산] 18. 9. 15 [기] 20. 6. 14 [산] 21. 8. 14 [기]

습건(WD)지수라고도 하며, 습구·건구온도의 가중 평균치로서 다음과 같이 나타낸다.

WD=0.85W(습구온도)+0.15D(건구온도)

여기서 W : 습구온도, D : 건구온도

합격예측

열교환방법

S(열축적) = M(대사열) − E(증발) ± R(복사) ± C(대류) − W(한 일)

색채의 생물학적 작용

① 적색은 신경에 대한 흥분작용을 가지고 조직호흡면에서 환원작용을 촉진한다.
② 청색은 진정작용을 갖고 있고 조직호흡면에서 산화작용을 촉진한다.

[Q] 은행문제

인체의 피부와 허파로부터 하루에 600[g]의 수분이 증발된다면 이러한 증발로 인한 열손실률은 몇 와트[Watt]나 되겠는가?(단, 물 1[g]을 증발시키는 데 필요한 에너지는 2,410 [J/g]이다.)

① 약 15[Watt]
② 약 17[Watt]
③ 약 19[Watt]
④ 약 21[Watt]

정답 ②

해설 열손실률

① 600/24 = 25[g/h]

② $\text{열손실률}(R) = \frac{Q}{t}$

$= \frac{25[g/h]\times 2{,}410[J/g]}{60[h]\times 60[s]}$

$= 16.736[J/s] = 17[Watt]$

합격예측

불쾌지수
① 70 이하 : 불쾌감이 없이 쾌적한 상태
② 70~75 이하 : 불쾌감을 느끼기 시작
③ 76~80 이하 : 절반정도가 불쾌감을 느낌
④ 80 이상 : 모든 사람이 불쾌감을 가짐

권장무게한계(RWL : Recommended Weight Limit) 17. 3. 25 23. 8. 22
① 건강한 작업자가 그 작업조건에서 작업을 최대 8시간 계속해도 요통의 발생 위험이 증대되지 않는 취급물 중량의 한계값이다.
② 권장무게 한계값은 모든 남성의 99[%], 모든 여성의 75[%]가 안전하게 들 수 있는 중량물 값이다.
③ RWL = LC × HM × VM × DM × AM × FM × CM
 · LC = 부하상수 = 23[kg]
 · HM = 수평계수 = 25/H
 · VM = 수직계수 = 1 − (0.003 × |V−75|)
 · DM = 거리계수 = 0.82 + (4.5/D)
 · AM = 비대칭계수 = 1 − (0.0032 × A)
 · FM = 빈도계수(표 이용)
 · CM = 결합계수(표 이용)
④ LI(Lifting Index : 들기 지수) LI = 작업물 무게/RWL

동작시간
신호에 따라서 동작을 실행하는데 걸리는 시간 약 0.3[초](조종활동에서의 최소치)이다.
① 총반응시간 = 단순반응시간 + 동작시간 = 0.2 + 0.3 = 0.5[초]
② 예치시 못할 경우 반응시간 : 0.1[초]

Q 은행문제
갑작스러운 큰 소음으로 인하여 생기는 생리적 변화가 아닌 것은? 19. 9. 21
① 혈압상승
② 근육이완
③ 동공팽창
④ 심장박동수 증가

정답 ②

---

(2) 열 및 냉에 대한 순응(acclimatization)

사람이 열 또는 냉에 습관적으로 노출되면 일련의 생리적인 적응이 일어나면서 순화된다.

(3) 실효온도(감각온도, effective temperature) 19. 8. 4

실효온도는 온도, 습도 및 공기 유동이 인체에 미치는 열효과를 하나의 수치로 통합한 경험적 감각지수로 상대습도 100[%]일 때의 (건구)온도에서 느끼는 것과 동일한 온감(溫感)이다.

① 실효온도에 영향을 주는 요인 : 온도, 습도, 기류(대류 : 공기유동)
② 허용한계 15. 8. 16 18. 8. 19 21. 5. 15 23. 6. 4
  ㉮ 정신작업(사무작업) : 60~64[℉]
  ㉯ 경작업 : 55~60[℉]
  ㉰ 중작업 : 50~55[℉]
③ 보온율(clo 단위) : 보온 효과는 clo 단위로 측정한다.

$$\text{clo단위} = \frac{0.18[℃]}{[kcal/m^2hr]} = \frac{℉}{Btu/ft^2/hr} \qquad 열유동률(R) = \frac{A \cdot \Delta T}{clo}$$

④ 열교환(증발)에 영향을 주는 4요소 : 기온, 습도, 복사온도, 대류

(4) 불쾌지수 19. 4. 27

① 기온과 습도에 의하여 감각온도의 개략적 단위로서 사용하는 불쾌지수가 있다.
② 불쾌지수 = 섭씨(건구온도 + 습구온도) × 0.72 ± 40.6
③ 불쾌지수 = 화씨(건구온도 + 습구온도) × 0.4 + 15
④ 불쾌지수가 80 이상일 때는 모든 사람이 불쾌감을 가지기 시작하고, 75의 경우는 절반 정도가 불쾌감을 가지며, 70~75에서는 불쾌감을 느끼기 시작하며, 70 이하는 모두 쾌적하다.

3. 이상환경 및 노출에 따른 사고와 부상

(1) 조명

1 조명의 정의

생산안전환경의 쾌적성에 크게 미치므로 적절한 조명은 생산성을 향상시키고, 작업 및 제품에 불량이 감소되며, 피로가 경감되어 재해가 감소된다.

2 조명단위 18. 3. 4

① fc(foot−candle) : 1촉광[cd]의 점광원으로부터 1[foot] 떨어진 곡면에 비추는 광의 밀도(1[lumen/ft^2])

② lux(meter-candle) : 1촉광[cd]의 점광원으로부터 1[m] 떨어진 곡면에 비추는 광의 밀도(1[lumen/m²])

$$1[fc]=1[lumen/ft^2]≒10[lumen/m^2]=10[lux]$$

③ 거리가 증가할 때에 조도는 역제곱의 법칙에 따라 감소한다.

$$조도 = \frac{광도[cd]}{(거리)^2}$$

*조도 : 단위 면적에 비추는 빛의 양(밀도)

3 반사율(reflectance)

표면에 도달하는 조명과 광속발산도의 관계

$$반사율[\%] = \frac{광속발산도[fL]}{소요조명[fc]} \times 100$$

① 옥내 최적반사율
  ㉮ 천장 : 80~90[%]   ㉯ 벽 : 40~60[%]
  ㉰ 가구 : 25~45[%]   ㉱ 바닥 : 20~40[%]
② 천장과 바닥의 반사비율은 최소한 3 : 1 이상 유지해야 한다.

(2) 휘광(glare)

1 휘광(glare)의 정의

눈부심은 눈이 적응된 휘도보다 훨씬 밝은 광원(직사휘광) 혹은 반사광(반사휘광)이 시계 내에 있음으로써 생기며 성가신 느낌과 불편감을 주고 시성능(visual performance)을 저하시킨다.

① 광원으로부터의 직사휘광 처리방법
  ㉮ 광원의 휘도를 줄이고 광원의 수를 늘린다.
  ㉯ 광원을 시선에서 멀리 위치시킨다.
  ㉰ 휘광원 주위를 밝게 하여 광속 발산(휘도)비를 줄인다.
  ㉱ 가리개(shield), 갓(hood) 혹은 차양(visor)을 사용한다.
② 창문으로부터의 직사휘광 처리방법
  ㉮ 창문을 높이 단다.
  ㉯ 창의 바깥쪽에 드리우개(overhang)를 설치한다.
  ㉰ 창문 안쪽에 수직날개(fin)를 달아 직사광선을 제한한다.
  ㉱ 차양(shade) 혹은 발(blind)을 사용한다.
③ 반사휘광의 처리방법
  ㉮ 발광체의 휘도를 줄인다.
  ㉯ 일반(간접) 조명 수준을 높인다.
  ㉰ 산란광, 간접광, 조절판(baffle), 창문에 차양(shade) 등을 사용한다.

합격예측

IES추천 조명반사율 권고
① 바닥 : 20~40[%]
② 기구, 사용기기, 책상 : 25~40[%]
③ 창문발(blind), 벽 : 40~60[%]
④ 천장 : 80~90[%]

추천 조명수준
① 세밀한 조립작업 : 300[fc](foot-candle)
② 아주 힘든 검사작업 : 500[fc]
③ 보통 기계작업 : 100[fc]
④ 드릴 또는 리벳작업 : 30[fc]

조명(조도)수준
① 초정밀작업 : 750[Lux] 이상
② 정밀작업 : 300[Lux] 이상
③ 보통작업 : 150[Lux] 이상
④ 그 밖의 작업 : 75[Lux] 이상

광도

단위면적당 표면에서 반사 또는 방출되는 광량을 말하며, 주관적 느낌으로서의 휘도에 해당되나 휘도는 여러 가지 요소에 의해 영향을 받는다.

구분	정의
Lambert [L]	완전발산 또는 반사하는 표면이 1[cm] 거리에서 표준 촛불로 조명될 때의 조도와 같은 광도
milli-lambert [mL]	1[L]의 1/1,000로서, 1foot-Lambert와 비슷한 값을 갖는다.
foot-Lambert [fL]	완전발산 또는 반사하는 표면이 1[fc]로 조명될 때의 조도와 같은 광도
nit [cd/m²]	완전 발산 또는 반사하는 평면이 π[lux]로 조명될 때의 조도와 같은 광도

합격예측

휘도

단위 면적 당 표면을 떠나는 빛의 양

조도

조도는 광도에 비례하고 거리의 자승에 반비례한다.

① 조도 = $\frac{광도}{(거리)^2}$

② 반사율(%) = $\frac{광속발산도(fL)}{소요조명(fc)}$

③ 대비 = $\frac{L_b - L_t}{L_b}$

습구 흑구 온도지수(WBGT)

16. 5. 8 [기] 18. 3. 4 [산] 22. 3. 5 [기] 22. 4. 24 [기] 23. 3. 1 [산] 23. 6. 4 [기]

① 옥외(태양광선이 내리 쬐는 장소)
WBGT = 0.7 × 자연습구온도(T_{wb}) + 0.2 × 흑구온도(T_g) + 0.1 × 건구온도(T_{db})

② 옥내 또는 옥외(태양광선이 내리쬐지 않는 장소)
WBGT(℃) = 0.7 × 자연습구온도(T_{wb}) + 0.3 × 흑구온도(T_g)

용어정의

반응시간(reaction time)

① 동작을 개시할 때까지의 총 시간을 말한다.

② 총반응시간
= 단순반응시간 + 동작시간
= 0.2 + 0.3 = 0.5[초]

[Q] 은행문제

열중독증(heat illness)의 강도를 올바르게 나열한 것은?

15. 3. 8 [산] 20. 9. 27 [기]

ⓐ 열소모(heat exhaus-tion)
ⓑ 열발진(heat rash)
ⓒ 열경련(heat cramp)
ⓓ 열사병(heat stroke)

① ⓒ<ⓑ<ⓐ<ⓓ
② ⓒ<ⓑ<ⓓ<ⓐ
③ ⓑ<ⓒ<ⓐ<ⓓ
④ ⓑ<ⓓ<ⓐ<ⓒ

정답 ③

㉣ 반사광이 눈에 비치지 않게 광원을 위치시킨다.

㉤ 무광택 도료, 빛을 산란시키는 표면색을 한 사무용 기기, 윤기를 없앤 종이 등을 사용한다.

④ 신호 및 경보등

점멸등이나 상점등(常點燈)을 이용하여 빛의 검출성에 따라 신호, 경보효과가 달라진다. 빛의 검출성에 영향을 주는 인자는 다음과 같다.

㉮ 크기, 광속발산도(luminance) 및 노출시간 : 섬광을 검출할 수 있는 절대 역치는 광원의 크기, 광속 발산도, 노출시간의 조합에 관계된다.

㉯ 색광 : 효과 척도가 빠른 순서는 백 → 황 → 녹 → 등 → 자 → 적 → 청 → 흑색 순이다.

㉰ 점멸속도 : 점멸 융합 주파수보다 적어야 한다. 주의를 끌기 위해서는 초당 3~10회의 점멸속도에 지속시간 0.05[초] 이상이 적당하다.

㉱ 배경광 : 배경 불빛이 신호등과 비슷하면 신호광의 식별이 힘들어진다. 만약 점멸 잡음광의 비율이 $\frac{1}{10}$ 이상이면 상점등을 신호로 사용하는 것이 더 효과적이다.

(3) 온도

1 온도의 영향

① 안전활동에 가장 적당한 온도인 19~21[℃]보다 상승하거나 하강함에 따라 사고 빈도는 증가된다.

② 심한 고온이나 저온 상태에서는 사고의 강도가 증가된다.

③ 극단적인 온도의 영향은 연령이 많을수록 현저하다.

④ 고온은 심장에서 흐르는 혈액의 대부분을 냉각시키기 위하여 외부 모세혈관으로 순환을 가용하게 되므로 뇌중추에 공급할 혈액의 순환예비량을 감소시킨다.

⑤ 심한 저온상태와 관련된 사고는 수족 부위의 한기(寒氣) 또는 손재주의 감퇴와 관계가 깊다.

⑥ 안락한계
- 한기 : 17~29[℃]
- 열기 : 22~24[℃]

⑦ 불쾌한계
- 한기 : 17[℃]
- 열기 : 24~41[℃]

2 온도에 따른 증상(변화)

① 10[℃] 이하 : 옥외작업 금지, 수족이 굳어짐

② 10~15.5[℃] : 손재주 저하

③ 18~21[℃] : 최적상태

④ 37[℃] : 갱내 온도는 37[℃] 이하로 유지

3 온도변화에 따른 인체의 적응

① 적온에서 추운 환경으로 바뀔 때(저온스트레스)
  ㉮ 피부온도가 내려간다.
  ㉯ 피부를 경유하는 혈액순환량이 감소하고, 많은 양의 혈액이 몸의 중심부를 순환한다.
  ㉰ 직장(直腸)온도가 약간 올라간다.
  ㉱ 소름이 돋고 몸이 떨린다.

② 적온에서 더운 환경으로 변할 때(고온스트레스)
  ㉮ 피부온도가 올라간다.
  ㉯ 많은 양의 혈액이 피부를 경유한다.
  ㉰ 직장온도가 내려간다.
  ㉱ 발한이 시작된다.

③ 열압박(heat stress)
  ㉮ 체심(core)온도가 가장 우수한 피로지수이다.
  ㉯ 체심온도는 38.8[℃]만 되면 기진하게 된다.
  ㉰ 실효온도가 증가할수록 육체작업의 기능은 저하된다.
  ㉱ 열압박은 정신활동에도 악영향을 미친다.

④ 열압박 지수(HSI)
  $HSI = E_{req}(요구되는 증발량)/F_{max}(최대증발량) \times 100$

(4) 소음(noise : 원치 않는 소리, 주관적인 판단)

1 소음대책

① 소음원 통제 : 기계의 적절한 설계, 적절한 정비 및 주유, 기계에 고무받침대(mounting) 부착, 차량에 소음기(muffler) 등을 사용한다.(가장 효과적인 방법)
② 소음의 격리 : 씌우개(enclosure), 방, 장벽 등을 사용하며, 집의 창문을 닫을 경우 약 10[dB] 감음된다.
③ 차폐장치 및 흡음재 사용
④ 음향처리재 사용
⑤ 적절한 배치(layout)
⑥ 배경음악(BGM : Back Ground Music) : 60±3[dB]
⑦ 방음보호구 사용 : 귀마개, 귀덮개(소극적인 대책)

2 복합소음

① 같은 소음수준의 기계가 2대 이상일 경우 3[dB]이 증가된다.
② 두 소음수준의 차가 10[dB] 이내인 경우 복합소음이 발생된다.

합격예측

실효온도
① 실효온도(체감온도 또는 감각온도)에 영향을 주는 요인 : 온도, 습도, 대류(공기유동)
② 허용한계 :
  정신(사무작업)(60~64[℉]),
  경작업(55~60[℉]),
  중작업(50~55[℉])

거리에 따른 음의 강도 변화식
dB수준으로는
$dB_2 = dB_1 - 20\log\left(\dfrac{d_2}{d_1}\right)$

단순반응시간 (simple reaction time)
하나의 특정한 자극만이 발생할 수 있을 때 반응에 걸리는 시간으로 자극을 예상하고 있을때 반응시간은 0.15~0.2[최] 정도이다(특정기관, 강도, 지속시간 등의 자극의 특성, 연령, 개인차 등에 따라 차이가 있음).

Q 은행문제

1. 다음 중 음성통신에 있어 소음환경과 관련하여 성격이 다른 지수는?
   ① AI(Articulation Index)
   ② MAMA(Minimum Audible Movement Angle)
   ③ PNC(Preferred Noise Criteria Curve)
   ④ PSIL(Preferred-octave Speech Interference Level)

   정답 ②

해설
MAMA : 청각신호위치식별

2. 음의 강약을 나타내는 기본 단위는?
   ① dB   ② pont
   ③ hertz ④ diopter

   정답 ①

합격예측

Fechner과 Weber의 법칙 21. 3. 7 ㉮ 23. 2. 28 ㉮ 25. 2. 7 ㉮

① 특정감관의 변화감지역(ΔL)은 사용되는 표준자극(I)에 비례(ΔI/I=상수)한다는 관계를 Weber 법칙이라 하며, 어떤 한정된 범위 내에서 동일한 양의 인식(감각)의 증가를 얻기 위해서는 자극은 지수적으로 증가해야 한다는 법칙을 Fechner법칙이라고 한다.
② 음높이의 변화감지역은 진동수의 대수치에 비례하고, 시력은 조명강도의 대수치에 비례하며, 음의 강도를 측정하는 dB 눈금은 대수적이라는 것 등이다.
③ 웨버의 비 = 변화감지역/기준 자극의 크기
④ 변화감지역: 두 자극 사이의 차이를 식별할 수 있는 최소강도의 차이
   ⓔ 웨버의 비가 0.02라면 100[g]을 기준으로 무게의 변화를 느끼려면 2[g] 정도면 되지만, 10[kg]의 무게를 기준으로 한 경우에는 200[g]이 되어야 무게의 차이를 감지할 수 있다.

복합소음
두 기계의 dB소음수준이 10[dB] 이내일 경우 높은 소음에 3[dB] 정도 증가한다.

충격 소음의 노출기준 16. 5. 8 ㉮ 23. 4. 1 ㉯

충격소음의 강도 [dB(A)] 초과	140	130	120
1일 노출 횟수 이상	100	1,000	10,000

충격소음이란 최대 음압수준에 120[dB(A)] 이상인 소음이 1[초] 이상 간격으로 발생하는 것

참고 17. 3. 5 ㉯
① 소음작업: 1일 8시간 작업을 기준으로 85[dB] 이상의 소음을 발생하는 작업
② 충격소음(최대음압수준): 140[dBA]

Q 은행문제 16. 10. 1 ㉮ ㉯
경보사이렌으로부터 10[m] 떨어진 곳에서 음압수준이 140[dB]이면 100[m] 떨어진 곳에서 음의 강도는 얼마인가?
① 100[dB] ② 110[dB]
③ 120[dB] ④ 140[dB]
정답 ③

③ masking 현상 19. 9. 21 ㉮

① 두 음의 차가 10[dB] 이상인 경우 발생된다.
② 10[dB] 이상의 차에 의해 높은 음이 낮은 음을 상쇄시켜 높은 음만 들려 낮은 음이 들리지 않는 현상이다.
③ 90[dB]과 60[dB]이 발생되는 기계가 공존시 60[dB]이 발생되는 기계는 90[dB] 소음이 발생되는 기계에 의해 상쇄되는 현상으로 90[dB]의 소리만 들린다.

[표] 음압과 허용노출관계(120[dB] 이상격벽설치) 16. 8. 26 ㉮ ㉯ 20. 8. 22 ㉮
21. 8. 14 ㉮ 22. 4. 24 ㉮

dB 기준	90	95	100	105	110	115
허용노출시간	8시간	4시간	2시간	1시간	30분	15분

[참고] 표는 강렬한 소음작업의 기준임

④ 청력 손실 16. 3. 6 ㉯ 16. 10. 1 ㉮

① 청력 손실의 정도는 노출되는 소음 수준에 따라 증가한다.
② 청력 손실은 4,000[Hz]에서 가장 크게 나타난다.
③ 강한 소음은 노출기간에 따라 청력 손실을 증가시키지만 약한 소음의 경우에는 관계 없다.(민감주파수 : 500~3,000[Hz]) 20. 6. 14 ㉮
④ 초음파 소음
   ㉮ 가청영역위의 주파수를 갖는 소음(일반적으로 20,000[Hz] 이상)
   ㉯ 노출한계 : 20,000[Hz] 이상에서 110[dB]로 노출한정

(5) 시력

① 정(靜)시력

① 정지된 물체나 물건 등을 식별할 수 있는 시각적 능력
② 최소가분(可分)시력(간격해상력)의 역수로 나타낸다.

$$시각(분) = \frac{57.3 \times 60 \times L}{D}$$ 20. 8. 22 ㉮

여기서, D : 물체와 눈 사이의 거리
L : 시선과 직각으로 측정한 물체의 크기(글자인 경우 획폭)

③ 시력이 1.0이란 최소가분시력이 1(또는 $\frac{1}{60}[°]$)이라 할 수 있다.
④ 57.3과 60은 시각이 60분 이하일 때 radian 단위를 분으로 환산하기 위한 상수이다.

② 동(動)시력

① 움직이는 물체를 식별할 수 있는 시각적 능력
② 초당 물체의 이동각도로 표시한다.

③ 60[°/sec] : 초당 물체의 이동속도가 60[°] 이상이면 시력은 급격히 감소
④ 정상인의 시계 : 200[°]
⑤ 물체의 색채를 식별할 수 있는 시계 : 70[°]
⑥ 인간이 노화에 따라 가장 먼저 감퇴되는 것 : 시력(시각)
⑦ 시각의 최소감지범위 : $10^{-6}[ml]$
⑧ 시각의 최대감지범위 : $10^4[ml]$
⑨ 20~25세의 시성능이 1.0이라 할 때 연령에 따른 필요한 조명기준
  ㉮ 40세 : 1.17배
  ㉯ 50세 : 1.58배
  ㉰ 65세 : 2.66배의 조명이 필요하다.

3 굴절률(D : Diopter)

① 광학렌즈에서 빛의 굴절을 재는 단위로서 초점거리의 역수로 나타낸다.
② 디옵터(D) = $\dfrac{1}{\text{단위 초점거리}[m]}$
③ 사람눈의 굴절률 = $\dfrac{1}{0.017}$ = 59D
④ D값이 클수록 초점거리는 가까워진다.
⑤ 젊은 사람의 눈은 보통 59D에서 70D까지 11D 정도 굴절률을 증가시킬 수 있으며 이것을 조절폭이라 한다.

(6) 색채

1 먼셀(Munsell)의 표색계에서 색의 3요소

HV/C-H : Hue(색상), V : Value(명도), C : Chroma(채도)

① 색의 3속성 : 색상, 명도, 채도
② 조명의 3요소 : 휘도, 광도, 조도
③ 무채색의 3요소 : 흑색, 회색, 백색
④ CIE색계(빛의 3원색) : 적색(X), 녹색(Y), 청색(Z)

2 시 식별(시력·대비) 영향요인(인자)

① 광도   ② 조도
③ 광속발산도   ④ 대비
⑤ 반사율   ⑥ 노출시간
⑦ 이동   ⑧ 휘도(glare)

3 CAS란

① 색채조절(color conditioning)
② 공기조절(air conditioning)
③ 음향조절(sound conditioning)

합격예측

음의 크기의 수준

① Phon : 1,000[Hz] 순음의 음압수준(dB)를 나타낸다.
② sone : 1,000[Hz], 40[dB]의 음압수준을 가진 순음의 크기(=40[Phon])를 1[sone]이라 한다.
③ sone과 Phon의 관계식
∴ sone치 = $2^{(phon-40)/10}$
④ 인식소음 수준
  ㉮ PN[dB](perceived noise level)의 척도는 910~1,090[Hz]대의 소음 음압수준
  ㉯ PL[dB](perceived level of noise)의 척도는 3,150[Hz]에 중심을 둔 1/3 옥타브대 음을 기준으로 사용
⑤ 음압레벨(PWL, Sound Power Lever)
PWL = $10\log\left(\dfrac{P}{P_0}\right)$ dB
(P : 음압(Watt), P_0 : 기준의 음압 10−12[Watt])

masking(은폐 : 차폐)현상
dB이 높은 음과 낮은 음이 공존할 때 낮은 음이 강한 음에 가로막혀 숨겨져 들리지 않게 되는 현상을 말한다.

참고

(1) 부분적 소음 노출분량 = $\dfrac{\text{소리수준에서 실제 소모된 시간}}{\text{소리수준에서 최대 허용 가능한 시간}}$

(2) 고진동수 소음 노출 시의 생체 피해 3단계
매우 짧은 노출에도 정상적인 청각기능에 영구적인 피해 가능성

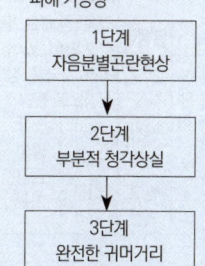

1단계 자음분별곤란현상
↓
2단계 부분적 청각상실
↓
3단계 완전한 귀머거리

합격예측

① 명도가 높은 색채는 빠르고 경쾌하게 느껴지고 낮은 색채는 둔하고 느리게 느껴진다.
② 느리고 둔한 색에서 가볍고 경쾌한 느낌을 주는 색의 순서를 들어보면 다음과 같다.
∴ 흑 → 청 → 적 → 자 → 등 → 녹 → 황 → 백
③ 팽창색에서 수축색으로 향하는 색의 순서를 나타내면 다음과 같다.
∴ 황 → 등 → 적 → 자 → 녹 → 청

Q 은행문제

다음 중 인간의 제어 및 조정능력을 나타내는 법칙인 Fitts' law와 관련된 변수가 아닌 것은?
15. 3. 8 기
① 표적의 너비
② 표적의 색상
③ 시작점에서 표적까지의 거리
④ 작업의 난이도(Index of Difficulty)

정답 ②

합격예측

귀의 구조 및 기능

구조		기능
외이	귓바퀴	소리를 모음
	외이도	소리의 이동 통로
중이	고막	소리에 의해 최초로 진동하는 얇은 막
	청소골	고막의 소리를 증폭시켜 내이(난원창)로 전달 (22배 증폭) 18. 9. 15 기 23. 5. 13 산
	유스타키오관	외이와 중이의 압력 조절
내이	달팽이관	(임파액으로 차 있음)청세포가 분포되어 있어 소리 자극을 청신경으로 전달
	전정기관	위치감각 / 평형감각기관
	반고리관	회전감각 /

4 색채와 심리(Therapy : 테라피)

① **빨간색** : 공포, 열정, 애정, 활기, 용기
② **노란색** : 주의, 조심, 희망, 광명, 향상
③ **파란색** : 진정, 냉담, 소극, 소원
④ **녹색** : 안전, 안식, 평화, 위안
⑤ **보라색** : 우미, 고취, 불안, 영원

5 색채조절의 효과 및 목적

① 피로의 경감
② 생산성 향상
③ 재해감소
④ 작업의 질적 향상
⑤ 밝기의 증가
⑥ 기술향상
⑦ 불량품 감소
⑧ 능률향상
⑨ 동기유발
⑩ 재해사고방지를 위한 표지의 명확화

[표] 소음의 ABCD측정 척도

구분	기준
A측정치	가장 공통적으로 사용하는 것으로 인간귀의 특성에 가장 가깝게 반응(소리의 세기, 시끄러움, 성가심 등은 A측정치에 근거)
B측정치	사람들이 중간세기의 소리에 얼마나 잘 반응하는가를 표시하기 위해 사용 (드물게 사용)
C측정치	모두 거의 동일하게 주파수가중치 부여
D측정치	주로 항공기 소음을 위해 고안된 것

[표] 눈의 구조·기능·모양

구조	기능	모양
각막	최초로 빛이 통과하는 곳, 눈을 보호 18. 4. 28 산	(모양체, 망막, 홍채, 수정체, 동공, 유리체, 맹점, 각막, 시신경)
홍채	동공의 크기를 조절해 빛의 양 조절	
모양체	수정체의 두께를 변화시켜 원근 조절	
수정체	렌즈의 역할, 빛을 굴절시킴	
망막	상이 맺히는 곳, 시세포 존재, 두뇌전달 예 카메라 필름 16. 10. 1 기 23. 5. 13 기 23. 7. 8 기	
맥락막	망막을 둘러싼 검은 막, 어둠 상자 역할	

6 대비(luminance contrast)[%]

보통 표적의 광속발산도(L_t)와 배경의 광속발산도(L_b)의 차를 나타내는 척도인데 다음 공식에 의해 계산된다.

$$대비 = \frac{L_b - L_t}{L_b} \times 100$$

① 표적이 배경보다 어두울 경우 : 대비값은 +100[%]~0 사이
② 표적이 배경보다 밝을 경우 : 대비값은 0~-∞ 사이

7 암조응(Dark Adaptation)

① 밝은 곳에서 어두운 곳으로 갈 때 : 원추세포의 감수성상실, 간상세포에 의해 물체 식별
② 완전 암조응 : 보통 30~40분 소요(명조응 : 수초 내지 1~2분)

4. 통제표시비

(1) 통제기기의 선택조건

① 계기지침의 일치성
② 통제기기가 복잡하고 정밀한 조절이 필요한 때에는 멀티로테이션 컨트롤 기기를 사용하는 것이 좋다.
③ 통제기기의 선택 중에서 그 조작력과 세팅 범위가 중요한 경우에는 통제표시비 내용을 검토하여야 한다.
④ 특정목적에 사용되는 통제기기는 단일보다는 여러 개를 조합하여 사용하는 것이 효과적이다.

(2) 통제표시비의 설계시 고려사항

① 계기의 크기 : 계기의 조절시간에 짧게 소요되는 사이즈(size)를 선택해야 하며, 사이즈가 작으면 오차가 많이 발생하므로 상대적으로 생각해야 한다.
② 공차 : 계기에 인정할 수 있는 공차가 주행시간의 단축과 관계를 고려하여 짧은 주행 시간 내에 공차의 인정 범위를 초과하지 않는 계기를 마련해야 한다.
③ 목측거리(目測距離) : 작업자의 눈과 계기표시판과의 거리는 주행과 조절에 크게 관계되고 있다. 목측거리가 길면 길수록 조절의 정확도는 작아지면서 시간이 많이 걸리게 된다.
④ 조작시간 : 통제기기 시스템에서 발생하는 조작시간의 지연은 직접적으로 통제표시비가 크게 작용하고 있다. 작업자의 조절 동작과 계기의 반응운동간의 지연시간을 가져오는 경우에는 통제비를 감소시키는 것 이외에 방법이 없다.
⑤ 방향성 : 통제기기의 조작방향과 표시 지표의 운동방향이 일치하지 않으면 작업자의 동작에 혼란을 가져오고 작업시간이 오래 걸리면 또한 오차도 커진다.

합격예측

ISO(international organization for standardization) : 국제표준화기구) 소음기준
① 소음평가지수(noise rating number : NRN)로 85를 기준
② 500, 1,000, 2,000[Hz]를 중심주파수로 하며 최대치의 평균으로 산출
③ 가장 낮은 범위 : 4~8[Hz]

통제비 설계시 고려해야 할 사항 5가지
① 계기의 크기
② 공차
③ 방향성
④ 조작시간
⑤ 목측거리

① 시각 전달 경로
빛 → 각막 → 동공 → 수정체 → 유리체 → 망막 → 시세포 → 시신경 → 대뇌

[표] 황반과 맹점

구분	특징
황반	망막의 중심부로 시세포가 밀집하여 상이 뚜렷하게 맺히는 곳
맹점	시신경이 지나가는 부분으로 시세포가 없어 상이 맺혀도 보이지 않는 경우

② 망막의 감광요소

구분	특징
원추체 (cone)	밝은 곳에서 기능, 색구별, 황반에 집중, 색맹, 색약세포
간상체 (rod)	조도 수준이 낮을 때 기능, 흑백의 음영 구분, 망막주변에 분포

용어정의

(1) coriolis현상
비행기와 함께 선회하던 조종사가 머리를 선회면 밖으로 움직일 때 평형감각을 상실하는 현상

(2) JND
물리적 자극의 변화여부를 감지할 수 있는 최소자극단위

계기의 방향성은 안전과 능률에 크게 영향을 미치고 있으므로 설계시에 가장 주의해야 한다.

(3) 통제표시비의 개념

통제표시비를 일명 C/D라고도 하며, 통제기기와 시각표시 관계를 나타내는 비율로서 이는 연속조종장치에만 적용되는 개념이다. 통제표시비를 간단히 통제비라고도 하며, 통제기기의 변위량을 X[cm]로 하고 표시 계기의 지침의 변위량을 Y[cm]로 할 때에 $\frac{C}{D} = \frac{X}{Y}$ (직선통제비)로 나타낸다.

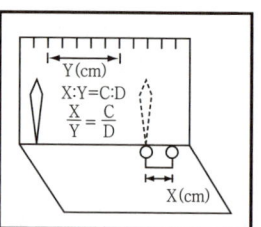

[그림] 통제표시비

(4) 통제표시비와 조작시간과의 관계[젠킨스(W. L. Jenkins)시험]

회전 노브(knob)를 사용한 통제기기의 표시판에 불이 켜지자 동작을 개시하여 목적하는 표시까지 바늘을 움직이는 데 요하는 시간과 목표 근처에서 목표와 바늘을 일치시키는 데 소요되는 시간, 즉 조절시간의 3단계로 구분하게 된다. 즉 불이 켜지면 시각의 감지시간, 통제기기의 주행시간, 그리고 조종시간의 3요소가 조작시간에 포함되는 시간이다. 최적통제비는 1.18~2.42의 범위가 가장 효과적이다.

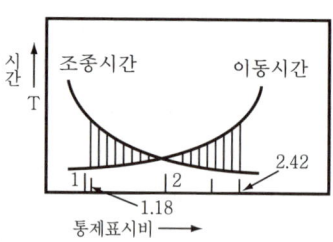

[그림] 직선통제표시비와 조작시간

(5) 조종구(ball control)에서의 C/D비 또는 C/R비

회전운동을 하는 조종장치가 선형 표시장치를 움직일 때는 L을 반경(지레 길이), α를 조종장치가 움직인 각도라 할 때 $C/D = \frac{(\alpha/360) \times 2\pi L}{\text{표시장치 이동거리}}$ (회전통제비)로 정의된다.

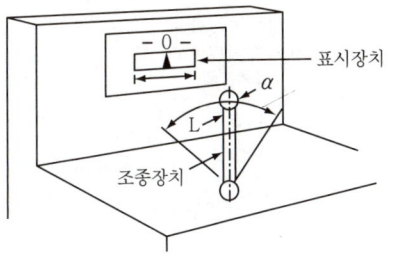

[그림] 선형 표시장치를 움직이는 조종구에서의 C/D

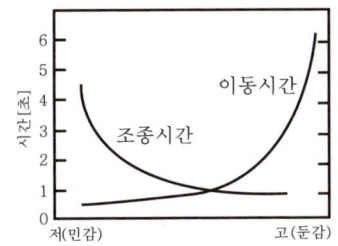

[그림] C/R비 17. 3. 5 산

5. 표시장치 및 제어장치

(1) 자동제어

1 자동제어의 장점

① 품질의 향상이 현저하고 균일한 제품이 나온다.
② 생산속도가 상승한다.
③ 원료, 연료 및 동력이 절약된다.
④ 노동조건의 향상과 위험한 환경의 안전화가 이루어진다.
⑤ 생산설비의 수명이 연장된다.
⑥ 생산설비의 감소화가 될 수 있다.

2 서보기구(servo mechanism)

① 물체의 위치, 방위, 자세 등을 제어량으로 하고 목표값의 임의의 변화에 항시 추종하도록 구성된 제어계
② 레이더의 제어, 선박이나 항공기 등의 자동조타장치, 공작기계의 제어, 자동평형계기 등이 있다.

3 시퀀스(sequential)제어

미리 정해진 순서에 따라서 제어의 각 단계를 순차적으로 진행해 나가는 제어이다.

4 공정제어(process control)

압력, 유량, 온도 등 상태나 양을 제어한다.

5 feedback제어

① 제어결과를 측정하여 목표로 하는 동작이나 상태와 비교하여 잘못된 점을 수정하여 가는 제어 방식
② 제어계의 동작 상태를 방해하는 외부의 작용을 제거할 수 있다.
③ 제어대상의 특성을 파악할 수 없어도 소기의 목적을 달성할 수 있다.

합격예측

직각 또는 착오의 유형
- 위치의 오인
- 순서의 오인
- 패턴의 오인
- 형태의 오인
- 기억의 틀림

수공구 설계원칙
16. 5. 8 산 18. 9. 15 기 19. 3. 3 산
20. 6. 14 산 21. 9. 12 기
① 손목을 곧게 펼 수 있도록 : 손목이 팔과 일직선일 때 가장 이상적
② 손가락으로 지나친 반복동작을 하지 않도록 : 검지의 지나친 사용은 「방아쇠 손가락」증세 유발
③ 손바닥면에 압력이 가해지지 않도록(접촉면적을 크게) : 신경과 혈관에 장애 (무감각증, 떨림현상)
④ 그 밖에 설계원칙
  ㉮ 안전측면을 고려한 디자인
  ㉯ 적절한 장갑의 사용
  ㉰ 왼손잡이 및 장애인을 위한 배려
  ㉱ 공구의 무게를 줄이고 균형유지 등

(1) 최적 C/D비
19. 8. 4 기 23. 3. 1 산
① 이동동작과 조종동작을 절충하는 동작이 수반
② 최적치는 두 곡선의 교점 부호
③ C/D비가 작을수록 이동시간은 짧고, 조종은 어려워서 민감한 조종장치이다.

(2) C/D비교
18. 3. 4 산 18. 9. 15 산
① 선형 조종장치가 선형 표시장치를 움직일 때는 각각 직선변위의 비(제어표시비)

$$C/D비 = \frac{조종장치(제어기기)의 이동거리}{표시장치(표시기기)의 반응거리}$$

② 회전 운동을 하는 조종장치가 선형 표시장치를 움직일 경우

$$C/D비 = \frac{(a/360) \times 2\pi L}{표시장치의 이동거리}$$

L : 반경(지레의 길이),
a : 조종장치가 움직인 각도

합격예측

인간 기술의 종류
① 전신적(gross bodily) 기술 : 보행, 균형유지 등
② 조작적(manipulative) 기술 : 연속적, 수차적(數次的), 이산적(離散的) 형태 포함
③ 인식적(perceptual) 기술
④ 언어(language) 기술 : 의사소통, 수학, 은유 또는 컴퓨터 언어 같이 사람들이 사고할 때나 문제에 사용하는 여러 가지 표현방식

암호체계 사용상 일반적 지침
① 암호의 검출성(감지장치로 검출)
② 암호의 변별성(인접자극의 상이도 영향)
③ 부호의 양립성(인간의 기대와 모순되지 않을 것)
④ 부호의 의미
⑤ 암호의 표준화
⑥ 다차원 암호의 사용(정보전달 촉진)

가속도
① 가속도는 물체의 운동변화율(중력가속도는 9.8[m/sec²])
② 성능에 미치는 영향 : 읽기, 반응시간, 추적 및 제어 임무, 고도의 정신기능 등에 악영향
③ 감속에 의한 2차충돌 보호
 ㉮ 좌석벨트(속박용구)
 ㉯ 에어백(충돌시 팽창)
 ㉰ 단축되는 운전대 등

Q 은행문제

반사형 없이 모든 방향으로 빛을 발하는 점광원에서 5[m] 떨어진 곳의 조도가 120[lux]라면 2[m] 떨어진 곳의 조도는 약 얼마인가?
17. 3. 5 기 산

해설
① 조도= $\dfrac{광도}{(거리)^2}$
② 5[m] 떨어진 지점의 광도를 구하면
③ $120 = \dfrac{x}{(5)^2} = \dfrac{x}{25}$ 이므로
 $x = 120 \times 25 = 3000$ 이다.
④ 2[m] 떨어진 지점의 조도(lux)를 구하면
 $x = \dfrac{3000}{(2)^2} = 750$ [lux]

④ 되먹임제어(feed-back control) : 폐쇄루프제어(closed loop control)

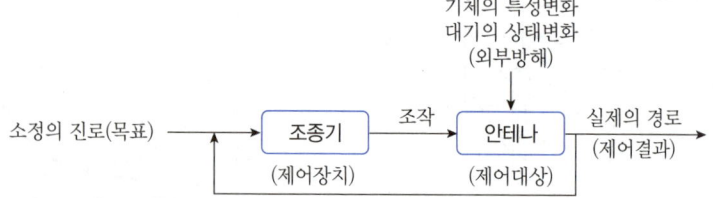

⑤ 개방루프제어(open loop control)

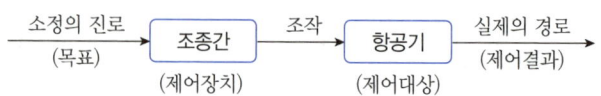

(2) 기계의 통제기능(machine control function)

1 양의 조절에 의한 통제(연속조절조종장치)

투입되는 연료량, 전기량(저항, 전류, 전압), 음량, 회전량 등의 양을 조절하여 통제하는 장치

[그림] 양의 조절에 의한 통제

① 노브(knob) : 보통노브, 동심노브, 손잡이노브, 문자반 회전노브
② 크랭크(crank)
③ 핸들(hand wheel)
④ 레버(lever)
⑤ 페달(pedal) : 회전식, 왕복식, 직동식

2 개폐에 의한 통제(불연속조절 통제장치)

on-off로 동작 자체를 개시하거나 중단하도록 통제하는 장치
① 수동식 푸시버튼(hand push button)
② 발푸시버튼(foot push button)
③ 토글스위치(toggle switch)
④ 로터리스위치(rotary selector switch)

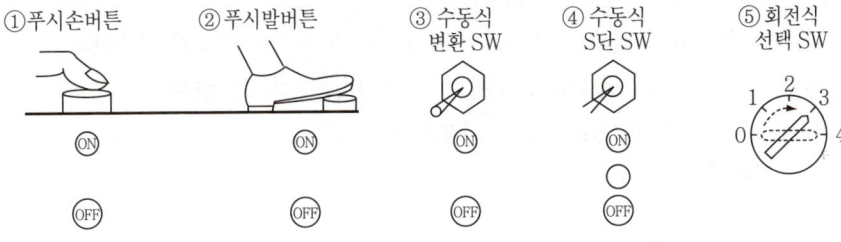

[그림] 개폐에 의한 통제

3 반응에 의한 통제

계기, 신호 또는 감각에 의하여 행하는 통제장치(예 자동경보 시스템)

6. 양립성(compatibility) 21. 9. 12 ㉮ 22. 3. 5 ㉮ 23. 6. 4 ㉮ 24. 2. 15 ㉮ 25. 2. 7 ㉮

정보입력 및 처리와 관련한 양립성은 인간의 기대와 모순되지 않은 자극들 간의, 반응들간의 또는 자극반응 조합의 관계를 말하는 것으로 다음의 4가지가 있다.

① 공간적 양립성 : 표시장치가 조종장치에서 물리적 형태나 공간적인 배치의 양립성
② 운동 양립성 : 표시 및 조종장치, 체계반응의 운동방향의 양립성
③ 개념 양립성 : 사람들이 가지고 있는 개념적 연상(어떤 암호체계에서 청색이 정상을 나타내 듯이)의 양립성
④ 양식 양립성 : 직무에 알맞은 자극과 응답의 양식의 존재에 대한 양립성 18. 8. 19 ㉠ 20. 8. 22 ㉠
  예 음성과업에 대해서는 청각적 자극 제시와 음성 응답 과업에서 갖는 양립성

7. 수공구(手工具)

(1) 사용시 유의점

① 손목을 곧게 유지한다(손목을 꺾지 말고 손잡이를 꺾어라).
② 힘이 요구되는 작업에는 파워그립(power grip)을 사용한다.
③ 지속적인 정적 근육부하(loading)를 피한다.
④ 반복적인 손가락 동작을 피한다.
⑤ 양손 중 어느 손으로도 사용이 가능하고 적은 스트레스를 주는 공구를 개인에게 사용되도록 설계한다.

(2) 기계적인 개선방법

① 수동공구 대신에 전동 공구를 사용한다.
② 가능한 손잡이의 접촉면을 넓게 한다.
③ 제일 강한 힘을 낼 수 있는 중지와 엄지를 사용한다.

> 참고

1. 전신진동이 인간성능에 끼치는 영향 16. 3. 6 ㉮
① 진동은 진폭에 비례하여 시력을 손상하며 10~25 [Hz] 의 경우 가장 심하다.
② 진동은 진폭에 비례하여 추적능력을 손상하며 5[Hz] 이하의 낮은 진동수에서 가장 심하다.
③ 안정되고 정확한 근육조절을 요하는 작업은 진동에 의해서 저하된다. 반응시간, 감시, 형태식별 등 주로 중앙신경처리에 달린 임무는 진동의 영향을 덜 받으며, 시력 및 추적능력 등은 진동의 영향을 많이 받는다.

2. VDT(영상 표시 단말기) 작업의 안전
(1) 작업자세
① 시선은 화면상단과 눈높이가 일치할 정도로 하고 시야 범위는 수평선상으로부터 10~15[°] 밑에 오도록 하며 화면과 눈과의 거리는 40[cm] 이상 확보
② 윗팔은 자연스럽게 늘어뜨리고 어깨가 들리지 않아야 하며 팔꿈치 내각은 90[°] 이상 아래 팔은 손등과 수평을 유지하여 키보드 조작
③ 무릎의 내각은 90[°] 전후로 하며 종아리와 대퇴부에 무리한 압력이 없도록 할 것

(2) 조명과 채광
① 주변환경의 조도기준 08. 7. 27 ㉮

화면의 바탕색상	조도기준
검은색 계통	300~500[lux]
흰색 계통	500~700[lux]

② 화면을 보는 시간이 많을수록 화면밝기와 작업대 주변 밝기의 차를 줄일 것
③ 문서간의 밝기비 = 1 : 10

④ 손잡이의 길이가 최소한 10cm는 되도록 설계한다.
⑤ 손잡이가 두 개 달린 공구들은 손잡이 사이의 거리를 알맞게 설계한다.
⑥ 손잡이의 표면은 충격을 흡수할 수 있고, 비전도성으로 설계한다.
⑦ 공구의 무게는 2.3kg 이하로 설계한다.
⑧ 장갑을 알맞게 사용한다.

(3) 극한 온도 사용

① 수공구에 단열된 손잡이를 준비한다.
② 적절히 맞는 장갑을 준비한다.
③ 사람에게 유해한 물질이 손이나 팔에 직접 닿지 않도록 설계된 공구를 준비한다.

(4) 수공구 진동

1 진동폭로시간에 대한 진동가속도 수준

수공구의 진동가속도에 따른 하루 평균 폭로시간을 나타낸 표이다.(출처 : 미국 산업위생전문가협회(ACGIH) 기준)

[표] 진동폭로시간에 대한 진동가속도 수준

하루 평균 폭로시간	m/s²(진동가속도)
4시간 이상 ~ 8시간 미만	4
2시간 이상 ~ 4시간 미만	6
1시간 이상 ~ 2시간 미만	8
1시간 미만	12

2 수공구 진동방지 대책

① 진동수준이 최저인 수공구를 선택한다.
② 진동공구를 잘 관리하고, 절삭연장은 날을 세워둔다.
③ 진동용 장갑을 착용하여 진동을 감소시킨다.
④ 공구를 잡거나 조절하는 악력을 줄인다.
⑤ 진동공구를 사용하는 일을 사용할 필요가 없는 일로 바꾼다.
⑥ 진동공구의 하루 사용시간을 제한한다.
⑦ 진동공구를 사용할 때는 중간 휴식시간을 길게 한다.
⑧ 작업자가 매주 진동공구를 사용하는 일수를 제한한다.
⑨ 진동을 최소화하도록 속도를 조절할 수 있는 수공구를 사용한다.
⑩ 적절히 단열된 수공구를 사용한다.

합격예측

음압수준(Sound Pressure Level : SPL)

① 음의 강도의 척도는 bel의 1/10인 데시벨(decibel : dB)로 나타내며, 음압수준으로 표시하면 다음과 같이 된다.

$$db\ 수준(dpl) = 20\log_{10}\left(\frac{P_1}{P_0}\right)$$

여기서,
P_0 : 기준음압(2×10^{-5}[N/m²] : 1,000[Hz]에서의 최소 가청치)
P_1 : 측정하려는 음압

② dB은 상대적 단위로서, P_1과 P_2의 음압을 갖는 두 음의 강도차는 다음과 같다.

$$db_{2-1} = db_2 - db_1$$
$$= 20\log\frac{P_2}{P_0} - 20\log\frac{P_1}{P_0}$$
$$= 20\log\frac{P_2}{P_1}$$

Q 은행문제

1. 정보를 유리나 차양판에 중첩시켜 나타내는 표시장치는? 19. 3. 3
① CRT ② LCD
③ HUD ④ LED
정답 ③

2. 40세 이후 노화에 의한 인체의 시지각 능력 변화로 틀린 것은? 15. 3. 8
① 근시력 저하
② 휘광에 대한 민감도 저하
③ 망막에 이르는 조명량 감소
④ 수정체 변색
정답 ②

3. 작업자가 용이하게 기계·기구를 식별하도록 암호화(Coading)를 한다. 암호화 방법이 아닌 것은?
① 강도 ② 형상
③ 크기 ④ 색채
정답 ①

8. 사무/VDT작업설계 및 관리

영상표시단말기(VDT) 취급근로자 작업관리지침

제1장 총칙

제1조(목적) 이 고시는 「산업안전보건법」 제13조에 따라 영상표시단말기(Visual Display Terminal, VDT)작업에 종사하는 근로자의 건강장해를 예방하기 위하여 사업주 또는 근로자가 지켜야 하는 지침을 정하는 것을 목적으로 한다.

제2조(정의) ① 이 고시에서 사용하는 용어의 뜻은 다음과 같다.
1. "영상표시단말기"란 음극선관(Cathode, CRT)화면, 액정 표시(Liquid Crystal Display, LCD)화면, 가스플라즈마(Gasplasma)화면 등의 영상표시단말기를 말한다.
2. "영상표시단말기등"이란 영상표시단말기 및 영상표시단말기와 연결하여 자료의 입력·출력·검색 등에 사용하는 키보드·마우스·프린터 등 영상표시단말기의 주변기기를 말한다.
3. "영상표시단말기 취급근로자"란 영상표시단말기의 화면을 감시·조정하거나 영상표시단말기 등을 사용하여 입력·출력·검색·편집·수정·프로그래밍·컴퓨터설계(CAD) 등의 작업을 하는 사람을 말한다.
4. "영상표시단말기 연속작업"이란 자료입력·문서작성·자료검색·대화형 작업·컴퓨터설계(CAD) 등 근무시간동안 연속하여 영상표시단말기 화면을 보거나 키보드·마우스 등을 조작하는 작업을 말한다.
5. "영상표시단말기 작업으로 인한 관련 증상(VDT 증후군)"이란 영상 표시 단말기를 취급하는 작업으로 인하여 발생되는 경견완증후군 및 기타 근골격계 증상·눈의 피로·피부증상·정신신경계증상 등을 말한다.

② 그 밖에 이 고시에서 사용하는 용어의 뜻은 이 고시에 특별한 규정이 없으면 「산업안전보건법」, 같은 법 시행령 및 시행규칙, 「산업안전보건기준에 관한 규칙」에서 정하는 바에 따른다.

제3조(적용대상) 이 고시는 영상표시단말기 취급 작업을 보유한 사업주 및 해당 업무에 종사하는 근로자에 대하여 적용한다.

제2장 작업관리

제4조(작업시간 및 휴식시간) ① 사업주는 영상표시단말기 연속작업을 수행하는 근로자에 대해서는 영상표시단말기 작업 외의 작업을 중간에 넣거나 또는 다른 근로자와 교대로 실시하는 등 계속해서 영상표시단말기 작업을 수행하지 않도록 하여야 한다.

② 사업주는 영상표시단말기 연속작업을 수행하는 근로자에 대하여 작업시간중에 적정한 휴식시간을 주어야 한다. 다만, 연속작업 직후 「근로기준법」 제54조에 따른 휴게시간 또는 점심시간이 있을 경우에는 그러하지 아니하다.
③ 사업주는 영상표시단말기 연속작업을 수행하는 근로자가 휴식시간을 적절히 활용할 수 있도록 휴식장소를 제공하여야 한다.

제5조(작업기기의 조건) ① 사업주는 다음 각 호의 성능을 갖춘 영상표시단말기 화면을 제공하여야 한다.
1. 영상표시단말기 화면은 회전 및 경사조절이 가능할 것
2. 화면의 깜박거림은 영상표시단말기 취급근로자가 느낄 수 없을 정도이어야 하고 화질은 항상 선명할 것
3. 화면에 나타나는 문자·도형과 배경의 휘도비(Contrast)는 작업자가 용이하게 조절할 수 있을 것
4. 화면상의 문자나 도형 등은 영상표시단말기 취급근로자가 읽기 쉽도록 크기·간격 및 형상 등을 고려할 것
5. 단색화면일 경우 색상은 일반적으로 어두운 배경에 밝은 황·녹색 또는 백색문자를 사용하고 적색 또는 청색의 문자는 가급적 사용하지 않을 것

② 사업주는 다음 각 호의 성능 및 구조를 갖춘 키보드와 마우스를 제공하여야 한다.
1. 키보드는 특수목적으로 고정된 경우를 제외하고는 영상표시단말기 취급 근로자가 조작위치를 조정할 수 있도록 이동이 가능할 것
2. 키의 성능은 입력 시 영상표시단말기 취급 근로자가 키의 작동을 자연스럽게 느낄 수 있도록 촉각·청각 및 작동압력 등을 고려할 것
3. 키의 윗부분에 새겨진 문자나 기호는 명확하고, 작업자가 쉽게 판별할 수 있을 것
4. 키보드의 경사는 5도 이상 15도 이하, 두께는 3센티미터 이하로 할 것
5. 키보드와 키 윗부분의 표면은 무광택으로 할 것
6. 키의 배열은 입력 작업 시 작업자의 팔 자세가 자연스럽게 유지되고 조작이 원활하도록 배치할 것
7. 작업자의 손목을 지지해 줄 수 있도록 작업대 끝면과 키보드의 사이는 15센티미터 이상을 확보하고 손목의 부담을 경감할 수 있도록 적절한 받침대(패드)를 이용할 수 있을 것
8. 마우스는 쥐었을 때 작업자의 손이 자연스러운 상태를 유지할 수 있을 것

③ 사업주는 다음 각 호의 사항을 갖춘 작업대를 제공하여야 한다.
1. 작업대는 모니터·키보드 및 마우스·서류받침대 및 그 밖에 작업에 필요한 기구를 적절하게 배치할 수 있도록 충분한 넓이를 갖출 것

2. 작업대는 가운데 서랍이 없는 것을 사용하도록 하며, 근로자가 영상표시단말기 작업 중에 다리를 편안하게 놓을 수 있도록 다리 주변에 충분한 공간을 확보할 것
3. 작업대의 높이(키보드 지지대가 별도 설치된 경우에는 키보드 지지대 높이)는 조정되지 않는 작업대를 사용하는 경우에는 바닥면에서 작업대 높이가 60센티미터 이상 70센티미터 이하 범위의 것을 선택하고, 높이 조정이 가능한 작업대를 사용하는 경우에는 바닥면에서 작업대 표면까지의 높이가 65센티미터 전후에서 작업자의 체형에 알맞도록 조정하여 고정할 수 있을 것
4. 작업대의 앞쪽 가장자리는 둥글게 처리하여 작업자의 신체를 보호할 수 있을 것

④ 사업주는 다음 각 호의 사항을 갖춘 의자를 제공하여야 한다.
1. 의자는 안정감이 있어야 하며 이동 회전이 자유로운 것으로 하되 미끄러지지 않는 구조일 것
2. 바닥 면에서 앉는 면까지의 높이는 눈과 손가락의 위치를 적절하게 조절할 수 있도록 적어도 35센티미터 이상 45센티미터 이하의 범위에서 조정이 가능할 것
3. 의자는 충분한 넓이의 등받이가 있어야 하고 영상표시단말기 취급 근로자의 체형에 따라 요추(Lumbar)부위부터 어깨부위까지 편안하게 지지할 수 있어야 하며 높이 및 각도의 조절이 가능할 것
4. 영상표시단말기 취급근로자가 필요에 따라 팔걸이(Elbow Rest)를 사용할 수 있을 것
5. 작업 시 영상표시단말기 취급근로자의 등이 등받이에 닿을 수 있도록 의자 끝부분에서 등받이까지의 깊이가 38센티미터 이상 42센티미터 이하일 것
6. 의자의 앉는 면은 영상표시단말기 취급근로자의 엉덩이가 앞으로 미끄러지지 않는 재질과 구조로 되어야 하며 그 폭은 40센티미터 이상 45센티미터 이하일 것

제6조(작업자세) 영상표시단말기 취급근로자는 다음 각 호의 요령에 따라 의자의 높이를 조절하고 화면·키보드·서류받침대 등의 위치를 조정하도록 한다.
1. 영상표시단말기 취급근로자의 시선은 화면상단과 눈높이가 일치할 정도로 하고 작업 화면상의 시야는 수평선상으로부터 아래로 10도 이상 15도 이하에 오도록 하며 화면과 근로자의 눈과의 거리(시거리 : Eye-Screen Distance)는 40센티미터 이상을 확보할 것
작업자의 시선은 수평선상으로부터 아래로 10~15° 이내일 것
눈으로부터 화면까지의 시거리는 40cm 이상을 유지할 것

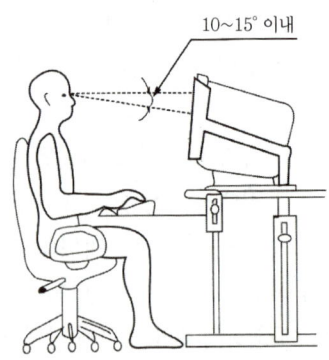

[그림1] 작업자의 시선범위

2. 윗팔(Upper Arm)은 자연스럽게 늘어뜨리고, 작업자의 어깨가 들리지 않아야 하며, 팔꿈치의 내각은 90도 이상이 되어야 하고, 아래팔(Forearm)은 손등과 수평을 유지하여 키보드를 조작할 것[그림2, 3]
아래팔은 손등과 일직선을 유지하여 손목이 꺾이지 않도록 한다.

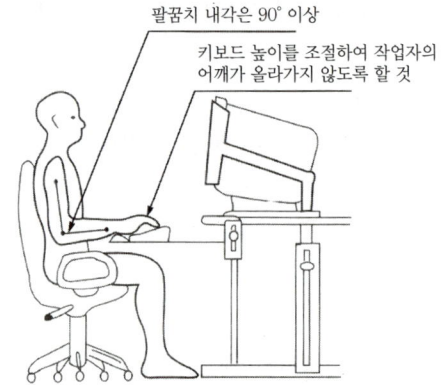

[그림2] 팔꿈치 내각 및 키보드 높이

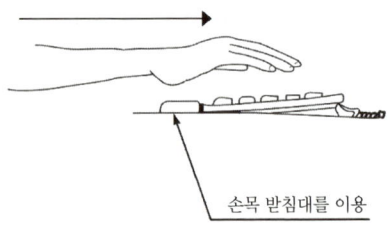

[그림3] 아래팔과 손등은 수평을 유지

3. 연속적인 자료의 입력 작업 시에는 서류받침대(Document Holder)를 사용하도록 하고, 서류받침대는 높이·거리·각도 등을 조절하여 화면과 동일한 높이 및 거리에 두어 작업할 것[그림4]

[그림4] 서류받침대 사용

4. 의자에 앉을 때는 의자 깊숙히 앉아 의자등받이에 등이 충분히 지지되도록 할 것[그림5]
5. 영상표시단말기 취급근로자의 발바닥 전면이 바닥면에 닿는 자세를 기본으로 하되, 그러하지 못할 때에는 발 받침대(Foot Rest)를 조건에 맞는 높이와 각도로 설치할 것[그림5]

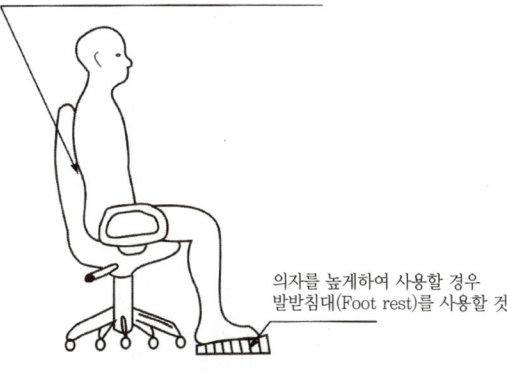

[그림5] 발받침대

부분과 영상표시단말기 취급근로자의 종아리 사이에는 손가락을 밀어 넣을 정도의 틈새가 있도록 하여 종아리와 대퇴부에 무리한 압력이 가해지지 않도록 할 것[그림6]

[그림6] 무릎내각

7. 키보드를 조작하여 자료를 입력할 때 양 손목을 바깥으로 꺾은 자세가 오래 지속되지 않도록 주의할 것

제3장 작업환경관리

제7조(조명과 채광) ① 사업주는 작업실내의 창·벽면 등을 반사되지 않는 재질로 하여야 하며, 조명은 화면과 명암의 대조가 심하지 않도록 하여야 한다.
② 사업주는 영상표시단말기를 취급하는 작업장 주변환경의 조도를 화면의 바탕색상이 검정색 계통일 때 300럭스(Lux) 이상 500럭스 이하, 화면의 바탕색상이 흰색 계통일 때 500럭스 이상 700럭스 이하를 유지하도록 하여야 한다.
③ 사업주는 화면을 바라보는 시간이 많은 작업일수록 화면 밝기와 작업대 주변 밝기의 차이를 줄이도록 하고, 작업 중 시야에 들어오는 화면·키보드·서류 등의 주요 표면 밝기를 가능한 한 같도록 유지하여야 한다.
④ 사업주는 창문에는 차광망 또는 커텐 등을 설치하여 직사광선이 화면·서류 등에 비치는 것을 방지하고 필요에 따라 언제든지 그 밝기를 조절할 수 있도록 하여야 한다.
⑤ 사업주는 작업대 주변에 영상표시단말기작업 전용의 조명등을 설치할 경우에는 영상표시단말기 취급근로자의 한쪽 또는 양쪽 면에서 화면·서류면·키보드 등에 균등한 밝기가 되도록 설치하여야 한다.

제8조(눈부심 방지) ① 사업주는 지나치게 밝은 조명·채광 또는 깜박이는 광원 등이 직접 영상표시단말기 취급근로자의 시야에 들어오지 않도록 하여야 한다.
② 사업주는 눈부심 방지를 위하여 화면에 보안경 등을 부착하여 빛의 반사가 증가하지 않도록 하여야 한다.

③ 사업주는 작업면에 도달하는 빛의 각도를 화면으로부터 45도 이내가 되도록 조명 및 채광을 제한하여 화면과 작업대 표면반사에 의한 눈부심이 발생하지 않도록 하여야 한다[그림7]. 다만, 조건상 빛의 반사방지가 불가능할 경우에는 다음 각 호의 방법으로 눈부심을 방지하도록 하여야 한다.
1. 화면의 경사를 조정할 것
2. 저휘도형 조명기구를 사용할 것
3. 화면상의 문자와 배경과의 휘도비(Contrast)를 낮출 것
4. 화면에 후드를 설치하거나 조명기구에 간이 차양막 등을 설치할 것
5. 그 밖의 눈부심을 방지하기 위한 조치를 강구할 것
   빛이 작업화면에 도달하는 각도는 화면으로부터 45° 이내일 것

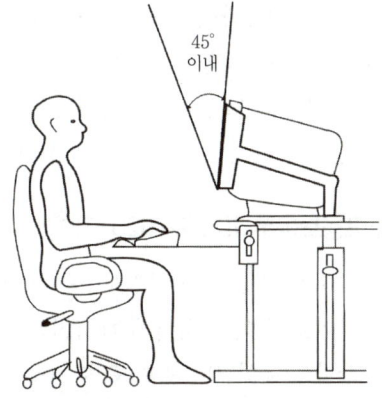

[그림7] 조명의 각도

제9조(소음 및 정전기 방지) 사업주는 영상표시단말기 등에서 소음·정전기 등의 발생이 심하여 작업자에게 건강장해를 일으킬 우려가 있을 때에는 다음 각 호의 소음·정전기 방지조치를 취하거나 방지장치를 설치하도록 하여야 한다.
1. 프린터에서 소음이 심할 때에는 후드·칸막이·덮개의 설치 및 프린터의 배치 변경 등의 조치를 취할 것
2. 정전기의 방지는 접지를 이용하거나 알콜 등으로 화면을 깨끗이 닦아 방지할 것

제10조(온도 및 습도) 사업주는 영상표시단말기 작업을 주목적으로 하는 작업실 안의 온도를 18도 이상 24도 이하, 습도는 40퍼센트 이상 70퍼센트 이하를 유지하여야 한다.

제11조(점검 및 청소) ① 영상표시단말기 취급근로자는 작업개시 전 또는 휴식시간에 조명기구·화면·키보드·의자 및 작업대 등을 점검하여 조정하여야 한다.
② 영상표시단말기 취급근로자는 수시 또는 정기적으로 작업장소·영상표시단말기 등을 청소함으로써 항상 청결을 유지하여야 한다.

세부항목 6. 중량물 취급 작업

1. 중량물 취급 방법

제385조(중량물 취급) 사업주는 중량물을 운반하거나 취급하는 경우에 하역운반기계·운반용구(이하 "하역운반기계 등"이라 한다)를 사용하여야 한다. 다만, 작업의 성질상 하역운반기계등을 사용하기 곤란한 경우에는 그러하지 아니하다.

제386조(중량물의 구름 위험방지) 사업주는 드럼통 등 구를 위험이 있는 중량물을 보관하거나 작업 중 구를 위험이 있는 중량물을 취급하는 경우에는 다음 각 호의 사항을 준수해야 한다.
1. 구름멈춤대, 쐐기 등을 이용하여 중량물의 동요나 이동을 조절할 것
2. 중량물이 구를 위험이 있는 방향 앞의 일정거리 이내로는 근로자의 출입을 제한할 것. 다만, 중량물을 보관하거나 작업 중인 장소가 경사면인 경우에는 경사면 아래로는 근로자의 출입을 제한해야 한다.

(1) 근골격계부담작업(고용노동부 고시 제2020-12호)

「산업안전보건법」제39조제1항제5호 및 안전보건규칙 제656조제1호에 따른 근골격계부담작업이란 다음 각 호의 어느 하나에 해당하는 작업을 말한다. 다만, 단기간작업 또는 간헐적인 작업은 제외한다. 18. 8. 19 ❷ 22. 3. 5 ❷ 23. 2. 28 ❷

1. 하루에 4시간 이상 집중적으로 자료입력 등을 위해 키보드 또는 마우스를 조작하는 작업
2. 하루에 총 2시간 이상 목, 어깨, 팔꿈치, 손목 또는 손을 사용하여 같은 동작을 반복하는 작업
3. 하루에 총 2시간 이상 머리 위에 손이 있거나, 팔꿈치가 어깨위에 있거나, 팔꿈치를 몸통으로부터 들거나, 팔꿈치를 몸통뒤쪽에 위치하도록 하는 상태에서 이루어지는 작업
4. 지지되지 않은 상태이거나 임의로 자세를 바꿀 수 없는 조건에서, 하루에 총 2시간 이상 목이나 허리를 구부리거나 트는 상태에서 이루어지는 작업
5. 하루에 총 2시간 이상 쪼그리고 앉거나 무릎을 굽힌 자세에서 이루어지는 작업
6. 하루에 총 2시간 이상 지지되지 않은 상태에서 1kg 이상의 물건을 한손의 손가락으로 집어 옮기거나, 2kg 이상에 상응하는 힘을 가하여 한손의 손가락으로 물건을 쥐는 작업
7. 하루에 총 2시간 이상 지지되지 않은 상태에서 4.5kg 이상의 물건을 한 손으로 들거나 동일한 힘으로 쥐는 작업

8. 하루에 10회 이상 25kg 이상의 물체를 드는 작업
9. 하루에 25회 이상 10kg 이상의 물체를 무릎 아래에서 들거나, 어깨 위에서 들거나, 팔을 뻗은 상태에서 드는 작업
10. 하루에 총 2시간 이상, 분당 2회 이상 4.5kg 이상의 물체를 드는 작업
11. 하루에 총 2시간 이상 시간당 10회 이상 손 또는 무릎을 사용하여 반복적으로 충격을 가하는 작업

(2) 산업안전보건기준에 관한 규칙

제657조(유해요인 조사) ① 사업주는 근로자가 근골격계부담작업을 하는 경우에 3년마다 다음 각 호의 사항에 대한 유해요인조사를 하여야 한다. 다만, 신설되는 사업장의 경우에는 신설일부터 1년 이내에 최초의 유해요인 조사를 하여야 한다.
  1. 설비·작업공정·작업량·작업속도 등 작업장 상황
  2. 작업시간·작업자세·작업방법 등 작업조건
  3. 작업과 관련된 근골격계질환 징후와 증상 유무 등

② 사업주는 다음 각 호의 어느 하나에 해당하는 사유가 발생하였을 경우에 제1항에도 불구하고 1개월 이내에 조사대상 및 조사방법 등을 검토하여 유해요인 조사를 해야 한다. 다만, 제1호에 해당하는 경우로서 해당 근골격계질환에 대하여 최근 1년 이내에 유해요인 조사를 하고 그 결과를 반영하여 제659조에 따른 작업환경 개선에 필요한 조치를 한 경우는 제외한다.
  1. 법에 따른 임시건강진단 등에서 근골격계질환자가 발생하였거나 근로자가 근골격계질환으로 「산업재해보상보험법 시행령」 별표 3 제2호가목·마목 및 제12호라목에 따라 업무상 질병으로 인정받은 경우(근골격계부담작업이 아닌 작업에서 근골격계질환자가 발생하였거나 근골격계부담작업이 아닌 작업에서 발생한 근골격계질환에 대해 업무상 질병으로 인정 받은 경우를 포함한다)
  2. 근골격계부담작업에 해당하는 새로운 작업·설비를 도입한 경우
  3. 근골격계부담작업에 해당하는 업무의 양과 작업공정 등 작업환경을 변경한 경우

③ 사업주는 유해요인 조사에 근로자 대표 또는 해당 작업 근로자를 참여시켜야 한다.

제658조(유해요인 조사 방법 등) 사업주는 유해요인 조사를 하는 경우에 근로자와의 면담, 증상 설문조사, 인간공학적 측면을 고려한 조사 등 적절한 방법으로 하여야 한다. 이 경우 제657조제2항제1호에 해당하는 경우에는 고용노동부장관이 정하여 고시하는 방법에 따라야 한다.

제659조(작업환경 개선) 사업주는 유해요인 조사 결과 근골격계질환이 발생할 우려가 있는 경우에 인간공학적으로 설계된 인력작업 보조설비 및 편의설비를 설치하는 등 작업환경 개선에 필요한 조치를 하여야 한다.

제660조(통지 및 사후조치) ① 근로자는 근골격계부담작업으로 인하여 운동범위의 축소, 쥐는 힘의 저하, 기능의 손실 등의 징후가 나타나는 경우 그 사실을 사업주에게 통지할 수 있다.

② 사업주는 근골격계부담작업으로 인하여 제1항에 따른 징후가 나타난 근로자에 대하여 의학적 조치를 하고 필요한 경우에는 제659조에 따른 작업환경 개선 등 적절한 조치를 하여야 한다.

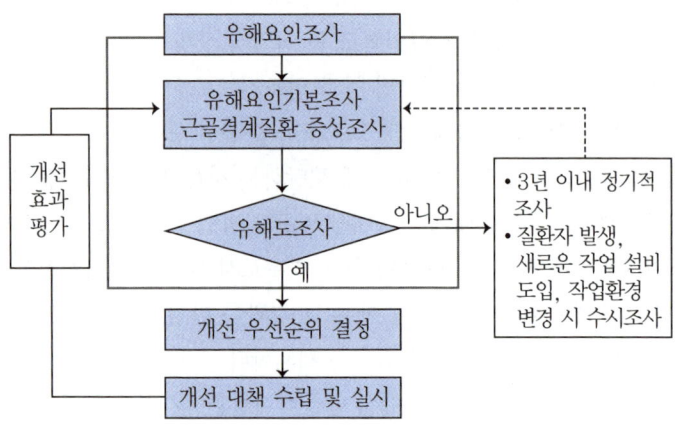

[그림] 근골격계질환 유해요인조사 절차

제661조(유해성 등의 주지) ① 사업주는 근로자가 근골격계부담작업을 하는 경우에 다음 각 호의 사항을 근로자에게 알려야 한다.

　1. 근골격계부담작업의 유해요인
　2. 근골격계질환의 징후와 증상
　3. 근골격계질환 발생 시의 대처요령
　4. 올바른 작업자세와 작업도구, 작업시설의 올바른 사용방법
　5. 그 밖에 근골격계질환 예방에 필요한 사항

② 사업주는 제657조제1항과 제2항에 따른 유해요인 조사 및 그 결과, 제658조에 따른 조사방법 등을 해당 근로자에게 알려야 한다.

③ 사업주는 근로자대표의 요구가 있으면 설명회를 개최하여 제657조제2항제1호에 따른 유해요인 조사 결과를 해당 근로자와 같은 방법으로 작업하는 근로자에게 알려야 한다.

제662조(근골격계질환 예방관리 프로그램 시행) ① 사업주는 다음 각 호의 어느 하나에 해당하는 경우에 근골격계질환 예방관리 프로그램을 수립하여 시행하여야 한다.

1. 근골격계질환으로 「산업재해보상보험법 시행령」 별표 3 제2호가목·마목 및 제12호라목에 따라 업무상 질병으로 인정받은 근로자가 연간 10명 이상 발생한 사업장 또는 5명 이상 발생한 사업장으로서 발생 비율이 그 사업장 근로자 수의 10퍼센트 이상인 경우
2. 근골격계질환 예방과 관련하여 노사 간 이견(異見)이 지속되는 사업장으로서 고용노동부장관이 필요하다고 인정하여 근골격계질환 예방관리 프로그램을 수립하여 시행할 것을 명령한 경우

② 사업주는 근골격계질환 예방관리 프로그램을 작성·시행할 경우에 노사협의를 거쳐야 한다.

③ 사업주는 근골격계질환 예방관리 프로그램을 작성·시행할 경우에 인간공학·산업의학·산업위생·산업간호 등 분야별 전문가로부터 필요한 지도·조언을 받을 수 있다.

2. NIOSH Lifting Equation

(1) NIOSH(National Institute of Occupational Safety & Health)

NIOSH는 미국 국립산업안전보건연구원을 나타내는 것으로서 이는 미국의 산업안전보건법에 의하여 1972년에 설립되어 1974년 보건복지부 산하의 질병관리·예방센터로 편입되었으며 행정규제력이 없는 순수 연구기관이다. NIOSH의 주요 업무는 다음과 같다.

① 근로자 또는 사업주의 요청에 의한 작업장 유해요인 조사
② 작업관련 안전보건 연구 및 권고안 제출
③ 작업장 내 화학물질, 기계 등의 유해위험성 평가
④ 산업안전보건청(OSHA) 또는 광산안전보건청(MSHA)에 적절한 기준 제안
⑤ 산업안전보건 인력양성 실시

[표] 근골격계 질환 평가 방법

OWAS	RULA	OSHA	BRIEF	SI	ANSI	REBA
와스	루라	오샤	브팦	시	안시	레바

주요항목 06 작업환경 관리
출제예상문제

출제예상문제는 복습, 예습문제로 엮었습니다. *WHY : 실제시험에도 순서에 관계없이 출제됩니다. 예습 후 다음장에 공부한 문제가 있으면 기억이 배가 됩니다.

01 ★★★ 기계설비의 안전성 평가시 본질적인 안전화를 진전시키기 위하여 검토해야 할 사항과 거리가 먼 것은?

① 작업자측에 실수나 잘못이 있어도 기계설비측에서 이를 커버하여 안전을 확보할 것
② 기계설비의 유압회로나 전기회로에 고장이 발생하거나 정전 등 이상상태 발생시 안전 쪽으로 이행
③ 작업방법, 작업속도, 작업자세 등을 작업자가 안전하게 작업할 수 있는 상태로 강구함
④ 재해를 분석하여 근로자의 안전작업 방법에 대한 교육을 강화

해설

인간의식(주의력) 수준과 설비상태와의 관계

인간주의력 설비상태	안전수준	대응포인트
높은 수준 > 불안전 상태	안 전	인간측 고수준에 기대
높은 수준 ≤ 불안전 상태	불안전	사고재해 가능성
낮은 수준 < 본질적 안전화	안 전	설비측 fool-proof, fail-safe, 안전커버

02 ★★★ 다음 중 layout의 원칙인 것은? 18. 4. 28 ㉠

① 운반작업을 수작업화한다.
② 중간중간에 중복부분을 만든다.
③ 인간이나 기계의 흐름을 라인화한다.
④ 사람이나 물건의 이동거리를 단축하기 위해 기계배치를 분산화한다.

해설

기계설비의 layout시의 검토사항
① 작업의 흐름에 따라 기계를 배치할 것
② 기계설비의 주위에는 충분한 공간을 둘 것
③ 공장 내외에는 안전한 통로를 설치하고 항상 이것을 유효하게 확보할 것

④ 원재료나 제품을 두는 장소를 충분히 넓게 할 것
⑤ 기계설비의 설치에 있어서는 사용 과정에서의 보수, 점검이 용이하도록 배려할 것
⑥ 압력용기, 고속회전체, 고압전기설비, 폭발성 물품을 취급하는 기계, 설비 등의 설치에 있어서는 작업자의 관계위치, 원격거리 등을 고려할 것
⑦ 장래의 확장을 고려하여 설치할 것

03 ★★ 작업위험분석의 5단계가 아닌 것은?

① 분석검토   ② 작업의 세분화
③ 신규방법의 개발   ④ 작업의 적성연구

해설

작업분석 5단계
① 기초조사
② 작업의 세분화
③ 위험분석검토
④ 신규방법개발
⑤ 적용

04 ★ 한 장소에 앉아서 작업하는 데 사용하는 공간을 무엇이라 하는가?

① 정상작업 파악한계   ② 정상작업 포락면
③ 작업공간 파악한계   ④ 작업공간 포락면

해설

파악한계
앉은 작업자가 특정한 수작업 기능을 편히 수행할 수 있는 공간의 외곽한계

[정답] 01 ④ 02 ③ 03 ④ 04 ④

05 ★★ 동작의 합리화를 위한 동작경제의 법칙에서 벗어난 것은?

① 동작을 가급적 조합하여 하나의 동작으로 할 것
② 양손의 동작은 동시에 시작하고, 동시에 끝낼 것
③ 동작의 수는 줄이고 동작의 속도는 적당히 할 것
④ 동작의 범위는 최소로 하되, 사용하는 신체의 범위는 크게 할 것

16. 5. 8 산

해설

동작분석(motion analysis)의 목적
동작분석 또는 동작연구(motion study)란 작업을 수행하고 있는 신체부위의 다양한 동작을 신중히 분석하는 것을 의미하는데, 이의 목적은 비능률적인 동작들을 줄이거나 배제시켜서, 능률적인 동작으로 설정하고 촉진시키는 데 있다.

06 ★★ 인체의 피부감각 중 민감한 순서대로 나열된 것은?

① 압각 - 온각 - 통각 - 냉각
② 냉각 - 통각 - 온각 - 압각
③ 온각 - 냉각 - 통각 - 압각
④ 통각 - 압각 - 냉각 - 온각

해설

피부감각점 순서
통점 > 압점 > 냉점 > 온점

07 ★ 수동 조작구를 조작할 때 작업자의 팔꿈치의 각도는?

① 60~100[°]
② 45~85[°]
③ 90~135[°]
④ 135~180[°]

해설

팔목위치 동작의 방향
① 좌우 : 0, 45, 90, 135[°]
② 상하 : 0, 45[°]

08 ★★ 반경 10[cm] 조종구를 30[°]움직일 때 활차는 1[cm] 이동한다. 통제표시비는 얼마인가?

① 2.56
② 3.12
③ 4.05
④ 5.24

해설

$$\frac{C}{D}비 = \frac{\frac{30}{360} \times 2 \times 3.14 \times 10}{1} = 5.24$$

09 ★★ 인체에 가해지는 온도적 자극은 주로 공기에 의존한다. 인체의 체온조절 기능인 방열에 영향을 미치는 공기의 화학적 작용이 아닌 것은?

① 기온
② 습도
③ 전도
④ 복사온도

해설

열교환에 영향을 주는 4요소
① 기온 ② 습도 ③ 복사온도 ④ 공기의 유동(대류)

10 ★★ 발로 조작하는 족동 조종장치는 발판의 각도가 수직으로부터 몇 도인 경우가 답력이 가장 큰가?

① 0~15[°]
② 15~35[°]
③ 35~50[°]
④ 50~75[°]

해설

발의 족동 조종장치 각도 : 15~35[°]

11 ★★★ 작업동작 에너지소모량을 측정하는 방법 중 산소소모율에 의한 방법은?

① 에너지대사율(RMR)
② 칼로리 소모량
③ 산소흡량 측정
④ 위 모두

해설

에너지대사율(RMR)
(1) 작업강도 단위로서 산소흡량을 측정하여 에너지의 소모량을 결정하는 방식
(2) $RMR = \frac{작업대사량}{기초대사량} = \frac{작업시의 소비에너지 - 안정시 소비에너지}{기초대사량}$
  ① 작업시 소비에너지와 안정시 소비에너지 측정법 : 더글라스 백법
  ② 산소소비량의 측정은 douglas bag을 사용하여 배기를 수집하고, bag에서 배기의 표본을 취하여 가스분석장치로 성분을 분석하고, 가스미터를 통과시켜 배기량을 측정한다.

[정답] 05 ④ 06 ④ 07 ③ 08 ④ 09 ③ 10 ② 11 ①

③ 흡기량×79[%]이므로

∴ 흡기량 = 배기량 $\frac{(100 - CO_2[\%] - O_2[\%])}{79}$

∴ O_2 소비량 = 흡기량×21[%] − 배기량×O_2[%]

∴ 1lO_2 소비 = 5[kcal]

---

12 ★★★ 작업의 강도를 에너지대사율로 구분, 중 정도 작업에 필요한 수치는?

① 0~2
② 2~4
③ 4~6
④ 8 이상

해설

작업강도의 구분
① 경작업 : 0~2
② 중(中)작업 : 2~4
③ 중(重)작업 : 4~7
④ 초중작업 : 7 이상

---

13 ★★ 형상이나 크기의 관계를 확실히 판단하여 각 부분을 뜯어서 다시 맞추어 통일된 형태가 되도록 손으로 조작하는 과정을 무엇이라 하는가?

① 공간 시각화
② 공간 지각화
③ 기계적 이해
④ 손과 팔의 솜씨

해설

통일된 형태 조작 : 공간 시각화

---

14 ★★ 인간 error의 종합적인 요인이 아닌 것은?

① 인간−기계의 인간공학적 설계의 결함
② 작업자의 교육, 훈련, 교시 등의 문제
③ 생산공정의 자동화
④ 직장의 성격

해설

인간과오의 종합적 요인
① 개인적특성
② 작업자의 교육, 훈련, 교시 등의 문제
③ 직장의 성격
④ 작업 자체의 특성과 환경조건
⑤ 인간−기계 체계의 인간공학적 설계상 결함

---

15 ★★ 다음 작업 중 에너지소비량이 가장 높은 작업은?

① 벽돌쌓기
② 삽질(7.2[kg] 이상)
③ 전자부품의 조립작업
④ 도끼로 나무절단

해설

도끼로 나무절단은 온몸으로 하는 동작이다.

---

16 ★★★ 인체는 눈에 띌 만한 발한 없이도 인체의 피부와 허파로부터 하루에 600[g] 정도의 수분이 무감증발된다. 이 무감증발로 인한 열손실률은 얼마인가?[단, 37[℃]의 물 1[g]을 증발시키는 데 필요한 에너지는 2,410[J/g](575.7[cal/g]임)]

① 17[watt]
② 19[watt]
③ 21[watt]
④ 23[watt]

해설

열손실률

열손실률(R) = $\frac{증발에너지(Q)}{증발시간(T)}$

$= \frac{600[g] \times 2,410[J/g]}{24 \times 60 \times 60[sec]}$

= 16.736[J/sec] = 17[watt]

참고 1[J/sec] = 1[watt]에 의거한다.

---

17 ★★ 자극이 있은 후 동작을 개시하기까지에 걸리는 시간은 특히 자극의 종류에 따른 별도의 반응을 요구할 때 더 걸린다. 이렇게 반응이 지연되는 가장 큰 이유는?

① 감각수용기 지연
② 피질로의 신경전달
③ 중앙처리 지연
④ 근육으로의 신경전달

해설

반응지연 : 중앙처리(두뇌)지연

[정답] 12 ② 13 ① 14 ③ 15 ④ 16 ① 17 ③

18 ★★★★★ 어떤 장치에 이상을 알려 주는 경보기가 있어서 그 것이 울리면 일정 시간 이내에 장치의 운전을 정지하고, 상태를 점검하여 필요한 조치를 하여야 한다. 장치에 고장이 발생된 사항을 조사한즉, 이 작업자는 두 개의 장치에 대해서 같은 일을 담당하고 있고, 그 장치는 장소적으로 떨어져 있기 때문에 한쪽에 가까이 있을 때에 다른 쪽의 경보가 울리면 시간 재조정을 할 수 없었다면 이 때의 error는?

① primary error
② secondary error
③ command error
④ omission error

해설

원인의 level적 분류
① primary error(1차 에러) : 작업자 자신으로부터 발생한 과오
② secondary(2차 에러) : 작업형태나 작업조건 중에서 다른 문제가 생겨 그 이유 때문에 필요한 사항을 실행할 수 없는 과오
③ command error : 작업자가 움직이려 해도 움직일 수 없으므로 발생하는 과오

19 ★★ 다음 중 동작경제의 원칙이 아닌 것은?

① 양손을 동시에 반대방향으로 운동한다.
② 동작은 가급적 직선운동으로 한다.
③ 동작의 수를 늘리고 그 양을 줄인다.
④ 양손의 동작은 시차적으로 교대하여 운동한다.

해설

동작의 수를 줄이고 양을 줄여야 한다.

20 ★★ 다음 중 완력검사에서 당기는 힘을 측정할 때 가장 큰 힘을 낼 수 있는 팔꿈치의 각도는?

① 90[°]   ② 120[°]
③ 150[°] ④ 180[°]

해설

완력
① 밀고 당기는 힘의 측정
② 팔을 앞으로 뻗었을 때 최대이며, 왼손은 오른손보다 10[%] 정도 적다.

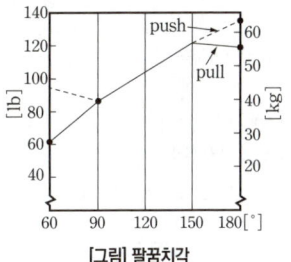

[그림] 팔꿈치각

21 ★★★ 정지조종(static reaction)원인이 되는 것은?

① 진전   ② 전도
③ 동조   ④ 운용

해설

정지조정
① 진전(tremor) : 떨지 않도록 노력
② 수직 운동시 발생되며 문제의 병은 요통이다.

22 ★★ 작업설계(job design)를 함에 있어 인간요소적 접근방법은?

① 작업만족도를 강조한다.
② 능률과 생산성을 강조한다.
③ 작업순환과 배치를 강조한다.
④ 작업에 대한 책임을 강조한다.

해설

작업설계
(1) 작업설계의 고려조건
 ① 작업확대(job enlargement)
 ② 작업효율화(job enrichment)
 ③ 작업만족도(job satisfaction)
(2) 인간요소적 접근방법 : 작업에 대한 능률과 생산성 강조

23 ★★★ 고음은 멀리 가지 못한다. 300[m] 이상의 장거리 신호는 몇 [Hz] 이하의 진동수를 사용하여야 하는가? 상한 주파수를 고르면? 25. 2. 7 ㉯

① 500[Hz]   ② 1,000[Hz]
③ 2,000[Hz] ④ 3,000[Hz]

[정답] 18 ② 19 ③ 20 ③ 21 ① 22 ② 23 ②

해설
300[m]이상 : 1,000[Hz]사용

보충학습
① 가청범위 : 2,000~20,000[Hz]
② 회화이해 : 500~3,500[Hz]

참고 p.2-27(4.경계 및 경보 선택시지침)

24 ★ 작업종류별 중 산소소비량이 중(heavy)에 해당되는 것은?
① 2.5[l/분]   ② 1.5~2.0[l/분]
③ 1.0~1.5[l/분]   ④ 0.5~1.0[l/분]

해설
산소소비량 중작업 : 1.5~2.0[l/분]

25 ★★ 신체의 안전성을 증대시키는 조건이 아닌 것은?
① 모멘트의 균형을 고려한다.
② 몸의 무게 중심을 낮춘다.
③ 몸의 무게 중심을 기저 내에 들게 한다.
④ 기저를 작게 한다.

해설
기저를 크게 해야 한다.

26 ★★★ 인간의 모든 신체부위의 동작은 기본적인 몇 가지로 분류한다. 몸의 중심선으로부터 밖으로 이동하는 동작을 지칭하는 용어는?
① 외전   ② 외선
③ 내전   ④ 내선

해설
신체부위의 운동
① 굴곡(flexion) : 부위간의 각도가 감소
   신전(extension) : 부위간의 각도가 증가
② 내전(adduction) : 몸의 중심선으로의 이동
   외전(abduction) : 몸의 중심선으로부터의 이동
③ 내선(medial rotation) : 몸의 중심선으로의 회전
   외선(lateral rotation) : 몸의 중심선으로부터의 회전
④ 하향(pronation) : 손바닥을 아래로
   상향(supination) : 손바닥을 위로

27 ★★ 다음 중 진전(tremor)이 가장 적게 일어나는 경우는?
① 손이 어깨높이에 있을 때
② 손이 심장높이에 있을 때
③ 손이 배꼽높이에 있을 때
④ 손이 무릎높이에 있을 때

해설
진전이 제일 많이 일어나는 작업은 서서 작업하는 것이다.

28 ★★ 인간의 실수원인 중 개인특성에 해당되는 것이 아닌 것은?
① 심신기능   ② 건강상태
③ 작업부적성   ④ 지식부족

해설
인간의 실수원인 중 개인특성
심신기능, 건강상태, 작업부적성

29 ★★★ 인간과 기계는 상호 보완적인 기능을 담당하며 하나의 체계로서 임무를 수행한다. 다음 중 인간 기계 체계에 의해서 수행되는 기본기능이 아닌 것은?
① 감지   ② 의사결정
③ 행동   ④ 감시

해설
인간 – 기계의 기본기능은 ①, ②, ③ 외 정보의 저장기능이 있다.

30 ★★ 감각적으로 물리현상을 왜곡하는 지각현상에 해당되는 것은?
① 주의산만   ② 착각
③ 피로   ④ 부주의

해설
주의산만, 피로, 부주의는 심리적이고 정신적인 현상이다.

[정답] 24 ② 25 ④ 26 ① 27 ② 28 ④ 29 ④ 30 ②

31 자극 – 반응조합의 공간, 운동관계자가 인간의 기대와 모순되지 않는 성질을 무엇이라고 하는가? 21. 9. 12 기

① 적응성　　② 변별성
③ 양립성　　④ 신뢰성

해설
본문은 양립성의 설명이다.

32 작업강도는 에너지대사율(RMR)로써 측정될 수 있다. 사무작업이나 감시작업의 에너지대사율은?

① 0~1RMR　　② 2~4RMR
③ 4~7RMR　　④ 7~9RMR

해설
에너지 대사율(RMR)
① 0~1RMR : 사무감시작업
② 7RMR 이상 : 초중작업

33 다음 중 다른 것으로 착각하여 실행한 error는?

① extraneous error
② time error
③ omission error
④ commission error

해설
④는 다른 것의 착각이다.

34 흰 바탕에 검은 문자나 숫자의 경우 최적독해성(最適 讀解性)을 주는 획폭비(strokewidth ratio)로 적당한 것은?

① 1 : 5　　② 1 : 8
③ 1 : 10　　④ 1 : 13.3

해설
획폭비
① 문자나 숫자의 획폭은 보통문자나 숫자의 높이에 대한 획굵기의 비로써 나타낸다.
② 최적획폭비는 흰 바탕에 검은 숫자의 경우는 1 : 8, 검은 바탕에 흰 숫자의 경우는 1 : 13.30이다.

35 진전(tremor)과 표동(drift)이 문제가 되는 동작은?

① 정지조정(static reaction)
② 계열동작(serial movement)
③ 연속동작(continuous movement)
④ 반복동작(repetitive movement)

해설
저항의 분류 19. 9. 21 산
① 탄성저항 : 조종장치의 변위에 따라 변한다.
② 점성저항 : 출력과 반대방향으로 그 속도에 비례해서 작용하는 힘 때문에 생기는 항력이다.
③ 관성(inertia) : 기계장치의 질량(중량)으로 인한 운동에 대한 저항으로 가속도에 따라 변한다.
④ 정지 및 미끄럼 마찰 : 처음 움직임에 대한 저항력인 정지마찰은 급속히 감소하나, 미끄럼 마찰은 계속하여 운동에 저항하여 변위나 속도와는 무관하다.

36 다음 중 누적손상장애(CTDs)의 원인으로 거리가 먼 것은? 16. 10. 1 기 17. 3. 5 기 19. 9. 21 산 20. 6. 7 기

① 진동공구의 사용
② 과도한 힘의 사용
③ 높은 장소에서의 작업
④ 부적절한 자세에서의 작업

해설
누적손상장애(CTD)
(1) CTD_s(누적외상병)의 원인
　① 부적절한 자세
　② 무리한 힘의 사용
　③ 과도한 반복작업
　④ 연속작업(비휴식)
　⑤ 낮은 온도 등
(2) CTD_s의 예방대책

관리적인 면	짧은 간격의 작업전환(짧게 자주 휴식), 준비운동, 수공구의 적절한 사용 등
공학적인 면	자동화 작업, 직무 재설계, 작업장 재설계, 수공구의 재설계, 작업의 순환배치 등
치료적인 면	충분한 휴식, 영양분 섭취, 초음파 적용, 보호구 사용, 적절한 투약, 외과 수술 등

[정답] 31 ③　32 ①　33 ④　34 ②　35 ①　36 ③

37 일반적인 조건에서 정량적 표시장치의 두 눈금 사이의 간격은 0.13[cm]를 추천하고 있다. 다음 중 142[cm]의 시야거리에서 가장 적당한 눈금 사이의 간격은 얼마인가?

① 0.065[cm] ② 0.13[cm]
③ 0.26[cm] ④ 0.39[cm]

해설

눈금사이 간격
$$Y = \frac{0.13 \times X}{0.71} = \frac{0.13 \times 1.42}{0.71} = 0.26[cm]$$

참고 ① X의 단위는 [m]이다.
② 정량적 표시장치 관측거리 : 71[cm] 기억

38 그림의 조종구(ball control)와 같이 상당한 회전운동을 하는 조종장치가 선형 표시장치를 움직인 각도라 할 때, 조종표시장치의 이동비율(control display ratio)을 나타낸 것은? 16. 10. 1 ㉠

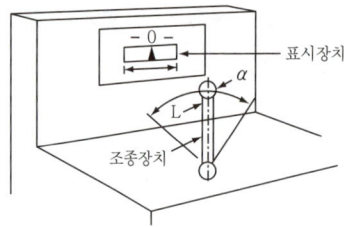

① $\dfrac{(\alpha/360) \times 2\pi L}{\text{표시장치 이동거리}}$ ② $\dfrac{\text{표시장치 이동거리}}{(\alpha/360) \times 4\pi L}$

③ $\dfrac{(\alpha/360) \times 4\pi L}{\text{표시장치 이동거리}}$ ④ $\dfrac{\text{표시장치 이동거리}}{(\alpha/360) \times 2\pi L}$

해설

통제표시비(통제비)
일명 C/D비라고도 하며 통제기기와 시각 표시의 관계를 나타내는 비율로서 통제기기의 이동거리 X를 표시판의 지침이 움직인 거리 Y로 나눈 값을 말한다.

$$\frac{C}{D}비 = \frac{X}{Y}$$

X : 통제기기의 변위량(cm)
Y : 표시계기의 지침의 변위량(cm)

$$\frac{C}{D}비 = \frac{(\alpha/360) \times 2\pi L}{\text{표시계기의 이동거리}}$$

α : 조종장치가 움직인 각도
L : 반경(지레의 길이)

39 진전(손떨림, tremor)을 감소시킬 수 있는 손의 높이는?

① 입높이 ② 심장높이
③ 배꼽높이 ④ 무릎높이

해설

진전(tremor)
① 진전(tremor)과 표동(drift)이 문제가 되는 동작 : 정지조정(static reaction)
② 정지조정(static reaction)에서 문제가 되는 것 : 진전
③ 진전이 일어나기 쉬운 조건 : 떨지 않도록 노력할 때
④ 진전이 가장 많이 일어나는 운동 : 수직운동
⑤ 진전이 적게 일어나는 경우 : 손이 심장높이에 있을 때

40 인간의 대뇌에서의 정보처리 과정에서 복잡하고 높은 수준의 정보가 계속되어 당황하거나 공포를 느끼게 될 때 어떤 상태로 진행되기 쉬운가?

① 의식의 혼란 ② 의식의 공황
③ 의식의 지연 ④ 의식의 우회

해설

부주의 현상
(1) 의식의 단절(의식의 중단)
 ① 지속적인 의식의 흐름에 단절이 생기고, 공백의 상태가 나타난 경우의 것으로서, 특수한 질병의 경우에 나타나고, 심신과 함께 건강한 경우에는 나타나지 않는다.
 ② 위험요소가 존재하는 시점에서의 의식의 단절이 오면 사고를 면할 수 없게 된다.
 ③ 위험시점에서의 의식수준은 phase 0 상태이다.

[그림] 의식의 단절 상태도

(2) 의식의 우회
 ① 의식의 흐름이 샛길로 빗나갈 경우의 것으로, 일을 하고 있을 때 우연히 걱정, 고뇌, 욕구불만 등에 의해 다른 것에 주의하는 것이 이것에 해당된다.
 ② 잠재위험 부분에 의식이 집중되지 않고 그 부분에서의 의식이 우회되면 또한 재난을 당하게 될 것이다. 이때의 위험부분에 대한 의식수준 역시 phase 0 상태가 된다.

[그림] 의식의 우회 상태도

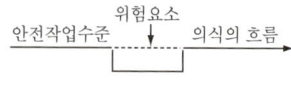

(3) 의식수준의 저하
① 뚜렷하지 않은 머리의 상태, 심신이 피로할 때나, 단조로운 작업 등의 경우에 일어나기 쉽다.
② 작업 중 위험요소가 잠재되어 있는 부분에서 의식수준이 저하되거나 의식이 열화되면 위험에 대응할 수 없다.
③ 작업자의 의식수준은 대체로 phase 1 이하로 되는 상태이다.

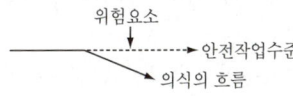

[그림] 의식수준의 저하 상태도

(4) 의식의 혼란
외부의 자극이 애매모호하거나, 너무 강하거나 또는 약할 때와 같이 외적 조건에 문제가 있을 때 의식이 혼란되고, 외적 자극에 의식이 분산되어 작업에 잠재되어 있는 위험 요인에 대응할 수 없게 된다.

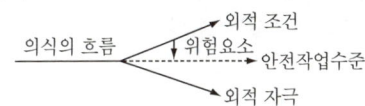

[그림] 의식의 혼란 상태도

(5) 의식의 과잉
① 돌발사태 및 긴급이상사태에 직면하면 순간적으로 긴장되고, 의식이 한 방향으로만 쏠리는 주의 일점 집중현상이 생긴다.
② 판단력이 둔화 또는 정지되고 주의력이 떨어진다.
③ 의식수준은 phase IV 상태로 된다.

41 ★★ 기초대사(basal metabolism)와 여가(leisure)의 필요대사량은?

① 약 1,500[kcal/일]   ② 약 1,800[kcal/일]
③ 약 2,300[kcal/일]   ④ 약 2,700[kcal/일]

해설
1일 필요대사량
① 하루 동안에 보통 사람이 낼 수 있는 에너지 : 약 4,300[kcal/일]
② 하루 동안에 기초대사와 여가대사에 필요한 에너지 : 약 2,300[kcal/일]
③ 4,300 − 2,300 = 2,000[kcal/일](여유분, 축적분)

42 ★★ 작업위험분석시 고려사항으로 틀린 것은?

① 안전관계   ② 작업표준
③ 작업환경조건   ④ 개인 보호구

해설
작업위험분석시 고려조건
① 육체적 요구조건   ② 작업환경
③ 보건상 위험   ④ 그 밖에 잠재적 위험
⑤ 안전관계   ⑥ 개인 보호구
⑦ 기기 제조원의 책임(인간공학의 결함이나 부적합성)

43 ★★★ 건구온도 30[℃], 습구온도 20[℃]일 때의 옥스퍼드(Oxford) 지수는 몇 도인가?

① 21.5[℃]   ② 22.5[℃]
③ 23.5[℃]   ④ 24.5[℃]

해설
Oxford 지수
① WD(습건)지수라고도 하며, 습구·건구 온도의 가중평균치로 나타낸다.
② WD = 0.85(습구온도) + 0.15(건구온도)
= (0.85×20) + (0.15×30) = 21.5[℃]

44 ★★★ 소음을 통제하는 일반적인 방법에 해당되지 않는 것은?

① 흡음제 사용   ② 차폐장치 사용
③ 음향처리제 사용   ④ 귀마개 및 귀덮개 사용

해설
소음통제의 일반적인 방법
① 기계의 적절한 설계
② 적절한 정비 및 주유
③ 기계에 고무받침대(mounting) 부착
④ 차량에 소음기(muffler) 사용

45 ★★ 1촉광의 광원으로부터 1[foot] 떨어진 곡면의 1[ft²]가 받는 광량은 1[m] 떨어진 곡면의 1[ft²]가 받는 광량의 몇 배인가?

① 약 3배   ② 약 9배
③ 약 27배   ④ 같다

해설
광량
① foot − candle(fc) : 1촉광의 점광원으로부터 1[foot] 떨어진 곡면에 비추어진 빛의 밀도, 즉 1[lumen/ft²]이다.
② lux(meter − candle) : 1촉광의 점광원으로부터 1[m] 떨어진 곡면에 비추어진 빛의 밀도 1[lumen/ft²], 즉 10[ft²]은 약 1[m²]이므로 10[lumen/ft²] = 1[lumen/m²] = 10[lux] = 1[foot·candle]이 된다.
③ 조도의 역자승(逆自乘)의 법칙 : 거리가 증가함에 따라 조도는 다음과 같은 역자승의 법칙에 따라 감소하게 된다.

$$조도 = \frac{광도}{(거리)^2}$$

[정답] 41 ③   42 ②   43 ①   44 ④   45 ④

46 작업이나 운동이 격렬해져서 근육에 생성되는 젖산이 적시에 제거되지 못하면 작업이 끝난 후에도 남아 있는 젖산을 제거하기 위해 여분의 산소가 필요하게 되므로, 이를 보충하기 위해 맥박과 호흡도 서서히 감소한다. 이 여분의 산소필요량을 무엇이라고 하는가?

① 호기 산소　　② 혐기 산소
③ 산호 잉여　　④ 산소빚

해설
본 문제는 산소빚의 명쾌한 설명이다.

47 다음과 같은 실내표면에서 반사율이 가장 낮아야 하는 것은?

① 바닥　　② 천장
③ 가구　　④ 벽

해설
반사율
(1) 옥내 최적반사율(추천 반사율)
　① 천장 : 80~90[%]
　② 벽 : 40~60[%]
　③ 가구 : 25~45[%]
　④ 바닥 : 20~45[%]
(2) 천장과 바닥의 반사비율은 최소한 3 : 1 이상이 유지되어야 한다.

48 빛의 반사율이 낮아야 하는 순서를 바르게 배열한 것은?

　　A : 바닥　B : 천장　C : 가구　D : 벽

① A>B>C>D　　② A>C>D>B
③ A>C>B>D　　④ A>D>C>B

해설
47번 문제의 해설을 참조할 것

49 색채는 근로자의 안전과 생산 능률에 많은 영향을 준다. 다음 중 옳지 않은 것은?

① 적색은 위험의 경고이다.
② 엷은 청색은 스위치함의 내부와 정지 조절의 내부 표시용이다.
③ 황색은 경고용이며 녹색은 안전표시이다.
④ 흑백색은 지시표시용이다.

해설
색채
① 청색은 지시표시
② 흑백색은 방향표시 및 통행구획선 표시

50 사무실 설계시 반사율이 낮은 것부터 나열한 것은?

　㉠ 바닥　　㉡ 벽
　㉢ 천장　　㉣ 사용 기기

① ㉠-㉡-㉢-㉣　　② ㉢-㉣-㉠-㉡
③ ㉠-㉣-㉡-㉢　　④ ㉠-㉢-㉣-㉡

해설
반사율(reflectance)
① 표면에 도달하는 조명과 광속발산도의 관계
② 반사율[%] = $\dfrac{광속발산도(fL)}{소요조명(fc)} \times 100$

51 피로란 같은 일을 지속할 수 없게 되는 정신적, 생리적 상태를 말한다. 다음 중 경과시간에 따른 피로분류에 해당되지 않는 것은?

① 반복성　　② 급성
③ 일주성　　④ 만성

해설
피로분류
① 정신　② 육체　③ 급성　④ 만성　⑤ 기계

[정답] 46 ④　47 ①　48 ②　49 ④　50 ③　51 ①

52 산업안전보건법상의 조명도가 잘못 연결된 것은?

① 초정밀작업 : 750[lux] 이상
② 정밀작업 : 400[lux] 이상
③ 보통작업 : 150[lux] 이상
④ 그 밖의 작업 : 75[lux] 이상

해설

법적 조도기준
① 초정밀작업 : 750[lux] 이상
② 정밀작업 : 300[lux] 이상
③ 보통작업 : 150[lux] 이상
④ 그 밖의 작업 : 75[lux] 이상

53 다음 색채 중 경쾌하고 가벼운 느낌을 주는 배열이 잘된 순서는?

① 흑색 – 청색 – 적색 – 회색
② 백색 – 흑색 – 적색 – 청색
③ 자색 – 녹색 – 황색 – 백색
④ 검정 – 청색 – 회색 – 흰색

해설

색의 배열
① 명도를 생각하면 된다.
② 완전 흑 : 0
③ 완전 백 : 10

54 다음 각 작업별로 조명수준이 높은 작업에서 낮은 작업 순으로 나열한 것은?

| ㉠ 세밀한 조립 작업 | ㉡ 아주 힘든 검사 작업 |
| ㉢ 보통 기계 작업 | ㉣ 드릴 또는 리벳 작업 |

① ㉠-㉡-㉢-㉣ ② ㉡-㉢-㉣-㉠
③ ㉡-㉠-㉢-㉣ ④ ㉠-㉡-㉣-㉢

해설

추천조명수준(IES) 단위 : fc
① 세밀한 조립작업 : 300
② 아주 힘든 검사작업 : 500
③ 보통 기계작업 및 편지 고르기 : 100
④ 드릴, 리벳, 줄질 : 30

55 시간 – 동작연구가들이 밝힌 효율적인 작업에 관한 규칙과 일치하지 않는 것은?

① 근로자들이 기계를 조작할 때 움직여야만 하는 거리를 최소화시킨다.
② 양손은 동시에 시작하고 끝나야 한다.
③ 동작은 가능한 대칭에 가까워야 한다.
④ 동작이 반복적으로 빠르게 되려면 직선으로 움직이는 것이 효과적이다.

해설

동작경제의 원칙(Barnes)
직선으로 움직이는 동작은 피해야 한다.

참고 건설안전기사 p.3-96(3. 동작경제의 3원칙)

56 소음노출로 인한 청력손실에 관한 내용 중 관계가 먼 것은?

① 청력손실의 정도는 노출소음수준에 따라 증가한다.
② 청력손실은 1,000[Hz]에서 크게 나타난다.
③ 강한 소음에 대해서는 노출기간에 따라 청력손실도 증가한다.
④ 약한 소음에 대해서는 노출기간과 청력손실이 관계가 없다.

해설

청력손실은 4,000[Hz]에서 크게 나타난다.(일명 C_5dip)

57 동작의 합리화를 위한 동작경제의 법칙에서 벗어난 것은?

① 동작을 가급적 조합하여 하나의 동작으로 할 것
② 양손의 동작은 동시에 시작하고, 동시에 끝낼 것
③ 동작의 수는 줄이고, 동작의 속도는 적당히 할 것
④ 동작의 범위는 최소로 하되 사용하는 신체의 범위는 크게 할 것

해설

동작의 범위가 최소이며 신체의 범위도 최소화해야 한다.

[정답] 52 ② 53 ③ 54 ③ 55 ④ 56 ② 57 ④

58 다음은 조명방법을 설명한 것이다. 잘못된 것은?

① 실내 전체를 조명할 때는 전반 조명이 좋다.
② 작업에 필요한 곳이나 시간적으로 강한 빛을 필요로 하는 조명은 투명 조명이 좋다.
③ 유리나 플라스틱 모서리 조명은 투명조명이 좋다.
④ 긴 터널의 경우는 완화 조명이 필요하다.

해설
유리나 플라스틱 조명은 투명조명을 하면 사고의 원인이 된다.

59 조명이 주는 영향에 관한 연구 결과 중 맞는 것은?

① 밝을수록 작업 수행이 좋아진다.
② 반사광은 세밀한 작업을 하는 데 도움을 준다.
③ 작업장 전체 공간에서 빛이 골고루 퍼지게 하는 것이 좋다.
④ 독서를 하는 데에는 직조명이 더 효과적이다.

해설
작업장 전체에 빛이 골고루 있어야만 시력을 보호할 수 있다.

60 다음 중 공기의 온열조건의 4요소가 아닌 것은?

① 복사온도   ② 전도열
③ 습도   ④ 공기의 유동

해설
공기의 온열조건의 4요소(열교환에 영향을 주는 요소)
① 기온(온도)
② 습도
③ 복사온도
④ 공기의 유동(대류·기류·풍속)

참고 2015년 8월 16일(문제 32번)

61 물건이 보이기 위한 기본조건이 아닌 것은?

① 시간   ② 색채
③ 대비   ④ 시각

해설
물건이 보이기 위한 기본 조건
(1) 물건이 잘 보이는 조건은 색채(색상, 명도, 채도), 대비, 시각이 필요하다.
(2) 시식별에 영향을 주는 조건
   ① 광도 ② 조도 ③ 광속발산도 ④ 반사율 ⑤ 대비

62 인간의 작업은 인간의 골격 체계를 활용함으로써 가능하다. 다음 중 수작업을 분석하는 경우 골격체계의 구성요소가 아닌 것은?

① 뼈   ② 신경
③ 근육   ④ 관절

해설
골격체계의 구성요소
① 근육 ② 신경 ③ 관절

63 EMG(electromyogram)를 바르게 설명한 것은 어느 것인가? 16. 10. 1 〈기〉

① 정신활동의 척도   ② 근육활동의 척도
③ 신체활동의 측정 기준 ④ 신체기능의 계량

해설
EMG
① 근전도(EMG : electromyogram) : 근육활동의 전위차
② 심전도(ECG : electrocardiogram) : 심장근의 근전도
③ ENG(electroneurogram) : 신경활동전위차
④ 피부전기반사(GSR : galvanic skin reflex) : 작업 부하의 정신적 부담도가 피로와 함께 증대하는 양상을 수장(手掌) 내측의 전기저항의 변화에서 측정하는 것으로, 피부전기저항 또는 정신전류현상이라고도 한다.
⑤ 플리커값(CFF) : 정신적 부담이 대뇌피질의 활동수준에 미치고 있는 영향을 측정한 값이다.

64 인간이 원하는 정보를 검출함에 있어, 주변소음(noise)의 영향을 파악하려는 경우 다음 중 어떤 분야의 이론에 가장 관계가 있는가?

① 정보처리이론   ② 신호검출이론
③ 웨버의 법칙   ④ 상대식별

[정답] 58 ③ 59 ③ 60 ② 61 ① 62 ① 63 ② 64 ②

해설

신호검출이론(SDT)
① 잡음(noise)에 실린 신호분포는 잡음만의 분포와 뚜렷이 구분되어야 한다.
② 어느 정도의 중첩이 불가피한 경우에는(허위정보와 신호를 검출하지 못하는 과오 중) 어떤 과오를 좀더 묵인할 수 있는가를 결정하여 관측자의 판정기준설정에 도움을 주어야 한다.

65 ★★ 제어계통에서 제어동작이 멈추면 체계반응이 거꾸로 돌아오는 현상은?

① 이력현상(hysteresis)
② 사공간(deadspace)
③ 관성(inertia)
④ 사정효과(range effect)

해설

이력현상
① 이력현상은 반발(backlash)을 말한다.
② 특히 C/D비가 낮은(민감) 경우에 반발의 악영향이 두드러지므로, C/D비가 낮은 체계에서는 체계오차를 줄이기 위해 이력현상을 최소화시켜야 하고 이것이 비현실적인 경우에는 C/D비를 높여주어야 한다.

66 다음 중 암호체계 사용상의 일반적인 지침에 해당하지 않는 것은? 19. 8. 4 기

① 암호의 검출성
② 부호의 양립성
③ 암호의 표준화
④ 암호의 단일 차원화

해설

암호체계 사용상 일반적 지침
① 암호의 검출성(감지장치로 검출)
② 암호의 변별성(인접자극의 상이도 영향)
③ 부호의 양립성(인간의 기대와 모순되지 않을 것)
④ 부호의 의미
⑤ 암호의 표준화
⑥ 다차원 암호의 사용(정보전달 촉진)

67 50[phon]의 기준 음을 들려준 후 70[phon]의 소리를 듣는다면 작업자는 주관적으로 몇 배의 소리로 인식하는가?

① 1.5배
② 2배
③ 3배
④ 4배

해설

소리인식
① 음량 수준이 10[phon]이 증가하면 음량(sone)은 2배로 된다. 따라서 50[phon]에서 70[phon]으로 20[phon]이 증가하였으므로 sone치는 4배로 된다.
② sone치 = $2^{(phon-40)/10}$
③ 50[phon] : sone치 = $2^{(50-40)/10}$ = 2[sone]
④ 70[phon] : sone치 = $2^{(70-40)/10}$ = 2^3 = 8[sone]
⑤ $\frac{8}{2}=4$
⑥ 4배로 들린다.

68 다음 중 기능식 생산에서 유연생산시스템 설비의 가장 적합한 배치는? 17. 3. 5 산

① 유자(U)형 배치
② 일자(一)형 배치
③ 합류(Y)형 배치
④ 복수라인(二)형 배치

해설

유연생산시스템(Flexible Manufacturing System : FMS)
① 다양한 부품의 생산·가공
② 가공준비 및 대기시간의 단축에 의한 제조시간의 최소화
③ 설비 이용률 향상(U자형 배치)
④ 생산 인건비의 감소
⑤ 제품 품질의 향상
⑥ 공정 재공품의 감소
⑦ 종합생산 system에 의한 생산관리능력 향상

69 경계 및 경보신호의 설계지침으로 틀린 것은? 23. 4. 24 기 / 24. 5. 9 기

① 주의를 환기시키기 위하여 변조된 신호를 사용한다.
② 배경소음의 진동수와 다른 진동수의 신호를 사용한다.
③ 귀는 중음역에 민감하므로 500~3,000[Hz]의 진동수를 사용한다.
④ 300[m] 이상의 장거리용으로는 1,000[Hz]를 초과하는 진동수를 사용한다.

해설

경계 및 경보신호(청각적 표시장치) 선택시 지침 25. 2. 7 기
① 귀는 중음역에 가장 민감하므로 500~3,000[Hz]의 진동수를 사용
② 고음은 멀리가지 못하므로 300[m] 이상 장거리용으로는 1,000[Hz] 이하의 진동수 사용

[정답] 65 ① 66 ④ 67 ④ 68 ① 69 ④

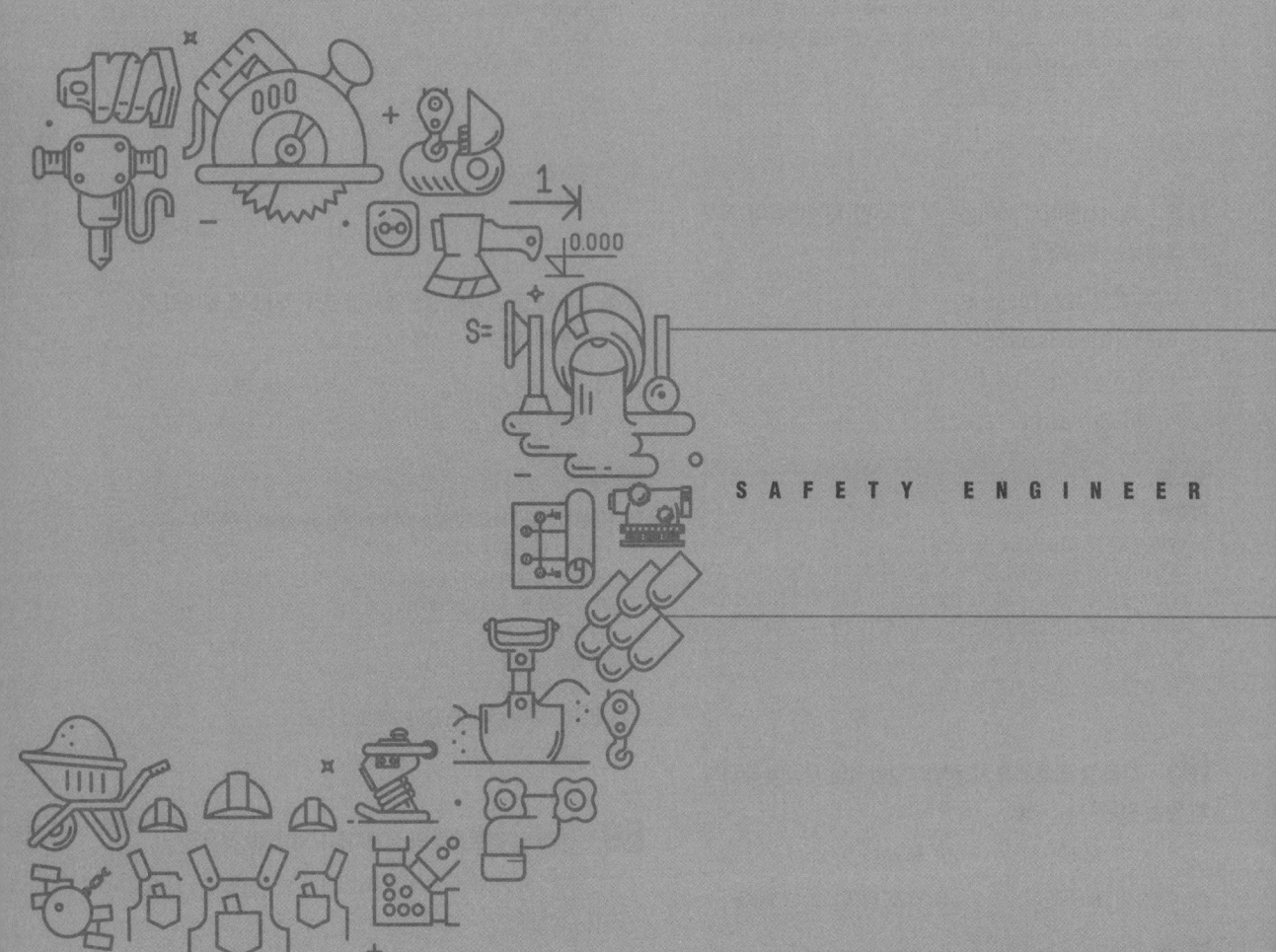

SAFETY ENGINEER

기계·기구 및 설비안전 관리

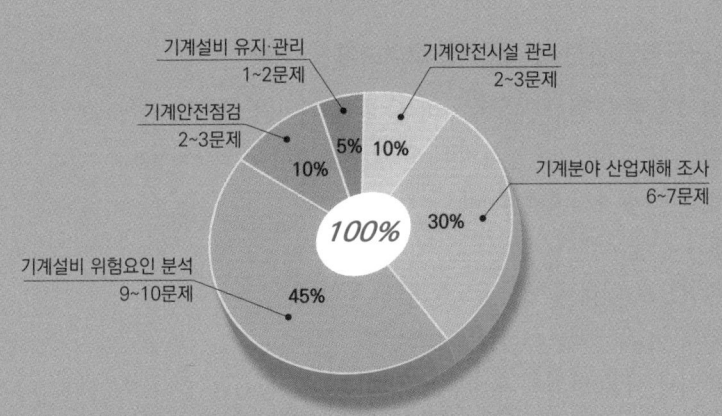

출제기준 및 비중(적용기간 : 2024. 1. 1. ~ 2026. 12. 31.)

기계안전 시설 관리 주요항목 01
출제예상문제 ●

기계분야 산업재해 조사 주요항목 02
출제예상문제 ●

기계설비 위험요인 분석 주요항목 03
출제예상문제 ●

기계안전점검 주요항목 04
출제예상문제 ●

기계설비 유지·관리 주요항목 05
출제예상문제 ●

- NCS기준과 2026년 합격기준을 정확하게 적용하였습니다.
- "특허"받은 책과 "맞추다" CBT기법으로 AI기출을 적용했습니다.

주요항목 01

기계안전 시설관리

중점 학습내용

본 장은 산업안전기사와 산업안전산업기사 NCS 출제기준에 의거 다음과 같이 구성하였다.

❶ 안전시설 관리 계획하기
❷ 안전시설 설치하기
❸ 안전시설 유지 관리하기

CBT 합격날개

[참고]

(1) Unwin의 안전율
강철 : 3, 나무 : 7,
흙·벽돌 : 20

(2) Cardullo의 안전율 산정방법

$F = a \times b \times c \times d$

여기서,

$a : \dfrac{\text{극한강도}}{\text{사용재료의 탄성강도}}$

b : 하중의 종류

c : 하중속도

d : 재료의 조건

(3) 안전여유 산정식
안전여유 = 극한강도 − 허용응력(정격하중)

(4) 안전율(계수)
재료 자체의 필연성 중에 잠재되어 있는 우연성을 감안하여 계산한 산정식이다.

---

17. 5. 7 [기] 17. 8. 26 [기] 18. 4. 28 [산] 19. 4. 27 [산] 20. 6. 7 [기] 20. 9. 27 [기] 21. 8. 14 [기] 22. 4. 24 [기] 24. 2. 15 [기] 25. 2. 7 [기] [산]

① 안전율

$= \dfrac{\text{극한강도}}{\text{최대설계 응력}} = \dfrac{\text{파단(절단)하중}(S)}{\text{최대허용하중}(L)} = \dfrac{\text{인장강도}}{\text{허용응력}} = \dfrac{\text{최대응력}}{\text{허용응력}}$

② 극한강도
= 안전계수 × 최대설계하중

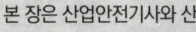

세부항목 **1. 안전시설 관리 계획하기**

1. 기계 방호장치

(1) 기계설비의 안전을 확보하기 위한 기본원칙 3가지

① 기계설비의 근본적 안전화
② 간접적 안전조치
③ 참조적 안전조치

(2) 기계설비의 근본적인 안전 확보를 위한 고려사항 16. 8. 21 [산]

1 외관의 안전화 : 노출된 위험부위에 커버 설치, 스위치의 명확한 색채 구분

2 기능의 안전화 : 전압 및 압력 강하시 자동 정지 [예] fail safe 18. 8. 19 [산] 19. 4. 27 [산]

3 구조의 안전화 16. 3. 6 [산] 19. 8. 4 [산] 21. 5. 15 [기]

① 재료의 결함
㉮ 조직의 결함으로 인하여 예상강도를 얻지 못한다.
㉯ 재료 내부의 미소 크랙으로 인한 피로파괴
㉰ 가공 조건이나 사용 환경에 부적합한 재료의 사용

② 설계의 잘못 : 설계 잘못의 주된 원인으로서 부하 예측과 강도 계산의 오류를 생각할 수 있으며 이들을 고려하여 적절한 안전계수를 도입하여야 한다. 19. 4. 27 [기]

③ 가공 잘못 : 최근과 같이 고급강을 재료로 사용하는 경우는 필요한 기계적 특성을 얻기 위하여 적절한 열처리를 필요로 한다. 이때 열처리의 결함이 재해의 원인이 되기도 한다. 또 용접 부위의 크랙의 혼입과 같은 용접가공 불량이나 용접 후의 열처리 잘못으로 인한 잔류응력이 취성파괴를 일으키며 기계 가공의 잘못으로 인한 응력집중은 피로파괴의 원인이 된다.

④ 사용상의 잘못
  ㉮ 주위 환경(온도, 습도)
  ㉯ 설치방법
  ㉰ 과도한 부하
  ㉱ 조작방법

4 작업의 안전화

① 정상 작업이 안전하게 행해질 수 있을 것. 선반 등의 예를 들면 스위치 공구대나 여러 가지 재료의 배치 등이 적절하며 이것들을 취급하는 데 곤란을 느끼지 않아야 한다.
② 조작장치는 관계 작업자가 조작하기 쉬워야 한다.
③ 자동기구를 가진 기계는 사이클의 마지막과 처음에 시간적 지연을 가질 것
④ 기계에는 구동 에너지를 차단할 수 있는 급정지조작장치를 설치하고 보통 작업 위치에서 쉽게 조작할 수 있을 것
⑤ 급정지장치가 작동했을 때 복귀(reset)되지 않는 한 동작되지 않아야 할 것
⑥ 특히 가공 작업 전후의 취급 작업은 위험성이 많으므로 작업에 따른 특별한 공구를 사용할 것
⑦ 주동작 이외에 다른 동작은 가능한 한 적게 하여 피로를 줄일 것
⑧ 정보전달의 방법을 고찰해야 할 것

5 보수·유지의 안전화(보전성 향상을 위한 고려사항)

① 보전용 통로와 작업장을 확보해야 한다.
② 기계는 분해하기 쉬워야 한다.
③ 작업조건에 맞는 기계가 되어야 한다. 예를 들면 주변의 유해가스나 분진 등에 대해서 저항력을 갖추어야 한다.
④ 기계의 부품은 호환성이 있어 교환이 용이해야 한다.
⑤ 점검이 용이해야 한다.
⑥ 주유 방법이 쉽게 개선되어야 한다.

6 표준화

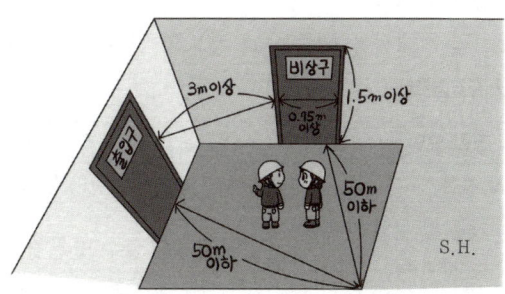

[그림] 비상구 설치기준 18. 6. 30 실필

합격예측 및 관련법규

안전보건규칙

제17조(비상구의 설치)
① 사업주는 별표 1에 규정된 위험물질을 제조·취급하는 작업장 및 해당 작업장이 있는 건축물에는 제6조의 규정에 의한 출입구외에 안전한 장소로 대피할 수 있는 1개 이상의 비상구를 다음 각 호의 기준에 적합한 구조로 설치하여야 한다.
1. 출입구와 같은 방향에 있지 아니하고, 출입구로부터 3[m] 이상 떨어져 있을 것
2. 작업장의 각 부분으로부터 하나의 비상구 또는 출입구까지의 수평거리가 50[m] 이하가 되도록 할 것
3. 비상구의 너비는 0.75[m] 이상으로 하고, 높이는 1.5[m] 이상으로 할 것
4. 비상구의 문은 피난방향으로 열리도록 하고, 실내에서 항상 열 수 있는 구조로 하며, 내부 및 외부에는 비상구의 표시를 할 것
② 제1항의 비상구에 문을 설치하는 경우에는 항상 사용 가능한 상태로 유지하여야 한다.

제19조(경보용 설비 등)
사업주는 연면적이 400[m²] 이상이거나 상시 50인 이상의 근로자가 작업하는 옥내작업장에는 비상시에 근로자에게 신속하게 알리기 위한 경보용 설비 또는 기구를 설치하여야 한다. 19. 8. 4

2. 풀프루프(Fool proof : 휴먼에러 방지)

(1) 기계·설비의 본질 안전조건

① 안전기능이 기계·장치에 내장되어 있을 것

이것은 안전기능이 기계의 설계 단계에서 이미 반영 조치된 것으로서 별도로 추가하지 않는 것을 의미한다.

② fool proof의 기능을 가질 것   16. 3. 6 산 19. 3. 3 산 20. 8. 22 기 23. 3. 1 산 23. 6. 4 기

㉮ 풀프루프(fool proof)는 기계장치 설계단계에서 안전화를 도모하는 것으로 근로자가 기계 등의 취급을 잘 못해도 사고로 연결 되는 일이 없도록 하는 안전기구로 인간과오(human error)를 방지하기 위한 것이다.

㉯ 용도는 가드(guard), 세이프티블록(safety block : 안전블록), 카메라의 이중 촬영방지기구 등이 있다.

③ fail safe의 기능을 가질 것

이것은 기계·설비 또는 그 부품이 파손되거나 고장이 발생해도 기계·설비가 항시 안전한 방향으로 작동되는 기능을 말한다. (예) 항공기 엔진

(2) 구조적 결함 분류   21. 5. 15 기 23. 5. 13 산

① 재료에 있어서의 결함   23. 7. 8 산

㉮ 재료의 필요한 강도부족 : 재료의 조직이나 성분에 결함이 존재하는 경우

㉯ 가공 조건 및 사용 환경에 부적합 : 가공하고자 하는 작업조건이나 작업환경에 맞지 않는 재료의 선정

㉰ 대책 : 사고 예방을 위하여 강도, 균열, 부식 등을 철저히 점검하여 최상의 재료 선정

② 설계에 있어서의 결함

㉮ 강도 계산상의 착오(가장 큰 원인)
- 정하중 및 반복하중 등의 예측 및 측정 불량
- 잘못된 측정으로 인한 조건에 맞지 않는 불량한 재료의 선정

㉯ 대책
- 하중의 정확한 예측 및 측정으로 강도 계산의 착오예방
- 극한강도 및 최대사용 하중 등과 강도의 일화를 고려한 안전율 산정

③ 가공에 있어서의 결함

결함 요인	대책
재료 가공중의 경화	열처리로 강도와 인성부여(불량시 파괴 현상)
용접구조물의 가공 및 균열 발생 등, 잔류응력에 의한 파괴 등	작업 표준의 준수 및 품질관리 철저
응력집중으로 인한 피로파괴	응력집중 방지를 위한 안전 설계 및 제작

합격예측 및 관련법규

안전보건규칙

제21조(통로의 조명)
사업주는 근로자가 안전하게 통행할 수 있도록 통로에 75[lux] 이상의 채광 또는 조명시설을 하여야 한다. 다만, 갱도 또는 상시통행을 하지 아니하는 지하실 등을 통행하는 근로자로 하여금 휴대용 조명기구를 사용하도록 한 때에는 그러하지 아니하다.
22. 3. 5 기

제22조(통로의 설치)
① 사업주는 작업장으로 통하는 장소 또는 작업장 내에 근로자가 사용할 안전한 통로를 설치하고 항상 사용할 수 있는 상태로 유지하여야 한다.
② 사업주는 통로의 주요 부분에 통로표시를 하고, 근로자가 안전하게 통행할 수 있도록 하여야 한다.
③ 사업주는 통로면으로부터 높이 2미터 이내에는 장애물이 없도록 하여야 한다. 다만, 부득이하게 통로면으로부터 높이 2미터 이내에 장애물을 설치할 수 밖에 없거나 통로면으로부터 높이 2미터 이내의 장애물을 제거하는 것이 곤란하다고 고용노동부장관이 인정하는 경우에는 근로자에게 발생할 수 있는 부상 등의 위험을 방지하기 위한 안전조치를 하여야 한다.
17. 8. 26 산

보충학습 — 탬퍼 프루프, 페일 소프트

(1) **탬퍼 프루프(tamper proof)** : 부정하게 조작할 수 없게 하는 것
  - 적용 예 : 스마트키를 논리적 물리적으로 해킹하거나 복제하는 것을 원천적으로 차단, 감정변화가 없고 명령만을 따르는 인조생명체 제조
(2) **페일 소프트(fail soft)** : 기계설비 또는 장치의 일부가 고장 났을 때 기능의 저하가 되더라도 전체로서는 기능을 정지시키지 않는 기법

[표] Fail safe와 Fool proof 설계

구분	Fail safe	Fool proof
정의	인간 또는 기계의 조작상의 과오로 기기의 일부에 고장이 발생해도 다른 부분의 고장이 발생하는 것을 방지하거나 또는 어떤 사고를 사전에 방지하고 안전 측으로 작동하도록 설계하는 방법	바보 같은 행동을 방지하다는 뜻으로 사용자가 비록 잘못된 조작을 하더라도 이로 인해 전체의 고장이 발생되지 아니하도록 하는 설계방법
적용 예	퓨즈(fuse), elevator의 정전시 제동장치, 항공기 엔진 등	카메라에서 셔터와 필름 돌림대의 연동(이중 촬영 방지)

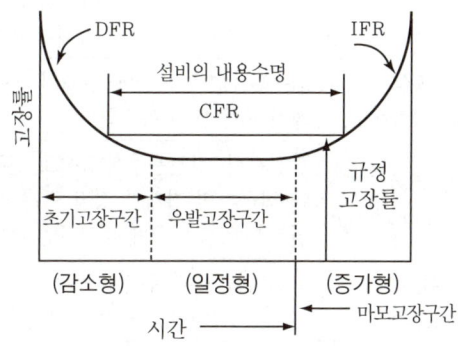

[그림] 기계설비의 고장유형

[표] 고장유형 3가지

구분	척도 모수	확률밀도 함수 $f(t)$	고장률 함수 $\lambda(t)$	표기법
초기고장	$m<1$	와이블	감소형	DFR
우발고장	$m=1$	지수분포	일정형	CFR
마모고장	$m>1$	정규분포	증가형	IFR

합격예측 및 관련법규

안전보건규칙
제23조(가설통로의 구조)

① 사업주는 가설통로를 설치하는 때에는 다음 각 호의 사항을 준수하여야 한다.
1. 견고한 구조로 할 것
2. 경사는 30[°] 이하로 할 것. 다만, 계단을 설치하거나 높이 2[m] 미만의 가설통로로서 튼튼한 손잡이를 설치한 때에는 그러하지 아니하다.
3. 경사가 15[°]를 초과하는 때에는 미끄러지지 아니하는 구조로 할 것
4. 추락의 위험이 있는 장소에는 안전난간을 설치할 것. 다만, 작업상 부득이한 때에는 필요한 부분에 한하여 임시로 이를 해체할 수 있다.
5. 수직갱에 가설된 통로의 길이가 15[m] 이상인 때에는 10[m] 이내마다 계단참을 설치할 것
6. 건설공사에 사용하는 높이 8[m] 이상인 비계다리에는 7[m] 이내마다 계단참을 설치할 것

합격예측

기계설비 고장 유형
(1) **초기고장기**
  ① 고장의 원인 : 불충분한 품질관리, 부적절한 설치, 오염 등
  ② 고장대책 : 보전예방(MP), Debugging test, burn-in
(2) **우발고장기**
  ① 고장의 원인 : 안전계수가 낮음, 스트레스 높음, 탐지되지 않은 고장
  ② 고장대책 : 사후보전
(3) **마모고장기**
  ① 고장의 원인 : 부식, 산화, 마모, 피로, 노화, 퇴화, 불충분한 정비
  ② 고장대책 : 예방보전

합격예측 및 관련법규

안전보건규칙 제24조(사다리식 통로 등의 구조) 19. 8. 4 [기]

① 사업주는 사다리식 통로 등을 설치하는 경우 다음 각 호의 사항을 준수하여야 한다.
1. 견고한 구조로 할 것
2. 심한 손상·부식 등이 없는 재료를 사용할 것
3. 발판의 간격은 일정하게 할 것
4. 발판과 벽과의 사이는 15[cm] 이상의 간격을 유지할 것
5. 폭은 30[cm] 이상으로 할 것
6. 사다리가 넘어지거나 미끄러지는 것을 방지하기 위한 조치를 할 것
7. 사다리의 상단은 걸쳐놓은 지점으로부터 60[cm] 이상 올라가도록 할 것
8. 사다리식 통로의 길이가 10[m] 이상인 경우에는 5[m] 이내마다 계단참을 설치할 것
9. 사다리식 통로의 기울기는 75도 이하로 할 것. 다만, 고정식 사다리식 통로의 기울기는 90도 이하로 하고, 그 높이가 7미터 이상인 경우에는 다음 각 목의 구분에 따른 조치를 할 것
   가. 등받이울이 있어도 근로자 이동에 지장이 없는 경우: 바닥으로부터 높이가 2.5미터 되는 지점부터 등받이울을 설치할 것
   나. 등받이울이 있어도 근로자가 이동이 곤란한 경우: 한국산업표준에서 정하는 기준에 적합한 개인용 추락 방지 시스템을 설치하고 근로자로 하여금 한국산업표준에서 정하는 기준에 적합한 전신안전대를 사용하도록 할 것
10. 접이식 사다리 기둥은 사용 시 접혀지거나 펼쳐지지 않도록 철물 등을 사용하여 견고하게 조치할 것

다음 페이지로 연결 →

[표] 절삭가공기계에 사용되는 주된 fool proof기구

종류	구분	기능
가드 (guard) 20. 6. 7 [기] 20. 8. 23 [산]	고정가드 (fixed guard)	개구부로부터 가공물과 공구 등을 넣어도 손은 위험 영역에 머무르지 않는다.
	조정가드 (adjustable guard)	가공물과 공구에 맞도록 형상과 크기를 조절한다.
	경고가드 (warning guard)	손이 위험 영역에 들어가기 전에 경고한다.
	인터로크 가드 (interlock guard)	기계가 작동 중에 개폐되는 경우 기계가 정지한다.
조작기구	양수조작식	양손으로 동시에 조작하지 않으면 기계가 작동하지 않고, 손을 떼면 정지 또는 역전 복귀한다.
	인터로크가드 (interlock guard)	조작기구를 겸한 가드로서 가드를 닫으면 기계가 작동하고 열면 정지한다.
로크기구 (lock 기구)	인터로크 (interlock)	기계식, 전기식, 유공압식 또는 이들의 조합으로 2개 이상의 부분이 상호 구속된다.
	키식 인터로크 (key type interlock)	열쇠를 사용하여 한쪽을 잠그지 않으면 다른 쪽이 열리지 않는다.
	키로크 (key lock)	1개 또는 상호 다른 여러개의 열쇠를 사용한다. 전체의 열쇠가 열리지 않으면 기계가 조작되지 않는다.
트립기구 (trip 기구)	접촉식 (contact type)	접촉판, 접촉봉 등에 신체의 일부가 접촉하면 기계가 정지 또는 역전 복귀한다.
	비접촉식 (non-contact type)	광전자식, 정전용량식 등으로 신체의 일부가 위험 영역에 접근하면 기계가 정지 또는 역전 복귀한다. 신체의 일부가 위험 영역에 들어가면 기계는 작동하지 않는다.
오버런기구 (overrun 기구)	검출식 (detecting)	스위치를 끈 후 관성운동과 잔류전하를 검지하여 위험이 있는 동안은 가드가 열리지 않는다.
	타이밍식 (timing)	기계식 또는 타이머 등을 이용하여 스위치를 끈 후 일정시간이 지나지 않으면 가드가 열리지 않는다.
밀어내기 기구 (push&pull 기구)	자동가드	가드의 가동 부분이 열렸을 때 자동적으로 위험 영역으로부터 신체를 밀어낸다.
	손을 밀어냄 손을 끌어당김	위험한 상태가 되기 전에 손을 위험 지역으로부터 밀어내거나 끌어당겨 제자리로 온다.
기동방지 기구	안전블록	기계의 기동을 기계적으로 방해하는 스토퍼 등으로서 통상 안전블록과 같이 쓴다.
	안전플러그	제어회로 등으로 설계된 접점을 차단하는 것으로 불의의 작동을 방지한다.
	레버로크	조작레버를 중립위치에 놓으면 자동적으로 잠긴다.

3. 페일세이프(fail safe) 17. 5. 7

(1) 정의

① 본질 안전화의 또 하나의 요건인 페일세이프(fail safe)란 기계나 그 부품에 고장이나 기능 불량이 생겨도 항상 안전하게 작동하는 구조와 그 기능을 말한다.
② 좁은 의미로는 기계를 안전하게 작동한다는 것은 기계를 정지시키는 것으로 생각되고 있다.
③ 넓은 의미로는 반드시 정지에만 한정되지는 않는다.

(2) fail safe의 기능면 3단계 21. 5. 15 ②

① fail-passive : 부품이 고장나면 통상 기계는 정지하는 방향으로 이동한다.
② fail-active : 부품이 고장나면 기계는 경보를 울리는 가운데 짧은 시간 동안은 운전이 가능하다.
③ fail-operational : 부품의 고장이 있어도 기계는 추후의 보수가 될 때까지 안전한 기능을 유지한다. 이것은 병렬계통 또는 대기여분(stand-by redundancy) 계통으로 한 것이다. 기계운전 중에서 fail-operational이 운전상 제일 선호하는 방법이고 산업기계에서는 일반적으로 fail-passive로 많이 채택하고 있다. fail safe기구는 강도와 안전성을 유지할 목적으로 구조적 fail safe와 기능의 유지를 목적으로 하는 기능적 fail safe가 있으며, 후자는 다시 기계적 fail safe와 전기적 fail safe로 나뉘어진다.

[표] 안전율의 결정인자(고려해야 할 사항)

구분	특징
재료 및 균질성	연성재료는 내부결함에 대한 영향이 취성재료에 비해 작다. 취성재료는 연성재료에 비해 안전율을 크게 한다.
응력 계산의 정확성	형상이 복잡하거나 응력 작용상태가 복잡한 것은 안전율 크게
응력의 종류	정하중은 가장 작게, 충격하중은 가장 크게
불연속 부분	불연속 부분에는 응력집중이 생기므로 안전율 크게
하중 결정의 부정확	관성력, 잔류응력 존재시 안전율 크게
공작방법 및 정밀도	기계수명을 좌우하는 인자이므로 방법에 따라 안전율을 다르게 적용
사용상 변화의 가능성 등	사용수명에 영향을 줄 수 있는 특정부분의 마모, 온도변화 등이 예상될 경우 안전율 크게(다른 인자에 비해 영향력 적고, 해당 특정환경에 적용)

합격예측 및 관련법규

② 잠함(潛函)내 사다리식 통로와 건조·수리 중인 선박의 구명줄이 설치된 사다리식 통로(건조·수리작업을 위하여 임시로 설치한 사다리식 통로는 제외한다)에 대하여는 제1항제5호부터 제10호까지의 규정을 적용하지 아니한다.

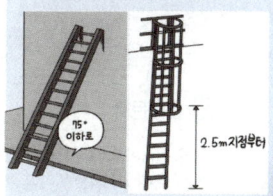

[그림] 사다리식 통로 구조

안전보건규칙
제26조(계단의 강도)
① 사업주는 계단 및 계단참을 설치하는 때에는 매제곱미터당 500[kg] 이상의 하중에 견딜 수 있는 강도를 가진 구조로 설치하여야 하며, 안전율(안전의 정도를 표시하는 것으로서 재료의 파괴응력도와 허용응력도와의 비를 말한다.)은 4 이상으로 하여야 한다.
19. 4. 27 ②
② 사업주는 계단 및 승강구 바닥을 구멍이 있는 재료로 만들 때에는 렌치 그 밖에 공구 등이 낙하할 위험이 없는 구조로 하여야 한다.

제27조(계단의 폭)
① 사업주는 계단을 설치하는 때에는 그 폭을 1[m] 이상으로 하여야 한다. 다만, 급유용·보수용·비상용계단 및 나선형계단에 대하여는 그러하지 아니하다.
② 사업주는 계단에는 손잡이 외의 다른 물건 등을 설치하거나 쌓아두어서는 아니된다.

제28조(계단참의 높이)
사업주는 높이가 3[m]를 초과하는 계단에는 높이 3[m]이내마다 너비 1.2[m] 이상의 계단참을 설치하여야 한다.

합격예측 및 관련법규

안전보건규칙 제29조(천장의 높이)
사업주는 계단을 설치하는 때에는 바닥면으로부터 높이 2[m] 이내의 공간에 장애물이 없도록 하여야 한다. 다만, 급유용·보수용·비상용계단 및 나선형계단에 대하여는 그러하지 아니하다.

은행문제

다음 중 자동화설비를 사용하고자 할 때 기능의 안전화를 위하여 검토할 사항과 가장 거리가 먼 것은?
① 부품변형에 의한 오동작
② 사용압력 변동시의 오동작
③ 전압강하 및 정전에 따른 오동작
④ 단락 또는 스위치 고장시의 오동작

정답 ①

합격예측

인터록 제어 목적
① 첫 번째는 설비의 안전을 확보하는 것이다. 인터록 제어는 설비의 이상 상태를 감지하고, 즉시 설비를 정지시켜 사고를 예방한다. 예를 들어, 모터의 회전 방향이 잘못되었을 경우, 인터록 제어를 통해 모터의 작동을 정지시켜 인명 사고를 방지할 수 있다.
② 두 번째는 설비의 효율성을 높이는 것이다. 인터록 제어는 설비의 작동 순서를 제어하여 설비의 효율성을 높일 수 있다. 예를 들어, 컨베이어 벨트의 작동을 위해서는 먼저 컨베이어 벨트의 시작 버튼을 눌러야 한다. 이때, 컨베이어 벨트의 시작 버튼을 누르기 전에 컨베이어 벨트의 전원이 공급되지 않도록 인터록 제어를 설정할 수 있다. 이렇게 하면, 컨베이어 벨트가 전원이 공급되지 않은 상태에서 작동하여 발생할 수 있는 사고를 예방할 수 있다.

 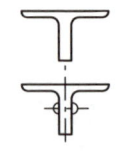 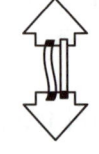 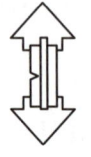

① 다경로 하중구조　② 분할구조　③ 교대구조　④ 하중 경감구조

[그림] 구조적 fail safe

(4) 기능적 fail safe

대표적인 예로는 철도신호이다. 철도 신호는 고장이 발생했을 때 청색신호가 반드시 적색신호가 되어 열차가 정지하는 것으로 끝나지만, 만일 적색신호로 있어야 할 신호가 청색으로 된다면 중대재해가 발생하게 된다. 이처럼 철도신호는 고장이 났을 때는 반드시 적색신호로 되는 fail safe이다. 기능적 fail safe는 산업안전의 목적으로도 여러 곳에 사용되고 있다. 특히 기계적 fail safe는 대기여분(stand-by redundancy)의 개념이 전제되어야 한다.

[표] 안전설계 방법

종류	작동 방법 및 특징
Fail Safe	설비 또는 장치의 일부가 고장이라도 안전한 방향으로 동작하는 방법
Back up	주된 기능의 뒤편에 대기하다가 주기능의 고장시 그의 기능을 대신하는 방법
다중계화(多重系化)	단일 또는 동일한 기능을 다중(多重)으로 설치하여 선택적으로 바꾸기도 하고 병렬로도 사용하는 방법
고장진단 및 회복설비	설비 및 장치가 고장이 난 경우 고장을 찾아 가능한 한 빨리 기능을 회복하는 방법
Fool proof	사람이 작업하는 시스템에서 작업자가 실수를 하거나 오조작을 하여도 안전하게 유지되게 하는 방법
안전율 적용	정격치보다 낮은 값으로 사용하는 등 안전여유를 갖고 설계하여 사용하는 방법
위험부위 고장의 감소	위험한 부위의 출력에 직결되는 고장빈도율을 적게 하는 방법

① 증기보일러의 안전밸브와 급수탱크를 복수로 설치하는 것
② 프레스 제어용으로 설치된 복식 전자밸브 중 한쪽의 밸브가 고장이 나면 클러치·브레이크의 압축 공기를 배기시켜 프레스를 급정지시키도록 한다.
③ 화학설비에 안전밸브 또는 긴급 차단장치를 설치하여 이상시에는 이들이 작동하여 설비를 보호하는 것

④ 석유난로가 일정 각도 이상으로 기울어지면 자동적으로 불이 꺼지도록 소화기구를 내장시킨 것
⑤ 승강기 정전시 마그네틱 브레이크가 작동하여 운전을 정지시키는 경우와 정격 속도 이상의 주행시 속도조절기(governor)가 작동하여 긴급 정지시키는 것
⑥ 크레인의 하중계와 같이 직접 하중을 받는 스프링과 프레스의 카운터 밸런스용의 스프링을 압축스프링으로 한 것

예 전기적 fail safe로는 개폐시의 예비 회로를 예로 들 수가 있다. 예비 회로는 병렬회로와 직렬회로가 있어 각기의 개폐가 fail safe 회로로 구성되어 있다. 예비회로는 보통 때에는 작동을 하지 않다가 주회로가 고장이 났을 때만 작동하는 것으로 대기여분회로라고도 한다.

세부항목 2. 안전시설 설치하기

1. 안전시설물 설치기준 21. 3. 7 ㉮

(1) 구조상 가드(guards)의 분류 20. 8. 23 ㉯

1 고정가드(fixed guards)

① **동력전달부용 가드(완전밀폐용)** : 일반적으로 작업용 가드 설계에 필요한 원칙이 동력전달부용 가드 설계에도 적용된다. 그러나 재료의 송급이나 가공재의 배출을 위한 개구부는 고려할 필요가 없다. 단지 고려해야 할 개구부는 윤활, 조정이나 검사를 위한 것들이고 개구부는 가드로부터 제거되어서는 안 되는 나사나 힌지로 고정된 커버나 미닫이 형태가 되어야 하며 사용하지 않을 때는 항상 닫혀 있어야 한다. 또한 동력전달부용 가드는 신체의 일부와 움직이는 기계부분과 닿지 않게 설계되어야 한다. 동력전달 부분의 덮개나 바닥으로부터 2[m] 이상의 높이에 설치된 벨트로서 풀리간의 거리가 3[m] 이상, 폭이 1.5[m] 이상 및 속도가 매초 10[m] 이상일 때에는 고정식 울을 그 밑에 설치한다.

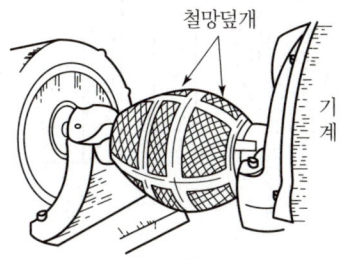

[그림] 커플링에 설치된 덮개

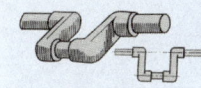

[그림] 크랭크 축

[그림] 고정 레버

합격예측 및 관련법규

안전보건규칙
제32조(보호구의 지급 등)
① 사업주는 다음 각 호에서 정하는 바에 따라 그 작업조건에 적합한 보호구를 동시에 작업하는 근로자의 수 이상으로 지급하고 이를 착용하도록 하여야 한다.
1. 물체가 떨어지거나 날아 올 위험 또는 근로자가 감전되거나 추락할 위험이 있는 작업 : 안전모
2. 높이 또는 깊이 2[m] 이상의 추락할 위험이 있는 장소에서의 작업 : 안전대
3. 물체의 낙하·충격, 물체에의 끼임, 감전 또는 정전기의 대전(帶電)에 의한 위험이 있는 작업 : 안전화
4. 물체가 날아 흩날릴 위험이 있는 작업 : 보안경
5. 용접시 불꽃이나 물체가 날아 흩날릴 위험이 있는 작업 : 보안면
6. 감전의 위험이 있는 작업 : 절연용보호구
7. 고열에 의한 화상 등의 위험이 있는 작업 : 방열복
8. 선창 등에서 분진(粉塵)이 심하게 발생하는 하역작업 : 방진마스크
9. 섭씨 영하 18도 이하인 급냉동어창에서 하는 하역작업 : 방한모, 방한복, 방한화, 방한장갑
10. 물건을 운반하거나 수거·배달하기 위하여 「도로교통법」 제2조제18호 가목5)에 따른 이륜자동차 또는 같은 법 제2조제19호에 따른 원동기장치자전거를 운행하는 작업 : 「도로교통법 시행규칙」 제32조제1항 각 호의 기준에 적합한 승차용 안전모
11. 물건을 운반하거나 수거·배달하기 위해 「도로교통법」 제2조제21호의2에 따른 자전거등을 운행하는 작업 : 「도로교통법 시행규칙」 제32조제2항의 기준에 적합한 안전모

합격예측 및 관련법규

안전보건규칙

제87조(원동기·회전축 등의 위험 방지)

① 사업주는 기계의 원동기·회전축·기어·풀리·플라이휠·벨트 및 체인 등 근로자가 위험에 처할 우려가 있는 부위에 덮개·울·슬리브 및 건널다리 등을 설치하여야 한다. 17. 3. 5 기산
　　　　　19. 4. 27 산 19. 8. 4 기

② 사업주는 회전축·기어·풀리 및 플라이휠 등에 부속되는 키·핀 등의 기계요소는 묻힘형으로 하거나 해당 부위에 덮개를 설치하여야 한다. 17. 8. 26 산

③ 사업주는 벨트의 이음 부분에 돌출된 고정구를 사용해서는 아니 된다.

④ 사업주는 제1항의 건널다리에는 안전난간 및 미끄러지지 아니하는 구조의 발판을 설치하여야 한다.

⑤ 사업주는 연삭기(研削機) 또는 평삭기(平削機)의 테이블, 형삭기(形削機) 램 등의 행정끝이 근로자에게 위험을 미칠 우려가 있는 경우에 해당 부위에 덮개 또는 울 등을 설치하여야 한다. 18. 3. 4 산

⑥ 사업주는 선반 등으로부터 돌출하여 회전하고 있는 가공물이 근로자에게 위험을 미칠 우려가 있는 경우에 덮개 또는 울 등을 설치하여야 한다. 17. 8. 26 산

⑦ 사업주는 원심기(원심력을 이용하여 물질을 분리하거나 추출하는 일련의 작업을 하는 기기를 말한다. 이하 같다)에는 덮개를 설치하여야 한다.

⑧ 사업주는 분쇄기·파쇄기·마쇄기·미분기·혼합기 및 혼화기 등(이하 "분쇄기등"이라 한다)을 가동하거나 원료가 흩날리거나 하여 근로자가 위험해질 우려가 있는 경우 해당 부위에 덮개를 설치하는 등 필요한 조치를 해야 하며, 분쇄기등의 가동 중 덮개를 열어야 하는 경우에는 다음 각 호의 어느 하나 이상에 해당하는 조치를 해야 한다.
　1. 근로자가 덮개를 열기 전에 분쇄기등의 가동을 정지하도록 할 것

다음 페이지 연결 →

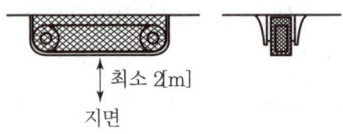

① 천장에 설치된 벨트 풀리

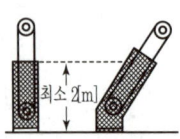 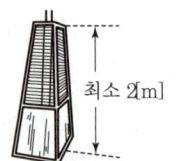

② 천장과 바닥 위에 설치된 벨트 풀리　　③ 수직축에 대한 울의 설치

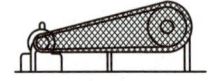 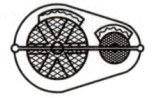

④ 벨트에 대한 울의 설치　　⑤ 치차의 덮개 설치

[그림] 동력전달 부분의 방호덮개 방법

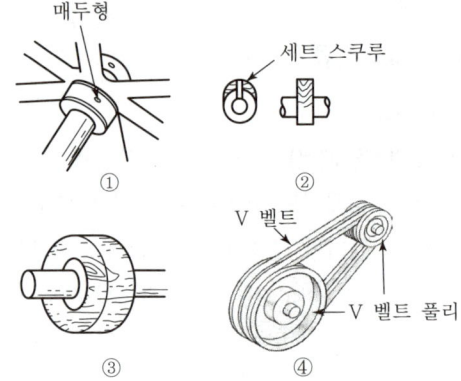

[그림] 세트볼트의 방호방법

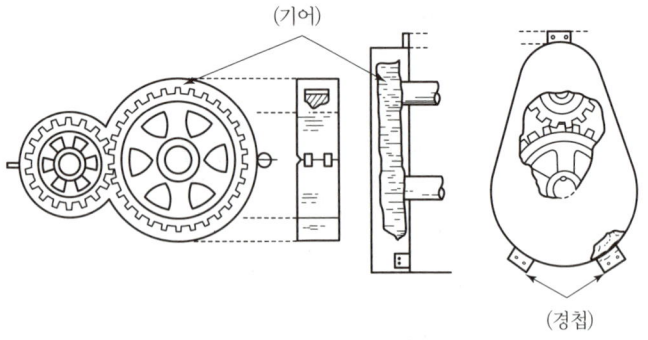

[그림] 치차(기어)의 안전덮개

② **작업점용 가드** : 작업점용 가드는 재료의 송급 및 가공재의 배출에 장애가 되지 않으며 아울러 작업자의 손이 안전울에 제어되어 위험점에 근접하지 못하게 하는 것을 말한다. 이 가드는 일차 가공작업에 널리 적용되고 있다.

③ **고정형 가드(fixed guard)의 구비조건** 18. 3. 4

㉮ 충분한 강도를 유지할 것
㉯ 단순한 구조이어야 하며 조정이 용이하여야 한다.
㉰ 일반작업, 점검조정작업이나 주유작업에 방해가 되면 안 된다.
㉱ 안전울과 기계의 운동부분 사이에 신체의 일부가 들어가지 않게 제작할 것
㉲ 안전울을 만드는 개구부의 치수(opening size)는 임의의 조정이 불가능할 것

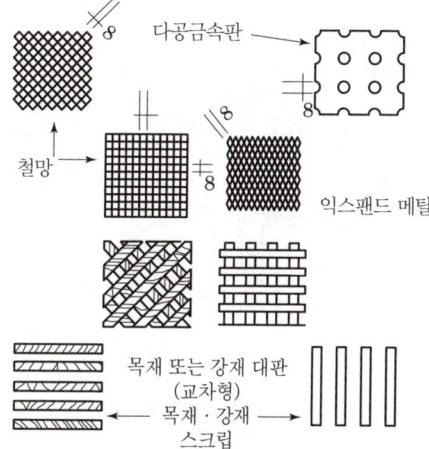

[그림] 안전울의 사용 재료

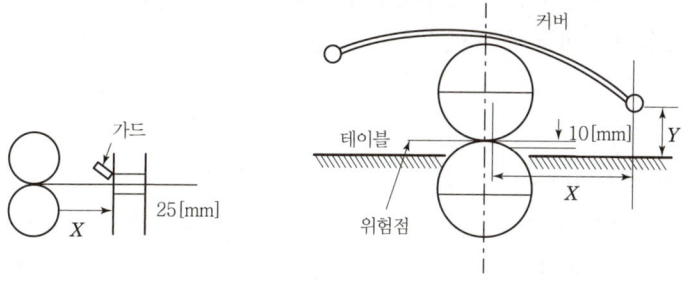

[그림] 이송롤의 방호덮개

합격예측 및 관련법규

안전보건규칙 제88조(기계의 동력차단장치)

① 사업주는 동력으로 작동되는 기계에는 스위치·클러치 및 벨트 이동장치 등 동력차단장치를 설치하여야 한다. 다만, 연속하여 하나의 집단을 이루는 기계로서 공통의 동력차단장치가 있거나 공정중에 인력에 의한 원재료의 송급과 인출 등이 필요없는 때에는 그러하지 아니하다.

② 사업주는 제1항의 규정에 따라 동력차단장치를 설치하여야 하는 기계 중 절단·인발(引拔)·압축·꼬임·타발(打拔) 또는 굽힘 등의 가공을 하는 기계에는 그 동력차단장치를 근로자가 작업위치를 이동하지 아니하고 조작할 수 있는 위치에 설치하여야 한다.

③ 제1항의 동력차단장치는 조작이 쉽고 접촉 또는 진동 등에 의하여 갑자기 기계가 움직일 우려가 없는 것이어야 한다.

← 이전 페이지 연결

2. 분쇄기등과 덮개 간에 연동장치를 설치하여 덮개가 열리면 분쇄기등이 자동으로 멈추도록 할 것
3. 분쇄기등에 광전자식 방호장치 등 감응형(感應形) 방호장치를 설치하여 근로자의 신체가 위험한계에 들어가게 되면 분쇄기등이 자동으로 멈추도록 할 것

⑨ 사업주는 근로자가 분쇄기 등의 개구부로부터 가동부분에 접촉함으로써 위해(危害)를 입을 우려가 있는 경우 덮개 또는 울 등을 설치해야 하며, 분쇄기등의 가동 중 덮개 또는 울 등을 열어야 하는 경우에는 다음 각 호의 어느 하나 이상에 해당하는 조치를 해야 한다.

1. 근로자가 덮개 또는 울 등을 열기 전에 분쇄기등의 가동을 정지하도록 할 것
2. 분쇄기등과 덮개 또는 울 등 간에 연동장치를 설치하여 덮개 또는 울 등이 열리면 분쇄기등이 자동으로 멈추도록 할 것
3. 분쇄기등에 광전자식 방호장치 등 감응형 방호장치를 설치하여 근로자의 신체가 위험한계에 들어가게 되면 분쇄기등이 자동으로 멈추도록 할 것

⑩ 사업주는 종이·천·비닐 및 와이어 로프 등의 감김통 등에 의하여 근로자가 위험해질 우려가 있는 부위에 덮개 또는 울 등을 설치하여야 한다.

⑪ 사업주는 압력용기 및 공기압축기 등(이하 "압력용기 등"이라 한다)에 부속하는 원동기·축이음·벨트·풀리의 회전 부위 등 근로자가 위험에 처할 우려가 있는 부위에 덮개 또는 울 등을 설치하여야 한다.

참고 20. 6. 14

$Y = 6 + 0.15X$
 $(X < 160[mm])$
$Y = 30[mm]$
 $(X \geq 160[mm])$

[결론]
Y는 계산없이 30[mm]

참고

연동장치(interlock system)란

기계의 각 작동부분 상호간을 전기적, 기구적, 유공압장치 등으로 연결해서 기계의 각 작동부분이 정상적으로 작동하기 위한 조건이 만족되지 않을 경우 자동적으로 기계를 작동할 수 없도록 하는 페일 세이프적인 기구

합격예측   12. 5. 13 산 16. 5. 8 산 23. 5. 13 산

구조부분 안전화 결함
① 재료결함
② 설계결함
③ 가공결함

16. 8. 21 산 17. 5. 7 기 18. 8. 19 기
19. 4. 27 기 20. 6. 14 산 21. 8. 14 기
23. 3. 1 산 23. 7. 8 산

가드의 개구부 간격 3가지

(1) 롤러 가드의 개구부 간격
∴ $Y = 6 + 0.15X$
X : 가드와 위험점간의 거리(mm : 안전거리)
Y : 가드 개구부의 간격(mm : 안전간격)
(단, $X \geq 160[mm]$일 때, $Y = 30[mm]$)

(2) 절단기 가드의 개구부 간격
∴ $Y = 6 + \dfrac{1}{8}X$

(3) 방적기 및 제면기 가드의 개구부 간격(위험점이 대형기계의 전동체(회전체)인 경우) 20. 9. 19 산
∴ $Y = 6 + \dfrac{1}{10}X$
(단, $X \geq 760[mm]$에서 유효)

[표] 가드에 필요한 공간(공간 함정(Trap)방지를 위한 최소틈새) 18. 8. 19 기

신체부위	몸	다리	발과 팔	손목	손가락
트랩 방지 위한 최소틈새	500[mm]	180[mm]	120[mm]	100[mm]	25[mm]
트랩의 예					

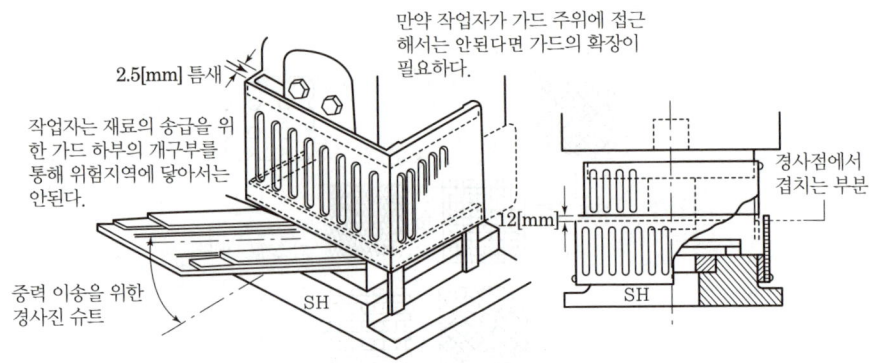

[그림-①] 금형의 안전울 chute-feed 있는 금형   [그림-②] 상하 겹친 금형

[그림] 금형의 안전울

2 조정가드(adjustable guards)의 정의 및 종류

방호하고자 하는 위험 구역에 맞추어 적당한 모양으로 조절하는 것이며 기계에 사용하는 공구를 바꿀 때 이에 맞추어 조정하는 가드를 말한다. 예를 들면 동력식 수동대패기계의 날접촉 예방장치, 톱날접촉 예방장치, 프레스의 안전울 등을 들 수 있다.

① **조정가드(adjustable guards)** : 이는 고정가드와 함께 설치하나 작업자가 작업하는 일에 맞게 위치해야 하는 조절 가능한 요소들로 구성된다. 조정가드를 사용할 때 작업자는 그것들로부터 보호를 받도록 조절하는 방법을 충분히 훈련받아야 한다.

② **자기조정가드(self-adjustable guards)** : 자기조정가드는 재료의 이송에 의해서 가드가 열려지는 경우를 제외하고는 위험 지역에 작업자가 접근하는 것을 방지해 준다. 이들은 대개 스프링 등과 연결되어 사용된다.

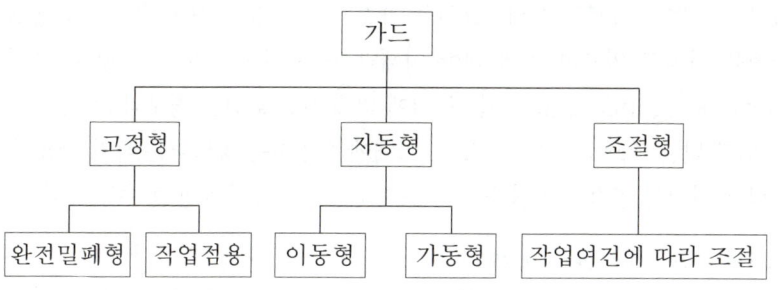

[그림] 구조상 가드의 분류

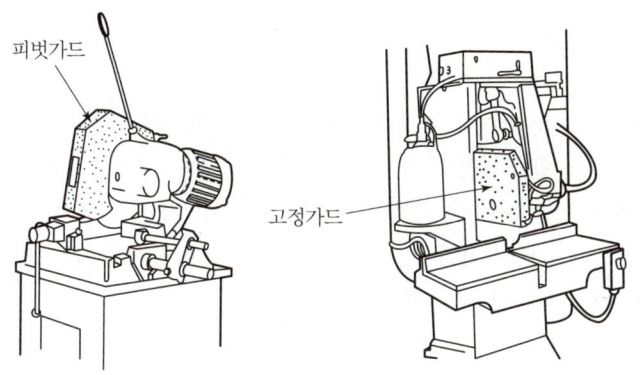

[그림] 자동조정가드   [그림] 둥근톱 기계에 설치된 조정가드

3 연동가드(자동형 : interlocked guards) 17. 3. 5

가드를 자주 움직이거나 열 필요가 있는 것에서는 그것을 고정시키는 것이 매우 불편하며 이때 가드들은 기계적, 전기적, 공기압식 등의 방법으로 기계제어에 연동시킨다. 이 경우 2가지 중요한 조건은 첫째, 가드가 닫혀지기 전까지는 기계의 작동이 시작되면 안 되고 둘째, 가드가 열리는 순간 기계의 작동이 멈추어져야 한다. 만약에 완전 정지까지 시간이 걸리는 경우는 지연 해제장치(delay release mechanism)를 설치할 필요가 있으며 예기치 않은 운동을 막기 위해서는 시동제어(start control)와 연결되어 있어야 한다. 연동(interlocked)가드는 힌지, 미끄럼운동을 하게 설치하고 때때로 제거할 수 있어야 한다. 이 메커니즘은 신뢰성이 있어야 하며 어떤 충돌이나 사고 등에 견딜 수 있어야 하며, 특히 그 시스템은 페일 세이프(fail safe) 개념으로 설계되어야 한다. 인터로크 가드는 작업자의 안전을 확신할 수 있어야 하며 또한 쉽게 접근할 수 있게 설치되어야 한다. 그러나 때로는 가드가 열렸을 때 기계가 움직이는 상황이 필요할 때도 있다. 예를 들면 기계의 설치, 청소, 고장 처리 등이며 이때 기계의 최소속도 등이 엄격하게 지켜지는 상황하에서만 허용되어야 한다. 연동방법(interlocking method)은 동력공급 방식, 기계의 운전 배열, 보호되어야 하는 위험의 정도, 그리고 안전장치의 작동불량에 따른 결과 등에 따라 선택된다. 선택된 시스템은 가능한 한 단순하며 직접적인 것이 좋다.

안전보건규칙
제93조(방호장치의 해체금지)
① 사업주는 위험한 기계·기구 또는 설비에 설치한 방호장치를 해체하거나 사용을 정지하여서는 아니된다. 다만, 방호장치의 수리·조정 및 교체 등의 작업을 하는 때에는 그러하지 아니하다.
② 제1항의 방호장치에 대하여 수리·조정 또는 교체 등의 작업을 완료한 후에는 즉시 방호장치가 정상적인 기능을 발휘할 수 있도록 하여야 한다.

제95조(장갑의 사용금지)
사업주는 근로자가 공작물 또는 축이 회전하는 기계를 취급하는 경우 그 근로자의 손에 밀착이 잘되는 가죽 장갑 등과 같이 손이 말려 들어갈 위험이 없는 장갑을 사용하도록 하여야 한다. 19. 4. 27 ⑦
예) 장갑착용작업 : 용접작업

합격예측

(1) 안전율(Safety factor) 23. 5. 13 ②

기초강도와 허용응력과의 비

$$안전율 = \frac{기초강도}{허용응력}$$
$$= \frac{극한강도}{최대설계응력}$$
$$= \frac{파괴하중}{최대사용하중}$$
$$= \frac{파단(절단)하중}{안전하중}$$

(2) 안전여유

안전여유 = 극한강도 - 허용응력

(3) Cardullo 안전율(계수)

$S = A \times B \times C \times D$

- A : 탄성률(사용재료의 극한강도/사용재료의 탄성한도)
- B : 하중의 종류(정하중 $B=1$, 교번중: $B=$ 극한강도/피로한도)
- C : 하중속도(정하중 : $C=1$, 충격하중 $C=2$)
- D : 재료의 조건

Q 은행문제

기계의 안전을 확보하기 위해서는 안전율을 고려하여야 하는데 다음 중 이에 관한 설명으로 틀린 것은?

① 기초강도와 허용응력과의 비를 안전율이라 한다.
② 안전율 계산에 사용되는 여유율은 연성재료에 비하여 취성재료를 크게 잡는다.
③ 안전율은 크면 클수록 안전하므로 안전율이 높은 기계는 우수한 기계라 할 수 있다.
④ 재료의 균질성, 응력계산의 정확성, 응력의 분포 등 각종 인자를 고려한 경험적 안전율도 사용된다.

정답 ③

복잡한 시스템은 잠재적인 위험요인을 가지고 있어 눈에 보이지 않는 작동불량의 위험성을 가지고 있으며 이에 대한 이해와 보수·유지가 매우 어렵다. 연동기구(interlocking mechanism)는 동력에 의해 가드를 닫는 경우와 그 자체 운동으로 가드를 닫는 것으로 나눌 수 있다. 아래에 설명하는 방법들은 각기 사용될 수도 있으나 효과적인 연결 시스템을 얻기 위해서는 조합해서 사용할 수도 있다.

4 자동가드(automatic guards)

자동가드는 고정가드나 연동가드가 실용적이지 못할 때 사용된다. 그러한 가드는 작업자가 작업중인 기계의 위험부분에 접촉하는 것을 방지해 주어야 하고 위험한 경우 기계를 중단시킬 수 있어야 한다. 자동가드는 작업자와 무관하게 기능하여야 하며 그것의 작동은 기계가 작동하는 한 반복되어져야 한다. 그러므로 연결기구(linkage)나 레버(lever)를 통해 기계에 연결되어 기계에 의해 작동하게 된다. 손으로 제품의 이송·배출 등을 하여야 하는 경우 작업자는 반드시 수공구를 사용해야 한다. 그림은 동력식 수동대패기계에 적용된 자동가드의 예를 보여주고 있다. 정지 중에는 날 전부가 가드에 의해서 둘러싸여 있고 전단 행정이 수립됨에 따라 차차 열리게 해주는 연결 시스템을 가지고 있는 가드이다.

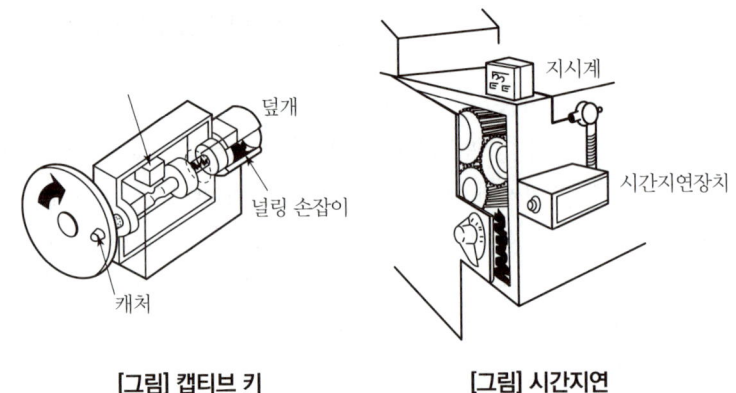

[그림] 캡티브 키   [그림] 시간지연

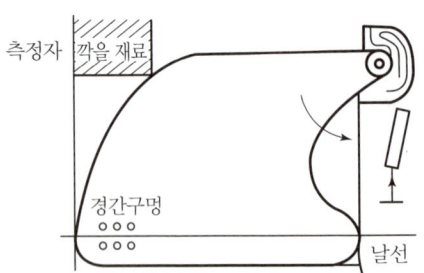

[그림] 대패기계의 날접촉예방장치

2. 기계 종류별 안전장치 설치기준

(1) 방호장치

[표] 용도별 방호장치의 구분

구분	종류	사용용도	적용
위험장소	격리형 방호장치	작업점에 접촉하여 재해가 발생하지 않도록 기계설비 외부에 차단벽이나 방호망을 설치하는 것	방호울 덮개 프레스 가드형
	위치제한형 방호장치	작업자의 신체부위가 위험한계 구역에 있지 아니하고 안전거리를 유지할 수 있도록 하는 것	양수조작식 19. 3. 3 ⓢ 22. 4. 24 ⓐ
	접근거부형 방호장치	작업자의 신체부위가 위험한계 구역에 접근 시 신체부위를 안전한 곳으로 되돌리는 것	손쳐내기식 수인식
	접근반응형 방호장치	작업자의 신체부위가 위험한계 구역으로 들어오면 이를 감지하여 작동중인 기계를 즉시 정지하거나 전원이 차단되도록 하는 것	광전자식
위험원	포집형 방호장치	위험원이 외부로 비산되지 않도록 포집하는 방식으로 용접흄의 발생을 국소배기장치나 연삭기의 비산칩을 포집하여 방호하는 것을 예로 들 수 있다.	국소배기장치 연삭칩 포집장치
	감지형 방호장치	이상온도, 압력상승, 과부하 등 기계의 이상 상황 발생시 이를 감지하여 안전한 상태로 조정하거나 정상상태로 복구되도록 하는 것	안전밸브 파열판

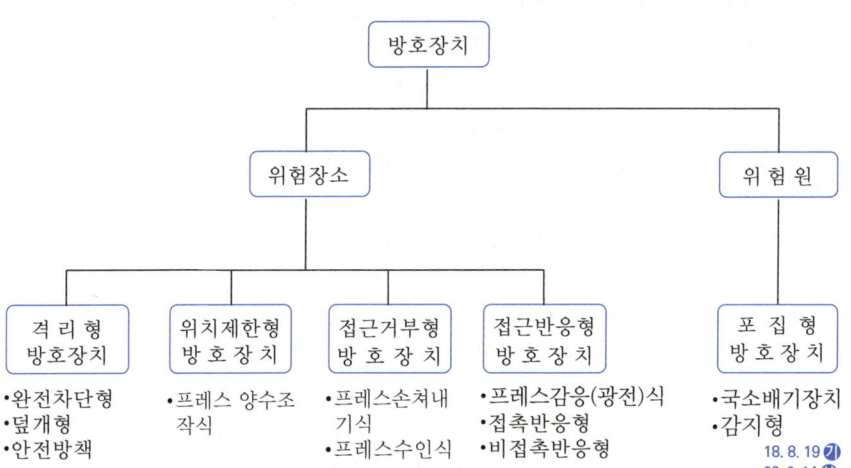

[그림] 방호장치의 구분
16. 3. 6 ⓢ 16. 8. 21 ⓢ 18. 3. 4 ⓢ
18. 4. 28 ⓢ 23. 5. 13 ⓢ 23. 6. 4 ⓐ

합격예측 및 관련법규

안전보건규칙
제100조(띠톱기계의 덮개 등)
사업주는 띠톱기계(목재가공용 띠톱기계를 제외한다)의 절단에 필요한 톱날부위외의 위험한 톱날부위에는 덮개 또는 울 등을 설치하여야 한다.
18. 3. 4 ⓢ

제101조(원형톱기계의 톱날 접촉예방장치)
사업주는 원형톱기계(목재가공용 둥근톱기계를 제외한다)에는 톱날접촉예방장치를 설치하여야 한다.

Q 은행문제

산업안전보건법령에 따라 레버풀러(lever puller)또는 체인블록(chain block)을 사용하는 경우 훅의 입구(hook mouth)간격이 몇 [%] 이상 벌어진 것은 폐기하여야 하는가?
① 2 ② 5
③ 7 ④ 10

정답 ④

해설
레버풀러(lever puller) 또는 체인 블록(chain boock)을 사용시 준수사항
① 정격하중을 초과하여 사용하지 말 것
② 레버풀러 작업 중 훅이 빠져 튕길 우려가 있을 경우에는 훅을 대상물에 직접 걸지 말고 피벗 클램프(pivot clamp) 나 러그(lug)를 연결하여 사용할 것
③ 레버풀러의 레버에 파이프 등을 끼워서 사용하지 말 것
④ 체인블록의 상부 훅(top hook)은 인양하중에 충분히 견디는 강도를 갖고, 정확히 지탱될 수 있는 곳에 걸어서 사용할 것
⑤ 훅의 입구(hook mouth) 간격이 제조자가 제공하는 제품사양서 기준으로 10퍼센트 이상 벌어진 것은 폐기할 것
⑥ 체인블록은 체인의 꼬임과 헝클어지지 않도록 할 것
⑦ 체인과 훅은 변형, 파손, 부식, 마모(磨耗)되거나 균열된 것을 사용하지 않도록 조치할 것

18. 8. 19 ⓐ
20. 6. 14 ⓢ
22. 3. 5 ⓐ
25. 2. 7 ⓢ

합격예측

산업안전보건기준에 관한 규칙 제96조(작업도구 등의 목적 외 사용 금지 등)

합격예측 및 관련법규

안전보건규칙

제102조(탑승의 금지)

사업주는 운전중인 평삭기(平削機)의 테이블 또는 수직선반 등의 테이블에 근로자를 탑승시켜서는 아니된다. 다만, 테이블에 탑승한 근로자 또는 배치된 근로자가 즉시 기계를 정지할 수 있도록 하는 등 근로자에게 미칠 위험을 방지하기 위하여 필요한 조치를 한 때에는 그러하지 아니하다.

제89조(운전시작 전 조치)

① 사업주는 기계의 운전을 시작할 때에 근로자가 위험해질 우려가 있으면 근로자 배치 및 교육, 작업방법, 방호장치 등 필요한 사항을 미리 확인한 후 위험 방지를 위하여 필요한 조치를 하여야 한다.

② 사업주는 제1항에 따라 기계의 운전을 시작하는 경우 일정한 신호방법과 해당 근로자에게 신호할 사람을 정하고, 신호방법에 따라 그 근로자에게 신호하도록 하여야 한다.

제92조(정비 등의 작업 시의 운전정지 등)

① 사업주는 공작기계·수송기계·건설기계 등의 정비·청소·급유·검사·수리·교체 또는 조정 작업 또는 그 밖에 이와 유사한 작업을 할 때에 근로자가 위험해질 우려가 있으면 해당 기계의 운전을 정지하여야 한다. 다만, 덮개가 설치되어 있는 등 기계의 구조상 근로자가 위험해질 우려가 없는 경우에는 그러하지 아니하다. 19. 4. 27 ⑦

② 사업주는 제1항에 따라 기계의 운전을 정지한 경우에 다른 사람이 그 기계를 운전하는 것을 방지하기 위하여 기계의 기동장치에 잠금장치를 하고 그 열쇠를 별도 관리하거나 표지판을 설치하는 등 필요한 방호 조치를 하여야 한다.

③ 사업주는 작업하는 과정에서 적절하지 아니한 작업방법으로 인하여 기계가 갑자기 가동될 우려가 있는 경우 작업지휘자를 배치하는 등 필요한 조치를 하여야 한다.

다음 페이지 연결→

보충학습

① "식품파쇄기"란 절단 도구의 회전력 또는 플런저의 왕복운동에 의한 충격력을 이용하여 채소, 육류 또는 어류 등의 식품을 으깨는 기계를 말하며, 주요 구조부는 다음과 같다.
  ㉮ 용기(덮개를 포함한다)
  ㉯ 혼합, 절단 및 파쇄용 로터 구동축
  ㉰ 투입부 및 배출부
  ㉱ 이송장치

② "식품절단기"란 절단날의 회전력을 이용하여 채소, 육류 또는 어류 등을 일정 크기로 자르는 기계를 말한다.

③ "식품혼합기"란 원통형 용기 내에서 회전하는 스크루 또는 블레이드날을 이용하여 채소, 육류 또는 어류 등을 혼합하는 기계를 말한다.

④ "절단공구"란 식품의 분쇄, 파쇄 및 절단에 사용되는 커터, 칼날, 다공판을 말한다.

⑤ "보호 그리드"란 주입 호퍼 입구에 있는 탈착식 장치를 말한다.

⑥ "보호 후드"란 배출구에 있는 탈착식 장치를 말한다.

⑦ "푸셔(pusher)"란 주입구 내부로 식품을 밀어 넣는 데 사용되는 기구를 말한다.

⑧ "혼합축"이란 혼합용기 안에서 식품을 섞는 데 사용되는 회전하는 부품을 말한다.

⑨ "제면기"란 반죽된 밀가루, 메밀가루 등 분말형태의 곡물을 일정한 길이의 면으로 뽑아내는 기계를 말하며, 주요구조부는 다음과 같다.
  ㉮ 스프레더   ㉯ 건조기
  ㉰ 박리기 또는 절단기   ㉱ 반죽기
  ㉲ 이송 컨베이어

⑩ "스프레더(spreader)"란 제면설비의 압출장치와 건조기 사이에 위치하여 압출장치에서 연속으로 배출되는 반죽을 얇게 펴서 일정 길이로 자른 후 컨베이어를 이용하여 건조공정으로 이송시켜주는 장치를 말한다.

⑪ "면 성형기(sticks)"란 스프레더를 거쳐서 나온 납작한 반죽을 긴 막대모양의 면으로 성형하기 위한 장치를 말한다.

⑫ "박리기(stripper) 및 절단기(cutter)"란 건조된 면을 정해진 길이로 자른 후 포장공정 또는 적재공정으로 이송시켜주는 장치를 말한다.

⑬ "회수 컨베이어(return conveyor) 및 매거진(magazine)"이란 비어 있는 국수 성형기를 박리기 및 절단기로부터 스프레더로 이송시켜 주는 장치를 말하며 통상 건조하 하부에 위치한다.

⑭ "연속작업기계"란 반죽기에서 재료를 공급하고 최종 면제품이 생산될 때까지 연속적으로 생산하는 기능을 가지는 기계설비를 말한다.

⑮ "배치형(Batch) 기계"란 별도의 분리된 반죽기에서 정해진 양의 재료를 공급한 후, 재료를 재공급하기 전까지 일정시간 생산이 중지되는 형식의 기계설비를 말한다.

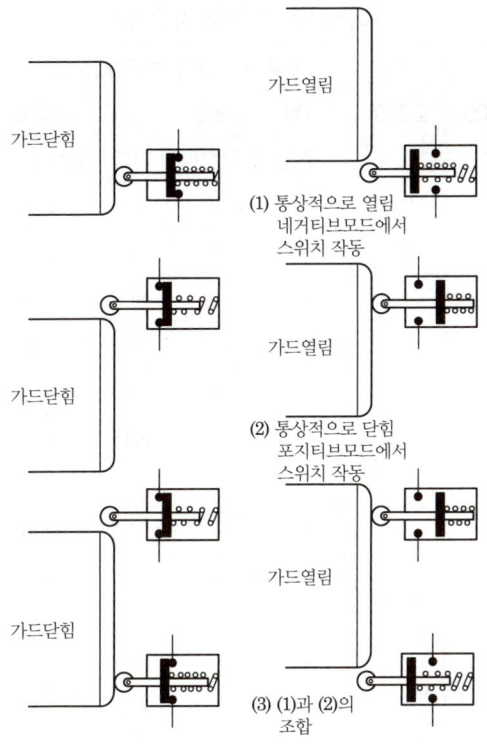

[그림] 캠 구동 리밋스위치 인터로크

(2) 방호울(distance guard) 설치기준

방호울은 위험부분으로부터 적절한 거리에 설치되어 있는 울타리를 말한다. 작업자가 위험 지역 내의 접근을 방지하기 위하여 고정 방벽을 설치하는 경우 일반적으로 방벽의 높이는 2,500[mm] 정도가 되어야 한다. 그러나 사정상 방벽의 높이를 2,500[mm] 정도로 설치할 수 없을 경우 위험점의 높이(1)와 울의 높이(2) 그리고 위험점으로부터의 수평거리(3) 사이에는 표와 같은 관계가 있다.

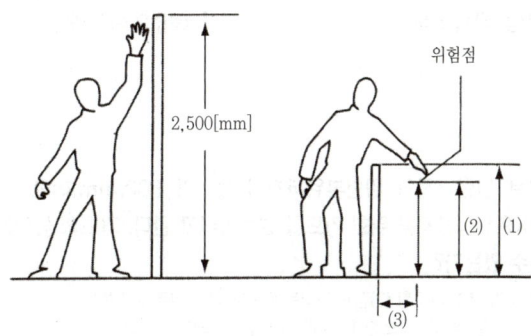

[그림] 수직방호 높이 계산

④ 사업주는 기계·기구 및 설비 등의 내부에 압축된 기체 또는 액체 등이 방출되어 근로자가 위험해질 우려가 있는 경우에 제1항부터 제3항까지의 규정 따른 조치 외에도 압축된 기체 또는 액체 등을 미리 방출시키는 등 위험 방지를 위하여 필요한 조치를 하여야 한다.

제103조(프레스 등의 위험방지)

① 사업주는 프레스 또는 전단기(이하 "프레스 등"이라 한다)를 사용하여 작업하는 근로자의 신체 일부가 위험한계내에 들어가지 아니하도록 해당부위에 덮개를 설치하는 등 필요한 방호조치를 하여야 한다. 다만, 슬라이드 또는 칼날에 의한 위험을 방지하기 위한 구조로 되어 있는 프레스 등에 대해서는 그러하지 아니하다.

② 사업주는 작업의 성질상 제1항의 규정에 의한 조치가 곤란한 때에는 프레스 등의 종류, 압력능력, 분당 행정의 수, 행정의 길이 및 작업방법에 상응하는 성능(양수조작식안전장치 및 감응식안전장치에 있어서는 프레스 등의 정지성능에 상응하는 성능)을 갖는 방호장치를 설치하는 등 필요한 조치를 하여야 한다.

③ 사업주는 제1항 및 제2항의 조치를 위하여 행정의 전환스위치, 방호장치의 전환스위치 등을 부착한 프레스에 대하여는 해당 전환스위치 등을 항상 유효한 상태로 유지하여야 한다.

④ 사업주는 제2항의 조치를 한 때에는 해당 방호장치의 성능을 유지하여야 하며, 발 스위치를 사용함으로써 방호장치를 사용하지 아니할 우려가 있는 때에는 발 스위치를 제거하는 등 필요한 조치를 하여야 한다.

합격예측 및 관련법규

안전보건규칙
제86조(탑승의 제한)

① 사업주는 크레인을 사용하여 근로자를 운반하거나 근로자를 달아 올린 상태에서 작업에 종사시켜서는 아니 된다. 다만, 크레인에 전용 탑승설비를 설치하고 추락 위험을 방지하기 위하여 다음 각 호의 조치를 한 경우에는 그러하지 아니하다. 22. 3. 5 ❼
　1. 탑승설비가 뒤집히거나 떨어지지 않도록 필요한 조치를 할 것
　2. 안전대나 구명줄을 설치하고, 안전난간을 설치할 수 있는 구조인 경우에는 안전난간을 설치할 것
　3. 탑승설비를 하강시킬 때에는 동력하강방법으로 할 것

② 사업주는 이동식 크레인을 사용하여 근로자를 운반하거나 근로자를 달아 올린 상태에서 작업에 종사시켜서는 아니 된다.

③ 사업주는 내부에 비상정지장치·조작스위치 등 탑승조작장치가 설치되어 있지 아니한 리프트의 운반구에 근로자를 탑승시켜서는 아니 된다. 다만, 리프트의 수리·조정 및 점검 등의 작업을 하는 경우로서 그 작업에 종사하는 근로자가 추락할 위험이 없도록 조치를 한 경우는 그러하지 아니하다.

④ 사업주는 간이 리프트의 운반구에 근로자를 탑승시켜서는 아니 된다. 다만, 간이 리프트의 수리·조정 및 점검 등의 작업을 할 때에 그 작업에 종사하는 근로자가 위험해질 우려가 없도록 조치한 경우에는 그러하지 아니하다.

⑤ 사업주는 곤돌라의 운반구에 근로자를 탑승시켜서는 아니 된다. 다만, 추락 위험을 방지하기 위하여 다음 각 호의 조치를 한 경우에는 그러하지 아니한다.
　1. 운반구가 뒤집히거나 떨어지지 않도록 필요한 조치를 할 것
　2. 안전대나 구명줄을 설치하고, 안전난간을 설치할 수 있는 구조인 경우이면 안전난간을 설치할 것
　　　다음 페이지 연결→

[표] 방호울의 설치에 따른 기준

위험부의 높이 (1)[mm]	보호 구조물의 높이 (2)[mm]							
	2,400	2,200	2,000	1,800	1,600	1,400	1,200	1,000
	위험점으로부터의 거리 (3)[mm]							
2,400	–	100	100	100	100	100	100	100
2,200	–	250	350	400	500	500	600	600
2,000	–	–	350	500	600	700	900	1,100
1,800	–	–	–	600	900	900	1,000	1,100
1,600	–	–	–	500	900	900	1,000	1,300
1,400	–	–	–	100	800	900	1,000	1,300
1,200	–	–	–	–	500	900	1,000	1,400
1,000	–	–	–	–	300	900	1,000	1,400
800	–	–	–	–	–	600	900	1,300
600	–	–	–	–	–	–	500	1,200
400	–	–	–	–	–	–	300	1,200
200	–	–	–	–	–	–	200	1,100

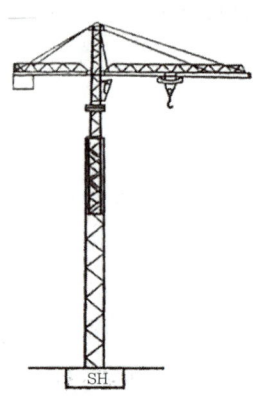

[그림] 타워크레인

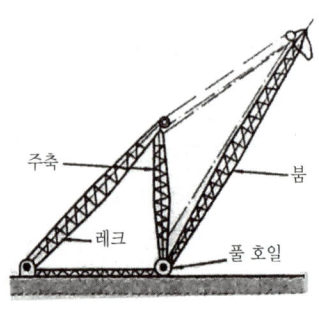

[그림] 데릭크레인

예제문제

사업장에 설치된 위험기계의 위험부위까지의 높이가 800[mm]이고 위험기계로부터 600[mm] 거리에 위험방지를 위한 가드를 설치하려고 한다. 가드의 높이는 얼마로 하면 안전이 확보될 수 있는가?

◉ (1)의 항 800을 찾아 우측 가로항 (3)점과 만나는 600을 찾아 세로의 위쪽으로 보호 구조물의 숫자를 읽으면 된다. 가드 구조물 높이는 최소한 1,400[mm] 높이가 되어야 한다.

보충학습

[표] 인간 – 기계계에서 보는 4M

구분	사고	주요 현상과 원인	안전의 4M
기계 사용시 불안전한 현상 (사고)	공학적 사고	설계·제작 착오, 재료 피로·열화, 고장, 오조작, 배치·공사 착오	기계(설비) Machine
	인간 – 기계계의 사고	잘못 사용, 오조작, 착오, 실수, 논리 착오, 협조 미흡, 불안 심리	인간(사람) Man
		작업정보 부족·부적절, 협조 미흡, 작업환경 불량, 불안전한 접촉	작업(매체) Media
		안전조직 미비, 교육·훈련 부족, 오 판단, 계획 불량, 잘못 지시	관리(통제) Management
	불가항력	천재지변 등	

보충학습 — 기능적 안전

① **소극적(1차적) 대책**
  이상 발생시 기계를 급정지시키거나 방호장치가 작동하도록 하는 대책
② **유해 위험한 기계·기구 등의 방호조치**
  가. 유해 또는 위험한 작업을 필요로 하거나 동력에 의해 작동하는 기계기구 : 유해 위험 방지를 위한 방호조치를 할 것
  나. 방호조치 하지 않고는 양도, 대여, 설치, 사용하거나 양도, 대여의 목적으로 진열금지
③ **적극적(2차적) 대책**
  회로를 개선하여 오동작을 사전에 방지하거나 또는 별도의 안전한 회로에 의한 정상기능을 찾도록 하는 대책(예 fail safe) 18. 8. 19 산 19. 3. 3 기 23. 2. 28 기

← 이전 페이지 연결

⑥ 사업주는 소형화물용 엘리베이터에 근로자를 탑승시켜서는 아니 된다. 다만, 소형화물용 엘리베이터의 수리·조정 및 점검 등의 작업을 하는 경우에는 그러하지 아니하다
⑦ 사업주는 차량계 하역운반기계(화물자동차는 제외한다)를 사용하여 작업을 하는 경우 승차석이 아닌 위치에 근로자를 탑승시켜서는 아니 된다. 다만, 추락 등의 위험을 방지하기 위한 조치를 한 경우에는 그러하지 아니하다.
⑧ 사업주는 화물자동차 적재함에 근로자를 탑승시켜서는 아니 된다. 다만, 화물자동차에 울 등을 설치하여 추락을 방지하는 조치를 한 경우에는 그러하지 아니하다.
⑨ 사업주는 운전 중인 컨베이어 등에 근로자를 탑승시켜서는 아니 된다. 다만, 근로자를 운반할 수 있는 구조를 갖춘 컨베이어 등으로서 추락·접촉 등에 의한 위험을 방지할 수 있는 조치를 한 경우에는 그러하지 아니하다.
⑩ 사업주는 이삿짐운반용 리프트 운반구에 근로자를 탑승시켜서는 아니 된다. 다만, 이삿짐운반용 리프트의 수리·조정 및 점검 등의 작업을 할 때에 그 작업에 종사하는 근로자가 추락할 위험이 없도록 조치한 경우에는 그러하지 아니하다.
⑪ 사업주는 전조등, 제동등, 후미등, 후사경 또는 제동장치가 정상적으로 작동되지 아니하는 이륜자동차(「자동차관리법」 제3조제1항제5호에 따른 이륜자동차를 말한다. 이하 같다)에 근로자를 탑승시켜서는 아니 된다.

세부항목 3. 안전시설 유지·관리하기

1. KSB 규격과 ISO 규격 통칙에 대한 지식

(1) KS(Korean Industrial Standards : 한국공업규격 : 韓國工業規格)

1 정의
「산업표준화법」에 따라 산업표준심의회의 심의를 거쳐 국립기술품질원장이 제정·고시하는 산업표준약칭 'KS(Korean Industrial Standards)'.

2 내용
① 제품규격으로, 제품의 형상·치수·품질 등에 관한 규격.
② 방법규격으로, 시험·분석·감정·생산방법·작업표준 등에 관한 규격.
③ 전달규격으로, 용어·기호·약어·부호 등에 관한 규격.

3 역사
① 한국산업규격은 1961년 「공업표준화법」이 제정·공포되면서 국가규격으로 보급되었으며 당시 상공부 표준국이 업무를 관장했다.
② 1962년 공업표준에 관한 사항을 심의하기 위해 공업표준심의회(현 산업표준심의회)가 설치되었고, 공업표준의 보급·교육 및 지도를 담당할 한국규격협회(현 한국표준협회)가 설립되었다. 한편 한국은 1963년 국제표준에 관한 양대 기구인 국제표준화기구(ISO)와 국제전기기술위원회(IEC)에 가입해 국제표준화 활동에 참여하는 등 명실상부한 국가표준화 추진체제를 갖추게 되었다.
③ 1973년에는 공업진흥청이 개청되어 산업표준화에 대한 장기계획이 수립되고, 제정된 규격의 보완과 더불어 새로운 규격이 제정되는 등 양적 확대가 이루어졌으며 1996년 2월에는 정부조직 개편에 따라 공업진흥청이 폐지되고 국립기술품질원(표준계량부)이 산업표준에 관한 제반사항을 관장하게 되었다.
④ 한국산업규격은 1962년 300종이 제정된 이래 해마다 급격한 성장을 이룩해, 1998년 6월 말 기준 9941종의 규격을 보유함으로써 국가산업기반을 다지고 있으며, 한편, 광공업품의 품질개선과 생산능률의 향상을 기하고 거래의 단순화와 공정화로 소비자보호에 기여해왔다.
⑤ 한국산업규격 중 규격의 보급이 필요한 경우 광공업품의 품목이나 가공기술의 종목을 선정해 표시지정을 하고 제조업체가 지정규격에 대한 KS표시를 하고자 하는 경우, 정부가 주관해 소정의 공장심사와 제품심사를 실시한다.
⑥ 심사를 통해 KS수준 이상의 제품을 생산한다고 인정이 되면 KS표시를 할 수 있도록 하던 허가제는 1997년 「산업표준화법」 개정으로 1998년 7월부터 인증제로 전환되어 민간 인증기관이 인증을 하고 있다. 1998년 6월 말 기준 KS

표시인증(허가)을 받은 제품은 1010개 품목, 4880개 공장으로서 모두 1만 1588건에 달했다.

⑦ 아울러 외국에 소재한 업체에 대해서도 국내에 소재한 업체와 동일한 절차를 거쳐 KS표시인증을 함으로써 한국산업규격의 보급을 촉진하고자 했다. 1996년 6월 말 기준 중국 등 10개국의 45개 공장에서 위생도기 등 47개 품목의 인증제품이 생산되었다.

⑧ 한편, 우수규격제품의 보급을 촉진하기 위해 국가기관·지방자치단체·공공단체 등에서 물품을 구입하고자 하는 경우 KS표시제품을 우선적으로 구매하도록 「산업표준화법」을 통해 규정했다.

⑨ 또한 「품질경영촉진법」·「전기용품안전관리법」 등 다른 법령에서 의무적으로 검사 또는 형식승인을 받도록 규정하고 있는 경우, KS표시제품에 대해서는 검사 또는 형식승인을 면제할 수 있도록 하고 있으며, 그 밖에 「건축법」에서도 일정규모 이상의 건물(3층 이상, 500㎡이상)을 건축할 때 사용되는 건축자재에 대해서는 KS표시 제품을 의무적으로 사용하도록 하고 있다.(출처 : 한국민족문화대백과)

4 목적

① 한국 공업 규격의 약호. 공업 표준화를 위해 제정된 공업 규격을 보급·활용하여 제품의 품질 개선과 생산능률의 향상·거래의 단순화와 공정화의 도모 및 소비자 보호를 이해 만들어진 제도

② KS의 분류 및 번호 및 각 부문별로 부문 기호 및 4급수의 번호를 붙여 예를 들면 KS B 0001번으로 부르도록 되어 있다.

[표] KS마크 표시제도가 있어, KS해당품에는 KS마크를 붙인다.

기호	부문
A	기본
B	기계
C	전기
D	금속
E	광산
F	토건
G	일용품
H	식료품
K	섬유
L	요업
M	화학

[그림] KS마크

> **참고**
> **ISO규격**
> ISO 9001 : 품질경영시스템
> ISO 14001 : 환경경영시스템
> ISO 22000 : 식품안전경영시스템
> ISO 26000 : 사회적 책임에 대한 지침
> ISO 27001 : 정보보안경영시스템
> ISO 31000 : 위기관리경영시스템
> ISO 45000 : 안전보건시스템
> ISO 50001 : 에너지경영시스템 등의 주요한 규격 외에도 19,500개가 넘는 규격이 있다.

(2) ISO(International Organization for Standardization, International Standardization : 국제표준기구)

1 설립목적

ISO의 설립 목적은 ISO정관(Statute) 제2조에 명기된 바와 같이 상품 및 서비스의 국제적 교환을 촉진하고, 지적, 과학적, 기술적, 경제적 활동 분야에서의 협력 증진을 위하여 세계의 표준화 및 관련 활동의 발전을 촉진시키는데 있다. 이러한 목적 달성을 위하여, ISO는 다음과 같은 업무를 수행할 수 있다.

① 표준 및 관련 활동의 세계적인 조화를 촉진시키기 위한 조치를 취한다.
② 국제표준을 개발, 발간하며, 이 표준들이 세계적으로 사용되도록 조치를 취한다.
③ 회원기관 및 기술위원회의 작업에 관한 정보의 교환을 주선한다.
④ 관련 문제에 관심을 갖는 다른 국제기구와 협력하고, 특히 이들이 요청하는 경우 표준화 사업에 관한 연구를 통하여 타 국제기구와 협력한다.
⑤ 표준화 사업에 관한 연구를 통하여 타 국제기구와 협력한다.

2 회원

ISO의 회원은 정회원, 준회원 및 간행물 구독회원으로 구분된다. 정회원은 각국의 표준화 분야에서 가장 널리 대표적인 국가표준기관으로서, ISO 절차규정에 의거 ISO 입회가 허용된 국가표준기관이다. 정회원이 없는 국가의 경우 표준화에 관심 있는 국가 기관은 이사회에서 규정한 절차에 따라, 투표권 없이 통신회원 또는 간행물 구독회원으로 등록할 수 있다. 한 국가에서 오직 하나의 기관만이 회원자격을 획득할 수 있다. 정회원 가입을 희망하는 표준 기관은 정관 및 절차규정을 수락한다는 내용으로 사무총장에게 서면으로 신청해야 한다. 사무총장은 신청서를 즉시 이사회에 제출하여, 다음사항을 결정토록 한다.

① 이미 그 국가의 다른 기관이 ISO에 등록되어 있는지의 여부
② 신청기관이 표준화 문제에 있어 자국내에서 가장 대표적인 표준화 기관인지의 여부

정회원 가입을 위해서는 이사회에서 최소 14개국의 찬성표를 획득하여야 한다. 이러한 찬성표를 획득하지 못하는 경우, 신청기관은 ISO에 이의를 제기할 수 있으며, 이러한 경우 동 문제를 전체 회원국에 회부시켜 회원국 3/4이상의 찬성을 얻으면 가입이 허용된다. ISO의 정회원기관은 회원자격의 취득과 동시에 매년 분담금 납부에 동의하여야 한다.

정회원기관이 ISO 회원자격을 취소하고자 하는 경우 당해 년도 6개월 이전에 이를 통보하여야 한다.

당해 년도 12월31일까지 해당 분담금을 납부하지 못한 정회원기관은 다음해 1월 1일부터 회원자격이 정지된다. 이 자격정지 기간동안, 총회 또는 ISO내의 다른 조직에서 투표할 권리가 없다. 또한 ISO 간행물이나 문서를 무료로 받을 권리가 박

탈된다. 이 자격정지 기간동안 정회원기관이 미납한 분담금을 납부하면 회원기관으로서의 지위를 회복할 수 있다. 정지된 자격을 회복하면 자격정지 기간동안 ISO에서 발행한 국제표준, 기술보고서 및 가이드를 받아볼 권리가 있다. 자격 정지된 회원기관이 계속해서 분담금을 납부하지 못할 경우, 3회 연속 분담금을 납부하지 못하는 즉시 ISO 회원자격이 상실된 것으로 간주한다. ISO 회원자격이 상실된 회원기관이 재가입을 신청할 경우, 이사회는 해당 기관의 ISO 재가입을 위한 재정 조건을 결정한다.

ISO의 회원가입 현황은 '17.9월 현재 정회원(Member body)에 119개국, 준회원(Correspondent Member)에 40개국, 통신회원(Subscriber Member)에 4개국 등 총 163개국이 가입, 활동하고 있다.

우리나라는 1963년 상공부 표준국이 우리나라를 대표하여 ISO에 Member body로 최초 가입하였다. 1973년 상공부 표준국이 독립하여 공업진흥청으로 변경되었으며, 1996년 이후로는 현재의 국가기술표준원(KATS: Korean Agency for Technology and Standards)이 정회원으로 활동하고 있다.

3 재정

ISO의 재원은 회원기관의 분담금 및 기여금과 간행물 판매로 마련된다. 여타 출처(증여 등)에서 얻어지는 재원에 대한 수락여부는 이사회의 결정에 따른다. ISO의 회계연도는 역년(Calendar year)으로 하며 차기년도 4월1일 이전까지 연간 결산보고서를 회원기관에 제출하도록 되어 있다. 이사회에서 승인한 차기년도 예산은 11월1일 이전까지 회원기관에 제출된다.

회원기관의 분담금 규모는 재무관의 건의에 따라 이사회에서 결정하는 바, 각 회원기관에 배정되는 분담금 구좌수와 그 구좌당 단가에 의해 결정된다. ISO의 2016년도 예산 규모는 약 453억원 정도이며 243억원 정도가 회원국의 분담금으로 나머지가 표준 및 간행물 판매 수익으로 충당된다. 동 예산은 사무국 운영비 및 회원국에 대한 문서배포 등 ISO 조직 관리에 사용된다.

우리나라가 부담하는 분담금은 CHF 476,544 (약 5.4억원)으로 정회원 119개국 중 11위 규모로 2.88[%]를 부담한다.

4 언어

ISO의 공식 언어는 영어, 불어 및 러시아어이다. 이와 관련 러시아의 회원기관은 모든 러시아어 통역 및 번역을 제공해야 할 의무를 진다. ISO에서 발행하는 국제표준 및 가이드와 총회 및 이사회 회의록은 영어, 불어, 러시아어로 출판된다.

정회원기관은 그들 자신의 책임하에 ISO가 발간한 출판물 및 문서를 다른 언어로 번역할 수 있다. 현 국제표준, 기술보고서 및 가이드에 대한 번역본은 해당 언어를 사용하는 회원기관에 의해 번역의 정확성이 사무총장에게 증명되었을 경우, ISO에 의해 공식 번역물로 인정된다. 이렇게 증명된 번역물은 ISO에 의해 공식 번역물로 인정되었다는 설명을 수록해야 한다.

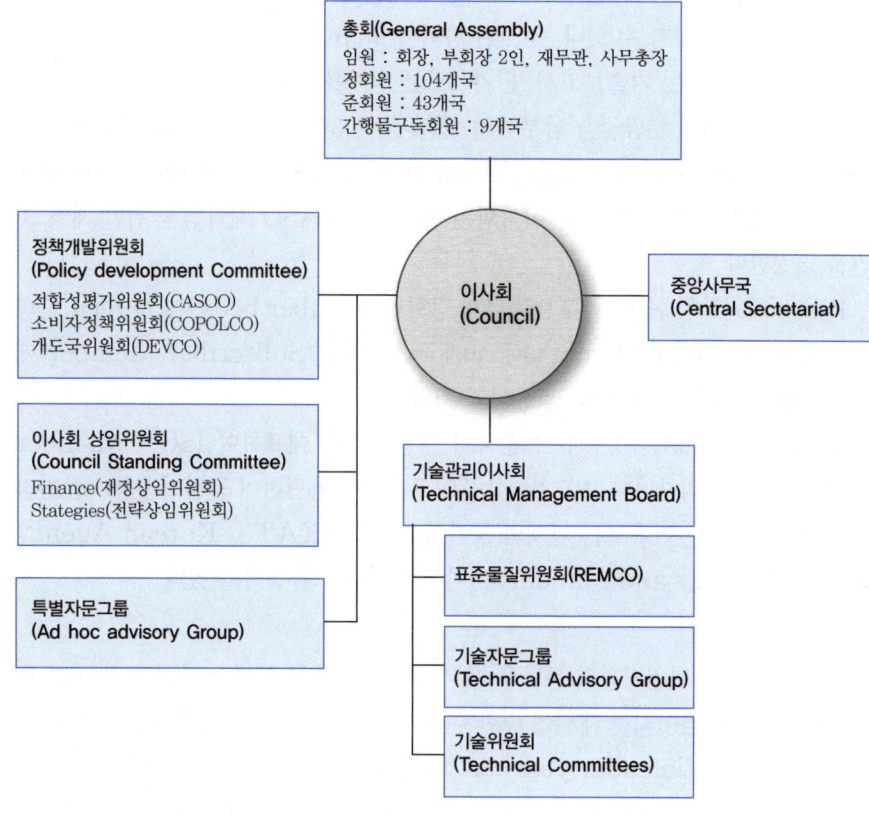

[그림] ISO조직

5 ISO표준 제정 절차

ISO 표준 제정 절차는 일반적으로 제안부터 발행까지 6단계로 구성되며, ISO/IEC 기술작업지침서를 준수한다. 신규표준제안은 ISO 국가회원기관, TC/SC 간사기관, 연계기관, 기술관리이사회 또는 자문그룹, ISO 사무총장에 의해 이루어질 수 있고, 작업안은 해당 기술위원회의 정회원들에게 회부되어 투표를 거치게 된다.

[표] 제정절차단계

프로젝트 단계	관련문서	
	명칭	약어
0 예비단계	예비업무 항목	PWI
1 제안단계	신규 업무 항목 제안	NP
2 준비단계	작업초안	WD
3 위원회단계	위원회 초안	CD
4 질의단계	질의안(국제표준안)	DIS
5 승인단계	최종 국제표준안	FDIS
6 출판단계	국제표준	ISO

① 단계 0 : 예비단계(Preliminary stage) : 예비작업항목(PWI)
  기술위원회나 분과위원회는 후속단계로 진행하기에는 충분하지 않은 예비 작업항목(PWI)을 P멤버의 단순 과반수 투표로 작업프로그램에 도입할 수 있다.

② 단계 1 : 제안단계(Proposal stage) : 신규작업항목 제안(NP)
  신규작업항목 제안은 NP제안서식에 작성하여 제출하며, 이 항목을 작업프로그램에 추가할 것인지는 서신 또는 회의를 통해 결정한다. 적어도 5개 이상의 P멤버가 적극적으로 참여하겠다는 의사를 표명해야 하며, 작업프로그램에 프로젝트로 포함시키는 문제는 1단계에서 결정된다.

③ 단계 2 : 준비단계(Preparatory stage) : 작업초안(WD)
  이 단계에서는 ISO/IEC Directive, Part 2에 따라 작업초안(WD)을 작성한다. 완성된 작업초안을 위원회안(CD)이라 하며, 위원회안이 기술위원회 또는 분과위원회의 멤버들에게 회람되고 중앙사무국에 등록되면 준비단계는 종료된다.

④ 단계 3 : 위원회단계(Committee stage) : 위원회안(CD)
  위원회 단계는 국가 회원기관들의 의견을 검토하는 단계이다. 따라서 이 단계에서 국가 회원기관들은 위원회안의 내용을 검토하여 관련된 모든 의견, 특히 기술적인 의견을 제출하게 되며 국제회의의 대표자들은 자국의 입장에 대해 보고하게 된다. 질의안에 대한 회부 결정은 합의 원칙에 따르며, 위원회안이 회람을 위해 질의안으로 승인되고 중앙사무국에 등록되면 위원회단계는 종료된다.

⑤ 단계 4 : 질의단계(Enquiry stage) : 질의안(DIS)
  질의단계 기간 동안 중앙사무국은 질의안을 모든 회원기관들에 배포하여 찬반 투표를 하도록 하며 이는 다음 조건에서 승인된다. - 기술위원회 또는 분과위원회 P멤버 투표수의 2/3가 찬성하고 - 전체 투표수의 1/4 이하가 반대할 경우

⑥ 단계 5 : 승인단계(Approval stage) : 최종국제표준안(FDIS)
  최종국제표준안을 중앙사무국에서 회원국에 배포 후 8주동안 투표한다. 회원국은 찬성, 반대, 또는 기권의 의사를 명시하며 반대를 하는 경우 반드시 기술적 사유를 명시한다. 최종국제표준안은 질의안과 같은 조건에서 승인되며, 승인단계는 최종국제표준안을 국제표준으로 발간토록 승인하였음을 명시하는 투표보고서를 회람함으로써 종료된다.

⑦ 단계 6 : 출판단계(Publication stage)
  4주 안에 중앙사무국 기술위원회 또는 분과위원회 간사기관은 지적된 인쇄상 오류들을 수정하여 국제표준으로 인쇄하고 배포한다. 이 단계는 국제표준의 발간과 함께 종료된다.

6 ISO의 기타 발간물

① 기술시방서(TS : Technical Specification)

사안이 아직 개발 중이거나 또는 다른 이유로 인해 국제표준으로 발행되기 위한 즉각적 합의 가능성이 적은 경우, 기술위원회 또는 분과위원회는 기술시방서 발간을 결정할 수 있다. TS 발간은 기술위원회 또는 분과위원회 P 멤버의 2/3 이상의 찬성이 필요하며, 발간에 찬성한 경우 간사기관은 16주 이내에 중앙사무국으로 기술시방서안을 제출해야 한다. 기술시방서는 발간후 3년안에 기술위원회 또는 분과위원회에 의해 국제표준 발간 가능성에 대해 재고해야 한다.

② 공개활용규격 PAS : (Publicly Available Specification)

PAS는 국제표준개발 전 발간되는 중간단계의 문서로 표준으로서의 조건을 모두 충족시키지는 않는다. 관련 위원회가 현 국제표준과 상충되는 바가 있는지 확인 후 P 멤버의 단순 과반수 찬성으로 검증 후 발간되며, 발간 후 첫 3년간 유효하다. 유효성은 최소 1회에 한하여 3년 연장이 가능하며 발간된 지 6년 이내에 국제표준으로 제정 또는 폐지할지 결정한다.

③ 기술보고서(TR : Technical Report)

기술보고서는 일반적으로 국제표준으로 발간되는 문서와는 다른 종류의 정보를 포함하는 참고적 문서로서, 기술위원회 또는 분과위원회 P 멤버의 단순 과반수 투표로 사무총장에게 발간을 요청할 수 있다. 기술위원회 또는 분과위원회의 P 멤버가 기술보고서 발간에 찬성하면, 간사기관은 기술보고서안을 4개월 이내에 사무총장에게 제출해야한다. 기술보고서는 관련 기술위원회 또는 분과위원회에 의해 주기적으로 그 유효성이 검증되거나 철회될 수 있다.

(출처 : 국제기준표준원)

2. 유해위험기계 종류 및 특성

(1) 산업안전보건법

제80조(유해하거나 위험한 기계·기구에 대한 방호조치) ① 누구든지 동력(動力)으로 작동하는 기계·기구로서 대통령령으로 정하는 것은 고용노동부령으로 정하는 유해·위험 방지를 위한 방호조치를 하지 아니하고는 양도, 대여, 설치 또는 사용에 제공하거나 양도·대여의 목적으로 진열해서는 아니 된다.

② 누구든지 동력으로 작동하는 기계·기구로서 다음 각 호의 어느 하나에 해당하는 것은 고용노동부령으로 정하는 방호조치를 하지 아니하고는 양도, 대여, 설치 또는 사용에 제공하거나 양도·대여의 목적으로 진열해서는 아니 된다.

　1. 작동 부분에 돌기 부분이 있는 것
　2. 동력전달 부분 또는 속도조절 부분이 있는 것
　3. 회전기계에 물체 등이 말려 들어갈 부분이 있는 것

③ 사업주는 제1항 및 제2항에 따른 방호조치가 정상적인 기능을 발휘할 수 있도록 방호조치와 관련되는 장치를 상시적으로 점검하고 정비하여야 한다.
④ 사업주와 근로자는 제1항 및 제2항에 따른 방호조치를 해체하려는 경우 등 고용노동부령으로 정하는 경우에는 필요한 안전조치 및 보건조치를 하여야 한다.

(2) 산업안전보건법 시행규칙

제98조(방호조치) ① 법 제80조제1항에 따라 영 제70조 및 영 별표 20의 기계·기구에 설치해야 할 방호장치는 다음 각 호와 같다.
  1. 영 별표 20 제1호에 따른 예초기 : 날접촉 예방장치
  2. 영 별표 20 제2호에 따른 원심기 : 회전체 접촉 예방장치
  3. 영 별표 20 제3호에 따른 공기압축기 : 압력방출장치
  4. 영 별표 20 제4호에 따른 금속절단기 : 날접촉 예방장치
  5. 영 별표 20 제5호에 따른 지게차 : 헤드 가드, 백레스트(backrest), 전조등, 후미등, 안전벨트
  6. 영 별표 20 제6호에 따른 포장기계 : 구동부 방호 연동장치

② 법 제80조제2항에서 "고용노동부령으로 정하는 방호조치"란 다음 각 호의 방호조치를 말한다.
  1. 작동 부분의 돌기부분은 묻힘형으로 하거나 덮개를 부착할 것
  2. 동력전달부분 및 속도조절부분에는 덮개를 부착하거나 방호망을 설치할 것
  3. 회전기계의 물림점(롤러나 톱니바퀴 등 반대방향의 두 회전체에 물려 들어가는 위험점)에는 덮개 또는 울을 설치할 것

③ 제1항 및 제2항에 따른 방호조치에 필요한 사항은 고용노동부장관이 정하여 고시한다.

제99조(방호조치 해체 등 필요한 조치) ① 법 제80조제4항에서 "고용노동부령으로 정하는 경우"란 다음 각 호의 경우를 말하며, 그에 필요한 안전조치 및 보건조치는 다음 각 호에 따른다.
  1. 방호조치를 해체하려는 경우: 사업주의 허가를 받아 해체할 것
  2. 방호조치 해체 사유가 소멸된 경우: 방호조치를 지체 없이 원상으로 회복시킬 것
  3. 방호조치의 기능이 상실된 것을 발견한 경우: 지체 없이 사업주에게 신고할 것

② 사업주는 제1항제3호에 따른 신고가 있으면 즉시 수리, 보수 및 작업중지 등 적절한 조치를 해야 한다.

주요항목 01 기계안전 시설관리 출제예상문제

출제예상문제는 복습, 예습문제로 엮었습니다. *WHY : 실제시험에도 순서에 관계없이 출제됩니다. 예습 후 다음장에 공부한 문제가 있으면 기억이 배가 됩니다.

01 ★★★ 기계의 고장 중 설계, 제조 과정에서의 결함으로 인하여 발생되는 것은?

① 초기고장 ② 피로고장
③ 마모고장 ④ 우발고장

해설
기계의 고장유형 3가지
① 초기고장 : 불량 제조나 생산과정에서의 품질관리의 미비로부터 생기는 고장으로서 점검 작업이나 시운전 등으로 사전에 방지할 수 있는 고장이다. 초기고장은 결함을 찾아내 고장률을 안정시키는 기간이라 하여 디버깅(debugging) 기간이라고 하고, 물품을 실제로 장시간 움직여 보고 그 동안에 고장난 것을 제거하는 과정이라 하여 번인(burn in) 기간이라고도 한다.
② 우발고장 : 예측할 수 없을 때에 생기는 고장으로 시운전이나 점검 작업으로는 방지할 수 없다. 각 요소의 우발고장에 있어서는 평균고장시간과 비율을 알고 있으면 제어계 전체 고장을 일으키지 않는 신뢰도는 다음과 같이 구한다. 신뢰도 $R(t) = e^{t/t_0}$
(평균고장시간이 t_0인 요소가 t시간 고장을 일으키지 않을 확률)
③ 마모고장 : 장치의 일부가 수명을 다해서 생기는 고장으로서, 안전진단 및 적당한 보수에 의해서 방지할 수 있는 고장이다.

◎ 인간공학에서 출제된다.

02 ★★ 방호장치(덮개)의 설치목적과 가장 관계가 먼 것은?

① 가공물 등의 낙하비래 위험의 방지
② 위험점과 신체의 접촉방지
③ 방음이나 집진 목적
④ 주유나 검사의 편리성

해설
주유나 검사는 덮개가 없는 것이 유리하다.

💬 합격자의 조언
2016년 8월 21일 기사출제

03 ★ 기계설비의 본질적 안전화를 위한 방식 중 성격이 다른 하나는?

① guard
② safety valve
③ interlock
④ toward control unit

해설
밸브는 작동 후 안전장치이다.

04 ★ 회전축, 치차, 풀리, 플라이휠 등에는 어떤 고정구를 설치해야 하는가, 아래 사항 중 맞는 것은?

① 개방형 고정구 ② 돌출형 고정구
③ 묻힘형 고정구 ④ 고정형 고정구

해설
축·기어·풀리 등은 묻힘형 고정구로 해야 한다.

05 ★★ 기계설비의 안전장치에서 과도하게 한계를 벗어나 계속적으로 감아 올리거나 하는 일이 없도록 제한하는 장치를 리밋스위치(limit switch)라 하는데 이에 해당되지 않는 것은?

① 권과방지장치 ② 과부하방지장치
③ 안전밸브   ④ 압력제한장치

해설
권과방지장치, 과부하방지장치, 압력제한장치 외 과전류차단장치

[정답] 01 ① 02 ④ 03 ② 04 ③ 05 ③

06 안전장치를 설치할 때 중요한 것은 기계의 위험점으로부터 안전장치까지의 거리이다. 위험한 기계의 동작을 작동시키는 데 필요한 총소요 시간을 t(초)라고 할 때 안전거리(S)의 산출식은 다음 중 어느 것인가?

① S=1.0t[mm/s]　② S=1.6t[mm/s]
③ S=2.0[mm/s]　④ S=2.6[mm/s]

해설
설치거리(S) = 1.6t(T_1+T_s)의 식, 프레스에 적용되나 모든 안전거리는 1.6을 기준으로 한다.

07 크랭크축의 극한강도는 600[kg]이고 정격 하중이 100[kg]인 경우에 안전계수는 얼마인가? 16. 8. 21 산

① 6　② 8
③ 4　④ 9

해설
안전율(안전계수) = $\dfrac{극한강도}{정격하중}$ = $\dfrac{600}{100}$ = 6

08 기계부품에 작용하는 힘 중에서 안전율을 가장 크게 취하여야 할 힘의 종류는?

① 교번하중　② 반복하중
③ 정하중　④ 충격하중

해설
충격하중에 안전율을 가장 크게 해야 한다.

09 개구부에서 위험점까지의 거리가 80[mm] 위치에 풀리(pully)가 회전하고 있다. 안전울의 개구부 허용한계가 적합한 것은?

① 개구부 크기 6.0[mm] ≥
② 개구부 크기 7.5[mm] ≥
③ 개구부 크기 12[mm] ≥
④ 개구부 크기 18[mm] ≥

해설
개구부 허용한계
① Y = 6 + 0.15X
② 6 + 0.15×80 = 18[mm]

◎ 계산기 필요 없어요. 눈으로 계속해서 보세요.

10 예방보전(PM)운동에 해당되지 않는 것은 어느 것인가?

① 예지보전 : PRM
② 수명보전 : LBM
③ 시간기준보전 : TBM
④ 상태기준보전 : CBM

해설
예방보전
(1) PRM
 ① 상태 기준 보전을 일명 예지 보전이라 한다.
 ② 시기에 따라 일상 보전, 정기 보전, 예지 보전으로 구분한다.
(2) TBM
 일정한 기간을 정하여 보수하는 것을 TBM이라 한다.
(3) CBM
 설비의 열화나 고장의 유무를 진단하여 필요한 시기에 보수하는 것은 CBM이다.

11 제어시스템에서의 안전무결성등급(SIL)에 관한 일부내용이다. ( )에 들어갈 것으로 옳은 것은?

안전무결성 등급	목표평균 고장확률
(ㄱ)	10^{-5} 이상 ~ 10^{-4} 미만
(ㄴ)	10^{-2} 이상 ~ 10^{-1} 미만

① ㄱ : 1, ㄴ : 4
② ㄱ : 1, ㄴ : 5
③ ㄱ : 4, ㄴ : 1
④ ㄱ : 5, ㄴ : 1

[정답] 06 ② 07 ① 08 ④ 09 ④ 10 ② 11 ③

해설

안전무결성등급 : 평균고장확률(probability of failure on demand) (IEC 61511-1 참조)

요구 운전 방식[1]		비고
안전무결성 등급	목표평균 고장확률[2]	
4	10^{-5} 이상 ~ 10^{-4} 미만	
3	10^{-4} 이상 ~ 10^{-3} 미만	
2	10^{-3} 이상 ~ 10^{-2} 미만	
1	10^{-2} 이상 ~ 10^{-1} 미만	

주1 : 요구운전방식(Demand mode of operation)에서 안전시스템을 구축하기 위한 운전의 요구횟수는 1년에 1회 이하이고 성능검사(proof-test)의 요구횟수는 1년에 2회 이하이어야 한다.
 2 : 여기에서 고장확률이란 제어시스템 내에 사용된 부품(parts or components) 및 관련 프로그램의 고장 확률을 포함한다.

정답근거

KOSHA GUIDE E-149-2015 제어시스템에서의 안전무결성등급(SIL)결정에 관한 지침

12 안전보건경영시스템에서 안전보건활동추진계획을 수립함에 있어 옳지 않은 것은?

① 사업장은 안전보건상의 목표를 달성하기 위한 활동 추진계획을 해당 업무별, 단위별(팀별, 부·과별)로 수립해야 한다.
② 안전보건활동추진계획의 문서화 여부는 사업주가 결정한다.
③ 조직의 전체 목표 및 부서별 세부목표와 이를 추진하고자 하는 책임자를 지정해야 한다.
④ 목표달성을 위한 안전보건활동계획의 수단·방법·일정을 결정해야 한다.

해설

안전보건경영시스템
(Occupational Health and Safety Assessment Series)
산업재해를 예방하고 최적의 작업환경을 조성·유지할 수 있도록 모든 직원과 이해관계자가 참여하여 기업 내 물적, 인적 자원을 효율적으로 배분하여 조직적으로 관리하는 경영시스템을 말한다. 세계 유수의 표준화기구 및 인증기관이 참여해 공동 제정한 단체 규격 성격의 국제인증이다.

13 안전보건경영시스템(KOSHA 18001)에 관한 설명으로 옳지 않은 것은?

① "안전보건경영"이란 사업주가 자율적으로 해당 사업장의 산업재해를 예방하기 위하여 안전보건관리체제를 구축하고 정기적으로 위험성평가를 실시하여 잠재 유해·위험 요인을 지속적으로 개선하는 등 산업재해예방을 위한 조치 사항을 체계적으로 관리하는 제반 활동을 말한다.
② "인증심사"란 인증서를 받은 사업장에서 인증기준을 지속적으로 유지·개선 또는 보완하여 운영하고 있는지를 판단하기 위하여 인증 후 매년 1회 정기적으로 실시하는 심사를 말한다.
③ "심사원 양성교육"이란 심사원을 양성하기 위하여 인증운영·인증기준·심사절차 및 심사요령 등에 관하여 실시하는 총 교육시간이 34시간 이상을 실시하는 안전보건경영시스템 교육을 말한다.
④ "연장심사"란 인증 유효기간을 연장하고자 하는 사업장에 대하여 인증 유효기간이 만료되기 전까지 인증의 연장 여부를 결정하기 위하여 실시하는 심사를 말한다.

해설

인증심사
① 인증유효기간 : 3년
② 1년 단위로 계속하여 사후심사 후 연장

[정답] 12 ② 13 ②

주요항목 02 기계분야 산업재해 조사

중점 학습내용

본 장은 재해의 원인을 분석하였는데 특히 재해의 98% 이상인 직접 원인을 강조하였으며, 재해 발생 메커니즘을 정리하여 재해의 가장 근본 원인을 요약하였다. 하인리히는 1928년 75,000건의 사고를 분석하여 프로젝트를 주도하였고, 거기서 88:10:2 비율을 제시하였다.

예) 사고의 직접적 원인비율 : 88[%] 안전하지 않은 행위, 10[%] 안전하지 않은 조건, 2[%] 예방할 수 없는 것

❶ 재해조사
❷ 산재분류 및 통계분석
❸ 안전점검·검사·인증 및 진단

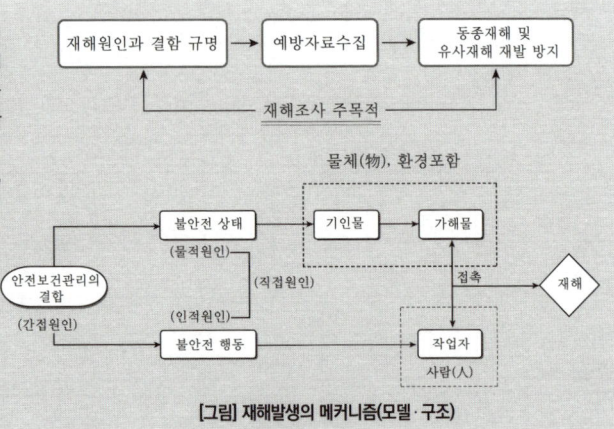

[그림] 재해발생의 메커니즘(모델·구조)

합격예측

재해조사계획 내용
① 사고 조사반의 구성(단독조사금지)
② 조사항목의 결정
③ 조사방법의 설정
④ 조사자료 범위
⑤ 조사협력기관 또는 협조자 선정
⑥ 종합
⑦ 검증방법

참고

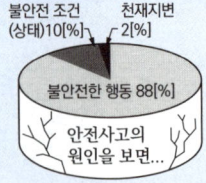

[그림] 안전사고형태 (원인[%])

세부항목 1. 재해(災害 : accident)조사

1. 재해조사의 목적

재해조사의 목적은 동종재해를 두 번 다시 반복하지 않도록 재해의 원인이 되었던 불안전한 상태와 불안전한 행동을 발견하고, 이것을 다시 분석 검토해서 적정한 방지대책을 수립하는데 있다.

재해조사는 조사하는 것이 목적이 아니고, 또 관계자의 책임을 추궁하는 목적이 아니다. 재해조사에서 중요한 것은 진실을 파악하는 것이다.

따라서, 재해가 발생했을 때는 재해의 대소를 불문하고 항상 철저하게 그 원인을 추구하는 습관을 체득하는 것이 중요하다.

용어정의

위험(Hazard)이란
직·간접적으로 인적, 물적, 환경적으로 피해가 발생될 수 있는 실제 또는 잠재되어 있는 상태를 말한다.

2. 재해의 원인분석 및 조사기법 20.8.22 ⑦

(1) 직접원인(아담스의 "전술적 에러"와 동일) 16.5.8 ⑱ 17.3.5 ⑦ 17.9.23 ⑱

① **인적 원인(불안전한 행동)** 18.3.4 ⑦ 19.3.3 ⑦
  ㉮ 위험 장소 접근
  ㉯ 안전 장치의 기능 제거
  ㉰ 복장·보호구의 잘못 사용
  ㉱ 기계·기구의 잘못 사용
  ㉲ 운전중인 기계 장치의 손질
  ㉳ 불안전한 속도 조작
  ㉴ 위험물 취급 부주의
  ㉵ 불안전한 상태 방치
  ㉶ 불안전한 자세 동작

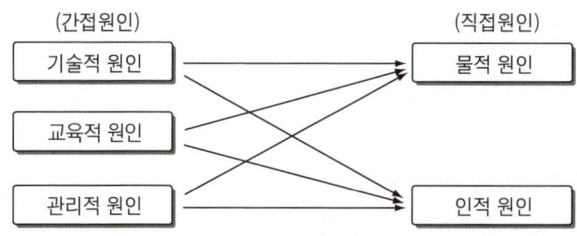

[그림] 직·간접재해원인 비교 22.4.24 ⑦ 24.2.15 ⑦

② **물적 원인(불안전한 상태)** 17.5.7 ⑱ 18.4.28 ⑦ 19.4.27 ⑦ 20.8.22 ⑦ 20.9.27 ⑦ 22.3.5 ⑦ 22.4.24 ⑦ 25.2.7 ⑦
  ㉮ 물 자체의 결함
  ㉯ 안전방호장치의 결함
  ㉰ 복장, 보호구의 결함
  ㉱ 기계의 배치 및 작업장소의 결함
  ㉲ 작업환경의 결함 18.4.28 ⑦
    ㉠ 부적당한 조명
    ㉡ 부적당한 온도, 습도
    ㉢ 과다한 소음 발산
    ㉣ 부적당한 배기
  ㉳ 생산공정의 결함
    ㉠ 위험 작업임에도 조치 불비
    ㉡ 위험 공정임에도 조치 불비
    ㉢ 위험 상황에 대비한 안전장치 불안전
    ㉣ 부적절한 기계 장치, 공구, 용구의 사용
    ㉤ 작업 순서의 잘못
    ㉥ 기술적, 육체적 무리
  ㉴ 경계 표시 및 설비의 결함

합격예측
산업재해발생시 기록·보전 (3년간 보존)해야 할 사항 17.5.7 ⑦ 23.7.8 ⑦
① 사업장의 개요 및 근로자의 인적사항
② 재해발생의 일시 및 장소
③ 재해발생의 원인 및 과정
④ 재해재발방지 계획

16.5.8 ⑦ 17.5.7 ⑦ 17.9.23 ⑦
18.4.28 ⑦ 18.8.19 ⑱ 19.8.4 ⑱
19.9.21 ⑦ 25.2.7 ⑱

① 기인물 : 재해발생의 주원인이며 재해를 가져오게 한 근원이 되는 기계, 장치, 물(物) 또는 환경 등(불안전상태) 22.3.5 ⑦
② 가해물 : 직접 사람에게 접촉하여 피해를 주는 기계, 장치, 물(物) 또는 환경 등

가해물 : 파편   기인물 : 정

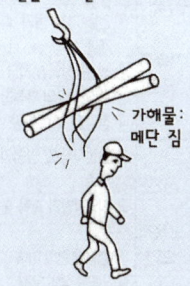

기인물 : 크레인
가해물 : 매단 짐

[그림] 기인물과 가해물

Q 은행문제

근로자가 벽돌을 손수레에 운반 중 벽돌이 떨어져 발을 다쳤다. 이때 ㉠기인물과 ㉡가해물로 옳은 것은?
① ㉠ 손수레, ㉡ 손수레
② ㉠ 손수레, ㉡ 벽돌
③ ㉠ 벽돌, ㉡ 벽돌
④ ㉠ 벽돌, ㉡ 손수레

정답 ③

합격예측

(1) 자베티키스(Zebetakis)의 연쇄성 이론
① 1단계 : 개인과 환경 (안전정책과 결정)
② 2단계 : 불안전한 행동과 불안전한 상태
③ 3단계 : 물질에너지의 기준 이탈
④ 4단계 : 사고
⑤ 5단계 : 구호

(2) 아담스(Adams)의 연쇄 이론 17. 5. 7 ㉠ 18. 3. 4 ㉠ 18. 9. 15 ㉠ 19. 3. 3 ㉠ 24. 2. 15 ㉠
① 1단계 : 관리구조
② 2단계 : 작전적 에러 (경영자 감독자 에러)
③ 3단계 : 전술적 에러 (불안전한 행동 or 조작)
④ 4단계 : 사고(물적 사고)
⑤ 5단계 : 상해 또는 손실

작업수행 중 불안전한 행동
① 인간과오   22. 4. 24 ㉠
② 지식부족
③ 태도불량

간접원인(관리적 원인)

구분	내용
기술적 요인	① 건물·기계 등의 설계불량 ② 생산공정의 부적당 ③ 구조·재료의 부적합 ④ 점검 및 보존 불량
교육적 요인	① 안전지식 및 경험의 부족 ② 작업방법의 교육 불충분 ③ 경험 훈련의 미숙 ④ 안전수칙의 오해 ⑤ 유해위험 작업의 교육 불충분
작업관리상의 원인	① 안전관리조직 결함 ② 작업지시 부적당 ③ 작업준비 불충분 ④ 인원배치(적성배치) 부적당 ⑤ 안전수칙 미제정 ⑥ 작업기준의 불명확

(2) 간접원인 16. 5. 8 ㉠ 17. 5. 7 ㉠ 18. 3. 4 ㉠ 20. 9. 27 ㉠ 21. 3. 7 ㉠

① **기술적 원인** : 기계·기구·설비 등의 방호 설비, 경계 설비, 보호구 정비 구조 재료의 부적당 등
② **안전 교육적 원인** : 무지, 경시, 불이해, 훈련 미숙, 나쁜 습관 등
③ **신체적 원인** : 각종 질병, 스트레스, 피로, 수면 부족 등
④ **정신적 원인** : 태만, 반항, 불만, 초조, 긴장, 공포 등
⑤ **관리적 원인** : 책임감의 부족, 부적절한 인사 배치, 작업 기준의 불명확, 점검·보건 제도의 결함, 근로 의욕 침체, 작업지시 부적절 등

3. 재해(사고)조사방향 21. 5. 15 ㉠

① 해당 사고에 대한 순수한 원인 규명을 한다.
② 동종 사고의 재발방지를 위해 노력한다.
③ 생산성 저해요인을 없애야 한다.
④ 관리·조직상의 장애요인을 색출한다.

4. 재해(사고)조사시의 유의사항 16. 3. 6 ㉠ 18. 4. 28 ㉠ 19. 4. 27 ㉠ 21. 3. 7 ㉠ 21. 5. 15 ㉠ 22. 3. 5 ㉠ 24. 2. 15 ㉠

① 사실 수집에 치중한다.
② 목격자의 단정적 표현이나 추측은 사실과 구별하여 참고 자료로 기록해 둘 것이며 진술은 가급적 사고 직후에 기록하는 것이 좋다.
③ 책임을 추궁하는 태도를 보이면 사실을 은폐하게 되므로 주의한다. 25. 2. 7 ㉠
④ 조사는 신속히 행하고 2차 재해의 방지를 도모한다.
⑤ 사람, 설비, 환경의 측면에서 재해요인을 도출한다.
⑥ 제3자의 입장에서 공정하게 조사하며, 반드시 조사는 2인 이상이 한다.

2. 산재분류 및 통계분석

1. 산재분류의 이해

(1) 하인리히(H.W. Heinrich)의 산업재해 도미노 이론 19. 4. 27 산

① 제1단계 : 사회적 환경과 유전적 요소(가정 및 사회적 환경의 결함)
② 제2단계 : 개인적 결함
③ 제3단계 : 불안전 상태 및 불안전 행동
④ 제4단계 : 사고
⑤ 제5단계 : 상해(재해)

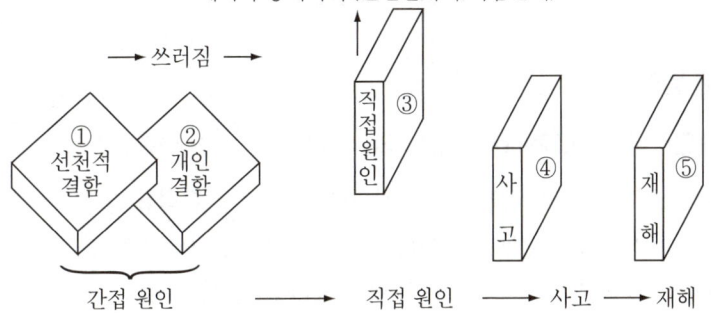

[그림] 재해발생과정 도미노 이론

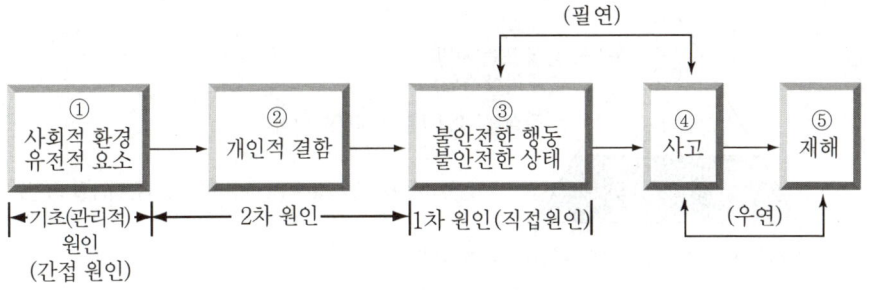

[그림] 사고발생 메커니즘(mechanism) 18. 9. 15 기 20. 6. 14 산

(2) 버드(Frank Bird)의 최신(새로운) 연쇄성(domino) 이론 17. 3. 5 기 20. 6. 7 기 21. 3. 7 기 21. 9. 12 기 22. 3. 5 기

① 제1단계 : 전문적 관리 부족(제어 부족 : 관리 경영) : 근원적 원인
② 제2단계 : 기본원인(기원) – 제거시 큰 사고 예방 가능
③ 제3단계 : 직접원인(징후) : 인적 원인+물적 원인
④ 제4단계 : 사고(접촉)
⑤ 제5단계 : 상해(손해, 손실)

합격예측

(1) 웨버(Weaver)의 연쇄성 이론
① 1단계 : 유전과 환경
② 2단계 : 인간의 결함
③ 3단계 : 불안전 행동과 불안전 상태
④ 4단계 : 사고(재해)
⑤ 5단계 : 상해

(2) 웨버의 작전적 에러 질문 유형 3가지
① What : 무엇이 불안전한 상태이며 불안전한 행동인가? 즉 사고의 원인은 무엇인가?
② Why : 왜 불안전한 행동 또는 상태가 용납되는가?
③ Whether : 감독과 경영 중에서 어느 쪽이 사고방지에 대한 안전지식을 갖고 있는가?
20. 9. 27 기

재해발생의 메커니즘 (3가지의 구조적 요소)
18. 9. 15 기 20. 8. 22 기

① 단순자극형(집중형) : 상호 자극에 의하여 순간(일시)적으로 재해가 발생하는 유형이다.
② 연쇄형 : 하나의 사고요인이 또 다른 요인을 발생시키면서 재해를 발생하는 유형이다.
③ 복합형 : 연쇄형과 단순자극형의 복합적인 발생유형이다.

콤패서의 이론
재해사고의 크기와 빈도에 관한 이론

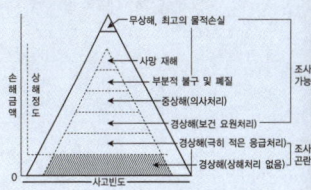

하인리히 도미노 이론 중 4단계 사고의 정의
① 원하지 않는 사상
② 비효율적 사상
③ 변형된 사상

합격예측

Near Accident
인명이나 물적 등 일체의 피해가 없는 사고

Q 은행문제

다음 중 사고조사의 본질적 특성과 거리가 가장 먼 것은?
① 사고의 공간성
② 우연중의 법칙성
③ 필연중의 우연성
④ 사고의 재현불가능성

정답 ①

합격예측

재해조사의 원칙(3E, 4M에 따라 상세히 조사)
① 3E : 관리적 원인, 기술적 원인, 교육적 원인
② 4M : 인적 요인, 기계적 요인, 작업적 요인, 관리적 요인

재해(사고)조사 순서
(1) 제1단계 : 사실의 확인
  ① 재해발생까지의 경과를 파악
  ② 근원적(물적), 인적, 관리적 면에 관한 사실을 수집
(2) 제2단계 : 재해요인의 파악
  근원적(물적), 인적, 관리적 면에서 재해요인을 찾는다.
(3) 제3단계 : 재해요인의 결정
  재해요인의 상관관계와 중요도를 고려해 직접원인 및 간접
(4) 제4단계 : 대책수립

2. 산업재해발생의 mechanism(형태) 3가지 20.6.14② 21.5.15② 25.5.10②

① 단순자극형(집중형)
② 연쇄형
③ 복합형

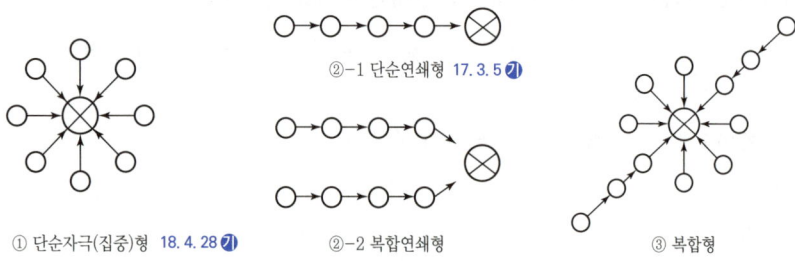

[그림] 재해(⊗)의 발생 형태 3가지

3. 재해 법칙

(1) 하인리히(H.W.Heinrich)의 1 : 29 : 300

16.10.1② 17.9.23④ 18.3.4② 19.3.3②
19.9.21② 21.5.7② 21.8.14② 23.2.28②
23.3.1② 24.5.9②

하인리히는 약 50,000여건의 사상 사고(인적 사고)를 분석한 결과 330건의 사고가 발생하는 가운데 무상해 사고 300건, 경상해 29건, 사망 또는 중상해 1건의 비율로 재해가 발생된다는 이론을 1929년 발표하였다. 전도 사고를 예로 들어, 330번 넘어지다 보면 중상해(사망) 1건, 경상해 29건, 무상해 사고 300건의 비율로 발생한다는 것이다.

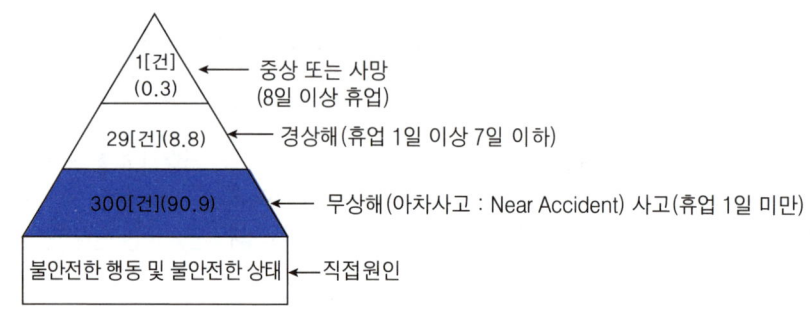

[그림] 하인리히 법칙[단위 : %]

① 재해의 발생 = 물적 불안전 상태 + 인적 불안전 행동 + α = 설비적 결함 + 관리적 결함 + α

② $\alpha = \dfrac{1}{1+29+300} = \dfrac{1}{330}$

∴ α : 숨은 위험한 요인(잠재된 위험의 상태) 17.8.26② 20.8.22②

③ 재해건수 = 1 + 29 + 300 = 330[건]

(2) ILO의 재해 구성 비율[1 : 20 : 200]

① 전체 사고 중 치명 상해 : 0.45[%]
② 전체 사고 중 경미 상해 : 9.05[%]
③ 전체 사고 중 무상해 : 90.5[%]

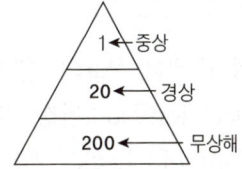

[그림] ILO 재해 구성 비율

(3) 버드 이론 1 : 10 : 30 : 600의 법칙

16. 5. 8 ⑦ 17. 5. 7 ⑦ 17. 9. 23 ⑦
20. 6. 7 ⑦ 22. 4. 24 ⑦ 23. 6. 4 ⑦

1960년대 175,300여 건의 보험사고를 분석하여 하인리히가 처음 주장한 사고 발생 연쇄이론을 수정하고, 641[건]의 사고 중 중상, 경상, 무상해 물적 손실 사고, 무상해 무손실 사고의 비율이 약 1 : 10 : 30 : 600이라고 제시하였다.

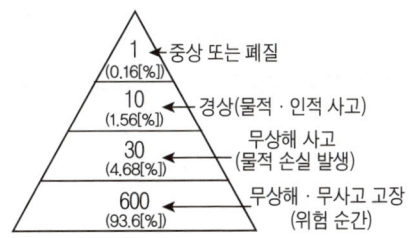

[그림] 버드의 법칙

4. 산업재해발생 조치순서

16. 10. 1 ⑦ 17. 3. 5 ⑦ 17. 8. 26 ⑦
20. 8. 22 ⑦ 21. 9. 12 ⑦ 22. 3. 5 ⑦

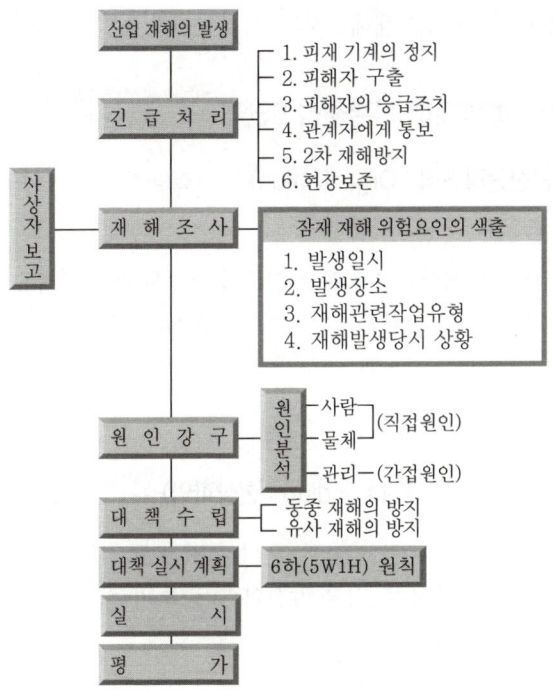

합격예측

① 상해 : 인명피해만을 초래하였을 경우
② 사고 또는 손실 : 물적 피해만을 초래하였을 경우
③ Near Accident : 인명이나 물적 등 일체의 피해가 없는 사고 17. 9. 23 ⑦

사고의 본질적 특성 4가지

구분	특징
사고의 시간성	사고는 공간적인 것이 아니라 시간적이다.
우연성 중의 법칙성 사고	우연히 발생하는 것처럼 보이는 사고도 알고 보면 분명한 직접원인 등의 법칙에 의해 발생한다.
필연성 중의 우연성	인간의 시스템은 복잡하여 필연적인 규칙과 법칙이 있다하더라도 불안전한 행동 및 상태, 또는 착오, 부주의 등의 우연성이 사고발생의 원인을 제공하기도 한다.
사고의 재현 불가능성	사고는 인간의 안전의지와 무관하게 돌발적으로 발생하며, 시간의 경과와 함께 상황을 재현할 수는 없다.

용어정의

산업재해

산업재해는 산업체에서 일어난 사고의 결과로서 입은 인명손실과 재산의 피해현상

> **참고**
> **경영주의 안전업무**
> ① 안전조직 편성(원활한 안전조직의 확립)
> ② 안전예산의 책정
> ③ 안전한 기계설비 및 작업환경의 유지
> ④ 기본방침 및 안전시책의 시달

> **합격예측**
> (1) 간접 원인 : 재해의 가장 깊은 곳에 존재하는 재해 원인이다. 18. 9. 15 ⑦ 23. 3. 1 ⑭
> ① 기초 원인 : 학교 교육적 원인, 관리적인 원인
> ② 2차 원인 : 신체적 원인, 정신적 원인, 안전교육적 원인, 기술적인 원인
> (2) 직접 원인(1차 원인) : 시간적으로 사고발생에 가까운 원인이다.
> ① 물적 원인 : 불안전한 상태(설비 및 환경)
> ② 인적 원인 : 불안전한 행동

> **사람과 에너지관계 사고 4가지 유형** 16. 10. 1 ⑦
> ① I형 : 에너지 폭주형

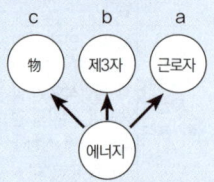

> ② II형 : 에너지 활동구역에 사람 침입

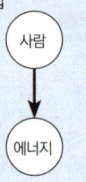

> ③ III형 : 인체가 에너지에 충돌

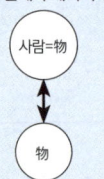

> ④ IV형 : 대기중 유해·유독물 사고

5. 미국의 PDCA법

① Plan(계획, 목표의 설정)
② Decision(Do : 결정, 지시)
③ Control(Check : 결정 사항의 조정, 통제)
④ Assessment(Action : 지시 사항의 결과 확인)

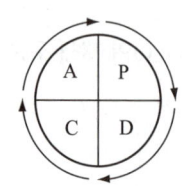

[그림] 미국의 안전관리 4-cycle

6. 하인리히 산업재해예방의 4원칙

16. 5. 8 ⑦ 16. 10. 1 ⑦ 17. 3. 5 ⑦ 17. 5. 7 ⑦ 17. 9. 23 ⑦
18. 3. 4 ⑦ 18. 8. 19 ⑭ 19. 3. 3 ⑦ 19. 9. 21 ⑦
20. 6. 7 ⑦ 20. 6. 14 20. 8. 22 ⑦ 20. 9. 27 ⑦
22. 3. 5 ⑦ 22. 4. 24 ⑦ 23. 3. 1 ⑭ 23. 7. 8 ⑭

(1) 예방가능의 원칙

천재지변을 제외한 모든 인재는 예방이 가능하다.

(2) 손실우연의 원칙

사고의 결과 손실의 유무 또는 대소는 사고 당시의 조건에 따라 우연적으로 발생한다.

(3) 원인연계(계기)의 원칙

사고에는 반드시 원인이 있고 원인은 대부분 복합적 연계 원인이다.

(4) 대책선정의 원칙

사고의 원인이나 불안전 요소가 발견되면 반드시 대책은 선정 실시되어야 하며 대책선정이 가능하다. 대책은 재해방지의 세 기둥이라고 할 수 있다.

7. 하인리히 사고예방대책 기본원리 5단계

19. 3. 3 ⑦ 20. 6. 7 ⑦ 21. 5. 15 ⑦
23. 7. 8 ⑭ 24. 2. 15 ⑦ 25. 3. 29 ⑭

(1) 제1단계(안전관리조직 : Organization) 17. 5. 7 ⑦ 23. 6. 4 ⑦ 25. 2. 7 ⑭

① 안전관리조직을 구성한다.
② 안전활동 방침 및 계획을 수립하고 전문적 기술을 가진 조직을 통한 안전활동을 전개하여 전 종업원이 자주적으로 참여하여 집단의 안전목표를 달성하도록 한다.
③ 안전관리자를 선임한다.

(2) 제2단계(사실의 발견 : Fact finding : 현상파악) 16. 10. 1 ⑭ 17. 3. 5 ⑦ 18. 3. 4 ⑦ 18. 8. 19 ⑭ 19. 4. 27 ⑦

사업장의 특성에 적합한 조직을 통해 ① 사고 및 활동 기록의 검토 ② 작업 분석 ③ 점검 및 검사 ④ 사고조사 ⑤ 각종 안전회의 및 토의 ⑥ 관찰 및 보고서의 연구 등을 통하여 불안전 요소를 발견한다.

(3) 제3단계(분석평가 : Analysis) 16. 5. 8 ㉠ 19. 3. 3 ㉠

제2단계(사실의 발견)에서 나타난 불안전 요소를 통하여 ① 사고 보고서 및 현장 조사 분석 ② 사고 기록 및 관계 자료 분석 ③ 인적, 물적 환경 조건 분석 ④ 작업 공정 분석 ⑤ 교육 및 훈련 분석 ⑥ 배치 사항 분석 ⑦ 안전수칙 및 작업 표준 분석 ⑧ 보호 장비의 적부 등의 분석을 통하여 사고의 직접 원인과 간접 원인을 나타낸다.

(4) 제4단계(시정방법의 선정 : Selection of remedy) 18. 3. 4 ㉠ 21. 5. 15 ㉠ 22. 4. 24 ㉠

분석을 통하여 색출된 원인을 토대로 ① 기술적 개선 ② 배치 (인사) 조정 ③ 교육 및 훈련 개선 ④ 안전 행정의 개선 ⑤ 규정 및 수칙·작업 표준·제도 개선 ⑥ 안전 운동 전개 등의 효과적인 개선 방법을 선정한다.

(5) 제5단계(시정책의 적용 : Application of remedy) 16. 5. 8 ㉠

시정책에는 하베이가 주장한 3E 대책 즉 ① 교육 ② 기술 ③ 독려, 규제 대책이 있다.(4M 대책적용)

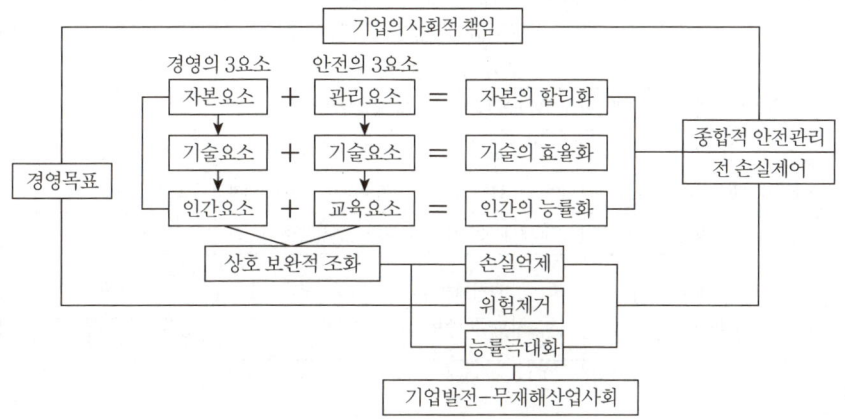

[그림] 경영과 안전의 종합적 가치체계

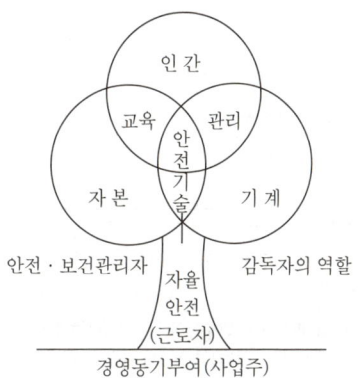

[그림] 경영 동기부여

읽을거리

**하인리히 법칙
(Heinrich's law)**

미국의 트래블러스 보험사의 엔지니어링 및 손실 통계 부서에서 일하던 허버트 윌리엄 하인리히는 1931년 산업재해 예방 : 과학적 접근이라는 책을 출판한다.

그가 출간한 산업재해예방 : 과학적 접근이라는 책에 나왔기 때문에 오래되었지만 지금도 유용하기 때문에 안전교육의 기초가 되고 있다.

그는 다양한 사고를 접하면서 통계적인 법칙을 발견했는데 1명의 사망자가 나오면 그전에 같은 원인으로 29명이 경상을 입고 더 전에는 300건의 무상해 사고가 발생했다.

이를 1 : 29 : 300법칙이라고 부르며 큰 사고는 갑작스럽게 발생하는 것이 아니라 이전에 경미한 사고들이 발생하며 수십, 수백 개의 징후가 나타난다는 점이다.

이 내용을 다시 말하면 큰 재해는 대수롭지 않게 생각했던 문제를 방치하면서 발생하기 때문에 사소한 일도 원인을 파악하고 잘못된 부분을 수정할 필요가 있다.

하인리히는 누구?

하인리히는 본인보다 본인이 발견한 법칙이 더 유명해져 정작 법칙은 알지만 사람은 모르는 경우가 많습니다.

- 이름 : 허버트 윌리엄 하인리히(Herbert William Heinrich)
- 출생 : 1886년 10월 6일, 미국 버몬트주 베닝턴 카운티
- 사망 : 1962년 6월 22일
- 주요직업 : Engineering & Inspection Service
- 주요직장 : Traveler's Insurance Company
- 저서 :
Industrial Accident Prevention : A Scientific Approach(1931) 하인리히 법칙 이론을 설명한 책

합격예측

경영의 3요소
① 자본 ② 기술 ③ 인간

전 cost 비용(T)
= 재해예방비용(T_1) + 재해비용(T_2)

용어정의

테일러(Taylor)의 과학적 관리방식
생산능률향상을 위해 능률의 논리를 경영관리의 방법으로 체계화한 방식

일반적인 재해조사항목
① 사고의 형태
② 기인물 및 가해물
③ 불안전한 행동 및 상태

읽을거리

프레더릭 윈즐로 테일러
Frederick Winslow Taylor (1856-1915) 미국 펜실베니아주 필라델피아 출생
테일러는 수준급의 테니스 선수이기도 했다. 그는 1881년 처음 열린 US 오픈 복식 부문에 참가하여 우승했다. 그는 과학적 관리론때문에 살해 위협까지 받는 등, 많은 고초를 겪었지만, 자신의 이론에 상당한 자신감을 가지고 있었다. 그는 '과학적 삽질법'이라는 논문까지 발표했는데, 정말 '효율적인 삽질'에 대해 연구하여 삽질의 효율적인 동작, 걸리는 시간과 필요한 힘등을 모두 수치로 계산하고 발표하여 노동자들의 생산성 증대를 꾀했다. 네이버 캐스트에 테일러에 대해 다룬 포스트가 있다.(테일러가 마르크스보다 위대한가?)

참고 1

산업재해 조사표(산업안전보건법 시행규칙[별지 제30호 서식]〈개정 2021.11.19〉)

※ 뒤쪽의 작성 방법을 읽고 작성해 주시기 바라며, [ ]에는 해당하는 곳에 √표시를 합니다. (앞쪽)

I. 사업장 정보	① 산재관리번호 (사업개시번호)			사업자등록번호		
	② 사업장명			③ 근로자 수		
	④ 업종			소재지	(—)	
	⑤ 재해자가 사내 수급인 소속인 경우(건설업 제외)	원도급인 사업장명		⑥ 재해자가 파견근로자인 경우	파견사업주 사업장명	
		사업장 산재관리번호 (사업개시번호)			사업장 산재관리번호 (사업개시번호)	
	건설업만 작성	발주자		[ ]민간 [ ]국가지방자치단체 [ ]공공기관		
		⑦ 원수급 사업장명		공사현장 명		
		⑧ 원수급 사업장 산재관리번호(사업개시번호)				
		⑨ 공사종류		공정률 %	공사금액 백만원	

※ 아래 항목은 재해자별로 각각 작성하되, 같은 재해로 재해자가 여러 명이 발생된 경우 별도 서식에 추가로 적습니다.

II. 재해 정보	성 명		주민등록번호 (외국인 등록번호)		성별	[ ]남 [ ]여
	국 적	[ ]내국인 [ ]외국인 [국적: ⑩ 체류자격:]			⑪ 직업	
	입사일	년 월 일	⑫ 같은 종류업무 근속기간		년 월	
	⑬ 고용형태	[ ]상용 [ ]임시 [ ]일용 [ ]무급가족종사자 [ ]자영업자 [ ]그 밖의 사항 [ ]				
	⑭ 근무형태	[ ]정상 [ ]2교대 [ ]3교대 [ ]4교대 [ ]시간제 [ ]그 밖의 사항 [ ]				
	⑮ 상해종류 (질병명)		⑯ 상해부위 (질병부위)		⑰ 휴업예상 일수	휴업 [ ]일
					사망 여부	[ ] 사망
III. 재해발생 개요 및 원인	⑱ 재해 발생 개요	발생일시	[ ]년 [ ]월 [ ]일 [ ]요일 [ ]시 [ ]분			
		발생장소				
		재해관련 작업 유형				
		재해발생 당시 상황				
	⑲ 재해발생 원인					
IV. ⑳ 재발 방지계획						

⑳의 재발방지 계획 이행을 위한 안전보건교육 및 기술지도 등을 한국산업안전보건공단에서 무료로 제공하고 있으니 즉시 기술지원 서비스를 받고자 하는 경우 오른쪽에 √표시를 하시기 바랍니다.	즉시 기술지원 서비스 요청 [ ]
※ 근로복지공단은 재해자의 개인정보를 활용하는 것에 동의하는 사람에 한정하여 해당 재해자에게 산재보험급여의 신청방법을 안내하고 있으니 관련 안내를 받으려는 재해자는 오른쪽에 √표시를 하시기 바랍니다.	산재보험급여 신청방법 안내를 위한 재해자의 개인정보 활용 동의[ ]

작성자 성명				
작성자 전화번호		작성일		년 월 일
		사업주		(서명 또는 인)
		근로자대표(재해자)		(서명 또는 인)

(   )지방고용노동청장(지청장) 귀하

재해 분류자 기입란	발생형태	□□□	기인물	□□□□□
(사업장에서는 적지 않습니다)	작업지역·공정	□□□	작업내용	□□□

◆ 작성방법

Ⅰ. 사업장 정보

① 산재관리번호(사업개시번호) : 근로복지공단에 산업재해보상보험 가입이 되어 있으면 그 가입번호를 적고 사업장등록번호 기입란에는 국세청의 사업자등록번호를 적습니다. 다만, 근로복지공단의 산업재해보상보험에 가입이 되어 있지 않은 경우 사업자등록번호만 적습니다.

※ 산재보험 일괄 적용 사업장은 산재관리번호와 사업개시번호를 모두 적습니다.

② 사업장명 : 재해자가 사업주와 근로계약을 체결하여 실제로 급여를 받는 사업장명을 적습니다. 파견근로자가 재해를 입은 경우에는 실제적으로 지휘·명령을 받는 사용사업주의 사업장명을 적습니다. [예] 아파트를 건설하는 종합건설업의 하수급 사업장 소속 근로자가 작업 중 재해를 입은 경우 재해자가 실제로 하수급 사업장의 사업주와 근로계약을 체결하였다면 하수급 사업장명을 적습니다.]

③ 근로자 수 : 사업장의 최근 근로자 수를 적습니다(정규직, 일용직·임시직 근로자, 훈련생 등 포함).

④ 업종 : 통계청(www.kostat.go.kr)의 통계분류 항목에서 한국표준산업분류를 참조하여 세세분류(5자리)를 적습니다. 다만, 한국표준산업분류 세세분류를 알 수 없는 경우 아래와 같이 한국표준산업명과 주요 생산품을 추가로 적습니다. [예] 제철업, 시멘트제조업, 아파트건설업, 공작기계도매업, 일반화물자동차 운송업, 중식음식점업, 건축물 일반청소업 등]

⑤ 재해자가 사내 수급인 소속인 경우(건설업 제외) : 원도급인 사업장명과 산재관리번호(사업개시번호)를 적습니다.

※ 원도급인 사업장이 산재보험 일괄 적용 사업장인 경우에는 원도급인 사업장 산재관리번호와 사업개시번호를 모두 적습니다.

⑥ 재해자가 파견근로자인 경우 : 파견사업주의 사업장명과 산재관리번호(사업개시번호)를 적습니다.

※ 파견사업주의 사업장이 산재보험 일괄 적용 사업장인 경우에는 파견사업주의 사업장 산재관리번호와 사업개시번호를 모두 적습니다.

⑦ 원수급 사업장명 : 재해자가 소속되거나 관리되고 있는 사업장이 하수급 사업장인 경우에만 적습니다.

⑧ 원수급 사업장 산재관리번호(사업개시번호) : 원수급 사업장이 산재보험 일괄 적용 사업장인 경우에는 원수급 사업장 산재관리번호와 사업개시번호를 모두 적습니다.

⑨ 공사 종류, 공정률, 공사금액 : 수급 받은 단위공사에 대한 현황이 아닌 원수급 사업장의 공사 현황을 적습니다.

합격예측

하인리히에 의한 사고원인의 분류

(1) 직접 원인 : 직접적으로 사고를 일으키는 불안전 행동이나 불안전한 상태를 말한다.

(2) 부원인(Subcause) : 불안전한 행동을 일으키는 이유(안전작업 규칙들이 위배되는 이유)
① 부적절한 태도
② 지식 또는 기능의 결여
③ 신체적 부적격
④ 부적절한 기계적, 물리적 환경

(3) 기초 원인 : 습관적, 사회적, 유전적, 관리감독적 특성

작업개선 4단계
① 1단계 : 작업분해
② 2단계 : 세부내용 검토
③ 3단계 : 작업분석
④ 4단계 : 새로운 방법의 적용

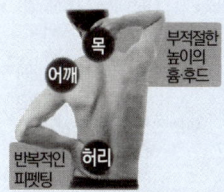

[그림] 근골격계 질환

Q 은행문제

1. 상해의 종류 중 압좌, 충돌, 추락 등으로 인하여 외부의 상처 없이 피하조직 또는 근육부 등 내부조직이나 장기가 손상받은 상해를 무엇이라 하는가? 23. 5. 13
① 부종 ② 자상
③ 창상 ④ 좌상

정답 ④

2. 다음 중 칼날이나 뾰족한 물체 등 날카로운 물건에 찔린 상해를 무엇이라 하는가?
① 자상 ② 장상
③ 절상 ④ 찰과상

정답 ①

3. 산업안전보건법령상 산업재해 조사표에 기록되어야 할 내용으로 옳지 않은 것은? 19. 4. 27 23. 5. 13
① 사업장 정보
② 재해정보
③ 재해발생개요 및 원인
④ 안전교육 계획

정답 ④

합격예측

하인리히와 버드의 이론비교

하인리히	버드
1:29:300 법칙 [중상해:경상해:무상해 사고]	1:10:30:600 법칙 [중상:상해:물적만의 사고:상해도 손해도 없는 아차 사고]
• a major or lost time injury • minor injuries • no-injury accidents	• serious or disabling ANSI Z16.1 • minor injuries • property damage accidents • incidents with no visible injury or damage

재해발생점유율

도미노이론

5골패 (고전이론)	5골패 (최신이론)
1. 선천적 결함 2. 인간의 결함 3. 직접원인 (인적+물적원인) 4. 사고 5. 상해	1. 제어의 부족 2. 기본원인 3. 직접원인 4. 사고 5. 상해

재해코스트 : 노구찌의 방식

시몬즈의 평균치법을 근거로 일본의 상황에 맞는 방법을 제시

M = A 또는 (1.15 a + b) + B + C + D + E + F

여기서,
M : 재해 1건당 코스트
A : 법정보상비 (a : 정부보상비, b : 회사보상비)
B : 법정외 보상비
C : 인적손실비용
D : 물적손실비용
E : 생산손실비용
F : 특수손실비용
a : 하인리히의 직접비에 대응
1.15a : 시몬즈의 보험코스트에 대응

가. 공사 종류 : 재해 당시 진행 중인 공사 종류를 말합니다.
　[예] 아파트, 연립주택, 상가, 도로, 공장, 댐, 플랜트시설, 전기공사 등]
나. 공정률 : 재해 당시 건설 현장의 공사 진척도로 전체 공정률을 적습니다.(단위공정률이 아님)

II. 재해자 정보

⑩ 체류자격 : 「출입국관리법 시행령」 별표 1에 따른 체류자격(기호)을 적습니다.
　[예] E-1, E-7, E-9 등]
⑪ 직업 : 통계청(www.kostat.go.kr)의 통계분류 항목에서 한국표준직업분류를 참조하여 세세분류(5자리)를 적습니다. 다만, 한국표준직업분류 세세분류를 알 수 없는 경우 알고 있는 직업명을 적고, 재해자가 평소 수행하는 주요 업무내용 및 직위를 추가로 적습니다. [예] 토목감리기술자, 전문간호사, 인사 및 노무사무원, 한식조리사, 철근공, 미장공, 프레스조작원, 선반기조작원, 시내버스 운전원, 건물내부청소원 등]
⑫ 같은 종류 업무 근속기간 : 과거 다른 회사의 경력부터 현직 경력(동일·유사 업무 근무경력)까지 합하여 적습니다.(질병의 경우 관련 작업근무기간)
⑬ 고용형태 : 근로자가 사업장 또는 타인과 명시적 또는 내재적으로 체결한 고용계약 형태를 적습니다.
　가. 상용 : 고용계약기간을 정하지 않았거나 고용계약기간이 1년 이상인 사람
　나. 임시 : 고용계약기간을 정하여 고용된 사람으로서 고용계약기간이 1개월 이상 1년 미만인 사람
　다. 일용 : 고용계약기간이 1개월 미만인 사람 또는 매일 고용되어 근로의 대가로 일급 또는 일당제 급여를 받고 일하는 사람
　라. 자영업자 : 혼자 또는 그 동업자로서 근로자를 고용하지 않은 사람
　마. 무급가족종사자 : 사업주의 가족으로 임금을 받지 않는 사람
　바. 그 밖의 사항 : 교육·훈련생 등
⑭ 근무형태 : 평소 근로자의 작업 수행시간 등 업무를 수행하는 형태를 적습니다.
　가. 정상 : 사업장의 정규 업무 개시시각과 종료시각(통상 오전 9시 전후에 출근하여 오후 6시 전후에 퇴근하는 것) 사이에 업무수행하는 것을 말합니다.
　나. 2교대, 3교대, 4교대 : 격일제근무, 같은 작업에 2개조, 3개조, 4개조로 순환하면서 업무수행하는 것을 말합니다.
　다. 시간제 : 가목의 '정상' 근무형태에서 규정하고 있는 주당 근무시간보다 짧은 근로시간 동안 업무수행하는 것을 말합니다.
　라. 그 밖의 사항 : 고정적인 심야(야간)근무 등을 말합니다.
⑮ 상해종류(질병명) : 재해로 발생된 신체적 특성 또는 상해 형태를 적습니다. 19. 9. 21 ❹
　[예] 골절, 절단, 타박상, 찰과상, 중독·질식, 화상, 감전, 뇌진탕, 고혈압, 뇌졸중, 피부염, 진폐, 수근관증후군 등]
⑯ 상해부위(질병부위) : 재해로 피해가 발생된 신체 부위를 적습니다.
　[예] 머리, 눈, 목, 어깨, 팔, 손, 손가락, 등, 척추, 몸통, 다리, 발, 발가락, 전신, 신체내부기관(소화·신경·순환·호흡배설) 등]
※ 상해종류 및 상해부위가 둘 이상이면 상해 정도가 심한 것부터 적습니다.
⑰ 휴업예상일수 : 재해발생일을 제외한 3일 이상의 결근 등으로 회사에 출근하지 못한 일수를 적습니다.(추정 시 의사의 진단 소견을 참조)

III. 재해발생정보

⑱ 재해발생 개요 : 재해원인의 상세한 분석이 가능하도록 발생일시[년, 월, 일, 요일, 시(24시 기준), 분], 발생 장소(공정 포함), 재해관련 작업유형(누가 어떤 기계·설비를 다루면서 무슨 작업을 하고 있었는지), 재해발생 당시 상황[재해 발생 당시 기계·설비·구조물이나 작업환경 등의 불안전한 상태(예시 : 떨어짐, 무너짐 등)와 재해자나 동료 근로자가 어떠한 불안전한 행동(예시 : 넘어짐, 까임 등)을 했는지]을 상세히 적습니다.

[작성예시]

발생일시	2013년 5월 30일 금요일 14시 30분
발생장소	사출성형부 플라스틱 용기 생산 1팀 사출공정에서
재해관련 작업유형	재해자 000가 사출성형기 2호기에서 플라스틱 용기를 꺼낸 후 금형을 점검하던 중
재해발생 당시 상황	재해자가 점검중임을 모르던 동료근로자 000가 사출성형기 조작스위치를 가동하여 금형사이에 재해자가 끼어 사망하였음

⑲ 재해발생 원인 : 재해가 발생한 사업장에서 재해발생 원인을 인적 요인(무의식 행동, 착오, 피로, 연령, 커뮤니케이션 등), 설비적 요인(기계·설비의 설계상 결함, 방호장치의 불량, 작업표준화의 부족, 점검·정비의 부족 등), 작업·환경적 요인(작업정보의 부적절, 작업자세·동작의 결함, 작업방법의 부적절, 작업환경 조건의 불량 등), 관리적 요인(관리조직의 결함, 규정·매뉴얼의 불비·불철저, 안전교육의 부족, 지도감독의 부족 등)을 적습니다. 16. 10. 1

IV. 재발방지계획

⑳ "⑲ 재해발생 원인"을 토대로 재발방지 계획을 적습니다. 16. 4. 9

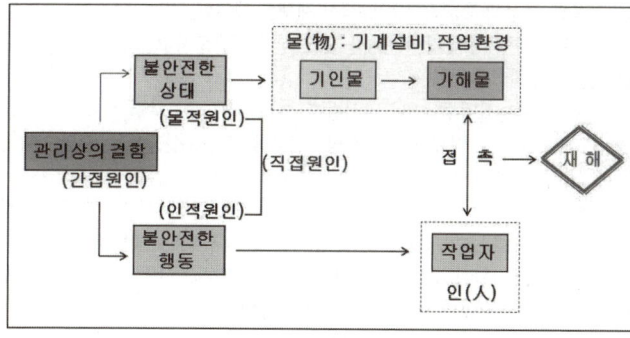

[그림] 재해발생의 메커니즘

합격예측

재해 발생 형태별 분류

① 떨어짐 : 높이가 있는 곳에서 사람이 떨어짐, 사람이 인력(중력)에 의하여 건축물, 구조물, 가설물, 수목, 사다리 등의 높은 장소에서 떨어지는 것

② 넘어짐 : 사람이 미끄러지거나 넘어짐, 사람이 거의 평면 또는 경사면, 층계 등에서 구르거나 넘어진 경우

③ 깔림, 뒤집힘 : 물체의 쓰러짐이나 뒤집힘, 기대어져 있거나 세워져 있는 물체 등이 쓰러진 경우 및 지게차 등의 건설기계 등이 운행·작업 중 뒤집혀진 경우

④ 부딪힘·접촉 : 물체에 부딪힘, 접촉, 재해자 자신의 움직임·동작으로 인하여 기인물에 접촉 또는 부딪히거나, 물체가 고정부에서 이탈하지 않은 상태로 움직임(규칙, 불규칙) 등에 의하여 접촉한 경우

⑤ 맞음 : 날아오거나 떨어진 물체에 맞음, 구조물, 기계 등에 고정되어 있는 물체가 중력, 원심력, 관성력 등에 의하여 고정부에서 이탈하거나 또는 설비 등으로부터 물질이 분출되어 사람을 가해하는 경우

⑥ 끼임 : 기계설비에 끼이거나 감김, 두 물체 사이의 움직임에 의하여 일어난 것으로 직선운동하는 물체 사이의 끼임, 회전부와 고정체 사이의 끼임, 롤러 등의 회전체 사이에 물리거나 회전체·돌기부 등에 감긴 경우

⑦ 무너짐 : 건축물이나 쌓여진 물체가 무너짐, 토사, 적재물, 구조물, 건축물, 가설물 등이 전체적으로 허물어져 내리거나 주요 부분이 꺾어져 무너지는 경우

⑧ 감전 : 전기설비의 충전부 등에 신체의 일부가 직접 접촉하거나 유도전류의 통전으로 근육의 수축, 호흡곤란, 심실세동 등이 발생한 경우 또는 특별고압 등에 접근함에 따라 발생한 섬락 접촉, 합선, 혼촉 등으로 인하여 발생한 아크에 접촉된 경우

⑨ 이상온도접촉 : 고·저온 환경 또는 물체에 노출·접촉된 경우

→ 뒷면에 계속

⑩ 화학물질 누출·접촉 : 유해·위험물질에 노출·접촉 또는 흡입한 경우
⑪ 산소결핍 : 유해물질과 관련 없이 산소가 부족한 상태·환경에 노출되었거나 이물질 등에 의하여 기도가 막혀 호흡기능이 불충분한 경우
⑫ 폭발·파열 : '폭발'은 건축물, 용기 내 또는 대기 중에서 물질의 화학적, 물리적 변화가 급격히 진행되어 열, 폭음, 폭발압이 동반하여 발생하는 경우, '파열'은 배관, 용기 등이 물리적인 압력에 의하여 찢어지거나 터진 경우로서 폭풍압이 동반되지 않은 경우를 말한다.
⑬ 화재 : 가연물에 점화원이 가해져 비의도적으로 불이 일어난 경우를 말한다.
⑭ 불균형 및 무리한 동작 : 물체의 취급 없이 일시적이고 급격한 행위·동작 등 신체 동작(반응)에 의한 경우나, 물체의 취급과 관련하여 근육의 힘을 많이 사용하는 경우로서 밀기, 당기기, 지탱하기, 들어올리기, 돌리기, 잡기, 운반하기 등과 같은 행위·동작
⑮ 폭력행위 : 의도적인 또는 의도가 불분명한 위험행위(마약, 정신질환 등)로 자신 또는 타인에게 상해를 입힌 폭력·폭행을 말하며, 협박·언어·성폭력 등을 포함한다.
⑯ 절단·베임·찔림 : 사람과 물체간의 직접적인 접촉에 의한 것으로서 칼 등 날카로운 물체의 취급 또는 톱, 절단기 등의 회전날 부위에 접촉되어 신체가 절단되거나 베어진 경우
⑰ 빠짐·익사 : 수중에 빠지거나 익사한 경우
⑱ 사업장 내 교통사고 : 사업장 내의 도로에서 발생된 교통사고
⑲ 사업장 외 교통사고 : 사업장 외의 도로에서 발생된 모든 교통사고와 해상·항공과 관련하여 발생한 교통사고
⑳ 체육행사 등의 사고 : 업무와 관련한 체육행사, 워크숍, 회식 등에서 상해를 입는 경우
㉑ 동물상해 : 동물에 의해 근로자가 상해를 입은 경우로 동물(개, 소, 말 등)에 물리거나 차이는 등에 의해 상해를 입은 경우

참고 2

산업재해통계업무처리규정 [시행 2022. 5. 2] [고용노동부예규 제194호, 2022. 5. 2., 일부개정]

제1장 총칙

제1조(목적) 이 예규는 「산업안전보건법」 제4조제1항제7호에 따른 산업재해에 관한 조사 및 통계의 유지·관리를 위하여 같은 법 시행규칙 제73조제1항에 따른 산업재해조사표 제출과 전산입력·통계업무 처리에 관하여 필요한 사항을 규정함을 목적으로 한다.

제2조(적용범위) 이 예규는 「산업안전보건법」(이하 "법"이라 한다)의 적용을 받는 사업 또는 사업장(이하 "사업"이라 한다)에 적용한다.

제2장 산출방법

제3조(산업재해통계의 산출방법 및 정의) ① 재해율 등 산업재해통계의 산출방법은 다음 각 호와 같다.

1. 재해율 = (재해자수/산재보험적용근로자수) × 100
   ○ "재해자수"는 근로복지공단의 유족급여가 지급된 사망자 및 근로복지공단에 최초요양신청서(재진 요양신청이나 전원요양신청서는 제외한다)를 제출한 재해자 중 요양승인을 받은자(지방고용노동관서의 산재 미보고 적발 사망자 수를 포함한다)를 말함. 다만, 통상의 출퇴근으로 발생한 재해는 제외함. 22. 3. 5 [기]
   ○ "산재보험적용근로자수"는 「산업재해보상보험법」이 적용되는 근로자수를 말함. 이하 같음.
2. 사망만인율 = (사망자수/산재보험적용근로자수) × 10,000
   ○ "사망자수"는 근로복지공단의 유족급여가 지급된 사망자(지방고용노동관서의 산재미보고 적발 사망자를 포함한다)수를 말함. 다만, 사업장 밖의 교통사고(운수업, 음식숙박업은 사업장 밖의 교통사고도 포함)·체육행사·폭력행위·통상의 출퇴근에 의한 사망, 사고발생일로부터 1년을 경과하여 사망한 경우는 제외함. 22. 4. 24 [기] 24. 5. 9 [산]
3. 휴업재해율 = (휴업재해자수 / 임금근로자수) × 100 24. 7. 28 [기실]
   ○ "휴업재해자수"란 근로복지공단의 휴업급여를 지급받은 재해자수를 말함. 다만, 질병에 의한 재해와 사업장 밖의 교통사고(운수업, 음식숙박업은 사업장 밖의 교통사고도 포함)·체육행사·폭력행위·통상의 출퇴근으로 발생한 재해는 제외함.
   ○ "임금근로자수"는 통계청의 경제활동인구조사상 임금근로자수를 말함.
4. 도수율(빈도율) = 재해건수 / 연근로시간수 × 1,000,000
5. 강도율 = (총요양근로손실일수 / 연근로시간수) × 1,000 22. 4. 24 [기]
   ○ "총요양근로손실일수"는 재해자의 총 요양기간을 합산하여 산출하되, 사망, 부상 또는 질병이나 장해자의 등급별 요양근로손실일수는 별표 1과 같음.
6. "재해조사 대상 사고사망자수"는 「근로감독관 직무규정(산업안전보건)」에 따라 지방고용노동관서에서 법 상 안전·보건조치 위반 여부를 조사하여 중대재해로 발생보고한 사망사고 중 업무상 사망사고로 인한 사망자 수를 말함. 다만 각 목의 업무상 사망사고는 제외한다.
   가. 법 제3조 단서에 따라 법의 일부적용대상 사업장에서 발생한 재해 중 적용조항 외의 원인으로 발생한 것이 객관적으로 명백한 재해[「중대재해처벌 등에 관한 법률」(이하 "중처법"이라 한다) 제2조제2호에 따른 중대산업재해는 제외한다]
   나. 고혈압 등 개인지병, 방화 등에 의한 재해 중 재해원인이 사업주의 법 위반, 경영책임자 등의 중처법 위반에 기인하지 아니한 것이 명백한 재해
   다. 해당 사업장의 폐지, 재해발생 후 84일 이상 요양 중 사망한 재해로서 목격자 등 참고인의 소재불명 등으로 재해발생에 대하여 원인규명이 불가능하여 재해조사의 실익이 없다고 지방관서장이 인정하는 재해

② 그 밖에 이 예규에서 사용하는 용어의 뜻은 이 예규에 특별한 규정이 없으면 법,「산업안전보건법 시행령」및「산업안전보건법 시행규칙」(이하 "규칙"이라 한다)이 정하는 바에 따른다.

제3장 산업재해조사표 입력 및 전송

제4조(입력) 지방고용노동관서의 장은 사업주가 규칙 제73조제1항에 따라 산업재해조사표를 작성하여 제출한 경우에는 기재사항의 적정 여부를 검토하고, 그 결과 등 전월분의 실적을 매월 5일까지 산업안전보건에 관한 행정정보시스템(노사누리)에 입력하여야 한다.

제5조(산업재해조사표의 전송) 고용노동부장관은 제4조에 따라 입력된 산업재해조사표를 한국산업안전보건공단(이하 "공단"이라 한다)에 전송하여야 한다.

제4장 자료관리 및 통계업무 처리

제6조(자료관리) 공단은 고용노동부 및 근로복지공단이 전송한 산업재해 발생 관련 자료 및 업무상재해 관련 자료를 관리하여야 한다.

제7조(통계업무 처리) 공단은 제6조에 따라 전송받은 자료를 집계·분석하여야 한다.

제8조(보고) 공단은 제7조에 따라 집계·분석한 산업재해발생현황을 고용노동부장관에게 보고하여야 한다.

제9조(재해통계 등) ① 고용노동부 산업재해통계업무 담당자는 분기별·연도별 재해발생현황을 작성하여야 한다.
② 제1항의 규정에 따라 작성할 내용은 다음과 같다.
  1. 재해율
  2. 사망만인율
  3. 휴업재해율
  4. 강도율
  5. 도수율
③ 지방고용노동관서의 장은 월별·분기별·연도별 재해발생 현황을 관리하여야 한다.

제10조(자료제출) 고용노동부장관이 산업재해통계에 관한 자료제출을 요청하면 공단은 그 자료를 지체 없이 제출하여야 한다.

제11조(재검토기한) 고용노동부장관은「훈령·예규 등의 발령 및 관리에 관한 규정」에 따라 이 예규에 대하여 2022년 7월 1일 기준으로 매 3년이 되는 시점(매 3년째의 6월 30일까지를 말한다)마다 그 타당성을 검토하여 개선 등의 조치를 하여야 한다.

부 칙

제1조(시행일) 이 예규는 발령일부터 시행한다.

합격예측

재해코스트
콤페스(P. C. Compas)의 방식
① 직접비용과 간접비용외에 기업의 활동능력이 상실되는 손실도 감안
② 전체재해손실 = 공동비용(불변) + 개별비용(변수)

구분	공동비용	개별비용
항목	① 보험료 ② 안전보건팀 유지비용 ③ 기타(기업의 명예, 안전성 등)	① 작업중단으로 인한 손실 비용 ② 수리대체에 필요한 비용 ③ 치료에 소요되는 비용 ④ 사고조사에 필요한 비용 등

참고

중대재해 처벌 등에 관한 법률(약칭 : 중대재해처벌법)
제2조(정의) 이 법에서 사용하는 용어의 뜻은 다음과 같다.
1. "중대재해"란 "중대산업재해"와 "중대시민재해"를 말한다.
2. "중대산업재해"란「산업안전보건법」제2조제1호에 따른 산업재해 중 다음 각 목의 어느 하나에 해당하는 결과를 야기한 재해를 말한다.
   가. 사망자가 1명 이상 발생
   나. 동일한 사고로 6개월 이상 치료가 필요한 부상자가 2명 이상 발생
   다. 동일한 유해요인으로 급성중독 등 대통령령으로 정하는 직업성 질병자가 1년 이내에 3명 이상 발생
3. "중대시민재해"란 특정 원료 또는 제조물, 공중이용시설 또는 공중교통수단의 설계, 제조, 설치, 관리상의 결함을 원인으로 하여 발생한 재해로서 다음 각 목의 어느 하나에 해당하는 결과를 야기한 재해를 말한다. 다만, 중대산업재해에 해당하는 재해는 제외한다.
   가. 사망자가 1명 이상 발생
   나. 동일한 사고로 2개월 이상 치료가 필요한 부상자가 10명 이상 발생
   다. 동일한 원인으로 3개월 이상 치료가 필요한 질병자가 10명 이상 발생

8. 재해관련 통계의 종류 및 계산

(1) 목적
재해정보를 통해서 동종 재해 및 유사 재해의 재발방지가 목적이다.

(2) 천인율
① 근로자 1,000명을 1년간 기준으로 한 재해발생비율(재해자수비율)을 뜻한다.
② 계산 공식

$$천인율 = \frac{연간\ 재해(사상)자수}{연평균\ 근로자수} \times 1,000$$

③ 천인율이 5란 뜻은 그 작업장의 수준으로 1,000명이 작업한다면 5명의 재해자가 발생한다는 뜻이다.

(3) 빈도율(도수율)(F.R : Frequency Rate of Injury)
① 연 100만 근로 시간당 재해 발생건수를 말한다.
② 계산공식

$$빈도율 = \frac{재해건수}{연근로시간수} \times 1,000,000$$

③ 빈도율이 20.89라는 뜻은 1,000,000인시당 20.89건의 재해가 발생한다는 뜻이다.
④ 빈도율 20.89인 사업장에서 한 사람의 작업자가 평생 작업시 몇 건의 재해를 당하겠는가의 환산빈도율?

계산식 : $20.89 \times \frac{100,000}{1,000,000} = 2$

∴ 약 2건(한 사람의 평생 근로 시간은 100,000시간을 기준으로 환산)

⑤ 천인율과 빈도율 상관 관계
  천인율 = 2.4 × 빈도율
  도수율 = 천인율 ÷ 2.4

※ 2.4적용 : 년근로총시간수 2,400시간 일때만 적용

⑥ 근로자 1명당 근로 시간수
  1일 8시간, 1월 25일, 1년 300일, 1년 2,400시간

⑦ 일평생근로시간 = 40년 × 300일 × 8시간 = 96,000시간
⑧ 잔업시간 : 4,000시간
⑨ 일평생 근로시간 : 100,000시간
⑩ 재해건수 = $\dfrac{도수율 \times 연근로시간수}{10^6}$

(4) 강도율(S.R : Severity Rate of Injury)

① 근로시간 합계 1,000시간당 총요양재해로 인한 근로손실일수를 말함.
   (산업재해의 경중의 정도)

② 계산 공식

$$강도율 = \frac{총요양근로손실일수}{연근로시간수} \times 1,000$$

[표] 신체 장해 근로손실일수 등급

신체장해 등급	4	5	6	7	8	9	10	11	12	13	14
손실일수	5,500	4,000	3,000	2,200	1,500	1,000	600	400	200	100	50

※ 사망자 및 장해등급 1, 2, 3급의 노동(근로)손실일수 : 7,500일

③ 그 밖의 근로손실일수 계산

   ㉮ 병원에 입원 가료(加療, 병이나 상처 따위를 잘 다스려 낫게 함)시는

   $$입원일수 \times \frac{300}{365}$$

   ㉯ 휴업일수(요양일수) $\times \frac{300}{365}$

④ 사망에 의한 근로손실일수 7,500일이란?

   - 사망자의 평균 연령 : 30세
   - 근로 가능 연령 : 55세
   - 근로손실연수 = 근로 가능 연령 − 사망자의 평균연령 = 25년
   - 연간 근로일수 : 약 300일
   - 사망으로 인한 근로손실일수 = 연간근로일수 × 근로손실연수
     $= 300 \times 25 = 7,500$일

⑥ 강도율 14인 사업장에서 한 작업자가 평생 작업시 산재로 인해 며칠의 근로손실을 당하겠는가?

   계산식 : $14 \times \frac{100,000}{1,000} = 1,400(1,400일)$

⑦ 강도율 2라는 뜻은 1,000시간당 작업시 2일의 근로손실이 발생한다는 뜻이다.

(5) 종합재해지수(도수강도치)(F.S.I : Frequency Severity Indicator)

① 도수율과 강도율을 동시에 비교할 수 있는 산술평균이다.
② 재해의 빈도와 상해의 강약도를 혼합하여 집계하는 지표
③ 계산 공식

$$종합재해지수(F.S.I) = \sqrt{빈도율 \times 강도율} = \sqrt{FR \times SR}$$

합격예측

(1) 건설업
① 사고사망만인율(‰) = $\frac{사고사망자 수}{상시근로자 수} \times 10,000$

② 상시 근로자수 = $\frac{연간 국내 공사 실적액 \times 노무비율}{건설업 월평균임금 \times 12}$

(2) 제조업
① 사망만인율 = $\frac{사망자수}{산재보험 적용근로자수} \times 10,000$

② 평균강도율 = $\frac{강도율}{도수율} \times 1,000$

③ 재해율 = $\frac{재해자수}{산재보험적용근로자수} \times 100$

참고

(1) 도수율과 강도율 차이
   도수율은 재해의 많고 적음을 나타내는 재해의 양을 결정하는 것이고, 강도율은 재해의 강약을 나타내는 재해의 질을 결정하는 것이다.

(2) 체감산업안전평가지수
   = (0.2×도수율) + (0.8× 강도율)

용어정의

도수강도치
재해의 빈도의 다수(도수율)와 상해의 정도의 강약(강도율)을 종합하여 나타낸 종합재해 지수이다.

Q 은행문제

다음 중 산업재해 통계에 관한 설명으로 적절하지 않은 것은?

① 산업재해 통계는 구체적으로 표시되어야 한다.
② 산업재해 통계는 안전활동을 추진하기 위한 기초자료이다.
③ 산업재해 통계만으로 해당 사업장의 안전수준을 추측한다.
④ 산업재해 통계의 목적은 기업에 발생한 산업재해에 대하여 효과적인 대책을 강구하기 위함이다.

정답 ③

(6) 안전활동율(미국 R.P.Blake : 브레이크)

① 100만 시간당 안전활동건수를 말한다.
② 계산 공식

$$안전활동율 = \frac{안전\ 활동건수}{평균\ 근로자수 \times 근로시간수} \times 1,000,000$$

(안전활동건수는 일정 기간 내에 행한 안전개선 권고수, 안전조치한 불안전 작업수, 불안전한 행동 적발수, 불안전한 상태 지적수, 안전회의건수 및 안전홍보건수를 합한 수이다.) ⇐ 사고나기 전 사전활동평가

(7) 환산강도율 및 환산도수율

① 환산강도율(평생작업시 예상 근로손실일수 : S) = 강도율 × 100
② 환산도수율(평생작업시 예상 재해건수 : F) = 도수율 ÷ 10 = 도수율 × 0.1

> 참고 평생근로시간이 120,000인 경우
> 환산도수율 = 도수율 × 0.12

③ $\dfrac{S}{F}$ 는 재해 1건당 근로 손실일수이다.

(8) Safe-T-Score

① 세이프 티 스코어(Safe T Score) : 과거와 현재의 안전 성적을 비교 평가하는 방법이다.(안전관리의 수행도 평가)
② 공식

$$세이프\ 티\ 스코어 = \frac{빈도율(현재) - 빈도율(과거)}{\sqrt{\dfrac{빈도율(과거)}{근로\ 총시간수(현재)} \times 10^6}}$$

③ 판정 기준
- +2.00 이상 : 과거보다 심각하게 나빠졌다.
- +2.00~−2.00인 경우 : 심각한 차이가 없다.
- −2.00 이하 : 과거보다 좋아졌다.

9. 재해손실비의 종류 및 계산

(1) 하인리히(H.W. Heinrich)의 재해코스트 산출방식

① 총재해코스트 = 직접비 + 간접비(직접비의 4배)
② 직접비 : 간접비 = 1 : 4
③ 직접비(재해로 인해 받게 되는 산재보상금)
  = (즉, 법령으로 지급되는 산재보상비)

합격예측

Safe-T-Score
① 안전에 관한 과거와 현재의 중대성의 차이를 비교하고자 사용하는 통계방식으로 단위가 없다.
② 계산결과가 (+)이면 나쁜 기록이고 (−)이면 과거에 비해 좋은 기록을 나타내는 것이다.
③ 안전관리수행도 평가에 유용하다.

참고

평생근로시간이 120,000인 경우
환산도수율 = 도수율 × 0.12

안전활동률
근로시간수 100만 시간당 안전활동건수를 나타낸다.

하인리히에 의한 재해코스트 산정방식
∴ 직접비 : 간접비 = 1 : 4

은행문제

재해사례연구의 주된 목적 중 틀린 것은?
① 재해요인을 체계적으로 규명하여 이에 대한 대책을 세우기 위함
② 재해요인을 조사하여 책임 소재를 명확히 하기 위함
③ 재해 방지의 원칙을 습득해서 이것을 일상 안전 보건활동에 실천하기 위함
④ 참가자의 안전보건활동에 관한 견해나 생각을 깊게 하고, 태도를 바꾸게 하기 위함

정답 ②

[표] 직접비와 간접비 16. 5. 8 산 17. 3. 5 기 17. 5. 7 기 17. 9. 23 기 18. 8. 19 산 19. 3. 3 기 19. 8. 4 기 21. 3. 7 기 21. 5. 15 기 22. 3. 5 기 23. 7. 8 기

직접비(법적으로 지급되는 산재보상비)		간접비 (직접비 제외한 모든 비용)
구분	적용	
요양급여	요양비 전액(진찰, 약제, 처치·수술기타치료, 의료시설수용, 간병, 이송 등)	인적손실 물적손실 생산손실 임금손실 시간손실 기타손실 등
휴업급여	1일당 지급액은 평균임금의 100분의 70에 상당하는 금액	
장해급여	장해등급에 따라 장해보상연금 또는 장해보상일시금으로 지급	
간병급여	요양급여 받은 자가 치유후 간병이 필요하여 실제로 간병을 받는 자에게 지급	
유족급여	근로자가 업무상사유로 사망한 경우 유족에게 지급(유족보상연금 또는 유족보상일시금)	
상병보상연금	요양개시후 2년 경과된 날 이후에 다음의 상태가 계속되는 경우 지급 ① 부상 또는 질병이 치유되지 아니한 상태 ② 부상 또는 질병에 의한 폐질의 정도가 폐질등급기준에 해당	
장례비	평균임금의 120일분에 상당하는 금액	
직업재활급여	상해특별급여, 유족특별급여(민법에 의한 손해배상 청구)	

합격예측
재해코스트 역설자
① 하인리히 ② 시몬즈
③ 버드 ④ 콤페스 ⑤ 노구치

버드의 빙산 18. 4. 28 기

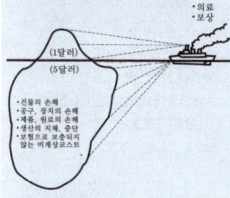

- 건물의 손해
- 공구, 장치의 손해
- 제품, 원재료 손해
- 생산의 지체, 중단
- 보험으로 보상되지 않는 비계상코스트

참고
시몬즈 방식
총 cost = 보험 cost + 비보험 cost
(1) 보험 cost = 보험의 총액 + 보험회사에 관련된 여러 경비와 이익금
(2) 비보험 cost =
[휴업 상해건수 × A] +
[통원 상해건수 × B] +
[응급처지 건수 × C] +
[무상해 사고건수 × D]
단, 사망과 영구 전노동 불능상해는 제외된다.

산업재해보상법

④ 하인리히 미국 업종분류
㉮ 1 : 4 (평균값)
㉯ 1 : 18 (제철업)

(2) 시몬즈(R.H. Simonds)의 재해코스트 산출방식 17. 5. 7 기 산 18. 3. 4 기 20. 6. 7 기 20. 8. 22 기 23. 4. 1 지

① 총재해코스트 = 보험 코스트 + 비보험 코스트
② 보험 코스트 : 산재보험료(반드시 사업장에서 지출)
③ 비보험 코스트 = (휴업상해건수 × A) + (통원상해건수 × B) + (응급조치건수 × C) + (무상해건수 × D) 16. 10. 1 기 20. 6. 7 기

주 A, B, C, D는 장해 정도에 따른 비보험 코스트의 평균치 16. 5. 8 기

[표] 재해사고(Category) 19. 4. 27 기 19. 9. 21 기 22. 3. 5 기

분류	내용
휴업상해(A)	영구 부분노동불능, 일시 전노동불능
통원상해(B)	일시 부분노동불능, 의사의 조치를 요하는 통원상해
응급처(조)치(C)	20달러 미만의 손실 또는 8시간 미만의 휴업손실 상해
무상해사고(D)	의료조치를 필요로 하지 않는 경미한 상해, 사고 및 무상해 사고

합격예측
하인리히와 버드의 이론비교

	하인리히	버드
직접 원인 비율	불안전한 행동: 불안전한 상태 = 88[%] : 10[%]	1 : 6~53 (빙산의 원리) (직접손실 : 간접손실)
재해 손실 비용	1:4법칙 (직접손실: 간접손실)	
재해 예방 의 5 단계	1. 조직 2. 사실의 발견 3. 분석평가 4. 대책의 선정 5. 대책의 적용	
재해 예방 의 4 원칙	1. 손실우연의 원칙 2. 원인계기(연쇄)의 원칙 3. 예방가능의 원칙 4. 대책선정(강구)의 원칙	

④ 산재보험 코스트 : 산업재해보상보험법에 의해 보상된 금액
⑤ 비보험 코스트 : 산재보험 코스트를 제외한 금액(하인리히의 간접비와 같다.)

[표] 비보험 코스트

- 제3자가 작업을 중지한 시간에 대한 임금 손실(지불한 임금 손실)
- 재료, 설비, 정비, 교체, 철거의 순손실비
- 부상자의 임금 지불 코스트
- 재해에 따른 특별급여 등

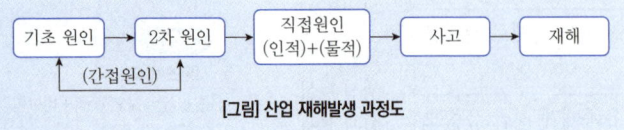

[그림] 산업 재해발생 과정도

(3) 재해사례연구의 진행 단계

16. 10. 1 기 17. 9. 23 기 18. 3. 4 기 산 18. 8. 19 기
18. 9. 15 기 20. 6. 7 기 21. 8. 14 기 22. 3. 5 기 23. 4. 1 지

① 전제 조건 – 재해 상황의 파악 : 사례연구의 전제조건인 재해 상황의 파악은 다음에 기재한 항목에 관하여 실시한다.
② 제1단계 – 사실의 확인 : 작업의 개시에서 재해의 발생까지의 경과 가운데 재해와 관계가 있는 사실 및 재해요인으로 알려진 사실을 객관적으로 확인한다. 이상시, 사고시 또는 재해발생시의 조치도 포함된다.
③ 제2단계 – 문제점의 발견 : 파악된 사실로부터 판단하여 각종 기준에서 차이의 문제점을 발견한다.(직접원인)
④ 제3단계 – 근본적 문제점 결정 : 문제점 가운데 재해의 중심이 된 근본적 문제점을 결정하고 다음에 재해 원인을 결정한다.(기본원인)
⑤ 제4단계 – 대책 수립 : 사례를 해결하기 위한 대책을 세운다.

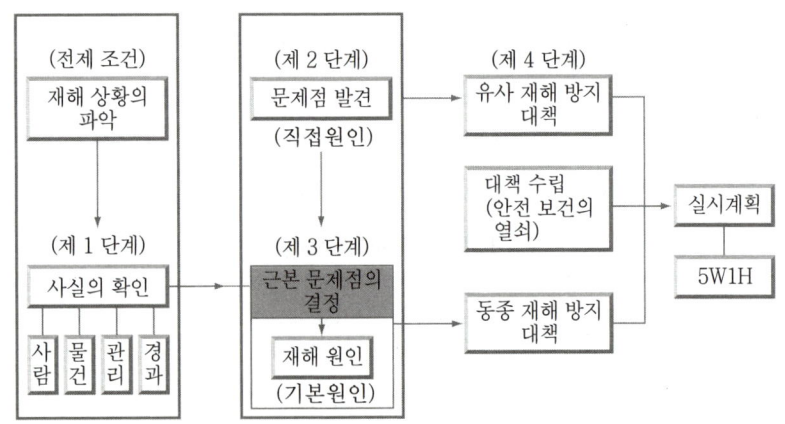

[그림] 재해사례 진행 단계

보충학습 재해발생형태의 분류기준

(1) 두 가지 이상의 발생형태가 연쇄적으로 발생한 재해의 경우는 상해 결과 또는 피해를 크게 유발한 형태로 분류한다.
  ① 재해자가 넘어짐으로 인하여 기계의 동력 전달 부위 등에 끼이는 사고가 발생하여 신체 부위가 절단된 경우 : 끼임
  ② 재해자가 구조물 상부에서 넘어짐으로 인하여 사람이 떨어져 두개골 골절이 발생한 경우 : 떨어짐
  ③ 재해자가 넘어짐 또는 떨어짐으로 물에 빠져 익사한 경우 : 빠짐·익사
  ④ 재해자가 전주에서 작업 중 전류 접촉(감전)으로 떨어진 경우 : 떨어짐 (상해 결과가 골절인 경우), 전류접촉 (전기쇼크인 경우)

(2) 기계의 구동축, 회전체 등 주요 부위의 파단, 파열 등으로 재해가 발생한 경우
  – 상해를 입힌 물체의 운동 형태에 따라 맞음 재해로 분류한다.

(3) 떨어짐과 넘어짐의 분류
  ① 바닥 면과 신체가 떨어진 상태로 더 낮은 위치로 떨어진 경우 : 떨어짐
  ② 바닥 면과 신체가 접해있는 상태에서 더 낮은 위치로 떨어진 경우 : 넘어짐
  ③ 신체가 바닥 면과 접해있었는지 여부를 알 수 없는 경우 작업 발판 등 구조물의 높이가 보폭 (약 60cm) 이상인 경우 : 떨어짐
  ④ 보폭 미만인 경우 : 넘어짐

(4) 맞음, 이상 온도 노출, 접촉 또는 유해, 위험물질 노출, 접촉의 분류
  ① 물체 또는 물질이 떨어지거나 날아와 타박상 등의 상해를 입었을 경우 : 맞음
  ② 고, 저온 물체 또는 물질이 떨어지거나 날아와 화상을 입었을 경우 : 이상 온도 접촉
  ③ 떨어지거나 날아온 물체 또는 물질의 특성에 의하여 상해를 입은 경우 : 화학물질 누출·접촉

(5) 폭력행위와 유해, 위험물질 노출, 접촉의 분류
  ① 개, 뱀 등 동물에게 물려 광견병, 독성물질 중독이 발생한 경우 : 유해, 위험물질 접촉
  ② 감염은 없이 찔린 정도의 교상만 발생한 경우 : 폭력 행위

(6) 폭발과 화재의 분류
  – 폭발과 화재, 두 현상이 복합적으로 발생한 경우 : 폭발

합격예측

(1) 안전점검 방법의 종류
① 육안점검 : 시각, 촉각 등으로 검사(부식, 마모)
② 기능점검 : 간단한 조작에 의해 판단
③ 기기점검 : 안전장치, 누전차단장치 등을 정해진 순서로 작동하여 양부를 판단
④ 정밀점검 : 규정에 의해 측정, 검사 등 설비의 종합적인 점검

(2) 안전점검 결과 기록사항
① 점검년월일
② 점검방법
③ 점검개소
④ 점검결과
⑤ 점검실시자 성명
⑥ 점검 결과에 따른 조치사항

(1) 안전점검의 대상
① 안전관리 조직체제 및 운영상황
② 안전교육계획 및 실시상황
③ 작업환경 및 유해·위험관리에 관한 상황
④ 정리정돈 및 위험물 방화관리에 관한 상황
⑤ 운반설비 및 관련 시설물의 상태

(2) 요약 : 작업환경, 작업방법, 방호장치

안전점검의 순환과정

현상의 파악(실상의 파악)-결함의 발견-시정대책의 선정-대책의 실시

[Q] 은행문제 17. 8. 26 [기]

안전점검 보고서 작성내용 중 주요 사항에 해당되지 않는 것은?
① 작업현장의 현 배치 상태와 문제점
② 재해다발요인과 유형분석 및 비교 데이터 제시
③ 안전관리 스텝의 인적사항
④ 보호구, 방호장치 작업환경 실태와 개선제시

정답 ③

[세부항목] 3. 안전점검·검사·인증 및 진단

1. 안전점검(安全點檢 : safety inspection)의 정의 및 목적

(1) 안전점검의 정의

안전점검이란 안전을 확보하기 위해 실태를 명확히 파악하는 것으로서, 불안전 상태와 불안전 행동을 발생시키는 결함을 사전에 발견하거나 안전 상태를 확인하는 행동이다.

(2) 안전점검의 의의

① 설비의 안전 확보
② 설비의 안전 상태 유지
③ 인적인 안전 행동 상태의 유지

(3) 안전점검의 종류(점검주기에의 구분) 16. 3. 6 [기] 17. 9. 23 [기] 16. 5. 8 [기] 18. 4. 28 [산]

1 정기점검(계획점검) 20. 6. 7 [기]

일정 기간마다 정기적으로 실시하는 점검으로 법적 기준 또는 사내 안전 규정에 따라 해당 책임자가 실시하는 점검

2 수시점검(일상점검) 19. 9. 21 [기] 22. 3. 5 [기]

매일 작업 전·작업 중 또는 작업 후에 일상적으로 실시하는 점검을 말하며 작업자·작업책임자·관리감독자가 실시하고 사업주의 안전순찰도 넓은 의미에서 포함된다. [예] 작업전 점검내용 : 방호장치 작동 여부

3 특별점검 20. 8. 22 [기]

기계·기구 또는 설비의 신설·변경 또는 중대재해 발생 직후 등 고장 수리 등으로 비정기적인 특정 점검을 말하며 기술 책임자가 실시한다. (산업안전 보건강조기간에도 실시)

4 임시점검

정기점검 실시 후 다음 점검기일 이전에 임시로 실시하는 점검의 형태를 말하며, 기계·기구 또는 설치의 이상 발견시에 임시로 점검하는 점검을 임시점검이라 한다. ([예] 목재가공용 둥근톱기계의 작업 중 갑작스런 고장시)

2. 안전점검의 종류

(1) 점검방법에 의한 구분

1 외관점검 19. 8. 4 산

기기의 적당한 배치, 설치 상태, 변형, 균열, 손상, 부식, 볼트의 여유 등의 유무를 외관에서 시각 및 촉감 등에 의해 조사하고, 점검 기준에 의해 양부를 확인하는 것이다.

2 기능점검

간단한 조작을 행하여 대상 기기의 기능적 양부를 확인하는 것이다.

3 작동점검 19. 3. 3 산

안전장치나 누전차단장치 등을 정해진 순서에 의해 작동시켜 상황의 양부를 확인하는 것이다.

4 종합점검

정해진 점검 기준에 의해 측정·검사를 행하고, 또 일정한 조건하에서 운전시험을 행하여 그 기계설비의 종합적인 기능을 확인하는 것이다.

(2) 안전점검의 직접적 목적

① 결함이나 불안전 조건의 제거
② 기계·설비의 본래 성능 유지
③ 합리적인 생산 관리

(3) 안전점검 및 진단의 순서

① 실태(현상)의 파악
② 결함의 발견
③ 대책의 결정
④ 대책의 실시

(4) 안전점검시 유의사항

① 여러 가지 점검 방법을 병용한다.
② 점검자의 능력에 상응하는 점검을 실시한다.
③ 과거의 재해 발생 부분은 그 원인이 배제되었는지 확인한다.
④ 불량한 부분이 발견된 경우에는 다른 동종 설비도 점검한다.
⑤ 발견된 불량 부분은 원인을 조사하고 필요한 대책을 강구한다.
⑥ 안전 점검은 안전 수준의 향상을 목적으로 하는 것임을 염두에 두어야 한다.

합격예측

점검기준의 기본조건
① 점검대상(점검대상이 되는 기계의 명칭 또는 측정과 시험의 명칭)
② 점검부분(점검대상 기계의 각 부분의 점검개소 부품명)
③ 점검항목(마모, 균열, 파손, 부식 등의 점검실시 항목)
④ 점검주기 또는 기간(점검시기)
⑤ 점검방법(육안점검, 기기점검, 기능점검, 정밀점검)
⑥ 판정기준 및 조치

점검표의 항목
① 점검대상
② 점검부분 및 점검항목
③ 점검주기 또는 기간(점검시기)
④ 점검방법
⑤ 판정기준 및 조치사항

Q 은행문제

안전점검표의 작성 시 유의사항이 아닌 것은? 21. 8. 14 기
① 중요도가 낮은 것부터 높은 순서대로 만들 것
② 점검표 내용은 구체적이고 재해방지에 효과가 있을 것
③ 사업장내 점검기준을 기초로 하여 점검자 자신이 점검목적, 사용시간 등을 고려하여 작성할 것
④ 현장감독자용의 점검표는 쉽게 이해할 수 있는 내용이어야 할 것

정답 ①

합격예측

(1) 안전인증절차

유해하거나 위험한 기계, 방호장치, 보호구 (안전인증 대상기계)
↓
안전에 관한 성능, 제조자 기술능력, 생산체계
↓
안전인증기준(고시)
↓
안전인증 표시 (대상기계 및 담은 용기 또는 포장)

(2) 안전점검 보고서에 수록될 내용 15. 3. 8 기
① 작업현장의 현 배치 상태와 문제점
② 안전교육 실시 현황 및 추진 방향
③ 안전방침과 중점개선 계획

용어정의

therblig
동작을 구성하는 기본적인 요소를 정한 기호이다.

합격예측 및 관련법규

제107조(안전인증대상기계 등)
법 제84조제1항에서 "고용노동부령으로 정하는 안전인증대상기계등"이란 다음 각 호의 기계 및 설비를 말한다.
1. 설치·이전하는 경우 안전인증을 받아야 하는 기계
   가. 크레인
   나. 리프트
   다. 곤돌라
2. 주요 구조 부분을 변경하는 경우 안전인증을 받아야 하는 기계 및 설비
   가. 프레스
   나. 전단기 및 절곡기 (折曲機)
   다. 크레인
   라. 리프트
   마. 압력용기
   바. 롤러기
   사. 사출성형기 (射出成形機)
   아. 고소(高所)작업대
   자. 곤돌라

3. 안전점검표 작성

(1) Check List에 포함되어야 하는 사항 16. 5. 8 기 17. 5. 7 기 23. 6. 4 기 23. 7. 8 기 25. 2. 7 기

① 점검대상
② 점검부분(점검개소)
③ 점검항목(점검내용 : 마모, 균열, 부식, 파손, 변형 등)
④ 점검주기 또는 기간(점검시기)
⑤ 점검방법(육안점검, 기능점검, 기기점검, 정밀점검)
⑥ 판정기준(안전검사기준, 법령에 의한 기준, KS기준 등)
⑦ 조치사항(점검결과에 따른 결함의 시정사항)

(2) Check List 판정시 유의사항 22. 8. 14 기 23. 3. 1 산

① 판정 기준의 종류가 두 종류인 경우 적합 여부를 판정한다.
② 한 개의 절대 척도나 상대 척도에 의할 때는 수치로서 나타낼 것
③ 복수의 절대 척도나 상대 척도에 조합된 문항은 기준 점수 이하로 나타낼 것
④ 대안과 비교하여 양부를 판정한다.
⑤ 경험하지 않은 문제나 복잡하게 예측되는 문제 등은 관계자와 협의하여 종합 판정한다.

[표] 기계·기구의 위험요소 작업 시작 전 점검사항

작업의 종류	점 검 내 용
1. 프레스 등을 사용하여 작업을 할 때 16. 3. 6 산 17. 3. 5 기 17. 5. 7 기 17. 8. 26 기 18. 3. 4 기 18. 4. 28 기 18. 8. 19 기 19. 3. 3 기 19. 4. 27 산 20. 6. 7 기 20. 6. 14 산 20. 8. 23 산 21. 5. 15 기 21. 8. 14 기 22. 3. 5 기 22. 4. 24 기 23. 2. 28 기 23. 7. 8 산	① 클러치 및 브레이크의 기능 ② 크랭크축·플라이휠·슬라이드·연결봉 및 연결나사의 풀림 유무 ③ 1행정 1정지기구·급정지장치 및 비상정지장치의 기능 ④ 슬라이드 또는 칼날에 의한 위험방지 기구의 기능 ⑤ 프레스의 금형 및 고정볼트 상태 ⑥ 방호장치의 기능 ⑦ 전단기(剪斷機)의 칼날 및 테이블의 상태
2. 로봇의 작동범위 내에서 그 로봇에 관하여 교시 등 (로봇의 동력원을 차단하고 행하는 것을 제외한다)의 작업을 할 때 18. 3. 4 기 19. 4. 27 기 21. 5. 15 기 23. 5. 13 산 23. 7. 8 기 24. 2. 15 기	① 외부전선의 피복 또는 외장의 손상유무 ② 매니퓰레이터(manipulator) 작동의 이상유무 ③ 제동장치 및 비상정지장치의 기능
3. 공기압축기를 가동할 때 16. 3. 6 산 16. 10. 1 기 20. 9. 27 기 22. 4. 24 기	① 공기저장 압력용기의 외관상태 ② 드레인밸브의 조작 및 배수 ③ 압력방출장치의 기능 ④ 언로드밸브의 기능

작업의 종류	점검 내용
	⑤ 윤활유의 상태 ⑥ 회전부의 덮개 또는 울 ⑦ 그 밖의 연결부위의 이상유무
4. 크레인을 사용하여 작업을 할 때 16.3.6 ⑦ 17.3.5 ⑦ 17.9.23 ④ 25.2.7 ④	① 권과방지장치·브레이크·클러치 및 운전장치의 기능 ② 주행로의 상측 및 트롤리가 횡행(橫行)하는 레일의 상태 ③ 와이어로프가 통하고 있는 곳의 상태
5. 이동식 크레인을 사용하여 작업을 할 때 18.3.4 ⑦ 18.9.15 ⑦ 23.2.28 ⑦	① 권과방지장치 그 밖의 경보장치의 기능 ② 브레이크·클러치 및 조정장치의 기능 ③ 와이어로프가 통하고 있는 곳 및 작업장소의 지반상태
6. 리프트(간이리프트를 포함한다)를 사용하여 작업을 할 때	① 방호장치·브레이크 및 클러치의 기능 ② 와이어로프가 통하고 있는 곳의 상태
7. 곤돌라를 사용하여 작업을 할 때	① 방호장치·브레이크의 기능 ② 와이어로프·슬링와이어 등의 상태
8. 양중기의 와이어로프·달기체인·섬유로프·섬유벨트 또는 훅·샤클·링 등의 철구(이하 "와이어로프 등"이라 한다)를 사용하여 고리걸이작업을 할 때	와이어로프 등의 이상유무
9. 지게차를 사용하여 작업을 할 때 18.3.4 ⑦ 21.3.7 ⑦ 21.5.15 ⑦ 23.6.4 ⑦ 25.2.7 ⑦	① 제동장치 및 조종장치 기능의 이상유무 ② 하역장치 및 유압장치 기능의 이상유무 ③ 바퀴의 이상유무 ④ 전조등·후미등·방향지시기 및 경보장치 기능의 이상유무
10. 구내운반차를 사용하여 작업을 할 때 18.3.4 ⑦	① 제동장치 및 조종장치 기능의 이상유무 ② 하역장치 및 유압장치 기능의 이상유무 ③ 바퀴의 이상유무 ④ 전조등·후미등·방향지시기 및 경음기 기능의 이상유무 ⑤ 충전장치를 포함한 홀더 등의 결합상태의 이상유무
11. 고소작업대를 사용하여 작업을 할 때 17.3.5 ⑦	① 비상정지장치 및 비상하강방지장치 기능의 이상 유무 ② 과부하방지장치의 작동유무(와이어로프 또는 체인구동 방식의 경우) ③ 아우트리거 또는 바퀴의 이상유무 ④ 작업면의 기울기 또는 요철유무 ⑤ 활선작업용 장치의 경우 흠·균열·파손 등 그 밖의 이상 유무
12. 화물자동차를 사용하는 작업을 행하게 할 때 19.11.19 ④	① 제동장치 및 조종장치의 기능 ② 하역장치 및 유압장치의 기능 ③ 바퀴의 이상유무

합격예측

안전진단
① 안전진단은 기계·기구의 설비, 공구, 작업방법, 작업환경, 근로자의 안전활동, 근무태도, 생활태도 등에 대해 잠재위험 요인을 자세하게 진단하여 적절하고 신속한 조치를 시행하는 것이며 쾌적한 작업 환경과 기계·기구 설비 등의 안전한 기능발휘를 갖추어 안전에 대한 효율적인 관리를 행하는 것으로 장기적으로는 예방적인 측면에서 이르는 안전점검을 말한다.
② 안전진단은 인적, 물적, 환경 요인을 말한다.

참고

생산 현장에서의 안전활동 상황
① 생산담당자의 안전추진 활동
② 관리감독자의 안전추진 활동
③ 근로자의 안전풍토 및 안전협력, 이행, 실행 여부

은행문제

1. 안전점검시 점검자가 갖추어야 할 태도 및 마음가짐과 가장 거리가 먼 것은? 15.9.19 ④
① 점검 본래의 취지 준수
② 점검 대상 부서의 협조
③ 모범적인 점검자의 자세
④ 점검결과 통보 생략

정답 ④

2. 안전검사기관 및 자율검사프로그램 인정기관은 고용노동부장관에게 그 실적을 보고하도록 관련법에 명시되어 있는데 그 주기로 옳은 것은? 19.3.3 ⑦
① 매월   ② 격월
③ 분기   ④ 반기

정답 ③

작업의 종류	점검 내용
13. 컨베이어 등을 사용하여 작업할 때 17. 8. 26 기 18. 3. 4 산 18. 8. 19 산 23. 3. 1 산	① 원동기 및 풀리기능의 이상유무 ② 이탈 등의 방지장치 기능의 이상유무 ③ 비상정지장치 기능의 이상유무 ④ 원동기·회전축·기어 및 풀리 등의 덮개 또는 울 등의 이상유무
14. 차량계 건설기계를 사용하여 작업을 할 때	브레이크 및 클러치 등의 기능
14의2. 용접·용단 작업 등의 화재위험작업을 할 때(제2편제2장제2절)	① 작업 준비 및 작업 절차 수립 여부 ② 화기작업에 따른 인근 가연성물질에 대한 방호조치 및 소화기구 비치 여부 ③ 용접불티 비산방지덮개 또는 용접방화포 등 불꽃·불티 등의 비산을 방지하기 위한 조치 여부 ④ 인화성 액체의 증기 또는 인화성 가스가 남아 있지 않도록 하는 환기 조치 여부 ⑤ 작업근로자에 대한 화재예방 및 피난교육 등 비상조치 여부
15. 이동식 방폭구조 전기기계·기구를 사용할 때	전선 및 접속부 상태
16. 근로자가 반복하여 계속적으로 중량물을 취급하는 작업을 할 때	① 중량물 취급의 올바른 자세 및 복장 ② 위험물의 비산에 따른 보호구의 착용 ③ 카바이드·생석회 등과 같이 온도상승이나 습기에 의하여 위험성이 존재하는 중량물의 취급방법 ④ 그 밖에 하역운반기계 등의 적절한 사용방법
17. 양화장치를 사용하여 화물을 싣고 내리는 작업을 할 때	① 양화장치(揚貨裝置)의 작동상태 ② 양화장치에 제한하중을 초과하는 하중을 실었는지 여부
18. 슬링 등을 사용하여 작업을 할 때	① 훅이 붙어 있는 슬링·와이어슬링 등의 매달린 상태 ② 슬링·와이어슬링 등의 상태(작업시작 전 및 작업중 수시로 점검)

4. 안전인증

산업안전보건법 제84조(안전인증)
유해·위험기계등 중 근로자의 안전 및 보건에 위해(危害)를 미칠 수 있다고 인정되어 대통령령으로 정하는 것을 제조하거나 수입하는 자는 안전인증대상기계등이 안전인증기준에 맞는지에 대하여 고용노동부장관이 실시하는 안전인증을 매년 받아야 한다.

(1) 안전인증대상 기계

1 기계 및 설비의 종류 11. 3. 7 ㉠ 17. 3. 5 ㉰ 17. 5. 7 ㉠ 18. 3. 4 ㉠ 19. 3. 3 ㉠ 20. 8. 22 ㉠ 21. 3. 7 ㉠ 20. 5. 15 ㉠ 23. 3. 1 ㉰

① 프레스   ② 전단기 및 절곡기
③ 크레인   ④ 리프트
⑤ 압력용기   ⑥ 롤러기
⑦ 사출성형기   ⑧ 고소 작업대
⑨ 곤돌라

2 방호장치의 종류 16. 3. 6 ㉠ 18. 4. 28 ㉠ 21. 3. 7 ㉠ 22. 4. 24 ㉠

① 프레스 및 전단기 방호장치
② 양중기용 과부하방지장치
③ 보일러 압력방출용 안전밸브
④ 압력용기 압력방출용 안전밸브
⑤ 압력용기 압력방출용 파열판
⑥ 절연용 방호구 및 활선작업용 기구
⑦ 방폭구조 전기기계·기구 및 부품
⑧ 추락·낙하 및 붕괴 등의 위험방호에 필요한 가설기자재로서 고용노동부장관이 정하여 고시하는 것
⑨ 충돌·협착 등의 위험방지에 필요한 산업용 로봇 방호장치로서 고용노동부장관이 정하여 고시하는 것

3 보호구의 종류

① 추락 및 감전 위험방지용 안전모   ② 안전화
③ 안전장갑   ④ 방진마스크
⑤ 방독마스크   ⑥ 송기마스크
⑦ 전동식 호흡보호구   ⑧ 보호복
⑨ 안전대   ⑩ 차광 및 비산물 위험방지용 보안경
⑪ 용접용 보안면   ⑫ 방음용 귀마개 또는 귀덮개

합격예측
자율안전확인신고절차

자율안전확인대상 기계 제조 및 구조 부분 변경 또는 수입
↓
자율안전기준 (안전에 관한 성능)
↓
자율안전확인
↓
신고 (고용노동부장관)
↓
자율안전확인의 표시 (대상 기계 및 담은 용기 또는 포장)

합격예측
작업위험 분석방법
① 면접
② 관찰
③ 설문방법
④ 혼합방식

(2) 안전인증 면제·취소·사용금지 대상

1 안전인증 면제 대상
① 연구·개발을 목적으로 제조·수입하거나 수출을 목적으로 제조하는 경우
② 고용노동부장관이 정하여 고시하는 외국의 안전인증기관에서 인증을 받은 경우
③ 다른 법령에서 안전성에 관한 검사나 인증을 받은 경우

[표] 안전인증 심사의 종류 및 방법 18. 9. 15 ②

종류	심사방법		심사기간
예비심사	기계 및 방호장치·보호가 안전인증대상 기계 등인지를 확인하는 심사(안전인증을 신청한 경우만 해당)		7일
서면심사	안전인증대상 기계 등의 종류별 또는 형식별로 설계도면 등 안전인증대상 기계 등의 제품 기술과 관련된 문서가 안전인증기준에 적합한지 여부에 대한 심사		15일(외국에서 제조한 경우 30일)
기술능력 및 생산체계 심사	안전인증대상 기계 등의 안전성능을 지속적으로 유지·보증하기 위하여 사업장에서 갖추어야 할 기술능력과 생산체계가 안전인증기준에 적합한지에 대한 심사, 다만, 수입자가 안전인증을 받거나 제품심사에서의 개별 제품심사를 하는 경우에는 기술능력 및 생산체계 심사를 생략		30일(외국에서 제조한 경우 45일)
제품심사	안전인증대상 기계 등의 안전에 관한 성능이 안전인증기준에 적합한지에 대한 심사 (두 가지 심사 중 어느 하나만을 받는다)	개별 제품심사	서면심사결과가 안전인증기준에 적합할 경우에 하는 안전인증대상 기계 등 모두에 대하여 하는 심사(서면심사와 개별 제품심사를 동시에 할 것을 요청하는 경우 병행하여 할 수 있다.)	15일
		형식별 제품심사	서면심사와 기술능력 및 생산체계 심사결과가 안전인증기준에 적합할 경우에 하는 안전인증대상 기계 등의 형식별로 표본을 추출하여 하는 심사(서면심사, 기술능력 및 생산체계 심사와 형식별 제품심사를 동시에 할 것을 요청하는 경우 병행하여 할 수 있다.)	30일(방폭구조 전기 기계기구 및 부품과 일부 보호구는 60일)

2 안전인증의 취소 및 사용금지 또는 개선 대상(산업안전보건법 제86조)
① 고용노동부장관은 안전인증을 받은 자가 다음 각 호의 어느 하나에 해당하면 안전인증을 취소하거나 6개월 이내의 기간을 정하여 안전인증표시의 사용을 금지하거나 안전인증기준에 맞게 시정하도록 명할 수 있다. 다만, 제1호의 경우에는 안전인증을 취소하여야 한다.

1. 거짓이나 그 밖의 부정한 방법으로 안전인증을 받은 경우
2. 안전인증을 받은 유해·위험기계등의 안전에 관한 성능 등이 안전인증기준에 맞지 아니하게 된 경우
3. 정당한 사유 없이 제84조제4항에 따른 확인을 거부, 방해 또는 기피하는 경우

② 고용노동부장관은 제1항에 따라 안전인증을 취소한 경우에는 고용노동부령으로 정하는 바에 따라 그 사실을 관보 등에 공고하여야 한다.

③ 제1항에 따라 안전인증이 취소된 자는 안전인증이 취소된 날부터 1년 이내에는 취소된 유해·위험기계등에 대하여 안전인증을 신청할 수 없다.

5. 자율안전확인대상

산업안전보건법 제89조에서는 안전인증 대상은 아니지만, 유해하거나 위험한 기계·기구에 대해서 자율안전확인 후 신고하도록 하고 있다. 대상이 되는 제품은 재해발생 빈도나 강도 등에 따라 인증 대상 제품과 구분되어 중복되지 않지만, 기계 및 설비 외 방호장치와 보호구도 그 대상이다. 사용자가 아닌 제조하거나 수입하는 자가 실시하는 점은 같지만, 안전기준에 맞는지 직접 확인하여 신고하는 점이 차이가 있다.

(1) 자율안전 인증

1 기계의 종류 19. 4. 27 ㉐ 20. 6. 7 ㉐

① 연삭기 또는 연마기(휴대형은 제외한다)
② 산업용 로봇
③ 혼합기
④ 파쇄기 또는 분쇄기
⑤ 식품가공용기계(파쇄·절단·혼합·제면기만 해당한다)
⑥ 컨베이어
⑦ 자동차정비용 리프트
⑧ 공작기계(선반, 드릴기, 평삭·형삭기, 밀링만 해당한다.)
⑨ 고정형 목재가공용기계(둥근톱, 대패, 루타기, 띠톱, 모떼기 기계만 해당한다)
⑩ 인쇄기

2 방호장치의 종류 17. 9. 23 ㉐

① 아세틸렌 용접장치용 또는 가스집합 용접장치용 안전기
② 교류 아크용접기용 자동전격방지기
③ 롤러기 급정지장치
④ 연삭기(硏削機) 덮개
⑤ 목재 가공용 둥근톱 반발 예방장치와 날 접촉 예방장치
⑥ 동력식 수동대패용 칼날 접촉 방지장치
⑦ 추락·낙하 및 붕괴 등의 위험 방지 및 보호에 필요한 가설기자재(안전인증 대상기계기구에 해당되는 사항 제외)로서 고용노동부장관이 정하여 고시하는 것

합격예측

비파괴검사의 종류
(1) 육안검사
(2) 누설검사
(3) 침투검사
(4) 초음파검사 : 초음파를 피검사물에 보내어 내부의 결함 또는 불균일층의 존재에 의한 진행의 교란에 의해 결함을 검출하는 방법으로서 다음과 같은 방법이 있다.
　① 반사법
　② 공진법
　③ 수적탐사법
(5) 자기탐상검사(자성검사)
(6) 음향검사(타진법)
(7) 방사선투과검사

작업개선단계
① 1단계 : 작업분해
② 2단계 : 세부내용 검토
③ 3단계 : 작업분석
④ 4단계 : 새로운 방법의 적용

합격예측 및 관련법규

제124조(안전검사의 신청 등)
① 법 제93조제1항에 따라 안전검사를 받아야 하는 자는 별지 제50호서식의 안전검사 신청서를 제126조에 따른 검사 주기 만료일 30일 전에 영 제116조제2항에 따라 안전검사 업무를 위탁받은 기관(이하 "안전검사기관"이라 한다)에 제출(전자문서에 의한 제출을 포함한다)해야 한다.
② 제1항에 따른 안전검사 신청을 받은 안전검사기관은 검사 주기 만료일 전후 각각 30일 이내에 해당 기계·기구 및 설비별로 안전검사를 해야 한다. 이 경우 해당 검사기간 이내에 검사에 합격한 경우에는 검사 주기 만료일에 안전검사를 받은 것으로 본다.

16. 5. 8 ㉐

3 보호구의 종류

① 안전모(안전인증 대상기계에 해당되는 사항 제외)
② 보안경(안전인증 대상기계에 해당되는 사항 제외)
③ 보안면(안전인증 대상기계에 해당되는 사항 제외)

[표] 안전인증의 표시방법

구분	표시	표시방법
안전인증 및 자율안전 확인의 표시 및 표시방법 16. 3. 6 ⑦	KCs	① 표시의 크기는 대상기계 등의 크기에 따라 조정할 수 있으나 인증마크의 세로(높이)를 5밀리미터 미만으로 사용할 수 없다. ② 표시는 표상을 명백히 하기 위하여 필요한 때에는 표시 주위에 표시사항을 국·영문 등의 글자로 덧붙여 적을 수 있다. ③ 표시는 대상기계 등이나 이를 담은 용기 또는 포장지의 적당한 곳에 붙이거나 인쇄 또는 새기는 등의 방법으로 표시하여야 한다. ④ 국가통합인증마크의 기본모형의 색상 명칭을 "KC Dark Blue"로 하고, 별색으로 인쇄할 경우에는 PANTONE 288C 색상을 사용하며, 4원색으로 인쇄할 경우에는 C:100%, M:80%, Y:0%, K:30%로 인쇄한다. ⑤ 특수한 효과를 위하여 금색과 은색을 사용할 수 있으며 색상을 사용할 수 없는 경우는 검은색을 사용할 수 있다. 별색으로 인쇄할 경우에는 주어진 색상별 PANTONE 색상을 사용할 수 있다. ⑥ 표시를 하는 경우에 인체에 상해를 줄 우려가 있는 재질이나 표면이 거친 재질을 사용해서는 아니 된다.
안전인증대상 기계 등이 아닌 유해·위험기계 등의 안전인증의 표시 및 표시방법	S	① 표시의 크기는 대상기계 등의 크기에 따라 조정할 수 있다. ② 표시의 표상을 명백히 하기 위하여 필요한 때에는 표시 주위에 표시사항을 국·영문 등의 글자로 덧붙여 적을 수 있다. ③ 표시는 대상기계 등이나 이를 담은 용기 또는 포장지의 적당한 곳에 붙이거나 인쇄 또는 새기는 등의 방법으로 표시하여야 한다. ④ 표시의 색상은 테와 문자를 청색, 그 밖의 부분을 백색으로 표현하는 것을 원칙으로 하되, 안전인증표시의 바탕색 등을 고려하여 테와 문자를 흰색, 그 밖의 부분을 청색으로 할 수 있다. 이 경우 청색의 색도는 7.5PB 2.5/7.5로, 백색의 색도는 N9.5로 한다. ⑤ 표시를 하는 경우에 인체에 상해를 줄 우려가 있는 재질이나 표면이 거친 재질을 사용해서는 아니 된다.

(2) 안전인증 및 자율안전 확인 제품의 표시내용(방법)

1 안전인증 제품 표시방법 20. 6. 7 ⑦ 22. 3. 5 ⑦

① 형식 또는 모델명
② 규격 또는 등급 등
③ 제조자명
④ 제조번호 및 제조연월
⑤ 안전인증 번호

2 자율안전 확인 제품 표시방법 22. 4. 24 ㉮ 23. 6. 4 ㉮
① 형식 또는 모델명
② 규격 또는 등급 등
③ 제조자명
④ 제조번호 및 제조연월
⑤ 자율안전 확인 번호

6. 안전진단 및 안전검사

(1) 안전진단(安全診斷 : safety inspection)

재해의 잠재적 위험성, 안전관리상의 문제점을 발견해 산업재해방지에 도움이 되게 하는 것을 목적으로 실시하는 것을 말한다. 안전진단은 대별해서 외부 전문가가 실시하는 것과, 작업장 내부 사람이 실시하는 경우가 있지만, 외부 전문가가 실시하는 경우에는 객관적이며 표준적인 진단결과를 얻을 수 있는 이점(利點)이 있으며, 사업장 내부의 사람은 작업이나 설비를 잘 알고 있기 때문에 보다 상세한 진단이 추진된다는 등의 이점이 있다. 또 사망재해 등의 중대재해가 발생한 사업장에서, 스스로 정확한 재발방지대책을 수립하기가 곤란한 중소기업 사업장 등에 대해서는 국가가 비용을 부담하여 안전진단을 실시하는 산업재해방지 특별안전진단사업도 실시하고 있다. 결국 안전진단은 안전관련 물적, 인적인 잠재 위험성을 발견하고 이에 대한 개선대책을 수립하는 것이 목적이지만, 객관적이고 표준적인 안전진단이 필요하다.

1 안전진단의 종류
① 종합진단 ② 안전진단 ③ 보건진단

2 안전진단 결과보고서에 포함 사항
① 산업재해 또는 사고의 발생원인 ② 작업조건·작업방법에 대한 평가 등

3 법적기준
① 산업안전보건법 제47조(안전보건진단) : 고용노동부장관은 추락·붕괴, 화재·폭발, 유해하거나 위험한 물질의 누출 등 산업재해 발생의 위험이 현저히 높은 사업장의 사업주에게 제48조에 따라 지정받은 기관(이하 "안전보건진단기관"이라 한다)이 실시하는 안전보건진단을 받을 것을 명할 수 있다.
② 산업안전보건법 시행령 제46조(안전보건진단의 종류 및 내용) : 법 제47조제1항에 따른 안전보건진단(이하 "안전보건진단"이라 한다)의 종류 및 내용은 별표 14와 같다.

합격예측

작업표준의 목적 10. 9. 5 ㉮
① 위험요인의 제거
② 손실요인의 제거
③ 작업의 효율화

작업표준의 구비조건
　　　　　　19. 4. 27 ㉮
① 작업의 실정에 적합할 것
② 표현은 구체적으로 할 것
③ 좋은 작업의 표준일 것
④ 생산성과 품질의 특성에 적합할 것
⑤ 이상시의 조치기준에 대해 정해 둘 것
⑥ 다른 규정 등에 위배되지 않을 것

합격예측

시업검사란
설비의 안전상태를 항상 유지 확보하기 위하여 설비의 가동 전에 실시하는 안전점검

안전점검대상
① 전반적인 문제 : 안전관리 조직체, 안전활동, 안전교육, 안전점검제도 및 실시 상황 등
② 설비에 관한 문제 : 작업환경, 안전장치, 보호구, 정리정돈, 위험물 방화관리, 운반설비 등

특별점검시기
① 기계·기구·설비의 신설시·변경 내지 고장 수리시 실시하는 점검
② 천재지변 발생 후 실시하는 점검
③ 안전강조기간 내에 실시하는 점검

보충학습

혼합기
액체, 고체 및 고점도 물질 등 각종 물질을 혼합하여 혼합물의 균질성을 도모하는기계

[그림] 혼합기

분쇄기 또는 파쇄기
절단 도구가 달린 한 개 이상의 회전축 또는 풀런저의 왕복운동에 의한 충격력을 이용하여 암석이나 금속 또는 플라스틱 등의 물질을 필요한 크기의 작은 덩어리 또는 분체로 부수는 기계

[그림] 분쇄·파쇄기

(2) 안전검사

> 산업안전보건법 제93조에서는 검사 주기를 지정하여 위험 기계 및 기구의 소유자가 안전검사를 받도록 하고 있다. 사업장에서 사용하는 위험 기계, 기구 및 설비는 시간이 지남에 따라 노후화, 파손 또는 훼손 등으로 정상 작동하지 않을 수 있으므로 검사를 통해 이상 여부를 확인하는 것

1 안전검사 대상 기계의 종류

① 프레스
② 전단기
③ 크레인(정격하중 2[t] 미만인 것은 제외한다)
④ 리프트
⑤ 압력용기
⑥ 곤돌라
⑦ 국소배기장치(이동식은 제외한다.)
⑧ 원심기(산업용만 해당한다.)
⑨ 롤러기(밀폐형 구조는 제외한다.)
⑩ 사출성형기[형체결력 294[KN](킬로뉴튼)미만은 제외한다.]
⑪ 고소작업대[「자동차관리법」에 따른 화물자동차 또는 특수자동차에 탑재한 고소작업대(高所作業臺)로 한정한다.]
⑫ 컨베이어
⑬ 산업용 로봇
⑭ 혼합기 ┐ 시행일 2026. 6. 26
⑮ 파쇄기 또는 분쇄기 ┘

2 사용금지 기계의 종류
① 안전검사를 받지 아니한 기계 등
② 안전검사에 불합격한 기계 등

[표] 안전검사의 주기

구 분	검 사 주 기
크레인(이동식 크레인은 제외한다), 리프트(이삿짐운반용 리프트는 제외한다) 및 곤돌라	사업장에서 설치가 끝난 날부터 3년 이내에 최초 안전검사를 실시하되, 그 이후부터 매 2년(건설현장에서 사용하는 것은 최초로 설치한 날부터 매 6개월마다)
이동식 크레인, 이삿짐 운반용리프트 및 고소작업대	'자동차관리법' 제8조에 따른 신규등록 이후 3년 이내에 최초 안전검사를 실시하되, 그 이후부터 2년마다
프레스, 전단기, 압력용기, 국소 배기장치, 원심기, 롤러기, 사출성형기, 컨베이어 및 산업용 로봇, 혼합기, 파쇄기 또는 분쇄기	사업장에 설치가 끝난 날부터 3년 이내에 최초 안전검사를 실시하되, 그 이후부터 2년마다(공정안전보고서를 제출하여 확인을 받은 압력용기는 4년마다)

(3) 자율검사 프로그램에 따른 안전검사

1 절차 18.3.4 기

사업주(관리주체)가 근로자 대표와 협의 → 검사방법, 주기 등을 충족하는 검사 프로그램 → 안전에 관한 성능검사 → 안전검사 받은 것으로 인정

2 자율안전프로그램의 인정 요건 15.8.16 기
① 검사원을 고용하고 있을 것
② 고용노동부장관이 정하여 고시하는 바에 따라 검사를 할 수 있는 장비를 갖추고 이를 유지·관리할 수 있을 것
③ 안전검사 주기에 따른 검사주기의 2분의 1에 해당하는 주기(크레인 중 건설현장에서 사용하는 크레인의 경우에는 6개월)마다 검사를 실시할 것
④ 자율검사프로그램의 검사기준이 안전검사기준을 충족할 것

3 유효기간 : 2년

(4) 자율검사프로그램 인정의 취소 등(산업안전보건법 제99조)
① 거짓이나 그 밖의 부정한 방법으로 자율검사프로그램을 인정받은 경우(인정의 취소)
② 자율검사프로그램을 인정받고도 검사를 하지 않은 경우
③ 인정받은 자율검사프로그램의 내용에 따라 검사를 하지 않은 경우
④ 검사원의 자격이 있는 사람 또는 자율안전검사기관이 검사를 하지 않은 경우

(5) 자율안전검사기관의 지정 취소 등의 사유(산업안전보건법 시행령 제82조)
① 검사 관련 서류를 거짓으로 작성한 경우
② 정당한 사유 없이 검사업무의 수탁을 거부한 경우
③ 검사업무를 하지 않고 위탁 수수료를 받은 경우
④ 검사 항목을 생략하거나 검사방법을 준수하지 않은 경우
⑤ 검사 결과의 판정기준을 준수하지 않거나 검사 결과에 따른 안전조치 의견을 제시하지 않은 경우

주요항목 02 - 기계분야 산업재해 조사
출제예상문제

출제예상문제는 복습, 예습문제로 엮었습니다. *WHY : 실제시험에도 순서에 관계없이 출제됩니다. 예습 후 다음장에 공부한 문제가 있으면 기억이 배가 됩니다.

---

01 ★★★ 다음 중 재해조사시 유의사항이 아닌 것은?

① 조사자는 주관적이고 공정한 입장을 취한다.
② 조사 목적에 무관한 조사는 피한다.
③ 조사는 현장이 변경되기 전에 실시한다.
④ 목격자나 현장 책임자의 진술을 듣는다.

해설

재해조사시 유의사항
① 재해조사는 객관적이고 공정해야 한다.
② 반드시 1조가 2명 이상이어야 한다.

◎ 여러분도 혼자하면 안 되는 것이 없지요. 그러나 자격시험은 절대평가입니다.

---

02 ★★★ H건설의 2015년도 도수율이 10.05이고, 강도율이 2.21일 때 이 건설회사에 근무하는 근로자가 입사부터 정년까지 경험하는 재해는 몇 건이며 근로손실일수는 얼마인가?

① 재해건수 : 0.11건, 근로손실일수 : 221일
② 재해건수 : 110건, 근로손실일수 : 220일
③ 재해건수 : 1.01건, 근로손실일수 : 220일
④ 재해건수 : 1.01건, 근로손실일수 : 221일

해설

환산도수율 및 강도율
① 환산도수율 = $\dfrac{도수율}{10}$ = $\dfrac{10.05}{10}$ = 1.005 = 1.01건
② 환산강도율 = 100 × 강도율 = 100 × 2.21 = 221일

◎ 인간의 평생작업시간은 10만 시간을 기준으로 계산한 값이다.

---

03 ★★★★★ 하인리히는 안전대책으로 3E를 주장하였다. 그러나 현재는 단순한 3E만 가지고는 되지 않는다고 한다. 즉 Education, Engineering, Enforcement와 더불어 한 가지를 더 고른다면 다음 중 무엇인가?

① Man
② Machine
③ Media
④ Management

해설

4S 및 3M
① 4S = Standardization + Specification + Simplification + Synthesization
② 3E + 1M = Education + Engineering + Enforcement + Media

---

04 ★★ 재해손실비 중 간접비에 해당되지 않는 것은?

① 생산손실
② 시설물자손실
③ 시간손실
④ 유족보상비

해설

직접비의 종류
① 유족보상비
② 치료비
③ 휴업비
④ 장애보상
⑤ 장례비

[정답] 01 ① 02 ④ 03 ③ 04 ④

05 ★ 재해원인을 조사하는 것은 첫째 사실의 파악, 재발방지에 그 목적이 있는 것이므로 조사를 위한 조사가 아니라 조사 결과에 다음 중 어느 것에 있어서만 할 것인가?

① 습관성   ② 진실성
③ 추측성   ④ 기밀성

해설

재해조사
① 모든 조사는 진실이 있어야 한다.
② 재해조사는 어떠한 추측이 있어서는 안 된다.

06 ★★ 다음 중 재해원인 분류 중 직접 원인에 해당되지 않는 것은?

① 물적 원인   ② 1차 원인
③ 인적 원인   ④ 기초 원인

해설

직접 원인
① 간접 원인 : 기초 원인(2차 원인)은 간접 원인으로 기본적인 것이다.
② 직접 원인 : 물적, 인적, 1차 원인

07 ★★★ 재해코스트를 산출하는 방식이다. 틀린 것은?

① 직접비와 간접비는 1 : 4로 계산한다.
② 직접비와 간접비를 모두 합한 수치이다.
③ 장애등급별×산재보험률×휴업상해건수+무상해건수
④ 보험코스트+비보험코스트이다.

해설

재해코스트 산출방식
(1) 하인리히 방식
　① 직접비 : 간접비 = 1 : 4
　② 총재해 코스트 : 직접비+간접비 = 직접비×5
(2) 시몬즈 방식 = 보험코스트+비보험코스트

08 ★★★★★ 다음 중 재해발생시 긴급처리 내용이 아닌 것은?

① 현장보존   ② 2차 재해방지
③ 사상자 보고   ④ 응급조치

해설

재해발생 조치사항

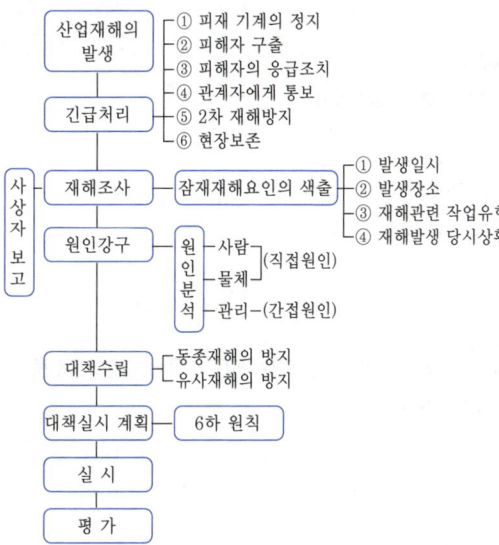

09 ★★★ 다음 재해코스트 산출에서 직접비에 해당되지 않는 것은?

① 장례비 및 치료비
② 요양비 및 휴업보상비
③ 기계·기구 손실 수리비 및 손실 시간비
④ 장애보상비

해설

직접비
(1) 직접비(direct cost)
　① 치료비와 휴업보상비
　② 장애보상비
　③ 유족보상비
　④ 장례비
　⑤ 재해보상비
(2) 기계·기구 손실비는 간접비에 속한다.

[정답]   05 ②   06 ④   07 ③   08 ③   09 ③

10 A회사에서는 전자제품 조립라인에서 4개월 이상 병원에 입원하여 치료를 받아야 될 부상자가 3명이 발생하였다. 다음 중 고용노동부 지방관서의 장에게 지체없이 보고해야 될 사항이 아닌 것은?

① 사고유발자 개요   ② 재해자 개요
③ 입원중인 병원명   ④ 원인 및 결과

해설

산업재해 보고사항 3가지
① 발생개요 및 피해 상황
② 조치 및 전망
③ 그 밖의 중요한 사항

참고 산업안전보건법 시행규칙 제4조(산업재해발생보고)

11 재해 통계를 작성하는 필요성을 설명한 내용 중 옳지 않은 것은?

① 설비상의 결함요인을 개선 시정시키는 데 활용한다.
② 재해의 구성요소를 알고 분포상태를 알아 대책을 세우기 위함이다.
③ 근로자의 행동결함을 발견하여 안전 재교육 훈련 자료로 활용한다.
④ 관리 책임소재를 밝혀 관리자의 인책 자료로 삼는다.

해설

재해통계
① 재해 통계의 목적은 유사재해 및 동종재해 재발방지이다.
② 인책자료로 삼는 것이 아니며 고용노동부장관과 검찰총장이 합의사항으로 어떤 경우라도 안전관리자를 처벌하지 않는다고 약속하였다.

12 다음 각종 손실비 항목 중 정부 보상 항목이 아닌 것은?

① 통신비   ② 유족보상비
③ 휴업보상비   ④ 장의비

해설

재해손실비
(1) 정부 보상비(법령으로 정한 산재보상비 = 직접비)
   ① 휴업보상비   ② 장애보상비
   ③ 요양보상비   ④ 장의비
   ⑤ 유족보상비
(2) 통신비는 간접비에 속한다.

13 노동손실일수 산출근거에 있어서 노동손실년수는 몇 년으로 하는가?

① 20년   ② 25년
③ 10년   ④ 15년

해설

노동손실년수
사망에 의한 근로손실일수 : 7,500일
① 사망자의 평균 연령 : 30세
② 근로 가능 연령 : 55세
③ 근로손실년수 : 근로 가능 연령 – 사망자의 평균 연령
   = 55 – 30 = 25년

14 재해손실비 중 간접비에 해당되지 않는 것은?

① 생산손실   ② 시설물자손실
③ 유족보상비   ④ 시간손실

해설

③ 직접손실비(휴업보상, 장애보상, 장의비) 등
▶ 직·간접비 문제는 이번 시험에도 출제됩니다.

15 산업재해의 원인으로 간접적 원인에 해당되지 않는 것은?

① 기술적 원인   ② 물적 원인
③ 정신적 원인   ④ 교육적 원인

해설

간접원인
(1) 직접 원인 : 물적 원인
(2) 재해의 간접 원인
   ① 기술적 원인
   ② 교육적 원인
   ③ 정신적 원인
   ④ 신체적 원인
   ⑤ 관리적 원인

[정답] 10 ③   11 ④   12 ①   13 ②   14 ③   15 ②

16 재해조사의 목적을 가장 적절하게 설명한 것은?

① 책임소재를 규명하기 위하여
② 직접적인 사고원인을 찾아내기 위하여
③ 동종 재해사고 방지를 위하여
④ 발생빈도가 많은 사고를 찾아내기 위하여

해설
재해조사 목적은 동종재해 및 유사재해의 재발 방지이다.

17 공장의 근로자가 180명이고 6건의 재해가 발생했다면 도수율은 얼마인가? (단, 하루 8시간, 300일 근무)

① 89   ② 13.89
③ 43.69   ④ 12.79

해설
도수율(빈도율) = $\dfrac{\text{재해건수}}{\text{연근로시간수}} \times 10^6$

= $\dfrac{6}{180 \times 8 \times 300} \times 10^6$

= 13.888 ≒ 13.89

18 종업원 500명이 근무하는 공장의 재해 강도율이 0.80이었다. 이 공장에서 연간 재해발생으로 인한 손실일수는 며칠인가?

① 480일   ② 720일
③ 960일   ④ 1,440일

해설
$0.8 = \dfrac{X}{500 \times 2,400} \times 1,000$ ∴ X = 960

19 A현장의 "2024년도 재해건수는 24건, 의사진단에 의한 휴업 총일수는 3600일이었다"의 도수율과 강도율을 각각 구하면? (단, 평균 근로자는 500명임)

구분	도수율	강도율
①	20.00	2.50
②	2.0	0.25
③	20.00	3.40
④	2.0	0.34

해설
재해율계산

① 도수율 = $\dfrac{\text{재해건수}}{\text{연근로시간수}} \times 10^6 = \dfrac{24}{500 \times 2,400} \times 10^6 = 20.00$

② 강도율 = $\dfrac{\text{총요양 근로손실일수}}{\text{연근로시간수}} \times 1,000$

= $\dfrac{3,600 \times \dfrac{300}{365}}{500 \times 2,400} \times 1,000 = 2.50$

③ 근로손실일수 = 휴업일수 × $\dfrac{300}{365}$

20 재해발생시 조치할 사항을 옳게 연결한 것은?

① 재해조사 – 원인분석 – 대책수립 – 응급조치(긴급조치)
② 긴급조치 – 재해조사 – 원인분석 – 대책수립
③ 대책수립 – 원인분석 – 긴급조치 – 재해조사
④ 재해조사 – 대책수립 – 원인분석 – 긴급조치

해설
재해발생 조치순서 7단계
① 제1단계 : 긴급조치
② 제2단계 : 재해조사
③ 제3단계 : 원인분석
④ 제4단계 : 대책수립
⑤ 제5단계 : 대책실시계획
⑥ 제6단계 : 실시
⑦ 제7단계 : 평가

[정답] 16 ③ 17 ② 18 ③ 19 ① 20 ②

21 ★★ 재해분류방법에는 크게 4가지로 분류하고 있는데 다음 중 해당이 안 되는 것은?

① 통계적 분류
② 상해 종류에 의한 분류
③ 관리적 분류
④ 재해 형태별 분류

해설

재해분류방법
① 통계적 분류
② 개별적 분류
③ 상해 종류별 분류
④ 재해 형태별 분류

22 ★ 어떤 사업장의 종합 재해지수가 16.95이고 도수율이 20.83이라면 강도율은 얼마인가?

① 20.45 ② 21.92
③ 13.79 ④ 12.54

해설

종합재해지수
① 목적 : 안전기준의 성적을 정하는 것이다.
② 공식(FSI) : $\sqrt{FR \times SR} = \sqrt{20.83 \times SR} = 16.95$

보충학습

$SR = \dfrac{(16.95)^2}{20.83} = 13.79$

23 ★★ 다음 중 경상사고가 58건 발생하였다면 무상해 사고는 몇 건 발생하는가?

① 200건 ② 300건
③ 580건 ④ 600건

해설

하인리히의 1 : 29 : 300의 법칙
① 1건 : 중상 또는 사망(0.3[%])
② 29건 : 경상해(물적, 인적 포함 : 8.8[%])
③ 300건 : 무상해 사고(90.9[%])
$29 \times 2 = 58$ ∴ $300 \times 2 = 600$건

24 ★★★★★ 80명의 근로자가 공장에서 1일 8시간, 연간 300일을 작업하여 연간 근로시간수는 192,000시간이었다. 이 기간 동안에 5명의 부상자를 냈을 때 도수율은 얼마가 되겠는가?

① 37.8 ② 16.0
③ 26.0 ④ 16.5

해설

도수율(빈도율) = $\dfrac{재해건수}{연근로시간수} \times 10^6$
= $\dfrac{5}{192,000} \times 10^6 = 26.04 = 26$

25 ★ 도수율이 4이고 연근로 시간이 12,000,000시간이라면 몇 건의 재해가 발생하였는가?

① 4.8 ② 48
③ 480 ④ 0.48

해설

도수율 = $\dfrac{재해건수}{연근로시간수} \times 10^6$
$4 = \dfrac{x}{12,000,000} \times 10^6$
∴ $x = 48$

26 ★ 400명 근로자가 있는 공장에서 휴업일수 127일인 1건의 산업재해가 발생하였다. 강도율은 얼마인가?(단, 1일 8시간, 연 300일 근무)

① 0.01 ② 0.1
③ 1.0 ④ 0.001

해설

강도율 = $\dfrac{총요양근로손실일수}{연근로시간수} \times 1,000$
= $\dfrac{127 \times \dfrac{300}{365}}{400 \times 8 \times 300} \times 1,000 = 0.1$

[정답] 21 ③ 22 ③ 23 ④ 24 ③ 25 ② 26 ②

27 재해사례연구 순서를 나열한 것이다. 맞는 순서는?

① 현상파악 – 사실확인 – 문제점 발견 – 대책수립
② 사실확인 – 현장파악 – 대책수립 – 문제점 발견
③ 문제점 발견 – 사실확인 – 현상파악 – 대책수립
④ 사실확인 – 문제점 발견 – 현상파악 – 대책수립

해설

재해사례연구 순서

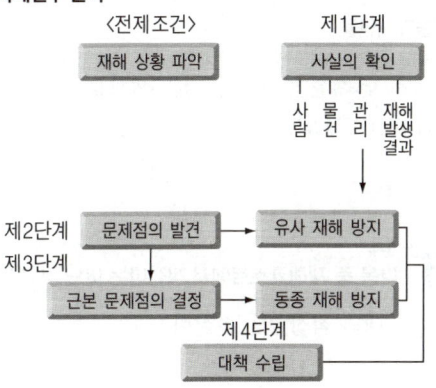

28 재해사례연구 설명 중 틀린 것은? 19. 3. 3 산

① 주관적이며 정확성이 있어야 한다.
② 신뢰성이 있어야 한다.
③ 논리적인 분석이 되어야 한다.
④ 과학적이며 객관성이 있어야 한다.

해설

재해사례 연구시 유의점
① 재해사례는 객관성이 있어야 한다.
② 신뢰성이 있어야 한다.
③ 논리적 분석이 가능해야 한다.
④ 과학적이어야 한다.

29 산업재해조사 목적에 해당되지 않는 것은?

① 동종재해 재발방지
② 원인규명
③ 예방 자료 수집
④ 라인 책임자 처벌

해설

산업재해조사 목적
① 동종재해 및 유사재해 재발방지
② 재해원인 규명
③ 예방자료 수집으로 예방대책

30 근로자 2,000명이 1년간 300일(1일 8시간) 작업하는데 1명 사망자와 의사진단에 의한 휴업일수 60일의 손실을 가져왔다. 강도율은 얼마인가?

① 1.84   ② 11
③ 1.29   ④ 1.57

해설

$$강도율 = \frac{총요양근로손실일수}{연근로시간수} \times 1,000$$

$$= \frac{7,500 + (60 \times \frac{300}{365})}{2,000 \times 300 \times 8} \times 1,000 = 1.57$$

31 상시 500명의 근로자를 두고 있는 사업장에서 1년간 25건의 재해가 발생하였다. 도수율은 얼마인가?

① 10.62   ② 15.43
③ 20.83   ④ 30.25

해설

$$도수율(빈도율) = \frac{재해건수}{연근로시간수} \times 10^6$$

$$= \frac{25}{500 \times 2,400} \times 10^6 = 20.833 = 20.83$$

[정답] 27 ① 28 ① 29 ④ 30 ④ 31 ③

32. 연평균 200명의 근로자가 작업하는 사업장에서 연간 3건의 재해가 발생하여 사망 1명, 30일 가료 1명, 나머지 1명은 20일간 요양하였다. 강도율은?

① 15.61
② 15.71
③ 17.61
④ 17.71

해설

$$강도율 = \frac{총요양근로손실일수}{연근로시간수} \times 1{,}000 = 15.71$$

33. 산업재해조사 항목 중 관리적 원인이 아닌 것은?

① 기술적 원인
② 교육적 원인
③ 작업 관리상 원인
④ 작업 환경의 결함

해설

④는 물적 원인 : 불안전한 상태

참고 결함이라는 말은 직접 원인이다.

34. 다음 중 재해의 간접 원인 중 3E에 속하는 것은?

① Elimination
② Environment
③ Excitement
④ Enforcement

해설

3E · 3S · 5C
① 3E : 교육(Education), 기술(Engineering), 독려(Enforcement)
② 3S : 표준화(standardization), 단순화(Simplification), 전문화(Specialization)
③ 5C : 복장단정(Correctness), 정리정돈(Clearance), 청소청결(Cleaning), 점검확인(Checking), 전심전력(Concentration)

35. 근로자가 작업대에서 작업 중 지면에 떨어져 상해를 입었다. 기인물과 가해물이 맞게 표기된 것은 어느 것인가?

① 기인물-지면, 가해물-작업대
② 기인물-작업대, 가해물-지면
③ 기인물-지면, 가해물-지면
④ 기인물-작업대, 가해물-작업대

해설

가해물과 기인물
① 가해물 : 직접 상해의 원인이 된 기계나 물체를 말한다.
② 기인물 : 재해의 원인이 된 물체나 물건을 말한다.

◎ 실기 시험에도 잘 출제됩니다.

36. 다음 중 재해코스트에서 직접비는 어느 것인가?

① 회사 내의 직접적인 손실비
② 보험에서 지급되는 비용
③ 재해자의 재해발생시 인건비
④ 행정손실에 따른 발생 비용

해설

직접비
재해로 인해 받게 되는 산재보상금 즉, 법령(보험)으로 지급되는 산재보상비

37. 다음 중 사업장에서 발생하는 재해손실에서 1 : 4의 원칙에 맞는 것은?

① 보험지급비와 피보험 손실비율
② 치료비와 자체 재해 보상비율
③ 직접손실과 간접손실비율
④ 휴업급여와 손해배상비율

해설

재해손실비
직접비 : 간접비 = 1 : 4

참고 1 : 4는 하인리히의 재해코스트 방식이다.

[정답] 32 ② 33 ④ 34 ④ 35 ② 36 ② 37 ③

38 재해사례연구 순서를 나열한 것이다. 맞는 순서는?

① 현상파악 – 사실확인 – 문제점 발견 – 대책수립
② 사실확인 – 현상파악 – 대책수립 – 문제점 발견
③ 문제점 발견 – 사실확인 – 현상파악 – 대책수립
④ 사실확인 – 문제점 발견 – 현상파악 – 대책수립

해설

재해사례연구 순서
현상파악 → 사실확인 → 문제점 발견 → 근본적 문제점 결정 → 대책수립

39 하인리히가 사고원인의 분류에서 부원인(副原因 : subcause)으로 분류한 것은 다음 중 무엇인가?

① 가드의 미비   ② 위험한 배열
③ 불안전한 공정 ④ 이기적인 불협조

해설

재해원인
(1) 하인리히의 부원인 : 간접 원인
  ① 부적절한 태도
  ② 지식 또는 기능의 결여
  ③ 신체적인 부적격
(2) ①, ②, ③ : 직접 원인

40 다음은 재해발생 연쇄과정을 설명한 것이다. 옳게 설명한 것은?

① 재해 – 직접원인 – 간접원인 – 사고
② 사고 – 재해 – 간접원인 – 직접원인
③ 간접원인 – 직접원인 – 사고 – 재해
④ 직접원인 – 재해 – 간접원인 – 사고

해설

재해발생 연쇄과정
(1) 하인리히의 재해발생 5단계
  ① 제1단계 : 사회적 선천적 결함
  ② 제2단계 : 개인적 결함
  ③ 제3단계 : 불안전한 행동 및 상태
  ④ 제4단계 : 사고
  ⑤ 제5단계 : 재해
(2) 위의 ①·② : 간접원인, ③ : 직접원인

41 재해가 일어났을 때에는 피해자 및 주위의 사람들에 의해서 생산 감소를 일으키는 노동시간의 손실을 수반하게 되는데 이것은 재해손실비상으로는 다음 어느 것에 속하는가?

① 물적 손실   ② 인적 손실
③ 품질 손실   ④ 생산 손실

해설

생산손실
① 산업재해는 물적 손실과 인적 손실로 분류
② 노동시간과 생산감소는 생산 손실의 설명이다.

42 산업재해에 의한 직접 손실이 연간 1,000억원이었다면 이 해의 산업재해에 의한 총손실 비용은 얼마인가?

① 3,000억원   ② 4,000억원
③ 5,000억원   ④ 6,000억원

해설

총손실비용 = 직접비 + 간접비
       = 1,000억원 + 4,000억원 = 5,000억원

43 근로자 500명인 A공장에서 1일 8시간씩 연간 300일을 작업하는 동안 1일 이상의 재해자가 36건이 발생하였다면 도수율은?

① 10   ② 20
③ 30   ④ 40

해설

$$도수율(빈도율) = \frac{재해건수}{연근로시간수} \times 10^6$$
$$= \frac{36}{500 \times 8 \times 300} \times 10^6$$
$$= 30$$

[정답] 38 ① 39 ④ 40 ③ 41 ④ 42 ③ 43 ③

44. 사고방지의 3E 정책이 아닌 것은?

① Election
② Engineering
③ Education
④ Enforcement

해설
3E는 ②, ③, ④뿐이다.

45. 재해비용(코스트)에 대한 설명이 잘못된 것은?

① 재해코스트는 직접비와 간접비의 합이다.
② 재해코스트에 있어 직접비는 간접비보다 크다.
③ 임금에 대한 손실은 간접비에 해당된다.
④ 직접비 계산은 쉬우나 정확한 간접비 계산은 어렵다.

해설
재해코스트
① 재해코스트 중 직접비는 (1)이고, 간접비는 (4)이다.
② 직접비는 간접비보다 작다.

46. 재해예방대책은 5단계 과정을 거쳐서 계획을 수립하게 된다. 이때 제4단계에 맞지 않는 것은?

① 기술적인 개선안
② 작업배치의 조정
③ 교육훈련의 개선
④ 작업분석

해설
작업분석은 제2단계(사실의 발견)에 포함된다.

47. 재해통계에서 강도율 2.0이란?

① 한 건의 재해강도 2.0[%]의 작업손실
② 근로자 1,000명당 2.0건의 재해 발생
③ 1,000시간 중 발생 재해가 2.0건
④ 한 건의 재해가 1,000시간 작업시 2.0일의 근로손실

해설
재해통계
① 강도율 = $\dfrac{\text{총요양근로손실일수}}{\text{연근로시간수}} \times 1,000$
② 강도율은 재해의 강약을 의미한다.

48. 강도율 2.5의 뜻으로 옳은 것은?

① 1,000시간 작업시 2.5건의 재해발생건수
② 1,000시간 작업시 2.5일의 근로손실
③ 1,000,000시간 작업시 2.5건의 재해발생건수
④ 근로자 1,000명당 2.5의 작업손실

해설
③은 도수율의 설명이다.

49. 다음 재해코스트 산출에서 직접비에 해당되지 않는 것은?

① 장례비 및 치료비
② 요양비 및 휴업보상비
③ 기계·기구 손실 수리비 및 손실 시간비
④ 장애보상비

해설
기계·기구 및 손실, 시간 등은 간접 손실비이다.

50. 재해손실비용 계산법 중 하인리히법에서 직접 손비 중의 정부보상에 해당되지 않는 사항은?

① 의료보상비
② 장애보상비
③ 요양비
④ 일시보상비

해설
일시보상비는 정부보상에서 제외된다.

[정답] 44 ① 45 ② 46 ④ 47 ④ 48 ② 49 ③ 50 ④

51 상시근로자를 400명 채용하고 있는 사업장에서 주당 48시간, 1년간 50주 동안 작업하였을 때 재해가 180건 발생했다. 이에 따른 근로손실일수가 780일이었다. 강도율은 얼마인가?

① 0.45
② 0.75
③ 0.81
④ 1.81

해설

강도율 = $\dfrac{\text{총요양근로손실일수}}{\text{연근로시간수}} \times 1{,}000$

= $\dfrac{780}{400 \times 48 \times 50} \times 1{,}000 = 0.81$

52 시몬즈(Simonds)의 재해손실비용 산정 방식 중 재해 구분에서 제외되는 것은?

① 영구 전노동불능 상해
② 영구 부분노동불능 상해
③ 일시 전노동불능 상해
④ 일시 부분노동불능 상해

해설

시몬즈의 재해사고 분류
(1) 휴업상해
　① 영구 일부노동불능
　② 일시 전노동불능
(2) 통원상해
　① 일시 부분노동불능
　② 의사조치를 필요로 하는 통원상해
(3) 응급조치
　① 응급조치
　② 20$ 미만의 손실, 8시간 미만의 휴업
(4) 무상해 사고
　① 20$ 이상 재산 손실
　② 8시간 이상 시간 손실

53 재해방지대책의 3E가 아닌 것은?

① 기술(Engineering)
② 환경(Environment)
③ 교육(Education)
④ 관리(Enforcement)

해설

3E와 4E
① 3E = ①+③+④
② 4E = ①+②+③+④

54 재해도수율이란 무엇을 나타내는가?

① 재해의 질
② 재해의 크기
③ 재해의 양
④ 재해의 비율

해설

도수율(빈도율) = $\dfrac{\text{재해건수}}{\text{연근로시간수}} \times 10^6$

55 400명의 근로자가 근무하고 있는 공장에서 4건의 재해가 발생했다. 도수율은 얼마인가?

① 1.16
② 2.16
③ 3.16
④ 4.16

해설

도수율 = $\dfrac{\text{요양재해건수}}{\text{연근로시간수}} \times 10^6$

= $\dfrac{4}{400 \times 2{,}400} \times 10^6 = 4.17$

56 다음 중 도수율이 10.0인 어느 사업장에서 작업자가 평생동안 작업을 한다면 몇 건의 재해를 당하겠는가?(단, 1인의 평생 근로시간은 100,000시간으로 한다.)

① 1.0건
② 2.0건
③ 10.0건
④ 20.0건

해설

환산도수율

환산도수율 = $\dfrac{100{,}000\text{시간}}{1{,}000{,}000\text{시간}} \times$ 도수율

= $\dfrac{\text{도수율}}{10} = \dfrac{10}{10} = 1$건

[정답] 51 ③　52 ①　53 ②　54 ③　55 ④　56 ①

57 근로자 200명이 근무하는 어느 사업장에 1년에 9건의 사상자가 발생하였다고 한다. 천인율은?

① 40.4　　　② 45
③ 50.8　　　④ 55

해설

천인율 = $\dfrac{\text{재해자수}}{\text{평균근로자수}} \times 1{,}000$

= $\dfrac{9}{200} \times 1{,}000 = 45$

58 천인율이 80이라 함은 평균근로자수가 100명이 되는 사업장에서 1년 동안에 몇 명의 상해자가 발생되었다는 뜻인가?

① 4명　　　② 8명
③ 40명　　　④ 80명

해설

천인율
① 천인율이란 연간 평균 1,000명당 재해자수를 나타내는 통계
② $\dfrac{\text{재해자수}}{\text{평균 근로자수}} \times 1{,}000$
③ 천인율이 80이라는 것은 1,000명당 재해자수가 80이라는 뜻이다.
④ 100명 작업시는 8명의 재해자가 발생된다.

59 다음은 재해사례연구를 행하면서 유의해야 할 사항을 나열하였다. 틀린 사항은?

① 과학적이며 객관성 있는 사례연구가 되어야 한다.
② 주관적이며 독단적으로 판단된 정확성이 있어야 한다.
③ 신뢰성이 있는 자료수집이 있어야 한다.
④ 현장 사실을 분석하여 논리적이어야 한다.

해설

재해사례
① 재해사례연구는 객관적이어야 한다.
② 재해조사는 반드시 2인 이상이 실시한다.

60 다음 재해코스트 중 직접 손실액에서 제외되는 것은?

① 휴양보상비　　　② 유족보상비
③ 각종 위로보상금　　　④ 장애보상비

해설

하인리히(H. W. Heinrich)의 방식
(1) 총재해코스트 = 직접비 + 간접비(직접비의 4배)
(2) 직접비 : 간접비 = 1 : 4
(3) 직접비(재해로 인해 받게 되는 산재보상금) = (즉 법령으로 지급되는 산재보상비)
　① 휴업급여
　② 장애급여 : 1급~14급(산재장애 등급)
　③ 요양급여 : 병원에 지급
　④ 유족급여
　⑤ 장의비
　⑥ 유족특별급여
　⑦ 장애특별급여

61 제조업에서 500명의 근로자가 1주일에 41시간씩 연간 50주를 근로하는데 1년에 36건의 재해가 발생하였다. 이 기업체에서 도수율은?(단, 근로자들이 질병 등으로 인하여 연근로시간 중 3[%] 결근)

① 21.21　　　② 25.21
③ 36.21　　　④ 41.21

해설

도수율 계산

도수율 = $\dfrac{\text{재해건수}}{\text{연근로시간수}} \times 10^6$

= $\dfrac{36}{500 \times 41 \times 50 \times 0.97} \times 10^6 = 36.2$

62 재해조사에 있어서 다음 중 관리적 원인이 아닌 것은 무엇인가?

① 안전수칙의 오해
② 생산방법의 부적당
③ 구조 재료의 부적합
④ 복장·보호구의 잘못 사용

[정답] 57 ②　58 ②　59 ②　60 ③　61 ③　62 ④

> **해설**

직접원인
(1) 복장·보호구의 잘못 사용은 불안전한 행동이다.
(2) 직접 원인이다.

63 ★★ 재해코스트 중 직접 손비에 해당하지 않는 것은?

① 휴업보상비 ② 치료비
③ 재해조사비 ④ 장애보상비

> **해설**

직접비
① 휴업급여 : 평균임금의 $\frac{70}{100}$
② 장애보상비 : 장애등급 기준
③ 요양비 및 치료비 전액
④ 장의비 : 평균임금의 120일분
⑤ 유족보상비 : 평균임금의 1,300일분

64 ★ 연평균 1,000명의 근로자를 채용하고 있는 사업장에서 연간 24건의 재해가 발생하였다면 천인율은?(단, 근로자는 일일 8시간, 연간 300일 근무한다.)

① 25   ② 24
③ 12   ④ 10

> **해설**

천인율 계산
$$천인율 = \frac{재해자수(연간재해자수)}{평균근로자수} \times 1,000$$
$$= \frac{24}{1,000} \times 1,000 = 24$$

> **참고** 분명히 문제는 잘못된 것이지만 실제 출제된 문제입니다. 간혹 이런 문제도 있음을 유의바람
> 이유는 천인율은 건수가 아니고 반드시 재해자수이어야만 한다.

◎ 이렇게 해도 된다.
① 도수율 = $\frac{재해건수}{연근로시간수} \times 10^6$
    = $\frac{24}{1,000 \times 300 \times 8} \times 10^6 = 10$
② 천인율 = 도수율 × 2.4 = 10 × 2.4 = 24

65 ★★★ 2015년도 어느 건설회사의 연간 국내공사 실적액이 300억원이고, 이 해의 노무비율은 0.28이며 이 회사의 1일 평균임금은 70,000원으로 평가되었다. 이 회사의 "환산재해율"을 산정하기 위한 상시근로자수는 얼마인가?(단, 월 평균 근로일수는 25일로 한다.)

① 400명   ② 500명
③ 600명   ④ 700명

> **해설**

상시근로자수 계산
300억 × 0.28 = 84억원(연간 노무비용)
70,000 × 25 × 12 = 21,000,000
    = 0.21억(근로자 1인의 연간노무비용)
∴ $\frac{84억}{0.21억}$ = 400명

> **참고** 상시근로자수 = $\frac{연간공사실적액 \times 노무비율}{건설업\ 월평균임금 \times 12}$

66 ★★★★★ 다음 중에서 안전점검의 종류에 해당되지 않는 것은?

① 정기점검   ② 수시점검
③ 일시점검   ④ 일상점검

> **해설**

안전점검의 종류
① 정기점검(계획점검)
② 임시점검
③ 수시점검(일상점검)
④ 특별점검

67 ★★ 다음 중 작업위험 분석방법으로 적당하지 않은 것은?

① 관찰법   ② 면접법
③ 질문지법   ④ 해석법

> **해설**

작업위험 분석방법의 종류
① 면접법
② 관찰법
③ 설문(질문지)방법
④ 혼합방법

[정답] 63 ③ 64 ② 65 ① 66 ③ 67 ④

68 방호조치에 대한 설명 중 틀린 것은?

① 롤러기의 방호장치는 급정지장치이다.
② 연삭기의 방호장치는 덮개이다.
③ 둥근톱의 방호장치는 안전매트이다.
④ 곤돌라의 방호장치는 과부하방지장치이다.

해설

방호장치
(1) 둥근톱 기계의 방호장치 : 반발예방장치 및 톱날접촉예방장치
(2) 안전매트 : 로봇의 방호장치
★ 산삼을 캐기 위해서는 산삼밭에 가야한다. 교재의 선택이 합격이다.

69 안전보건위원회의 요구가 있을 때 해야 하는 안전진단은?

① 특별진단
② 예비진단
③ 정기진단
④ 임시진단

해설

건강진단과 동일하며 안전보건위원회 요구시는 임시진단이다.

70 다음은 사람에 대한 인적(人的) 안전대책이다. 이에 해당되지 않는 것은?

① 안전관리 체제를 확립한다.
② 안전작업 표준을 작성한다.
③ 설계단계에서부터 안전화한다.
④ 안전교육 훈련을 실시한다.

해설

(1) 설계단계에서 안전의 실시 목적은 물적인 안전대책이며 첫째 목적이다.
(2) ①, ②, ④는 인적 안전대책이다.

71 안전운동이 전개되는 안전강조기간 내에 실시하는 안전점검의 종류는?

① 정기점검
② 수시점검
③ 임시점검
④ 특별점검

해설

특별점검
(1) 우리나라 안전강조기간
(2) 정기점검 : 일정기간에 실시한다.

72 단위 작업마다 사용재료, 사용설비, 작업자, 작업조건, 작업방법, 작업의 관리, 이상시의 조치 등을 규정하는 것은?

① 공정보고서
② 기술표준서
③ 작업지도서
④ 공정계획서

해설

작업지도서
① 작업기준이란 사용재료, 사용설비, 작업자, 작업조건, 작업방법, 작업의 관리방법 이상 발생시 처리, 감독자의 필요 사항에 대해 규정하는 것으로 기술기준의 요구 조건을 만족시켜야 한다.
② 작업기준은 일반적으로 작업지도서, 작업요령 등으로 불린다.

73 안전점검의 주된 목적에 해당되지 않는 것은?

① 위험을 사전에 발견하여 시정한다.
② 관리운영 및 작업방법을 조사한다.
③ 기계설비의 안전상태 유지를 점검한다.
④ 결함이나 불안전한 조건의 제거를 위함이다.

해설

안전점검의 목적(의미)
① 설비의 안전확보(결함이나 불안전 조건의 제거)
② 설비의 안전상태 유지 및 본래의 성능유지
③ 인적인 안전행동상태의 유지
④ 합리적인 생산 관리(생산성 향상)

74 사업장 내의 물적·인적 재해의 잠재 위험성을 사전에 발견하여 그 예방대책을 세우기 위한 안전관리행위는?

① 안전관리조직
② 안전진단
③ 페일 세이프(fail safe)
④ 안전장치

【정답】 68 ③ 69 ④ 70 ③ 71 ④ 72 ③ 73 ② 74 ②

해설

안전점검의 정의(안전진단의 정의)
안전점검이란 안전을 확보하기 위해 실태를 명확히 파악하는 것으로서 불안전 상태와 불안전 행동을 발생시키는 결함을 사전에 발견하거나 안전상태를 확인하는 행동이다.

75 ★★ 다음 중 안전점검의 종류에 해당되지 않는 것은?
① 정기점검　② 수시점검
③ 임시점검　④ 특수점검

해설

안전점검의 종류
① 정기점검
② 수시점검
③ 특별점검
④ 임시점검

76 ★★ 작업배치에 있어 고려하는 작업특성에 해당되지 않는 것은 다음 중 어느 것인가?
① 형태　② 기계
③ 환경　④ 체력

해설

작업의 특성 분류
① 환경조건 : 체력, 건강상태, 근로의욕
② 작업조건 : 빈도, 시간, 방법, 강도, 치밀성, 복잡성, 정확성 등
③ 작업내용 : 능력의 필요 정도, 기초지식, 경험, 기능 정도
④ 형태 : 정상작업, 비정상작업, 단독작업, 공동작업
⑤ 법적 자격 및 제한 : 면허, 자격, 성별, 연령, 시간 등

77 ★★★ 작업태도 분석에 의한 동기파악방법의 연구과정은?
① 요인-태도-결과　② 태도-결과-요인
③ 결과-요인-태도　④ 태도-요인-결과

해설

작업태도 분석과정
① 요인(원인)
② 작업태도
③ 작업결과

78 ★★ 다음 중 안전점검의 종류에 해당되지 않는 것은?
① 수시점검　② 정기점검
③ 특수점검　④ 임시점검

해설

안전점검의 종류
① 수시점검
② 정기점검
③ 특별점검
④ 임시점검

79 ★★★★★ 재해사고의 원인 중 재료의 결함요인이 아닌 것은?
① 부식　② 균열
③ 피로　④ 가스 침식

해설

구조의 안전화(재료, 설계, 가공 등의 결함)
(1) 재료 결함상의 유의사항
　① 부식　② 균열　③ 강도
(2) 설계상의 결함 : 설계상의 가장 큰 과오는 강도 산정상의 오산이다. 최대 부하 추정의 부정확성과 사용 중 일부 재료의 강도가 열화될 것을 감안하여 안전율을 충분히 고려해야 한다.
　① 안전율 = $\dfrac{극한강도}{최대설계응력} = \dfrac{파괴하중}{안전하중}$
　　　　　 = $\dfrac{파괴하중(극한하중)}{최대사용하중(정격하중)}$
　② 안전율이란 필연성에 잠재되어 있는 우연성을 감안하여 계산한 것이다.
　③ 안전여유 = 극한강도 – 허용응력(사용하중)
(3) 가공결함 : 재료가공 중의 경화와 같은 결함이 생길 수 있으므로 열처리 등을 통하여 사전에 결함을 방지하는 것이 중요하다.

○ 구조의 안전화 3가지는 실기에도 출제된다.

80 ★★ 다음 중 특히 기계적, 재료적인 결함에 의한 위험성은?
① 조명의 불충분　② 설계의 불충분
③ 기구의 불충분　④ 방호의 불충분

해설

기계결함
① 설계상의 불충분은 구조상의 결점이다.
② 설계상의 불충분은 기계적·재료적인 결함이다.

[정답] 75 ④　76 ②　77 ①　78 ③　79 ③　80 ②

81 ★ 다음 점검표에 포함된 사항이 아닌 것은 어느 것인가?

① 점검항목 ② 점검부분
③ 검사결과 ④ 점검방법

해설

점검표 포함사항
① 점검대상
② 점검부분
③ 점검항목
④ 점검주기
⑤ 점검방법
⑥ 판정기준
⑦ 조치사항

82 ★★ 기계 및 재료에 대한 검사시 파괴검사에 해당되는 검사는?

① 육안검사 ② 인장검사
③ 초음파검사 ④ 자기검사

해설

인장검사는 파괴검사이며, 육안·초음파·자기검사는 비파괴검사이다.

83 ★★★ 다음 검사대상에 의한 분류에 속하지 않는 것은? 19. 9. 21 ⓒ

① 성능검사 ② 형식검사
③ 기능검사 ④ 검사기기검사

해설

검사방법
(1) 검사대상에 의한 분류
 ① 기능(성능)검사
 ② 형식검사
 ③ 규격검사
(2) 검사방법에 의한 검사
 ① 육안검사
 ② 기능(성능)검사
 ③ 검사기기에 의한 검사
 ④ 시험에 의한 검사

84 ★★ 다음 중 감전으로 인한 부상과 인공호흡에 관한 응급치료 중 옳다고 판단되는 것은?

① 심장이 정지상태이며 인공호흡을 해야 한다.
② 음료수를 준다.
③ 물을 준다.
④ 인공호흡을 하면 안 된다.

해설

인공호흡
① 심장이 정지되어도 인공호흡을 해야 한다.
② 1분 이내 인공호흡을 실시하면 95[%] 이상 소생이 가능하다.

85 ★★ 작업위험 분석법에 해당되지 않는 것은?

① 관찰법 ② 절충법
③ 방문법 ④ 면접법

해설

작업위험 분석방법 ①, ②, ④ 외 설문서, 일지작성법, 결정사건기법 등이 있다.

86 다음 중 신체지지의 목적으로 전신에 착용하는 것으로 높은 곳에서의 추락을 방지하는 목적으로 사용되는 보호구는?

① 벨트식 ② 안전블록
③ 추락방지대 ④ 안전그네

해설

안전대

안전그네	신체지지의 목적으로 전신에 착용하는 띠모양의 부품
벨트	신체지지의 목적으로 허리에 착용하는 띠모양의 부품
추락 방지대	신체의 추락을 방지하기위해 자동잠김장치를 갖추고 줄과 수직 구명줄에 연결된 금속장치
안전블록	안전그네와 연결하여 추락 발생시 추락을 억제할 수 있는 자동잠김장치가 갖추어져 있고 줄이 자동적으로 수축되는 금속장치

[정답] 81 ③ 82 ② 83 ④ 84 ① 85 ③ 86 ④

87 ★ 통계적 원인분석에서 재해통계방법으로 사용이 안 되는 것은? 23. 7. 8 ⑦

① 파레토도 ② 크로스분석
③ 관리도   ④ 실험계획도

해설

통계원인 분석방법 4가지
① 파레토(Pareto)도 : 사고의 유형, 기인물 등의 분류 항목을 순서대로 도표화하여 문제나 목표의 이해에 편리하다.
② 특성 요인도 : 특성과 요인과의 관계를 도표로 하여 어골상으로 세분화한다.
③ 크로스(Cross) 분석 : 2개 이상의 문제를 분석하는 데 사용한다.
④ 관리도 : 재해 발생건수 등의 추이를 파악하고 상방관리선(UCL), 중심선(CL), 하방관리선(LCL)으로 표시한다.

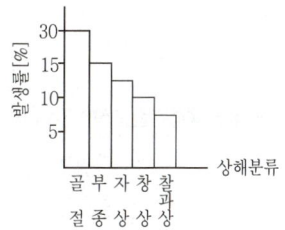
[그림] 파레토도

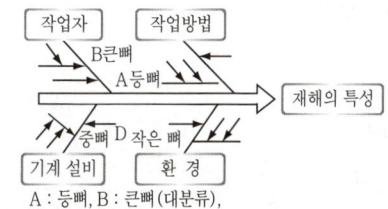
A : 등뼈, B : 큰뼈(대분류),
C : 중뼈(중분류), D : 작은 뼈(소분류)
[그림] 특성 요인도 21. 5. 15 ⑦

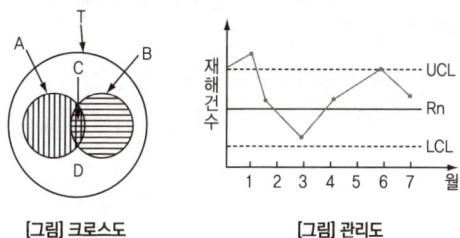
[그림] 크로스도   [그림] 관리도

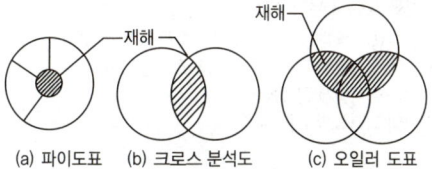
(a) 파이도표 (b) 크로스 분석도 (c) 오일러 도표
[그림] 통계도표 유형

88 ★★ 근로자들이 작업장에서 안전하게 맡은 직무를 수행하도록 하기 위하여 작업대상에 깔려 있는 위험성을 미리 알아내는 기술은?

① 직무 분석   ② 사례 연구
③ 안전교육 훈련 ④ 작업위험 분석

해설

작업위험분석
① 안전교육 훈련은 재해예방 대책이다.
② 사례연구는 재해발생시 재해방지를 위해 실시한다.
③ 위험성을 미리 알아내는 기술 : 작업 위험분석

89 ★★ 안전점검 기준표의 내용에 속하지 않는 것은?

① 점검항목 ② 판정기준
③ 점검방법 ④ 소지

해설

안전점검표 포함사항
① 점검부분 ② 점검항목 ③ 점검방법
④ 판정기준 ⑤ 판정
⑥ 점검시기 ⑦ 조치

90 ★★ 안전점검의 목적을 잘못 말한 것은?

① 사고원인을 찾아 재해를 미연에 방지하기 위함이다.
② 생산현장의 그릇된 행동이나 상태를 주의시키고 중단하기 위함이다.
③ 재해의 재발을 방지하여 사전대책을 세우기 위함이다.
④ 현장의 불안전 요인을 찾아 적절한 계획에 반영시키기 위함이다.

해설

안전점검의 결함 발견에 의한 대책강구 원칙(안전점검의의)
① 설비의 근원적 안전확보
② 설비의 안전상태 유지
③ 인적인 안전행동의 유지
④ 인적·물적 양면의 안전상태 유지

【 정답 】 87 ④ 88 ④ 89 ④ 90 ④

91 다음 사항 중 안전점검대상에 해당되지 않는 것은?

① 안전조직
② 안전점검 제도 및 실시상황
③ 인원의 배치
④ 작업환경

해설

(1) 인원배치는 적성검사대상이다.
(2) 안전점검의 대상
  ① 전반적 또는 작업방법에 관한 것
    ㉮ 안전관리조직 체제 : 안전조직, 관리의 실태
    ㉯ 안전활동 : 계획, 추진상황
    ㉰ 안전교육 : 법정 및 일반교육의 계획 및 실시 상황
    ㉱ 안전점검 : 제도, 실시상황
  ② 기계 및 물적설비에 관한 것
    ㉮ 작업환경 : 온·습도, 환기 등의 일반 환경, 유해 위험환경의 관리
    ㉯ 안전장치 : 법규와의 적합성, 목적에의 합치 여부, 성능유지, 관리상황
    ㉰ 보호구(방호) : 종류, 수량, 관리상황, 성능의 점검상황
    ㉱ 정리정돈 : 표준화, 실시상황
    ㉲ 운반설비 : 표준화, 생력화, 성능과 취급관리, 안전표지, 안전표시
    ㉳ 위험물, 방화관리 : 위험물의 표지, 표시, 분류, 저장, 보관, 자위소방대 편성

92 생산현장에서 작업에 종사하고 있는 작업자가 작업을 함에 있어서 가장 안전하고 능률적으로 작업을 할 수 있도록 작업내용 및 작업단위별로 사용설비, 작업자, 작업조건 및 작업방법 등에 관해 규정해 놓은 것을 무엇이라 하는가?

① 안전수칙
② 기술표준
③ 작업지도서
④ 표준안전작업방법

해설

작업표준(Operation standard) 06. 3. 5 산
작업조건, 작업방법, 관리방법, 사용재료, 사용설비, 그 밖에 취급상의 주의사항 등에 관한 기준을 규정한 것으로, 종류에는 기술표준, 작업지도서, 작업지시서, 안전수칙 등이 있다.
예 콘크리트공사 표준안전 작업지침 제1조(목적)

93 안전인증 제품표시 방법이 아닌 것은?

① 형식 또는 모델명
② 제조자명
③ 규격 또는 등급 등
④ 검사자 성명

해설

안전인증 제품 표시방법
① 형식 또는 모델명
② 규격 또는 등급 등
③ 제조자명
④ 제조번호 및 제조연월
⑤ 안전인증 번호

94 안전진단시에 작업위험분석방법이 아닌 것은?

① 면접방식
② 관찰방식
③ 시범방식
④ 혼합방식

해설

작업위험분석방법
① 면접
② 관찰
③ 설문방법
④ 혼합방식

95 다음은 안전점검표를 작성할 때 유의할 사항이다. 적합하지 않은 것은?

① 구체적이고 재해방지에 실효가 있을 것
② 중점도가 낮은 것부터 순서 있게 작성할 것
③ 쉽고 이해하기 쉬운 표현으로 할 것
④ 점검표는 되도록 일정한 양식으로 할 것

해설

안전점검표 작성시 유의사항
① 안전점검표는 중점도가 높은 것부터 순서 있게 작성한다.
② 사업장에 적합한 독자적 내용을 가지고 작성할 것
③ 점검항목을 폭넓게 검토할 것
④ 관계자의 의견을 청취할 것

[정답] 91 ③ 92 ④ 93 ④ 94 ③ 95 ②

96 다음 작업표준작성시의 유의사항이 아닌 것은?

① 작업표준은 관리감독자가 관리하고 꾸준히 개선하며 전원이 관심을 가지고 운영한다.
② 작업표준은 그 사업장의 독자적인 것으로 작업에 적합한 내용일 것
③ 재해가 발생할 가능성이 높은 작업부터 먼저 착수한다.
④ 작업표준은 포괄적이어야 하며, 생산성과 품질은 고려할 필요가 없다.

해설

작업표준
① 작업표준은 구체적이어야 한다.
② 생산성과 품질의 특성에 적합해야 한다.

97 ★★ 다음은 안전진단시의 진단항목을 열거하였다. 해당되지 않는 것은 무엇인가?

① 최고 책임자의 안전방침
② 재해조사방법 및 분석
③ 고용노동부에 안전관계보고의 적정성
④ 안전교육 훈련

해설

재해조사방법 및 분석은 안전보건위원회 사항이다.

98 단위 작업마다의 사용재료, 사용설비, 작업자, 작업조건, 작업방법, 작업의 관리, 이상시의 조치 등을 규정하는 것은?

① 공정보고서
② 기술표준서
③ 작업지도서
④ 공정계획서

해설

작업표준의 종류
① 공정보고서, 기술표준, 제조규격 : 생산하는 제품을 대상으로 특히 필요하다고 생각되는 공정에서 품질에 영향을 미친다고 인정되는 기술적 요인에 대하여 그 요구조건을 규정하는 것으로 작업표준의 바탕이 되는 것(라인관리자 기술자용)
② 작업표준, 작업지도서 : 작업의 안전, 품질, 능률, 원가 등의 견지에서 통합작업, 또는 단위 작업마다의 사용재료, 사용설비, 작업자, 작업조건, 작업방법, 작업의 관리 등의 이상시의 조치 등을 규정한 것(감독자용, 작업자용)
③ 작업순서, 동작표준, 작업지시서, 작업요령 : 단위 작업 또는 요소 작업마다의 사용재료, 사용설비, 사용공구, 작업자가 행하는 동작, 작업상의 주의사항 이상 발생 시 감독자에의 보고 등을 규정한 것(작업자용)

💬 **합격자의 조언**
① 세상에 우연은 없다. 한번 맺은 인연을 소중히 하라.(기사 → 기술사 → 지도사)
② 돈 많은 사람을 부러워 말라. 그가 사는 법을 배우도록 하라.

[정답] 96 ④ 97 ② 98 ③

주요항목 03 기계설비 위험요인 분석

중점 학습내용

기계설비 위험요인에서 공작기계의 종류는 다양하지만 다른 기계류에 비하여 반드시 위험성이 높은 것은 아니다. 그러나 공작기계는 사용대수가 많기 때문에 재해의 절대건수는 비교적 많다. 이들은 기계 운동 부분과 작업점 외에 절삭칩의 처리방법이 문제이다. 절삭중의 분진이 작업장의 공기를 오염시키고, 절삭유가 피부병을 유발시킬 수 있다. 또 가공물이 중량인 경우 기계에 착탈 우려가 있다. 본 장의 시험에 출제가 예상되는 그 중심 내용은 다음과 같이 구성하였다.

❶ 공작기계의 안전
❷ 프레스 및 전단기의 안전
❸ 기타 산업용 기계
❹ 운반기계 및 양중기

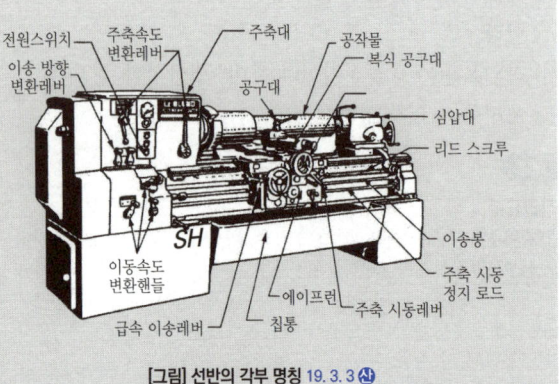

[그림] 선반의 각부 명칭 19. 3. 3

합격예측 및 관련법규

제88조(기계의 동력차단 장치)
① 사업주는 동력으로 작동되는 기계에 스위치·클러치(clutch) 및 벨트이동장치 등 동력차단장치를 설치하여야 한다. 다만, 연속하여 하나의 집단을 이루는 기계로서 공통의 동력차단장치가 있거나 공정 도중에 인력(人力)에 의한 원재료의 공급과 인출(引出) 등이 필요 없는 경우에는 그러하지 아니하다.
② 사업주는 제1항에 따라 동력차단장치를 설치할 때에는 제1항에 따른 기계 중 절단·인발(引拔)·압축·꼬임·타발(打拔) 또는 굽힘 등의 가공을 하는 기계에 설치하되, 근로자가 작업위치를 이동하지 아니하고 조작할 수 있는 위치에 설치하여야 한다.
③ 제1항의 동력차단장치는 조작이 쉽고 접촉 또는 진동 등에 의하여 갑자기 기계가 움직일 우려가 없는 것이어야 한다.
④ 사업주는 사용 중인 기계·기구 등의 클러치·브레이크, 그 밖에 제어를 위하여 필요한 부위의 기능을 항상 유효한 상태로 유지하여야 한다.

세부항목 1. 공작기계(工作機械 : machine tools)의 안전

1. 절삭가공기계의 종류 및 방호장치

절삭(切削 : cutting) : 금속 등의 각종 재료를 바이트 등의 절삭 공구를 사용해서 가공하여 소정의 치수로 깎거나 잘라 내는 일

2. 선반

(1) 선반의 개요 및 종류

① 기원은 13세기 또는 14세기에서 현대 선반은 모즐리가 1877년 완성한, 근대적인 미끄럼공구대가 붙은 선반기계를 지칭한다.
② 공작기계의 대표 선두주자이자 역사가 가장 오래된 공작기계이다.
③ 동작 구조를 살펴보면, 도자기를 빚는 물레와 상당히 유사하다. 사실 원리 자체는 같다.(공작기계의 어머니)

❶ 보통선반(engine lathe)

가장 일반적으로 사용되는 것으로 단차식과 기어식이 있다. 다종 소량생산과 수리에 사용한다. 슬라이딩(sliding), 단면절삭(surfacing), 나사깎기(screw cutting)를 할 수 있으므로 3S 선반이라고 한다.

2 정면선반(face lathe)

지름이 큰 것을 깎을 때 사용한다. 스윙이 크고 베드 길이가 짧으며, 심압대가 없는 것이 많다.

3 탁상선반(bench lathe)

탁상 위에 설치하고 시계 등의 부속품을 절삭하는 데 사용한다.

4 수직선반(vertical lathe)

테이블이 수평으로 회전하며 공작물을 절삭하는 것으로 무거운 공작물을 절삭할 때 사용한다.

5 터릿선반(turret lathe)

반자동선반이며 공구대에 6~8개의 절삭공구를 설치하여 능률적으로 절삭할 수 있다.

6 자동선반(automatic lathe)

공작물을 설치하면 자동으로 절삭하는 선반이다.

7 그 밖의 선반

수치제어선반인 NC 선반은 다종소량생산에 좋으며, 한 가지만 대량생산할 수 있는 단능선반에는 차량선반, 차축선반, 크랭크축선반 등이 있다.

보충학습 선반의 크기 표시 방법 20. 6. 14

구분	표시방법
보통선반, 탁상선반, 모방선반, 공구선반	① 베드위의 스윙 ② 양 센터 사이의 최대거리 및 왕복대위의 스윙
자동선반, 차축선반	공작물의 최대지름 및 최대길이
정면선반	베드위의 스윙 또는 면판의 지름 및 면판에서 왕복대까지의 최대거리

합격예측

브레이크
① 공작기계에는 동력을 차단시켰을 때 회전중의 주축을 정지시키기 위한 브레이크를 설치하는 것이 바람직하다. 단, 연삭기계의 숫돌축에 대해서는 그렇지 않다.
② 제1항의 브레이크는 다음에 정하는 바에 적합하여야 한다.
  1. 주축이 최고속도에서 회전하고 있는 경우에는 빨리 정지시킬 수 있는 제동력을 구비하여야 한다.
  2. 마찰관 라이닝, 전기자, 그 밖에 마모부품을 쉽게 확인 또는 교체할 수 있는 구조로 되어 있어야 한다.

연삭기 덮개나 반발예방장치 등과 같이 위험장소에 설치하여 위험원이 비산하거나 튀는 것을 포집하여 작업자로부터 위험원을 차단하는 포집형 방호장치를 설치한다.

절삭속도 V[m/min]와 회전수 n[rpm] 공식 19. 8. 4

① $V = \dfrac{\pi D n}{1,000}$ [m/min]

② $V = \dfrac{\pi D n}{60}$ [mm/s]

③ $n = \dfrac{1,000 V}{\pi D}$ [rpm]

으로 나타낸다.

선반작업 사망사고

2025년 6월 2일 충남 태안군 태안화력발전소에서 50대 하청업체 소속 노동자 김모씨가 작업 도중 선반에 끼여 숨지는 사고가 발생했다. 사고는 발전소내 종합정비동 1층 기계공작실에서 발생했으며 김씨는 선반 작업 중 회전하는 작업물에 옷이 말려 들어가면서 변을 당한 것으로 추정된다. 사고 당시 그는 혼자 작업 중이었으며 평소와는 다른 작업물을 다루고 있었던 것으로 전해졌다. 김씨는 한국서부발전이 한전KPS에 임대한 작업장에서 다시 한전KPS의 하청업체 소속으로 일하고 있었다.

(2) 선반가공작업의 종류

선반은 공작물을 주축에 고정한 후 회전시키며 바이트를 이송하여 절삭하는 공작 기계이다. 선반에서 할 수 있는 작업은 그림과 같다.

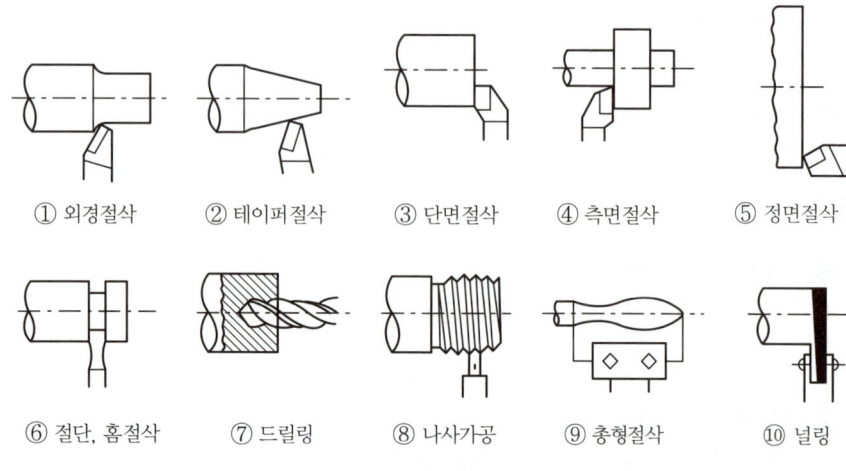

① 외경절삭　② 테이퍼절삭　③ 단면절삭　④ 측면절삭　⑤ 정면절삭
⑥ 절단, 홈절삭　⑦ 드릴링　⑧ 나사가공　⑨ 총형절삭　⑩ 널링

[그림] 선반작업의 종류

예제문제

선반으로 작업을 하고자 지름 30[mm]의 일감을 고정하고, 500[rpm]으로 회전시켰을 때 일감 표면의 원주 속도는 약 몇 [m/s]인가?

$$V = \frac{\pi D n}{60 \times 1,000} = \frac{\pi \times 30 \times 500}{60 \times 1,000} = 0.785 [m/s]$$

(3) 선반재해 방지대책

① 기계 위에 공구나 재료를 올려놓지 않는다.
② 이송을 건 채 기계를 정지시키지 않는다.
③ 기계 타력 회전을 손이나 공구로 멈추지 않는다.
④ 가공물 절삭공구의 설치는 확실하게 한다.
⑤ 절삭공구의 장착은 짧게 하고 절삭성이 나쁘면 일찍 바꾼다.(전면 칩가드 폭은 새들 폭 이상으로 한다)
⑥ 절삭분 비산시 보호안경을 착용한다. 비산을 막는 차폐막을 설치한다.
⑦ 절삭분 제거시는 브러시나 긁기봉을 사용한다.
⑧ 절삭중이나 회전중에 공작물을 측정하지 않으며, 장갑낀 손을 사용하지 않는다.

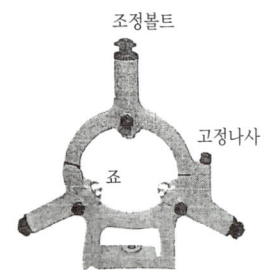

[그림] 고정식 방진구

합격예측 및 관련법규

덮개
① 공작기계의 동력전달부분 등과 같이 접촉에 의하여 근로자에게 위험을 미칠 우려가 있는 부분 및 공작기계 운전 중에 가공물, 부품 등의 비래에 의하여 근로자에게 위험을 미칠 우려가 있는 부분에는 덮개를 설치하여야 한다.
② 제1항의 덮개는 다음에 정하는 바에 따라야 한다.
  1. 확실한 방호기능을 구비하고 있어야 한다.
  2. 장기간 사용에 견딜 수 있는 견고한 구조로 하여야 한다.
  3. 공작기계의 청소, 주유, 수리 등의 정비작업(이하 "정비작업"이라 한다.) 및 조정작업에 방해가 되지 않는 구조로 하여야 한다.
  4. 공구를 사용치 않고는 제거하거나 열 수 없는 구조로 하여야 한다.
  5. 원칙적으로 고정형으로 하여야 한다. 끼워맞춤형으로 할 때는 쉽고 견고하게 끼워맞출 수 있어야 한다.
  6. 접촉에 의하여 근로자에게 위험을 미칠 우려가 있는 날카로운 모서리, 돌기부 등이 없어야 한다.
  7. 공작기계의 작동부분과의 틈새에 손과 같은 것이 끼어들지 못하도록 하여야 한다.
  8. 개폐식의 덮개는 그 개폐를 공작기계의 운전과 가능한 연동되도록 하여야 한다.
③ 공작기계 회전부분 등의 고정구 등은 묻힘형으로 하거나 덮개를 설치하여야 한다. 19. 4. 27

(4) 선반작업시 안전수칙   16.5.8 ❹ 16.8.21 ❹ 19.4.27 ❷ 19.8.4 ❷ 20.6.7 ❷ 20.9.27 ❹ 23.7.8 ❹

① 가공물을 착탈시에는 반드시 스위치를 끄고 바이트를 충분히 연 다음 행한다.
② 캐리어(공구대)는 적당한 크기의 것을 선택하고 심압대는 스핀들을 지나치게 내놓지 않는다. 18.4.28 ❹
③ 물건의 장착이 끝나면 척핸들과 렌치류는 곧 벗겨놓는다. 19.3.3 ❹
④ 무게가 편중된 가공물의 장착에는 균형추를 부착한다. 장착물은 방진구에 사용 커버를 씌운다.

> 칩브레이커 : 칩을 짧게 끊어주는 선반전용 안전장치 18.3.4 ❷ 18.4.28 ❹ 18.8.19 ❹ 22.4.24 ❷ 23.2.28 ❷

⑤ 긴 재료가 돌출되었을 때에는 빨간 천 등을 부착하여 위험표시를 하거나 커버를 씌운다.
⑥ 바이트 착탈은 기계를 정지시킨 다음에 한다.(바이트 끝도 짧게 장착) 20.6.14 ❹ 20.8.22 ❷
⑦ 방진구는 일감의 길이가 직경의 12[배] 이상일 때 사용한다.

(5) 선반용어정의(위험기계·기구 자율안전확인 고시)

① "선반"이란 회전하는 축(주축)에 공작물을 장착하고 고정되어 있는 절삭공구를 사용하여 원통형의 공작물을 가공하는 공작기계를 말한다.
  ㉮ 선반의 주요구조부는 다음과 같다.
    ㉠ 주축대
    ㉡ 이송변속장치
    ㉢ 공구대
    ㉣ 자동 공구공급장치(터닝센터로 한정한다.)
    ㉤ 베드
  ㉯ 선반은 가공할 수 있는 공작물의 외경이 500[mm] 이하인 것은 소형, 500[mm]를 초과하는 것은 대형으로 구분하고, 이는 다시 다음과 같이 분류한다.
    ㉠ 범용 수동선반 : 기계의 모든 작동이 수치제어를 사용하지 않고 조작자에 의해서만 이루어지는 기계를 말한다.
    ㉡ 반자동 선반 : 기계의 일부 작동이 전자 조작핸들 또는 수치제어 판넬을 이용하여 이루어지는 기계를 말한다. 다만, 자동공구 교환장치, 자동 기동프로그램, 자동 송급장치 등의 자동화 설비를 갖춘 것은 제외한다.
    ㉢ 수치제어 선반(NC) 및 터닝센터 : 수치제어를 통한 완전자동 기능이 내장된 기계를 말한다.
② "터닝센터"란 동력으로 작동되는 공구교환장치를 구비하고 절삭작업을 위하여 정해진 공작물 고정스핀들의 축을 자동으로 선정하는 기능을 가짐으로써 복합적인 가공작업이 가능한 수치제어 선반을 말한다.

합격예측 및 관련법규

칩 처리장치
① 공작기계의 작동중에 칩을 제거하여야 하는 경우 칩을 제거하기 위해 근로자의 신체 일부가 공구 또는 작동물체에 가까이 가지 않을 수 있는 구조로 하여야 한다.
② 자동공작기계의 칩 공간은 큰 구조로 하고, 칩 후드, 칩 슈트 등과 같은 칩 처리장치를 가능한 한 설치하여야 한다.
③ 칩 콘베어와 같은 별도의 칩 제거장치가 있는 경우 작업자가 이를 작동하도록 하여야 하며, 방호장치 등을 열거나 기계의 작동을 정지시키면 칩 제거장치도 정지하여야 한다.
④ 공작기계에는 칩 및 절삭유에 의한 근로자의 위험을 방지하기 위해 가능한 한 덮개 또는 울을 설치하여야 하며, 자동공작기계에는 반드시 울 또는 덮개를 설치하여야 한다.
⑤ 제4항의 덮개 또는 울은 가능한 한 그 일부에 견고한 투명재료를 사용하여 가공상황을 관찰할 수 있도록 하여야 한다. 덮개 중에 투명재료를 사용한 부분은 쉽게 교체할 수 있는 구조로 하여야 한다. 21.5.15 ❷

합격예측
① "밀링기"란 여러 개의 절삭날이 부착된 절삭공구의 회전운동을 이용하여 고정된 공작물을 가공하는 공작기계를 말하며, 주요구조부는 다음과 같다.
  ㉮ 칼럼(기둥)
  ㉯ 공작물 테이블
  ㉰ 아버
  ㉱ 공구공급장치(머시닝센터로 한정한다.)
② "공작물 이송장치"란 적재된 공작물을 절삭작업 위치로 이송시켜주는 장치를 말한다.

3. 밀링(milling)머신

(1) 밀링머신의 정의

① 밀링머신(milling machine)은 다인(多刃 : 많은 절삭날)의 회전절삭공구인 커터로서 공작물을 테이블에서 이송시키면서 절삭하는 절삭가공기계이다.
② Chip이 가늘고 예리하여 손을 다칠 수 있다.

(2) 종류

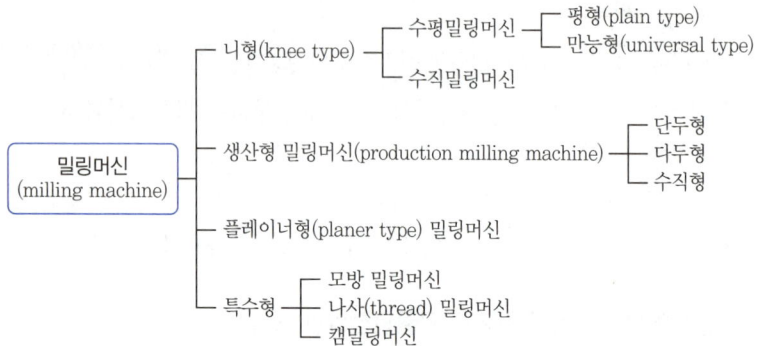

(3) 밀링머신의 크기 표시 방법

① 테이블의 이동량(좌우×전후×상하)
② 테이블의 크기(길이×폭)
③ 테이블 윗면에서 주축 중심까지의 최대거리
④ 테이블 윗면에서 주축 끝까지의 최대거리

(4) 절삭 방향 및 특징

① **상향절삭** : 공작물의 이송과 절삭공구의 회전방향이 반대인 절삭형
② **하향절삭** : 공작물의 이송과 절삭공구의 회전방향이 같은 방향의 절삭형
③ **정면절삭(합성절삭)** : 위의 상향절삭, 하향절삭이 동시에 일어나는 절삭형. 이것은 정면밀링커터, 엔드밀에 의한 평면절삭이 해당된다.

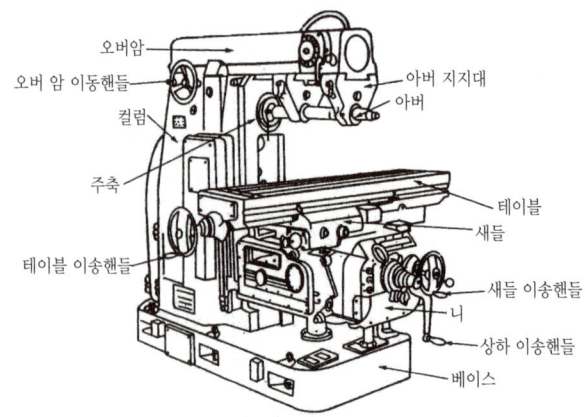

[그림] 밀링머신의 구조 및 명칭

합격예측 및 관련법규

동력에 의한 공작물이나 공구 고정장치

① 동력원에 이상이 있을 때 공작물이나 공구를 계속 고정시키고 있어야 한다.
② 운전을 개시할 때 공작물이나 공구가 확실하게 물려져 있지 아니하거나 동력이 가해지지 않아서 근로자에게 위험을 줄 수 있을 때에는 다음 각 호의 1 이상의 조치를 하여야 한다.
 1. 공정상태를 기계의 작동과 연동시킨다.
 2. 공작물이나 공구가 튀어 나가는 것을 방지하기 위한 충분한 강도의 덮개를 설치한다.
 3. 작업자가 정상작업 위치에서 공정상태를 알 수 있도록 표시등, 경부등의 조치를 한다.
③ 기계가 작동중에는 공작물이 풀리지 않도록 설계되어야 하며, 이로 인하여 위험을 발생시킬 수 있을 때에는 공작물이나 공구를 안전하게 유지시킬 수 있는 충분한 강도의 방호물을 설치하거나 안전하게 기계를 정지시킬 수 있는 장치를 구비하여야 한다.
④ 기계가 작동 중에는 공작물이나 공구를 풀기 위한 조작이 불가능하도록 하여야 한다. 단, 이를 풀음으로써 근로자의 위험을 줄일 수 있거나 위험을 초래하지 않는 경우는 그러하지 아니하다.

용어정의

① 컬럼(기둥, column) : 기계를 지지하는 몸체
② 오버 암(over arm) : 아버의 휨(굽힘) 방지
③ 주축(스핀들, spindle) : 중공원으로 되어 있으며 앞쪽은 내셔널 테이퍼(T=7/24)로 되어 있고 아버에 커터를 끼워서 사용한다. 예 테이퍼 롤러 베어링 사용, 재질은 Ni-Cr강 사용
④ 니(Knee) : 상하 이동을 하며 수동 및 자동이송장치가 내장
⑤ 새들(saddle) : 전후 이송
⑥ 테이블(table) : 좌우 이송을 하며 테이블 윗면에 T홈이 파져 있으며 직접 또는 바이스에 의해 일감을 고정

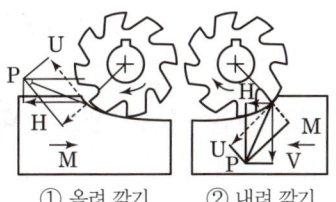
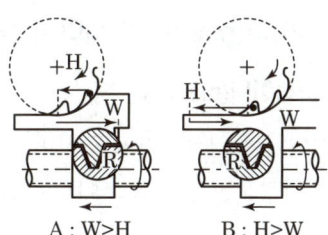

① 올려 깎기	② 내려 깎기
P : 합력 M : 반지름 분력 V : 수직 분력	U : 접선력 H : 수평 분력

A : W>H   B : H>W

W : 안내면에서의 미끄럼대의 저항
H : 절삭력의 수평분력
R : 합력

[그림] 상향절삭과 하향절삭   [그림] 하향절삭과 백래시 영향

④ **상향절삭과 하향절삭의 비교** : 상향절삭과 하향절삭에 대한 장단점은 각각 다르며 작업의 형태에 따라 적당한 방향을 선택해야 한다.

[표] 상향절삭과 하향절삭의 장·단점 16. 8. 21 산

구분	상 향 절 삭	하 향 절 삭
장점	① 칩이 날을 방해하지 않는다. ② 밀링커터의 진행방향과 테이블의 이송방향이 반대이므로 이송기구의 백래시가 제거된다. ③ 절삭이 자연스럽다.	① 커터가 공작물을 아래로 누르는 것과 같은 작용을 하므로 공작물 고정이 간단하다. ② 커터의 마모가 적고 또한 동력소비가 적다. ③ 가공면이 깨끗하다.
단점	① 커터가 공작물을 올리는 작용을 하므로 공작물을 견고히 고정해야 한다. ② 커터의 수명이 짧다. ③ 동력 낭비가 크다. ④ 가공면이 깨끗하지 못하다.	① 칩이 커터와 공작물 사이에 끼어 절삭을 방해한다. ② 떨림이 나타나 공작물과 커터를 손상시키며 백래시(back lash) 제거장치가 없으면 작업을 할 수 없다.

(5) 밀링작업시 안전수칙 16. 3. 6 산 18. 3. 4 기 18. 4. 28 기 20. 6. 7 기 20. 6. 14 산 20. 8. 23 산 22. 4. 24 기 23. 5. 13 산 24. 2. 15 기

① 절삭공구 설치시 시동레버와 접촉하지 않도록 한다.
② 공작물 설치시 절삭공구의 회전을 정지시킨다.
③ 상하이송용 핸들은 사용 후 반드시 벗겨놓는다.
④ 가공중에는 얼굴을 기계에 가까이 대지 않도록 한다.
⑤ 절삭공구에 절삭유를 줄 때는 커터 위에서부터 주유한다.
⑥ 칩이 비산하는 재료는 커터부분에 커버를 하든가 보안경을 착용한다.
⑦ 커터는 column(칼럼)으로부터 가까이 설치한다.
⑧ 강력 절삭시 일감은 깊게 물려야 한다.

합격예측 및 관련법규

냉각제 및 절삭유 관련장치

① 저장탱크는 이물질이 들어가지 않도록 덮개를 설치하여야 한다.
② 냉각제 및 절삭유통이나 저장탱크 등은 쉽게 청소할 수 있는 구조로 설계하여야 한다.
③ 냉각제 및 절삭유의 개폐장치나 유량조절장치는 노즐 가까이에 있지 않도록 하여야 한다.
④ 냉각제 및 절삭유가 비산될 우려가 있을 때 이를 방지할 수 있는 장치를 구비하여야 한다.

합격예측

이상온도, 이상기압, 과부하 등 기계의 부하가 안전한계치를 초과하는 경우에 이를 감지하고 자동으로 안전상태가 되도록 조정하거나 기계의 작동을 중지시키는 감지형 방호장치를 설치한다.

① "형삭기"란 공작물을 테이블 위에 고정시키고 램(ram)에 의하여 절삭공구가 상하운동하면서 공작물의 수직면을 절삭하는 공작기계를 말하며, 주요구조부는 다음과 같다.
  ㉮ 공작물 테이블
  ㉯ 공구대
  ㉰ 공구공급장치(수치제어식으로 한정한다)
  ㉱ 램
② "평삭기"란 크고 무거운 공작물을 테이블 위에 고정시키고 절삭공구를 수평왕복시키면서 공작물의 평면을 가공하는 공작기계를 말하며, 주요구조부는 다음과 같다.
  ㉮ 칼럼(기둥)
  ㉯ 크로스 레일
  ㉰ 공작물 테이블
  ㉱ 공구대
  ㉲ 자동 공구공급장치(수치제어식으로 한정한다.)

4. 플레이너(planer)와 셰이퍼·슬로터

(1) 플레이너(planer)

플레이너는 평삭기라고도 하며 큰 공작물의 평면절삭에 주로 사용한다. 테이블은 직선왕복운동을 하고 바이트는 이송운동한다.

1 플레이너의 종류

플레이너에는 직주가 2개인 쌍주식 플레이너와 하나인 단주식 플레이너가 있다. 쌍주식 플레이너는 직주가 2개이므로 공작물의 폭에 제한을 받으며, 단주식 플레이너는 공작물의 폭에 제한을 받지 않으나 쌍주식보다는 강력 절삭을 할 수 없다.

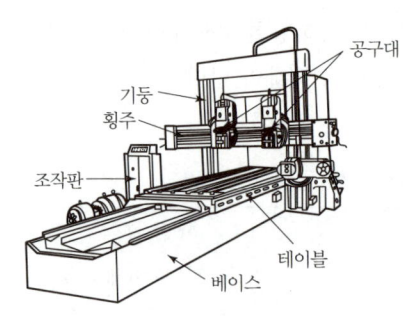

[그림] 쌍주식 플레이너   [그림] 툴헤드의 경사

2 플레이너의 안전대책 16. 5. 8 16. 8. 21 22. 3. 5

작업장에서는 이동테이블에 사람이나 운반기계가 부딪치지 않도록 플레이너의 운동 범위에 울을 설치한다. 또 플레이너의 프레임 중앙부의 피트에는 덮개를 설치해서 물건이나 공구류를 두지 않도록 해야 하고 테이블과 고정벽 또는 다른 기계와의 최소거리가 40[cm] 이하가 될 때는 기계의 양쪽에 방책을 설치하여 통행을 차단하여야 하며 bite(바이트)는 짧게 설치한다.

3 플레이너 절삭속도 $V\,[\text{m/min}]$

C : 플레이너의 절삭행정속도, n : 1분간의 테이블의 왕복횟수,
L : 행정 길이[m], T_s : 절삭행정시 소요시간[sec],
T_r : 귀환행정시 소요시간[sec], V_r : 귀환행정속도[m/min],
V_s : 절삭행정속도[m/min] 라 하면,

$$V = CnL,\ n = \frac{V}{CL}$$

단, $C = 1 + \dfrac{T_r}{T_s}$ 또는 $C = 1 + \dfrac{V_s}{V_r}$

(2) 셰이퍼(형삭기 : shaper)

셰이퍼는 바이트를 왕복운동시켜 테이블에 고정한 공작물을 절삭하는 기계로 이송은 공작물을 고정한 테이블 쪽에서 한다. 주로 작은 평면, 홈, 각도 등을 절삭하는 데 사용하며, 형삭기라고도 한다.

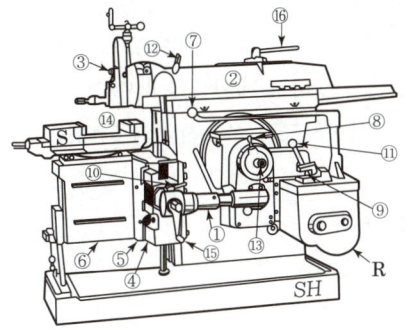

① 직주(直柱 : pillar or column)
② 램
③ 셰이퍼 공구대
④ 횡주(橫柱 : cross rail)
⑤ 새들(saddle)
⑥ 테이블
⑦ 기동(起動) 레버
⑧ 이송용 레버
⑨ 변환기어 레버
⑩ 이송 방향 조절 레버
⑪ 백기어 레버
⑫ 램(ram) 위치 지정축
⑬ 스트로크 조정 장치
⑭ 바이스
⑮ 기어상자
⑯ 램 고정용 레버

[그림] 셰이퍼

1 셰이퍼 절삭속도

셰이퍼의 절삭속도는 절삭행정시의 바이트의 전진속도로서 절삭속도 $V[\text{m/min}]$, 1분간 바이트의 왕복횟수 n, 행정길이 $l[\text{m}]$, 바이트의 절삭행정시간과 1회 왕복하는 시간과의 비를 $a(a=3/5\sim2/3$임)라고 하면,

$$V=\frac{nl}{a},\ n=\frac{aV}{l}$$ 가 된다.

2 셰이퍼 작업시 안전대책

① 램은 가급적 행정을 짧게 한다.
② 바이트를 짧게 물린다.
③ 재질에 따라 절삭속도를 결정한다.
④ 운전자는 바이트의 운동 방향(정면)에 서지 말고 측면에서 작업한다.
⑤ 셰이퍼 운동 범위에 방책을 설치한다.

(3) 슬로터(slotter)

1 슬로터의 개요

슬로터(slotter)를 사용하여 바이트로 각종 일감의 내면을 가공하는 것이며, 수직 셰이퍼라고도 한다.
① 키홈, 각으로 된 구멍을 가공하며, 셰이퍼보다 능률이 좋다.
② 운동기구에는 로커 암과 크랭크를 사용한 것이 있다.

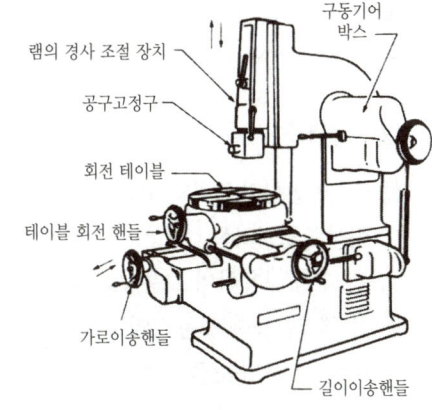

[그림] 슬로터

합격예측

트랜스퍼 장치
트랜스퍼 장치는 다음에 정하는 바에 따라야 한다.
① 멀티스테이션의 트랜스퍼 장치에 있어서 각 스테이션을 조정하거나 수동운전할 때에는 작업자에게 그 취지를 경보하기 위한 장치를 설치하여야 한다.
② 긴 멀티스테이션의 트랜스퍼장치에 있어서는 기계의 중간을 횡단하기 위한 건널다리를 설치하여야 한다.
③ 제2호의 건널다리는 상부 난간대의 높이가 90[cm] 이상이며, 중간대가 부착된 것으로 충분한 강도를 가져야 한다.
④ 중량이 10[kg]을 초과하는 가공물 등을 빈번하게 취급하는 작업을 필요로 하는 공작기계는 가능한 한 이를 취급하기 위한 인양장치 등을 설치하여야 한다.
⑤ 작업자가 통상의 작업위치에서는 80[℃]를 넘는 고온물과 직접 접촉하지 않도록 방호하여야 하며, 60[℃]를 넘는 부분과 작업자가 접촉하여 반사운동에 의한 상해를 입지 않도록 배려하여 설계하여야 한다.

셰이퍼의 기본 안전
① 셰이퍼의 크기 : 램의 행정으로 표시
② 셰이퍼에서 바이트 고정방법 : 가능한 범위 내에서 짧게 고정하고, 날끝은 섕크(shank)의 뒷면과 일직선 상에 있게 한다.
③ 셰이퍼작업 시 위험요인
 ㉮ 바이트의 이탈
 ㉯ 가공 칩의 비산
 ㉰ 램 말단부 충돌

Q 은행문제

산업안전보건법령상 형삭기(slotter, shaper)의 주요 구조부로 가장 거리가 먼 것은?
① 공구대
② 공작물 테이블
③ 램
④ 아버

정답 ④

> **참고** 17.3.5 ㈜
> 드릴의 절삭속도 17.5.7 ㉮
>
> $v = \dfrac{\pi d N}{1,000} = \dfrac{\pi d}{1,000} \times \dfrac{tT}{S}$
>
> 여기서,
> v : 절삭속도[m/min]
> d : 드릴의 직경[mm]
> N : 1분간 회전수[rpm]
> S : 이송[mm]
> t : 길이[mm]
> T : 공구수명[min]

> **합격예측**
> **정비를 용이하게 하기 위한 조치**
> ① 급유나 일상점검은 위험지역내에 들어가지 않아도 되도록 설계하여야 한다.
> ② 높이가 2[m] 이상의 공작기계에서 정비작업, 조정작업 등을 할 필요가 있는 것에는 그들 작업을 안전하게 하기 위한 계단 및 계단참 등을 설치하여야 한다.
> ③ 제2항의 계단 및 계단참에는 높이가 90[cm] 이상인 상부난간대와 중간대가 부착된 난간을 설치하여야 한다.
> ④ 공작기계를 안전하게 운반할 수 있도록 리프팅볼트, 훅 등을 고정하여 끼워넣는 구멍을 설치하는 등의 조치를 강구하여야 한다.
> ⑤ 수직 또는 경사진 슬라이드면을 따라서 오르내리는 중량물을 가진 공작기계에는 그 중량물의 자중에 의한 강하, 부품의 파손에 의한 낙하 등에 의한 위험을 방지하기 위한 조치를 강구하여야 한다.
> ⑥ 설치 또는 조정을 하기 위한 장치가 되어 있는 자동기계는 조정하는 사람을 보호하기 위하여, 스위치를 누르고 있는 동안만 작동되거나, 스위치를 누르면 제한된 양만큼만 이동하는 장치를 설치하여야 한다.
> ⑦ 가능한 한 설치, 조작, 조정작업 및 보수작업을 안전하게 하기 위해 필요한 작업절차 및 작업공간을 정하여야 한다.

2 슬로터의 크기 표시와 구조

① 크기 표시
  ㉮ 램의 최대행정
  ㉯ 테이블의 크기
  ㉰ 테이블의 이동거리 및 원형 테이블의 지름

② 구조 : 슬로터의 구조는 그림과 같고 램은 적당한 각도로 기울일 수 있으며, 경사면을 절삭할 수도 있다. 이송은 테이블에서 행하고 테이블은 베이스 위에서 전후 좌우로 이송된다. 또 원형 테이블은 선회하므로 분할작업이 되며, 내접기어 등의 분할 절삭이 가능하다.

③ 방호장치(플레이너·셰이퍼·슬로터 공통) 18.3.4 ㉮
  ㉮ 칩받이   ㉯ 방책(방호울)
  ㉰ 칸막이   ㉱ 가드

④ 급속 귀환 운동 기구
  ㉮ 가고오는 두 방향의 운동 시간이 각각 다른 왕복 운동 기구를 말한다.
  ㉯ 불필요한 행정(行程)의 시간을 절약할 목적으로 사용
    예 복사기, 셰이퍼, 플레이너, 슬로터

5. 드릴(drill)링머신

(1) 드릴의 개요

1 드릴링(drilling)

드릴을 사용하여 구멍을 뚫는 작업이며, 이때 사용하는 기계를 드릴링머신이라고 한다. 드릴링머신은 절삭공구인 드릴이 회전하며 상하로 움직인다. 공작물은 테이블 위에 고정하는 경우가 많다.

2 보링(boring)

이미 뚫린 구멍을 크게 하여 소정의 치수로 만드는 작업으로 이때 사용하는 기계를 보링머신이라고 한다. 절삭공구(보링바이트)는 회전하며 상하로 움직인다. 공작물은 테이블 위에 고정한다.

(2) 드릴작업

1 드릴링머신의 종류와 구조

① 탁상드릴링머신(bench drilling machine) : 비교적 작은 물건에 구멍을 뚫을 때에 사용하며 보통 $\phi 13$[mm] 이하의 드릴링 작업에 많이 쓰인다. 테이블은 좌우, 상하로 움직일 수 있으며 스핀들 끝 쪽에는 드릴척을 고정해서 사용하며 큰 구멍을 뚫을 때는 척 대신 슬리브나 소켓을 끼워 사용할 수 있도록 모스 테이퍼 구멍으로 되어 있다.

② 직립식 드릴링머신(upright drilling machine) : 수직드릴링머신이라고도 하며 비교적 큰 구멍을 뚫을 때에 쓰인다. 주축의 이송은 자동과 수동으로 할 수 있으며, 테이블은 옆으로 회전할 수 있다.

③ 레디얼 드릴링머신(radial drilling machine) : 제품이 대형이어서 이동하기 어려운 가공물의 구멍뚫기에 사용하며 구조는 직주에 수평으로 된 레디얼 암(arm)이 있다. 이 암은 직주의 상하 또는 주위로 회전운동을 할 수 있도록 되어 있다.

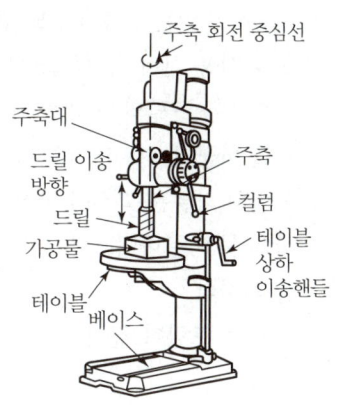

[그림] 직립 드릴링머신

2 드릴 작업(가공)의 종류

① 보링(boring) : 조절할 수 있는 한 개의 절삭날을 갖고 있는 절삭공구를 사용하여 구멍을 키우는 작업이다.
② 카운터보링(counter boring) : 구멍의 끝을 넓혀 턱지게 하는 작업으로 머리가 둥근 형으로 된 나사자리 등을 만들 때 이용한다.
③ 카운터싱킹(counter sinking) : 접시꼴나사 등의 자리를 만들기 위하여 구멍의 끝을 원추형으로 만드는 작업이다.
④ 스폿페이싱(spot facing) : 너트나 캡스크루(cap screw)의 자리를 판판하게 하기 위하여 구멍의 주위를 매끈하게 다듬는 작업이다.
⑤ 태핑(tapping) : 탭을 사용하여 암나사를 만드는 작업이다. 드릴링머신은 역회전이 곤란하므로, 태핑시에는 역회전이 가능한 전동기나 태핑 어태치먼트(tapping attachment)를 사용해야 한다.

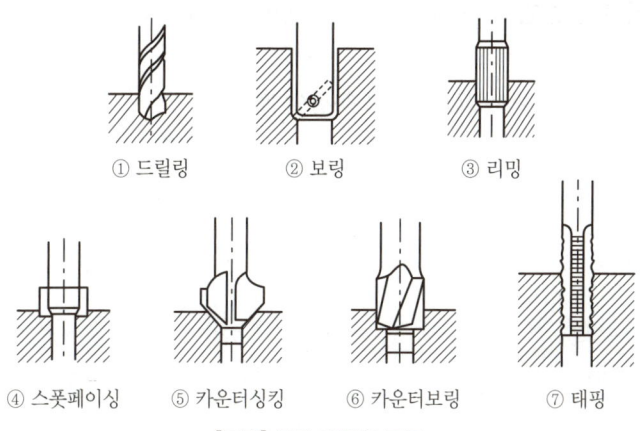

[그림] 드릴 가공의 종류

합격예측 및 관련법규

전기장치 일반사항

① 공작기계의 일부를 구성하는 모든 전기기계기구(이하 "전기장치"라 한다.)는 가능한 한 KS B4006(공작기계의 전기장치)을 따라야 한다.
② 전기장치는 상하한 각각 10[%] 이내의 전압변동 범위에 대하여 정상으로 작동하여야 한다.
③ 전기장치는 가능한 한 단일전원에 접속시켜야 한다. 전기장치 내의 전자장치, 전자클러치 등이 서로 다른 전압 등을 필요로 하는 경우에는 그 전기장치에 변압기, 정류기 등의 변환기기를 내장하여 필요한 전압 등을 얻는 방법이 고려되어야 한다.
④ 전기장치에는 비상정지장치 및 전원개폐기를 설치하여야 한다. 단, 비상정지장치에 의한 전원차단이 근로자에게 위험이 미치지 않는 경우에는 전원개폐기를 설치하지 않을 수 있다.

합격예측

연삭기(연마기)의 정의

① "연삭기(grinding machine) 또는 연마기"란 동력에 의해 회전하는 연삭숫돌 또는 연마재 등을 사용하여 금속이나 그 밖의 가공물의 표면을 깎아내거나 절단 또는 광택을 내기 위해 사용되는 기계를 말하며, 연삭기 또는 연마기의 주요구조부는 다음과 같다.
　㉮ 테이블
　㉯ 베드
　㉰ 공작물 고정장치
　㉱ 연삭숫돌 덮개

② "원주속도"란 회전부의 외주속도로서 다음 식에 따라 산출한다. 17. 5. 7 ⚙

$$v = \frac{D \times \pi \times n}{60 \times 1,000}$$

　v : 원주속도[m/s]
　n : 회전속도[rpm]
　D : 연삭숫돌의 외경[mm]

③ "정격속도"란 규정된 한계속도로서 사용 중 연삭숫돌 회전축의 최대회전속도를 말한다.

④ "연삭숫돌 가드"란 연삭숫돌의 연삭면을 제외한 부분을 둘러싸는 가드를 말한다.

(1) 원주속도
16. 5. 8 ⚙ 17. 8. 26 ⚙ ⚙
19. 4. 27 ⚙ 20. 9. 27 ⚙
21. 3. 7 ⚙ 23. 7. 8 ⚙

$$v = \frac{\pi DN}{1,000}\,[\text{m/min}]$$
$$= \pi DN\,[\text{mm/min}]$$

여기서 25. 2. 7 ⚙ ⚙
지름 : D[mm]
회전수 : N[rpm]

(2) 연삭숫돌의 3요소 22. 3. 5 ⚙
① 입자(절삭날)
② 결합제(절삭날지지)
③ 기공(칩의 저장, 배출)

(3) 연삭숫돌의 5인자
① 입자의 종류 : 절삭날의 종류
② 조직 : 숫돌 입자율
③ 입도 : 절삭날의 크기
④ 결합제의 종류 : 결합제의 특성
⑤ 결합도 : 절삭날 발생속도의 조정

---

3 드릴작업시 안전대책
17. 3. 5 ⚙ 17. 5. 7 ⚙ 17. 8. 26 ⚙ 18. 3. 4 ⚙ ⚙ 18. 8. 19 ⚙
19. 4. 27 ⚙ 19. 8. 4 ⚙ 20. 6. 14 ⚙ 23. 6. 4 ⚙ 24. 2. 15 ⚙

① 회전하고 있는 주축이나 드릴에 손이나 걸레를 대거나 머리를 가까이 하지 말 것
② 드릴 사용 전에 점검하고 상처나 균열이 있는 것은 사용하지 않는다.
③ 가공중에 드릴의 절삭률이 불량해지고 이상음이 발생하면 중지하고 즉시 드릴을 바꾼다. (큰 구멍은 작은 구멍을 먼저 뚫고 큰 구멍을 뚫는다.)
④ 드릴의 착탈은 회전이 완전히 멈춘 다음 행한다.
⑤ 작은 물건은 바이스나 클램프를 사용하여 장착하고 직접 손으로 지지하는 것을 피한다.
⑥ 가공중 드릴이 깊이 먹어 들어가면 기계를 멈추고 손돌리기로 드릴을 뽑아낸다.
⑦ 드릴이나 소켓을 뽑을 때는 공구를 사용하고 해머 등으로 두드려서는 안 된다. (금속성 망치 사용 금지)
⑧ 드릴이나 척을 뽑을 때는 되도록 주축을 내려서 낙하거리를 적게 하고 테이블 등에 나뭇조각 등을 놓고 받는다.
⑨ 레디얼드릴머신은 작업중 칼럼(column)과 암(arm)을 확실하게 체결하여 암을 선회시킬 때 주위에 조심한다. 정지시는 암을 베이스의 중심 위치에 놓는다.
⑩ 공작물과 드릴이 함께 회전하는 경우 : 거의 구멍을 뚫었을 때
⑪ 작업시 척 렌치(chuck wrench)는 반드시 제거한다.

4 방호장치 종류 및 일감 고정 방법

① 방호장치
　㉮ 방호울(가드)
　㉯ 브러시
　㉰ 재료의 회전방지장치
　㉱ 투명 플라스틱 방호판 등

② 공작물 고정 방법 18. 8. 19 ⚙ 21. 5. 15 ⚙ 23. 3. 1 ⚙ 23. 5. 13 ⚙
　㉮ 바이스 : 일감이 작을 때
　㉯ 볼트와 고정구 : 일감이 크고 복잡할 때
　㉰ 지그(jig) : 대량생산과 정밀도를 요구할 때

6. 연삭기(grinding machine)

(1) 개요 및 정의

연삭기는 고속회전을 하는 연삭숫돌로 표면을 절삭함으로써 금속공업의 표면 정밀도를 높이는 연삭가공을 하는 공작기계를 말하며, 연삭저항에 의하여 숫돌 표면의 입자가 결합제의 결합력보다 커지면 떨어져 나가면서 새로운 입자가 숫돌 표면에 나타나 연삭이 계속되는 자생작용 기능을 갖고 있다. 연삭기의 연삭용숫돌을 동력의 회전체에 부착하여 고속으로 회전시키면서 가공재료를 연마 또는 절삭(grinding)하는 기계를 말한다.

(2) 연삭기의 종류

1 기계식연삭기
제품 외부 및 내부를 정밀하게 연삭할 목적으로 제작된 대형기계로 만능연삭기, 원통연삭기, 평면연삭기, 만능공구연삭기 등을 말한다.

2 탁상용연삭기
일반적으로 많이 사용되는 연삭기로써 가공물을 손에 잡고 연삭숫돌에 접촉시켜 가공하는 것으로 양두연삭기 등을 말한다.

3 휴대용연삭기
손으로 연삭기를 휴대하고 공작물 표면에 연삭숫돌을 접촉시켜 가공하는 연삭기를 말한다.

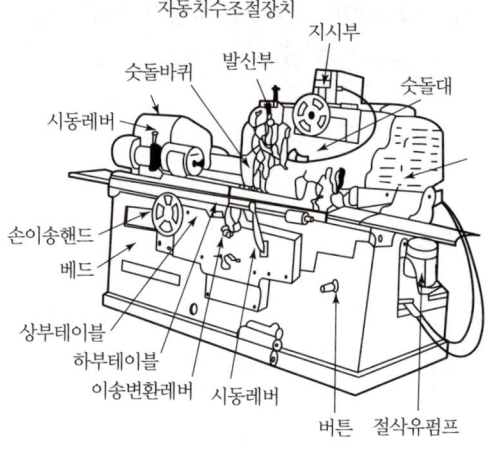

[그림] 원통연삭기

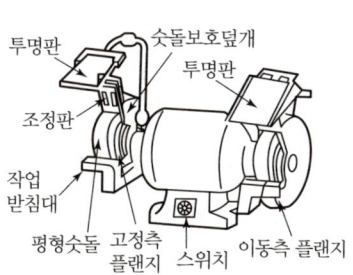

[그림] 탁상연삭기

합격예측

비상정지장치는 다음에 정하는 바에 따른다.
① 근로자에게 위험을 미칠 우려가 있는 경우에는 기계와 그와 관련된 모든 장치를 가능한 한 신속하게 정지시킬 수 있어야 한다.
② 공작기계의 최대과부하전류를 차단할 수 있어야 한다.
③ 전자체크회로, 브레이크 시스템, 공작물 고정장치, 급속정지를 위한 제어회로, 그 밖에 전원의 차단이 근로자에게 위험을 미칠 우려가 있는 장치는 비상정지장치에 의하여 차단되지 않아야 한다.
④ 비상정지장치를 복귀하여서 기계가 재가동 되어서는 아니되며, 주전원의 제어에 의하여만 가능하도록 하여야 한다.
⑤ 비상정지 후에는 수동으로 기계를 복귀시키기 전에는 기계를 재가동할 수 없도록 하여야 한다. 다만, 공작기계 작동부분의 복귀작동이 위험을 감소시킬 수 있거나 위험을 미칠 우려가 없는 경우에는 비상정지 후 복귀작동이 개시될 수 있어야 한다.
⑥ 비상정지장치를 작동시키기 위한 누름단추스위치, 손잡이 등의 비상정지스위치는 적색을 사용하여 명확하게 표시하고 또한 작업자가 그 작업위치를 떠나지 아니하고 바로 작동시킬 수 있는 위치에 설치되어 있어야 한다.
⑦ 제6호의 누름단추 스위치의 형상은 버섯형으로 하여야 한다.
⑧ 2 이상의 작업위치를 가지고 있는 공작기계는 각각의 작업위치에 제6호의 누름단추스위치, 손잡이 등의 비상정지스위치를 설치하여야 한다.

(3) 연삭가공의 특징

① 경화된 철과 같은 굳은 재료를 절삭하는 방법이며, 가열한 후 천천히 냉각시켜 희망하는 모양으로 매우 작은 여유를 두고 기계가공한 후 열처리하여 경화한 후 여분의 재료를 깎아낸다.
② 아주 매끈한 표면을 만들기 때문에 접촉면으로 적당하다.
③ 단시간에 정확한 치수로 가공된다. 매우 소량의 재료를 깎아내므로 연삭기는 연삭숫돌의 조절을 적당히 할 수 있어야 하며 또한 공작물도 정확히 설치되어야 한다.
④ 연삭압력 및 저항은 작게 작용하며 자석척을 사용하여 공작물을 고정할 수 있다.

(4) 연삭가공시 관련 재해 및 잠재위험

① 첫째 : 숫돌에 직접 접촉되어 일어나는 것
② 둘째 : 연삭분이 눈에 튀어 들어가서 일어나는 것
③ 셋째 : 숫돌이 파괴되어 파편이 작업자에 맞아서 일어나는 치명적인 재해 등이 있다. 특히 연삭기에 의한 재해는 작업 당사자만이 아니라 다른 데서 작업하는 근로자도 재해를 당할 수 있는 위험이 있어 각별한 안전관리가 요구되는 절삭기계이다.

(5) 연삭숫돌의 파괴원인 및 방지대책

1 숫돌의 파괴원인 16. 5. 8 ❹ 16. 8. 21 ㉮ 20. 6. 7 ㉮ 20. 6. 14 ❹ 20. 9. 27 ❹ 21. 5. 15 ㉮ 21. 8. 14 ㉮

숫돌의 강도 이상으로 큰 힘이 작용했기 때문이며 그 원인은 상당히 복잡하다. 숫돌의 일반적인 파괴원인으로 다음과 같은 것을 들 수 있다. 25. 2. 7 ❹

① 숫돌의 속도가 너무 빠를 때
② 숫돌에 균열이 있을 때
③ 플랜지가 현저히 작을 때
④ 숫돌의 치수(특히 구멍지름)가 부적당할 때
⑤ 숫돌에 과대한 충격을 줄 때
⑥ 작업에 부적당한 숫돌을 사용할 때
⑦ 숫돌의 불균형이나 베어링의 마모에 의한 진동이 있을 때
⑧ 숫돌의 측면을 사용할 때
⑨ 반지름방향의 온도변화가 심할 때

합격예측 및 관련법규

전기장치보호
① 전기장치에서 50[V]를 초과하는 전압이 걸려있는 충전부분에는 덮개를 설치하고 근로자에게 위험을 미칠 우려가 없도록 다음 각 호의 1 이상의 조치를 하여야 한다.
  1. 전원개폐기는 "OFF"로 하지 않으면 덮개를 열 수 없도록 전원개폐기와 덮개를 연동시키는 방법
  2. 공구를 사용하지 않으면 열 수 없도록 덮개를 설치하는 방법
  3. 덮개가 열려져 있을 때라도 근로자가 접촉할 우려가 없도록 절연재료를 사용하여 모든 충전부분이 노출되지 않도록 하는 방법
② 전동기는 원칙적으로 각각의 과부하 보호장치를 구비하고 있어야 한다.
③ 정전된 뒤 전원이 회복되었을 때에 자동적으로 재가동되거나, 전압이 변하였을 때에 오동작에 의하여 근로자에게 위험을 미칠 우려가 있는 것은 보호개전기를 설치하는 등 위험을 방지하기 위한 조치를 강구하여야 한다.
④ 직류전동기에 있어서 정격속도를 초과할 위험이 있는 것은 이로 인한 위험을 방지하기 위한 조치를 강구하여야 한다.

제어회로
① 제어회로는 공작기계가 잘못 조작된 경우에도 근로자의 안전을 확보할 수 있도록 되어 있어야 한다.
② 제어회로에 대한 전압은 가능한 110[V] 이하로 하여야 한다.
③ 칩의 제거, 윤활 등의 보조기능을 하는 기계·기구의 고장으로 인하여 근로자에게 위험을 미칠 우려가 있는 경우, 공작기계의 제어회로는 이 기계·기구의 고장과 사고원인이 될 수 있는 다른 기계·기구의 작동과 가능한 한 연동시켜야 한다.
④ 전동기의 회전방향을 제어하는 정역접속기는 전환할 때 단락이 일어나지 않도록 조치되어 있어야 한다.
⑤ 전동기는 역상제동하지 않는 것으로 하고, 또한 전동기가 정지상태에 있을 때는 전동기의 축을 손으로 움직여도 전기적으로 작동하지 않는 것으로 한다.

2 숫돌의 강도

숫돌의 강도는 결합재, 숫돌의 입도, 조직, 형상 등에 의하여 정해지고 있으며 결합재가 인장과 굽힘에는 약하므로 이와 같은 힘이 작용되지 않도록 해야 한다. 숫돌의 바른 고정 방법은 부적절한 힘이 숫돌에 걸리지 않도록 하는 것이므로 표준이 되는 평형숫돌은 좌우대칭의 표준플랜지를 사용하여 플랜지지름이 작게 되면 숫돌의 과대파괴속도가 저하하기 때문에 숫돌지름의 1/3 이상이어야 하는 것이다.

3 연삭기의 방호장치

연삭숫돌의 덮개의 재료나 강도는 연삭기의 안전기준에 관한 기술상의 지침의 기준에 따라야 한다. 또 숫돌이 파괴되었을 때 파편의 비산방향은 그림과 같다.

연삭기의 파괴된 숫돌의 비산으로부터 작업자 및 그 보조자가 보호되어야 하므로 덮개를 설치하여야 하며, 숫돌 파괴시에 견딜 수 있는 강도가 충분히 큰 재료로 만들어야 하고, 덮개의 두께는 숫돌바퀴의 크기, 회전수 등을 고려하여 충분한 강도를 갖도록 제작되어야 한다.

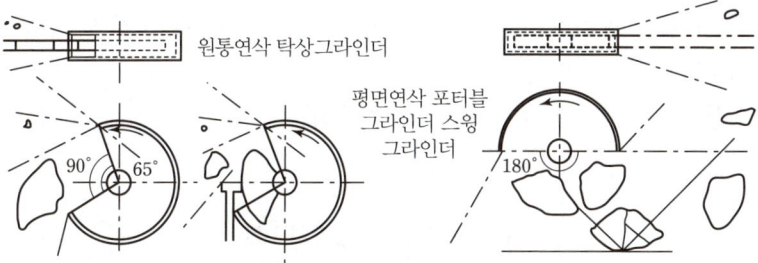

[그림] 안전덮개의 개구각과 비산방향

(6) 연삭기덮개 16. 8. 21

1 덮개의 재료 18. 4. 28 19. 8. 4

연삭숫돌의 덮개 재료는 다음에 정하는 기계적 성질을 갖는 압연강판이어야 한다.
① 인장강도가 274.5[MPa] 또는 28[kg/mm^2] 이상이고 동시에 신장도가 14[%] 이상일 것

단, 가단주철은 인장강도의 값이 32[kg/mm^2] 이상이고, 동시에 신장도가 8[%] 이상이어야 한다. 주강은 인장강도의 값이 37[kg/mm^2] 이상, 신장도가 15[%] 이상이고, 인장강도값의 0.6배의 값에 신장도를 더한 값이 48 이상일 것

② 휴대용 연삭반의 덮개 및 밴드형 덮개 이외의 덮개 재료는 표와 같다.

[표] 재료의 안전계수

재료의 종류	주철	가단주철	주강
안전계수	4.0	2.0	1.6

합격예측

본질적 안전대책

안전전압으로 강하시키거나, 충분한 절연내력을 갖추거나, 점화원의 방폭적 격리, 안전도 증가, 점화능력의 본질적 억제 또는 충분한 인장강도를 갖추는 등 본질적으로 일정한 작업상의 위험으로부터 방호하기 위한 구조규격으로 된 것

합격예측 및 관련법규

유압장치

① 주위의 온도가 40[℃] 이하인 경우, 가능한 한 유압유의 온도가 65[℃]를 넘지 않는 회로 및 구조로 하여야 하며, 65[℃]를 넘는 것에는 유압장치에 덮개를 설치하여야 한다.
② 유압유가 누설될 우려가 없는 구조로 하여야 한다.
③ 유압유를 다량으로 사용하는 개방형의 유압장치는 인화 또는 폭발의 우려가 없는 구조로 하고 또한 근로자가 보기 쉬운 곳에 취급상의 주의사항이 표시되어 있어야 한다.
④ 유압장치에는 안전밸브를 설치하여야 한다. 단, 가변토출펌프를 사용하는 유압장치에 대하여는 그러하지 아니하다.
⑤ 유압배관, 유압실린더 등은 공기빼기를 쉽게 할 수 있는 구조로 하여야 한다.
⑥ 급유구는 유압유를 쉽게 공급할 수 있는 위치에 설치하고 또한 급유구 가까이에는 사용하는 유압유의 종류를 표시하여야 한다.
⑦ 호스어셈블리에는 정격압력이 표시되어 있어야 한다.

참고

트루잉(truing)

숫돌의 연삭면을 숫돌과 축에 대하여 평행 또는 일정한 형태로 성형시켜 주는 방법

합격예측 및 관련법규

공작기계의 주위공간
공작기계의 주위공간은 다음에 따른다.
① 공작기계의 주위에는 다음과 같은 작업공간을 확보하여야 한다. 다만, 이 작업공간에는 공구함, 로커 등을 놓기 위한 공간은 포함되지 않는다. 또한, 로더, 언로더 등은 공작기계의 일부로 간주한다.
　1. 가공을 하기 위하여 필요한 공간
　2. 정비, 점검, 조정, 청소 등을 위해 필요한 공간
② 위의 작업공간은 소재의 보관이나 차량의 통로로써 사용해서는 아니 된다.
③ 위의 작업공간은 미끄러지기 쉬운 상태로 해두어서는 아니 된다.
④ 작업의 필요상 피트를 설치할 경우에는 전락을 방지하기 위한 조치를 강구하여야 한다.
⑤ 복수의 공작기계 또는 복수의 작업자에 대하여 공통의 작업공간을 설치할 경우에는 위의 각 항에 따른다.

합격예측
16. 8. 21 ㉮ 17. 5. 7 ㉯㉮
17. 8. 26 ㉯ 18. 8. 19 ㉮
19. 8. 4 ㉯ 21. 3. 7 ㉯
25. 2. 7 ㉯

플랜지 지름 = 숫돌바깥지름×$\dfrac{1}{3}$ 이상

[그림] 연삭숫돌의 3요소

Q 은행문제
탁상용 연삭기의 평형 플랜지 바깥지름이 150mm일 때, 숫돌의 바깥지름은 몇 mm 이내 이어야 하는가? 17. 3. 5 ㉯ 18. 4. 28 ㉮ 22. 3. 5 ㉮

① 300mm　② 450mm
③ 600mm　④ 750mm

정답 ②

안전계수는 안전율로 여러 가지 인자를 고려하여 각각의 경우에 대하여 결정되는 문제이므로 일반적으로 통용되는 값을 결정한다는 것은 매우 어려운 일이고 실제적으로는 종래부터 얻어진 경험에서 안전실제율을 결정하는 수가 많다.

③ 절단숫돌(최고사용주속도가 매분 4,800[m] 이하의 것에 한한다.)에 사용되는 덮개의 재료는 인장강도의 값이 18[kg/mm²] 이하이며 동시에 신장도가 2[%] 이상의 알루미늄 재료로도 할 수 있다.

[표] 연삭숫돌의 사용속도

연삭숫돌의 최고사용주속도[m/분]	2,000 이하	3,000 이하	3,000 이상
재료	주철, 가단주철 또는 주강	가단주철 또는 주강	주강

2 덮개의 두께
① 압연강판을 재료로 사용하는 덮개의 두께는 고용노동부 고시 및 기술지침에 제시되고 있다.
② 주철, 가단주철 또는 주강을 재료로 사용하는 덮개의 두께는 재료의 종류에 따라 표의 계수를 곱해서 얻은 값 이상이어야 한다.

[표] 밴드타입 안전덮개의 두께

숫돌의 외부 지름	밴드의 최소두께	리벳 최소 지름	숫돌의 두께(±)	최대 돌출량(C)
205 미만	1.6	4.8	13 25	6.4 13
205~615	3.2	6.4	50 75	19 25
635~760	6.4	9.5	100 125	38 50

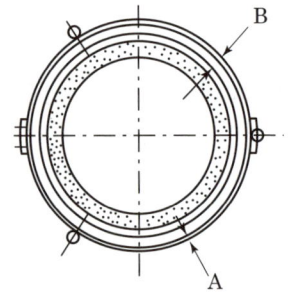 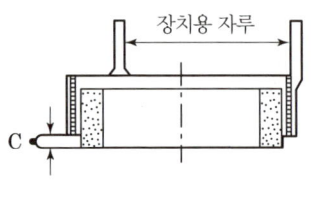

[그림] 컵형 숫돌의 밴드형 덮개

3 덮개의 설치방법

덮개의 노출각은 스핀들(spindle) 중심의 정점에서 측정하여 덮개 없이 노출된 각도를 말하며, 숫돌 파괴시 비산되는 파편으로부터 작업자를 보호하기 위한 것이기 때문에 잘못된 각도로 설치된 덮개는 설치하지 않는 것과 같으므로 덮개의 설치나 안전점검시 각별히 유의해야 할 사항이다.

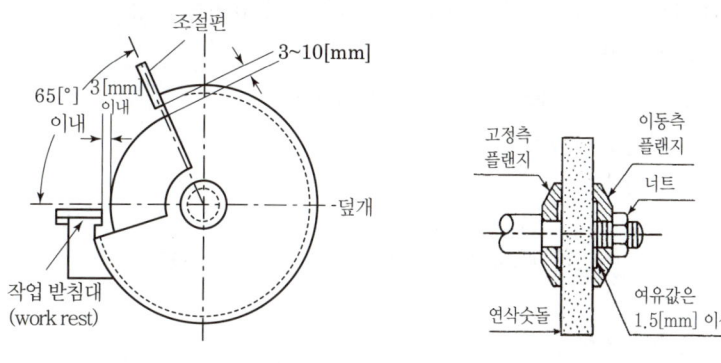

[그림] 덮개의 표준조건 [그림] 플랜지

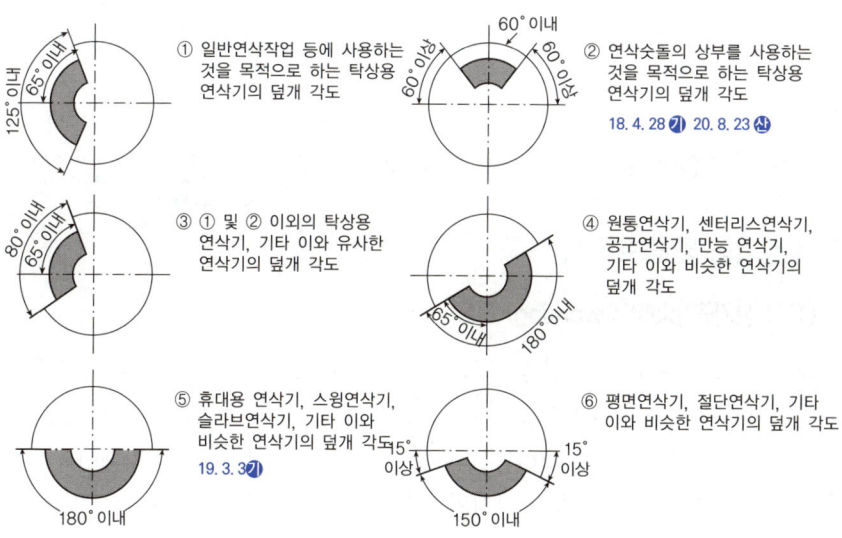

[그림] 연삭기 종류 및 덮개의 표준형상(개구부각)

4 연삭기 구조면에 있어서 안전대책

① 구조 규격에 적당한 덮개를 설치할 것(숫돌지름 : 5[cm] 이상)
② 플랜지의 직경은 숫돌직경의 1/3 이상인 것을 사용하며 양쪽을 모두 같은 크기로 할 것(플랜지 안쪽에 종이나 고무판을 부착하여 고정시, 종이나 고무판의 두께는 0.5~1[mm] 정도가 적합하며, 숫돌의 종이라벨은 제거하지 않고 고정)

합격예측 및 관련법규

표시
공작기계(연삭기는 별도의 규정에 의한다)에는 보기 쉬운 곳에 다음 사항이 표시되어야 한다.
① 제조자명
② 제조연월
③ 정격전압 및 정격주파수
④ 회전속도 및 회전방향
⑤ 중량
⑥ 그 밖에 필요한 사항

합격예측

① 드레싱(Dressing)
숫돌면의 표면층을 깎아내어 절삭성이 나빠진 숫돌의 면에 새롭고 날카로운 날끝을 발생시켜 주는 법

② 눈메움(Loading)
결합도가 높은 숫돌에 구리와 같이 연한 금속을 연삭하였을 때 숫돌 표면의 기공에 칩이 메워져 연삭이 잘 안되는 현상

③ 글레이징(Glazing)
결합도가 높아 무디어진 입자가 탈락하지 않아 절삭이 어렵고, 일감을 상하게 하고 표면이 변질되는 현상

④ 결합제의 필요한 조건
㉮ 입자간에 기공이 생길 수 있도록 할 것
㉯ 균일한 조직으로 임의의 형상이나 크기로 만들 수 있을 것
㉰ 고속회전에 대한 안전한 강도를 가질 것
㉱ 발생하는 열에 대하여 안전할 것

③ 숫돌 결합시 축과는 0.05~0.15[mm] 정도의 틈새를 둘 것
④ 칩 비산 방지 투명판(shield) 및 국소배기장치를 설치할 것
⑤ 탁상용 연삭기는 워크레스트와 조정편을 설치할 것(워크레스트와 숫돌과의 간격은 3[mm] 이내, 가공물과 받침대 사이 거리 2[mm])
⑥ 덮개의 조정편과 숫돌과의 간격은 10[mm] 이내
⑦ 작업 받침대의 높이는 숫돌의 중심과 거의 같은 높이로 고정
⑧ 숫돌의 검사 방법
  ㉮ 외관 검사 ㉯ 타음 검사 ㉰ 시운전 검사
⑨ 최고 회전속도 이내에서 작업할 것

> 숫돌의 원주속도(V)[m/분]$=\pi Dn/1{,}000$
> D : 숫돌의 직경[mm] n : 회전수[rpm]

⑩ 연삭숫돌의 표시 방법(구성인자)

> GC · 80 · H · m · V · 평(또는 1호) · 200×25×110
> 숫돌(입자)의 입도 결합도 조직 결합제 형상 치수
> 종류

⑪ 작업시작하기 전 1분 이상, 연삭숫돌을 교체한 후 3분 이상 시운전(숫돌파열이 가장 많이 발생하는 경우는 스위치를 넣는 순간) 17.3.5㉠ 17.8.26㉣ 18.3.4㉣ 19.3.3㉣ 19.4.27㉣ 20.8.22㉠ 20.8.23㉣ 22.4.24㉠

7. 소성가공 및 방호장치

(1) 소성가공(plastic working) 개요

보통 재료(또는 소재)는 힘을 받으면 변형(deformation)된다. 가해진 힘을 제거하면 재료의 변형이 원래 상태로 회복되는 성질을 탄성(elasticity)이라 하고, 변형이 남는 성질을 소성(plasticity)이라 한다. 대부분의 금속재료는 가해진 힘이 작을 때는 탄성을 유지하나 힘이 커지면 힘을 제거하여도 변형이 남는다. 이를 소성 변형이라하며 재료의 이 성질을 이용한 가공이 소성가공이다.

소성 변형(plastic deformaition)은 재료에 외력을 가하였다가 외력을 제거하여도 원상태로 되돌아오지 않고 영구변형을 일으킨 것을 말한다.

(2) 소성 변형의 가공 목적

① 변형시켜 필요한 모양으로 제조하여 가공조직 파괴후 풀림하여 성질을 향상시킨다.
② 가공으로 생긴 내부응력을 적당히 남게하여 기계적 성질로 향상시킨다.
③ 금속재료는 소성변형을 받으면 그 성직이 변하나 가열하면 원상태로 된다.

(3) 소성 변형의 응용가공

1 압연가공(rolling)
재료를 열·냉간가공하기 위해 회전하는 Roller 사이에 금속재료를 통과시켜 성형하는 방법으로 판재·봉·관·형재·레일 등을 만들 수 있다.

2 압출가공(exbrusion)
상온 또는 가열된 금속을 실린더 모양을 한 Container에 넣고 한 쪽에 있는 ram에 압력을 가해 밀어낸다. Die 재료가 소성가공되어 봉, 관, 형 등 제작

3 인발가공(drawing)
Die의 구멍을 통하여 금속재료를 축방향으로 당기어 바깥지름을 감소시키면서 일정한 단면을 가진 소재로 가공하는 방법으로 봉, 관, 선 등의 제조에 이용되며 5[mm] 이하(지름)의 가는 선의 인발을 선인(線引 : wire drawing)이라 한다.

4 Pressing
판재를 punch와 die 사이에서 압축성형하는 방법으로 전단, 굽힘, 압축 deep drowing

5 단조가공(forging)
ingot의 소재를 고온 즉 보통열간가공온도에서 적당한 단조기계로 소성가공하여 조직을 미세화시키고 균일상태로 하면서 성형한 방법이다.

6 전조가공(roll forning)
전조공구를 이용하여 나사, 기어 등을 성형하는 가공 방법이다.

세부항목 2. 프레스 및 전단기의 안전

1. 프레스 재해방지의 근본적인 대책

(1) 정의

1 프레스(press)
프레스란 금형을 사이에 두고 금속 또는 비금속 물질을 압축·전단 또는 조형하는 데 사용하는 기계를 말한다.

2 전단기(shearing M/C)
원재료를 전단하기 위해 사용하는 기계로 회전전단기는 포함하지 않는다.

합격예측 및 관련법규

적용대상
금형 사이에 금속 또는 비금속 물질을 두고 동력에 의하여 압축, 절단 또는 조형 등을 하는 프레스와 동력전달방식이 프레스와 유사한 구조의 것으로서 원재료를 재단하기 위해 사용하는 전단기에 대하여 적용한다. 다만, 회전전단기는 포함하지 아니한다. 다만, 열간단조프레스, 단조용해머, 목재 등의 접착을 위한 압착프레스, 분말압축성형기, 사출기, 압출기, 절곡기, 고무, 모래 등의 가압형성기 및 회전전단기는 포함하지 아니한다.

참고
"프레스"라 함은 금형과 금형 사이에 금속 또는 비금속물질을 넣고 압축, 절단 또는 조형하는 기계를 말한다.

은행문제
프레스의 분류 중 동력 프레스에 해당하지 않는 것은?
① 크랭크 프레스
② 토글 프레스
③ 마찰 프레스
④ 아버 프레스

정답 ④

해설
아버프레스(arbor press) : 인력으로 작은 축을 조작하여 스핀들을 승강시키는 소형 프레스

(2) 프레스의 종류 및 요약

① **기계프레스** : 기계적인 힘에 의해 슬라이드를 구동하는 프레스
② **핀클러치프레스** : 기계프레스 중 클러치가 슬라이딩핀 구조로 된 것
③ **키클러치프레스** : 기계프레스 중 클러치가 롤링키 구조로 된 것
④ **크랭크프레스** : 기계프레스 중 크랭크축 등의 편심 기구를 갖는 것
⑤ **액압프레스** : 동력을 액압에 의해 전달하여 슬라이드를 구동하는 프레스

(3) 프레스 재해의 특징

프레스란 동력에 의하여 금형을 사이에 두고 금속 또는 비금속물질을 압축, 전단 또는 조형하는 기계를 말하며, 전단기란 동력전달방식이 프레스와 유사한 구조의 것으로서 원재료를 재단하기 위하여 사용하는 기계를 말한다. 프레스는 대부분 동종 제품을 양산하는 데 소요되는 설비로서 하루 수천회 또는 그 이상, 1년간에는 수백만번 단순동작을 반복하면서 제품을 가공하는 동안 수없이 위험구역 내에 신체의 일부가 드나드는 위험한 기계이다. 그 중에서 단 한번의 실수에 의해 평생 불구의 원인이 되는 등 대부분의 사고가 신체적 장해를 남기는 비참한 재해를 일으킨다.

프레스에 의한 재해는 위험구역 내에 사람의 신체 일부가 절대로 들어갈 수 없는 조치가 되어 있지 않으므로 인하여 작업 중 우연히 금형 사이에 손을 넣는 경우나 기계와 안전장치의 점검, 조정 등이 불충분한 경우 기계의 고장에 의해 슬라이드가 불의에 작동한 경우에 자주 발생한다. 이러한 프레스 재해는 70[%] 이상이 크랭크프레스에 의한 재해로 이루어지고 있으며, 현재의 프레스 총 대수의 90[%] 이상이 기계프레스이다.

표는 재해발생시의 행동별 비율로서 재료 공급 및 추출할 때의 재해발생이 41[%]로 가장 많이 차지하고 있다. 또한 이것은 재료의 위치 수정시와 시제품 작업을 포함하면 70[%] 이상이 된다. 작업조건을 보면 손을 직접 넣을 수 있는 작업의 범위가 70[%] 이상이 위험한 작업을 행할 수 있는 조건이다.

[표] 재해발생시의 행동

작업 행동	구성[%]
재료 공급 및 추출시 행동	41
금형 시험제품 작업중 행동	16
공급한 재료의 위치 수정중	14
금형 설치시 금형 조정중	13
그 밖에 행동	16

따라서 프레스는 기계의 고장에 의한 재해와 안전장치의 사용 결함에 의한 재해를 충분히 검토해야 하며 먼저 작업점 이외의 부분인 플라이휠과 벨트, 이송장치 등의 부속장치의 위험부분에 충분한 덮개를 설치하여 말려 들어가지 않도록 하여야 한다. 작업점에 대한 방호는 다음과 같이 하는 것이 좋다.

① 안전장치를 사용할 것
② 이송장치와 수송구를 사용할 것
③ 금형을 개선할 것
④ 방호장치의 조작용 회로전압은 150[V] 이하로 한다.

단조프레스는 금형이 냉간시에 작업을 시작하면 금형의 일부가 파열되어 튀어 달아나는 수가 있으므로 조심하여야 한다. 금형의 파편은 작업자에게 치명적인 것이다. 그러므로 작업자는 금형의 재질에 대하여 세심한 주의와 점검이 절대 필요한 것이다. 그리고 해머베드의 설치부가 균열되어 파손을 일으킬 것인가를 잘 살펴야 한다. 단조프레스의 안전장치는 금형 사이에 몸을 넣을 때 프레임에 설치된 안전블록(safety block)을 펀치부 아래에 끼워 넣어 펀치부가 돌연 낙하하지 않도록 하여야 한다. 안전블록 인출식도 있다. 금속전단기는 프레스와 같은 위험성을 가지고 있는 기계이므로 안전대책은 프레스의 경우와 같다.

(4) 프레스의 안전장치 및 방호대책

1 게이트가드식 20. 9. 27 ㉠

① 가드식의 예 : 가드식은 interlock가 적용된 가드와 비슷하다. 기계를 작동하려면 우선 게이트(문)가 위험점을 폐쇄하여야 비로소 기계가 작동되도록 한 장치를 말한다. 가드식 안전 장치는 게이트가 ㉮ 하강식, ㉯ 상승식, ㉰ 도입식, ㉱ 횡슬라이드식 등이 있으며 작업조건에 따라서 게이트의 작동을 선정하여야 한다.

② 가드식의 특징
㉮ 일반적으로 이차 가공에 적합하다.
㉯ 기계고장으로 인한 이상행정에도 안전하다.
㉰ 공구 파손시에도 안전하다.
㉱ 상사점(上死點) 개방방식은 작업능률이 떨어진다.

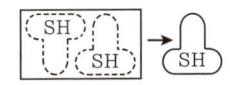
① Blanking(블랭킹)

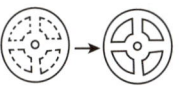
② Punching(펀칭)

③ Shearing(시어링)

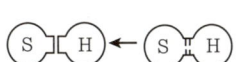
④ Parting(파팅)

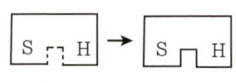
⑤ Notching(노칭)

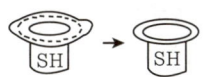
⑥ Trimming(트리밍)

[그림] 프레스 금형 가공의 종류

합격예측 및 관련법규

설치방법
① 양수조작식 방호조치는 반드시 두손을 사용하여야만 작동되도록 설치하여야 하고, 기계의 작동직후 손이 위험지역에 들어가지 못하도록 위험지역으로부터 다음에 정하는 안전거리 이상에 설치하여야 한다. 또한 누름단추 또는 조작레버간의 거리는 한손으로 조작할 수 없는 거리를 유지해야 한다.
[안전거리(cm) = 160 × 프레스 작동후 작업점까지의 도달시간(초)]
② 수인식방호장치의 수인용줄은 사용중에 늘어나거나 끊어지기 쉬운 것을 사용하여서는 안되며, 그 길이를 조정할 수 있어야 한다.
③ 손쳐내기식 방호장치는 작업에 사용될 금형의 절반이상의 크기를 가진 손쳐내기판을 손쳐내기봉에 부착하여야 하며, 손쳐내기봉은 그 길이 및 진폭을 조정할 수 있는 구조이어야 하고, 작업자의 손을 강타하지 않도록 고무 등 완충물을 설치하여야 한다.
④ 게이트가드 방호장치는 게이트가 위험부분을 차단하지 않으면 작동되지 않도록 확실하게 연동되어야 하며, 금형의 크기에 따라 게이트의 크기를 선택, 설치하여야 한다.

◉ 참고
"비상정지장치"라 함은 비상시에 즉시 프레스 등의 슬라이드의 동작을 정지할 수 있는 장치를 말한다.

Q 은행문제 18. 8. 19 ㉠

프레스 방호장치 중 가드식 방호장치의 구조 및 선정조건에 대한 설명으로 옳지 않은 것은?
① 미동(Inching) 행정에서는 작업자 안전을 위해 가드를 개방할 수 없는 구조로 한다.
② 1행정, 1정지기구를 갖춘 프레스에 사용한다.
③ 가드 폭이 400[mm] 이하일 때는 가드 측면을 방호하는 가드를 부착하여 사용한다.
④ 가드 높이는 프레스에 부착되는 금형 높이 이상(최소180[mm])으로 한다.

정답 ①

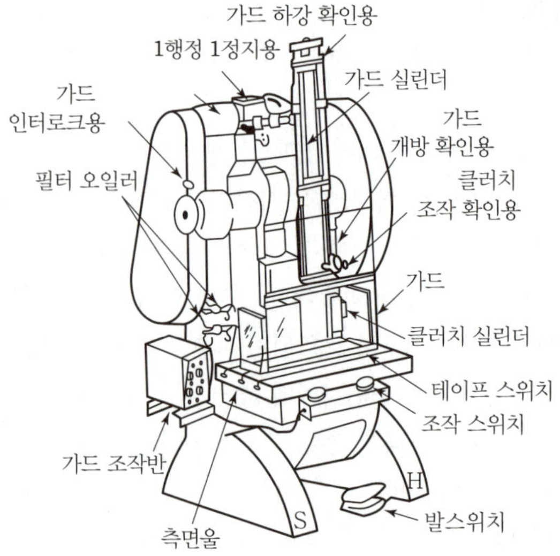

[그림] 가드식 안전장치

2 수인식

작업자의 손과 기계의 운동부분을 케이블이나 로프로 연결하고 기계의 위험한 작동에 따라서 손을 위험구역 밖으로 끌어내는 장치를 말하며, 국내 금속가공업체에서 주로 사용되는 핀클러치 조의 크랭크프레스에 적합하다. 다만 이 장치를 효과적으로 사용하려면 케이블이나 로프의 길이를 작업자가 적극적으로 조정하고, 감독자에 의한 사용 상황의 관리가 중요하다. 이 수인식 안전장치는 손을 구속하게 되므로 작업간 손의 활동범위를 고려해서 선택, 적용하여야 한다.

① 끈의 수인량과 금형의 틈새, 수인끈의 수인량은 프레스전단기의 안전보건기준에 관한 기술지침에 의해서 사용되는 기계의 정반 안길이의 1/2 이상이어야 한다. 끈은 직경 4[mm] 이상 19. 8. 4 [기]

② 수인식의 특징

〈장점〉

㉮ 슬라이드의 연속낙하에도 재해방지가 가능하다.

㉯ 여분의 조작이 필요하지 않다.

㉰ 되돌림식에서는 끈의 길이가 적당하면 수공구를 사용할 필요도 없이 안전하다.

〈단점〉

㉮ 작업반경에 제한을 두기 때문에 행동에 제약을 받는다.

㉯ 작업자를 구속하므로 생산성의 저하 우려와 작업자의 거부감을 일으킨다.

㉰ 매 작업마다 조정이 필요하다.

㉱ 스트로크가 짧은 프레스의 경우 되돌리기가 불충분하다.

합격예측 및 관련법규

적용범위

이 기준은 동력에 의하여 구동되는 프레스 등에 대하여 적용한다. 다만, 다음에 해당하는 기계는 적용을 제외한다.

1. 열간단조프레스, 단조용 해머, 목재 등의 접착을 위한 압착프레스, 분말압축성형기, 사출기·압출기 및 절곡기, 고무 및 모래 등의 가압성형기, 자동터릿펀칭프레스, 다목적 작업을 위한 가공기(Ironworker)
2. 스트로크가 8[mm] 이하로서 위험한계내에 신체의 일부가 들어갈 수 없는 구조의 프레스 등
3. 원형회전날에 의한 회전전단기

참고

"기계프레스 등"이라 함은 슬라이드 또는 램의 작동을 크랭크, 토글, 링크, 캠 등의 기구에 의하여 작동시키는 프레스 등을 말한다.

합격예측

프레스 또는 전단기 방호장치의 공통일반구조

① 방호장치의 표면은 벗겨짐 현상이 없어야 하며, 날카로운 모서리 등이 없어야 한다.
② 위험기계, 기구 등에 장착이 용이하고 견고하게 고정될 수 있어야 한다.
③ 외부충격으로부터 방호장치의 성능이 유지될 수 있도록 보호덮개가 설치되어야 한다.
④ 각종 스위치, 표시램프는 매립형으로 쉽게 근로자가 볼 수 있는 곳에 설치해야 한다.

3 손쳐내기식 16.8.21 ㉠ 17.3.5 ㉠ 17.8.26 ㉠ 19.8.4 ㉠ 20.9.27 ㉠ 21.3.7 ㉠ 22.3.5 ㉠ 24.2.15 ㉠

기계가 작동할 때 레버나 링크 혹은 캠으로 연결된 제수봉이 위험구역의 전면에 있는 작업자의 손을 우에서 좌, 좌에서 우로 쳐내는 것을 말한다.

① 손쳐내기식의 조건 : 기계의 슬라이드 작동에 의해서 제수봉의 길이 및 진폭을 조절할 수 있는 구조로 되어야 하며, 손의 안전을 확보할 수 있는 방호판이 구비되어야 한다. 이 방호판의 폭은 금형폭의 1/2(금형의 폭이 200[mm] 이하에서 사용하는 방호판의 폭은 100[mm]) 이상이어야 하며 또 높이가 행정길이(행정길이가 300[mm]를 넘는 것은 300[mm]의 방호판) 이상이 되어야 한다. 또 슬라이드 하행정거리의 3/4 위치에서 손을 완전히 밀어내어야 한다.

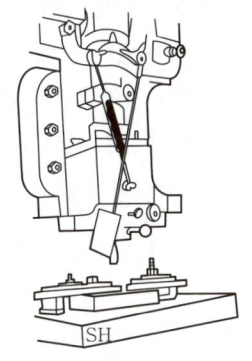
[그림] 손쳐내기식의 방호장치

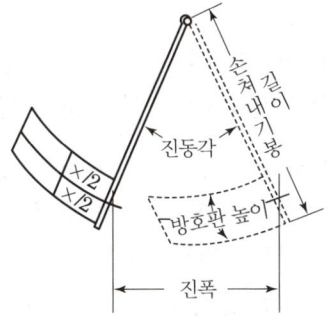
[그림] 손쳐내기봉과 방호판

사업장에서 손쳐내기식 안전장치를 설치한 후 그 사용에 실패하는 이유는 작업에 지장을 주는 것은 물론, 손쳐내기판이 스윙할 때 위험구역 밖에서도 강타당하게 되면 이때 방호판이 완충물로 되어 있지 않을 때 방호판에 맞아 손이 부어오르고 그래서 그 작업자가 의도적으로 사용을 기피하는 경향 때문이다. 또 방호구역의 제한을 받으며, 작업자의 시야 및 정신집중의 혼란을 야기시키고, 손쳐내기봉이 변형되기 쉽고, 스트로크 끝에서 방호가 불충분하지만 특징으로는 다음과 같은 것이 있다.

② 손쳐내기식의 특징

〈장점〉

㉮ 가격이 저렴하다.
㉯ 설치가 용이하다.
㉰ 수리·보수가 용이하다.
㉱ 신뢰성이 높다.(이론적으로는 작업면에 재해가 일어날 이유가 없다.)

〈단점〉

㉮ 양쪽 측면이 무방호 상태이다.
㉯ 대형프레스는 손의 구속이 안 된다.

합격예측 및 관련법규

압력능력의 표시 등 17.5.7 ㉠

① 프레스 본체나 슬라이드 전면에는 알아보기 쉽게 압력능력을 표시하여야 한다.
② 프레스 등의 본체 전면 또는 측면에는 다음 각 호의 제원이 표시된 이름판을 부착하여야 한다.
  1. 압력능력(전단기는 전단능력)
  2. 사용전기설비의 정격
  3. 제조자명
  4. 제조연월
  5. 안전인증의 표시
  6. 형식 또는 모델번호
  7. 제조번호

작업용 발판

① 프레스 등의 상부에 작업용 발판을 설치하는 경우에는 보도면이 쉽게 미끄러지거나 넘어지지 아니하는 구조이어야 한다.
② 추락방지용 상부난간은 900[mm] 이상의 높이로 설치되어야 하고, 중간대는 450[mm] 정도의 높이를 유지하여야 한다.

합격예측

외관 및 조립상태

① 프레스 등의 구조물이나 주요부품은 균열 또는 손상 등이 없어야 한다.
② 다음 각 호의 볼트, 너트 등에 있어서는 풀림이 없거나 또는 풀림방지조치가 되어 있어야 한다.
  1. 타이로드, 기초볼트등 체결용으로 사용된 것
  2. 공기탱크, 오일탱크 및 볼스터 등의 조립 또는 설치용으로 사용된 것
  3. 실린더나 램 고정부 등에 사용된 것
  4. 클러치, 브레이크, 기어 및 크랭크샤프트 등 회전부에 사용된 것
  5. 슬라이드 및 작동부 등에 사용된 것
③ 프레스 등의 설치기초는 정하중 및 동하중에 견딜 수 있는 견고한 구조이어야 한다.

합격예측 및 관련법규

제12조(사다리) 상부에 올라갈 필요가 있는 프레스 등에는 다음 각 호에 적합한 고정사다리를 설치하여야 한다.
1. 발판의 간격은 250[mm] 이상 350[mm] 이하일 것
2. 발판측면과 프레스 등의 측면과의 근접수평거리는 150[mm] 이상일 것
3. 발이 미끄러지거나 빠지지 않는 구조일 것
4. 상부의 높이가 6[m]를 초과하는 것은 방호울(Safety Cage 또는 Hoop)을 설치하여야 하고, 작업장 바닥면으로부터 2.0~2.5[m] 정도를 띄울 것
5. 상부의 높이가 6[m]를 초과하는 것은 상부에 작업자의 유무를 표시하는 장치를 설치할 것

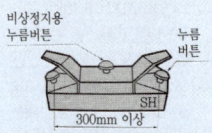

[그림] 양수조작식 누름버튼
18. 3. 4 18. 8. 19
19. 4. 27 19. 8. 4
20. 6. 7

Q 은행문제

프레스의 방호장치 중 확동식 클러치가 적용된 프레스에 한해서만 적용 가능한 방호장치로만 나열된 것은?(단, 방호장치는 한 가지 종류만 사용한다고 가정한다.)
19. 3. 3

① 광전자식, 수인식
② 양수조작식, 손쳐내기식
③ 광전자식, 양수조작식
④ 손쳐내기식, 수인식

정답 ④

참고

양수조작식 안전거리
① 설치거리[cm] = 160 × 프레스 작동 후 작업점까지의 도달시간(s)
② $D = 1.6(T_l + T_s)$ 여기서
- D : 안전거리(단위 [mm])
- T_l : 누름버튼에서 손이 떨어질 때부터 급정지 기구가 작동을 개시하기까지의 시간[ms]
- T_s : 급정지 기구가 작동을 개시할 때부터 슬라이드가 정지할 때까지의 시간[ms]. 여기서 급정지 시간의 측정은 크랭크각도 90[°]의 위치에서 측정한다.

식 ①, ②의 차이는 단위 조작상의 차이이며, 근본적으로 동일한 안전거리 산정식이다. 또한 여기서 적용되는 식은 인간 손의 기준속도를 1.6[m/s](160[cm/s])로 해서 계산되는 것이다.

[표] 손쳐내기식 방호장치의 성능기준 19. 3. 3

구분	성능기준
진동각도·진폭시험	행정길이가 최소일때 : (60~90)[°] 진동각도 최대일때 : (45~90)[°] 진동각도
완충시험	손쳐내기봉에 의한 과도한 충격이 없어야 한다.
무부하 동작시험	1회의 오동작도 없어야 한다.

4 양수조작식 16. 8. 21 17. 5. 7 17. 8. 26 23. 7. 8

기계를 가동할 때 위험한 작업점에 손이 놓이지 않도록 조작단추나 조작레버를 2개 준비하고 양손으로 동시에 단추나 레버를 작동시키도록 한 것이다.(위치제한형) 이때 단추와 레버의 거리는 300[mm] 이상 격리시켜야 한다. 누름단추는 매립형 조작이 용이하고 더욱이 접촉, 진동으로 불의의 기계가 기동할 때 위험이 없는 것이어야 한다. 양수조작식 안전장치는 양수조작식과 양수기동식으로 구분한다.

① **양수조작식** : 양손으로 누름단추 등의 조작장치를 계속 누르고 있으면 기계는 계속 작동하지만 두 손 중 한 손만 조작장치에서 떼면 기계는 즉시 정지한다.
  예) 마찰식 클러치가 있는 프레스기

② **양수조작장치의 안전확보** : 작업현장에서 자주 볼 수 있는 것은 1점 조작을 하는 행위이다. 이 불안전한 행위를 방지하지 못하고, 이 장치의 효과를 확보하려면 다음의 조건들을 만족시켜야 한다.

㉮ 일정 시간(예를 들면 1초 이내)에 누름단추를 동시에 조작하여야만 작동되는 것(사용전원 전압의 ±100분의 20의 변동에 정상작동)

㉯ 기계의 작동 후 위험점에 손이 도달하지 못하도록 안전거리를 확보하는 것. 누름단추나 조작레버는 위험한계에 안전거리 이상 떼어서 부착하여야 한다. 현재 일반기계나 장치에 사용되고 있는 사례에서 양수기동 장치들은 재검토를 필요로 하는 많은 문제점이 있는 것으로 본다. 이러한 미비점을 만족시키려면 일반적으로 조작장치와 위험점간에 충분한 안전거리를 취할 필요가 있다. 여기서 작용하는 인간의 손의 기준속도를 초속 1.6[m]로 해서 $D = 1.6(T_l + T_s)$로 계산식이 정해져 있다.

③ **양수기동식** : 양손으로 누름단추 등의 조작장치를 동시에 1회 누르면 기계가 작동을 개시하는 것을 말한다. 정지는 정지단추를 조작하거나 1행정(一行程)을 한 뒤 자동정지하는 경우가 많다.

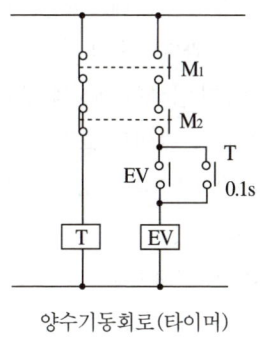
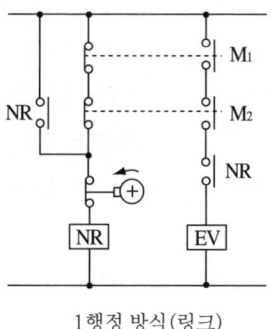

양수기동회로(타이머)   1행정 방식(링크)

[그림] 양수기동식 회로

④ 양수조작식의 특징
  ㉮ 급정지 성능이 약화하지 않는 한 작업자를 슬라이드에 의한 위험거리에서 완전히 방호한다.
  ㉯ 굽힘가공 등 2차가공에 사용되며 급정지 성능이 양호하면 안전거리가 짧아 작업능률이 향상된다.
  ㉰ 클러치·브레이크의 기계적인 고장에 의한 이상 행정에는 효과가 없다.

[표] 양수 조작식·양수 기동식 비교   17. 5. 7 ㉠

구 분	특 징
양수조작식	① 급정지기구를 갖춘 마찰식 프레스에 적합 ② 누름버튼에서 손을 뗄 경우 급정지기구 작동, 손이 형틀의 위험한계에 도달할 때까지 슬라이드 정지(핀 클러치 방식일 경우 SPM100 이상 가능)
양수기동식	① 급정지기구가 없는 확동식 클러치 프레스에 적합 ② 누름버튼에서 손이 떠나 위험한계에 도달하기 전 슬라이드가 하사점에 도달 ③ SPM 100 이상인 프레스에 주로 사용

5 광전자식

① 광전자식 안전장치는 작업자 신체의 일부가 위험구역 내에 접근할 경우 센서에 의해 감지되고 동력전달장치로 전달되어 작동하던 슬라이드를 급정지시키는 장치이다. 위험구역의 전면에 센서를 설치해 두고 프레스 작업자가 센서에 감지되면 이를 검출해서 위험구역에 손이 미치기 전에 슬라이드를 정지시키고 광선의 차단을 멈추어도 재동작해서는 안 되므로 재동작 조작이 필요하다. 또한 현장에서 빈번한 고장으로 근로자들이 회피하는 경향이 있으며, 설치상의 난점이 있는 단점도 있으나 시계가 차단되지 않고 작업에 지장을 주지 않는다는 장점이 있으므로 많이 사용하고 있다. 19. 4. 27 ㉠

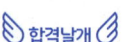

[참고]

① "마찰클러치프레스 등" 이라 함은 동력프레스 등에서 클러치가 마찰판 구조로 된 것을 말한다.
② "액압프레스 등" 이라 함은 슬라이드 또는 램의 작동을 유체의 압력에 의하여 작동시키는 프레스 등을 말한다. 16. 5. 8 [산]

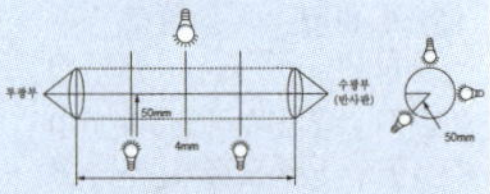

[그림] 감응식 투·수광기 감응시험

합격예측 18. 3. 4 [산]

광전자식 방호장치 일반구조

① 투광부, 수광부, 컨트롤 부분으로 구성된 것으로서 신체의 일부가 광선을 차단하면 기계를 급정지시키는 방호장치
② 연속 차광폭 30[mm]이하(다만, 12광축 이상으로 광축과 작업점과의 수평거리가 500[mm]를 초과하는 프레스에 사용하는 경우는 40[mm] 이하)
③ 슬라이드 하강 중 정전 또는 방호장치의 이상 시에 정지할 수 있는 구조이어야 한다.
④ 방호장치는 릴레이, 리미트 스위치 등의 전기부품의 고장, 전원 전압의 변동 및 정전에 의해 슬라이드가 불시에 동작하지 않아야 하며, 사용전원전압의 ±(100분의 20)의 변동에 대하여 정상으로 작동되어야 한다.
22. 4. 24 [기] 23. 6. 4 [기]

② 급정지장치가 없는 핀클러치방식의 재래식 프레스에는 사용할 수 없다. 광전자식 안전장치에서는 검출에 의한 광축과 위험구역과의 거리는 최대정지소요시간을 실측해서 $D=1.6(T_l+T_s)$에 대입하여 계산해 낸다. 또한 이 장치 사용에 있어서는 프레스 방호높이(행정+슬라이드 조절량)에 따라 광축수를 결정한다. 광축의 위치는 위험단계에서 안전거리 이상 떨어져야 한다. 안전거리를 구하는 방법은 양수조작식과 동일하다.

③ **방호장치의 설치방법** 16. 3. 6 [산] 17. 3. 5 [산] 18. 4. 28 [산] 18. 8. 19 [산]

$$D=1.6(T_l+T_s)$$

여기서, D : 안전거리[m]

T_l : 방호장치의 작동시간[즉, 손이 광선을 차단했을 때부터 급정지 기구가 작동을 개시할 때까지의 시간(초)]

T_s : 프레스의 최대정지시간[즉, 급정지 기구가 작동을 개시할 때부터 슬라이드가 정지할 때까지의 시간(초)]

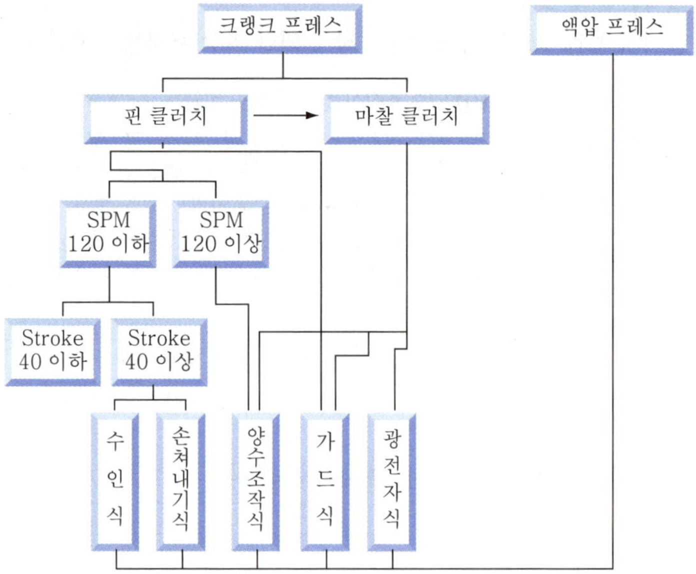

[그림] 안전장치의 선택기준 17. 3. 5 [기] 19. 8. 4 [산]

④ **광축의 수** : 프레스전단기의 안전기준에 관한 기술지침을 만족시키려면 광전자식 검출기구의 투광기 및 수광기는 프레스의 스트로크 길이와 슬라이드 조절량을 합계한 길이의 전장에 걸쳐서 유효하게 작동하여야 하지만, 이 합계한 길이가 400[mm]를 초과하는 경우에 유효하게 작동하는 길이가 400[mm]로 되어 있다. 또 투광기 및 수광기의 광축수는 2개 이상으로 하고, 광축 상호간의 간격은 50[mm] 이하이다.

단, 안전거리가 500[mm]를 초과하는 경우에는 광축간격은 70[mm] 이하로
하여도 된다. (200[mm] 이하의 위험한계거리 : 30[mm] 이하 방호장치선택)

⑤ 광전자식의 특징 : 연속운전작업 및 발스위치조작에 사용되며 급정지 성능이
열화하지 않는 한 작업자를 슬라이드에 의한 위험에서 방호한다.
굽힘가공 등 2차가공 및 순차이송(progressive)가공 등에 사용되며, 급정지
성능이 양호하면 안전거리가 짧아 작업능률이 향상된다.
클러치, 브레이크의 기계적인 고장에 의한 이상 행정에는 효과가 없다.

2. 금형(die)의 안전화

(1) 안전블록의 설치 18. 3. 4 ㉮

프레스 등의 금형을 부착·해체 또는 조정작업을 하는 때에는 신체의 일부가 위험
한계내에 들어갈 때에 슬라이드가 불시에 하강함으로써 발생하는 위험을 방지하기
위하여 안전블록을 사용하여야 한다.

(2) 프레스의 금형설치시 안전조치

1 금형 사이에 신체의 일부가 들어가지 않도록 안전망을 설치할 것
2 다음 부분의 빈틈이 8[mm] 이하가 되도록 금형을 설치할 것
① 상사점에 있어서 상형과 하형과의 간격
② 가드포스트와 부시의 간격

[표] 급정지 기구에 따른 방호장치 18. 3. 4 ㉮ 21. 8. 14 ㉮

구 분	종 류
급정지 기구가 부착되어 있어야만 유효한 방호장치	① 양수 조작식 방호장치 ② 감응식 방호장치
급정지 기구가 부착되어 있지 않아도 유효한 방호장치	① 양수 기동식 방호장치 ② 게이트 가드식 방호장치 ③ 수인식 방호장치 ④ 손쳐 내기식 방호장치

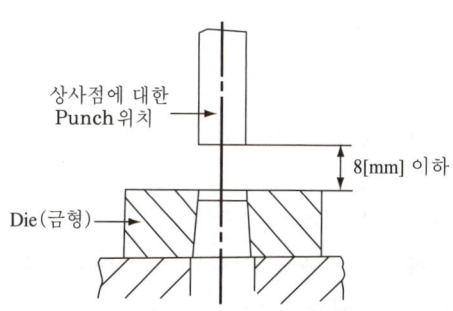

[그림] 프레스 금형 Punch와 Die간격 20. 8. 23 ㉯

합격예측 및 관련법규

(1) 볼스터 등
프레스 등의 베드상부에 볼트 등으로 체결되어 있는 볼스터 등은 다음 각 호에 적합한 구조이어야 한다.
1. 볼스터는 압력능력에 상응하는 압축력에 견딜 수 있는 강도를 가질 것
2. 볼스터는 상, 하면은 평행 및 진직도를 유지하고 있을 것
3. 상면은 필요한 금형부착을 위하여 마모, 변형, 균열, 손상 등이 없을 것

(2) 금형의 맞춤핀
억지끼워맞춤 18. 4. 28 ㉠

크랭크축

기계프레스에 사용되는 크랭크축(crank shaft)은 다음 각 호에 적합한 구조이어야 한다.
1. 핀, 저널, 웨브 등의 각 부분은 압력능력에 견딜 수 있는 강도를 가질 것
2. 조질처리를 하여야 하며 필요시 핀, 저널부 등은 표면 경화 처리가 된 것일 것
3. 핀 및 저널부 등에 마모 또는 손상이 없을 것

Q 은행문제

사출성형기에서 동력작동식 금형 고정장치의 안전사항에 대한 설명으로 옳지 않은 것은?

① 금형 또는 부품의 낙하를 방지하기 위해 기계적 억제장치를 추가하거나 자체 고정장치(self retain clamping unit) 등을 설치해야 한다.
② 자석식 금형 고정장치는 상·하(좌·우)금형의 정확한 위치가 자동적으로 모니터(monitor) 되어야 한다.
③ 상·하(좌·우)의 두 금형 중 어느 하나가 위치를 이탈하는 경우 플레이트를 작동시켜야 한다.
④ 전자석 금형 고정장치를 사용하는 경우에는 전자기파에 의한 영향을 받지 않도록 전자파 내성대책을 고려해야 한다.

정답 ③

합격예측 및 관련법규

기어 등

기계프레스의 기어 및 피니언은 다음 각 호에 적합한 구조이어야 한다.
1. 외관, 내면 및 치면에는 균열 또는 손상이 없을 것
2. 치면은 강도상 필요한 경우 표면강화처리가 된 것일 것
3. 압력능력 또는 토크 능력 등에 견딜 수 있는 강도를 가질 것
4. 치면의 심한 마모 등으로 인한 과다한 소음이 없을 것
5. 치면에는 적정한 급유장치가 설치되어 있을 것

커넥팅로드 및 캡

크랭크축의 핀부에 결합된 커넥팅로드 및 캡(cap)은 다음 각 호에 적합한 구조이어야 한다.
1. 외관, 크랭크축 설치면 및 나사부에는 균열 또는 손상이 없을 것
2. 압력능력 또는 토크 능력 등에 견딜 수 있는 강도를 가질 것

합격예측

금형탈락 및 운반에 따른 위험 방지방법

(1) 프레스기계에 설치하기 위해 금형에 설치하는 홈의 안전대책
18. 8. 19 ㉮ 19. 8. 4 ㉮
22. 3. 5 ㉮ 22. 4. 24 ㉮
23. 7. 8 ㉮
① 설치하는 프레스기계의 T홈에 적합한 형상의 것일 것
② 안 길이는 설치볼트 직경의 2배 이상일 것
(2) 금형의 운반에 있어서 형의 어긋남을 방지하기 위해 대판, 안전핀 등을 사용할 것

---

3 금형 사이에 손을 넣을 필요가 없도록 다음 조치를 강구할 것

① 재료를 자동적으로 또는 위험한계 밖으로 송급하기 위한 롤피드, 슬라이딩다이 등을 설치할 것
② 가공물과 스크랩이 금형에 부착되는 것을 방지하기 위한 스트리퍼, 녹아웃(knock out) 등을 설치할 것
③ 가공물 등을 자동적으로 또한 위험한계 밖으로 반출하기 위한 공기분사장치 등을 설치할 것(파쇄철 제거용 : 압축공기 사용) 15. 8. 16 ㉮

(3) 프레스 현장의 안전상 특징

① 공정마다 위험과 직결된다 : 장애
② 기계고장 발생빈도가 많다 : 마모, 파손, 이탈, 변형
③ 공정마다 방호방법, 안전장치, 작업표준이 다르다.
④ 공정마다 금형이 다르다 : 제품의 크기, 무게
⑤ 소음과 진동으로 고장예지가 어렵다 : 예지불가
⑥ 반복작업의 지루함 : 감각차단현상
⑦ 안전장치 및 수공구사용 기피성이 많다 : 귀찮음
⑧ 2인 1조 협조작업이 많다 : 신호불일치
⑨ 페달의 발을 떼지 않는다 : 살인페달
⑩ 수칙 준수가 안 된다 : 사고 후 눈물로

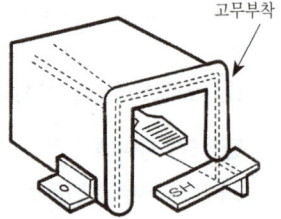

[그림] 페달의 U자형 덮개

(4) 수공구의 활용

1 프레스작업의 안전화 및 작업개선대책

① 프레스 작업자가 작업중 손, 손가락 등의 절단위험이나 철판 취급에 의한 베임 등의 재해를 방지할 수 있다.
② 프레스 작업시에 철판을 취급하면서 신체를 비트는 행동이 없어진다.
③ 철판 등을 취급하는 작업량이 감소되므로 재료를 발에 떨어뜨리는 위험이 없다.
④ 팔의 피로도를 절감할 수 있다.

이상과 같은 개선효과에 의해 종래의 프레스작업으로부터 기계감시작업으로 전환되므로 안전 작업의 추진을 도모할 수 있다.

2 프레스기계의 안전대책

① 크랭크기구의 프레스에서는 슬라이드 스트로크의 조정을 확실하게 하고 과부하가 되지 않도록 한다.
② 마찰프레스는 공전타를 해서는 안 된다.
③ 유압프레스는 프레스 본체에서 기름이 누설되어서는 안 된다. 작업 전에 클러치가 들어가는 모양, 페달의 되돌림, 브레이크효과를 조사한다. 운전중 램 밑에 손을 넣지 않도록 하고 형틀에 막혀 있는 조각들은 브러시로 제거한다.

형틀을 설치할 때는 형맞춤은 수동으로 하여 확실하게 맞추어 고정한다. 폭이 좁은 재료의 송급에는 클램프를 사용하고 판대 등의 긴 재료를 가공하는 경우에는 손 위치에 주의하고 마지막 구멍은 바꿔서 든다.

④ 페달로 작업하는 프레스는 연속작업 이외는 반드시 1회마다 페달에서 발을 뗀다. 클러치페달 위에는 견고하게 덮개를 설치하여 공구 등이 떨어져도 안전유지가 되도록 한다. 가공물은 슬라이드 중심에 놓고 기계 능력을 초과하는 두께나 크기의 것은 가공하지 않는다. 강판의 칩을 지정장소에 보관하고 통로에 방치하지 않는다. 프레스작업에는 손가락 절단이 많으므로 이에 적합한 안전장치를 설치하여야 한다.

㉮ 손이 위험장소에 들어가지 않도록 안전방책을 부착한다.

㉯ 손이 위험장소에 있을 때에 프레스를 정지시키는 게이트가드식이나 광전자식 안전 장치를 한다.

㉰ 손이 위험장소에 있으면 기능적으로 손을 위험장소에서 뿌리치게 하는 풀아웃(pull-out)장치, 스위프가드(sweep guard)식 조작시 반드시 두손을 사용하는 양수조작장치, 자동송급장치, 운동장치를 계속 눌러도 프레스는 1왕복밖에 하지 않는 2왕복장치, 금형 교환중 잘못 운전해도 슬라이드가 하강하지 않는 인터로크장치, 클러치가 들어가 기계가 시동할 때 경보가 울리는 경보장치 등의 안전장치가 부착되어야 한다.

[표] 프레스기 안전장치 16. 5. 8 ㉮ 17. 5. 7 ㉯ 21. 8. 14 ㉮
23. 7. 8 ㉯ 24. 2. 15 ㉮

금형 안에 손이 들어가지 않는 구조(No Hand in Die Type : 본질적 안전화)	금형 안에 손이 들어가는 구조 (Hand in Die Type)
① 안전울이 부착된 프레스 ② 안전금형을 부착한 프레스 ③ 전용 프레스 ④ 자동송급, 배출기구가 있는 프레스 ⑤ 자동송급, 배출장치를 부착한 프레스	① 프레스기의 종류, 압력능력 S.P.M, 행정길이·작업방법에 상응하는 방호장치 ㉮ 가드식 ㉯ 수인식 ㉰ 손쳐내기식 ② 정지 성능에 상응하는 방호장치 ㉮ 양수조작식 ㉯ 감응식 광전자식(비접촉) Inter-Lock(접촉)

전환스위치(Switch)에 의한 { 행 정 / 조 작 / 방호장치 등 } 의 전환조치

합격예측 및 관련법규

조절나사 및 볼 시트

커넥팅로드 등과 나사로 체결된 조절나사 및 조절나사의 볼과 면접촉을 이루는 볼시트는 다음 각 호에 적합한 구조이어야 한다.
1. 조절나사의 외부 및 나사, 볼면부분은 균열 또는 손상이 없을 것
2. 볼시트면 및 조절나사 스크루의 볼면에는 서로 정확한 면접촉이 이루어져야 하며 긁힘 등 손상이 없을 것
3. 조절나사의 나사부는 압력능력 또는 토크 능력 등에 견딜수 있는 강도를 가질 것
4. 조절나사의 볼 및 볼시트는 압력능력 또는 토크 능력 등에 견딜 수 있는 강도를 가질 것

Q 은행문제 17. 3. 5 ㉯

금형 운반에 대한 안전수칙에 관한 설명으로 옳지 않은 것은?
① 상부금형과 하부금형이 닿을 위험이 있을 때는 고정 패드를 이용한 스트랩, 금속재질이나 우레탄 고무의 블록 등을 사용한다.
② 금형을 안전하게 취급하기 위해 아이볼트를 사용할 때는 슬더형으로 사용하는 것이 좋다.
③ 관통 아이볼트가 사용될 때는 조립이 쉽도록 구멍 틈새를 크게 한다.
④ 운반하기 위해 꼭 들어 올려야 할 때는 필요한 높이 이상으로 들어 올려서는 안된다.

정답 ③

합격예측 및 관련법규

[표] 방호장치의 종류 및 용도 18. 4. 21 ㉯

구분	종류	용도
광전자식 (광전식)	A-1 A-2	프레스(공, 유압용) 및 전단기 동력 프레스 및 전단기(핀 클러치형)
양수조작식 (120[SPM] 이상)	B-1 B-2	프레스(공기밸브 방식) 프레스 및 전단기(전기버튼 방식)
가드식	C-1 C-2	프레스 및 전단기(가드 방식) 프레스 게이트 가드 방식
손쳐내기식	D	프레스·120[SPM] 이하
수인식	E	프레스·Stroke 40[mm] 이상

합격예측 및 관련법규

핀클러치

기계프레스에 사용하는 핀클러치는 다음 각 호에 적합한 구조이어야 한다.
1. 클러치 작동용 캠이 클러치 핀을 후퇴시킨 범위를 넘지 않은 상태에서 크랭크축의 회전을 정지시킬 수 있는 스토퍼를 비치한 것일 것
2. 제1호에 사용하는 브라켓은 그 위치를 고정시키기 위한 위치 결합핀을 비치한 것일 것
3. 클러치 작동용 캠은 작동시키지 않으면 눌러진 것이 되돌아 가지 않는 구조의 것일 것

합격예측

파손에 따른 위험방지 방법

(1) 부품의 조립 18. 4. 28 ㉝
 ① 다우웰 핀은 압입으로 할 것
 ② 삽입부품은 원칙적으로 플랜지 부착 또는 테이퍼 부착의 것으로 할 것
 ③ 쿠션 핀은 플랜지 부착 또는 테이퍼 부착의 것으로 할 것
 ④ 생크 및 가이드 포스트는 확실히 고정할 것
(2) 금형의 조립에 이용하는 볼트 및 너트는 스프링와셔, 조립너트 등에 의해 이완방지를 할 것
(3) 금형은 그 하중중심이 원칙적으로 프레스 기계의 하중중심에 맞는 것으로 할 것
(4) 캠 기타 충격이 반복해서 가해지는 부품에는 완충장치를 할 것
(5) 금형에서 사용하는 스프링은 압축형으로 할 것 18. 8. 19 ㉝ 20. 6. 7 ㉠
(6) 스프링의 파손에 의해 부품이 튀어나올 우려가 있는 장소에는 덮개 등을 설치할 것

3 프레스의 행정길이에 따른 방호장치 17. 8. 26 ㉠ 19. 8. 4 ㉠ 25. 2. 7 ㉝

구 분	방호 장치
1행정 1정지식(크랭크프레스)	① 양수조작식 ② 게이트가드식
행정길이(stroke)가 40[mm] 이상의 프레스	① 손쳐내기식 ② 수인식
슬라이드 작동중 정지 가능한 구조(마찰프레스)	감응식(광전자식)

➡ 일반적으로 자동송급장치가 구비되어 있는 프레스기 또는 전단기는 방호장치가 설치된 것으로 간주한다.

[표] 프레스 작업점에 대한 방호방법 16. 5. 8 ㉠ 18. 4. 28 ㉠

구 분	종 류	사용방법
이송장치	이송장치 19. 4. 27 ㉝ 21. 5. 15 ㉠	① 1차 가공용 송급배출장치(로울피터, 그리퍼피더, 쇼벨이젝터 등 사용) ② 2차 가공용 송급배출장치(슈트, 다이얼피더, 푸셔피더, 트랜스퍼피더, 프레스용로봇 등) ③ 에어분사장치 ④ 오토핸드 ⑤ 리프터 등
수공구	수공구 19. 8. 4 ㉝	① 누름봉, 갈고리류 ② 핀셋류 ③ 플라이어류 ④ 마그넷 공구류 ⑤ 진공컵류
방호장치	일행정 일정지식	양수조작식
	행정길이 40[mm] 이상	수인식, 손쳐내기식
	슬라이드 작동중 정지가능	감응식, 안전블록
금형의 개선	안전금형 (안전울 사용)	① 상형울과 하형울 사이 12[mm] 정도 겹치게 ② 상사점에서 상형과 하형, 가이드포스트와 가이드부시의 틈새는 8[mm] 이하
그 밖의 방호장치	급정지장치, 비상정지장치, 페달의 U자형 덮개 등	

세부항목 3. 기타 산업용 기계·기구

1. 롤러기(rolling mill : 壓搾機)

(1) 개요 및 정의

금속의 소성(塑性 : 가소성)을 이용해서 고온 또는 상온의 금속재료를 회전하는 2개이 롤 사이로 통과시켜서 여러 가지 형태로 만들어내는 공작기계이다.

압연기를 사용해서 금속을 가공한다는 착상은 레오나르도 다 빈치 때부터였으나 실제로 실시된 것은 19세기에 들어오면서부터이다. 그것은 철도용 레일의 수요에서 시작되었으며, 증기기관으로 움직이는 연철(鉛鐵)레일 압연기는 1850년경부터 발달하였다.

1857년 영국에서 최초의 베서머강(鋼) 레일이 압연되었으며, J.풀리츠가 같은 해 3단 롤(roll)에 의한 대규모 압연공장을 건설하였다. 해머에 의한 성형법(星型法)은 강괴(鋼塊)가 나타난 후 쇠퇴하기 시작하여, 1884년에는 최초의 만능압연기(萬能壓延機)가 나타났다.

(2) 롤러기의 안전

1 종류

구분	특징
믹싱 밀(mixing mill)	고무, 고무화합물 또는 플라스틱 등과 같이 점성이 있는 비금속재료를 소련, 훈련, 분쇄하는 가공기계
압연 밀(rolling mill)	상온 또는 고온의 금속재료를 회전하는 툴 사이에 통과시켜 소성을 이용하여 판재, 띠모양의 판재, 형재, 관재 등을 성형하는 기계
캘린더(calender)	고무, 합성수지를 박통, 성형하여 장판이나 비닐과 같은 일정한 폭을 가지면서 길이가 긴 제품을 만드는 기계

2 관련 재해

고무 및 플라스틱 화합물의 반죽은 점성이 있는 재료이므로 작업자가 롤러기에서 작업을 할 때 재료(고무, 플라스틱)를 롤이 서로 맞물리는 점, 즉 바이트(bite)에 밀어넣는 과정이나 청소 작업중에 신체 일부(손) 또는 옷이 말려 들어가서 발생되는 재해가 가장 많다고 하겠으며, 기타 회전풀리, 전동벨트 등과 신체의 일부가 접촉되어 발생되는 재해가 있을 수 있다.

합격날개

합격예측 및 관련법규

적용대상

2개 이상의 원통형을 일조로 해서 각각 반대방향으로 회전하면서 가공재료를 롤러 사이로 통과시키고 롤의 압력에 의하여 연화 또는 소성변화시키는 롤러기로서 고무, 고무화합물 또는 합성수지를 연화 또는 소성변형시키는 것에 대하여 적용한다.

합격예측 및 관련법규

(1) 방호조치

① 롤러기에는 전원차단 및 브레이크가 작동하여 제동되는 급정지장치를 설치하여야 하며, 그 종류는 다음 각 호의 1과 같다.
  1. 손으로 조작하는 것
  2. 복부로 조작하는 것
  3. 무릎으로 조작하는 것

② 제1항의 규정에 의한 급정지장치는 법 제33조 제3항의 규정에 의한 성능검정품이어야 한다.

③ 롤러기의 급정지장치는 롤을 무부하로 회전시킨 상태에서도 다음과 같이 앞면 롤의 표면속도에 따라 규정된 정지거리내에서 해당 롤을 정지시킬 수 있는 성능을 보유한 것이어야 한다.

앞면 롤의 표면속도 [m/min]	급정지 거리
30 미만	앞면 롤원 주의 1/3
30 이상	앞면 롤원 주의 1/2.5

(2) 급정지 장치 규정 19.3.3 ⑦

① 손으로 조작하는 로프식
  ㉮ 수직접선에서 5[cm] 이내 위치
  ㉯ 직경 4[mm] 이상의 와이어로프 또는 직경 6[mm] 이상이고 절단하중이 2.94[kN] 이상의 합성섬유 로프 사용

② 복부조작식
  조작부는 로프보다 강철봉 또는 막대에 의해 복부의 압력을 정확하게 브레이크 계통에 전달할 수 있을 것

③ 무릎 조작식
  정해진 범위 내의 어느 부분에 닿아도 급정지장치가 작동할 수 있도록 직사각형의 판조작부 사용

3 재해방지대책

① 작업자가 정상작업 또는 수리 등의 작업을 할 때 움직이는 기계 부위에 접촉되지 않도록 덮어야 한다. : 고정가드

② 조작을 위하여 작업점에 접근되지 않도록 통제하여야 한다. : 양수조작식, 전자식 원격조작

③ 근로자의 신체의 어느 부분이라도 위험점에 머물러 있는 한 작동되지 않도록 한다. : 전자감응식

④ 손이나 발등을 위험점이나 범위 내에 넣을 필요가 없도록 설계를 개선하여 위험에 노출되는 기회를 근본적으로 배제한다. : 재료의 자동이송장치, 특수공구사용

4 방호장치

롤의 작업점에 대한 방호로서는 물림점에 손이 들어가지 못하고 재료만 들어갈 수 있는 고정덮개를 사용해야 하는데 특히 캘린더용으로 사용되는 것이며, 이것이 불가능할 때에는 롤 전체를 커버로 덮어씌우고 그것을 열게 되면 전원이 끊어지는 장치를 마련하는 것이 안전상으로 필요하게 된다.

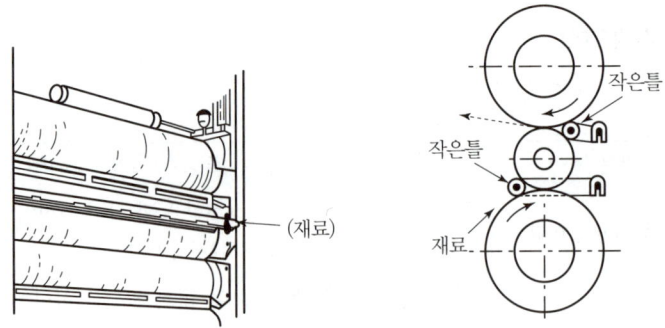

[그림] 캘린더의 물림점에 대한 안전장치

그림에서 볼 수 있는 것은 한 끝을 자유롭게 지지한 암의 끝에 부착한 매끄러운 소형롤 1개가 고정롤의 물림점에 놓이게 되고 재료의 이송시에 고정롤면에 접근하게 되면 하나는 위 또는 아래로 이동해서 고정롤과 접촉하고 회전방향이 반대로 되기 때문에 손을 배출하게 된다. 롤의 물림점에 재료를 이송할 때는 이들 가드가 작업에 지장을 주게 되는 경우가 많다. 따라서 로프피드(rope feed)라고 해서 두 줄의 로프 사이에 재료를 끼워서 재료의 일부를 먼저 물리면서 이송하는 방법에서부터 공기노즐을 사용해서 이송한다든가 이송용 수공구를 사용하는 등 여러 가지 방법이 고안되고 또 일부는 사용 단계에 있는 것도 있다.

물림부에서 손이 끼이게 되는 위험성에 대해서는 현재로서는 완전히 제거한다는 것은 사실상 어려운 것이다. 따라서 손이 끼일 경우를 생각해서 레버 또는 끈의 조작으로 가동 중에 있는 기계에 대한 급정지장치를 마련해 두지 않으면 안 된다.

그런데 이 경우의 급정지장치는 단순히 동력을 차단한다거나 클러치를 푸는 것만으로는 기계의 관성력운동으로 말미암아 재해를 일으키게 되므로 크게 주의하여야 한다. 또 조작레버의 위치도 피해자가 있을 경우에는 그것을 손쉽게 움직일 수 있는 위치에 마련되어야 한다. 수평형 조작레버를 마련한 경우이고 수직형롤에 조작레버를 마련한 경우를 예시한 것인데 어느 경우도 밀거나 끌어당겨도 급정지장치가 즉시 작동할 수 있도록 되어 있다.

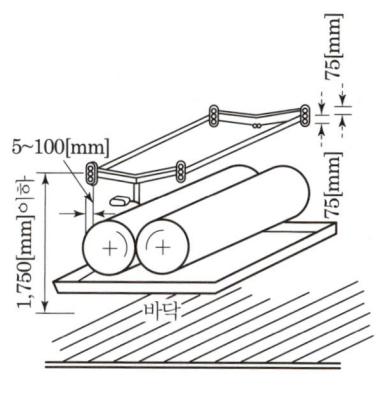

[그림] 수평롤의 조작레버

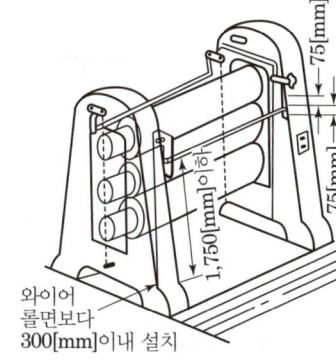

[그림] 수직롤의 조작레버

> **합격예측**
>
> **(1) 롤러기의 안전기준**
> ① 롤러기 주위의 바닥은 평탄하고, 돌출물이나 장애물이 없어야 하며, 기름이 묻어있는 경우에는 제거한다.
> ② 롤러기의 청소시에는 반드시 정지시킨 후 청소를 한다.
> ③ 롤러기를 사용하여 고무, 고무 화합물 또는 합성수지를 연화하는 작업에는 3개월 이상의 경험을 가진 작업자를 배치시킨다.
> ④ 합판·종이·천 및 금속박 등을 통과시키는 롤러기로서 근로자에게 위험을 미칠 우려가 있는 부위에는 울 또는 안내롤러 등을 설치해야 한다.
> ⑤ 비상정지장치의 비상정지용 누름버튼은 적색이며, 머리부분이 돌출되고 수동으로 복귀되는 형식일 것
> ⑥ 급정지장치의 성능시험 : 절연저항시험(4[MΩ] 이상), 내전압시험, 무부하동작시험(급정지)
>
> **(2) 압연기의 마찰각(β)과 접촉각(α)과의 관계**
> ① α<β인 경우 : 재료가 자력으로 압입된다.
> ② α=β인 경우 : 재료에 힘을 가한다.
> ③ α>β인 경우 : 압입되지 않는다.
> ④ α>2β인 경우 : 절대로 압연 불가능

위험성이 높은 고무재 롤인 경우와 같이 강력한 점착성 재료를 취급하는 롤에서는 표에서 볼 수 있는 것과 같은 급정지의 성능에 대한 표준이 있다. 이 표준에는 주로 속도에서부터 정지까지의 최대거리가 마련되고 있다.

16. 3. 6 산 17. 3. 5 기 17. 8. 26 산 18. 8. 19 기
19. 3. 3 산 19. 4. 27 산 20. 6. 7 기 20. 9. 27 기
21. 3. 7 기 21. 8. 14 기 22. 3. 5 기 23. 6. 4 기
23. 7. 8 기 24. 2. 15 기 25. 2. 7 기 산

[표] 롤러의 급정지거리

앞면롤의 표면속도[m/min]	급정지거리	표면속도 산출공식
30 미만	앞면 롤 원주의 1/3 이내 ($\pi \times D \times \frac{1}{3}$)	$V = \frac{\pi DN}{1,000}$[m/min]
30 이상	앞면 롤 원주의 1/2.5 이내 ($\pi \times D \times \frac{1}{2.5}$)	

합격예측 및 관련법규

설치방법 16. 8. 21 기 17. 3. 5 기 산 17. 5. 7 산 17. 8. 26 산 18. 3. 4 산 18. 4. 28 산 20. 6. 14 산
20. 8. 22 기 20. 8. 23 산 22. 3. 5 기 22. 4. 24 기 23. 3. 1 산 23. 6. 4 기

① 급정지장치 중 손으로 조작하는 급정지장치의 조작부는 롤러기의 전면 및 후면에 각각 1개씩 수평으로 설치하고 그 길이는 롤의 길이 이상이어야 한다.
② 손으로 조작하는 급정지장치의 조작부에 사용하는 줄은 사용중에 늘어나거나 끊어지기 쉬운 것으로 하여서는 아니 된다.
③ 급정지장치의 조작부는 그 종류에 따라 다음의 위치에 작업자가 긴급시에 쉽게 조작할 수 있도록 설치하여야 한다.

급정지장치 조작부의 종류	위 치	비고
손으로 조작하는 것	밑면으로부터 1.8[m] 이내	위치는 급정지장치 조작부의 중심점을 기준으로 함
복부로 조작하는 것	밑면으로부터 0.8[m] 이상 1.1[m] 이내	
무릎으로 조작하는 것	밑면으로부터 0.6[m] 이내	

④ 급정지장치가 동작한 경우 롤러기의 기동장치를 재조작하지 않으면 가동되지 않는 구조의 것이어야 한다. 23. 10. 15 실작

합격예측 및 관련법규

덮개의 설치
사업주는 원심기(원심력을 이용하여 물질을 분리하거나 추출하는 일련의 작업을 행하는 기기를 말한다. 이하 같다)에는 덮개를 설치하여야 한다.

참고

$Y = 6 + 0.15X$ 20. 8. 22 ㉮
여기서, X : 가드와 위험점간의 거리[mm]
Y : 가드의 개구부간격[mm]

합격예측 및 관련법규

제111조(운전의 정지)
사업주는 원심기로부터 내용물을 꺼내거나 원심기의 정비·청소·검사·수리 그 밖에 이와 유사한 작업을 하는 때에는 그 기계의 운전을 정지하여야 한다. 다만, 내용물을 자동으로 꺼내는 구조이거나 그 기계의 운전중에 정비·청소·검사·수리 그 밖에 이와 유사한 작업을 하여야 하는 경우로서 안전한 보조기구를 사용하거나 위험한 부위에 필요한 방호조치를 한 때에는 그러하지 아니하다.

제112조(최고사용회전수의 초과사용금지)
사업주는 원심기의 최고사용회전수를 초과하여 사용하여서는 아니 된다.

5 롤러기 가드의 개구부 간격

ILO(국제노동기구)에서 정한 프레스 및 전단기의 작업점이나 롤러기의 맞물림점에 설치하는 가드의 개구부 간격은 [그림]과 같다.

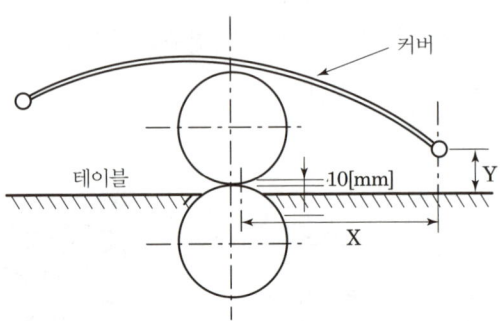

[그림] 롤러기의 가드

2. 원심기(centrifugal machine)

(1) 원심기의 개요 및 사용방법

① 원심기에는 덮개를 설치하고 내용물을 꺼낼 때 기계의 운전이 정지되어 있어야 한다.
② 원심기의 최고사용회전수를 초과하여 사용하여서는 안 된다.

[표] 원심기의 제작 및 안전기준

구 분	검사주기
조작용 전기회로의 전압	대지전압 150[V] 이상
접지상태	전동기, 제어반, 프레임 등은 접지하며, 접지저항이 400[V] 이하인 경우 100[Ω] 이하, 400[V] 초과인 경우 10[Ω] 이하
소음	소음기준은 방음덮개에서 1[m] 지점에서 측정하여 85[dB(A)] 이하
안전표지(이름판)의 부착	① 제조자 또는 공급자의 주소 또는 상호 ② 자율안전확인 표시 ③ 형식번호 ④ 제조번호 ⑤ 제조년월 ⑥ 최고회전속도(rpm 또는 m/s) ⑦ 최대부하(kg)

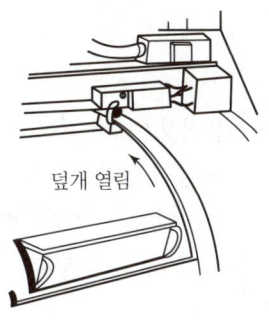

[그림] 세척기의 안전장치

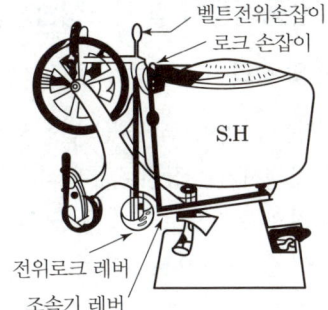

[그림] 원심분리기의 안전장치

(2) 원심기의 안전기준 17. 3. 5 17. 8. 26

1 덮개의 설치
원심기에는 덮개를 설치하여야 한다.

2 운전의 정지
원심기로부터 내용물을 꺼낼 때는 운전을 정지하여야 한다.

3 최고사용회전수의 초과사용금지
원심기의 회전수를 초과사용하여서는 안 된다.

예제문제

어떤 나사의 호칭이 M60이다. 이는 어떠한 나사를 말하는가?

① 수나사의 안지름이 60[in]
② 수나사의 바깥지름이 60[in]
③ 수나사의 안지름이 60[mm]
④ 수나사의 바깥지름이 60[mm]

➡ 나사(Screw)의 규격
㉮ 호칭지름 : 나사의 기준수치이며, 수나사의 바깥지름으로 표시
㉯ 유효지름 : 나사를 그 중심축에 따라서 직각으로 전달했을 때 나타나는 지름
㉰ 표시방법 : 예 1. 보통나사 : M20
     2. 가는나사 : M8×1.5(호칭지름 8[mm], 피치1.5[mm])

답 ④

합격예측 및 관련법규

분쇄기의 덮개 등

사업주는 분쇄기·파쇄기·마쇄기·미분기·혼합기 및 혼화기 등(이하 "분쇄기 등"이라 한다)의 가동 또는 원료의 비산 등으로 근로자에게 위험을 미칠 우려가 있는 때에는 해당 부위에 덮개를 설치하는 등 필요한 조치를 하여야 한다.

분쇄기 등의 개구부로의 추락 위험방지

① 사업주는 분쇄기 등의 개구부로 근로자가 떨어지는 등의 위해를 입을 우려가 있는 때에는 해당 부위에 덮개 또는 울 등을 설치하여야 한다. 다만, 덮개 또는 울 등을 설치하는 것이 해당 작업의 성질상 곤란하여 안전대를 사용하도록 하는 등 필요한 위험방지조치를 한 때에는 그러하지 아니하다.
② 사업주는 근로자가 제1항의 개구부로부터 가동부분에 접촉함으로써 위해를 입을 우려가 있는 때에는 덮개 또는 울 등을 설치하여야 한다.

제114조(회전시험 중의 위험방지)

사업주는 고속회전체(터빈로터·원심분리기의 버킷 등의 회전체로서 원주속도가 매 초당 25[m]를 초과하는 것에 한한다. 이하 이 조에서 같다)의 회전시험을 하는 때에는 고속회전체의 파괴로 인한 위험을 방지하기 위하여 전용의 견고한 시설물의 내부 또는 견고한 장벽 등으로 격리된 장소에서 실시하여야 한다. 다만, 제75조의 규정에 의한 고속회전체외의 고속회전체의 회전시험으로서 시험설비에 견고한 덮개를 설치하는 등 해당 고속회전체의 파괴에 의한 위험을 방지하기 위하여 필요한 조치를 한 때에는 그러하지 아니하다.

제115조(비파괴검사의 실시)

사업주는 고속회전체(회전축의 중량이 1[t]을 초과하고 원주속도가 매초당 120 [m] 이상인 것에 한한다)의 회전시험을 하는 때에는 미리 회전축의 재질 및 형상 등에 상응하는 종류의 비파괴검사를 실시하여 결함유무를 확인하여야 한다.

17. 3. 5 18. 3. 4
21. 3. 7

3. 아세틸렌용접장치 및 가스집합용접장치

(1) 개요 및 정의

① 발생기는 카바이드와 물을 반응시켜 아세틸렌용접장치에서 사용되는 아세틸렌을 발생시키는 장치로 투입식, 주입식, 침지식 등이 있다. 도관은 발생기로부터 작업 현장으로 가스를 공급하기 위한 배관을 말하고, 취관이란 그 선단에 붙인 팁(노즐)으로부터 가스의 유출을 조절하는 기구로 아세틸렌의 사용 압력에 따라 저압식과 중압식으로 나누어진다.

② 가스집합용접장치는 가스집합장치의 용기를 도관에 의해 연결한 장치 또는 인화성가스의 용기를 도관에 의해 연결한 장치로서 해당 용기의 내용적 합계가 수소 혹은 용해아세틸렌 용기에 있어서 400[l] 이상, 그 외의 인화성 가스 용기는 1,000[l] 이상의 것을 말한다.

③ 인화성가스란 수소, 아세틸렌, 에틸렌, 메탄, 프로판, 부탄, 20[℃], 표준압력 (101. 3[kPa])에서 공기와 혼합하여 인화되는 범위에 있는 가스(혼합물을 포함한다)를 말한다. 가스집합용접장치는 안전기, 압력조정기, 도관, 취관 등에 의해 구성되며 압력조정기란 산소실린더, 용해 아세틸렌, 아세틸렌배관 등의 압력은 매우 고압이므로 이것을 실제로 용접작업에 필요한 압력으로 저하시켜 적당한 유량으로 확보하기 위한 장치이다.

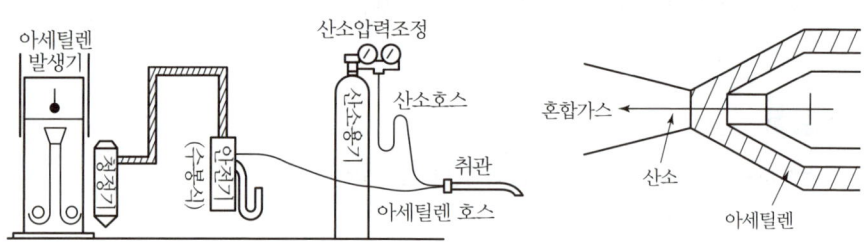

[그림] 아세틸렌용접장치   [그림] 불변압식 취관의 인젝터 내부

[표] 아세틸렌용접장치 부속장치

구 분	용도 및 기능
아세틸렌 발생기	반응을 용기 내에서 행하여 발생한 가스를 일정량 저장
도 관	발생기로부터 얻어진 아세틸렌 가스를 용접장치로 공급
취 관	선단에 부착된 노즐로부터 가스의 유출을 조절
청정기	PH_3, NH_3, H_2S 등의 불순물이 순도저하 및 충전시 용해를 방해하므로 제거하기 위하여 사용
안전기	용접시 역화, 역류에 의한 폭발사고를 방지하기 위해 사용

(2) 관련 재해 및 대책

석유등잔이나 초에 불을 붙이면 그을음과 함께 빨간 불꽃이 핀다. 바로 연소현상이다. 용접취관에 점화할 때 아세틸렌을 서서히 분출시키면 이와 같은 현상이 똑같이 일어나는데 이것은 가연성가스와 공기가 혼합·확산되면서 타는 것이다. 가스의 폭발은 공기와 산소에 가연성가스가 혼합된 상태에서 점화원이 주어질 때 순간적으로 일어나는 현상이다. 공기, 가연성가스, 점화원의 3가지 조건 중 어느 한 가지라도 결핍되면 폭발은 일어나지 않는다. 이 세 가지의 결합에서만이 가능한 것이다. 순수한 아세틸렌은 원래 무색이며 방향(芳香)을 가진 기체이나 카바이드를 원료로 제조한 것은 불순물을 함유하고 있다. 비중은 대기압에서 공기의 중량을 1로 했을 때의 가스 비중은 0.906으로 공기보다 가볍다. 아세틸렌의 폭발위험성은 혼합가스 형성에 의한 폭발위험이 예상된다. 그 외에 아세틸렌 자신의 분해 폭발을 들 수가 있다. 따라서 이들 장치에 대한 잠재 위험으로는 취관의 팁이 막히면 산소 또는 불꽃이 아세틸렌 도관 내로 흘러들어가 수봉식안전기에 유입된다. 만일 안전기가 불안전하면 아세틸렌발생기 내에 들어가 폭발을 일으킬 위험이 있다. 또한 도관의 파이프에 가스누설이 생겨 부근에 있는 발화원과 결합되어 화재를 일으키는 사고도 있을 수 있다. 여기에서 수봉식안전기만 취급하고 있으므로 용해 아세틸렌은 해당되지 않으나 고압가스 안전관리법에 의한 안전기를 설치하여야 한다. 도관은 구리의 함유량이 70[%] 이상의 구리합금을 사용하여서는 안 된다.

(3) 고압가스의 분류

1 연소성에 따른 분류

구 분	성 질
가연성 (인화성)가스	① 산소와 결합하여 빛과 열을 내며 연소하는 가스 ② 공기 중에 연소하는 가스로 폭발 한계 하한이 10[%] 이하인 가스와 폭발 한계의 상/하한의 차가 20[%] 이상인 가스 ③ 고압가스안전관리법 시행규칙 제2조 제1항 제1호에 명시된 가스 (가연성 가스 : 메탄·에탄·프로판·부탄·산소 등)
불연성 가스	스스로 연소하지도 못하고 다른 물질을 연소시키는 성질도 갖지 않는 가스(질소·이산화탄소, 아르곤 등)
조연성 가스	① 가연성 가스가 연소되는 데 필요한 가스 ② 지연성 가스라고도 함(공기, 산소, 염소 등)

합격예측 및 관련법규

제285조(압력의 제한)
사업주는 아세틸렌용접장치를 사용하여 금속의 용접·용단 또는 가열작업을 하는 경우에는 게이지압력이 127[kPa]을 초과하는 압력의 아세틸렌을 발생시켜 사용해서는 아니 된다.
17. 3. 5 기 18. 3. 4 기
20. 8. 22 기 23. 2. 28 기

합격예측

아세틸렌 제조 분자식 23. 2. 28 기
$CaC_2 + H_2O$
$\rightarrow Ca(OH)_2 + C_2H_2$

소성가공의 종류
21. 3. 7 기 23. 4. 17 지능
23. 3. 1 산

구분	특징
단조 가공 (forg- ing)	보통 열간 가공에서 적당한 단조기계로 재료를 소성 가공하여, 조직을 미세화 시켜, 균질 상태에서 성형하는 가공방법[자유단조와 형단조(die forging)]
압연 가공 (rolling)	재료를 열간 또는 냉간 가공하기 위하여 회전하는 롤러 사이를 통과시켜 예정된 두께, 폭 또는 직경으로 가공하는 방법
인발 가공 (draw- ing)	금속파이프 또는 봉재를 다이(die)를 통과시켜, 축방향으로 인발하여 외경을 감소시키면서 일정한 단면을 가진 소재로 가공하는 방법
압출 가공 (extrud -ing)	상온 또는 가열된 금속을 실린더 형상을 한 컨테이너에 넣고, 한쪽에 있는 램에 압력을 가하여 압출하는 가공방법
프레스 가공 (press working)	판상 금속재료를 형틀로써 프레스(press), 펀칭, 절단, 압축, 인장 등으로 가공하여 목적하는 형상으로 변형 가공하는 방법
전조 가공 (form rolling)	작업은 압연과 유사하나 전조공구를 이용하여 나사(thread), 기어(gear) 등을 성형하는 가공방법(가공물 또는 공구를 회전시켜 소성)

2 가스상태에 따른 분류

구분	성질
압축가스	상온에서 압축하여도 액화하기 어려운 가스로 임계(기체가 액체로 되기 위한 최고온도)가 상온보다 낮아 상온에서 압축시켜도 액화되지 않고 단지 기체로 압축된 가스(수소, 산소, 질소, 메탄 등)
액화가스	상온에서 가압 또는 냉각에 의해 비교적 쉽게 액화되는 가스로 임계온도가 상온보다 높아 상온에서 압축시키면 비교적 쉽게 액화되어 액체상태로 용기에 충전하는 가스(액화암모니아, 염소, 프로판, 산화에틸렌 등)
용해가스 17. 5. 7 ⑦	① 가스의 독특한 특성 때문에 용매를 추진시킨 다공 물질에 용해시켜 사용되는 가스 : 아세틸렌 ② 아세틸렌가스는 압축하거나 액화시키면 분해 폭발을 일으키므로 용기에 다공 물질과 가스를 잘 녹이는 용제(아세톤, 디메틸포름아미드 등)를 넣어 용해시켜 충전

(4) 안전기 17. 3. 5 ⑦ 19. 8. 4 ⑦

1 수봉식안전기

① **저압용 수봉식안전기** : 게이지압력이 $0.07[kg/cm^2]$ 이하의 저압식 아세틸렌 용접장치 안전기의 성능기준은 다음과 같다. 16. 8. 21 ⑦

㉮ 주요부분은 두께 2[mm] 이상의 강판 또는 강관을 사용하여 내부압력에 견디어야 한다.

㉯ 도입부는 수봉식이어야 한다.

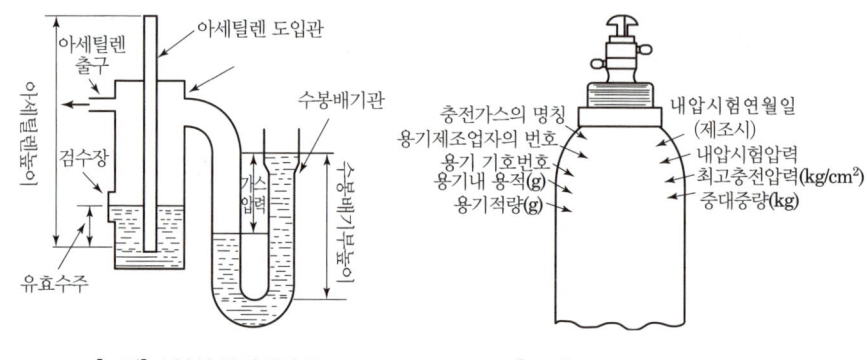

[그림] 수봉식 안전기의 구조   [그림] 산소용기의 각인

제287조(발생기실의 구조 등) 사업주는 발생기실을 설치하는 경우에 다음 각 호의 사항을 준수하여야 한다.
1. 벽은 불연성 재료로 하고 철근 콘크리트 또는 그 밖에 이와 같은 수준이거나 그 이상의 강도를 가진 구조로 할 것
2. 지붕과 천장에는 얇은 철판이나 가벼운 불연성 재료를 사용할 것
3. 바닥면적의 16분의 1 이상의 단면적을 가진 배기통을 옥상으로 돌출시키고 그 개구부를 창이나 출입구로부터 1.5미터 이상 떨어지도록 할 것 19. 3. 3 ㉔ 22. 4. 24 ⑦ 24. 2. 15 ⑦
4. 출입구의 문은 불연성 재료로 하고 두께 1.5밀리미터 이상의 철판이나 그 밖에 이상의 강도를 가진 구조로 할 것
5. 벽과 발생기 사이에는 발생기의 조정 또는 카바이드 공급 등의 작업을 방해하지 않도록 간격을 확보할 것

㉰ 수봉배기관을 갖추어야 한다.

㉱ 도입부 및 수봉배기관은 가스가 역류하고 역화폭발을 할 때 위험을 확실히 방호할 수 있는 구조이어야 한다.

㉲ 유효수주는 25[mm] 이상으로 유지하여 만일의 사태에 대비하여야 한다.

㉳ 수위를 용이하게 점검할 수 있어야 한다.

㉴ 물의 보급 및 교환이 용이한 구조로 해야 한다.

㉵ 아세틸렌과 접촉하는 부분은 동관을 사용하지 않아야 한다.

② **중압용 수봉식안전기** : 게이지압력 0.07[kg/cm^2] 이상 1.3[kg/cm^2] 이하의 아세틸렌을 사용하는 중압용에도 저압용과 동일한 모양의 수봉배기관을 이용할 수 있지만 그 높이가 13[mm] 필요하게 되므로 실용적이 아니어서 거의 사용되고 있지 않다. 실제로는 기계적 역류방지밸브, 안전밸브 등을 갖춘 것이 이용되고 유효수주는 50[mm] 이상이어야 한다.

2 건식안전기(역화방지기)

아세틸렌용접장치 또는 가스집합용접장치를 이용하는 경우에는 수봉식안전기를 갖추어야 한다. 그러나, 최근에는 아세틸렌용접장치를 이용하는 것이 극히 드물고, 용해아세틸렌, LP가스 등의 용기를 이용하는 일이 많아지고 있다. 그러나 이러한 작업에 있어서도 안전에 대한 충분한 대책이 필요하다. 이 때문에 이용되는 것이 건식안전기이다. 건식안전기에는 소결금속식과 우회로식의 두 가지 형식의 것이 있다.

① **소결금속식 건식안전기** : 소결금속식 건식안전기의 구조 및 동작원리는 아래 그림과 같다. 이 안전기의 동작원리는 역행되어 온 화염이 소결금속에 의해 냉각소화되고, 또 역화압력에 의해 폐쇄밸브가 작동해서 가스 통로를 닫게 되어 있다.

② **우회로식 건식안전기** : 우회로식 건식안전기의 원리적 구조 및 작동은 다음의 그림과 같고, 역화의 압력파와 연소파를 분리해서 연소파가 우회로를 통과하고 있는 사이에 압력파에 의해서 압착자를 작동시켜 가스 통로를 폐쇄시키고 역화를 저지하게 한 장치이다.

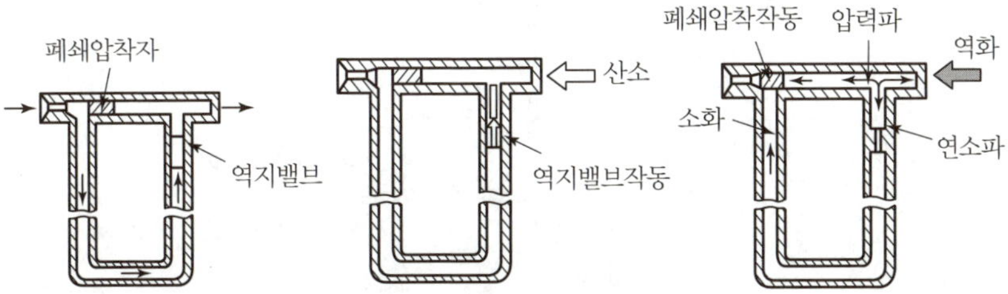

[그림] 우회로식 건식안전기

합격예측 및 관련법규

안전보건규칙

제122조(연삭숫돌의 덮개 등)

① 사업주는 회전중인 연삭숫돌(직경이 5[cm] 이상인 것에 한한다)이 근로자에게 위험을 미칠 우려가 있는 때에는 해당부위에 덮개를 설치하여야 한다. 19. 4. 27 [기]

② 사업주는 연삭숫돌을 사용하는 작업에 있어서 작업을 시작하기 전에 1[분] 이상, 연삭숫돌을 교체한 후에 3[분] 이상 시험운전을 하고 해당 기계에 이상이 있는지의 여부를 확인하여야 한다. 18. 3. 4 [산] 19. 4. 27 [산]

③ 제2항의 규정에 의한 시험운전에 사용하는 연삭숫돌은 작업시작전에 결함이 있는지를 확인한 후 사용하여야 한다.

④ 사업주는 연삭숫돌의 최고사용회전속도를 초과하여 사용하도록 하여서는 아니된다.

⑤ 사업주는 측면을 사용하는 것을 목적으로 하지 않는 연삭숫돌을 사용하는 경우 측면을 사용하도록 하여서는 아니 된다.

합격예측

아세틸렌 용접장치의 역화원인

18. 4. 28 [기] 19. 3. 3 [산] 23. 7. 8 [산]

① 압력 조정기 고장
② 과열되었을 때
③ 산소 공급이 과다할 때
④ 토치의 성능이 좋지 않을 때
⑤ 토치 팁에 이물질이 묻었을 때

Q 은행문제

다음 중 아세틸렌 용접장치에서 역화의 원인과 가장 거리가 먼 것은? 18. 4. 28 [기]

① 아세틸렌의 공급 과다
② 토치 성능의 부실
③ 압력조정기의 고장
④ 토치 팁에 이물질이 묻은 경우

정답 ①

3 취급상의 주의점

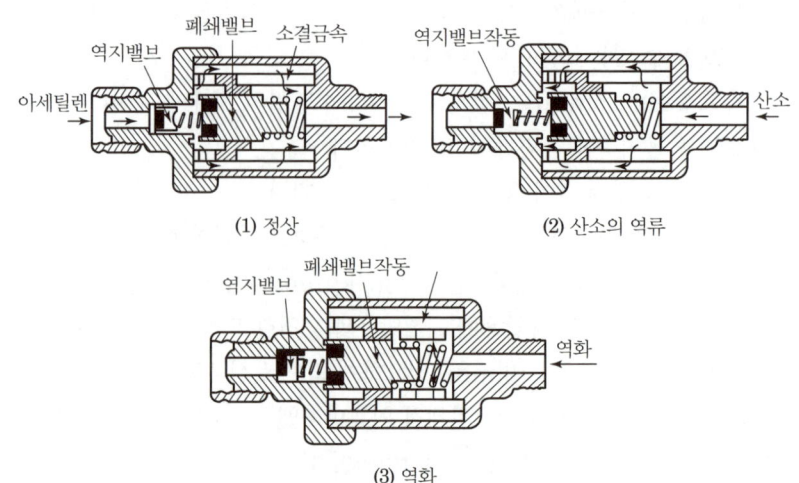

[그림] 소결금속식 건식안전기의 구조 및 동작원리

① 수봉식안전기는 1일 1회 이상 점검하고 항상 지정된 수위를 유지해 둘 것
② 수봉부의 물이 얼었을 때는 더운 물로 용해할 것. 자주 얼 경우에는 에틸렌글리콜이나 글리세린 등과 같은 부동액을 첨가해도 좋다.
③ 중압용안전기의 파열판은 상황에 따라서 적어도 연 1회 이상은 정기적으로 교환하는 것이 바람직하다. 이 작업은 휴일 또는 작업 중지시에 행하고 완전히 공기배기를 하고 나서 사용할 것
④ 수봉식안전기는 지면에 대해 수직으로 설치할 것
⑤ 건식안전기는 아무나 함부로 분해하거나 수리하지 말 것

4 안전기 설치요령

① 취관 하나에 대하여 2 이상의 안전기를 설치하도록 시행규칙에서 규정하고 있다.
② 집합장치의 설치 장소도 화기 사용 설비로부터 5[m] 이상 격리되어야 하며 고정식은 전용의 장치실을 설치하고 장치를 하지 않으면 안 된다.

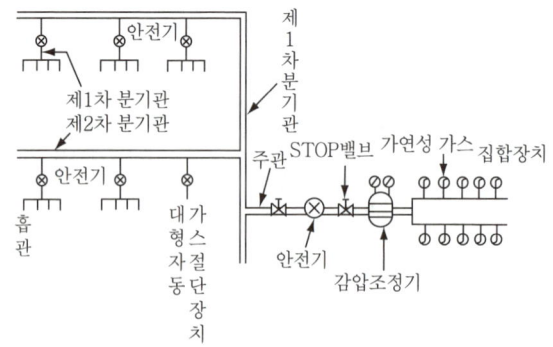

[그림] 안전기 설치방법

합격예측 및 관련법규

안전보건규칙

제234조(가스등의 용기)
사업주는 금속의 용접·용단 또는 가열에 사용되는 가스등의 용기를 취급하는 경우에 다음 각 호의 사항을 준수하여야 한다.
1. 다음 각 목의 어느 하나에 해당하는 장소에서 사용하거나 해당 장소에 설치·저장 또는 방치하지 않도록 할 것
  가. 통풍이나 환기가 불충분한 장소
  나. 화기를 사용하는 장소 및 그 부근
  다. 위험물 또는 제236조에 따른 인화성 액체를 취급하는 장소 및 그 부근
2. 용기의 온도를 섭씨 40도 이하로 유지할 것
3. 전도의 위험이 없도록 할 것
4. 충격을 가하지 않도록 할 것
5. 운반하는 경우에는 캡을 씌울 것
6. 사용하는 경우에는 용기의 마개에 부착되어 있는 유류 및 먼지를 제거할 것
7. 밸브의 개폐는 서서히 할 것
8. 사용 전 또는 사용 중인 용기와 그 밖의 용기를 명확히 구별하여 보관할 것
9. 용해아세틸렌의 용기는 세워 둘 것
10. 용기의 부식·마모 또는 변형상태를 점검한 후 사용할 것

제123조(롤러기의 울 등 설치)
사업주는 합판·종이·천 및 금속박 등을 통과시키는 롤러기로서 근로자가 위험해질 우려가 있는 부위에는 울 또는 가이드롤러(guide roller) 등을 설치하여야 한다.

제124조(직기의 북이탈방지장치)
사업주는 북(shuttle)이 부착되어 있는 직기(織機)에 북이탈방지장치를 설치하여야 한다.

제125조(신선기의 인발블록의 덮개 등)
사업주는 신선기의 인발블록(drawing block) 또는 꼬는 기계의 케이지(cage)로서 근로자가 위험해질 우려가 있는 경우 해당 부위에 덮개 또는 울 등을 설치하여야 한다.

5 가스용접 작업안전

① 가스용기의 취급방법
  ㉮ 인화성 가스용기의 저장 및 사용은 통풍이 잘되고 불연성 재료로 만들어진 장소이어야 한다.
  ㉯ 손으로 이동하는 경우에는 용기를 눕히지 말고, 조금 기울여서 밑테두리를 돌려서 이동한다.
  ㉰ 인화성 가스 저장실에는 휴대용 전등만을 사용한다.
  ㉱ 전기용접장치나 전기회로에 접촉하지 말 것

② 압력조정기의 취급방법
  ㉮ 압력조정기를 설치하기 전에 용기의 안전밸브를 가볍게 2~3회 개폐하여 내부구멍의 먼지를 불어낸다.
  ㉯ 압력조정기 체결 후에는 조정핸들을 풀고 서서히 용기의 밸브를 연다.
  ㉰ 장시간 사용하지 않을 때는 용기밸브를 잠그고, 조정핸들을 풀어둔다.

③ 토치 취급방법
  ㉮ 작업에 적당한 팁을 선택하고 적당히 산소와 아세틸렌의 압력을 조정 유지한다.
  ㉯ 우선 조정기의 밸브를 열고 토치의 콕 및 조정밸브를 열어서 호스 및 토치 중의 공기를 제거한 후에 사용한다.
  ㉰ 토치에 점화할 때는 점화용 기구를 사용하고 성냥은 사용하지 말아야 한다.
  ㉱ 팁이 가열될 때에는 냉각시키고, 산소가스만을 적게 통하게 하여 서서히 냉각시킨다.
  ㉲ 작업을 시작하기 전에는 호스나 토치의 연결부분이 완전히 체결되었는가를 확인하여 사용한다.

6 가스장치실 설치구조 16.5.8
① 가스가 누출된 경우에는 그 가스가 정체되지 않도록 할 것
② 지붕과 천장에는 가벼운 불연성 재료를 사용할 것
③ 벽에는 불연성 재료를 사용할 것

[표] 용기(Bombe) 검사압력

가스 종류	가스명칭	내압시험압력[kg/cm²]
압축 GAS	산소	충전압력(35[℃] → 150[kg/cm²])의 $3\frac{3}{5}$배 이상 (내압시험압력[TP] 250[kg/cm²])
용해 GAS	아세틸렌 17.5.7	충전압력(15[℃] → 150[kg/cm²])의 3배 이상 (내압시험압력 50[kg/cm²])
액화 GAS	프로판	30[kg/cm²] 이상 내압시험압력 실시

합격예측 및 관련법규

안전보건규칙
제126조(버프연마기의 덮개)
사업주는 버프연마기(천 또는 코르크 등을 사용하는 버프연마기를 제외한다)의 연마에 필요한 부위를 제외하고는 덮개를 설치하여야 한다.

제127조(선풍기 등에 의한 위험의 방지)
사업주는 선풍기·송풍기 등의 회전날개에 의하여 근로자에게 위험을 미칠 우려가 있는 때에는 해당 부위에 망 또는 울 등을 설치하여야 한다.

제128조(포장기계의 덮개 등)
사업주는 종이상자·마대 등의 포장기기 또는 충진기 등의 작동부분이 근로자를 위험하게 할 우려가 있는 때에는 덮개의 설치 등 필요한 조치를 하여야 한다.

Q 은행문제
유해위험기계기구 중에서 진동과 소음을 동시에 수반하는 기계설비로 가장 거리가 먼 것은?
19.3.3
① 컨베이어
② 사출 성형기
③ 가스 용접기
④ 공기 압축기
정답 ③

합격예측

(1) 독성가스의 성질
① 공기 중에 일정량 존재하면 인체에 유해한 가스, 허용농도가 200[ppm] 이하인 가스(염소, 암모니아, 일산화탄소 등)
② 고압가스안전관리법 시행규칙 제2조 제1항 제2호에 명시된 가스(독성가스)

(2) 비독성가스
공기 중에 어떤 농도 이상 존재하여도 유해하지 않는 가스(산소, 수소)

(1) 보일러 압력상승의 원인
① 압력계의 눈금을 잘못 읽거나 감시가 소홀했을 때
② 압력계의 고장으로 압력계의 기능이 불안전할 때
③ 안전밸브의 기능이 정확하지 않을 때

(2) 보일러 부식의 원인
① 급수처리를 하지 않은 물을 사용할 때
② 불순물을 사용하여 수관이 부식되었을 때
③ 급수에 해로운 불순물이 혼입되었을 때

(3) 보일러 과열의 원인 16. 5. 8 ㉆ 16. 8. 21 ㉆ 17. 8. 26 ㉆
① 수관과 본체의 청소불량
② 관수 부족시 보일러의 가동
③ 수면계의 고장으로 드럼 내의 물의 감소

합격예측

특수가스
35[℃]의 온도에서 압력이 0[kg/cm²]을 초과하는 특수가스(액화 시안화수소, 액화 브롬화메탄, 액화 산화에틸렌)

[표] 충전가스용기(Bombe)의 도색 17. 3. 5 ㉐ 19. 4. 27 ㉆

가스명	도 색	충전 Hole에 있는 나사의 좌우
산소	녹색	우(R)
수소	주황색	좌(L)
탄산가스	파란색	우(R)
염소	갈색	우(R)
암모니아	백색	우(R)
아세틸렌	황색	우(R)
프로판	회색	좌(L)
아르곤	회색	우(R)

[표] 역류와 역화

구 분	현상 및 원인, 방지대책
역류	① 산소가 아세틸렌 호스 쪽으로 흘러가는 현상 ② 원인 ㉮ 팁의 끝이 막혔을 때 ㉯ 산소의 압력이 아세틸렌 압력보다 높을 때
역화	① 아세틸렌 가스의 압력이 부족할 경우 팁 끝에서 "빵빵"소리를 내면서 불꽃이 들어갔다 나왔다하는 현상 ② 원인 19. 8. 4 ㉐ 25. 2. 7 ㉐ ㉮ 팁의 끝이 막혔을 때 ㉯ 팁 끝이 과열되었을 때 ㉰ 가스 압력과 유량이 적당하지 않았을 때 ㉱ 팁의 조임이 풀려올 때 ㉲ 압력조정기가 불량일 때 ㉳ 토치의 성능이 좋지 않을 때 발생 ③ 방지대책 팁을 물에 담갔다 냉각시키면 방지된다.

4. 보일러(boiler)

(1) 보일러의 개요

1 정의
보일러란 강철제 용기 내의 물에 연료의 연소열을 전하여 소요증기를 발생시키는 장치를 말한다.

2 보일러의 구조
보일러는 일반적으로 연료를 연소시켜 얻어진 열을 이용해서 보일러내의 물을 가열하여 필요한 증기 또는 온수를 얻는 장치로서 연소로(燃燒爐), 보일러 본체, 부속장치 및 부속품으로 되어 있다.

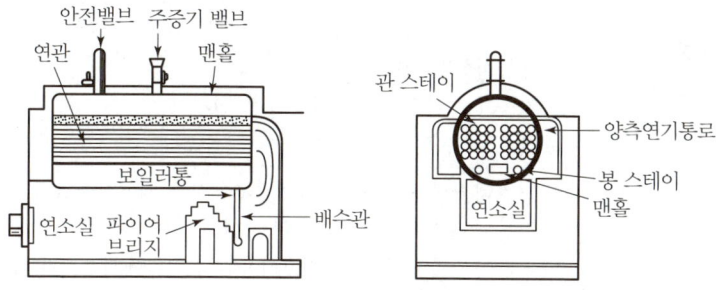

[그림] 노통 연관 보일러

(2) 재해 방호장치

1 보일러 이상현상의 종류 16. 8. 21 산 21. 3. 7 기 23. 6. 17 지단 23. 7. 8 기

구 분	현 상
프라이밍 (priming)	보일러의 과부하로 보일러수가 극심하게 끓어서 수면에서 계속하여 물방울이 비산하고 증기가 물방울로 충만하여 수위가 불안정하게 되는 현상이다.
포밍(forming) 18. 3. 4 산 18. 4. 28 산 20. 8. 23 산 21. 3. 7 기	보일러수에 불순물이 많이 포함되었을 경우 보일러수의 비등과 함께 수면부위에 거품층을 형성하여 수위가 불안정하게 되는 현상이다.
캐리오버 (carry over)	① 보일러에서 증기관쪽에 보내는 증기에 대량의 물방울이 포함되는 경우로 프라이밍이나 포밍이 생기면 필연적으로 발생한다. 23. 3. 1 산 ② 캐리오버는 과열기 또는 터빈 날개에 불순물을 퇴적시켜 부식 또는 과열의 원인이 된다. ③ 워터해머의 원인이 된다.
워터해머 (water hammer)	① 증기관 내에서 증기를 보내기 시작할 때 해머로 치는 듯한 소리를 내며 관이 진동하는 현상이다. ② 워터해머는 캐리오버에 기인한다.

합격예측 및 관련법규

설치방법
① 압력방출장치는 검사가 용이한 위치에 밸브축이 수직되게 설치하여야 하며 가능한 한 보일러의 동체에 직접 설치하여야 한다.
② 압력제한스위치는 보일러의 압력계가 설치된 배관상에 설치하여야 한다.

합격예측 16. 8. 21 기
23. 7. 8 기
(1) 포밍발생원인 24. 2. 15 기
① 보일러가 과잉 농축되었을 때
② 열부하가 급격하게 변동해 증감될 때
③ 운전 중 수위조절이 원활하게 이루어지지 못한 경우
④ 보일러의 운전 압력을 너무 낮게 설정해 놓았을 때
⑤ 기수분리기의 불량 등 기계적 고장
(2) 보일러 관석(scale)의 영향
① 과열 23. 2. 28 기
② 효율저하
③ 물의 순환저하

[표] 보일러 종류 17. 8. 26 산

구분	종류
원통 보일러 25. 2. 7 산	입형 보일러
	노통 보일러
	연관 보일러
	노통연관 보일러
수관 보일러	자연순환식 수관 보일러
	강제순환식 수관 보일러
	관류 보일러
그밖의 보일러	난방용 보일러
	특수 보일러

Q 은행문제
보일러에서 폭발사고를 미연에 방지하기 위해 화염 상태를 검출할 수 있는 장치가 필요하다. 이 중 바이메탈을 이용하여 화염을 검출하는 것은? 18. 3. 4 기
① 프레임 아이 ② 스택 스위치
③ 전자 개폐기 ④ 프레임 로드

정답 ②

합격예측 및 관련법규

안전보건규칙
제119조(폭발위험의 방지)
사업주는 보일러의 폭발사고 예방을 위하여 압력방출장치·압력제한스위치·고저수위조절장치, 화염검출기 등의 기능이 정상적으로 작동될 수 있도록 유지·관리하여야 한다.
18. 3. 4 ❹

제116조(압력방출장치)
① 사업주는 보일러의 안전한 가동을 위하여 보일러 규격에 적합한 압력방출장치를 1개 또는 2개 이상 설치하고 최고사용압력(설계압력 또는 최고허용압력을 말한다. 이하 같다) 이하에서 작동되도록 하여야 한다. 다만, 압력방출장치가 2개 이상 설치된 경우에는 최고사용압력 이하에서 1개가 작동되고, 다른 압력방출장치는 최고사용압력 1.05배 이하에서 작동되도록 부착하여야 한다.
② 제1항의 압력방출장치는 1년에 1회 이상 「국가표준기본법」제14조제3항에 따라 지식경제부장관의 지정을 받은 국가교정업무전담기관(이하 "국가교정기관"이라 한다)으로부터 교정을 받은 압력계를 이용하여 설정압력에서 시험한 후 납으로 봉인하여 사용하여야 한다. 다만, 영 제33조의6의 규정에 의한 공정안전보고서 제출대상으로서 고용노동부장관이 실시하는 공정안전보고서 이행상태 평가결과가 우수한 사업장은 압력방출장치에 대하여 4년에 1회 이상 설정압력에서 압력방출장치가 적정하게 작동하는지를 검사할 수 있다. 11. 6. 12 ⑦ 18. 8. 19 ⑦ ❹
22. 3. 5 ⑦

합격예측
20. 6. 14 ❹ 23. 2. 28 ⑦
절탄기 25. 2. 7 ⑦
연도(굴뚝)에서 버려지는 여열을 이용하여 보일러에 공급되는 급수를 예열하는 부속장치

2 보일러 이상연소 현상 16. 8. 26 ⑦

구 분	현 상
불완전 연소	공기의 부족, 연료 분무 상태의 불량 등의 원인으로 발생
이상 소화	버너 연소 중 돌연히 불이 꺼지는 현상
2차 연소	불완전 연소에 의해 발생한 미연소가스가 연소실 외, 연관내 또는 연도에서 연소하는 현상
역화	화염이 버너쪽에서 분출하는 현상으로 점화시에 주로 발생

3 방호장치의 종류
17. 3. 5 ⑦ 17 5. 7 ⑦ ❹ 18. 4. 28 ⑦ 18. 8. 19 ⑦
19. 8. 4 ⑦ ❹ 21. 8. 14 ⑦ 22. 3. 5 ⑦ 23. 7. 8 ⑦

종 류	설 치 방 법
고저수위 조절장치 21. 5. 15 ⑦	① 고저수위 지점을 알리는 경보등·경보음 장치 등을 설치 - 동작상태 쉽게 감시 ② 자동으로 급수 또는 단수되도록 설치 ③ 플로트식, 전극식, 차압식 등
압력방출장치 16. 8. 21 ⑦ 17. 8. 16 ⑦ 18. 4. 28 ⑦ 19. 3. 3 ⑦ 20. 9. 27 ⑦ 21. 5. 15 ⑦ 22. 4. 24 ⑦ 23. 6. 4 ⑦ 23. 7. 8 ⑦ 25. 2. 7 ⑦	① 보일러 규격에 적합한 압력방출장치를 최고사용압력 이하에서 작동되도록 1개 또는 2개 이상 설치 ② 2개 이상 설치된 경우 최고사용압력 이하에서 1개가 작동되고, 다른 압력방출장치는 최고사용압력 1.05배 이하에서 작동되도록 부착 ③ 1년에 1회 이상 토출압력시험 후 납으로 봉인(공정안전관리 이행수준 평가결과가 우수한 사업장은 4년에 1회 이상 토출압력시험 실시) ④ 스프링식, 중추식, 지렛대식(일반적으로 스프링식 안전밸브가 많이 사용)
압력제한스위치 20. 8. 22 ⑦ 21. 5. 15 ⑦ 23. 3. 1 ❹	① 보일러의 과열방지를 위해 최고사용압력과 상용압력 사이에서 버너연소를 차단할 수 있도록 압력제한스위치 부착 사용 ② 압력계가 설치된 배관상에 설치 23. 2. 28 ⑦
화염검출기 18. 3. 4 ❹	연소상태를 항상 감시하고 그 신호를 프레임 릴레이가 받아서 연소차단밸브 개폐

5. 압력용기 및 공기압축기

(1) 압력용기

1 정의

압력용기란 화학공장의 탑류, 반응기, 열교환기, 저장용기 및 공기압축기의 공기저장탱크로서 상용압력이 0.2[kg/cm²] 이상이 되고 사용압력(단위 : [kg/cm²])과 용기내 용적(단위 : [m³])의 곱이 1 이상인 것을 말한다.

2 용어의 정의

① 최고사용온도란 장치(용기)의 운전을 정상상태로 할 때, 그 기능을 정상적으로 발휘하는 범위내에서 사용될 수 있는 최상한의 온도를 말한다.
② 최저사용온도란 정상운전 중 또는 운전개시 및 운전정지 때와 같은 경우에도 장치(용기)내의 온도가 이보다 절대로 내려가지 않는다는 최하한의 온도를 말한다.
③ 최고사용압력이란 장치(용기)의 운전을 정상상태로 할 때, 그 기능을 정상적으로 발휘하는 범위내에서 사용될 수 있는 최고의 압력을 말한다.
④ 최저사용압력이란 정상운전중 또는 운전개시 및 운전정지 때와 같은 경우에도 장치(용기)내의 압력이 이보다 절대로 내려가지 않는다는 최하한의 압력을 말한다.
⑤ 최대허용압력이란 압력용기의 제작에 사용된 재질의 두께를 기준으로 하여 산출된 최대허용압력을 말한다.
⑥ 설계압력이란 최소허용두께 또는 용기의 여러 부분의 물리 특성을 결정하는 목적으로 용기 설계에서 사용되는 압력을 말한다. 다만, 설계에 있어서 용기의 특정 부분의 두께를 정하기 위하여는 정적수두를 설계압력에 더하여야 한다.

3 압력용기의 응력 및 두께

① 원주방향의 응력(Circumferential stress) 계산식

$$\sigma_t = \frac{P}{A} = \frac{pdl}{2tl} = \frac{pd}{2t} [\text{kg/cm}^2]$$

p : 단위면적당 압력(최대허용 내부압)

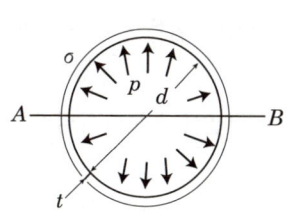
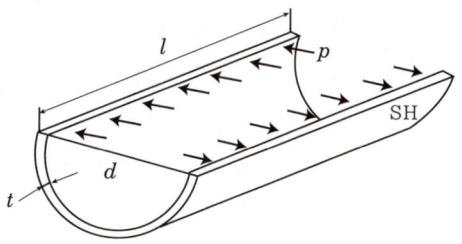

[그림] 원주방향의 응력

② 축방향의 응력(Longitudinal stress) 계산식

㉮ 세로방향응력(σ_z) = $\dfrac{\frac{\pi}{4}d^2 p}{\pi dt} = \dfrac{pd}{4t}$ [kg/cm^2]

합격예측 및 관련법규

압력방출장치의 설치 등
① 사업주는 압력용기 등에 과압으로 인한 폭발을 방지하기 위하여 압력방출장치를 설치하여야 한다.
② 사업주는 다단형 압축기 또는 직렬로 접속된 공기압축기에는 과압방지 압력방출장치를 각 단마다 설치하여야 한다.
③ 사업주는 제1항의 압력방출장치가 압력용기의 최고사용압력 이전에 작동되도록 설정하여야 한다.
④ 제1항의 압력방출장치는 1년에 1회 이상 국가교정기관으로부터 교정을 받은 압력계를 이용하여 설정압력에서 시험한 후 납으로 봉인하여 사용하여야 한다. 다만, 영 제33조의6의 규정에 의한 공정안전보고서 제출 대상으로서 고용노동부장관이 실시하는 공정안전보고서 이행상태 평가결과가 우수한 사업장은 압력방출장치에 대하여 4년에 1회 이상 설정압력에서 압력방출장치가 적정하게 작동하는지를 검사할 수 있다.
⑤ 사업주는 운전자가 설정압력을 임의로 조정하기 위하여 제4항의 규정에 의하여 납으로 봉인된 압력방출장치를 해체하거나 조정할 수 없도록 조치하여야 한다.

최고사용압력의 표시 등 10. 5. 9 ⑦
사업주는 압력용기 등의 식별이 가능하도록 하기 위하여 그 압력용기 등의 최고사용압력·제조연월일·제조회사명 등이 지워지지 아니하도록 각인 표시된 것을 사용하여야 한다.

Q 은행문제

공기압축기의 방호장치가 아닌 것은? 24. 2. 15 ⑦
① 언로드 밸브
② 압력방출장치
③ 수봉식 안전기
④ 회전부의 덮개

정답 ③

해설 공기압축기의 방호장치
① 언로드 밸브
② 압력방출장치
③ 회전부의 덮개

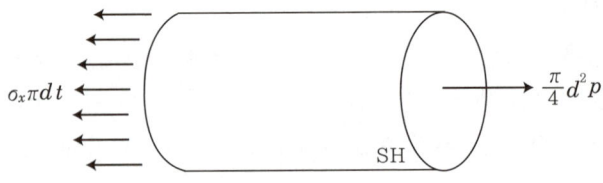

[그림] 축방향의 응력

㉯ 압력용기의 원주방향응력은 축방향(세로방향)응력의 2배이다.

③ 동판의 두께 계산식

$$\sigma_a \eta = \frac{pd}{2t}, \quad t = \frac{pd}{2\eta\sigma_t} \quad (\sigma_t : 허용응력, \ \eta : 용접효율)$$

[표] 압력용기의 종류

종류	특징
갑종 압력용기	① 설계압력이 게이지압력으로 1.2[MPa](2[kgf/cm²]) 이상인 화학공정 유체취급 용기 ② 설계압력이 게이지압력으로 1[MPa](10[kgf/cm²])를 초과하는 공기 및 질소저장탱크
을종 압력용기	갑종 압력용기 이외의 용기

4 압력용기의 안전기준

① 압력방출장치의 설치기준
  ㉮ 다단형 압축기 또는 직렬로 접속된 공기압축기에는 과압방지 압력방출 장치를 각 단마다 설치할 것
  ㉯ 압력방출장치가 압력용기의 최고사용압력 이전에 작동되도록 설정할 것
  ㉰ 압력방출장치를 설치한 후에는 1일 1회 이상 작동시험을 하는 등 성능이 유지될 수 있도록 항상 점검·보수할 것
  ㉱ 압력방출장치는 1년에 1회 이상 표준압력계를 이용하여 토출압력을 시험한 후 납으로 봉인하여 사용할 것
  ㉲ 운전자가 토출압력을 임의로 조정하기 위하여 납으로 봉인된 압력방출 장치를 해체하거나 조정할 수 없도록 조치할 것

② 압력계의 설치기준
  ㉮ 압력계는 부르동관 압력계에 적합한 것 또는 이와 동등 이상의 성능을 가진 것일 것
  ㉯ 압력계에 콕을 사용할 때는 사이펀관의 수직인 부분에 부착하고, 또한 그 핸들을 관축과 동일 방향으로 놓았을 때 열려 있는 것일 것
  ㉰ 압력계 눈금판의 최대지시도는 최고허용압력의 1.5~3배의 압력을 지시하는 것일 것

(2) 공기압축기

1 공기압축기의 정의
공기압축기란 임펠러(impeller) 또는 회전자의 회전운동이나 피스톤의 왕복운동으로 기체압송의 압력 또는 토출공기압력이 1[kgf/cm³] 이상인 기계를 말한다.

2 공기압축기의 종류
① **왕복공기압축기** : 왕복공기압축기는 왕복운동을 하는 피스톤 또는 다이어프램으로 실린더의 내용적을 늘리는 행정으로 흡입밸브에서 대기를 흡입하고 줄이는 행정으로, 압력이 토출공기압력에 도달한 시점에서 토출밸브에서 토출한다.
② **스크루공기압축기** : 스크루공기압축기는 암수 두 개의 스크루형 회전자의 회전운동으로 공기를 압송하는 공기압축기이며 트윈형과 싱글형이 있다.
③ **베인공기압축기** : 베인공기압축기는 실린더 안에 축과 편심한 회전자를 장착하여 그 회전자에 생긴 홈에 가동날개의 베인을 삽입, 실린더와 회전자 및 인접 베인 사이의 회전에 따라 용적의 변화로 대기를 투입구에서 흡입, 압축에서 압력으로 변환하여 토출구에서 토출한다.

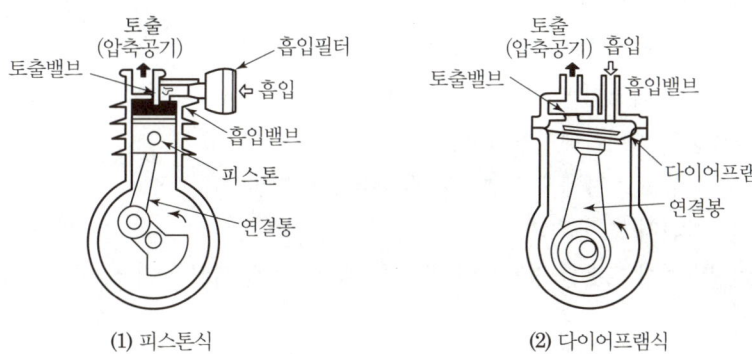

[그림] 왕복공기압축기

3 공기압축기의 안전기준
① 공기압축기의 설치장소선정시 고려사항
  ㉮ 습기, 진애, 도료가 많은 곳은 통풍이 양호한 장소에 설치할 것
  ㉯ 급유 및 점검 등이 용이한 장소일 것
  ㉰ 건축물의 벽면에 근접하여 설치할 경우는 벽에서 30[cm] 이상 떨어져 있을 것
  ㉱ 타 기계설비와의 이격거리는 최소 1.5[m] 이상 유지될 것
  ㉲ 옥외에 설치하는 경우에는 가능한 한 직사광선의 영향을 받지 않을 것
  ㉳ 필요에 따라 방음실, 방음벽 등의 방음대책이 강구되어 있을 것
  ㉴ 실온이 40[℃] 이상 되는 고온장소에는 설치하지 말 것

합격예측 및 관련법규

적용대상

이 장은 매니퓰레이트 및 기억장치(가변시퀀스 제어 및 고정시퀀스 제어장치를 포함)를 가지고 기억장치정보에 의해 매니퓰레이트의 굴신, 신축, 상하이동, 좌우이동 또는 선회동작 및 이의 복합동작을 자동적으로 행할 수 있는 산업용 로봇에 대하여 적용한다. 다만, 다음 각호의 1의 산업용로봇은 제외한다.
1. 정격출력(각각의 구동용 원동기를 갖는 로봇에 있어서는 각각의 정격출력 중 가장 큰 것)이 80[W] 이하의 구동용 원동기를 갖는 로봇
2. 고정시퀀스 제어장치의 정보에 따라 신축, 상하이동, 좌우이동 또는 선회동작중 한가지 동작의 단조로운 반복운동을 하는 로봇
3. 연구, 시험 또는 교육용 로봇

안전보건규칙
제223조(운전중 위험방지)
사업주는 로봇의 운전(제222조에 따른 교시 등을 위한 로봇의 운전과 제224조 단서에 따른 로봇의 운전은 제외한다)으로 인하여 근로자에게 발생할 수 있는 부상 등의 위험을 방지하기 위하여 높이 1.8미터 이상의 울타리(로봇의 가동범위 등을 고려하여 높이로 인한 위험성이 없는 경우에는 높이를 그 이하로 조절할 수 있다)를 설치하여야 하며, 컨베이어 시스템의 설치 등으로 울타리를 설치할 수 없는 일부 구간에 대해서는 안전매트 또는 광전자식 방호장치 등 감응형(感應形) 방호장치를 설치하여야 한다. 다만, 고용노동부장관이 해당 로봇의 안전기준이 「산업표준화법」 제12조에 따른 한국산업표준에서 정하고 있는 안전기준 또는 국제적으로 통용되는 안전기준에 부합한다고 인정하는 경우에는 본문에 따른 조치를 아니할 수 있다. 16. 5. 8 산 17. 5. 8 기 19. 3. 3 기 20. 8. 22 기 20. 9. 27 기

② 공기압축기의 운전전 확인사항
  ㉮ 각 부의 외관 및 조임상태
  ㉯ V벨트의 장력상태
  ㉰ 윤활유의 상태
  ㉱ 언로드밸브의 작동상태
  ㉲ 압력계 및 안전밸브 등의 이상유무
  ㉳ 현저한 소음, 진동 등의 유무
  ㉴ 연결부위의 이상유무

6. 산업용 로봇

(1) 산업용 로봇의 정의

퓰레이트 및 기억장치를 가지고 기억장치정보에 의해 매니퓰레이트(로봇팔 등)의 굴신(굽힘), 신축, 상하이동, 좌우이동, 선회동작 및 이들의 복합동작을 자동적으로 행할 수 있는 장치(기계)를 말한다.

(2) 산업용 로봇의 안전기준

1 산업용 로봇의 사용지침 작성시 내용 17. 5. 7 산
① 로봇의 조작방법 및 순서
② 작업중의 매니퓰레이트의 속도
③ 2인 이상 근로자에게 작업을 시킬 때의 신호방법
④ 이상발견시 조치
⑤ 이상발견시 로봇을 정지시킨 후 이를 재가동시킬 때의 조치

 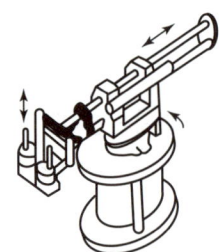

(1) 매뉴얼 로봇   (2) 고정시퀀스 로봇

[그림] 로봇의 종류

2 조립용 로봇의 용도별 분류

용도	종류
arc 용접	수직다관절(5축, 6축)
spot 용접	수직다관절(6축), 직교좌표형(4축)
조립	수직다관절, 원통좌표, 직각좌표
도장	수직다관절(전기식, 유압식)
handling	수직다관절, gantry
사출기 취출	취출 로봇
transfer	전용기
pelletizing	robot type pelletizer

3 기능수준에 따른 분류

구분	특징
매니퓰레이터형	인간의 팔이나 손의 기능과 유사한 기능을 가지고 대상물을 공간적으로 이동시킬 수 있는 로봇 17.3.5
수동 매니퓰레이터형	사람이 직접 조작하는 매니퓰레이터
시퀀스 로봇	미리 설정된 순서와 조건 및 위치에 따라 동작의 각 단계를 점차 진행해 가는 로봇
플레이백 로봇	미리 사람이 작업의 순서, 위치 등의 정보를 기억시켜 그것을 필요에 따라 읽어내어 작업을 할 수 있는 로봇
수치제어(NC) 로봇 19.8.4 25.2.7	로봇을 움직이지 않고 순서, 조건, 위치 및 기타 정보를 수치, 언어 등에 의해 교시하고, 그 정보에 따라 작업을 할 수 있는 로봇
지능 로봇	감상기능 및 인식기능에 의해 행동 결정을 할 수 있는 로봇

예제문제

산업안전보건법령상 로봇에 설치되는 제어장치의 조건에 적합하지 않은 것은? 19.8.4

① 누름버튼은 오작동 방지를 위한 가드를 설치하는 등 불시기동을 방지할 수 있는 구조로 제작·설치되어야 한다.
② 로봇에는 외부 보호장치와 연결하기 위해 하나 이상의 보호 정지회로를 구비해야 한다.
③ 전원공급램프, 자동운전, 결함검출 등 자동제어의 상태를 확인할 수 있는 표시장치를 설치해야 한다.
④ 조작버튼 및 선택스위치 등 제어장치에는 해당 기능을 명확하게 구분할 수 있도록 표시해야 한다.

[정보제공] 위험기계 기구 자율안전확인 고시 [별표 2] 산업용 로봇의 제작 및 안전기준

답 ②

합격예측

① "산업용 로봇(이하 "로봇"이라 한다)"이란 3축 이상의 매니퓰레이터(엑츄에이터, 교시 펜던트를 포함한 제어기 및 통신 인터페이스를 포함한다)를 구비하고 프로그램 및 자동제어가 가능한 고정식 또는 이동식 장치를 말하며, 주요구조부는 다음과 같다.
㉮ 매니퓰레이터
㉯ 전기, 유압 및 공압 동력 공급설비(power unit)
㉰ 본체 회전용 구동부
② "로봇 시스템"이란 로봇, 말단장치 및 작업수행에 필요한 센서 등으로 구성된 시스템을 말한다.
③ "로봇 작동기(robot actuator)"란 전기, 유압 및 공압 에너지를 이용하여 로봇이 유효한 동작을 할 수 있도록 하는 장치를 말한다.
④ "작동제어(actuating control)"란 로봇이 정해진 동작을 수행할 수 있도록 조작하는 데 필요한 장치를 말한다.
⑤ "협동운전"이란 사람과 공동작업을 수행할 수 있도록 설계된 로봇이 정해진 구역 내에서 사람과 함께 협동하여 작업을 행하는 상태를 말한다.
⑥ "말단장치(end-effector)"란 로봇이 작업하는 데 필요한 그리퍼(gripper), 용접건, 스프레이건 등의 장치를 말한다.
⑦ "펜던트(pendant) 및 교시 펜던트(teaching pendant)"란 로봇 동작에 필요한 프로그램을 입력하는 휴대형 장치를 말한다. 로봇 동작에 필요한 프로그램을 입력하는 휴대형 장치를 말한다.
⑧ "보호정지"란 로봇의 파손을 방지하기 위해 정해진 순서에 따라 동작이 중단되는 운전정지 형태를 말한다.
⑨ "동시동작"이란 하나의 제어장치로 두 대 이상의 로봇이 동시에 동작되는 것을 말한다.
⑩ "감속제어" 또는 "지속제어"란 로봇의 동작속도를 초당 250[mm] 이하로 제한하는 로봇 동작 제어모드를 말한다.
⑪ "교시 프로그램(teaching program)"이란 로봇의 작업수행에 필요한 프로그램을 말한다.

4 산업용 로봇 안전매트 11.9.21 ㉠ 19.4.27 ㉠

① 시험의 종류
  ㉮ 작동하중시험
  ㉯ 감응시간시험
  ㉰ 정하중시험
  ㉱ 내구성시험
  ㉲ 출력부시험
  ㉳ 단선경보장치시험

② 표시사항
  ㉮ 작동하중
  ㉯ 감응시간
  ㉰ 복귀신호의 자동, 수동여부
  ㉱ 대소인 공용여부

[표] 산업용로봇 감지기 종류

종류	형태	용도
단일 감지기	A	감지기를 단독으로 사용
복합 감지기	B	여러 개의 감지기를 연결하여 사용

7. 고속회전체

(1) 산업안전보건기준에 관한 규칙

제114조(회전시험 중의 위험 방지) 사업주는 고속회전체[(터빈로터·원심분리기의 버킷 등의 회전체로서 원주속도(圓周速度)가 초당 25미터를 초과하는 것으로 한정한다. 이하 이 조에서 같다)]의 회전시험을 하는 경우 고속회전체의 파괴로 인한 위험을 방지하기 위하여 전용의 견고한 시설물의 내부 또는 견고한 장벽 등으로 격리된 장소에서 하여야 한다. 다만, 고속회전체(제115조에 따른 고속회전체는 제외한다)의 회전시험으로서 시험설비에 견고한 덮개를 설치하는 등 그 고속회전체의 파괴에 의한 위험을 방지하기 위하여 필요한 조치를 한 경우에는 그러하지 아니하다.

제115조(비파괴검사의 실시) 사업주는 고속회전체(회전축의 중량이 1톤을 초과하고 원주속도가 초당 120미터 이상인 것으로 한정한다)의 회전시험을 하는 경우 미리 회전축의 재질 및 형상 등에 상응하는 종류의 비파괴검사를 해서 결함 유무(有無)를 확인하여야 한다.

(2) 고속회전체의 위험방지

① 고속회전체는 그 고속회전부분의 주속도(周速度)가 고속이 될 수록 속도의 2승에 비례해서 큰 원심력을 받는다.
② 원심력에 의해서 그 구성부분이 파괴되어 비산할 우려가 있다.
③ 고속 최전체의 회전시험을 실시할 때는 고속회전의 파괴에 의한 위험을 방지하기 위해 전용의 견고한 건설물 내 또는 견고한 격벽 등에 의해 격리된 장소에서 실시해야 한다.

8. 사출성형기(射出成形機 : injection molding machine : Spritzgussmachine)

(1) 사출성형기의 구조

① 플라스틱의 사출성형에 사용되는 기계로 재료를 가열 가소화하는 실린더, 이 연화용해 재료를 사출하기 위한 플런저, 플런저에서 밀어내지는 용해 수지를 금형 안으로 유도하는 노즐 및 성형품의 형을 만드는 금형이 주요 부분이다.
② 기계의 크기는 1회에 사출할 수 있는 양(온스 : OZ)으로 표시되고, 현재 몇 온스에서 수십 내지 수백 온스까지의 기계가 제조되고 있다.

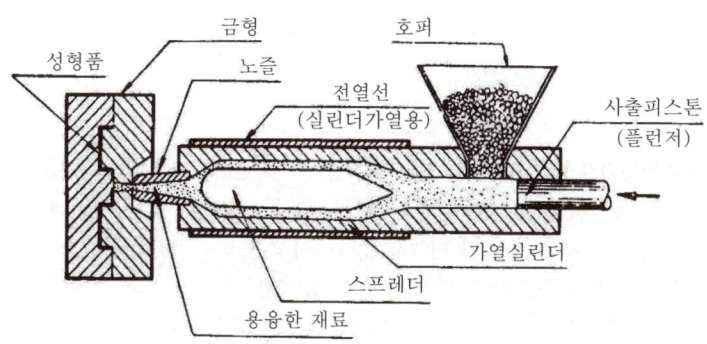

[그림] 사출성형기 구조

(2) 산업안전보건기준에 관한 규칙

① 사업주는 사출성형기(射出成形機)·주형조형기(鑄型造形機) 및 형단조기(프레스 등은 제외한다) 등에 근로자의 신체 일부가 말려들어갈 우려가 있는 경우 게이트가드(gate guard) 또는 양수조작식 등에 의한 방호장치, 그 밖에 필요한 방호조치를 하여야 한다.
② 제1항의 게이트가드는 닫지 아니하면 기계가 작동되지 아니하는 연동구조(蓮動構造)여야 한다.
③ 사업주는 제1항에 따른 기계의 히터 등의 가열 부위 또는 감전 우려가 있는 부위에는 방호덮개를 설치하는 등 필요한 안전조치를 하여야 한다.

보충학습

사출성형기
열을 가하여 용융 상태의 열가소성 또는 열경화성 플라스틱, 고무 등의 재료를 노즐을 통해 두 개의 금형 사이에 주입하여 원하는 모양의 제품을 성형·생산 하는 기계

[그림] 사출성형기

합격예측 및 관련법규

산업안전보건기준에 관한 규칙 제233조(가스용접 등의 작업)

사업주는 인화성 가스, 불활성 가스 및 산소(이하 "가스등"이라 한다)를 사용하여 금속의 용접·용단 또는 가열작업을 하는 경우에는 가스등의 누출 또는 방출로 인한 폭발·화재 또는 화상을 예방하기 위해 다음 각 호의 사항을 준수해야 한다. 〈개정 2021. 5. 28.〉

1. 가스등의 호스와 취관(吹管)은 손상·마모 등에 의하여 가스등이 누출할 우려가 없는 것을 사용할 것
2. 가스등의 취관 및 호스의 상호 접촉부분은 호스밴드, 호스클립 등 조임기구를 사용하여 가스등이 누출되지 않도록 할 것
3. 가스등의 호스에 가스등을 공급하는 경우에는 미리 그 호스에서 가스등이 방출되지 않도록 필요한 조치를 할 것
4. 사용 중인 가스등을 공급하는 공급구의 밸브나 콕에는 그 밸브나 콕에 접속된 가스등의 호스를 사용하는 사람의 이름표를 붙이는 등 가스등의 공급에 대한 오조작을 방지하기 위한 표시를 할 것
5. 용단작업을 하는 경우에는 취관으로부터 산소의 과잉방출로 인한 화상을 예방하기 위하여 근로자가 조절밸브를 서서히 조작하도록 주지시킬 것
6. 작업을 중단하거나 마치고 작업장소를 떠날 경우에는 가스등의 공급구의 밸브나 콕을 잠글 것
7. 가스등의 분기관은 전용 접속기구를 사용하여 불량체결을 방지하여야 하며, 서로 이어지지 않는 구조의 접속기구 사용, 서로 다른 색상의 배관·호스의 사용 및 꼬리표 부착 등을 통하여 서로 다른 가스배관과의 불량체결을 방지할 것

보충학습 — 사출성형기 방호조치 기술지침(M-187-2016)

(1) 사출성형기에 사용되는 I 형식(Type I) 방호장치
① 한 개의 위치 검출스위치(Position Switch)가 부착된 가동형 연동장치로써 전원회로의 주 차단 장치를 작동시킬 것
② 가드가 닫힌 경우 위치 검출스위치는 작동되지 않으며 폐회로가 구성되어 사출성형기가 동작될 것
③ 가드가 열리는 경우 위치 검출스위치가 직접 작동되고, 전원회로가 개방되어 사출성형기가 정지될 것
④ 위치 검출스위치 제어회로 상에서 단일 결함이 발생되는 경우 사출성형기의 작동이 정지될 것

(2) 사출성형기에 사용되는 II 형식(Type II) 방호장치
① 두 개의 위치검출스위치(position switch)가 부착된 가동형 연동장치로써 전원회로의 주 차단장치를 작동시킬 것
② 첫 번째 위치 검출스위치는 I 형식 방호장치와 동일하게 작동되고, 가드가 닫힌 경우 두 번째 위치 검출스위치의 접점이 닫히고 폐회로가 구성되어 사출성형기가 동작될 것
③ 가드가 열린 경우 두 번째 위치 검출스위치의 접점이 열리게 되고 사출 성형기 작동이 정지될 것
④ 두 개의 위치 검출스위치 작동상태가 가드의 운동주기마다 각각 감시되어야 하며, 어떤 한 개의 스위치에서 결함이 감지된 경우에는 사출성형기의 작동이 정지될 것

(3) 사출성형기 II 형식(Type III) 방호장치 (산업안전지도사 2023년 2차 시험 출제)
① 서로 독립된 2개의 연동장치가 부착된 형태로서, 연동장치 중 하나는 II 형식 방호장치와 동일하게 작동되고 나머지 연동장치는 위치 검출스위치를 사용하여 직접 또는 간접적으로 전원회로를 개폐할 것
② 가드가 닫힌 경우 위치 검출스위치는 작동이 중지되고 폐회로가 구성되어, 전원회로를 차단시키지 않을 것
③ 가드가 열린 경우 위치 검출스위치는 가드에 의해 직접 작동되며 2차 차단장치를 경유하여 전원회로를 차단시킬 것
④ 두 개의 연동장치 작동상태를 가드의 운동 주기마다 감시하여, 한 개의 연동장치에서 결함이 감지된 경우에는 사출 성형기의 작동이 정지될 것

9. 목재가공용 기계

(1) 목재가공 둥근톱

1 개요 및 정의

① "둥근톱(circular saw)기계"란 고정된 한 개의 둥근톱 날을 이용하여 목재를 절단가공을 하는 기계를 말하며, 주요구조부는 다음과 같다.

(톱니 노출 높이 : 100[mm] 이상)

㉮ 톱날구동축
㉯ 테이블
㉰ 칼럼

② "기계대패"란 공작물을 수동 또는 자동으로 직선 이송시켜 회전하는 대팻날로 평면 깎기, 홈 깎기 또는 모떼기 등의 가공을 하는 목재가공기계를 말하며, 주요구조부는 다음과 같다.

㉮ 톱날구동축
㉯ 테이블

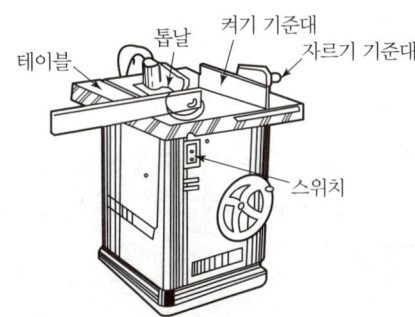
[그림] 목재가공용 둥근톱

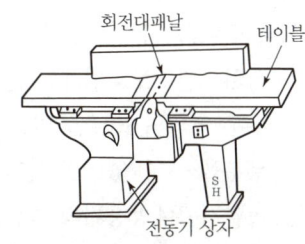
[그림] 동력식 수동대패

③ "칩 브레이커"란 공작물이 튀어 오르지 않도록 대패 몸통 바로 앞에서 공작물을 누름과 동시에 절삭 부스러기를 외부로 유도하는 장치를 말한다.

④ "압력바"란 공작물이 튀어 오르지 않도록 대패 몸통 바로 뒤에서 공작물을 누르는 장치를 말한다.

⑤ "루타기"란 고속 회전하는 공구를 이용하여 공작물에 조각, 모떼기, 잘라내기 등의 가공을 하는 목공 밀링기계를 말하며, 주요구조부는 다음과 같다.

㉮ 칼럼(기둥)
㉯ 테이블
㉰ 크로스 레일
㉱ 자동 공구공급장치(수치제어식으로 한정한다.)

합격예측 및 관련법규

둥근톱기계의 반발예방장치 및 날접촉예방장치
16. 5. 8 ㉮ 20. 8. 22 ㉮

① 사업주는 목재가공용 둥근톱기계(가로절단용 둥근톱 기계 및 반발에 의하여 근로자에게 위험을 미칠 우려가 없는 것을 제외한다)에는 분할날 등 반발예방장치를 설치하여야 한다.

② 종류 23. 6. 4 ㉮ 23. 5. 13 ㉮
㉮ 반발방지 발톱(finger)
㉯ 분할날(spreader)
㉰ 반발방지롤(roll)

취급설명서

공작기계의 취급설명서 등에는 다음 사항이 기재되어 있어야 한다.
① 공작기계 사용상의 유의사항
② 안전장치의 종류, 성능 및 사용상의 유의사항
③ 안전하게 운반하기 위한 조치의 개요
④ 설치, 조작, 조정 등의 작업 및 정비작업을 안전하게 하기 위해 필요한 작업절차 및 작업면적
⑤ 소음레벨
⑥ 관계법령 그 밖에 필요한 사항

합격예측 및 관련법규

둥근톱기계의 톱날접촉예방장치

사업주는 목재가공용 둥근톱기계(휴대용 둥근톱을 포함하되, 원목제재용 둥근톱기계 및 자동이송장치를 부착한 둥근톱기계를 제외한다)에는 톱날접촉예방장치를 설치하여야 한다.

"방호조치"라 함은 위험기계·기구의 위험장소 또는 부위에 근로자가 통상적인 방법으로는 접근하지 못하도록 하는 제한조치를 말하며, 방호망, 방책, 덮개 또는 각종 방호장치 등을 설치하는 것을 포함한다.

합격예측

① "혼합기"란 회전축에 고정된 날개를 이용하여 내용물을 저어주거나 섞는 장치를 말하며, 주요구조부는 다음과 같다.
　㉮ 혼합용기
　㉯ 혼합용기 회전장치
　㉰ 회전날
② "잠금장치"란 에어실린더 또는 전자코일 등을 이용하여 혼합기의 덮개를 임의로 열 수 없도록 하는 장치를 말한다.

---

⑥ "띠톱기계"란 프레임에 부착된 상하 또는 좌우 2개의 톱바퀴에 엔드레스형 띠톱을 걸고 팽팽하게 한 상태에서 한쪽 구동 톱바퀴를 회전시켜 목재를 가공하는 기계를 말하며, 구요구조부는 다음과 같다.
　㉮ 테이블
　㉯ 구동풀리
　㉰ 프레임
⑦ "억제 장치"란 띠톱의 가로 방향 흔들림을 억제하는 장치로서 억제 봉, 억제 봉 지지기, 억제 암 등으로 구성된다.
⑧ "모떼기 기계"란 목재의 측면을 원하는 형상으로 가공하는 데 사용되는 기계로서 곡면절삭, 곡선절삭, 홈붙이작업 등에 사용되는 것을 말하며, 주요구조부는 다음과 같다.
　㉮ 공구구동축
　㉯ 테이블

2 방호장치

① **테이블 아래 톱날의 덮개** : 가장 큰 톱날에 대해 충분한 여유가 있도록 설계하여야 하며 덮개는 박판금속이 적당하고, 톱날을 갈아 끼울 수 있도록 분리 가능하게 설치한다.
② **톱날접촉예방장치(보호덮개)** 23. 10. 15 실짱
　㉮ 설치조건 : 보호덮개는 분할날에 대면하고 있는 부분과 가공재를 절단하는 부분 이외의 톱날을 덮을 수 있는 구조이어야 하며 작업자가 톱날의 절삭 부분을 볼 수 있어야 한다. 18. 8. 19 ㉮
　㉯ 톱날접촉예방장치의 성능기준
　　㉠ 작업을 하지 않을 때는 톱날을 완전히 덮어야 한다.
　　㉡ 가공 목재의 높이에 따라 즉시 조정 가능해야 한다.
　　㉢ 가공 목재를 보는 작업자의 시야를 방해하지 않을 정도로 충분히 좁아야 한다.
　　㉣ 덮개가 이완된 상태로 작업하거나 아래로 내려 눌려지면서 톱날과 접촉해서는 안 된다.
　　㉤ 톱밥이나 나무조각이 축적되어도 기능을 잃지 않도록 튼튼히 설계되어야 한다.
　㉰ 종류
　　㉠ 가동식 : 본체덮개 또는 보조덮개가 항상 가공재에 자동적으로 접촉되어 톱니를 덮을 수 있도록 되어 있는 것이다. 일반적으로 사용되는 것이 이 방법이다.

ⓒ 고정식 : 박판가공의 경우에만 사용할 수 있는 것이고 구조규격은 다음 그림에 나타낸 것이어야 한다.

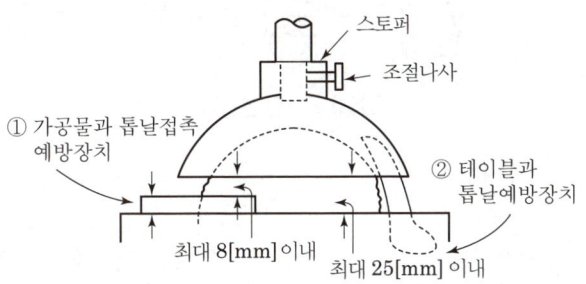

[그림] 고정식 톱날접촉예방장치

③ 반발예방장치(분할날 : spreader)
㉮ 설치조건
  ㉠ 반발예방장치는 경강(硬鋼)이나 반경강을 사용하며, 톱날로부터 2/3 이상에 걸쳐 12[mm] 이상 떨어지지 않게 톱날의 곡선에 따라 만든다.
  ㉡ 반발 예방 장치의 끝부분은 둥글게 하며 톱날에 인접한 끝은 저항이 적도록 비스듬히 깎아야 한다.
  ㉢ 탄화(炭化) 잇날로 된 세트(set) 없는 톱날의 경우에는 반발예방장치의 두께는 톱날과 같게 하여야 한다.
  ㉣ 반발예방장치의 분할날(dividing knife)이 대면하는 둥근톱날의 원주면과의 거리는 12[mm] 이내가 되도록 하여야 한다. 19. 8. 4 ㉮ 20. 8. 22 ㉮ 20. 9. 27 ㉮

㉯ 성능기준
  ㉠ 반발예방장치는 수평 또는 수직으로 조정 가능할 수 있어야 한다.
  ㉡ 반발예방장치가 충분한 역할을 하기 위해서는 분할날의 두께는 톱 두께의 1.1배 이상이며 톱의 치진폭 이하로 해야 한다. 다음 그림은 톱날형의 분할날이며 톱의 지름이 610[mm]를 초과하는 경우 현수식 분할날을 사용한다.
  ㉢ 분할날(spreader)의 두께
    ⓐ 분할날의 두께는 톱날 1.1배 이상이고 톱날의 치진폭 미만으로 할 것.
    ⓑ 공식 : $1.1t_1 \leq t_2 < b$ 17. 3. 5 ㉮ 17. 5. 7 ㉮ 18. 3. 4 ㉯
      18. 4. 28 ㉯ 23. 2. 28 ㉮ 25. 2. 7 ㉮
  ㉣ 분할날의 길이 공식

$$l = \frac{\pi D}{4} \times \frac{2}{3} = \frac{\pi D}{6}$$

합격예측

① "파쇄기 또는 분쇄기"란 절단 도구가 달린 한 개 이상의 회전축 또는 플런저의 왕복운동에 의한 충격력을 이용하여 암석이나 금속 또는 플라스틱 등의 물질을 필요한 크기의 작은 덩어리 또는 분체로 부수는 기계를 말하며, 주요구조부는 다음과 같다.
  ㉮ 분쇄 또는 파쇄 챔버
  ㉯ 분쇄 또는 파쇄용 로터 (롤러 또는 분쇄날을 포함한다.)
  ㉰ 소재 공급장치
② "로터"란 회전축 및 절단도구로 구성되며 챔버 내에서 회전하는 장치를 말한다.
③ "고정형 절단 도구"란 챔버 내에 고정되어 있는 절단장치를 말한다.
④ "투입장치"란 챔버에 분쇄할 물질을 투입하는 데 사용되는 부분을 말하며, 다음과 같이 구분한다.
  ㉮ 호퍼 이와 유사한 장치 등 고정형 투입 장치
  ㉯ 컨베이어벨트 등 이동형 투입 장치

톱날 직경이 600[mm]일 경우 분할날의 최소길이
16. 8. 21 ㉮

$l = \frac{\pi D}{6} = \frac{\pi \times 600}{6}$
$= 314[mm]$

작업자의 신체부위가 위험한계 밖에 있도록 기계의 조작장치를 위험점에서 안전거리 이상 떨어지게 하거나 조작장치를 양손으로 동시 조작하게 함으로써 위험한계에 접근하는 것을 제한하는 위치제한형 방호장치를 설치하여야 한다.

합격예측 및 관련법규

안전보건규칙
제108조(띠톱기계의 날접촉 예방장치 등) 25. 2. 7

사업주는 목재가공용 띠톱기계에 있어서 스파이크가 부착되어 있는 이송롤러기 또는 요철형 이송롤러기에는 날접촉 예방장치 또는 덮개를 설치하여야 한다. 다만, 스파이크가 부착되어 있는 이송롤러기 또는 요철형 이송롤러기에 급정지장치가 설치되어 있는 때에는 그러하지 아니하다.

합격예측

작업자의 신체부위가 위험한 계내로 접근하였을 때 기계적인 작용에 의하여 접근을 못하도록 저지하는 접근거부형 방호장치를 설치하여야 한다.

① "인쇄기"란 판면에 잉크를 묻혀 종이에 대고 눌러 인쇄물을 만드는 기계를 말하며, 주요구조부는 다음과 같다.
  ㉮ 종이 승·하강장치
  ㉯ 급지장치
  ㉰ 인쇄용 롤러 구동축
  ㉱ 건조장치
② "승·하강장치"란 인쇄작업을 위해 인쇄물을 이송하기 이전의 종이더미를 승강 또는 하강시키기 위한 장치를 말한다.
③ "가동유지장치"란 조작장치가 눌러진 경우에만 작동이 되고 조작장치가 해제된 경우에는 원래의 위치로 복귀되는 장치를 말한다.

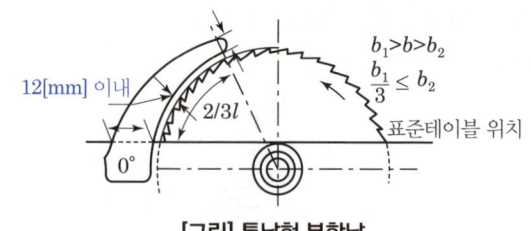

[그림] 톱날형 분할날

[그림] 현수식 분할날

[그림] 분할날 두께

t_1 : 톱날두께 b : 톱날 치진폭 t_2 : 분할날두께

3 안전작업방법

둥근톱기계는 외관상으로 단순해 보이며 조작이 쉽게 보여 무자격자들에 의해서도 쉽게 사용되고 있는 경향이 있으나 원래 둥근톱기계는 위험한 기계이다. 둥근톱을 취급하는 작업자는 둥근톱을 제어하는 지식과 보호장비의 옳은 취급과 안전한 작업방법이 요구된다. 목공작업의 기본안전규칙을 열거하면 다음과 같다.

① 둥근톱 취급에 있어서는 전문가에 의해서 교육훈련된 유자격자만 취급할 수 있도록 해야 한다.
② 보호장비의 적절한 사용은 주어진 안전장비의 설명서에 따라 사용한다.
③ 둥근톱의 취급자격은 안전장비를 사용하지 못하는 사람이나 불안전하게 사용하는 사람에 대해서는 주지 않는다.
④ 안전작업방법의 교육은 안전작업 기술교육에 역점을 두어야 한다.
⑤ 제재 목재가 작아진 것은 작업자의 손이 톱날에 접근되는 것을 방지하기 위해서는 슈바(suva)핸들이 부착된 밀기막대(push stick)의 사용이 필요하다. 슈바핸들은 어떤 나무에도 2~3초 내에 견고하게 부착할 수 있다.
⑥ 큰 가공 물체를 제재할 때는 밀기막대는 중요하지 않지만 손이 옳은 위치에 놓였는가를 확인한다.

(2) 동력식 수동대패

1 개요 및 정의

회전축에 너비가 넓은 대팻날을 2장 또는 4장 고정시켜 이것을 고속으로 회전시키면서 평면, 홈, 측면, 경사면 등을 깎는 기계를 기계대패(wood planer)라 하며, 목재의 표면을 초벌절삭하거나 중간 정도까지 대패질하는 데 사용한다. 기계대패를 사용하면 나뭇결, 재료의 경도 및 두께에 관계없이 능률적으로 대패질할 수 있다.

기계대패에는 목재를 먹이는 방법(이송방법)에 따라 수동식 기계대패(hand planer)와 자동식 기계대패(automatic planer)가 있다. 보통 조인터(jointer)라고 하는 수동식 기계대패는 한쪽면을 대패질할 수 있으며 소량가공에 많이 사용하고 자동식 기계 대패는 1면 절삭형(single planer), 2면 절삭형(double planer) 및 4면 절삭형(four side planer) 등이 있으며 정밀하고 대량가공에 많이 사용된다. 휴대용 전기기계대패는 간단한 가공물의 초벌절삭에 주로 사용한다. 기계대패의 크기는 가공 재료의 최대너비로 나타낸다.

동력식 수동대패란 회전축에 대팻날을 고정시켜 이것을 동력에 의해 고속으로 회전시키면서 작업자가 가공재를 수동으로 송급시켜 평면, 측면, 경사면 등을 깎는 기계를 말한다.

2 방호조치

① **테이블 아래 대팻날의 방호** : 테이블 아래의 대팻날과 동력전달부를 방호하는 장치
② **날접촉예방장치** : 대팻날과의 접촉사고의 예방을 위해 설치하는 장치로 날부분을 완전히 덮어야 한다. 또한 필요에 따라서는 가공 목재의 높이에 따라 즉시 조정되어야 한다. 18. 3. 4 ② 22. 3. 5 ②
③ **밀기막대** : 손으로 가공 목재(특히 짧은 목재)를 가공하는 기계대패에 있어서 작업자의 손이 대팻날에 쉽게 접촉할 수 있으므로 이를 방지하기 위해 사용하는 보조기구

3 날접촉예방장치 종류 25. 2. 7 ④

① **가동식** : 가공재의 절삭에 필요하지 않은 부분은 항상 자동적으로 덮고 있는 구조를 말한다. 그 대표적인 것이지만 복귀용 스프링이 강하면 치수를 중시하는 목재업에서는 정규를 미동시켜 치수를 조정한다. 그러나 항상 위험범위를 덮고 있으므로 작업자의 교육이나 점검정비가 철저하다면 안전장치의 효과를 향상시킬 수 있다.

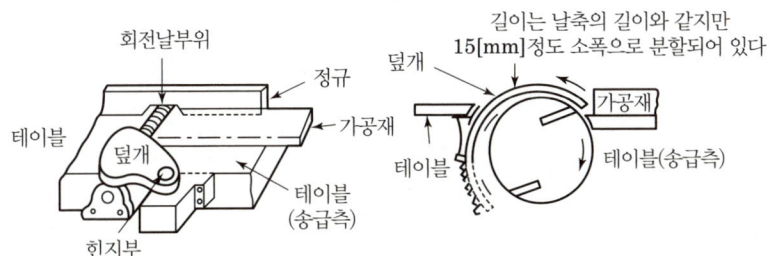

[그림] 가동식 날 접촉예방장치

합격예측 및 관련법규

안전보건규칙
제109조(대패기계의 날접촉예방장치)
사업주는 작업대상물이 수동으로 공급되는 동력식 수동대패기계에는 날접촉예방장치를 하여야 한다. 18. 3. 4 ②

합격예측
작업자의 신체부위가 위험한계 또는 그 인접한 거리내로 들어오면 이를 감지하여 그 즉시 기계의 동작을 정지시키고 경보등을 발하는 접근반응형 방호장치를 설치하여야 한다.

칩브레이커
칩을 짧게 끊어주는 선반 전용 안전장치

[그림] 선반 클램프형 칩브레이커
18. 3. 4 ② 18. 4. 28 ④
19. 8. 4 ②

합격예측 및 관련법규

작업개시 전의 점검

지게차의 운전자는 작업개시 전에 다음 각 호의 규정에 따라 점검하여야 한다.
1. 지게차의 구조와 개요, 기능을 숙지하여야 한다.
2. 점검표에 따라 점검하고, 각 점검항목에 대해서 충분히 이해하여야 한다.
3. 장비의 이상유무를 항상 점검하여야 한다.
4. 이상한 부분을 발견한 때에는 즉시 관리감독자에게 보고하고 필요한 조치를 취하여야 한다.

Q 은행문제

지게차의 작업과정에서 작업 대상물의 팔레트 폭이 b라고 할 때 적절한 포크 간격은?(단, 포크의 중심과 팔레트의 중심은 일치한다고 가정한다.) 17. 8. 26 산

① $\frac{1}{4}b \sim \frac{1}{2}b$ ② $\frac{1}{4}b \sim \frac{3}{4}b$
③ $\frac{1}{2}b \sim \frac{3}{4}b$ ④ $\frac{3}{4}b \sim \frac{7}{8}b$

정답 ③

합격예측 및 관련법규

작업 전 협의

작업개시 전에 관리자, 관리감독자와 반드시 다음 각 호의 규정에 대하여 충분히 협의한 후 다음 후속작업을 하여야 한다.
1. 작업의 목적과 내용
2. 작업장소, 통로, 바닥면, 주변의 장애물 및 그 밖에 특수사정
3. 팔레트 또는 받침대를 사용하는 때에는 취급물체의 중량 및 중심위치
4. 팔레트 또는 받침대를 사용하지 않은 때에는 물체의 중량, 형태, 크기 및 사용하는 부착물
5. 신호방법
6. 그 밖에 필요한 사항

---

② **고정식** : 가공재의 폭에 따라서 그때마다 덮개의 위치를 조절하여 절삭에 필요한 대팻날만을 남기고 덮는 구조를 말한다. 따라서 덮개를 부착하는 조절이 용이하게 되도록 조절나사를 설치하여야 한다. 또 가공재를 송급하지 않을 때는 대팻날 전부를 덮도록 덮개의 길이는 분할날의 두께 이상이어야 한다.

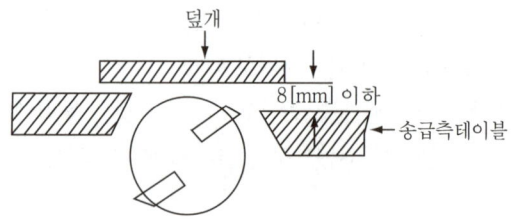

[그림] 덮개와 테이블간의 틈새 17. 5. 7 산 20. 6. 14 산 23. 5. 13 산

세부항목 4. 운반기계 및 양중기

1. 지게차(fork lift)

(1) 지게차의 정의

지게차라 함은 포크에 의해서 화물을 하역하여 비교적 좁은 장소에서 중량물을 운반하는 것으로 일명 포크리프트라고도 한다.

(2) 지게차의 안전기준

1 지게차의 안전조건 16. 3. 6 기 산 17. 8. 26 산 19. 8. 4 산

지게차가 안정성을 유지하기 위해서는 다음의 조건에 만족되어야 한다.

$$W \cdot a < G \cdot b$$

여기서, W : 화물중량
G : 지게차 자체 중량
a : 앞바퀴부터 화물의 중심까지의 거리
b : 앞바퀴부터 차의 중심까지의 거리

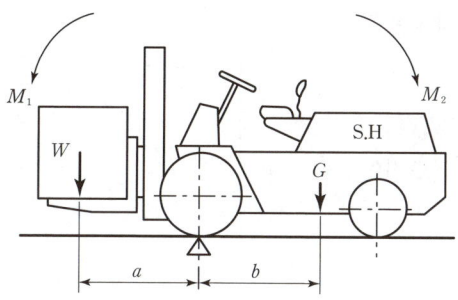

$M_1 = W \times a$: 화물의 모멘트
$M_2 = G \times b$: 차의 모멘트

[그림] 지게차의 안정성 유지

[표] 지게차의 안정조건

구분	안정도	지게차의 상(형)태
전후 안정도	① 하역작업 : 4[%] 이내 ② 5[t] 이상 부하상태 : 3.5[%]	(지게차 그림) / 위에서 본 상태
	주행작업시 부하상태 : 18[%] 이내	(지게차 그림)
좌우 안정도	하역작업시 부하상태 : 6[%] 이내	(지게차 그림) / 위에서 본 상태
	주행작업 : $(15+1.1V)$[%] V : 최고속도[km/hr] 무부하상태	(지게차 그림)
	안정도 $= \dfrac{h}{l} \times 100$[%]	전도구배 / 수평지면

합격예측 및 관련법규

준비작업
준비작업에는 다음 각 호의 규정을 준수하여야 한다.
1. 백레스트를 붙였는지 여부를 확인하여야 한다.
2. 헤드가드가 붙어있는지 여부를 확인하여야 한다.
3. 하물의 크기와 중심의 위치를 고려하고 포크의 간격을 결정하여야 한다.
4. 팔레트를 사용하지 않는 때에는 작업에 적격한 부착물을 선정하고 그것을 견고하게 설치하여야 한다.

하물취급
하물취급작업을 할 때에는 다음 각 호의 규정을 준수하여야 한다.
1. 하물의 근처에 왔을 때에는 속도를 줄여야 한다.
2. 하물 앞에서 일단정지 하여야 한다.
3. 지게차를 하물 쪽으로 반듯하게 향하고 포크를 끼워 넣는 위치를 확인하고 주의하여 끼워 넣어야 한다. 이 때 포크가 팔레트를 문지르거나 마찰하지 않도록 주의하여야 한다.
4. 팔레트에 실려 있는 물체의 안전한 적재여부를 확인하여야 한다.

안전보건규칙
제173조(화물적재 시의 조치)
① 사업주는 차량계 하역운반기계등에 화물을 적재하는 경우에 다음 각 호의 사항을 준수하여야 한다.
1. 하중이 한쪽으로 치우치지 않도록 적재할 것
2. 구내운반차 또는 화물자동차의 경우 화물의 붕괴 또는 낙하에 의한 위험을 방지하기 위하여 화물에 로프를 거는 등 필요한 조치를 할 것
3. 운전자의 시야를 가리지 않도록 화물을 적재할 것
② 제1항의 화물을 적재하는 경우에는 최대적재량을 초과해서는 아니 된다.

합격예측 및 관련법규

들어올리기
하물을 들어올리는 작업을 할 때에는 다음 각 호의 규정을 준수하여야 한다.
1. 지상에서 5~10[cm] 지점까지 들어올린 후 일단정지하여야 한다.
2. 하물의 안전상태, 포크에 대한 편심하중 및 그 밖에 이상이 없는가를 확인하여야 한다.
3. 마스크는 후방향쪽으로 경사를 주어야 한다.
4. 지상에서 10~30[cm]의 높이까지 들어올려야 한다.
5. 들어올린 상태로 출발, 주행하여야 한다.

야간작업
지게차를 이용하여 야간작업을 할 경우 다음 각 호의 사항을 준수하여야 한다.
1. 작업장에는 충분한 조명시설을 하여야 한다.
2. 전조등 또는 그 밖에 조명장치를 이용하여야 한다.
3. 야간작업시에는 원근감이나 지면의 고저가 불명확하고 심하게 착각을 일으키기 쉬우므로 주변의 근로자나 장애물에 주의하면서 안전속도로 운전하여야 한다.

산업안전보건법 시행규칙 제98조(방호조치)
① 법 제80조제1항 및 영 제70조 및 영 별표 20 각 호의 어느 하나에 따른 기계·기구에 설치하여야 할 방호장치는 다음 각 호와 같다. 18. 3. 4
1. 예초기에는 날접촉 예방장치
2. 원심기에는 회전체 접촉 예방장치
3. 공기압축기에는 압력방출장치
4. 금속절단기에는 날접촉 예방장치
5. 지게차에는 헤드 가드, 백레스트(backrest), 전조등, 후미등, 안전벨트
6. 포장기계에는 구동부 방호 연동장치

(3) 포크리프트의 재해분석
① 포크리프트와의 접촉 : 37[%]
② 하물의 낙하 : 27[%]
③ 포크리프트의 전도전락 : 14[%]
④ 추락 : 15~16[%]
⑤ 기타 : 5~6[%]

(4) 포크리프트 운전 중의 주의사항
① 정해진 하중이나 높이를 초과하는 적재는 하지 말 것
② 운전자 이외의 사람은 승차시키지 말 것
③ 급격한 후퇴는 피할 것
④ 정해진 구역 밖에서 운전을 하지 말 것
⑤ 난폭운전, 과속을 하지 말 것
⑥ 견인시는 반드시 견인봉을 사용할 것
⑦ 물건의 낙하 위험을 방지하기 위해 견고한 헤드가드를 설치할 것
⑧ 포크리프트는 방향지시기, 경보장치를 갖추고 안전하게 사용할 것

2. 컨베이어(conveyor)

(1) 컨베이어의 개요

1 정의
컨베이어는 물품을 연속적으로 옮기기 때문에 효율적인 운반방법으로서 각 방면에 널리 쓰이고 있으나, 때로는 작업자에게 스트레스도 크고, 또 위험한 기계이기도 하기 때문에, 노무관리나 안전관리 측면에서 특별한 주의가 요망된다.

2 가장 많이 사용되는 벨트 컨베이어의 특징
① 연속적인 작업 가능
② 무인화 작업 가능
③ 운반과 동시에 물건을 승·하역 가능

3 컨베이어 안전장치 16. 8. 21 17. 5. 7 19. 8. 4 20. 9. 27 25. 2. 7
① 컨베이어의 급정지 안전(방호)장치 : 비상정지장치
② 화물의 낙하위험방지 : 덮개 및 울 설치
③ 건널다리
④ 역회전방지장치
⑤ 이탈방지장치

[표] 컨베이어의 종류 및 구조 16. 3. 6 20. 8. 23 23. 3. 1

종 류	구 조	각종 공사의 응용분야	비고
롤러컨베이어 (roller conveyor)	롤러 또는 휠(wheel)을 많이 배열하여 그것으로 하물을 운반하는 컨베이어	시멘트 포장품의 이동	
스크루컨베이어 (screw conveyor)	도랑 속의 하물을 스크루에 의하여 운반하는 컨베이어	시멘트의 운반	
벨트컨베이어 (belt conveyor)	프레임의 양 끝에 설치한 풀리에 벨트를 엔드리스(endless)로 감아걸고 그 위에 하물을 싣고 운반하는 컨베이어	댐이나 대형 토공에서 시멘트, 골재, 토사의 운반 및 소규모 공사의 생력 운반	포터블 컨베이어
체인컨베이어 (chain conveyor)	엔드리스로 감아걸은 체인에 의하여, 또는 체인에 슬랫(slat), 버킷(bucket) 등을 부착하여 하물을 운반하는 컨베이어	시멘트, 골재, 토사의 운반	

④ 컨베이어의 역전방지장치 19. 4. 27 20. 6. 14 21. 3. 7 23. 7. 8
  ㉮ 기계식 19. 3. 3 22. 3. 5 25. 2. 7
    ㉠ 라쳇식
    ㉡ 롤러식
    ㉢ 밴드식
  ㉯ 전기식 19. 3. 3 23. 2. 28
    ㉠ 전기브레이크
    ㉡ 스러스트브레이크

⑤ 컨베이어의 이탈방지장치 17. 5. 7
  ㉮ 전자식 브레이크
  ㉯ 유압조작식 브레이크

(2) 컨베이어의 사용기준

1 컨베이어의 일반적인 주의사항
① 인력으로 적하하는 컨베이어 적하장에는 하중, 무게의 제한표시를 하여야 한다.
② 기어, 사슬, 활차 또는 그 밖에 이동부에는 상해 예방용 가드나 덮개가 장치되어 있어야 한다.
③ 컨베이어의 모든 기계부분을 정기적으로 점검하여 과도하게 파손된 곳이 발견될 때에는 즉시 교체하여야 한다.
④ 지면으로부터 2[m] 이상 높이에 설치된 컨베이어는 승강계단을 설치하여야 한다.

합격예측

공기스프링 용도
압축공기의 탄성을 이용한 용수철이며 고무 등으로 만든 용기 안에 압축공기를 넣어 밀폐하고, 그 탄성으로 충격을 흡수하는 장치로 소음이 적고 승차감이 좋아 자동차나 철도 차량 등에 쓰인다.

벨트컨베이어의 특징
① 파쇄물, 부스러기에 대하여 큰 수송능력을 가지며 동력 소비량도 적다.
② 운반물의 종류에 따라 다소 차이는 있으나 운반 경사각은 보통 최대 20[°] 정도이다.
③ 화물을 싣고 내리는 설비가 간단하다.
④ 설치시 소요 단면적이 적다.
⑤ 설비·구조가 간단하고 보수 및 점검이 용이하다.
⑥ 연속적인 작업과 무인화작업 그리고 운반과 동시에 물건을 승하역 할 수 있다.

합격예측 및 관련법규

① "**컨베이어**"란 재료·반제품·화물 등을 동력에 의하여 자동적으로 연속 운반하는 기계장치를 말하며, 주요구조부는 다음과 같다.
  ㉮ 구동축 20. 8. 23
  ㉯ 벨트, 체인 등 이송장치
  ㉰ 지지기둥 또는 지지대
② "**벨트 또는 체인컨베이어**"란 벨트 또는 체인을 이용하여 물체를 연속으로 운반하는 장치이다.
③ "**나사(screw)컨베이어**"란 나사를 회전시켜 물체를 이동시키는 컨베이어를 말한다.
④ "**버킷(bucket)컨베이어**"란 쇠사슬이나 벨트에 달린 버킷을 이용하여 물체를 낮은 곳에서 높은 곳으로 운반하는 컨베이어를 말한다.
⑤ "**롤러(roller)컨베이어**"란 자유롭게 회전이 가능한 여러 개의 롤러를 이용하여 물체를 운반하는 장치를 말한다.
⑥ "**트롤리(trolley)컨베이어**"란 공장 내의 천장에 설치된 레일 위를 이동하는 트롤리에 물건을 매달아서 운반하는 장치를 말한다.
⑦ "**진동(shaking)컨베이어**"란 홈통 또는 관의 진동을 이용하여 물체를 조금씩 움직이게 하는 장치를 말한다.

합격예측 및 관련법규

적치작업

지게차를 이용하여 하물을 적치할 때에는 다음 각 호의 규정을 준수하여야 한다.
1. 적치장소의 가까이에서는 안전한 속도로 줄여야 한다.
2. 적치하기 직전에 일단정지 하여야 한다.
3. 적치장소에서 하물의 무너짐, 파손 등의 위험이 없는가를 확인하여야 한다.
4. 마스트를 수직의 위치까지 되돌리고(후방경사에서) 위치보다 약간 높은 위치까지 올려야 한다.
5. 포크의 끼워놓은 위치를 확인하고 나서 주의하여 전진한 다음 예정 위치에 내려야 한다.
6. 포크는 길이의 1/4~1/3 정도 잡아 뽑고 다시 올려 안전하고 바르게 쌓는 위치까지 밀어 놓고 내려야 한다.
7. 팔레트를 사용하지 않고 쌓는 경우에는 사전에 공동작업자와 전도방지 등에 대해서 충분히 협의한 후 그 신호에 따라 신중히 하여야 한다.
8. 하물을 적재한 상태에서 하차하거나 운전석을 이탈하여서는 아니 된다.

안전보건규칙 16. 8. 21 ⑦ 18. 4. 28 ⑭
제132조(양중기) 23. 3. 5 ⑦ 25. 2. 7 ⑭

양중기란 다음 각 호의 기계를 말한다.
1. 크레인(호이스트 (hoist)를 포함한다.)
2. 이동식 크레인
3. 리프트(이삿짐운반용 리프트의 경우에는 적재하중이 0.1[t] 이상인 것으로 한정한다.)
4. 곤돌라
5. 승강기

Q 은행문제

컨베이어의 제작 및 안전기준 상 작업구역 및 통행구역에 덮개, 울 등을 설치해야 하는 부위에 해당하지 않는 것은? 20. 6. 7 ⑦
① 컨베이어의 동력 전달 부분
② 컨베이어의 제동장치 부분
③ 호퍼, 슈트의 개구부 및 장력 유지장치
④ 컨베이어 벨트, 풀리, 롤러, 체인, 스프라켓, 스크류 등

정답 ②

---

⑤ 지하도나 피트(pit)내에 이동하는 컨베이어는 점검, 급유, 보수작업을 안전하게 할 수 있는 도장, 조명, 배기 또는 대피구가 마련되어 있어야 한다.

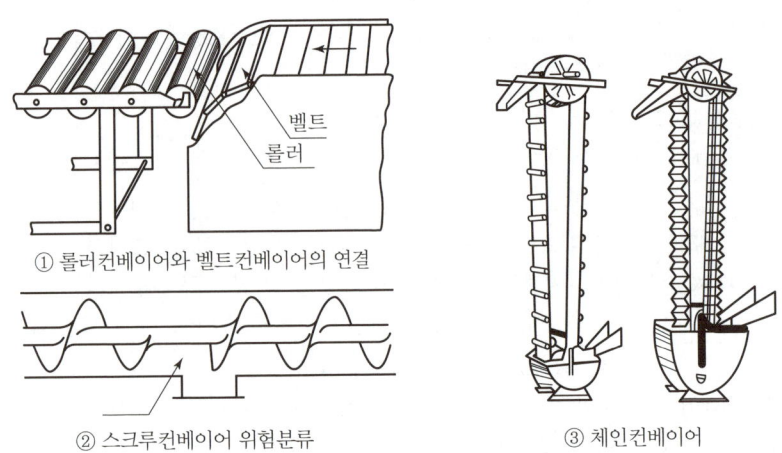

① 롤러컨베이어와 벨트컨베이어의 연결
② 스크루컨베이어 위험분류
③ 체인컨베이어

[그림] 컨베이어의 종류

2 컨베이어의 안전기준 17. 8. 26 ⑦

① 조작스위치는 전체 컨베이어를 주지하기 쉬운 곳에 설치하여야 한다.
② 계층을 달리하거나 벽으로 가려진 장소를 통과하도록 설계되어 있는 컨베이어는 칸막이 장소별로 시동 또는 정지장치가 되어 있어야 한다.
③ 쉽게 조작이 가능한 장소에 비상정지장치를 설치하여야 한다.
④ 정전시나 고장발생시에 대비하여 통행이동방지장치가 되어 있어야 한다.
⑤ 시계를 방해할 정도로 심한 가루나 먼지를 발생시키는 컨베이어 상부에는 배기후드를 설치하는 한편 작업에 지장이 없을 정도의 충분한 조명장치를 하여야 한다.
⑥ 인화성 물질을 운반하는 컨베이어 부근에는 발화 내지 폭발하는 온도 이하의 온도가 유지되도록 하고 모든 전기시설은 방폭형으로 하여야 한다. 먼지나 분압의 폭발을 대비하여 발화원 또는 발열원을 엄금하여야 한다.
⑦ 컨베이어 시설에는 정전시 발생위험예방을 위한 접지 및 결합장치를 하여야 한다.
⑧ 컨베이어 부근에서 조업하는 종사원의 복장은 몸에 알맞은 것으로 착용시키고 말려들거나 이동하는 기계부분에 접촉될 우려가 있는 물품을 휴대시켜서는 안 되며 가급적 안전화를 착용시켜야 한다.
⑨ 컨베이어 부근에서 발생되는 사고 중 컨베이어가 가동중에 떨어지는 물체로 인하여 상해를 당하는 사례가 가장 많음을 감안하여 물체를 안전하게 올려 놓도록 하여야 한다.

3 보수상의 주의사항

① 보수작업시에는 전원스위치를 내리고 개폐기 자물쇠장치를 하여야 한다. 여러명이 동시에 작업에 임할 때에는 감독자가 열쇠를 보관하여야 한다.
② 가동중에는 일체의 보수나 급유를 엄금하여야 한다.
③ 기점과 종점에는 "보수작업중" 표시를 게시하여야 한다.
④ 정전기가 발생할 우려가 있는 개소에는 정전기 제거기를 설치하고 접지시켜야 한다.

3. 리프트(lift)

(1) 리프트의 정의와 종류

1 정의
"리프트"란 동력을 사용하여 사람이나 화물을 운반하는 것을 목적으로 하는 기계설비를 말한다.

2 종류
① 건설용 리프트 : 동력을 사용하여 가이드레일을 따라 상하로 움직이는 운반구를 매달아 사람이나 화물을 운반할 수 있는 설비 또는 이와 유사한 구조 및 성능을 가진 것으로 건설현장에서 사용하는 것
② 산업용 리프트 : 동력을 사용하여 가이드레일을 따라 상하로 움직이는 운반구를 매달아 화물을 운반할 수 있는 설비 또는 이와 유사한 구조 및 성능을 가진 것으로 건설현장 외의 장소에서 사용하는 것.
③ **자동차정비용 리프트** : 동력을 사용하여 가이드레일을 따라 움직이는 지지대로 자동차 등을 일정한 높이로 올리거나 내리는 구조의 리프트로서 자동차 정비에 사용하는 것
④ **이삿짐운반용 리프트** : 연장 및 축소가 가능하고 끝단을 건축물 등에 지지하는 구조의 사다리형 붐에 따라 동력을 사용하여 움직이는 운반구를 매달아 화물을 운반하는 설비로서 화물자동차 등 차량 위에 탑재하여 이삿짐 운반 등에 사용하는 것

합격예측
① 자동차정비용 리프트 : 동력을 사용하여 가이드레일을 따라 움직이는 지지대로 자동차 등을 일정한 높이로 올리거나 내리는 구조의 리프트로서 자동차 정비에 사용하는 것
  ㉮ 지지기둥
  ㉯ 적재팔 등 하중인양장치
  ㉰ 전기, 유압 또는 공압 등 동력공급장치
  ㉱ 낙하방지장치
② "정격하중"이란 리프트 적재장치가 운반할 수 있는 최대하중을 말한다.
③ "적재팔(lifting arm)"이란 2주식 리프트 장치에서 한 쪽은 지지기둥에 부착되고, 한쪽은 차량을 적재할 수 있도록 설계된 것을 말한다.
④ "픽업(pick-up)판"이란 2주식 리프트 등에서 차량의 하부와 적재팔이 직접적으로 접촉되는 것을 방지하기 위해 설치하는 판을 말한다.
⑤ "픽업(pick-up)패드"란 별도의 위치를 지정하지 않은 채 필요시 플랫폼과 차량 사이에 끼워 넣는 패드를 말한다.
⑥ "자동제동"이란 정상상태에서는 제동위치에 있다가 동력이 공급된 경우에만 해제되도록 하는 장치를 말한다.
⑦ "자기제동 시스템"이란 동력공급에 이상 발생시 기본적인 저항에 의해 적재장치의 동작이 정지되도록 하는 시스템을 말한다.

> **참고**
>
> **리프트(lift)**
> "리프트"라 함은 동력을 사용하여 사람이나 화물을 운반하는 것을 목적으로 하는 기계설비로서 다음 각 목의 것을 말한다. 11. 3. 20 ㉮ 17. 3. 5 ㉮ 20. 8. 23 ㉯
> 가. 건설용 리프트 : 동력을 사용하여 가이드레일(운반구를 지지하여 상승 및 하강 동작을 안내하는 레일)을 따라 상하로 움직이는 운반구를 매달아 사람이나 화물을 운반할 수 있는 설비 또는 이와 유사한 구조 및 성능을 가진 것으로 건설현장에서 사용하는 것
> 나. 산업용 리프트 : 동력을 사용하여 가이드레일을 따라 상하로 움직이는 운반구를 매달아 화물을 운반할 수 있는 설비 또는 이와 유사한 구조 및 성능을 가진 것으로 건설현장 외의 장소에서 사용하는 것.
> 다. 자동차정비용 리프트 : 동력을 사용하여 가이드레일을 따라 움직이는 지지대로 자동차 등을 일정한 높이로 올리거나 내리는 구조의 리프트로서 자동차 정비에 사용하는 것
> 라. 이삿짐 운반용 리프트 : 연장 및 축소가 가능하고 끝단을 건축물 등에 지지하는 구조의 사다리형 붐에 따라 동력을 사용하여 움직이는 운반구를 매달아 화물을 운반하는 설비로서 화물자동차 등 차량 위에 탑재하여 이삿짐 운반 등에 사용하는 것을 말한다.

합격예측 및 관련법규

안전보건규칙
제151조(권과방지 등)
사업주는 리프트(자동차정비용리프트는 제외한다. 이하 이 관에서 같다)의 운반구의 이탈 등의 위험을 방지하기 위하여 권과방지장치, 과부하방지장치, 비상정지장치 등을 설치하는 등 필요한 조치를 하여야 한다.

제152조(무인작동의 제한)
① 사업주는 운반구의 내부에만 탑승조작장치가 설치되어 있는 리프트를 사람이 탑승하지 아니한 상태로 작동하게 하여서는 아니된다.
② 사업주는 리프트조작반(盤)에 잠금장치를 설치하는 등 관계근로자가 아닌 사람이 리프트를 임의로 조작함으로써 발생하는 위험을 방지하기 위하여 필요한 조치를 하여야 한다.

Q 은행문제

컨베이어 설치 시 주의사항에 관한 설명으로 옳지 않은 것은?
19. 3. 3 ⑦ 24. 2. 15 ⑦
① 컨베이어에 설치된 보도 및 운전실 상면은 가능한 수평이어야 한다.
② 근로자가 컨베이어를 횡단하는 곳에는 바닥면 등으로부터 90cm 이상 120cm 이하에 상부난간대를 설치하고, 바닥면과의 중간에 중간난간대가 설치된 건널다리를 설치한다.
③ 폭발의 위험이 있는 가연성 분진 등을 운반하는 컨베이어 또는 폭발의 위험이 있는 장소에서 사용되는 컨베이어의 전기기계 및 기구는 방폭구조이어야 한다.
④ 보도, 난간, 계단, 사다리의 설치 시 컨베이어를 가동시킨 후에 설치하면서 설치상황을 확인한다.

정답 ④

---

3 용어의 정의
① 운반구란 카, 케이지, 하대 그 밖에 운반 목적물을 적재할 수 있는 반기를 말한다.
② 적재하중이란 리프트의 구조나 재료에 따라 운반구에 화물을 적재하고 상승할 수 있는 최대하중을 말한다.
③ 정격속도란 운반구에 화물을 적재하고 상승하는 경우의 최고속도를 말한다.

(2) 리프트의 안전기준

1 리프트의 유지 및 관리시 유의사항
① 임의로 구조를 변경하지 말 것
② 방호장치를 제거하거나 기능을 정지시킨 후 사용하지 말 것
③ 리프트의 조작을 운반구 밖에서 하는 경우 윈치의 조작자를 지정하여 아무나 조작하지 못하게 할 것
④ 리프트의 안전관리는 사업장의 책임자가 월 1회 이상 확인할 것
⑤ 리프트의 정격하중, 정격속도 등을 쉽게 볼 수 있는 곳에 마멸되지 않도록 부착할 것
⑥ 리프트의 상태와 현장 실정에 적합한 정비 및 관리가 이루어지도록 할 것

2 건설용리프트의 조립 또는 해체시 조치사항
① 작업지휘자를 선임하여 그 사람의 지휘하에 작업을 실시할 것
② 작업을 할 구역에 관계근로자외의 자의 출입을 금지하고 그 취지를 보기 쉬운 장소에 표시할 것
③ 비·눈 그밖의 기상상태의 불안정으로 인하여 날씨가 몹시 나쁠 때에는 그 작업을 중지시킬 것

4. 양중기(건설용 제외)

(1) 양중기의 종류 16. 3. 6 ⑭ 16. 5. 8 ⑦ 21. 8. 14 ⑦ 22. 3. 5 ⑦
① 크레인[호이스트(hoist)를 포함한다]
② 이동식 크레인
③ 리프트(이삿짐운반용 리프트의 경우에는 적재하중이 0.1[t] 이상인 것으로 한정한다.)
④ 곤돌라
⑤ 승강기

(2) 크레인의 안전

1 크레인의 정의
① "크레인"이란 동력을 사용하여 중량물을 매달아 상하 및 좌우[수평 또는 선회(旋回)를 말한다]로 운반하는 것을 목적으로 하는 기계 또는 기계장치를 말하며, "호이스트"란 훅이나 그 밖의 달기구 등을 사용하여 화물을 권상 및 횡행 또는 권상동작만을 하여 양중하는 것을 말한다.

② 크레인, 이동식크레인, 데릭, 엘리베이터, 건설용리프트 등(이하 크레인 등이라고 한다)의 운반기계는 건설공사나 공장에서 자재, 제품 등의 중량물을 운반하기 위해서 이용되고 있으며 건설물과 기계설비의 대형화에 따라서 점차 그 사용이 증가하고 있다. 그러나 크레인 등의 운반기계 사용의 확대와 더불어 그들에 의한 재해가 많이 발생되고 있으며 크레인 등의 능력의 증대나 구조의 복잡화에 따라 재해가 대형화될 수 있다.

③ 크레인 등에 의한 재해는 주로 기계의 구조부분의 결함에 의한 것과 중량물의 취급 및 운전기능의 미숙에 의해서 발생하고 있다.

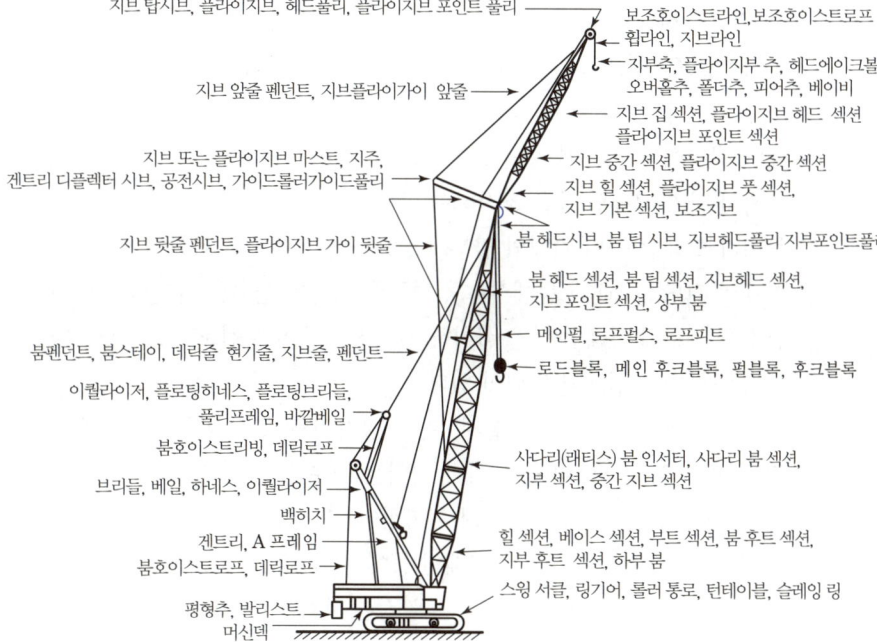

[그림] 크롤러크레인의 각부 명칭

2 용어의 정의
① 권상하중 : 크레인의 구조와 재료에 따라 부하하는 것이 가능한 최대하중의 것으로, 이 가운데에는 훅, 크레인버킷 등의 달아올리는 기구의 중량이 포함된다.

합격예측 및 관련법규

안전보건규칙
제134조(방호장치의 조정)

① 사업주는 다음 각 호의 양중기에 과부하방지장치, 권과방지장치(捲過防止裝置), 비상정지장치 및 제동장치, 그 밖의 방호장치[승강기의 파이널 리밋 스위치(final limit switch), 속도조절기, 출입문 인터록(inter lock) 등을 말한다]가 정상적으로 작동될 수 있도록 미리 조정해 두어야 한다.
1. 크레인
2. 이동식 크레인
3. 2019.4.19(삭제)
4. 리프트
5. 곤돌라
6. 승강기

② 제1항제1호 및 제2호의 양중기에 대한 권과방지장치는 훅·버킷 등 달기구의 윗면(그 달기구에 권상용 도르래가 설치된 경우에는 권상 도르래의 윗면)이 드럼, 상부 도르래, 트롤리프레임 등 권상장치의 아랫면과 접촉할 우려가 있는 경우에 그 간격이 0.25[m] 이상(직동식(直動式) 권과방지장치는 0.05[m] 이상으로 한다)이 되도록 조정하여야 한다.

③ 제2항의 권과방지장치를 설치하지 않은 크레인에 대해서는 권상용 와이어로프에 위험표시를 하고 경보장치를 설치하는 등 권상용 와이어로프가 지나치게 감겨서 근로자가 위험해질 상황을 방지하기 위한 조치를 하여야 한다.

참고
"크레인"이라 함은 동력을 사용하여 중량물을 매달아 상하 및 좌우(수평 또는 선회를 말한다.)로 운반하는 것을 목적으로 하는 기계 또는 기계장치를 말한다.

합격예측 및 관련법규

안전보건규칙

제136조(안전밸브의 조정)
사업주는 유압(流壓)을 동력으로 사용하는 크레인의 과도한 압력상승을 방지하기 위한 안전밸브에 대하여는 정격하중(지브크레인은 최대의 정격하중으로 한다.)을 걸 때의 압력 이하로 작동되도록 조정하여 두어야 한다. 다만, 하중시험 또는 안전도시험을 하는 경우 그러하지 아니한다.

제137조(해지장치의 사용)
사업주는 훅걸이용 와이어로프 등이 훅으로부터 벗겨지는 것을 방지하기 위한 장치(이하 "해지장치"라 한다.)를 구비한 크레인을 사용하여야 하며, 그 크레인을 사용하여 짐을 운반하는 경우에는 해지장치를 사용하여야 한다.

Q 은행문제

이동식 크레인과 관련된 용어의 설명 중 옳지 않은 것은?
18. 8. 19

① "정격하중"이라 함은 이동식크레인의 지브나붐의 경사각 및 길이에 따라 부하할 수 있는 최대 하중에서 인양기구 (훅, 그래브등)의 무게를 뺀 하중을 말한다.
② "정격 총하중"이라 함은 최대하중(붐 길이 및 작업반경에 따라 결정)과 부가하중(훅과 그 이외의 인양 도구들의 무게를 합한 하중을 말한다.
③ "작업반경"이라 함은 이동식 크레인의 선회 중심선으로부터 훅의 중심선까지의 수평거리를 말하며, 최대 작업반경은 이동식크레인으로 작업이 가능한 최대치를 말한다.
④ "파단하중"이라 함은 줄걸이용구 1개를 가지고 안전율을 고려하여 수직으로 매달 수 있는 최대 무게를 말한다.

정답 ④

---

② **정격하중** : 정격하중이란 크레인으로서 지브가 없는 것은 매다는 하중에서, 지브가 있는 크레인에서는 지브경사각 및 길이와 지브 위의 도르래 위치에 따라 부하할 수 있는 최대의 하중에서 각각 훅, 크레인버킷 등의 달기구의 중량에 상당하는 하중을 뺀 하중을 말한다. 16. 5. 8 ㉠ 21. 5. 15 ㉠

③ **적재하중** : 적재하중이란 짐을 싣고 상승할 수 있는 최대의 하중을 말한다.

④ **정격속도** : 정격속도란 크레인에 정격하중에 상당하는 짐을 싣고 주행, 선회, 승강 또는 트롤리의 수평이동 최고속도를 말한다.

(3) 양중기의 위험성

① **크레인 등의 위험성** : 크레인 등에 의한 재해로서는 매단 물건의 낙하에 의한 것, 매단 물건 또는 기체의 일부에 부딪히거나 협착되는 것, 기체의 전도에 의한 것, 기체의 파괴에 의한 것이 대부분을 차지하고 다른 일반기계에 비하여 크레인 등은 다음과 같은 위험성을 가지고 있다.

㉮ 공중으로 달아올리는 물건의 낙하 : 크레인 등은 걸이(와이어로프, 체인 등의 걸이용구를 사용하여 화물을 걸거나 벗기는 것을 말함) 불량이나 난폭한 운동에 따른 충격 등에 의해서 화물이 달기기구로부터 이탈되기도 하고 와이어로프, 체인 등의 걸이용구의 절단, 기체의 파손에 의해 공중에 매달아 올리고 있는 화물이 낙하하는 위험성이 있다.

㉯ 매단 화물이나 기체에 충돌 또는 협착 : 걸이가 불안정하거나 운전기능이 미숙한 자가 크레인 등을 조작하여 화물을 이동시키면 부근의 작업자가 화물이나 크레인 등의 기체의 일부에 충돌하거나 협착될 위험이 있다.

㉰ 기체의 전도 : 크레인 등에서는 정격하중 이상의 물건을 달거나 지반이 불안정한 장소에 크레인 등을 설치하거나 또 난폭한 운전조작을 하면 기체가 안정성을 잃고 전도될 위험이 있다.

㉱ 기체의 파괴 : 크레인 등의 설계, 재료, 공작이 불량한 경우, 충격적으로 운전을 하는 경우, 과부하를 기체에 가하는 경우 등은 기체가 파괴될 위험성이 있다. 크레인 등에는 이들의 위험성이 있고 구조상의 안전을 확보하기 위해서 일정 규모 이상의 큰 크레인 등에는 설계검사와 완성검사를 받아야 한다. 또 운전자 및 걸이 작업자는 일정한 자격을 가진 자로 하여야 한다.

② **크레인의 구조**

크레인은 각종 원료나 제품을 간헐적으로 운반하는 기계장치이며 직접적인 생산수단, 즉 재료의 형상이나 성질을 바꾸는 작업의 중간 공정이나 전후 공정에 널리 쓰이고 있다. 크레인은 권상, 주행 및 선회 등의 3차원 이동 기능을 가지는 편리한 기계로서 그의 구조·형상에 따라 천장크레인·겐트리크레인·지브크레인·케이블크레인 등으로 분류되고 있다.

크레인은 본체인 구조부분과 물건을 달아올려서 운반하기 위한 작동부분이 있다. 구조부분은 일반적으로 강판, 형강, 강관 등을 부재로 하여 이들을 용접 또는 볼트로써 체결한다. 작동부분은 권상장치, 주행장치, 횡행장치, 선회장치, 기복장치 등이고 주로 전동기에 의해서 기어, 와이어로프 등으로 작동된다.

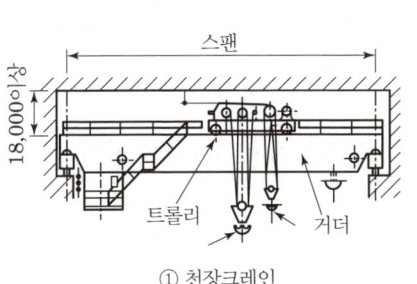
① 천장크레인

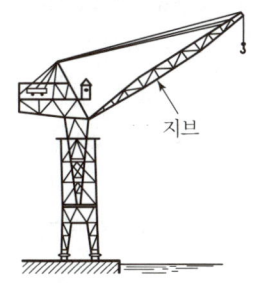
② 타워지브크레인

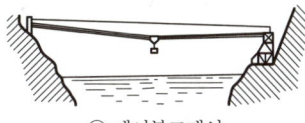
③ 케이블크레인

[그림] 크레인의 종류

③ **크레인 관련 재해** : 크레인에 의한 재해는 매단 물건의 낙하 또는 협착에 의한 것이 많고 지브 등의 파손, 기체의 도괴, 전도, 크레인에서의 추락의 순서로 되어 있다.
　㉮ 매단 물건의 낙하에 의한 재해 : 매단 물건의 낙하에 의한 재해의 대표적인 예로서 다음과 같은 재해가 있다.
　　㉠ 매단 물건의 중량에 비하여 가는 지름이나 마모된 걸이용 와이어로프를 사용했기 때문에 와이어로프가 절단된다.
　　㉡ 매단 물건에 대하여 걸이 방법의 잘못, 즉 물건의 형상, 중심의 위치를 충분히 고려하지 않음으로써 물건이 로프에서 이탈한다.
　　㉢ 크레인의 운전조작이 난폭하거나 조작하는 크레인에 익숙하지 않기 때문에 물건을 낙하시킨다.
　　㉣ 크레인의 권과방지장치 등 안전장치의 점검이 불충분하게 이루어졌기 때문에 안전장치가 작동되지 않아서 권상용 와이어로프가 절단되어 매단 물건이 낙하한다.
　㉯ 협착에 의한 재해 : 크레인에 의해서 협착되는 재해의 대표적인 예로서 다음과 같은 재해가 있다.
　　㉠ 크레인의 보수점검중에 운전자가 부주의하여 크레인을 작동시킴으로써 점검자가 크레인과 건물의 기둥 사이에 협착

합격예측 및 관련법규

안전보건규칙

제144조(건설물 등과의 사이 통로)
① 사업주는 주행 크레인 또는 선회 크레인과 건설물 또는 설비와의 사이에 통로를 설치하는 경우 그 폭을 0.6[m] 이상으로 하여야 한다. 다만, 그 통로 중 건설물의 기둥에 접촉하는 부분에 대해서는 0.4[m] 이상으로 할 수 있다.
② 사업주는 제1항에 따른 통로 또는 주행궤도 상에서 정비·보수·점검 등의 작업을 하는 경우 그 작업에 종사하는 근로자가 주행하는 크레인에 접촉될 우려가 없도록 크레인의 운전을 정지시키는 등 필요한 안전 조치를 하여야 한다.

제145조(건설물 등의 벽체와 통로의 간격 등)
사업주는 다음 각 호의 간격을 0.3[m] 이하로 하여야 한다. 다만, 근로자가 추락할 위험이 없는 경우에는 그 간격을 0.3[m] 이하로 유지하지 아니할 수 있다.
1. 크레인의 운전실 또는 운전대를 통하는 통로의 끝과 건설물 등의 벽체의 간격
2. 크레인 거더(girder)의 통로 끝과 크레인 거더의 간격
3. 크레인 거더의 통로로 통하는 통로의 끝과 건설물 등의 벽체의 간격

합격예측 및 관련법규

안전보건규칙
제146조(크레인 작업 시의 조치)
① 사업주는 크레인을 사용하여 작업을 하는 경우 다음 각 호의 조치를 준수하고, 그 작업에 종사하는 관계근로자가 그 조치를 준수하도록 하여야 한다.
1. 인양할 하물(荷物)을 바닥에서 끌어당기거나 밀어내는 작업을 하지 아니할 것
2. 유류드럼이나 가스통 등 운반 도중에 떨어져 폭발하거나 누출될 가능성이 있는 위험물 용기는 보관함(또는 보관고)에 담아 안전하게 매달아 운반할 것
3. 고정된 물체를 직접 분리·제거하는 작업을 하지 아니할 것 20. 6. 14
4. 미리 근로자의 출입을 통제하여 인양 중인 하물이 작업자의 머리 위로 통과하지 않도록 할 것
5. 인양할 하물이 보이지 아니하는 경우에는 어떠한 동작도 하지 아니할 것(신호하는 사람에 의하여 작업을 하는 경우는 제외한다)
② 사업주는 조종석이 설치되지 아니한 크레인에 대하여 다음 각 호의 조치를 하여야 한다.
1. 고용노동부장관이 고시하는 크레인의 제작기준과 안전기준에 맞는 무선원격제어기 또는 펜던트 스위치를 설치·사용할 것
2. 무선원격제어기 또는 펜던트 스위치를 취급하는 근로자에게는 작동요령 등 안전조작에 관한 사항을 충분히 주지시킬 것
③ 사업주는 타워크레인을 사용하여 작업을 하는 경우 타워크레인마다 근로자와 조종하는 사람 간에 신호업무를 담당하는 사람을 각각 두어야 한다.

　　ⓛ 운전자의 위치에서 사각에 있는 장소에 걸이 작업자 등 다른 작업자가 있는 것을 알지 못하고 운전했기 때문에 매단 물건과 다른 물건, 공작기계들 사이에서 협착
　　ⓒ 크레인의 운전, 걸이방법 등이 나빠서 바닥에 내리는 물건이 전도되어 협착
　㉣ 구조부분의 절손, 기체의 도괴에 의한 재해 : 다음과 같은 원인으로서 지브크레인의 도괴, 천장크레인 거더(girder)절손 등의 재해가 발생하고 있다.
　　㉠ 정격하중을 초과한 중량물을 들어올림
　　ⓛ 구조상의 설계불량
　　ⓒ 점검이 충분히 행하여지지 않았기 때문에 부재의 균열 등의 결함을 발견하지 못함
　　㉣ 용접, 시공, 그 밖에 공작이 사용 부재에 대하여 부적절함
　㉤ 추락에 의한 재해 : 추락에 의한 재해로서 크레인을 조립하여 설치공사 중 또는 크레인의 각 부분의 점검정비 중에 높은 곳에서 추락하는 재해가 발생하고 있다.

(4) 재해방지대책

크레인에 대해서는 소정의 구조요건을 갖추고 검사에 합격한 안전한 것을 사용할 것. 일상의 취급에서는 다음 사항을 유의하여야 한다.
① 본체는 권상용 와이어로프, 달기기구 등의 정기적 점검의 실행과 필요한 경우에 수리, 교환을 실시
② 권과방지장치 등의 점검정비의 이행
③ 정격하중의 준수
④ 매단 물건의 이동 범위내의 안전을 확인
⑤ 매단 물건의 내릴 장소, 놓을 장소의 안전확인
⑥ 출입금지구역의 설정
⑦ 운전자의 사각에 사람이 들어올 위험이 있는 경우에 접촉방지조치
⑧ 소정의 자격을 가진 운전자 및 걸이 작업자의 채용

(5) 이동식 크레인

1 정의

"이동식 크레인"이란 원동기를 내장하고 있는 것으로서 불특정 장소에 스스로 이동할 수 있는 크레인으로 동력을 사용하여 중량물을 매달아 상하 및 좌우(수평 또는 선회를 말한다)로 운반하는 설비로서 「건설기계관리법」을 적용받는 기중기 또는 「자동차관리법」 제3조에 따른 화물·특수자동차의 작업부에 탑재하여 화물운반 등에 사용하는 기계 또는 기계장치를 말한다.

2 구조

이동식 크레인에는 트럭크레인, 크롤러크레인, 플로팅크레인(floating crane) 등이 있다. 이동식 크레인은 구조부분과 작동부분 외에 크레인 자체를 불특정 장소에 이동시키기 위한 대차(臺車), 크롤러, 배 등을 가진다. 동력으로는 내연기관이 이용되고 유압도 같이 사용되는 것이 많다.

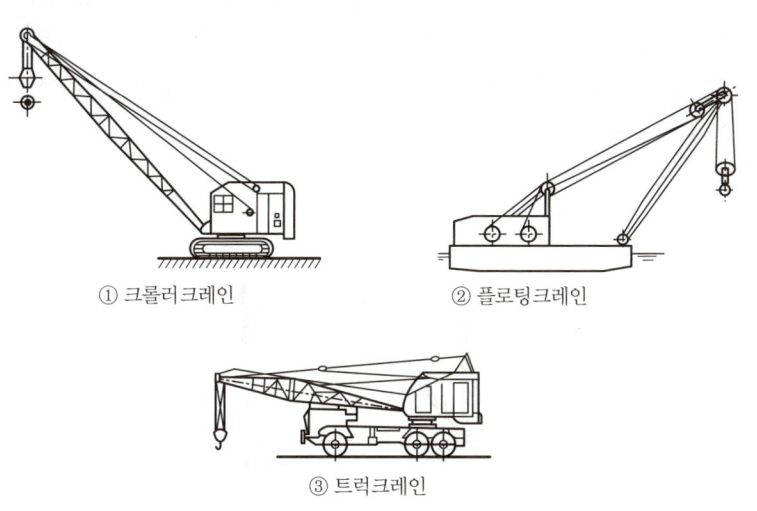

[그림] 이동식 크레인의 종류

3 관련 재해

이동식 크레인에 관한 재해의 주된 것은 지브의 절손, 기체의 도괴, 전도에 의한 것이 가장 많고 매단 물건의 낙하, 협착에 의한 재해가 그 다음이다. 재해의 내용은 크레인과 거의 같은 형태이지만, 이동식 크레인의 전도가 특히 두드러진다. 이것들은 아우트리거(outrigger)를 사용하지 않거나, 연약한 지반, 경사지에서 적절한 깔판을 사용하지 않거나, 과부하 상태에서 사용한 경우 또는 운전자가 기능이 미숙한 경우에 재해가 발생하고 있다. 그 밖에 이동식 크레인의 카운터웨이터와 대차 사이에 협착되는 경우도 많다. 운전자가 그 사각에 다른 작업자가 있는 것을 모르고 이동식 크레인을 주행, 선회를 하여 재해가 발생하고 있다.

4 재해방지대책

크레인의 재해방지대책과 공통적인 사항이 많지만 그 밖에 사항으로서는 특히 전도재해를 방지하기 위해서 다음 사항을 준수하는 것이 절대적으로 필요하다.

① 아우트리거의 사용
② 크레인의 설치위치선정(연약지반, 경사지를 피하고 부득이한 경우 깔판을 사용할 것)
③ 과부하의 금지
④ 운전자의 안전교육실시 및 운전자의 사각을 보충하기 위하여 감시자를 배치할 것

합격예측 및 관련법규

안전보건규칙

제140조(폭풍에 의한 이탈방지)
사업주는 순간풍속이 매초당 30[m]를 초과하는 바람이 불어올 우려가 있는 때에는 옥외에 설치되어 있는 주행크레인에 대하여 이탈방지장치를 작동시키는 등 그 이탈을 방지하기 위한 조치를 하여야 한다.

제141조(조립 등의 작업시 조치사항)
① 사업주는 크레인의 설치·조립·수리·점검 또는 해체 작업을 하는 경우 다음 각 호의 조치를 하여야 한다.
1. 작업순서를 정하고 그 순서에 따라 작업을 할 것
2. 작업을 할 구역에 관계 근로자가 아닌 사람의 출입을 금지하고 그 취지를 보기 쉬운 곳에 표시할 것
3. 비, 눈, 그 밖에 기상상태의 불안정으로 날씨가 몹시 나쁜 경우에는 그 작업을 중지시킬 것
4. 작업장소는 안전한 작업이 이루어질 수 있도록 충분한 공간을 확보하고 장애물이 없도록 할 것
5. 들어올리거나 내리는 기자재는 균형을 유지하면서 작업을 하도록 할 것
6. 크레인의 성능, 사용조건 등에 따라 충분한 응력(應力)을 갖는 구조로 기초를 설치하고 침하 등이 일어나지 않도록 할 것
7. 규격품인 조립용 볼트를 사용하고 대칭되는 곳을 차례로 결합하고 분해할 것

(6) 데릭

1 구조

데릭은 동력을 사용하여 물체를 들어올리는 기계장치이며 주기둥, 붐, 달아올리는 기구 및 부속장치로 되어 있다. 가이데릭(guy derrick), 지주식데릭(stiffleg derrick), 진폴데릭(gin pole derrick) 등이 있다. 데릭은 일반적으로 주기둥 또는 붐, 윈치, 와이어로프, 달기기구 및 이들의 부속물로 이루어졌고 건설물의 철골, 건설용리프트의 타워에 직접 붐을 부착시킨 구조 등이 있다. 동력으로는 전기 및 내연기관이 주로 이용된다.

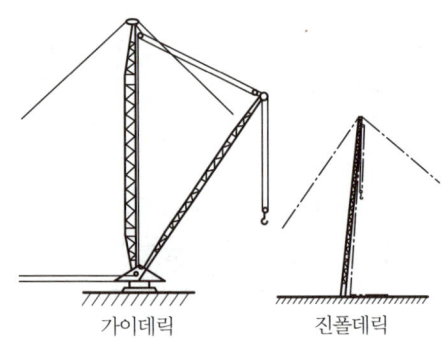

[그림] 데릭의 종류

2 관련 재해와 그 대책

데릭에 의한 재해는 설치수의 감소에 따라서 감소하고 있지만 매단 물건의 낙하에 의한 재해 및 본체의 도괴에 의한 재해가 눈에 띈다. 그들 재해는 크레인 및 이동식 크레인과 같은 대책으로서 방지가 가능하다.

(7) 크레인의 안전기준

1 와이어로프의 안전율

와이어로프의 안전율 산출 공식은 다음과 같다. 19. 3. 3

$$S = \frac{NP}{Q}, \quad Q = \frac{NP}{S}$$

여기서, S : 안전율
N : 로프 가닥수
P : 로프의 파단강도[kg]
Q : 허용응력[kg]

[표] 와이어로프의 안전율 17. 8. 26 ㉮

와이어로프의 종류	안 전 율
권상용 와이어로프 및 체인	5.0
지브의 기복용 와이어로프 및 케이블	5.0
크레인의 주행용 와이어로프	
지브의 지지용 와이어로프	4.0
가이로프 및 고정용 와이어로프	
케이블크레인의 메인 로프	2.7
레일로프	

2 크레인 작업시 간격을 0.3[m] 이하로 해야 할 곳

① 크레인의 운전실 또는 운전대를 통하는 통로의 끝과 건설물 등의 벽체와의 간격
② 크레인거더의 통로의 끝과 크레인거더와의 간격
③ 크레인거더의 통로로 통하는 통로의 끝과 건설물 등의 벽체와의 간격

3 와이어로프에 걸리는 하중 계산

① 와이어로프에 걸리는 총하중
② 슬링와이어로프(sling wire rope)의 한 가닥에 걸리는 하중

06. 5. 14 ㉮ 10. 3. 7 ㉮
18. 3. 4 ㉮ 18. 8. 19 ㉮
23. 4. 24 ㉮

$$하중 = \frac{화물의\ 무게(W_1)}{2} \div \cos\frac{\theta}{2}$$

4 크레인의 손에 의한 공통적인 표준신호

운전 구분		1. 운전자 호출	2. 주권사용	3. 보권 사용
수신호		호각 등을 사용하여 운전자와 신호자의 주의를 집중시킨다.		
			주먹을 머리에 대고 떼었다 붙였다 한다.	팔꿈치에 손바닥을 떼었다 붙였다 한다.
호각신호		아주 길게 아주 길게	짧게 - 길게	짧게 - 길게

합격예측 및 관련법규

제142조(타워크레인의 지지)

① 사업주는 타워크레인을 자립고(自立高) 이상의 높이로 설치하는 경우 건축물 등의 벽체에 지지하거나 와이어로프에 의하여 지지하여야 한다.

② 사업주는 타워크레인을 벽체에 지지하는 경우 다음 각 호의 사항을 준수하여야 한다.
1. 「산업안전보건법 시행규칙」 제110조제1항제2호에 따른 서면심사에 관한 서류(「건설기계관리법」 제18조에 따른 형식승인 서류를 포함한다) 또는 제조사의 설치작업설명서 등에 따라 설치할 것
2. 제1호의 서면심사 서류 등이 없거나 명확하지 아니한 경우에는 「국가기술자격법」에 따른 건축구조·건설기계·기계안전·건설안전기술사 또는 건설안전분야 산업안전지도사의 확인을 받아 설치하거나 기종별·모델별 공인된 표준방법으로 설치할 것
3. 콘크리트구조물에 고정시키는 경우에는 매립이나 관통 또는 이와 동등 이상의 방법으로 충분히 지지되도록 할 것
4. 건축 중인 시설물에 지지하는 경우에는 그 시설물의 구조적 안정성에 영향이 없도록 할 것

③ 사업주는 타워크레인을 와이어로프로 지지하는 경우 다음 각 호의 사항을 준수하여야 한다.
1. 제2항제1호 또는 제2호의 조치를 취할 것
2. 와이어로프를 고정하기 위한 전용 지지프레임을 사용할 것
3. 와이어로프 설치각도는 수평면에서 60도 이내로 하되, 지지점은 4개소 이상으로 하고, 같은 각도로 설치할 것
4. 와이어로프와 고정부위는 충분한 강도와 장력을 갖도록 설치하고, 와이어로프를 클립·샤클(shackle, 연결고리) 등의 고정기구를 사용하여 견고하게 고정시켜 풀리지 아니하도록 하며, 사용 중에는 충분한 강도와 장력을 유지하도록 할 것
5. 와이어로프가 가공전선(架空電線)에 근접하지 않도록 할 것

은행문제

화물용 엘리베이터를 설계하면서 와이어로프의 안전하중은 10[ton]이라면 로프의 가닥수를 얼마로 하여야 하는가?(단, 와이어로프 한 가닥의 파단강도는 4[ton]이며, 화물용 승강기 와이어로프의 안전율은 6으로 한다.)

① 10가닥 ② 15가닥
③ 20가닥 ④ 30가닥

정답 ②

참고
16. 8. 21 ㉙ 21. 3. 7 ㉙
23. 2. 28 ㉙ 25. 2. 7 ㉙

총하중(W) = 정하중(W_1)+동하중(W_2)
여기서, 동하중

$$W_2 = \frac{W_1}{g} \cdot a$$

g : 중력가속도(9.8[m/s²])
a : 가속도[m/s²]

합격예측
지게차 헤드가드 안전 기준
16. 3. 6 ㉙ 16. 8. 21 ㉙ 17. 3. 5 ㉚
18. 8. 19 ㉚ 19. 4. 27 ㉙ 20. 8. 23 ㉚
20. 9. 27 ㉙ 23. 5. 13 ㉚ 23. 7. 8 ㉙

① 강도는 지게차의 최대하중의 2배 값(4[톤]을 넘는 값에 대해서는 4[톤]으로 한다)의 등분포정하중(等分布靜荷重)에 견딜 수 있을 것
② 상부틀의 각 개구의 폭 또는 길이가 16[cm]미만일 것 23. 2. 28 ㉙ 24. 2. 15 ㉙
③ 운전자가 앉아서 조작하거나 서서 조작하는 지게차의 헤드가드는 한국산업표준에서 정하는 높이 기준 이상일 것(좌식 : 0.903[m] 이상, 입식 : 1.905[m] 이상)

[그림] 지게차 구조

KS기준
KS B ISO 5053-1:2015 토공기계, 트렉터와 농업 및 임업용 기계
KS B ISO 6055:2015 산업용 트럭-오버헤드 가드-사양 및 시험

운전 구분	4. 운전 방향 지시	5. 위로 올리기	6. 천천히 조금씩 위로 올리기
수신호	집게손가락으로 운전 방향을 가리킨다.	집게손가락을 위로 해서 수평원을 크게 그린다.	한 손을 지면과 수평하게 들고 손바닥을 위쪽으로 하여 2, 3회 작게 흔든다.
호각신호	짧게 - 길게	길게 - 길게	짧게 - 짧게
운전 구분	7. 아래로 내리기	8. 천천히 조금씩 아래로 내리기	9. 수평 이동
수신호	팔을 아래로 뻗고(손끝이 지면을 향함) 2, 3회 흔든다.	한 손을 지면과 수평하게 들고 손바닥을 지면 쪽으로 하여 2, 3회 작게 흔든다.	손바닥을 움직이고자 하는 방향의 정면으로 하여 움직인다.
호각신호	길게 - 길게	짧게 - 짧게	강하고 - 짧게
운전 구분	10. 물건 걸기	11. 정 지	12. 비상정지
수신호	양쪽 손을 몸 앞에다 대고 두 손을 깍지낀다.	한 손을 들어올려 주먹을 쥔다.	양손을 들어올려 크게 2, 3회 좌우로 흔든다.
호각신호	길게 - 짧게	아주 길게	아주 길게 - 아주 길게

참고
(1) "곤돌라"란 달기발판 또는 운반구, 승강장치, 그 밖의 장치 및 이들에 부속된 기계부품에 의하여 구성되고, 와이어로프 또는 달기강선에 의하여 달기발판 또는 운반구가 전용 승강장치에 의하여 오르내리는 설비를 말한다.
(2) "승강기"란 건축물이나 고정된 시설물에 설치되어 일정한 경로에 따라 사람이나 화물을 승강장으로 옮기는 데 사용되는 설비로서 다음 각 목의 것을 말한다. 19. 8. 4 ㉙
 ① 승객용 엘리베이터 : 사람의 운송에 적합하게 제조·설치된 엘리베이터
 ② 승객화물용 엘리베이터 : 사람의 운송과 화물 운반을 겸용하는데 적합하게 제조·설치된 엘리베이터
 ③ 화물용 엘리베이터 : 화물 운반에 적합하게 제조·설치된 엘리베이터로서 조작자 또는 화물취급자 1명은 탑승할 수 있는 것(적재용량이 300킬로그램 미만인 것은 제외한다)
 ④ 소형화물용 엘리베이터 : 음식물이나 서적 등 소형 화물의 운반에 적합하게 제조·설치된 엘리베이터로서 사람의 탑승이 금지된 것
 ⑤ 에스컬레이터 : 일정한 경사로 또는 수평로를 따라 위·아래 또는 옆으로 움직이는 디딤판을 통해 사람이나 화물을 승강장으로 운송시키는 설비

운전 구분	13. 작업 완료	14. 뒤집기	15. 천천히 이동
수신호	거수경례 또는 양손을 머리위에 교차시킨다.	양손을 마주보게 들어서 뒤집으려는 방향으로 2, 3회 절도 있게 역전시킨다.	방향을 가리키는 손바닥 밑에 집게손가락을 위로 해서 원을 그린다.
호각신호	아주 길게	길게 - 짧게	짧게 - 길게
운전 구분	16. 기다려라	17. 신호 불명	18. 기중기의 이상 발생
수신호	오른손으로 왼손을 감싸 2, 3회 작게 흔든다.	운전자는 손바닥을 안으로 하여 얼굴 앞에서 2, 3회 흔든다.	운전자는 사이렌을 울리거나 한쪽 손의 주먹을 다른 손의 손바닥으로 2, 3회 두드린다.
호각신호	길게	짧게 - 짧게	강하고 짧게

5 붐이 있는 크레인 작업시의 신호방법

운전 구분	1. 붐 위로 올리기	2. 붐 아래로 내리기	3. 붐을 올려서 짐을 아래로 내리기
수신호	팔을 펴 엄지손가락을 위로 향하게 한다.	팔을 펴 엄지손가락을 아래로 향하게 한다.	엄지손가락을 위로 해서 손바닥을 오므렸다 폈다 한다.
호각신호	짧게 - 짧게	짧게 - 짧게	짧게 - 길게
운전 구분	4. 붐을 내리고 짐은 올리기	5. 붐을 늘리기	6. 붐을 줄이기
수신호	팔을 수평으로 뻗고 엄지손가락을 밑으로 해서 손바닥을 폈다 오므렸다 한다.	두 주먹을 몸허리에 놓고 두 엄지손가락을 밖으로 향한다.	두 주먹을 몸허리에 놓고 두 엄지손가락을 서로 안으로 마주 보게 한다.
호각신호	짧게 - 길게	강하게 - 짧게	길게 - 길게

합격예측 및 관련법규

안전보건규칙

제133조(정격하중 등의 표시)
사업주는 양중기(승강기는 제외한다) 및 달기구를 사용하여 작업하는 운전자 또는 작업자가 보기 쉬운 곳에 해당 기계의 정격하중, 운전속도, 경고표시 등을 부착하여야 한다. 다만, 달기구는 정격하중만 표시한다. 17. 3. 5 기 20. 8. 22 기 23. 6. 4 기

제136조(안전밸브의 조정)
사업주는 유압을 동력으로 사용하는 크레인의 과도한 압력상승을 방지하기 위한 안전밸브에 대하여 정격하중(지브 크레인은 최대의 정격하중으로 한다)을 건 때의 압력 이하로 작동되도록 조정하여야 한다. 다만, 하중시험 또는 안전도시험을 하는 경우 그러하지 아니하다.

제137조(해지장치의 사용)
사업주는 훅결이용 와이어로프 등이 훅으로부터 벗겨지는 것을 방지하기 위한 장치(이하 "해지장치"라 한다)를 구비한 크레인을 사용하여야 하며, 그 크레인을 사용하여 짐을 운반하는 경우에는 해지장치를 사용하여야 한다.

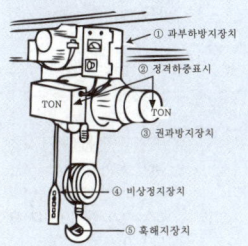

[그림] 크레인의 방호장치
18. 8. 19 기 19. 3. 3 기
20. 6. 7 기 21. 9. 12 기
22. 4. 24 기 23. 6. 4 기

합격예측 및 관련법규

안전보건규칙
제139조(크레인의 수리 등의 작업)
① 사업주는 같은 주행로에 병렬로 설치되어 있는 주행크레인의 수리·조정 및 점검 등의 작업을 하는 경우, 주행로상이나 그 밖에 주행크레인이 근로자와 접촉할 우려가 있는 장소에서 작업을 하는 경우 등에 주행크레인끼리 충돌하거나 주행크레인이 근로자와 접촉할 위험을 방지하기 위하여 감시인을 두고 주행로상에 스토퍼(stopper)를 설치하는 등 위험 방지 조치를 하여야 한다.
② 사업주는 갠트리 크레인 등과 같이 작업장 바닥에 고정된 레일을 따라 주행하는 크레인의 새들(saddle) 돌출부와 주변 구조물 사이의 안전공간이 40[cm] 이상 되도록 바닥에 표시를 하는 등 안전공간을 확보하여야 한다.

제186조(고소작업대 설치 등의 조치)
① 사업주는 고소작업대를 설치하는 경우에는 다음 각 호에 해당하는 것을 설치하여야 한다.
1. 작업대를 와이어로프 또는 체인으로 올리거나 내릴 경우에는 와이어로프 또는 체인이 끊어져 작업대가 떨어지지 아니하는 구조여야 하며, 와이어로프 또는 체인의 안전율은 5 이상일 것
2. 작업대를 유압에 의해 올리거나 내릴 경우에는 작업대를 일정한 위치에 유지할 수 있는 장치를 갖추고 압력의 이상저하를 방지할 수 있는 구조일 것
3. 권과방지장치를 갖추거나 압력의 이상상승을 방지할 수 있는 구조일 것
4. 붐의 최대 지면경사각을 초과 운전하여 전도되지 않도록 할 것
5. 작업대에 정격하중(안전율 5 이상)을 표시할 것
6. 작업대에 끼임·충돌 등 재해를 예방하기 위한 가드 또는 과상승방지장치를 설치할 것

6 마그네틱크레인 사용 작업시의 신호방법

운전 구분	1. 마그넷 붙이기	2. 마그넷 떼기
수신호	 양쪽손을 몸 앞에다 대고 꽉 낀다.	 양손을 몸 앞에서 측면으로 벌린다. (손바닥은 지면으로 향하도록 한다)
호각신호	길게 – 짧게	길게

7 곤돌라 및 승강기

① "곤돌라"란 달기발판 또는 운반구, 승강장치, 그 밖의 장치 및 이들에 부속된 기계부품에 의하여 구성되고, 와이어로프 또는 달기강선에 의하여 달기발판 또는 운반구가 전용 승강장치에 의하여 오르내리는 설비를 말한다.
② "승강기"란 건축물이나 고정된 시설물에 설치되어 일정한 경로에 따라 사람이나 화물을 승강장으로 옮기는 데에 사용되는 설비로서 다음 각 목의 것을 말한다.

㉮ 승객용 엘리베이터 : 사람의 운송에 적합하게 제조·설치된 엘리베이터
㉯ 승객화물용 엘리베이터 : 사람의 운송과 화물 운반을 겸용하는데 적합하게 제조·설치된 엘리베이터
㉰ 화물용 엘리베이터 : 화물 운반에 적합하게 제조·설치된 엘리베이터로서 조작자 또는 화물취급자 1명은 탑승할 수 있는 것(적재용량이 300킬로그램 미만인 것은 제외한다)
㉱ 소형화물용 엘리베이터 : 음식물이나 서적 등 소형 화물의 운반에 적합하게 제조·설치된 엘리베이터로서 사람의 탑승이 금지된 것
㉲ 에스컬레이터 : 일정한 경사로 또는 수평로를 따라 위·아래 또는 옆으로 움직이는 디딤판을 통해 사람이나 화물을 승강장으로 운송시키는 설비

③ **재해방지대책** : 엘리베이터 등에 있어서는 소정의 구조요건을 갖춘 안전한 것을 사용하는 것은 물론이고 일상의 취급에 있어서는 다음 사항을 유의해야 한다.

㉮ 운전자에게 엘리베이터 등의 구조, 성능, 특히 안전장치에 대하여 충분한 지식을 부여할 것
㉯ 그날의 운전을 시작하기 전에 시운전을 행할 것은 물론이고 정기적으로 중요부분의 점검을 행할 것
㉰ 정원 또는 적재하중을 초과해서 운전하지 말 것
㉱ 조작장치의 구조, 과열, 누전, 이상음 등의 이상을 발견한 경우는 즉시 책임자에게 보고하고 지시를 받을 것

[표] 와이어로프의 안전율

종 류		안전율
권상용 와이어로프	승용	10
	화물용	6
조속기로프		4

(8) 에스컬레이터의 설치기준

① 사람 또는 화물이 끼이거나 장해물에 충돌하지 않도록 할 것
② 경사도는 30[°] 이하로 할 것. 다만, 6[m] 이하의 높이에는 35[°]까지 허용한다.
③ 디딤판의 양측에 이동손잡이를 설치하고 이동손잡이의 상단부가 디딤판과 동일방향, 동일속도로 연동하도록 할 것
④ 디딤판에서 60[cm] 높이에 있는 이동손잡이간의 거리(내측판간의 거리)는 1.2[m] 이하로 할 것
⑤ 디딤판의 정격속도는 매분 30[m] 이하로 할 것

(9) 와이어로프

와이어로프는 고장력의 강철선이 서로 조합되어서 구성된 것이므로 지름에 비하여 강도가 크고, 소선간의 미끄럼 때문에 가동성이 크고 드럼 등에 간단히 감을 수 있으므로 운반상 편리한 특징을 가지며 철강, 기계, 건설, 토목, 광산 및 선박 등의 모든 분야에 사용되어 아주 나쁜 조건에 노출되는데도 불구하고 극도의 안전성을 요구하는 기계요소이다. 만약 한번 절단사고를 일으키게 되면 시설을 파괴하기도 하고 사상자를 내는 등 안전상 중요한 것이다. 따라서 와이어로프의 사용에 임해서는 용도에 알맞은 구조의 선정과 적절한 취급 및 보수관리가 요구된다.

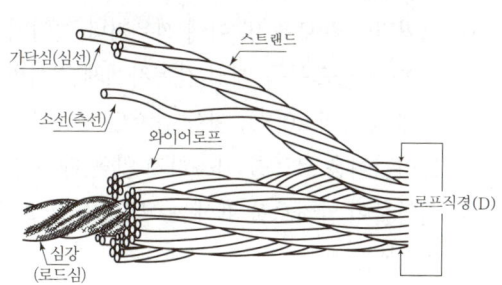

[그림] 로프의 형태 22. 4. 24

1 와이어로프의 구조

와이어로프는 양질의 탄소강을 와이어드로잉 가공한 소선(wire)을 수십 가닥 모아서 스트랜드(strand)를 만들고 이 스트랜드를 몇 가닥 가지고 심강의 주위에 일정 피치로 꼬아서 만든 것이다. 로프의 끝마무리 방법에 따라 로프 자체의 파단 강도의 75~100[%]까지 성능이 나올 수 있다.

---

7. 조작반의 스위치는 눈으로 확인할 수 있도록 명칭 및 방향표시를 유지할 것
② 사업주는 고소작업대를 설치하는 경우에는 다음 각 호의 사항을 준수하여야 한다.
 1. 바닥과 고소작업대는 가능하면 수평을 유지하도록 할 것
 2. 갑작스러운 이동을 방지하기 위하여 아웃트리거 또는 브레이크 등을 확실히 사용할 것
③ 사업주는 고소작업대를 이동하는 경우에는 다음 각 호의 사항을 준수하여야 한다.
 1. 작업대를 가장 낮게 내릴 것
 2. 작업대를 올린 상태에서 작업자를 태우고 이동하지 말 것. 다만, 이동 중 전도 등의 위험예방을 위하여 유도하는 사람을 배치하고 짧은 구간을 이동하는 경우에는 그러하지 아니하다.
 3. 이동통로의 요철상태 또는 장애물의 유무 등을 확인할 것
④ 사업주는 고소작업대를 사용하는 경우에는 다음 각 호의 사항을 준수하여야 한다.
 1. 작업자가 안전모·안전대 등의 보호구를 착용하도록 할 것
 2. 관계자가 아닌 사람이 작업구역에 들어오는 것을 방지하기 위하여 필요한 조치를 할 것
 3. 안전한 작업을 위하여 적정수준의 조도를 유지할 것
 4. 전로(電路)에 근접하여 작업을 하는 경우에는 작업시작 전 배치하는 등 감전사고를 방지하기 위하여 필요한 조치를 할 것
 5. 작업대를 정기적으로 점검하고 붐·작업대 등 각 부위의 이상 유무를 확인할 것
 6. 전환스위치는 다른 물체를 이용하여 고정하지 말 것
 7. 작업대는 정격하중을 초과하여 물건을 싣거나 탑승하지 말 것
 8. 작업대의 붐대를 상승시킨 상태에서 탑승자는 작업대를 벗어나지 말 것. 다만, 작업대에 안전대 부착설비를 설치하고 안전대를 연결하였을 때에는 그러하지 아니하다.

합격예측 및 관련법규

안전보건규칙

제164조(고리걸이 훅 등의 안전계수)

사업주는 양중기의 달기 와이어로프 또는 달기 체인과 일체형인 고리걸이 훅 또는 샤클의 안전계수(훅 또는 샤클의 절단하중 값을 각각 그 훅 또는 샤클에 걸리는 하중의 최댓값으로 나눈 값을 말한다)가 사용되는 달기 와이어로프 또는 달기체인의 안전계수와 같은 값 이상의 것을 사용하여야 한다.

제165조(와이어로프의 절단방법 등)

① 사업주는 와이어로프를 절단하여 양중(揚重)작업용구를 제작하는 경우 반드시 기계적인 방법으로 절단하여야 하며, 가스용단(熔斷) 등 열에 의한 방법으로 절단해서는 아니 된다.
② 사업주는 아크(arc), 화염, 고온부 접촉 등으로 인하여 열영향을 받은 와이어로프를 사용해서는 아니 된다.

제184조(제동장치 등)

사업주는 구내운반차(작업장 내 운반을 주목적으로 하는 차량으로 한정한다)를 사용하는 경우에 다음 각 호의 사항을 준수하여야 한다. 19. 4. 27 ②
1. 주행을 제동하거나 정지상태를 유지하기 위하여 유효한 제동장치를 갖출 것
2. 경음기를 갖출 것
3. 운전석이 차 실내에 있는 것은 좌우에 한 개씩 방향지시기를 갖출 것
4. 전조등과 후미등을 갖출 것. 다만, 작업을 안전하게 하기 위하여 필요한 조명이 있는 장소에서 사용하는 구내운반차에 대해서는 그러하지 아니하다.
5. 구내운반차가 후진 중에 주변의 근로자 또는 차량계 하역운반기계등과 충돌할 위험이 있는 경우에는 구내운반차에 후진경보기와 경광등을 설치할 것

제156조(조립 등의 작업)

① 사업주는 리프트의 설치·조립·수리·점검 또는 해체작업을 하는 때에는 다음 각 호의 조치를 하여야 한다.
 1. 작업을 지휘하는 자를 선임하여 그 자의 지휘하에 작업을 실시할 것
 2. 작업을 할 구역에 관계근로자외의 자의 출입을 금지하고 그 취지를 보기 쉬운 장소에 표시할 것

다음 페이지로 연결 →

[표] 클립의 수와 간격 및 올바른 장치법

로프직경[mm]	클립의 수	클립의 간격[mm]	장치방법
9~16	4	80	
18	5	110	올바른 방법
22.4	5	130	
25	6	150	잘못된 방법
28	6	180	
31.5	7	200	잘못된 방법
35.5	7	230	
37.5	8	250	

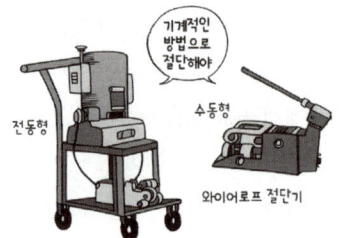

2 고리걸이용 로프, 쇠사슬

인양, 작업, 운반작업에 사용되는 고리걸이용 로프, 쇠사슬 또는 섬유로프 등은 인장력이 강하고 적당한 신축성이 있어야 하며, 내마모성이 강해야 하고 취급하기 쉬워야 하며 킹크(kink)나 변형이 없어야 하고, 내열성, 내후성이 양호해야 한다.

고리걸이용 로프의 안전지침

① 고리걸이용 로프 및 이에 끼우거나 걸어매는 부속을 사용할 때는 중량초과 또는 마모정도 등을 매일 감독자에게 검사받아야 한다.
② 원래 응력의 20[%] 이상 감소된 것은 사용을 금지시켜야 한다.
③ 고리걸이용 로프를 사용하지 않을 때는 잘 보관해야 한다.
④ 인양물이 날카로울 때에는 고리걸이용 로프 사이에 보호물(pad)를 끼워 넣어야 한다.

달기체인의 안전장치

① 하역운반작업에 쓰이는 쇠사슬은 작업개시 전에 항상 점검해야 한다.
② 체인은 금이 갔거나 부러졌거나 용접이 떨어진 것은 사용하지 말아야 한다.
③ 쇠사슬의 길이가 5[%] 이상 늘어났거나 직경이 10[%] 이상 감소한 것은 사용하지 말아야 한다.

표시하는 바와 같이 매다는 각도에 따라서 로프에 걸리는 장력이 달라지므로 주의를 요한다.

매다는 각도는 작을수록 좋은데 부득이한 경우라도 60[°] 이내로 사용하는 것이 바람직하다. 매달아 올릴 때는 로프가 미끄러지지 않도록 주의하고 물체의 중심을 매달도록 하지 않으면 안 된다.

또 한 줄 매달기는 짐이 회전하거나 이 부분이 빠질 위험이 있으므로 가급적 피해야 한다. 부득이 한 줄 매달기를 할 경우는 로크 가공한 것이든가, Z꼬임, S꼬임을 한 쌍으로 해서 로크 가공한 슬링을 사용하여야 한다.

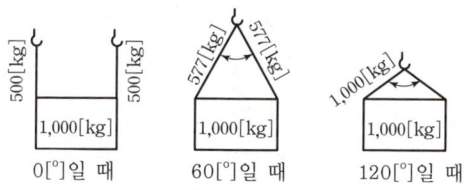

[그림] 달아매기 각도에 의한 장력의 변화 25. 2. 7 기 산

[표] 슬링와이어의 매다는 각도와 로프에 걸리는 하중

로프의 달아매기 각도[°]	장력[kg]	로프의 달아매기 각도[°]	장력[kg]	로프의 달아매기 각도[°]	장력[kg]
0	500	60	577	130	1,183
10	502	70	610	140	1,462
20	508	80	653	150	1,932
30	518	90	707	160	2,880
40	532	100	778	170	5,734
45	541	110	872	180	∞
50	552	120	1,000		

3 와이어로프의 사용기준 16. 8. 21 기 19. 3. 3 산

와이어로프가 다음 각 항 중에서 하나에 해당하는 경우에는 절단의 위험이 있기 때문에 사용해서는 안 된다.

① 이음매가 있는 것
② 와이어로프의 한 꼬임[스트랜드(strand)를 말한다. 이하 같다.]에서 끊어진 소선(素線)[필러(pillar)선은 제외한다]의 수가 10[%] 이상(비자전로프의 경우에는 끊어진 소선의 수가 와이어로프 호칭지름의 6배 길이 이내에서 4개 이상이거나 호칭지름 30배 길이 이내에서 8개 이상)인 것
③ 지름 감소가 공칭지름의 7[%]를 초과한 것
④ 꼬인 것
⑤ 심하게 변형 또는 부식된 것
⑥ 열과 전기충격에 의해 손상된 것

---

3. 비·눈 그 밖의 기상상태의 불안정으로 인하여 날씨가 몹시 나쁠 때에는 그 작업을 중지시킬 것
② 사업주는 제1항 제1호의 작업을 지휘하는 자로 하여금 다음 각 호의 사항을 이행하도록 하여야 한다.
  1. 작업방법과 근로자의 배치를 결정하고 해당 작업을 지휘하는 일
  2. 재료의 결함유무 또는 기구 및 공구의 기능을 점검하고 불량품을 제거하는 일
  3. 작업중 안전대 등 보호구의 착용상황을 감시하는 일 16. 5. 8 산 19. 3. 3 산

제163조(와이어로프 등 달기구의 안전계수)

① 사업주는 양중기의 와이어로프 등 달기구의 안전계수(달기구 절단하중의 값을 그 달기구에 걸리는 하중의 최댓값으로 나눈 값을 말한다)가 다음 각 호의 구분에 따른 기준에 맞지 아니한 경우에는 이를 사용해서는 아니 된다.
  1. 근로자가 탑승하는 운반구를 지지하는 달기와이어로프 또는 달기체인의 경우 : 10 이상
  2. 화물의 하중을 직접 지지하는 달기와이어로프 또는 달기체인의 경우 : 5 이상
  3. 훅, 샤클, 클램프, 리프팅 빔의 경우 : 3 이상
  4. 그 밖의 경우 : 4 이상
② 사업주는 달기구의 경우 최대허용하중 등의 표시가 견고하게 붙어 있는 것을 사용하여야 한다.

제166조(이음매가 있는 와이어로프 등의 사용금지)

와이어 로프의 사용에 관하여는 제63조제2항제9호를 준용한다. 이 경우 "달비계"는 "양중기"로 본다.(다음 각 목의 어느 하나에 해당하는 와이어로프를 달비계에 사용해서는 아니 된다.)
1. 이음매가 있는 것
2. 와이어로프의 한 꼬임[스트랜드(strand)를 말한다. 이하 같다]에서 끊어진 소선(素線)[필러(pillar) 선은 제외한다]의 수가 10[%] 이상(비자전로프의 경우에는 끊어진 소선의 수가 와이어로프 호칭지름의 6배 길이 이내에서 4개 이상이거나 호칭지름 30배 길이 이내에서 8개 이상)인 것

다음 페이지로 연결 →

3. 지름의 감소가 공칭지름의 7[%]를 초과하는 것
4. 꼬인 것
5. 심하게 변형되거나 부식된 것 17. 5. 7 ⓐ
6. 열과 전기충격에 의해 손상된 것

② 다음 각 목의 어느 하나에 해당하는 달기 체인을 달비계에 사용해서는 아니 된다.
19. 8. 4 ⓐ 20. 6. 14 ⓐ 23. 3. 1 ⓐ 25. 2. 7 ⓐ
 1. 달기 체인의 길이가 달기 체인이 제조된 때의 길이의 5[%]를 초과한 것
 2. 링의 단면지름이 달기 체인이 제조된 때의 해당 링의 지름의 10[%]를 초과하여 감소한 것
 3. 균열이 있거나 심하게 변형된 것

③ 달비계에 다음 각 목의 작업용 섬유로프 또는 안전대의 섬유벨트를 사용하지 않을 것
 1. 꼬임이 끊어진 것
 2. 심하게 손상되거나 부식된 것
 3. 2개 이상의 작업용 섬유로프 또는 섬유벨트를 연결한 것
 4. 작업높이보다 길이가 짧은 것

④ 달기 강선 및 달기 강대는 심하게 손상·변형 또는 부식된 것을 사용하지 않도록 할 것

⑤ 달기 와이어로프, 달기 체인, 달기 강선, 달기 강대 또는 달기 섬유로프는 한쪽 끝을 비계의 보 등에, 다른 쪽 끝을 내민 보, 앵커볼트 또는 건축물의 보 등에 각각 풀리지 않도록 설치할 것

⑥ 작업발판은 폭을 40[cm] 이상으로 하고 틈새가 없도록 할 것

⑦ 작업발판의 재료는 뒤집히거나 떨어지지 않도록 비계의 보 등에 연결하거나 고정시킬 것

⑧ 비계가 흔들리거나 뒤집히는 것을 방지하기 위하여 비계의 보·작업발판 등에 버팀을 설치하는 등 필요한 조치를 할 것

⑨ 선반 비계에서는 보의 접속부 및 교차부를 철선·이음철물 등을 사용하여 확실하게 접속시키거나 단단하게 연결시킬 것

다음 페이지로 연결 →

4 와이어로프의 손상

로프는 사용함에 따라 점차 강도가 저하한다. 강도가 저하하는 율이나 손상의 정도는 로프와 접하는 것(시브, 드럼 등)의 재질, 경도, 표면의 거칠기, 하중의 대소, 와이어로프의 취급·손질방법 등에 따라 차이가 크다.

5 운전 및 보수

와이어로프를 새로 장치한 뒤는 바로 정상운전에 들어가지 말고, 처음에는 작은 짐을 매어달고 저속으로 예비운전을 행하고 차츰 하중과 속도를 올려서 정상운전에 들어가야 한다. 와이어로프는 사용중 마모 및 모양이 망가지는 등 외관상의 부식의 정도, 단선 등에 관해서 정기적으로 검사를 실시하여 항상 로프의 상태를 파악해 두지 않으면 안 된다. 전체 길이의 특정한 부분이 손상된 경우는 한쪽 끝을 잘라버려서 손상부분을 변경시키거나 또는 위와 아래를 뒤바꾸거나 해서 국부적인 손상을 적게 하도록 해야 한다. 또 사용중에 오일을 바르는 것을 게을리하지 말아야 한다.

[표] 와이어로프의 단면구성 18. 4. 28 ⓐ

종별	1호	2호	3호	4호	5호	6호
단면						
구성	7가닥, 6꼬임 중심 섬유심	12가닥, 6꼬임 중심 및 각 스트랜드 중심 섬유심	19가닥, 6꼬임, 중심 섬유심	24가닥, 6꼬임, 중심 섬유심	30가닥, 6꼬임, 중심 및 스트랜드 중심 섬유심	37가닥, 6꼬임, 중심 섬유심
구성기호	(6×7)	(6×12)	(6×19)	(6×24)	(6×30)	(6×37)
종별	7호	8호	9호	10호	11호	12호
단면						
구성	61가닥, 6꼬임 중심 섬유심	삼각심, 7가닥, 6꼬임, 중심 섬유심	삼각심, 24가닥, 6꼬임, 중심 섬유심	19가닥, 6꼬임	19가닥, 6꼬임, 중심 섬유심	27가닥, 6꼬임, 중심 섬유심
구성기호	(6×61)	F(△+6)×7	F(△+12+6)×12	S(6×19)	W(6×19)	6×F(19+6)

① 보통 Z꼬임   ② 보통 S꼬임   ③ 랭Z꼬임   ④ 랭S꼬임

[그림] 로프 꼬임의 종류(KS D 7013)

6 와이어로프의 구성요소 16. 5. 8 기
① 소선(wire)
② 가닥(strand)
③ 심(core) 또는 심강

5. 운반기계(구내운반차)

(1) 개요

① 작업장 내에 운반을 주목적으로 타는 차량으로 보통길이 4.7[m] 이하, 폭 1.7[m] 이하, 높이 2.0[m] 이하이며, 최고속도가 15[km/hr] 이하의 것을 말한다.

② 도로운송차량법의 소형차량 기준에 따르며, 플랫폼 트럭이라고 부르는 경우도 있고 3륜 소형 구내운반차, 궤도식 운반차, 견인차(towing tractor), 구내용 대형트레일러, 전동운반차 등이 있다.

[그림] 구내운반차

(2) 산업안전보건기준에 관한 규칙 23. 5. 13 산 25. 2. 7 산

제동장치 등 사업주는 구내운반차(작업장내 운반을 주목적으로 하는 차량으로 한정한다)를 사용하는 경우에 다음 각 호의 사항을 준수하여야 한다.
① 주행을 제동하거나 정지상태를 유지하기 위하여 유효한 제동장치를 갖출 것
② 경음기를 갖출 것
③ 운전석이 차 실내에 있는 것은 좌우에 한개씩 방향지시기를 갖출 것
④ 전조등과 후미등을 갖출 것. 다만, 작업을 안전하게 하기 위하여 필요한 조명이 있는 장소에서 사용하는 구내운반차에 대해서는 그러하지 아니하다.

참고) 산업안전보건기준에 관한 규칙 제184조(제동장치 등)

⑩ 근로자의 추락 위험을 방지하기 위하여 다음 각 목의 조치를 할 것
 1. 달비계에 구명줄을 설치할 것
 2. 근로자에게 안전대를 착용하도록 하고 근로자가 착용한 안전줄을 달비계의 구명줄에 체결(締結)하도록 할 것
 3. 달비계에 안전난간을 설치할 수 있는 구조인 경우에는 달비계에 안전난간을 설치할 것 19. 8. 4 기

주요항목 03 | 기계설비 위험요인 분석
출제예상문제

출제예상문제는 복습, 예습문제로 엮었습니다. *WHY : 실제시험에도 순서에 관계없이 출제됩니다. 예습 후 다음장에 공부한 문제가 있으면 기억이 배가 됩니다.

01 ★★★★★ 다음은 연삭기작업시의 안전상의 유의사항들이다. 해당되지 않는 것은?

① 연삭숫돌을 대체할 때는 1분 이상 시운전하고 이상 여부를 확인한다.
② 연삭숫돌의 최고사용회전속도를 초과해서 사용하지 않는다.
③ 위험이 미칠 우려가 있을 때는 덮개를 설치하여야 한다.
④ 탁상용 연삭기의 경우 덮개의 노출각도는 90°를 넘지 않아야 한다.

해설
연삭작업시 운전시간
① 연삭숫돌 대체시 : 3분 이상 시운전
② 작업 시작 전 : 1분 이상 시운전

참고) 산업안전보건기준에 관한 규칙 제122조(연삭숫돌의 덮개 등)

02 ★★★★★ 분당회전수가 600인 탁상연삭기에서 숫돌차의 원주길이가 314[mm]라고 할 때 원주속도는 몇 [m/mim]인가?

① 188.4   ② 314.0
③ 1875.5 ④ 94.2

해설
원주속도 계산
① 원주속도$(V) = \dfrac{\pi DN}{1,000}$
② $V = \dfrac{Nl}{1,000} = \dfrac{314 \times 600}{1,000}$
　$= 188.4 [m/min]$

➡ 공식이 2가지이니 꼭 외우세요.

03 ★★★ 밀링의 안전작업방법 중에서 잘못된 것은?

① 손으로 가공면을 점검하면서 가공한다.
② 칩 제거는 반드시 브러시를 사용한다.
③ 테이블 위에 공구 등을 두지 않는다.
④ 장갑을 끼고 작업하지 않는다.

해설
회전하는 공작기계는 손으로 가공물을 검사해서는 안 된다.

04 ★★ 다음 설명 중 플레이너 작업시의 안전대책이라고 생각할 수 없는 것은?

① 프레임 내의 피트(pit)에는 뚜껑을 설치한다.
② 바이트는 되도록 짧게 나오도록 설치한다.
③ 칩브레이커는 부착용 바이트를 사용하여 칩이 짧게 되도록 한다.
④ 베드 위에 다른 물건을 올려놓지 않는다.

해설
플레이너 안전대책
① 플레이너는 칩브레이커가 없다.
② 선반에만 칩브레이커가 있다.

[정답] 01 ④ 02 ① 03 ① 04 ③

05 지름이 D[mm]인 연삭기 숫돌의 회전수가 N[rpm] 일 때 숫돌의 원주속도를 옳게 표시한 식은?

① $\dfrac{\pi DN}{1,000}$ [m/min] ② πDN [m/min]
③ $\dfrac{\pi DN}{60}$ [m/min] ④ $\dfrac{DN}{1,000}$ [m/min]

해설

$V = \dfrac{\pi DN}{1,000}, \ N = \dfrac{1,000V}{\pi D}$

◉ $V = \pi DN$ [mm/min], 2가지 공식에서 단위의 차이를 확인할 수 있어야 한다.

06 드릴작업에서 칩의 제거방법으로서 가장 안전한 방법은?

① 회전을 중지시킨 후 손으로 제거
② 회전을 중지시킨 후 솔로 제거
③ 회전시키면서 막대로 제거
④ 회전시키면서 솔로 제거

해설

모든 기계는 회전을 중지시킨 후 chip을 솔로 제거한다.

07 수직터릿선반 등의 가공물에 설치하여야 할 방호조치는?

① 칩브레이커 ② 울, 덮개
③ 방진장치 ④ 클러치

해설

수직터릿선반 방어장치
① 울
② 덮개

08 드릴작업시 곤란한 조치사항은?

① 드릴척에 렌치(wrench)를 끼우고 작업한다.
② 다축 드릴링의 드릴커버로 플라스틱제의 평판을 사용한다.
③ 마이크로스위치를 이용한 자동급유장치로 구성한다.
④ 재료의 회전정지 지그를 갖춘다.

해설

드릴작업
① 드릴척에 렌치를 끼워서는 안 되며 렌치는 드릴을 고정하거나 풀기 위한 공구이다.
② 공구를 끼우고 작업하는 사람이 어디 있을까?

09 선반작업시 사용되는 방호장치가 아닌 것은?

① 풀아웃(pull out)
② 실드(shield)
③ 칩브레이커(chip breaker)
④ 고정브리지(bridge)

해설

선반의 방호장치
① Pull out은 프레스 안전장치이다.
② 선반의 방호장치 : 실드, 척커버, 칩브레이커, 천대 장치

10 다음 중 셰이퍼의 안전 장치가 아닌 것은?

① 시건장치 ② 방책
③ 칩받이 ④ 칸막이

해설

시건장치는 자물쇠를 말한다.

[정답] 05 ① 06 ② 07 ② 08 ① 09 ① 10 ①

11 다음 작업 중에서 장갑을 끼고 작업을 해도 좋은 것은?

① 드릴작업 ② 선반작업
③ 용접작업 ④ 밀링작업

해설
용접은 비절삭작업이며 그 외는 절삭작업이다.

12 공작기계인 셰이퍼(shaping machine) 작업에서 위험요인이 아닌 것은?

① 가공 칩(chip) 비산
② 척핸들(chuck-handle) 이탈
③ 바이트(bite)의 이탈
④ 램(ram) 말단부 충돌

해설
척핸들의 이탈은 선반이나 드릴에서 발생한다.

13 밀링기계로서 하향절삭작업을 할 때에 공구나 기계를 손상시킬 위험요소는?

① 커터의 마멸이 빨라짐
② 이송장치의 진동
③ 절삭속도의 증감
④ 공작물의 떨리는 현상

해설
하향절삭
커터나 공작물의 이송이 동일한 방향이므로 커터의 날이 손상된다.
◎ 근본적 위험 : ④

14 선반가공작업에서 위험점으로 볼 수 없는 것은?

① 기어와 피니언
② 기어와 랙
③ 롤러와 평벨트
④ 돌출하여 회전하고 있는 가공물

해설
롤러나 평벨트는 동력전달장치이다.

15 셰이퍼의 작업에서 안전상 옳지 않은 것은?

① 공작물을 견고하게 고정한다.
② 보안경을 쓴다.
③ 운전자가 바이트의 이동방향에 선다.
④ 바이트를 짧게 고정한다.

해설
운전자는 바이트의 측면에 서서 작업한다.

16 탁상공구연삭의 안전커버의 최대노출각도는 얼마인가?

① 180[°] ② 90[°]
③ 120[°] ④ 60[°]

해설
연삭기 노출각도
① 탁상용 : 90[°]까지 가능
② 휴대용연삭기 : 180[°]
③ 원통형연삭기 : 180[°]
④ 절단평면연삭기 : 150[°]

17 숫돌의 지름이 200[mm], 회전수가 4,000[rpm]일 때 연삭숫돌의 원주속도[V]는?

① 2.5[m/min] ② 0.8[m/min]
③ 2,500[m/min] ④ 800[m/min]

해설
원주속도
$$V = \frac{\pi DN}{1,000} = \frac{3.14 \times 200 \times 4,000}{1,000} = 2,512[m/min]$$

[정답] 11 ③ 12 ② 13 ② 14 ③ 15 ③ 16 ② 17 ③

18 ★★ 드릴작업의 안전사항이 아닌 것은?

① 회전하는 드릴에 걸레 등을 가까이 하지 않는다.
② 옷소매가 길거나 찢어진 옷은 입지 않는다.
③ 스핀들에서 드릴을 뽑아낼 때에는 드릴 아래에 손을 내밀지 않는다.
④ 작고 길이가 긴 물건을 플라이어로 잡고 뚫는다.

해설
작고 길이가 짧은 물건을 플라이어로 잡을 수 있으나 가급적 바이스 사용이 원칙이다.

19 ★★ 정(chisel)작업에서 그림 R의 현상을 방지하기 위하여 기본적인 B의 모서리(round) 크기에 적합한 것은?

23. 2. 28 ⑦

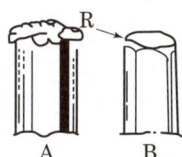

① 6R   ② 2R
③ 5R   ④ 3R

해설
보통 모서리의 Round는 3R이다.

20 ★★★ 공작기계 작업시 chip이 가장 예리하고 날카로운 것은 무슨 작업인가?

① 드릴링작업   ② 선반작업
③ 밀링작업   ④ Jig작업

해설
밀링작업시 안전
① 밀링커터(cutter)는 예리하고 날카롭기 때문에 발생되는 chip은 가장 가늘고 예리하다.
② 재해예방을 위해 작업시 보호안경은 반드시 착용하고 장갑 착용은 금지한다.
③ Chip의 제거는 반드시 솔이나 브러시를 사용한다.
④ 강력절삭시 일감을 바이스에 깊게 물린다.
⑤ 제품을 풀어낼 때나 측정시 반드시 운전정지 후 실시한다.
⑥ 상하, 좌우의 이송장치의 핸들은 사용 후 풀어준다.
⑦ 보링, 드릴작업, 내면 홈파기작업 등이 가능하다.

21 ★★ 드릴작업시 곤란한 조치사항은?

① 드릴척에 렌치(wrench)를 끼우고 작업한다.
② 다축 드릴링의 드릴커버로 플라스틱제의 평판을 사용한다.
③ 마이크로스위치를 이용한 자동급유장치를 구성한다.
④ 재료의 회전장치 지그를 갖춘다.

해설
드릴 작업자는 꼭 렌치를 뽑아야 한다.

참고 1994년 5월 1일 출제

22 ★★ 드릴작업시 일감의 고정방법을 설명한 것이다. 옳지 않은 것은?

① 일감이 작을 때는 바이스로 고정한다.
② 일감이 크고 복잡할 때는 볼트와 고정구로 고정한다.
③ 일감이 작고 길 때는 플라이어로 고정한다.
④ 대량생산과 정밀도를 요할 때는 지그로 고정한다.

해설
일감이 작고 길 때는 바이스를 사용해야 한다.

23 ★★★ 기계의 구성부분의 안전화와 관계깊은 것은?

① 덮개   ② 재료의 강도
③ 방호장치   ④ 메커니즘

해설
기계구성부분의 안전화
① 재료의 강도
② 균열
③ 부식

[**정답**] 18 ④ 19 ④ 20 ③ 21 ① 22 ③ 23 ②

24 ★★ 셰이퍼 작업의 안전사항 중 잘못된 것은?

① 램은 가급적 행정을 길게 하는 편이 안전상 좋다.
② 시동하기 전에 행정조정용 핸들을 빼놓는다.
③ 바이트는 잘 갈아서 사용할 것이며 가급적 짧게 물린다.
④ 반드시 재질에 따라 절삭속도를 정한다.

해설
램은 가급적 행정을 짧게 해야 안전하다.

25 ★★★ 선반작업시 발생되는 칩(chip)으로 인한 재해를 예방하기 위한 선반의 방호장치는?

① 덮개
② 시건장치
③ chip브레이커
④ 브레이크

해설
선반작업시 안전대책
(1) 선반의 방호장치
  ① chip브레이커 : 재료가공시 발생되는 chip을 짧게 끊어주는 장치 (연삭형, 클램프형, 자동조절식)
  ② 덮개 : 작업점(Nip point)을 덮어 씌워 튀어나온 chip을 방지하는 장치
  ③ 브레이크 : 위험시 동력을 급정지시켜 작업자를 보호하는 장치
(2) 선반의 크기 표시법
  ① 최대 가공물의 크기
  ② 양 센터(center) 사이의 거리
  ③ 본체 위 swing의 크기
(3) 선반의 안전사항
  ① 방진구는 공작물의 길이가 직경의 12배 이상으로 가늘고 길 때 일감의 고정에 사용한다.
  ② 선반의 리드스크루 부분은 작업자의 바지가 걸리기 쉬운 부분이다.
  ③ 절삭속도는 공작물의 재질, 바이트의 재질, 바이트 날끝의 형상과 각도, 선반의 강도, 절삭제의 사용유무 등을 고려하여 결정한다.
  ④ 고속도강 공구를 사용하여 연강재를 절삭 시 표준원주속도 : 70~90[m/min] 정도가 적당하다.
  ⑤ 선반척이나 척에 물려 있는 가공물이 돌출하여 회전시 위험예방 조치 : 척덮개 설치
  ⑥ 선반작업시 반드시 보호안경을 착용하되, 장갑은 착용해서는 안된다.
  ⑦ 절삭chip 제거시 브러시를 사용한다.

참고
① 선반에서 잘 출제되는 내용이니 꼭 기억하세요.
② 문제보다 해설에서 다음 시험에 출제됩니다.
③ ③으로 혼돈할 수 있으니 정독하세요.

26 ★★ 연삭기에서 연삭기 조정편과 연삭숫돌 사이에 몇 [mm]의 간극이 필요한가?

① 1
② 1.5
③ 10
④ 20

해설
연삭작업
① 가공물 받침대와 숫돌의 틈은 1~3[mm]로 조절한다.
② 조정편과 숫돌의 틈은 3~10[mm]로 한다.

27 ★★★ 선반의 안전작업조건 속에 포함되지 않는 것은?

① 칩비산방지 실드(shield)
② 척의 인터록 덮개
③ 가공물 덮개
④ 용접바이트 팁

해설
선반의 안정장치종류
① 실드(shield) : 칩(chip) 및 절삭유의 비산방지를 위한 것이며 전후, 좌우, 위쪽 부분에 설치한 플라스틱 덮개
② 칩브레이커 : 칩을 짧게 절단시키는 장치
③ 척커버(chuck cover) : 기어 등을 복개하는 장치
④ 브레이크 : 선반을 일시 정지하는 장치
⑤ 방진구 : 길이가 긴 공작물 절삭시 사용(길이가 지름의 12~20배 이상)

28 ★ 밀링작업에 대한 안전대책 중 틀린 것은?

① 장갑을 착용하지 않는다.
② 칩받이를 한다.
③ 절삭속도를 재료에 따라 정한다.
④ 급속이송은 백래시 제거장치가 작동하고 있을 때 한다.

해설
④ Back lash : 기어의 뒤틈

[정답] 24 ① 25 ① 26 ③ 27 ④ 28 ④

29 탁상용연삭기에서 워크레스트와 연삭숫돌과의 간격이 조정되었다. 적합한 조정량이 아닌 것은?

① 1[mm]   ② 2[mm]
③ 3[mm]   ④ 4[mm]

해설

연삭작업시 준수사항
① 숫돌속도제한장치를 개조하거나 최고회전속도(rpm)를 초과하여 사용하지 않도록 한다.
② 워크레스트의 간격을 1~3[mm] 정도로 유지하고 숫돌의 결정된 사용면 이외의 면은 사용하지 않는다.
③ 연삭숫돌의 파괴시 작업자는 물론 인근 근로자도 보호해야 하므로 안전덮개와 칸막이 또는 작업장을 격리시켜야 한다.
④ 연삭숫돌의 교체시는 3[분] 이상 시운전하고 정상작업 전에는 최소한 1[분] 이상 시운전하여 이상유무를 파악하도록 해야 하며 최고사용회전속도를 초과하지 않도록 한다.
⑤ 투명비산방지판을 설치한다.

30 밀링작업의 안전사항으로서 잘못된 것은?

① 측정시에는 반드시 기계를 정지시킨다.
② 절삭중의 칩 제거는 칩브레이커로 한다.
③ 일감을 풀어내거나 고정할 때에는 기계를 정지시킨다.
④ 상하좌우의 이송장치의 핸들은 사용 후 풀어놓는다.

해설

밀링의 위험 및 안전대책
① 정면밀링커터 절삭시에는 커터 날끝과 같은 높이에서 절삭상태를 확인해서는 안되며 칩의 튀어오름을 막기 위해 커터에 맞는 커버를 위쪽 암에 설치하여야 한다.
② 밀링커터에 의한 칩(chip)은 작고 날카로우므로 손을 대지 않도록 하며 제거작업시에는 반드시 브러시를 사용하도록 한다.
③ 밀링커터의 날은 매우 날카로우므로 걸레 등의 천으로 감싸쥐고 다루도록 한다.
④ 절삭유의 주유는 가공부분에서 분리된 커터의 위에서 하도록 한다.
⑤ 급속이송은 백래시(back lash) 제거장치가 동작하지 않고 있음을 확인한 다음 행한다.
⑥ 밀링커터가 회전하고 있을 때는 작업자의 옷소매 등이 커터에 말리지 않도록 주의하고 장갑의 사용을 금한다.

31 연삭숫돌이 심히 변형되어 진동이 생기면 다음 어떤 현상이 생기는가?

① 글레이징 현상이 생긴다.
② 경우에 따라 파손되기 쉽다.
③ 로딩 현상이 생긴다.
④ 숫돌입자의 탈락이 잘 안된다.

해설

연삭숫돌의 파괴원인 23. 2. 28 ⑦
① 숫돌의 속도가 너무 빠르거나 균열이 있을 때
② 플랜지가 현저히 작을 때(플랜지는 숫돌차의 1/3 이상이어야 한다.)
③ 숫돌의 치수(특히 구멍지름)가 부적당할 때
④ 숫돌에 과대한 충격을 주거나 작업에 부적당한 숫돌 사용

32 다음의 안전장치 중 컨베이어에 사용하지 않는 것은?

① 급정지장치   ② 덮개
③ 시건장치   ④ 울

해설

시건장치 : 방적기 및 제면기의 방호장치이다.

33 탁상용연삭기의 숫돌차의 바깥지름이 330 [mm]이라면, 플랜지의 바깥지름은 최소 몇 [mm] 이상이어야 안전한가?

① 165[mm] 이상
② 82.5[mm] 이상
③ 110[mm] 이상
④ 100[mm] 이상

해설

$D = 330 \times \dfrac{1}{3} = 110$

[정답] 29 ④ 30 ② 31 ② 32 ③ 33 ③

34. 상부를 사용하는 연삭기의 덮개의 노출각도는?

① 45[°]   ② 60[°]
③ 90[°]   ④ 120[°]

해설

연삭기 종류에 따른 숫돌의 노출각도

연삭기 용도	숫돌노출각도(덮개설치요령)
(1) 일반연삭작업 등에 사용하는 것을 목적으로 하는 탁상용연삭기	125[°] 이내 / 65[°] 이내
(2) 연삭숫돌의 상부를 사용할 것을 목적으로 하는 탁상용연삭기	60[°] 이상 / 60[°] 이상
(3) (1)호~(2)호 이외의 탁상용연삭기 그 밖에 이와 유사한 연삭기	80[°] 이내 / 65[°] 이내
(4) 원통연삭기, 센터리스 연삭기, 공구연삭기, 만능연삭기 그 밖에 이와 비슷한 연삭기	180[°] 이내 / 65[°] 이내
(5) 휴대용연삭기, 스윙연삭기, 슬래브연삭기 그 밖에 이와 유사한 연삭기 23. 10. 15 실기	180[°] 이내

35. 다음 중 선반의 바이트에 설치되는 안전장치는?
18. 8. 19 기

① 칩브레이커   ② 커버
③ 브레이크   ④ 보안경

해설

브레이크 : 동력을 멈추는 선반 안전장치

36. 선반작업에 대한 안전수칙으로서 틀린 것은?

① 척렌치는 반드시 척에 끼어둔다.
② 베드상에 공구를 올려놓지 말아야 한다.
③ 바이트는 가급적 짧게 장치한다.
④ 작업시 기계점검을 한 후 작업한다.

해설

척 렌치를 척에 끼어두면 작업자의 이마, 눈, 머리, 코 등이 다친다.

37. 연삭숫돌의 직경이 10[cm]이고 2,000[rpm]이라면 숫돌의 원주속도[m/min]는?(단, π는 원주율)

① 200π ② 100π
③ $\dfrac{200,000}{\pi}$ ④ $200,000\pi$

해설

원주속도

연삭숫돌 원주속도$(V) = \dfrac{\pi DN}{1,000}$[m/min]

$V = \dfrac{\pi \times 100 \times 2,000}{1,000} = 200\pi$[m/min]

참고 10[cm]를 [mm]로 환산하여야 합니다.

38. 다음 중 해머는 로크웰 경도(Rockwell hardness)가 얼마 정도면 알맞은가?

① 50~60   ② 60~70
③ 70~80   ④ 80~90

해설

해머 경도

① 해머의 로크웰경도(Rockwell hardness)는 50~60이 적당하다.
② 50 이하이면 연하여 변형이나 비틀림이 생긴다.
③ 60 이상이면 단단하여 튀기 쉽다.

[정답] 34 ② 35 ① 36 ① 37 ① 38 ①

39 다음 중 셰이퍼의 안전장치가 아닌 것은?

① 방책
② 칩받이
③ 칸막이
④ 시건장치

해설
④는 방적기, 제면기의 방호장치

40 연삭작업 중 숫돌차가 파괴되는 원인 중에서 거리가 먼 것은?

① 회전수가 규정 이상 초과한 때
② 내외면의 플랜지지름이 같을 때
③ 충격을 받았을 때
④ 고정시 플랜지를 너무 죄었을 때

해설
플랜지는 숫돌지름의 1/3 이상이면 된다.

41 드릴작업시의 날의 경사각과 추력의 관계를 설명한 것 중 옳은 것은?

① 경사각의 증가와 더불어 저항은 감소하고 경사각이 30[°]를 넘으면 거의 일정
② 경사각의 증가와 더불어 저항은 감소하나 경사각이 90[°]가 되어야 일정
③ 경사각의 증가와 더불어 저항은 증가하고 경사각이 30[°] 이내에서 거의 일정
④ 경사각의 증가와 더불어 저항은 증가하나 경사각이 90[°]가 되어야 일정

해설
경사각이 크면 저항은 감소하나 30[°] 이상시 특별한 효과가 없다.

42 밀링작업시 안전한 사항이 아닌 것은?

① 반드시 보안경을 착용한다.
② 하향절삭 작업시는 백래시 제거장치가 작동하고 있을 때 한다.
③ 급속이송은 한 방향으로만 한다.
④ 급속이송은 백래시 제거장치가 작동하고 있을 때 한다.

해설
백래시(back lash)
① 2개의 치차가 맞물리고 있을 때, 그 배면(背面)에 생기는 틈새
② 하중에 의한 휨이나 열팽창 때문에 작용하고 있지 않는 반대 측의 면이 접촉하는 것을 방지

43 플레이너(planer) 작업시의 안전대책이 아닌 것은?

① 칩브레이커 부착용 바이트를 사용하여 칩이 짧게 되도록 한다.
② 프레임 내의 피트(PIT)에는 뚜껑을 설치한다.
③ 바이트는 되도록 짧게 나오도록 설치한다.
④ 베드 위에 다 쓴 물건을 올려놓지 않는다.

해설
플레이너 작업
① 플레이너(planer)의 안전장치는 칩브레이커가 없다.
② 칩브레이커는 선반의 안전장치이다.

44 일반 탁상용연삭기의 숫돌주축(grind spindle)에서 수평 위로 이루는 원주각도는 몇 도 이하이어야 하는가?

① 55[°]
② 65[°]
③ 75[°]
④ 85[°]

해설
수평면 이하는 125[°]

[정답] 39 ④ 40 ② 41 ① 42 ④ 43 ① 44 ②

45 ★★ 휴대용연삭기의 덮개의 최대노출각도는?

① 60[°]   ② 90[°]
③ 180[°]   ④ 45[°]

해설
②는 탁상용연삭기의 각도이다.

46 1분간의 테이블 왕복 수 10회, 행정길이 2[m], 귀환 행정속도는 절삭행정속도의 2배일 때 플레이너의 절삭행정속도[m/min]는?

① 10   ② 20
③ 30   ④ 40

해설
절삭행정속도
$$v_s = \left(1 + \frac{1}{n}\right) \times N \times L = \left(1 + \frac{1}{2}\right) \times 10 \times 2 = 30[m/min]$$

47 휴대용 동력드릴 작업시 안전사항에 관한 설명으로 틀린 것은? 18. 3. 4 ② 18. 8. 19 ②

① 드릴의 손잡이를 견고하게 잡고 작업하여 드릴손잡이 부위가 회전하지 않고 확실하게 제어 가능하도록 한다.
② 절삭하기 위하여 구멍에 드릴날을 넣거나 뺄 때 반발에 의하여 손잡이 부분이 튀거나 회전하여 위험을 초래하지 않도록 팔을 드릴과 직선으로 유지한다.
③ 드릴이나 리머를 고정시키거나 제거하고자 할 때 금속성 망치 등을 사용하여 확실히 고정 또는 제거한다.
④ 드릴을 구멍에 맞추거나 스핀들의 속도를 낮추기 위해서 드릴날을 손으로 잡아서는 안 된다.

해설
휴대용 동력드릴의 안전대책
① 드릴의 손잡이를 견고하게 잡고 작업하여 드릴손잡이 부위가 회전하지 않고 확실하게 제어 가능하도록 한다.
② 절삭하기 위하여 구멍에 드릴날을 넣거나 뺄 때 반발에 의하여 손잡이 부분이 튀거나 회전하여 위험을 초래하지 않도록 팔을 드릴과 직선으로 유지한다.

③ 드릴이나 리머를 고정시키거나 제거하고자 할 때 공구를 사용하고 해머 등으로 두드려서는 안 된다.
④ 드릴을 구멍에 맞추거나 스핀들의 속도를 낮추기 위해서 드릴날을 손으로 잡아서는 안 된다.

48 다음 ( )안에 들어갈 내용으로 알맞은 것은?

> 과전류차단장치는 반드시 접지선이 아닌 전로에 ( )로 연결하여 과전류 발생 시 전로를 자동으로 차단하도록 설치할 것

① 직렬   ② 병렬
③ 임시   ④ 직병렬

해설
과전류차단장치 : 전로에 직렬설치

정보제공
산업안전보건기준에 관한 규칙 제305조(과전류차단장치)

49 ★★★★★ Press 작업에서 손이 금형 안으로 들어가는 작업이다. 그림과 같이 용기의 가장자리를 잘라내는 작업명에 적합한 것은?

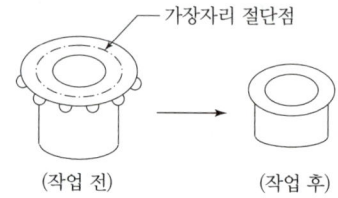

(작업 전)   (작업 후)

① 스웨이징(swaging)   ② 업세팅(upsetting)
③ 트리밍(trimming)   ④ 슬리팅(slitting)

해설
프레스 작업
① 슬리팅 가공 : 재료의 일부에 깎아 들어가거나 깎아 일으키는 가공
② 스웨이징 가공 : 압축소성변형을 소재의 일부에 주어 금형의 윤곽으로 가공시키는 방법
③ 업세팅가공 : 재료의 길이를 감소시켜 단면을 크게 만드는 가공

➡ ① 금형가공 문제는 트리밍 하나뿐이니 꼭 그림을 잘 확인하세요.
② 눈의 정상시계는 200[°]이다.

[정답] 45 ③   46 ③   47 ③   48 ①   49 ③

50 프레스작업 시작 전 점검사항은?

① 전자밸브, 압력조정밸브, 그 밖에 공압제품의 이상유무
② 리밋스위치, 릴레이 그 밖에 전자부품의 이상유무
③ 클러치 및 브레이크의 기능 이상유무
④ 배선 및 개폐기의 이상유무

해설
프레스에서 가장 중요한 점검사항은 ③이다.

참고 산업안전보건기준에 관한 규칙 별표 3(작업시작전 점검사항)

51 동력프레스의 방호장치 중 양수조작식의 장점이 아닌 것은?

① 행정수가 빠른 기계에 사용할 수 있다.
② 반드시 양손을 사용하여야 하므로 정상적인 사용에는 완전한 방호가 가능하다.
③ 다른 방호장치와 병용할 수 있는 것이 좋다.
④ 슬라이드의 2차 낙하에도 재해방지가 가능하다.

해설
양수조작식의 특징

장 점	단 점
① 행정수가 빠른 기계에 사용할 수 있다. ② 다른 방호장치와 병용하는 것이 좋다. ③ 반드시 양손을 사용하여야 하므로 정상적인 사용에서는 완전한 방호가 가능하다.	① 행정수가 느린 기계에는 사용이 부적당하다. ② 기계적 고장에 의한 2차 낙하에는 효과가 없다.

52 다음 중 프레스의 손쳐내기식 방호장치 설치기준에 해당되지 않는 것은?

① SPM이 100 이상의 것에 사용한다.
② 슬라이드의 행정길이가 40[mm] 이상의 것에 사용한다.
③ 손쳐내기식 막대는 그 길이 및 진폭을 조정할 수 있는 구조이어야 한다.
④ 금형 크기의 절반 이상의 크기를 가진 손쳐내기판을 손쳐내기 막대에 부착한다.

해설
손쳐내기식 방호장치는 SPM100 이하에 사용한다.

53 프레스(press)의 설명 중 가장 적당한 것은?

① 절삭가공기계 중 가장 사고위험이 적은 기계
② 두께를 늘리는 작업을 하는 기계
③ 소성변형에 의한 판재의 성형가공기계
④ 탄성변형에 의한 판재의 성형가공기계

해설
프레스는 소성의 원리를 이용한다.

54 크랭크프레스에는 사용상의 제한이 있으나 시계가 차단되지 않는 방호장치는?

① 게이트가드
② 양손조작장치
③ 벨트 컨베이어식 배출장치
④ 광전자식 안전장치

해설
광전자식 안전장치
① 광전자식은 마찰프레스에만 적용이 가능하다.
② 광전자식은 시계가 확보된다.

55 프레스기계의 위험을 방지하기 위한 본질 안전화가 아닌 것은?

① 금형에 안전울 설치
② 광선식 안전장치
③ 안전금형의 사용
④ 전용프레스 사용

해설
프레스의 본질 안전화
(1) ①, ③, ④ 외 2가지는 다음과 같다.
(2) 자동송급, 배출기구가 있는 프레스
(3) 자동송급, 배출장치를 부착한 프레스

[정답] 50 ③ 51 ④ 52 ① 53 ③ 54 ④ 55 ②

56 ★★★★★ 프레스 등에서 금형의 안전작업을 위하여 안전블록을 사용하는 경우에 해당되지 않는 것은?

① 수리   ② 조정
③ 부착   ④ 해체

해설
안전블록 사용 예
① 금형부착
② 해체
③ 조정

❖ 필기는 물론 실기에서도 ( ) 형태로 출제된다.

참고 산업안전보건기준에 관한 규칙 제104조(금형조정작업의 위험방지)

57 ★★★ 프레스의 이송장치는?

① 이송피드   ② 스트리퍼
③ 이젝터핀   ④ 스토퍼

해설
프레스 보조장치
① 스트리퍼 : 재료의 압력장치
② 이젝터 핀 : 재료의 위치 고정핀
③ 스토퍼 : 재료의 정지장치

58 ★★ 부주의로 프레스의 페달을 밟는 것에 대비하여 설치하는 것은?

① 커버   ② 울
③ 잠금장치   ④ 펌프

해설
프레스 페달 안전장치
① 울 설치 : 손을 넣을 수 없도록 한 장치(8[mm] 이하)
② U 커버는 페달의 불시 방호장치

59 ★ 기계프레스의 플라이휠 및 주기어 베어링의 안전검사방법으로 틀린 것은?

① 육안 검사
② 크리프 검사(creep test)
③ 소음측정기 검사
④ 표면온도계 검사

해설
프레스 점검
(1) 크리프 검사법(creep test)
　　금속재료가 일정 온도하에서 일정 응력에 의하여 시간의 경과에 따른 변화 현상을 측정하는 검사법으로 파괴검사이다.
(2) 기계프레스의 플라이휠 및 주기어 베어링의 자체검사 방법
　　① 육안 검사
　　② 소음측정기 검사
　　③ 표면온도계 검사
(3) 프레스 정지기구의 검사방법
　　① 1행정 1정지기구 : 기능 검사
　　② 급정지 기구 : 육안 검사, 기능 검사

60 ★★★ 동력프레스기의 no-hand in die 방식의 안전대책이 아닌 것은?

① 안전울을 부착한 프레스
② 전용프레스의 도입
③ 가드식 안전장치
④ 자동프레스의 도입

해설
동력프레스 안전대책
(1) ③ 은 hand in die 방식의 프레스기
(2) ①, ②, ④ 는 no-hand in die 방식 press

61 ★★★ 다음 수공구 중 재료를 꺼내는 것밖에 사용할 수 없는 것은?

① 마그네틱 공구   ② 진공컵
③ 플라이어   ④ 핀셋

【정답】 56 ① 57 ① 58 ② 59 ② 60 ③ 61 ②

해설

프레스 수공구의 종류 및 특징

(1) 누름봉, 갈고리의 종류
  ① 재료를 누르거나, 받치거나, 끌어 당기거나, 끌어 들어올리거나, 떼어내거나, 위치를 바로잡거나, 밀거나 그 밖에 많은 용도에 사용한다.
  ② 재질은 나무, 대나무, 플라스틱, 강봉, 강판, 놋쇠, 알루미늄 등 용도나 형상에 따라서 임의 선택한다.

(2) 핀셋
  ① 핀셋류는 작은 재료를 취급할 경우에는 손가락으로 쥐는 것보다 효과적이다.
  ② 대나무, 강제, 용수철을 끼운 알루미늄 등 여러 가지 종류가 있다.
  ③ 길이는 20~25[cm] 정도로 사용하기 편리하게 길게 하는 것이 좋다.

(3) 자석(magnet)공구
  ① 취급할 재료가 철판인 경우에는 magnet 공구가 사용된다.
  ② 봉의 앞부분에 간단하게 영구자석을 부착하여도 충분히 사용할 수 있다.
  ③ 자력은 필요 이상으로 강력하게 할 필요는 없고, 재료를 지지할 만한 힘만 있으면 충분하다.

(4) 플라이어류
  ① 일반적으로 가장 많이 사용하는 수공구이다.
  ② 크기와 모양은 여러 가지 있지만, 재료를 잡는 것에는 가장 응용 범위가 넓다.
  ③ 재료의 형상, 재질에 관계없이 가위 부분을 연구하면 사용할 수 있다.

(5) 진공컵류
  ① 재료의 표면이 평평하여 매끄러운 경우는 진공컵이 사용된다.
  ② 만들기가 용이하지만 떼어낼 경우에는 손으로 떼어낸다든가 문질러서 떨어뜨려야 한다.
  ③ magnet 공구의 경우는 흡착한 물건이라도 용이하게 횡으로 옮길 수 있지만, 진공컵은 흡착한 물건을 옆으로 미끄러뜨리면서 옮겨 놓을 수 없다.
  ④ 재료를 꺼내는 것 밖에 사용할 수가 없다.
  ⑤ 재료를 떼어낸 경우에는 컵 내의 진공상태를 제거하는 것으로 작업성은 매우 높다.
  ⑥ 판막부분의 밀착상태가 좋지 않으면 컵을 눌러 부착해도 진공상태가 이루어지지 않는다.
  ⑦ 고무는 비교적 손상이 심하므로, 컵의 예비품을 준비해 놓을 필요가 있다.

---

62 ★★★ Press 작업에서 손이 금형 안으로 들어가는 작업이다. 그림과 같이 용기의 가장자리를 잘라내는 프레스작업명에 적합한 것은?

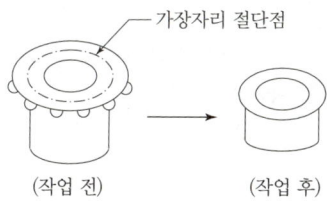
― 가장자리 절단점
(작업 전)   (작업 후)

① 스웨이징(swaging)
② 업세팅(upsetting)
③ 트리밍(trimming)
④ 슬리팅(slitting)

해설

프레스 작업
① 윤곽작업
② 단면가공
④ 깎아일으키기

➡ 문제 1과 동일하며 기사, 산업기사 동시 출제됩니다.

---

63 ★★★ 클러치 맞물림 개수 4개 200SPM(Stroke Per Minute)의 동력프레스기 양수조작식 안전장치의 안전거리는? 18. 3. 4 산 21. 5. 15 기

① 360[mm]   ② 325[mm]
③ 26[mm]   ④ 210[mm]

해설

안전거리계산
① $T_m = \left(\dfrac{1}{4} + \dfrac{1}{2}\right) \times 60{,}000/200$
  $= 3/4 \times 300 = 225[ms]$
② $D_m = 1.6 T_m = 1.6 \times 225 = 360[mm]$

---

64 ★★ 마찰프레스에 가장 적합한 안전장치는?

① 감응식(광선식)   ② 게이트가드식
③ 양수조작식   ④ 손쳐내기식

해설

프레스기의 행정길이에 따른 방호장치 23. 10. 15 실점

구 분	방호장치
1행정 1정지식(크랭크프레스)	양수조작식, 게이트가드식
행정길이(stroke)가 40[mm] 이상의 프레스	손쳐내기식, 수인식
슬라이드 작동 중 정지 가능한 구조 (마찰프레스)	감응식(광전자식)

➡ 일반적으로 자동송급장치가 구비되어 있는 프레스 또는 전단기는 방호장치가 설치된 것으로 간주합니다.

[정답] 62 ③   63 ①   64 ①

65 프레스 금형에 고정가드(guard)를 설치하고자 할 때 상사점 위치에서 가드의 상하 겹침이 적합한 설치조정거리인 것은?

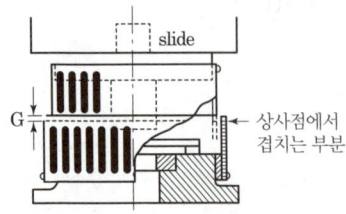

① 최소 12[mm] ② 최소 8[mm]
③ 최대 6[mm] ④ 최대 5[mm]

해설
press의 안전울이며 DIN 규격이다.

66 반드시 급정지기구가 부착되어 있어야만 유효한 프레스의 방호장치는?

① 양수기동식 방호장치
② 양수조작식 방호장치
③ 수인식 방호장치
④ 손쳐내기식 방호장치

해설
급정지기구
(1) 급정지기구가 부착되어 있어야만 유효한 방호장치(마찰식 클러치 부착 프레스)
 ① 양수조작식 방호장치(버튼간의 거리 300[mm] 이상)
 ② 감응식 방호장치(광축간의 간격 50[mm] 이하)
(2) 급정지기구가 부착되어 있지 않아도 유효한 방호장치(확동식 클러치 부착 프레스)
 ① 양수기동식 방호장치
 ② 게이트가드식 방호장치
 ③ 수인식 방호장치(pull out)
 ④ 손쳐내기식 방호장치

67 다음의 프레스(press) 안전장치 중 SPM(Stroke Per Minute)이 120 이하이며 행정길이가 40[mm] 이상의 프레스에 설치해야 하는 것은?

① 양수조작식 ② 수인식
③ 게이트가드식 ④ 광선식

해설
프레스 방호장치
① 양수조작식, 게이트가드식 : 1행정 1정지식
② 광선식 : 슬라이드 작동 중 정지 가능한 구조의 프레스

68 프레스 금형의 보기 쉬운 곳에 표시하여야 할 사항 중 맞는 것은?

① 길이 ② 넓이
③ 테이블의 크기 ④ 부피 및 체적

해설
금형표시사항
① 사용 가능한 프레스기의 압력능력[ton]
② 길이(전후, 좌우 및 다이높이)[mm]
③ 총중량[kg]
④ 상형중량[kg]

참고 21C의 시험문제는 프레스, 전단기 등 소성영역이 많이 출제되어 세화의 교재는 21C 출제기준에 의거 개정하였습니다.

69 동력프레스가 양수조작식 안전장치의 양수버튼을 누른 후 슬라이드가 하사점에 도달할 때까지의 시간이 225[m/s]이었다. 이때 안전거리를 구하면?

① 250[m/s] ② 300[m/s]
③ 360[m/s] ④ 400[m/s]

해설
안전거리 계산
① 양수조작식 안전장치 설치거리[cm] = 1.6×프레스가 작동 후 작업점까지의 도달시간[sec]
② 설치거리[ms] = 1.6×225 = 360[m/s]

참고 [cm]를 [m]로 환산해야 합니다.

[정답] 65 ① 66 ② 67 ② 68 ① 69 ③

70 ★★★ 일반적으로 프레스에서 사용하는 수공구로 적합하지 않은 것은?

① 갈고리류 ② 핀셋류
③ 진공컵류 ④ 스패너류

해설

프레스에서 사용하는 수공구 종류
① 밀대, 갈고리류 : 소재를 끌어내거나 누르는 공구
② 핀셋류 : 작은 소재를 잡는 공구
③ 플라이어(집게)류 : 가장 일반적 프레스 작업의 수공구이다.
④ 진공컵류 : 고무로 흡착시키는 공구이다.
⑤ 마그넷 공구류 : 소재가 강판인 경우

참고 1996년 7월 21일 기출문제

71 ★★★ 동력프레스기의 금형 부착, 해체시 안전조치사항 중 맞는 것은?(단, 슬라이드하강에 의한 방호장치일 때)

① 접촉예방장치 ② 전환스위치
③ 과부하방지장치 ④ 안전블록

해설

프레스 금형조정작업(부착, 해체, 슬라이드 불시하강) 안전조치 : 안전블록

참고 산업안전보건기준에 관한 규칙 제104조(금형조정작업의 위험방지)

72 ★★★★ 프레스와 전단기의 안전장치 중 금형 사이에 손을 넣을 수 없는 구조는?

① 안전울식 ② 수인식
③ 손쳐내기식 ④ 광전자식

해설

안전울식 안전덮개
(1) 개요
　금형 안으로 손이 들어가지 않도록 금형이나 프레스에 고정덮개를 설치하며 1차가공에 효과적이다.
(2) 종류
　① 고정식
　② interlock식
　③ 조절식

73 ★★★ 프레스작업 중 금형의 부착, 교환작업 중 슬라이드가 불시에 하강함으로써 발생하는 근로자의 위험을 방지하기 위하여 설치해야 하는 것은?

① 안전블록 ② 방호울
③ 시건장치 ④ 게이트가드

해설

안전블록(safety block)
프레스 금형의 부착 해체, 조정작업시 슬라이드 불시하강으로 인한 근로자 위험방지 장치

참고 산업안전보건기준에 관한 규칙 제104조(금형조정작업의 위험방지)

74 ★★ 작업 중인 운반차량의 구내 운행속도로 가장 적당한 것은?

① 5[km/h] ② 6[km/h]
③ 8[km/h] ④ 10[km/h]

해설

운반차량 구내운행속도
① 최고속도 : 10[km/h]
② 앞뒤차 거리 : 2[m]

75 강자성체의 결함을 찾을 때 사용하는 비파괴 시험으로 표면 또는 표층(표면에서 수 [mm] 이내)에 결함이 있을 경우 누설 자속을 이용하여 육안으로 결함을 검출하는 시험법은?

① 와류탐상시험(ET)
② 자분탐상시험(MT)
③ 초음파탐상시험(UT)
④ 방사선투과시험(RT)

해설

자기탐상검사(MT)의 특징
① 강자성체(Fe, Ni, Co 및 그 합금)에 발생한 표면 크랙을 찾아내는 것이다.
② 직각통전법, 극간법 등이 있다.

【 정답 】 70 ④　71 ④　72 ①　73 ①　74 ③　75 ②

76 한계하중 이하의 하중이라도 일정 하중을 지속적으로 가하면 시간의 경과에 따라 변형이 증가하고 결국은 파괴에 이르게 되는 현상을 무엇이라 하는가?

① 크리프(creep) ② 피로(fatigue)
③ 응력집중 ④ 응력부식

해설
크리프 현상의 특징
① 기계, 교량, 건축물 등이 긴 시간 동안 하중을 받고 있는 경우
② 높은 온도에서 오랜 시간 동안 하중이 작용하였을 경우 등

77 게이트가드식 방호장치 종류가 아닌 것은?

① 하강식 ② 도립식
③ 경사식 ④ 횡슬라이드식

해설
방호장치 3가지
① 하강식
② 도립식
③ 횡슬라이드식

78 프레스 기계의 위험을 방지하기 위한 본질적 안전화(No-hand In Die) 방식이 아닌 것은?

① 금형에 안전울 설치
② 수인식 방호장치 사용
③ 안전금형의 사용
④ 전용프레스 사용

해설
본질적 안전화
(1) No-hand In Die방식(금형 안에 손이 들어가지 않는 구조)
　① 안전울 설치
　② 안전금형
　③ 자동화 또는 전용 프레스
(2) Hand Die방식(금형 안에 손이 들어가는 구조)
　① 가드식
　② 수인식
　③ 손쳐내기식
　④ 양수조작식
　⑤ 광전자식

79 보일러 버너에 방열폭을 설치하는 이유는 다음 중 어느 것인가?

① 화염의 검출 ② 열화로 인한 폭발의 방지
③ 연소의 촉진 ④ 연료절약

해설
방열폭은 폭발의 방지이다.

80 보일러의 안전장치에 속하지 않는 것은?

① 압력방출장치 ② 압력제한스위치
③ 비상정지장치 ④ 고·저수위조절장치

해설
산업안전보건기준에 관한 규칙 제119조(폭발위험의 방지)
◉ 실기시험에도 자주 출제되는 문제이니 꼭 확인하세요. 보일러의 안전장치 3가지를 쓰세요.

81 보일러수의 감소의 원인은 무엇인가?

① 구조상의 결함
② 자동급수 제어장치의 이상
③ 관체의 부식
④ 안전장치(밸브)의 고장

해설
보일러의 결함 원인
① 구조상의 결함 : 설계, 공작, 재료불량
② 취급불량 : 이상감수과열, 압력초과, 부식

82 공기압 구동식 산업용 로봇의 경우 이상시 조치사항이 아닌 것은?

① 공기누설의 유무 ② 물방울의 혼입유무
③ 압력저하유무 ④ 불순물의 혼입유무

해설
공기압은 공기를 이용한 것이므로 불순물의 혼입유무는 관계없다.

[정답] 76 ① 77 ③ 78 ② 79 ② 80 ③ 81 ② 82 ④

83 다음 중 보일러에서 과열되는 원인은?

① 안전밸브의 불량
② 압력계를 주의깊게 관찰하지 않았을 때
③ 댐퍼의 개폐조정불량
④ 수관내의 청소불량

해설

보일러 과열
(1) 과열사고
　강재가 어느 온도(400[℃])에 달하면 강의 조직이 변화하며 거칠어진다. 이를 다시 열처리(풀림)를 하면 거친 상태가 제거되면서 회복이 가능한 상태가 된다.
(2) 과열의 원인
　① 보일러 내면에 스케일이 두껍게 쌓여 있을 때
　② 이상감수로 인한 보일러 수위가 저하할 때
　③ 관수중에 유지분이 섞여 있을 때
　④ 화염이 국부적으로 진행될 때
(3) 과열의 현상
　① 팽출 : 보일러의 본체(수관)의 과열된 부분이 내압력에 의해 부풀어오르는 현상
　② 압궤 : 노통이나 화실 등이 외부의 압력에 의해 급격히 짓눌려 오목하게 들어가는 현상
(4) 소손
　과열로 온도가 상승하여 열처리를 하여도 원래의 상태로 회복되지 않는 상태를 말한다.

84 압력용기 등에 사용되는 압력방출장치에 맞는 것은?

① 사용시 월 1회 이상 표준압력계를 이용하여 토출압력을 시험한다.
② 설치 후 1주일에 1회 이상 작동시험을 하여 성능이 유지될 수 있게 한다.
③ 압력방출장치가 최고사용압력 이후에 작동되게 설정한다.
④ 직렬로 접속된 공기압축기에는 과압방지 압력 방출장치를 각 단마다 설치한다.

해설

공기압축기
① 과열방지 압력방출장치
② 각 단마다 설치(반드시 직렬)

참고 산업안전보건기준에 관한 규칙 제116조(압력방출장치)

85 사업주는 공기압축기의 공기저장 압력용기의 식별이 가능하도록 하기 위하여 표시를 해야 한다. 각인표시를 해야 할 사항으로 맞는 것은?

① 공기저장 압력용기의 최고사용압력, 제조연월일, 내용물의 명칭
② 공기저장 압력용기의 최고사용압력, 제조연월일, 제조회사명
③ 공기저장 압력용기의 최고사용압력, 제조연월일, 사용방법
④ 저장온도, 명칭, 제조회사명

해설

공기압축기의 최고사용압력 등 표시사항
① 공기저장 압력용기의 최고사용압력
② 제조연월일
③ 제조회사명

참고 산업안전보건기준에 관한 규칙 제120조(최고압력의 표시 등)
　① 1993년 1월 31일 기출문제
　② 1996년 1월 6일 기출문제

86 롤러기의 방호장치 중 로프식 급정지장치의 설치거리는?

① 바닥에서 0.6[m] 이내
② 바닥에서 1.1[m] 이내
③ 바닥에서 0.8~1.2[m] 이내
④ 바닥에서 1.8[m] 이내

해설

롤러기 급정지 장치설치거리
① 손조작식 : 밑(바닥)면에서 1.8[m] 이내
② 복부조작식 : 밑(바닥)면에서 0.8~1.1[m] 이내
③ 무릎조작식 : 밑(바닥)면에서 0.6[m] 이내

【 정답 】 83 ④　84 ④　85 ②　86 ④

87 다음 사항 중 아세틸렌용접장치의 안전조치로서 알맞은 것은? 18. 8. 19 ②

① 아세틸렌 발생기로부터 3[m] 이내, 발생기실로부터 5[m] 이내에는 흡연, 화기사용금지
② 아세틸렌 발생기로부터 3[m] 이내, 발생기실로부터 4[m] 이내에는 흡연, 화기사용금지
③ 아세틸렌 발생기로부터 4[m] 이내, 발생기실로부터 3[m] 이내에는 흡연, 화기사용금지
④ 아세틸렌 발생기로부터 5[m] 이내, 발생기실로부터 3[m] 이내에는 흡연, 화기사용금지

해설
산업안전보건기준에 관한 규칙 제290조(아세틸렌 용접장치의 관리 등)

88 다음 중 보일러의 폭발사고예방을 위한 안전장치로 볼 수 없는 것은?

① 언로드밸브
② 압력방출장치
③ 압력제한스위치
④ 고저수위조절장치

해설
산업안전보건기준에 관한 규칙
① 제116조(압력방출장치)
② 제117조(압력제한스위치)
③ 제118조(고저수위조절장치)

89 둥근톱기계의 안전작업으로 옳지 않은 것은?

① 작업자는 톱날의 회전방향의 정면에 선다.
② 톱날이 재료보다 너무 높지 않게 한다.
③ 작은 재료의 절단에는 적당한 도구를 사용한다.
④ 작업전에 공회전시켜 점검한다.

해설
작업자는 톱날의 반대방향, 설치거리 12[mm] 이내, 두께는 1.1배 이내

90 둥근톱의 안전장치인 분할날에 있어서의 톱의 두께 및 폭과 분할날 두께와의 관계식이 맞는 것은?

① $1.2t_1 \leq t_2 < b$
② $1.1t_1 \leq t_2 < b$
③ $1.2t_1 \geq t_2 > b$
④ $1.1t_1 \geq t_2 > b$

해설
분할날
① 톱날의 폭(Kerf) : 톱날의 두께보다 더 큰 절단 자리를 만들므로 마찰로 인한 과열이나 톱과 제재목 사이의 물림을 방지한다.
② 연질목재 : 톱날두께의 1.9배
③ 경질목재 : 톱날두께의 1.5배 설계시 적용

91 원형톱기계의 위험을 방지하기 위한 방호장치에 해당되는 것은?

① 방호덮개
② 반발예방장치
③ 톱날접촉예방장치
④ 방호판

해설
산업안전보건기준에 관한 규칙 제105조(둥근톱기계의 반발예방장치)

92 침투탐상시험법의 시험순서로 적합한 것은?

① 전처리 – 침투처리 – 세척처리 – 유화처리
② 전처리 – 침투처리 – 현상처리 – 후처리
③ 전처리 – 세척처리 – 침투처리 – 후처리
④ 전처리 – 후처리 – 침투처리 – 세척처리

해설
침투탐상시험
① 철강, 비철재료 및 비금속 재료의 표면에 열려 있는 결함이 있을 경우, 침투액에 담그었다가 끄집어내어 결함을 육안으로 시험하는 방법
② 순서 : 전처리 → 침투처리 → 현상처리 → 후처리

[정답] 87 ④ 88 ① 89 ① 90 ② 91 ③ 92 ②

93 ★★★ 원통형 보일러에서 상용수위가 안전저수위보다 유지하여야 할 수위범위는?

① 50[mm]~80[mm]
② 80[mm]~150[mm]
③ 150[mm]~180[mm]
④ 180[mm] 이상

해설
보일러 수위
① 모든 보일러의 안전저수위는 100[mm] 이하
② 경보는 50~100초 전에 울려야 한다.

94 다음 안전장치 중 연결이 잘못된 것은?

① 날접촉예방장치 – 프레스
② 반발예방장치 – 둥근톱
③ 덮개 – 띠톱
④ 선반 – 칩브레이커

해설
목재가공용 둥근톱
날접촉예방장치, 반발예방장치

95 ★★ 동일한 조건의 경우 로봇의 동작 형태로 보아 운동방향이 넓어 방호조치에 특히 주의를 요하는 것은?

① 직각좌표 로봇 ② 다관절 로봇
③ 원통좌표 로봇 ④ 극좌표 로봇

해설
다관절 로봇은 직각, 원통, 극이 종합된 것이다.

96 ★★★ 위험기계의 구동에너지를 작업자가 차단할 수 있는 장치는?

① 감속장치 ② 급정지장치
③ 위험 방지장치 ④ 방호설비

해설
① 산업안전보건기준에 관한 규칙 제88조(기계의 동력 차단장치)
② 동력차단장치 = 급정지장치

97 ★★ 기계대패로 나무가공을 하고 있을 때 대팻날은 작업자에 대하여 어느 방향이 좋은가?

① 30[°] 방향 ② 45[°] 방향
③ 같은 방향   ④ 반대 방향

해설
1회 깎을 양은 3[mm] 이내, 대팻날은 반드시 작업자 반대 방향이어야 한다.

98 ★ 아세틸렌 용기의 사용상의 주의사항이다. 틀린 것은?
20. 6. 7 ㉘ 20. 8. 23 ㉙ 23. 5. 13 ㉙

① 아세틸렌 용기를 뉘어 놓고 사용한다.
② 화기나 열기를 멀리한다.
③ 사용후 약간의 잔압을 남겨 둔다.
④ 충격을 가하지 않는다.

해설
아세틸렌 용기와 산소용기는 뉘어서는 안됩니다.

99 ★★★ 유기용제 업무를 행하는 옥내작업장, 탱크, 갱 등은 월 1회 이상 수시 점검하여 국소배기장치, 푸시풀형 환기장치, 전체 환기 장치 등에 필요한 조치를 하는 사항이 아닌 것은?

① 후드 및 덕트의 마모, 부식, 그 밖에 손상의 유무와 그 정도
② 덕트, 송풍기 및 배풍기의 청결상태
③ 송풍기 및 배풍기의 주유상태
④ 감시창, 출입구, 배기구 등 개구부의 이상유무

해설
환기장치
(1) 전체 환기장치 점검사항
  1) ①, ②, ③
  2) 덕트와 접속부의 이완유무
  3) 전동기와 선풍기를 연결하는 벨트의 작동상태
(2) 국소배기장치 자체검사항목
  1) 후드와 덕트의 마모, 부식 그 밖에 손상의 유무와 그 정도
  2) 덕트와 배풍기의 청결상태
  3) 덕트 접속부의 헐거움 유무
  4) 전동기와 선풍기를 연결하는 벨트의 작동상태
  5) 흡기 및 배기능력

[정답] 93 ② 94 ① 95 ② 96 ② 97 ④ 98 ① 99 ④

(3) 국소배기장치의 사용전 점검사항
   1) 덕트 및 배풍기의 분진상태의 점검
   2) 덕트 접속부의 이완유무의 점검
   3) 흡기 및 배기능력의 점검
   4) 그 밖에 국소배기장치의 성능을 유지하기 위하여 필요한 사항의 점검

> **참고** 국소배기장치는 여러분이 돼지갈비집에서 확인하세요.

100 ★ 공기압축기에 대한 설명 중 잘못된 것은?

① 밸브에는 급유하지 말 것
② 실린더에 급유할 것
③ 시동시에는 공기가 통할 수 있도록 콕을 열어 놓을 것
④ 에어 탱크 최저부에는 배유장치를 할 것

해설
실린더 급유시 폭발한다.

101 ★★ 압력용기의 압력방출장치 봉인에 사용하는 재료는 어느 것인가?

① 동   ② 주석
③ 납   ④ 알루미늄

해설
압력방출장치
① 산업안전보건기준에 관한 규칙 제116조(압력방출장치)
② 봉인재료는 전부가 다 납(Pb)이다.

102 ★★★ 보일러의 안전한 가동을 위하여 압력방출 장치를 2개 설치한 경우에 올바른 작동방법은?

① 최고사용압력 이상에서 2개 동시 작동
② 최고사용압력 이하에서 2개 동시 작동
③ 최고사용압력 이하에서 1개 작동, 다른 것은 최고사용압력 1.05배 이하 작동
④ 최고사용압력 이하에서 1개 작동, 다른 것은 최고사용압력 1.06배 이하 작동

해설
산업안전보건기준에 관한 규칙 제116조(압력방출장치)
◆ ( ) 형태로도 출제된다. 필기 및 실기 공통

103 ★★ 둥근톱의 톱날지름이 600[mm]일 경우 분할날의 최소길이는 얼마인가?

① 400[mm]   ② 314[mm]
③ 410[mm]   ④ 300[mm]

해설
분할날 최소길이
$L = \dfrac{\pi D}{6} = 314[mm]$

◆ 본 문제는 공식을 기억할 수밖에 없다.

104 ★ C_2H_2 gas가 아래로 들어와 위의 출구로 나오게 하여 불순물을 제거해주는 장치는?

① 청정제   ② 청정기
③ 코크스장치   ④ 흡수장치

해설
청정기
(1) 강판으로 만든 용기 속에 청정제, 목탄, 코크스 등으로 채워 만든 장치이다.
(2) CaC_2에서 발생한 C_2H_2는 인화수소(PH_3), 황화수소(H_2S), 암모니아(NH_3) 등의 불순물(규화수소(SiH_4), 비화수소(AsH_4), N_2, HS)가 포함되어 있다.
(3) PH_3, H_2S, NH_3 등 불순물 용접시 문제점
   ① 용착 금속의 성질을 나쁘게 한다.
   ② 강도저하를 가져온다.
   ③ PH_3는 폭발위험이 있다.
   ④ 독성 및 악취가 발생한다.

105 ★★ 자동전격방지장치의 전원, 전압의 변동 허용범위는 얼마인가?

① 75~90[%]   ② 80~100[%]
③ 85~105[%]   ④ 85~110[%]

[정답] 100 ②   101 ③   102 ③   103 ②   104 ②   105 ④

> **해설**
>
> **자동전격방지기**
> (1) 자동전격방지 장치의 정기점검사항
>   ① 전방장치의 용접기 외함부착상태
>   ② 전방장치와 용접기의 배선상태
>   ③ 표시등의 파손유무
>   ④ 퓨즈의 이상유·무
>   ⑤ 전자접촉기의 주접점 및 보조접점의 마모상태
>   ⑥ 테스터스위치의 작동 및 파손유무
> (2) 전압변동 허용범위 : 85~110[%]
>
> ○ 전기설비안전관리에서도 출제된다.
>   도서출판 세화의 안전교재는 전과목 100[%] 적중을 목표로 해설에 충실을 기했습니다.

106 ★★ 가스용접기 안전기 설치장소는?

① 조정밸브   ② 취관
③ 메인밸브   ④ 배출관

> **해설**
>
> 취관에 안전기를 설치한다.
>
> **참고** 산업안전보건기준에 관한 규칙 제289조(안전기의 설치)

107 둥근톱의 톱날직경이 800[mm]일 경우 분할날의 최소길이는 약 얼마인가?

① 300[mm]   ② 350[mm]
③ 400[mm]   ④ 420[mm]

> **해설**
>
> **분할날의 정의**
> ① 톱날 후면부의 $\frac{2}{3}$ 이상을 덮고, 톱날과의 간격은 12[mm] 이내가 되도록 설치
> ② 분할날의 두께는 톱날 두께의 1.1배 이상이며, 톱의 치진폭 이하로 해야 한다.
> ③ 분할날 최소길이 $= \pi D \times \frac{1}{4} \times \frac{2}{3}$
> $= 3.14 \times 800 \times \frac{1}{4} \times \frac{2}{3}$
> $\fallingdotseq 420(mm)$

108 ★★★ 다음 중 용접의 단점으로 맞지 않은 것은?

① 잔류응력의 발생
② 작업공수의 감소
③ 재질의 경화
④ 재료 및 시공에 관한 지식의 필요

> **해설**
>
> **용접의 장·단점**
> (1) 용접의 장점
>   ① 재료가 절약된다.
>   ② 공정의 수가 감소된다.
>   ③ 이음효율이 높다.
>   ④ 제품의 성능과 수명이 향상된다.
> (2) 용접의 단점
>   ① 재질이 경화된다.
>   ② 용접균열이 발생한다.
>   ③ 품질검사가 곤란하다.
>   ④ 수축변형 및 잔류응력이 발생한다.
>   ⑤ 모재의 재질에 대한 영향이 크다.
>   ⑥ 용접부에 응력집중이 발생한다.

109 ★★ 목공용 둥근톱날의 위험방지에 가장 필요한 사항은?

① 복개장치를 한다.
② 회전장치를 한다.
③ 반발예방장치를 한다.
④ 누전에만 주의해서 사용한다.

> **해설**
>
> **목재가공용 기계**
> ① 목공용 둥근톱날의 위험방지조치 : 반발예방장치
> ② 원형톱기계 : 톱날접촉예방장치

110 ★★★★ 산업용 로봇의 방호장치는 정격출력이 얼마인 경우 설치하지 않아도 되는가?

① 80[W] 이하   ② 90[W] 이하
③ 90[W] 이상   ④ 100[W] 이하

[정답] 106 ② 107 ④ 108 ② 109 ③ 110 ①

> **해설**

산업용 로봇 방호장치
(1) 보호장치 적용 제외 대상 로봇
    ① 정격출력이 80[W] 이하의 구동용 원동기를 갖는 로봇
    ② 고정시퀀스 제어장치의 정보에 따라 한 가지 동작만 반복하는 로봇
    ③ 연구, 실험 또는 교육용 로봇
(2) 교시나 점검, 조정 등에 의한 안전율과 머니퓨레이터 간격을 40[cm] 이상 격리한다.

➡ 21C에는 자동화 및 설비 쪽 문제가 출제될 수 있으므로 꼭 기억하세요.

111 ★★ 목공작업시 목공날은 어느 방향으로 해야 안전한가?

① 작업자 방향
② 작업자와 45[°] 방향
③ 작업자와 90[°] 방향
④ 작업자와 반대 방향

> **해설**

목공작업
① 목공작업시 근로자는 목공날 반대에서 작업해야 안전하다.
② 칼날방향은 작업자의 반대 방향으로 장치해야 재해 위험이 없다.

112 ★ 공기압구동식 산업용 로봇의 경우 이상시 조치사항이 아닌 것은?

① 공기누설의 유무   ② 물방울의 혼입유무
③ 압력저하유무   ④ 불순물의 혼입유무

> **해설**

불순물의 혼입유무는 이상이 아님

113 ★★ 자동화된 기계설비가 재해 측면에서 불리한 조건에 포함되지 않는 것은?

① 방호장치의 오동작
② 사용압력 변동시의 오동작
③ 밸브 계통의 고장
④ 정전시의 기계 오동작

> **해설**

방호장치는 오동작이 없다.

114 ★★★★ 충전 가스 용기의 도색 기준 중 틀린 것은?

① 산소-녹색   ② 수소-주황색
③ 탄산가스-청색   ④ 염소-회색

> **해설**

충전가스 용기의 도색 기준 19. 4. 27 ㉮

가스 명칭	도 색	가스 명칭	도 색
산 소	녹 색	암모니아	백 색
수 소	주황색	아세틸렌	황 색
탄산가스	청 색	프로판	회 색
염 소	갈 색	아르곤	회 색

> 참고 | 기계 및 화학에서 공통으로 출제됩니다.(산소와 아세틸렌 꼭 기억하세요.)

115 ★★★ 목재가공용 기계를 취급하는 관리감독자의 이행사항이 아닌 것은?

① 기계 및 그 방호장치를 점검
② 방호장치에 이상이 있을시 그 기능을 정지
③ 기계를 취급하는 작업을 지휘
④ 작업중 기구 및 공구 등의 사용 상황을 감독

> **해설**

②의 이상 발견시 즉시 보고 및 필요한 조치를 하는 일

> 참고 | 산업안전보건기준에 관한 규칙 별표 2(관리감독자의 유해·위험방지업무)

116 ★★★★ 보일러의 파열원인 중 구조상의 결함요인이 아닌 것은?

① 설계불량   ② 압력불량
③ 공작불량   ④ 재료불량

> **해설**

보일러 파열
(1) 구조상 불량원인
    ① 설계불량   ② 공작불량   ③ 재료불량
(2) 취급불량원인
    ① 이상감소(보일러 파열 사고의 가장 큰 원인 : 운전 중 수면계의 감시소홀)
    ② 과열   ③ 압력초과   ④ 부식

[정답] 111 ④   112 ④   113 ①   114 ④   115 ②   116 ②

117 가스용접시 안전기 설치장소는?

① 조정밸브 ② 취관
③ 메인밸브 ④ 용접이음

해설
안전기
① 안전기는 역류역화를 방지하기 위하여 취관에 안전기를 설치한다.
② 역화발생시 최우선순서 : 산소밸브를 잠근다. 19. 4. 27 ㉮ 23. 6. 4 ㉮

⊙ 동일한 문제는 이번 시험에도 출제가능한 문제이다.

118 온도변화에 따른 파손을 방지하기 위한 이음은?

① 플랜지이음 ② 나사이음
③ 신축이음 ④ 용접이음

해설
신축이음 : 온도변화에 따른 수축, 팽창 등을 고려한 이음으로 벨로즈이음 등이 있다.

119 교류아크용접에서 지동시간이란?

① 홀더에 용접기 출력측의 무부하전압이 발생한 후 주접점이 개로될 때까지 시간
② 용접봉을 피용접물에 접촉시켜 전격방지장치의 주접점이 폐로될 때까지의 시간
③ 홀더에 용접기 출력측의 무부하전압이 발생한 후 주접점이 닫힐 때까지 시간
④ 용접봉을 피용접물에 접촉시켜 전격방지장치의 주접점이 개로될 때까지의 시간

해설
지동시간 : 아크가 발생하지 않은 시간을 말함.

120 부식성 유체에 사용하는 압력계는?

① 부유피스톤식 압력계
② 피에조 전기 압력계
③ 전기저항 압력계
④ 다이어프램 압력계

해설
다이어프램 압력계
① 얇은 격막을 사용한 압력계
② 극히 미소한 압력 및 부식성 유체의 압력측정에 유효하다.

참고) 화학설비 안전관리에서도 출제된다.

121 용접장치에 사용되는 가스장치실의 구조는 산업안전보건법에서 다음과 같다. 해당되지 않는 것은?

① 가스누출시 해당 가스가 정체되지 않도록 할 것
② 지붕 및 천장의 재료는 가벼운 불연성의 재료를 사용할 것
③ 벽의 재료는 불연성의 재료를 사용할 것
④ 천장과 벽은 견고한 콘크리트 구조일 것

해설
가스장치실 구조
① 천장 재료는 가벼운 불연성의 재료를 사용한다.
② 목적은 이상사태(폭발)발생시 피해의 최소화 목적이다.

참고) 1995년 8월 27일 기출문제

122 분쇄기에 덮개를 덮을 수 없는 곳은 방책을 하여야 한다. 이때 방책을 하여야 할 상면에서 높이는 얼마인가?

① 180[cm] 미만 ② 170[cm] 미만
③ 160[cm] 미만 ④ 150[cm] 미만

해설
상면 1.8[m] 미만

123 보일러의 안전밸브는 보일러의 증기압력이 규정 이상이 될 때 자동적으로 열리게 하여 일정압력을 유지하는 장치이다. 현재 가장 많이 사용되는 안전밸브는?

① 중추 안전밸브 ② 스프링 안전밸브
③ 지렛대 안전밸브 ④ 플랜지 안전밸브

【정답】 117② 118③ 119① 120④ 121④ 122① 123②

> **해설**

보일러의 안전밸브는 대부분이 스프링식 안전밸브를 사용한다.

> **참고** 기출문제 반복출제
> (1) 1996년 7월 21일 출제
> (2) 1996년 3월 3일 출제
> (3) 1995년 8월 27일 출제

124 ★★ 나사를 조인 외력(外力)을 제거하여도 스스로 풀리지 않기 위한 나사의 자립(自立)을 위한 효율 중 적합한 것은 어느 것인가?

① 49[%] ② 51[%]
③ 60[%] ④ 80[%]

> **해설**

나사의 효율은 50[%] 이하이어야 한다.

125 ★★ 산업용 로봇의 작업시작 전 점검사항이 아닌 것은?

① 외부전선의 피복 또는 외장
② 매니퓰레이터 작동
③ 제동장치 및 비상정지장치
④ 안전매트 및 방책

> **해설**

산업안전보건기준에 관한 규칙 별표 3(작업시작 전 점검사항)

126 ★★★ 산업용 로봇의 작업시작 전 점검사항이 아닌 것은?

① 외부전선 피복의 손상유무
② 볼트의 풀림유무
③ 매니퓰레이터 작동의 이상유무
④ 제동장치 및 비상정지장치의 기능

> **해설**

산업용 로봇의 작업시작전 점검사항
① 외부전선의 피복 또는 외장의 손상유무
② 매니퓰레이터 작동의 이상유무
③ 제동장치 및 비상정지장치의 기능

127 ★★ 정전기의 발생에 관련되는 대전서열에 대한 설명 중 부적절한 것은?

① 대전서열상 두 물질이 서로 가깝게 있으면 정전기의 발생량이 적고 반대로 먼 위치에 있으면 정전기의 발생량이 많게 된다.
② 대전서열상 위에 있는 물질은 ⊕, 아래에 있는 물질은 ⊖로 대전된다.
③ 정전기의 대전서열은 부도체뿐만 아니라 도체에서도 성립된다.
④ 각 물질의 대전서열은 고유한 것이므로 어떤 물질과 접촉해도 그 극성은 언제나 일정하다.

> **해설**

대전서열은 접촉물질에 따라 극성이 변한다.

128 ★★ 산업용 로봇의 위험한계 내에 근로자가 들어갈 때 압력 등을 감지할 수 있는 보호조치는 어느 것인가?

① 가드   ② 감지기
③ 제어기   ④ 안전매트

> **해설**

산업용 로봇의 방호장치
해당로봇에 접촉함으로서 근로자에게 위험이 발생할 우려가 있는 경우 안전매트 및 높이 1.8[m] 이상의 방책을 설치하여야 한다.

129 ★★★ 가스집합용접장치에 설치해야 할 안전기는 최소 몇 개인가?(단, 분기관마다 안전기를 설치한 경우는 제외)

① 1개   ② 2개
③ 3개   ④ 5개

> **해설**

가스집합용접장치의 배관시 준수사항
① 플랜지, 밸브, 콕 등의 접합부에는 개스킷을 사용하고 접합면을 상호 밀착시키는 등의 조치를 할 것
② 주관 및 분기관에는 안전기를 설치할 것(이 경우 하나의 취관에 대하여 2개 이상의 안전기를 설치하여야 한다)

> **참고** 산업안전보건기준에 관한 규칙 제293조(가스집합용접장치의 배관)

[**정답**] 124 ① 125 ④ 126 ② 127 ④ 128 ④ 129 ②

130. 보일러에서 방호장치가 아닌 것은?

① 긴급방출장치
② 압력방출장치
③ 압력제한스위치
④ 고저수위조절장치

해설
보일러의 방호장치
① 압력방출장치
② 압력제한스위치
③ 고저수위조절장치
④ 화염검출기

참고 산업안전보건기준에 관한 규칙 제119조(폭발위험의 방지)

131. 다음 중 보일러에 관한 설명으로서 옳지 않은 것은?

① 안전밸브의 작동불량은 압력상승의 원인이 된다.
② 수면계의 고장은 과열의 원인이 된다.
③ 안전장치가 불량할 때에는 최고사용기압 이하에서 파괴되는 원인이 된다.
④ 부적당한 급수처리는 부식의 원인이 된다.

해설
③ 구조상 결함, 부품부식, 과열

132. 용접팁의 청소는 다음 중 무엇으로 해야 좋은가?

① 동선이나 놋쇠선
② 동선이나 칩선
③ 전선케이블
④ 줄이나 팁클리너

해설
용접팁의 청소는 폭발을 방지하기 위하여 줄이나 팁클리너를 사용한다.

133. 목제가공형 둥근톱에 관한 사항이다. 틀린 것은?

① 톱의 노출높이는 작업면에서 100[mm] 이상의 것에 한한다.
② 분할날은 톱날로부터 12[mm] 이상 떨어지지 않게 설치한다.
③ 반발예방장치란 분할날 또는 반발방지기구를 의미한다.
④ 분할날의 두께는 톱두께의 1.5배 이상이어야 한다.

해설
분할날
① 톱날로부터 12[mm] 이내에 설치한다.
② 두께는 톱날두께의 1.1배 이상, 분할날의 높이는 톱원주높이의 2/3 이상이어야 한다.

134. 롤러의 맞물림점(running point)의 전방 60[mm]의 거리에 가드를 설치하고자 할 때 가드개구부의 간격은 얼마인가?

① 12[mm]   ② 15[mm]
③ 18[mm]   ④ 20[mm]

해설
가드개구부 간격
① ILO 개구부 간격 공식 : $Y = 6 + 0.15X$
즉, X : 가드와 위험점간의 거리(안전거리)[mm]
Y : 가드개구부 간격 (안전간극)[mm]
② $Y = 6 + 0.15X = 6 + 0.15 \times 60[mm] = 15[mm]$

135. 다음 안전수칙을 적용해야 하는 수공구는?

1. 칩이 튀는 작업에는 보호안경착용
2. 처음에는 가볍게, 점차 힘을 가함
3. 절단된 철재 끝이 튕길 위험발생

① 해머   ② 정
③ 쇠톱   ④ 줄

해설
정작업의 설명이다. 해머와 혼돈될 수 있다.

[정답] 130 ① 131 ③ 132 ④ 133 ④ 134 ② 135 ②

136 롤러기의 방호장치가 아닌 것은?

① 손조작식 ② 복부조작식
③ 무릎조작식 ④ 수인식

해설
급정지장치의 종류
① 손조작 로프식 : 밑면에서 1.8[m] 이내
② 복부조작식 : 밑면에서 0.8[m] 이상 1.1[m] 이내
③ 무릎조작식 : 밑면에서 0.6[m] 이내

참고 안전관리자의 조언 : 실기에도 출제되니 기억해야 합니다.

137 안전간극(Safe Gap)이란?

① 화염이 전파되지 않는 한계치(限界値)
② 화염방지기의 철망의 눈금크기
③ 유류저장탱크 등의 어레스터(arrester)눈금
④ 안전한 간극 즉 안전한 구멍

해설
안전간극등급
① 1등급 : 0.6[mm]
② 2등급 : 0.6~0.4[mm]
③ 3등급 : 0.4[mm] 이하

138 아세틸렌 용접장치의 안전기에 사용되는 강판 또는 강관의 최소두께[mm]는?

① 0.5 ② 1.0
③ 1.5 ④ 2.0

해설
안전기 강판의 두께는 반드시 2[mm] 이상이다.

139 롤러기를 손으로 조작하는 급정지장치의 설치거리는?

① 밑면에서 0.8[m] 이내
② 밑면에서 1.8[m] 이내
③ 밑면에서 0.8[m] 이상 1.1[m] 이내
④ 밑면에서 0.6[m] 이내

해설
롤러기 급정지장치 설치거리

종류	설치위치	비고
손조작 로프식	밑(바닥)면에서 1.8[m] 이내	급정지장치의 위치는 장치 조작부의 중심점을 기준으로 한다.
복부조작식	밑(바닥)면에서 0.8~1.1[m] 이내	
무릎조작식	밑(바닥)면에서 0.6[m] 이내	

140 보일러의 안전장치에 속하지 않는 것은?

① 압력방출장치 ② 압력제한스위치
③ 비상정지장치 ④ 고·저수위조절장치

해설
보일러는 비상정지장치가 없다.

141 목재가공용 기계톱의 방호조치로서 알맞은 것은?

① 급정지장치 ② 반발예방장치
③ 시건장치 ④ 과부하방지장치

해설
방호장치
① : 롤러기
③ : 방직기, 제면기
④ : 양중기

142 가공재에 반발위험성이 가장 적은 목재의 물리적 성질이 아닌 것은?

① 과도한 수축 ② 활엽현상
③ 나이테 ④ 옹이

해설
옹이는 가공시 주의사항이다.

[정답] 136 ④ 137 ① 138 ④ 139 ② 140 ③ 141 ② 142 ④

143 압연기에서 재료가 자력으로 롤러에 물려드는 한계의 마찰각(β)과 접촉각(α)과의 관계는?

① $\alpha = \beta$ ② $2\alpha = \beta$
③ $3\alpha = \beta$ ④ $4\alpha = \beta$

해설
압연기의 자립조건은 반드시 $\alpha = \beta$이다.

144 롤러 맞물림점의 전방 80[mm]의 거리에 가드를 설치하고자 할 때 가드개구부의 간격은?

① 16[mm] ② 17[mm]
③ 18[mm] ④ 19[mm]

해설
$Y = 6 + 0.15X = 18$[mm]

145 보일러에서 증기의 순도를 저하시킴으로써 응축수가 생겨 워터해머의 원인이 되는 것은?

① 캐리오버 ② 포밍
③ 프라이밍 ④ 역화

해설
캐리오버의 발생원인
① 보일러의 구조상 공기실이 적고 증기수면이 좁을 때
② 주 증기를 멈추는 밸브를 급히 열었을 경우
③ 기수분리장치가 불완전할 경우
④ 보일러 수면이 너무 높을 때
⑤ 보일러 증기 부하가 과대한 경우
⑥ 보일러수가 농축된 경우

146 산업용 로봇에 지워지지 않는 방법으로 반드시 표기해야 하는 항목이 있는데 다음 중 이에 속하지 않는 것은?

① 제조자의 이름과 주소, 모델번호 및 제조일련번호, 제조연월
② 머니퓰레이터 회전 반경
③ 중량
④ 이동 및 설치를 위한 인양 지점

해설
산업용 로봇에 표시사항
① 제조자의 이름과 주소 모델번호 및 제조일련번호, 제조연월
② 중량
③ 이동 및 설치를 위한 인양지점

• 문제가 다양했지요.
• 모두 다 이해할 수는 없습니다.
• 60[%] 이해하고 기출문제에서 40[%] 적중합니다.
• 총 100[%] 합격입니다.

147 와이어로프 "6×19"라는 표기에서 숫자의 "6"은 무엇을 나타내는 뜻인가? 18. 4. 28⑦

① 소선의 지름[mm]
② 소선의 수량(wire 수)
③ 자승의 수량(strand 수)
④ 로프의 인장강도[kg/cm²]

해설
스트랜드 즉 6꼬임 중심 섬유를 말한다.

148 컨베이어 작업을 시작하기 전 이상유무를 점검할 사항이 아닌 것은?

① 비상정지장치 ② 원동기와 풀리
③ 이탈방지장치 ④ 원동기의 급유

해설
산업안전보건기준에 관한 규칙 별표 3(작업시작 전 점검사항)

149 와이어로프의 신장률은 사용함에 따라 점점 저하된다. 이때 신장률의 저하에 대하여 가장 위험한 하중은?

① 충격하중 ② 굴곡하중
③ 정하중 ④ 비틀림하중

해설
위험하다, 대비한다, 큰 하중이 작용한다면 무조건 답은 충격하중이다.

[정답] 143① 144③ 145① 146② 147③ 148④ 149①

150 다음 중 벨트컨베이어 규정에 해당하지 않는 것은?

① 연속적으로 물건을 운반할 수 있다.
② 무인화(無人化) 작업이 가능하다.
③ 운반과 동시에 물건을 올리기도 내리기도 할 수 있다.
④ 경사각이 큰 경우는 쉽게 물건을 운반할 수 있다.

해설
벨트컨베이어 경사각은 최대 20[°] 정도이다.

○ 처음이 어려우나 뒷부분이 더 쉽다.

151 크레인로프에 4[t]의 중량을 걸어 20[m/sec²]의 가속도로 감아올릴 때 로프에 걸리는 하중은?(단, 중력가속도는 9.8[m/sec²]이다.) 17.8.26 산 18.8.19 기 19.4.27 산 20.8.23 산

① 9,063[kg] ② 100,093[kg]
③ 11,143[kg] ④ 12,163[kg]

해설
총하중 계산
① 총하중(W) = W_1(정하중) + W_2(동하중)
② W_1 = 4,000[kg]
③ $W_2 = \dfrac{W_1}{g} \times a$
   $= \dfrac{4,000[\text{kg}]}{9.8[\text{m/sec}^2]} \times 20[\text{m/sec}^2]$
   $= 8,163[\text{kg}]$
④ 결론(W) = 4,000[kg] + 8,163[kg] = 12,163[kg]

참고 1995년 8월 27일 기출문제

152 안전계수 6인 체인의 정격하중이 100[kg]이라면 이 체인의 극한강도[kg]는?

① 300[kg] ② 400[kg]
③ 500[kg] ④ 600[kg]

해설
극한강도 = 정격하중 × 안전계수
     = 100 × 6 = 600[kg]

153 포크리프트 운전 중의 주의사항에서 틀린 것은?

① 정해진 하중이나 높이를 초과하는 적재는 하지 말 것
② 운전자 외에 한 사람은 탑승할 수 있다.
③ 급격한 후퇴는 피할 것
④ 견인시는 반드시 견인봉을 사용할 것

해설
어떠한 경우라도 운전자 외 승차는 금지이다.

154 컨베이어의 종류가 아닌 것은?

① 버킷컨베이어 ② 롤러컨베이어
③ 스크루컨베이어 ④ 그리드컨베이어

해설
컨베이어의 종류
① 벨트컨베이어
② 체인컨베이어
③ 롤러컨베이어
④ 스크루컨베이어
⑤ 유체컨베이어
⑥ 공기필름 컨베이어
⑦ 엘리베이터 컨베이어

155 작업장 내 운반을 주목적으로 하는 구내운반차가 준수해야 할 사항으로 옳지 않은 것은? 17.5.7 산 23.5.13 산

① 주행을 제동하거나 정지상태를 유지하기 위하여 유효한 제동장치를 갖출 것
② 경음기를 갖출 것
③ 핸들의 중심에서 차체 바깥 측까지의 거리가 65cm 이내일 것
④ 운전자석이 차 실내에 있는 것은 좌우에 한개씩 방향지시기를 갖출 것

해설
핸들의 중심에서 바깥측까지 거리는 기준이 없다.

참고 산업안전보건기준에 관한 규칙 제184조(제동장치 등)

[정답] 150 ④ 151 ④ 152 ④ 153 ② 154 ④ 155 ③

156 ★★ 지게차의 방호장치에 해당하는 것은?

① 광선식 ② 인터로크
③ 마스트 ④ 헤드가드

> **해설**
> 지게차 방호장치
> ① 광선식, 인터로크는 기계의 안전장치이다.
> ② 마스트는 지게차의 짐 싣는 높이이다.
> ③ 헤드가드 : 지게차 운전자 머리보호

157 ★★★★ 운반작업에서 인력운반의 하중은 보통 체중의 몇 [%]의 중량을 운반하는 것이 안전한가?

① 80[%] ② 60[%]
③ 40[%] ④ 120[%]

> **해설**
> ① 인력 운반은 자기 체중의 40[%]
> ② 남자 : 25[kg]
> ③ 여자 : 15[kg]
> ⊃ [kg]으로 되어 있을 때 20, 25가 동시에 있으면 20을 답으로 하세요.

158 ★★ 크레인 작업시 고려할 사항이 아닌 것은?

① 동일한 궤도를 여러 대의 크레인이 공용할 경우에는 15[m] 이상은 떨어져 작업한다.
② 조립식 크레인에서는 운반 중에 거더의 변형 등이 원인이 되어 부재가 파괴되는 경우가 있다.
③ 지브크레인에서 지브를 올린 채로 정지시킬 때는 그 낙하방지를 위한 기계적 제동방법을 마련해야 한다.
④ 크레인을 사용할 때는 크레인거더로부터 상부 및 측면까지의 최소공간에 대해 규정이 필요하다.

> **해설**
> 크레인을 동일한 궤도에서 2대 이상 공용할 경우 이격거리 : 10[m] 이상
>
> **참고**
> ① 1995년 4월 23일 기출문제
> ② 부족하면 과년도 출제문제만 읽으면 합격합니다.

159 ★★ 컨베이어 건널다리를 설치하고자 한다. 손잡이의 기준높이는?(단, 단위는 [cm])

① 150 이상 ② 120 이상
③ 90 이상   ④ 60 이상

> **해설**
> 손잡이 높이는 90[cm] 이상으로 한다.

160 ★★ 와이어로프(wire rope) 소켓(socket) 멈춤 방법에서 다음 중 밀폐법 방법인 것은?

①    ②

③    ④

> **해설**
> 소켓 멈춤 방법
> ① 쐐기형(Wedge) : 75~90[%]
> ② Bridge Socket
> ③ Open Socket
> ④ Closed Socket

161 ★★★ 지게차로 10[km/h]의 속력을 주행할 때 지게차의 좌우 안정도는 얼마인가?

① 20[%] ② 23[%]
③ 26[%] ④ 30[%]

> **해설**
> 지게차 안정도
> ① 지게차의 주행시의 좌우 안정도 공식
> $(15 + 1.1V)[\%]$, V : [km/h]
> ② 주행시의 좌우 안정도[%]
> $(15 + 1.1 \times 10) = 26[\%]$
> ③ 지게차의 사고가 가장 큰 비율 : 접촉 37[%]

【 정답 】 156 ④ 157 ③ 158 ① 159 ③ 160 ④ 161 ③

162 인력으로 단독운반하는 물체의 중량한계는 얼마인가?

① 25~30[%] ② 30~35[%]
③ 35~40[%] ④ 40~45[%]

해설
물체의 중량한계
① 단독작업 : 25[kg](보통 20[kg])
② 장시간 작업시 : 체중의 40[%]

참고 건설에서도 출제되었습니다. (1993년, 1996년, 1999년)

163 사용중인 체인(chain)의 신장 유무를 체크하고자 한다. 올바른 체크(check)방법인 것은? (단, D_0 및 L_0는 제조 당시 길이)

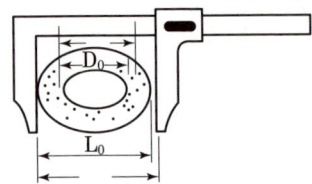

① $L_0 \times 5[\%]$ 신장   ② $D_0 \times 3[\%]$ 신장
③ $L_0 \times 10[\%]$ 신장 ④ $D_0 \times 5[\%]$ 신장

해설
체인 체크 방법
① 체인의 신장 $L_0 \times 5[\%]$ 적용
② $D_0 + 10[\%]$ 적용

164 크레인훅의 안전율(계수)은?

① 3 이상   ② 5 이상
③ 7 이상   ④ 10 이상

해설
양중기(크레인) 훅의 안전계수는 3 이상이어야 한다.

정보제공 산업안전보건기준에 관한 규칙 제163조(와이어로프 등 달기구의 안전계수)

165 그림과 같이 슬링와이어로프에서 양쪽 로프에 걸리는 하중은 각각 몇 [kg]인가?

18. 8. 19 기 19. 8. 4 기
23. 7. 8 기 24. 2. 15 기

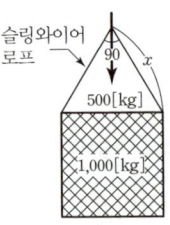

① 507[kg]   ② 607[kg]
③ 707[kg]   ④ 807[kg]

해설
하중계산

$$x = \frac{\frac{W_0}{2}}{\cos\frac{\theta}{2}}$$

$$x = \frac{\frac{1000[kg]}{2}}{\cos\frac{90}{2}} = \frac{500[kg]}{\cos 45} = 707[kg]$$

θ : 상부각도 W_0 : 원래의 하중

참고 ① 본 문제는 운반기계에 해당되며 건설안전기술에서도 출제됩니다.
② 실기 작업형에도 출제됩니다.

166 다음의 운반장치작업에 대한 설명 중 틀린 것은?

① 컨베이어를 시동할 때에는 처음 쪽의 컨베이어부터 시동하고 정지할 때에는 마지막 쪽의 컨베이어부터 정지시킨다.
② 관을 통한 유체의 운반에서 발생되는 정전기의 양을 억제하기 위하여 관내 유속을 느리게 한다.
③ 소형 운반차를 사람이 미는 경우의 자세는 지상 750~850[mm] 정도의 높이가 적당하다.
④ 양중기계인 와이어로프의 안전성을 위해서는 시브 및 드럼의 지름은 가능한 한 큰 것을 사용한다.

해설
컨베이어 시동 원칙
① 정지 : 처음 쪽   ② 시작 : 마지막 쪽

[**정답**]   162 ③   163 ①   164 ①   165 ③   166 ①

167 ★★ 운반작업을 하는 통로에서 우선 통과 순위로 가장 적당한 것은?

① 기중기-짐차-빈 차-사람
② 기중기-사람-짐차-빈 차
③ 사람-기중기-짐차-빈 차
④ 사람-짐차-빈 차-기중기

해설

도로교통법과 반대이다.

○ 똑같이 출제되니 기억하세요.

168 ★★ 컨베이어의 종류가 아닌 것은?

① 버킷컨베이어
② 롤러컨베이어
③ 스크루컨베이어
④ 그리드컨베이어

해설

컨베이어의 종류
① 벨트컨베이어 ② 체인컨베이어
③ 롤러컨베이어 ④ 스크루컨베이어
⑤ 유체컨베이어 ⑥ 공기필름 컨베이어
⑦ 엘리베이터 컨베이어

참고) 1995년 4월 23일 기출문제
1995년 5월 30일 기출문제
1998년 3월 29일 기출문제

169 ★ 곤돌라의 방호장치 종류에 해당되지 않는 것은? 22. 4. 24 🗓

① 제동장치
② 과부하방지장치
③ 권과방지장치
④ 속도조절기

해설

방호장치
(1) 곤돌라 방호장치
 ① 권과방지장치
 ② 과부하방지장치
 ③ 제동장치
(2) 승강기 안전장치
 ① 과부하방지장치
 ② 파이널 리밋스위치
 ③ 비상정지장치
 ④ 속도조절기
 ⑤ 출입문 인터로크

참고) 산업안전보건기준에 관한 규칙 제134조(방호장치의 조정)

170 ★★ 포크리프트(fork lift ; 지게차)의 운반작업 도중 가장 많이 발생하는 재해는?

① 화물의 낙하
② 포크리프트의 전도
③ 추락
④ 접촉

해설

포크리프트(fork lift)의 재해유형

재해형태	비율(%)	비고
포크리프트 접촉	37	①
화물의 낙하	27	②
포크리프트 전도	14	④
추락	15~16	③
기타	5~6	⑤

171 ★★ 지게차 헤드가드의 강도는 지게차의 최대 하중의 2배의 값이 등분포 정하중에 견딜 수 있어야 한다. 최대하중의 2배의 값이 8[t]일 경우에 헤드의 강도는?

① 2
② 4
③ 8
④ 16

해설

등분포 = 8 ÷ 2 = 4

172 ★★ 1본의 주주와 각부에 사면으로 부착시키고 지브(jib)로서 성립되는 크레인으로 지브선반에 버킷이 달려 있고 제작시 재료가 적게 들어 각 부재의 각주는 해체 조립이 용이한 크레인은?

① Derrick
② Gondola
③ Unloader
④ Winch

해설

본 문제는 Derrick(데릭)을 설명하고 있다.

[정답] 167 ① 168 ④ 169 ④ 170 ④ 171 ② 172 ①

173 ★★★ 컨베이어(conveyer)의 역전방지장치가 아닌 것은?

① 라쳇식 ② 전자식
③ 유압조작식 ④ 롤러식

해설

컨베이어 안전장치
① 비상정지장치
② 덮개, 울
③ 이탈 및 역주행방지장치
㉮ 역주행(역전)방지장치 : 라쳇식, 전자식, 롤러식
㉯ 이탈방지장치 : 전자식브레이크, 유압식브레이크

174 ★★★★★ 리프트(lift)의 방호장치가 아닌 것은?

① 권과방지장치 ② 과부하방지장치
③ 탑승조작장치 ④ 해지장치

해설

리프트 방호장치
(1) 리프트(lift)의 방호장치
   ① 권과방지장치
   ② 과부하방지장치
   ③ 탑승·무인작동의 제한(탑승조작장치)
(2) 해지장치
   크레인, 이동식 크레인 등의 훅용 W/R가 훅에서 이탈되는 것을 방지하는 이탈방지장치

참고 산업안전보건기준에 관한 규칙 제134조(방호장치의 조정)

175 ★ 클러치의 마찰면이 마멸되면 페달의 유격과의 관계는?

① 페달의 유격이 작아진다.
② 페달의 유격이 커진다.
③ 페달의 유격과 관계없다.
④ 페달의 유격은 없다.

해설

클러치페달 유격
① 클러치는 마찰식과 유압식이 있다.
② 유압식의 설명이므로 페달의 유격이 커진다.
③ 이유는 실린더로 움직이기 때문이다.

176 ★★ 이동식크레인에 탑승설비를 설치하고 근로자를 탑승시킬 때 추락에 의한 근로자의 위험을 방지하기 위하여 실시하는 조치 중 틀린 것은?

① 승차석 외의 탑승제한
② 안전대 또는 구명대 사용
③ 탑승설비의 전위 또는 탈락방지
④ 크레인의 정격하중 범위초과

해설

이동식크레인은 정격하중을 초과하면 안 된다.

177 ★ 다음의 섬유로 된 밧줄 중에서 인장강도가 가장 높은 것은?

① 사이잘(sisal) ② 마닐라(manila)
③ 헴프(hemp) ④ 레이온(rayon)

해설

섬유로프
① 밧줄은 무조건 마닐라로 해야 한다.
② 답은 문제에 있으며 당연하지만 25%의 확률이 있다.

178 ★★★ 와이어로프의 파단 강도 P[kg], 로프가닥수 N, 안전하중 Q[kg]일 때 안전율(S)은?

① $S = NP$ ② $S = \dfrac{QP}{N}$
③ $S = \dfrac{NQ}{P}$ ④ $S = \dfrac{NP}{Q}$

해설

wire rope 안전율은 5이다.

참고 문제의 해설을 할 수가 없습니다. 눈으로 자주 보고 소리내어 읽으면 공부효과는 더 있습니다.

[**정답**] 173 ③ 174 ④ 175 ② 176 ④ 177 ② 178 ④

179 지게차로 20[km/h]의 속력으로 주행할 경우 좌우 안정도는 얼마이어야 하는가?

① 37[%]
② 39[%]
③ 40[%]
④ 42[%]

해설

지게차 좌우 안정도 계산
안정도 = (15 + 1.1V)
     = 15 + (1.1 × 20)
     = 37[%]

180 하물중량이 200[kg], 지게차의 중량이 400[kg], 앞바퀴에서 하물의 중심까지의 최단거리가 1[m]이면 지게차가 안정되기 위한 앞바퀴에서 지게차의 중심까지의 최단거리는? 04. 5. 23 ㉯ 18. 3. 4 ㉯ 21. 8. 14 ㉯

① 0.2[m] 초과
② 0.5[m] 초과
③ 1[m] 초과
④ 3[m] 이상

해설

지게차중심 최단거리
$W \cdot a < G \cdot b$
여기서, W : 하물중량(kg)
       G : 차량의 중량(kg)
       a : 앞바퀴에서 하물의 중심까지의 최단거리
       b : 앞바퀴에서 차량의 중심까지의 최단거리
∴ $W \cdot a < G \cdot b$ = 200 × 1 < 400 × b
∴ b > 0.5[m]

💬 **합격자의 조언**
- 문제가 대부분 비슷하고 동일하다.
- 이유는 간단하다. 어떤 출제위원이 출제해도 그 문제가 그 문제이기 때문이다.
- 자신을 갖자. 나도 합격이다.
- 나도 어려운 이 시대 대한민국 정부가 법으로 보장하는 안전관리자이다.

[정답] 179 ① 180 ②

주요항목 04 기계안전점검

중점 학습내용

본 장은 기계공정의 안전에서 산업안전기사 및 산업안전산업기사 NCS 출제기준에 의거 다음과 같이 구성하였다.
❶ 기계공정의 특수성 분석
❷ 기계의 위험 안전조건 분석

세부항목 1. 기계공정의 특수성 분석

1. 설계도(설비 도면, 장비사양서 등) 검토

> 설계도(設計圖 : specification)
> 기계나 장치를 만들 때 사용목적에 맞는 기구(機構), 구조, 치수, 재료 등을 결정하고 이에 따라 그 개요를 그린도면

(1) 설계도의 필요성

① 기계류의 설계에서는 사용목적에 맞는 구조, 동작, 주요 치수 등 기본적인 요건을 결정한 다음에 세부의 형상, 치수, 사용재료 등을 결정한다.
② 앞의 단계에서 작성되는 도면을 예비설계도, 뒤의 것을 결정설계도라고 한다.
③ 어느 도면이나 주로 방안지(方眼紙)에 프리핸드로 그려지고, 간단한 설명이 기입될 뿐이다.
④ 결정설계도는 제작관계자나 도면의 상세한 부분을 올바로 이해할 수 있도록 제작도로 다시 그려진다.

(2) 장비사양서(裝備仕樣書 : equipment specification)

① 기업에서 운영 및 생산에 필요한 장비를 구입할 경우, 구입한 장비는 기업의 재산이되며 그것은 공적사용을 목적으로 한다. 그렇기 때문에 기업에서 사용되는 모든 장비는 기업의 보유자산으로 주기적으로 관리한다.
② 장비사양서는 장비에 필요하거나 요구되는 사항들을 모아 문서로 정리한 것을 말한다. 장비사양서는 주로 설계를 위한 기초자료나 조건이 된다.

③ 장비사양서에는 소요동력과 소요출력, 성능, 구조, 작동방식, 형상, 치수, 무게, 부속품, 설치면적 등을 기록해야 한다. 내용과 실제 간에 오차나 오류가 발생하지 않도록 정확하게 기재하도록 한다.

(3) 장비사양서에 포함사항(서식목차)

① 개요	② 제원 및 성능
③ 악세서리	④ 시험 및 검사
⑤ 포장	⑥ 주의

2. 파레토도, 특성요인도, 클로즈분석, 관리도

(1) 파레토도(Pareto diagram) 17. 8. 26 [기] 18. 3. 4 [기] 18. 9. 15 [산] 19. 9. 21 [기] 20. 6. 14 [산] 21. 3. 7 [기] 23. 4. 1 [지] 23. 7. 8 [기]

① 관리 대상이 많은 경우 최소의 노력으로 최대의 효과를 얻을 수 있는 방법

② 사고의 유형, 기인물 등 분류항목을 큰 값에서 작은 값의 순서로 도표화하는 데 편리

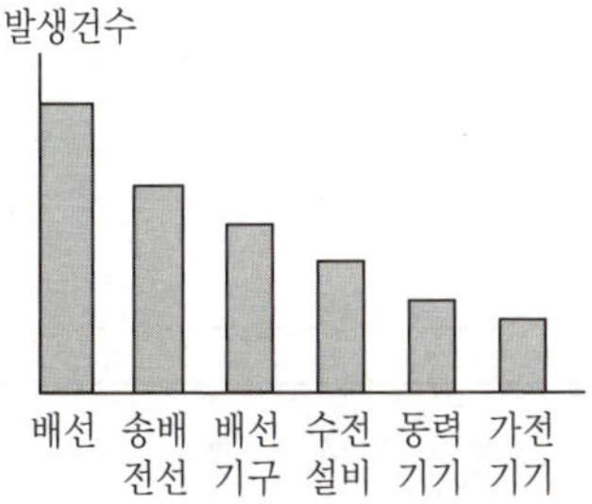

[그림] 전기설비별 감전사고 분포(파레토도)

(2) 특성요인도(어골도 : Fishbone Diagram) 16. 5. 8 [기] 17. 3. 5 [산] 19. 4. 27 [기] 20. 8. 22 [기] 21. 5. 15 [기] 23. 4. 1 [지]

① 특성과 요인관계를 어골상(魚骨象)으로 세분하여 연쇄관계를 나타내는 방법

② 원인요소와의 관계를 상호의 인과관계만으로 결부(재해사례연구시 사실확인에 적합)

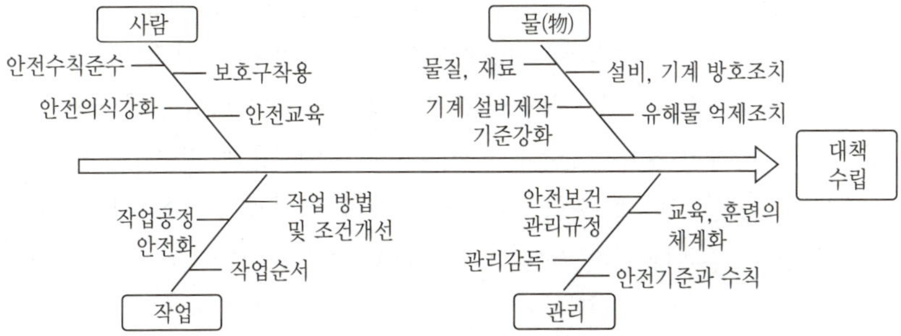

[그림] 특성요인(원인결과분석)도

합격예측

산업재해 통계도 종류
① 파레토도 19. 3. 3 [기]
② 특성요인도
③ 크로스분석
④ 관리도

읽을거리

파레토 법칙
(Pareto principle, law of the vital few, principle of factor sparsity)

80대 20 법칙(80 : 20 rule)은 '전체 결과의 80%가 전체 원인의 20%에서 일어나는 현상을 가리킨다. 예를 들어, 20%의 고객이 백화점 전체 매출의 80%에 해당하는 만큼 쇼핑하는 현상을 설명할 때 이 용어를 사용한다. 2대 8 법칙이라고도 한다. 이 용어를 경영학에 처음으로 사용한 사람은 조셉 M. 주란이다. '이탈리아 인구의 20%가 이탈리아 전체 부의 80%를 가지고 있다'라고 주장한 이탈리아의 경제학자 빌프레도 파레토의 이름에서 따왔다.

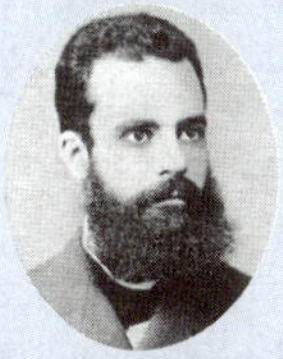

Vilfredo Federico Damaso Pareto(1848~1923) 파리 출생

[Q] 은행문제

다음 중 산업재해 통계의 활용 용도로 가장 적절하지 않은 것은?

① 제도의 개선 및 시정
② 재해의 경향파악
③ 관리자 수준 향상
④ 동종업종과의 비교

정답 ③

3과목

합격예측

위험성평가 방법
① 위험성수준 3단계 판단법
② 체크리스트법
③ 핵심요인 기술법(OPS)
④ 빈도·강도법
⑤ SA
⑥ HAZOP
⑦ 4M 빈도·강도법

합격예측

(1) 시설물안전관리 특별법상 안전점검의 종류 및 정밀안전단의 실시 시기
11. 10. 2 ㉠ 18. 9. 15 ㉠
19. 4. 27 ㉠ 20. 6. 7 ㉠
① 정기점검 : A, B, C 등급은 반기에 1회 이상
② 긴급점검 : 관리주체가 필요하다고 판단할 때 또는 관계 행정기관의 장이 필요하다고 판단하여 관리주체에게 긴급점검을 요청한 때
③ 정밀점검

[표] 정밀안전진단의 실시 주기

안전등급	정밀점검 건축물	정밀점검 그 외 시설물	정밀안전진단
A 등급	4년에 1회 이상	3년에 1회 이상	6년에 1회 이상
B·C 등급	3년에 1회 이상	2년에 1회 이상	5년에 1회 이상
D·E 등급	2년에 1회 이상	1년에 1회 이상	4년에 1회 이상

(2) 정밀안전점검 실시시기
정기안전점검 결과 건설공사의 물리적·기능적 결함 등이 발견되어 보수·보강 등의 조치를 하기 위하여 필요한 경우에 실시하는 점검 21. 9. 12 ㉠

(3) 크로스(Cross) 분석 14. 9. 20 ㉠ 17. 5. 7 ㉠ 22. 4. 24 ㉠

두 가지 또는 그 이상의 요인이 서로 밀접한 상호관계를 유지할 때 사용되는 방법

T : 전체 재해건수
X : 인적 원인으로 발생하는 재해건수
Y : 물적 원인으로 발생한 재해건수
Z : 두 가지 원인이 함께 겹쳐 발생한 재해건수
W : 물적 원인 인적원인 어느 원인도 관계없이 일어난 재해

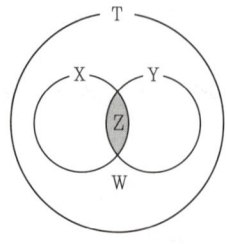

[그림] 크로스분석

(4) 관리도(Control chart) 17. 3. 5 ㉠ 18. 9. 15 ㉠ 23. 6. 4 ㉠

재해발생건수 등의 추이파악 → 목표관리 행하는 데 필요한 월별재해발생건수의 그래프화 → 관리 구역 설정 → 관리하는 통계분석방법

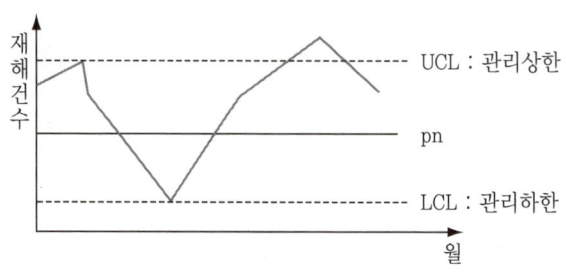

[그림] 관리도

3. 공정의 특수성에 따른 위험요인

(1) 산업안전보건법의 위험성 평가

① 산업안전보건법 제36조(위험성평가의 실시)에 따르면 근로자의 작업행동 또는 그 밖의 업무로 인한 유해·위험 요인을 찾아내어 부상·질병으로 이어질 수 있는 위험성의 크기가 허용 가능한 범위인지 평가해야 한다.
② 위험성평가는 사업주 주도하에 안전보건관리책임자, 관리감독자, 안전관리자 및 보건관리자, 대상 작업의 근로자 등이 주체가 되어 실시한다.
③ 위험성 평가의 절차는 1단계 '사전준비', 2단계 '유해·위험요인 파악', 3단계 '위험성 결정', 4단계 '위험성 감소대책 수립 및 실행', 5단계 '위험성평가의 실시내용 및 결과에 관한 기록 및 보존'의 순서로 진행한다.

(2) 위험성 평가방법

① 첫 번째 위험성 수준 3단계 판단법
  ㉮ 3단계 판단법은 위험성 수준을 판단할 때 상·중·하 또는 저·중·고와 같이 세 가지 수준으로 구분하여 판단하는 방법이다.
  ㉯ 유해·위험요인별 등급을 매겼다면 등급이 사업장에서 허용 가능한 위험성 수준 여부를 결정한다.
  ㉰ 개선대책을 수립하고 시행해야 하고, 이때 위험성이 높은 유해·위험요인부터 조치해야 한다.

② 두 번째, 체크리스트법
  ㉮ 위험성평가 체크리스트법은 평가대상에 대해 미리 준비한 세부적 목록을 사용하는 방법이다.
  ㉯ 일반적으로 항목별 'O', '×' 등으로 위험 여부를 판단한다.
  ㉰ 작업, 기계·기구 등에서 발생할 수 있는 위험을 파악하고 간단명료하게 비교할 수 있도록 질문형으로 목록을 작성한다.
  ㉱ 정확하게 위험성평가 체크리스트를 만드는 것이 중요하기에 법령이나 각종 지침을 꼼꼼하게 확인하여 여러 사람이 함께 작성한다.

③ 세 번째, 핵심요인 기술법(OPS : One Point Sheet)
  ㉮ 국제노동기구(ILO, International Labour Organization)에서 중·소규모 사업장의 위험성평가 방법으로 권고한 방법으로 핵심 질문에 단계적인 답변을 통해 위험성을 평가하는 방법이다.
  ㉯ 전등교체, 부품교체 등 유해·위험요인이 적고 간단한 작업에 대해서는 한 장으로 위험성평가 내용을 기록할 수 있다.
  ㉰ 대표적인 위험성 결정의 기록 예시로는 "어떠한 유해 및 위험요인이 있나?"라는 질문에 먼저 답한 뒤 이러한 유해·위험요인과 관련하여 "누가 어떻게 피해를 입나?"라는 질문에 답한다.
  ㉱ 그 뒤 "현재 시행 중인 조치는 무엇인가?" 그리고 "추가로 필요한 조치는?"이라는 질문에 차례로 답하는 방식의 진행이 있다.

④ 네 번째 방법은 빈도·강도법
  ㉮ 위험성의 가능성을 나타내는 빈도(가능성)와 강도(중대성)을 곱셈이나 덧셈, 행렬 등의 방법을 통해 조합해 위험성의 수준을 산출하고 해당 수준의 허용 가능 여부를 판단하는 방법이다.
  ㉯ 온라인으로 지원하는 위험성평가 지원시스템(https://kras.kosha.or.kr)을 활용할 수 있다.

⑤ 그 밖의 평가 방법으로는 JSA, HAZOP, 4M을 응용한 빈도·강도법이 있다.
  ㉮ 작업안전분석(JSA, Job Safety Analysis) 방법은 작업을 단계별로 구분하여, 해당 단계별 유해·위험요인을 파악하고 이를 제거하기 위한 대책을 마련하는 방법이다.
  ㉯ 위험과 운전분석(HAZOP, Hazard and Operability) 방법도 있다. 이는 작업 공정상의 위험요인들과 공정의 효율에 문제를 일으키는 운전상 문제를 파악하고 그 원인을 제거하는 방법이다.
  ㉰ 4M을 응용한 빈도·강도법이 있다. 여기서 4M은 4가지 분야를 '기계적(Machine), 물질·환경적(Media), 인적(Man), 관리적(Management)'으로 구분해 유해·위험요인을 파악하고 감소대책을 마련하는 방법이다.

4. 설계도에 따른 안전지침

(1) 번호부여

기술지침에는 GUIDE 표시, 분야별 또는 업종별 분류기호, 공표순서, 제·개정 년도의 순으로 번호를 부여한다.

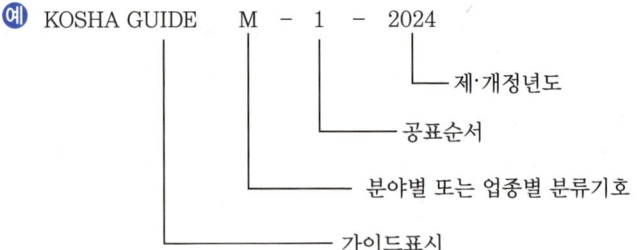

(2) 분류기호

① 안전설계 지침 : D
② 공정안전지침 : P
③ 화재보호지침 : F
④ 점검·정비·유지관리지침 : O
⑤ 기계일반지침 : M
⑥ 전기·계장일반지침 : E
⑦ 시료 채취 및 분석지침 : A
⑧ 작업환경 관리지침 : W
⑨ 건강진단 및 관리지침 : H
⑩ 건설안전지침 : C
⑪ 안전·보건 일반지침 : G
⑫ 조성·항만하역지침 : B
⑬ 화학공업지침 : K
⑭ 리스크관리지침 : X

5. 특수작업(特殊作業)의 조건

(1) 특수작업

비정상작업을 할 때의 작업자세를 말하며, 수리작업 등 특수한 작업자세에 필요한 작업영역에 대해서는 그림과 같다.

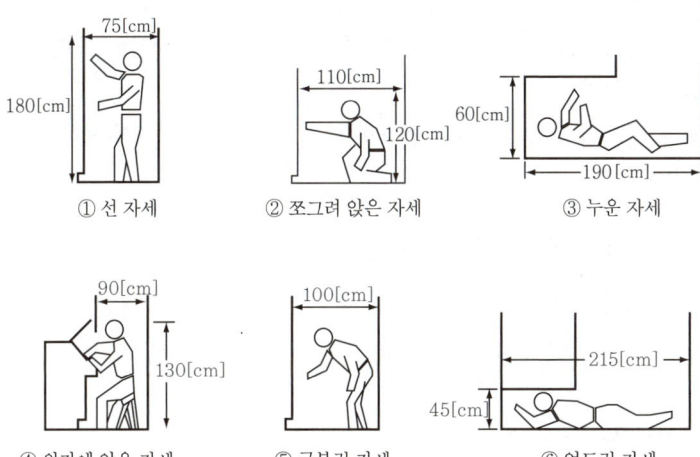

[그림] 특수작업역의 작업자세

> **은행문제**
>
> 작업자의 작업공간과 관련된 내용으로 옳지 않은 것은? 20. 8. 23 ❹
> ① 서서 작업하는 작업공간에서 발바닥을 높이면 뻗침길이가 늘어난다.
> ② 서서 작업하는 작업공간에서 신체의 균형에 제한을 받으면 뻗침길이가 늘어난다.
> ③ 앉아서 작업하는 작업공간은 동적 팔뻗침에 의해 포락면(reach envelope)의 한계가 결정된다.
> ④ 앉아서 작업하는 작업공간에서 기능적 팔뻗침에 영향을 주는 제약이 적을수록 뻗침 길이가 늘어난다.
>
> 정답 ②

(2) 비정상작업(非正常作業)

① 생산라인의 사정상 일상적으로 행하는 담당 작업 이외의 작업, 건설공사 등에서 일상적인 작업도 포함해서 비정상작업이라 한다.
② 정상작업 이외의 작업이라고 할 수 있지만, 전문적으로 행하는 작업이라도 빈도나 주기, 또는 작업종류(보전이나 이상시의 처치 등)도 포함된다.
③ 다양한 비정상작업을 요소작업이나 기본작업까지 분류해서 유형화하면 의외로 한정된 형으로 분류할 수 있어서 정상작업과 거의 유사한 작업분석을 실시할 수 있다.

[표] 작업의 형태

작업의 형태		정의
정상작업		대체로 동일한 작업방법에 의해 일상적·반복적으로 행하는 작업 (작업빈도는 10일에 약 1회 이상을 목표로 함)
비정상 작업	계획적 비정상작업	반복적으로 행하지만 작업빈도가 적은 작업과 작업별로 작업방법이 다른 작업으로서 예정하여 행하는 작업(작업빈도는 10일에 약 1회 미만을 목표로 함)
	긴급작업	돌발적으로 발생하는 이상사태로서 바로 대처해야 하는 작업(바로 대처하지 않아도 되는 작업은 계획적 비정상작업이 됨)

6. 표준안전 작업절차서

(1) 안전기술지침(安全技術指針 : safety engineering guide)
① 생산작업의 종류에 의해 직장에는 기계, 폭발성물질, 전기, 열 에너지 등에 의한 위험성이 존재하고 있다.
② 산업재해를 방지하기 위해 강구해야할 적절하고 또한 유효한 조치가 필요한 업종 또는 방법별로 노동부장관이 공포(公布)하는 기술상의 표준을 안전기술지침이라 한다.
③ 지침에 대해서 노동부장관은 필요할 때에 사업주 또는 그 단체에 대해 지도할 수 있다.

(2) 작업 안전 표준이 구비해야 할 요건
① 작업의 표준 설정은 실정에 적합할 것.
② 좋은 작업의 표준일 것.
③ 표현은 구체적으로 나타낼 것.
④ 생산성과 품질의 특성에 적합할 것.
⑤ 이상 시 조치 기준을 설정할 것.
⑥ 다른 규정 등에 위배되지 않을 것.

(3) 표준 안전 작업 절차 사이클을 파악
① 표준 안전 작업 방법을 정한다.(Plan)
② 표준 안전 작업 방법대로 일을 할 수 있도록 지도한다.(Do)
③ 표준 안전 작업 방법대로 작업을 실시한다.(Do)
④ 표준 안전 작업 방법대로 작업을 하고 있는지 체크한다.(Check)
⑤ 체크 결과 표준 안전 작업 방법대로 실시되지 않으면 왜 그런지 그 원인을 알아내어 대책을 세운다.(Action)
⑥ 표준 안전 작업 방법을 더욱 좋은 방법으로 개선한다.(Feedback)

7. 공정도를 활용한 공정분석 기술

> 공정도(工程圖 : process drawing)
> 전체 공사의 흐름을 한눈에 볼 수 있도록 공사과정을 표시한 문서.

(1) 공정안전관리 시행목적
① 제조공정 관련 기술 자료 및 도면의 체계화
② 체계화된 자료를 바탕으로 한 위험성 평가 실시 및 필요 조치 시행
③ 안전운전절차, 하도급 관리 기준을 설정하여 작업 실수의 최소화 강구

④ 설비의 완벽한 안전성 유지를 위한 설계, 설치, 운전 및 정비 기술의 제도화
⑤ 사고 발생 시 피해 최소화를 위한 비상조치 계획 수립 및 실현
⑥ 기타 각종 절차와 기준 준수를 위한 전 종업원의 교육 및 정기적인 훈련 실시
⑦ 공정안전관리 계획에 따른 추진 여부를 정기적인 자체 검사 실시를 통해 확인 및 이행

(2) 공정안전 관련 주된 조사항목

① 불량의 발생 상황, 공정별 불량에 의한 폐품 등의 발생 상황을 조사한다.
② 작업 정지와 관계가 있는 결근, 기계 고장 그 밖의 사고의 발생 상황을 조사한다.
③ 예정 변경, 설계 변경, 돌발 공사 등의 발생 상황을 조사한다.
④ 그 밖에 문제점의 발생 상황을 조사한다.

(3) 공정분석기술(PAT)

PAT란 Process Analytical Technology의 약자로써 우리나라는 '공정분석기술'로 표현한다.

[표 1] 공정기호

공정	기호의 명칭	기호	뜻
가공	가공	○	• 원료, 재료, 부품 또는 제품의 모양, 성질에 변화를 주는 과정을 나타냄
운반	운반	○⇨	• 원료, 재료, 부품 또는 제품의 위치에 변화를 주는 과정을 나타냄 • 운반 기호의 지름은 가공 기호 지름의 1/2~1/3로 함. • ○기호 대신 →기호를 써도 좋음. 다만, 이 기호는 운반의 방향을 뜻하진 않음
정체	저장	▽	• 원료, 재료, 부품 또는 제품을 계획에 따로 저장하고 있는 과정을 나타냄
정체	지체	D	• 원료, 재료, 부품 또는 제품이 계획에 반하여 지체되고 있는 상태를 나타냄
검사	수량검사	□	• 원료, 재료 부품 또는 제품의 양 또는 개수를 계량하여 그 결과를 기준과 비교하여 차이를 아는 과정을 나타냄
검사	품질검사	◇	• 원료, 재료, 부품 또는 제품의 품질 특성을 시험하고, 그 결과를 기준과 비교하여 로트의 합격, 불합격 또는 개개 제품의 양호, 불량을 판정하는 과정을 나타냄

합격예측

서어블릭 (Therblig)
① 목적 : 동작을 효율화하여 작업개선 (목시동작분석에 적용)
② 방법 : 작업의 요소동작을 세분화하여 각각의 시간을 서어블릭 기호로 분류하여 효율/비효율 동작을 구분하여 비효율 동작을 최소한으로 할 수 있도록 작업을 개선함
③ 제3류인 정체적인 서블릭은 반드시 없애고, 제2류 동작, 정신적인 서블릭은 되도록 없애는 것이 좋다
④ 미리놓기도 가능한 없앤다
⑤ 제1류 동작일지라도 반정신적인 서블릭인 바로놓기, 검사는 비효율적인 서블릭으로서 되도록 없앤다
⑥ 역사 : 길브레스 부부가 고안함. 18개의 동작으로 구분하고 현재는 F는 사용 안함

[표] 서어블릭 동작 구분

효율적인 서어블릭
TE (빈손 이동)
G (쥐기)
TL (운반)
RL (놓기)
PP (미리놓기),
A (조립)
DA (분해)
U (사용)

비효율적인 서어블릭
Sh (찾기)
St (선택)
I (검사)
P (바로놓기)
Pn (계획)
H (쥐고있기)
R (휴식)
UD (피할수 없는 지연)
AD (피할 수 있는 지연)

[표 2] 보조기호

기호의 명칭	기호	뜻
흐름선	│	• 공정의 순서관계를 나타냄 • 순서 관계를 알기 어려울 때는 흐름선의 끝부분 또는 중간 부분에 화살표를 그려 그 방향을 명백히 나타냄
구분	∽	• 공정 계열에서 관리상의 구분을 나타냄
생략	═	• 공정 계열의 일부분 생략을 나타냄

[표 3] 복합 기호

복합기호	뜻
◇□	• 품질 검사를 주로 하면서 수량 검사도 함
□◇	• 수량 검사를 주로 하면서 품질검사도 함
○□	• 가공을 주로 하면서 수량검사도 함
○⇒	• 가공을 주로 하면서 운반도 함
✡	• 작업중의 정체
▽	• 공정간에서 정체
●	• 정보기록
○	• 기록완성

세부항목 2. 기계의 위험 안전조건 분석

1. 기계의 위험요인

(1) 주요 위험 요인

① 기계·기구·설비의 주 전원 미차단 상태에서 작업 중 끼임, 감전 위험
② 기계·기구·설비의 방호장치(덮개, 방호장치, 연동장치 등)의 기능을 임의 해체하고 작업 중 끼임 위험
③ 롤, 동력전달부 등 회전체 인근에서 점검 작업 중 끼임 위험
④ 특히, 전원 미 차단 작업 또는 전원 차단 후 작업 시 다른 근로자의 전원투입으로 빈번하게 사고 발생
⑤ 컨베이어, 산업용 로봇 등 자동으로 운전되는 설비 점검 작업 시 끼임 위험
⑥ 크레인 상부 점검통로에서 점검 작업 시 끼임 위험
⑦ 프레스 금형 해체·교체, 점검 작업 시 끼임 위험
⑧ 전기기계기구의 충전부 접촉 또는 누전에 의한 감전위험
⑨ 대형설비 상부 등 높은 곳에서 점검 작업 시 떨어짐 위험
⑩ 사다리 사용에 따른 떨어짐, 넘어짐 위험 등

[표] 주요 재해 발생 형태별 조치 및 준수사항

발생형태	사업주(관리감독자) 조치사항	근로자 준수사항
끼임재해 예방	• 회전체 등에 덮개 또는 울 등을 설치 • 덮개는 개방시 전원이 차단되도록 연동(인터록)장치 구성 • 기동장치에 잠금장치 설치 • 다른 사람이 운전하는 것을 방지하기 위해 열쇠를 별도 관리 • 점검 작업 중 기동장치에 "점검중 조작금지" 표지판 부착 • 필요한 위치에 비상정지스위치 설치 : 모든 동력차단, 리셋기능, 적색 돌출형 수동 복귀형식 구조 • 산업용 로봇에 울타리(1.8[m] 이상) 및 안전매트 설치 • 크레인과 건설물 사이 통로 설치 시 그 폭을 60[cm] 이상 확보(기둥은 40[cm] 이상) • 지게차 포크 및 프레스 금형 내에서 점검작업 시 안전블록 사용 • 점검 시의 안전작업절차 작성 및 안전교육 실시	• 점검부위 외의 방호덮개 개방금지 • 덮개연동(인터록)장치 기능 해체금지 • 방호장치의 결함 발견 시에는 지체없이 사업주에게 보고 • 점검 작업 시에는 기동장치에 설치된 열쇠를 직접 소지하거나, 표지판을 부착하여 다른 근로자의 전원투입 방지 • 안전작업절차 준수

감전재해 예방	• 전기기계기구 점검 작업 시 전원차단 실시 • 노출된 전기충전부가 없도록 조치 • 전기기계기구 외함 접지 및 누전차단기 설치	• 전기배선 손상 등 충전부 노출 시 전원차단 후 사업주에게 보고
떨어짐 재해 예방	• 떨어질 위험이 있는 기계·설비 등에서 작업할 때에는 비계 등 작업발판 설치 • 작업발판 및 통로의 끝이나 개구부에는 안전난간 설치 • 떨어질 위험장소에서 작업하는 근로자에게는 안전모, 안전대를 지급·착용토록 조치	• 안전모, 안전대 착용 • 떨어짐 위험장소 출입금지

(2) 사업주가 해야 할 안전관리

① 기계·기구·설비의 수리·점검·청소 등의 작업 시에는 담당 작업자가 전원을 차단하여 관리하도록 하고, 그 외는 전원차단 장치에 접근하지 못하도록 조치
② 기계·기구·설비의 오작동 등 작업 중 비상상황 시 전원을 차단하는 비상정지장치를 작업자가 신속히 조작할 수 있는 위치에 설치
③ 방호장치(덮개, 울타리, 연동장치 등)를 부착하고 근로자가 임의로 해제하고 사용하지 않도록(정상 작동되도록)조치
④ 작업자가 안전수칙을 지키도록 관리·감독 실시

(3) 작업자가 지켜야 할 안전수칙

① 수리·점검·청소 등의 작업 전 해당 기계·기구·설비의 주 전원은 반드시 차단하여 다른 작업자가 전원을 공급할 수 없도록 전원 스위치는 열쇠로 잠근 후 담당자가 보관
② 열쇠로 전원스위치를 잠글 수 없는 경우에는 「점검 중 조작금지」 표지판을 부착하며, 이를 동료 작업자들에게 알려 기계의 불시 가동을 예방토록 조치

2. 본질적 안전

조건	특징
안전기능이 기계 내에 내장	기계의 설계 단계에서 안전기능이 이미 반영되어 제작
풀 프루프 (fool proof)구조	① 인간의 실수가 있어도 안전장치가 설치되어 사고나 재해로 연결되지 않는 구조 ② 바보가 작동을 시켜도 안전하다는 뜻
페일 세이프 (fail safe)의 기능	① 고장이 생겨도 어느 기간 동안은 정상기능이 유지되는 구조 ② 병렬 계통이나 대기 여분을 갖춰 항상 안전하게 유지되는 기능

3. 기계의 일반적인 안전사항과 안전조건

(1) 원동기·회전축 등의 위험방지

구분	안전장치	
기계의 원동기·회전축·기어·풀리·플라이휠·벨트 및 체인 등의 위험 부위	① 덮개 ③ 슬리브	② 울 ④ 건널다리
회전축·기어·풀리 및 플라이휠 등에 부속되는 키·핀 등의 기계요소	① 묻힘형	② 해당부위 덮개

(2) 동력으로 작동되는 기계에 설치해야 하는 동력차단장치

① 스위치
② 클러치
③ 벨트 이동장치

(3) 절단·인발·압축·굽힘 등을 하는 기계의 동력차단장치

근로자의 작업위치 이동 없이 조작할 수 있는 위치에 설치

(4) 그 밖의 안전조건

① 기계의 날 부분 청소작업 시 운전정지
② 분쇄기 등을 가동하거나 원료가 흩날리거나 하여 근로자가 위험해질 우려가 있는 경우 해당부위에 덮개설치
③ 두발 또는 피복이 말려들 위험방지 : 적정한 작업모, 작업복 착용
④ 날·공작물 또는 축이 회전하는 기계 취급 시 : 손에 밀착이 잘 되는 가죽제 장갑 외의 말려들 위험 있는 장갑사용금지

4. 유해위험기계기구의 종류, 기능과 작동원리

(1) 유해하거나 위험한 기계·기구에 대한 방호조치(법적기준)

사업주와 근로자는 방호조치를 해체하려는 경우 등 고용노동부령으로 정하는 경우에는 필요한 안전조치 및 보건조치를 하여야 한다.
① 방호조치를 해체하려는 경우 : 사업주의 허가를 받아 해체할 것
② 방호조치 해체 사유가 소멸된 경우 : 방호조치를 지체없이 원상으로 회복시킬 것
③ 방호조치의 기능이 상실된 것을 발견한 경우 : 지체없이 사업주에게 신고할 것

합격예측

운동 및 동작에 의한 위험의 분류
① 회전동작 ② 횡축동작
③ 왕복동작 ④ 진동

기계설비 layout 3단계
16. 8. 21 ⑦ 18. 4. 15 ⑭
20. 6. 7 ⑦ 23. 2. 28 ⑦
23. 7. 8 ⑦

① 제1단계 : 지역배치
② 제2단계 : 건물배치
③ 제3단계 : 기계배치

용어정의

도구(道具)를 짜 맞추어 이에 동력(動力)을 응용(應用)함으로써 일정(一定)한 운동(運動)을 전(傳)하여 작업(作業)을 행(行)하게 하는 물건(物件), 역학(力學) 기계(機械), 전기(電氣) 기계(機械), 열 기관(機關) 등
예 자기(自己)의 생각이나 감정(感情)이 없이 기계(機械)처럼 움직이는 사람

합격예측 및 관련법규

산업안전보건기준에 관한 규칙 제11조(작업장의 출입구)
23. 2. 28 ⑦ 23. 6. 17 지⑭

사업주는 작업장에 출입구(비상구를 제외한다. 이하 같다)를 설치하는 때에는 다음 각 호의 사항을 준수하여야 한다.
1. 출입구의 위치·수 및 크기가 작업장의 용도와 특성에 적합하도록 할 것
2. 출입구에 문을 설치하는 경우에는 근로자가 쉽게 열고 닫을 수 있도록 할 것
3. 주목적이 하역운반기계용인 출입구에는 인접하여 보행용 출입구를 따로 설치할 것
4. 하역운반기계의 통로와 인접하여 있는 출입구에서 접촉에 의하여 근로자에게 위험을 미칠 우려가 있는 때에는 비상등·비상벨 등 경보장치를 할 것
5. 계단이 출입구와 바로 연결된 경우에는 작업자의 안전한 통행을 위하여 그 사이에 1.2[m] 이상 거리를 두거나 안내표지 또는 비상벨 등을 설치할 것. 다만, 출입구에 문을 설치하지 아니한 경우에는 그러하지 아니하다.

[표] 방호조치가 필요한 유해위험 기계기구 및 방호조치 16. 8. 21 ⑦

기계기구		방호조치
예초기의 날접촉예방장치		예초기의 절단 날 또는 비산물로부터 작업자를 보호하기 위해 설치하는 보호덮개 등의 장치
원심기의 회전체 접촉 예방장치		원심기의 케이싱 또는 하우징 내부의 회전통 등에 작업자의 신체 일부가 접촉되는 것을 방지하기 위해 설치하는 덮개 등의 장치
공기압축기의 압력방출장치		공기압축기에 부속된 압력용기의 과도한 압력 상승을 방지하기 위하여 설치하는 안전밸브, 언로드밸브 등의 장치
금속절단기의 날접촉 예방장치		띠톱, 둥근톱 등 금속절단기의 절단 날 또는 비산물로부터 작업자를 보호하기 위하여 설치하는 장치
지게차의 헤드 가드, 백레스트, 전조등, 후미등, 안전벨트	헤드가드	지게차를 이용한 작업 중에 위쪽으로부터 떨어지는 물건에 의한 위험을 방지하기 위하여 운전자의 머리 위쪽에 설치하는 덮개
	백레스트	지게차를 이용한 작업 중에 마스트를 뒤로 기울일 때 화물이 마스트 방향으로 떨어지는 것을 방지하기 위해 설치하는 짐받이
포장기계(진공 포장기, 랩핑기)의 구동부 방호 연동장치		진공포장기, 랩핑기의 구동부에 설치되는 방호장치 등이 개방되었을 때 기계의 작동이 정지되도록 하거나 방호장치가 닫힌 상태에서만 기계가 작동되도록 상호 연결시키는 것

5. 기계(機械)의 위험성

(1) 기계의 정의

기계란 서로 다른 2개 이상의 부품이 결합하여 외부로부터 에너지나 동력을 공급받아 스스로 움직이면서 유용한 일을 하는 것

(2) 기계의 위험 요인

① 기계는 운동하고 있는 작업점을 가진다.
② 기계는 작업점이 큰 힘을 가진다.
③ 기계는 동력 전달 부분이 있다.
④ 기계는 부품의 고장이 반드시 있다.

(3) 기계·기구 설비의 위험점

기계의 운동은 형태에 따라서 분류하면 회전운동, 왕복운동 또는 미끄럼운동, 회전과 미끄럼운동의 조합, 진동운동으로 나눌 수 있으며 위험점과 위험요소가 존재한다.

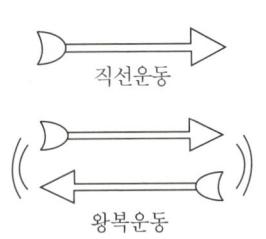

[그림] 운동 및 동작형태

(4) 위험점의 분류 17.3.5 산 17.5.7 산 17.8.26 산

① **협착점(Squeeze-point)** : 직선왕복운동을 하는 동작부분과 움직임이 없는 고정부분 사이에서 형성되는 위험점 19.4.27 산 19.8.4 산 21.3.7 기 23.5.13 산 23.7.8 산
   예 프레스기, 전단기, 성형기, 조형기, 굽힘기계(bending machine) 등

② **끼임점(Shear-point)** : 고정부분과 회전하는 동작부분이 함께 만드는 위험점
   예 연삭숫돌과 덮개, 교반기의 날개와 하우징, 프레임에서 암의 요동운동을 하는 기계부분 등 16.8.21 18.3.4 기 20.6.14 산 21.5.15 기 25.2.7 기

③ **절단점(Cutting-point)** : 고정부분과 운동부분이 만드는 위험점이 아니고 회전하는 운동부 자체의 위험이나 운동하는 기계 부분 자체의 위험에서 초래되는 위험점 18.3.4 기 22.4.24 기 23.7.8 산 24.2.15 기
   예 밀링의 커터, 띠톱이나 둥근톱의 톱날, 벨트의 이음 부분 등

④ **물림점(Nip-point)** : 회전하는 두 개의 회전체에는 물려 들어가는 위험성이 존재한다. 이때 위험점이 발생되는 조건은 회전체가 서로 반대방향으로 맞물려 회전되어야 한다. 25.2.7 산
   예 롤러와 롤러의 물림, 기어와 기어의 물림 등 18.8.19 기 19.8.4 산 20.8.22 기

⑤ **접선물림점(Tangential Nip-point)** : 회전하는 부분의 접선방향으로 물려 들어갈 위험이 존재하는 점 16.5.8 산 21.8.14 기
   예 벨트와 풀리, 체인과 스프로킷, 랙과 피니언 등

⑥ **회전말림점(Trapping-point)** : 회전하는 물체에 작업복, 머리카락 등이 말려드는 위험이 존재하는 점 20.6.7 기 23.2.28 기 25.2.7 기
   예 회전하는 축, 커플링, 돌출된 키나 고정나사, 회전하는 공구 등

[표] 기계설비 방호원리

구 분	대 책
위험제거	① 위험의 잠재요인을 원천적으로 제거 ② 전압을 낮추어 저전압 설계, 뾰족한 모서리 부분의 제거 등
차단	① 위험성은 존재하나 안전성이 높음 ② 위험으로부터 작업자가 격리된 상태 ③ 작업공정의 자동화 및 차단벽 설치 등
덮개	① 위험성은 존재하나 재해 가능성은 절감 ② 위험이 발생하더라도 사람에게 전달되지 않도록 차단 ③ 작업점에 대한 방호덮개 및 기계설비의 방호장치 ④ 사람에게 보호구를 착용시켜 위험요소를 차단
적응	위험에 적응

합격예측 및 관련법규

산업안전보건규칙 제12조(동력으로 작동되는 문의 설치 조건) 23.6.17 지능

사업주는 동력으로 작동되는 문을 설치하는 때에는 다음 각 호의 기준에 적합한 구조로 설치하여야 한다.

1. 동력으로 작동되는 문에 근로자가 끼일 위험이 있는 2.5[m] 높이까지는 위급 또는 위험한 사태가 발생한 때에 문의 작동을 정지시킬 수 있도록 비상정지장치의 설치 등 필요한 조치를 할 것(위험구역에 사람이 없어야만 문이 작동되도록 안전장치가 설치되어 있거나 운전자가 특별히 지정되어 상시 조작하는 때에는 그러하지 아니하다)
2. 동력으로 작동되는 문의 비상정지장치는 근로자가 잘 알아볼 수 있고 쉽게 조작할 수 있을 것
3. 동력으로 작동되는 문의 동력이 끊어진 때에는 즉시 정지되도록 할 것(방화문의 경우에는 그러하지 아니하다)
4. 수동으로 열고 닫음이 가능하도록 할 것
5. 동력으로 작동되는 문을 수동으로 조작하는 때에는 제어장치에 의하여 즉시 정지시킬 수 있는 구조일 것

합격예측 및 관련법규

제13조(안전난간의 구조 및 설치요건) 18. 8. 19

사업주는 근로자의 추락 등에 의한 위험을 방지하기 위하여 안전난간을 설치하는 때에는 다음 각 호의 기준에 적합한 구조로 설치하여야 한다.

1. 상부난간대·중간난간대·발끝막이판 및 난간기둥으로 구성할 것(중간난간대·발끝막이판 및 난간기둥은 이와 비슷한 구조 및 성능을 가진 것으로 대체할 수 있다)
2. 상부난간대는 바닥면·발판 또는 경사로의 표면(이하 "바닥면 등"이라 한다)으로부터 90[cm] 이상 지점에 설치하고, 상부난간대를 120[cm] 이하에 설치하는 경우에는 중간난간대는 상부난간대와 바닥면 등의 중간에 설치하여야 하며, 120[cm] 이상 지점에 설치하는 경우에는 중간난간대를 2단 이상으로 균등하게 설치하고 난간의 상하 간격은 60[cm] 이하가 되도록 할 것
   16. 5. 8 18. 8. 19
3. 발끝막이판은 바닥면 등으로부터 10[cm] 이상의 높이를 유지할 것. 다만, 물체가 떨어지거나 날아올 위험이 없거나 그 위험을 방지할 수 있는 망을 설치하는 등 필요한 예방조치를 한 장소는 제외한다. 18. 4. 28
4. 난간기둥은 상부난간대와 중간난간대를 견고하게 떠받칠 수 있도록 적정 간격을 유지할 것
5. 상부난간대와 중간난간대는 난간길이 전체에 걸쳐 바닥면 등과 평행을 유지할 것
6. 난간대는 지름 2.7 [cm] 이상의 금속제파이프나 그 이상의 강도를 가진 재료일 것
   19. 8. 4
7. 안전난간은 임의의 점에서 임의의 방향으로 움직이는 100[kg] 이상의 하중에 견딜 수 있는 튼튼한 구조일 것 18. 3. 4

보충학습

① 비산점 : 가공재, 부품, chip 등의 비산에 의한 위험점
   예) 밀링, 선반에서 발생되는 chip, 파괴되는 연삭숫돌 등
② 접촉점 : 날카롭거나 뜨겁고, 차가운 부위에 접촉하여 생기는 위험점
   예) 날카로운 모서리, 열처리된 금속재료, 냉매 등

① 협착점 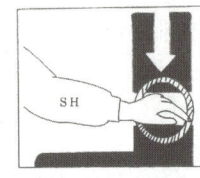 ② 끼임점 18. 3. 4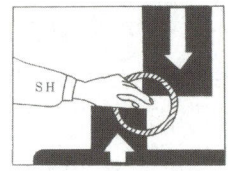

③ 절단점 18. 3. 4 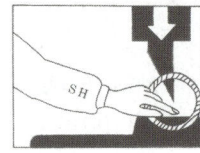 ④ 물림점

⑤ 접선물림점 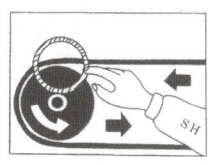 ⑥ 회전말림점

[그림] 기계설비 위험점 6가지

(5) 위험(사고체인 : accident chain) 5요소 19. 4. 27 19. 3. 3 23. 6. 17

① 1요소 : 함정(trap)

기계 요소의 운동에 의해서 트랩점(trapping point)이 발생하지 않는가?

㉮ 손과 발등이 끌려 들어가는 트랩("in-running nip" point)

㉯ 닫힘운동(closing movement)이나 이송운동(passing movement)에 의해서 손과 발 등이 쉽게 트랩되는 곳

② 2요소 : 충격(impact)

움직이는 속도에 의해서 사람이 상해를 입을 수 있는 부분은 없는가?

㉮ 고정된 물체에 사람이 이동충돌(人 → 物)

㉯ 움직이는 물체가 사람에게 충돌(物 → 人)

㉰ 사람과 물체가 쌍방 충돌(人 ⇌ 物)

③ 3요소 : 접촉(contact)

날카로운 물체, 연마체, 뜨겁거나 차가운 물체 또는 흐르는 전류에 사람이 접촉함으로써 상해를 입을 수 있는 부분은 없는가?(접촉상태로 움직이거나 정지해 있는 기계 모두 포함)

④ 4요소 : 말림, 얽힘(entanglement)

가공중인 기계로부터 기계요소나 가공물이 튀어나올 위험은 없는가?

⑤ 5요소 : 튀어나옴(ejection)

기계요소와 피가공재가 튀어나올 위험이 있는가?

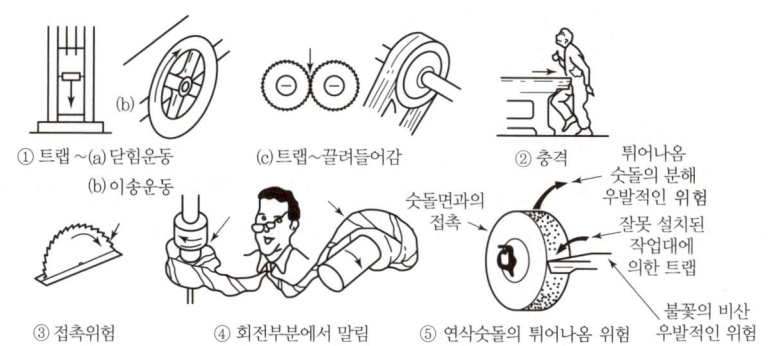

[그림] 기계의 위험요소

6. 설비보전의 개념

(1) 설비보전 개요

① 제품의 생산성을 높이고 품질을 향상시키기 위해 공장 설비의 자동화와 각종 합리화 혁신운동을 항상 추진하고 있다.

② 산업 현장에서 추진된 혁신 또는 개선운동으로는 ISO 품질, 안전, 설계인증 등의 활동과 공장 합리화 운동이지만 공장의 생산설비에 직접적으로 관련된 생산과 품질이 어울어진 혁신운동인 전사적 설비보전(Total Productive Maintenance : TPM) 활동은 1980년대 초에 국내에 도입되었다.

(2) TPM(Total Productive Maintenance)이란

① 설비 시스템의 안정성을 확보하기 위한 방법으로 각종 예방보전(Preventive Maintenance, Predictive Maintenance, Proactive Maintenance) 활동에 전사적 품질관리(TQM)와 전사적 근로자 참여운동(Total Employee Involvement)접목하여 탄생된 설비보전 운동이 전사적 설비보전(TPM)이다.

② TPM은 설비와 생산시스템의 효율화와 체질 개선을 위하여 고장을 사전에 예방하고 개선하여 기업 경쟁력을 높이며 재해, 불량, 장비의 고장을 막아(Zero) 기업의 체질을 강화하기 위한 것이다.

(3) TPM의 도입 목적

① 설비관리 비용의 절감
② 예기치 못한 설비고장의 제거
③ 설비 시스템의 안정성 확보 및 수명연장
④ 기계적 고장에 대한 대처능력 제고
⑤ 제품 품질의 고급화 유지
⑥ 생산성 및 제품의 균질성 확보
⑦ 정부나 국제 규격에 적합한 설비환경 상태 유지
⑧ 생산설비로 인한 안전사고 방지
⑨ 기업의 국제 경쟁력 강화

7. 기계의 위험점 조사 능력

미국의 하인리히의 도미노이론에 의하면 모든 재해는 사고의 결과이고 사고를 불안전한 행동과 불안전한 상태로 구분되는 직접 원인에 기인한다.

(1) 직접 원인

그 전 단계로 2차 원인과 기초 원인으로 구분되는 간접 원인에 기인한다. 이들 모두가 연쇄적으로 발생할 때 재해가 일어난다. 이 중에서 기계·설비에 관한 원인은 규명하는 것은 직접 원인 중의 불안전한 상태를 말한다.

① 미국안전협회의 통제로 18[%] – 불안전한 상태
② 사람으로 인한 원인 사고, 즉 불안전한 행동인 경우 19[%]
③ 복합적으로 연계되어 재해요인으로 나타나는 경우 63[%]

(2) 물적 원인 – 불안전한 상태

① 대상 물체가 갖고 있는 자체 결함
② 이를 보완하기 위한 방조장치의 결함
③ 대상 물체의 배치
④ 작업환경
⑤ 작업방법
⑥ 작업공정이 갖고 있는 문제점

(3) 인적 원인 – 불안전한 행동

① 교육훈련의 부족
② 작업자의 능력이 부족한 경우
③ 주의력의 결여에서 비롯되는 실수
④ 정신적, 육체적 피로 등에서 오는 심리적인 불안전한 상태

> 참고 우리나라는 불안전한 상태(16[%]) : 불안전한 행동(84[%])의 비율

8. 기계작동 원리분석기술

기계설비 유지관리기준

[시행 2021. 8. 9.] [국토교통부고시 제2021-1013호, 2021. 8. 9., 제정]

제1조(목적) 이 고시는 「기계설비법」 제16조에 따른 기계설비의 유지관리 및 성능점검을 위하여 필요한 유지관리기준과, 같은 법 제17조에 따른 기계설비의 점검 및 그 점검기록의 작성에 관하여 필요한 사항을 규정함을 목적으로 한다.

제2조(정의) 이 고시에서 사용하는 용어의 정의는 다음과 같다.
1. "기계설비"란 「기계설비법」(이하 "법"이라 한다) 제2조제1호에 따른 설비로서 「기계설비법 시행령」(이하 "영"이라 한다) 별표 1의 구분에 따른 설비를 말한다.
2. "관리주체"란 법 제17조제1항에 따른 기계설비의 소유자 또는 관리자를 말한다.
3. "유지관리"란 기계설비의 점검 및 관리를 실시하고 운전·운용하는 일체의 행위를 말한다.
4. "유지관리자"란 기계설비 유지관리를 수행하는 자를 말한다.
5. "성능점검"이란 법 제17조제2항에 따라 기계설비의 유지관리에 필요한 성능을 점검하는 것을 말한다.
6. "성능점검업자"란 법 제21조제1항에 따른 성능점검업을 등록한 자를 말한다.

제3조(적용범위) 이 고시는 영 제14조제1항에 따른 건축물등(이하 "건축물등"이라 한다)에 설치된 기계설비의 유지관리 및 성능점검에 대하여 적용한다.

제4조(다른 규정과의 관계) 기계설비의 유지관리 및 성능점검과 관련하여 다른 법령에 특별한 규정이 있는 경우를 제외하고는 이 고시에서 정하는 바에 따른다.

제5조(기계설비 유지관리 일반사항) 유지관리자와 성능점검업자는 다음 각 호의 사항을 고려하여 기계설비에 대한 유지관리 및 성능점검을 수행해야 한다.
1. 건축물등에 안전하고 쾌적한 환경을 제공할 것
2. 기계설비 수명 기간 중 본래의 성능을 발휘할 수 있도록 관리할 것
3. 에너지 사용량을 절감할 수 있도록 관리할 것

제6조(유지관리지침서) 관리주체는 건축물등의 기계설비에 대한 다음 각 호의 내용이 포함된 유지관리지침서를 구비해야 한다.
1. 기계설비 준공도서(준공도면, 시방서, 부하 및 장비선정 계산서를 포함한다)
2. 기계설비 시스템 운용 매뉴얼(기계설비 제조사의 검사서 또는 성적서를 포함한다)

3. 기계설비 사용 전 확인표(「기계설비 기술기준」별지 제3호서식)
4. 기계설비 성능확인서(「기계설비 기술기준」별지 제4호서식)
5. 기계설비 안전확인서(「기계설비 기술기준」별지 제5호서식)
6. 기계설비 사용적합 확인서(「기계설비 기술기준」별지 제6호서식)

제7조(유지관리 및 성능점검 계획의 수립) ① 관리주체는 별표 1의 유지관리 및 성능점검 대상 기계설비(이하 "점검대상 기계설비"라 한다)에 대하여 매년 다음 각 호의 내용이 포함된 유지관리 및 성능점검 계획을 수립해야 한다. 이 경우, 관리주체는 점검대상 기계설비 외에 추가로 점검이 필요한 기계설비가 있는 경우 이를 포함하여 점검 계획을 수립할 수 있다.
 1. 점검대상 기계설비의 종류 및 항목
 2. 점검대상 기계설비의 유지관리 및 성능점검 절차 및 점검 주기
 3. 제8조에 따른 유지관리 및 성능점검 안전조치 방안

② 관리주체는 제11조에 따른 성능점검을 실시하려는 경우에는 다음 각 호의 내용이 포함된 기계설비 성능점검계획서를 작성해야 한다. 이 경우, 열원 및 냉난방설비의 성능점검은 냉방설비와 난방설비를 구분하여 격년으로 실시해야 한다.
 1. 성능점검을 위한 인력 투입 계획 및 장비 현황
 2. 별표 2의 기준에 따라 산출한 성능점검 대상 기계설비의 수량
 3. 성능점검 중 안전 확보 및 품질관리 방안

③ 관리주체는 점검대상 기계설비에 대해 별지 제1호서식의 기계설비 유지관리 및 성능점검 대상 현황표를 작성하여 비치해야 하며, 기계설비의 교체 등으로 현황표의 세부 내용이 변경되는 경우 이를 갱신해야 한다.

제8조(안전조치) 관리주체는 유지관리 및 성능점검을 실시할 경우에는 다음 각 호의 사항을 준수해야 한다.
 1. 유지관리 및 성능점검 전 재해방지대책을 수립할 것
 2. 유지관리 및 성능점검 시 응급상황에 대한 작업 매뉴얼을 작성하여 비치할 것
 3. 유지관리 및 성능점검 후 기계설비의 사고 또는 이상상황 발생 시 필요에 따라 조치하고, 재발방지대책을 수립할 것

제9조(유지관리) ① 관리주체는 육안 또는 장비를 사용하여 점검대상 기계설비의 외관, 운전 및 안전 상태를 주기적으로 점검해야 한다.
② 관리주체는 제1항에 따른 점검을 완료한 뒤 그 결과를 별지 제2호서식의 기계설비 유지관리 대상 점검표에 반기별 1회 이상 기록해야 한다.
③ 성능점검 시 점검대상 기계설비의 외관, 운전 및 안전 상태를 확인한 경우에는 성능점검 기록에 유지관리 기록이 포함된 것으로 본다.

제10조(유지관리업무의 위탁) ① 관리주체가 법 제18조에 따라 기계설비 유지관리업무를 위탁하는 경우에는 제7조제1항에 따른 유지관리 계획의 수립과 제9조에 따른 유지관리 업무를 위탁할 수 있다.
② 제1항에 따라 유지관리업무를 위탁받은 유지관리자는 제9조에 따른 점검 결과가 부적합한 기계설비에 대한 개선, 개량, 보수, 수선, 대수선 등 필요한 조치를 관리주체에게 요청할 수 있다.

제11조(성능점검) ① 관리주체는 점검대상 기계설비에 대하여 제6조에 따른 유지관리지침서, 별지 제1호서식의 점검대상 기계설비 현황표, 제9조에 따라 실시한 유지관리 결과 및 별표 3에 따른 기계설비 성능점검 시 검토사항 등을 참고하여 해당 건축물등의 완공일(「건축법」 등 관계 법령에 따라 사용승인 또는 준공인가 등을 받은 날을 말한다)로부터 1년이 되는 날(이하 "기준일"이라 한다)을 기준으로 1년마다 1회 이상 성능점검을 실시해야 한다.
② 관리주체는 제1항에 따른 성능점검을 직접 실시하려는 경우에는 법 제21조제1항에 따라 성능점검업을 등록해야 한다.
③ 제1항에 따른 성능점검은 영 별표 7 제3호에 따른 장비를 사용하여 실시하고, 관리주체는 점검을 완료한 뒤 별지 제3호서식의 기계설비 성능점검 대상 점검표에 그 결과를 기록하고 이를 보존해야 한다.
④ 관리주체는 법 제17조제3항에 따라 특별자치시장·특별자치도지사·시장·군수·구청장이 점검기록의 제출을 요청하는 경우에는 별지 제4호서식의 기계설비 성능점검 결과보고서를 작성하여 제출해야 한다.
⑤ 해당 연도에 「에너지이용합리화법」 제39조 및 「고압가스안전관리법」 제16조에 따른 검사 또는 점검을 받은 경우에는 해당 항목에 대한 기계설비의 성능점검을 받은 것으로 한다.

제12조(성능점검의 대행) ① 관리주체는 제7조제2항에 따른 성능점검계획서의 작성과 제11조에 따른 성능점검을 성능점검업자가 대행하게 할 수 있다.
② 관리주체가 제1항에 따라 성능점검을 대행하게 하는 경우, 그 대가는 「엔지니어링산업진흥법」 제31조 및 이 기준 별표 4에 따라 산정된 대가기준의 범위 내에서 관리주체와 성능점검업자가 협의하여 정할 수 있다.
③ 제1항에 따라 성능점검을 대행한 성능점검업자는 성능점검의 결과가 부적합한 기계설비에 대한 개선, 개량, 보수, 수선, 대수선 등 필요한 조치를 관리주체에게 요청할 수 있다.

주요항목 04 기계안전점검 출제예상문제

출제예상문제는 복습, 예습문제로 엮었습니다. *WHY : 실제시험에도 순서에 관계없이 출제됩니다. 예습 후 다음장에 공부한 문제가 있으면 기억이 배가 됩니다.

---

01 ★★★★★ 17. 3. 5 산 17. 5. 7 기 19. 4. 27 산
안전율의 계산공식에 해당되지 않는 것은?

① 극한강도/허용응력　② 극한강도/정격하중
③ 파괴하중/정격하중　④ 사용하중/정격하중

해설

안전율(안전계수 : safety factor)
(1) 정의
　설계상의 가장 큰 과오는 강도 산정상의 오산이다. 최대 부하 추정의 부정확과 사용중 일부 재료의 강도가 열화될 것을 감안하여 안전율을 충분히 고려해야 한다.
(2) 안전율

$$= \frac{\text{극한강도}}{\text{최대설계응력}} = \frac{\text{파괴하중}}{\text{안전하중}}$$

$$= \frac{\text{파괴하중(극한하중)}}{\text{최대사용하중(정격하중)}} = \frac{\text{인장강도}}{\text{허용응력}} = \frac{\text{최대응력}}{\text{허용응력}}$$

(3) 안전율이란 필연성에 잠재되어 있는 우연성을 감안하여 계산한 것이다.
(4) 안전여유 = 극한강도 − 허용응력(사용하중)

◉ 처음 시작되는 문제이다. 이 문제는 어려운 문제의 유형이다. 답은 항상 ④이다.

---

02 ★★★
하중이 정격을 초과하였을 때 하중의 권상을 정지시키는 장치는?

① 비상정지장치　② 호이스트
③ 리밋스위치　　④ 와이어로프 훅장치

해설

리밋스위치(limit switch)
(1) 정의 : 기계적 접촉에 의해 접점을 개폐하는 스위치이다.
(2) 종류
　① 과부하방지장치　② 권과방지장치
　③ 과전류차단장치　④ 압력제한장치

◉ ① 리밋스위치 종류가 아닌 것으로 출제되는 문제도 있다.
　② 해설을 꼭 읽어보아야 한다.

---

03 ★★★
사고요인을 분석하기 위한 위험 분류 체크 요인이 아닌 것은?

① 함정　② 회전
③ 충격　④ 접촉

해설

위험요소 5가지 체크 사항
① 1요소 : 함정(Trap)
② 2요소 : 충격(Impact)
③ 3요소 : 접촉(Contact)
④ 4요소 : 얽힘 또는 말림(Entanglement)
⑤ 5요소 : 튀어나옴(Ejection)

---

04 ★★
다음 중 안전덮개가 필요하지 않은 기계 요소는?

① 기어　② 풀리
③ 클러치　④ 체인

해설

안전덮개
① 산업안전보건기준에 관한 규칙 제87조(원동기·회전축 등의 위험방지)
② 클러치는 동력차단장치가 필요하다.

◉ ① 산업안전보건기준에 관한 규칙은 법조문을 확인해 보면 좋으나 꼭 할 필요는 없습니다.
　② 합격 후 실무에서 적용하세요.

---

05 ★★
온도변화에 따른 파손을 방지하기 위한 이음은?

① 플랜지이음　② 나사이음
③ 신축이음　　④ 용접이음

[정답] 01 ④　02 ③　03 ②　04 ③　05 ③

> **해설**
>
> 신축이음
> 열팽창에 의한 신축을 고려한 이음으로 파형이음, 미끄럼 이음, 밴드이음이 있다.

06 ★★ 기계의 위험을 예방할 수 있는 일반적인 안전 기준을 열거하였다. 잘못 기술된 것은?

① 회전축 등 동력전달장치에는 덮개나 건널다리 등을 설치한다.
② 회전축, 풀리 등에 부속되는 키 등 고정구는 해당부 위에 덮개를 설치할 수 있다.
③ 벨트의 이음부분에는 돌출된 고정구를 사용하여서는 아니된다.
④ 건널다리에는 높이 75[cm] 이상의 손잡이를 설치하여야 한다.

> **해설**
>
> 건널다리의 높이는 90[cm]이다.

07 ★★ 다음 중 기계적인 사고로 인한 재해가 가장 많이 일어나는 장치는?

① 제동장치　　② 랙장치
③ 원동기　　　④ 동력전달장치

> **해설**
>
> 기계의 사고로 가장 많은 재해는 벨트, 체인, rope 등의 동력전달장치에 의한 사고가 가장 많다.

08 ★★ 동력차단장치를 근로자가 작업위치를 이탈하지 아니하고 조작할 수 있는 위치에 설치하여야 하는 가공작업이 아닌 것은?

① 절단　　　　② 충격파쇄
③ 인발　　　　④ 굽힘

> **해설**
>
> 산업안전보건기준에 관한 규칙 제88조(기계의 동력차단장치)

09 ★★ 바닥 위를 지나는 샤프트(shaft)의 덮개를 하고자 한다. 바닥면과 샤프트(shaft)까지 확보하여야 할 거리(S)로 적합한 것은?

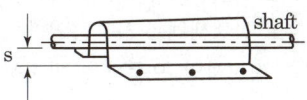

① min 120[mm]　　② min 150[mm]
③ min 160[mm]　　④ min 130[mm]

> **해설**
>
> 150[mm]는 독일공업규격(DIN)이다.
>
> [참고] 21C에도 계속 출제될 수 있는 문제이니 꼭 기억하세요.

10 ★★★ 동력 전도 부분의 전방 30[cm] 위치에 일방 평행 보호망을 설치하고자 한다. 보호망의 최대개구간격은 얼마로 하여야 하는가?

① 36[mm] 이하　　② 37.5[mm] 이하
③ 51[mm] 이하　　④ 56[mm] 이하

> **해설**
>
> 최대개구간격
> $Y = \dfrac{X}{10} + 6$
> Y : 개구간격[mm], X : 최대안전거리[mm]
> $\therefore Y = \dfrac{300}{10} + 6 = 36[mm]$
>
> [참고] ① 공식만 기억하면 어떤 형태도 계산이 가능합니다.
> ② key word : cm → mm로 환산했습니다.

11 ★★★ 수공구 해머의 재질은 로크웰 경도로 얼마가 적당한가?

① 30~40HRc　　② 40~50HRc
③ 50~60HRc　　④ 60~70HRc

> **해설**
>
> 해머의 경도
> ① 해머의 재질로 로크웰 경도(HR : Hard-ness Rock-well)는 50~60이 적당하다.
> ② 60HRc 이상 : 너무 단단하게 쪼개져 튀기 쉽다.
> ③ 50HRc 이하 : 재질이 연하고 부드러워 변형이나 비틀림이 생기기 쉽다.
> ④ 모든 공구의 경도는 동일하게 보면 된다.(HRc 50~60 정도)

[정답] 06 ④　07 ④　08 ②　09 ②　10 ①　11 ③

12 기계설비의 안전조건 중 외관상의 안전화에 해당되는 것은 어느 것인가?

① 작업자가 접촉할 우려가 있는 기계의 회전부를 덮개로 씌우고 안전색채를 사용하였다.
② 전압강하, 정전시의 오동작을 방지하기 위하여 자동제어장치를 하였다.
③ 강도의 열화를 생각하여 안전율을 최대로 고려하여 설치하였다.
④ 고장발생을 최소화하기 위해 정기점검을 실시하였다.

해설

외형의 안전화 방법
(1) 기계의 외형부분 및 돌출부분의 덮개 설치
(2) 별실 또는 구획된 장소에 격리 동력전도장치(원동기, 회전축, 치차, 풀리, 벨트, 샤프트)
(3) 안전색채조절
   기계장비 및 부속되는 배관
(4) 안전색채 사용원칙 16. 5. 8 ㉮
   ① 시동 스위치 : 녹색   ② 급정지 스위치 : 빨간색
   ③ 물배관 : 파란색   ④ 공기배관 : 흰색
   ⑤ 가스배관 : 노란색   ⑥ 대형기계 : 연녹색
   ⑦ 고열발생기계 : 청록색

➡ ① 기계의 안전조건 6가지 중 1가지이니 꼭 기억하세요.
② 21C에도 계속 출제되는 문제입니다.

13 기계의 구조부분의 안전화를 위한 조건으로서 맞지 않는 것은?

① 재료상의 결함
② 설계의 잘못
③ 가공의 잘못
④ 인간공학적인 안전한 작업조건

해설

구조부분의 안전화는 강도의 안전화, 즉 강도 산정상의 미스이다.

14 다음 보기와 같은 기계요소에 존재하는 위험점은?

| 회전풀리와 베드, 연삭숫돌과 작업대 |

① 협착점   ② 끼임점
③ 절단점   ④ 물림점

해설

끼임점 : 고정부와 회전이 함께 형성되는 점

15 다음 중 기계의 안전조건이 아닌 것은? 20. 8. 22 ㉮

① 기계조작방법의 안전화
② 작업점의 안전화
③ 구성부분의 강도적 안전화
④ 기계의 외관적 안전화

해설

기계의 안전조건
① 외형의 안전화
② 기능의 안전화
③ 구조의 안전화
④ 작업점의 안전화
⑤ 작업의 안전화
⑥ 작업보전의 안전화

16 다음 중 리밋스위치(limit switch)에 의한 안전장치가 아닌 것은?

① 권과방지장치
② 게이트 가드(gate guard)
③ 벨트이동장치(belt shifter)
④ 이동식 덮개

해설

Limit Switch (리밋스위치)
(1) 특징
   기계, 기구 설비의 안전장치에서 과도하게 한계를 벗어나 계속적으로 감아 올리거나 내리는 일이 없도록 하는 제한 장치
(2) 종류
   ① 권과방지장치
   ② 과부하방지장치
   ③ 과전류차단장치
   ④ 압력제한장치
   ⑤ 이동식 덮개
   ⑥ 프레스 게이트 가드 방호장치

[정답] 12 ① 13 ④ 14 ② 15 ① 16 ③

17 기계를 시동하기 앞서서 방호장치가 다시 제자리에 붙어 있는지를 가장 확인하기 쉬운 방호장치는?

① 고정식 방호장치　② 자동식 방호장치
③ 인터록 방호장치　④ 양수제어장치

해설

방호장치의 구분
① 인터록 장치(interlock system) : 일종의 연동기구로 걸림장치라고도 하며, 어떤 목적을 달성하기 위하여 한 동작 또는 수개 동작을 행하는 경우도 있으며, 동작 종료시에는 자동적으로 안정상태를 확보하도록 한 기구로 기계적, 전기적 구조 등으로 되어 있다.
② 리밋스위치(limit switch) : 기계설비의 안전장치에서 과도하게 한계를 벗어나 계속적으로 감아 올리거나 하는 일이 없도록 제한하는 장치. 권과방지장치, 과부하방지장치, 과전류차단장치, 압력 제한장치 등이 있다.

18 기계설비의 본질적 안전화 방법이 못 되는 것은?

① 조작상 위험이 없도록 설계할 것
② 안전기능은 기계외부에 부착되어 있을 것
③ 페일 세이프(fail safe) 기능을 가질 것
④ 풀 프루프(fool proof) 기능을 가질 것

해설

기계설비의 본질 안전
① 조작상 위험이 없도록 설계할 것
② 안전기능이 기계설비에 내장되어 있을 것
③ 페일 세이프(fail safe)의 기능을 가질 것
④ 풀 프루프(fool proof)의 기능을 가질 것

19 기계의 왕복운동을 하는 운동부와 고정부 사이에 위험이 형성되는 기계의 위험점에 적합한 것은?

① 끼임점　② 절단점
③ 물림점　④ 협착점

해설

협착점
① 직선운동　② 기계 자체　③ 회전체

20 기계설비의 손조작에 가장 중요한 조건은?

① 예민성　② 견고성
③ 안전성　④ 용장성

해설

손조작에 가장 중요한 것은 안전성이다.

◎ 문제가 반복됩니다. 그러므로 이번에도 출제됩니다.

21 회전중인 기어(gear)로서 통행 또는 작업시에 접촉할 위험이 있는 것에 대한 안전관리상 가장 옳은 것은?

① 견고하게 복개장치를 한다.
② 작업을 중지한다.
③ 위험표시를 황색으로 한다.
④ 통행을 금지시킨다.

해설

회전중인 기어(gear), 원동기, 회전축, 풀리, 플라이휠 등에는 덮개(복개장치), 울, 슬리브, 건널다리 등을 설치해야 한다.

합격정보
산업안전보건기준에 관한 규칙 제87조(원동기·회전축 등의 위험방지)

22 기계설비 고장형태 중 고장률이 가장 낮은 것은?

① 우발고장　② 피로고장
③ 초기고장　④ 마모고장

해설

기계고장 유형
(1) 기계고장률의 기본 모형
　① 초기고장 : 감소형(DFR)
　② 우발고장 : 일정형(CFR)
　③ 마모고장 : 증가형(DFR)
(2) 초기고장은 품질관리의 미비로 발생하는 고장이다.
(3) 고장률이 낮은 것은 우발고장이다.

◎ ① 실기 필답형에도 출제됩니다.
　② 기계안전기술뿐 아니라 인간공학에서도 출제됩니다.

23 기계의 방호장치를 해체하거나 사용을 정지할 수 없는 작업의 경우는?

① 검사　② 조정
③ 수리　④ 교체

해설

검사시는 정지해서는 안 된다.

[정답] 17 ③　18 ②　19 ④　20 ③　21 ①　22 ①　23 ①

24. 다음 중 방호울을 설치하여야 할 공작 기계는?

① 선반 ② 밀링
③ 드릴 ④ 셰이퍼

해설
셰이퍼 : 방호울 설치

25. 기계설비에서 풀 프루프(fool proof) 개선의 경우가 아닌 것은?

① 기계의 회전부분에 울이나 커버를 붙인다.
② 선풍기의 가드에 손이 닿으면 날개의 회전이 멈춘다.
③ 안전점검을 실시하고 미비점은 개선한다.
④ 승강기에서 중량제한이 초과되면 움직이지 않는다.

해설
풀 프루프(fool proof) 기구
(1) 종류
  ① 가드(guard)   ② 조작기구
  ③ lock 기구   ④ trip 기구
  ⑤ over-run 기구   ⑥ push & pull 기구
  ⑦ 기동방지기구
(2) 안전점검은 재해방지 대책이지 fool proof 대책은 아니다.

26. 안전장치의 기본목적이 아닌 것은?

① 작업자의 보호
② 인적·물적 손실의 방지
③ 기계 기능의 향상
④ 기계 위험 부위의 접촉 방지

해설
안전장치의 기본목적
① 작업자 보호
② 인적·물적 손실 방지
③ 위험 부위 접촉 방지

27. 기계설비의 간접방호 조치방법에서 위험 장소에 대한 방호방법이 아닌 것은?

① 연삭기덮개형   ② 포집형
③ 완전격리형   ④ 위치제한형

해설
간접 방호장치
(1) 격리형 방호장치
  ① 완전격리형 ② 덮개형 ③ 안전방책
(2) 포집형 방호장치는 위험원이다.

28. 기계설비의 이상시에 기계를 급정지시키거나 안전장치가 작동되도록 하는 소극적인 대책과 전기회로를 개선하여 오동작을 방지하거나 별도의 완전한 회로에 의해 정상 기능을 찾을 수 있도록 하는 것은?

① 구조부분의 안전화   ② 기능적 안전화
③ 본질적 안전화   ④ 외관상의 안전화

해설
기본적인 안전조건
(1) 외관적 안전화
    외부의 예리한 돌출부나 회전운동, 왕복운동을 하는 부분은 안전하게 조치한다.
(2) 기능적 안전화
    정전이나 전압강하, 압력변동, 밸브의 막힘 등으로 인한 작동불량에 대해서도 기능적으로 안전해야 한다. 이러한 경우 기계설비를 급정지시켜 안전하게 하거나, 계기를 병렬로 두 개 이상 설치하여 한 개가 고장이 나면 다른 한 개가 작동되도록 한다. 또는 작동불량을 방지하는 구조(fail safe)로 하거나, 컴퓨터를 이용하여 고장을 자가진단하는 것이 바람직하다.
(3) 구조적 안전화
    기계설비의 파괴는 물적 재해분만 아니라 때때로 중대한 재해를 야기한다. 이러한 구조적인 안전은 설계·제작 단계에서부터 고려되어야 하나 사용과 함께 노후화되어 문제가 된다. 구조적인 안전을 도모하려면,
    ① 충분한 강도 : 구성요소에 작용하는 최대하중과 응력집중, 하중의 종류(정하중, 동하중, 충격 하중) 등을 잘 예측하여 안전율을 결정한다. 특히 보일러 동체와 같이 부식되는 곳이나 적정 수명이 지난 노후화된 설비들은 급격히 강도가 저하된다.
    ② 재료의 결함 : 사용재질의 가공, 편석 등 금속조직상의 결함이나 가공시의 미소균열, 사용환경 등이 파손의 원인이 된다.
    ③ 제작상 결함 : 가공불량이나 편심가공은 소음과 진동의 원인이 되어 수명이 급격히 감소하며, 열처리 후의 잔류응력, 용접불량 등이 직접 파손의 원인이 된다.
(4) 작업의 안전화
    기계작업시 일반적인 안전대책을 들면,
    ① 정상적인 작업시 안전이 보장되어야 한다.
    ② 조작장치는 작업자 가까운 곳에 위치하여야 한다.
    ③ 반복작동되는 기계는 한 주기의 시작과 끝에 시간적인 지연이 있어야 한다.

[정답] 24 ④ 25 ③ 26 ③ 27 ② 28 ②

④ 급정지장치를 구비하고 작업위치에서 용이하게 조작할 수 있어야 한다.
⑤ 작업중에 작업점을 안전하게 볼 수 있어야 한다.
⑥ 작업시 피로가 적도록 동작이나 작업높이 등이 인간공학적으로 고려되어야 한다.
⑦ 특히 2인 이상의 공동작업시 정보가 확실하게 전달되어야 한다.

(5) 표준화
기계설비의 표준화는 부품 교환을 용이하게 하여 부품이나 제품의 신뢰도를 예측할 수 있으며 또한 사고나 재해예방에도 도움이 된다.

(6) 보전의 안전화
기계설비의 보존작업시 의외로 많은 재해가 발생한다. 보수를 잘하기 위해서는 기계설비를 제작할 때 보수를 고려하여 설계되어야 하나 보전작업의 안전화와 이에 의한 안전교육이 필요하다. 보전성을 높이기 위해서는,
① 보전용 통로와 작업장을 확보하여야 한다.
② 분해, 교환이 쉬워야 한다.
③ 고장나기 어려워야 한다.
④ 적합한 점검방법이 강구되어 있어야 한다.
⑤ 주유가 쉽고 적절하여야 한다.

⊙ 해설이 너무 길지만, 해설 가운데 문제가 출제됩니다. 본서는 문제집으로 본문에서 모두 설명할 수가 없습니다.

29 ★★ 나사의 체결에 있어 약간의 진동이나 하중의 변화에 의해 너트가 풀릴 위험이 있을 때 이를 방지하기 위하여 펀칭이나 타격에 의한 방법으로 안전조치를 하였다. 다음 중 위의 방법이 아닌 것은?

① 분할핀   ② 조붙이
③ 멈춤쇠   ④ 멈춤나사

해설
조붙이
① 분할핀(split pin) : 나사의 풀림방지용
② 조붙이 : 고정용은 가능하나 진동에 견디지 못함

30 ★★ 다음 공작기계 중 안전장치로서 덮개 또는 울을 설치하여야 할 기계가 아닌 것은?

① 띠톱기계의 위험한 톱날 부위
② 형삭기 램의 행정끝
③ 터릿 선반으로부터의 돌출가공물
④ 모떼기기계

해설
④ 날접촉예방방지

합격정보
산업안전보건기준에 관한 규칙 제110조(모떼기기계의 날접촉예방장치)

31 ★★ 방호울을 설치할 경우 일반적으로 방벽의 높이는 몇 [mm] 정도가 되어야 하는가?

① 160   ② 1,600
③ 250   ④ 2,500

해설
방벽(방호울)의 높이는 2,500[mm] 정도로 한다.

32 선반에서 냉각제 등에 의한 생물학적 위험을 방지하기 위한 방법으로 틀린 것은? 19. 4. 27 산

① 냉각재가 기계에 잔류되지 않고 중력에 의해 수집탱크로 배유되도록 해야 한다.
② 냉각재 저장탱크에는 외부 이물질의 유입을 방지하기 위한 덮개를 설치해야 한다.
③ 특별한 경우를 제외하고는 정상 운전 시 전체 냉각재가 계통 내에서 순환되고 냉각재 탱크에 체류하지 않아야 한다.
④ 배출용 배관의 지름은 대형 이물질이 들어가지 않도록 작아야 하고, 지면과 수평이 되도록 제작해야 한다.

해설
배출용 배관
① 지름을 크게 한다.
② 지면과 수직으로 제작한다.

참고
허용응력 결정시 기초강도
① 상온에서 연성재료가 정하중을 받을 경우 : 극한강도, 항복점
② 상온에서 취성재료가 정하중을 받을 경우 : 극한강도
③ 고온에서 정하중을 받을 경우 : 크리프강도
④ 반복응력을 받을 경우 : 피로한도

제1장 총 합격키
• 돌다리도 두들겨보며 건너라고 기출문제에서 다시 꼭 확인해야 안정권 합격입니다.

💬 **합격자의 조언**
1. 깨진 독에 물 붓지 말라. 새는 구멍을 막은 다음 물을 부어라.
2. 요행의 유혹에 넘어가지 말라. 요행은 불행의 안내자다.

[정답] 29 ② 30 ④ 31 ④ 32 ④

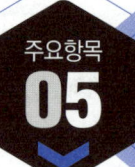

주요항목 05 기계설비 유지·관리

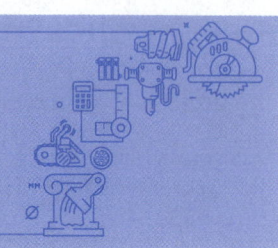

중점 학습내용

본 장은 기계·기구 및 설비 안전관리에 관련된 기초 지식으로 알아두어야 할 내용을 다룬 것이다. 기계나 구조물은 항상 여러 가지 형태의 외력을 받으므로 이 외력이 클 때에는 기계 또는 구조물을 구성하고 있는 재료에 신장과 수축, 굽힘 등이 생겨서 사용할 수 없게 되며 경우에 따라 파괴되어 대형 안전사고를 유발한다. 그러므로 재료시험이 필수적이며 시험에 출제가 예상되는 본 장의 중심적인 내용은 다음과 같이 구성하였다.

❶ 비파괴 검사의 종류 및 특징
❷ 소음·진동 방지기술

[표] 비파괴검사의 종류별 특징

시험 방법	적용 원리	적용 특성	주 적용(예)
방사선 투과검사	투과선량차에 의한 필름 농도차	재료특성 및 형상 특성 영향이 적다.	복합한 형상, 조립품
초음파 탐상검사	초음파의 반사 및 투과	탄성체 매끈한 표면 필요	용접부, 주조품, 단조품
액체침투 탐상시험	액체의 표면장력과 모세관 현상에 의한 액체침투	거친 표면 및 다공성 재료 적용불가	철강, 비철, 비금속 재료
자분 탐상시험	누설 자장에 자분부착	자성재료만 적용	철강 재료

CBT 합격날개

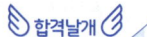

합격예측

단조(Forging)
금속재료를 열간 또는 냉간에서 해머 및 프레스로 타결하여 성형하는 것을 말한다.

재결정 온도
= 열간가공, 냉간가공구분
19. 3. 3 [기] 23. 3. 1 [산]

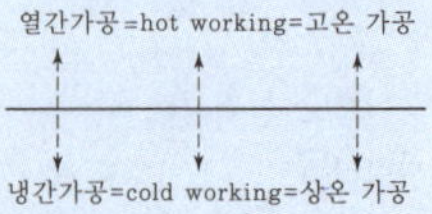

열간가공=hot working=고온 가공
냉간가공=cold working=상온 가공

세부항목 1. 비파괴 검사(bondestuctive inspection : 非破壞檢査)의 종류 및 특징

비파괴 검사는 공업제품 내부의 기공(氣孔)이나 균열 등의 결함, 용접부의 내부 결함 등을 제품을 파괴하지 않고 외부에서 검사하는 방법

1. 파괴시험

(1) 인장시험 17. 3. 5 [기] 19. 3. 3 [기] 20. 8. 22 [기] 21. 3. 7 [기] 24. 2. 15 [기] 25. 2. 7 [기]

시험편을 시험기에 장치하고 서서히 인장하여 시험편이 파괴될 때까지의 하중과 신장의 관계를 선도(線圖)로 나타내고 재료의 항복점, 인장강도, 신장, 교축 등을 조사할 목적으로 행하는 것을 인장시험이라 한다.

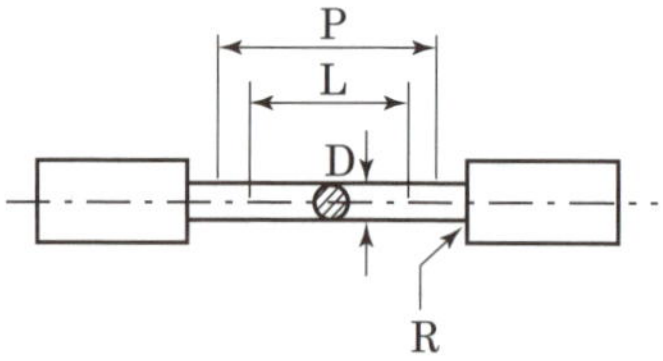

P
L
D
R

4호 인장시험편
P=약 60[mm](평행부 길이)
L=약 50[mm](표점거리)
D=14[mm]
R=15[mm](국부의 반경)

[그림] 인장시험편

(2) 충격시험 16. 8. 21 [기] 19. 4. 27 [기]

재료의 점성강도와 취성을 조사할 목적으로 행하여지는 것이며 시험기는 샤르피와 아이조드의 2종이 있다.

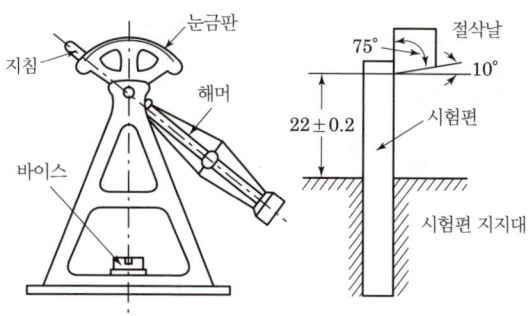

[그림] 아이조드 충격시험

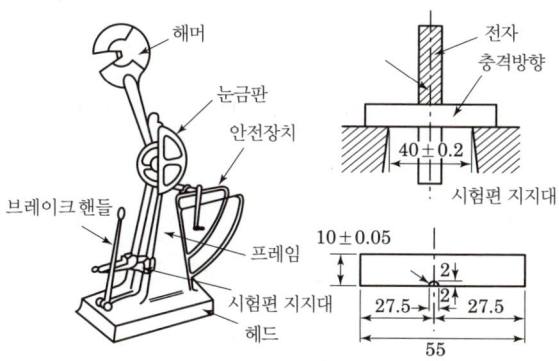

[그림] 샤르피 충격시험

(3) 경도시험

금속재료의 기계적 성질 중에서도 중요한 것이며, 재료의 내마모성이나 절삭능력 등을 판정하는 기본이 되는 것이다.

(4) 기타 재료시험

① **피로시험** : 재료에 몇 번이고 반복하여 하중을 작용시켜도 파괴되지 않는 응력의 한도를 측정하는 시험 15. 5. 31 ❷

② **굽힘시험** : 규정방법으로 굽혀진 부분의 외측에 균열이나 그 밖에 결점이 나타나는가의 여부를 살피는 시험

③ **스파크시험** : 금속재료를 그라인더로 연삭할 때에 발생하는 스파크의 색과 모양에서 그 재료에 함유된 원소의 종류와 양을 판정하는 시험

④ **크리프 현상**
  ㉮ 재료가 어느 온도에서 일정한 응력이 작용하고 있을 때 장시간에 걸쳐 방치해두면 재료 응력은 일정함에도 불구하고 그 변형률은 시간의 경과에 따라 증가하며 그러한 현상을 Creep라 한다.
  ㉯ 탄소강은 250[℃]이상에서 나타나기 시작하여 350[℃]~400[℃] 이상에서 현저히 나타난다.

합격예측

인발(Drawing) 23. 6. 17
인발가공은 테이퍼 구멍을 가진 다이에 재료를 통과시켜 다이 구멍의 최소 단면 치수로 가공하는 방법으로써 외력으로는 인장력이 작용하고 Die 벽면과 소재 사이에는 압축력이 작용하여 지름 5~10[mm]의 봉재나 두께 1.5[mm] 이하의 파이프 등 소 단면재를 가공한다. 주로 상온에서 행하나 가공 중 변형에 의한 발생열이 상당히 많다.

압연(Rolling) 23. 6. 17
금속재료를 회전하는 로울러 사이를 통과시켜 열간 또는 냉간에서 성형하는 것을 말한다.

육안검사(Visual Inspection)의 특징
① 원칙적으로 육안으로 보고 확인하는 것이지만 필요한 경우 계측기기를 사용한다.
② 확대경, 전용게이지 등을 사용하여 균열, 피트 등의 유무 확인한다.
③ 용접부의 돋움살의 높이나 언더컷의 깊이 등을 측정하기도 한다.

압출(Extrusion) 23. 6. 17
금속재료를 고압으로 필요한 형태의 구멍을 통하게 하여 성형하는 것을 말한다.

전조(Form Rolling) 23. 6. 17
다이나 Roll과 같은 성형공구를 회전 또는 직선운동시키면서 그 사이에 소재를 넣어 공구의 표면형상으로 각인하는 일종의 특수압연이라 볼 수 있다.

전조제품 23. 5. 13
원통 롤러, Ball, Ring, 기어, 나사, Spline 축, 냉각 Fin이 붙은 관

합격예측 및 관련법규

고철취급시 안전수칙
① 고철 등 원재료 중에 인화물 및 폭발물이 섞여 있을 경우에는 이를 제거한 후 사용하여야 한다.
② 원재료 중 진공용기는 구멍을 뚫어 내용물을 처리한 후 사용하여야 한다.
③ 철선, 파이프 등 긴 원재료는 이를 작은 크기로 절단하여 사용하여야 한다.
④ 부피가 큰 원재료는 파쇄기 등에 의해 적당한 크기로 파쇄하여 사용하여야 한다.

합격예측

누설검사의 특징
① 시험체의 내부와 외부의 압력차를 만들어 유체가 결함을 통해 흘러 들어가거나 나가는 것을 검지하는 방법
② 압력용기, 배관 등의 검사에 유효한 비파괴검사방법
③ 검사할 물체를 기름 속에 오래 담가두면 결함이 있는 부위에 기름이 검지 되는데 이것을 건져내어 깨끗이 처리한 후 기름이 새어나오는 상태를 확인하여 결함의 깊이 및 크기를 추정하는 것도 누설시험의 한 방법

초음파탐상시험 방법 3가지
① 펄스반사법 11. 3. 20 ㉮
② 투과법
③ 공진법

(1) 표면 결함 검출을 위한 비파괴 시험
　① 육안검사
　② 자분 탐상시험
　③ 액체침투 탐상시험
　④ 와전류 탐상시험
(2) 내부 결함 검출을 위한 비파괴 시험
　① 방사선 투과시험
　② 음향 방출시험
　③ 초음파 탐상시험

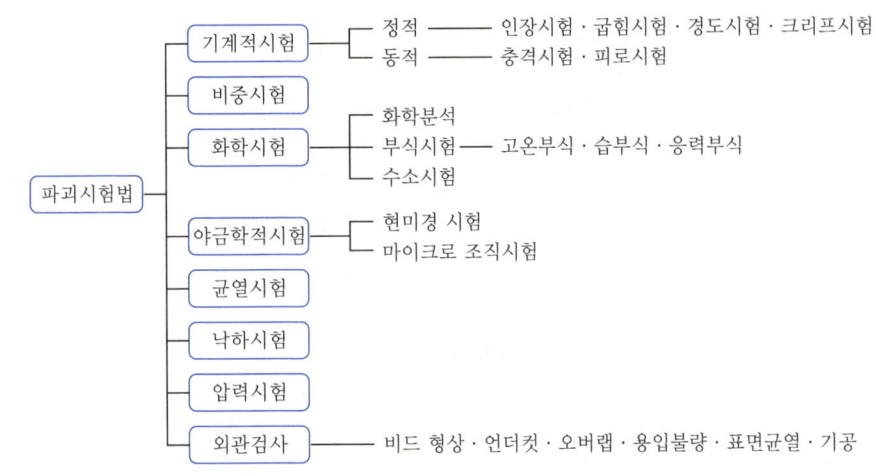

[그림] 파괴시험 17. 5. 7 ㉮ 20. 6. 7 ㉮

2. 비파괴시험

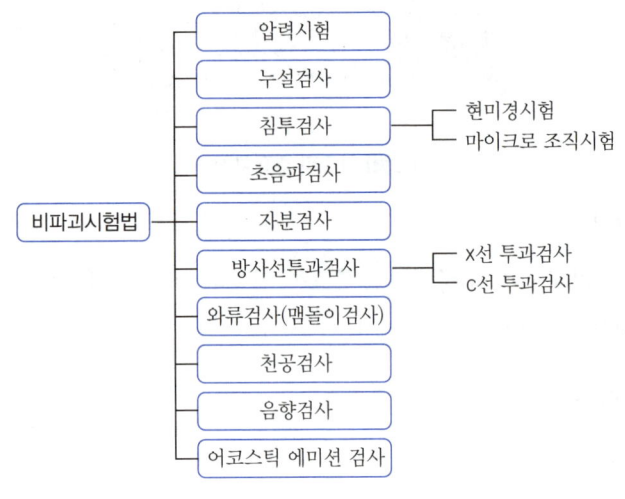

[그림] 비파괴 시험

(1) 용어정의

① **가공경화**(working hardening)
금속이 가공에 의하여 변형될 때에, 보다 단단해지고 부서지기 쉬워지는 성질

② **응력집중**(stress concentration) 18. 4. 28 ㉯ 23. 5. 13 ㉯
응력이 국부적으로 증대하는 현상으로, 재료에 구멍이 있거나 노치(notch) 등이 있을 때, 이에 외력이 작용하면 국부적으로 응력이 커져 재료가 파괴됨

③ **피로**(fatigue) 17. 5. 7 ㉮ 23. 3. 1 ㉯ 23. 6. 4 ㉮
재료에 반복하여 하중을 가하면, 반복하는 횟수가 많아짐에 따라 재료의 강도가 저하되는 현상

(2) 비파괴 검사구분 21. 5. 15 ⑰

① 육안검사(visual inspection : 肉眼檢査)

육안의 관찰에 의하여 좋고 나쁨을 판별하는 검사, 즉 육안 시험을 실시하여 정해진 기준 또는 고객 시방에 따라 시험체의 좋고 나쁨을 판별하는 검사

② 침투검사(P. T)

㉮ 정의
- ㉠ 시험물체를 침투액속에 넣었다가 다시 집어내어 결함을 육안으로 판별하는 방법
- ㉡ 침투액에 형광물질을 첨가하여 더욱 정확하게 검출할 수도 있다.(형광시험법)

㉯ 적용대상

철강이나 비철을 포함한 모든 재료의 비금속재료의 표면에 열려있는 결함이 존재할 경우

㉰ 침투검사 시험방법
- ㉠ 균열부에 침투할 수 있는 형광물질을 함유한 용액 중에 검사할 부품을 침지
- ㉡ 과잉액을 표면에서 제거하고 건조한 후에 자외선으로 시험
- ㉢ 균열부는 형광으로 인해 광이 있는 빛이 나타남

㉱ 염색 침투 탐상제
- ㉠ 특징
  - ⓐ 많이 사용하는 방법으로 특수한 장치 불필요
  - ⓑ 실내 및 야외에서 사용할 수 있어 미숙련자도 사용가능
  - ⓒ 육안으로 보기 힘든 미세한 결함도 선명한 적색으로 관찰가능
  - ⓓ 검사물의 재질이나 형상에 무관하며 원터치에어로졸 형식
  - ⓔ 사용이 간단하고 휴대하기에 편리

[표] 사용방법(작업순서) 18. 8. 19 ㉮

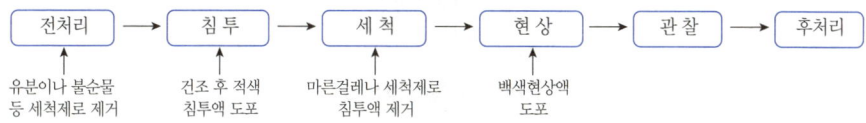

- ㉡ 염색 침투 탐상제의 구성
  - ⓐ 세척액(450[cc] 3개)
  - ⓑ 침투액(450[cc] 1개)
  - ⓒ 현상액(4,560[cc] 2개)

[표] 비파괴검사의 종류별 특징

시험 방법	원리	특성	적용 예
방사선 투과 검사	투과 선량차에 의한 필름 농도차	재료특성 및 형상 특성 영향이 작다	복잡한 형상, 조립품
초음파 탐상 검사	초음파의 반사 및 투과	탄성체 매끈한 표면 필요	용접부, 주조품, 단조품
액체 침투 탐상 시험	액체의 표면 장력과 모세관 현상에 의한 액체 침투	거친 표면 및 다공성 재료 적용 불가	철강, 비철, 비금속 재료
자분 탐상 시험	누설 자장에 자분 부착	자성 재료만 적용	철강 재료

합격예측 및 관련법규

안전보건규칙

제184조(제동장치 등)

사업주는 구내운반차(작업장 내 운반을 주목적으로 하는 차량으로 한정한다)를 사용하는 경우에 다음 각 호의 사항을 준수하여야 한다.
1. 주행을 제동하거나 정지상태를 유지하기 위하여 유효한 제동장치를 갖출 것
2. 경음기를 갖출 것
3. 운전석이 차 실내에 있는 것은 좌우에 한 개씩 방향지시기를 갖출 것
4. 전조등과 후미등을 갖출 것. 다만, 작업을 안전하게 하기 위하여 필요한 조명이 있는 장소에서 사용하는 구내운반차에 대해서는 그러하지 아니하다.
5. 구내운반차가 후진 중에 주변의 근로자 또는 차량계하역운반기계등과 충돌할 위험이 있는 경우에는 구내운반차에 후진경보기와 경광등을 설치할 것

③ 초음파검사(U. T) 17.8.26 ⑦ 18.8.19 ⑦
  ㉮ 높은 주파수(보통 1~5[MHz] : 100만[Hz]~500만[Hz])의 음파, 즉 초음파의 펄스(pulse)를 탐촉자로부터 시험체에 투입시켜 내부 결함을 반사에 의해 탐촉자에 수신되는 현상을 이용
  ㉯ 결함의 소재나 결함의 위치 및 크기를 비파괴적으로 알아내는 방법으로써 결함 탐상 이외에 기계가공에서 초음파 구멍 뚫기, 초음파 절단, 초음파 용접 작업 등에 적용

[표] 초음파검사 종류 18.3.4 ⑦

구분	특징
반사식	검사할 물체에 극히 짧은 시간에 충격적으로 초음파를 발사하여 결함부에서 반사되는 신호를 받아 그 사이의 시간지연으로 결함까지의 거리 측정
투과식	검사할 물체의 한쪽면의 발진장치에서 연속으로 초음파를 보내고 반대편의 수진장치에서 신호를 받을 때 결함이 있을 경우 초음파의 도착에 이상이 생기는 것으로 결함의 위치와 크기들을 판정(50[mm] 정도까지 적용)
공진식	발진장치의 파장을 순차로 변화하여 공진이 생기는 파장을 구하면, 결함이 존재할 경우 결함까지 거리가 파장의 1/2의 정수배가 될 때에 공진이 생기므로 결함위치를 파악(보통 결함의 깊이 측정에 사용, 결함이 옆으로 있을 때 적합)

[표] 탐촉자의 개수에 따른 분류

구분	특징
1탐촉자 방식	한 개의 검출기가 송신용과 수신용으로 겸용(일반적인 방법)
2탐촉자 방식	두 개의 검출기 사용, 한쪽을 송신용 다른 쪽을 수신용으로 사용 (용접부의 옆으로 갈라진 곳 검출)
다탐촉자 방식	4개 이상의 탐촉자 사용(원자로, 압력용기 등)

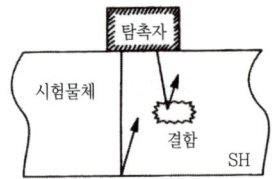

[그림] 1탐촉자 방식 UT

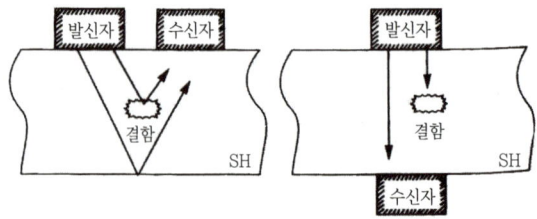

[그림] 2탐촉자 방식 UT

④ 자기 탐상검사(M. T) 23. 6. 4 기

㉮ 강자성체(Fe, Ni, Co 및 그 합금)에 발생한 표면 크랙을 찾아내는 것으로, 결함을 가지고 있는 시험에 적절한 자장을 가해 자속(磁束)을 흐르게 하여, 결함부에 의해 누설된 누설자속에 의해 생긴 자장에 자분을 흡착시켜 큰 자분 모양으로 나타내어 육안으로 결함을 검출하는 방법

㉯ 시험물체가 강자성체가 아니면 적용할 수 없지만 시험물체의 표면에 존재하는 균열과 같은 결함의 검출에 가장 우수한 비파괴 시험방법

[표] 자분탐상 방법 19. 3. 3 기 21. 8. 14 기

구분	특징
직각 통전법 (전류통전법)	시험품의 축에 대해 직각인 방향에 직접 전류를 흘려서 전류 주위에 생기는 자장을 이용하여 자화시키는 방법
극간법	시험품의 일부분 또는 전체를 전자석 또는 영구자석의 자극간에 놓고 자화시키는 방법
축 통전법	시험품의 축 방향의 끝단에 전류를 흘려, 전류 둘레에 생기는 원형 자장을 이용하여 자화시키는 방법
자속 관통법	시험품의 구멍 등에 철심을 놓고 교류 자속을 흘림으로써 시험품 구멍 주변에 유도 전류를 발생시켜, 그 전류가 만드는 자장에 의해서 시험품을 자화시키는 방법

⑤ 음향탐상검사 19. 8. 4 기 23. 7. 8 기

㉮ 정의

재료가 변형될 때에 외부응력이나 내부의 변형과정에서 방출하게 되는 낮은 응력파를 감지하여 공학적인 방법으로 재료 또는 구조물이 우는(cry)것을 탐지하는 기술방법

㉯ 음향검사의 측정범위

 ㉠ 응력측정
 ㉡ 스트레인 변화 측정
 ㉢ 피로, 크랙, 재료내의 결함 탐지 및 위치파악
 ㉣ 응력부식의 영향 측정

㉰ 음향검사의 특징

 ㉠ 작용하중을 증가시키면서 서브 크리티컬 크랙(Subcritical crack)성장의 탐지
 ㉡ 일정 하중하에서의 크랙 성장의 탐지
 ㉢ 연속적인 음향검사의 모니터링을 통하여 교반하중으로 인한 성장의 탐지
 ㉣ 간헐적인 과도응력을 이용하여 교반하중으로 인한 크랙 성장의 탐지 및 응력, 부식, 연구에 음향검사를 이용

Q 은행문제 16. 5. 8 기

1. 물질 내 실제 입자의 진동이 규칙적일 경우 주파수의 단위는 헤르츠[Hz]를 사용하는데 다음 중 통상적으로 초음파는 몇 [Hz] 이상의 음파를 말하는가?
① 10,000 ② 20,000
③ 50,000 ④ 100,000
정답 ②

2. 다음 중 금속 등의 도체에 교류를 통한 코일을 접근시켰을 때, 결함이 존재하면 코일에 유기되는 전압이나 전류가 변하는 것을 이용한 검사방법은?
17. 3. 5 기 22. 3. 5 기
23. 2. 28 기
25. 5. 7 기
① 자분탐상검사
② 초음파탐상검사
③ 와류탐상검사
④ 침투형광탐상검사
정답 ③

3. 방사선 투과검사에서 투과사진에 영향을 미치는 인자는 크게 콘트라스트(명암도)와 명료도로 나누어 검토할 수 있다. 다음 중 투과사진의 콘트라스트(명암도)에 영향을 미치는 인자에 속하지 않는 것은?
① 방사선의 선질 18. 3. 4 기
② 필름의 종류
③ 현상액의 강도
④ 초점-필름간 거리
정답 ④

4. 오스테나이트 계열 스테인리스 강판의 표면균열발생을 검출하기 곤란한 비파괴 검사방법은? 16. 5. 8 기
① 염료침투검사
② 자분검사
③ 와류검사
④ 형광침투검사
정답 ②

합격예측

피로파괴현상의 영향 요인
① notch(노치)
② corrosion(부식피로)
③ size effect(치수효과)
④ 온도
⑤ 표면상태 등

Q 은행문제

1. 다음 중 방사선 투과검사에 가장 적합한 활용 분야는?
   ① 변형률 측정
   ② 완제품의 표면결함 검사
   ③ 재료 및 기기의 계측 검사
   ④ 재료 및 용접부의 내부결함 검사

   정답 ④

2. 수공구 작업 시 재해방지를 위한 일반적인 유의사항이 아닌 것은? 08. 3. 4 ❹ 16. 5. 8 ❹
   ① 사용 전 이상 유무를 점검한다.
   ② 작업자에게 필요한 보호구를 착용시킨다.
   ③ 적합한 수공구가 없을 경우 유사한 것을 선택하여 사용한다.
   ④ 사용 전 충분한 사용법을 숙지한다.

   정답 ③

⑥ 방사선 투과검사(R. T)

㉮ X선이나 γ선 등의 방사선은 물질을 잘 투과하기 쉬우나 투과 도중에 흡수 또는 산란을 받게 되어, 투과 후의 세기는 투과 전의 세기에 비해 약해지며 이 약해진 정도는 물체의 두께, 물체의 재질 및 방사선의 종류에 따라 달라진다.

㉯ 검사하고자 하는 물체에 균일한 세기의 방사선을 조사시켜 투과한 다음 사진 필름에 감광시켜 현상하면, 결함과 내부 구조에 대응하는 진하고 엷은 모양의 투과사진이 생긴다.

㉰ 투과 사진을 관찰하여 결함의 종류, 크기 및 분포 상황 등을 알아내는 시험이 방사선 투과시험이다.

[표] 방사선 투과시험 방법

구분	특징
직접촬영	X선, γ선의 투과상을 직접 X선 필름에 촬영하는 방법
간접촬영	X선, γ선의 투과상을 형광판이나 가시상으로 바꾸어, 간접적으로 카메라의 필름에 촬영하는 방법
투과법	X선, γ선의 투과상을 형광판 또는 형광증배관에 의해 가시상으로 바꾸어 육안 또는 카메라 등으로 관찰하는 방법

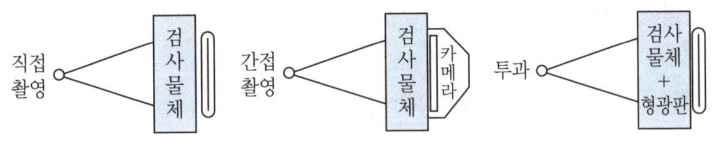

[그림] 방사선 투과시험

3. 수공구류 안전기준

(1) 해머 작업

① 장갑을 끼지 말 것
② 자루가 단단한 것을 사용할 것
③ 타격면이 경사진 것을 사용하지 말 것
④ 작업에 알맞은 무게의 해머를 사용할 것
⑤ 가볍게 타격 후 점점 무게를 가하여 타격할 것(로크웰 경도 HRC 50~60)
⑥ 한눈을 팔지 말 것

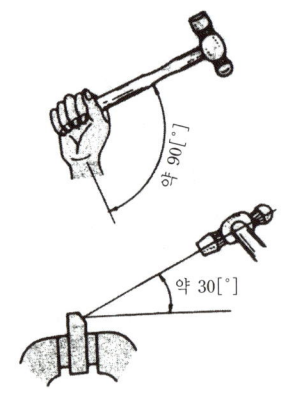

[그림] 해머작업

(2) 정작업 19.3.3 ⓐ 23.2.28 ㉮ 25.2.7 ⓐ

① 시선은 정의 날끝을 본다.
② 정을 잡은 손의 힘을 뺀다.
③ 처음에는 가볍게 두드리고 점차 힘을 가한 후, 작업이 끝날 때는 가볍게 두드린다.
④ 절삭 칩을 손으로 제거하지 말 것

(3) 줄작업

[그림] 줄의 명칭

① 줄자루와 함께 사용한다.
② 줄에 균열이 있는 것은 사용하지 않는다.
③ 줄자루는 알맞은 크기로 확실히 고정한다.
④ 눌눈에 칩(Chip)이 차 있으면 와이어 브러시로 제거한다.
⑤ 줄을 너무 세게 밀어 줄자루가 공작물에 부딪쳐 자루가 빠지는 일이 없도록 한다.

(4) 스크레이퍼 작업

① 절삭날은 급랭, 급열에 의한 재질의 변화가 생기지 않도록 한다.
② 절삭날은 날카로우므로 취급시 주의한다.
③ 자루의 끝은 왼손으로 가볍게 잡고, 오른손으로 날끝 부분의 위를 꼭 잡고서 힘주어 작업한다.
④ 미끄러지지 않도록 주의한다.

[그림] 긁기 스크레이퍼

(5) 손톱 작업

① 톱날을 쇠톱의 프레임에 고정할 때, 알맞은 장력(張力)으로 한다.
② 절삭시 공작물이 흔들리면 톱날이 부러진다 (확실한 고정).
③ 톱날은 밀 때 절삭되며 알맞은 힘으로 작업한다.
④ 시선은 깎이는 공작물을 본다.
⑤ 작업이 끝날 때는 서서히 작업한다.

[그림] 손톱

(6) 스패너 작업 16.3.6 ㉮

① 스패너는 볼트, 너트의 크기에 맞는 것을 사용한다.
② 크기가 맞지 않는다고 쐐기를 끼우고 사용해서는 안 된다.
③ 파이프를 스패너 자루에 끼우고 사용해서는 안 된다.
④ 스패너는 밀어서 작업하는 것보다 당기면서 작업한다.
⑤ 멍키 스패너는 고정 조가 있는 부분으로 힘을 가하여 사용한다.

합격예측

(1) 간이진단진동법의 특징
① 다수의 설비를 간단한 방법으로 신속하게 진단
② 휴대용 진동계나 진단기 등의 측정 및 기록기기 사용
③ 정상 및 이상의 판별과 문제점을 찾아 원인과 부위 파악

(2) 정밀진단진동법의 특징
① 간이진단에서 파악된 이상 원인이나 진동측정이 불가능한 장소에서 분석하여 예측하는 방법
② 진동수 조사 및 파형 처리나 각종의 처리기술 응용

(3) 앤빌(anvil)
단조작업이나 판금작업시 공작물을 올려놓고 작업시 앤빌은 타격을 받는 부분

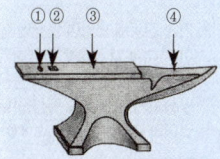

[그림] 앤빌

㉮ ①, ②번 구멍은 펀치 작업의 구멍뚫기, 탭(4자) 작업에 사용
㉯ ③번은 공구강판을 평면으로 다듬질 작업에 사용
㉰ ④번은 굽힘작업에 사용

합격예측 19. 8. 4 ②
(1) 진동에서 악화·비정상·정상 판단설비진단 방법
  ① 상호판단
  ② 비교판단
  ③ 절대판단
(2) 실패원인과 발생한 장소의 탐지구분
  ① 직접 방법
  ② 평균 방법
  ③ 주파수 방법

Q 은행문제

1. 회전축이나 베어링 등이 마모 등으로 변형되거나 회전의 불균형에 의하여 발생하는 진동을 무엇이라고 하는가?
① 단속진동 23. 7. 8 ②
② 정상진동
③ 충격진동
④ 우연진동
    정답 ②

2. 기계 진동에 의하여 물체에 힘이 가해질 때 전하를 발생하거나 전하가 가해질 때 진동 등을 발생시키는 물질의 특성을 무엇이라고 하는가? 15. 3. 8 ②
① 압자
② 압전효과
③ 스트레인
④ 양극현상
    정답 ②

세부항목 2. 소음·진동 방지 기술

1. 진동방지 기술

(1) 진동(振動 : Vivration)의 정의

물체가 기준 위치에 대해 반복운동을 하는 흔들림 현상으로 이러한 진동은 때로는 유용한 경우도 있지만 대부분 원하지 않는 공해진동으로써 인간의 생리적 장해와 심리적 불쾌감을 유발하며, 기계자체의 수명과 건축구조물 수명에 나쁜 영향을 준다. 공해진동의 진동수 범위는 1~90[Hz]이며 진동레벨로는 60[dB]~80[dB]까지가 많고 사람이 느끼는 최소 진동가속도 레벨은 55±5[dB] 정도이다.

[표] 진동작업

구분	기계·기구
진동작업에 쓰이는 기계·기구의 종류	① 착암기 ② 동력을 이용한 해머 ③ 체인톱 ④ 엔진커터 ⑤ 동력을 이용한 연삭기 ⑥ 임팩트 렌치 ⑦ 그 밖에 진동으로 인하여 건강장해를 유발할 수 있는 기계·기구
보호구 착용	방진장갑 등 진동 보호구 착용
근로자에게 알려야 할 사항 (유해성 등의 주지)	① 인체에 미치는 영향 및 증상 ② 보호구의 선정 및 착용방법 ③ 진동기계, 기구 관리방법 ④ 진동장해 예방방법

[표] 진동대책

구분	진동대책
국소 진동(hand transmited vibration)	① 진동공구에서의 진동 발생을 감소 ② 적절한 휴식 ③ 진동공구의 무게를 10[kg] 이상 초과하지 않게 할 것 ④ 손에 진동이 도달하는 것을 감소시키며, 진동의 감폭을 위하여 장갑(glove) 사용
전신 진동 대책 (근로자와 발진원 사이의 진동대책)	① 구조물의 진동을 최소화 ② 발진원의 격리 ③ 전파 경로에 대한 수용자의 위치 ④ 수용자의 격리 ⑤ 측면 전파 방지 ⑥ 작업시간 단축(1일 2시간 초과금지)

(2) 진동의 영향

1 생리적, 작업능률, 정신적인 영향

구분	증상
생리기능에 미치는 영향	① 심장 : 혈관계에 대한 영향 및 교감 신경계의 영향으로 인해 혈압 상승, 맥박 증가, 발한 등의 증상 ② 소화기계 : 위장내압의 증가, 복합상승, 내장하수 등의 증상 ③ 기타 : 내분비계 반응 장애, 척수 장애, 청각 장애, 시각 장애 등의 증상
작업능률에 미치는 영향	① 시각 대상이 움직이므로 쉽게 피로해진다. ② 평형감각에 영향을 줄 수 있다. ③ 촉각신경에 영향을 줄 수 있다.
정신적·일상생활에 미치는 영향	① 정신적 영향 : 불안정한 상태로 심할 경우 정신적 불안정 증상 유발 ② 일상생활 방해 : 숙면을 취하지 못하고, 불면증이 나타나며 주위가 산만해진다. 강한 진동으로 인한 내·외벽의 균열이 발생하기도 한다.

2 신체장해

① 전신장해의 원인, 증상, 예방대책

구분	특징
원인	트랙터, 트럭, 버스, 기차 흠파는 기계, 헬리콥터 및 각종 영농기계 탑승시
증상	① 진동수와 가속도가 클수록 장해 및 진동감각증대 ② 압박감과 통증으로 공포심, 오한 ③ 만성적으로 반복될 경우 천장골좌상, 신장손상으로 혈뇨 자각적 동요감, 불쾌감, 불안감, 동통 등
예방법	① 노출시간의 단축(1일 2시간 초과금지) ② 진동 완화 위한 기계설계
치료	특별한 치료법이 없으며, 심할 경우 노출 중단, 임상증상에 따른 대증요법

합격예측

[표] 산업용 로봇의 동작형태에 의한 분류

용어	의미
원통좌표 로봇 (cylinderical robot)	팔의 자유도가 주로 원통좌표 형식
극좌표 로봇 (polar robot, spherical robot)	팔의 자유도가 주로 극좌표 형식
직각좌표 로봇 (rectangular robot, cartesian robot)	팔의 자유도가 주로 직각좌표 형식
관절로봇 (articulated robot)	자유도가 주로 다관절인 로봇

Q 은행문제

다음 중 공장 소음에 대한 방지계획에 있어 소음원에 대한 대책에 해당하지 않는 것은? 19. 3. 3 ㉮
① 해당 설비의 밀폐
② 설비실의 차음벽 시공
③ 작업자의 보호구 사용
④ 소음기 및 흡음장치 설치

정답 ③

해설

소음원에서 소음을 줄이는 방법
(1) 음향적 설계
 ① 진동시스템의 에너지를 줄인다.
 ② 에너지와 소음발산 시스템과의 조합을 줄인다.
 ③ 구조를 바꿔서 적은 소음이 노출되게 한다.
(2) 저소음 기계로 교체
(3) 작업방법의 변경

합격예측

안전인증

(1) 국내인증
  ① KOSHA18001 : 한국 산업안전보건공단 (KOSHA)
  ② K-OHSMS18001 : 한국인정원(KAB)
  ③ OHSAS18001 : 한국가스안전공사(KGS)

(2) 외국인증
  ① 다국적(연합)인증 : OHSAS18001
  ② 외국 인증기관 : BSI, BVQI, LRQA DNV, TÜV

(3) 안전경영 평가제도
  ① 미국 : VPP, SHARP, OHSMS
  ② 영국 : BS8800, HS(G)65
  ③ 호주 : NSCA5-STAR
  ④ 일본 : OHSMS
  ⑤ 중국 : OSHMS

Q 은행문제

산업안전보건법령상 사업주가 진동 작업을 하는 근로자에게 충분히 알려야 할 사항과 거리가 가장 먼 것은? 22. 3. 5 ⑦

① 인체에 미치는 영향과 증상
② 진동기계·기구 관리방법
③ 보호구 선정과 착용방법
④ 진동재해 시 비상연락체계

정답 ④

해설

유해성 등의 주지
① 인체에 미치는 영향과 증상
② 보호구의 선정과 착용방법
③ 진동 기계·기구 관리방법
④ 진동 장해 예방방법

합격정보
산업안전보건기준에 관한 규칙 제519조(유해성 등의 주지)

---

② 부분장해의 원인 및 증상

구분		특징
원인		① 전기톱, 착암기, 압축해머, 병타해머, 분쇄기, 산림용 농업기기 등 ② 손가락을 통해 작용, 팔꿈치관절 및 어깨관절 손상 및 혈관 신경계 장해 유발
증상	직접적 진동	① 뼈, 관절, 신경근육, 인대, 혈관 등 연부조직 이상 ② 관절연골의 괴저, 천공 등 기형성 관절염, 가성 관절염 및 점액낭염 등
	간접적 진동	① Raynaud's Phenomenon : 혈관신경계이상으로 혈액순환이 안되어 Raynaud 현상유발(손가락의 말초혈관 운동장해) 손가락이 창백해지고 동통 추위 노출시 더욱 악화되어 Dead Finger 또는 White Finger(백납병)라는 병이 된다. ② Raynaud's Disease : Raynaud현상이 혈관의 기질적 변화로 협착 또는 폐쇄될 경우 손가락 피부의 괴저가 일어나기도 하는데 이것을 Raynaud병이라 한다.(기질적 변화가 있을 때)

(3) 진동법에 의한 설비진단의 종류

1 간이진단 방법의 특징

① 다수의 설비를 간단한 방법으로 신속하게 진단
② 휴대용 진동계나 진단기 등의 측정 및 기록기기 사용
③ 정상 및 이상의 판별과 문제점을 찾아 원인과 부위 파악

[표] 간이진단(1차진단)의 구분

목적	방법	내용
정상, 비정상, 악화 정도의 판단	상호 판단	같은 종류의 기계가 다수 있을 때 그 기계들 상호간에 비교, 판단
	비교 판단	초기치가 증가되는 정도가 주의 또는 위험의 판단으로 사용
	절대 판단	측정치가 직접적으로 양호, 주의, 위험 수준으로 판단
실패의 원인과 발생한 장소의 탐지	직접 방법	진동의 주 방향이 비정상의 원인을 탐지하는 데 사용 (불평형, 중심을 잘못 맞춘 상태)
	평균 방법	최고치와 평균치 비의 증가가 비정상의 원인을 탐지하는 데 사용(흠집, 마멸)
	주파수 방법	주파수 영역이 비정상의 원인을 탐지하는 데 사용(회전부와 롤러 베어링)

2 정밀진단 방법의 특징

① 간이진단에서 파악된 이상 원인이나 진동측정이 불가능한 장소에서 분석하여 예측하는 방법
② 진동수 조사 및 파형 처리나 각종의 처리기술 응용

2. 소음방지 기술

(1) 소음(騷音 : noise)

시끄러워서 불쾌함을 느끼게 만드는 소리

(2) 소음 작업이란?

1일 8시간 작업을 기준으로 85데시벨 이상의 소음이 발생하는 작업

[표] 소음의 영향

구분	영향
생리적	① 교감신경과 내분비계통을 흥분 ② 맥박증가, 혈압상승, 근육의 긴장, 혈액성분과 소변의 변화, 타액과 위액 분비억제, 부신호르몬의 이상분비 등
심리적	① 불쾌감과 소음으로 인한 수면 방해 ② 사고나 집중력 방해 ③ 두뇌작업이나 노동의 악영향 ④ 대화나 텔레비전 청취 방해 등 일상생활 방해로 인한 초조감 (생활소음)
신체적	동맥경화, 위궤양, 태아의 발육저하 등
청력 손실	① 일시적 또는 영구적 난청현상 발생 ② 가장 적은 압력 : 0.00002[N/m^2]
주파수	① 1,000[Hz] : 가장 큰 소리 느낌 ② 100[Hz] : 저음 가장 작은 소리 느낌

(3) 소음관리(소음통제 방법)

① 소음원의 제거 : 가장 적극적인 대책
② 소음원의 통제 : 안전설계, 정비 및 주유, 고무 받침대 부착, 소음기 사용 등
③ 소음의 격리 : 씌우개(enclosure), 방이나 장벽을 이용(창문을 닫으면 10[dB] 감음효과)
④ 차음 장치 및 흡음재 사용
⑤ 음향 처리제 사용
⑥ 적절한 배치(lay out)

(4) 방음보호용구

① 귀마개
② 귀덮개
③ 솜으로 임시변통가능

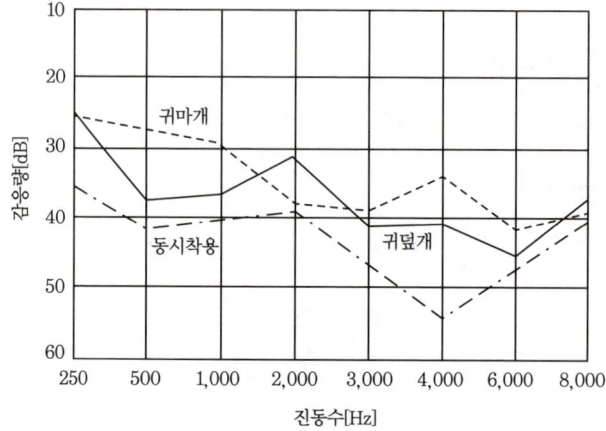

[그림] 귀마개와 귀덮개의 감음 특성

주요항목 05 기계설비 유지·관리 출제예상문제

출제예상문제는 복습, 예습문제로 엮었습니다. *WHY : 실제시험에도 순서에 관계없이 출제됩니다. 예습 후 다음장에 공부한 문제가 있으면 기억이 배가 됩니다.

01 ★ 기계나 구조물의 파괴방지를 위하여 파괴역학(fracture mechanics)을 적용할 경우 재료파괴의 기준이 되는 파괴인성(fracture toughness) K_c에 대한 설명으로 잘못된 것은?

① 재료의 두께가 두꺼워지면 K_c가 저하한다.
② 용접작업으로 재료의 열영향부를 포함한 용접부가 취성화되어 K_c가 저하한다.
③ 인장강도가 높은 재료일수록 K_c가 저하한다.
④ 고온에서 사용한 재료의 K_c는 저하한다.

해설
인장강도가 높으면 인성(K_c)은 증가한다.

02 ★★ 재료강도시험 중 항복점을 알 수 있는 시험은?

① 압축시험   ② 충격시험
③ 마모시험   ④ 인장시험

해설
금속재료의 시험
(1) 항복점을 알 수 있는 시험은 인장시험뿐이다.
(2) 항복점
  ① 점 P를 초과한 하중이 계속 작용하면 하중과 변형량의 관계는 비례되지 않고 점 Y_1에서 돌연 하중이 감소되면서 점 Y_2로 되고, 하중을 증가시키지 않아도 시험편이 늘어난다.
  ② 점 Y_1을 상부항복점이라 하고, 점 Y_2를 하부항복점이라 한다.
  ③ 항복점(yield point)이 뚜렷하게 나타나지 않을 때에는 아래 그림과 같이 전 변형량의 0.2[%]가 되는 점 M에서 탄성적으로 변하는 OA에 평행선을 그어 만난 점 B를 항복점으로 취급한다.
  ④ Y_2점 또는 B점의 하중을 시험편의 원단면적으로 나누면 항복강도(yield strength) 또는 내력(proof stress)을 얻게 된다.

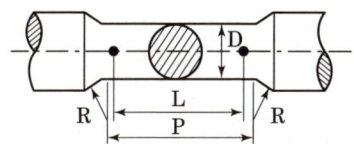

표점거리 : L = 50[mm]
평행부의 길이 : P = 약 60[mm]
지름 : D = 14[mm]
국부의 반지름 : R = 15[mm] 이상

[그림] 인장시험편의 형태

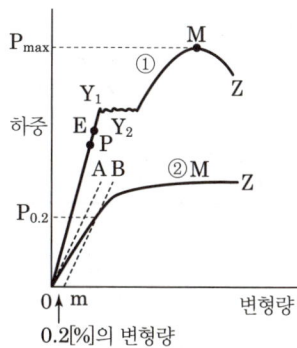

[그림] 인장시험의 하중 – 변형량 곡선

03 ★★★ 단면적 600[mm²]인 봉에 600[kg]의 추를 달았더니 허용인장응력에 도달하였다. 이 봉의 인장강도가 500[kg/cm²]라면 안전율은 얼마인가?

① 3   ② 4
③ 5   ④ 6

해설
허용응력
허용응력 (δ_a) = $\dfrac{W}{A}$ = $\dfrac{600}{600}$ = 1[kg/mm²]

$S = \dfrac{\delta_u}{\delta_a} = 5$

[정답] 01 ③ 02 ④ 03 ③

04 인장강도가 80[kg/mm²]인 재료가 있다. 이 재료의 사용응력이 20[kg/mm²]이라면 안전율은 얼마인가?

① 1   ② 2
③ 3   ④ 4

해설

안전율 = $\dfrac{\text{극한강도}}{\text{사용응력}} = \dfrac{80}{20} = 4$

05 아래 그림은 연강의 응력변형률 곡선이다. 훅의 법칙이 적용되는 한계점은?

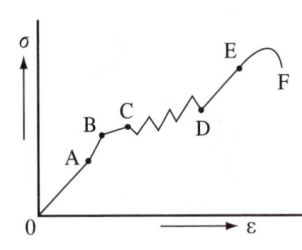

① A점   ② B점
③ C점   ④ D점

해설

훅(Hooke's law)의 법칙
① 훅의 법칙은 비례한계 내에서 변형률과 응력이 비례한다.
② 구분
   A : 비례한계, B : 탄성한계, C : 상항복점
   D : 하항복점, E : 인장강도, F : 파괴점

06 다음 중 허용응력에 대한 것 중 틀린 것은?

① 일명 사용응력이라고도 한다.
② 안전율이란 허용응력과 파괴응력의 비를 말한다.
③ 일반적으로 사용응력보다 허용응력이 크다.
④ 재료를 사용할 때 허용할 수 있는 최대응력을 말한다.

해설

허용응력
사용응력 ≤ 허용응력
안전율 = $\dfrac{\text{극한강도}}{\text{허용응력}}$

07 다음 중 허용응력에 대한 것 중 틀린 것은?

① 일명 사용응력이라고도 한다.
② 안전율이란 허용응력과 파괴응력의 비를 말한다.
③ 일반적으로 사용응력보다 허용응력이 크다.
④ 재료를 사용할 때 허용할 수 있는 최대응력을 말한다.

해설

허용응력
주어진 부재에서 가장 위험하다고 생각되는 부분이 파괴되지 않고 안전하게 더 가할 수 있는 최대응력

참고 반복 문제는 출제 예상문제이다.

08 다음 하중의 크기가 같다고 하면 어느 것이 가장 위험한 것인가?

① 정하중   ② 부분 반복하중
③ 교번하중   ④ 집중하중

해설

집중하중
네 가지 하중의 크기가 모두 같으나 ④의 집중하중이라는 것은 동적 특성이 나타나지 않고, 여기서는 동일 최대하중이 작용하는 것으로 보고 교번하중이 가장 위험하다.

09 진동장애의 예방대책과 가장 거리가 먼 것은?

① 저진동공구를 사용한다.
② 진동업무를 자동화한다.
③ 방진장갑 등 진동보호구를 착용한다.
④ 실외작업을 한다.

해설

진동장애의 예방대책
① 저진동공구를 사용하다.
② 진동업무를 자동화한다.
③ 방진장갑과 귀마개를 한다.

[정답] 04 ④ 05 ① 06 ① 07 ① 08 ③ 09 ④

10 다음의 재료실험 중 비파괴검사가 아닌 것은?

① 방사선투입시험
② 자기탐상시험
③ 초음파탐상시험
④ 피로시험

> 해설

비파괴시험의 종류
① 표면결함 검출을 위한 비파괴시험방법
  ㉠ 외관검사 : 확대경, 치수측정, 형상확인
  ㉡ 침투탐상시험 : 금속, 비금속 적용가능, 표면개구 결함 확인
  ㉢ 자분탐상시험 : 강자성체에 적용, 표면, 표면의 저부결함 확인
  ㉣ 와전류탐상법 : 도체 표층부 탐상, 봉, 관의 결함 확인
② 내부결함 검출을 위한 비파괴시험방법
  ㉠ 초음파탐상시험 : 균열 등 면상 결함 검출능력이 우수
  ㉡ 방사선투과시험 : 결함종류, 형상판별 우수, 구상결함을 검출
③ 그 밖의 비파괴시험방법
  ㉠ 스트레인 측정 : 응력측정, 안전성 평가
  ㉡ 기타 : 적외선 시험, AET, 내압(유압)시험, 누출(누설)시험 등

> 합격자의 조언

영원히 살것처럼 꿈을 꾸고, 오늘 죽을 것처럼 공부하시면 틀림없이 녹색자격증 산업안전기사(건강, 장수, 돈) 자격증을 취득합니다.

[정답] 10 ④

저자약력

정재수(靑波:鄭再琇)

인하대학교 공학박사/GTCC 교육학명예박사/한양대학교 공학석사/공학사/문학사/각종국가고시 출제, 검토, 채점, 감독, 면접위원역임/매경TV/EBS/KBS라디오 출연 및 강사/중소기업진흥공단 강사/대한산업안전협회 강사/호원대학교, 신성대학교, 대림대학교, 수원대학교 외래교수/울산대학교, 군산대학교, 한경대학교 등 특강/한국폴리텍Ⅱ대학 산학협력단장, 평생교육원장, 산학기술연구소장, 디자인센터장/한국폴리텍 대학 교수/한국폴리텍대학남인천캠퍼스 학장/대한민국산업현장 교수/(사)대한민국에너지상생포럼 집행위원장/(사)한국안전돌봄서비스협회 회장/(사)대한민국 청렴코리아 공동대표/협성대학교 IPP추진기획단 특별위원/인천광역시 새마을문고 회장/한국요양신문 논설위원/생명살림운동 강사/GTCC 대학교 겸임교수/ISO국제선임심사원/열린사이버대학교 특임교수/**한국방송통신대학교 및 한국 폴리텍 대학 공동 선정 동영상 강의**

[저서]
- 산업안전공학(도서출판 세화)
- 기계안전기술사(도서출판 세화)
- 건설안전기술사(도서출판 세화)
- 산업안전기사필기, 실기 필답형, 작업형(도서출판 세화)
- 건설안전기사필기, 실기 필답형, 작업형(도서출판 세화)
- 산업안전지도사 시리즈(도서출판 세화)
- 산업보건지도사 시리즈(도서출판 세화)
- 산업안전보건(한국산업인력공단)
- 공업고등학교안전교재(서울교과서)
- 산업안전보건동영상(한국산업인력공단) 등 60여권 저술
- 한국방송통신대학과 한국폴리텍대학 선정 동영상 촬영

[상훈]
대한민국 근정 포장(대통령)/국무총리 표창/행정자치부 장관표창/300만 인천광역시민상 수상과 효행표창 등 8회 수상/인천광역시 교육감 상 수상/Vision2010교육혁신대상수상/2018년 대한민국청렴대상수상/30년이상봉사 새마을기념장 수상/몽골 옵스 주지사 표창 수상

[출강기업(무순)]
삼성(전자, 건설, 중공업, 조선, 물산)/현대(건설, 자동차, 중공업, 제철)/대우(건설, 자동차, 조선), SK(정유, 건설)/GS건설/에스원(S1)/두산(건설, 중공업), 동부(반도체), POSCO건설, 멀티캠퍼스, e-mart, CJ, 한국수자원공사 등 100여기업/이상 안전자격증특강

국가기술자격 필기시험 집중 대비서(녹색자격증, 녹색직업)

산업안전산업기사[필기] - 1권

26판 44쇄 발행	**2026. 01. 20.** (25. 9. 1.인쇄)	15판 33쇄 발행	2015. 01. 01.	9판 21쇄 발행	2009. 01. 10.	4판 9쇄 발행	2004. 06. 30.
		14판 32쇄 발행	2014. 06. 30.	8판 20쇄 발행	2008. 03. 20.	4판 8쇄 발행	2004. 04. 10.
25판 43쇄 발행	2025. 01. 11.	14판 31쇄 발행	2014. 01. 01.	8판 19쇄 발행	2008. 02. 20.	4판 7쇄 발행	2004. 01. 10.
24판 42쇄 발행	2024. 02. 25.	13판 30쇄 발행	2013. 07. 20.	8판 18쇄 발행	2008. 01. 01.	3판 6쇄 발행	2001. 07. 05.
23판 41쇄 발행	2023. 03. 30.	13판 29쇄 발행	2013. 01. 01.	7판 17쇄 발행	2007. 03. 30.	2판 5쇄 발행	1999. 09. 30.
22판 40쇄 발행	2022. 01. 11.	12판 28쇄 발행	2012. 09. 10.	7판 16쇄 발행	2007. 01. 10.	2판 4쇄 발행	1999. 06. 10.
21판 39쇄 발행	2021. 01. 10.	12판 27쇄 발행	2012. 05. 15.	6판 15쇄 발행	2006. 06. 20.	2판 3쇄 발행	1999. 01. 10.
20판 38쇄 발행	2020. 01. 17.	12판 26쇄 발행	2012. 01. 01.	6판 14쇄 발행	2006. 04. 10.	1판 2쇄 발행	1998. 07. 10.
19판 37쇄 발행	2019. 01. 10.	11판 25쇄 발행	2011. 05. 20.	6판 13쇄 발행	2006. 01. 10.	1판 1쇄 발행	1998. 01. 05.
18판 36쇄 발행	2018. 01. 10.	11판 24쇄 발행	2011. 01. 01.	5판 12쇄 발행	2005. 06. 10.		
17판 35쇄 발행	2017. 01. 01.	10판 23쇄 발행	2010. 07. 20.	5판 11쇄 발행	2005. 03. 20.		
16판 34쇄 발행	2016. 01. 01.	10판 22쇄 발행	2010. 01. 01.	5판 10쇄 발행	2005. 01. 10.		

지은이 정재수
펴낸이 박 용
펴낸곳 도서출판 세화 **주소** 경기도 파주시 회동길 325-22(서패동 469-2)
영업부 (031)955-9331~2 **편집부** (031)955-9333 **FAX** (031)955-9334
등록 1978. 12. 26 (제 1-338호)

정가 43,000원 (1권/2권/3권)
ISBN 978-89-317-1341-1 13530
※ 파손된 책은 교환하여 드립니다.

본 도서의 내용 문의 및 궁금한 점은 더 정확한 정보를 위하여 저자분에게 문의하시고, 저희 홈페이지 수험서 자료실이나 저자 이메일에 문의바랍니다.
저자명 정재수(jjs90681@naver.com) TEL 010-7209-6627

2026
개정26판 총44쇄

ISO 9001:2015 / koita 한국산업기술진흥협회
▶ ISO 9001:2015 인증
▶ 안전연구소 인정

CBT 백과사전식
NCS적용 문제해설

녹색자격증
녹색직업

CBT 실전 연습
AI 기출문제 학습앱
맞추다 MACHUDA
https://machuda.kr

세계유일무이
365일 저자상담직통전화
010-7209-6627

2025년 전회차 CBT 복기문제 수록

산업안전산업기사

필기 2

안전공학박사/명예교육학박사
대한민국산업현장교수/기술지도사

정재수 지음

4과목 • 전기 및 화학설비 안전관리
5과목 • 건설공사 안전 관리

"산업안전 우수 숙련기술자" 선정

안전분야 베스트셀러
35년 독보적 1위
최신 기출문제 수록

산업안전, 건설안전 기사·지도사·기능장·기술사 등 관련 자격 및 의문사항에 대하여
365일 성심 성의껏 답변해 드리고 있습니다. 저자와 상담 후 교재를 구입하세요.
www.sehwapub.co.kr

특허 제10-2687805호

대한민국 최초, 최다, 최고, 최상, 최적 적중률의 안전관리 완벽합격!

● 특허 제10-2687805호 ●
명칭 : 국가직무능력표준에 따른 자격사 교육 콘텐츠 생성 자동화 방법, 장치 및 시스템

도서출판 세화

차례

4과목 전기 및 화학설비 안전관리

주요항목 01 전기작업 안전관리

세부항목 1 전기안전관리 — 4-2
1. 배(분)전반(配電盤 : switch board) — 4-2
2. 정격차단용량(kA) — 4-3
3. 개폐기(開閉器 : switch) — 4-4
4. 과전류 및 누전차단기(RCD : Residual Current Device) — 4-5
5. 보호계전기(전기로 작동시키는 스위치) — 4-8
6. 전기안전관련법령 — 4-9

- 출제예상문제 — 4-10

주요항목 02 감전재해 및 방지대책

세부항목 1 감전재해예방 및 조치 — 4-16
1. 안전전압(安全電壓) — 4-16
2. 전기(電氣 : Electricity) — 4-17
3. 인체의 저항 및 위험에너지 — 4-18

세부항목 2 감전재해의 요인 — 4-19
1. 감전 요소 — 4-19
2. 옴의 법칙, 줄의 법칙, 허용접촉전압 및 보폭전압 — 4-19
3. 감전사고의 형태 및 인공호흡 — 4-21

세부항목 3 절연용 안전장구 — 4-22
1. 절연용 안전보호구 — 4-22
2. 절연용 안전방호구 — 4-23

- 출제예상문제 — 4-25

주요항목 03 정전기(靜電氣 : static electricity) 장·재해 관리

세부항목 1 정전기 위험요소 파악 — 4-32
1. 정전기 발생원리 — 4-32
2. 정전기 대전(발생) 현상 — 4-33
3. 방전의 형태 및 영향 — 4-34
4. 정전기의 장해 — 4-34

세부항목 2 정전기 위험요소 제거   4-36

    1. 예방대책   4-36
    2. 접지   4-36
    3. 유속의 제한   4-39
    4. 보호구의 착용   4-40
    5. 전하(電荷 : Electric Charge), 쿨롱의 법칙(Coulomb's Law)   4-40
    6. 대전방지제   4-41
    7. 가습(加濕)   4-42
    8. 본딩(bonding)   4-43
    9. 제전기   4-44

    • 출제예상문제   4-45

주요항목 04   전기방폭 관리

세부항목 1 전기방폭(防爆 : explosonproof)설비   4-51

    1. 방폭구조의 종류 및 특성   4-51
    2. 방폭구조 선정 및 유의사항   4-52
    3. 방폭형 전기기기   4-53

세부항목 2 전기방폭 사고예방 및 대응   4-57

    1. 전기폭발 등급   4-57
    2. 피뢰기 설비   4-58
    3. 가공전선의 높이 안전기준   4-60
    4. 가스시설 전기방폭 기준(KGS GC201) 2018   4-60
    5. 방폭형 전기기기   4-62
    6. 변전실 등의 양압유지에 관한 기술상의 지침   4-62
    7. 전자파   4-63
    8. 노이즈   4-65

    • 출제예상문제   4-66

주요항목 05   전기설비 위험요인 관리

세부항목 1 전기설비 위험요인 파악   4-72

    1. 전기화재(電氣火災 : electrical fire)의 발생원인 및 대책   4-72
    2. 전기화재의 예방대책   4-73
    3. 절연저항   4-73

세부항목 2 전기설비 위험요인 점검 및 개선   4-76

    1. 정전작업시 조치(주의)사항   4-76
    2. 저압옥내배선에 사용하는 600[V](비닐, 폴리에틸렌, 불소수지, 고무질 등)
       절연전선의 허용전류   4-77
    3. 전선의 사용 제한 및 절연용 보호구 점검   4-78
    4. 교류아크용접기의 점검   4-78

Contents

    5. 용어의 정의 및 설치장소, 주의사항   4-79
    6. 점검기준   4-80
- 출제예상문제   4-83

주요항목 06   화재·폭발 검토

세부항목 1 화재·폭발 이론 및 발생 이해   4-96
    1. 연소(燃燒 : combustion)의 정의 및 요소   4-96
    2. 폭발(爆發 : explosion)의 원리   4-97
    3. 연소(화재)·폭발의 형태 및 종류   4-98
    4. 연소(폭발)의 범위 및 위험도   4-99
    5. 완전연소 조성농도   4-99
    6. 연소파와 폭굉파   4-100
    7. 폭발의 원리 및 이론 방지대책   4-101

세부항목 2 소화 원리 이해   4-106
    1. 소화의 정의   4-106
    2. 소화의 종류   4-106
    3. 소화약제   4-107
    4. 소화기의 종류   4-108

세부항목 3 폭발방지대책 수립   4-111
    1. 폭발방지대책   4-111
    2. 소방대책 및 방폭구조   4-111
    3. 폭발하한계 및 폭발상한계의 계산   4-112
    4. 퍼지(Purging)   4-114
- 출제예상문제   4-115

주요항목 07   화학물질 안전관리 실행

세부항목 1 화학물질(위험물, 유해화학물질) 확인   4-127
    1. 위험물의 기초화학   4-127
    2. 유해화학물질의 유해요인   4-128
    3. 화학식   4-128

세부항목 2 화학물질(위험물, 유해화학물질) 유해 위험성 확인   4-129
    1. 위험물의 성질과 위험성   4-129
    2. 위험물의 저장 및 취급방법   4-131
    3. 유해화학물질 취급시 주의사항   4-133
    4. 유해물질의 종류 및 성질   4-135
    5. 유해가스의 응급처치법   4-136
    6. 물질안전보건자료(物質安全保健資料 : Material Safety Data Sheets)   4-138
    7. 산업안전보건법 시행규칙(유해인자의 유해성·위험성 분류기준)에 따른 화학물질 분류기준   4-139

세부항목 ③ 화학물질 취급설비 개념 확인	4-140
1. 각종 장치(고정, 회전 및 안전장치 등) 종류	4-140
2. 화학장치(반응기, 정류탑, 열교환기 등) 특성	4-143
3. 화학설비(건조설비 등)의 취급시 주의사항	4-148
4. 전기설비(계측설비 포함)	4-155
• 출제예상문제	4-156

주요항목 08 화공안전 비상조치 계획·대응

세부항목 ① 비상조치 계획 및 평가	4-177
1. 비상조치 계획	4-177
2. 비상대응 교육 훈련(급박한 위험)	4-178
3. 자체 매뉴얼 개발	4-178
• 출제예상문제	4-180

주요항목 09 화공 안전운전·점검

세부항목 ① 공정안전 기술	4-181
1. 공정안전관리(PSM) 개요	4-181
2. 공정안전보고서	4-182
세부항목 ② 안전점검 계획 수립	4-183
1. PSM 제도	4-183
2. 안전운전 계획	4-184
세부항목 ③ 공정안전보고서 작성 심사·확인	4-185
1. 공정안전 자료	4-185
2. 위험성 평가	4-187
• 출제예상문제	4-190

5과목 건설공사 안전관리

주요항목 01 건설현장 안전점검

세부항목 ① 건설공사(建設工事) 특수성 분석	5-2
1. 안전관리 계획 수립	5-2
2. 공사장 작업환경 특수성	5-3

세부항목 ❷ 안전관리 고려사항 확인	5-9
1. 건설현장 안전관리	5-9
2. 시공 및 재해사례 검토	5-10
• 출제예상문제	5-11

주요항목 02 ◀ 건설현장 유해·위험요인 관리

세부항목 ❶ 건설공사 유해·위험요인 파악	5-15
1. 유해·위험요인 선정	5-15
2. 안전보건자료(기준)	5-19
3. 유해위험 방지 계획서	5-20

세부항목 ❷ 건설공사 위험성 추정·결정	5-22
사업장 위험성평가에 관한 지침	5-22
• 출제예상문제	5-35

주요항목 03 ◀ 건설업 산업안전보건관리비 관리

세부항목 ❶ 건설업 산업안전보건관리비 규정	5-37
건설업 산업안전보건관리비 계상 및 사용기준/대상액 작성요령/항목별 사용내역	5-37
• 출제예상문제	5-46

주요항목 04 ◀ 건설현장 안전시설 관리

세부항목 ❶ 안전시설(安全施設) 설치 및 관리	5-48
1. 추락(墜落 : 떨어짐) 방지용 안전시설	5-48
2. 붕괴(崩壞 : Collapse : 무너짐) 방지용 안전시설	5-55
3. 낙하, 비래(맞음) 방지용 안전시설	5-57

세부항목 ❷ 건설공구 및 장비 안전수칙	5-60
1. 건설공구	5-60
2. 건설장비의 종류 및 안전수칙	5-61
3. 토공기계(earth-moving machine) 및 안전수칙	5-65
4. 운반기계(運搬機械 : conveying machinery) 및 다짐장비 등 안전수칙	5-69
• 출제예상문제	5-76

주요항목 05 비계·거푸집 가시설 위험방지

세부항목 1 건설 가시설물 설치 및 관리   5-87
1. 비계(飛階 : scaffold)   5-87
2. 작업통로 및 발판   5-98
3. 작업발판(walk plate) 설치기준   5-103
4. 안전망 설치기준   5-104
5. 거푸집 및 동바리   5-109
6. 흙막이(sheathing work)   5-117
- 출제예상문제   5-120

주요항목 06 공사 및 작업종류별 안전

세부항목 1 양중 및 해체공사   5-130
1. 양중공사시 안전수칙   5-130
2. 해체공사(demolition work)시 안전수칙   5-138

세부항목 2 콘크리트 및 PC공사   5-146
1. 콘크리트공사(concrete works)시 안전수칙   5-146
2. 콘크리트 측압   5-150
3. 철골공사 안전   5-153
4. PC공사시 안전수칙   5-169

세부항목 3 운반 및 하역작업   5-171
1. 운반작업(運搬作業 : transportation) 시 안전수칙   5-171
2. 하역작업(荷役作業 : cargo work)시 안전수칙   5-182
- 출제예상문제   5-194

부록   찾아보기

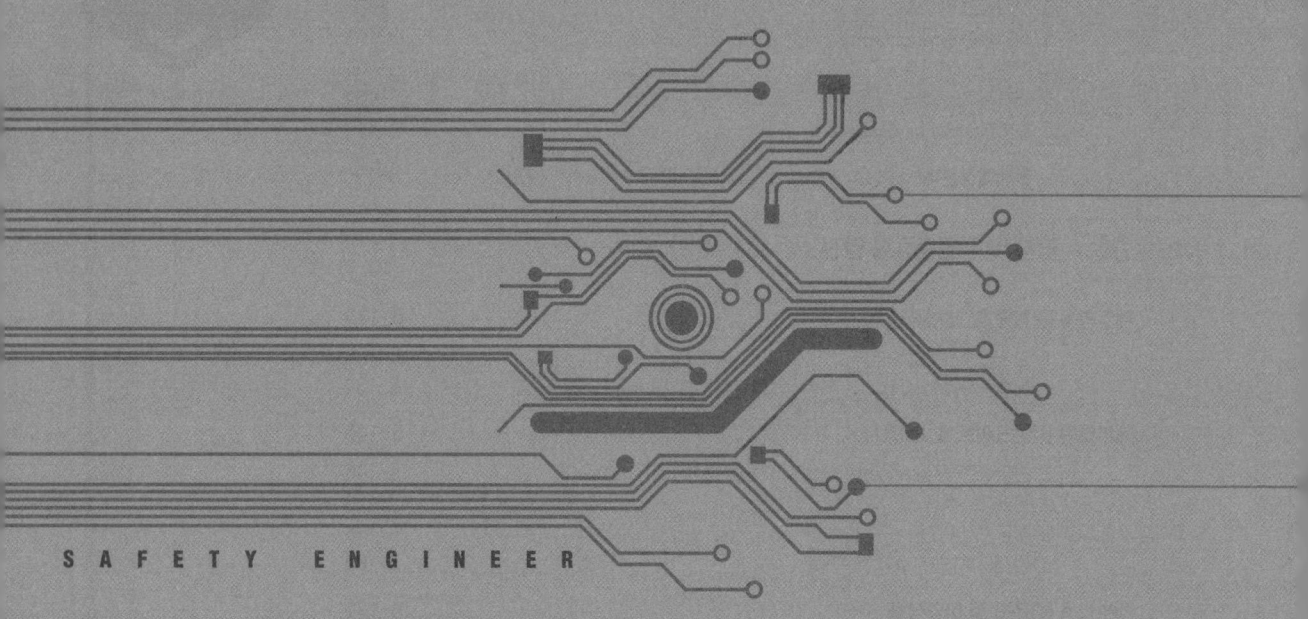

SAFETY ENGINEER

4 과목

전기 및 화학설비 안전관리

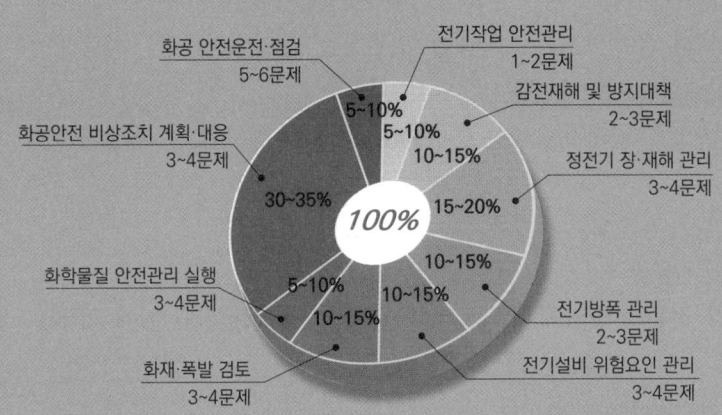

출제기준 및 비중(적용기간 : 2024. 1. 1. ~ 2026. 12. 31.)

주요항목	
전기작업 안전관리	주요항목 01
감전재해 및 방지대책	주요항목 02
정전기 장·재해 관리	주요항목 03
전기방폭 관리	주요항목 04
전기설비 위험요인 관리	주요항목 05
화재·폭발 검토	주요항목 06
화학물질 안전관리 실행	주요항목 07
화공안전 비상조치 계획·대응	주요항목 08
화공 안전운전·점검	주요항목 09

- NCS기준과 2026년 합격기준을 정확하게 적용하였습니다.
- "특허"받은 책과 "맞추다" CBT기법으로 AI기출을 적용했습니다.

주요항목 01 전기작업 안전관리

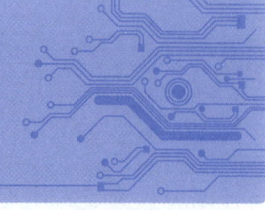

중점 학습내용

본 장은 산업안전기사 및 산업안전산업기사 NCS 출제기준에 의거 다음과 같이 구성하였다.
❶ 배(분)전반
❷ 정격차단용량(KA)
❸ 개폐기
❹ 과전류 및 누전차단기
❺ 보호계전기
❻ 전기안전관련법령

 합격날개

합격예측

주택용(MCB), 산업용(MCCB) 차단기 및 누전차단기 표기 방법 22. 3. 5 ⑦

개정전	현재
누전차단기 (ELB)	RCBO : 주택용 누전차단기 (B, C, D형)
	CBR : 산업용 누전차단기
배선차단기 (MCCB)	MCB : 주택용 배선차단기(B, C, D형)
	MCCB : 산업용 배선차단기

• **RCBO(주택용 누전차단기)**
Residual circuit operated Circuit-Breaker with integral Overcurrent protection for household uses
• **CBR(산업용 누전차단기)**
Circuit-Breaker incorporating Residual current protection for industrial uses
• **MCB(주택용 배선차단기)**
Miniature Circuit-Breaker for overcurrent protection for household uses
• **MCCB(산업용 배선차단기)**
Mold-Case Circuit-Breaker for industrial uses(산업용, 공업용)
• **누전차단기(IEC)**
RCD(Residual Current Device) 또는 RCCB (Residual-Current Circuit Breaker)

세부항목 1. 전기(電氣)안전관리

1. 배(분)전반(配電盤 : switch board)

(1) 정의

① 전기의 배분·개폐·안전·계량 등의 배전계통을 지시 및 감독하기 위하여 각 수용소마다 개폐기·차단기·계기 등을 설치해 놓은 판이다.

② 사용전력에 의해 주변압기의 1차측에 연결하는 고압배전반과 2차측에 연결하는 저압배전반으로 나뉜다.

① 수전반 : 한전으로부터 전기를 받는 곳 300[kW] 이상은 고압, 이하는 저압
 ⓓ 계량기

② 배전반 : 계통별로 용도별로 전기를 나누어 주는 곳
 ㉮ 분전반에 전원공급
 ㉯ 분전반으로 전원을 공급해 주므로 MCCB(산업용 배선차단기)에 의해 회로 구분
 ㉰ 부하에 직접 연결하지 않는다.

③ 분전반 : 부하별로 분기
 ㉮ 전기제품(부하)과 연결
 ㉯ 일반부하를 연결하기 때문에 MCCB(산업용 배선차단기)와 더불어 RCBO(주택용 누전차단기)에 의해 구분

④ 수배전반(受配電盤) : 한전으로부터 전기를 인수하면서 바로 배전하는 역할을 겸하는 곳 ⓓ 소규모 공장이나, 가정집

[그림] 배전반

2. 정격차단용량(kA)

(1) 정격차단용량

① 퓨즈가 차단할 수 있는 단락전류의 최대전류값. [A], [kA]로 표시
② 차단전류의 과도현상시 교류분만 대칭 실효값으로 표현

(2) 퓨즈(fuse) 17. 8. 21 ⑦ 23. 7. 8 ⑦

일정한 값 이상의 전류가 회로에 흐르면 용단되는 것으로 회로 및 기기를 보호하는 가장 간단한 과전류자동차단기이다.

1 퓨즈의 재료

퓨즈는 쉽게 용단되어야 하므로 재료는 납·주석·아연·알루미늄 및 이들의 합금으로 만들어야 한다.

[표] 퓨즈의 종류 및 용단시간

퓨즈의 종류	정격 용량	용단 시간
저압용 포장퓨즈	정격전류의 1.1배	30[A] 이하 : 2배 전류로 2분 30~60[A] 이하 : 2배의 전류로 4분 60~100[A] 이하 : 2배 전류로 6분
고압용 포장퓨즈	정격전류의 1.3배	2배의 전류로 120분　19. 8. 4 ⑭ 21. 5. 15 ⑦
고압용 비포장퓨즈	정격전류의 1.25배	2배의 전류로 2분　18. 4. 28 ⑭

보충학습

차단기는 적용장소(주택용, 산업용), 차단기 종류(배선차단기, 누전차단기) 및 주택용 차단기 형식(B, C, D형) 등 명확한 구분을 통한 혼란방지를 위해 KS 규정의 한글과 영문약어를 혼용 표기할 필요가 있다.

합격예측 및 관련법규

전원공급회로 단로장치
① 각 인입전원 공급회로에는 필요한 경우 수동으로 조작되는 단로장치가 있어야 한다.
② 두 개 이상의 전원공급 단로장치가 설치되어 운전상 위험을 초래할 우려가 있는 경우 인터록 설비 등의 보호장치를 설치하여야 한다.

단로장치 형식
공급전원 단로장치의 형식은 다음 각 호와 같다.
1. 스위치 디스커넥터
2. 특수 보조접점붙이 디스커넥터
3. 차단기
4. 다음 각 목에 적합한 플러그
　가. 정격전류 16[A] 이하 작은 기계류
　나. 2[kW] 이하 전력용량
　다. 플러그/소켓 조합형은 기계의 정격전류 차단능력이 있을 것

Q 은행문제

자동차가 통행하는 도로에서 고압의 지중전선로를 직접 매설식으로 시설할 때 사용되는 전선으로 가장 적합한 것은? 18. 4. 28 ⑦
① 비닐 외장 케이블
② 폴리에틸렌 외장 케이블
③ 플로로프렌 외장 케이블
④ 콤바인 덕트 케이블(combine duct cable)

정답 ④

용어정의

① 전기 : 전기적 에너지의 줄임말
② 에너지(energy) : 일을 할 수 있는 능력
③ 유익(有益) : 모터(회전력), 히터(열, 열)
④ 해(害) : 사고(감전, 전기화재)
⑤ 전류(Current) : 전자의 흐름(A)
⑥ 전압(Voltage) : 전류흐름을 발생시키는 에너지(V)
⑦ 저항(Resistance) : 전류의 흐름을 방해하는 요소(Ω)
⑧ 정(靜)전기 : 정지(구속)된 미소(微小) 에너지
⑨ 동(動)전기 : 연속적인 흐름이 있는 전기 에너지

합격예측 및 관련법규

동력조작차단기
전기나 압축공기 등 동력으로 작동되는 차단기는 다음 각 호의 요구사항에 따라야 한다.
1. 수동조작을 위한 장치를 구비할 것
2. 열림 위치에서 잠기었을 때는 수동조작이 방지되는 구조일 것

조작핸들
전원공급 단로장치의 핸들은 쉽게 접근할 수 있고 바닥에서 0.6[m] 내지 1.9[m] 사이에 있어야 한다.

용어정의
① 접지 : 누설전로부터 인체보호 및 기기를 보호하기 위해 기기와 대지간의 연결
② 저항 : 전류흐름방해
③ 절연저항 : 전기가 통하지 못하게 하는 저항
④ 절연체 : 전기를 전하지 않는 물질
⑤ 절연내력 : 절연체가 견딜 수 있는 최고전압이 몇 볼트인가 말하는 것
⑥ 허용전류 : 전기기구에 흘려보낼 수 있는 최대전류, 이상으로 전류가 흘러들어가면 퓨즈가 끊어짐
⑦ 허용전압강하 : 전압강하 허용치를 말함
⑧ 케이블트레이 : 케이블을 지지하기 위하여 사용하는 구조물
⑨ 외함접지 : 전기를 내장하고 있는 전기기기들의 외함은 전압크기에 따라 나누어 접지(감전사고예방)
⑩ 도체 : 전기를 잘 전달하는 물체(저항 큼)
⑪ 부도체 : 전기를 잘 전달못하는 물체(저항 작음)
⑫ 방전 : 전하가 절연공간을 깨고 순간적으로 빛과 열을 발생하여 이동하는 현상
18. 3. 6 ⑦

Q 은행문제
개폐기, 차단기, 유도 전압조정기의 최대 사용전압이 7[kV] 이하인 전로의 경우 절연 내력시험은 최대 사용 전압의 1.5배의 전압을 몇분간 가하는가? 25. 2. 7 ⑦
① 10   ② 15
③ 20   ④ 25

정답 ①

2 퓨즈 선택시 고려할 사항
① 정격전류
② 정격전압
③ 차단용량
④ 사용장소

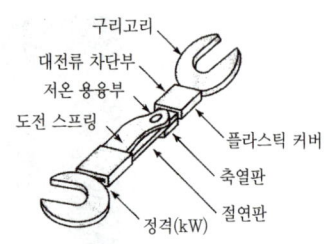

[그림] 고압용 비포장 퓨즈(고리형 퓨즈)

3. 개폐기(開閉器 : switch) 10. 7. 25 ⑦ 19. 4. 27 ⑦ 22. 3. 5 ⑦

회로나 장치의 상태(ON, OFF)를 바꾸어 접속하기 위한 물리적 또는 전기적 장치이며 이상(異常)상태의 감지와 이에 대응하는 차단기류와 단순히 회로의 개폐만 하는 스위치들로 분리사용하기도 한다.

개폐기 조작에 의해 출화(出火)는 개폐할 때의 스파크에 의해 가연물에 착화와 과전류에 의한 발열이 중요한 요인이며, 다음 대책이 필요하다.(개폐기 조작순서 : 메인스위치 → 분전반스위치 → 전동기용 개폐기)

① 가연성 증기, 분진 등의 위험성이 있는 곳에는 방폭형, 방진형을 사용할 것
② 개폐기를 불연성 상자 내에 수용하거나, 또는 통형 퓨즈를 사용할 것(퓨즈의 용단된 조직이 가연물에 착화되는 것을 방지)
③ 유입(油入)개폐기는, 특히 절연유의 깨끗한 정도, 유량에 주의하고 되도록 주위에 내화(耐火)내지 불연재료의 격벽을 설치하고 바닥에 흘러나온 기름을 국한(局限)시키기 위해 개폐기 아래 바닥 면에 방유제(放油提)를 설치할 것
④ 충분한 보수 점검에 의해서 접촉부분의 변형, 산화, 배선 퓨즈 체결 나사의 헐거움 때문에 접촉저항이 증대하지 않도록 주의할 것. 또 나이프나 덮개의 파손 부분은 즉시 수리할 것

(1) 주상유입개폐기(POS)

반드시 '개폐'의 표시가 되어 있는 고압개폐기로서 배전선로의 개폐 및 타 계통으로의 변환, 고장 구간의 부분, 부하전류의 차단 및 콘덴서의 개폐, 접지사고의 차단 등에 사용된다.(순서 : 메인스위치→분전반스위치→전동기용개폐기) 22. 3. 5 ⑦

(2) 단로기(DS : Disconnecting Switch) 16. 8. 21 ⑦ 17. 8. 26 ⑦ 20. 8. 23 ⑭

차단기의 전후 또는 차단기의 측로회로 및 회로접속의 변환에 사용하는 것으로 무부하회로에서 개폐하는 것이다.
① 전원 개방시 : 차단기를 개방한 후에 단로기를 개방한다.
② 전원 투입시 : 단로기를 투입한 후에 차단기를 투입한다.

(3) 부하개폐기

부하상태에서 개폐할 수 있는 것으로 리클로저(recloser), 차단기 등이 있다. 리클로저는 자동차단, 자동재투입의 능력을 가진 개폐기이며 차단기는 부하상태에서 개폐할 수 있는 것으로 용량은 전원측의 상태에 의해서 결정된다.

(4) 자동개폐기

① 시한개폐기(times switch) : 옥외의 신호회로 등에 사용된다.
② 압력개폐기 : 압력변화에 따라 작동하는 것으로 옥내급수용, 배수용 등의 전동기회로에 사용된다.
③ 전자개폐기 : 보통 전동기의 기동과 정지에 많이 사용되며, 과부하 보호용으로 적합한 것으로 단추를 눌러서 개폐하는 것이다.
④ 스냅개폐기(snap switch : tumbler switch, rotary switch, push-button switch, pull switch) : 전열기, 전등 점멸 또는 소형전동기의 기동과 정지 등에 사용된다.

(5) 저압개폐기

보통 스위치 내부에 퓨즈를 삽입한 개폐기이다.

4. 과전류 및 누전차단기(RCD : Residual Current Device)

① 과전류(過電流 : over current, excess current)

전압이나 전류의 급격하고 순간적인 증대(허용한계 이상으로 흐르는 전류). 예를 들면, 가까이에 낙뢰(落雷)가 있으면 전력선에 과전류가 흘러서 전기 제품이 파손될 염려가 있다. 컴퓨터 등 민감한 기기류에는 누전억제회로를 전원에 내장하는 일이 있다.

② 누전차단기(漏電遮斷器 : earth leakage breaker)

전동기계기구가 접속되어 있는 전로(電路)에서 누전에 의한 감전위험을 방지하기 위해 사용되는 기기이다. 이 장치는 전로의 정격에 적합하고, 감도(感度)가 양호하며, 확실하게 작동하도록 되어 있어야 한다.

(1) 누전차단기의 종류[KSC4613 기준]

① 고속형 : 차단시간 100[ms](0.1[sec]) 이하
 - 감전방지용(전기장치, 주택) 차압동작형
  (고감도형, 중감도형, 저감도형)

[그림] 누전차단기

합격예측 및 관련법규

단로장치가 제외되는 회로

① 전원공급 단로장치에 의하여 단로되지 않아도 되는 회로는 다음 각 호와 같다.
 1. 보수유지 또는 수리하는 동안 사용되는 조명회로
 2. 수리 또는 보수유지용 공구 및 장비의 전용접속용 플러그/콘센트
 3. 단전시 자동차단용으로 사용되는 부족전압 보호회로
 4. 상시 전원을 공급하여야 하는 장비에 공급하는 회로(온도측정장치, 히터, 프로그램 저장장치 등)
 5. 외함의 개방에 앞서 충전부를 차단시키기 위한 인터록에 관계되는 제어회로 등

② 제1항에서 언급한 회로가 전원공급 단로장치에 의하여 단로되지 않는 곳에는 전원공급 단로장치 가까이에 영구적인 경고표지를 하여야 한다.

전동기 과부하보호

연속운전되는 전동기의 정격이 0.5[kW] 이상인 경우에는 다음 각 호에 의거 과부하보호장치를 설치하여야 한다.
 1. 과부하보호장치의 특성은 동작후 복귀시에도 전동기가 기동되지 않을 것
 2. 과부하보호장치는 3상회로의 경우 가능한 한 각 극마다 설치할 것. 다만, 직류나 단상회로의 경우 접지측 전선에는 과부하보호장치를 생략할 수 있다.

Q 은행문제

고장전류와 같은 대전류를 차단할 수 있는 것은? 18. 4. 28 ❼ 21. 8. 14 ❼
① 차단기(CB)
② 유입개폐기(OS)
③ 단로기(DS)
④ 선로개폐기(LS)

정답 ①

해설 CB(circuit breaker) : 대전류 회로차단

보충학습

누전차단기의 설치 환경조건
① 먼지가 적은 장소일 것
② 이슬이나 비에 젖지 않는 장소일 것
③ 표고 1,000[m] 이하의 장소일 것
④ 진동 또는 충격을 받지 않는 장소일 것

합격예측 18. 3. 4 기

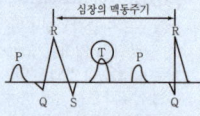

① P : 심방수축에 따른 파형
② Q-R-S파 : 심실수축에 따른 파형
③ T파 : 심실의 수축 종료 후 심실의 휴식이 발생하는 파형
④ R-R : 심장의 맥동주기

누전경보기 설치방법 및 구성요소

(1) 설치방법

정격전류가 60[A]를 초과하는 전로	1급 누전경보기
정격전류가 60[A] 이하의 전로	1급 또는 2급 누전경보기

(2) 구성요소
① 변류기 : 옥외 인입선의 제1지점의 부하측 또는 제2종 접지선측의 점검이 쉬운 위치에 설치
② 수신부 : 옥내의 점검이 편리한 장소에 설치(가연성증기 등이 체류할 경우 차단기구를 가진 수신부 설치)

합격예측 및 관련법규

과전류보호 16. 8. 21 기 23. 6. 4 기
과전류보호장치는 다음 각 호와 같이 공급되어야 한다.
1. 전원공급도선용 과전류보호장치의 선택을 위한 필요한 자료는 전기장비의 공급자가 설치도면에 언급하여야 한다.
2. 전력회로는 각 극의 과전류를 감지하여 차단할 수 있어야 한다.
3. 직접공급전압에 접속되는 제어회로체와 제어회로 변압기에 배선되는 회로는 과전류보호가 되어야 한다.
다만, 2차권선의 한쪽이 보호접지회로에 연결되는 변압기를 통하여 공급되는 제어회로의 접지측 전선에는 과전류보호장치를 생략할 수 있다.
4. 보수유지를 위한 콘센트 배선용의 비접지충전도선에는 과전류보호장치를 설치하여야 한다.
5. 국부조명에 전기를 공급하는 모든 비접지도선은 다른 회로를 보호하는 과전류보호장치와 별도로 과전류보호장치를 설치하여야 한다.
6. 변압기는 과전류에 대하여 보호되어야 하고 과전류보호장치의 형식과 설정치는 변압기 공급자가 제시하여야 한다.
7. 과전류보호장치는 전원공급점에 설치하여야 한다. 다만, 다음 각목이 모두 충족되는 경우에는 그러하지 아니하다.
  가. 연결된 부하의 최대용량 합계 이상의 전류용량을 가진 도체일 것
  나. 전선의 길이는 3[m] 이내일 것
  다. 외함이나 덕트로 보호될 것
8. 차단용량은 설치지점에서 해당 단락전류 이상이어야 한다. 다만, 다른 보호장치가 공급측에 설치되는 곳에는 더 낮은 차단용량이 허용된다.
9. 과전류보호장치의 설정전류는 가능한 한 작게 설정되어야 하지만 예상되는 과전류에 대하여 적절하여야 한다.

---

② 보통형 : 차단시간 200[ms](0.2[sec]) 이하 – 간선 또는 대용량의 전동기보호용
③ 지연형(시연형) : 차단시간 200[ms](0.2[sec]) 이상 – 모선보호용
④ 승압지구[220[V]]에는 30[mA]의 누전에 30[ms](0.03[sec]) 이하에 작동하는 누전차단기 설치(인체감전보호용)] 19. 3. 3 기 20. 9. 27 기 21. 3. 7 기 21. 5. 15 기
⑤ 누전차단기 설치대상전압 : 150[V] 이상
⑥ 샤워실 있는 인체감전보호용 정격감도전류 : 15[mA] 이하, 시간 : 0.03초 이내

(2) 누전차단기 설치장소 17. 5. 7 산 17. 8. 26 기 18. 4. 28 기 20. 9. 27 기 22. 4. 24 기 23. 3. 1 산

① 전기기계, 기구 중 대지전압이 150[V]를 초과하는 이동형 또는 휴대형의 것
② 물 등 도전성이 높은 액체에 의한 습윤한 장소
③ 철판, 철골 위 등 도전성이 높은 장소
④ 임시배선의 전로가 설치되는 장소

(3) 누전차단기 설치제외장소 17. 3. 5 산 18. 4. 28 산 19. 8. 4 기 21. 5. 15 기 22. 4. 24 기

① 이중절연구조의 전동기계, 기구
② 비접지방식의 전로에 접속하여 사용하는 전동기계, 기구
③ 절연대 위에서 사용하는 전동기계, 기구

(4) 누전차단기의 최소동작전류

정격감도전류의 50[%] 이상

(5) 누전차단기의 절연저항

5[MΩ] 이상

(6) 누전화재라는 것을 입증하기 위한 요건
17. 8. 26 기 18. 8. 19 산 23. 7. 8 기
① 누전점 : 전류의 유입점
② 발화점 : 발화된 장소
③ 접지점 : 확실한 접지점의 소재 및 적당한 접지저항치

[그림] 단로기의 구조

(7) 누전전류(누설전류) 16. 5. 8 기 20. 8. 22 기 20. 8. 23 산

최대공급전류의 $\frac{1}{2,000}$[A]로 규정

(8) 누전차단기의 선정

① 저압용 전로누전차단기 : 전류동작형

② 인체감전방지용 누전차단기 : 고감도고속형

③ 인입구에 시설하는 누전차단기 : 충격파 부동작형

(9) 전기화재방지기(누전경보기)

50[mA] 누전시 경보발생

(10) 발화에 이르는 누전전류의 최소한계치

300~500[mA]

(11) 유입(OCB)차단기의 투입 및 차단순서

① 유입차단기의 작동순서 18. 3. 4 기 19. 4. 27 기 21. 8. 14 기

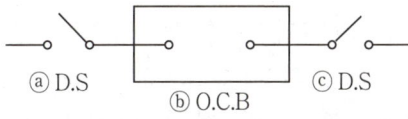

◎ 투입순서 : ⓒ-ⓐ-ⓑ(단로기 투입한 후 차단기 투입)

◎ 차단순서 : ⓑ-ⓒ-ⓐ(차단기 개방한 후 단로기 개방)

② By-pass회로 사용시 유입차단기의 작동순서

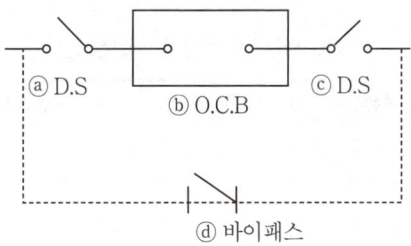

ⓓ 투입후 ⓑ - ⓒ - ⓐ 순으로 차단

합격키 ▶ 누전의 대부분 원인 : 지락

합격예측 및 관련법규

전원공급차단, 전압강화와 복귀에 대한 보호

전압강하나 전원공급차단으로 전기장치 등이 오동작할 우려가 있는 경우에는 해당 전원 회로에 다음 각 호에 의거 부족전압보호장치를 설치하여야 한다.
1. 부족전압보호장치의 동작은 기계의 비상정지기능을 저해하지 않을 것
2. 저전압보호장치의 작동후에 기계가 자동적으로 재가동이 되지 않도록 할 것

전동기과속방지장치

전동기 과속으로 기계장치가 위험상태로 될 우려가 있는 경우에는 기계·장비에 과속방지장치 등을 설치하여야 한다.

용어정의

① 가연성물질 : 연소가 잘되게 하는 에너지(공기, 탄소)
② 정전용량 : 두 물질간의 전위차가 형성되었을 때 해당 물질의 주변공간, 혹은 주변물질에 전하를 유도함으로써 전하를 축적하는 능력
③ 개폐기 : 전기회로를 이었다 끊었다 하는 장치
④ 최소착화에너지 : 폭발성 분이 공기중에 있을 때 이것을 발화시키는 데 필요한 최저에너지
⑤ 단로기 : 전기공사나 변전실 작업시 또는 청소시에 단로기까지 다 내리고 작업 혹시 잘못 투입시 사고예방으로 2중으로 안전장치 해놓은 것. 단로기는 무부하 시에만 개/폐가 가능하므로 투입/개폐 순서를 지켜야 사고 안남

Q 은행문제

역률개선용 커패시터(capacitor)가 접속되어 있는 전로에서 정전작업을 할 경우 다른 정전작업과는 달리 주의깊게 취해야 할 조치사항으로 옳은 것은? 19. 3. 3 기

① 안전표지 부착
② 개폐기 전원투입 금지
③ 잔류전하 방전
④ 활선 근접작업에 대한 방호

정답 ③

Q 은행문제

다음 (　)안에 들어갈 내용으로 알맞은 것은?

과전류차단장치는 반드시 접지선이 아닌 전로에 (　)로 연결하여 과전류 발생 시 전로를 자동으로 차단하도록 설치할 것

① 직렬　② 병렬
③ 임시　④ 직병렬

정답 ①

정보제공

제305조(과전류 차단장치)

사업주는 과전류[(정격전류를 초과하는 전류로서 단락(短絡)사고전류, 지락사고전류를 포함하는 것을 말한다. 이하 같다)]로 인한 재해를 방지하기 위하여 다음 각 호의 방법으로 과전류차단장치[(차단기·퓨즈 또는 보호계전기 등과 이에 수반되는 변성기(變成器)를 말한다. 이하 같다)]를 설치하여야 한다.

1. 과전류차단장치는 반드시 접지선이 아닌 전로에 직렬로 연결하여 과전류 발생 시 전로를 자동으로 차단하도록 설치할 것
2. 차단기·퓨즈는 계통에서 발생하는 최대 과전류에 대하여 충분하게 차단할 수 있는 성능을 가질 것
3. 과전류차단장치가 전기계통상에서 상호 협조·보완되어 과전류를 효과적으로 차단하도록 할 것

(12) 과전류차단기의 설치제외장소

① 접지공사의 접지선
② 다선식전로의 중성선
③ 고압전로 또는 특별고압전로와 저압전로를 결합하는 변압기의 저압가공전선로의 접지측(MCCB : Molded Case Circuit Breaker)=(NFB : No Fuse Breaker)

(13) 배선용차단기(MCCB) 22. 3. 5 [기]

정격전류의 1.0배까지 견디고 2배의 전류를 가할 때는 2~25분 이내에 용단될 것

5. 보호계전기(전기로 작동시키는 스위치)

(1) 보호계전기의 구비조건

① 고장상태를 식별하여 정도를 판단할 수 있을 것
② 고장개소를 정확히 선택할 수 있을 것
③ 동작이 예민하고 틀린 동작을 하지 않을 것

(2) 용도에 의한 분류

① **과전류계전기(OCR)** : 전류가 일정한 값 이상으로 흘렀을 때 동작하는 것으로 발전기, 변압기, 전선로 등의 단락보호용으로 사용한다.
② **과전압변압기(OVR)** : 전압이 일정한 값 이상으로 흘렀을 때 동작하는 것으로 배선계 또는 리액터(reactor)계에서 접지사고의 검출 등에 사용된다.
③ **차동계전기(DFR)** : 두 점에서 전류가 같을 때에는 동작하지 않으나 고장시 전류의 차가 생기면 동작하는 계전기로 전압차동계전기, 전류차동계전기 등이 있다. 변압기의 내부고장 예방에 적용한다.

[표] 차단기의 종류 및 사용장소

차단기의 종류	사용장소
① 산업용 배선차단기(MCCB) ② 주택용 배선차단기(MCB) ③ 기중차단기(ACB) 19. 8. 4 [기]	저압전기설비(저압용) B.C.D형
① 개정전 : 유입차단기(OCB) ② 현재 : 진공차단기(VCB) 가스차단기(GCB)	변전소 및 자가용 고압 및 특고압 전기설비
① 개정전 : 공기차단기(ABB) ② 현재 : 가스차단기(GCB)	특고압 및 대전류 차단용량을 필요로 하는 대규모 전기설비

6. 전기안전관련법령 [시행 2025. 2. 1.] [법률 제20727호, 2025. 1. 3., 타법개정]

제2조(정의) 이 법에서 사용하는 용어의 뜻은 다음과 같다.
1. "전기안전관리"란 국민의 생명과 재산을 보호하기 위하여 전기설비의 공사·유지·관리 및 운용에 필요한 조치를 하는 것을 말한다.
2. "전기재해"란 전기화재, 감전사고 등으로 인하여 사람의 생명과 재산의 피해가 발생하는 경우를 말한다.
3. "전기사업자"란 「전기사업법」 제2조제2호에 따른 전기사업자를 말한다.
4. "전기판매사업자"란 「전기사업법」 제2조제10호에 따른 전기판매사업자를 말한다.
5. "구역전기사업자"란 「전기사업법」 제2조제12호에 따른 구역전기사업자를 말한다.
6. "전기설비"란 「전기사업법」 제2조제16호에 따른 전기설비를 말한다.
7. "전기사업용전기설비"란 「전기사업법」 제2조제17호에 따른 전기사업용전기설비를 말한다.
8. "일반용전기설비"란 「전기사업법」 제2조제18호에 따른 일반용전기설비를 말한다.
9. "자가용전기설비"란 「전기사업법」 제2조제19호에 따른 자가용전기설비를 말한다.
10. "원격점검"이란 전기설비의 과전압·과전류 및 누설전류 등을 검출하여 이를 데이터로 수집, 분석 및 전송함으로써 전기설비의 안전 상태 등을 점검하는 것을 말한다.

Q 은행문제

산업안전보건기준에 관한 규칙 제319조에 따라 감전될 우려가 있는 장소에서 작업을 하기 위해서는 전로를 차단하여야 한다. 전로 차단을 위한 시행 절차 중 틀린 것은?

① 전기기기 등에 공급되는 모든 전원을 관련 도면, 배선도 등으로 확인
② 각 단로기를 개방한 후 전원 차단
③ 단로기 개방 후 차단장치나 단로기 등에 잠금장치 및 꼬리표를 부착
④ 잔류전하 방전 후 검전기를 이용하여 작업 대상기기가 충전되어 있는 지 확인

정답 ②

해설 · 전로차단방법
① 전기기기등에 공급되는 모든 전원을 관련 도면, 배선도 등으로 확인할 것
② 전원을 차단한 후 각 단로기 등을 개방하고 확인할 것
③ 차단장치나 단로기 등에 잠금장치 및 꼬리표를 부착할 것
④ 개로된 전로에서 유도전압 또는 전기에너지가 축적되어 근로자에게 전기 위험을 끼칠 수 있는 전기기기등은 접촉하기 전에 잔류전하를 완전히 방전시킬 것
⑤ 검전기를 이용하여 작업 대상 기기가 충전되었는지를 확인할 것
⑥ 전기기기등이 다른 노출 충전부와의 접촉, 유도 또는 예비동력원의 역송전 등으로 전압이 발생할 우려가 있는 경우에는 충분한 용량을 가진 단락 접지기구를 이용하여 접지할 것

정보제공
산업안전보건기준에 관한 규칙 제319조(정전전로에서의 전기작업)

주요항목 01 전기작업 안전관리
출제예상문제

출제예상문제는 복습, 예습문제로 엮었습니다. *WHY : 실제시험에도 순서에 관계없이 출제됩니다. 예습 후 다음장에 공부한 문제가 있으면 기억이 배가 됩니다.

01 ★★★ 차단기의 구조검사를 행했을 때 다음에 적합하여야 한다. 적합하지 않은 것은?

① 현저한 잡음 또는 장애전파를 발생하지 않는 것일 것
② 금속케이스에는 접지단자를 설치한 것일 것
③ 차단기는 자유로이 해체할 수 없는 것일 것
④ 외부도선과의 접속부는 정격전류에 따른 굵기의 전선을 확실하게 접속할 수 있을 것

해설
차단기(switch)
(1) 차단기는 부하전류 및 단락전류 등을 개폐할 수 있으며 해체(개폐)가 가능해야 한다.
(2) 차단기의 종류
  ① 유입차단기
    ㉮ OCB : 3.3~154[kV]
    ㉯ LOCB(소유량형) : 3.3~77[kV]
    ㉰ 소호실 내에 있어서 분해가스의 흡수력에 의해 차단
  ② 가스차단기(GCB) : 3.3~345[kV], 고절연성능을 가진 특수가스(SF6)를 흡수해서 차단
  ③ 자기차단기(MBB) : 3.3~11[kV], 대기 중에서 전자력을 이용하여 아크를 소호실 내로 유도하여 냉각차단
  ④ 기중차단기(ACB) : 100~415[kV], 대기 중에서 아크를 길게 하여 소호실 내에서 냉각차단
  ⑤ 공기차단기(ABB) : 3.3~345[kV], 압축된 공기를 아크에 흡수해서 차단

02 ★★★★ 다음 중 전기시설물에서 절연성능확인시험 방법으로 맞지 않은 것은?

① 절연저항시험   ② 부하전류시험
③ 절연내력시험   ④ 누설전류시험

해설
전기시설물의 절연확인시험방법
(1) 절연저항시험
(2) 절연내력시험
(3) 누설전류시험

① 절연저항 = $\dfrac{\text{사용전압}}{\text{허용누설전류}}$

② 허용누설전류 = 최대공급전류 × $\dfrac{1}{2,000}$

③ 최대공급전류 = $\dfrac{\text{용량[kVA]}}{\text{사용전압[V]}}$

03 ★★ 변전실 등의 내압시설에 사용되는 보호기체용 급기덕트 및 접속부는 최대사용압력의 몇 배에 견딜 수 있어야 하는가?

① 0.5배   ② 1배
③ 1.5배   ④ 3배

해설
변전실 최대사용압력
변전실 등의 내압시설에 사용되는 보호기체용 급기덕트 및 접속부품의 강도는 최대사용압력의 1.5배 이상에 견뎌야 한다.

[표 1] 전선로, 변압기 등의 내압시험전압

구분	최대사용전압	시험전압	최저시험전압
1	7,000[V] 이하	1.5×최대사용전압	50[V]
2	25,000[V] 이하로서 중성선 다중접지	0.92×최대사용전압	50[V]
3	7,000[V]를 넘는 비접지식	1.25×최대사용전압	10,500[V]
4	60,000[V]를 넘는 접지식으로서 중성점에 피뢰기 접속	1.1×최대사용전압	75,000[V]
5	60[kV]를 넘고 170[kV] 이하의 중성점직접접지식	0.72×최대사용전압	
6	170[kV]를 넘는 중성점직접접지식	0.64×최대사용전압	

[정답] 01 ③   02 ②   03 ③

[표 2] 회전기 및 전류기의 내압시험전압

구분	기구의 종류	최대사용전압		시험전압	최저시험전압
1	발전기 전동기 등의 회전기	권선과 대지 사이	7,000[V] 이하	1.5×최대사용전압	500[V]
			7,000[V] 이상	1.25×최대사용전압	10,500[V]
2	회전변류기	권선과 대지 사이			500[V]
3	수은정류기	주양극과 외함 사이		2×최대사용전압의 교류전압	500[V]
		음극 및 외함과 대지 사이		1×최대사용전압의 교류전압	
4	그 밖에 전류기	충전부분과 외함 사이		1×최대사용전압의 교류전압	500[V]

◎ 본문에 설명하지 못했던 것은 해설에서 설명했습니다.

04 ★★★
한국산업안전공단에서 실시하는 방폭구조의 검정을 반드시 받지 않아도 되는 전기기계·기구는?

① 전동기 ② 제어기
③ 차단기 ④ 발전기

해설
한국산업안전공단 방폭구조 검정기구
① 전동기
② 제어기
③ 차단기 및 개폐기류
④ 계측기구
⑤ 전열기
⑥ 접속기류(접속함 포함)
⑦ 배선용 기구 및 부속기류
⑧ 전지변용
⑨ 전자석
⑩ 차량용축전기
⑪ 신호기
⑫ 불꽃 및 높은 열을 발생하는 전기기구

05 ★★
MBB는 어떤 차단기인가?

① 유입차단기
② 자기차단기
③ 공기차단기
④ 가스차단기

해설
차단기의 종류 및 원리

종류	약호		아크제어 원리	적용 공칭전압
유입차단기 (oil circuit breaker)	소유량형	OCB	소호실 내에 있어서 아크에 의한 절연유 분해 가스의 흡수력에 의해 차단한다.	3.3~154[kV]
		LOCB		3.3~77[kV]
기중차단기 (air circuit breaker)		ACB	대기중에서 아크를 길게 하여 소호실에 의해서 냉각 차단한다.	100~415[V]
자기차단기 (magnetic blast circuit breaker)		MBB	대기중에서 전자력을 사용해서 아크를 소호실 내로 유도하여 냉각 차단한다.	3.3~11[kV]
공기차단기 (air blast circuit breaker)		ABB	압축된 공기를 아크에 흡수해서 차단한다.	3.3~345[kV]

06 ★★
다음 중 누전차단기의 동작확인사항이 아닌 것은?

① 전동기계, 기구를 사용하는 경우
② 누전차단기가 동작한 후 재투입할 경우
③ 전로에 누전차단기를 설치한 경우
④ 절연저항측정

해설
누전차단기 동작확인사항
① 전동기계, 기구를 사용하려는 경우
② 누전차단기가 동작한 후 재투입할 경우
③ 전로에 누전차단기를 설치한 경우

07 ★★
배전선로에 정전작업 중 단락접지기구를 사용하는 목적에 적합한 것은?

① 통신선 유도장해방지
② 배전용기계·기구의 보호
③ 혼촉 또는 오동작에 의한 감전방지
④ 배전선 통전시 전류경로저감

해설
단락접지기구의 사용목적
혼촉 및 오동작에 의한 감전방지

[정답] 04 ④ 05 ② 06 ④ 07 ③

08 다음 기기 성능 중 부하에서 차단이 가능한 개폐기는?

① OLB ② PF
③ DS   ④ LS

해설

개폐기
① 부하에서 가능한 것은 OLB이다.
② DS는 무부하상태에서 개폐한다.

참고
① 1996년 1월 31일 기출문제
② 1994년 8월 18일 기출문제

09 누전차단기는 대지전압이 몇 [V] 이상에 설치하는가?

① 50[V]   ② 100[V]
③ 150[V] ④ 200[V]

해설

누전차단기의 법적인 정의
'산업안전보건기준에 관한 규칙'의 제304조(누전차단기에 의한 감전방지)에서는 누전차단기를 사용해야 하는 장소에 대해 다음과 같이 규정하고 있다.
① 대지전압이 150[V] 이상인 이동형 또는 휴대형 전동기를 가진 전기기계·기구
② 물 등 도전성이 높은 액체에 의한 습윤장소
③ 철판·철골 위 등 전도성이 높은 장소
④ 임시배선의 전로가 설치되는 장소

10 다음 중 누전차단기의 성능으로서 부적합한 것은?

① 절연저항이 3[MΩ] 이상일 것
② 해당 부하에 적합한 정격전류를 갖출 것
③ 해당 전류에 적합한 차단용량을 갖출 것
④ 정격부동작전류가 정격감도전류의 50[%] 이상이어야 한다.

해설

누전차단기의 성능
① 해당 부하에 적합한 정격전류를 갖출 것
② 해당 전로에 적합한 차단용량을 갖출 것
③ 해당 누전차단기와 접속되어 있는 각각의 전기기계·기구에 대하여 정격감도전류가 30[mA] 이하이며 작동시간 0.03초 이내일 것. 다만, 정격 전 부하전류가 50[A] 이상인 전기기계·기구에 접속되는 누전차단기에는 오동작을 방지하기 위하여 정격감도전류가 200[mA] 이하이며 작동시간은 0.1[초] 이내로 할 수 있다.

④ 정격부동작전류가 정격감도전류의 50[%] 이상이어야 하고 이들의 전류치가 가능한 작을 것
⑤ 절연저항이 5[MΩ] 이상일 것

◐ 본 문제해설에서 다수의 문제가 출제됩니다.

11 다음 중 개폐기의 종류가 아닌 것은?

① AOG ② LOG
③ SOG ④ PAS

해설

개폐기 종류 및 동작개요

기호	종별	동작개요
LG	과전류로크 GR트립	• 지락사고를 자동적으로 선로를 개방하고 판전류에서는 작동하지 않는다.
SOG	과전류로크 축세트립부 GR트립부	• 지락사고시에는 자동적으로 전로를 개방한다. • 지락과 단락의 동시 발생시 또는 단락사고만 발생시 전력용차단기가 작동하고, 충전되지 않는 상태에서 전로를 개방한다.
AOG	퓨즈부 OC트립부 GR트립부	• 지락사고를 자동차단한다. • 과부하단락전류에서는 퓨즈 차단에 따라 전로를 자동적으로 개방한다.
PAS		• 기중 부하개폐기(LG, SOG 및 AOG 형태 제작 가능함)

12 이동식 전동기계는 전기의 누전에 대비하여 누전차단기를 설치한다. 누전차단기 설치방법 중 잘못된 것은?

① 누전차단기의 영상변류기에 접지선을 관통하지 말 것
② 누전차단기는 배전반 또는 분전반에 설치
③ 누전차단기는 분기회로, 기계, 기구마다 설치
④ 누전차단기의 부하측에 중심선을 접속할 것

해설

누전차단기
(1) 휴대형 또는 이동형 전동기기에서 누전차단기를 접속해야 하는 개소
  ① 대지전압이 150[V]를 넘는 경우
  ② 물 등 도전성이 높은 액체에 의한 습윤장소
  ③ 철판, 철골 위 등 도전성이 높은 장소
(2) 누전차단기의 설치가 곤란할 경우
  전동기계·기구의 금속제 외함, 외피 등을 접지극에 접속 사용한다.

[정답] 08 ① 09 ③ 10 ① 11 ② 12 ④

① 접지극의 접속은 다음 방법으로 한다.
   ㉮ 한 선은 전용의 접지선으로 하는 이동전선과 전용의 접지단자의 사용
   ㉯ 별도의 접지선과 가까운 접지단자의 사용
② ㉮항의 방법에 의한 때에는 접지선 또는 접지단자와 혼용되지 않도록 한다.(녹색선 사용, G, E 표시 등)
③ 접지극은 지중에 매설하는 방법 등에 의해 확실히 대지와 접속할 것
(3) 누전차단기를 설치하지 않아도 되는 경우 18. 4. 28 ㉠
① 이중절연구조의 전동기계, 기구
② 비접지방식의 전로에 접속하여 사용하는 전동기계, 기구
③ 절연대 위에서 사용하는 전동기계

◎ ① 필기 전과목에 자주 출제됩니다.
   ② 문제도 중요하지만 해설도 잘 읽으세요.

13 ★ 충전중의 저압옥내배선과의 접지측과 비접지측을 간단히 알아보는 시험기구는?

① neon검전기   ② 절연내력시험기
③ earth tester   ④ megger

해설
접지저항·절연저항
① neon검전기 : 저압옥내배선의 접지측과 비접지측 시험
② earth tester : 접지저항측정용
③ megger : 절연저항측정용

14 ★★ 교류아크용접 작업시에 감전방지를 위한 안전대책과 가장 관계가 먼 것은?

① 전원측에 누전차단기 설치
② 용접기의 외함접지 실시
③ 자동전격 방지장치 부착
④ 절연용방호구 사용

해설
전격방지기(자동전격방지장치)
① 자동전격방지장치 : 교류아크용접기에는 무부하시 2차측 홀더와 어스에 약 65[V]~90[V]의 높은 전압이 걸려 작업자에 대한 위험도가 높으므로 용접기가 아크발생을 중단시킬 때 단시간내에 해당 용접기의 2차 무부하전압을 안전전압 25[V] 이하로 내려 줄 수 있는 전기적 안전장치이다. (시간은 반드시 1.0[초] 이내)
② 전격방지장치의 동작원리 : 전격방지장치를 부착한 용접기의 주회로를 제어하는 장치를 가지고 있어 용접봉의 조작에 따라 용접할 때에만 용접기의 주회로를 형성하고 그 외에는 용접기의 출력측의 무부하전압을 저하시키도록 동작하는 장치로 그 원리와 구조는 그림과 같다.

(a) 동작설명도

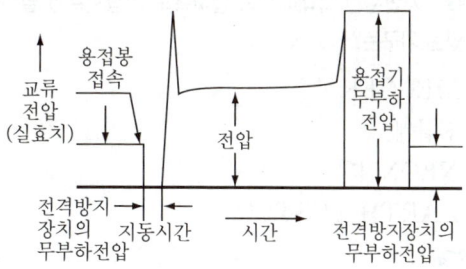

(b) 구조

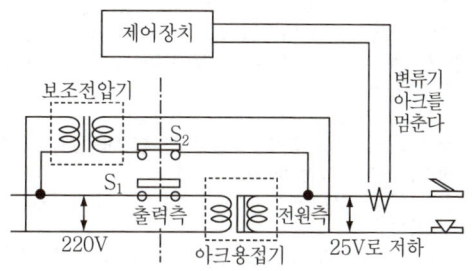

전격방지장치의 동작설명도 및 구조

15 ★★ 개폐조작의 순서에 있어서 그림의 기구 번호의 경우 차단순서와 투입순서가 안전수칙에 적합한 것은?

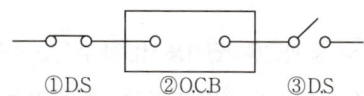

① 차단 ①②③ 투입 ①②③
② 차단 ②③① 투입 ②③①
③ 차단 ③②① 투입 ③②①
④ 차단 ②③① 투입 ③①②

해설
개폐조작순서를 기억하세요.

참고) 1993년 9월 12일 기출문제

【정답】 13 ① 14 ④ 15 ④

16 저압충전 옥내배선의 접지측과 비접지측을 알아볼 수 있는 기구는?

① MEGGER
② 전압계
③ NEON검전기
④ EARTH TESTER

해설

계측기의 종류 및 특징
① 회로시험기(earth tester) : 저압회로의 전압, 전류, 저항값을 측정할 수 있으며 회로의 도통시험, 제어회로의 점검 등에 사용된다.
② 절연저항계 : 회로나 기기의 절연저항을 측정하며 지락, 단락시의 고장개소를 찾는 데 사용된다.
③ 접지저항계 : 전기설비의 접지저항을 측정한다.
④ 클램퍼 : 저압회로의 전류 또는 누설전류를 측정하며 전기설비 또는 부하의 상태를 관리하는 것이다.
⑤ 검전기 : 일상점검시에 충전부의 확인, 정전작업시의 정전여부 확인에 사용된다.
⑥ 보호계전기의 시험기 : 보호계전기의 동작시험을 하기 위한 것으로 저항기, 슬라이더, 사이클카운터 등으로 구성되어 있다.
⑦ 절연내력시험기 : 절연내력시험은 내전압시험이라고도 하며, 전로와 대지간(케이블은 심선)에 시험전압을 일정시간을 가해 절연의 파괴여부를 판정하는 것이다.

➡ ① 지루하기도 하지만 합격하려면 방법이 없습니다.
② 좀 쉬었다 하세요.

17 다음 중 과전류차단기를 시설할 수 없는 곳은?

① 직접접지 계통에 설치한 변압기의 접지선
② 역률조정용 고압콘덴서 탱크의 분기선
③ 고압배전선로의 인출 장소
④ 수용가의 인입선부분

해설

과전류차단기 16. 8. 21 ㉮
(1) 과전류차단기 설치 이유
특별고압의 전로 중에 있어서 전기기계·기구 및 전선을 보호하기 위해 시설하는 장치를 말한다.
➡ 특별고압은 7,000[V] 이상의 교류전압
(2) 과전류차단기의 정격용량

분류		견딜 수 있는 전류	2배 전류를 가할 때 용단시간(분)
저압용	퓨즈	1.1배	2~20분
	배선용차단기	1.0배	2~24분
고압용	포장퓨즈	1.3배	120분
	비포장퓨즈	1.25배	2분

(3) 과전류차단기를 시설할 수 없는 곳
① 접지공사의 접지선
② 다선식전로의 중성선
③ 1차전압이 고압 또는 특고압이고, 2차전압이 저압인 변압기에 연결된 저압가공 전선로의 접지측 전선

18 개폐기(LS)를 개방하지 않고 전등을 변압기 1차측 COS만 개방 후 전등용 변압기 접속용 볼트작업 등 동력용 COS에 접속, 사망한 사고에 대한 원인과 거리가 먼 것은?
18. 4. 28 ㉮ 23. 6. 4 ㉮

① 인입구 개폐기 미개방한 상태에서 작업
② 동력용 변압기 COS 미개방
③ 안전장구 미사용
④ 충전후 안전거리확보

해설

안전거리가 확보되면 사고는 없다.

19 다음 중 누전차단기를 설치하지 않아도 되는 장소는?
23. 3. 1 ㉘

① 2중절연구조의 전동기계·기구
② 대지전압이 150[V]를 초과하는 전동기계·기구
③ 물 등 도전성이 높은 액체에 의한 습한 장소
④ 철판, 철골 위 등 도전성이 높은 장소

해설

누전차단기를 설치하여야 되는 장소
① 전기기계·기구 중 대지전압이 150[V]를 초과하는 이동형 또는 휴대형의 것
② 물 등 도전성이 높은 액체에 의한 습윤장소
③ 철판·철골 위 등 도전성이 높은 장소
④ 임시배선의 전로가 설치되는 장소

➡ 산업안전보건기준에 관한 규칙 제304조 (누전차단기에 의한 감전방지)

[정답] 16 ③ 17 ① 18 ④ 19 ①

20 누전화재가 발생하기 전에 나타나는 현상으로 거리가 먼 것은? 17.3.6 ㉠

① 인체 감전현상
② 전등 밝기의 변화현상
③ 빈번한 퓨즈 용단현상
④ 전기사용 기계장치의 오동작 감소

해설

누전차단기
(1) 누전차단기의 사용목적 : 누전차단기는 교류 1,000[V] 이하의 저압 전로에 사용
  ① 누전 화재보호
  ② 감전보호
  ③ 전기기계·기구의 손상보호
  ④ 타 계통으로서의 사고파급방지
(2) 누전차단기의 구성요소 18.4.28 ㉠ 20.9.27 ㉠
  ① 누전검출부
  ② 영상변류기
  ③ 시험버튼
  ④ 차단장치
  ⑤ 트립코일

21 동작 시 아크를 발생하는 고압용 개폐기·차단기·피뢰기 등은 목재의 벽 또는 천장, 기타의 가연성 물체로부터 몇 [m] 이상 떼어놓아야 하는가? 19.8.4 ㉠

① 0.3
② 0.5
③ 1.0
④ 1.5

해설

스파크의 원인 및 대책
(1) 원인
  ① 스위치의 개폐시에 발생되는 스파크가 주위 가연성 물질에 인화
  ② 콘센트에 플러그를 꽂거나 뽑을 경우 스파크로 인하여 주위 가연물에 착화될 가능성
(2) 대책
  ① 개폐기, 차단기, 피뢰기 등 아크를 발생하는 기구의 시설
  ② 고압용 : 목재의 벽 또는 천정 기타 가연성 물체로부터 1[m] 이상 격리
  ③ 특고압용 : 목재의 벽 또는 천정 기타 가연성 물체로부터 2[m] 이상 격리

22 누전사고가 발생될 수 있는 취약 개소가 아닌 것은? 19.8.4 ㉠

① 나선으로 접속된 분기회로의 접속점
② 전선의 열화가 발생한 곳
③ 부도체를 사용하여 이중절연이 되어 있는 곳
④ 리드선과 단자와의 접속이 불량한 곳

해설

누전(electric leakage : 漏電)
(1) 개요 : 절연이 불완전하여 전기의 일부가 전선 밖으로 새어 나와 주변의 도체에 흐르는 현상
(2) 누전의 원인
  ① 전기장치나 오래된 전선의 절연 불량, 전선 피복의 손상 또는 습기의 침입 등이 주된 원인이다.
  ② 한번 누전현상이 일어나면 그 부분에 계속 누설전류가 흘러 절연 상태가 더욱 악화될 수 있으므로 주의가 필요하다.

23 지락전류가 거의 0에 가까워서 안정도가 양호하고 무정전의 송전이 가능한 접지방식은? 19.8.4 ㉠

① 직접접지방식
② 리엑터접지방식
③ 저항접지방식
④ 소호리엑터접지방식

해설

소호리엑터접지방식
① 지락전류가 0에 가깝고 무정전 송전가능
② 1선 지락고장시 극히 작은 손실전류가 흐른다.

보충학습

저항접지방식
① 송전선의 중성점 접지방식의 하나로 중성점을 저항을 통하여 접지하는 것으로 지락고장시의 지락전류를 제어할 수 있다.
② 저항값의 대소에 따라 저저항접지 방식과 고저항접지 방식으로 나누어진다.

[정답] 20 ④ 21 ③ 22 ③ 23 ④

감전재해 및 방지대책

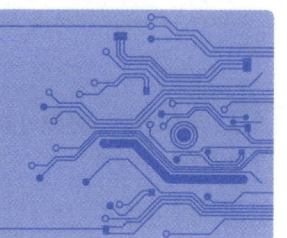

중점 학습내용

전기의 위험은 일반적으로 감전재해는 다른 재해에 비하여 발생률은 낮으나, 일단 재해가 발생하면 치명적인 경우가 많으며 또한 다행히 생명을 건졌다 하더라도 불구가 되는 예가 적지 않다. 이것은 감전되었을 때의 호흡정지, 심장마비, 근육이 수축되는 등의 장해와 감전사고에 의한 추락 등으로 인한 2차재해가 일어난다. 이러한 감전사고의 원인을 파악하고 그 대책을 서술하였다. 시험에 출제가 예상되는 본 장의 중심적인 내용은 다음과 같다.

❶ 감전재해예방 및 조치
❷ 감전재해 요인
❸ 절연용 안전장구

물질의 전기적 성질	← 단위 : Coulomb(기호[C]) 전하 양자 : 정의 전기 전하 전자 : 부의 전기
전 류	← 단위 : 암페어(기호[A])(1초당 흐르는 전자의 양) 1[A] : 도체 속을 매초 1[C]의 비율로 전하량이 통과했을 때
전위와 전압	← 단위 : 볼트(Volt[V]) 1[V] : 1[C]의 전하가 두 점 간을 이동할 때 얻거나 1[J]이 되는 두 점 간의 전위차(전압(電壓) : 전기의 압력)

합격예측 및 관련법규

적용범위(KEC 기준)
이 지침은 전기장치 등이 교류전압 1,000[V] 또는 직류 1,500[V] 이하의 저압으로 운전되는 장비나 장비의 부분품에 적용한다. 다만, 다음 각 호의 경우에는 적용되지 아니한다.
① 고정식 또는 이동식 공구로 전기용품안전관리법령의 적용을 받는 기계류
② 가정용 기계·기구류

합격예측

① 전격 :
  • 기능적 손상
  • 구조적 손상
② 제어장치 : 전기장치 등의 제어회로에 접속되고 기계운전을 제어하기 위하여 사용된 장치를 말한다.
③ 접촉전압(Touch Voltage)
: 인체가 접지를 한 구조물에 접촉하는 경우, 접촉부위와 대지의 발 사이의 전위차
(IEEE 규정 : 1[m])

세부항목 1. 감전재해예방 및 조치

1. 안전전압(安全電壓)

사람이 누설전류에 노출되었을 때 인체로 누설전류가 흐르게 된다.
인체가 견딜 수 있는 누설전류가 인체 허용전류이며

(인체 허용전류 × 인체관련 저항 = 인체 허용전압)

이때 인체 허용전류는 고정값이며 인체관련 저항(표면의 대지저항 등)은 높을수록 좋으니까, 인체 허용전압은 높을수록 좋은 것이 된다.
이때의 전압을 안전전압이라 하며 허용접촉전압이라고도 한다.
안전전압(허용접촉전압)은 높을수록 좋다.

[표] 각국의 안전전압[V] 18. 3. 4 ㉮ 19. 4. 27 ㉮ 20. 9. 27 ㉮

국가명	안전전압[V]	국가명	안전전압[V]
체 코	20	프 랑 스	24[AC], 50[DC]
독 일	24	네덜란드	50
영 국	24	한 국	30
일 본	24~30	오스트리아	60(0.5초)
벨기에	35		110~130(0.2초)
스위스	36		

➡ 30[V] 이하는 안전보건규칙에서 위험방지 조치하지 않아도 됨

2. 전기(電氣 : Electricity)

(1) 전기의 개요

자연계에 있어서 기본적인 물리량이며, 전자 및 양자에 의해 보유되어 있고, 전하(電荷)라고도 한다. 정지상태에 있어서는 전기장을 수반하여 잠재에너지를 가지고 있고, 힘을 미친다. 운동하고 있는 경우에는 전기장과 자기장의 양쪽을 수반하며, 잠재 및 운동의 두 에너지를 가지고 힘을 미친다. 즉, 전자계의 원천은 전하 및 운동하는 전하(전류)이다.

(2) 전기재해의 종류

① 감전(전격) : 전기에너지에 의해서 인체에 전류가 통할 경우에 일어난다.
② 누전에 의한 화재 : 전선의 피복 또는 기기의 절연물 손상의 원인
③ 폭발 : 가연성가스, 분진, 증기가 존재하는 환경 구역내에서는 전기의 스파크 또는 화학반응 등 열이 점화원이 되어 폭발을 일으킬 위험성이 있다.
④ 방전 : 전위차가 있는 2개의 대전체가 특정거리에 접근하게 되면 등전위가 되기 위하여 전하가 절연공간을 깨고 순간적으로 빛과 열을 발생하며 이동하는 현상 18. 3. 4 [기] 20. 9. 19 [산] 21. 8. 14 [기]

(3) 통전전류에 따른 인체의 영향 15. 3. 8 [기] 17. 3. 5 [기] 17. 5. 7 [기]

통전전류 구분	전격의 영향	통전전류(교류)값
최소감지전류	고통을 느끼지 않으면서 짜릿하게 전기가 흐르는 것을 감지할 수 있는 최소전류	상용주파수 60[Hz]에서 성인남자의 경우 1[mA]
고통한계전류	통전전류가 최소감지전류보다 커지면 어느 순간부터 고통을 느끼게 되지만 이것을 참을 수 있는 전류	상용주파수 60[Hz]에서 7~8[mA]
가수전류 (이탈전류) 18. 8. 19 [기]	인체가 자력으로 이탈 가능한 전류 (Let-go current) (마비한계전류라고 하는 경우도 있음)	상용주파수 60[Hz]에서 10~15[mA] • 최저가수전류치 -남자 : 9[mA] -여자 : 6[mA]
불수전류 (교착전류)	통전전류가 고통한계전류보다 커지면 인체 각부의 근육 수축현상을 일으키고 신경이 마비되어 신체를 자유로이 움직일 수 없는 전류(인체가 자력으로 이탈 불가능한 전류)	상용주파수 60[Hz]에서 20~50[mA]
심실세동전류 (치사전류) 18. 4. 28 [기] 19. 3. 3 [기]	심근의 미세한 진동으로 혈액을 송출하는 펌프의 기능이 장애를 받는 현상을 심실세동이라 하며 이때의 전류	$I=\frac{165}{\sqrt{T}}$[mA] I : 심실세동전류[mA] T : 통전시간(s)

합격예측 및 관련법규

전원공급

교류전기장치 등은 전부하 및 무부하 상태에서 다음 각 호의 조건에서 만족한 작동이 되도록 설계하여야 한다.
① 전압 : 정격전압의 ±10[%]
② 주파수 : 정격주파수의 연속인 경우 ±1[%], 짧은 시간인 경우 ±2[%]
③ 고주파 : 2차~5차 고주파의 합계가 10[%] 이내, 6~30차 고주파의 합계가 2[%] 이내
④ 전압불평형(3상공급) : 역상성분전압 및 역상성분의 전압이 정상성분의 2[%] 이하
⑤ 충격파에 대한 내력 : 파고치가 최대공급전압 첨두치의 200[%] 이내이고 상승 및 하강시간이 각각 500[ns] 내지 500[μs]인 충격파를 1.5 [m/sec] 이내로 인가
⑥ 전압단전 : 3[m/sec] 이내 (단, 연속적인 단전 사이 기간 1[m/sec] 이상)
⑦ 전압강하 : 1[Hz] 동안 첨두전압의 20[%] 이하(단, 연속적인 전압강하 사이의 기간은 1[sec] 이상)

합격예측

전기기기의 절연저항값이 저하하는 요인 17. 8. 26 [산] 23. 7. 8 [산]
① 온도상승
② 진동
③ 충격
④ 높은 이상전압

용어정의

직접접촉

정상상태에서 전압이 인가된 충전부분에 인체가 접촉되는 것을 말한다.

간접접촉

고장으로 전압이 인가된 도전성 부분에 인체가 접촉되는 것을 말한다.

합격예측

보폭전압 (Step Voltage)

① 고장전류가 접지전극을 통해 대지로 흘러들어갈 때, 접지전극 주위에 전위분포가 발생한다. 이때 사람의 양발 사이에 발생하는 전위차를 보폭전압이라 한다.
② IEEE(미국전자기술자협회) 규정에서는 접지전극 부근 대지면의 발과 발 사이의 거리가 1미터일 때의 전위차를 고려한다.
③ 안전을 유지하기 위해 저감대책을 시행
④ 접지선을 깊게 매설한다.
⑤ Mesh(망상)식 접지방식을 채택하고 Mesh 간격을 좁게 설정한다.
⑥ 발과 대지 사이의 접촉저항을 높이기 위해 지면에 자갈, 콘크리트, 아스팔트등을 깐다.
⑦ 주변에 보조접지선을 매설하고 주 접지선과 연결
⑧ 부지 경계 부근은 Main Mesh의 끝을 깊게 매설
⑨ 작업자는 절연화, 절연장갑, 절연모 등의 안전보호구를 착용해야 한다.

1[mA]	5[mA]	10[mA]	15[mA]	50~100[mA]
약간 느낄 정도	경련을 일으킨다	불편해진다 (통증)	격렬한 경련을 일으킨다	심실세동으로 사망위험

3. 인체의 저항 및 위험에너지

(1) 인체의 전기저항 위험성 표시척도

① 남녀별
② 개인차
③ 연령
④ 건강상태

(2) 인체의 전기저항 16. 8. 21 ㉮ 17. 8. 26 ㉮ 23. 5. 13 ㉯

① 피부의 전기저항 : 2,500[Ω](내부조직저항 : 300[Ω], 인체를 통한 통전경로 상의 저항 : 500[Ω]) – 인체의 저항이 최악인 상태
② 피부가 땀이 나 있을 경우 : 1/12 정도로 감소 23. 7. 8 ㉯
③ 피부가 물에 젖어 있을 경우 : 1/25 정도로 감소
④ 습기가 많을 경우 : 1/10 정도로 감소
⑤ 발과 신발 사이의 저항 : 1,500[Ω]
⑥ 신발과 대지 사이의 저항 : 700[Ω]
⑦ 1[Ω] : 1[V]의 전압이 가해졌을 때 1[A]의 전류가 흐르는 저항

(3) 위험한계에너지 16. 8. 21 ㉮ 17. 5. 7 ㉮ 18. 3. 4 ㉮ 18. 4. 28 ㉮㉯ 18. 8. 19 ㉮ 19. 3. 3 ㉮ 20. 9. 27 ㉮ 21. 5. 15 ㉮ 22. 3. 5 ㉮ 22. 4. 24 ㉮ 23. 3. 1 ㉯ 23. 6. 4 ㉮

인체의 전기저항을 500[Ω]이라 할 때 심실세동을 일으키는 위험한계에너지

$$Q = I^2RT[J/S]$$
$$= \left(\frac{165\sim185}{\sqrt{T}} \times 10^{-3}\right)^2 \times 500 \times T$$
$$= \frac{165^2 \sim 185^2}{T} \times 10^{-6} \times 500 \times T$$
$$= 165^2 \times 10^{-6} \times 500 \sim 185^2 \times 10^{-6} \times 500$$
$$= 13.61 \sim 17.11[J]$$
$$= 13.6 \times 0.24[cal] = 3.3[cal]$$

[그림] 인체 저항

▼참고 감전(전격) : 인체의 일부 또는 전체에 전류가 흐를때 전기적 충격에 의해 인체 내에서 일어나는 생리적 현장

2. 감전재해의 요인

1. 감전 요소

(1) 전격위험도 결정조건(1차적 감전위험요소)

① 통전전류의 크기
② 통전시간
③ 통전경로
④ 전원의 종류(직류보다 상용주파수의 교류전원이 더 위험한 이유 : 극성변화)
⑤ 주파수 및 파형
⑥ 전격인가위상

보충학습

① 직류 : 시간에 따라 방향 및 크기 일정 - 변화 무(無)
② 교류 : 시간에 따라 방향 및 크기 변화(sin파)
③ 축전지(건전지) : 직류
④ 산업용 및 가정용 전기 : 교류

(2) 2차적 감전위험요소

① 인체의 조건(저항) ② 접촉전압 ③ 계절 ④ 개인차

2. 옴의 법칙, 줄의 법칙, 허용접촉전압 및 보폭전압

(1) 옴(Ohm)의 법칙

① $E=IR$ ② $I=\dfrac{E}{R}$

여기서, I : 전류, E : 전압, R : 저항

(2) 줄(Joule)의 법칙

$Q=I^2RT$

여기서, Q : 전류발생열(J), I : 전류(A), R : 전기저항(Ω), T : 통전시간(S)

① Q를 kcal로 환산하면 다음과 같다.

$1[\text{kcal}]=4,186[\text{J}]$ $1[\text{kJ}]=0.2388[\text{kcal}]≒0.24[\text{kcal}]$

$Q=0.24I^2RT\times 10^{-3}[\text{kcal}]$

② t초를 시간(h)으로 환산하면 다음과 같다.

$Q=0.860I^2Rt[\text{kcal}]$

합격예측

직류전기장치 등은 전부하 및 무부하 상태에서 다음 각 호의 조건에서 만족한 작동이 되도록 설계되어야 한다.
① 밧데리 전원공급
  ㉮ 전압 : 정격전압의 ±15[%]
  ㉯ 전압차단시간 : 5[m/sec] 이하
② 변환장비
  ㉮ 전압 : 정격전압의 ±10[%]
  ㉯ 전압단전 : 20[m/sec] 이내(단, 연속적인 단전 사이기간 1[sec] 이상)
  ㉰ 맥동률 : 정격전압의 5[%] 이하

감전사고 원인
① 전기가 흐르고 있는 전기기기 등에 사람이 접촉
② 인체에 전기가 흘러 일어나는 화상, 사망

비이온화방사선의 종류 (비전리방사선)
① 자외선(UV)
② 가시광선(VR)
③ 적외선파(IR)
④ 라디오파(RF)
⑤ 마이크로파(MW)
⑥ 저주파(LF)
⑦ 극저주파(ELF)

용어정의

외함
기계에 설치 또는 분리설치되어 전기장치 등을 보호하고 직접 접촉을 방지하는 캐비닛 또는 박스를 말한다.

장비
재료, 금구류, 전기장치 등 기구류가 기계의 부분으로써 또는 연관되어 사용되는 것을 포함하는 총칭을 말한다.

Q 은행문제

인체의 피부 전기저항은 여러 가지의 제반조건에 의해서 변화를 일으키는데 제반조건으로써 가장 가까운 것은?
① 피부의 청결
② 피부의 노화
③ 인가전압의 크기
④ 통전경로

정답 ③

(3) 허용접촉전압

① 인체를 통과하는 전류와 인체저항의 곱이 인체에 가해지는 전압이 되며 이를 허용접촉전압이라 한다.

[표] 종별 허용접촉전압

종별	접촉상태	허용접촉전압[V]
제1종	• 인체의 대부분이 수중에 있는 상태	2.5 이하
제2종	• 인체가 많이 젖어 있는 상태 • 금속제 전기기계장치나 구조물에 인체의 일부가 상시 접촉되어 있는 상태	25 이하
제3종	• 제1종, 제2종 이외의 경우로서 통상적인 인체 상태에 있어서 접촉전압이 가해지면 위험성이 높은 상태	50 이하
제4종	• 제1종, 제2종 이외의 경우로서 통상적인 인체 상태에 있어서 접촉전압이 가해져도 위험성이 낮은 상태 • 접촉전압이 가해질 우려가 없는 경우	무제한

② 최대허용접촉전압 계산 : 변전소 등에 고장전류가 유입되었을 때 그 부근 지표상과 도전성 구조물의 두 점(보통 1[m])간 전위차의 허용값

$$E = \left(R_b + \frac{3R_s}{2}\right) \times I_k$$

여기서, E : 허용접촉전압 R_b : 인체의 저항률(Ω)
R_s : 지표상층 저항률(Ω·m) I_k : 심실세동전류(A)

인체의 저항률(R_b)은 1,000Ω, 지표상층 저항률(R_s)은 50이며, 시간 1초, $I_k = \frac{165}{\sqrt{T}}$[mA]라 할 때 허용접촉전압

$$E = \left(R_b + \frac{3R_s}{2}\right) \times I_k = \left(1,000 + \frac{3 \times 50}{2}\right) \times \frac{165}{\sqrt{1}} \times 10^{-3} = 124.7[V]$$

(4) 최대허용보폭전압과 허용보폭전압

① 최대허용보폭전압

$$E_{step} = (R_B + 2R_F)I_B = (1,000 + 6 \times C_S \times \rho_S)\frac{0.116}{\sqrt{t_s}}$$

I_B : 인체허용전류 R_B : 한 손과 두 발 사이의 저항
R_F : 한 쪽 파과 대지 사이의 저항
C_S : 표토층의 두께와 반사계수에 의해 결정되는 계수
ρ_S : 표면의 대지 고유저항 $\sqrt{t_s}$: 차단시간

② 허용보폭전압

$(E) = (R_b + 6R_s) \times I_k$

3. 감전사고의 형태 및 인공호흡

(1) 직접접촉에 의한 감전방지방법

① 충전부 전체를 절연한다.
② 기기구조상 안전조치로서 노출형 배전설비 등은 폐쇄전반형으로 하고 전동기 등에는 적절한 방호구조의 형식을 사용하고 있는데 이들 기기들이 고가가 되는 단점이 있다.
③ 설치장소의 제한, 즉 별도의 실내 또는 울타리를 설치한 지역으로 평소에 열쇠가 잠겨 있어야 한다.
④ 교류아크용접기, 도금장치, 용해로 등의 충전부의 절연은 원리상 또는 작업상 불가능하므로 보호절연, 즉 작업장 주위의 바닥이나 그 밖에 도전성 물체를 절연물로 도포하고 작업자는 절연화, 절연도구 등 보호장구를 사용하는 방법을 이용하여야 한다.
⑤ 덮개, 방호망 등으로 충전부를 방호한다.
⑥ 안전전압(30[V]) 이하의 기기를 사용한다.

(2) 간접접촉(누전)에 의한 감전방지방법

① 보호절연물을 사용한다.
② 안전전압 이하의 기기를 사용한다.
③ 보호접지(기기접지)를 사용한다.
④ 사고회로의 신속한 차단을 한다.
⑤ 회로의 전기적 격리

(3) 인공호흡법

1 인공호흡방법

① 1분당 12~15회(4초 간격)의 속도로 30분 이상 반복 실시하는 것이 바람직하며, 인체의 호흡이 멎고 심장이 정지되었더라도 계속하여 인공호흡을 실시하는 것이 현명하다.
② 의식이 없을 경우 최우선 조치
  : 심폐소생술

2 소생률

① 1분 이내 : 95~97[%]
② 2분 이내 : 85~90[%]
③ 3분 이내 : 75[%]
④ 4분 이내 : 50[%]
⑤ 5분 경과 : 25[%]

[그림] 인공호흡 소생률과 경과시간

합격예측 및 관련법규

공급선 단말처리
① 전기장치 등의 일부분에 다른 전압이나 전원이 필요할 경우 변압기나 변환기 등을 사용하는 등의 방법으로 전기장치 등은 가능한 한 단일전원에 접속하여야 한다.
② 전원공급선은 단로장치의 전원공급단자에 직접접속 하여야 한다. 다만, 별도의 단자가 공급되는 경우에는 그러하지 아니한다.
③ 전원공급 접속용 모든 단자는 명확히 구분되어야 한다.

용어정의

섬락(閃絡 : flashover)
고체나 액체의 절연물 주위의 공간을 통하여 전위차가 있는 두 장소 사이에서 방전이 이루어지는 것

Q 은행문제 19.3.3

감전사고시의 긴급조치에 관한 설명으로 가장 부적절한 것은?
① 구출자는 감전자 발견 즉시 보호용구 착용여부에 관계없이 직접 충전부로부터 이탈시킨다.
② 감전에 의해 넘어진 사람에 대하여 의식의 상태, 호흡의 상태, 맥박의 상태 등을 관찰한다.
③ 감전에 의하여 높은 곳에서 추락한 경우에는 출혈의 상태, 골절의 이상 유무 등을 확인, 관찰한다.
④ 인공호흡과 심장마사지를 2인이 동시에 실시할 경우에는 약 1 : 5의 비율로 각각 실시해야 한다.

정답 ①

합격예측 및 관련법규

외부보호도체의 최소단면적
① 외부보호도체의 접속용단자는 관련된 도선단자 가까운 곳에 설치하여야 하며, 그 단자는 다음 표의 최소단면적을 가진 외부도체의 접속이 가능하여야 한다.

상도체의 단면적 S (mm², 구리)	보호도체의 최소단면적(mm², 구리)	
	보호도체의 재질	
	상도체와 같은 경우	상도체와 다른 경우
$S \leq 16$	S	$(k_1/k_2) \times S$
$16 < S \leq 35$	16	$(k_1/k_2) \times 16$
$S > 35$	$S/2$	$(k_1/k_2) \times (S/2)$

여기서,
k_1 : 도체 및 절연의 재질에 따라 KS C IEC에서 선정된 상도체에 대한 k값
k_2 : KS C IEC에서 선정된 보호도체에 대한 k값

② 외부보호단체용 단자는 문자 또는 표시로 명확히 구분되어야 한다.

합격예측 및 관련법규

보호도체
본딩용 도체는 동선 또는 동등 이상의 전기저항과 강도가 있는 재질로서 최소단면적이 14[mm²] 이상의 것을 사용하여야 한다.

전기장치 등의 본딩
① 전기장치 등에는 전기적으로 연속성을 유지할 수 있도록 다음 각 호와 같이 본딩을 하여야 한다.
  1. 기계장비와 본딩선은 접속을 견고히 할 것
  2. 볼트 등을 이용한 접속시에는 접촉표면에 페인트 등의 이물질이 없도록 할 것
  3. 기계장치의 일부분을 분리하더라도 접지회로가 연속성을 유지할 수 있도록 하여야 한다.
  4. 본딩지점은 기계적 강도와 전기적 용량이 충분하도록 하여야 한다.
② 제1항의 규정은 기계장비가 상호 금속 접속되거나 접촉베어링으로 연결된 부분에 있어서는 상호 본딩된 것으로 간주하며, 미끄럼 접촉의 경우에는 본딩된 것으로 간주하지 아니한다.

합격예측

① **변전소** : 발전소에서 생산한 전력 선로를 통하여 공급자에게 보내는 과정에서 전압이나 전류의 성질을 바꾸기 위하여 설치하는 시설
② **배전용변압기** : 전압을 내려 사람들에게 공급하기 쉬운 전압으로 변환하기 위한 변압기이다.
③ **지중전선로** : 땅속에 부설하는 케이블을 보호하는 전선로

---

3 전격현상의 메커니즘(사망경로) 17.8.26 ⑦ 21.8.14 ⑦ 25.2.7 ⑦
① 흉부수축에 의한 질식
② 심장의 심실세동에 의한 혈액순환 기능의 상실
③ 뇌의 호흡중추신경 마비에 따른 호흡중지

4 중요 관찰사항 15.3.8 ⑦
① 의식의 상태
② 호흡의 상태
③ 맥박의 상태
④ 출혈의 상태
⑤ 골절의 이상유무 등을 확인하고, 관찰 결과 의식이 없거나 호흡 및 심장이 정지해 있거나 출혈을 많이 하였을 경우에는 관찰을 중지하고 곧 필요한 응급조치를 하여야 한다.

세부항목 3. 절연용 안전장구

1. 절연용 안전보호구 16.8.21 ⑦ 19.3.3 ⑭ 23.2.28 ⑦

① 7,000[V] 이하 전로의 활선(근접)작업시 감선사고예방을 위해 작업자 몸에 착용하는 것(감전방지용 보호구)
② 종류 : 전기안전모(절연모), 절연고무장갑(절연장갑), 절연고무장화, 절연복 및 절연화, 도전성 작업복 및 작업화 등 25.2.7 ⑦

(1) 전기안전모(절연모)

종류		사용구분	모체의 재질	비고
일반작업용	AB	물체의 낙하 또는 비래 및 추락에 의한 위험을 방지	합성수지	비내전압성
전기작업용	AE	물체의 낙하 및 비래에 의한 위험을 방지 또는 경감하고 머리 부위 감전에 의한 위험을 방지	합성수지	내전압성
	ABE	물체의 낙하 또는 비래 및 추락에 의한 위험을 방지 또는 경감하고 머리 부위 감전에 의한 위험을 방지하기 위한 것	합성수지	내전압성

(2) 절연고무장갑

7,000[V] 이하 전압의 전기작업시 손이 활선부위에 접촉되어 인체가 감전되는 것을 방지하기 위해 사용, 고무장갑의 손상 우려 시에는 반드시 가죽장갑을 외부에 착용

[표] 시험기준

구분	기준
인장강도	1,400[N/cm²] 이상
신장률	100분의 600 이상
영구신장률	10분의 15이하

2. 절연용 안전방호구

(1) 절연용 방전방호구
① 위험설비에 시설하여 작업자 및 공중에 대한 안전을 확보하기 위한 용구
② 방호관, 점퍼호스, 건축지장용 방호관, 고무블랭킷, 컷아웃스위치 커버, 애자후드, 완금커버

(2) 표시용구
① 설비 또는 작업으로 인한 위험을 경고하고 그 상태를 표시하여 주위를 환기시킴으로써 안전을 확보하기 위한 용구
② 작업장구획 표시용구, 상태표시용구, 고정표시용구, 교통보안표시용구, 완장

(3) 검출용구
① 정전작업 착수 전 작업하고자 하는 설비의 정전 여부를 확인하기 위한 용구
② 저압 및 고압용 검전기, 특별고압용 검전기, 활선접근경보기
　㉮ 검전기 : 저압용, 고압용, 특고압용-충전유무확인 19. 4. 27 ㉠ 22. 4. 24 ㉠ 24. 2. 15 ㉠
　㉯ 활선접근경보기 : 작업자의 착오, 오인, 오판 등으로 충전된 기기전로에 근접하는 경우에 경고음 발생-팔목, 안전모에 착용(사용전 시험버튼을 눌러 작동여부확인)

(4) 활선작업용 장치 20. 6. 7 ㉠

대지절연을 실시한 활선작업용 차량, 활선작업용 절연대
① 사용시 손으로 잡을 수 있는 부분을 포함하여 절연재료로 만들어진 봉상의 절연공구
② 절연봉(핫스틱), 다용도집게봉, 조작용훅봉(디스콘봉), 수동식절단기, 활차

합격예측 및 관련법규

제어전원공급
제어회로전원은 별도의 제어전원용 변압기를 설치하는 경우 단권변압기가 아닌 절연변압기를 사용하여야 한다. 또한 여러개의 변압기가 사용되는 곳에는 변압기권선은 2차전압이 각상이 얻어지도록 결선하여야 한다.

합격예측
절연장갑의 등급 및 색상 21. 5. 26 ㉠ 25. 2. 7 ㉠

등급	최대사용전압		등급별색상
	교류(V, 실효값)	직류(V)	
00	500	750	갈색
0	1,000	1,500	빨간색
1	7,500	11,250	흰색
2	17,000	25,500	노란색
3	26,500	39,750	녹색
4	36,000	54,000	등색

합격예측 및 관련법규

제어회로전압
제어회로전압은 공칭전압 250[V] 이하이어야 한다.

합격예측
전로의 절연(저압전로의 절연저항) 21. 5. 15 ㉠ 22. 3. 5 ㉠

전로의 사용전압[V]	DC시험전압[V]	절연저항
SELV 및 PELV	250	0.5[MΩ] 이상
FELV, 500[V] 이하	500	1.0[MΩ] 이상
500[V] 초과	1,000	1.0[MΩ] 이상

용어정의
① 피부의 광성변화 : 감전사고시 전선로의 선간단락 또는 지락사고로 전선이나 단자 등의 금속 분자가 가열 용융되어 피부속으로 녹아들어가는 현상 15. 5. 31 ㉠
② 표피박탈 : 전선로나 기계기구에서 선간단락, 고전압에 의한 아크 등으로 폭발적인 고열이 발생하여 그 때문에 인체의 표피가 벗겨져 떨어지는 현상

(5) 접지용구

① 정전작업 착수 전 작업하고자 하는 전로의 정해진 개소에 설치(접지용구의 철거는 설치의 역순으로 실시)하여 오송전 또는 근접활선의 유도에 의한 충전되는 경우 작업자가 감전되는 것을 방지하기 위한 용구
② 갑종 접지용구, 을종 접지용구, 병종 접지용구

[표] 활선안전용구의 사용목적

종류	사용목적 및 범위	사용시 주의사항
활선시메라 15. 8. 16 ⑦ 23. 7. 8 ⑦ 25. 2. 7 ⑦	• 충전 중인 전선의 변경작업 시 • 활선작업의 애자 등 교환 시 • 기타 충전 중인 전선 장선 시	• 고압 고무장갑 필수 착용 • 손잡이를 돌리고 타 충전부에 접촉되지 않도록 함
컷아웃스위치 조작봉 (배선용후크봉)	• 충전 중인 고압컷아웃스위치를 개폐시에 섬광에 의한 화상 등의 재해발생 방지	• 조작 시 안전허리띠 및 고무장갑 착용 • 정면에서의 조작 금지
점퍼선	• 고압 이하의 활선작업 시 부하전류를 일시적으로 측로로 통과시키기 위해 사용	• 점퍼선의 설치 및 철거 시 작업자 2명이 상호 신호하여 실시 • 부설 전에 반드시 커넥터의 리드선과 접속부 확인 실시
활선장선기	• 충전 중의 전선을 변경하는 경우 • 애자의 교체를 활선으로 행하는 경우 • 기타 충전 중의 전선 등을 조정하는 경우	• 고압선의 경우에는 반드시 고압 고무장갑 사용 • 핸들을 천천히 돌리며 충전부에 접촉되지 않도록 함 • 장선기 로프 및 핸들시트를 중요하게 취급 • 장선기 본체 및 회전바이스 부분의 안전 확인

보충문제

전기작업 안전의 기본대책에 해당되지 않는 것은? 16. 5. 8 ⑦

① 취급자의 자세
② 전기설비의 품질 향상
③ 전기시설의 안전관리 확립
④ 유지보수를 위한 부품 재사용

정답 ④

해설
전기작업의 기본대책
① 취급자의 자세
② 전기설비의 품질 향상
③ 전기시설의 안전관리 확립

은행문제

1. 활선 작업 시 사용할 수 없는 전기작업용 안전장구는? 20. 6. 7 ⑦
① 전기안전모
② 절연장갑
③ 검전기
④ 승주용 가제

정답 ④

해설
활선작업용 기구
① 사용시 손으로 잡을 수 있는 부분을 포함하여 절연재료로 만들어진 봉상의 절연공구
② 절연봉(핫스틱), 다용도집게봉, 조작용훅봉(디스콘봉), 수동식절단기, 활차

보충학습
승주용 가제 : 승주작업을 위한 임시 지지물

2. 전로에 지락이 생겼을 때에 자동적으로 전로를 차단하는 장치를 시설해야하는 전기기계의 사용전압 기준은?(단, 금속제 외함을 가지는 저압의 기계·기구로서 사람이 쉽게 접촉할 우려가 있는 곳에 시설되어 있다.) 20. 8. 22 ⑦
① 30[V] 초과
② 50[V] 초과
③ 90[V] 초과
④ 150[V] 초과

정답 ②

해설
전기설비기술기준상 적용범위
금속제 외함을 가지는 사용전압이 50[V]를 초과하는 저압의 기계·기구로서 사람이 쉽게 접촉할 우려가 있는 곳에 전기를 공급하는 전로에는 전로에 지락이 생긴 경우에 자동적으로 전로를 차단하는 장치를 설치하여야 한다.

용어정의
지락(grounding)
① 전로와 대지와의 사이에 절연이 이상하게 저하해서 아크 또는 도전성 물질에 의해서 교락(bridged)되었기 때문에, 전로 또는 기기의 외부에 위험한 전압이 나타나거나, 전류가 흐르는 현상을 말하며, 일종의 사고현상이다.
② 이 전류를 지락전류라 하며 이 현상을 일반적으로 「누전」이라고도 한다.

감전재해 및 방지대책 출제예상문제

출제예상문제는 복습, 예습문제로 엮였습니다. *WHY : 실제시험에도 순서에 관계없이 출제됩니다. 예습 후 다음장에 공부한 문제가 있으면 기억이 배가 됩니다.

01 ★★★★★ 전기의 위험도를 설명한 것이다. 옳지 않게 나타낸 것은 어느 것인가? 15. 5. 31 ⑦

① 통전전류의 크기가 통전시간보다 더욱 위험하다.
② 전원의 종류가 통전시간보다 더욱 위험하다.
③ 통전전류의 크기는 인체의 저항이 일정하다 할 때 접촉전압에 비례한다.
④ 전원의 크기가 동일한 경우 교류가 직류보다 위험하다.

해설

전기의 위험도
(1) 전격위험도 결정조건(1차적 감전위험요소)
  ① 통전전류의 크기
  ② 통전시간
  ③ 통전경로
  ④ 전원의 종류(직류보다 상용주파수의 교류전원이 더 위험)
(2) 2차적 감전위험요소
  ① 인체의 조건
  ② 전압
  ③ 계절
  ④ 저항
(3) 인체의 전기저항 위험성 표시척도
  ① 남녀별   ② 개인차
  ③ 연령   ④ 건강상태

02 ★★★ 보통 인체에 사용되는 평균접촉전압은 몇 [V]가 적당한가?

① 40   ② 45
③ 55   ④ 60

해설

평균접촉전압
① 인체의 지속안전전압 : 29.6[mA]×1.675[Ω] = 49.58[V]
② 반드시 49.58[V] 이하이어야 한다.

▶ 문제해설만 충실히 보아도 합격이 가능합니다.

03 ★★★ 인체의 전기적 조건은 그 장소의 피부의 건습 장소에 따라 다르나 습한 경우의 접촉저항은?

① $500[\Omega \cdot cm^2]$
② $700[\Omega \cdot cm^2]$
③ $1,000[\Omega \cdot cm^2]$
④ $1,200[\Omega \cdot cm^2]$

해설

전기저항
(1) 인체의 전기저항
  ① 피부의 전기저항 : 2,500[Ω](내부조직저항 : 300[Ω])
  ② 피부에 땀이 있을 경우 : $\frac{1}{12}$ 감소
  ③ 피부가 물에 젖어 있을 경우 : $\frac{1}{25}$ 감소
(2) 피부 표면이 습한 상태의 접촉저항 : 1,000~2,000[Ω]
(3) 피부 표면이 건조한 상태의 접촉저항 : 500~2,000[Ω]

04 ★★★ 220[V] 전압에 접촉된 사람의 신체저항이 약 1,000[Ω]일 때 이 사람의 신체에 흐르는 전류는 얼마인가? 또 그 결과치는 위험한지 안전한지를 다음 사항 중 선택하면? 22. 4. 24 ⑦ 16. 3. 6 ⑦

① 약 10[mA], 안전
② 약 34[mA], 위험
③ 약 50[mA], 위험
④ 약 220[mA], 위험

해설

전류
① $I = \dfrac{V}{R} = \dfrac{220}{1,000} = 0.22 = 220[mA]$

[정답] 01 ② 02 ② 03 ③ 04 ④

② 인체에 대한 전류의 영향, 최소전류치

분류	인체에 미치는 전류의 영향	통전전류
최소감지전류	전류의 흐름을 느낄 수 있는 최소 전류	60[Hz]에서 성인남자 1[mA]
고통한계전류	고통을 참을 수 있는 한계전류	60[Hz]에서 성인남자 7~8[mA]
불수전류 (교착전류)	신경이 마비되고 신체를 움직일 수 없으며 말을 할 수 없는 상태	60[Hz]에서 성인남자 20~50[mA]
심실세동전류	심장의 맥동에 영향을 주어 심장마비 상태를 유발	$I = \dfrac{165~185}{\sqrt{T}}$[mA]

05 ★★ 입욕자에게 전기적 자극을 주기 위한 전기욕기의 전극간의 제한전압[V]은? 17. 3. 5 ㉮

① 5[V] ② 10[V]
③ 15[V] ④ 20[V]

해설

전기욕기의 제한전압
입욕자에게 전기적 자극을 주기 위한 전원변압기의 2차 전압은 10[V] 이하이다.

◎ 목욕탕에서 기억한다.

06 ★ 상용주파수(60[Hz])에 의해 감전되어 사망에 이르는 현상에서 특히 주된 원인이 아닌 것은?

① 심실세동에 의한 혈액순환의 손실
② 뇌의 호흡중추기능의 정지
③ 흉부수축에 의한 질식
④ 심실세동에 의한 혈액순환기능 손실과 전격에 의한 추락

해설

전기감전의 주된 원인은 뇌의 수축이 아니고 흉부수축에 의한 것이다.

07 ★★ 전격사고의 통전경로 사항과 관계가 없는 것은?

① 감전사고의 피해 정도는 접촉시간의 장단에 따라 위험성이 결정된다.
② 전압이 동일한 경우 교류가 직류보다 더 위험하다.
③ 교류에 감전된 경우 근육에 경련과 수축이 일어나서 접촉시간이 길어지게 된다.
④ 인간의 심장은 오른쪽에 있으므로 주로 왼손을 사용하여 전기기구를 취급한다.

해설

인간의 심장은 왼쪽에 있기 때문에 전기작업시 오른손을 사용한다.

◎ 당신의 심장은 어디에 있나요?

08 ★★★★★ 이탈전류(Let-go current)에 대한 설명 중 맞는 것은?

① 충전부에 접속했을 때 근육이 수축을 일으켜 자연히 이탈되는 전류의 크기
② 충전부에 사람이 접촉했을 때 누전차단기가 작동하여 사람이 감전되지 않고 이탈할 수 있도록 정한 차단기의 작동전류
③ 누전에 의해 전류가 선로로부터 이탈되는 전류로서 측정기를 통해 측정 가능한 전류
④ 손발을 움직여 충전부로부터 스스로 이탈할 수 있는 전류

해설

인체에 대한 전류의 영향 및 최소전류치

분류	인체에 미치는 전류의 영향	통전전류
최소감지전류	전류의 흐름을 느낄 수 있는 최소 전류	60[Hz]에서 성인남자 1[mA]
고통한계전류	고통을 참을 수 있는 한계전류	60[Hz]에서 성인남자 7~8[mA]

가수전류 (이탈전류) 18. 8. 19 ㉮	인체가 자력으로 이탈 가능한 전류 Let-go current(마비한계전류라고 하는 경우도 있음)	상용주파수 60[Hz]에서 10~15[mA]
		• 최저가수전류치
		  −남자 : 9[mA]
		  −여자 : 6[mA]

불수전류 (교착전류)	신경이 마비되고 신체를 움직일 수 없으며 말을 할 수 없는 상태	60[Hz]에서 성인남자 20~50[mA]
심실세동전류	심장의 맥동에 영향을 주어 심장마비 상태를 유발	$I = \dfrac{165~185}{\sqrt{T}}$[mA]

참고 1992년 9월 20일 기출문제

[정답] 05 ② 06 ② 07 ④ 08 ④

09 사람이 전기에 감전되어 질식상태가 되었을 경우 인공호흡은 30분간 이상, 매분마다 몇 회 정도이어야 하는가?

① 2~4 ② 4~7
③ 8~11 ④ 12~15

해설

인공호흡
① 분당 12~15회
② 30분간 계속 실시한다.

◐ 매우 자주 출제되는 문제이니 꼭 기억하세요.

10 전격의 위험을 가장 잘 설명하고 있는 것은?

① 통전전류가 크고 주파수가 높고 장시간 흐를수록 위험하다.
② 통전전압이 높고 주파수가 높고 인체저항이 낮을수록 위험하다.
③ 통전전류가 크고 장시간 흐르고 인체의 주요한 부분을 흐를수록 위험하다.
④ 통전전류가 크고 인체저항이 낮고 인체의 주요한 부분을 흐를수록 위험하다.

해설

전격위험
(1) 전격위험도 결정조건(1차적 감전위험요소)
  ① 통전전류의 크기
  ② 통전시간
  ③ 통전경로
  ④ 전원의 종류(직류보다 상용주파수의 교류전원이 더 위험)
(2) 2차적 감전위험요소
  ① 인체의 조건(저항)
  ② 전압
  ③ 계절

11 심장맥동주기가 그림의 어느 위상에서 전격이 인가 되었을 때 심실세동을 일으킬 확률이 가장 높은 부분인가?

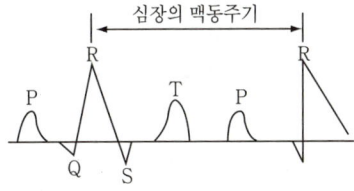

① R ② T
③ P ④ Q와 S

해설

심장맥동주기
① 실험치로서 T파가 위험하다.
② T파는 심실의 수축종료 후 심실의 휴식 시 발생되는 파형

> **참고** 과년도 문제만 충실히 해도 합격을 보장합니다.
> 1996년, 1998년 기출문제

12 감전자에 대한 중요한 관찰사항 중 옳지 않은 것은?

① 인체를 통과한 전류의 크기가 50[mA]를 넘었는지 알아본다.
② 골절된 곳이 있는지 살펴본다.
③ 출혈이 있는지 살펴본다.
④ 입술과 피부의 색깔, 체온의 상태, 전기출입부와 상태 등을 알아본다.

해설

50[mA]는 치사전류이다.

13 전격의 위험도에 대한 설명 중 잘못된 것은?

① 같은 조건이면 교류가 직류보다 더 위험하다.
② 몸이 땀에 젖어 있으면 더 위험하다.
③ 전격시간이 길수록 더욱 위험하다.
④ 전압의 크기는 1차적 요인이다.

해설

감전위험요소(전격요인)
(1) 1차적 감전위험요소
  ① 전류의 세기(크기)
  ② 전원의 종류
  ③ 통전시간과 전격의 인가위상
  ④ 통전경로
(2) 2차적 감전위험요소
  ① 전압
  ② 계절
  ③ 인체의 저항

[정답] 09 ④ 10 ③ 11 ② 12 ① 13 ④

14 심실세동을 일으키는 인체의 전기저항 R을 1,000[Ω]이라 하면 이때 위험한계에너지는 몇 [J]인가? 17. 5. 7⑦

① 17.22　　　② 27.22
③ 37.22　　　④ 47.22

해설
심실세동전류(치사전류)
인체에 흐르는 전류가 더욱 증가되면 심장부를 흐르게 되어 정상적인 맥동을 하지 못하고 불규칙적으로 세동하여 혈액순환이 곤란해지고 그대로 방치하면 사망하게 된다. 일례로서 전압 200[V]라면 인체에 흐르는 전류는 40[mA] 정도로 대단히 위험하다. 100[V]의 경우도 신발이 젖어 있거나 손에 물이 젖어 있으면 100[V]에서도 3초 이내에 사망할 수 있다. 심실세동을 일으키는 전류값을 여러 종류의 동물을 실험하여 그 결과로부터 사람의 경우에 대한 전류치를 추정하고 있으며 통전시간과 관계식은 다음과 같다.

$$I = \frac{165}{\sqrt{T}}[mA]$$

여기서, I : 심실세동전류[mA]
　　　　T : 통전시간[s]

여기서, 전류의 I는 1,000명 중 5명 정도가 심실세동을 일으킬 수 있는 값을 말한다. 또한 인체의 전기저항을 1,000[Ω]이라 볼 때 심실세동을 일으키는 위험한계의 에너지는 다음과 같이 계산된다.

$$W = \left(\frac{165}{\sqrt{T}} \times 10^{-3}\right)^2 \times 1{,}000 \times T$$
$$= 27.22[Ws] = 27.22[J]$$
∴ 27.22[J] = 27.22 × 0.24 = 6.5[cal]

---

15 전격시에 발생되는 심실세동에 대한 설명 중 부적절한 것은?

① 심실세동전류의 크기는 시간의 제곱근에 반비례하고 전류의 크기에 비례한다.
② 심실세동이란 통전전류가 심장제어계통에 이상을 주어 심장의 불규칙적인 박동을 일으키게 하는 것을 말한다.
③ 통전시간이 아주 적을 경우에는 큰 전류라 해도 심실세동이 일어나지 않을 수 있다.
④ 심실세동은 심장 또는 심장 주변에 흐르는 전류에 의해 심장이 미세한 진동을 일으키는 현상으로 전류가 차단되면 대부분 정상으로 회복된다.

해설
심실세동전류
$$I = \frac{165 \sim 185}{\sqrt{T}}$$

---

16 인체의 심장은 20~40[mA]의 전류가 흐르게 되면 심장의 근육이 경련을 일으킨다. 몇 분 이내 전원으로부터 격리시키면 호흡이 회복될 수 있는가?

① 1~2분　　　② 2~3분
③ 3~4분　　　④ 4~5분

해설
인공호흡
① 인체에 20~40[mA]의 전류가 2~3분간 흐르면 심장은 경련을 일으키고 호흡이 멎고 치사한다.
② 2~3분 이내 격리시키면 생명을 소생할 수 있다.

---

17 감전에 의해 호흡이 정지한 후에 인공호흡을 즉시 실시하면 소생할 수 있는데, 감전에 의한 호흡정지 후 1분 이내에 올바른 방법으로 인공호흡을 실시하였을 경우의 소생률은 몇 [%]인가?

① 10[%]　　　② 30[%]
③ 70[%]　　　④ 95[%]

해설
인공호흡시 소생률
① 1분 : 95[%]　　② 2분 : 90[%]
③ 3분 : 75[%]　　④ 4분 : 50[%]
⑤ 5분 : 25[%]

---

18 인체에 걸리는 접촉전압의 허용값을 45[V](외구 20~65[V])로 설정하고 인체저항을 1,500[Ω]으로 잡는다면 지속전류는 몇 [mA]인가?

① 10[mA]　　　② 20[mA]
③ 30[mA]　　　④ 50[mA]

해설
옴의 법칙
① 옴[Ω]의 법칙
　$I = \frac{E}{R}$에 의거 $I = A$, $E = V$, $R = \Omega$
② $I = \frac{45}{1{,}500} = 0.03[A] \times \frac{10^3[mA]}{1[A]} = 30[mA]$

◐ 옴의 법칙은 꼭 출제되며 실기도 출제됩니다.

[정답] 14 ②　15 ④　16 ②　17 ④　18 ③

19 전기에 의한 감전사고를 방지하기 위한 대책이 아닌 것은? 19.3.3 ⑦ 19.4.27 ⑦

① 전기설비에 대한 보호접지
② 전기설비에 대한 누전차단기 설치
③ 충전부가 노출된 부분에는 절연방호구 사용
④ 전기기기에 대한 정격표시

해설
전기사고 예방대책
① 전기설비 점검철저
② 보호접지
③ 노출충전부 절연방호구 사용
④ 전기기기 위험표시
⑤ 작업자 보호대 착용
⑥ 유자격자 취업
⑦ 안전교육실시

참고 1996년 3월 31일 기출문제

20 감전의 위험이 있는 장소에서 정전수선작업을 할 경우 전기를 차단한 스위치가 있는 장소의 위험방지조치로서 부적당한 것은?

① 감시인 배치
② 통전금지기간 표찰부착
③ 자물쇠장치
④ 복개장치

해설
④는 가공용 일반공작기계의 방호장치

21 인체에 감전되었을 때 견디기 어려울 정도의 마비한계 전류의 크기는 몇 [mA]인가?

① 7~8[mA]
② 10~15[mA]
③ 30~35[mA]
④ 100[mA] 이상

해설
마비한계 전류치는 10 ~ 15[mA]이다.

22 전류를 감지하는 상태에서 자발적으로 이탈이 가능한 상태(이탈전류)는 상용주파수의 교류에서 성인남자의 경우 약 몇 [mA]인가?(단, 최대가수전류치)

① 1[mA] ② 7[mA]
③ 15[mA] ④ 30[mA]

해설
전격의 종류와 전류값
문제 8번 해설 재확인

23 심실세동을 일으키는 위험한 전기에너지는 인체의 전기저항을 500[Ω]으로 보았을 때 몇 줄인가? 15.8.16 ⑦

① 9.6[J] ② 11.6[J]
③ 13.6[J] ④ 15.6[J]

해설
위험한계 전기에너지
$Q = I^2RT$에서 심실세동전류
$I[mA] = \frac{165}{\sqrt{T}}$를 대입하여 푼다.
$Q : J, I = A, R = Ω, T = sec$
$Q = \left(\frac{165}{\sqrt{T}} \times 10^{-3}\right)^2 \times 500 \times T$
$= \frac{165^2}{T} \times 10^{-6} \times 500 \times T$
$= 165^2 \times 10^{-6} \times 500 ≒ 13.6[J]$

24 인체가 전격을 받았을 때 가장 위험한 경우는 심실세동이 일어나는 경우이다. 따라서 정현파 교류에 있어서 에너지의 위험한계는 어느 정도인가?(단, 전기저항 500[Ω])

① 18.0~30.0[J] ② 15.0~27.0[J]
③ 6.5~17.0[J]   ④ 2.5~6.0[J]

해설
위험한계에너지
$Q = I^2RT(J/S)$
$= \left(\frac{165~185}{\sqrt{T}} \times 10^{-3}\right)^2 \times 500 \times T$
$= \frac{165^2~185^2}{T} \times 10^{-6} \times 500 \times T$
$= 165^2 \times 10^{-6} \times 500~185^2 \times 10^{-6} \times 500 = 13.61~17.11[J]$

[정답] 19 ④ 20 ④ 21 ② 22 ③ 23 ③ 24 ③

25 ★★★ 감전사고의 요인과 관계가 없는 것은?

① 전기기기 파괴
② 콘덴서의 방전을 실시하지 않는 것
③ 전기기기를 24시간 계속 운전
④ 정전작업시 단락접지를 하지 않아 유도전압이 발생

> **해설**
>
> **감전사고 기본적 대책**
> ① 첫째 : 설비의 안전화
> ② 둘째 : 작업의 안전화

26 인체의 통전경로별 위험도 중 가장 위험한 것은?

① 왼손 - 오른손
② 왼손 - 등
③ 왼손 - 가슴
④ 왼손 - 한발

> **해설**
>
> **통전경로별 위험도** 16. 5. 8 산 18. 3. 4 산 23. 4. 1 지 23. 5. 13 산
> ① 왼손 - 가슴 : 1.5
> ② 오른손 - 가슴 : 1.3
> ③ 왼손 - 한 발 또는 양발 : 1.0, 양손 - 양발 : 1.0
> ④ 오른손 - 한 발 또는 양발 : 0.8
> ⑤ 왼손 - 등 : 0.7, 한 손 또는 양손 - 앉아 있는 자리 : 0.7
> ⑥ 왼손 - 오른손 : 0.4
> ⑦ 오른손 - 등 : 0.3

27 6,600/100[V], 10[kVA]인 주상변압기의 저압전선로의 누설전류는 최대 몇 [mA] 이하이어야 하는가?

13. 6. 2 가

① 20   ② 30
③ 40   ④ 50

> **해설**
>
> **누설전류**
> 10[kVA]의 최대공급전류는 $10 \times 10^3 \div 100 = 100[A]$이므로 누설전류의 한도는 $100 \times 10^3 \div 2,000 = 50[mA]$

28 1차 전압 22.9[kVA], 2차 전압 100[V]로서 용량 15[kVA]의 변압기에서 공급하는 저압전선로의 허용누설전류의 최댓값은 몇 [mA]로 되는가?

① 35   ② 50
③ 75   ④ 80

> **해설**
>
> **누설전류 최댓값**
> $15[kVA] \div (100[V] \times 2,000) = 75[mA]$
>
> **보충학습**
> 심폐소생술의 순서에서 인공호흡 이전에 가슴압박을 먼저 하도록 권장한다. 과거 지침에서는 기도유지(Airway)-인공호흡(Breathing)-가슴압박(Compression 또는 Circulation), 즉 A-B-C로 권장된 바 있으나, 새로운 지침(2011년 이후 지침)에서 심폐소생술 순서는 가슴압박(Compression)-기도유지(Airway)-인공호흡(Breathing)의 순서(C-A-B)이다.

29 저압가공전선의 누설전류는 최대공급전류에 대하여 얼마로 제한하고 있는가? 18. 8. 19 가 20. 8. 22 가

① 1/1,000 이하   ② 1/2,000 이하
③ 1/3,000 이하   ④ 1/4,000 이하

> **해설**
>
> **누설전류**
> 저압가공전선의 누설전류는 최대공급전류의 1/2,000을 넘지 아니하도록 유지하여야 한다.

30 ★★★ 다음 중 전압을 구분한 것으로 알맞은 것은?

① 저압이란 교류 600[V] 이하, 직류는 교류의 $\sqrt{2}$배 이하인 전압을 말한다.
② 고압이란 교류 7,000[V] 이하, 직류 7,500[V] 이하를 말한다.
③ 특고압이란 교류, 직류 모두 7,000[V]를 초과하는 것을 말한다.
④ 고압이란 교류, 직류 모두 7,500[V]를 넘지 않는 것을 말한다.

【 정답 】 25 ③   26 ③   27 ④   28 ③   29 ②   30 ③

해설

전압분류 17. 5. 7 🕖 17. 8. 26 🕖 18. 3. 4 🕖
18. 8. 19 🕙 19. 3. 3 🕖 22. 3. 5 🕖 23. 2. 28 🕖

전압분류	직류(DC)	교류(AC)
저압	1,500[V] 이하	1,000[V] 이하
고압	1,500~7,000[V] 이하	1,000~7,000[V] 이하
특별고압	7,000[V] 초과	7,000[V] 초과

보충학습

구분	전압	전류	저항	전력
기호	V	A	R	P
정의	전기적인 압력	전자의 흐름	전기의 흐름을 방해하는 소자	전기에너지가 다른 형태의 에너지로 바뀌어 수행한 일

💬 합격자의 조언

① 본 장은 전기설비 안전관리에서 가장 기초이면서 4문제 정도 출제됩니다.
② 20문항 중에서 4문제 출제되니 20문항 전부 기억할 수 있으리라 생각합니다.
③ 개인의 차이는 있으나 안전기사라면 이 정도는 할 수 있습니다.
④ 합격을 위해서 조금만 더 노력하세요.
⑤ 합격은 중요한 것이며 자격증은 평생 줄지 않는 저축통장입니다.

정전기(靜電氣 : static electricity) 장·재해 관리

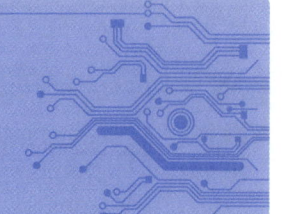

중점 학습내용

정전기의 발생원인인 마찰을 가급적 적게 하는 방법으로 연구해야 하며 액체와 분체의 파이프 수송시 파이프의 구부러진 부분과 파이프 내부에 거친 부분이 없도록 해야 한다. 물질에는 상호 대전하기 쉬운 것과 대전이 잘 안되는 것이 있다. 예를 들면 소맥분은 베이클라이트 (Bakelite) 판상을 흘러내릴 때보다 더 잔량이 많아진다. 즉, 상호 대전하기 어려운 물질들을 선택하여 설비하는 것이 효과적이다. 시험에 출제가 예상되는 본 장의 중심적인 학습내용은 다음과 같이 구성하였다.

❶ 정전기 위험요소 파악   ❷ 정전기 위험요소 제거

합격키 정전기란 전하의 공간적 이동이 적고 전계의 영향은 크나 자계의 영향이 상대적으로 미미한 전기전하를 말한다.
[전하(電荷)가 정지 상태에 있어 흐르지 않고 머물러 있는 전기]

합격예측

감전(전격)
외부에서 인가된 전원에 의하여 인체내로 전류가 통과되는 생리적 현상을 말한다.

정상운전
전기설비가 단락, 지락, 누전 등 전기적 고장이 없이 운전되는 상태를 말한다.

고장
전기설비에서 단락, 지락, 누전 등 전기적인 이상이 발생된 상태를 말한다.

일함수의 차 23. 3. 7 ㉮
두 물체가 접촉할 때 접촉전위차가 발생하는 원인

Q 은행문제 16. 3. 6 ㉮

흡수성이 강한 물질은 가습에 의한 부도체의 정전기 대전방지 효과의 성능이 좋다. 이러한 작용을 하는 기를 갖는 물질이 아닌 것은?
① OH   ② C_6H_6
③ NH_2 ④ COOH

정답 ②

해설
비이온 계면활성제(분자 중에 이온으로 해리되지 않는 계면활성제)
① 수산기(-OH)
② 에테르 결합(-O-)
③ 아마이드 결합(-CONH-)
④ 에스테르 결합(-COOR) 등

1. 정전기 위험요소 파악

1. 정전기 발생원리 16. 8. 21 ㉮ 17. 3. 5 ㉮ 18. 4. 28 ㉯ 20. 9. 27 ㉮ 21. 5. 15 ㉮ 23. 5. 13 ㉯

(1) 정전기 물질의 특성 20. 6. 14 ㉯
① 두 물질이 접촉, 분리 상호작용
② 대전서열에서 두 물질이 가까운 위치에 있으면 정전기의 발생량이 작고 먼 위치에 있으면 정전기의 발생량이 커진다.

(2) 정전기 물질의 이력 17. 3. 5 ㉮
① 정전기의 발생은 처음 접촉, 분리가 일어날 때 최대가 된다.
② 접촉, 분리가 반복됨에 따라 작아진다.

(3) 정전기 물질의 표면
① 물질의 표면이 원활하면 정전기 발생이 작다.
② 수분, 기름 등에 오염된 표면일 경우 정전기 발생이 커진다.

(4) 정전기 분리속도 17. 5. 7 ㉮ 22. 4. 24 ㉮
① 분리속도가 빠르면 정전기의 발생량이 커진다.
② 전하의 완화시간이 길면 전하분리 Energy도 커져서 발생량이 증가한다.

(5) 접촉면적 및 압력 22. 3. 5 ㉮

접촉면적이 크고 접촉압력이 증가할수록 정전기의 발생량이 크다.

(6) 정전기 에너지

① 정전용량 $C[F]$인 물체에 전압 $V[V]$가 가해져서 $Q[C]$의 전하가 축적되어 있을 때 에너지는 $W = \frac{1}{2}QV = \frac{1}{2}CV^2 = \frac{1}{2}\frac{Q^2}{C}[J]$이 된다.

② 유도된 전압 $= \frac{C_2}{C_1+C_2}E$

W : 정전기 에너지[J]
V : 대전전위(유도된 전압)[V]
Q : 대전전하량[C]
C : 도체의 정전용량[F]
C_1 : 검출전극간의 정전용량
C_2 : 검출전극과 대지간의 정전용량

2. 정전기 대전(발생) 현상

(1) 대전의 종류

① 유동정전기 대전
② 분출정전기 대전
③ 마찰정전기 대전
④ 박리정전기 대전
⑤ 파괴정전기 대전
⑥ 충돌정전기 대전
⑦ 교반 또는 침강에 의한 정전기 대전

[표] 고분자 물질의 대전서열

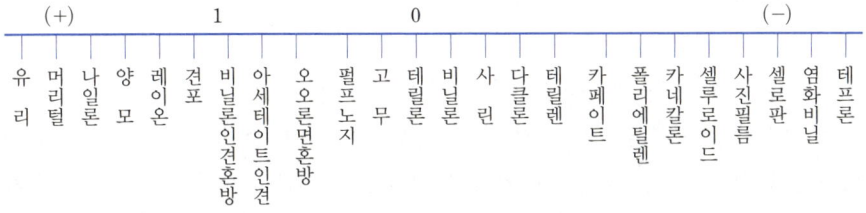

(2) 완화시간(시정수 : time constant)

① 일반적으로 절연체에 발생한 정전기는 일정장소에 축적되었다가 점차 소멸되는데 처음값의 36.8[%]로 감소되는 시간을 그 물체에 대한 시정수 또는 완화시간이라고 함. 이 값은 대전체의 저항 $R[\Omega]$과 정전용량 $C[F]$ 혹은 고유저항 $\rho[\Omega m]$와 유전율 $\varepsilon[F/m]$의 곱($RC = \varepsilon\rho$)으로 정해진다. 고유저항 또는 유전율이 큰 물질일수록 대전상태가 오래 지속된다. 일반적으로 완화시간은 영전위 소요시간의 1/4~1/15 정도이다.

② 영전위 소요시간

액체에 생성된 정전기는 반대극성의 전하가 있을 경우 상호 상쇄작용에 의하여 소멸되는데 전하가 완전소멸될 때까지의 소요시간(T)은 액체의 전도도에 따라 다음과 같은 식으로 나타낼 수 있다.

$$T = \frac{18}{전도도}$$

> **Q 은행문제**
>
> 인체의 전기적 저항이 5000[Ω]이고, 전류가 3[mA]가 흘렀다. 인체의 정전용량이 0.1[μF]라면 인체에 대전된 정전하는 몇 [μC]인가? 18.3.4 ㉠ 23.2.28 ㉠
>
> ① 0.5　② 1.0　25.2.7 ㉠
> ③ 1.5　④ 2.0
>
> 정답 ③
>
> **해설**
> ① $Q = C \cdot V$
> $= 0.1 \times 15 = 1.5[\mu C]$
>   (C : 정전용량[F], V : 전위[V])
> ② $V = I \times R = 3 \times 10^{-3} \times 5,000$
> $= 15[V]$

> **용어정의**
>
> **직접접촉**
> 정상운전시 전압이 인가된 충전 부분에 인체가 접촉되는 것을 말한다.
>
> **간접접촉**
> 고장으로 전압이 인가된 도전성 부분에 인체가 접촉되는 것을 말한다.
>
> **도전성 제한공간**
> 대부분의 공간이 금속 등 도전성 물질로 둘러싸여 있어 이 장소에서 작업시 신체의 일부분이 도전성 물질과 쉽게 접촉될 수 있는 장소를 말한다.

> **합격예측**
>
> **구획물안전기준**
> 1. 관계근로자 외의 자의 출입이 금지된 구획된 장소에 설치할 것. 단, 구획에 필요한 구획물은 최소한 다음 각 목을 충족시켜야 한다.
>   가. 구획물은 무의식적인 접근이나 접촉을 방지할 수 있는 구조일 것
>   나. 구획물은 시건장치 또는 공구 없이 제거가능한 구조이어도 무방하나, 의식적으로 제거시키지 않는 한 제거되지 않는 구조일 것
> 2. 서로 다른 전위에 있는 두 부분을 동시에 접촉될 수 없도록 격리 설치할 것. 이 경우 지면에서 2.5[m] 이상 높은 장소 또는 수평거리 2.5[m] 이상 격리된 것은 동시에 접촉될 수 없도록 격리된 것으로 본다.

3. 방전의 형태 및 영향
16. 5. 8 ㉠ ㉻　17. 3. 5 ㉠ ㉻　18. 4. 28 ㉻
23. 2. 28 ㉠　23. 5. 13 ㉻

(1) 코로나방전(Corona Discharge)

국부적으로 전계가 집중되기 쉬운 돌기상 부분에서는 발광방전에 도달하기 전에 먼저 자속방전이 발생하고, 다른 부분은 절연이 파괴되지 않은 상태의 방전이며 국부파괴(Partial Breakdown) 상태이다.(공기중 O_3 발생)

(2) 연면방전(Surface Discharge) 20. 9. 27 ㉠

큰 출력의 도전용 벨트, 항공기의 플라스틱창 등 주로 기계적 마찰에 의하여 큰 표면에 높은 전하밀도가 조성될 때 발생한다. 액체 혹은 고체절연제와 기체 사이의 경계에 따른 방전이다.

(3) 불꽃방전 19. 3. 3 ㉠　23. 2. 28 ㉠　24. 2. 15 ㉠

표면전하밀도가 아주 높게 축적되어 분극화된 절연판 표면 또는 도체가 대전되었을 때 접지된 도체 사이에서 발생하는 강한 발광과 파괴음을 수반하는 방전형태로 방전에너지가 아주 높다.(공기중 생성물질 : O_3)

(4) 스파크방전(Spark Discharge)

직접 또는 정전기유도에 의하여 대전된 도체, 특히 금속으로 된 물체를 다른 접지되지 않은 절연도체에 근접시켰을 때 발생하는 것으로 두 개의 도체간에는 단락이 생기면서 그 공간을 잇는 발광현상을 수반하게 되며, 스파크의 발생시 공기 중에 오존(O_3)이 생성, 전도성을 띠어 주위 인화물에 인화되거나 먼지로 인한 분진폭발을 일으킬 위험성이 있다.

4. 정전기의 장해

(1) 역학현상 및 방전현상

1 역학현상(정전기의 흡인, 반발력)에 의한 것
① 가루(분진)에 의한 눈금의 막힘
② 제사공장에서 실의 절단, 보풀일기, 분진부착에 의한 품질저하
③ 직포의 건조, 정리작업에서의 보풀일기, 접기 곤란
④ 인쇄시 종이의 파손, 흐트러짐, 오손, 겹침 등

2 방전현상에 의한 것
① **방전전류** : 반도체소자 등 전자부품의 파괴, 오동작 등
② **전자파** : 전자기기, 장치 등의 잡음, 오동작
③ **발광** : 사진필름 등의 감광

(2) 액체 취급 공정 및 고체 취급 공정

1 액체 취급 공정
① 파이프, 밸브, 필터 등의 경우 특히 2상일 때(액체/액체 또는 고체/액체)
② 용기에서 쏟을 경우(Bucket 등)
③ 2상(가스/액체) 혼합물의 유출(습증기, 액상의 천연가스)
④ 액체 내에서의 액체 또는 고체의 침강
⑤ 2상 액체 또는 고체/액체에 혼합물의 교반
⑥ 도전성 물질의 분무(물세척, 분무도장 등)

2 고체 취급 공정
① 절연성 물질의 표면마찰
② 플라스틱막의 분리
③ 롤러 위의 컨베이어 벨트 통과
④ 합성섬유 옷의 탈의
⑤ 절연바닥 또는 카펫에 걸을 경우
⑥ 의자에서 일어날 때
⑦ 분쇄, 갈기작업시

① 마찰 대전

② 박리 대전

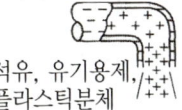
③ 유동 대전

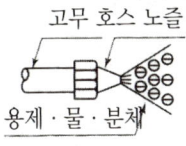
④ 분출 대전

⑤ 충돌 대전

[그림] 정전기 발생 현상

합격예측 및 관련법규

정상운전시 감전방지를 위한 추가대책
정상운전시 감전재해방지대책이 실패할 경우를 대비한 추가적인 수단으로 누전차단기를 사용할 경우 누전차단기의 감도전류는 30[mA] 이하인 것을 사용하여야 한다.

고장시 감전재해방지대책
고장시 감전재해방지대책으로는 전원의 자동차단, 절연된 장소, 접지되지 않은 국부적 등전위본딩 또는 이들과 동등 이상의 방법을 강구하여야 한다.

합격예측

제전기의 선정기준

구분	특징
전압인가식	① 제전능력이 크고 적용범위가 넓어서 많이 사용 ② 방폭지역에서는 방폭형으로 사용 ③ 대전 물체의 극성이 일정하며 대전량이 크고 빠른 속도로 움직이는 물체에는 직류형 전압인가식 제전기가 효과적
자기방전식	① 제전능력은 보통이며, 적용범위가 좁다. ② 상대습도 80[%] 이상인 곳에 적합 ③ 플라스틱, 섬유, 고무, 필름공장 등에 적합
방사선식	① 제전능력이 작고, 적용범위도 좁다. ② 상대습도 80[%] 이상인 곳에 적합 ③ 이동하지 않는 가연성물질의 제전에 적합

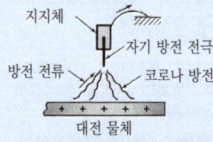

[그림] 자기방전식 제전기 원리

세부항목 2. 정전기 위험요소 제거

1. 예방대책

(1) 정전기재해 기본적인 예방 3단계

① 첫째 : 정전기 발생 억제가 되어야 한다.
② 둘째 : 발생전하의 다량축적방지가 가능해야 한다.
③ 셋째 : 축적전하의 조건하에서의 방전방지가 가능해야 한다.

(2) 근본적 예방조건

① 첫째 : 발생전하량을 예속한다.
② 둘째 : 대전물체의 전하축적의 가능성을 연구한다.
③ 셋째 : 위험성 방전을 생기게 하는 물리적 조건이 있는지 검토한다.

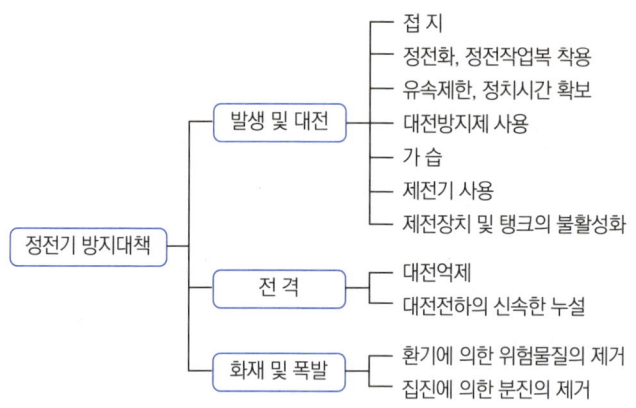

[그림] 정전기 방지대책

2. 접지(Earth, Earth grounding Earthing)

(1) 접지의 목적

접지는 누전시에 인체에 가해지는 전압을 감소시킴으로써 감전을 방지하고 지락전류를 원활히 흐르게 함으로써 차단기를 확실히 동작시켜 화재·폭발의 위험을 방지하기 위해서이다.

① 인체저항 1,000[Ω], 접지를 하지 않은 경우
→ 부하(전동기)에서 발생한 누설전류가 100[%] 인체로 흐른다.

② 인체저항 1,000[Ω], 전동기 외함접지 100[Ω]인 경우

$$I = \frac{100}{100+1,000} = \frac{100}{1,100} = \frac{1}{11}[A]$$

→ 누설전류가 1/11로 감소한다.

[표] 접지의 목적

항목	개별접지(단독접지)	공통접지(통합접지)
장점	• 다른기기에 영향이 작다. • 고장 제거가 쉽다. • 사고시 원인 규명이 쉽다.	• 기기간 전위차가 작다. • 접지계통 단순화로 보수점검이 쉽다. • 합성저항이 낮고 신뢰성이 높다. • 대지저항률이 높을 경우 경제적이다.
단점	• 소요 접지저항을 얻기 어렵다. • 고장전류 유입시 기기간 전위차로 손상 우려가 있다. • 도심지는 충분한 이격이 곤란하여 상호 간섭이 발생한다.	• 뇌격시 노이즈에 의한 장애발생 가능 • 계통접지에 이상전압 발생 시 다른기기 유기전압 상승 우려가 있다.

[표] 구분 및 종류   16. 8. 21 ㉠ ㉢ 17. 5. 7 ㉠ ㉢ 18. 3. 4 ㉢ 20. 8. 23 ㉢ 20. 9. 27 ㉠ 23. 6. 4 ㉠

구분	종류(상세구분)
접지구분	① 계통접지(TN, TT, IT계통) ② 보호접지(등전위본딩 등) ③ 피뢰시스템접지
접지종류	① 단독접지 ② 공통접지 ③ 통합접지

[표] TN 계통(계통접지)의 특징

구분	특징
TN-S 계통	계통 전체에 대해 별도의 중성선 또는 PE 도체를 사용. 배전계통에서 PE 도체를 추가로 접지할 수 있다.
TN-C 계통	계통 전체에 대해 중성선과 보호도체의 기능을 동일도체로 겸용한 PEN 도체를 사용. 배전계통에서 PEN 도체를 추가로 접지할 수 있다.
TN-C-S 계통	계통의 일부분에서 PEN 도체를 사용하거나, 중성선과 별도의 PE 도체를 사용하는 방식. 배전계통에서 PEN 도체와 PE 도체를 추가로 접지할 수 있다.

[표] 구성요소 및 연결방법

구분	연결방법
구성요소	① 접지극 ② 접지도체 ③ 보호도체 및 기타 설비
연결방법	접지극은 접지도체를 사용하여 주 접지단자에 연결

합격예측 및 관련법규

제303조(전기 기계·기구의 적정설치 등)

① 사업주는 전기기계·기구를 설치하려는 경우에는 다음 각 호의 사항을 고려하여 적절하게 설치해야 한다. 22. 4. 24 ㉠
1. 전기기계·기구의 충분한 전기적 용량 및 기계적 강도
2. 습기·분진 등 사용장소의 주위 환경
3. 전기적·기계적 방호수단의 적정성

② 사업주는 전기기계·기구를 사용하는 경우에는 국내외의 공인된 인증기관의 인증을 받은 제품을 사용하되, 제조자의 제품설명서 등에서 정하는 조건에 따라 설치하고 사용하여야 한다.

Q 은행문제

의료용 전기전자(Medical Electronics)기기의 접지방식은?
16. 8. 21 ㉠ 21. 8. 14 ㉠
① 금속제 보호접지
② 등전위접지
③ 계통접지
④ 기능용접지

정답 ②

합격예측

누전차단기의 사용목적

누전차단기는 교류 1,000[V] 이하의 저압전로에서 사용
① 누전 화재보호
② 감전보호
③ 전기기계·기구의 손상보호
④ 타 계통으로서의 사고파급 방지

잔류전하 23. 7. 8 ㉢

콘덴서 및 전력 케이블 등을 고압 또는 특별고압전기회로에 접촉하여 사용할 때 전원을 끊은 뒤에도 감전될 위험성이 있다.

참고

제전
① 물체에 대전된 정전기를 이온을 이용하여 중화시키는 것
② 도체일 경우 본딩과 접지하는 방법으로 부도체일 경우 제전기를 사용

합격예측 및 관련법규

전격방지기 선정기준

① 전격방지기는 용접기의 정격과 해당 전격방지기를 부착하는 다음 각 호의 용접기의 종류에 따라 적합한 구조의 것을 선정하여야 한다.
  1. 역률개선용 콘덴서 내장형 용접기
  2. 역률개선용 콘덴서를 내장하고 있지 않는 용접기
  3. 엔진구동 교류아크용접기

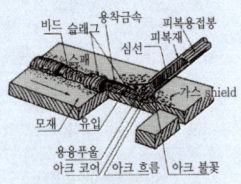

[그림] 피복 아크용접봉에 의한 용접

② 전격방지기를 선정할 때에는 다음 각 호의 전원전압에 관한 사항을 준수하여야 한다.
  1. 전원을 용접기의 입력측에서 인출하는 구조의 전원장치를 사용하는 경우에는 전격방지기의 정격전압이 용접기의 정격입력전압과 같을 것
  2. 전원을 용접기의 출력측에서 인출하는 구조의 전격방지기 또는 출력측의 전압을 검출하여 주접점을 개폐하는 전격방지기를 사용하는 경우에는 전격방지기의 외함에 표시되어 있는 적용용접기(해당 전격방지기를 설치하여 사용하는 것이 가능한 용접기를 말한다)의 출력측 무부하전압의 범위가 해당 용접기의 출력측 무부하전압의 변동범위를 포함할 것
  3. 엔진구동 교류아크용접기에 부착하는 전격방지기로, 전원을 해당 용접기의 정전압형 보조전원에서 인출하는 구조의 전격방지기를 사용하는 경우에는 전격방지기의 정격전압의 값이 보조전원의 정격출력전압값과 같을 것

(2) 주 접지단자의 접속도체

① 등전위본딩 도체 ② 접지도체 ③ 보호도체 ④ 기능성 접지도체

> **보충학습**
>
> **접지저항 감소방법** 16. 8. 21 ㉠ 22. 4. 24 ㉠
> ① 약품법 : 도전성 물질을 접지극 주변토양에 주입
> ② 병렬법 : 접수 수를 증가하여 병렬접속
> ③ 깊이증가법 : 접지전극을 지하 75[cm] 이상 깊이 박는 방법
> ④ 토양개량법 : 접지극 주변토양을 개량하여 저항률을 떨어뜨린다.

(3) 접지를 해야 하는 대상부분 21. 3. 7 ㉠ 23. 2. 28 ㉠

① 전기기계·기구의 금속제 외함, 금속제 외피 및 철대
② 고정 설치되거나 고정배선에 접속된 전기기계·기구의 노출된 비충전 금속체 중 충전될 우려가 있는 다음에 해당하는 비충전 금속체
  ㉮ 지면에서 접지된 금속체로부터 수직거리 2.4[m], 수평거리 1.5[m] 이내의 것
  ㉯ 물기 또는 습기가 있는 장소에 설치되어 있는 것 21. 3. 2 ㉡
  ㉰ 금속으로 되어있는 기기접지용 전선의 피복·외장 또는 배선관 등
  ㉱ 사용전압이 대지전압 150[V]를 넘는 것
③ 전기를 사용하지 아니하는 설비 중 다음에 해당하는 금속체
  ㉮ 전동식 양중기의 프레임과 궤도
  ㉯ 전선이 붙어있는 비전동식 양중기의 프레임
  ㉰ 고압 이상의 전기를 사용하는 전기기계·기구 주변의 금속제 칸막이·망 및 이와 유사한 장치
④ 코드와 플러그를 접속하여 사용하는 전기기계·기구 중 다음에 해당하는 노출된 비충전 금속체
  ㉮ 사용전압이 대지전압 150[V]를 넘는 것
  ㉯ 냉장고·세탁기·컴퓨터 및 주변기기 등과 같은 고정형 전기기계·기구
  ㉰ 고정형·이동형 또는 휴대형 전동기계·기구
  ㉱ 물 또는 도전성이 높은 곳에서 사용하는 전기기계·기구, 비접지형 콘센트
  ㉲ 휴대형 손전등
⑤ 수중펌프를 금속제 물탱크 등의 내부에 설치하여 사용하는 경우 그 탱크(이 경우 탱크를 수중펌프의 접지선과 접속)

3. 유속의 제한

(1) 액체 취급 시 공통 대책

① 폭발성 분위기 형성 및 확산의 방지
② 탱크, 용기, 배관, 노즐 등의 도체부분 접지

(2) 배관 이송, 충전

1 액체의 비산 방지

2 배관 내 액체의 유속제한 16. 8. 21 ㉮ 20. 3. 7 ㉮ 23. 2. 28 ㉮

① 저항률이 $10^{10}[\Omega \cdot m]$ 미만인 도전성 위험물의 배관유속 : $7[m/s]$ 이하
② 에테르, 이황화탄소 등과 같이 유동성이 심하고 폭발 위험성이 높은 것 : $1[m/s]$ 이하 22. 4. 24 ㉮
③ 물이나 기체를 혼합한 비수용성 위험물 : $1[m/s]$
④ 저항률이 $10^{10}[\Omega \cdot m]$ 이상인 위험물의 유관의 유속은 유입구가 액면 아래로 충분히 잠길 때까지 : $1[m/s]$ 이하

[표] 배관 내 유속제한 21. 5. 15 ㉮

관내경(단위 : [m])	유속(단위 : [m/s])
0.01	8.0
0.025	4.9
0.05	3.5
0.1	2.5
0.2	1.8
0.4	1.3

비고 : 독일화학공업협회 기준 $v^2 d < 0.64$, 단 v : 제한유속[m/s], d : 관내경

합격예측 및 관련법규

전원의 자동차단

다음 각 호의 사항이 충족될 경우 전원의 자동차단에 의한 고장시 감전재해방지대책으로 본다.
1. 전원의 계통접지방식에 적합한 자동차단장치를 설치할 것
2. 자동차단장치의 접촉전압별 최대차단시간은 아래 표를 초과하지 않을 것

최대차단시간[초]	접촉전압[V]	
	교류	직류
∞	50 미만	120 미만
5	50	120
1	75	140
0.5	90	160
0.2	110	175
0.1	150	200
0.05	220	250
0.03	280	310

3. 동시에 접촉 가능한 부분들을 동일한 접지극에 연결할 것

용어정의

트래킹 현상 22. 4. 24 ㉮

전기 제품 등에서 충전전극 사이의 절연물 표면에 경년변화나 먼지 등 어떤 원인으로 탄화전로가 생성되어 결국은 지락, 단락으로 진전되어 발화하는 현상

합격예측

NOR회로

논리식 : $\overline{Y} = \overline{A+B}$
$\overline{Y} = \overline{A} \cdot \overline{B}$

[그림] 논리식 및 논리기호

[표] 진리표

입력		출력
A	B	Y
0	0	1
0	1	1
1	0	1
1	1	0

Q 은행문제

1. 다음 중 인입용 비닐절연전선에 해당하는 약어로 옳은 것은?
17. 8. 26 ㉠

① RB ② IV
③ DV ④ OW

정답 ③

해설 · 전선약어
① RB : 고무절연전선
② DV : 인입용 비닐절연전선
③ OW : 옥외용 비닐절연전선

2. 대전물체의 표면전위를 검출 전극에 의한 용량 분할을 통해 측정할 수 있다. 대전물체의 표면전위 Vs는?(단, 대전물체와 검출전극간의 정전용량은 C_1, 검출전극과 대지간의 정전용량은 C_2, 검출전극의 전위는 V_e이다.) 19. 3. 3 ㉮

① $V_s = \left(-\dfrac{C_1+C_2}{C_1}+1\right) V_e$
② $V_s = -\dfrac{C_1+C_2}{C_1} V_e$
③ $V_s = \dfrac{C_2}{C_1+C_2} V_e$
④ $V_s = \left(\dfrac{C_1}{C_1+C_2}+1\right) V_e$

정답 ③

용어정의

① 기네하라 현상
누전회로에 발생하는 스파크 등에 의하여 목재 등은 탄화도전로가 생성되어 도전로가 증식, 확대되어 발열량이 증대, 발화하는 현상

② 배관 내 유체의 제한속도 : 1[m/sec] 이하

합격예측

논리곱(AND)회로
① 논리식 : $Y = A \cdot B$
② KS 기호
③ IEC 기호

[그림] 논리식 및 논리기호

[표] 진리표

입력		출력
A	B	Y
0	0	0
0	1	0
1	0	0
1	1	1

논리합(OR)회로
① 논리식 : $Y = A + B$
② KS 기호
③ IEC 기호

[그림] 논리식 및 논리기호

[표] 진리표

입력		출력
A	B	Y
0	0	0
0	1	1
1	0	1
1	1	1

NAND
논리식 : $\overline{Y} = \overline{A \cdot B}$,
$Y = \overline{A} + \overline{B}$

[그림] 논리식 및 논리기호

[표] 진리표

입력		출력
A	B	$\overline{Y}$
0	0	1
0	1	1
1	0	1
1	1	0

4. 보호구의 착용

(1) 대전방지 작업화(정전화) : 작업화의 바닥저항을 $10^8 \sim 10^5 [\Omega]$ 정도로 하여 인체의 누설저항을 저하시켜 대전방지(보통 작업화의 바닥저항은 $10^{12}[\Omega]$)

(2) 정전 작업복 착용 : 전도성 섬유를 첨가하여 코로나방전을 유도, 대전된 전기에너지를 열에너지로 변화하여 정전기 제거

(3) 손목띠(wrist strap)착용 등

5. 전하(電荷 : Electric Charge), 쿨롱의 법칙(Coulomb's Law)

(1) 전하

① 2종류 : +(正, 양전기), -(負, 음전기)
② 같은 종류-반발, 다른 종류-흡인. 보통의 물체는 +·- 전하가 평형상태(중성상태)인데 외부원인에 의해 평형상태가 깨지는 경우에는 전하가 이동된다. 이와 같이 전하가 이동되는 현상을 전류(轉流)라고 한다.
③ 전하의 전기량의 크기 : $1.60209 \times 10^{-19}[C]$

(2) 쿨롱의 법칙(Coulomb's Law)

전기량 q_1, q_2인 점전하가 r만큼 떨어져 있을 때 두 점전하 사이에 작용하는 힘 F

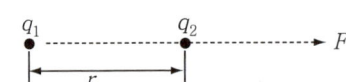

$$F = \frac{1}{4\pi\varepsilon} \times \frac{q_1 q_2}{r^2}$$

ε : 진공의 유전율 $8.854[pF/m]$

합격예측 및 관련법규

절연장소

다음 각 호의 사항이 충족될 경우 절연장소에 의한 고장시 감전재해방지대책으로 본다.
1. 절연손상 등에 의하여 전위가 서로 달라질 수 있는 부분들은 동시에 접촉되지 않도록 아래 각 목의 1의 조치를 할 것
   가. 동시에 접촉 가능한 2개의 도전성 부분을 2[m] 이상 격리시킬 것
   나. 동시에 접촉 가능한 2개의 도전성 부분을 절연체로 된 방호울로 격리시킬 것
   다. 2,000[V]의 시험전압에 견디고 누설전류가 1[mA] 이하가 되도록 어느 한 부분을 절연시킬 것
2. 절연장소에는 보호접지 도체가 인입되지 않도록 할 것
3. 주위의 벽이나 바닥 등 인체가 접촉될 수 있는 모든 부분을 절연판 등을 사용하여 절연시키고 외부로부터 도전성 부분이 인입되지 않도록 할 것
4. 벽이나 바닥 등의 절연저항값은 측정하였을 때 최소한 아래 표 이상일 것

전로의 사용전압	DC시험전압	절연저항
2차 전압이 AC 50[V], DC 120[V] 이하 비접지회로(SELV)	250[V]	0.5[MΩ]
1차와 2차 절연된 회로(PELV)	250[V]	0.5[MΩ]
500[V] 이하 1차와 2차 절연되지 않은 회로(FELV)	500[V]	1[MΩ]
500[V] 초과	1,000[V]	1[MΩ]

5. 바닥이나 벽의 절연저항 측정은 해당 도전성 부분과 바닥이나 벽의 절연재 위에 설치된 시험전극간에 실시하고 시험전극의 위치는 처음에는 해당 도전성 부분과 약 1[m] 떨어진 장소로 하고 이후 상호 멀어지는 방향으로 2개소 이상 측정할 것. 시험전극은 한 변의 길이 25[cm]인 정사각형 금속판으로 하고 바닥은 750[N], 벽은 250[N]의 힘을 가한 상태에서 측정하되 시험전극과 측정대상면 사이에 한 변의 길이 27[cm]인 정사각형의 물에 젖은 종이나 천을 둘 것

6. 대전방지제

① 섬유 등에 흡습성과 이온성을 부여하여 도전성을 증가하여 대전방지
② 대전방지제로 많이 사용되는 계면활성제는 친수성기 및 배수성기와 극성기 및 무극성기가 있어 친화성이 강하게 작용

> 효과의 지속성 : 일시성·내구성 대전방지제
> 표면에 부착 또는 물질의 내부에의 혼입 등 처리방법 : 외부용·내부용 대전방지제

(1) 외부용 일시성 대전방지제

① 음(陰)이온계 16. 5. 8 ㉠
  ㉮ 저렴, 무독성, 섬유에의 균일 부착성과 열안정성 양호
  ㉯ 섬유의 원사 등에 사용
  ㉰ 외부용 일시적 대전방지제

② 양(陽)이온계
  ㉮ 고가, 피부장애, 대전방지 성능우수. 섬유에 사용할 때는 염색이 곤란한 경우가 발생하기 때문에 주의를 요한다.
  ㉯ 내열성능은 음이온계보다 떨어지나 유연성이 우수하기 때문에 아크릴 섬유용으로 널리 사용한다.
  ㉰ 양이온계와 음이온계는 극성이 반대이므로 병용·혼용이 불가능하다.

③ 비(非)이온계
  단독 사용으로는 효과가 적지만 열안정성이 우수하며, 양이온계 또는 음이온계와 병용해서 사용할 때는 대전방지효과가 뛰어나다.

④ 양(兩)이온계
  ㉮ 대전방지성능은 양(陽)이온계와 비슷하며 그 성능이 매우 우수하다.
  ㉯ 특히 "베타인계"는 그 효과가 대단히 높으며 다른 이온계와 병용도 가능하다.

(2) 외부용 내구성 대전방지제

① 일시성 대전방지제는 세탁 등에 의해 그 효력이 상실되나 내구성 대전방지제는 이러한 단점을 보완한 것이다.
② 종류는 아크릴산, 폴리알킬렌, 폴리아민, 폴리에틸렌글리콜 등

(3) 부도체의 대전방지제 사용

① 도전율 10^{-12}[s/m] 이상, 표면고유저항 10^{12}[Ω] 이하로 조절(도전성이 향상된 부도체는 접지)
② 대전방지제는 습도의 영향을 받으므로 상대습도 50[%] 이상 유지

합격예측

부정(NOT)회로 15. 5. 31 ㉠
① 논리식 : $Y = \overline{A}$, $\overline{Y} = A$
② KS 기호
③ IEC 기호

[그림] 논리식 및 논리기호

[표] 진리표

입력	출력
A	Y
0	1
1	0

Q 은행문제

정전기 재해를 예방하기 위해 설치하는 제전기의 제전효율은 설치 시에 얼마 이상이 되어야 하는가?
21. 8. 14 ㉠ 23. 7. 8 ㉰
25. 2. 7 ㉠
① 40[%] 이상 ② 50[%] 이상
③ 70[%] 이상 ④ 90[%] 이상

정답 ④

합격예측

접지의 종류 및 목적

접지의 종류	목적
계통 접지 15. 3. 8 ㉠	고압 전로와 저압 전로의 혼촉으로 인한 감전이나 화재를 방지하기 위해 변압기의 중성점을 접지하는 방식
기기 접지	누전되고 있는 기기에 접촉되었을 때의 감전을 방지
피뢰기 접지	낙뢰로부터 전기 기기의 손상을 방지, 제1종 접지
정전기 장해 방지용 접지	정전기 축적에 의한 폭발 재해를 방지
지락 검출용 접지	누전 차단기의 동작을 확실하게 한다.
등전위 접지	병원에 있어서의 의료 기기 사용 시의 안전을 위해 설치 24. 2. 15 ㉠
잡음 대책용 접지	잡음에 의한 Electronics 장치의 파괴나 오동작을 방지
기능용 접지	건축물 내에 설치된 전자기기의 안정적 가동을 확보하기 위한 목적으로 설치 19. 3. 3 ㉠

(4) 제전 대상에 따른 제전기의 선정

① 제전 대상인 대전물체가 가연성물질이거나 가연성물질을 포함하고 있으며, 전압인가식 제전기를 사용하고자 할 때 다음 표에 의하여 제전기를 선정
② 표면 대전물체(시트, 필름, 포, 종이 등)의 제전 : 제전 능력만 충분히 있으면 어느 제전기로도 무방
③ 부유·퇴적되어 있는 대전물체의 제전 : 송풍형 전압인가식 제전기가 유효

[표] 제전기의 선정

대전물체 설치장소	대전물체의 예	제전기
표면 대전물체	필름, 종이, 포	전압인가식 제전기(표준형), 자기방전식 제전기
체적 대전물체	분체, 액체, 수지	전압인가식 제전기
이동 대전물체	인체, 제품	전압인가식 제전기(송풍기, 갱형)
고속이동 대전물체	인쇄 필름, 유동분체	전압인가식 제전기(표준형, 플랜지형) 자기방전식 제전기
가연성물질 위험장소	가연성액체, 분체	전압인가식 제전기(방폭형), 자기방전식 제전기, 방사선식 제전기

④ 대전물체의 극성이 일정하고 대전량이 크거나 고속으로 이동하고 있는 대전물체의 제전 : 직류형 전압인가식 제전기를 선정함이 유효
⑤ 이동하지 않고 있는 가연성 대전물체의 제전 : 방사선식 제전기를 사용함이 바람직(정전기 발생원에서 설치거리 : 5~20[cm])

7. 가습(加濕)

① 플라스틱 섬유 및 제품은 습도의 증가로 표면 저항이 감소하므로 대전방지
② 공기중의 상대습도를 60~70[%] 정도 유지하기 위해 가습방법을 사용
③ 가습방법
  ㉮ 물의 분무법
  ㉯ 증발법
  ㉰ 습기분무법 등

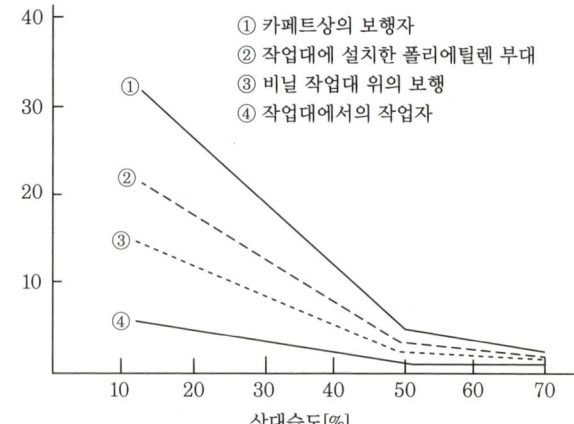

[그림] 정전기의 발생과 습도의 관계

8. 본딩(bonding)

① 본드(bond)란 「연결」을 의미하며, 원래 철도레일의 이음 사이에 있어서 전기저항을 작게 하기 위해 실시하는 레일 사이를 접속하는 전선을 말한다.
② 본딩(bonding)이란 그 시공의 뜻이지만, 정전대책의 하나로도 유효한 조치이다.
③ 정전기대책으로는 본딩과 접지의 양자를 적절하게 실시하는데 따라서 유효한 대책이 된다.
④ 본딩은 복수의 금속도체가 상호 절연되고, 더구나 대치로부터도 절연되어 있는 경우에 필요하지만, 금속소지(金屬素地)의 노출된 금속도체가 상호 기계적으로 견고하게 결합되고, 어떠한 조건, 환경에 있어서도 금속 접촉면의 전기저항이 절연상태가 될 우려가 없는 경우에는 정전기대책을 위해서 새삼스럽게 본딩할 필요는 없다.
⑤ 본딩의 전기저항은 대체로 1,000[Ω] 미만인 것이 요망된다.
　㉮ 금속도체 상호간
　㉯ 대지에 대하여 절연되어 있는 2개 이상의 금속이 접촉된 금속도체

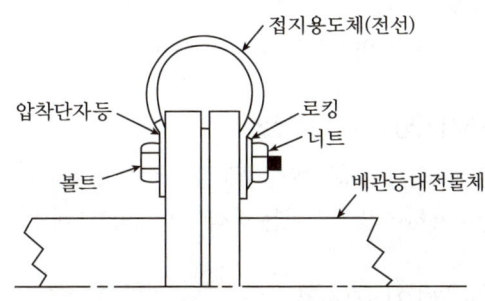

[그림] 전선등에 의한 본딩

[표] 위험장소 및 방폭구조

위험장소	각부의 구조	방폭구조		
		제전전극	고압전선	고압전원
가스, 증기	0종	내압방폭구조	고압전선	내압방폭구조
	1종	내압방폭구조	특수고압전선	내압방폭구조
	2종	내압방폭구조	특수고압전선	내압방폭구조
분진		분진특수방폭구조	특수고압전선	분진방폭구조

> **합격예측**
>
> **등전위 본딩**
> ① 낙뢰시 접지되어있는 주접지도체에 다른 기기나 보호해야할 대상을 도체를 이용하여 전위차가 접지도체와 등전위가 되게하여 낙뢰로부터 보호되게 하는 방법
> ② 주 접지단자에 접속되는 등전위본딩선의 단면적
> 　㉮ 동 6[mm²]
> 　㉯ 알루미늄 16[mm²]
> 　㉰ 철 50[mm²]
> ③ 등전위본딩도체 주접지단자에 접속하기 위한 등전위본딩 도체는 설비 내에 있는 가장 큰 보호접지도체 단면적의 1/2 이상의 단면적을 가져야 하고 위의 단면적 이상이어야 한다.
> ④ 중성선 : 다선식 전로에서 전원의 중성극에 접속된 전선
> ⑤ 분기회로 : 간선에서 분기하여 분기과전류 차단기를 거쳐서 부하에 이르는 사이의 배선
> ⑥ 등전위본딩(등 전위접속) : 등 전위성을 얻기 위해 전선간을 전기적으로 접속하는 조치를 말한다.

읽을거리

어싱(Earthing)

어싱은 영어로 쓰면 Earthing인데 지구라는 뜻의 Earth에 -ing를 붙여 땅을 밟는다는 뜻이다. 비슷하게 그라운딩(Grounding)이라고도 불리고 있다.
전기를 사용하는 제품은 접지를 하면서 사용하게 되는데, 30여 년전 미국에서 클린턴 오버라는 분이 사람은 전기적인 시스템으로 돌아가는데 왜 땅과 접촉하고 살지 않을까 라는 궁금증을 품기 시작했고, 은박지 테이프 등으로 어설픈 어싱 매트를 만들어 본인이 직접 체험을 하면서 어싱의 효과를 밝혀내기 시작한 것이 어싱의 시작이 되었다.

[표] 분진폭발 위험장소 17. 8. 26 산 18. 3. 4 기산 18. 8. 19 기

분류	용도	예
20종 장소	분진운 형태의 가연성 분진이 폭발농도를 형성할 정도로 충분한 양이 정상작동 중에 연속적으로 또는 자주 존재하거나 제어할 수 없을 정도의 양 및 두께의 분진층이 형성될 수 있는 장소	호퍼, 분진저장소, 집진장치, 필터 등의 내부
21종 장소	20종 장소 외의 장소로서 폭발농도를 형성할 정도로 충분한 양의 분진운 형태 가연성 분진이 정상작동 중에 존재할 수 있는 장소	집진장치, 백필터, 배기구 등의 주위, 이송밸트 샘플링 지역 등
22종 장소	21종 장소 외의 장소로서 가연성 분진운 형태가 드물게 발생 또는 단기간 존재할 우려가 있거나 이상 작동 상태하에서 가연성 분진층이 형성될 수 있는 장소	21종 장소에서 예방조치가 취하여진 지역, 환기설비 등과 같은 안전장치 배출구 주위 등

9. 제전기 17. 3. 5 산 17. 8. 26 산 19. 4. 27 기

(1) 전압인가식(코로나방전식) 제전기

전극에 약 7,000[V]인 고압으로 코로나방전을 일으켜 발생된 이온으로 대전체의 전하를 재결합시켜 중화, 비방폭형이 널리 사용된다.

(2) 방전식 제전기(자기방전식, 방사선식)

스테인리스, 카본, 도전성 섬유 등에 의해 작은 코로나방전을 일으켜 제전하는 것으로 대전체 자체를 이용하여 방전시키는 방식이며, 2[kV] 내외의 대전이 남게 된다.

(3) 이온식 제전기(Radio Isotope)

7,000[V]의 교류전압이 인가된 칩을 배치하고 코로나방전에 의해 발생한 이온을 대전체에 내뿜는 방식이다. 분체의 제전에 효과가 있고 폭발위험이 있는 곳에 적당하나 제전효율이 낮다.

Q 은행문제 24. 2. 15 기

제전기의 제전효과에 영향을 미치는 요인으로 볼 수 없는 것은?
① 제전기의 이온 생성능력
② 전원의 극성 및 전선의 길이
③ 대전 물체의 대전전위 및 대전분포
④ 제전기의 설치 위치 및 설치 각도

정답 ②

[해설]
제전효과에 영향을 미치는 요인
① 단위시간당 이온 생성 능력 (50[mA] 이상)
② 설치 위치, 거리, 각도
③ 대전 물체의 대전전위 및 대전분포
④ 피대전 물체의 이동속도
⑤ 대전물체와 제전기 사이의 기류
⑥ 피대전 물체의 형상
⑦ 근접 접지체의 형상 위치 크기

예제문제

인화성 액체에서의 정전기재해를 방지하기 위한 관내 유속과 관의 내경을 잘못 연결한 것은 어느 것인가?

구 분	①	②	③	④
관내경[mm]	25	50	100	200
제한유속[m/s]	4.9	3.5	2.5	2.0

◎ $v^2 \cdot d < 0.64$에서 v = 제한유속[m/s], d는 관내경[mm]으로 약 1.8[m/s]이다.

답 ④

주요항목 03 정전기(靜電氣 : static electricity) 장·재해 관리 출제예상문제

출제예상문제는 복습, 예습문제로 엮었습니다. *WHY : 실제시험에도 순서에 관계없이 출제됩니다. 예습 후 다음장에 공부한 문제가 있으면 기억이 배가 됩니다.

01 ★★ 정전작업시 전원개폐기를 개방하고 검전기로 전선로를 검전하였더니 네온램프에 불이 점등되었다. 그 원인으로 생각되는 것은?
① 유도전압이 발생되었다.
② 검전기가 고장이다.
③ 단락접지를 하였다.
④ 작업지휘자가 없었다.

해설
유도전압
램프에 불이 들어오는 이유는 유도전압의 발생이 원인이다.

02 ★★ 정전기로 인한 화재폭발을 방지하기 위한 조치가 필요한 설비가 아닌 것은?
① 위험물을 탱크로리에 주입하는 설비
② 탱크로리, 탱크차 및 드럼 등 위험물저장설비
③ 위험물 제조설비 및 그 부속설비
④ 인화물질을 함유하는 도료 및 접착제 등을 도포하는 설비

해설
정전기스파크에 의한 발화 만족 조건
① 위험물을 탱크로리·탱크차 및 드럼 등에 주입하는 설비
② 탱크로리·탱크차 및 드럼 등 위험물저장설비
③ 인화성 액체를 함유하는 도료 및 접착제 등을 제조·저장·취급 또는 도포(塗布)하는 설비
④ 위험물 건조설비 또는 그 부속설비
⑤ 인화성 고체를 저장하거나 취급하는 설비
⑥ 드라이클리닝설비, 염색가공설비 또는 모피류 등을 씻는 설비 등 인화성 유기용제를 사용하는 설비
⑦ 유압, 압축공기 또는 고전위정전기 등을 이용하여 인화성 액체나 인화성 고체를 분무하거나 이송하는 설비
⑧ 고압가스를 이송하거나 저장·취급하는 설비
⑨ 화약류 제조설비
⑩ 발파공에 장전된 화약류를 점화시키는 경우에 사용하는 발파기(발파공을 막는 재료로 물을 사용하거나 갱도발파를 하는 경우는 제외한다)

03 ★ 대전의 완화를 나타내는 데 중요한 인자인 시정수(time constant)는 최소의 전하가 몇 [%]까지 완화할 때까지의 시간을 말하는가? 17. 5. 7 ②
① 20[%] ② 37[%]
③ 45[%] ④ 50[%]

해설
시정수는 37[%] 정도이다.

04 ★★★ 정전작업은 일상생활에 불편을 주어서는 아니되므로 시간을 단축하거나 심야에 작업을 하게 된다. 정전작업 종료시 안전을 위한 순서가 올바른 것은?
① 단락접지기구 철거-개폐기 투입-작업자에 대한 위험여부 확인-위험표시 철거
② 단락접지기구 철거-위험표시 철거-작업자에 대한 위험여부 확인-개폐기 투입
③ 개폐기 투입-위험표시 철거-작업자에 대한 위험여부 확인-단락접지기구 확인
④ 작업자에 대한 위험여부 확인-단락접지기구 처리-개폐기 투입-위험표시 철거

해설
정전작업 시 조치사항 16. 5. 8 ②
(1) 작업 전 조치사항
 ① 전로의 개로 개폐기에 시건장치 및 통전금지 표시판 설치
 ② 전력케이블, 전력콘덴서 등의 잔류전하의 방전
 ③ 검전기로 충전여부 확인
 ④ 단락접지기구로 단락접지
(2) 정전절차 : 국제사회안전협회(ISSA)의 5대 안전수칙 준수
 ① 작업 전 전원차단
 ② 전원투입의 방지
 ③ 작업장소의 무전압여부 확인

[정답] 01 ① 02 ③ 03 ② 04 ②

④ 단락접지
⑤ 작업장소의 보호
(3) 작업 중 조치사항
① 작업지휘자에 의한 작업지휘
② 개폐기의 관리
③ 단락접지의 수시확인
④ 근접활선에 대한 방호상태의 관리
(4) 작업 종료 후 조치사항
① 단락접지기구의 철거
② 시건장치 또는 표지판 철거
③ 작업에 대한 위험이 없는 것을 최종 확인
④ 개폐기 투입으로 송전재개

[참고] 산업안전보건기준에 관한 규칙 제307조(단로기 등의 개폐)

05 ★★ **부도체의 대전은 도체의 대전과는 달리 복잡해서 폭발, 화재의 발생한계를 추정하는 데 충분한 유의가 필요하다. 다음 중 그 유의사항이 아닌 것은?** 16. 5. 8 [기]

① 대전 상태가 매우 불균일한 경우
② 대전량 또는 대전의 극성이 매우 변화하는 경우
③ 부도체 중에 국부적으로 도전율이 높은 곳이 있고, 이것에 대전인 경우
④ 대전하여 있는 부도체의 뒷면 또는 근방에 접지되지 않는 도체가 있는 경우

해설

제전
① 도체 : 접지나 본딩
② 부도체 : 제전

06 ★★ **정전기 제거방법 중 옳지 않은 것은?**

① 작업장 바닥을 도전처리한다.
② 설비의 도체부분은 접지시킨다.
③ 작업자는 면 작업복을 입는다.
④ 작업장을 항온으로 유지한다.

해설

정전기 제거
(1) 정전기 발생원인 17. 8. 26 [산] 19. 3. 3 [산]
① 접촉 ② 마찰 ③ 박리
(2) 정전기재해 방지대책
① 정전기 발생억제조치(유속조절, 대전방지제로 도포)
② 발생전하의 방전(습기부여, 접지, 방전극 부착)
③ 방전억제(돌기물 배제, 곡률반경을 크게)

07 ★★ **정전기의 재해대책으로 정전기의 접지부분 및 접지요령으로 관계가 먼 것은?**

① 접지의 접속은 납땜, 용접 또는 멈춤 나사로 실시한다.
② 회전부품의 유막저항이 높으면 도전성의 윤활제를 사용한다.
③ 이동식 용기는 절연성 고무제 바퀴를 달아서 폭발 위험을 제거한다.
④ 폭발의 위험이 있는 구역은 도전성 고무류로 바닥 처리를 한다.

해설

이동식 용기장치는 전도성 상 및 도전체 차를 사용하여 자동적으로 접지되게 하여야 한다.

08 ★★★★ **정전기 제거를 위한 제전기의 종류에 맞지 않는 것은?** 20. 8. 22 [기]

① 자기방전식 제전기 ② 방사선식 제전기
③ 고주파 제전기 ④ 전압인가식 제전기

해설

제전기의 종류 및 특징
(1) 전압인가식 제전기
① 방전침에 7,000[V] 정도의 전압으로 코로나방전을 유도하여 발생된 이온으로 대전체에 재결합시키는 방식
② 제전효과가 거의 100[%]
(2) 자기방전식 제전기
① 스테인리스, 카본, 도전성 섬유 등에 의한 코로나방전을 일으켜 제전
② 접지한 금속선, 금속륜, 금속브러시 등을 대전체에 근접시켜 대전체 자체를 이용하여 제전
③ 50[kV] 내외의 전압을 제전, 2[kV] 정도의 전압이 잔존하는 단점
④ 섬유, 플라스틱, 고무, 필름 공장 등에 유효
⑤ 본체가 접지되지 않은 경우에는 가연성가스 존재시 화재나 폭발이 발생하므로 반드시 환기시킬 것
(3) 이온스프레이식 제전기
① 분체 제전에 효과
② 7,000[V]의 인가된 침에 코로나방전을 발생시켜 발생된 이온을 송풍기로 불어 대전체에 내뿜어 제전
③ 방사능오염은 없음
(4) 방사선식 제전기
① 방사선 등의 원소의 전리작용을 이용 : X선, β선
② 방사선 장해유발
③ 제전능력이 작음
④ 이동 물체 제전 부적합

[정답] 05 ④ 06 ④ 07 ③ 08 ③

09 분체의 대전방지를 위해서 사용하는 제전제 중 섬유의 균압부착성, 열안정성이 양호하고, 독성이 없어서 섬유의 원사에 사용되는 외부용 일시성 대전방지제는 다음 중 어느 ion계인가?

① 양(陽)ion　② 음(陰)ion
③ 양(兩)ion　④ 비(非)ion

해설
원사의 외부용 일시방지제는 음이온계이다.

10 자기방전식 제전기의 특징으로 틀린 것은?

① 방전식 제전기 중 설치비가 가장 경제적이다.
② 코로나방전을 일으켜 공기를 이온화하는 것을 이용한 것이다.
③ 인화위험이 거의 없어 안전하다.
④ 대전전위가 낮아도 효과적이다.

해설
자기방전식 제전기의 특징
① 스테인리스(5μm), 카본(7μm), 도전성 섬유(50μm) 등에 의해 작은 코로나방전을 일으켜 제전한다.
② 고전압의 제전도 가능하나 약간의 대전이 남는 단점이 있다.

11 다음 중 정전기발생 방지방법이 잘못된 것은 어느 것인가?

① 작업장 내의 습도는 60~70[%]를 유지하고 있는가?
② 도전성 마루이며 분체의 퇴적은 없는가?
③ 누설저항은 100[Ω] 이하인가?
④ 작업자가 대전방지복 및 구두를 착용하고 있는가?

해설
습도증가에 의한 도전성 향상방법
① 플라스틱 제품 등은 습도증가에 따라 전기저항값이 저하되므로 공장설비 등은 가습에 의한 대전방지법이 이용된다.
② 공기 중의 상대습도를 60~70[%] 정도를 유지하기 위해서 가습방법이 많이 이용된다.
③ 가습방법
　㉮ 물의 분무법
　㉯ 증발법
　㉰ 습기 분무법

12 정전기방전으로 인한 재해가 발생될 조건이 아닌 경우는?

① 방전하기에 충분한 전하가 축적되어 있을 때
② 부도체의 대전방지를 위해 접지를 한 경우
③ 대전물체의 전계세기가 1[mV/m] 이상일 때
④ 정전기방전 에너지가 주변 가스의 최소착화에너지 이상일 때

해설
전계세기가 1[mV/m] 이상이면 재해없음.

13 정전기발생에 대한 구체적인 방지대책의 설명으로 옳지 않은 것은?

① 가스용기, 탱크 등의 도체부는 전부 접지한다.
② 작업장의 바닥은 도전율이 높은 재료를 선택한다.
③ 화학섬유의 작업복 착용을 피할 것
④ 탱크 내면의 방전을 억제하기 위해 돌출부의 곡률반경을 5[mm] 이상으로 한다.

해설
곡률반경은 10[mm] 이상으로 해야 정전기발생이 억제된다.
참고) 1993년 9월 12일 기출문제

14 작업장 내의 정전기로 인한 폭발방지를 위해 점검해야 할 사항 중 옳지 않은 것은?

① 작업장 내의 습도는 60~70[%]를 유지하고 있는가?
② 도전성 마루이며 분체의 퇴적은 없는가?
③ 누설저항은 100[Ω] 이하인가?
④ 작업자가 대전방지복 및 구두를 착용하고 있는가?

해설
누설저항 : 1,010[m·Ω] 미만
1997년 10월 12일 기출문제

◆ 반복되는 문제는 잊기 쉬운 문제, 출제될 수 있는 문제만 엮었습니다.

[정답] 09 ②　10 ④　11 ③　12 ③　13 ④　14 ③

15 코로나방전이 발생하면 공기 중에 무엇이 생성되는가? 20. 8. 22 ㉠ 24. 2. 15 ㉠

① O_2 ② O_3
③ N_2 ④ N_3

해설

방전의 종류
(1) 코로나방전
  ① 정의 : 스파크방전을 억제시킨 접지돌기상 부분이 도체 표면에서 발생하여 공기 중으로 방전되거나 또는 고체 전체 표면으로 흐르는 현상을 말한다.
    ㉮ 미약한 발광과 소리 수반
    ㉯ 코로나방전 에너지 : -0.2[mJ]이며 O_3가 생성된다.
    ㉰ C_2H_2, H_2와 결합시 폭발한다.
(2) 스파크방전
  ① 대전체 표면의 전하밀도가 3×10^{-9}[C/m²] 이상이 되면 공기의 절연파괴강도 3~3.5[kV/mm]를 초과하여 코로나방전 또는 스파크방전을 일으켜 주위 가연성 물질에 착화하게 된다.
  ② 직접 또는 정전기 유도에 의하여 대전된 도체, 특히 금속으로 된 물체를 다른 접지되지 않은 절연도체에 근접시켰을 때 발생하는 것으로 두 개의 도체 안에서 단락이 생기면서 그 공간을 잇는 발광현상을 수반하게 된다.
  ③ O_3 발생
  ④ 가연성가스는 10^{-1}[mJ] 정도에서 폭발
(3) 연면방전
  ① 드럼이나 사이클론내의 분진이 높은 전하를 보유할 때와 대전이 큰 엷은 층상의 부도체의 박리, 또는 엷은 층상의 대전된 부도체의 뒷면에 근접한 접지체가 있을 때 표면에 연한 복수의 수지상의 발광을 수반하여 발생되는 방전으로 불꽃방전과 마찬가지로 재해의 원인이 된다.
  ② 기계적 마찰에 의하여 큰 표면에 높은 전하밀도를 조성시킬 때 발생한다.

참고 많은 해설은 꼭 모두 읽어야 합니다.

16 다음 물질 중 정전기에 의한 분진폭발을 일으키는 최소발화(착화)에너지가 가장 작은 것은?

① 마그네슘
② 소맥분
③ 알루미늄
④ 폴리에틸렌

해설

분진의 종류 및 최소발화에너지

분진의 종류	폭발하한계(g/m2)	최소발화에너지(mJ)
마그네슘	20	80
알루미늄	35	20
철	120	100
소맥분	60	160
석 탄	35	40
유 황	35	15
펄 프	60	80
에폭시	20	15
폴리에틸렌	20	10
폴리스티렌	20	30
테레프탈산	20	40
코르크	50	20
목 분	35	45

(주) mJ = 1/1,000[J], 1[J]은 1[W]를 1[초]간 사용한 에너지(0.24[cal])

17 감전사고를 방지하기 위해 허용보폭전압에 대한 수식으로 맞는 것은? 18. 3. 4 ㉠

E : 허용접촉전압 R_b : 인체의 저항
ρ_s : 지표상층 저항률 I_k : 심실세동전류

① $E = (R_b + 3\rho_s)I_k$
② $E = (R_b + 4\rho_s)I_k$
③ $E = (R_b + 5\rho_s)I_k$
④ $E = (R_b + 6\rho_s)I_k$

해설

허용보폭전압(변전소 등 지락전류 발생시 지표면상 두 점의 전위차 허용값)
① 허용접촉전압(E) = $(R_b + 6\rho_s) \times I_k$
② 인체의 양발사이에 인가되는 전압

[정답] 15 ② 16 ④ 17 ④

18 다음 중 정전기가 가장 많이 발생하는 공정은?

① 기체, 액체의 송류 공정
② 기체, 액체의 분출 공정
③ 액체의 여과 공정
④ 고체의 분쇄 공정

해설

고체, 액체, 기체 공정
① 기체, 액체의 송류 공정 : 25.5[%]
② 기체, 액체의 분출 공정 : 11.6[%]
③ 액체의 여과 공정 : 14.9[%]
④ 고체의 분쇄 공정 : 17.4[%]

19 두 물질 사이의 접촉과 분리과정이 계속될 때 이에 따른 기계적 에너지에 의해 자유전자가 방출흡입되어 정전기가 발생하는 현상은?

① 박리대전
② 유동대전
③ 파괴대전
④ 마찰대전

해설

정전기 대전의 종류
(1) 마찰대전
  ① 고체, 액체, 분체류
  ② 두 물체 사이의 마찰로 인한 접촉, 분리
    예) 롤러기
(2) 유동대전 16. 5. 8 기 18. 8. 19 산 19. 4. 27 산 19. 8. 4 산
  ① 액체류가 파이프 등 내부에서 유동시 관벽과 액체 사이에서 발생
  ② 액체 유동속도가 정전기 발생에 큰 영향 23. 5. 13 산
  ③ 배관 내 유체의 정전하량(대전량) 유속의 1.5 ~ 2승에 비례
  ④ 배관 내 유체의 제한속도
    가솔린이나 벤젠 등이 흐를 때 유속은 1[m/sec] 이하로 제한
(3) 박리대전 17. 5. 7 기
  ① 일정 압력으로 밀착된 물체가 떨어지면서 자유전자의 이동으로 발생
  ② 마찰대전보다 더 큰 정전기 발생
    예) 테이프, 필름
(4) 충돌대전 17. 5. 7 산
  입자와 다른 고체와의 충돌, 급속한 분리에 의해 발생
(5) 분출대전 18. 8. 19 산
  기체, 액체, 분체류가 단면적이 작은 분출구를 통과할 때 생성
(6) 그 밖의 대전
  ① 파괴대전
    물체파괴 : 정부(+, -)전하의 균형 상태에서 불균형 상태로 전화될 때 발생
  ② 비말대전 : 분출한 액체가 비산해서 분리과정에서 발생

20 전자잡음의 현상 3요소가 아닌 것은?

① 복사에너지
② 잡음(노이즈) 발생원
③ 피해기기
④ 전자 매개체

해설

전자잡음
(1) 전자잡음현상 3요소
  ① 노이즈 발생원
  ② 피해기기
  ③ 전자 매개체
(2) 전자파 장해를 방지하기 위해 시설하는 것 중 가장 효과적인 접지방식 : 다점접지방식
(3) 전자파 장해를 방지하기 위한 대책
  ① 차폐대책(자기차폐, 전자파차폐)
  ② 필터를 이용한 전자파 흡수체(저항손실형, 자기손실형, 복합형)
  ③ 접지대책
  ④ 와이어링에 의한 대책 : 전자장의 노이즈 장해 제거
(4) 전자파 장해를 예방하기 위한 필터의 기본 회로형
  ① L형 ② T형 ③ π형

◉ ① 21C형 대비형 문제이기도 합니다.
  ② 인간공학에서도 출제 가능합니다.

21 산업안전보건법상 폭발위험장소의 분류에 있어 다음 내용에 해당하는 장소는? 17. 3. 5 산

"분진운 형태의 가연성 분진이 폭발농도를 형성할 정도의 충분한 양이 정상작동 중에 존재할 수 있는 장소"

① 0종 장소
② 1종 장소
③ 20종 장소
④ 21종 장소

해설

폭발위험장소의 분류

분류		적요	예
가스폭발 위험장소	0종 장소	인화성 액체의 증기 또는 가연성가스에 의한 폭발위험이 지속적으로 또는 장기간 존재하는 장소	용기·장치·배관 등의 내부 등
	1종 장소	정상작동 상태에서 인화성 액체의 증기 또는 가연성가스에 의한 폭발위험분위기가 존재하기 쉬운 장소	맨홀·벤트·피트 등의 주위 18. 4. 28 산
	2종 장소	정상작동 상태에서 인화성 액체의 증기 또는 가연성가스에 의한 폭발위험분위기가 존재할 우려가 없으나, 존재할 경우 그 빈도가 아주 적고 단기간만 존재할 수 있는 장소	개스킷·패킹 등의 주위

[정답] 18 ① 19 ① 20 ① 21 ④

분진폭발 위험장소	20종 장소	분진운 형태의 가연성 분진이 폭발농도를 형성할 정도로 충분한 양이 정상작동 중에 연속적으로 또는 자주 존재하거나, 제어할 수 없을 정도의 양 및 두께의 분진층이 형성될 수 있는 장소	호퍼·분진저장소·집진장치·필터 등의 내부 22. 4. 24 ⑦
	21종 장소	20종 장소 외의 장소로서, 분진운 형태의 가연성 분진이 폭발농도를 형성할 정도의 충분한 양이 정상작동 중에 존재할 수 있는 장소	집진장치·백필터·배기구 등의 주위, 이송밸트 샘플링 지역 등
	22종 장소	21종 장소 외의 장소로서, 가연성 분진운 형태가 드물게 발생 또는 단기간 존재할 우려가 있거나, 이상 작동 상태하에서 가연성 분진층이 형성될 수 있는 장소	21종 장소에서 예방조치가 취하여진 지역, 환기설비 등과 같은 안전장치 배출구 주위 등

○ "인화성 액체의 증기 또는 가연성 가스에 의한 폭발위험 분위기"라 함은 연소가 계속될 수 있는 가스나 증기상태의 가연성 물질이 혼합되어 있는 상태를 말한다.

22 다음 중 전압의 분류가 잘못된 것은?

① 저압-1,000[V] 이하의 교류전압
② 저압-1,500[V] 이하의 직류전압
③ 고압-1,000[V] 초과 7,000[V] 이하의 교류전압
④ 초고압-10,000[V]를 초과하는 직류전압

> 해설

전압분류

전압분류	직류	교류
저압	1,500[V] 이하	1,000[V] 이하
고압	1,500~7,000[V] 이하	1,000~7,000[V] 이하
특별고압	7,000[V] 초과	7,000[V] 초과

23 정전기에 관한 설명으로 잘못된 것은?

① 정전유도에 의한 힘은 반발력이다.
② 발생한 정전기와 완화한 정전기의 차가 마찰을 받은 물체에 축적되는 현상을 대전이라 한다.
③ 같은 부호의 전하는 반발력이 작용한다.
④ 겨울철에 나일론제 셔츠 등을 벗을 때 경험한 부착현상이나 스파크발생은 박리대전현상이다.

> 해설

유도현상

① 대전물체 부근에 절연된 도체가 있을 경우에는 정전계에 의해 대전물체에 가까운 쪽의 도체 표면에는 대전물체와 반대극성의 전하(電荷)가, 반대쪽에는 같은 극성의 전하가 대전되게 되며 이를 정전유도현상이라 한다.
② 정전유도의 크기는 전계에 비례하고 대전체로부터의 거리에 반비례하며, 도체의 형상에 의해서도 영향을 받는다.
③ 유도대전을 일으켜 각종 장·재해의 원인이 되기도 하며, 이 원리를 이용하여 대전전위, 전하량 등을 측정하기도 한다.

24 ★★ 다음 정전기 발생에 대한 구체적인 방지대책의 설명으로 옳지 않은 것은?

① 가스용기, 탱크 등의 도체부는 전부 접지한다.
② 작업장의 바닥은 도전율이 높은 재료를 선택한다.
③ 화학섬유의 작업복 착용은 피한다.
④ 탱크 내면의 방전을 억제하기 위해 돌출부의 곡률 반지름을 5[mm] 이상으로 한다.

> 해설

문제 13번 확인

> KEY

① 제3장은 잘 알았는지요.
② 실제문제도 이렇게 출제됩니다.
③ 기출문제에서 꼭 확인하세요.
④ 돌다리도 두들기면서 건너라고 했잖아요.

[정답] 22 ④ 23 ① 24 ④

주요항목 04 전기 방폭 관리

중점 학습내용

아파트나 주택 등에서 가스누출이 발생했을 때 무심코 방의 전등을 켜는 순간에 폭발하거나 잠자고 있을 때에 전기냉장고에서 나오는 불꽃으로 가스폭발을 일으키는 등의 예가 흔히 TV나 신문에 보도되고 있다. 주택이나 아파트에서의 가스는 도시가스, 프로판 등으로 한정되지만 공장에서는 각종의 폭발성 가스나 인화성 액체를 대량으로 취급하고 있는 곳이 많기 때문에 그만큼 가스폭발에 주의할 필요가 있다. 또 공장에서는 사용되고 있는 수많은 종류의 전기기기에서 나오는 불꽃 등으로 인한 폭발이 발생하지 않도록 대책을 강구하는 것이 중요하다. 방폭전기설비라는 것은 가스폭발이 발생되지 않도록 보통 설비와는 다른 설계로 제작된 것이다. 석유정제, 석유화학가스제조를 비롯하여 폭발성 가스나 인화성 액체를 취급하고 있는 공장에서는 방폭전기설비를 사용하여 폭발이 발생하지 않도록 하고 있다. 이와 같이 방폭전기설비는 가스의 점화원으로 작용하지 않도록 연구하여 만들어진 전기설비를 말하는 것으로 폭발이 발생했을 때 이것에 견뎌내고 파괴되지 않는 전기설비라는 의미는 아니다. 또한 가연성 분진이 공기 속에 부유하고 있는 상태인 곳에서도 전기설비의 불꽃이 튀면 가스와 마찬가지로 폭발을 일으키는 수가 있다. 따라서 이러한 경우에도 방폭전기설비를 사용하여 안전을 확보하는 것이 중요하다. 시험에 출제가 예상되는 본 장의 중심적인 학습내용의 구성은 다음과 같다.

❶ 전기방폭설비
❷ 전기방폭 사고예방 및 대응

세부항목 1. 전기방폭(防爆 : explosionproof)설비

1. 방폭구조의 종류 및 특성

(1) 위험장소의 구분

폭발위험장소는 인화성가스, 증기, 분진 등 화재, 폭발을 일으킬 수 있는 대기중에 존재하거나 존재 우려가 있는 장소를 빈도, 체류시간, 환기조건을 고려하여 분류한 것으로 0종, 1종, 2종 장소로 구분된다.

[표] 위험분위기의 정도에 의한 분류

구분	IEC	NEC	JIS
지속적인 위험분위기 (일반적으로 연간 1,000시간 이상)	Zone 0	Division 1	0종 장소
통상상태에서의 간헐적 위험분위기 (연간 10~1,000시간)	Zone 1		1종 장소
이상상태에서의 위험분위기 (연간 0.1~10시간)	Zone2	Division2	2종 장소

- IEC : International Electrotechnical Commission(국제전기기술위원회)
- NEC[Natonal Electrical Code(NFPA70)] : 북미중심, 미국 NFPA(미국방화협회)의 전기기준

용어정의

방폭지역
인화성 또는 인화성 물질이 화재·폭발을 발생시킬 수 있는 농도로 대기 중에 존재하거나 존재할 우려가 있는 장소

참고

위험분위기
대기 중의 인화성 또는 인화성 물질이 화재·폭발을 발생시킬 수 있는 농도로 공기와 혼합되어 있는 상태

Q 은행문제

감전 등의 재해를 예방하기 위하여 고압기계·기구 주위에 관계자 외 출입을 금하도록 울타리를 설치할 때 울타리의 높이와 울타리로부터 충전부분까지의 거리의 합이 최소 몇 [m] 이상은 되어야 하는가?

① 5[m] 이상　② 6[m] 이상
③ 7[m] 이상　④ 9[m] 이상

정답 ①

(2) 방폭전기설비 선정시 고려사항

① 발화도
② 위험장소의 종류
③ 폭발성 가스의 폭발등급

(3) 가스폭발 위험장소 16.3.6④ 18.3.4④ 18.8.19④ 19.3.3⑦ 20.6.7⑦

① 0종 장소 : 장치 및 기기들이 정상 가동되는 경우에 폭발성 가스가 항상 존재하는 장소이다.
② 1종 장소 : 장치 및 기기들이 정상 가동 상태에서 폭발성 가스가 가끔 누출되어 위험분위기가 존재하는 장소이다. 23.2.28⑦
③ 2종 장소 : 작업자의 조작상 실수나 이상운전으로 폭발성 가스가 누출되거나 유출된 가스가 체류하여 폭발을 일으킬 우려가 있는 장소이다. 25.2.7⑦

(4) 위험장소의 판정기준 15.3.8⑦

① 위험 가스의 현존 가능성
② 위험 증기의 양
③ 통풍의 정도
④ gas의 특성(공기와의 비중차)
⑤ 작업자에 의한 영향

2. 방폭구조 선정 및 유의사항

(1) 방폭구조의 구비조건

① 시건장치를 할 것
② 도선의 인입방식을 정확히 채택할 것
③ 접지를 할 것
④ 퓨즈를 사용할 것

(2) 방폭전기기계·기구 선정시 유의사항

① 분위기의 위험도에의 적응
② 환경조건에의 적응성
③ 방폭구조 득실의 고려
④ 보수의 난이성
⑤ 경제성

> **참고**
> **비방폭지역**
> 1호의 방폭지역으로 구분되지 않는 장소
> ① 환기가 충분한 장소에 설치되고 개구부가 없는 상태에서 인화성 또는 가연성 액체가 간헐적으로 사용되는 배관으로 적절한 유지·관리가 이루어지는 배관 주위
> ② 환기가 불충분한 장소에 설치된 배관으로 밸브, 피팅(fitting), 플랜지(flange) 등 이상발생시 누설될 수 있는 부속품이 전혀 없고 모두 용접으로 접속된 배관 주위
> ③ 가연성 물질이 완전히 밀봉된 수납용기 속에 저장되고 있는 경우에 수납용기 주위
> ④ 보일러, 화로, 가열로, 소각로 등 개방된 화면이나 고온표면의 존재가 불가피한 설비로써 연료주입 배관상의 밸브, 펌프 등의 위험 발생원 주변의 전기기계·기구가 적합한 방폭구조이거나 연료주입배관 주위에 전기기계·기구가 없는 경우의 개방 화염 또는 고온 표면이 있는 설비 주위

> **Q 은행문제**
> 1. 가스증기위험장소의 금속관(후강배선)에 의하여 시설하는 경우 관 상호 및 관과 박스 기타의 부속품, 풀박스 또는 전기기계·기구와는 몇 턱 이상 나사 조임으로 접속하는 방법에 의하여 견고하게 접속하여야 하는가?
> 20.9.27⑦ 23.7.8⑦
> ① 2턱   ② 3턱
> ③ 4턱   ④ 5턱
> 정답 ④
>
> 2. 감전사고로 인한 전격사의 메카니즘으로 가장 거리가 먼 것은? 18.4.28⑦
> ① 흉부수축에 의한 질식
> ② 심실세동에 의한 혈액순환 기능의 상실
> ③ 내장파열에 의한 소화기계통의 기능 상실
> ④ 호흡중추신경 마비에 따른 호흡기능 상실
> 정답 ③

(3) 방폭용 전기기계·기구의 종류

① 전동기
② 제어기
③ 차단기 및 개폐기류
④ 조명기구류
⑤ 계측기류
⑥ 전열기
⑦ 접속기류(접속함도 포함한다.)
⑧ 배선용 기구 및 부속품
⑨ 전자밸브용 전자석
⑩ 차량용 축전지
⑪ 신호기
⑫ 불꽃 또는 높은 열을 수반하는 전기기계·기구

3. 방폭형 전기기기

(1) 전기설비별 방폭구조의 선택

① **변압기** : 변압기의 방폭구조는 내압(耐壓), 압력(壓力), 유입(油入), 안전증(安全增) 등을 선택한다.
② **회전기** : 회전기의 방폭구조는 내압(耐壓), 압력(壓力), 안전증(安全增) 등을 선택한다.
③ **개폐기** : 개폐기의 방폭구조는 내압(耐壓), 압력(壓力), 유입(油入) 등을 선택한다. 진공개폐기는 특수방폭구조를, 차단기 및 직류회로개폐기는 유입 방폭구조를 선택한다.
④ **전등** : 백열등 및 형광등은 내압(耐壓), 안전증(安全增)방폭구조를 선택한다.

(2) 전기설비의 기본개념(방폭화 방법) 18. 4. 28 ⑦ 19. 3. 3 ⑦

① 점화원의 방폭적 격리 : 내압(耐壓), 압력(壓力), 유입(油入)방폭구조
② 전기설비의 안전도 증강 : 안전증방폭구조
③ 점화능력의 본질적 억제 : 본질안전방폭구조의 전기설비

합격예측

환기가 충분한 장소
대기 중의 가스 또는 증기의 밀도가 폭발하한계의 25[%]를 초과하여 축적되는 것을 방지하기 위한 충분한 환기량이 보장되는 장소를 말하며 다음 각 호의 장소는 환기가 충분한 장소로 볼 수 있다.
① 옥외
② 수직 또는 수평의 외부공기 흐름을 방해하지 않는 구조의 건축물 또는 실내로서 지붕과 한면의 벽만 있는 건축물
③ 밀폐 또는 부분적으로 밀폐된 장소로서 옥외의 동등한 정도의 환기가 자연환기방식 또는 고장시 경보발생 등의 조치가 되어있는 강제환기방식으로 보장되는 장소
④ 그 밖에 적합한 방법으로 환기량을 계산하여 폭발하한계의 15[%] 농도를 초과하지 않음이 보장되는 장소

참고

위험발생원
인화성 또는 가연성 물질의 누출 등으로 인하여 주위에 위험분위기를 생성시킬 수 있는 지점을 말하며 각종 용기, 장치, 배관 등의 연결부, 봉인부, 개구부 등을 주요 위험발생원으로 볼 수 있다.

합격예측

화염일주한계를 작게 하는 이유
① 최소점화에너지 이하로 열을 식히기 위해
② 폭발화염이 외부로 전파되지 않도록 하기 위해
③ 화염일주한계로 폭발등급을 결정

내압방폭구조 플랜지 접합부와 장애물 간 최소이격거리
21. 3. 7 ⑦ 22. 3. 5 ⑦

가스 그룹	최소이격거리 [mm]
IIA	10
IIB	30
IIC	40

합격날개

합격예측 및 관련법규

전기설비의 표준환경 조건
19. 3. 3 ⑦ 20. 8. 22 ⑦
① 주변온도 : -20[℃]~40[℃]
② 표고 : 1,000[m] 이하
③ 상대습도 : 45~85[%]
④ 전기설비에 특별한 고려를 필요로 하는 정도의 공해, 부식성 가스, 진동 등이 존재하지 않는 환경
⑤ 압력 : 80~110[kpa]
⑥ 산소함유율 : 21[%v/v]의 공기

참고

0종 장소 17. 3. 5 ⑦
위험분위기가 지속적으로 또는 장기간 존재하는 것을 말하며, 용기내부, 장치 및 배관의 내부 등의 장소는 0종 장소로 구분할 수 있다.

1종 장소
상용의 상태에서 위험분위기가 존재하기 쉬운 장소를 말하며 0종 장소의 근접주변, 송급통구의 근접주변, 운전상 열게 되는 연결부의 근접주변, 배기관의 유출구 근접주변 등의 장소는 1종 장소로 구분할 수 있다.

합격예측

(1) 현재적 점화원
   ① 제어기기 및 보호계전기의 전기접점, 개폐기 및 차단기류의 접점
   ② 권선형 유도전동기의 슬립링, 직류전동기의 정류자
   ③ 전동기, 전열기, 저항기의 고온부

(2) 잠재적 점화원
16. 8. 21 ⑦ 19. 3. 3 ⑭
   ① 변압기의 권선
   ② 전동기의 권선
   ③ 전기적 광원
   ④ 케이블
   ⑤ 마그넷 코일
   ⑥ 배선

---

(3) 방폭구조의 종류 및 특징
16. 5. 8 ⑦ 16. 8. 21 ⑦ ⑭ 17. 3. 5 ⑦
18. 3. 4 ⑦ 18. 8. 19 ⑦ ⑭

① **내압방폭구조(flameproof enclosure : d)** 19. 3. 3 ⑦ 19. 4. 27 ⑦ ⑭ 20. 6. 7 ⑦
21. 5. 15 ⑦ 23. 2. 28 ⑦

㉮ 전기설비에서 아크 또는 고열이 발생하여 폭발성 가스에 점화할 우려가 있는 부분을 전폐한 용기에 넣음으로써 폭발이 일어날 경우 이 용기가 압력에 견디고 외부의 폭발성 가스에 인화될 위험이 없도록 한 구조의 방폭구조이다.(점화원의 방폭적 격리 : 폭발봉쇄)

㉯ 폭발 후에는 협격을 통해서 고온의 가스를 서서히 방출시킴으로써 냉각되게 하는 구조로 방폭구조체의 내부압력은 표와 같다.

[표] 내압방폭구조 내부압력

내용적[cm³]	내부압력[kg/cm²]
2~100	6 이상
100 이상	8 이상

② **유입방폭구조(oil immersion : o)** 16. 8. 21 ⑦

유체 상부 또는 용기 외부에 존재할 수 있는 폭발성 분위기가 발화할 수 없도록 전기설비 또는 전기설비의 부품을 보호액에 함침시키는 방폭구조의 형식을 말한다.(격리)

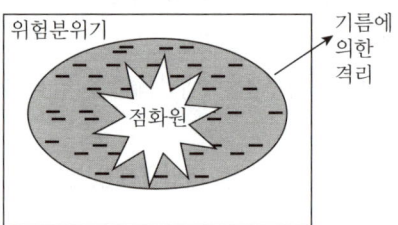

[그림] 유입방폭구조

③ **안전증방폭구조(e)** 16. 3. 6 ⑭ 17. 8. 26 ⑦ 18. 3. 4 ⑦ 19. 3. 3 ⑭
19. 4. 27 ⑦ 20. 9. 27 ⑦ 23. 3. 1 ⑦

안전증방폭구조란 정상운전 중에 폭발성 가스 또는 증기에 점화원이 될 전기불꽃, 아크 또는 고온이 되어서는 안 될 부분에 이런 것의 발생을 방지하기 위하여 기계적, 전기적 구조상 또는 온도상승에 대해서 특히 안전도를 증강시킨 구조이며 Ex e라고 표시한다.(기계적 설계기준 강화)

④ **압력방폭구조(p)** 17. 8. 26 ⑦ 19. 8. 4 ⑦ 20. 8. 23 ⑭ 24. 2. 15 ⑦

㉮ 용기 내부에 불연성 가스인 공기나 질소를 압입시켜 내부압력을 유지함으로써 외부의 폭발성 가스가 용기 내부에 침투하지 못하도록 한 구조로 용기 안의 압력을 항상 용기 외부의 압력보다 높게 해 두어야 한다.(격리)

㉯ 종류 : 통풍식, 봉입식, 밀봉식

㉰ 통풍식, 봉입식 : 대기압보다 수주 5[mm] 이상 높게 유지

㉣ 밀봉식 : 내부압력을 확실하게 지시하는 장치 시설
㉤ 대형기에 불꽃이나 아크가 발생하는 기기에 효과적
⑤ 본질안전방폭구조(ia 또는 ib) 17. 3. 5 산 19. 4. 27 기

본질안전방폭구조란 정상시 및 사고시(단선, 단락, 지락 등)에 발생하는 전기 불꽃, 아크 또는 고온에 의하여 폭발성 가스 또는 증기에 점화되지 않는 것이 점화시험 등에 의하여 확인된 구조를 말한다.(에너지 제한)

[표] 폭발성 가스의 폭발등급 및 발화도[KSC] 10. 3. 7 기 10. 5. 9 기 20. 8. 22 기

발화도 폭발등급	G₁ 450[℃] 초과	G₂ 300~450 [℃] 이하	G₃ 200~300 [℃] 이하	G₄ 135~200 [℃] 이하	G₅ 100~135 [℃] 이하	G₆ 85~100 [℃] 이하
1등급 (0.6mm 초과)	아세톤 암모니아 일산화탄소 에탄 초산 초산에틸 톨루엔 프로판 벤젠 메탄올 메탄	에탄올 초산인펜탈 1-부타놀 부탄 무수초산	가솔린 헥산	아세트알데히드 에틸에테르		아질산에틸
2등급 (0.4~ 0.6mm)	석탄가스	에틸렌 에틸렌옥시드				
3등급 (0.4mm 이하)	수성가스 수소	아세틸렌			이황화탄소	질산에틸

※ 온도는 T=G 동일

⑥ 특수방폭구조(s)
 ㉮ 구조 이외의 방폭구조로서, 폭발성 가스 또는 증기에 점화 또는 위험분위기로 인화를 방지할 수 있는 것이 시험 및 기타에 의하여 확인된 구조를 말한다.
 ㉯ 방폭구조는 용기 내부에 모래 등의 입자를 채우는 사입방폭구조, 협격방폭구조 등이 있다.
⑦ 비점화방폭구조(n) 17. 5. 7 기 산

전기기기가 정상작동과 규정된 특정한 비정상상태에서 주위의 폭발성 가스 분위기를 점화시키지 못하도록 만든 방폭구조로서 nA(스파크를 발생하지 않는 장치), nC(장치와 부품), nL(에너지 제한기기) 등에 해당하는 것이다. 기계적 설계 기준강화)

용어정의
피뢰기의 종류

구분	종류 및 특징
저항형 피뢰기	① 각형 피뢰기 ② 밴드만 피뢰기 ③ 멀티캡 피뢰기 등
밸브형 피뢰기	① 알루미늄 셀 피뢰기 ② 산화막 피뢰기 ③ 오토밸브 피뢰기 ④ 벨트형 산화막 피뢰기(구조가 간단하며 배전선로용에 사용)등
밸브 저항형 피뢰기	① 레지스트 밸브(Resist Valve) 피뢰기 ② 드라이 밸브(Dry Valve) 피뢰기 ③ 사이라이트(Thyrite) 피뢰기 등
방출형 피뢰기	간이형으로 배전선용 주상변압기의 보호에 사용 16. 3. 6 ㉠

Q 은행문제
피뢰기의 구성요소로 옳은 것은?
① 직렬캡, 특성요소 19. 3. 3 ㉠
② 병렬캡, 특성요소 23. 3. 5 ㉠
③ 직렬캡, 충격요소
④ 병렬캡, 충격요소

정답 ①

해설 피뢰기 구성요소
① 직렬캡 : 정상 시에는 방전을 하지 않고 절연상태를 유지하며, 이상과 전압 발생 시에는 신속히 이상 전압을 대지로 방전하고 속류를 차단하는 역할을 한다.
② 특성요소 : 뇌전류 방전 시 피뢰기 자신의 전위 상승을 억제하여 자신의 절연 파괴를 방지하는 역할을 한다.

---

⑧ **몰드방폭구조(m)**
전기기기의 스파크 또는 열로 인해 폭발성 위험분위기에 점화되지 않도록 컴파운드를 충전해서 보호한 방폭구조를 말한다.

⑨ **충전방폭구조(q)**
폭발성 가스 분위기를 점화시킬 수 있는 부품을 고정하여 설치하고, 그 주위를 충전재로 완전히 둘러쌈으로써 외부의 폭발성 가스 분위기를 점화시키지 않도록 하는 방폭구조를 말한다.

[표] 방폭구조 표시기호

방폭구조의 종류		표시기호	사용가능 Zone
내압방폭	Flamproof	d	1, 2
압력방폭	Pressurization	p	1, 2
안전증방폭	Increased Safety	e	2
본질안전방폭	Intrinsic Safety	ia, ib	0, 1, 2
유입방폭	Oil Immersion	o	1, 2
기타	Powder Filling	q	2
	Encapsulation	m	1, 2
	Special	s	1, 2

(4) 방폭기기의 표시 예 : Ex d IIA T1 IP 54 17. 5. 7 ㉠ 19. 4. 27 ㉠ 23. 6. 4 ㉠ 25. 2. 7 ㉠

① Ex : 방폭구조의 상징(방폭기기 기호)
② d : 방폭구조(내압방폭구조)
③ IIA : 가스·증기 및 분진의 그룹
④ T1 : 온도등급(450[℃]초과)
⑤ IP 54 : 보호등급
  • (IP)5X : 앞 숫자는 고체에 대한 보호 정도, 먼지로부터 완벽하게 보호한다는 의미
  • (IP)X4 : 뒤 숫자는 액체에 대한 보호 정도, 모든 방향의 스프레이(분사되는 물)로부터 보호

2. 전기방폭 사고예방 및 대응

1. 전기폭발등급

(1) 방폭지역에서의 전기기기의 설치위치 선정시 고려사항 16. 5. 8 ⑦

① 운전·조작·조정 등이 편리한 위치에 설치하여야 한다.
② 보수가 용이한 위치에 설치하고 점검 또는 정비에 필요한 공간을 확보하여야 한다.
③ 가능하면 수분이나 습기에 노출되지 않는 위치를 선정하고, 상시 습기가 많은 장소에 설치하는 것을 피하여야 한다.
④ 부식성 가스 발산구의 주변 및 부식성 액체가 비산하는 위치에 설치하는 것은 피하여야 한다.
⑤ 열유관, 증기관 등의 고온발열체에 근접한 위치에는 가능하면 설치를 피하여야 한다.
⑥ 기계장치 등으로부터 현저한 영향을 받을 수 있는 위치에 설치하는 것은 피하여야 한다.

(2) 방폭전기설비 보수시 전원 및 환경 등의 영향에 대한 유의사항

① 전원전압 및 주파수
② 주변온도 및 습도
③ 수분 및 먼지
④ 부식성 가스 및 액체
⑤ 설치장소의 진동

(3) 내압방폭구조의 전기기기 보수시 방폭성능의 복원을 위하여 확인하여야 할 사항 15. 3. 8 ⑦ 23. 2. 28 ⑦

① 용기의 접합면에 손상이 없을 것
② 접합면의 틈새 및 접합면의 안쪽길이는 방폭구조상 필요한 수치가 확보되어 있을 것
③ 용기 내면 및 투광성 부품 등에 손상 또는 균열이 없을 것
④ 조임나사류는 균일하고 적절하게 조여져 있을 것
⑤ 녹이 발생하지 않도록 방식처리가 충분히 실시되어 있을 것

합격예측 및 관련법규

돌침 등
① 돌침의 직경은 12[mm] 이상으로서 동봉, 알루미늄도금을 한 철봉 또는 이와 동등 이상의 강도 및 성능의 것을 사용하여야 한다.
② 돌침의 높이는 피보호물로부터 돌침 간격이 6[m] 이하인 경우에는 25[cm] 이상, 돌침 간격이 7.5[m] 이하인 경우에는 60[cm] 이상 돌출시킨다.
③ 돌침의 높이가 60[cm]를 초과할 때에는 돌출부 높이의 1/2 이상의 지점에 지지대를 설치하여 견고하게 고정시켜야 한다.

참고
하나의 피뢰침 인하도선 2개 이상의 접지극을 병렬접속할 때 간격 : 2[m] 이상

용어정의

피뢰설비
낙뢰로 인하여 발생할 수 있는 화재·파손 또는 인축의 상해 등을 방지할 목적으로 피보호대상물에 설치하는 돌침, 피뢰도선 및 접지전극 등으로 구성된 설비를 총칭한다.

돌침
피뢰침의 최상단 부분으로서 뇌격을 잡기 위한 금속체를 말한다.

보충학습

전기설비의 방폭 23. 7. 8 ⑦

종류	방폭구조	대책
점화원의 방폭적 격리	압력, 유입 방폭구조	점화원을 가연성 물질과 격리
	내압 방폭구조	설비 내부 폭발이 주변 가연성물질로 파급되지 않도록 격리
전기 설비의 안전도 증강	안전증 방폭구조	안전도를 증가시켜 고장발생 확률을 zero에 접근
점화능력의 본질적 억제	본질 안전 방폭구조	본질적으로 점화능력이 없는 상태로써 사고가 발생하여도 착화위험이 없어야 한다.

합격예측 및 관련법규

옥외 고정 지붕형 위험물 저장조의 피뢰침설비

대기압에서 인화성 물질, 가연성 가스 등의 위험물을 저장하는 금속체 지붕형 저장조는 다음 각 호의 조건을 만족하는 경우에 저장조 자체가 구조적으로 낙뢰의 위험으로부터 보호되는 것으로 간주하여 피뢰침을 설치하지 아니할 수 있다.

1. 금속판사이의 모든 접속부분이 리벳접합, 볼트접합, 용접방식으로 접속되어야 한다.
2. 저장조에 유입되는 모든 배관이 탱크와 전기적으로 접속하여 통전에 의하여 불꽃이 일어나지 않는 구조이어야 한다.
3. 밀폐구조의 저장조이어야 한다.
4. 지붕철판의 두께가 3.2[mm] 이상이고, 탱크접지 저항이 5[Ω] 이하이어야 한다.

합격예측

(1) 가공지선
피뢰를 목적으로 피보호물 위쪽에 규정치 이상의 거리를 두고 가설한 도선을 말한다.

(2) 충격파 18. 4. 28 ㉮ 20. 6. 7 ㉮
파고치와 파두길이(파고치에 달할 때까지의 시간)와 파미길이(파고부분에서 파고치가 50[%]로 감소할 때까지의 시간)로 표시된다.
① 파두길이(T_f) : 파고치에 달할 때까지의 시간
② 파미길이(T_t) : 기준점으로부터 파미의 부분에서 파고치의 50[%]로 감소할 때까지의 시간
③ 표준충격파형 : 1.2 × 50[μs]에서 T_f(파두장) = 1.2[μs], T_t(파미장) = 50[μs]를 나타낸다. 25. 2. 7 ㉮

Q 은행문제

피뢰설비 기본 용어에 있어 외부 뇌보호 시스템에 해당되지 않는 구성요소는? 17. 3. 5 ㉠ 24. 2. 15 ㉮
① 수뢰부
② 인하도선
③ 접지시스템
④ 등전위본딩

정답 ④

2. 피뢰기 설비

(1) 피뢰기의 성능 16. 8. 21 ㉮ 18. 8. 19 ㉮ 19. 8. 4 ㉮ 22. 4. 24 ㉮ 23. 6. 4 ㉮ 25. 2. 7 ㉮

① 충격(파)방전 개시전압이 낮을 것
  (단, 상용주파 방전개시전압이 높을 것)
② 제한전압이 낮을 것
③ 반복동작이 가능할 것
④ 구조가 견고하고 특성이 변화하지 않을 것
⑤ 점검, 보수가 간단할 것
⑥ 뇌전류에 대한 방전능력이 클 것
⑦ 속류의 차단이 확실할 것
  (정격전압 : 실효값) 21. 3. 7 ㉮ 23. 2. 28 ㉮

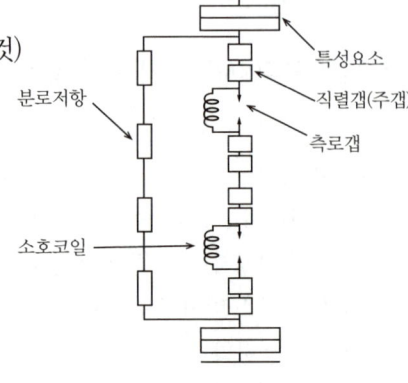

[그림] 피뢰기

(2) 보호범위와 여유도

① 피뢰침의 보호범위 : 뇌격의 직격위험으로부터 보호받을 수 있는 범위
② 접지측과 대지간의 접지저항 : 10[Ω] 이하
③ 보호여유도[%] = $\dfrac{충격절연강도 - 제한전압}{제한전압} \times 100$ 17. 3. 5 ㉮ 18. 8. 19 ㉠ 20. 6. 7 ㉮ 21. 8. 14 ㉮
④ 꼭지각 기준 : 90[°]~120[°]
⑤ 피뢰침의 돌출길이 : 25[cm] 이상

(3) 피뢰기의 접지방법 17. 8. 26 ㉮

① 접지저항
  ㉮ 종합접지 : 10[Ω] 이하 23. 7. 8 ㉮
  ㉯ 단독접지 : 20[Ω] 이하
② 접지선의 굵기 : 공칭단면적 6[mm²] 이상
③ 피뢰도선의 굵기 : 30[mm²] 이상(Al은 50[mm²])의 나동선을 사용. 단, 지하 50[cm] 이상 매설시 적용

(4) 피뢰기의 충격방전 개시전압 = 공칭전압×4.5

(5) 피뢰침 설치장소

20[m] 이상의 구조물 및 건축물, 위험물 등의 저장소

(6) 접지극

① 동판의 두께 : 1.4[mm] 이상, 용융 아연 도금철판의 두께 : 3[mm] 이상
② 접지극의 단면적 : 0.35[mm²] 이상

(7) 피뢰기의 검사 및 보수관리안전

① 연 1회 이상 뇌우기 전에 검사하여 이상 발견시 즉시 보수조치
② 점검항목
   ㉮ 접지저항 측정
   ㉯ 지상각 접속부의 검사
   ㉰ 지상에서 단선, 용융, 그 밖에 손상부분의 유무점검

보충문제

밸브 저항형밸브 저항형 피뢰기의 구성요소로 옳은 것은? 22. 3. 5 ㉮

① 직렬갭, 특성요소
② 병렬갭, 특성요소
③ 직렬갭, 충격요소
④ 병렬갭, 충격요소

정답 ①

해설

(1) 피뢰기 구성요소
   ① 직렬캡 : 정상 시에는 방전을 하지 않고 절연상태를 유지하며, 이상과 전압 발생 시에는 신속히 이상 전압을 대지로 방전하고 속류를 차단하는 역할을 한다.
   ② 특성요소 : 뇌전류 방전 시 피뢰기 자신의 전위 상승을 억제하여 자신의 절연 파괴를 방지하는 역할을 한다.
(2) 피뢰기의 종류
   ① 갭 저항형 피뢰기   ② 갭 레스형 피뢰기
   ③ 밸브형 피뢰기 밸브   ④ 저항형 피뢰기

[표] 보호레벨에 따른 건축물 20. 9. 27 ㉮

보호레벨	반경[m]	낙뢰의 영향	해당 건축물의 예
Class I	20	그 자체로 가장 큰 피해가 우려되는 건축물	화학, 원자력, 생화학 건물
Class II	30	건축물 주변에 피해(화재, 폭발)를 줄 우려가 있는 건물	정유공장, 주유소
Class III	45	공공 서비스의 상실의 우려되는 건축물	전신전화국, 발전소
Class IV	60	일반 건축물	주택, 농장

주 ① 보호레벨은 낙뢰 방지 시설 강도를 말하며, 주로 레벨 4와 레벨 2를 적용함.
  ② 레벨 4 : 일반적인 건축물(아파트, 주택, 사무실, 공장, 빌딩)
  ③ 레벨 2 : 위험한 건축물(주유소, 화공약품 취급장, 가스취급 등)

합격예측 및 관련법규

충전로 전기작업기준
유자격자가 아닌 근로자가 충전로 인근의 높은 곳에서 작업할 때에 근로자의 몸 또는 긴 도전성 물체가 방호되지 않은 충전로에서 대지전압이 50[kV] 이하인 경우에는 300[cm]이내로, 대지전압이 50[kV]를 넘는 경우에는 10[kV] 당 10[cm] 씩 더한 거리 이내로 각각 접근할 수 없도록 할 것 20. 8. 22 ㉮

정보제공
산업안전보건기준에 관한 규칙 제321조(충전로에서의 전기작업)

용어정의

피뢰도선
뇌전류를 통하기 위하여 접지극과 연결되는 다음 각 목의 도선을 말한다.
① 돌침을 상호 연결하는 도선
② 돌침으로부터 접지극으로 인하하는 데 사용되는 인하도선
③ 본딩접속에 사용되는 도선
④ 피뢰침 접지극과 인접한 수도관이나 전기설비 또는 전화통신설비의 접지극, 금속제 가스파이프 등을 상호 접속시키는 데 사용되는 도선

합격예측

폭발등급 측정에 사용되는 표준용기 16. 8. 21 ㉮ 18. 8. 19 ㉮ 22. 3. 5 ㉮ 23. 2. 28 ㉮ 24. 2. 15 ㉮

내용적이 8[l], 틈새의 안길이 L이 25[mm]인 용기로서 틈이 폭 W[mm]를 변환시켜서 화염일주한계를 측정하도록 한 것 (안전간격)

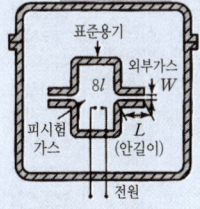

주 8l = 8,000[cm³]

용어정의

인하도선
피뢰도선의 일부로 피보호물의 상부에서 접지극까지의 연직인 부분을 말한다.

보호범위
피뢰침의 선단을 통하는 연직선을 축으로 하여 원추형을 가정하여 그 원추의 경사표면 이하의 공간을 말한다.

참고

사양 확인의 일반사항은 다음 각 목에 해당한다.
① 정격전압, 정격주파수, 상수
② 정격전류, 정격출력
③ 용기의 보호등급
④ 부착방식 및 부착형태
⑤ 주위환경

용어정의

측면방전
낙뢰시에 피뢰도선 또는 그 지지물과 접근하여 있는 금속체 사이에 발생되는 방전현상을 말한다.

접지극
피뢰도선과 대지를 전기극으로 접속하기 위해 지중에 매설하는 도체를 말한다.

합격예측

누전경보기의 시험
① 시험조건
  실온 5[℃] 이상 35[℃] 이하, 상대습도 45[%] 이상 85[%] 이하의 상태

[표] 시험의 종류

구분	시험종류	
변류기	• 온도특성 시험 • 방수시험 • 진동시험 • 충격시험 • 절연저항 시험	• 전로개폐 시험 • 단락전류 강도시험 • 과누전 시험 • 노화시험 • 전압강하 방지시험
수신부	• 절연내력 시험 • 충격파 내 전압 시험	• 전원전압 변동시험 • 과입력전 압시험 • 개폐기의 조작시험 • 반복시험

② 수신부의 누전 표시
㉮ 적색 표시 및 음향신호에 의해 누전을 자동적으로 표시
㉯ 차단기구에 의한 차단 후에도 적색 표시로 계속 표시

Q 은행문제 23. 2. 28 ㉮

방폭전기설비 계획 수립시의 기본 방침에 해당되지 않는 것은?
① 가연성 가스 및 가연성 액체의 위험특성 확인
② 시설장소의 제조건 검토
③ 전기설비의 선정 및 결정
④ 위험장소 종별 및 범위의 결정

정답 ③

3. 가공전선의 높이 안전기준

(1) 저·고압 가공전선

① 도로를 횡단하는 경우 : 지표상 6[m]
② 철도를 횡단하는 경우 : 궤도면상 5.5[m]
③ 횡단보도교 위에 시설하는 경우
  ㉮ 저압가공전선 : 노면상 3[m]
  ㉯ 고압가공전선 : 노면상 3.5[m]
④ 그 밖의 장소 : 지표상 5[m](단, 저압선을 도로 이외의 곳에 시설하는 경우 4[m] 이상)

(2) 특별고압 가공전선

① 35[kV] 이하 : 지표상 5[m] 21. 3. 7 ㉮
  ㉮ 철도를 횡단하는 경우 : 궤도면상 5.5[m]
  ㉯ 횡단보도교 위의 케이블인 경우 : 노면상 4[m]
② 160[kV] 이하 : 지표상 6[m](단, 산지 등에 설치시 : 지표상 5[m])
③ 160[kV] 초과 : 지표상 6[m](단, 산지 5[m]에 10[kV] 증가시마다 0.12[m]를 더한 값)

4. 가스시설 전기방폭기준(KGS GC201) 2018
(Code for Explosion-proof Electrical Equipment of Gas Facilities)

(1) 내압 방폭구조를 대상으로 하는 가스 또는 증기의 분류 21. 5. 15 ㉮

가스 또는 증기의 최대안전틈새의 범위[mm]	가스 또는 증기의 분류	전기기기
0.9 이상	A	ⅡA
0.5 초과 0.9 미만	B	ⅡB
0.5 이하	C	ⅡC

(2) 본질안전방폭구조를 대상으로 하는 가스 또는 증기의 분류

가스 또는 증기의 최대안전틈새의 범위[mm]	가스 또는 증기의 분류	전기기기
0.8 초과	A	ⅡA
0.45 이상 0.8 이하	B	ⅡB
0.45 미만	C	ⅡC

➡ 최소점화전류비는 메탄(Methane)가스의 최소점화전류를 기준으로 나타낸다.

(3) 발화도범위에 따른 방폭전기기의 온도등급 및 폭발등급

온도등급 [℃]		T1 450 초과	T2 300 초과 450 이하	T3 200 초과 300 이하	T4 135 초과 200 이하	T5 100 초과 135 이하
폭발등급	1	암모니아, 프로판, 일산화탄소, 메탄	부탄, 옥시드	가솔린, 헥산	아세트알데히드, 에틸에테르	
	2	석탄가스 (CH_4+H_2)	에틸렌			
	3	수성가스 ($CO+H_2$)	아세틸렌			이황화탄소

▶ 참고 ┃ T6(85[℃] 초과 ~ 100[℃] 이하) : 온도 등급 표시

▶ 참고 ┃ 피뢰기의 설치장소(고압 및 특고압의 전로 중)
① 발전소, 변전소 또는 이에 준하는 장소의 가공전선 인입구 및 인출구
② 가공전선로에 접속하는 배전용 변압기의 고압측 및 특고압측
③ 고압 또는 특고압의 가공전선로로부터 공급을 받는 수용장소의 인입구
④ 가공전선로와 지중전선로가 접속되는 곳

[표] 분진방폭구조의 종류

구 분	특 징
특수방진방폭구조 (SDP)	전폐구조로서 틈새 깊이를 일정치 이상으로 하거나 또는 접합면에 일정치 이상의 깊이가 있는 패킹을 사용하여 분진이 용기내부로 침입하지 않도록 한 구조
보통방진방폭구조 (DP)	전폐구조로서 틈새 깊이를 일정치 이상으로 하거나 또는 접합면에 패킹을 사용하여 분진이 용기내부로 침입하기 어렵게 한 구조
방진특수방폭구조 (XDP)	위의 두 가지 구조 이외의 방폭구조로서 방진방폭성능을 시험, 기타에 의하여 확인된 구조

[표] 분진방폭구조(KSCIEC 61241)

구 분	특 징
밀폐방진용기 (Dust-tight enclosure)	관찰할 수 있는 모든 분진입자의 침투를 방지할 수 있는 용기
일반방진용기 (Dust-protected enclosure)	분진의 침투를 완전히 방지할 수 없으나 장비의 안전운전을 저해할 정도의 양이 침투할 수 없는 용기

▶ 참고 ┃ 산업안전보건기준에 관한 규칙 제312조(변전실 등의 위치)

제230조 제1항의 규정에 의한 가스 또는 분진폭발 위험장소에는 변전실·배전반실·제어실 그 밖에 이와 유사한 시설(이하 "변전실 등"이라 한다)을 설치해서는 안 된다.

《예외》 변전실 등의 실내기압이 항상 양압(25[Pa] 이상의 압력)을 유지하도록 하고, 다음 각 호의 조치를 하거나 그 장소에 적합한 방폭성능을 갖는 전기기계·기구를 변전실 등에 설치·사용한 때

① 양압을 유지하기 위한 환기설비의 고장 등으로 양압이 유지되지 아니한 때 경보를 할 수 있는 조치
② 환기설비가 정지된 후 재가동할 때 변전실 등 내의 가스 등의 유무를 확인할 수 있는 가스검지기 등 장비의 비치
③ 환기설비에 의하여 변전실 등에 공급되는 공기는 제230조 1항의 규정에 의한 가스 또는 분진폭발 위험장소 외의 장소로부터 공급되도록 하는 조치

5. 방폭형 전기기기

(1) 방폭전기기기의 선정요건 23. 3. 1 산 24. 2. 15 기 15. 8. 16 기

① 방폭전기기기가 설치된 지역의 방폭지역 등급 구분
② 가스 등의 발화온도
③ 내압방폭구조의 경우 최대안전틈새(화염 일주 한계)
④ 본질안전방폭구조의 경우 최소점화전류
⑤ 압력·유입·안전증방폭구조의 경우 최고표면온도
⑥ 방폭전기기기가 설치된 장소의 주변온도, 표고 또는 상대습도, 먼지, 부식성 가스 또는 습기 등 환경조건

(2) 선정시 공통적으로 만족하여야 할 사항

① 가스 등의 발화온도의 분류와 적절히 대응하는 온도등급의 것을 선정
② 사용장소에 가스 등이 2종류 이상 존재할 경우에는 가장 위험도가 높은 물질의 위험 특성과 적절히 대응하는 것을 선정
③ 사용중에 전기적 이상상태에 의하여 방폭성능에 영향을 줄 우려가 있는 전기기기는 사전에 적절한 전기적 보호장치를 설치

(3) 전기설비의 표준환경조건 17. 5. 7 산

① 주변온도 : $-20 \sim 40[\text{℃}]$
② 표고 : 1,000[m] 이하
③ 상대습도 : $45 \sim 85[\%]$
④ 전기설비에 특별한 고려를 필요로 하는 정도의 공해, 부식성 가스, 진동 등이 존재하지 않는 환경

6. 변전실 등의 양압유지에 관한 기술상의 지침

(1) 양압설비

실내공기압력을 외부공기압력보다 높게 유지함으로써 외부공기의 실내유입을 차단하는 설비

(2) 양압설비의 종류

① **누설보상방식** : 변전실 등의 모든 개구부를 밀봉한 상태이더라도 예측할 수 없는 누설을 감안하여 충분한 보호기체를 주입하여 양압을 유지하는 방법
② **보호기체순환방식** : 변전실 등의 내부의 보호기체를 연속적으로 순환시킴으로써 실내의 양압을 유지하는 방법

참고

① 방폭구조와 관계있는 기호의 확인은 다음 각 목에 의한다.
  ㉮ 방폭구조의 종류
  ㉯ 폭발등급
  ㉰ 온도등급
② 금속관 배선인입부의 사양 확인은 다음 각목에 의한다.
  ㉮ 인입부의 위치
  ㉯ 관용평행나사의 치수
③ 저압케이블배선 및 고압케이블배선의 확인사항은 다음 각 목에 의한다.
  ㉮ 인입부의 위치
  ㉯ 인입방식
  ㉰ 케이블 관통부에 있는 패킹, 콤파운드 충진부 및 클램프부의 케이블과의 적합성
  ㉱ 보호관 부착부 및 외장 고정부의 구조 및 치수
④ 이동전기기기의 배선의 확인사항은 다음 각 목에 의한다.
  ㉮ 인입부의 위치
  ㉯ 인입방식
  ㉰ 케이블 관통부에 설치된 패킹 및 클램프부의 캡타이어 케이블과의 적합성
⑤ 냉각과 관련된 사양 확인사항은 다음 각 목에 의한다.
  ㉮ 사용할 냉각매체(공기, 불활성 가스, 물, 기름 등)의 온도조건, 압력, 유량 등
  ㉯ 주위의 공기를 냉각매체로써 사용하는 경우에 습기, 부식성 가스, 먼지 등에 대한 조치

(3) 양압설비의 급기력 20.6.14 ❹

① 변전실 등의 모든 개구부를 닫은 상태에서 실내의 모든 부분의 압력이 25[Pa] 이상
② 개방 가능한 모든 개구부를 개방한 상태에서 개방면의 공기방출속도가 0.3[m/s] 이상

(4) 급기덕트 및 접속부품

① 설치장소에 적합한 강도와 내식성이 있는 재료이어야 한다.
② 강도는 최대사용압력의 1.5배에 견딜 수 있어야 하며, 최소 200[Pa] 이상의 내(耐)압력이 있어야 한다.
③ 덕트·부품이 사용 중에 과도한 압력으로 변형을 일으킬 가능성이 있는 경우에는 적절한 보호장치를 설치하여야 한다.

[표] 초·저압 구분

종류	구분
초저전압(Extra Low Voltage: ELV)	교류전압 50[V] 이하, 직류전압 120[V] 이하의 전압
안전초저전압(Safety Extra Low Voltage: SELV)	정상상태에서 또는 다른 회로에 있어서 지락고장을 포함한 단일고장상태에서 인가되는 전압이 초저전압을 초과하지 않는 전기시스템
보호초저전압(Protective Extra Low Voltage: PELV)	정상상태에서 또는 다른 회로에 있어서 지락고장을 제외한 단일고장상태에서 인가되는 전압이 초저전압을 초과하지 않는 전기시스템

7. 전자파

(1) 전자파의 정의

공존(共存)하고 있는 전계와 자계의 주기적인 변화에 의한 진동이 진공 또는 물질 중을 전파해 나가는 파동현상(속도 : 3×10^8[m/s])

① 공간을 이동하는 일종의 에너지라고 볼 수 있으며, 가시광선을 제외하고는 눈에 보이지 않는다.
② 전기장은 대전된 물체에서는 어느 것이나 발생하지만, 자기장은 전류가 흐를 때만 발생한다.
③ 전기장은 모든 도전성 물체에 의하여 쉽게 차폐되지만, 자기장은 거의 모든 물체들을 쉽게 통과한다.
④ 전자파는 파동성과 입자성의 이중성을 갖고 있다.

합격예측

전자파가 인체에 미치는 영향
① 신경과 근육의 자극
② 줄(Joule)열에 관한 열적 작용
③ 생체에 대한 영향(중추신경계, 혈액, 면역계의 행동 변화)

방폭지역에서 저압케이블 공사시 사용되는 케이블 23.2.28 ㉘
① MI 케이블
② 600V 폴리에틸렌 외장케이블(EV, EE, CV, CE)
③ 600V 비닐절연 외장케이블(VV)
④ 600V 콘크리트 직매용 케이블(CB-VV, CB-EV)
⑤ 제어용 비닐절연비닐 외장케이블(CVV)
⑥ 연피케이블
⑦ 약전 계장용 케이블
⑧ 보상도선
⑨ 시내대 폴리에틸렌 절연비닐 외장케이블(CPEV)
⑩ 시내대폴리에틸렌절연폴리에틸렌 외장케이블(CPEE)
⑪ 강관 외장케이블
⑫ 강대 외장케이블

용어정의
아산화동 현상
- 동선과 단자의 접속부분에 접촉불량이 있을 때, 이 부분의 동이 산화 및 발열하여 주위의 동을 용해하여 들어가면서 아산화동(Cu_2O)이 증식되어 발열하는 현상
- 발생부위는 스위치 등 스파크 발생개소, 코일의 층간단락, 반단선 등이다.

합격예측 및 관련법규
도전성 제한공간에서의 감전재해 방지대책
① 도전성 제한공간에서 제4조의 방법에 의한 감전재해 방지대책을 할 경우 제4조의 규정에 추가하여 이 장소에서 사용하는 전기설비는 직경 12[mm] 이상의 외부 물체가 침입할 수 없는 폐쇄형구조이거나 충전부를 최소 500[V]의 시험전압에 견디는 절연을 하여야 한다.
② 제1항의 규정에 의한 방법이 아닌 경우에는 다음 각 호의 사항을 충족시켜야 한다.
  1. 정상운전시 감전재해 방지대책으로 제5조의 규정중 제1호 내지 제3호의 규정에 의하여야 한다.
  2. 고장시 감전방지대책은 다음 각 목의 규정에 의하여야 한다.
    가. 안전전원의 위치는 도전성 제한 공간 바깥에 둘 것
    나. 계측기 등의 용도로 기능적 접지가 필요할 경우 도전성 공간 내부의 모든 도전성 부분을 상호 본딩시키고 이것을 기능적 접지로 사용할 것
    다. 수공구 및 이동식기기는 접지되지 않은 안전전원을 사용할 것
    라. 고정식 설비는 제8조 및 제10조의 규정을 충족시키거나 제4조의 규정에 의할 것

---

⑤ 자연적으로 존재하는 것 : 태양광선, Radium광, Uranium광 등
⑥ 인공적으로 생겨나는 것 : 전파, Radar 시스템에서 나오는 전자파, X선, 전력선에서 나오는 전자파, 가전기기로부터 나오는 전자파, Laser Beam 등

(2) Max Planck의 「방사선의 양자이론」

$$\varepsilon = h\nu = hc/\lambda, \ c = \nu\lambda$$

여기서, ε : 양자의 에너지[eV], ν : 주파수, h : Planck 상수, c : 속도, λ : 파장[㎛] – 즉, 양자의 에너지는 전자파의 주파수에 비례하고, 파장에는 반비례함을 알 수 있다.

(3) 생체효과의 측면에서 전자파를 구분하면
① 핵방사선 : 에너지 레벨이 높고, 입자성이 강한 전자파
② 광파 : 파동성과 입자성이 비슷하게 작용하는 전자파
③ 전파 : 에너지 레벨이 낮고, 파동성이 강한 전자파

(4) 전자파를 물질과의 상호작용에 따라 구분하면
① 전리전자파(전리방사선) : 전리작용(전하를 띤 이온을 생성할 수 있는 능력)을 갖는 전자파
  → 핵방사선, 자외선의 일부가 여기에 해당된다.
② 비전리전자파 : 이온을 생성할 수 있는 전리능력이 없거나 약한 전자파
  → 전파, 광파가 여기에 해당한다.
  ㉮ 비전리전자파의 인체영향은 주로 전류작용에 의한 것이며, 전류작용은 열적 작용과 자극작용으로 나눌 수 있다.
  ㉯ 체온의 상승은 전류의 열적 작용이고, 신경세포 및 감각세포의 흥분 등은 전류의 자극작용의 결과로 생긴다.
  ㉰ 비전리전자파의 인체영향으로 논란이 되고 있는 것은 세포조직에 대한 유해작용인데, 전자파가 세포조직 내의 DNA를 손상시켜 유전자질환을 일으킬 수 있다는 설이 많다.

(5) 전자파장해(EMI : Electo-Magnetic Interference) : 전자기방해, 전자기간섭
① 전자파신호가 전자기적 간섭(노이즈)에 의해 훼손되는 것
② 새로 개발된 각종 전자기기가 오히려 전자파 발생원인이 되어 기기들 간에 간섭작용을 일으킴으로써 EMI, EMC(Electro-Magnetic Compatibility : 전자파적합성) 문제를 심화

8. 노이즈

(1) 음향관계의 가청주파수 영역에서는 소음, 통계학·실험학에서는 잡음, 환경 전자공학에서는 노이즈라고 한다.

(2) 노이즈장해 방지대책 : 방지대책의 3요소 - 필터, 차폐, 접지

① 필터에 의한 대책 : 노이즈 발생의 3요소(코일 L, 콘덴서 C, 저항 R)를 단독 또는 2개 이상을 조합해서 만든 것으로 폭넓게 사용되고 있다.
② 차폐에 의한 대책 : 전자기기의 내부에서 발생하는 노이즈를 외함 밖으로 방사시키지 않고, 또한 외부로부터 침입하는 노이즈를 차단하기 위한 것으로 부품의 배치, 필터, 차폐판 등과 같이 자체적으로 전파잡음을 차폐
③ 노이즈는 전원선에서 침입하는 전도노이즈와 공간을 전파하는 방사노이즈가 있다.
④ 흡수에 의한 대책
⑤ 접지에 의한 대책
　㉮ 1점 접지방식
　㉯ 다점 접지방식
⑥ 노이즈(Noise)를 감소시키는 방법
　㉮ 선간의 거리를 충분히 둘 것
　㉯ 선간의 유전율을 감소시킬 것
　㉰ 신호선을 완전하게 띄워 전력선과 1쌍의 신호 선간용량을 같게 할 것
　㉱ 부하 임피던스의 신호원 임피던스를 감소시킬 것
⑦ 노이즈에 따른 전자파장해 방지대책
　㉮ 방사노이즈 : 차폐대책, 접지대책 실시
　㉯ 전도노이즈 : 접지대책 실시

Q 은행문제

KS C IEC 60079-6에 따른 유입 방폭구조 "o"방폭장비의 최소 IP 등급은? 20. 9. 27 ②
① IP44　② IP54
③ IP55　④ IP66

정답 ④

해설
KS C IEC 60079-6에 따른 유입 방폭구조 최소 IP 등급 : IP66

정보제공
유입방폭구조인 전기기기의 성능기준(제21조)

보충문제

다음 중 0종 장소에 사용될 수 있는 방폭구조의 기호는?
21. 5. 15 ②
① Ex ia　② Ex ib
③ Ex d　④ Ex e

정답 ④

해설 방폭구조 선정기준

폭발위험장소의 분류		방폭구조 전기기계기구의 선정기준
가스폭발위험장소	0종 장소	본질안전방폭구조(ia), 그 밖에 관련 공인 인증기관이 0종 장소에서 사용이 가능한 방폭구조로 인증한 방폭구조
	1종 장소	내압방폭구조(d), 압력방폭구조(p), 충전방폭구조(q) 유입방폭구조(o), 안전증방폭구조(e), 본질안전방폭구조(ia, ib), 몰드방폭구조(m), 그 밖에 관련 공인 인증기관이 1종 장소에서 사용이 가능한 방폭구조로 인증한 방폭구조
	2종 장소	0종 장소 및 1종 장소에 사용가능한 방폭구조, 비점화방폭구조(n), 그 밖에 2종 장소에서 사용하도록 특별히 고안된 비방폭형 구조
분진폭발위험장소	20종 장소	밀폐방진방폭구조(DIP A20 또는 DIP B20), 그 밖에 관련 공인 인증기관이 20종 장소에서 사용이 가능한 방폭구조로 인증한 방폭 구조
	21종 장소	밀폐방진방폭구조(DIP A20 또는 A21, DIP B20 또는 B21), 특수방진방폭구조(SDP), 그 밖에 관련 공인 인증기관이 21종 장소에서 사용이 가능한 방폭구조로 인증한 방폭 구조
	22종 장소	20종 장소 및 21종 장소에서 사용가능한 방폭구조 일반방진방폭구조(DIP A22 또는 DIP B22) 보통방진방폭구조(DP), 그 밖에 22종 장소에서 사용하도록 특별히 고안된 비방폭형 구조

주요항목 04 전기 방폭 관리 출제예상문제

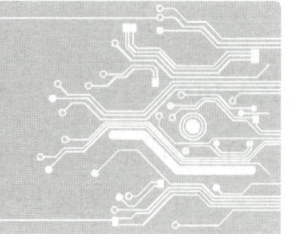

출제예상문제는 복습, 예습문제로 엮었습니다. *WHY : 실제시험에도 순서에 관계없이 출제됩니다. 예습 후 다음장에 공부한 문제가 있으면 기억이 배가 됩니다.

01 ★★★★ 폭발성 가스가 있는 위험장소에서 사용할 수 있는 전기설비의 방폭구조로서 내부에서 폭발하더라도 냉각효과로 인하여 외부의 폭발성 가스에 착화될 우려가 없는 방폭구조는? 19. 4. 27 ㉮

① 내압식 방폭구조
② 유입식 방폭구조
③ 안전증가식 방폭구조
④ 본질안전식 방폭구조

해설

내압(耐壓)방폭구조(explosion proof : d)의 특징
① 내압방폭구조란 용기의 내부에 폭발성 가스의 폭발이 일어날 경우에 용기가 폭발압력에 견디고 또한 외부의 폭발성 분위기에의 불꽃의 전파를 방지하도록 한 방폭구조를 말한다.
② 기기의 케이스는 전폐구조로 하고, 이 용기 내에 외부의 폭발성 가스가 침입하여 내부에서 폭발하더라도 용기는 그 압력에 견디어야 하고, 또 폭발한 고열가스가 용기의 틈으로부터 누설되어도 틈의 냉각효과로 외부의 폭발성 가스에 착화될 우려가 없도록 만들어진 것이다.
③ 용기의 견딜 수 있는 압력은 규정으로 정해져 있는데 예를 들면 내부 용적이 100[cm³]를 초과하는 것은 폭발등급 1, 2의 가스에 대해서 압력이 10[kg/cm²] 이상으로 규정되어 있다.

02 ★★ 다음 자기 중 절연파괴강도가 가장 큰 자기는?

① 산화티탄 자기 ② 알루미나 자기
③ 장석 자기   ④ 마그네시아 자기

해설

보통 50[Hz]에서의 절연내력
① 산화티탄 자기 : 10~20[kV/mm]
② 알루미나 자기 : 15[kV/mm]
③ 장석 자기 : 34~38[kV/mm]
④ 스티어타이트 자기(magnesia 자기) : 35~45[kV/mm]

03 ★★★★★ 다음 피뢰침의 시설 및 보수관리 중 틀린 것은?

① 연 1회 이상 검사, 검사기록 3년간 보존
② 접지저항 측정
③ 지상각 접속부 검사
④ 가연성 시설로부터 2[m] 이상 이격

해설

피뢰침
(1) 피뢰침과 타 설비와의 관계
  ① 피뢰도선은 전등선, 전화선 또는 가스관에서 1.5[m] 이상 이격시킨다.
  ② 피뢰도선에서 1.5[m] 이내에 있는 전선관, 철사다리, 철판 등의 금속제는 접지시킨다.
  ③ 피뢰침은 가연성 가스가 발산할 우려가 있는 밸브, 게이지, 배기공 등으로부터 1.5[m] 이상 이격시킨다.
  ④ 접지극의 저항은 10[Ω] 이하로 하며, 접지극 또는 매설도선은 가스관에서 1.5[m] 이상 이격시킨다.
(2) 피뢰침의 보수관리 : 피뢰침은 연 1회 이상 검사하여 적합여부를 확인하고 이상시 즉시 보수하여야 한다. 그 요령은 아래와 같으며 검사기록은 3년간 보존해야 한다.
  ① 접지저항의 측정
  ② 지상각 접속부의 검사
  ③ 지상에서의 단선, 용융, 그 밖에 손상부분의 유무 점검

04 ★★ 저압 및 고압선을 직접 매설식으로 매설할 때 중량물의 압력을 받지 않는 장소의 매설 깊이는? 23. 6. 4 ㉮

① 100[cm] 이상   ② 90[cm] 이상
③ 70[cm] 이상   ④ 60[cm] 이상

해설

매설깊이
① 압력 받는 장소 : 120[cm]
② 받지 않는 장소 : 60[cm]

◐ 쉬운 문제일수록 놓치기 쉽습니다.

[정답] 01 ① 02 ④ 03 ④ 04 ④

05 ★★★ 폭발성 가스의 폭발등급 측정에 사용되는 표준용기는 내용적이 (①)[l], 틈의 안길이 (②)[mm]인 용기로서 틈의 폭 W[mm]를 변화시켜서 화염일주한계를 측정하는 것이다. ( ) 안에 들어갈 값은?

① 0.6, 0.4
② 0.4, 0.6
③ 25, 8
④ 8, 25

해설
폭발등급의 분류

폭발등급	틈의 안길이 25[mm]에 있어서 화염일주를 발생하는 틈의 최솟값(mm)
1	0.6을 초과하는 것
2	0.4를 넘고 0.6 이하의 것
3	0.4 이하의 것

(주) 표준용기이면 용적이 8[l]이다.

06 ★★★★★ 피뢰기가 갖추어야 할 특성은? 19. 8. 4 ⑦

① 충격방전 개시전압이 높을 것
② 제한전압이 높을 것
③ 뇌전류의 방전능력이 클 것
④ 속류의 차단을 확실하게 하지 않을 것

해설
피뢰기
(1) 정의 : 방전개시 전압보다 높은 이상전압의 생성시 전압을 대지로 방전, 직류, 교류기기 등을 뇌해로부터 보호하여 사고를 경감시키며 전력공급 및 사용의 안정성 증가 및 신뢰성 고조
(2) 피뢰기의 성능(구비조건)
  ① 충격방전 개시전압, 제한전압이 낮을 것
  ② 반복동작이 가능할 것
  ③ 구조가 견고하며 특성이 변화하지 않을 것
  ④ 점검, 보수가 간단할 것
  ⑤ 뇌전류의 방전능력이 클 것
  ⑥ 속류의 차단이 확실하게 될 것

07 ★★ 전등스위치가 옥내에 있으면 안 되는 경우는?

① 절삭유 저장소
② 산소 저장소
③ 기계류 저장소
④ 카바이드 저장소

해설
카바이드 저장소는 폭발위험이 있다.

08 ★★★ 폭발위험장소에서의 본질안전방폭구조에 대한 설명이다. 부적절한 것은? 19. 4. 27 ⑦ 23. 6. 4 ⑦

① 본질안전방폭구조의 기본적 개념은 점화능력의 본질적 억제이다.
② 본질안전방폭구조의 Exib는 fault에 대한 2중 안전보장으로 0종~2종 장소에 사용할 수 있다.
③ 본질안전방폭구조의 적용은 에너지가 1.3[W], 30[V] 및 250[mA] 이하인 개소에 가능하다.
④ 온도, 압력, 액면유량 등의 검출용 측정기는 대표적인 본질안전방폭구조의 예이다.

해설
본질안전방폭구조(Intrinsic safety : i)
① 본질안전방폭구조란, 정상상태 및 판정된 이상상태에서 전기회로에 발생하는 전기불꽃이 규정된 시험조건에서 소정의 시험가스에 점화하지 않고, 또한 고온에 의해 폭발성 분위기에 점화할 염려가 없게 한 방폭구조로 열전대와 같이 지락·단락 또는 단선이 있을 때 일어나는 불꽃이나 아크·파열에 의해 생기는 열에너지 등이 대단히 적고, 폭발성 가스에도 착화되지 않는 구조이다.
② 온도·압력·액면유량 등을 검출하는 측정기를 이용한 자동장치에 사용되며 전자공학의 발달에 의해 널리 사용하게 되었다.
③ 비위험장소에는 고장시 최고착화에너지 이상의 불꽃을 발생할 가능성이 있는 측정 및 제어장비의 저압전원도 사용되고 있다.

09 ★★ 220[V]용 전동기의 절연내력 시험시 최저시험전압은 몇 [V]인가?

① 500[V]
② 300[V]
③ 400[V]
④ 200[V]

해설
최저시험전압
700[V] 이하 전동기의 절연내력시험은 최대사용전압의 1.5배 즉 220[V] × 1.5 = 330[V]이나, 최저시험전압은 500[V]이므로 500[V]의 시험전압을 가하여야 한다.

◐ 계산식보다 최저시험전압을 기억해야 합니다.

[정답] 05 ④ 06 ③ 07 ④ 08 ② 09 ①

10 ★★★★★ 전기기기의 방폭화에 있어서 점화원을 격리한다는 개념에 기초하여 제작되지 않은 방폭구조는?

① 내압방폭구조 ② 압력방폭구조
③ 유입방폭구조 ④ 안전증방폭구조

해설

방폭구조
(1) 내압방폭구조(Explosion Proof : d)
  ① 내압방폭구조란 용기의 내부에 폭발성 가스의 폭발이 일어날 경우에 용기가 폭발압력에 견디고 또한 외부의 폭발성 분위기에의 불꽃의 전파를 방지하도록 한 방폭구조를 말한다.
  ② 기기의 케이스는 전폐구조로 하고, 이 용기 내에 외부의 폭발성 가스가 침입하여 내부에서 폭발하더라도 용기는 그 압력에 견디어야 하고, 또 폭발한 고열가스가 용기의 틈으로부터 누설되어도 틈의 냉각효과로 외부의 폭발성 가스에 착화될 우려가 없도록 만들어진 것이다.
  ③ 용기의 견딜 수 있는 압력은 규정으로 정해져 있는데 예를 들면 내부용적이 100[cm³]를 초과하는 것은 폭발등급 1, 2의 가스에 대해서 압력이 10[kg/cm²] 이상으로 규정되어 있다.
  ④ 내압방폭구조는 스위치기어, 제어 및 지시장치의 제어판, 모터, 변압기, 조명기구 그 밖에 불꽃 생성 부분으로 구성되어 있다.
(2) 안전증방폭구조(Increased Safety : e)
  ① 안전증방폭구조란 정상인 사용상태에서는 폭발성 분위기의 점화원으로 될 수 있는 전기불꽃, 고온부를 발생하지 않는 전기기기에 대하여, 이들이 발생할 염려가 없도록 전기적, 기계적 및 온도적으로 안전도를 높이는 방폭구조로, 정상적으로 운전되고 있을 때 내부에서 불꽃이 발생하지 않도록 절연성능을 강화하고, 또 고온으로 인해 외부가스에 착화되지 않도록 표면온도상승을 더 낮게 설계한 구조를 말하며, 단자 및 접속함·농형 유도전동기·조명기구 등에 많이 이용된다.
  ② 내압방폭구조보다 용량이 적어진다는 장점이 있으나, 내부에서 불꽃이 발생하여 폭발이 일어난 경우에는 파열이나 외부로 화염이 나오지 않는다는 보증이 없으므로 사용장소를 선정할 때는 주의해야 한다.
  ③ 잠재적 점화원이 위험분위기 안전도 증감에 의해 현재적 점화원으로 발전하는 것을 억제하는 방폭구조다.
(3) 압력방폭구조(Pressurized : p)
  ① 점화원이 될 우려가 있는 부분을 용기 안에 넣고 보호기체(신선한 공기 또는 불활성 기체)를 용기 안에 압입함으로써 폭발성 가스가 침입하는 것을 방지하도록 되어 있는 구조이다.
  ② 종류에는
    ㉠ 통풍식
    ㉡ 봉입식
    ㉢ 밀봉식의 3가지가 있다.
  ③ 통풍식과 봉입식의 경우는 그 내압방폭성을 확보하기 위하여 기기의 시동 및 운전 중에 용기 내의 모든 점의 압력을 주위의 대기압보다 수주 5[mm] 이상 높게 유지하여야 한다.
  ④ 밀봉식의 경우는 용기 내부의 압력을 확실하게 지시하는 장치를 시설하도록 되어 있고 대형기계·기구에서 불꽃이나 아크를 발생하는 기기는 압력방폭형이 보다 확실하고 경제적이다.

참고 ① 화학설비에서도 출제될 수 있으니 꼭 기억하세요
② 문제분 아니라 해설도 숙지하세요.

11 ★★ 다음 중 전기설비의 방폭구조를 나타내는 심볼로서 틀린 것은? 18. 3. 4 산 19. 4. 27 산 20. 8. 22 가 22. 4. 24 가 23. 6. 4 가

① 내압방폭구조 : d ② 안전증방폭구조 : e
③ 본질안전방폭구조 : s ④ 유입방폭구조 : o

해설

주요 국가 방폭구조의 기호

방폭구조 나라명	내압	유입	압력	안전증	본질안전	특수	사입
한국	d	o	p	e	i	s	—
영국	FLT			ELP			
독일	Exd	Exo	Exf	Exe	Exi	Exs	Exq
오스트리아	Exd	Exo	Exe	Exi	Exs	Exq	
프랑스	—	—	—	—	—	—	—
이태리	Exd	Exo	Exp	Exe	Exi		Exq
스위스	Exd	Exo	Exf	Exe		Exs	
스웨덴	Xt	Xo	Xy	Xh	Xi	Xs	

12 ★★★ 다음 중 계통접지에 대한 설명으로 옳은 것은?

① 누전되고 있는 기기에 접촉되었을 때의 감전방지
② 고압전로와 저압전로가 혼촉되었을 때의 감전이나 화재방지
③ 누전차단기의 동작을 확실하게 하며, 고주파에 의한 계통의 잡음 및 오동작 방지
④ 낙뢰로부터 전기기기의 손상을 방지

해설

계통접지
① 계통접지란 발전기 또는 변압기의 중성점(고압전로와 저압전로의 혼촉점) 등을 접지시키는 것으로 비접지방식, 직접접지방식, 저항접지방식이 있다.
② 접지는 크게 기기접지와 계통접지로 구분되며, 기기접지란 인명의 보호를 주목적으로 실시하는 것이다.

보충학습

피뢰기의 구성 요소
① 직렬캡 : 정상 시에는 방전을 하지 않고 절연상태를 유지하며, 이상과 전압발생 시에는 신속히 이상전압을 대지로 방류하고 속류를 차단하는 역할을 한다. 19. 4. 27 가
② 특성요소 : 뇌전류 방전 시 피뢰기 자신의 전위상승을 억제하여 자신의 절연파괴를 방지하는 역할을 한다.

[정답] 10 ④ 11 ③ 12 ②

13 폭연성 분진 또는 화약류의 분말이 존재하는 곳의 저압옥내배선은 다음 중 어느 공사에 의하는가? 23. 2. 28⑦

① 캡타이어 케이블 공사
② 합성수지관 공사
③ 금속관 공사
④ 애자사용 공사 또는 가요전선관 공사

해설

분진 배선공사
(1) 분진이 많은 장소의 배선공사방법
  ① 폭연성 분진(Mg, Al, Ti 등의 먼지로서 폭발할 우려가 있는 것)이 있는 곳의 경우 : 금속관 공사 또는 케이블 공사(단, 캡타이어 케이블은 제외)
  ② 가연성 분진(소맥분, 전분, 유황 등의 가연성 먼지로서 착화하였을 때 폭발할 우려가 있는 것)이 있는 곳의 경우 : 합성수지관 공사, 금속관 공사, 케이블 공사
  ③ 일반적인 먼지가 있는 장소(폭연성, 가연성 분진 제외) : 애자사용 공사, 합성수지관 공사, 금속관 공사, 가요전선관 공사, 금속덕트 공사, 케이블 공사 등등
(2) 폭발성 물질과 가스가 있는 창고 내에 전등스위치로 적합한 시설방법 : 밀폐형 스위치

참고 화학설비에서도 출제되는 문제입니다.

14 내압방폭구조로서 폭발등급 3등급, 발화도 G1의 기호와 해당 가스로 옳은 것은?

① d3G1 — 수소
② d3G1 — 아세틸렌
③ d2G3 — 수소
④ d1G3 — 아세틸렌

해설

내압방폭구조
(1) 내압방폭구조 : d
(2) 폭발등급 3등급 : 3
(3) 발화도 : G1
(4) 3등급 G1에 해당되는 가스 : 수성가스 수소
(5) d3G1 : 수소

참고 화학설비 안전관리에서도 출제 가능 문제

15 내압시험압력이 350[kg/cm²]인 용기에 탄산가스를 충전하고자 할 때 30[℃] 때의 최고충전압력은 몇 [kg/cm²]인가?

① 150
② 180
③ 210
④ 240

해설

최고충전압력 = 내압시험압력 × $\frac{3}{5}$ = 210[kg/cm²]

16 1차 전압 6,600[V], 2차 전압 210[V]인 주상 변압기 용량이 15[kVA]이다. 이 변압기에서 공급하는 저압전선로 누설전류[mA]의 최대한도는?

① 35.7
② 37.5
③ 71.4
④ 74.1

해설

누설전류

최대공급전류 = $\frac{용량}{정격전압}$ = $\frac{15 \times 10^3}{210}$[A]

누설전류 = $\frac{15 \times 10^3}{210} \times \frac{1}{2,000}$ = 35.7×10^{-3}[A]

17 22,900/220[V]의 30[kVA] 변압기로 공급되는 저압 가공전선로의 절연 부분의 전선에서 대지로 누설하는 전류의 최고한도는?

① 약 75[mA]
② 약 68[mA]
③ 약 35[mA]
④ 약 34[mA]

해설

누설전류

저압의 전선로 중 절연 부분의 전선과 대지 간의 절연저항은 사용전압에 의한 누설전류가 최대공급전류의 1/2,000이 넘지 않아야 하므로

$\frac{30 \times 10^3}{220 \times 2,000}$ = 0.068[A]

[정답] 13 ③ 14 ① 15 ③ 16 ① 17 ②

18 방폭지역에서 저압케이블 공사시 사용해서는 안 되는 케이블은?

① MI케이블
② 600[V] 폴리에틸렌 외장케이블(EV, EE, CV, CE)
③ 600[V] 고무캡타이어 케이블
④ 연피 케이블

해설

저압케이블 공사에 가능한 전선
① MI 케이블
② 600[V] 폴리에틸렌 케이블(EV, EE, CV, CE)
③ 600[V] 비닐절연 외장케이블(VV)
④ 600[V] 콘크리트 직매용 케이블(CB-VV, CB-EV)
⑤ 제어용 비닐절연비닐 외장케이블(CVV)
⑥ 연피 케이블
⑦ 약전 계장용 케이블
⑧ 보상도선
⑨ 시내파 폴리에틸렌 절연비닐 외장케이블(CPEV)
⑩ 시내파 폴리에틸렌 절연 폴리에틸렌 외장케이블(CPEE)
⑪ 강관 외장케이블
⑫ 강대 외장케이블

19 분진방폭 배선시설에 분진침투 방지재료로 가장 적합한 것은? 17. 5. 7 ⑦

① 분진침투 케이블
② 컴파운드(compound)
③ 자기융착성 테이프
④ 씰링피팅(sealing fitting)

해설

대표적 분진침투 방지재료 : 자기융착성 테이프

20 방폭전기기기의 성능을 나타내는 기호표시로 EX P II A T5를 나타내었을 때 관계가 없는 표시 내용은?

① 온도등급
② 폭발성능
③ 방폭구조
④ 폭발등급

해설

방폭전기기기의 성능표시기호 : EX P IIA T5
① EX : 방폭구조의 상징
② P : 방폭구조(압력방폭구조)
③ IIA : 가스·증기 및 분진의 그룹
④ T5 : 온도등급

21 다음 중 1종 위험장소로 분류되지 않는 것은?

① Floating roof tank 상의 shell 내의 부분
② 인화성 액체의 용기 내부의 액면 상부의 공간부
③ 점검수리 작업에서 가연성 가스 또는 증기를 방출하는 경우의 밸브 부근
④ 탱크롤리, 드럼관 등이 인화성 액체를 충전하고 있는 경우의 개구부 부근

해설

위험장소의 구분 및 특징
(1) 0종 장소
　정상상태에 있어서 폭발성 분위기가 연속적으로 또는 장기간 생성되는 장소를 말한다.(예 인화성 가스의 용기 및 탱크의 내부, 인화성 액체의 용기 또는 탱크 내 액면 상부의 공간부)
(2) 1종 장소
　정상상태에 있어서 폭발성 분위기가 주기적으로 또는 간헐적으로 생성될 우려가 있는 장소를 말한다. 여기에 해당되는 장소는 다음과 같다.
　① 탱크류, 가스벤트의 개구부 부근
　② 점검, 수리작업에서 인화성 가스 또는 증기를 방출하는 경우
　③ 실내(환기가 방해되는 장소)에서 인화성 가스 또는 증기가 방출될 염려가 있는 경우
　④ 탱크로리, 드럼판 등에 인화성 액체를 충전하고 있는 경우의 개구부 부근
　⑤ 릴리프밸브(relief valve)가 가끔 작동하여 인화성 가스 또는 증기를 방출하는 경우의 그 부근
　⑥ 플로팅 루프 탱크(floating roof tank)상의 셸(shell) 내의 부분
　⑦ 위험한 가스가 누출할 염려가 있는 장소로서 피트류처럼 가스가 축적되는 장소
(3) 2종 장소
　이상상태에 있어서 폭발성 분위기가 생성될 우려가 있는 장소를 말한다.
(4) 준위험 장소
　발생빈도가 극히 작은 지진이나 그 밖에 예상되는 사고시 폭발성 가스가 대량으로 누출되어 위험분위기가 되는 장소를 말한다.

[정답] 18 ③　19 ③　20 ②　21 ②

22 화재·폭발 위험분위기의 생성방지 방법으로 옳지 않은 것은? 18. 3. 4 ⑦

① 폭발성 가스의 누설 방지
② 가연성 가스의 방출 방지
③ 폭발성 가스의 체류 방지
④ 폭발성 가스의 옥내 체류

해설

화재·폭발 위험분위기의 생성방지 방법
① 폭발성 가스의 누설 방지
② 가연성 가스의 방출 방지
③ 폭발성 가스의 체류 방지

23 조명기구를 사용함에 따라 작업면의 조도가 점차적으로 감소되어가는 원인으로 가장 거리가 먼 것은?
18. 4. 28 ⑦
① 점등 광원의 노화로 인한 광속의 감소
② 조명기구에 붙은 먼지, 오물, 반사면의 변질에 의한 광속 흡수율 감소
③ 실내 반사면에 붙은 먼지, 오물, 반사면의 화학적 변질에 의한 광속 반사율 감소
④ 공급전압과 광원의 정격전압의 차이에서 오는 광속의 감소

해설

작업면의 조도 감소 원인
① 점등 광원의 노화로 인한 광속의 감소
② 실내 반사면에 붙은 먼지, 오물, 반사면의 화학적 변질에 의한 광속 반사율 감소
③ 공급전압과 광원의 정격전압의 차이에서 오는 광속의 감소

24 KS C IEC60079-0에 따른 방폭기기에 대한 설명이다. 다음 빈칸에 들어갈 알맞은 용어는? 20. 9. 27 ⑦

(ⓐ)은 EPL로 표현되며 점화원이 될 수 있는 가능성에 기초하여 기기에 부여된 보호등급이다. EPL의 등급 중 (ⓑ)는 정상 작동, 예상된 오작동, 드문 오작동 중에 점화원이 될 수 없는 "매우높은"보호 등급의 기기이다.

① ⓐ Explosion Protection Level
　ⓑ EPL Ga
② ⓐ Explosion Protection Level
　ⓑ EPL Gc
③ ⓐ Equipment Protection Level
　ⓑ EPL Ga
④ ⓐ Equipment Protection Level
　ⓑ EPL Gc

해설

KSCIEC60079-6의 EPL 등급
① EPL Ga : 폭발성 가스 대기에 사용되는 기기로서 방호 수준이 "매우 높음" 정상 작동할 시, 예상되는 오작동이나 매우 드문 오작동이 발생할 시 발화원이 되지 않는 기기
② EPL Gb : 폭발성 가스 대기에 사용되는 기기로서 방호 수준이 "높음" 정상 작동할 시, 예상되는 오작동이 발생할 시 발화원이 되지 않는 기기
③ EPL Gc : 폭발성 가스 대기에 사용되는 기기로서 방호 수준이 "향상" 되어 있음. 정상 작동 시 발화원이 되지 않으며, 주기적으로 발생하는 문제(예 램프 불량)가 나타날 때도 발화원이 되지 않도록 추가 방호 조치가 취해질 수 있는 기기

[정답] 22 ④　23 ②　24 ③

주요항목 05 전기설비 위험요인 관리

중점 학습내용

특히 전기화재는 전기설비 위험요인관리는 단락, 누전, 감전, 화재 등 전기에 의한 발열체가 발화원(점화원)으로 된 화재를 총칭하며, 발화원별 화재발생 비율을 보면 이동 가능한 전열기 35[%], 전등·전화 등의 배선 27[%], 전기기기 14[%], 전기장치 9[%], 고정된 전열기 5[%] 정도의 비율로 발생되므로 이동 가능한 전열기를 취급할 때에는 각별히 주의해야 한다. 또한 발열현상을 그 발생별로 보면 단락 25[%], 스파크 24[%], 누전 15[%], 접촉부의 과열 12[%], 절연열화에 의한 발열 11[%], 과전류 8[%] 정도의 비율로 원인이 되고 있으며, 또 이러한 현상을 방지하기 위해서는 적절한 예방대책이 필요하다. 시험에 출제가 예상되는 본 장의 중심적인 학습내용은 다음과 같이 구성하였다.

❶ 전기설비 위험요인 파악
❷ 전기설비 위험요인 점검 및 개선

전기설비 구조적 결함	전기시설 취급소홀
	전기화재원인
부주의	안전수칙 미준수

합격예측 및 관련법규

(1) 배선의 접속 등
  ① 한 개의 단자에 2개 이상의 접속은 단자가 이 용도로 설계된 곳에만 허용된다.
  ② 납땜 접속은 단자가 납땜을 하기에 적합한 곳에만 허용이 된다.
  ③ 단자대는 내부 및 외부 배선이 단자에서 꼬이지 않도록 부착되어야 한다.
(2) 화재의 3요건
  ① 산소
  ② 발화원
  ③ 착화물
(3) 전기화재
  ① 전기가 원인이 되어 일어나는 화재
  ② 전기화재는 광범위한 손실을 초래

세부항목 1. 전기설비 위험요인 파악

1. 전기화재(電氣火災 : electrical fire)의 발생원인 및 대책

(1) 화재 및 폭발의 원인(발화원, 출화의 경로, 착화물) 17. 3. 5 ⓐ 19. 8. 4 ㉮ 20. 6. 7 ㉮ 23. 4. 28 ㉮ 24. 2. 15 ㉮

전기적 원인에 의한 화재를 전기화재라고 총칭하며, 그 내용을 분류할 때 옥내배선, 전기풍로, 변압기 등 발생기기(개소)별로 분류하는 방법, 단락, 접촉불량·과부하, 혼촉(混觸) 등 현상별로 분류하는 방법, 사용방법에서 풋내기 공사, 취급불량, 사용 방치 등으로 분류하는 방법, 예방기술에 직결된다는 데서 누전, 과열, 절연파괴, 전기불꽃 등으로 분류하는 방법 등이 있다.

❶ 발화원(기기별) 19. 3. 3 ㉮
① 이동이 가능한 전열기 : 35[%]   ② 전등, 전화 등의 배선 : 27[%]
③ 전기기기 : 14[%]   ④ 전기장치 : 9[%]
⑤ 배선기구 : 5[%]   ⑥ 고정된 전열기 : 5[%]

❷ 경로별 발생(원인별) 16. 5. 8 ㉮ 18. 4. 28 ㉮ 18. 8. 19 ㉮ 21. 5. 15 ㉮ 24. 2. 15 ㉮
① 단락(합선) : 25[%]   ② 전기스파크 : 24[%]
③ 누전 : 15[%]   ④ 접촉부의 과열 : 12[%]
⑤ 접촉불량   ⑥ 정전기

Q 은행문제

전기화재 발화원으로 관계가 먼 것은?
① 단열압축
② 광선 및 방사선
③ 낙뢰(벼락)
④ 기계적 정지에너지

정답 ④

2. 전기화재의 예방대책 21. 3. 7 ⑦

(1) 법적인 예방대책
① 첫째는 전기공작물의 공사유지 및 운용을 위한 전기사업법
② 둘째는 전기공작물의 공사에 따른 안전확보를 위한 전기공사법
③ 셋째는 전기공작물에 사용되는 전기용품의 안전을 위한 전기용품 안전관리법
④ 넷째는 산업안전보건법, 건축법, 소방법 등으로 전기로 인한 화재를 예방할 수 있도록 전기설비적 측면과 인적 측면으로 구분하여 강력히 규제하고 있다.

(2) 일반적 예방대책
① 절연이나 노화의 방지, 과열·습기부식의 방지, 충전부와 절연체가 되는 금속 조영제, 수도관, 가스관 등과 떨어져 있어야 한다. 그러나 절연저항측정, 절연 내력을 하고 있으나 절대적인 방법은 안 되므로 접지공사를 할 것
② 퓨즈, 누전차단기를 설치하는 것이 유효하나 동작이 안될 것을 고려하여 경보설비를 설치할 것

(3) 단락과 혼촉방지대책
① 단락은 퓨즈 등 누전차단기를 설치하여 전원을 차단한다.
② 혼촉은 전기설비기술기준에 합격한 변압기의 저압측 중성점에 접지공사를 시행해야 한다. (예 변압기 1, 2차측 전선간에 금속제의 혼촉방지판을 두고 접지공사를 실시할 것)

(4) 전열기의 재해방지대책
① 열판 밑에는 차열판이 있는 것을 사용할 것
② 파일럿(pilot)등이 부착된 것을 사용하여 점멸을 확실히 할 것
③ 인조석, 석면, 벽돌 등 단열성 불연재로 받침대를 만들 것
④ 주위 30~50[cm], 위로 1~1.5[m] 이내에 가연성 물질을 접근시키지 말 것
⑤ 배선 및 코드의 용량은 충분한 것을 사용할 것

3. 절연저항

(1) 정의
① 절연물의 절연성능을 나타내는 척도를 절연저항이라 하고, 그 수치가 클수록 양성의 절연물인 것을 나타낸다.
② 절연저항은 전선 등이 저항에 비해 대단히 크므로 이것을 나타내는 단위로서 옴(Ω)을 그대로 사용하지 않고, 메가옴(MΩ)이 사용되고 있다.
③ 전기배선, 전기기기에서 전선 상호간, 전선 대지간, 권선 상호간 등을 절연물로 절연하는 것이 전기절연이다.

합격예측 및 관련법규
도체와 케이블 배선
① 도체와 케이블은 중간에서 분기나 접속이 없이 단자와 단자 사이를 배선하여야 한다.
② 케이블과 케이블 조립체를 연결하고 분리가 필요한 곳에는 충분한 여유가 있는 길이를 확보하여야 한다.

합격예측
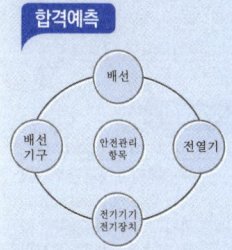

Q 은행문제
전기로 인한 위험방지를 위하여 전기기계·기구를 적정하게 설치하고자 할 때의 고려사항이 아닌 것은? 21. 8. 16 ⑦
① 전기적·기계적 방호수단의 적정성
② 습기, 분진 등 사용 장소의 주위 환경
③ 비상전원설비의 구비와 접지극의 매설깊이
④ 전기기계·기구의 충분한 전기적 용량 및 기계적 강도

정답 ③

합격예측 및 관련법규
도체
일반적으로 도체는 동이어야 하고 그 밖에 다른 재질의 도체는 같은 전류용량의 단면적을 가져야 하며 온도상승은 다음 표의 주어진 값 이하이어야 한다.

절연의 형식	정상상태에서의 최고온도[℃]	단락상태에서 극히 짧은 시간 온도[℃]
폴리클로라이드(PVC)	70	160
고무(Rubber)	60	300
실리콘고무(SIR)	180	350
가교폴리에틸렌(XLPE)	90	250

합격예측
외함내부배선
① 외함내부에 부착된 전기장치는 가능한 한 외함의 전면에서 배선의 수정을 할 수 있도록 설계되고 제작되어야 한다.
② 문이나 다른 이동부에 부착된 장치에 대한 접속은 잦은 이동이 가능한 가요전선을 사용하여야 한다.
③ 덕트 내로 배선되지 않은 도체나 케이블은 적절히 지지되어야 한다.

용어정의
① 시동시간 : 용접봉이 모재에 접촉하고 나서 주제어장치의 주접점이 폐로되어 용접기 2차측에 순간적인 높은 전압(용접기 2차 무부하전압)을 유지시켜 아크를 발생시키는 데까지 소요되는 시간(0.06[초] 이내) 15. 8. 16 ㉮
② 지동시간 : 시동시간과 반대되는 개념으로 용접 봉을 모재로부터 분리시킨 후 주접점이 개로 되어 용접기 2차측의 무부하전압이 전격방지장치의 무부하전압(25[V] 이하)으로 될 때까지의 시간
[접점(Magnet)방식 : 1±0.3[초], 무접점(SCR, TRIAC) 방식 : 1[초] 이내]

합격예측
보폭전압
IEEE의 정의에 의하면 보폭전압은 접지전극 부근의 대지면의 2점간(양다리)거리 1[m]의 전위차

Q 은행문제
화재대비 비상용 동력 설비에 포함되지 않는 것은? 16. 5. 8 ㉮
① 소화 펌프
② 급수 펌프
③ 배연용 송풍기
④ 스프링클러용 펌프
　　　　정답 ②

[표] 절연물의 내열구분 20. 6. 7 ㉮ 21. 3. 7 ㉮

종별	허용 최고 온도[℃]	절연물의 종류	용도별
Y종	90	유리화수지, 메타크릴수지, 폴리에틸렌, 폴리염화비닐, 폴리스티렌	저전압의 기기
A종	105	폴리에스테르수지, 셀룰로오스 유도체, 폴리아미드, 폴리비닐포르말	보통의 회전기변압기
E종	120	멜라민수지, 페놀수지의 유기질, 폴리에스테르수지	대용량 및 보통의 기기
B종	130	무기질기재의 각종 성형 적층물	고전압의 기기
F종	155	에폭시수지, 폴리우레탄수지, 변성실리콘수지	고전압의 기기
H종	180	유리, 실리콘, 고무	건식 변압기
C종	180 이상	실리콘, 플루오르화에틸렌	특수한 기기

(2) 절연물의 절연불량요인 21. 8. 14 ㉮

① 높은 이상전압 등에 의한 전기적 요인
② 진동, 충격 등에 의한 기계적 요인
③ 산화 등에 의한 화학적 요인
④ 온도상승에 의한 열적 요인

[표] 절연내력(시험하였을 때에 시험전압 이상에 견뎌야 한다)

종류·구분		시험전압	시험방법
① 고압, 특별고압의 전로	최대사용전압 7,000[V] 이하	최대사용전압의 1.5배 전압	① 전로와 대지간 ② 시험되는 권선과 다른 권선, 철심 및 외함간 ③ 충전부분 대지간 연속 10분간
② 변압기	최대사용전압 7,000[V] 초과	최대사용전압의 0.92배의 전압	
③ 기구 등의 전로	25,000[V] 이하 중성점접지식		
④ 발전기, 전동기, 그 밖에 회전기	최대사용전압 7,000[V] 이하	최대사용전압의 1.5배의 전압 (500[V] 미만인 경우는 500[V])	권선과 대지간 연속 10분간
	최대사용전압 7,000[V] 초과	최대사용전압의 1.25배의 전압 (10,500[V] 미만인 경우는 10,500[V])	

㈜1 ②③의 경우 : 500[V] 미만인 경우는 500[V] 시험전압으로 함 : 최대사용전압 7,000[V] 이하인 경우 "사용전압" – 보통의 사용상태에서 그 회로에 가해지는 선간전압의 최대치
㈜2 "기구 등의 전로" : 개폐기·차단기·전력용콘덴서·유도전압조정기·계기용변성기, 그 밖에 기구의 전로 및 발·변전소 등에 시설하는 기계·기구의 접속선 및 모선

(3) 절연전선과 과대전류

1 인화단계
허용전류의 3배 정도가 흐르는 경우 발화원을 근접시키면 절연물이 인화하는 단계

2 착화단계
큰 전류가 흐르는 경우 절연물에 발화원이 없더라도 착화·연소하는 단계이며 절연물은 탄화하고 적열된 심선이 노출된다.

3 발화단계
더 큰 전류가 흐르는 경우 절연물에 도화선이 없더라도 자연히 발화하고 심선이 용단된다.

4 순간(순시)용단단계
대전류를 순간적으로 흘리면 심선이 용단되어 피복을 뚫고 나와 구리가 비산한다. (도선폭발)

[표] 절연전선의 과대전류 17. 5. 7 ⑦ 17. 8. 26 ⑭ 19. 8. 4 ⑦ 23. 7. 8 ⑦

단 계	인화단계	착화단계	발화단계		순간용단
			발화 후 용단	용단과 동시 발화	
전류밀도(A/mm²)	40~43	43~60	60~70	75~120	120 이상

(4) 누전경보기

① 누전경보기(전기화재경보기)는 건축물에 전기를 공급하는 옥외전로 또는 접지장소에 부착해야 한다.

② 누전경보기(전기화재경보기)는 50[mA] 정도의 누전에서 경보를 발할 수 있어야 한다.

③ 누전경보기 설치기준
  ㉮ 경계전로의 전격전류 이상의 전류를 가진 것을 설치할 것
  ㉯ 경계전로의 정격전류가 60[A]를 초과하면 1급 누전경보기를 설치할 것
  ㉰ 경계전로의 정격전류가 60[A] 이하이면 2급 누전경보기를 설치할 것

④ 누전경보기의 수신기를 설치할 수 없는 장소
  ㉮ 습도가 높은 장소
  ㉯ 가연성 증기, 가스, 먼지 등이나 부식성 증기, 가스 등이 다량으로 체류하는 장소
  ㉰ 화약류를 제조하거나 저장 또는 취급하는 장소
  ㉱ 온도의 변화가 급격한 장소
  ㉲ 대 전류회로. 고주파 발생회로 등에 의한 영향을 받을 우려가 있는 장소

합격예측 및 관련법규

① 발화까지 이를 수 있는 누전전류의 최소치 : 300~500[mA]
② 누전화재의 요인 23. 3. 1 ⑦ ⑭

누전점	발화점	접지점
전류의 유입점	발화된 장소	접지점의 소재

외함외부배선

① 외함을 통과하는 케이블이나 덕트와 그랜드, 부싱 등은 사용장소에 따른 외함급을 감소시키지 않아야 하며, 덕트나 다심케이블과 함께 사용된 피팅은 사용장소에 적합한 것이어야 한다.
② 가요전선관이나 다심케이블은 펜던트 누름버튼에 가요성이 있는 접속용으로 사용되며 펜던트의 무게는 가요전선관이나 다심케이블에 의하여 지지되지 않아야 한다.
③ 이동이 있는 케이블은 접속점에 기계적 변형 등이 없도록 지지되어야 하고 케이블의 허용곡률반경을 유지하도록 충분한 길이를 가져야 한다.
④ 정격 16[A] 이상이거나 정상 사용할 때 연결되어 있는 플러그나 콘센트는 분리를 방지하기 위하여 잠금형의 것이어야 하며, 정격 63[A] 이상의 것은 결합된 스위치와 인터록 되도록 하여야 한다.
⑤ 모든 도체와 케이블 단면적은 덕트 내부 단면적의 75[%] 이하여야 한다.
⑥ 접속한 전선박스는 사용되지 않는 녹이나 구멍이 개방되어 있지 않아야 하며 먼지·섬유질·기름과 냉각제 등의 물질이 침입하지 않도록 하여야 한다.

보호도체

본딩용 도체는 동선 또는 동등 이상의 전기저항과 강도가 있는 재질로서 최소단면적이 14[mm²] 이상의 것을 사용하여야 한다.

합격예측 및 관련법규

전기장치 등의 본딩

① 전기장치 등에는 전기적으로 연속성을 유지할 수 있도록 다음 각호와 같이 본딩을 하여야 한다.
  1. 기계장비와 본딩선은 접속을 견고히 할 것
  2. 볼트 등을 이용한 접속시에는 접촉표면에 페인트 등의 이물질이 없도록 할 것
  3. 기계장치의 일부분을 분리하더라도 접지회로가 연속성을 유지할 수 있도록 하여야 한다.
  4. 본딩지점은 기계적 강도와 전기적 용량이 충분하도록 하여야 한다.
② 제1항의 규정은 기계장비가 상호 금속 접촉되거나 접촉베어링으로 연결된 부분에 있어서는 상호 본딩된 것으로 간주하며, 미끄럼 접촉의 경우에는 본딩된 것으로 간주하지 아니한다.

용어정의

① 변전소 : 발전소에서 생산한 전력선로를 통하여 공급자들에게 보내는 과정에서 전압이나 전류의 성질을 바꾸기 위하여 설치하는 시설
② 배전용 변압기 : 전압을 내려 사람들에게 공급하기 쉬운 전압으로 변환하기 위한 변압기이다.
③ 지중전선로 : 땅속에 부설하는 케이블을 보호하는 전선로

합격예측 및 관련법규

제어전원공급

제어회로 전원은 별도의 제어전원용 변압기를 설치하는 경우 단권변압기가 아닌 절연변압기를 사용하여야 한다. 또한 여러 개의 변압기가 사용되는 곳에는 변압기권선은 2차전압이 각상이 얻어지도록 결선하여야 한다.

---

⑤ 누설전류가 흐르지 않은 상태에서 누전경보기가 경보를 발하는 원인
  ㉮ 전기적인 유도가 많을 경우
  ㉯ 변류기의 2차측 배선이 단락되어 지락이 되었을 경우
  ㉰ 변류기의 2차측 배선의 절연상태가 불량할 경우
⑥ 누전경보기의 구성요소
  ㉮ 수신기
  ㉯ 변류기
  ㉰ 차단릴레이
  ㉱ 표시등 및 음향장치
⑦ 누전경보기의 검출누설 전류치 : 최소 200[mA]~최대 1[A] 이하
⑧ 누전경보기는 경계전로에서 정격전류의 130[%]의 전류를 30분간 통하는 시험에서 오동작을 하지 않아야 한다.

세부항목 2. 전기설비 위험요인 점검 및 개선

1. 정전작업 시 조치(주의)사항 16. 8. 21 산 17. 5. 7 산 20. 8. 23 산

(1) 작업 전 18. 8. 19 기 19. 4. 27 기 23. 6. 4 기

① 작업지휘자 임명·작업지휘자에 의한 정전범위·조작순서·개폐기 위치·정전시작시간·단락접지개소 및 송전시의 안전확인 등 작업 내용을 주지한다.
② 개로(開路)개폐기의 개방보증을 받는다.
③ 전력케이블·전력콘덴서 등의 잔류전하를 방전한다.
④ 검전기를 사용하여 정전을 확인한다.
⑤ 단락접지기구를 사용하여 단락접지를 한다.
  합격팁 ▶ 단락접지기구 사용 목적 : 혼촉 및 오동작 감전 방지 21. 5. 15 기
⑥ 일부 정전작업시 정전구역을 표시한다.
⑦ 근접활선에 대한 절연방호를 실시한다.
⑧ 활선경보기 등 보호구를 착용한다.

(2) 작업 중(작업 시) 16. 8. 21 기 17. 5. 7 기 19. 3. 3 기 22. 4. 24 기

① 작업지휘자에 의해 작업한다.
② 개폐기를 관리한다.
③ 단락접지 상태를 확인·관리한다.(혼촉 또는 오동작 방지)
④ 근접활선에 대한 방호상태를 관리한다.

(3) 작업 종료 시 21.3.7 ㉮

① 단락접지기구를 철거한다.
② 표지를 철거한다.
③ 작업자에 대한 위험이 없는 것을 확인한다.
④ 개폐기를 투입하여 송전을 재개한다.

2. 저압옥내배선에 사용하는 600[V] (비닐, 폴리에틸렌, 불소수지, 고무질 등) 절연전선의 허용전류

(1) 도체별 허용전류

도체별 허용전류			
연선[mm2]	단선[mm2]	경동선 연동선	경알루미늄선 연알루미늄선
1.25 이상 2 미만	1.2 이상 1.6 미만	19	15
2 이상 3.5 미만	1.6 이상 2.0 미만	27	21
	2.0 이상 2.6 미만	35	27
3.5 이상 5.5 미만		37	29

(2) 절연체 재료의 종류별 주위온도(θ)에 따른 전류보정계수

재료의 종류	30[℃] 이하인 경우 허용전류 보정계수	30[℃]를 넘는 경우 전류감소계수 계산식
비닐 혼합물 (내열성이 없는 것)	1.00	$\sqrt{(60-\theta)/30}$
비닐 혼합물 (내열성이 있는 것)	1.22	$\sqrt{(75-\theta)/30}$
폴리에틸렌 혼합물 규소고무 혼합물	1.41	$\sqrt{(90-\theta)/30}$

(3) 절연전선을 합성수지몰드, 금속몰드, 금속관, 가요전선관에 넣어 사용하는 경우에는 위에서 구한 허용전류값에 다음의 전류감소계수를 곱한 값

동일 관 내의 전선수	전류감소계수	동일 관 내의 전선수	전류감소계수
3 이하	0.7	16~40	0.43
4	0.63	41~60	0.39
5~6	0.56	61 이상	0.34
7~15	0.49		

합격예측 및 관련법규

운전모드

제운전모드 선택으로 위험상태를 유발할 수 있을 때에는 키스위치를 사용하는 등 적절한 수단으로 위험을 방지하여야 한다.
1. 불의의 자동운전을 방지하기 위한 운전모드(mode) 전환스위치
2. 누르고 있을 동안만 가동되는 제어방식의 채용
3. 비상정지기능이 있는 휴대용 제어반의 사용
4. 운전의 속도나 힘을 제한하는 수단
5. 가동범위를 제한하는 수단

합격예측 16.5.8 ㉮

누전화재경보기 시험방법

구분	변류기	수신부
시험종류	• 온도특성시험 • 방수시험 • 진동시험 • 충격시험 • 절연저항시험 • 절연내력시험 • 충격파 내전압시험	
	• 전로개폐시험 • 단락전류강도시험 • 과누전시험 • 노화시험 • 전압강하방지시험	• 전원전압변동시험 • 과입력전압시험 • 개폐기의 조작시험 • 반복시험

> **참고**
>
> **산업안전보건기준에 관한 규칙 제309조(임시로 사용하는 전등 등의 위험방지)** 18. 3. 4 ⑦
>
> ① 이동전선에 접속하여 임시로 사용하는 전등이나 가설의 배선 또는 이동전선에 접속하는 가공매달기식의 전등 등을 접촉함으로 인한 감전 및 전구의 파손에 의한 위험을 방지하기 위하여 보호망을 부착
> ② 보호망을 설치하는 때에는 다음 사항을 준수할 것
> ㉮ 전구의 노출된 금속부분에 근로자가 쉽게 접촉되지 아니하는 구조로 할 것
> ㉯ 재료는 쉽게 파손되거나 변형되지 아니하는 것으로 할 것
>
> **전기욕기의 시설** 17. 3. 5 ⑦
>
> 전기욕기(욕탕 양단에 판상의 전극을 설치하고, 전극 상호간에 미약한 교류전압을 가하여 입욕자에게 전기적 자극을 주는 장치)의 시설방법
> ① 전기공급은 전기욕기용 전원장치를 사용 : 내장되어 있는 전원변압기 2차측 전로의 사용전압이 10[V] 이하인 것에 한함
> ② 전기욕기용 전원장치의 금속제 외함 및 전선을 넣는 금속관 : 접지공사
> ③ 전원장치 : 욕실 이외의 건조한 곳으로 취급자 이외의 자가 쉽게 접촉하지 않는 곳에 시설
> ④ 욕탕 안의 전극간의 거리 : 1[m] 이상
> ⑤ 욕탕 안의 전극 : 사람이 쉽게 접촉할 우려가 없도록 시설
> ⑥ 전원장치(욕탕 안의 전극까지의 배선) : 지름 1.6[mm] 이상의 연동선 또는 케이블 또는 단면적 1.25[mm²] 이상의 캡타이어 케이블을 사용하고 합성수지관·금속관·케이블 공사에 의하여 시설
> ⑦ 전원장치(욕탕 안의 전극까지의 전선 상호간 및 전선과 대지 사이의 절연저항치) : 0.1[MΩ] 이상

3. 전선의 사용 제한 및 절연용 보호구 점검

(1) 전선의 사용제한

옥내에 시설하는 저압전선에는 나전선을 사용해서는 안 된다.
애자사용공사에 의하여 전개된 곳에 다음의 전선을 시설하는 경우

예외 17. 8. 26 ㉠

① 전기로용 전선
② 전선의 피복절연물이 부식하는 장소에 시설하는 전선
③ 취급자 이외의 자가 출입할 수 없도록 설비한 장소에 시설하는 전선
④ 버스덕트·라이팅덕트 공사에 의하여 시설하는 경우
⑤ 접촉전선을 시설하는 경우 : 기중기, 유희용 전차의 급전선

(2) 절연용 보호구 작업시작 전 점검사항

① 고무장갑이나 고무장화에 대해서는 공기점검 실시
② 고무소매 또는 절연복 등은 육안점검 실시
③ 활선접근경보기는 시험단추를 눌러 소리가 나는지 확인

4. 교류아크용접기의 점검

(1) 방호장치 : 자동전격방지기(전격방지기) 17. 3. 5 ㉠

(2) 방호장치의 성능   16. 5. 8 ㉠ 17. 5. 7 ㉠ 17. 8. 26 ㉦ 18. 3. 4 ㉦ 19. 3. 3 ㉦ 20. 9. 27 ㉦ 23. 2. 28 ㉦ 23. 7. 8 ㉦ 25. 2. 7 ㉦

① 아크 발생을 정지시킬 때 주접점이 개로될 때까지의 시간은 1±0.3초 이내일 것
② 2차 무부하전압은 25[V] 이하일 것 23. 5. 13 ㉠
③ 용접을 할 때에는 용접기의 주회로를 폐로(ON)시킬 것 24. 2. 15 ㉦

(3) 전격방지기의 설치상 주의사항 20. 6. 7 ㉦

① 직각(불가피한 경우는 직각에서 20[°] 이내)으로 설치할 것
② 용접기의 이동, 전자접촉기의 작동 등으로 인한 진동, 충격에 견딜 수 있도록 할 것
③ 표시등(외부에서 전격방지기의 작동상태를 판별할 수 있는 램프를 말한다.)이 보기 쉽고, 점검용 스위치(전격방지기의 작동상태를 점검하기 위한 스위치를 말한다.)의 조작이 용이하도록 설치할 것
④ 용접기의 전원측에 접속하는 선과 출력측에 접속하는 선을 혼동하지 않도록 할 것
⑤ 접속부분은 확실하게 접속하여 이완되지 않도록 할 것
⑥ 접속부분은 절연테이프, 절연커버 등으로 절연시킬 것

⑦ 전격방지기의 외함은 접지시킬 것
⑧ 용접기단자의 극성이 정해져 있는 경우에는 접속시 극성이 맞도록 할 것
⑨ 전격방지기의 용접기 사이의 배선 및 접속부분에 외부의 힘이 가해지지 않도록 할 것 16. 8. 21 ㉮

㉮ 정격사용률 = $\dfrac{\text{아크발생시간}}{\text{아크발생시간}+\text{무부하시간}}$

㉯ 허용사용률 = $\dfrac{(\text{정격2차전류})^2}{(\text{실제용접전류})^2} \times \text{정격사용률}$ 17. 8. 26 ㉮ 19. 4. 27 ㉮
21. 8. 14 ㉮ 22. 3. 5 ㉮

㉰ 효율[%] = $\dfrac{\text{출력}[kW]}{\text{입력}[kW]} \times 100 = \dfrac{\text{출력}}{\text{출력}+\text{내부손실}} \times 100$ 22. 4. 24 ㉮

5. 용어의 정의 및 설치장소, 주의사항

(1) 정의

① **시동시간** : 용접봉을 피용접물에 접촉시켜 전격방지기의 주접점이 폐로될 때까지의 시간(시동시간은 0.05[초] 이내에서 또한 전격방지기를 시동시키는 데 필요한 용접봉의 접촉소요시간은 0.03[초] 이내일 것)
② **지동시간** : 용접봉 홀더에 용접기 출력측의 무부하전압이 발생한 후 주접점이 개방될 때까지의 시간
③ **시동감소** : 용접봉을 모재에 접촉시켜 아크를 발생시킬 때 전격방지 장치가 동작할 수 있는 용접기의 2차측 최대저항 18. 8. 19 ㉮

(2) 전격방지기의 종류 23년 실필

① 자동시동형
② 저저항시동형(L형)
③ 수동시동형
④ 고저항시동형(H형)

(3) 전격방지기의 설치의무화 장소

① 선박 또는 탱크의 내부, 보일러 동체 등 대부분의 공간이 금속 등 도전성물질로 둘러싸여 있어 용접작업시 신체의 일부분이 도전성물질에 쉽게 접촉될 수 있는 장소
② 높이 2[m] 이상 철골고소작업 장소
③ 물 등 도전성이 높은 액체에 의한 습윤장소

합격예측 및 관련법규

전격방지기 선정기준

① 전격방지기는 용접기의 정격과 해당 전격방지기를 부착하는 다음 각 호의 용접기의 종류에 따라 적합한 구조의 것을 선정하여야 한다.
 1. 역률개선용 콘덴서 내장형용접기
 2. 역률개선용 콘덴서를 내장하고 있지 않는 용접기
 3. 엔진구동 교류아크용접기

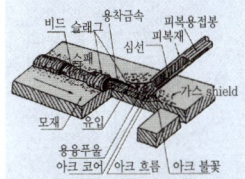

[그림] 피복 아크용접봉에 의한 용접

② 전격방지기를 선정할 때에는 다음 각 호의 전원전압에 관한 사항을 준수하여야 한다.
 1. 전원을 용접기의 입력측에서 인출하는 구조의 전원장치를 사용하는 경우에는 전격방지기의 정격전압이 용접기의 정격입력전압과 같을 것
 2. 전원을 용접기의 출력측에서 인출하는 구조의 전격방지기 또는 출력측의 전압을 검출하여 주접점을 개폐하는 전격방지기를 사용하는 경우에는 전격방지기의 외함에 표시되어 있는 적용용접기(해당 전격방지기를 설치하여 사용하는 것이 가능한 용접기를 말한다)의 출력측 무부하전압의 범위가 해당 용접기의 출력측 무부하전압의 변동범위를 포함할 것
 3. 엔진구동 교류아크용접기에 부착하는 전격방지기로, 전원을 해당 용접기의 정전압형 보조전원에서 인출하는 구조의 전격방지기를 사용하는 경우에는 전격방지기의 정격전압의 값이 보조전원의 정격출력전압값과 같을 것

합격예측 및 관련법규

③ 전격방지기를 선정시에는 다음 각 호의 정격전류에 관한 사항을 준수하여야 한다.
  1. 주접점을 용접기의 전원측에 접속하는 구조의 전격방지기를 사용하는 경우에는 전격방지기의 정격전류가 해당 용접기의 정격입력전류보다 큰 것일 것
  2. 주접점을 용접기 출력측에 접속하는 구조의 전격방지기를 사용하는 경우에는 전격방지기의 정격전류가 해당 용접기의 정격전류출력보다 큰 것일 것
④ 전격방지기의 정격사용률(정격주파수 및 전원전압에 있어서 정격전류를 단속부하한 경우의 부하시간 합계와 해당 단속부하에 필요한 전 시간과의 백분비를 말한다)은 해당 용접기의 정격사용률 이상의 것을 선정하여야 한다.
⑤ 전격방지기의 정격주파수는 용접기의 정격주파수에 적합하여야 한다.
⑥ 전격방지기 선정시에는 작업조건에 따른 시동감도에 관한 다음 각 호의 사항을 고려하여야 한다.
  1. 환경조건, 피용접물 등을 고려하여 적정한 시동감도(전격방지기를 시동시키는 것이 가능한 전격방지기의 출력회로저항의 최댓값을 말한다)가 있는 것을 선정할 것
  2. 전격방지기와 전류원격제어장치를 병용하는 경우는 전류원격제어장치의 원격제어용 스위치의 저항값보다 충분히 작은 시동감도를 갖는 것을 선정할 것
  3. 전격방지기와 와이어송급장치(와이어를 자동적으로 송급하기 위해 반자동용접기에 설치되어 있는 장치이고 용접기의 출력측을 해당 장치의 전원으로 이용하는 것을 말한다)를 병용하는 경우에는 단속운전시 해당 전격방지기의 주접점이 개로되지 않는 시동감도를 갖는 것을 선정할 것

(4) 전격방지기의 사용상 주의사항

① 주위온도 -20[℃] 이상 40[℃] 이하의 범위에 있을 것
② 습기, 분진, 유증(油蒸), 부식성 가스, 다량의 염분이 포함된 공기 등을 피할 수 있도록 할 것
③ 비바람에 노출되지 않을 것
④ 전격방지기의 설치면이 연직에 대하여 20[°]를 넘는 경사가 되지 않도록 할 것
⑤ 폭발성 가스가 존재하지 않는 장소일 것
⑥ 진동 또는 충격이 가해질 우려가 없을 것

6. 점검기준

(1) 전격방지기의 사용 전 점검사항

① 전격방지기 외함의 접지상태
② 전격방지기 외함의 뚜껑상태
③ 전격방지기와 용접기와의 배선 및 이에 부속된 접속기구 피복 또는 외장의 손상유무
④ 전자접촉기의 작동상태
⑤ 이상소음, 이상냄새 발생유무

(2) 전격방지기의 정기점검(6월에 1회 이상) 항목

① 용접기 외함에 전격방지기의 부착상태
② 전격방지기 및 용접기의 배선상태
③ 외함의 변형, 파손여부 및 개스킷의 노화상태
④ 표시등의 손상유무
⑤ 표시 이상유무
⑥ 전자접촉기 주접점 및 그 밖에 보존접점의 마모상태
⑦ 점검용 스위치의 작동 및 파손유무
⑧ 이상소음, 이상냄새 발생유무
⑨ 정밀점검(검사)(1년에 1회 이상)
  ㉮ 절연저항(1[MΩ] 이상일 것
  ㉯ 전자접촉기 및 표시등의 작동
  ㉰ 지동시간(1[초] 이하일 것
  ㉱ 전격방지 출력 무부하전압(25[V] 이하일 것
  ㉲ 전격방지기의 전원전압(전격방지기 입력전압의 85~110[%] 범위 이내일 것

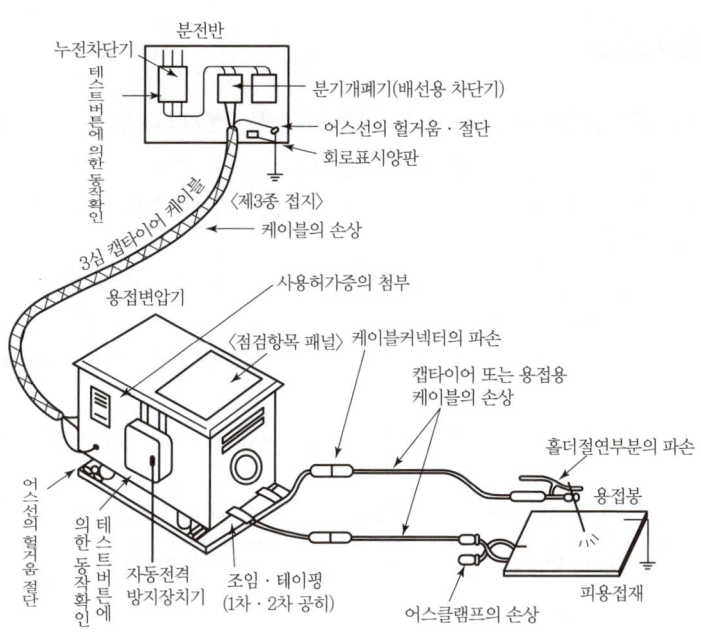

[그림] 교류아크용접기의 안전점검 계통도

(3) 성능검증에 합격한 자동전격방지장치 명판에 표시해야 할 사항

① 정격전원전압[V]
② 정격주파수 또는 적용주파수의 범위[Hz]
③ 출력측 무부하전압(실효치)[V]
④ 정격사용률[%]
⑤ 적용용접기의 정격용량[kVA]
⑥ 정격전류[A]
⑦ 적용용접기의 콘덴서 용량의 범위 및 콘덴서 회로의 전압[kVA]
⑧ 표준시동감도(전원이 용접기 출력측의 경우에는 무부하전압의 상한치, 하한치의 어느 것에 대하여도 표시할 것)[Ω]
⑨ 제조회사명
⑩ 제조번호
⑪ 제조연월

합격예측 및 관련법규

교류아크용접시 재해유형과 방호대책 19. 4. 27 (산)
① 감전 재해
  • 2차측 무부하전압이 낮은 용접기 사용
  • 자동전격방지기 사용
② 눈의 손상
  • 보안경 사용(스펙타클형이나 고글형)
  • 보안면 사용(헬멧형과 핸드실드형)
③ 피부의 손상
  보호장갑(피혁제품), 앞치마, 각반, 안전화 착용
④ 흄, 가스에 의한 재해
  방진마스크, 방독마스크, 송기 마스크 사용
⑤ 화재, 폭발
  가연물질 격리, 위험성물질 제거

전격방지기의 설치 17. 3. 5 (기)
사업주는 전격방지기를 용접기에 설치할 때에는 전격방지기의 구조와 성능에 익숙한 전기취급자 등(전기에 관한 지식과 기능을 가지고 있는 자를 말한다)이 하여야 하며 다음 각 호의 사항에 주의하여야 한다.
1. 직각(불가피한 경우는 직각에서 20[°] 이내)으로 설치할 것
2. 용접기의 이동, 전자접촉기의 작동 등으로 인한 진동, 충격에 견딜 수 있도록 할 것
3. 표시등(외부에서 전격방지기의 작동상태를 판별할 수 있는 램프를 말한다)이 보기 쉽고, 점검용 스위치(전격방지기의 작동상태를 점검하기 위한 스위치를 말한다)의 조작이 용이하도록 설치할 것
4. 용접기의 전원측에 접속하는 선과 출력측에 접속하는 선을 혼동되지 않도록 할 것
5. 접속부분은 확실하게 접속하여 이완되지 않도록 할 것
6. 접속부분을 절연테이프, 절연커버 등으로 절연시킬 것
7. 전격방지기의 외함은 접지시킬 것
8. 용접기단자의 극성이 정해져 있는 경우에는 접속시 극성이 맞도록 할 것
9. 전격방지기와 용접기 사이의 배선 및 접속부분에 외부의 힘이 가해지지 않도록 할 것

합격예측

아크용접기의 시설 기준(기반형)

① 용접변압기는 절연변압기일 것
② 용접변압기의 1차측 전로의 대지전압은 300[V] 이하일 것
③ 용접변압기의 1차측 전로에는 용접변압기에 가까운 곳에 쉽게 개폐할 수 있는 개폐기를 시설할 것
④ 용접변압기의 2차측 전로 중 용접변압기로부터 용접전극에 이르는 부분 및 용접변압기로부터 피용접재에 이르는 부분은 다음에 의하여 시설할 것
  ㉮ 전선은 용접용 케이블 또는 캡타이어케이블일 것
  ㉯ 전로는 용접시 흐르는 전류를 안전하게 통할 수 있는 것일 것
  ㉰ 중량물이 압력 또는 현저한 기계적 충격을 받을 우려가 있는 곳에 시설하는 전선에는 적당한 방호장치를 할 것
⑤ 피용접재 또는 이와 전기적으로 접속되는 받침대, 정반 등의 금속체에는 제3종 접지공사를 할 것 15. 5. 8 ㉮

보충학습

심장마사지의 방법(심폐소생술 방법) : 감전사고 질식 발생시 최우선 조치 17. 3. 5 ㉮

① 우선 감전자를 평평하고 딱딱한 바닥에 눕힌다.
② 한 손의 엄지손가락을 갈비뼈의 하단으로부터 3수지 윗부분에 놓고 다른 손을 그 위에 걸쳐 놓는다.
③ 구호자의 체중을 이용하여 4[cm] 정도 엄지손가락이 들어가도록 강하게 누른 다음 힘을 빼고 가슴에서 손을 떼지 않아야 한다.
④ 심장마사지(심폐소생) 15회, 인공호흡 2회 정도를 교대로 반복적으로 동시에 실시한다.
⑤ 2명이 분담하여 심장마사지(심폐소생)와 인공호흡을 5 : 1의 비율로 실시한다.

[표] **전격인가위상 : 심장 맥동주기의 어느 위상에서의 통전여부** 17. 8. 26 ㉮ / 18. 3. 4 ㉮

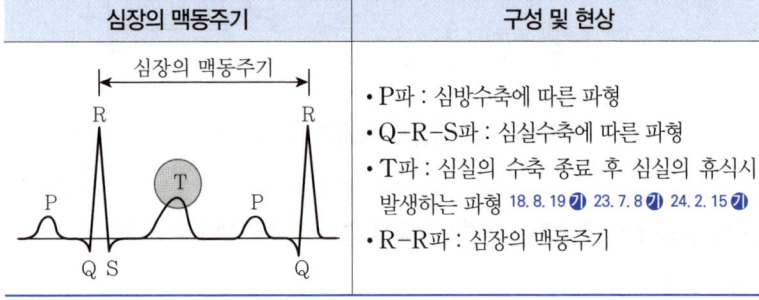

심장의 맥동주기	구성 및 현상
(그림)	• P파 : 심방수축에 따른 파형 • Q-R-S파 : 심실수축에 따른 파형 • T파 : 심실의 수축 종료 후 심실의 휴식시 발생하는 파형 18. 8. 19 ㉮ 23. 7. 8 ㉮ 24. 2. 15 ㉮ • R-R파 : 심장의 맥동주기

○ 전격이 인가시 심실세동을 일으키는 확률이 가장 크고 위험한 파 : 심실이 수축 종료하는 T파

합격예측

자동전격방지기 구성부품

① 교류아크용접기의 출력측 무부하전압이 1초 이내에 25[V] 이하가 되도록 교류아크용접기에 장착하는 감전방지용 안전장치를 말한다.
② 구성품은 보조변압기와 주회로(변압기의 경우는 1차 회로 또는 2차 회로)를 제어하는 장치로 되어 있다.

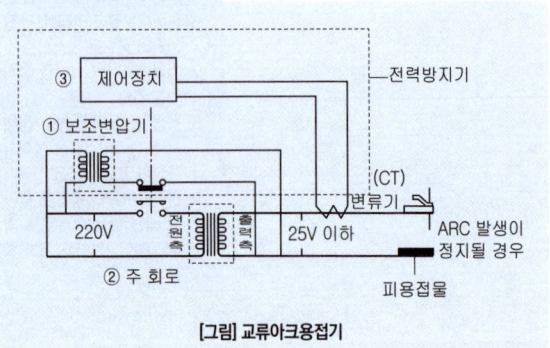

[그림] 교류아크용접기

주요항목 05 전기설비 위험요인 관리 출제예상문제

출제예상문제는 복습, 예습문제로 엮었습니다. *WHY : 실제시험에도 순서에 관계없이 출제됩니다. 예습 후 다음장에 공부한 문제가 있으면 기억이 배가 됩니다.

01 ★★ 다음 송신기의 종류가 아닌 것은?
① P형 ② T형
③ M형 ④ R형

해설

송신기의 종류
① P형 송신기(P형 1급, P형 2급)
② T형 송신기
③ M형 송신기

02 ★★★ 전기의 안전장구에 속하지 않는 것은?
① 활선장구 ② 검출용구
③ 접지용구 ④ 전선접속용구

해설

절연용 보호장구
(1) 보호구
전기용 안전모, 보호용 가죽장갑, 방전고무장화, 절연고무장화, 고무소매, 안전대, 승주기
(2) 방호구
방호판, 점퍼호스, 고무블랭킷, 건축지장용 방호판, 애자후드, 완금커버, 컷아웃스위치 커버(고압충전로 안전확보)
(3) 표지용구
작업장구획표지, 상태표지, 고저표지, 교통안전표지, 전기설비, 작업의 위험으로부터 위험경고, 접근금지 위험표지-교류 220[V] 이상, 직류 250[V] 이상
(4) 검출용구
작업시작 전 설비의 이상유무, 상태조사(불량애자검출기, 검전기, 가스검출기)
(5) 접지용구
혼촉, 정전유도, 오통전방지기구, 작업전 전선로 등에 설치 – 오통전, 충전, 위험방지
(6) 활선작업용구 및 장치 23. 2. 28 ⑦
활선시메라, 점퍼선, 활선커터, 컷아웃스위치 조작봉, 활선작업대, 디스콘스위치 조작봉

03 ★★★ 정격사용률 40[%], 정격 2차 전류 300[A]인 교류아크용접기를 200[A]로 사용하는 경우의 허용사용률은?
① 90[%] ② 112[%]
③ 130[%] ④ 150[%]

해설

사용률 계산

허용사용률
$= \dfrac{(정격\ 2차\ 전류)^2}{(실제\ 사용\ 용접전류)^2} \times 정격사용률$
$= \dfrac{(300)^2}{(200)^2} \times 40 = 90[\%]$

04 ★★ 대지를 접지로 이용하는 이유는? 23. 6. 4 ⑦
① 대지는 토양의 주성분이 규소(SiO_2)이므로 저항이 0에 가깝다.
② 대지는 토양의 주성분이 산화알루미늄(Al_2O_3)이므로 저항이 작다.
③ 대지는 철분을 많이 포함하고 있기 때문에 저항이 작다.
④ 대지는 넓어서 무수한 전류통로가 있기 때문에 저항이 작다.

해설

대지접지 이유 : ④
1997년 10월 12일 기출문제

○ 세화교재는 기출문제만 상세히 학습하셔도 합격합니다.

[정답] 01 ④ 02 ④ 03 ① 04 ④

05 ★★★ 착화단계의 전선전류밀도는? 19. 8. 4 ㉮

① 40~43[A/mm²] ② 43~60[A/mm²]
③ 60~70[A/mm²] ④ 75~120[A/mm²]

해설
전선의 전류밀도에 따른 화재위험정도 분류

화재위험 정도		전선전류 밀도 [A/mm2]	비 고
인화단계		40~43	허용전류의 3배 정도가 흐르게 되면 점화원에 대해 절연물이 인화하는 단계
착화단계		43~60	허용전류의 3배 이상의 전류가 흐르게 되어 점화원이 존재하지 않더라도 절연물이 스스로 탄화되어 빨갛게 달아진 전선의 심선이 노출되는 단계
발화 단계	발화 후 용융	60~70	착화단계보다 더 큰 전류가 흐르는 경우 점화원 없이도 절연물이 스스로 발화되어 용융되는 단계
	용융과 동시에 발화	75~120	발화 후 용융단계보다 더 큰 전류가 흐르는 경우 점화원 없이도 절연물이 용융되면서 스스로 발화하는 단계
전선폭발 단계		120 이상	전선에 매우 큰 전류가 흐를 경우 전선의 심선이 용융되며 끊어지면서 전선피복을 뚫고 나와 심선인 동이 폭발하며 비산하는 단계

06 ★★ 보폭전압에 관련되는 2점의 근접된 기점 간의 거리는?

① 0.5[m] ② 1.0[m]
③ 1.5[m] ④ 2.0[m]

해설
보폭전압의 2점의 거리는 1.0[m]이다.

➡ 혹시 보폭 전압이 0.5[m]로 된 것은 잘못된 것입니다.

07 ★★ 다음 중 전기화재의 원인에 관한 사항으로 잘못된 것은 어느 것인가?

① 단락된 순간의 단락전류는 정격전류보다 크다.
② 전기스파크(spark)가 발생되면 공기 중에 O_3(오존)이 생성된다.
③ 전기에 의해 발생되는 열은 전류의 세기(I)의 자승이 비례하고 저항(Ω)에 반비례한다.
④ 발화에까지 이르는 누전전류의 최소치는 일반적으로 300~500[mA] 정도이다.

해설
전기에너지에 의한 발열 공식
① $Q[J/sec] = I^2RT$에서 I : A, R : Ω, T : sec
② 전기의 발생열은 전류(I)의 제곱에 비례하고, 저항과 시간에도 비례한다.

08 ★★★ Y종 절연물의 최고허용온도는? 20. 6. 7 ㉮

① 80[℃] ② 85[℃]
③ 90[℃] ④ 105[℃]

해설
전기기기의 절연의 종류와 최고허용온도
① Y종 절연 : 허용온도 90[℃] – 목면, 견, 지류 등을 기름에 먹이지 않은 채 절연한 것
② A종 절연 : 허용온도 105[℃] – 목면, 견, 지류 등을 기름에 적셔서 절연한 것
③ E종 절연 : 허용온도 120[℃] – 에나멜선용 폴리우레탄 및 에폭시수지, 셀룰로오스, 트리아세테이트 등의 재료로 절연한 것
④ B종 절연 : 허용온도 130[℃] – 운모, 석면, 유리 섬유 등 무기질재료를 접착제와 함께 사용하여 절연한 것
⑤ H종 절연 : 허용온도 180[℃] – 운모, 석면, 유리 섬유 등의 재료를 실리콘수지 또는 같은 성질의 재료로 된 접착재료와 함께 사용하여 절연한 것
⑥ C종 절연 : 허용온도 180[℃] 초과 – 운모, 석면 자기 등을 단독 또는 접착재료와 함께 사용하여 절연한 것

09 ★★★ 전기설비의 경로별 재해 중 가장 높은 것은?

① 단락 ② 누전
③ 접촉부과열 ④ 과전류

해설
전기화재폭발의 원인(발화원, 경로, 착화물)
(1) 발화원(기기별)
  ① 이동이 가능한 전열기 : 35[%]
  ② 전기, 전화 등의 배선 : 27[%]
  ③ 전기기기 : 14[%]
  ④ 전기장치 : 9[%]
  ⑤ 배선기구 : 5[%]
  ⑥ 고정된 전열기 : 5[%]
(2) 경로별(원인별)
  ① 단락 : 25[%]
  ② 스파크 : 24[%]
  ③ 누전 : 15[%]
  ④ 접촉부의 과열 : 12[%]

[정답] 05 ② 06 ② 07 ③ 08 ③ 09 ①

(3) 원인별 화재
① 변압기의 화재원인 : 접지부의 과열, 과전류, 단락, 지락, 절연노화, 스파크열화, 조정불량 등
② 전동기의 화재원인 : 과전류, 스파크, 단락, 절연노화, 접속부과열, 마찰고장, 스위치의 잘못 투입, 가연물의 낙하접촉, 스위치개방 망각

10 ★★ 그림과 같이 100[V] 전로에 R_2 = 10[Ω], R_3 = 10[Ω]일 때 지락전류 I_0는 몇 [A]인가? 22. 4. 24 기

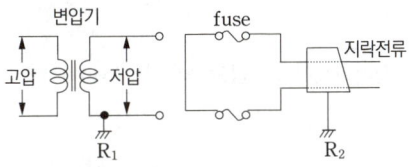

① 5
② 10
③ 15
④ 20

해설

지락전류
① $R = R_2 + R_3 = 20$
② $I_o = \dfrac{V}{R} = \dfrac{100}{20} = 5[A]$

참고) 1995년 8월 27일 기출문제

11 ★★ 전기화재시 부적합한 소화기는?
① 사염화탄소소화기
② 분말소화기
③ 산알칼리소화기
④ CO_2소화기

해설
③은 일반화재(A급)

12 ★ 전기기기의 절연저항은 여러 가지의 원인으로 그 저항값이 저하하는데 이 중 절연저항을 저하하는 요인 중 잘못된 것은?
① 높은 이상전압
② 온도상승
③ 취급부주의
④ 진동, 충격

해설

절연저항
저압선로 중 절연부분의 전선과 대지 사이의 절연저항은 사용전압에 대한 누설전류가 최대공급전류의 1/2,000을 넘지 않아야 한다.
① 누설전류 = $\dfrac{\text{최대공급전류}}{2,000}$ [A]
② 절연저항 = $\dfrac{\text{전압}}{\text{누설전류}}$ [MΩ]

13 ★★ 목욕탕에서 사용하는 이동전선으로 적당한 것은 어느 것인가?
① 비닐코드
② 금사코드
③ 고무캡타이어코드
④ 비닐캡타이어코드

해설

목욕탕 전선
① 습기가 많은 곳이나 수분이 있는 곳의 이동전선은 반드시 방습코드, 또는 고무캡타이어코드를 사용한다.
② 비닐캡타이어 코드나 비닐코드 이외의 캡타이어코드도 사용이 가능하다.

참고) 세면시, 목욕시, 샤워시 본문제를 생각하는데도 틀릴까요?

14 ★★ 점화원 중 물리적 현상의 것으로 옳은 것은 어느 것인가?
① 화합
② 정전기
③ 혼합
④ 분해

해설

점화원
(1) 물리적 현상
 ① 정전기
 ② 전기
 ③ 충격
 ④ 마찰
(2) 화학적 현상
 ① 혼합
 ② 화합
 ③ 분해
 ④ 부가
(3) 마찰함수 : 접촉력으로서 물체 표면의 상태에 따라 정전기가 발생하는 것이다.

[정답] 10 ① 11 ③ 12 ③ 13 ③ 14 ②

15 B. E. Manolob의 연구에 의하면 인체의 피부 중 1~2[mm²] 정도의 작은 부분은 전기자극에 의해서 신경이 이상적으로 흥분해 다량의 피지가 분비해서 그 부분의 전기저항이 1/10 정도로 작아지는 피전점이 있다고 보고하고 있다. 이러한 피전점은 다음 중 어느 부분인가? 16. 5. 8 ㉮ 23. 6. 4 ㉮

① 허리   ② 손등
③ 머리   ④ 발등

해설
피전점이 존재하는 곳
① 손등   ② 턱
③ 볼   ④ 정강이

16 ★★ 스파크화재의 방지책이 아닌 것은? 16. 5. 8 ㉮ 23. 6. 4 ㉮

① 개폐기를 불연성의 외함내에 내장시킬 것
② 통형퓨즈를 사용할 것
③ 유입개폐기는 절연유의 열화정도, 유량에 주의하고 내화벽을 설치할 것
④ 배선코드의 용량은 충분한 것을 사용하여 과열을 방지할 것

해설
스파크화재 방지대책
① 개폐기를 불연성 외함에 내장 또는 통형퓨즈 사용
② 접촉부분의 산화, 변형, 퓨즈의 나사풀림 등으로 인한 접촉저항 상승방지
③ 유입개폐기는 절연유의 열화정도, 유량 등에 주의하고 주위에는 내화벽을 설치할 것
④ 가연성 증기, 분진 등 위험한 물질이 있는 곳에는 방폭형 개폐기를 사용

17 ★★ 보호구를 사용해서는 안될 작업은?

① 활선작업
② 정전작업
③ 전기설비에 접촉될 우려가 있는 작업
④ 고전압 전기설비 부근에서 설비에 접촉될 우려가 없는 작업

해설
전기설비에 접촉될 우려가 없으면 보호구를 착용할 필요가 없다.

18 ★ 전기설비의 경로별 재해 중 가장 높은 것은?

① 단락   ② 누전
③ 접촉부과열   ④ 과전류

해설
경로별 전기재해
① 단락 : 25[%]   ② 누전 : 15[%]
③ 과열 : 12[%]   ④ 과전류 : 8[%]

19 ★★★ 전기화재시 부적합한 소화기는? 24. 2. 15 ㉮

① 사염화탄소소화기   ② 분말소화기
③ 산알칼리소화기   ④ CO_2소화기

해설
소화
(1) 소화기의 종류
  ① 질식소화기
    포말소화기, 분말소화기, CO_2소화기, 간이소화기
  ② 포말소화기
    A, B급 화재에 적용, 화학포, 알코올포, 기계포
  ③ 화학소화기
    보통 전도식 : 휴대식(20[℃])에서 거품량 7배
    ㉮ 내통밀폐식 ㄱ
    ㉯ 내통밀봉식 ㅣ 차량적재식(20[℃])에서 거품량 5.5배
  ④ 소화약제
    ㉮ $NaHCO_3$(중탄산나트륨) : 중조 ⇒ 외약제로 알칼리성
    ㉯ $Al_2(SO_4)_3$(황산알루미늄) : 황산반토 ⇒ 내약제로 산성
  ⑤ 분말소화기
    ㉮ 유류화재에 적당
    ㉯ 종류
      • 축압식 : 방출가스는 질소(N_2)
      • 가스가압식 – 방출가스(소형 : CO_2, 대형 : N_2)
(2) 물소화기(A급 화재)
  ① 기화잠열(539[kcal/kg])이 크다.
  ② 구입용이
  ③ 가격이 저렴
  ④ 사용간편
(3) 산·알칼리소화기 : A급 화재에 적합
  ① 외약제 : $NaHCO_3$
  ② 내약제 : H_2SO_4
  ③ 2년에 1회 약제 교환
(4) 강화액소화기 : A, B, C급 화재에 적합
  ① 주성분
    $H_2O + K_2CO_3$(탄산칼륨) : 30 ~ -25[℃]에서 결빙
  ② 용도 : 겨울철, 한랭지에 사용

◉ 해설이 길지요. 전기분 아니라 화학에서도 자주 출제됩니다.

[정답] 15 ② 16 ④ 17 ④ 18 ① 19 ③

20 피뢰기의 특성요소가 파이버관으로 되어 있고 방전은 직렬캡을 통하여 파이버관 내부의 상부와 하부전극 사이에서 행하여지는 피뢰기는?

① 저항형 피뢰기 ② 밸브형 피뢰기
③ 방출형 피뢰기 ④ 밸브 저항형 피뢰기

해설

피뢰기의 종류
① 저항형 피뢰기 : 현재 잘 사용하지 않음
② 방출형 피뢰기 : 대지의 섬락방지용
③ 밸브형 피뢰기 : 밸브형 산화막 피뢰기, 알루미늄셀 피뢰기, 오토밸브형 피뢰기 등이 있다. 값이 저렴하며 구조 간단, 배전선로 등으로 사용(밸브형 산화막 피뢰기)
④ 밸브 저항형 피뢰기
⑤ 종이피뢰기 : 발전소나 변전소에 사용, 드라이밸브 피뢰기, 오토밸브 피뢰기, P-밸브 피뢰기, 레지스트밸브 피뢰기

⊙ 본 문제는 방출형 피뢰기 설명이다.

21 3상 3선식 전선로의 보수를 위하여 점검작업을 할 때 취하여야 할 기본적인 조치는? 16. 3. 6 ㉠

① 1선을 접지한다.
② 2선을 단락접지한다.
③ 3선을 단락접지한다.
④ 접지를 하지 않는다.

해설

3상 3선식 보수작업시 우선 사항으로 3선을 단락접지한다.

22 다음 화재의 기호와 설명이 잘못된 것은?

① A급-(백색)일반화재
② B급-(황색)유류화재
③ C급-(청색)전기화재
④ D급-(무색)가스화재

해설

화재의 종류
① A급 화재 : 일반가연물화재(백색표시)
② B급 화재 : 유류화재(황색표시)
③ C급 화재 : 전기화재(청색표시)
④ D급 화재 : 금속화재(색표시 없음)
⑤ K급 화재 : 부엌에서 발생하는 화재

23 전로의 사용이 500[V]를 초과하는 경우 절연저항치는 몇 [MΩ]인가? 22. 3. 5 ㉠

① 0.1 ② 0.2
③ 0.3 ④ 1.0

해설

전로의 절연(저압전로의 절연성능)

전로의 사용전압[V]	DC 시험전압[V]	절연저항[MΩ] 이상
SELV 및 PELV	250	0.5
FELV, 5[V] 이하	500	1.0
500[V]초과	1,000	1.0

측정시 영향을 주거나 손상을 받을 수 있는 SPD 또는 기타 기기 등은 측정 전에 분리시켜야 하고 부득이 하게 분리가 어려운 경우에는 시험전압을 250[V] DC로 낮추어 측정할 수 있지만 절연저항값은 [MΩ] 이상이어야 한다.

24 전기공사를 할 때 모든 작업에 필요한 보호장구는?

① 안전허리띠 ② 안전모
③ 핫스틱(Hot Stick) ④ 안전안경

해설

전기공사 보호구
① 안전모는 전기뿐 아니라 일상작업에도 착용한다.
② 핫스틱은 활선작업시 사용한다.

참고 1997년 기출문제

25 전선과 단자 또는 전선과 전선 등의 접촉 상태가 불완전하여 불량한 경우에는 접촉저항이 커져서 발열현상이 일어나는데 이 현상을 유발하는 요인으로서 적합하지 않은 것은?

① 열수축현상 ② 산화현상
③ 열팽창현상 ④ 누전현상

해설

전선과 단자의 발열현상
① 열팽창현상
② 산화현상
③ 누전현상

[정답] 20 ③ 21 ③ 22 ④ 23 ④ 24 ② 25 ①

26 ★ 전기누설 화재경보 경계전로에 그 정격전류의 130[%]의 전류를 몇 분간 통하는 시험을 할 경우 오동작을 얼마간 하지 않아야 하는가?

① 10분　　② 20분
③ 30분　　④ 40분

해설
30분을 기준으로 시험한다.

27 ★★ 인체에 접촉되는 전압의 최저허용전압을 50[V]로 하고, 인체저항을 1,250[Ω]으로 할 때 지속안전전류는 몇 [mA]인가?

① 30　　② 40
③ 62.5　　④ 25

해설
옴의 법칙

옴의 법칙$(I) = \dfrac{E}{R}$　　$I = \dfrac{50 \times 1,000}{1,250} = 40[mA]$

28 ★★ 인체의 저항을 500[Ω]이라 하면 심실세동을 일으키는 정현파교류의 안전한계는 몇 [Joule]인가?

① 6.5~17.0　　② 1.5~2.5
③ 2.0~3.0　　④ 31.5~35.5

해설
줄의 법칙
$W = I^2RT = \left(\dfrac{165}{\sqrt{T}} \times 10^{-3}\right)^2 \times 500 \times T = 1.35[Ws] = 13.5[J]$

29 ★★ 대지를 접지로 이용하는 이유는? 16. 5. 8 기

① 대지는 토양의 주성분이 규소(SiO_2)이므로 저항이 0에 가깝다.
② 대지는 토양의 주성분이 산화알루미늄(Al_2O_3)이므로 저항이 작다.
③ 대지는 철분을 많이 포함하고 있기 때문에 저항이 작다.
④ 대지는 넓어서 무수한 전류통로가 있기 때문에 저항이 작다.

해설
접지의 목적
① 설비의 절연물이 열화 또는 손상시 흐르게 되는 누설전류에 의한 감전방지
② 고전압의 혼촉사고시 인체에 위험을 주는 전류를 대지로 흘려보내 감전을 방지
③ 낙뢰에 의한 피해방지
④ 송배전선, 고저압모선 등에서 지락사고발생시 보호계전기를 신속하게 동작시킴
⑤ 송배전선로의 지락사고시 대지전위의 상승을 억제하고 절연강도를 경감시킴

30 ★★★ 교류아크용접기를 용접 중단하였을 경우 용접봉에 인가되는 안전전압[V]은?

① 10 이하　　② 25 이하
③ 50 이하　　④ 70 이하

해설
자동전격 방지장치
교류아크용접기에는 무부하시 2차측 홀더와 어스에 약 65[V]~90[V]의 높은 전압이 걸려 작업자에 대한 위험도가 높으므로 용접기가 아크발생을 중단시킬 때 단시간 내에 해당 용접기의 2차 무부하전압을 안전전압 25[V] 이하로 내려줄 수 있는 전기적 안전장치이다. (시간은 반드시 1.0초 이내)

31 ★★★ 접지전극은 지면으로부터 75[cm] 이상 깊은 곳에 매설하는 이유는? 16. 8. 21 기 22. 3. 5 기

① 전극의 부식을 방지하기 위하여
② 접지선의 단선을 방지하기 위하여
③ 접촉전압을 감소시키기 위하여
④ 접지저항을 감소시키기 위하여

해설
접지공사의 방법
① 접지극은 지하 75[cm] 이상의 깊이에 묻을 것(목적 : 접촉전압감소)
② 접지극은 지표 위 60[cm]까지의 접지선 부분에는 옥내용절연전선, 케이블을 사용할 것
③ 지하 75[cm]로부터 지표 위 2[m]까지의 접지선 부분은 합성수지관, 몰드로 덮을 것
④ 접지선은 캡타이어 케이블, 절연전선, 통신용 케이블 외의 케이블을 사용할 것
⑤ 접지선을 철주, 그 밖에 금속체를 따라서 시설하는 경우에는 접지극을 지중에서 그 금속체로부터 1[m] 이상 떼어 매설할 것

[정답] 26 ③　27 ②　28 ①　29 ④　30 ②　31 ③

32. 충전전로의 선간전압이 22.9[kV]인 경우 근로자의 신체와 충전전로의 접근한계거리는 몇 [cm] 이상인가?

① 30 ② 40
③ 50 ④ 90

16. 5. 8 산 18. 3. 4 기
19. 3. 3 산 19. 4. 27 산
20. 6. 14 산 22. 3. 5 기
23. 3. 1 기 24. 2. 15 산
25. 5. 10 기

해설
충전전로 접근한계거리

충전전로의 선간전압 (단위 : kV)	충전전로에 대한 접근한계거리 (단위 : cm)
0.3 이하	접촉금지
0.3 초과 0.75 이하	30
0.75 초과 2 이하	45
2 초과 15 이하	60
15 초과 37 이하	90
37 초과 88 이하	110
88 초과 121 이하	130
121 초과 145 이하	150
145 초과 169 이하	170
169 초과 242 이하	230
242 초과 362 이하	380
362 초과 550 이하	550
550 초과 800 이하	790

정보제공
산업안전보건기준에 관한 규칙 제321조(충전전로에서의 전기작업)

33. 충전전로에 근접된 장소에서 시설물 시설 등의 작업 시 접촉 또는 접근으로 인한 감전위험 방지조치 중 부적당한 것은?

① 해당 충전전로 이설   ② 절연용 보호구 착용
③ 절연용 방호구 설치   ④ 감시인 배치

해설
시설물 건설 등의 작업시 감전방지 조치사항
① 해당 충전전로를 이설할 것
② 감전의 위험을 방지하기 위한 방책을 설치할 것
③ 해당 충전전로에 절연용 방호구를 설치할 것
④ 제①호 내지 제③호에 해당하는 조치를 하는 것이 현저히 곤란할 때에는 감시인을 두고 작업을 감시하도록 할 것

34. 피뢰도선과 가스관과의 이격거리는?

① 0.5[m] 이상   ② 1[m] 이상
③ 1.5[m] 이상   ④ 2[m] 이상

해설
피뢰기와 다른 설비와의 관계
① 피뢰도선은 전등선, 전화선, 또는 가스관에서 1.5[m] 이상 이격
② 피뢰도선에서 1.5[m] 이내에 있는 전선과 철사다리, 철관 등의 금속제는 접지시킨다.
③ 피뢰침은 가연성 가스가 발산할 우려가 있는 밸브, 게이지, 배기공 등으로부터 1.5[m] 이상 이격한다.
④ 접지극의 저항은 10[Ω] 이하로 하며 접지극 또는 매설도선은 가스관에서 1.5[m] 이상 이격한다.

35. 피뢰기의 구조는? 22. 3. 5 기

① 특성요소와 소호리액터
② 소호리액터와 콘덴서
③ 특성요소와 콘덴서
④ 특성요소와 직렬갭

해설
피뢰기
(1) 피뢰기의 작동원리
변압기의 선로측에 접속되는데 평상시에는 전류가 흐르지 않으나 방전 개시전압보다 높은 이상 전압이 내습해오면 피뢰기는 이 전압을 대지로 방전하여 그 단자전압을 기기의 내전압 이하의 낮은 값으로 떨어뜨린다.
(2) 피뢰기의 구성요소
① 직렬갭
② 특성요소

36. 충전전로의 선간전압이 37[kV] 초과 88[kV] 이하일 때 접근한계거리로 적합한 것은?

① 30[cm]   ② 40[cm]
③ 110[cm] ④ 60[cm]

해설
충전전로의 선간 접근한계거리
◉ 문제 32번 해설 확인

[정답] 32 ④ 33 ② 34 ③ 35 ④ 36 ③

37 ★★ 피뢰침에 대한 기술 중 잘못된 것은?

① 피뢰침의 보호범위는 위험물 저장고일 경우 30[°] 이내이다.
② 접지공사를 한다.
③ 돌침은 지붕에 지름 12[mm] 이상의 동막대 사용
④ 뇌우기(雷雨期)전에 접지저항, 접지선, 단선 등을 점검한다.

해설

피뢰침
(1) 피뢰설비(피뢰침)
  ① 피뢰침 : 돌침부, 피뢰도선 및 접지극 등으로 구성되는 피뢰설비
  ② 돌침 : 뇌격의 단자로 공중에 돌출된 금속제로서 그 선단은 가연물보다 30[cm] 이상(1.5[m] 정도가 좋다) 돌출시키고 그 지름은 12[mm] 이상의 동, 철 등을 사용할 것
  ③ 피뢰도선 : 뇌전류를 흘리기 위하여 돌침, 독립피뢰침, 독립가공지선 등과 접지극을 접속하는 도선으로 2조 이상으로 하고 동의 경우 30[mm²] 이상의 단선, 연선, 파이프 등으로 규정하고 있다.
  ④ 접지극 : 피뢰도선과 대지를 전기적으로 접속하기 위하여 지중 매설하며 이 접지극은 동판, 아연도금강판, 철, 파이프 등의 도체를 사용한다.
(2) 보호범위(보호각)
  프랭클린 이래로 피뢰침에 의한 보호범위는 직선 이하 부분으로 생각되어 왔으나 최근에 축조된 고층빌딩 등에 낙뢰가 빈번하게 떨어지는 관계로 좀 더 정교한 이론을 바탕으로 한 보호범위의 예시가 미국의 NEPA와 독일의 FGH의 보호범위이다.

38 ★★★★ 피뢰침의 접지공사에 대한 설명 중 옳은 것은?

① 접지극을 병렬로 하는 경우 1[m] 이상의 간격으로 한다.
② 피뢰침의 종합접지는 20[Ω] 이하로 한다.
③ 타 접지극과의 이격거리는 2[m] 이상으로 한다.
④ 각 인하도선마다 2개 이상의 접지극을 접속한다.

해설

피뢰침과 타설비와의 관계
① 피뢰도선은 전등선, 전화선 또는 가스관에서 1.5[m] 이상 이격시킨다.
② 피뢰도선에서 1.5[m] 이내에 있는 전선관, 철사다리, 철관 등의 금속제는 접지시킨다.
③ 피뢰침은 가연성 가스가 발산할 우려가 있는 밸브, 게이지, 배기공 등으로부터 1.5[m] 이상 이격시킨다.
④ 접지극의 저항은 10[Ω] 이하로 하며, 접지극 또는 매설도선은 가스관에서 1.5[m] 이상 이격시킨다.

39 ★★ 비접지식 전력용 변압기의 고·저압 혼촉으로 인하여 전동기가 소손되는 것을 방지하기 위한 조치로 사용하는 추가변압기는?

① 절연용 변압기   ② 전력용 변압기
③ 계기용 변압기   ④ 저압변압기

해설

절연용 변압기
① 대량의 송전선에 의한 저항손을 적게 하여 송전하기 위해 전압을 높게 하고 전류를 작게 하는 것이 변압기 원리이다.
② 전력용 변압기는 발전소용
③ 추가변압기는 절연용

40 ★★ 활선작업 중 다른 공사를 하는 것에 대한 안전조치는?

① 동일 지주에서는 다른 작업이 가능하다.
② 인접 지주에서는 다른 작업이 가능하다.
③ 동일 배전선에서는 관계가 없다.
④ 동일 지주 및 인접 지주에서의 다른 작업은 금한다.

활선 작업자는 어떠한 경우라도 다른 작업을 해서는 안 된다.

41 ★★ 접지공사의 종류가 아닌 것은?

① 계통접지공사
② 보호접지공사
③ 제3종 접지공사
④ 피뢰시스템 접지공사

해설

접지공사의 종류
① 계통접지
② 보호접지
③ 피뢰시스템 접지

[정답] 37 ① 38 ③ 39 ① 40 ④ 41 ③

42. 다음 절연용 보호구의 종류가 아닌 것은?

① 절연모　　② 고무장갑
③ 절연판　　④ 가죽장갑

해설

(1) 절연용 보호구
　절연장갑, 전기용 안전모, 절연화 등 작업자가 착용하는 감전방지용 보호구를 말한다.
(2) 절연용 방호구
　선로의 충전부, 지지물 주변의 전기배선 등에 설치하는 절연판, 절연커버, 절연시트 등 감전방지용 장구를 말한다.
(3) 활선작업용 기구
　활선작업시 작업하는 사람의 손으로 잡을 수 있는 부분이 절연재료로 만들어진 핫스틱 등 봉상의 절연공구를 말한다.
(4) 활선작업용 장치
　활선작업시 대지절연을 실시한 활선작업용차 또는 활선작업용 절연대를 말한다.

43. 도선에 절연, 그 밖에 전기적 특성을 해치지 않고 흘릴 수 있는 최대전류란?

① 줄열　　② 허용전류
③ 안전전류　　④ 절대전류

해설

① 줄열 : 전선에 큰 전류가 흐르면 도체내에 생기는 열
② 안전전류 : 전선에 안전하게 흘릴 수 있는 전류의 최댓값

44. 저항 20[Ω]인 전열기에 5[A]의 전류를 1시간 동안 흘렸다면 몇 [kcal]의 열량이 발생하는가?

① 500　　② 1,000
③ 860　　④ 430

해설

줄(Joule)의 법칙

$Q = I^2RT$

여기서, Q : 전류발생열[J], R : 전기저항[Ω],
　　　I : 전류[A], T : 통전시간[s]

① Q를 kcal로 환산하면 다음과 같다.
　1[kcal] = 4,186[J]
　1[kJ] = 0.2388[kcal] ≒ 0.24[kcal]
　$Q = 0.24 I^2RT \times 10^{-3}$[kcal]
② T초를 시간[h]로 환산하면 다음과 같다.
　$Q = 0.860 I^2RT$[kcal]
③ $Q = 0.24 \times 5^2 \times 20 \times (60분 \times 60초) = 432,000$[cal] = 432[kcal]

45. 440[V] 옥내배선공사 중 물기가 많고 전개된 장소에서 채용할 수 없는 공사방식은?

① 금속관공사　　② 금속덕트공사
③ 케이블공사　　④ 합성수지관공사

해설

옥내배선공사

금속몰드공사와 가요전선관공사는 콘크리트에 직접 묻을 수가 없으며, 반드시 케이블 보호장치를 한 뒤 매설한다.

46. 전기기계, 기구 주위에 작업공간으로서 한쪽 및 양쪽에 충전부분이 있을 때 작업공간을 몇 [cm]를 주어야 하는가?

① 한쪽 75[cm], 양쪽 135[cm]
② 한쪽 60[cm], 양쪽 120[cm]
③ 한쪽 50[cm], 양쪽 100[cm]
④ 한쪽 40[cm], 양쪽 80[cm]

해설

전기기계, 기구 주위의 작업공간

① 한쪽 작업공간 : 75[cm] 이상
② 양쪽 작업공간 : 135[cm] 이상
③ 보수작업공간 : 70[cm] 이상
④ 수평방향뿐만 아니라, 수직방향으로도 바닥에서 높이 3[m] 미만의 공간에는 충전부분, 전선로 및 그 밖에 장애물이 없어야 한다.

47. 전압이 높으면 근접을 피해야 하는데 22[kV]에서의 접근허용거리[cm]는?

① 1　　② 5
③ 10　　④ 90

해설

22[kV]에서는 90[cm]를 유지해야 한다.

◐ 문제 32번만 기억했으면 본 문제는 필요없겠네요.

[정답] 42 ③　43 ②　44 ④　45 ②　46 ①　47 ④

48 고압충전로 근접작업시 최소이격거리는? 20. 8. 14 ㉮

① 0.8[m] ② 1.0[m]
③ 1.2[m] ④ 1.5[m]

해설

목재의 벽 또는 천장 기타의 가연성 물체로부터 이격거리

기구 등의 구분	이격거리
고압용의 것	1[m] 이상
특고압용의 것	2[m] 이상(사용전압이 35[kV] 이하의 특고압용의 등 기구 등으로서 동작할 때에 생기는 아크의 방향과 길이를 화재가 발생할 우려가 없도록 제한하는 경우에는 1[m] 이상)

49 다음 중 조작 안전스위치에 해당되는 것은?

① 푸시버튼스위치 ② 리밋스위치
③ 토글스위치 ④ 로터리스위치

해설

리밋스위치(limit switch)
기계설비의 안전장치에서 과도하게 한계를 벗어나 계속적으로 감아올리거나 하는 일이 없도록 제한하는 장치이다.
① 권과방지장치
② 과부하방지장치
③ 과전류차단장치
④ 압력제한장치

➔ 기계안전에서도 출제

50 다음은 전열기로 인한 화재를 방지하기 위한 조치사항이다. 잘못된 것은?

① 열판의 밑부분에 차열판 설치
② 받침대는 철, 스테인리스 등 금속성 불연재료로 사용
③ 주위 0.3~0.5[m], 상방으로 1.0~1.5[m] 이내에 가연성 물질 접근방지
④ 배선, 코드의 과열방지를 위해 충분한 용량의 굵기 사용

해설

전열기의 재해방지대책
① 열판 밑에는 차열판이 있는 것을 사용할 것
② 파일럿(pilot)등이 부착된 것을 사용하여 점멸을 확실히 할 것
③ 인조석, 석면, 벽돌 등 단열성 불연재료로 받침대를 만들 것
④ 주위 30~50[cm], 위로 1~1.5[m] 이내에 가연성 물질을 접근시키지 말 것
⑤ 배선 및 코드의 용량은 충분한 것을 사용할 것

51 다음 아크전압과 아크전류에 대한 기술 중 틀린 것은?

① 일반적으로 아크전압은 크며, 전류는 소전류이다.
② 전류가 비교적 작을 때는 전압전류특성은 부특성을 나타낸다.
③ 대전류일 때는 아크전압은 아크의 길이로 정해진다.
④ 아크전류를 안정하게 유지하려면 부하특성을 가진 전압이 필요하다.

해설

전압이 크며 대전류이다.

52 고압활선 작업시 조치사항 중 잘못된 것은?

① 접근한계거리 유지
② 절연용 보호구착용
③ 활선작업용 기구사용
④ 활선작업용 장치사용

해설

고압활선작업
(1) 저압활선 및 활선근접작업시 조치사항
  ① 절연용 보호구착용
  ② 활선접근 경보기착용
  ③ 절연용 방호구의 설치 또는 해체작업시는 활선작업용 기구사용
(2) 고압활선 및 활선근접작업시 조치사항
  ① 절연용 보호구착용 및 절연용 방호구설치
  ② 활선작업용 기구사용
  ③ 활선작업용 장치사용
  ④ 충전전로에서 머리 위로 30[cm] 이상, 신체 또는 발 아래로는 60[cm] 이상 이격시킬 것
(3) 특별고압활선 및 활선근접작업시 조치사항
  ① 활선작업용 보호구착용
  ② 활선작업 장치사용
  ③ 접근한계거리 이상을 유지할 것
  ④ 충전전로에 대한 접근한계거리가 유지되도록 보기 쉬운 곳에 표지판을 설치하거나 감시인 배치

[정답] 48 ② 49 ② 50 ② 51 ① 52 ①

53 저압전로에서 접지가 발생한 경우에 자동적으로 전로를 차단하는 장치를 시설한 곳의 접지공사의 최대접지저항값은?

① 10[Ω] ② 100[Ω]
③ 300[Ω] ④ 500[Ω]

해설

자동차단장치의 정격감도전류에 따른 저항값
① 30[mA] : 500[Ω]   ② 50[mA] : 300[Ω]
③ 100[mA] : 150[Ω]   ④ 200[mA] : 75[Ω]
⑤ 300[mA] : 50[Ω]   ⑥ 500[mA] : 30[Ω]

54 정전작업이 끝난 후 필요한 조치사항은?

① 감전위험요인 제거
② 개로개폐기의 시건 혹은 표시
③ 단락접지기구 제거
④ 감독자 선임

해설

정전작업이 끝난 후 조치사항은 단락접지기구 제거이다.

55 용접용 가죽제보호장갑에 대한 설명이 아닌 것은?

① 불꽃, 용융금속으로부터 손의 상해를 방지하는 데 사용하며 1종은 아크용접에 사용
② 유연하여 탄력성이 있고 일정한 인장력을 갖출 것
③ 손바닥이나 손가락부분의 두께가 균일할 것
④ 천연 또는 합성고무제로 바늘구멍, 이물감, 피부자극성 등 결점이 없을 것

해설

보호장갑의 종류

종류	주요 재료
일반작업용	천연·합성섬유(면, 나일론, 비닐론 등 쇠가죽 크롬처리), 고무
용접용	쇠가죽 크롬처리
내열용	석면, 알루미늄으로 표면처리한 석면
내화학약품용	고무, 합성고무, 플라스틱
전기용 고무장갑	고무
방전용	합성고무, 폼러버(foam rubber)
절상방지용	금속, 특수섬유

참고 1995년 8월 27일 기출문제 출제

56 60[kV]급 이하의 피뢰기의 접지저항은 몇 [Ω]인가?

① 10[Ω] ② 20[Ω]
③ 30[Ω] ④ 100[Ω]

해설

피뢰기접지공사에 있어 저항은 10[Ω] 이하이다.

○ 피뢰기에 관한 문제는 매회 출제되니 기억하세요.

57 금속도체 상호간 혹은 대지에 대하여 전기적으로 절연되어 있는 2개 이상의 금속도체를 전기적으로 접속하여 서로 같은 전위를 형성하여 정전기 사고를 예방하는 것을 무엇이라 하는가?

① 본딩   ② 제1종 접지
③ 대전분리 ④ 특별접지

해설

본딩(Bonding)
① 금속도체 상호간 혹은 대지에 대하여 전기적으로 절연되어 있는 2개 이상의 금속도체를 전기적으로 접속한다.
② 서로 같은 전위를 형성하여 정전기 사고를 예방하는 것은 본딩(Bonding)이다.

58 다음 중 공통접지의 장점이 아닌 것은?

① 여러 설비가 공통의 접지전극에 연결되므로 장비 간의 전위차가 발생된다.
② 시공 접지봉수를 줄일 수 있어 접지공사비를 줄일 수 있다.
③ 접지선이 짧아지고 접지계통이 단순해져 보수점검이 쉽다.
④ 접지극이 병렬로 되므로 독립접지에 비해 합성저항값이 낮아진다.

[정답] 53 ④ 54 ③ 55 ④ 56 ① 57 ① 58 ①

해설

공통접지의 장점
① 시공 접지봉수를 줄일 수 있어 접지공사비를 줄일 수 있다.
② 접지선이 짧아지고 접지계통이 단순해져 보수점검이 쉽다.
③ 접지극이 병렬로 되므로 독립접지에 비해 합성저항값이 낮아진다.
④ 여러 설비가 공통의 접지전극에 연결되므로 등전위가 구성되어 장비 간의 전위차가 발생되지 않는다.
⑤ 여러 접지극을 연결함으로써 서지(surge)나 노이즈(noise) 정류방전이 쉽다.

59 ★★ 인체가 현저하게 젖어 있는 상태 또는 금속제의 전기기계·기구나 구조물에 인체의 일부가 상시 접촉되어 있는 상태에서의 허용접촉전압은 몇 [V] 이하인가?

① 2.5　　② 10
③ 25　　④ 50

해설

허용접촉전압의 크기
① 제1종 : 2.5[V] 이하
② 제2종 : 25[V] 이하
③ 제3종 : 50[V] 이하
④ 제4종 : 제한없음

참고 1996년 1월 31일 기출문제

60 ★★ 부하에 400[A]의 전류가 흐르는 단상 2선식의 한 전선에서 허용되는 누설전류는 몇 [A] 인가? 17. 5. 7 ㉮

① 0.2　　② 0.1
③ 0.4　　④ 0.5

해설

누설전류

$I = 400 \times \dfrac{1}{2,000} = 0.2[A]$

◉ ① 단상 1선식은 1/1,000을 사용합니다.
　② 비슷한 유형의 문제가 많으니 유의하세요.

61 ★★★★ 다음의 기계·기구 중 접지공사를 생략할 수 있는 것은?

① 전동기의 철대 또는 외함의 주위에 절연대를 설치한 곳
② 440[V] 전동기를 설치한 곳
③ 변압기의 2차측 전로
④ 저압용의 기계·기구

해설

① 외 이중절연기구, 비접지방식 채용
◉ 산업안전보건기준에 관한 규칙 제328조

62 ★★★ 교류아크용접기의 보조변압기에 2차 전압은 몇 [V] 이하로 하는가?

① 100　　② 70
③ 50　　④ 25

해설

전격방지기(자동전격방지장치)
① 자동전격방지장치 : 교류아크용접기에는 무부하시 2차측 홀더와 어스에 약 65[V]~90[V]의 높은 전압이 걸려 작업자에 대한 위험도가 높으므로 용접기가 아크발생을 중단시킬 때 단시간 내에 해당 용접기의 2차 무부하전압을 안전전압 25[V] 이하로 내려줄 수 있는 전기적 안전장치이다.
② 전격방지장치의 동작원리 : 전격방지장치를 부착한 용접기의 주회로를 제어하는 장치를 가지고 있어 용접봉의 조작에 따라 용접할 때에만 용접기의 주회로를 형성하고 그 외에는 용접기의 출력측의 무부하 전압을 저하시키도록 동작하는 장치로 구성되어 있다.

63 ★★ 낙뢰에 의한 구조물 재해방지대책으로 피뢰설비의 설치내용 중 틀린 사항은?

① 피뢰침에 의한 보호범위는 위험저장소의 경우 각도는 없다.
② 피뢰설비는 돌침피뢰도선 접지극으로 구성된다.
③ 피뢰도선은 전동기가스관에서 1.5[m] 이상 이격시켜야 한다.
④ 접지극은 알루미늄을 사용하며 두께는 2[mm], 면적은 9.35[m²]로 한다.

[정답] 59 ③　60 ①　61 ①　62 ④　63 ④

해설

접지극은 동판을 사용한다.

64 ★★★ 다음 중 우리나라의 154[kV] 계통의 중성점접지방식으로 옳은 것은?

① 직접접지방식 ② 간접접지방식
③ 한류리액터 접지방식 ④ 소호리액터 접지방식

해설

중성점접지방식
① 직접접지방식의 전압 : 154[kV] 또는 345[kV]
② 소호리액터 또는 비접지방식의 전압 : 22[kV] 또는 66[kV]
③ 보호계전기의 구성요소 : 주요소, 동작표시기, 외부단자, 보조요소, 외함
④ 발전기, 변압기 등의 내부고장 검출용 계전기 : 비율 차동계전기
⑤ 각 상의 단락 또는 과부하로 예정치 이상의 전류가 흐를 때 작동하는 계전기 : 과전류계전기

65 ★★ 교류아크용접기의 자동전격방지장치는 아크발생이 중단 전후 약 몇 [초] 이내에 출력측 무부하전압은 몇 [V] 이하로 강하시켜야 하는가?

① 약 1[초] 이내 25[V]~30[V]
② 약 2.5[초] 이내 15[V]~35[V]
③ 약 3[초] 이내 25[V]~30[V]
④ 약 4[초] 이내 15[V]~35[V]

해설

자동전격방지장치
① 교류아크용접기에는 무부하시 2차측 홀더와 어스에 약 65[V]~90[V]의 높은 전압이 걸려 작업자에 대한 위험도가 높으므로 용접기가 아크발생을 중단시킬 때 단시간 내에 해당 용접기의 2차 무부하전압을 안전전압 25[V] 이하로 내려줄 수 있는 전기적 안전장치이다.
② 시간은 반드시 1.0[초] 이내

참고문제

정전작업시 정전시킨 전로에 잔류전하를 방전할 필요가 있다. 전원차단 이후에도 잔류전하가 남아 있을 가능성이 가장 낮은 것은? 18. 4. 28 ㉎

① 방전코일 ② 전력케이블
③ 전력용 콘덴서 ④ 용량이 큰 부하기기

정답 ①

해설 방전코일(Discharge Coil)
① 회로개방시 콘덴서에 충전 잔류전하를 5초에 50[V] 이하가 되도록 방전하기 위해 사용
② 콘덴서에 병렬로 설치하여 잔류전하가 "0"이 되도록 한다.

66 ★★ 의료용 전자기기(Medical Electronic Instrument)에서 인체의 마이크로 쇼크(MicroShock)방지를 목적으로 시설하는 접지로 가장 적절한 것은?

① 기기접지 ② 계통접지
③ 등전위접지 ④ 정전접지

해설

등전위접지
의료용 전자기기(Medical Electronic Instrument)에서 인체의 마이크로 쇼크(Micro Shock)방지를 목적으로 시설하는 접지

67 다음 빈칸에 들어갈 내용으로 알맞은 것은?
22. 3. 5 ㉎ 23. 2. 28 ㉎

"교류 특고압 가공전선로에서 발생하는 극저주파 전자계는 지표상 1[m]에서 전계가 (ⓐ), 자계가 (ⓑ)가 되도록 시설하는 등 상시 정전유도 및 전자유도 작용에 의하여 사람에게 위험을 줄 우려가 없도록 시설하여야 한다."

① ⓐ 0.35[kV/m] 이하 ⓑ 0.833[μT] 이하
② ⓐ 3.5[kV/m] 이하 ⓑ 8.33[μT] 이하
③ ⓐ 3.5[kV/m] 이하 ⓑ 83.3[μT] 이하
④ ⓐ 35[kV/m] 이하 ⓑ 833[μT] 이하

해설

전기사업법, 전기설비기준
① 특고압 가공전선로에서 발생하는 극저주파 전자계는 지표상 1[m]에서 전계가 3.5[kV/m] 이하
② 자계가 83.3[μT] 이하가 되도록 시설

[정답] 64 ① 65 ① 66 ③ 67 ③

주요항목 06. 화재·폭발 검토

중점 학습내용

연소란 가연물이 공기 중에서 산소와 반응하여 열과 빛을 동반하는 급격한 산화반응이다. 연소는 응축상태 혹은 기체상태의 가연물의 자발적인 발열반응과정이라 할 수 있으며 응축상태의 연소를 작열연소(灼熱燃燒)라 하고 기체상태의 연소는 불꽃연소라 한다. 이 정의는 매우 광범위하여 산소가 관여되는 화학반응에만 한정되지 않는다. 마그네슘, 알루미늄, 칼슘 같은 금속은 순수한 질소 내에서 연소를 일으킨다. 또 히드라진(N_2H_4), 디보란(B_2H_6), 니트로메탄(CH_3NO_2) 같은 물질은 어느 정도 열을 받으면 직접분해하며, 열과 빛을 낸다.
우리가 흔히 불이라고 부르는 것으로 약 800[℃] 이상의 온도에서 고온의 연소가스 및 열복사를 발하는 산소에 의한 급격한 산화반응만을 설명하였다. 연소는 대체로 불꽃연소 및 표면연소(작열연소)의 두 가지 양상으로 분류된다. 시험에 출제가 예상되는 본 장의 중심적인 학습내용은 다음과 같이 구성하였다.

❶ 화재·폭발 이론 및 발생 이해
❷ 소화원리 이해
❸ 폭발방지대책 수립

합격날개

합격예측

기체연소 20. 9. 27 ⑦
: 확산연소(발염연소), 혼합연소, 불꽃연소

액체연소
: 증발연소, 액적연소, 불꽃연소

고체연소
: 표면연소, 분해연소, 증발연소, 자기연소

용어정의

① **인화** : 물질 조건(가연성 물질과 산소의 존재)을 구비한 계가 외부로부터 에너지를 받아 착화하는 현상
② **발화** : 외부로부터의 에너지 유입 없이 내부의 열만으로 착화하는 현상
③ **착화** : 점화원 없이 발화하는 현상 18. 3. 4 ⑭ 21. 3. 7 ⑦
④ **화재**(火災) : 불에 의한 재난

은행문제

연소의 3요소 중 1가지에 해당하는 요소가 아닌 것은?
① 메탄 ② 공기
③ 정전기방전 ④ 이산화탄소

정답 ④

세부항목 1. 화재·폭발 이론 및 발생 이해

1. 연소(燃燒 : combustion)의 정의 및 요소

(1) 연소의 정의

① 물질이 연소한다는 것은 화학반응의 일종으로 발열과 발광을 수반하는 산화반응을 뜻한다.(물질이 빛이나 열 또는 불꽃을 내면서 빠르게 산소와 결합하는 반응)
② 물질이 다른 데서 점화(點火)에너지를 받고 산소와 화합하여 산화반응을 일으켜 점화에너지 이상의 열에너지를 발생하여 다른 물질로 변화하는 것이다.
③ 열에너지의 발생이 발열이다.
④ 발열로 온도가 상승하면 그 온도에 대응하는 열복사선을 방출하는데 다시 온도가 고온으로 되었을 때의 열복사선이 가시광선대역(可視光線帶域)으로 들어오는 파장으로 되어 돌아오는 것이 발광(發光)이다.
⑤ 연소가 일어나기 위해서는 가연성 물질, 산소, 점화에너지의 세 가지 요소가 필요하며, 일반적으로 이들을 연소의 3요소라고 한다.

(2) 연소의 3요소 16. 8. 21 ⑭ 19. 8. 4 ⑭

① **가연물** : 불에 탈 수 있는 인화성 물질이 존재하여야 한다.
② **열 또는 점화원** : 인화성 물질을 발화시킬 수 있는 점화원이 필요하다.
③ **산소(공기)** : 충분한 산소의 공급이 요구된다.

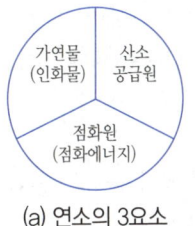
(a) 연소의 3요소

(b) 연소의 4요소

[그림] 연소의 2가지 표현

2. 폭발(爆發 : explosion)의 원리

(1) 폭발의 정의

① 분해, 중합, 축합, 연소 등 화학변화에 의해 폭발하는 것은 화학적 폭발이라 한다.
② 압력용기의 파열에 의한 물리적인 폭발이 있으며 연소속도는 0.1~10[m/sec]이다.

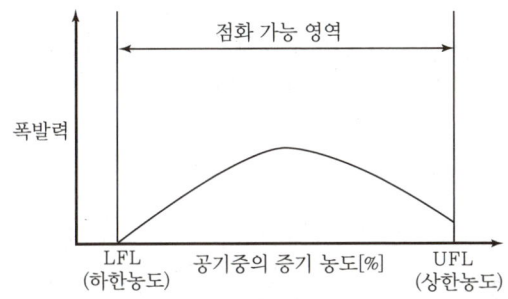

[그림] 폭발 한계 (Explosive Limits)

(2) 폭발발생의 필수인자 19.3.3 ㉮ 20.9.27 ㉮ 22.3.5 ㉮ 23.2.28 ㉮ 24.2.15 ㉮ 25.2.7 ㉮

① 인화성 물질 온도
② 조성(인화성 물질의 농도범위)
③ 압력의 방향
④ 용기의 크기와 형태(모양)

(3) 폭발성 물질의 종류

① 화학적 폭발 : 화학적 변화에 의해 폭발되는 형태를 말하며 종류는 다음과 같다.
  ㉮ 분해폭발 : C_2H_2(아세틸렌)는 화합물로 가압시 분해하여 폭발한다. 18.8.19 ㉯
  ㉯ 화합폭발 : C_2H_2, Ag, Hg, Mg, Cu{폭발성 화합물인 아세틸라이드 (Cu_2C_2 : 구리아세틸라이드, Ag_2C_2 : 은아세틸라이드, Mg_2C_2 : 마그네슘 아세틸라이드, Hg_2C_2 : 수은아세틸라이드)} 등이 화합되어 폭발한다.
  ㉰ 중합폭발 : 시안화수소(HCN) 등의 중합에 의해서 폭발한다.
  ㉱ 연소폭발(산화폭발) : 인화성+산소, $C_3H_8 + 5O_2 \rightarrow 3CO_2 + 4H_2O$ 등의 산화에 의해서 폭발한다.

Q 은행문제

아세틸렌에 관한 설명으로 옳지 않은 것은?
① 철과 반응하여 폭발성 아세틸리드를 생성한다.
② 폭굉의 경우 발생압력이 초기 압력의 20~50배에 이른다.
③ 분해반응은 발열량이 크며 화염온도는 3,100[℃]에 이른다.
④ 용단 또는 가열작업시 1.3[kgf/cm²] 이상의 압력을 초과하여서는 안 된다.

정답 ①

합격예측 및 관련법규

262조(파열판의 설치)
사업주는 제261조 제1항 각 호의 설비가 다음 각 호의 어느 하나에 해당하는 경우에는 파열판을 설치하여야 한다.
1. 반응폭주 등 급격한 압력 상승의 우려가 있는 경우
2. 급성독성 물질의 누출로 인하여 주위의 작업환경을 오염시킬 우려가 있는 경우
3. 운전중 안전밸브에 이상 물질이 누적되어 안전밸브가 작동되지 아니할 우려가 있는 경우

제263조(파열판 및 안전밸브의 직렬설치)
사업주는 급성독성 물질이 지속적으로 외부에 유출될 수 있는 화학설비 및 그 부속설비에는 파열판과 안전밸브를 직렬로 설치하고 그 사이에는 압력지시계 또는 자동경보장치를 설치하여야 한다.
18. 8. 19 19. 3. 3 23. 2. 28

합격예측

연소점[燃燒點, fire point]
① 인화점보다 10[℃] 높으며 연소를 5[초] 이상 지속할 수 있는 온도
② 어떤 인화성 액체가 공기 중에서 열을 받아 점화원의 존재하에 지속적인 연소를 일으킬 수 있는 온도
③ 가연성 액체가 개방된 용기에서 증기를 계속 발생하며 연소가 지속될 수 있는 최저온도

---

② **기계적 폭발** : 고압가스용기, 보일러 등의 폭발을 말하며 용기의 내압력이 부족하거나 또는 용기내부의 압력이 순간적으로 급상승하여 폭발한다.

(4) 인화성 가스의 폭발범위

① 폭발한계(연소범위)란 인화성 물질이 기체상태에서 공기와 혼합하여 일정 농도범위 내에서 연소가 일어나는 범위를 말한다.(인화성 가스와 공기혼합비)
② 폭발한계는 하한계(하한값)와 상한계(상한값)로 표시한다.
③ 상한계란 용량으로 연소가 계속되는 최대용량비를 말한다.
④ 하한계란 용량으로 연소가 계속되는 최저용량비를 말한다.
⑤ 위험성의 하한계가 낮으면 낮을수록 연소범위가 넓으면 넓을수록 위험하다.
⑥ 압력상승시 하한계는 불변, 상한계만 상승한다.

3. 연소(화재)·폭발의 형태 및 종류

(1) 연소형태의 정의

① 연소형태는 연소의 상황에 따라 크게 정상연소와 비정상연소로 나눌 수 있다.
② 정상연소란 열의 발생과 발산하는 열이 균형을 유지하면서 정상적으로 연소하는 것이다.
③ 비정상연소는 인화성 기체와 공기와의 혼합기체가 밀폐된 상태에서 점화되었을 때 연소속도가 급격히 증가하여 폭발적으로 연소하는 것을 말한다.

(2) 연소의 종류

1 기체의 연소(발염연소, 확산연소) 17. 5. 7 산

① 확산연소(불균질연소) : 가연성 기체를 대기 중에 분출·확산시켜 연소하는 방식(예 불꽃은 있으나 불티가 없는 연소)
② 혼합연소(예혼합연소, 균질연소) : 먼저 가연성 기체를 공기와 혼합시켜 놓고 연소하는 방식

2 고체의 연소 16. 8. 21 기 17. 5. 7 기 18. 8. 19 기 19. 8. 4 기 21. 8. 14 기

① 표면연소 : 열분해에 의하여 인화성 가스를 발생하지 않고 물질 그 자체가 연소하는 형태(예 코크스, 목탄, 금속분(가루) 등) 23. 2. 28 기
② 분해연소 : 충분한 열에너지 공급시 가열분해에 의해 발생된 인화성 가스가 공기와 혼합되어 연소하는 형태(예 목재, 종이, 석탄, 플라스틱)
③ 증발연소 : 고체위험물을 가열하면 열분해를 일으켜 액체가 된 후 어떤 일정온도에서 발생된 인화성 증기가 연소하는 형태(예 황, 나프탈렌)
④ 내부(자기)연소 : 제5류 위험물은 인화성이면서 자체 내에 산소를 함유하고 있어 공기 중의 산소를 필요로 하지 않고 연소하는 형태(예 니트로화합물, 다이너마이트, TNT) 23. 7. 8 기 24. 2. 15 기

3 액체의 연소(증발연소, 불꽃연소)

① 액체 가연물이 연소할 때는 액체 자체가 연소하는 것이 아니라 액체 표면에서 발생되는 증기가 연소하는 것으로서 액체 표면에서 발생된 인화성 증기가 공기와 혼합되어 연소범위 내에 있을 때 어떤 열원(점화원)에 의해 연소되므로 증발연소라고도 한다.

② 액체의 연소에는 액적연소가 있는데, 이는 점도가 높고 비휘발성인 액체를 점도를 낮추어 분무기(버너)를 사용하여 액체의 입자를 안개상으로 분출하여 연소하는 방법으로 액체의 표면적을 넓게 하여 공기와의 접촉을 많게 하는 방법이다. 보통 액체의 연소는 증발연소가 대부분이다. (예 양초 및 휘발유 연소)

4. 연소(폭발)의 범위 및 위험도

(1) 폭발현상

혼합가스가 연소범위에서 점화되었을 때 고온과 빠른 연소속도로 인해 체적이 급격히 팽창함으로써 음향 그리고 주위에 기계적 파괴력을 미치는 현상이다.

예 Al, Na+H_2O=폭발

(2) 폭연과 폭굉

폭발의 일종으로 폭풍압의 속도가 음속 이하의 경우를 폭연이라 하며, 음속 이상으로 충격파를 수반하고 파괴작용이 생기는 경우를 폭굉이라 한다.

5. 완전연소 조성농도

(1) 혼합기체의 연소속도

대체적으로 $0.1 \sim 10[m/sec]$이나 밀폐된 상태에서 착화되면 순간적으로 연소하고 연소가스는 팽창해서 약 $7 \sim 8[kg/cm^2]$의 고압을 발생하여 파괴력을 가지게 된다. (연소파)

> **보충학습** 연소한계(폭발한계)에 영향을 주는 요인   17.5.7 기 18.4.28 산   20.9.27 기 22.3.5 기
>
> ① 온도 : 폭발하한은 100[℃] 증가할 때마다 25[℃]에서의 값이 8[%]가 감소하며, 폭발상한은 8[%]가 증가한다.
> ② 압력 : 가스압력이 높아질수록 폭발범위는 넓어진다.(상한값이 증가함)
> ③ 산소 : 폭발하한값은 변함이 없으나 상한값은 산소의 농도가 증가하면 현저히 상승한다.

(2) 폭발(爆發)   16.8.21 기 18.4.28 기 21.8.14 기

인화(가연)성 기체 또는 액체의 발생속도가 열의 일상속도를 상회하는 현상

Q 은행문제

폭발하한계에 관한 설명으로 옳지 않은 것은?

① 폭발하한계에서 화염의 온도는 최저치로 된다.
② 폭발하한계에 있어서 산소는 연소하는 데 과잉으로 존재한다.
③ 화염이 하향전파인 경우 일반적으로 온도가 상승함에 따라서 폭발하한계는 높아진다.
④ 폭발하한계는 혼합가스의 단위체적당의 발열량이 일정한 한계치에 도달하는데 필요한 가연성 가스의 농도이다.

정답 ③

합격예측 및 관련법규

제264조(안전밸브 등의 작동요건) 19.3.3 산 19.4.27 산 23.3.1 산

설치한 안전밸브 등이 해당 안전밸브 등을 통하여 보호하려는 화학설비의 최고사용압력 이하에서 작동되도록 하여야 한다. 다만, 안전밸브 등이 2개 이상 설치된 경우에 1개는 최고사용압력의 1.05배(외부화재를 대비한 경우에는 1.1배) 이하에서 작동되도록 설치할 수 있다.

제265조(안전밸브 등의 배출용량)

안전밸브 등의 배출용량은 그 작동원인에 따라 각각의 소요분출량을 계산하여 가장 큰 수치를 해당 안전밸브 등의 배출용량으로 하여야 한다.

합격예측

안전간격(화염일주한계)

화염이 틈새를 통하여 바깥쪽의 폭발성 가스에 전달되지 않는 한계의 최대 틈새 20.6.7 기

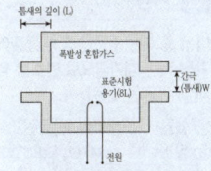

[그림] 폭발 등급 측정장치

6. 연소파와 폭굉파

(1) 폭굉(Detonation) 18. 4. 28

폭발범위 내의 어떤 특정 농도범위에서는 연소의 속도가 폭발에 비해 수백 내지 수천배에 달하는 현상

① 폭발의 연소속도 : 0.1~10[m/sec](연소파)
② 폭굉의 연소속도 : 1,000~3,500[m/sec](폭굉파 → 충격파) 23. 5. 13

(2) 안전간격

① 안전간격은 내측의 가스 점화 시 외측의 폭발성 혼합가스까지 화염이 전달되지 않는 한계의 틈이다. 23. 7. 8
② 8[ℓ]의 둥근 용기 안에 폭발성 혼합가스를 채우고, 점화시켜 발생된 화염이 용기 외부의 폭발성 혼합가스에 전달되는가의 여부를 측정하였을 때 화염을 전달시킬 수 없는 한계의 틈사이(화염일주한계)를 말한다.

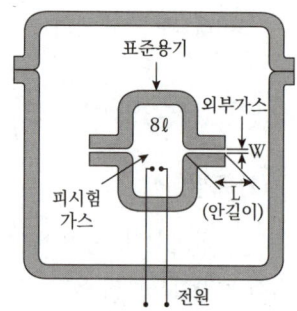

[그림] 안전간격 16. 3. 6

③ 안전간격이 작은 가스일수록 폭발위험이 크며, 가스폭발한계 측정 시 화염 방향이 상향일 때 가장 넓은 값을 나타낸다.

(3) 폭굉(Detonation)의 조건 17. 5. 7 23. 6. 4

① 폭발 중에서도 격렬한 폭발로서 화염전파속도가 음속보다 빠른 경우이며 파면선단에 충격파라고 하는 압력파가 솟구치는 현상이다.
② 관내의 혼합가스의 한 점에서 착화되었을 때 연소파가 어떤 거리를 진행한 후 돌연히 연소전파속도가 증가하고 마침내 그 속도가 1,000~3,500[m/sec]까지 도달할 때가 있는데 이때의 경우를 폭굉현상(Detonation phenome-non)이라 한다.
③ 폭굉파의 전파속도는 음속을 초과하고 이때 파면선단에 충격파가 형성되며 심한 파괴작용을 동반한 현상을 폭굉이라 한다. 19. 4. 27

[표] 가연성 가스의 폭발등급 및 이에 대응하는 내압방폭구조의 폭발등급

최대안전틈새 범위[mm]	0.9 이상	0.5 초과 0.9 미만	0.5 이하
가연성 가스의 폭발등급	A	B	C
방폭전기기기의 폭발등급	IIA	IIB	IIC

[비고] 최대안전틈새는 내용적이 8리터이고 틈새깊이가 25[mm]인 표준용기 안에서 가스가 폭발할 때 발생한 화염이 용기 밖으로 전파하여 가연성 가스에 점화되지 않는 최댓값

안전간격이 좁을수록(폭발 C등급) 위험하다.

합격예측 및 관련법규

266조(차단밸브의 설치금지)
16. 5. 8 17. 8. 26 18. 8. 19
21. 3. 7 23. 7. 8

사업주는 안전밸브 등의 전·후단에는 차단밸브를 설치하여서는 아니 된다. 다만, 다음 각 호의 1에 해당하는 경우에는 자물쇠형 또는 이에 준하는 형식의 차단밸브를 설치할 수 있다.

1. 인접한 화학설비 및 그 부속설비에 안전밸브 등이 각각 설치되어 있고 해당 화학설비 및 그 부속설비의 연결배관에 차단밸브가 없는 경우
2. 안전밸브 등의 배출용량의 2분의 1 이상에 해당하는 용량의 자동압력조절밸브(구동용 동력원의 공급을 차단할 경우 열리는 구조인 것에 한정한다)와 안전밸브 등이 병렬로 연결된 경우
3. 화학설비 및 그 부속설비에 안전밸브 등이 복수방식으로 설치되어 있는 경우
4. 예비용 설비를 설치하고 각각의 설비에 안전밸브 등이 설치되어 있는 경우
5. 열팽창에 의하여 상승된 압력을 낮추기 위한 목적으로 안전밸브가 설치된 경우
6. 하나의 플레어 스택(flare stack)에 둘 이상의 단위공정의 플레어 헤더(flare header)를 연결하여 사용하는 경우로서 각각의 단위공정의 플레어 헤더에 설치된 차단밸브의 열림·닫힘 상태를 중앙제어실에서 알 수 있도록 조치한 경우

Q 은행문제

다음 중 메탄-공기 중의 물질에 가장 적은 첨가량으로 연소를 억제할 수 있는 것은?

① 헬륨 ② 이산화탄소
③ 질소 ④ 브롬화메틸

정답 ④

(4) 자연발화 및 연소조건

1 자연발화 구분 17. 3. 5 ② 22. 3. 5 ②

① 산화열에 의한 발화 : 석탄, 건성유 등
② 분해열에 의한 발화 : 셀룰로이드, 니트로셀룰로오스 등
③ 흡착열에 의한 발화 : 활성탄, 목탄 등
④ 미생물에 의한 발화 : 퇴비, 먼지 등

2 자연발화조건 17. 8. 26 ② 18. 3. 4 ② 18. 8. 19 ② 20. 8. 22 ② 22. 3. 5 ② 23. 7. 8 ②

① 발열량이 클 것
② 열전도율이 작을 것
③ 주위의 온도가 높을 것
④ 표면적이 넓을 것
⑤ 수분이 적당량 존재할 것(미생물 존재)

3 연소의 조건(타기 쉬운 조건) 19. 3. 3 ②

① 열전도율이 작은 것일수록
② 건조도가 좋은 것일수록
③ 산소와의 접촉면이 클수록
④ 발열량이 큰 것일수록
⑤ 산화되기 쉬운 것일수록

7. 폭발의 원리 및 이론 방지대책

(1) 이상기체 상태방정식

$$PV = nRT$$

즉, P : 압력[atm], R : 기체상수$(0.08205[l \cdot atm/g \cdot mol\ K])$
V : 부피(체적[l]), n : mol 수(무게/분자량), T : 절대온도($-273[℃]$)

이상기체 상태방정식에서 정수(R), 체적(V)이 일정하면 압력은 몰 수(n) 및 절대온도(T)에 비례한다.
$PV = nRT$에서 V, R이 일정하면 $P = n \cdot T$이다.

합격예측 및 관련법규

제267조(배출물질의 처리)

사업주는 안전밸브 등으로부터 배출되는 위험물은 연소·흡수·세정(洗淨)·포집(捕集) 또는 회수 등의 방법으로 처리하여야 한다. 다만, 다음 각 호의 1에 해당하는 경우에는 배출되는 위험물을 안전한 장소로 유도하여 외부로 직접 배출할 수 있다.

1. 배출물질을 연소·흡수·세정(洗淨)·포집(捕集) 또는 회수 등의 방법으로 처리할 때에 파열판의 기능을 저해할 우려가 있는 경우
2. 배출물질을 연소처리할 때에 유해성 가스를 발생시킬 우려가 있는 경우
3. 고압상태의 위험물이 대량으로 배출되어 연소·흡수·세정(洗淨)·포집(捕集) 또는 회수 등의 방법으로 완전한 처리가 불가능한 경우
4. 공정설비가 있는 지역과 떨어진 인화성 가스 또는 인화성 액체 저장탱크에 안전밸브 등이 설치된 경우로서 저장탱크에 냉각설비 또는 자동소화설비 등 안전상의 조치를 하였을 경우
5. 그 밖에 배출량이 적거나 배출시 급격히 분산되어 재해의 우려가 없으며, 냉각설비 또는 자동소화설비 등 안전상의 조치를 하였을 경우

Q 은행문제

다음 중 화학반응에 의해 발생하는 열이 아닌 것은?

① 연소열　② 압축열
③ 반응열　④ 분해열

정답 ②

읽을거리

보일 법칙

온도가 일정할 때 기체의 압력과 부피는 서로 반비례 관계에 있다. 즉 압력을 2배, 3배로 키울 때 부피는 1/2, 1/3이 된다. 이는 1662년 영국의 과학자 로버트 보일이 기체의 압력과 부피 사이의 관계를 조사하여 알아낸 결과로써 이상기체 사애 방정식에서 P=nRT/V=상수/V로 표현된다.
공기보다 가벼운 기체가 들어있는 풍선을 놓치면 하늘로 계속 올라가며 부피가 커지다가 결국에는 터지게 되는데 이는 대기압이 고도가 높아질수록 외부 압력이 낮아지기 때문이다. 외부 압력이 낮아질 때 풍선의 부피가 증가하는 현상은 보일 법칙을 극명하게 보여주는 실생활의 한 예이다.

샤를 법칙

1787년 프랑스의 과학자 샤를이 발견한 법칙으로 기체의 압력을 일정하게 유지할 때 기체의 온도를 높이면 기체의 부피가 증가하게 됨을 기술한다. 기체의 부피와 온도 사이에 존재하는 이러한 규칙을 샤를 법칙이라고 명명하고 V=nRT/P이므로 V와 T는 서로 비례 관계에 있음을 쉽게 알 수 있다.
찌그러진 탁구공을 뜨거운 물에 넣으면 시간이 조금 흐른 뒤 팽팽하게 다시 펴지는 현상을 관찰할 수 있다. 이는 샤를 법칙에 따라 탁구공의 안의 온도가 올라감과 동시에 내부 기체의 부피가 팽창하기 때문이다.

합격예측 및 관련법규

제269조(화염방지기의 설치 등) ① 사업주는 인화성 액체 및 가연성 가스를 저장·취급하는 화학설비로부터 증기 또는 가스를 대기로 방출하는 때에는 외부로부터의 화염을 방지하기 위하여 화염방지기를 그 설비상단에 설치하여야 한다. 다만, 인화점이 섭씨 38도 이상 섭씨 60도 이하인 인화성 액체를 저장·취급하는 경우로서 화염방지기능을 가지는 인화방지망을 설치한 때에는 그러하지 아니하다.
② 사업주는 제1항의 화염방지기를 설치하는 경우에는 「산업표준화법」에 따른 한국산업표준에서 정하는 기준에 적합한 것을 설치하여야 하며, 항상 보수·유지를 철저히 하여야 한다.
18. 8. 19 ⑦ 22. 4. 24 ⑦
23. 6. 4 ⑦

합격예측

분진폭발의 특성
19. 8. 4⑷ 19. 4. 27⑦ 21. 3. 7⑦
① 입자들이 어떤 최소 크기 이하여야 한다.
② 부유된 입자의 농도가 어떤 한계 사이에 있어야 한다.
③ 부유된 분진은 거의 균일하여야 한다.

Q 은행문제

1. 공정별로 폭발을 분류할 때 물리적 폭발이 아닌 것은?
① 분해폭발
② 탱크의 감압폭발
③ 수증기폭발
④ 고압용기의 폭발
　　　　　　정답 ①

2. 다음 중 분진폭발의 발생 위험성을 낮추는 방법으로 적절하지 않은 것은? 19. 8. 4⑷
① 주변의 점화원을 제거한다.
② 분진이 날리지 않도록 한다.
③ 분진과 그 주변의 온도를 낮춘다.
④ 분진 입자의 표면적을 크게 한다.
　　　　　　정답 ④

---

(2) 폭굉유도거리(DID: Detonation Inducement Distance)

완만한 연소가 격렬한 폭굉으로 발전된 거리를 DID라 한다.

(3) DID가 짧아지는 요인

① 점화에너지가 강할수록 짧다(고압일 때 짧다).
② 연소속도가 큰 가스일수록 짧다.(정상 연소속도가 큰 혼합일수록)
③ 관경이 가늘거나 관 속에 이물질이 있을 경우 짧다.
④ 압력이 높을수록 짧다(고압일수록 짧다).

(4) 폭발에너지 종류

① 화학에너지
② 유체팽창에너지
③ 용기변형에너지

(5) 폭발의 분류

① 기상폭발 17. 8. 26⑦ 19. 4. 27⑦ 21. 8. 14⑦
　㉮ 혼합가스의 폭발
　㉯ 가스의 분해폭발
　㉰ 분해폭발
② 액상폭발
　㉮ 혼합위험성에 의한 폭발
　㉯ 폭발성 화합물의 폭발
　㉰ 증기폭발
③ 분진폭발

[그림] 폭발 한계 16. 5. 8⑷

(6) 폭발에너지의 형태 3가지

① 물리적 에너지
② 화학적 에너지
③ 원자에너지

(7) 분진폭발의 방지대책 17. 3. 5⑦ 18. 8. 19⑦ 19. 3. 3⑷ 21. 5. 15⑦

① 분진의 농도가 폭발하한농도 이하가 되도록 철저한 관리
② 분진이 존재하는 매체, 즉 공기 등을 질소, 이산화탄소 등으로 치환
③ 착화원의 제거 및 격리(2,3차 폭발로 주위분진 파급)

[표] 증기폭발·분진폭발·분해폭발

폭발 분류	대상물질 분류	특징	비고
증기폭발	저비등점의 액화가스, 용융금속	액체가 과열상태로 되면 액체가 급격히 증발하여 순간적으로 증기로 변화하여 장치가 파괴되는 등의 폭발현상	물이 있는 곳에 카바이드나 철이 낙하하는 경우 중합열, 증기압이 상승하여 증기폭발
분진폭발 16. 5. 8 ⑦ 17. 8. 26 ⑦ 18. 3. 4 ⑥ 18. 8. 19 ⑦ 20. 3. 7 ⑥ 23. 2. 28 ⑦	탄닌, 금속분진, 곡물가루	가연성 고체는 미분상태로 부유되어 있다가 점화에너지를 가하면 가스와 유사한 폭발형태를 가지며, 착화에너지 $10^{-2} \sim 10^{-5}[J]$ 범위 : $25 \sim 45[mg/l] \sim 80[mg/l]$의 폭발형태	• 금속 : Al, Mg, Fe, Mn, Si, Sn • 분말 : 티탄, 바나듐, 아연, Dow합금 • 농산물 : 밀가루, 녹말, 솜, 쌀, 콩, 코코아, 커리
분해폭발 16. 5. 7 ⑦ 20. 9. 27 ⑦ 23. 7. 8 ⑦	아세틸렌(C_2H_2), 금속질화물, 유기과산화물	불안정한 화합물 중에서 폭발적인 분해반응을 일으키는 현상 예 $C_2H_2 \rightarrow 2C + H_2 + 54.19[kcal/mol]$	화학적인 방법에 의한 폭발

(8) 폭발범위 및 방지대책

① 압력이 고압이 되면 폭발할 수 있는 조성의 범위는 커진다.
② 압력이 1[atm]보다 낮을 때에는 큰변화가 없다.
  예 메탄 : 공기혼합가스의 상한계농도는 1[atm]에서 14[%]이나, 40[atm]에서는 46[%]가 된다.
③ 발화온도는 압력에 가장 큰 영향을 준다.
④ 연쇄반응이 일어나면 상압보다 낮은 곳에서도 폭발은 일어난다.
⑤ 폭발은 압력, 온도, 조성의 관계에서 발생한다.

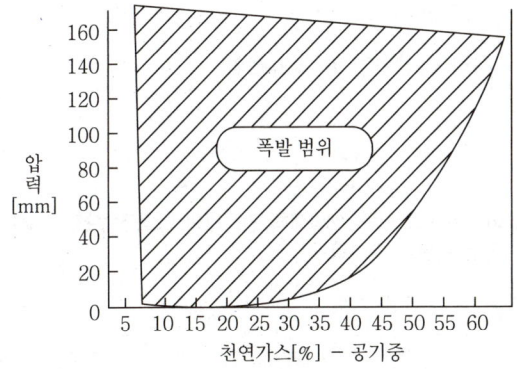

[그림] 천연가스 - 공기혼합가스의 폭발한계에 미친 압력의 영향

합격예측 및 관련법규

제270조(내화기준)

① 사업주는 제230조 제1항에 따른 가스폭발 위험장소 또는 분진폭발 위험장소에 설치되는 건축물 등에는 다음 각 호에 해당하는 부분을 내화구조로 하여야 하며 그 성능이 항상 유지될 수 있도록 점검·보수 등 적절한 조치를 하여야 한다. 다만, 건축물 등의 주변에 화재에 대비하여 물분무시설 또는 폼헤드(foam head) 설비 등의 자동소화설비를 설치하여 건축물 등이 화재 시에 2시간 이상 그 안정성을 유지할 수 있도록 한 경우에는 내화구조로 하지 아니할 수 있다.

1. 건축물의 기둥 및 보 : 지상 1층(지상 1층의 높이가 6[m]를 초과하는 경우에는 6[m])까지
2. 위험물 저장·취급용기의 지지대(높이가 30[cm] 이하인 것을 제외한다) : 지상으로부터 지지대의 끝부분까지 23.7.8 ⑦
3. 배관·전선관 등의 지지대 : 지상으로부터 1단(1단의 높이가 6[m]를 초과하는 경우에는 6[m])까지 19.4.27 ⑦

② 내화재료는 「산업표준화법」에 따른 한국산업표준으로 정하는 기준에 적합하거나 그 이상의 성능을 가지는 것이어야 한다. 20.9.27 ⑦

Q 은행문제 16.5.8 ⑦

분진폭발 방지대책으로 거리가 먼 것은?

① 작업장 등은 분진이 퇴적하지 않는 형상으로 한다.
② 분진취급장치에는 유효한 집진장치를 설치한다.
③ 분체 프로세스의 장치는 밀폐화하고 누설이 없도록 한다.
④ 분진폭발의 우려가 있는 작업장에는 감독자를 상주시킨다.

정답 ④

[표] 혼합가스의 폭굉범위 17.3.5 ⑳ 17.8.26 ⑦ 21.8.14 ⑦

가연성 가스	공기 또는 산소	폭발연소하한계 [%]	폭굉범위		폭발연소상한계 [%]
			폭굉하한계[%]	폭굉상한계[%]	
수 소	공기	4.0	18.3	59.0	75.0
수 소	산소	4.7	15.0	90.0	93.9
일산화탄소	공기	12.5	15.0	70.0	74.0
일산화탄소	산소	15.5	38.0	90.0	94.0
암모니아	공기	15	–	–	28.0
암모니아	산소	13.5	25.4	75.0	79.0
아세틸렌	공기	2.5	4.2	50.0	81.0
아세틸렌	산소	2.5	3.5	92.0	–
프로판	공기	2.1	–	–	9.5
프로판	산소	2.3	3.2	37.0	55.0

보충학습 — 폭발범위의 계산 20.8.22 ⑦ 21.5.15 ⑦ 21.8.14 ⑦

① 폭발하한계 $= 0.55 \times C_{st}$
② 폭발상한계 $= 3.50 \times C_{st}$

여기서, $C_{st} = \dfrac{100}{1 + 4.773\left(n + \dfrac{m-f-2\lambda}{4}\right)}$

(n : 탄소, m : 수소, f : 할로겐원소, λ : 산소의 원자수)

(9) 증기운(UVCE) 폭발 17.3.5 ⑳

① 다량의 가연성 가스 또는 기화하기 쉬운 가연성 액체가 지표면의 개방된 공간에 유출되어 다량의 가연성 혼합기체가 형성되어 폭발이 일어나는 가스폭발의 한 형태이다.
② 폐쇄공간과 달리 폭굉으로 발전할 수도 있다.
③ 폭발단계
   ㉮ 다량의 가연성 증기의 급격한 방출. 일반적으로 이러한 현상은 과열로 압축된 액체의 용기가 파열할 때 일어난다.
   ㉯ 플랜트에서 증기가 분산되어 공기와 혼합
   ㉰ 증기운의 점화

보충문제

안전설계의 기초에 있어 기상폭발대책을 예방대책, 긴급대책, 방호대책으로 나눌 때, 다음 중 방호대책과 가장 관계가 깊은 것은? 18.8.6 ⑦

① 경보   ② 발화의 저지
③ 방폭벽과 안전거리   ④ 가연조건의 성립저지

정답 ③

해설 폭발대책
① 경보 : 긴급대책   ② 발화저지 : 예방대책   ③ 가연조건의 성립저지 : 예방대책

[표] 분진폭발의 특징   18.4.28⑦ 19.8.4⑦
20.8.22⑦ 24.2.15⑦

구 분	특 징
연소속도 및 폭발압력	① 가스폭발과 비교하여 작지만 연소시간이 길다. ② 발생에너지가 크기 때문에 파괴력과 타는 정도가 크다. ③ 그러나 발화에너지는 상대적으로 훨씬 크다.
화염의 파급속도	① 폭발압력 후 1/10~2/10[초] 후에 화염이 전파되며 속도는 초기에 2~3[m/s] 정도이다. ② 압력상승으로 가속도적으로 빨라진다.
압력의 속도	① 압력속도는 300[m/s] 정도이다. ② 화염속도보다는 압력속도가 훨씬 빠르다.
화상의 위험	가연물의 탄화로 인하여 인체에 닿을 경우 심한 화상을 입는다.
연속폭발	폭발에 의한 폭풍이 주위분진을 날려 2차, 3차 폭발로 인한 피해가 확산된다.
불완전연소	가스에 비해 불완전연소의 가능성이 커서 일산화탄소의 존재로 인한 가스중독의 위험이 있다.
불균일한 상태의 반응	① 가스폭발처럼 균일한 상태의 반응이 아니라 불균일한 상태의 반응이다. ② 가스폭발과 화약폭발의 중간상태에 해당하는 폭발이다.

보충학습

(1) 완전연소 조성농도(화학양론농도)   17.8.26⑦ 19.4.27④ 19.8.4④
21.8.14⑦ 22.4.24⑦ 24.2.15⑦

발열량이 최대이고 폭발 파괴력이 가장 강한 농도를 말하며, 공기 중에서는 다음 식으로 구한다.

$$C_{st} = \frac{100}{1 + 4.773\left(n + \frac{m-f-2\lambda}{4}\right)}$$

여기서, n : 탄소, m : 수소,
f : 할로겐원소, λ : 산소의 원자수,
4.773 : 공기의 몰수

(2) 혼합가스의 폭발범위   15.3.8⑦ 17.8.26④ 22.3.5⑦

르 샤틀리에(Le Chatelier)의 공식 : 경험에 의한 실험식

$$L = \frac{100}{\frac{V_1}{L_1} + \frac{V_2}{L_2} + \cdots + \frac{V_n}{L_n}}$$

여기서, 100 : 각 가스의 부피의 합, L : 혼합가스의 폭발한계,
L1, L2, y, Ln : 각 성분가스의 폭발한계(vol%)
V1, V2, y, Vn : 각 성분가스의 혼합비(vol%)

이 공식은 보통 4성분 혼합계까지 적용하는데, 상한계보다 하한계가 비교적 잘 적용되며 Burgess-wheeler의 법칙에 따르는 물질이 이 식에 잘 적용된다.

(3) 이상기체상태방정식

① 이상기체의 상태를 나타내는 양들, 즉 압력 P, 부피 V, 온도 T 간의 상관관계를 기술하는 방정식
② 이상기체란 계를 구성하는 입자의 부피가 거의 0이고 입자간 상호 작용이 거의 없어 분자간 위치에너지가 중요하지 않으며 분자간 충돌이 완전탄성충돌인 가상의 기체를 의미한다.
③ 이상기체 상태방정식이란 이러한 기체의 상태량들 간의 상관 관계를 기술하는 방정식이다.
④ 압력, 부피, 온도를 각각 P, V, T 라고 할 때 PV=nRT로 나타나며 이 때 n은 기체의 몰수이고, R은 기체 상수를 의미하며 $8.3143 m^3 \cdot Pa K^{-1} \cdot mol^{-1}$의 값을 가진다.

합격예측 및 관련법규

제300조(기밀시험시의 위험방지)

① 사업주는 배관·용기 그 밖의 설비에 대하여는 질소·탄산가스 등 불활성 가스의 압력을 이용하여 기밀(氣密)시험을 하는 경우는 지나친 압력의 주입 또는 불량한 작업방법 등으로 인하여 발생할 수 있는 파열에 의한 위험을 방지하기 위하여 국가교정기관에서 교정을 받은 압력계를 설치하고 내부압력을 수시로 확인하여야 한다.

② 제1항의 압력계는 기밀시험을 하는 배관 등의 내부압력을 항상 확인할 수 있도록 작업자가 보기 쉬운 장소에 설치하여야 한다.

③ 기밀시험 종료 후 설비내부 점검시에는 반드시 환기를 하고 불활성 가스가 남아 있는지를 측정하여 안전한 상태를 확인한 후 점검하여야 한다.

④ 기밀시험장비가 주입압력에 충분히 견딜 수 있도록 견고하게 설치하여야 하며, 이상압력에 의한 연결파이프 등의 파열방지를 위한 안전조치를 하고 그 상태를 미리 확인하여야 한다.

Q 은행문제

알루미늄 금속분말에 대한 설명으로 틀린 것은? 19.3.3④

① 분진폭발의 위험성이 있다.
② 연소 시 열을 발생한다.
③ 분진폭발을 방지하기 위해 물 속에 저장한다.
④ 염산과 반응하여 수소가스를 발생한다.

정답 ③

합격예측 및 관련법규

제299조(독성이 있는 물질의 누출방지)

사업주는 급성독성 물질의 누출로 인한 위험을 방지하기 위하여 다음 각 호의 조치를 하여야 한다.
1. 사업장내 급성독성 물질의 저장 및 취급량을 최소화할 것
2. 급성독성 물질을 취급저장하는 설비의 연결부분은 누출되지 아니하도록 밀착시키고 매월 1회 이상 연결부분이 이상이 있는지를 점검할 것
3. 급성독성 물질을 폐기·처리하여야 하는 경우에는 냉각·분리·흡수·흡착·소각 등의 처리공정을 통하여 급성독성 물질이 외부로 방출되지 않도록 할 것
4. 급성독성 물질 취급설비의 이상운전으로 급성독성 물질이 외부로 방출될 경우에는 저장·포집 또는 처리설비를 설치하여 안전하게 회수할 수 있도록 할 것
5. 급성독성 물질을 폐기·처리 또는 방출하는 설비를 설치하는 경우에는 자동으로 작동될 수 있는 구조로 하거나 원격조정이 가능한 수동조작구조로 설치할 것
6. 급성독성 물질을 취급하는 설비의 작동이 중지된 경우에는 근로자가 쉽게 알 수 있도록 필요한 경보설비를 근로자와 가까운 장소에 설치할 것
7. 급성독성 물질이 외부로 누출된 경우에는 감지·경보할 수 있는 설비를 갖출 것

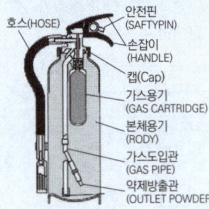

[그림] 소화기구조

2. 소화원리 이해

1. 소화의 정의

(1) 소화

소화란 물질이 연소할 때 연소구역에서 연소의 3요소 중 일부 또는 전부를 없애줌으로써 연소를 중단시키는 것을 말한다.

2. 소화의 종류

(1) 제거소화 16.3.6 ❹ 17.3.5 ㉮ 21.3.7 ㉮ 23.3.1 ❹

가연물(연료)을 제거하거나 가연성 액체의 농도를 희석시켜 연소를 저지하는 것을 말한다.

① 촛불 : 고체파라핀의 액체상태 표면에서 발생한 증기가 연소하는 것으로 입김으로 가연성 증기를 날려보냄으로써 소화한다.
② 유전화재 : 발생증기의 연소이므로 폭약을 사용하여 순간적으로 폭풍을 일으켜 발생증기를 날려보냄으로써 소화한다.
③ 산불 : 화재진행방향의 나무를 잘라 제거한다.
④ 가스화재 : 밸브를 잠그고 가스공급을 차단한다.
⑤ 전기화재 : 전원을 차단한다.

(2) 산소질식소화

가연물이 연소할 때 공기 중의 산소농도(약 21[%])를 10~15[%]로 떨어뜨려 연소를 중단시키는 방법으로 대부분의 액체는 공기 중의 산소함량이 15[%] 이하로 되면 소화되고 고체는 6[%], 아세틸렌은 4[%] 이하가 되면 소화된다. 이의 대표적인 소화제가 이산화탄소(CO_2)이다.

> 사람은 산소의 농도가 16[%] 이하가 되면 질식하여 생명을 잃게 된다.

(3) 가연물 냉각소화

액체 또는 고체소화제를 사용하여 가연물을 냉각시켜 인화점 및 발화점 이하로 떨어뜨려 소화하는 방법으로 이의 대표적인 소화제는 물이다.

[표] 화재의 급별 명칭의 종류

급별	명칭	특징
A급 화재(백색)	일반화재	일반가연물(목재, 섬유, 종이류, 고무, 플라스틱 등)
B급 화재(황색)	유류화재	가연성 액체, 유류, 타르(tars), 유성페인트, 래커, 가연성 가스, 그리스
C급 화재(청색)	전기화재	전류가 흐르는 상태하의 전기기구화재 (전류차단시 A급 또는 B급 화재로 된다.)
D급 화재(무색)	금속화재	가연성 금속 - 마그네슘, 티타늄, 지르코늄, 세슘, 리튬, 칼륨
F급, K급 화재	부엌화재	부엌에서 발생하는 화재 Wet chemical 소화기가 적합

(4) 연쇄반응 억제(부촉매)소화 : 할로겐 화물소화기(할론소화기)

3. 소화약제

(1) 소화약제의 물리적 성질

항목 \ 소화제 명칭	이산화탄소	할론 1301	할론 1211	할론 2402
화학식	CO_2	CF_3Br	CF_2ClBr	$C_2F_4Br_2$
분자량	44.01	148.91	165.4	259.8
녹는점[℃]	-56.6(5.2[atm])	168.0	160.5	-110.5
끓는점[℃]	-78.5(승화)	57.75	3.4	47.3
액체비중(g/cm^3 atm 25[℃])	-	1.538	1.808	2.162
액체밀도(공기 1)	1.529	5.1	5.7	9.0
임계온도[℃]	31.35	67.0	153.8	214.5
임계압력[atm]	73.0	39.1	40.4	34.0
임계밀도[g/cm^3]	0.46	0.745	0.713	0.790
증발잠열[cal/g, 끓는점]	137.8	28.38	32.3	25(추정)

(2) 분말소화약제의 종류

종류	주성분 품명	주성분 화학식	분말색	적용화재
제1종	탄산수소나트륨	$NaHCO_3$	백색	B, C급 화재
제2종	탄산수소칼륨	$KHCO_3$	담청색	B, C급 화재
제3종	인산암모늄	$NH_4H_2PO_4$	담홍색	A, B, C급 화재
제4종	탄산수소칼륨 요소	$KHCO_3 + (NH_2)_2CO$	쥐색 (회색)	B, C급 화재

합격예측 및 관련법규

제290조(아세틸렌용접장치의 관리 등)

사업주는 아세틸렌용접장치를 사용하여 금속의 용접·용단 또는 가열작업을 하는 때에는 다음 각 호의 사항을 준수하여야 한다.

1. 발생기(이동식의 아세틸렌용접장치의 발생기를 제외한다)의 종류·형식·제작업체명·매시 평균 가스발생량 및 1회의 카바이드송급량을 발생기실 내의 보기 쉬운 장소에 게시할 것
2. 발생기실에는 관계근로자가 아닌 사람이 출입하는 것을 금지시킬 것
3. 발생기에서 5[m] 이내 또는 발생기실에서 3[m] 이내의 장소에서는 흡연, 화기의 사용 또는 불꽃이 발생할 위험한 행위를 금지시킬 것
4. 도관에는 산소용과 아세틸렌용의 혼동을 방지하기 위한 조치를 할 것
5. 아세틸렌용접장치의 설치장소에는 적당한 소화설비를 갖출 것
6. 이동식 아세틸렌용접장치의 발생기는 고온의 장소·통풍이나 환기가 불충분한 장소 또는 진동이 많은 장소 등에 설치하지 아니하도록 할 것

제285조(압력의 제한)

사업주는 아세틸렌용접장치를 사용하여 금속의 용접·용단 또는 가열작업을 하는 경우에는 게이지압력이 127[kPa]을 초과하는 압력의 아세틸렌을 발생시켜 사용하여서는 아니 된다.

합격예측 및 관련법규
제295조(가스집합용접장치의 관리 등) 사업주는 가스집합용접장치를 사용하여 금속의 용접 및 가열작업을 하는 때에는 다음 각 호의 사항을 준수하여야 한다.
1. 사용하는 가스의 명칭 및 최대가스저장량을 가스장치실의 보기 쉬운 장소에 게시할 것
2. 가스용기를 교환하는 경우에는 관리감독자의 참여하에 할 것
3. 밸브·콕 등의 조작 및 점검요령을 가스장치실의 보기 쉬운 장소에 게시할 것
4. 가스장치실에는 관계근로자가 아닌 사람의 출입을 금지시킬 것
5. 가스집합장치로부터 5[m] 이내의 장소에서는 흡연, 화기의 사용 또는 불꽃을 발생시킬 우려가 있는 행위를 금지시킬 것
6. 도관에는 산소용과의 혼동을 방지하기 위한 조치를 할 것
7. 가스집합장치의 설치장소에는 적당한 소화설비를 설치할 것
8. 이동식 가스집합용접장치의 가스집합장치는 고온의 장소, 통풍이나 환기가 불충분한 장소 또는 진동이 많은 장소에 설치하지 아니하도록 할 것
9. 해당 작업을 행하는 근로자에게 보안경 및 안전장갑을 착용시킬 것

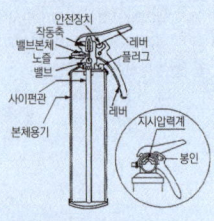

구조상 특징
할론1211, 할론2402 : 지시압력계 사용범위 (0.7~0.98 MPa) 녹색표시

할론1301 : 고압가스로 자체 압력으로 방사

4. 소화기의 종류

(1) 소화기의 종류 및 특징

1 포소화기
외통의 A액(탄산수소나트륨을 주성분으로 한 사포닌, 젤라틴 등을 첨가한 수용액)과 더불어 내통의 B액(황산알루미늄 수용액)과의 혼합에 의한 화학반응에 의해 발생하는 탄산가스를 소화에 이용하는 소화기이다.
- 예) 적응화재 : A화재, B화재

2 분말소화기 21.5.15②
ABC분말을 이용한 것과 BC분말을 이용한 것의 2가지 종류가 있다. ABC분말은 제1인산암모늄을 주성분으로 한 것이므로 이것을 실리콘계수지에 의해 코팅하여 흡습을 방지하도록 한다. BC분말은 중탄산소다를 주성분으로 한 것이다.
- 예) 적응화재 : ABC분말은 A화재, B화재, C화재
  BC분말은 B화재, C화재

3 탄산(이산화탄소)가스소화기 20.8.23④
내부압력 200[kg/cm²] 이상의 고압가스용기에 소화제로서 액화탄산가스(20[℃]에서 약 60[kg/cm²])를 충전한 것이다.
- 예) 적응화재 : B화재, C화재

4 사염화탄소(CTC)소화기(CCl₄ : 1040)
용기에 소화제로서 사염화탄소(무색의 액체)를 2/3 정도 넣고 나머지 1/3 정도는 7[kg/cm²]의 압축공기를 충전한 것이다. 전기화재에 효과가 크며 사용시 발생하는 사염화탄소 증기는 유독하다. 또한 고온의 철, 알루미늄에 접촉하면 염소 및 포스겐(COCl₂)을 발생하기 때문에 밀폐된 실내에서 사용은 특히 중독의 위험이 있으므로 주의할 필요가 있다.
- 예) 적응화재 : B화재, C화재

5 일염화메탄, 일브롬화메탄 소화기
일염화메탄, 일브롬화메탄을 소화제로 사용하는 소화기이며 이것은 사염화탄소에 비교시 약 3배의 소화능력이 있고 8[kg/cm²]의 압력공기에 의한 레버조작으로 노즐로부터 분사한다.
- 예) 적응화재 : B화재, C화재

6 산알칼리소화기
주약제는 탄산수소나트륨의 수용액과 진한황산이며 일반화재에 유효하고, 기름화재, 전기화재에는 부적당하다. 방사액 중에 미반응의 황산이 함유되어 있는 것이 있으며 유지제품 등에 손상을 주기 때문에 주의할 필요가 있다.

7 할로겐화물소화기 : B, C급에 적당

할로겐화합물(Halon)이란 할로겐화 탄화수소(Halogenated Hydrocarbon)의 약칭으로 탄소 또는 탄화수소에 불소, 염소, 브롬 및 요오드 등이 함께 포함되어 있는 물질을 통칭하는 말이다. 할론 1211은 CF_2ClBr로서 1개의 탄소원자, 2개의 불소원자, 1개의 염소원자 및 1개의 브롬원자로 이루어진 화합물이다.

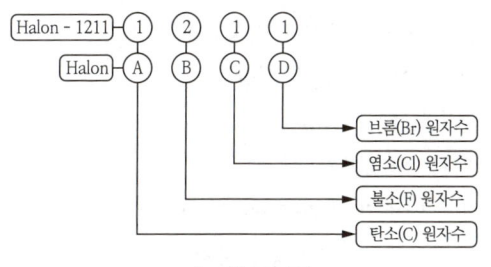

[그림] 명명법

① 억제(부촉매)효과 : F＜Cl＜Br＜I
② 안정성 : F＞Cl＞Br＞I
③ 할론소화기의 종류
  ㉮ CCl_4 : 1040
  ㉯ CH_4ClBr : 1011
  ㉰ $C_2F_4Br_2$: 2402
  ㉱ CF_2ClBr : 1211
  ㉲ CF_3Br : 1301
④ 소화효과의 크기 : 1040＜1011＜2402＜1211＜1301

(2) 화재의 분류

1 A급 화재(백색)
① 일반화재, 다량의 물 또는 물을 다량 함유한 용액으로 소화한다. (냉각소화)
② 냉각효과가 효과적인 화재이며 목재, 종이, 유지류 등 보통화재를 말한다.

2 B급 화재(황색)
기름화재, 가연성 액체(에테르, 가솔린, 등유, 경유, 벤젠, 콜타르, 식물유 등), 고체유지류(그리스, 피치, 아스팔트 등)화재가 있다. (질식소화)

3 C급 화재(청색)
전기화재, 전기절연성을 갖는 소화제를 사용해야만 하는 전기기계·기구 등의 화재를 말한다. (질식소화)

4 D급 화재 : 금속화재(회색, 무색, 은색)
철분, 마그네슘, 칼륨, 나트륨 등 금속물질에 의한 화재로 금속가루의 경우 폭발을 동반하기도 한다. (질식소화)

합격예측

자동화재탐지설비

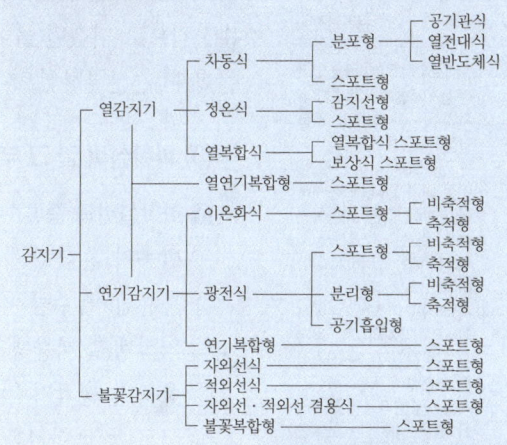

읽을거리

불과 같이 살아온 인류 역사에서 아득한 옛날부터 있어 왔다. 개중 대규모의 화재는 아예 재앙을 넘어서서 마귀와 같다고 비유하여 화마(火魔)로 불렸다.
로마를 다 태웠다는 로마 대화재를 비롯하여 많은 나라들에게 흔했던 재해이다. 조선시대에도 세종 8년인 1426년, 한양 대화재로 무려 1780채가 넘는 집이나 가게들이 불탄 바 있다. 당시 한양 인구 1/5이 죽거나 피해에 휩쓸려 피해를 보았다고 한 정도로 엄청난 사고였기에 세종대왕은 급수부(소방서)를 확정하고 집집마다 담을 쌓아 화재가 옆집으로 옮겨 붙는 것을 방지하게끔 집을 짓게하라고 했다.
화재의 발생 원인으로는 크게 실화(失火)와 방화(放火)로 나뉜다. 실화의 경우는 사람의 부주의나 실수 또는 관리 소홀로 말미암아 발생하는 화재를 말하고, 고의성이 전혀 없는 상태에서 발생하는 화재를 말한다. 반면에 방화의 경우는 사람이 고의로 불을 질러 건조물이나 기타 물건을 태워버리는 행위 또는 그 자체의 화재를 말한다.

합격예측 및 관련법규

제291조(가스집합장치의 위험방지)
① 사업주는 가스집합장치에 대하여는 화기를 사용하는 설비로부터 5[m] 이상 떨어진 장소에 설치하여야 한다.
② 사업주는 제1항의 가스집합장치를 설치하는 경우에는 전용의 방(이하 "가스장치실"이라 한다)에 설치하여야 한다. 다만, 이동하면서 사용하는 가스집합장치의 경우에는 그러하지 아니하다.
③ 사업주는 가스장치실에서 가스집합장치의 가스용기의 교환작업시 가스장치실의 부속설비 또는 다른 가스용기에 충격을 가할 우려가 있는 경우에는 고무판 등을 설치하는 등 충격방지 조치를 하여야 한다.

제292조(가스장치실의 구조 등)
사업주는 가스장치실을 설치하는 경우에는 다음 각 호와 같은 구조로 설치하여야 한다.
1. 가스가 누출된 때에는 그 가스가 정체되지 아니하도록 할 것
2. 지붕과 천장에는 가벼운 불연성의 재료를 사용할 것
3. 벽에는 불연성의 재료를 사용할 것

제293조(가스집합용접장치의 배관)
사업주는 가스집합용접장치의 배관을 설치하는 경우에는 다음 각 호의 사항을 준수하여야 한다.
1. 플랜지·밸브·콕 등의 접합부에는 개스킷을 사용하고 접합면을 상호밀착시키는 등의 조치를 할 것
2. 주관 및 분기관에는 안전기를 설치할 것(이 경우 하나의 취관에 대하여 2개 이상의 안전기를 설치하여야 한다.)

제294조(구리의 사용제한)
사업주는 용해아세틸렌의 가스집합용접장치의 배관 및 부속기구는 구리나 구리의 함유량이 70[%] 이상 함유한 합금을 사용해서는 안 된다.
17. 5. 7 ② 19. 3. 3 ③

5 F급 또는 K급 식용유 화재

튀김용기의 식용유가 과열되면 불이 붙기 쉽고, 불을 끄더라도 냉각이 쉽지 않아 순간적으로 꺼졌던 불이 다시 붙는 재발화의 위험성이 있어 과거에는 유류화재(B급화재)로 분류하였으나 최근에는 별도로 분류하기도 한다.(분말소화)

(3) 화학설비 및 그 부속설비의 종류 15. 3. 8 ②

1 화학설비의 종류 16. 8. 21 ②
① 반응기·혼합조 등 화학물질 반응 또는 혼합장치
② 증류탑·흡수탑·추출탑·감압탑 등 화학물질 분리장치
③ 저장탱크·계량탱크·호퍼·사일로 등 화학물질 저장설비 또는 계량설비
④ 응축기·냉각기·가열기·증발기 등 열교환기류
⑤ 고로 등 점화기를 직접 사용하는 열교환기류
⑥ 캘린더·혼합기·발포기·인쇄기·압출기 등 화학제품 가공설비
⑦ 분쇄기·분체분리기·용융기 등 분체화학물질 취급장치
⑧ 결정조·유동탑·탈습기·건조기 등 분체화학물질 분리장치
⑨ 펌프류·압축기·이젝터 등의 화학물질 이송 또는 압축설비

2 화학설비의 부속설비 종류 19. 3. 3 ② 20. 8. 22 ②
① 배관·밸브·관·부속류 등 화학물질이송 관련설비
② 온도·압력·유량 등을 지시·기록 등을 하는 자동제어 관련설비
③ 안전밸브·안전판·긴급차단 또는 방출밸브 등 비상조치 관련설비
④ 가스누출감지 및 경보 관련설비
⑤ 세정기·응축기·벤트스택·플레어스택 등 폐가스처리설비
⑥ 사이클론·백필터·전기집진기 등 분진처리설비
⑦ ①목부터 ⑥목까지의 설비를 운전하기 위하여 부속된 전기 관련설비
⑧ 정전기제거장치·긴급 샤워설비 등 안전 관련설비

[표] 발화도와 해당 물질

발화도	발화점의 범위	해당 물질(증기 또는 가스)
G1	450 초과	아세톤, 암모니아 톨루엔, 프로판, 메탄올, 메탄, 벤젠, 석탄가스, 수소 등
G2	300 초과 450 이하	아세틸렌, 에탄올, 부탄, 에틸렌, 에틸렌옥사이드 등
G3	200 초과 300 이하	가솔린, 헥산 등
G4	135 초과 200 이하	아세트알데히드, 에틸에테르 등
G5	100 초과 135 이하	이황화탄소 등

3. 폭발방지대책 수립

1. 폭발방지대책

(1) 폭발에너지

1 밀폐된 용기 내에서 최대폭발압력

① 기체 몰수 및 온도와의 관계 : 최대폭발압력(P_m)은 처음 압력(P_1), 기체 몰수의 변화량($n_1 \rightarrow n_2$), 온도변화($T_1 \rightarrow T_2$)에 비례하여 높아진다.

$$\therefore P_m = P_1 \times \frac{n_2}{n_1} \times \frac{T_2}{T_1}$$

② 폭발압력과 인화성 가스의 농도와의 관계

2 밀폐된 용기 내에서 폭발압력에 영향을 주는 요인

① 온도
  ㉮ 온도의 증가에 따라 P_m(최대폭발압력)은 감소한다.
  ㉯ 처음 온도상승에 따라 γ_m(최대폭발압력 상승속도)은 증가한다.

② 최초압력(초기압력)
  ㉮ 피크폭발압력은 최초압력의 8배가 된다.
  ㉯ 최초압력이 증가하면 γ_m도 증가한다.

(2) 용기

1 용기의 형태

① 용기의 지름에 대한 길이의 비가 큰 용기는 P_m이 낮아진다.
② 용기 부피나 모양에는 영향을 받지 않는다.
③ γ_m은 용기의 부피(V)에 큰 영향을 받으며, 그 관계식은 다음과 같다.

$$\gamma_m = V^{1/3} = \text{const}.$$

2 발화원의 강도

① 발화원의 강도가 클수록 P_m은 약간 증가한다.
② 발화원의 강도가 클수록 γ_m은 크게 높아진다.

2. 소방대책 및 방폭구조

(1) 소방대책

1 화재의 예방대책

① 예방대책 ② 국한대책
③ 소화대책 ④ 피난대책

[표] 폭발의 분류 17. 8. 26 ④

공정별 분류	핵폭발
	물리적 폭발
	화학적 폭발
물리적 상태	기상폭발
	응상폭발

합격예측 및 관련법규

[표] 주요 인화성 가스의 폭발 범위 17. 3. 5 ④ 17. 8. 26 ⑦ 21. 3. 7 ⑦ 23. 5. 13 ④ 23. 7. 8 ⑦

인화성 가스	폭발하한 값(%)	폭발상한 값(%)
아세틸렌 (C_2H_2)	2.5	81
산화에틸렌 (C_2H_4O)	3	80
수소 (H_2)	4	75
일산화탄소 (CO)	12.5	74
프로판 (C_3H_8)	2.1	9.5
에탄 (C_2H_6)	3	12.5
메탄 (CH_4)	5	15
부탄 (C_4H_{10})	1.8	8.4

제273조(계측장치 등의 설치)

사업주는 별표 9에 따른 위험물을 표에서 정한 기준량 이상으로 제조 또는 취급하는 다음 각 호의 하나에 해당하는 화학설비(이하 "특수화학설비"라 한다)를 설치하는 때에는 내부의 이상상태를 조기에 파악하기 위하여 필요한 온도계·유량계·압력계 등의 계측장치를 설치하여야 한다. 17. 8. 26 ④ 18. 3. 4 ⑦ ④ 18. 4. 28 ⑦ 21. 3. 7 ⑦ 21. 5. 15 ⑦ 22. 4. 24 ⑦ 23. 6. 4 ⑦ 24. 2. 15 ⑦

1. 발열반응이 일어나는 반응장치
2. 증류·정류·증발·추출 등 분리를 행하는 장치
3. 가열시켜주는 물질의 온도가 가열되는 위험물질의 분해온도 또는 발화점보다 높은 상태에서 운전되는 설비
4. 반응폭주 등 이상화학반응에 의하여 위험물질이 발생할 우려가 있는 설비
5. 온도가 섭씨 350도 이상이거나 게이지압력이 980[kPa] 이상인 상태에서 운전되는 설비
6. 가열로 또는 가열기

합격예측 및 관련법규

제274조(자동경보장치의 설치 등)
사업주는 특수화학설비를 설치하는 경우에는 그 내부의 이상상태를 조기에 파악하기 위하여 필요한 자동경보장치를 설치하여야 한다. 다만, 자동경보장치를 설치하는 것이 곤란한 때에는 감시인을 두고 해당 특수화학설비의 운전중 해당 설비를 감시하도록 하는 등의 조치를 하여야 한다.
10. 3. 7 ⑦ 19. 4. 27 ⑦

제275조(긴급차단장치의 설치 등)
① 사업주는 특수화학설비를 설치하는 경우에는 이상상태의 발생에 따른 폭발·화재 또는 위험물의 누출을 방지하기 위하여 원재료 공급의 긴급차단, 제품 등의 방출, 불활성 가스의 주입 또는 냉각용수 등의 공급을 위하여 필요한 장치 등을 설치하여야 한다. 18. 8. 19 ⑦
② 제1항의 장치 등은 안전하고 정확하게 조작할 수 있도록 보수·유지되어야 한다.

Q 은행문제

최소점화에너지(MIE)와 온도, 압력의 관계를 옳게 설명한 것은?
① 압력, 온도에 모두 비례한다.
② 압력, 온도에 모두 반비례한다.
③ 압력에 비례하고, 온도에 반비례한다.
④ 압력에 반비례하고, 온도에 비례한다.

정답 ②

해설
최소점화에너지(Minimum Ignition Energy, MIE)에 영향을 주는 인자
① 가연성 물질의 조성
② 압력 : 압력에 반비례(압력이 클수록 최소점화에너지는 감소한다)
③ 혼입물 : 불활성 물질이 증가하면 최소점화에너지는 증가

---

2 화재가 확대되지 않도록 하는 국한대책 21. 3. 7 ⑦

① 가연성 물질의 집적(集積)방지
② 건물 및 설비의 불연성화(不燃性化)
③ 일정한 공지의 확보
④ 방화벽 및 문, 방유제, 방액제 등의 정비
⑤ 위험물 시설 등의 지하 매설

(2) 방폭

1 폭발재해의 대책 : ① 예방대책 ② 국한대책
2 폭발재해의 근본대책 : ① 폭발봉쇄 ② 폭발억제 ③ 폭발방산
3 분진폭발의 방호 : ① 분진의 생성방지 ② 발화원의 제거 ③ 불활성 물질의 첨가

3. 폭발하한계 및 폭발상한계의 계산

(1) 연소범위(폭발범위, 폭발한계) : 가연성 가스(또는 인화성액체 증기)와 공기(또는 산소)가 혼합하여 점화원을 주었을 때 폭발(연소)이 발생하는 혼합가스의 일정한 농도범위(부피%)

(2) 폭발하한계(LEL) : 폭발이 시작되는 가스와 공기의 혼합비율 중 가연성 가스의 최저 용량비

(3) 폭발상한계(UEL) : 폭발이 계속되는 가스와 공기의 혼합비율 중 가연성 가스의 최고 용량비

(4) 위험도 : 기체의 폭발 위험 수준을 나타내는 것으로 폭발하한계와 폭발상한계 값의 차이를 폭발하한계 값으로 나눈 값

$$위험도(H) = \frac{U - L}{L}$$

H : 위험도, U : 폭발상한계
L : 폭발하한계

(5) 폭발대책

① 내압방폭구조로 된 전동기의 너트, 나사산 : 5산 정도가 적당
② 전폐형 방폭구조 : 내압(耐壓), 압력(壓力), 유입(油入)
③ 내압방폭구조의 안전간극값을 작게 하는 이유 : 최소점화에너지 이하로 열을 떨어뜨리기 위해서
④ 내압방폭구조에 반드시 설치해야 할 것 : 접지단자를 설치

(6) 전기설비 방폭구조 구비조건

① 퓨즈를 사용할 것
② 접지를 할 것
③ 시건장치를 할 것
④ 도선의 인입방식을 정확히 채택할 것

보충학습 최소산소농도(MOC농도) = 화염을 전파하기 위한 최소한의 산소농도

$$MOC농도 = 폭발하한계 \times \frac{산소의\ 몰수}{연료의\ 몰수}[Vol\%]$$

[주] 최소산소농도(Limiting oxygen concentration, LOC 또는 Minimum oxygen concentration, MOC)는 불꽃(화염)연소를 위해 필요한 최소한의 산소농도

실전문제

04. 5. 23 [기] 18. 3. 4 [기] 20. 6. 7 [기]

프로판(C_3H_8)의 연소에 필요한 최소산소농도의 값은?(단, 프로판의 폭발하한은 2.2[%])

① 8.1[vol%] ② 11.1[vol%] ③ 15.1[vol%] ④ 20.1[vol%]

해설

① 프로판의 연소식 : $1C_3H_8 + 5O_2 = 3CO_2 + 4H_2O$(여기서 1, 5, 3, 4 = 몰수)

② $MOC농도 = 폭발하한계 \times \frac{산소의\ 몰수}{연료의\ 몰수}[vol\%]$

③ 프로판의 최소산소농도 = $2.2 \times \frac{5}{1} = 11[vol\%]$ 24. 2. 15 [기]

[표] 발화도 및 폭발등급[KSC] 23. 7. 8 [기]

발화도 / 폭발등급	G1 450[℃] 초과	G2 300~450[℃]	G3 200~300[℃]	G4 135~200[℃]	G5 100~135[℃]
1	아세톤 암모니아 일산화탄소 에탄 초산 초산에틸 톨루엔 프로판 벤젠 메탄올 메탄	에탄올 초산이소펜탈 1-부탄올 부탄 무수초산	가솔린 헥산	아세트알데히드 에틸에테르	
2	석탄가스	에틸렌 에틸렌옥시드			
3	수성가스 수소	아세틸렌			이황화탄소

합격예측 및 관련법규

제277조(사용 전의 점검 등)

① 사업주는 다음 각 호의 어느 하나에 해당하는 경우에는 화학설비 및 그 부속설비의 안전검사내용을 점검한 후 해당 설비를 사용하여야 한다.
1. 처음으로 사용하는 경우
2. 분해하거나 개조 또는 수리를 한 경우
3. 계속하여 1개월 이상 사용하지 아니한 후 다시 사용하는 경우

② 사업주는 제1항의 경우 외에 해당 화학설비 또는 그 부속설비의 용도를 변경하는 경우(사용하는 원재료의 종류를 변경하는 경우를 포함한다)에도 해당 설비의 다음 각 호의 사항을 점검한 후 사용하여야 한다.
1. 그 설비 내부에 폭발이나 화재의 우려가 있는 물질이 있는지 여부
2. 안전밸브·긴급차단장치 및 그 밖의 방호장치 기능의 이상유무
3. 냉각장치·가열장치·교반장치·압축장치·계측장치 및 제어장치 기능의 이상유무

합격예측 및 관련법규

276조(예비동력원 등)

사업주는 특수화학설비와 그 부속설비에 사용하는 동력원에 대하여는 다음 각 호의 사항을 준수하여야 한다.
1. 동력원의 이상에 의한 폭발 또는 화재를 방지하기 위하여 즉시 사용할 수 있는 예비동력원을 비치할 것
2. 밸브·콕·스위치 등에 대하여는 오조작을 방지하기 위하여 잠금장치를 하고 색채표시 등으로 구분할 것

합격예측

플래시오버(Flash Over)

(1) 특징 16. 5. 8 [기]
화재로 인하여 실내의 온도가 급격히 상승하여 화재가 순간적으로 실내 전체에 확산되어 연소되는 현상으로 화재 발생 후 5~6분 경에 발생하며, 발생시점은 성장기~최성기(성장기에서 최성기로 넘어가는 분기점)이다. 그때의 실내온도는 800~900[℃]이다.

(2) 플래시오버에 영향을 미치는 것
① 개구율 : 구멍의 크기
② 내장재료 : 단단한 정도를 나타내는 경도와는 상관없음
③ 화원의 크기 : 불이 처음 붙었을 때 크기가 어떻게 되는가
④ 실의 내표면적

4. 퍼지(Purging) 25. 2. 7

(1) 산업현장에서 설비 내에서 작업을 하거나 유지보수를 위해 일정 시간 동안 공간에 점화로 인한 화재나 폭발이 일어나지 않도록 안전한 상태를 유지하기 위해 퍼지를 한다.

(2) 퍼지란 인화성 증기나 가스를 포함하는 용기나 탱크 등에 불활성 가스 등을 주입하여 가연성 분위기를 유지되지 않게 하는 방법으로 진공퍼지, 압력퍼지, 스위프퍼지, 사이펀퍼지의 방법이 있다. 24. 2. 15

[표] 퍼지의 종류 18. 4. 28 22. 4. 24 23. 7. 8

종류	특징
진공퍼지 (저압퍼지)	① 용기에 대한 가장 일반화된 인너팅장치(대형용기 사용불가) ② 용기를 진공으로 한 후 불활성 가스 주입
압력퍼지	① 가압하에서 인너트가스를 주입하여 퍼지 ② 주입한 가스용기 내에 충분히 확산된 후 대기중으로 방출 ③ 진공퍼지보다 시간이 크게 감소하나 대량의 인너트가스 소모
스위프퍼지 (Sweep-Through Purging)	① 용기의 한쪽 개구부로 퍼지가스를 가하고 다른 개구부로 혼합 가스 축출 ② 용기나 장치에 가압하거나 진공으로 할 수 없는 경우 사용
사이펀퍼지	예 × 가열

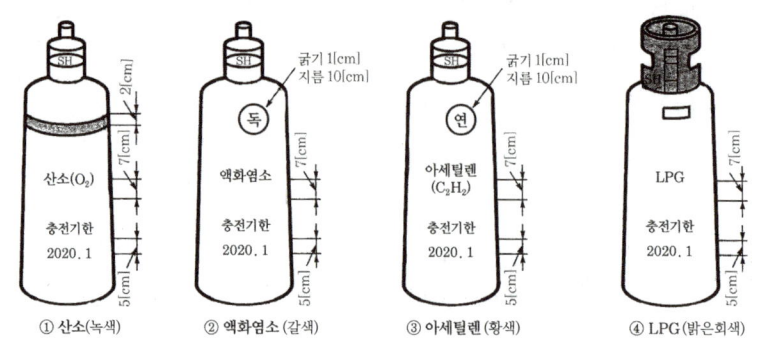

[그림] 압력용기의 형태

가스용기 색상 10. 3. 5 18. 4. 28

(1) 가연성 가스 및 독성 가스의 용기

가스의 종류	도색의 구분
액화석유가스	밝은회색
수소	주황색
아세틸렌	황색
액화암모니아	백색
액화염소	갈색
그 밖의 가스	회색

(2) 그 밖의 가스용기

가스의 종류	도색의 구분
산소	녹색
액화탄산가스	파란(청)색
질소	회색
소방용 용기	소방법에 따른 도색
그 밖의 가스	회색

(3) 의료용 가스용기

가스의 종류	도색의 구분
산소	백색
액화탄산가스	회색
헬륨	갈색
에틸렌	자색
질소	흑색
아산화질소	파란(청)색
사이클로프로판	주황색
그 밖의 가스	회색

참고

[표] 화학설비 안전관리

구분	안전거리
1. 단위공정시설 및 설비로부터 다른 단위공정시설 및 설비의 사이 18. 4. 28	설비의 바깥으로부터 10[m] 이상
2. 플레어스택으로부터 단위공정시설 및 설비, 위험물질 저장탱크 또는 위험물질 하역설비의 사이	플레어스택으로부터 반경 20[m] 이상. 다만, 단위공정시설 등이 불연재로 시공된 지붕아래 설치된 경우에는 그러하지 아니하다.
3. 위험물질 저장탱크로부터 단위공정시설 및 설비, 보일러 또는 가열로의 사이	저장탱크의 외면으로부터 20[m] 이상. 다만, 저장탱크에 방호벽, 원격조정 소화설비 또는 살수설비를 설치한 경우에는 그러하지 아니하다.
4. 사무실·연구실·실험실·정비실 또는 식당으로부터 단위공정시설 및 설비, 위험물질 저장탱크, 위험물질 하역설비, 보일러 또는 가열로의 사이	사무실 등의 바깥면으로부터 20[m] 이상. 다만, 난방용 보일러인 경우 또는 사무실 등의 벽을 방호구조로 설치한 경우에는 그러하지 아니하다.

용어정의

플레어스택(flare stack) 23. 4. 29

석유화학공장 등에서 안전을 위하여 가연성 가스를 점화하여 연소시킬 목적으로 설치된 굴뚝

불활성(不活性) 가스

① 다른 물질과 화학반응을 일으키기 어려운 기체 원소
② 좁은 뜻으로는 헬륨, 네온, 아르곤, 크립톤, 제논, 라돈의 기체 원소
③ 넓은 뜻으로는 화학반응성이 낮은 질소

주요항목 06 화재·폭발 검토 출제예상문제

출제예상문제는 복습, 예습문제로 엮었습니다. *WHY : 실제시험에도 순서에 관계없이 출제됩니다. 예습 후 다음장에 공부한 문제가 있으면 기억이 배가 됩니다.

01 다음 화재의 기호와 설명이 잘못된 것은? 18. 8. 19 ②
① A급-(백색)일반화재 ② B급-(황색)유류화재
③ C급-(청색)전기화재 ④ D급-(무색)가스화재

해설

화재의 종류
① A급 화재 : 일반 가연물화재(백색표시)
② B급 화재 : 유류화재(황색표시)
③ C급 화재 : 전기화재(청색표시)
④ D급 화재 : 금속화재(색표시 없음)

02 폭발범위와 온도관계를 옳게 말한 것은?
① 폭발범위는 온도가 낮을수록 하한계는 낮아져 그 범위가 넓다.
② 폭발범위는 온도가 낮을수록 상한계는 높아져 그 범위가 넓어진다.
③ 폭발범위는 온도가 높아질수록 하한은 낮아지고 그 범위가 넓어진다.
④ 폭발범위는 온도가 높아질수록 하한은 높아져 그 범위가 좁아진다.

해설

폭발 범위
① 폭발범위와 온도의 관계는 온도가 높아지면 하한은 낮아진다.
② 범위가 넓어져 위험하다.

03 다음 인화성 가스 중 공기와 혼합시 최소착화에너지가 가장 적은 것은?
① CH_4(메탄)   ② C_3H_8(프로판)
③ C_6H_6(벤젠)   ④ C_2H_4(에틸렌)

해설

최소착화에너지 19. 8. 4 ②

위험물	분자식	최소 착화에너지[mJ]	가연성 가스농도[vol%]
메탄	CH_4	0.28	8.5
프로판	C_3H_8	0.26	5.0~5.5
벤젠	C_6H_6	0.2	4.7
에틸렌	C_2H_4	0.096×10^{-3}	3~80

04 화재방지대책 중에서 국한대책에 해당되지 않는 것은? 21. 3. 7 ②
① 발화원 제거
② 가연물의 집적 방지
③ 건물, 설비의 불연화
④ 공한지의 확보(공지보유)

해설

(1) 발화원의 제거는 예방대책이다.
(2) 국한대책
  ① 안전(방화장치)
  ② 가연물의 집적 방지
  ③ 건물, 설비의 불연화
  ④ 방호벽
  ⑤ 공지의 보유
  ⑥ 긴급조치
(3) 화재방지대책
  ① 예방대책 : 발화원 제거. 폭발범위 내에 들지 않게 한다.
  ② 국한대책 : 폭발의 피해를 최소화하기 위한 대책
  ③ 피난대책
  ④ 소화대책

참고 본 문제는 필기, 실기에서 꼭 출제되기 때문에 기억하면 합격에 한 발 가까이 가게 됩니다.

[정답] 01 ④ 02 ③ 03 ④ 04 ①

05 ★★★★★ 인화성 가스혼합물을 구성하는 성분의 조성과 연소하한값이 다음과 같을 때 혼합가스의 연소하한값은 얼마인가? 19. 4. 27 ② 20. 6. 7 ②

성분	조성	연소하한값
메탄	2.5[vol%]	L5.0[vol%]
에틸렌	0.5[vol%]	L2.7[vol%]
공기	95[vol%]	
헥산	1[vol%]	L1.1[vol%]

① 2.5[vol%]
② 7.51[vol%]
③ 12.01[vol%]
④ 15.01[vol%]

해설
연소하한값
① 연소혼합가스의 전체체적은 4[vol%]이다.
$$\frac{4}{L} = \frac{2.5}{5.0} + \frac{0.5}{2.7} + \frac{1}{1.1}$$
② L(혼합가스의 연소하한값)=2.52[vol%]

06 ★★★★ 다음 중에서 균일계 연소를 하는 것은?
① 프로판가스의 연소
② 휘발유의 연소
③ 석탄의 연소
④ 나무의 연소

해설
연소구분
(1) 균일계 연소
  균일계 물질 또는 화합물로서 연소시 하나의 성분을 표시하는 물질
  예) 프로판가스 연소, 부탄가스 연소, 수소와 산소의 폭발반응 연소, 도시가스의 연소 등등
(2) 불균일계 연소
  2가지 이상의 물질이 혼재하는 물질
  예) 휘발유의 연소, 석탄의 연소, 기름의 연소, 나무의 연소, 종이류의 연소

참고) ① 이해보다 본 문제는 외우세요
② 안된다고요? 그러면 가스는 균일, 액체는 불균일이라는 것만 알아두세요

07 ★★★ 위험물질 중에서 급작스럽게 작용하여 부피가 커지는 것은?
① 폭발물
② 인화물
③ 발화물
④ 기화물

해설
폭발의 특징
① 폭발이란 안전공학상에서 볼 때 압력의 급격한 상승으로 인하여 커다란 폭음이나 발광을 수반하는 현상으로, 만약 가스폭발에 의해 상승된 압력이 용기재료의 내압강도를 넘을 때에는 용기가 파괴되며, 이 현상을 용기의 파열이라 한다.
② 폭발사고는 한번 발생하면 많은 사상자를 내며, 생산설비를 광범위하게 파괴하고, 원료 및 재료를 소모시킴은 물론, 때에 따라서는 큰 화재를 일으켜 큰 재산피해를 가져오게 된다.

08 ★★★★ 다음 중 C급 화재에 대한 설명은?
① 일반 가연물의 화재로서 소화액은 주로 공기차단이 된다.
② 유류 등의 화재로서 그 소화는 주로 공기차단이 된다.
③ 전기기기의 화재로서 누전 등의 전기화재가 포함되어 전기절연성을 갖는 소화제를 사용한다.
④ 마그네슘 등의 금속화재로서 소화에는 건조사 등이 적당하다.

해설
화재의 종류 및 특성
(1) A급 화재
  ① 일반 가연물화재
  ② 목재, 종이, 섬유 : 백색, 냉각효과, 물소화기, 산알칼리소화기, 탄산칼륨을 첨가한 강화액소화제
(2) B급 화재
  ① 유류화재
  ② 유류, 가스, 반고체 유지 포함 : 황색, 질식효과, 포말소화기, CO_2 소화기, 분말소화기 등
(3) C급 화재
  ① 전기화재
  ② 발전기, 변압기 등의 전기 계통 : 청색, 질식, 냉각효과, 유기성소화액, 분말소화기, CO_2 소화기, 할론소화기
(4) D급 화재 23. 6. 4 ② 15. 5. 31 ②
  ① 금속화재
  ② Mg분 등의 화재 : 색표시 없음, 질식효과, 건조사, 팽창질석, 팽창진주암
(5) K급 화재
  ① 부엌에서 발생하는 화재
  ② 1998년 NFPA의 이동가능한 소화기 Standard10으로 추가됨

[정답] 05 ① 06 ① 07 ① 08 ③

09 ★★ 다음 중 자연발화온도에 대한 영향을 설명한 것 중에서 잘못된 것은? 23. 2. 28 [기]

① 발화지연은 온도가 높을수록 짧아진다.
② 인화성 가스와 공기의 비율이 연료과잉인 경우 자연발화온도는 높아진다.
③ 용기가 클수록 자연발화온도는 낮아진다.
④ 유기화합물의 동족계열에서 분자량이 클수록 자연발화온도는 높아진다.

해설

유기화합물의 동족계열에서 분자량이 클수록 자연발화온도는 낮아진다.

10 ★★★ 아래에 분진의 폭발과정 중 순서가 맞게 되어진 것은?

① 입자에 열에너지 증가 – 폭발 – 기체발생 – 혼합기체
② 혼합기체 – 열에너지 증가 – 폭발 – 기체발생
③ 혼합기체 – 기체발생 – 입자에 열에너지 증가 – 폭발
④ 입자에 열에너지 증가 – 기체발생 – 혼합기체 – 폭발

해설

분진폭발

(1) 분진폭발의 영향인자
- ① 화학적 조성
- ② 폭발범위(한계)
  - ㉮ 폭발하한 : 25~45[mg/l]
  - ㉯ 폭발상한 : 80[mg/l]
- ③ 입도(입경)
  - ㉮ 고체 : 100[μm]
  - ㉯ 액체 : 20[μm]
- ④ 산소농도 : 공기농도가 아니라 산소농도가 높을수록 폭발이 일어나기 쉽다.
- ⑤ 가연성 기체의 공존
- ⑥ 발화도
- ⑦ 최소발화에너지
  10^{-3}~10^{-2}[kg·m^2/sec^2](=10^{-3}~10^{-2}[J])

(2) 화약의 최소발화에너지
10^{-6}~10^{-4}[kg·m^2/sec^2](=10^{-6}~10^{-4}[J])

11 ★ 다음 인화성 물체 중 다른 분진보다 화재발생 가능성이 크고 화재시 화상을 심하게 입는 것은?

① 탄닌
② 황가루
③ 칼슘실리콘
④ 폴리에틸렌

해설

화상

① 인화성 가스 : 폭발한계농도의 하한이 10[%] 이하 또는 상하한의 차가 20[%] 이상의 가스
② 칼슘실리콘이 황가루보다 더욱 심각하다.

12 ★★★ 프로판가스가 공기 중에서 연소할 때의 화학양론농도는? 17. 3. 5 [산] 17. 5. 7 [기] 19. 8. 4 [산]

① 2.5[%]	② 4.0[%]
③ 5.6[%]	④ 9.5[%]

해설

완전연소 조성농도(화학양론농도)

$$C_{st}=\frac{100}{1+4.773O_2}=\frac{100}{1+4.773\times5}=4.02[\text{vol\%}]$$

보충학습

$C_3H_8+\underbrace{5O_2+18.8N_2}_{\text{공기}} \rightarrow 3CO_2+4H_2O+18.8N_2$

13 ★★★★ 연소 후에 재가 거의 없는 화재로서 가연성 액체 등의 화재에 쓰는 소화약제는? 20. 8. 22 [기] 20. 9. 27 [기] 22. 3. 5 [기] 23. 6. 4 [기] 24. 2. 15 [기] 25. 2. 7 [기]

① A급	② B급
③ C급	④ D급

[정답] 09 ④ 10 ④ 11 ③ 12 ② 13 ②

4과목

해설

화재의 종류 및 특성

화재구분 화재의 종류	화재 급수	소화기 표시 색상	소화 효과	화재특성
일반 가연물 화재	A급	백색	냉각 소화	① 백색연기 발생 ② 연소 후 재를 남긴다.
유류화재	B급	황색	질식 효과	① 검은연기 발생 ② 연소 후 재를 남기지 않는다.
전기화재	C급	청색	질식 효과	전기시설물이 점화원의 기능을 하며 발화 후 일반 유류화재로 전환
금속화재	D급	무색	마른모래 피복(건조사)	금속이 열을 발생
가스화재	E급	황색		재가 없음
부엌화재	K급			

14 ★★★ 가스의 최대연소속도를 결정하는 함수는?

① 공기구멍에서 받아들인 공기량
② 화염수위에서 확산에 의해 취하는 공기량
③ 급격한 압력상승
④ 이론공기량

해설

연소속도는 이론공기량에 의해서 연소속도가 결정된다.

> 참고 1992년 9월 20일 기출문제

15 ★★ 분진폭발순서를 옳게 배열한 것은? 17. 5. 7 ㉠산
20. 6. 7 ㉠

① 퇴적분진 – 비산 – 분산 – 발화원 – 전면폭발 – 2차 폭발
② 퇴적분진 – 분산 – 비산 – 전면폭발 – 발화원 – 2차 폭발
③ 비산 – 퇴적분진 – 분산 – 전면폭발 – 발화원 – 2차 폭발
④ 분산 – 퇴적분진 – 비산 – 발화원 – 2차 폭발 – 전면폭발

해설

화학적 폭발
화학적 변화에 의해 폭발되는 형태를 말하며 종류는 다음과 같다.

① 분해폭발 : C_2H_2(아세틸렌)는 흡열 화합물로 가압시 분해하여 폭발한다.
② 화합폭발 : C_2H_2, Ag, Hg, Mg, Cu, 폭발성 화합물인 아세틸라이드(Cu_2C_2 : 구리아세틸라이드, Ag_2C_2 : 은아세틸라이드, Mg_2C_2 : 마그네슘 아세틸라이드, Hg_2C_2 : 수은아세틸라이드) 등이 화합되어 폭발한다.
③ 중합폭발 : 시안화수소(HCN) 등의 중합에 의해서 폭발한다.
④ 연소폭발(산화폭발) : 가연성 + 산소, $C_3H_8 + 5O_2 \rightarrow 3CO_2 + 4H_2O$ 등의 산화에 의해서 폭발한다.

16 ★★ 분진폭발을 동반하는 물질은?

① 염소   ② 마그네슘
③ 산화칼슘   ④ 에틸렌

해설

분진폭발을 일으키는 물질의 종류
① 금속 : 알루미늄, 마그네슘, 철, 망간, 규소, 주석
② 분말 : 티탄, 바나듐, 아연, 지르코늄, DOW 합금, 페로실리콘
③ 플라스틱 : 아릴알코올레진, 카세인, 질산 및 초산셀룰로오스, 쿠마론인덴레진, 리그닌레진, 메틸메타크릴레이트, 펜타에리트리톨, 페놀레진, 프탈산무수물, 헥사메틸렌테트라민, 폴리에틸렌, 폴리스티렌, 셀락, 합성고무, 요소성형수지, 비닐부티랄

17 ★★★ 다음은 인화성 가스의 폭발한계에 관한 설명이다. 틀린 것은?

① 소수의 예외를 제외하고는 압력의 증가에 따라 폭발상한계와 하한계가 모두 현저히 증가한다.
② 압력이 저하하면 폭발범위는 좁게 되어 결국에는 상한계와 하한계가 일치하게 된다.
③ 온도의 상승과 함께 폭발범위는 넓게 되는 경향이 있다.
④ 산소 중에서의 폭발범위는 공기 중에서보다 넓어진다.

해설

폭발의 성립조건
① 인화성 가스, 증기 및 분진이 공기 또는 산소와 접촉, 혼합되어 있을 때
② 혼합되어 있는 가스 및 분진이 어떤 구획되고 있는 방이나 용기 같은 것의 공간에 존재하고 있을 때
③ 그 혼합된 물질의 일부에 점화원이 존재하고 그것이 매개로 되어 어떤 한도 이상의 에너지를 줄 때

> 참고 실기 필답형 시험에 자주 출제됨

[정답] 14 ④   15 ①   16 ②   17 ①

18 인화성 액체의 인화점에 대한 설명 중 옳은 것은?

① 인화성 액체의 증기가 포화상태에 달하는 최저 온도
② 인화성 액체의 증기가 공기와 접촉하여 점화원없이 연소되는 최고온도
③ 물체가 발화하는 최저온도
④ 공기 중에서 그 액체의 표면 부근에서 불꽃의 전파가 일어나기에 충분한 농도의 증기를 발생하는 최저온도

해설

인화점의 특징

(1) 정의
인화성 액체가 공기 중에서 인화하기에 충분한 인화성 증기를 발생할 수 있는 최저온도로 보통 인화성 위험성의 척도가 되는 것이다.

[표] 주요 인화성 액체의 인화점

물질명	인화점(℃)	물질명	인화점(℃)
아세톤	-20	아세트알데히드	-39
가솔린	-43	에틸알코올	13
경 유	40~85	메탄올	11
등 유	30~60	산화에틸렌	-17.8
벤 젠	-11	이황화탄소	-30
테레빈유	35	에틸에테르	-45

(2) 연소위험과 인화점·착화점과의 관계
① 인화점이 낮을수록 연소위험이 크다.
② 착화점이 낮을수록 연소위험이 크다.
③ 연소범위가 넓을수록 연소위험이 크다.
④ 산소농도가 클수록 연소위험이 크다.

참고 2003년 5월 25일 기출문제

19 비점이 낮은 액체저장탱크 주위에 화재가 발생했을 때 저장탱크 내부의 비등현상으로 인한 압력상승으로 탱크가 파열되어 그 내용물이 증발, 팽창하면서 발생되는 폭발현상을 무엇이라 하는가?

① UVCE   ② BLEVE
③ 개방계 폭발   ④ 중합폭발

해설

비등액체 팽창증기폭발(BLEVE)의 발생단계
① 액체가 들어 있는 탱크의 주위에서 화재가 발생한다.
② 화재에 의한 열에 의하여 탱크의 벽이 가열된다.
③ 액위 이하의 탱크 벽은 액에 의하여 냉각되나, 액의 온도는 올라가고, 탱크 내의 압력이 증가된다.
④ 화염이 열을 제거시킬 액이 없고 증기만 존재하는 탱크의 벽이나 천장(roof)에 도달하면, 화염과 접촉하는 부위의 금속의 온도는 상승하여 그의 구조적 강도를 잃게 된다.
⑤ 탱크는 파열되고 그 내용물은 폭발적으로 증발한다.

20 다음 중 불활성화(퍼지)에 관한 설명으로 틀린 것은?

① 압력퍼지가 진공퍼지에 비해 퍼지시간이 길다.
② 진공퍼지는 압력퍼지보다 이너트가스 소모가 적다.
③ 사이펀 퍼지가스의 부피는 용기의 부피와 같다.
④ 스위프퍼지는 용기나 장치에 압력을 가하거나 진공으로 할 수 없을 때 사용된다.

해설

퍼지 비교
① 가압퍼지와 진공퍼지를 비교하면 가압퍼지인 경우 시간이 크게 감소된다.
② 가압공정은 진공을 유도하기 위한 느린 공정에 비하여 대단히 빠르다.
③ 가압퍼지는 보다 많은 이너트가스를 소모한다.
④ 퍼지공정은 비용과 수행을 기준으로 가장 적합한 최적의 것으로 선택해야 한다.

보충학습

화재 구분	특 징
A급 화재	일반화재, 물을 사용하는 냉각효과가 제일 우선시하는 것으로, 목재, 섬유류, 나무, 종이, 플라스틱처럼 타고난 후 재를 남기는 보통화재
B급 화재	유류화재, 가연성 액체인 에테르, 가솔린, 등유, 경유 등(고체 유지류 포함)과 프로판가스와 같은 가연성 가스 등에서 발생하는 것으로 연소 후 아무것도 남기지 않는 유류·가스화재
C급 화재	전기화재, 소화시 전기절연성을 갖는 소화제를 사용하여야 하는 변압기, 전기다리미 등 전기기구에 전기가 통하고 있는 기계, 기구 등에서 발생하는 화재
D급 화재	- 금속화재, 금속의 열전도에 따른 화재나 금속분에 의한 분진 폭발 등 - 철분, 마그네슘, 금속분류에 의한 화재로 일반적으로 건조사에 의한 소화방법 사용

21 20℃, 1기압의 공기를 압축비 3으로 단열압축하였을 때 온도는 약 몇 ℃가 되겠는가?(단, 공기의 비열비는 1.4이다.)

① 84   ② 128
③ 182   ④ 109

[정답] 18 ④ 19 ② 20 ① 21 ②

> 해설

단열압축온도[℃]

① 공식 : $\dfrac{T_2}{T_1} = \left(\dfrac{P_2}{P_1}\right)^{\frac{r-1}{r}}$

여기서, T_1 : 처음 온도(°K)=(°K=273+℃)
T_2 : 나중 온도(°K) P_1 : 처음 압력
P_2 : 나중 압력 r : 비열비

② $T_2 = T_1 \times \left(\dfrac{P_2}{P_1}\right)^{\frac{r-1}{r}}$
$= (20+273) \times \left(\dfrac{3}{1}\right)^{\frac{1.4-1}{1.4}}$
$= 401[°K] - 273 = 128[℃]$

22 ★★ 다음 중 Halon 2402의 화학식으로 맞는 표현은?

① $C_2I_4Br_2$ ② $C_2F_4Br_2$
③ $C_2Cl_4B_2$ ④ $C_2I_4Cr_2$

> 해설

할론소화기의 종류 및 특징
① 사염화탄소(CCl_4) : 일명 CTC소화기
② 1브롬화1염화메탄
  CH_4ClBr - 할론번호 : 1011(일명 CB소화기)
③ 1브롬화1염화2불화메탄
  CF_2ClBr - 할론번호 : 1211(일명 BCF소화기)
④ 1브롬화3불화메탄
  CF_3Br - 할론번호 : 1301 - 가장 소화효과가 크다. (일명 BTM소화기)

23 ★★ 소화방법에 따른 소화원리를 잘못 설명한 것은?

① 물을 뿌린다 – 냉각소화
② 모래를 뿌린다 – 질식소화
③ 초를 불어서 끈다 – 억제소화
④ 담요를 덮는다 – 질식소화

> 해설

소화방법

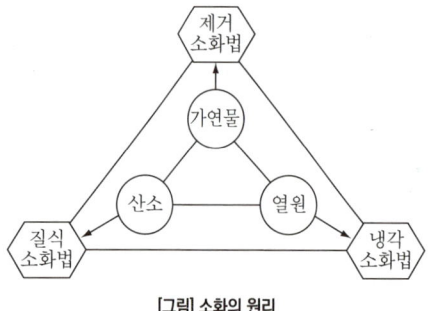

[그림] 소화의 원리

24 ★★ 다음 중 물분무소화설비의 소화효과가 아닌 것은?

① 열전달 차단효과 ② 가연물의 제거효과
③ 냉각효과   ④ 연쇄반응의 중단효과

> 해설

물분무소화의 효과 16. 5. 8 ㉚
① 질식효과
② 냉각효과
③ 희석효과
④ 유화효과

25 ★★★★ 소화효과에 대한 다음의 설명 중에서 맞지 않는 것은?

① 물에 의한 소화는 냉각효과이다.
② 불연성 가스에 의한 소화는 질식효과이다.
③ 할로겐화 탄화수소를 사용하는 경우의 주요 소화효과는 산소의 공급차단에 의한 질식효과이다.
④ 소화분말을 사용하는 경우의 주요 소화효과는 연소의 억제, 냉각, 질식의 상승효과이다.

> 해설

소화효과 20. 8. 22 ㉮
① CO_2 : 질식, 냉각, 피복효과
② Halogen 분말 : 질식, 냉각, 부촉매(억제효과)

26 ★★ 화재의 감지기 중에서 연기감지기에 해당하지 않는 것은?

① 광전식   ② 감광식
③ 이온식   ④ 정온식

> 해설

감지기 종류
(1) 열감지기(차동식, 정온식, 보상식)
   ① 차동식(스폿형, 분포형)
   ② 정온식(스폿형, 감지선형)
   ③ 보상식(스폿형)
(2) 연기감지기(이온화식, 광전식)

감지기 ┬ 기능상 – 차동식, 정온식, 보상식
     └ 열효과를 이용하는 방법 – 스폿형, 분포형

[정답] 22 ② 23 ③ 24 ④ 25 ③ 26 ④

27 연소억제에 의한 소화제로서 억제작용이 가장 큰 것은?
08. 7. 27 ㉠
① 염소　　　② 요오드
③ 불소　　　④ 브롬

해설

연소억제
① 억제 효과 : I＞Br＞Cl＞F
② 안정성 : F＞Cl＞Br＞I

◎ 다음에도 출제가능 문제이다.

28 금속나트륨이나 금속칼륨화재에 적당한 것은?
19. 3. 3 ㉠
19. 4. 27 ㉠
① 포말소화기　　　② 건조사
③ 분말소화기　　　④ 자동화산액

해설

화재 및 적용 소화기
① A급 화재(일반화재)
　물소화기, 산알칼리소화기, 강화액소화기
② B급 화재(유류화재)
　포말소화기, CO_2소화기, 분말소화기
③ C급 화재(전기화재)
　분말소화기, 할론소화기(사염화탄소 포함)
④ D급 화재(금속화재)
　건조사, 팽창질석, 팽창진주암

29 가스계 소화약제의 특징이 아닌 것은?
① 분출하는 가스, 기름 등의 소화에도 적용이 가능하다.
② 전기절연성이 커서 전기기기류의 화재에 사용된다.
③ 소화설비의 보수관리가 용이하다.
④ 소화할 때 대상물 또는 주변기물에 오염을 시키지 않아 부식성이 없다.

해설

CO_2소화기 및 할론소화기의 특징
① 소화속도가 빠르다.
② 전기절연성이 크다.
③ 전기기기류 화재에 적합하다.
④ 장기간 저장이 가능하다.
⑤ 부식성이 없다.
⑥ 보수관리가 용이하다.

30 소화효과에 대한 다음의 설명 중에서 맞지 않는 것은?
① 물에 의한 소화는 냉각효과이다.
② 불연성 가스에 의한 소화는 질식효과이다.
③ 할로겐화 탄화수소를 사용하는 경우의 주요 소화효과는 산소의 공급차단에 의한 질식효과이다.
④ 소화분말을 사용하는 경우의 주요 소화효과는 연소의 억제, 냉각, 질식의 상승효과이다.

해설

소화약제의 종류 및 특성 20. 9. 27 ㉠
① 물 : 가장 많이 사용되며, 특히 분무상태로 사용하였을 때에는 화재에 대한 적용범위가 넓다.
② 강화액 : 탄산나트륨과 같은 무기염의 용액이 사용되며, 물보다 좋은 소화재가 된다. 분무로 사용되면 B, C급 화재에도 적용이 가능하다.
③ 화학포말 : 탄산수소나트륨과 황산알루미늄의 수용액을 혼합하여 반응을 일으켜 이산화탄소가 발생하며, 그때 피막이 생성되어 포말을 이루게 된다. C급 화재에는 사용하지 못한다.
④ 이산화탄소 : 이산화탄소를 가압액화시켜 봄베에 충전하여서 화재 때 방출하여 소화에 사용한다. 전기기기, 통신기 등의 화재에 꼭 필요하다.
⑤ 할로겐화물 : 4염화탄소(CCl_4), 1염화1브롬화메탄(CH_4BrCl), 1브롬화3불화탄소(CF_3Br) 등이 사용되고, 소화작용으로는 산소와의 차단 및 산소농도를 감소시키며, 연쇄반응을 중단시키는 역할을 한다.
⑥ 인산암모늄 : ABC분말재라 하며, A, B, C 화재의 어느 것에나 적용된다.

31 화재감지기 중 열감지기와 관계가 먼 것은?
① 정온식　　　② 이온식
③ 차동식　　　④ 보상식

해설

감지기의 종류 15. 3. 8 ㉠ 15. 5. 31 ㉠ 20. 8. 22 ㉠ 23. 7. 8 ㉠
(1) 열감지식
　① 차동식　② 보상식　③ 정온식
(2) 연기식
　① 이온화식　② 광전식
(3) 화염(불꽃)식
　① 자외선　② 적외선

[정답] 27 ②　28 ②　29 ①　30 ③　31 ②

32 직경 2[m]의 소방수조탱크에 물이 4[m] 깊이로 채워져 있고, 바닥에 직경 10[cm]의 노즐이 연결되어 있을 때 이 노즐을 통하여 흘러나오는 물의 부피유속은 몇 [m³/sec]인가? (단, 수조내외의 압력은 대기압과 같다.)

① 0.02[m³/s] ② 0.05[m³/s]
③ 0.07[m³/s] ④ 0.09[m³/s]

해설

유속계산

① $V = \sqrt{2gh} = \sqrt{2 \times 9.8 \times 4} = 8.854$
② $Q = AV = \dfrac{\pi}{4}d^2 \cdot V = \dfrac{\pi}{4} \times (0.1)^2 \times 8.854$
$= 0.069542 \doteq 0.07 [m^3/s]$

33 다음의 소화제(消化劑) 중에서 A급 화재에 가장 효과적인 것은?

① 중탄산나트륨과 황산알루미늄을 주성분으로 한 기포제
② 물 또는 물을 많이 함유한 용액
③ 할로겐화 탄화수소를 주성분으로 한 증발성 액체
④ 질소 또는 탄산가스 등의 불연성 기체

해설

화재구분 및 소화방법

구분	화재의 종류	표시 색상	소화제	적응소화기
A급 화재	일반가연물의 화재	백색	주수, 산알칼리	중조식 소화기, 수동펌프식 소화기
B급 화재	가연성 액체 화재	황색	CO_2, 포, 할로겐화물, 분말	휘발성 액체 소화기, 불연가스 소화기, 소화분말 소화기
C급 화재	전기화재	청색	CO_2, 할로겐화물, 분말	유기성 소화액 소화기
D급 화재	금속화재		건조사, 불연성 기체	건조사, 팽창질석, 팽창진주암

34 소화제의 종류 중 질식소화작용에 해당되는 것은?

① 스프링클러 ② 에어폼(Air foam)
③ 강화액 ④ 호수방수

해설

소화제의 종류

(1) 희석소화(질식소화)
  산소공급차단에 의한 소화
  ① 산소농도를 15~16[%] 이하로 낮춤
  ② 포말, 분말, CO_2, 간이소화제 등
(2) 화염의 불안전에 의한 소화
  ① 가연성 혼합기체가 점화하여 혼합기체의 유속을 증가시키고, 연소속도가 일정하면 화염의 길이는 점차 길어지다가 결국 불이 스스로 꺼짐
  ② 성냥불이나 촛불을 불어 꺼지게 하는 방법, 유전 화재를 폭풍으로 꺼지게 하는 방법
(3) 연소억제에 의한 소화(억제소화로서 연속관계의 차단에 의한 소화방법)
  ① 부촉매효과
  ② 할로겐화물을 이용(불소, 염소, 브롬, 요오드 등)
  ③ 억제작용이 강한 순서 : 불소<염소<브롬<요오드(소화제로서 안정성은 반대임)
  ④ 할로겐화합물은 질소, 수증기, 탄산가스보다 소화효과가 크다.
(4) 제거소화
  가연물의 제거에 의한 소화
  ① 가연물을 반응계에서 제거시키거나 차단시키는 방법
  ② 기체, 액체 등의 대형화재에 적합
  ③ 촛불, 유전화재, 산불, 가스화재
(5) 냉각소화
  냉각에 의한 온도저하에 의한 소화방법
  ① 물의 증발잠열(539[kcal/kg])을 이용한 소화
  ② 냉각효과를 증강시키기 위한 크롬산칼륨, 인산칼륨, 탄산칼륨 등의 첨가물, 산알칼리, 강화액소화제 등

◉ 해설이 긴 이유는 본문에서 상세 설명이 없으므로 꼭 읽어야 한다.

35 소화제 중 B급과 C급 화재에 가장 효과적인 것은?

① 물(봉상) ② 화학기포
③ 불연성 기체 ④ 산알칼리제

해설

일반적인 소화약제

(1) 물
  가장 많이 사용되며, 특히 분무상태로 사용하였을 때에는 화재에 대한 적용범위가 넓다.
(2) 강화액
  탄산나트륨과 같은 무기염의 용액이 사용되며, 물보다 좋은 소화제가 된다. 분무로 사용되면 B, C급 화재에도 적용이 가능하다.

[정답] 32 ③ 33 ② 34 ② 35 ③

36 물분무소화기에 대한 설명 중 틀린 것은?

① 수동펌프식과 가스가압식이 있다.
② 수동펌프식은 수동펌프를 연속적으로 조작하여 물을 방사하도록 되어 있다.
③ A급 화재의 소화에 적합하다.
④ 구형의 화학소화기로 일명 중탄산나트륨(중조)소화기라고도 한다.

해설

물분무소화설비의 특징
(1) 물분무소화설비는 물을 미세한 입자의 상태로 분사시켜 방호 대상물에 균일한 물입자로 덮음으로써 다음과 같은 효과에 의해 화재를 진화시키거나 연소를 억제시킨다.
  ① 연소물의 온도를 인화점 이하로 냉각시키는 효과
  ② 방사열(放射熱)차폐에 의해 미연소물질의 표면으로부터 열전달을 저하시키는 효과
  ③ 발생된 수증기에 의한 질식효과
  ④ 연소물의 물에 의한 희석효과
(2) 물분무소화설비는 다른 소화설비에 비해 대상범위가 넓고 사용목적도 다양하다.

37 분말소화설비를 설치하여야 할 대상이 아닌 것은?

① 인화성 액체를 취급하는 장소
② 송유관
③ 전기기기 화재가 발생하기 쉬운 장소
④ 선박

해설

분말소화설비의 대상
① 액체연료, 저장탱크, 도료반응용 가마, 도장부스, 자동차 주차장, 보일러실, 엔진룸, 주유소, 위험물 창고, 탱커 하역장 등 인화성 액체를 취급하는 장소
② 유류수송관, 반응탑, 가스플랜트 등 인화성 액체 또는 가스 등의 분출에 의해 화재발생 위험이 있는 장소
③ 옥내외 트랜스, 유압차단기 등의 전기설비 화재
④ 종이 또는 직물류의 일반가연물로 통상 연소가 표면에서 이루어져 내부로 화염이 침투하지 않는 것

38 다음의 온도감지기에 대한 설명 중에서 틀린 것은?

① 정온식 온도감지기의 작동온도범위는 60~150[℃] 정도이다.
② 정온식 감지기의 감지범위는 민감하기 때문에 추울 때 둔감하다.
③ 차동식 감지기는 분포형·스폿형으로 분류한다.
④ 차동식 감지기는 온도상승이 빈번한 장소 등에 감지효과가 좋다.

해설

정온식 감지기가 온도상승에 적합하다.

39 펌프 사용 시 공동현상(Cavitation)을 방지하려 한다. 조치사항 중 틀린 것은?

① 펌프의 회전수를 높인다.
② 흡입비 속도를 작게 한다.
③ 펌프의 흡입관의 두 손실을 줄인다.
④ 펌프의 설치위치를 되도록 낮추고 유효흡인 head를 크게 한다.

해설

공동현상
(1) 발생조건
  ① 흡입양정이 지나치게 클 경우
  ② 흡입관의 저항이 증대될 경우
  ③ 흡입액이 과속으로 유량이 증대될 경우
  ④ 관내의 온도가 상승할 경우
(2) 예방대책
  ① 펌프의 회전수를 낮춘다.
  ② 흡입비 속도를 작게 한다.
  ③ 펌프의 흡입관의 두(head) 손실을 줄인다.
  ④ 펌프의 설치위치를 되도록 낮추고 유효흡인 head를 크게 한다.

[정답] 36 ④ 37 ④ 38 ④ 39 ①

40 화재 발생 시 알코올포(내알코올포) 소화약제의 소화효과가 큰 대상물은?

① 특수인화물
② 물과 친화력이 있는 수용성 용매
③ 인화점이 영하 이하의 인화성 물질
④ 발생하는 증기가 공기보다 무거운 인화성 액체

해설
알코올포 소화의 효과 큰 대상물 : 물과 친화력이 있는 수용성 용매

41 다음 중 폭발위험이 가장 높은 물질은?

① 산화에틸렌   ② 수소
③ 메탄   ④ 벤젠

해설
폭발위험
① 최소착화에너지가 낮은 물질이 위험하다.
② 산화에틸렌, 수소, 아세틸렌, 이황화탄소 등이 착화에너지가 작다.
③ 작은 불꽃에도 폭발하기 용이한 물질이다.

42 다음의 폭발형태 중 화학적 폭발에 속하지 않는 것은?

① 가스폭발   ② 증기폭발
③ 분무폭발   ④ 분진폭발

해설
증기폭발 : 물리적 폭발

43 다음은 인화성 가스의 폭발한계에 대한 설명이다. 맞는 것은?

① 압력을 증가시키면 일반적으로 좁아진다.
② 온도를 상승시키면 일반적으로 좁아진다.
③ 공기 중에서보다는 산소 중에서 좁아진다.
④ 불활성 기체를 첨가하면 좁아진다.

해설
인화성 가스의 폭발한계는 불활성 기체를 첨가하면 좁아진다.

44 폭발방지를 위해 전기설비의 점화원을 차단하는 방폭설비 중 옳지 못한 구조는?

① 방진(防塵)구조   ② 내압(耐壓)구조
③ 유입(油入)구조   ④ 안전증(安全增)구조

해설
전기설비의 방폭조건
(1) 점화원의 방폭적 격리구조
    ① 내압방폭구조
    ② 압력방폭구조
    ③ 유입방폭구조
(2) 점화능력의 본질적인 억제구조 : 본질안전방폭구조
(3) 전기기기 및 설비의 안전도 향상 구조 : 안전증방폭구조

45 다음 중 폭발방호장치가 아닌 것은?

① 수막장치   ② 안전밸브
③ 파열판   ④ 용융안전플러그

해설
폭발방호장치의 종류
① 안전밸브   ② 파열판
③ 역지밸브   ④ 배출밸브
⑤ 통기밸브   ⑥ 역화방지기
⑦ 벤트스택   ⑧ 자동경보장치
⑨ 긴급차단장치   ⑩ 긴급방출장치

참고 실기시험에도 출제

46 누설발화형 폭발재해의 예방대책 중 틀린 것은?

① 불활성 가스 치환
② 밸브의 오조작방지
③ 누설물질의 감지경보
④ 발화원 관리

해설
누설발화형 폭발재해 예방대책
① 밸브의 오조작방지
② 누설물질의 감지경보
③ 발화원 관리

[정답] 40 ② 41 ① 42 ② 43 ④ 44 ① 45 ① 46 ①

47 다음 중 전기설비의 방폭구조를 나타내는 심볼로서 틀린 것은?

① 내압방폭구조 : d
② 안전증방폭구조 : e
③ 본질안전방폭구조 : s
④ 유입방폭구조 : o

해설

주요 국가 방폭구조의 기호

방폭구조 국가명	내압	유입	압력	안전증	본질 안전	특수	사입
한국	d	o	p	e	i	s	—
영국	FLP				ELP		
독일	Exd	Exo	Exf	Exe	Exi	Exs	Exq
오스트리아	Exd	Exo	Exe	Exi	Exs	Exq	
프랑스	—	—	—	—	—	—	—
이태리	Exd	Exo	Exp	Exe	Exi		Exq
스위스	Exd	Exo	Exf	Exe		Exs	
스웨덴	Xt	Xo	Xy	Xh	Xi	Xs	

48 르샤틀리에의 공식 $\dfrac{100}{L} = \dfrac{V_1}{L_1} + \dfrac{V_2}{L_2} + \dfrac{V_3}{L_3}\cdots$

…은 폭발성 혼합가스의 폭발한계를 구하는 데 이용한다. 식 중 V_1, V_2, V_3……는?

① 혼합가스의 폭발한계치
② 각 성분의 단독 폭발한계치
③ 각 성분의 체적(%)
④ 각 성분의 중량(%)

해설

폭발한계
① V_1, V_2, V_3 : 체적(%)
② L_1, L_2, L_3 : 각 성분의 폭발하한계 또는 상한계
③ L : 혼합기체의 상한 또는 하한

49 인화성 가스, 증기 및 분진에 의하여 화재, 폭발을 발생시킬 수 있는 농도로 대기 중에 존재할 가능성이 있는 1종 방폭 위험장소가 아닌 것은? 17.5.7 ㉯

① 점검, 수리작업에서 인화성 가스 또는 증기를 방출하는 경우
② 드럼관 등에 인화성 액체를 충전하고 있는 경우의 개구부
③ 플로팅 루프 탱크(floating roof tank)상의 셸(shell) 내의 부분
④ 이상상태에서 폭발성 분위기가 생성될 우려가 있는 장소

해설

위험장소의 구분 및 특징 19.8.4 ㉯
(1) 0종 장소
 정상상태에 있어서 폭발성 분위기가 연속적으로 또는 장기간 생성되는 장소를 말한다. (예 인화성 가스의 용기 및 탱크의 내부, 인화성 액체의 용기 또는 탱크 내 액면 상부의 공간부)
(2) 1종 장소
 정상상태에 있어서 폭발성 분위기가 주기적으로 또는 간헐적으로 생성될 우려가 있는 장소를 말한다. 여기에 해당되는 장소는 다음과 같다.
 ① 탱크류, 가스벤트의 개구부 부근
 ② 점검, 수리작업에서 인화성 가스 또는 증기를 방출하는 경우
 ③ 실내(환기가 방해되는 장소)에서 인화성 가스 또는 증기가 방출할 염려가 있는 경우
 ④ 탱크로리, 드럼관 등에 인화성 액체를 충전하고 있는 경우의 개구부 부근
 ⑤ 릴리프밸브(relief valve)가 가끔 작동하여 인화성 가스 또는 증기를 방출하는 경우의 그 부근
 ⑥ 플로팅 루프 탱크(floating roof tank)상의 셸(shell) 내의 부분
 ⑦ 위험한 가스가 누출될 염려가 있는 장소로서 피트류처럼 가스가 축적되는 장소
(3) 2종 장소
 이상상태에 있어서 폭발성 분위기가 생성될 우려가 있는 장소를 말한다.
(4) 준위험 장소
 발생빈도가 극히 작은 지진이나 그 밖에 예상되는 사고시 폭발성 가스가 대량으로 누출되어 위험분위기가 되는 장소를 말한다.

50 다음 중 위험물의 예를 잘못 연결한 것은?

① 발화성 물질-칼륨
② 산화성 물질-중크롬산
③ 인화성 물질-크실렌
④ 폭발성 물질-알킬리튬

[정답] 47 ③ 48 ③ 49 ④ 50 ④

해설

위험물 구분

(1) 폭발성 물질의 종류
① 질산에스테르류 ② 니트로화합물
③ 니트로소화합물 ④ 아조화합물
⑤ 디아조화합물 ⑥ 하이드라진 및 그 유도체
⑦ 유기과산화물
(2) 알킬리튬은 자연발화성 및 금수성 물질이다.

51 ★★ 혼합 위험의 특성이 아닌 것은?

① 단독물의 혼합인 경우 혼합물의 경우보다 발화지연이 짧다.
② 가압하에서는 발화지연이 짧다.
③ 주위온도보다 발화온도가 낮아지면 발화지연이 짧다.
④ 햇빛 그 밖에 빛의 영향으로 광분해반응이 수반될 수 있다.

해설

혼합 위험

(1) 혼합 위험의 특성
① 가압하에서는 발화지연이 짧아진다.
② 주위온도보다 발화온도가 낮아지면 발화지연이 짧아진다.
③ 혼합물인 경우 단독물의 혼합인 경우보다 발화지연이 짧아진다.
④ 햇빛이나 그 밖에 빛으로 광분해반응이 수반될 수 있다.
(2) 혼합시 발화의 위험이 있는 물질(폭발도 가능) 분류
① 초산칼륨 + Mg분말 ② 과망간산칼륨 + 농황산
③ 질산암모늄 + 유지 ④ 금속칼륨 + 인
⑤ 액체산소 + 탄소분말 ⑥ 염소산칼륨 + 탄소분말
⑦ 금속나트륨 + 물 ⑧ 금속마그네슘 + 물
⑨ 염소산칼륨 + 황 ⑩ 황화인 + 과산화물

52 ★★★★ 인화성 가스의 폭발한계에 영향을 미치는 인자가 아닌 것은?

① 압력 ② 온도
③ 화염진행방향 ④ 고유저항

해설

폭발발생의 필수 인자

① 인화성 물질의 온도
② 인화성 물질의 농도범위
③ 용기의 크기와 모양
④ 압력의 방향

[참고] 2004년 8월 8일 기출문제

53 ★★★★ 인화성 가스의 폭발한계와 독립한계를 바르게 설명한 것은? 23. 3. 1 [산]

① 폭발한계와 농도범위가 같다.
② 폭발한계는 독립한계보다 농도범위가 좁다.
③ 폭발한계는 독립한계보다 농도범위가 넓다.
④ 두 한계의 하한계는 같으나 상한계는 독립한계가 더 높다.

해설

인화성 가스의 폭발범위

① 폭발한계(연소범위)란 인화성 물질이 기체상태에서 공기와 혼합하여 일정농도 범위내에서 연소가 일어나는 범위를 말한다. (인화성 가스와 공기 혼합비)
② 폭발한계는 하한계(하한값)와 상한계(상한값)로 표시한다.
③ 상한계란 용량으로 연소가 계속되는 최대용량비를 말한다.
④ 하한계란 용량으로 연소가 계속되는 최저용량비를 말한다.
⑤ 위험성은 하한계가 낮으면 낮을수록 연소범위가 넓으면 넓을수록 위험하다.
⑥ 압력상승시는 하한계는 불변, 상한계만 상승한다.

54 벤젠(C_6H_6)이 공기 중에서 연소될 때의 이론혼합비(화학양론조성)는?

① 0.72[vol%] ② 1.22[vol%]
③ 2.72[vol%] ④ 3.22[vol%]

해설

이론혼합비

① 산소농도(O_2)

$$=\left(a+\frac{b-c-2d}{4}\right)=\left(6+\frac{6}{4}\right)=7.5$$

(단, C_aH_b $a=6,\ b=6,\ c=0,\ d=0$)

② 화학양론농도(C_{st})

$$=\left(\frac{100}{1+4.773O_2}\right)=\left(\frac{100}{1+4.773\times7.5}\right)$$

$=2.717=2.72$[vol%]

① 어려운 것이 없습니다.
② 쉬운 출제 예정문제이니 모두 기억해야 합니다.

[정답] 51 ① 52 ④ 53 ③ 54 ③

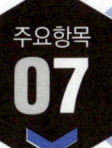

주요항목 07 화학물질 안전관리 실행

중점 학습내용

위험물이란 일반적으로 사용하고 있는 화공약품 중 발화, 인화, 폭발, 산화하여 화재의 원인이 되고 부식의 원인이 되기도 하며 흡입하거나 장기간 사용하면 중독현상을 나타내는 물질을 말한다. 위험물은 제1류~제6류와 특수가연물이 있다.
위험물은 물과 산소와의 반응이 쉽고 반응시 발열량이 크고 반응속도가 급격히 진행되며 화학적으로 불안정하고 가연성 가스는 발생하는 대기압에서 산소 또는 수분과 반응하여 짧은 시간 내에 방출되는 막대한 에너지로 화재 및 폭발을 유발하는 물질을 말한다. 시험에 출제가 예상되는 화학물질 안전관리 실행의 중심적인 학습내용은 다음과 같이 구성하였다.
❶ 화학물질(위험물, 유해화학물질) 확인
❷ 화학물질(위험물, 유해화학물질) 유해 위험성 확인
❸ 화학물질 취급설비 개념 확인

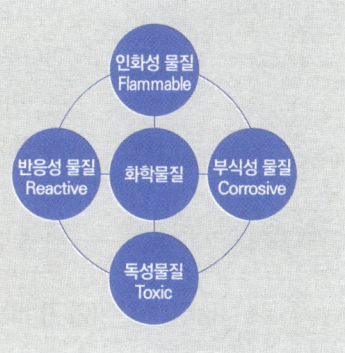

세부항목 1. 화학물질(위험물, 유해화학물질) 확인

1. 위험물의 기초화학

(1) 위험물(危險物 : dangerous substance)의 정의

위험물은 일반적으로 상온 20[℃] 상압(1기압)에서 대기 중의 산소 또는 수분 등과 쉽게 격렬히 반응하면서 수초 이내에 방출되는 막대한 Energy로 인해 화재 및 폭발을 유발시키는 물질을 말한다.

(2) 위험물의 특징

① 자연계에 흔히 존재하는 물 또는 산소와의 반응이 용이하다.
② 반응속도가 급격히 진행한다.
③ 반응시 수반되는 발열량이 크다.
④ 수소와 같은 가연성 가스를 발생한다.
⑤ 화학적 구조 및 결합력이 대단히 불안정하다.

합격예측 16. 5. 8 **신**

폭발성물질 및 유기과산화물
가열, 마찰, 충격, 또는 다른 화학물질과의 접촉 등으로 인하여 산소나 산화제의 공급이 없더라도 폭발 등 격렬한 반응을 일으킬 수 있는 고체나 액체로서 다음 각 목의 1에 해당하는 물질
가. 질산에스테르류
나. 니트로화합물
다. 니트로소화합물
라. 아조화합물
마. 디아조화합물
바. 하이드라진 그 유도체
사. 유기과산화물
아. 그 밖에 가목부터 사목까지의 물질과 같은 정도의 폭발의 위험이 있는 물질
자. 가목부터 아목까지의 물질을 함유한 물질

합격예측

고체 및 액체 화합물의 독성 표현단위(양)
① LD(Lethal Dose) : 한 마리 동물의 치사량
② MLD(Minimum Lethal Dose) : 실험동물 한 무리(10마리 이상)에서 한 마리가 죽는 최소의 양
③ LD_{50} : 실험동물 한 무리(10마리 이상)에서 50[%]가 죽는 양
④ LD_{100} : 실험동물 한 무리(10마리 이상) 전부가 죽는 양

가스 및 증발하는 화합물의 독성 표현단위(농도)
① LC(Lethal Concentration) : 한 마리 동물을 치사시키는 농도
② MLC(Minimum Lethal Concentration) : 실험동물 한 무리(10마리 이상)에서 한 마리가 죽는 최소의 농도
③ LC_{50} : 실험동물 한 무리(10마리 이상)에서 50[%]가 죽는 농도
④ LC_{100} : 실험동물 한 무리(10마리 이상) 전부가 죽는 농도

시성식
① 분자의 성질을 표시할 수 있는 라디칼을 표시하여 그 결합상태를 나타낸 식
② CH_3COOH(초산), C_2H_5OH(에틸알코올) 등

구조식
분자내의 원자와 원자의 결합상태를 원자가와 같은 수의 결합선으로 연결하여 나타낸 식
CH_4 CO_2
H
|
H–C–H   O=C=O
|
H

2. 유해화학물질의 유해요인

(1) 위험물의 적재방법

① 위험물은 운반용기에 정하는 바에 따라 수납하여 적재하여야 한다. 다만, 생석회 또는 덩어리로 된 황을 운반하기 위하여 적재하는 경우 또는 위험물을 동일한 대지 안에 있는 제조소 등의 상호간에 운반하기 위하여 적재하는 경우에는 그러하지 아니하다.
② 위험물을 수납한 운반용기는 정하는 바에 따라 포장하여 적재하여야 한다. 다만, 위험물을 동일한 대지 안에 있는 제조소 등의 상호간에 운반하기 위하여 적재하는 경우에는 그러하지 아니하다.
③ 위험물을 수납한 운반용기와 이를 포장한 외부에는 정하는 바에 따라 위험물의 품명·수량 등을 표시하여 적재하여야 한다.

(2) 카바이드 취급시 안전한 취급방법

① 드럼통은 신중히 취급할 것
② 화약류, 인화성, 가연성 물질과 혼합하여 적재하지 말 것
③ 습기 있는 곳은 피할 것
④ 높은 곳에서 내릴 때는 사면판을 이용할 것
⑤ 드럼통은 지면에 놓지 말고 벽돌 등으로 고여둘 것
⑥ 저장실은 통풍이 양호하게 할 것
⑦ 전기설비는 방폭구조로 하고 스위치는 옥외의 안전한 곳에 설치할 것
⑧ 저장실은 타인의 출입을 금하고, 화기 및 주수(注水) 금지를 명시할 것
⑨ 드럼통을 뗄 때는 정이나 끌 등으로 타격을 가하지 말고, 작두식 기계로 떼어낼 것
⑩ 드럼통을 열 때는 내부의 아세틸렌(C_2H_2)가스를 발산시키면서 신중히 떼어낼 것

3. 화학식

(1) 실험식(조성식)

① 화학물 중에 포함되어 있는 원소의 종류와 원자 수를 가장 간단한 정수비로 나타낸 식
② H_2O_2의 실험식은 HO이며, C_2H_2, C_6H_6의 실험식은 CH이다.

(2) 분자식

① 한 개의 분자 중에 들어있는 원자의 종류와 그 수를 원소기호로 표시한 식
② $C_6H_{12}O_6$(포도당), H_2O(물) 등

세부항목 2. 화학물질(위험물, 유해화학물질) 유해 위험성 확인

1. 위험물의 성질과 위험성

구분	종류	
1. 폭발성 물질 및 유기과산화물 18. 3. 4 ⑦ 18. 4. 28 ⑦ 18. 8. 19 ⑦ 22. 3. 5 ⑦	① 질산에스테르류 : 니트로셀룰로오스, 니트로글리세린, 질산메틸, 질산에틸 등 ② 니트로화합물 : 피크린산(트리니트로페놀), 트리니트로톨루엔(TNT) 등 ③ 니트로소화합물 : 파라니트로소벤젠, 디니트로소레조르신 등 ④ 아조화합물 및 디아조화합물 ⑤ 하이드라진 유도체 ⑥ 유기과산화물 : 과초산, 메틸에틸케톤 과산화물, 과산화벤조일 등	
2. 물반응성 물질 및 인화성 고체 16. 5. 8 ⑦ 21. 3. 7 ⑦ 21. 5. 15 ⑦	인화성 고체 18. 8. 19 ⑳	① 황화인　　② 황 ③ 적린　　④ 금속분말 ⑤ 마그네슘분말
	물반응성 물질 23. 3. 1 ⑳	① 리튬　　② 칼륨 ③ 나트륨　　④ 알킬알루미늄 ⑤ 알킬리튬　　⑥ 황린 ⑦ 알칼리금속(리튬, 칼륨 및 나트륨 제외) ⑧ 유기금속화합물(알킬알루미늄 및 알킬리튬 제외) ⑨ 금속의 수소화물 ⑩ 금속의 인화물 ⑪ 칼슘 또는 알루미늄의 탄화물
3. 산화성 액체 및 산화성 고체 16. 8. 21 ⑦ 22. 3. 5 ⑦	① 차아염소산 및 그 염류 : 차아염소산, 차아염소산칼륨 그 밖에 차아염소산염류 ② 염소산 및 그 염류 : 염소산, 염소산칼륨, 염소산나트륨, 염소산암모늄, 그 밖에 염소산염류 ③ 과염소산 및 그 염류 : 과염소산, 과염소산칼륨, 과염소산나트륨, 과염소산암모늄, 그 밖에 과염소산염류 ④ 과산화수소 및 무기과산화물 : 과산화수소, 과산화칼륨, 과산화나트륨, 과산화마그네슘, 그 밖에 무기과산화물 ⑤ 아염소산 및 그 염류 : 아염소산칼륨 그 밖에 아염소산염류 ⑥ 브롬산 및 그 염류 : 브롬산염류 ⑦ 질산 및 그 염류 : 질산칼륨, 질산나트륨, 질산암모늄, 그 밖에 질산염류 ⑧ 요오드산 및 그 염류 : 요오드산염류 ⑨ 과망간산 및 그 염류 ⑩ 중크롬산 및 그 염류	

합격예측 및 관련법규

제249조(건축물의 구조)
사업주는 용융고열물을 취급하는 설비를 내부에 설치한 건축물에 대하여는 수증기폭발을 방지하기 위하여 다음 각 호의 조치를 하여야 한다.
1. 바닥은 물이 고이지 아니하는 구조로 할 것
2. 지붕·벽·창 등은 빗물이 새어들지 아니하는 구조로 할 것

제251조(고열의 금속찌꺼기 물처리 등)
사업주는 고열의 금속찌꺼기를 물로 처리하거나 폐기하는 장소에 대하여는 수증기폭발을 방지하기 위하여 배수가 잘 되는 장소에서 작업을 하여야 한다. 다만, 수쇄처리를 하는 경우에는 그러하지 아니하다.

[그림] 물질의 상태변화

Q 은행문제

1. 산업안전보건법상 부식성 물질 중 부식성 염기류는 농도가 몇 [%] 이상인 수산화나트륨·수산화칼륨, 그 밖에 이와 같은 정도 이상의 부식성을 가지는 염기류를 말하는가?
　　　　　　　　　　20. 8. 22 ⑦
① 20　　② 40
③ 50　　④ 60

　　　　　　　정답 ②

2. 다음 중 화학공장에서 주로 사용되는 불활성 가스는? 17. 5. 7 ⑦
① 수소　　② 수증기
③ 질소　　④ 일산화탄소

　　　　　　　정답 ③

해설
화학공장의 대표적 불활성 가스 : N_2(질소 : 잠수, 잠함병 원인)

참고
산화성 액체 및 산화성 고체
산화력이 강하여 열을 가하거나 충격을 줄 경우 또는 다른 화학물질과 접촉할 경우에 격렬히 분해되는 등의 반응을 일으키는 고체 및 액체로서 다음 각 목의 1에 해당하는 물질
가. 차아염소산 및 그 염류
나. 아염소산 및 그 염류
다. 염소산 및 그 염류
라. 과염소산 및 그 염류
마. 브롬산 및 그 염류
바. 요오드산 및 그 염류
사. 과산화수소 및 무기과산화물
아. 질산 및 그 염류
자. 과망간산 및 그 염류
차. 중크롬산 및 그 염류
카. 그 밖에 가목부터 차목까지의 물질과 같은 정도의 산화성이 있는 물질
타. 가목부터 카목까지의 물질을 함유한 물질

합격예측
일반실험실 안전수칙
① 금연(No smoking)
② 음식물, 음료 금지 (No food or drink)
③ 장난 금지(No play)
④ 정리정돈(Tidy and clean arrangements)
⑤ 단독실험 금지(Avoid to be alone in the lab)

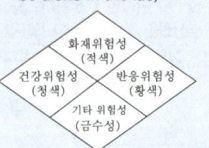

[그림] NFPA 위험물표시

합격예측
22. 4. 24 기
24. 2. 15 기
25. 2. 7 기

인화성 가스
인화성 가스란 인화한계 농도의 최저한도가 13[%] 이하 또는 최고한도와 최저한도의 차가 12[%] 이상인 것으로 표준압력(101.3 [kPa])하의 20[℃]에서 가스상태인 물질을 말한다.

구분	종류
4. 인화성 액체 17. 8. 26 기	① 에틸에테르·가솔린·아세트알데히드·산화프로필렌, 그 밖에 인화점이 23[℃] 미만이고 초기 끓는점이 35[℃] 이하인 물질 ② 노말헥산·아세톤·메틸에틸케톤·메틸알코올·에틸알코올·이황화탄소, 그 밖에 인화점이 23[℃] 미만이고 초기 끓는점이 35[℃]를 초과하는 물질 ③ 크실렌·아세트산아밀·등유·경유·테레핀유·이소아밀알코올·아세트산·히드라진, 그 밖에 인화점이 23[℃] 이상 60[℃] 이하인 물질
5. 인화성 가스 17. 8. 26 기 19. 3. 3 기산 19. 4. 27 산 20. 9. 27 기 21. 8. 14 기	종류: ① 수소 ② 아세틸렌 ③ 에틸렌 ④ 메탄 ⑤ 에탄 ⑥ 프로판 ⑦ 부탄 ⑧ 영 별표 13에 따른 인화성 가스
6. 급성독성 물질 19. 3. 3 기 20. 6. 7 기	① 쥐에 대한 경구투입실험에 의하여 실험동물의 50[%]를 사망시킬 수 있는 물질의 양, 즉 LD_{50}(경구, 쥐)이 킬로그램당(체중) 300[mg] 이하인 화학물질 ② 쥐 또는 토끼에 대한 경피흡수실험에 의하여 실험동물의 50[%]를 사망시킬 수 있는 물질의 양, 즉 LD_{50}(경피, 토끼 또는 쥐)이 킬로그램당(체중) 1,000[mg] 이하인 화학물질 ③ 쥐에 대한 4시간 동안의 흡입실험에 의하여 실험동물의 50[%]를 사망시킬 수 있는 물질의 농도, 즉 LC_{50}(쥐, 4시간 흡입)이 2,500[ppm] 이하인 화학물질 18. 3. 4 산 23. 3. 1 산
7. 부식성 물질 16. 3. 6 산 17. 8. 26 기산 19. 8. 4 기 22. 3. 5 기 23. 7. 8 기	① 부식성 산류 ㉮ 농도가 20[%] 이상인 염산, 황산, 질산, 그 밖에 이와 같은 정도 이상의 부식성을 지니는 물질 ㉯ 농도가 60[%] 이상인 인산, 아세트산, 플루오르산, 그 밖에 이와 같은 정도 이상의 부식성을 가지는 물질 ② 부식성 염기류 : 농도가 40[%] 이상인 수산화나트륨, 수산화칼륨, 그 밖에 이와 같은 정도 이상의 부식성을 가지는 염기류 19. 4. 27 산 20. 8. 22 기

[표] 유해인자의 분류기준

구분	종류
화학물질	① 물리적 위험성 : 폭발성 물질, 인화성 가스, 인화성 액체, 인화성 고체, 인화성 에어로졸, 물반응성 물질, 산화성 가스, 산화성 액체, 산화성 고체, 고압가스 등 ② 건강 및 환경유해성 : 급성독성 물질, 피부 부식성 또는 자극성 물질, 호흡기 과민성 물질, 피부 과민성 물질 등
물리적 인자	소음, 진동, 방사선, 이상기압, 이상기온 등
생물학적 인자	혈액매개감염인자, 공기매개감염인자, 곤충 및 동물매개감염인자 등

2. 위험물의 저장 및 취급방법

(1) 유해물질에 대한 대책

① 유해물질의 제조 및 사용의 중지, 유해성이 적은 물질로의 전환
② 생산공정 및 작업방법의 개선
③ 설비의 밀폐화와 자동화
④ 유해한 생산공정의 격리와 원격조작 방법의 채용
⑤ 국소배기장치에 의한 오염물질의 확산 방지
⑥ 전체환기장치에 의한 오염물질의 희석 배출

(2) 유독성 물질관리와 관련된 중요사항 23.6.4 ⑦

① 과산화수소가 분해되어 생성되는 물질 : 물과 산소
② 적린·염소산칼륨 : 혼합폭발 우려가 있다.
③ N_2O(아산화질소 : 가연성 마취제, 웃음가스) 17.3.5 ⑦
④ 황린은 공기나 산소와 접촉 : 발화하는 위험이 있다.
⑤ 유리를 부식시킬 때 발생하는 유독성 기체 : 플루오르화수소(HF)
⑥ 고기압 작업시에 발생하기 쉬운 잠수병, 잠함병의 원인이 되는 물질 : 질소(N_2)
⑦ 액체의 비점 : 액체의 증기압이 대기압과 같아지는 점
⑧ 어떤 물질의 잠재위험도 결정요인 : 독성과 사용조건
⑨ 발화성 물질의 저장법 16.3.6 ⑭ 16.8.21 ⑭ 18.3.4 ⑦ 18.8.19 ⑭ 19.3.3 ⑦ 21.3.7 ⑦
　㉮ 나트륨·칼륨 : 석유, 유동파라핀 속에 저장
　㉯ 황린(P_4) : 물속에 저장
　㉰ 적린(P)·마그네슘·칼륨 : 냉암소 격리 저장
　㉱ 질산은($AgNO_3$)용액 : 햇빛을 피하여 저장
⑩ 환원성 물질 : 황린, 적린, 황화인, 황, 금속
⑪ 온도가 증가하면 열전도가 감소하는 물질 : 메틸알코올

(3) 금수성(禁水性) 물질 : 탄화칼슘(카바이드), 금속나트륨, 금속칼륨 18.8.19 ⑦ 22.4.24 ⑦

(4) 피부에 침투하면 암을 유발하는 발암성 물질 : 베타나프틸아민, 타르, 크롬 등

(5) 아스베스트(석면) 분진 흡입으로 인한 작업병 : 진폐증을 유발

(6) 진동이 심한 작업장에서 발생하는 직업병 : 레이노씨병 유발

(7) 안티몬화합물 : 인체 내 혈색소를 용해하여 결합력이 강한 헤모글로빈 결합체를 만들어 산소의 공급을 방해하는 중금속

Q 은행문제

산업안전보건법령상 물질안전보건자료를 작성할 때에 혼합물로 된 제품들이 각각의 제품을 대표하여 하나의 물질안전보건자료를 작성할 수 있는 충족 요건 중 각 구성성분의 함량변화는 얼마 이하이어야 하는가?

① 5[%]　② 10[%]
③ 1[%]　④ 3[%]

정답 ②

합격예측

유해물질의 종류별 성상 23.2.28 ⑦

구분	성상	입자의 지름
흄 (fume)	화학반응에 의한 무기성 가스 또는 금속증기가 변화하여 생긴 미립자상의 화합물	0.01 ~ 1 [μm]
스모크 (smoke)	유기물의 불완전연소에 의하여 생긴 미립자	0.01 ~ 1 [μm]
미스트 (mist)	공기중에 분산된 액체의 미립자	0.1 ~ 100 [μm]
분진 (dust)	공기중에 분산된 고체의 미립자	0.01 ~ 100 [μm]
가스 (gas)	25[℃], 760[mmHg]에서 기체	분자상
증기 (vapor)	25[℃], 760[mmHg]에서 액체 또는 고체 표면에서 발생한 기체	분자상

참고

인화성 액체

가. 에틸에테르, 가솔린, 아세트알데히드, 산화프로필렌, 그 밖에 인화점이 섭씨 23도 미만이고 초기 끓는점이 섭씨 35도 이하인 물질

나. 노말헥산, 아세톤, 메틸에틸케톤, 메틸알코올, 에틸알코올, 이황화탄소, 그 밖에 인화점이 섭씨 23도 미만이고 초기 끓는점이 섭씨 35도를 초과하는 물질

다. 크실렌, 아세트산아밀, 등유, 경유, 테레핀유, 이소아밀알코올, 아세트산, 히드라진, 그 밖에 인화점이 섭씨 23도 이상 섭씨 60도 이하인 물질

Q 은행문제

1. 가스누출감지경보기 설치에 관한 기술상의 지침으로 틀린 것은? 24. 5. 9 기
① 암모니아를 제외한 가연성가스 누출감지경보기는 방폭성능을 갖는 것이어야 한다.
② 독성가스 누출감지경보기는 해당 독성가스 허용농도의 25[%] 이하에서 경보가 울리도록 설정하여야 한다.
③ 하나의 감지대상가스가 가연성이면서 독성인 경우에는 독성가스를 기준하여 가스누출감지경보기를 선정하여야 한다.
④ 건축물 안에 설치되는 경우, 감지 대상가스의 비중이 공기보다 무거운 경우에는 건축물 내의 하부에 설치하여야 한다.
　　　　　　　　정답 ②

2. 다음 중 응상폭발이 아닌 것은?
① 분해폭발
② 수증기폭발
③ 전선폭발
④ 고상간의 전이에 의한 폭발
　　　　　　　　정답 ①

[해설]
응상폭발의 종류
① 수증기 폭발
② 전선폭발
③ 고상간 전이 폭발
④ 불안정 물질의 폭발
⑤ 혼합·혼촉에 의한 폭발

[표] 자연발화의 형태 및 조건 16. 8. 21 기

구 분	특 징
자연발화 형태	① 산화열에 의한 발열(석탄, 건성유) ② 분해열에 의한 발열(셀룰로이드, 니트로셀룰로오스) ③ 흡착열에 의한 발열(활성탄, 목탄분말) ④ 미생물에 의한 발열(퇴비, 먼지)
자연발화 발생 조건 21. 3. 2 산	① 표면적이 넓을 것　② 열전도율이 작을 것 ③ 발열량이 클 것　④ 주위의 온도가 높을 것(분자운동 활발)
자연발화 인자	① 열의 축척　② 발열량　③ 열전도율 ④ 수분　⑤ 퇴적방법　⑥ 공기의 유동
자연발화 방지대책 23. 2. 28 기	① 통풍이 잘되게 할 것 ② 저장실 온도를 낮출 것 ③ 열이 축적되지 않는 퇴적방법을 선택할 것 ④ 습도가 높지 않도록 할 것

[표] 국소배기장치의 후드 및 덕트 설치요령

구 분	설치요령
후드 20. 6. 7 기 23. 2. 28 기	① 유해물질이 발생하는 곳마다 설치할 것 ② 유해인자의 발생형태 및 비중, 작업방법 등을 고려하여 당해 분진 등의 발산원을 제어할 수 있는 구조로 설치할 것 ③ 후드형식은 가능한 한 포위식 또는 부스식 후드를 설치할 것 ④ 외부식 또는 레시버식 후드를 설치할 때에는 당해 분진 등의 발산원에 가장 가까운 위치에 설치할 것
덕트 21. 3. 2 산	① 가능한 한 길이는 짧게 하고 굴곡부의 수는 적게 할 것 ② 접속부의 내면은 돌출된 부분이 없도록 할 것 ③ 청소구를 설치하는 등 청소하기 쉬운 구조로 할 것 ④ 덕트내 오염물질이 쌓이지 아니하도록 이송속도를 유지할 것 ⑤ 연결부위 등은 외부공기가 들어오지 아니하도록 할 것

보충학습1

(1) 물리적 폭발
　① 탱크의 감압폭발
　② 수증기 폭발
　③ 고압용기의 폭발
(2) 화학적 폭발
　① 분해폭발　② 화학폭발
　③ 중합폭발　④ 산화폭발

보충학습2

응상(凝狀)
물질이 엉긴상태를 말한다. 즉, 폭발물의 분자가 응집되어 액체 또는 고체상태

보충학습3

국소배기장치 구성요소
① 후드(Hood)　② 덕트(Duct)　③ 공기정화장치(Air cleaner equipment)
④ 송풍기(Fan)　⑤ 배기덕트(Exhaust duct)

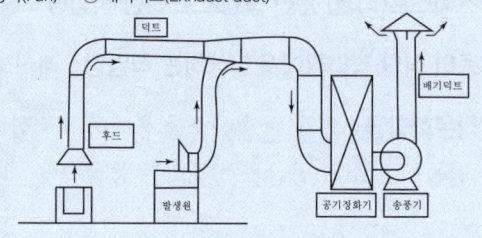

[그림] 국소배기시설의 계통도

3. 유해화학물질 취급시 주의사항

(1) 위험물 안전관리법의 위험물 분류 16.8.21 21.3.2 23.5.13

구분	내용
1류 위험물 (산화성 고체)	① 상온에서 고체상태, 마찰충격 등으로 많은 산소를 방출한다. 18.3.4 ② 가연물의 연소를 돕는 조연성 물질이며, 강산화성 물질이다.
2류 위험물 (가연성 고체)	① 비교적 낮은 온도에서 착화하기 쉬운 가연물로서 연소속도가 매우 빠른 고체의 환원성 물질이다. ② 철분, 마그네슘, 금속류는 물과 산의 접촉으로 발열한다.
3류 위험물 (자연발화성 및 금수성 물질)	① 고체 및 액체이며 공기 중에서 발열·발화 또는 물과의 접촉으로 가연성 가스를 발생하거나 급격히 발화하는 경우도 있다. ② 점화원 또는 공기와의 접촉을 피하고 금수성 물질은 물과의 접촉을 피해야 한다. 23.7.8
4류 위험물 (인화성 액체) 19.4.27	① 가연성 물질로 인화성 증기를 발생하는 액체위험물, 인화되기 매우 쉽고 착화온도가 낮은 것은 위험(증기는 공기와 약간만 혼합해도 연소의 우려)하다. ② 점화원이나 고온체의 접근을 피하고, 증기발생을 억제해야 한다. ③ 증기는 공기보다 무겁고, 물보다 가벼우며, 물에 녹기 어렵다.
5류 위험물 (자기반응성 물질)	① 자기연소성 물질이라 하며, 가연성인 동시에 산소공급원을 함께 가지고 있어 위험하다. 예 니트로화합물(N성분 : TNT) 20.9.27 25.2.7 ② 연소의 속도가 매우 빨라 폭발적이며 화약의 원료로 많이 사용된다.
6류 위험물 (산화성 액체)	① 부식성 및 유독성이 강한 강산화제로서 산소를 많이 함유하고 있어 조연성 물질이다. ② 가연물과의 접촉이나 분해를 촉진하는 물품과의 접근금지 물질이다.

(2) 급성독성 물질의 누출방지조치 17.5.7

① 사업장 내 독성물질의 저장 및 취급량을 최소화할 것
② 독성물질을 취급저장하는 설비의 연결부분은 누출되지 아니하도록 밀착시키고 매월 1회 이상 연결부분의 이상유무를 점검할 것
③ 독성물질을 폐기 또는 처리하여야 하는 경우에는 냉각, 분리, 흡수, 흡착, 소각 등의 처리공정을 통하여 독성물질이 외부로 방출되지 아니하도록 할 것
④ 독성물질 취급설비의 이상운전으로 인하여 독성물질이 외부로 방출될 때에는 저장, 포집 또는 처리설비를 설치하여 안전하게 회수할 수 있도록 할 것
⑤ 독성물질을 폐기, 처리 또는 방출하는 설비를 설치하는 경우는 자동으로 작동될 수 있는 구조로 하거나 원격조정이 가능한 수동조작 구조로 설치할 것
⑥ 독성물질을 취급하는 설비의 작동이 중지된 때에는 근로자가 쉽게 알 수 있도록 필요한 경보설비를 근로자로부터 가까운 장소에 설치할 것
⑦ 독성물질이 외부로 누출된 때에는 감지, 경보할 수 있는 설비를 갖출 것

참고

인화성 가스
가. 수소
나. 아세틸렌
다. 에틸렌
라. 메탄
마. 에탄
바. 프로판
사. 부탄
아. 영 별표 13에 따른 인화성 가스

17.8.26 21.3.7 22.4.24 24.2.15

합격예측
(1) 인화점
 ① 점화원에 의하여 인화될 수 있는 최저온도
 ② 연소가능한 인화성 증기를 발생시킬 수 있는 최저온도
(2) 발화점
 외부에서의 직접적인 점화원 없이 열의 축적에 의하여 발화되는 최저의 온도
(3) 착화열
 연료를 최초의 온도로부터 착화온도까지 가열하는 데 필요한 열량

은행문제
다음 중 제시한 두 종류 가스가 혼합될 때 폭발 위험이 가장 높은 것은? 15.8.16
① 염소, CO_2
② 염소, 아세틸렌
③ 질소, CO_2
④ 질소, 암모니아

정답 ②

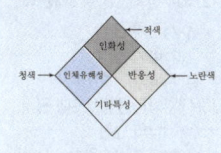

[그림] NFPA

> **참고**
>
> **부식성 물질**
> 금속 등을 쉽게 부식시키고 인체에 접촉하면 심한 상해(화상)를 입히는 물질로서 다음 각 목의 1에 해당하는 물질
> 가. 부식성 산류
>   (1) 농도가 20[%] 이상인 염산·황산·질산 그 밖에 이와 동등 이상의 부식성을 가지는 물질
>   (2) 농도가 60[%] 이상인 인산·아세트산·불산 기타 이와 동등 이상의 부식성을 가지는 물질
> 나. 부식성 염기류 : 농도가 40[%] 이상인 수산화나트륨·수산화칼륨 기타 이와 동등 이상의 부식성을 가지는 염기류
>
> **(1) 급성독성 물질의 종류**
> ① 쥐에 대한 경구투입실험에 의하여 실험동물의 50[%]를 사망시킬 수 있는 물질의 양, 즉 LD_{50}(경구, 쥐)이 킬로그램당 300[mg](체중) 이하인 화학물질
> ② 쥐 또는 토끼에 대한 경피흡수실험에 의하여 실험동물의 50[%]를 사망시킬 수 있는 물질의 양, 즉 LD_{50}(경피, 토끼 또는 쥐)이 킬로그램당 1,000[mg](체중) 이하인 화학물질
> ③ 쥐에 대한 4시간 동안의 흡입실험에 의하여 실험동물의 50[%]를 사망시킬 수 있는 물질의 농도, 즉 LC_{50}(쥐, 4시간흡입)이 2,500[ppm] 이하인 화학물질
>
> **(2) 외부방사선 방호 3대원칙**
> ① 시간의 원칙
> ② 거리의 원칙
> ③ 차폐의 원칙
>
> **(3) 내부방사선 방호 3대 원칙**
> ① 격납의 원칙
> ② 농도희석의 원칙
> ③ 차단의 원칙

[표] 위험물의 저장 및 취급방법

구분	저장 및 취급방법
1류 위험물	① 조해성이 있으므로 습기에 주의하며, 용기는 밀폐하여 저장 ② 산화되기 쉬운 물질과 열원, 산 또는 화재 위험의 장소로부터 격리
2류 위험물	① 용기파손으로 인한 누설에 주의하고, 산화제와의 접촉 금지 ② 점화원으로부터 격리시킬 것 ③ 마그네슘, 금속분류는 산 또는 물과의 접촉 금지
3류 위험물	① 공기 또는 수분의 접촉을 방지하고 용기의 파손 및 부식 방지 ② 다량 저장 시 희석제 혼합 및 수분 침입방지
4류 위험물	① 용기는 밀봉하고 통풍이 잘되는 곳에 저장하고, 증기는 높은 곳으로 배출 ② 증기 및 액체의 누설을 방지하고 화기나 점화원으로부터 격리
5류 위험물	① 점화원 또는 분해를 촉진시키는 물질로부터 격리 ② 포장 외부에 충격주의, 화기엄금 등 표시
6류 위험물	① 내산성 용기를 사용하고, 밀봉하여 누설 방지 ② 가연물, 물, 유기물 및 고체 산화제와의 접촉 금지

[표] NFPA 반응위험성 5단계

구분 \ 등급	0	1	2	3	4
반응 위험성 (황색)	보통의 상태에서는 안정되며 화재에 노출된 상태하에서도 안정한 물질 등	보통의 상태에서는 안정되나 온도와 압력이 상승하면 불안정한 물질 등	상온에서 불안정하게 격한 화학변화를 받으나 폭굉하지 않는 물질 등	폭굉 또는 폭발적 분해나 폭발 반응을 일으키나 강한 기폭력을 필요로 하는 물질 등	용이하게 폭굉을 일으키든가, 상온 상압하에서 폭발적 분해를 용이하게 일으키는 물질 등

(3) 유기용제 업무에 종사하는 근로자가 보기 쉬운 곳에 게시하여야 할 사항

① 유기용제 등이 인체에 미치는 영향
② 유기용제 등의 취급상의 주의사항
③ 유기용제에 의한 중독이 발생할 때의 응급처치방법

[표] 유기용제의 허용소비량

소비하는 유기용제 등의 구분	허용소비량
제1종 유기용제	$W = 1/15 \times A$
제2종 유기용제	$W = 2/5 \times A$
제3종 유기용제	$W = 3/2 \times A$

여기서, W : 유기용제 등의 허용소비량[g], A[m³] : 작업장의 기적(바닥에서 4[m]를 넘는 높이에 있는 공간을 제외한 [m³] 단위로 하는 옥내 작업장의 공간체적. 다만, 기적이 150[m³]를 초과할 때는 150[m³]로 함)

4. 유해물질의 종류 및 성질

(1) 제조금지 유해물질의 종류

① 황린성냥
② 벤지딘과 그 염(벤지딘염산염 제외)
③ 4-아미노디페닐과 그 염
④ 4-니트로디페닐과 그 염
⑤ 비스에테르(클로로메틸)
⑥ β-나프틸아민과 그 염
⑦ 벤젠을 함유하는 고무풀(함유된 용량의 비율이 5[%] 이하인 것은 제외)

(2) 유해물질의 성질

1 유해물질의 유해요인

① 유해물질의 농도와 접촉시간 : Haber의 법칙
  ∴ 유해지수(K)=유해물질의 농도×노출시간
② 근로자의 감수성
③ 작업강도
④ 기상조건

2 유해물질의 허용농도

① 시간가중 평균농도(TWA) : 1일 8시간 작업을 기준으로 하여 유해요인의 측정농도에 발생시간을 곱하여 8시간을 나눈 농도

$$TWA = \left(\frac{C_1 + C_2 + \cdots + C_n}{8}\right)T_n$$

  C : 유해요인의 측정농도(단위 : ppm 또는 mg/m³)
  T : 유해요인의 발생시간(단위 : 시간)

② 단시간 노출한계(STEL) : 근로자의 1회 15분간 유해요인에 노출되는 경우의 허용농도

③ 최고허용농도(Ceiling 농도) : 근로자가 1일 작업시간 동안 잠시라도 노출되어서는 아니되는 최고허용농도(허용농도 앞에 "C"를 붙여 표시)

④ 혼합물질의 허용농도 : 위험물질이 2종 이상 혼재하는 경우 혼합물의 허용농도

  ∴ 혼합물의 허용농도(R) = $\frac{C_1}{T_1} + \frac{C_2}{T_2} + \cdots + \frac{C_n}{T_n}$

  C_n : 위험물질 각각의 제도 또는 취급량
  T_n : 위험물질 각각의 기준량

합격예측

제256조(부식방지)
사업주는 화학설비 또는 그 배관(화학설비 또는 그 배관의 밸브 또는 콕을 제외한다)중 위험물 또는 인화점이 섭씨 65도 이상인 물질(이하 "위험물질 등"이라 한다)이 접촉하는 부분에 대하여는 위험물질 등에 의하여 그 부분이 부식되어 폭발·화재 또는 누출을 방지하기 위하여 위험물질 등의 종류·온도·농도 등에 따라 부식이 잘 되지 않는 재료를 사용하거나 도장(塗裝) 등의 조치를 하여야 한다.

참고

난백수
2~6개 정도 계란의 흰자위를 물 200[ml] 정도에 녹인 것

은행문제

1. SO_2 20[ppm]은 약 몇 [g/m³]인가?(단, SO_2의 분자량은 64이고, 온도는 21[℃], 압력은 1기압으로 한다.)
  ① 0.571   ② 0.531
  ③ 0.0571   ④ 0.0531

정답 ④

해설 ppm과 g/m³간의 농도 변환

$$= \frac{ppm \times 그램분자량}{22.4 \times \frac{273+t[℃]}{273}} \times 10^{-3}$$

$$= \frac{20 \times 64}{22.4 \times \frac{273+21}{273}} \times 10^{-3}$$

$= 0.0531$

2. 사업주는 산업안전보건기준에 관한 규칙에서 정한 위험률을 기준량 이상으로 제조하거나 취급하는 특수화학설비를 설치하는 경우에는 내부의 이상상태를 조기에 파악하기 위하여 필요한 온도계·유량계·압력계 등의 계측장치를 설치하여야 한다. 이때 위험물질별 기준량으로 옳은 것은?
  ① 부탄 – 25[m³]
  ② 부탄 – 150[m³]
  ③ 시안화수소 – 5[kg]
  ④ 시안화수소 – 200[kg]

정답 ③

해설 ① 부탄 : 50[m³]
     ② 시안화수소 : 5[kg]

합격예측 및 관련법규

제257조(덮개 등의 접합부)
사업주는 화학설비 또는 그 배관의 덮개·플랜지·밸브 및 콕의 접합부에 대해서는 접합부에서의 위험물질 등이 누출되어 폭발·화재 또는 위험물의 누출을 방지하기 위하여 적절한 개스킷(gasket)을 사용하고 접합면을 상호 밀착시키는 등 적절한 조치를 하여야 한다.

제442조(명칭 등의 게시)
① 사업주는 관리대상 유해물질을 취급하는 작업장의 보기 쉬운 장소에 다음 각 호의 사항을 게시하여야 한다. 다만, 법 제41조제9항에 따른 작업공정별 관리요령을 게시한 경우에는 그러하지 아니하다.
1. 관리대상 유해물질의 명칭
2. 인체에 미치는 영향
3. 취급상 주의사항
4. 착용하여야 할 보호구
5. 응급조치와 긴급방재 요령

② 제1항 각 호의 사항을 게시하는 경우에는 「산업안전보건법 시행규칙」 별표 11의2제1호나목에 따른 건강 및 환경 유해성 분류기준에 따라 인체에 미치는 영향이 유사한 관리대상 유해물질별로 분류하여 게시할 수 있다.

Q 은행문제

뜨거운 금속에 물이 닿으면 튀는 현상과 같이 핵비등(nuclear boiling) 상태에서 막비등(film boiling)으로 이행하는 온도를 무엇이라 하는가? 25. 2. 7 ㉮
① Burn-out point
② Leidenfrost point
③ Entrainment point
④ Sub-cooling boiling point

정답 ②

해설 Leidenfrost point
① 물이 담긴 냄비의 바닥을 가열할 때 냄비바닥의 온도가 비등점(100℃)에서 점점 올라감에 따라 처음에는 바닥으로부터 공기방울이 올라오고, 이어서 기화된 수증기방울이 올라오며 이 방울이 점점 많아지는 현상을 Nucleate Boiling(핵비등 : 바닥의 옴폭한 홈 등에서 기포가 시작된다고 하여 붙인 이름)이라 한다.
② 물은 200℃ 근방까지는 이러한 끓는 모양을 보인다.

㉮ TLV(Threshold Limit Value) : 미국산업위생 전문가회의(ACGIH)에서 채택한 허용농도기준

㉯ ppm을 mg/m³으로 바꾸는 공식 16. 8. 21 ㉯

$$\therefore \text{mg/m}^3 = \frac{\text{ppm} \times \text{분자량[g]}}{22.4(25℃ \cdot 1\text{기압})}$$

3 분진의 침착률과 유해조건

① 분진의 침착률 : 크기가 $0.3 \sim 0.4[\mu m]$부터 $5[\mu m]$까지의 분진이 침착률이 높아서 유해하며, $1.2[\mu m]$ 정도의 분진이 가장 유해한 것으로 침착률 60[%]를 상회한다.

② 분진의 유해성을 결정하는 조건 : 작업강도가 클수록 호흡량이 많아져서 분진의 흡입량이 많아진다.

5. 유해가스의 응급처치법

(1) 독가스중독 응급처치

순수한 에틸알코올을 깨끗한 헝겊 등에 적셔서 흡입시켜 중화시킨 후 신선한 공기를 흡입하게 한다. 단, 중증 중독인 경우 고압산소통에 넣는다.

(2) 유기용제 등의 중독 응급처치

① 메틸알코올의 중독인 경우 : 중조 4[g]을 물 한 컵 정도에 녹여 마시게 한다. (15분 간격으로 4회)
② 니트로벤젠, 아닐린 등의 중독인 경우 : 신선한 과일 주스 또는 커피를 마시게 한다.

(3) 분진방지대책

① 작업공정에서 분진발생억제 및 감소화
② 분진비산 방지조치
③ 개인보호구 착용으로 분진흡입방지
④ 환기
⑤ 그 밖에 공정을 습식으로 하거나 밀폐 등의 조치

(4) 방사선 위험성

① 외부위험 방사능물질 : X선, γ선, 중성자(납, 콘크리트차폐)
② 내부위험 방사능물질 : α선, β선(가장 심각한 내적 위험물질 : α선)
③ 방사선 조사량 : 거리의 제곱에 반비례한다.

④ 200~300[rem] 조사시 : 탈모 증상
⑤ 450~500[rem] 이상 조사시 : 사망
⑥ 투과력 : α선 < β선 < X선 < γ선
⑦ 방사선 오염의 가장 실제적인 제거방법 : 흐르는 물로 씻어낸다.

(5) 독극물을 부주의로 마셨을 때 토하는 방법

① $CuSO_4$ 1[%] 용액을 25~50[ml] 정도 마시게 한다.
② 약 16[g] 정도의 NaCl을 한 컵 정도의 따뜻한 물에 타서 마시게 한다.
③ $ZnSO_4$ 2[g] 정도를 더운 물에 녹여 마신다.
④ 겨자가루 한 숟가락을 한 컵 정도의 물에 녹여 마신다.
⑤ 아포모르핀($C_{17}H_{17}NO_2$)을 피하주사한다.

(6) 독극물을 부주의로 마셨을 때의 구급법

① 강산, 강알칼리 흡입시 만능 해독제 : 타닌산 4[g]과 산화마그네슘 4[g]을 뜨거운 물에 녹여 마시게 한다.
② 할로겐가스(Cl_2, Br_2)를 흡입시 : 티오황산나트륨을 물 한 컵 정도에 녹인 것과 다량의 우유나 난백수를 마시게 한다.
③ 황산이 입에 들어갔을 경우 : 깨끗한 물로 세척 후 묽은황산나트륨 용액으로 즉시 양치질한다.

[표] 독성물질(Toxic) 독성기준용어

약어	원어
TLV-TWA (허용농도)	Threshold Limit Value Time Weighted Average (8시간 기준)
LD_{50}	Lethal Dose Fifty : 경구유입 절반치사
LDLo	Lethal Dose Low : 경구유입 최저치사 물질
TCLo	Toxic Concentration Low : 공기유입 최저중독물질량
TDLo	Toxic Dose Low : 경구유입 최저중독물질
LC_{50}	Lethal Concentration Fifty : 4시간 흡입시 50[%] 치사
LCLo	Lethal Concentration Low : 공기유입 최저치사량

용어정의

단위공장
동일 사업장 내에서 제품 또는 중간제품(다른 제품의 원료)을 생산하는 데 필요한 원료처리 공정에서부터 제품의 생산·저장(부산물 포함)까지의 일괄공정을 이루는 설비를 말한다.

합격예측

Feed back 제어계

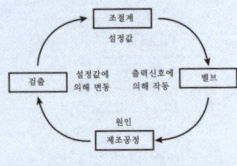

자동격리식 압력제거 시스템
유독성 물질 보관용기의 폭발 가능성이 있고 연소로에 처리가 부적절할 경우 사용

Q 은행문제

액체계의 과도한 상승압력의 방출에 이용되고, 설정압력이 되었을 때 압력상승에 비례하여 서서히 개방되는 밸브는?
16. 5. 8 ②
17. 8. 26 ③
19. 3. 3 ③
19. 8. 4 ②
20. 6. 7 ②
20. 9. 27 ②
24. 2. 15 ②

① 릴리프밸브
② 체크밸브
③ 안전밸브
④ 통기밸브

정답 ①

[표] 주요 고압가스의 분류 (압력단위 : [kg/cm²])

구분	가스명	화학기호	사용압력 (35[℃])	용기시험 압력	상태	비 고
가연성 가스 16. 3. 6 ③ 19. 4. 27 ③	아세틸렌	C_2H_2	15.5	46.5	압축	가압하에서 자기분해
	프로판	C_3H_8	7.7(15[℃])	26	액화	
	에틸렌	C_2H_4	83	225	액화	마취성
	메탄	CH_4	150	250	압축	무취
	수소	H_2	150	250	압축	무취
조연성 가스 19. 3. 3 ②	산소	O_2	150	250	압축	무취
	아산화질소	N_2O	118	200	액화	
	압축공기	Air	150	250	압축	
	염소	Cl_2	8.9	22	액화	독성, 자극성
독성 가스 16. 8. 21 ③ 20. 8. 23 ③	일산화탄소	CO	150	250(48[℃])	압축	질식성, 50[ppm]
	산화에틸렌	C_2H_4O	1.5	10(48[℃])	액화	마취성, 50[ppm]
	염화메틸	CH_3Cl	6.6	15(48[℃])	액화	자극성, 100[ppm]
	암모니아	NH_3	13	30(48[℃])	액화	자극성, 25[ppm]
	시안화수소	HCN	0.5	6	액화	질식성, 10[ppm]
	포스겐	$COCl_2$	1.7	6	액화	자극성, 0.1[ppm]
	아황산가스 (이산화유황)	SO_2	4.4	12	액화	자극성, 10[ppm]
	염소	Cl_2	8.9	22	액화	조연성, 1[ppm]
불연성 가스	아르곤	Ar	150	250	압축	무취
	질소	N_2	150	250	압축	무취
	탄산가스	CO_2	80	200	액화	무취
	프레온 12	CCl_2F_2	5	15	액화	미방향취

※ 상기 독성 가스 비고란의 [ppm]은 허용농도(parts per million)로서 200[ppm] 이하의 것을 독성 가스로 분류한다.

6. 물질안전보건자료(物質安全保健資料 : Material Safety Data Sheets)

(1) 물질안전보건자료의 개념

① 화학물질 및 화학물질을 함유한 제제(대상화학물질)의 명칭, 구성성분의 명칭 및 함유량, 안전·보건상의 취급주의 사항, 건강유해성 및 물리적 위험성, 물리·화학적 특성을 설명한 자료

② 화학물질의 안전한 사용을 위한 설명서로써 화학물질의 유해성·위험성 정보, 응급조치 요령, 취급방법 등을 비롯한 항목들로 구성

③ 사업주는 MSDS상의 유해성·위험성 정보, 취급·저장방법, 응급조치요령, 독성 등의 정보를 통해 사업장에서 취급하는 화학물질에 대한 관리

④ 근로자는 이를 통해 자신이 취급하는 화학물질의 유해성·위험성 등에 대한 정보를 알게 됨으로써 직업병이나 사고로부터 스스로를 보호할 수 있게 됨

(2) MSDS와 GHS의 관계

① GHS : 화학물질의 유해성·위험성 분류 및 표시 방법의 통일화된 국제적 기준
② MSDS : GHS에 따라 분류된 화학물질 정보를 비롯한 화학물질의 안전 취급 정보를 담은 자료

(3) GHS-MSDS 도입 배경

2009년 9월 UN은 세계지속가능개발정상회의에서 화학물질에 대한 분류, 표지가 국제적으로 일치하지 않아 유통과정에서 발생하는 혼란을 막기 위한 대책을 수립 분류 및 표지를 국제적으로 통일하기 위한 제도인 GHS 제도를 도입할 것을 결의하였다. 이에 산업안전보건법의 MSDS제도에 UN의 GHS 권장 지침을 반영하여 개정하고 GHS 권장 지침을 반영하여 개정하고 GHS 기준에 의한 MSDS를 작성하여 관리하도록 한다.

(4) MSDS 적용 대상

MSDS의 대상이 되는 물질은 목록으로 정해져 있지 않으나 MSDS의 대상은 기본적으로 위험하고 유해한 물질로써, 산업안전보건법 시행규칙(유해인자의 유해성·위험성 분류기준)에서 규정한 화학물질의 분류기준에 해당하는 화학물질 및 화학물질을 함유한 제제(대상화학물질)가 그 대상이 된다.

7. 산업안전보건법 시행규칙(유해인자의 유해성·위험성 분류기준)에 따른 화학물질 분류기준

(1) 물리적 위험성 분류기준

폭발성 물질, 인화성 가스, 인화성 액체, 인화성 고체, 에어로졸, 물반응성 물질, 산화성 가스, 산화성 액체, 산화성 고체, 고압가스, 자기반응성 물질, 자연발화성 액체, 자연발화성 고체, 자기발열성 물질, 유기과산화물, 금속부식성 물질

(2) 건강 및 환경 유해성 분류기준

급성독성 물질, 피부부식성 또는 자극성 물질, 심한 눈 손상성 또는 자극성 물질, 호흡기 과민성 물질, 피부 과민성 물질, 발암성 물질, 생식세포 변이원성 물질, 생식독성 물질, 특정 표적장기 독성 물질(1회 노출), 특정 표적장기 독성 물질(반복 노출), 흡인유해성 물질, 수생환경 유해성 물질, 오존층 유해성 물질

> **합격예측**
> 화학물질의 분류 및 표지에 관한 세계조화시스템 (GHS, Globally Harmonized System of classification and labelling of chemicals)
> 전 세계적으로 통일된 분류 기준에 따라 화학물질의 유해성·위험성을 분류하고, 통일된 형태의 경고표지 및 MSDS로 정보를 전달하는 방법

세부항목 3. 화학물질 취급설비 개념 확인

1. 각종 장치(고정, 회전 및 안전장치 등) 종류

(1) 제어장치

1 구성요소 23. 6. 4 ㉮ 25. 2. 7 ㉮

① 검출부

공정의 온도, 압력, 유량 등을 계기에서 검출하고 이것을 공기압, 전기 등으로 전환한 신호를 조절계로 전달하는 부분이다.(작동순서 : 공정→검출→조절계→밸브)

② 조절부(계)

검출부로부터 신호를 받아서 설정치를 적절히 조절하고 이것을 조작부(조절밸브)에 전하는 부분이다.

③ 조작부(계)

조절부(계)로부터의 신호(공기압 또는 전기신호)에 의해 개폐동작을 하는 조절밸브가 있고 예를 들어 공기압에 의해 열리는 조절밸브를 Air to Open(Spring Open)이라 하고 닫히는 조절밸브를 Air to Close(Spring Close)라 한다.

2 제어동작

① 위치제어동작(On-off control - 불연속제어동작)

2위치 동작과 다위치 동작이 있으며, 2위치 동작은 단계적인 2종의 조작기호를 보내는 동작이라 한다. 다위치 동작은 단계적인 각종의 조작기호를 보내는 동작을 말한다.

② 비례제어동작(Proportional control - 연속제어동작)

설정치에 비례하는 조작신호의 차이를 보내는 동작이며 비례대를 좁게 하면 차이는 동일해지나 조작신호변화가 많게 되면 밸브의 개도는 민감하게 변한다.

③ 적분제어동작(Integral control - 연속제어동작)

비례동작만으로는 Offset이라는 현상이 일어나고 제어치가 목표치에 완전히 일치하지 않으므로 이것을 일치시키기 위해 설정치로부터 차이가 생기면 차이에 비례한 속도에서 조작신호가 변화하는 동작을 말한다. 이 동작에서는 Reset 시간을 짧게 하면 같은 차이라도 밸브의 개도변화가 빠르게 된다.

④ 미분제어동작(Derivative control - 연속제어동작)

설정치로부터 검출치가 차이나는 속도(예를 들어 100[℃]에 설정되어 있을 때 2분간에 95[℃]로 내려가면 5[℃]÷2[분]=2.5[℃/분])에 비례한 조작신호를 보내는 동작을 말한다. 이 시간을 길게 하면 설정치로부터 어느 것의 속도가 같아도 밸브 개도의 변화는 크게 된다.

용어정의

단위공정

단위공장 내에서 원료처리공정, 반응공정, 증류추출 등 분리공정, 회수공정, 제품저장·출하공정 등과 같이 단위공장을 구성하고 있는 각각의 공정을 말한다.

서징(맥동현상)

송출압력과 송출유량 사이에 주기적인 변동으로 입구와 출구의 진공계, 압력계의 침이 흔들리고 동시에 송출유량이 변화하는 현상

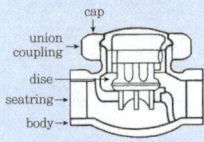

[그림] Lift check valve

합격예측

(1) 안전밸브 용도

① 압력상승의 우려가 있는 경우
② 반응생성물의 성상에 따라 안전밸브 설치가 적절한 경우
③ 액체의 열팽창에 의한 압력상승방지를 위한 경우

SFⅡ1
요구성능 유량제한기구 크기구분 호칭압력 구분

[그림] 안전밸브의 형식

(2) 파열판의 용도

① 급격한 압력상승의 우려가 있는 경우
② 순간적으로 많은 방출이 필요한 경우
③ 반응생성물의 성상에 따라 안전밸브를 설치하는 것이 부적당한 경우
 ㉮ 내부 물질이 액체와 분말의 혼합상태이거나 비교적 점성이 큰 물질
 ㉯ 중합을 일으키기 쉬운 물질
 ㉰ 심한 침전물이나 응착물 등
④ 적은 양의 유체라도 누설이 허용되지 않을 때

RSⅡ3
구조 호칭지름 호칭압력

[그림] 파열판의 형식표시 방법

(2) 안전장치 20.8.22 ②

1 구분

① 파열판(rupture disc)의 구조 형식 : 평판, 돔형 등이 있으며, 밀폐장치 등이 압력과잉 예방장치

② 체크밸브(check valve) : 유체의 역류를 방지하는 밸브 17.8.26 ④

③ 블로밸브(blow valve) : 과잉압력을 방출하는 밸브

④ 대기밸브(breather valve) : 통기밸브라고도 하며 항상 탱크 내의 압력을 대기압과 평형한 압력으로 해서 탱크를 보호하는 방법 23.6.4 ② 25.2.7 ②

⑤ 화염방지기(flame arrester) : 화염의 차단을 목적으로 상판에 설치한 장치

⑥ 가스방출장치(vent stack) : 탱크 내의 압력을 정상인 상태로 유지하기 위한 가스방출장치

⑦ 릴리프밸브(relief valve) : 액체계의 과도한 상승압력의 방출에 이용되고, 설정압력이 되었을 때 압력상승에 비례하여 서서히 개방되는 밸브 16.3.6 ④

⑧ 가용합금 안전밸브 : 고압가스용기에 사용되며 화재 등으로 용기의 온도가 상승하였을 때 금속의 일부분을 녹여 가스의 배출구를 만들어 압력을 분출시켜 용기의 폭발을 방지하는 안전장치 17.8.26 ④

2 종류

① 긴급차단장치의 종류 23.6.4 ②
  ㉮ 공기압식
  ㉯ 유압식
  ㉰ 전기식

② flarestack : 가스나 고휘발성 액체의 증기를 연소해서 대기 중으로 방출하는 장치 굴뚝(가연성, 독성, 냄새를 거의 없앤 후 대기 중에 방산 예 molecular seal)

③ blow-down : 응축성 증기, 열유(熱油), 열액(熱液) 등 공정액체를 빼내고 이것을 안전하게 유지 또는 처리하기 위한 설비(펌프, 탱크, 증발기로 구성) 23.5.13 ④

④ steam-draft : 증기배관 내에 생기는 응축수를 자동적으로 배출하기 위한 장치(종류 : 디스크식, 바이메탈식, 버킷식) 20.8.22 ② 21.5.15 ② ④

(3) 안전설계 및 운전

1 설비의 안전기준

① 안전기준
  ㉮ 밸브, 콕 등의 조작기준(개폐시기, 순서, 송급시간 등의 사항)
  ㉯ 냉각장치, 교반장치 및 압축장치의 조작기준(조작의 시기, 순서, 그 밖에 운전상태의 적정유지에 필요한 사항)

안전밸브의 종류
① 스프링식(화학설비에서 가장 많이 사용)
② 중추식
③ 지렛대식

스프링식 안전밸브 23.5.13 ④
① 보일러 내부의 증기압이 이상상승시 자동적으로 이상증기압을 외부로 배출시켜 폭발을 방지
② 밸브와 밸브시트가 맞지 않음
③ 밸브시트에 이물질이 있음
④ 조정압력이 너무 낮을 때
⑤ 스프링의 장력이 사용압보다 낮을 때

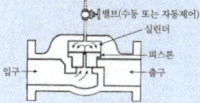

[그림] 자압형 Blow valve

제297조(부식성 액체의 압송설비)
부식성 물질을 동력을 사용하여 호스로 압송(壓送)하는 작업을 하는 경우에는 해당 압송에 사용하는 설비에 대하여 다음 각 호의 조치를 하여야 한다.
1. 압송에 사용하는 설비의 운전을 행하는 자(이하 이 조에서 "운전자"라 한다)가 보기 쉬운 위치에 압력계를 설치하고 운전자가 쉽게 조작할 수 있는 위치에 동력을 차단할 수 있는 조치를 할 것
2. 호스 및 그 접속용구는 압송하는 부식성 액체에 대하여 내식성(耐蝕性)·내열성 및 내한성을 가진 것을 사용할 것
3. 호스의 사용정격압력을 표시하고 사용정격압력을 초과하여 압송하지 아니할 것
4. 호스의 내부에 이상압력이 가하여져 위험할 경우에는 압송에 사용하는 설비에 과압방지장치를 설치할 것
5. 호스와 호스외의 관 및 호스간의 접속부분에 대하여는 접속용구를 사용하여 누출이 없도록 확실히 접속할 것

6. 운전자를 지정하고 압송에 사용하는 설비의 운전 및 압력계의 감시를 하도록 할 것
7. 호스 및 그 접속용구는 매일 사용전에 점검하고 손상·부식 등의 결함에 의하여 압송하는 부식성 액체가 날아 흩어지거나 새어나갈 위험이 있으면 교환할 것

제298조(공기외의 가스사용 제한)
사업주는 압축한 가스의 압력을 사용하여 별표 1의 부식성 액체를 압송하는 작업을 하는 경우에는 공기가 아닌 가스를 해당 압축가스로 사용하여서는 아니된다. 다만, 해당 작업을 마친 후 즉시 해당 가스를 배출한 경우 또는 해당 가스가 남아있음을 표시하는 등 근로자가 압송에 사용한 설비의 내부에 출입하여도 질식의 위험이 발생할 우려가 없도록 조치한 경우에는 질소나 탄산가스를 사용할 수 있다.

제231조(인화성 액체 등을 수시로 취급하는 장소)
① 사업주는 인화성 액체, 인화성 가스 등을 수시로 취급하는 장소에서는 환기가 충분하지 않은 상태에서 전기기계·기구를 작동시켜서는 아니 된다.
② 사업주는 수시로 밀폐된 공간에서 스프레이 건을 사용하여 인화성 액체로 세척·도장 등의 작업을 하는 경우에는 다음 각 호의 조치를 하고 전기기계·기구를 작동시켜야 한다.
  1. 인화성 액체, 인화성 가스 등으로 폭발위험 분위기가 조성되지 않도록 해당 물질의 공기 중 농도가 인화하한계값의 25[%]를 넘지 않도록 충분히 환기를 유지할 것
  2. 조명 등은 고무, 실리콘 등의 패킹이나 실링재료를 사용하여 완전히 밀봉할 것
  3. 가열성 전기기계·기구를 사용하는 경우에는 세척 또는 도장용 스프레이 건과 동시에 작동되지 않도록 연동장치 등의 조치를 할 것
  4. 방폭구조 외의 스위치와 콘센트 등의 전기기기는 밀폐 공간 외부에 설치되어 있을 것

㉰ 온도계, 압력계, 그 밖에 계측장치의 감시기준(감시시기, 회수, 기록방법 등의 사항)
㉱ 안전장치의 조정기준(조정의 시기, 회수, 작동테스트 절차 등의 사항)
㉲ 위험물의 누설점검기준(점검개소, 시기, 회수, 기록요령 등의 사항)
㉳ 시료의 채취요령(시기, 회수, 채취방법 등의 사항)
㉴ 이상시의 조치요령(조작장소, 순서, 긴급연락요원 배치 등의 사항)
㉵ 그 밖에 필요한 조치요령(운전의 개시시, 정지시에 있어서의 상호간 연락조정, 긴급시의 연락조정, 긴급시의 피난 등의 사항)

② 설비의 정비점검
화학설비 또는 그 부속설비의 개조, 수리, 청소 등의 작업에 대해서는 작업지휘자를 정해 작업방법 등의 주지, 위험물 등의 누설에 의한 위험방지를 이행할 것
㉮ 이 작업을 청부인에게 행하게 하는 경우에는 화학설비 소유자측의 관계기술자의 입회 아래 행하도록 지도할 것
㉯ 화학설비 및 그 부속설비에 대해서는 정기검사 및 사용개시점검을 행하도록 할 것. '정기검사'는 기간을 정하여 실시하는 정기검사를 말하며 '사용개시의 점검'으로는 신설, 개조, 수리, 1개월 이상의 휴지 및 용도변경의 경우의 검사를 말한다. 이것들의 경우 실시 사항은 다음과 같다.
㉰ 설비 내부에 대해서 폭발화재의 원인이 되는 녹, 슬러지 등의 유무
㉱ 설비의 외표면, 내표면에 대해 현저한 손상, 변형부식의 유무(용도변경의 경우에는 행하지 않아도 지장이 없다.)
㉲ 설비접합부에 대한 끼워맞춤 불량, 마모, 변형, 헐거움, 패킹 탈락, 조임볼트 결손 등의 유무, 밸브, 콕의 작동 양부(용도변경의 경우에는 행하지 않아도 지장이 없다.)
㉳ 안전장치의 작동 양부
㉴ 냉각, 교반, 압축, 계측 또는 제어를 위한 장치기능의 양부
㉵ 예비전원장치, 스팀터빈, 내연기관 등 동력발생장치의 출력, 교체상태의 양부(용도변경의 경우는 하지 않아도 지장이 없다.)
㉶ 긴급시 원료, 재료, 불활성 가스 등의 공급장치, 역화·역류 등의 방화장치, 긴급경보장치 및 표시등, 운전지시장치 기능의 양부

2 화학설비의 구조물 조건
① 설비의 주변의 벽이나 기둥, 바닥, 창, 지붕, 계단 등의 부분은 불연성 재료로 해야 한다.
② 화학설비에 근접한 위치에 있는 바닥, 벽, 기둥, 창, 지붕, 계단 등의 건축부분은 위험물에 의한 오손, 화학설비에서의 방사열 등에 의한 화재를 발생할 위험성이 있다.

③ '불연성 재료'로는 콘크리트, 벽돌, 기와, 알루미늄, 유리, 콜타르, 회반죽 그 밖에 이것에 유사한 불연성의 건축재료를 말한다.

3 화학설비의 오조작방지
① 화학설비에 원료 또는 재료의 공급을 잘못하면 이상반응, 돌비, 폐색 등을 발생해 폭발화재를 일으킬 위험이 있다.
② 밸브, 콕의 개폐방향, 개폐도, 조작순서 및 공급하는 원료, 재료의 종류, 양, 공급대상을 조작자가 보기 쉬운 위치에 표시시킬 필요가 있다.

2. 화학장치(반응기, 정류탑, 열교환기 등) 특성

(1) 반응기, 고압가스 압력용기

1 반응기(Chemical reactor)

① 반응기의 개요 16. 3. 6 산
  ㉮ 반응기는 화학반응을 일으키기 위한 기구이며, 화학반응은 최적조건에서 최대효율이 발생되도록 해야 한다. [위험요인(hazard) : 반응폭주, 과압]
  ㉯ 화학반응은 반응물질의 농도, 온도, 압력, 시간, 촉매 등에 영향을 받고, 반응장치에 있어서는 물질이동 및 열이동에 큰 영향을 받기 때문에 이들을 만족하도록 하는 구조형식에 적합한 반응기를 선정하는 것이 중요하다.

② 반응기의 구비조건
  ㉮ 고온, 고압에 견딜 것
  ㉯ 원료 물질의 균일한 혼합이 가능할 것
  ㉰ 촉매의 활성에 영향을 주지 않을 것
  ㉱ 적당한 체류시간이 있을 것
  ㉲ 냉각장치(발열반응인 경우 발생열 제거) 및 가열장치(흡열반응에서 반응온도 유지)를 가질 것

③ 반응기의 종류
  ㉮ 교반식 반응기
  ㉯ 관상로
  ㉰ 요형 반응기
  ㉱ 이동형 반응기
  ㉲ 고정층 반응기
  ㉳ 유동층 반응기
  ㉴ 고온연소식 반응기(버너식 반응기)

합격예측

반응기 안전설계시 고려할 요소 22. 3. 5 기
① 상(Phase)의 형태(고체, 액체, 기체)
② 온도범위
③ 운전압력
④ 부식성

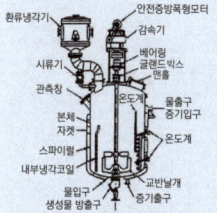

[그림] 반응기의 구조

제279조(대피 등)
① 사업주는 폭발 또는 화재에 의한 산업재해발생의 급박한 위험이 있는 경우에는 즉시 작업을 중지하고 근로자를 안전한 장소로 대피시켜야 한다.
② 사업주는 제1항의 경우에 근로자가 산업재해를 입을 우려가 없음이 확인될 때까지 해당 작업장에 관계자가 아닌 사람의 출입을 금지시키고 그 취지를 보기 쉬운 장소에 표시하여야 한다.

참고

화학설비의 종류
① 반응기·혼합조 등 화학물질 반응 또는 혼합장치
② 증류탑·흡수탑·추출탑·감압탑 등 화학물질 분리장치
③ 저장탱크·계량탱크·호퍼·사일로 등 화학물질 저장설비 또는 계량설비
④ 응축기·냉각기·가열기·증발기 등 열교환기류
⑤ 고로 등 점화기를 직접 사용하는 열교환기류
⑥ 캘린더·혼합기·발포기·인쇄기·압출기 등 화학제품 가공설비
⑦ 분쇄기·분체분리기·용융기 등 분체화학물질 취급장치
⑧ 결정조·유동탑·탈습기·건조기 등 분체화학물질 분리장치 18. 3. 4 기
⑨ 펌프류·압축기·이젝터 등의 화학물질 이송 또는 압축설비

합격예측 15. 5. 31 기

가스의 종류	용기도색
액화탄산가스	청색
산소	녹색
수소	주황색
아세틸렌	황색
액화암모니아	백색
액화염소	갈색
액화석유가스(LPG) 및 기타가스	회색

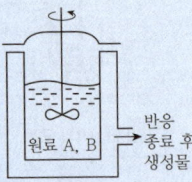

[그림] 회분식 반응기

참고
화학설비의 부속설비
17. 3. 5 기 20. 8. 22 기
23. 6. 4 기
① 배관·밸브·관·부속류 등 화학물질 이송관련설비
② 온도·압력·유량 등을 지시·기록 등을 하는 자동제어관련설비
③ 안전밸브·안전판·긴급차단 또는 방출밸브 등 비상조치관련설비
④ 가스누출감지 및 경보관련설비
⑤ 세정기·응축기·벤트스택·플레어스택 등 폐가스처리설비
⑥ 사이클론·백필터·전기집진기 등 분진처리설비 24. 2. 15 기
⑦ ①목부터 ⑥목까지의 설비를 운전하기 위하여 부속된 전기관련설비
⑧ 정전기제거장치·긴급 샤워설비 등 안전관련설비

합격예측
반응폭발에 영향을 미치는 요인 15. 5. 31 기
① 냉각시스템
② 반응온도
③ 교반상태

[표] 반응기 구분
19. 3. 3 기 21. 8. 14 기

조작방식	구조방식
회분식	관형
반회분식	탑형
연속식	교반조형

2 고압가스 압력용기

① 압력용기
압력용기는 고압가스 등을 충전하여 운반, 이동, 저장할 수 있는 용기를 말한다.

② 법적인 압력용기의 적용범위

㉮ **1종 압력용기** : 최고사용압력[kg/cm²]과 내용적[m³]을 곱한 수치가 0.04[m³]를 초과하는 다음 용기를 말한다.
  ⓐ 증기 또는 그 밖에 열매를 받아들이거나 또는 증기를 발생시켜 고체 또는 액체를 가열하는 기기로서 용기 내의 압력이 대기압을 넘을 것
  ⓑ 용기 내의 화학반응에 의하여 증기를 발생(단, 원자 핵반응은 제외한다)하는 용기로서 용기 내의 압력이 대기압을 넘을 것
  ⓒ 용기 내의 액체의 성분을 분리하기 위하여 해당 액체를 가열하거나 증기를 발생시키는 용기로서 용기 내의 압력이 대기압을 넘을 것
  ⓓ 대기압에서 비점을 넘는 온도의 액체를 그 내부에 보유하는 용기

㉯ **2종 압력용기** : 최고사용압력이 2[kg/cm²]를 초과하는 기계를 내부에 보유하는 용기로서 다음의 것을 말한다.
  ⓐ 내용적이 0.04[m³] 이상의 용기
  ⓑ 동체의 안지름이 200[mm] 이상이고, 그 길이가 1,000[mm] 이상인 것. 단, 증기헤더는 안지름이 300[mm]를 초과하는 것

㉰ **용어의 정의**
  ⓐ 압력 : 대기압 이상의 압력, 즉 압력계에 나타나는 압력
  ⓑ 최고사용압력 : 강도상 허용되는 최고의 사용압력
  ⓒ 용기의 최고사용압력 : 용기의 각 부분에 대해서 적용 계산식에 의하여 산출한 최고사용압력이 최고치 이하로, 안전하게 사용된다고 정해진 압력을 말하며, 용기 상부의 압력을 나타낸다. 용기가 2개 이상의 부분으로 되어 각각의 부분에 적용하는 압력이 다를 때에는 최고사용압력은 각각의 부분에 대해서 나타낸다.
    예 진공의 경우에는 음(−)의 압력을 받는 것으로 취급한다.
  ⓓ 강재 : 달리 지정이 없을 때에는 탄소강 강재를 뜻한다.

(2) 증류장치

1 증류

① **정의** 21. 3. 7 기

증발하기 쉬운 차이(비점의 차이)를 이용하여 액체혼합물의 성분을 분리하기 위한 장치이다.(예 공비증류 : 벤젠과 같은 물질을 첨가하여 수분을 제거하는 방법)

② 증류탑(Distillation tower) 17.3.5 17.5.7 23.3.1

용액의 성분을 증발시켜서 끓는점 차이를 이용하여 증발분을 응축하여 원하는 성분별로 분류하는 기기

③ 운전상의 주의사항
  ㉮ 원액의 농도와 공급단
  ㉯ 환류량의 증감
  ㉰ 온도구배
  ㉱ 압력구배
  ㉲ 증류탑의 적정운전 부하

2 증류탑의 종류

① 충전탑

탑 내에 고형 충전물을 넣고 증기와 액체와의 접촉면적을 증가시키는 것으로 탑 지름이 작거나 부식성이 큰 물질의 증류 등에 이용된다. 충전물 중에 가장 일반적으로 사용되는 것으로 Raschig ring이 있는데 이것은 직경 1/2~3[inch], 높이 1~1/2[inch] 정도의 원통형 물질이며 자성제, 카본제, 철제 등이 있다.

② 단탑 17.3.5 ㉮

특정구조의 수 개 또는 수십 개의 단이 세워져 있고 각각의 단을 단위로 해서 증기와 액체를 접촉시킨다.

③ 포종탑 17.3.5 ㉮
  ㉮ 포종을 단위로 배열하여 증기를 상승시키고 포종의 내측에서 하향포종 내의 액면을 슬롯의 높이 이하로 밀어내림으로써 슬롯으로부터 분출된 기체가 혼합된다.
  ㉯ 액체는 상단으로부터 강하관에 흘러들어가 하단에서 배출된다.
  ㉰ 액체가 강하관에 유입하는 장소에 일류제가 설치되어 있으므로 일류제 높이 이상으로 액체가 체류한다.
  ㉱ 증기와 액체의 접촉을 용이하게 한다.

④ 증류탑 설계인자
  ㉮ 액체 및 가스비율
  ㉯ 고체의 유무
  ㉰ 부식성 등 화학적 특성
  ㉱ 연속식 및 회분식
  ㉲ 운전압력
  ㉳ 운전온도

합격예측

증류탑 23.5.13
① 공장에서 대량의 액체 화합물을 분리하는 데 사용하며, 내부의 칸막이에서 여러 번 분별 증류가 일어나도록 설계되어 있다.
② 끓는점이 낮은 물질이 위쪽에서 분리되고 끓는점이 높은 물질이 아래쪽에서 분리된다.

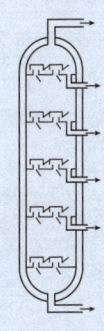

[그림] 증류탑

합격예측 및 관련법규

작업요령의 작성
① 사업주는 화학설비와 그 부속설비를 사용하여 다음 각 호의 작업을 하는 때에는 화재 또는 폭발을 방지하기 위하여 작업요령을 작성하고 이에 따라 작업을 하도록 하여야 한다.
  1. 밸브·콕 등의 조작(해당 화학설비에 원재료를 공급하거나 당해 화학설비에서 제품 등을 꺼내는 경우에 한한다)
  2. 냉각장치·가열장치·교반장치(攪拌裝置) 및 압축장치의 조작
  3. 계측장치 및 제어장치의 감시 및 조정
  4. 안전밸브·긴급차단장치 그 밖에 방호장치 및 자동경보장치의 조정
  5. 덮개판·플랜지·밸브·콕 등의 접합부에서 위험물 등의 누출의 유무에 대한 점검
  6. 시료의 채취
  7. 화학설비에 있어서는 그 운전이 일시적 또는 부분적으로 중단된 때의 작업방법 또는 운전재개 시의 작업방법
  8. 이상상태가 발생한 때의 응급조치

9. 위험물 누출시의 조치
10. 그 밖에 폭발·화재를 방지하기 위하여 필요한 조치
② 사업주는 제1항의 작업을 하는 때에는 폭발 또는 화재 등 긴급사태시의 응급조치요령을 작성하여 관계근로자에게 교육하여야 한다.

은행문제

다음 설명이 의미하는 것은?
17. 5. 7 기 22. 3. 5 기
23. 5. 13 산 24. 2. 15 기

"온도, 압력 등 제어상태가 규정의 조건을 벗어나는 것에 의해 반응속도가 지수함수적으로 증대되고, 반응용기 내의 온도, 압력이 급격히 이상 상승되어 규정 조건을 벗어나고, 반응이 과격화되는 현상"

① 비등   ② 과열·과압
③ 폭발   ④ 반응폭주

정답 ④

합격예측 및 관련법규

제296조(지하작업장 등)

사업주는 인화성 가스가 발생할 우려가 있는 지하작업장에서 작업하는 경우(제350조에 따른 터널 등의 건설작업의 경우를 제외한다) 또는 가스도관에서 가스가 발산될 위험이 있는 장소에서의 굴착작업(해당 작업이 행하여지는 장소 및 이에 근접하는 장소에서 이루어지는 지반의 굴삭 또는 이에 수반한 토석의 운반 등의 작업을 말한다)을 행하는 경우에는 폭발 또는 화재를 방지하기 위하여 다음 각 호의 조치를 하여야 한다.
1. 가스의 농도를 측정하는 자를 지명하고 다음 각 목의 경우에 그로 하여금 해당 가스의 농도를 측정하도록 할 것
가. 매일 작업을 시작하기 전
나. 가스의 누출이 의심되는 경우
다. 가스가 발생하거나 정체할 위험이 있는 장소가 있는 경우
라. 장시간 작업을 계속하는 경우(이 경우 4시간마다 가스농도를 측정하도록 하여야 한다)

3 증류탑의 점검사항

① 일상점검 항목(운전 중에 점검)
㉮ 보온재 및 보냉재의 파손 상황
㉯ 도장의 열화 상태
㉰ 플랜지(flange)부, 맨홀(manhole)부, 용접부에서 외부누출 여부
㉱ 기초볼트의 헐거움 여부
㉲ 증기배관에 열팽창에 의한 무리한 힘이 가해지고 있는지의 여부와 부식 등에 의해 두께가 얇아지고 있는지의 여부

② 개방시 점검해야 할 항목(운전정지시 점검)
㉮ 트레이(tray)의 부식상태, 정도, 범위
㉯ 폴리머(polymer) 등의 생성물, 녹 등으로 인하여 포종(泡鐘)의 막힘 여부와 다공판의 beding은 없는지, 밸러스트 유닛(ballast unit)은 고정되어 있는지의 여부
㉰ 넘쳐흐르는 둑의 높이가 설계와 같은지의 여부
㉱ 용접선의 상황과 포종이 단(선반)에 고정되어 있는지의 여부
㉲ 누출이 원인이 되는 균열, 손상 여부
㉳ 라이닝(lining), 코팅 상황

[표] 증류방식

증류방식	회분식	연속식	취급방법
단증류	회분단류	평형증류	① 감압증류 ② 상압증류 ③ 고압증류 ④ 추출증류 ⑤ 공비증류 ⑥ 수증기 증류
정류 (rectification)	회분정류	연속증류	

(3) 열교환기

1 사용목적에 따른 분류

① 열교환기(heat exchanger) : 폐열의 회수를 목적으로 한다.(열원 : 다우덤섬)
② 냉각기(cooler) : 고온측 유체의 냉각을 목적으로 한다.
③ 가열기(heater) : 저온측 유체의 가열을 목적으로 한다.
④ 응축기(condenser) : 증기의 응축을 목적으로 한다.
⑤ 증발기(evaporator) : 저온측 유체의 증발을 목적으로 한다.

[표] 열교환기의 주요용도

사용개소	사용목적	사용되는 열교환기의 형식
① 가열기 또는 기화기	액화가스의 가열기화	이중관식, 고정관판식
② 증류탑 예열기	공급물의 예열	이중관식, 고정관판식
③ 증류탑 탑상응축기	탑상부 증기의 응축	부동두식, 고정관판식, U자관식
④ 증류탑 탑저냉각기	탑저결축액의 냉각	이중관식, 고정관판식
⑤ 증류탑 재비기	탑저액의 재증발(리보일러)	고정관판식, U자식
⑥ 압축기 중간 또는 출구 냉각	압축가스 냉각	이중관식, 고정관판식, 부동두식
⑦ 폐열회수 보일러	폐열회수	고정관판식

2 보수 및 점검사항

① 일상점검 항목 19. 3. 3 ㉮ 23. 6. 4 ㉮
  - ㉮ 보온재 및 보냉재의 파손 상황
  - ㉯ 도장의 노후 상황
  - ㉰ Flange부, 용접부 등의 누설 여부
  - ㉱ 기초볼트의 조임 상태

② 정기(개방)점검 항목 20. 9. 27 ㉮ 22. 4. 24 ㉮
  - ㉮ 부식 및 고분자 등 생성물의 상황, 또는 부착물에 의한 오염의 상황
  - ㉯ 부식의 형태, 정도, 범위
  - ㉰ 누출의 원인이 되는 비율, 결점
  - ㉱ 칠의 두께 감소 정도
  - ㉲ 용접선의 상황
  - ㉳ Lining 또는 코팅의 상태

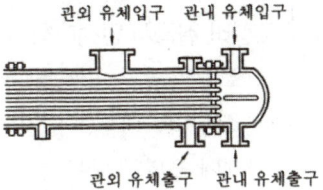

[그림] 다관식 열교환기

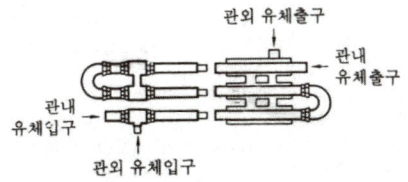

[그림] 이중관식 열교환기

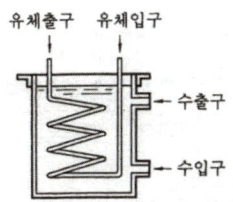

[그림] Coil식 열교환기

은행문제

열교환기의 열교환 능률을 향상시키기 위한 방법이 아닌 것은?
18. 8. 19 ㉮ 22. 3. 5 ㉮ 23. 2. 28 ㉮
① 유체의 유속을 적절하게 조절한다.
② 유체의 흐르는 방향을 병류로 한다.
③ 열교환하는 유체의 온도차를 크게 한다.
④ 열전도율이 높은 재료를 사용한다.

정답 ②

합격예측

건조설비 구성 21. 8. 14 ㉮
① 구조부분
② 가열장치
③ 부속설비
  (소화설비, 방호장치)

합격예측 및 관련법규

제280조(위험물건조설비를 설치하는 건축물의 구조)
18. 3. 4 ㉮ 20. 6. 14 ㉯ 21. 5. 15 ㉮

사업주는 다음 각 호의 어느 하나에 해당하는 위험물건조설비(이하 "위험물건조설비"라 한다) 중 건조실을 설치하는 건축물의 구조는 독립된 단층건물로 하여야 한다. 다만, 해당 건조실을 건축물의 최상층에 설치하거나 건축물이 내화구조일 때에는 그러하지 아니하다.

1. 위험물 또는 위험물이 발생하는 물질을 가열·건조하는 경우 내용적이 1[cm³] 이상인 건조설비
2. 위험물이 아닌 물질을 가열·건조하는 경우로서 다음 각 목의 어느 하나의 용량에 해당하는 건조설비
   - 가. 고체 또는 액체연료의 최대사용량이 시간당 10[kg] 이상
   - 나. 기체연료의 최대사용량이 시간당 1[m³] 이상
   - 다. 전기사용 정격용량이 10[kW] 이상

3. 화학설비(건조설비 등)의 취급시 주의사항

(1) 건조설비

1 정의

① 증기가 있는 재료를 처리하여 수분을 제거하고 조작하는 기구를 말한다.

② 건조설비(건조에 사용되는 설비)는 본체(구조부분), 가열장치, 부속장치로 구성되어 있다.

2 형태 및 구조에 의한 분류

① 용액이나 슬러리건조기

㉮ 드럼건조기 : Roller 사이에서 용액인 슬러리를 증발시킨다.

㉯ 교반건조기 : 점착성이 큰 것에 사용된다.

㉰ 분무건조기 : 슬러리나 용액을 미세한 입자의 형태로 가열하여 기체 중에 분산시켜서 건조시킨다.

② 고체건조기

㉮ 상자건조기 : 괴상, 입상의 고체를 회분식으로 건조하여 곡물, 점토제품, 비누, 양모 등에 사용된다.

㉯ 터널건조기 : 다량을 연속적으로 건조한다.

㉰ 회전건조기 : 다량의 입상 또는 결정상 물질을 건조한다.

③ 특수건조기

㉮ 적외선 복사건조기

㉯ 고주파 가열건조기(합판건조 사용)

④ 건조설비 취급시 안전대책 19. 8. 4 [기]

㉮ 건조물은 열원 위에 떨어지지 않게 주의하여 넣을 것

㉯ 건조장치의 내부를 정기적으로 청소하고 분진의 누적을 방지할 것

㉰ 기계에 불티가 나는 부분은 덮개장치를 할 것

합격예측 및 관련법규

압축가스
수소, 산소, 질소, 메탄 등 비점이 낮은 가스

액화가스
프로판, 부탄, LPG, 염소, 암모니아, 탄산가스, 프레온 등

용해가스
아세틸렌

제228조(가솔린이 남아 있는 설비에 등유 등의 주입)
사업주는 별표 7의 화학설비로서 가솔린이 남아 있는 화학설비(위험물을 저장하는 것으로 한정한다. 이하 이 조와 제229조에서 같다) 탱크로리, 드럼 등에 등유나 경유를 주입하는 작업을 하는 경우에는 미리 그 내부를 깨끗하게 씻어내고 가솔린의 증기를 불활성 가스로 바꾸는 등 안전한 상태로 되어 있는지를 확인한 후에 그 작업을 하여야 한다. 다만, 다음 각 호의 조치를 하는 경우에는 그러하지 아니하다.

1. 등유나 경유를 주입하기 전에 탱크·드럼 등과 주입설비 사이에 접속선이나 접지선을 연결하여 전위차를 줄이도록 할 것
2. 등유나 경유를 주입하는 경우에는 그 액표면의 높이가 주입관을 선단의 높이를 넘을 때까지 주입속도를 초당 1미터 이하로 할 것 17. 5. 7 [산] 23. 5. 13 [산]

합격예측 및 관련법규

제281조(건조설비의 구조 등)
사업주는 건조설비를 설치하는 경우에는 다음 각 호와 같은 구조로 설치하여야 한다. 다만, 건조물의 종류, 가열건조의 정도, 열원의 종류 등에 따라 폭발 또는 화재가 발생할 우려가 없는 경우에는 그러하지 아니하다. 18. 4. 28 [기] 23. 3. 1 [산]

1. 건조설비의 바깥면은 불연성 재료로 만들 것
2. 건조설비(유기과산화물을 가열건조하는 것을 제외한다)의 내면과 내부의 선반이나 틀은 불연성 재료로 만들 것
3. 위험물건조설비의 측벽이나 바닥은 견고한 구조로 할 것
4. 위험물건조설비는 그 상부를 가벼운 재료로 만들고 주위상황을 고려하여 폭발구를 설치할 것
5. 위험물건조설비는 건조하는 경우에 발생하는 가스·증기 또는 분진을 안전한 장소로 배출시킬 수 있는 구조로 할 것
6. 액체연료 또는 인화성 가스를 열원의 연료로서 사용하는 건조설비는 점화할 경우에 폭발 또는 화재를 예방하기 위하여 연소실이나 그 밖에 점화하는 부분을 환기시킬 수 있는 구조로 할 것
7. 건조설비의 내부는 청소가 쉬운 구조로 할 것
8. 건조설비의 감시창·출입구 및 배기구 등과 같은 개구부는 발화시에 불이 다른 곳으로 번지지 아니하는 위치에 설치하고 필요한 경우에는 즉시 밀폐할 수 있는 구조로 할 것
9. 건조설비는 내부의 온도가 국부적으로 상승되지 아니하는 구조로 설치할 것
10. 위험물건조설비의 열원으로서 직화를 사용하지 아니할 것
11. 위험물건조설비가 아닌 건조설비의 열원으로서 직화를 사용하는 때에는 불꽃 등에 의한 화재를 예방하기 위하여 덮개를 설치하거나 격벽을 설치할 것

㉣ 건조기 내의 온도가 100[℃] 이상 되는 때에는 건조기의 몸통, 건조기 내의 선반이나 틀 용기는 모두 불연성 재료로 할 것
㉤ 열원과 건조물 사이에는 안전한 격리상태를 확보할 것
㉥ 내부의 상태를 정기적으로 점검하고 이상이 있을 때에는 신속히 보고하여 적당한 조치를 받을 것
㉦ 소정의 열원 또는 건조시간을 넘지 않도록 유의할 것
㉧ 소정의 온도와 건조시간을 넘지 않도록 할 것

(2) 송풍기 및 압축기

1 개요

① 송풍기와 압축기는 기체의 압력과 속도를 높이는 기기로서 작동압력에 따라 구분한다.
② 구분
  ㉮ 송풍기(blower) : 압력상승이 $1[kg/cm^2]$ 미만
  ㉯ 압축기(compressor) : 압력상승이 $1[kg/cm^2]$ 이상
③ 원심식 또는 축류식 압축기와 왕복식 압축기의 차이점 18. 4. 28 ㉮
  ㉮ 원심식 또는 축류식의 압축기는 고속회전을 하지 않으면 임펠러(impeller)를 통하는 기체에 속도와 압력을 줄 수 없다(압력에 한도가 있음).
  ㉯ 왕복식 압축기는 밸브의 개폐에 다소 시간적 여유가 필요하며, 그 회전수는 비교적 낮아야 한다(토출량이 적음).
  ㉰ 왕복운전부의 탄력(momentum)에 의해서 진동이 일어나기 때문에 견고한 기초가 필요하며, 그 위에 맥류(脈流)가 되므로 저장탱크가 필요하다.

[표] 상사 법칙 16. 5. 8 ㉮

구분	법칙
토출량(유량)	$Q' = Q \times \left(\dfrac{N'}{N}\right)$
소요양정	$H' = H \times \left(\dfrac{N'}{N}\right)^2$
소요동력	$P' = P \times \left(\dfrac{N'}{N}\right)^3$

2 압축기의 정비

① 왕복식 압축기
  ㉮ 밸브를 검사하고 이상이 있는 것을 교체한다.
  ㉯ 실린더(cylinder) 내면의 검사와 치수측정 및 피스톤(piston), 피스톤링(piston ring)의 마모도 검사를 하고, 이상유무를 확인한다.
  ㉰ 주베어링(bearing), 연접봉베어링의 틈새를 측정하고 필요에 따라 조정한다.
  ㉱ packing 상자의 packing을 검사하고 필요에 따라 교체한다.
  ㉲ 압축기 부품 조임볼트와 너트의 헐거움을 점검하고 조정한다.
  ㉳ 베어링(bearing)유를 교체한다.

합격예측

흡입, 토출 밸브의 불량 원인
① 가스압력에 변화 초래
② 가스온도가 상승
③ 밸브 작동음에 이상현상 초래

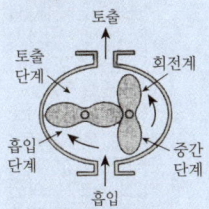

[그림] roots형 회전식 송풍기

합격예측 및 관련법규

16. 8. 21 ㉪ 17. 3. 5 ㉮ 19. 4. 27 ㉮
23. 6. 4 ㉮ 24. 2. 15 ㉮

제283조(건조설비의 사용)
사업주는 건조설비를 사용하여 작업을 하는 경우에는 폭발 또는 화재를 예방하기 위하여 다음 각 호의 사항을 준수하여야 한다.
1. 위험물건조설비를 사용하는 경우에는 미리 내부를 청소하거나 환기할 것
2. 위험물건조설비를 사용하는 경우에는 건조로 인하여 발생하는 가스·증기 또는 분진에 의하여 폭발·화재의 위험이 있는 물질을 안전한 장소로 배출시킬 것
3. 위험물건조설비를 사용하여 가열건조하는 건조물은 쉽게 이탈되지 아니하도록 할 것
4. 고온으로 가열건조한 인화성 액체는 발화의 위험이 없는 온도로 냉각한 후에 격납시킬 것
5. 건조설비(바깥면에 현저하게 고온이 되는 설비만 해당한다.)에 근접한 장소에는 인화성 액체를 두지 않도록 할 것

Q 은행문제

송풍기의 회전차 속도가 1,300[rpm]일 때 송풍량이 분당 300[m3]였다. 송풍량을 분당 400[m3]으로 증가시키고자 한다면 송풍기의 회전차 속도는 약 몇 [rpm]으로 하여야 하는가?
18. 3. 4 ㉮
① 1,533 ② 1,733
③ 1,967 ④ 2,167

정답 ②

합격예측

(1) 차압식 유량계: 흐름 중에 설치한 장애물의 전후 압력차를 측정해서 유량을 구한다.
① 피토관(pitot tube) : 관로에 피토관을 삽입하고 전압과 정압의 차인 동압을 측정하여 유속과 유량을 구한다.
② 오리피스미터(orifice meter) : 유체가 흐르는 관의 중간에 오리피스를 삽입하고 그 전후의 압력차를 측정하여 유속과 유량을 산출한다.
③ 벤투리미터(venturi meter) : 관의 지름을 변화시켜 전후의 압력차를 측정하여 유속과 유량을 산출한다.

(2) 면적식 유량계
① 면적식 유량계 : 피스톤형과 부자(플로트)형이 있다.
② 로터미터(rota meter) : 부자형에 속하는 면적 가변형 유량계의 일종이다.
③ 로터미터는 고점도유체나 소용량의 측정에 적합하다.

강관의 종류

배관용 탄소강관	SPP(SGP)
압력배관용 탄소강관	SPPS
고압배관용 탄소강관	SPPH
배관용 스테인리스강관	SUS
수도용 아연도금강관	SPPW
배관용 합금강관	SPA
저온배관용 강관	SPLT
고온배관용 탄소강관	SPHT

㉣ 압축기 부품을 청소한다.
㉤ 압축기 부속의 냉각기, 보조 펌프류, 구동기 등도 점검해서 언제나 압축기 운전에 지장을 초래하지 않도록 한다.

참고 압축기 운전시 토출압력이 증가하는 원인 : 토출관 내 저항발생 17. 5. 7 ㉮ 20. 8. 22 ㉮

② 원심식 압축기
㉮ 날개바퀴(impeller), 안내날개, 케이싱(casing) 등에 손상이 없나 점검한다. 특히 회전부와 정지부(靜止部) 등이 접촉하여 마찰하지 않는가에 주의한다.
㉯ 축에 굽힘이 발생하거나 손상이 생기지 않았나 점검한다.
㉰ 베어링이 급유 부적합, 기름의 더러움에 의한 발열 때문에 손상되지 않았는가를 점검한다.
㉱ 베어링을 수리한 경우에는 축심(軸心)과 케이싱(casing)의 중심이 일치하고 있는가를 충분히 조사한다.
㉲ labyrinth를 사용하고 있는 개소에 labyrinth 선단부의 마모를 점검한다.
㉳ 기름계통의 스트레이너(strainer) 청소를 한다.
㉴ 압축기 부속의 냉각기, 보조 펌프류, 구동기 등의 부속설비에 대해서도 충분히 점검을 한다.

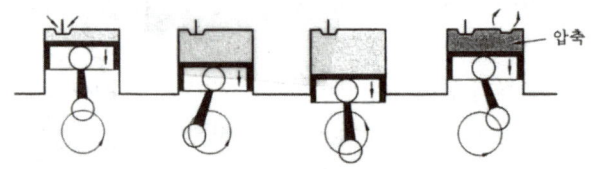

흡입 개시 – 흡입 – 흡입 종료 – 압축 개시 – 압축

[그림] 왕복동압축기

(3) 관의 종류 및 부속품

1 관의 종류

재료	주요용도	재료	주요용도
주철관	수도관	동(cu)	급유관, 증류기의 전열부분관
강 관	증기관, 압축기체용관	황동(cu+zn)	복수관, 증류기의 관
가스관	접관	연(pb)	상수, 산액, 오수관

2 부속품

① 접합부

접합부에는 영구적 연결과 일시적 연결 등 2종류가 있다. 일반적으로 고압 또는 독성물질 배관에서는 누설을 방지하기 위해 배관을 용접하고 부착장소나 보수 및 수리를 위해서는 플랜지와 같은 접합부를 사용한다. 관이 길고, 온도변화에 따른 관의 신축을 고려하여 신축이음을 사용한다.

② 밸브

밸브는 배관 내 유체의 흐름을 정지시키거나 조절하기 위한 기구이며 그 종류는 크게 분류하여 정지밸브 및 조절밸브가 있다.

[표] 밸브의 종류와 기능 17. 8. 26 [기]

종류	기능
글로브(glove)밸브 (스톱밸브)	① 유체의 흐름방향과 평행하게 밸브가 개폐 ② 마찰저항이 크고 섬세한 유량 조절에 사용
슬루스(sluice)밸브	① 밸브가 유체의 흐름에 직각으로 개폐 ② 마찰저항이 작고 개폐용으로 사용
체크(check)밸브	① 역류방지를 목적으로 사용 ② 스윙형(수직, 수평, 저항이 작다) 리프트(수평배관)
콕(coke)	90[°] 회전하면서 가스의 흐름을 조절
볼(ball)밸브	밸브디스크가 공모양이고 콕과 유사한 밸브
버터플라이(butterfly)밸브	밸브 몸통 속에서 밸브대를 축으로 하여 원판모양의 밸브디스크가 회전하는 밸브

㉮ 정지밸브 : 정지밸브는 밸브의 조절에 의해 유체흐름에 직각방향으로 작동하는 밸브의 총칭이며 일반 배관용 차단장치로 이용되고 있다. 폐쇄가 확실히 가능하고 비교적 저가이므로 넓게 이용되는 밸브이며 앵글밸브와 볼형밸브의 2종류가 있다.

㉯ 조절밸브 : 조절밸브는 흐름에 직각방향으로 공급하여 유량의 가감 및 차단에 이용되는 밸브의 총칭이다. 밸브를 통과하는 유체의 흐름방향이 변하지 않고 부착접합부의 간격이 짧은 것이 특징이다.

3 배관의 점검보수

① 정기검사 항목

㉮ 부식·마모에 의한 이상유무

㉯ 내부에 이물질의 축적 상태

㉰ 용접부의 균열, 조직변화 등

② 운전중에 배관점검방법

㉮ 화학설비의 운전중에는 열팽창, 진동 등에 의한 접합부 그 밖에 여러 부분의 접합상태가 이완되어 누설되거나 밸브, 콕 등의 작동불량이 발생한다.

㉯ 이것을 사전에 예방함과 동시에 이를 조기에 발견하기 위하여 부착물을 포함한 배관계통의 운전중의 점검, 보수를 하는 것이 필요하며, 그 예를 다음과 같이 참고로 한다.

합격예측

스케줄 번호(Sch No.)란?

관의 두께를 나타내는 번호로 숫자가 클수록 두껍고 내압 성능이 우수하다.

[예] Sch No $=10\times P/S$

여기서, P : 사용압력[kg/cm^2]

S : 허용응력[kg/mm^2]

참고

① packing : 운동 부분에 삽입하여 사용

② gasket : 정지 부분에 삽입하여 사용

합격예측 및 관련법규

제286조(발생기실의 설치장소 등)

① 사업주는 아세틸렌용접장치의 아세틸렌발생기(이하 "발생기"라 한다)를 설치하는 경우에는 전용의 발생기실에 설치하여야 한다.

② 제1항의 발생기실은 건물의 최상층에 위치하여야 하며, 화기를 사용하는 설비로부터 3[m]를 초과하는 장소에 설치하여야 한다.

③ 제1항의 발생기실을 옥외에 설치한 때에는 그 개구부를 다른 건축물로부터 1.5[m] 이상 떨어지도록 하여야 한다.

제287조(발생기실의 구조 등)

사업주는 발생기실을 설치하는 경우에는 다음 각 호의 사항을 준수하여야 한다.

17. 3. 5 [기] 19. 3. 3 [산]

1. 벽은 불연성의 재료로 하고 철근콘크리트 그 밖에 이와 동등 이상의 강도를 가진 구조로 할 것
2. 지붕과 천장에는 얇은 철판이나 가벼운 불연성 재료를 사용할 것
3. 바닥면적의 16분의 1이상의 단면적을 가진 배기통을 옥상으로 돌출시키고 그 개구부를 창이나 출입구로부터 1.5[m] 이상 떨어지도록 할 것
4. 출입구의 문은 불연성 재료로 하고 두께 1.5 [mm] 이상의 철판 그 밖에 이와 동등 이상의 강도를 가진 구조로 할 것
5. 벽과 발생기 사이에는 발생기의 조정 또는 카바이드 공급 등의 작업을 방해하지 아니하도록 간격을 확보할 것

합격예측

피팅류(Fittings)
16. 5. 8 ⑦ 17. 5. 26 ⑦
18. 3. 4 ⑭ 18. 8. 19 ⑭
20. 6. 7 ⑦ 20. 9. 27 ⑦

용도	종류
두 개의 관을 연결할 때	플랜지, 유니언, 커플링, 니플, 소켓
관로의 방향을 바꿀 때	엘보, Y지관, 티, 십자 23. 7. 8 ⑦
관로의 크기를 바꿀 때	축소관, 부싱 21. 3. 7 ⑦ 23. 2. 28 ⑦
가지관을 설치할 때	티(T), Y지관, 십자
유로를 차단할 때	플러그, 캡, 밸브
유량 조절	밸브 23. 3. 1 ⑭

합격예측 및 관련법규

제259조(밸브 등의 재질)
사업주는 화학설비 또는 그 배관의 밸브나 콕에 개폐의 빈도, 위험물질 등의 종류·온도·농도 등에 따라 내구성이 있는 재료를 사용하여야 한다.

[표] 점검항목

문제점	원인	대책
밸브, 접속부분의 누설	① 볼트의 이완 ② 볼트의 파손(절단 등)	테스트해머에 의한 이완상태점검, 누설시 토크렌치에 의한 보수법
밸브커버, 글랜드부의 누설	① 나사의 이완 ② 글랜드패킹의 파손	보충힘 엑스트라패킹의 부착
배관의 굴곡	① 팽창, 수축 ② 이상압력상승	원인제거 지지대교체

[표] 점검주기

점검주기	점검내용
1주 1회의 점검 (지정 요일)	밸브를 1/3 죄는 작동시험, 밸브 및 콕의 스핀들의 청소, 그리스 주유, 배관의 진동측정(진동계에 의해 지정장소를 측정함)
1개월 1회의 점검 (지정 날짜)	① 플랜지, 밸브 등의 볼트의 이완여부를 점검, 보온·보냉상태의 파손 유무를 점검 ② 카운터웨이트, 스프링행거의 상태점검과 급유배관 지지대의 상태점검 ③ 라이닝 재료의 상태점검, 필요에 따라 배관의 표면온도측정
6개월에 1회의 점검	① 부식계통에 의한 배관의 해머링시험 ② 부식계통도에 의한 배관의 두께측정

[표] 폭발위험장소의 분류 18. 3. 4 ⑦⑭ 18. 8. 19 ⑭

분류		적요	예
가스 폭발 위험 장소	0종 장소	인화성 액체의 증기 또는 인화성 가스에 의한 폭발위험이 지속적으로 또는 장기간 존재하는 장소	용기·장치·배관 등의 내부 등
	1종 장소	정상작동상태에서 인화성 액체의 증기 또는 인화성 가스에 의한 폭발위험분위기가 존재하기 쉬운 장소	맨홀·벤트·피트 등의 주위
	2종 장소	정상작동상태에서 인화성 액체의 증기 또는 인화성 가스에 의한 폭발위험분위기가 존재할 우려가 없으나, 존재할 경우 그 빈도가 아주 적고 단기간만 존재할 수 있는 장소	개스킷·패킹 등의 주위

분류		분진방폭구조의 선정기준
분진 폭발 위험 장소	20종 장소	① 밀폐방진방폭구조(DIP A20 또는 B 20) ② 그 밖에 관련 공인 인증기관이 20종 장소에서 사용이 가능한 방폭구조로 인증한 방폭구조
	21종 장소 21. 3. 7 ⑦	① 밀폐방진방폭구조(DIP A20 또는 A21, DIP B20 또는 B21) ② 밀폐방진방폭구조(SDP) ③ 그 밖에 관련 공인 인증기관이 21종 장소에서 사용이 가능한 방폭구조로 인증한 방폭구조

분류		분진방폭구조의 선정기준
분진 폭발 위험 장소	22종 장소	① 20종 장소 및 21종 장소에 사용 가능한 방폭구조 ② 일반방진방폭구조(DIP A22 또는 B22) ③ 보통방진구조(DP) ④ 그 밖에 22종 장소에서 사용하도록 특별히 고안된 비방폭형구조

③ 가스의 폭발·폭굉한계

[표 1] 공기 중의 폭발한계(1[atm], 상온, 화염 상방전파)

가스의 종류	하한계	상한계	가스의 종류	하한계	상한계
아세틸렌	2.5	81.0	이황화탄소	1.2	44.0
벤젠	1.4	7.1	황화수소	4.3	45.0
톨루엔	1.4	6.7	수소	4.0	75.0
시클로프로판	2.4	10.4	일산화탄소(습)	12.5	74.0
시클로헥산	1.3	8.0	메탄	5.0	15.0
메틸알코올	7.3	36.0	에탄	3.0	12.4
에틸알코올	4.3	19.0	프로판	2.1	9.5
이소프로필알코올	2.0	12.0	부탄	1.8	8.4
아세트알데히드	4.1	57.0	펜탄	1.4	7.8
디메틸에테르(제틸)	1.9	48.0	헥산	1.2	7.4
아세톤	3.0	13.0	에틸렌	2.7	36.0
산화에틸렌	3.0	80.0	프로필렌	2.4	11.0
산화프로필렌	2.0	22.0	부텐-1	1.7	9.7
염화비닐(모노마)	4.0	22.0	이소부틸렌	1.8	9.6
암모니아	15.0	28.0	1,3 부타디엔	2.0	12.0

[표 2] 산소 중의 폭발한계

가스의 종류	하한계	상한계	가스의 종류	하한계	상한계
수소	4.0	94	시클로프로판	2.5	60
일산화탄소(습)	12.5	94	에테르(제틸)	2.0	82
메탄	5.1	59	디비닐에테르	1.8	85
에탄	3.0	66	암모니아	15.0	79
에틸렌	2.7	80	아세틸렌	2.5	93
프로필렌	2.1	53			

➡ 아세틸렌이나 산화에틸렌, 히드라진 등은 조건에 따라서는 100[%]일 때 폭발한다.

합격예측

펌프의 이상현상

(1) 캐비테이션(cavitation : 공동현상) : 관 속에 물이 흐를 때 물속에 어느 부분이 증기압보다 낮은 부분이 생기면 물이 증발을 일으키고 또한 물속의 공기가 석출하여 적은 기포를 다수 발생하는 현상

[공동현상의 발생조건]
① 흡입양정이 지나치게 클 경우
② 흡입관의 저항이 증대될 경우
③ 흡입액의 과속으로 유량이 증대될 경우
④ 관내의 온도가 상승할 경우

[방지대책]
① 펌프의 설치높이를 낮추어 흡입양정을 짧게
② 펌프의 임펠러를 수중에 완전히 잠기게
③ 흡입배관의 관지름을 굵게 하거나 굽힘을 적게
④ 펌프회전을 낮추어 흡입비교 회전도를 적게
⑤ 양 흡입 펌프사용 또는 두 대 이상의 펌프사용
⑥ 펌프 흡입관의 마찰손실 및 저항을 작게
⑦ 유효흡입 헤드를 크게

(2) 수격작용(water hammering) : 펌프에서 물의 압송시 정전 등에 의해 펌프가 급히 멈춘 경우 또는 수량조절 밸브를 급히 개폐한 경우에 관 내의 유속이 급변하면서 물에 심한 압력변화가 발생하는 현상

[방지대책]
① 유속을 낮게 하며, 관경을 크게
② Fly wheel을 설치하여 급격한 속도변화 억제
③ 조압수조를 관선에 설치
④ 밸브는 펌프송출구 가까이에 설치하고 적당히 제어

(3) 서징(surging) : 펌프 운전시 특별한 변동을 주지 않았는데도 진동이 발생하여 주기적으로 운동, 양정, 토출량이 규칙적으로 변동하는 현상

(4) 베이퍼록(vapor rock)현상 : 저 비등점 액체 등을 이송할 때 펌프의 입구쪽에서 발생하는 현상으로, 일종의 액체의 끓는 현상에 의한 동요를 말함

합격예측

(1) 연소형태
① 확산연소 : 가연성 가스와 공기가 확산에 의해 혼합되면서 연소하는 것(수소, 아세틸렌 등의 기체연소)
② 증발연소 : 액체표면에서 발생된 증기가 연소하는 것(알코올, 에테르, 등유, 경유 등의 액체연소)
③ 분해연소 : 열분해에 의해 가연성 가스를 방출시켜서 연소하는 것(중유, 석탄, 목재, 고체파라핀 등의 고체연소)
④ 표면연소 : 고체표면에서 연소가 일어나는 것(숯, 알루미늄박, 마그네슘 리본 등의 고체연소)
18. 3. 4 [기]

(2) 기체, 액체, 고체의 연소형태
① 기체의 연소 : 확산연소(발염연소, 불꽃연소)
② 액체의 연소 : 증발연소
③ 고체의 연소
㉮ 분해연소(목재, 종이, 석탄, 플라스틱 등)
㉯ 표면연소(코크스, 목탄, 금속분 등)
㉰ 증발연소(황, 나프탈렌, 파라핀 등)
㉱ 자기연소(질산에스테르류, 셀룰로이드류, 니트로화합물 등의 폭발성 물질)

Q 은행문제

건축물 공사에 사용되고 있으나, 불에 타는 성질에 있어서 화재 시 유독한 시안화수소가스가 발생되는 물질은? 17. 5. 7 [기] 22. 3. 5 [기]

① 염화비닐
② 염화에틸렌
③ 메타크릴산메틸
④ 우레탄

정답 ④

[표 3] 산소 중의 폭굉한계[( )는 다른 측정치]

가스의 종류	하한계	상한계	가스의 종류	하한계	상한계
수소	15.5(18.20)	92.6	i-부탄	2.8	31
일산화탄소(습)	38	90	프로필렌	2.5	50
메탄	6.3(8.2)	53(55.8)	시안	0.14	76
아세틸렌	3.5	92	중수소	15.5	90.7
프로판	2.5	42.5	에테르	2.6	>40
n-부탄	2.1	38	암모니아	25.4	75

[표 4] 공기 중의 폭굉한계(1[atm], 상온)

가스의 종류	하한계	상한계	가스의 종류	하한계	상한계
수소	18	59	아세틸렌	4.2	50
일산화탄소(습)	15	70	에테르	2.8	4.5
메탄	6.5	12			

보충학습

[표] 산업안전보건법에서 사용되는 용어

사고	불안전한 행동과 불안전한 상태가 원인이 되어 재산상의 손실을 가져오는 사건을 말한다.
재해	사고의 결과로서 생긴 인명의 상해를 말한다. 때론 재해가 사고를 포함하여 인명의 상해와 재산상의 손실을 함께 가져오는 경우도 있다.
아차사고	무 인명상해(인적 피해)·무 재산손실(물적 피해)의 사고를 말한다.
중대재해	산업재해 중 사망 등 재해의 정도가 심한 것으로서 다음의 정하는 재해 중 하나 이상에 해당되는 재해를 말한다. ① 사망자가 1인 이상 발생한 재해 ② 3월 이상의 요양을 요하는 부상자가 동시에 2인 이상 발생한 재해 ③ 부상자 또는 직업성 질병자가 동시에 10인 이상 발생한 재해

㉮ 위험도$(H)=\dfrac{U-L}{L}$ 16. 5. 8 [기] 17. 3. 5 [기] 18. 3. 4 [기] 18. 8. 19 [산] 21. 5. 15 [기] 22. 4. 24 [기]

ⓐ H : 위험도

ⓑ U : 폭발상한계

ⓒ L : 폭발하한계

㉯ 산화제

자신은 환원되고 다른 물질을 산화시키는 물질

산화제의 조건	해당 물질
산소를 내기 쉬운 물질	H_2O_2, $KClO_3$, $NaClO_3$ 19. 8. 4 20. 8. 22
수소와 결합하기 쉬운 물질	O_2, Cl_2, Br_2
전자를 얻기 쉬운 물질	MnO_4^-, $(Cr_2O_7)^{-2}$
발생기산소를 내기 쉬운 물질	O_2, O_3, Cl_2, MnO_2, HNO_3, H_2SO_4, $KMnO_4$, $K_2Cr_2O_7$

4. 전기설비(계측설비 포함)

제273조(계측장치 등의 설치) 사업주는 별표 9에 따른 위험물을 같은 표에서 정한 기준량 이상으로 제조하거나 취급하는 다음 각 호의 어느 하나에 해당하는 화학설비(이하 "특수화학설비"라 한다)를 설치하는 경우에는 내부의 이상 상태를 조기에 파악하기 위하여 필요한 온도계·유량계·압력계 등의 계측장치를 설치하여야 한다.

1. 발열반응이 일어나는 반응장치
2. 증류·정류·증발·추출 등 분리를 하는 장치
3. 가열시켜 주는 물질의 온도가 가열되는 위험물질의 분해온도 또는 발화점보다 높은 상태에서 운전되는 설비
4. 반응폭주 등 이상 화학반응에 의하여 위험물질이 발생할 우려가 있는 설비
5. 온도가 섭씨 350도 이상이거나 게이지압력이 980킬로파스칼 이상인 상태에서 운전되는 설비
6. 가열로 또는 가열기

합격정보 산업안전보건기준에 관한 규칙

참고
환원제
자신은 산화되고 다른 물질을 환원시키는 물질

환원제의 조건	해당 물질
수소를 내기 쉬운 물질	H_2S
산소와 결합하기 쉬운 물질	SO_2, H_2O_2
전자를 잃기 쉬운 물질	H_2SO_3
발생기수소를 내기 쉬운 물질	H_2, CO, H_2S, $C_2H_2O_4$

합격예측 및 관련법규
안전보건규칙
제234조(가스등의 용기)
사업주는 금속의 용접·용단 또는 가열에 사용되는 가스등의 용기를 취급하는 경우에 다음 각 호의 사항을 준수하여야 한다.
1. 다음 각 목의 어느 하나에 해당하는 장소에서 사용하거나 해당 장소에 설치·저장 또는 방치하지 않도록 할 것
   가. 통풍이나 환기가 불충분한 장소
   나. 화기를 사용하는 장소 및 그 부근
   다. 위험물 또는 제236조에 따른 인화성 액체를 취급하는 장소 및 그 부근
2. 용기의 온도를 섭씨 40도 이하로 유지할 것
3. 전도의 위험이 없도록 할 것
4. 충격을 가하지 않도록 할 것
5. 운반하는 경우에는 캡을 씌울 것
6. 사용하는 경우에는 용기의 마개에 부착되어 있는 유류 및 먼지를 제거할 것
7. 밸브의 개폐는 서서히 할 것
8. 사용 전 또는 사용 중인 용기와 그 밖의 용기를 명확히 구별하여 보관할 것
9. 용해아세틸렌의 용기는 세워 둘 것
10. 용기의 부식·마모 또는 변형상태를 점검한 후 사용할 것

주요항목 07 화학물질 안전관리 실행 출제예상문제

출제예상문제는 복습, 예습문제로 엮었습니다. *WHY : 실제시험에도 순서에 관계없이 출제됩니다. 예습 후 다음장에 공부한 문제가 있으면 기억이 배가 됩니다.

01 ★★★ 다음 중 진한 질산이 공기 중에서 발생하는 갈색 증기는? 20. 8. 22 ㉮

① N_2
② NO_2
③ NO_3
④ NO

해설

NO_2
질산은 공기 중 또는 직사일광에서 분해하며 NO_2가 생겨 무색 액체가 갈색이 되므로 갈색 유리병에 보관한다.
$2HNO_3 \rightarrow H_2O + 2NO_2 + [O]$(발생기산소)

참고 │ 문제와 답을 기억하고 해설도 보세요.
꼭 100% 적중하도록 하였습니다.

02 ★ 알루미늄이나 금속나트륨을 함유하고 있는 뜨거운 분진 중에 수분이 함유되어 있다. 이때 어떤 현상이 유발되는가?

① 장치의 부식
② 폭발사고
③ 응고현상
④ 환기폐쇄현상

해설

문제는 폭발사고를 설명한다.

03 ★★ 공기 중에 이산화탄소의 농도가 몇 [%]일 때 출입이 제한되는가?

① 1[%]
② 1.5[%]
③ 2.0[%]
④ 3.0[%]

해설

CO_2와 작업환경
① 공기 중에는 250~300[ppm] 정도 있는데 0.5[%]가 작업환경하에서의 최대허용농도이다.
② 1.5[%]이면 출입금지

참고 │ 산업안전보건기준에 관한 규칙 제618조(정의)

04 ★★ 상온에서 물과 격렬히 반응하여 수소를 발생시키는 물질은? 23. 7. 8 ㉮ 24. 2. 15 ㉮

① Mg
② Na
③ Fe
④ Zn

해설

상온에서 물과 반응시 수소를 발생시키는 것은 Na이다.

05 ★★★ 물보다 가볍고 물에 잘 녹으며 인화점이 가장 낮은 것은?

① 가솔린
② 아세트알데히드
③ 에테르
④ 아세톤

해설

인화점 및 물질의 종류
① 가솔린 : -20 ~ -43[℃]
② 아세트알데히드 : -38[℃](물에 녹는다)
③ 에테르 : -45[℃](물에 녹지 않고 물보다 가볍다)
④ 아세톤 : -18[℃]

06 ★★ 인화성 액체 중 겨울철에 위험온도 범위에 들어가지 않는 것은?

① 에틸알코올
② 벤젠
③ 초산에틸
④ 에틸에테르

해설

인화점
① 인화점이 높은 것이 안전하다.
② 에틸알코올은 인화점이 13[℃]이다.

[정답] 01 ② 02 ② 03 ② 04 ② 05 ② 06 ①

07 위험물이 존재하는 곳의 외기관리 중 잘못된 것은?

① 위험물, 가연성 분진 또는 화학류 등에 의한 폭발 화재의 발생위험이 있는 곳에는 고온이 될 우려가 있는 기계 및 공구를 사용하지 않는다.
② 환기가 불충분한 장소에서 용접 등의 화기를 사용하는 작업을 할 때에는 통풍 또는 환기를 위해서 산소를 사용한다.
③ 소각장을 설치할 때에는 불연성 재료를 사용한다.
④ 가열로, 소각로 등의 화재발생 위험설비와 다른 가연성 물체와의 사이에는 안전거리유지 및 불연성 물체를 삽입 재료로 하여 방호해야 한다.

해설
순수한 산소는 생명을 앗아가고, 환기용으로 순수 산소를 사용해서는 안 된다.

08 화학설비 또는 그 배관(화학설비 또는 그 배관의 밸브 또는 콕 제외) 중 위험물 또는 인화점이 몇 [℃] 이상인 물질이 접촉하는 부분에는 부식에 의한 폭발 또는 화재를 방지하기 위해 부식이 잘 안되는 재료를 사용하거나 도장 등의 조치를 하여야 하는가?

① 60[℃]   ② 55[℃]
③ 45[℃]   ④ 35[℃]

해설
산업안전보건기준에 관한 규칙 제256조(부식방지)

참고 1995년 8월 27일 기출문제

09 방사성 물질이 체내에 들어갈 경우 신체에 미치는 위험도에 대한 다음의 설명 중 옳지 않은 것은?

① 반감기가 길수록 위험성이 크다.
② α입자를 방출하는 핵종일수록 위험성이 크다.
③ 방사선의 에너지가 높을수록 위험성이 크다.
④ 체내에 흡수되기 쉽고 잘 배설되지 않은 것일수록 위험성이 크다.

해설
방사성 물질
① 방사성 물질 중 α입자가 위험성이 제일 크다.
② 반감기가 짧을수록 위험성이 크다.

참고 1994년 5월 1일 기출문제

10 다음 중 금속 Li과 금속 Na의 성상에 관한 설명 중 틀린 것은?

① 두 금속 모두 실온에서 자연발화의 가능성이 있다.
② 두 금속은 물과 반응하여 수소기체가 발생된다.
③ 금속 Li은 질소와 반응하므로 질소에 의한 소화효과는 없다.
④ Na는 은백색의 금속으로 공기 중에 연소하면 황색의 Na_2O가 생성된다.

해설
금속 Li과 금속 Na는 발화성 물질이다.

참고 1장부터 쉬운 문제는 없다. 하지만 시작이 반이라는 속담이 있고 본 교재와 똑같은 문제가 출제된다면 시험은 쉬운 것이다.

11 다음 중 동 부식의 원인과 관계가 먼 것은?

① 동에서 산소부족
② 동에서 산성도 변화
③ 동에서 전위차의 발생
④ 동에서 염소이온 존재

해설
동(CH) 부식
① 동은 소량의 산소에 부식되지 않는다.
② 산소가 충만해야 동이 부식된다.

12 포스겐가스 누설검지의 시험지로 사용되는 것은?

① 연당지   ② 염화팔라듐지
③ 하리슨시험지   ④ 초산구리벤젠지

[정답] 07 ② 08 ① 09 ① 10 ③ 11 ① 12 ③

해설

각종 가스의 누설검지 시험지 및 변색상태

종류	시험지	색깔의 변색상태
암모니아(NH_3)	붉은리트머스 시험지	갈색
염소(Cl_2)	KI전분지(요오드화칼륨 녹말종이)	청색
포스겐($COCl_2$)	하리슨시약(시험지)	오렌지색
아세틸렌(C_2H_2)	염화제2구리 착염지	적색
일산화탄소(CO)	염화팔라듐지	검은색
황화수소(H_2S)	연당지(초산납 시험지)	검은색
시안화수소(HCN)	질산구리벤젠지(초산구리벤젠지)	청색
아황산가스(SO_2)	암모니아에 적신 헝겊	흰 연기
프로판(C_3H_8)	비눗물	기포발생

해설

인화성 가스 19. 4. 27

(1) 인화성 가스란 인화한계 농도의 최저한도가 13[%] 이하 또는 최고한도와 최저한도의 차가 12[%] 이상인 것으로서 표준압력(101.3[kPa])하의 20[°C]에서 가스상태인 물질을 말한다.
(2) 인화성 액체란 표준압력(101.3[kPa])하에서 인화점이 60[°C] 이하이거나 고온·고압의 공정운전조건으로 인하여 화재·폭발위험이 있는 상태에서 취급되는 가연성 물질을 말한다.
(3) 인화성 가스의 종류
  ① 수소   ② 아세틸렌
  ③ 에틸렌   ④ 메탄
  ⑤ 에탄   ⑥ 프로판
  ⑦ 부탄

참고 산업안전보건기준에 관한 규칙 [별표 1] : 위험물질의 종류

참고 1문제 해설에 2~3문제가 출제되니 처음에는 정독하셔야 합격합니다.

13 ★★ 유해물 취급상의 안전조치에 해당되지 않는 것은?

① 유해물 발생원의 봉쇄
② 작업공정의 밀폐와 작업장의 격리
③ 작업숙련자 배치
④ 유해물의 위치, 작업공정의 변경

해설

작업숙련자는 독성물질을 먹고 마셔도 죽지 않고 살 수 있는가

15 ★★ 탱크 내 작업시 복장의 설명 중 잘못된 것은?

① 작업원은 불필요하게 피부를 노출시키지 말 것
② 작업모를 쓰고 긴팔의 것을 반듯하게 착용할 것
③ 작업복의 바지 속에는 밑을 집어넣지 말 것
④ 유지가 부착된 작업복을 착용할 것

해설

유지가 부착된 작업복을 입어서는 안 된다.

14 ★★ 인화성 가스를 바르게 정의한 것은? (단, 산업안전보건법의 정의임)

① 폭발한계농도의 하한이 5[%] 이하, 또는 상하한의 차가 10[%] 이상인 것으로서 1기압 15[°C]에서 가스상태인 물질
② 폭발한계농도의 하한이 15[%] 이하, 또는 상하한의 차가 10[%] 이상인 것으로서 1기압 25[°C]에서 가스상태인 물질
③ 폭발한계농도의 하한이 13[%] 이하, 또는 상하한의 차가 12[%] 이상인 것으로서 표준기압하의 20[°C]에서 가스상태인 물질
④ 폭발한계농도의 하한이 15[%] 이하, 또는 상하한의 차가 30[%] 이상인 것으로 1기압 40[°C]에서 가스상태인 물질

16 ★★ 다음은 위험성 물질의 종류와 설명이다. 옳지 않은 것은?

① 인화성 액체 : 대기압하에서 인화점이 45[°C] 이하인 가연성 액체
② 인화성 가스 : 공기 중에서 폭발하한계가 13[%] 이하 또는 상·하한차가 12[%] 이상인 가스
③ 폭발성 물질 : 가열, 마찰 등으로 인해 산소 또는 산화제의 공급없이도 폭발 등 격렬한 반응을 일으킬 수 있는 고체나 액체
④ 부식성 물질 : 금속 등을 쉽게 부식시키고 인체에 접촉하면 심한 상해를 입히는 물질

해설

위험물질의 종류(산업안전보건기준에 관한 규칙 별표 1) 참고

[정답] 13 ③ 14 ③ 15 ④ 16 ①

17 인화성 혼합가스가 메탄(CH_4) 80[%], 에탄(C_2H_4), 부탄(C_4H_8) 10[%]로 구성되어 있다. 공기 중에서 이 3성분 혼합가스의 화학량 조성을 구하면? (단, 각 단독가스의 화학량의 조성은 메탄 9.5[%], 에탄 5.6[%], 부탄 3.1[%]로 한다.)

① 8.5[%] ② 12.2[%]
③ 8.1[%] ④ 7.4[%]

해설

화학량 조성 16. 3. 6 ㉘ 23. 5. 15 ㉘

$$L = \frac{100}{\frac{V_1}{L_1}+\frac{V_2}{L_2}+\frac{V_3}{L_3}} = \frac{100}{\frac{80}{9.5}+\frac{10}{5.6}+\frac{10}{3.1}} = 7.44[\%]$$

18 다음 중 만성중독의 판정에 사용되는 지수가 아닌 것은?

① TLV   ② VHI
③ 중독지수 ④ MLD

해설

허용농도단위
① TLV : 하루 8시간 작업동안에 폭로된 평균농도
② TWA : 시간가중 평균치
③ STEL : 단시간허용 폭로농도

19 다음 중 유해물질에 관한 설명으로 옳은 것은? 15. 3. 8 ㉘ 23. 2. 28 ㉘

① 흄(Fume)은 액체의 미세한 입자가 공기 중에 부유하고 있는 것을 말한다.
② 분진(Dust)은 금속의 증기가 공기 중에서 응고되어, 화학변화를 일으켜 고체의 미립자로 되어 공기 중에 부유하는 것을 말한다.
③ 미스트(Mist)는 기계적 작용에 의해 발생된 고체 미립자가 공기 중에 부유하고 있는 것을 말한다.
④ 스모크(Smoke)는 유기물의 불완전연소에 의해 생긴 미립자를 말한다.

해설

유독물의 종류와 성상

구분	성상	입자의 크기
흄(Fume)	고체 상태의 물질이 액체화된 다음 증기화되고, 증기화된 물질의 응축 및 산화로 인하여 생기는 고체상의 미립자(금속 또는 중금속 등)	0.01~1 [μm]
스모크(Smoke)	유기물의 불완전연소에 의해 생긴 작은 입자	0.01~1 [μm]
미스트(Mist)	공기 중에 분산된 액체의 작은 입자(기름, 도료, 액상 화학물질 등)	0.1~100 [μm]
분진(Dust)	공기 중에 분산된 고체의 작은 입자(연마, 파쇄, 폭발 등에 의해 발생됨. 광물, 곡물, 목재 등)	0.01~100 [μm]
가스(Gas)	상온·상압(25[℃], 1[atm]) 상태에서 기체인 물질	분자상
증기(Vapor)	상온·상압(25[℃], 1[atm]) 상태에서 액체로부터 증발되는 기체	분자상

20 산업안전보건법에서 정한 공정안전보고서 제출대상 업종이 아닌 사업장으로서 위험물질의 1일 취급량이 염소 10,000[kg], 수소 20,000[kg], 프로판 1,000[kg], 톨루엔 2,000[kg]인 경우 공정안전보고서 제출대상 여부를 판단하기 위한 R값은 얼마인가?

유해·위험물질명	규정수량[kg]
인화성 액체	취급 : 5,000 저장 : 200,000
인화성 가스	취급 : 5,000 저장 : 200,000
염소	20,000
수소	50,000

① 1.0 ② 1.5
③ 2.0 ④ 2.5

해설

공정안전보고서 제출대상
$$R = \frac{10,000}{20,000}+\frac{20,000}{50,000}+\frac{1,000}{5,000}+\frac{2,000}{5,000} = 1.5$$

【정답】 17 ④ 18 ④ 19 ④ 20 ②

21 메탄(CH_4) 100[mol]이 산소 중에서 완전연소하였다면 이때 소비된 산소량은 몇 mol인가? 17. 5. 7

① 50   ② 100
③ 150 ④ 200

> **해설**

산소량
$CH_4 + 2O_2 \rightarrow CO_2 + 2H_2O$
 1 : 2 = 100 : x
∴ $x = 200$

22 다음 중 에틸알코올(C_2H_5OH)이 완전연소 시 생성되는 CO_2와 H_2O의 몰수로 알맞은 것은? 20. 8. 22

① $CO_2=1$, $H_2O=4$
② $CO_2=2$, $H_2O=3$
③ $CO_2=3$, $H_2O=2$
④ $CO_2=4$, $H_2O=1$

> **해설**

CO_2와 H_2O몰수
$C_2H_5OH + 3O_2 \rightarrow 2CO_2 + 3H_2O$

23 부탄(C_4H_{10})의 MOC값을 구하시오. 17. 8. 26 / 19. 4. 27

① 9.4   ② 10.4
③ 11.4 ④ 12.4

> **해설**

MOC(최소산소농도)
① 실험 데이터가 불충분할 경우(대부분의 탄화수소)
  LFL × 산소의 양론계수(연소반응식)
② 부탄의 MOC(탄화수소이므로)
  $C_4H_{10} + 6.5O_2 \rightarrow 4CO_2 + 5H_2O$
∴ 1.6 × 6.5 = 10.4[%]

24 위험성 물질에 대한 다음의 설명 중 틀린 것은?

① 폭발성 물질은 가연성 물질인 동시에 산소공급 물질로서 폭발하기 쉬우며 가열, 마찰에 의한 심한 폭발을 일으킨다.
② 자연발화성 물질은 외부 착화원에 의해 발열되고 그 열이 축적되어 발화가 된다.
③ 금수성 물질은 습기를 흡수하거나 수분에 접촉될 때에 발화 또는 발열의 위험이 있다.
④ 혼합위험성 물질은 두 종류 이상의 물질이 혼합 또는 접촉시 발화의 위험이 있다.

> **해설**

자연 발화성 물질은 외부 착화원 없이 자체에서 열이 축적되어 발화하는 현상이다.

25 진한 질산을 공기 중에 방치시 발생하는 갈색 증기는? 20. 8. 22

① N_2 ② NO_2
③ NO_3 ④ NO

> **해설**

NO_2
① NO_2는 갈색 증기 발생
② $AgNO_3$(질산은) 용액 보관시 햇빛을 피해 갈색 유리병에 보관한다.

> **참고** 주요항목 2에서 나온 문제이며 문제은행에도 있음

26 발화성 물질의 저장법이 아닌 것은?

① 나트륨, 칼륨은 석유 속에 저장한다.
② 적린은 물속에 저장한다.
③ 마그네슘, 칼륨은 격리 저장한다.
④ 질산은용액은 햇빛을 피하여 저장한다.

> **해설**

발화성 물질의 저장법
① 나트륨, 칼륨 : 석유 속에 저장
② 황린 : 물에 저장
③ 적린, 마그네슘, 칼륨 : 격리 저장
④ 질산은($AgNO_3$)용액 : 햇빛을 피하여 저장

[**정답**] 21 ④ 22 ② 23 ② 24 ② 25 ② 26 ②

27 ★★ 위험물안전관리법에 의한 위험물의 분류 중 제1류 위험물에 속하는 것은? 17. 5. 7 [기] 18. 4. 28 [기] 18. 8. 19 [기] 21. 3. 7 [기] 23. 6. 4 [기] 24. 2. 15 [기]

① 염소산염류　　② 황린
③ 금속칼륨　　④ 질산에스테르

해설

위험물의 분류

① 제1류(산화성 고체) : 아염소산, 염소산, 과염소산나트륨, 무기과산화물, 삼산화크롬, 브롬산염류, 요오드산염류, 과망간산염류, 중크롬산염류
② 제2류(가연성 고체) : 황화인, 적린, 유황, 철분, Mg, 금속분류, 인화성 고체
③ 제3류(자연발화성 및 금수성 물질) : K, Na, 알킬Al, 알킬Li, 황린, 칼슘 또는 Al의 탄화물류 등
④ 제4류(인화성 액체) : 특수인화물류, 동식물류, 알코올류, 제1석유류~제4석유류
⑤ 제5류(자기반응성 물질) : 유기산화물류, 질산에스테르류(니트로셀룰로오스, 질산에틸, 니트로글리세린), 셀룰로이드류, 니트로화합물, 아조화합물류, 디아조화합물류, 히드라진 유도체류
⑥ 제6류(산화성 액체) : 과염소산, 과산화수소, 질산

참고 ① 매 시험마다 위험물에서 1문제가 출제되고 있음.
② 산업안전기사를 합격하여 소방설비기사, 위험물, 고압가스 자격취득도 한걸음 다가선 것이라 할 수 있음.

28 ★ 산업안전보건법상 유기용제 업무를 행할 경우의 사업주가 취할 조치에 관한 다음 기술 중 틀린 것은?

① 도포, 도장을 할 때에는 유기용제의 증기발산원을 밀폐하는 설비를 설치하여야 한다.
② 옥내 작업장에서 제1종 유기용제를 이용한 작업을 행할 때에는 국소배기장치를 하여야 한다.
③ 옥내 작업장에서 제3종 유기용제를 이용한 작업을 행할 때에는 전체 환기를 설치하여야 한다.
④ 지하실에서 제2종 유기용제 등을 이용해서 도장 등의 작업을 행할 때에는 전체 환기장치를 설치한다.

해설

유기용제 설비기준

(1) 제1종 유기용제 등 또는 제2종 유기용제 등에 관계되는 설비
사업주는 옥내 작업장에서 제1종 유기용제 등 또는 제2종 유기용제 등에 관계되는 유기용제 업무에 근로자를 종사하도록 하는 때에는 해당 작업장에 유기용제의 증기발산원을 밀폐하는 설비 또는 국소배기장치를 설치하여야 한다.
(2) 제3종 유기용제 등에 관계되는 설비
① 사업주는 옥내 작업장에서 제3종 유기용제 등에 관계되는 유기용제 업무에 근로자를 종사하도록 하는 때에는 해당 작업장소에 유기용제의 증기발산원을 밀폐하는 설비, 국소배기장치 또는 전체 환기장치를 설치하여야 한다.
② 사업주는 유기용제 취급·제조 특별장소에서 분무에 의한 제3종 유기용제 등에 관계되는 유기용제 업무에 근로자를 종사하도록 하는 때에는 해당 장소에 유기용제 증기발산원을 밀폐하는 설비 또는 국소배기장치를 설치하여야 한다.
(3) 도장 등의 업무에 관계되는 설비
사업주는 다음에 해당하는 업무 중 도장 및 도포 업무에 근로자를 종사하도록 하는 때에는 해당 작업 장소에 유기용제의 증기발산원을 밀폐하는 설비 또는 국소배기장치를 설치하여야 한다.
① 옥내 작업장·탱크 또는 갱에서 제2종 유기용제 등에 관계되는 업무
② 탱크·갱 또는 지하철 그 밖에 통풍이 불충분한 옥내 작업장에서 제3종 유기용제 등에 관계업무

29 ★★★ 다음은 위험성 물질의 종류와 설명이다. 옳지 않은 것은? 10. 3. 7 [기] 20. 9. 27 [기]

① 인화성 액체 : 대기압하에서 인화점이 45[℃] 이하인 가연성 액체
② 인화성 가스 : 공기 중에서 폭발하한계가 13[%] 이하 또는 상, 하한차가 12[%] 이상인 가스
③ 폭발성 물질 : 가열, 마찰 등으로 인해 산소 또는 산화제의 공급 없이도 폭발 등 격렬한 반응을 일으킬 수 있는 고체나 액체
④ 부식성 물질 : 금속 등을 쉽게 부식시키고 인체에 접촉하며 심한 상해를 입히는 물질

해설

인화성 액체

표준압력(101.3[kPa]에서 인화점이 60[℃] 이하인 가연성 물질
① 에틸에테르·가솔린·아세트알데히드·산화프로필렌, 그 밖에 인화점이 23[℃] 미만이고 초기 끓는점이 35[℃] 이하인 물질
② 노말헥산·아세톤·메틸에틸케톤·메틸알코올·에틸알코올·이황화탄소, 그 밖에 인화점이 23[℃] 미만이고 초기 끓는점이 35[℃]를 초과하는 물질
③ 크실렌·아세트산아밀·등유·경유·테레핀유·이소아밀알코올·아세트산·하이드라진, 그 밖에 인화점이 23[℃] 이상 60[℃] 이하인 물질

➲산업안전기사 취득시 방화관리자가 될 수 있다. (1급 관리자)

[정답] 27 ① 28 ④ 29 ①

30 인화성 물질의 그룹별 분류(미국 NEC.UL) 중 II급 지역에서 폭발성 분진그룹 E에 해당하는 것은?

① 코크스분진, 저항률 $10^5[\Omega cm]$ 이하인 분진
② 금속성분진, 저항률 $10^5[\Omega cm]$ 이하인 분진
③ 카본블랙, 저항률 $10^5[\Omega cm]$ 이하인 분진
④ 곡물분진, 저항률 $10^5[\Omega cm]$ 이하인 분진

해설

인화성 물질의 그룹별 분류

class	group	대기환경조건	적용대상
I (gases vapors)	A	아세틸렌	· 정유공장 · 석유화학 설비 · 도장공장 · 가스설비
	B	부타디엔, 에틸렌, 디에틸에테르, 하이드로겐설파이드 등	
	C	사이클로프로판, 에틸렌, 디에틸에테르, 하이드로겐설파이드 등	
	D	아세톤, 알코올, 암모니아, 벤젠, 부탄, 가솔린, 헥산, 래커, 나프타, 솔벤트, 증기, 천연가스, 프로판 및 이와 동등 위험정도의 가스와 증기가 함유된 대기환경조건	
II (combustible dusts)	E	금속분진(알루미늄분진, 마그네슘 및 이와 동등 위험정도의 금속분진)	· 곡물창고 · 전분취급 장소 · 방앗간 · 석탄제조품 · 제과공장
	F	카본블랙, 석탄분진, 코르크 분진 (휘발분이 8[%]인 것)	
	G	밀가루, 전분가루, 곡물분진 등 비전도성 분진	
III (easily ignitable fiber and flax)		인조견사, 솜, 황마, 가연성 섬유, 톱밥, 작은 나뭇조각 및 이와 동등 이상의 가연성이고 비산성 물질	· 목재가공공장 · 직물공장 · 조면기 · 방적공장 · 아마공장

참고 합격은 열심히 노력하면 됩니다.

31 마그네슘의 저장 및 안전취급의 설명이 옳지 못한 것은? 17. 8. 26 ㉮ 18. 8. 19 ㉮ 23. 6. 4 ㉮

① 분진 폭발성이 있으므로 누설되지 않도록 포장한다.
② 일단 점화하면 발열량이 크므로 소화가 곤란하다.
③ 산화제와 접촉을 피한다.
④ 고온에서 유황 및 할로겐과 접하면 흡열반응을 한다.

해설

Mg 취급
① Mg은 발화성의 물질이다.
② 반드시 격리 저장한다.

32 다음 유해물질의 안전취급을 위한 각종 사항 중 적당하지 않은 것은?

① 명칭, 성분, 함유량 및 저장, 취급방법 등을 표시한다.
② 유해그림의 바탕색은 빨강으로 하고 제조금지 물질의 경우 노란색 바탕으로 한다.
③ 용기 또는 포장의 겉면 중에 잘 보이는 곳에 표시한다.
④ 인체에 미치는 영향, 표시자의 주소 및 성명 등을 기입한다.

해설

유해물질 표시사항
① 명칭
② 성분 및 함유량
③ 인체에 미치는 영향
④ 저장 또는 취급상의 주의사항 및 긴급방재요령
⑤ 그밖의 고용노동부장관이 정하는 사항(표시자의 성명 및 주소)

참고 유해 그림의 바탕색은 황색이며 제조금지 바탕색은 적색이다.

33 방사성 물질이 체내에 들어갈 경우 신체에 미치는 위험도에 대한 설명 중 옳지 않은 것은?

① 반감기가 길수록 위험성이 크다.
② α입자를 방출하는 핵종일수록 위험성이 크다.
③ 방사선의 에너지가 높을수록 위험성이 크다.
④ 체내에 흡수되기 쉽고 잘 배설되지 않는 것일수록 위험성이 크다.

해설

방사성 물질 취급
(1) 인체 내 미치는 위험도에 영향을 주는 인자
  ① 반감기가 길수록 위험성이 작다.
  ② α입자를 방출하는 핵종일수록 위험성이 크다.
  ③ 방사선의 에너지가 높을수록 위험성이 크다.
  ④ 체내에 흡수되기 쉽고 잘 배설되지 않는 것일수록 위험성이 크다.
(2) 투과력 : α선 < β선 < X선 < γ선
  ① 200~300[rem] 조사시 : 탈모, 경도발적 등
  ② 450~500[rem] 조사시 : 사망

[정답] 30 ② 31 ④ 32 ② 33 ①

34 ★★ 다음 가스 중 독성(허용농도기준)이 가장 강한 가스는?

17. 3. 5 [기] 20. 6. 7 [기] 21. 8. 14 [기] 22. 4. 24 [기]

① NH_3　② $COCl_2$
③ Cl_2　④ H_2S

해설

독성가스 허용농도

① NH_3(암모니아) : 25[ppm]
② $COCl_2$(포스겐) : 0.1[ppm]
③ Cl_2(염소) : 1[ppm]
④ H_2S(황화수소) : 10[ppm]

35 다음 중 산(acid)과 접촉하여 수소를 가장 잘 방출시키는 원소는?

17. 5. 7 [기] 17. 8. 26 [기] 18. 3. 4 [기] 20. 8. 23 [산] 20. 9. 27 [기] 23. 7. 8 [기] 24. 2. 15 [기]

① 칼륨　② 구리
③ 수은　④ 백금

해설

칼륨(k)

① 산과 접촉시 수소방출
② 물과 반응시 가연성 기체 발생

보충학습

K(칼륨)과 물(H_2O)의 반응식
$2K + 2H_2O \rightarrow 2KOH + H_2$

합격자의 조언

① 제1장에서 열심히 했으면 본 문제는 쉬울 것이다. 모르면 여기서 기억하면 된다. 실망은 금물이다.
② 부자가 되려면, 자격증을 취득하려면 부자처럼 생각하고 부자처럼 행동하라. 나도 모르는 사이에 부자가 되어 있다.

36 ★★ 다음 고압가스 중 액화가스에 속하지 않는 것은?

① 수소　② 염소
③ 프로판가스　④ 탄산가스

해설

가스의 종류 및 특징

① 액화가스 : 상온에서 낮은 압력에서 액화되는 가스(BP가 높다) (C_3H_8, C_4H_{10}, NH_3, Cl_2, CO_2, $COCl_2$)
② 압축가스 : 상온에서 압축하여도 쉽게 액화되지 않는 가스(BP가 낮다)(He, Ne, Ar, H_2, O_2, N_2, CO, 공기, CH_4)
③ 용해가스 : 액화하기 위해 압축하면 분해를 발하므로 용기에 다공질물을 채우고 용제에 침윤시킨 후 아세틸렌을 용제(아세톤, DMF)에 용해하여 충전한다.

매회 출제되는 문제이니 꼭 기억할 것

37 ★ 다음 중 물리, 화학적 독성이 같은 가스는?

① 산소, 아황산가스　② 오존, 암모니아
③ 메탄, 에틸렌　④ 헬륨, 염소

해설

메탄과 에틸렌은 인화성 가스로서 물리적, 화학적 성질이 동일하다.

38 ★★ 다음의 유독성을 나타내는 지표 중에서 만성중독과 관계가 가장 큰 것은? 14. 8. 17 [산]

① MLD(Minimum Lethal Dose)
② TLV(Threshold Limit Value)
③ LD_{50}(Median Lethal Dose)
④ LC_{50}(Median Lethal Concentration)

해설

중독지수

① TLV : 1일 8시간의 작업시 폭로된 평균농도(미국 산업위생전문가회의에서 채택 : 만성중독 유독성지표)
② LD_{50} : 독극물 1회 투여로 7~10일 이내 실험동물수 50[%] 사망
③ LC_{50} : 호흡기 장애로 실험동물수 50[%] 사망
④ MLD : 최소치사량

참고 1992년 산업기사 출제

39 ★★★ 다음 중 흡입시 인체에 구내염과 혈뇨, 손떨림 등의 증상을 일으키는 물질은? 16. 8. 21 [기] 22. 4. 24 [기] 23. 7. 8 [기]

① 산소　② 석회석
③ 이산화탄소　④ 수은

해설

중금속

(1) 수은(Hg)중독
① 제련 및 정련 작업장, 온도계, 압력계, 전기계기 등을 제조하는 작업장, 수은화합물의 제조 작업장, 도금 작업장 등에서 일하는 근로자들에게 많이 발생하고 있다.
② 중독의 초기증상으로는 안색이 누렇게 변하며 구토와 두통, 복통과 설사 등 소화불량증세가 나타난다. 중독현상이 더욱 진행되면 구내염에 의한 금속성 입맛이 나고, 침을 많이 흘리게 되며, 심하면 손이 떨려서 글씨를 쓸 수 없게 되는 의지성 진전(intention tremor)이 나타나고 보행도 어렵게 된다.

[정답] 34 ② 35 ① 36 ① 37 ③ 38 ② 39 ④

③ 불면증과 피부병이 더욱 심하게 되면 정신흥분증상이 나타나기도 한다.
(2) 납(Pb)중독
① 납중독은 축전지 제조업, 납제련 및 정련소, 인쇄업, 도자기업 등에서 일하는 근로자들에게 많이 발생하고 있다.
② 납중독의 증상으로는 말초신경이나 손목에 마비가 오는 신경근육 계통의 장해(관절통, 두통, 근육마비)와 위장계통의 장해(변비, 식욕부진, 복부팽만감) 및 중추신경 계통의 장해로 나눌 수 있다.
(3) 크롬(Cr)중독
① 전기업체의 크롬합금, 크롬도금이나 시멘트공장, 사진현상소, 크롬 연료 제조공장 등에서 일하는 근로자들에게 많이 발생하고 있다.
② 크롬중독은 피부와 점막에 자극 증상을 일으켜 궤양을 형성하지만 통증이 없는 특징이 있고 눈꺼풀, 손가락마디, 손톱 부근 등에서 증상이 잘 나타난다.
③ 사회적으로 문제가 되고 있는 직업병, 비중격 천공증세를 일으키는데 이것은 코의 점막을 자극하여 콧물이 나오다가 염증이 생기면 고름이 나오고, 딱지가 생겼다 하는 증상이 반복되어 코 내부의 물렁뼈에 구멍이 생기는 무서운 병이다.
④ 발암성 물질로서 폐암을 일으킬 우려가 있는 물질이다.

참고
① 크롬의 직업병은 대부분 이따이이따이병으로 알고 있고 실제 학명도 동일하나 여러분은 폐암, 비중격 천공증세로 써야 합니다.
② 3가, 6가의 화합물 사용

40 ★★★★ 다음 표에 있는 가스들은 위험도가 높은 가스들이다. 위험도 순위로 나열한 것은? 20.6.7㉆ 20.6.14㉠ 21.3.7㉆ 23.2.28㉆ 25.2.7㉆

구 분 종 류	폭발하한선	폭발상한선
수소	4.0[vol%]	75.0[vol%]
산화에틸렌	3.0[vol%]	80.0[vol%]
이황화탄소	1.25[vol%]	44.0[vol%]
아세틸렌	2.5[vol%]	81.0[vol%]

① 아세틸렌 – 산화에틸렌 – 이황화탄소 – 수소
② 아세틸렌 – 산화에틸렌 – 수소 – 이황화탄소
③ 이황화탄소 – 아세틸렌 – 수소 – 산화에틸렌
④ 이황화탄소 – 아세틸렌 – 산화에틸렌 – 수소

해설

위험도 계산

위험도$(H) = \dfrac{폭발상한선(U) - 폭발하한선(L)}{폭발하한선(L)}$

① 수소 $= \dfrac{75-4}{4} = 17.75$

② 산화에틸렌 $= \dfrac{80-3}{3} = 25.67$

③ 이황화탄소 $= \dfrac{44-1.25}{1.25} = 34.2$

④ 아세틸렌 $= \dfrac{81-2.5}{2.5} = 31.4$

41 ★★★★ 유해물질 중 동물의 정맥주사 반수치사량(LD$_{50}$)은?

① 10[mg] 이하   ② 30[mg] 이하
③ 100[mg] 이하   ④ 1,000[mg] 이하

해설

독성물질의 종류 및 정의
① 쥐에 대한 경구투입실험에 의하여 실험동물의 50[%]를 사망시킬 수 있는 물질의 양, 즉 LD$_{50}$(경구, 쥐)이 킬로그램당 300[mg](체중) 이하인 화학물질
② 쥐 또는 토끼에 대한 경피흡수실험에 의하여 실험동물의 50[%]를 사망시킬 수 있는 물질의 양, 즉 LD$_{50}$(경피, 토끼 또는 쥐)이 킬로그램당 1,000[mg](체중) 이하인 화학물질
③ 쥐에 대한 4시간 동안의 흡입실험에 의하여 실험동물의 50[%]를 사망시킬 수 있는 물질의 농도, 즉 LC$_{50}$(쥐, 4시간 흡입)이 2,500[ppm](체중) 이하인 화학물질

42 ★★★★★ 유해물에 대해서 용기에 표시해야 할 사항이 아닌 것은?

① 명칭   ② 성분
③ 중량   ④ 인체에 미치는 영향

해설

유해물질의 표시
벤젠, 벤젠을 함유한 제제, 그 밖에 근로자에게 건강장해를 일으킬 유해 또는 위험한 물질로서 대통령령이 정하는 것 또는 그 물질을 용기에 넣거나 포장하여 양도·제공하고자 하는 자는 고용노동부령이 정하는 바에 의하여 그 용기 또는 포장에 다음 각 호의 사항을 표시하여야 한다.
① 명칭   ② 성분 및 함유량
③ 인체에 미치는 영향
④ 저장 또는 취급상의 주의사항 및 긴급방재 요령
⑤ 그밖의 고용노동부령이 정하는 사항

◎ 실기에도 자주 출제되는 문제임.

[정답] 40 ④   41 ④   42 ③

43 ★★ 화학물질의 유해성에 관한 기술용어에 관한 설명 중 옳은 것은?

① TLV-TWA : 매일 8시간씩 일하는 근로자에게 노출되어도 영향은 주지 않는 최고평균농도
② LC_{50} : 액체 화합물의 치사량 기호로서 실험동물 10마리 중 50[%]를 치사시키는 양
③ MLD : 기체 화합물의 치사량 기호로 실험동물 중 한 마리를 치사시키는 양
④ TLV-C : 짧은 기간(15분 동안)에 노출되어도 증상이 나타나지 않는 최고허용농도

해설

허용농도(TLV)
① 건강한 성인남자가 하루(8hr) 동안 작업에 임해도 인체에 아무런 영향을 미치지 않는 농도를 TLV라 한다.
② 공식
$$(R) = \frac{C_1}{T_1} + \frac{C_2}{T_2} + \cdots + \frac{C_n}{T_n}$$
여기서,
$C_1 \cdots C_n$: 위험물질 각각의 제조 또는 취급량
$T_1 \cdots T_n$: 위험물질 각각의 기준량(TLV)
∴ TLV : Threshold Limit Value
∴ $T>1$ 이상인 경우 TLV 값이 초과된 것이므로 유해하다.

참고 산업안전보건기준에 관한 규칙
[별표 9] : 위험물질의 기준량

44 ★★★★★ 다음 그림은 NFPA의 위험성 표시 라벨이다. 황색숫자 3이 나타내는 위험성은?

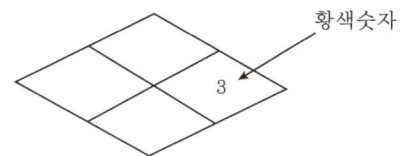

① 연소위험성   ② 건강위험성
③ 반응위험성   ④ 기타 위험성

해설

NFPA
NFPA(National Fire Protection Association)에서는 위험물의 위험성을 연소위험성(Flammability Hazards) : 적색, 건강위험성(Health Hazards) : 청색, 반응위험성(Reactivity Hazards) : 황색의 3가지로 구분하고 각각에 대하여 위험이 없는 것은 0, 위험이 가장 큰 것은 4로 하여 5단계로 위험등급을 정하여 표시한다.

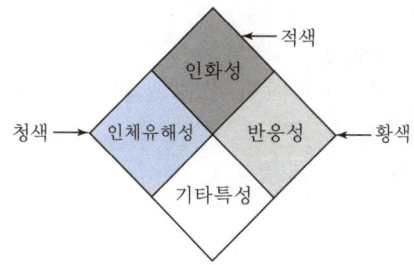

[NFPA Diamond]

5단계
0 : none/negligible
1 : Minor
2 : dangerous
3 : serious
4 : severe

45 ★★★★★ 다음 물질 중 폭발상한계가 100[%]인 물질은?

① 적린   ② 산화에틸렌
③ 질산은용액   ④ 나트륨

해설

인화성 가스
① 인화성 가스 중에는 공기의 공급 없이 분해폭발(폭발상한계 100[%])을 일으키는 것이 있다.
② 이러한 물질로는 아세틸렌, 에틸렌, 산화에틸렌 등이 있다.
③ 고압일수록 분해폭발을 일으키기 쉽다.

46 ★★★★★ 다음 중 유해·위험물질 취급·운반시 조치사항이 아닌 것은?

① 저장수량 이상 위험물질을 차량으로 운반할 때 가로 0.1[m], 세로 0.3[m] 이상 크기로 표지하여야 한다.
② 위험물질의 취급은 위험물질 취급 담당자가 한다.
③ 위험물질을 반출할 때에는 기후상태를 고려한다.
④ 성상에 따라 분류하여 적재, 포장한다.

[정답] 43 ① 44 ③ 45 ② 46 ①

[해설]

차량표지 설치방법

① 한변의 길이가 0.3[m] 이상, 다른 한변의 길이가 0.6[m] 이상인 직사각형의 판으로 할 것
② 바탕은 흑색으로 하고, 황색의 반사도료 그 밖의 반사성이 있는 재료로 "위험물"이라고 표시할 것
③ 표지는 차량의 전면 및 후면의 보기 쉬운 곳에 내걸 것

47 25℃, 1기압에서 공기 중 벤젠(C_6H_6)의 허용농도가 10[ppm]일 때 이를 [mg/m³]의 단위로 환산하면 약 얼마인가?(단, C, H의 원자량은 각각 12, 1이다.)

① 28.7 ② 31.9
③ 34.8 ④ 45.9

[해설]

단위환산

C_6H_6 분자량 : 78

$$\frac{10\text{mL}}{\text{m}^3} \times \frac{78\text{mg}}{22.4\text{N}\cdot\text{mL}} \times \frac{(273)\text{N}\cdot\text{mL}}{(273+25)\text{mL}} = 31.9[\text{mg/m}^3]$$

★★★★
48 다음 안전장치 중 가열물질 저장탱크 내의 내압상승과 대기압과의 차이가 발생되는 경우 작동되는 안전설비는?

① 통기밸브 ② 체크밸브
③ 파열판 ④ 안전밸브

[해설]

Breather valve(통기밸브)

① 인화성 물질 저장탱크 내 내압상승과 대기압과의 압력차이가 발생되는 경우 대기를 탱크 내로 유입하도록 하고 또 탱크내압을 외부로 방출하는 안전설비이다.
② 통기밸브는 대기압과 탱크내압을 일정압력으로 유지하도록 하여 탱크를 보호할 목적으로 설치하는 안전장치이다.

★★★
49 인화성 액체 및 인화성 가스를 저장·취급하는 화학설비로부터 증기 또는 가스를 대기로 방출할 때에 외부로부터의 화기를 방지하기 위해 설비 상단에 설치해야 하는 것은?

① 화염방지기 ② 안전밸브
③ 긴급차단장치 ④ 안전기

[해설]

Flame arrester(화염방지기) 19. 8. 4 [기] 20. 6. 7 [기]

인화성 액체 및 인화성 가스를 저장·취급하는 화학설비에서 증기나 가스를 발생하는 액체저장탱크에서 외부로 증기를 방출하고 탱크내부로 외부공기를 유입하는 부분에 설치하는 안전장치로서 40[mesh] 금속망을 설치하여 인화를 방지하기 위하여 설치한다.

[참고] 산업안전보건기준에 관한 규칙 제269조(화염방지기의 설치 등)

★★★★
50 파열판을 선정하여야 할 기준에서 거리가 먼 것은?

① 반응, 폭주 등 급격한 압력상승의 우려가 있는 경우
② 독성물질의 누출로 인하여 주위 작업환경을 오염시킬 우려가 있는 경우
③ 운전중 안전밸브에 이상물질이 누적되어 안전밸브의 작동이 안될 우려가 있는 경우
④ 운전중 안전밸브의 작동이 빈번히 발생할 우려가 있는 경우

[해설]

파열판(Rupture disk) 16. 8. 21 [기] 20. 6. 7 [기] 20. 9. 27 [기] 21. 5. 15 [기]

① 파열판은 취급하는 물질의 고형화나 현저한 부식성에 의해 안전밸브의 작동이 곤란하게 되는 경우에 사용되며 방출량이 많은 경우나 순간방출을 필요로 하는 경우에 이용된다.
② 파열판의 형식에는 평판이나 돔형의 형태가 있다.
③ 파열판이 적정하게 작동하지 않는 예로서는 평판파열판에 내압이 걸리도록 하는 방법으로 돔상태로 변형하여 파열압력이 상승하도록 한 경우 또는 재료가 부식하여 규정압력 이하에서 파열하도록 한 경우 등이 있기 때문에 형식, 재질을 충분히 검토하고 일정기간 정하여 교환하는 것이 필요하다.
④ 파열판은 안전밸브와 비교해서 설정압력과 파열압력(작동압력)과의 오차가 크고, 한번 파열하면 내용물의 전량을 방출해야만 하는 결점이 있다.

★★★
51 화학설비에서 단위공정시설 및 설비간의 적당한 안전거리는? 16. 8. 21 [기] 18. 4. 28 [산] 21. 5. 15 [기] 23. 6. 14 [기]

① 10[m] ② 8[m]
③ 5[m] ④ 2[m]

[정답] 47 ② 48 ① 49 ① 50 ④ 51 ①

해설
화학설비 안전거리

구분	안전거리
1. 단위공정시설 및 설비로부터 다른 단위공정시설 및 설비의 사이	설비의 바깥면으로부터 10[m] 이상
2. 플레어스택으로부터 단위공정시설 및 설비, 위험물질 저장탱크 또는 위험물질 하역설비의 사이	플레어스택으로부터 반경 20[m] 이상. 다만, 단위공정시설 등이 불연재료로 시공된 지붕 아래 설치된 경우에는 그러하지 아니하다.
3. 위험물질 저장탱크로부터 단위공정시설 및 설비, 보일러 또는 가열로의 사이	저장탱크의 바깥면으로부터 20[m] 이상. 다만, 저장탱크에 방호벽, 원격조정 소화설비 또는 살수설비를 설치한 경우에는 그러하지 아니하다.
4. 사무실·연구실·실험실·정비실 또는 식당으로부터 단위공정시설 및 설비, 위험물질 저장탱크, 위험물질 하역설비, 보일러 또는 가열로의 사이	사무실 등의 바깥면으로부터 20[m] 이상. 다만, 난방용 보일러인 경우 또는 사무실 등의 벽을 방호구조로 설치한 경우에는 그러하지 아니하다.

참고) 산업안전보건기준에 관한 규칙 별표 8

52 ★★ 다음 중 화학설비의 부속설비가 아닌 것은?

① 압축기 등 화학물질 압축설비
② 배관 등 화학물질 이송관련설비
③ 가스누출감지 및 경보관련설비
④ 사이클론, 백필터, 전기집진기 등의 분진처리설비

해설
화학설비의 부속설비
(1) 압축기 등 화학물질 압축설비 : 화학설비
(2) 화학설비의 부속설비의 종류 : ②, ③, ④

53 ★★ 고압가스용기의 분출 또는 누설사고의 주원인이 아닌 것은?

① 용기밸브가 본체로부터 이탈
② 용기밸브나사의 부식
③ 압력계의 관재료 불량
④ 용접불량

해설
재료구비조건
용기는 저장탱크에 비해 취급이 빈번하므로 재질의 선정시에는 우선 가벼워야 하면서 강도가 큰 것으로 아래와 같은 요구조건에 만족할 수 있어야 한다.

① 경량일 것
② 충전된 가스 및 외부강도에 충분히 견디는 강도를 가질 것
③ 저온 및 사용 중에 적응성이 있고 충분한 강도가 있을 것
④ 내식성이 있을 것
⑤ 내마모성이 있을 것
⑥ 가공성이 좋고 가공후 결함이 없을 것

54 ★ 최고충전압력 100[atm]의 고압용기에 35[℃]의 산소를 100[atm]으로 충전시킬 때 용기의 화재로 온도가 상승하여 안전밸브가 작동했다면 산소온도(K)는?

① 370
② 378
③ 387
④ 392

해설
가스설비
(1) 각종 가스설비의 기호
 ① 압축가스용 설비기호 : PG
 ② 액화석유가스용 설비기호 : LPG
 ③ 아세틸렌가스용 설비기호 : AG
 ④ 저온 및 초저온가스용 설비기호 : LT
 ⑤ 그 밖에 일반가스용 설비기호 : LG
(2) 안전밸브의 작동압력 = 내압시험압력(TP) × 8/10배
(3) 내압시험압력(TP) = 최고충전압력(상용압력) × 1.5배

∴ 안전밸브작동압력 = $100 \times 1.5 \times \frac{8}{10}$ = 120[atm]

(4) 압력 100[atm]일 때 온도가 35[℃]이므로 120[atm]에서 절대온도 (T_2)

∴ $T_2 = T_1 \times \frac{P_2}{P_1} = (273 + 35) \times \frac{120}{100}$ ≒ 370[°K]

참고) 절대온도(°K) = 273 + t[℃]

55 ★★ 다음 제어기 중 제어시간은 오래 걸리나 잔류편차(offset)를 없앨 수 있는 제어기는?(단, 화학설비의 제어기이다.)

① 비례 제어기
② 비례미분 제어기
③ 비례적분 제어기
④ 비례미분적분 제어기

해설
잔류편차(offset)
① 정상상태에서 오차를 말한다.
② 편차에 비례하는 응답은 비례적분동작이다.

[정답] 52 ① 53 ③ 54 ① 55 ③

56 ★★ 안전밸브의 설치시 주의사항이 아닌 것은?

① 용기에서 안전밸브 입구까지의 압력차는 안전밸브 설정압력의 3[%]를 초과하지 않도록 배관치수를 설정한다.
② 방출관이 긴 경우에는 배압에 주의한다.
③ 취출시의 압력을 고려하여 설치한다.
④ 밸브측에 수평으로 설치한다.

해설
밸브측에 수직으로 설치한다.

57 ★★★★★ 염소산칼륨 40[kg], 니트로글리세린 8[kg]과 니트로글리콜 2[kg]을 취급하는 설비는 어느 것에 해당되는가? (염소산칼륨 기준량 50[kg], 니트로글리세린 기준량 10[kg], 니트로글리콜 기준량 10[kg])

① 특수화학설비 ② 화학설비
③ 위험설비   ④ 특정설비

해설
R 계산
① $R = \dfrac{C_1}{T_1} + \dfrac{C_2}{T_2} + \dfrac{C_3}{T_3} = \dfrac{40}{50} + \dfrac{8}{10} + \dfrac{2}{10} = 1.8$
② R이 1 이상이므로 특수화학설비에 해당된다.

58 ★★★★★ 금속나트륨 6[kg]과 과염소산칼륨 30[kg]을 취급하는 설비는 다음 중 어느 설비에 해당되는가? (단, 금속나트륨과 과염소산칼륨의 기준량은 각각 10[kg], 50[kg])

① 일반화학설비 ② 특수화학설비
③ 위험화학설비 ④ 유해화학설비

해설
R 계산
① $R = \dfrac{C_1}{T_1} + \dfrac{C_2}{T_2} = \dfrac{6}{10} + \dfrac{30}{50} = 1.2$
② R이 1 이상인 경우에는 기준량을 초과한 것으로 본다(특수화학설비에 해당됨).

59 ★★★★★ 산업안전보건법상 특수화학설비 설치시 반드시 필요한 장치가 아닌 것은? 16. 5. 8 ② 17. 3. 5 ②

① 원재료 공급의 긴급차단장치
② 즉시 사용할 수 있는 예비동력원
③ 화재시 긴급대응을 위한 자동소화장치
④ 온도계·유량계·압력계 등의 계측장치

해설
특수화학설비
(1) 특수화학설비에 설치하는 계측장치
  ① 긴급차단장치
  ② 예비동력원
  ③ 온도계, 유량계, 압력계 등의 계측장치
(2) 특수화학설비의 종류
  ① 발열반응이 일어나는 반응장치
  ② 증류·정류·증발·추출 등 분리를 행하는 장치
  ③ 가열시켜주는 물질의 온도가 가열되는 위험물질의 분해온도 또는 발화점보다 높은 상태에서 운전되는 설비
  ④ 반응폭주 등 이상화학반응에 의하여 위험물질이 발생할 우려가 있는 설비
  ⑤ 온도가 섭씨 350도 이상이거나 게이지압력이 10[kg/cm²] 이상인 상태에서 운전되는 설비
  ⑥ 가열로 또는 가열기

60 ★★★★★ 상용압력이 200[kg/cm²]인 고압가스설비의 안전밸브 작동압력[kg/cm²]은?

① 234 ② 240
③ 246 ④ 253

해설
안전밸브의 작동압력
= (내압시험압력) × 8/10 = (상용압력 × 1.5) × 8/10
= (200 × 1.5) × 8/10 = 240[kg/cm²]

61 ★★★★★ 고압가스용기 파열사고의 주요한 원인 중 하나는 용기의 내압력(耐壓力) 부족이다. 내압력 부족의 원인이 아닌 것은? 22. 4. 24 ② 23. 2. 28 ②

① 용기 내벽의 부식 ② 강재의 피로
③ 과잉 충전   ④ 용접 불량

[정답] 56 ④ 57 ① 58 ② 59 ③ 60 ② 61 ③

해설
내압력 부족
(1) 용기의 내압력 부족
  ① 용기자체에 결함이 있는 경우 : 용기 재료의 불량, 용기 내벽의 부식, 강재의 피로, 용접불량 등
  ② 용기에 대해 낙하, 충돌 등의 충격 및 기타 타격을 주는 경우
  ③ 용기에 절단, 구멍 뚫기 등의 가공을 하는 경우
(2) 용기 내압(耐壓)이 이상상승
  ① 과잉 충전
  ② 가열, 직사광선, 화재 등에 의한 용기 온도의 상승
  ③ 내용물의 중합반응 또는 분해반응에 의한 것 등

62 ★ 다음 그림은 증류탑 중 포종탑과 그 보조장치의 개략도이다. 보조장치 A와 B를 바르게 표현한 것은?

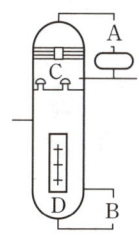

	A	B
①	strainer	demister
②	condenser	reflux
③	condenser	reboiler
④	demister	strainer

해설
포종탑
① 포종탑 그림의 A, B를 기억하세요.
② 제5과목에서는 이 문제뿐이며 영원히 답은 ③입니다.

63 ★★ 아세틸렌용기에 화재가 발생하였을 때 제일 먼저 취해야 할 일은?
① 용기를 옥외로 끌어낸다.
② 소화기로 소화한다.
③ 젖은 거적으로 용기를 덮는다.
④ 메인밸브를 잠근다.

해설
아세틸렌용기 화재시 최우선 조치사항은 메인밸브를 잠그는 것이다.
> 참고 상식문제를 틀리면 안됩니다.

64 ★ 증류탑의 운전을 개시하기 직전의 탑내의 잔류산소는 몇 [%] 이하로 하여야 하는가?
① 1[%]   ② 2[%]
③ 5[%]   ④ 10[%]

해설
잔류산소 : 2~3[%]

65 ★★★★★ 인화성 가스용기의 취급시 유의사항 중 잘못된 것은?
① 충전용기는 항상 50[°C] 이하로 유지할 것
② 용기는 지붕이 있고 통풍이 잘 되는 곳에 보관할 것
③ 용기 중의 가스는 전부 사용하지 말고 약간 남기도록 할 것
④ 빈 용기와 충전용기는 구분하여 각각의 위치에 놓을 것

해설
인화성 가스를 취급할 때의 주의사항 18. 8. 19 ㉓
① 액화가스, 압축가스, 그 밖에 가스의 누설유무를 반드시 점검할 것
② 용기는 반드시 용기증명서 및 검사필증이 있는 것만 사용할 것
③ 사용후는 반드시 밸브를 잠그고 보호캡을 죄어 놓을 것
④ 용기는 일광 및 불의 직사로부터 피할 것
⑤ 용기를 떨어뜨리거나 충격을 주지 말 것
⑥ 충전된 용기는 항상 온도 40[°C] 이하로 유지할 것
⑦ 용기를 세워 놓을 때에는 넘어지지 않도록 로프나 체인으로 묶어 놓을 것(밸브의 개폐는 서서히 할 것)
⑧ 용기는 지붕이 있고, 통풍이 잘 되는 장소에 보관할 것
⑨ 빈 용기와 충전된 용기는 구별하여 각각의 위치에 놓을 것
⑩ 용기 중의 가스는 전부 사용하지 말고 약간 남기도록 할 것
⑪ 충전용기, 밸브, 배관 등을 데울 필요가 있을 때에는 따뜻한 물수건이나 온도 40[°C] 이하의 물을 사용할 것
⑫ 가스누설을 검사할 때에는 비눗물 또는 전문적인 가스검지기를 사용할 것

66 ★★★ 증류탑을 운전할 때 주의할 사항으로서 가장 거리가 먼 것은?
① 원료와 공급위치   ② 환류량의 증감
③ 온도분포   ④ 탑의 효율정도

[정답] 62 ③ 63 ④ 64 ② 65 ① 66 ④

> **해설**
>
> **증류탑 운전상 주의사항**
> ① 원료의 농도와 공급단
> ② 환류량의 증감
> ③ 온도구배

67 ★★★ 열교환기의 효율저하 원인이 아닌 것은? 23. 2. 28 ⑦

① 유체오염에 의한 스케일이 관내벽에 부착
② 관측에 비응축가스의 축적
③ 배관이 폐쇄된 경우 스팀의 유량이 급속히 감소하여 스팀측의 배압이 감소된 경우
④ 피가열물의 유량이 중지된 상태

> **해설**
>
> **열교환기 효율이 낮아지는 원인**
> ① 유체의 오염에 의한 고분자 물(scale)이 관내 외벽에 부착
> ② 관측 또는 동체측에 비응축가스의 축적
> ③ 폐쇄의 경우에 스팀의 유량이 급속히 감소하여 스팀측의 배압이 올라간다.
> ④ 가열시킬 물질의 유량이 중지되는 경우, 즉 유량이 감소하는 경우에는 효율저하현상이 일어난다.
>
> **참고** ①과 ②는 냉각수 이용, ③과 ④는 스팀 이용

68 ★ 열교환탱크 외부를 두께 20[cm]의 지면(K=0.037 [kcal/m·hr·℃])로 보온하였더니 지면의 내면은 40[℃], 외면은 20[℃]이었다. 면적 100 [cm^2]당 1시간에 손실되는 열량(kcal)은? 22. 4. 24 ⑦

① 0.0037 ② 0.037
③ 1.37   ④ 3.7

> **해설**
>
> **열교환기 손실열량 계산**
>
> $Q = K \times A \times \dfrac{\Delta T}{\Delta X}$ [Kcal]
>
> 여기서, K : 전열계수, A : 면적, ΔX : 두께, ΔT : 온도변화량
>
> $Q = 0.037 \times 1 \times \dfrac{(40-20)}{0.2} = 3.7$ [kcal]

69 ★★ 반응기를 설계할 때 고려해야 할 요인 중 가장 관계가 적은 것은?

① 상의 형태   ② 온도범위
③ 부식성   ④ 중간 생성물의 유무

> **해설**
>
> **반응기 설계**
> 화학공장에서 반응기의 역할은 반응기 내에서 반응물질에 체류시간을 주어 열을 전달하고 교반을 실시하여 상(phase)을 혼합하는 것이다. 따라서 반응기의 설계에 관계되는 주요인자는 다음과 같다.
> ① 상(phase)의 형태
> ② 온도범위
> ③ 운전압력
> ④ 체류시간 또는 공간속도(space velocity)
> ⑤ 부식성
> ⑥ 열전달
> ⑦ 온도조절
> ⑧ 균일성을 위한 교반
> ⑨ 회분식 조작 또는 연속조작
> ⑩ 생산비율 : 특히 고압, 고온, 극저온에서의 용이성과 경제성이 반응기 설계에 크게 고려될 인자이다.

70 ★★ 다음 중 플레어스택에 부착하여 가연성 가스와 공기의 접촉을 방지하기 위하여 밀도가 작은 가스를 채워주는 안전장치는?

① molecular seal   ② flame arrestor
③ seal drum   ④ purge

> **해설**
>
> **플레어스택(flare stack)**
> 가스나 고휘발성 액체의 증기를 연소하여 대기 중에 방출하는 방식으로 플레어스택에 보내지는 가스는 knock-out drum으로부터 생성된 미스트나 드레인을 원심력으로 이용하여 제거한 다음에는 플레어스택으로부터 역화를 방지하기 위한 수봉역할을 하는 seal drum을 통해 플레어스택에 도입되어 상시 연소하고 있는 점화버너에 의해 착화연소하여 가연성, 독성, 냄새를 제거한 후 대기 중에 방출한다.
>
> ◐ 예상문제를 풀면 기출문제는 쉽게 해결됩니다.

71 ★★ 물과 반응하여 아세틸렌을 발생시키는 물질은? 20. 6. 7 ⑦

① Zn   ② Mg
③ Zn_3P_2 ④ CaC_2

[정답] 67 ③ 68 ④ 69 ④ 70 ① 71 ④

> 해설

아세틸렌용접장치
① 발생기 : 물과 작용하여 아세틸렌가스가 발생되고, 소석회의 백색분말이 남는다.
$CaC_2 + 2H_2O = C_2H_2 + Ca(OH)_2$
순수한 카바이드 1[kg]으로 348[l]의 아세틸렌이 발생되나 불순물이 포함된 시판제품은 230~300[l]가 발생된다.
② 청정기 : 카바이드에서 발생한 아세틸렌에는 인화수소(H_2P), 황화수소(H_2S), 암모니아(NH_3) 등의 불순물이 포함되어 있으며, 이 불순물들은 용착금속의 성질을 나쁘게 할 뿐만 아니라 강도에도 해롭고, 인화수소는 폭발의 위험성이 있으므로 불순물은 제거시켜야 한다. 이때 사용하는 장치가 청정기이다. 청정기는 강판으로 만든 용기 속에 청정제, 목탄, 코크스 등으로 채워 밀폐하고, 아세틸렌가스는 아래로 들어와 위의 출구로 나오게 한다.

72 증류장치 운전시 주의사항이 아닌 것은?

① 필요한 라인, 라인업을 확인
② 응축기에 냉각수(냉매)를 통수
③ 질소 또는 수증기로 장치 내부가스 치환
④ 계기의 조정 및 펌프의 작동점검

> 해설

증류장치 시운전시 주의사항
① 필요한 라인, 라인업을 확인한다.
② 응축기에 냉각수를 통수한다.
③ 증류탑으로 원료액의 공급을 개시한다.
④ 액이 탑저에 고이면 리보일러에 스팀을 통기하여 가열을 개시한다. 단, 다른 종류의 리보일러도 있으며, 이 경우는 탑저에 액이 고이는 시간에 비해 리보일러에 액이 고이는 시간이 다소 지연되기 때문에 리보일러의 가열에 주의한다.
⑤ 증발이 개시되면 환류조에 액이 고인다. 액면이 50 ~ 70[%] 정도가 되면 환류펌프를 스타트하여 환류량은 탑정제품이 목적하는 조성이 되기까지 규정량보다 많게 한다.

73 다음 중 회분식 반응기의 특징이 아닌 것은?

① 회분식 반응기는 보통 교반조가 이용된다.
② 온도조절을 통하여 복합반응의 선택성을 유지하도록 하는 경우에 이용된다.
③ 중합반응과 같이 반응의 진행과 더불어 정도가 비정상적으로 증가하는 경우에 사용된다.
④ 반응열을 이용하거나 반응물질을 조절하는 경우에 이용된다.

> 해설

반응기 구분
(1) 조작방법에 의한 분류
  ① 회분식 균일상 반응기 : 여러 액체와 가스를 가지고 진행시켜 가스를 만들고, 이것을 회수하여 1회의 조작이 끝나는 경우에 사용되는 반응기이다.
  ② 반회분식 반응기
  ③ 연속식 반응기 : 반응기의 한쪽에 연속적으로 원료액체를 유입시키고 다른 쪽에서 연속적으로 반응성 액체를 유출하는 형식이며 농도, 압력, 온도 등은 시간적인 변화가 없다.
(2) 구조에 의한 분류
  ① 관형반응기   ② 탑형반응기
  ③ 교반기형반응기 ④ 유동층형 반응기

74 프로판 및 메탄의 폭발하한계는 각각 2.5, 5.0 [vol%]이다. 프로판과 메탄이 3 : 1의 체적비로 있는 혼합가스의 폭발하한계는 몇 [vol%]인가? (단, 모든 상태는 상온상압상태이다.)

① 2.1 ② 2.4
③ 2.9 ④ 4.4

> 해설

르샤틀리에(Le Chatelier) 법칙
① $L = \dfrac{100}{\dfrac{V_1}{L_1} + \dfrac{V_2}{L_2} + \cdots\cdots + \dfrac{V_n}{L_n}}$ (순수한 혼합가스일 경우)

② $L = \dfrac{V_1 + V_2 + \cdots\cdots + V_n}{\dfrac{V_1}{L_1} + \dfrac{V_2}{L_2} + \cdots\cdots + \dfrac{V_n}{L_n}}$ (혼합가스가 공기와 섞여 있을 경우)

여기서,
L : 혼합가스의 폭발한계[%] - 폭발상한, 폭발하한 모두 적용 가능
$L_1, L_2, L_3, \cdots, L_n$: 각 성분가스의 폭발한계(%) - 폭발상한계, 폭발하한계
$V_1, V_2, V_3, \cdots, V_n$: 전체 혼합가스 중 각 성분가스의 비율(%) - 부피비
③ 결론
$L = \dfrac{100}{\dfrac{V_1}{L_1} + \dfrac{V_2}{L_2}} = \dfrac{100}{\dfrac{75}{2.5} + \dfrac{25}{5}} = 2.9 [vol\%]$

> 보충문제

5% NaOH 수용액과 10% NaOH 수용액을 반응기에 혼합하여 6%, 100kg의 NaOH 수용액을 만들려면 각각 몇 kg의 NaOH 수용액이 필요한가?

풀이 $\dfrac{5\% \text{ NaOH}}{x} + \dfrac{10\% \text{ NaOH}}{100-x} \rightarrow \dfrac{6\% \text{ NaOH의 } 100\text{kg}}{0.06 \times 100}$

$0.05x + 0.1 \times (100 - x) = 6$
$0.05x + 10 - 0.1x = 6$
$0.05x = 4$
$x = 80$kg의 5% NaOH, 20kg의 10% NaOH

[정답] 72 ③ 73 ④ 74 ③

75 ★★ 다음 배관용 강관의 용도 중 잘못 연결된 것은?

① 배관용 탄소강 강관 – SGP
② 압력배관용 탄소강 강관 – STTG
③ 고압배관용 탄소강 강관 – STS
④ 고온배관용 탄소강 강관 – SPHT

해설

배관의 종류 및 약자

배관	약자	원명(안전)	원명(일반)
배관용 탄소강 강관	SGP (SPP)	Steel Gas Pipe	carbon steel pipe for ordinary pipe
압력배관용 탄소강 강관	STPG (SPPS)	Steel Tubing Piping General	carbon steel pipe for pressure service
고압배관용 탄소강 강관	STS (SPPH)	Steel Tubing Spherical	carbon steel pipe for high pressure
고온배관용 탄소강 강관	STPT (SPHT)	Steel Tubing Piping High Temperature	carbon steel pipe for high temperature service

76 ★★★ 다음의 고압가스용 기기 재료로 구리를 사용해도 안전한 것은?

① O_2H_2 ② O_2
③ NH_3 ④ H_2S

해설

O_2와 구리를 사용해도 안전하다.

▶ 본 문제는 기사 특급 문제이다. 매 시험에서 적중되는 문제들이다.

77 ★★ 송풍기의 안전설계시 다음 중 고려하여야 할 사항 중 틀린 것은?

① 송풍기의 풍량(Q)은 회전속도(N)에 비례한다.
② 송풍기의 풍압(H)은 송풍기 회전속도(N)의 제곱에 비례한다.
③ 송풍기의 동력(P)은 회전속도(N)의 세제곱에 비례한다.
④ 송풍기의 풍속(U)은 회전속도(N)의 제곱에 비례한다.

해설

풍량, 풍압, 동력 공식

① 풍량(Q_2) = $Q_1 \times \dfrac{N_2}{N_1} \times \left(\dfrac{D_2}{D_1}\right)^3$

② 풍압(H_2) = $H_1 \times \left(\dfrac{N_2}{N_1}\right)^2 \times \left(\dfrac{D_2}{D_1}\right)^2$

③ 동력(P_2) = $P_1 \times \left(\dfrac{N_2}{N_1}\right)^3 \times \left(\dfrac{D_2}{D_1}\right)^5$

여기서, N : 회전수, D : 내경

78 ★ 액화가스의 저장능력 산정기준으로 올바른 식은?

① 저장능력 = 액화가스의 비중[kg/l] × 저장시설의 내용적[l]
② 저장능력 = 0.9 × 액화가스의 비중[kg/l] × 저장시설의 내용적[l]
③ 저장능력 = 액화가스의 무게[kg] × 저장시설의 내용적[l]
④ 저장능력 = 0.9 × 액화가스의 무게[kg] × 저장시설의 내용적[l]

해설

공간용적 : 5~10[%]

참고 공식은 공식으로 기억하셔야 합니다.

79 ★★ 화학설비 및 시설의 안전거리에 관한 기준으로 잘못된 것은?

10. 7. 25 ㉮ 19. 4. 27 ㉠ 20. 8. 22 ㉮
21. 5. 15 ㉮ 22. 3. 5 ㉮ 23. 6. 4 ㉮

① 집단을 형성하는 여러 종류의 화학설비의 경우 각각의 단위공정시설 및 설비간의 거리를 10[m] 이상 유지한다.
② 플레어스택의 수평반경 20[m] 이내에는 단위공정시설 및 설비, 위험물 저장탱크 또는 위험물 하역시설을 할 수 없다.
③ 산업안전보건법상의 가연성 또는 인화성 물질을 저장하는 탱크류를 사업장 내에 설치하는 때에는 단위공정시설 및 설비, 보일러 또는 가열로 등의 경계선으로부터 20[m] 이상 안전거리를 유지하여야 한다.
④ 산업안전보건법상의 변전실 등을 설치하는 경우에는 단위공정시설 및 설비로부터 20[m] 이상 안전거리를 유지해야 한다.

[정답] 75 ② 76 ② 77 ④ 78 ② 79 ④

해설

안전거리

구 분	안전거리
1. 단위공정시설 및 설비로부터 다른 단위공정시설 및 설비의 사이	설비의 바깥면으로부터 10[m] 이상
2. 플레어스택으로부터 단위공정시설 및 설비, 위험물질 저장탱크 또는 위험물질 하역설비의 사이	플레어스택으로부터 반경 20[m] 이상. 다만, 단위공정시설 등이 불연재로 시공된 지붕 아래 설치된 경우에는 그러하지 아니하다.
3. 위험물질 저장탱크로부터 단위공정시설 및 설비, 보일러 또는 가열로의 사이	저장탱크의 바깥면으로부터 20[m] 이상. 다만, 저장탱크에 방호벽, 원격조정 소화설비 또는 살수설비를 설치한 경우에는 그러하지 아니하다.
4. 사무실·연구실·실험실·정비실 또는 식당으로부터 단위공정시설 및 설비, 위험물질 저장탱크, 위험물질 하역설비, 보일러 또는 가열로의 사이	사무실 등의 바깥면으로부터 20[m] 이상. 다만, 난방용 보일러인 경우 또는 사무실 등의 벽을 방호구조로 설치한 경우에는 그러하지 아니하다.

[참고] 산업안전보건기준에 관한 규칙 별표 8(안전거리)

80 ★★ 다음 중 공식(pitting)에 대한 설명 중 옳은 것은?

① 금속에 구멍을 내는 이중 국부적인 부식으로 일단 시작되면 부식이 내부적으로 계속 진행된다.
② 구멍이나 개스킷 표면 접합부, 표면의 흠, 벨트 등의 틈에 수용액이 침체되어 이 틈에서 발생하는 부식의 형태
③ 두께가 다른 금속제를 사용 접촉되어 해수용과 같은 전해질 용해에 존재할 경우 발생하는 것
④ 고온의 가스 안의 반응에 의해 발생하는 것

해설

공식(pitting)
① 금속의 구멍은 국부적인 부식이다.
② 부식이 시작되면 내부적으로 계속 진행되므로 가장 파괴적이고 깊숙한 부식 형태이다.

[참고] 1996년 산업기사 기출문제

81 ★★★ 다음 건조장치 중 용액이나 slurry 사용에 알맞는 건조장치는?

① 상자건조기 ② 터널건조기
③ 회전건조기 ④ 드럼건조기

해설

고체건조기의 종류
(1) 상자건조기 : 괴상, 입상의 고체를 회분식으로 건조(곡물, 고무, 비누, 양털 등)
(2) 터널건조기(tunnel dryer) : 다량을 연속적으로 열가스와 접촉하여 건조(벽돌, 내화제품, 목재 등)
(3) 회전건조기(rotary dryer) : 회전통 내에 이동하는 원료에 열가스를 접촉하여 건조(다량의 입상 또는 결정상 물질의 건조)

82 ★★ 다음 배관설비 중 압력손실량이 적고 섬세한 유량의 조정이 힘든 valve는?

① check ② glove
③ gate   ④ safety

해설

밸브 및 배관부속품
(1) 게이트밸브(gate valve, 슬루스밸브)
파이프의 횡단면과 평행하게 나사봉에 의하여 개폐되는 밸브로서 밸브실의 유체가 남지 않고 완전히 열면 다른 밸브에 비해 흐름저항이 아주 적다.
가격이 비싸고 밸브의 개폐에 시간이 걸린다는 단점이 있다.
(2) 글로브밸브(glove valve)
유체가 흐르는 방향으로 입구와 출구가 직선상에 있는 밸브로서 입구와 출구가 직각인 것을 앵글밸브(angle valve)라 한다. 유체흐름에 대해 저항손실이 크고 사수역(死水域)에 먼지가 모이는 단점이 있다. 그러나 양정이 적고 밸브개폐가 빠르고 밸브시트의 제작이 쉬우므로 값이 싸서 널리 사용되고 있다.
① angle valve : 기능은 glove valve와 같고 유체의 흐르는 방향이 직각일 때 사용
② Y형 glove valve : glove valve와 용도는 같으나 저항을 감소시키기 위한 목적으로 밸브통이 중심에 대해 45[°] 정도 경사진 것이다.
③ niddle valve : 극히 유량이 적고 고압일 때 유량을 조금씩 가감하는 데 쓰이는 valve이다.

[참고] 밸브개폐 구면 : 평면시트, 원뿔시트, 구면시트, 스터드 시트

83 ★★ 보일러 사용전 점검사항과 가장 상관이 적은 것은?

① 급수탱크의 수위
② 연료의 상태
③ 급수펌프의 운전상태
④ 온도계 이상유무

[정답] 80 ① 81 ④ 82 ③ 83 ④

해설

보일러 사용전 점검사항
① 수면계의 수위조정 ② 분출장치의 점검 및 방출
③ 연소장치와 통풍장치의 점검 ④ 자동제어장치의 점검
⑤ 급수장치와 계통의 점검 ⑥ 노 및 연도 내의 환기점검
⑦ 압력계의 점검

84 ★★ 다음 중 왕복펌프에 속하지 않는 것은? 17. 5. 7 ㉮ 21. 5. 15 ㉮

① 피스톤펌프 ② 플런저펌프
③ 칸막이펌프 ④ 격막펌프

해설

유압펌프의 분류

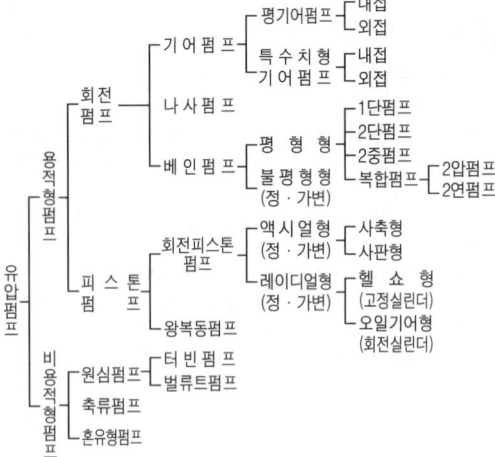

85 ★★★ 펌프 사용시 공동현상(cavitation)을 방지하려 한다. 다음 조치사항 중 틀린 것은? 19. 8. 4 ㉮

① 펌프의 설치위치를 되도록 낮추고 유효흡입 head를 크게 한다.
② 펌프의 회전수를 높인다.
③ 흡입비 속도를 작게 한다.
④ 펌프의 흡입관의 손실을 줄인다.

해설

cavitation 현상(공동현상)
① 유체에 압력을 가해도 밀도는 극히 작게 증가하고, 압력을 감소시켜 유체의 증기압 이하로 할 경우 부분적으로 증기가 발생하는 현상
② 진공, 소음발생
③ 효율저하 및 침식

참고
① 2004년 5월 23일 기사
② 1995년 4월 23일 기출문제

86 ★★ 압축가스를 용기에 충전하는 장소와 압축기 사이에 방호벽 설치를 요하는 가스의 압력은?

① 50[kg/cm^2] 이상   ② 100[kg/cm^2] 이상
③ 150[kg/cm^2] 이상   ④ 200[kg/cm^2] 이상

해설

가스압력
압축가스용기에 충전하는 장소와 압축기 사이에 방호벽 설치를 요하는 가스압력 : 100[kg/cm^2] 이상

참고 고압가스용기의 내압시험압력 및 기밀시험압력 산출근거

① 내압시험압력 = 최고충전압력 × $\frac{5}{3}$

  = 초저온 또는 저온 용기 최고충전압력 × $\frac{5}{3}$

② 내압시험압력 = 상용압력 × 1.5 = C_2H_2 최고충전압력 × 3.0
③ 기밀시험압력 = C_2H_2 최고충전압력 × 1.8
  = 초저온 또는 저온 용기 최고충전압력 × 1.1
④ 기호
  ㉠ 내압시험압력[kg/cm^2] : TP
  ㉡ 최고사용압력[kg/cm^2] : DP
  ㉢ 최고충전압력[kg/cm^2] : FP

87 ★★ 건조설비의 화재폭발을 방지하기 위하여 취해야 할 조치가 아닌 것은?

① 건조설비 내부를 청소하기 쉬운 구조로 할 것
② 건조설비 외면은 불연성 재료로 할 것
③ 내부의 온도가 국부적으로 상승되지 않는 구조로 할 것
④ flame arrester를 설치할 것

해설

flame arrester
① 유류탱크에서 증기를 방출 또는 공기를 흡입하는 부분에 설치하고 탱크를 보호한다.
② 저압, 상압 등에서 가연성 증기를 발생할 수 있는 유류 등의 탱크를 보호한다.

[정답] 84 ③ 85 ② 86 ② 87 ④

88 ★★★ 왕복식 압축기의 운전 중 실린더 주변에 이상음이 발생된 경우의 원인이 될 수 없는 것은?

① 베어링 마모 및 이완
② 흡입·토출밸브의 불량
③ 피스톤축의 마모 혹은 파손
④ 실린더 내에 물 이외의 이물질 흡입

해설

실린더
(1) 실린더 주위의 이상음
  ① 흡입·토출밸브의 불량, 밸브 체결부품의 헐거움이 있는 것
  ② 피스톤과 실린더헤드와의 틈새가 없는 것
  ③ 피스톤과 실린더와의 틈새가 너무 많은 것
  ④ 피스톤링의 마모, 파손(압력변동을 초래함)
  ⑤ 실린더 내에 물 그 밖에 이물질이 들어가 있는 경우
(2) 크랭크 주위의 이상음
  ① 주베어링의 마모와 헐거움
  ② 연결봉베어링의 마모와 헐거움
  ③ 크로스헤드의 마모와 헐거움

89 ★★★ 다음의 폭발속도 중에서 가장 큰 값을 나타내는 것은?

① 가스폭발의 폭굉속도
② TNT의 폭속
③ 흑색화약의 폭속
④ 분진폭발의 폭굉속도

해설

TNT 폭속도가 가장 큰 값을 나타낸다.

참고 건설안전에서도 출제가능 문제

90 ★★ 다음 배관용 강관의 용도 중 잘못 연결된 것은?

① 배관용 탄소강 강관 – SGP
② 압력배관용 탄소강 강관 – STPG
③ 고압배관용 탄소강 강관 – STS
④ 고온배관용 탄소강 강관 – STTP

해설

고온배관용 탄소강 강관은 SPHT (STPT)이다.

91 ★★★★★ 물이 관 속을 흐를 때 유동하는 물속의 어느 부분의 정압이 그때의 물의 증기압보다 낮을 경우 물이 증발하여 부분적으로 증기가 발생되어 배관의 부식을 초래하는 경우가 있다. 이러한 현상을 무엇이라 하는가? 25. 2. 7 ⑦

① 수격작용(water hammering)
② 공동현상(cavitation)
③ 서징(surging)
④ 비말동반(entrainment)

해설

이상현상 구분
(1) 공동(cavitation)현상
  ① 유체에 압력을 가해도 밀도는 극히 작게 증가하고, 압력을 감소시켜 유체의 증기압 이하로 할 경우 부분적으로 증기가 발생하는 현상
  ② 진동, 소음발생
  ③ 효율저하 및 침식
(2) 수격작용(water hammering)
  ① 일명 물망치작용
  ② 관의 압력차에 의해 발생
(3) 서징(맥동)현상(surging) 23. 7. 8 ⑦
  ① 진공계, 유량계, 압력계 등의 침이 흔들리는 현상으로 유량(송출량)변화초래
  ② 유량의 주기적인 변동발생
(4) 베이퍼록(vapor lock)
  ① 유체이송시 배관 내에서 외부의 어떤 영향을 받아 액체가 기체로 변화하는 현상
  ② 진동발생, 펌프효율 저하초래

참고 1993년 1월 31일 기출문제

92 ★★ 화학설비 또는 그 배관 중 인화점이 몇 [℃]인 물질이 접촉하는 부분에는 부식에 의한 폭발 또는 화재를 방지하기 위해 부식이 잘 안되는 재료를 사용하거나 도장 등의 조치를 해야 하는가?

① 60[℃] 이상
② 65[℃] 미만
③ 55[℃] 이상
④ 55[℃] 미만

해설

참고 산업안전보건기준에 관한 규칙 제256조(부식방지)

[정답] 88 ① 89 ② 90 ④ 91 ② 92 ①

93 충전탑과 트레이함을 비교할 때 트레이함의 특징으로 알맞은 것은?

① 압력손실이 작다.
② hold up이 적다.
③ 기체상승속도를 크게 할 수 있다.
④ 부식성 유체에 적합하지 않다.

해설

트레이함의 특징

[그림] 충전물

① 충전탑 : 기압접촉가 유화액의 양에 비례하여 흡입된 것을 사용한다.
② 포종탑 : 액량에는 무관하며 증기의 압력강하가 크다.
③ 탑지름이 작은 증류탑 혹은 부식성이 과격한 물질의 증류 등에 이용된다.
④ 충전물 중에서 가장 일반적으로 사용되고 있는 것으로 라시히링이 있으며 이것은 지름 1/2~3[inch], 높이 1~1/2[inch] 정도의 원통상의 것이며 자성제, 카본제, 철제 등이 있다.

94 보일러 과열원인과 관계가 먼 것은?

① 수관 및 몸체의 청소불량
② 관수를 감소시키고 빈 통에 불을 땔 때
③ 안전밸브의 기능이 부정확할 때
④ 수면계의 고장으로 드럼 내의 물의 감소

해설

보일러의 과열원인
① 수관 및 몸체의 청소불량
② 관수를 감소시키고 빈 통에 불을 땔 때
③ 수면계의 고장으로 드럼 내의 물이 감소

95 다음 유량계 중 압력차에 의해서 유량을 측정하는 가변류 유량계가 아닌 것은?

① 오리피스미터(orifice meter)
② 벤투리미터(venturi meter)
③ 로터미터(rota meter)
④ 피토튜브(pitot tube)

해설

유량계
유량계에는 작동원리에 의해 다음과 같이 차압식 유량계, 용적식 유량계, 기어식 유량계 및 면적식 유량계의 4종류의 형태가 있다.

◐ 시작도 반이지만 유종의 미가 더욱 값어치가 있다.

96 액화프로판 310[kg]을 내용적 50[L] 용기에 충전할 때 필요한 소요 용기의 수는 약 몇 개인가?(단, 액화프로판의 가스 정수는 2.350이다.) 20. 9. 27 ㉠

① 15   ② 17
③ 19   ④ 21

해설

용기 수 계산
① $G = \dfrac{V}{C} = \dfrac{50}{2.35} = 21.28[L]$
② $310kg \div 21.28 ≒ 15[개]$

97 25[℃] 액화프로판가스 용기에 10[kg]의 LPG가 들어 있다. 용기가 파열되어 대기압으로 되었다고 한다. 파열되는 순간 증발되는 프로판의 질량은 약 얼마인가?(단, LPG의 비열은 2.4[kJ/kg·℃]이고, 표준 비점은 -42.2[℃], 증발잠열은 384.2[kJ/kg]이라고 한다.)

① 0.42kg   ② 0.52kg
③ 4.2kg   ④ 7.62kg

해설

질량 계산
① $Q = \dfrac{W}{M} \times C \times (t_1 - t_2)$
② $384.2 = \dfrac{10}{M} \times 2.4 \times (25+42.2)$
③ $M = 10 \times 2.4 \times (25+42.2) \div 384.2 = 4.2[kg]$

[정답] 93 ④ 94 ③ 95 ③ 96 ① 97 ③

화공안전 비상조치 계획·대응

중점 학습내용

본 장은 비상조치 계획 및 평가의 장으로 산업안전기사, 산업안전산업기사 NCS 출제기준에 의해 다음과 같이 구성하였다.

❶ 비상조치계획 및 평가
❷ 비상대응 교육훈련
❸ 자체 매뉴얼 개발

- **비상조치계획(Emergency planning)**
  사고 예방을 위한 것이 아니라, 사고 발생 후 신속한 조치로 피해를 최소화하기 위한 계획
- **비상대피 계획**
  화재 또는 화학물질 누출 등의 사고가 발생한 경우 사업장 내에 있는 근로자(협력업체 포함)를 안전한 장소까지 이동하는 계획

세부항목 1. 비상조치 계획 및 평가

1. 비상조치계획

(1) 비상조치계획에 포함사항

① 비상조치를 위한 장비·인력 보유현황(근로자 인명 보호 최우선)
② 사고발생 시 각 부서·관련 기관과의 비상연락체계
③ 사고발생 시 비상조치를 위한 조직의 임무 및 수행 절차(업무보장과 임무)
④ 비상조치계획에 따른 교육계획
⑤ 주민홍보계획
⑥ 그 밖에 비상조치 관련사항(문서로 작성, 근로자 확인용이)

(2) 비상조치 계획의 목적

① 사고 발생 시 피해를 최소화하고, 인적, 물적 자원은 물론 환경에 가해지는 손실을 제한한다.
② 사고로 인한 충격 혹은 피해를 막기 위해 필요한 조치를 실행한다.
③ 사고에 관한 정보를 관련 기관 및 관련자들에게 신속히 전달한다.
④ 사고처리 후 신속한 복구 작업을 제공할 수 있게 한다.

합격예측 및 관련법규

법적근거
① 산업안전보건법 시행규칙 제50조(공정안전보고서의 세부내용 등)
② 중대법 제4조제1항 및 동법 시행령 제4조 제8호(급박한 위험시 대응절차 등 마련) 사업주, 경영책임자 등은 중대산업재해가 발생할 급박한 위험이 있는 경우, 작업중지, 대피, 보고 위험요인제거 등 대응 절차와 중대산업재해 발생시 구호조치, 추가 피해 방지조치 및 발생보고 등 절차를 마련하고 이를 반기 1회 이상 확인, 점검
③ 산안법 제44조 및 동법 시행령 제44조(PSM 사업장 비상조치계획 수립) 공정안전보고서 작성, 제출 사업주는 비상조치계획 등을 포함하여 공정안전보고서를 작성
④ 산안법 제64조 제1항 5호(도급인 비상조치계획 수립) 도급인은 수급인의 근로자가 도급 사업장에서 작업하는 경우, 발파작업, 화재, 폭발, 붕괴, 지진 등에대비한 경보체계를 운영하고 대피방법 등을 훈련해야 함.

합격예측

안전보건관리체계 구축을 위한 7가지 핵심요소
① 경영자 리더십
② 근로자의 참여
③ 위험요인 파악
④ 위험요인 제거·대체 및 통제
⑤ 비상조치 계획 수립
⑥ 도급·용역·위탁 시 안전보건 확보
⑦ 평가 및 개선

2. 비상대응 교육훈련(급박한 위험)

① 높이 2[m] 이상 장소에서 작업발판, 안전난간 등이 설치되지 않아 추락위험이 높은 경우
② 비계, 거푸집, 동바리 등 가시설물 설치가 부적합하거나 부적절한 지재가 사용된 경우
③ 토사, 구축물 등의 변형 등으로 붕괴사고의 우려가 높은 경우
④ 가연성·인화성 물질 취급장소에서 화기작업을 실시하여 화재·폭발의 위험이 있는 경우
⑤ 유해·위험 화학물질 취급 설비의 고장, 변형으로 화학물질의 누출 위험이 있는 경우
⑥ 밀폐공간 작업 전 산소농도 측정을 하지 않은 경우
⑦ 유해화학물질을 밀폐하는 설비에 국소배기장치를 설치하지 않은 경우

3. 자체 매뉴얼 개발

중대산업재해 조치매뉴얼(예)

기준	미흡	보통	양호	비고 (해당무)
① 중대산업재해 발생에 대비한 매뉴얼이 마련되어 있고 이행여부 점검 여부				
② 매뉴얼에는 작업중지에 관한 사항 및 불이익 조치 금지 및 적극적인 의견 개진에 대한 내용 포함 여부				
③ 중대산업재해 발생 시 해당 작업중지, 근로자대피, 노동관서보고 및 재해발생장소에 대한 급박한 위험·여부 확인과 안전보건조치 후 작업재개 가능 여부				
④ 비상연락체계 및 기본적 응급조치 방안 포함 여부				
⑤ 추가 피해방지를 위해 현장 출입통제, 유사사업장 정보공유, 원인분석 및 재발방지대책 수립에 대한 사항 포함 여부				

① 위험요인별로 발생 가능한 재해 형태(화재, 누출, 끼임, 떨어짐 등) 모두 고려
  • 재해가 발생할 수 있는 시기, 위치, 공정, 작업내용 등을 검토
② 사망사고로 이어질 수 있는 중대한 위험요인 "재해발생 시나리오" 작성
  • 설비결함, 운전원 조작 미숙, 비정상 운전상태, 기상상황 등 여러 재해 원인을 가정
③ 사업장(공장·현장)별로 재해발생 시나리오로 작성

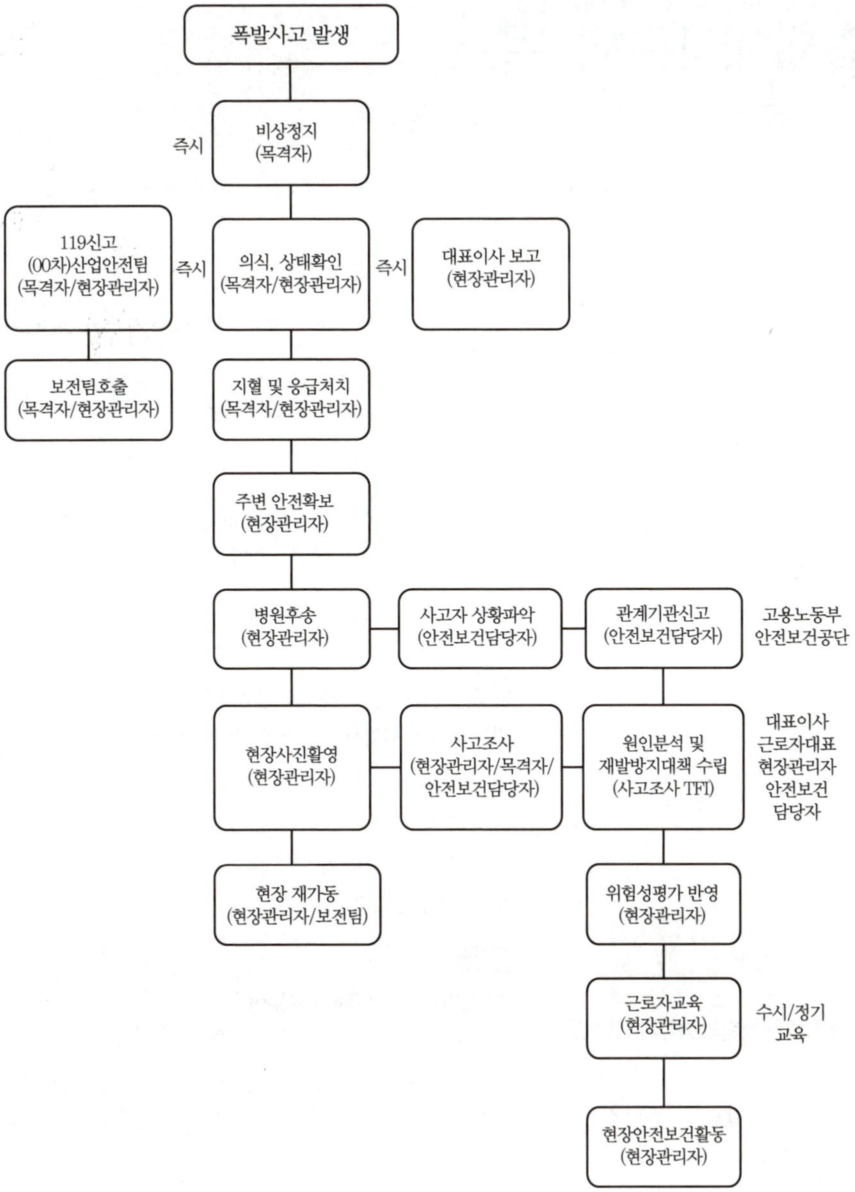

[그림] 비상사태별 시나리오 예

주요항목 08 화공안전 비상조치 계획·대응 출제예상문제

출제예상문제는 복습, 예습문제로 엮었습니다. *WHY : 실제시험에도 순서에 관계없이 출제됩니다. 예습 후 다음장에 공부한 문제가 있으면 기억이 배가 됩니다.

01 화공안전 비상조치계획에 포함사항이 아닌 것은?

① 비상조치를 위한 장비·인력 보유현황
② 사고발생 시 각 부서·관련 기관과의 비상연락체계
③ 사고발생 시 비상조치를 위한 조직의 임무 및 수행 절차
④ 비상조치계획에 따른 사고계획

해설

비상조치계획에 포함사항
① 비상조치를 위한 장비·인력 보유현황
② 사고발생 시 각 부서·관련 기관과의 비상연락체계
③ 사고발생 시 비상조치를 위한 조직의 임무 및 수행 절차
④ 비상조치계획에 따른 교육계획
⑤ 주민홍보계획
⑥ 그 밖에 비상조치 관련사항

02 비상대응 교육훈련의 급박한 위험의 종류가 아닌 것은?

① 높이 2[m] 이상 장소에서 작업발판, 안전난간 등이 설치되지 않아 추락위험이 높은 경우
② 비계, 거푸집, 동바리 등 가시설물 설치가 부적합하거나 부적절한 자재가 사용 된 경우
③ 토사, 구축물 등의 변형 등으로 붕괴사고의 우려가 낮은 경우
④ 가연성·인화성 물질 취급장소에서 화기작업을 실시하여 화재·폭발의 위험이 있는 경우

해설

급박한 위험의 종류
① 높이 2[m] 이상 장소에서 작업발판, 안전난간 등이 설치되지 않아 추락위험이 높은 경우
② 비계, 거푸집, 동바리 등 가시설물 설치가 부적합하거나 부적절한 자재가 사용된 경우
③ 토사, 구축물 등의 변형 등으로 붕괴사고의 우려가 높은 경우
④ 가연성·인화성 물질 취급장소에서 화기작업을 실시하여 화재·폭발의 위험이 있는 경우
⑤ 유해·위험 화학물질 취급 설비의 고장, 변형으로 화학물질의 누출 위험이 있는 경우
⑥ 밀폐공간 작업 전 산소농도 측정을 하지 않은 경우
⑦ 유해화학물질을 밀폐하는 설비에 국소배기장치를 설치하지 않은 경우

03 비상훈련 자체 매뉴얼 개발시 사망사고로 이어질 수 있는 중대한 위험요인을 작성해야 하는 것은?

① 재해발생 시나리오
② 훈련현황
③ 경영자 경영방치
④ 안전교육내용

해설

중대산업재해 조치 매뉴얼 작성기준
① 위험요인별로 발생 가능한 재해 형태(화재, 누출, 끼임, 떨어짐 등) 모두 고려
 • 재해가 발생할 수 있는 시기, 위치, 공정, 작업내용 등을 검토
② 사망사고로 이어질 수 있는 중대한 위험요인, "재해발생 시나리오 작성"
 • 설비결함, 운전원 조작 미숙, 비정상 운전상태, 기상상황 등 여러 재해 원인
③ 사업장(공장·현장)별로 재해발생 시나리오로 작성

[정답] 01 ④ 02 ③ 03 ①

주요항목 09 화공 안전운전·점검

중점 학습내용

화공 안전운전·점검에서 공정안전관리의 목적은 산업안전보건법에 의거하여 유해, 위험설비를 보유한 사업장의 사업주는 해당 설비로부터 위험물질의 누출, 화재 및 폭발 등으로 인하여 사업장 내의 근로자에게 즉시 피해를 주거나 사업장 인근지역에 피해를 줄 수 있는 중대산업사고를 예방하기 위해 정기적으로 사업장 스스로가 공정안전보고서를 작성하여 제출함으로써 근원적인 안전을 확보하여 중대산업사고를 예방하는 것이 목적이며 본 장의 중심적인 학습내용은 다음과 같이 구성하였다.

❶ 공정안전기술
❷ 안전점검계획 수립
❸ 공정안전보고서 작성 심사·확인

기존 MSDS(주①)	GHS MSDS(주②)
① 긴급한 위험·유해성 정보	① 유해·위험성 분류
② 눈에 대한 영향	② 예방조치문구를 포함한 경고표지 항목
③ 피부에 대한 영향	③ 그림문자
④ 흡입시의 영향	④ 신호어
⑤ 섭취시의 영향	⑤ 유해·위험문구
⑥ 만성 징후와 증상	⑥ 예방조치문구
	⑦ 유해·위험성 분류 기준에 포함되지 않는 기타 유해·위험성

① MSDS : 'Material Safety Data Sheet'의 약자로, 화학물질의 성질, 위험성, 안전한 취급방법 등과 같은 화학물질에 대한 안전정보를 제공하는 문서(산업안전보건법 110조)
② GHS : 'Globally Harmonized System of Classification and Labelling of Chemicals'의 약자로 국제연합(UN)에서 규정한 화학물질 분류 및 표지에 관한 세계조화시스템(예 경고표지)

세부항목 1. 공정안전기술

1. 공정안전관리(PSM) 개요

(1) 공정안전관리(PSM : Process Safety Management) 제도의 국내 적용

산업안전보건법에 의하면 대통령령이 정한 유해·위험설비를 보유한 사업장의 사업주는 해당 설비로부터 위험물질의 누출·화재·폭발 등으로 인하여 사업장 내의 근로자에게 즉시 피해를 주거나 사업장 인근지역에 피해를 줄 수 있는 사고를 예방하기 위하여 대통령령이 정하는 바에 의하여 공정안전보고서를 작성하여 고용노동부장관에게 제출하도록 되어 있다. 사업주는 유해·위험 설비의 설치·이전 또는 주요 구조부분의 변경공사의 착공일 30일 전까지 공정안전보고서를 2부 작성하여 공단에 제출하고 송부받은 공정안전보고서를 송부받은 날부터 5년간 보존하여야 한다.

14. 8. 17  20. 6. 7

(2) 공정안전보고서

다음과 같은 사항이 포함되어야 하고, 이들 각각에는 여러 가지 세부적인 사항이 포함되어야 한다.

① 공정안전자료
② 공정위험성평가서
③ 안전운전계획
④ 비상조치계획

합격예측

위험성평가기법

사업장 내에 존재하는 위험에 대하여 정성적 또는 정량적으로 위험성 등을 평가하는 방법

(1) 정성적 분석기법
① 체크리스트(check list)
② 안전성 검토 (safety review)
③ 상대위험순위 결정 (DOW & MOND indices)
④ 예비위험분석(preliminary hazard analysis)
⑤ 위험과 운전 분석 (HAZOP : hazard and operability)
⑥ 이상영향분석(failure modes, effect & criticality analysis)
⑦ 작업자 실수분석(human error analysis)
⑧ 사고예상 질문분석 (what-if analysis)
⑨ 4M 위험성평가 (4M risk assessment)

(2) 정량적 분석기법
① 결함수분석 (fault tree analysis)
② 사건수분석 (event tree analysis)
③ 원인결과분석 (cause-consequence analysis)

(3) 공정관리를 실시하여 얻을 수 있는 이점

① 작업생산성 향상(가동정지시간 감소 등)
② 사고 및 재산상의 손실감소
③ 합리적인 경영정보획득
④ 품질향상
⑤ 유지보수비용의 감소
⑥ 합리적인 운전정보획득
⑦ 기업의 신뢰도 및 이미지향상
⑧ 신입사원의 선호도향상 및 이직률감소
⑨ 노사관계향상

2. 공정안전보고서

[표] 공정안전보고서에 포함될 주요내용 15. 5. 31 ㉔

분야별	주요내용
공정안전자료 18. 3. 4 ㉔ 18. 8. 19 ㉕ 21. 5. 15 ㉔ 23. 7. 8 ㉔	① 취급·저장하고 있는 유해·위험 물질의 종류와 수량 ② 유해·위험 물질에 대한 물질안전보건자료 ③ 유해·위험설비의 목록 및 사양 ④ 유해·위험 설비의 운전방법을 알 수 있는 공정도면 ⑤ 각종 건물·설비의 배치도 25. 2. 7 ㉔ ⑥ 폭발위험장소 구분도 및 전기단선도 ⑦ 위험설비의 안전설계·제작 및 설치관련지침서
공정위험성평가서 및 잠재위험에 대한 사고예방, 피해최소화대책 16. 5. 8 ㉔	공정위험성평가서는 공정의 특성 등을 고려하여 다음 각 목의 위험성평가기법 중 한 가지 이상을 선정하여 위험성평가를 실시한 후 그 결과에 따라 작성하여야 하며, 사고예방, 피해최소화대책의 작성은 위험성 평가결과 잠재위험이 있다고 인정되는 경우에 한한다. ① 체크리스트 ② 상대위험순위 결정 ③ 작업자 실수분석 ④ 사고예상 질문분석 ⑤ 위험과 운전분석 ⑥ 이상위험도분석 ⑦ 결함수분석 ⑧ 사건수분석 ⑨ 원인결과분석
안전운전계획 18. 8. 19 ㉔	① 안전운전지침서 ② 설비 점검·검사 및 보수계획, 유지계획 및 지침서 ③ 안전 작업허가 ④ 도급업체 안전관리계획 ⑤ 근로자 등 교육계획 ⑥ 가동전 점검지침 ⑦ 변경요소 관리계획 ⑧ 자체감사 및 사고조사 계획 ⑨ 그 밖에 안전운전에 필요한 사항
비상조치계획	① 비상조치를 위한 장비·인력 보유현황 ② 사고발생시 각 부서·관련기관과의 비상연락체계 ③ 사고발생시 비상조치를 위한 조직의 임무 및 수행절차 ④ 비상조치계획에 따른 교육계획 ⑤ 주민홍보계획 ⑥ 그 밖에 비상조치 관련사항

관계법령 산업안전보건법 시행규칙 제50조(공정안전보고서의 세부 내용 등)

용어정의

체크리스트기법(Checklist)
공정 및 설비의 오류, 결함상태, 위험상황 등을 목록화한 형태로 작성하여 경험적으로 비교함으로써 위험성을 파악하는 방법을 말한다.

상대위험순위 결정기법(Dow and Mond Indices)
공정 및 설비에 존재하는 위험에 대하여 상대위험순위를 수치로 지표화하여 그 피해정도를 나타내는 방법을 말한다.

Q 은행문제

1. 소화기의 몸통에 "A급 화재 10단위"라고 기재되어 있는 소화기에 관한 설명으로 적절한 것은?
   ① 이 소화기의 소화능력시험 시 소화기 조작자는 반드시 방화복을 착용하고 실시하여야 한다.
   ② 이 소화기의 A급 화재 소화능력단위가 10단위이면, B급 화재에 대해서도 같은 10단위가 적용된다.
   ③ 어떤 A급 화재 소방대상물의 능력단위가 21일 경우 이 소화대상물에 위의 소화기를 비치할 경우 2대면 충분하다.
   ④ 이 소화기의 소화능력단위는 소화능력시험에 배치되어 완전소화한 모형의 수에 해당하는 능력단위의 합계가 10단위라는 뜻이다.
   정답 ④

2. 위험물 또는 가스에 의한 화재를 경보하는 기구에 필요한 설비가 아닌 것은?
   15. 8. 16 ㉔ 19. 3. 3 ㉔
   ① 간이완강기
   ② 자동화재감지기
   ③ 축전지설비
   ④ 자동화재수신기
   정답 ①

세부항목 2. 안전점검 계획 수립

1. PSM 제도

(1) 공정관리 3가지 원칙

① 공정안전관리는 위험설비가 정해진 기준에 따라 설계, 제작, 설치, 운전 및 유지·관리되도록 전 과정을 대상으로 한다.
② 공정안전관리는 최고경영자의 방침으로 정해야 하며 공장장의 공정안전관리에 대한 완벽한 숙지 그리고 실행·확인이 수반되어야 한다.
③ 공정안전관리는 정기적인 검사를 통해 실제 이행되고 있는지, 문제점 및 개선사항은 무엇인지, 실행 후 효과는 나타나고 있는지 등을 확인하고 개선해야 한다.

(2) 공정안전보고서 제출대상 15. 3. 8 ㉮

① 원유 정제처리업
② 기타 석유정제물 재처리업
③ 석유화학계 기초화학물질 제조업 또는 합성수지 및 기타 플라스틱 제조업. 다만, 합성수지 및 기타 플라스틱물질 제조업은 별표 13 제1호 또는 제2호에 해당하는 경우로 한정한다.
④ 질소화합물, 질소·인산 및 칼리질 화학비료 제조업 중 질소질 비료 제조
⑤ 복합비료 및 기타 화학비료 제조업 중 복합비료 제조(단순혼합 또는 배합에 의한 경우는 제외한다.)
⑥ 화학 살균·살충제 및 농업용 약제 제조업[농약 원제(原題)제조만 해당한다.]
⑦ 화약 및 불꽃제품 제조업

(3) 평가기법 선정

① 위험성평가는
　㉮ 위험의 소재(공정·설비·인간 실수 등)
　㉯ 위험이 있다면 사고발생 가능성
　㉰ 사고발생시 피해규모
　㉱ 위험을 제거하거나 발생확률을 감소시킬 수 있는 방안
　㉲ 사고발생시 피해를 최소화할 수 있는 대책들을 규명하기 위해 시행되어야 한다.
② 위험성평가기법은 산업안전보건법(시행규칙 제37조)에 규정된 여러 가지 방법 중에서 공정 특성에 맞게 선정해야 한다.
③ 평가기법 선정은 다양한 공정 특성별 평가기법을 사업장 스스로 결정하며 다음과 같은 선정기준을 준용할 수 있다.

용어정의

작업자실수분석기법(Human Error Analysis : HEA)
설비의 운전원, 보수반원, 기술자 등의 실수에 의해 작업에 영향을 미칠 수 있는 요소를 평가하고 그 실수의 원인을 파악·추적하여 정량적으로 실수의 상대적 순위를 결정하는 방법을 말한다.

사고예상질문분석기법(What-if)
공정에 잠재하고 있는 위험요소에 의해 야기될 수 있는 사고를 사전에 예상·질문을 통하여 확인·예측하여 공정의 위험성 및 사고의 영향을 최소화 하기 위한 대책을 제시하는 방법을 말한다.

Q 은행문제

건설현장에서 사용하는 임시배선의 안전대책으로 거리가 먼 것은? 19. 3. 3 ㉯
① 모든 전기기기의 외함은 접지시켜야 한다.
② 임시배선은 다심케이블을 사용하지 않아도 된다.
③ 배선은 반드시 분전반 또는 배전반에서 인출해야 한다.
④ 지상 등에서 금속관으로 방호할 때는 그 금속관을 접지해야 한다.

　　　　　　　　　정답 ②

합격예측 및 관련법규

산안법 시행규칙 제37조(위험성평가 실시내용 및 결과의 기록·보존)
① 사업주가 법 제36조제3항에 따라 위험성평가의 결과와 조치사항을 기록·보존할 때에는 다음 각 호의 사항이 포함되어야 한다.
　1. 위험성평가 대상의 유해·위험요인
　2. 위험성 결정의 내용
　3. 위험성 결정에 따른 조치의 내용
　4. 그 밖에 위험성평가의 실시내용을 확인하기 위하여 필요한 사항으로서 고용노동부장관이 정하여 고시하는 사항
② 사업주는 제1항에 따른 자료를 3년간 보존해야 한다.

④ 하나의 공정에 여러 개의 단위공정이 있을 경우 각 단위공정별로 다른 위험성 평가기법을 선정할 수 있다.
⑤ 단위공정이 간단하거나 장치·설비의 규모도 작고 위험물 취급량이 소량일 경우에는 공정설비를 대상으로 체크리스트, 사고예상 질문분석기법에 의해 위험성을 평가할 수 있다.

2. 안전운전 계획

(1) 기존 제조공정(반응, 증류 등 분리, 이송시스템, 전기, 계장시스템 등)

① 위험과 운전분석(HAZOP)
② 공정위험분석(Process Hazard Review)
③ 이상위험도분석(FMECA)
④ 원인결과분석(CCA)
⑤ 결함수분석(FTA)
⑥ 위와 동등 이상의 기법 중 1개 이상 선정

(2) 기존 저장탱크, 유틸리티, 고체 건조·분쇄 설비 등

① 체크리스트(Check-list)
② 작업자 실수분석(HEA)
③ 사고예상 질문분석(What-if)
④ 위험과 운전분석(HAZOP)
⑤ 상대위험순위 결정법(DOW/MOND INDICES)
⑥ 위와 동등 이상의 기법 중 1개 이상 선정

(3) 공정, 원료, 제품, 설비 등의 변경

① 예비위험분석(PHA)
② 사고예상질문분석(What-if)
③ 위험과 운전분석(HAZOP)
④ 이상위험도분석(FMECA)
⑤ 이와 동등 이상의 기법 중 1개 이상 선정

(4) 신규 설치, 이전 사업장 적용기법

① 운전과 위험분석(HAZOP)
② 이상위험도분석(FMECA)
③ 원인결과분석(CCA)
④ 사건수분석(ETA)
⑤ 결함수분석(FTA)
⑥ 이와 동등 이상의 기법 중 1개 이상 선정

용어정의

위험과 운전분석기법 (Hazard and Operability Studies : HAZOP)
공정에 존재하는 위험요소들과 공정의 효율을 떨어뜨릴 수 있는 운전상의 문제점을 찾아내어 그 원인을 제거하는 방법을 말한다.

이상위험도분석기법 (Failure Mode Effects and Criticality Analysis : FMECA)
공정 및 설비의 고장의 형태 및 영향, 고장형태별 위험도 순위 등을 결정하는 방법을 말한다.

결함수분석기법(Fault Tree Analysis : FTA)
사고의 원인이 되는 장치의 이상이나 고장의 다양한 조합 및 작업자의 실수원인을 연역적으로 분석하는 방법을 말한다.

Q 은행문제

인화성 액체 위험물을 액체 상태로 저장하는 저장탱크를 설치할 때, 위험물질이 누출되어 확산되는 것을 방지하기 위하여 설치해야 하는 것은? 16. 5. 8 기
① 방유제   ② 유막시스템
③ 방폭제   ④ 수막시스템

정답 ①

합격예측 및 관련법규

제272조(방유제 설치)
사업주는 [별표 1] 제4호부터 제7호까지의 위험물을 액체상태로 저장하는 저장탱크를 설치하는 경우에는 위험물질이 누출되어 확산되는 것을 방지하기 위하여 방유제(防油提)를 설치하여야 한다. 16. 5. 8 기
① 인화성 액체
② 인화성 가스
③ 부식성 물질
④ 급성독성 물질

3. 공정안전보고서 작성 심사·확인

1. 공정안전자료

(1) 공정안전보고서 작성·제출·심사

제44조(공정안전보고서의 작성·제출) ① 사업주는 사업장에 대통령령으로 정하는 유해하거나 위험한 설비가 있는 경우 그 설비로부터의 위험물질 누출, 화재 및 폭발 등으로 인하여 사업장 내의 근로자에게 즉시 피해를 주거나 사업장 인근 지역에 피해를 줄 수 있는 사고로서 대통령령으로 정하는 사고(이하 "중대산업사고"라 한다)를 예방하기 위하여 대통령령으로 정하는 바에 따라 공정안전보고서를 작성하고 고용노동부장관에게 제출하여 심사를 받아야 한다. 이 경우 공정안전보고서의 내용이 중대산업사고를 예방하기 위하여 적합하다고 통보받기 전에는 관련된 유해하거나 위험한 설비를 가동해서는 아니 된다.
② 사업주는 제1항에 따라 공정안전보고서를 작성할 때 산업안전보건위원회의 심의를 거쳐야 한다. 다만, 산업안전보건위원회가 설치되어 있지 아니한 사업장의 경우에는 근로자대표의 의견을 들어야 한다.

제45조(공정안전보고서의 심사 등) ① 고용노동부장관은 공정안전보고서를 고용노동부령으로 정하는 바에 따라 심사하여 그 결과를 사업주에게 서면으로 알려주어야 한다. 이 경우 근로자의 안전 및 보건의 유지·증진을 위하여 필요하다고 인정하는 경우에는 그 공정안전보고서의 변경을 명할 수 있다.
② 사업주는 제1항에 따라 심사를 받은 공정안전보고서를 사업장에 갖추어 두어야 한다.

> **합격정보** 산업안전보건법

(2) 공정안전보고서의 제출시기 등 19. 8. 17 ⑦ 20. 6. 7 ⑦

제51조(공정안전보고서의 제출시기) 사업주는 영 제45조제1항에 따라 유해하거나 위험한 설비의 설치·이전 또는 주요 구조부분의 변경공사의 착공일(기존 설비의 제조·취급·저장 물질이 변경되거나 제조량·취급량·저장량이 증가하여 영 별표 13에 따른 유해·위험 물질 규정량에 해당하게 된 경우에는 그 해당일을 말한다) 30일 전까지 공정안전보고서를 2부 작성하여 공단에 제출해야 한다.

제52조(공정안전보고서의 심사 등) ① 공단은 제51조에 따라 공정안전보고서를 제출받은 경우에는 제출받은 날부터 30일 이내에 심사하여 1부를 사업주에게 송부하고, 그 내용을 지방고용노동관서의 장에게 보고해야 한다.
② 공단은 제1항에 따라 공정안전보고서를 심사한 결과 「위험물안전관리법」에 따른 화재의 예방·소방 등과 관련된 부분이 있다고 인정되는 경우에는 그 관련 내용을 관할 소방관서의 장에게 통보해야 한다.

용어정의

사건수분석기법(Event Tree Analysis : ETA)
초기사건으로 알려진 특정한 장치의 이상 또는 운전자의 실수에 의해 발생되는 잠재적인 사고 결과를 정량적으로 평가·분석하는 방법을 말한다.

합격예측 및 관련법규

사업장 위험성평가에 관한 지침(제2024-76호)
① 이 고시에서 사용하는 용어의 뜻은 다음과 같다.
1. "유해·위험요인"이란 유해·위험을 일으킬 잠재적 가능성이 있는 것의 고유한 특징이나 속성을 말한다.
2. "위험성"이란 유해·위험요인이 사망, 부상 또는 질병으로 이어질 수 있는 가능성과 중대성 등을 고려한 위험의 정도를 말한다.
3. "위험성평가"란 사업주가 스스로 유해·위험요인을 파악하고 해당 유해·위험요인의 위험성 수준을 결정하여, 위험성을 낮추기 위한 적절한 조치를 마련하고 실행하는 과정을 말한다.
4. "근로자"란 기간제, 단시간, 파견 등 고용형태 및 국적과 관계없이 「산업안전보건법」 제2조제3호에 따른 근로자를 말한다.

- "근로자"란 「근로기준법」 제2조제1항제1호에 따른 근로자를 말한다. (산업안전보건법 제2조3호)
- "근로자"란 직업의 종류와 관계없이 임금을 목적으로 사업이나 사업장에 근로를 제공하는 사람을 말한다. (근로기준법 제2조1호)

용어정의

원인결과분석기법 (Cause-Consequence Analysis : CCA)
잠재된 사고의 결과 및 사고의 근본적인 원인을 찾아내고 사고결과와 원인 사이의 상호관계를 예측하여 위험성을 정량적으로 평가하는 방법을 말한다.

예비위험분석기법 (Preliminary Hazard Analysis : PHA)
공정 또는 설비 등에 관한 상세한 정보를 얻을 수 없는 상황에서 위험물질과 공정 요소에 초점을 맞추어 초기위험을 확인하는 방법을 말한다.

공정위험분석기법(Process Hazard Review : PHR)
기존설비 또는 공정안전보고서를 제출·심사 받은 설비에 대하여 설비의 설계·건설·운전 및 정비의 경험을 바탕으로 위험성을 평가·분석하는 방법을 말한다.

제53조(공정안전보고서의 확인 등) ① 공정안전보고서를 제출하여 심사를 받은 사업주는 법 제46조제2항에 따라 다음 각 호의 시기별로 공단의 확인을 받아야 한다. 다만, 화공안전 분야 산업안전지도사, 대학에서 조교수 이상으로 재직하고 있는 사람으로서 화공 관련 교과를 담당하고 있는 사람, 그 밖에 자격 및 관련 업무 경력 등을 고려하여 고용노동부장관이 정하여 고시하는 요건을 갖춘 사람에게 제50조제3호아목에 따른 자체감사를 하게 하고 그 결과를 공단에 제출한 경우에는 공단의 확인을 생략할 수 있다.

1. 신규로 설치될 유해하거나 위험한 설비에 대해서는 설치 과정 및 설치 완료 후 시운전단계에서 각 1회
2. 기존에 설치되어 사용 중인 유해하거나 위험한 설비에 대해서는 심사 완료 후 3개월 이내
3. 유해하거나 위험한 설비와 관련한 공정의 중대한 변경이 있는 경우에는 변경 완료 후 1개월 이내
4. 유해하거나 위험한 설비 또는 이와 관련된 공정에 중대한 사고 또는 결함이 발생한 경우에는 1개월 이내. 다만, 법 제47조에 따른 안전보건진단을 받은 사업장 등 고용노동부장관이 정하여 고시하는 사업장의 경우에는 공단의 확인을 생략할 수 있다.

② 공단은 사업주로부터 확인요청을 받은 날부터 1개월 이내에 제50조제1호부터 제4호까지의 내용이 현장과 일치하는지 여부를 확인하고, 확인한 날부터 15일 이내에 그 결과를 사업주에게 통보하고 지방고용노동관서의 장에게 보고해야 한다.

③ 제1항 및 제2항에 따른 확인의 절차 등에 관하여 필요한 사항은 고용노동부장관이 정하여 고시한다.

제54조(공정안전보고서 이행상태의 평가) ① 법 제46조제4항에 따라 고용노동부장관은 같은 조 제2항에 따른 공정안전보고서의 확인(신규로 설치되는 유해하거나 위험한 설비의 경우에는 설치 완료 후 시운전 단계에서의 확인을 말한다) 후 1년이 지난 날부터 2년 이내에 공정안전보고서 이행상태의 평가(이하 "이행상태평가"라 한다)를 해야 한다.

② 고용노동부장관은 제1항에 따른 이행상태평가 후 4년마다 이행상태평가를 해야 한다. 다만, 다음 각 호의 어느 하나에 해당하는 경우에는 1년 또는 2년마다 이행상태평가를 할 수 있다.

1. 이행상태평가 후 사업주가 이행상태평가를 요청하는 경우
2. 법 제155조에 따라 사업장에 출입하여 검사 및 안전·보건점검 등을 실시한 결과 제50조제1항제3호사목에 따른 변경요소 관리계획 미준수로 공정안전보고서 이행상태가 불량한 것으로 인정되는 경우 등 고용노동부장관이 정하여 고시하는 경우

③ 이행상태평가는 제50조제1항 각 호에 따른 공정안전보고서의 세부내용에 관하여 실시한다.

④ 이행상태평가의 방법 등 이행상태평가에 필요한 세부적인 사항은 고용노동부장관이 정한다.

2. 위험성평가

(1) 공정설비의 안전성평가의 분류
① 과학기술(공정과정)의 평가(Technology Assessment)
② 안전성의 평가(Safety Assessment)
③ 위험성의 평가(Risk Assessment)
④ 인간(인적요소)의 평가(Human Assessment)

(2) 관리적 대책
적정한 인원배치 : 화학설비의 인원배치에 있어서는 운전자의 기능, 경험, 지식 등을 기초로 한 팀 편성을 할 필요가 있으며, 그 인원배치 등에 대해서는 위험등급에 따라 다음 표와 같다.

[표] 위험등급

구분	위험등급 I	위험등급 II	위험등급 III
인원	긴급할 때 동시에 다른 장소에서 작업을 행하는 데 충분한 인원배치	긴급할 때 동시에 다른 장소에서 작업을 행하는 데 가능한 인원배치	긴급할 때 주작업을 행하고 즉시 충원이 확보될 수 있는 체제의 인원배치
자격	법정 자격자가 복수로 배치되어 관리밀도가 높은 인원배치	법정 자격자가 복수로 배치되어 있는 인원배치	법정 자격자가 충분한 인원배치

[표] 유해화학물질의 종류

구분	종류 및 특징
기체	가스(gas) : 상온상압에서 기체상태의 오염물질 증기(vapor) : 액체가 기화된 상태의 오염물질
액체	미스트(mist) : 물리적으로 생성된 액체 미립자 포그(fog) : 기화된 후 응축되어 생성된 액체 미립자
고체	먼지(dust) : 물리적으로 생성된 고형의 미립자 흄(fume) : 기화된 후 응결되어 생성된 고형 미립자

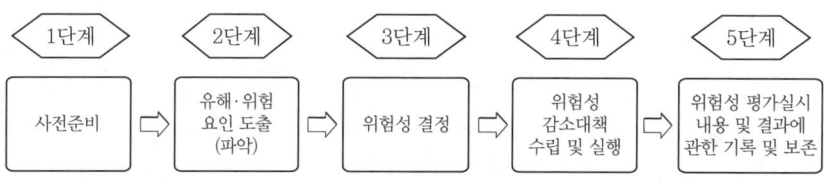

[그림] 위험성평가 절차

합격예측 및 관련법규

위험성평가기법
① 위험성평가기법은 해당공정의 특성에 맞게 사업장스스로 선정하되, 다음 각 호의 선정기준에 의하여 선정하여야 한다.
  1. 제조공정 중 반응, 분리(증류, 추출 등), 이송시스템 및 전기·계장시스템 등의 단위공정
     가. 위험과 운전분석(HAZOP)기법
     나. 공정위험분석(PROCESS HAZARD REVIEW)기법
     다. 이상위험도분석(FMECA)기법
     라. 원인결과분석(CCA)기법
     마. 결함수분석(FTA)기법
     바. 사건수분석(ETA)기법
  2. 저장탱크설비, 유틸리티설비 및 제조공정 중 고체 건조·분쇄설비 등 간단한 단위공정
     가. 체크리스트(CHECKLIST)기법
     나. 작업자 실수분석(HEA)기법
     다. 사고예상 질문분석(WHAT-IF)기법
     라. 위험과 운전분석(HAZOP)기법
     마. 상대위험순위 결정법(DOW/MOND INDICES)기법
② 하나의 공장이 반응공정, 증류·공리공정 등과 같이 여러 개의 단위공정으로 구성되어 있을 경우 각 단위공정 특성별로 별도의 위험성평가기법을 선정할 수 있다.
③ 위험성평가보고서는 한국산업안전공단의 기준(KOSHA CODE) 중 위험성평가기법에 관한 사항을 규정한 기준을 참조하여 작성하여야 한다.

합격예측 및 관련법규

물질안전보건자료의 작성 제외 대상 화학물질 17. 3. 5 ⑦

① 「원자력안전법」에 따른 방사성물질
② 「생활주변방사선 안전관리법」 제2조제1호에 따른 원료물질
③ 「약사법」에 따라 품목허가 또는 품목신고를 받은 의약품·의약외품
④ 「화장품법」에 따른 화장품
⑤ 「마약류 관리에 관한 법률」에 따른 마약 및 향정신성의약품
⑥ 「농약관리법」에 따른 농약
⑦ 「사료관리법」에 따른 사료
⑧ 「비료관리법」에 따른 비료
⑨ 「식품위생법」에 따른 식품 및 식품첨가물
⑩ 「총포·도검·화약류 등의 안전관리에 관한 법률」에 따른 화약류
⑪ 「폐기물관리법」에 따른 폐기물
⑫ 「의료기기법」 제2조제1항에 따른 의료기기
⑬ 「건강기능식품에 관한 법률」 제3조제1호에 따른 건강기능식품
⑭ 「위생용품관리법」 제2조제1호에 따른 위생용품
⑮ 「생활화학제품 및 살생물질의 안전관리에 관한 법률」 제3조제3호에 따른 생활화학제품

제1호부터 제15호까지 외의 화학물질 또는 혼합물로서 일반 소비자의 생활용으로 제공되는 것(일반 소비자의 생활용으로 제공되는 화학물질 또는 혼합물이 사업장 내에서 취급되는 경우를 포함한다)

고용노동부장관이 정하여 고시하는 연구·개발용 화학물질 또는 화학제품(연간 100kg 미만으로 제조하거나 수입하는 경우에 한한다. 다만, 개별용기 단위로는 10kg을 초과해서는 안 된다)

그 밖에 고용노동부장관이 독성·폭발성 등으로 인한 위해의 정도가 작다고 인정하여 고시하는 화학물질 등

보충학습

1. 발화에너지 23. 5. 13 ⚙

(1) 최소발화에너지(MIE) : 처음 연소에 필요한 최소에너지
(2) 최소발화에너지에 영향을 주는 물질의 종류
　① 혼합물　② 농도　③ 압력　④ 온도
(3) MIE는 압력증가에 따라 감소한다.
(4) 일반적으로 분진의 MIE는 가연성 가스보다 큰 에너지 준위를 가진다.
(5) 질소농도의 증가는 MIE를 증가시킨다.

[표] 최소발화에너지　10. 5. 9 ⑦　18. 3. 4 ⑦　22. 4. 24 ⑦

가연물	압력[atm]	최소발화에너지[mJ]
메탄	1	0.29
프로판	1	0.26
헵탄	1	0.25
수소	1	0.03
전분, 분진		0.3
철 분진		0.12

2. 발화온도(AIT)

(1) 증기발화온도(자연발화)는 증기가 주위의 에너지로부터 자발적으로 발화되는 온도
(2) 발화온도에 영향을 주는 물질의 종류
　① 증기의 농도　② 증기의 부피
　③ 계의 압력　④ 촉매물질의 종류
　⑤ 발화지연시간
　⑥ 혼합물 중 가연물의 농도가 크거나 작아도 높은 값은 AIT 값을 가진다.
(3) 부피가 큰 계일수록 AIT 값은 감소하며, 압력이 감소함에 따라 AIT 값은 증가한다.
(4) 산소농도의 증가는 AIT 값을 감소하게 한다.

3. 안전밸브

(1) 화학변화에 의한 에너지 증가 및 물리적 상태변화에 의한 압력증가를 제어하기 위해 사용하는 안전장치
(2) 안전밸브 구조
　① 안전밸브는 임의로 압력을 조정할 수 없도록 봉인할 수 있는 구조
　② 독성 및 가연성 가스의 안전밸브는 밀폐구조
　③ 설정압력이 3[MPa]을 초과하는 증기 또는 235[°C]를 초과하는 유체에 사용하는 안전밸브는 스프링이 분출하는 유체에 직접 노출되지 않도록 해야 한다.

[표] 안전밸브 구분

구분	용도	특징
safety valve	스팀, 공기	순간적으로 개방
relief valve	액체	압력증가에 의해 천천히 개방
safety-relief valve	가스, 증기 및 액체	중간 정도의 속도로 개방

(3) 배기에 의한 안전밸브의 구분
① 개방형 안전밸브 : 보일러 등에 사용
② 밀폐형 안전밸브 : 화학설비 등에 사용
③ bellow형 안전밸브 : 부식성이 강한 가스나 독성이 강한 가스 등에 사용

4. 파열판
(1) 압력용기, 배관, 덕트 등의 밀폐장치가 압력의 과다 또는 진공에 의해 파손될 위험발생 시 이를 예방하기 위한 안전장치
(2) 파열판의 구조
① 파열판과 이것을 지지하기 위한 홀더(holder)로 구성
② 파열판 두께는 파열압력과 상용압력에 의해 좌우되며, 상용압력은 파열압력 이하로 유지
③ 상용압력이 일정하지 않고 맥동하는 경우 최대사용압력은 파열압력의 60[%] 이하로 유지
(3) 파열판 설치방법
① 운전압력, 압력의 변화, 운전온도 등에 의해 크리프 및 피로가 발생하며, 장기간 운전 시 파열 가능성이 있으므로 정기적 교체 필요
② 신뢰성 확보가 곤란할 경우 안전밸브와 병행하거나 두 개의 파열판 장착

[표] 파열판과 안전밸브 설치

구분	특징
파열판 및 안전밸브의 직렬 설치	급성독성 물질이 지속적으로 외부에 유출될 수 있는 화학설비 및 그 부속설비에 직렬로 설치하고 그 사이에는 압력지시계 또는 자동경보장치 설치
파열판과 안전밸브를 병렬로 반응기 상부에 설치	반응폭주 현상이 발생했을 때 반응기 내부 과압을 분출하고자 할 경우

5. 누전경보기의 시험
(1) 시험 조건 : 실온 5[℃] 이상 35[℃] 이하, 상대습도 45[%] 이상 85[%] 이하의 상태

[표] 시험의 종류

구분	시험종류	
변류기	• 온도특성시험 • 방수시험 • 진동시험 • 충격시험 • 절연저항시험 • 절연내력시험 • 충격파내전압시험	• 전로개폐시험 • 단락전류강도시험 • 과누전시험 • 노화시험 • 전압강하방지시험
수신부		• 전원전압변동시험 • 과입력전압시험 • 개폐기의 조작시험 • 반복시험

(2) 수신부의 누전표시
① 적색표시 및 음향신호에 의해 누전을 자동적으로 표시
② 차단기구에 의한 차단 후에도 적색표시로 계속 표시

Q 은행문제

건조설비의 사용에 있어 500~800[℃]범위의 온도에 가열된 스테인리스강에서 주로 일어나며, 탄화크롬이 형성되었을 때 결정경계면의 크롬함유량이 감소하여 발생되는 부식형태는?
19. 3. 3 ❹ 23. 3. 1 ❹
① 전면부식 ② 층상부식
③ 입계부식 ④ 격간부식

정답 ③

주요항목 09 화공 안전운전·점검 출제예상문제

출제예상문제는 복습, 예습문제로 엮었습니다. *WHY : 실제시험에도 순서에 관계없이 출제됩니다. 예습 후 다음장에 공부한 문제가 있으면 기억이 배가 됩니다.

01 ★★★★★ 반응기 안전 설계시 주요 인자와 관계가 먼 것은?

① 상(phase)의 형태
② 운전압력
③ 온도범위
④ 액 및 가스의 양의 비율

해설

반응기와 증류기
(1) 반응기의 설계 인자
　① 상의 형태
　② 온도범위
　③ 운전압력
　④ 부식성
　⑤ 열전도율
　⑥ 반응시간
　⑦ 생산비율
　⑧ 균일성에 대한 교반과 온도 조절
(2) 증류기의 설계 인자
　① 액 및 가스량 비율
　② 고체의 유무
　③ 부식성
　④ 운전압력
　⑤ 연속식과 회분식

◉ 21C에 출제될 문제이니 꼭 기억한다.

02 ★★ 폭발물 등 가연 발화의 위험이 있는 물건을 취급하는 건조실은 건축물의 어느 곳에 설치하는가?

① 단층
② 단층의 별동
③ 단층의 상부층
④ 별동층의 상부층

해설

건조실
건조물 설치 건축물의 구조 : 독립된 단층 건물

　참고 산업안전보건기준에 관한 규칙 제280조(위험물건조설비를 설치하는 건축물의 구조)

03 ★★ 화학공장의 폐회로 방식 제어계의 작동순서로 올바른 것은?

① 공정설비 – 검출부 – 조작부 – 조절계 – 공정설비
② 공정설비 – 검출부 – 조절계 – 조작부 – 공정설비
③ 공정설비 – 조작부 – 조절계 – 검출부 – 공정설비
④ 공정설비 – 조작부 – 검출부 – 조절계 – 공정설비

해설

자동제어 시스템의 작동
일반적으로 화학공장에서 사용되고 있는 자동제어 시스템과 작동을 표시하면 그림과 같이 된다.

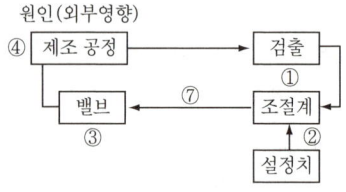

[그림] 자동제어 시스템의 작동순서

① 무엇이 원인이 되어 공정상태(예를 들면 온도, 액면, 기타)가 변화하는가를 검출한다.
② 조절계가 검출치와 설정치를 비교하고 차이가 있으면 차이를 정하도록 출력신호를 보낸다.
③ 밸브가 출력신호에 의해 작동한다.
④ 따라서 공정의 상태(유량, 온도 등)가 변한다.
⑤ 그 변화가 다시 검출되어 조절계로 들어간다.
⑥ 조절계가 설정치와 비교하여 출력신호를 변화시킨다.
⑦ 밸브가 작동한다.

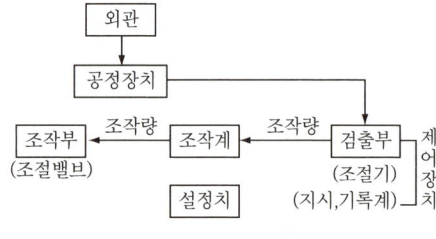

[그림] 제어순서

[정답] 01 ④　02 ②　03 ②

04 ★★★★ 부식성이 높은 위험물질이 충전되어 있는 설비의 안전장치 설계 중 올바른 것은? (단, 파열판 : ◁▷, 압력게이지 : Ⓟⓖ, 안전밸브 : ✱)

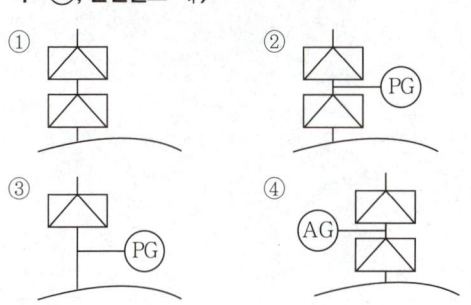

해설
안전장치 실제 설계 권장사항

시스템	권장사항
	• 부식성 물질을 사용하는 경우 파열판 설치 • 또는 스프링식 안전밸브에 의해 유출될 위험이 있는 독성이 매우 높은 물질인 경우
	• 부식성이 매우 높은 물질일 경우에는 2개의 파열판을 연속적으로 설치한다. 이 경우 첫 번째 것은 주기적으로 교환해야 한다.
	• 파열판과 스프링식 안전밸브를 병렬로 연결한다. 통상적인 소량의 방출은 스프링식 안전밸브에 의해 진행되고, 대량의 방출은 파열판으로 진행된다.
	• 파열판과 스프링식 안전밸브가 연속적으로 설치되어 있다. 이는 독성 또는 부식성이 있는 물질이 유출되는 것을 막기 위해서이다.
	• 두 개의 파열판이 three way 밸브에 의해 연결되어 설치되어 있다. 이 형태는 주기적으로 교체 또는 청소해야 하는 반응기에 적합하다. 특히 중합공정에 유리하다.
	A. 압력강하 설정압력의 3[%]를 초과할 수 없다. B. 긴 곡률반경의 엘보 C. 긴 곡률반경의 엘보는 C의 길이가 10[ft] 이상 되어 하중이 증가되거나, 반응력에 의한 응력의 발생 등에 대항하여 양호한 유지효과를 부여한다.
	• 증기를 사용하는 단독 세이프티 릴리프밸브의 오리피스 면적은 방호하고자 하는 파이프 단면적의 2[%]를 초과하지 말아야 한다. • 어느 정도 간격을 두고 설치된 여러 개의 밸브가 필요하다.
	A. 공정라인들은 안전밸브의 입구에 연결되면 안 된다.

	A. 난류를 발생시키는 장치 B. 〈B〉의 치수는 다음과 같다.

난류를 유발시키는 장치	파이프 직경의 최소배수
• 레귤레이터 또는 밸브	25
• 동일평면상이 아닌 파이프에 2개의 엘보 또는 굽음이 없을 경우	20
• 동일평면상 위의 파이프에 2개의 엘보 또는 굽음이 있는 경우	15
• 1개의 엘보 또는 굽음이 있는 경우	10
• 맥동 댐퍼	10

05 ★★★★ 다음 중 화학공정의 백업 시스템(back-up system)에 속하지 않는 것은?

① 안전밸브 ② 인터로크시스템
③ 릴리프밸브 ④ 플레어스택

해설
flare stack계
① 가스나 고휘발성 액체의 vapor를 연소해서 대기 중으로 방출하는 방식이다.
② flare stack에서 이동되는 가스는 knock-out drum에서 동반한 mist나 drain을 원심력을 이용해서 제거하고, 이어서 flare stack으로부터의 역화를 방지하기 위해 수봉(水封)된 seal drum을 통해 flare stack으로 도입되며, 상시 연소하고 있는 pilot burner에 의해서 착화 연소하여 가연성·독성, 냄새를 거의 제거하여 대기 중에 방출된다.

💬 합격자의 조언
자신의 영혼을 위해 투자하라. 투명한 영혼은 천년 앞을 내다본다.

06 아세틸렌(C_2H_2)의 공기 중의 완전연소 조성농도 (C_{st})는 약 얼마인가?[vol%]

① 6.7[vol%] ② 7.0[vol%]
③ 7.4[vol%] ④ 7.7[vol%]

해설
완전연소 조성농도 계산

완전연소 조성농도(C_{st})
$$= \frac{100}{1+4.773\left(n+\frac{m-f-2\lambda}{4}\right)}[vol\%]$$
$$= \frac{100}{1+4.773\left(2+\frac{2}{4}\right)} = 7.7[vol\%]$$

여기서, n : 탄소 m : 수소 f : 할로겐원소 λ : 산소의 원자수

[정답] 04 ② 05 ② 06 ④

5과목

건설공사 안전관리

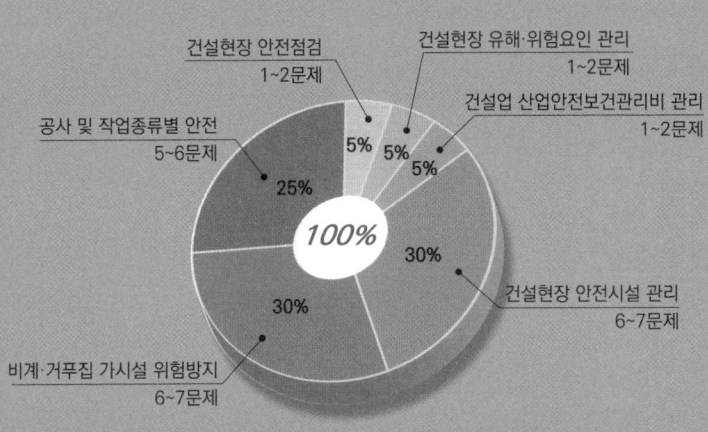

출제기준 및 비중(적용기간 : 2024. 1. 1. ~ 2026. 12. 31.)

- 건설현장 안전점검 **주요항목 01**
  출제예상문제
- 건설현장 유해·위험요인 관리 **주요항목 02**
  출제예상문제
- 건설업 산업안전보건관리비 관리 **주요항목 03**
  출제예상문제
- 건설현장 안전시설 관리 **주요항목 04**
  출제예상문제
- 비계·거푸집 가시설 위험방지 **주요항목 05**
  출제예상문제
- 공사 및 작업종류별 안전 **주요항목 06**
  출제예상문제

- NCS기준과 2026년 합격기준을 정확하게 적용하였습니다.
- "특허"받은 책과 "맞추다" CBT기법으로 AI기출을 적용했습니다.

주요항목 01. 건설현장 안전점검

중점 학습내용

건설공사에서 가설공사는 시작이며 또 최초의 작업이다. 본 공사를 위하여 일시적으로 행하여지는 시설 및 설비로 공사가 완료되면 해체, 철거, 정리되는 임시적인 공사를 말한다. 고로 공사의 특성이 있다. 가설 구조물에는 가설 건물, 비계, 지보공, 가설 통로, 울타리 등이 있으며 넓은 의미에서는 토압, 수압 등의 흙막이 동바리 등을 들 수 있다. 건설공사는 반드시 안전성, 작업성, 경제성에 대한 사전 검토가 필요하며 시험에 출제가 예상되는 그 중심적인 내용은 다음과 같다.
❶ 건설공사 특수성 분석
❷ 안전관리 고려사항 확인

합격예측

직접가설비
직접적인 역할을 하는 공사비
① 규준틀
② 비계 및 발판
③ 먹매김
④ 건축물 보양설비
⑤ 양중, 운반, 타설설비
⑥ 안전시설 중 낙하물 방지망

참고

흙의 단립구조
① 자갈, 모래, 실트 등의 조립토가 물속에 침강할 때 생긴 구조이다.
② 입자가 크고 모가 날수록 강도가 크다.
③ d는 0.074[mm] 이상의 모래분과 조약돌이다.

은행문제

온도가 하강함에 따라 토중수가 얼어 부피가 약 9[%] 정도 증대하게 됨으로써 지표면이 부풀어오르는 현상은? 16. 10. 1 기 23. 7. 8 기
① 동상현상
② 연화현상
③ 리칭현상
④ 액상화현상
정답 ①

세부항목 1. 건설공사(建設工事) 특수성 분석

건설공사는 토목공사, 건축공사, 산업설비공사, 조경공사, 환경시설공사, 그 밖에 명칭에 관계없이 시설물을 설치·유지·보수하는 공사(시설물을 설치하기 위한 부지조성공사를 포함한다) 및 기계설비나 그 밖의 구조물의 설치 및 해체 공사 등을 말한다.

공정계획은 결정된 예정계획에서 제품을 제조하기 위한 구체적 제조과정의 순서·작업경로·제조방법 등을 결정하는 기능을 말한다.

1. 안전관리 계획 수립

(1) 건설공사 재해의 특징

① 작업환경의 특수성
② 작업 자체의 위험성
③ 공사계약의 유무성
④ 근로자의 유동성
⑤ 고용의 불안정
⑥ 신공법, 신기술의 안전기술 부족
⑦ 근로자의 안전의식 부족
⑧ 하도급에서 발생되는 문제점

(2) 근본적인 건설재해 방지대책(설계, 적산 등의 안전대책)

① 공기, 공정의 적정화
② 안전보건 경비의 적정기준 설정
③ 적정한 시공업자 선정
④ 하도급 계약의 적정화
⑤ 설계사, 적산담당기술사, 안전보건교육 실시

2. 공사장 작업환경 특수성

> 지층이나 토층의 층서(層序), 지하수의 상태, 각 층의 강도나 변형 특성 및 물리적 성질 등을 밝혀 구조물의 설계·시공의 기초적인 자료를 구하는 조사. 예비조사와 본조사로 나뉜다.

(1) 지반의 조사

1 지반조사 자료항목
① 보링주상도, 지하수위, 토질시험 자료 등
② 암반 위의 중요 구조물인 경우는 암석의 조인트, 크랙, 강도시험, 공내 재하시험자료, 투시시험 결과, 암반 절취면의 안정성 검토
③ 보링 깊이는 최소한 굴착 깊이보다 깊고 응력 범위까지 굴착하고, 배면 지반의 조건 등도 파악하는 것이 좋다.

2 인접 건물 답사자료 항목
① 인접건물의 기초 또는 가설 구조물의 종류 파악
② 인접 구조물의 현황 및 노후도 파악
③ 굴착에 따른 영향 검토

3 인접 매설물 현황 자료
① 상하수도관, 가스관로
② 송유관, 통신케이블
③ 지하철, 한전케이블

(2) 건설 지반의 특성

1 지반의 허용지내력
① 흙의 종류에는 암반, 모래, 진흙, 부식토, 역암 등이 있다.
② 지반에 대한 허용지내력은 다음 [표]와 같다.

합격예측

공통가설비
간접적인 역할을 하는 공사비
① 가설 건물비
② 준비비(대지측량, 정리 등)
③ 동력, 용수, 광열비
④ 시험 조사비
⑤ 정리 청소비
⑥ 기계 기구비
⑦ 운반비 등

◎ 참고

지반의 조사 순서
사전조사 → 예비조사 → 본조사 → 추가조사

합격예측

흙의 전단강도(쿨롱의 법칙)
(1) 개요 21. 8. 14 ⑦ 23. 7. 8 ⑦
　① 전단강도란 흙에 관한 역학적 성질로 기초의 극한 지지력을 알 수 있다.
　② 기초의 하중이 흙의 전단강도 이상이면 흙은 붕괴되고 기초는 침하된다.
(2) 전단강도 공식(coulomb의 법칙)
　$\tau = c + \sigma \tan\phi$
　　= 점착력 + 마찰력
　여기서, τ : 전단강도
　　　　c : 점착력
　　　　σ : 수직응력
　　　　ϕ : 마찰각
　　　　$\sigma\tan\phi$: 마찰력
(3) 모래와 점토의 전단강도
　① 모래
　　• $\tau \fallingdotseq \sigma\tan\phi$(모래의 점착력 $c = 0$)
　　• 내부마찰각 ϕ 산정 : 표준관입시험
　② 점토
　　• $\tau \fallingdotseq c$(점토의 내부마찰각 $\phi = 0$)
　　• 점착력 c 산정 : 직접전단시험, Vane Test

합격예측

흙의 벌집구조(봉소구조)특징
① 실트나 점토가 물속에 침강하여 이룬 구조
② 간극비가 크고 충격과 진동에 약하다.
③ d는 0.074~0.005[mm]의 실트질이다.

참고

지하탐사법의 종류
① 터파보기
② 짚어보기
③ 물리적 탐사법

합격예측

(1) 지반조사 필요성 17. 3. 5 ㉮
① 구조물에 적합한 기초 형식 및 근입 깊이 결정
② 기초지반의 조건과 특성에 적합한 시공방법의 결정
③ 토질의 공학적인 특성 파악
④ 잠재적인 지반의 문제점에 대한 평가 및 대책 수립
⑤ 지하수위 및 피압수 여부 파악

(2) 지반조사단계
① 예비조사
  ㉮ 자료조사 – 지질도, 수리학적 자료, 지형도
  ㉯ 현지답사 – 일반적인 지형, 배수구, 지하수 상황, 식생
  ㉰ 물리적 탐사법
    ⓐ 탄성파 탐사법
    ⓑ 전기 비저항법
② 본조사
  ㉮ 보링(boring)
  ㉯ 사운딩(sounding)

[표] 지반의 허용응력도   단위 : [kN/m²]

지반		장기응력에 대한 허용지내력	단기응력에 대한 허용지내력
경암반	화강암, 석록암, 편마암, 안산암 등의 화성암 및 굳은 역암 등의 암반	4,000	각각 장기응력에 대한 허용지내력 값의 1.5배로 한다.
연암반	편암, 판암 등의 수성암의 암반	2,000	
	혈암, 토단암 등의 암반	1,000	
자갈		300	각각 장기응력에 대한 허용지내력 값의 1.5배로 한다.
자갈과 모래와의 혼합물		200	
모래 섞인 점토 또는 롬토		150	
모래 또는 점토		100	

주) 건축물의 구조기준 등에 관한 규칙 [별표 8]

2 투수압(透水壓)

① 터파기 지반의 경우 투수성은 배수 등의 측면에서 건설공사에 지대한 영향을 주며 또한 기초 굴착공사시 지하수의 처리가 극히 중요하다.
② 점토 지반의 투수성은 압밀침하의 시간을 지배하게 된다.

3 지반조사의 토질 정수 결정방법

① 조사시 보링 깊이가 흙막이 굴착 깊이보다 얕은 경우
② 지반조사 보링, 토질 및 암석 실험, 구조계산에 상호연관성이 없는 경우
③ 토압 산정과 구조 계산을 위한 토질 정수를 N값으로 추정하는 경우
④ 암반 지역의 중요 대형 빌딩 시공시 형식적인 BX 보링으로 설계
  ㉮ 토질 파라미터 결정을 위해서 NX 보링과 코어 시험이 필요
  ㉯ 토질 시험 데이터가 필요

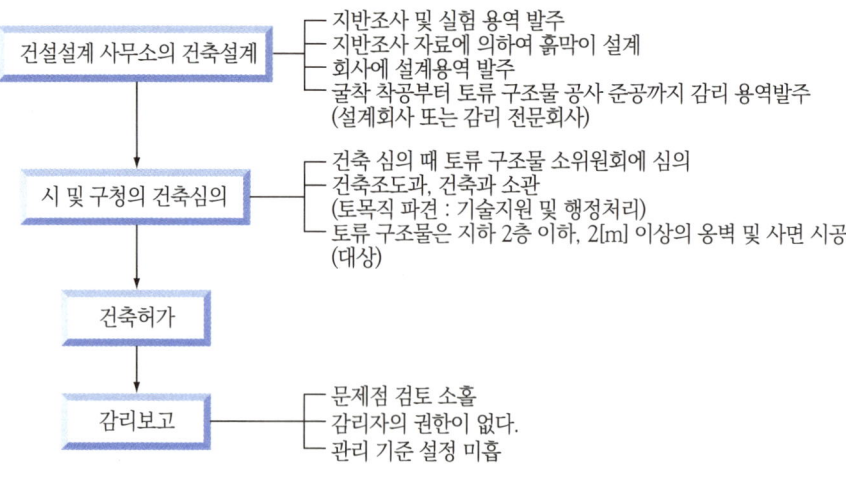

[그림] 설계·허가 및 시공절차

4 침수유량

유량은 Darcy의 법칙에 의해 구할 수 있다.

침수유량 = 투수계수 × 수두기울기 × 단면적

여기서, 투수계수는 다음의 특성을 가진다.

① 투수계수가 크면 침투량이 크고, 모래는 투수계수가 크다.
② 투수계수는 모래에 있어서 평균입자지름의 제곱에 비례하고 간극비의 제곱에 비례한다.
③ 투수계수는 불교란 시료의 투수시험에 의하거나 양수량과 투수계수를 알기 위해 행해지는 양수시험에 의해 구할 수 있다. 일반적으로 투수성과 관계 있는 공법에는 웰포인트공법(well point method)과 샌드드레인공법(sand drain method)이 있다.

(3) 지반조사방법

1 예비조사 항목

① 인근 지반의 지반조사 자료나 시공 자료의 수집
② 지형이나 지하수위, 우물 등의 현황 조사
③ 인접 구조물의 크기, 기초의 형식 및 그 현황 조사
④ 주변의 환경(하천, 지표지질, 도로, 교통 등)
⑤ 기상 조건 변동에 따른 영향 검토

2 본조사 방법

① 예비조사의 결과로 얻어진 흙막이 구조물의 선정에 대응한 설계, 시공 및 관리에 필요하다고 생각되는 자료를 구하기 위해 실시되는 조사이다.
② 지반조사의 기본은 지반의 구성을 분명히 하는 것과 각 층의 역학적, 물리적 특성을 알기 위함이다.
③ 조사의 범위는 대략 50~100[m] 간격으로 설계근입장+α깊이까지 실시한다.
④ 조사 범위 검토에 있어서 작용 응력이 미치는 범위를 고려할 필요가 있다.

[표] 지반조사 항목

항목	매립 특성	역학 특성	압축 특성	지하수	비고
강널말뚝	△	○	○	○	○꼭 필요한 조사
지하연속벽	△	○	○	○	△가능하면 조사하는 것이 좋은 조사
앵커사용시	○	○	△	○	

합격예측

흙의 면모구조의 특징
① 0.005[mm] 이하의 콜로이드 같은 미세입자가 물속에서 이루어진 것이다.
② 간극비가 크고 압축성이 커서 기초지반의 흙으로 부적당하다.
③ d는 0.005[mm] 이하의 점토분과 콜로이드분이다.

용어정의

예민비
① 흙의 함수량을 변화시키지 않고 흐트러트리면 강도가 감소되는 현상으로, 압축강도의 감소비가 예민비이다.
② 모래는 1 정도로 작고, 점토는 4~10 정도로 크다.

Q 은행문제

1. 지하매설물의 인접작업 시 안전지침과 거리가 먼 것은? 15. 8. 16 ⑦
① 사전조사
② 매설물의 방호조치
③ 지하매설물의 파악
④ 소규모 구조물의 방호
　　　　　　정답 ④

2. 안전관리계획서의 작성내용과 거리가 먼 것은? 15. 8. 16 ⑦
① 건설공사의 안전관리 조직
② 산업안전보건관리비 집행방법
③ 공사장 및 주변 안전관리 계획
④ 통행안전시설 설치 및 교통소통계획
　　　　　　정답 ②

합격예측
흙의 구성
① 흙은 토립자와 간극으로 구성된다.
② 간극에는 물과 공기가 가스로 구성되어 있다.

합격예측
19. 3. 3 기 21. 5. 15 기
23. 6. 4 기 24. 2. 15 기

(1) 보일링(Boiling)현상
투수성이 좋은 사질지반의 흙막이 지면에서 수두차로 인한 상향의 침투압이 발생 유효응력이 감소하여 전단강도가 상실되는 현상으로 지하수가 모래와 같이 솟아오르는 (모래의 액상화)현상

(2) 파이핑(Piping) 현상
사질지반의 지하수위 이하 굴착시 수위차로 인해 상향의 침투류가 발생하여 전단강도 상실, 흙이 물과 함께 분출하는 Quick sand의 진전된 현상

(3) 방지대책(공통)
17. 8. 26 기 17. 9. 23 기
18. 3. 4 산 22. 3. 5 기

① Filter 및 차수벽 설치
② 흙막이 근입깊이를 깊게(불투수층까지)
③ 약액주입 등의 굴착면 고결
④ 지하수위 저하
⑤ 압성토공법 등

3 예민비(sensitivity ratio)

① 흙의 이김에 의하여 강도가 약해지는 점토를 표시하는 것이다.

$$예민비 = \frac{자연\ 시료의\ 강도}{이긴\ 시료의\ 강도}$$

② 강도는 1축압축강도를 말하며 예민비의 높고 낮음은 점토의 종류에 따라 달라진다.

③ 간극비가 1보다 작은 점토에서는 예민비가 1에 가까운 것이 많고 간극비가 1보다 큰 점토에서는 예민비가 4~10 정도 된다.

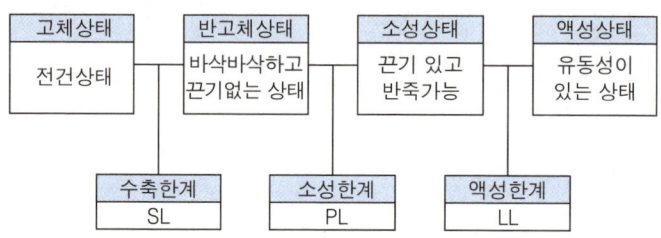

[그림] 흙의 연경도

4 간극비·함수비·포화도

일반적으로 흙은 흙입자와 흙입자 간극으로 구성되고 간극은 물, 공기 또는 가스로 구성되며 간극비, 함수비 및 포화도의 산출 공식은 다음과 같다.

18. 4. 28 기 19. 3. 3 기
20. 6. 14 산

① 간(공)극비 $= \dfrac{간극의\ 용적}{흙입자의\ 용적} = \dfrac{V_v}{V_s}$

② 간(공)극률 $= \dfrac{간극의\ 용적}{흙\ 전체의\ 용적} \times 100[\%] = \dfrac{V_v}{V} \times 100[\%]$

③ 포화도 $= \dfrac{물의\ 용적}{간극의\ 용적} \times 100[\%] = \dfrac{V_w}{V_v} \times 100[\%]$

④ 함수비 $= \dfrac{물의\ 중량}{흙입자의\ 중량} \times 100[\%] = \dfrac{W_w}{W_s} \times 100[\%]$

⑤ 함수율 $= \dfrac{물의\ 중량}{흙\ 전체의\ 중량} \times 100[\%]$

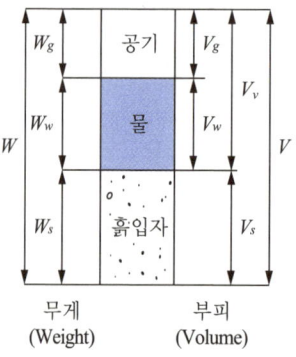

[그림] 흙의 구성

[표] 사층과 점토층에 대한 흙의 특성 비교

흙의 특성	사층(사질토)	점토층(점성토)
투수계수	크다	작다
압밀성	작다	크다
가소성	없다	있다
건조수축	수축이 어렵다	수축이 용이하다

※ 압밀 : 흙의 간극이 감소하는 성질

5 boring(보링)

① 보링(boring)시 주의사항 19.3.3 ⚠
  ㉮ 보링의 깊이는 경미한 건물은 기초폭의 1.5~2.0배, 일반적인 경우는 약 20[cm] 또는 지지층 이상으로 한다.
  ㉯ 간격은 약 30[m]로 하고 중간지점은 물리적 지하탐사법에 의해 보충한다.
  ㉰ 한 장소에서 3개소 이상 실시한다.
  ㉱ 보링 구멍은 수직으로 판다.
  ㉲ 채취 시료는 충분히 양생해야 한다.

② 보링의 종류 17.5.7 ⚠
  ㉮ 기계식
    ㉠ 회전식 보링(rotary boring) : 천공날을 회전시켜 천공하는 공법으로 가장 많이 사용되며 천공구멍 밑바닥의 지층을 흐트러지지 않게 하면서 토질의 성질을 분석한다.(지질상태 가장 정확하게 파악) 23.5.13 ⚠
    ㉡ 수세식 보링(wash boring) : boring 내 선단에서 물을 뿜어내어 나온 진흙물을 침전시켜 지층의 토질을 분석하는 것으로 깊은 지층조사가 가능하다.
    ㉢ 충격식 보링(percussion boring) : 낙하, 충격에 의해 파쇄되는 토사나 암석을 이용하여 분석하는 것으로 W/R에 충격날을 설치하여 낙하시켜 토질을 분석한다.
  ㉯ 오거보링(auger boring) : boring에 쓰이는 송곳(auger)을 이용해 깊이 10[m] 이내의 시추에 사용되며 hand auger를 이용해 사람이 지중에 박아 2[m] 내외의 얕은 지층의 점토층 토질분석을 한다.

합격예측
16.10.1 ㉮ 19.4.27 ⚠
20.8.23 ⚠ 23.5.13 ⚠ 25.2.7 ⚠
(1) 히빙(Heaving) 현상
  연약성 점토지반 굴착시 굴착외측 흙의 중량에 의해 굴착저면의 흙이 활동 전단 파괴되어 굴착내측으로 부풀어 오르는 현상
(2) 히빙 방지대책
16.3.6 ㉮ 23.2.28 ㉮ 25.2.7 ㉮
  ① 흙막이 근입깊이를 깊게
  ② 표토제거 하중감소
  ③ 지반개량
  ④ 굴착면 하중증가
  ⑤ 어스앵커설치 등

참고
보링(boring)의 종류
① 수세식 보링
② 충격식 보링
③ 회전식 보링
④ 오거보링

합격예측
작업면에 대한 조도 기준
18.4.21 ⚠

작업기준	기준
막장구간	70[Lux] 이상
터널중간구간	50[Lux] 이상
터널입·출구, 수직구 구간	30[Lux] 이상

합격예측

토질시험의 종류

(1) 흙의 분류 및 물리적 성질을 위한 시험
① 함수량시험
② 투수시험
③ 입도시험
④ 비중시험
⑤ 연경도시험(액성한계, 소성한계, 수축한계)

(2) 흙의 역학적 성질을 구하기 위한 시험
① 다짐시험
② 전단시험
③ 압밀시험
④ 압축시험
⑤ 삼축압축시험

합격예측 20. 9. 27 [기]

[표] 타격횟수에 따른 지반밀도

N값	모래지반 상대밀도
0~4	몹시 느슨
4~10	느슨
10~30	보통
30~50	조밀
50 이상	대단히 조밀

N값	점토지반 점착력
0~2	아주 연약
2~4	연약
4~8	보통
8~15	강한 점착력
15~30	매우 강한 점착력
30 이상	견고(경질)

Penetration test(관입시험)의 목적

토질시험으로 밀실도를 측정

합격예측

소성한계 18. 3. 4 [산]

① 반죽된 흙을 손으로 밀어서 지름 3[mm]의 국수모양으로 만들어 부슬해질 때의 함수비를 말한다.
② 소성토를 이용한 세립토의 성질을 이용한다.

(4) 토질시험의 종류 및 특징

1 전단시험 19. 8. 4 [기]

직접전단시험은 시험장치를 이용하여 수직력을 변화시켜 이에 대응하는 전단력을 측정한다.([예] 1면 전단시험, 베인테스트, 일축압축시험)

2 표준관입시험(standard penetration test)

① 지반 내에서 직접 모래를 채취하여 모래의 밀도를 측정하는 것이다.
② 표준 샘플러를 63.5[kg]의 해머로 76[cm]의 낙하로 쳐 박아 관입량 30[cm]에 달하는 데 요하는 타격횟수를 구한다.
③ 타격횟수(N)의 값이 클수록 밀실한 토질이다.
④ 용도 : 주로 사질지반에 사용

3 베인테스트(vane test) 18. 9. 15 [기] 20. 8. 22 [기]

보링의 구멍을 이용하여 십자 날개형의 베인 테스터를 지반에 박고 이것을 회전시켜 그 회전력에 의하여 10[m] 이내 점토(진흙)의 점착력을 판별하는 것이다.

(5) 지하탐사법의 종류 및 특징

1 터파보기(Trial Pit : 시험파기)

① 지층의 토질, 지하수 등을 조사하기 위하여 삽으로 구멍을 파 보는 방법으로 활석 기초의 얇고 경미한 건물의 기초에 사용된다.
② 구멍은 거리 간격 5~10[m], 지름의 크기 60~90[cm], 깊이 1.5~3.0[m] 정도가 가능하다.(가장 정확한 지하탐사방식)

2 짚어보기(Sound rod : 쇠꽂이 찔러보기)

① 철근을 땅속에 박아 그 저항, 울림, 침하력 등에 의하여 지반의 단단함을 판단하는 것이다.
② 얇은 기초의 생땅을 발견시 사용되는 방법이다.

3 물리적 탐사법

① 지하지반의 구성층을 진단하는 데 사용되며 필요한 곳을 보링과 병행하여 정밀 조사를 실시한다.
② 탐사법에는 탄성파식 지하탐사법, 강제진동지하탐사법 및 전기저항식 지하탐사법이 있다.
③ 광대한 대지의 심층구조 파악

2. 안전관리 고려사항 확인

1. 건설현장 안전관리

(1) 건설공사 안전계획

1 입지 및 환경
① 주변의 교통
② 통행인(거주인)
③ 부지 상황
④ 매설물
⑤ 유해물
⑥ 지역특성 등의 현황의 기술

2 건설안전관리 중점 목표
① 전 공기에 해당되는 목표 달성
② 착공에서 준공까지 각 단계의 중점 목표를 결정
③ 각 공정별 중점 목표를 결정
④ 구체적이고 실천 가능한 목표를 설정
⑤ 긴급성과 경제성을 고려한 목표를 설정

3 공정별 위험요소와 재해 예측
주요공사 공정을 근거로 공정별 위험요소와 재해를 예측하여 이들 항목을 기록하고 배치해야 할 유자격자 등을 명시한다.

4 사고예방을 위한 구체적 실시 계획
공사 구분 및 재해항목(위험요소 포함)을 근거로 사고예방을 위한 구체적인 실시 내용과 교육계획을 수립한다.

5 안전행사 계획
① 일일계획
② 주간계획
③ 월간계획
④ 수시계획

6 안전업무 분담표
업무 추진의 역할분담을 명확히 하여 정·부 책임자 및 보조자를 결정하여 책임을 분담시킨다.

용어정의

① "밀폐공간"이란 산소결핍, 유해가스로 인한 화재·폭발 등의 위험이 있는 장소
② "유해가스"란 밀폐공간에서 이산화탄소·일산화탄소·황화수소 등의 유해 물질이 가스 상태로 공기 중에 발생하는 것을 말한다.
③ "적정공기"란 산소농도의 범위가 18[%] 이상 23.5[%] 미만, 이산화탄소의 농도가 1.5[%] 미만, 일산화탄소의 농도가 30[ppm] 미만, 황화수소의 농도가 10[ppm], 미만인 수준의 공기를 말한다.
④ "산소결핍"이란 공기 중의 산소농도가 18[%] 미만인 상태를 말한다. 17. 3. 5 ㉆ 23. 2. 28 ㉆ 25. 2. 7 ㉆
⑤ "산소결핍증"이란 산소가 결핍된 공기를 들이마심으로써 생기는 증상을 말한다. 18. 9. 15 ㉆

합격예측

(1) 건설공사의 안전관리
　① 설계 및 적산 단계에서부터 안전대책을 강화
　② 기계·설비공법 등의 안전을 확보
　③ 안전보건관리 체제의 정비확보
　④ 안전기술의 정비
　⑤ 안전교육훈련의 강화
　⑥ 건강재해대책의 강화

(2) 건축시공 3대관리
　① 원가관리　25. 2. 7 ㉓
　② 품질관리
　③ 공정관리

(3) 5M
　① Men : 노무관리
　② Material : 자재관리
　③ Machine : 기계, 장비관리
　④ Money : 자금, 회계, 경비관리
　⑤ Method : 시공방법

(4) 5R
　① Right price(적정 가격)
　② Right time(적정 시기)
　③ Right product (적정 제품)
　④ Right quality (적정 품질)
　⑤ Right quantity (적정 수량)

합격예측

건설재해 예방대책
① 안전을 고려한 설계
② 무리가 없는 공정계획
③ 안전관리 체제확립
④ 작업지시 단계에서 안전사항 철저지시
⑤ 작업원의 안전의식강화
⑥ 관리감독자 지정
⑦ 안전보호구 착용
⑧ 작업자 이외 출입금지
⑨ 악천후시 작업중지
⑩ 고소작업시 방호조치
⑪ 건설기계에 의한 충돌·협착방지
⑫ 붕괴·도괴방지
⑬ 낙하·비래에 의한 위험방지
⑭ 건설기계의 전도방지
⑮ 상·하 동시작업금지

흙의 휴식각(Angle of repose : 안식각, 자연경사각) 16. 8. 21 ⓟ
① 흙입자간의 응집력, 부착력을 무시할 때 즉, 마찰력만으로써 중력에 의하여 정지되는 흙의 사면각도이다.
② 터파기경사각은 휴식각의 2배로 보고 있다.

지반투수계수 21. 3. 7 ㉮
(1) 정의
　① 물이 흙의 간극을 통과하여 이동하는 속도(cm/sec)를 투수계수라 한다.
　② 점토지반에서 투수성은 압밀침하의 시간을 결정한다.
　③ 투수성을 이용한 대표적 공법은 샌드드레인공법과 웰포인트공법이다.
(2) 영향인자 23. 5. 13 ⓟ
　① 입경 : 입경의 제곱에 비례
　② 점성계수 : 점성계수에 반비례
　③ 간극비 : 간극비에 비례

7 긴급연락망

사내, 감독관서, 경찰서, 소방서, 병원, 전력, 수도가스 등 각각에 대한 연락처의 일람표를 작성하여 공사현장, 사무실, 협력업자 사무소 등에 게시한다.

8 긴급시 업무 분담

재해, 화재, 도난 등의 예측불능한 사태 발생시 업무에 대한 분담을 명확히 하여 공사현장 실정에 맞게 규정으로 설정, 담당책임자에게 각각의 임무를 이해시키고 만일의 경우에 대비한 훈련을 실시한다.

(2) 건설재해의 예방대책

1 경영자의 투철한 안전의식
① 경영자는 생산성을 높이기 위하여 재해예방 활동에 노력한다.
② 경영자는 기업의 사회적 가치를 확보하기 위한 재해예방 활동에 노력한다.
③ 안전관리를 위한 투자가 생산성 증가임을 경영자는 인식한다.
④ 재해예방이 원만한 노사관계를 유지할 수 있다는 것을 인식한다.

2 재해예방을 위한 적절한 공사기간의 확보

3 근로자 안전교육 철저

2. 시공 및 재해사례 검토

[표] 건설공사 단계별 점검사항 17. 3. 5 ㉮

단계	구분	점검사항
제1단계	조사설계 단계	① 기술용역 심의 사항 ② 기술용역 평가 강화 ③ 설계 심의 내실화 ④ 사후 관리 평가 강화
제2단계	공사시공 단계	① 발주자, 공사 감독 및 감리 강화 ② 시공계획의 적정성 검토 ③ 검사시험 및 준공검사 철저 ④ 기성 및 준공검사 철저
제3단계	운영관리 단계	① 우수 공사 우대 ② 부실 시공 제재 ③ 설계 및 시공의 객관적 평가 관리

주요항목 01 건설현장 안전점검 출제예상문제

출제예상문제는 복습, 예습문제로 엮었습니다. *WHY : 실제시험에도 순서에 관계없이 출제됩니다. 예습 후 다음장에 공부한 문제가 있으면 기억이 배가 됩니다.

01 ★★★★ 재료에서 안전계수라 함은 다음 중 어느 것인가?

① 최대응력을 비례한도로 나눈 것
② 최대응력을 탄성한도로 나눈 것
③ 최대응력을 항복점 응력으로 나눈 것
④ 최대응력을 허용응력으로 나눈 것

해설

안전계수(율) 공식

$$\text{안전계수(안전율)} = \frac{\text{극한강도}}{\text{최대설계응력}} = \frac{\text{파단하중}}{\text{안전하중}} = \frac{\text{파괴(절단)하중}}{\text{최대사용하중}} = \frac{\text{최대응력}}{\text{허용응력}}$$

02 ★★★ 다음 중 가설 구조물이 갖추어야 할 구비요건으로 맞는 것은?

① 영구성, 안전성, 작업성
② 영구성, 안전성, 경제성
③ 안전성, 작업성, 경제성
④ 영구성, 작업성, 경제성

해설

가설 구조물의 구비조건
① 경제성
② 안전성 ③ 작업성(사용성)

03 ★★ 다음은 연약지반 위에 성토를 쌓거나 직접기초를 다지는 경우 지층, 점토층의 압밀을 촉진시키기 위하여 사용하는 탈수공법이다. 이 중에서 가장 적당하지 않은 공법은?

① Sand Drain 공법
② Well Point 공법
③ Paper Drain 공법
④ 진공배수공법

해설

웰 포인트(Well point)공법
① 웰포인트 흡수관을 지하에 박아 진공펌프로 지하수를 뽑아 올려 지반을 안정시키는 방법
② 실트질, 사질토 지반에 효과적
③ 가압탈수공법으로 점성토지반은 비경제적이다.

04 ★★★★ 하부지반이 연약할 때 흙파기 지면선에 대하여 흙막이 바깥에 있는 흙의 중량과 지표 재하중의 중량에 못 견디어 저면흙이 붕괴되고 흙막이 바깥에 있는 흙이 안으로 밀려 볼록하게 되어 흙막이가 파괴되는 현상을 무엇이라 하는가?

① 보일링(boiling)파괴
② 히빙(heaving)파괴
③ 수동토압(passive earth pressure)파괴
④ 주동토압(active earth pressure)파괴

해설

히빙과 보일링 지반 비교
① 히빙의 지반 : 연약성 점토지반
② 보일링 : 지하수위가 높은 사질토

05 ★★ 물로 포화된 점토에 다지기를 하면 물이 나오지 않는 한 흙이 압축되며 압축하중으로 지반이 침하하는데 이로 인하여 간극 수압이 높아져 물이 배출되면서 흙의 간극(공극)이 감소하는 현상을 무엇이라고 하는가?

① 압축
② 압밀침하
③ 흙의 consistency
④ 함수비

해설

압밀침하현상
① 외력에 의하여 간극 내의 물이 빠져 흙의 입자 사이가 좁아지며 침하되는 것을 말한다.
② 진흙의 압밀침하는 장기간 계속된다.

[정답] 01 ④ 02 ③ 03 ② 04 ② 05 ②

06 기존 건물에 인접된 장소에서 새로운 깊은 기초를 시공하고자 한다. 이때 기준 건물의 기초가 얕아 안전상 보강하는 공법 중 가장 적당한 것은? 16. 10. 1 ㉠ 17. 9. 23 ㉮ 19. 8. 4 ㉠

① 압성토공법
② Preloading공법
③ Underpinning공법
④ 치환공법

해설

지반개량공법의 종류
(1) 점성토 지반개량공법
　① 치환공법 : 굴착치환공법, 강제치환공법(압출치환, 폭발치환)
　② 여성토(Preloading)공법
　③ 압성토(부제)공법
　④ Sand Drain공법 및 Paper Drain공법
　⑤ 침투압공법(MAIS)
　⑥ Chemico Pile(생석회 말뚝)공법
　⑦ 전기침투공법 및 전기화학적 고결공법
(2) 일시적 지반개량공법
　① 웰포인트(Well Point)공법
　② 동결공법
　③ 소결공법
(3) 사질토 지반개량공법
　① 약액주입공법(고결안정공법)
　② 전기충격공법
　③ 폭파다짐공법
　④ 바이브로 플로테이션(Vibro Flotation)공법
　⑤ 다짐말뚝공법
　⑥ 다짐모래말뚝(콤포저공법, Sand Compaction Pile)공법
(4) 특수 지반개량공법
　① Slurry Wall(연속지하벽)공법
　② Dynamic Compaction(동결다짐)공법
　③ Underpinning(언더피닝)공법

보충학습

언더피닝공법의 정의
(1) 인접된 기존 건물의 기초부분을 신설, 개축, 보강하는 공법이다.
(2) 인접된 구조물의 기초부분을 영구적으로 하며, 기존 구조물은 기능을 유지하는 방법
(3) 지지공(shoring) : 일시적 지지이며 언더피닝이 완성되면 제거한다.
(4) 언더피닝은 영구 지지이며 실시 이유는 다음과 같다.
　① 불충분한 기초 침하 방지(기존 기초의 지지력 부족)
　② 인접 건설공사의 지지 설비를 위하여(기존 기초, 기초 저면 이하 굴착)
　③ 기존 구조물 아래 다른 구조물 신설시
　④ 증가한 하중을 부담할 수 있는 기초를 만들기 위하여(지지력 부족)

07 점토질 지반에 구조물을 세울 경우, 점토의 예민비와 안전율과의 관계 중 옳은 것은?

① 예민비가 높으면 안전율도 높게 보아야 한다.
② 예민비가 낮으면 안전율도 높게 보아야 한다.
③ 예민비와 안전율은 관계가 전혀 없다.
④ 예민비는 안전율의 다른 표현이며, 같은 의미로 쓰이는 말이다.

해설

예민비 = $\dfrac{\text{자연시료의 강도}}{\text{이긴시료의 강도}}$

08 기초지반의 공학적 성질을 적극적으로 개량하기 위한 지반개량공법으로서 가장 적당하지 않은 공법은?

① 치환공법　② 지주공법
③ 탈수공법　④ 다짐공법

해설

10번 문제의 해설을 참조할 것

09 흙의 종류 중 조립토(粗粒土 : 입자가 큰 흙)의 마찰력은?

① 작다.　② 거의 없다.
③ 비소성이다.　④ 크다.

해설

조립토와 세립토의 특성비교

토질특성	조립토	세립토
공 극 률	작다	크다
점 착 성	거의없다	있다
압 밀 량	작다	크다
압밀속도	순간침하	장기침하
소　 성	비소성	소성토
투 수 성	크다	작다
마 찰 력	크다	작다

[정답] 06 ③　07 ①　08 ②　09 ④

10 깊은 층의 지반 조사를 위해 행하는 보링(boring) 방법 중 가장 많이 이용되는 것은?

① 수세식 보링
② 회전식 보링
③ 충격식 보링
④ 오거(auger)보링

해설

보링방법
① 오거(auger)보링 : 깊이 10[m] 내의 보링·점토층에 적합
② 수세식(wash)보링 : 철판 끝에 충격을 주며 물을 뿜어내어 파진 흙과 물을 같이 배출시켜 이 흙탕물을 침전시켜 지층의 토질 판별
③ 회전식 보링 : 가장 널리 사용되며 깊은 층의 지반 조사를 할 수 있다.

11 지표면에서 소정의 위치까지 파 내려간 후 구조물을 축조하고 되메운 후 지표면을 원상태로 복구시키는 공법은?

① 프리로딩공법
② 개착식 터널공법(open cut and cover)
③ 압성토공법
④ 사면선단재하공법

해설

재하공법(압밀공법)의 종류
① 프리로딩공법(Pre-Loading) : 사전에 성토를 미리하여 흙의 전단강도를 증가
② 압성토공법(Surcharge) : 측방에 압성토하여 압밀에 의해 강도증가
③ 사면선단재하공법 : 성토한 비탈면 옆부분을 덧붙임하여 비탈면 끝의 전단강도를 증가

12 노천 굴착 작업을 할 때 경암의 비탈면 기울기는 1 : 0.3이 적당하다. 이때 1 : 0.3의 경사각은?

① 30[°]   ② 48[°]
③ 73[°]   ④ 84[°]

해설

수학의 삼각함수에서
$\tan X = \dfrac{1}{0.3} = 3.3$
$X° = \tan^{-1} = 3.33 = 73[°]$

13 히빙(heaving)현상은 다음 중 어떤 경우에 발생하는가?

① 암반을 파쇄 굴착할 경우
② 연약 점토지반을 굴착할 경우
③ 굴착한 부분을 다시 매립할 경우
④ 흙을 굴착한 부분이 갑자기 건조될 경우

해설

히빙
① 연약성 점토에서 발생
② 굴착저면 하부의 피압수

14 다음 중 흙의 함수비는?

① $\dfrac{물의 중량}{흙의 중량} \times 100[\%]$

② $\dfrac{물의 중량}{흙의 체적} \times 100[\%]$

③ $\dfrac{물의 중량}{흙, 물, 공기의 중량} \times 100[\%]$

④ $\dfrac{물의 중량}{흙, 물의 중량} \times 100[\%]$

해설

흙의 구성
① 함수비 = $\dfrac{물의 중량}{흙의 중량} \times 100[\%]$

② 간극비(공극비) = $\dfrac{간극의 용적(공기의 체적)}{토립자의 용적(흙의 체적)} \times 100[\%]$

③ 포화도 = $\dfrac{물의 용적}{간극의 용적} \times 100[\%]$

④ 보통 모래의 함수량은 20~40[%] 정도이다.
⑤ 진흙의 함수량은 200[%] 이상도 있다.

15 법면 붕괴에 대한 재해로서 적합지 못한 것은?

① 성토 법면의 붕괴는 성토 직후에 발생하기 쉽다.
② 법면의 붕괴는 토질과 깊은 관계가 있다.
③ 지표수와 지하수는 법면 붕괴의 원인이 된다.
④ 법면 붕괴를 줄이기 위하여 법면구배를 증가해야 한다.

[정답] 10 ②   11 ②   12 ③   13 ②   14 ①   15 ④

해설
구배를 줄여야 한다.

16 ★★★★★ 보일링(boiling)현상에 대한 설명 중 틀린 것은?

① 지하수위가 높은 모래 지반을 굴착할 때 발생하는 현상이다.
② 보일링현상의 경우 흙막이보에는 지지력이 없어진다.
③ 지하수위를 낮게 저하시킬 필요가 없다.
④ 아래 부분의 토사가 수압을 받아 굴착한 곳으로 밀려나와 굴착부분을 다시 메우는 현상

해설
보일링(boiling)
(1) 개요
지하수위가 높은 지반을 굴착할 때 주의하지 않으면 보일링이 발생한다. 사질토 지반을 굴착시, 굴착부와 지하수위 차가 있을 경우 수두차(水頭差)에 의하여 침투압이 생겨 흙막이벽 근입부분을 침식하는 동시에 모래가 액상화(液狀化)되어 솟아오르는 현상인 보일링이 일어나 흙막이벽의 근입부가 지지력을 상실하여 흙막이공의 붕괴를 초래한다.
(2) 지반 조건 : 지하수위가 높은 사질토에 적합하다.
(3) 현상
　① 굴착면과 배면토의 수두차에 의한 침투압이 발생한다.
　② 시트 파일 등의 저면에 액상화현상(quick sand)이 일어난다.
(4) 대책
　① 작업을 중지시킨다.
　② 굴착토를 즉시 원상매립한다.
　③ 주변 수위를 저하시킨다.
　④ 토류벽 근입도를 증가하여 동수구배를 저하시킨다.

17 ★★ 흙의 연화현상을 방지하는 대책으로 틀린 것은?

① 흙속의 수분을 신속히 배제한다.
② 동결부분의 함수량 증가를 방지한다.
③ 배수층을 동결 깊이 아래부분에 설치한다.
④ 동결부분을 눌러서 수분을 제거한다.

해설
흙의 연화현상 방지대책 : ①, ②, ③

18 ★★★ 단면적이 154[mm²]인 철근을 인장시험하였더니 10,500[kg]에서 파단되었다. 이 철근의 인장강도는 얼마인가? 21. 3. 7㉠ 21. 9. 12㉠

① 68[kg/mm²]   ② 70[kg/mm²]
③ 72[kg/mm²]   ④ 74[kg/mm²]

해설
인장강도
$$\sigma = \frac{W}{A} = \frac{10,500[kg]}{154[mm^2]} = 68.18[kg/mm^2]$$

19 ★★★ 콘크리트의 유동성과 묽기를 시험하는 방법은?

① 다짐시험   ② 슬럼프시험
③ 압축강도시험 ④ 평판시험

해설
Slump test
① 콘크리트의 소요 시공 연도(유동성과 묽기)를 확인하기 위한 콘크리트 타설 전 시험이다.
② 일반적으로 콘크리트의 slump치는 12~18[cm] 정도이다.

20 ★★★ 연약지반의 이상현상 중 하나인 히빙(heaving) 현상에 대한 안전대책이 아닌 것은?

① 흙막이벽의 관입깊이를 깊게 한다.
② 굴착 저면에 토사 등으로 하중을 가한다.
③ 흙막이 배면의 표토를 제거하여 토압을 경감시킨다.
④ 주변 수위를 높인다.

해설
히빙(heaving)
(1) 히빙의 특징
연약성 점토지반 굴착시 굴착외측 흙의 중량에 의해 굴착저면의 흙이 활동 전단 파괴되어 굴착내측으로 부풀어 오르는 현상
(2) 방지대책
　① 흙막이 근입깊이를 깊게
　② 표토제거 하중감소
　③ 지반개량
　④ 굴착면 하중증가
　⑤ 어스앵커설치 등

[정답] 16 ③　17 ④　18 ①　19 ②　20 ④

주요항목 02 건설현장 유해·위험요인 관리

중점 학습내용

본 장은 산업안전기사 및 산업안전산업기사 NCS 출제 기준에 의거 다음과 같이 구성하였다.
❶ 건설공사 유해·위험요인 파악
❷ 건설공사 위험성 추정·결정

세부항목 1. 건설공사 유해·위험요인 파악

1. 유해·위험요인 선정

(1) 물리적 성질

1 비중(specific gravity) 21. 9. 12 ㉮

① 재료의 중량을 그와 동일한 체적의 4[℃]인 물의 중량으로 나눈 값을 비중이라 한다.
② 재료의 비중은 공극과 수분을 포함하지 않는 실질적인 비중인 진비중(true specific gravity)과 공극·수분을 포함시킨 겉보기비중(apparent specific gravity)으로 구분한다.
③ 건축재료의 비중은 겉보기비중으로 표시하는 것이 많다.
④ 진비중과 겉보기비중을 알면 그 재료 속에 공극이 얼마나 있는가 또는 실적이 얼마나 있는가를 알게 되어 재료를 다루는 데 편리한 때가 많다.
　진비중을 G_t, 겉보기비중을 G_a라 하면
　㉮ 공극률[%] = $(1-G_a/G_t)\times 100$
　㉯ 실적률[%] = $(1-G_t/G_a)\times 100$
　㉰ 공극률[%] + 실적률[%] = 100으로 표시된다.
⑤ 비중의 단위는 무명수이지만 단위용적 중량으로 표시하면 [g/cm³], [kg/m³] 또는 [kg/l]가 된다.

2 함수율(water content) 21. 9. 12 ㉮

① 함수율은 재료 중에 포함되어 있는 수분의 중량을 그 재료의 건조시의 중량으로 나눈 값이다. 완전히 건조된 재료의 함수율은 0이다.

합격예측 및 관련법규

제4조(계상의무 및 기준)

① 건설공사발주자(이하 "발주자"라 한다)가 도급계약 체결을 위한 원가계산에 의한 예정가격을 작성하거나, 자기공사자가 건설공사 사업 계획을 수립할 때에는 다음 각 호와 같이 안전보건관리비를 계상하여야 한다. 다만, 발주자가 재료를 제공하거나 일부 물품이 완제품의 형태로 제작·납품 되는 경우에는 해당 재료비 또는 완제품 가액을 대상액에 포함하여 산출한 안전보건관리비와 해당 재료비 또는 완제품 가액을 대상액에서 제외하고 산출한 안전보건관리비의 1.2배에 해당하는 값을 비교하여 그 중 작은 값 이상의 금액으로 계상한다.
1. 대상액이 5억 원 미만 또는 50억 원 이상인 경우: 대상액에 별표 1에서 정한 비율을 곱한 금액
2. 대상액이 5억 원 이상 50억 원 미만인 경우: 대상액에 별표 1에서 정한 비율을 곱한 금액에 기초액을 합한 금액
3. 대상액이 명확하지 않은 경우: 제4조제1항의 도급계약 또는 자체사업계획상 책정된 총공사금액의 10분의 7에 해당하는 금액을 대상액으로 하고 제1호 및 제2호에서 정한 기준에 따라 계상

② 발주자는 제1항에 따라 계상한 안전보건관리비를 입찰공고 등을 통해 입찰에 참가하려는 자에게 알려야 한다.

③ 발주자와 법 제69조에 따른 건설공사도급인 중 자기공사자를 제외하고 발주자로부터 해당 건설공사를 최초로 도급받은 수급인(이하 "도급인"이라 한다)은 공사계약을 체결할 경우 제1항에 따라 계상된 안전보건관리비를 공사도급계약서에 별도로 표시하여야 한다.
④ 별표 1의 공사의 종류는 별표 5의 건설공사의 종류 예시표에 따른다. 다만, 하나의 사업장 내에 건설공사 종류가 둘 이상인 경우(분리발주한 경우를 제외한다)에는 공사금액이 가장 큰 공사종류를 적용한다.
⑤ 발주자 또는 자기공사자는 설계변경 등으로 대상액의 변동이 있는 경우 별표 1의3에 따라 지체 없이 안전보건관리비를 조정 계상하여야 한다. 다만, 설계변경으로 공사금액이 800억 원 이상으로 증액된 경우에는 증액된 대상액을 기준으로 제1항에 따라 재계상하여야 한다.
19. 4. 27 ⓐ

제9조(사용내역의 확인)
① 도급인은 안전보건관리비 사용내역에 대하여 공사 시작 후 6개월마다 1회 이상 발주자 또는 감리자의 확인을 받아야 한다. 다만, 6개월 이내에 공사가 종료되는 경우에는 종료 시 확인을 받아야 한다.
② 제1항에도 불구하고 발주자, 감리자 및 「근로기준법」 제101조에 따른 관계 근로감독관은 안전보건관리비 사용내역을 수시 확인할 수 있으며, 도급인 또는 자기공사자는 이에 따라야 한다.
③ 발주자 또는 감리자는 제1항 및 제2항에 따른 안전보건관리비 사용내역 확인 시 기술지도 계약 체결, 기술지도 실시 및 개선 여부 등을 확인하여야 한다.

합격예측
제21조(통로의 조명)
사업주는 근로자가 안전하게 통행할 수 있도록 통로에 75[lux] 이상의 채광 또는 조명시설을 하여야 한다. 다만, 갱도 또는 상시 통행을 하지 아니하는 지하실 등을 통행하는 근로자에게 휴대용 조명기구를 사용하도록 한 경우에는 그러하지 아니하다.
16. 10. 1 ⓐ 17. 8. 26 ⓐ

② 습윤중량 함수율보다는 건조중량 함수율을 쓰는 경우가 많다.

$$건조중량\ 함수율 = \frac{함수량}{건조중량} \times 100[\%]$$

3 흡수율(coefficient of water absorption)
① 흡수율은 재료를 일정 시간 물속에 넣었을 때 재료의 건조중량에 대한 흡수량의 비율이며 중량 백분율(O/Wt)로 표시한다.
② 재료의 흡수율은 물질의 다공성, 조직 침수기간, 압력 상태에 따라 달라진다.

(2) 역학적 성질

1 탄성(elasticity)
① 탄성이란 재료에 외력이 작용하면 변형(deformation)이 생기며, 이 외력을 제거하면 재료가 원래의 모양·크기로 되돌아가는 성질을 말한다.
② 한편 외력을 제거하여도 재료가 원상으로 돌아가지 않고 변형된 그대로의 상태로 남아 있는 성질을 소성(plasticity)이라고 한다.
③ 탄성의 성질을 가진 물체를 탄성체(elastic body)라 하고 소성의 성질을 가진 물체를 소성체(plastic body)라고 한다.
④ 건축 재료의 대부분은 양쪽의 성질을 다 가진 경우가 많으며 완전탄성체나 완전소성체는 없고 대개 외력의 어느 한도 내에서는 탄성변형(elastic deformation)을 하지만 외력이 커지면 소성변형(plastic deformation)을 한다.
⑤ 탄성변형을 하는 외력의 한도가 큰 물체를 탄성재료, 한도가 작은 것을 소성재료라고 한다.
⑥ 완전탄성체가 아니면 외력에 의하여 행해지는 일(work)의 일부는 비탄성적인 변형태에서 생기는 열로서 소멸한다.
⑦ 외력이 작용하였을 때의 변형이 하중속도에 따라 변화되는 성질, 즉 엿 또는 아라비아 고무와 같이 유동하려고 할 때 각 부에 서로 저항이 생기는 성질을 점성(viscosity)이라 한다.
⑧ 소성과 점성을 총칭하여 비탄성이라고 하며 건축재료 중 비탄성적 성질을 가진 것도 많다.

2 강도(strength)
① 정적강도 : 재료에 비교적 느린 속도로 하중이 작용할 때 이에 대한 저항성을 정적강도라 한다. 보통 재료의 강도는 정적강도를 가리킨다.
② 충격강도 : 재료에 충격적인 하중이 작용할 때 이에 대한 저항성을 충격강도라 한다. 충격강도는 재료의 파괴에 요구되는 에너지로 나타내며, 이것을 충격치(impact value)라 한다.

③ 피로강도 : 재료가 반복하중을 받는 경우 정적강도보다도 낮은 강도에서 파괴되는 수가 있다. 이러한 현상을 피로(fatigue)라 하며 그 응력의 한계를 피로강도라 한다.
④ 크리프강도 : 일정한 하중을 장시간 작용시킨 채로 두면 하중을 더 늘리지 않아도 천천히 변형이 진행된다. 이러한 현상을 크리프(creep)라 하며 그 응력의 한계를 크리프강도라 한다.

3 응력-변형률 곡선(stress-strain curve)

① 재료의 외력과 변형의 관계는 보통 응력-변형률 곡선으로 나타낸다.
② 탄성 성질을 나타내는 재료의 수직응력(normal stress)

즉, $r = \dfrac{P}{A}$ 가 성립된다.

③ 탄성체는 인장력이나 압축력이 작용할 때 외력의 방향으로 변형이 생기지만 외력과 직각의 방향으로도 변형이 생긴다. 이들 두 변형률의 비를 푸아송비(Poisson's ratio)라 하고 이것의 역수를 푸아송수(Poisson's number)라 하는데, 이 값은 재료에 따라 일정하며 보통은 3~4이다.

$$\text{푸아송비}(v) = \dfrac{\text{횡방향변형률}}{\text{총 가동시간}} = \dfrac{1}{m}, \quad \text{푸아송수(m)} = \dfrac{1}{v}$$

4 경도(hardness) 21.5.15 ⑦

① 재료의 단단한 정도를 경도라 하는데 재료의 용도에 따라 그 표시 방향이 달라진다.
② 표시 방법으로는 광물은 모스(Mohs)의 긁기법(scratch), 금속·목재 등은 브리넬(Brinell)의 타각법(indentation)과 쇼어(Shore)의 탄력에너지법(탄력법 : resilience) 또는 모저항법 등이 쓰이는데, 서로간의 관련성은 분명하지 않다.
③ 주로 유리·석재의 경도를 표시하는 데 쓰이고 건축 재료의 경도로는 브리넬경도, 모스경도가 많이 이용된다.

5 강성(rigidity, stiffness)

① 재료가 외력을 받아도 잘 변형되지 않는 성질을 재료의 강성이라 하며 외력을 받아도 변형을 적게 일으키는 재료를 강성이 큰 재료라 한다.
② 강성은 탄성계수와 밀접한 관계가 있으나 강도와는 직접적인 관계가 없다.

6 연성(ductility)

① 재료가 탄성한계 이상의 힘을 받아도 파괴되지 않고 가늘고 길게(넓고 또는 얇게) 늘어나는 성질을 연성이라 한다.
② 연성이 풍부한 재료란 인장력을 주어 가늘고 길게 늘어나게 할 수 있는 재료를 말한다.

합격예측 및 관련법규

제22조(통로의 설치)
① 사업주는 작업장으로 통하는 장소 또는 작업장 내에 근로자가 사용할 안전한 통로를 설치하고 항상 사용할 수 있는 상태로 유지하여야 한다.
② 통로의 주요 부분에는 통로표시를 하고, 근로자가 안전하게 통행할 수 있도록 하여야 한다.
③ 통로면으로부터 높이 2[m] 이내에는 장애물이 없도록 하여야 한다.

제23조(가설통로의 구조)
사업주는 가설통로를 설치하는 경우 다음 각 호의 사항을 준수하여야 한다. 23. 2. 28 ⑦
1. 견고한 구조로 할 것
2. 경사는 30[°] 이하로 할 것. 다만, 계단을 설치하거나 높이 2[m] 미만의 가설통로로서 튼튼한 손잡이를 설치한 경우에는 그러하지 아니하다.
3. 경사가 15[°]를 초과하는 경우에는 미끄러지지 아니하는 구조로 할 것 22. 4. 24 ⑦
4. 추락할 위험이 있는 장소에는 안전난간을 설치할 것. 다만, 작업상 부득이한 경우에는 필요한 부분만 임시로 해체할 수 있다.
5. 수직갱에 가설된 통로의 길이가 15[m] 이상인 경우에는 10[m] 이내마다 계단참을 설치할 것 25. 2. 7 ⑦
6. 건물공사에 사용하는 높이 8[m] 이상인 비계다리에는 7[m] 이내마다 계단참을 설치할 것
17. 3. 5 ㉔ 17. 5. 7 ㉔ 17. 9. 23 ⑦
18. 4. 28 ⑦ ㉔ 18. 8. 19 ㉔
18. 9. 15 ㉔ 20. 6. 7 ⑦
20. 6. 14 ㉔ 21. 5. 15 ⑦

합격예측

제59조(기술지도계약 체결 대상 건설공사 및 체결 시기)
① 법 제73조제1항에서 "대통령령으로 정하는 건설공사 도급인"이란 공사금액 1억원 이상 120억원(「건설산업기본법 시행령」 별표 1의 토목공사업에 속하는 공사는 150억원) 미만인 공사를 하는 자와 「건축법」제11조에 따른 건축허가의 대상이 되는 공사를 하는 자를 말한다. 다만, 다음 각 호의 어느 하나에 해당하는 공사를 하는 자는 제외한다.

7 취성(brittleness) 17. 3. 5 기

① 재료가 외력을 받아도 변형되지 않거나 극히 미미한 변형을 수반하고 파괴되는 성질을 취성이라 한다.
② 주철 등 취성을 가진 금속 재료는 충격강도와 밀접한 관계가 있어 갑자기 파괴될 위험성이 크다.
③ 유리와 콘크리트 등도 취성이 큰 재료이다.

8 인성(toughness)

① 재료가 외력을 받아 변형을 나타내면서도 파괴되지 않고 견딜 수 있는 성질을 인성이라 한다.
② 극한강도와 연신성이 큰 재료일수록 인성이 크다.

9 전성(malleability)

① 압력이나 타격에 의해서 파괴됨이 없이 판상(가늘고 길게 또는 넓게)으로 되는 성질을 전성이라 한다.
② 금속 재료의 일반적 성질의 하나로서 금·은·알루미늄·구리 등은 전성이 큰 대표적인 재료이다.

(3) 열적 성질

1 비열(specific heat)

① 중량이 1[g]인 재료의 온도를 1[℃] 높이는 데 필요한 열량을 그 재료의 비열이라 한다.
② 단위는 [cal/g·℃], [kcal/kg·℃]이다.
③ 물의 비열은 1[cal/g·℃]이다.

2 열전도(thermal conduction)

① 열전도란 동일한 재료 내에서 온도차가 있을 경우 높은 온도의 분자로부터 인접한 다른 분자로 열이 전달되는 과정을 의미한다.
② 열이 존재하는 장소로부터 가장 가까운 부분의 인성은 떨어진다.
③ 화학조성에 의해서 보통주강(탄소강주강)과 특수주강(저합금강주강 및 고합금강주강)으로 분류된다.
④ 고합금주강은 다시 그 화학성분 및 용도에 따라서 스테인리스주강·내열강주강 및 고망간주강 등으로 분류한다.

2. 안전보건자료(기준)

(1) 작업장의 바닥

사업주는 넘어지거나 미끄러지는 등의 위험이 없도록 작업장 바닥을 안전하고 청결한 상태로 유지하여야 한다.

(2) 작업 발판

사업주는 선반·롤러기 등의 기계가 해당 작업에 종사하는 근로자의 신장에 비하여 현저하게 높은 때에는 안전하고 적당한 높이의 작업 발판을 설치하여야 한다.

(3) 작업장의 창문

사업주는 작업장에 창문을 설치함에 있어서는 작업장의 창문을 열었을 때 근로자가 작업하거나 통행하는 데 방해가 되지 아니하도록 설치하여야 한다.

(4) 작업장의 출입문

사업주는 작업장에 출입문(비상구를 제외한다. 이하 같다)을 설치하는 때에는 다음 각 호의 사항을 준수하여야 한다.
① 출입문의 위치·수 및 크기가 작업장의 용도와 특성에 적합하도록 할 것
② 근로자가 쉽게 열고 닫을 수 있도록 할 것
③ 주목적이 하역 운반 기계용인 출입구에는 인접한 보행자용 문을 따로 설치할 것
④ 하역 운반 기계의 통로와 인접하여 있는 출입문에서 접촉에 의하여 근로자에게 위험을 미칠 우려가 있는 때에는 비상등·비상벨 등 경보장치를 할 것

(5) 동력으로 작동되는 문의 설치조건

사업주는 동력으로 작동되는 문을 설치하는 때에는 다음 각 호의 기준에 적합한 구조로 설치하여야 한다.
① 동력으로 작동되는 문에 협착 또는 전단의 위험이 있는 2.5[m] 높이까지는 위급 또는 위험한 사태가 발생한 때에 문의 작동을 정지시킬 수 있는 등의 안전조치를 할 것(위험구역에 사람이 없어야만 문이 작동되도록 안전장치가 설치되어 있거나 운전자가 특별히 지정되어 상시 조작하는 때에는 그러하지 아니하다)
② 손으로 조작하는 동력식 문은 제어장치를 해제하면 즉시 정지되는 구조로 할 것
③ 동력식 문의 비상정지 스위치는 근로자가 잘 알아볼 수 있고 쉽게 조작할 수 있을 것
④ 동력식 문의 동력이 중단되거나 차단된 때에는 즉시 정지되도록 할 것(방화문의 경우에는 그러하지 아니하다)
⑤ 수동으로 개폐가 가능하도록 할 것

---

9. 사다리식 통로의 기울기는 75[°] 이하로 할 것, 다만, 고정식 사다리식 통로의 기울기는 90[°] 이하로 하고, 그 높이가 7[m] 이상인 경우에는 다음 각 목의 구분에 따른 조치를 할 것
   가. 등받이울이 있어도 근로자 이동에 지장이 없는 경우 : 바닥으로부터 높이가 2.5미터 되는 지점부터 등받이울을 설치할 것
   나. 등받이울이 있으면 근로자가 이동이 곤란한 경우 : 한국산업표준에서 정하는 기준에 적합한 개인용 추락 방지 시스템을 설치하고 근로자로 하여금 한국산업표준에서 정하는 기준에 적합한 전신안전대를 사용하도록 할 것
10. 접이식 사다리 기둥은 사용시 접혀지거나 펼쳐지지 않도록 철물 등을 사용하여 견고하게 조치할 것
② 잠함(潛函) 내 사다리식 통로와 건조·수리 중인 선박의 구명줄이 설치된 사다리식 통로(건조·수리작업을 위하여 임시로 설치한 사다리식 통로는 제외한다)에 대해서는 제1항제5호부터 제10호까지의 규정을 적용하지 아니한다.

합격예측
(1) 액화 또는 액상화(Liquefaction) 현상
느슨하고 포화된 사질토가 진동에 의해 간극수압이 발생하여 유효응력이 감소하고 전단강도가 상실되는 현상
(2) 방지대책 21. 3. 7 ⑦
① 간극수압제거
② well point 등의 배수공법(가장 효과적인 방법)
③ 치환 및 다짐공법
④ 지중연속벽 설치 등

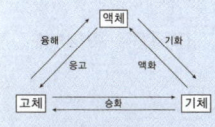

[그림] 물질의 상태변화

참고
대상자별 안전보건교육의 종류
① 관리감독자 정기교육
② 근로자 정기교육
③ 신규채용시 교육
④ 특별안전보건교육
⑤ 작업내용 변경시 교육

합격예측
리스크(risk : 위험) 처리기술
① 회피(avoidance)
② 경감, 감축(reduction)
③ 보류(retention)
④ 전가(transfer)

Q 은행문제
위험성평가(risk assessment)의 순서가 올바르게 나열한 것은?

ㄱ. 위험요인의 결정
ㄴ. 유해위험 요인별 위험성 조사·분석
ㄷ. 기록 및 검토
ㄹ. 위험성 감소조치의 실시
ㅁ. 유해 위험요인 파악

① ㄱ→ㄴ→ㄷ→ㄹ→ㅁ
② ㄱ→ㄴ→ㄹ→ㄷ→ㅁ
③ ㄴ→ㅁ→ㄱ→ㄹ→ㄷ
④ ㅁ→ㄴ→ㄱ→ㄹ→ㄷ

정답 ④

합격예측
토양 수분의 형태(종류)
① 흡착수 : 건조시켜도 없어지지 않는 수분
② 모관수 : 토양공극에 자리잡고 있는 수분
③ 중력수 : 중력에 의해 흐르는 수분

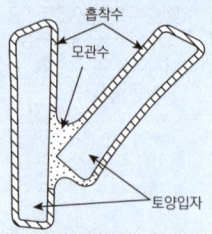

[그림] 토양 수분의 형태

3. 유해위험방지 계획서

(1) 사전안전성 검토(유해위험방지 계획서)

1 위험성평가(Risk Assessment : Risk Management)

사업주는 건설물, 기계·기구, 설비, 원재료, 가스, 증기, 분진 등에 의하거나 작업행동, 그 밖에 업무에 기인하는 유해·위험요인을 찾아내어 위험성을 결정하고, 그 결과에 따라 조치를 하는것으로 위험성평가를 실시한 경우에는 실시 내용 및 결과를 3년간 기록·보존하여야 한다.

2 위험성평가 절차

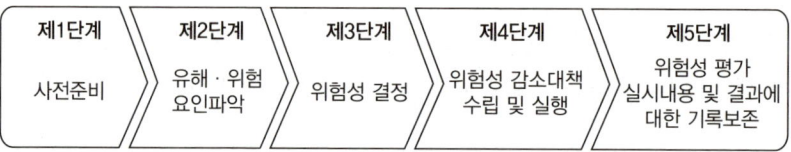

① 사전 준비 : 위험성평가 실시계획서 작성, 평가 대상 선정, 평가에 필요한 각종 자료 수집
② 유해·위험요인 파악 : 사업장 순회 점검 및 안전·보건 체크리스트 등을 활용하여 사업장의 유해요인과 위험요인 파악
③ 위험성 결정 : 유해·위험요인별 위험성 추정 결과와 사업장에서 설정한 허용 가능한 위험성의 기준을 비교하여, 추정된 위험성의 크기가 허용 가능한지 여부를 판단
④ 위험성 감소대책 수립 및 실행 : 위험성평가 결과, 허용 불가능한 위험성을 합리적으로 실천 가능한 범위에서 가능한 낮은 수준으로 감소시키기 위한 대책을 수립하고 실행
⑤ 위험성 평가 실시내용 및 결과에 관한 기록 및 보존

3 유해위험방지 계획서 제출 대상 건설공사 19.4.27 ② 22.4.24 ② 23.7.8 ②

① 건축물 또는 시설 등의 건설·개조 또는 해체공사 25.7.19 산필
  ㉮ 지상높이가 31미터 이상인 건축물 또는 인공구조물
  ㉯ 연면적 3만제곱미터 이상인 건축물
  ㉰ 연면적 5천제곱미터 이상인 시설
    ⓐ 문화 및 집회시설(전시장 및 동물원·식물원은 제외한다)
    ⓑ 판매시설, 운수시설(고속철도의 역사 및 집배송시설은 제외한다)
    ⓒ 종교시설
    ⓓ 의료시설 중 종합병원

ⓔ 숙박시설 중 관광숙박시설
ⓕ 지하도상가
ⓖ 냉동·냉장 창고시설
② 연면적 5천제곱미터 이상인 냉동·냉장 창고시설의 설비공사 및 단열공사
③ 최대 지간(支間)길이(다리의 기둥과 기둥의 중심사이의 거리)가 50미터 이상인 다리의 건설등 공사 25. 2. 7 ⓢ
④ 터널건설 등의 공사
⑤ 다목적댐, 발전용댐 및 저수용량 2천만톤 이상의 용수전용댐, 지방상수도 전용댐 건설 등의 공사
⑥ 깊이 10[m] 이상인 굴착공사

> 참고
> **유해·위험방지 계획서 제출서류(제조업)**
> ① 건축물 각 층의 평면도
> ② 기계·설비의 개요를 나타내는 서류
> ③ 기계·설비의 배치도면
> ④ 원재료 및 제품의 취급, 제조 등의 작업방법의 개요
> ⑤ 그 밖에 고용노동부장관이 정하는 도면 및 서류

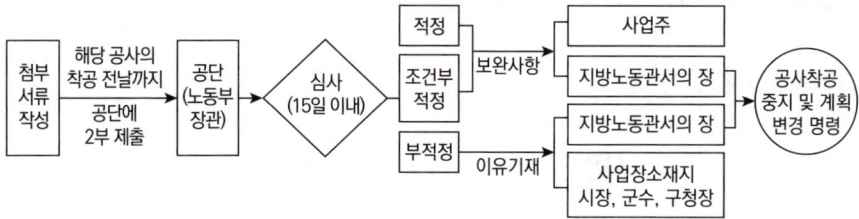

주) 공단 : 한국산업안전보건공단

4 제출시 첨부서류 15. 5. 31 ㉮ 16. 3. 6 ㉮ 21. 9. 12 ㉮ 22. 3. 5 ㉮
① 공사개요서
② 공사현장의 주변현황 및 주변과의 관계를 나타내는 도면(매설물 현황 포함)
③ 건설물, 사용 기계설비 등의 배치를 나타내는 도면
④ 전체공정표
⑤ 산업안전보건관리비 사용계획서
⑥ 안전관리 조직표
⑦ 재해발생 위험 시 연락 및 대피방법

5 유해위험방지 계획서의 확인사항
① 사업주는 건설공사 중 6개월 이내마다 다음 각 호의 사항에 관하여 공단의 확인을 받아야 한다.
  ㉮ 유해·위험방지계획서의 내용과 실제공사 내용이 부합하는지 여부
  ㉯ 유해·위험방지계획서 변경내용의 적정성
  ㉰ 추가적인 유해·위험요인의 존재 여부
② 자체심사 및 확인업체의 사업주는 해당 공사 준공 시 까지 6개월 이내마다 자체확인을 하여야 한다. 다만, 그 공사 중 사망재해가 발생한 경우에는 공단의 확인을 받아야 한다.

③ 유해위험 방지계획서 심사 결과의 구분
  ㉮ 적정 : 근로자의 안전과 보건을 위하여 필요한 조치가 구체적으로 확보되었다고 인정되는 경우
  ㉯ 조건부 적정 : 근로자의 안전과 보건을 확보하기 위하여 일부 개선이 필요하다고 인정되는 경우
  ㉰ 부적정 : 기계·설비 또는 건설물이 심사기준에 위반되어 공사착공 시 중대한 위험발생의 우려가 있거나 계획에 근본적 결함이 있다고 인정되는 경우

세부항목 2. 건설공사 위험성 추정·결정

고용노동부고시 제2024-76호

사업장 위험성평가에 관한 지침

제정 2012. 9. 26. 고용노동부고시 제2012-104호
개정 2024. 12. 18. 고용노동부고시 제2024-76호

제1장 총칙

제1조(목적) 이 고시는 「산업안전보건법」 제36조에 따라 사업주가 스스로 사업장의 유해·위험요인에 대한 실태를 파악하고 이를 평가하여 관리·개선하는 등 필요한 조치를 통해 산업재해를 예방할 수 있도록 지원하기 위하여 위험성평가 방법, 절차, 시기 등에 대한 기준을 제시하고, 위험성평가 활성화를 위한 시책의 운영 및 지원 사업 등 그 밖에 필요한 사항을 규정함을 목적으로 한다.

제2조(적용범위) 이 고시는 위험성평가를 실시하는 모든 사업장에 적용한다.

제3조(정의) ① 이 고시에서 사용하는 용어의 뜻은 다음과 같다.
  1. "유해·위험요인"이란 유해·위험을 일으킬 잠재적 가능성이 있는 것의 고유한 특징이나 속성을 말한다.
  2. "위험성"이란 유해·위험요인이 사망, 부상 또는 질병으로 이어질 수 있는 가능성과 중대성 등을 고려한 위험의 정도를 말한다.
  3. "위험성평가"란 사업주가 스스로 유해·위험요인을 파악하고 해당 유해·위험요인의 위험성 수준을 결정하여, 위험성을 낮추기 위한 적절한 조치를 마련하고 실행하는 과정을 말한다.

4. "근로자"란 기간제, 단시간, 파견 등 고용형태 및 국적과 관계없이 「산업안전보건법」 제2조제3호에 따른 근로자를 말한다.

5 ~ 8. 삭제

② 그 밖에 이 고시에서 사용하는 용어의 뜻은 이 고시에 특별히 정한 것이 없으면 「산업안전보건법」(이하 "법"이라 한다), 같은 법 시행령(이하 "영"이라 한다), 같은 법 시행규칙(이하 "규칙"이라 한다) 및 「산업안전보건기준에 관한 규칙」(이하 "안전보건규칙"이라 한다)에서 정하는 바에 따른다.

제4조(정부의 책무) ① 고용노동부장관(이하 "장관"이라 한다)은 사업장 위험성평가가 효과적으로 추진되도록 하기 위하여 다음 각 호의 사항을 강구하여야 한다.

1. 정책의 수립·집행·조정·홍보
2. 위험성평가 기법의 연구·개발 및 보급
3. 사업장 위험성평가 활성화 시책의 운영
4. 위험성평가 실시의 지원
5. 조사 및 통계의 유지·관리
6. 그 밖에 위험성평가에 관한 정책의 수립 및 추진

② 장관은 제1항 각 호의 사항 중 필요한 사항을 한국산업안전보건공단(이하 "공단"이라 한다)으로 하여금 수행하게 할 수 있다.

제2장 사업장 위험성평가

제5조(위험성평가 실시주체) ① 사업주는 스스로 사업장의 유해·위험요인을 파악하고 이를 평가하여 관리 개선하는 등 위험성평가를 실시하여야 한다.

② 법 제63조에 따른 작업의 일부 또는 전부를 도급에 의하여 행하는 사업의 경우는 도급을 준 도급인(이하 "도급사업주"라 한다)과 도급을 받은 수급인(이하 "수급사업주"라 한다)은 각각 제1항에 따른 위험성평가를 실시하여야 한다.

③ 제2항에 따른 도급사업주는 수급사업주가 실시한 위험성평가 결과를 검토하여 도급사업주가 개선할 사항이 있는 경우 이를 개선하여야 한다.

제5조의2(위험성평가의 대상) ① 위험성평가의 대상이 되는 유해·위험요인은 업무 중 근로자에게 노출된 것이 확인되었거나 노출될 것이 합리적으로 예견 가능한 모든 유해·위험요인이다. 다만, 매우 경미한 부상 및 질병만을 초래할 것으로 명백히 예상되는 유해·위험요인은 평가 대상에서 제외할 수 있다.

② 사업주는 사업장 내 부상 또는 질병으로 이어질 가능성이 있었던 상황(이하 "아차사고"라 한다)을 확인한 경우에는 해당 사고를 일으킨 유해·위험요인을 위험성평가의 대상에 포함시켜야 한다.

③ 사업주는 사업장 내에서 법 제2조제2호의 중대재해가 발생한 때에는 지체 없이 중대재해의 원인이 되는 유해·위험요인에 대해 제15조제2항의 위험성평가를 실시하고, 그 밖의 사업장 내 유해·위험요인에 대해서는 제15조제3항의 위험성평가 재검토를 실시하여야 한다.

제6조(근로자 참여) 사업주는 위험성평가를 실시할 때, 법 제36조제2항에 따라 다음 각 호에 해당하는 경우 해당 작업에 종사하는 근로자를 참여시켜야 한다.

1. 유해·위험요인의 위험성 수준을 판단하는 기준을 마련하고, 유해·위험요인별로 허용 가능한 위험성 수준을 정하거나 변경하는 경우
2. 해당 사업장의 유해·위험요인을 파악하는 경우
3. 유해·위험요인의 위험성이 허용 가능한 수준인지 여부를 결정하는 경우
4. 위험성 감소대책을 수립하여 실행하는 경우
5. 위험성 감소대책 실행 여부를 확인하는 경우

제7조(위험성평가의 방법) ① 사업주는 다음과 같은 방법으로 위험성평가를 실시하여야 한다.

1. 안전보건관리책임자 등 해당 사업장에서 사업의 실시를 총괄 관리하는 사람에게 위험성평가의 실시를 총괄 관리하게 할 것
2. 사업장의 안전관리자, 보건관리자 등이 위험성평가의 실시에 관하여 안전보건관리책임자를 보좌하고 지도·조언하게 할 것
3. 유해·위험요인을 파악하고 그 결과에 따른 개선조치를 시행할 것
4. 기계·기구, 설비 등과 관련된 위험성평가에는 해당 기계·기구, 설비 등에 전문지식을 갖춘 사람을 참여하게 할 것
5. 안전·보건관리자의 선임의무가 없는 경우에는 제2호에 따른 업무를 수행할 사람을 지정하는 등 그 밖에 위험성평가를 위한 체제를 구축할 것

② 사업주는 제1항에서 정하고 있는 자에 대해 위험성평가를 실시하기 위해 필요한 교육을 실시하여야 한다. 이 경우 위험성평가에 대해 외부에서 교육을 받았거나, 관련학문을 전공하여 관련 지식이 풍부한 경우에는 필요한 부분만 교육을 실시하거나 교육을 생략할 수 있다.

③ 사업주가 위험성평가를 실시하는 경우에는 산업안전·보건 전문가 또는 전문기관의 컨설팅을 받을 수 있다.

④ 사업주가 다음 각 호의 어느 하나에 해당하는 제도를 이행한 경우에는 그 부분에 대하여 이 고시에 따른 위험성평가를 실시한 것으로 본다.

1. 위험성평가 방법을 적용한 안전·보건진단(법 제47조)
2. 공정안전보고서(법 제44조). 다만, 공정안전보고서의 내용 중 공정 위험성평가서가 최대 4년 범위 이내에서 정기적으로 작성된 경우에 한한다.
3. 근골격계부담작업 유해요인조사(안전보건규칙 제657조부터 제662조까지)

4. 그 밖에 법과 이 법에 따른 명령에서 정하는 위험성평가 관련 제도

⑤ 사업주는 사업장의 규모와 특성 등을 고려하여 다음 각 호의 위험성평가 방법 중 한 가지 이상을 선정하여 위험성평가를 실시할 수 있다.
1. 위험 가능성과 중대성을 조합한 빈도·강도법
2. 체크리스트(Checklist)법
3. 위험성 수준 3단계(저·중·고) 판단법
4. 핵심요인 기술(One Point Sheet)법
5. 그 외 규칙 제50조제1항제2호 각 목의 방법

제8조(위험성평가의 절차) 사업주는 위험성평가를 다음의 절차에 따라 실시하여야 한다. 다만, 상시근로자 5인 미만 사업장(건설공사의 경우 1억원 미만)의 경우 제1호의 절차를 생략할 수 있다.
1. 사전준비
2. 유해·위험요인 파악
3. 삭제
4. 위험성 결정
5. 위험성 감소대책 수립 및 실행
6. 위험성평가 실시내용 및 결과에 관한 기록 및 보존

제9조(사전준비) ① 사업주는 위험성평가를 효과적으로 실시하기 위하여 최초 위험성평가시 다음 각 호의 사항이 포함된 위험성평가 실시규정을 작성하고, 지속적으로 관리하여야 한다.
1. 평가의 목적 및 방법
2. 평가담당자 및 책임자의 역할
3. 평가시기 및 절차
4. 근로자에 대한 참여·공유방법 및 유의사항
5. 결과의 기록·보존

② 사업주는 위험성평가를 실시하기 전에 다음 각 호의 사항을 확정하여야 한다.
1. 위험성의 수준과 그 수준을 판단하는 기준
2. 허용 가능한 위험성의 수준(이 경우 법에서 정한 기준 이상으로 위험성의 수준을 정하여야 한다)

③ 사업주는 다음 각 호의 사업장 안전보건정보를 사전에 조사하여 위험성평가에 활용할 수 있다.
1. 작업표준, 작업절차 등에 관한 정보
2. 기계·기구, 설비 등의 사양서, 물질안전보건자료(MSDS) 등의 유해·위험요인에 관한 정보
3. 기계·기구, 설비 등의 공정 흐름과 작업 주변의 환경에 관한 정보

4. 법 제63조에 따른 작업을 하는 경우로서 같은 장소에서 사업의 일부 또는 전부를 도급을 주어 행하는 작업이 있는 경우 혼재 작업의 위험성 및 작업 상황 등에 관한 정보
5. 재해사례, 재해통계 등에 관한 정보
6. 작업환경측정결과, 근로자 건강진단결과에 관한 정보
7. 그 밖에 위험성평가에 참고가 되는 자료 등

제10조(유해·위험요인 파악) 사업주는 사업장 내의 제5조의2에 따른 유해·위험요인을 파악하여야 한다. 이때 업종, 규모 등 사업장 실정에 따라 다음 각 호의 방법 중 어느 하나 이상의 방법을 사용하되, 특별한 사정이 없으면 제1호에 의한 방법을 포함하여야 한다.

1. 사업장 순회점검에 의한 방법
2. 근로자들의 상시적 제안에 의한 방법
3. 설문조사·인터뷰 등 청취조사에 의한 방법
4. 물질안전보건자료, 작업환경측정결과, 특수건강진단결과 등 안전보건자료에 의한 방법
5. 안전보건 체크리스트에 의한 방법
6. 그 밖에 사업장의 특성에 적합한 방법

제11조(위험성 결정) ① 사업주는 제10조에 따라 파악된 유해·위험요인이 근로자에게 노출되었을 때의 위험성을 제9조제2항제1호에 따른 기준에 의해 판단하여야 한다.

② 사업주는 제1항에 따라 판단한 위험성의 수준이 제9조제2항제2호에 의한 허용 가능한 위험성의 수준인지 결정하여야 한다.

제12조(위험성 감소대책 수립 및 실행) ① 사업주는 제11조제2항에 따라 허용 가능한 위험성이 아니라고 판단한 경우에는 위험성의 수준, 영향을 받는 근로자 수 및 다음 각 호의 순서를 고려하여 위험성 감소를 위한 대책을 수립하여 실행하여야 한다. 이 경우 법령에서 정하는 사항과 그 밖에 근로자의 위험 또는 건강장해를 방지하기 위하여 필요한 조치를 반영하여야 한다.

1. 위험한 작업의 폐지·변경, 유해·위험물질 대체 등의 조치 또는 설계나 계획 단계에서 위험성을 제거 또는 저감하는 조치
2. 연동장치, 환기장치 설치 등의 공학적 대책
3. 사업장 작업절차서 정비 등의 관리적 대책
4. 개인용 보호구의 사용

② 사업주는 위험성 감소대책을 실행한 후 해당 공정 또는 작업의 위험성의 수준이 사전에 자체 설정한 허용 가능한 위험성의 수준인지를 확인하여야 한다.

③ 제2항에 따른 확인 결과, 위험성이 자체 설정한 허용 가능한 위험성 수준으로 내려오지 않는 경우에는 허용 가능한 위험성 수준이 될 때까지 추가의 감소대책을 수립·실행하여야 한다.
④ 사업주는 중대재해, 중대산업사고 또는 심각한 질병이 발생할 우려가 있는 위험성으로서 제1항에 따라 수립한 위험성 감소대책의 실행에 많은 시간이 필요한 경우에는 즉시 잠정적인 조치를 강구하여야 한다.

제13조(위험성평가의 공유) ① 사업주는 위험성평가를 실시한 결과 중 다음 각 호에 해당하는 사항을 근로자에게 게시, 주지 등의 방법으로 알려야 한다.
  1. 근로자가 종사하는 작업과 관련된 유해·위험요인
  2. 제1호에 따른 유해·위험요인의 위험성 결정 결과
  3. 제1호에 따른 유해·위험요인의 위험성 감소대책과 그 실행 계획 및 실행 여부
  4. 제3호에 따른 위험성 감소대책에 따라 근로자가 준수하거나 주의하여야 할 사항
② 사업주는 위험성평가 결과 법 제2조제2호의 중대재해로 이어질 수 있는 유해·위험요인에 대해서는 작업 전 안전점검회의(TBM: Tool Box Meeting) 등을 통해 근로자에게 상시적으로 주지시키도록 노력하여야 한다.

제14조(기록 및 보존) ① 규칙 제37조제1항제4호에 따른 "그 밖에 위험성평가의 실시내용을 확인하기 위하여 필요한 사항으로서 고용노동부장관이 정하여 고시하는 사항"이란 다음 각 호에 관한 사항을 말한다.
  1. 위험성평가를 위해 사전조사 한 안전보건정보
  2. 그 밖에 사업장에서 필요하다고 정한 사항
② 시행규칙 제37조제2항의 기록의 최소 보존기한은 제15조에 따른 실시 시기별 위험성평가를 완료한 날부터 기산한다.

제15조(위험성평가의 실시 시기) ① 사업주는 사업이 성립된 날(사업 개시일을 말하며, 건설업의 경우 실착공일을 말한다)로부터 1개월이 되는 날까지 제5조의2제1항에 따라 위험성평가의 대상이 되는 유해·위험요인에 대한 최초 위험성평가의 실시에 착수하여야 한다. 다만, 1개월 미만의 기간 동안 이루어지는 작업 또는 공사의 경우에는 특별한 사정이 없는 한 작업 또는 공사 개시 후 지체 없이 최초 위험성평가를 실시하여야 한다.
② 사업주는 다음 각 호의 어느 하나에 해당하여 추가적인 유해·위험요인이 생기는 경우에는 해당 유해·위험요인에 대한 수시 위험성평가를 실시하여야 한다. 다만, 제5호에 해당하는 경우에는 재해발생 작업을 대상으로 작업을 재개하기 전에 실시하여야 한다.
  1. 사업장 건설물의 설치·이전·변경 또는 해체
  2. 기계·기구, 설비, 원재료 등의 신규 도입 또는 변경

3. 건설물, 기계·기구, 설비 등의 정비 또는 보수(주기적·반복적 작업으로서 이미 위험성평가를 실시한 경우에는 제외)
4. 작업방법 또는 작업절차의 신규 도입 또는 변경
5. 중대산업사고 또는 산업재해(휴업 이상의 요양을 요하는 경우에 한정한다) 발생
6. 그 밖에 사업주가 필요하다고 판단한 경우

③ 사업주는 다음 각 호의 사항을 고려하여 제1항에 따라 실시한 위험성평가의 결과에 대한 적정성을 1년마다 정기적으로 재검토(이때, 해당 기간 내 제2항에 따라 실시한 위험성평가의 결과가 있는 경우 함께 적정성을 재검토하여야 한다)하여야 한다. 재검토 결과 허용 가능한 위험성 수준이 아니라고 검토된 유해·위험요인에 대해서는 제12조에 따라 위험성 감소대책을 수립하여 실행하여야 한다.

1. 기계·기구, 설비 등의 기간 경과에 의한 성능 저하
2. 근로자의 교체 등에 수반하는 안전·보건과 관련되는 지식 또는 경험의 변화
3. 안전·보건과 관련되는 새로운 지식의 습득
4. 현재 수립되어 있는 위험성 감소대책의 유효성 등

④ 사업주가 사업장의 상시적인 위험성평가를 위해 다음 각 호의 사항을 이행하는 경우 제2항과 제3항의 수시평가와 정기평가를 실시한 것으로 본다.

1. 매월 1회 이상 근로자 제안제도 활용, 아차사고 확인, 작업과 관련된 근로자를 포함한 사업장 순회점검 등을 통해 사업장 내 유해·위험요인을 발굴하여 제11조의 위험성 결정 및 제12조의 위험성 감소대책 수립·실행을 할 것
2. 매주 안전보건관리책임자, 안전관리자, 보건관리자, 관리감독자 등(도급사업주의 경우 수급사업장의 안전·보건 관련 관리자 등을 포함한다)을 중심으로 제1호의 결과 등을 논의·공유하고 이행상황을 점검할 것
3. 매 작업일마다 제1호와 제2호의 실시결과에 따라 근로자가 준수하여야 할 사항 및 주의하여야 할 사항을 작업 전 안전점검회의 등을 통해 공유·지할 것

제3장 위험성평가 인정

제16조(인정의 신청) ① 장관은 소규모 사업장의 위험성평가를 활성화하기 위하여 위험성평가 우수사업장에 대해 인정해 주는 제도를 운영할 수 있다. 이 경우 인정을 신청할 수 있는 사업장은 다음 각 호와 같다.

1. 상시 근로자 수 100명 미만 사업장(건설공사를 제외한다). 이 경우 법 제63조에 따른 작업의 일부 또는 전부를 도급에 의하여 행하는 사업의 경우는 도급사업주의 사업장(이하 "도급사업장"이라 한다)과 수급사업주의 사업장(이하 "수급사업장"이라 한다) 각각의 근로자수를 이 규정에 의한 상시 근로자 수로 본다.
2. 총 공사금액 120억원(토목공사는 150억원) 미만의 건설공사

② 제2장에 따른 위험성평가를 실시한 사업장으로서 해당 사업장을 제1항의 위험성평가 우수사업장으로 인정을 받고자 하는 사업주는 별지 제1호서식의 위험성평가 인정신청서를 해당 사업장을 관할하는 공단 광역본부장·지역본부장·지사장에게 제출하여야 한다.
③ 제2항에 따른 인정신청은 위험성평가 인정을 받고자 하는 단위 사업장(또는 건설공사)으로 한다. 다만, 다음 각 호의 어느 하나에 해당하는 사업장은 인정신청을 할 수 없다.
  1. 제22조에 따라 인정이 취소된 날부터 1년이 경과하지 아니한 사업장
  2. 최근 1년 이내에 제22조제1항 각 호(제1호 및 제5호를 제외한다)의 어느 하나에 해당하는 사유가 있는 사업장
④ 법 제63조에 따른 작업의 일부 또는 전부를 도급에 의하여 행하는 사업장의 경우에는 도급사업장의 사업주가 수급사업장을 일괄하여 인정을 신청하여야 한다. 이 경우 인정신청에 포함하는 해당 수급사업장 명단을 신청서에 기재(건설공사를 제외한다)하여야 한다.
⑤ 제4항에도 불구하고 수급사업장이 제19조에 따른 인정을 별도로 받았거나, 법 제17조에 따른 안전관리자 또는 같은 법 제18조에 따른 보건관리자 선임대상인 경우에는 제4항에 따른 인정신청에서 해당 수급사업장을 제외할 수 있다.

제17조(인정심사) ① 공단은 위험성평가 인정신청서를 제출한 사업장에 대하여는 다음에서 정하는 항목을 심사(이하 "인정심사"라 한다)하여야 한다.
  1. 사업주의 관심도
  2. 위험성평가 실행수준
  3. 구성원의 참여 및 이해 수준
  4. 재해발생 수준
② 공단 광역본부장·지역본부장·지사장은 소속 직원으로 하여금 사업장을 방문하여 제1항의 인정심사(이하 "현장심사"라 한다)를 하도록 하여야 한다. 이 경우 현장심사는 현장심사 전일을 기준으로 최초인정은 최근 1년, 최초인정 후 다시 인정(이하 "재인정"이라 한다)하는 것은 최근 3년 이내에 실시한 위험성평가를 대상으로 한다. 다만, 인정사업장 사후심사를 위하여 제21조제3항에 따른 현장심사를 실시한 것은 제외할 수 있다.
③ 제2항에 따른 현장심사 결과는 제18조에 따른 인정심사위원회에 보고하여야 하며, 인정심사위원회는 현장심사 결과 등으로 인정심사를 하여야 한다.
④ 제16조제4항에 따른 도급사업장의 인정심사는 도급사업장과 인정을 신청한 수급사업장(건설공사의 수급사업장은 제외한다)에 대하여 각각 실시하여야 한다. 이 경우 도급사업장의 인정심사는 사업장 내의 모든 수급사업장을 포함한 사업장 전체를 종합적으로 실시하여야 한다.

⑤ 인정심사의 세부항목 및 배점 등 인정심사에 관하여 필요한 사항은 공단 이사장이 정한다. 이 경우 사업장의 업종별, 규모별 특성 등을 고려하여 심사기준을 달리 정할 수 있다.

제18조(인정심사위원회의 구성·운영) ① 공단은 위험성평가 인정과 관련한 다음 각 호의 사항을 심의·의결하기 위하여 각 광역본부·지역본부·지사에 위험성평가 인정심사위원회를 두어야 한다.
1. 인정 여부의 결정
2. 인정취소 여부의 결정
3. 인정과 관련한 이의신청에 대한 심사 및 결정
4. 심사항목 및 심사기준의 개정 건의
5. 그 밖에 인정 업무와 관련하여 위원장이 회의에 부치는 사항

② 인정심사위원회는 공단 광역본부장·지역본부장·지사장을 위원장으로 하고, 관할 지방고용노동관서 산재예방지도과장(산재예방지도과가 설치되지 않은 관서는 근로개선지도과장)을 당연직 위원으로 하여 10명 이내의 내·외부 위원으로 구성하여야 한다.

③ 그 밖에 인정심사위원회의 구성 및 운영에 관하여 필요한 사항은 공단 이사장이 정한다.

제19조(위험성평가의 인정) ① 공단은 인정신청 사업장에 대한 현장심사를 완료한 날부터 1개월 이내에 인정심사위원회의 심의·의결을 거쳐 인정 여부를 결정하여야 한다. 이 경우 다음의 기준을 충족하는 경우에만 인정을 결정하여야 한다.
1. 제2장에서 정한 방법, 절차 등에 따라 위험성평가 업무를 수행한 사업장
2. 현장심사 결과 제17조제1항 각 호의 평가점수가 100점 만점에 50점을 미달하는 항목이 없고 종합점수가 100점 만점에 70점 이상인 사업장

② 인정심사위원회는 제1항의 인정 기준을 충족하는 사업장의 경우에도 인정심사위원회를 개최하는 날을 기준으로 최근 1년 이내에 제22조제1항 각 호에 해당하는 사유가 있는 사업장에 대하여는 인정하지 아니한다.

③ 공단은 제1항에 따라 인정을 결정한 사업장에 대해서는 별지 제2호서식의 인정서를 발급하여야 한다. 이 경우 제17조제4항에 따른 인정심사를 한 경우에는 인정심사 기준을 만족하는 도급사업장과 수급사업장에 대해 각각 인정서를 발급하여야 한다.

④ 위험성평가 인정 사업장의 유효기간은 제1항에 따른 인정이 결정된 날부터 3년으로 한다. 다만, 제22조에 따라 인정이 취소된 경우에는 인정취소 사유 발생일 전날까지로 한다.

⑤ 위험성평가 인정을 받은 사업장 중 사업이 법인격을 갖추어 사업장관리번호가 변경되었으나 다음 각 호의 사항을 증명하는 서류를 공단에 제출하여 동일 사업장

임을 인정받을 경우 변경 후 사업장을 위험성평가 인정 사업장으로 한다. 이 경우 인정기간의 만료일은 변경 전 사업장의 인정기간 만료일로 한다.
1. 변경 전·후 사업장의 소재지가 동일할 것
2. 변경 전 사업의 사업주가 변경 후 사업의 대표이사가 되었을 것
3. 변경 전 사업과 변경 후 사업간 시설·인력·자금 등에 대한 권리·의무의 전부를 포괄적으로 양도·양수하였을 것

제20조(재인정) ① 사업주는 제19조제4항 본문에 따른 인정 유효기간이 만료되어 재인정을 받으려는 경우에는 제16조제2항에 따른 인정신청서를 제출하여야 한다. 이 경우 인정신청서 제출은 유효기간 만료일 3개월 전부터 할 수 있다.
② 제1항에 따른 재인정을 신청한 사업장에 대한 심사 등은 제16조부터 제19조까지의 규정에 따라 처리한다.
③ 재인정 심사의 범위는 직전 인정 또는 사후심사와 관련한 현장심사 다음 날부터 재인정신청에 따른 현장심사 전일까지 실시한 정기평가 및 수시평가를 그 대상으로 한다.
④ 재인정 사업장의 인정 유효기간은 제19조제4항에 따른다. 이 경우, 재인정 사업장의 인정 유효기간은 이전 위험성평가 인정 유효기간의 만료일 다음날부터 새로 계산한다.

제21조(인정사업장 사후심사) ① 공단은 제19조제3항 및 제20조에 따라 인정을 받은 사업장이 위험성평가를 효과적으로 유지하고 있는지 확인하기 위하여 매년 인정사업장의 20퍼센트 범위에서 사후심사를 할 수 있다.
② 제1항에 따른 사후심사는 다음 각 호의 어느 하나에 해당하는 사업장으로 인정심사위원회에서 사후심사가 필요하다고 결정한 사업장을 대상으로 한다. 이 경우 제1호에 해당하는 사업장은 특별한 사정이 없는 한 대상에 포함하여야 한다.
1. 공사가 진행 중인 건설공사. 다만, 사후심사일 현재 잔여공사기간이 3개월 미만인 건설공사는 제외할 수 있다.
2. 제19조제1항제2호 및 제20조제2항에 따른 종합점수가 100점 만점에 80점 미만인 사업장으로 사후심사가 필요하다고 판단되는 사업장
3. 그 밖에 무작위 추출 방식에 의하여 선정한 사업장(건설공사를 제외한 연간 사후심사 사업장의 50퍼센트 이상을 선정한다)

③ 사후심사는 직전 현장심사를 받은 이후에 사업장에서 실시한 위험성평가에 대해 현장심사를 하는 것으로 하며, 해당 사업장이 제19조에 따른 인정 기준을 유지하는지 여부를 심사하여야 한다.

제22조(인정의 취소) ① 위험성평가 인정사업장에서 인정 유효기간 중에 다음 각 호의 어느 하나에 해당하는 사업장은 인정을 취소하여야 한다.
1. 거짓 또는 부정한 방법으로 인정을 받은 사업장

2. 직·간접적인 법령 위반에 기인하여 다음의 중대재해가 발생한 사업장 (규칙 제2조)
     가. 사망재해
     나. 3개월 이상 요양을 요하는 부상자가 동시에 2명 이상 발생
     다. 부상자 또는 직업성질병자가 동시에 10명 이상 발생
  3. 근로자의 부상(3일 이상의 휴업)을 동반한 중대산업사고 발생 사업장
  4. 법 제10조에 따른 산업재해 발생건수, 재해율 또는 그 순위 등이 공표된 사업장(영 제10조제1항제1호 및 제5호에 한정한다)
  5. 제21조에 따른 사후심사 결과, 제19조에 의한 인정 기준을 충족하지 못한 사업장
  6. 사업주가 자진하여 인정취소를 요청한 사업장
  7. 그 밖에 인정취소가 필요하다고 공단 광역본부장·지역본부장 또는 지사장이 인정한 사업장

② 공단은 제1항에 해당하는 사업장에 대해서는 인정심사위원회에 상정하여 인정취소 여부를 결정하여야 한다. 이 경우 해당 사업장에는 소명의 기회를 부여하여야 한다.

③ 제2항에 따라 인정취소 사유가 발생한 날을 인정취소일로 본다.

제23조(위험성평가 지원사업) ① 장관은 사업장의 위험성평가를 지원하기 위하여 공단 이사장으로 하여금 다음 각 호의 위험성평가 사업을 추진하게 할 수 있다.
  1. 추진기법 및 모델, 기술자료 등의 개발·보급
  2. 우수 사업장 발굴 및 홍보
  3. 사업장 관계자에 대한 교육
  4. 사업장 컨설팅
  5. 전문가 양성
  6. 지원시스템 구축·운영
  7. 인정제도의 운영
  8. 그 밖에 위험성평가 추진에 관한 사항

② 공단 이사장은 제1항에 따른 사업을 추진하는 경우 고용노동부와 협의하여 추진하고 추진결과 및 성과를 분석하여 매년 1회 이상 장관에게 보고하여야 한다.

제24조(위험성평가 교육지원) ① 공단은 제21조제1항에 따라 사업장의 위험성평가를 지원하기 위하여 다음 각 호의 교육과정을 개설하여 운영할 수 있다.
  1. 사업주 교육
  2. 평가담당자 교육
  3. 전문가 양성 교육

② 공단은 제1항에 따른 교육과정을 광역본부·지역본부·지사 또는 산업안전보건교육원(이하 "교육원"이라 한다)에 개설하여 운영하여야 한다.
③ 제1항제2호 및 제3호에 따른 평가담당자 교육을 수료한 근로자에 대해서는 해당 시기에 사업주가 실시해야 하는 관리감독자 교육을 수료한 시간만큼 실시한 것으로 본다.

제25조(위험성평가 컨설팅지원) ① 공단은 근로자 수 50명 미만 소규모 사업장[건설업의 경우 전년도에 공시한 시공능력 평가액 순위가 200위 초과인 종합건설업체 본사 또는 총공사금액 120억원(토목공사는 150억원)미만인 건설공사를 말한다]의 사업주로부터 제5조제3항에 따른 컨설팅지원을 요청받은 경우에 위험성평가 실시에 대한 컨설팅지원을 할 수 있다.
② 제1항에 따른 공단의 컨설팅지원을 받으려는 사업주는 사업장 관할의 공단 광역본부장·지역본부장·지사장에게 지원 신청을 하여야 한다.
③ 제2항에도 불구하고 공단 광역본부장·지역본부·지사장은 재해예방을 위하여 필요하다고 판단되는 사업장을 직접 선정하여 컨설팅을 지원할 수 있다.

제4장 지원사업의 추진 등

제26조(지원 신청 등) ① 제24조에 따른 교육지원 및 제25조에 따른 컨설팅지원의 신청은 별지 제3호서식에 따른다. 다만, 제24조제1항제3호에 따른 교육의 신청 및 비용 등은 교육원이 정하는 바에 따른다.
② 교육기관의장은 제1항에 따른 교육신청자에 대하여 교육을 실시한 경우에는 별지 제4호서식 또는 별지 제5호서식에 따른 교육확인서를 발급하여야 한다.
③ 공단은 예산이 허용하는 범위에서 사업장이 제24조에 따른 교육지원과 제25조에 따른 컨설팅지원을 민간기관에 위탁하고 그 비용을 지급할 수 있으며, 이에 필요한 지원 대상, 비용지급 방법 및 기관 관리 등 세부적인 사항은 공단 이사장이 정할 수 있다.
④ 공단은 사업주가 위험성평가 감소대책의 실행을 위하여 해당 시설 및 기기 등에 대하여 「산업재해예방시설자금 융자 및 보조업무처리규칙」에 따라 보조금 또는 융자금을 신청한 경우에는 우선하여 지원할 수 있다.
⑤ 공단은 제19조에 따른 위험성평가 인정 또는 제20조에 따른 재인정, 제22조에 따른 인정취소를 결정한 경우에는 결정일부터 3일 이내에 인정일 또는 재인정일, 인정취소일 및 사업장명, 소재지, 업종, 근로자 수, 인정 유효기간 등의 현황을 지방고용노동관서 산재예방지도과(산재예방지도과가 설치되지 않은 관서는 근로개선지도과)로 보고하여야 한다. 다만, 위험성평가 지원시스템 또는 그 밖의 방법으로 지방고용노동관서에서 인정사업장 현황을 실시간으로 파악할 수 있는 경우에는 그러하지 아니한다.

제27조(인정사업장 등에 대한 혜택) ① 장관은 위험성평가 인정 사업장에 대하여는 제19조 및 제20조에 따른 인정 유효기간 동안 사업장 안전보건감독을 유예할 수 있다.

② 제1항에 따라 유예하는 안전보건감독은 「근로감독관 집무규정(산업안전보건)」 제10조제2항에 따른 기획감독 대상 중 장관이 별도로 지정한 사업장으로 한정한다.

③ 장관은 위험성평가를 실시하였거나, 위험성평가를 실시하고 인정을 받은 사업장에 대해서는 정부 포상 또는 표창의 우선 추천 및 그 밖의 혜택을 부여할 수 있다.

제28조(재검토기한) 고용노동부장관은 이 고시에 대하여 2023년 7월 1일 기준으로 매 3년이 되는 시점(매 3년째의 6월 30일까지를 말한다)마다 그 타당성을 검토하여 개선 등의 조치를 하여야 한다.

부칙 〈제2024-76호, 2024. 10. 18.〉

이 고시는 2025년 1월 2일 부터 시행한다.

주요항목 02 건설현장 유해·위험요인 관리
출제예상문제

출제예상문제는 복습, 예습문제로 엮었습니다. *WHY : 실제시험에도 순서에 관계없이 출제됩니다. 예습 후 다음장에 공부한 문제가 있으면 기억이 배가 됩니다.

01 ★★★ 재료에서 안전율이라 함은 다음 중 어느 것인가?
① 최대응력을 비례한도로 나눈 것
② 최대응력을 탄성한도로 나눈 것
③ 최대응력을 항복점 응력으로 나눈 것
④ 최대응력을 허용응력으로 나눈 것

해설
안전율(계수)
① 안전계수(안전율) = $\dfrac{극한강도}{최대설계응력}$ = $\dfrac{최대응력}{허용응력}$
② 로프의 안전율 = $\dfrac{로프가닥수 \times 로프파단력}{최대설계응력달기하중}$

💬 **합격자의 조언**
① 동일문제를 변형시킨 것이다.
② 산업안전보건기준에 관한 규칙 제163조, 제164조

02 ★★★★★ 건설업에서 유해위험방지계획서를 고용노동부 장관에게 제출해야 할 사업이 아닌 것은? 16. 10. 1 산 21. 5. 15 기
① 최대지간길이가 50[m] 이상인 교량건설공사
② 지상 높이가 30[m] 이상인 건축물의 건설개조공사
③ 깊이 10[m] 이상 굴착공사
④ 터널건설공사

해설
대상건설공사
① 인간공학 및 위험성 평가·관리에서 확인하세요. (동시에 출제됨)
② 지상 높이 31[m] 이상인 건축물의 건설개조공사

03 ★★ 다음은 터널 시공에서 낙반 등에 의한 위험을 방지하기 위한 사항이다. 옳지 않은 것은?
① 터널 지보공을 설치한다.
② 출입구 부근에는 흙막이 지보공이나 방호망을 친다.
③ 환기 또는 조명 시설을 한다.
④ 관계자 외 출입을 금지시킨다.

해설
터널 시공 낙반 위험 방지 기준
① 터널 지보공 및 록볼트 설치, 부석 제거
② 출입 금지 및 시계 유지
③ 흙막이 지보공 및 방호망 설치

정보제공
㉠ 산업안전보건기준에 관한 규칙 제351조
㉡ 산업안전보건기준에 관한 규칙 제352조
㉢ 산업안전보건기준에 관한 규칙 제353조

04 ★★ 다음은 건설안전의 위험성에 대한 예측 설명이다. 옳지 않은 것은?
① 과거의 경험
② 정보의 수집
③ 측정 및 관측
④ 규정기준의 준수

해설
규정기준 준수는 사후대책이다.

[정답] 01 ④ 02 ② 03 ③ 04 ④

05 유해 또는 위험방지를 위하여 필요한 조치를 하여야 할 기계·기구에 속하지 않는 것은?

① 예초기
② 원심기
③ 지게차
④ 페이퍼 드레인 머신

[해설]

유해·위험방지를 위하여 방호조치가 필요한 기계·기구의 종류
① 예초기
② 원심기
③ 공기압축기
④ 금속절단기
⑤ 지게차
⑥ 포장기계(진공포장기, 랩핑기로 한정한다)

[참고] 산업안전보건법시행령 [별표 7] 유해·위험방지를 위하여 방호조치가 필요한 기계·기구 등

06 콘크리트 공시체의 지름이 15[cm], 높이가 30[cm]인 것을 압축시험 결과 38,000[kg]에서 파괴되었다. 압축강도로 옳은 것은?

① 213[kg/cm²]
② 215[kg/cm²]
③ 220[kg/cm²]
④ 230[kg/cm²]

[해설]

압축강도

$$압축강도 = \frac{파괴하중}{공시체단면적}$$

$$= \frac{38,000}{\frac{3.14 \times 15^2}{4}} ≒ 215[kg/cm^2]$$

[정답] 05 ④ 06 ②

건설업 산업안전보건관리비 관리

중점 학습내용

본 장은 산업안전기사 및 산업안전산업기사 NCS 출제 기준에 의거 다음과 같이 세부항목을 구성하였다.
건설업 산업안전보건관리비 규정

1. 건설업 산업안전보건관리비 규정

건설업 산업안전보건관리비 계상 및 사용기준

개정 2025. 2. 12. 고시 제2025-11호

제1장 총칙

제1조(목적) 이 고시는 「산업안전보건법」 제72조, 같은 법 시행령 제59조 및 제60조와 같은 법 시행규칙 제89조에 따라 건설업의 산업안전보건관리비 계상 및 사용기준을 정함을 목적으로 한다.

제2조(정의) ① 이 고시에서 사용하는 용어의 뜻은 다음과 같다.
1. "건설업 산업안전보건관리비"(이하 "산업안전보건관리비"라 한다)란 산업재해 예방을 위하여 건설공사 현장에서 직접 사용되거나 해당 건설업체의 본점 또는 주사무소(이하 "본사"라 한다)에 설치된 안전전담부서에서 법령에 규정된 사항을 이행하는 데 소요되는 비용을 말한다.
2. "산업안전보건관리비 대상액"(이하 "대상액"이라 한다)이란 「예정가격 작성기준」(기획재정부 계약예규) 및 「지방자치단체 입찰 및 계약집행기준」(행정안전부 예규) 등 관련 규정에서 정하는 공사원가계산서 구성항목 중 직접재료비, 간접재료비와 직접노무비를 합한 금액(발주자가 재료를 제공할 경우에는 해당 재료비를 포함한다)을 말한다.
3. "건설공사발주자"(이하 "발주자"라 한다)란 법 제2조제10호에 따른 건설공사발주자를 말한다.
4. "건설공사도급인"이란 발주자에게 건설공사를 도급받은 사업주로서 건설공사의 시공을 주도하여 총괄·관리하는 자를 말한다.

5. "자기공사자"란 건설공사의 시공을 주도하여 총괄·관리하는 자(발주자로부터 건설공사를 최초로 도급받은 수급인은 제외한다)를 말한다.
6. "감리자"란 다음 각 목의 어느 하나에 해당하는 자를 말한다.
   가. 「건설기술진흥법」 제2조제5호에 따른 감리 업무를 수행하는 자
   나. 「건축법」 제2조제1항제15호의 공사감리자
   다. 「문화재수리 등에 관한 법률」 제2조제12호의 문화재감리원
   라. 「소방시설공사업법」 제2조제3호의 감리원
   마. 「전력기술관리법」 제2조제5호의 감리원
   바. 「정보통신공사업법」 제2조제10호의 감리원
   사. 그 밖에 관계 법률에 따라 감리 또는 공사감리 업무와 유사한 업무를 수행하는 자

② 그 밖에 이 고시에서 사용하는 용어의 정의는 이 고시에 특별한 규정이 없으면 「산업안전보건법」(이하 "법"이라 한다), 같은 법 시행령(이하 "영"이라 한다), 같은 법 시행규칙(이하 "규칙"이라 한다), 예산회계 및 건설관계법령에서 정하는 바에 따른다.

제3조(적용범위) 이 고시는 법 제2조제11호의 건설공사 중 총공사금액 2천만 원 이상인 공사에 적용한다. 다만, 다음 각 호의 어느 하나에 해당되는 공사 중 단가계약에 의하여 행하는 공사에 대하여는 총계약금액을 기준으로 적용한다. 22. 4. 24 ⑦

> **합격정보** 2020년 7월 1일 총공사금액 2천만원 이상부터 적용

제2장 안전보건관리비의 계상 및 사용

제4조(계상의무 및 기준) ① 건설공사발주자(이하 "발주자"라 한다)가 도급계약 체결을 위한 원가계산에 의한 예정가격을 작성하거나, 자기공사자가 건설공사 사업 계획을 수립할 때에는 다음 각 호와 같이 안전보건관리비를 계상하여야 한다. 다만, 발주자가 재료를 제공하거나 일부 물품이 완제품의 형태로 제작·납품되는 경우에는 해당 재료비 또는 완제품 가액을 대상액에 포함하여 산출한 안전보건관리비와 해당 재료비 또는 완제품 가액을 대상액에서 제외하고 산출한 안전보건관리비의 1.2배에 해당하는 값을 비교하여 그 중 작은 값 이상의 금액으로 계상한다.

1. 대상액이 5억 원 미만 또는 50억 원 이상인 경우 : 대상액에 별표 1에서 정한 비율을 곱한 금액
2. 대상액이 5억 원 이상 50억 원 미만인 경우 : 대상액에 별표 1에서 정한 비율을 곱한 금액에 기초액을 합한 금액
3. 대상액이 명확하지 않은 경우 : 제4조제1항의 도급계약 또는 자체사업계획상 책정된 총공사금액의 10분의 7에 해당하는 금액을 대상액으로 하고 제1호 및 제2호에서 정한 기준에 따라 계상

② 발주자는 제1항에 따라 계상한 안전보건관리비를 입찰공고 등을 통해 입찰에 참가하려는 자에게 알려야 한다.

③ 발주자와 법 제69조에 따른 건설공사도급인 중 자기공사자를 제외하고 발주자로부터 해당 건설공사를 최초로 도급받은 수급인(이하 "도급인"이라 한다)은 공사계약을 체결할 경우 제1항에 따라 계상된 안전보건관리비를 공사도급계약서에 별도로 표시하여야 한다.

④ 별표 1의 공사의 종류는 별표 5의 건설공사의 종류 예시표에 따른다. 다만, 하나의 사업장 내에 건설공사 종류가 둘 이상인 경우(분리발주한 경우를 제외한다)에는 공사금액이 가장 큰 공사종류를 적용한다.

⑤ 발주자 또는 자기공사자는 설계변경 등으로 대상액의 변동이 있는 경우 별표 1의3에 따라 지체 없이 안전보건관리비를 조정 계상하여야 한다. 다만, 설계변경으로 공사금액이 800억 원 이상으로 증액된 경우에는 증액된 대상액을 기준으로 제1항에 따라 재계상한다.

제5조(계상방법 및 계상시기 등) 〈삭제〉

제6조(수급인 등의 의무) 〈삭제〉

제7조(사용기준) ① 도급인과 자기공사자는 산업안전보건관리비를 산업재해예방 목적으로 다음 각 호의 기준에 따라 사용하여야 한다.

1. 안전관리자·보건관리자의 임금 등
    가. 법 제17조제3항 및 법 제18조제3항에 따라 안전관리 또는 보건관리 업무만을 전담하는 안전관리자 또는 보건관리자의 임금과 출장비 전액(지방고용노동관서에 선임 보고한 날부터 발생한 비용에 한정한다.)
    나. 안전관리 또는 보건관리 업무를 전담하지 않는 안전관리자 또는 보건관리자의 임금과 출장비의 각각 2분의 1에 해당하는 비용(지방고용노동관서에 선임 보고한 날부터 발생한 비용에 한정한다.)
    다. 안전관리자를 선임한 건설공사 현장에서 산업재해예방 업무만을 수행하는 작업지휘자, 유도자, 신호자 등의 임금 전액
    라. 별표 1의2에 해당하는 작업을 직접 지휘·감독하는 직·조·반장 등 관리감독자의 직위에 있는 자가 영 제15조제1항에서 정하는 업무를 수행하는 경우에 지급하는 업무수당(임금의 10분의 1 이내)

2. 안전시설비 등 25. 2. 7
    가. 산업재해예방을 위한 안전난간, 추락방호망, 안전대 부착설비, 방호장치(기계·기구와 방호장치가 일체로 제작된 경우, 방호장치 부분의 가액에 한함) 등 안전시설의 구입·임대 및 설치를 위해 소요되는 비용
    나. 「산업재해예방시설자금 융자금 지원사업 및 보조금 지급사업 운영규정」(고용노동부고시) 제2조제12호에 따른 "스마트안전장비 지원사업" 및

「건설기술진흥법」 제62조의3에 따른 스마트 안전장비 구입·임대 비용. 다만, 제4조에 따라 계상된 산업안전보건관리비 총액의 10분의 2를 초과할 수 없다.

다. 용접 작업 등 화재 위험작업 시 사용하는 소화기의 구입·임대비용

3. 보호구 등

　가. 영 제74조제1항제3호에 따른 보호구의 구입·수리·관리 등에 소요되는 비용
　나. 근로자가 가목에 따른 보호구를 직접 구매·사용하여 합리적인 범위 내에서 보전하는 비용
　다. 제1호가목부터 다목까지의 규정에 따른 안전관리자 등의 업무용 피복, 기기 등을 구입하기 위한 비용
　라. 제1호가목에 따른 안전관리자 및 보건관리자가 안전보건 점검 등을 목적으로 건설공사 현장에서 사용하는 차량의 유류비·수리비·보험료

4. 안전보건진단비 등

　가. 법 제42조에 따른 유해위험방지계획서의 작성 등에 소요되는 비용
　나. 법 제47조에 따른 안전보건진단에 소요되는 비용
　다. 법 제125조에 따른 작업환경측정에 소요되는 비용
　라. 그 밖에 산업재해예방을 위해 법에서 지정한 전문기관 등에서 실시하는 진단, 검사, 지도 등에 소요되는 비용

5. 안전보건교육비 등

　가. 법 제29조부터 제32조까지의 규정에 따라 실시하는 의무교육이나 이에 준하여 실시하는 교육을 위해 건설공사 현장의 교육 장소 설치·운영 등에 소요되는 비용
　나. 가목 이외 산업재해예방 목적을 가진 다른 법령상 의무교육을 실시하기 위해 소요되는 비용
　다. 「응급의료에 관한 법률」 제14조제1항제5호에 따른 안전보건교육 대상자 등에게 구조 및 응급처치에 관한 교육을 실시하기 위해 소요되는 비용
　라. 안전보건관리책임자, 안전관리자, 보건관리자가 업무수행을 위해 필요한 정보를 취득하기 위한 목적으로 도서, 정기간행물을 구입하는 데 소요되는 비용
　마. 건설공사 현장에서 안전기원제 등 산업재해예방을 기원하는 행사를 개최하기 위해 소요되는 비용. 다만, 행사의 방법, 소요된 비용 등을 고려하여 사회통념에 적합한 행사에 한한다.
　바. 건설공사 현장의 유해·위험요인을 제보하거나 개선방안을 제안한 근로자를 격려하기 위해 지급하는 비용

6. 근로자 건강장해예방비 등 24. 2. 15 ㉮
    가. 법·영·규칙에서 규정하거나 그에 준하여 필요로 하는 각종 근로자의 건강장해 예방에 필요한 비용
    나. 중대재해 목격으로 발생한 정신질환을 치료하기 위해 소요되는 비용
    다. 「감염병의 예방 및 관리에 관한 법률」 제2조제1호에 따른 감염병의 확산 방지를 위한 마스크, 손소독제, 체온계 구입비용 및 감염병병원체 검사를 위해 소요되는 비용
    라. 법 제128조의2 등에 따른 휴게시설을 갖춘 경우 온도, 조명 설치·관리기준을 준수하기 위해 소요되는 비용
    마. 건설공사 현장에서 근로자 심폐소생을 위해 사용되는 자동심장충격기(AED) 구입에 소요되는 비용
    바. 온열·한랭질환으로부터 근로자 건강장해를 예방하기 위한 임시 휴게시설 설치·해체·임대 비용 및 냉·난방기기의 임대 비용
7. 법 제73조 및 제74조에 따른 건설재해예방전문지도기관의 지도에 대한 대가로 제2조제1항제5호의 자기공사자가 지급하는 비용
8. 「중대재해 처벌 등에 관한 법률」 시행령 제4조제2호나목에 해당하는 건설사업자가 아닌 자가 운영하는 사업에서 안전보건 업무를 총괄·관리하는 3명 이상으로 구성된 본사 전담조직에 소속된 근로자의 임금 및 업무수행 출장비 전액. 다만, 제4조에 따라 계상된 안전보건관리비 총액의 20분의 1을 초과할 수 없다.
9. 법 제36조에 따른 위험성평가 또는 「중대재해 처벌 등에 관한 법률 시행령」 제4조제3호에 따라 유해·위험요인 개선을 위해 필요하다고 판단하여 법 제24조의 산업안전보건위원회 또는 법 제75조의 노사협의체에서 사용하기로 결정한 사항을 이행하기 위한 비용. 다만, 제4조에 따라 계상된 안전보건관리비 총액의 100분의 15를 초과할 수 없다.

② 제1항에도 불구하고 도급인 및 자기공사자는 다음 각 호의 어느 하나에 해당하는 경우에는 산업안전보건관리비를 사용할 수 없다. 다만, 제1항제2호나목 및 다목, 제1항제6호나목부터 마목, 제1항제9호의 경우에는 그러하지 아니하다.
    1. 「(계약예규)예정가격작성기준」 제19조제3항 중 각 호(단, 제14호는 제외한다)에 해당되는 비용
    2. 다른 법령에서 의무사항으로 규정한 사항을 이행하는 데 필요한 비용
    3. 근로자 재해예방 외의 목적이 있는 시설·장비나 물건 등을 사용하기 위해 소요되는 비용
    4. 환경관리, 민원 또는 수방대비 등 다른 목적이 포함된 경우

③ 도급인 및 자기공사자는 별표 3에서 정한 공사진척에 따른 산업안전보건관리비 사용기준을 준수하여야 한다. 다만, 건설공사발주자는 건설공사의 특성 등을 고려하여 사용기준을 달리 정할 수 있다.

> 참고

자동심장충격기(自動心臟衝擊機 : automated external defibrillator, AED)
또는자동제세동기(自動除細動器)는 심실세동 또는 심실빈맥으로 인해 심장의 기능이 정지하거나 호흡이 멈추었을 때 사용하는 응급 처치 기기이다. 심폐소생술 교육을 받지 않은 일반인도 사용할 수 있으며, 주변에 심정지환자가 발생한 경우 선한 사마리아인 법을 따라 적극적으로 사용하여야 한다. 공공장소 및 다중이용시설의 경우 보건복지부 응급의료에 관한 법률 제47조의2 및 동법 시행령 26조의2를 따라 자동제세동기 설치가 의무이다(예를 들어, 공항, 철도, 경마장, 운동장, 체육관, 500세대가 넘는 공동주택 등).

사용법
자동제세동기의 사용법은 다음과 같다. 대체로 자동제세동기는 전원을 켠 후 해당 단계마다 안내음성이 나온다.
① 자동제세동기 도착
② 전원 켜기(자동제세동기의 1번 버튼을 누른다.)
③ 두 개의 패드를 가슴에 부착 후 자동제세동기에 연결
④ 심장리듬 분석(자동제세동기의 2번 버튼을 누른다.) : 심장리듬을 분석하는 동안 환자와 접촉하여서는 안된다.
⑤ 제세동 실시(자동제세동기의 3번 버튼, 또는 번개모양이 그려진 버튼을 누른다.):제세동을 실시하는 동안 환자와 접촉하여서는 안된다.
⑥ 즉시 심폐소생술 다시 시행
⑦ 구급대 도착 전까지 4~7번 반복, 2분마다 자동제세동기가 자동으로 심장리듬을 분석한다.

④ 〈삭제〉

⑤ 도급인 및 자기공사자는 도급금액 또는 사업비에 계상된 산업안전보건관리비의 범위에서 그의 관계수급인에게 해당 사업의 위험도를 고려하여 적정하게 안전보건관리비를 지급하여 사용하게 할 수 있다.

제8조(사용금액의 감액·반환 등) 발주자는 도급인이 법 제72조제2항에 위반하여 다른 목적으로 사용하거나 사용하지 않은 산업안전보건관리비에 대하여 이를 계약금액에서 감액조정하거나 반환을 요구할 수 있다.

제9조(사용내역의 확인) ① 도급인은 산업안전보건관리비 사용내역에 대하여 공사 시작 후 6개월마다 1회 이상 발주자 또는 감리자의 확인을 받아야 한다. 다만, 6개월 이내에 공사가 종료되는 경우에는 종료 시 확인을 받아야 한다.

② 제1항에도 불구하고 발주자, 감리자 및 「근로기준법」 제101조에 따른 관계 근로감독관은 산업안전보건관리비 사용내역을 수시 확인할 수 있으며, 도급인 또는 자기공사자는 이에 따라야 한다.

③ 발주자 또는 감리자는 제1항 및 제2항에 따른 산업안전보건관리비 사용내역 확인 시 기술지도 계약 체결, 기술지도 실시 및 개선 여부 등을 확인하여야 한다.

제10조(실행예산의 작성 및 집행 등) ① 공사금액 4천만 원 이상의 도급인 및 자기공사자는 공사실행예산을 작성하는 경우에 해당 공사에 사용하여야 할 안전보건관리비의 실행예산을 계상된 안전보건관리비 총액 이상으로 별도 편성해야 하며, 이에 따라 안전보건관리비를 사용하고 별지 제1호서식의 산업안전보건관리비 사용내역서를 작성하여 해당 공사현장에 갖추어 두어야 한다.

② 도급인 및 자기공사자는 제1항에 따른 산업안전보건관리비 실행예산을 작성하고 집행하는 경우에 법 제17조와 영 제16조에 따라 선임된 해당 사업장의 안전관리자가 참여하도록 하여야 한다.

③ 〈삭제〉

제3장 보칙

제11조(기술지도 횟수 등) 〈삭제〉

제12조(재검토기한) 고용노동부 장관은 이 고시에 대하여 2025년 7월 1일 기준으로 매 3년이 되는 시점(매 3년째의 6월 30일까지를 말한다)마다 그 타당성을 검토하여 개선 등의 조치를 하여야 한다.

부칙

이 고시는 2025년 2월 12일부터 시행한다.

[별표 1] 공사종류 및 규모별 산업안전관리비 계상기준표 23.6.4㉮ 23.7.8㉮㉠

(단위 : 원)

구 분 공사종류	대상액 5억원 미만인 경우 적용비율(%)	대상액 5억원 이상 50억원 미만인 경우		대상액 50억원 이상인 경우 적용비율(%)	영 별표5에 따른 보건관리자 선임 대상 건설공사의 적용비율(%)
		적용비율(%)	기초액		
건 축 공 사	3.11[%]	2.28[%]	4,325,000원	2.37[%]	2.64[%]
토 목 공 사	3.15[%]	2.53[%]	3,300,000원	2.60[%]	2.73[%]
중 건 설 공 사	3.64[%]	3.05[%]	2,975,000원	3.11[%]	3.39[%]
특수건설공사	2.07[%]	1.59[%]	2,450,000원	1.64[%]	1.78[%]

㊟ 적용일 : 2025. 1. 1.

[별표 1의2] 관리감독자 안전보건업무 수행 시 수당지급 작업

1. 건설용 리프트·곤돌라를 이용한 작업
2. 콘크리트 파쇄기를 사용하여 행하는 파쇄작업 (2[m] 이상인 구축물 파쇄에 한정한다)
3. 굴착 깊이가 2[m] 이상인 지반의 굴착작업
4. 흙막이지보공의 보강, 동바리 설치 또는 해체작업
5. 터널 안에서의 굴착작업, 터널거푸집의 조립 또는 콘크리트 작업
6. 굴착면의 깊이가 2[m] 이상인 암석 굴착 작업
7. 거푸집지보공의 조립 또는 해체작업
8. 비계의 조립, 해체 또는 변경작업
9. 건축물의 골조, 교량의 상부구조 또는 탑의 금속제의 부재에 의하여 구성되는 것(5[m] 이상에 한정한다)의 조립, 해체 또는 변경작업
10. 콘크리트 공작물(높이 2[m] 이상에 한정한다)의 해체 또는 파괴작업
11. 전압이 75[V] 이상인 정전 및 활선작업
12. 맨홀작업, 산소결핍장소에서의 작업
13. 도로에 인접하여 관로, 케이블 등을 매설하거나 철거하는 작업
14. 전주 또는 통신주에서의 케이블 공중가설작업

[별표 1의3] 설계변경 시 산업안전관리비 조정·계상 방법

1. 설계변경에 따른 안전관리비는 다음 계산식에 따라 산정한다.
   ○ 설계변경에 따른 안전관리비 = 설계변경 전의 안전관리비 + 설계변경으로 인한 안전관리비 증감액
2. 제1호의 계산식에서 설계변경으로 인한 안전관리비 증감액은 다음 계산식에 따라 산정한다.
   ○ 설계변경으로 인한 안전관리비 증감액 = 설계변경 전의 안전관리비 × 대상액의 증감 비율
3. 제2호의 계산식에서 대상액의 증감 비율은 다음 계산식에 따라 산정한다. 이 경우, 대상액은 예정가격 작성시의 대상액이 아닌 설계변경 전·후의 도급계약서상의 대상액을 말한다.

○ 대상액의 증감 비율 = [(설계변경 후 대상액 − 설계변경 전 대상액) / 설계변경 전 대상액] × 100[%]

[별표 2] 안전관리비의 항목별사용 불가 내역 〈2022. 6. 2. 삭제〉

[별표 3] 공사진척에 따른 산업안전관리비 사용기준 21. 3. 7 ㉮ 23. 2. 28 ㉮ 25. 2. 7 ㉚

공정률	50[%] 이상 70[%] 미만	70[%] 이상 90[%] 미만	90[%] 이상
사용기준	50[%] 이상	70[%] 이상	90[%] 이상

※ 공정률은 기성공정률을 기준으로 한다.

[별표 4] 삭제

[별표 5] 건설공사의 종류 예시표

공사종류	내용예시
1. 건축공사	가. 「건설산업기본법 시행령」(별표 1) 제1호 '나'목 종합적인 계획, 관리 및 조정에 따라 토지에 정착 하는 공작물 중 지붕과 기둥(또는 벽)이 있는 것과 이에 부수되는 시설물을 건설하는 공사 및 이와 함께 부대하여 현장 내에서 행하는 공사 나. 「건설산업기본법 시행령」(별표 1) 제2호의 전문공사로서 건축물과 관련하여 분리하여 발주되었고 시간적·장소적으로도 독립하여 행하는 공사
2. 토목공사	가. 「건설산업기본법 시행령」(별표 1) 제1호 '가'목 종합적인 계획·관리 및 조정에 따라 토목 공작물을 설치하거나 토지를 조성·개량하는 공사, '라'목 종합적인 계획, 관리 및 조정에 따라 산업의 생산시설, 환경 오염을 예방·제거 재활용하기 위한 시설, 에너지 등의 생산·저장·공급시설 등의 건설공사 및 이와 함께 부대하여 현장 내에서 행하는 공사 나. 「건설산업기본법 시행령」(별표 1) 제2호의 전문공사로서 같은 표 제1호 건축공사 외의 시설물과 관련하여 분리하여 발주되었고 시간적·장소적으로도 독립하여 행하는 공사

3. 중건설공사	▫ 「건설산업기본법 시행령」(별표 1) 제1호 '가'목 및 '라'목에 해당 되는 공사 중 다음과 같은 공사 및 이와 함께 부대하여 현장 내에서 행하는 공사
	가. 고제방 댐 공사 등
	   댐 신설공사, 제방신설공사와 관련한 제반시설공사
	나. 화력, 수력, 원자력, 열병합 발전시설 등 설치공사
	   화력, 수력, 원자력, 열병합 발전시설과 관련된 신설공사 및 제반시설공사
	다. 터널신설공사 등
	   도로, 철도, 지하철 공사로서 터널, 교량, 토공사 등이 포함된 복합시설물로 구성된 공사에 있어 터널 공사비 비중이 가장 큰 비중을 차지하는 건설공사

공사종류	내용예시
4. 특수건설공사	□ 「건설산업기본법 시행령」(별표 1) 제1호 '마'목 종합적인 계획·관리 및 조정에 따라 수목원, 공원, 녹지, 숲의 조성 등 경관 및 환경을 조성·개량 등의 건설공사로서 같은 법 시행규칙(별표 3)에서 구분한 조경공사에 해당하는 공사와 아래 각목에 따른 건설공사 중 다른 공사와 분리하여 발주되었고 시간적·장소적으로도 독립하여 행하는 공사 가. 「전기공사업법」에 의한 공사 나. 「정보통신공사업법」에 의한 공사 다. 「소방공사업법」에 의한 공사 라. 「문화재수리공사업법」에 의한 공사

[비고]
1. 건축물과 관련하여 공사가 수행된다 하더라도 독립하여 행하는 공사가 토목공사, 중건설공사가 명백한 경우 해당 공사 종류로 분류한다.
2. 건축공사, 토목공사 및 중건설공사와 함께 부대하여 현장 내에서 이루어지는 공사는 개별 법령에 따라 수행되는 공사를 포함한다.

[별지 제1호 서식]

산업안전보건관리비 사용내역서

건 설 업 체 명		공 사 명	
소 재 지		대 표 자	
공 사 금 액	원	공 사 기 간	~
발 주 자		누 계 공 정 률	%
계 상 된 안 전 관 리 비	원		

사 용 금 액		
항 목	( )월 사용금액	누계 사용금액
계 15. 3. 8 ㉮		
1. 안전·보건관리자 임금 등		
2. 안전시설비 등		
3. 보호구 등		
4. 안전보건진단비 등		
5. 안전보건교육비 등		
6. 근로자 건강장해예방비 등		
7. 건설재해예방전문지도기관 기술지도비		
8. 본사 전담조직 근로자 임금 등		
9. 위험성평가 등에 따른 소요비용		

「건설업 산업안전보건관리비 계상 및 사용기준」 제10조제1항에 따라 위와 같이 사용내역서를 작성하였습니다.

년   월   일

작성자   직책   성명   (서명 또는 인)
확인자   직책   성명   (서명 또는 인)

210㎜×297㎜(일반용지 60g/㎡(재활용품))

주요항목 03 건설업 산업안전보건관리비 관리
출제예상문제

출제예상문제는 복습, 예습문제로 엮었습니다. *WHY : 실제시험에도 순서에 관계없이 출제됩니다. 예습 후 다음장에 공부한 문제가 있으면 기억이 배가 됩니다.

01 ★★★ 다음과 같은 건축공사의 산업안전보건관리비를 구하라.

- ㉠ 전체공사비 : 84억원
- ㉡ 재료비 : 52억원
- ㉢ 직접노무비 : 24억원
- ㉣ 간접노무비 : 8억원

① 23,636만원 ② 15,765만원
③ 14,288만원 ④ 12,008만원

해설
산업안전보건관리비 = (52억원 + 24억원) × 3.11[%]
= 23,636만원

02 ★★ 건설공사 산업안전보건관리비에 해당되지 않는 것은?

① 건축물 축조에 소요되는 비용
② 안전보건진단비
③ 안전보건교육비
④ 위험성평가 등에 따른 소요비용

해설
건설공사 산업안전보건관리비의 기본 비용(모든 건설현장에서 공통으로 산정해야 하는 안전관리비)
① 안전·보건관리자 임금 등
② 안전시설비 등
③ 보호구 등
④ 안전보건진단비 등
⑤ 안전보건교육비 등
⑥ 근로자 건강장해예방비 등
⑦ 건설재해예방전문지도기관 기술지도비
⑧ 본사 전담조직 근로자 임금 등
⑨ 위험성평가 등에 따른 소요비용

합격정보
2025년 2월 12일 시행고시 적용

03 ★★ 다음 중 건설공사 안전관리비의 안전시설 비용에 해당되지 않는 것은?

① 추락 방지용 안전시설비
② 낙하, 비래물 보호용 설비비
③ 유도 또는 신호자의 인건비 또는 업무수당
④ 스마트 안전장비 구입비용

해설
건설공사 안전관리비 중 안전시설비
① 산업재해예방을 위한 안전난간, 추락방호망, 안전대 부착설비, 방호장치(기계·기구와 방호장치가 일체로 제작된 경우, 방호장치 부분의 가액에 한함) 등 안전시설의 구입·임대 및 설치를 위해 소요되는 비용
② 「건설기술진흥법」 제62조의3에 따른 스마트 안전장비 구입·임대 비용의 5분의 1에 해당하는 비용. 다만, 제4조에 따라 계상된 안전보건관리비 총액의 10분의 2을 초과할 수 없다.
③ 용접 작업 등 화재 위험작업 시 사용하는 소화기의 구입·임대비용

04 ★★★★★ 산업안전보건관리비 중 안전시설비의 항목에서 사용할 수 있는 항목에 해당하는 것은? 17. 5. 7 ⓢ 18. 3. 4 ⑦ 19. 3. 3 ⓢ 20. 6. 14 ⓢ 23. 3. 1 ⓢ

① 외부인 출입금지, 공사장 경계표시를 위한 가설 울타리
② 작업발판
③ 절토부 및 성토부 등의 토사유실 방지를 위한 설비
④ 안전시설구입에 소요되는 내용

해설
안전관리비 사용기준
(1) 안전관리자·보건관리자의 임금 등
 ① 법 제17조제3항 및 법 제18조제3항에 따라 안전관리 또는 보건관리 업무만을 전담하는 안전관리자 또는 보건관리자의 임금과 출장비 전액

[정답] 01 ① 02 ① 03 ③ 04 ④

② 안전관리 또는 보건관리 업무를 전담하지 않는 안전관리자 또는 보건관리자의 임금과 출장비의 각각 2분의 1에 해당하는 비용
③ 안전관리자를 선임한 건설공사 현장에서 산업재해 예방 업무만을 수행하는 작업지휘자, 유도자, 신호자 등의 임금 전액
④ 별표 1의2에 해당하는 작업을 직접 지휘·감독하는 직·조·반장 등 관리감독자의 직위에 있는 자가 영 제15조제1항에서 정하는 업무를 수행하는 경우에 지급하는 업무수당(임금의 10분의 1 이내)

(2) 안전시설비 등
① 산업재해예방을 위한 안전난간, 추락방호망, 안전대 부착설비, 방호장치(기계·기구와 방호장치가 일체로 제작된 경우, 방호장치 부분의 가액에 한함) 등 안전시설의 구입·임대 및 설치를 위해 소요되는 비용
② 「건설기술진흥법」제62조의3에 따른 스마트 안전장비 구입·임대 비용의 5분의 1에 해당하는 비용. 다만, 제4조에 따라 계상된 안전보건관리비 총액의 10분의 1을 초과할 수 없다.
③ 용접 작업 등 화재 위험작업 시 사용하는 소화기의 구입·임대비용

[합격정보]
2025년 2월 12일 개정고시 적용

05 산업안전보건관리비 중 안전관리자 등의 인건비 및 각종 업무수당 등의 항목에서 사용할 수 없는 내역은?

① 교통통제를 위한 신호수의 인건비
② 안전을 전담하는 안전관리자 임금
③ 보건을 전담하는 안전관리자 임금
④ 건설공사 현장에서 산업재해 업무로 고소작업대 작업시 하부통제를 위한 신호자의 인건비

[해설]
안전관리자·보건관리자의 임금 등
① 법 제17조제3항 및 법 제18조제3항에 따라 안전관리 또는 보건관리 업무만을 전담하는 안전관리자 또는 보건관리자의 임금과 출장비 전액
② 안전관리 또는 보건관리 업무를 전담하지 않는 안전관리자 또는 보건관리자의 임금과 출장비의 각각 2분의 1에 해당하는 비용
③ 안전관리자를 선임한 건설공사 현장에서 산업재해예방 업무만을 수행하는 작업지휘자, 유도자, 신호자 등의 임금 전액
④ 별표 1의2에 해당하는 작업을 직접 지휘·감독하는 직·조·반장 등 관리감독자의 직위에 있는 자가 영 제15조제1항에서 정하는 업무를 수행하는 경우에 지급하는 업무수당(임금의 10분의 1 이내)

[합격정보]
2025년 2월 12일(고시 2025-11호) 적용

[정답] 05 ①

주요항목 04 건설현장 안전시설 관리

중점 학습내용

건설현장 안전시설 관리의 학습 내용은 건설공사에 있어서 가장 기본적인 작업이다. 학습 내용은 추락·붕괴·낙하·비래 등 재해를 말한다. 재해 발생원인으로 토공사 중에서 제일 먼저 시작하는 작업이 굴착공사이다. 굴착공사는 터널 굴착과 노천 굴착으로 구분할 수 있다. 노천 굴착 공사는 건설 재해의 25[%] 정도를 차지하고 있으며, 굴착공사의 무너짐 대형사고는 사회적인 문제가 야기되므로 철저한 사전조사와 적합하고 안전한 공법 선택 및 계측, 관리, 정밀시공에 역점을 두어야 하며, 추락, 낙하, 비래 등의 안전대책 기술을 중심으로 시험에 출제가 예상되는 그 중심적인 내용은 다음과 같다.
❶ 안전시설 설치 및 관리
❷ 건설공구 및 장비 안전수칙

합격예측 및 관련법규

제180조(헤드가드)

사업주는 다음 각 호의 규정에 의한 적합한 헤드가드(head guard)를 갖추지 아니한 지게차를 사용하여서는 아니 된다. 다만, 화물의 낙하에 의하여 지게차의 운전자에게 위험을 미칠 우려가 없는 경우에는 그러하지 아니하다.
1. 강도는 지게차의 최대하중의 2배의 값(그 값이 4[t]을 넘는 것에 대하여서는 4[t]으로 한다)의 등분포정하중에 견딜 수 있는 것일 것
2. 상부틀의 각 개구의 폭 또는 길이가 16[cm] 미만일 것
3. 운전자가 앉아서 조작하거나 서서 조작하는 지게차의 헤드가드는 한국산업표준에서 정하는 높이 기준 이상일 것
(좌식 : 0.903m, 입식 : 1.905m 이상)

세부항목 1. 안전시설(安全施設) 설치 및 관리

1. 추락(墜落 : 떨어짐) 방지용 안전시설

(1) 개요

 정의

추락(墜落)이란 사람이나 물체가 중간 단계의 접촉 없이 낙하(자유낙하)하는 것이고 전락(轉落)이란 계단이나 경사면에서 굴러 떨어지는 것을 말한다. 동일하게 떨어지는 것이라도 물체의 경우는 낙하(落下)라고 하여 그 어휘를 구분하고 있다.

2 추락의 재해 결과

① 충격 부위가 다리인 경우는 상해가 적으나, 머리인 경우는 사망에 이르기 쉽다.
② 충격 장소가 부드러운 경우는 상해가 작고, 딱딱한 경우는 상해가 크다.
③ 대체로 추락 높이가 높을수록 상해가 크지만, 한편으로 2[m] 정도에서 사망한 경우와 30[m] 이상에서 생존한 경우가 있다.
④ 고령자일수록 상해가 크고, 10세 이하, 특히 3세 이하는 상해가 작다.
⑤ 체조선수나 유도선수와 같이 신체가 유연하고, 언제나 낙법 등으로 훈련하고 있는 사람들은 상해가 작다.
⑥ 자살이나 중독환자의 경우는 상해가 작다
⑦ 사람 머리의 내충격성에 관한 연구에 의하면, "사람의 두개골은 대개 노송나무 정도로 딱딱하고, 평균적으로 대부분 1[m] 높이로부터 딱딱한 평지 위로 낙하하면 두개골 골절을 일으킨다"라고 되어 있다.

3 추락의 형태

① 고소에서의 추락
② 개구부 및 작업대 끝에서의 추락
③ 비계로부터의 추락
④ 사다리 및 작업대에서의 추락
⑤ 철골 등의 조립작업시의 추락
⑥ 해체작업중의 추락 등

(2) 안전대책

1 물적 측면에 대한 안전대책

① 추락이 일어나지 않도록 한다.(추락방지)
  ㉮ 발판, 작업대 등은 파괴 및 동요하지 않도록 견고하고 안정된 구조여야 한다.
  ㉯ 작업대와 통로는 미끄러지거나, 발에 걸려 넘어지지 않게 평탄하고 미끄럼 방지성이 뛰어난 것으로 한다.
  ㉰ 작업대와 통로 주변에는 난간이나 보호대를 설치하고 수평개구부에는 발판 등의 보호물을 설치한다.

② 만일 추락해도 재해가 일어나지 않도록 한다.(추락방호)
  작업 사정에 따라 추락방지가 곤란한 경우에는 안전대를 착용하거나 안전네트 등의 방호설비를 설치한다.

2 인적 측면에 대한 안전대책

① 작업의 방법과 순서를 명확히 하여 작업자에게 주지시킨다.
② 작업자의 능력과 체력을 감안하여 적정한 배치를 꾀한다.
③ 안전교육훈련을 통해 작업자에게 추락의 위험을 인식시킴과 동시에 자율적 규제를 촉구한다.
④ 작업 지휘자를 지명하여 집단작업을 통제한다.

(3) 추락재해 방지설비 25. 2. 7 ㈜

1 추락방지용 방망(net)의 구조 등 안전기준

① **구조** : 방망(net), 망테두리, 재봉사, 매다는 망으로 구성된 것이어야 한다.
② **재료** : 방망의 재료는 합성섬유 또는 그 이상의 재질을 보유한 것이어야 한다.
③ **그물코** : 그물코는 가로, 세로가 10[cm] 이하이어야 한다. 18. 9. 15 ㈎ 19. 3. 3 ㈜
   19. 4. 27 ㈜ 19. 9. 21 ㈜
④ **그물바닥** : 뒤틀리거나 어긋나지 않는 구조이어야 한다.
⑤ **재봉** : 망테두리는 주변의 그물코를 통한 후 어긋나는 일이 없도록 재봉실과 망사와 연결한 것이어야 한다.
⑥ **망테두리와 매다는 망의 접속** : 망테두리와 매다는 망과의 연결은 3회 이상을 엮어 묶는 방법 또는 이와 동등 이상의 확실한 방법으로 묶은 것이어야 한다.

합격예측 및 관련법규

제182조(팔레트 등)
사업주는 지게차에 의한 하역 운반작업에 사용하는 팔레트(pallet) 또는 스키드(skid)는 다음 각 호에 해당하는 것을 사용하여야 한다.
1. 적재하는 화물의 중량에 따른 충분한 강도를 가질 것
2. 심한 손상·변형 또는 부식이 없을 것

제184조(제동장치 등)
사업주는 구내운반차(작업장 내 운반을 주목적으로 하는 차량으로 한정한다)를 사용하는 경우에 다음 각 호의 사항을 준수하여야 한다.
1. 주행을 제동하거나 정지상태를 유지하기 위하여 유효한 제동장치를 갖출 것
2. 경음기를 갖출 것
3. 핸들의 중심에서 차체 바깥측까지의 거리가 65[cm] 이상일 것
4. 운전석이 차 실내에 있는 것은 좌우에 한 개씩 방향지시기를 갖출 것
5. 전조등과 후미등을 갖출 것. 다만, 작업을 안전하게 하기 위하여 필요한 조명이 있는 장소에서 사용하는 구내운반차에 대해서는 그러하지 아니하다.

제37조(악천후 및 강풍시 작업 중지)
① 사업주는 비·눈·바람 또는 그 밖의 기상상태의 불안정으로 인하여 근로자가 위험해질 우려가 있는 경우 작업을 중지하여야 한다. 다만, 태풍 등으로 위험이 예상되거나 발생되어 긴급 복구작업을 필요로 하는 경우에는 그러하지 아니하다.
② 사업주는 순간풍속이 초당 10[m]를 초과하는 경우 타워크레인의 설치·수리·점검 또는 해체 작업을 중지하여야 하며, 순간풍속이 초당 15[m]를 초과하는 경우에는 타워크레인의 운전작업을 중지하여야 한다.
15. 3. 8 ㈎ 18. 4. 28 ㈎
19. 4. 27 ㈜ 25. 2. 7 ㈜

합격예측 및 관련법규

제186조(고소작업대 설치 등의 조치)

① 사업주는 고소작업대를 설치하는 경우에는 다음 각 호에 해당하는 것을 설치하여야 한다.
  1. 작업대를 와이어로프 또는 체인으로 올리거나 내릴 경우에는 와이어로프 또는 체인이 끊어져 작업대가 떨어지지 아니하는 구조여야 하며, 와이어로프 또는 체인의 안전율은 5 이상일 것
  2. 작업대를 유압에 의해 올리거나 내릴 경우에는 작업대를 일정한 위치에 유지할 수 있는 장치를 갖추고 압력의 이상저하를 방지할 수 있는 구조일 것
  3. 권과방지장치를 갖추거나 압력의 이상상승을 방지할 수 있는 구조일 것
  4. 붐의 최대 지면경사각을 초과 운전하여 전도되지 않도록 할 것
  5. 작업대에 정격하중(안전율 5 이상)을 표시할 것
  6. 작업대에 끼임·충돌 등 재해를 예방하기 위한 가드 또는 과상승방지장치를 설치할 것
  7. 조작반의 스위치는 눈으로 확인할 수 있도록 명칭 및 방향표시를 유지할 것

② 사업주는 고소작업대를 설치하는 경우에는 다음 각 호의 사항을 준수하여야 한다.
  1. 바닥과 고소작업대는 가능하면 수평을 유지하도록 할 것
  2. 갑작스러운 이동을 방지하기 위하여 아웃트리거 또는 브레이크 등을 확실히 사용할 것

③ 사업주는 고소작업대를 이동하는 경우에는 다음 각 호의 사항을 준수하여야 한다.
  1. 작업대를 가장 낮게 내릴 것
  2. 작업대를 올린 상태에서 작업자를 태우고 이동하지 말 것. 다만, 이동 중 전도 등의 위험예방을 위하여 유도하는 사람을 배치하고 짧은 구간을 이동하는 경우에는 그러하지 아니하다.
  3. 이동통로의 요철상태 또는 장애물의 유무 등을 확인할 것

[표] 그물코 인장강도

그물코의 종류	인장강도
10[cm]	120[kg]
5[cm]	50[kg]

2 추락방지용 방망의 설치기준

① 방망사의 강도

방망사는 시험용사로부터 채취한 시험편의 양단을 인장시험기로 시험하거나 또는 이와 유사한 방법으로서 등속인장시험을 한다. 등속인장시험은 한국공업규격(KS)에 적합하도록 한다.

[표] 방망사의 신품에 대한 인장강도

그물코의 크기 (단위 : [cm])	방망의 종류(단위 : [kg])	
	매듭 없는 방망	매듭 방망
10	240	200
5		110

[표] 방망사의 폐기시 인장강도

그물코의 크기 (단위 : [cm])	방망의 종류(단위 : [kg])	
	매듭 없는 방망	매듭 방망
10	150	135
5		60

② 설치 간격
  ㉮ 3층 이내마다 1개씩 설치한다.
  ㉯ 망은 이음을 철저히 하고 빈틈이 없도록 할 것

③ 지지점의 강도 : 600[kg]의 외력에 견딜 것

④ 사업주는 고소작업대를 사용하는 경우에는 다음 각 호의 사항을 준수하여야 한다.
  1. 작업자가 안전모·안전대 등의 보호구를 착용하도록 할 것
  2. 관계자가 아닌 사람이 작업구역에 들어오는 것을 방지하기 위하여 필요한 조치를 할 것
  3. 안전한 작업을 위하여 적정수준의 조도를 유지할 것
  4. 전로(電路)에 근접하여 작업을 하는 경우에는 작업감시자를 배치하는 등 감전사고를 방지하기 위하여 필요한 조치를 할 것
  5. 작업대를 정기적으로 점검하고 붐·작업대 등 각 부위의 이상 유무를 확인할 것
  6. 전환스위치는 다른 물체를 이용하여 고정하지 말 것
  7. 작업대는 정격하중을 초과하여 물건을 싣거나 탑승하지 말 것
  8. 작업대의 붐대를 상승시킨 상태에서 탑승자는 작업대를 벗어나지 말 것. 다만, 작업대에 안전대 부착설비를 설치하고 안전대를 연결하였을 때에는 그러하지 아니한다.

④ 방망의 처짐 : 낙하물이 방망에 도달시 망 밑부분이 바닥이나 기계설비 등에 충돌되지 않도록 할 것

⑤ 방망의 표시사항 15. 3. 8 ㉠ 19. 3. 3 ㉠ 25. 7. 26 실기
　㉮ 제조자명
　㉯ 제조연월
　㉰ 재봉치수
　㉱ 그물코
　㉲ 신품인 때의 방망의 강도

⑥ 방망의 사용제한
　㉮ 방망사가 규정한 강도 이하인 방망
　㉯ 인체 또는 이와 동등 이상의 무게를 갖는 낙하물에 대해 충격을 받은 방망
　㉰ 파손한 부분을 보수하지 않은 방망
　㉱ 강도가 명확하지 않은 방망

⑦ 낙하높이 : 작업면과 방망이 부착된 위치와의 수직거리(낙하높이)는 다음과 같이 산출하고 얻는 값 이하이어야 한다.
　㉮ 하나의 방망(net)일 경우
　　$L < A$일 때 $H_1 = 0.25(L+2A)$
　　$L \geq A$일 때 $H_1 = 0.75L$
　㉯ 두 개의 방망(net)일 경우
　　$L < A$일 때 $H_1 = 0.20(L+2A)$
　　$L \geq A$일 때 $H_1 = 0.60L$

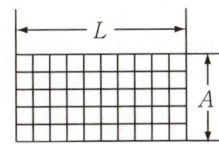

[그림] 방망이 하나일 때　　　[그림] 방망이 둘일 때

⑧ 방망의 처짐 : 방망의 늘어뜨리는 길이는 다음 식에 따라 산출한 값 이하로 하여야 한다.
　$L < A$일 때 $S = 0.25(L+2A) \times \dfrac{1}{3}$
　$L \geq A$일 때 $S = 0.75L \times \dfrac{1}{3}$

⑨ 방망과 바닥면과의 높이 : 방망을 설치한 위치에서 망 밑부분에 충돌 위험이 있는 바닥면 또는 기계설비와의 수직거리(이하 '방망 하부와의 간격'이라 한다)는 계산하는 값 이상이어야 한다.
　㉮ 10[cm] 그물코의 경우 16. 3. 6 산
　　㉠ $L < A$일 때 $H_2 = \dfrac{0.85}{4}(L+3A)$
　　㉡ $L \geq A$일 때 $H_2 = 0.85L$ 21. 9. 12 ㉠

합격예측 및 관련법규

제187조(승강설비)
사업주는 바닥으로부터 짐 윗면과의 높이가 2[m] 이상인 화물자동차에 짐을 싣는 작업 또는 내리는 작업을 하는 경우에는 근로자의 추락 위험을 방지하기 위하여 해당 작업에 종사하는 근로자가 바닥과 적재함의 짐 윗면간을 안전하게 오르내리기 위한 설비를 설치하여야 한다. 19. 8. 4 ㉠ 21. 8. 14 ㉠

제188조(꼬임이 끊어진 섬유로프 등의 사용금지)
사업주는 다음 각 호의 어느 하나에 해당하는 섬유로프 등을 화물자동차의 짐걸이로 사용하여서는 아니 된다.
1. 꼬임이 끊어진 것
2. 심하게 손상되거나 부식된 것

제189조(섬유로프 등의 점검 등)
① 사업주는 섬유로프 등을 화물자동차의 짐걸이에 사용하는 경우에는 해당 작업시작전에 다음 각 호의 조치를 하여야 한다.
1. 작업순서와 순서별 작업방법을 결정하고 작업을 직접 지휘하는 일
2. 기구 및 공구를 점검하고 불량품을 제거하는 일
3. 해당 작업을 행하는 장소에 관계근로자 아닌 사람의 출입을 금지하는 일
4. 로프풀기작업 및 덮개를 벗기는 작업을 하는 경우에는 적재함의 화물에 낙하위험이 없음을 확인한 후에 해당 작업의 착수를 지시하는 일
② 사업주는 제1항에 따른 섬유로프 등에 대하여 이상 유무를 점검하고 이상이 발견된 섬유로프 등을 교체하여야 한다.

제198조(낙하물 보호구조)
사업주는 토사등이 떨어질 우려가 있는 등 위험한 장소에서 차량계 건설기계[불도저, 트랙터, 굴착기, 로더(loader : 흙 따위를 퍼올리는 데 쓰는 기계), 스크레이퍼(scraper : 흙을 절삭·운반하거나 펴 고르는 등의 작업을 하는 토공기계), 덤프트럭, 모터그레이더(motor grader : 땅 고르는 기계), 롤러(roller : 지반 다짐용 건설기계), 천공기, 항타기 및 항발기로 한정한다]를 사용하는 경우에는 해당 차량계 건설기계에 견고한 낙하물 보호구조를 갖춰야 한다. 〈개정 2024. 7. 1〉

합격예측

그물코 인장강도

그물코의 종류	인장강도
10[cm]	120[kg]
5[cm]	50[kg]

차량계 건설기계 작업계획에 포함사항 17. 5. 7
① 사용하는 차량계 건설기계의 종류 및 성능
② 차량계 건설기계의 운행경로
③ 차량계 건설기계에 의한 작업방법

방망사의 신품에 대한 인장강도

그물코의 크기 (단위 :[cm])	방망의 종류 (단위 : [kg])	
	매듭없는 방망	매듭 방망
10	240	200
5		110

방망사의 폐기시 인장강도

그물코의 크기 (단위 :[cm])	방망의 종류 (단위 : [kg])	
	매듭없는 방망	매듭 방망
10	150	135
5		60

제199조(전도 등의 방지)
사업주는 차량계 건설기계를 사용하는 작업을 할 때에 그 기계가 넘어지거나 굴러 떨어짐으로써 근로자가 위험해질 우려가 있는 경우에는 유도하는 사람을 배치하고 지반의 부동침하방지, 갓길의 붕괴방지 및 도로의 폭의 유지 등 필요한 조치를 하여야 한다.
18. 4. 28 19. 9. 21

㉣ 5[cm] 그물코의 경우

㉠ $L < A$일 때 $H_2 = \dfrac{0.95}{4}(L+3A)$

㉡ $L \geq A$일 때 $H_2 = 0.95L$

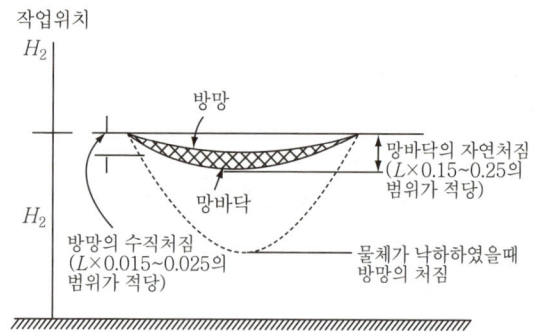

[그림] 방망과 바닥높이

⑩ **최하사점** 18. 4. 28
㉮ 정의 : 최하사점이란 1개걸이 안전대를 사용할 때 로프의 길이, 로프의 신장길이, 작업자의 키 등을 고려하여 적정길이의 로프를 사용해야 추락시 근로자의 안전을 확보할 수 있다는 이론이다.
㉯ 최하사점 공식
  ㉠ $H > h$ = 로프의 길이(l) + 로프의 신장길이($l \cdot \alpha$) + 작업자의 키의 $\dfrac{1}{2}$
  ㉡ H : 로프지지 위치에서 바닥면까지의 거리
  ㉢ h : 추락시 로프지지 위치에서 신체 최하사점까지의 거리
㉰ 로프 길이에 따른 결과
  ㉠ $H > h$: 안전
  ㉡ $H = h$: 위험
  ㉢ $H < h$: 중상 또는 사망

(4) 시설물 안전대책

1 개구부에 대한 안전조치사항

① 안전난간으로 방호울을 설치하며, 4면 중 1면은 유동적인 구조로 한다.
② 낙하물 방지를 위해 방호울에는 바닥에 충분히 접하도록 수직으로 망을 설치하거나 폭목을 설치하고 안전표지판을 부착한다.
③ 추락방지용 방망을 높이 10[m] 이내마다 설치하고 로프를 사용하여 일시적으로 해체 가능한 구조로 한다.
④ 지하층 개구부 주변은 충분히 밝게 하고 정리정돈을 철저히 한다.
⑤ 작업 형편상 일시적으로 해체한 방호울 또는 안전난간은 작업 종료와 동시에 원상태로 복구시킨다.
⑥ 작업시 안전난간 등에 기대는 작업을 금지한다.

2 계단의 안전

① 계단의 강도 : 계단 및 계단참은 500[kg/m²] 이상 20.6.7㉮
② 계단의 폭 : 1[m] 이상
③ 계단참 설치 : 높이 3[m]마다 1.2[m] 이상의 계단참 설치
④ 계단 기둥 간격 : 2[m] 이하
⑤ 계단의 난간 : 100[kg] 이상의 하중에 견딜 것 18.3.4㉯
⑥ 계단의 단수가 4단 이상 : 난간 설치

[표] 재해방지설비 25.2.7㉯

기능		용도, 사용장소, 조건	설비
추락방지	안전한 작업이 가능한 작업대	• 높이 2[m] 이상 장소에서 추락의 우려가 있는 작업에 따른 경우	비계, 달비계, 수평통로
	추락자를 보호할 수 있는 것	• 작업대 설치가 어렵거나 • 개구부 주위로 난간 설치가 어려운 곳	추락방호망
	추락의 우려가 있는 위험장소에서의 작업자의 행동을 제한하는 곳	• 개구부 • 작업상의 끝	안전난간, 울타리, 추락 위험개소 접근금지 방책
	작업자의 신체를 보호할 수 있는 것	• 안전한 작업대도 난간설비도 할 수 없는 경우	안전대, 구명줄, 안전대 걸이용 로프

3 경사로 안전기준

① 경사로의 최소폭은 90[cm] 이상
② 높이 7[m] 이내마다 계단참 설치
③ 지지기둥간의 간격 : 3[m] 이하

4 이동식 사다리 안전기준 16.3.6㉯

① 평탄하고 견고하며 미끄럽지 않은 바닥에 이동식 사다리를 설치할 것
② 이동식 사다리의 넘어짐을 방지하기 위해 다음 각 목의 어느 하나 이상에 해당하는 조치를 할 것
  ㉮ 이동식 사다리를 견고한 시설물에 연결하여 고정할 것
  ㉯ 아웃트리거(outrigger, 전도방지용 지지대)를 설치하거나 아웃트리거가 붙어있는 이동식 사다리를 설치할 것
  ㉰ 이동식 사다리를 다른 근로자가 지지하여 넘어지지 않도록 할 것
③ 이동식 사다리의 제조사가 정하여 표시한 이동식 사다리의 최대사용하중을 초과하지 않는 범위 내에서만 사용할 것
④ 이동식 사다리를 설치한 바닥면에서 높이 3.5미터 이하의 장소에서만 작업할 것
⑤ 이동식 사다리의 최상부 발판 및 그 하단 디딤대에 올라서서 작업하지 않을 것. 다만, 높이 1미터 이하의 사다리는 제외한다.

참고

L, A, H_1은 다음과 같은 값이다.
• L : 1개의 방망일 때 가장 짧은 변의 길이 또는 2개의 방망일 때 가장 짧은 변의 길이 중 최소의 길이(단위 : [m])
• A : 방망 주변의 지지점 간격(단위 : [m])
• H_1 : 낙하높이(단위 : [m])

합격예측

L, A는 위의 참고와 동일
S는 방망 늘어뜨리는 길이 표시(단위 : [m])

합격예측 및 관련법규

제200조(접촉 방지) ① 사업주는 차량계 건설기계를 사용하여 작업을 하는 경우에는 운전중인 해당 차량계 건설기계에 접촉되어 근로자가 부딪칠 위험이 있는 장소에 근로자를 출입시켜서는 아니 된다. 다만, 유도자를 배치하고 해당 차량계 건설기계를 유도하는 경우에는 그러하지 아니하다.
② 차량계 건설기계의 운전자는 제1항 단서의 유도자가 유도하는 대로 따라야 한다.

합격예측 18.4.28㉮ 20.8.23㉯

추락시 로프의 지지점에서 최하단까지의 거리 h를 계산하면? (단, 로프길이 = 150[cm], 신장률 = 30[%], 근로자의 신장 = 180[cm]임)

$h = 150 + 150 \times 30[\%]$
$\quad + 180 \times \frac{1}{2} = 285[cm]$

보충학습

이동식 사다리
높은 곳에 디디고 오르내릴 수 있도록 만든 기구

[그림] 이동식 사다리

합격예측 및 관련법규

제201조(차량계 건설기계의 이송) 사업주는 차량계 건설기계를 이송하기 위하여 자주 또는 견인에 의하여 화물자동차 등에 싣거나 내리는 작업에 있어서 발판·성토 등을 사용하는 경우에는 해당 차량계 건설기계의 전도 또는 전락에 의한 위험을 방지하기 위하여 다음 각 호의 사항을 준수하여야 한다.
1. 싣거나 내리는 작업은 평탄하고 견고한 장소에서 할 것
2. 발판을 사용하는 때에는 충분한 길이·폭 및 강도를 가진 것을 사용하고 적당한 경사를 유지하기 위하여 견고하게 설치할 것
3. 자루·가설대 등을 사용하는 때에는 충분한 폭 및 강도와 적당한 경사를 확보할 것

Q 은행문제

건설공사에서 발코니 단부, 엘리베이터 입구, 재료 반입구 등과 같이 벽면 혹은 바닥에 추락의 위험이 우려되는 장소를 의미하는 용어는? 16. 10. 1 ❹
① 중간난간대 ② 가설통로
③ 개구부   ④ 비상구

　　　　　　　　　　정답 ③

⑥ 안전모를 착용하되, 작업 높이가 2미터 이상인 경우에는 안전모와 안전대를 함께 착용할 것
⑦ 이동식 사다리 사용 전 변형 및 이상 유무 등을 점검하여 이상이 발견되면 즉시 수리하거나 그 밖에 필요한 조치를 할 것

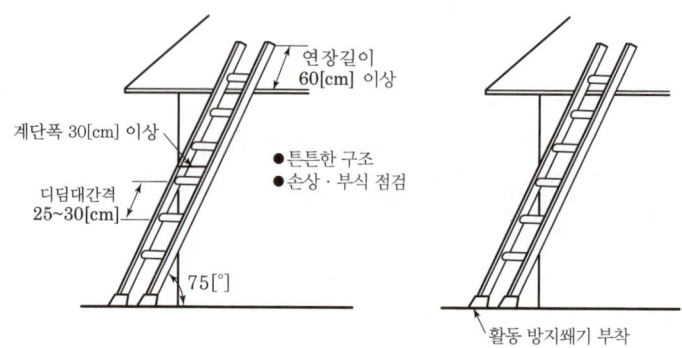

[그림] 이동식 사다리의 구조

5 사다리의 기준

① 사다리식 통로의 구조
　㉮ 견고한 구조로 할 것
　㉯ 발판의 간격은 일정하게 할 것
　㉰ 발판과 벽과의 사이는 15[cm] 이상의 간격을 유지할 것
　㉱ 사다리가 넘어지거나 미끄러지는 것을 방지하기 위한 조치를 할 것
　㉲ 사다리의 상단은 걸쳐놓은 지점으로부터 60[cm] 이상 올라가도록 할 것
　㉳ 사다리식 통로의 길이가 10[m] 이상인 경우에는 5[m] 이내마다 계단참을 설치할 것
　㉴ 사다리식 통로의 기울기는 고정식은 90[°] 이동식은 75[°] 이하로 할 것

② 고정사다리
　㉮ 고정사다리는 90[°]의 수직이 가장 적합하며 경사를 둘 필요가 있는 경우에는 수직면으로부터 15[°]를 초과해서는 안 된다.
　㉯ 옥외용 사다리는 철재를 원칙으로 한다.

합격예측 및 관련법규

제206조(수리 등의 작업시 조치)
사업주는 차량계 건설기계의 수리나 부속장치의 장착 및 제거작업을 하는 경우에는 그 작업을 지휘하는 사람을 지정하여 다음 각 호의 사항을 준수하도록 하여야 한다.
1. 작업순서를 결정하고 작업을 지휘할 것
2. 제205조의 안전지주 또는 안전블록 등의 사용상황 등을 점검할 것

제207조(조립·해체 시 점검사항)
① 사업주는 항타기 또는 항발기를 조립하거나 해체하는 경우 다음 각 호의 사항을 준수해야 한다. 〈신설 2022. 10. 18.〉
　1. 항타기 또는 항발기에 사용하는 권상기에 쐐기장치 또는 역회전방지용 브레이크를 부착할 것
　2. 항타기 또는 항발기의 권상기가 들리거나 미끄러지거나 흔들리지 않도록 설치할 것
　3. 그 밖에 조립·해체에 필요한 사항은 제조사에서 정한 설치·해체 작업 설명서에 따를 것
② 사업주는 항타기 또는 항발기를 조립하거나 해체하는 경우 다음 각 호의 사항을 점검해야 한다. 〈개정 2022. 10. 18.〉
　1. 본체 연결부의 풀림 또는 손상의 유무
　2. 권상용 와이어로프·드럼 및 도르래의 부착상태의 이상 유무
　3. 권상장치의 브레이크 및 쐐기장치 기능의 이상 유무
　4. 권상기의 설치상태의 이상 유무
　5. 리더(leader)의 버팀 방법 및 고정상태의 이상 유무
　6. 본체·부속장치 및 부속품의 강도가 적합한지 여부
　7. 본체·부속장치 및 부속품에 심한 손상·마모·변형 또는 부식이 있는지 여부
　　[제목개정 2022. 10. 18.]

2. 붕괴(崩壞 : Collapse : 무너짐) 방지용 안전시설

토사, 적재물, 구조물, 건축물, 가설물 등이 전체적으로 허물어져 내리거나 또는 주요부분이 꺾어져 무너지는 경우를 말한다.

(1) 토석붕괴 재해의 원인

1 외적 요인
① 사면, 법면의 경사 및 기울기의 증가
② 절토 및 성토 높이의 증가
③ 공사에 의한 진동 및 반복하중의 증가
④ 지표수 및 지하수의 침투에 의한 토사 중량의 증가
⑤ 지진, 차량, 구조물의 중량
⑥ 토사 및 암석의 혼합층 두께

2 내적 요인
① 절토 사면의 토질·암질
② 성토 사면의 토질
③ 토석의 강도 저하

(2) 붕괴의 형태

1 미끄러져 내림(sliding)
광범위한 붕괴 현상으로 일반적으로 완만한 경사에서 완만한 속도로 붕괴된다.

2 절토면의 붕괴
비교적 소규모의 급경사면에 발생되는 붕괴로서 미끄러져 내리는 토석의 두께는 2[m] 이하가 많다. 폭우와 지진에 의하여 발생된다.

3 얕은 표층의 붕괴
법면이 침식되기 쉬운 토사로 구성된 경우 지표수와 지하수가 침투하여 법면이 부분적으로 붕괴된다. 절토 법면이 암반인 경우에도 파쇄가 진행됨에 따라서 틈이 많이 발생되고, 풍화하기 쉬운 암반의 경우에는 표층부가 탈락되어 붕괴가 발생되었다면 법면의 심층부에서 붕괴될 가능성이 높다.

4 성토법면의 붕괴
성토의 직후에 붕괴가 발생되기 쉽다. 다지기가 덜 된 상태에서 빗물이나 지표수, 지하수 등이 침투되어 공극수압이 증가되어 양 옆에 붕괴가 발생된다. 성토 자체에 결함이 없어도 지반이 약한 경우는 붕괴된다. 풍화가 심한 급경사면과 미끄러져 내리기 쉬운 지층 구조의 경사면에서 일어나는 성토붕괴의 경우에는 성토된 흙의 중량이 지반에 부가되어 붕괴된다.

사면의 붕괴 형태
① 사면 선단 파괴 (Toe Failure)
② 사면 내 파괴 (Slope Failure)
③ 사면 저부 파괴 (Base Failure)

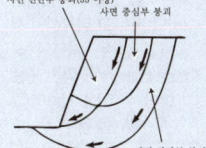

[그림] 사면 붕괴 형태

제210조(이음매가 있는 권상용 와이어로프의 사용 금지)
사업주는 항타기 또는 항발기의 권상용 와이어로프로 제63조제1항제1호 각 목에 해당하는 것을 사용해서는 안 된다.
〈개정 2021. 5. 28., 2022. 10. 18.〉

제211조(권상용 와이어로프의 안전계수)
사업주는 항타기 또는 항발기의 권상용 와이어로프의 안전계수가 5 이상이 아니면 이를 사용하여서는 아니 된다.

제209조(무너짐의 방지)
사업주는 동력을 사용하는 항타기 또는 항발기에 대하여 무너짐을 방지하기 위하여 다음 각 호의 사항을 준수해야 한다. 〈개정 2023. 11. 14.〉
1. 연약한 지반에 설치하는 경우에는 아우트리거·받침 등 지지구조물의 침하를 방지하기 위하여 깔판·받침목 등을 사용할 것
2. 시설 또는 가설물 등에 설치하는 경우에는 그 내력을 확인하고 내력이 부족하면 그 내력을 보강할 것
3. 아우트리거·받침 등 지지구조물이 미끄러질 우려가 있는 경우에는 말뚝 또는 쐐기 등을 사용하여 해당 지지구조물을 고정시킬 것
4. 궤도 또는 차로 이동하는 항타기 또는 항발기에 대해서는 불시에 이동하는 것을 방지하기 위하여 레일 클램프(rail clamp) 및 쐐기 등으로 고정시킬 것
5. 상단 부분은 버팀대·버팀줄로 고정하여 안정시키고, 그 하단 부분은 견고한 버팀·말뚝 또는 철골 등으로 고정시킬 것

합격예측

[표] 사면파괴

구분	특징
사면선(선단)파괴(toe failure)	경사가 급하고 비점착성 토질
사면 저부(바닥면) 파괴(base failure) 19. 3. 3 [산]	경사가 완만하고 점착성인 경우, 사면의 하부에 암반 또는 굳은 지층이 있을 경우
사면 내 파괴	견고한 지층이 얕게 있는 경우

합격예측 및 관련법규

제212조(권상용 와이어로프의 길이 등) 21. 8. 14 [기]

사업주는 항타기 또는 항발기에 권상용 와이어로프를 사용하는 경우는 다음 각 호의 사항을 준수해야 한다.

1. 권상용 와이어로프는 추 또는 해머가 최저의 위치에 있는 때 또는 널말뚝을 빼내기 시작할 때를 기준으로 하여 권상장치의 드럼에 적어도 2회 감기고 남을 수 있는 충분한 길이일 것
2. 권상용 와이어로프는 권상장치의 드럼에 클램프·클립 등을 사용하여 견고하게 고정할 것
3. 항타기의 권상용 와이어로프에서 추·해머 등과의 연결은 클램프·클립 등을 사용하여 견고하게 할 것
4. 제2호 및 제3호의 클램프·클립 등은 한국산업표준 제품이거나 한국산업표준이 없는 제품의 경우에는 이에 준하는 규격을 갖춘 제품을 사용할 것

제213조(널말뚝 등과의 연결)

사업주는 항발기의 권상용 와이어로프·도르래 등은 충분한 강도가 있는 샤클·고정철물 등을 사용하여 말뚝·널말뚝 등과 연결시켜야 한다.

5 토석붕괴 작업시 3대 만족 조건

① 안전성 ② 경제성 ③ 공기 적정

6 점성토 공사 안전대책(굴착면의 기울기 및 높이)

① 토사붕괴를 예방하기 위하여 지반의 종류에 따라서 안전 기준을 준수하여야 한다.

② 암반은 굴착면의 높이가 5[m] 미만시 굴착면의 기울기를 90[°] 이하로 하고, 5[m] 이상시에는 기울기를 75[°] 이하로 한다.

③ 사질의 지반(점토질을 포함하지 않은 것)은 굴착면의 기울기를 35[°] 이하로 하고, 높이는 5[m] 미만으로 한다.

④ 발파 등에 의해서 붕괴하기 쉬운 상태의 지반 및 다시 매립하거나 반출시켜야 할 지반의 굴착면의 기울기는 45[°] 이하 또는 높이 2[m] 미만으로 한다.

⑤ 그 밖에 지반의 경우 굴착면의 높이가 2[m] 미만일 경우 기울기를 90[°] 이하, 2[m] 이상 5[m] 미만일 경우 기울기를 70[°] 이하, 굴착면의 높이가 5[m] 이상일 경우 60[°] 이하로 한다.

⑥ 굴착면의 끝단을 파는 것은 엄금하여야 하며 부득이한 경우 안전상의 조치를 한다.

[표] 굴착면의 기울기 기준 16. 5. 8 [기][산] 17. 3. 5 [기] 17. 9. 23 [기] 18. 8. 19 [산] 19. 4. 27 [기][산] 20. 6. 7 [기] 20. 8. 22 [기] 21. 9. 12 [기] 23. 2. 28 [기] 23 [지] 24. 2. 15 [기]

지반의 종류	굴착면의 기울기
모래	1 : 1.8
연암 및 풍화암	1 : 1.0
경암	1 : 0.5 25. 2. 7 [산]
그 밖의 흙	1 : 1.2 25. 2. 7 [기]

(3) 토석붕괴의 예방대책

1 붕괴의 발생 예방대책

① 적절한 법면의 기울기를 계획하여야 한다.

② 법면의 기울기가 당초 계획과 차이가 발생하면 즉시 재검토하여 계획을 변경시켜야 한다.

2 붕괴방지공법 16. 3. 6 [기] 21. 5. 15 [기] 22. 3. 5 [기]

① 활동할 가능성이 있는 토사는 제거하여야 한다.

② 비탈면 또는 법면의 하단을 다져서 활동이 안 되도록 저항을 만들어야 한다.

③ 지표수가 침투되지 않도록 배수를 시키고 지하수위를 낮추기 위하여 수평보링(boring)을 하여 배수시켜야 한다.

④ 말뚝(강관, H형강, 철근콘크리트)을 박아 지반을 강화시킨다.

3 점검사항

① 전 지표면의 답사
② 법면의 지층 변화부 상황 확인
③ 부식의 상황 변화의 확인
④ 결빙과 해빙에 대한 상황의 확인
⑤ 용수의 발생 유무 또는 용수량의 변화 확인
⑥ 각종 법면 보호공의 변화 유무
⑦ 점검 시기는 다음과 같다.
　㉮ 작업 전후
　㉯ 비 온 후
　㉰ 인접 작업 구역에서 발파한 경우

4 토석붕괴시 조치사항

① **동시작업의 금지** : 붕괴 토석의 최고 도달거리는 경사 비탈면 높이의 약 2배에 달하므로 이 범위 내에서는 굴착공사, 배수관의 매설, 콘크리트 타설작업 등을 해서는 안 된다.

② **대피 통로 및 공간의 확보 등** : 붕괴의 범위에 따라 다르지만, 일반적으로 발생되는 붕괴는 높이에 비례하지만 그 폭(수평방향)은 작으므로 작업장 좌우에 피난 통로 등을 확보하여야 한다.

③ **2차 재해의 방지** : 일반적으로 작은 규모의 붕괴가 발생하여 인명 구출 등 구조 작업에서 대형 붕괴가 재차 발생할 가능성이 많으므로 붕괴면의 주변 상황을 충분히 확인하고 안전하다고 판단되었을 경우에 복구 작업에 임하여야 한다.

3. 낙하, 비래(맞음) 방지용 안전시설

구조물, 기계 등에 고정되어 있는 물체가 중력, 원심력, 관성력 등에 의하여 고정부에서 이탈하거나 또는 설비 등으로부터 물질이 분출되어 사람을 가해하는 경우를 말한다.

(1) 낙하물 재해방지설비

1 재해의 발생원인

① 고소에 자재 및 잔재, 공구 등의 정리정돈이 되지 않는다.
② 작업 바닥의 구조(폭 및 간격 등)가 불량하다.
③ 고소에서 투하설비 없이 물체를 던져 내린다.
④ 위험장소에 출입금지 및 감시원 배치 등의 조치를 취하지 않는다.
⑤ 작업원이 재료·공구 등을 함부로 취급한다.

합격예측

사면의 붕괴 형태 18. 3. 4⑦

① 1 : 0.5 (경암)
② 1 : 1.0 (연암 및 풍화암)
③ 1 : 1.2 (그 밖의 흙)

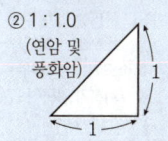

합격예측 및 관련법규

제216조(도르래의 부착 등)

① 사업주는 항타기나 항발기에 도르래나 도르래 뭉치를 부착하는 경우에는 부착부가 받는 하중에 의하여 파괴될 우려가 없는 브래킷·샤클 및 와이어로프 등으로 견고하게 부착하여야 한다.
② 사업주는 항타기 또는 항발기의 권상장치의 드럼축과 권상장치로부터 첫 번째 도르래의 축 간의 거리를 권상장치 드럼폭의 15배 이상으로 하여야 한다. 23. 7. 8⑦ 25. 2. 7⑭
③ 제2항의 도르래는 권상장치의 드럼 중심을 지나야 하며 축과 수직면상에 있어야 한다. 18. 8. 19⑦
④ 항타기나 항발기의 구조상 권상용 와이어로프가 꼬일 우려가 없는 경우에는 제2항과 제3항을 적용하지 아니한다.

⑥ 안전모를 착용하지 않는다.
⑦ 낙하·비래 위험장소에 이를 방지하기 위한 시설이 없다.
⑧ 동일 직선상에 동시작업을 한다.
⑨ 자재 운반시 운반기계의 회전반경 내에 작업자가 출입한다.

2 재해방지대책

① 고소작업장에서는 작업 공간과 자재를 적치할 장소를 충분히 확보해야 한다.
② 낙하·비래물에 대한 방호시설을 설치한다.
③ 안전한 작업 방법, 자재의 취급 및 저장 취급방법 등에 대한 교육을 실시한다.

(2) 낙하·비래재해의 예방대책에 관한 사항 16.3.6㉠ 16.10.1㉮ 17.3.5㉮ 17.9.23㉮ 23.5.13㉮

① 낙하물방지망의 규격은 그물코 가로, 세로가 각각 10[cm] 이하일 것
② 낙하물방지망 설치는 지상에서 10[m] 이내에 첫 번째 방지망을 설치하고, 매 10[m] 이내마다 반복하여 설치하며, 설치각도는 20~30[°]를 유지한다.
③ 겹치는 부분의 연결은 틈이 없도록 하며 겹친 폭은 30[cm] 이상으로 한다.
④ 낙하물방지망의 돌출길이는 수평으로 2[m] 이상이 되도록 설치한다.
⑤ 건축물과 비계 사이 공간을 낙하물방지망으로 방호한다.
⑥ 구조물 전체 높이가 20[m] 이하인 경우 1단 이상, 20[m] 이상인 경우 2단 이상 설치한다.
⑦ 최하단의 방호선반은 지상에서 10[m] 이내에 설치하되 보통 5[m] 정도 높이에 설치하는 것이 적당하다.
⑧ 건물 외부 비계 방호시트에서 2[m] 이상(수평거리) 돌출하고 수평면과 20[°] 이상의 각도를 유지한다.
⑨ 선반을 목재로 구성할 경우 두께 1.5[cm] 이상, 금속판을 이용할 경우는 목재와 동등 이상의 내력을 보유한다.

합격예측 및 관련법규

제217조(사용 시의 조치 등)
① 사업주는 증기나 압축공기를 동력원으로 하는 항타기나 항발기를 사용하는 경우에는 다음 각 호의 사항을 준수하여야 한다. 16. 10. 1 ㉠
 1. 해머의 운동에 의하여 공기호스와 해머의 접속부가 파손되거나 벗겨지는 것을 방지하기 위하여 그 접속부가 아닌 부위를 선정하여 공기호스를 해머에 고정시킬 것
 2. 공기를 차단하는 장치를 해머의 운전자가 쉽게 조작할 수 있는 위치에 설치할 것
② 사업주는 항타기나 항발기의 권상장치의 드럼에 권상용 와이어로프가 꼬인 경우에는 와이어로프에 하중을 걸어서는 아니 된다.
③ 사업주는 항타기나 항발기의 권상장치에 하중을 건 상태로 정지하여 두는 경우에는 쐐기장치 또는 역회전방지용 브레이크를 사용하여 제동하는 등 확실하게 정지시켜 두어야 한다.

제221조의2(충돌위험 방지조치)
① 사업주는 굴착기에 사람이 부딪히는 것을 방지하기 위해 후사경과 후방영상표시장치 등 굴착기를 운전하는 사람이 좌우 및 후방을 확인할 수 있는 장치를 굴착기에 갖춰야 한다.
② 사업주는 굴착기로 작업을 하기 전에 후사경과 후방영상표시장치 등의 부착상태와 작동 여부를 확인해야 한다.

제221조의3(좌석안전띠의 착용)
① 사업주는 굴착기를 운전하는 사람이 좌석안전띠를 착용하도록 해야 한다.
② 굴착기를 운전하는 사람은 좌석안전띠를 착용해야 한다.

제221조의4(잠금장치의 체결)
사업주는 굴착기 퀵커플러(quick coupler)에 버킷, 브레이커(breaker), 클램셸(clam-shell) 등 작업장치(이하 "작업장치"라 한다)를 장착 또는 교환하는 경우에는 안전핀 등 잠금장치를 체결하고 이를 확인해야 한다.

제14조(낙하물에 의한 위험의 방지)
① 사업주는 작업장의 바닥, 도로 및 통로 등에서 낙하물이 근로자에게 위험을 미칠 우려가 있는 경우 보호망을 설치하는 등 필요한 조치를 하여야 한다.
② 사업주는 작업으로 인하여 물체가 떨어지거나 날아올 위험이 있는 경우 낙하물방지망, 수직보호망 또는 방호선반의 설치, 출입금지구역의 설정, 보호구의 착용 등 위험을 방지하기 위하여 필요한 조치를 하여야 한다. 이 경우 낙하물방지망 및 수직보호망은 「산업표준화법」 제12조에 따른 한국산업표준(이하 "한국산업표준"이라 한다)에서 정하는 성능기준에 적합한 것을 사용하여야 한다.
③ 제2항에 따라 낙하물방지망 또는 방호선반을 설치하는 경우에는 다음 각 호의 사항을 준수하여야 한다.
 1. 높이 10미터 이내마다 설치하고, 내민 길이는 벽면으로부터 2미터 이상으로 할 것
 2. 수평면과의 각도는 20도 이상 30도 이하를 유지할 것

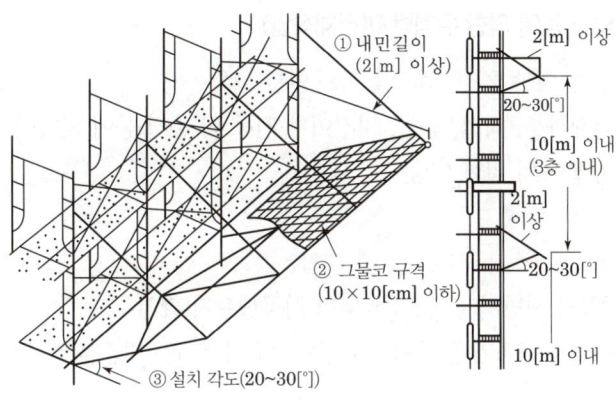

[그림] 낙하물방지망(방호선반) 18. 3. 4 ⑦ 18. 8. 19 ㉠ 19. 4. 27 ㉠ 20. 8. 23 ㉠

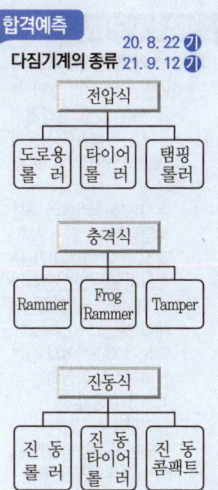

합격예측
다짐기계의 종류 20. 8. 22 ⑦ 21. 9. 12 ⑦

암반 사면의 파괴형태
① 원형파괴(Circular Failure) : 불연속면이 불규칙하게 발달된 사면에서 발생하는 파괴형태
② 평면파괴(Plane Failure) : 불연속면이 한방향으로 발달된 사면에서 발생하는 파괴형태
③ 쐐기파괴(Wedge Failure) : 불연속면이 두 방향으로 발달하여 서로 교차되는 사면에서 발생하는 파괴형태
④ 전도파괴(Toppling Failure) : 절개면의 경사면과 불연속면의 경사방향이 반대인 사면에서 발생하는 파괴형태

[표] 전압식 다짐기계의 종류 및 특징 24. 2. 15 ⑦

종류	특징
머캐덤 롤러 (Macadam Roller)	2축 3륜으로 구성, 쇄석지층 및 자갈층 다짐에 효과적이다. ㉲ 노반 다지기, 아스팔트 포장 등
탠덤 롤러 (Tandem Roller) 17. 3. 5 23. 3. 1	도로용 롤러이며, 2륜으로 구성되어 있고, 아스팔트 포장의 끝손질의 점성토 다짐에 사용한다.
타이어 롤러 (Tire Roller)	① Ballast 아래에 다수의 고무타이어를 달아서 다짐한다. ② 사질토, 소성이 낮은 흙에 적합하며 주행속도 개선
탬핑 롤러 (Tamping Roller) 18. 4. 28 ㉠	① 롤러 표면에 돌기를 만들어 부착, 땅 깊숙이 다짐 가능 ② 토립자를 이동 혼합하여 함수비 조절 용이(간극수압제거) ③ 고함수비의 점성토 지반에 효과적, 유효다짐 깊이가 깊다. ④ 흙덩어리(풍화암 등)의 파쇄 효과 및 맞물림 효과가 크다.

(3) 옹벽의 안정조건 3가지 23. 5. 13 ㉠ 25. 7. 19 ㉣

안정조건	안전율을 높이는 방법
전도(over turning)에 대한 안정	① Fs=(저항모멘트/전도모멘트)≥2.0 ② 옹벽높이를 낮게 ③ 뒷굽길이를 길게(하중합력의 작용점이 저판의 중앙 1/3 이내에 위치하는 것이 바람직)
활동(sliding)에 대한 안정	① Fs=(수평저항력/토압의수평력)≥1.5 ② 저판의 폭을 크게 ③ 활동방지벽(shear key)설치
지반지지력 [침하(settlement)]에 대한 안정	① 저판폭을 크게 ② 양질의 재료로 치환 ③ 말뚝기초시공 최대지반반력이 허용지지력 이하가 되면 안전 Fs=(허용지지력/최대지반반력)≥1.0

합격예측 및 관련법규

제221조의5(인양작업 시 조치)

① 사업주는 다음 각 호의 사항을 모두 갖춘 굴착기의 경우에는 굴착기를 사용하여 화물 인양작업을 할 수 있다.
  1. 굴착기의 퀵커플러 또는 작업장치에 달기구(훅, 걸쇠 등을 말한다)가 부착되어 있는 등 인양작업이 가능하도록 제작된 기계일 것
  2. 굴착기 제조사에서 정한 정격하중이 확인되는 굴착기를 사용할 것
  3. 달기구에 해지장치가 사용되는 등 작업 중 인양물의 낙하 우려가 없을 것
② 사업주는 굴착기를 사용하여 인양작업을 하는 경우에는 다음 각 호의 사항을 준수해야 한다.
  1. 굴착기 제조사에서 정한 작업설명서에 따라 인양할 것
  2. 사람을 지정하여 인양작업을 신호하게 할 것
  3. 인양물과 근로자가 접촉할 우려가 있는 장소에 근로자의 출입을 금지시킬 것
  4. 지반의 침하 우려가 없고 평평한 장소에서 작업할 것
  5. 인양 대상 화물의 무게는 정격하중을 넘지 않을 것
③ 굴착기를 이용한 인양작업 시 와이어로프 등 달기구의 사용에 관해서는 제163조부터 제170조까지의 규정(제166조, 제167조 및 제169조에 따라 준용되는 경우를 포함한다)을 준용한다. 이 경우 "양중기" 또는 "크레인"은 "굴착기"로 본다.
[본조신설 2022. 10. 18.]

제132조(양중기)

"양중기(揚重機)"라 함은 다음 각 호의 기계를 말한다.
18. 9. 15 ㉠ 19. 4. 27 ㉠
19. 4. 27 ㉠
① 크레인(호이스트를 포함한다)
② 이동식크레인
③ 리프트(이삿짐운반용 리프트의 경우에는 적재하중이 0.1[t] 이상인 것으로 한정한다.)
④ 곤돌라
⑤ 승강기

---

(4) 붕괴·낙하 등에 의한 위험방지(전체작업)

1 구축물 또는 이와 유사한 시설물 등의 안전유지

① 자중, 적재하중, 적설, 풍압, 지진이나 진동 및 충격 등에 의하여 붕괴, 전도, 도괴, 폭발 등의 위험 예방
② 조치사항 16. 10. 1 ㉠
  ㉮ 설계도서에 따라 시공했는지 확인
  ㉯ 건설공사 시방서(示方書)에 따라 시공했는지 확인
  ㉰ 「건축물의 구조기준 등에 관한 규칙」에 따른 구조기준을 준수했는지 확인

2 붕괴·낙하에 의한 위험방지(지반붕괴, 구축물붕괴, 토석의 낙하 등)

① 지반은 안전한 경사로 하고 낙하의 위험이 있는 토석을 제거하거나 옹벽·흙막이지보공 등을 설치할 것
② 지반의 붕괴 또는 토석의 낙하원인이 되는 빗물이나 지하수 등을 배제할 것
③ 갱내의 낙반·측벽(側壁) 붕괴의 위험이 있는 경우에는 지보공을 설치하고 부석을 제거하는 등 필요한 조치를 할 것

세부항목 2. 건설공구 및 장비 안전수칙

1. 건설공구

(1) 석재가공

1 석재가공 공구

① 석재는 시공 상세도와 줄 나누기도를 기준으로 줄눈 나누기 및 형상과 치수를 정한다.
② 경석(硬石)과 연석(軟石)은 가공 방법이 다르며 가공 및 마감의 종류에 따라 돌 쪼개기, 돌 다듬기, 돌 갈기로 구분한다.
③ 석재가공에 있어서 가장 기본적으로 쓰는 공구는 정과 망치이다.

2 석재의 가공

① 돌쪼개기 가공

돌쪼개기는 부리쪼갬과 톱켜기가 있으며, 부리쪼갬은 돌눈에 따라 얕고 작은 구멍의 줄을 일렬로 파서 쐐기를 받아 쪼개는 것을 말하며, 톱켜기는 계단디딤돌, 외장붙임돌 등에 사용할 화강암, 대리석 등을 톱으로 켜는 것이다.

② 돌 다듬기 가공

다듬기 가공은 정이나 망치 등을 이용하여 석재의 거친 면을 다듬는 방법으로 사용 공구의 종류, 다듬기 순서, 횟수 등에 따라 구분하며, 수공구로 가공하는 것을 손다듬이라 하고, 공장에서 기계로 가공하는 것을 기계다듬이라 한다.

③ 석재가공 순서

㉮ 혹두기 : 돌의 표면을 쇠메로 다듬는 것으로 혹모양의 거친 상태로 가공

㉯ 정다듬 : 혹두기면을 정으로 쪼아 평탄하게 다듬는 것

㉰ 도드락다듬 : 도드락망치로 정다듬한 석재표면을 다듬어 요철을 없애 평활한면으로 만드는 것

㉱ 잔다듬 : 정다듬한 면을 양날치기로 쪼아 표면을 더욱 평활하게 다듬는 것

㉲ 물갈기 : 잔다듬한 면을 숫돌 등으로 간면을 광택 내는 것

(2) 철근가공 공구

1 철근가공

① 철근은 대부분 현장에서 가공을 한다.

② 가공한 철근은 운반이 곤란하고 가공이 용이하기 때문에 철근의 절단은 인력이나 기계 또는 유압식으로 한다.

2 철근가공 공구

① **철선작두** : 철선(steel wire)을 필요로 하는 길이나 크기로 사용하기 위해 철선을 자르는 공구

② **철선가위** : 철선 작두와 같이 철선을 필요한 치수로 절단하는 것으로 철선을 자르는 공구

③ **철근절단기(bar cutter)** : 지레의 힘 또는 동력을 이용하여 철근을 필요한 치수로 절단하는 공구

④ **철근굽히기** : 철근을 필요한 치수 또는 형태로 굽힐 때 사용하는 공구

2. 건설장비의 종류 및 안전수칙

(1) 굴착(掘鑿 : excavation)기계 및 안전수칙

건물의 기초나 지하실을 만들기 위해 소정의 모양으로 지반을 파내는 것

(2) 셔블(shovel : 삽) : 굴착기계 18. 3. 4 [산]

1 종류

① 파워셔블 ② 드래그라인

③ 클램셸 ④ 엑스커베이터

⑤ 프런트어태치먼트(앞부속) : 크레인, 항타기, 어스드릴

참고

파워셔블(Power shovel)

중기가 위치한 지면보다 높은 장소의 땅을 굴착하는 데 적합하며, 산지에서의 토공사, 암반으로부터 점토질까지 굴착할 수 있다.

Q 은행문제

무한궤도식 장비와 타이어식(차륜식) 장비의 차이점에 관한 설명으로 옳은 것은? 19. 4. 27 [산] 23. 5. 13 [산] 25. 2. 7 [산]

① 무한궤도식은 기동성이 좋다.
② 타이어식은 승차감과 주행성이 좋다.
③ 무한궤도식은 경사지반에서의 작업에 부적당하다.
④ 타이어식은 땅을 다지는데 효과적이다.

정답 ②

합격예측

크레인 방호장치 종류

① 과부하방지장치
② 권과방지장치
③ 비상정지장치
④ 제동장치

제98조(제한속도의 지정 등)

① 사업주는 차량계 하역운반기계, 차량계 건설기계(최대제한속도가 시속 10[km] 이하인 것은 제외한다)를 사용하여 작업을 하는 경우 미리 작업장소의 지형 및 지반 상태 등에 적합한 제한속도를 정하고, 운전자로 하여금 준수하도록 하여야 한다. 18. 3. 4 [기] 23. 2. 28 [기] 23. 7. 8 [기]
② 사업주는 궤도작업차량을 사용하는 작업, 입환기로 입환작업을 하는 경우에 작업에 적합한 제한속도를 정하고, 운전자로 하여금 준수하도록 하여야 한다.
③ 운전자는 제1항과 제2항에 따른 제한속도를 초과하여 운전해서는 아니 된다.

이동식크레인 방호장치

① 과부하방지장치
② 권과방지장치
③ 비상정지장치
④ 제동장치

5과목

보충학습

굴착기

토사의 굴착을 주목적으로 하는 장비로서 붐, 암, 버킷과 이들을 작동시키는 유압 실린더 파이프 등으로 작동되며 별도의 장치 부착을 통해 파쇄·절단작업 등이 가능한 기계

[그림] 굴착기

합격예측

사질토 연약지반개량공법

구분	방법
진동 다짐 공법 (vibro floatation)	수평방향으로 진동하는 vibro float를 이용 사수와 진동을 동시에 일으켜 느슨한 모래지반 개량
다짐 모래 말뚝 공법	충격, 진동, 타입에 의해서 지반에 모래를 삽입하여 모래 말뚝을 만드는 방법
폭파 다짐 공법	다이너마이트를 이용, 인공지진을 일으켜 느슨한 사질지반을 다지는 공법
전기 충격 공법	지반 속에 방전 전극을 삽입한 후 대전류를 흘려 지반 속에서 고압방전을 일으켜 발생하는 충격력으로 다지는 공법
약액 주입 공법	지반 내에 주입관을 삽입, 화학약액을 지중에 충진하여 gel time이 경과한 후 지반을 고결하는 공법
동다짐 공법	무거운 추를 자유낙하시켜 연약지반을 다지는 공법

Q 은행문제

장비가 위치한 지면보다 낮은 장소를 굴착하는 데 적합한 장비는?
21. 5. 15 기 25. 2. 7 기
① 트럭크레인 ② 파워셔블
③ 백호 ④ 진폴

정답 ③

---

2 주행 상태에 의한 분류

① 무한궤도식
② 휠형
③ 트럭형

> **참고 Soil Nailing 공법**
>
> ① Soil Nailing 공법은 NATM과 동일한 개념의 원위치 지반보강공법으로 이 공법은 붕괴위험이 큰 자연 사면이나 굴착에 의한 인공 사면의 안전성을 확보하기 위한 공법이다.
> ② 지하 토공사시 계측관리를 통한 정보화 시공으로 안전성을 확보하고 주변으로의 영향을 최소화하여야 한다.

3 작업에 따른 분류

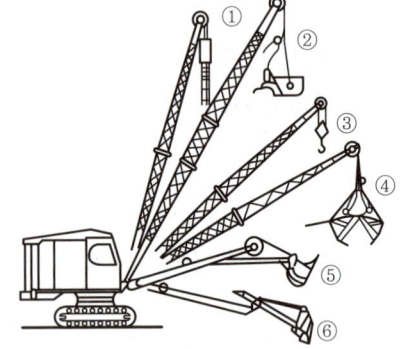

① 파일드라이버
② 드래그라인
③ 크레인
④ 클램셸
⑤ 파워셔블
⑥ 드래그셔블

[그림] 굴착기의 앞부속장치

① **파워셔블(power shovel)[dipper shovel : 동력삽]**   16. 5. 8 기 18. 9. 15 산 19. 9. 21 산 20. 8. 22 기 21. 5. 15 기

㉮ 굳은 점토 등 지반면보다 높은 곳의 땅파기에 적합하다.
㉯ 앞으로 흙을 긁어서 굴착하는 방식이다.
㉰ 셔블계 굴착기 중에서 가장 기본적인 것으로서 기계가 서 있는 지면보다 높은 곳을 파는 데 가장 좋으므로 산의 절삭 등에도 적합하고, 붐(boom)이 단단하여 굳은 지반의 굴착에도 사용된다.

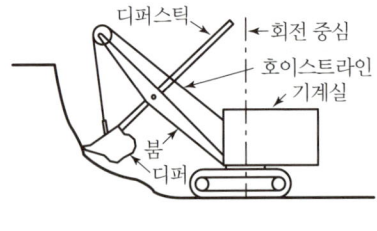

[그림] 파워셔블

② 백호(back hoe)[드래그셔블(drag shovel)] 18.8.19㉮ 20.6.7㉮
   21.5.15㉮ 23.2.28㉮
   ㉮ 토목공사나 수중굴착에 많이 사용된다.
   ㉯ 지하층이나 기초의 굴착에 사용된다.
   ㉰ 기계가 서 있는 지면보다 낮은 장소의 굴착에도 적당하고 수중굴착도 가능하다. 25.2.7㉮
   ㉱ 파워셔블과 같이 굳은 지반의 토질에서도 정확한 굴착이 된다.

[그림] 백호

③ 드래그라인(drag line) 20.8.23㉠
   ㉮ 작업 범위가 광범위하고 수중굴착 및 연약한 지반의 굴착에 적합하다.
   ㉯ 기체는 높은 위치에서 깊은 곳을 굴착하는 데 적합하다.
   ㉰ 기계가 서 있는 위치보다 낮은 장소의 굴착에 적당하고 백호만큼 굳은 토질에서의 굴착은 되지 않지만 굴착 반지름이 크다.

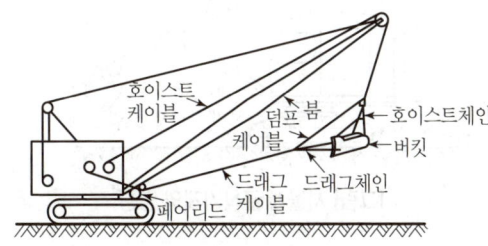

[그림] 드래그라인

④ 클램셸(clamshell) 16.5.8㉠ 17.5.7㉠ 19.8.4㉮ 25.2.7㉠
   ㉮ 연약지반이나 수중굴착 및 자갈 등을 싣는 데 적합하다.
   ㉯ 깊은 땅파기 공사와 흙막이 버팀대를 설치하는 데 사용한다.
   ㉰ 수중굴착 및 수조물의 기초바닥 등과 같은 협소하고 상당히 깊은 범위의 굴착과 호퍼(hopper)에 적당하다.

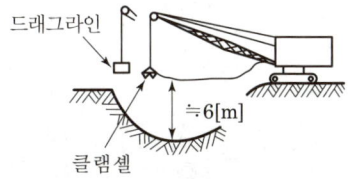

[그림] 드래그라인과 클램셸의 작업

참고
드래그셔블(back hoe)
중기가 위치한 지면보다 낮은 곳의 땅을 파는데 적합하며, 수중굴착도 가능하다.

참고
드래그라인(drag line)
작업범위가 광범위하고 수중굴착 및 연약한 지반의 굴착에 적합하고 기계가 위치한 면보다 낮은 곳 굴착에 가능하다.

합격예측
점성토 지반개량공법 16.3.6㉮

구분	종류	방법
치환공법	굴착치환	굴착기계로 연약층 제거후 양질의 흙으로 치환
	미끄럼치환	양질토를 연약지반에 재하하여 미끄럼 활동으로 치환
	폭파치환	연약지반이 넓게 분포할 경우 폭파에너지 이용, 치환
압밀(재하)공법	Preloading 공법	연약지반에 하중을 가하여 압밀시키는 공법(샌드드레인공법 병용)
	사면선단 재하공법	성토한 비탈면 옆 부분을 더돋움하여 전단강도 증가후 제거하는 공법
	압성토공법(surcharge)	토사의 측방에 압성토 하거나 법면 구배를 작게 하여 활동에 저항하는 모멘트 증가
탈수공법	sand drain 공법	지반에 sand pile을 형성한 후 성토하중을 가하여 간극수를 단시간내 탈수하는 공법
	paper drain 공법	드레인 paper를 특수기계로 타입하여 설치하는 공법
	pack drain 공법	sand drain의 결점인 절단, 잘록함을 보완. 개량형인 포대에 모래를 채워 말뚝을 만드는 공법
배수공법	deep well 공법	우물관을 설치하여 수중 펌프로 배수하는 방법
	well point 공법	투수성이 좋은 사질지반에 well point를 설치하여 배수하는 공법
기타공법		고결공법(생석회말뚝, 동결, 소결), 동치환공법, 전기침투 공법 등

합격예측

승강기 방호장치
① 과부하방지장치
② 파이널 리밋스위치(final limit switch)
③ 비상정지장치
④ 속도조절기
⑤ 출입문 인터록

곤돌라 방호장치
① 과부하방지장치
② 권과방지장치
③ 제동장치
④ 비상정지장치

리퍼(Ripper)
17. 3. 5 ⑭ 19. 3. 3 ⑭
아스팔트 포장도 지반의 파쇄 또는 토사 중에 있는 암석 제거에 가장 적당한 장비

[그림] 리퍼

합격예측

리프트 방호장치
① 과부하방지장치
② 권과방지장치
③ 비상정지장치

▼ 참고

스크레이퍼
굴착, 싣기, 운반, 하역 등의 일관작업을 하나의 기계로서 연속적으로 작업을 할 수 있는 굴착기와 운반기를 조합한 토공만능기

⑤ 항타기(pile driver) 18. 4. 28 ⑭

붐(boom)에 항타용 부속장치를 부착하여 낙하해머(drop hammer) 또는 디젤해머(diesel hammer)에 의하여 강관말뚝·콘크리트말뚝·널말뚝(sheet pile) 등의 항타작업에 사용된다.

⑥ 어스드릴(earth drill)

㉮ 붐에 어스드릴용 장치를 부착하여 땅속에 규모가 큰 구멍을 파서 기초공사 작업에 사용한다.

㉯ 상부선회체를 대선(臺船)과 고정하여 준설(浚渫)과 호퍼 작업, 크레인 작업 등에도 사용된다.

㉰ 셔블계 굴착기에서는 디퍼(dipper) 또는 버킷(bucket)의 들어올리기, 밀어내기 또는 끌어당기기·붐의 기도(起倒)·선회·주행 등의 5가지 동작을 하기 위하여 원동기로부터 동력이 전달된다.

㉱ 동력을 전달하는 축의 배치 방법에 의해 들어올리기와 밀어내기에 사용되는 드럼을 같이 사용하여 1개의 축 위에 놓이는 1축식과 2개의 축으로 된 2축식이 있는데, 일반적으로 2축식이 많이 사용된다.

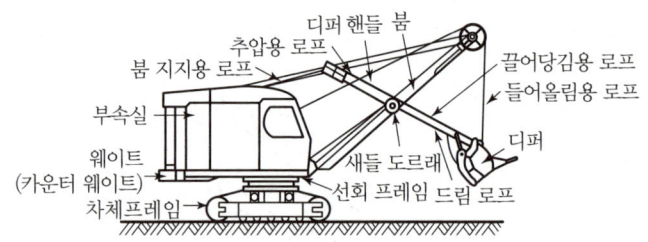

[그림] 셔블계 굴착기계의 명칭

[표] 부속체의 종류와 작업의 특징

구분		셔블	백호	드래그라인	클램셸
굴착력		◎	◎	○	△
굴착재료	굳은 흙이나 연암	◎	◎	×	×
	중정도의 굳은 흙	◎	◎	○	○
	연한 곳	◎	◎	○	○
	수중굴착	△	○	◎	◎
굴착위치	지면보다 훨씬 높은 곳	◎	△	△	○
	지상	○	○	○	○
	지면보다 훨씬 낮은 곳	△	◎	◎	○
	넓은 범위	△	△	◎	○
	정확한 굴착	◎	◎	△	◎

주 ◎ 최적, ○ 보통, △ 쓰이기는 하나 다른 기계보다 성능 저하, × 부적합

(3) 안전기준

1 셔블계 굴착기계의 안전장치

① 붐 전도방지장치 : 붐이 굴곡면 주행중에 흔들려 후방으로 전도하는 것을 막기 위해 붐 전도방지장치를 설치하여야 한다.

② 붐 기복방지장치 : 드래그라인, 기계식 클램셸 등을 사용할 경우에는 붐 기복방지장치를 설치하여야 하며 이 장치가 설치되어 있어도 붐 강도를 80[°] 가까이 하여 사용할 경우에는 주의를 하여 작업하여야 한다.

③ 붐 권상드럼의 역회전방지장치 : 붐 권상드럼의 역회전방지장치는 붐 호이스트 드럼의 기어에 훅을 걸고 드럼의 하중으로 인해 와이어 로프의 권하 방향으로 회전하는 것을 막기 위한 안전장치로서 붐 시건장치는 붐 권하중에 작용시키면 드럼의 기어 또는 훅 등이 파손되기 때문에 붐 권하중에는 절대로 넣어서는 안 된다.

2 운행시 안전대책

① 버킷이나 다른 부수장치, 혹은 뒷부분에 사람을 태우지 말아야 한다.
② 유압계를 분리시에는 반드시 붐을 지면에 놓고 엔진을 정지시킨 다음 유압을 제거한 후 행하여야 한다.
③ 장비의 주차시는 경사지나 굴착 작업장으로부터 충분히 이격시켜 주차하고, 버킷은 반드시 지면에 놓아야 한다.
④ 절대로 운전 반경 내에 사람이 있을 때에는 회전하여서는 안 된다.
⑤ 전선(고압선) 밑에서는 주의하여 작업하여야 하며, 특히 전선과 장치의 안전 간격을 반드시 유지하여야 한다.

3. 토공기계(earth-moving machine) 및 안전수칙

흙의 굴착, 전압, 운반 등에 사용하는 작업용 기계

(1) 트랙터계 기계

1 종류

① 셔블불도저
② 버킷도저
③ 휠불도저
④ 모터스크레이퍼
⑤ 피견인식 스크레이퍼

2 용도

① 토사의 굴착 및 단거리 운반, 깔기, 고르기, 메우기 등에 사용한다.
② 특수 블레이드(blade)를 부착하고 스크레이퍼의 푸셔로 사용한다.
③ 트랙터로서는 스크레이퍼, 롤러(roller)류, 플라우(plough), 해로(harrow)
④ 유압 리퍼에 의한 연암 굴삭에 사용한다.

합격예측

승강기

건축물이나 고정된 시설물에 설치되어 일정한 경로에 따라 사람이나 화물을 승강장으로 옮기는 데에 사용되는 설비로서 다음 각 목의 것을 말한다.

① 승객용 엘리베이터 : 사람의 운송에 적합하게 제조·설치된 엘리베이터
② 승객화물용 엘리베이터 : 사람의 운송과 화물 운반을 겸용하는데 적합하게 제조·설치된 엘리베이터
③ 화물용 엘리베이터 : 화물 운반에 적합하게 제조·설치된 엘리베이터로서 조작자 또는 화물취급자 1명은 탑승할 수 있는 것(적재용량이 300킬로그램 미만인 것은 제외한다)
④ 소형화물용 엘리베이터 : 음식물이나 서적 등 소형 화물의 운반에 적합하게 제조·설치된 엘리베이터로서 사람의 탑승이 금지된 것
⑤ 에스컬레이터 : 일정한 경사로 또는 수평로를 따라 위·아래 또는 옆으로 움직이는 디딤판을 통해 사람이나 화물을 승강장으로 운송시키는 설비

참고

곤돌라

달기발판 또는 운반구·승강장치 그 밖의 장치 및 이들에 부속된 기계부품에 의하여 구성되고, 와이어로프 또는 달기강선에 의하여 달기발판 또는 운반구가 전용의 승강장치에 의하여 오르내리는 설비를 말한다.

3 작업 능력

작업 능력은 1시간당의 시공량[m³/h]으로 표시한다.

(1회 작업량)×(1시간 내의 작업횟수)

$$(1회\ 작업량) \times \frac{60}{1사이클시간[분]}$$

4 작업량

불도저의 1시간당 작업량(Q)은 다음 식과 같다.

$$Q = \frac{q \times f \times 60 \times E}{C_m}\ [\text{m}^3/\text{h}] = q_0 E$$

여기서 q : 블레이드 용량(1회의 흙 운반량)[m³]
q_0 : 거리를 고려하지 않는 삽날 이용량
E : 불도저의 작업효율
f : 토량 환산 계수
C_m : 사이클시간[min]

(2) 불도저(bulldozer) 분류

1 회전장치에 의한 분류

① 크롤러형(crawler type)
   ㉮ 연약한 지역이나 습지 지역의 작업에 용이하며, 암석지에서도 마모에 강하고 등판 능력과 견인력이 크다(무한궤도식).
   ㉯ 트랙슈(track shoe : 履板)를 연속하여 조립한 트랙(track : 履帶)으로 주행하는 것으로서 변화하는 지세에 대하여 넓은 적용성을 지니고 있다.
   ㉰ 중작업과의 연결에 적당하고 강한 견인력을 갖는 장점이 있다.
   ㉱ 돌기(grouser)가 있는 보통 불도저와 습지용의 삼각형 트랙을 가진 습지 불도저가 있다.

② 타이어형(휠형) 23. 5. 13 ❹
   ㉮ 고무타이어식은 크롤러식에 비하여 기동성과 이동성이 양호하며 평탄한 지면이나 포장도로에서 작업하기 좋다(휠식).
   ㉯ 트랙터에 4개의 저압타이어를 부착한 것으로서 타이어 도저(tire dozer)라고도 한다.
   ㉰ 크롤러식에 비하여 작업속도는 빠르지만, 부정지나 연약지의 작업에서는 크롤러식보다 뒤진다.

2 블레이드의 조작방식에 의한 분류

① 블레이드의 조작방식에는 와이어로프식과 유압식이 있다.
② 유압 기술의 향상에 의하여 최근에는 유압식이 많이 사용된다.

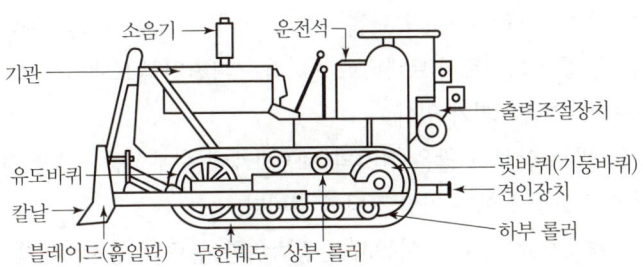

[그림] 불도저 각부 명칭

3 블레이드 각도에 의한 분류
① 스트레이트도저 : 블레이드가 수평이고, 또 불도저의 진행 방향에 직각으로 블레이드면을 부착한 것으로서 주로 중굴착 작업에 사용된다.
② 앵글도저 : 블레이드면의 방향이 진행 방향의 중심선에 대하여 좌우 20~30[°]의 경사가 진 것으로서 이것은 사면굴착·정지·흙메우기 등으로 차체의 진행에 따라 흙을 측면으로 보내는 작업에 적당하다. 20.8.23 ㉚ 21.7.21 기실
③ 틸트도저 : 블레이드면 좌우의 높이를 변경할 수 있는 것으로서 단단한 흙의 도랑파기 절삭에 적당하다.(좌우 상하 25~30[°]까지 조절가능)

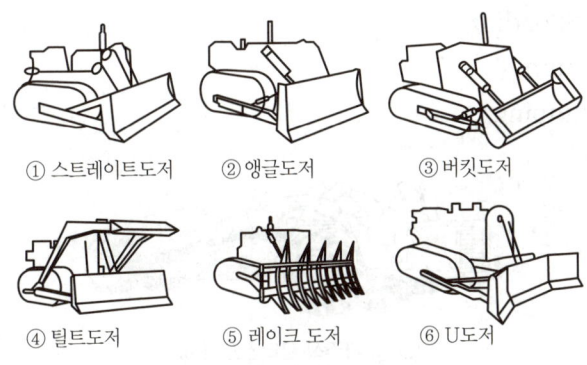

[그림] 불도저 작업장치

(3) 스크레이퍼(scraper)

1 기능
① 무른 토사나 토괴로 된 평탄한 지형의 지표면을 얇게 깎거나 일정한 두께로 흙쌓기할 경우에 사용한다.
② 불도저보다 운반거리가 크다.
③ 스크레이퍼 구동륜은 2륜과 4륜 구동식이 있으며, 2륜 구동식은 신뢰성이 좋고 어떠한 곳에서도 통과성이 좋으며, 4륜 구동식은 안정성이 좋고, 장거리와 고속도로 건설작업에 적합하다.

합격예측 및 관련법규

제133조(정격하중 등의 표시)
사업주는 양중기(승강기는 제외한다.) 및 달기구를 사용하여 작업하는 운전자 또는 작업자가 보기 쉬운 곳에 해당 기계의 정격하중·운전속도·경고표시 등을 부착하여야 한다. 다만, 달기구는 정격하중만 표시한다. 17.3.5 ㉘

제37조(악천후 및 강풍 시 작업 중지)
① 사업주는 비·눈·바람 또는 그 밖의 기상상태의 불안정으로 인하여 근로자가 위험해 질 우려가 있는 경우 작업을 중지하여야 한다. 다만, 태풍 등으로 위험이 예상되거나 발생되어 긴급 복구 작업을 필요로 하는 경우는 그러하지 아니하다.
② 사업주는 순간 풍속이 초당 10[m]를 초과하는 경우 타워크레인의 설치·수리·점검 또는 해체 작업을 중지하여야 하며, 순간 풍속이 초당 15[m]를 초과하는 경우에는 타워크레인의 운전 작업을 중지하여야 한다. 18.4.28 ㉚

④ 용도는 굴착·적재·운반·성토·흙깔기·흙다지기 등의 작업을 하나의 기계로 시공할 수 있는 기계로서 트랙터로 견인하는 피견인식 트랙터스크레이퍼와 자주식 모터스크레이퍼가 있다.
⑤ 스크레이퍼는 암석이 많은 산지의 토공관계에는 부적당하지만 저목장의 정지·부지의 조성 등에는 가장 적당한 것이다.
⑥ 얇은 수평층으로 토사를 이동시켜 광범위한 성토와 정지작업에 가장 적당하다.
⑦ 일반적으로 도로·주택지의 조성, 공장용지의 조성 등에 널리 사용된다.
⑧ 피견인식 스크레이퍼의 운반거리는 200~1,000[m], 자주식 모터스크레이퍼의 운반거리는 400~2,000[m]까지 가능하다.

2 작업량 증대 방법
① 1회 작업량을 크게 한다.
② 주행속도를 빠르게 한다.
③ 운반거리를 짧게 한다.

3 용도
① 채굴(digging)
② 성토적재(loading)
③ 운반(hauling)
④ 하역(dumping)

[그림] 자주식 모터스크레이퍼

(4) 트렌처(trencher)

1 구조 및 기능
① 일반적으로 크롤러식 트랙터 등의 차체 위에 굴착장치를 설치하고, 트랙터의 엔진에 의해 구동된다.
② 굴착장치는 벨트컨베이어로서 파낸 토사를 측방향으로 방출하는 것으로서, 로더식과 휠식이 있으나 로더식이 기동성, 굴착 깊이 등에서 양호하다.

2 용도
가스관, 수도관, 암거(暗渠) 및 그 밖에 배수관 등을 매설하기 위한 작업이나 기초(基礎)굴착 또는 매립(埋立)공사 등에 사용한다.

(5) 모터그레이더(motor grader) 17. 3. 5 ② 17. 9. 23 ② 20. 6. 7 ②

1 끝마무리 작업, 정지작업에 유효 : 전륜을 기울게 할 수 있어 비탈면 고르기 작업도 가능(예 땅 고르기 작업)

2 상하작동, 좌우회전 및 경사, 수평선회가 가능

4. 운반기계(運搬機械 : conveying machinery) 및 다짐장비 등 안전수칙

무거운 물건을 들어올리거나 이동시켜서 운반하는 기계

(1) 기본안전사항

1 화물적재시 조치사항
① 편하중이 생기지 않도록 적재할 것
② 운전자의 시야를 가리지 않도록 화물을 적재할 것
③ 구내 운반차 또는 화물 자동차에 있어서 화물의 붕괴 또는 낙하로 인한 근로자의 위험을 방지하기 위하여 화물에 로프를 거는 등 필요한 조치를 할 것

2 운전 위치 이탈시 조치사항(차량계 하역운반기계, 건설기계 공통) 18. 8. 19 ④
① 포크, 버킷, 디퍼 등의 장치를 가장 낮은 위치 또는 지면에 내려 둘 것
② 원동기를 정지시키고 브레이크를 확실히 거는 등 갑작스러운 주행이나 이탈을 방지하기 위한 조치를 할 것
③ 운전석을 이탈하는 경우에는 시동키를 운전대에서 분리시킬 것. 다만, 운전석에 잠금장치를 하는 등 운전자가 아닌 사람이 운전하지 못하도록 조치한 경우에는 그러하지 아니하다.

3 100[kg] 이상의 화물을 싣거나 내리는 작업시 작업 지휘자의 준수사항 15. 8. 16 ②
① 작업 순서 및 그 순서마다의 작업 방법을 정하고 작업을 지휘할 것
② 기구 및 공구를 점검하고 불량품을 제거할 것
③ 해당 작업을 행하는 장소에 관계 근로자 외의 출입을 금지시킬 것
④ 로프를 풀거나 덮개를 벗기는 작업을 행하는 때에는 적재함이 낙하할 위험이 없음을 확인한 후에 해당 작업을 하도록 할 것

(2) 지게차(fork lift)

1 정의
① 앞바퀴 구동에 뒷바퀴로 환향하고 최소회전반경이 작으며, 전면에 적재용 포크와 안내 레일의 역할을 하는 승강용 마스터(mast)를 갖추고 있다.
② 마스터의 경사각은 전경각 5~6[°], 후경각 10~12[°] 범위이다.
③ 경화물의 적재, 운반에 이용하며, 원동기식(engine type)과 전동식(battery type)이 있다.

> **참고**
> **크레인**
> 조종석이 설치되지 아니한 크레인에 대하여는 다음 각 호의 조치를 하여야 한다.
> ① 고용노동부장관이 고시하는 크레인의 제작기준과 안전기준에 맞는 무선원격제어기 또는 펜던트스위치를 설치·사용할 것
> ② 무선원격제어기 또는 펜던트스위치를 취급하는 근로자에게는 작동요령 등 안전조작에 관한 사항을 충분히 주지시킬 것

합격예측 및 관련법규

제135조(과부하의 제한)
사업주는 양중기에 그 적재하중을 초과하는 하중을 걸어서 사용하도록 하여서는 아니 된다.

합격예측

화물차 12. 8. 26
① 대표적 운반기계
② 불특정 지역을 연속적으로 운반시 사용된다.

보충학습

화물운반트럭
화물적재공간을 갖추고 오로지 화물을 운반하는 구조의 자동차

[그림] 화물운반트럭

지게차(Fork Lift)
포크(fork) 등의 화물을 적재하는 장치와 이것을 승강시키는 마스트(mast)를 구비한 하역운반기계

[그림] 지게차

2 전경각, 후경각

구분	최대경사각
전경사각	마스터의 수직 위치에서 앞으로 기울인 경우의 최대경사각을 말하며 5~6[°] 범위이다
후경사각	마스터의 수직 위치에서 뒤로 기울인 경우의 최대경사각을 말하며 10~12[°] 범위이다.

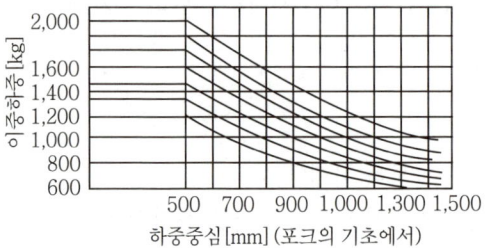

[그림] 포크리프트의 인양 높이와 허용하중과의 관계

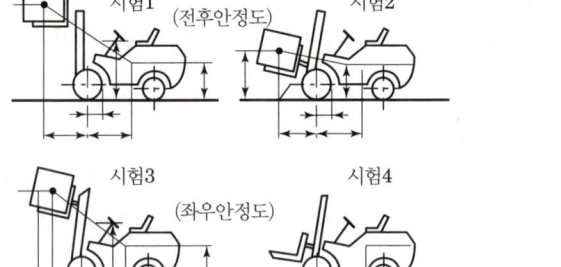

[그림] 포크리프트(fork lift)의 안정도

[그림] 포크리프트의 안정도값
(안정도 = $h/l \times 100[\%]$)

[표] 포크리프트의 안정도값

시험 번호	시험의 종류	바퀴의 상태	밑바닥 기울기[%]
1	전후안정도	기준 하중 상태에서 포크리프트를 최고로 올린 상태	4(최대하중 5[t] 미만) 3.5(최대하중 5[t] 이상)
2	전후안정도	주행시의 기준 부하 상태	18
3	좌우안정도	기준 부하 상태에서 포크를 최고로 올리고, 마스트를 최대 후경(後傾)한 상태	6
4	좌우안정도	주행시의 기준 부하 상태	$15+1.1V$

※ V = 최고속도[km/h]

3 지게차의 헤드가드 구비조건 18. 4. 28 ❹ 23. 2. 28 ㉠ 23. 5. 13 ❹

① 강도는 지게차의 최대하중의 2배 값(4톤을 넘는 값에 대해서는 4톤으로 한다)의 등분포정하중(等分布靜荷重)에 견딜 수 있을 것
② 상부틀의 각 개구의 폭 또는 길이가 16센티미터 미만일 것 24. 2. 15 ㉠
③ 운전자가 앉아서 조작하거나 서서 조작하는 지게차의 헤드가드는 한국산업표준에서 정하는 높이 기준 이상일 것{좌식 : 좌석기준점(Sip) 0.903[m], 입식 : (운전자가 서 있는 플랫폼으로부터) 1.905[m] 이상}

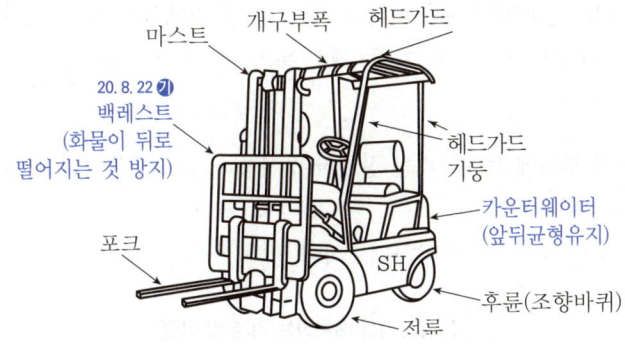

[그림] 포크리프트(높이기준 KSB ISO 6055)

4 안전기준

① 주행시 포크는 반드시 내리고 운전해야 한다.
② 지면 또는 상판 등 지반이 포크 중량에 견딜 수 있는가 확인한 후 운행해야 한다.
③ 운전원 외의 어떤 자도 절대로 승차시키지 말아야 한다.
④ 오버헤드가드를 설치, 운전원 자신을 보호해야 한다.
⑤ 경사진 위험한 곳에 장비를 주차시키지 말아야 한다.
⑥ 짐을 인양한 밑으로 사람이 들어가거나 통과시키는 것을 금한다.
⑦ 포크 다리 위에 사람을 태워 올리거나 전후진해서는 안 된다.
⑧ 철판 또는 각목을 다리 대용으로 해서 통과할 때는 반드시 강도를 확인해야 한다.
⑨ 주차시 포크를 반드시 내려놓고 후진할 때는 반드시 정차 후 뒤를 확인해야 한다.
⑩ 마스트 이상 짐을 높이 실어 작업을 해서는 안 된다.
⑪ 짐을 싣고 내리막길을 내려갈 시는 후진으로 해야 한다.
⑫ 과적 운반은 절대로 피하고 짐을 높이 든 채 앞으로 기울이지 말아야 한다.
⑬ 작업은 서두르지 말고 안전을 확인한 후 정확하게 수행해야 한다.
⑭ 작업장 부근에는 사람이 접근하지 않게 해야 한다.
⑮ 그 밖에 모든 규칙을 잘 수행해야 한다.

합격예측 및 관련법규

제86조(탑승의 제한)
사업주는 크레인을 사용하여 근로자를 운반하거나 근로자를 달아 올린 상태에서 작업에 종사시켜서는 아니 된다. 다만, 크레인에 전용 탑승설비를 설치하고 추락위험을 방지하기 위하여 다음 각 호의 조치를 한 경우에는 그러하지 아니하다.
1. 탑승설비가 뒤집히거나 떨어지지 아니하도록 필요한 조치를 할 것
2. 안전대 또는 구명줄을 설치하고, 안전난간을 설치할 수 있는 구조인 경우 안전난간을 설치할 것
3. 탑승설비를 하강시키는 때에는 동력하강방법으로 할 것

제143조(폭풍 등으로 인한 이상 유무 점검)
사업주는 순간풍속이 초당 30[m]를 초과하는 바람이 불거나 중진(中震) 이상 진도의 지진이 있은 후에 옥외에 설치되어 있는 양중기를 사용하여 작업을 하는 경우에는 미리 기계 각 부위에 이상이 있는지를 점검하여야 한다. 16. 3. 6 ❹

보충학습

컨베이어
재료·반제품·화물 등을 동력에 의하여 운반하는 기계장치

[그림] 컨베이어

합격예측 및 관련법규

제141조(조립 등의 작업시 조치사항)

사업주는 크레인의 설치·조립·수리·점검 또는 해체작업을 하는 때에는 다음 각 호의 조치를 하여야 한다.
1. 작업순서를 정하고 그 순서에 의하여 작업을 실시할 것
2. 작업을 할 구역에 관계근로자가 아닌 사람의 출입을 금지하고 그 취지를 보기 쉬운 곳에 표시할 것
3. 비·눈 그 밖의 기상상태의 불안정으로 인하여 날씨가 몹시 나쁠 경우에는 그 작업을 중지시킬 것
4. 작업장소는 안전한 작업이 이루어질 수 있도록 충분한 공간을 확보하고 장애물이 없도록 할 것
5. 들어올리거나 내리는 기자재는 균형을 유지하면서 작업을 하도록 할 것
6. 크레인의 성능, 사용조건 등에 따라 충분한 응력을 갖는 구조로 기초를 설치하고 침하 등이 일어나지 않도록 할 것
7. 규격품인 조립용 볼트를 사용하고 대칭되는 곳을 차례로 결합하고 분해할 것

합격예측

크레인 사용시 관리감독자 업무
① 작업방법과 근로자의 배치를 결정하고 해당 작업을 지휘하는 일
② 재료의 결함유무 또는 기구 및 공구의 기능을 점검하고 불량품을 제거하는 일
③ 작업중 안전대와 안전모의 착용상황을 감시하는 일

(3) 컨베이어(conveyor)

1 정의
① 자재 및 콘크리트 등의 수송에 주로 사용한다.
② 설비가 용이하고 경제적이므로 많이 사용된다.

2 종류
① 포터블(portable) 컨베이어 : 모래, 자갈의 운반과 채취에 사용한다.
② 스크루(screw) 컨베이어 : 모래, 시멘트, 콘크리트 운반에 사용한다.
③ 벨트(belt) 컨베이어 : 흙, 쇄석(碎石), 골재 운반에 가장 널리 사용한다.
④ 대형 컨베이어 : 흙, 모래, 자갈, 쇄석 등의 수송에 사용한다.

3 트랙터 및 트레일러
① 트랙터의 후미에 트레일러를 장치하여 사용하고, 중량물이나 긴 물체를 운반하는 데 이용한다.
② 주행장치는 타이어식과 무한궤도식이 있다.

[표] 유도자를 배치하는 기계 및 작업

기 계 명	작업종류	상 황
아스팔트 피니셔	아스팔트 혼합재 깔기	덤프트럭이 후퇴해 오고 호퍼에 혼합재를 투입공급
타이어 롤러	전압(轉壓)	부근에 작업원이 있는 경우
머캐덤 롤러	전압	부근에 작업원이 있는 경우
탠덤 롤러	전압	부근에 작업원이 있는 경우
3축 롤러	전압	부근에 작업원이 있는 경우
그레이더	정형(整形)	부근에 작업원이 있는 경우, 특히 후퇴시
불도저	굴착, 정지, 골재	부근에 작업원이 있는 경우
셔블도저	굴착, 적재	부근에 작업원이 있는 경우
파워셔블	굴착, 적재	부근에 작업원이 있는 경우

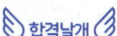

[표] 컨베이어의 분류

구 분	종 류
벨트 컨베이어 (belt conveyor)	고무벨트 컨베이어 강철벨트 컨베이어 철망벨트 컨베이어
체인 컨베이어 (chain conveyor)	슬레이트 컨베이어(slate conveyor) 에이프런 컨베이어(apron conveyor) 팬 컨베이어(pan conveyor) 피보티드 버킷 컨베이어(pivoted bucket conveyor) 트롤리 컨베이어(trolley conveyor) 토우 컨베이어(tow conveyor) 플랫 톱 컨베이어(flat top conveyor) 드래그 체인 컨베이어(drag chain conveyor) 스크레이퍼 컨베이어(scraper conveyor) 철망 체인 컨베이어
롤러 컨베이어 (roller conveyor)	보통 롤러 컨베이어 구동식 롤러 컨베이어 휠 컨베이어(wheel conveyor)
나사 컨베이어 (screw conveyor)	보통 롤러 컨베이어 커트 플라이트 나사 컨베이어 리본 나사 컨베이어 파들 나사 컨베이어
연속 흐름 컨베이어 (continuous flow conveyor)	연속 흐름 컨베이어
진동 컨베이어 (vibrating conveyor)	기계식 진동 컨베이어 전기식 진동 컨베이어
유체 컨베이어 (fluid conveyor)	공기 컨베이어(air conveyor) 수력 컨베이어(hydraulic conveyor)
엘리베이터 (elevator)	버킷 엘리베이터(bucket elevator) 암 엘리베이터 트레이 엘리베이터(tray elevator)
콤베 컨베이어	커브 컨베이어 에어 슬라이드

합격예측 및 관련법규

타워크레인 설치·조립 해체 작업시 작업계획서 내용
① 타워크레인의 종류 및 형식
② 설치·조립 및 해체순서
③ 작업도구·장비·가설설비(假設設備) 및 방호설비
④ 작업인원의 구성 및 작업근로자의 역할범위
⑤ 지지방법

 은행문제 16. 3. 6

말뚝박기 해머(hammer) 중 연약지반에 적합하고 상대적으로 소음이 적은 것은?
① 드롭 해머(drop hammer)
② 디젤 해머(diesel hammer)
③ 스팀 해머(steam hammer)
④ 바이브로 해머(vibro hammer)

정답 ④

(4) 다짐장비(compaction equipment)

1 개요

다짐을 실시하는 목적은 흙의 전단강도를 증가시키고 공극비를 감소시켜 흙의 압축성을 낮게 하여 투수계수를 감소시키는 데 있다. 다짐을 통하여 얻을 수 있는 효과는 다음과 같다.

- 흙의 단위 중량 증가
- 지반의 압축성, 투수성 감소
- 전단강도, 부착력 증가
- 침하나 파괴의 방지
- 지반의 지지력 증가
- 동상, 팽창, 건조, 수축의 감소

① 롤러는 2개 이상의 매끈한 드럼 롤러를 바퀴로 하는 다짐기계로 전압기계(轉壓機械)라고도 하며 주로 도로, 제방, 활주로 등의 노면에 전압을 가하기 위하여 사용된다.

② 다짐력을 가하는 방법에 따라 전압식, 진동식, 충격식 등이 있다.

2 전압식 다짐장비

① 머캐덤 롤러(macadam roller)
   ㉮ 3개의 롤러를 자동 3륜차처럼 배치한 롤러로서 6~16[ton] 정도로 분류되고 가장 많이 사용되는 것은 자중이 8~12[ton]이다.
   ㉯ 용도로는 하중 노면전압용이지만 최근에는 아스팔트 포장의 전압에도 사용된다.

② 탠덤 롤러(tandem roller) 23. 3. 1 ㉯
   ㉮ 차륜의 배열이 전후, 탠덤에 배열된 것으로 2륜인 것을 단순히 탠덤 롤러, 3축을 3축 탠덤 롤러라 한다.
   ㉯ 탠덤은 머캐덤 롤러보다 중량이나 전압이 작고 자중은 2~10[ton] 정도이다.
   ㉰ 용도는 머캐덤 작업 후 끝손질 작업을 하거나 노면의 평탄성을 높이기 위한 작업을 한다.

③ 탬핑 롤러(tamping roller)
   ㉮ 롤러의 표면에 돌기를 만들어 부착한 것으로 전압층에 의해 풍화암을 파쇄함에 사용되며 흙속의 간극수압을 적게 한다.
   ㉯ 큰 점질토의 다짐에 적당하고 다짐깊이가 대단히 크다.

④ 타이어 롤러(tire roller)
   ㉮ 공기가 들어 있는 타이어의 특성을 이용한 다짐작업을 하는 기계
   ㉯ 아스팔트 포장의 끝마무리 전압을 주로한 대부분의 작업과 성토의 전압 등에 사용

⑤ 진동 롤러(vibration roller)
편심축을 회전하여 다짐차륜을 진동시켜 토압간의 마찰저항을 감소시켜 진동과 자중을 다지기에 이용

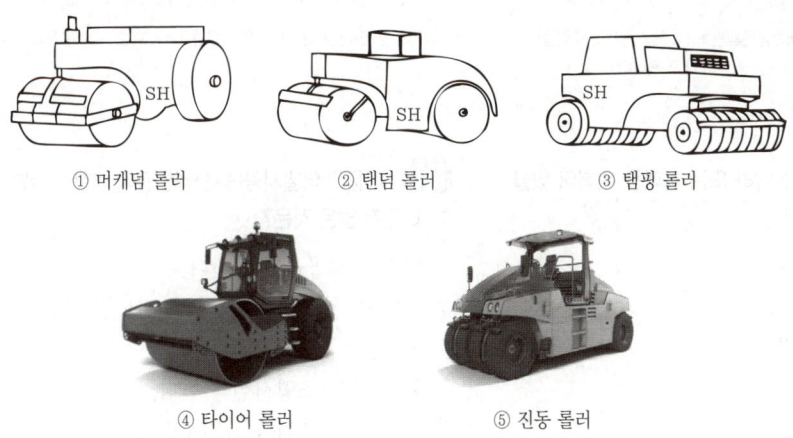

[그림] 전압식 다짐기계

3 충격식 다짐기계
사질토의 다짐에 효과적인 다짐 장비

4 진동식 Compactor
① 점토질이 함유되지 않은 사질토의 다짐에 적합
② 도로, 제방, 활주로 등의 보수 공사 등

주요항목 04 건설현장 안전시설 관리
출제예상문제

출제예상문제는 복습, 예습문제로 엮었습니다. *WHY : 실제시험에도 순서에 관계없이 출제됩니다. 예습 후 다음장에 공부한 문제가 있으면 기억이 배가 됩니다.

01 건설공사 중 물체가 낙하 또는 비래할 위험이 있을 때 조치할 사항으로 틀린 것은? 17. 8. 26 ㉠ 19. 9. 21 ㉠ 20. 6. 7 ㉠ 21. 5. 15 ㉠

① 방망의 설치
② 보호구의 착용
③ 출입금지 구역의 설정
④ 안전난간대 설치

해설
낙하·비래·추락
(1) 낙하, 비래에 의한 위험방지 안전기준
  ① 낙하물방지망
  ② 수직보호망
  ③ 방호선반의 설치
  ④ 출입금지 구역의 설정
  ⑤ 보호구 착용
(2) 안전난간대는 추락방지 안전기준이다.

02 노면의 안정을 위한 동상방지대책 중 틀린 것은? 23. 3. 1 ㉡

① 배수구 설치로 지하수위를 저하시키는 방법
② 동결 깊이 하부에 있는 흙을 동결되지 않는 재료로 치환하는 방법
③ 흙속에 단열재료를 매립하는 방법
④ 지하의 흙을 화학 약액으로 처리하는 방법

해설
흙의 동상방지대책
① 배수구를 설치하여 지하수위를 낮춘다.
② 지하수 상승을 방지하기 위해 차단층(콘크리트, 아스팔트, 모래 등)을 설치한다.
③ 흙속에 단열재료를 넣는다.
④ 동결심도 상부의 흙을 비동결 흙으로 치환한다.
⑤ 흙을 화학약품 처리하여 동결온도를 내린다.(지표의 흙만 화학처리)

03 다음은 터널시공에서 낙반 등에 의한 위험방지 사항이다. 옳지 않은 것은?

① 터널 지보공을 실시한다.
② 출입구 부근에는 흙막이 지보공이나 방호망을 친다.
③ 환기 또는 조명시설을 한다.
④ 관계자 외 출입을 금지시킨다.

해설
환기나 조명시설은 시공계획 작성시 해야 한다.

04 다음 중 토사붕괴로 인한 피해를 방지하기 위한 흙막이 지보공 설비가 아닌 것은? 22. 4. 24 ㉠

① 흙막이판   ② 말뚝
③ 턴버클   ④ 띠장

해설
흙막이벽 부재(설비)의 종류
① 버팀대(strut)   ② 띠장(wale)
③ 버팀대 기둥   ④ 모서리 버팀대

05 토석붕괴방지 공법 중 틀린 것은? 18. 8. 19 ㉡

① 말뚝(강관, H형강, 철근 콘크리트)을 박아 지반을 강화시킨다.
② 활동할 가능성이 있는 토석은 제거하여야 한다.
③ 지표수가 침투되지 않도록 배수시키고 지하수위 저하를 위해 수평보링을 하여 배수시킨다.
④ 비탈면, 법면의 상단을 다져서 활동이 안 되도록 저항을 만들어야 한다.

[정답] 01 ④ 02 ② 03 ③ 04 ③ 05 ④

> **해설**
>
> 토사붕괴 예방대책
> ① 적절한 경사면의 기울기를 계획하여야 한다.
> ② 경사면의 기울기가 당초 계획과 차이가 발생되면 즉시 재검토하여 계획을 변경시켜야 한다.
> ③ 활동할 가능성이 있는 토석은 제거하여야 한다.
> ④ 경사면의 하단부에 압성토 등 보강공법으로 활동에 대한 저항 대책을 강구하여야 한다.
> ⑤ 말뚝(강관, H형강, 철근 콘크리트)을 타입하여 지반을 강화시킨다.

06 ★★★★ 추락을 방지하기 위하여 사용하는 안전대의 사용방법은?

① U자 걸이 전용
② 1개 걸이 전용
③ 안전블록
④ 2개 걸이 전용

> **해설**
>
> 안전대의 U자 걸이와 1개 걸이 착용 요령
> ① U자 걸이 : 안전대의 로프를 구조물 등에 U자 모양으로 돌린 뒤 훅을 D링에, 신축조절기를 각링에 연결하여 신체의 안전을 꾀하는 방법을 말한다.
> ② 1개 걸이 : 로프의 한쪽 끝을 D링에 고정시키고 훅을 구조물에 걸거나 로프를 구조물 등에 한 번 돌린 후 다시 훅을 로프에 거는 등 추락에 의한 위험을 방지하기 위한 방법을 말한다.
>
> **보충학습**
>
> [표] 안전대의 종류 4가지 16. 10. 1 ㉮
>
> | 종류 | 사용구분 | |
> |---|---|---|
> | 벨트식
안전그네식 | 1개 걸이용 | 공용 |
> | | U자 걸이용 | |
> | 안전그네식 | 추락방지대 | |
> | | 안전블록 | |

07 ★★ 건설공사의 붕괴재해 중 일반적으로 가장 많이 발생하는 것은?

① 토사
② 암석
③ 콘크리트
④ 철골

> **해설**
>
> 붕괴재해의 대부분이 토사 재해이다.

08 ★★★ 물로 포화된 점토에 다지기를 하면 물이 나오지 않는 한 흙이 압축되며 압축하중으로 지반이 침하하는데 이로 인하여 간극수압이 높아져 물이 배출되면서 흙의 간극(공극)이 감소하는 현상을 무엇이라 하는가?

① 압축
② 압밀
③ 흙의 consistency
④ 함수비

> **해설**
>
> 압밀침하(consolidation)
> ① 압밀침하란 외력에 의하여 간극 내의 물이 빠져 흙의 입자 사이가 좁아져 침하되는 것을 말하며 진흙의 압밀침하는 장기간 계속된다.
> ② 진흙의 투수성이 나쁘기 때문이다.
> ③ 압밀시간은 투수성과 흙의 압축성에 의해 지배된다.

09 ★★ 높이 2[m] 이상인 높은 작업장소의 개구부에서 추락을 방지하기 위한 설비가 아닌 것은?

① 보호난간
② 안전대 또는 구명줄
③ 방호선반
④ 울타리

> **해설**
>
> 개구부의 방호조치
> ① 안전난간 설치
> ② 울 및 손잡이 설치
> ③ 덮개 설치
> ④ 방망 설치
> ⑤ 안전대 착용

10 ★★★ 지반의 붕괴나 토석의 낙하에 의하여 근로자에게 위험의 우려가 있을 때 위험방지를 위하여 취하여야 할 조치 중 적당치 않은 것은?

① 지반은 안전한 기울기로 한다.
② 안전모를 착용시켜서 작업을 한다.
③ 낙하 위험 토석의 제거 및 옹벽 흙막이 지보공을 설치한다.
④ 빗물이나 지하수를 배제한다.

> **해설**
>
> 산업안전보건기준에 관한 규칙 제50조(붕괴·낙하에 의한 위험방지)

[정답] 06 ② 07 ① 08 ② 09 ③ 10 ②

11 ★★ 점착성이 있는 묽은 액체 상태로부터 함수량의 감소에 따라서 고체 상태로 된다. 이와 같이 하여 얻어진 고체 상태의 흙을 침수시키면 다시 액체 상태로 되지 아니하고 한계점에서 갑자기 붕괴하게 된다. 이러한 현상을 무엇이라 하는가?

① 흙의 유동지수   ② 흙의 비화작용
③ 흙의 팽창작용   ④ 흙의 함수당량

해설
본문은 비화(沸化)작용(slaking)의 설명이다.
합격KEY ▶ 2014년 4월 20일 실기필답형 출제

12 ★★★★ 근로자의 추락 위험성이 많은 통로나 작업장에 근로자의 추락을 방지하기 위하여 조치하여야 할 사항 중 가장 중요한 것은? 18. 4. 28산 20. 9. 27기

① 감시인 배치   ② 울타리 설치
③ 안전모 착용   ④ 추락방호망 설치

해설
추락의 방지설비
① 비계   ② 추락방호망
③ 달비계   ④ 수평통로
⑤ 난간   ⑥ 울타리
⑦ 구명줄   ⑧ 안전대

참고 ▶ 산업안전보건기준에 관한 규칙 제42조(추락의 방지) : 사업주는 작업장이나 기계·설비의 바닥·작업 발판 및 통로 등의 끝이나 개구부로부터 근로자가 추락하거나 넘어질 위험이 있는 장소에는 안전난간, 울, 손잡이 또는 충분한 강도를 가진 덮개 등을 설치하는 등 필요한 조치를 하여야 한다.

13 ★★★ 지반의 전단강도가 감소하는 원인이 아닌 것은?

① 점토지반의 흡수
② 간극수압의 증대
③ 점토지반의 진동 및 충격
④ 동결토의 응력

해설
지반의 전단강도
① 지반을 다질 때 진동이나 충격을 준다.
② 점토지반의 흡수는 강도가 향상된다.

14 ★★★ 다음은 비탈면의 붕괴 원인 중 전단강도의 감소 원인이다. 옳지 않은 것은?

① 빗물이 흙에 흡수되면 팽창으로 소성이 감소된다.
② 건조로 인하여 사질토가 접착력을 상실한다.
③ 장기응력으로 탄성 변형한다.
④ 점성토의 수축이나 팽창으로 균열이 발생한다.

해설
응력
① 장기응력 : 소성 변형
② 단기응력 : 탄성 변형

15 ★★ 침투수가 없고 점착력이 없는 비점성토 사면에서 사면의 경사각이 30[°]일 때 이 사면이 안전하기 위해서는 흙의 내부마찰각은 최소 몇 도 이상인가?

① 15[°]   ② 20[°]
③ 30[°]   ④ 45[°]

해설
내부마찰각
$\theta = 45 - \dfrac{\phi}{2} = 45 - \dfrac{30}{2} = 30[°]$

16 ★★ 어느 사질토의 내부마찰각이 42[°]였고, 이 사질토의 기울기가 30[°]이었다면 이 사질토의 안정 여부와 안전율을 구하면?

① 불안정, 0.64   ② 불안정, 0.86
③ 안정, 1.17   ④ 안정, 1.56

해설
$F = \dfrac{\tan\phi}{\tan i} = \dfrac{42[°]}{30[°]} = 1.56 (i < \phi)$

[정답] 11 ② 12 ④ 13 ① 14 ③ 15 ③ 16 ④

17 사다리식 통로의 길이가 10[m] 이상일 때 얼마마다 계단참을 설치해야 하는가?

① 3[m] 이내　② 4[m] 이내
③ 5[m] 이내　④ 6[m] 이내

해설
산업안전보건기준에 관한 규칙 제24조 참조(사다리식 통로의 구조)

18 건설공사 현장에서 낙하물에 의한 공사 현장 주변에 위험이 발생할 우려가 있을 때 설치하는 방호 철망의 철망 호칭으로 적당한 것은?

① #8~#10　② #13~#16
③ #18~#22　④ #25~#30

해설
방호철망(낙하물 방지) 안전기준
① 철망호칭 #13 내지 #16의 것을 사용한다.
② 아연도금 철선으로 철선 지름 0.9[mm](#20) 이상의 것을 사용한다.
③ 15[cm] 이상 겹쳐 대고 60[cm] 이내 간격으로 긴결하여 틈이 생기지 않도록 한다.
④ 수평에 대하여 20~30[°] 정도
⑤ 높이는 지상 2층 바닥 부분, 그 위는 6층 이내마다 설치한다.

19 풍화암의 굴착면 기울기 기준으로 맞는 것은?

① 1 : 0.5　② 1 : 1.0
③ 1 : 0.3　④ 1 : 1.5

해설
굴착면 기울기
(1) 굴착면의 구배기준

지반의 종류	굴착면의 기울기
모래	1 : 1.8
연암 및 풍화암	1 : 1.0
경암	1 : 0.5
그 밖의 흙	1 : 1.2

(2) 1 : 1.0 예

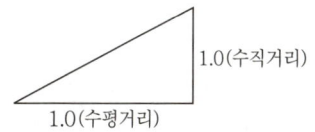

20 다음은 토사 붕괴시의 조치사항이다. 틀린 것은?

① 2차 재해의 방지
② 입체작업 금지
③ 대피 통로 및 공간의 확보
④ 붕괴 방지 공법의 활용

해설
토사붕괴 조치사항
① 대피 통로 및 공간 확보
② 동시작업 금지
③ 2차 재해 방지

21 토사붕괴의 예방대책으로 적당치 않은 것은?

① 적절한 법면 기울기를 계획
② 지표수가 침투되지 않도록 배수
③ 지하수위를 높인다.
④ 부석의 상황변화 확인

해설
토사붕괴의 원인
(1) 외적 요인
　① 사면·법면의 경사 및 기울기의 증가
　② 절토 및 성토 높이의 증가
　③ 지진, 차량, 구조물의 중량 증가
　④ 공사에 의한 진동 및 반복하중의 증가
　⑤ 지표수 및 지하수의 침투에 의한 토사 중량의 증가
(2) 내적 요인
　① 성토 사면의 토질
　② 토석의 강도 저하
　③ 절토 사면의 토질, 암질

22 추락 위험이 있는 곳에 손잡이를 설치할 경우 몇 [cm] 이상 설치하여야 하는가?

① 45[cm] 이상　② 50[cm] 이상
③ 60[cm] 이상　④ 90[cm] 이상

해설
추락 위험의 손잡이는 90~120[cm]이다.

[정답] 17 ③　18 ②　19 ②　20 ④　21 ③　22 ④

23 흙의 안식각은 어느 각을 말하는가? ★★★

① 자연경사각 ② 비탈면각
③ 시공경사각 ④ 계획경사각

> **해설**
> 안식각 : 경사면과 수평면이 이루는 자연경사각으로 보통 30~35[°]이다.

24 일반적으로 사면이 가장 위험한 때에는 어느 경우인가? ★★

① 사면의 수위가 급격히 하강할 때
② 사면의 수위가 서서히 하강할 때
③ 사면이 완전포화 상태에 있을 때
④ 사면이 완전건조 상태에 있을 때

> **해설**
> 사면의 수위가 급격하면 당연히 붕괴 위험이 크다.

25 토석붕괴의 외적 원인이 아닌 것은? ★★★★★

① 사면, 법면의 경사 및 기울기의 증가
② 절토 및 성토 높이의 증가
③ 토석의 강도 저하
④ 공사에 의한 진동 및 반복하중의 증가

> **해설**
> **토석붕괴**
> (1) 토석붕괴의 외적 원인
>   ① 사면, 법면의 경사 및 기울기의 증가
>   ② 절토 및 성토 높이의 증가
>   ③ 공사에 의한 진동 및 반복하중의 증가
>   ④ 지표수 및 지하수의 침투에 의한 토사 중량의 증가
> (2) 토석붕괴의 내적 원인
>   ① 절토 사면의 토질 및 암질
>   ② 성토 사면의 토질
>   ③ 토석의 강도 저하
> (3) 토석의 붕괴 형태
>   ① 미끄러져 내림(sliding)
>   ② 절토면의 붕괴
>   ③ 얕은 표층의 붕괴
>   ④ 깊은 절토 법면의 붕괴
>   ⑤ 성토 법면의 붕괴

26 다음 굴착면의 기울기 기준 중 잘못된 것은? ★★★★★

① 경암-1 : 0.5 ② 연암-1 : 1.0
③ 풍화암-1 : 1.0 ④ 모래-2 : 1.5

> **해설**
> **굴착면의 기울기 기준**
>
> | 지반의 종류 | 굴착면의 기울기 |
> | --- | --- |
> | 모래 | 1 : 1.8 |
> | 연암 및 풍화암 | 1 : 1.0 |
> | 경암 | 1 : 0.5 |
> | 그 밖의 흙 | 1 : 1.2 |

27 물체가 낙하 또는 비래할 위험이 있을 때 위험 방지 조치가 아닌 것은? ★★★

① 방망 설치 ② 출입구역 설정
③ 보호구 사용 ④ 작업지휘자 선정

> **해설**
> **낙하비래**
> (1) 낙하비래 방호조치
>   ① 방망의 설치
>   ② 출입구역 설정
>   ③ 보호구 사용
> (2) 실기에 자주 출제되니 기억 바란다.

28 붕괴 및 낙반장치에 관한 설명 중 틀린 것은? ★★

① 붕괴의 위험이 있는 지반하에서 작업시킬 때는 적당한 토사유출방지의 흙막이공을 할 것
② 굴진중 낙반의 위험이 있을 때는 지주재 등을 가까운 곳에 배치할 것
③ 붕괴의 원인이 되는 우수, 지하수 등의 배수시설을 할 것
④ 낙반의 위험이 있는 곳은 공사를 중지하고 설계를 변경할 것

[정답] 23 ① 24 ① 25 ③ 26 ④ 27 ④ 28 ②

> **해설**
>
> **낙반 붕괴에 의한 위험 방지**
> 사업주는 갱내에서의 낙반 또는 측벽의 붕괴에 의하여 근로자에게 위험을 미칠 우려가 있을 때에는 지보공을 설치하고 부석을 제거하는 등 해당 위험을 방지하기 위하여 필요한 조치를 한다.

29 ★ 흙의 사면 안전에 관한 내용 중 틀린 것은?

① 사면의 안전율은 작을수록 안전한 편에 속한다.
② 연약점토의 단순 사면에 경사각이 53[°]보다 크면 선단 파괴가 된다.
③ 연약점토의 단순 사면에 심도계수가 3보다 클 때 저부 파괴가 된다.
④ 연직 사면의 안전계수는 3.85이고 심도계수가 무한대일 경우 안전계수는 5.52이다.

> **해설**
> 안전율이 크면 안전하다.

30 ★★ 굴착작업시 지반의 붕괴에 의한 위험을 방지하기 위해 관리감독자가 작업 시작 전에 점검해야 할 사항이 아닌 것은?

① 작업장소 선정
② 부석, 균열 유무 점검
③ 작업 순서 결정
④ 함수, 용수 및 동결 상태

> **해설**
>
> **토석붕괴 위험 방지**
> 사업주는 굴착작업을 하는 경우 지반의 붕괴 또는 토석의 낙하에 의한 근로자의 위험을 방지하기 위하여 법 제14조 제1항에 따른 관리감독자로 하여금 작업 시작 전에 작업 장소 및 그 주변의 부석·균열의 유무, 함수(含水)·용수(湧水) 및 동결상태의 변화를 점검하도록 하여야 한다.

31 ★★ 토사붕괴의 예측에 사용하는 Coulomb의 법칙의 식으로 맞는 것은?(단, τ = 전단응력, σ = 수평응력, θ = 내부마찰각, C = 점착력)

① $\tau = \sigma\cos\theta - C$
② $\tau = \sigma\cos\theta + C$
③ $\tau = \sigma\tan\theta - C$
④ $\tau = \sigma\tan\theta + C$

> **해설**
> 재료 시공의 기본문제에 상세설명 확인

32 ★ 터널공사에서 불의의 낙반으로 인한 후방차단에 대한 사전준비에 관한 설명 중 옳지 않은 것은?

① 송기관, 송수관의 배관 재료는 선택 및 부설 방법에 대하여 강구할 것
② 작업반마다 반드시 1개 이상의 휴대용 전등을 준비할 것
③ 작업인원을 항상 파악할 것
④ 라이터나 성냥을 반드시 지참할 것

> **해설**
> ④는 폭발의 원인이다.

33 ★★ 건설중인 철탑이나 철골, 그 밖에 시설 조립, 임시 공사 등에 있어서는 안전발판이 없기 때문에 극히 불안전하며 이러한 작업에는 반드시 다음의 어느 것을 사용하여 추락을 방지하지 않으면 안되는가?

① 안전경   ② 안전복
③ 안전대   ④ 안전의

> **해설**
> 추락방지에는 안전대 착용이 의무사항이다.

34 ★★ 비탈면은 강우나 용수 또는 풍화 등으로 세굴 유출되고 붕괴되므로 적당한 방법으로 보호하여야 한다. 다음 중 비탈면 보호공의 종류가 아닌 것은?

① 떼붙임   ② 돌붙임
③ 터돋기   ④ 돌망태입

> **해설**
>
> **비탈면 보호공의 종류**
> ① 떼붙임
> ② 돌붙임
> ③ 돌망태입

[정답] 29 ① 30 ③ 31 ④ 32 ④ 33 ③ 34 ③

35 ★★★ 터널작업시 토석의 낙하에 의해 근로자에게 위험을 미칠 우려가 있을 때의 위험방지조치가 아닌 것은?

① 터널지보공 설치 ② 부석 제거
③ 울 설치 ④ 록 볼트 설치

해설
낙반 등에 의한 위험방지
① 터널지보공 설치
② 부석 제거
③ 록 볼트 설치

36 ★★ 다음 중 추락재해 방지설비가 아닌 것은?

① 비계 ② 발판
③ 안전대 ④ 버팀대

해설
산업안전보건기준에 관한 규칙 제42조~제45조 (추락에 의한 위험방지) 참조

37 ★★★★ 건설기계 재해방지설비에 대한 설명으로 틀린 것은?

① 차량계 건설기계로 작업할 때 노견 붕괴 방지, 지반 침하 방지, 노폭의 유지 등 필요한 조치를 해야 한다.
② 차량계 건설기계의 이송시 싣거나 내리는 작업은 평탄하고 견고한 장소에서 한다.
③ 차량계 건설기계는 주용도 이외의 다른 용도로 사용해서는 안 된다.
④ 항타기 및 항발기를 버팀줄만으로 안정시킬 때는 버팀줄을 2개 이상으로 해야 한다.

해설
버팀줄만으로 상단부분을 안정시키는 때에는 버팀줄을 3개 이상으로 한다.
참고 산업안전보건기준에 관한 규칙 제209조(도괴의 방지)

38 ★★ 지하 굴착 작업중 케이블 절단 사고가 발생하여 장시간 전파가 중단되었다. 이 사고의 원인이 될 수 없는 것은?

① 지하 매설물 사전조사 미흡
② 장비 운전원의 작업 미숙
③ 안전교육 미흡
④ 케이블 보호시설 미흡

해설
안전교육 미흡은 작업자 해당 사항이다.

39 ★★ 차량계 건설기계가 아닌 것은?
16. 10. 1 산 기 17. 3. 5 기 17. 5. 7 산

① 모터그레이더 ② 타워크레인
③ 어스드릴 ④ 항타기

해설
차량계 건설기계의 종류
① 도저형 건설기계(불도저, 스트레이트도저, 틸트도저, 앵글도저, 버킷도저 등)
② 모터그레이더
③ 로더(포크 등 부착물 종류에 따른 용도 변경 형식을 포함한다)
④ 스크레이퍼
⑤ 크레인형 굴착기계(클램셸, 드래그라인 등)
⑥ 굴삭기(브레이커, 크러셔, 드릴 등 부착물 종류에 따른 용도 변경 형식을 포함한다)
⑦ 항타기 및 항발기
⑧ 천공용 건설기계(어스드릴, 어스오거, 크롤러드릴, 점보드릴 등)
⑨ 지반 압밀침하용 건설기계(샌드드레인머신, 페이퍼드레인머신, 팩드레인머신 등)
⑩ 지반 다짐용 건설기계(타이어롤러, 매커덤롤러, 탠덤롤러 등)
⑪ 준설용 건설기계(버킷준설선, 그래브준설선, 펌프준설선 등)
⑫ 콘크리트 펌프카
⑬ 덤프트럭
⑭ 콘크리트 믹서 트럭
⑮ 도로포장용 건설기계(아스팔트 살포기, 콘크리트 살포기, 아스팔트 피니셔, 콘크리트 피니셔 등)
⑯ 골재 채취 및 살포용 건설기계(쇄석기·자갈 채취기·골재살포기 등)
⑰ 제1호부터 제16호까지와 유사한 구조 또는 기능을 갖는 건설기계로서 건설작업에 사용하는 것
참고 산업안전보건기준에 관한 규칙 [별표 6] 차량계 건설기계

[정답] 35 ③ 36 ④ 37 ④ 38 ③ 39 ②

40 다음은 도저의 종류를 열거한 것이다. 해당되지 않는 것은?

① 앵글도저　　② 로드도저
③ 틸트도저　　④ 스트레이트도저

해설

도저의 종류
① 앵글도저
② 틸트도저
③ 스트레이트도저

41 다음은 건설기계 재해방지설비에 대한 설명이다. 옳지 않은 것은?

① 헤드가드를 갖추어야 할 차량용 건설기계는 불도저, 페이로더, 트랙터 등이다.
② 차량계 건설기계로 작업시 전도 또는 전락 등에 의한 근로자의 위험을 방지하기 위해 노견의 붕괴방지, 지반 침하 방지 조치를 해야 한다.
③ 차량계 건설기계의 붐, 암 등을 올리고 그 밑에서 수리, 점검, 작업 등을 할 때 안전 지주 또는 안전 블록을 사용해야 한다.
④ 항타기 및 항발기를 사용할 때 버팀대만으로 상단부분을 안정시키는 때에는 2개 이상으로 하고 그 하단 부분을 고정시켜야 한다.

해설

건설기계 재해방지
항타기 및 항발기의 버팀대만으로 상단부분을 안정시키는 때에는 버팀대는 3개 이상으로 하고 그 하단 부분을 견고한 버팀 말뚝 또는 철골 등으로 고정시킨다.

42 건설용 시공 기계에 관한 기술 중 옳지 않은 것은?

① 타워크레인은 고층 건물의 건설용으로 쓰여지고 있는 것이 많다.
② 백호는 중기가 지면보다 높은 곳의 땅을 파는 데 적합하다.
③ 가이데릭은 철골 세우기 공사에 사용된다.
④ 바이브레이션 롤러는 콘크리트치기할 때 다지기에 사용된다.

해설

백호는 기계가 지면보다 낮은 곳의 흙을 파는 데 적당하다.

43 토공기계 중 굴착기계인 것은?

① clamshell　　② road roller
③ shovel loader　　④ belt conveyor

해설

clamshell의 용도
① 깊은 홈파기용
② 좁은 홈 및 연약지반 적합
③ hopper용

44 많은 토량을 빠른 속도로 운반거리 300~1,500[m]의 범위에서 굴착, 운반, 평탄지 공사를 하는 데 가장 적합한 건설용 기계는?

① 드래그셔블(drag shovel)
② 로더(loader)
③ 불도저(bulldozer)
④ 모터스크레이퍼(motor scraper)

해설

④ : 흙을 깎으면서 운반하며 캐리어 스크레이퍼도 동일하다.

45 다음 중 셔블계 굴착기계의 작업에 따른 분류에 속하지 않는 것은?

① 드래그라인　　② 파워셔블
③ 모터그레이더　　④ 클램셸

해설

모터그레이더는 절삭기계로서 땅 고르기에 적합하며 비탈 고르기에도 가능하다.

[정답] 40 ② 41 ④ 42 ② 43 ① 44 ④ 45 ③

46 ★ 차량계 건설기계가 아닌 것은?

① 모터그레이더　② 셔블로더
③ 버킷 굴삭기　　④ 롤러

해설

차량계 하역 운반기계의 종류
① 지게차
② 구내 운반차
③ 화물자동차
④ 셔블로더

참고 산업안전보건기준에 관한 규칙 [별표 6] 차량계 건설기계

● 문제 39번 해설을 다시 보세요.

47 ★★ 건설용 시공기계에 관한 기술 중 옳지 않은 것은?

① 타워크레인(tower crane)은 고층건물의 건설용으로 쓰여지고 있는 것이 많다.
② 백호(backhoe)는 중기가 위치한 지면보다 높은 곳의 땅을 파는데 적합하다.
③ 가이데릭(guy derrick)은 철골 세우기 공사에 사용한다.
④ 바이브레이션 롤러(vibration roller)는 콘크리트치기할 때 다지기에 사용된다.

해설

백호(일명 드래그셔블 또는 트럭셔블)
① 도랑, 기초 등 낮은 지반의 단단한 토질의 굴착
② 포크레인이라고도 하며 초기 굴착과 수직 파내려가기에 적당
③ 지반 밑 5~6[m]까지의 굴착에 적당

48 ★★ 크롤러 크레인을 사용할 때의 준수사항 중 틀린 것은?

① 아우트리거가 있어 경사지 작업에 적합하다.
② 운반에서 수송차가 필요하다.
③ 붐의 조립, 해체 장소를 고려해야 한다.
④ 크롤러의 폭을 넓게 할 수 있는 형을 사용할 경우에는 최대의 폭을 고려하여 계획한다.

해설

크롤러 크레인은 경사지작업에 불안정하다.

49 ★★ 다음은 인력을 주로 하는 토사 굴착요령이다. 안전사항으로 옳지 않은 것은?

① 작업면적을 될 수 있는 한 넓게 한다.
② 흙깎기는 될 수 있으면 중력을 이용하는 방법으로 한다.
③ 편측 절취를 할 때는 비탈면 끝손질과 배수 측구의 완성을 토공시 시행해야 한다.
④ 싣기 높이는 2[m] 이상이면 인력으로 힘이 들기 때문에 싣기 높이는 될 수 있으면 낮게 해야 한다.

해설

싣기 높이 규정은 없다.

50 ★★ 다음 중 차량계 건설기계에 속하지 않는 것은?

① 불도저　　② 스크레이퍼
③ 항타기　　④ 타워크레인

해설

문제 39번 해설을 참고할 것

51 ★★ 다음은 건설기계 재해 방지 설비에 대한 설명이다. 옳지 않은 것은?

① 헤드가드를 갖추어야 할 차량용 건설기계는 불도저, 페이 로더, 트랙터 등이다.
② 차량계 건설기계로 작업시 전도 또는 전락 등에 의한 근로자의 위험을 방지하기 위한 노견의 붕괴 방지, 지반 침하 방지 조치를 해야한다.
③ 차량계 건설기계의 붐, 암 등을 올리고 그 밑에서 수리, 점검작업 등을 할 때 안전지주 또는 안전블록을 사용해야 한다.
④ 항타기 및 항발기를 사용할 때 버팀만으로 상당부분을 안정시키는 때에는 2개 이상으로 하고 그 하단 부분을 고정시켜야 한다.

해설

버팀대는 3개 이상 등간격으로 한다.

[정답] 46 ②　47 ②　48 ①　49 ④　50 ④　51 ④

52 ★★ tunnel 굴착 작업시 안전대책이 아닌 것은?

① 터널 내부 출입시 안전모 착용
② 터널 입구에 응급 치료소 설치
③ 환기 및 배기 시설은 주 1회 이상 점검
④ 터널 입구에 출입자 명단 비치

해설

터널 굴착
(1) 환기 및 배수 시설은 수시로 이상 유무를 점검한다.
(2) 안전모의 착용
굴착 작업을 하는 때에는 물체의 비산 또는 낙하에 의한 근로자의 위험을 방지하기 위하여 해당 작업에 종사하는 근로자로 하여금 안전모를 착용하도록 한다.

참고 산업안전보건기준에 관한 규칙 제32조(보호구의 지급 등)

53 ★★ 차량계 건설기계가 아닌 것은?

① 모터그레이더   ② 셔블로더
③ 버킷 굴삭기   ④ 롤러

해설

문제 39번 해설을 참고할 것

54 ★★★ 채석작업계획에 포함되어야 할 사항 중 안전과 가장 관계가 적은 사항은?

① 채석방법
② 굴착 장소의 면적
③ 굴착면의 소단 위치와 깊이
④ 발파방법

해설

채석작업계획
① 노천굴착과 갱내굴착의 구별 및 채석방법
② 굴착면의 높이와 기울기
③ 굴착면의 소단의 위치와 넓이
④ 갱내에서의 낙반 및 붕괴방지의 방법
⑤ 발파방법
⑥ 암석의 분할방법
⑦ 암석의 가공장소
⑧ 사용하는 굴착기계, 분할기계, 적재기계 또는 운반기계
⑨ 토석 또는 암석의 적재 및 운반방법과 운반경로
⑩ 표토 또는 용수의 처리방법

55 ★★★ 유해, 위험방지를 위하여 방호조치가 필요한 기계기구에 해당하지 않는 것은?

① 예초기
② 페이퍼 드레인 머신
③ 원심기
④ 금속절단기

해설

유해·위험 방지를 위하여 방호조치가 필요한 기계기구
① 예초기
② 원심기
③ 공기압축기
④ 금속절단기
⑤ 지게차
⑥ 포장기계(진공포장기, 랩핑기로 한정한다)

참고 산업안전보건법 시행령 [별표 7]

56 ★★★ 굴착작업에서 보링 등 적절한 방법으로 지반의 안정성을 조사해야 한다. 이에 대한 사항으로 옳지 않은 것은?

① 형상, 지질 및 지층의 상태
② 균열, 함수, 용수 상태
③ 지반 배수 상태
④ 매설물의 유무 상태

해설

굴착작업 장소의 사전조사내용
① 형상·지질 및 지층의 상태
② 균열·함수·용수 및 동결의 유무 또는 상태
③ 매설물 등의 유무 또는 상태
④ 지반의 지하수위 상태

참고 산업안전보건기준에 관한 규칙 [별표 4](사전조사 및 작업계획서 내용)

[정답] 52 ③ 53 ② 54 ② 55 ② 56 ③

57 채석을 위한 굴착작업시 관리감독자의 직무사항이 아닌 것은?

① 대피 방법 주지
② 발파 후 발파 장소 및 균열 유무 점검
③ 작업 시작 후 부석 및 균열 유무 확인
④ 폭우가 내린 후 부석 및 균열 유무 확인

해설

채석 작업의 관리감독자 직무
① 대피 방법을 미리 교육하는 일
② 작업을 시작하기 전 또는 폭우가 내린 후에는 암석·토사의 낙하·균열의 유무 또는 함수·용수 및 동결의 상태를 점검하는 일
③ 발파한 후에는 발파 장소 및 그 주변의 암석·토사의 낙하·균열의 유무를 점검하는 일

참고 산업안전보건기준에 관한 규칙 [별표 2]
(관리 감독자의 유해·위험 방지 업무)

58 굴착작업시 위험방지를 위한 조사사항이 아닌 것은?

① 형상, 지질 및 지층의 상태
② 균열, 함수, 용수 및 동결 유무 상태
③ 낙반
④ 매설물 등의 유무 또는 상태

해설

굴착작업시 조사사항
① 형상·지질 및 지층의 상태
② 균열·함수(含水)·용수 및 동결의 유무 또는 상태
③ 매설물 등의 유무 또는 상태
④ 지반의 지하수위 상태

참고 산업안전보건기준에 관한 규칙 [별표 4]
(사전조사 및 작업계획서 내용)

59 앞뒤 두 개의 차륜이 있으며(2축 2륜) 각각의 차축이 평행으로 배치된 것으로 찰흙, 점성토 등의 두꺼운 흙을 다짐하는 데는 적당하나 단단한 각재를 다지는 데는 부적당한 로드 롤러는?

① 머캐덤 롤러(Macadam Roller)
② 탠덤 롤러(Tandem Roller)
③ 탬핑 롤러(Tamping Roller)
④ 진동 롤러(Vibrating Roller)

해설

전압식 다짐기계

종류	용도 및 특징
머캐덤 롤러 (Macadam Roller)	① 3륜으로 구성 ② 쇄석기층 및 자갈층 다짐에 효과적이다.
탠덤 롤러 (Tandem Roller)	① 도로용 롤러이며, 2륜으로 구성되어 있다. ② 아스팔트 포장의 끝손질 점성토 다짐에 사용된다.
타이어 롤러 (Tire Roller)	① Ballast 아래에 다수의 고무타이어를 달아서 다짐한다. ② 사질토, 소성이 낮은 흙에 적합하며 주행속도 개선
탬핑 롤러 (Tamping Roller)	① 롤러 표면에 돌기를 만들어 부착, 땅 깊숙이 다짐 가능 ② 토립자를 이동 혼합하여 함수비 조절 용이(간극수 압제거) ③ 고함수비의 점성토지반에 효과적, 유효다짐 깊이가 깊다. ④ 흙덩어리(풍화암 등)의 파쇄효과 및 맞물림효과가 크다.

💬 **합격자의 조언**
• 법적인 문제입니다. 결론은 본문 내용보다 문제에 충실하세요.
• 부족하다고 생각하시면 과년도(기출) 10년치 문제를 반복해서 보세요.(틀림없이 안전한 합격이 됩니다.)

[정답] 57 ③ 58 ③ 59 ②

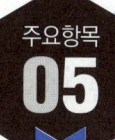

주요항목
05

비계·거푸집 가시설 위험방지

중점 학습내용

가설 구조물은 영구적 또는 반영구적인 구조물에 비해 불안전한 구조를 갖고 있어 산업재해 발생 가능성이 높으므로 제작, 설치시 철저한 안전관리가 요구된다. 가설 구조물 공사는 연결재가 불안전한 구조가 되기 쉽고 부재의 결합이 간결하며, 불안전한 결합이 많은 것이 특징이다. 부재는 과소단면이거나 결함이 있는 재료가 사용되기 쉽고 통상의 구조물이라는 개념이 미흡하여 조립의 정밀도가 낮다. 특히 시험에 출제가 예상되는 세부항목은 다음과 같다.

건설 가시설물 설치 및 관리

❶ 비계
❷ 작업통로 및 발판
❸ 거푸집 및 동바리
❹ 흙막이

세부항목

1. 건설 가시설물 설치 및 관리

1. 비계(飛階 : scaffold)

비계는 고소에 임시로 설치된 작업상면 및 그것을 지지하는 구조물의 총칭이다. 따라서 단순한 발판, 빌딩의 철골 위에 건너지르는 비계발판, 상설된 기계설비의 점검대 등은 비계의 범주에서 벗어나 있다.

(1) 가설공사(假設工事 : temporary work) 개요

건축공사에서 본공사를 위하여 필요한 일시적인 설비를 하는 공사로, 공사장 사무실·근로자 숙소·공사용 가건물공사, 재료운반을 위한 임시도로, 임시설로서의 동력공사·급수공사 등이 있다.

1 가설 구조물의 특징 22. 3. 5 [기] 22. 4. 24 [기] 23. 7. 8 [산] 24. 4. 27 [실필]

① 연결재가 부족하여 불안정해지기 쉽다.
② 부재 결합이 간략하고 불완전 결합이 많다.
③ 구조물이라는 통상의 개념이 확고하지 않아 조립의 정밀도가 낮다.
④ 부재는 과소 단면이거나 결함이 있는 재료가 사용되기 쉽다.

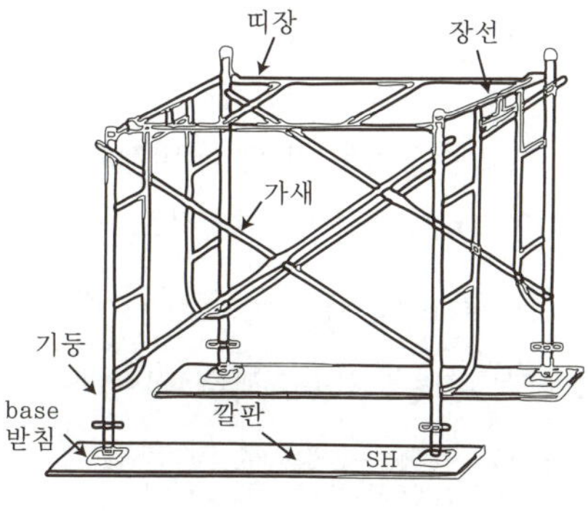

[그림] 강관틀비계 20. 8. 22 [기]

합격날개 CBT

합격예측 및 관련법규

[안전보건규칙]

제331조(조립도)

① 사업주는 거푸집 및 동바리를 조립하는 경우에는 그 구조를 검토한 후 조립도를 작성하고 그 조립도에 따라 조립하도록 해야 한다.
② 제1항의 조립도에는 거푸집 및 동바리를 구성하는 부재(部材)의 재질·단면규격·설치간격 및 이음방법 등을 명시해야 한다.

제332조의2(동바리 유형에 따른 동바리 조립 시의 안전조치)
16. 10. 1 [기] 17. 5. 7 [기] 17. 8. 26 [산]

1. 동바리로 사용하는 파이프 서포트의 경우
가. 파이프서포트를 3개 이상 이어서 사용하지 않도록 할 것 19. 8. 4 [기]
나. 파이프서포트를 이어서 사용할 경우에는 4개 이상의 볼트 또는 전용철물을 사용하여 이을 것
다. 높이가 3.5[m]를 초과할 경우에는 높이 2[m] 이내마다 수평연결재를 2개 방향으로 만들고 수평연결재의 변위를 방지할 것
18. 3. 4 [산] [기] 18. 8. 19 [기] 18. 9. 15 [산] 20. 8. 22 [기] 20. 8. 23 [산] 22. 4. 24 [기] 24. 2. 15 [기] 24. 5. 9 [기]

5과목

합격예측 및 관련법규

[안전보건규칙]
제332조의2(동바리 유형에 따른 동바리 조립 시의 안전조치)

2. 동바리로 사용하는 강관틀의 경우
   가. 강관틀과 강관틀과의 사이에 교차(交叉)가새를 설치할 것
   나. 최상층 및 5층 이내마다 거푸집동바리의 측면과 틀면의 방향 및 교차가새의 방향에서 5개틀 이내마다 수평연결재를 설치하고 수평연결재의 변위를 방지할 것
   다. 최상층 및 5층 이내마다 거푸집동바리의 틀면의 방향에서 양단 및 5개틀 이내마다 교차가새의 방향으로 띠장틀을 설치할 것
3. 동바리로 사용하는 조립강주의 경우 : 높이가 4[m]를 초과할 경우에는 높이 4[m] 이내마다 수평연결재를 2개 방향으로 설치하고 수평연결재의 변위를 방지할 것
4. 시스템 동바리(규격화·부품화된 수직재, 수평재 및 가새재 등의 부재를 현장에서 조립하여 거푸집을 지지하는 지주 형식의 동바리를 말한다)의 경우
   가. 수평재는 수직재와 직각으로 설치해야 하며, 흔들리지 않도록 견고하게 설치할 것
   나. 연결철물을 사용하여 수직재를 견고하게 연결하고, 연결부위가 탈락 또는 꺾어지지 않도록 할 것
   다. 수직 및 수평하중에 대해 동바리의 구조적 안정성이 확보되도록 조립도에 따라 수직재 및 수평재에는 가새재를 견고하게 설치할 것
   라. 동바리 최상단과 최하단의 수직재와 받침철물은 서로 밀착되도록 설치하고 수직재와 받침철물의 연결부의 겹침길이는 받침철물 전체길이의 3분의 1 이상 되도록 할 것
5. 보 형식의 동바리[강제 갑판(steel deck), 철재트러스 조립 보 등 수평으로 설치하여 거푸집을 지지하는 동바리를 말한다]의 경우
   가. 접합부는 충분한 걸침 길이를 확보하고 못, 용접 등으로 양끝을 지지물에 고정시켜 미끄러짐 및 탈락을 방지할 것
   나. 양끝에 설치된 보 거푸집을 지지하는 동바리 사이에는 수평연결재를 설치하거나 동바리를 추가로 설치하는 등 보 거푸집이 옆으로 넘어지지 않도록 견고하게 할 것
   다. 설계도면, 시방서 등 설계도서를 준수하여 설치할 것

2 가설공사 작업성의 조건

① 작업과 통행이 자유로운 넓이, 자재를 임시로 둘 수 있는 작업상면 넓이를 확보한다.(중작업시 80[m²], 경작업시 40[m²] 이상 확보한다.)
② 추락을 방지하기 위하여 개구부의 방호, 비계 외측에 난간 등을 설치한다.
③ 통행, 작업에 방해되지 않는 공간을 확보해야 한다.
④ 400[kg/m²] 이상의 수직 방향 지지력을 가져야 한다.

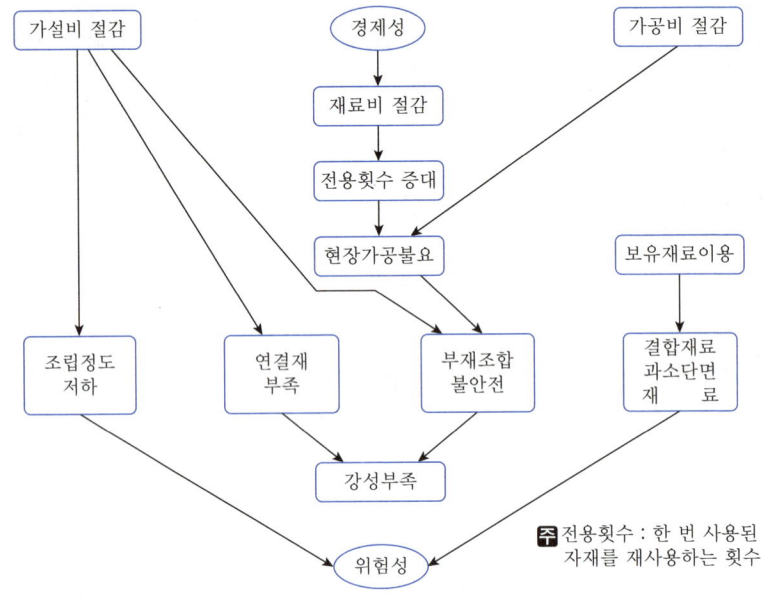

[그림] 가설 구조물의 구조

(2) 비계의 개요

1 비계(가설 구조물)의 요건

① 안전성 19. 4. 27
   ㉮ 파괴·도괴에 대한 안전성 : 충분한 강도
   ㉯ 동요에 대한 안전성 : 작업·통행시에 동요하지 않는 강도
   ㉰ 추락에 대한 안전성 : 난간 등이 방호되어 있는 구조
   ㉱ 낙하물에 대한 안전성 : 틈이 없는 바닥판 구조 및 상부 방호
   ㉲ 중작업을 할 때 본비계와 건축 자재를 가설치할 경우에는 250~300[kg/m²] 하중에 대한 강도가 필요하다.
   ㉳ 경작업을 할 때 이동식 비계와 같이 건축 자재의 일시적인 적재가 필요없는 경우에는 120~150[kg/m²] 하중에 대한 강도가 필요하다.

② 경제성
  ㉮ 가설·철거비 : 가설·철거의 신속 용이함
  ㉯ 가공비 : 현장 가공의 불필요화
  ㉰ 상각비 : 사용 연수가 긴 재료의 사용, 다양한 현장에서의 적응성 확보
③ 작업성
  ㉮ 넓은 작업상면 : 통행·작업이 자유로운 넓이, 자재를 임시로 둘 수 있는 넓이(중작업일 때는 80[m²] 이상, 경작업일 때는 40[m²] 이상)
  ㉯ 넓은 작업공간 : 통행, 작업을 방해하는 부재가 없는 구조
  ㉰ 적정한 작업자세 : 무리가 없는 자세로 작업을 행하는 위치로의 설치 작업성이 좋도록 하려면 작업상의 넓이가 넓을수록 좋지만, 반면에 추락의 위험성이 있다. 추락을 방지하기 위해서는 개구부의 방호, 비계의 외측에 난간을 설치해야 한다.

2 비계재해의 유형
① 비계발판 또는 그 지지재의 파괴
② 비계발판의 탈락 또는 그 지지재의 변위, 변형 — 파괴재해(재료 불량, 부재 결합 불비, 부재 단면 부족, 실수)
③ 풍압에 의한 도괴
④ 지주의 좌굴에 의한 도괴(무너짐)

(3) 비계 조립 안전기준

1 기초 조립
① 비계의 조립 장소를 정지한다.
② 지면에는 깔판 등을 사용한다.
③ 기둥틀 각주 하단에는 잭형 베이스 철물을 사용하고, 1단의 기둥틀 높이를 갖추어야 한다.
④ 기둥틀이 각각 가새면과 직각이 되도록 잭형 베이스 철물을 배치하고 깔판 등에 고정하여야 한다.
⑤ 콘크리트 위에 직접 잭형 베이스를 설치할 경우는 직각 2배 방향으로 보강재를 설치하여야 한다.
⑥ 한 방향으로 깔판 등을 사용할 경우에는 깔판에 직각 방향으로 보강재를 설치하여야 한다.

2 기둥틀 조립
① 기둥틀은 1단씩 조립해 갈 때마다 양측에 교차가새를 부착한다.
② 기둥조인트의 조임은 기둥틀을 장치하는 데에 따라서 반드시 하여야 한다.
③ 회전식에 의해서 조이는 구조는 그때그때 실시하지 않으면 불가능하므로 반드시 실시해야 한다.

Q 은행문제

1. 가설 구조물 부재의 강성이 부족하여 가늘고 긴 부재가 압축력에 의하여 파괴되는 현상은?
   16. 10. 1 ④
   ① 좌굴   ② 피로파괴
   ③ 지압파괴   ④ 폭열현상

   정답 ①

2. 건설공사도급인은 건설공사 중에 가설 구조물의 붕괴 등 산업재해가 발생할 위험이 있다고 판단되면 건축·토목 분야의 전문가의 의견을 들어 건설공사 발주자에게 해당 건설공사의 설계변경을 요청할 수 있는데, 이러한 가설 구조물의 기준으로 옳지 않은 것은? 21. 5. 15 ㉮
   ① 높이 20[m] 이상인 비계
   ② 작업발판 일체형 거푸집 또는 높이 6[m] 이상인 거푸집 동바리
   ③ 터널의 지보공 또는 높이 2[m] 이상인 흙막이지보공
   ④ 동력을 이용하여 움직이는 가설 구조물

   정답 ①

   해설 가설 구조물의 기준
   ① 높이가 31미터 이상인 비계
   ② 브래킷(bracket) 비계
   ③ 작업발판 일체형 거푸집 또는 높이가 5미터 이상인 거푸집 및 동바리
   ④ 터널의 지보공(지보공) 또는 높이가 2미터 이상인 흙막이지보공
   ⑤ 동력을 이용하여 움직이는 가설 구조물
   ⑥ 높이 10미터 이상에서 외부작업을 하기 위하여 작업발판 및 안전시설물을 일체화하여 설치하는 가설 구조물
   ⑦ 공사현장에서 제작하여 조립·설치하는 복합형 가설 구조물
   ⑧ 그 밖에 발주자 또는 인·허가 기관의 장이 필요하다고 인정하는 가설 구조물

합격예측

(1) 비계의 종류
① 강관비계 ② 강관틀비계
③ 달비계 ④ 달대비계
⑤ 말비계 ⑥ 이동식 비계
⑦ 시스템 비계

(2) 가설공사시 안전율 : 재료의 파괴응력도와 허용응력도의 비율 16. 5. 8 ②

(3) 안전계수 = $\dfrac{절단하중}{최대하중}$

♡ 참고

비계의 무너짐(파괴)의 원인 16. 10. 1 ②

① 비계, 발판 또는 지지대의 파괴
② 비계, 발판의 탈락 또는 그 지지대의 변위, 변형
③ 풍압
④ 지주의 좌굴(Buckling) : 압축력에 의해 파괴되는 현상

Q 은행문제

가설 구조물에서 많이 발생하는 중대 재해의 유형으로 가장 거리가 먼 것은? 16. 3. 6 ②
① 무너짐재해
② 낙하물에 의한 재해
③ 굴착기계와의 접촉에 의한 재해
④ 추락재해

정답 ③

3 교차가새 조립
① 틀조립의 각 기둥틀 간격에는 원칙적으로 양면에 반드시 교차가새를 장치해야 한다.
② 부득이한 경우에는 생략해도 되지만 벽연결이 되는 지간층은 떼어내서는 안 된다.

4 띠장틀, 작업상 부착 띠장틀 조립
① 띠장틀은 최소한 매 2단마다, 간이틀에 대해서는 각 단마다 설치한다. 이 경우에 띠장틀은 기둥틀 폭과 같은 폭으로 설치하든가, 작업상 부착 띠장틀은 2매를 나란히 붙이고 간격이 없도록 한다.
② 띠장틀을 연결시키는 철물은 완전하게 조이고, 아래면으로 떨어지지 않도록 하여야 한다.

5 승강설비 설치방법
① 계단
  ㉮ 계단을 설치할 때는 2~3개 지간에 걸쳐서 계단틀을 가설해야 한다.
  ㉯ 계단에 따라서 높이 90~120[cm]의 높이에 난간을 설치하여야 한다.
② 비계다리
  ㉮ 기울기는 30[°] 이내로 해야 한다.
  ㉯ 경사가 15[°] 이상인 경우는 발판에 미끄럼 방지를 하여야 한다.
  ㉰ 기울기에 따라서 높이 90~120[cm]의 난간을 설치하여야 한다.
  ㉱ 비계높이 8[m] 이상에 설치된 다리는 7[m] 이내마다 계단참을 설치하여야 한다.

6 벽연결 역할 기능 14. 9. 20 ② 15. 3. 8 ② 24. 2. 15 ②
① 비계 전체 좌굴을 방지한다.(최우선 기능)
② 위험방지판, 네트 프레임(net frame) 등에 의한 편심하중을 지탱하여 도괴를 방지한다.
③ 풍하중에 의한 도괴를 방지한다.

7 벽연결 설치시 주의사항
① 벽연결에는 인장력과 압축력이 작용하므로 여기서 견딜 수 있는 구조의 것을 사용해야 한다.
② 벽연결은 가능하면 직각으로 설치하여야 한다.
③ 벽연결용 앵커볼트(anchor bolt)를 매립할 때는 전용의 것을 사용하여야 한다.
④ 벽연결을 틀조립 비계에 설치할 때는 기둥에 해야 하지만 가능하면 조인트 부분 가까운 곳에 설치하는 것이 바람직하다.
⑤ 벽연결에 단관과 연결철물을 조합시켜 사용할 때는 연결부가 미끄럽지 않도록 하여야 한다.

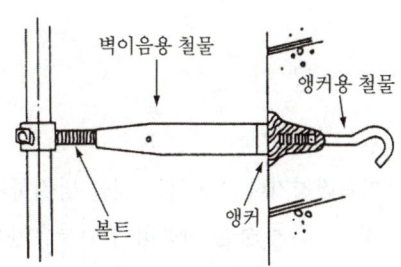

[그림] 벽이음 연결철물(앵커볼트)

(4) 비계 재료

1 작업발판

① 발판 재료는 작업시의 하중치를 견딜 수 있도록 견고한 것으로 할 것
② 작업발판(달비계를 제외)의 폭은 40[cm] 이상, 발판 재료간의 틈은 3[cm] 이하로 할 것
③ 추락의 위험이 있는 장소에는 안전난간을 설치할 것
④ 작업발판의 지지물은 하중에 의하여 파괴될 우려가 없는 것을 사용할 것
⑤ 작업발판 재료는 뒤집히거나 떨어지지 아니하도록 2 이상의 지지물에 연결하거나 고정시킬 것
⑥ 작업발판을 작업에 따라 이동시킬 때에는 위험방지에 필요한 조치를 할 것

2 철선

① 일반적으로 사용하는 철선은 직경 3.2[mm]의 #10선과 직경 3.8[mm]의 #8선이며, 안전강도는 #10선이 410[kg/cm^2], #8선이 485[kg/cm^2]이다.
② 부러지기 쉬운 철선이나 산화, 부식된 것을 사용해서는 안 된다.

3 강관 조립 철물

① **연결철물** : 강관을 교차시켜 조립, 결합하는 철물은 연결 성능이 좋아야 하며, 안전내력은 300[kg] 이상이어야 한다.
② **이음철물** : 강관을 잇는 이음철물로 마찰형과 전단형이 있으나 마찰형은 인장강도를 그다지 필요로 하지 않는 곳에 사용하여야 한다.
③ **밑받침(베이스)철물** : 비계의 하중을 지반에 전달하고 비계의 각부를 조정하는 철물로서 고정형과 조절형이 있다.

합격예측 및 관련법규

[안전보건규칙]

제334조(콘크리트의 타설작업)
사업주는 콘크리트의 타설작업을 하는 경우에는 다음 각 호의 사항을 준수하여야 한다.
1. 당일의 작업을 시작하기 전에 해당 작업에 관한 거푸집 및 동바리를 변형·변위 및 지반의 침하 유무 등을 점검하고 이상이 있으면 보수할 것
2. 작업중에는 거푸집동바리 등의 변형·변위 및 침하유무 등을 감시할 수 있는 감시자를 배치하여 이상이 있으면 작업을 중지시키고 근로자를 대피시킬 것
3. 콘크리트의 타설작업시 거푸집붕괴의 위험이 발생할 우려가 있는 경우에는 충분한 보강조치를 할 것
4. 설계도서상의 콘크리트 양생기간을 준수하여 거푸집 및 동바리를 해체할 것
5. 콘크리트를 타설하는 경우에는 편심이 발생하지 않도록 골고루 분산하여 타설할 것

16. 5. 8 ㉠ 16. 10. 1 ㉮
17. 3. 5 ㉮ 21. 5. 15 ㉠
21. 8. 14 ㉠ 22. 3. 5 ㉠
23. 3. 1 ㉮ 24. 2. 15 ㉠

제55조(작업발판의 최대적재하중)
사업주는 비계의 구조 및 재료에 따라 작업발판의 최대적재하중을 정하고 이를 초과하여 실어서는 아니 된다.

16. 10. 1 ㉮ 18. 3. 4 ㉠㉮
18. 8. 19 ㉮ 19. 3. 3 ㉠
20. 6. 7 ㉠ 21. 8. 14 ㉠
23. 3. 1 ㉮ 23. 2. 28 ㉠
23. 7. 8 ㉮

합격예측

휨응력의 산정

$$\sigma = \pm \frac{M}{I} \cdot y$$

여기서,
M : 휨모멘트[kg·cm]
I : 단면2차 모멘트[cm^4]
y : 중립축으로부터 거리[cm]
σ : 휨응력[kg/cm^2]

최대휨응력(σmax) : 단순보

$$\sigma_{max} = \frac{M_{max}}{Z}$$

$$Z = \frac{bh^2}{6}$$

여기서,
b : 폭, Z : 단면계수, h : 높이

등분포하중 $M_{max} = \frac{wl^2}{8}$

집중하중 $M_{max} = \frac{pl}{4}$

합격예측 및 관련법규

[안전보건규칙]
제332조(동바리 조립 시의 안전조치) 24. 7. 5 ⓐ

사업주는 동바리를 조립하는 경우에는 하중의 지지상태를 유지할 수 있도록 다음 각 호의 사항을 준수해야 한다.
1. 받침목이나 깔판의 사용, 콘크리트 타설, 말뚝박기 등 동바리의 침하를 방지하기 위한 조치를 할 것
2. 동바리의 상하 고정 및 미끄러짐 방지 조치를 할 것
3. 상부·하부의 동바리가 동일 수직선상에 위치하도록 하여 깔판·받침목에 고정시킬 것
4. 개구부 상부에 동바리를 설치하는 경우에는 상부하중을 견딜 수 있는 견고한 받침대를 설치할 것
5. U헤드 등의 단판이 없는 동바리의 상단에 멍에 등을 올릴 경우에는 해당 상단에 U헤드 등의 단판을 설치하고, 멍에 등이 전도되거나 이탈되지 않도록 고정시킬 것
6. 동바리의 이음은 같은 품질의 재료를 사용할 것
7. 강재의 접속부 및 교차부는 볼트·클램프 등 전용철물을 사용하여 단단히 연결할 것
8. 거푸집의 형상에 따른 부득이한 경우를 제외하고는 깔판이나 받침목은 2단 이상 끼우지 않도록 할 것
9. 깔판이나 받침목을 이어서 사용하는 경우에는 그 깔판·받침목을 단단히 연결할 것

합격예측

(1) 구조에 의한 분류
 ① 외줄비계
 ② 겹비계
 ③ 쌍줄비계(고층 건축물, 중량물 시공시에 유리)
 ④ 틀비계
 ⑤ 달비계
 ⑥ 말비계
 ⑦ 내민비계
(2) 위치에 의한 분류
 ① 외부비계
 ② 내부비계
 ③ 비계다리

(5) 비계의 종류

1 강관비계

① 조립기준
 ㉮ 비계기둥에는 미끄러지거나 침하하는 것을 방지하기 위하여 밑받침 철물을 사용하거나 깔판·깔목 등을 사용하여 밑둥잡이를 설치하는 등의 조치를 할 것
 ㉯ 강관의 접속부 또는 교차부는 적합한 부속철물을 사용하여 접속하거나 단단히 묶을 것
 ㉰ 교차가새로 보강할 것
 ㉱ 외줄비계·쌍줄비계 또는 돌출비계에 대하여는 다음에 정하는 바에 따라 벽이음 및 버팀을 설치할 것
  ㉠ 강관, 통나무 등의 재료를 사용하여 견고한 것으로 할 것
  ㉡ 인장재와 압축재로 구성되어 있는 때에는 인장재와 압축재의 간격을 1[m] 이내로 할 것
 ㉲ 가공전로에 근접하여 비계를 설치하는 때에는 가공전로를 이설하거나 가공전로에 절연용 방호구를 장착하는 등 가공전로와의 접촉을 방지하기 위한 조치를 할 것

[표] 강관비계 조립 간격
16. 5. 8 ㉔ 17. 9. 23 ⓐ 18. 8. 19 ㉔
19. 9. 21 ㉔ 20. 6. 7 ㉔ 21. 5. 15 ㉔
21. 8. 14 ㉔ 23. 6. 4 ㉔ 24. 2. 15 ㉔

강관비계의 종류	조립 간격(단위 : [m])	
	수직방향	수평방향
단관비계	5	5
틀비계(높이 5[m] 미만인 것은 제외)	6	8

합격예측 및 관련법규

제335조(콘크리트 타설장비 사용 시의 준수사항)

사업주는 콘크리트 타설작업을 하기 위하여 콘크리트 플레이싱 붐(placing boom), 콘크리트 분배기, 콘크리트 펌프카 등(이하 이 조에서 "콘크리트타설장비"라 한다)을 사용하는 경우에는 다음 각 호의 사항을 준수해야 한다.
1. 작업을 시작하기 전에 콘크리트타설장비를 점검하고 이상을 발견하였으면 즉시 보수할 것
2. 건축물의 난간 등에서 작업하는 근로자가 호스의 요동·선회로 인하여 추락하는 위험을 방지하기 위하여 안전난간 설치 등 필요한 조치를 할 것
3. 콘크리트타설장비의 붐을 조정하는 경우에는 주변의 전선 등에 의한 위험을 예방하기 위한 적절한 조치를 할 것
4. 작업 중에 지반의 침하나 아웃트리거 등 콘크리트타설장비 지지구조물의 손상 등에 의하여 콘크리트타설장비가 넘어질 우려가 있는 경우에는 이를 방지하기 위한 적절한 조치를 할 것

② 강관을 이용한 단관비계의 조립기준 16.5.8 ⓐ 17.8.26 ㉰ 19.8.4 ⓐ 21.9.12 ㉰
  ㉮ 비계기둥의 간격은 띠장방향에서는 1.85[m] 이하, 장선방향에서는 1.5[m] 이하로 할 것
  ㉯ 지상 첫 번째 띠장은 2[m] 이하, 그밖에도 2.0[m] 이내마다 설치할 것
  ㉰ 비계기둥의 최고부로부터 31[m]되는 지점 밑부분의 비계기둥은 2본의 강관으로 묶어 세울 것
  ㉱ 비계기둥간의 적재하중은 400[kg]을 초과하지 아니하도록 할 것 17.5.7 ⓐ 23.5.13 ⓐ

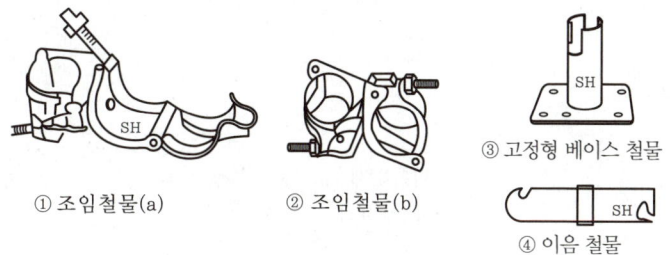

① 조임철물(a)　② 조임철물(b)　③ 고정형 베이스 철물　④ 이음 철물

[그림] 이음부속철물

③ 취급·보관시 유의사항
  ㉮ 강관은 운반이나 높은 곳에 오르내릴 때에는 변형, 탈락, 손상 등이 일어나지 않도록 소중히 취급하여야 하며, 투하하는 행동은 삼가야 한다.
  ㉯ 부속품 및 도구는 적당한 용기를 사용하여 운반하며, 분실, 파손을 방지하여야 한다.
  ㉰ 해체작업에서 연결부분을 풀 때는 1개소만 먼저 풀고, 일부는 강판에 붙은 대로 해체하여 피해를 방지한다.
  ㉱ 해체 후에는 반드시 재료의 점검을 실시하여 변형이나 파손된 것은 보수하고, 도장이 벗겨진 것은 재도장하는 등 손질을 하여 보관한다.
  ㉲ 해체한 재료는 될 수 있는 한 옥내에 보관하여 부식을 방지하도록 한다.
  ㉳ 보관장소는 습기가 없는 곳을 택하고, 흙이나 젖은 콘크리트 바닥 위에 직접 놓지 않도록 한다.
  ㉴ 강관을 쌓을 때에는 그 위에 중량물을 쌓지 않도록 주의하고, 보호 울타리를 사용하며, 한 번 쌓은 높이를 1.5[m] 이하로 무너져 내리지 않도록 쐐기, 버팀재 등을 설치하여야 한다.
  ㉵ 강관을 세워서 보관할 때에는 틀을 사용하거나 서로 묶어 쓰러지지 않도록 하여야 한다.
  ㉶ 저장할 때에는 강관의 길이, 구경, 재질, 부속 접합물을 종류별로 분류하여 정리·보관한다.

합격예측 및 관련법규

[안전보건규칙]

제333조(조립·해체 등 작업 시의 준수사항) 17.3.5 ⓐ 17.5.7 ㉰

① 사업주는 기둥·보·벽체·슬래 19.8.4 ⓐ 브 등의 거푸집동바리 등을 조립하거나 해체하는 작업을 하는 경우에는 다음 각 호의 사항을 준수해야 한다.
1. 해당 작업을 하는 구역에는 관계 근로자가 아닌 사람의 출입을 금지할 것
2. 비, 눈, 그 밖의 기상상태의 불안정으로 날씨가 몹시 나쁜 경우에는 그 작업을 중지할 것
3. 재료, 기구 또는 공구 등을 올리거나 내리는 경우에는 근로자로 하여금 달줄·달포대 등을 사용하도록 할 것
4. 낙하·충격에 의한 돌발적 재해를 방지하기 위하여 버팀목을 설치하고 거푸집동바리 등을 인양장비에 매단 후에 작업을 하도록 하는 등 필요한 조치를 할 것

② 사업주는 철근조립 등의 작업을 하는 경우에는 다음 각 호의 사항을 준수하여야 한다.
1. 양중기로 철근을 운반할 경우에는 두 군데 이상 묶어서 수평으로 운반할 것
2. 작업위치의 높이가 2[m] 이상일 경우에는 작업발판을 설치하거나 안전대를 착용하게 하는 등 위험 방지를 위하여 필요한 조치를 할 것

합격예측

콘크리트 강도추정을 위한 비파괴시험법 16.5.8 ⓐ
① 강도법(반발경도법, 슈미트해머법)
② 초음파법(음속법)
③ 복합법(반발경도법 + 초음파법)
④ 자기법(철근탐사법)
⑤ 코어재취법
⑥ 인발법

보충학습

지붕 채광창

공장 내 전기에너지 절감을 위해 보조 조명용으로 설치·사용하는 지붕 구조물

[그림] 지붕·대들보

합격예측 및 관련법규

[안전보건규칙]

제56조(작업발판의 구조)

사업주는 비계(달비계, 달대비계 및 말비계는 제외한다)의 높이가 2[m] 이상인 작업장소에 다음 각 호의 기준에 맞는 작업발판을 설치하여야 한다.

17. 8. 26 [기][산] 18. 4. 28 [기] 18. 9. 15 [산] 19. 3. 3 [기] 19. 4. 27 [기] 20. 8. 23 [산] 23. 6. 4 [기]

1. 발판재료는 작업할 때의 하중을 견딜 수 있도록 견고한 것으로 할 것
2. 작업발판의 폭은 40[cm] 이상으로 하고, 발판재료 간의 틈은 3[cm] 이하로 할 것. 다만, 외줄비계의 경우에는 고용노동부장관이 별도로 정하는 기준에 따른다. 25. 2. 7 [기]
3. 제2호에도 불구하고 선박 및 보트 건조작업의 경우 선박블록 또는 엔진실 등의 좁은 작업공간에 작업발판을 설치하기 위하여 필요하면 작업발판의 폭을 30[cm] 이상으로 할 수 있고, 걸침비계의 경우 강관기둥 때문에 발판재료 간의 틈을 3[cm] 이하로 유지하기 곤란하면 5[cm] 이하로 할 수 있다. 이 경우 그 틈 사이로 물체 등이 떨어질 우려가 있는 곳에는 출입금지 등의 조치를 하여야 한다.
4. 추락의 위험이 있는 장소에는 안전난간을 설치할 것. 다만, 작업의 성질상 안전난간을 설치하는 것이 곤란한 경우, 작업의 필요상 임시로 안전난간을 해체할 때에 추락방호망을 설치하거나 근로자로 하여금 안전대를 사용하도록 하는 등 추락위험 방지 조치를 한 경우에는 그러하지 아니하다.
5. 작업발판의 지지물은 하중에 의하여 파괴될 우려가 없는 것을 사용할 것
6. 작업발판재료는 뒤집히거나 떨어지지 않도록 둘 이상의 지지물에 연결하거나 고정시킬 것
7. 작업발판을 작업에 따라 이동시킬 경우에는 위험 방지에 필요한 조치를 할 것

[표] 비계의 용도별, 구조별 분류

용도별 \ 구조별	지주비계		선반비계	기계비계	기타
	본비계	외쪽비계			
외벽공사용	틀조립비계 단관비계 내민비계	외쪽비계 브래킷비계		기계구동식 비계	브래킷비계
내장공사용		틀조립비계 단관비계			이동식 비계 각립비계 말비계
가구공사용			선반비계 달비계		
보수공사용	틀조립비계	외쪽비계 브래킷비계	선반비계 달조립비계	곤돌라	이동식 비계 각립비계 말비계

2 틀비계

① 재료

㉮ 틀비계는 한국공업규격에 합당한 것이어야 한다.

㉯ 부재는 외력에 의한 변형 또는 불량품이 없는 것이어야 한다.

② 조립

㉮ 비계기둥의 밑둥에는 밑받침철물을 사용하여야 하며 밑받침에 고저차가 있는 경우에는 조절형 밑받침철물을 사용하여 각각 틀비계가 항상 수평 및 수직을 유지하도록 하여야 한다.

㉯ 높이가 20[m]를 초과하거나 중량물의 적재를 수반하는 작업을 할 경우에는 주틀간의 간격은 1.8[m] 이하로 하여야 한다. 19. 3. 3 [산] 19. 8. 4 [기] 23. 3. 1 [산]

㉰ 주틀간에 교차가새를 설치하고 최상층 및 5층 이내마다 수평재를 설치하여야 한다.

㉱ 수직방향으로 6[m], 수평방향으로 8[m] 이내마다 벽이음을 하여야 한다.

㉲ 길이가 띠장방향으로 4[m] 이하이고 높이가 10[m]를 초과하는 경우는 10[m] 이내마다 띠장방향으로 버팀기둥을 설치하여야 한다.

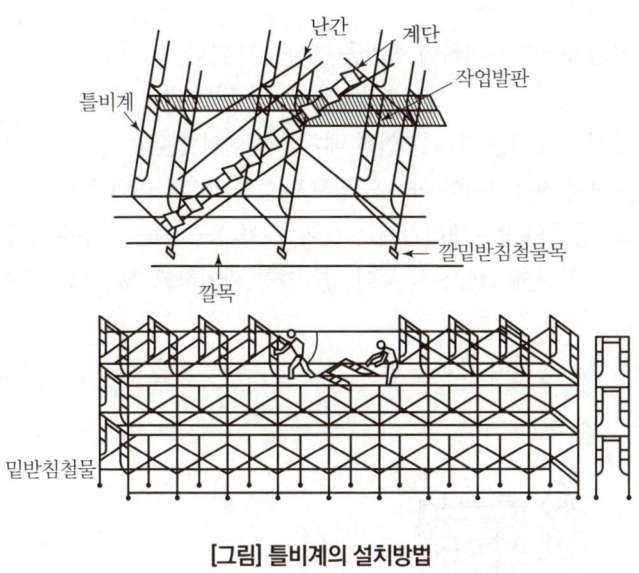

[그림] 틀비계의 설치방법

합격예측

좌굴(Buckling)

① 기둥의 길이가 그 횡단면의 치수에 비해 클 때, 기둥의 양단에 압축하중이 가해졌을 경우 하중방향과 직각방향으로 변위가 생기는 현상 17. 9. 23 ④ 21. 8. 14 ②

② 오일러의 좌굴하중(P_{cr})

$$P_{cr} = \frac{n\pi^2 EI}{l^2}$$ 23. 7. 8 ②
$$= \frac{\pi^2 EI}{(kl)^2}$$ 25. 2. 7 ②

여기서,
n : 지지상태에 따른 좌굴계수
E : 탄성계수
I : 단면 2차모멘트
l : 기둥길이
kl : 유효길이

③ 기둥의 유효길이

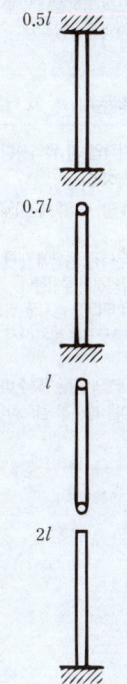

3 이동식 비계

① 재료
  ㉮ 비계에 사용된 강관은 한국산업표준에 합당한 것이어야 하며, 부식, 균열, 변형 등이 없는 것이어야 한다.
  ㉯ 재료는 곧고 줄이 바르며, 균열, 부식, 충해, 큰 옹이 등이 없는 양호한 것을 사용하여야 한다.
  ㉰ 비계의 발판은 폭 40[cm], 두께 3.5[cm] 이상의 것을 사용하여야 한다.

② 조립
  ㉮ 이동식 비계의 바퀴에는 뜻밖의 갑작스러운 이동을 방지하기 위하여 브레이크·쐐기 등으로 바퀴를 고정시킨 다음 비계의 일부를 견고한 시설물에 잡아매는 등의 조치를 할 것
  ㉯ 승강용 사다리는 견고하게 설치할 것
  ㉰ 비계의 최상부에서 작업을 할 때에는 안전난간을 설치할 것

합격예측 및 관련법규

[안전보건규칙] 제57조(비계 등의 조립·해체 및 변경) 19. 3. 3 ② 19. 4. 27 ② 23. 2. 28 ②

① 사업주는 달비계 또는 높이 5[m] 이상의 비계를 조립·해체하거나 변경하는 작업을 하는 경우 다음 각 호의 사항을 준수하여야 한다.
  1. 근로자가 관리감독자의 지휘에 따라 작업하도록 할 것
  2. 조립·해체 또는 변경의 시기·범위 및 절차를 그 작업에 종사하는 근로자에게 주지시킬 것
  3. 조립·해체 또는 변경 작업구역에는 해당 작업에 종사하는 근로자가 아닌 사람의 출입을 금지하고 그 내용을 보기 쉬운 장소에 게시할 것
  4. 비, 눈, 그 밖의 기상상태의 불안정으로 날씨가 몹시 나쁜 경우에는 그 작업을 중지시킬 것
  5. 비계재료의 연결·해체작업을 하는 경우에는 폭 20[cm] 이상의 발판을 설치하고 근로자로 하여금 안전대를 사용하도록 하는 등 추락을 방지하기 위한 조치를 할 것
  6. 재료·기구 또는 공구 등을 올리거나 내리는 경우에는 근로자가 달줄 또는 달포대 등을 사용하게 할 것
② 사업주는 강관비계 또는 통나무비계를 조립하는 경우 쌍줄로 하여야 한다. 다만, 별도의 작업발판을 설치할 수 있는 시설을 갖춘 경우에는 외줄로 할 수 있다.

합격예측

[안전보건규칙]
제58조(비계의 점검 및 보수)
사업주는 비, 눈, 그 밖의 기상상태의 악화로 작업을 중지시킨 후 또는 비계를 조립·해체하거나 변경한 후에 그 비계에서 작업을 하는 경우에는 해당 작업을 시작하기 전에 다음 각 호의 사항을 점검하고, 이상을 발견하면 즉시 보수하여야 한다. 10. 9. 5 산 18. 4. 28 산
1. 발판재료의 손상 여부 및 부착 또는 걸림 상태
2. 해당 비계의 연결부 또는 접속부의 풀림 상태
3. 연결재료 및 연결철물의 손상 또는 부식 상태
4. 손잡이의 탈락 여부
5. 기둥의 침하, 변형, 변위(變位) 또는 흔들림 상태
6. 로프의 부착 상태 및 매단 장치의 흔들림 상태

Q 은행문제 16. 10. 1 산

비계 설치작업 시 유의사항으로 옳지 않은 것은?
① 항상 수평, 수직이 유지되도록 한다.
② 파괴, 무너짐, 동요에 대한 안전성을 고려하여 설치한다.
③ 비계의 무너짐 방지를 위해 가새 등 경사재는 설치하지 않는다.
④ 외쪽비계와 같은 특수비계는 문제점을 충분히 검토하여 설치한다.

정답 ③

---

③ 작업 20. 6. 14 산 23. 3. 1 산
㉮ 작업감독자의 지휘하에 작업을 행하여야 한다.
㉯ 절대로 작업원이 탄 채로 이동해서는 안 된다. 25. 2. 7 산
㉰ 비계의 이동에는 충분한 인원 배치를 하여야 한다.
㉱ 안전모를 착용하여야 하며 구명로프 등을 소지하여야 한다.
㉲ 재료, 공구의 오르내리기에는 포대, 로프 등을 사용하여야 한다.
㉳ 작업장 부근에 고압전선 등이 있는가를 확인하고 직접 방호조치를 하여야 한다.
㉴ 상하에서 동시에 작업을 할 때에는 충분한 연락을 취하면서 작업을 하여야 한다.

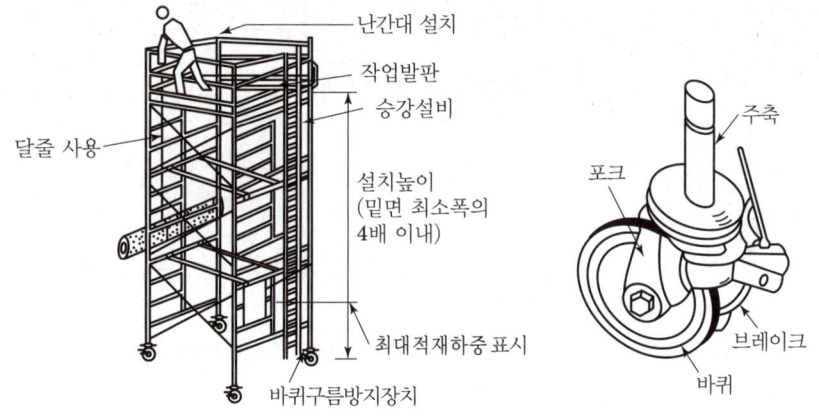

[그림] 이동식 비계

4 달비계

① 달비계 또는 높이 5[m] 이상의 비계를 조립, 해체하거나 변경하는 작업을 하는 때의 준수사항 19. 3. 3 ㉮
㉮ 관리감독자의 지휘하에 작업할 것
㉯ 조립·해체 또는 변경의 시기, 범위 및 절차를 해당 작업 근로자에게 주지시킬 것
㉰ 조립·해체 또는 변경 작업구역 내에는 해당 작업에 종사하는 근로자 외의 출입을 금지시키고 그 내용을 보기 쉬운 장소에 게시할 것
㉱ 비·눈 그 밖의 기상상태의 불안정으로 인하여 날씨가 몹시 나쁠 때에는 그 작업을 중지시킬 것
㉲ 비계재료의 연결·해체 작업을 하는 때에는 폭 20[cm] 이상의 발판을 설치하고 근로자로 하여금 안전대를 사용하도록 하는 등 근로자의 추락방지를 위한 조치를 할 것

⑭ 재료·기구 또는 공구 등을 올리거나 내리는 때에는 근로자로 하여금 달줄 또는 달포대 등을 사용하도록 할 것

② 달비계 또는 높이 5[m] 이상의 비계를 조립·해체·변경 작업시 관리감독자의 직무
㉮ 재료의 결함 유무를 점검하고 불량품을 제거하는 일
㉯ 기구, 공구, 안전대 및 안전모 등의 기능을 점검하고 불량품을 제거하는 일
㉰ 작업 방법 및 근로자의 배치를 결정하고 작업 진행 상태를 감시하는 일
㉱ 안전대 및 안전모 등의 착용 상황을 감시하는 일

③ 달기체인의 사용제한 조건 16.10.1 ㉮
㉮ 달기체인의 길이가 달기체인이 제조된 때의 길이의 5[%]를 초과한 것
㉯ 링크의 단면 지름의 감소가 그 달기체인이 제조된 때의 해당 링의 지름의 10[%]를 초과하는 것
㉰ 균열이 있거나 심하게 변형된 것

5 달대비계 16.3.6 ㉚

① 달대비계의 재료
㉮ 달대비계의 매다는 철선은 달구어 누그린 철선(소철선)으로 #8선을 가장 많이 사용하며(4가닥 정도 꼬아서) 하중에 대한 안전계수가 8 이상 확보하여야 한다.
㉯ 달대비계의 매다는 재료로 철근을 사용할 때에는 공칭지름이 19[mm] 이상되는 것을 사용하여야 한다.

② 달대비계 조립시 유의사항
㉮ 달대비계를 조립하여 사용할 때에는 하중에 충분히 견딜 수 있도록 조치하여야 한다.
㉯ 달비계 또는 달대비계 위에서 높은 디딤판, 사다리 등을 사용하여 근로자에게 작업을 시켜서는 안 된다.

6 말비계 16.5.8 ㉚ 17.3.5 ㉚ 17.5.7 ㉮ 17.9.23 ㉮ 18.4.28 ㉮ 19.4.27 ㉚ 23.6.7 ㉮

① 조립시 유의사항
㉮ 지주부재의 하단에는 미끄럼방지장치를 하고, 양측 끝부분에 올라서서 작업하지 않도록 한다.
㉯ 지주부재와 수평면과의 기울기를 75[°] 이하로 하고, 지주부재와 지주부재 사이를 고정시키는 보조부재를 설치한다. 25.2.7 ㉚
㉰ 말비계의 높이가 2[m]를 초과할 경우에는 작업발판의 폭을 40[cm] 이상으로 한다.

합격예측 및 관련법규

[안전보건규칙]
제59조(강관비계 조립 시의 준수사항)
사업주는 강관비계를 조립하는 경우에 다음 각 호의 사항을 준수하여야 한다. 19.3.3 ㉮
1. 비계기둥에는 미끄러지거나 침하하는 것을 방지하기 위하여 밑받침철물을 사용하거나 깔판·깔목 등을 사용하여 밑둥잡이를 설치하는 등의 조치를 할 것
2. 강관의 접속부 또는 교차부(交叉部)는 적합한 부속철물을 사용하여 접속하거나 단단히 묶을 것
3. 교차 가새로 보강할 것 17.9.23 ㉮
4. 외줄비계·쌍줄비계 또는 돌출비계에 대해서는 다음 각 목에서 정하는 바에 따라 벽이음 및 버팀을 설치할 것. 다만, 창틀의 부착 또는 벽면의 완성 등의 작업을 위하여 벽이음 또는 버팀을 제거하는 경우, 그 밖에 작업의 필요상 부득이한 경우로서 해당 벽이음 또는 버팀 대신 비계기둥 또는 띠장에 사재(斜材)를 설치하는 등 비계가 넘어지는 것을 방지하기 위한 조치를 한 경우에는 그러하지 아니하다.
   가. 강관비계의 조립 간격은 별표5의 기준에 적합
   나. 강관·통나무 등의 재료를 사용하여 견고한 것으로 할 것
   다. 인장재(引張材)와 압축재로 구성된 경우에는 인장재와 압축재의 간격을 1[m] 이내로 할 것
5. 가공전로(架空電路)에 근접하여 비계를 설치하는 경우에는 가공전로를 이설(移設)하거나 가공전로에 절연용 방호구를 장착하는 등 가공전로와의 접촉을 방지하기 위한 조치를 할 것

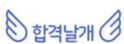

합격예측 및 관련법규

[안전보건규칙]

제60조(강관비계의 구조)

사업주는 강관을 사용하여 비계를 구성하는 경우 다음 각 호의 사항을 준수하여야 한다.
17. 3. 5 [기] 17. 8. 26 [기] [산]
18. 3. 4 [기] 19. 8. 4 [산]
20. 8. 23 [산] 21. 8. 14 [기]

1. 비계기둥의 간격은 띠장 방향에서는 1.85[m] 이하, 장선(長線) 방향에서는 1.5[m] 이하로 할 것 25. 2. 7 [기] [산]
2. 띠장 간격은 2.0[m] 이하로 설치하되, 첫 번째 띠장은 지상으로부터 2 [m] 이하에 설치할 것. 다만, 작업의 성질상 이를 준수하기가 곤란하여 쌍기둥틀 등에 의하여 해당 부분을 보강한 경우에는 그러하지 아니하다.
3. 비계기둥의 제일 윗부분으로부터 31[m]되는 지점 밑부분의 비계기둥은 2개의 강관으로 묶어 세울 것. 다만, 브래킷(bra-cket) 등으로 보강하여 2개의 강관으로 묶을 경우 이상의 강도가 유지되는 경우에는 그러하지 아니하다. 16. 10. 1 [기] 20. 8. 23 [산] 21. 5. 15 [기]
4. 비계기둥 간의 적재하중은 400[kg]을 초과하지 않도록 할 것
   17. 5. 7 [산] 17. 9. 23 [산]
   18. 9. 15 [기] 23. 5. 13 [산]

제70조(시스템비계의 조립 작업 시 준수사항)

사업주는 시스템 비계를 조립 작업하는 경우 다음 각 호의 사항을 준수하여야 한다.

1. 비계 기둥의 밑둥에는 밑받침 철물을 사용하여야 하며, 밑받침에 고저차가 있는 경우에는 조절형 밑받침 철물을 사용하여 시스템 비계가 항상 수평 및 수직을 유지하도록 할 것
2. 경사진 바닥에 설치하는 경우에는 피벗형 받침 철물 또는 쐐기 등을 사용하여 밑받침 철물의 바닥면이 수평을 유지하도록 할 것
3. 가공전로에 근접하여 비계를 설치하는 경우에는 가공전로를 이설하거나 가공전로에 절연용 방호구를 설치하는 등 가공전로와의 접촉을 방지하기 위하여 필요한 조치를 할 것

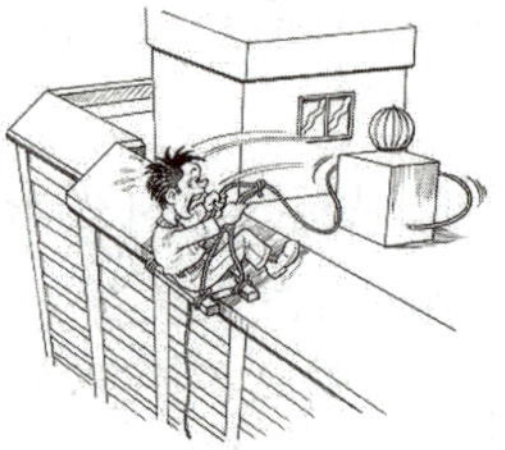

[그림] 달비계

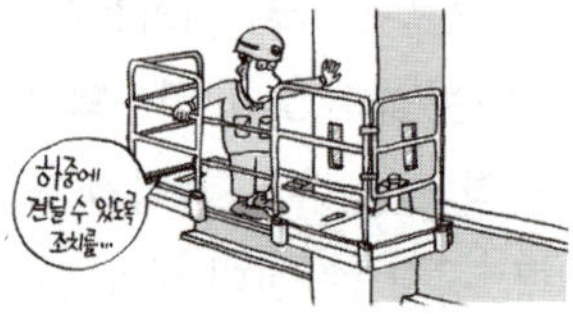

[그림] 달대비계

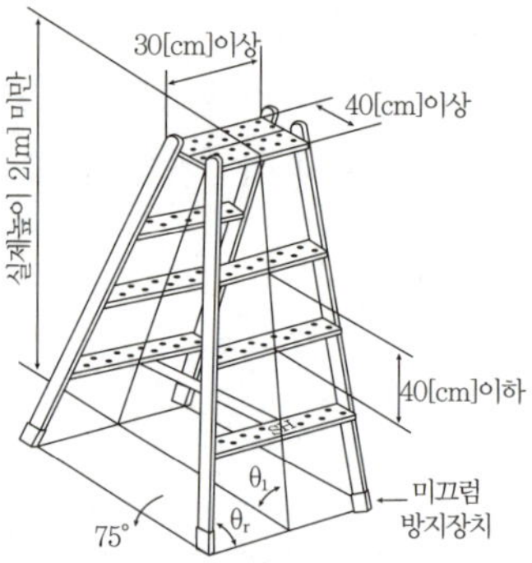

[그림] 말비계 18. 8. 19 [산] 20. 8. 22 [기]

2. 작업통로 및 발판

(1) 작업통로(作業通路 : working passage)

1 설치기준

① 공사 기간중에 재료의 운반, 작업원의 통로로 활용되는 가설 구조물로서 폭풍·진동 등의 외력에 안전해야 한다.
② 작업원이 이동할 때 추락·전도·미끄러짐에 대한 예방대책이 있어야 한다.
③ 낙하물에 의한 위험요소가 제거될 수 있도록 방호설비가 있어야 한다.
④ 근로자가 오르내리기 편리하게 설치되어야 한다.
⑤ 폭풍은 10분간 평균풍속이 10[m/sec] 이상인 경우이다.

2 통로 설치시 고려사항

① 작업장과 통하는 통로에는 불용품을 적치해 두지 않으며, 항상 그 주변을 깨끗이 정리 정돈한다.
② 가설통로면이 미끄러워서 전도되는 일이 없도록 한다.
③ 목재 거푸집의 패널(panel)을 통로판으로 사용하지 않는다.
④ 가설통로에 근접하여 고압전선 등이 있는 경우는 접촉에 의한 감전사고를 방지하기 위해 방호조치가 강구되어야 한다.
⑤ 가설통로에는 조명상태가 충분하여야 한다.

(2) 종류 및 특징

1 경사로

① 경사로는 항상 정비하고 안전통로를 확보하여야 한다.
② 비탈면의 경사각은 30[°] 이내로 한다.
③ 경사로의 폭은 최소 90[cm] 이상이어야 한다.
④ 높이 7[m] 이내마다 계단참을 설치하여야 한다.
⑤ 추락방지용 손잡이는 견고하게 설치하여야 한다.
⑥ 목재는 미송, 육송 또는 동등 이상의 재질을 가진 것이어야 한다.
⑦ 경사로 지지기둥은 3[m] 이내마다 설치하여야 한다.
⑧ 발판은 폭 40[cm] 이상으로 하고, 간격은 3[cm] 이내로 설치하여야 한다.
⑨ 발판이 이탈하거나 한쪽 끝을 밟으면 다른 쪽이 들리지 않게 장선에 연결하여야 한다.
⑩ 연결용 못이나 철선이 발에 걸리지 않아야 한다.
⑪ 발판은 3개 이상의 장선에 지지되어야 한다.

[표] 미끄럼막이 간격

경사각	미끄럼막이 간격	경사각	미끄럼막이 간격
30[°]	30[cm]	22[°]	40[cm]
29[°]	33[cm]	19°20[′]	43[cm]
27[°]	35[cm]	17[°]	45[cm]
24[°]15[′]	37[cm]	15[°] 초과	47[cm]

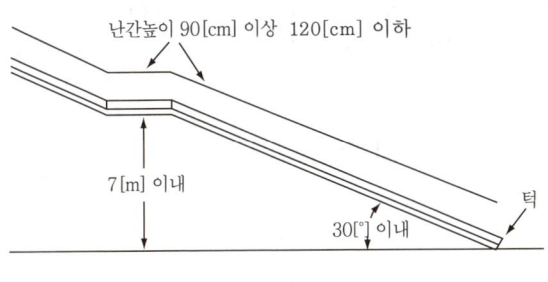

[그림] 경사로 높이

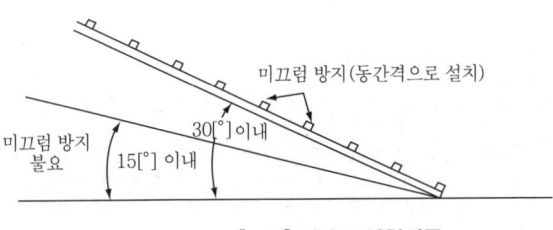

[그림] 경사로 설치기준

4. 비계 내에서 근로자가 상하 또는 좌우로 이동하는 경우에는 반드시 지정된 통로를 이용하도록 주지시킬 것
5. 비계 작업 근로자는 같은 수직면상의 위와 아래 동시 작업을 금지할 것
6. 작업발판에는 제조사가 정한 최대적재하중을 초과하여 적재해서는 아니 되며, 최대적재하중이 표기된 표지판을 부착하고 근로자에게 주지시키도록 할 것

합격예측

작업통로란?
작업장으로 통하는 장소 및 옥내 작업장에서 근로자가 통행하기 위해 사용하는 길을 말한다. 이 통로는 항상 안전하도록 유지하고, 또 통로라는 것을 명확하게 알 수 있도록 해두어야 한다. 그리고 통로에는 정상적인 통행을 방해하지 않을 정도의 채광, 조명을 필요로 한다.

합격예측

가설통로

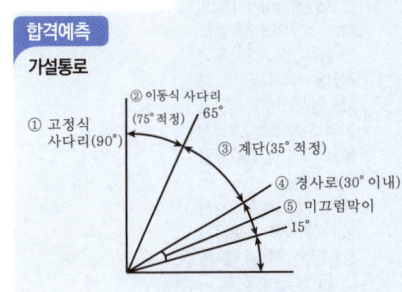

합격예측 및 관련법규

[안전보건규칙]

제331조의3(작업발판 일체형 거푸집의 안전조치)

(1) "작업발판 일체형 거푸집"이란 거푸집의 설치·해체, 철근 조립, 콘크리트 타설, 콘크리트 면처리 작업 등을 위하여 거푸집을 작업발판과 일체로 제작하여 사용하는 거푸집으로서 다음 각 호의 거푸집을 말한다.
17. 9. 23 ⑦ 21. 5. 15 ⑦
21. 8. 14 ⑦
① 갱 폼(gang form)
② 슬립 폼(slip form)
③ 클라이밍 폼(climbing form)
④ 터널 라이닝 폼(tunnel lining form)
⑤ 그 밖에 거푸집과 작업발판이 일체로 제작된 거푸집 등

(2) 제1항제1호의 갱 폼의 조립·이동·양중·해체(이하 이 조에서 "조립 등"이라 한다) 작업을 하는 경우에는 다음 각 호의 사항을 준수해야 한다.
① 조립 등의 범위 및 작업 절차를 미리 그 작업에 종사하는 근로자에게 주지시킬 것
② 근로자가 안전하게 구조물 내부에서 갱 폼의 작업발판으로 출입할 수 있는 이동통로를 설치할 것
③ 갱 폼의 지지 또는 고정철물의 이상 유무를 수시점검하고 이상이 발견된 경우에는 교체하도록 할 것
④ 갱 폼을 조립하거나 해체하는 경우에는 갱 폼을 인양장비에 매단 후에 작업을 실시하도록 하고, 인양장비에 매달기 전에 지지 또는 고정철물을 미리 해체하지 않도록 할 것
⑤ 갱 폼 인양 시 작업발판용 케이지에 근로자가 탑승한 상태에서 갱 폼의 인양작업을 하지 아니할 것

2 통로발판

① 근로자가 작업 또는 이동하기에 충분한 넓이가 확보되어야 한다.
② 추락의 위험이 있는 곳에는 높이 90~120[cm] 정도의 견고한 손잡이 또는 철책을 설치하여야 한다.
③ 발판은 폭 40[cm] 이상, 두께 3.5[cm] 이상, 길이는 3.6[m] 이내의 것을 이용하여야 한다.
④ 발판을 겹쳐 이을 때는 장선 위에서 이음을 하고, 겹침길이는 20[cm] 이상으로 하여야 한다.
⑤ 발판 1개에 지지물은 2개 이상이어야 한다.
⑥ 작업발판은 파손되기 쉬운 벽돌, 배수관 등으로 엉성하게 지지되어서는 안 된다.
⑦ 작업발판의 최대폭은 1.6[m] 이내이어야 한다.
⑧ 작업발판 위에는 돌출된 못, 옹이, 철선 등이 없어야 한다.

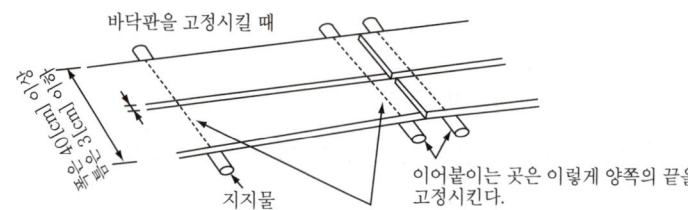

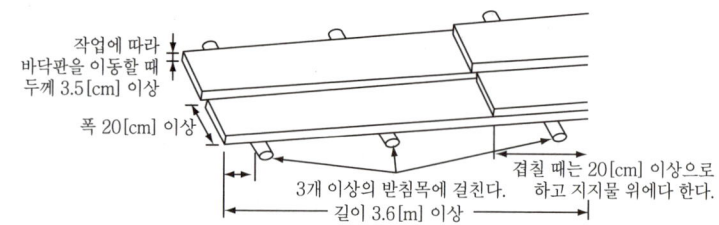

[그림] 가설통로발판

(3) 사업주는 제1항제2호부터 제5호까지의 조립 등의 작업을 하는 경우에는 다음 각 호의 사항을 준수하여야 한다.
① 조립 등 작업 시 거푸집 부재의 변형 여부와 연결 및 지지재의 이상 유무를 확인할 것
② 조립 등 작업과 관련한 이동·양중·운반 장비의 고장·오조작 등으로 인해 근로자에게 위험을 미칠 우려가 있는 장소에는 근로자의 출입을 금지하는 등 위험 방지 조치를 할 것
③ 거푸집이 콘크리트면에 지지될 때에 콘크리트의 굳기정도와 거푸집의 무게, 풍압 등의 영향으로 거푸집의 갑작스런 이탈 또는 낙하로 인해 근로자가 위험해질 우려가 있는 경우에는 설계도서에서 정한 콘크리트의 양생기간을 준수하거나 콘크리트면에 견고하게 지지하는 등 필요한 조치를 할 것
④ 연결 또는 지지 형식으로 조립된 부재의 조립 등 작업을 하는 경우에는 거푸집을 인양장비에 매단 후에 작업을 하도록 하는 등 낙하·붕괴·전도의 위험 방지를 위하여 필요한 조치를 할 것

3 사다리

① 고정사다리

㉮ 고정사다리는 90[°]의 수직이 가장 적합하며 경사를 둘 필요가 있는 경우에도 수직면으로부터 15[°]를 초과해서는 안 된다.

㉯ 옥외용 사다리는 철재를 원칙으로 하며, 높이 10[m]를 초과하는 사다리는 5[m]마다 계단참을 두어야 하고, 사다리 전면의 사방 75[cm] 이내에는 장애물이 없어야 한다.

㉰ 고정사다리는 목재와 철재 사다리가 있다.

㉱ 목재사다리 벽면과의 이격거리는 20[cm] 이상으로 한다.

㉲ 발받침대의 간격은 25~35[cm] 등간격으로 설치한다.

㉳ 물탱크, 고가탱크, 아파트 단지 굴뚝 등에 설치한다.

② 이동용 사다리

㉮ 길이가 6[m]를 초과해서는 안 된다.

㉯ 다리의 벌림은 벽높이의 1/4 정도가 가장 적당하다.

㉰ 다리 부분에는 미끄럼방지장치를 하여야 한다.

㉱ 벽면 상부로부터 최소한 60[cm] 이상의 상부연장길이가 있어야 한다.

㉲ 미끄럼방지장치 설치기준

㉠ 사다리 지주의 끝에 고무, 코르크, 가죽, 강스파이크 등을 부착시켜 바닥과의 미끄럼을 방지하는 안전장치가 있어야 한다.

㉡ 쐐기형 강스파이크는 지반이 평탄한 맨땅 위에 세울 때 사용하여야 한다.

㉢ 미끄럼방지 발판은 인조고무 등으로 마감한 실내용을 사용하여야 한다.

㉣ 미끄럼방지 판자 및 미끄럼방지 고정쇠는 돌마무리 또는 인조석 깔기로 마감한 바닥용으로 사용하여야 한다.

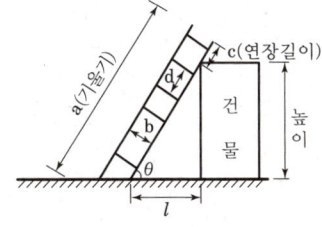

[그림] 이동용 사다리

[안전보건규칙]
제62조(강관틀비계)

사업주는 강관틀비계를 조립하여 사용하는 경우 다음 각 호의 사항을 준수하여야 한다.

1. 비계기둥의 밑둥에는 밑받침철물을 사용하여야 하며 밑받침에 고저차가 있는 경우에는 조절형 밑받침철물을 사용하여 각각의 강관틀비계가 항상 수평 및 수직을 유지하도록 할 것
2. 높이가 20[m]를 초과하거나 중량물의 적재를 수반하는 작업을 할 경우에는 주틀간의 간격이 1.8[m] 이하로 할 것 19. 3. 3 ㉾ 19. 8. 4 ㉮ 23. 3. 1 ㉾
3. 주틀간에 교차가새를 설치하고 최상층 및 5층 이내마다 수평재를 설치할 것 18. 4. 28 ㉮ 21. 5. 15 ㉮
4. 수직방향으로 6[m], 수평방향으로 8[m] 이내마다 벽이음을 할 것
5. 길이가 띠장방향으로 4[m] 이하이고 높이가 10[m]를 초과하는 경우에는 10[m] 이내마다 띠장방향으로 버팀기둥을 설치할 것 20. 8. 22 ㉮

합격예측

미끄럼방지장치
① 사다리 지주의 끝에 고무, 코르크, 가죽, 강스파이크 등을 부착시켜 바닥과의 미끄럼을 방지하는 안전장치가 있어야 한다.
② 쐐기형 강스파이크는 지반이 평탄한 맨땅에 세울 때 사용하여야 한다.
③ 미끄럼방지 판자 및 미끄럼방지 고정쇠는 돌마무리 또는 인조석 깔기마감한 바닥용으로 사용하여야 한다.
④ 미끄럼방지 발판은 인조고무 등으로 마감한 실내용을 사용하여야 한다.

③ 사다리 작업의 안전지침
　㉮ 안전하게 수리될 수 없는 사다리는 작업장 외로 반출시켜야 한다.
　㉯ 사다리는 작업장에서 최소한 위로 60[cm]는 연장되어 있어야 한다.
　㉰ 상부와 하부가 움직이지 않도록 고정하여야 한다.
　㉱ 상부 또는 하부가 움직일 염려가 있을 때는 작업자 이외의 감시자가 있어야 한다.
　㉲ 부서지기 쉬운 벽돌 등을 받침대로 사용하여서는 안 된다.
　㉳ 작업자는 복장을 단정히 하여야 하며, 미끄러운 장화나 신발을 신어서는 안 된다.
　㉴ 지나치게 부피가 크거나 무거운 짐을 운반하는 것은 피해야 한다.
　㉵ 출입문 부근에 사다리를 설치할 경우에는 반드시 감시자가 있어야 한다.
　㉶ 금속사다리는 전기설비가 있는 곳에서는 사용하지 말아야 한다.
　㉷ 사다리를 다리처럼 사용하여서는 안 된다.

4 가설계단의 안전기준

① 가설계단은 1단의 높이가 22[cm], 발판은 25~30[cm]를 표준으로 하며, 계단발판에서 높이 90~120[cm] 이하의 난간대를 설치하여야 한다.
② 계단폭은 1[m] 이상으로 한다.
③ 지주 및 난간기둥은 개방된 측면에 안전난간을 설치하며 적절한 조명설비를 갖춘다.
④ 계단의 경사는 30~35[°]가 가장 적당하다.

합격예측 및 관련법규

[안전보건규칙]　17. 3. 5 ㉮ 18. 4. 28 ㉴ 19. 8. 4 ㉮ 22. 4. 24 ㉮
제63조(달비계의 구조)　23. 5. 13 ㉴ 23. 6. 4 ㉮ 23. 7. 8 ㉮ 24. 2. 15 ㉮

① 사업주는 곤돌라형 달비계를 설치하는 경우에 다음 각 호의 사항을 준수해야 한다.
　1. 다음 각 목의 어느 하나에 해당하는 와이어로프를 달비계에 사용해서는 아니 된다.
　　가. 이음매가 있는 것
　　나. 와이어로프의 한 꼬임[스트랜드(strand)를 말한다. 이하 같다]에서 끊어진 소선(素線)[필러(pillar)선은 제외한다]의 수가 10[%] 이상(비자전로프의 경우에는 끊어진 소선의 수가 와이어로프 호칭지름의 6배 길이 이내에서 4개 이상이거나 호칭지름 30배 길이 이내에서 8개 이상)인 것
　　다. 지름의 감소가 공칭지름의 7[%]를 초과하는 것 25. 2. 7 ㉮
　　라. 꼬인 것
　　마. 심하게 변형되거나 부식된 것
　　바. 열과 전기충격에 의해 손상된 것
　2. 다음 각 목의 어느 하나에 해당하는 달기체인을 달비계에 사용해서는 아니 된다. 16. 10. 1 ㉮ 18. 4. 28 ㉮
　　가. 달기체인의 길이가 달기체인이 제조된 때의 길이의 5[%]를 초과한 것
　　나. 링의 단면지름이 달기체인이 제조된 때의 해당 링의 지름의 10[%]를 초과하여 감소한 것
　　다. 균열이 있거나 심하게 변형된 것
　3. 삭제〈2021. 11. 19〉
　4. 달기강선 및 달기강대는 심하게 손상·변형 또는 부식된 것을 사용하지 않도록 할 것
　5. 달기와이어로프, 달기체인, 달기강선, 달기강대 또는 달기섬유로프는 한쪽 끝을 비계의 보 등에, 다른 쪽 끝을 내민 보, 앵커볼트 또는 건축물의 보 등에 각각 풀리지 않도록 설치할 것
　6. 작업발판은 폭을 40[cm] 이상으로 하고 틈새가 없도록 할 것 21. 9. 12 ㉮
　7. 작업발판의 재료는 뒤집히거나 떨어지지 않도록 비계의 보 등에 연결하거나 고정시킬 것
　8. 비계가 흔들리거나 뒤집히는 것을 방지하기 위하여 비계의 보·작업발판 등에 버팀을 설치하는 등 필요한 조치를 할 것
　9. 선반 비계에서는 보의 접속부 및 교차부를 철선·이음철물 등을 사용하여 확실하게 접속시키거나 단단하게 연결시킬 것
　10. 근로자의 추락 위험을 방지하기 위하여 다음 각 목의 조치를 할 것
　　가. 달비계에 구명줄을 설치할 것
　　나. 근로자에게 안전대를 착용하도록 하고 근로자가 착용한 안전줄을 달비계의 구명줄에 체결(締結)하도록 할 것
　　다. 달비계에 안전난간을 설치할 수 있는 구조인 경우에는 달비계에 안전난간을 설치할 것

5 공사용 가설도로

① 도로의 표면은 장비 및 차량이 안전운행을 할 수 있도록 유지·보수하여야 한다.
② 장비 사용을 목적으로 하는 진입로, 경사로 등은 주행하는 차량 통행에 지장을 주지 않도록 만들어야 한다.
③ 도보와 작업장의 높이에 차이가 있을 때에 바리케이드 또는 연석(curb stone) 등을 설치하여 차량의 위험 및 사고를 방지하도록 하여야 하며, 또한 모든 커버는 통상적으로 도로폭보다 좀더 넓게 만들고 시계에 장애가 없도록 설치하여야 한다. 커브 구간에서는 차량이 도로 가시거리의 절반 이내에서 정지할 수 있도록 차량의 속도를 제한하여야 한다.
④ 최고허용경사도는 부득이한 경우를 제외하고는 10[%]를 넘어서는 안 된다.
⑤ 필요한 전기시설(교통신호등 포함), 신호수, 표지판, 바리케이드, 노면 마스크 등으로 교통안전 운행을 위한 것이 제공되어야 한다.
⑥ 안전운행을 위하여 먼지가 일어나지 않도록 물을 뿌려주고 겨울철에는 눈이 쌓이지 않도록 조치하여야 한다.

3. 작업발판(walk plate) 설치기준

고소작업 중 추락이나 발이 빠질 위험이 있는 장소에 근로자가 안전하게 작업할 수 있고, 그리고 자재운반 등이 용이하도록 공간확보를 위해 설치해놓은 발판을 말한다. 이러한 작업발판에는 목재 작업발판과 강재 작업발판이 있다.

(1) 작업발판 설치방법

① 작업원이 직접 또는 이동하기에 충분한 넓이가 확보되어야 한다.
② 추락의 위험이 있는 장소에는 높이 90~120[cm] 정도의 견고한 안전난간 또는 방책을 실시한다.
③ 발판은 폭 40[cm], 발판재료간의 틈은 3[cm] 이하로 할 것
④ 발판은 빠지거나 이완되지 않도록 발판 1개에 2개 이상의 지지물에 견고히 고정하고, 겹쳐 이을 때는 20[cm] 이상 겹침도록 한다. 단, 겹침이음은 발판을 경사지게 하므로, 미끄럼을 유발시킬 수 있기 때문에 가능한 한 피한다.
⑤ 재료를 적재하여야 할 경우는 폭이 최소한 60[cm] 이상이어야 한다.
⑥ 발판 위로 돌출된 못, 철선, 옹이 등이 없어야 한다.
⑦ 발끝막이판의 높이는 10[cm] 이상이어야 한다.

합격예측 및 관련법규

[안전보건규칙]

제67조(말비계)

사업주는 말비계를 조립하여 사용할 경우에는 다음 각 호의 사항을 준수하여야 한다.

1. 지주부재의 하단에는 미끄럼방지장치를 하고, 양측 끝부분에 올라서서 작업하지 않도록 할 것
2. 지주부재와 수평면과의 기울기를 75[°] 이하로 하고, 지주부재와 지주부재 사이를 고정시키는 보조부재를 설치할 것
3. 말비계의 높이가 2[m]를 초과할 경우에는 작업발판의 폭을 40[cm] 이상으로 할 것

제68조(이동식 비계)

사업주는 이동식 비계를 조립하여 작업을 하는 경우는 다음 각 호의 사항을 준수하여야 한다.

1. 이동식 비계의 바퀴에는 뜻밖의 갑작스러운 이동 또는 전도를 방지하기 위하여 브레이크·쐐기 등으로 바퀴를 고정시킨 다음 비계의 일부를 견고한 시설물에 고정하거나 아웃트리거를 설치하는 등의 조치를 할 것
2. 승강용 사다리는 견고하게 설치할 것
3. 비계의 최상부에서 작업을 하는 경우에는 안전난간을 설치할 것
4. 작업발판은 항상 수평을 유지하고 작업발판 위에서 안전난간을 딛고 작업을 하거나 받침대 또는 사다리를 사용하여 작업하지 않도록 할 것
5. 작업발판의 최대적재하중은 250[kg]을 초과하지 않도록 할 것

[안전보건규칙]

제69조(시스템 비계의 구조)
사업주는 시스템 비계를 사용하여 비계를 구성하는 경우에 다음 각 호의 사항을 준수하여야 한다.
1. 수직재·수평재·가새재를 견고하게 연결하는 구조가 되도록 할 것
2. 비계 밑단의 수직재와 받침철물은 밀착되도록 설치하고, 수직재와 받침철물의 연결부의 겹침길이는 받침철물 전체길이의 3분의 1 이상이 되도록 할 것 25. 2. 7 ㉮
3. 수평재는 수직재와 직각으로 설치하여야 하며, 체결 후 흔들림이 없도록 견고하게 설치할 것
4. 수직재와 수직재의 연결철물은 이탈되지 않도록 견고한 구조로 할 것
5. 벽 연결재의 설치간격은 제조사가 정한 기준에 따라 설치할 것
16. 5. 8 ㉮ 17. 9. 23 ㉮
18. 8. 19 ㉮ 19. 4. 27 ㉳
21. 5. 15 ㉮ 23. 6. 4 ㉮

제338조(굴착작업 사전조사 등)
사업주는 굴착작업을 할 때에 토사등의 붕괴 또는 낙하에 의한 위험을 미리 방지하기 위하여 다음 각 호의 사항을 점검해야 한다.
1. 작업장소 및 그 주변의 부석·균열의 유무
2. 함수(含水)·용수(湧水) 및 동결의 유무 또는 상태의 변화

(2) 안전난간 설치기준

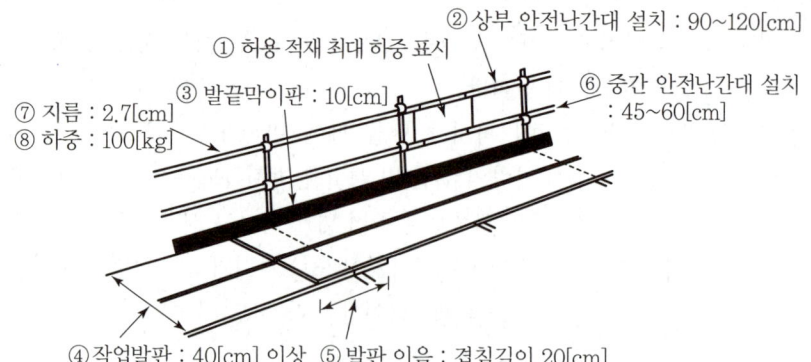

[그림] 안전난간 18. 8. 19 ㉮ 21. 8. 14 ㉮ 22. 4. 24 ㉮

[표] 안전난간 설치기준

번호	안전대책	안전 설치기준
①	표지판 부착	작업발판 최대적재하중 표시, 위험경고 및 지시판 부착
②	난간대 설치	상부 난간(90[cm] 이상~120[cm] 이하)
③	발끝막이판	물체의 낙하가 예상되는 곳에 높이 10[cm] 이상의 판자로 설치
④	작업발판	발판의 폭은 40[cm] 이상, 발판간의 간격은 3[cm] 이하, 발판 1개당 2개소 이상 지지 25. 2. 7 ㉮
⑤	이음부	20[cm] 이상 겹치고 겹친 중앙부는 장선의 중앙 위에 놓일 것

4. 안전망 설치기준

(1) 용어의 정의

① '방망'이라 함은 그물코가 다수 연속된 것을 말한다.
② '매듭'이라 함은 그물코의 정점을 만드는 방망사의 매듭을 말한다.
③ '테두리로프'라 함은 방망 주변을 형성하는 로프를 말한다.
④ '재봉사'라 함은 테두리로프와 방망을 일체화하기 위한 실을 말한다. 여기서 사는 방망사와 동일한 재질의 것을 말한다.
⑤ '달기로프'라 함은 방망을 지지점에 부착하기 위한 로프를 말한다.
⑥ '시험용사'라 함은 등속인장시험에 사용하기 위한 것으로서 방망사와 동일한 재질의 것을 말한다.

(2) 구조

1 구조 및 치수

① 소재 : 합성섬유 또는 그 이상의 물리적 성질을 갖는 것이어야 한다.
② 그물코 : 사각 또는 마름모로서 그 크기는 10[cm] 이하이어야 한다.
③ 방망의 종류 : 매듭방망으로서 매듭은 원칙적으로 단매듭으로 한다.
④ 테두리로프와 방망의 재봉 : 테두리로프는 각 그물코를 관통시키고 서로 중복됨이 없이 재봉사를 결속한다.
⑤ 테두리로프 상호의 접합 : 테두리로프를 중간에서 결속하는 경우는 충분한 강도를 갖도록 한다.
⑥ 달기로프의 결속 : 달기로프는 3회 이상 엮어 묶는 방법 또는 이와 동등 이상의 강도를 갖는 방법으로 테두리로프에 결속하여야 한다.
⑦ 시험용사는 방망 폐기시 방망사의 강도를 점검하기 위하여 테두리로프에 연하여 방망에 재봉한 방망사이다.

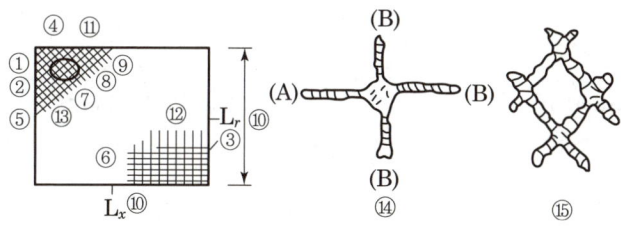

[그림] 방망의 구조 및 치수

[표] 네트 각부의 명칭(그림 관련)

번호	명칭	번호	명칭
①	방망사	⑨	매듭
②	테두리로프	⑩	재봉 치수
③	재봉사	⑪	방망
④	달기로프	⑫	사각그물코
⑤	중간 달기로프	⑬	마름모 그물코
⑥	시험용사	⑭	매듭방망
⑦	그물코	⑮	매듭 없는 방망
⑧	그물코 치수		

합격예측 및 관련법규

[안전보건규칙]

제339조(굴착면의 붕괴 등에 의한 위험방지)
① 사업주는 지반 등을 굴착하는 경우 굴착면의 기울기를 별표 11의 기준에 맞도록 해야 한다. 다만, 「건설기술 진흥법」제44조제1항에 따른 건설기준에 맞게 작성한 설계도서상의 굴착면의 기울기를 준수하거나 흙막이 등 기울기면의 붕괴 방지를 위하여 적절한 조치를 한 경우에는 그렇지 않다.
② 사업주는 비가 올 경우를 대비하여 측구(側溝)를 설치하거나 굴착경사면에 비닐을 덮는 등 빗물 등의 침투에 의한 붕괴재해를 예방하기 위하여 필요한 조치를 해야 한다.

21. 5. 15 ㉺ 23. 6. 4 ㉺

제340조(굴착작업 시 위험방지)
사업주는 굴착작업 시 토사등의 붕괴 또는 낙하에 의하여 근로자에게 위험을 미칠 우려가 있는 경우에는 미리 흙막이 지보공의 설치, 방호망의 설치 및 근로자의 출입 금지 등 그 위험을 방지하기 위하여 필요한 조치를 해야 한다.

17. 8. 26 ㉺ 18. 3. 4 ㉺

제346조(조립도)
① 사업주는 흙막이지보공(支保工)을 조립하는 경우는 미리 조립도를 작성하여 그 조립도에 따라 조립하도록 하여야 한다.
② 제1항의 조립도는 흙막이판·말뚝·버팀대 및 띠장 등 부재의 배치·치수·재질 및 설치방법과 순서가 명시되어야 한다.

합격예측 및 관련법규

[안전보건규칙]

제347조(붕괴 등의 위험방지)

① 사업주는 흙막이지보공을 설치하였을 때에는 정기적으로 다음 각 호의 사항을 점검하고 이상을 발견하면 즉시 보수하여야 한다.

17. 3. 5 [기] 17. 9. 23 [기] 19. 3. 3 [기] [산] 20. 6. 7 [기] 20. 8. 23 [산] 21. 9. 12 [기] 23. 2. 28 [기] 23. 3. 1 [산] 24. 2. 15 [기]

1. 부재의 손상·변형·부식·변위 및 탈락의 유무와 상태
2. 버팀대의 긴압의 정도
3. 부재의 접속부·부착부 및 교차부의 상태
4. 침하의 정도

② 사업주는 제1항의 점검외에 설계도서에 따른 계측을 실시하고 계측분석결과 토압의 증가 등 이상한 점을 발견한 경우에는 즉시 보강조치를 하여야 한다.

[Q] 은행문제

다음은 산업안전보건법령에 따른 추락의 방지를 위하여 설치하는 안전방망에 관한 내용이다. ( ) 안에 들어갈 내용으로 옳은 것은? 16. 10. 1 [산] 18. 4. 28 [산] 19. 4. 27 [산]

안전방망은 수평으로 설치하고, 망의 처짐은 짧은 변 길이의 ( )퍼센트 이상이 되도록 할 것

① 8 ② 12
③ 15 ④ 20

정답 ②

(3) 강도

1 테두리로프 및 달기로프

① 테두리로프 및 달기로프는 방망에 사용되는 로프와 동일한 시험편의 양단을 인장시험기로 체크하거나 또는 이와 유사한 방법으로 인장속도가 매분 20[cm] 이상 30[cm] 이하의 등속인장시험(이하 '등속인장시험'이라 한다)을 행한 경우 인장강도가 1,500[kg] 이상이어야 한다.

② 제1항의 경우 시험편의 유효길이는 로프 지름의 30배 이상으로, 시험편 수는 5개 이상으로 하고, 산술평균하여 로프의 인장강도를 산출한다.

[표] 방망사의 신품에 대한 인장강도 10. 9. 5 [기]

그물코의 크기 (단위 : [cm])	방망의 종류(단위 : [kg])	
	매듭 없는 방망	매듭방망
10	240	200
5		110

[표] 방망사의 폐기시 인장강도

그물코의 크기 (단위 : [cm])	방망의 종류(단위 : [kg])	
	매듭 없는 방망	매듭방망
10	150	135
5		60

2 방망사의 강도

① 방망사는 시험용사로부터 채취한 시험편의 양단을 인장시험기로 시험하거나 또는 이와 유사한 방법으로 등속인장시험을 한 경우 그 강도는 표 및 표에 정한 값 이상이어야 한다.

② 등속인장시험은 한국공업규격(KS)에 적합하도록 행하여야 한다.

[표] 방망사의 허용낙하높이

조건 \ 높이 종류	낙하높이($H1$)		방망과 바닥면 높이($H2$)		방망의 처짐 길이(S)
	단일방망	복합방망	10[cm] 그물코	5[cm] 그물코	
$L < A$	$\frac{1}{4}(L+2A)$	$\frac{1}{5}(L+2A)$	$\frac{0.85}{4}$ $(L+3A)$	$\frac{0.95}{4}$ $(L+3A)$	$\frac{1}{4}(L+2A)$ $\frac{1}{3}$
$L \geq A$	$\frac{3}{4}L$	$\frac{3}{5}L$	$0.85L$	$0.95L$	$\frac{3}{4}L\times\frac{1}{3}$

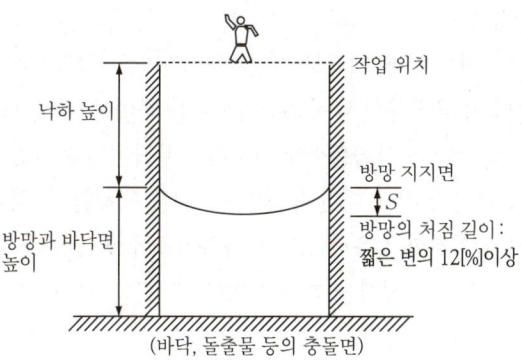

[그림] 허용낙하높이

또 L, A의 값은 다음 그림에 의한다.

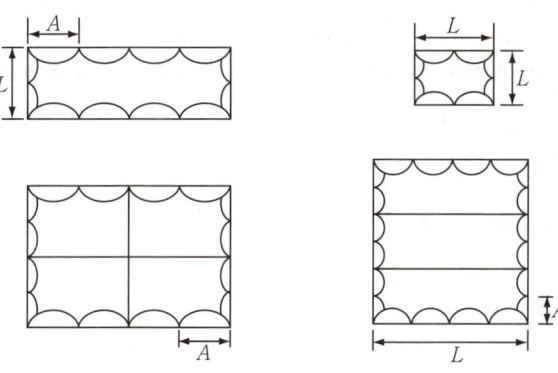

[그림] L과 A의 관계

3 지지점의 강도

① 방망 지지점은 600[kg]의 외력에 견딜 수 있는 강도를 보유하여야 한다.(다만, 연속적인 구조물이 방망 지지점인 경우의 외력이 다음 식에 계산한 값에 견딜 수 있는 것은 제외한다.)

$$F = 200B$$

여기에서 F는 외력(단위 : kg), B는 지지점 간격(단위 : m)이다.

② 지지점의 응력은 다음 표에 따라 규정한 허용응력 이상이어야 한다.

[표] 지지 재료에 따른 허용응력

지지재료 \ 허용응력	압축	인장	전단	휨	부착
일반 구조용 강재	2,400	2,400	1,350	2,400	
콘크리트	4주 압축강도의 2/3	4주 압축강도의 1/15			14(경량골재를 사용하는 것은 12)

[안전보건규칙]
터널굴착작업 사전조사 및 작업계획서 내용

① 보링(boring) 등 적절한 방법으로 낙반·출수(出水) 및 가스폭발 등으로 인한 근로자의 위험을 방지하기 위하여 미리 지형·지질 및 지층 상태를 조사

② 작업계획서 내용
가. 굴착의 방법
나. 터널지보공 및 복공의 시공방법과 용수의 처리방법
다. 환기 또는 조명시설을 설치할 때에는 그 방법

합격예측 및 관련법규

[안전보건규칙]

제350조(인화성 가스의 농도 측정 등)

① 사업주는 터널공사 등의 건설작업을 할 때에 인화성 가스가 발생할 위험이 있는 경우에는 폭발이나 화재를 예방하기 위하여 인화성 가스의 농도를 측정할 담당자를 지명하고, 그 작업을 시작하기 전에 가스가 발생할 위험이 있는 장소에 대하여 그 인화성 가스의 농도를 측정하여야 한다.

② 사업주는 제1항에 따라 측정한 결과 인화성 가스가 존재하여 폭발이나 화재가 발생할 위험이 있는 경우에는 인화성 가스 농도의 이상 상승을 조기에 파악하기 위하여 그 장소에 자동경보장치를 설치하여야 한다.

③ 지하철도공사를 시행하는 사업주는 터널굴착[개착식(開鑿式)을 포함한다] 등으로 인하여 도시가스관이 노출된 경우에 접속부 등 필요한 장소에 자동경보장치를 설치하고, 「도시가스사업법」에 따른 해당 도시가스 사업자와 합동으로 정기적 순회점검을 하여야 한다.

④ 사업주는 제2항 및 제3항에 따른 자동경보장치에 대하여 당일 작업 시작 전 다음 각 호의 사항을 점검하고 이상을 발견하면 즉시 보수하여야 한다. 20.8.22㉠ 21.9.12㉠ 23.7.8㉡
1. 계기의 이상 유무
2. 검지부의 이상 유무
3. 경보장치의 작동상태

4 정기시험 방법 10.9.5㉠ 17.8.26㉡

① 방망의 정기시험은 사용 개시 후 1년 이내로 하고, 그후 6개월마다 1회씩 정기적으로 시험용사에 대해서 등속인장시험을 하여야 한다. 다만, 사용 상태가 비슷한 다수의 방망의 시험용사에 대하여는 무작위 추출한 5개 이상을 인장시험했을 경우 다른 방망에 대한 등속인장시험을 생략할 수 있다.

② 방망의 마모가 현저한 경우나 방망이 유해가스에 노출된 경우에는 사용 후 시험용사에 대해서 인장시험을 하여야 한다.

5 보관방법

① 방망은 깨끗하게 보관하여야 한다.
② 방망은 자외선, 기름, 유해가스가 없는 건조한 장소에서 보관하여야 한다.

6 방망의 사용제한

① 방망사가 규정한 강도 이하인 방망
② 인체 또는 이와 동등 이상의 무게를 갖는 낙하물에 대해 충격을 받는 방망
③ 파손한 부분을 보수하지 않은 방망
④ 강도가 명확하지 않은 방망

7 방망의 표시사항 10.9.5㉠

① 제조자명
② 제조연월
③ 재봉 치수
④ 그물코
⑤ 신품인 때의 방망의 강도

합격예측 및 관련법규

[안전보건규칙]

제348조(발파의 작업기준)

사업주는 발파작업에 종사하는 근로자에게 다음 각 호의 사항을 준수하도록 하여야 한다. 17.9.23㉡㉠ 18.4.28㉡ 18.8.19㉡ 23.2.28㉠
1. 얼어붙은 다이나마이트는 화기에 접근시키거나 그 밖의 고열물에 직접 접촉시키는 등 위험한 방법으로 융해되지 않도록 할 것
2. 화약이나 폭약을 장전하는 경우에는 그 부근에서 화기를 사용하거나 흡연을 하지 않도록 할 것
3. 장전구(裝塡具)는 마찰·충격·정전기 등에 의한 폭발의 위험이 없는 안전한 것을 사용할 것
4. 발파공의 충진재료는 점토·모래 등 발화성 또는 인화성의 위험이 없는 재료를 사용할 것
5. 점화 후 장전된 화약류가 폭발하지 아니한 경우 또는 장전된 화약류의 폭발 여부를 확인하기 곤란한 경우에는 다음 각 목의 사항을 따를 것
   가. 전기뇌관에 의한 경우에는 발파모선을 점화기에서 떼어 그 끝을 단락시켜 놓는 등 재점화되지 않도록 조치하고 그 때부터 5분 이상 경과한 후가 아니면 화약류의 장전장소에 접근시키지 않도록 할 것
   나. 전기뇌관 외의 것에 의한 경우에는 점화한 때부터 15분 이상 경과한 후가 아니면 화약류의 장전장소에 접근시키지 않도록 할 것
6. 전기뇌관에 의한 발파의 경우 점화하기 전에 화약류를 장전한 장소로부터 30[m] 이상 떨어진 안전한 장소에서 전선에 대하여 저항측정 및 도통(導通)시험을 할 것

5. 거푸집 및 동바리

(1) 개요

① 거푸집(forms)공사

콘크리트에 직접 접하는 거푸집널과 이것을 정확한 위치로 유지하는 지지틀의 총칭이다. 콘크리트 부어넣기의 작업과 응결·경화에 필요한 수분의 누출을 방지하고, 외기의 영향을 방비하는 목적으로 쓰이는 가설물이다. 콘크리트를 부어 굳히기 위한 목적으로 만든 임시 구조물(가설물), 목제거푸집·철제거푸집·금속제거푸집 등이 있으며, 일반적으로 목제의 것을 많이 씀

② 동바리(support)

천장(슬래브)를 지지하는 용도로 사용하는 임시 가설물

1 재료의 검사

① 거푸집 검사시는 직접 거푸집을 제작, 조립한 책임자와 현장관리 책임자가 검사하여야 한다.
② 여러 번 사용으로 인한 흠집이 많은 거푸집과 합판의 접착부분이 떨어져 구조적으로 약한 것은 사용하지 않도록 하여야 한다.
③ 거푸집의 띠장은 부러진 곳이 없나 확인하고 부러지거나 금이 나 있는 것은 완전보수한 후에 사용하여야 한다.
④ 거푸집에 못이 돌출되어 있거나 날카로운 것이 돌출되어 있는지를 확인하고 제거하여야 한다.
⑤ 강재 거푸집을 사용할 때는 형상이 찌그러지거나 비틀려 있는 것은 형상을 교정한 후 사용하여야 한다.
⑥ 강재 거푸집의 표면에 녹이 많이 나 있는 것은 쇠솔(wire brush) 또는 샌드페이퍼(sand paper) 등으로 닦아내고 박리제(form oil)를 얇게 칠해 두어야 한다.
⑦ 사용한 강재 거푸집에 붙은 콘크리트 부착물은 완전히 제거하고 박리제를 칠해 두어야 한다.
⑧ 강판, 목재, 합판, 거푸집은 창고에 보관하여 두거나 야적시에는 천막 등으로 덮어 두어 녹이 슬거나 부식을 방지토록 하여야 한다.
⑨ 동바리재는 현저한 손상, 변형, 부식이 있는 것과 큰 옹이가 깊숙이 박혀 있는 것은 사용을 피하여야 한다.

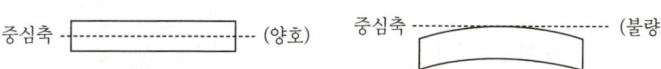

[그림] 동바리재로 사용되는 각재 또는 강관의 중심축

합격예측 및 관련법규

[안전보건규칙]

제351조(낙반 등에 의한 위험의 방지)
사업주는 터널 등의 건설작업을 하는 경우에 낙반 등에 의하여 근로자가 위험해질 우려가 있는 경우에 터널 지보공 및 록볼트의 설치, 부석(浮石)의 제거 등 위험을 방지하기 위하여 필요한 조치를 하여야 한다. 16. 5. 8 산 18. 3. 4 기 19. 8. 4 산 20. 8. 22 기

제352조(출입구 부근 등의 지반 붕괴에 의한 위험의 방지)
사업주는 터널 등의 건설작업을 할 때에 터널 등의 출입구 부근의 지반의 붕괴나 토사 등의 낙하에 의하여 근로자가 위험해질 우려가 있는 경우에는 흙막이지보공이나 방호망을 설치하는 등 위험을 방지하기 위하여 필요한 조치를 하여야 한다.

제20조(출입의 금지 등)
사업주는 다음 각 호의 작업 또는 장소에 울타리를 설치하는 등 관계 근로자가 아닌 사람의 출입을 금지하여야 한다. 다만, 제2호 및 제7호의 장소에서 수리 또는 점검 등을 위하여 그 암(arm)의 움직임에 의한 하중을 충분히 견딜 수 있는 안전지대 또는 안전블록 등을 사용하도록 한 경우에는 그렇지 않다.
1. 추락에 의하여 근로자에게 위험을 미칠 우려가 있는 장소
2. 유압(流壓), 체인 또는 로프 등에 의하여 지탱되어 있는 기계·기구의 덤프, 램(ram), 리프트, 포크(fork) 및 암 등이 갑자기 작동함으로써 근로자에게 위험을 미칠 우려가 있는 장소
3. 케이블 크레인을 사용하여 작업을 하는 경우에는 권상용(卷上用) 와이어로프 또는 횡행용(橫行用) 와이어로프가 통하고 있는 도르래 또는 그 부착부의 파손에 의하여 위험을 발생시킬 우려가 있는 그 와이어로프의 내각측(內角側)에 속하는 장소
4. 인양전자석(引揚電磁石) 부착 크레인을 사용하여 작업을 하는 경우에는 달아 올려진 화물의 아래쪽 장소

5. 인양전자석 부착 이동식 크레인을 사용하여 작업을 하는 경우에는 달아 올려진 화물의 아래쪽 장소
6. 리프트를 사용하여 작업을 하는 다음 각 목의 장소
   가. 리프트 운반구가 오르내리다가 근로자에게 위험을 미칠 우려가 있는 장소
   나. 리프트의 권상용 와이어로프 내측에 그 와이어로프가 통하고 있는 도르래 또는 그 부착부가 떨어져 나감으로써 근로자에게 위험을 미칠 우려가 있는 장소
7. 지게차·구내운반차(작업장 내 운반을 주목적으로 하는 차량으로 한정한다. 이하 같다)·화물자동차 등의 차량계 하역운반기계 및 고소(高所)작업대(이하 "차량계 하역운반기계등"이라 한다)의 포크·버킷(bucket)·암 또는 이들에 의하여 지탱되어 있는 화물의 밑에 있는 장소. 다만, 구조상 갑작스러운 하강을 방지하는 장치가 있는 것은 제외한다.
8. 운전 중인 항타기(杭打機) 또는 항발기(杭拔機)의 권상용 와이어로프 등의 부착부분의 파손에 의하여 와이어로프가 벗겨지거나 드럼(drum), 도르래 뭉치 등이 떨어져 근로자에게 위험을 미칠 우려가 있는 장소
9. 화재 또는 폭발의 위험이 있는 장소
10. 낙반(落磐) 등의 위험이 있는 다음 각 목의 장소
    가. 부석의 낙하에 의하여 근로자에게 위험을 미칠 우려가 있는 장소
    나. 터널지보공(支保工)의 보강작업 또는 보수작업을 하고 있는 장소로서 낙반 또는 낙석 등에 의하여 근로자에게 위험을 미칠 우려가 있는 장소
11. 토석(土石)이 떨어져 근로자에게 위험을 미칠 우려가 있는 채석작업을 하는 굴착작업장의 아래 장소
12. 암석 채취를 위한 굴착작업, 채석에서 암석을 분할 가공하거나 운반하는 작업, 그 밖에 이러한 작업에 수반(隨伴)한 작업(이하 "채석작업"이라 한다)을 하는

⑩ 동바리재로 사용되는 각재 또는 강관은 양끝을 일직선으로 그은 선 안에 있어야 하고 일직선 밖으로 굽어져 있는 것은 사용을 금하여야 한다.
⑪ 강관 동바리, 보 등을 조합한 구조의 것은 최대사용하중을 넘지 않는 부위에 사용하여야 한다.
⑫ 연결재는 다음 사항을 고려하여 선정하여야 한다.
   ㉮ 작업원이 많이 사용하여 손에 익숙한 것으로 하여야 한다.
   ㉯ 정확하고 충분한 강도가 있는 것으로 하여야 한다.
   ㉰ 회수, 해체하기가 쉬운 것이어야 한다.
   ㉱ 조합 부품수가 적은 것이어야 한다.

2 거푸집의 구비조건 19. 4. 27

① 거푸집은 조립·해체·운반이 용이할 것
② 최소한의 재료로 여러 번 사용할 수 있는 형상과 크기일 것
③ 수분이나 모르타르 등의 누출을 방지할 수 있는 수밀성이 있을 것
④ 시공 정확도에 알맞는 수평·수직·직각을 유지하고 변형이 생기지 않는 구조일 것
⑤ 콘크리트의 자중 및 부어넣기 할 때의 충격과 작업하중에 견디고, 변형(처짐·배부름·뒤틀림)을 일으키지 않을 강도를 가질 것

3 시공계획

① 콘크리트 계획
② 거푸집 조립도
③ 거푸집 및 거푸집 지보공의 응력 계산
④ 거푸집 공정표
⑤ 가공도 등

[표] 거푸집 지보공의 분류

구조별	명칭
지주식	파이프서포트식
	틀 조립식
	삼각틀 조립식
	단관지주식
	목재지주식
	조립강주식
보식	경지보공식
	중지보공식

4 거푸집 조립

① 거푸집지보공의 조립시에는 작업 책임자를 선임하여야 한다.
② 거푸집의 운반, 설치 작업에 필요한 작업장 내 필요한 통로 및 비계가 충분한가를 확인하여야 한다.
③ 거푸집지보공은 다음 하중에 충분한 것을 사용하여야 한다.

$$(\text{타설되는 콘크리트 중량}) + (\text{철근 중량}) + (\text{가설물 중량}) + (\text{호퍼, 버킷, 가드류의 중량}) + (\text{작업원의 중량}) + 150[\text{kg/m}^2]$$

④ 동바리의 침하를 방지하고 또 각부가 활동하지 않는 방법을 취하여야 한다.
⑤ 강재와 강재와의 접속부 및 교차부는 볼트, 클램프 등의 철물로 연결하여야 한다.
⑥ 철선 사용을 가급적 피하여야 한다.
⑦ 거푸집이 곡면일 경우에는 버팀대의 부착 등 그 거푸집의 부상을 방지하기 위한 조치를 하여야 한다.
⑧ 동바리로 사용하는 강관에 대해서는 높이 2[m] 이내마다 수평연결재를 2개 방향으로 만들고 수평연결재의 변위를 방지하여야 한다.
⑨ 파이프서포트를 3본 이상 이어서 사용하지 말고, 또 높이가 3.5[m] 이상의 경우에는 높이 2[m] 이내마다 수평연결재를 2개 방향으로 만들고 수평연결재의 변위가 일어나지 않도록 이음부분은 견고하게 이어 좌굴을 방지하도록 하여야 한다.
⑩ 틀비계를 동바리로 사용할 경우에는 각 비계간 교차가새를 만들고, 최상층 5층 이내마다 거푸집 지보공의 측면과 틀면의 방향 및 교차가새의 방향에서 5개 이내마다 수평연결재를 설치하고, 수평이음의 변위를 방지하여야 한다.
⑪ 틀비계를 동바리로 사용할 경우에는 상단의 강재에 단판을 부착시켜 이것을 보 또는 작은보에 고정시켜야 한다.
⑫ 높이가 4[m]를 초과할 때는 4[m] 이내마다 수평연결재를 2개 방향으로 설치하고, 수평연결재의 변위를 방지하여야 한다.
⑬ 목재를 동바리로서 사용하는 경우 높이 2[m] 이내마다 수평연결재를 설치하고, 수평연결재의 변위방지 조치를 취하여야 한다.
⑭ 목재를 이어서 사용할 경우에는 2본 이상의 덧댐목을 대고 4개소 이상 견고하게 묶은 후 상단을 보 또는 멍에에 고정시켜야 한다.
⑮ 지보공 하부에 깔판 또는 깔목은 2단 이상 끼우지 않도록 하고 작업 인원의 보행에 지장이 없어야 하며, 이탈되지 않도록 고정시켜야 한다.
⑯ 보, 슬래브 등의 거푸집은 작업원이 용이하게 작업할 수 있는 위치에서부터 점차로 조립해 나가도록 하여야 한다.
⑰ 재료, 기구, 공구를 올리거나 내릴 때에는 달줄, 달포대 등을 사용하여야 한다.

경우에는 운전 중인 굴착기계·분할기계·적재기계 또는 운반기계(이하 "굴착기계 등"이라 한다)에 접촉함으로써 근로자에게 위험을 미칠 우려가 있는 장소
13. 해체작업을 하는 장소
14. 하역작업을 하는 경우에는 쌓아놓은 화물이 무너지거나 화물이 떨어져 근로자에게 위험을 미칠 우려가 있는 장소
15. 다음 각 목의 항만하역작업 장소
   가. 해치 커버 [해치 보드(hatch board) 및 해치 빔(hatch beam)을 포함한다]의 개폐·설치 또는 해체작업을 하고 있어 해치 보드 또는 해치 빔 등이 떨어져 근로자에게 위험을 미칠 우려가 있는 장소
   나. 양화장치(揚貨裝置) 붐(boom)이 넘어짐으로써 근로자에게 위험을 미칠 우려가 있는 장소
   다. 양화장치, 데릭(derrick), 크레인, 이동식 크레인(이하 "양화장치 등"이라 한다)에 매달린 화물이 떨어져 근로자에게 위험을 미칠 우려가 있는 장소
16. 벌목, 목재의 집하 또는 운반 등의 작업을 하는 경우에는 벌목한 목재 등이 아래 방향으로 굴러 떨어지는 등의 위험이 발생할 우려가 있는 장소
17. 양화장치 등을 사용하여 화물의 적하[부두 위의 화물에 훅(hook)을 걸어 선(船) 내에 적재하기까지의 작업을 말한다] 또는 양하[선 내의 화물을 부두 위에 내려 놓고 훅을 풀기까지의 작업을 말한다]를 하는 경우에는 통행하는 근로자에게 화물이 떨어지거나 충돌할 우려가 있는 장소
18. 굴착기 붐·암·버킷 등의 선회(旋回)에 의하여 근로자에게 위험을 미칠 우려가 있는 장소

⑱ 거푸집 조립 작업장 주위에는 작업원 이외의 통행을 제한하고 슬래브 거푸집 조립시에는 많은 인원이 한곳에 집중되지 않도록 넓은 지역으로 고루 분산시켜야 한다.

⑲ 안전사다리 또는 이동식 틀비계를 사용하여 작업할 때에는 항상 보조원이 대기하여야 한다.

⑳ 거푸집은 다음 순서에 의하여 조립하여야 한다.

기둥 → 보받이내력벽 → 큰보 → 작은보 → 바닥 → 내벽 → 외벽

㉑ 강풍, 폭우, 폭설 등 악천후 때문에 조립 작업 실시에 위험이 따를 것이 예상되는 경우에는 작업을 중지하여야 한다.

㉒ 조립 작업위치에서는 거푸집 제작을 가급적 피하고 다른 장소에서 제작한 후 조립토록 하여야 한다.(톱질, 망치질 등으로 인한 재해 발생 방지)

㉓ 콘크리트를 타설할 때에는 거푸집이 변형되지 않도록 설치되어 있어야 하며, 흔들림막이, 턴버클, 가새 등은 필요한 곳에 적절히 설치되어 있는지를 확인하여야 한다.

㉔ 조립 작업은 조립 → 검사 → 수정 → 고정을 주기로 하여 부분을 요약해서 행하고 전체를 진행하여 나가야 한다.

(2) 거푸집의 부위별 점검사항

[1] 기초 거푸집 점검사항

① 버팀 콘크리트면의 기초 먹줄의 치수와 위치는 도면과 일치하는가?
② 거푸집을 설치하는 데 있어 터파기는 여유있게 되어 있는가?
③ 거푸집선이 정확하고 조립 상태가 정확한가?
④ 콘크리트 타설시 콘크리트 타설 한계 위치는 정확하게 표시되어 있는가?
⑤ 기초의 철근 배근은 빠짐없이 되어 있는가?
⑥ 관통구멍, 앵커볼트, 차출근의 위치, 수량, 지름 등은 정확한가?
⑦ 독립 기초의 경우 거푸집이 콘크리트 타설시에 떠오르든지 또 이동하지 않도록 고정되어 있는가?

[2] 기둥, 벽의 거푸집 점검사항

① 거푸집 하부의 위치는 정확한가?
② 기둥 및 벽 거푸집의 요소에 추를 내렸을 때 수직인가?
③ 건물의 요철부분은 정확하게 조립되어 있는지를 확인하고 특히 돌출부는 콘크리트 타설시 이탈되지 않도록 견고하게 조립되어 있는가?
④ 하부에는 청소구가 있는가를 확인하고 콘크리트 타설시는 완전히 닫도록 조치되어 있는가?

합격예측 및 관련법규

[안전보건규칙]

제353조(시계의 유지)

사업주는 터널건설작업을 할 때에 터널 내부의 시계(視界)가 배기가스나 분진 등에 의하여 현저하게 제한되는 경우에는 환기를 하거나 물을 뿌리는 등 시계를 유지하기 위하여 필요한 조치를 하여야 한다.

제356조(용접 등 작업 시의 조치)

사업주는 터널건설작업을 할 때에 그 터널 등의 내부에서 금속의 용접·용단 또는 가열작업을 하는 경우에는 화재를 예방하기 위하여 다음 각 호의 조치를 하여야 한다.

1. 부근에 있는 넝마, 나무부스러기, 종이부스러기, 그 밖의 인화성 액체를 제거하거나, 그 인화성 액체에 불연성 물질의 덮개를 하거나, 그 작업에 수반하는 불티 등이 날아 흩어지는 것을 방지하기 위한 격벽을 설치할 것
2. 해당 작업에 종사하는 근로자에게 소화설비의 설치장소 및 사용방법을 주지시킬 것
3. 해당 작업 종료 후 불티 등에 의하여 화재가 발생할 위험이 있는지를 확인할 것

[Q] 은행문제

철골공사에서 용접작업을 실시함에 있어 전격예방을 위한 안전조치 중 옳지 않은 것은? 19. 3. 3 [산]

① 전격방지를 위해 자동전격방지기를 설치한다.
② 우천, 강설시에는 야외작업을 중단한다.
③ 개로 전압이 낮은 교류 용접기는 사용하지 않는다.
④ 절연 홀더(Holder)를 사용한다.

정답 ③

⑤ 개구부의 위치와 치수 및 상자넣기(나무토막) 등의 설치 위치는 정확한가?
⑥ 콘크리트 타설면, 특히 이어치기면에는 이물이 있어서는 안 되며 완전 제거 후 이어지도록 되었는가?
⑦ 거푸집 해체는 용이하도록 되어 있는가?

3 보, 슬래브의 거푸집 점검사항
① 보, 거푸집의 치수는 정확한가?
② 모서리는 정확하게 조립되어 있는가?
③ 슬래브의 중앙부는 처짐에 대해 약간 솟음을 두었는가?
④ 슬래브 및 보 등에는 기계설비 및 천장 설치용 고정장치 등이 설치되어 있는가?
⑤ 보 등에는 벌어짐에 대하여 견딜 수 있도록 견고하게 조립되어 있는가?

4 지보공 점검사항
① 거푸집 조립도대로 조립되어 있는가?
② 동바리의 위치와 간격, 부재를 제대로 설치하고 견고히 연결하도록 하며 열을 지어 일직선상에 있고 수직인가?
③ 동바리를 지반에 설치할 때에는 밑둥잡이 또는 깔목을 설치하여 부동침하를 방지토록 하고 활동이 없는가?
④ 동바리를 경사가 있는 콘크리트면에 세울 때에는 미끄러지지 않도록 조치하였는가?
⑤ 동바리에는 하중이 균등하게 작용하도록 설치하였는가?
⑥ 콘크리트 타설시 거푸집의 흔들림을 방지토록 하고 흔들림을 방지하기 위한 턴버클, 가새 등은 필요한 위치에 충분히 설치되어 있는가?
⑦ 지보공의 높이 조절용 받침목, 철편 등은 이탈되지 않았는가?
⑧ 강관동바리 사용시 접속부의 나사는 마모되어 있지 않는가?
⑨ 이동용 틀비계를 지보공 대용으로 사용할 때에는 활차가 고정되어 있었는가?
⑩ 거푸집이 비계 등에 접촉되어 있지 않은가?
⑪ 그 밖에 전기 설비, 급배수 설비, 승강기 설비 등과 같은 설비공사 등 관련공사와도 지장이 없도록 충분한 검사가 수행되었는가?

5 거푸집 재료의 특징

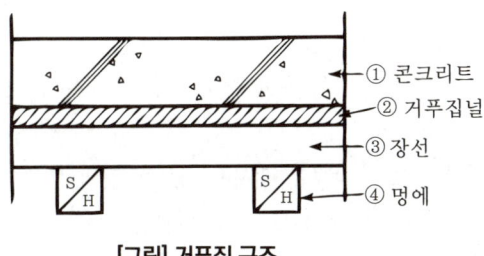

[그림] 거푸집 구조

합격예측 및 관련법규
[안전보건규칙]
제362조(터널지보공의 구조)
사업주는 터널지보공을 설치하는 장소의 지반과 관계되는 지질·지층·함수·용수·균열 및 부식의 상태와 굴착방법에 상응하는 견고한 구조의 터널지보공을 사용하여야 한다.

제363조(조립도)
① 사업주는 터널지보공을 조립하는 경우에는 미리 그 구조를 검토한 후 조립도를 작성하고 그 조립도에 따라 조립하도록 하여야 한다.
② 제1항의 조립도에는 부재의 재질·단면규격·설치간격 및 이음방법 등을 명시하여야 한다. 17. 8. 26 ⑦ 21. 5. 15 ⑦ 23. 7. 8 ⑦

제364조(조립 또는 변경시의 조치)
사업주는 터널 지보공을 조립하거나 변경하는 경우에는 다음 각 호의 사항을 조치하여야 한다. 18. 4. 28 ⑦
1. 주재(主材)를 구성하는 1세트의 부재는 동일 평면 내에 배치할 것
2. 목재의 터널지보공은 그 터널지보공의 각 부재의 긴압 정도가 균등하게 되도록 할 것
3. 기둥에는 침하를 방지하기 위하여 받침목을 사용하는 등의 조치를 할 것
4. 강(鋼)아치지보공의 조립은 다음 각 목의 사항을 따를 것
   가. 조립간격은 조립도에 따를 것
   나. 주재가 아치작용을 충분히 할 수 있도록 쐐기를 박는 등 필요한 조치를 할 것
   다. 연결볼트 및 띠장 등을 사용하여 주재 상호간을 튼튼하게 연결할 것
   라. 터널 등의 출입구 부분에는 받침대를 설치할 것
   마. 낙하물이 근로자에게 위험을 미칠 우려가 있는 경우에는 널판 등을 설치할 것
5. 목재지주식 지보공은 다음 각 목의 사항을 따를 것
   가. 주기둥은 변위를 방지하기 위하여 쐐기 등을 사용하여 지반에 고정시킬 것

나. 양끝에는 받침대를 설치할 것
다. 터널 등의 목재지주식 지보공에 세로방향의 하중이 걸림으로써 넘어지거나 비틀어질 우려가 있는 경우에는 양끝 외의 부분에도 받침대를 설치할 것
라. 부재의 접속부는 꺾쇠 등으로 고정시킬 것
6. 강아치지보공 및 목재지주식 지보공 외의 터널 지보공에 대해서는 터널 등의 출입구 부분에 받침대를 설치할 것

[표] 철재 거푸집의 장·단점

장점	단점
① 강성이 크고 정밀도가 높다 ② 평면이 평활한 콘크리트가 된다. ③ 수밀성이 좋다. ④ 강도가 크다. ⑤ 전용도가 극히 좋다.	① 콘크리트가 녹물로 오염될 우려가 있다. ② 중량이 무거워 취급이 어렵다. ③ 미장 마무리를 할 때에는 정으로 쪼아서 거칠게 하여야 한다. ④ 외부 온도의 영향을 받기 쉬우므로 한랭한 시기에는 특히 주의해야 한다. ⑤ 초기의 투자율이 높다.

[표] 합판 거푸집의 장·단점

장점	단점
① 콘크리트의 표면이 평활하고 아름답다. ② 재료의 신축이 작으므로 누수의 염려가 적다. ③ 보통 목재 패널(panel)보다 강성이 크고, 정밀도 높은 시공이 가능하다.	① 무게가 무겁다. ② 내수성이 불충분하여 표면이 손상되기 쉽다.

6 철재 거푸집과 비교하였을 때 합판 거푸집의 장점

① 녹이 슬지 않으므로 보관하기 쉽다.
② 가볍다.
③ 보수가 간단하다.
④ 삽입기구(insert)의 삽입이 간단하다.
⑤ 외기온도의 영향이 적다.

7 거푸집의 해체시 안전수칙 17. 5. 7 [산] 17. 8. 26 [기] 19. 4. 27 [기]

① 거푸집지보공 해체시에는 작업 책임자를 선임하여야 한다.
② 거푸집 해체 작업장 주위에는 관계자를 제외하고 출입을 금지시켜야 한다.
③ 강풍, 폭우, 폭설 등 악천후 때문에 작업 실시에 위험이 예상될 때에는 해체 작업을 중지시켜야 한다.
④ 해체된 거푸집, 그 밖에 각목 등을 올리거나 내릴 때에는 달줄 또는 달포대 등을 사용하여야 한다.
⑤ 해체된 거푸집 또는 각목 등에 박혀 있는 못 또는 날카로운 돌출물은 즉시 제거하여야 한다.
⑥ 해체된 거푸집 또는 각목은 재사용 가능한 것과 보수하여야 할 것을 선별, 분리하여 적치하고 정리정돈을 하여야 한다.

⑦ 거푸집의 해체는 순서에 입각하여 실시하여야 한다.
⑧ 해체시 작업원은 안전모와 안전화를 착용하도록 하고, 고소에서 해체할 때에는 반드시 안전대를 사용하여야 한다.
⑨ 보 또는 슬래브 거푸집을 제거할 때에는 한쪽 먼저 해체한 다음 밧줄 등을 이용하여 묶어두고 다른 한쪽을 서서히 해체한 다음 천천히 달아내려 거푸집 보호는 물론, 거푸집의 낙하 충격으로 인한 작업원의 돌발적 재해를 방지하여야 한다.
⑩ 거푸집 해체가 용이하지 않다고 구조체에 무리한 충격, 또는 큰 힘에 의한 지렛대 사용은 금하여야 한다.
⑪ 제3자에 대한 보호는 완전히 하여야 한다.
⑫ 상하에서 동시작업할 때에는 상하가 긴밀히 연락을 취하여야 한다.

[표 1] 콘크리트의 압축강도를 시험할 경우 거푸집널의 해체 시기

부재		콘크리트 압축강도
확대기초, 보, 기둥, 등의 측면		5[Mpa] 이상
슬래브 및 보의 밑면, 아치 내면	단층구조의 경우	설계기준 압축강도의 2/3배 이상 또한, 최소 14[Mpa] 이상
	다층구조의 경우	설계기준 압축강도 이상 (필러 동바리 구조를 이용할 경우는 구조계산에 의해 기간을 단축할 수 있음. 단, 이 경우라도 최소강도는 14[Mpa] 이상으로 함)

[표 2] 콘크리트의 압축강도를 시험하지 않을 경우 거푸집널의 해체 시기
(기초, 보, 기둥, 및 벽의 측면) KCS(2021.2.18) 23. 11. 11 실작

시멘트의 종류 기온	조강 포틀랜드 시멘트	보통포틀랜드 시멘트 고로 슬래그 시멘트 (1종) 포틀랜드포졸란 시멘트(1종) 혼합 시멘트(1종)	고로 슬래그 시멘트 (2종) 포틀랜드포졸란 시멘트(2종) 플라이 애쉬 시멘트 (2종)
20 [℃] 이상	2일	4일	5일
20 [℃] 미만 10 [℃] 이상	3일	6일	8일

용어정의

① 거푸집(form) : 부어넣은 콘크리트가 소정의 형상, 치수를 유지하며 콘크리트가 적합한 강도에 도달하기까지 지지하는 가설 구조물의 총칭
② 동바리(floor post : 지보공) : 타설된 콘크리트가 소정의 강도를 얻을 때까지 거푸집 및 장선, 멍에를 적정한 위치에 유지시키고 상부하중을 지지하기 위하여 설치하는 부재
③ Workability(시공연도) : 컨시스턴시에 의한 작업이 난이의 정도 및 재료분리에 저항하는 정도 등 복합적인 의미에서의 시공 난이 정도
④ Consistency(반죽질기) : 수량에 의해 변화하는 콘크리트 유동성의 정도, 혼합물의 묽기 정도(유동성), 콘크리트의 변형능력의 총칭
⑤ Plasicticity(성형성) : 거푸집 등의 형상에 순응하여 채우기 쉽고, 분리가 일어나지 않은 성질. 거푸집에 잘 채워질 수 있는지의 난이 정도
⑥ Finishability(마감성) : 골재의 최대치수에 따르는 표면정리의 난이 정도, 마감작업의 용이성, 마감성의 난이를 표시하는 성질
⑦ Pumpability(압송성) : 펌프시공 콘크리트의 경우 펌프에 콘크리트가 잘 밀려나가는 지의 난이 정도·펌프압송의 용이성

8 거푸집동바리 및 거푸집의 강재 사용기준

① 개요

거푸집동바리 및 거푸집의 재료로 변형·부식 또는 심하게 손상된 것을 사용해서는 안 되며, 사용하는 동바리·보 등 주요 부분의 강재는 강재의 사용기준에 적합한 것을 사용하여야 한다.

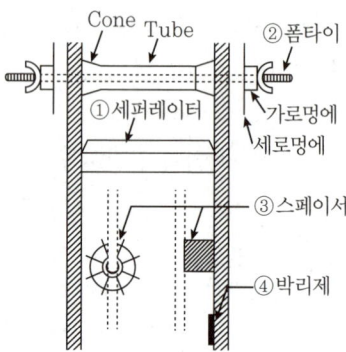

[그림] 거푸집 부속재료

② 재료 선정시 고려사항
   ㉮ 강도
   ㉯ 강성
   ㉰ 내구성
   ㉱ 작업성
   ㉲ 타설 콘크리트의 영향력
   ㉳ 경제성

③ 필요조건
   ㉮ 각종 외력(콘크리트 하중과 작업하중)에 견디는 충분한 강도 및 변형이 없을 것
   ㉯ 형상과 치수가 정확히 유지될 수 있는 정밀성과 수용성을 갖출 것
   ㉰ 재료비가 싸고 반복 사용으로 경제성이 있을 것
   ㉱ 가공·조립·해체가 용이할 것
   ㉲ 운반취급·적치에 용이하도록 가벼울 것
   ㉳ 청소와 보수가 용이할 것

합격예측 및 관련법규

[안전보건규칙]

제366조(붕괴 등의 방지)

사업주는 터널지보공을 설치한 경우에는 다음 각호의 사항을 수시로 점검하여야 하며 이상을 발견한 경우에는 즉시 보강하거나 보수하여야 한다.
17. 3. 5 산 18. 3. 4 기
19. 4. 27 기 19. 8. 4 기
1. 부재의 손상·변형·부식·변위 탈락의 유무 및 상태
2. 부재의 긴압의 정도
3. 부재의 접속부 및 교차부의 상태
4. 기둥침하의 유무 및 상태

용어정의

① 격리재(Separator) : 거푸집 상호간의 간격을 유지, 측벽 두께를 유지하기 위한 것
② 긴장재(Form tie) : 콘크리트를 부어 넣을 때 거푸집이 벌어지거나 변형되지 않게 연결 고정하는 것이며, 조임용 철선은 달구어 누그린 철선을 두겹으로 탕개를 틀어 조여맨 것
③ 간격재(Spacer) : 철근과 거푸집의 간격 유지를 위한 것
④ 박리제(formoil) : 중유, 석유, 동식물유, 아마인유, 파라핀, 합성수지 등을 사용, 콘크리트와 거푸집의 박리를 용이하게 하는 것
⑤ 캠버(camber) : 처짐을 고려하여 보나 슬래브 중앙부를 1/300~1/500 정도 미리 치켜올림, 높이 조절용 쐐기

[별표4] 채석작업시 작업계획서 내용

① 노천굴착과 갱내굴착의 구별 및 채석방법
② 굴착면의 높이와 기울기
③ 굴착면의 소단(小段)의 위치와 넓이
④ 갱내에서의 낙반 및 붕괴방지의 방법
⑤ 발파방법
⑥ 암석의 분할방법
⑦ 암석의 가공장소
⑧ 사용하는 굴착기계·분할기계·적재기계 또는 운반기계(이하 "굴착기계 등"이라 한다)의 종류 및 능력
⑨ 토석 또는 암석의 적재 및 운반방법과 운반경로
⑩ 표토 또는 용수의 처리방법

6. 흙막이(sheathing work)

(1) 개요

흙쌓기나 터파기의 붕괴나 미끄럼을 방지하기 위한 공사. 옹벽이나 돌쌓기·블록쌓기 등을 하여 흙쌓기의 흙막이를 하는 방법과 널말뚝이나 스트럿을 이용하여 터파기의 흙막이를 하는 방법이 있다.

(2) 흙막이 설치기준

흙막이지보공의 조립도에는 흙막이판·말뚝·버팀대 및 띠장 등 부재의 배치·치수·재질 및 설치방법과 순서가 명시되어야 한다.

(3) 용어정의

① 강널말뚝(steel sheet pile) : 흙막이 공사에서 토압에 저항하고, 동시에 차수 목적으로 서로 맞물림 효과가 있는 수직 타입의 강재 널말뚝
② 경사버팀대(inclined/corner strut) : 흙막이 벽에 작용하는 수평력을 양측 단부 모두 흙막이 벽에 경사지게 지지하도록 설치하는 부재
③ 경사고임대(레이커, raker) : 기둥이나 벽을 고임하기 위해 상하 경사로 일측 단부를 지반에 지지되도록 설치하는 부재
④ 까치발(사보강재, 화타) : 버팀대, 경사버팀대 또는 경사고임대에 작용하는 하중을 띠장에 분산시킬 목적으로 이들 부재의 단부에 빗대어 설치하는 짧은 부재로서 버팀대의 지지간격을 넓히는 용도로 설치하는 보강재
⑤ 띠장(wale) : 흙막이 벽에 작용하는 토압에 의한 휨모멘트와 전단력에 저항하도록 설치하는 휨부재로서, 흙막이 벽체에 가해지는 토압을 버팀대에 전달하기 위해 벽면에 직접 수평 또는 경사형태로 부착하는 부재
⑥ 록볼트(rock bolt) : 굴착 암반의 안정화를 위해 암반 중에 정착하여 일체화 또는 보강 목적의 볼트 모양의 부재
⑦ 버팀대(strut) : 흙막이 벽에 작용하는 수평력을 굴착현장 내부에서 지지하기 위하여 수평 또는 경사로 설치하는 압축 부재
⑧ 소단(berm) : 사면의 안정성을 높이기 위하여 사면 중간에 설치된 수평면
⑨ CIP(Cast In Placed Pile) : 지반을 천공한 후 철근망 또는 필요시 H형강을 삽입하고 콘크리트를 타설하는 현장타설말뚝으로 주열식 현장벽체
⑩ 네일(nail) : 중력식 옹벽개념의 흙막이 벽체 형성을 위해 지반에 삽입하고 그라우팅하여 지반을 지지하는 철근
⑪ 소일시멘트 벽체(soil cement wall) : 오거 형태의 굴착과 함께 원지반에 시멘트계 결합재를 혼합, 교반시키고 필요시에 H-형강 등의 응력분담재를 삽입하여 조성하는 주열식 현장 벽체

합격예측 및 관련법규

[안전보건규칙]
제370조(지반 붕괴 등의 위험방지)
사업주는 채석작업을 하는 경우 지반의 붕괴 또는 토사 등의 낙하로 인하여 근로자에게 발생할 우려가 있는 위험을 방지하기 위하여 다음 각 호의 조치를 하여야 한다.
1. 점검자를 지명하고 당일 작업 시작 전에 작업장소 및 그 주변 지반의 부석과 균열의 유무와 상태, 함수·용수 및 동결상태의 변화를 점검할 것
2. 점검자는 발파 후 그 발파 장소와 그 주변의 부석 및 균열의 유무와 상태를 점검할 것

Q 은행문제

거푸집 해체 시 확인해야 할 사항이 아닌 것은? 18. 4. 28 ⑦
① 거푸집의 내공 치수
② 수직, 수평부재의 존치기간 준수여부
③ 소요강도 확보 이전에 지주의 교환 여부
④ 거푸집해체용 압축강도 확인시험 실시 여부

정답 ①

⑫ 슬라임(slime) : 보링, 현장타설 말뚝, 지하연속벽 등에서 지반 굴착 시에 천공 바닥에 생기는 미세한 굴착 찌꺼기로서 강도와 침하에 매우 불리한 영향을 주는 물질

⑬ 안내벽(guide wall) : 연직의 벽식 흙막이 공법의 시공시 굴착(천공)작업에 앞서 굴착구 양측에 설치하는 가설벽으로서, 벽체형성체의 상부 지반 붕괴를 방지하고 굴착기계와 흙막이벽체 등의 정확한 위치 유도를 목적으로 설치

⑭ 안정액(slurry) : 액성한계 이상의 수분을 함유한 흙을 대상으로 공벽을 굴착할 경우 공벽의 붕괴 방지를 목적으로 사용하는 현탁액으로 벤토나이트(bentonite)를 사용한다.

⑮ 엄지말뚝(soldier pile) : 굴착 경계면을 따라 수직으로 설치되는 강제 말뚝으로서 흙막이판과 더불어 흙막이 벽을 이루며 배면의 토압 및 수압을 직접 지지하는 수직 휨부재

⑯ 지반앵커(ground anchor) : 선단부를 양질지반에 정착시키고, 이를 반력으로 하여 흙막이 벽 등의 구조물을 지지하기 위한 구조체로서 그라우팅으로 조성되는 앵커체, 인장부, 앵커머리로 구성된다. 사용기간별로 영구앵커와 가설(임시)앵커로 구분한다.

⑰ 지하연속벽(diaphram wall) : 벤토나이트 안정액을 사용하여 지반을 굴착하고 철근망을 삽입한 후 콘크리트를 타설하여 지중에 시공된 철근 콘크리트 연속벽체로 주로 영구벽체로 사용함.

⑱ 흙막이판 : 굴착 배면의 토압과 수압을 직접 지지해주는 휨저항 부재

합격예측

흙막이 공법 17. 3. 5 ㉮ 20. 9. 27 ㉮ 23. 7. 8 ㉮
- 지지방식
- 구조방식

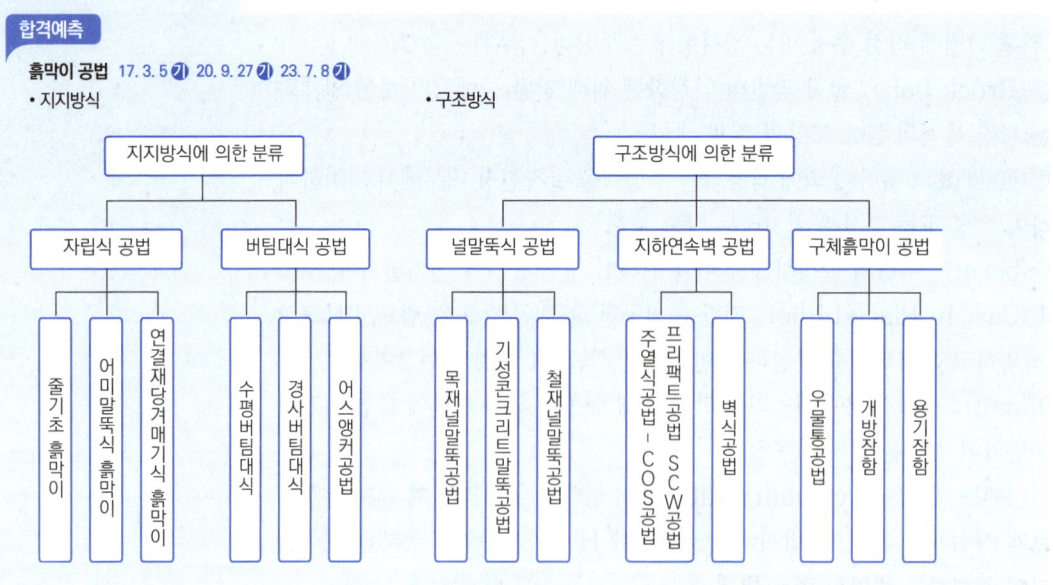

(4) 계측의 목적

① 연약지반에 축조된 구조물의 안전성을 평가하고 안전성 유지를 위한 시공절차 판단여부
② 구조물 설계의 적합성 평가 및 설계변경의 가능성 예측
③ 지반변위가 발생하는 원인, 변화의 크기 및 분포가 주변 구조물에 미치는 영향 판단
④ 계측결과 분석 및 적절한 공법 선정

[표] 계측장치의 종류 및 설치목적

종류	설치목적
건물경사계(tilt meter)	지상 인접구조물의 기울기 측정
지표면침하계(level and staff)	주위 지반에 대한 지표면의 침하량 측정
지중경사계(inclinometer)	지중수평변위를 측정하여 흙막이의 기울어진 정도 파악
지중침하계(extension meter)	지중수직변위를 측정하여 지반의 침하 정도 파악
변형률계(strain gauge)	흙막이 버팀대의 변형 정도 파악
하중계(load cell)	흙막이 버팀대에 작용하는 토압, 토류벽 어스앵커의 인장력 등을 측정
토압계(earth pressure meter)	흙막이에 작용하는 토압의 변화 파악
간극수압계(piezo meter)	굴착으로 인한 지하의 간극수압 측정
지하수위계(water level meter)	지하수의 수위변화 측정

용어정의

벤토나이트(bentonite)
석영·장석(長石)·제올라이트 등을 포함한 것이 많다. 빛깔은 백색·회색·담갈색·담녹색 등을 나타낸다. 진주광택·납상광택을 가지며 지방감이 있는 치밀한 괴상으로 산출되는데, 물을 흡착하여 팽윤하고, 양이온 교환성이 뚜렷한 것 등 몬모릴로나이트의 성질과 흡사하다. 응회암과 유리질 유문암(流紋岩)이 변질된 것이다. 용도는 매우 넓어 석유정굴진용 이수(石油井掘進用泥水)의 주성분, 주물형(鑄物型)의 결합제, 요업원료의 혼입제, 연고의 기초제로서 사용되기도 한다. 명칭은 발견지인 미국 와이오밍주(州)의 지층에서 유래되었다.

주요항목 05 비계·거푸집 가시설 위험방지 출제예상문제

출제예상문제는 복습, 예습문제로 엮었습니다. *WHY : 실제시험에도 순서에 관계없이 출제됩니다. 예습 후 다음장에 공부한 문제가 있으면 기억이 배가 됩니다.

01 ★★★★ 거푸집에 가해지는 콘크리트 측압에 관한 기술 중 틀린 것은? 16.10.1㉠ 17.3.5㉠

① 슬럼프가 클수록 크다.
② 벽 두께가 두꺼울수록 크다.
③ 물시멘트비가 클수록 크다.
④ 콘크리트 단위중량이 작을수록 크다.

해설

콘크리트 타설시 거푸집 측압에 영향을 미치는 인자
① 슬럼프가 클수록 크다.
② 단면이 클수록 크다.
③ 배합이 좋을수록 크다.
④ 붓는(타설) 속도가 클수록 크다.
⑤ 콘크리트 단위중량(밀도)이 클수록 크다.
⑥ 대기의 온도, 습도가 낮을수록 크다.

02 ★★★ 거푸집 설계시 적용되는 철근 콘크리트의 단위중량은?

① 2.0[t/m³]   ② 2.1[t/m³]
③ 2.3[t/m³]   ④ 2.4[t/m³]

해설

단위중량
① 자갈의 단위중량 : 1.6~1.7[t/m³]
② 모래의 단위중량 : 1.5~1.6[t/m³]
③ 목재의 단위중량 : 0.5[t/m³]
④ 시멘트 1[m³] : 1,500[kg](1포대는 40[kg])
⑤ 못 한 가마 : 50[kg]
⑥ 철근 콘크리트 단위중량 : 2.4[t/m³]
⑦ 무근 콘크리트 단위중량 : 2.3[t/m³]
⑧ 경량 콘크리트 단위중량 : 1.7[t/m³]

03 ★★★ 흙막이지보공을 설치할 때에는 미리 조립도를 작성하여야 하는데 조립도에 반드시 명기되어야 할 사항과 거리가 먼 것은?

① 부재 명칭   ② 부재 설치 순서
③ 부재 치수   ④ 부재 배치

해설

흙막이지보공의 조립도
조립도에는 흙막이판·말뚝·버팀대 및 띠장 등 부재의 배치·치수·재질 및 설치방법과 순서가 명시되어야 한다.

> 참고) 산업안전보건기준에 관한 규칙 제346조(조립도)

04 ★★★ 거푸집의 무너짐(도괴) 방지를 위한 대책에 해당되지 않는 것은?

① 지주, 이음매, 마디 등 부재의 배치 및 치수가 명시된 조립도를 작성한 후 시공한다.
② 거푸집동바리는 침하 및 활동 방지를 위한 조치를 한다.
③ 목재지주의 경우 3[m] 이내마다 수평연결재로 고정한다.
④ 거푸집 재료는 부식, 변형, 손상된 것을 사용하지 않는다.

해설

목재지주는 높이 2[m]마다 수평연결재는 2개 방향으로 만들고 수평연결재의 변화를 방지한다.

[정답] 01 ④   02 ④   03 ①   04 ③

05 ★★ 거푸집지보공의 분류 중 지주식 구조가 아닌 것은?

① 파이프서포트식 ② 틀 조립식
③ 삼각틀 조립식 ④ 강재 보(beam)식

해설

거푸집지보공의 분류

구조별	명칭		비고
지주식	① 파이프서포트식 ③ 삼각틀 조립식 ⑤ 목재지주식	② 틀 조립식 ④ 단관지주식 ⑥ 조립강주식	KSF 8001
보식	① 경지보공식	② 중지보공식	

06 ★★★ 거푸집지보공의 안전조치를 기술한 것이다. 틀린 것은?

① 깔목의 사용, 콘크리트의 타설, 말뚝박기 등은 동바리의 침하를 방지하기 위한 조치이다.
② 동바리 고정 등은 동바리의 미끄럼을 방지하는 조치이다.
③ 강재와 강재의 접속부, 교차부는 클램프 등의 철물을 사용하여 단단하게 연결한다.
④ 동바리의 이음은 겹친이음으로 한다.

해설

거푸집의 조립에 관한 안전기준
① 거푸집지보공 조립시 작업 책임자 선임
② 거푸집의 운반, 설치 작업에 필요한 작업장 내 통로 및 비계가 충분한가 확인
③ 충분한 하중의 것을 사용
  타설되는 콘크리트 중량+철근중량+가설물중량+호퍼, 버킷, 가드류 중량+작업원의 중량+150[kg/m²]
④ 멍에 등을 상단에 올릴 때에는 해당 상단에 강재의 단판을 부착하여 멍에 등을 고정시킬 것
⑤ 거푸집이 곡면인 때에는 버팀대 부착 등 그 거푸집의 부상을 방지하기 위한 조치를 할 것
⑥ 강재와 강재와의 접속부 및 교차부는 볼트, 클램프 등 전용 철물을 사용하여 단단히 연결할 것
⑦ 동바리로 사용하는 강관은 높이 2[m] 이내마다 수평연결재를 2개의 방향으로 만들고 수평연결재의 변위를 방지할 것
⑧ 파이프서포트를 3개 이상 이어서 사용하지 말고 또 높이가 3.5[m] 이상인 경우는 높이 2[m] 이내마다 수평연결재를 2개의 방향으로 만들고 수평연결재의 변위가 일어나지 않도록 할 것
⑨ 틀비계를 동바리로 사용할 경우에는 각 비계간 교차가새를 만들고, 최상층 및 5층 이내마다 거푸집지보공의 측면과 틀면의 방향 및 교차가새의 방향에서 5개틀 이내마다 수평연결재를 설치하고 수평이음의 변위 방지 조치를 할 것
⑩ 틀비계를 동바리로 사용할 경우에는 상단의 강재에 단판을 부착시켜 이것을 보 또는 작은보에 고정시킬 것
⑪ 높이가 4[m]를 초과할 때에는 4[m] 이내마다 수평연결재를 2개의 방향으로 설치하고 수평방향의 변위를 방지할 것
⑫ 목재를 동바리로 사용하는 경우 높이 2[m] 이내마다 수평연결재를 설치하고, 수평연결재의 변위를 방지할 것
  말구(末口)가 7[cm] 정도되는 통나무로서 갈라짐, 부식, 옹이 등이 없는 것으로 만곡되지 않은 축선이 1/3 이내의 것을 사용
⑬ 안전사다리 또는 이동식 틀비계를 사용하여 작업시 보조원이 항시 대기한다.
⑭ 거푸집의 조립순서
  기둥 → 보받이 내력벽 → 큰보 → 작은보 → 바닥 → 내벽 → 외벽
⑮ 조립 작업 위치에서 거푸집 제작을 가급적 피하고 다른 장소에서 제작한 후 조립한다.(톱질, 망치질로 인한 재해가 발생되는 것을 방지하기 위해)
⑯ 콘크리트 타설시 거푸집이 변형되지 않도록 설치해야 하며, 흔들림막이, 턴버클, 가새 등은 필요한 곳에 적절히 설치되어 있는지 확보한다.
⑰ 조립 작업은 조립 → 검사 → 수정 → 고정을 하여 부분을 요약해서 행하고 전체를 진행해 나가야 한다.

07 ★★★★★ 강관비계의 조립간격으로 맞는 것은?

① 단관비계 수직방향 : 4[m]
② 단관비계 수평방향 : 4[m]
③ 틀비계(높이 5[m] 미만 제외, 수직방향 : 6[m])
④ 틀비계(높이 5[m] 미만 제외, 수평방향 : 6[m])

해설

강관비계 조립 간격 17. 9. 23 ⑭

강관비계의 종류	조립간격(단위 : m)	
	수직방향	수평방향
단관비계	5	5
틀비계(높이가 5[m] 미만인 것을 제외한다.)	6	8

08 ★★ 거푸집동바리가 침하하는 것을 방지하기 위한 조치로 적당하지 않은 것은?

① 받침목의 사용 ② 콘크리트의 타설
③ 말뚝박기 ④ 수평연결재 사용

해설

거푸집동바리의 침하방지조건
① 받침목 사용 ② 콘크리트 타설 ③ 말뚝박기

[정답] 05 ④ 06 ④ 07 ③ 08 ④

09 ★★ 비계다리의 적정 경사(물매)의 표준으로 옳은 것은?

① 2/10 ② 3/10
③ 4/10 ④ 5/10

해설

비계다리 기준
① 너비 : 90[cm]
② 경사 : 4/10
③ 각 : 17[°]

10 ★★ 달비계 위에서 작업시 작업발판의 폭은 얼마 이상이어야 하는가?

① 30[cm] ② 40[cm]
③ 50[cm] ④ 60[cm]

해설

달비계의 구조
작업발판은 폭을 40[cm] 이상으로 하고 틈새가 없도록 할 것

참고) 산업안전보건기준에 관한 규칙 제63조(달비계의 구조)

11 ★★★ 강관 비계조립의 안전지침으로 적합하지 않은 것은?

① 지상에서 첫 번째 띠장은 높이 2[m] 이하로 해야 한다.
② 비계 높이가 31[m] 초과시 그 아랫부분은 강관 2개를 묶어서 사용한다.
③ 띠장과 장선은 1.5[m] 이하의 간격으로 설치한다.
④ 강관비계와 벽면은 연결시키지 않는다.

해설

강관비계의 구조
① 비계기둥의 간격은 띠장방향에서는 1.5[m] 내지 1.8[m], 장선방향에서는 1.5[m] 이하로 할 것
② 첫 번째 띠장은 지상으로부터 2[m] 이하의 위치에 설치할 것
③ 비계기둥의 최고부로부터 31[m]되는 지점 밑부분의 비계기둥은 2본의 강관으로 묶어 세울 것
④ 비계기둥간의 적재하중은 400[kg]을 초과하지 않도록 할 것

12 ★★★ 연속인 비계띠장이 최소한 겹쳐야 하는 길이는?

① 0.5[m] ② 1[m]
③ 2[m]   ④ 3[m]

해설

겹침이음의 경우 1[m] 이상 2개소 이상 묶어야 한다.

13 ★★ 거푸집동바리 설치작업시 관리감독자의 직무가 아닌 것은?

① 안전유지 담당자의 지휘, 감독
② 작업 방법의 결정 및 작업 지휘
③ 재료, 기구 등의 결함 여부 점검 업무
④ 안전대, 안전모의 착용 상황 점검 업무

해설

거푸집동바리 고정·조립 또는 해체 작업시 관리감독자의 직무
① 안전한 작업 방법을 결정하고 작업을 지휘하는 일
② 재료·기구의 결함 유무를 점검하고 불량품을 제거하는 일
③ 작업중 안전대 및 안전모 등 보호구 착용 상황을 감시하는 일

참고) 산업안전보건기준에 관한 규칙 [별표 2](관리감독자의 유해·위험방지업무)

14 ★★★★ 다음 중 토사붕괴로 인한 재해를 방지하기 위한 흙막이지보공 설비가 아닌 것은? 22. 4. 24 ⑦

① 흙막이판 ② 말뚝
③ 턴버클   ④ 띠장

해설

흙막이지보공의 조립도
조립도에는 흙막이판·말뚝·버팀대 및 띠장 등 부재의 배치·치수·재질 및 설치방법과 순서가 명시되어야 한다.

보충학습

턴버클(turn buckle)
지지막대나 지지 와이어 로프 등의 길이를 조절하기 위한 기구, 철골 구조나 목조의 현장 조립 등에서 다시 세우거나 철근 가새 등에 사용

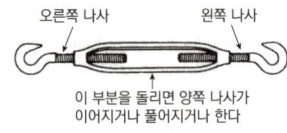

[그림] 턴 버클

[정답] 09 ③ 10 ② 11 ④ 12 ② 13 ① 14 ③

15 다음 식은 연속적인 방망 지지점의 강도를 나타내는 식이다. 맞는 것은?(단, F : 외력[kg], B : 지지점의 간격 [m]) 17. 5. 7산

① $F = 200B$　　② $F = 250B$
③ $F = 300B$　　④ $F = 350B$

해설

지지점 강도
① 방망 지지점은 600[kg]의 외력에 견딜 수 있는 강도를 보유하여야 한다.
② 연속적인 지지점의 강도는 다음과 같다. $F = 200B$(F : 외력, B : 지지점 간격)

16 다음 중 철근 콘크리트 거푸집 조립 해체시 준수사항으로 옳지 않은 것은?

① 거푸집 재료 및 연결, 조임 재료는 점검하여야 한다.
② 작업 책임자를 선임해야 한다.
③ 거푸집 해체는 수직재를 먼저, 다음 수평재 순서로 해체하여야 한다.
④ 거푸집 존치기간은 충분해야 한다.

해설

거푸집 해체는 방향을 적용하지 않는다.

합격정보
콘크리트 공사 표준안전 작업지침 제9조(해체)

17 다음 통로발판의 안전지침으로 옳지 않은 것은?

① 발판 폭은 40[cm] 이상, 두께 3.5[cm] 이상, 길이는 3.6[m] 이내의 것을 사용하여야 한다.
② 발판의 겹친 길이는 30[cm] 이상으로 하여야 한다.
③ 발판 위에는 돌출된 못, 옹이 등이 없어야 한다.
④ 작업발판의 최대폭은 1.6[m] 이내이어야 한다.

해설

통나무비계 조립의 안전지침
(1) 재료
① 나뭇결이 바르며, 균열, 충해, 부식, 옹이 등 결점이 없는 것으로 곧은 것을 사용하여야 한다.
② 통나무의 굵기는 1[m]당 0.5~0.7[cm] 정도로 가늘어져야 한다.
③ 비계 결속용 철선은 #8 또는 #10선 소철선을 사용하여야 한다.
④ 비계발판은 폭 40[cm] 이상, 두께 3.5[cm] 이상, 길이 3.6[m] 이내의 것을 사용하여야 한다.

(2) 조립
① 비계기둥의 간격은 2.5[m] 이하로 하고 지상으로부터 첫 번째 띠장은 3[m] 이하의 위치에 설치할 것
② 비계기둥이 미끄러지거나 침하하는 것을 방지하기 위하여 비계기둥의 하단부를 묻고, 밑둥잡이를 설치하거나 깔판을 사용하는 등의 조치를 할 것
③ 비계기둥의 이음이 겹침이음인 때에는 이음부분에서 1[m] 이상을 서로 겹쳐서 2개소 이상을 묶고, 비계기둥의 이음이 맞댄이음인 때에는 비계기둥을 쌍기둥틀로 하거나 1.8[m] 이상의 덧댐목을 사용하여 4개소 이상을 묶을 것
④ 비계기둥·띠장·장선 등의 접속부 및 교차부는 철선 그 밖에 튼튼한 재료로 견고하게 묶을 것
⑤ 교차가새로 보강할 것
⑥ 외줄비계·쌍줄비계 또는 돌출비계에 대하여는 다음 각 목의 정하는 바에 의하여 벽이음 및 버팀을 설치할 것
　㉮ 간격은 수직방향에서 5.5[m] 이하, 수평방향에서는 7.5[m] 이하로 할 것
　㉯ 강관·통나무 등의 재료를 사용하여 견고한 것으로 할 것
　㉰ 인장재와 압축재로 구성되어 있는 때에는 인장재와 압축재의 간격은 1[m] 이내로 할 것

18 다음 빈칸에 알맞은 숫자는?

파이프서포트(pipe support)는 (㉠)본 이상 이어서 사용해서는 안 되고 높이가 (㉡)[m] 이상일 때에는 (㉢)[m]마다 수평연결을 하여 변위가 일어나지 않도록 한다.

① ㉠ : 2, ㉡ : 3, ㉢ : 3
② ㉠ : 3, ㉡ : 3.5, ㉢ : 2
③ ㉠ : 3, ㉡ : 3, ㉢ : 3
④ ㉠ : 2, ㉡ : 3.5, ㉢ : 3

해설

산업안전보건기준에 관한 규칙 제332조의2(동바리 유형에 따른 동바리 조립시의 안전조치)

[그림] 파이프서포트

[정답] 15 ①　16 ③　17 ②　18 ②

19 다음은 비계로 사용될 통나무의 조건을 열거한 것이다. 틀린 것은?

① 끝말구의 지름은 4.5[cm] 이상이어야 한다.
② 휨 정도는 길이의 1.5[%] 이내이어야 한다.
③ 갈라진 길이는 전체 길이의 1/2 이내, 깊이는 통나무 직경의 1/4을 넘지 말아야 한다.
④ 가늘어짐 정도는 1[m]당 0.5~0.7[cm]가 이상적이나 1.5[cm]를 초과하지 말아야 한다.

해설
통나무비계
① 갈라진 길이는 전체 길이의 1/5 이내, 통나무 직경의 1/4 미만
② 굵기는 1[m]당 0.5~0.7[cm] 정도 이내. 점점 가늘어져야 한다.

20 댐 콘크리트에서 거푸집 떼어내기에 관한 기술 중 옳지 않은 것은? ★★

① 거푸집 떼어내기 시기 및 순서는 책임기술자의 승인을 얻은 후라야 한다.
② 거푸집 떼어내기는 콘크리트 압축강도가 35[kg/cm²] 정도에 도달할 때이다.
③ 개구부는 일광의 직사를 받지 않으므로 압축강도가 100[kg/cm²] 정도로 되면 될 수 있는 한 빨리 거푸집을 떼어내어 양생의 효과를 올리는 것이 좋다.
④ 거푸집의 떼어내기는 보통 연직방향을 수평방향보다 먼저 떼어내는 것이 좋다.

해설
거푸집 떼어내기 순서
떼어내기는 방향을 적용하지 않는다.

합격정보
콘크리트 공사 표준안전 작업지침 제9조(해체)

21 달비계 등의 재료의 연결, 해체작업을 하는 때에는 폭 (　) 이상의 발판을 설치하고, 근로자로 하여금 (　)를 사용하도록 하는 등 근로자의 추락 방지를 위한 조치를 할 것. (　)에 알맞은 것은? ★★★

① 15[cm], 안전모　② 15[cm], 안전대
③ 20[cm], 안전모　④ 40[cm], 안전대

해설
추락방지대책
① 작업발판폭 : 40[cm] 이상
② 추락방지대책 : 안전대 및 구명줄

합격정보
산업안전보건기준에 관한 규칙 제63조(달비계의 구조)

22 다음은 공사용 가설도로에 대한 설명이다. 옳지 않은 것은? ★★

① 도로 표면은 장비 및 차량이 안전 운행할 수 있도록 유지 보수되어야 한다.
② 최고허용경사도는 20[%]를 넘어서는 안 된다.
③ 안전운행을 위하여 먼지가 일어나지 않도록 물을 뿌려야 한다.
④ 도로는 배수를 위해 도로 중앙부를 약간 높게 하거나 배수시설을 하여야 한다.

해설
최고허용경사도는 특별한 이유가 없는 한 10[%]를 초과할 수 없다.

23 거푸집동바리를 조립할 때 안전조치를 해야 할 사항이 아닌 것은? ★★

① 동바리의 침하를 방지하기 위한 조치를 할 것
② 개구부 상부에 동바리 설치시 견고한 받침대를 설치할 것
③ 동바리의 이음은 맞댄이음 또는 장부이음으로 한다.
④ 재료, 기구 또는 공구를 올릴 때에는 달줄, 달포대 등을 사용한다.

해설
달줄·달포대 : 비계의 조립·해체 작업에 적용

합격정보
① 산업안전보건기준에 관한 규칙 제332조 참조(조립시동바리의 안전조치)
② 산업안전보건기준에 관한 규칙 제57조(비계 등의 조립·해체 및 변경)

[정답] 19 ③　20 ④　21 ④　22 ②　23 ④

24 ★★★ 터널지보공을 설치할 때 수시로 점검해야 할 사항이 아닌 것은? 18. 3. 4 ⑦

① 부재의 긴압 정도
② 기둥 침하의 유무 및 상태
③ 부재의 접속부 및 교차부 상태
④ 부재의 강도

해설
붕괴 등의 위험방지
사업주는 터널지보공을 설치한 때에는 다음 각 호의 사항을 수시로 점검하여야 하며 이상을 발견한 때에는 즉시 보강하거나 보수하여야 한다.
① 부재의 손상·변형·부식·변위·탈락의 유무 및 상태
② 부재의 긴압 정도
③ 부재의 접속부 및 교차부의 상태
④ 기둥 침하의 유무 및 상태

25 ★★ 비계 높이에 대한 설명 중 틀린 것은?

① 외쪽비계 : 본비계를 세울 여유가 없는 곳에 높이 10[m] 정도까지 가능하다.
② 단관비계 : 원칙적으로 35[m] 이하 높이까지 사용 가능하며, 35[m]를 초과할 때는 비계기둥을 2본으로 한다.
③ 틀조립비계 : 높이 45[m] 이하에서 사용한다.
④ 이동식 비계 : 단면폭의 4배 이하에서 사용한다.

해설
비계기둥의 최고부로부터 31[m] 되는 지점의 밑부분은 2본 강관으로 묶어 세워야 한다.

26 ★★★★★ 비계의 점검 보수시 유의사항이 아닌 것은?

① 재료의 손상 여부
② 각 부분의 연결 상태
③ 최대적재하중 적재시험
④ 손잡이의 탈락 여부

해설
비계의 점검 보수사항
① 발판재료의 손상 여부 및 부착 또는 걸림 상태
② 해당 비계의 연결부 또는 접속부의 풀림 상태
③ 연결재료 및 연결철물의 손상 또는 부식 상태
④ 손잡이의 탈락 여부
⑤ 기둥의 침하·변형·변위 또는 흔들림 상태
⑥ 로프의 부착 상태 및 매단 장치의 흔들림 상태

27 ★★ 다음 중 외부 온도의 영향을 가장 적게 받는 것은?

① 철재거푸집
② 목재거푸집
③ 경금속거푸집
④ 플라스틱거푸집

해설
자연 상태와 가장 가까운 재료를 선택하면 된다.

28 ★★★ 고소 작업에서 사다리를 사용할 때 걸치는 경사각도는 수평에 대하여 몇 도 정도가 적당한가?

① 45[°]
② 60[°]
③ 75[°]
④ 85[°]

해설
산업안전보건기준에 관한 규칙 제24조(사다리 통로 등의 구조)

29 ★★★★ 다음은 가설 경사로에 대한 설명이다. 틀린 것은?

① 비탈면의 경사각도는 30[°] 이내로 한다.
② 경사로의 폭은 최소 90[cm] 이상이어야 한다.
③ 높이 9[m] 이내마다 계단참을 설치한다.
④ 경사로의 지지 기둥은 3[m] 이내마다 설치하여야 한다.

해설
가설 경사로의 설치기준
① 비계 등의 승강로의 경사가 30[°] 이내이면 경사로를 사용하며 경사로의 높이가 8[m]를 초과할 경우 7[m] 이내마다 계단참(평평한 장소)을 설치한다.
② 경사도가 15[°]를 넘으면 미끄럼방지장치를 설치하여야 한다.
③ 경사도가 15[°] 이내면 미끄럼방지장치를 하지 않아도 되나 강설시 미끄러지지 않도록 가마니 또는 마대 등을 깔고 작업한다.
④ 경사로 폭이 40[cm] 이상이면 경사로 바닥에서 높이 90[cm] 이상의 위치에 난간을 설치하여야 한다. 난간 높이가 85[cm] 이상이면 바닥 양측에 바닥턱(토 보드)을 설치한다.

[정답] 24 ④ 25 ② 26 ③ 27 ② 28 ③ 29 ③

30. 다음 중 달비계의 작업발판 폭으로 옳은 것은?

① 20[cm] ② 30[cm]
③ 40[cm] ④ 50[cm]

해설
산업안전보건기준에 관한 규칙 제63조(달비계의 구조)

31. 다음 중 단관비계의 도괴 또는 전도를 방지하기 위하여 사용하는 벽연결 간격으로 맞는 것은?

① 수직 5[m] 이하, 수평 5[m] 이하
② 수직 5[m] 이하, 수평 6[m] 이하
③ 수직 6[m] 이하, 수평 7[m] 이하
④ 수직 6[m] 이하, 수평 8[m] 이하

해설
단관비계
① 비계기둥에는 깔판, 깔목 등을 사용하고 밑둥잡이를 설치할 것
② 비계기둥 간격은 띠장방향에서는 1.85[m], 장선방향은 1.5[m] 이하일 것
③ 지상에서 첫 번째 띠장은 높이 2[m] 이하로 설치할 것
④ 띠장간격 : 2.0[m] 이하, 장선간격 : 1.5[m] 내외로 설치할 것
⑤ 비계기둥간의 적재하중은 400[kg]을 초과하지 않도록 할 것
⑥ 비계기둥의 최고부로부터 31[m]되는 지점의 밑부분은 2본의 강관으로 묶어 세울 것
⑦ 벽면과의 연결은 수직방향 5[m], 수평방향 5[m] 이내마다 연결할 것
⑧ 교차가새로 보강할 것

32. 통나무비계 조립작업시의 안전지침으로 적합하지 않은 항목은?

① 비계기둥의 하부는 침하방지장치를 해야 한다.
② 지반이 연약할 때는 땅에 매립하여 고정시킨다.
③ 비계기둥을 겹침이음할 때는 1[m] 이상 겹친다.
④ 인접한 비계기둥의 이음은 동일선상에 있도록 해야 한다.

해설
참고) 산업안전보건기준에 관한 규칙 제71조(통나무비계의 구조)

33. 비계의 부재 중에서 기둥과 기둥을 연결시키는 부재가 아닌 것은?

① 띠장   ② 장선
③ 가새   ④ 작업발판

해설
비계의 정의 및 특징
(1) 비계기둥 간격
 1.2~2.0[m](보통 1.5~1.8[m]), 땅속에 60[cm] 이상 묻는다.(하부고정)
(2) 띠장 및 장선간격
 장선 1.5[m] 이하, 띠장 1.5[m] 내외
(3) 비계목이음
 겹침이음은 1[m] 이상, 맞댐이음은 1.8[m] 이상(이음자리는 2~4개소 못박기는 피한다.
(4) 가새
 45[°]방향(간격은 수평거리 14[m] 내외로 한다.)
(5) 벽체와 연결 간격
 수직방향 5.5[m] 이하, 수평방향 7.5[m] 이하 간격
(6) 비계다리
 ① 폭 : 90[cm] 이상
 ② 경사 : 물매 4/10를 표준으로 하고 각 층마다(층의 구분이 없을 때는 7[m] 이내마다) 되돌음 또는 다리참을 두고 여기에서 각 층으로 출입할 수 있도록 연결한다.
 ③ 발판널 : 내밀리지 않도록 깔고 이음부분은 될 수 있는 한 겹침이음을 피하고 비계장선 등에 완전히 고정시킨다.
 ④ 미끄럼막이 : 발판널에는 단면 1.5[cm]×3.0[cm] 정도의 미끄럼막이를 30[cm] 내외의 간격으로 고정한다.
 ⑤ 건평 1,600[m²]마다 1개소씩 설치
(7) 비계 결속
 사용기간이 3개월 이상이면 철선으로 해야 한다.

34. 가설공사시 안전에 특별히 고려해야 할 공통에 해당되지 않는 것은?

① 비계   ② 지보공
③ 방재설비   ④ 용수통신설비

해설
가설공사 공통사항
① 비계
② 지보공
③ 방재설비

[정답] 30 ③ 31 ① 32 ④ 33 ④ 34 ④

35. 다음 중 강관비계의 조립 간격이 맞는 것은?(단, 단관비계일 때)

① 수직 5[m] 이하, 수평 5[m] 이하
② 수직 5[m] 이하, 수평 5.5[m] 이하
③ 수직 5.5[m] 이하, 수평 7[m] 이하
④ 수직 5.5[m] 이하, 수평 7.5[m] 이하

해설

강관비계 및 통나무비계 조립 간격 17. 9. 23 ⓢ 23. 3. 1 ⓢ

강관비계의 종류	조립 간격(단위 : [m])	
	수직방향	수평방향
단관비계	5	5
틀비계(높이가 5[m] 미만의 것을 제외한다.)	6	8

36. 추락방호용 방망의 그물코가 5[cm]일 때 인장강도로 옳은 것은?

① 50[kg]   ② 60[kg]
③ 70[kg]   ④ 80[kg]

해설

그물코인장강도
① 10[cm] 그물코 : 120[kg/cm]
② 5[cm] 그물코 : 50[kg/cm]

참고 산업안전기사 필기 P.6-50([표] 그물코의 강도)

37. 다음 중 거푸집지보공 조립시에 기준이 되는 도면은?

① 구조도   ② 상세도
③ 조립도   ④ 시방서

해설

조립도 표시사항
동바리·멍에 등 부재의 재질, 단면규격, 설치간격 및 이음방법 등을 명시하여야 한다.

참고 산업안전보건기준에 관한 규칙 제331조(조립도)

38. 콘크리트 거푸집의 동바리 바꾸어 세우기 순서 중 제일 먼저 하여야 하는 것은?

① 큰보   ② 작은보
③ 바닥판   ④ 계단

해설

기둥 → 보받이 내력벽 → 큰보 → 작은보 → 바닥 → 내벽 → 외벽

39. 사다리식 통로에 권상장치가 설치된 때에는 권상장치와 근로자의 접촉에 의한 위험이 있는 장소에 설치하여야 하는 것은?

① 판자벽   ② 울
③ 건널다리   ④ 덮개

해설

판자벽 : 권상장치 접촉방지

40. 다음 중 가설통로의 설치기준으로 잘못된 것은? 23. 5. 25 ㉮ 24. 2. 15 ㉮

① 수직갱에 가설된 통로의 길이가 15[m] 이상일 경우에는 15[m] 이내마다 계단참을 설치할 것
② 경사가 15[°]를 초과하는 때에는 미끄러지지 아니하는 구조로 할 것
③ 높이 8[m] 이상인 비계다리에는 7[m] 이내에 계단참을 설치할 것
④ 추락의 위험이 있는 장소에는 안전난간을 설치할 것

해설

가설통로 설치기준
① 견고한 구조로 할 것
② 경사는 30[°] 이하로 할 것(계단을 설치하거나 높이 2[m] 미만의 가설통로로서 튼튼한 손잡이를 설치한 때에는 그러하지 아니하다.)
③ 경사가 15[°]를 초과하는 때에는 미끄러지지 아니하는 구조로 할 것
④ 추락의 위험이 있는 장소에는 안전난간을 설치할 것(작업상 부득이한 때에는 필요한 부분에 한하여 임시로 이를 해체할 수 있다.)
⑤ 수직갱에 가설된 통로의 길이가 15[m] 이상인 때에는 10[m] 이내마다 계단참을 설치할 것
⑥ 건설공사에 사용하는 높이 8[m] 이상인 비계다리에는 7[m] 이내마다 계단참을 설치할 것

참고 산업안전보건기준에 관한 규칙 제23조(가설통로의 구조)

[정답] 35 ① 36 ① 37 ③ 38 ① 39 ① 40 ①

41. 다음 중 가설 구조물이 갖추어야 할 구비 요건으로 맞는 것은?

① 영구성, 안전성, 작업성
② 영구성, 안전성, 경제성
③ 안전성, 작업성, 경제성
④ 영구성, 작업성, 경제성

해설

가설 구조물의 구비조건
① 경제성
② 안전성
③ 작업성(사용성)

42. 비계발판의 치수는 폭 두께의 얼마 이상이 되어야 하는가?

① 2배   ② 3배
③ 4배   ④ 5배

해설

비계발판의 치수=폭 두께(t)×5.0

43. 4단 이상 계단의 개방된 측면의 난간높이는 얼마 이상 되어야 하는가? 20. 9. 27⑦

① 70[cm]   ② 80[cm]
③ 90[cm]   ④ 140[cm]

해설

안전난간의 구조 및 설치요건
① 상부난간대·중간난간대·발끝막이판 및 난간기둥으로 구성할 것(중간난간대·발끝막이판 및 난간기둥은 이와 비슷한 구조 및 성능을 가진 것으로 대체할 수 있다)
② 상부난간대는 바닥면·발판 또는 경사로의 표면(이하 "바닥면 등"이라 한다)으로부터 90[cm] 이상 120[cm] 이하에 설치하고, 중간난간대는 상부난간대와 바닥면 등의 중간에 설치할 것
③ 발끝막이판은 바닥면 등으로부터 10[cm] 이상의 높이를 유지할 것(물체가 떨어지거나 날아올 위험이 없거나 그 위험을 방지할 수 있는 망을 설치하는 등 필요한 예방조치를 한 장소를 제외한다)
④ 난간기둥은 상부난간대와 중간난간대를 견고하게 떠받칠 수 있도록 적정간격을 유지할 것
⑤ 상부난간대와 중간난간대는 난간길이 전체에 걸쳐 바닥면 등과 평행을 유지할 것
⑥ 난간대는 지름 2.7[cm] 이상의 금속제 파이프나 그 이상의 강도를 가진 재료일 것
⑦ 안전난간은 임의의 점에서 임의의 방향으로 움직이는 100[kg] 이상의 하중에 견딜 수 있는 튼튼한 구조일 것

참고 산업안전보건기준에 관한 규칙 제13조(안전난간의 구조 및 설치요건)

44. 이동식 사다리를 조립할 때 준수해야 할 사항이 아닌 것은?

① 폭 10[cm] 이상
② 견고한 구조
③ 미끄럼방지장치 부착
④ 재료는 손상, 부식이 없는 것 사용

해설

이동식 사다리
① 견고한 구조로 할 것
② 재료는 심한 손상·부식 등이 없는 것으로 할 것
③ 폭은 30[cm] 이상으로 할 것
④ 다리부분에는 미끄럼방지장치를 설치하는 등 미끄러지거나 넘어지는 것을 방지하기 위해 필요한 조치를 할 것
⑤ 발판의 간격은 동일하게 할 것

45. 이동식 비계의 가로, 세로의 길이가 각각 2[m], 3[m]일 때 이 비계의 사용 가능 최대높이는?

① 6[m]   ② 8[m]
③ 9[m]   ④ 12[m]

해설

이동식 비계의 최대높이는 밑면 최소폭의 4배이다. (2×4 = 8)

46. 가설통로 설치시 고려사항에 직접 해당되지 않는 사항은?

① 시공하중 또는 폭풍 등 위험에 안전
② 작업원의 추락, 전도, 미끄러짐의 방지대책
③ 낙하물에 의한 위험요소 제거
④ 보호망 설치

[정답] 41 ③ 42 ④ 43 ③ 44 ① 45 ② 46 ①

> **해설**

가설통로 설치시 유의점
① 작업장과 통하는 통로에는 불용품을 쌓아 두지 않으며, 항상 그 주변을 깨끗이 정리정돈한다.
② 가설통로의 바닥이 미끄러워서 전도되는 일이 없도록 한다.
③ 목재거푸집의 패널(panel)을 통로판으로 사용하지 않는다.
④ 가설통로에 근접하여 고압전선 등이 있을 때에는 접촉에 의한 감전사고를 방지하기 위한 방호조치를 강구하여야 한다.
⑤ 가설통로에는 조명 상태가 충분하여야 한다.

7. 작업발판의 재료는 뒤집히거나 떨어지지 않도록 비계의 보 등에 연결하거나 고정시킬 것
8. 비계가 흔들리거나 뒤집히는 것을 방지하기 위하여 비계의 보·작업발판 등에 버팀을 설치하는 등 필요한 조치를 할 것
9. 선반비계에서는 보의 접속부 및 교차부를 철선·이음철물 등을 사용하여 확실하게 접속시키거나 단단하게 연결시킬 것
10. 근로자의 추락 위험을 방지하기 위하여 달비계에 안전대 및 구명줄을 설치하고, 안전난간을 설치할 수 있는 구조인 경우에는 안전난간을 설치할 것

47 ★★ 건물에 고정된 돌출보 등에서 밧줄로 매단 비계명은?

① 달비계(suspended scaffold)
② 트래슬비계(trestle scaffold)
③ 아우트리거비계(outrigger scaffold)
④ 폴비계(pole scaffold)

> **해설**

달비계 : 간단한 물품이나 작업자가 승강할 수 있는 발판

> **참고**

제63조(달비계의 구조) 사업주는 달비계를 설치하는 경우에 다음 각 호의 사항을 준수하여야 한다.
1. 다음 각 목의 어느 하나에 해당하는 와이어로프를 달비계에 사용해서는 아니 된다.
   가. 이음매가 있는 것
   나. 와이어로프의 한 꼬임[스트랜드(strand)를 말한다. 이하 같다]에서 끊어진 소선(素線)[필러(pillar)선은 제외한다]의 수가 10[%] 이상(비자전로프의 경우에는 끊어진 소선의 수가 와이어로프 호칭지름의 6배 길이 이내에서 4개 이상이거나 호칭지름 30배 길이 이내에서 8개 이상)인 것
   다. 지름의 감소가 공칭지름의 7[%]를 초과하는 것
   라. 꼬인 것
   마. 심하게 변형되거나 부식된 것
   바. 열과 전기충격에 의해 손상된 것
2. 다음 각 목의 어느 하나에 해당하는 달기체인을 달비계에 사용해서는 아니 된다.
   가. 달기체인의 길이가 달기체인이 제조된 때의 길이의 5[%]를 초과한 것
   나. 링의 단면지름이 달기체인이 제조된 때의 해당 링의 지름의 10[%]를 초과하여 감소한 것
   다. 균열이 있거나 심하게 변형된 것
3. 다음 각 목의 어느 하나에 해당하는 섬유로프 또는 섬유벨트를 달비계에 사용해서는 아니 된다.
   가. 꼬임이 끊어진 것
   나. 심하게 손상되거나 부식된 것
4. 달기강선 및 달기강대는 심하게 손상·변형 또는 부식된 것을 사용하지 않도록 할 것
5. 달기와이어로프, 달기체인, 달기강선, 달기강대 또는 달기섬유로프는 한쪽 끝을 비계의 보 등에, 다른 쪽 끝을 내민 보, 앵커볼트 또는 건축물의 보 등에 각각 풀리지 않도록 설치할 것
6. 작업발판은 폭을 40[cm] 이상으로 하고 틈새가 없도록 할 것

48 ★★ 터널공사의 전기발파작업에 관한 설명으로 옳지 않은 것은? 17. 5. 7 ㉮

① 전선은 점화하기 전에 화약류를 충진한 장소로부터 30[m] 이상 떨어진 안전한 장소에서 도통시험 및 저항시험을 하여야 한다.
② 점화는 충분한 허용량을 갖는 발파기를 사용하고 규정된 스위치를 반드시 사용하여야 한다.
③ 발파 후 발파기와 발파모선의 연결을 유지한 채 그 단부를 절연시킨다.
④ 모선을 분리하여야 하며 발파책임자의 엄중한 관리하에 두어야 한다.

> **해설**

전기발파 시 준수사항
① 미지전류의 유무에 대하여 확인하고 미지전류가 0.01[A] 이상일 때에는 전기발파를 하지 않아야 한다.
② 전기발파기는 충분한 기동이 있는지의 여부를 사전에 점검하여야 한다.
③ 도통시험기는 소정의 저항치가 나타나는가에 대해 사전에 점검하여야 한다.
④ 약포에 뇌관을 장치할 때에는 반드시 전기뇌관의 저항을 측정하여 소정의 저항치에 대하여 오차가 ±0.1[Ω] 이내에 있는가를 확인하여야 한다.
⑤ 발파모선의 배선에 있어서는 점화장소를 발파현장에서 충분히 떨어져 있는 장소로 하고 물기나 철관, 궤도 등이 없는 장소를 택하여야 한다.
⑥ 점화장소는 발파현장이 잘 보이는 곳이어야 하며 충분히 떨어져 있는 안전한 장소로 택하여야 한다.
⑦ 전선은 점화하기 전에 화약류를 충진한 장소로부터 30[m] 이상 떨어진 안전한 장소에서 도통시험 및 저항시험을 하여야 한다.
⑧ 점화는 충분한 허용량을 갖는 발파기를 사용하고 규정된 스위치를 반드시 사용하여야 한다.
⑨ 점화는 선임된 발파책임자가 행하고 발파기의 핸들을 점화할 때 이외는 시건장치를 하거나 모선을 분리하여야 하며 발파책임자의 엄중한 관리하에 두어야 한다.
⑩ 발파 후 즉시 발파모선을 발파기로부터 분리하고 그 단부를 절연시킨 후 재점화가 되지 않도록 하여야 한다.
⑪ 발파 후 30분 이상 경과한 후가 아니면 발파장소에 접근하지 않아야 한다.

[정답] 47 ① 48 ③

주요항목 06 공사 및 작업종류별 안전

중점 학습내용

본 장의 공사 및 작업종류별 안전은 양중기의 종류, 용어 등을 폭넓게 기술하였다.
특히 해체용 기계기구 등의 취급기준 등을 기술하여 자기자신을 항상 기계기구 재해에 대비하여 점검과 예방을 할 수 있도록 하고 현장에서 산업재해가 일어나지 않도록 하기 위하여 21세기 실무안전관리자의 역할을 할 수 있도록 하였다. 또 시험에 출제가 예상되는 그 중심적인 내용은 다음과 같다.
❶ 양중 및 해체공사
❷ 콘크리트 및 PC공사
❸ 운반 및 하역 작업

용어정의

① 리프트 : 동력을 사용하여 사람이나 화물을 운반하는 것을 목적으로 하는 기계설비
② 승강기 : 건축물이나 고정된 시설물에 설치되어 일정한 경로에 따라 사람이나 화물을 승강장으로 옮기는 데에 사용되는 설비

합격예측

크레인의 종류
(1) 고정식 크레인
① 타워크레인 : 높이 들어올리는 것이 가능, 작업범위 넓음
② 지브크레인 : 주행식, 고정식이 있으며 조립해체가 용이
③ 호이스트크레인 : 건물의 길이방향으로 2개의 주행레일을 설치하여 화물운반
(2) 이동식 크레인
① 트럭크레인 : 기동성이 우수, 안정확보를 위해 아우트리거 설치
② 크롤러크레인 : 연약지반 위에서 주행성능이 좋으나 기동성은 저조
③ 유압크레인 : 이동속도가 빠르고 안정을 확보하기 위해 아우트리거 설치

세부항목 1. 양중 및 해체공사

1. 양중공사(demolition work)시 안전수칙

① 양중(揚重) : 건설현장에서의 자재를 작업위치까지 옮기는 것
② 양중작업 : 인양(引揚)이란 단어의 뒷 글자인 양을 따왔고, 중량물(重量物)이란 단어에서 중 이란 글자를 합성하여 양중이라 한다.

(1) 크레인(crane)

1 드래그크레인(drag crane)
① 구조 및 기능
㉮ 크레인 선회부분을 고무 타이어의 트럭 섀시 위에 장치한 기계로서 안정도를 높이기 위해 4곳에 아우트리거(outrigger)를 설치하였으며, 엔진은 크레인용, 섀시용이 따로 탑재되어 있다.
㉯ 대용량으로 표준 암과 연장 붐의 것이 많으며, 지브 붐(jib boom)의 설치가 가능하다.
㉰ 접지압이 크므로 연약지 작업이 불가능하나 기동성이 크고 미세한 인칭(inching)이 가능하다.

② 용도
  ㉮ 고층 건물의 철골 조립, 자재의 적재, 운반, 항만 하역 작업 등에 사용한다.
  ㉯ 부속장치를 교환하여 파워셔블(power shovel), 백호(back hoe), 드래그라인(drag line), 클램셸(clamshell), 파일해머(pile hammer)로도 사용할 수 있다.

2 휠크레인(wheel crane) 25.2.7 ⓢ
① 구조 및 기능
  ㉮ 크롤러크레인의 크롤러 대신 차륜을 장치한 것으로서 드래그크레인보다 소형이며, 모빌크레인이라고도 한다. 25.2.7 ⓢ
  ㉯ 크레인 운전실에서도 주행 조작이 가능하다.(승차감과 주행성이 좋다.)
② 용도 : 공장과 같이 작업범위가 제한되어 있는 장소에 적합하다.

3 크롤러크레인(crawler crane) 16.8.21 ㉮ 20.8.23 ⓢ
① 구조 및 기능
  ㉮ 크롤러셔블에 크레인 부속장치를 설치한 것으로서 주행장치가 굴삭기용보다 긴 것이나 너비가 넓은 것을 사용하여 안정성이 70[%]이며, 다목적이다.
  ㉯ 엔진, 제어장치, 케이블드럼, 조정실, 평면추로 구성되어 있다.
② 용도 : 좁은 장소나 습지대 등에서도 작업이 가능하다.(아웃트리거가 없다)

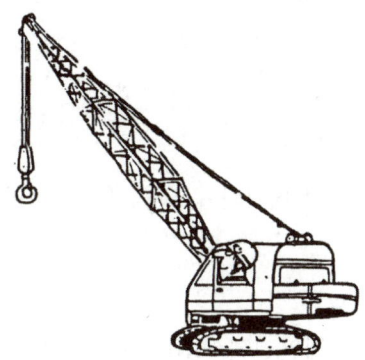

[그림] 크롤러크레인

4 케이블크레인(cable crane)
① 구조 및 기능
  ㉮ 양끝의 타워(tower)에 굵은 케이블을 쳐서 트롤리를 달아 운반물을 달아올리는 방식의 기계이며, 권상 능력은 1[ton]에서 25[ton]까지이다.
  ㉯ 타워형은 양측 고정형, 한쪽 주행형, 양쪽 주행형 등이 있다.
② 용도 : 댐공사 등에서 콘크리트나 자재 운반시에 이용한다.

합격예측
타워크레인 선정시 사전 검토 사항 19.3.3 ㉮ 19.8.4 ㉮
① 작업반경
② 입지조건
③ 건립기계의 소음영향
④ 건물형태
⑤ 인양능력

크레인의 방호장치
18.8.19 ㉮ 19.3.3 ㉮ 21.9.12 ㉮
22.4.24 ㉮ 23.7.8 ㉮
24.2.15 ㉮ 25.2.7 ⓢ

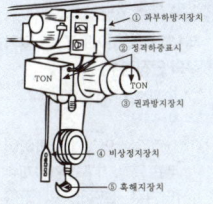
① 과부하방지장치
② 정격하중표시
③ 권과방지장치
④ 비상정지장치
⑤ 훅해지장치

합격예측 및 관련법규
제136조(안전밸브의 조정)
사업주는 유압을 동력으로 사용하는 크레인의 과도한 압력상승을 방지하기 위한 안전밸브에 대하여 정격하중(지브크레인은 최대의 정격하중으로 한다)를 건 때의 압력 이하로 작동되도록 조정하여야 한다. 다만, 하중시험 또는 안전도시험을 하는 경우 그러하지 아니하다.

제137조(해지장치의 사용)
사업주는 훅걸이용 와이어로프 등이 훅으로부터 벗겨지는 것을 방지하기 위한 장치(이하 "해지장치"라 한다)를 구비한 크레인을 사용하여야 하며, 그 크레인을 사용하여 짐을 운반하는 경우에는 해지장치를 사용하여야 한다. 11.10.2 ㉮

보충학습
크레인
동력을 사용하여 중량물을 매달아 상하좌우로 운반하는 것을 목적으로 하는 기계

[그림] 크레인

합격예측

① 와이어로프 : 양질의 고탄소강에서 인발한 소선(Wire)을 꼬아서 가닥(Strand)으로 만들고 이 가닥을 심(Core) 주위에 일정한 피치(Pitch)로 감아서 제작한 로프 17. 8. 26 ⑦

② 안전계수
$$= \frac{절단하중}{최대사용하중}$$

합격예측 및 관련법규

제163조(와이어로프 등 달기구의 안전계수)
17. 8. 26 ⑦ 17. 9. 23 ⑦
19. 8. 4 ⑪

① 사업주는 양중기의 와이어로프 등 달기구의 안전계수(달기구 절단하중의 값을 그 달기구에 걸리는 하중의 최댓값으로 나눈 값을 말한다)가 다음 각 호의 구분에 따른 기준에 맞지 아니한 경우에는 이를 사용해서는 아니 된다. 17. 5. 7 ⑦
1. 근로자가 탑승하는 운반구를 지지하는 달기와이어로프 또는 달기체인의 경우 : 10 이상
2. 화물의 하중을 직접 지지하는 달기와이어로프 또는 달기체인의 경우 : 5 이상
3. 훅, 샤클, 클램프, 리프팅 빔의 경우 : 3 이상
4. 그 밖의 경우 : 4 이상

5 천장주행(走行)크레인

천장형 크레인에 양다리를 달고 여기에 주행레일을 설치하여 이동하도록 한 기계이며, 주로 콘크리트 빔의 제작이나 가공 현장 등에서 사용한다.

6 타워크레인(tower crane)

① 구조 및 기능
  ㉮ 높은 탑 위에 호이스트식 지브(hoist type jib)나 수평 한쪽 지지식 지브 붐을 설치한 것으로서 360[°] 회전이 가능하다.
  ㉯ 종류로는 자립고정식과 주행차에 의한 주행식이 있다.
② 용도 : 주로 높이를 필요로 하는 건축 현장이나 빌딩 고층화 등에 사용한다.

7 이동식 크레인

동력을 이용해서 짐을 달아 올리거나 수평 운반을 목적으로 하며, 기계장치에 있어서 원동기를 내장하며, 불특정의 장소로 이동시킬 수 있는 방식의 것을 말한다.

8 트랙터크레인

셔블계 굴착기의 상체부에 크레인을 장착한 것으로 주행장치에 따라 휠식(車輪式) 크레인, 장궤식(裝軌式) 크레인 등으로 나누며, 주로 고르지 못한 지형이나 연약 지반에서의 작업에는 장궤식, 고속주행을 요할 경우는 휠식 크레인이 사용된다.

9 적용 제외

이동식 크레인, 데릭, 엘리베이터, 간이 엘리베이터, 건설용 리프트는 크레인에 적용하지 않는다.

(2) 양중기 용어의 정의

1 달아올리기 하중

크레인, 이동식 크레인 또는 데릭의 구조 및 재료에 따라 부하시킬 수 있는 최대하중을 말한다.

2 규정(정격)하중 19. 4. 27 ⑦

지브(jib)를 갖지 않는 크레인, 또는 붐(boom)을 갖지 않는 크레인, 또는 붐을 갖지 않는 데릭에 있어서는 달아올리기 하중으로부터, 지브를 갖는 크레인(이하 지브크레인이라 함), 이동식 크레인 또는 붐을 갖는 데릭에 있어서는 그 구조 및 재료와 아울러 지브 혹은 붐의 경사각 및 길이 또는 지브 위에 놓이는 도르래의 위치에 따라 부하시킬 수 있는 최대하중으로부터 각각 훅(hook), 버킷(bucket) 등의 달아올리기 기구의 중량에 상당하는 하중을 공제한 하중을 말한다.

3 적재하중

엘리베이터, 간이리프트 또는 건설용 리프트의 구조 및 재료에 따라서 운반기에 사람 또는 짐을 올려놓고 승강시킬 수 있는 최대하중을 말한다.

4 정격속도

크레인, 이동식 크레인 또는 데릭에 있어서는 그것에 정규하중에 상당하는 하중의 짐을 달아올리기, 주행, 선행 트롤리(trolley)의 횡행(橫行) 등의 작동을 행하는 경우에 있어서 각각 최고의 속도와, 엘리베이터, 간이엘리베이터 또는 건설용 리프트에 있어서는 운반기의 적재하중에 상당하는 하중의 짐을 상승시키는 경우의 최고 속도를 말한다.

5 크레인

동력을 이용해서 짐을 달아올리거나 그것을 수평으로 운반하는 것을 목적으로 하는 기계 중에서 이동식 크레인 또는 데릭에 해당하는 것을 제외한 것을 말한다.

6 이동식 크레인

동력을 이용해서 짐을 달아올리거나 그것을 운반하는 것을 목적으로 한다. 기계장치에 있어서 원동기를 내장하며, 불특정의 장소로 이동시킬 수 있는 방식의 것을 말한다.

7 데릭(derrick)

동력을 이용해서 짐을 달아올리는 것을 목적으로 하는 기계장치이며, 붐을 갖고 원동기를 설치하여 와이어로프에 의해 조작되는 것을 말한다.

8 승강기

건축물이나 고정된 시설물에 설치되어 일정한 경로에 따라 사람이나 화물을 승강장으로 옮기는 데에 사용되는 설비

9 자동차정비용 리프트

동력을 사용하여 가이드레일을 따라 움직이는 지지대로 자동차 등을 일정한 높이로 올리거나 내리는 구조의 리프트로서 자동차 정비에 사용하는 것

10 건설용 리프트

동력을 사용하여 가이드레일을 따라 상하로 움직이는 운반구를 매달아 사람이나 화물을 운반할 수 있는 설비 또는 이와 유사한 구조 및 성능을 가진 것으로 건설현장에서 사용하는 것

(3) 안전기준

1 크레인의 작업 시작 전 점검사항 25. 2. 7 ⚠

① 권과방지장치, 브레이크, 클러치 및 운전장치의 기능
② 주행로의 상측 및 트롤리가 횡행하는 레일의 상태
③ 와이어로프가 통하고 있는 곳의 상태

합격예측 및 관련법규

제161조(폭풍에 의한 무너짐 방지)
사업주는 순간풍속이 초당 35미터를 초과하는 바람이 불어올 우려가 있는 경우 옥외에 설치되어 있는 승강기에 대하여 받침의 수를 증가시키는 등 승강기가 무너지는 것을 방지하기 위한 조치를 하여야 한다.

제162조(조립 등의 작업)
① 사업주는 사업장에 승강기의 설치·조립·수리·점검 또는 해체 작업을 하는 경우 다음 각 호의 조치를 하여야 한다.
 1. 작업을 지휘하는 사람을 선임하여 그 사람의 지휘 하에 작업을 실시할 것
 2. 작업을 할 구역에 관계 근로자가 아닌 사람의 출입을 금지하고 그 취지를 보기 쉬운 장소에 표시할 것
 3. 비, 눈, 그 밖에 기상상태의 불안정으로 날씨가 몹시 나쁜 경우에는 그 작업을 중지시킬 것
② 사업주는 제1항제1호의 작업을 지휘하는 사람에게 다음 각 호의 사항을 이행하도록 하여야 한다.
 1. 작업방법과 근로자의 배치를 결정하고 해당 작업을 지휘하는 일
 2. 재료의 결함 유무 또는 기구 및 공구의 기능을 점검하고 불량품을 제거하는 일
 3. 작업 중 안전대 등 보호구의 착용 상황을 감시하는 일

합격예측 및 관련법규

제170조(링 등의 구비)

① 사업주는 엔드레스(endless)가 아닌 와이어로프 또는 달기체인에 대하여는 그 양단에 훅·샤클·링 또는 고리를 구비한 것이 아니면 크레인 또는 이동식 크레인의 고리걸이용구로 사용하여서는 아니 된다.
② 제1항의 규정에 의한 고리는 꼬아넣기[아이스플라이스(eye splice)를 의미한다. 이하 같다] 압축멈춤 또는 이러한 것과 같은 정도 이상의 힘을 유지하는 방법으로 제작된 것이어야 한다. 이 경우 꼬아넣기는 와이어로프의 모든 꼬임을 3회 이상 끼워 짠 후 각각의 꼬임의 소선 절반을 잘라내고 남은 소선을 다시 2회 이상(모든 꼬임을 4회 이상 끼워짠 경우에는 1회 이상) 끼워 짜야 한다.

2 와이어로프의 사용제한 조건

① 이음매가 있는 것
② 와이어로프의 한 꼬임에서 끊어진 소선의 수가 10[%] 이상인 것
③ 지름의 감소가 공칭지름의 7[%]를 초과하는 것
④ 꼬인 것
⑤ 심하게 변형 또는 부식된 것
⑥ 열과 전기 충격에 의해 손상된 것

3 달기체인의 사용제한 조건

① 달기체인의 길이의 증가가 그 달기체인이 제조된 때의 길이의 5[%]를 초과한 것
② 링의 단면 지름의 감소가 그 달기체인이 제조된 때의 해당 링의 지름의 10[%]를 초과한 것
③ 균열이 있거나 심하게 변형된 것

4 크레인 운전 안전수칙

① 작업 전에 아우트리거(잭)를 완전히 설치해야 한다.
② 작업장은 수평되고 견고한 지면을 선택하여 장비를 설치하여야 한다.
③ 작업장의 협소로 아우트리거를 사용하지 않을 때는 받침목을 고이고 규정된 타이어 공기압을 확인 유지해야 한다.
④ 붐을 세운 채로 현장 주행을 금지해야 한다.
⑤ 화물 인양시에는 능력표와 필히 비교한 후 인양해야 한다.
⑥ 작업반경과 인양능력은 밀접한 관계가 있으니 특히 주의해야 하며, 작업반경 내에는 불필요한 사람의 접근을 금한다.
⑦ 중량품을 취급할 경우 로프(크레인붐, 호이스트와이어)가 늘어나므로 실작업 반경보다 약간 길게 인양능력을 계산해야 한다.
⑧ 작업반경이 클수록 인양능력은 저하되므로 무리한 작업을 할 경우는 크레인이 전복되기 쉽고, 반면 반경이 작을 때는 좀 무리한 작업을 하더라도 전복은 되지 않으나 크레인이 파손될 우려가 있으니 절대로 무리한 작업을 해서는 안 된다.
⑨ 화물을 인양한 채 운전석 이탈을 절대로 금지해야 한다.
⑩ 작업중의 드럼에는 언제나 완전히 두 바퀴 이상 감길 수 있도록 와이어로프가 감겨야 한다.
⑪ 작업신호는 지정된 책임자 또는 지정된 요원에 의해 실시하고 현장 인부나 무경험자가 신호를 해서는 안 되며, 신호자가 책임을 가짐을 주지시켜야 한다.
⑫ 드럼에는 회전제어기나 역회전방지기가 장치되어야 한다.
⑬ 정지시킬 때에는 모든 조작 레버를 중 위치에 둔 다음 메인 스위치를 뺀다.
⑭ 그 밖에 모든 규칙을 잘 수행해야 하며 스윙(회전)시는 일단 정지 후 반대로 회전한다.

(4) 리프트 안전기준

1 조립시 안전기준
① 기초와 기초틀은 볼트로 긴결(緊結)하여 수평으로 조립한다.
② 각 부의 볼트가 느슨하지 않도록 조인다.
③ 레일서포트(rail-support)는 1.8[m] 이내마다 철물을 사용해서 설치한다.
④ 가이로프(guy rope)는 1.8[m] 정도로서 안전을 확보할 수 있도록 한다.
⑤ 작업 바닥면으로부터 1.8[m]까지 울을 설치한다.
⑥ 플레이트 홈은 각 단 동일 방향으로 '주의' 표지를 붙인다.
⑦ 하대(荷臺)의 최종 위치를 와이어로프 등으로 표시하여 지나치게 상승하는 것을 방지한다.
⑧ 운전원으로부터 각 층을 보는 것이 곤란한 경우는 버저, 램프 등의 신호장치를 둔다.
⑨ 각 와이어로프의 클립, 윈치드럼의 끝 손잡이 등은 와이어로프가 빠지지 않도록 긴결한다.
⑩ 윈치는 플리트앵글(fleet angle)을 적절히 취해 안정한 상태로 설치한다.
⑪ 접지는 확실하게 한다.

2 작업시 안전기준
① 운전은 기능자를 선정하여 정해진 사람이 행한다.
② 승강작업의 신호는 정해진 사람이 행한다.
③ 권상(卷上)윈치의 와이어로프는 엉키지 않도록 주의한다.
④ 권상로프의 통로에 이상이 없는가 주의한다.
⑤ 하대의 짐내리기는 원활히 행하고 가능한 한 충격을 주지 않도록 한다.
⑥ 타워머리의 좌우 움직임은 중심으로부터 좌우 45[°] 이상 흔들리지 않도록 윈치를 설치한다.
⑦ 안전율

$$S = \frac{NP}{Q}, \quad Q = \frac{NP}{S}$$

여기서 S : 안전율
N : 로프 가닥수
P : 로프의 파단강도[kg]
Q : 허용응력[kg]

합격예측 및 관련법규

제174조(차량계 하역운반기계 등의 이송)

사업주는 차량계 하역운반기계 등을 이송하기 위하여 자주 또는 견인에 의하여 화물자동차에 싣거나 내리는 작업을 할 때에 발판·성토 등을 사용하는 경우에는 해당 차량계 하역운반기계 등의 전도 또는 전락에 의한 위험을 방지하기 위하여 다음 각 호의 사항을 준수하여야 한다. 17. 5. 7 ❹ 23. 5. 13 ❹

1. 싣거나 내리는 작업은 평탄하고 견고한 장소에서 할 것
2. 발판을 사용하는 경우에는 충분한 길이·폭 및 강도를 가진 것을 사용하고 적당한 경사를 유지하기 위하여 견고하게 설치할 것
3. 가설대 등을 사용하는 경우에는 충분한 폭 및 강도와 적당한 경사를 확보할 것
4. 지정운전자의 성명·연락처 등을 보기 쉬운 곳에 표시하고 지정운전자 외에는 운전하지 않도록 할 것

Q 은행문제

화물용 엘리베이터를 설계하면서 와이어로프의 안전하중은 10[ton]이라면 로프의 가닥수를 얼마로 하여야 하는가?(단, 와이어로프 한 가닥의 파단강도는 4[ton]이며 화물용 승강기 와이어로프의 안전율은 6으로 한다.)

① 10가닥 ② 15가닥
③ 20가닥 ④ 30가닥

정답 ②

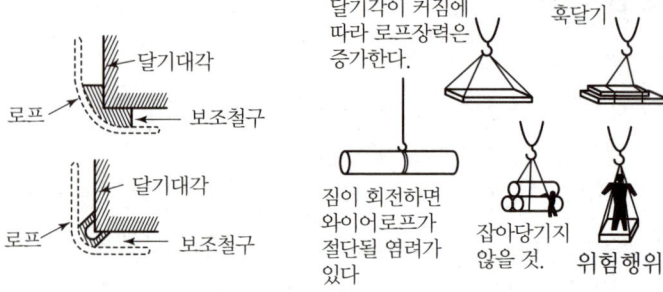

[그림] 로프의 보호줄걸이 작업(예)

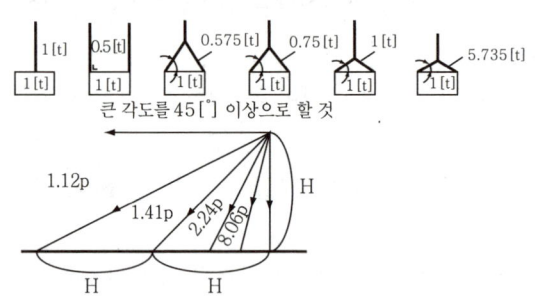

[그림] 와이어로프의 사용각도

(5) 곤돌라 안전기준

1 낙하방지 안전기준

① 가반식 곤돌라를 사용할 때, 달아내리기 위해서 와이어로프가 1개인 곤돌라를 사용할 때는 옥상 등의 견고한 기둥에 확실하게 구명선을 취부하여 안전대 등을 사용한다.
② 달아 내리기 위한 와이어로프가 2개 이상인 상설식 곤돌라를 사용할 때는 케이지(곤돌라) 또는 작업상에 안전대 등을 착용한다.

2 작업중 주의사항

① 곤돌라 조작은 지정한 자만 사용할 수 있다.
② 작업은 반드시 케이지를 정지하여 시작한다.
③ 케이지에는 잘 보이는 곳에 적재하중을 표시하고, 또 그 적재하중을 초과하는 무게는 싣지 않을 것
④ 케이지 안에는 발판, 사다리 등을 사용하지 말 것
⑤ 상설식 곤돌라를 회전하기도 하고, 암(arm)의 회전을 바꿀 때는 케이지를 정지시켜서 행할 것
⑥ 상설식 곤돌라에서는 작업상은 항상 수평을 유지하고, 만일 경사시에는 즉시 작업을 중단하여 점검 수리를 실시하고, 안전을 확인하고 나서 작업할 것

⑦ 가반식 곤돌라에서는 좌우 구동부위를 조절하면서 항상 수평을 유지해야 한다.
⑧ 건축물의 외벽에서 가이드레일 등의 설비가 되어 있지 않을 때는 벽면에 케이지의 전면이 닿지 않도록 유의하여 케이지를 승강시켜 필요한 경우에는 케이지 전면에 보호물을 취부할 것
⑨ 상설식 곤돌라를 이동시킬 때는 작업상 최상부까지는 상승시켜 행할 것
⑩ 가반식 곤돌라를 이동시킬 때는 작업상을 최상부까지 들어올리고 행하든가 또는 노상 등의 최하부까지 내려서 행할 것
⑪ 전동식 곤돌라를 사용하는 경우에 있어서 정전 고장 때는 작업원이 승강제어기가 정지위치에 있는 것을 확인시켜 감시원을 통한 지시에 따라야 한다.
⑫ 상설식 곤돌라는 작업 종료 후, 소정의 위치에 격납하고, 케이지가 달린 채 놓지 말 것
⑬ 가반식 곤돌라는 작업 종료 후, 건물의 최상부 또는 최하부에 놓고, 케이지는 고정시켜 놓을 것
⑭ 곤돌라의 조작에 대해서 일정한 신호를 정해 놓고 신호를 하는 자로 지명된 자로 하여금 신호를 하도록 할 것
⑮ 곤돌라를 조작하고 있는 자는 곤돌라 사용시에 조작 위치에서 이탈하지 말 것

(6) 기타 양중기 안전

1 가이데릭(guy derrick) 18. 4. 28 23. 5. 13

① 구조 및 기능
  ㉮ 마스터(master), 붐(boom), 블록(block)류, 가이로프(guy rope)로 이루어진 고정식으로서 마스터 **최상부에 6~8개의 가이로프로 지지되고**, 경사진 붐이 설치되어 있으며, 붐 끝에는 하중권상블록, 호이스트가 달려 있다.
  ㉯ 훅(hook), 붐의 경사, 회전 등은 윈치(winch)로 조정되며, 360[°] 선회가 가능하다.
  ㉰ 보통 붐은 마스터 높이 80[%] 정도의 길이까지 사용한다.
② 용도 : 중량물의 이동, 하역작업, 철골조립 작업, 항만하역설비 등에 사용한다.

2 3각데릭(triangle derrick)

① 구조 및 기능 : 마스터를 2개의 다리(leg)로 지지한 것으로서 스티프레그 데릭이라고 하며 **붐은 2개의 다리가 있으므로 270[°]까지 회전한다.**
② 용도
  ㉮ 가이로프의 길이가 길 필요가 없는 빌딩의 옥상 등 협소한 장소의 작업에 적합하다.
  ㉯ 기초가 없어도 되며, 차륜에 설치한 경우 이동이 간단하므로 파일 해머작업, 교량가설, 항만하역작업 등에 사용한다.

> **합격예측 및 관련법규**
>
> **제177조(싣거나 내리는 작업)**
> 사업주는 차량계 하역운반기계 등에 단위화물의 무게가 100[kg] 이상인 화물을 싣는 작업(로프걸이작업 및 덮개를 덮는 작업을 포함한다. 이하 같다) 또는 내리는 작업(로프풀기작업 또는 덮개를 벗기는 작업을 포함한다. 이하 같다)을 하는 경우에는 해당 작업의 지휘자를 지정하여 다음 각 호의 사항을 준수하도록 하여야 한다. 10. 3. 7
>
> 1. 작업순서 및 그 순서마다의 작업방법을 정하고 작업을 지휘할 것
> 2. 기구 및 공구를 점검하고 불량품을 제거할 것
> 3. 해당 작업을 행하는 장소에 관계근로자가 아닌 사람이 출입하는 것을 금지할 것
> 4. 로프풀기 작업 또는 덮개 벗기기 작업은 적재함의 화물이 떨어질 위험이 없음을 확인한 후에 하도록 할 것

합격예측 및 관련법규

제142조(타워크레인의 지지)

① 사업주는 타워크레인을 자립고(自立高) 이상의 높이로 설치하는 경우 건축물 등의 벽체에 지지하도록 하여야 한다. 다만, 지지할 벽체가 없는 등 부득이한 경우에는 와이어로프에 의하여 지지할 수 있다.

② 사업주는 타워크레인을 벽체에 지지하는 경우 다음 각 호의 사항을 준수하여야 한다.

1. 「산업안전보건법 시행규칙」제58조의4제1항제2호에 따른 서면심사에 관한 서류(「건설기계관리법」제18조에 따른 형식승인서류를 포함한다) 또는 제조사의 설치작업 설명서 등에 따라 설치할 것

2. 제1호의 서면심사 서류 등이 없거나 명확하지 아니한 경우에는 「국가기술자격법」에 따른 건축구조·건설기계·기계안전·건설안전기술사 또는 건설안전분야 산업안전지도사의 확인을 받아 설치하거나 기종별·모델별 공인된 표준방법으로 설치할 것

3. 콘크리트 구조물에 고정시키는 경우에는 매립이나 관통 또는 이와 같은 수준 이상의 방법으로 충분히 지지되도록 할 것

4. 건축 중인 시설물에 지지하는 경우에는 그 시설물의 구조적 안정성에 영향이 없도록 할 것

③ 사업주는 타워크레인을 와이어로프로 지지하는 경우 다음 각 호의 사항을 준수하여야 한다.
18. 3. 4 ② 20. 8. 22 ②
23. 6. 4 ② 23. 7. 8 ④

1. 제2항제1호 또는 제2호의 조치를 취할 것
2. 와이어로프를 고정하기 위한 전용 지지프레임을 사용할 것
3. 와이어로프 설치각도는 수평면에서 60도 이내로 하되, 지지점은 4개소 이상으로 하고, 같은 각도로 설치할 것 25. 2. 7 ②
4. 와이어로프와 그 고정부위는 충분한 강도와 장력을 갖도록 설치하고,

3 승강기

건축물이나 고정된 시설물에 설치되어 일정한 경로에 따라 사람이나 화물을 승강장으로 옮기는 데에 사용되는 설비

4 리프트 11. 6. 12 ②

동력을 사용하여 사람이나 화물을 운반하는 것을 목적으로 하는 기계설비

① **건설용 리프트** : 동력을 사용하여 가이드레일을 따라 상하로 움직이는 운반구를 매달아 사람이나 화물을 운반할 수 있는 설비 또는 이와 유사한 구조 및 성능을 가진 것으로 건설현장에서 사용하는 것

② **산업용 리프트** : 동력을 사용하여 가이드레일을 따라 상하로 움직이는 운반구를 매달아 화물을 운반할 수 있는 설비 또는 이와 유사한 구조 및 성능을 가진 것으로 건설현장 외의 장소에서 사용하는 것

③ **자동차정비용 리프트** : 동력을 사용하여 가이드레일을 따라 움직이는 지지대로 자동차 등을 일정한 높이로 올리거나 내리는 구조의 리프트로서 자동차정비에 사용하는 것

④ **이삿짐운반용 리프트** : 연장 및 축소가 가능하고 끝단을 건축물 등에 지지하는 구조의 사다리형 붐에 따라 동력을 사용하여 움직이는 운반구를 매달아 화물을 운반하는 설비로서 화물자동차 등 차량 위에 탑재하여 이삿짐운반 등에 사용하는 것

[표] 안전계수의 구분

구분	안전계수
근로자가 탑승하는 운반구를 지지하는 경우	10 이상
화물의 하중을 직접 지지하는 경우	5 이상
훅, 샤클, 클램프, 리프팅 빔의 경우	3 이상
그 밖의 경우	4 이상

2. 해체공사(demolition work)시 안전수칙

(1) 압쇄기

1 개요

① 유압잭으로 파쇄 해체하는 공법이며 셔블에 압쇄기를 부착하여 사용하는 기계이다.
② 벽체의 해체에 용이하며 능률이 우수하다.
③ 해체 높이에 제한이 없고, 취급·조작이 용이하고, 인력이 절감된다.
④ 20[m] 높이까지 작업이 가능하며 철골·철근 절단도 가능하다.
⑤ 단점으로 분진이 발생하므로 반드시 살수 조치가 필요하다.

2 취급상 안전기준

① 압쇄기의 중량 등을 고려, 차체에 무리를 초래하는 중량의 압쇄기 부착을 금지하여야 한다.
② 압쇄기 부착과 해체는 경험이 많은 사람이 하도록 하여야 한다.
③ 그리스 주유를 빈번히 실시하고 보수점검을 수시로 하여야 한다.
④ 기름이 새는지 확인하고 배관부분의 접속부가 안전한지를 점검하여야 한다.
⑤ 절단칼은 마모가 심하기 때문에 적절히 교환하여야 한다.

3 건물해체순서 18. 4. 28 ⑦

슬래브 → 보 → 벽체 → 기둥

(2) 잭(jack)

1 개요

① 들어올려 파쇄하는 공법이다.
② 보, 바닥 해체에 적당하다.
③ 단점으로 해체물이 많으면 기동성이 떨어지고 낙하물 보호조치가 필요하다.

2 취급상의 안전기준

① 잭을 설치하거나 해체할 때는 경험이 많은 사람이 하도록 하여야 한다.
② 유압호스 부분에서 기름이 새는지, 접속부는 이상이 없는지를 확인하여야 한다.
③ 장시간 작업의 경우에는 호스의 커플링과 고무가 연결한 곳에 균열이 발생될 우려가 있으므로 적절히 교환하여야 한다.
④ 보수점검을 수시로 하여야 한다.

(3) 철해머

1 개요

① 이동식 크레인에 철해머를 부착하는 기계이다.
② 타격으로 주로 파쇄에 사용되며, 기둥, 보, 바닥, 벽체 해체에 적합하고 능률이 좋다.
③ 단점으로 소음 진동이 매우 크고, 비산물이 많아 매설물 보호가 필요하다.
④ 지하 콘크리트 파쇄에는 적합하지 않다.

2 취급상의 안전기준 23. 3. 1 ㉣

① 해머는 해체 대상물에 적합한 형상과 중량의 것을 선정하여야 한다.
② 해머는 중량과 작업반경을 고려, 차체의 붐, 프레임 및 차체에 무리가 없는 것을 부착토록 하여야 한다.
③ 해머를 매단 와이어로프의 종류와 직경 등은 적절한 것을 사용하여야 한다.

와이어로프를 클립·샤클(shackle) 등의 고정기구를 사용하여 견고하게 고정시켜 풀리지 아니하도록 하며, 사용 중에는 충분한 강도와 장력을 유지하도록 할 것
5. 와이어로프가 가공전선(架空電線)에 근접하지 않도록 할 것

제140조(폭풍에 의한 이탈방지)
사업주는 순간풍속이 초당 30[m]를 초과하는 바람이 불어올 우려가 있는 경우 옥외에 설치되어 있는 주행크레인에 대하여 이탈방지장치를 작동시키는 등 이탈 방지를 위한 조치를 하여야 한다.
18. 9. 15 ⑦ 22. 3. 5 ⑦

제144조(건설물 등과의 사이의 통로)
① 사업주는 주행크레인 또는 선회크레인과 건설물 또는 설비와의 사이에 통로를 설치하는 때에는 그 폭을 0.6[m] 이상으로 하여야 한다. 다만, 그 통로 중 건설물의 기둥에 접촉하는 부분에 대하여는 0.4[m] 이상으로 할 수 있다.
② 사업주는 제1항의 규정에 의한 통로 또는 주행궤도상에서 정비·보수·점검 등의 작업을 하는 경우에는 그 작업에 종사하는 근로자가 주행하는 크레인에 접촉될 우려가 없도록 크레인의 운전을 정지시키는 등 필요한 안전조치를 하여야 한다.

보충학습

후크(Hook)란?
물걸을 걸기 위한 갈고리로 중량물 인양 시 하중에 부착된 체인 및 와이어로프와 연결되도록 설계된 기구

샤클(Shackle)이란?
체인, 와이어로프 등과 연결하여 들거나 고정시키는데 사용하는 기구

[그림] 후크·샤클 등

④ 해머와 와이어로프의 결속은 경험이 많은 사람으로 하여금 실시토록 하여야 한다.

⑤ 와이어로프와 결속부는 사용 전·후 항상 점검하여야 한다.

(4) 해체공사 전 확인사항

[1] 해체 대상 건물조사

① 구조(철근 콘크리트조, 철골철근 콘크리트조 등), 층수, 건물높이, 연면적, 기준층 면적

② 평면 구성 상태, 폭, 층고, 벽 배치 상태

③ 부재별 치수, 배근 상태, 해체시 주의하여야 할 구조적으로 약한 부분

④ 해체시 떨어질 우려가 있는 내외장재

⑤ 설비기구, 전기배선, 배관설비 계통

⑥ 건물의 설립 연도

⑦ 건물의 노후정도, 재해(화재, 동해 등) 유무

⑧ 재이용 또는 이설을 요하는 부재 현황 등

⑨ 그 밖의 해당 건물 특성에 따른 내용

[2] 부지 상황조사

① 부지 내 공지 유무, 해체용 기계 설치 위치, 발생재 처리 장소

② 해체공사 착수에 앞서 철거, 이설, 보호해야 할 필요가 있는 공사상의 장애물

③ 접속 도로 및 그 폭, 출입구 개수 및 폭, 매설물의 종류 및 개폐 위치

[3] 인근 주변조사

① 인근 건물 동수 및 거주자

② 도로, 상황조사, 가공고압선 유무

③ 차량 대기 장소 유무 및 교통량(통행인 포함)

[4] 해체작업시 해체계획 작성항목 15. 8. 16 [기] 23. 7. 8 [기]

① 해체의 방법 및 해체의 순서도면

② 가설설비, 방호설비, 환기설비 및 살수, 방화설비 등의 방법

③ 사업장 내 연락 방법

④ 해체물의 처분계획

⑤ 해체작업용 기계, 기구 등의 작업계획서

⑥ 해체작업용 화약류 등의 사용계획서

⑦ 그밖의 안전·보건에 관련된 사항

합격예측 및 관련법규

제145조(건설물 등의 벽체와 통로와의 간격 등)

사업주는 다음 각 호에 규정된 간격을 0.3[m] 이하로 하여야 한다. 다만, 근로자가 추락할 위험이 없는 경우에는 그러하지 아니하다.
17. 3. 5 [기] 20. 6. 7 [기] 20. 6. 14 [산]

1. 크레인의 운전실 또는 운전대를 통하는 통로의 끝과 건설물 등의 벽체의 간격
2. 크레인거더의 통로의 끝과 크레인거더와의 간격
3. 크레인거더의 통로로 통하는 통로의 끝과 건설물 등의 벽체의 간격

제146조(크레인 작업시의 조치)

사업주는 크레인을 사용하여 작업을 하는 때에는 다음 각 호의 조치를 준수하여야 하고, 그 작업에 종사하는 관계근로자가 그 조치를 준수하도록 하여야 한다. 17. 3. 5 [산]

1. 인양할 하물(荷物)을 바닥에서 끌어당기거나 밀어 작업하지 아니할 것
2. 유류드럼이나 가스통 등 운반 도중에 떨어져 폭발하거나 누출될 가능성이 있는 위험물용기는 보관함(또는 보관고)에 담아 안전하게 매달아 운반할 것
3. 고정된 물체를 직접 분리·제거하는 작업을 하지 아니할 것
4. 미리 근로자의 출입을 통제하여 인양중인 하물이 작업자의 머리위로 통과하지 않도록 할 것
5. 인양할 하물이 보이지 아니하는 경우에는 어떠한 동작도 하지 아니할 것(신호하는 사람에 의하여 작업을 하는 경우는 제외한다)

(5) 해체용 기구의 취급안전

1 대형 브레이커 안전
① 대형 브레이커는 중량을 고려, 차체의 붐, 프레임 및 차체에 무리가 없는 것을 부착하도록 하여야 한다.
② 대형 브레이커의 부착과 해체는 경험이 많은 사람이 하도록 하여야 한다.
③ 보수점검은 수시로 실시하여야 한다.
④ 유압식일 경우는 유압이 높기 때문에 수시로 유압호스가 새거나 막힌 곳을 점검하여야 한다.
⑤ 끝의 형상에 따라 적합한 용도에 사용하여야 한다.

2 화약류의 안전
① 화약 사용시에는 적절한 발파기술을 사용하며 화약 사용에 대한 문제점 등을 파악한 후에 세밀한 계획하에 시행하여야 한다.
② 특히 취급상의 소음으로 인한 공해, 진동, 비산파편에 대한 예방대책이 있어야 한다.
③ 화약류 취급에 대하여는 총포, 도검, 화약류 단속법과 산업안전보건법 등 관계법에서 규정하는 바에 의해 취급하여야 한다.
④ 시공 순서는 화약 취급 절차에 의하여야 한다.

3 핸드브레이커의 안전 15. 3. 8 ㉮ 19. 3. 3 ㉯
① 25~40[kg]의 브레이커를 작동시키게 되므로 현장 정리가 잘되어 있어야 한다.
② 끝의 부러짐을 방지하기 위하여 작업자세는 항상 하향 수직방향으로 유지하여야 한다.
③ 기계는 항상 점검하고 호스가 교차되거나 꼬여 있지 않은지를 점검하여야 한다.

4 팽창제의 안전 20. 6. 7 ㉮
① 팽창제와 물과의 혼합 비율을 확인하여야 한다.
② 구멍이 너무 작으면 팽창력이 작아 비효과적이고 너무 커도 좋지 않다. 천공 직경은 30~50[mm] 정도를 유지하여야 한다.
③ 천공 간격은 콘크리트 강도에 의하여 결정되나 30~70[cm] 정도가 적당하다.
④ 팽창제를 저장하는 경우에는 건조한 장소에 보관하고 직접 바닥에 두지 말고 습기를 피하여야 한다.
⑤ 개봉된 팽창제는 사용하지 않아야 하며 쓰다 남은 팽창제 처리에 유의하여야 한다.

합격예측 및 관련법규

제134조(방호장치의 조정)
① 사업주는 다음 각 호의 양중기에 과부하방지장치, 권과방지장치(捲過防止裝置), 비상정지장치 및 제동장치, 그 밖의 방호장치[승강기의 파이널 리미트 스위치(final limit switch), 속도조절기, 출입문 인터록(inter lock) 등을 말한다]가 정상적으로 작동될 수 있도록 미리 조정해 두어야 한다.
10. 3. 7 ㉯ 16. 5. 8 ㉮
17. 8. 26 ㉯ 20. 8. 23 ㉯
1. 크레인
2. 이동식 크레인
3. 리프트
4. 곤돌라
5. 승강기
② 제1항제1호 및 제2호의 양중기에 대한 권과방지장치는 훅·버킷 등 달기구의 윗면(그 달기구에 권상용 도르래가 설치된 경우에는 권상 도르래의 윗면)이 드럼, 상부 도르래, 트롤리프레임 등 권상장치의 아랫면과 접촉할 우려가 있는 경우에 그 간격이 0.25[m] 이상[직동식(直動式) 권과방지장치는 0.05[m] 이상으로 한다]이 되도록 조정하여야 한다.
③ 제2항의 권과방지장치를 설치하지 않은 크레인에 대해서는 권상용 와이어로프에 위험표시를 하고 경보장치를 설치하는 등 권상용 와이어로프가 지나치게 감겨서 근로자가 위험해질 상황을 방지하기 위한 조치를 하여야 한다.

합격예측 및 관련법규

사업주는 탑승설비에 대하여는 추락에 의한 근로자의 위험을 방지하기 위하여 다음 각 호의 조치를 하여야 한다.
1. 탑승설비가 뒤집히거나 떨어지지 아니하도록 필요한 조치를 할 것
2. 안전대 및 구명줄을 설치하고, 안전난간의 설치가 가능한 구조인 경우에는 안전난간을 설치할 것
3. 탑승설비와 탑승자의 총중량의 1.3배에 상당하는 중량에 500[kg]을 가산한 수치가 이동식 크레인의 정격하중을 초과하지 아니하도록 할 것

제150조(경사각의 제한)
사업주는 이동식 크레인을 사용하여 작업을 하는 때에는 이동식크레인 명세서에 기재되어 있는 지브의 경사각(인양하중이 3[t] 미만인 이동식 크레인의 경우에는 제조한 자가 지정한 지브의 경사각)의 범위에서 사용하도록 하여야 한다.

합격예측

항타기 항발기 구분
① 타입식
  ㉮ 낙추해머 (drop hammer)
  ㉯ 증기해머 (steam hammer)
  ㉰ 디젤해머 (diesel hammer)
② 진동식해머 (vibro hammer)
③ 압입식(N＝30까지 가능)
④ 사수식(점성토에는 불가)

5 절단톱의 안전
① 작업 현장은 정리정돈이 잘되어야 한다.
② 절단기에 사용되는 전기시설과 급배수설비를 수시 정비 점검하여야 한다.
③ 회전날에는 접촉방지 커버를 부착토록 하여야 한다.
④ 회전날의 조임 상태는 안전한지 작업 전에 점검하여야 한다.
⑤ 절단중 회전날을 식히기 위한 물이 충분한지 점검하고 불꽃이 많이 비산되거나 수증기 등이 발생하면 과열된 것이므로 주의하여야 한다.
⑥ 절단 방향은 직선이 좋고 부재 중의 철근 등에 의해 절단이 안 될 경우에는 최소 단면으로 절단하여야 한다.
⑦ 절단기는 매일 점검하고 정비해 두어야 한다.

6 잭의 안전
① 잭을 설치하거나 해체할 때는 경험이 많은 사람이 하도록 하여야 한다.
② 유압호스 부분에서 기름이 새는지, 접속부는 이상이 없는지를 확인하여야 한다.
③ 장시간 작업의 경우에는 호스의 커플링과 고무가 연결된 곳에 균열이 발생될 우려가 있으므로 적절히 교환하여야 한다.
④ 보수점검을 수시로 하여야 한다.

7 화염방사기의 안전
① 고온의 용융물이 비산하고 연기가 많이 발생되므로 화재 발생에 주의하여야 한다.
② 소화기를 준비하여 불꽃 비산으로 인접 부분에 발화될 경우에 대비하여야 한다.
③ 작업자는 방열복, 마스크, 장갑 등의 보호구를 착용하여야 한다.
④ 산소 용기가 넘어지지 않도록 조치하여야 한다.
⑤ 용기 내 압력은 온도에 의해 상승하기 때문에 항상 40[℃] 이하로 보존하여야 한다.
⑥ 호스는 결속물로 확실하게 결속하도록 하고 균열되었거나 노후된 것은 사용하지 말아야 한다.

8 쐐기 타입기의 안전
① 구멍에 굴곡이 있으면 타입기 자체에 큰 응력이 생겨 쐐기가 휠 우려가 있으므로 천공된 구멍은 굴곡부가 없이 똑바라야 한다.
② 천공 구멍은 타입기 삽입 부분의 직경과 거의 같아야 한다.
③ 쐐기가 절단된 경우는 즉시 교체하여야 한다.
④ 보수점검은 수시로 하여야 한다.

(6) 해체용 기계 병용공법 안전기준

1 핸드브레이커공법과 전도공법의 병용

① 안전작업 순서
   ㉮ 해체 건물 외곽에 방호용 비계를 설치한다.
   ㉯ 바닥판을 일정 크기로 핸드브레이커로 파쇄한 뒤 철근을 절단하여 낙하시킨다.
   ㉰ 보의 양단부를 브레이커로 파쇄한 뒤 철근을 절단하여 낙하시킨다.
   ㉱ 내부의 벽과 기둥 아래쪽을 파쇄한 뒤 전도시킨다.
   ㉲ 외벽은 일정 크기로 파쇄한 뒤 전도시킨다.
   ㉳ 해체물의 절단이 끝난 뒤 해체 부재를 반출한다.

② 작업시 안전기준
   ㉮ 내벽과 외벽의 전도 작업(대형 브레이커공법과 전도공법의 병용 작업을 참조)
   ㉯ 절단 부재의 크기는 반출용 윈치와 크레인의 능력을 고려하여 결정하여야 한다.
   ㉰ 절단 순서는 바닥판 → 보 → 내벽 → 내부기둥 → 외벽 → 외곽 기둥 순으로 하되 전체적인 안전을 고려하여야 한다.
   ㉱ 예상치 못한 전도와 낙하를 방지하려면 필요에 따라 서포트와 와이어로프를 사용하여 이에 대한 대비를 하여야 한다.
   ㉲ 핸드브레이커 작업과 가스 절단 작업이 동시에 이루어지므로 항상 자신의 안전에 주의하여 위험이 예상되는 경우에는 안전대를 사용하여 추락에 대비하여야 한다.
   ㉳ 핸드브레이커 운전자는 방진마스크, 보호안경, 방진장갑, 귀마개 등을 사용하고 적당한 휴식을 취하게 하여야 한다.

2 압쇄공법과 대형 브레이커공법 병용

① 안전작업 순서
   ㉮ 해체 건물 외곽에 방호용 비계를 설치한다.
   ㉯ 해체물 장외 방출용 출입구와 바닥판에 해체물 처리용 낙하구 등을 설치한다.
   ㉰ 압쇄기와 대형 브레이커를 옥상에 인양한다.
   ㉱ 위층에서 아래층으로 1층씩 압쇄기와 대형 브레이커로 해체한다.
   ㉲ 한 층 해체시는 중앙 부분을 먼저 해체하고 외벽을 마지막으로 해체한다.
   ㉳ 압쇄기 및 대형 브레이커를 아래층으로 이동시킨다.
   ㉴ 해체물은 적절히 반출하고 비계를 순차적으로 철거해 나간다.

합격예측 및 관련법규

제51조(구축물 또는 이와 유사한 시설물 등의 안전 유지)
사업주는 구축물 또는 이와 유사한 시설물에 대하여 자중(自重), 적재하중, 적설, 풍압(風壓), 지진이나 진동 및 충격 등에 의하여 붕괴·전도·폭발하거나 무너지는 등의 위험을 예방하기 위하여 다음 각 호의 조치를 하여야 한다.
16. 10. 1 ㉮ 19. 3. 3 ㉮
19. 9. 21 ㉮
1. 설계도서에 따라 시공했는지 확인
2. 건설공사 시방서(示方書)에 따라 시공했는지 확인
3. 「건축물의 구조기준 등에 관한 규칙」에 따른 구조기준을 준수했는지 확인

제153조(피트청소시의 조치)
사업주는 리프트의 피트 등의 바닥을 청소하는 경우 운반구의 낙하에 의한 근로자의 위험을 방지하기 위하여 다음 각 호의 조치를 하여야 한다.
1. 승강로에 각재 또는 원목 등을 걸칠 것
2. 제1호에 따라 걸친 각재 또는 원목 위에 운반구를 놓고 역회전 방지기가 붙은 브레이크를 사용하여 구동모터 또는 윈치(winch)를 확실하게 제동해 둘 것

Q 은행문제

파쇄하고자 하는 구조물에 구멍을 천공하여 이 구멍에 가력봉을 삽입하고 가력봉에 유압을 가압하여 천공한 구멍을 확대시킴으로써 구조물을 파쇄하는 공법은?
21. 9. 12 ㉮

① 핸드브레이커(Hand Breaker) 공법
② 강구(Steel Ball)공법
③ 마이크로파(Microwave)공법
④ 록잭(Rock Jack)공법

정답 ④

합격예측 및 관련법규

제154조(붕괴 등의 방지)

① 사업주는 지반침하, 불량한 자재사용 또는 헐거운 결선(結線) 등으로 인하여 리프트가 붕괴되거나 넘어지지 아니하도록 필요한 조치를 하여야 한다.

② 사업주는 순간풍속이 매초당 35[m]를 초과하는 바람이 불어올 우려가 있는 때에는 건설작업용 리프트(지하에 설치되어 있는 것은 제외한다)에 대하여 받침의 수를 증가시키는 등 그 붕괴 등을 방지하기 위한 조치를 하여야 한다.
17. 5. 7 [산] 22. 4. 24 [기]

제156조(조립 등의 작업)

① 사업주는 리프트의 설치·조립·수리·점검 또는 해체 작업을 하는 경우 다음 각 호의 조치를 하여야 한다.
1. 작업을 지휘하는 사람을 선임하여 그 사람의 지휘하에 작업을 실시할 것
2. 작업을 할 구역에 관계근로자가 아닌 사람의 출입을 금지하고 그 취지를 보기 쉬운 장소에 표시할 것
3. 비·눈 그 밖의 기상상태의 불안정으로 인하여 날씨가 몹시 나쁜 경우에는 그 작업을 중지시킬 것

② 사업주는 제1항제1호의 작업을 지휘하는 자로 하여금 다음 각호의 사항을 이행하도록 하여야 한다.
1. 작업방법과 근로자의 배치를 결정하고 해당 작업을 지휘하는 일
2. 재료의 결함유무 또는 기구 및 공구의 기능을 점검하고 불량품을 제거하는 일
3. 작업중 안전대 등 보호구의 착용상황을 감시하는 일 16. 10. 1 [기]

② 작업시 안전기준

㉮ 압쇄기로 슬래브, 보 내벽 등을 해체하고 대형 브레이커로 기둥을 해체해 가므로 중기와의 안전거리를 충분히 확보하여야 한다.

㉯ 대형 브레이커의 엔진으로 인한 소음을 최대한 줄일 수 있는 수단을 강구하여야 한다.

3 대형 브레이커공법과 전도공법 병용

① 안전작업 순서

㉮ 해체 건물 외곽에 방호용 비계를 설치한다.

㉯ 해체물 장외 반출용 출입구와 바닥판에 해체물 처리용 낙하구 등을 설치한다.

㉰ 옥상에 대형 브레이커 및 연료, 공구 등을 인양한다.

㉱ 위층에서 아래층으로 1층씩 대형 브레이커를 이용하여 해체된 구조물을 전도시키면서 작업해 나간다.

㉲ 한 층의 해체는 중앙 부분을 먼저 해체하고 외벽을 최후로 전도하는 등 안전성 확보와 공해 방지에 노력한다.

㉳ 해체물과 잔재는 해체 건물면적에 따라 적절히 반출시킨다.

② 작업시 안전기준

㉮ 크레인 설치위치의 적정 여부를 확인하여야 한다.

㉯ 철해머를 매단 와이어로프는 사용 전 반드시 점검하도록 하고 작업중에도 와이어로프가 손상하지 않도록 주의하여야 한다.

㉰ 철해머 작업반경 내외 해체물이 낙하할 우려가 있는 곳은 사람의 출입을 통제하여야 한다.

㉱ 슬래브와 보 등과 같이 수평재는 수직으로 낙하시켜 해체하고 벽, 기둥 등은 수평으로 선회시켜 두드려 해체하도록 한다. 특히 벽과 기둥의 상단을 두드리지 않도록 주의하여야 한다.

㉲ 기둥과 벽은 철해머를 수평으로 선회시켜 해체하며, 이때 선회 거리와 속도 등에 주의하여야 한다.

㉳ 분진발생방지 조치를 취하여야 한다.

㉴ 철근 절단은 높은 곳에서 이루어지므로 안전대를 사용하고 무리한 작업을 피하여야 한다.

㉵ 철해머공법에 의한 해체작업은 자칫하면 현장의 혼란을 초래하여 위험하게 되므로 정리정돈에 노력하여야 한다.

[4] 철해머공법과 대형 브레이커공법 병용

① 안전작업 순서

㉮ 해체 건물 외곽에 방호용 비계를 설치한다.

㉯ 해체물 장외 반출용 출입구와 바닥판에 해체물 낙하구를 설치한다.

㉰ 옥상에 소형 크레인과 대형 브레이커를 인양한다.

㉱ 위층에서 아래층으로 한 층씩 철해머와 대형 브레이커를 사용하여 파쇄하면서 전도공법을 병용하여 해체해 나간다.

㉲ 한 층의 해체는 중앙 부분에서 먼저 해체해 마지막으로 외벽을 전도시킨다.

㉳ 철해머로 슬래브를 해체한다. 원칙적으로 소형 크레인이 설치된 슬래브는 뒤로 후퇴하면서 해체하고, 나머지 부분은 아래층으로 이동한 뒤 해체한다.

㉴ 대형 브레이커는 내벽과 내부 기둥을 전진하면서 해체한다.

㉵ 해체물과 잔재는 개구부를 이용해 적절히 반출한다.

㉶ 방호용 비계는 해체작업과 같이 한 층씩 철거해 나간다.

② 작업시 안전기준

㉮ 크레인과 대형 브레이커 인양시는 크레인 작업반경, 중량 등을 고려하여 인양토록 한다.

㉯ 중기 운전자는 풍부한 경험을 가진 자를 선임하도록 하여야 한다.

㉰ 중기를 슬래브 위에 설치할 경우에는 미리 구조 강도를 조사하여 안전성 여부를 확인하여야 한다. 특히 중기가 설치된 슬래브에는 해체물이 적재되므로 필요에 따라 대형 지지물 등의 설치를 고려하여야 한다.

㉱ 철해머는 슬래브 위를 후퇴하면서 해체하고 대형 브레이커는 아래층의 슬래브 위를 전진하면서 내벽과 내부 기둥을 해체하게 되므로 중기 상호간 안전거리를 항상 유지하여야 한다.

㉲ 중기의 작업반경 내 및 해체물이 비산할 가능성이 있는 범위 내에는 사람의 출입을 통제하여야 한다.

㉳ 보 해체시는 양단부를 대형 브레이커로 일부 파쇄시킨 후 철해머로 해체하도록 하여야 한다.

㉴ 철해머를 매단 와이어는 작업 전에 손상 유무를 점검하고 작업중에도 수시로 점검토록 하여야 한다.

㉵ 물 뿌리는 작업은 바닥판이 단단하고 시야가 양호한 장소를 선택해 작업하고 필요에 따라 안전대를 착용하여야 한다.

[합격예측]

양중기란 동력을 사용하여 화물, 사람 등을 운반하는 기계·설비 19. 8. 4 [기] 21. 5. 15 [기] 22. 3. 5 [기] 25. 2. 7 [산] 25. 7. 19 [실필]

① 크레인(호이스트 포함)
② 이동식 크레인
③ 리프트(이삿짐운반용 리프트의 경우에는 적재하중이 0.1[t] 이상인 것)
④ 곤돌라
⑤ 승강기

[Q] 은행문제

도심지 폭파해체공법에 관한 설명으로 옳지 않은 것? 20. 9. 27 [기]

① 장기간 발생하는 진동, 소음이 작다.
② 해체 속도가 빠르다.
③ 주위의 구조물에 끼치는 영향이 작다.
④ 많은 분진 발생으로 민원을 발생시킬 우려가 있다.

정답 ③

5과목

합격예측
구조물(structure, 構造物)
교량, 터널, 댐 등과 같이 천연 또는 인공재료를 써서 하중을 기초에 전달하고 그 사용 목적에 유익하도록 건조된 공작물의 총칭

합격예측 및 관련법규
제376조(급격한 침하로 인한 위험방지)
사업주는 잠함 또는 우물통의 내부에서 근로자가 굴착작업을 하는 경우에는 잠함 또는 우물통의 급격한 침하에 의한 위험을 방지하기 위하여 다음 각 호의 사항을 준수하여야 한다.
1. 침하관계도에 따라 굴착방법 및 재하량(載荷量) 등을 정할 것
2. 바닥으로부터 천장 또는 보까지의 높이는 1.8[m] 이상으로 할 것

Q 은행문제
거푸집동바리에 작용하는 횡하중이 아닌 것은? 18. 8. 19 ②
① 콘크리트 측압 ② 풍하중
③ 자중   ④ 지진하중
정답 ③

합격예측 및 관련법규
제377조(잠함 등 내부에서의 작업) 25. 2. 7 ⑦
① 사업주는 잠함·우물통·수직갱 그 밖에 이와 유사한 건설물 또는 설비(이하 "잠함 등"이라 한다)의 내부에서 굴착작업을 하는 때에는 다음 각 호의 사항을 준수하여야 한다. 18. 3. 4 ② 18. 8. 19 ⑦ 23. 7. 8 ⑦ 23. 7. 8 ⑦ ②
1. 산소결핍의 우려가 있는 경우에는 산소의 농도를 측정하는 사람을 지명하여 측정하도록 할 것
2. 근로자가 안전하게 오르내리기 위한 설비를 설치할 것
3. 굴착깊이가 20[m]를 초과하는 경우에는 해당 작업장소와 외부와의 연락을 위한 통신설비 등을 설치할 것
② 사업주는 제1항제1호의 측정결과 산소결핍이 인정되거나 굴착깊이가 20[m]를 초과하는 경우에는 송기를 위한 설비를 설치하여 필요한 양의 공기를 송급해야 한다.

세부항목 2. 콘크리트 및 PC공사

1. 콘크리트공사(concrete works)시 안전수칙

콘크리트를 성형하는 작업으로, 재료의 계량·조합·혼합·운반·다지기·양생 등의 과정

(1) 거푸집 및 동바리(지보공)에 작용하는 하중(구조검토시 고려하중)

국가건설기준 KDS 21 50 00 거푸집 및 동바리 설계기준 (단위 1[kg]=1[kgf]=9.8[N])
- 설계 시 고려하여야 할 하중 : 연직하중, 수평하중, 콘크리트 측압 및 풍하중, 편심하중 등

1 연직하중 : 고정하중 + 작업하중   16. 5. 8 ㊙ 18. 4. 28 ㊙ 19. 3. 3 ㊙ 19. 8. 4 ㊙ 19. 9. 21 ㊙ 23. 3. 1 ㊙
① 고정하중 : 철근콘크리트의 중량 + 거푸집의 무게(최소 0.4 [kN/㎡] 이상)
② 작업하중 : 작업원+경량의 장비+기타 자재 및 공구 등의 시공하중+충격하중
 ㉮ 콘크리트 타설 높이가 0.5[m] 미만 : 구조물의 수평투영면적 당 최소 2.5[kN/㎡] 이상
 ㉯ 콘크리트 타설 높이가 0.5[m] 이상 : 3.5 [kN/㎡]
 ㉰ 콘크리트 타설 높이가 0.5[m] 이상 : 5.0 [kN/㎡]
- 적설하중이 작업하중을 초과하는 경우 적설하중을 적용(구조물의 특성에 적합하도록)
- 연직하중은 콘크리트 타설높이와 관계없이 최소 5.0 [kN/㎡] 이상 적용

2 수평하중
① 동바리에 고려하는 최소 수평하중은 고정하중의 2[%]와 수평길이 당 1.5[kN/m] 이상 중에서 큰 값의 하중이 최상단에 작용하는 것으로 한다.(최소 수평하중은 동바리 설치면에 대하여 X방향 및 Y방향에 대하여 각각 적용)
② 벽체 및 기둥 거푸집에 고려하는 최소 수평하중은 거푸집면 투영면적당 0.5 kN/㎡ 이 추가작용하는 것으로 적용

3 콘크리트 측압 : 사용재료, 배합, 타설 속도, 타설 높이, 다짐 방법 및 타설할 때의 콘크리트 온도, 사용하는 혼화제의 종류, 부재의 단면 치수, 철근량 등에 의한 영향을 고려하여 산정

4 풍하중 : 가시설물의 재현기간에 따른 중요도계수를 적용한다.

5 특수하중 : 콘크리트를 비대칭으로 타설할 때의 편심하중, 콘크리트 내부 매설물의 양압력, 포스트텐션(post tension) 시에 전달되는 하중, 크레인 등의 장비하중 그리고 외부진동다짐에 의한 영향

⑥ 하중조합 : 연직하중과 수평하중을 동시에 고려

보충학습

구조검토 사항
① 하중계산 : 가설물에 작용하는 하중 및 외력의 종류, 크기를 산정함
② 응력계산 : 하중+외력에 의하여 각 부재에 생기는 응력을 구함
③ 단면계산 : 각 부재에 생기는 응력에 대하여 안전한 단면을 결정함
④ 조립도작성 : 사용부재의 재질, 간격, 접합방법, 연결철물 등을 기재함

Q 은행문제

철근콘크리트 슬래브에 발생하는 응력에 관한 설명으로 옳지 않은 것은? 19. 4. 27 ㉮ 23. 5. 13 ㉯
① 전단력은 일반적으로 단부보다 중앙부에서 크게 작용한다.
② 중앙부 하부에는 인장응력이 발생한다.
③ 단부 하부에는 압축응력이 발생한다.
④ 휨응력은 일반적으로 슬래브의 중앙부에서 크게 작용한다.

정답 ①

(2) 거푸집 및 동바리(지보공) 재료 선정 및 사용시 고려사항

1 재료 선정시 고려사항

① 강도
② 강성
③ 내구성
④ 작업성
⑤ 타설 콘크리트의 영향력
⑥ 경제성

2 사용시 고려사항

① 목재거푸집
  ㉮ 흠집 및 옹이가 많은 거푸집과 합판의 접착 불량으로 구조적으로 약한 것은 사용 금지
  ㉯ 거푸집의 띠장은 부러지거나 균열이 있는 것은 사용 금지

② 강재거푸집
  ㉮ 형상이 찌그러지거나, 비틀림 등 변형이 있는 것은 교정한 다음 사용
  ㉯ 표면의 녹은 Wire Brush, Sand Paper 등으로 닦아내고 박리제(Form Oil)를 얇게 도포

③ 동바리(지보공)재
  ㉮ 현저한 손상, 변형, 부식, 옹이가 깊숙이 박혀 있는 것은 사용 금지
  ㉯ 각재 또는 강관지주는 양끝이 일직선인 것을 사용
  ㉰ 강관동바리(지주), 보 등을 조합한 구조는 최대허용하중을 초과하지 않는 범위에서 사용

④ 연결재
  ㉮ 정확하고 충분한 강도가 있는 것
  ㉯ 회수, 해체하기가 쉬운 것
  ㉰ 조합 부품수가 적은 것

합격예측 및 관련법규

제379조(가설도로)
사업주는 공사용 가설도로를 설치할 경우에는 다음 각 호의 사항을 준수하여야 한다.
1. 도로는 장비 및 차량이 안전하게 운행할 수 있도록 견고하게 설치할 것
2. 도로와 작업장이 접하여 있을 경우에는 방책 등을 설치할 것
3. 도로는 배수를 위하여 경사지게 설치하거나 배수시설을 설치할 것
4. 차량의 속도제한 표지를 부착할 것

제42조(추락의 방지)
① 사업주는 근로자가 추락하거나 넘어질 위험이 있는 장소[작업발판의 끝·개구부(開口部) 등을 제외한다] 또는 기계·설비·선박블록 등에서 작업을 할 때에 근로자가 위험해질 우려가 있는 경우 비계(飛階)를 조립하는 등의 방법으로 작업발판을 설치하여야 한다.
② 사업주는 제1항에 따른 작업발판을 설치하기 곤란한 경우 다음 각 호의 기준에 맞는 추락방호망을 설치하여야 한다. 다만, 추락방호망을 설치하기 곤란한 경우에는 근로자에게 안전대를 착용하도록 하는 등 추락위험을 방지하기 위하여 필요한 조치를 하여야 한다. 17. 3. 5 ㉮ 18. 4. 28 ㉯
  1. 추락방호망의 설치위치는 가능하면 작업면으로부터 가까운 지점에 설치하여야 하며, 작업면으로부터 망의 설치지점까지의 수직거리는 10[m]를 초과하지 아니할 것

2. 추락방호망은 수평으로 설치하고, 망의 처짐은 짧은 변 길이의 12[%] 이상이 되도록 할 것 16. 10. 1 산 19. 4. 27 산
3. 건축물 등의 바깥쪽에 설치하는 경우 추락방호망의 내민 길이는 벽면으로부터 3[m] 이상 되도록 할 것. 다만, 그물코가 20[mm] 이하인 추락방호망을 사용한 경우에는 제14조제3항에 따른 낙하물방지망을 설치한 것으로 본다. 17. 3. 5 산

합격예측 및 관련법규

제43조(개구부 등의 방호 조치)

① 사업주는 작업발판 및 통로의 끝이나 개구부로서 근로자가 추락할 위험이 있는 장소에는 안전난간, 울타리, 수직형 추락방망 또는 덮개 등(이하 이 조에서 "난간 등"이라 한다)의 방호 조치를 충분한 강도를 가진 구조로 튼튼하게 설치하여야 하며, 덮개를 설치하는 경우에는 뒤집히거나 떨어지지 않도록 설치하여야 한다. 이 경우 어두운 장소에서도 알아볼 수 있도록 개구부임을 표시하여야 한다.

② 사업주는 난간 등을 설치하는 것이 매우 곤란하거나 작업의 필요상 임시로 난간 등을 해체하여야 하는 경우 제42조제2항 각 호의 기준에 맞는 추락방호망을 설치하여야 한다. 다만, 추락방호망을 설치하기 곤란한 경우에는 근로자에게 안전대를 착용하도록 하는 등 추락할 위험을 방지하기 위하여 필요한 조치를 하여야 한다. 20. 8. 23 산

제44조(안전대의 부착설비 등)

① 사업주는 추락할 위험이 있는 높이 2[m] 이상의 장소에서 근로자에게 안전대를 착용시킨 경우 안전대를 안전하게 걸어 사용할 수 있는 설비 등을 설치하여야 한다. 이러한 안전대 부착설비로 지지로프 등을 설치하는 경우에는 처지거나 풀리는 것을 방지하기 위하여 필요한 조치를 하여야 한다.

② 사업주는 제1항에 따른 안전대 및 부속설비의 이상 유무를 작업을 시작하기 전에 점검하여야 한다.

(3) 거푸집 및 강관동바리(지주) 조립시 준수사항

1 거푸집 조립시 준수사항 18. 4. 28 산

① 관리감독자 배치 : 거푸집동바리 조립시 관리감독자 배치
② 통로 및 비계 확인 : 거푸집 운반, 설치작업에 필요한 작업장 내의 통로 및 비계가 충분한가를 확인
③ 달줄, 달포대 등을 사용 : 재료, 기구, 공구를 올리거나 내릴 때에는 달줄, 달포대 등을 사용
④ 악천후시 작업 중지 : 강풍, 폭우, 폭설 등의 악천후에는 작업을 중지

[표] 악천후시 작업 중지 기준
16. 5. 8 산 기 16. 10. 1 산 17. 5. 7 기
17. 9. 23 산 18. 3. 4 산 19. 3. 3 산
23. 2. 28 기 23. 3. 1 기 25. 2. 7 산

구분	일반작업	철골공사
강풍	10분간 평균풍속이 10[m/sec] 이상	평균풍속이 10[m/sec] 이상
강우	1회 강우량이 50[mm] 이상	1시간당 강우량이 1[mm] 이상
강설	1회 강설량이 25[cm] 이상	1시간당 강설량이 1[cm] 이상

⑤ 작업 인원의 집중 금지(하중의 집중 금지) : 작업장 주위에는 작업원 이외의 통행을 제한하고, 슬래브거푸집 조립시 많은 인원의 집중 금지
⑥ 보조원 대기 : 사다리 또는 이동식 틀비계 사용 작업시에는 항상 보조원을 대기
⑦ 거푸집의 현장 제작 : 거푸집을 현장에서 제작시에는 별도의 작업장에서 제작

2 강관동바리(지주) 조립시 준수사항

① 거푸집의 변형방지 : 거푸집이 곡면일 경우 버팀대의 부착 등으로 거푸집의 변형 방지
② 동바리의 침하방지 및 설치 : 동바리의 침하를 방지하고 미끄러지지 않도록 견고하게 설치
③ 접속부 및 교차부 연결 : 강재와 강재의 접속부 및 교차부는 볼트, 클램프 등의 철물로 정확하게 연결 19. 3. 3 기
④ 파이프서포트 이음 및 변위방지
  ㉮ 파이프서포트는 3본 이상 이어서 사용하지 말 것
  ㉯ 높이가 3.5[m] 이상의 경우 높이 2[m] 이내마다 수평연결재를 2개 방향으로 설치하여 수평연결재 변위방지
⑤ 받침판 또는 받침목의 삽입 및 고정
  ㉮ 지보공 하부의 받침판 또는 받침목은 2단 이상 삽입 금지
  ㉯ 작업인원의 보행에 지장이 없어야 하며 이탈되지 않도록 고정 방향으로 견고하게 고정한다.

(4) 거푸집 공사시 점검사항

1 거푸집 점검사항

① 직접 거푸집을 제작, 조립한 책임자가 검사
② 기초 거푸집 검사시 터파기 폭 점검
③ 거푸집의 형상 및 위치 등 정확한 조립 상태 점검
④ 거푸집에 못, 날카로운 것 등의 돌출물 제거

2 동바리(지주) 점검사항

① 지반에 설치할 때 받침철물, 받침목 등을 설치하여 부등침하 방지
② 강관동바리(지주) 사용시 접속부 나사 등의 손상 상태 점검
③ 이동식 틀비계를 동바리(지보공) 대용으로 사용시 바퀴의 제동장치 점검

3 콘크리트 타설시 점검사항

① **거푸집의 부상 및 이동 방지** : 콘크리트 타설시 거푸집의 부상 및 이동 방지 조치
② **거푸집의 이탈방지** : 건물의 보, 요철부분, 내민부분의 조립 상태 및 콘크리트 타설시 이탈방지 조치
③ **거푸집 청소구 확인 및 폐쇄** : 청소구의 유무 확인 및 콘크리트 타설시 폐쇄 조치
④ **거푸집의 흔들림방지** : 턴버클, 가새 등의 필요한 조치로 거푸집의 흔들림방지

4 거푸집 해체작업시 준수사항

① **관리감독자 배치** : 해체작업시 관리감독자(작업책임자)를 배치하여야 하며 거푸집 및 지보공(동바리) 해체는 순서에 의하여 실시
② **안전보호장구 착용** : 해체작업시 안전모 등 안전보호장구 착용
③ **관계자 외 출입금지** : 해체 작업중 주위에는 관계자 외 출입금지
④ **상하 동시작업금지** : 상하 동시작업은 원칙적으로 금지하며, 부득이한 경우 긴밀히 연락을 취하며 작업 실시
⑤ **무리한 충격이나 지렛대 사용금지** : 거푸집 해체 때 구조체에 무리한 충격이나 큰 힘에 의한 지렛대 사용금지
⑥ **작업원의 돌발적 재해방지** : 보 또는 슬래브거푸집 제거시 거푸집의 낙하 충격으로 인한 작업원의 돌발적 재해를 방지
⑦ **돌출물 제거**

5 타설 준비

① 콘크리트의 운반, 타설기계는 설치 계획시 성능을 확인하여야 한다.
② 사용 전·후 검사는 물론 사용중에도 점검에 소홀함이 없어야 한다.
③ 콘크리트 타워를 설치할 경우에는 근로자에게 작업기준을 지시하고 작업 책임자를 지정하여 설치 작업중에는 항상 상주하여 현장에서 지휘하도록 하여야 한다.

합격예측 및 관련법규

제45조(지붕 위에서의 위험 방지)

① 사업주는 근로자가 지붕 위에서 작업을 할 때에 추락하거나 넘어질 위험이 있는 경우에는 다음 각 호의 조치를 해야 한다.
1. 지붕의 가장자리에 제13조에 따른 안전난간을 설치할 것
2. 채광창(skylight)에는 견고한 구조의 덮개를 설치할 것
3. 슬레이트 등 강도가 약한 재료로 덮은 지붕에는 폭 30센티미터 이상의 발판을 설치할 것 25. 2. 7 [산]

② 사업주는 작업 환경 등을 고려할 때 제1항제1호에 따른 조치를 하기 곤란한 경우에는 제42조제2항 각 호의 기준을 갖춘 추락방호망을 설치해야 한다. 다만, 사업주는 작업 환경 등을 고려할 때 추락방호망을 설치하기 곤란한 경우에는 근로자에게 안전대를 착용하도록 하는 등 추락 위험을 방지하기 위하여 필요한 조치를 해야 한다.

10. 3. 7 [산] 16. 10. 1 [산] 17. 3. 5 [산] 19. 4. 27 [산] 23. 3. 1 [산]

제46조(승강설비의 설치)

사업주는 높이 또는 깊이가 2[m]를 초과하는 장소에서 작업하는 경우 해당 작업에 종사하는 근로자가 안전하게 승강하기 위한 건설작업용 리프트 등의 설비를 설치하여야 한다. 다만, 승강설비를 설치하는 것이 작업의 성질상 곤란한 경우에는 그러하지 아니하다.

17. 5. 7 [산] 17. 8. 26 [산] 20. 8. 23 [산] 23. 5. 13 [산]

합격예측 및 관련법규

제48조(울타리의 설치)
사업주는 근로자에게 작업 중 또는 통행 시 전락(轉落)으로 인하여 근로자가 화상·질식 등의 위험에 처할 우려가 있는 케틀(kettle), 호퍼(hopper), 피트(pit) 등이 있는 경우에 그 위험을 방지하기 위하여 필요한 장소에 높이 90센티미터 이상의 울타리를 설치하여야 한다.
19. 4. 27 ㉯

제12조(동력으로 작동되는 문의 설치 조건)
사업주는 동력으로 작동되는 문을 설치하는 경우 다음 각 호의 기준에 맞는 구조로 설치하여야 한다.
1. 동력으로 작동되는 문에 근로자가 끼일 위험이 있는 2.5[m] 높이까지는 위급하거나 위험한 사태가 발생한 경우에 문의 작동을 정지시킬 수 있도록 비상정지장치 설치 등 필요한 조치를 할 것. 다만, 위험구역에 사람이 없어야만 문이 작동되도록 안전장치가 설치되어 있거나 운전자가 특별히 지정되어 상시 조작하는 경우에는 그러하지 아니하다.
2. 동력으로 작동되는 문의 비상정지장치는 근로자가 잘 알아볼 수 있고 쉽게 조작할 수 있을 것
3. 동력으로 작동되는 문의 동력이 끊어진 경우에는 즉시 정지되도록 할 것. 다만, 방화문의 경우에는 그러하지 아니하다.
4. 수동으로 열고 닫을 수 있도록 할 것
5. 동력으로 작동되는 문을 수동으로 조작하는 경우에는 제어장치에 의하여 즉시 정지시킬 수 있는 구조일 것

Q 은행문제

다음 ( )안에 들어갈 내용으로 옳은 것은? 17. 9. 23 ㉯

콘크리트 측압은 콘크리트 타설속도, ( ), 단위용적질량, 온도, 철근배근상태 등에 따라 달라진다.

① 골재의 형상 ② 콘크리트 강도
③ 박리제   ④ 타설높이

정답 ④

6 콘크리트 타설시 준수사항 16. 5. 8 ㉯ 17. 3. 5 ㉯ 18. 4. 28 ㉮ 20. 6. 14 ㉯

① 타설속도는 표준시방서에 정해진 속도를 유지하여야 한다.
② 높은 곳으로부터 콘크리트를 세게 거푸집 내에 처넣지 않도록 하고, 반드시 호퍼로 받아 거푸집 내에 꽂아 넣는 벽형 슈트를 통해서 부어넣어야 한다.
③ 계단실에 콘크리트를 부어넣을 때에는 책임자를 정하고, 주의해서 시공하며 계단의 바닥이나 난간은 정규의 치수로 밀실하게 부어 넣는다.
④ 바닥 위에 흘린 콘크리트는 완전히 청소하여야 한다.
⑤ 철골보의 하측, 철골, 철근의 복잡한 개소, 배관류, 박스류 등이 집중된 곳, 복잡한 거푸집의 부분 등은 책임자를 결정하여 완전한 시공이 되도록 하여야 한다.
⑥ 콘크리트를 한곳에만 치우쳐서 부어넣으면 거푸집 전체가 기울어져 변형되거나 밀려나게 되므로 특히 주의하여야 한다.
⑦ 콘크리트를 치는 도중에는 지보공, 거푸집 등의 이상 유무를 확인하여야 하고, 상황을 감시하는 감시인을 배치하여 이상 발생시에는 신속히 처리하여야 한다.
⑧ 최상부의 슬래브는 이어붓기를 되도록 피하고 일시에 전체를 타설하도록 하여야 한다.
⑨ 타워에 연결되어 있는 슈트의 접속은 확실한가와 달아매는 재료는 견고한가를 점검하여야 한다.
⑩ 손수레는 붓는 위치에까지 천천히 운반하여 거푸집에 충격을 주지 않도록 천천히 부어야 한다.
⑪ 손수레로 콘크리트를 운반할 때에는 적당한 간격을 유지하여야 한다.
⑫ 손수레에 의해 운반할 때는 뛰어서는 안 된다. 또한 통로 구분을 명확히 하여야 한다.
⑬ 운반통로에는 방해가 되는 것은 없는가를 확인하고, 즉시 제거하도록 하여야 한다.

2. 콘크리트 측압

(1) 개요 16. 5. 8 ㉯ 20. 8. 23 ㉯

① 벽, 보, 기둥 옆의 거푸집은 콘크리트를 타설함에 따라 압력이 생기는데 이를 측압이라 한다.
② 콘크리트의 측압은 온도, 부어넣기 속도에 관계하고 콘크리트 높이에 따라 측압은 상승하나 일정 높이 이상이 되면 측압은 더 이상 증가되지 않는다.

(2) 측압 분류

1 콘크리트 헤드

① 콘크리트 헤드(concrete head)

측압은 타설에 따라 조금씩 증가하고 일정 높이에 달하면 다시 저하하는데 이때 측압이 가장 높을 때의 높이를 콘크리트 헤드라 한다.

② 측압의 분포

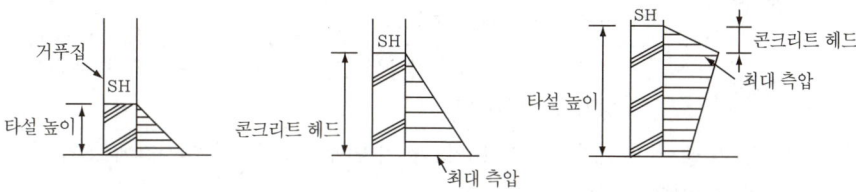

[그림] 타설 시작   [그림] 콘크리트 헤드 도달   [그림] 콘크리트 헤드 초과

2 콘크리트 헤드 및 측압의 최댓값

① 콘크리트 헤드의 최댓값
  ㉮ 벽 : 약 0.5[m]
  ㉯ 기둥 : 약 1.0[m]

② 콘크리트 측압의 최댓값
  ㉮ 벽 : 1.0[t/m²]
  ㉯ 기둥 : 2.5[t/m²]

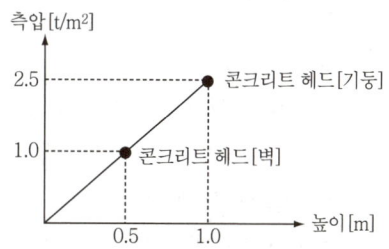

[그림] 콘크리트 헤드 및 측압의 최댓값

[표] 거푸집 측압의 설계용 표준값[t/m²]

분류	진동기 미사용	진동기 사용
벽	2	3
기둥	3	4

3 측압에 영향을 주는 요인(측압이 큰 경우)

① 거푸집 부재 단면이 클수록
② 거푸집 수밀성이 클수록
③ 거푸집 강성이 클수록
④ 거푸집 표면이 평활할수록
⑤ 시공연도(workability)가 좋을수록
⑥ 철골 또는 철근량이 적을수록
⑦ 외기온도가 낮을수록
⑧ 타설속도가 빠를수록
⑨ 다짐이 좋을수록
⑩ 슬럼프가 클수록
⑪ 콘크리트 비중이 클수록
⑫ 조강시멘트 등 응결시간이 빠른 것을 사용할수록
⑬ 습도가 낮을수록

합격예측 및 관련법규

제17조(비상구의 설치)

① 사업주는 별표 1에 규정된 위험물질을 제조·취급하는 작업장과 그 작업장이 있는 건축물에 제11조에 따른 출입구 외에 안전한 장소로 대피할 수 있는 비상구 1개 이상을 다음 각 호의 기준을 충족하는 구조로 설치해야 한다.
1. 출입구와 같은 방향에 있지 아니하고, 출입구로부터 3[m] 이상 떨어져 있을 것
2. 작업장의 각 부분으로부터 하나의 비상구 또는 출입구까지의 수평거리가 50[m] 이하가 되도록 할 것
3. 비상구의 너비는 0.75[m] 이상으로 하고, 높이는 1.5[m] 이상으로 할 것
4. 비상구의 문은 피난 방향으로 열리도록 하고, 실내에서 항상 열 수 있는 구조로 할 것

② 사업주는 제1항에 따른 비상구에 문을 설치하는 경우 항상 사용할 수 있는 상태로 유지하여야 한다.

합격예측

한중 콘크리트 17. 8. 26 ②

① 4[℃] 이하의 기온에서는 합당한 시공을 해야 한다.
② 콘크리트를 칠 때의 온도는 10[℃] 이상으로 한다.
③ 시멘트 중량의 1[%] 정도의 염화칼슘을 가하거나 AE제를 사용하는 것이 좋다.
④ 사용 수량은 가능한 한 적게 한다.
⑤ 물과 골재는 가열하여도 되나 시멘트는 가열하여 사용할 수 없다.
⑥ 동결해가 있든가 빙설이 섞여 있는 골재는 그대로 사용할 수 없다.

[표] 콘크리트 양생법 16. 3. 6 ④

종류	특징
습윤양생	수분을 유지하기 위해 매트, 모포 등을 적셔서 덮거나 살수하여 습윤상태를 유지하는 양생
증기양생	거푸집을 빨리 제거하고, 단시일내에 소요강도를 내기 위해서 고온고압의 증기로 양생하는 방법
전기양생	콘크리트 중에 저압교류를 통하여 전기저항에 의하여 생기는 저항열을 이용하여 양생
피막양생	콘크리트 표면에 피막양생제를 뿌려 콘크리트 중의 수분증발을 방지하는 양생방법
고온증기양생 (오토클레이브양생)	압력용기(Autoclave 가마)에서 양생하여 24시간에 28일 강도 발현

4 측압의 측정방법

① **수압판에 의한 방법**: 수압판을 거푸집면의 바로 아래에 대고 탄성변형에 의한 측압을 측정하는 방법
② **측압계를 이용하는 방법**: 수압판에 strain gauge(변형계)를 달고 탄성변형량을 전기적으로 측정하는 방법
③ **죄임철물 변형에 의한 방법**: 죄임철물에 strain gauge를 부착시켜 응력변화를 체크하는 방식
④ **OK식 측압계**: 죄임철물의 본체에 센터홀의 유압잭을 장착하여 인장의 변화에 의한 측정 방식

(3) 콘크리트공사 안전

1 콘크리트 타설시 안전수칙(안전대책)

① **타설 계획**: 타설순서 계획에 의하여 실시
② **콘크리트 타설시 이상유무 확인**: 콘크리트 타설시 거푸집, 지보공 등의 이상 유무 확인, 담당자를 배치하여 이상 발생시 신속한 처리
③ **타설속도**: 건설부 재정 콘크리트 표준시방서에 의함
④ **손수레 운반시 준수사항**
   ㉮ 손수레를 타설 위치까지 천천히 운반하여 거푸집에 충격을 주지 않도록 타설
   ㉯ 손수레로 콘크리트 운반시 적당한 간격유지, 뛰어서는 안 되며 통로 구분을 명확히 할 것
   ㉰ 운반 통로에 방해가 되는 것은 즉시 제거

⑤ 기자재 설치, 사용시 준수사항
　㉮ 콘크리트 운반, 타설기계를 설치하여 작업시 성능을 확인
　㉯ 콘크리트 운반, 타설기계는 사용 전·중·후 반드시 점검
⑥ 타설순서 준수
　콘크리트를 한곳에 집중 타설시 거푸집 변형, 탈락에 의한 붕괴 사고가 발생되므로 타설순서 준수
⑦ 진동기(콘크리트 vibrator) 사용
　㉮ 진동기는 적절히 사용
　㉯ 지나친 진동은 거푸집 도괴의 원인이 될 수 있으므로 각별히 주의

2 pump car에 의해 콘크리트 타설시 안전수칙(안전대책)

① **차량 안내자 배치** : 차량 안내자를 배치하여 레미콘트럭과 pump car를 적절히 유도
② **pump 배관용 기계 사전점검** : pump 배관용 기계를 사전점검하고 이상시에는 보강 후 작업
③ **pump car의 배관 상태 확인** : 레미콘트럭과 pump car와 호스 선단의 연결작업 확인 및 pump car 배관 상태 확인
④ **호스 선단 요동 방지** : 콘크리트 타설시 호스 선단이 요동하지 않도록 확실히 붙잡고 타설
⑤ **콘크리트 비산 주의** : 공기압송 방법의 pump car 사용시 콘크리트 비산에 주의하여 타설
⑥ **붐대 이격거리 준수** : pump car 붐대 조정시 주변 전선 등 지장물을 확인하고 이격거리를 준수
⑦ **pump car의 전도 방지** : 아웃트리거를 사용시 지반의 부동침하로 인한 pump car의 전도 방지
⑧ **안전표지판 설치** : pump car 전후에 식별이 용이한 안전표지판 설치

3. 철골공사 안전

(1) 철골공사 전 검토사항

1 설계도 및 공작도 검토

① **부재의 형상 등 확인** : 부재의 길이, 부재의 형상, 접합부의 위치, 브래킷, 돌출 치수, 부재의 최대폭 및 두께, 건물의 최고 높이 외에 건립 형식이나 건립 작업상의 문제점, 관련 가설 설비 등을 검토하여야 한다.
② **부재의 수량 및 중량의 확인** : 부재의 최대 중량과 전하중의 검토사항에 따라 건립기계의 종류를 선정하고 부재 수량에 따라 건립 공정을 검토하여 시공기간 및 건립기계의 대수를 결정하여야 한다.

합격예측

콘크리트 타설시 거푸집의 측압에 미치는 영향(측압이 커지는 조건) 17. 5. 7
① 슬럼프가 클수록 크다(물·시멘트비가 클수록 크다).
② 기온이 낮을수록 크다.(대기중에 습도가 낮을수록 크다.)
③ 콘크리트의 치어붓기 속도가 클수록 크다.
④ 거푸집의 수밀성이 높을수록 크다.
⑤ 콘크리트의 다지기가 강할수록 크다.(진동기 사용시 측압은 30[%] 정도 증가)
⑥ 거푸집의 수평단면이 클수록 크다.(벽두께가 클수록 크다.)
⑦ 거푸집의 강성이 클수록 크다.
⑧ 거푸집 표면이 매끄러울수록 크다.
⑨ 콘크리트의 비중이 클수록 크다.(단위중량이 클수록 크다.)
⑩ 묽은 콘크리트일수록 크다.
⑪ 철근량이 적을수록 크다.
⑫ 측압은 생콘크리트의 높이가 높을수록 커지는 것이나 일정한 높이에 이르면 측압의 증대는 없게 된다.

합격예측 및 관련법규

제380조(철골조립 시의 위험방지)
사업주는 철골을 조립하는 경우에 철골의 접합부가 충분히 지지되도록 볼트를 체결하거나 이와 동등 이상의 견고한 구조가 되기 전에는 들어 올린 철골을 걸이로프 등으로부터 분리해서는 아니 된다.

제381조(승강로의 설치)
사업주는 근로자가 수직방향으로 이동하는 철골부재(鐵骨部材)에는 답단(踏段) 간격이 30센티미터 이내인 고정된 승강로를 설치하여야 하며, 수평방향 철골과 수직방향 철골이 연결되는 부분에는 연결작업을 위하여 작업발판 등을 설치하여야 한다. 18. 8. 19 ⑦

제382조(가설통로의 설치)
사업주는 철골작업을 하는 경우에 근로자의 주요 이동통로에 고정된 가설통로를 설치하여야 한다. 다만, 제44조에 따른 안전대의 부착설비 등을 갖춘 경우에는 그러하지 아니하다.

제383조(작업의 제한)
사업주는 다음 각 호의 어느 하나에 해당하는 경우에 철골작업을 중지하여야 한다. 16. 5. 8 ⓢ
1. 풍속이 초당 10미터 이상인 경우
2. 강우량이 시간당 1밀리미터 이상인 경우
3. 강설량이 시간당 1센티미터 이상인 경우

용어정의

철골(鐵骨)
① 굳세게 생긴 골격
② 철재로 된 건축물의 뼈대

---

③ **철골의 자립도 검토** : 철골은 건립중에 강풍이나 무게중심의 이탈 등으로 도괴될 뿐 아니라 건립 완료 후에도 완전히 구조체가 완성되기 전에는 강풍이나 가설물의 적재 등에 따라서 도괴될 위험이 있다.
또한 철골철근 콘크리트조의 경우 본체결이 완료 후에도 도괴의 위험이 있으며 특히 도괴의 위험이 큰 다음과 같은 종류의 건물은 강풍에 대하여 안전한지 여부를 설계자에게 확인하도록 하여야 한다. 17. 9. 23 ⑦ 18. 3. 4 ⑦ 18. 9. 15 ⓢ 19. 4. 27 ⑦ 19. 8. 4 ⓢ
㉮ 높이 20[m] 이상인 구조물
㉯ 구조물의 폭과 높이의 비가 1 : 4 이상인 구조물
㉰ 건물, 호텔 등에서 단면 구조에 현저한 차이가 있는 것
㉱ 연면적당 철골량이 50[kg/m²] 이하인 구조물
㉲ 기둥이 타이플레이트(tie plate)형인 구조물
㉳ 이음부가 현장 용접인 경우

④ **볼트구멍, 이음부, 접합방법 등의 확인** : 현장 용접의 유무, 이음부의 난이도를 확인하고 건립작업방법을 결정하여야 한다.

⑤ **철골 계단의 유무** : 특히 철골철근 콘크리트의 경우 철골 계단이 있으면 편리하므로 건립순서 등을 검토하고 안전작업에 이용하여야 한다.

⑥ **건립순서 검토** : 한 곳에 크게 돌출되어 있는 보가 있는 기둥은 취급이 곤란하므로 건립순서 등을 검토하고 안전작업에 이용하여야 한다.

⑦ **건립 작업성의 검토** : 건립 후에 가설 부재나 부품을 부착하는 것은 위험한 고소작업을 동반하므로 다음 사항을 검토하여야 한다. 17. 9. 23 ⑦
㉮ 외부비계 및 화물승강장치
㉯ 기둥 승강용 트랩
㉰ 구명줄 설치용 고리
㉱ 건립 때 필요한 와이어 걸이용 고리
㉲ 난간 설치용 부재
㉳ 기둥 및 보 중앙의 안전대 설치용 고리
㉴ 방망 설치용 부재
㉵ 비계 연결용 부재
㉶ 방호선반 설치용 부재
㉷ 인양기 설치용 보강재

⑧ **건립용 기계 및 건립순서** : 입지조건, 주변상황, 건물형태, 건립공기, 건립순서 등을 고려한 건립용 기계와 건물의 형태, 건립기계의 특성, 후속작업, 전체 공정 중에서 분할작업을 고려한 건립순서를 검토하여야 한다.

⑨ **사용 전력 및 가설설비** : 건립기계, 용접기 등의 사용에 필요한 전력과 기둥의 승강용 트랩, 구명줄, 방망, 비계, 보호철망, 통로 등의 배치 및 설치 방법을 검토하여야 한다.

⑩ 안전관리 체제 : 현장 기사, 신호수, 일반 근로자, 감시인, 차량 유도자 등 지휘 명령 계통과 기계 공구류의 점검 및 취급방법, 신호방법, 악천후에 대비한 처리방법 등을 검토하여야 한다.

2 현지 조사

① **현장 주변 환경 조사** : 건립작업에 발생되는 소음, 낙하물 등이 인근주민, 통행인, 가옥 등에 위해를 끼칠 우려가 없는지 조사하고 대책을 수립하여야 한다.
② **수송로와 재료 적치장 조사** : 차량 통행이 인근가옥, 전주, 가로수, 가스관, 수도관 및 케이블 등의 지하 매설물에 지장을 주는지, 통행인 또는 차량 진행에 방해가 되는 것은 없는지, 재료 적치장의 소요면적은 충분한지를 조사하여야 한다.
③ **인접가옥, 공작물, 가공전선 등의 조사** : 건립용 기계의 붐이 오르내리거나 선회하는 작업반경 내에 인접가옥 또는 전선 등의 지장물이 없는지, 또 그것들과의 간격과 높이 등을 조사하여야 한다.

3 건립 공정 수립시 검토사항

① **입지조건에 의한 영향** : 운반로 교통 체제 또는 장애물에 의한 부재 반입의 제약, 작업시간의 제약 등을 고려하여 1일 작업량을 결정하여야 한다.
② **기후에 의한 영향** : 강풍, 폭우 등과 같은 악천후시에는 작업을 중지토록 하여야 한다. 특히 강풍시에는 높은 곳에 부재나 공구류가 날아가지 않도록 조치하여야 하며, 다음과 같은 경우에는 작업을 중지토록 하여야 한다.
  ㉮ 풍속 : 평균풍속이 1초당 10[m] 이상
  ㉯ 강우량 : 강우량이 1시간당 1[mm] 이상일 때
  ㉰ 강설량 : 1시간당 강설량이 1[cm] 이상일 때

> **Q 은행문제**
> 철골기둥, 빔 및 트러스 등의 철골 구조물을 일체화 또는 지상에서 조립하는 이유로 가장 타당한 것은? 18. 4. 28 ㉮
> ① 고소작업의 감소
> ② 화기사용의 감소
> ③ 구조체 강성 증가
> ④ 운반물량의 감소
>
> **정답 ①**
>
> **해설**
> 철골기둥, 빔, 트러스 등의 철골 구조물을 지상에서 조립하는 이유 : 고소작업의 감소

[표] 풍속 판정 요령

풍력 등급	10분간 평균풍속 [m/sec]	상태
0	0.3 미만	연기가 똑바로 올라간다.
1	0.3~1.6 미만	연기가 옆으로 쓰러진다.
2	1.6~3.4 미만	얼굴에 바람기를 느끼고 나뭇잎이 흔들린다.
3	3.4~5.5 미만	나뭇잎이나 가느다란 가지가 끊임없이 흔들린다.
4	5.5~8.0 미만	먼지가 일며, 종이조각이 날아오르며, 작은 나뭇가지가 움직인다.
5	8.0~10.8 미만	연못의 수면에 잔물결이 일며 나무가 흔들리는 것이 눈에 보인다.
6	10.8~13.9 미만	큰 가지가 움직이고 우산을 쓰기 어려우며 전선이 운다.
7	13.9~17.2 미만	수목 전체가 흔들린다.(작은 가지가 부러진다.)
8	17.2~20.8 미만	바람을 향해 걸을 수 없다.
9	20.8~24.5 미만	인가에 약간의 피해를 준다.
10	24.5~28.5 미만	수목의 뿌리가 뽑힌다.(인가에 큰 피해가 발생한다.)

[표] 풍속 작업 범위

풍속[m/sec]	종별	작업능률
0~7	안전작업범위	전작업 실시
7~10	주의경보	외부용접, 도장작업 중지
10~14	경고경보	건립작업 중지
14 이상	위험경보	고소작업자는 즉시 하강 안전대피

③ **철골 부재 및 접합 형식에 의한 영향** : 철골 부재의 수량 및 접합 형식과 난이도 등이 작업능률에 커다란 영향을 미치므로 이를 검토하여야 한다.
④ **건립순서에 의한 영향** : 건립용 기계의 이동이나 인양에 따른 정체시간이 작업능률을 좌우하며, 건립순서에 의해 영향을 미치므로 이를 검토하여야 한다.
⑤ **건립용 기계에 의한 영향** : 건립용 기계는 종류에 따라 각각 그 특유의 특성에 있어 능률의 차가 있기 때문에 사용 기계의 기종 및 사용 대수를 고려하여야 한다.
⑥ **안전시설에 의한 영향** : 견고한 승강설비, 추락방지용 방망, 가설작업대 등은 고소작업에 따른 심리적 불안을 감소시키는 면에서 건립작업의 능률을 좌우하는 요소가 되므로 이를 검토하여야 한다.

4 건립순서 검토

① 건립순서 계획시 일반적인 주의사항
㉮ 철골 건립에 있어 중요한 것은 현장 건립 순서와 공장 제작 순서를 일치시키는 것이다. 소규모의 건물에서는 모든 부재를 공장에서 제작하여 현장에 적치해 두었다가 순서를 따라 사용하면 되지만 그 외의 것은 현장 건립 순서에 맞추어 공장 제작을 하지 않을 수 없기 때문에 공장 제작 순서, 재고품 등 실태를 고려하여 계획을 수립하여야 한다.
㉯ 어느 면이든지 2층 이상을 한 번에 세우고자 할 경우는 1개 폭 이상 가능한 조립이 되도록 계획하여 도괴방지에 대한 대책을 강구하여야 한다.
㉰ 건립기계의 작업반경과 진행방향을 고려하여 먼저 세운 것이 방해가 되지 않도록 계획하여야 한다.
㉱ 기둥을 2줄 이상 세울 때는 반드시 계속하도록 하고 그동안 보를 설치하는 것을 원칙으로 하며 기둥을 세울 때마다 보를 설치하여 안정성을 검토하면서 건립을 진행시켜 나가야 한다.
㉲ 건립중 도괴를 방지하기 위하여 가볼트 체결을 가능한 한 단축하도록 후속공사를 계획하여야 한다.

5 건립기계 선정시 검토사항 15. 9. 19 ㉮

① **입지조건** : 건립기계의 출입로, 설치장소, 기계 설치에 필요한 면적 등 이동식 크레인은 건물 주위에 주행통로 유무에 따라, 또한 타워크레인, 가이데릭 등 지선을 필요로 하는 정치식 기계인 경우는 지선을 펼 수 있는 공간과 면적 등을 검토하여야 한다.
② **건립기계의 소음 영향** : 주로 이동식 크레인의 엔진 소음이 부근의 환경을 해칠 우려가 있다. 특히 학교, 병원, 주택 등이 근접되어 있는 경우에는 소음 측정을 하여 그 영향을 조사하여야 한다.
③ **건물형태** : 공장, 창고, 초등학교 등과 같이 비교적 저층으로 긴 건물인 경우와 빌딩, 호텔 등과 같은 고층건물의 경우에는 건물 형태에 적합한 건립기계를 사용하여야 한다.
④ **인양하중** : 기둥, 보와 같이 큰 단일 부재일 경우 중량에 따라 사용하는 건립용 기계의 성능, 기종을 선정하여야 한다.
⑤ **작업반경** : 타워크레인, 가이데릭, 삼각데릭 등 정치적 건립기계의 경우, 그 기계의 작업반경이 건물 전체를 건립하는 데 가능한지, 또 붐이 안전하게 인양할 수 있는 하중범위, 수평거리, 수직높이를 검토하여야 한다.

(2) 철골공사용 기계

1 건립용 기계의 종류

① **타워크레인** : 타워크레인은 정치식과 이동식이 있으나 대별하면 붐이 상하로 오르내리는 기복형과 수평을 유지하고 트롤리 호이스트가 수평으로 움직이는 수평형이 있다. 초고층 작업이 용이하고 인접물에 장해가 없이 360[°] 작업이 가능하며 가장 능률이 좋은 건립기계이다. 장거리 기동성이 있고 붐을 현장에서 조립하여 소정의 길이를 얻을 수 있다. 붐의 신축과 기복을 유압에 의하여 조작하는 유압식이 있다. 한 장소에서 360[°] 선회작업이 가능하고 기계 종류도 소형에서 대형까지 다양하다. 기계식 트럭크레인은 인양하중이 150[t]까지 가능한 대형도 있다.
② **크롤러크레인** : 이는 트럭크레인의 타이어 대신 크롤러를 장착한 것으로, 아우트리거를 갖고 있지 않아 트럭크레인보다 흔들림이 크고 하물 인양시 안정성이 부족하다. 크롤러식 타워크레인은 차체는 크롤러크레인과 같지만 직립 고정된 붐 끝에 기복이 가능한 보조 붐을 가지고 있다.
③ **가이데릭** : 주기둥과 붐으로 구성되어 있고 6~8줄의 지선으로 주기둥이 지탱되며 주 각부에 붐을 설치, 360[°] 회전이 가능하다. 인양하중이 크고 경우에 따라서 쌓아올림도 가능하지만 타워크레인에 비하여 선회성, 안전성이 뒤떨어지므로 인양 하물의 중량이 특히 클 때 필요로 할 뿐이다.

용어정의

철골 세우기 공사용 기계
① 짐을 동력을 사용해 매달아 올리는 것을 목적으로 하는 기계장치이다.
② 마스트(mast) 또는 붐(boom)이 있고 원동기를 따로 설치해 와이어로프에 의해 조작되는 것을 데릭이라 한다.
③ 데릭은 일반적으로 스테이 와이어(가이로프를 포함)에 지지되고 있는 마스트 또는 붐, 원치, 와이어로프, 달기구(기구) 및 이들에 부속되는 물건 등으로 구성되어 있으며, 건설물의 벽, 철골, 건설용 리프트의 타워 등에 붐을 직접 부착한 것이다.

합격예측 및 관련법규

제70조(시스템비계의 조립 작업 시 준수사항)
사업주는 시스템비계를 조립 작업하는 경우 다음 각 호의 사항을 준수하여야 한다.
① 비계기둥의 밑둥에는 밑받침철물을 사용하여야 하며, 밑받침에 고저차가 있는 경우에는 조절형 밑받침철물을 사용하여 시스템 비계가 항상 수평 및 수직을 유지하도록 할 것
② 경사진 바닥에 설치하는 경우에는 피벗형 받침철물 또는 쐐기 등을 사용하여 밑받침철물의 바닥면이 수평을 유지하도록 할 것
③ 가공전로에 근접하여 비계를 설치하는 경우에는 가공전로를 이설하거나 가공전로에 절연용 방호구를 설치하는 등 가공전로와의 접촉을 방지하기 위하여 필요한 조치를 할 것
④ 비계 내에서 근로자가 상하 또는 좌우로 이동하는 경우에는 반드시 지정된 통로를 이용하도록 주지시킬 것
⑤ 비계작업 근로자는 같은 수직면상의 위와 아래 동시 작업을 금지할 것
⑥ 작업발판에는 제조사가 정한 최대적재하중을 초과하여 적재해서는 아니 되며, 최대적재하중이 표기된 표지판을 부착하고 근로자에게 주지시키도록 할 것

④ **삼각데릭** : 가이데릭과 비슷하나 주기둥을 지탱하는 지선 대신에 2줄의 다리에 의해 고정된 것으로 작업 회전반경은 약 270[°] 정도로 가이데릭과 성능은 거의 같다. 이것은 비교적 높이가 낮은 면적의 건물에 유효하다. 특히 최상층 철골 위에 설치하여 타워크레인 해체 후 사용하거나, 또 증축공사인 경우 기존 건물 옥상 등에 설치하여 사용되고 있다. 17. 8. 26 ②

⑤ **진폴데릭** : 통나무, 철파이프 또는 철골 등으로 기둥을 세우고 3줄 이상의 지선을 매어 기둥을 경사지게 세워 기둥 끝에 활차를 달고 윈치에 연결시켜 권상시키는 것이다. 간단하게 설치할 수 있으며 경미한 건물의 철골 건립에 사용된다.

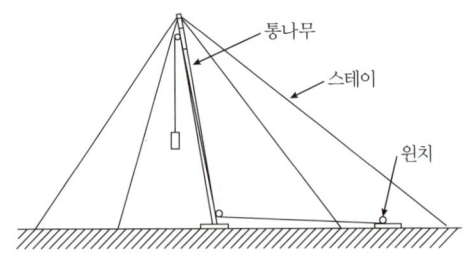

[그림] 진폴데릭(gin pole derrick)

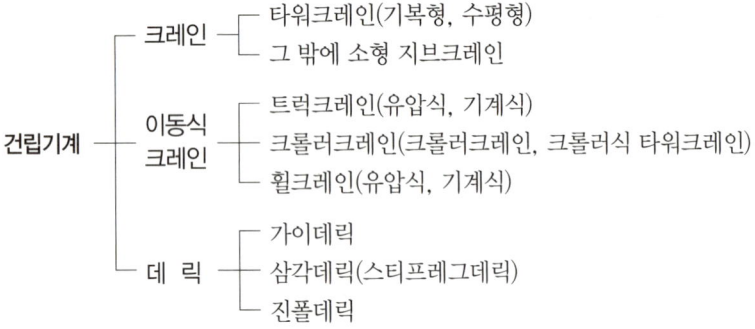

[그림] 건립기계의 분류

2 기계기구 취급상 안전기준
① 건립용 기계의 인양정격하중을 초과하여서는 안 된다.
② 기계의 책임자는 정격하중을 표시하여 운전자 및 훅 걸이 책임자가 볼 수 있도록 하여야 한다.
③ 현장 책임자는 안전기준에 의한 신호법을 작업자 및 신호수에게 주지시켜 적절히 사용토록 하고 운전자가 단독으로 작업하지 않게 하여야 한다.
④ 현장 책임자는 기계 운전자 이외의 근로자가 기계에 탑승하지 않도록 하여야 한다.
⑤ 건립기계의 운전자가 화물을 인양한 채로 운전석을 이탈하지 않도록 하여야 한다.

⑥ 건립기계의 와이어로프가 절단되거나 지브 및 붐이 파손되어 작업자에게 위험이 미칠 우려가 있을 때는 해당 작업범위 내에 타 작업자가 들어가지 못하도록 하여야 한다.
⑦ 와이어로프의 가닥이 절단되어 있거나 손상 또는 해지되어 있는 것과 지름의 감소가 공칭지름의 7[%]를 초과하는 것은 사용하지 말아야 한다.
⑧ 현장 책임자는 건립용 기계를 다른 용도에 사용하지 않도록 하여야 한다.
⑨ 현장 책임자는 사용 기계의 권과방지장치, 안전장치, 브레이크, 클러치, 훅의 손상유무 등을 정기적으로 점검하도록 하여야 한다.
⑩ 건립용 기계를 이용하여 화물을 인양시킬 때에는 와이어로프를 거는 훅에 해지장치를 하여 인양시 와이어로프가 훅에서 이탈하는 것을 막아야 한다.
⑪ 지브크레인 또는 이동식 크레인과 같은 붐이 부착된 기계를 사용할 경우에는 해당 기계의 경사각의 범위를 초과하여서는 안 된다.

(3) 철골건립작업

1 철골 반입
① 다른 작업을 고려하여 장해가 되지 않는 곳에 철골을 적치하여야 한다.
② 받침대는 적당한 간격으로 적치될 부재의 중량을 고려, 안정성 있는 것으로 하여야 한다.
③ 부재 반입시는 건립의 순서 등을 고려하여 반입토록 하여야 한다.
④ 부재 하차시는 쌓여 있는 부재의 도괴를 대비하여야 한다.
⑤ 부재를 하차시킬 때 트럭 위에서의 작업은 불안정하기 때문에 인양시킬 부재가 무너지지 않도록 하여야 한다.
⑥ 부재에 로프를 체결하는 작업자는 경험이 풍부한 사람이 하도록 하여야 한다.
⑦ 인양 기계의 운전자는 서서히 들어올려 일단 안정 상태인가를 확인한 다음 다시 서서히 들어올려 트럭 적재함으로부터 2[m] 정도가 되면 수평 이동시켜야 한다.
⑧ 수평 이동시 주의사항
  ㉮ 전선 등 다른 장해물에 접촉할 우려가 없는지 확인한다.
  ㉯ 유도 로프를 끌거나 누르거나 하지 않도록 한다.
  ㉰ 인양된 물건 아래쪽에 작업자가 들어가지 않도록 한다.
  ㉱ 내려야 될 지점에서 일단 정지 후 흔들림을 정지시킨 다음 서서히 내리도록 하고 받침대 위에서도 일단 정지한 후 서서히 내리도록 한다.
  ㉲ 적치시는 사용에 대비, 높게 쌓지 않도록 한다.
  ㉳ 한 개의 부재를 단독으로 적치하였을 경우에는 체인 등으로 묶어두거나 버팀대를 대어 넘어지지 않도록 한다.

2 건립 준비 및 기계기구의 배치 19.3.3 ㉮

① **작업장의 정비** : 지상 작업장에서 건립 준비 및 기계기구를 배치할 경우에는 낙하물의 위험이 없는 평탄한 장소를 선정하여 정비하고 경사지에서는 작업대나 임시발판 등을 설치하는 등 안전하게 한 후 작업하여야 한다.
② **장해물의 제거** : 건립 작업장에 지장이 되는 수목이나 전주 등은 제거하거나 이설하여 작업능률을 저하시키지 않도록 하여야 한다. 22.4.24 ㉮
③ **타 공작물의 방호** : 인근에 건축물 또는 고압선 등이 있을 경우에는 이에 대한 방호조치를 하여야 한다.
④ **기계기구의 점검정비** : 작업능률 및 작업시의 안전을 확보하기 위해 기계기구에 대하여 정비 불량은 없는가, 보수를 필요로 하지 않는지 등을 충분히 점검한 후 사용토록 하여야 한다.
⑤ 기계가 계획대로 배치되어 있는가, 특히 윈치의 위치는 작업능률과 안전 등을 좌우하기 때문에 작업 전체를 관망할 수 있는 위치인가를 확인하고, 또 기계에 부착된 지선과 기초는 튼튼한지, 지반 상황을 조사하여 충분한 강도를 갖고 있는지 검토하여야 한다.

3 건립작업

① 기둥의 건립
  ㉮ 기둥 인양
    ㉠ 인양 와이어로프와 샤클받침대, 유도로프, 구명용 마닐라로프(기둥, 승강용), 큰 지렛대, 드래프트핀, 조립기구 등을 준비하여야 한다.
    ㉡ 중량, 중심 상태 및 발디딜 곳과 손잡을 곳, 안전대를 설치할 장치가 되었는지 확인하여야 한다.
    ㉢ 기둥 인양시는 기둥의 꼭대기 볼트구멍을 이용해 인양용 작은 평철판을 덧대어 하중에 충분히 견디도록 볼트 접합 수량을 검토하고 덧댄 철판이 구부러지지 않게 하여야 한다.
    ㉣ 매달 철판에 와이어로프를 설치할 때는 샤클을 사용하고 샤클용 구멍이나 볼트구멍에 와이어로프를 걸어 사용하지 않아야 한다.
    ㉤ 보와 연결된 브래킷 아랫부분에 와이어로프를 걸 경우에는 와이어로프를 매는 아랫부분에 보호용 굄재를 넣어 인양시킨다.

합격예측

(1) 앵커볼트의 매립(입)공법

종류	방법	그림
고정매입공법	기초 철근 조립시 동시에 앵커볼트를 기초상부에 정확히 묻고 con'c 타설	
가동매입공법	앵커볼트 상부부분을 조정할 수 있게 con'c 타설 전 사전조치	
나중매입공법	con'c 타설전 앵커볼트 묻을 구멍을 조치하거나 타설 후 core 장비로 천공 고정	

(2) 앵커볼트 매립시 주의사항 16.3.6 ㉯
 ① 앵커볼트는 매립 후에 수정하지 않도록 설치
 ② 앵커볼트는 견고하게 고정시키고 이동변형이 발생하지 않도록 주의하면서 콘크리트 타설

ⓗ 훅에 인양 와이어로프를 걸 때는 중심에 걸어야 한다.
ⓢ 기둥 인양시 부재가 변형되거나 옆으로 미끄러지지 않도록 다음 사항에 유의하여야 한다.
  ⓐ 기둥을 일으켜 세울 때는 밑부분이 미끄러지지 않게 서서히 들어올린다.
  ⓑ 밑부분에 무리한 하중이 실리지 않도록 한다.
  ⓒ 좌우 회전시 급히 움직이면 원운동이 생겨 위험하기 때문에 서서히 움직이도록 한다.
  ⓓ 인양된 기둥이 흔들릴 때는 일단 지상에 대어 흔들리는 것을 멈추게 한 뒤 교정하여 다시 들어올린다.
ⓞ 인양하여 수평 이동할 때는 이동범위 내에 사람이 있는지 없는지 확인한다.
ⓩ 인양 부재에 로프를 체결하는 작업자는 경험이 풍부한 자가 하도록 한다.

㉯ 기둥 세우기
  ㉠ 앵커볼트로 조립할 경우에는 다음 요령에 의하여 실시하여야 한다.
    ⓐ 조립할 위치의 직상에서 기둥을 일단 멈추고, 손이 닿는 위치까지 내린다.
    ⓑ 방향을 확인하고 앵커볼트의 직상까지 흔들림이 없게 유도하여 서서히 내린다.
    ⓒ 작업자들은 힘을 합쳐 기둥 베이스플레이트 구멍과 앵커볼트를 보면서 유도하고, 손과 발이 끼이지 않도록 하고 다른 볼트가 손상되지 않도록 조립한다.
    ⓓ 잘 들어갔는지를 확인하고 앵커볼트는 전체를 평균하게 조여 들어간다.

> **합격예측**
>
> **앵커볼트 매립 정밀도 범위** 16. 8. 26 ㉮ 23. 7. 8 ㉮
> ① 기둥 중심은 기준선 및 인접기둥의 중심에서 5[mm] 이상 벗어나지 않을 것
>
>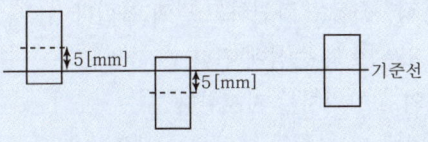
>
> ② 인접기둥간 중심거리의 오차는 3[mm] 이하일 것
>
>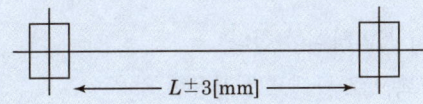
>
> ③ 앵커볼트는 기둥 중심에서 2[mm] 이상 벗어나지 않을 것
>
>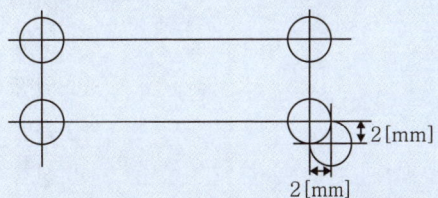
>
> ④ Base Plate의 하단은 기준높이 및 인접기둥 높이에서 3[mm] 이상 벗어나지 않을 것 16. 5. 8 ㉰ 18. 9. 15 ㉰
>
>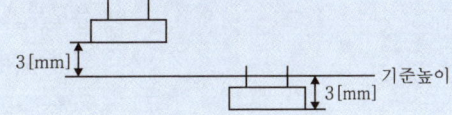

ⓛ 인양 와이어로프를 제거할 때는 기둥의 트랩을 이용하여 기둥 꼭대기로 올라간다. 이 경우 항상 양손으로 견고한 부재를 꼭 잡고 안전한 작업자세로 오르도록 하여야 한다.
ⓒ 인양 와이어로프를 제거할 때는 안전대를 사용하도록 하고 로프의 샤클핀이나 로프가 손상되지 않았나를 확인하여야 한다.
ⓔ 제거한 와이어로프는 훅에 건다. 기둥에서 내려올 때에도 추락하지 않도록 주의하여야 한다.

ⓓ 기둥의 접합
ⓘ 작업자는 두 사람이 2조로 하여, 안전대를 기둥의 꼭대기에 설치한 후 인양되어 온 기둥을 기다린다.
ⓛ 기둥이 아래층 기둥의 윗부분 가까이까지 이동해 오면 일단 멈춘다.
ⓒ 인양된 기둥이 흔들리거나, 기둥의 접합방향이 맞지 않을 때는 신호를 명확히 하여 유도한다.
ⓔ 접합에 앞서 꼭대기의 커버플레이트가 설치된 볼트를 제거한다.
ⓜ 아래층 기둥 꼭대기에 가까이 오면 작업자는 협력하여 서서히 내리고 수공구 등을 이용하여 커버플레이트가 맞닿는 면을 확인하고 조립한다.
ⓗ 볼트는 필요한 만큼 신속하게 체결한다.

② 보의 조립
㉮ 보 인양 16. 5. 8 ㉮ 16. 8. 21 ㉯

ⓘ 인양 와이어로프의 매단 각도는 60[°] 안전하중이 고려된 적당한 길이를 사용하여야 한다.
ⓛ 조립되는 순서에 따라 사용될 부재가 밑에 쌓여 있을 때는 반드시 위에 있는 것을 제거하고 사용하도록 하여야 한다.
ⓒ 위에 쌓여 있는 부재가 불량하다고 하여 무너뜨려 밑에 있는 것을 꺼내 쓰지 않도록 하여야 한다.
ⓔ 인양시는 다음에 유의하여야 한다.
  ⓐ 인양 부재의 중량, 중심을 확인하고 달아 올린다.
  ⓑ 인양 와이어로프는 훅의 중심에 건다.
  ⓒ 운전자에게 보의 설치위치를 지시한다.
  ⓓ 신호자는 운전자가 잘 보이는 위치에서 신호한다.
  ⓔ 불안정하거나 매단 부재가 경사져 있으면 다시 내려 묶은 위치를 교정한다.
ⓜ 유도로프는 확실히 설치하여야 한다.
ⓗ 인양 부재 체결 부속으로 클램프를 사용할 경우
  ⓐ 클램프는 수평으로 체결하고 두 군데 이상 설치한다. 18. 9. 15 ㉮
  ⓑ 클램프의 정격용량 이상은 인양하지 않는다.

ⓒ 부득이 한 군데를 매어 사용할 경우는 위험이 적은 장소와 간단한 이동이 가능한 경우에 한하고 작업순서에 맞게 작업한다.
ⓓ 체결작업중 클램프 본체가 장애물에 부딪치지 않게 한다.
ⓔ 인양 부재가 지상에서 떨어진 순간 잠시 인양을 멈추고 톱니가 완전히 물렸는지 중심 상태는 정확한지를 점검하고 들어올린다.

㉯ 보의 인양 및 선회 17. 9. 23 ⓐ
  ㉠ 급격히 인양하거나 선회시키지 않는다.
  ㉡ 옆으로 매어 달지 않는다.
  ㉢ 흔들리거나 회전하지 않도록 유도로프로 유도한다.
  ㉣ 장애물에 닿지 않게 주의하여 이동한다.

[표] 클램프 명칭 및 치수

정격 용량	개구부 치수[mm]		사용 유효 치수[mm]
	A	B	
1[ton]	29	62	3~26
2[ton]	36	87	3~33
3[ton]	42	97	5~39
4[ton]	70	116	20~67

㉰ 보의 설치 : 작업자는 한 곳에 2명, 다른 방향에 1인 또는 2명으로 구성하여 기둥에 올라간다. 이때 작업자는 설치위치에서 안전대를 착용하고 보가 도착되기를 기다려야 한다.
  ㉠ 거싯(gusset) 형태 보의 경우
    이 형태에서 보의 설치위치에서 작업자는 기둥에 매달려 작업하게 되고 보의 볼트를 체결한 후가 아니면 보에 걸터앉아서는 안 된다.
    ⓐ 인양에 앞서 보의 양단부 래티스플레이트(lattice plate) 상하에 체결된 가볼트를 풀고 또한 플랜지 사이에 쐐기를 박아 넣는다.
    ⓑ 인양시킨 보를 거싯 가까이까지 이동한 후 일단 멈춘다.
    ⓒ 보가 흔들릴 때는 설치방향을 확인하고 신호를 명확히 하여 거싯 윗부분까지 끌어올린다.
    ⓓ 양쪽의 작업자는 협력하여 거싯플레이트가 보의 플랜지 틈에 끼워지도록 약간씩 내리면서 양단이 기울어지지 않도록 하여 서서히 내린다.
    ⓔ 상단 플랜지의 볼트구멍부터 볼트를 체결한다.
    ⓕ 쐐기를 빼낸다.
    ⓖ 볼트구멍에 맞지 않을 경우는 신속하게 드래프트핀을 꽂는다.
    ⓗ 상하 플랜지에 필요한 볼트를 완전 체결한다.

합격예측 및 관련법규

제397조(선박승강설비의 설치)

① 사업주는 300[t]급 이상의 선박에서 하역작업을 하는 때에는 근로자들이 안전하게 승강할 수 있는 현문(舷門)사다리를 설치하여야 하며, 이 사다리밑에 안전망을 설치하여야 한다.
 17. 9. 23 ⑦ 18. 3. 4 ⑦
② 제1항의 규정에 의한 현문사다리는 견고한 재료로 제작된 것으로 너비는 55[cm] 이상이어야 하고, 양측에 82[cm] 이상의 높이로 방책을 설치하여야 하며, 바닥은 미끄러지지 아니하도록 적합한 재질로 처리되어야 한다.
③ 제1항의 현문사다리는 근로자의 통행에만 사용하여야 하며 화물용 발판 또는 화물용 보판으로 사용하도록 하여서는 아니 된다.

합격예측

비계면적의 산출방법
① 쌍줄비계 면적:
 $A = H(L + 8 \times 0.9)$
② 겹침비계, 외줄비계:
 $A = H(L + 8 \times 0.45)$
③ 파이프비계:
 $A = H(L + 8 \times 1)$
 $H(m)$: 건물높이
 $A(m^2)$: 비계면적
 $L(m)$: 건물외벽 길이

  ㉡ 브래킷 형태 보의 경우
   ⓐ 인양에 앞서 플랜지 상단의 커버플레이트(cover plate)의 가볼트를 풀러 한쪽 커버플레이트 브래킷 아래쪽에 볼트로 체결하여야 한다.
   ⓑ 인양된 보가 브래킷 가까이까지 이동하면 일단 멈추어야 한다.
   ⓒ 인양된 보가 흔들릴 때는 설치방향을 확인하고 신호를 명확히 하여 브래킷의 바로 윗부분에 오도록 하여야 한다.
   ⓓ 양단의 작업자는 서로 협력하고 수공구를 유효하게 이용하여 브래킷의 구멍에 맞추어야 한다.
   ⓔ 볼트구멍에 맞지 않는 경우는 신속히 드래프트핀을 꽂아야 한다.
   ⓕ 플랜지 상단과 웨브의 커버플레이트를 필요한 만큼의 볼트로 체결한다. 그때 플레이트가 떨어지지 않게 주의하여야 한다.
  ㉢ 브래킷이 없는 형태 보의 경우
   ⓐ 인양된 보가 설치위치까지 오면 일단 멈추어야 한다.
   ⓑ 인양된 보가 흔들릴 때는 설치방향을 확인하고 신호를 명확히 하여 설치위치까지 유도하여야 한다.
   ⓒ 볼트구멍이 맞지 않을 때는 신속히 드래프트핀을 꽂아야 한다.
   ⓓ 거싯플레이트의 볼트구멍에 필요한 만큼의 볼트를 체결하여야 한다.
 ㉣ 보 설치시 주의사항
  ㉠ 보 설치작업에 있어서는 반드시 안전대를 기둥 또는 기둥 승강용 트랩에 설치해 추락을 방지토록 하여야 한다.
  ㉡ 드래프트핀을 박는 데 있어서는 필요 이상 무리하게 박아 넣어 볼트구멍이 손상되거나 커지면 안 된다.
  ㉢ 드래프트핀을 박아 넣을 때 구멍이 맞지 않아 튀어나오거나 핀의 머리가 쪼개진 파편이 비래하여 부상을 입게 되므로 주의해야 한다.
  ㉣ 가볼트는 미리 정해진 수량에 따라 필요한 곳에 체결하여야 한다.
  ㉤ 볼트는 먼저 체결한 다음 인양 와이어로프를 해체하도록 한다. 특히 조립용 수공구 등을 꽂고 해체하지 않도록 하여야 한다.
  ㉥ 인양 와이어로프를 해체할 때는 안전대를 착용하고 보 위를 걸어와 해체하고 이때 안전대를 설치할 구명줄을 양쪽 기둥에 튼튼히 매어야 한다.
  ㉦ 기둥 사이에 구명줄을 걸치지 않을 경우는 보 위에 양발을 벌리고 앉아 플랜지를 양손으로 잡고 이동하고 와이어로프를 해체할 때까지 안전대를 착용하여야 한다.
  ㉧ 해체된 와이어로프는 훅에 걸어야 하고 밑으로 던져서는 안 된다.

③ 소규모 건물의 건립
㉮ 소규모 건물에서는 앵커볼트로 기둥을 세워 자립할 수 있도록 하고 대규모 건물은 풍압 등에 대하여 위험이 예측된 경우에는 버팀줄 등을 설치하여야 한다.
㉯ 보가 원활하게 설치될 수 있도록 기둥이 지면에 수직인가를 확인하여야 한다.
㉰ 건물의 뒷부분에 건립용 크레인이 지나갈 수 없을 때에는 미리 붐을 해체하였다가 다시 조립토록 하여야 한다.
㉱ 대규모 건물의 거더(girder) 또는 설치될 빔(beam)에 매단 발판을 설치할 때는 빔을 설치하기 전에 지상에서 발판, 안전방망, 난간 등을 먼저 부착토록 하여야 한다.
㉲ 중, 소규모 건물에서 외부 비계를 필요로 할 경우에는 철골 건립과 병행해 비계를 가설하여야 한다.

4 철골가공 작업장

철골가공 작업장에서는 안전과 능률을 고려, 다음 사항에 주의하여야 한다.
① 부재의 받침대는 H형강 등을 사용하여 수평으로 설치한다.
② 부재를 겹쳐 쌓을 때는 건립순서에 맞춰 먼저 사용되는 부재가 위로 오도록 하고 1단마다 굄목 등을 넣어 쌓고 특히 작은 부재와 큰 부재를 나누어 보관하여야 한다.
③ 건립장소와 가공작업장이 멀리 떨어져 있을 때는 트럭 등을 사용하고 트럭에 적재할 때에는 원거리 운반시와 같이 편하중이 생기지 않도록 신중하게 적재토록 하여야 한다.
④ 트럭 운반시 보조자는 적재함에 타지 말고 승차석에 동승토록 하여야 한다.
⑤ 트럭에 적재된 부재가 길어 트럭의 앞과 뒤로 돌출되었을 경우는 인양 방법을 고려하고 적재시 부재가 미끄러져 손이나 발이 끼이지 않도록 하여야 한다.
⑥ 트럭으로 운반되어 온 부재를 내릴 때는 작업 지휘자의 지휘에 의해 내리도록 하고 차 위에 뛰어오르거나 뛰어내리지 않도록 하여야 한다.

> **참고**
> **동바리(Support) 계산방법**
> ① 동바리의 체적 계산은 (공[m³])로 산출한다.
> ② 공[m³]의 산출은 상층 바닥판 면적에 층의 안목간의 높이를 곱한 것의 90[%]로 한다.(단, 1개소당[m²] 이상의 개구부면적은 공제한다.)
> ③ 동바리 체적(공[m³])
> = {(상층바닥면적[m²] − 공제부분)×층 안목간의 높이}×0.9

> **합격예측**
> **철골구조의 역학적 분류**
> ① 라멘구조(Riged frame)
> ② 트러스구조(Truss frame)
> ③ 브레이스구조(Braced frame)

> **참고**
> **라멘구조**
> ① 철골의 접합의 각절점이 강하게 접합되어 있는 구조이다.
> ② 역학적으로 휨재, 압축재, 인장재가 결합되어 있는 형식이다.

합격예측

강풍여부 설계자 확인사항 6가지 16. 5. 8 ⑦ 18. 3. 4 ⑦
① 연면적당 철골량이 50[kg/m²] 이하인 구조물
② 기둥이 타이플레이트(tie plate)형인 구조물
③ 이음부가 현장용접인 구조물
④ 높이가 20[m] 이상인 구조물
⑤ 구조물의 폭과 높이의 비가 1 : 4 이상인 구조물
⑥ 고층건물, 호텔 등에서 단면구조가 현저한 차이가 있는 것

(4) 철골공사의 가설설비

1 재료 적치 장소와 통로

철골 건립의 진행에 따라 공사용 재료, 공구, 용접기 등을 둘 적치 장소와 통로를 가설하여야 하며 이는 구체 공사에도 이용할 수 있게 계획되어야 한다.

① **작업장 설치** : 철골철근 콘크리트조의 경우 작업장은 통상 연면적 1,000[m²]에 1개소를 설치하고 그 면적은 50[m²] 이상이어야 한다. 또한 동일층에서 2개소 이상 설치할 경우에는 작업장간 상호 연락 통로를 가설하여야 한다.

② **작업장 설치위치와 용도** : 작업장 설치위치는 기중기의 선회범위 내에서 수평 운반거리를 가장 짧게 하는 것이 중요하다. 계획상 최대적재하중과 작업 내용 공정 등을 검토하여 작업장에 적재되는 물건의 수량, 배치방법 등의 제한 요령을 명확히 하여야 할 필요가 있다.

③ **철판통로** : 철골조의 바닥에 철판을 부설하여 통로로 사용할 수는 있지만 재료를 쌓아둘 수는 없으므로 큰 구조물 폭의 건물에서는 강재로 부설하여 사용토록 하여야 한다.

④ **돌출 작업장** : 철판의 부설이 끝나고 철근을 배근할 때는 용접용 기자재의 배치는 다른 공사의 작업에 영향을 주므로 건물 외부에 돌출된 작업장에 설치하여 작업토록 하고 이 경우 적재하중과 작업하중을 고려하여 충분한 안전성을 갖게 하여야 한다. 특히 작업자가 추락하지 않도록 난간과 낙하방지를 위한 안전설비를 갖추도록 하여야 한다.

⑤ **가설통로** : 가설통로는 가설 작업장에 따라 재료를 소운반하거나 작업자의 통행에 사용되기 위하여 설치하는 것으로 사용목적에 따라 안전성을 충분히 고려하여야 하며 설치시는 통로 양측에 높이 75[cm] 이상의 견고한 손잡이를 설치하여야 한다.

2 동력 및 용접설비

① **크레인용 동력** : 타워크레인을 사용하는 고층빌딩의 경우에는 크레인이 상층으로 점차 이동하기 때문에 크레인용과 용접용의 동력도 승강이 가능하도록 최상층 높이까지 이동할 수 있는 케이블 등을 준비하여야 한다.

② **용접용 동력** : 현장용접을 할 필요가 있을 경우에는 공사공정에 따른 용접량, 용접방법, 용접기의 대수 등을 정확히 파악하여야 한다.

③ **용접기기 보관소 설치** : 용접기, 용접봉, 건조기 등은 보관소를 설치하여 작업장소의 이동에 따라 이를 이동시키면서 작업하도록 계획하여야 한다.

3 재해방지설비

철골공사 중 주로 발생하는 재해의 형태로는 추락, 비래, 낙하, 기계기구에 기인하는 경우가 많고 재해의 발생시는 사망 등과 같은 중대재해가 많이 발생하고 있으므로 표와 같은 재해방지설비를 갖추어야 한다.

① **고소작업에 따른 추락방지설비** : 건립에 지장이 없는 작업대와 추락방지용 방망을 설치하도록 하고 작업자는 안전대를 반드시 사용하도록 하여야 하며 안전대 사용을 위해 미리 철골에 안전대 설치용 철물을 설치해 두어야 한다. 구명줄을 설치할 경우에는 1가닥의 구명줄에 몇 명이 동시 사용하면 1인이 추락하면 다른 작업자에게도 추락의 위험이 있으므로 이를 고려하여야 한다.

② **비래낙하 및 비산 방지설비** 11. 3. 20

㉮ 건물 외부에 비계와 같이 설치한 경우 : 설비의 설치시기는 지상층의 건립 개시 전으로 하고 특히 건물의 높이가 지상 2[m] 이하일 때는 방호선반을 1단 이상 설치하고, 20[m] 이상의 경우에는 2단 이상 설치토록 하며 설치방법은 다음 그림에서와 같이 건물 외부 비계방호시트에서 2[m] 이상(수평거리) 돌출하고 수평면과 20[°] 이상의 각도를 유지하여야 한다.

[표] 재해방지설비 등

기능		용도, 사용장소, 조건	설비 등
추락 방지	안전한 작업이 가능한 작업대	• 높이 2[m] 이상 장소에서 추락의 우려가 있는 작업에 따른 경우	비계, 달비계, 수평통로
	추락자를 보호할 수 있는 것	• 작업대 설치가 어려운 곳 • 개구부 주위로 난간 설치가 어려운 곳	추락방호망
	추락의 우려가 있는 위험장소에서 작업자의 행동을 제한하는 것	• 개구부 • 작업상의 끝	난간, 울타리
	작업자의 신체를 보호할 수 있는 것	• 안전한 작업대도 난간설비도 할 수 없는 경우	안전대, 구명줄
비래낙하 및 비산방지	상부에서 낙하해 온 것을 막는다.	• 철골 조립 및 볼트 체결 • 그 밖에 상하작업	방호철망, 방호울타리
	제3의 위험 행동으로 인한 보호	• 볼트, 콘크리트 제품, 형틀재, 일반자재, 먼지 등 낙하 비산할 우려가 있는 작업	방호철망, 방호시트, 울타리, 방호 선반
	불꽃, 비산 방지	• 용접, 용단을 병행한 작업	석면포

참고
트러스구조
① 트러스구조는 골조의 각 결점이 모두 핀으로 접합되어 있다.
② 각 부재가 삼각형을 구성하는 골조이다.
③ 역학적으로는 절점에 하중이 작용하면 각 부재에는 축방향력만이 전달된다.

합격예측
용접의 용어설명

종류	해설
루트 (Root)	용접이음부 홈 아랫부분(맞댄용접의 틈새 간격)
목두께	용접부의 최소유효폭, 구조계산용 용접이음두께
그루브 (groove =개선부)	용접부의 최소유효폭, 구조계산용 용접이음두께
위빙 (Weaving =위핑)	용접작업 중 운봉을 용접방향에 대하여 엇갈리게 움직여 용가금속을 용착시키는 것
스패터 (Spatter)	아크용접과 가스용접에서 용접 중 튀어나오는 슬래그 또는 금속입자
엔드탭 (End Tap)	용접결함을 방지하기 위해 Bead의 시작과 끝 지점에 부착하는 보조강판
가우징 (Gas Gouging)	홈을 파기 위한 목적으로 한 화구로서 산소아세틸렌 불꽃으로 용접부의 뒷면을 깨끗이 깎는 작업
스터드 (Stud)	철골보와 콘크리트 슬래브를 연결하는 시어커넥터 역할을 하는 부재

합격예측

철골작업 시 기후에 의한 작업 중지사항 3가지
17. 9. 23 산 18. 8. 19 산
18. 9. 15 기 19. 3. 3 산
19. 8. 4 산
① 풍속 : 10[m/sec] 이상
② 강우량 : 1[mm/hr] 이상
③ 강설량 : 1[cm/hr] 이상

▼ 참고

산업안전보건기준에 관한 규칙 제383조(작업의 제한)

브레이스구조
브레이스구조는 가새(brace)를 이용하여 풍압력이나 지진력에 전달할 수 있게 하는 구조이다.

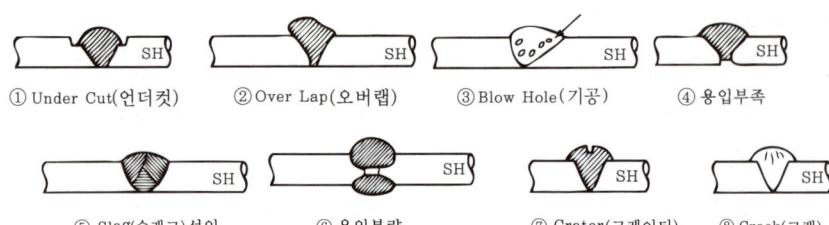

① Under Cut(언더컷) ② Over Lap(오버랩) ③ Blow Hole(기공) ④ 용입부족
⑤ Slag(슬래그)섞임 ⑥ 용입불량 ⑦ Crater(크레이터) ⑧ Crack(크랙)

[그림] 용접결함의 종류
17. 3. 5 산 19. 3. 3 산 20. 9. 27 기
21. 5. 15 산 21. 9. 12 산 23. 3. 1 산
23. 6. 4 기

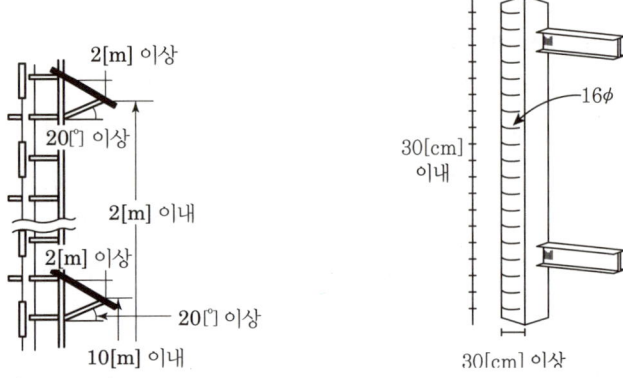

[그림] 비래낙하 및 비산방지설비

[그림] 고정된 승강로 Trap(답단)
18. 8. 19 기 18. 9. 15 기 22. 3. 5 기

합격예측

비탈(사)면 보호공법의 구분 16. 3. 6 기 21. 3. 7 기

분류	구분	방법
식생공법 23. 7. 8 기	떼붙임공	떼를 일정한 간격으로 심어서 비탈면을 보호하는 공법(평떼, 줄떼)
	식생공 18. 8. 19 기 20. 9. 27 기 21. 5. 15 산	법면에 식물을 번식시켜 법면의 침식과 표면활동 방지
	식수공	떼붙임공, 식생공으로 부족할 경우 나무를 심어서 사면보호
	파종공	종자, 비료, 안정제, 양성제, 흙 등을 혼합하여 압력으로 비탈면에 뿜어 붙이는 공법
구조물 보호공법	블록(돌)붙임공	법면의 풍화, 침식방지를 목적으로 완구배의 점착력이 없는 토사 및 비탈면
	블록(돌)쌓기공	비교적 급구배의 높은 비탈면 보호에 사용(메쌓기, 찰쌓기)
	콘크리트블록 격자공	점착력이 없고 용수가 있는 붕괴하기 쉬운 비탈면에 채택하는 공법
	뿜어붙이기공	비탈면에 용수가 없고 큰 위험을 없으나 풍화되기 쉬운 암 토사 등에서 식생이 곤란할 때 사용
응급대책방법	배수공	사면내의 물은 지반의 강도를 저하시켜 사면의 활동을 촉진시키므로 지표수 배제공 또는 지하수 배제공으로 배수시키는 공법
	배토공	활동예상 토사를 제거하여 활동 모멘트를 경감시켜 안정화시키는 공법
	압성토공	자연사면의 선단부에 압성토하여 활동에 대한 저항력을 증가시키는 공법
항구대책방법	옹벽공	지표면에서 사면의 활동 토괴를 관통하여 부동지반까지 말뚝을 박는 공법
	soil nailing 공법	비탈면에 강철봉을 타입해서 전단력과 인장력에 저항하도록 하는 공법
	earth anchor 공법	고강도 강재를 비탈면에 삽입하고 그라우팅을 하여 지반에 정착시킨 후 Anchor에 인장력을 가하여 주는 공법

㈏ 건물 외부에 비계가 없을 때 설치할 경우 : 외부 비계를 필요로 하지 않는 공법을 사용하는 경우에는 보를 이용하여 설치하여야 한다.

㈐ 용접, 용단 불꽃비산방지 : 화기에 사용할 경우에는 그곳에 불연재료로 울타리를 설치하여야 한다.

㈑ 건물 내부의 비래, 낙하 비산 방지 시설 : 건물 내부에 비래, 낙하 비산 방지 시설을 설치할 경우에는 일반적으로 3층 간격마다 수평으로 철망을 설치하여 작업자의 추락방지시설을 겸하도록 하되 기둥 주위에 공간이 생기지 않도록 조치하여야 한다.

③ 승강설비 : 철골 건립 중 건립 위치까지 작업자가 올라가는 방법은 계단의 설치, 외부 비계, 승강용 엘리베이터 등을 이용하지만 건립이 실시되는 층에서는 작업자는 주로 기둥을 이용하여 올라가는 경우가 많으므로 기둥 승강설비는 기둥 제작시 직접 16[mm] 철근 등을 이용, 트랩(답단)을 부착하고 트랩 간격은 보통 30[cm] 이내로 하고 그 폭도 최소 30[cm] 이상으로 하여야 한다.

4. PC공사시 안전수칙

(1) PC(Precast Concrete)공사 안전
(2) PC 운반·조립·설치의 안전

1 개요
① PC공법은 공장에서 부재를 제작
② 현장에서 양중장비를 이용하여 조립
③ 공업화, 대량화에 적용되는 공사

2 PC부재 조립
① PC부재는 대형이고 중량이 크므로 운반 및 양중시 운반로의 확보, 안전에 주의
② PC부재의 야적시 충분한 공간 확보
③ PC부재의 야적시 양중장비 능력을 고려
④ PC부재의 조립시 정밀도를 고려
⑤ PC부재의 접합시 접합부의 시공에 주의
⑥ PC부재는 단열에 취약하여 결로가 발생하기 쉬우므로 결로 방지대책 수립

3 프리캐스트콘크리트(Precast Concrete : PC)공법 장·단점
① 장점
  ㈎ 기후에 영향이 적어 동절기 시공 가능, 공사기간 단축
  ㈏ 현장작업 감소, 생산성 향상되어 인력절감 가능
  ㈐ 공장제작으로 양질의 제품이 가능(장기처짐, 균열발생 적다)
  ㈑ 현장작업의 감소

참고
오일러의 한계하중
$$P = \frac{\pi^2 EI}{l^2}$$

합격예측
크레인의 종류
(1) 타워크레인
  ① 타워크레인은 정치식과 이동식이 있으나 대별하면 붐이 상하로 오르내리는 기복형과 붐을 수평으로 유지하고 트롤리 호이스트가 움직이는 수평형이 있다.
  ② 초고층 작업이 용이하고 인접물에 장해가 없기 때문에 360[°] 회전이 가능하고 가장 안전성이 높고, 능률이 좋은 크레인이다.
(2) 정치식 타워크레인
  ① 높은 철제탑에 경사지브 또는 수평지브가 있는 크레인이며 고정식이다.
  ② 양 하중은 15~20[t/m]이고, 붐의 길이는 50~170[m], 중량은 20~90[t]에 이른다.
(3) 크롤러크레인
  ① 트럭크레인이 타이어 대신 크롤러를 장착한 것이다.
  ② 작업장치를 갖고 있지 않아 트럭크레인보다 약간의 흔들림이 크며 하중 인양시 안전성이 약하다.
  ③ 크롤러식 타워크레인의 자체는 크롤러크레인과 같지만 직립 고정된 붐 끝에 기복이 가능한 보조 붐을 가지고 있다.
  ④ 양 하중은 6~32[t], 붐의 길이는 9~42[m], 전 장비의 중량은 10~32[t]에 이른다.
(4) 이동식 크레인
  ① 이동식이 정치식과 동일하나 단, 궤도위를 이동하는 방식이다.
  ② 양 하중은 28~48[t], 붐의 길이는 25~50[m], 중량은 10~30[t]에 이른다.
(5) 트럭크레인
  ① 장거리 기동성이 있고 붐을 현장에서 조립하여 소정의 길이를 얻을 수 있다.

② 붐의 신축과 기복을 유압에 의하여 조작하는 유압식이 있고, 한 장소에서 360[°] 선회작업이 가능하며 기계종류도 소형에서 대형까지 다양하다.
③ 현대에는 기계식 트럭 레인의 인양하중이 750[t]까지 가능한 대형도 있다.
④ 최소 작업환경은 1.5~6[m]의 범위 정도이다.

용어정의
wheel barrow = hand barrow = 2륜 손수레

보충학습
- [추락]
  떨어지지 말고
- [전도]
  넘어지지 말고
- [낙하/비래]
  날아오는 물체 조심하고
- [충돌]
  부딪히지 말고
- [협착]
  끼이지 말고
- [절단/베임/찔림]
  베이거나 잘리거나 찔리지 않도록

② 단점
　㉮ 현장타설공법처럼 자유로운 형상이 어렵다.
　㉯ 운반비가 상승한다.
　㉰ 공장제작이므로 초기 시설 투자비의 증가
　㉱ 중량이 무거워서 장비비가 많이 든다.

(3) PC공법의 분류

1 구조형식에 따른 분류
① 상자식 공법(Box Method)
② 패널식 공법(Panel Method)
③ 골조식 공법(Frame Method)
④ 특수공법(Special Method)

2 접합방식에 따른 분류
① 습식 접합(Wet Joint) : 모르타르, 콘크리트 채움
② 건식 접합(Dry Joint) : 볼트, 용접, 루프(Loop)처리
③ 기타 접합 : 합성수지 등

보충학습

[표] 용접의 종류 및 작업방법

종류	작업방법
가스압접	① 가스 불꽃을 이용하는 압접 ② 접합하려는 부재의 면에 축방향의 압축력을 가하고, 접합부위를 가열하여 접합
가스용접	① 가스 불꽃의 열을 이용 ② 철재의 일부를 녹여 접합
아크용접	① 아크에 의한 발열을 이용하여 금속을 용접 ② 3,500[℃]의 아크열 사용 ③ 모재와 용접봉이 용해되어 모재 사이에 틈 또는 살붙임 피복으로 함 ④ 철골공사에 가장 많이 사용하는 방법
전기 저항용접	① 기계적 압력을 가하여 접합시키는 용접법 ② 접합하는 양금속을 접합시켜 전류를 흐르게 하면 접촉부는 고온이 됨

| 세부항목 | 3. 운반 및 하역 작업 |

1. 운반작업(運搬作業 : transportation)시 안전수칙

(1) 인력운반

1 운반작업의 개요
① 운반작업은 생산활동에 수반되는 필수행위이다.
  ㉮ 가공비의 30~40[%]가 운반비
  ㉯ 공정시간의 80~90[%]가 운반에 소요되는 시간
  ㉰ 노동으로 인한 재해의 85[%](전체 재해의 약 30[%])가 운반에서 발생하고 있다.
② 생산활동에서 운반시간, 운반재해를 줄여 운반안전을 기하는 것이 기업경영에 반드시 필요한 조건이다.

2 인력운반 하중기준
① 사람이 운반 가능한 중량의 한계는 짧은 거리 30[kg], 먼 거리 15[kg](여자는 남자의 55~60[%] 적당)
② 실제로 정한 바에 의하면 보통 남자의 하루 인력 운반 한계는 50[t]이다.
③ 50[kg] 이상은 필히 2명이 운반한다.

3 물건을 들 때, 움직일 때, 내려놓을 때의 안전
① 등을 반듯이 편 상태에서만 물건을 들어올리고 내린다.
② 필요한 경우 운반작업은 대퇴부 및 둔부 근육에만 부하를 주는 상태에서만 무릎을 쪼그려 수행한다.
③ 물건을 올리고 내릴 때 움직이는 높이의 차이를 피한다.
④ 몸에는 대칭적으로 부하가 걸리게 한다.
⑤ 짐을 몸에 가까이 붙여서 든다.
⑥ 가능하면 벨트, 운반대, 운반멜대 등과 같은 보조구를 사용한다.
⑦ 나를 때는 몸을 반듯이 편다.

4 여러 사람이 공동으로 운반할 때의 안전
① 물건을 들어올리고 내릴 때 행동을 동시에 행한다.
② 모든 사람에게 균등한 부하가 걸리게 한다.
③ 긴 짐은 같은 쪽의 어깨에 올려서 운반한다.
④ 최소한 한 손으로는 짐을 받친다.
⑤ 명령과 지시는 한 사람만이 내린다.
⑥ 3명 이상일 때는 한 동작으로 발을 맞추어야 한다.

합격예측

취급, 운반의 3조건
① 운반거리를 단축시킬 것
② 운반을 기계화할 것
③ 손이 닿지 않는 운반방식으로 할 것

인력운반 하중기준
보통 체중의 40[%] 정도의 운반물을 60~80[m/min]의 속도록 운반하는 것이 바람직하다.

취급, 운반의 5원칙
17. 8. 26 ㉮ 18. 4. 28 ㉮
19. 3. 3 ㉡ 23. 2. 28 ㉮
① 직선운반을 할 것
② 연속운반을 할 것
③ 운반작업을 집중화시킬 것
④ 생산을 최고로 하는 운반을 생각할 것
⑤ 최대한 시간과 경비를 절약할 수 있는 운반방법을 고려할 것

안전하중기준
① 일반적으로 성인남자의 경우 25[kg] 정도
② 성인여자의 경우에는 15[kg] 정도가 무리하게 힘이 들지 않는 안전하중이 된다.

합격예측 및 관련법규

제98조(제한속도의 지정 등)
18. 3. 4 ㉮
① 사업주는 차량계 하역운반기계, 차량계 건설기계(최대제한속도가 시속 10킬로미터 이하인 것은 제외한다)를 사용하여 작업을 하는 경우 미리 작업장소의 지형 및 지반 상태 등에 적합한 제한속도를 정하고, 운전자로 하여금 준수하도록 하여야 한다. 23. 2. 28 ㉮
② 사업주는 궤도작업차량을 사용하는 작업, 입환기로 입환작업을 하는 경우에 작업에 적합한 제한속도를 정하고, 운전자로 하여금 준수하도록 하여야 한다.
③ 운전자는 제1항과 제2항에 따른 제한속도를 초과하여 운전해서는 아니 된다.

합격예측

공동작업시 운반사항
① 긴 물건은 같은 쪽의 어깨에 메고 운반한다.
② 모든 사람에게 무게가 균등한 부하가 걸리게 한다.
③ 물건을 올리고 내릴 때에는 행동을 동시에 취한다.
④ 명령과 지시는 한 사람만이 내린다.
⑤ 3명 이상이 운반시에는 한 동작으로 발을 맞추어 운반한다.

용어정의

① 소형 중량물 : 총 무게 50[t] 미만
② 중형 중량물 : 총 무게 50~150[t]
③ 대형 중량물 : 총 무게 150[t] 이상

합격예측 및 관련법규

제99조(운전위치 이탈시의 조치)
(1) 사업주는 차량계 하역운반기계 등, 차량계 건설기계의 운전자가 운전위치를 이탈하는 경우 해당 운전자에게 다음 각 호의 사항을 준수하도록 하여야 한다. 17. 9. 23 ②
① 포크, 버킷, 디퍼 등의 장치를 가장 낮은 위치 또는 지면에 내려 둘 것
② 원동기를 정지시키고 브레이크를 확실히 거는 등 갑작스러운 주행이나 이탈을 방지하기 위한 조치를 할 것
③ 운전석을 이탈하는 경우에는 시동키를 운전대에서 분리시킬 것. 다만, 운전석에 잠금장치를 하는 등 운전자가 아닌 사람이 운전하지 못하도록 조치한 경우에는 그러하지 아니하다.
(2) 차량계 하역운반기계 등, 차량계 건설기계의 운전자는 운전위치에서 이탈하는 경우 제1항 각 호의 조치를 하여야 한다.

① : 많은 요통은 물건을 잘못 들어올린 데서 발생한다. 따라서 물건을 들 때는 등을 굽히지 않고, 상체를 앞으로 기울이지 않으며 절대로 짐을 충격적으로 들어올려서는 안 된다.
②와 ③ : 물건을 바르게 들어올리면 허리가 보호된다. 경험 많은 역도선수처럼 들어올린다. 상체를 곧게 세우고 등을 반듯이 하여 무릎을 굽힌 자세에서 들어올린다. 짐은 가급적 몸 가까이 가져온다.

[그림] 들어올리기의 올바른 자세

[표] 운반보조기구

경량운반	중량운반
① 손자석 ② 수동사이펀 ③ 운반집게(클램프) ④ 운반벨트	① 아이언바(iron bar) ② 에지아이언(edge iron) ③ 롤러아이언바(roller iron bar) ④ 롤러 ⑤ 롤러바퀴 ⑥ 운반장치

(2) 취급·운반의 기본 원칙

1 취급·운반의 3조건
① 운반거리를 단축시킬 것
② 운반을 기계화할 것
③ 손이 닿지 않는 운반방식으로 할 것

2 취급·운반의 5원칙
① 직선운반을 할 것
② 연속운반을 할 것
③ 운반작업을 집중화시킬 것
④ 생산을 최고로 하는 운반을 생각할 것
⑤ 최대한 시간과 경비를 절약할 수 있는 운반방법을 고려할 것

3 운반의 가치 증진
① 시간적 효용의 증진
② 형태적 효용의 증진
③ 소유가치 이전의 증진
④ 장소적 효용의 증진

4 인력운반시 재해

① **요통** : 물건을 무리하게 또는 갑작스럽게 올리거나 운반하다가 허리를 삐어 발생한다.
② **협착(압상)** : 중량물을 들어올리거나 내릴 때 또는 발이 취급 중량물과 지면, 건축물 등에 끼어 발생한다.
③ **낙하** : 중량물을 들어올리거나 운반하다 힘에 겨워 중량물을 떨어뜨려 발생한다.
④ **충돌** : 물건을 운반하는 중에 다른 사람과 부딪쳐 발생한다.

[표] 요통방지대책

기계화 운반기기	포크리프트, 호이스트, 컨베이어 등 하역기계의 활용
취급중량 한계	① 원칙적으로 단독작업은 30[kg] 이하로 한다. ② 물건의 중량은 장시간 작업시에는 일반적으로 체중의 40[%]를 한도로 한다.
동작 자세 16. 10. 1	① 물건에 될 수 있는 대로 접근하여 중심을 낮게 한다. ② 어깨보다 높이 들어올리지 않는다. ③ 무리한 자세를 장시간 지속하지 않는다.
시간 작업량	① 30[kg]의 물건은 취급량 1일 1인에 15[t] 이내(30[kg]×500개) ② 운반거리 2[km] 이내(4[m]×500개) ③ 실동(實動) 시간 2.5시간 이내(15초×500=125분) ④ 1연속 작업 20분 이내
휴식 조건	① 뒤에 기댈 수 있는 의자를 이용할 것 ② 잠깐 쉬는 시간도 의자에 의하여 휴식을 취할 것
체조(작업 전)	① 요부를 중심으로 한 체조를 실시한다. ② 지휘자, 음악 등에 의한 것은 더욱 좋을 것이다.
적성 건진(健診)	① 운전 기능 검사 실시 ② 요부의 건강 실시
교육 훈련	① 작업표준을 규정한다. ② 표준에 의하여 훈련한다.

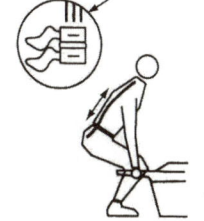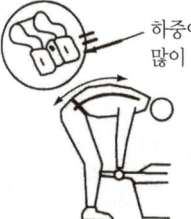

[그림] 자세에 따른 요추 부위의 하중 차이 21. 8. 14 ㉮

합격예측

중량물운반 공동작업시 안전수칙
① 작업지휘자를 반드시 정할 것
② 체력과 기량이 같은 사람을 골라 보조와 속도를 맞출 것
③ 운반 도중 서로 신호 없이 힘을 빼지 말 것
④ 긴 목재를 둘이서 메고 운반할 때에는 서로 소리를 내어 동작을 맞출 것
⑤ 들어올리거나 내릴 때에는 서로 신호를 하여 동작을 맞출 것

요통재해를 일으키는 인자 20. 6. 14 ㉯
① 물건의 중량
② 작업자세
③ 작업시간

운반작업시 안전기준
① 짐을 몸 가까이 접근하여 물건을 들어올린다.
② 몸에는 대칭적으로 부하가 걸리게 한다.
③ 물건을 운반시에는 몸을 반듯이 편다.
④ 물건을 올리고 내릴 때에는 움직이는 높이의 차이를 피한다.
⑤ 등을 반드시 핀 상태에서 물건을 들어올린다.
⑥ 필요한 경우 운반작업은 대퇴부 및 둔부 근역에만 부하를 주는 상태에서만 무릎을 쪼그려 수행한다.
⑦ 가능하면 벨트, 운반대, 운반멜대 등과 같은 보조기구를 사용한다.

합격예측

요통 방지대책
① 단위시간당 작업량을 적절히 한다.
② 작업 전 체조 및 휴식을 부여한다.
③ 적정배치 및 교육훈련을 실시한다.
④ 운반작업을 기계화한다.
⑤ 취급중량을 적절히 한다.
⑥ 작업자세의 안전화를 도모한다.

대표적인 작업자세 평가방법

기법	OWAS	RULA
개념	작업자의 부적절한 작업자세를 정의하고 평가하기 위해 개발한 방법	어깨, 팔목, 손목, 목 등의 상지에 초점을 두고 작업자세로 인한 작업부하를 쉽고 빠르게 평가
특징	현장에 적용하기 쉬우나 몸통과 팔의 자세분류가 부정확하고 팔목 등에 대한 정보 미반영	근육피로, 정적 또는 반복적인 작업에 필요한 힘의 크기 등에 관한 부하 평가 및 나쁜 작업자세의 비율을 쉽고 빠르게 파악

[표] 연령별, 성별 운반무게 비교

연령	남성[kg]	여성[kg]
14~16세	15	10
16~18세	19	12
18~20세	23	14
20~35세	25	15
35~50세	21	13
50세 이상	16	10

⑤ 운반능력(일[kg·m] = 들어올리는 중량([kg]) × 들어올리는 거리[m])

㉮ 상면 : 요고까지 들어올림

(들어올리는 중량)$W = W_1 + (체중) \times 40[\%]$

㉯ 요고 : 견고대까지 들어올림

(들어올리는 중량)$W = W_2 + (체중) \times 40[\%]$

㉰ 일반적으로 보아 체중의 40[%] 정도에서 보행은 60~80[m/분]이 가장 적합한 상태라고 한다.

㉱ 가장 적당한 중량보다 가볍게 하여도 에너지는 감소되지 않는다. 초과하면 급격히 증가한다.

(3) 운반작업의 기계화

1 기계화하여야 할 인력작업의 표준
① 3~4인 정도가 상당한 시간에 계속되어야 하는 운반작업의 경우
② 발밑에서부터 머리 위까지 들어올리는 작업의 경우
③ 발밑에서 어깨까지 25[kg] 이상의 물건을 들어올리는 작업일 경우
④ 발밑에서 허리까지 50[kg] 이상의 물건을 들어올리는 작업일 경우
⑤ 발밑에서부터 무릎까지 75[kg] 이상의 물건을 들어올리는 작업일 경우
⑥ 두 걸음 이상 가로로(밑으로) 운반하는 작업이 연속되는 경우
⑦ 3[m] 이상 연속하여 운반작업을 하는 경우
⑧ 1시간에 10[t] 이상의 운반량이 있는 작업인 경우

2 작업방법을 개선하는 방법
① 작은 물건을 상자나 용기에 넣어 운반한다.
② 트럭, 손수레 등을 이용한다.
③ 슈트(chute) 등을 설치하여 중력을 이용한다.
④ 컨베이어, 기중장치(동력, 수동), 포크리프트 등을 이용한다.
⑤ 작업장 내의 정리정돈과 조명을 적절히 한다.
⑥ 작업표준을 정하고 이를 준수한다.

[표] 인력과 기계운반작업 20. 8. 22 ②

인력운반	기계운반
• 두뇌적인 판단이 필요한 작업 　- 분류, 판독, 검사 • 단독적이고 소량 취급 작업 • 취급물의 형상, 성질, 크기 등이 다양한 작업 • 취급물이 경량물인 작업	• 단순하고 반복적인 작업 • 표준화되어 있어 지속적이고 운반량이 많은 작업 • 취급물의 형상, 성질, 크기 등이 일정한 작업 • 취급물이 중량인 작업

3 기계화 작업수행 기준
① 에너지대사율(RMR)이 7 이상인 경우에는 권장하고 10 이상인 경우에는 필수적임
② 2인 이상이 협동하여 장시간 계속적으로 하는 작업
③ 발끝에서 머리 위까지 들어올리는 작업

4 에너지대사율로 구분한 작업강도
① 경(가벼운)작업에서는 0~2
② 중경도(보통)작업에서는 2~4
③ 중도(힘든)작업에서는 4 이상

5 운반작업시 안전기준
① 운반대 위에는 여러 사람이 타지 말 것
② 미는 운반차에 화물을 실을 때에는 앞을 볼 수 있는 시야를 확보할 것
③ 운반차의 출입구는 운반차의 출입에 지장이 없는 크기로 할 것
④ 운반차의 화물 적재 높이는 구미 여러 나라에서는 1,500±50[mm]이나 우리나라는 한국인의 체격에 맞게 1,020[mm]를 중심으로 함이 적당
⑤ 운반차를 밀 때의 자세는 750~850[mm] 가량의 높이가 적당
⑥ 운반차에 물건을 쌓을 때에는 될 수 있는 대로 전체의 중심이 밑이 되도록 쌓을 것
⑦ 무게가 다른 것을 쌓을 때에는 무거운 물건을 밑에서부터 순차적으로 쌓아 실을 것

(4) 운반기계

1 운반기계 선정시 일반적인 기준
① 2점간의 계속적 운반에는 컨베이어 이용 방식
② 일정지역 내에서의 계속적인 운반에는 크레인 이용 방식
③ 불특정 지역을 계속적으로 운반하는 데는 트럭 이용 방식

합격예측
화물적재시 준수사항
17. 8. 26 ⓐ 18. 3. 4 ⓐ
19. 3. 3 ⓐ
① 침하의 우려가 없는 튼튼한 기반 위에 적재할 것
② 건물의 칸막이나 벽 등에 화물의 압력에 견딜 만큼의 강도를 지니지 아니한 때에는 칸막이나 벽에 기대어 적재하지 아니하도록 할 것
③ 불안정할 정도로 높이 쌓아 올리지 말 것
④ 하중이 한쪽으로 치우치지 않도록 쌓을 것

참고
산업안전보건기준에 관한 규칙 제393조(화물의 적재)

합격예측

기계화해야 할 인력작업
① 3~4인 정도가 상당한 시간 계속해서 작업해야 되는 운반작업일 경우
② 발밑에서부터 머리 위까지 들어올려야 되는 작업일 경우
③ 발밑에서부터 어깨까지 25[kg] 이상의 물건을 들어 올려야 되는 작업일 경우
④ 발밑에서부터 허리까지 50[kg] 이상의 물건을 들어 올려야 되는 작업일 경우
⑤ 발밑에서부터 무릎까지 75[kg] 이상의 물건을 들어 올려야 되는 작업일 경우

2 양중기의 종류

① 크레인 : 천장크레인, 호이스트크레인(hoist crane), 타워크레인(tower crane) 및 지브크레인(jib crane)
② 이동식 크레인 : 휠크레인(wheel crane), 크롤러크레인(crawler crane) 및 트럭크레인(truck crane)
③ 리프트(lift) : 건설용, 산업용, 자동차정비용, 이삿짐운반용
④ 승강기(elevator) : 승객용, 화물용, 승객화물용, 에스컬레이터(공항 내에 설치되어 있는 수평보행기 포함)

[표] 크레인의 종류

종류	용도 및 특성
천장크레인	고속, 고빈도, 중(重)작업용, 하중지지 브레이크, 기계브레이크, 전기 또는 유압브레이크
특수 천장크레인	고빈도, 중작업용, 공장 내 연기, 분진 등을 고려하여 운전 성능·보수 점검 등에 유의할 것
벽크레인(wall-crane)	건물벽 등에 장착, 소형물(物) 하역용 360[°]회전 가능(jib 부착)
데릭(derrick)	재료가 적게 들며 각 부재의 각주는 해체 조립이 용이
해머형 크레인(hammer crane)	경사진 지브(jib)가 없어 높은 양정과 긴 반경을 갖는다. 주로 조선소에서 사용
탑형 지브(jib)크레인	경미한 인입운동이 가능 빈도가 많은 하역작업에 적합
자주크레인	증기, 디젤 동력 레일대차 위에 jib 크레인을 장치
모빌크레인	원동기가 있어 자유로이 작업현장을 바꿀 수 있는 이점이 있음
교량(가교)형 크레인	교량식 크레인을 문(門)형 크레인이라고도 함
케이블크레인(cable crane)	산간의 교량, 수문 등의 조립시 사용 원목운반에 사용
언더로더	석탄, 광석 등을 선반에서 양육시 사용
크롤러크레인(crawler crane)	주행차가 복대식(crawler)의 이동식 등

3 크레인작업의 안전기준

① 작업중인 크레인 운전반경(작업반경) 내에 접근하지 않는다.
② 작업중인 운전자에게는 연락사항을 반드시 수신호로 한다.
③ 운전자의 주의력을 혼란케 하는 일은 삼간다.
④ 운전 전에 각 작동부분을 공회전시켜 본다.
⑤ 붐은 반드시 규정된 안전각도를 유지시킨다.
⑥ 급회전하지 않는다.

⑦ 운전석 위로 스윙하지 않는다.
⑧ 고압선으로부터 3[m] 이내에 크레인을 접근시키지 않는다.
⑨ 작업시 시계가 양호한 방향으로 스윙한다.
⑩ 붐의 각도를 20[°] 이내나 78[°] 이상으로 하여 작업하지 않는다.
⑪ 트럭크레인은 평탄한 곳에 세워 아우트리거(outrigger)를 뻗어 안정성을 유지시킨다.

(5) 와이어로프(wire rope)

1 와이어로프의 개요

① 로프풀리에 로프를 걸어서 전동하는 것으로, 주로 옥외작업의 동력 전달에 쓰이며 여러 가닥의 로프를 감아 쓰면 큰 힘을 전달할 수 있는 것이 특징이다.
② 와이어로프는 여러 개의 와이어로 1개의 가닥(strand)을 만들어 이것을 6개 이상 꼬아서 1개의 로프로 만든 것이다.
③ 여러 가닥 중 중심에는 기름을 포함시킨 대마 심선을 집어넣는다.
④ 로프의 크기는 지름의 굵기로서 표시하고 속도는 6~10[m/s](최대 25[m/s])이며, 재료에는 연철과 강철이 사용되고 있다.

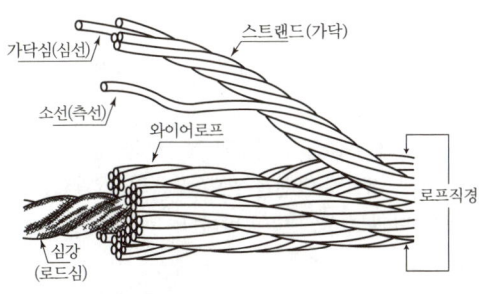

[그림] 와이어로프의 형태

① 보통 Z꼬임 ② 보통 S꼬임 ③ 랭Z꼬임 ④ 랭S꼬임

[그림] 로프 꼬임의 종류(KS D 7013)

2 와이어로프 선택시 고려할 사항
① 내마모성
② 내굽힘성 및 피로성
③ 내파단강도
④ 내진동피로성
⑤ 잔류강도

합격예측

하역작업의 안전수칙
① 섬유로프 등의 꼬임이 끊어진 것이나 심하게 손상 또는 부식된 것을 사용하지 않는다.
② 바닥으로부터의 높이가 2[m] 이상 되는 하적단(포대, 가마니 등의 용기로 포장화물에 의하여 구성된 것에 한한다)은 인접 하적단의 간격을 하적단의 밑부분에서 10[cm] 이상으로 하여야 한다.
③ 바닥으로부터의 높이가 2[m] 이상인 하적단 위에서 작업을 하는 때에는 추락 등에 의한 근로자의 위험을 방지하기 위하여 해당 작업에 종사하는 근로자로 하여금 안전모 등의 보호구를 착용하도록 하여야 한다.

와이어로프의 구성
21. 5. 8 ⑦ 22. 4. 24 ⑦
(1) 구성요소
　① 소선(wire)
　② 가닥(strand)
　③ 심(core) 또는 심강
(2) 필러선(filler wire)
　① 와이어로프에 유연성과 내(耐)굽힘피로성과 내마모성을 주고 또 와이어로프의 모양이 망가지는 것을 방지하기 위해 와이어로프의 외층(外層) 소선(素線)수를 내층(內層)의 소선수의 2배로 해서 외층과 내층 극간에 내층과 같은 수를 짜 넣어진 가는 선
　② 필러선은 스트랜드(strand)의 구성요소 선으로 취급되지 않는 선

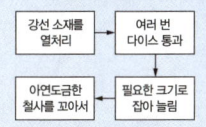

[그림] 제작과정

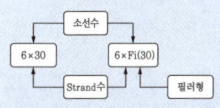

[그림] 와이어로프의 구성 표시 방법

합격예측 및 관련법규

와이어로프 사용금지 기준
① 이음매가 있는 것
② 와이어로프의 한 꼬임[스트랜드(strand)를 말한다. 이하 같다]에서 끊어진 소선(素線)[필러(pillar)선은 제외한다]의 수가 10[%] 이상(비자전로프의 경우에는 끊어진 소선의 수가 와이어로프 호칭지름의 6배 길이 이내에서 4개 이상이거나 호칭지름 30배 길이 이내에서 8개 이상)인 것
③ 지름의 감소가 공칭지름의 7[%]를 초과하는 것
④ 꼬인 것 25. 2. 7 ②
⑤ 심하게 변형되거나 부식된 것
⑥ 열과 전기충격에 의해 손상된 것

달기체인을 달비계에 사용금지기준 17. 5. 7 ㉠
① 달기체인의 길이가 달기체인이 제조된 때의 길이의 5[%]를 초과한 것
② 링의 단면지름이 달기체인이 제조된 때의 해당 링의 지름의 10[%]를 초과하여 감소한 것
③ 균열이 있거나 심하게 변형된 것

섬유로프 또는 섬유벨트의 사용금지기준
① 꼬임이 끊어진 것
② 심하게 손상되거나 부식된 것

호칭	7개선 6꼬임	12개선 6꼬임	19개선 6꼬임	24개선 6꼬임
구성기호	6×7	6×12	6×19	6×24
단면				
호칭	30개선 6꼬임	37개선 6꼬임	61개선 6꼬임	실형 19개선 6꼬임
구성기호	6×30	6×37	6×61	6×S(19)
단면				

[그림] 와이어로프 호칭 및 구성기호

[표] 와이어로프의 꼬임 방법 19. 3. 3 ㉠ 19. 4. 27 ㉠ 23. 6. 4 ㉠

꼬임 특징	보통꼬임	랭꼬임
외관	• 소선과 로프축은 평행이다.	• 소선과 로프축은 각도를 가진다.
장점	• 킹크(kink)를 잘 일으키지 않으므로 취급이 쉽다. • 꼬임이 견고하기 때문에 모양이 잘 흐트러지지 않는다.	• 소선은 긴 거리에 걸쳐서 외부와 접촉하므로 로프의 내마모성이 크다. • 유연하다.
단점	• 소선이 짧은 거리에 걸쳐 외부와 접촉하므로 국부적으로 단선을 일으키기 쉽다.(가닥과 소선 꼬임이 반대)	• 킹크를 일으키기 쉬우므로 취급주의가 필요하다.(가닥과 소선이 같은 방향)
용도	• 일반용	• 광산 삭도용

◎ 킹크라는 것은 꼬임이 되돌아가든가 서로 걸려서 엉킴(kink)이 생기는 상태

3 로프를 드럼에 감는 방법

① 로프를 감고 풀 때는 킹크가 생기지 않도록 주의한다.
② 다음 그림과 같이 제1단이 바르게 줄지어 감겨져서 제2단부터는 정확하게 감긴다. 반대 방향으로 감으면 교차하거나 겹쳐져서 변형, 마모 및 탈선의 원인이 되어 위험하다.
③ 지브 및 드럼의 직경 D와 와이어로프 직경 d와의 비 D/d가 클수록 로프 수명이 길어지므로 조건이 허용하는 한 지브 및 드럼이 큰 것을 사용하는 것이 안전에 효과적이다.
④ 지브 홈의 직경은 로프 공칭직경의 1.07배가량이 적합하다.

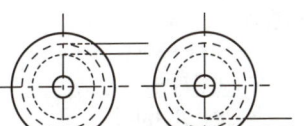

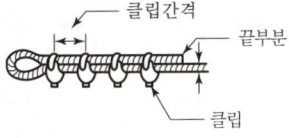

[그림] 와이어로프 감는 법　　　[그림] 클립(clip)수 4개 이상 체결

4 와이어로프의 안전율 19. 8. 4 ②

$$S = \frac{NP}{Q}$$

여기서, S : 안전율
　　　　P : 로프의 파단강도[kg]
　　　　N : 로프 가닥수
　　　　Q : 안전하중[kg]

[표] 권상용 와이어로프의 안전율(n)

운반기계별		안전율(n)
크레인		$n=5$ 이상
리프트	화 물 용	$n=6$ 이상
	인·화공용	$n=10$ 이상
승강기	승 용	$n=10$ 이상
	화 물 용	$n=6$ 이상

㈜ ① 크레인의 권상용 체인은 안전율 5 이상일 것
　② 운반 보조를 위한 지지용 와이어로프 $n = 4$ 이상

5 와이어로프 폐기기준(금지사항)

① 와이어의 파손 또는 변형으로 인하여 기능, 내구력이 없어진 것
② 와이어의 한 꼬임에서 끊어진 소선의 수가 10[%] 이상인 것
③ 마모로 인하여 지름의 감소가 공칭지름의 7[%]를 초과하는 것
④ 킹크가 생긴 것
⑤ 심하게 부식되거나 변형된 것
⑥ 열과 전기충격에 의해 손상된 것

참고

진폴데릭
① 통나무, 철파이프 또는 철골 등으로 기둥을 세우고 3[t] 이상의 지선을 매어 기둥을 경사지게 세워 기둥 끝에 활차를 달고 윈치에 연결시켜 권상시키는 것이다.
② 간단하게 설치할 수 있으며 경미한 건물을 철골건립에 사용된다.

Q 은행문제

기계운반하역 시 걸이 작업의 준수사항으로 옳지 않은 것은?
16. 10. 1 ㉠
① 와이어로프 등은 크레인의 후크 중심에 걸어야 한다.
② 인양 물체의 안정을 위하여 2줄 걸이 이상을 사용하여야 한다.
③ 매다는 각도는 70° 정도로 한다.
④ 근로자를 매달린 물체위에 탑승시키지 않아야 한다.

정답 ③

참고
삼각데릭 17. 8. 26

① 가이데릭과 비슷하나 주기둥을 지탱하는 지선 대신에 2본의 다리에 의해 고정된 것으로 작업 회전반경은 약 270[°] 정도로 가이데릭과 성능은 거의 같다.
② 비교적 높이가 낮은 면적의 건물에 유효하다.
③ 최상층 철골 위에 설치하여 타워크레인 해체후 사용하거나, 또 증축공사인 경우 기존 건물 옥상 등에 설치하여 사용되고 있다.

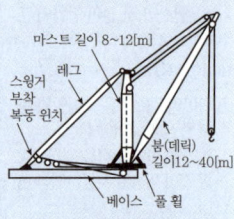
[그림] 삼각데릭
(stiffleg derrick)

[표] wire rope 가공방법

그림	명칭	효과	특징	결점	비고
	약식 묶음법	30~50 [%]	간단하여 응급 사용목적	극히 위험하고 본격적인 사용은 불가	공구가 없고 긴급시 적용
	수편이음 (사스마법)	60~90 [%]	기계 필요 없고 현장작업 가능	숙련에 따라 불안전하고 위험	고래적인 방식
	U bolt 클립법	약 80 [%]	간단히 부착되며 점검이 용이	볼트 조임 조절이 어렵고 지나치면 위험	높은 시설물 등에 직접 부착시 적용
	클램프법 (lock 가공법)	약 100 [%]	미려하고 극히 안전함	특수고압기계가 필요함	구미 여러 나라에서 많이 적용. 안전관리상, 경제상, 작업환경상 우수함
	소켓 (socket)법	약 100 [%]	효율 좋고 사용상 안전함	소켓 부분의 손상이 쉽고 작업 불편	합금(아연주물) 사용, 금구끼리 연결용
	본계수법	약 100 [%]	삭도 및 endless 필요	가공기술 필요하고 세물만 가공 가능	endless용으로 가공

6 로프에 걸리는 하중 계산방법

① 그림과 같은 하물을 들어올릴 때 권상로프에 걸리는 총하중(W_0)은

$$W_0 = 정하중(W_1) + 동하중(W_2)$$

$$\left\{ 동하중 = \frac{W_1}{9.8[\text{m/sec}^2]} \times 가속도[\text{m/sec}^2] \right\}$$

② sling wire 한 가닥에 걸리는 하중 19. 8. 4

$$하중 = \frac{하물의\ 무게}{2} \div \cos\frac{\theta}{2}$$

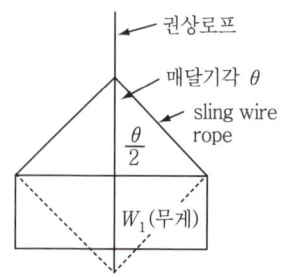

7 체인블록의 사용 제한 조건

① 안전율 : 5 이하
② 링크지름 : 1/4 이상 마모
③ 영구신장률 : 링크에 대하여 5[%] 이상

[표] 유볼트(U Bolt) 고정방법 (단위 : [mm])

로프의 직경	클립 간격	클립의 수	로프의 직경	클립 간격	클립의 수
9~16	80	4	28	180	5
18	11	5	32	200	6
22	130	5	36	230	7
24	150	5	38	250	8

8 체인의 강도와 수명

① 길이의 증가가 제조시 길이의 5[%]를 초과하지 않을 것. 단, 5개 ring 이상 측정
② 링의 단면지름의 감소가 링 제조 당시의 지름의 10[%]를 초과한 것(또는 링의 단면지름 d가 0.9 이하)

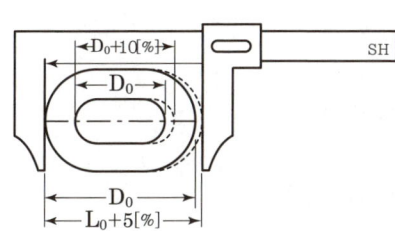
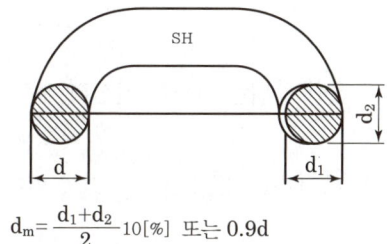

$$d_m = \frac{d_1 + d_2}{2} 10[\%] \text{ 또는 } 0.9d$$

[그림] 체인 측정

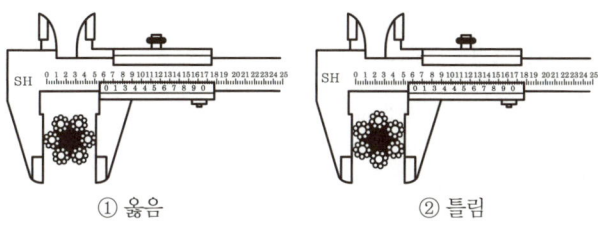

① 옳음　　② 틀림

[그림] 버니어캘리퍼스 이용 로프지름 측정

합격예측

가이데릭 18. 4. 28 23. 5. 13

① 주기둥과 붐으로 구성되어 있고 6~8본의 지선으로 주기둥이 지탱되고 주 각부에 붐을 설치 360[°] 회전이 가능하다.
② 인양하중이 크고 경우에 따라서 쌓아 올림도 가능하지만 타워크레인에 비하여 선회성, 안전성이 뒤떨어지므로 인양하물의 중량이 특히 클 때 필요로 할 뿐이다.

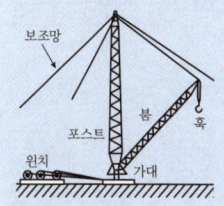

[그림] guy derrick

(6) 철근운반시 준수사항 및 안전기준

1 인력운반 안전기준 17. 5. 7 산 19. 3. 3 기 19. 9. 21 산 기 24. 2. 15 기
① 1인당 무게는 25[kg] 정도가 적절하며, 무리한 운반 금지
② 2인 이상 1조가 되어 어깨메기로 하여 운반하는 등 안전을 도모
③ 긴 철근을 1인이 운반시 앞쪽을 높게 하여 어깨에 메고 뒤쪽 끝을 끌면서 운반
④ 운반시 양끝을 묶어 운반
⑤ 내려놓을 때는 던지지 말고 천천히 내려놓을 것
⑥ 공동작업시 신호에 따라 작업(신호 준수)

2 기계운반 안전기준
① 작업책임자를 배치하여 수신호 또는 표준신호방법에 의하여 시행
② 달아올릴 때에는 로프와 기구의 허용하중을 검토하여 과중하게 달아올리지 말 것
③ 비계, 거푸집 등에 대량의 철근 적치금지
④ 달아올리는 부근에 관계 근로자 이외 출입금지
⑤ 권양기 운전자는 현장책임자가 지정

3 철근운반시 감전사고 등의 예방
① 철근 운반작업을 하는 바닥 부근에는 전선 배선금지
② 철근 운반작업 주변의 전선은 사용철근의 최대길이 이상의 높이에 배선, 이격 거리는 최소 2[m] 이상
③ 운반 장비는 반드시 전선의 배선 상태를 확인한 후 운행

2. 하역작업(荷役作業 : cargo work)시 안전수칙

물건이나 하물을 어떤 지점으로부터 다른 지점으로 이동시키기 위해 행하는 화물자동차, 선박, 화차 등에 짐을 싣거나 짐 부리기, 하적단 등의 작업을 말한다.

(1) 개요

1 하역운반의 기본조건
① 운반장소　　　　　② 운반수단
③ 운반시간　　　　　④ 운반물건
⑤ 작업주체

2 하역작업의 개선시 고려사항
① 운반목표를 명확하게 설정한다.
② 운반설비의 배치를 검토하여 시정한다.
③ 운반능력의 균형을 검토한다.

합격예측

방호철망의 설치기준
① 철망호칭 #13 내지 #16의 것을 사용한다.
② 아연도금 철선으로 지름 0.9[mm](#20) 이상의 것을 사용한다.
③ 15[cm] 이상 겹쳐대고 60[cm] 이내의 간격으로 간결하여 틈이 생기지 않도록 한다.

④ 최소 작업 단위로 작업 동작을 통합해야 한다.
⑤ 연락의 조직화, 합리화를 도모한다.

(2) 하역작업의 안전

1 항만 하역작업의 안전기준 17. 5. 7 산기 18. 4. 28 기 23. 7. 8 기

① 부두, 안벽 등 하역작업을 하는 장소에 대하여는 다음 조치를 하여야 한다.
   ㉮ 작업장 및 통로의 위험한 부분에는 안전하게 작업할 수 있는 조명을 유지할 것
   ㉯ 부두 또는 안벽의 선을 따라 통로를 설치할 때에는 폭을 90[cm] 이상으로 할 것 17. 9. 23 기 18. 4. 28 기 19. 3. 3 기 20. 6. 14 산 21. 5. 15 기
   ㉰ 육상에서의 통로 및 작업 장소로서, 다리 또는 갑문을 넘는 보도 등의 위험한 부분에는 적당한 울 등을 설치할 것
② 갑판의 윗면에서 선창 밑바닥까지의 깊이가 1.5[m]를 초과하는 선창의 내부에서 화물 취급작업을 하는 때에는 해당 작업에 종사하는 근로자가 안전하게 통행할 수 있는 설비를 설치하여야 한다. 다만, 안전하게 통행할 수 있는 설비가 선박에 설치되어 있을 때에는 그러하지 아니하다. 19. 8. 4 기 25. 2. 7 기
③ 다음에 해당하는 장소에 근로자를 출입하게 하여서는 안 된다.
   ㉮ 해치커버의 개폐·설치 또는 해치빔의 부착 또는 해체작업을 하고 있는 장소의 아래로서 해치보드 또는 해치빔 등의 낙하에 의하여 근로자에게 위험을 미칠 우려가 있는 장소
   ㉯ 양화장치 붐이 넘어짐으로써 근로자에게 위험을 미칠 우려가 있는 장소
   ㉰ 양화장치 등에 매달린 화물이 떨어져 근로자에게 위험을 미칠 우려가 있는 장소
④ 항만 하역작업을 시작하기 전에 해당 작업을 하는 선창의 내부, 갑판의 위 또는 안벽 위에 있는 화물 중에 부식성 물질, 위험물 또는 염소, 시안산, 4알킬연 등 급성 중독을 일으킬 우려가 있는 물질이 있는지 여부를 조사하여 급성 중독물질이 있는 경우에는 급성 중독물질 등의 안전한 취급 방법을, 급성 중독물질 등이 날아 흩어지거나 누출되는 경우에는 그 처리 방법을 정하여 해당 작업에 종사하는 근로자에게 교육하여야 한다.
⑤ 300[t]급 이상의 선박에서 하역작업을 하는 때에는 근로자들이 안전하게 승강할 수 있는 현문 사다리를 설치하여야 하며, 이 사다리 밑에 안전망을 설치하여야 한다. 또한 현문 사다리는 견고한 재료로 제작된 것으로 너비는 55[cm] 이상이어야 하며 양측에 82[cm] 이상 높이로 방책을 설치하고, 바닥은 미끄러지지 아니하도록 적합한 재질로 처리되어야 한다. 17. 9. 23 기 18. 3. 4 기 20. 8. 22 기 23. 6. 4 기

합격예측 및 관련법규

제389조(화물 중간에서 화물 빼내기 금지)
사업주는 차량 등에서 화물을 내리는 작업을 하는 경우에 해당 작업에 종사하는 근로자에게 쌓여 있는 화물 중간에서 화물을 빼내도록 해서는 아니 된다. 18. 8. 19 기 21. 8. 14 기

제390조(하역작업장의 조치기준) 21. 5. 15 기 23. 2. 28 기
사업주는 부두·안벽 등 하역작업을 하는 장소에 다음 각 호의 조치를 하여야 한다.
1. 작업장 및 통로의 위험한 부분에는 안전하게 작업할 수 있는 조명을 유지할 것
2. 부두 또는 안벽의 선을 따라 통로를 설치하는 경우에는 폭을 90센티미터 이상으로 할 것 24. 2. 15 기
3. 육상에서의 통로 및 작업 장소로서 다리 또는 선거(船渠) 갑문(閘門)을 넘는 보도(步道) 등의 위험한 부분에는 안전난간 또는 울타리 등을 설치할 것

제391조(하적단의 간격)
사업주는 바닥으로부터의 높이가 2미터 이상 되는 하적단(포대·가마니 등으로 포장된 화물이 쌓여 있는 것만 해당한다)과 인접 하적단 사이의 간격을 하적단의 밑부분을 기준하여 10센티미터 이상으로 하여야 한다.

제392조(하적단의 붕괴 등에 의한 위험방지)
① 사업주는 하적단의 붕괴 또는 화물의 낙하에 의하여 근로자가 위험해질 우려가 있는 경우에는 그 하적단을 로프로 묶거나 망을 치는 등 위험을 방지하기 위하여 필요한 조치를 하여야 한다.
② 하적단을 쌓는 경우에는 기본형을 조성하여 쌓아야 한다.
③ 하적단을 헐어내는 경우에는 위에서부터 순차적으로 층계를 만들면서 헐어내어야 하며, 중간에서 헐어내어서는 아니 된다.

⑥ 양화장치 등을 사용하여 양화작업을 할 때에는 선창 내부의 화물을 안전하게 운반할 수 있도록 미리 해치의 수직 하부에 옮겨 놓아야 한다.

⑦ 양화장치 등을 사용하여 드럼통 등의 화물 권상 작업을 행하는 때에는 해당 화물이 벗어지거나 탈락하지 아니하도록 하는 구조의 해지장치가 설치된 후 부착 슬링을 사용해야 한다.

⑧ 선내 하역작업을 할 때에는 관리감독자로 하여금 다음 각 호의 사항을 이행하도록 하여야 한다.

㉮ 작업 방법을 결정하고 작업을 지휘하는 일

㉯ 통행설비, 하역기계, 보호구 및 기구, 공구를 점검, 정비하고 이들의 사용 상황을 감시하는 일

㉰ 주변 작업자간의 연락 조정을 행하는 일

2 화물취급의 안전기준 18. 8. 19 [기]

① 섬유로프 등의 가닥이 끊어졌거나 심하게 손상 또는 부식된 것을 사용하지 않는다.

② 바닥으로부터의 높이가 2[m] 이상 되는 하적단(포대·가마니 등의 용기로 포장화물에 의하여 구성된 것에 한한다.)은 인접 하적단과의 간격을 하적단의 밑부분에서 10[cm] 이상으로 하여야 한다.

③ 바닥으로부터의 높이가 2[m] 이상인 하적단 위에서 작업을 하는 때에는 추락 등에 의한 근로자의 위험을 방지하기 위하여 해당 작업에 종사하는 근로자로 하여금 안전모 등의 보호구를 착용하도록 하여야 한다.

④ 화물을 적재하는 때에는 다음 각 호의 사항을 준수하여야 한다.

㉮ 침하의 우려가 없는 튼튼한 기반 위에 적재할 것

㉯ 건물의 칸막이나 벽 등이 화물의 압력에 견딜 만큼의 강도를 지니지 아니한 때에는 칸막이나 벽에 기대어 적재하지 아니하도록 할 것

㉰ 불안정할 정도로 높이 쌓아올리지 말 것

㉱ 편하중이 생기지 아니하도록 적재할 것

⑤ 섬유로프 등을 사용하여 화물 취급 작업을 하는 때에는 해당 섬유로프 등을 점검하고 이상을 발견한 섬유로프 등을 즉시 교체하여야 한다.

⑥ 관리감독자는 다음의 업무를 이행하도록 하여야 한다.

㉮ 작업 방법 및 순서를 결정하고 작업을 지휘하는 일

㉯ 기구 및 공구를 점검하고 불량품을 제거하는 일

㉰ 그 작업 장소에는 관계 근로자 외의 자의 출입을 금지시키는 일

㉱ 로프 등의 해체작업을 하는 때에는 하대 위 화물의 낙하위험 유무를 확인하고 그 작업의 착수를 지시하는 일

[참고]

풍하중의 계산 방법

① 풍하중은 다음 식에 의해 계산된다. 이 경우 폭풍시 풍속은 35[m/s], 폭풍이외의 풍속은 16[m/s]로 한다.

$$W = qCA$$

여기서,
W : 풍하중(kg)
q : 속도압(kg/cm^2)
C : 풍력계수
A : 수압면적(m^2)

② 속도압의 값은 다음 식에 의해 계산된다.

$$q = \frac{v^2}{30}\sqrt{h}$$

여기서,
q : 속도압(kg/cm^2)
v : 풍속(m/sec)
h : 바람 받는 면의 지상으로부터 높이[m](높이 15[m] 미만일 때는 15)

③ 풍력계수의 값은 시험에 의할 때를 제외하고는 고시상에 정한 값으로 한다.

합격예측 및 관련법규

제393조(화물의 적재)

사업주는 화물을 적재하는 경우에는 다음 각 호의 사항을 준수하여야 한다.

17. 8. 26 [산] 18. 3. 4 [산] 19. 3. 3 [산] 19. 4. 27 [기] 23. 3. 1 [산]

1. 침하의 우려가 없는 튼튼한 기반위에 적재할 것
2. 건물의 칸막이나 벽 등이 화물의 압력에 견딜만큼의 강도를 지니지 아니한 때에는 칸막이나 벽에 기대어 적재하지 않도록 할 것
3. 불안정할 정도로 높이 쌓아 올리지 말 것
4. 하중이 한쪽으로 치우치지 않도록 쌓을 것

3 차량계 하역운반 기계 및 건설기계 통로폭 및 속도

① 운반차량의 구내속도 : 8[km/h] 이내의 속도를 유지한다.
② 운반통로에서 우선 통과 순위 : ㉮ 기중기 ㉯ 짐을 실은 차 ㉰ 빈 차 ㉱ 사람
③ 부두 안벽선 통로폭 : 90[cm] 이상
④ 물자 운반용 차량의 통로폭
   ㉮ 일방통행용 : $W = B + 60[cm]$
   ㉯ 양방통행용 : $W = 2B + 90[cm]$
      여기서 B : 운반차량의 폭
⑤ 제한속도를 정하지 않아도 되는 차량계 건설기계 : 10[km/h] 이하

4 크레인의 손에 의한 공통적인 표준신호방법

운전구분	1. 운전자 호출	2. 운전방향 지시	3. 주권 사용	4. 보권 사용	5. 위로 올리기	6. 천천히 조금씩 위로 올리기
몸짓						
방법	호각 등을 사용하여 운전자와 신호자의 주의를 집중시킨다.	집게손가락으로 운전방향을 가리킨다.	주먹을 머리에 대고 떼었다 붙였다 한다.	팔꿈치에 손바닥을 떼었다 붙였다 한다.	집게손가락을 위로해서 수평원을 크게 그린다.	한 손을 들어올려 손목을 중심으로 작은 원을 그린다.
호각	아주 길게 아주 길게	짧게 길게	짧게 길게	짧게 길게	길게 길게	짧게 짧게

운전구분	7. 아래로 내리기	8. 천천히 조금씩 아래로 내리기	9. 수평이동	10. 물건걸기	11. 정지	12. 비상정지
몸짓						
방법	팔을 아래로 뻗고 집게손가락을 아래로 향해서 수평원을 그린다.	한 손을 지면과 수평하게 들고 손바닥을 지면 쪽으로 하여 2, 3회 작게 흔든다.	손바닥을 움직이고자 하는 방향의 정면으로 하여 움직인다.	양쪽 손을 몸 앞에다 대고 두 손을 깍지 낀다.	한 손을 들어올려 주먹을 쥔다.	양손을 들어올려 크게 2, 3회 좌우로 흔든다.
호각	길게 길게	짧게 짧게	강하고 짧게	길게 짧게	아주 길게	아주 길게 아주 길게

합격예측 및 관련법규

유기화합물 취급 특별 장소
① 선박의 내부
② 차량의 내부
③ 탱크의 내부(반응기 등 화학설비 포함)
④ 터널이나 갱의 내부
⑤ 맨홀의 내부
⑥ 피트의 내부
⑦ 통풍이 충분하지 않은 수로의 내부
⑧ 덕트의 내부
⑨ 수관(水菅)의 내부
⑩ 그 밖에 통풍이 충분하지 않은 장소

제396조(무포장 화물의 취급 방법)
① 사업주는 선창 내부의 밀·콩·옥수수 등 무포장 화물을 내리는 작업을 할 때에는 시프팅보드(shifting board), 피더박스(feeder box) 등 화물 이동 방지를 위한 칸막이벽이 넘어지거나 떨어짐으로써 근로자가 위험해질 우려가 있는 경우에는 그 칸막이벽을 해체한 후 작업을 하도록 하여야 한다.
② 사업주는 진공흡입식 언로더(unloader) 등의 하역기계를 사용하여 무포장 화물을 하역할 때 그 하역기계의 이동 또는 작동에 따른 흔들림 등으로 인하여 근로자가 위험해질 우려가 있는 경우에는 근로자의 접근을 금지하는 등 필요한 조치를 하여야 한다.

운전구분	13. 작업완료	14. 뒤집기	15. 천천히 이동	16. 기다려라	17. 신호불명	18. 기중기의 이상발생
몸짓						
방법	거수경례 또는 양손을 머리위에 교차시킨다.	양손을 마주보게 들어서 뒤집으려는 방향으로 2, 3회 절도있게 역전시킨다.	방향을 가리키는 손바닥 밑에 집게손가락을 위로 해서 원을 그린다.	오른손으로 왼손을 감싸 2, 3회 작게 흔든다.	운전자는 손바닥을 안으로 하여 얼굴 앞에서 2, 3회 흔든다.	운전자는 사이렌을 울리거나 한쪽 손의 주먹을 다른 손의 손바닥으로 2, 3회 두드린다.
호각	아주 길게	길게 짧게	짧게 길게	길게	짧게 짧게	강하고 짧게

5 데릭을 이용한 작업시의 신호방법

운전구분	1. 붐 위로 올리기	2. 붐 아래로 내리기	3. 붐을 올려서 짐을 아래로 내리기	4. 붐을 내리고 짐을 올리기	5. 붐을 늘리기	6. 붐을 줄이기
몸짓						
방법	팔을 펴 엄지손가락을 위로 향하게 한다.	팔을 펴 엄지손가락을 아래로 향하게 한다.	엄지손가락을 위로해서 손바닥을 폈다 오므렸다 한다.	팔을 수평으로 뻗고 엄지손가락을 밑으로 해서 손바닥을 폈다 오므렸다 한다.	두 주먹을 몸허리에 놓고 두 엄지손가락을 밖으로 향한다.	두 주먹을 몸허리에 놓고 두 엄지손가락을 서로 안으로 마주 보게 한다.
호각	짧게, 짧게, 길게	짧게 짧게	짧게 길게	짧게 길게	강하고 짧게	길게 길게

6 Magnetic 크레인 사용 작업시의 신호방법

운전구분	1. 마그넷 붙이기	2. 마그넷 떼기
몸짓		
방법	양쪽 손을 몸 앞에다 대고 꽉 낀다.	양손을 몸앞에서 측면으로 벌린다. (손바닥은 지면으로 향하도록 한다.)
호각	길게 짧게	길게

(3) 건설업체 산업재해발생률 및 산업재해발생 보고의무 위반건수의 산정기준과 방법

1. 산업재해발생률 및 산업재해발생 보고의무 위반에 따른 가감점 부여대상이 되는 건설업체는 매년 「건설산업기본법」 제23조에 따라 국토교통부장관이 시공능력을 고려하여 공시하는 건설업체 중 고용노동부장관이 정하는 업체로 한다.

2. 건설업체의 산업재해발생률은 다음의 계산식에 따른 업무상 사고사망만인율(이하 "사고사망만인율"이라 한다)로 산출하되, 소수점 셋째 자리에서 반올림한다.

$$사고사망만인율(‰) = \frac{사고사망자 수}{상시 근로자 수} \times 10,000$$

3. 제2호의 계산식에서 사고사망자 수는 다음과 같은 기준과 방법에 따라 산출한다.

   가. 사고사망자 수는 사고사망만인율 산정 대상 연도의 1월 1일부터 12월 31일까지의 기간 동안 해당 업체가 시공하는 국내의 건설현장(자체사업의 건설현장은 포함한다. 이하 같다)에서 사고사망재해를 입은 근로자 수를 합산하여 산출한다. 다만, 별표 26 제2호마목에 따른 이상기온에 기인한 질병사망자는 포함한다.

   1) 「건설산업기본법」 제8조에 따른 종합공사를 시공하는 업체의 경우에는 해당 업체의 소속 사고사망자 수에 그 업체가 시공하는 건설현장에서 그 업체로부터 도급을 받은 업체(그 도급을 받은 업체의 하수급인을 포함한다. 이하 같다)의 사고사망자 수를 합산하여 산출한다.

   2) 「건설산업기본법」 제29조제3항에 따라 종합공사를 시공하는 업체(A)가 발주자의 승인을 받아 종합공사를 시공하는 업체(B)에 도급을 준 경우에는 해당 도급을 받은 종합공사를 시공하는 업체(B)의 사고사망자 수와 그 업체로부터 도급을 받은 업체(C)의 재해자 수를 도급을 한 종합공사를 시공하는 업체(A)와 도급을 받은 종합공사를 시공하는 업체(B)에 반으로 나누어 각각 합산한다. 다만, 그 산업재해와 관련하여 법원의 판결이 있는 경우에는 산업재해에 책임이 있는 종합공사를 시공하는 업체의 사고사망자 수에 합산한다.

   3) 제75조제1항에 따른 산업재해조사표를 제출하지 않아 고용노동부장관이 산업재해 발생연도 이후에 산업재해가 발생한 사실을 알게 된 경우에는 그 알게 된 연도의 사고사망자 수로 산정한다.

합격예측

$$사고사망만인율(‰) = \frac{사고사망자 수}{상시 근로자 수} \times 10,000$$

합격예측 및 관련법규

16. 8. 21 **㉮**

제233조(가스용접 등의 작업)

사업주는 인화성 가스, 불활성 가스 및 산소(이하 "가스 등"이라 한다)를 사용하여 금속의 용접·용단 또는 가열작업을 하는 경우에는 가스 등의 누출 또는 방출로 인한 폭발·화재 또는 화상을 예방하기 위하여 다음 각 호의 사항을 준수하여야 한다.

1. 가스 등의 호스와 취관(吹管)은 손상·마모 등에 의하여 가스 등이 누출할 우려가 없는 것을 사용할 것
2. 가스 등의 취관 및 호스의 상호 접촉부분은 호스밴드, 호스클립 등 조임기구를 사용하여 가스등이 누출되지 않도록 할 것
3. 가스 등의 호스에 가스 등을 공급하는 경우에는 미리 그 호스에서 가스 등이 방출되지 않도록 필요한 조치를 할 것
4. 충격을 가하지 않도록 할 것
5. 운반하는 경우에는 캡을 씌울 것
6. 사용하는 경우에는 용기의 마개에 부착되어 있는 유류 및 먼지를 제거할 것
7. 밸브의 개폐는 서서히 할 것
8. 사용 전 또는 사용 중인 용기와 그 밖의 용기를 명확히 구별하여 보관할 것
9. 용해아세틸렌의 용기는 세워 둘 것
10. 용기의 부식·마모 또는 변형상태를 점검한 후 사용할 것

나. 둘 이상의 업체가 「국가를 당사자로 하는 계약에 관한 법률」 제25조에 따라 공동계약을 체결하여 공사를 공동이행 방식으로 시행하는 경우 해당 현장에서 발생하는 사고사망자 수는 공동수급업체의 출자 비율에 따라 분배한다.

다. 건설공사를 하는 자(도급인, 자체사업을 하는 자 및 그의 수급인을 포함한다)와 설치, 해체, 장비 임대 및 물품 납품 등에 관한 계약을 체결한 사업주의 소속 근로자가 그 건설공사와 관련된 업무를 수행하는 중 사고사망재해를 입은 경우에는 건설공사를 하는 자의 사고사망자 수로 산정한다.

라. 삭제〈2018. 12. 31.〉

마. 사고사망자 중 다음의 어느 하나에 해당하는 경우로서 사업주의 법 위반으로 인한 것이 아니라고 인정되는 재해에 의한 사고사망자는 사고사망자 수 산정에서 제외한다.
  1) 방화, 근로자간 또는 타인간의 폭행에 의한 경우
  2) 「도로교통법」에 따라 도로에서 발생한 교통사고에 의한 경우(해당 공사의 공사용 차량·장비에 의한 사고는 제외한다)
  3) 태풍·홍수·지진·눈사태 등 천재지변에 의한 불가항력적인 재해의 경우
  4) 작업과 관련이 없는 제3자의 과실에 의한 경우(해당 목적물 완성을 위한 작업자간의 과실은 제외한다)
  5) 삭제〈2018. 12. 31.〉
  6) 그 밖에 야유회, 체육행사, 취침·휴식 중의 사고 등 건설작업과 직접 관련이 없는 경우

바. 삭제〈2014.3.12.〉

사. 재해발생시기와 사망시기의 연도가 다른 경우에는 재해발생연도의 다음 연도 3월 31일 이전에 사망한 경우에만 산정 대상 연도의 사고사망자 수로 산정한다.

4. 제2호의 계산식에서 상시 근로자 수는 다음과 같이 산출한다.

$$상시\ 근로자\ 수 = \frac{연간\ 국내공사\ 실적액 \times 노무비율}{건설업\ 월평균임금 \times 12}$$

가. '연간 국내공사 실적액'은 「건설산업기본법」에 따라 설립된 건설업자의 단체, 「전기공사업법」에 따라 설립된 공사업자단체, 「정보통신공사업법」에 따라 설립된 정보통신공사협회, 「소방시설공사업법」에 따라 설립된 한국소방시설협회에서 산정한 업체별 실적액을 합산하여 산정한다.

나. '노무비율'은 「고용보험 및 산업재해보상보험의 보험료징수 등에 관한 법률 시행령」 제11조제1항에 따라 고용노동부장관이 고시하는 일반 건설공사의 노무비율(하도급 노무비율은 제외한다)을 적용한다.

다. '건설업 월평균임금'은 「고용보험 및 산업재해보상보험의 보험료징수 등에 관한 법률 시행령」 제2조제1항제3호가목에 따라 고용노동부장관이 고시하는 건설업 월평균임금을 적용한다.

5. 고용노동부장관은 제3호마목에 따른 사고사망자 수 산정 여부 등을 심사하기 위하여 다음 각 목의 어느 하나에 해당하는 사람 각 1명 이상으로 심사단을 구성·운영할 수 있다.

   가. 전문대학 이상의 학교에서 건설안전 관련 분야를 전공하는 조교수 이상인 사람

   나. 공단의 전문직 2급 이상 임직원

   다. 건설안전기술사 또는 산업안전지도사(건설안전 분야에만 해당한다) 등 건설안전 분야에 학식과 경험이 있는 사람

6. 산업재해발생 보고의무 위반건수는 다음 각 목에서 정하는 바에 따라 산정한다.

   가. 건설업체의 산업재해발생 보고의무 위반건수는 국내의 건설현장에서 발생한 산업재해의 경우 법 제57조제3항에 따른 보고의무를 위반(제75조제1항에 따른 보고기한을 넘겨 보고의무를 위반한 경우는 제외한다)하여 과태료 처분을 받은 경우만 해당한다.

   나. 「건설산업기본법」 제8조에 따른 종합공사를 시공하는 업체의 산업재해발생 보고의무 위반건수에는 해당 업체로부터 도급받은 업체(그 도급을 받은 업체의 하수급인은 포함한다)의 산업재해발생 보고의무 위반건수를 합산한다.

   다. 「건설산업기본법」 제29조제3항에 따라 종합공사를 시공하는 업체(A)가 발주자의 승인을 받아 종합공사를 시공하는 업체(B)에 도급을 준 경우에는 해당 도급을 받은 종합공사를 시공하는 업체(B)의 산업재해발생 보고의무 위반건수와 그 업체로부터 도급을 받은 업체(C)의 산업재해발생 보고의무 위반건수를 도급을 준 종합공사를 시공하는 업체(A)와 도급을 받은 종합공사를 시공하는 업체(B)에 반으로 나누어 각각 합산한다.

   라. 둘 이상의 건설업체가 「국가를 당사자로 하는 계약에 관한 법률」 제25조에 따라 공동계약을 체결하여 공사를 공동이행 방식으로 시행하는 경우 산업재해발생 보고의무 위반건수는 공동수급업체의 출자비율에 따라 분배한다.

보충학습 1

사전조사 및 작업계획서 내용

작업명	사전조사 내용	작업계획서 내용
1. 타워크레인을 설치·조립·해체하는 작업	–	① 타워크레인의 종류 및 형식 ② 설치·조립 및 해체순서 ③ 작업도구·장비·가설설비(假設設備) 및 방호설비 ④ 작업인원의 구성 및 작업근로자의 역할 범위 ⑤ 산업안전보건기준에 관한 규칙 제142조에 따른 지지 방법
2. 차량계 하역운반기계 등을 사용하는 작업	–	① 해당 작업에 따른 추락·낙하·전도·협착 및 붕괴 등의 위험예방대책 ② 차량계 하역운반기계 등의 운행경로 및 작업방법
3. 차량계 건설기계를 사용하는 작업	해당 기계의 전락(轉落), 지반의 붕괴 등으로 인한 근로자의 위험을 방지하기 위한 해당 작업장소의 지형 및 지반상태	① 사용하는 차량계 건설기계의 종류 및 성능 ② 차량계 건설기계의 운행경로 ③ 차량계 건설기계에 의한 작업방법 16. 5. 8 [기] 17. 5. 7 [산] 21. 8. 14 [기] 23. 7. 8 [산]
4. 화학설비와 그 부속설비 사용작업	–	① 밸브·콕 등의 조작(해당 화학설비에 원재료를 공급하거나 해당 화학설비에서 제품 등을 꺼내는 경우만 해당한다.) ② 냉각장치·가열장치·교반장치(攪拌裝置) 및 압축장치의 조작 ③ 계측장치 및 제어장치의 감시 및 조정 ④ 안전밸브, 긴급차단장치, 그 밖의 방호장치 및 자동경보장치의 조정 ⑤ 덮개판·플랜지(flange)·밸브·콕 등의 접합부에서 위험물 등의 누출 여부에 대한 점검 ⑥ 시료의 채취 ⑦ 화학설비에서는 그 운전이 일시적 또는 부분적으로 중단된 경우의 작업방법 또는 운전 재개 시의 작업방법 ⑧ 이상 상태가 발생한 경우의 응급조치 ⑨ 위험물 누출 시의 조치 ⑩ 그 밖에 폭발·화재를 방지하기 위하여 필요한 조치

합격예측

산업재해의 기본원인 4M

외적(환경적) 요인(4M)

① 인간관계요인(Man) : 인간관계 불량으로 작업의욕 침체, 능률저하, 안전의식 저하 등을 초래

② 설비적(물적)요인(Machine) : 기계설비 등의 물적 조건, 인간공학적 배려 및 작업성, 보전성, 신뢰성 등을 고려

③ 작업적 요인(Media)
- ㉮ 작업의 내용, 방법, 정보 등의 작업방법적 요인
- ㉯ 작업을 실시하는 장소에 관한 작업환경적 요인

④ 관리적 요인(Management) : 안전법규의 철저, 안전기준, 지휘감독 등의 안전관리
- ㉮ 교육훈련 부족
- ㉯ 감독지도 불충분
- ㉰ 적성배치 불충분

작업명	사전조사 내용	작업계획서 내용
5. 제318조에 따른 전기작업	–	① 전기작업의 목적 및 내용 ② 전기작업 근로자의 자격 및 적정 인원 ③ 작업범위, 작업책임자 임명, 전격·아크 섬광·아크 폭발 등 전기위험요인 파악, 접근한계거리, 활선접근경보장치 휴대 등 작업시작 전에 필요한 사항 ④ 산업안전보건기준에 관한 규칙 제328조의 전로차단에 관한 작업계획 및 전원(電源) 재투입 절차 등 작업 상황에 필요한 안전작업 요령 ⑤ 절연용 보호구 및 방호구, 활선작업용 기구·장치 등의 준비·점검·착용·사용 등에 관한 사항 ⑥ 점검·시운전을 위한 일시 운전, 작업 중단 등에 관한 사항 ⑦ 교대 근무 시 근무 인계(引繼)에 관한 사항 ⑧ 전기작업장소에 대한 관계 근로자가 아닌 사람의 출입금지에 관한 사항 ⑨ 전기안전작업계획서를 해당 근로자에게 교육할 수 있는 방법과 작성된 전기안전작업계획서의 평가·관리계획 ⑩ 전기도면, 기기 세부 사항 등 작업과 관련되는 자료
6. 굴착작업 18. 3. 4 [산]	① 형상·지질 및 지층의 상태 ② 균열·함수(含水)·용수 및 동결의 유무 또는 상태 ③ 매설물 등의 유무 또는 상태 ④ 지반의 지하수위 상태	① 굴착방법 및 순서, 토사반출방법 ② 필요한 인원 및 장비 사용계획 ③ 매설물 등에 대한 이설·보호대책 ④ 사업장 내 연락방법 및 신호방법 ⑤ 흙막이지보공 설치방법 및 계측계획 ⑥ 작업지휘자의 배치계획 ⑦ 그 밖에 안전·보건에 관련된 사항
7. 터널굴착작업	보링(boring) 등 적절한 방법으로 낙반·출수(出水) 및 가스폭발 등으로 인한 근로자의 위험을 방지하기 위하여 미리 지형·지질 및 지층상태를 조사	① 굴착의 방법 ② 터널지보공 및 복공(覆工)의 시공방법과 용수(湧水)의 처리방법 ③ 환기 또는 조명시설을 설치할 때에는 그 방법 18. 9. 15 [기] 19. 4. 27 [기] 23. 6. 4 [기]

합격예측

터널공법 16. 5. 8 [기]

① 재래공법(ASSM)
② 최신공법
  ㉮ NATM : 산악터널
  ㉯ TBM : 암반터널
  ㉰ Shield : 토사구간
③ 기타 공법
  ㉮ 개착식 공법 : 도심지터널
  ㉯ 침매공법 : 하저터널
  ㉰ 잠함침하공법 : 하저터널
  ㉱ Pipe Roof공법 : 보조공법

작업명	사전조사 내용	작업계획서 내용
8. 교량작업	–	① 작업 방법 및 순서 ② 부재(部材)의 낙하·전도 또는 붕괴를 방지하기 위한 방법 ③ 작업에 종사하는 근로자의 추락위험을 방지하기 위한 안전조치방법 ④ 공사에 사용되는 가설 철구조물 등의 설치·사용·해체 시 안전성 검토 방법 ⑤ 사용하는 기계 등의 종류 및 성능, 작업방법 ⑥ 작업지휘자 배치계획 ⑦ 그 밖에 안전·보건에 관련된 사항
9. 채석작업 23. 7. 8 [산]	지반의 붕괴·굴착기계의 굴러 떨어짐 등에 의한 근로자에게 발생할 위험을 방지하기 위한 해당 작업장의 지형·지질 및 지층의 상태	① 노천굴착과 갱내굴착의 구별 및 채석방법 ② 굴착면의 높이와 기울기 ③ 굴착면 소단(小段 : 비탈면의 경사를 완화시키기 위해 중간에 좁은 폭으로 설치하는 평탄한 부분)의 위치와 넓이 ④ 갱내에서의 낙반 및 붕괴방지방법 ⑤ 발파방법 ⑥ 암석의 분할방법 ⑦ 암석의 가공장소 ⑧ 사용하는 굴착기계·분할기계·적재기계 또는 운반기계(이하 "굴착기계 등"이라 한다.)의 종류 및 성능 ⑨ 토석 또는 암석의 적재 및 운반방법과 운반경로 ⑩ 표토 또는 용수(湧水)의 처리방법
10. 건물 등의 해체작업	해체건물 등의 구조, 주변 상황 등	① 해체의 방법 및 해체순서도면 23. 7. 8 [기] ② 가설설비·방호설비·환기설비 및 살수·방화설비 등의 방법 ③ 사업장 내 연락방법 ④ 해체물의 처분계획 ⑤ 해체작업용 기계·기구 등의 작업계획서 ⑥ 해체작업용 화약류 등의 사용계획서 09. 7. 26 [산] ⑦ 그 밖에 안전·보건에 관련된 사항 18. 9. 15 [기]
11. 중량물의 취급작업 18. 4. 28 [산] 19. 3. 3 [산] 21. 9. 12 [기] 23. 5. 13 [기]	–	① 추락위험을 예방할 수 있는 안전대책 ② 낙하위험을 예방할 수 있는 안전대책 ③ 전도위험을 예방할 수 있는 안전대책 ④ 협착위험을 예방할 수 있는 안전대책 ⑤ 붕괴위험을 예방할 수 있는 안전대책
12. 궤도와 그 밖의 관련설비의 보수·점검작업 13. 입환작업(入換作業)	–	① 적절한 작업 인원 ② 작업량 ③ 작업순서 ④ 작업방법 및 위험요인에 대한 안전조치방법 등

용어정의

① 위험성평가 : 유해·위험요인을 파악하고 해당 유해·위험요인에 의한 부상 또는 질병의 발생가능성(빈도)과 중대성(강도)을 추정·결정하고 감소대책을 수립하여 실행하는 일련의 과정을 말한다.
② 유해·위험요인 : 유해·위험을 일으킬 잠재적 가능성이 있는 것의 고유한 특징이나 속성을 말한다.
③ 유해·위험요인 파악 : 유해요인과 위험요인을 찾아내는 과정을 말한다.
④ 위험성 : 유해·위험요인이 부상 또는 질병으로 이어질 수 있는 가능성(빈도)과 중대성(강도)을 조합한 것을 의미한다.
⑤ 위험성 추정 : 유해·위험요인별로 부상 또는 질병으로 이어질 수 있는 가능성과 중대성의 크기를 각각 추정하여 위험성의 크기를 산출하는 것을 말한다.
⑥ 위험성 결정 : 유해·위험요인별로 추정한 위험성의 크기가 허용 가능한 범위인지 여부를 판단하는 것을 말한다.
⑦ 위험성 감소대책 수립 및 실행 : 위험성 결정 결과 허용 불가능한 위험성을 합리적으로 실천 가능한 범위에서 가능한 한 낮은 수준으로 감소시키기 위한 대책을 수립하고 실행하는 것을 말한다.
⑧ 기록 : 사업장에서 위험성평가 활동을 수행한 근거와 그 결과를 문서로 작성하여 보존하는 것을 말한다.

[Q] 은행문제

건설공사 위험성평가에 관한 내용으로 옳지 않은 것? 18. 8. 19 [기]

① 건설물, 기계·기구설비 등에 의한 유해·위험 요인을 찾아내어 위험성을 결정하고 그 결과에 따른 조치를 하는 것을 말한다.
② 사업주는 위험성평가의 실시 내용 및 결과를 기록 보존하여야 한다.
③ 위험성평가 기록물의 보존기간은 2년이다.
④ 위험성평가 기록물에는 평가대상의 유해위험요인, 위험성 결정의 내용 등이 포함된다.

정답 ③

보충학습 2

[표] 건설업의 제재조치

구분	내용
재해율 조사 및 등급관리	(1) 매년 재해율 조사 후 등급관리 : 청색(양호), 적색(불량) (2) SOC현장 : 청색(양호), 황색(보통), 적색(불량)
입찰자격(PQ) 심사시 제한	(1) 재해율 : +2점(환산재해율 0.25배 미만) 　[반영 비율 : 최근년도 50[%], 1년 전 30[%], 2년 전 20[%]) (2) 산업안전보건관리비 과태료 : −1점 　[1,000만원 이상 : 1차 적발 −0.5점, 2차 적발 −1점] (3) 산재위반 보고 : −2점[1회마다 0.2점 감점, 10회시 −2점) • 중상자 2인 = 사망자 1인으로 간주

사망자수(동시)	영업정지	입찰제한	과징금액
2~5명	2개월	3개월	3천만원
6~9명	3개월	6개월	4천만원
10명 이상	4개월	12개월	5천만원

[표] 계측의 종류

구분	방법	특징
일상 관리 계측 항목	내공변위측정	변위량, 변위속도 등을 파악하여 주변지반 안전성 확인, 2차 복공의 실시 시기 등의 판단
	천단침하측정	터널 천장부의 침하측정으로 안정성여부 판단
	지표침하측정	터널굴착에 따른 지표면의 영향 및 안정성 파악, 침하방지대책 수립 등
	Rock Bolt 인발시험, 갱내 관찰조사 등	
대표 위치 계측 항목	지중침하측정	지중 매설물의 안정성 및 터널의 이완 범위 등 파악
	지중변위측정	터널 내부에 설치하여 터널 주변의 이완 정도 및 지반의 안정성 파악
	지하수위측정	굴착으로 인한 지하수위의 변화량 파악(차수효과의 판단 등)
	간극수압측정	지중에 작용하는 수압의 측정(치수공법으로 인한 압력 판단)
	Shotcrete 응력측정, Rock Bolt 축력측정, 지중수평변위측정 등	

합격예측

위험성평가에 활용되는 안전정보 16. 10. 1 ②

① 작업표준, 작업절차 등에 관한 정보
② 기계·기구, 설비 등의 사양서, 물질안전보건자료(MSDS) 등의 유해·위험요인에 관한 정보
③ 기계·기구, 설비 등의 공정 흐름과 작업 주변의 환경에 관한 정보
④ 같은 장소에서 사업의 일부 또는 전부를 도급을 주어 행하는 작업이 있는 경우 혼재 작업의 위험성 및 작업 상황 등에 관한 정보
⑤ 재해사례, 재해통계 등에 관한 정보
⑥ 작업환경측정결과, 근로자 건강진단결과에 관한 정보
⑦ 그 밖에 위험성평가에 참고가 되는 자료 등

주요항목 06 공사 및 작업종류별 안전 출제예상문제

출제예상문제는 복습, 예습문제로 엮었습니다. *WHY : 실제시험에도 순서에 관계없이 출제됩니다. 예습 후 다음장에 공부한 문제가 있으면 기억이 배가 됩니다.

01 ★★★★ 재해사고를 방지하기 위하여 크레인에 설치된 안전장치가 아닌 것은?
① 과부하방지장치　② 권과방지장치
③ 브레이크　　　　④ 와이어로프

해설
크레인(crane)계의 안전장치
① 감아올림과 감아내림의 제어에 대한 안전장치 : 로드브레이크(rod brake)
② 권과방지장치 : 일정 한도 이상으로 와이어로프가 드럼에 감겨서 위험 상태에 이르게 되면 자동적으로 동력이 차단되는 장치
③ 그 밖에 안전장치 : 과부하방지장치, 비상정지장치

참고 산업안전보건기준에 관한 규칙 제134조(방호장치의 조정)

02 ★★★★★ 크레인(crane)작업시 고압선으로부터 최소한 몇 [m]의 거리를 두고 작업을 해야 하는가?
① 1[m]　　　② 1.5[m]
③ 3[m]　　　④ 5[m]

해설
크레인계의 안전이격거리(NSC)

전압	이격거리
50[kV] 이하	3[m]
154[kV] 이하	4.3[m]
345[kV] 이하	6.8[m]

03 ★★★★★ 다음 중 건설용 양중기에 해당하지 않는 것은?
① 리프트　　② 크레인
③ 선반　　　④ 곤돌라

해설
선반 : 둥근 공작물을 가공하는 공작기계

04 ★★★★ 다음은 팽창제에 의한 해체시의 안전기준을 설명한 것이다. 틀린 것은?
① 팽창제와 물과의 혼합비율을 확인하여야 한다.
② 천공간격은 콘크리트강도에 의하여 결정되나 30~70[cm] 정도가 적당하다.
③ 개봉된 팽창제는 사용하지 않는다.
④ 천공직경은 100[mm] 이상을 유지하여야 한다.

해설
팽창제의 천공직경은 30~50[mm] 이하가 적합하다.

05 ★★★★★ 항타기 또는 항발기의 권상용 와이어로프의 사용금지에 해당되지 않는 것은?
① 이음매가 있는 것
② 와이어로프의 한 꼬임에서 끊어진 소선(필러선을 제외한다)의 수가 5[%] 이상인 것
③ 심하게 변형되거나 부식된 것
④ 지름의 감소가 공칭지름의 7[%]를 초과한 것

해설
권상용 와이어로프 등의 사용금지 기준
① 끊어진 소선의 수가 10[%] 이상인 것
② 이음매가 있는 것
③ 심하게 변형되거나 부식된 것
④ 지름의 감소가 공칭지름의 7[%]를 초과한 것

참고 산업안전보건기준에 관한 규칙 제63조(달비계의 구조)

[정답] 01 ④　02 ③　03 ③　04 ④　05 ②

06 ★★★ 해체공사 전 해체 대상 건물 조사 내용에 포함되지 않는 것은?

① 구조, 층수, 건물높이, 연면적, 기준층 면적
② 건물의 설립 연도
③ 재이용 또는 이설을 요하는 부재 현황 등
④ 도로 상황조사, 가공 고압선 유무

해설

해체공사 건물 조사 내용
① 구조, 층수, 건물높이, 연면적, 기준층 면적
② 건물의 설립 연도
③ 재이용 또는 이설을 요하는 부재 현황 등

07 ★★★★ 다음은 해체작업 계획작성시 포함되어야 할 사항이다. 옳지 않은 것은?

① 해체방법 및 해체순서도면
② 작업구역 내에는 관계 근로자 외의 자의 출입을 금지시킬 것
③ 작업장 내 연락방법
④ 해체물의 처분계획

해설

해체작업 계획의 작성
① 해체의 방법 및 해체순서도면
② 가설설비·방호설비·환기설비 및 살수·방화설비 등의 방법
③ 사업장 내 연락방법
④ 해체물의 처분계획
⑤ 해체작업용 기계·기구 등의 작업계획서
⑥ 해체작업용 화약류 등의 사용계획서
⑦ 그 밖에 안전·보건에 관련된 사항

참고 산업안전보건기준에 관한 규칙 [별표 4](사전조사 및 작업계획서 내용)

08 ★★ 해체작업용 기계·기구가 아닌 것은?

① 압쇄기   ② 핸드브레이커
③ 철해머   ④ 분쇄기

해설

각종 해체공법의 조합 사용

작업 구분	해체공법의 조합
압쇄공법을 주로 한 작업	① 압쇄단독공법 ② 압쇄공법과 전도공법 ③ 압쇄공법과 대형 브레이커공법
대형 브레이커공법을 주로 한 작업	① 대형 브레이커 단독공법 ② 대형 브레이커공법과 전도공법 ③ 대형 브레이커공법과 철해머공법
철해머공법을 주로 한 작업	① 철해머 단독공법 ② 철해머공법과 전도공법

09 ★★★ 다음 해체작업 설명 중 옳지 않은 것은?

① 전도공법은 매설물에 대한 배제가 필요하다.
② 화약발파공법은 슬래브벽 파쇄에 적당하다.
③ 압쇄공법은 20[m] 이상은 불가능하다.
④ 쐐기타일공법은 1회 파괴량이 적다.

해설

화약발파공법 : 슬래브 및 벽파쇄 분리

10 ★★★ 달기체인의 사용제한 조건이 아닌 것은?

① 체인길이가 제조 당시보다 5[%] 이상 늘어난 것
② 균열이 있는 것
③ 고리 단면 직경이 제조 당시보다 20[%] 이상 감소된 것
④ 고리 단면 직경이 제조 당시보다 10[%] 이상 감소된 것

해설

산업안전보건기준에 관한 규칙 제63조
달기체인은 고리 단면 직경이 10[%] 이상 감소된 것

[정답] 06 ④ 07 ② 08 ④ 09 ② 10 ③

11 다음 중 해체작업으로 사용되는 공법이 아닌 것은?

① 압쇄공법 ② 팽창압공법
③ 화염공법 ④ 진공공법

해설

해체공법의 종류
① 압쇄공법
② 대형 브레이커공법
③ 전도공법
④ 철해머에 의한 공법
⑤ 화약발파공법
⑥ 핸드브레이커공법
⑦ 팽창압공법
⑧ 절단공법
⑨ 잭공법
⑩ 쐐기타입공법
⑪ 화염공법

12 말뚝 기초공사에 사용되는 말뚝의 안전을 결정하는 데 고려해야 할 사항이 아닌 것은?

① 극한 지지력의 결정 방법
② 상부구조의 형식과 하중 상태
③ 표준관입시험
④ 허용침하

해설
③은 흙의 성질을 알기 위한 방법이다.

13 기중기의 안전작업규칙 중 옳지 않은 것은?

① 조작자는 두 사람의 신호에 의해서만 작업을 하여야 한다.
② 기중기는 경사진 곳에 놓고 사용해서는 안 된다.
③ 기중기의 '로프', '클러치' 등은 매주 특별점검을 해야 한다.
④ 기중기는 화물을 인양할 때 옆구리로부터 인양함을 금한다.

해설
신호는 반드시 1인이 한다.

14 타워크레인을 사용할 때 지켜야 할 사항으로 가장 적합하지 않은 것은?

① 작업자가 기중자재에 올라타는 일은 절대로 금해야 한다.
② 운전실에 신호수가 동승하여 운전원에게 신호를 알려 주어야 한다.
③ 크레인에는 반드시 취급책임자와 부책임자를 선정·배치하여야 한다.
④ 기중 장비의 드럼에 감겨진 쇠줄은 적어도 두 바퀴 이상 남아 있어야 한다.

해설
함께 동승하면 안 된다.

15 타워크레인의 운전작업 전에 점검하는 사항이 아닌 것은?

① 붐의 경사각도
② 과부하경보장치
③ 와이어로프가 통하는 개소의 상태
④ 과잉감김방지장치

해설
경사각은 규정이다.

16 다음의 해체공법 중 잭공법의 특징은?

① 소음, 진동은 없으나 기둥과 기초 부분 해체시 사용이 불가능하다.
② 파괴력이 크고 공기를 단축할 수 있다.
③ 능률은 좋으나, 지하매설 콘크리트 해체에서는 효율이 낮다.
④ 능률은 높으나 소음과 진동이 크다.

[정답] 11 ④ 12 ③ 13 ① 14 ② 15 ① 16 ①

해설

해체공법의 종류 및 특징

공법		원리	특징	단점
압쇄 공법	자주식	유압압쇄날에 의한 해체	취급과 조작이 용이하고 철근, 철골절단이 가능. 저소음, 저진동	20[m] 이상은 불가능. 분진비산을 막기 위해 살수 설비가 필요
	현수식			
대형 브레이커 공법	압축공기 자주식	압축공기에 의한 타격파쇄	능률이 높으며 높은 곳 사용이 가능하다. 보, 기둥, 슬래브, 벽체 파쇄에 유리	소음과 진동이 크며, 분진 발생에 주의하여야 한다.
	유압 자주식	유압에 의한 타격파쇄		
전도공법		부재를 절단하여 쓰러뜨린다.	원칙적으로 한 층씩 해체하고 전도축과 전도 방향에 주의해야 한다.	전도에 의한 진동과 매설물에 대한 배려가 필요
철해머에 의한 공법		무거운 철제 해머로 타격	능률이 좋으나 지하매설 콘크리트 해체에는 효율이 낮다. 기둥, 보, 슬래브, 벽파쇄에 유리하다.	소음과 진동이 크고 파편이 많이 비산된다.
화약발파공법		발파충격과 가스압력으로 파쇄	파괴력이 크고 공기를 단축할 수 있으며 노동력 절감에 기여	발파 전문자격자가 필요, 비산물 방호장치설치, 폭음과 진동이 있으며 지하매설물에 영향 초래, 슬래브, 벽파쇄에 불리
핸드 브레이커 공법	압축 공기식	압축공기에 의한 타격파쇄	광범위한 작업이 가능하고 좁은 장소나 작은 구조물 파쇄에 유리. 진동은 작다.	방진마스크, 안경 등 보호구 필요. 소음이 크고 분진 발생에 주의를 요한다.
	유압식	유압에 의한 타격파쇄		
팽창압공법		가스압력과 팽창압력에 의한 파쇄	보관 취급이 간단. 책임자 불필요. 무근콘크리트에 유효. 공해가 거의 없다.	천공 때 소음과 분진 발생. 슬래브와 벽 등에는 불리
절단공법		회전톱에 의한 절단	질서정연한 해체나 무진동이 요구될 시에 유리하고 최대절단길이는 30[cm] 전후	절단기 냉각수가 필요하며, 해체물 운반 크레인이 필요
잭공법		유압식 잭으로 들어올려 파쇄	소음, 진동이 없다.	기둥과 기초에는 사용 불가. 슬래브와 보 해체시 잭을 받쳐줄 발판 필요
쐐기타입공법		구멍에 쐐기를 밀어 넣어 파쇄	균열이 직선적이므로 계획적으로 해체할 수 있다. 무근콘크리트에 유리	1회 파괴량이 적다. 코어보링시 물을 필요로 한다. 천공시 소음과 분진에 주의
화염공법		연소시켜서 용해하여 파쇄	강재 절단이 용이, 거의 실용화되어 있지 못하다.	방열복 등 개인보호구가 필요하며, 용융물, 불꽃처리대책 필요
통전공법		구조체에 전기쇼트를 이용 파쇄	거의 실용화되어 있지 못함	

17 ★★ 암석 절취 작업장의 안전조치사항으로서 적합한 방법이 아닌 것은?

① 토석의 낙하를 방지하기 위한 설비를 한다.
② 낙하의 위험이 있는 암석은 미리 제거한다.
③ 추락의 위험이 있는 장소는 추락방지용의 줄을 사용한다.
④ 절취장소 하부에 대피호를 판다.

해설

③의 추락은 고소작업에서 발생한다.

18 ★ 다음 중 건설공사에서 운반기계로 분류되지 않는 것은?

① 어스오거   ② 클램셸
③ 스크레이퍼   ④ 로더

해설

어스오거 : 굴착기계

19 ★★ 리프트(Lift)작업 지휘자가 지켜야 할 사항 중 옳지 않은 것은?

① 작업원의 배치를 정한다.
② 공구의 기능을 점검하며 불량품을 제거한다.
③ 작업방법은 운전자 의사에 따라 실시한다.
④ 작업중 안전대, 안전모의 착용 상태를 감독한다.

해설

작업 지휘자의 지시에 따른다.

[정답] 17 ③ 18 ① 19 ③

20 갱도 발파 실시 전에 미리 하여야 할 일 중 적당치 않은 것은?

① 표토의 제거
② 붕괴 예정선 부근의 수목 제거
③ 심토의 굴착
④ 부스러기 등의 운반

> **해설**
> 심토의 굴착은 발파 후 사항이다.

21 차량계 하역운반기계 등을 사용하여 작업을 하는 때에는 작업 지휘자를 지정하여 작업계획에 따라 지휘하도록 하여야 하는데 고소작업대의 경우에는 이 사항이 적용되려면 작업이 몇 [m] 이상의 높이에서 이루어져야 하는가?

① 5[m]   ② 10[m]
③ 15[m]   ④ 20[m]

> **해설**
> **작업지휘자의 지정**
> ① 사업주는 차량계 하역운반기계 등을 사용하여 작업을 하는 때에는 해당 작업의 지휘자를 지정하여 작업계획에 따라 지휘하도록 하여야 한다.
> ② 고소작업대의 경우에는 10[m] 이상의 높이에서 사용되는 경우에 한한다.

22 타워크레인을 자립고(自立高) 이상의 높이로 설치할 때 지지벽체가 없어 와이어로프로 지지하는 경우의 준수사항으로 옳지 않은 것은? 23. 6. 4기

① 와이어로프를 고정하기 위한 전용 지지프레임을 사용할 것
② 와이어로프 설치각도는 수평면에서 60[°] 이내로 하되, 지지점은 4개소 이상으로 하고, 같은 각도로 설치할 것
③ 와이어로프와 그 고정부위는 충분한 강도와 장력을 갖도록 설치하되, 와이어로프를 클립·샤클(shaclke) 등의 기구를 사용하여 고정하지 않도록 유의할 것
④ 와이어로프가 가공전선(架空電線)에 근접하지 않도록 할 것

> **해설**
> 와이어로프와 그 고정부위는 충분한 강도와 장력을 갖도록 설치하고, 와이어로프를 클립·샤클(shackle) 등의 고정기구를 사용하여 견고하게 고정시켜 풀리지 아니하도록 하며, 사용 중에는 충분한 강도와 장력을 유지하도록 할 것
>
> **참고** 산업안전보건기준에 관한 규칙 제142조(타워크레인의 지지)

> **보충학습**
> **풍속에 따른 안전기준** 18. 3. 4산 19. 3. 3산
> ① 순간풍속이 10[m/s] 초과 : 타워크레인 등 설치, 조립, 해체, 점검 작업 중지
> ② 순간풍속이 15[m/s] 초과 : 타워크레인 등 운전작업 중지
> ③ 순간풍속이 30[m/s] 초과 : 옥외 주행크레인 이탈방지 조치
> ④ 순간풍속이 30[m/s] 초과하거나 중진 이상 진동의 지진이 있은 후 : 옥외 양중기의 이상 유무 점검
> ⑤ 순간풍속이 35[m/s] 초과 : 옥외 승강기 및 건설작업용 리프트의 붕괴방지 조치

> **합격자의 조건**
> • 양중기의 종류는 크레인, 이동식크레인, 리프트, 곤돌라, 승강기 등 입니다.
> • 필기는 물론 실기의 필답형, 작업형에 모두 출제됩니다.
> • 합격예측 및 관련법규를 꼭 보셔야 안전하게 합격합니다.

23 철근작업에 대한 점검사항으로 틀린 것은?

① 달아올리기, 달아내리기는 수평달기를 해야 한다.
② 결속선은 던져 주고 받아서는 안 된다.
③ 비계 위에 대량의 철근을 임시로 적재하는 것은 상관없다.
④ 무리한 자세로 작업을 해서는 안 된다.

> **해설**
> 비계 위에는 어떠한 경우라도 철근을 적재해서는 안 된다.

24 굴착공사에서 중대재해가 많이 발생하는 이유로서 틀린 것은?

① 공사량이 많고 암반의 낙석, 붕괴의 위험성이 높다.
② 굴착방법 및 시공장비가 다양하다.
③ 토사의 안정 조건이 다르다.
④ 지반의 성질이 지역 및 위치에 따라 유사하다.

[정답] 20 ③ 21 ② 22 ③ 23 ③ 24 ④

해설
토사위험
① 토사는 안정 조건이 다르다.
② 지반의 성질이 지역 및 위치에 따라 다르다.

25 ★ 콘크리트용 골재의 저장 유의사항 중 옳지 않은 것은?

① 굵은 골재와 잔골재를 적당한 입도가 되도록 혼합하여 저장한다.
② 골재의 표면수가 균등하게 되도록 적당한 조치를 한다.
③ 골재는 빙설의 혼입 또는 동결을 방지하는 적당한 처치를 한다.
④ 여름에는 직사광선을 피하고, 먼지, 잡물의 혼입을 방지한다.

해설
골재는 혼합이 되지 않도록 大, 中, 小 분리하여 저장한다.

26 ★★ 철근 콘크리트 부재의 극한강도 설계에 있어 시방서에 안전에 대한 규정을 하였는데 그 중 재료의 변화, 시공시의 치수차, 약산에 의한 오차 등에서 오는 위험성에 대비하는 안전규정 내용은 다음 중 어느 것인가?

① 안전율 ② 감소율
③ 변형률 ④ 오차율

해설
본 문제의 결론은 안전이다.

27 ★★ 낙하추의 무게가 400[kg], 낙하고 2[m]에서 침하량이 2[cm]였다. 이때 말뚝 1개의 지지력은 얼마인가?(단, $P = W_R \cdot h/8\sigma$)

① 3,000[kg] ② 3,750[kg]
③ 5,000[kg] ④ 7,500[kg]

해설
지지력 계산
지지력 $= \dfrac{400 \times 200}{8 \times 2} = \dfrac{80,000}{16} = 5,000$[kg]

28 ★★★ 다음 보철근의 주근 배근 중 가장 안전한 것은?

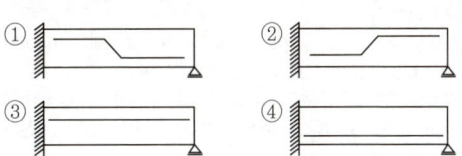

해설
안전하중
① 등분포하중이 가장 안전하다.
② 동일한 경우 하중의 중심이 아래에 있어야 한다.

29 ★ 강관 조립의 철물 종류가 아닌 것은?

① 긴결철물 ② 이음철물
③ 베이스철물 ④ 폼철물

해설
강관 조립의 철물 종류
① 이음철물 : 마찰형, 전단형
② 긴결철물 : 직교형, 자재형, 특수형
③ 베이스철물 : 고정형, 조절형

30 ★★★★★ 콘크리트 타설시 검사사항이다. 이 중 적당하지 않은 것은?

① 작업 전 발파, 거푸집 또는 지보공을 점검 보수한다.
② 호퍼나 슈트의 경사와 접속부를 점검한다.
③ 타설중 거푸집, 슈트, 호퍼의 밑을 확인한다.
④ 타설은 평형이 유지되도록 높은 곳에서 낮은 곳으로 콘크리트를 친다.

해설
콘크리트 타설시 안전수칙
① 타설속도는 표준시방서에 정해진 속도를 유지하여야 한다.
② 높은 곳으로부터 콘크리트를 세게 거푸집 내에 처넣지 않도록 하고, 반드시 호퍼로 받아 거푸집 내에 꽂아 넣는 벽형 슈트를 통해서 부어 넣어야 한다.
③ 계단실에 콘크리트를 부어넣을 때는 책임자를 정하고, 주의해서 시공하며 계단의 바닥이나 난간은 정규의 치수로 밀실하게 부어넣는다.
④ 바닥 위에 흘린 콘크리트는 완전히 청소하여야 한다.

[정답] 25 ① 26 ① 27 ③ 28 ④ 29 ④ 30 ④

⑤ 철골부의 하측, 철골, 철근의 복잡한 개소, 배관류, 박스류 등이 집중된 곳, 복잡한 거푸집의 부분 등은 책임자를 결정하여 완전한 시공이 되도록 하여야 한다.
⑥ 콘크리트를 한 곳에만 치우셔 부어넣으면 거푸집 전체가 기울어져 변형되거나 밀려나게 되므로 특히 주의하여야 한다.
⑦ 콘크리트를 치는 도중에는 지보공, 거푸집 등의 이상 유무를 확인하여야 하고, 상황을 감시하는 감시인을 배치하여 이상 발생시는 신속히 처리하여야 한다.
⑧ 최상부의 슬래브는 이어붓기를 되도록 피하고 일시에 전체를 타설하도록 하여야 한다.
⑨ 타워에 연결되어 있는 슈트의 접속은 확실한가와 달아매는 재료는 견고한가를 점검하여야 한다.
⑩ 손수레로 붓는 위치에까지 천천히 운반하여 거푸집에 충격을 주지 않도록 천천히 부어야 한다.
⑪ 손수레로 콘크리트를 운반할 때에는 적당한 간격을 유지하여야 한다.
⑫ 손수레에 의해 운반할 때는 뛰어서는 안 된다. 또한 통로 구분을 명확히 하여야 한다.
⑬ 운반통로에는 방해가 되는 것이 없는가를 확인하고, 즉시 제거토록 하여야 한다.

31 ★★★★★ 팽창제에 의해 파괴할 때 사용물질 취급상의 안전기준으로 틀리는 것은?

① 팽창제를 저장하는 경우 건조한 장소
② 팽창제와 물과의 혼합비율을 확인할 것
③ 개봉된 팽창제는 별도 장소에 보관하여 사용하고 쓰다 남은 팽창제 처리에 유의할 것
④ 천공간격은 콘크리트강도에 의해 결정되나 30~70[cm] 정도가 적당하다.

해설
팽창제
반응에 의해 발열, 팽창하는 분말성 물질을 구멍에 집어넣고 그 팽창압에 의해 파괴할 때 사용하는 물질로 취급상의 안전기준은 다음과 같다.
① 팽창제와 물과의 혼합비율을 확인하여야 한다.
② 구멍이 너무 작으면 팽창력이 작아 비효과적이고, 너무 커도 좋지 않다. 천공 직경은 30~50[mm] 정도를 유지하여야 한다.
③ 천공간격은 콘크리트강도에 의하여 결정되나 30~70[cm] 정도가 적당하다.
④ 팽창제를 저장하는 경우에는 건조한 장소에 보관하고 직접 바닥에 두지 말고 습기를 피하여야 한다.
⑤ 개봉된 팽창제는 사용하지 않아야 하며 쓰다 남은 팽창제 처리에 유의하여야 한다.

32 ★★★★★ 콘크리트 타설시 유의사항 중 틀린 것은?

① 휠배로(wheel barrow)로 콘크리트를 운반할 때는 연속적으로 한다.
② 타설속도는 하계(夏季) 1.5[m/h], 동계(冬季) 1.0[m/h]를 표준으로 한다.
③ 손수레에 의해 콘크리트를 운반할 때는 뛰어서는 안 된다.
④ 최상부의 슬래브는 이어붓기를 되도록 피하고 일시에 전체를 타설한다.

해설
손수레는 운반시 적당한 간격을 유지해야 한다.

33 ★★ 콘크리트강도에 가장 큰 영향을 주는 것은?

① 골재의 입도   ② 시멘트량
③ 물·시멘트비   ④ 배합방법

해설
콘크리트 강도에 가장 큰 영향을 주는 것은 물·시멘트비이다.

34 ★★★★★ 철골공사용 기계기구 취급상 안전기준으로 옳지 않은 것은?

① 건립용 기계의 인양 정격하중을 초과해서는 안 된다.
② 현장책임자는 기계 운전자 이외의 근로자가 기계에 탑승하지 않도록 하여야 한다.
③ 건립기계의 운전자가 화물을 인양한 채로 운전석을 이탈하지 않도록 하여야 한다.
④ 와이어로프의 지름 감소가 공칭지름의 10[%]를 초과하는 것은 사용하지 말아야 한다.

[정답] 31 ③ 32 ① 33 ③ 34 ④

해설

와이어로프의 사용 금지
(1) 와이어로프는 다음 각 목의 1에 해당하는 것을 사용하지 않도록 할 것
  ① 와이어로프의 한 꼬임에서 끊어진 소선(필러선을 제외한다)의 수가 10[%] 이상인 것
  ② 지름의 감소가 공칭지름의 7[%]를 초과하는 것
  ③ 심하게 변형 또는 부식된 것
  ④ 꼬인 것
(2) 다음 각 목의 1에 해당하는 달기체인을 사용하지 않도록 할 것
  ① 달기체인의 길이의 증가가 그 달기체인이 제조된 때의 길이의 5[%]를 초과한 것
  ② 링의 단면지름의 감소가 그 달기체인이 제조된 때의 해당 링의 지름의 10[%]를 초과한 것
  ③ 균열이 있거나 심하게 변형된 것
(3) 달기섬유로프는 다음 각 목의 1에 해당하는 것을 사용하지 않도록 할 것
  ① 꼬임이 끊어진 것
  ② 심하게 손상 또는 부식된 것

---

35 ★★★ 콘크리트 거푸집 조립시 다음 사항 중 맞는 것은?

① 지보공 하부의 깔판 또는 깔목은 3단 이상 끼우지 않도록 하고 작업 인원의 보행에 지장이 없도록 고정한다.
② 조립작업 위치는 거푸집 가공장소와 같은 곳에 두어 작업능률을 향상시킨다.
③ 보 밑, 슬래브 등의 거푸집은 바닥에서 제작하여 들어올려 설치한다.
④ 거푸집은 기둥, 보받이 내력벽, 보, 바닥, 내벽, 외벽 순으로 시공한다.

해설
거푸집의 조립 순서
기둥 → 보받이 내력벽 → 큰보 → 작은보 → 바닥 → 내벽 → 외벽

---

36 ★★★ 오일러의 좌굴하중 공식 $P_{cr} = \dfrac{\pi^2 EI}{l^2}$ 에서 기둥 단부의 구속 조건으로서 맞은 것은?

① 양단 고정   ② 일단 고정 타단 자유단
③ 일단 고정 타단 힌지   ④ 양단 힌지

해설
오일러 공식은 양단 회전일 때 각 재료에 적용한다.

---

37 ★★★★★ 단면적이 154[mm²]인 인장철근을 인장하였더니 11,500[kg]에서 파단되었다. 이때 인장강도로 옳은 것은?

25. 2. 7 ⑦

① 70[kg/mm²]   ② 72[kg/mm²]
③ 75[kg/mm²]   ④ 78[kg/mm²]

해설
① 인장강도 = $\dfrac{하중}{단면적} = \dfrac{11,500}{154} = 74.7[kg/mm^2]$
② 최대허용응력 = $\dfrac{인장강도}{안전계수}$

---

38 ★ 벽체 콘크리트 타설시 거푸집이 터져서 콘크리트가 쏟아진 사고가 발생하였다. 이 사고의 가장 큰 원인은 무엇인가?

① 콘크리트를 부어넣는 속도가 빠르다.
② 진동기를 사용하지 않았다.
③ 철근 사용량이 적다.
④ 시멘트 사용량이 많다.

해설
속도의 문제이다.

---

39 ★★ 철근 콘크리트 박기용 장비가 아닌 것은?

① 철 hammer
② 팽창제
③ reamer
④ hand breaker

해설
팽창제 : 해체용 폭약
2003년 3월 16일(문제 104번) 출제

[정답] 35 ④   36 ④   37 ③   38 ①   39 ②

40 지주용으로 사용하는 강관의 안전조치로서 적당하지 않은 것은?

① 높이 3[m] 이내마다 수평연결재를 2방향으로 만든다.
② 조립 전에 단관의 변형, 파손 등이 없는가 확인한다.
③ 지주용 단관은 2본까지로 제한한다.
④ 지주가 높을 경우에는 적절한 곳에 발판을 설치한다.

해설
산업안전보건기준에 관한 규칙 제332조 참조
(거푸집동바리 등의 안전조치)

41 시멘트 1[m³]의 중량은 다음 중 어느 것인가?

① 1,500[kg] ② 1,400[kg]
③ 1,300[kg] ④ 1,200[kg]

해설
① 시멘트의 대략 중량 : 1,300~2,000[kg/m³]
② 시멘트의 평균중량 : 1,500[kg]

42 말뚝의 하중지지도 중 올바른 것은?

① 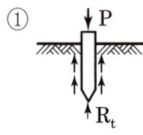   ②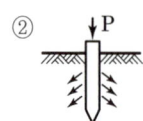

③ 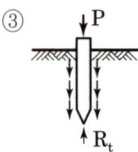   ④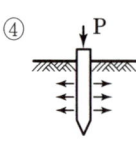

해설
①의 방법이 하중지지도가 크다.

43 다음 말뚝박기 해머(hammer) 중 비교적 소음이 작은 것은?

① 디젤해머(diesel hammer)
② 스팀해머(steam hammer)
③ 바이브로해머(vibro hammer)
④ 드롭해머(drop hammer)

해설
기초공사용 기계
(1) 불도저(도저)
   토사의 운반, 정지, 굴착 등에 사용 : 굴삭운반, 정지, 제설 등 100[m] 전후의 단거리용, 수평 운반거리는 60[m] 이하
(2) 스크레이퍼
   ① 많은 토량을 고속으로 굴착 및 운반(흙을 싣고 이동할 수 있다.)
   ② 평탄지의 토목공사로 능률이 가장 좋다.
   ③ 연약토질은 곤란하다.(단, 캐리어 스크레이퍼는 연약토질에 적합하고 100[m] 이상 장거리용)
(3) 드롭해머
   좁은 장소에서 가능하며 널말뚝 등 각종 타설용
(4) 어스드릴
   연속 말뚝의 타설, 도로 교통 등의 기초공사용
(5) 진동해머
   말뚝빼기 작업이나 말뚝박기 작업에 사용
(6) 디젤해머
   도시 등에서 콘크리트나 시트파일 등의 타설용
(7) 기동해머
   1회 타격힘은 드롭해머보다 떨어지나 수차례의 타격으로 타격 능률 효과가 좋다.

44 다음은 concrete tower 사용 중의 안전점검사항이다. 틀린 것은?

① 모터에 스위치를 넣기 전에 클러치를 밟는다.
② 와이어로프 드럼이 회전하고 있을 때에는 브레이크로부터 발을 떼어서는 안 된다.
③ 버킷을 내릴 때에는 타워 하단부 2~3[m] 앞에서 일단 정지하고 다음에 조용히 내린다.
④ 도중에서 정지시키고자 할 때에는 반드시 래칫이 걸려 있는지를 확인한다.

해설
스위치를 넣은 후 클러치를 밟는다.

[정답] 40 ① 41 ① 42 ① 43 ③ 44 ①

45 강관조립 철물에서 긴결철물의 안전내력은 얼마 이상이어야 하는가?

① 300[kg] ② 350[kg]
③ 400[kg] ④ 450[kg]

해설
강관비계의 조립
(1) 비계기둥에는 미끄러지거나 침하하는 것을 방지하기 위하여 밑받침 철물을 사용하거나 깔판·깔목 등을 사용하여 밑둥잡이를 설치하는 등의 조치를 할 것
(2) 강관의 접속부 또는 교차부는 적합한 부속 철물을 사용하여 접속하거나 단단히 묶을 것
(3) 교차가새로 보강할 것
(4) 외줄비계·쌍줄비계 또는 돌출비계에 대하여는 다음 각 목의 정하는 바에 따라 벽이음 및 버팀을 설치할 것
  ① 강관비계의 조립간격은 단관비계는 수직방향 5[m], 수평방향 5[m], 틀비계(높이가 5[m] 미만인 것은 제외)는 수직방향 6[m], 수평방향 8[m]로 한다.
  ② 강관·통나무 등의 재료를 사용하여 견고한 것으로 할 것
  ③ 인장재와 압축재로 구성되어 있는 때에는 인장재와 압축재의 간격을 1[m] 이내로 할 것
(5) 가공전로에 근접하여 비계를 설치하는 때에는 가공전로를 이설하거나 가공전로에 절연용 방호구를 장착하는 등 가공전로와의 접촉을 방지하기 위한 조치를 할 것

보충학습
강관비계의 구조
(1) 비계기둥의 간격은 띠장방향에서는 1.85[m], 장선방향에서는 1.5[m] 이하로 할 것
(2) 띠장간격은 2.0[m] 이하로 설치하되, 첫 번째 띠장은 지상으로부터 2[m] 이하의 위치에 설치할 것
(3) 비계기둥의 최고부로부터 31[m] 되는 지점 밑부분의 비계기둥은 2본의 강관으로 묶어 세울 것(브래킷 등으로 보강하여 그 이상의 강도가 유지되는 경우에는 그러하지 아니하다)
(4) 비계기둥간의 적재하중은 400[kg]을 초과하지 아니하도록 할 것

참고 긴결철물 안전내력 : 300[kg] 이상

46 다음 중 비계로부터의 추락재해의 원인으로 가장 적합하지 않은 것은?

① 난간이 붙어 있지 않았다.
② 작업상 판자를 어긋나게 놓았다.
③ 비계 위를 올라갔다.
④ 비계와 신체간의 안전거리를 유지했다.

해설
④는 정상적인 방법이다.

47 철근 콘크리트 거푸집 존치기간 순으로 옳은 것은?

① 슬래프＜보＜기둥 ② 보＜슬래브＜기둥
③ 슬래브＜기둥＜보 ④ 기둥＜보＜슬래브

해설
거푸집 존치기간
① 기둥 : 4일
② 보 : 4~5일
③ 슬래브 : 7~8일

48 다음은 흙막이말뚝에 대한 지하수 재해 방지상 유의하여야 할 점을 기술한 것이다. 다음 중 틀린 것은?

① 토압, 수압, 적재하중 등에 대해서 상정한 것과 시공중의 관찰 측정의 결과를 비교 검토한다.
② 흙막이말뚝의 근입깊이를 짧게 하여 히빙, 보일링 현상을 방지한다.
③ 지하수, 복류수 등의 상황을 고려하여 충분한 지수효과를 갖게 하는 조치를 검토한다.
④ 누수, 출수의 조기발견에 힘써야 하며 우려가 있을 경우에는 적절한 조치를 취한다.

해설
흙막이말뚝의 근입깊이를 길게 하여야 히빙 및 보일링 현상을 방지할 수 있다.

49 철골 구조물의 기둥을 인양할 때 기둥의 꼭대기에 평철판을 덧대어 볼트로 체결하고 평철판의 꼭대기에 구멍을 뚫어 와이어슬링 등으로 인양하고자 하는데 와이어슬링이 이 구멍에 안 들어가므로 연결철물을 사용하는데 이 명칭은?

① 샤클(shackle) ② 클램프(clamp)
③ 브래킷(bracket) ④ 유도로프(rope)

해설
샤클
① 철골 구조물 기둥인양시 사용
② 평철판의 꼭대기에 구멍 뚫어 사용

[정답] 45 ① 46 ④ 47 ④ 48 ② 49 ①

50 다음은 철근작업에 대한 점검사항이다. 옳지 않은 것은?

① 달아올리기, 달아내리기에는 수평달기를 해야 한다.
② 결속선을 던져서 주고 받아서는 안 된다.
③ 비계 위에는 대량의 철근을 임시로 두어도 된다.
④ 무리한 자세로 작업을 해서는 안 된다.

해설
임시로 두어서는 안 된다.

51 다음 종류의 구조물은 강풍에 대한 안전 여부를 설계자에게 확인해야 한다. 이 중 옳지 않은 것은?

① 높이 20[m] 이상의 건물
② 폭과 높이의 비가 1:5 이상의 건물
③ 연면적당 철골량이 50[kg/m²] 이하의 건물
④ 이음부가 현장용접인 경우

해설
폭과 높이 비 1:4 이상 건물

52 터널 건설작업에서 강아치지보공을 조립할 때 조립 간격으로 가장 적당한 것은?

① 0.5[m] 이하   ② 1.5[m] 이하
③ 2.5[m] 이하   ④ 3.0[m] 이하

해설
산업안전보건기준에 관한 규칙 제420조(2003년에 개정)(터널지보공의 위험방지)

53 철골공사에 있어 원척도를 작성해야 할 사항에 해당되지 않는 것은?

① 기본 구조물(중주, 축주, 보, 트러스 등)
② 단짓는 부분
③ 지붕 및 벽체의 각 부재 간격
④ 주두, 주각 및 그 접합 부분

해설
원척도 제작
현치도 제작이라고 하며 설계도 및 시방서를 기준하여 원척공이 원척소의 바닥 위에 각 부 상세 및 재의 길이 등을 원척으로 그린다.

54 콘크리트 공시체 지름이 15[cm], 높이가 30[cm]인 공시체를 압축시험 결과 38,000[kg]에서 파괴되었다. 압축강도로 옳은 것은?

① 213[kg/cm²]   ② 215[kg/cm²]
③ 220[kg/cm²]   ④ 230[kg/cm²]

해설

$$압축강도 = \frac{하중}{단면적} = \frac{38,000}{\frac{\pi d^2}{4}} = 215.14[kg/cm^2]$$

55 터널굴착공사에 있어 뿜어 붙이기 콘크리트의 효과 중 틀린 것은?

① 굴착면을 덮어 지반의 침식은 방지하나 하중을 부담하지는 못한다.
② 굴착면의 요철을 줄이고 응력집중을 완화한다.
③ rock bolt의 힘을 지반에 분산시켜 전달한다.
④ 암반의 크랙을 보강한다.

해설
하중부담이 가능하다.

[정답] 50 ③ 51 ② 52 ② 53 ③ 54 ② 55 ①

56 ★★ 하역작업시 위험방지에 대한 설명으로 옳지 않은 것은? 18. 4. 28 ⑦

① 하역작업시에는 관계 근로자 외의 출입을 금지시켜야 한다.
② 관리감독자는 기구 및 공구를 점검하고 불량품을 제거해야 한다.
③ 하적단 높이가 2[m] 이상 되는 포대, 가마니 등은 인접 하적단과 하적단 밑부분에서 10[cm] 이상 간격을 두어야 한다.
④ 부두 또는 안벽의 선을 따라 통로를 설치할 때는 폭을 75[cm] 이상으로 해야 한다.

해설
부두 또는 안벽의 통로의 폭은 90[cm] 이상

참고 산업안전보건기준에 관한 규칙 제390조(하역작업장의 조치기준)

57 ★★ 화물을 적재할 때 준수사항 중 틀린 것은?

① 침하 우려가 없는 튼튼한 곳에 적재
② 편하중이 생기지 않도록 적재
③ 칸막이나 벽에 기대어 적재
④ 불안전할 정도로 높이 쌓아올리지 말 것

해설
칸막이나 벽에 기대면 붕괴의 우려가 있다.

참고 산업안전보건기준에 관한 규칙 제393조(화물의 적재)

58 물이 결빙되는 위치로 지속적으로 유입되는 조건에서 온도가 하강함에 따라 토중수가 얼어 생성된 결빙크기가 계속 커져 지표면이 부풀어오르는 현상은?

① 압밀침하(consolidation settlement)
② 연화(frost boil)
③ 지반경화(hardening)
④ 동상(frost heave)

해설
동상(frost heave)의 정의 : 본 문제 질의내용

59 ★★★★ 다음은 철근운반에 대한 설명이다. 옳지 않은 것은? 23. 3. 1 ⑳

① 긴 철근은 두 사람이 1조가 되어 어깨메기로 운반하는 것은 좋다.
② 운반시에는 중앙을 묶어 운반한다.
③ 운반시 1인당 무게는 25[kg] 정도가 적절하다.
④ 긴 철근을 한 사람이 운반할 때는 한쪽을 어깨에 메고 한 끝을 땅에 끌면서 운반한다.

해설
인력운반의 안전수칙
① 긴 철근은 가급적 두 사람이 1조가 되어 어깨메기로 하여 운반하는 등 안전성을 도모하여야 한다.
② 긴 철근을 부득이 한 사람이 운반할 때는 한 곳을 드는 것보다 한쪽을 어깨에 메고 한쪽 끝을 땅에 끌면서 운반하여야 한다.
③ 운반시에는 항상 양끝을 묶어 운반토록 하여야 한다.
④ 1회 운반시 1인당 무게는 25[kg] 정도가 적절하며, 무리한 운반을 삼가도록 하여야 한다.
⑤ 내려놓을 때는 천천히 내려놓고 던지지 않도록 하여야 한다.
⑥ 공동작업시에는 신호에 따라 작업한다.

60 ★ 원목 하역시 주의해야 할 사항이 아닌 것은?

① 크기 중량을 확인한다.
② 공간을 없앤다.
③ 원목 위에 미끄러지지 않도록 주의
④ 하중의 중심을 파악 후 작업

해설
원목 하역
① 원목 적재 단위별로 공간을 두어야 훅걸이 등 인양이 가능하다.
② 하적단의 간격
바닥으로부터의 높이가 2[m] 이상 되는 하적단(포대, 가마니 등의 용기로 포장화물에 의하여 구성된 것에 한한다.)은 인접 하적단과의 간격을 하적단의 밑부분에서 10[cm] 이상으로 하여야 한다.

참고 산업안전보건기준에 관한 규칙 제391조(하적단의 간격)

[정답] 56 ④ 57 ③ 58 ④ 59 ② 60 ②

61 다음은 하역작업시 위험방지에 대한 설명이다. 옳지 않은 것은?

① 관리감독자는 작업 방법 및 순서를 결정하고 작업을 지휘한다.
② 밧줄 가닥이 절단된 섬유로프 등을 사용해서는 안 된다.
③ 부두 또는 안벽의 선을 따라 통로를 설치할 때는 폭을 75[cm] 이상으로 해야 한다.
④ 포대, 가마니 등의 하적단 높이가 2[m] 이상 되는 경우는 인접 하적단과 하적단 밑부분에서 10[cm] 이상 간격을 두어야 한다.

해설
안벽의 폭은 90[cm] 이상

참고 산업안전보건기준에 관한 규칙 제390(하역작업장의 조치기준)

62 선내 하역작업시 관리감독자의 직무사항이 아닌 것은?

① 작업방법 결정
② 주변 작업자간의 연락 조정
③ 작업 지휘
④ 작업 진행 상태 감시

해설
하역작업시 관리감독자 직무
① 작업방법을 결정하고 작업을 지휘하는 일
② 통행설비·하역기계·보호구 및 기구·공구를 점검·정비하고 이들의 사용상황을 감시하는 일
③ 주변 작업자간의 연락 조정을 행하는 일

참고 산업안전보건기준에 관한 규칙 [별표 2](관리감독자의 유해·위험방지업무)

63 다음은 화물운반시 걸기용 보조구 설명이다. 옳지 않은 것은?

① 달대주머니는 파이프류 등을 달아올릴 때 벗겨져 떨어지는 것을 막기 위해 쓰인다.
② 보조망은 화물의 요동이나 회전을 막기 위해 쓴다.
③ 샤클은 걸기 쉽게 또는 와이어로프의 상처를 막기 위해 쓰인다.
④ 깔판은 많은 양의 화물을 들어올릴 때 사용된다.

해설
깔판은 넓은 물건 사용시 사용한다.

64 갑판의 윗면에서 선창 밑바닥까지 깊이가 몇 [m]를 초과하는 선창의 내부에서 화물취급작업을 하는 때에는 해당 작업 근로자가 안전하게 통행할 수 있는 설비를 설치하여야 하는가?

① 1.0[m]
② 1.2[m]
③ 1.3[m]
④ 1.5[m]

해설
산업안전보건기준에 관한 규칙 제394조(통행설비의 설치 등)

65 부두 등의 하역 작업장에서 부두 또는 안벽의 선에 따라 통로를 개설할 때의 폭은? 18. 4. 28 ②

① 90[cm] 이상
② 75[cm] 이상
③ 60[cm] 이상
④ 80[cm] 이상

해설
부두 및 하역 작업장 통로폭 : 90[cm] 이상

66 다음은 인력운반작업에 대한 안전사항이다. 적합하지 않은 것은? 18. 8. 19 ② 23. 3. 1 ④

① 보조기구를 효과적으로 사용한다.
② 긴 물건은 뒤쪽으로 눕히고 원통물은 굴려서 운반한다.
③ 무거운 물건은 공동작업을 한다.
④ 무거운 물건을 들어올리는 데는 팔과 무릎을 이용하여 척추는 꼿꼿이 한다.

해설
인력운반
① 긴 물건은 앞쪽을 올려야 한다.
② 어떠한 경우라도 굴려서 운반해서는 안 된다.

[정답] 61 ③ 62 ④ 63 ④ 64 ④ 65 ① 66 ②

67 덤프트럭이 적재 위치에서 출발하여 되돌아오는 시간이 40[분], 싣기 기계가 트럭 1[대]에 흙을 싣는 시간이 8[분] 걸린다면 몇 [대]의 트럭을 조합 배치하여야 하는가? (단, 1일 기준)

① 3[대]   ② 6[대]
③ 8[대]   ④ 12[대]

해설

트럭조합

트럭대수 = $\dfrac{\text{되돌아 오는 시간[초]}}{\text{싣는 시간[초]}} + 1$

$= \dfrac{40 \times 60}{8 \times 60} + 1 = 6[대]$

68 그림과 같은 와이어에서 한쪽 로프에 걸리는 하중은 각각 몇 [kg]인가?

① 125[kg]
② 289[kg]
③ 433[kg]
④ 500[kg]

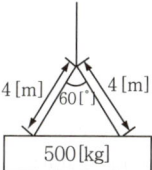

해설

하중계산

sling wire 한 가닥에 걸리는 하중

하중 = $\dfrac{\text{화물의 무게}}{2} \div \cos\left(\dfrac{\theta}{2}\right)$

$= \dfrac{500}{2} \div \cos\left(\dfrac{60}{2}\right) = 288.5[kg]$

참고 계산시 로프 길이와는 무관하다.

KEY 2023년 7월 22일 기사 실기 출제

69 화물취급작업시 관리감독자의 직무사항으로 틀린 것은?

① 관계자외 출입금지
② 기구 및 공구 점검
③ 주변 작업자간의 업무 조정
④ 작업 방법 및 순서 결정

해설

화물취급작업시 관리감독자 직무
① 작업 방법 및 순서를 결정하고 작업을 지휘하는 일
② 기구 및 공구를 점검하고 불량품을 제거하는 일
③ 그 작업 장소에는 관계 근로자 외의 자의 출입을 금지시키는 일
④ 로프 등의 해체작업을 하는 때에는 하대 위 화물의 낙하위험 여부를 확인하고 그 작업의 착수를 지시하는 일

참고 산업안전보건기준에 관한 규칙 [별표 2] (관리감독자의 유해·위험방지)

70 프리캐스트 부재의 현장야적에 대한 설명으로 옳지 않은 것은?

① 오물로 인한 부재의 변질을 방지한다.
② 벽 부재는 변형을 방지하기 위해 수평으로 포개 쌓아 놓는다.
③ 부재의 제조번호, 기호 등을 식별하기 쉽게 야적한다.
④ 받침대를 설치하여 휨, 균열 등이 생기지 않게 한다.

해설

프리캐스트 부재 야적장
① 야적장의 위치는 조립장비의 작업반경 내로 하며, 운반차량이 돌아나갈 수 있도록 여유가 있어야 한다.
② 야적장소는 평탄하고, 다른 작업으로 재료가 손상되는 일이 없는 곳을 택한다.
③ 야적장의 바닥은 모래나 잡석 등을 이용하여 잘 다지거나, 콘크리트나 아스팔트로 포장한다.
④ 야적장 주변에는 배수로를 설치하여 물이 고이지 않도록 한다.
⑤ 벽부재는 수평으로 쌓아놓으면 안 된다.

💬 **합격자의 조언**
- 처음부터 끝까지 합격을 위한 열정에 감사드립니다.
  진짜로 고생했습니다. 합격에 자신이 있습니까? 자신없으면 1번만 더 보세요.
- 안전한 합격을 위해서 다시 한 번 강조합니다. 기출문제(과년도)문제 최소 10년치(안전한 합격기준)를 반복해서 눈으로 공부하세요. 틀림없이 안전하게 단 한번에 고득점으로 합격됩니다.

[정답] 67 ② 68 ② 69 ③ 70 ②

녹색자격증, 녹색휴식코너

2026년
삼위일체 합격 건배사

잔을 높이 들면서 이상은 높게!
잔을 밑으로 내리면서 현실은 겸손하게!
잔을 함께 모으면서 잔은 평등하게!
우리의 성공과 안전기사 합격을
위하여! 위하여! 위하여!

잔을 높이 들면서 드라이버는 높고 멀리 시원하게!
잔을 밑으로 내리면서 퍼터는 정확하게!
잔을 함께 모으면서 아이언샷은 부드럽게!
우리의 만남과 안전기사 합격을
위하여! 위하여! 위하여!

잔을 높이 들면서 산은 정상까지!
잔을 밑으로 내리면서 하산은 천천히 안전하게!
잔을 함께 모으면서 등산은 자기 수준에 맞게!
우리의 행복·건강과 안전기사 합격을
위하여! 위하여! 위하여!

한국방송통신대학교와 한국폴리텍대학 공통 선정교재

부록

찾아보기

부록 찾아보기

영문·숫자

accident	3-32
Biological Agents	2-142
biorhythm	1-109
boiler	3-123
bondestuctive inspection	3-219
bonding	4-43
cargo work	5-182
centrifugal machine	3-114
Collapse	5-55
combustion	4-96
compatibility	1-77
compatibility	2-179
concrete works	5-146
conveying machinery	5-69
conveyor	3-140
Coulomb's Law	4-40
demolition work	5-138
die	3-107
display가 형성하는 목시각(目視角)	2-163
drill	3-90
earth-moving machine	5-65
Educational Psychology	1-150
Electric Charge	4-40
electrical fire	4-72
Electricity	4-17
Ergonomics	2-2
explosion	4-97
explosonproof	4-51
fail safe	3-7
fatigue	1-105
fault tree	2-67
Fool proof	3-4
fork lift	3-138
grinding machine	3-92
HAZOP 위험관리 절차	2-42
Human Error	2-54
image engineering	2-18
KOSHA GUIDE(안전보건기술지침)	1-17
KOSHA GUIDE	1-17
KSB 규격과 ISO 규격 통칙에 대한 지식	3-20
leadership	1-113
lift	3-143
machine tools	3-82
man-machine	2-13
Material Safety Data Sheets	4-138
mechanism	1-73
milling	3-86
morale survey	1-77
NIOSH Lifting Equation	2-191
O.J.T.	1-142
OFF.J.T	1-142
Optical illusion	1-117
PC공사시 안전수칙	5-169
Physical Agents	2-124
planer	3-88
PSM 제도	4-182
Purging	4-114
Residual Current Device	4-5
rolling mill	3-111
safety inspection	3-52
safety management	1-2

scaffold	5-9871
sheathing work	5-117
Spritzgussmachine	3-131
switch board	4-2
switch	4-4
transportation	5-171
walk plate	5-103
work space	2-162

ㄱ

가공전선의 높이 안전기준	4-60
가스시설 전기방폭 기준(KGS GC201) 2018	4-60
가습(加濕)	4-42
각종 장치(고정, 회전 및 안전장치 등) 종류	4-140
감성공학(感性工學)	2-18
감소대책에 따른 효과 분석 능력	2-105
감전 요소	4-19
감전사고의 형태 및 인공호흡	4-21
감전재해예방 및 조치	4-16
감전재해의 요인	4-19
개별작업공간 설계지침	2-162
개폐기(開閉器)	4-4
거푸집 및 동바리	5-109
건설 가시설물 설치 및 관리	5-87
건설공구 및 장비 안전수칙	5-60
건설공구	5-60
건설공사 위험성 추정·결정	5-22
건설공사 유해·위험요인 파악	5-15
건설공사(建設工事) 특수성 분석	5-2
건설업 산업안전보건관리비 계상 및 사용기준/ 대상액 작성요령/항목별 사용내역	5-37
건설업 산업안전보건관리비 규정	5-37
건설장비의 종류 및 안전수칙	5-61
건설현장 안전관리	5-9
건설현장 안전시설 관리	5-52
건설현장 안전점검	5-2
건설현장 유해·위험요인 관리	5-15, 5-37
검사원 성능검사 교육	1-164
결함수[FTA(故障樹木)] 분석	2-67
고속회전체	3-130
공사장 작업환경 특수성	5-3
공작기계(工作機械)의 안전	3-82
공정도를 활용한 공정분석 기술	3-198
공정안전 기술	4-181
공정안전 자료	4-185
공정안전관리 개요	4-181
공정안전보고서 작성 심사·확인	4-185
공정안전보고서	4-182
공정안전보고서의 세부 내용 등	2-51
공정의 특수성에 따른 위험요인	3-194
과전류 및 누전차단기(RCD)	4-5
관련법에 관한 사항	2-44
관리감독자 교육	1-148
교류아크용접기의 점검	4-78
교육 훈련 기법	1-141
교육내용	1-154
교육목적	1-137
교육방법	1-141
교육실시 방법	1-146
교육심리학의 이해	1-150
교육의 개념	1-138
교육의 필요성과 목적	1-137
교육훈련평가의 4단계	1-166
근골격계 유해요인 관리	2-114
근골격계 유해요인	2-111
근골격계 질환의 정의 및 유형	2-111
근골격계부담작업	2-112
근무중 안전완장을 항시 착용하여야 하는 자(분)	1-61
금형의 안전화	3-107
기계 방호장치	3-2
기계 종류별 안전장치 설치기준	3-15
기계(機械)의 위험성	3-204
기계공정의 특수성 분석	3-192

기계·기구 및 설비안전 관리	3-1
기계공정 및 안전점검	3-192
기계공정의 특수성 분석	3-192
기계분야 산업재해 조사	3-32
기계설계 진행방법	2-164
기계설비 고장유형	2-12
기계설비 위험요인 분석	3-82
기계설비 유지·관리 및 설비진단·검사	3-219
기계안전 시설 관리	3-2
기계의 위험 안전조건 분석	3-201
기계의 위험요인	3-201
기계의 위험점 조사 능력	3-208
기계의 일반적인 안전사항과 안전조건	3-203
기계작동 원리분석기술	3-209
기타 산업용 기계·기구	3-111

ㄴ

낙하, 비래(맞음) 방지용 안전시설	5-57
노이즈	4-65

ㄷ

대전방지제	4-41
동기 및 욕구이론	1-101
드릴링머신	3-90

ㄹ

롤러기(壓搾機)	3-111
리더십	1-113
리프트	3-143

ㅁ

메커니즘	1-73
모랄 서베이	1-77
목재가공용 기계	3-133
목표 및 성능명세의 결정	2-12
문제 해결 절차	2-115
물리적 요인 파악	2-124
물리적 유해요인 관리	2-124
물리적 유해요인 관리대책 수립	2-138
물질안전보건자료(物質安全保健資料)	4-138
물질안전보건자료에 관한 교육내용	1-165
미국의 PDCA법	3-38
밀링머신	3-86

ㅂ

방법 연구 및 작업 측정	2-114
방음보호구 적용범위	1-60
방전의 형태 및 영향	4-34
방폭구조 선정 및 유의사항	4-52
방폭구조의 종류 및 특성	4-51
방폭형 전기기기	4-53
방폭형 전기기기	4-62
배(분)전반(配電盤)	4-2
변전실 등의 양압유지에 관한 기술상의 지침	4-62
보안경	1-58
보일러	3-123
보전성공학	2-48
보호계전기	4-8
보호구 및 안전장구 관리	1-52
보호구 선택시의 유의사항	1-52
보호구의 개요	1-52
보호구의 종류별 특성, 성능기준 및 시험방법	1-54
보호구의 착용	4-40
보호면	1-59
본딩	4-43

본질적 안전	3-202
부주의	1-122
부품(공간)배치의 4원칙	2-161
붕괴(崩壞) 방지용 안전시설	5-55
비계(飛階)	5-87
비계 · 거푸집 가시설 위험방지	5-87
비상대응 교육 훈련(급박한 위험)	4-176
비상조치 계획 및 평가	4-177
비상조치 계획	4-177
비파괴 검사(非破壞檢査)의 종류 및 특징	3-218
비파괴시험	3-220

ㅅ

사고발생 경향 및 기제	1-81
사무/VDT작업설계 및 관리	2-181
사업장 위험성평가에 관한 지침	5-22
사업장에서의 인간공학 적용분야	2-5
사출성형기	3-131
산업심리와 심리검사	1-74
산업안전보건법 시행규칙(유해인자의 유해성 · 위험성 분류기준)에 따른 화학물질 분류기준	4-139
산업안전보건위원회 운영	1-25
산업안전보건표지 종류	1-61
산업용 로봇	3-128
산업재해 예방 및 안전보건교육	1-1
산업재해발생 조치순서	3-37
산업재해발생의 mechanism(형태) 3가지	3-36
산업재해예방 계획수립	1-2
산재분류 및 통계분석	3-35
산재분류의 이해	3-35
생물학적 요인 파악	2-142
생물학적 유해요인 관리	2-142
생물학적 유해요인 관리대책 수립	2-146
생물학적 유해요인 등 노출기준	2-143
생산성과 경제적 안전도	1-8
생체리듬	1-109

생체리듬과 피로	1-104
선반	3-82
설계도(설비 도면, 장비사양서 등) 검토	3-192
설계도에 따른 안전지침	3-196
설비보전의 개념	3-207
설비의 신뢰도	2-14
성격검사 유형	1-80
소방대책 및 방폭구조	4-111
소성가공 및 방호장치	3-98
소음 · 진동 방지 기술	3-226
소음방지 기술	3-229
소화 원리 이해	4-106
소화기의 종류	4-108
소화약제	4-107
소화의 정의	4-106
소화의 종류	4-106
수공구(手工具)	2-179
수공구류 안전기준	3-224
스트레스 및 RMR	1-104
시공 및 재해사례 검토	5-10
시스템 위험성 분석 및 관리	2-56
시스템 위험성 추정 및 결정	2-56
시스템의 특성	2-7
신뢰도 개선(改善) 및 설계	2-17
신뢰도 계산	2-83
신체반응의 측정	2-159
신체반응의 측정	2-160
신체부위의 운동	2-166
신체활동의 생리학적 측정법	2-160
실효온도 및 OXford지수	2-167
심리검사의 종류	1-74

ㅇ

아세틸렌용접장치 및 가스집합용접장치	3-116
안전 관련 역사	1-21
안전 용어 정의	1-4

안전과 위험(危險)의 개념	1-2
안전과 인간공학	2-2
안전관리 계획 수립	5-2
안전관리 고려사항 확인	5-9
안전관리(安全管理)	1-2
안전대	1-55
안전망 설치기준	5-104
안전모	1-54
안전보건관리 제(諸)이론	1-7
안전보건관리 체제 및 운용	1-23
안전보건관리조직 구성	1-23
안전보건관리책임자 등에 대한 교육시간	1-164
안전보건교육 계획	1-139
안전보건교육 교육대상별 교육내용 및 시간	1-155
안전보건교육계획수립 및 실시	1-137
안전보건교육방법	1-144
안전보건교육의 3단계 및 진행 4단계	1-154
안전보건교육의 기본방향	1-139
안전보건교육의 내용 및 방법	1-135
안전보건예산 편성 및 계상	1-18
안전보건자료(기준)	5-19
안전보건표지의 색채 및 색도기준	1-64
안전보건표지의 종류 · 용도 및 적용	1-61
안전보건표지의 종류와 형태	1-63
안전보건표지판의 크기 및 표준기준	1-62
안전보호구 관리	1-50
안전사고 요인	1-84
안전시설 관리 계획하기	3-2
안전시설 설치하기	3-9
안전시설 유지 · 관리하기	3-20
안전시설(安全施設) 설치 및 관리	5-48
안전시설물 설치기준	3-9
안전심리 및 사고요인	1-98
안전운전 계획	4-184
안전인증 기관의 확인	1-53
안전인증	3-57
안전인증보호구	1-52
안전전압(安全電壓)	4-16
안전점검 계획 수립	4-183
안전점검(安全點檢)의 정의 및 목적	3-52
안전점검 · 검사 · 인증 및 진단	3-52
안전점검의 종류	3-53
안전점검표 작성	3-54
안전진단 및 안전검사	3-61
안전화	1-58
압력용기 및 공기압축기	3-124
양립성	2-179
양립성(兩立性)	1-77
양중 및 해체공사	5-130
양중공사시 안전수칙	5-130
양중기(건설용 제외)	3-144
연삭기	3-93
연소(燃燒)의 정의 및 요소	4-96
연소(폭발)의 범위 및 위험도	4-99
연소(화재) · 폭발의 형태 및 종류	4-98
연소파와 폭굉파	4-100
열교환과정과 열압박	2-167
예방대책	4-36
옴의 법칙, 줄의 법칙, 허용접촉전압 및 보폭전압	4-19
완전연소 조성농도	4-99
욕구저지 반응기제에 관한 가설	1-113
욕구저지 이론	1-112
용어의 정의 및 설치장소, 주의사항	4-78
운반 및 하역작업	5-171
운반기계 및 양중기	3-138
운반기계(구내운반차)	3-159
운반기계(運搬機械) 및 다짐장비 등 안전수칙	5-69
운반작업(運搬作業) 시 안전수칙	5-171
원심기	3-114
위험물의 기초화학	4-127
위험물의 성질과 위험성	4-129
위험물의 저장 및 취급방법	4-131
위험분석기법	2-57
위험성 감소 대책 수립 및 실행	2-103

위험성 개선대책(공학적·관리적)의 종류	2-103
위험성 파악·결정	2-36
위험성 평가	2-36
위험성 평가	4-187
위험성 평가의 정의 및 개요	2-36
위험예지활동	1-12
유속의 제한	4-39
유해 요인 관리	2-124
유해·위험요인 선정	5-15
유해가스의 응급처치법	4-136
유해물질의 종류 및 성질	4-135
유해위험 방지 계획서	5-20
유해위험기계 종류 및 특성	3-27
유해위험기계기구의 종류, 기능과 작동원리	3-203
유해화학물질 취급시 주의사항	4-133
유해화학물질의 유해요인	4-128
의자의 설계원칙	2-161
이상환경 및 노출에 따른 사고와 부상	2-168
인간-기계 시스템의 신뢰도	2-13
인간-기계 시스템의 정의 및 유형	2-6
인간공학 및 위험성 평가·관리	2-1
인간공학의 정의	2-2
인간공학적 유해요인 평가	2-113
인간과 기계의 기능 비교	2-10
인간관계 관리방법	1-76
인간관계의 기제	1-75
인간-기계체계	2-6
인간실수 예방기법	2-22
인간실수 확률에 대한 추정기법 적용	2-52
인간실수 확률에 대한 추정기법	2-21
인간실수의 분류	2-19
인간에러	2-54
인간에러예방대책	2-84
인간요소와 휴먼에러	2-19
인간의 주의특성	1-119
인간의 특성과 안전과의 관계	1-84
인간의 행동과학	1-96

인사관리의 중요기능	1-74
인체계측 및 응용원칙	2-158
인체계측 및 체계제어	2-158
인체의 저항 및 위험에너지	4-18

ㅈ

자율안전확인대상	3-58
자체 매뉴얼 개발	4-178
작업개선안의 원리 및 도출방법	2-116
작업공간 및 작업자세	2-162
작업관리(유해요인 조사) 목적	2-114
작업관리와 인간공학	2-5
작업발판 설치기준	5-103
작업의 종류에 따른 측정방법	2-160
작업측정	2-164
작업통로 및 발판	5-98
작업환경 관리	2-158
작업환경과 인간공학	2-167
재해 반발성 및 행동과학	1-98
재해 법칙	3-36
재해(사고)조사방향	3-34
재해(사고)조사시의 유의사항	3-34
재해(災害)조사	3-32
재해관련 통계의 종류 및 계산	3-46
재해설	1-100
재해손실비의 종류 및 계산	3-48
재해예방활동기법	1-10
재해의 원인분석 및 조사기법	3-33
재해조사의 목적	3-32
전기 및 화학설비 안전관리	4-1
전기 방폭 관리	4-51
전기(電氣)	4-17
전기로 작동시키는 스위치	4-8
전기방폭 사고예방 및 대응	4-57
전기방폭(防爆)설비	4-51

전기설비 위험요인 점검 및 개선	4-76
전기설비 위험요인 파악	4-72
전기설비(계측설비 포함)	4-155
전기안전관련법령	4-8
전기안전관리	4-2
전기작업 안전관리	4-2
전기폭발 등급	4-57
전기화재 관리	4-72
전기화재(電氣火災)의 발생원인 및 대책	4-73
전기화재의 예방대책	4-73
전선의 사용 제한 및 절연용 보호구 점검	4-78
전자파	4-63
전하(電荷)	4-40
절삭가공기계의 종류 및 방호장치	3-82
절연용 안전방호구	4-23
절연용 안전보호구	4-22
절연용 안전장구	4-22
절연저항	4-73
절연전선의 허용전류	4-77
점검기준	4-80
접지	4-36
정격차단용량(kA)	4-3
정성적, 정량적 분석	2-79
정전기 대전(발생) 현상	4-33
정전기 발생원리	4-32
정전기 위험요소 제거	4-36
정전기 위험요소 파악	4-32
정전기(靜電氣) 장·재해 관리	4-34
정전기의 장해	4-33
정전작업시 조치(주의)사항	4-76
제전기	4-44
조직과 인간행동	1-98
중량물 취급 방법	2-188
중량물 취급 작업	2-188
지게차	3-138
직무분석	1-86
직업적성과 배치	1-78

직업적성의 분류	1-78
직접효과와 간접효과를 측정	1-164
진동방지 기술	3-226
집단관리	1-111
집단관리와 리더십	1-111

ㅊ

착상심리	1-84
착시	1-117
착오와 실수	1-117
철골공사 안전	5-153
체계설계와 인간요소	2-12
추락(墜落) 방지용 안전시설	5-48

ㅋ

컨베이어	3-140
콘크리트 및 PC공사	5-146
콘크리트 측압	5-150
콘크리트공사시 안전수칙	5-146
쿨롱의 법칙	4-40

ㅌ

토공기계 및 안전수칙	5-65
토의식과 강의식 교육	1-146
통제표시비	2-175
특수작업(特殊作業)의 조건	3-197
특수형태근로종사자에 대한 안전보건교육	1-165

ㅍ

파괴시험	3-218
파레토도, 특성요인도, 클로즈분석, 관리도	3-193
퍼지	4-114
페일세이프	3-7
평가대상 선정	2-37
평가항목	2-41
폭발(爆發)의 원리	4-97
폭발방지대책 수립	4-111
폭발방지대책	4-111
폭발의 원리 및 이론 방지대책	4-101
폭발하한계 및 폭발상한계의 계산	4-112
표시장치 및 제어장치	2-177
표준안전 작업절차서	3-198
풀프루프	3-4
프레스 및 전단기의 안전	3-99
프레스 재해방지의 근본적인 대책	3-99
플레이너와 셰이퍼 · 슬로터	3-88
피로	1-105
피뢰기 설비	4-58

ㅎ

하역작업(荷役作業)시 안전수칙	5-182
하인리히 사고예방대책 기본원리 5단계	3-38
하인리히 산업재해예방의 4원칙	3-38
학습목적의 3요소	1-143
해체공사시 안전수칙	5-138
허용가능한 위험수준 분석	2-105
형태적 특성	2-20
호흡용 보호구	1-57
화공 안전운전 · 점검	4-181
화공안전 비상조치 계획 · 대응	4-177
화재 · 폭발 검토	4-96
화재 · 폭발 이론 및 발생 이해	4-96
화학물질 및 물리적 인자의 노출기준	2-136
화학물질 안전관리 실행	4-128
화학물질 유해 위험성 확인	4-129
화학물질 취급설비 개념 확인	4-140
화학물질(위험물, 유해화학물질) 확인	4-127
화학설비(건조설비 등)의 취급시 주의사항	4-148
화학식	4-128
화학장치 특성	4-143
화학적 유해요인 관리	2-140
화학적 유해요인 관리대책 수립	2-141
화학적 유해요인 노출기준	2-141
화학적 유해요인 파악	2-140
활동분석	2-162
흙막이	5-117

저자약력

정재수(靑波:鄭再琇)

인하대학교 공학박사/GTCC 교육학명예박사/한양대학교 공학석사/공학사/문학사/각종국가고시 출제, 검토, 채점, 감독, 면접위원역임/매경TV/EBS/KBS라디오 출연 및 강사/중소기업진흥공단 강사/대한산업안전협회 강사/호원대학교, 신성대학교, 대림대학교, 수원대학교 외래교수/울산대학교, 군산대학교, 한경대학교 등 특강/한국폴리텍Ⅱ대학 산학협력단장, 평생교육원장, 산학기술연구소장, 디자인센터장/한국폴리텍 대학 교수/한국폴리텍대학남인천캠퍼스 학장/대한민국산업현장 교수/(사)대한민국에너지상생포럼 집행위원장/(사)한국안전돌봄서비스협회 회장/(사)대한민국 청렴코리아 공동대표/협성대학교 IPP추진기획단 특별위원/인천광역시 새마을문고 회장/한국요양신문 논설위원/생명살림운동 강사/GTCC 대학교 겸임교수/ISO국제선임심사원/열린사이버대학교 특임교수/**한국방송통신대학교 및 한국 폴리텍 대학 공동 선정 동영상 강의**

[저서]
- 산업안전공학(도서출판 세화)
- 기계안전기술사(도서출판 세화)
- 건설안전기술사(도서출판 세화)
- 산업안전기사(필기, 실기 필답형, 작업형)(도서출판 세화)
- 건설안전기사(필기, 실기 필답형, 작업형)(도서출판 세화)
- 산업안전지도사 시리즈(도서출판 세화)
- 산업보건지도사 시리즈(도서출판 세화)
- 산업안전보건(한국산업인력공단)
- 공업고등학교안전교재(서울교과서)
- 산업안전보건동영상(한국산업인력공단) 등 60여권 저술
- 한국방송통신대학과 한국폴리텍대학 선정 동영상 촬영

[상훈]
대한민국 근정 포장(대통령)/국무총리 표창/행정자치부 장관표창/300만 인천광역시민상 수상과 효행표창 등 8회 수상/인천광역시 교육감 상 수상/Vision2010교육혁신대상수상/2018년 대한민국청렴대상수상/30년이상봉사 새마을기념장 수상/몽골 옵스 주지사 표창 수상

[출강기업(무순)]
삼성(전자, 건설, 중공업, 조선, 물산)/현대(건설, 자동차, 중공업, 제철)/대우(건설, 자동차, 조선), SK(정유, 건설)/GS건설/에스원(S1)/두산(건설, 중공업), 동부(반도체), POSCO건설, 멀티캠퍼스, e-mart, CJ, 한국수자원공사 등 100여기업/이상 안전자격증특강

국가기술자격 필기시험 집중 대비서(녹색자격증, 녹색직업)

산업안전산업기사[필기] - 2권

26판 44쇄 발행	**2026. 01. 20.** **(25. 9. 1.인쇄)**	15판 33쇄 발행	2015. 01. 01.	9판 21쇄 발행	2009. 01. 10.	4판 9쇄 발행	2004. 06. 30.
		14판 32쇄 발행	2014. 06. 30.	8판 20쇄 발행	2008. 03. 20.	4판 8쇄 발행	2004. 04. 10.
25판 43쇄 발행	2025. 01. 11.	14판 31쇄 발행	2014. 01. 01.	8판 19쇄 발행	2008. 02. 20.	4판 7쇄 발행	2004. 01. 10.
24판 42쇄 발행	2024. 02. 25.	13판 30쇄 발행	2013. 07. 20.	8판 18쇄 발행	2008. 01. 01.	3판 6쇄 발행	2001. 07. 05.
23판 41쇄 발행	2023. 03. 30.	13판 29쇄 발행	2013. 01. 01.	7판 17쇄 발행	2007. 03. 30.	2판 5쇄 발행	1999. 09. 30.
22판 40쇄 발행	2022. 01. 11.	12판 28쇄 발행	2012. 09. 10.	7판 16쇄 발행	2007. 01. 01.	2판 4쇄 발행	1999. 06. 10.
21판 39쇄 발행	2021. 01. 10.	12판 27쇄 발행	2012. 05. 15.	6판 15쇄 발행	2006. 06. 20.	2판 3쇄 발행	1999. 01. 10.
20판 38쇄 발행	2020. 01. 17.	12판 26쇄 발행	2012. 01. 01.	6판 14쇄 발행	2006. 04. 10.	1판 2쇄 발행	1998. 07. 10.
19판 37쇄 발행	2019. 01. 10.	11판 25쇄 발행	2011. 05. 20.	6판 13쇄 발행	2006. 01. 10.	1판 1쇄 발행	1998. 01. 05.
18판 36쇄 발행	2018. 01. 10.	11판 24쇄 발행	2011. 01. 01.	5판 12쇄 발행	2005. 06. 10.		
17판 35쇄 발행	2017. 01. 01.	10판 23쇄 발행	2010. 07. 20.	5판 11쇄 발행	2005. 03. 20.		
16판 34쇄 발행	2016. 01. 01.	10판 22쇄 발행	2010. 01. 01.	5판 10쇄 발행	2005. 01. 10.		

지은이 정재수
펴낸이 박 용
펴낸곳 도서출판 세화 **주소** 경기도 파주시 회동길 325-22(서패동 469-2)
영업부 (031)955-9331~2 **편집부** (031)955-9333 **FAX** (031)955-9334
등록 1978. 12. 26 (제 1-338호)

정가 43,000원 (1권/2권/3권)
ISBN 978-89-317-1341-1 13530
※ 파손된 책은 교환하여 드립니다.

본 도서의 내용 문의 및 궁금한 점은 더 정확한 정보를 위하여 저자분에게 문의하시고, 저희 홈페이지 수험서 자료실이나 저자 이메일에 문의바랍니다.
저자명 정재수(jjs90681@naver.com) TEL 010-7209-6627

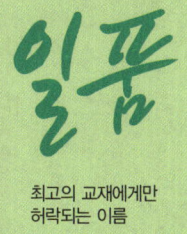

최고의 교재에게만
허락되는 이름

「일품」 합격수험서로 녹색자격증 취득한다!
자격증 취득은 원리에 충실해야 합니다. 최적의 길잡이가 되어드리겠습니다.

「일품」 합격수험서로 녹색직업 부자된다!
다른 수험서와 차별화된 차이점은 조그마한 부분에서부터 시작됩니다.

365일 저자상담직통전화
010-7209-6627

지난 40여 년 동안 수많은 수험생들이 세화출판사의 안전수험서로 합격의 기쁨을 누렸습니다.

많은 독자들의 추천과 선택으로 대한민국 안전수험서 분야 1위 석권을 꾸준히 지키고 있는 도서출판 세화는 항상 수험생들의 안전한 합격을 위해 최신기출문제를 백과사전식 해설과 함께 빠르게 증보하고 있습니다.
저희 세화는 독자 여러분의 안전한 합격을 응원합니다.

40년의 열정, 40년의 노력, 40년의 경험

정부가 위촉한 대한민국 산업현장 교수!
안전수험서 판매량 1위 교재 집필자인
정재수 안전공학박사가 제안하는
과목별 **321** 공부법!!

[되고 법칙]

돈이 없으면 벌면 되고 잘못이 있으면 고치면 되고 안되는 것은 되게 하면 되고, 모르면 배우면 되고, 부족하면 메우면 되고, 잘 안되면 될때까지 하면 되고, 길이 안보이면 길을 찾을때까지 찾으면 되고, 길이 없으면 길을 만들면 되고, 기술이 없으면 연구하면 되고, 생각이 부족하면 생각을 하면 된다.

*수험정보나 일정에 대하여 궁금하시면 세화홈페이지(www.sehwapub.co.kr)에 접속하여 내려받으시고 게시판에 질문을 남기시거나 궁금한 점이 있으시면 언제든지 아래의 번호로 전화하세요.

| 3 단 계
대 비 학 습 | 365일
합격상담직통전화 | **010-7209-6627** |

1 필기 합격

2 필기 과년도   33년치 3주 합격

3단계 | 합격단계
- 합격날개
- 과목별 필수요점 및 문제

⬇

2단계 | 기본단계
- 필수문제
- 최근 3개년 3단계 과년도

⬇

1단계 | 만점단계
- 알짬QR
- 1주일에 끝나는 합격요점

3단계 | 합격단계
- 기사—공개문제 22개년도 (2003~2024년)기출문제
- 산업기사—공개문제 23개년도 (2002~2024년)기출문제

⬇

2단계 | 기본단계
- 기사—미공개문제 11개년도 (1992~2002년)기출문제
- 산업기사—미공개문제 10개년도 (1992~2001년)기출문제

⬇

1단계 | 만점단계
- 알짬QR
- 1주일에 끝나는 계산문제총정리
- 미공개 문제 및 지난과년도

산업안전 우수 숙련 기술자 (숙련 기술장려법 제10조)

정/직한 수험서!
재/수있는 수험서!
수/석예감 수험서!

• 특허 제 10-2687805호 •

아래와 같은 방법으로 공부하시면 반드시 합격합니다.

자격증 취득은 기초부터 차근차근 다져나가는 것이 중요합니다. 필기에서는 과목별 요점정리와 출제예상문제를, 과년도에서는 최근 기출문제와 계산문제 총정리를, 실기 필답형에서는 합격예상작전과 과년도 기출문제를, 실기 작업형에서는 최근 기출문제 풀이 중심으로 공부하시면 됩니다.

필기시험 합격자에게는 2년간 실기시험 수험의 응시가 주어지고, 최종 실기시험 합격자는 21C 유망 녹색자격증 취득의 기쁨이 주어지게 됩니다.

일품 필기 일품 필기 과년도 일품 실기 필답형 일품 실기 작업형

---

3 실기 필답형 4주 합격   4 실기 작업형 1주 합격

3단계 합격단계	과목별 필수요점 및 출제예상문제
⇩
| 2단계 기본단계 | • 기본 : 과년도 출제문제 (1991~2000년)
• 필수 : 과년도 출제문제 (2001~2024년) |
⇩
| 1단계 만점단계 | • 알짬QR •
• 실기필답형 1주일 최종정리
• 1991~2010년 기출문제 |

3단계 합격단계	과년도 출제문제 (2017~2024년)
⇩
| 2단계 기본단계 | 각 과목별 필수 요점 및 문제 |
⇩
| 1단계 만점단계 | • 알짬QR •
• 2000~2016년 기출문제 |

*산재사고로 피해를 입으신 근로자 및 유가족들에게
심심한 조의와 유감을 표합니다.

2026
개정26판 총44쇄

▶ ISO 9001:2015 인증
▶ 안전연구소 인정

CBT 백과사전식
NCS적용 문제해설

녹색자격증
녹색직업

CBT 실전 연습
AI 기출문제 학습앱

https://machuda.kr

세계유일무이
365일 저자상담직통전화
010-7209-6627

2025년 전회차 CBT 복기문제 수록

산업안전산업기사

필기 ❸

안전공학박사/명예교육학박사
대한민국산업현장교수/기술지도사 **정재수** 지음

부록 · 과년년도 기출문제

"산업안전 우수 숙련기술자" 선정

산업안전, 건설안전 기사 · 지도사 · 기능장 · 기술사 등 관련 자격 및 의문사항에 대하여
365일 성심 성의껏 답변해 드리고 있습니다. 저자와 상담 후 교재를 구입하세요.
www.sehwapub.co.kr

안전분야 베스트셀러
35년 독보적 1위
최신 기출문제 수록

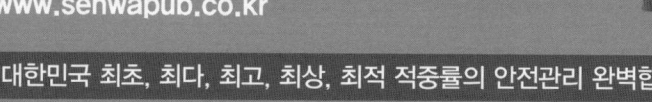

대한민국 최초, 최다, 최고, 최상, 최적 적중률의 안전관리 완벽합격!

● 특허 제10-2687805호 ●
명칭 : 국가직무능력표준에 따른 자격사 교육 콘텐츠 생성 자동화 방법, 장치 및 시스템

도서출판 세화

차례

부록 과년도 출제문제

- **2023년도 산업기사 정기검정**
  - 2023년도 산업기사 정기검정 제1회 CBT(2023년 03월 01일 시행) ··· 4
  - 2023년도 산업기사 정기검정 제2회 CBT(2023년 05월 13일 시행) ··· 32
  - 2023년도 산업기사 정기검정 제3회 CBT(2023년 07월 08일 시행) ··· 59

- **2024년도 산업기사 정기검정**
  - 2024년도 산업기사 정기검정 제1회 CBT(2024년 02월 15일 시행) ··· 86
  - 2024년도 산업기사 정기검정 제2회 CBT(2024년 05월 09일 시행) ··· 114
  - 2024년도 산업기사 정기검정 제3회 CBT(2024년 07월 05일 시행) ··· 143

- **2025년도 산업기사 정기검정**
  - 2025년도 산업기사 정기검정 제1회 CBT(2025년 02월 07일 시행) ··· 172
  - 2025년도 산업기사 정기검정 제2회 CBT(2025년 05월 10일 시행) ··· 200
  - 2025년도 산업기사 정기검정 제3회 CBT(2025년 08월 09일 시행) ··· 230

- **특별부록**(1주일에 끝나는 합격요점 QR코드 및
  네이버카페 "정재수의 안전스쿨"에서 출력 가능합니다.)

부록

CBT 합격대비
과년도 출제문제(산업기사)

2023년도

산업기사 정기검정 제1회 CBT(2023년 03월 01일 시행)
산업기사 정기검정 제2회 CBT(2023년 05월 13일 시행)
산업기사 정기검정 제3회 CBT(2023년 07월 08일 시행)

2024년도

산업기사 정기검정 제1회 CBT(2024년 02월 15일 시행)
산업기사 정기검정 제2회 CBT(2024년 05월 09일 시행)
산업기사 정기검정 제3회 CBT(2024년 07월 05일 시행)

2025년도

산업기사 정기검정 제1회 CBT(2025년 02월 07일 시행)
산업기사 정기검정 제2회 CBT(2025년 05월 10일 시행)
산업기사 정기검정 제3회 CBT(2025년 08월 09일 시행)

산업안전산업기사 필기

2023년 3월 1일 CBT 시행 　제1회

2023년 5월 13일 CBT 시행 　제2회

2023년 7월 8일 CBT 시행 　제3회

2023년도 산업기사 정기검정 제1회 CBT(2023년 3월 1일 시행)

자격종목 및 등급(선택분야)
산업안전산업기사

종목코드	시험시간	수험번호	성명
2381	2시간30분	20230301	도서출판세화

※ 본 문제는 복원문제 및 2026 예적(예상적중) 문제로 실제문제와 동일하지 않을 수 있습니다.

1 산업재해 예방 및 안전보건교육

01 산업재해 예방의 4원칙 중 "재해발생에는 반드시 원인이 있다."라는 원칙은?

① 대책 선정의 원칙 ② 원인 계기의 원칙
③ 손실 우연의 원칙 ④ 예방 가능의 원칙

[해설]
하인리히 산업재해예방의 4원칙
① 예방가능의 원칙
② 손실우연의 원칙
③ 원인연계(계기)의 원칙
④ 대책선정의 원칙

[참고] 산업안전산업기사 필기 p.3-38(6. 하인리히 산업재해예방의 4원칙)

[KEY]
① 2016년 5월 8일 산업기사 출제
② 2016년 10월 1일 기사 출제
③ 2017년 3월 5일 기사 출제
④ 2017년 5월 7일 산업기사 출제
⑤ 2017년 9월 23일 기사 출제
⑥ 2018년 3월 4일 기사·산업기사 동시 출제
⑦ 2018년 8월 19일 산업기사 출제
⑧ 2019년 3월 3일 기사·산업기사 동시 출제
⑨ 2019년 9월 21일 기사 출제
⑩ 2020년 6월 7일 기사 출제

02 하인리히의 재해구성비율에 따라 경상사고가 87건 발생하였다면 무상해사고는 몇 건이 발생하였겠는가?

① 300건 ② 600건
③ 900건 ④ 1,200건

[해설]
하인리히(H.W.Heinrich)의 1 : 29 : 300 법칙
① 중상 또는 사망 = 87건÷29 = 3
② 무상해 = 300×3 = 900건

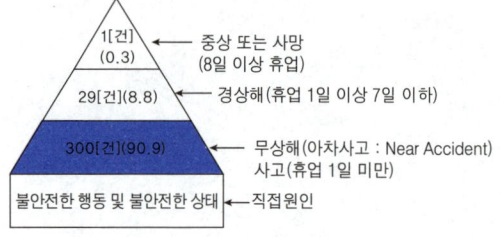

[그림] 하인리히 법칙[단위 : %]

[참고] 산업안전산업기사 필기 p.3-36(1. 하인리히(H.W.Heinrich)의 1 : 29 : 300)

[KEY]
① 2016년 10월 1일 기사 출제
② 2017년 9월 23일 산업기사 출제
③ 2018년 3월 4일 기사 출제
④ 2023년 2월 28일 기사 출제

03 조직이 리더에게 부여하는 권한으로 볼 수 없는 것은?

① 보상적 권한 ② 강압적 권한
③ 합법적 권한 ④ 위임된 권한

[해설]
조직이 지도자에게 부여하는 권한
① 보상적 권한
② 강압적 권한
③ 합법적 권한

[참고] 산업안전산업기사 필기 p.1-113(합격날개 : 합격예측)

[KEY]
① 2017년 3월 5일 산업기사 출제
② 2020년 6월 14일 산업기사 출제

[보충학습]
지도자 자신이 자신에게 부여하는 권한(부하직원들의 존경심)
① 위임된 권한
② 전문성의 권한

[정답] 01 ② 02 ③ 03 ④

04 안전심리의 5대 요소에 해당하는 것은?

① 기질(temper) ② 지능(intelligence)
③ 감각(sense)   ④ 환경(environment)

해설

안전심리의 5요소
① 동기 ② 기질 ③ 감정
④ 습관 ⑤ 습성

참고 산업안전산업기사 필기 p.1-96 (1) 안전심리 5요소

KEY ① 2016년 5월 8일 기사 출제
② 2022년 3월 5일 기사 출제

보충학습

습관에 영향을 주는 4요소
① 동기 ② 기질 ③ 감정 ④ 습성

05 산업안전보건법령상 안전인증대상 기계기구등이 아닌 것은?

① 프레스   ② 전단기
③ 롤러기   ④ 산업용 원심기

해설

안전인증대상 기계기구의 종류
① 프레스
② 전단기(剪斷機) 및 절곡기(折曲機)
③ 크레인
④ 리프트
⑤ 압력용기
⑥ 롤러기
⑦ 사출성형기(射出成形機)
⑧ 고소(高所) 작업대
⑨ 곤돌라

참고 산업안전산업기사 필기 p.3-56(1. 안전인증대상 기계)

KEY ① 2017년 3월 5일 기사·산업기사 동시 출제
② 2020년 5월 15일 기사 출제

합격정보
산업안전보건법 시행령 제74조(안전인증대상기계등)

06 모랄 서베이(Morale Survey)의 효용이 아닌 것은?

① 조직 또는 구성원의 성과를 비교·분석한다.
② 종업원의 정화(Catharsis)작용을 촉진시킨다.
③ 경영관리를 개선하는 데에 대한 자료를 얻는다.
④ 근로자의 심리 또는 욕구를 파악하여 불만을 해소하고, 노동의욕을 높인다.

해설

모랄 서베이(사기앙양)의 효용
① 근로자의 심리, 욕구를 파악하여 불만을 해소하고 노동 의욕을 높인다.
② 경영관리를 개선하는 데 자료를 얻는다.
③ 종업원의 정화작용을 촉진시킨다.

참고 산업안전산업기사 필기 p.1-75(1. 모랄 서베이의 효용)

KEY ① 2017년 8월 26일 기사 출제
② 2022년 3월 5일 기사 출제

07 추락 및 감전 위험방지용 안전모의 일반구조가 아닌 것은?

① 착장체   ② 충격흡수재
③ 선심   ④ 모체

해설

안전모의 구조

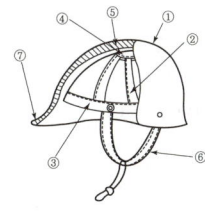

번호	명칭	
①	모체	
②	착장체	머리받침끈
③		머리받침(고정)대
④		머리받침고리
⑤	충격흡수재(자율안전확인에서 제외)	
⑥	턱끈	
⑦	모자챙(차양)	

참고 산업안전산업기사 필기 p.1-53(그림. 안전모의 구조)

KEY ① 2016년 10월 1일 산업기사 출제
② 2017년 9월 23일 산업기사 출제

08 레빈(Lewin)은 인간행동과 인간의 조건 및 환경조건의 관계를 다음과 같이 표시하였다. 이때 "f"를 설명한 것으로 옳은 것은?

$$B = f(P \cdot E)$$

① 행동   ② 조명
③ 지능   ④ 함수

해설

레빈의 법칙
$B = f(P \cdot E)$

[정답] 04 ① 05 ④ 06 ① 07 ③ 08 ④

① B : Behavior(인간의 행동)
② f : function(함수관계)
③ P : Person(개체 : 연령, 경험, 심신상태, 성격, 지능 등)
④ E : Environment(심리적 환경 : 인간관계, 작업환경 등)

참고 산업안전산업기사 필기 p.1-77 (7) K.Lewin의 법칙

KEY 2023년 2월 28일 기사 등 20회 이상 출제

09 상시 근로자수가 75명인 사업장에서 1일 8시간 씩 연간 320일을 작업하는 동안에 4건의 재해가 발생하였다면 이 사업장의 도수율은 약 얼마인가?

① 17.68　　② 19.67
③ 20.83　　④ 22.83

해설

$$\text{도수(빈도)율} = \frac{\text{재해건수}}{\text{연근로시간수}} \times 1{,}000{,}000$$

$$= \frac{4}{75 \times 8 \times 320} \times 10^6 = 20.83$$

참고 산업안전산업기사 필기 p.3-46(3. 빈도율)

KEY
① 2016년 10월 1일 산업기사 출제
② 2017년 3월 5일 기사·산업기사 동시 출제
③ 2018년 8월 19일 기사 출제
④ 2019년 8월 4일 기사 출제
⑤ 2019년 9월 21일 기사 출제
⑥ 2020년 6월 14일 산업기사 출제

합격정보
산업재해 통계 업무처리 규정 제3조(산업재해 통계의 산출방법 및 정의)

10 위험예지훈련 기초 4라운드(4R)에 관한 내용으로 옳은 것은?

① 1R : 목표설정　② 2R : 현상파악
③ 3R : 대책수립　④ 4R : 본질추구

해설
위험예지훈련의 4R(단계)
① 1단계 : 현상파악
② 2단계 : 본질추구
③ 3단계 : 대책수립
④ 4단계 : 목표설정

참고 산업안전산업기사 필기 p.1-12(합격날개 : 합격예측)

KEY 2023년 3월 5일 기사 등 20회 이상 출제

11 산업재해에 있어 인명이나 물적 등 일체의 피해가 없는 사고를 무엇이라고 하는가?

① Near Accident　② Good Accident
③ Ture Accident　④ Original Accident

해설
아차사고(Near Miss : Near Accident)
① 무 인명상해(인적 피해)
② 무 재산손실(물적 피해) 사고

참고 산업안전산업기사 필기 p.1-6(합격예측 : Near Accident)

KEY 2017년 7월 23일 기사 출제

12 재해원인을 직접원인과 간접원인으로 나눌 때, 직접원인에 해당하는 것은?

① 기술적 원인　② 관리적 원인
③ 교육적 원인　④ 물적 원인

해설
직접 원인(1차 원인)
시간적으로 사고발생에 가까운 원인
① 물적 원인 : 불안전한 상태(설비 및 환경)
② 인적 원인 : 불안전한 행동

참고 산업안전산업기사 필기 p.3-38(합격날개 : 합격예측)

KEY
① 2015년 3월 8일(문제 16번) 출제
② 2018년 9월 15일 기사 출제

보충학습
간접 원인
재해의 가장 깊은 곳에 존재하는 재해원인
① 기초 원인 : 학교 교육적 원인, 관리적인 원인
② 2차 원인 : 신체적 원인, 정신적 원인, 안전교육적 원인, 기술적인 원인

13 산업안전보건법령상 특별안전보건 교육의 대상 작업에 해당하지 않는 것은?

① 석면해체·제거작업
② 밀폐된 장소에서 하는 용접작업
③ 화학설비 취급품의 검수·확인 작업
④ 2[m] 이상의 콘크리트 인공구조물의 해체 작업

[정답] 09 ③　10 ③　11 ①　12 ④　13 ③

해설

특별안전보건교육 대상작업 : 화학설비의 탱크내 작업 등 39개 작업

참고) 산업안전산업기사 필기 p.1-157([표] 특별안전보건 교육대상 작업별 교육내용)

합격정보) 산업안전보건법 시행규칙 [별표7] 안전보건교육 교육대상별 교육내용

KEY) ① 2015년 5월 30일 문제 8번 출제
② 2019년 3월 3일 산업기사 출제

14 적응기제(Adjustment Mechanism)의 도피적 행동인 고립에 해당하는 것은?

① 운동시합에서 진 선수가 컨디션이 좋지 않았다고 말한다.
② 키가 작은 사람이 키 큰 친구들과 같이 사진을 찍으려 하지 않는다.
③ 자녀가 없는 여교사가 아동교육에 전념하게 되었다.
④ 동생이 태어나자 형이 된 아이가 말을 더듬는다.

해설

고립(거부) : 외부와의 접촉을 끊음

참고) 산업안전산업기사 필기 p.1-115(보충학습 : 적응기제 3가지)

KEY) ① 2019년 3월 3일 기사, 산업기사 동시출제
② 2021년 9월 12일 건설안전기사 출제

15 다음 중 안전점검 체크리스트 작성 시 유의해야 할 사항과 관계가 가장 적은 것은?

① 사업장에 적합한 독자적인 내용으로 작성한다.
② 점검 항목은 전문적이면서 간략하게 작성한다.
③ 관계자의 의견을 통하여 정기적으로 검토·보완작성한다.
④ 위험성이 높고, 긴급을 요하는 순으로 작성한다.

해설

Check List 판정(작성) 시 유의사항
① 판정 기준의 종류가 두 종류인 경우 적합 여부를 판정할 것
② 한 개의 절대 척도나 상대 척도에 의할 때는 수치로써 나타낼 것
③ 복수의 절대 척도나 상대 척도에 조합된 문항은 기준 점수 이하로 나타낼 것
④ 대안과 비교하여 양부를 판정할 것
⑤ 경험하지 않은 문제나 복잡하게 예측되는 문제 등은 관계자와 협의하여 종합 판정할 것

참고) 산업안전산업기사 필기 p.3-54(2. Check List 판정시 유의사항)

KEY) 2013년 1회 출제

16 주의(attention)의 특성 중 여러 종류의 자극을 받을 때 소수의 특정한 것에만 반응하는 것은?

① 선택성　　② 방향성
③ 단속성　　④ 변동성

해설

주의의 특성 3가지
① 선택성 : 사람은 한 번에 여러 종류의 자극을 자각하거나 수용하지 못하며 소수의 특정한 것으로 한정해서 선택하는 기능이 있음
② 방향성 : 공간적으로 보면 시선의 초점에 맞았을 때는 쉽게 인지되지만 시선에서 벗어난 부분은 무시되기 쉬움
③ 변동(단속)성 : 주의는 리듬이 있어 언제나 일정한 수순을 지키지는 못함

참고) 산업안전산업기사 필기 p.1-117(2. 인간의 주의특성)

KEY) ① 2016년 5월 8일 기사 출제
② 2016년 10월 1일 기사 출제
③ 2023년 2월 28일 기사 출제

17 산업안전보건법령상 안전보건표지의 종류와 형태 중 그림과 같은 경고 표지는? (단, 바탕은 무색, 기본모형은 빨간색, 그림은 검은색이다.)

① 부식성물질 경고　　② 폭발성물질 경고
③ 산화성물질 경고　　④ 인화성물질 경고

해설

경고표지의 종류

인화성 물질경고	산화성 물질경고	폭발성 물질경고	급성독성 물질경고	부식성 물질경고
방사성 물질경고	고압전기 경고	매달린 물체경고	낙하물 경고	고온 경고

[정답] 14 ② 15 ② 16 ① 17 ④

저온 경고	몸균형 상실경고	레이저 광선경고	발암성·변이 원성·생식독 성·전신독성 ·호흡기과민성 물질 경고	위험장소 경고

참고 산업안전기사 필기 p.1-59(2. 경고표지)

KEY
① 2017년 9월 23일 기사 출제
② 2018년 3월 4일 기사 출제
③ 2019년 4월 27일 산업기사 출제
④ 2020년 6월 7일 기사 출제

합격정보
산업안전보건법 시행규칙 [별표6] 안전보건표지의 종류와 형태

---

18 매슬로우(A.H.Maslow)의 인간욕구 5단계 이론에서 각 단계별 내용이 잘못 연결된 것은?

① 1단계 : 자아실현의 욕구
② 2단계 : 안전에 대한 욕구
③ 3단계 : 사회적 욕구
④ 4단계 : 존경에 대한 욕구

해설

Maslow의 욕구단계이론
① 1단계 – 생리적 욕구 : 기아, 갈증, 호흡, 배설, 성욕 등 인간의 가장 기본적인 욕구 (종족 보존)
② 2단계 – 안전욕구 : 안전을 구하려는 욕구
③ 3단계 – 사회적 욕구 : 애정, 소속에 대한 욕구 (친화욕구)
④ 4단계 – 인정을 받으려는 욕구 : 자기 존경의 욕구로 자존심, 명예, 성취, 지위에 대한 욕구 (승인의 욕구)
⑤ 5단계 – 자아실현의 욕구 : 잠재적인 능력을 실현하고자 하는 욕구 (성취욕구)

참고 산업안전산업기사 필기 p.1-101 (5) 매슬로우의 욕구 5단계 이론

KEY
① 2014년 3월 2일(문제 18번)
② 2014년 5월 25일(문제 9번)
③ 2015년 5월 31일(문제 2번) 등 30회 이상 출제

---

19 무재해운동의 기본이념 3가지에 해당하지 않는 것은?

① 무의 원칙
② 자주 활동의 원칙
③ 참가의 원칙
④ 선취 해결의 원칙

해설

무재해운동의 3원칙
① 무(zero)의 원칙
② 선취해결(안전제일)의 원칙
③ 참가의 원칙

참고 산업안전기사 필기 p.1-10(2. 무재해운동 기본 이념 3대 원칙)

KEY 2021년 5월 15일 기사 등 10회 이상 출제

---

20 다음 중 안전교육의 3단계에서 생활지도, 작업동작지도 등을 통한 안전의 습관화를 위한 교육을 무엇이라 하는가?

① 지식교육
② 기능교육
③ 태도교육
④ 인성교육

해설

태도교육의 교육목표 및 교육내용

교육목표	교육내용
① 작업 동작의 정확화	① 표준작업방법의 습관화
② 공구, 보호구 취급태도의 안전화	② 공구 보호구 취급과 관리 자세의 확립
③ 점검태도의 정확화	③ 작업 전후의 점검·검사요령의 정확한 습관화
④ 언어태도의 안전화	④ 안전작업 지시전달 확인 등 언어태도의 습관화 및 정확화
결론 안전은 마음가짐을 몸에 익히는 심리적 교육방법	

참고 산업안전산업기사 필기 p.1-152(표. 단계별 교육 목표 및 내용)

KEY
① 2011년 8월 21일(문제 6번) 출제
② 2013년 6월 2일(문제 18번) 출제
③ 2021년 5월 15일 기사 출제

---

2 인간공학 및 위험성 평가·관리

21 반복되는 사건이 많이 있는 경우에 FTA의 최소 컷셋을 구하는 알고리즘이 아닌 것은?

① Fussel Algorithm
② Boolean Algorithm
③ Monte Carlo Algorithm
④ Limnios & Ziani Algorithm

[정답] 18① 19② 20③ 21③

해설

FTA의 최소 컷셋을 구하는 알고리즘의 종류
① Boolean Algorithm(부울대수)
② Fussel Algorithm
③ Limnios & Ziani Algorithm

참고 산업안전산업기사 필기 p.2-78(합격날개 : 은행문제)

KEY
① 2014년 9월 20일 기사 출제
② 2016년 10월 1일 기사 출제
③ 2020년 8월 23일 산업기사 출제

보충학습

Monte Carlo alogorithm
카지노에서 따온 이름으로, 컴퓨터과학에서 사용하는 알고리즘의 한 종류

22 시각적 표시 장치를 사용하는 것이 청각적 표시장치를 사용하는 것보다 좋은 경우는?

① 메시지가 후에 참고되지 않을 때
② 메시지가 공간적인 위치를 다룰 때
③ 메시지가 시간적인 사건을 다룰 때
④ 사람의 일이 연속적인 움직임을 요구할 때

해설

청각장치와 시각장치의 사용 경위

청각장치 사용 예	시각장치 사용 예
① 전언이 간단할 경우	① 전언이 복잡할 경우
② 전언이 짧을 경우	② 전언이 길 경우
③ 전언이 후에 재참조되지 않을 경우	③ 전언이 후에 재참조될 경우
④ 전언이 시간적인 사상(event)을 다룰 경우	④ 전언이 공간적인 위치를 다룰 경우
⑤ 전언이 즉각적인 행동을 요구할 경우	⑤ 전언이 즉각적인 행동을 요구하지 않을 경우
⑥ 수신자의 시각 계통이 과부하 상태일 경우	⑥ 수신자의 청각 계통이 과부하 상태일 경우
⑦ 수신 장소가 너무 밝거나 암조응(暗調應) 유지가 필요할 경우	⑦ 수신 장소가 너무 시끄러울 경우
⑧ 직무상 수신자가 자주 움직이는 경우	⑧ 직무상 수신자가 한 곳에 머무르는 경우

참고 산업안전산업기사 필기 p.2-31(문제 43번, 표. 청각장치와 시각장치의 사용경위)

KEY
① 2017년 5월 7일 산업기사 출제
② 2021년 9월 12일 기사 등 10회 이상 출제

23 인체측정치 응용원칙 중 가장 우선적으로 고려해야 하는 원칙은?

① 조절식 설계   ② 최대치 설계
③ 최소치 설계   ④ 평균치 설계

해설

조절범위(조정범위 : 조절식 설계)
① 사무실 의자의 높낮이 조절, 자동차 좌석의 전후조절 등
② 통상 5[%]치에서 95[%]치까지에서 90[%] 범위를 수용대상으로 설계
③ 가장 우선적으로 고려한다.

참고 산업안전산업기사 필기 p.2-159(2. 조절범위)

KEY
① 2017년 9월 23일 기사 출제
② 2019년 3월 3일 기사 출제

보충학습

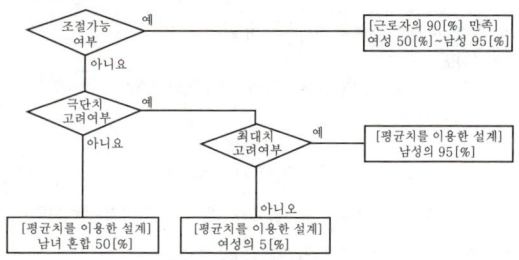

[그림] 인체측정치를 이용한 설계 흐름도

24 다음 FTA 그림에서 1, 2, 3의 부품고장률이 각각 0.01일 때, 최소 컷셋(minimal cutsets)과 신뢰도로 옳은 것은?

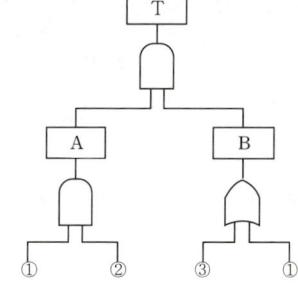

① {1, 2}, R(t)=99.99%
② {1, 2, 3}, R(t)=98.99%
③ {1, 3}
  {1, 2}, R(t)=96.99%
④ {1, 3}
  {1, 2, 3}, R(t)=97.99%

[정답] 22 ② 23 ① 24 ①

> **해설**

컷셋과 신뢰도

(1) 최소 컷셋 구하기
① $A = 1 \cdot 2$
② $B = 3 + 1$

③ $T = A \cdot B = $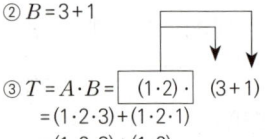
$= (1 \cdot 2 \cdot 3) + (1 \cdot 2 \cdot 1)$
$= (1 \cdot 2 \cdot 3) + (1 \cdot 2)$

④ 다음과 같이 컷셋을 나타낼 수 있다.
$T = A \cdot B = (1 \cdot 2) \cdot (3, 1)$
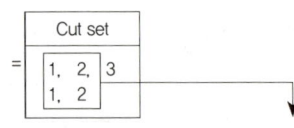

⑤ 최소컷셋은 컷셋 중에서 공통이 되는 1, 2

(2) 신뢰도
① $T = A \times B = 0.0001 \times 0.0199 = 0.00000199$
② $A = 0.01 \times 0.01 = 0.0001$
③ $B = 1 - (1 - 0.01)(1 - 0.01) = 0.0199$
④ $1 - 0.00000199 = 0.9999801 \times 100 = 99.99$

> 참고 산업안전산업기사 필기 p.2-77(5. 컷셋·미니멀 컷셋 요약)

> KEY ① 2012년 5월 20일 문제 39번 출제
> ② 2023년 2월 28일 기사 출제

25
설비나 공법 등에서 나타날 위험에 대하여 정성적 또는 정량적인 평가를 행하고 그 평가에 따른 대책을 강구하는 것은?

① 설비보전
② 동작분석
③ 안전계획
④ 안전성 평가

> **해설**

안전성 평가의 6단계
① 1단계 : 관계자료의 정비검토
② 2단계 : 정성적 평가
③ 3단계 : 정량적 평가
④ 4단계 : 안전대책
⑤ 5단계 : 재해정보에 의한 재평가
⑥ 6단계 : FTA에 의한 재평가

> 참고 산업안전산업기사 필기 p.2-37(1. 안전성 평가 6단계)

> KEY ① 2016년 3월 6일 출제
> ② 2016년 10월 1일 기사 출제
> ③ 2023년 4월 1일 산업안전지도사 출제

26
다음 중 반복되는 사건이 많이 있는 경우에 FTA의 최소컷셋을 구하는 알고리즘이 아닌 것은?

① Boolean Algorithm
② Monte Carlo Algorithm
③ MOCUS Algorithm
④ Limnios & Ziani Algorithm

> **해설**

Monte Carlo Algorithm
① 잘못된 결과를 낼 확률, 즉 Pr(error)이 0보다 큰 알고리즘이다.
② FTA에는 사용되지 않는다.
③ 시스템이 복잡해지면, 확률론적인 분석기법만으로는 분석이 곤란하여 컴퓨터 시뮬레이션을 이용한다.

> 참고 산업안전산업기사 필기 p.2-78(합격날개 : 은행문제)

> KEY 2020년 8월 23일 산업기사 등 5회 이상 출제

> **보충학습**

FTA 최소컷셋의 알고리즘
① Boolean : 불대수 기본연산
② MOCUS : 쌍대 FT를 작성 후 적용
③ Limnios & Ziani

27
다음은 1/100초 동안 발생한 3개의 음파를 나타낸 것이다. 음의 세기가 가장 큰 것과 가장 높은 음은 무엇인가?

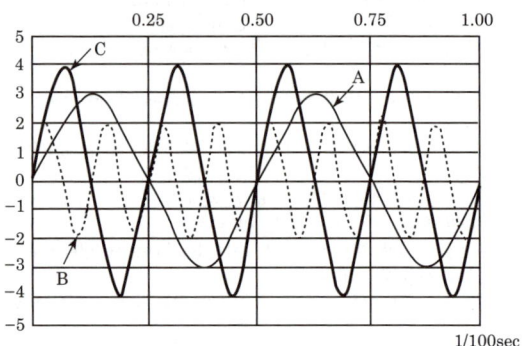

① 가장 큰 음의 세기 : A, 가장 높은 음 : B
② 가장 큰 음의 세기 : C, 가장 높은 음 : B
③ 가장 큰 음의 세기 : C, 가장 높은 음 : A
④ 가장 큰 음의 세기 : B, 가장 높은 음 : C

[정답] 25 ④ 26 ② 27 ②

해설

음파 (Sound wave)
① 가장 큰음 : C
② 가장 높은 음 : B

KEY ① 2012년 3월 4일(문제 35번) 출제
② 2020년 6월 14일(문제 25번) 출제

보충학습
소리의 3요소
① 소리의 높낮이(고저) : 진동수가 클수록 고음이 난다.
② 소리의 세기(강약) : 진동수가 같을 때, 진폭이 클수록 강하다.
③ 소리 맵시(음색) : 음파의 모양(파형)에 따라 다르게 들린다.

합격자의 조언
실기 필답형 출제에도 출제됩니다.

28 광원으로부터의 직사 휘광을 줄이기 위한 방법으로 적절하지 않은 것은?

① 휘광원 주위를 어둡게 한다.
② 가리개, 갓, 차양 등을 사용한다.
③ 광원을 시선에서 멀리 위치시킨다.
④ 광원의 수는 늘리고 휘도는 줄인다.

해설

광원으로부터의 직사휘광 처리방법
① 광원의 휘도를 줄이고 광원의 수를 늘린다.
② 광원을 시선에서 멀리 위치시킨다.
③ 휘광원 주위를 밝게 하여 광속 발산(휘도)비를 줄인다.
④ 가리개(shield), 갓(hood) 혹은 차양(visor)을 사용한다.

참고 산업안전산업기사 필기 p.2-169(① 광원으로부터의 직사휘광 처리방법)

KEY ① 2016년 5월 8일 기사 출제
② 2017년 9월 23일 기사 출제
③ 2019년 3월 3일 산업기사 출제

29 FT도에 사용되는 논리기호 중 AND 게이트에 해당하는 것은?

① 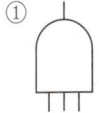　②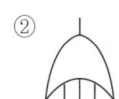

③ 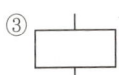　④

해설

FTA 기호

기호	명칭	설명
	결함사상	개별적인 결함사상
	통상사상	통상발생이 예상되는 사상(예상되는 원인)
	AND 게이트	모든 입력사상이 공존할 때만 출력사상이 발생한다.
	OR 게이트	입력사상 중 어느 것이나 하나가 존재할 때 출력사상이 발생한다.

참고 산업안전산업기사 필기 p.2-70(표. FTA기호)

KEY ① 2014년 5월 25일(문제 38번) 출제
② 2014년 8월 17일(문제 34번) 출제

30 항공기 위치 표시장치의 설계원칙에 있어, 다음 보기의 설명에 해당하는 것은?

> 항공기의 경우 일반적으로 이동 부분의 영상은 고정된 눈금이나 좌표계에 나타내는 것이 바람직하다.

① 통합　　　　② 양립적 이동
③ 추종표시　　④ 표시의 현실성

해설

양립성[일명 모집단 전형(compatibility, 兩立性)]
① 자극들간의, 반응들간의 혹은 자극 - 반응들간의 관계가(공간, 운동, 개념적)인간의 기대에 일치되는 정도
② 양립성 정도가 높을수록, 정보처리시 정보변환(암호화, 재암호화)이 줄어들게 되어 학습이 더 빨리 진행
③ 반응시간이 더 짧아지고, 오류가 적어지며, 정신적 부하가 감소하게 된다.

참고 ① 산업안전산업기사 필기 p.2-179(6. 양립성)
② 산업안전산업기사 필기 p.2-6(합격날개 : 은행문제)

KEY 2018년 3월 4일(문제 27번) 출제

[정답] 28 ①　29 ①　30 ②

과년도 출제문제

31 다음 중 통제비에 관한 설명으로 틀린 것은?

① C/D비라고도 한다.
② 최적통제비는 이동시간과 조종시간의 교차점이다.
③ 매슬로우(Maslow)가 정의하였다.
④ 통제기기와 시각표시 관계를 나타내는 비율이다.

해설

최적 C/D비
① 이동 동작과 조종 동작을 절충하는 동작이 수반된다.
② 최적치는 두 곡선의 교점 부호이다.
③ C/D비가 작을수록 이동시간은 짧고, 조종은 어려워서 민감한 조종장치이다.
④ 통제비는 W.L.Jenkins의 시험이다.

참고 ① 산업안전산업기사 필기 p.2-175(4. 통제표시비)
② 산업안전산업기사 필기 p.2-176(합격날개 : 합격예측)

KEY 2019년 3월 4일 기사 출제

32 동전던지기에서 앞면이 나올 확률이 0.7이고, 뒷면이 나올 확률이 0.3일 때, 앞면이 나올 사건의 정보량(A)과 뒷면이 나올 사건의 정보량(B)은 각각 얼마인가?

① A : 0.88[bit], B : 1.74[bit]
② A : 0.51[bit], B : 1.74[bit]
③ A : 0.88[bit], B : 2.25[bit]
④ A : 0.51[bit], B : 2.25[bit]

해설

정보량 계산

① 앞면 = $\dfrac{\log\left(\dfrac{1}{0.7}\right)}{\log 2}$ = 0.51[bit]

② 뒷면 = $\dfrac{\log\left(\dfrac{1}{0.3}\right)}{\log 2}$ = 1.74[bit]

참고 산업안전산업기사 필기 p.2-78(합격날개 : 합격예측)

KEY ① 2013년 3월 10일(문제 27번)
② 2015년 5월 31일(문제 32번)
③ 2021년 8월 14일 기사 등 10회 이상 출제

보충학습

bit(binary unit의 합성어)
① bit란 실현가능성이 같은 2개의 대안 중 하나가 명시되었을 때 얻을 수 있는 정보량
② 정보량 : 실현가능성이 같은 n개의 대안이 있을 때 총 정보량
$H = \log_2 n$

33 모든 시스템 안전 프로그램 중 최초 단계의 분석으로 시스템 내의 위험요소가 어떤 상태에 있는지를 정성적으로 평가하는 방법은?

① CA 　② FHA
③ PHA　④ FMEA

해설

예비위험분석(PHA : Preliminary Hazards Analysis)
① PHA는 모든 시스템안전 프로그램의 최초 단계의 분석기법
② 위험요소가 얼마나 위험한 상태에 있는가를 정성적으로 평가하는 것이다.

참고 산업안전산업기사 필기 p.2-60(2. 예비위험분석)

KEY ① 2016년 5월 8일 산업기사 출제
② 2023년 2월 28일 기사 등 10회 이상 출제

34 다음 그림 중 형상 암호화된 조종 장치에서 단회전용 조종장치로 가장 적절한 것은?

① 　②
③ 　④

해설

제어장치의 형태코드법
① 부류A(복수회전) : 연속조절에 사용하는 놉(knob)으로 빙글빙글 돌릴 수 있는 조절범위가 1회전 이상이며 놉(knob)의 위치가 제어조작의 정보로 중요하지 않다.() : 다회전용
② 부류B(분별회전) : 연속조절에 사용하는 놉(knob)으로 빙글빙글 돌릴 필요가 없고 조절범위가 1회전 미만이며 놉(knob)의 위치가 제어조작의 정보로 중요하다.( ) : 단회전용
③ 부류C(멈춤쇠 위치조정 : 이산 멈춤 위치용) : 놉(knob)의 위치가 제어조작의 중요 정보가 되는 것으로 분산 설정 제어장치로 사용한다.
( )

KEY ① 2010년 7월 25일(문제 32번) 출제
② 2019년 3월 3일(문제 36번) 출제

【정답】 31 ③　32 ②　33 ③　34 ①

35. 동작경제의 원칙에 해당하지 않는 것은?

① 가능하다면 낙하식 운반방법을 사용한다.
② 양손을 동시에 반대 방향으로 움직인다.
③ 자연스러운 리듬이 생기지 않도록 동작을 배치한다.
④ 양손을 동시에 작업을 시작하고, 동시에 끝낸다.

해설

동작경제의 3원칙(길브레드 : Gilbrett)
(1) 동작능력 활용의 원칙
   ① 발 또는 왼손으로 할 수 있는 것은 오른손을 사용하지 않는다.
   ② 양손으로 동시에 작업하고 동시에 끝낸다.
(2) 작업량 절약의 원칙
   ① 적게 운동할 것
   ② 재료나 공구는 취급하는 부근에 정돈할 것
   ③ 동작의 수를 줄일 것
   ④ 동작의 양을 줄일 것
   ⑤ 물건을 장시간 취급할 시 장구를 사용할 것
(3) 동작개선의 원칙
   ① 동작을 자동적으로 리드미컬한 순서로 할 것
   ② 양손은 동시에 반대의 방향으로, 좌우 대칭적으로 운동하게 할 것
   ③ 관성, 중력, 기계력 등을 이용할 것

참고 산업안전산업기사 필기 p.2-76(합격날개 : 합격예측)

KEY 2015년 3월 8일(문제 35번) 출제

36. 인간-기계 시스템에서 기계와 비교한 인간의 장점으로 볼 수 없는 것은?(단, 인공지능과 관련된 사항은 제외한다.)

① 완전히 새로운 해결책을 찾아낸다.
② 여러 개의 프로그램된 활동을 동시에 수행한다.
③ 다양한 경험을 토대로 하여 의사결정을 한다.
④ 상황에 따라 변화하는 복잡한 자극 형태를 식별한다.

해설

정보처리 결정에서 인간의 장점
① 많은 양의 정보를 장시간 보관
② 관찰을 통한 일반화
③ 귀납적 추리
④ 원칙 적용
⑤ 다양한 문제 해결(정서적)

참고 산업안전산업기사 필기 p.2-10(표. 인간과 기계의 기능비교)

KEY
① 2018년 4월 28일 기사 출제
② 2018년 8월 19일 기사 출제
③ 2018년 9월 15일 기사 출제
④ 2019년 9월 21일 출제
⑤ 2023년 6월 4일 기사 출제

37. 다음 중 예비위험분석(PHA)에서 위험의 정도를 분류하는 4가지 범주에 속하지 않는 것은?

① catastrophic   ② critical
③ control   ④ marginal

해설

PHA 위험정도 분류 4가지 범주
① Class – 1 : 파국(catastrophic)
② Class – 2 : 중대(critical)
③ Class – 3 : 한계(marginal)
④ Class – 4 : 무시가능(negligible)

참고 산업안전산업기사 필기 p.2-60(3. PHA의 카테고리 분류)

KEY 2022년 3월 5일 기사 등 5회 이상 출제

38. 자연습구온도가 20[℃]이고, 흑구온도가 30[℃]일 때, 실내의 습구흑구온도지수(WBGT : wet-bulb globe temperature)는 얼마인가?

① 20[℃]   ② 23[℃]
③ 25[℃]   ④ 30[℃]

해설

습구흑구온도지수
WBGT = 0.7 × 자연습구온도(T_w) + 0.3 × 흑구온도(T_g) = (0.7 × 20) + (0.3 × 30) = 23[℃]

참고 산업안전산업기사 필기 p.2-130(2. 습구흑구온도지수)

KEY
① 2016년 5월 8일 기사 출제
② 2023년 6월 4일 기사 등 5회 이상 출제

39. 화학공장(석유화학사업장 등)에서 가동문제를 파악하는 데 널리 사용되며, 위험요소를 예측하고, 새로운 공정에 대한 가동문제를 예측하는 데 사용되는 위험성평가방법은?

① SHA   ② EVP
③ CCFA   ④ HAZOP

해설

HAZOP
① 화학공장 등의 가동문제 파악
② 공정이나 설계도 등의 체계적인 검토
③ 정성적인 방법

[정답] 35 ③ 36 ② 37 ③ 38 ② 39 ④

> **참고** 산업안전산업기사 필기 p.2-66(10. 위험 및 운용성 분석)
>
> **KEY** 2020년 6월 14일(문제 38번) 출제

40 다음 중 음(音)의 크기를 나타내는 단위로만 나열된 것은?

① dB, nit
② phon, lb
③ dB, psi
④ phon, dB

> **해설**
>
> **단위설명**
> ① 음의 단위 : phon, dB
> ② 휘도의 단위 : nit
> ③ 무게의 단위 : lb
> ④ 압력의 단위 : psi
>
> **참고** 산업안전산업기사 필기 p.2-173(합격날개 : 합격예측)
>
> **KEY**
> ① 2008년 7월 27일(문제 25번)
> ② 2010년 5월 9일(문제 21번)
> ③ 2022년 4월 24일 기사 출제

3 기계·기구 및 설비안전관리

41 아세틸렌 용접장치의 발생기실을 옥외에 설치한 경우에는 그 개구부는 다른 건축물로부터 몇 [m] 이상 떨어져야 하는가?

① 1
② 1.5
③ 2.5
④ 3

> **해설**
>
> **발생기실 설치기준**
> ① 사업주는 아세틸렌 용접장치의 아세틸렌 발생기(이하 "발생기"라 한다)를 설치하는 경우에는 전용의 발생기실에 설치하여야 한다.
> ② 발생기실은 건물의 최상층에 위치하여야 하며, 화기를 사용하는 설비로부터 3[m]를 초과하는 장소에 설치하여야 한다.
> ③ 발생기실을 옥외에 설치한 경우에는 그 개구부를 다른 건축물로부터 1.5[m] 이상 떨어지도록 하여야 한다.
>
> **참고** 산업안전산업기사 필기 p.3-116(합격날개 : 합격예측)
>
> **KEY** 2020년 9월 27일 기사 등 10회 이상 출제
>
> **합격정보**
> 산업안전보건기준에 관한 규칙 제286조(발생기실의 설치장소 등)

42 프레스 작업 중 작업자의 신체일부가 위험한 작업점으로 들어가면 자동적으로 정지되는 기능이 있는데, 이러한 안전대책을 무엇이라고 하는가?

① 풀 프루프(fool proof)
② 페일 세이프(fail safe)
③ 인터록(inter lock)
④ 리미트 스위치(limit switch)

> **해설**
>
> **풀프루프(fool proof)**
> ① 기계장치 설계단계에서 안전화를 도모하는 것으로 근로자가 기계 등의 취급을 잘 못해도 사고로 연결 되는 일이 없도록 하는 안전기구로 인간과오(human error)를 방지하기 위한 것이다.
> ② 용도는 가드(guard), 세이프티블록(safety block : 안전블록), 카메라의 이중 촬영방지기구 등이 있다.
>
> **참고** 산업안전산업기사 필기 p.3-4(2. fool proof의 기능을 가질 것)
>
> **KEY**
> ① 2016년 3월 6일 기사 출제
> ② 2023년 6월 4일 기사 등 5회 이상 출제
>
> **보충학습**
> ① 페일 세이프 : 기계나 그 부품에 고장이나 기능 불량이 생겨도 항상 안전하게 작동하는 구조와 기능
> ② 인터록 : 안전한 상태를 확보하도록 한 기계적 전기적 구조로 되어 있는 방호장치로 주어진 조건에 만족하지 않으면 작동할 수 없도록 한 기구
> ③ 리미트 스위치 : 기계의 움직임이 일정한 장소나 위치에 이르게 되면 작동하는 스위치

43 500[rpm]으로 회전하는 연삭기의 숫돌지름이 200[mm]일 때 원주속도[m/min]는?

① 628
② 62.8
③ 314
④ 31.4

> **해설**
>
> **원주속도**
> $$V = \frac{\pi DN}{1,000} = \frac{3.14 \times 200 \times 500}{1,000} = 314[m/min]$$
>
> **참고** 산업안전산업기사 필기 p.3-162(문제 17번) 적중
>
> **KEY** 2018년 3월 4일(문제 41번) 출제

[정답] 40 ④ 41 ② 42 ① 43 ③

44 선반 작업의 안전사항으로 틀린 것은?

① 베드(bed) 위에 공구를 올려놓지 않아야 한다.
② 바이트를 교환할 때는 기계를 정지시키고 한다.
③ 바이트는 끝을 길게 장치한다.
④ 반드시 보안경을 착용한다.

해설
선반작업시 바이트(bite)도 짧게 장착합니다.

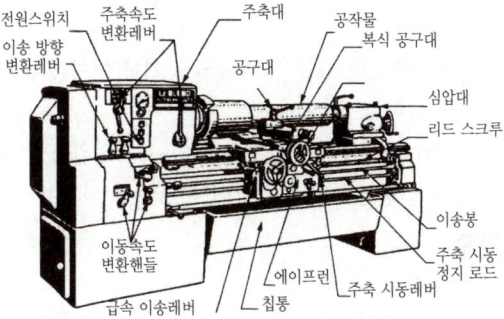
[그림] 선반의 각부 명칭

참고 산업안전산업기사 필기 p.3-84(3. 선반재해 방지대책)

KEY ① 2020년 6월 14일(문제 47번) 출제
② 2023년 2월 28일 기사 출제

45 산업안전보건법령상 양중기의 달기체인에 대한 사용금지 사항으로 틀린 것은?

① 달기체인의 한 꼬임에서 끊어진 소선의 수가 10[%] 이상인 것
② 링의 단면지름이 달기체인이 제조된 때의 해당 링의 지름의 10[%]를 초과하여 감소한 것
③ 달기체인의 길이가 달기체인이 제조된 때의 길이의 5[%]를 초과한 것
④ 균열이 있거나 심하게 변형된 것

해설
달기체인 사용금지 기준
① 달기체인의 길이가 달기체인이 제조된 때의 길이의 5[%]를 초과한 것
② 링의 단면지름이 달기체인이 제조된 때의 해당 링의 지름의 10[%]를 초과하여 감소한 것
③ 균열이 있거나 심하게 변형된 것

KEY ① 2019년 8월 4일 산업기사 출제
② 2020년 6월 14일 산업기사 출제

합격정보
산업안전보건기준에 관한 규칙 제166조(이음매가 있는 와이어로프 등의 사용금지)

46 피복 아크 용접 작업 시 생기는 결함에 대한 설명 중 틀린 것은?

① 스패터(spatter) : 용융된 금속의 작은 입자가 튀어나와 모재에 묻어있는 것
② 언더컷(under cut) : 전류가 과대하고 용접속도가 너무 빠르며, 아크를 짧게 유지하기 어려운 경우 모재 및 용접부의 일부가 녹아서 발생하는 홈 또는 오목하게 생긴 부분
③ 크레이터(crater) : 용착금속 속에 남아있는 가스로 인하여 생긴 구멍
④ 오버랩(overlap) : 용접봉의 운행이 불량하거나 용접봉의 용융 온도가 모재보다 낮을 때 과잉 용착금속이 남아있는 부분

해설
용접결함

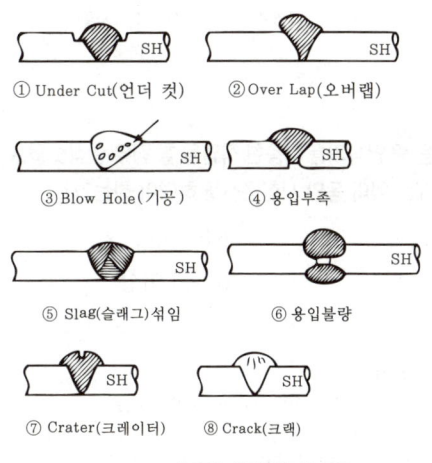
[그림] 용접결함의 종류

KEY ① 2015년 8월 16일 기사 출제
② 2019년 3월 3일 기사·산업기사 동시 출제
③ 2023년 6월 4일(문제 43번) 출제

[정답] 44 ③ 45 ① 46 ③

> **보충학습**
> ① 크레이터(Crater) : 용접 길이의 끝부분에 오목하게 파진 부분
> ② 피트(Pit) : 용착금속 속에 남아있는 가스로 인하여 생긴 구멍

47 컨베이어 작업시작 전 점검해야 할 사항으로 거리가 먼 것은?

① 원동기 및 풀리 기능의 이상 유무
② 이탈 등의 방지장치 기능의 이상 유무
③ 비상정지장치기능의 이상 유무
④ 자동전격방지장치의 이상 유무

> **해설**
> **컨베이어의 작업시작전 점검사항**
> ① 원동기 및 풀리기능의 이상 유무
> ② 이탈 등의 방지장치 기능의 이상 유무
> ③ 비상정지장치 기능의 이상 유무
> ④ 원동기·회전축·기어 및 풀리 등의 덮개 또는 울 등의 이상 유무
>
> **참고** 산업안전산업기사 필기 p.3-54(표. 기계·기구의 위험요소 작업시작 전 점검사항)
>
> **KEY** ① 2017년 8월 26일 기사 출제
> ② 2018년 3월 4일(문제 43번) 출제
>
> **합격정보**
> 산업안전보건기준에 관한 규칙 [별표 3] 작업시작전 점검사항

48 다음 중 연삭기를 이용한 작업을 할 경우 연삭숫돌을 교체한 후에는 얼마 동안 시험운전을 하여야 하는가?

① 1[분] 이상 ② 3[분] 이상
③ 10[분] 이상 ④ 15[분] 이상

> **해설**
> **연삭작업의 안전기준**
> ① 덮개의 설치 기준 : 직경이 50[mm] 이상인 연삭숫돌
> ② 작업 시작하기 전 1[분] 이상, 연삭 숫돌을 교체한 후 3[분] 이상 시운전(숫돌파열이 가장 많이 발생하는 경우는 스위치를 넣는 순간)
> ③ 시운전에 사용하는 연삭숫돌은 작업시작 전 결함유무 확인 후 사용
> ④ 연삭숫돌의 최고 사용회전속도 초과 사용금지
> ⑤ 측면을 사용하는 것을 목적으로 하는 연삭숫돌 이외의 연삭숫돌은 측면 사용금지
>
> **참고** 산업안전산업기사 필기 p.3-97(3. 연삭기 구조면에 있어서 안전대책)
>
> **KEY** ① 2013년 6월 2일(문제 41번) 출제
> ② 2013년 8월 18일(문제 55번) 출제
> ③ 2022년 4월 24일 기사 등 10회 이상 출제

> **합격정보**
> 산업안전보건기준에 관한 규칙 제122조(연삭숫돌의 덮개 등)

49 보일러에서 압력제한스위치의 역할은?

① 최고사용압력과 상용압력 사이에서 보일러의 버너연소를 차단
② 최고사용압력과 상용압력 사이에서 급수펌프 작동을 제한
③ 최고사용압력 도달 시 과열된 공기를 대기에 방출하여 압력 조절
④ 위험압력 시 버너, 급수펌프 및 고저수위조절 장치 등을 통제하여 일정압력 유지

> **해설**
> **압력제한스위치**
> ① 보일러의 과열방지를 위해 최고사용압력과 상용압력 사이에서 버너연소를 차단할 수 있도록 압력제한스위치 부착 사용
> ② 압력계가 설치된 배관상에 설치
>
> **참고** 산업안전산업기사 필기 p.3-124(3. 방호장치의 종류)
>
> **KEY** ① 2010년 7월 25일(문제 58번) 출제
> ② 2021년 5월 15일 기사 출제

50 지게차의 안정도 기준으로 틀린 것은?

① 기준부하상태에서 주행시의 전후 안정도는 8[%] 이내이다.
② 하역작업시의 좌우안정도는 최대하중상태에서 포크를 가장 높이 올리고 마스트를 가장 뒤로 기울인 상태에서 6[%] 이내이다.
③ 하역작업시의 전후안정도는 최대하중상태에서 포크를 가장 높이 올린 경우 4[%] 이내이며, 5톤 이상은 3.5[%] 이내이다.
④ 기준무부하상태에서 주행시의 좌우안정도는 $(15+1.1\times V)[\%]$ 이내이고, V는 구내최고속도 (km/h)를 의미한다.

[정답] 47 ④ 48 ② 49 ① 50 ①

해설

지게차의 안정조건

안정도	도해
하역작업시 전후 안정도 4[%] (5[t] 이상의 것은 3.5[%])	
주행시의 전후 안정도 18[%]	

참고 산업안전산업기사 필기 p.3-139(표 : 지게차의 안정조건)

KEY
① 2016년 5월 8일 출제
② 2016년 8월 21일 출제
③ 2017년 3월 5일(문제 43번) 출제

---

51 산업안전보건법령상 양중기에 사용하지 않아야 하는 달기 체인의 기준으로 틀린 것은?

① 심하게 변형된 것
② 균열이 있는 것
③ 달기 체인의 길이가 달기 체인이 제조된 때의 길이의 3[%]를 초과한 것
④ 링의 단면지름이 달기 체인이 제조된 때의 해당 링의 지름의 10[%]를 초과하여 감소한 것

해설

달기체인의 사용금지 기준
① 달기 체인의 길이가 달기 체인이 제조된 때의 길이의 5[%]를 초과한 것
② 링의 단면지름이 달기 체인이 제조된 때의 해당 링의 지름의 10[%]를 초과하여 감소한 것
③ 균열이 있거나 심하게 변형된 것

참고 산업안전산업기사 필기 p.3-157(합격날개 : 합격예측 및 관련법규)

KEY
① 2019년 8월 4일 (문제 57번) 출제
② 2023년 3월 1일(문제 45번) 확인

합격정보
산업안전보건기준에 관한 규칙 제166조(이음매가 있는 와이어로프등의 사용금지)

---

52 소성가공의 종류가 아닌 것은?

① 단조   ② 압연
③ 인발   ④ 연삭

해설

소성과 절삭
① 소성가공 : 재료의 전·연성을 이용(chip이 나오지 않음)
② 절삭가공 : 가공시 칩(chip)이 발생 (예) 선반, 밀링, 연삭 등

참고 ① 산업안전산업기사 필기 p.3-92(5. 연삭기)
② 산업안전산업기사 필기 p.3-117(합격날개 : 합격예측)

KEY ① 2016년 3월 6일(문제 52번) 출제
② 2023년 6월 17일 지도사 2차 출제

보충학습
소성가공의 종류
① 단조가공(forging)
② 압연가공(rolling)
③ 인발가공(drawing)
④ 압출가공(extruding)
⑤ 프레스가공(press working)
⑥ 전조가공(form rolling)

---

53 다음 중 목재가공용 둥근톱에 설치해야 하는 분할날의 두께에 관한 설명으로 옳은 것은?

① 톱날 두께의 1.1배 이상이고, 톱날의 치진폭보다 커야 한다.
② 톱날 두께의 1.1배 이상이고, 톱날의 치진폭보다 작아야 한다.
③ 톱날 두께의 1.1배 이내이고, 톱날의 치진폭보다 커야 한다.
④ 톱날 두께의 1.1배 이내이고, 톱날의 치진폭보다 작아야 한다.

해설

분할날(spreader)의 두께
① 분할날의 두께는 톱날 1.1배 이상이고 톱날의 치진폭 미만으로 할 것
② 공식 : $1.1t_1 \leq t_2 < b$

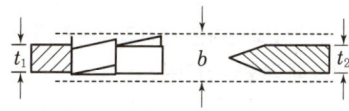

t_1 : 톱날두께 b : 톱날치진폭 t_2 : 분할날두께

[정답] 51 ③ 52 ④ 53 ②

참고) 산업안전산업기사 필기 p.3-135(ⓒ 분할날의 두께)

KEY
① 2017년 3월 5일 기사·산업기사 동시 출제
② 2023년 2월 28일 기사 등 5회 이상 출제

해설
롤러 가드의 개구부 간격
$Y = 6 + 0.15X = 6 + 0.15 \times 60 = 15 [mm]$
X : 가드와 위험점 간의 거리(mm : 안전거리)
Y : 가드 개구부의 간격(mm : 안전간극)
(단, $X \geq 160[mm]$일 때, $Y = 30[mm]$)

참고) 산업안전산업기사 필기 p.3-12(합격날개 : 합격예측)

KEY
① 2016년 8월 21일 산업기사 출제
② 2017년 5월 7일 기사 출제
③ 2018년 8월 19일 산업기사 출제
④ 2020년 8월 14일 기사 등 10회 이상 출제

54 다음 중 컨베이어(conveyor)의 역전방지장치 형식이 아닌 것은?

① 래칫식
② 전기브레이크식
③ 램식
④ 롤러식

해설
역전방지 구분

구분	종류
기계적인 것	래칫식, 롤러식, 밴드식, 웜기어
전기적인 것	전기브레이크, 스러스트브레이크

참고) 산업안전산업기사 필기 p.3-141(3. 컨베이어의 역전방지 장치)

KEY 2023년 2월 28일 기사 등 10회 이상 출제

57 보일러수에 불순물이 많이 포함되어 있을 경우, 보일러수의 비등과 함께 수면부위에 거품을 형성하여 수위가 불안정하게 되는 현상은?

① 프라이밍(priming)
② 포밍(foaming)
③ 캐리오버(carry over)
④ 워터해머(water hammer)

해설
포밍발생원인
① 보일러가 과잉 농축되었을 때
② 열부하가 급격하게 변동해 증감될 때
③ 운전 중 수위조절이 원활하게 이루어지지 못한 경우
④ 보일러의 운전 압력을 너무 낮게 설정해 놓았을 때
⑤ 기수분리기의 불량 등 기계적 고장

참고) 산업안전산업기사 필기 p.3-119(1. 보일러 이상현상의 종류)

KEY
① 2016년 8월 21일 산업기사 출제
② 2021년 3월 7일 기사 출제

55 반복하중을 받는 기계 구조물 설계시 우선 고려해야 할 설계 인자는?

① 극한강도
② 크리프강도
③ 피로한도
④ 항복점

해설
피로(Fatigue)
① 재료에 반복하여 하중을 가하면, 반복하는 횟수가 많아짐에 따라 재료의 강도가 저하되는 현상
② 반복하중 설계시 우선고려인자 : 피로한도

참고) 산업안전산업기사 필기 p.3-220(1. 용어정의)

KEY
① 2017년 5월 7일 기사 출제
② 2023년 6월 4일 기사 출제

58 롤러기의 방호장치 중 복부조작식 급정지 장치의 설치위치 기준에 해당하는 것은?(단, 위치는 급정지장치의 조작부의 중심점을 기준으로 한다.)

① 밑면에서 1.8[m] 이상
② 밑면에서 0.8[m] 미만
③ 밑면에서 0.8[m] 이상 1.1[m] 이내
④ 밑면에서 0.4[m] 이상 0.8[m] 이내

56 개구부에서 회전하는 롤러의 위험점까지 최단거리가 60[mm]일 때 개구부 간격은?

① 10[mm]
② 12[mm]
③ 13[mm]
④ 15[mm]

[정답] 54 ③ 55 ③ 56 ④ 57 ② 58 ③

해설
급정지 장치의 설치위치

급정지장치 조작부의 종류	위 치
손으로 조작하는 것	밑면에서 1.8[m] 이내
작업자의 복부로 조작하는 것	밑면에서 0.8[m] 이상, 1.1[m] 이내
작업자의 무릎으로 조작하는 것	밑면에서 0.6[m] 이내

참고 산업안전산업기사 필기 p.3-113(합격날개 : 합격예측 및 관련법규)

KEY
① 2016년 8월 21일 기사 출제
② 2017년 3월 5일 기사·산업기사 동시 출제
③ 2023년 6월 4일 기사 등 10회 이상 출제

합격정보
산업안전보건법 시행령 제77조(자율안전확인대상기계등) 1항 2호 다목

59 드릴머신에서 얇은 철판이나 동판에 구멍을 뚫을 때 올바른 작업방법은?

① 테이블에 고정한다.
② 클램프로 고정한다.
③ 드릴 바이스에 고정한다.
④ 각목을 밑에 깔고 기구로 고정한다.

해설
공작물 고정방법
① 얇은 철판은 휘어지므로 각목을 깔고 작업한다.
② 바이스 : 작은 공작물 고정에 사용한다.
③ 볼트와 고정구(클램프) : 공작물이 크고 복잡할 경우 사용한다.
④ 지그 : 대량생산과 정밀도를 요구할 경우 사용한다.

[그림] 직립 드릴링머신

참고 산업안전산업기사 필기 p.3-92(3. 드릴작업 시 안전대책)

KEY
① 2018년 8월 19일 산업기사 출제
② 2021년 5월 15일 기사 출제

60 산업안전보건법령에 따라 압력용기에 설치하는 안전밸브의 설치 및 작동에 관한 설명으로 틀린 것은?

① 다단형 압축기에는 각 단별로 안전밸브 등을 설치하여야 한다.
② 안전밸브는 이를 통하여 보호하려는 설비의 최저 사용압력 이하에서 작동되도록 설정하여야 한다.
③ 화학공정 유체와 안전밸브의 디스크 또는 시트가 직접 접촉될 수 있도록 설치된 경우에는 매년 1회 이상 국가교정기관에서 교정을 받은 압력계를 이용하여 검사한 후 납으로 봉인하여 사용한다.
④ 공정안전보고서 이행상태 평가결과가 우수한 사업장의 안전밸브의 경우 검사주기는 4년마다 1회 이상이다.

해설
안전밸브의 작동요건
① 안전밸브 등을 통하여 보호하려는 설비의 최고사용압력 이하에서 작동되도록 하여야 한다.
② 다만, 안전밸브 등이 2개 이상 설치된 경우에 1개는 최고사용압력의 1.05배(외부화재를 대비한 경우에는 1.1배) 이하에서 작동되도록 설치할 수 있다.

참고 산업안전산업기사 필기 p.4-99(합격날개 : 합격예측 및 관련법규)

KEY
① 2014년 3월 2일(문제 51번) 출제
② 2019년 3월 3일(문제 60번) 출제

합격정보
산업안전보건기준에 관한 규칙 제264조(안전밸브 등의 작동요건)

4 전기 및 화학설비 안전관리

61 전기불꽃이나 과열에 대해서 회로특성상 폭발의 위험을 방지할 수 있는 방폭구조는?

① 내압방폭구조   ② 유입방폭구조
③ 안전증방폭구조 ④ 압력방폭구조

해설
안전증방폭구조(e)
정상 운전중에 폭발성 가스 또는 증기에 점화원이 될 전기불꽃, 아크 또는 고온이 되어서는 안 될 부분에 이런 것의 발생을 방지하기 위하여 기계적, 전기적 구조상 또는 온도상승에 대해서 특히 안전도를 증강시킨 구조

[**정답**] 59 ④ 60 ② 61 ③

참고 ① 산업안전산업기사 필기 p.4-54(3. 안전증방폭구조)
② 2014년 3월 2일(문제 69번)
③ 2014년 5월 25일(문제 63번)

KEY ① 2013년 6월 2일(문제 69번)
② 2020년 9월 27일 기사 등 5회 이상 출제

62 다음 중 정전기 재해의 방지대책으로 가장 적절한 것은?

① 절연도가 높은 플라스틱을 사용한다.
② 대전하기 쉬운 금속은 접지를 실시한다.
③ 작업장 내의 온도를 낮게 해서 방전을 촉진시킨다.
④ (+), (−) 전하의 이동을 방해하기 위하여 주위의 습도를 낮춘다.

해설
정전기 방지 대책

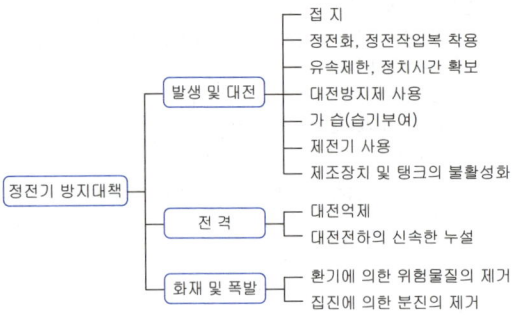

참고 산업안전산업기사 필기 p.4-36(그림. 정전기방지대책)

KEY ① 2016년 5월 8일 기사 출제
② 2016년 8월 21일 기사 출제
③ 2017년 5월 7일 산업기사 출제
④ 2023년 6월 4일 기사 등 10회 이상 출제

63 근로자가 활선작업용 기구를 사용하여 작업할 경우 근로자의 신체 등과 충전전로 사이의 선간전압별 접근한계 거리가 틀린 것은?

① 15[kV] 초과 37[kV] 이하 : 80[cm]
② 37[kV] 초과 88[kV] 이하 : 110[cm]
③ 121[kV] 초과 145[kV] 이하 : 150[cm]
④ 242[kV] 초과 362[kV] 이하 : 380[cm]

해설
충전전로 접근 한계 거리

충전전로의 선간전압 (단위 : [kV])	충전전로에 대한 접근 한계거리 (단위 : [cm])
0.3 이하	접촉금지
0.3 초과 0.75 이하	30
0.75 초과 2 이하	45
2 초과 15 이하	60
15 초과 37 이하	90
37 초과 88 이하	110
88 초과 121 이하	130
121 초과 145 이하	150
145 초과 169 이하	170
169 초과 242 이하	230
242 초과 362 이하	380
362 초과 550 이하	550
550초과 800 이하	790

참고 산업안전산업기사 필기 p.4-89(문제 32번)

KEY ① 2016년 5월 8일 기사 출제
② 2018년 3월 4일 기사 출제
③ 2023년 3월 5일 기사 등 10회 이상 출제

합격정보
산업안전보건기준에 관한 규칙 제321조(충전전로에서의 전기작업)

64 다음 중 전류밀도, 통전전류, 접촉면적과 피부저항과의 관계를 설명한 것으로 옳은 것은?

① 같은 크기의 전류가 흘러도 접촉면적이 커지면 피부저항은 작게 된다.
② 같은 크기의 전류가 흘러도 접촉면적이 커지면 전류밀도는 커진다.
③ 전류밀도와 접촉면적은 비례한다.
④ 전류밀도와 전류는 반비례한다.

해설
접촉면적이 작으면 피부저항은 크고 접촉면적이 넓으면 피부저항은 작다.

참고 산업안전산업기사 필기 p.4-25(문제 1번)

KEY 2012년 3월 4일(문제 64번) 출제

보충학습
ESR(electric skin resistance)
피부전기저항은 피부에 전류를 흘렸을 때 그에 대항하여 생기는 피부 내의 전기저항

[정답] 62 ② 63 ① 64 ①

65 다음 중 누전화재라는 것을 입증하기 위한 요건이 아닌 것은?

① 누전점
② 발화점
③ 접지점
④ 접속점

해설

전기누전으로 인한 화재의 조사사항
① 누전점 : 전류가 유입된 것으로 예상되는 곳
② 발화점 : 발화된 곳으로 예상되는 장소
③ 접지점 : 접지의 위치 및 저항값의 적정성

참고) 산업안전산업기사 필기 p.4-75(합격날개 : 합격예측 및 관련법규)

KEY) 2013년 3월 10일(문제 70번) 출제

66 절연체에 발생한 정전기는 일정 장소에 축적되었다가 점차 소멸되는데 처음 값의 몇[%]로 감소되는 시간을 그 물체의 "시정수" 또는 "완화시간"이라고 하는가?

① 25.8
② 36.8
③ 45.8
④ 67.8

해설

시정수(완화시간 : time constant)
① 절연체에 발생한 정전기는 일정장소에 축적되었다가 점차 감소되는데 처음 값의 36.8[%]로 감소되는 시간을 시정수라한다.
② 완화시간은 영전위 소요시간의 1/4~1/15 정도이다.

참고) 산업안전산업기사 필기 p.4-33(2. 완화시간)

KEY) ① 2017년 5월 7일 기사 출제
② 2020년 6월 14일(문제 70번) 출제

67 송전선의 경우 복도체 방식으로 송전하는데 이는 어떤 방전 손실을 줄이기 위한 것인가?

① 코로나방전
② 평등방전
③ 불꽃방전
④ 자기방전

해설

코로나방전(Corona Discharge)
① 국부적으로 전계가 집중되기 쉬운 돌기상 부분에서는 발광방전에 도달하기 전에 먼저 지속방전이 발생하고, 다른 부분은 절연이 파괴되지 않은 상태의 방전이며 국부파괴(Partial Breakdown) 상태이다.
② 공기중 O_3 발생

참고) 산업안전산업기사 필기 p.4-34(3. 방전의 형태 및 영향)

KEY) ① 2016년 5월 8일 기사·산업기사 동시 출제
② 2017년 3월 5일 기사·산업기사 동시 출제
③ 2023년 2월 28일 기사 출제

68 방폭전기기기를 선정할 경우 고려할 사항으로 가장 거리가 먼 것은?

① 접지공사의 종류
② 가스 등의 발화온도
③ 설치될 지역의 방폭지역 등급
④ 내압방폭구조의 경우 최대 안전틈새

해설

방폭전기기기의 선정시 고려할 사항
① 방폭전기기기가 설치될 지역의 방폭지역 등급 구분
② 가스 등의 발화온도
③ 내압방폭구조의 경우 최대 안전틈새
④ 본질안전방폭구조의 경우 최소 점화전류
⑤ 압력방폭구조, 유입방폭구조, 안전증방폭구조의 경우 최고 표면온도
⑥ 방폭전기기기가 설치될 장소의 주변온도, 표고, 상대습도, 먼지, 부식성 가스 또는 습기등의 환경조건

참고) 산업안전산업기사 필기 p.4-61(3. 방폭전기기기의 선정요건)

KEY) 2015년 3월 8일(문제 69번) 출제

69 인체가 전격을 당했을 경우 통전시간이 1초라면 심실세동을 일으키는 전류값[mA]은?(단, 심실세동전류값은 Dalziel의 관계식을 이용한다.)

① 100
② 165
③ 180
④ 215

해설

심실세동(치사)전류

전격의 영향	통전전류(값)
심근의 미세한 진동으로 혈액을 송출하는 펌프의 기능이 장애를 받는 현상을 심실세동이라 하며 이때의 전류	$I = \dfrac{165}{\sqrt{T}}$[mA] I : 심실세동전류[mA] T : 통전시간(s)

참고) 산업안전산업기사 필기 p.4-17(3. 통전전류에 따른 인체의 영향)

[정답] 65 ④ 66 ② 67 ① 68 ① 69 ②

KEY
① 2013년 8월 18일 문제 68번 출제
② 2015년 3월 8일 기사 출제
③ 2017년 3월 5일 기사 출제
④ 2017년 5월 7일 기사 출제
⑤ 2018년 4월 28일 기사 출제
⑥ 2023년 6월 4일 출제

70 전기설비 등에는 누전에 의한 감전의 위험을 방지하기 위하여 전기기계·기구의 접지를 실시하도록 하고 있다. 전기기계·기구의 접지에 대한 설명 중 틀린 것은?

① 특별고압의 전기를 취급하는 변전소·개폐소 그 밖에 이와 유사한 장소에서는 지락(地絡)사고가 발생할 경우 접지극의 전위상승에 의한 감전위험을 감소시키기 위한 조치를 하여야 한다.
② 코드 및 플러그를 접속하여 사용하는 전압이 대지전압 110[V]를 넘는 전기기계·기구가 노출된 비충전 금속체에는 접지를 반드시 실시하여야 한다.
③ 접지설비에 대하여는 상시 적정상태 유지여부를 점검하고 이상을 발견한 때에는 즉시 보수하거나 재설치하여야 한다.
④ 전기기계·기구의 금속체 외함·금속제 외피 및 철대에는 접지를 실시하여야 한다.

해설

누전차단기를 설치하여야 되는 장소
① 전기기계·기구 중 대지전압이 150[V]를 초과하는 이동형 또는 휴대형의 것
② 물 등 도전성이 높은 액체에 의한 습윤장소
③ 철판·철골 위 등 도전성이 높은 장소
④ 임시배선의 전로가 설치되는 장소

참고) 산업안전산업기사 필기 p.4-6(2. 누전차단기 설치 장소)

KEY
① 2019년 8월 4일 (문제 62번) 출제
② 2020년 6월 14일(문제 70번) 출제

합격정보
산업안전보건기준에 관한 규칙 제304조(누전차단기에 의한 감전방지)

71 소화방법에 대한 주된 소화원리로 틀린 것은?

① 물을 살포한다. : 냉각소화
② 모래를 뿌린다. : 질식소화
③ 초를 불어서 끈다. : 억제소화
④ 담요로 덮는다. : 질식소화

해설

제거소화
가연물(연료)을 제거하거나 가연성 액체의 농도를 희석시켜 연소를 저지하는 것을 말한다.
① 촛불 : 고체파라핀의 액체상태 표면에서 발생한 증기가 연소하는 것으로 입김으로 가연성 증기를 날려보냄으로써 소화
② 유전화재 : 발생증기의 연소이므로 폭약을 사용하여 순간적으로 폭풍을 일으켜 발생증기를 날려보냄으로써 소화
③ 산불 : 화재진행방향의 나무를 잘라 제거
④ 가스화재 : 밸브를 잠그고 가스공급을 차단
⑤ 전기화재 : 전원을 차단

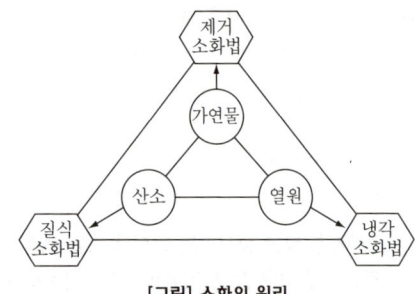

[그림] 소화의 원리

참고) 산업안전산업기사 필기 p.4-106(2. 소화의 종류)

KEY
① 2014년 8월 17일(문제 73번) 출제
② 2021년 3월 7일 기사 출제

72 다음 중 분진폭발의 가능성이 가장 낮은 물질은?

① 소맥분   ② 마그네슘
③ 질석가루   ④ 석탄

해설

분진 폭발 물질
① 금속 : Al, Mg, Fe, Mn, Si, Sn
② 분말 : 티탄, 바나듐, 아연, Dow합금
③ 농산물 : 밀가루, 녹말, 솜, 쌀, 콩, 코코아, 커피

참고) 산업안전산업기사 필기 p.4-103(표. 증기폭발, 분진폭발, 분해폭발)

KEY
① 2016년 5월 8일 기사 출제
② 2017년 8월 26일 기사 출제

보충학습
질석
① 질석은 퍼미큐라이트 라고 하는 건축용자재로서 파종이나 삽목에 토양으로 사용하는 재료
② 주로 펄라이트와 배합을 해서 사용

[정답] 70 ② 71 ③ 72 ③

73 산업안전보건법령에서 정한 위험물질의 종류에서 "물반응성 물질 및 인화성 고체"에 해당하는 것은?

① 니트로화합물　② 과염소산
③ 아조화합물　　④ 칼륨

해설

물반응성 물질 및 인화성 고체의 종류
① 리튬
② 칼륨·나트륨
③ 황
④ 황린
⑤ 황화인·적린
⑥ 셀룰로이드류
⑦ 알킬알루미늄 및 알킬리튬
⑧ 마그네슘 분말
⑨ 금속 분말(마그네슘 분말은 제외한다)
⑩ 알칼리금속(리튬·칼륨 및 나트륨은 제외한다)
⑪ 유기 금속화합물(알킬알루미늄 및 알킬리튬은 제외한다)
⑫ 금속의 수소화물
⑬ 금속의 인화물
⑭ 칼슘 탄화물, 알루미늄 탄화물
⑮ 그 밖에 ①항 부터 ⑩항 까지의 물질과 같은 정도의 발화성 또는 인화성이 있는 물질
⑯ ①항 부터 ⑮항 까지의 물질을 함유한 물질

참고 산업안전산업기사 필기 p.4-129(2. 물 반응성 물질 및 인화성 고체)
KEY 2017년 3월 5일(문제 72번) 출제

합격정보
산업안전보건기준에 관한규칙 [별표 1] 위험물질의 종류

74 건조설비구조에 관한 설명으로 옳지 않은 것은?

① 건조설비의 외면은 불연성 재료로 한다.
② 위험물 건조설비의 측벽이나 바닥은 견고한 구조로 한다.
③ 건조설비의 내부는 청소할 수 있는 구조로 되어서는 안 된다.
④ 건조설비의 내부 온도는 국부적으로 상승되는 구조로 되어서는 안 된다.

해설
건조설비 내부는 청소하기 쉬운 구조로 할 것
참고 산업안전산업기사 필기 p.4-148(합격날개 : 합격예측 및 관련법규)
KEY 2015년 3월 8일 출제

보충학습
건조설비의 구조 등
사업주는 건조설비를 설치하는 경우에 다음 각 호와 같은 구조로 설치하여야 한다. 다만, 건조물의 종류, 가열건조의 정도, 열원(熱源)의 종류 등에 따라 폭발이나 화재가 발생할 우려가 없는 경우에는 그러하지 아니하다.
① 건조설비의 바깥 면은 불연성 재료로 만들 것
② 건조설비(유기과산화물을 가열 건조하는 것은 제외한다)의 내면과 내부의 선반이나 틀은 불연성 재료로 만들 것
③ 위험물 건조설비의 측벽이나 바닥은 견고한 구조로 할 것
④ 위험물 건조설비는 그 상부를 가벼운 재료로 만들고 주위상황을 고려하여 폭발구를 설치할 것
⑤ 위험물 건조설비는 건조하는 경우에 발생하는 가스·증기 또는 분진을 안전한 장소로 배출시킬 수 있는 구조로 할 것
⑥ 액체연료 또는 인화성 가스를 열원의 연료로 사용하는 건조설비는 점화하는 경우에는 폭발이나 화재를 예방하기 위하여 연소실이나 그 밖에 점화하는 부분을 환기시킬 수 있는 구조로 할 것
⑦ 건조설비의 내부는 청소하기 쉬운 구조로 할 것
⑧ 건조설비의 감시창·출입구 및 배기구 등과 같은 개구부는 발화 시에 불이 다른 곳으로 번지지 아니하는 위치에 설치하고 필요한 경우에는 즉시 밀폐할 수 있는 구조로 할 것
⑨ 건조설비는 내부의 온도가 국부적으로 상승하지 아니하는 구조로 설치할 것
⑩ 위험물 건조설비 열원으로서 직화를 사용하지 아니할 것
⑪ 위험물 건조설비가 아닌 건조설비의 열원으로서 직화를 사용하는 경우에는 불꽃 등에 의한 화재를 예방하기 위하여 덮개를 설치하거나 격벽을 설치할 것

75 다음 중 폭발한계에 영향을 주는 요소에 관한 설명으로 틀린 것은?

① 일반적으로 폭발범위는 온도상승에 의해서 넓게 된다.
② 폭발하한값은 일반적으로 압력상승에 따라 증가한다.
③ 폭발상한값은 산소농도가 증가하면 현저히 증가한다.
④ 폭발범위는 위쪽으로 전파하는 화염에서 측정할 경우 가장 넓은 값이 나온다.

해설
인화성 가스의 폭발범위
① 폭발한계(연소범위)란 인화성 물질이 기체상태에서 공기와 혼합하여 일정농도 범위내에서 연소가 일어나는 범위를 말한다.(인화성 가스와 공급 혼합비)
② 폭발한계는 하한계(하한값)와 상한계(상한값)로 표시한다.
③ 상한계란 용량으로 연소가 계속되는 최대용량비를 말한다.

[정답] 73 ④　74 ③　75 ②

④ 하한계란 용량으로 연소가 계속되는 최저용량비를 말한다.
⑤ 위험성은 하한계가 낮으면 낮을수록 연소범위가 넓으면 넓을수록 위험하다.
⑥ 압력상승 시는 하한계는 불변, 상한계만 상승한다.

참고 산업안전산업기사 필기 p.4-118(문제 17번)

KEY 2011년 3월 20일(문제 78번) 출제

---

76 물질안전보건자료(MSDS)의 작성 항목이 아닌 것은?

① 물리화학적 특성
② 유해물질의 제조법
③ 독성에 관한 정보
④ 응급처치요령

해설

MSDS(물질안전보건자료) 작성 항목
① 물리·화학적 특성
② 독성에 관한 정보
③ 폭발·화재 시의 대처방법
④ 응급처치 요령
⑤ 그 밖에 고용노동부장관이 정하는 사항

참고 ① 산업안전보건법 제110조(물질안전보건자료의 작성·비치 등)
② 산업안전보건법 시행규칙 제156조(변경이 필요한 물질안전보건자료의 항목 및 제출시기)
③ 산업안전산업기사 필기 p.1-233[6.MSDS (물질 안전보건자료)의 작성·비치]

KEY ① 2010년 7월 25일(문제 73번) 출제
② 2014년 3월 2일(문제 76번) 출제

---

77 여러 가지 성분의 액체 혼합물을 각 성분별로 분리하고자 할 때 비점의 차이를 이용하여 분리하는 화학설비를 무엇이라 하는가?

① 건조기
② 반응기
③ 진공관
④ 증류탑

해설

증류탑(Distillation tower)
① 용액의 성분을 증발시켜서 끓는 점 차이를 이용하여 증발분을 응축하여 원하는 성분별로 분류하는 기기
② 운전개시 전 탑 내의 잔류산소 : 2[%] 이하

참고 산업안전산업기사 필기 p.4-145(2. 증류탑)

KEY 2017년 3월 5일 기사·산업기사 동시 출제

---

78 배관용 부품에 있어 사용되는 용도가 다른 것은?

① 엘보(elbow)
② 티이(T)
③ 크로스(cross)
④ 밸브(valve)

해설

배관부품용도

용도	종류
두 개의 관을 연결할 때	플랜지, 유니언, 커플링, 니플, 소켓
관로의 방향을 바꿀 때	엘보, Y지관, 티, 십자
관로의 크기를 바꿀 때	축소관, 부싱
가지관을 설치할 때	티(T), Y지관, 십자
유로를 차단할 때	플러그, 캡, 밸브
유량 조절	밸브

참고 산업안전산업기사 필기 p.4-152(합격날개 : 합격예측)

KEY 2023년 2월 28일 기사 등 10회 이상 출제

---

79 다음 중 산업안전보건기준에 관한 규칙에서 규정하는 급성 독성 물질에 해당되지 않는 것은?

① 쥐에 대한 경구투입실험에 의하여 실험동물의 50[%]를 사망시킬 수 있는 물질의 양이 [kg]당 300[mg]-(체중) 이하인 화학물질
② 쥐에 대한 경피흡수실험에 의하여 실험동물의 50[%]를 사망시킬 수 있는 물질의 양이 [kg]당 1,000[mg]-(체중) 이하인 화학물질
③ 토기에 대한 경피흡수실험에 의하여 실험동물의 50[%]를 사망시킬 수 있는 물질의 양이 [kg]당 1,000[mg]-(체중) 이하인 화학물질
④ 쥐에 대한 4시간 동안의 흡입실험에 의하여 실험동물의 50[%]를 사망시킬 수 있는 가스의 농도가 3,000[ppm] 이상인 화학물질

해설

독성 물질 시험
① 쥐에 대한 경구 투입실험에 의하여 실험동물의 50[%]를 사망시킬 수 있는 물질의 양
② 즉 LD_{50}(경구, 쥐)이 킬로그램당(체중) 300[mg] 이하인 화학물질

참고 산업안전산업기사 필기 p.4-130(6. 급성독성물질)

[**정답**] 76 ② 77 ④ 78 ④ 79 ④

KEY ① 2018년 3월 4일 (문제 77번) 출제
② 2020년 6월 14일(문제 80번) 출제

합격정보
산업안전보건기준에 관한 규칙 [별표 1] 위험물질의 종류

80 건조설비의 사용에 있어 500~800[℃]범위의 온도에 가열된 스테인리스강에서 주로 일어나며, 탄화크롬이 형성되었을 때 결정경계면의 크롬함유량이 감소하여 발생되는 부식형태는?

① 전면부식 ② 층상부식
③ 입계부식 ④ 격간부식

해설

입계부식 방지법
① 고온 용체화 : (용접후) 1,000[℃]이상의 고온 처리(탄화물을 분해)후 급냉 (수냉) → Cr탄화물이 재용해되어 고용체가 된다.
② 안정화 : Cr보다 탄화물 생성이 용이한 합금원소(347형과 321형에 Nb와 Ti)를 첨가해 Cr탄화물이 형성되지 못하게
③ 저탄소화(0.03[%])이하 : (Cr탄화물이 형성하지 않을 정도로) 탄소 함량을 0.03wt[%] 이하로 낮추어 크롬탄화물이 생성되는 것을 방지
예) 304L 스테인리스강

참고 산업안전산업기사 필기 p.4-189(합격날개 : 은행문제)

KEY ① 2015년 8월 16일(문제 76번) 출제
② 2019년 3월 3일(문제 79번) 출제

보충학습
① 전면부식 : 금속의 표면이 거의 균일하게 침식되는 현상
② 층상부식 : 압연, 압출 등의 가공에 의해 생긴 층상의 조직에 따라 생기는 부식현상

5 건설공사 안전관리

81 깊이 10.5[m] 이상의 굴착공사시 흙막이 구조의 안전을 위하여 설치하여야 할 계측기가 아닌 것은?

① 양중기 ② 수위계
③ 경사계 ④ 응력계

해설

계측기의 종류
① 수위계   ② 경사계
③ 하중 및 침하계 ④ 응력계

KEY ① 2010년 3월 7일(문제 81번) 출제
② 2017년 3월 5일(문제 82번) 출제

합격정보
굴착공사표준안전작업지침 제15조(착공전조사) : 2023년 7월 1일 법 개정

82 안전난간의 구조 및 설치기준으로 옳지 않은 것은?

① 안전난간은 상부난간대, 중간난간대, 발끝막이판, 난간기둥으로 구성할 것
② 상부난간대와 중간난간대의 난간 길이 전체에 걸쳐 바닥면 등과 평행을 유지할 것
③ 발끝막이판은 바닥면 등으로부터 10[cm] 이상의 높이를 유지할 것
④ 안전난간은 구조적으로 가장 취약한 지점에서 가장 취약한 방향으로 작용하는 80[kg] 이상의 하중에 견딜 수 있는 튼튼한 구조일 것

해설

안전난간의 구조 및 설치기준
① 상부난간대, 중간난간대, 발끝막이판 및 난간기둥으로 구성할 것. 다만, 중간난간대, 발끝막이판 및 난간기둥은 이와 비슷한 구조와 성능을 가진 것으로 대체할 수 있다.
② 상부난간대는 바닥면·발판 또는 경사로의 표면(이하 "바닥면 등"이라 한다)으로부터 90[cm] 이상 지점에 설치하고, 상부 난간대를 120[cm] 이하에 설치하는 경우에는 중간난간대는 상부난간대와 바닥면 등의 중간에 설치하여야 하며, 120 [cm] 이상 지점에 설치하는 경우에는 중간 난간대를 2단 이상으로 균등하게 설치하고 난간의 상하 간격은 60[cm] 이하가 되도록 할 것(다만, 난간기둥 간의 간격이 25센티미터 이하인 경우에는 중간 난간대를 설치하지 않을 수 있다.)
③ 발끝막이판은 바닥면 등으로부터 10[cm] 이상의 높이를 유지할 것. 다만, 물체가 떨어지거나 날아올 위험이 없거나 그 위험을 방지할 수 있는 망을 설치하는 등 필요한 예방 조치를 한 장소는 제외한다.
④ 난간기둥은 상부난간대와 중간난간대를 견고하게 떠받칠 수 있도록 적정한 간격을 유지할 것
⑤ 상부난간대와 중간난간대는 난간 길이 전체에 걸쳐 바닥면 등과 평행을 유지할 것
⑥ 난간대는 지름 2.7[cm] 이상의 금속제 파이프나 그 이상의 강도가 있는 재료일 것
⑦ 안전난간은 구조적으로 가장 취약한 지점에서 가장 취약한 방향으로 작용하는 100[kg] 이상의 하중에 견딜 수 있는 튼튼한 구조일 것

참고 산업안전산업기사 필기 p.5-151(합격날개 : 합격예측 및 관련법규)

KEY 2023년 2월 28일 기사 등 5회 이상 출제

합격정보
산업안전보건기준에 관한 규칙 제13조(안전난간의 구조 및 설치요건)

[정답] 80 ③ 81 ① 82 ④

83. 화물을 적재하는 경우 준수하여야 할 사항으로 옳지 않은 것은?

① 침하 우려가 없는 튼튼한 기반 위에 적재할 것
② 화물의 압력정도와 관계없이 건물의 벽이나 칸막이 등을 이용하여 화물을 기대어 적재할 것
③ 하중이 한쪽으로 치우치지 않도록 쌓을 것
④ 불안정할 정도로 높이 쌓아 올리지 말 것

해설

화물 적재시 준수사항
① 침하의 우려가 없는 튼튼한 기반위에 적재할 것
② 건물의 칸막이나 벽 등이 화물의 압력에 견딜만큼의 강도를 지니지 아니한 때에는 칸막이나 벽에 기대어 적재하지 않도록 할 것
③ 불안정할 정도로 높이 쌓아 올리지 말 것
④ 하중이 한쪽으로 치우치지 않도록 쌓을 것

참고) 산업안전산업기사 필기 p.5-184(합격날개 : 합격예측 및 관련법규)

KEY ① 2017년 8월 26일 산업기사 출제
② 2019년 4월 27일 기사 출제

합격정보) 산업안전보건기준에 관한 규칙 제393조(화물의 적재)

84. 이동식 비계 작업 시 주의사항으로 옳지 않은 것은?

① 비계의 최상부에서 작업을 하는 경우에는 안전난간을 설치한다.
② 이동 시 작업지휘자가 이동식 비계에 탑승하여 이동하며 안전여부를 확인하여야 한다.
③ 비계를 이동시키고자 할 때는 바닥의 구멍이나 머리 위의 장애물을 사전에 점검한다.
④ 작업발판은 항상 수평을 유지하고 작업발판 위에서 안전난간을 딛고 작업을 하거나 받침대 또는 사다리를 사용하여 작업하지 않도록 한다.

해설

비계 이동시 작업지휘나 작업원이 탄채로 이동하면 안된다.

참고) 산업안전산업기사 필기 p.5-96(4. 이동식 비계)

KEY ① 2011년 8월 21일(문제 81번) 출제
② 2020년 6월 14일(문제 85번) 출제

합격정보) 산업안전보건기준에 관한 규칙 제68조(이동식비계)

[그림] 이동식 비계

85. 해체용 기계·기구의 취급에 대한 설명으로 틀린 것은?

① 해머는 적절한 직경과 종류의 와이어로프에 매달아 사용해야 한다.
② 압쇄기는 셔블(shovel)에 부착설치하여 사용한다.
③ 차체에 무리를 초래하는 중량의 압쇄기 부착을 금지한다.
④ 해머 사용 시 충분한 견인력을 갖춘 도저에 부착하여 사용한다.

해설

해체용 기계·기구의 안전기준
① 해머는 적절한 직경과 종류의 와이어로프에 매달아 사용한다.
② 압쇄기는 셔블(shovel)에 부착설치하여 사용한다.
③ 차체에 무리를 초래하는 중량의 압쇄기 부착을 금지한다.
④ 해머는 이동식 크레인에 부착한다.

참고) 산업안전산업기사 필기 p.5-139(3. 철해머)

KEY 2015년 3월 8일(문제 89번) 출제

86. 철근콘크리트공사에서 슬래브에 대하여 거푸집동바리를 설치할 때 고려해야 할 사항으로 가장 거리가 먼 것은?

① 철근콘크리트의 고정하중
② 타설시의 충격하중
③ 콘크리트의 측압에 의한 하중
④ 작업인원과 장비에 의한 하중

[정답] 83 ② 84 ② 85 ④ 86 ③

> 해설

연직방향 하중
① 타설콘크리트 고정하중
② 타설시 충격하중
③ 작업원 등의 작업하중

> 참고 산업안전산업기사 필기 p.5-146(1. 연직하중)

> KEY 2015년 3월 8일(문제 89번) 출제

> 보충학습

연직하중(W) = 고정하중 + 활하중
　　　　　 = (콘크리트 + 거푸집)중량 + (충격 + 작업)하중
　　　　　 = ($r \cdot t$ + 40)[kg/m²] + 250[kg/m²]
(r : 철근콘크리트 단위중량[kg/m³], t : 슬래브 두께[m])

87 산업안전보건관리비 중 안전시설비 등의 항목에서 사용가능한 내역은?

① 외부인 출입금지, 공사장 경계표시를 위한 가설 울타리
② 용접 작업 등 화재 위험작업 시 사용하는 소화기의 구입·임대비용
③ 절토부 및 성토부 등의 토사유실 방지를 위한 설비
④ 공사 목적물의 품질 확보 또는 건설장비 자체의 운행 감시, 공사 진척상황 확인, 방범 등의 목적을 가진 CCTV 등 감시용 장비

> 해설

안전시설비 사용가능내역
① 산업재해 예방을 위한 안전난간, 추락방호망, 안전대 부착설비, 방호장치(기계·기구와 방호장치가 일체로 제작된 경우, 방호장치 부분의 가액에 한함)등 안전시설의 구입·임대 및 설치를 위해 소요되는 비용
② 「산업재해예방시설자금 융자금 지원사업 및 보조금 지급사업 운영규정」(고용노동부고시) 제2조제12호에 따른 "스마트안전장비 지원사업" 및 「건설기술진흥법」 제62조의3에 따른 스마트 안전장비 구입·임대 비용. 다만, 제4조에 따라 계상된 산업안전보건관리비 총액의 10분의 1을 초과할 수 없다.
③ 용접 작업 등 화재 위험작업 시 사용하는 소화기의 구입·임대비용

> KEY ① 2017년 5월 7일 기사 출제
> 　　　② 2018년 3월 4일 기사 출제
> 　　　③ 2019년 3월 3일(문제 92번) 출제

> 합격정보

고용노동부고시 2025-11(2025. 2. 12) 개정

88 철근을 인력으로 운반할 때의 주의사항으로서 옳지 않은 것은?

① 긴 철근은 2[인] 1[조]가 되어 어깨메기로 하여 운반한다.
② 긴 철근을 부득이 1[인]이 운반할 때는 철근의 한쪽을 어깨에 메고 다른 한쪽 끝을 땅에 끌면서 운반한다.
③ 1[인]이 1회에 운반할 수 있는 적당한 무게한도는 운반자의 몸무게 정도이다.
④ 운반시에는 항상 양끝을 묶어 운반한다.

> 해설

철근 인력 운반 시 주의사항
① 1[인]당 무게는 25[kg] 정도가 적절하며, 무리한 운반을 삼가야 한다.
② 2[인] 이상이 1[조]가 되어 어깨메기로 하여 운반하는 등 안전을 도모하여야 한다.
③ 긴 철근을 부득이 한 사람이 운반하는 경우에는 한쪽을 어깨에 메고 한쪽 끝을 끌면서 운반하여야 한다.
④ 운반하는 경우에는 양끝을 묶어 운반하여야 한다.
⑤ 내려놓을 때는 천천히 내려놓고 던지지 않아야 한다.
⑥ 공동 작업을 하는 경우에는 신호에 따라 작업을 하여야 한다.

> 참고 산업안전산업기사 필기 p.5-205(문제 59번)

> KEY 2011년 3월 20일(문제 95번) 출제

89 철골작업을 중지하여야 하는 풍속과 강우량 기준으로 옳은 것은?

① 풍속 : 10[m/sec] 이상, 강우량 : 1[mm/h] 이상
② 풍속 : 5[m/sec] 이상, 강우량 : 1[mm/h] 이상
③ 풍속 : 10[m/sec] 이상, 강우량 : 2[mm/h] 이상
④ 풍속 : 5[m/sec] 이상, 강우량 : 2[mm/h] 이상

> 해설

작업중지기준

구 분	일반 작업	철골 공사
강 풍	10분간 평균풍속이 10[m/sec] 이상	평균풍속이 10[m/sec] 이상
강 우	1회 강우량이 50[mm] 이상	1시간당 강우량이 1[mm] 이상
강 설	1회 강설량이 25[cm] 이상	1시간당 강설량이 1[cm] 이상

> 참고 산업안전산업기사 필기 p.5-148(표. 악천후 시 작업 중지 기준)

[정답] 87 ② 88 ③ 89 ①

KEY
① 2016년 5월 8일 기사 · 산업기사 동시 출제
② 2016년 10월 1일 산업기사 출제
③ 2017년 5월 7일 기사 출제
④ 2017년 9월 23일 산업기사 출제
⑤ 2023년 2월 28일 기사 등 10회 이상 출제

합격정보
산업안전보건기준에 관한 규칙 제383조(작업의 제한)

90 흙의 동상방지대책으로 틀린 것은?

① 동결되지 않은 흙으로 치환하는 방법
② 흙속의 단열재료를 매입하는 방법
③ 지표의 흙을 화학약품으로 처리하는 방법
④ 세립토층을 설치하여 모관수의 상승을 촉진시키는 방법

해설

흙의 동상방지대책
① 배수구를 설치하여 지하수위를 낮춘다.
② 지하수 상승을 방지하기 위해 차단층(콘크리트, 아스팔트, 모래 등)을 설치한다.
③ 흙속에 단열재료를 넣는다.
④ 동결심도 상부의 흙을 비동결 흙으로 치환한다.
⑤ 흙을 화학약품 처리하여 동결온도를 내린다.(지표의 흙만 화학처리)

참고 산업안전산업기사 필기 p.5-76(문제 2번)

KEY 2015년 3월 8일(문제 93번) 출제

91 강관틀비계의 높이가 20[m]를 초과하는 경우 주틀 간의 간격은 최대 얼마 이하로 사용해야 하는가?

① 1.0[m]   ② 1.5[m]
③ 1.8[m]   ④ 2.0[m]

해설
강관틀 비계의 높이가 20[m] 초과시 주틀간의 간격 : 1.8[m] 이하

참고 ① 산업안전산업기사 필기 p.5-96(② 조립)
② 산업안전산업기사 필기 p.5-101(합격날개 : 합격예측 및 관련법규)

KEY 2019년 3월 3일(문제 97번) 출제

합격정보
산업안전보건기준에 관한 규칙 제62조(강관틀비계)

92 유해위험방지계획서 제출대상 공사에 해당하는 것은?

① 지상높이가 21[m]인 건축물 해체공사
② 최대지간거리가 50[m]인 다리의 건설공사
③ 연면적 5,000[m²]인 동물원 건설공사
④ 깊이가 9[m]인 굴착공사

해설

유해위험방지계획서 제출대상 건설공사
(1) 건축물 또는 시설 등의 건설·개조 또는 해체공사
　가. 지상높이가 31미터 이상인 건축물 또는 인공구조물
　나. 연면적 3만제곱미터 이상인 건축물
　다. 연면적 5천제곱미터 이상인 시설
　　① 문화 및 집회시설(전시장 및 동물원·식물원은 제외한다)
　　② 판매시설, 운수시설(고속철도의 역사 및 집배송시설은 제외한다)
　　③ 종교시설
　　④ 의료시설 중 종합병원
　　⑤ 숙박시설 중 관광숙박시설
　　⑥ 지하도상가
　　⑦ 냉동·냉장 창고시설
(2) 연면적 5천제곱미터 이상인 냉동·냉장 창고시설의 설비공사 및 단열공사
(3) 최대지간길이가 50[m] 이상인 다리건설 등 공사
(4) 터널건설 등의 공사
(5) 다목적댐, 발전용댐 및 저수용량 2천만톤 이상의 용수전용댐, 지방상수도 전용댐 건설 등의 공사
(6) 깊이 10[m] 이상인 굴착공사

참고 산업안전산업기사 필기 p.2-44(3. 유해·위험방지계획서 제출대상 건설공사)

KEY 2022년 4월 24일 기사 등 10회 이상 출제

93 다음에서 설명하고 있는 건설장비의 종류는?

> 앞뒤 두 개의 차륜이 있으며(2축 2륜), 각각의 차축이 평행으로 배치된 것으로 찰흙, 점성토 등의 두꺼운 흙을 다짐하는데 적당하나 단단한 각재를 다지는 데는 부적당하며 머캐덤 롤러 다짐 후의 아스팔트 포장에 사용된다.

① 클램쉘　　　② 탠덤 롤러
③ 트랙터 셔블　④ 드래그 라인

[정답] 90 ④　91 ③　92 ②　93 ②

> [해설]

탠덤 롤러(Tandem Roller)
도로용 롤러이며, 2륜으로 구성되어 있고, 아스팔트 포장의 끝손질 점성토 다짐에 사용된다.

> [참고] 산업안전산업기사 필기 p.5-74(2. 전압식 다짐장비)

> [KEY] 2017년 3월 5일(문제 94번) 출제

94 다음 그림은 풍화암에서 토사붕괴를 예방하기 위한 기울기를 나타낸 것이다. x의 값은?

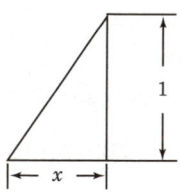

① 1.0 ② 0.8
③ 0.5 ④ 0.3

> [해설]

굴착면의 기울기 기준

지반의 종류	굴착면의 기울기
모래	1 : 1.8
연암 및 풍화암	1 : 1.0
경암	1 : 0.5
그 밖의 흙	1 : 1.2

 ① 1 : 1.8 ② 1 : 1

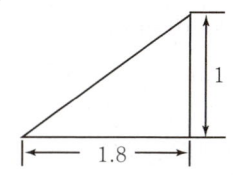 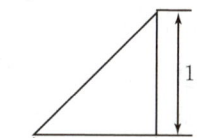

③ 1 : 1.2

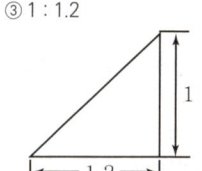

> [참고] 산업안전산업기사 필기 p.5-56(표. 굴착면의 기울기 기준)

> [KEY] ① 2016년 5월 8일 기사·산업기사 동시 출제
> ② 2017년 3월 5일 기사 출제
> ③ 2017년 9월 23일 기사 출제
> ④ 2018년 8월 19일 산업기사 출제
> ⑤ 2019년 4월 27일 기사·산업기사 동시 출제
> ⑥ 2023년 2월 28일 기사 출제

> [합격정보]
산업안전보건기준에 관한 규칙 [별표 11] 굴착면의 기울기 기준

95 흙막이지보공을 설치하였을 때 정기적으로 점검하고 이상을 발견하면 즉시 보수하여야 하는 사항으로 거리가 먼 것은?

① 부재의 손상 변형, 부식, 변위 및 탈락의 유무와 상태
② 부재의 접속부, 부착부 및 교차부의 상태
③ 침하의 정도
④ 발판의 지지 상태

> [해설]

흙막이지보공 정기점검사항
① 부재의 손상·변형·부식·변위 및 탈락의 유무와 상태
② 버팀대의 긴압의 정도
③ 부재의 접속부·부착부 및 교차부의 상태
④ 침하의 정도

> [참고] 산업안전산업기사 필기 p.5-106(합격날개 : 합격예측 및 관련 법규)

> [KEY] ① 2017년 3월 5일 기사 출제
> ② 2017년 9월 23일 기사 출제
> ② 2019년 3월 3일 기사·산업기사 동시 출제
> ④ 2023년 2월 28일 기사 출제

> [합격정보]
산업안전보건기준에 관한 규칙 제347조(붕괴등의 위험방지)

[정답] 94 ① 95 ④

과년도 출제문제

96 다음은 지붕 위에서의 위험방지를 위한 내용이다. 빈칸에 알맞은 수치로 옳은 것은?

> 슬레이트, 선라이트(sunlight)등 강도가 약한 재료로 덮은 지붕 위에서 작업을 할 때에 발이 빠지는 등 근로자가 위험해질 우려가 있는 경우 폭 (   ) 이상의 발판을 설치하거나 안전방망을 치는 등 위험을 방지하기 위하여 필요한 조치를 하여야 한다.

① 20[cm]
② 25[cm]
③ 30[cm]
④ 40[cm]

[해설]
슬레이트 및 선라이트 작업시 작업발판 폭 : 30[cm]이상

[참고] 산업안전산업기사 필기 p.5-149(합격날개 : 합격예측 및 관련법규)

[KEY] 2019년 4월 27일 산업기사 등 5회 이상 출제

[합격정보]
산업안전보건기준에 관한 규칙 제45조(지붕 위에서의 위험 방지)

[보충학습]
사업주는 슬레이트, 선라이트(sunlight) 등 강도가 약한 재료로 덮은 지붕 위에서 작업을 할 때에 발이 빠지는 등 근로자가 위험해질 우려가 있는 경우 폭 30[cm] 이상의 발판을 설치하거나 안전방망을 치는 등 위험을 방지하기 위하여 필요한 조치를 하여야 한다.

97 강관비계 중 단관비계의 조립간격(벽체와의 연결간격)으로 옳은 것은?

① 수직방향 : 6[m], 수평방향 : 8[m]
② 수직방향 : 5[m], 수평방향 : 5[m]
③ 수직방향 : 4[m], 수평방향 : 6[m]
④ 수직방향 : 8[m], 수평방향 : 6[m]

[해설]
강관비계 및 통나무비계 조립 간격

구분	조립 간격(단위:m)	
	수직방향	수평방향
단관비계	5	5
틀비계(높이가 5[m] 미만의 것을 제외한다.)	6	8

[참고] 산업안전산업기사 필기 p.5-127(문제 35번)

[KEY]
① 2004년 5월 23일(문제 93번) 출제
② 2014년 3월 2일(문제 90번) 출제

98 옹벽 축조를 위한 굴착작업에 대한 다음 설명 중 옳지 않은 것은?

① 수평방향으로 연속적으로 시공한다.
② 하나의 구간을 굴착하면 방치하지 말고 기초 및 본체구조물 축조를 마무리한다.
③ 절취경사면에 전석, 낙석의 우려가 있고 혹은 장기간 방치할 경우에는 숏크리트, 록볼트, 캔버스 및 모르타르 등으로 방호한다.
④ 작업위치의 좌우에 만일의 경우에 대비한 대피통로를 확보하여 둔다.

[해설]
옹벽축조시공시 굴착기준
① 수평방향의 연속시공을 금하며, 블럭으로 나누어 단위시공 단면적을 최소화하여 분단시공을 한다.
② 하나의 구간을 굴착하면 방치하지 말고 기초 및 본체구조물 축조를 마무리한다.
③ 절취경사면에 전석, 낙석의 우려가 있고 혹은 장기간 방치할 경우에는 숏크리트, 록볼트, 캔버스 및 모르타르 등으로 방호한다.
④ 작업위치의 좌우에 만일의 경우에 대비한 대피통로를 확보하여 둔다.

[KEY]
① 2010년 7월 25일(문제 84번) 출제
② 2020년 6월 14일(문제 92번) 출제

99 달비계(곤돌라의 달비계는 제외)의 최대 적재하중을 정하는 경우 달기와이어로프 및 달기강선의 안전계수 기준으로 옳은 것은?

① 5 이상
② 7 이상
③ 8 이상
④ 10 이상

[해설]
안전계수
① 달기와이어로프 및 달기강선의 안전계수는 10 이상
② 달기체인 및 달기훅의 안전계수는 5 이상
③ 달기강대와 달비계의 하부 및 상부지점의 안전계수는 강재의 경우 2.5 이상, 목재의 경우 5 이상

[참고] 산업안전산업기사 필기 p.5-91(합격날개 : 합격예측 및 관련법규)

[KEY]
① 2016년 10월 1일 산업기사 출제
② 2018년 3월 4일 기사·산업기사 동시 출제 등 10회 이상 출제

[정답] 96 ③ 97 ② 98 ① 99 ④

> **합격정보**
> ① 산업안전보건기준에 관한 규칙 제55조(작업발판의 최대적재량)
> ② 본 문제는 법 개정으로 출제되지 않습니다.

100 콘크리트 타설작업을 하는 경우에 준수해야 할 사항으로 옳지 않은 것은?

① 당일의 작업을 시작하기 전에 해당 작업에 관한 거푸집 및 동바리의 변형·변위 및 지반의 침하 유무 등을 점검하고 이상이 있으면 보수할 것
② 작업 중에는 거푸집 및 동바리의 변형·변위 및 침하 유무 등을 감시할 수 있는 감시자를 배치하여 이상이 있으면 작업을 중지하고 근로자를 대피시킬 것
③ 설계도서상의 콘크리트 양생기간을 준수하여 거푸집 및 동바리를 해체할 것
④ 콘크리트를 타설하는 경우에는 편심을 유발하여 한쪽 부분부터 밀실하게 타설되도록 유도할 것

> **해설**
>
> **콘크리트 타설작업시 준수사항**
> ① 당일의 작업을 시작하기 전에 해당 작업에 관한 거푸집 및 동바리의 변형·변위 및 지반의 침하유무 등을 점검하고 이상이 있으면 보수할 것
> ② 작업중에는 거푸집 및 동바리의 변형·변위 및 침하유무 등을 감시할 수 있는 감시자를 배치하여 이상이 있으면 작업을 중지시키고 근로자를 대피시킬 것
> ③ 콘크리트의 타설작업시 거푸집 붕괴의 위험이 발생할 우려가 있는 경우에는 충분한 보강조치를 할 것
> ④ 설계도서상의 콘크리트 양생기간을 준수하여 거푸집 및 동바리를 해체할 것
> ⑤ 콘크리트를 타설하는 경우에는 편심이 발생하지 않도록 골고루 분산하여 타설할 것
>
> **참고** 산업안전산업기사 필기 p.5-91(합격날개 : 합격예측 및 관련법규)
>
> **KEY**
> ① 2016년 5월 8일 기사 출제
> ② 2016년 10월 1일 출제
> ③ 2021년 8월 14일 기사 출제
>
> **합격정보**
> 산업안전보건기준에 관한규칙 제334조(콘크리트의 타설작업)

[정답] 100 ④

2023년도 산업기사 정기검정 제2회 CBT(2023년 5월 13일 시행)

자격종목 및 등급(선택분야)
산업안전산업기사

종목코드	시험시간	수험번호	성명
2381	2시간30분	20230513	도서출판세화

※ 본 문제는 복원문제 및 2026 예적(예상적중) 문제로 실제문제와 동일하지 않을 수 있습니다.

1 산업재해 예방 및 안전보건교육

01 다음 중 타박, 충돌, 추락 등으로 피부 표면보다는 피하조직 등 근육부를 다친 상해를 무엇이라 하는가?

① 골절
② 자상
③ 부종
④ 좌상

[해설]
자상과 좌상
① 자상(찔림) : 칼날 등 날카로운 물건에 찔린 상해
② 좌상(타박상 : 삠) : 타박, 충돌, 추락 등으로 피부표면보다는 피하조직 또는 근육부를 다친 상해

[참고] 산업안전산업기사 필기 p.3-40(합격날개 : 은행문제)

[KEY] ① 2015년 5월 31일(문제 4번) 출제
② 2018년 9월 15일 산업기사 출제

[보충학습]
산업안전산업기사 필기 p.1-48(합격날개 : 은행문제)

02 ERG(Existence Relation Growth)이론을 주창한 사람은?

① 매슬로우(Maslow)
② 맥그리거(McGregor)
③ 테일러(Taylor)
④ 알더퍼(Alderfer)

[해설]
Alderfer(ERG 이론 : 1979년 발표)
① 존재 욕구(E)
② 관계 욕구(R)
③ 성장 욕구(G)

[참고] 산업안전산업기사 필기 p.1-101(표. Maslow의 이론과 Alderfer 이론과의 관계)

[KEY] ① 2016년 5월 8일(문제 4번) 출제
② 2021년 9월 12일 기사 출제

03 비통제의 집단행동 중 폭동과 같은 것을 말하며, 군중보다 합의성이 없고, 감정에 의해서만 행동하는 특성은?

① 패닉(Panic)
② 모브(Mob)
③ 모방(Imitation)
④ 심리적 전염(Mental Epidemic)

[해설]
비통제 집단행동
① 군중(Crowd) : 공통된 규범이나 조직성 없이 우연히 조직된 인간의 일시적 집합
② 모브(Mob : 폭도) : 비통제의 집단 행동 중 폭동과 같은 것을 의미. 군중보다 합의성이 없고 감정에 의해서만 행동
③ 패닉(Panic) : 위험을 회피하기 위해서 일어나는 집합적인 도주현상(방어적 행동)
④ 심리적 전염(Mental Epidemic) : 사회적 전염

[참고] 산업안전산업기사 필기 p.1-109(합격날개:합격예측)

[KEY] ① 2017년 3월 5일 기사 출제
② 2017년 5월 7일(문제 5번) 출제

04 주의의 수준에서 중간 수준에 포함되지 않는 것은?

① 다른 곳에 주의를 기울이고 있을 때
② 가시시야 내 부분
③ 수면 중
④ 일상과 같은 조건일 경우

[해설]
주의의 중간레벨(수준)
① 다른 곳에 주의를 기울이고 있을 때
② 일상과 같은 조건일 경우
③ 가시시야 내 부분

[정답] 01 ④ 02 ④ 03 ② 04 ③

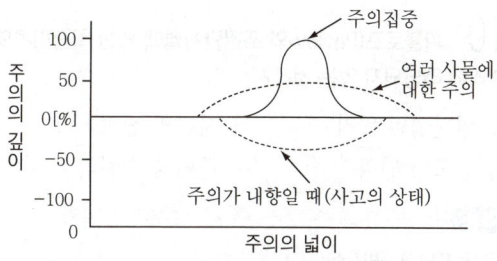

[그림] 주의의 깊이와 넓이

참고) 산업안전산업기사 필기 p.1-118(3. 주의의 수준)

KEY) 2019년 4월 27일(문제 8번) 출제

보충학습
0(zero)레벨(수준)
① 수면중
② 자극에 의한 반응시간 내

05 안전모의 시험성능기준 항목이 아닌 것은?

① 내관통성   ② 충격흡수성
③ 내구성   ④ 난연성

해설
안전모의 시험성능기준 항목
① 내관통성
② 충격흡수성
③ 내전압성
④ 내수성
⑤ 난연성
⑥ 턱끈풀림

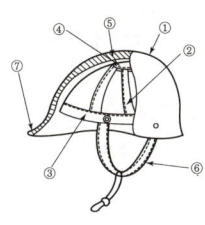

번호	명칭	
①		모체
②	착장체	머리받침끈
③		머리받침(고정)대
④		머리받침고리
⑤	충격흡수재(자율안전확인에서 제외)	
⑥	턱끈	
⑦	모자챙(차양)	

[그림] 안전모

참고) 산업안전산업기사 필기 p.1-52(합격날개 : 합격예측)

KEY) ① 2016년 10월 1일 기사
② 2017년 3월 5일 출제
③ 2017년 8월 26일 산업기사 출제
④ 2018년 4월 28일(문제 1번) 출제

합격정보
보호구 안전인증 고시 제4조(성능기준 및 시험방법)

06 연평균 1,000[명]의 근로자를 채용하고 있는 사업장에서 연간 24[명]의 재해자가 발생하였다면 이 사업장의 연천인율은 얼마인가?(단, 근로자는 1[일] 8[시간]씩 연간 300[일]을 근무한다.)

① 10   ② 12
③ 24   ④ 48

해설

$$연천인율 = \frac{연간\ 재해자수}{연평균\ 근로자수} \times 1,000$$
$$= \frac{24}{1,000} \times 1,000 = 24$$

참고) 산업안전산업기사 필기 p.3-46(2. 천인율)

KEY) ① 2014년 5월 25일(문제 4번) 출제
② 2021년 5월 15일 기사 등 10회 이상 출제

07 맥그리거(McGregor)의 X이론에 따른 관리처방이 아닌 것은?

① 목표에 의한 관리
② 권위주의적 리더십 확립
③ 경제적 보상체제의 강화
④ 면밀한 감독과 엄격한 통제

해설
X·Y 이론의 관리처방

X 이론	Y 이론
경제적 보상 체제의 강화	민주적 리더십의 확립
권위주의적 리더십의 확보	분권화의 권한과 위임
면밀한 감독과 엄격한 통제	목표에 의한 관리
상부책임제도의 강화	직무확장
조직구조의 고층성	비공식적 조직의 활용
	자체평가제도의 활성화

참고) 산업안전산업기사 필기 p.1-100(표 : X·Y 이론의 관리처방)

KEY) ① 2017년 3월 5일 기사 출제
② 2017년 5월 7일(문제 2번) 등 10회 이상 출제
③ 2023년 3월 1일 기사 출제

[정답] 05 ③ 06 ③ 07 ①

08 리더십(leadership)의 특성에 대한 설명으로 옳은 것은?

① 지휘형태는 민주적이다.
② 권한부여는 위에서 위임된다.
③ 구성원과의 관계는 넓다.
④ 권한근거는 법적 또는 공식적으로 부여된다.

해설

leadership과 headship의 비교

개인과 상황 변수	leadership	headship
권한 행사	선출된 리더	임명적 헤드
권한 부여	밑으로부터 동의	위에서 위임
권한 귀속	집단 목표에 기여한 공로 인정	공식화된 규정에 의함
상사와 부하와의 관계	개인적인 영향	지배적
부하와의 사회적 관계 (간격)	좁음	넓음
지휘 형태	민주주의적	권위주의적
책임 귀속	상사와 부하	상사
권한 근거	개인적	법적 또는 공식적

참고) 산업안전산업기사 필기 p.1-113(5. leadership과 headship의 비교)

KEY ① 2016년 3월 6일 기사 출제
② 2016년 8월 21일 기사 출제
③ 2016년 10월 1일 기사 출제
④ 2019년 9월 21일 기사 출제
⑤ 2020년 8월 23일(문제 1번) 등 10회 이상 출제

09 다음 중 교육의 3요소에 해당되지 않는 것은?

① 교육의 주체
② 교육의 객체
③ 교육결과의 평가
④ 교육의 매개체

해설

교육의 3요소
① 교육의 주체 : 강사
② 교육의 객체 : 학생, 수강자
③ 교육의 매개체 : 교재

참고) 산업안전산업기사 필기 p.1-137 ((1) 안전교육의 3요소)

KEY ① 2012년 5월 20일(문제 6번) 출제
② 2021년 8월 15일 기사 등 10회 이상 출제

10 파블로프(Pavlov)의 조건반사설에 의한 학습이론의 원리에 해당되지 않는 것은?

① 일관성의 원리   ② 시간의 원리
③ 강도의 원리   ④ 준비성의 원리

해설

파블로프의 조건반사설
① 일관성의 원리
② 강도의 원리
③ 시간의 원리
④ 계속성의 원리

참고) 산업안전산업기사 필기 p.1-122(표. S-R 학습이론의 종류)

KEY ① 2016년 5월 8일 기사 출제
② 2018년 4월 28일(문제 20번) 출제

11 OJT(On the Job Tranining)에 관한 설명으로 옳은 것은?

① 집합교육형태의 훈련이다.
② 다수의 근로자에게 조직적 훈련이 가능하다.
③ 직장의 설정에 맞게 실제적 훈련이 가능하다.
④ 전문가를 강사로 활용할 수 있다.

해설

OJT의 특징
① 개개인에게 적절한 지도훈련이 가능하다.
② 직장의 실정에 맞게 실제적 훈련이 가능하다.
③ 즉시 업무에 연결되는 관계로 몸과 관련이 있다.
④ 훈련에 필요한 업무의 계속성이 끊어지지 않는다.
⑤ 효과가 곧 업무에 나타나며 훈련의 좋고 나쁨에 따라 개선이 쉽다.
⑥ 훈련효과를 보고 상호 신뢰, 이해도가 높아지는 것이 가능하다.

참고) 산업안전산업기사 필기 p.1-142(표. OJT와 OFF JT 특징)

KEY 2016년 5월 8일(문제 14번) 등 20회 이상 출제

12 산업안전보건법령상 산업재해 조사표에 기록되어야 할 내용으로 옳지 않은 것은?

① 사업장 정보   ② 재해 정보
③ 재해발생개요 및 원인   ④ 안전교육 계획

[정답] 08 ① 09 ③ 10 ④ 11 ③ 12 ④

해설
산업재해 조사표 기록내용
① 사업장 정보
② 재해정보
③ 재해발생 개요 및 원인
④ 재발방지 계획
⑤ 직장복귀 계획

참고 ① 산업안전산업기사 필기 p.3-40(참고1. 산업재해 조사표)
② 산업안전산업기사 필기 p.3-40(합격날개 : 은행문제 3)

KEY 2019년 4월 27일(문제 3번) 출제

합격정보
산업안전보건법 시행규칙 30호[별지 서식]

---

13 다음 중 보호구 안전인증기준에 있어 방독마스크에 관한 용어의 설명으로 틀린 것은?

① "파과"란 대응하는 가스에 대하여 정화통 내부의 흡착제가 포화상태가 되어 흡착능력을 상실한 상태를 말한다.
② "파과곡선"이란 파과시간과 유해물질의 종류에 대한 관계를 나타낸 곡선을 말한다.
③ "겸용 방독마스크"란 방독마스크(복합용 포함)의 성능에 방진마스크의 성능이 포함된 방독마스크를 말한다.
④ "전면형 방독마스크"란 유해물질 등으로부터 안면부 전체(입, 코, 눈)를 덮을 수 있는 구조의 방독마스크를 말한다.

해설
*파과곡선 : 파과시간과 유해물질 농도와의 관계를 나타낸 곡선을 말한다.

보충학습
① 파과 : 대응하는 가스에 대하여 정화통 내부의 흡착제가 포화상태가 되어 흡착능력을 상실한 상태
② 파과시간 : 어느 일정농도의 유해물질 등을 포함한 공기를 일정 유량으로 정화통에 통과하기 시작부터 파과가 보일 때까지의 시간
③ 파과곡선 : 파과시간과 유해물질 등에 대한 농도와의 관계를 나타낸 곡선
④ 전면형 방독마스크 : 유해물질 등으로부터 안면부 전체(입, 코, 눈)를 덮을 수 있는 구조의 방독마스크
⑤ 반면형 방독마스크 : 유해물질 등으로부터 안면부의 입과 코를 덮을 수 있는 구조의 방독마스크
⑥ 복합용 방독마스크 : 2종류 이상의 유해물질 등에 대한 제독능력이 있는 방독마스크
⑦ 겸용 방독마스크 : 방독마스크(복합용 포함)의 성능에 방진마스크의 성능이 포함된 방독마스크

참고 산업안전산업기사 필기 p.1-55(합격날개 : 합격예측)

KEY 2013년 6월 2일(문제 3번) 출제

합격정보
보호구 안전인증 고시 제13조(정의)

---

14 부주의 현상 중 의식의 우회에 대한 예방대책으로 옳은 것은?

① 안전교육
② 표준작업제도 도입
③ 상담
④ 적성배치

해설
내적 원인과 대책
① 소질적 문제 : 적성 배치
② 의식의 우회 : 카운슬링(상담)
③ 경험, 미경험자 : 안전교육훈련

[그림] 의식의 우회

참고 산업안전산업기사 필기 p.1-121 ((2) 부주의의 원인과 대책)

KEY ① 2017년 5월 7일 출제
② 218년 4월 28일(문제 18번) 출제

---

15 기능(기술)교육의 진행방법 중 하버드 학파의 5단계 교수법의 순서로 옳은 것은?

① 준비 → 연합 → 교시 → 응용 → 총괄
② 준비 → 교시 → 연합 → 총괄 → 응용
③ 준비 → 총괄 → 연합 → 응용 → 교시
④ 준비 → 응용 → 총괄 → 교시 → 연합

해설
하버드 학파의 5단계 교수법
① 제1단계 : 준비시킨다.
② 제2단계 : 교시시킨다.
③ 제3단계 : 연합한다.
④ 제4단계 : 총괄한다.
⑤ 제5단계 : 응용시킨다.

참고 산업안전산업기사 필기 p.1-145(3. 하버드 학파의 5단계 교수법)

KEY 2020년 8월 23일(문제 6번) 등 5회 이상 출제

[정답] 13 ② 14 ③ 15 ②

16. 인간의 특성에 관한 측정검사에 대한 과학적 타당성을 갖기 위하여 반드시 구비해야 할 조건에 해당되지 않는 것은?

① 주관성
② 신뢰도
③ 타당도
④ 표준화

해설

심리검사의 구비조건 5가지
① 표준화 : 검사절차의 일관성과 통일성의 표준화
② 객관성 : 채점자의 편견, 주관성 배제
③ 규준 : 검사결과를 해석하기 위한 비교의 틀
④ 신뢰성 : 검사응답의 일관성(반복성)
⑤ 타당성 : 측정하고자 하는 것을 실제로 측정하는 것

참고) 산업안전산업기사 필기 p.1-72(합격날개 : 합격예측)

KEY▶ 2015년 5월 31일(문제 10번) 등 5회 이상 출제

17. French와 Raven이 제시한, 리더가 가지고 있는 세력의 유형이 아닌 것은?

① 전문세력(expert power)
② 보상세력(reward power)
③ 위임세력(entrust power)
④ 합법세력(legitimate power)

해설

French와 Raven의 리더가 가지고 있는 세력의 유형
① 보상세력
② 합법세력
③ 전문세력
④ 강압세력
⑤ 참조세력

참고) 산업안전산업기사 필기 p.1-113(합격날개 : 합격예측)

KEY▶ ① 2011년 3월 20일(문제 19번) 출제
② 2014년 5월 25일(문제 20번) 출제
③ 2019년 4월 27일(문제 19번) 출제

18. 기업 내 정형교육 중 TWI의 훈련내용이 아닌 것은?

① 작업방법훈련
② 작업지도훈련
③ 사례연구훈련
④ 인간관계훈련

해설

기업 내 정형교육 중 TWI의 훈련내용 4가지
① 작업 방법 훈련(Job Method Training, JMT) : 작업개선
② 작업 지도 훈련(Job Instruction Training, JIT) : 작업지도·지시
③ 인간 관계 훈련(Job Relations Training, JRT) : 부하 통솔
④ 작업 안전 훈련(Job Safety Training, JST) : 작업안전

참고) 산업안전산업기사 필기 p.1-145(4. 관리감독자 교육)

KEY▶ ① 2016년 3월 6일 기사·산업기사 동시 출제
② 2016년 8월 21일 출제 등 10회 이상 출제

19. 근로자가 작업대 위에서 전기공사 작업 중 감전에 의하여 지면으로 떨어져 다리에 골절상해를 입은 경우의 기인물과 가해물로 옳은 것은?

① 기인물-작업대, 가해물-지면
② 기인물-전기, 가해물-지면
③ 기인물-지면, 가해물-전기
④ 기인물-작업대, 가해물-전기

해설

재해발생의 요인분석 3가지
① 기인물 : 불안전한 상태에 있는 물체(환경포함 : 전기)
② 가해물 : 직접 사람에게 접촉되어 위해를 가한 물체(지면)
③ 사고의 형태(재해형태) : 물체(가해물)와 사람과의 접촉현상

참고) 산업안전산업기사 필기 p.1-27(합격날개 : 합격예측)

KEY▶ 2018년 4월 28일(문제 12번) 출제

20. 학습 성취에 직접적인 영향을 미치는 요인과 가장 거리가 먼 것은?

① 적성
② 준비도
③ 개인차
④ 동기유발

해설

학습성취에 직접적인 영향을 미치는 요인
① 준비도 ② 개인차 ③ 동기유발

참고) 산업안전산업기사 필기 p.1-157(합격날개 : 은행문제 2)

KEY▶ 2020년 8월 23일(문제 12번) 출제

[정답] 16 ① 17 ③ 18 ③ 19 ② 20 ①

2 인간공학 및 위험성 평가·관리

21 시스템 안전 분석기법 중 인적 오류와 그로 인한 위험성의 예측과 개선을 위한 기법은 무엇인가?

① FTA ② ETBA
③ THERP ④ MORT

해설

THERP(인간과오율 예측기법)
① 인간의 과오(human error)를 정량적으로 평가
② 1963년 Swain이 개발된 기법

참고 산업안전산업기사 필기 p.2-65(8.THERP)

KEY ① 2017년 3월 5일 출제
② 2023년 2월 28일 기사 등 5회 이상 출제

22 FT도에 사용되는 기호 중 "전이기호"를 나타내는 기호는?

① 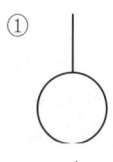   ②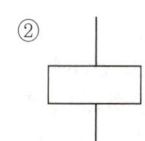

③ 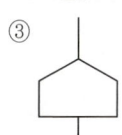   ④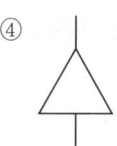

해설

FTA기호
① 기본사상
② 결함사상
③ 통상사상

참고 산업안전산업기사 필기 p.2-70(표. FTA기호)

KEY ① 1993년부터 2023년까지 계속 출제
② 2018년 4월 28일(문제 30번) 출제

23 다음 중 체계 설계 과정의 주요 단계 중 가장 먼저 실시되어야 하는 것은?

① 기본설계 ② 계면설계
③ 체계의 정의 ④ 목표 및 성능 명세 결정

해설

인간-기계 시스템 설계 순서
① 1단계 : 시스템의 목표와 성능 명세 결정
② 2단계 : 시스템의 정의
③ 3단계 : 기본설계
④ 4단계 : 인터페이스설계
⑤ 5단계 : 보조물설계
⑥ 6단계 : 시험 및 평가

참고 산업안전산업기사 필기 p.2-29(문제 31번) 적중

KEY ① 2011년 3월 20일(문제 29번) 출제
② 2019년 3월 3일 기사 출제
③ 2019년 4월 27일(문제 21번) 등 5회 이상 출제

24 표시 값의 변화방향이나 변화속도를 나타내어 전반적인 추이의 변화를 관측할 필요가 있는 경우에 가장 적합한 표시장치 유형은?

① 계수형(digital)
② 묘사형(descriptive)
③ 동목형(Moving Scale)
④ 동침형(Moving Pointer)

해설

정량적 표시 장치

구분	형태	특징
아날로그	정목동침형 (지침이동형)	정량적인 눈금이 정성적으로 사용되어 원하는 값으로부터의 대략적인 편차나, 고도를 읽을 때 그 변화방향과 율 등을 알고자 할 때
	정침동목형 (지침고정형)	나타내고자 하는 값의 범위가 클 때, 비교적 작은 눈금판에 모두 나타내고자 할 때
디지털	계수형 (숫자로 표시)	• 수치를 정확하게 충분히 읽어야 할 경우 • 원형 표시 장치보다 판독오차가 적고 판독시간도 짧다.(원형 : 3.54초, 계수형 : 0.94초)

KEY ① 2016년 5월 8일 기사 출제
② 2018년 3월 4일 기사 출제
③ 2020년 8월 23일(문제 28번) 출제

[정답] 21 ③ 22 ④ 23 ④ 24 ④

25 인간공학의 주된 연구 목적과 가장 거리가 먼 것은?

① 제품품질 향상
② 작업의 안정성 향상
③ 작업환경의 쾌적성 향상
④ 기계조작의 능률성 향상

해설
인간공학의 목표
① 첫째 : 안전성 향상과 사고방지
② 둘째 : 기계조작의 능률성과 생산성의 향상
③ 셋째 : 쾌적성

[그림] 인간공학의 목적

참고 | 산업안전산업기사 필기 p.2-2(합격날개 : 합격예측)

KEY ① 2014년 5월 25일(문제 23번) 출제
    ② 2015년 5월 31일(문제 21번) 출제

26 FT도에서 정상사상 A의 발생확률은?(단, 사상 B_1의 발생확률은 0.3이고, B_2의 발생확률은 0.2이다.)

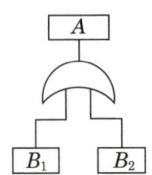

① 0.06   ② 0.44
③ 0.56   ④ 0.94

해설
발생확률 계산
$R_s = 1 - (1 - B_1)(1 - B_2)$
$\quad = 1 - (1 - 0.3)(1 - 0.2)$
$\quad = 0.44$

참고 | 산업안전산업기사 필기 p.2-95(문제 53번) 적중

KEY 2016년 5월 8일(문제 21번) 출제

27 휴먼 에러의 배후 요소 중 작업방법, 작업순서, 작업정보, 작업환경과 가장 관련이 깊은 것은?

① man   ② machine
③ media   ④ management

해설
미디어(Media)
① 인간과 기계를 잇는 매체란 뜻으로 작업의 방법이나 순서, 작업 정보의 실태나 환경과의 관계, 정리정돈 등이 포함된다.
② 환경개선 작업방법 개선 등

참고 | 산업안전산업기사 필기 p.2-19(1. 인간에러의 배후요인)

KEY ① 2023년 4월 1일 산업안전지도사 출제
    ② 2018년 4월 28일(문제 33번) 출제

보충학습
4M의 종류
① Man(인간) : 인간적 인자, 인간관계
② Machine(기계) : 방호설비, 인간공학적 설계
③ Media(매체) : 작업방법, 작업환경
④ Management(관리) : 교육훈련, 안전법규 철저, 안전기준의 정비

28 산업안전보건법에 따라 상시 작업에 종사하는 장소에서 보통작업을 하고자 할 때 작업면의 최소 조도(lux)로 맞는 것은? (단, 작업장은 일반적인 작업장소이며, 감광재료를 취급하지 않는 장소이다.)

① 75   ② 150
③ 300   ④ 750

해설
조명(조도)수준
① 초정밀작업 : 750[lux] 이상
② 정밀작업 : 300[lux] 이상
③ 보통작업 : 150[lux] 이상
④ 그 밖의 작업 : 75[lux] 이상

참고 | 산업안전산업기사 필기 p.2-169(합격날개 : 합격예측)

KEY 2017년 5월 7일(문제 21번) 등 5회 이상 출제

합격정보
산업안전보건기준에 관한 규칙 제8조(조도)

[정답] 25 ① 26 ② 27 ③ 28 ②

29 부품배치의 원칙 중 부품의 일반적인 위치를 결정하기 위한 기준으로 가장 적합한 것은?

① 중요성의 원칙, 사용빈도의 원칙
② 기능별 배치의 원칙, 사용순서의 원칙
③ 중요성의 원칙, 사용순서의 원칙
④ 사용빈도의 원칙, 사용순서의 원칙

해설

부품배치의 4원칙
① 중요성의 원칙(위치결정)
② 사용빈도의 원칙(위치결정)
③ 기능별 배치의 원칙(배치결정)
④ 사용순서의 원칙(배치결정)

참고 산업안전산업기사 필기 p.2-161(2. 부품배치의 원칙)

KEY ① 2013년 3월 10일(문제 32번) 출제
② 2013년 6월 2일(문제 31번) 등 5회 이상 출제

30 주물공장 A작업자의 작업지속시간과 휴식시간을 열압박지수(HSI)를 활용하여 계산하니 각각 45분, 15분이었다. A작업자의 1일 작업량(TW)은 얼마인가? (단, 휴식시간은 포함하지 않으며, 1일 근무시간은 8시간이다.)

① 4.5시간   ② 5시간
③ 5.5시간   ④ 6시간

해설

작업량계산

① 1[일] 작업량 $= \dfrac{WT}{WT+RT} \times 8 = \dfrac{작업지속시간}{작업지속시간+휴식시간} \times 8$

② 1[일] 작업량 $= \dfrac{45}{45+15} \times 8 = 6$[시간]

참고 산업안전산업기사 필기 p.2-171(4. 열 압박지수)

KEY ① 2011년 8월 21일(문제 24번) 출제
② 2020년 8월 23일(문제 24번) 출제

보충학습
1[일] 작업시간 : 8[시간]

31 인간의 시각특성을 설명한 것으로 옳은 것은?

① 적응은 수정체의 두께가 얇아져 근거리의 물체를 볼 수 있게 되는 것이다.
② 시야는 수정체의 두께 조절로 이루어진다.
③ 망막은 카메라의 렌즈에 해당된다.
④ 암조응에 걸리는 시간은 명조응보다 길다.

해설

암조응(Dark Adaptation)
① 밝은 곳에서 어두운 곳으로 갈 때 : 원추세포의 감수성 상실, 간상세포에 의해 물체 식별
② 완전 암조응 : 보통 30~40분 소요(명조응 : 수초 내지 1~2분)

[표] 눈의 구조 · 기능 · 모양

구조	기 능
각막	최초로 빛이 통과하는 곳, 눈을 보호
홍채	동공의 크기를 조절해 빛의 양 조절
모양체	수정체의 두께를 변화시켜 원근 조절
수정체	렌즈의 역할, 빛을 굴절시킴
망막	상이 맺히는 곳, 시세포 존재, 두뇌전달
맥락막	망막을 둘러싼 검은 막, 어둠 상자 역할

모 양

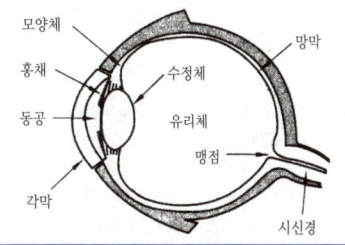

참고 산업안전산업기사 필기 p.2-175(7. 암조응)

KEY ① 2006년 8월 6일(문제 31번) 출제
② 2019년 4월 27일(문제 24번) 출제

32 설비보전 방식의 유형 중 궁극적으로는 설비의 설계, 제작 단계에서 보전 활동이 불필요한 체계를 목표로 하는 것은?

① 개량보전(corrective maintenance)
② 예방보전(preventive maintenance)
③ 사후보전(break-down maintenance)
④ 보전예방(maintenance prevention)

[정답] 29 ① 30 ④ 31 ④ 32 ④

> **해설**

보전예방(Maintenance Prevention : MP)

구분	특징
실시 시기	① 기계설비의 노후화가 진행되어 일반적인 보전으로 cost나 생산성에 있어 효율성이 없을 경우 ② 부품 등의 공급에 지장이 있는 경우
실시 방법	① 설비의 갱신 ② 갱신의 경우 보전성, 안전성, 신뢰성 등의 보전실시 ③ 기존설비의 보전보다 설계, 제작단계까지 소급하여 보전이 필요없을 정도의 안전한 설계 및 제작이 필요

> **참고** 산업안전산업기사 필기 p.2-49(표. 보전예방)

> **KEY** 2016년 5월 8일(문제 27번) 출제

---

33 다음 중 불대수(Boolean algebra)의 관계식으로 옳은 것은?

① $A(A \cdot B) = B$
② $A + B = A \cdot B$
③ $A + A \cdot B = A \cdot B$
④ $(A+B)(A+C) = A + B \cdot C$

> **해설**

불대수 관계식
① $A(A \cdot B) = B \rightarrow$ 결합 $\rightarrow (A \cdot A) \cdot B = A \cdot B$
② $A + B = A \cdot B \rightarrow$ 교환 $\rightarrow A + B = B + A$
③ $A + A \cdot B = A \cdot B \rightarrow$ 분배 $\rightarrow A \cdot (1 + B) = A \cdot 1 = A$
④ $(A+B)(A+C) = A + B \cdot C \rightarrow$ 전개 $\rightarrow AA + BA + AC + BC$
$= A + AB + AC + BC$
$= A \cdot (1 + B + C) + BC = A + BC$

> **참고** 산업안전산업기사 필기 p.2-59(7. 불대수의 기본공식)

> **KEY** ① 2012년 제1회 출제
> ② 2014년 5월 25일(문제 26번) 출제

---

34 인체의 동작 유형 중 굽혔던 팔꿈치를 펴는 동작을 나타내는 용어는?

① 내전(adduction)   ② 회내(pronation)
③ 굴곡(flexion)   ④ 신전(extension)

> **해설**

인체유형의 기본적인 동작
① 굴곡(flexion) : 부위간의 각도가 감소(팔꿈치 굽히기)
② 신전(extension) : 부위간의 각도가 증가(팔꿈치 펴기 운동)
③ 내전(adduction) : 몸의 중심선으로의 이동(팔·다리 내리기 운동)
④ 외전(abduction) : 몸의 중심선으로부터의 이동(팔·다리 옆으로 들기 운동)
⑤ 회외 : 손바닥을 외측으로 돌리는 동작
⑥ 회내 : 손바닥을 몸통(내측) 쪽으로 돌리는 동작

> **참고** 산업안전산업기사 필기 p.2-166(2. 신체부위의 운동)

> **KEY** 2015년 5월 31일(문제 25번) 출제

---

35 사고의 발단이 되는 초기 사상이 발생할 경우 그 영향이 시스템에서 어떤 결과(정상 또는 고장)로 진전해 가는지를 나뭇가지가 갈라지는 형태로 분석하는 방법은?

① FTA   ② PHA
③ FHA   ④ ETA

> **해설**

ETA(Event Tree Analysis) : 사건수분석
① 사상의 안전도를 사용하는 시스템 모델의 하나이다.
② 귀납적, 정량적 분석 방법(정상 또는 고장)이다.
③ 재해의 확대 요인의 분석에 적합하다.(나뭇가지가 갈라지는 형태)
④ ETA의 작성은 좌에서 우로 진행한다.
⑤ 각 사상의 확률의 합은 1.00이다.

> **참고** 산업안전산업기사 필기 p.2-65(9. ETA, FAFR, CA)

> **KEY** 2016년 5월 8일(문제 21번) 등 5회 이상 출제

---

36 작업기억(working memory)에 관련된 설명으로 옳지 않은 것은?

① 오랜 기간 정보를 기억하는 것이다.
② 작업기억 내의 정보는 시간이 흐름에 따라 쇠퇴할 수 있다.
③ 작업기억의 정보는 일반적으로 시각, 음성, 의미 코드의 3가지로 코드화된다.
④ 리허설(rehearsal)은 정보를 작업기억 내에 유지하는 유일한 방법이다.

> **해설**

작업기억(working memory)의 특징
① 작업기억 내의 정보는 시간이 흐름에 따라 쇠퇴할 수 있다.
② 작업기억의 정보는 일반적으로 시각, 음성, 의미 코드의 3가지로 코드화된다.
③ 리허설(rehearsal)은 정보를 작업기억 내에 유지하는 유일한 방법이다.

[정답] 33 ④ 34 ④ 35 ④ 36 ①

> 참고 산업안전산업기사 필기 p.2-71(합격날개 : 은행문제)
> KEY 2020년 8월 23일(문제 22번) 출제

37 한 사무실에서 타자기의 소리 때문에 말소리가 묻히는 현상을 무엇이라 하는가?

① dBA
② CAS
③ phon
④ masking

> 해설
>
> **masking(은폐)현상**
> dB이 높은 음과 낮은 음이 공존할 때 낮은 음이 강한 음에 가로막혀 숨겨져 들리지 않게 되는 현상

> 참고 산업안전산업기사 필기 p.2-173(합격날개 : 합격예측)
> KEY ① 2017년 5월 7일(문제 35번) 출제
>   ② 2023년 6월 4일 기사 출제

> 💬 합격자의 조언
> 21c 현실과 다른 문제도 출제됩니다.

38 인간오류의 분류 중 원인에 의한 분류의 하나로 작업자 자신으로부터 발생하는 에러로 옳은 것은?

① command error
② Secondary error
③ Primary error
④ Third error

> 해설
>
> **실수원인의 level(수준적) 분류**
> ① 1차실수(Primary error : 주과오) : 작업자 자신으로부터 발생한 실수
> ② 2차실수(Secondary error : 2차과오) : 작업형태나 조건 중에서 문제가 생겨 발생한 실수, 어떤 결함에서 파생
> ③ 커맨드 실수(Command error : 지시과오) : 직무를 하려고 해도 필요한 정보, 물건, 에너지 등이 없어 발생하는 실수

> 참고 산업안전산업기사 필기 p.2-20[4. 실수원인의 level(수준적) 분류]
> KEY 2019년 4월 27일(문제 30번) 출제

39 다음 중 귀의 구조에서 고막에 가해지는 미세한 압력의 변화를 증폭하는 곳은?

① 외이(Outer Ear)
② 중이(Middle Ear)
③ 내이(Inner Ear)
④ 달팽이관(Cochlea)

> 해설
>
> **귀의 구조 및 기능**
>
> | 구조 | | 기능 | |
> |---|---|---|---|
> | 외이 | 귓바퀴 | 소리를 모음 | |
> | | 외이도 | 소리의 이동 통로 | |
> | 중이 | 고막 | 소리에 의해 최초로 진동하는 얇은 막 | |
> | | 청소골 | 고막의 소리를 증폭시켜 내이(난원창)로 전달 (22배 증폭) | |
> | | 유스타키오관 | 외이와 중이의 압력 조절 | |
> | 내이 | 달팽이관 | (임파액으로 차 있음) 청세포가 분포되어 있어 소리 자극을 청신경으로 전달 | |
> | | 진정기관 | 위치감각 | 평형감각기관 |
> | | 반고리관 | 회전감각 | |

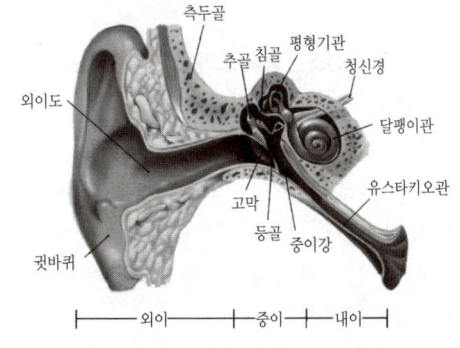

[그림] 귀의 구조

> 참고 산업안전산업기사 필기 p.2-174(합격날개 : 합격예측)
> KEY 2015년 5월 31일(문제 37번) 출제

40 인간공학적인 의자설계를 위한 일반적 원칙으로 적절하지 않은 것은?

① 척추의 허리부분은 요부 전만을 유지한다.
② 허리 강화를 위하여 쿠션은 설치하지 않는다.
③ 좌판의 앞 모서리 부분은 5[cm] 정도 낮아야 한다.
④ 좌판과 등받이 사이의 각도는 90~105[°]를 유지하도록 한다.

[정답] 37 ④ 38 ③ 39 ② 40 ②

해설
의자설계 기본원칙
① 체중분포 : 둔부(臀部)중심에서 바깥으로 점차 체중이 작게 걸리도록 좌판(坐板)의 재질이 -2[cm] 이상 내려가지 않도록 한다.
② 좌판의 높이 : 의자 밑바닥에서 앉는 면까지의 높이는 오금(무릎의 구부리는 안쪽)높이보다 높지 않고 앞쪽은 약간 낮게 한다.
③ 좌판각도 : 의자 앉는 면의 앞과 뒤의 기울어진 각도가 있어야 한다.
④ 좌판 깊이와 폭 : 장딴지 여유와 대퇴압박이 닿지 않도록 한다.
⑤ 몸통의 안정 : 사무용 의자(좌판각도 3도, 등판 100도 정도)/휴식 및 독서는 더 큰 각도로 한다.
⑥ 휴식용 의자 : 사무용 의자보다 7~8[cm] 낮은 좌판 27~38[cm], 좌판각도 25~26도, 등판각도 105~108도, 등판에는 5[cm] 정도의 완충재로 한다.

참고 산업안전산업기사 필기 p.2-163(합격날개 : 합격예측)

KEY 2018년 4월 28일(문제 38번) 출제

3 기계·기구 및 설비안전관리

41 기계의 안전조건 중 구조의 안전화가 아닌 것은?
① 기계재료의 선정 시 재료 자체에 결함이 없는지 철저히 확인한다.
② 사용 중 재료의 강도가 열화될 것을 감안하여 설계 시 안전율을 고려한다.
③ 기계작동 시 기계의 오동작을 방지하기 위하여 오동작 방지회로를 적용한다.
④ 가공경화와 같은 가공결함이 생길 우려가 있는 경우는 열처리 등으로 결함을 방지한다.

해설
구조의 안전화 3원칙
① 재료 ② 설계 ③ 가공

참고 ① 산업안전산업기사 필기 p.3-191(2. 구조적 결함 분류)
② 산업안전산업기사 필기 p.3-199(합격날개 : 합격예측)

KEY 2016년 5월 8일(문제 42번) 출제

42 프레스 작업 시 왕복운동하는 부분과 고정부분 사이에서 형성되는 위험점은?
① 물림점   ② 협착점
③ 절단점   ④ 회전말림점

해설
협착점(Squeeze-point)
왕복운동을 하는 동작부분과 움직임이 없는 고정부분 사이에서 형성되는 위험점 예 프레스기, 전단기, 성형기, 조형기, 굽힘기계(bending machine) 등

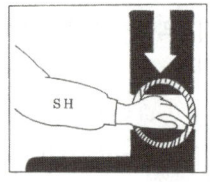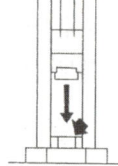

[그림] 협착점

참고 산업안전산업기사 필기 p.3-205(1. 협착점)

KEY ① 2017년 3월 5일 출제
② 2017년 5월 7일 출제
③ 2017년 8월 26일 출제
④ 2019년 4월 27일(문제 55번) 출제

43 다음 중 접근반응형 방호장치에 해당되는 것은?
① 손쳐내기식 방호장치
② 광전자식 방호장치
③ 가드식 방호장치
④ 양수조작식 방호장치

해설
접근반응형 방호장치
① 위험 범위 내로 신체가 접근할 경우 이를 감지하여 즉시 기계의 작동을 정지시키거나 전원이 차단되도록 하는 방법
② 프레스의 광전자식 방호장치가 해당

참고 산업안전산업기사 필기 p.3-57(4. 방호장치의 종류)

KEY ① 2013년 6월 2일(문제 58번) 출제
② 2023년 6월 4일 기사 등 5회 이상 출제

44 작업장 내 운반을 주목적으로 하는 구내운반차가 준수해야 할 사항으로 옳지 않은 것은?
① 주행을 제동하거나 정지상태를 유지하기 위하여 유효한 제동장치를 갖출 것
② 경음기를 갖출 것

[정답] 41 ③ 42 ② 43 ② 44 ③

③ 핸들의 중심에서 차체 바깥 측까지의 거리가 65 [cm] 이내일 것
④ 운전자석이 차 실내에 있는 것은 좌우에 한 개씩 방향지시기를 갖출 것

해설

구내운반차 작업 시 준수사항
① 주행을 제동하거나 정지상태를 유지하기 위하여 유효한 제동장치를 갖출 것
② 경음기를 갖출 것
③ 운전석이 차 실내에 있는 것은 좌우에 한 개씩 방향지시기를 갖출 것
④ 전조등과 후미등을 갖출 것. 다만, 작업을 안전하게 하기 위하여 필요한 조명이 있는 장소에서 사용하는 구내운반차에 대해서는 그러하지 아니하다.

참고 산업안전산업기사 필기 p.3-186(문제 155번) 적중

KEY 2017년 5월 7일(문제 45번) 출제

합격정보
산업안전보건기준에 관한 규칙 제184조(제동장치 등)

---

45 산업안전보건법령상 양중기에서 절단하중이 100톤인 와이어로프를 사용하여 화물을 직접적으로 지지하는 경우, 화물의 최대허용하중(톤)은?

① 20   ② 30
③ 40   ④ 50

해설

최대허용하중 = $\dfrac{\text{절단하중}}{\text{안전율(계수)}}$ = $\dfrac{100}{5}$ = 20[ton]

참고 산업안전산업기사 필기 p.3-2(합격날개 : 합격예측)

KEY ① 2006년 8월 6일 (문제 41번) 출제
② 2020년 8월 23일(문제 48번) 출제

합격정보
산업안전보건기준에 관한 규칙 제163조(와이어로프 등 달기구의 안전계수)

보충학습
안전계수
① 근로자가 탑승하는 운반구를 지지하는 달기와이어로프 또는 달기체인의 경우 : 10 이상
② 화물의 하중을 직접 지지하는 달기와이어로프 또는 달기체인의 경우 : 5 이상
③ 훅, 샤클, 클램프, 리프팅 빔의 경우 : 3 이상
④ 그 밖의 경우 : 4 이상

---

46 다음 중 드릴링 작업에서 반복적 위치에서의 작업과 대량생산 및 정밀도를 요구할 때 사용하는 고정 장치로 가장 적합한 것은?

① 바이스(vise)   ② 지그(jig)
③ 클램프(clamp)   ④ 렌치(wrench)

해설

공작물 고정 방법
① 바이스 : 일감이 작을 때
② 볼트와 고정구 : 일감이 크고 복잡할 때
③ 지그(jig) : 대량생산과 정밀도를 요구할 때

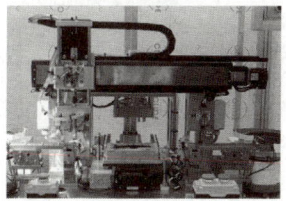 

[그림] 지그   [그림] 클램프

참고 산업안전산업기사 필기 p.3-92(2. 공작물 고정방법)

KEY 2015년 5월 31일(문제 53번) 출제

---

47 지게차의 헤드가드가 갖추어야 할 조건에 대한 설명으로 틀린 것은?

① 강도는 지게차 최대하중의 2배 값(4톤을 넘는 값에 대해서는 4톤으로 한다)의 등분포정하중에 견딜 수 있을 것
② 상부틀의 각 개구의 폭 또는 길이가 26[cm] 미만일 것
③ 운전자가 앉아서 조작하는 방식의 지게차의 경우에는 운전자 좌석의 윗면에서 헤드가드의 상부틀의 아랫면까지의 높이가 0.903[m] 이상일 것
④ 운전자가 서서 조작하는 방식의 지게차는 운전석의 바닥면에서 헤드가드 상부틀의 하면까지의 높이가 1.905[m] 이상일 것

해설

상부틀의 각 개구의 폭 또는 길이 : 16[cm] 미만

[정답] 45 ① 46 ② 47 ②

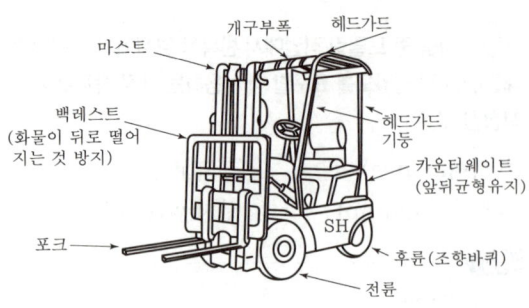

[그림] 지게차

> 참고 ① 산업안전산업기사 필기 p.3-152(합격날개 : 합격예측)
> ② 산업안전산업기사 필기 p.5-71(3. 지게차헤드가드 구비조건)

> KEY ① 2016년 3월 6일 출제
> ② 2016년 8월 21일 기사 출제
> ③ 2018년 4월 28일(문제 49번) 등 10회 이상 출제

48 다음 중 셰이퍼(shaper)의 크기를 표시하는 것은?

① 램의 행정
② 새들의 크기
③ 테이블의 면적
④ 바이트의 최대 크기

해설

셰이퍼의 크기 표시 방법
① 램이 움직일 수 있는 거리
② 램의 최대 행정

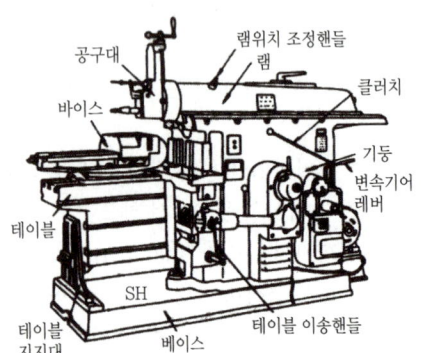

[그림] 셰이퍼의 구조와 명칭

> 참고 ① 산업안전산업기사 필기 p.3-88(2. 셰이퍼)
> ② 산업안전산업기사 필기 p.3-89(합격날개 : 합격예측)

> KEY 2015년 5월 25일(문제 59번) 출제

49 밀링작업 시 안전수칙에 해당되지 않는 것은?

① 칩이나 부스러기는 반드시 브러시를 사용하여 제거한다.
② 가공 중에는 가공면을 손으로 점검하지 않는다.
③ 기계를 가동 중에는 변속시키지 않는다.
④ 바이트는 가급적 짧게 고정시킨다.

해설

밀링 Tip
① 밀링머신에서는 TIP(팁)이라고 합니다.
② TIP은 규격품입니다.
③ 선반은 bite(바이트) 입니다.

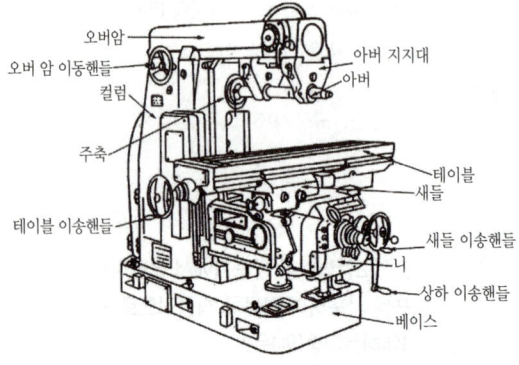

[그림] 밀링머신의 구조 및 명칭

> 참고 산업안전산업기사 필기 p.3-87(3. 밀링작업시 안전수칙)

> KEY ① 2016년 3월 6일 기사 출제
> ② 2018년 3월 4일 기사 출제
> ③ 2018년 4월 28일 기사 출제
> ④ 2020년 6월 14일(문제 59번) 등 5회 이상 출제

50 가공물 또는 공구를 회전시켜 나사나 기어 등을 소성가공하는 방법은?

① 압연   ② 압출
③ 인발   ④ 전조

해설

소성가공
(1) 전조
　① 다이(Die)나 Roll과 같은 성형공구를 회전 또는 직선운동시키면서 그 사이에 소재를 넣어 공구의 표면형상으로 각인하는 것이다.
　② 일종의 특수압연이라 볼 수 있다.

[정답] 48 ① 49 ④ 50 ④

(2) 전조제품
① 원통 롤러   ② Ball
③ Ring   ④ 기어
⑤ 나사   ⑥ Spline축
⑦ 냉각 Fin이 붙은 관

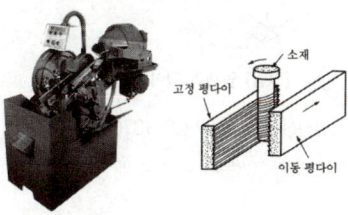

[그림] 나사 전조기 및 전조 원리

참고) 산업안전산업기사 필기 p.3-219(합격예측 : 전조)

KEY ① 2012년 5월 20일(문제 20번) 출제
    ② 2023년 6월 17일 산업안전지도사 출제

52 구멍이 있거나 노치(notch) 등이 있는 재료에 외력이 작용할 때 가장 현저하게 나타나는 현상은?

① 가공경화   ② 피로
③ 응력집중   ④ 크리프(creep)

해설

응력집중(stress concentration : 應力集中)
① 국부적으로 응력이 크게되는 것을 말한다.
② 노치가 있는 경우에는 노치의 부근, 불연속부가 있는 경우는 불연속부 부근의 응력은 평균응력보다 큰 값이 된다.
③ 응력집중부에서의 응력과 평균응력과의 비를 응력집중률이라 한다.

참고) 산업안전산업기사 필기 p.3-220(1. 용어정의)

KEY 2018년 4월 28일(문제 54번) 출제

51 클러치 프레스에 부착된 양수기동식 방호장치에 있어서 확동 클러치의 봉합개소의 수가 4, 분당 행정수가 300[spm]일 때 양수기동식 조작부의 최소 안전거리는?(단, 인간의 손의 기준 속도는 1.6[m/s]로 한다.)

① 240[mm]   ② 260[mm]
③ 340[mm]   ④ 360[mm]

해설

안전거리 계산

① $T_m = \left(\frac{1}{4} + \frac{1}{2}\right) \times \frac{60,000}{300} = 150$[mm]

② $D_m = 1.6 \times T_m = 1.6 \times 150 = 240$[mm]

참고) 산업안전산업기사 필기 p.3-105(합격날개 : 참고)

KEY 2017년 5월 7일(문제 50번) 등 5회 이상 출제

보충학습
① 양수조작식 안전거리
   $D = 1600 \times (Tc \times Ts)$
   D : 안전거리[mm]
   Tc : 방호장치의 작동시간[즉, 누름버튼으로부터 한 손이 떨어졌을 때부터 급정지기구가 작동을 개시할 때까지의 시간(초)]
   Ts : 프레스의 급정지시간[즉, 급정지기구가 작동을 개시했을 때부터 슬라이드가 정지할 때까지의 시간(초)]
② 양수기동식 안전거리
   $D_m = 1.6 T_m$
   D_m : 안전거리[mm]
   T_m : 양손으로 누름단추 누르기 시작할 때부터 슬라이드가 하사점에 도달하기까지 소요시간[ms]
   $T_m = \left(\dfrac{1}{\text{클러치 맞물림 개소수}} + \dfrac{1}{2}\right) \times \dfrac{60,000}{\text{매분 행정수}}$[ms]

53 산업용 로봇의 작동범위에서 그 로봇에 관하여 교시 등의 작업을 하는 경우 작업시간 전 점검사항에 해당하지 않는 것은?(단, 로봇의 동력원을 차단하고 행하는 것을 제외한다.)

① 회전부의 덮개 또는 울 부착여부
② 제동장치 및 비상정지장치의 기능
③ 외부전선의 피복 또는 외장의 손상유무
④ 머니퓰레이터(manipulator) 작동의 이상유무

해설

산업용 로봇의 작업시작전 점검사항
① 외부전선의 피복 또는 외장의 손상유무
② 머니퓰레이터(manipulator) 작동의 이상유무
③ 제동장치 및 비상정지장치의 기능

참고) 산업안전산업기사 필기 p.3-54[2. 로봇의 작동범위 내에서 그 로봇에 관하여 교시 등(로봇의 동력원을 차단하고 행하는 것을 제외한다)의 작업을 할 때]

KEY ① 2018년 3월 4일 기사 출제
    ② 2019년 4월 27일(문제 42번) 출제

합격정보
산업안전보건기준에 관한 규칙 [별표 3] 작업시작 전 점검사항

[정답] 51 ① 52 ③ 53 ①

54 다음 중 금형의 설계 및 제작시 안전화 조치와 가장 거리가 먼 것은?

① 펀치의 세장비가 맞지 않으면 길이를 짧게 조정한다.
② 강도 부족으로 파손되는 경우 충분한 강도를 갖는 재료로 교체한다.
③ 열처리 불량으로 인한 파손을 막기 위해 담금질(Quenching)을 실시한다.
④ 캠 및 기타 충격이 반복해서 가해지는 부분에는 완충장치를 한다.

해설

열처리불량 파손시 인성부여 : 뜨임

KEY 2015년 5월 31일(문제 47번) 출제

보충학습
강의 일반 열처리

구분	특징
담금질 (quenching)	고온에서 재료를 급랭시켜 재질을 경화시키는 열처리법
뜨임 (tempering)	담금질된 재료를 적당한 온도로 가열한 후 서서히 냉각시켜 담금질된 재료에 인성을 부여하는 열처리법
풀림 (annealing)	재료를 적당한 온도로 가열하고 서서히 냉각시켜 연화시키고 또 균일하게 하는 열처리법
불림 (normalizing)	압연 또는 단조한 재료에 대한 재질을 균질화하기 위한 열처리법

55 동력식 수동대패기계의 덮개와 송급 테이블 면과의 간격기준은 몇 [mm] 이하여야 하는가?

① 3   ② 5
③ 8   ④ 12

해설

동력식 수동대패기계 간격

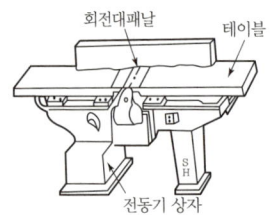

[그림] 동력식 수동대패

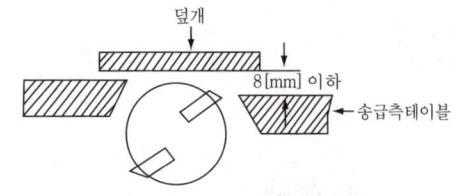

[그림] 덮개와 테이블 간의 틈새

참고 산업안전산업기사 필기 p.3-137(2. 방호 조치)

KEY 2017년 5월 7일(문제 47번) 출제

56 산소-아세틸렌가스 용접에서 산소 용기의 취급 시 주의사항으로 틀린 것은?

① 산소 용기의 운반 시 밸브를 닫고 캡을 씌워서 이동할 것
② 기름이 묻은 손이나 장갑을 끼고 취급하지말 것
③ 원활한 산소 공급을 위하여 산소 용기는 눕혀서 사용할 것
④ 통풍이 잘되고 직사광선이 없는 곳에 보관할 것

해설

산소용기
산소용기와 아세틸렌가스 등의 용기는 눕혀서 사용하시면 안됩니다.
(이유 : 폭발도 하지만 굴러다닙니다.)

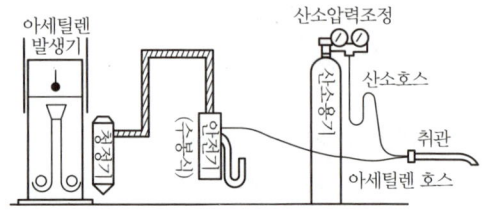

[그림] 아세틸렌용접장치

참고 산업안전산업기사 필기 p.3-177(문제 98번) 적중

KEY ① 2020년 6월 7일 기사(문제 55번) 출제
② 2020년 8월 23일(문제 59번) 출제

[정답] 54 ③ 55 ③ 56 ③

57. 휴대용 연삭기 덮개의 노출각도 기준은?

① 60[°] 이내 ② 90[°] 이내
③ 150[°] 이내 ④ 180[°] 이내

해설

휴대용연삭기 노출각도 : 180[°] 이내

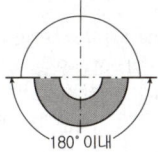

[그림] 휴대용 연삭기, 스윙연삭기, 슬라브연삭기, 기타 이와 비슷한 연삭기의 덮개 각도

참고 산업안전산업기사 필기 p.3-97(그림. 연삭기 종류 및 덮개의 표준현상)

KEY
① 2016년 8월 21일 기사 출제
② 2017년 3월 5일 출제
③ 2017년 5월 7일 기사·산업기사 출제
④ 2017년 8월 26일 출제
⑤ 2018년 4월 28일 기사·산업기사 동시 출제

합격정보
방호장치자율안전인증고시 [별표 4] 연삭기 덮개의 성능기준

58. 동력 프레스를 분류하는데 있어서 그 종류에 속하지 않는 것은?

① 크랭크 프레스 ② 토글 프레스
③ 마찰 프레스 ④ 터릿 프레스

해설

프레스의 종류
① 기계프레스
② 핀클러치프레스
③ 키클러치프레스
④ 크랭크프레스
⑤ 액압프레스

참고 ① 산업안전산업기사 필기 p.3-99(2. 프레스 종류 및 요약)
② 산업안전산업기사 필기 p.3-96(합격날개 : 은행문제) 적중

KEY
① 2016년 8월 21일 기사 출제
② 2017년 8월 26일 출제
③ 2018년 4월 28일(문제 52번) 출제

59. 목재가공용 둥근톱의 목재 반발예방장치가 아닌 것은?

① 반발방지 발톱(finger)
② 분할날(spreader)
③ 덮개(cover)
④ 반발방지 롤(roll)

해설

둥근톱기계의 반발예방장치 3가지
① 반발방지 발톱(finger)
② 분할날(spreader)
③ 반발방지 롤(roll)

참고 산업안전산업기사 필기 p.3-133(합격날개 : 합격예측 및 관련법규)

KEY ① 2016년 5월 8일(문제 51번) 출제
② 2023년 6월 4일 기사 출제

보충학습
둥근톱기계의 반발예방장치
사업주는 목재가공용 둥근톱기계[가로 절단용 둥근톱기계 및 반발(反撥)에 의하여 근로자에게 위험을 미칠 우려가 없는 것은 제외한다]에 분할날 등 반발예방장치를 설치하여야 한다.

60. 근로자에게 위험을 미칠 우려가 있는 원동기, 축이음, 풀리 등에 설치하여야 하는 것은?

① 덮개 ② 압력계
③ 통풍장치 ④ 과압방지기

해설

원동기·회전축 등의 위험 방지
사업주는 기계의 원동기·회전축·기어·풀리·플라이휠·벨트 및 체인 등 근로자가 위험에 처할 우려가 있는 부위에 덮개·울·슬리브 및 건널다리 등을 설치하여야 한다.

참고 산업안전산업기사 필기 p.3-203(합격날개 : 합격예측 및 관련법규)

KEY ① 2017년 3월 5일 기사·산업기사 동시 출제
② 2019년 4월 27일(문제 57번) 출제

합격정보
산업안전보건기준에 관한 규칙 제87조(원동기 회전축 등의 위험방지)

[정답] 57 ④ 58 ④ 59 ③ 60 ①

4 전기 및 화학설비 안전관리

61 다음 중 통전경로별 위험도가 가장 높은 경로는?

① 왼손-등
② 오른손-가슴
③ 왼손-가슴
④ 오른손-양발

해설

통전경로별 위험도

통전경로	위험도
오른손-등	0.3
왼손-오른손	0.4
왼손-등	0.7
한손 또는 양손-앉아 있는 자리	0.7
오른손-한발 또는 양발	0.8
양손-양발	1.0
왼손-한발 또는 양발	1.0
오른손-가슴	1.3
왼손-가슴	1.5

참고 산업안전산업기사 필기 p.4-30(문제 26번)

KEY
① 2015년 5월 31일(문제 68번) 출제
② 2023년 4월 1일 지도사 출제

---

62 정전기 발생에 영향을 주는 요인이 아닌 것은?

① 물체의 특성
② 물체의 표면상태
③ 접촉면적 및 압력
④ 응집 속도

해설

정전기 발생에 영향을 주는 요인
① 물질(체)의 특성
② 물질의 이력
③ 물질의 표면
④ 정전기분리속도
⑤ 접촉면적 및 압력

참고 산업안전산업기사 필기 p.4-32(1. 정전기 발생 원리)

KEY
① 2016년 8월 21일 기사 출제
② 2017년 3월 5일 기사 출제
③ 2017년 5월 7일 기사 출제 등 5회 이상 출제

---

63 파이프 등에 유체가 흐를 때 발생하는 유동대전에 가장 큰 영향을 미치는 요인은?

① 유체의 이동거리
② 유체의 점도
③ 유체의 속도
④ 유체의 양

해설

유동대전
① 액체류가 파이프 등 내부에서 유동 시 관벽과 액체 사이에서 발생
② 액체 유동속도가 정전기발생에 큰 영향
③ 배관 내 유체의 정전하량(대전량) 유속의 1.5~2승에 비례
④ 배관 내 유체의 제한속도 : 가솔린이나 벤젠 등이 흐를 때 유속은 1[m/sec] 이하로 제한

참고 산업안전산업기사 필기 p.4-49(문제 19번) 적중

KEY
① 2016년 5월 8일 기사 출제
② 2018년 8월 19일 출제
③ 2019년 4월 27일(문제 68번) 출제

---

64 제전기의 설치 장소로 가장 적절한 것은?

① 대전물체의 뒷면에 접지물체가 있는 경우
② 정전기의 발생원으로부터 5~20[cm] 정도 떨어진 장소
③ 오물과 이물질이 자주 발생하고 묻기 쉬운 장소
④ 온도가 150[℃], 상대습도가 80[%] 이상인 장소

해설

제전기 설치 장소
① 제전기를 설치하기 전후의 전위를 측정하여 제전의 목표치를 만족하는 위치 또는 제전효율이 90[%] 이상이 되는 위치
② 제전기를 설치하기 전에 대전물체의 전위를 측정하여 그 전위가 될 수 있는 한 높은 위치
③ 정전기의 발생원에서 최소한 설치거리 이상 떨어져 있으면서 될 수 있는 한 발생원에 가까운 위치로서 일반적으로 정전기의 발생원에서 5~20[cm] 이상 떨어진 위치
④ 제전기의 설치위치는 원칙적으로 대전물체 배면의 접지체 또는 다른 제전기가 설치되어 있는 위치, 정전기의 발생원, 제전기에 오물이 묻기 쉬운 장소는 피하고 온도가 150[℃], 상대습도가 80[%] 이상이 되는 환경은 피해야 한다.

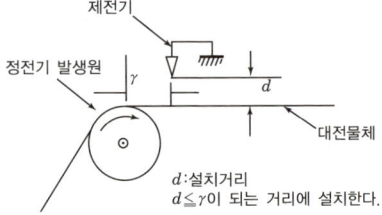

[그림] 제전기의 설치

[정답] 61 ③ 62 ④ 63 ③ 64 ②

참고 │ 산업안전산업기사 필기 p.4-41(4. 제전대상에 따른 제전기의 선정)
KEY ▶ 2020년 8월 23일(문제 61번) 출제

65 전압과 인체저항과의 관계를 잘못 설명한 것은?

① 정(+)의 저항온도계수를 나타낸다.
② 내부조직의 저항은 전압에 관계없이 일정하다.
③ 1,000[V] 부근에서 피부의 전기저항은 거의 사라진다.
④ 남자보다 여자가 일반적으로 전기저항이 작다.

해설
전압과 인체저항
① 부(-)의 저항온도계수를 나타낸다.
  ㉮ 정(+)의 온도계수 : 온도 상승에 따라 저항이 증가하는 것
  ㉯ 부(-)의 온도계수 : 온도 상승에 따라 저항이 감소하는 것
② 내부조직의 저항은 전압에 관계없이 일정하다. : 내부조직의 전기저항은 직선적으로 직류, 교류에 관계없이 거의 일정하다.
③ 1,000[V] 부근에서 피부의 전기저항은 거의 사라진다. : 전압이 올라가면 피부저항이 내려가는데 1,000[V]에서 피부는 완전히 절연이 파괴되고 내부저항 500[Ω]만 남는다.
④ 남자보다 여자가 일반적으로 전기저항이 작다. : 전기저항은 몸무게에 따라 달라지므로 여자에 비해 남자가 몸무게가 커서 여자가 일반적으로 전기저항이 작다.

참고 │ 산업안전산업기사 필기 p.4-18(2. 인체의 전기저항)
KEY ▶ 2014년 5월 25일(문제 64번) 출제

66 일반적인 방전형태의 종류가 아닌 것은?

① 스트리머(streamer)방전
② 적외선(infrared-ray)방전
③ 코로나(corona)방전
④ 연면(surface)방전

해설
방전(discharge) 형태의 종류
① 코로나(corona)방전
② 스트리머(streamer)방전
③ 스파크(spark)방전
④ 연면(surface)방전
⑤ 브러시(brush)방전

참고 │ 산업안전산업기사 필기 p.4-34(3. 방전의 형태 및 영향)
KEY ▶ 2016년 5월 8일(문제 68번) 출제

67 고압 또는 특고압의 기계기구·모선 등을 옥외에 시설하는 발전소·변전소·개폐소 또는 이에 준하는 곳에 구내에 취급자 이외의 자가 들어가지 못하도록 하기 위한 시설의 기준에 대한 설명으로 틀린 것은?

① 울타리·담 등의 높이는 1.5[m] 이상으로 시설하여야 한다.
② 출입구에는 출입금지의 표시를 하여야 한다.
③ 출입구에는 자물쇠장치 기타 적당한 장치를 하여야 한다.
④ 지표면과 울타리·담 등의 하단사이의 간격은 15[cm] 이하로 하여야 한다.

해설
울타리·담 시설기준
① 울타리·담 등의 높이는 2[m] 이상으로 하고 지표면과 울타리 담 등의 하단사이의 간격은 15[cm] 이하로 할 것
② 울타리·담 등과 고압 및 특고압의 충전부분이 접근하는 경우에는 울타리·담 등의 높이와 울타리·담 등으로부터 충전부분까지 거리의 합계는 전로의 사용전압이 35,000[V] 이하인 경우 5[m] 이상으로 할 것
③ 출입구에는 출입금지의 표시를 할 것
④ 출입구에는 자물쇠장치 기타 적당한 장치를 할 것

KEY ▶ 2018년 4월 28일(문제 68번) 출제

합격정보
전기설비기준 제44조(발전소 등의 울타리·담 등의 시설)

68 산업안전보건법상 전기기계·기구의 누전에 의한 감전 위험을 방지하기 위하여 접지를 하여야 하는 사항으로 틀린 것은?

① 전기기계·기구의 금속제 내부 충전부
② 전기기계·기구의 금속제 외함
③ 전기기계·기구의 금속제 외피
④ 전기기계·기구의 금속제 철대

해설
전기기계·기구의 접지
① 전기기계·기구의 금속제 외함
② 전기기계·기구의 금속제 외피
③ 전기기계·기구의 금속제 철대

KEY ▶ ① 2012년 5월 20일(문제 63번) 출제
    ② 2019년 4월 27일(문제 64번) 출제

【 정답 】 65 ① 66 ② 67 ① 68 ①

과년도 출제문제

> **합격정보**
> 산업안전보건기준에 관한 규칙 제 302조(전기기계·기구의 접지)

69 교류아크용접작업 시 감전을 예방하기 위하여 사용하는 자동전격방지기의 2차 전압은 몇 [V] 이하로 유지하여야 하는가?

① 25   ② 35
③ 50   ④ 40

> **해설**
> 자동전격방지기 2차 전압 : 25[V] 이하
>
> **참고** 산업안전산업기사 필기 p.4-78(2. 방호장치의 성능)
>
> **KEY** 2016년 5월 8일(문제 66번) 등 5회 이상 출제
>
> **보충학습**
> **교류아크용접기 등**
> ① 사업주는 아크용접 등(자동용접은 제외한다)의 작업에 사용하는 용접봉의 홀더에 대하여 「산업표준화법」에 따른 한국산업표준에 적합하거나 그 이상의 절연내력 및 내열성을 갖춘 것을 사용하여야 한다.
> ② 사업주는 다음 각 호의 어느 하나에 해당하는 장소에서 교류아크용접기(자동으로 작동되는 것은 제외한다)를 사용하는 경우에는 교류아크용접기에 자동전격 방지기를 설치하여야 한다.
> ㉮ 선박의 이중 선체 내부, 밸러스트(Ballast)탱크, 보일러 내부 등도 전체에 둘러싸인 장소
> ㉯ 추락할 위험이 있는 높이 2[m] 이상의 장소로 철골 등 도전성이 높은 물체에 근로자가 접촉할 우려가 있는 장소
> ㉰ 근로자가 물·땀 등으로 인하여 도전성이 높은 습윤 상태에서 작업하는 장소

70 감전을 방지하기 위하여 정전작업 요령을 관계근로자에게 주지시킬 필요가 없는 것은?

① 전원설비 효율에 관한 사항
② 단락접지 실시에 관한 사항
③ 전원 재투입 순서에 관한 사항
④ 작업 책임자의 임명, 정전범위 및 절연용 보호구 작업 등 필요한 사항

> **해설**
> **정전 작업 시 5대 안전수칙**
> ① 작업 전 전원차단
> ② 전원투입방지
> ③ 작업장소의 무전압 여부 확인
> ④ 단락접지
> ⑤ 작업장소의 보호

> **참고** 산업안전산업기사 필기 p.4-76(1. 정전작업 시 조치사항)
>
> **KEY** ① 2016년 8월 21일 출제
> ② 2017년 5월 7일 기사·산업기사 동시 출제
> ③ 2023년 6월 4일 기사 등 5회 이상 출제

71 다음 중 최소발화에너지에 관한 설명으로 틀린 것은?

① 압력이 상승하면 작아진다.
② 온도가 상승하면 작아진다.
③ 산소농도가 높아지면 작아진다.
④ 유체의 유속이 높아지면 작아진다.

> **해설**
> **최소발화에너지(MIE)**
> (1) 처음 연소에 필요한 최소한의 에너지
> (2) 영향 요소
>   ① 특정 화합물이나 혼합물
>   ② 농도 ③ 압력 ④ 온도
> (3) MIE의 변화 요인
>   ① 압력이나 온도의 증가에 따라 감소하며, 공기 중에서보다 산소 중에서 더 감소함
>   ② 분진의 MIE는 일반적으로 인화성가스보다 큰 에너지 준위를 가짐
>   ③ 질소 농도 증가는 MIE를 증가시킴
>
> **참고** 산업안전산업기사 필기 p.4-188(보충학습 : 1. 발화에너지)
>
> **KEY** 2013년 6월 23일(문제 78번) 출제

72 다음 중 폭발하한농도(vol%)가 가장 높은 것은?

① 일산화탄소   ② 아세틸렌
③ 디에틸에테르   ④ 아세톤

> **해설**
> **주요 인화성 가스의 폭발범위**
>
> | 인화성 가스 | 폭발하한 값(%) | 폭발상한 값(%) |
> |---|---|---|
> | 아세틸렌(C_2H_2) | 2.5 | 81 |
> | 산화에틸렌(C_2H_4O) | 3 | 80 |
> | 수소(H_2) | 4 | 75 |
> | 일산화탄소(CO) | 12.5 | 74 |
> | 프로판(C_3H_8) | 2.1 | 9.5 |
> | 에탄(C_2H_6) | 3 | 12.5 |
> | 메탄(CH_4) | 5 | 15 |
> | 부탄(C_4H_{10}) | 1.8 | 8.4 |

[정답] 69 ① 70 ① 71 ④ 72 ①

참고 ▶ 산업안전산업기사 필기 p.4-153(표1. 공기중의 폭발한계)

KEY ▶ ① 2017년 3월 5일 산업기사 출제
② 2020년 8월 23일(문제 76번) 등 5회 이상 출제

73 다음 중 열교환기의 가열 열원으로 사용되는 것은?

① 다우섬 ② 염화칼슘
③ 프레온 ④ 암모니아

해설
열교환기 가열열원
① 대부분 정제된 광유(Mineral oil) 사용
② 낮은 온도에서는 염화칼슘용액, 메탄올, 글리콜 수용액, 다우섬(Dowtherm), 실섬(Syltherm) 등을 사용

참고 ▶ 산업안전산업기사 필기 p.4-146(3. 열교환기)

KEY ▶ 2015년 5월 31일(문제 76번) 출제

보충학습
다우섬
① 미국 Dow Chemical Co.의 고안으로 전열 매체로 250~400[℃]의 가열에 적합한 끓는 점이 높은 유기물의 상품명. 고온 증류, 고온 증발, 에스테르화 반응, 촉매 반응 장치의 온도 유지 등의 목적으로 사용
② 저압력으로 좋기 때문에 고압증기, 뜨거운 물 대신 널리 사용
[출처 : 도서출판 세화(화학대사전)]

74 산업안전보건법령상 관리대상 유해물질의 운반 및 저장 방법으로 적절하지 않은 것은?

① 저장장소에는 관계 근로자가 아닌 사람의 출입을 금지하는 표시를 한다.
② 저장장소에서 관리대상 유해물질의 증기가 실외로 배출되지 않도록 적절한 조치를 한다.
③ 관리대상 유해물질을 저장할 때 일정한 장소를 지정하여 저장하여야 한다.
④ 물질이 새거나 발산될 우려가 없는 뚜껑 또는 마개가 있는 튼튼한 용기를 사용한다.

해설
관리대상물질의 저장방법
① 관리대상 유해물질의 증기를 실외로 배출시키는 설비를 설치할 것
② 저장장소에는 관계 근로자가 아닌 사람의 출입을 금지하는 표시를 한다.
③ 관리대상 유해물질을 저장할 때 일정한 장소를 지정하여 저장하여야 한다.
④ 물질이 새거나 발산될 우려가 없는 뚜껑 또는 마개가 있는 튼튼한 용기를 사용한다.

참고 ▶ 산업안전산업기사 필기 p.4-137(합격날개 : 합격예측 및 관련법규)

KEY ▶ 2018년 4월 28일(문제 76번) 출제

합격정보
산업안전보건기준에 관한 규칙 제443조(관리대상물질의 저장)

75 반응기가 이상과열인 경우 반응폭주를 방지하기 위하여 작동하는 장치로 가장 거리가 먼 것은?

① 고온경보장치
② 블로다운시스템
③ 긴급차단장치
④ 자동 shutdown장치

해설
Blow-down 시스템
응축성 증기, 열액 등의 공정 액체를 빼내서 안전하게 보전 또는 처리하기 위한 장치

[표] 구성 요소

구분	기능
펌프	반응기, 탑 등에서 내용물을 빼내는 장치
탱크	빼낸 내용물을 안전하게 유지하는 장치
증발기	내용물을 연소 처리하는 경우 가스화하기 위한 장치

참고 ▶ ① 산업안전산업기사 필기 p.4-146(합격날개 : 은행문제)
② 산업안전산업기사 필기 p.4-141(3. blow-down)

KEY ▶ 2016년 5월 8일(문제 75번) 출제

76 다음 중 증류탑의 원리로 거리가 먼 것은?

① 끓는점(휘발성) 차이를 이용하여 목적 성분을 분리한다.
② 열이동은 도모하지만 물질이동은 관계하지 않는다.
③ 기-액 두 상의 접촉이 충분히 일어날 수 있는 접촉면적이 필요하다.
④ 여러 개의 단을 사용하는 다단탑이 사용될 수 있다.

【정답】 73 ① 74 ② 75 ② 76 ②

해설
증류탑의 원리
① 공장에서 대량의 액체 화합물을 분리하는 데 사용하며, 내부의 칸막이에서 여러 번 분별 증류가 일어나도록 설계되어 있다.
② 끓는점이 낮은 물질이 위쪽에서 분리되고 끓는점이 높은 물질이 아래쪽에서 분리된다.

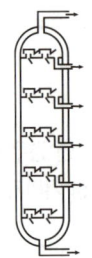

[그림] 증류탑

참고 산업안전산업기사 필기 p.4-145(합격날개 : 합격예측)

KEY
① 2017년 3월 5일 출제
② 2017년 5월 7일(문제 77번) 출제

77 다음 중 개방형 스프링식 안전밸브의 장점이 아닌 것은?

① 구조가 비교적 간단하다.
② 증기용에 어큐뮬레이션을 3[%] 이내로 할 수 있다.
③ 스프링, 밸브봉 등이 외기의 영향을 받지 않는다.
④ 밸브시트와 밸브스템 사이에서 누설을 확인하기 쉽다.

해설
개방형 스프링식 안전밸브 장점
① 구조가 비교적 간단하다.
② 증기용에 어큐뮬레이션을 3[%] 이내로 할 수 있다.
③ 밸브시트와 밸브시스템 사이에서 누설을 확인하기 쉽다.

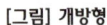
[그림] 개방형   [그림] 밀폐형

참고 산업안전산업기사 필기 p.4-141(합격날개 : 합격예측)

KEY 2015년 5월 31일(문제 75번) 출제

보충학습
개방식 스프링 안전밸브의 단점
① 옥내에서 가연성 가스나 독성가스용으로 사용할 수 없다.
② 배출관에 배압이 걸리는 경우에는 사용할 수 없다.
③ 스프링, 밸브봉 등이 외기의 영향을 받기 쉽다.

78 다음 중 폭굉(detonation) 현상에 있어서 폭굉파의 진행전면에 형성되는 것은?

① 증발열   ② 충격파
③ 역화   ④ 화염의 대류

해설
폭굉파
① 진행속도가 1,000~3,500[m/sec]에 달하는 경우
② 폭굉파의 전파속도는 음속을 앞지르기 때문에 그 진행전면에 충격파가 형성되어 파괴작용을 동반
③ 충격파 파장이 아주 짧은 단일 압축파로 직진하는 성질로 인하여 파면선단에 물체가 있을 경우 심한 파괴작용 동반

참고 산업안전산업기사 필기 p.4-100(4. 폭굉의 조건)

KEY
① 2017년 5월 7일 출제
② 2019년 4월 27일(문제 72번) 출제

79 염소산칼륨에 관한 설명으로 옳은 것은?

① 탄소, 유기물과 접촉 시에도 분해폭발 위험은 거의 없다.
② 열에 강한 성질이 있어서 500[℃]의 고온에서도 안정적이다.
③ 찬물이나 에탄올에도 매우 잘 녹는다.
④ 산화성 고체물질이다.

해설
염소산 칼륨($KClO_3$)
① 제1류 위험물 : 산화성고체
② 상온에서 고체상태, 마찰 충격 등으로 많은 산소를 방출
③ 가연물의 연소를 돕는 조연성 물질이며, 강산화성 물질
④ 유기물, 탄소, 황 등과 혼합하여 가열하거나 충격을 부여하면 폭발
⑤ 극약, 녹는점 368[℃], 비중 2.326(39[℃])이다.
⑥ 가열하면 400[℃]에서 분해하여 과염소산칼륨과 염화칼륨이 되며, 더 가열하면 산소를 방출하고 전부 염화칼륨이 된다.

[정답] 77 ③ 78 ② 79 ④

참고 산업안전산업기사 필기 p.4-133(3. 유해화학물질 취급 시 주의사항)

KEY 2020년 8월 23일(문제 71번) 출제

80 휘발유를 저장하던 이동저장탱크에 등유나 경유를 이동저장탱크의 밑 부분으로부터 주입할 때에 액표면의 높이가 주입관의 선단의 높이를 넘을 때까지 주입속도는 몇 [m/s] 이하로 하여야 하는가?

① 0.5   ② 1.0
③ 1.5   ④ 2.0

해설
등유·경유 주입
주입속도 : 1[m/s] 이하

참고 산업안전산업기사 필기 p.4-148(합격날개 : 합격예측 및 관련법규)

KEY 2017년 5월 7일(문제 73번) 출제

합격정보
산업안전보건기준에 관한 규칙 제228조(가솔린이 남아 있는 설비에 등유 등의 주입)

5 건설공사 안전관리

81 연약지반을 굴착할 때, 흙막이벽 뒤쪽 흙의 중량이 바닥의 지지력보다 커지면, 굴착저면에서 흙이 부풀어 오르는 현상은?

① 슬라이딩(Sliding)   ② 보일링(Boiling)
③ 파이핑(Piping)   ④ 히빙(Heaving)

해설
히빙(Heaving) 현상
연약성 점토지반 굴착시 굴착외측 흙의 중량에 의해 굴착저면의 흙이 활동 전단 파괴되어 굴착내측으로 부풀어 오르는 현상

참고 산업안전산업기사 필기 p.5-6(합격날개 : 합격예측)

KEY ① 2016년 10월 1일 기사출제
    ② 2019년 4월 27일(문제 86번) 등 5회 이상 출제

82 산업안전보건법령에 따른 크레인을 사용하여 작업을 하는 때 작업시작 전 점검사항에 해당되지 않는 것은?

① 권과방지장치·브레이크·클러치 및 운전장치의 기능
② 주행로의 상측 및 트롤리(trolley)가 횡행하는 레일의 상태
③ 원동기 및 풀리(pulley)기능의 이상 유무
④ 와이어로프가 통하고 있는 곳의 상태

해설
크레인을 사용하여 작업을 할 때 작업시작전 점검사항
① 권과방지장치·브레이크·클러치 및 운전장치의 기능
② 주행로의 상측 및 트롤리가 횡행(橫行)하는 레일의 상태
③ 와이어로프가 통하고 있는 곳의 상태

참고 산업안전산업기사 필기 p.3-54(표. 기계·기구의 위험요소 작업시작 전 점검사항)

KEY ① 2016년 3월 6일 기사 출제
    ② 2017년 3월 5일 기사 출제
    ③ 2017년 9월 23일 산업기사 등 5회 이상 출제

합격정보
산업안전보건기준에 관한 규칙 [별표 3]작업시작전 점검사항

83 말비계에 설치되는 작업발판의 폭에 대한 기준으로 옳은 것은?

① 20[cm] 이상   ② 40[cm] 이상
③ 60[cm] 이상   ④ 80[cm] 이상

해설
말비계 작업발판 폭 : 40[cm] 이상

참고 산업안전산업기사 필기 p.5-103(합격날개 : 합격예측)

KEY 2020년 8월 23일(문제 89번) 등 5회 이상 출제

보충학습
말비계
말비계를 조립하여 사용할 경우에는 다음 각호의 사항을 준수하여야 한다.
① 지주부재의 하단에는 미끄럼 방지장치를 하고, 양측 끝부분에 올라서서 작업하지 않도록 할 것
② 지주부재와 수평면과의 기울기를 75[°] 이하로 하고, 지주부재와 지주부재 사이를 고정시키는 보조부재를 설치할 것
③ 말비계의 높이가 2[m]를 초과할 경우에는 작업발판의 폭을 40[cm] 이상으로 할 것

[정답] 80 ② 81 ④ 82 ③ 83 ②

84
다음은 이음매가 있는 권상용 와이어로프의 사용금지 규정이다. ( ) 안에 알맞은 숫자는?

> 와이어로프의 한 꼬임에서 소선의 수가 ( )[%]이상 절단된 것을 사용하면 안된다.

① 5
② 7
③ 10
④ 15

해설

달비계 와이어로프 사용금지 기준
① 이음매가 있는 것
② 와이어로프의 한 꼬임[(스트랜드(strand)를 말한다. 이하 같다]에서 끊어진 소선(素線)[필러(pillar)선은 제외한다)]의 수가 10[%] 이상(비자전로프의 경우에는 끊어진 소선의 수가 와이어로프 호칭지름의 6배 길이 이내에서 4[개] 이상이거나 호칭지름 30배 길이 이내에서 8[개] 이상)인 것
③ 지름의 감소가 공칭지름의 7[%]를 초과하는 것
④ 꼬인 것
⑤ 심하게 변형되거나 부식된 것
⑥ 열과 전기충격에 의해 손상된 것

참고 산업안전산업기사 필기 p.5-102(합격날개 : 합격예측 및 관련법규)

KEY ① 2015년 5월 31일 기사 출제
② 2023년 6월 4일 기사 등 10회 이상 출제

합격정보
산업안전보건기준에 관한 규칙 제63조(달비계의 구조)

85
산업안전보건법령에 따른 중량물을 취급하는 작업을 하는 경우의 작업계획서 내용에 포함되지 않는 사항은?

① 추락위험을 예방할 수 있는 안전대책
② 낙하위험을 예방할 수 있는 안전대책
③ 전도위험을 예방할 수 있는 안전대책
④ 위험물 누출위험을 예방할 수 있는 안전대책

해설

중량물의 취급 작업
① 추락위험을 예방할 수 있는 안전대책
② 낙하위험을 예방할 수 있는 안전대책
③ 전도위험을 예방할 수 있는 안전대책
④ 협착위험을 예방할 수 있는 안전대책
⑤ 붕괴위험을 예방할 수 있는 안전대책

참고 산업안전산업기사 필기 p.5-192(11. 중량물 취급작업)

KEY ① 2018년 6월 30일 실기필답형 출제
② 2018년 4월 28일(문제 89번) 등 5회 이상 출제

합격정보
산업안전보건기준에 관한 규칙 [별표 4] 사전조사 및 작업계획서 내용

86
지반의 조사방법 중 지질의 상태를 가장 정확히 파악할 수 있는 보링방법은?

① 충격식 보링(percussion boring)
② 수세식 보링(wash boring)
③ 회전식 보링(rotary boring)
④ 오거 보링(auger boring)

해설

회전식 보링(Rotary Boring)
① 비트(Bit)를 약 40~150[rpm]의 속도로 회전시켜 흙을 펌프를 이용하여 지상으로 퍼내 지층상태를 판단하는 것
② 가장 정확한 지층상태 확인가능

참고 산업안전산업기사 필기 p.5-7(2. 보링의 종류)

KEY 2017년 5월 7일(문제 98번) 출제

87
철근콘크리트 현장타설공법과 비교한 PC(precast concrete)공법의 장점으로 볼 수 없는 것은?

① 기후의 영향을 받지 않아 동절기 시공이 가능하고, 공기를 단축할 수 있다.
② 현장작업이 감소되고, 생산성이 향상되어 인력절감이 가능하다.
③ 공사비가 매우 저렴하다.
④ 공장 제작이므로 콘크리트 양생 시 최적조건에 의한 양질의 제품생산이 가능하다.

해설

프리캐스트 콘크리트(Precast concrete)
① 보, 기둥, 슬라브 등을 공장에서 미리 만들어 현장에서 조립하는 콘크리트
② 인력절감, 공기단축
③ 균등한 품질확보
④ 부재의 규격화, 대량생산 가능
⑤ 공사비 절감, 생산성 향상
⑥ 접합부위, 연결부위의 일체성확보가 RC공사에 비해 불리하다.
⑦ 외기에 영향을 받지 않으므로 동절기 시공이 가능하다.
⑧ 다양한 형상제작이 곤란하므로 설계상의 제약이 따른다.
⑨ 대규모 공사에 적용하는 것이 유리하다.

[정답] 84 ③ 85 ④ 86 ③ 87 ③

참고 ▶ 건설안전산업기사 필기 p.5-50(7. 프리캐스트 콘크리트)
KEY ▶ 2020년 8월 23일(문제 97번) 출제

참고 ▶ ① 산업안전산업기사 필기 p.5-61(합격날개 : 은행문제)
② 산업안전산업기사 필기 p.5-66(2. 불도저 분류)
KEY ▶ 2019년 4월 27일(문제 92번) 출제

88 추락재해 방호용 방망의 신품에 대한 인장강도는 얼마인가?(단, 그물코의 크기가 10[cm]이며, 매듭 없는 방망)

① 220[kg]
② 240[kg]
③ 260[kg]
④ 280[kg]

해설

방망사의 신품에 대한 인장강도

그물코의 크기 (단위 :[cm])	방망의 종류 (단위 : [kg])	
	매듭없는 방망	매듭 방망
10	240	200
5		110

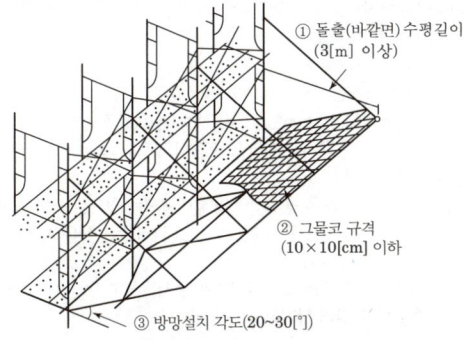

[그림] 추락 방호망

참고 ▶ 산업안전산업기사 필기 p.5-50(1. 방망사의 강도)
KEY ▶ ① 2016년 5월 8일 기사 출제
② 2017년 3월 5일 기사 출제
③ 2017년 8월 26일 기사 등 5회 이상 출제

89 무한궤도식 장비와 타이어식(차륜식) 장비의 차이점에 관한 설명으로 옳은 것은?

① 무한궤도식은 기동성이 좋다.
② 타이어식은 승차감과 주행성이 좋다.
③ 무한궤도식은 경사지반에서의 작업에 부적당하다.
④ 타이어식은 땅을 다지는 데 효과적이다.

해설

자동차와 불도저를 생각하면 답이 보인다.

90 사다리식 통로의 설치기준으로 틀린 것은?

① 폭은 30[cm] 이상으로 할 것
② 발판과 벽과의 사이는 15[cm] 이상의 간격을 유지할 것
③ 사다리의 상단은 걸쳐놓은 지점으로부터 60[cm] 이상 올라가도록 할 것
④ 사다리식 통로의 길이가 10[m] 이상인 경우에는 7[m] 이내마다 계단참을 설치할 것

해설

사다리식 통로 설치기준
① 견고한 구조로 할 것
② 심한 손상·부식 등이 없는 재료를 사용할 것
③ 발판의 간격은 일정하게 할 것
④ 발판과 벽과의 사이는 15[cm] 이상의 간격을 유지할 것
⑤ 폭은 30[cm] 이상으로 할 것
⑥ 사다리가 넘어지거나 미끄러지는 것을 방지하기 위한 조치를 할 것
⑦ 사다리의 상단은 걸쳐놓은 지점으로부터 60 [cm] 이상 올라가도록 할 것
⑧ 사다리식 통로의 길이가 10[m] 이상인 경우에는 5[m] 이내마다 계단참을 설치할 것
⑨ 사다리식 통로의 기울기는 75도 이하로 할 것. 다만, 고정식 사다리식 통로의 기울기는 90도 이하로 하고, 그 높이가 7미터 이상인 경우에는 다음 각 목의 구분에 따른 조치를 할 것
  ㉠ 등받이울이 있어도 근로자 이동에 지장이 없는 경우: 바닥으로부터 높이가 2.5미터 되는 지점부터 등받이울을 설치할 것
  ㉡ 등받이울이 있으면 근로자가 이동이 곤란한 경우: 한국산업표준에서 정하는 기준에 적합한 개인용 추락 방지 시스템을 설치하고 근로자로 하여금 한국산업표준에서 정하는 기준에 적합한 전신안전대를 사용하도록 할 것
⑩ 접이식 사다리 기둥은 사용 시 접혀지거나 펼쳐지지 않도록 철물 등을 사용하여 견고하게 조치할 것

참고 ▶ 산업안전보건기준에 관한 규칙 제23조(가설통로의 구조)
KEY ▶ 2014년 5월 25일(문제 99번) 출제

[정답] 88 ② 89 ② 90 ④

과년도 출제문제

91 지반의 투수계수에 영향을 주는 인자에 해당하지 않는 것은?

① 토립자의 단위중량 ② 유체의 점성계수
③ 토립자의 공극비 ④ 유체의 밀도

해설

투수계수(透水係數, hydraulic conductivity)
① 지층의 투수도를 나타내는 지표로 일정 단위의 단면적을 단위시간에 통과하는 수량(水量)으로 정의된다.
② 다공질재료의 물질성질에 의해 결정되는 것이지만 실내에서 실험적으로 이것을 구할 때는 실험 시의 수온에 따라 점성계수가 관련되므로 표준수온은 15[℃]로 하여 이것을 환산하는 방법이 사용되고 있다.
③ 투수계수의 기호는 K로 표시되며, 단위로 cm/sec, m/sec, m/day 등을 사용한다.

[표] 지층과 투수계수의 관계

투수도 (透水度)	투수계수 [cm/sec]	지반을 구성하는 토(土)
높음	10^{-1} 이상	조립 또는 중립의 역(礫)
보통	$10^{-1} \sim 10^{-3}$	세력(細礫)·조사(組砂)·중사(中砂)·세사(細砂)
낮음	$10^{-3} \sim 10^{-5}$	극세사(極細砂)·실트질 모래·석분(石粉)
극히 낮음	$10^{-5} \sim 10^{-7}$	단단한 실트·단단한 점토질 실트·점토
불투수	10^{-7}	이하균질의 점토

참고 산업안전산업기사 필기 p.5-9(합격날개 : 합격예측)

KEY 2016년 5월 8일(문제 87번) 출제

보충학습

투수계수에 영향을 주는 인자
① 유체의 점성계수
② 유체의 밀도
③ 토립자의 공극비

---

92 다음은 산업안전보건법령에 따른 승강설비의 설치에 관한 내용이다. ( )에 들어갈 내용으로 옳은 것은?

사업주는 높이 또는 깊이가 ( )를 초과하는 장소에서 작업하는 경우 해당 작업에 종사하는 근로자가 안전하게 승강하기 위한 건설작업용 리프트 등의 설비를 설치하는 것이 작업의 성질상 곤란한 경우에는 그러하지 아니하다.

① 2[m] ② 3[m]
③ 4[m] ④ 5[m]

해설

승강설비 높이 및 깊이 기준 : 2[m] 초과

참고 산업안전산업기사 필기 p.5-149(합격날개 : 합격예측 및 관련 법규)

KEY ① 2017년 5월 7일 기사 출제
② 2017년 8월 26일 기사 출제
③ 2020년 8월 23일(문제 94번) 출제

---

93 다음 중 굴착기의 전부장치와 거리가 먼 것은?

① 붐(Boom) ② 암(Arm)
③ 버킷(Bucket) ④ 블레이드(Blade)

해설

굴착기
(1) 정의
굴착기는 주행하는 하부본체에 동력을 장착한 상부회전체 및 교체 가능한 전부장치로 구성되어 굴착 및 적재 등의 많은 작업을 할 수 있는 다목적 기계이다.
(2) 전부장치
① 백호(Back Hoe)
엑스카베이터(excavator)라고도 하며 본체의 작업위치보다 낮은 굴착에 쓰이고 공사장 지하 및 도랑파기 등에 적합하다.
② 셔블(Shovel)
작업위치보다 높은 곳 굴착작업에 이용되는 것으로 삽의 역할을 한다. 파워셔블은 토량을 빠른 속도로 굴착 운반할 때 사용
③ 드래그 라인(Drag Line)
자연보다 낮은 곳을 넓게 굴착하는 데 사용하며 작업반경이 넓고, 수중굴착 및 긁어 파기에 이용된다.
④ 어스드릴(Earth Drill)
무소음으로 직경이 크고 깊은 구멍을 굴착하여 도심의 소음방지면에서 건축물의 기초공사에 주로 사용한다.
⑤ 파일 드라이버(Pile Driver)
콘크리트나 시트에 말뚝이나 기둥을 박는 역할을 한다.
⑥ 클램쉘(Clam shell)
조개장치로서 정확한 수중굴착에 사용된다.

참고 산업안전산업기사 필기 p.5-62(3. 작업에 따른 분류)

KEY 2016년 5월 8일(문제 82번) 출제

보충학습

블레이드
① 불도저의 부속장치
② 불도저는 배토정지용 기계

[정답] 91 ① 92 ① 93 ④

94 다음 ( )안에 들어갈 말로 옳은 것은?

콘크리트 측압은 콘크리트 타설속도, ( ), 단위용적질량, 온도, 철근배근상태 등에 따라 달라진다.

① 타설높이
② 골재의 형상
③ 콘크리트 강도
④ 박리제

해설
콘크리트 측압결정요소
콘크리트 측압은 콘크리트 타설속도, 타설높이, 단위용적중량, 온도, 철근배근상태 등에 따라 달라진다.

참고 산업안전산업기사 필기 p.5-151(3. 측압에 영향을 주는 요인)

KEY 2014년 5월 25일(문제 85번) 등 10회 이상 출제

95 차량계 하역운반기계 등을 이송하기 위하여 자주(自走) 또는 견인에 의하여 화물자동차에 싣거나 내리는 작업을 할 때 발판·성토 등을 사용하는 경우 기계의 전도 또는 전락에 의한 위험을 방지하기 위하여 준수하여야 할 사항으로 옳지 않은 것은?

① 싣거나 내리는 작업은 견고한 경사지에서 실시할 것
② 가설대 등을 사용하는 경우에는 충분한 폭 및 강도와 적당한 경사를 확보할 것
③ 발판을 사용하는 경우에는 충분한 길이·폭 및 강도를 가진 것을 사용할 것
④ 지정운전자의 성명·연락처 등을 보기 쉬운 곳에 표시하고 지정운전자 외에는 운전하지 않도록 할 것

해설
차량계 하역운반기계 전도·전락방지 대책
① 싣거나 내리는 작업은 평탄하고 견고한 장소에서 할 것
② 발판을 사용하는 경우에는 충분한 길이·폭 및 강도를 가진 것을 사용하고 적당한 경사를 유지하기 위하여 견고하게 설치할 것
③ 가설대 등을 사용하는 경우에는 충분한 폭 및 강도와 적당한 경사를 확보할 것
④ 지정운전자의 성명·연락처 등을 보기 쉬운 곳에 표시하고 지정운전자 외에는 운전하지 않도록 할 것

참고 산업안전산업기사 필기 p.5-136(합격날개 : 합격예측 및 관련법규)

KEY 2017년 5월 7일(문제 82번) 출제

합격정보 산업안전보건기준에 관한 규칙 제174조(차량계 하역운반기계 등의 이송)

96 공사현장에서 낙하물방지망 또는 방호선반을 설치할 때 설치높이 및 벽면으로부터 내민 길이 기준으로 옳은 것은?

① 설치높이 : 10[m] 이내마다, 내민 길이 2[m] 이상
② 설치높이 : 15[m] 이내마다, 내민 길이 2[m] 이상
③ 설치높이 : 10[m] 이내마다, 내민 길이 3[m] 이상
④ 설치높이 : 15[m] 이내마다, 내민 길이 3[m] 이상

해설
낙하물(안전)방망 설치기준
① 추락방호망의 설치위치는 가능하면 작업면으로부터 가까운 지점에 설치하여야 하며, 작업면으로부터 망의 설치지점까지의 수직거리는 10[m]를 초과하지 아니할 것
② 추락방호망은 수평으로 설치하고, 망의 처짐은 짧은 변 길이의 12[%] 이상이 되도록 할 것
③ 건축물 등의 바깥쪽으로 설치하는 경우 망의 내민 길이는 벽면으로부터 3[m] 이상 되도록 할 것. 다만, 그물코가 20[mm] 이하인 망을 사용한 경우에는 낙하물방지망을 설치한 것으로 본다.

참고 산업안전산업기사 필기 p.5-58(2. 낙하·비래재해의 예방대책에 관한 사항)

KEY 2015년 5월 31일(문제 94번) 등 5회 이상 출제

합격정보 산업안전보건기준에 관한 규칙 제42조(추락의 방지)

보충학습
내민길이
① 낙하물 방지망 : 2[m] 이상
② 바깥면용 추락방호망 : 3[m] 이상

97 옹벽이 외력에 대하여 안정하기 위한 검토 조건이 아닌 것은?

① 전도
② 활동
③ 좌굴
④ 지반 지지력

해설
옹벽의 안정조건 3가지
① 활동
② 전도
③ 지반지지력

참고 산업안전산업기사 필기 p.5-59(3. 옹벽의 안정조건 3가지)

KEY 2015년 5월 31일(문제 89번) 출제

[정답] 94 ① 95 ① 96 ① 97 ③

과년도 출제문제

98 철근콘크리트 슬래브에 발생하는 응력에 관한 설명으로 옳지 않은 것은?

① 전단력은 일반적으로 단부보다 중앙부에서 크게 작용한다.
② 중앙부 하부에는 인장응력이 발생한다.
③ 단부 하부에는 압축응력이 발생한다.
④ 휨응력은 일반적으로 슬래브의 중앙부에서 크게 작용한다.

해설
전단력은 단부에서 크게 작용한다.

참고 산업안전산업기사 필기 p.5-147(합격날개 : 은행문제)

KEY
① 2014년 8월 17일(문제 91번) 출제
② 2019년 4월 27일(문제 85번) 출제

99 다음 중 구조물의 해체작업을 위한 기계·기구가 아닌 것은?

① 쇄석기   ② 데릭
③ 압쇄기   ④ 철제 해머

해설
데릭(derrick)
① 철골세우기용 대표적 기계
② 가장 일반적인 기중기

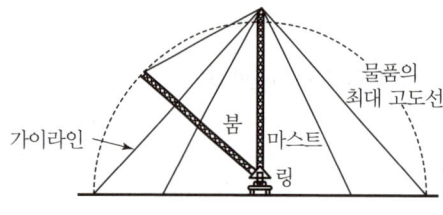
[그림] 가이데릭

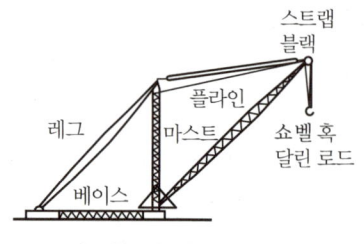
[그림] 스티프레그(삼각)데릭

참고
① 산업안전산업기사 필기 p.5-137(1. 가이데릭)
② 산업안전산업기사 필기 p.5-157(합격날개 : 합격예측)

KEY 2018년 4월 28일(문제 83번) 출제

100 강관비계의 구조에서 비계기둥 간의 최대 허용 적재 하중으로 옳은 것은?

① 500[kg]   ② 400[kg]
③ 300[kg]   ④ 200[kg]

해설
강관비계의 비계기둥 간의 적재하중 : 400[kg]

참고
① 산업안전산업기사 필기 p.5-94(라. 비계기둥 간의 적재하중)
② 산업안전산업기사 필기 p.5-99(합격날개 : 합격예측 및 관련법규)

KEY
① 2016년 10월 1일 기사 출제
② 2017년 3월 5일 기사 출제
③ 2018년 4월 28일(문제 83번) 출제

합격정보
산업안전보건기준에 관한 규칙 제60조(강관비계의 구조)

[정답] 98 ① 99 ② 100 ②

2023년도 산업기사 정기검정 제3회 CBT(2023년 7월 8일 시행)

자격종목 및 등급(선택분야)
산업안전산업기사

종목코드	시험시간	수험번호	성명
2381	2시간30분	20230708	도서출판세화

※ 본 문제는 복원문제 및 2026 예적(예상적중) 문제로 실제문제와 동일하지 않을 수 있습니다.

1 산업재해 예방 및 안전보건교육

01 다음 중 안전교육의 4단계를 올바르게 나열한 것은?

① 도입 → 확인 → 제시 → 적용
② 도입 → 제시 → 적용 → 확인
③ 확인 → 제시 → 도입 → 적용
④ 제시 → 확인 → 도입 → 적용

해설
안전교육 단계별 교육시간

교육의 4단계	강의식	토의식
1단계 : 도입	5[분]	5[분]
2단계 : 제시	40[분]	10[분]
3단계 : 적용	10[분]	40[분]
4단계 : 확인	5[분]	5[분]

참고 산업안전산업기사 필기 p.1-157(합격날개 : 합격예측)
KEY 2014년 8월 7일(문제 10번) 출제

02 안전보건관리조직의 형태 중 라인(Line)형 조직의 특성이 아닌 것은?

① 소규모 사업장(100명 이하)에 적합하다.
② 라인에 과중한 책임을 지우기가 쉽다.
③ 안전관리 전담 요원을 별도로 지정한다.
④ 모든 명령은 생산 계통을 따라 이루어진다.

해설
Line형은 전담안전요원이 없는 조직이다.

참고 산업안전산업기사 필기 p.1-23(2. 안전보건관리 조직형태)
KEY
① 2016년 3월 6일 기사·산업기사 동시 출제
② 2016년 10월 1일 출제
③ 2017년 3월 5일 기사 출제
④ 2017년 5월 7일 기사 출제
⑤ 2017년 8월 26일 기사·산업기사 동시 출제

03 레빈(Lewin)의 법칙에서 환경조건(E)에 포함되는 것은?

$$B = f(P \cdot E)$$

① 지능 ② 소질
③ 적성 ④ 인간관계

해설
K. Lewin의 법칙

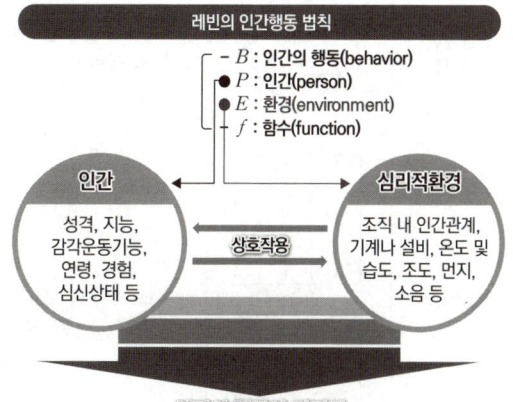

참고 산업안전산업기사 필기 p.1-77(7. K. Lewin의 법칙)
KEY
① 2016년 10월 1일 기사 출제
② 2017년 5월 7일 기사 출제
③ 2017년 8월 26일 기사 출제
④ 2017년 9월 23일 기사 출제
⑤ 2019년 4월 27일 산업기사 출제

[정답] 01 ② 02 ③ 03 ④

과년도 출제문제

04 다음에서 설명하는 착시 현상과 관계가 깊은 것은?

> 그림에서 선 ab와 선 cd는 그 길이가 동일한 것이지만, 시각적으로는 선 ab가 선 cd보다 길어 보인다.
>
>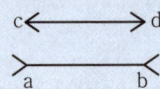

① 헬몰쯔의 착시
② 쾰러의 착시
③ 뮬러-라이어의 착시
④ 포겐 도르프의 착시

해설

착시의 종류

구분	그림	현상
Müller-Lyer의 착시	(a), (b) 화살표 그림	(a)가 (b)보다 길게 보인다. 실제는 (a)=(b)이다.
Helmholtz의 착시	(a) 세로선 다수, (b) 가로선 다수	(a)는 세로로 길어 보이고, (b)는 가로로 길어 보인다.
Hering의 착시	방사선 그림	가운데 두 직선이 곡선으로 보인다.
Köhler의 착시	평행한 호(弧)와 직선	우선 평행의 호(弧)를 본 경우에 직선은 호의 반대방향으로 굽어 보인다.
Poggendorf의 착시	(a), (b), (c) 사선	(a)와 (c)가 일직선상으로 보인다. 실제는 (a)와 (b)가 일직선이다.

참고 산업안전산업기사 필기 p.1-116 ((2) 착시의 종류)

KEY 2016년 3월 6일(문제 12번)

---

05 사고예방대책의 기본원리 5단계 중 사실의 발견 단계에 해당하는 것은?

① 작업환경 측정
② 안전성 진단, 평가
③ 점검, 검사 및 조사실시
④ 안전관리 계획수립

해설

제2단계 : 사실의 발견
① 사고 및 활동 기록의 검토
② 작업 분석
③ 점검 및 검사
④ 사고조사
⑤ 각종 안전회의 및 토의
⑥ 작업공정분석
⑦ 관찰

참고 산업안전산업기사 필기 p.3-38((2) 제2단계 : 사실의 발견)

KEY ① 2016년 10월 1일 출제
② 2017년 3월 5일 기사 출제
③ 2018년 3월 4일 기사 출제

---

06 산업안전보건법령상 타워크레인 지지에 관한 사항으로 ( )에 알맞은 내용은?

> 타워크레인을 와이어로프로 지지하는 경우, 설치각도는 수평면에서 (㉠)도 이내로 하되, 지지점은 (㉡) 개소 이상으로 하고, 같은 각도로 설치하여야 한다.

① ㉠ : 45, ㉡ : 3   ② ㉠ : 45, ㉡ : 4
③ ㉠ : 60, ㉡ : 3   ④ ㉠ : 60, ㉡ : 4

해설

타워크레인의 지지
① 와이어로프 설치각도 수평면에서 60도 이내
② 지지점은 4개소 이상

참고 산업안전산업기사 필기 p.5-138(합격날개 : 합격예측 및 관련 법규)

KEY ① 2018년 3월 4일 출제
② 2020년 8월 22일 출제

합격정보
산업안전보건기준에 관한 규칙 제142조(타워크레인의 지지)

[**정답**] 04 ③ 05 ③ 06 ④

07 기억과정에 있어 "파지(Retention)"에 대한 설명으로 가장 적절한 것은?

① 사물의 인상을 마음속에 간직하는 것
② 사물의 보존된 인상이 다시 의식으로 떠오르는 것
③ 과거의 경험이 어떤 형태로 미래의 행동에 영향을 주는 작용
④ 과거의 학습경험을 통하여 학습된 행동이나 내용이 지속되는 것

해설

파지(Retention)
① 과거의 학습경험이 현재와 미래의 행동에 영향을 주는 작용
② 기명으로 인해 발생한 흔적을 재생이 가능하도록 유지시키는 기억의 단계
③ 기명에 의해 생긴 지각이나 표상의 흔적을 재생이 가능한 형태로 보존시키는 것을 말한다. (예 우리가 흔히 말하는 기억은 파지에 해당한다.)

참고) 산업안전산업기사 필기 p.1-147(1. 파지와 망각)

KEY▶ 2008년 7월 27일(문제 11번)출제

---

08 50인의 상시 근로자를 가지고 있는 어느 사업장에 1년간 3건의 부상자를 내고 그 휴업일수가 219일이라면 강도율은?

① 1.37 ② 1.50
③ 1.86 ④ 2.21

해설

$$강도율 = \frac{총요양근로손실일수}{연근로시간수} \times 1,000$$

$$= \frac{219 \times \frac{300}{365}}{50 \times 2,400} \times 1,000 = 1.50$$

참고) 산업안전산업기사 필기 p.3-47(4. 강도율)

KEY▶ ① 2016년 3월 6일 기사·산업기사 동시 출제
② 2016년 10월 1일 기사 출제
③ 2017년 3월 5일 기사 출제

---

09 기업조직의 원리 중 지시 일원화의 원리에 대한 설명으로 가장 적절한 것은?

① 지시에 따라 최선을 다해서 주어진 임무나 기능을 수행하는 것
② 책임을 완수하는 데 필요한 수단을 상사로부터 위임받은 것
③ 언제나 직속 상사에게서만 지시를 받고 특정 부하 직원들에게만 지시하는 것
④ 가능한 조직의 각 구성원이 한 가지 특수 직무만을 담당하도록 하는 것

해설

지시 일원화 원리 : 직속상사에게 지시받고 특정부하에게만 지시

KEY▶ 2019년 8월 4일(문제 5번) 출제

---

10 인간의 욕구에 대한 적응기제(Adjustment Mechanism)를 공격적 기제, 방어적 기제, 도피적 기제로 구분할 때 다음 중 도피적 기제에 해당하는 것은?

① 보상 ② 고립
③ 승화 ④ 합리화

해설

적응기제의 분류
(1) 방어적 기제
① 보상 ② 합리화 ③ 동일시 ④ 승화
(2) 도피적 기제
① 고립 ② 퇴행 ③ 억압 ④ 백일몽
(3) 공격적 기제
① 직접적 ② 간접적

참고) 산업안전산업기사 필기 p.1-115(보충학습)

KEY▶ 2020년 9월 19일 등 10회 이상 출제

---

11 위험예지훈련의 방법으로 적절하지 않은 것은?

① 반복 훈련한다.
② 사전에 준비한다.
③ 자신의 작업으로 실시한다.
④ 단위 인원수를 많게 한다.

[정답] 07 ④ 08 ② 09 ③ 10 ② 11 ④

> [해설]
>
> **위험예지훈련 방법**
> ① 반복훈련한다.
> ② 사전에 준비한다.
> ③ 자신의 작업으로 실시한다.
> ④ 단위 인원수를 최소로 한다.
>
> **KEY** 2018년 8월 19일(문제 8번) 출제

12 허즈버그(Herzberg)의 동기·위생이론 중 위생요인에 해당하지 않는 것은?

① 보수
② 책임감
③ 작업조건
④ 감독

> [해설]
>
> **위생요인과 동기요인**
>
> | 위생요인(직무환경) | 동기요인(직무내용) |
> |---|---|
> | 회사 정책과 관리, 개인 상호간의 관계, 감독, 임금, 보수, 작업 조건, 지위, 안전 | 성취감, 책임감, 안정감, 성장과 발전, 도전감, 일 그 자체(일의 내용) |
>
> **참고** 산업안전산업기사 필기 p.1-99(표. 위생요인과 동기요인)
>
> **KEY** ① 2017년 3월 5일 출제
> ② 2017년 5월 7일 기사 출제

13 벨트식, 안전그네식 안전대의 사용구분에 따른 분류에 해당되지 않는 것은?

① U자 걸이용
② D링 걸이용
③ 안전블록
④ 추락방지대

> [해설]
>
> **안전대의 종류**
>
> | 종류 | 사용 구분 |
> |---|---|
> | 벨트식(B식) 안전그네식(H식) | U자걸이 전용 |
> | | 1걸이 전용 |
> | 안전그네식(H식) | 안전블록 |
> | | 추락방지대 |
>
> **참고** 산업안전산업기사 필기 p.1-53(2. 안전대)
>
> **KEY** 2016년 8월 21일(문제 14번) 출제

14 교육훈련의 효과는 5관을 최대한 활용하여야 하는데 다음 중 효과가 가장 큰 것은?

① 청각
② 시각
③ 촉각
④ 후각

> [해설]
>
> **5감(관)의 교육효과치**
> ① 시각효과 : 60[%]
> ② 청각효과 : 20[%]
> ③ 촉각효과 : 15[%]
> ④ 미각효과 : 3[%]
> ⑤ 후각효과 : 2[%]
>
> **참고** 산업안전산업기사 필기 p.1-139((7) 오감을 활용한다)
>
> **KEY** 2013년 8월 18일(문제 10번) 출제
>
> 💬 **합격자의 조언**
> 한 항목에서 2문제 출제(문제 10번, 문제 24번)

15 무재해운동 추진기법 중 다음에서 설명하는 것은?

> 작업을 오조작 없이 안전하게 하기 위하여 작업공정의 요소에서 자신의 행동을 하고 대상을 가리킨 후 큰 소리로 확인 하는 것

① 지적확인
② T.B.M
③ 터치 앤드 콜
④ 삼각 위험예지훈련

> [해설]
>
> **지적확인이란**
> ① 작업을 안전하게 오조작 없이 하기 위하여 작업공정의 요소요소에서 자신의 행동을 [○○좋아!]라고 대상을 지적하여 큰 소리로 확인하는 것을 말한다.
> ② 눈, 팔, 손, 입, 귀 등 5관의 감각기관을 총동원하여 확인한다.
>
> **참고** 산업안전산업기사 필기 p.1-13(합격날개 : 합격예측)
>
> **KEY** 2017년 5월 7일 출제

[정답] 12 ② 13 ② 14 ② 15 ①

16 타일러(Taylor)의 과학적 관리와 거리가 가장 먼 것은?

① 시간-동작 연구를 적용하였다.
② 생산의 효율성을 상당히 향상시켰다.
③ 인간중심의 관점으로 일을 재설계한다.
④ 인센티브를 도입함으로써 작업자들을 동기화시킬 수 있다.

해설

Frederick W.Taylor 과학적 관리
① 과학적 관리의 원칙(생산성과 종업원의 임금 동시 향상) : 작업환경의 재설계)
  ㉠ 과학적 방법
  ㉡ 과학적 선발과 교육
  ㉢ 개인주의가 아닌 협동심 고취
  ㉣ 경영층과 근로자들의 일을 최적화 하기 위한 작업의 균등분배
② 단점
  ㉠ 고임금을 희망하는 근로자들을 비인간적으로 착취
  ㉡ 최소 인원으로 작업이 가능하여 대량의 실업자 유발

참고 산업안전산업기사 필기 p.1-134(문제 72번) 적중

KEY 2016년 10월 1일 출제

17 안전심리의 5대 요소 중 능동적인 감각에 의한 자극에서 일어난 사고의 결과로서, 사람의 마음을 움직이는 원동력이 되는 것은?

① 기질(temper)   ② 동기(motive)
③ 감정(emotion) ④ 습관(custom)

해설

동기(motive)
① 동기는 능동적인 감각에 의한 자극에서 일어나는 사고(思考)의 결과
② 사람의 마음을 움직이는 원동력

참고 산업안전산업기사 필기 p.1-96(1. 안전심리 5요소)

KEY
① 2016년 5월 8일 기사 출제
② 2018년 3월 4일 산업기사 출제
③ 2018년 8월 19일 산업기사 출제
④ 2019년 4월 27일 기사·산업기사 동시 출제

18 다음 중 산업재해의 발생 유형으로 볼 수 없는 것은?

① 지그재그형   ② 집중형
③ 연쇄형   ④ 복합형

해설

재해발생의 메커니즘(3가지의 구조적 요소)
① 단순자극형(집중형) : 상호자극에 의하여 순간적으로 재해가 발생하는 유형이다.

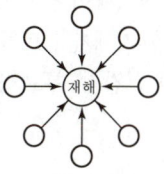

② 연쇄형 : 하나의 사고요인이 또 다른 요인을 발생시키면서 재해를 발생하는 유형이다.

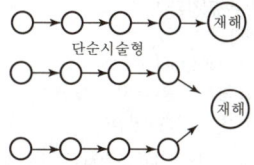

③ 복합형 : 연쇄형과 단순자극형의 복합적인 발생유형이다.

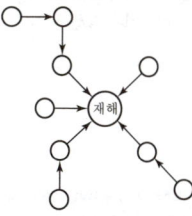

참고 산업안전산업기사 필기 p.3-35(2. 산업재해발생의 메커니즘 3가지)

KEY 2012년 8월 26일(문제 20번) 출제

19 학습의 전개 단계에서 주제를 논리적으로 체계화하는 방법이 아닌 것은?

① 간단한 것에서 복잡한 것으로
② 부분적인 것에서 전체적인 것으로
③ 미리 알려져 있는 것에서 미지의 것으로
④ 많이 사용하는 것에서 적게 사용하는 것으로

해설

학습의 전개과정
① 쉬운 것부터 어려운 것으로 실시
② 과거에서 현재, 미래의 순으로 실시
③ 많이 사용하는 것에서 적게 사용하는 순으로 실시
④ 간단한 것에서 복잡한 것으로 실시

참고 산업안전산업기사 필기 p.1-141((5) 학습의 전개 과정)

[정답] 16 ③ 17 ② 18 ① 19 ②

20 피로에 의한 정신적 증상과 가장 관련이 깊은 것은?

① 주의력이 감소 또는 경감된다.
② 작업의 효과나 작업량이 감퇴 및 저하된다.
③ 작업에 대한 몸의 자세가 흐트러지고 지치게 된다.
④ 작업에 대하여 무감각·무표정·경련 등이 일어난다.

[해설]

피로의 정신적 증상(심리적 현상)
① 주의력이 감소 또는 경감된다.
② 불쾌감이 증가된다.
③ 긴장감이 해지 또는 해소된다.
④ 권태, 태만해지고 관심 및 흥미감이 상실된다.
⑤ 졸음, 두통, 싫증, 짜증이 일어난다.

[참고] 산업안전산업기사 필기 p.1-104((3) 피로의 증상)

[KEY] ① 2017년 5월 7일 기사 출제
② 2018년 3월 4일 기사 출제

2 인간공학 및 위험성 평가·관리

21 다음 중 시스템에 영향을 미칠 우려가 있는 모든 요소의 고장을 형태별로 해석하여 그 영향을 검토하는 분석방법은?

① FTA　　② ETA
③ MORT　④ FMEA

[해설]

FMEA의 정의
① FMEA는 서브시스템 위험분석이나 시스템 위험분석을 위하여 일반적으로 사용되는 전형적인 정성적, 귀납적 분석방법
② 시스템에 영향을 미치는 모든 요소의 고장을 형태별로 분석하여 그 영향을 검토

[참고] 산업안전산업기사 필기 p.2-62(4. 고장형태와 영향분석)

[KEY] 2015년 3월 8일(문제 33번) 출제

22 FT에서 사용되는 사상기호에 대한 설명으로 맞는 것은?

① 위험지속기호 : 정해진 횟수 이상 입력이 될 때 출력이 발생한다.
② 억제게이트 : 조건부 사건이 일어나는 상황하에서 입력이 발생할 때 출력이 발생한다.
③ 우선적 AND 게이트 : 사건이 발생할 때 정해진 순서대로 복수의 출력이 발생한다.
④ 배타적 OR 게이트 : 동시에 2개 이상의 입력이 존재하는 경우에 출력이 발생한다.

[해설]

억제 Gate(논리기호)
① 수정 Gate의 일종으로 억제 모디파이어(Inhibit Modifier)라고도 한다.
② 입력현상이 일어나 조건을 만족하면 출력이 생기고, 조건이 만족되지 않으면 출력이 생기지 않는다.

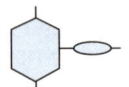

[그림] 억제 Gate

[참고] 산업안전산업기사 필기 p.2-71(합격날개 : 합격예측)

[KEY] ① 2019년 3월 3일 기사 출제
② 2019년 8월 4일(문제 30번) 출제

23 인간공학의 연구방법에서 인간-기계 시스템을 평가하는 척도로서 인간기준이 아닌 것은?

① 사고 빈도　　② 인간성능 척도
③ 객관적 반응　④ 생리학적 지표

[해설]

인간기준 4가지의 평가 척도
① 인간성능척도
② 생리학적 지표
③ 사고 빈도
④ 주관적 반응

[참고] 산업안전산업기사 필기 p.2-4(합격날개:합격예측)

[KEY] 2016년 8월 21일(문제 21번) 출제

[정답] 20 ① 21 ④ 22 ② 23 ③

2023년 7월 8일 시행

24 체계 설계 과정 중 기본설계 단계의 주요활동으로 볼 수 없는 것은?

① 작업 설계 ② 체계의 정의
③ 기능의 할당 ④ 인간 성능 요건 명세

해설

제3단계 : 기본설계
① 기능의 할당
② 인간 성능 요건 명세
③ 직무 분석
④ 작업 설계

참고) 산업안전산업기사 필기 p.2-6(합격날개 : 합격예측)

KEY ① 2013년 6월 2일(문제 28번) 출제
② 2016년 3월 6일 기사 출제
③ 2018년 3월 4일 출제

25 시각적 표시장치와 청각적 표시장치 중 시각적 표시장치를 선택해야 하는 경우는?

① 메시지가 긴 경우
② 메시지가 후에 재참조되지 않는 경우
③ 직무상 수신자가 자주 움직이는 경우
④ 메시지가 시간적 사상(event)을 다룬 경우

해설

정보전송방법
① 시각적 표시장치 사용 : ①
② 청각적 표시장치 사용 : ②, ③, ④

참고) 산업안전산업기사 필기 p.2-31(문제 43번)

KEY ① 2017년 5월 7일 산업기사 출제
② 2018년 3월 4일 산업기사 출제
③ 2018년 4월 28일 산업기사 출제
④ 2018년 8월 19일 산업기사 출제
⑤ 2018년 9월 15일 산업기사 출제
⑥ 2019년 4월 27일 산업기사 출제
⑦ 2019년 8월 4일 출제
⑧ 2019년 9월 21일 산업기사 출제
⑨ 2020년 6월 7일 출제
⑩ 2021년 3월 2일 PBT 출제
⑪ 2021년 3월 7일 (문제 53번) 출제
⑫ 2021년 5월 15일(문제 60번) 출제

💬 합격자의 조언
최근문제(정보)가 당락을 결정합니다.

26 정신적 작업 부하 척도와 가장 거리가 먼 것은?

① 부정맥
② 혈액성분
③ 점멸융합주파수
④ 눈 깜박임률(blink rate)

해설

용어정의
① 피부전기반사(GSR : Galvanic Skin Reflex) : 작업부하의 정신적 부담도가 피로와 함께 증대하는 양상을 수장(手掌) 내측의 전기저항의 변화에서 측정하는 것으로, 피부전기저항 또는 정신전류현상이라고 한다.
② 플리커값 : 정신적 부담이 대뇌피질의 활동수준에 미치고 있는 영향을 측정한 값

참고) ① 산업안전산업기사 필기 p.2-160(합격날개 : 합격예측)
② 산업안전산업기사 필기 p.2-160(합격날개 : 은행문제)

KEY 2017년 8월 26일(문제 32번) 출제

27 어떤 기기의 고장률이 시간당 0.002로 일정하다고 한다. 이 기기를 100시간 사용했을 때 고장이 발생할 확률은?

① 0.1813 ② 0.2214
③ 0.6253 ④ 0.8187

해설

고장발생확률
① 신뢰도 $R(t)=e^{-\lambda t}$(λ : 0.002, t : 100)
$R(t)=e^{-(0.002 \times 100)}$=0.8187
② 고장발생확률(불신뢰도)
$F(t)=1-R(t)=1-0.8187=0.1813$

참고) 산업안전산업기사 필기 p.2-83(2. MTBF)

KEY 2008년 3월 2일(문제 25번) 출제

28 다음 중 카메라의 필름에 해당하는 우리 눈의 부위는?

① 망막 ② 수정체
③ 동공 ④ 각막

[정답] 24 ② 25 ① 26 ② 27 ① 28 ①

2. 인간공학 및 위험성 평가·관리 | **65**

> [해설]

눈 부위의 기능

구분	기능
각막	최초로 빛이 통과하는 곳, 눈을 보호
홍채	동공의 크기를 조절해 빛의 양 조절
모양체	수정체의 두께를 변화시켜 원근 조절
수정체	렌즈의 역할, 빛을 굴절시킴
망막	상이 맺히는 곳, 시세포 존재 예) 카메라 필름
맥락막	망막을 둘러싼 검은 막, 어둠상자 역할

> 참고) 산업안전산업기사 필기 p.2-174(표 : 눈의 구조·기능·모양)

> KEY) 2012년 8월 26일(문제 22번) 출제

29 사후 보전에 필요한 평균수리시간을 나타내는 것은?

① MDT ② MTTF
③ MTBF ④ MTTR

> [해설]

MTTR(평균수리시간 : Mean Time To Repair)
체계의 고장발생 순간부터 완료되어 정상적으로 작동을 시작하기까지의 평균고장시간

① $MTTR = \dfrac{1}{U(평균수리율)}$

② $MDT(평균정지시간) = \dfrac{총보전작업시간}{총보전작업건수}$

> 참고) 산업안전산업기사 필기 p.2-84(3. MTTR)

> KEY) ① 2015년 3월 8일(문제 38번) 출제
> ② 2017년 3월 5일 기사 출제

> [보충학습]
> ① MTTF(평균고장시간) : 제품 고장시 수명이 다하는 것으로 고장까지의 평균시간
> ② MTBF(평균고장간격) : 고장이 발생하여도 다시 수리를 해서 쓸 수 있는 제품을 의미

30 일반적인 조종장치의 경우, 어떤 것을 켤 때 기대되는 운동방향이 아닌 것은?

① 레버를 앞으로 민다.
② 버튼을 우측으로 민다.
③ 스위치를 위로 올린다.
④ 다이얼을 반시계 방향으로 돌린다.

> [해설]

조종장치의 기대 운동방향
① 레버를 앞으로 민다.
② 버튼을 우측으로 민다.
③ 스위치를 위로 올린다.
④ 다이얼은 시계방향으로 돌린다.

> KEY) 2017년 8월 26일(문제 38번) 출제

31 다음 중 예비위험분석(PHA)에 대한 설명으로 가장 적합한 것은?

① 관련된 과거 안전점검결과의 조사에 적절하다.
② 안전관련 법규 조항의 준수를 위한 조사방법이다.
③ 시스템 고유의 위험성을 파악하고 예상되는 재해의 위험 수준을 결정한다.
④ 초기의 단계에서 시스템 내의 위험요소가 어떠한 위험상태에 있는가를 정성적 평가하는 것이다.

> [해설]

예비위험분석(PHA : Preliminary Hazards Analysis)
PHA는 모든 시스템안전 프로그램의 최초 단계의 분석으로서 시스템 내의 위험요소가 얼마나 위험한 상태에 있는가를 정성적으로 평가하는 것이다.

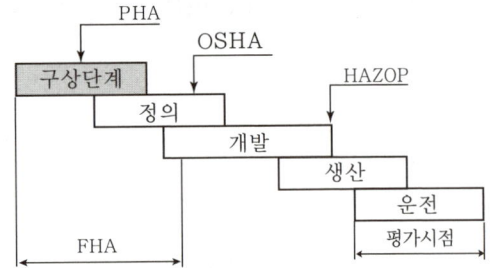

[그림] PHA, OSHA, FHA, HAZOP

> 참고) 산업안전산업기사 필기 p.2-60(2. 예비위험분석)

> 💬 합격자의 조언
> 2014년 8월 17일 기사 출제

[정답] 29 ④ 30 ④ 31 ④

32
인간의 오류모형에서 상황해석을 잘못하거나 목표를 잘못 이해하고 착각하여 행하는 경우를 뜻하는 용어는?

① 실수(Slip)
② 착오(Mistake)
③ 건망증(Lapse)
④ 위반(Violation)

해설
인간의 오류 5가지 모형

구분	특징
착각(Illusion)	감각적으로 물리현상을 왜곡하는 지각 오류
착오(Mistake)	상황해석을 잘못하거나 목표를 잘못 이해하고 착각하여 행하는 인간의 실수로 위치, 순서, 패턴, 형상, 기억오류 등 외부적 요인에 의해 나타나는 오류
실수(Slip)	의도는 올바른 것이었지만, 행동이 의도한 것과는 다르게 나타나는 오류
건망증(Lapse)	일련의 과정에서 일부를 빠뜨리거나 기억의 실패에 의해 발생하는 오류
위반(Violation)	정해진 규칙을 알고 있음에도 의도적으로 따르지 않거나 무시한 경우에 발생하는 오류

참고) 산업안전산업기사 필기 p.2-19(합격날개 : 합격예측)

KEY ▶ ① 2009년 5월 10일 출제
② 2017년 8월 26일 출제
③ 2019년 3월 3일 출제
④ 2019년 4월 27일 출제

33
다음 중 제어장치에서 조종장치의 위치를 1[cm] 움직였을 때 표시장치의 지침이 4[cm] 움직였다면 이 기기의 비는 약 얼마인가?

① 0.25
② 0.6
③ 1.5
④ 1.7

해설
통제표시(C/R)비

$$= \frac{X}{Y} = \frac{조종장치의 \ 변위량}{표시장치의 \ 변위량} = \frac{1}{4} = 0.25[cm]$$

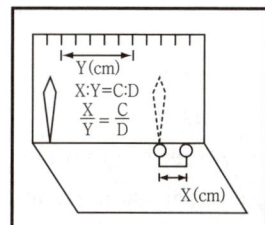

[그림] 통제표시비

34
통신에서 잡음 중의 일부를 제거하기 위해 필터(filter)를 사용하였다면, 어느 것의 성능을 향상시키는 것인가?

① 신호의 양립성
② 신호의 산란성
③ 신호의 표준성
④ 신호의 검출성

해설
신호의 검출성(통신잡음 제거 시 filter 사용)
① 통신에서 대역폭 필터를 설치하여 원하는 대역폭 외의 신호는 제거
② 선택한 대역폭 내의 신호만 검출

KEY ▶ 2013년 6월 2일(문제 40번) 출제

보충학습
암호체계 사용상의 일반적 지침
① 암호의 검출성(detectability)
② 암호의 변별성(discriminability)
③ 부호의 양립성(compatibility)
④ 부호의 의미
⑤ 암호의 표준화(standardization)
⑥ 다차원 암호의 사용(multidimensional)

35
인간-기계 시스템의 신뢰도를 향상시킬 수 있는 방법으로 가장 적절하지 않은 것은?

① 중복설계
② 고가재료 사용
③ 부품개선
④ 충분한 여유용량

해설
신뢰도 개선 방법
① 간단한 설계
② 여유있는 설계(여유용량, 안전계수)
③ 부품 개선
④ 중복설계

참고) 산업안전산업기사 필기 p.2-17(5. 신뢰도 개선 및 설계)

KEY ▶ 2016년 8월 21일(문제 27번) 출제

【 정답 】 32 ② 33 ① 34 ④ 35 ②

36. 위험조정을 위해 필요한 기술은 조직형태에 따라 다양하며 4가지로 분류하였을 때 이에 속하지 않는 것은?

① 보유(Retention)
② 계속(Continuation)
③ 전가(Transfer)
④ 감축(Reduction)

해설

Risk 처리(위험조정)기술 4가지
① 위험회피(Avoidance)
② 위험제거(경감, 감축 : Reduction)
③ 위험보유(Retention)
④ 위험전가(Transfer) : 보험으로 위험조정

참고) 산업안전산업기사 필기 p.2-58(6. Risk처리기술 4가지)

KEY▶ 2015년 8월 16일(문제 39번) 출제

37. 개선의 ECRS의 원칙에 해당하지 않는 것은?

① 제거(Eliminate)
② 결합(Combine)
③ 재조정(Rearrange)
④ 안전(Safety)

해설

작업분석(새로운 작업방법의 개발원칙 : ECRS)
① 제거(Eliminate)
② 결합(Combine)
③ 재조정(Rearrange)
④ 단순화(Simplify)

참고) 산업안전산업기사 필기 p.1-13(합격날개 : 합격예측)

KEY▶ ① 2017년 5월 7일(문제 41번) 출제
② 2019년 8월 4일 기사 출제

38. FT도에서 사용되는 다음 기호의 의미로 맞는 것은?

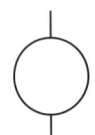

① 결함사상
② 통상사상
③ 기본사상
④ 제외사상

해설

FTA의 기호

기호	명칭	입·출력 현상
▭	결함사상	개별적인 결함사상
○	기본사상	더 이상 전개되지 않는 기본적인 사상
⌂	통상사상	통상 발생이 예상되는 사상(예상되는 원인)
◇	생략사상	정보 부족, 해석 기술의 불충분으로 더 이상 전개할 수 없는 사상, 작업 진행에 따라 해석이 가능할 때는 다시 속행한다.

참고) 산업안전산업기사 필기 p.2-70(표. FTA 기호)

KEY▶ 2017년 8월 26일(문제 23번) 출제

39. 의자 좌판의 높이 결정 시 사용할 수 있는 인체측정치는?

① 앉은 키
② 앉은 무릎 높이
③ 앉은 팔꿈치 높이
④ 앉은 오금 높이

해설

의자 좌판의 높이
① 좌판 앞부분이 대퇴를 압박하지 않도록 오금 높이보다 높지 않아야 한다.
② 치수는 5[%]치 이상 되는 모든 사람을 수용할 수 있게 선택한다.
③ 신발의 뒤꿈치가 수 센티미터를 더한다는 점을 감안해야 한다.

참고) 산업안전산업기사 필기 p.2-161(2. 의자 좌판의 높이)

KEY▶ 2016년 8월 21일(문제 35번) 출제

40. 필요한 작업 또는 절차의 잘못된 수행으로 발생하는 과오는?

① 시간적 과오(time error)
② 생략적 과오(omission error)
③ 순서적 과오(sequential error)
④ 수행적 과오(commission error)

[정답] 36 ② 37 ④ 38 ③ 39 ④ 40 ④

해설

Commission error(작위실수) : 직무의 불확실한 수행

참고 산업안전산업기사 필기 p.2-20(2. 인간 실수의 분류)

KEY ① 2019년 3월 3일 기사 출제
② 2019년 8월 4일 기사·산업기사 동시 출제

3 기계·기구 및 설비안전관리

41 산업안전보건법령상 프레스를 사용하여 작업을 할 때 작업시작 전 점검항목에 해당하지 않는 것은?

① 전선 및 접속부 상태
② 클러치 및 브레이크의 기능
③ 프레스의 금형 및 고정볼트 상태
④ 1행정 1정지기구·급정지장치 및 비상정지 장치의 기능

해설

프레스 작업시작 전 점검항목
① 클러치 및 브레이크의 기능
② 크랭크축·플라이휠·슬라이드·연결봉 및 연결나사의 풀림 유무
③ 1행정 1정지기구·급정지장치 및 비상정지장치의 기능
④ 슬라이드 또는 칼날에 의한 위험방지 기구의 기능
⑤ 프레스의 금형 및 고정볼트 상태
⑥ 방호장치의 기능
⑦ 전단기(剪斷機)의 칼날 및 테이블의 상태

참고 산업안전산업기사 필기 p.3-54(표. 기계·기구의 위험요소 작업시작 전 점검사항)

KEY 2015년 8월 16일(문제 55번) 출제

합격정보 산업안전보건기준에 관한 규칙 [별표 3] 작업시작 전 점검사항

42 연삭기의 방호장치에 해당하는 것은?

① 주수 장치   ② 덮개 장치
③ 제동 장치   ④ 소화 장치

해설

연삭기 방호장치
① 덮개
② 규격 : 숫돌지름 5[cm] 이상

참고 산업안전산업기사 필기 p.3-97(4. 연삭기 구조면에 있어서 안전대책)

KEY 2016년 8월 21일 산업기사 출제

43 다음 중 욕조 형태를 갖는 일반적인 기계 고장 곡선에서의 기본적인 3가지 고장 유형에 해당하지 않는 것은?

① 피로고장   ② 우발고장
③ 초기고장   ④ 마모고장

해설

기계설비의 고장유형

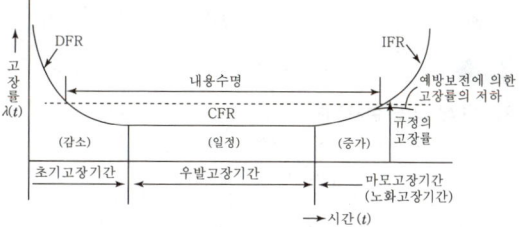

참고 산업안전산업기사 필기 p.3-5(그림. 기계설비의 고장유형)

KEY ① 2018년 4월 28일 출제
② 2018년 8월 19일 기사·산업기사 동시출제

44 롤러에 설치하는 급정지 장치 조작부의 종류와 그 위치로 옳은 것은?(단, 위치는 조작부의 중심점을 기준으로 함)

① 발조작식은 밑면으로부터 0.2[m] 이내
② 손조작식은 밑면으로부터 1.8[m] 이내
③ 복부조작식은 밑면으로부터 0.6[m] 이상 1[m] 이내
④ 무릎조작식은 밑면으로부터 0.2[m] 이상 0.4[m] 이내

해설

급정지장치 조작부 위치

급정지장치 조작부의 종류	위치
손으로 조작하는 것	밑면으로부터 1.8[m] 이내
복부로 조작하는 것	밑면으로부터 0.8[m] 이상, 1.1[m] 이내
무릎으로 조작하는 것	밑면으로부터 0.6[m] 이내

[**정답**] 41 ① 42 ② 43 ① 44 ②

| 참고 | 산업안전산업기사 필기 p.3-113(합격날개 : 합격예측 및 관련 법규) |

KEY ① 2016년 8월 21일 기사 출제
② 2017년 3월 5일 기사·산업기사 동시 출제
③ 2017년 5월 7일 출제
④ 2017년 8월 26일 기사·산업기사 동시 출제

45 산업안전보건법령상 지게차의 최대하중의 2배 값이 6톤일 경우 헤드가드의 강도는 몇 톤의 등분포정하중에 견딜 수 있어야 하는가?

① 4
② 6
③ 8
④ 10

해설

지게차 헤드가드 설치기준
① 강도는 지게차의 최대하중의 2배 값(4[t]을 넘는 값에 대해서는 4[t]으로 한다)의 등분포정하중(等分布靜荷重)에 견딜 수 있을 것
② 상부틀의 각 개구의 폭 또는 길이가 16[cm] 미만일 것
③ 운전자가 앉아서 조작하거나 서서 조작하는 지게차의 헤드가드는 「산업표준화법」 제12조에 따른 한국산업표준에서 정하는 높이 기준 이상일 것(좌식 : 0.903[m], 입식 : 1.905[m] 이상)

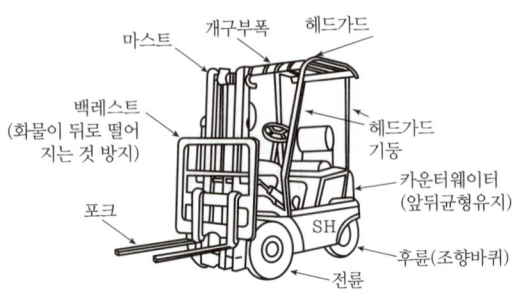

[그림] 지게차 구조

| 참고 | 산업안전산업기사 필기 p.3-152(합격날개 : 합격예측) |

KEY ① 2016년 3월 6일 산업기사 출제
② 2016년 8월 21일 출제
③ 2017년 3월 5일 산업기사 출제
④ 2018년 8월 19일 산업기사 출제
⑤ 2019년 4월 27일 기사·산업기사 동시 출제
⑥ 2020년 9월 27일 (문제 52번) 출제

합격정보
산업안전보건기준에 관한 규칙 제180조(헤드가드)

보충학습

KS기준
KS B ISO 5053-1:2015 토공기계, 트렉터와 농업 및 임업용 기계
KS B ISO 6055:2015 산업용 트럭-오버헤드 가드-사양 및 시험

46 기계설비의 안전조건 중 외관의 안전화에 해당되는 조치는?

① 고장 발생을 최소화하기 위해 정기점검을 실시하였다.
② 강도의 열화를 생각하여 안전율을 최대로 고려하여 설계하였다.
③ 전압강하, 정전 시의 오동작을 방지하기 위하여 자동제어 장치를 설치하였다.
④ 작업자가 접촉할 우려가 있는 기계의 회전부를 덮개로 씌우고 안전색채를 사용하였다.

해설

기계설비 안전조건
① 외관적 안전화 : 문항 ④에 해당
② 구조적 안전화 : 문항 ②에 해당
③ 기능적 안전화 : 문항 ③에 해당
④ 작업의 안전화 : 문항 ①에 해당

| 참고 | 산업안전산업기사 필기 p.3-2(1. 외관의 안전화) |

KEY 2015년 3월 8일(문제 42번)

47 다음 중 아세틸렌 용접장치에서 역화의 발생 원인과 가장 관계가 먼 것은?

① 압력조정기가 고장으로 작동이 불량할 때
② 수봉식 안전기가 지면에 대해 수직으로 설치될 때
③ 토치의 성능이 좋지 않을 때
④ 팁이 과열되었을 때

해설

아세틸렌 용접장치의 역화원인
① 압력조정기 고장
② 과열되었을 때
③ 산소공급이 과다할 때
④ 토치의 성능이 좋지 않을 때
⑤ 토치 팁에 이물질이 묻었을 때

| 참고 | 산업안전산업기사 필기 p.3-119(합격예측 : 아세틸렌 용접장치의 역화원인) |

KEY 2012년 8월 26일(문제 47번) 출제

[정답] 45 ① 46 ④ 47 ②

48 왕복운동을 하는 기계의 동작부분과 고정부분 사이에 형성되는 위험점으로 프레스, 전단기 등에서 주로 나타나는 곳은?

① 끼임점 ② 절단점
③ 협착점 ④ 접선 물림점

해설

협착점(Squeeze-point)
왕복운동을 하는 동작부분과 움직임이 없는 고정부분 사이에서 형성되는 위험점
예) 프레스기, 전단기, 성형기, 조형기, 굽힘기계(bending machine) 등

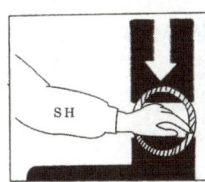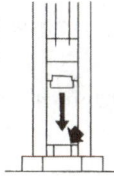

[그림] 협착점

참고) 산업안전산업기사 필기 p.3-205(2. 위험점의 분류)

KEY ① 2006년 5월 14일(문제 55번) 출제
② 2017년 3월 5일 출제
③ 2017년 5월 7일 출제

49 산업안전보건법령에 따라 컨베이어에 부착해야 할 방호장치로 적합하지 않은 것은?

① 비상정지장치
② 과부하방지장치
③ 역주행방지장치
④ 덮개 또는 낙하방지용 울

해설

컨베이어 방호장치
① 안전(방호)장치
　비상정지장치
② 화물의 낙하위험방지
　덮개 및 울 설치
③ 역전방지장치
　㉮ 기계식
　　㉠ 라쳇식 ㉡ 롤러식 ㉢ 밴드식
　㉯ 전기식
　　㉠ 전기브레이크 ㉡ 슬러스트브레이크
④ 이탈방지장치
　㉮ 전자식 브레이크
　㉯ 유압조작식 브레이크

참고) 산업안전산업기사 필기 p.3-149(4. 컨베이어의 안전장치)

KEY ① 2016년 8월 21일 출제
② 2017년 5월 7일 기사·산업기사 동시 출제

50 산업용 로봇의 동작 형태별 분류에 속하지 않는 것은?

① 원통좌표 로봇 ② 수평좌표 로봇
③ 극좌표 로봇   ④ 관절 로봇

해설

산업용 로봇의 동작형태에 의한 분류

분류	특징
원통좌표 로봇(cylinderical robot)	팔의 자유도가 주로 원통좌표 형식인 로봇
극좌표 로봇 (polar robot, spherical robot)	팔의 자유도가 주로 극좌표 형식인 로봇
직각좌표 로봇 (rectangular robot, cartesian robot)	팔의 자유도가 주로 직각좌표 형식인 로봇
관절 로봇(articulated robot)	자유도가 주로 다관절인 로봇

참고) 산업안전산업기사 필기 p.3-129(3. 기능수준에 따른 분류)

KEY 2015년 5월 31일(문제 56번) 출제

51 강자성체를 자화하여 표면의 누설자속을 검출하는 비파괴 검사 방법은?

① 방사선 투과 시험 ② 인장시험
③ 초음파 탐상 시험 ④ 자분 탐상 시험

해설

자기(분) 탐상검사(MT : Magnetic Test)
① 강자성체(Fe, Ni, Co 및 그 합금)에 발생한 표면 크랙을 찾아내는 것
② 결함을 가지고 있는 시험에 적절한 자장을 가해 자속(磁束)을 흐르게 하여 결함부에 의해 누설된 누설자속에 의해 생긴 자장에 자분을 흡착시켜 큰 자분 모양으로 나타내어 육안으로 결함을 검출하는 방법

참고) 산업안전산업기사 필기 p.3-223(4. 자기 탐상검사)

KEY 2019년 3월 3일 기사 (문제 57번) 출제

[정답] 48 ③ 49 ② 50 ② 51 ④

52 산업안전보건법령에 따라 목재가공용 기계에 설치하여야 하는 방호장치의 내용으로 틀린 것은?

① 목재가공용 둥근톱기계에는 분할날 등 반발예방장치를 설치하여야 한다.
② 목재가공용 둥근톱기계에는 톱날접촉예방장치를 설치하여야 한다.
③ 모떼기계에는 가공 중 목재의 회전을 방지하는 회전방지장치를 설치하여야 한다.
④ 작업 대상물이 수동으로 공급되는 동력식 수동대패기계에 날접촉예방장치를 설치하여야 한다.

해설

모떼기기계 방호장치 : 날접촉예방장치

KEY 2014년 8월 17일(문제 57번) 출제

보충학습
모떼기기계의 날접촉예방장치
사업주는 모떼기기계(자동이송장치를 부착한 것은 제외한다)에 날접촉예방장치를 설치하여야 한다. 다만, 작업의 성질상 날접촉예방장치를 설치하는 것이 곤란하여 해당 근로자에게 적절한 작업공구 등을 사용하도록 한 경우에는 그러하지 아니하다.

합격정보
산업안전보건기준에 관한 규칙 제108조(띠톱기계의 날접촉 예방장치 등)

53 롤러의 위험점 전방에 개구 간격 16.5[mm]의 가드를 설치하고자 한다면, 개구부에서 위험점까지의 거리는 몇 [mm] 이상이어야 하는가?(단, 위험점이 전동체는 아니다.)

① 70   ② 80
③ 90   ④ 100

해설

위험점 거리
① $Y = 6 + 0.15X$
② $16.5 = 6 + 0.15X$
③ $X = 70[mm]$

참고 산업안전산업기사 필기 p.3-12(합격날개 : 합격예측)

KEY ① 2016년 8월 21일 출제
② 2017년 5월 7일 기사 출제

54 다음 중 재료에 있어서의 결함에 해당하지 않는 것은?
① 미세 균열   ② 용접 불량
③ 불순물 내재   ④ 내부 구멍

해설

재료의 결함
① 조직의 결함으로 인하여 예상강도를 얻지 못한다.
② 재료 내부의 미소 크랙으로 인한 피로파괴가 발생한다.
③ 가공 조건이나 사용 환경에 부적합한 재료의 사용으로 발생한다.
④ 재료의 결함은 미세균열, 불순물내재, 내부구멍 등으로 재료의 변형을 가져오며 아주 위험하다.

참고 산업안전산업기사 필기 p.3-4(2. 구조적 결함 분류)

KEY 2013년 8월 18일(문제 45번) 출제

보충학습
용접불량 : 작업 시 결함

55 연삭숫돌의 상부를 사용하는 것을 목적으로 하는 탁상용 연삭기 덮개의 노출각도는?

① 60[°] 이내   ② 65[°] 이내
③ 80[°] 이내   ④ 125[°] 이내

해설

탁상용 연삭기 덮개 노출각

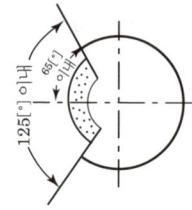

① 일반연삭작업 등에 사용하는 것을 목적으로 하는 탁상용 연산기의 덮개 각도

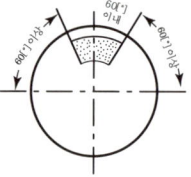

② 연삭숫돌의 상부를 사용하는 것을 목적으로 하는 탁상용 연삭기의 덮개 각도

참고 산업안전산업기사 필기 p.3-97(그림. 연삭기 종류 및 덮개의 표준 현상)

[**정답**] 52 ③ 53 ① 54 ② 55 ①

KEY
① 2016년 8월 21일 기사 출제
② 2017년 3월 5일 출제
③ 2017년 5월 7일 출제

56 프레스기에 사용하는 양수조작식 방호장치의 일반구조에 관한 설명 중 틀린 것은?

① 1행정 1정지 기구에 사용할 수 있어야 한다.
② 누름버튼을 양손으로 동시에 조작하지 않으면 작동시킬 수 없는 구조이어야 한다.
③ 양쪽버튼의 작동시간 차이는 최대 0.5[초] 이내일 때 프레스가 동작되도록 해야 한다.
④ 방호장치는 사용전원전압의 ±50[%]의 변동에 대하여 정상적으로 작동되어야 한다.

해설
양수 조작식 방호장치의 일반구조
① 정상동작표시등은 녹색, 위험표시등은 빨간색으로 하며, 쉽게 근로자가 볼 수 있는 곳에 설치
② 슬라이드 하강 중 정전 또는 방호장치의 이상 시에 정지할 수 있는 구조
③ 방호장치는 릴레이, 리미트스위치 등의 전기부품의 고장, 전원전압의 변동 및 정전에 의해 슬라이드가 불시에 동작하지 않아야 하며, 사용전원전압의 ±(100분의 20)의 변동에 대하여 정상으로 작동
④ 1행정1정지 기구에 사용할 수 있어야 한다.
⑤ 누름버튼을 양손으로 동시에 조작하지 않으면 작동시킬 수 없는 구조이어야 하며, 양쪽버튼의 작동시간 차이는 최대 0.5초 이내일 때 프레스가 동작
⑥ 1행정마다 누름버튼에서 양손을 떼지 않으면 다음 작업의 동작을 할 수 없는 구조
⑦ 램의 하행정중 버튼(레버)에서 손을 뗄 시 정지하는 구조
⑧ 누름버튼의 상호간 내측거리는 300[mm] 이상
⑨ 누름버튼(레버 포함)은 매립형의 구조(다만, 개구부에서 조작되지 않는 구조의 개방형 누름버튼(레버 포함)은 매립형으로 본다)
  ㉠ 누름버튼(레버 포함)의 전 구간(360[°])에서 매립된 구조
  ㉡ 누름버튼(레버 포함)은 방호장치 상부표면 또는 버튼을 둘러싼 개방된 외함의 수평면으로부터 하단(2[mm] 이상)에 위치

참고 산업안전산업기사 필기 p.3-104(4. 양수조작식)
KEY 2016년 8월 21일(문제 49번) 출제

57 선반에서 일감의 길이가 지름에 비하여 상당히 길 때 사용하는 부속품으로 절삭 시 절삭저항에 의한 일감의 진동을 방지하는 장치는?

① 칩 브레이커 ② 척 커버
③ 방진구 ④ 실드

해설
방진(진동방지)구
① 선반작업시 일감의 진동 방지로 사용
② 일감의 길이가 지름의 12배 이상일 때 사용

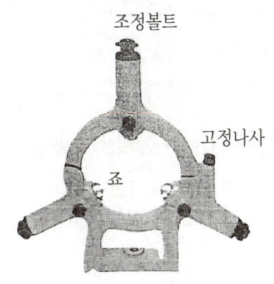

[그림] 고정식 방진구

참고 산업안전산업기사 필기 p.3-84(4. 선반 작업시 안전수칙)
KEY
① 2016년 5월 8일 산업기사 출제
② 2016년 8월 21일 산업기사 출제
③ 2019년 4월 27일 기사 출제
④ 2019년 8월 4일 기사 출제
⑤ 2020년 6월 7일 기사 출제

58 그림과 같이 2줄의 와이어로프로 중량물을 달아 올릴 때, 로프에 가장 힘이 적게 걸리는 각도(θ)는?

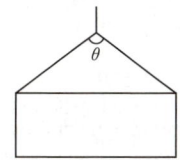

① 30[°] ② 60[°]
③ 90[°] ④ 120[°]

해설
sling wire 한 가닥에 걸리는 하중

하중 $= \dfrac{\text{하물의 무게}}{2} \div \cos\dfrac{\theta}{2}$

[표] 각도변화

①	②	③	④
$\dfrac{W/2}{\cos\frac{30}{2}}=0.51$	$\dfrac{W/2}{\cos\frac{60}{2}}=0.57$	$\dfrac{W/2}{\cos\frac{120}{2}}=1$	$\dfrac{W/2}{\cos\frac{150}{2}}=1.9$

[정답] 56 ④ 57 ③ 58 ①

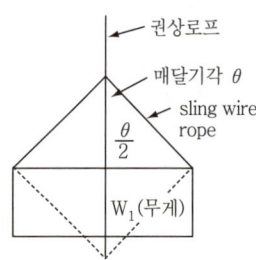

참고) 산업안전산업기사 필기 p.3-150(1. 와이어로프의 안전율)

KEY) ① 2006년 3월 5일(문제 47번) 출제
② 2008년 5월 11일(문제 48번) 출제

59 보일러수에 유지류, 고형물 등에 의한 거품이 생겨 수위를 판단하지 못하는 현상은?

① 역화 ② 포밍
③ 프라이밍 ④ 캐리오버

해설

보일러 취급 시 이상현상

① 포밍(foaming : 물거품 솟음)
보일러수 중에 유지류, 용해 고형물, 부유물 등에 의해 보일러 수면에 거품이 생겨 올바른 수위를 판단하지 못하는 현상
② 플라이밍(flyming : 비수 현상)
보일러 부하의 급변, 수위 상승 등에 의해 수분이 증기와 분리되지 않아 보일러 수면이 심하게 솟아올라 올바른 수위를 판단하지 못하는 현상
③ 캐리오버(carriover : 기수 공발)
보일러수 중에 용해 고형분이나 수분이 발생, 증기 중에 다량 함유되어 증기의 순도를 저하시킴으로써 관내 응축수가 생겨 워터 해머의 원인이 되고 증기 과열기나 터빈 등의 고장 원인이 된다.
④ 수격 작용 : 물망치 작용(워터 해머 : water hammer)
고여 있던 응축수가 밸브를 급격히 개폐 시에 고온 고압의 증기에 이끌려 배관을 강하게 치는 현상으로 배관 파열을 초래한다.
⑤ 역화(Back Fire)
보일러 시동 시 연료가 나온 다음 시간을 두고 착화하는 등으로 인해 미연소가스가 노내에 잔류하며 비정상적인 폭발적 연소를 일으킨다.

참고) 산업안전산업기사 필기 p.3-123(1. 보일러 이상 현상의 종류)

KEY) 2016년 8월 21일(문제 48번) 출제

60 프레스 금형의 설치 및 조정 시 슬라이드 불시하강을 방지하기 위하여 설치해야 하는 것은?

① 인터록 ② 클러치
③ 게이트 가드 ④ 안전블록

해설

안전블록

프레스 등의 금형을 부착·해체 또는 조정하는 작업을 할 때에 해당 작업에 종사하는 근로자의 신체가 위험한계 내에 있는 경우 슬라이드가 갑자기 작동함으로써 근로자에게 발생할 우려가 있는 위험을 방지하기 위하여 안전블록을 사용하는 등 필요한 조치를 하여야 한다.

참고) 산업안전산업기사 필기 p.3-100(합격날개 : 합격예측 및 관련법규)

KEY) ① 2016년 3월 6일 출제
② 2016년 8월 21일 기사 · 산업기사 동시 출제
③ 2017년 8월 26일 기사 출제
④ 2018년 3월 4일 기사 출제

합격정보
산업안전보건기준에 관한 규칙 제104조(금형조정작업의 위험방지)

4 전기 및 화학설비 안전관리

61 콘덴서 및 전력 케이블 등을 고압 또는 특별고압전기 회로에 접촉하여 사용할 때 전원을 끊은 뒤에도 감전될 위험성이 있는 주된 이유로 볼 수 있는 것은?

① 잔류전하
② 접지선 불량
③ 접속기구 손상
④ 절연 보호구 미사용

해설

잔류전하
콘덴서 및 전력 케이블 등을 고압 또는 특별고압전기회로에 접촉하여 사용할 때 전원을 끊은 뒤에도 감전될 위험성이 있다.

참고) 산업안전산업기사 필기 p.4-37(합격날개 : 합격예측)

KEY) 2015년 8월 16일(문제 66번) 출제

62 정전기 재해를 예방하기 위해 설치하는 제전기의 제전효율은 설치 시에 얼마 이상이 되어야 하는가?

① 40[%] 이상 ② 50[%] 이상
③ 70[%] 이상 ④ 90[%] 이상

[정답] 59 ② 60 ④ 61 ① 62 ④

> 해설

제전기 설치시 제전효율 : 90[%] 이상

> 참고 산업안전산업기사 필기 p.4-41(합격날개 : 은행문제)

> KEY ① 2020년 9월 19일(문제 64번) 출제
>   ② 2021년 8월 14일 기사 출제

63 산업안전보건기준에 관한 규칙에 따라 꽂음접속기를 설치 또는 사용하는 경우 준수하여야 할 사항으로 틀린 것은?

① 서로 다른 전압의 꽂음접속기는 서로 접속되지 아니한 구조의 것을 사용할 것
② 습윤한 장소에 사용되는 꽂음접속기는 방수형 등 그 장소에 적합한 것을 사용할 것
③ 근로자가 해당 꽂음접속기를 접속시킬 경우에는 땀 등으로 젖은 손으로 취급하지 않도록 할 것
④ 꽂음접속기에 잠금장치가 있을 때에는 접속 후 개방하여 사용할 것

> 해설

꽂음접속기는 접속 후 잠그고 사용할 것

> 합격정보

산업안전보건기준에 관한 규칙 제316조(꽂음접속기의 설치·사용시 준수사항)

64 누설전류로 인해 화재가 발생될 수 있는 누전화재의 3요소에 해당하지 않는 것은?

① 누전점   ② 인입점
③ 접지점   ④ 발화점

> 해설

누전화재라는 것을 입증하기 위한 요건
① 누전점 : 전류의 유입점
② 발화점 : 발화된 장소
③ 접지점 : 확실한 접지점의 소재 및 적당한 접지저항치

> 참고 산업안전산업기사 필기 p.4-6(6. 누전화재라는 것을 입증하기 위한 요건)

> KEY ① 2017년 8월 26일 기사 출제
>   ② 2018년 8월 19일(문제 65번) 출제

65 다음 중 전기 설비의 방폭구조를 나타내는 기호로 틀린 것은?

① 내압방폭구조 : d
② 압력방폭구조 : p
③ 안전증방폭구조 : e
④ 본질안전방폭구조 : s

> 해설

방폭구조의 종류
(1) 인화성물질의 증기 또는 인화성가스에 의한 폭발위험이 있는 농도에 달할 우려가 있는 장소에서 사용하는 전기기계·기구는 다음 각 호의 1의 방폭성능을 가진 방폭구조 전기기계·기구이어야 한다.
① 내압방폭구조(d)
② 안전증방폭구조(e)
③ 본질안전방폭구조(ia 또는 ib)
④ 압력방폭구조(P)
⑤ 유입방폭구조(O)
⑥ 특수방폭구조(S)
(2) 가연성 또는 폭발성 분진에 의한 폭발위험이 있는 농도에 달할 우려가 있는 장소에서 사용하는 전기기계·기구는 다음 각 호의 1의 방폭성능을 가진 방폭구조 전기기계·기구이어야 한다.
① 보통방진방폭구조(DP)
② 특수방진방폭구조(SDP)
③ 방진특수방폭구조(XDP)

> 참고 산업안전산업기사 필기 p.4-56(표 : 방폭구조 표시기준)

> KEY 2013년 8월 18일(문제 66번) 출제

66 전류가 흐르는 상태에서 단로기를 끊었을 때 여러 가지 파괴 작용을 일으킨다. 다음 그림에서 유입차단기의 차단순서와 투입순서가 안전수칙에 가장 적합한 것은?

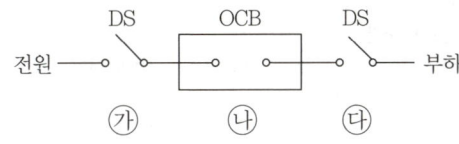

① 차단 : ㉮ → ㉯ → ㉰, 투입 : ㉮ → ㉯ → ㉰
② 차단 : ㉯ → ㉰ → ㉮, 투입 : ㉯ → ㉰ → ㉮
③ 차단 : ㉰ → ㉯ → ㉮, 투입 : ㉰ → ㉮ → ㉯
④ 차단 : ㉯ → ㉮ → ㉰, 투입 : ㉰ → ㉮ → ㉯

[정답] 63 ④ 64 ② 65 ④ 66 ④

해설

유입차단기(Oil Circuit Breaker)
① 유입차단기의 작동순서

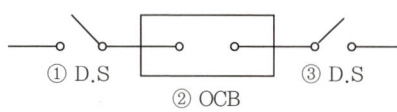

  ○ 투입순서 : ③-①-② ○ 차단순서 : ②-③-①

② By-pass회로 사용시 유입차단기의 작동순서

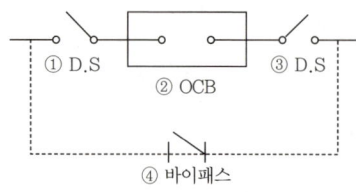

  ④ 투입 후 ②-③-① 순으로 차단

참고 산업안전산업기사 필기 p.4-7(11. 유입차단기 투입 및 차단 순서)

KEY
① 1993년 9월 12일 출제
② 2018년 3월 4일(문제 78번) 출제
③ 2019년 4월 27일(문제 71번) 출제

---

67 산업안전보건법령상 방폭전기설비의 위험장소분류에 있어 보통 상태에서 위험 분위기를 발생할 염려가 있는 장소로서 폭발성 가스가 보통상태에서 집적되어 위험농도로 될 염려가 있는 장소를 몇 종 장소라 하는가?

① 0종 장소
② 1종 장소
③ 2종 장소
④ 3종 장소

해설

위험장소의 구분
① 0종 장소 : 장치 및 기기들이 정상 가동되는 경우에 폭발성 가스가 항상 존재하는 장소이다.
② 1종 장소 : 장치 및 기기들이 정상 가동 상태에서 폭발성 가스가 가끔 누출되어 위험 분위기가 존재하는 장소이다.
③ 2종 장소 : 작업자의 조작상 실수나 이상운전으로 폭발성 가스가 누출되거나 유출된 가스가 체류하여 폭발을 일으킬 우려가 있는 장소이다.

참고 산업안전산업기사 필기 p.4-52(3. 가스폭발 위험장소)

KEY 2015년 8월 16일(문제 61번) 출제

---

68 페인트를 스프레이로 뿌려 도장작업을 하는 작업 중 발생할 수 있는 정전기 대전으로만 이루어진 것은?

① 유동대전, 충돌대전
② 유동대전, 마찰대전
③ 분출대전, 충돌대전
④ 분출대전, 유동대전

해설

정전기 대전의 종류
(1) 마찰대전
  ① 고체, 액체, 분체류
  ② 두 물체 사이의 마찰로 인한 접촉, 분리
    예 롤러기
(2) 유동대전
  ① 액체류가 파이프 등 내부에서 유동시 관벽과 액체 사이에서 발생
  ② 액체 유동속도가 정전기 발생에 큰 영향
  ③ 배관 내 유체의 정전하량(대전량) 유속의 1.5 ~ 2승에 비례
  ④ 배관내 유체의 제한속도
    가솔린이나 벤젠 등이 흐를 때 유속은 1[m/sec] 이하로 제한
(3) 박리대전
  ① 일정 압력으로 밀착된 물체가 떨어지면서 자유 전자의 이동으로 발생
  ② 마찰대전보다 더 큰 정전기 발생
    예 테이프, 필름
(4) 충돌대전
  입자와 다른 고체와의 충돌, 급속한 분리에 의해 발생
(5) 분출대전
  기체, 액체, 분체류가 단면적이 작은 분출구를 통과할 때 생성
(6) 파괴대전
  물체파괴(정부(+, -)전하의 균형 상태에서 불균형 상태로 전화될 때 발생)
(7) 비말대전 : 분출한 액체가 비산해서 분리과정에서 발생

참고 산업안전산업기사 필기 p.4-49(문제 19번)

KEY
① 2016년 5월 8일 기사 출제
② 2017년 5월 7일 기사·산업기사 동시 출제

---

69 인체가 전격(감전)으로 인한 사고 시 통전전류에 의한 인체반응으로 틀린 것은?

① 교류가 직류보다 일반적으로 더 위험하다.
② 주파수가 높아지면 감지전류는 작아진다.
③ 심장을 관통하는 경로가 가장 사망률이 높다.
④ 가수전류는 불수전류보다 값이 대체적으로 작다.

[정답] 67 ② 68 ③ 69 ②

해설
전격위험도 결정조건(1차적 감전위험요소)
① 통전전류의 크기
② 통전시간
③ 통전경로
④ 전원의 종류(직류보다 상용주파수의 교류전원이 더 위험한 이유 : 극성변화)
⑤ 주파수 및 파형
⑥ 전격인가위상

참고 산업안전산업기사 필기 p.4-19(1. 감전재해의 요인)

KEY 2016년 8월 21일(문제 69번) 출제

---

70 절연물은 여러 가지 원인으로 전기저항이 저하되어 이른바 절연불량을 일으켜 위험한 상태가 되는데 절연불량의 주요 원인이 아닌 것은?

① 정전에 의한 전기적 원인
② 온도상승에 의한 열적 요인
③ 진동, 충격 등에 의한 기계적 요인
④ 높은 이상전압 등에 의한 전기적 요인

해설
전기기기의 절연저항값이 저하하는 요인
① 온도상승
② 진동
③ 충격
④ 높은 이상전압

참고 산업안전산업기사 필기 p.4-17(합격날개 : 합격예측)

KEY 2017년 8월 26일(문제 61번) 출제

---

71 산업안전보건기준에 관한 규칙상 (   )안의 내용으로 알맞은 것은?

> 사업주는 급성 독성물질이 지속적으로 외부에 유출될 수 있는 화학설비 및 그 부속설비에 파열판과 안전밸브를 직렬로 설치하고 그 사이에는 (   )를 설치하여야 한다.

① 온도지시계 또는 과열방지장치
② 압력지시계 또는 자동경보장치
③ 유량지시계 또는 유속지시계
④ 액위지시계 또는 과압방지장치

해설
산업안전보건기준에 관한 규칙
제263조(파열판 및 안전밸브의 직렬설치) 사업주는 급성독성물질이 지속적으로 외부에 유출될 수 있는 화학설비 및 그 부속설비에는 파열판과 안전밸브를 직렬로 설치하고 그 사이에는 압력지시계 또는 자동경보 장치를 설치하여야 한다.

참고 산업안전산업기사 필기 p.4-98(합격날개 : 합격예측 및 관련 법규)

KEY 2018년 8월 19일 기사 · 산업기사 동시 출제

---

72 유해물질의 농도를 c, 노출시간을 t라 할 때 유해물 지수(k)와의 관계인 Haber의 법칙을 바르게 나타낸 것은?

① $k = c + t$
② $k = \dfrac{c}{k}$
③ $k = c \times t$
④ $k = c - t$

해설
Haber 법칙
① 유해물질의 농도와 접촉시간 : Haber의 법칙
② 유해지수(K) = 유해물질의 농도 × 노출시간

참고 산업안전산업기사 필기 p.4-135(1. 유해물질의 유해 요인)

KEY 2019년 8월 4일(문제 77번) 출제

---

73 다음 중 화재의 종류가 옳게 연결된 것은?

① A급화재 - 유류화재
② B급화재 - 유류화재
③ C급화재 - 일반화재
④ D급화재 - 일반화재

해설
화재의 종류
① A급화재 : 일반 가연물화재(백색표시)
② B급화재 : 유류화재(황색표시)
③ C급화재 : 전기화재(청색표시)
④ D급화재 : 금속화재(색표시 없음)

참고 ① 산업안전산업기사 필기 p.4-115(문제 1번)
② 산업안전산업기사 필기 p.4-98(2. 연소의 종류)

KEY 2014년 8월 17일(문제 63번)

[정답] 70 ① 71 ② 72 ③ 73 ②

74 아세톤에 관한 설명으로 옳은 것은?

① 인화점은 557.8[℃]이다.
② 무색의 휘발성 액체이며 유독하지 않다.
③ 20[%] 이하의 수용액에서는 인화 위험이 없다.
④ 일광이나 공기에 노출되면 과산화물을 생성하여 폭발성으로 된다.

해설

아세톤(CH_3COCH_3 : 디메틸게톤)
① 수용성의 인화성물질(인화점 : -18[℃])
② 일광이나 공기중에 노출되면 폭발성의 과산화물 생성
③ 피부에 닿으면 탈지작용을 일으킴
④ 저장용기는 밀봉하여 냉암소에 보관

KEY 2015년 8월 16일(문제 71번) 출제

보충학습

[표] 물질의 성장

물질명	화학식	인화점 [℃]	비중 (물=1)	수용성
아세트 알데히드	CH_3CHO	-37.7	0.78	물에 작 녹음(용)
가솔린	$C_5H_{12} \sim C_9H_{20}$	-42~-20	0.7~0.8	물에 녹지 않음(불)
에테르	$C_2H_5C_2H_5$	-45	0.71	물에 잘 녹지 않음 (난)
아세톤	$C_2H_5OC_2H_5$	-18	0.79	물에 잘 녹음(용)

75 LPG에 대한 설명으로 옳지 않은 것은?

① 강한 독성 가스로 분류된다.
② 질식의 우려가 있다.
③ 누설시 인화, 폭발성이 있다.
④ 가스의 비중은 공기보다 크다.

해설

LPG
① 일반적으로 프로판가스(liquefied propane gas)로 알려져 있다.
② 석유 채굴 시 유전에서 원유와 함께 천연가스가 분출되는데 이것을 -200[℃]에서 냉각, 혹은 상온에서 7~10기압의 고압으로 압축하여 액화시킨 연료이다.
③ LPG의 주성분은 프로판(C_3H_8) 이외에 프로필렌(C_3H_6), 부탄(C_4H_{10}), 부틸렌 등이며, 발열량이 다른 연료에 비해 높다.
④ LPG는 액화·기화가 용이하고, 기체가 액체로 변하면 체적이 작아진다.
⑤ 부탄은 자동차 연료(택시, 승합차 등), 난방, 이동용 버너 연료 등으로 사용된다.
⑥ 프로판은 주로 취사용으로 사용되며 아파트 등 대형 건물의 난방, 산업체의 공업용으로도 쓰인다.
⑦ LPG는 원래 무색·무취이나 질식 및 화재 등의 위험성 또는 환각의 위험성 때문에 쉽게 식별할 수 있는 냄새를 화학적으로 첨가한다.
⑧ 산소 소모가 많기 때문에 밀폐된 공간에서의 사용이 위험하고, 흡입하게 되면 뇌의 산소공급 부족으로 환각 현상을 일으킨다.

KEY 2017년 8월 26일(문제 73번) 출제

76 산업안전보건법령에서 정한 위험물을 기준량 이상으로 제조하거나 취급하는 설비 중 특수화학설비에 해당하지 않는 것은?

① 발열반응이 일어나는 반응장치
② 증류·정류·증발·추출 등 분리를 하는 장치
③ 가열로 또는 가열기
④ 고로 등 점화기를 직접 사용하는 열교환기류

해설

고로 등 점화기를 직접 사용하는 열교환기류 : 화학설비

참고 산업안전산업기사 필기 p.4-168(문제 59번)

KEY ① 2016년 8월 21일 기사 출제
② 2017년 3월 5일 기사 출제

77 다음 중 만성중독과 가장 관계가 깊은 유독성 지표는?

① LD_{50}(Median lethal dose)
② MLD(Minimum lethal dose)
③ TLV(Threshold limit value)
④ LC_{50}(Median lethal concentration)

해설

중독지수
① TLV : 1[일] 8[시간]의 작업시 폭로된 평균농도
② LD_{50} : 독극물 1회 투여로 7~10[일] 이내 실험동물수 50[%] 사망
③ LC_{50} : 호흡기 장애로 실험동물수 50[%] 사망

참고 산업안전산업기사 필기 p.4-158(문제 18번)

KEY ① 1992년 출제
② 2014년 8월 17일(문제 78번) 출제

보충학습

① 만성중독과 가장 관계가 깊은 유독성 지표 : TLV
  • TLV : 미국 산업위생전문가회의에서 채택한 허용농도 기준
② 만성중독의 판정에 사용되는 지수
  ㉮ TLV ㉯ VHI ㉰ 중독지수

[정답] 74 ④ 75 ① 76 ④ 77 ③

78 다음 중 건조설비의 사용상 주의사항으로 적절하지 않은 것은?

① 건조설비 가까이 가연성 물질을 두지 말 것
② 고온으로 가열 건조한 물질은 즉시 격리 저장할 것
③ 위험물 건조설비를 사용할 때는 미리 내부를 청소하거나 환기시킨 후 사용할 것
④ 건조 시 발생하는 가스·증기 또는 분진에 의한 화재·폭발의 위험이 있는 물질은 안전한 장소로 배출할 것

해설

건조설비 사용 시 주의사항
① 위험물 건조설비를 사용하는 경우에는 미리 내부를 청소하거나 환기 할 것
② 위험물 건조설비를 사용하는 경우에는 건조로 인하여 발생하는 가스·증기 또는 분진에 의하여 폭발·화재의 위험이 있는 물질을 안전한 장소로 배출시킬 것
③ 위험물 건조설비를 사용하여 가열건조하는 건조물은 쉽게 이탈되지 않도록 할 것
④ 고온으로 가열건조한 인화성 액체는 발화의 위험이 없는 온도로 냉각한 후에 격납시킬 것
⑤ 건조설비(바깥면이 현저히 고온이 되는 설비만 해당)에 가까운 장소에는 인화성 액체를 두지 않도록 할 것

참고 산업안전산업기사 필기 p.4-149(합격날개 : 합격예측 및 관련 법규)

KEY 2016년 8월 21일(문제 79번) 출제

합격정보
산업안전보건기준에 관한 규칙 제283조(건조설비의 사용)

---

79 다음 중 고체연소의 종류에 해당하지 않는 것은?

① 표면연소   ② 증발연소
③ 분해연소   ④ 예혼합연소

해설

기체 연소
① 확산연소(불균질 연소) : 가연성 기체를 대기 중에 분출·확산시켜 연소하는 방식(불꽃은 있으나 불티가 없는 연소)
② 혼합연소(예혼합 연소, 균질연소) : 먼저 가연성 기체를 공기와 혼합시켜 놓고 연소하는 방식

참고 ① 산업안전산업기사 필기 4-98(2. 연소의 종류)
② 2017년 5월 7일 기사(문제 93번)

KEY 2017년 5월 7일 산업기사 출제

---

80 다음은 산업안전보건법령에 따른 위험물질의 종류 중 부식성 염기류에 관한 내용이다. ( )안에 알맞은 수치는?

> 농도가 ( )[%] 이상인 수산화나트륨, 수산화칼륨, 그 밖에 이와 같은 정도 이상의 부식성을 가지는 염기류

① 20   ② 40
③ 60   ④ 80

해설

부식성 물질
① 부식성 산류
　㉮ 농도가 20[%] 이상인 염산, 황산, 질산, 기타 이와 동등 이상의 부식성을 지니는 물질
　㉯ 농도가 60[%] 이상인 인산, 아세트산, 플루오르산, 기타 이와 동등 이상의 부식성을 가지는 물질
② 부식성 염기류 : 농도가 40[%] 이상인 수산화나트륨, 수산화칼슘, 기타 이와 동등 이상의 부식성을 가지는 염기류

참고 산업안전산업기사 필기 p.4-130(7. 부식성 물질)

KEY ① 2016년 3월 6일 출제
② 2017년 8월 26일 기사·산업기사 동시출제

합격정보
산업안전보건기준에 관한 규칙 [별표 1] 위험물질의 종류

---

5 건설공사 안전관리

81 다음 빈칸에 알맞은 숫자를 순서대로 옳게 나타낸 것은?

> 강관비계의 경우, 띠장간격은 ( )[m] 이하로 설치하되, 첫 번째 띠장은 지상으로부터 ( )[m] 이하의 위치에 설치한다.

① 2, 2   ② 2.5, 3
③ 1.85, 2   ④ 1, 3

[정답] 78 ② 79 ④ 80 ② 81 ①

해설

강관비계의 띠장간격
① 띠장 간격은 2[m] 이하로 설치한다.(비계기둥의 간격은 띠장방향 1.85[m] 이하)
② 띠장은 지상으로부터 2[m] 이하의 위치에 설치한다.
③ 작업의 성질상 이를 준수하기가 곤란하여 쌍기둥틀 등에 의하여 해당 부분을 보강한 경우에는 그러하지 아니하다.

참고 산업안전산업기사 필기 p.5-98(합격날개 : 합격예측 및 관련 법규)

KEY ① 2017년 3월 5일 기사 출제
② 2017년 8월 26일 기사·산업기사 동시출제

합격정보
산업안전보건기준에 관한 규칙 제60조(강관비계의 구조)

---

82 부두, 안벽 등 하역작업을 하는 장소에 대하여 부두 또는 안벽의 선을 따라 설치할 때 통로의 최소폭은?

① 70[cm]   ② 80[cm]
③ 90[cm]   ④ 10[cm]

해설

통로설치(항만, 하역)기준
① 작업장 및 통로의 위험한 부분에는 안전하게 작업할 수 있는 조명을 유지할 것
② 부두 또는 안벽의 선을 따라 통로를 설치하는 경우에는 폭을 90[cm] 이상으로 할 것
③ 육상에서의 통로 및 작업장소로서 다리 또는 선거(船渠) 갑문(閘門)을 넘는 보도(步道) 등의 위험한 부분에는 안전난간 또는 울타리 등을 설치할 것

KEY 2013년 8월 18일(문제 82번) 출제

합격정보
산업안전보건기준에 관한 규칙 제390조(하역작업장의 조치기준)

---

83 철골공사 시 무너짐의 위험이 있어 강풍에 대한 안전 여부를 확인해야 할 필요성이 가장 높은 경우는?

① 연면적당 철골량이 일반 건물보다 많은 경우
② 기둥에 H형강을 사용하는 경우
③ 이음부가 공장용접인 경우
④ 단면구조가 현저한 차이가 있으며 높이가 20[m] 이상인 건물

해설

강풍시 검토사항
① 높이 20[m] 이상인 구조물
② 구조물의 폭과 높이의 비가 1 : 4 이상인 구조물
③ 건물, 호텔 등에서 단면 구조에 현저한 차이가 있는 것
④ 연면적당 철골량이 50[kg/m²] 이하인 구조물
⑤ 기둥이 타이 플레이트(tie plate)형인 구조물
⑥ 이음부가 현장 용접인 경우

참고 산업안전산업기사 필기 p.5-154(3. 철골의 자립도 검토)

KEY ① 2017년 9월 23일 기사 출제
② 2018년 3월 4일 기사 출제
③ 2019년 4월 27일 기사 출제

---

84 흙을 크게 분류하면 사질토와 점성토로 나눌 수 있는데 그 차이점으로 옳지 않은 것은?

① 흙의 내부 마찰각은 사질토가 점성토보다 크다.
② 지지력은 사질토가 점성토보다 크다.
③ 점착력은 사질토가 점성토보다 작다.
④ 장기침하량은 사질토가 점성토보다 크다.

해설

사질토와 점성토 비교
① 흙의 내부 마찰각은 사질토가 점성토보다 크다.
② 지지력은 사질토가 점성토보다 크다.
③ 점착력은 사질토가 점성토보다 작다.
④ 장기침하량은 점성토가 사질토보다 크다.

참고 산업안전산업기사 필기 p.5-7(합격날개 : 합격예측)

KEY 2015년 8월 16일(문제 81번) 출제

---

85 발파작업에 종사하는 근로자가 준수해야 할 사항으로 옳지 않은 것은?

① 얼어붙은 다이나마이트는 화기에 접근시키거나 그 밖의 고열물에 직접 접촉시키는 등 위험한 방법으로 융해되지 않도록 할 것
② 발파공의 충진재료는 점토·모래 등의 사용을 금할 것
③ 장전구(裝塡具)는 마찰·충격·정전기 등에 의한 폭발의 위험이 없는 안전한 것을 사용할 것

[정답] 82 ③ 83 ④ 84 ④ 85 ②

④ 전기뇌관에 의한 발파의 경우 점화하기 전에 화약류를 장전한 장소로부터 30[m] 이상 떨어진 안전한 장소에서 전선에 대하여 저항측정 및 도통(導通)시험을 할 것

해설

발파공의 충진재료
① 점토
② 모래
③ 발화성 및 인화성 위험이 없는 재료

참고 산업안전산업기사 필기 p.5-108(합격날개 : 합격예측 및 관련 법규)

KEY ① 2017년 9월 23일 기사 · 산업기사 동시 출제
② 2018년 4월 28일 출제

합격정보

산업안전보건기준에 관한 규칙 제348조(발파의 작업 기준)

---

86 건축공사에서 대상액이 5억원 이상 50억원 미만인 경우에 산업안전보건관리비의 비율(가) 및 기초액(나)으로 옳은 것은?

① (가) 2.28[%], (나) 4,325,000원
② (가) 1.99[%], (나) 5,499,000원
③ (가) 2.35[%], (나) 5,400,000원
④ (가) 1.57[%], (나) 4,411,000원

해설

공사종류 및 규모별 안전관리비 계상기준표

구분 공사종류	대상액 5억원 미만	대상액 5억원 이상 50억원 미만		대상액 50억원 이상	영 별표5에 따른 보건관리자 선임대상 건설공사
		비율(X)	기초액(C)		
건 축 공 사	3.11[%]	2.28[%]	4,325,000원	2.37[%]	2.64[%]
토 목 공 사	3.15[%]	2.53[%]	3,300,000원	2.60[%]	2.73[%]
중 건 설 공 사	3.64[%]	3.05[%]	2,975,000원	3.11[%]	3.39[%]
특수건설공사	2.07[%]	1.59[%]	2,450,000원	1.64[%]	1.78[%]

참고 ① 산업안전산업기사 필기 p.5-43(표. 공사 종류 및 안전관리비 계상기준표)
② 고용노동부 고시 제2025-11호(2025. 2. 12. 일부개정)

KEY ① 2016년 3월 6일 산업기사 출제
② 2016년 10월 1일 산업기사 출제
③ 2017년 3월 5일 출제
④ 2017년 8월 26일 출제
⑤ 2019년 3월 3일 출제
⑥ 2020년 6월 14일 출제
⑦ 2020년 8월 22일 기사 (문제 106번) 출제

---

87 가설구조물의 특징으로 옳지 않은 것은?

① 연결재가 적은 구조로 되기 쉽다.
② 부재의 결합이 매우 복잡하다.
③ 구조상의 결함이 있는 경우 중대재해로 이어질 수 있다.
④ 사용부재가 과소단면이거나 결함재료를 사용하기 쉽다.

해설

가설 구조물의 특징
① 연결재가 부족하여 불안정해지기 쉽다.
② 부재 결합이 간략하고 불완전 결합이 많다.
③ 구조물이라는 통상의 개념이 확고하지 않아 조립의 정밀도가 낮다.
④ 부재는 과소 단면이거나 결함이 있는 재료가 사용되기 쉽다.

참고 산업안전산업기사 필기 p.5-87(1. 가설 공사 개요)

KEY 2003년 8월 10일 기사 출제

---

88 터널 계측관리 및 이상발견 시 조치에 관한 설명으로 옳지 않은 것은?

① 숏크리트가 벗겨지면 두께를 감소시키고 뿜어붙이기를 금한다.
② 터널의 계측관리는 일상계측과 대표계측으로 나뉜다.
③ 록볼트의 축력이 증가하여 지압판이 휘게 되면 추가볼트를 시공한다.
④ 지중변위가 크게 되고 이완영역이 이상하게 넓어지면 추가볼트를 시공한다.

해설

숏크리트가 벗겨지면 반드시 뿜어붙이기를 해야 한다.

KEY 2017년 8월 26일(문제 96번) 출제

[정답] 86 ① 87 ② 88 ①

89 산업안전보건기준에 관한 규칙에 따라 계단 및 계단참을 설치하는 경우 매 [m²]당 최소 얼마 이상의 하중에 견딜 수 있는 강도를 가진 구조로 설치하여야 하는가?

① 500[kg]
② 600[kg]
③ 700[kg]
④ 800[kg]

해설

계단의 강도
계단 및 계단참은 500[kg/m²] 이상

KEY 2015년 8월 16일(문제 85번) 출제

합격정보
산업안전보건기준에 관한 규칙 제26조(계단의 강도)

90 철근의 가스절단 작업 시 안전상 유의해야 할 사항으로 옳지 않은 것은?

① 작업장에는 소화기를 비치하도록 한다.
② 호스, 전선 등은 다른 작업장을 거치는 곡선상의 배선이어야 한다.
③ 전선의 경우 피복이 손상되어 있는지를 확인하여야 한다.
④ 호스는 작업 중에 겹치거나 밟히지 않도록 한다.

해설

철근 가스절단시 안전대책
① 작업장에는 소화기를 비치하도록 한다.
② 전선의 경우 피복이 손상되어 있는지를 확인하여야 한다.
③ 호스는 작업 중에 겹치거나 밟히지 않도록 한다.

KEY 2019년 8월 4일(문제 92번) 출제

91 건설공사 유해·위험방지계획서를 제출하는 경우 자격을 갖춘 자의 의견을 들은 후 제출하여야 하는데 이 자격에 해당하지 않는 자는?

① 건설안전기사로서 건설안전관련 실무경력이 4년인 자
② 건설안전기술사
③ 토목시공기술사
④ 건설안전분야 산업안전지도사

해설

유해·위험방지계획서 심사가능자
① 건설안전 분야 산업안전지도사
② 건설안전기술사 또는 토목·건축 분야 기술사
③ 건설안전산업기사 이상으로서 건설안전 관련 실무경력이 7년(기사는 5년) 이상인 사람

합격정보
산업안전보건법 시행규칙 제43조(유해위험방지계획서의 건설안전분야 자격 등)

KEY 2014년 5월 25일(문제 90번)

92 차량계 건설기계를 사용하여 작업하고자 할 때 작업계획서에 포함되어야 할 사항으로 틀린 것은?

① 차량계 건설기계의 제동장치 이상유무
② 차량계 건설기계의 운행경로
③ 차량계 건설기계의 종류 및 성능
④ 차량계 건설기계에 의한 작업방법

해설

차량계 건설기계 작업계획서 내용 3가지
① 사용하는 차량계 건설기계의 종류 및 성능
② 차량계 건설기계의 운행경로
③ 차량계 건설기계에 의한 작업방법

참고 산업안전산업기사 필기 p.5-190(표, 사전조사 및 작업계획서 내용)

KEY 2014년 8월 17일(문제 86번) 출제

93 터널공사 시 자동경보장치가 설치된 경우에 이 자동경보장치에 대하여 당일 작업시작 전 점검하고 이상을 발견하면 즉시 보수하여야 하는 사항이 아닌 것은?

① 계기의 이상 유무
② 검지부의 이상 유무
③ 경보장치의 작동 상태
④ 환기 또는 조명시설의 이상 유무

해설

터널건설작업시 자동경보장치 당일 작업시작전 점검사항 3가지
① 계기의 이상유무
② 검지부의 이상 유무
③ 경보장치의 작동상태

[정답] 89 ① 90 ② 91 ① 92 ① 93 ④

[참고] 산업안전산업기사 필기 p.5-108(합격날개 : 합격예측 및 관련 법규)
[KEY] 2020년 8월 22일 기사 (문제 102번) 출제
[합격정보] 산업안전보건기준에 관한 규칙 제350조(인화성가스의 농도측정 등)

94 달비계의 최대 적재하중을 정하는 경우 달기 와이어로프의 최대하중이 50[kg]일 때 안전계수에 의한 와이어로프의 절단하중은 얼마인가?

① 1,000[kg] ② 700[kg]
③ 500[kg]   ④ 300[kg]

[해설]
절단하중 = 최대하중 × 안전계수 = 50 × 10 = 500[kg]

[참고] 산업안전산업기사 필기 p.5-91(합격날개 : 합격예측 및 관련 법규)
[KEY] ① 2016년 10월 1일 출제
② 2018년 3월 4일 기사·산업기사 동시 출제
[합격정보] 산업안전보건기준에 관한 규칙 제55조(작업발판의 최대 적재 하중)

[보충학습]
안전계수
① 달기와이어로프 및 달기강선의 안전계수 : 10 이상
② 달기체인 및 달기훅의 안전계수 : 5 이상
③ 달기강대와 달비계의 하부 및 상부지점의 안전계수 강재 : 2.5 이상, 목재 : 5 이상

95 채석작업을 하는 때 채석작업계획에 포함되어야 하는 사항에 해당되지 않는 것은?

① 굴착면의 높이와 기울기
② 기둥침하의 유무 및 상태 확인
③ 암석의 분할방법
④ 표토 또는 용수의 처리방법

[해설]
채석작업 시 작업계획서 내용
① 노천굴착과 갱내굴착의 구별 및 채석 방법
② 굴착면의 높이와 기울기
③ 굴착면 소단(小段)의 위치와 넓이
④ 갱내에서의 낙반 및 붕괴방지 방법
⑤ 발파방법
⑥ 암석의 분할방법
⑦ 암석의 가공장소
⑧ 사용하는 굴착기계·분할기계·적재기계 또는 운반기계(이하 "굴착기계 등"이라 한다)의 종류 및 성능
⑨ 토석 또는 암석의 적재 및 운반방법과 운반경로
⑩ 표토 또는 용수(湧水)의 처리방법

[참고] 산업안전산업기사 필기 p.5-190(보충학습:사전조사 및 작업계획서 내용)
[KEY] 2015년 5월 31일(문제 87번)

96 동바리등을 조립하는 경우의 준수사항으로 옳지 않은 것은?

① 강재와 강재의 접속부 및 교차부는 볼트·클램프 등 전용철물을 사용하여 단단히 연결할 것
② 동바리로 사용하는 강관(파이프 서포트는 제외)은 높이 2[m] 이내마다 수평연결재를 2개 방향으로 만들고 수평연결재의 변위를 방지할 것
③ 동바리의 이음은 맞댄이음으로 하고 장부이음의 적용은 절대 금할 것
④ 거푸집이 곡면인 경우에는 버팀대의 부차 등 그 거푸집의 부상(浮上)을 방지하기 위한 조치를 할 것

[해설]
동바리 이음
같은 품질의 재료를 사용

[참고] 산업안전산업기사 필기 p.5-92(합격날개 : 합격예측 및 관련 법규)
[KEY] 2017년 8월 16일(문제 88번) 출제
[합격정보] 산업안전보건기준에 관한 규칙 제332조(동바리 조립 시의 안전조치)

97 지반의 종류가 암반 중 풍화암일 경우 굴착면 기울기 기준으로 옳은 것은?

① 1 : 0.3 ② 1 : 0.5
③ 1 : 1.0 ④ 1 : 1.5

[정답] 94 ③ 95 ② 96 ③ 97 ③

해설

굴착면의 기울기 기준

지반의 종류	굴착면의 기울기
모래	1 : 1.8
연암 및 풍화암	1 : 1.0
경암	1 : 0.5
그 밖의 흙	1 : 1.2

(2) 예 1 : 1.0

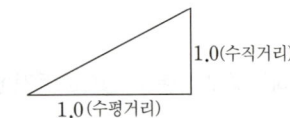

참고 산업안전산업기사 필기 p.5-56(표. 굴착면의 기울기 기준)

KEY
① 2016년 5월 8일 기사 · 산업기사 동시 출제
② 2020년 6월 7일 기사 (문제 111번) 출제
③ 2020년 9월 27일 기사 (문제 115번) 출제

합격정보
① 산업안전보건기준에 관한 규칙 [별표 11] 굴착면의 기울기 기준
② 2023년 11월 14일 법 개정

---

98 잠함, 우물통, 수직갱, 그 밖에 이와 유사한 건설물 또는 설비의 내부에서 굴착작업을 하는 경우에 준수해야 할 기준으로 옳지 않은 것은?

① 산소 결핍 우려가 있는 경우에는 산소의 농도를 측정하는 사람을 지명하여 측정하도록 할 것
② 근로자가 안전하게 오르내리기 위한 설비를 설치할 것
③ 굴착 깊이가 10[m]를 초과하는 경우에는 해당 작업장소와 외부와의 연락을 위한 통신설비 등을 설치할 것
④ 굴착깊이가 20[m]를 초과하는 경우에는 송기를 위한 설비를 설치하여 필요한 양의 공기를 공급할 것

해설

통신설비 설치기준
굴착깊이 20[m] 초과하는 경우 외부와의 연락을 위한 통신설비 설치

참고 산업안전산업기사 필기 p.5-146(합격날개 : 합격예측 및 관련법규)

합격정보
산업안전보건기준에 관한 규칙 제377조(잠함 등 내부에서의 작업)

---

99 옥내작업장에는 비상시에 근로자에게 신속하게 알리기 위한 경보용 설비 또는 기구를 설치하여야 한다. 그 설치대상 기준으로 옳은 것은?

① 연면적이 400[m²] 이상이거나 상시 40명 이상의 근로자가 작업하는 옥내작업장
② 연면적이 400[m²] 이상이거나 상시 50명 이상의 근로자가 작업하는 옥내작업장
③ 연면적이 500[m²] 이상이거나 상시 40명 이상의 근로자가 작업하는 옥내작업장
④ 연면적이 500[m²] 이상이거나 상시 50명 이상의 근로자가 작업하는 옥내작업장

해설

제19조(경보용 설비 등) 사업주는 연면적이 400[m²] 이상이거나 상시 50인 이상의 근로자가 작업하는 옥내작업장에는 비상시에 근로자에게 신속하게 알리기 위한 경보용 설비 또는 기구를 설치하여야 한다.

KEY 2019년 8월 4일(문제 89번) 출제

---

100 차량계 하역운반기계의 운전자가 운전위치를 이탈하는 경우의 조치사항으로 부적절한 것은?

① 포크 및 버킷을 가장 높은 위치에 두어 근로자 통행을 방해하지 않도록 하였다.
② 원동기를 정지시키고 브레이크를 걸었다.
③ 시동키를 운전대에서 분리시켰다.
④ 경사지에서 갑작스런 주행이 되지 않도록 바퀴에 블록 등을 놓았다.

해설

차량계 하역운반기계 운전위치 이탈시 조치사항(건설기계 공통)
① 포크 및 셔블 등의 하역장치를 가장 낮은 위치에 둘 것
② 원동기를 정지시키고 브레이크를 확실히 거는 등 불시 주행을 방지하기 위한 조치를 할 것

참고 산업안전산업기사 필기 p.5-172(2. 운전위치 이탈시 조치사항)

KEY 2018년 8월 19일(문제 83번) 출제

합격정보
산업안전보건기준에 관한 규칙 제99조(운전위치 이탈시의 조치)

[정답] 98 ③ 99 ② 100 ①

산업안전산업기사 필기

2024년 2월 15일 CBT 시행 제1회
2024년 5월 09일 CBT 시행 제2회
2024년 7월 05일 CBT 시행 제3회

2024년도 산업기사 정기검정 제1회 CBT(2024년 2월 15일 시행)

자격종목 및 등급(선택분야)
산업안전산업기사

종목코드	시험시간	수험번호	성명
2381	2시간30분	20240215	도서출판세화

※ 본 문제는 복원문제 및 2026년 예적(예상적중) 문제로 실제문제와 동일하지 않을 수 있습니다.

1 산업재해 예방 및 안전보건교육

01 산업재해 예방의 4원칙 중 "재해발생에는 반드시 원인이 있다."라는 원칙은?

① 대책 선정의 원칙 ② 원인 계기의 원칙
③ 손실 우연의 원칙 ④ 예방 가능의 원칙

[해설]

하인리히 산업재해예방의 4원칙
① 예방가능의 원칙
② 손실우연의 원칙
③ 원인연계(계기)의 원칙
④ 대책선정의 원칙

[참고] 산업안전산업기사 필기 p.3-38(6. 하인리히 산업재해예방의 4원칙)

[KEY] ① 2016년 5월 8일 출제
② 2016년 10월 1일 기사 출제
③ 2017년 3월 5일 기사 출제
④ 2017년 5월 7일 출제
⑤ 2017년 9월 23일 기사 출제
⑥ 2018년 3월 4일 기사·산업기사 동시 출제
⑦ 2018년 8월 19일 출제
⑧ 2019년 3월 3일 기사·산업기사 동시 출제
⑨ 2019년 9월 21일 기사 출제
⑩ 2020년 6월 7일 기사 출제
⑪ 2023년 3월 1일(문제 1번) 출제

02 산업안전보건법령상 안전보건표지의 종류와 형태 중 그림과 같은 경고 표지는? (단, 바탕은 무색, 기본모형은 빨간색, 그림은 검은색이다.)

① 부식성물질 경고 ② 폭발성물질 경고
③ 산화성물질 경고 ④ 인화성물질 경고

[해설]

경고표지의 종류

인화성 물질경고	산화성 물질경고	폭발성 물질경고	급성독성 물질경고	부식성 물질경고
방사성 물질경고	고압전기 경고	매달린 물체경고	낙하물 경고	고온 경고
저온 경고	몸균형 상실경고	레이저 광선경고	발암성·변이 원성·생식독 성·전신독성· 호흡기과민성 물질 경고	위험장소 경고

[참고] 산업안전산업기사 필기 p.1-59(2. 경고표지)

[KEY] ① 2017년 9월 23일 기사 출제
② 2018년 3월 4일 기사 출제
③ 2019년 4월 27일 산업기사 출제
④ 2020년 6월 7일 기사 출제
⑤ 2023년 3월 1일(문제 17번) 출제

[합격정보]
산업안전보건법 시행규칙 [별표6] 안전보건표지의 종류와 형태

03 매슬로우(A.H.Maslow)의 인간욕구 5단계 이론에서 각 단계별 내용이 잘못 연결된 것은?

① 1단계 : 자아실현의 욕구
② 2단계 : 안전에 대한 욕구
③ 3단계 : 사회적 욕구
④ 4단계 : 존경에 대한 욕구

[정답] 01 ② 02 ④ 03 ①

> [해설]

Maslow의 욕구단계이론
① 1단계 – 생리적 욕구 : 기아, 갈증, 호흡, 배설, 성욕 등 인간의 가장 기본적인 욕구 (종족 보존)
② 2단계 – 안전욕구 : 안전을 구하려는 욕구
③ 3단계 – 사회적 욕구 : 애정, 소속에 대한 욕구 (친화욕구)
④ 4단계 – 인정을 받으려는 욕구 : 자기 존경의 욕구로 자존심, 명예, 성취, 지위에 대한 욕구 (승인의 욕구)
⑤ 5단계 – 자아실현의 욕구 : 잠재적인 능력을 실현하고자 하는 욕구 (성취욕구)

> [참고] 산업안전산업기사 필기 p.1-101 (5) 매슬로우의 욕구 5단계 이론

> [KEY] ① 2023년 3월 1일(문제 18번) 등 30회 이상 출제
> ② 2024년 5월 14일 기사 출제

04 무재해운동의 기본이념 3가지에 해당하지 않는 것은?
① 무의 원칙
② 자주 활동의 원칙
③ 참가의 원칙
④ 선취 해결의 원칙

> [해설]

무재해운동의 3원칙
① 무(zero)의 원칙
② 선취해결(안전제일)의 원칙
③ 참가의 원칙

> [참고] 산업안전산업기사 필기 p.1-10(2. 무재해운동 기본 이념 3대 원칙)

> [KEY] 2023년 3월 1일 기사·산업기사 등 10회 이상 출제

05 다음 중 안전교육의 3단계에서 생활지도, 작업동작지도 등을 통한 안전의 습관화를 위한 교육을 무엇이라 하는가?
① 지식교육
② 기능교육
③ 태도교육
④ 인성교육

> [해설]

태도교육의 교육목표 및 교육내용

교육목표	교육내용
① 작업 동작의 정확화	① 표준작업방법의 습관화
② 공구, 보호구 취급태도의 안전화	② 공구 보호구 취급과 관리 자세의 확립
③ 점검태도의 정확화	③ 작업 전후의 점검·검사요령의 정확한 습관화
④ 언어태도의 안전화	④ 안전작업 지시전달 확인 등 언어태도의 습관화 및 정확화

[결론] 안전은 마음가짐을 몸에 익히는 심리적 교육방법

> [참고] 산업안전산업기사 필기 p.1-152(표. 단계별 교육 목표 및 내용)

> [KEY] ① 2011년 8월 21일(문제 6번) 출제
> ② 2013년 6월 2일(문제 18번) 출제
> ③ 2021년 5월 15일 기사 출제
> ④ 2023년 3월 1일(문제 20번) 출제

06 리더십(leadership)의 특성에 대한 설명으로 옳은 것은?
① 지휘형태는 민주적이다.
② 권한부여는 위에서 위임된다.
③ 구성원과의 관계는 넓다.
④ 권한근거는 법적 또는 공식적으로 부여된다.

> [해설]

leadership과 headship의 비교

개인과 상황 변수	leadership	headship
권한 행사	선출된 리더	임명적 헤드
권한 부여	밑으로부터 동의	위에서 위임
권한 귀속	집단 목표에 기여한 공로 인정	공식화된 규정에 의함
상사와 부하와의 관계	개인적인 영향	지배적
부하와의 사회적 관계(간격)	좁음	넓음
지휘 형태	민주주의적	권위주의적
책임 귀속	상사와 부하	상사
권한 근거	개인적	법적 또는 공식적

> [참고] 산업안전산업기사 필기 p.1-113(5. leadership과 headship의 비교)

> [KEY] ① 2016년 3월 6일, 8월 21일, 10월 1일 기사 출제
> ② 2019년 9월 21일 기사 출제
> ③ 2020년 8월 23일(문제 1번) 출제
> ④ 2023년 5월 13일(문제 8번) 등 10회 이상 출제

07 파블로프(Pavlov)의 조건반사설에 의한 학습이론의 원리에 해당되지 않는 것은?
① 일관성의 원리
② 시간의 원리
③ 강도의 원리
④ 준비성의 원리

[정답] 04 ② 05 ③ 06 ① 07 ④

과년도 출제문제

> **해설**

파블로프의 조건반사설
① 일관성의 원리　② 강도의 원리
③ 시간의 원리　　④ 계속성의 원리

> **참고** 산업안전산업기사 필기 p.1-121(표. S-R 학습이론의 종류)

> **KEY**
> ① 2016년 5월 8일 기사 출제
> ② 2018년 4월 28일(문제 20번) 출제
> ③ 2023년 5월 13일(문제 10번) 출제

08 기업 내 정형교육 중 TWI의 훈련내용이 아닌 것은?

① 작업방법훈련　② 작업지도훈련
③ 사례연구훈련　④ 인간관계훈련

> **해설**

기업 내 정형교육 중 TWI의 훈련내용 4가지
① 작업 방법 훈련(Job Method Training, JMT) : 작업개선
② 작업 지도 훈련(Job Instruction Training, JIT) : 작업지도·지시
③ 인간 관계 훈련(Job Relations Training, JRT) : 부하 통솔
④ 작업 안전 훈련(Job Safety Training, JST) : 작업안전

> **참고** 산업안전산업기사 필기 p.1-145(2. 관리감독자 교육)

> **KEY**
> ① 2016년 3월 6일 기사·산업기사 동시 출제
> ② 2016년 8월 21일 출제 등 10회 이상 출제
> ③ 2023년 5월 13일(문제 18번) 출제

09 학습 성취에 직접적인 영향을 미치는 요인과 가장 거리가 먼 것은?

① 적성　　② 준비도
③ 개인차　④ 동기유발

> **해설**

학습성취에 직접적인 영향을 미치는 요인
① 준비도
② 개인차
③ 동기유발

> **참고** 산업안전산업기사 필기 p.1-157(합격날개 : 은행문제 2)

> **KEY**
> ① 2020년 8월 23일(문제 12번) 출제
> ② 2023년 5월 13일(문제 20번) 출제

10 레빈(Lewin)의 법칙에서 환경조건(E)에 포함되는 것은?

$$B = f(P \cdot E)$$

① 지능　　② 소질
③ 적성　　④ 인간관계

> **해설**

K. Lewin의 법칙

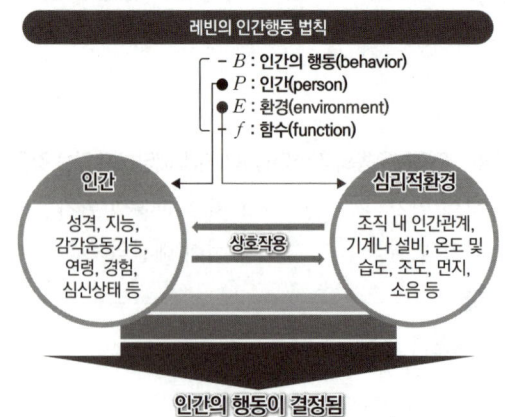

> **참고** 산업안전산업기사 필기 p.1-77(7. K. Lewin의 법칙)

> **KEY**
> ① 2016년 10월 1일 기사 출제
> ② 2017년 5월 7일, 8월 26일, 9월 23일 기사 출제
> ③ 2019년 4월 27일 산업기사 출제
> ④ 2023년 7월 8일(문제 3번) 출제

11 허즈버그(Herzberg)의 동기·위생이론 중 위생요인에 해당하지 않는 것은?

① 보수　　② 책임감
③ 작업조건　④ 감독

> **해설**

위생요인과 동기요인

위생요인(직무환경)	동기요인(직무내용)
회사 정책과 관리, 개인 상호간의 관계, 감독, 임금, 보수, 작업 조건, 지위, 안전	성취감, 책임감, 안정감, 성장과 발전, 도전감, 일 그 자체(일의 내용)

[정답] 08 ③　09 ①　10 ④　11 ②

참고 산업안전산업기사 필기 p.1-99(표. 위생요인과 동기요인)

KEY ① 2017년 3월 5일 출제
② 2017년 5월 7일 기사 출제
③ 2023년 7월 8일(12번) 출제

12 재해손실비 중 직접손실비에 해당하지 않는 것은?

① 요양급여 ② 휴업급여
③ 간병급여 ④ 생산손실급여

해설

간접비의 종류
① 인적 손실
② 물적 손실
③ 생산 손실
④ 특수 손실
⑤ 그 밖의 손실

참고 산업안전산업기사 필기 p.3-49(표. 직접비와 간접비)

KEY ① 2002년 3월 10일(문제 3번)
② 2014년 3월 2일(문제 5번) 출제
③ 2022년 3월 5일 기사 출제
④ 2022년 3월 2일(문제7번) 출제

13 기계·기구 또는 설비의 신설, 변경 또는 고장수리 등 부정기적인 점검을 말하며 기술적 책임자가 시행하는 점검을 무슨 점검이라 하는가?

① 정기점검 ② 수시점검
③ 특별점검 ④ 임시점검

해설

특별점검
① 기계, 기구, 설비의 신설, 변경 또는 고장, 수리 등을 할 경우
② 정기점검기간을 초과하여 사용하지 않던 기계설비를 다시 사용하고자 할 경우
③ 강풍(순간풍속 30[m/s] 초과) 또는 지진(중진 이상 지진) 등의 천재지변 후

참고 산업안전산업기사 필기 p.3-52(2. 안전점검의 종류)

KEY ① 2010년 3월 7일(문제 16번) 출제
② 2022년 3월 2일(문제 7번) 출제

14 산업안전보건법령상 관리감독자가 수행하는 안전 및 보건에 관한 업무에 속하지 않는 것은?

① 해당 작업의 작업장 정리·정돈 및 통로 확보에 대한 확인·감독
② 해당 작업에서 발생한 산업재해에 관한 보고 및 이에 대한 응급조치
③ 해당 사업장 안전교육계획의 수립 및 안전교육 실시에 관한 보좌 및 지도·조언
④ 관리감독자에게 소속된 근로자의 작업복·보호구 및 방호장치의 점검과 그 착용·사용에 관한 교육·지도

해설

관리감독자 업무 내용
① 사업장내 관리감독자가 지휘·감독하는 작업과 관련되는 기계·기구 또는 설비의 안전보건점검 및 이상유무의 확인
② 관리감독자에게 소속된 근로자의 작업복·보호구 및 방호장치의 점검과 그 착용·사용에 관한 교육·지도
③ 해당 작업에서 발생한 산업재해에 관한 보고 및 이에 대한 응급조치
④ 해당 작업의 작업장의 정리·정돈 및 통로확보의 확인·감독
⑤ 해당 사업장의 다음 각 목의 어느 하나에 해당하는 사람의 지도·조언에 대한 협조
 ㉮ 산업보건의
 ㉯ 안전관리자(안전관리전문기관에 위탁한 사업장의 경우에는 그 전문기관의 해당 사업장 담당자)
 ㉰ 보건관리자(보건관리전문기관에 위탁한 사업장의 경우에는 그 전문기관의 해당 사업장 담당자)
 ㉱ 안전보건관리담당자(안전보건관리담당자의 업무를 안전관리 전문기관 또는 보건관리전문기관에 위탁한 사업장은 그 전문기관의 해당 사업장 담당자)
⑥ 위험성평가를 위한 업무에 기인하는 유해·위험요인의 파악 및 그 결과에 따른 개선조치의 시행
⑦ 그 밖에 해당 작업의 안전보건에 관한 사항으로서 고용노동부령으로 정하는 사항

참고 산업안전산업기사 필기 p.1-28(4. 관리감독자 업무내용)

합격정보
산업안전보건법 시행령 제15조(관리감독자 업무 등)

KEY 2021년 8월 8일(문제 4번) 출제

💬 안전관리자의 증언
안전교육 실시, 보좌, 지도, 조언은 나(안전관리자)의 업무이다.

[정답] 12 ④ 13 ③ 14 ③

1. 산업재해 예방 및 안전보건교육 | **89**

과년도 출제문제

15 재해의 간접원인 중 기술적 원인에 속하지 않는 것은?

① 경험 및 훈련의 미숙
② 구조, 재료의 부적합
③ 점검, 정비, 보존 불량
④ 건물, 기계장치의 설계 불량

해설

기술적 원인
① 기계·기구·설비 등의 보호
② 경계 설비, 보호구 정비 구조재료의 부적당 등

참고) 산업안전산업기사 필기 p.3-33(2. 간접원인)

KEY ① 2016년 5월 8일 출제
② 2017년 5월 7일 출제
③ 2018년 3월 4일 출제
④ 2021년 8월 8일(문제 10번) 출제

16 다음 중 정상적 상태이지만 생리적 상태가 휴식할 때에 해당하는 의식수준은?

① phase Ⅰ   ② phase Ⅱ
③ phase Ⅲ   ④ phase Ⅳ

해설

의식 level의 단계별 생리적 상태
① 범주(Phase) 0 : 수면, 뇌발작
② 범주(Phase) Ⅰ : 피로, 단조로움, 졸음, 술취함
③ 범주(Phase) Ⅱ : 안정기거, 휴식시, 정례작업시
④ 범주(Phase) Ⅲ : 적극활동시
⑤ 범주(Phase) Ⅳ : 긴급방위반응, 당황해서 panic

참고) 산업안전산업기사 필기 p.1-118(4. 의식레벨의 단계)

KEY ① 2016년 10월 1일 산업기사 출제
② 2018년 4월 28일 기사 출제
③ 2018년 9월 15일 산업기사 출제
④ 2019년 3월 3일 기사 출제
⑤ 2021년 8월 8일(문제 17번) 출제

17 다음 중 하버드 학파의 5단계 교수법에 해당되지 않는 것은?

① 추론한다.   ② 교시한다.
③ 연합시킨다.   ④ 총괄시킨다.

해설

하버드 학파의 5단계 교수법
① 제1단계 : 준비시킨다.
② 제2단계 : 교시시킨다.
③ 제3단계 : 연합한다.
④ 제4단계 : 총괄한다.
⑤ 제5단계 : 응용시킨다.

참고) 산업안전산업기사 필기 p.1-145(3. 하버드 학파의 5단계 교수법)

KEY ① 2018년 4월 28일(문제 21번) 출제
② 2021년 8월 8일(문제 18번) 출제

18 아담스(Edward Adams)의 사고연쇄 반응이론 중 관리자가 의사결정을 잘못하거나 감독자가 관리적 잘못을 하였을 때의 단계에 해당하는 것은?

① 사고   ② 작전적 에러
③ 관리구조결함   ④ 전술적 에러

해설

아담스(Adams)의 사고 연쇄 이론
① 제1단계 : 관리구조
② 제2단계 : 작전적 에러(관리감독에러)
③ 제3단계 : 전술적 에러(불안전한 행동 or 조작)
④ 제4단계 : 사고(물적 사고)
⑤ 제5단계 : 상해 또는 손실

참고) 산업안전기사 필기 p.3-34(합격날개 : 합격예측)

KEY ① 2017년 5월 7일(문제 9번) 기사 출제
② 2024년 2월 15일 기사 출제

19 KOSHA GUIDE(안전보건 기술지침)의 설명이 틀린 것은?

① 법령에서 정한 최소 수준이 아닌 더 높은 수준의 기술적 사항을 정리한 자료이다.
② 자율적 안전보건가이드이다.
③ 분류기준 D는 안전설계 지침이다.
④ 법적 구속력이 있다.

[정답] 15 ① 16 ② 17 ① 18 ② 19 ④

해설

KOSHA GUIDE
① 안전보건기술지침이다.
② 문항 ④번이 틀린 이유 : 법적 구속력이 없다.

참고 산업안전기사 필기 p.1-17(7. KOSHA GUIDE)

KEY
① 2024년 2월 15일 기사 출제
② 2024년 5월 14일 기사·산업기사 출제

20 제조업자는 제조물의 결함으로 인하여 생명·신체 또는 재산에 손해를 입은 자에게 그 손해를 배상하여야 하는데 이를 무엇이라 하는가? (단, 당해 제조물에 대해서만 발생한 손해는 제외한다.)

① 입증 책임
② 담보 책임
③ 연대 책임
④ 제조물 책임

해설

제조물책임(PL)
① 제조물 책임이란 결함 제조물로 인해 생명·신체 또는 재산 손해가 발생할 경우 제조업자 또는 판매업자가 그 손해에 대하여 배상 책임을 지는 것
② 유럽에서는 100여년의 역사를 가지고 있으며, 미국, 일본에서도 1960~70년대부터 사회문제로 대두되어 '소비자 위험부담시대'에서 '판매자 위험부담시대'로 변환
③ 제조업에서 사고발생을 방지할 책임이 있기 때문에 결함 제조물에 대한 전적인 책임이 있다.

참고 산업안전산업기사 필기 p.1-8(2. 제조물 책임)

KEY
① 2019년 3월 3일 기사 출제
② 2024년 2월 15일 기사 출제

2 인간공학 및 위험성 평가·관리

21 신체반응의 측정에서 상완을 자연스럽게 수직으로 늘어뜨린 채, 전완만으로 편하게 뻗어 파악할 수 있는 구역을 무엇이라 하는가?

① 정상작업역
② 최대작업역
③ 최소작업역
④ 전완작업역

해설

작업역(작업구역)
① 정상작업역 : 상완을 자연스럽게 수직으로 늘어뜨린 채, 전완만으로 편하게 뻗어 파악할 수 있는 구역(34~45[cm])
② 최대작업역 : 전완과 상완을 곧게 펴서 파악할 수 있는 구역(56~65[cm])

참고 산업안전산업기사 필기 p.2-161(합격날개 : 합격예측)

22 조종장치를 15[mm] 움직였을 때, 표시계기의 지침이 25[mm] 움직였다면 이 기기의 C/R비는?

① 0.4
② 0.5
③ 0.6
④ 0.7

해설

$$\frac{C}{R} = \frac{조종장치의\ 이동거리}{표시장치의\ 이동거리} = \frac{15}{25} = 0.6$$

참고 산업안전산업기사 필기 p.2-177(합격날개 : 합격예측)

KEY
① 2018년 4월 28일 출제
② 2018년 9월 15일 출제
③ 2019년 4월 27일 출제
④ 2019년 8월 4일 출제
⑤ 2022년 7월 2일 출제

23 반복되는 사건이 많이 있는 경우에 FTA의 최소 컷셋을 구하는 알고리즘이 아닌 것은?

① Fussel Algorithm
② Boolean Algorithm
③ Monte Carlo Algorithm
④ Limnios & Ziani Algorithm

해설

FTA의 최소 컷셋을 구하는 알고리즘의 종류
① Boolean Algorithm(부울대수)
② Fussel Algorithm
③ Limnios & Ziani Algorithm

참고 산업안전산업기사 필기 p.2-78(합격날개 : 은행문제)

KEY
① 2014년 9월 20일 기사 출제
② 2016년 10월 1일 기사 출제
③ 2020년 8월 23일 산업기사 출제
④ 2023년 3월 1일(문제 21번) 출제

보충학습

Monte Carlo Alogorithm
카지노에서 따온 이름으로, 컴퓨터과학에서 사용하는 알고리즘의 한 종류

[정답] 20 ④ 21 ① 22 ③ 23 ③

24 FT도에 사용되는 논리기호 중 AND 게이트에 해당하는 것은?

① 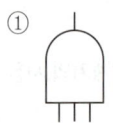 ②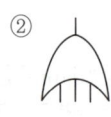

③ 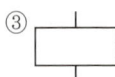 ④

[해설]

FTA 기호

기호	명칭	설명
	결함사상	개별적인 결함사상
	통상사상	통상발생이 예상되는 사상(예상되는 원인)
	AND 게이트	모든 입력사상이 공존할 때만 출력사상이 발생한다.
	OR 게이트	입력사상 중 어느 것이나 하나가 존재할 때 출력사상이 발생한다.

[참고] 산업안전산업기사 필기 p.2-70(표. FTA기호)

[KEY] ① 2014년 5월 25일(문제 38번) 출제
② 2014년 8월 17일(문제 34번) 출제
③ 2023년 3월 1일(문제 29번) 출제

25 시스템 안전 분석기법 중 인적 오류와 그로 인한 위험성의 예측과 개선을 위한 기법은 무엇인가?

① FTA ② ETBA
③ THERP ④ MORT

[해설]

THERP(인간과오율 예측기법)
① 인간의 과오(human error)를 정량적으로 평가
② 1963년 Swain이 개발된 기법

[참고] 산업안전산업기사 필기 p.2-65(8.THERP)

[KEY] ① 2017년 3월 5일 출제
② 2023년 2월 28일 기사 출제
③ 2023년 5월 13일(문제 21번) 등 5회 이상 출제

26 다음 중 체계 설계 과정의 주요 단계 중 가장 먼저 실시되어야 하는 것은?

① 기본설계
② 계면설계
③ 체계의 정의
④ 목표 및 성능 명세 결정

[해설]

인간-기계 시스템 설계 순서
① 1단계 : 시스템의 목표와 성능 명세 결정
② 2단계 : 시스템의 정의
③ 3단계 : 기본설계
④ 4단계 : 인터페이스설계
⑤ 5단계 : 보조물설계
⑥ 6단계 : 시험 및 평가

[참고] 산업안전산업기사 필기 p.2-29(문제 31번) 적중

[KEY] ① 2011년 3월 20일(문제 29번) 출제
② 2019년 3월 3일 기사 출제
③ 2019년 4월 27일(문제 21번) 출제
④ 2023년 5월 13일(문제 23번) 등 5회 이상 출제
⑤ 2024년 2월 15일(문제 29번) 출제

27 산업안전보건법에 따라 상시 작업에 종사하는 장소에서 보통작업을 하고자 할 때 작업면의 최소 조도(lux)로 맞는 것은? (단, 작업장은 일반적인 작업장소이며, 감광재료를 취급하지 않는 장소이다.)

① 75 ② 150
③ 300 ④ 750

[해설]

조명(조도)수준
① 초정밀작업 : 750[lux] 이상
② 정밀작업 : 300[lux] 이상
③ 보통작업 : 150[lux] 이상
④ 그 밖의 작업 : 75[lux] 이상

[참고] 산업안전산업기사 필기 p.2-169(합격날개 : 합격예측)

[KEY] ① 2017년 5월 7일(문제 21번) 출제
② 2023년 5월 13일(문제 28번) 등 5회 이상 출제

[합격정보]
산업안전보건기준에 관한 규칙 제8조(조도)

[정답] 24 ① 25 ③ 26 ④ 27 ②

28. 다음 중 시스템에 영향을 미칠 우려가 있는 모든 요소의 고장을 형태별로 해석하여 그 영향을 검토하는 분석방법은?

① FTA
② ETA
③ MORT
④ FMEA

해설

FMEA의 정의
① FMEA는 서브시스템 위험분석이나 시스템 위험분석을 위하여 일반적으로 사용되는 전형적인 정성적, 귀납적 분석방법
② 시스템에 영향을 미치는 모든 요소의 고장을 형태별로 분석하여 그 영향을 검토

참고 | 산업안전산업기사 필기 p.2-62(4. 고장형태와 영향분석)

KEY | ① 2015년 3월 8일(문제 33번) 출제
② 2023년 7월 8일(문제 21번) 출제

29. 체계 설계 과정 중 기본설계 단계의 주요활동으로 볼 수 없는 것은?

① 작업 설계
② 체계의 정의
③ 기능의 할당
④ 인간 성능 요건 명세

해설

제3단계 : 기본설계
① 기능의 할당
② 인간 성능 요건 명세
③ 직무 분석
④ 작업 설계

참고 | 산업안전산업기사 필기 p.2-29(문제 31번) 적중

KEY | ① 2013년 6월 2일(문제 28번) 출제
② 2016년 3월 6일 기사 출제
③ 2018년 3월 4일 출제
④ 2023년 7월 8일(문제 24번) 출제
⑤ 2024년 2월 15일(문제 26번) 출제

30. 다음 중 정보의 청각적 제시방법이 적절한 경우는?

① 수신자가 여러 곳으로 움직여야 할 때
② 정보가 복잡하고 길 때
③ 정보가 공간적인 위치를 다룰 때
④ 즉각적인 행동을 요구하지 않을 때

해설

청각적 제시방법이 적절한 경우
① 전언이 간단할 경우
② 전언이 짧을 경우
③ 전언이 후에 재 참조되지 않을 경우
④ 전언이 시간적인 사상(event)을 다룰 경우
⑤ 전언이 즉각적인 행동을 요구할 경우
⑥ 수신자의 시각 계통이 과부하 상태일 경우
⑦ 수신 장소가 너무 밝거나 암조응 유지가 필요할 경우
⑧ 직무상 수신자가 자주 움직이는 경우

참고 | 산업안전산업기사 필기 p.2-31(문제 43번) 적중

KEY | ① 1998년 9월 6일(문제 32번) 출제
② 2001년 6월 3일(문제 26번) 출제
③ 2001년 9월 23일(문제 33번) 출제
④ 2003년 5월 25일(문제 24번) 출제
⑤ 2006년 3월 5일(문제 34번) 출제
⑥ 2006년 9월 10일(문제 24번) 출제
⑦ 2022년 3월 2일(문제 25번) 출제

31. 신체 부위의 운동 중 몸의 중심선으로 이동하는 운동을 무엇이라 하는가?

① 굴곡 운동
② 내전 운동
③ 신전 운동
④ 외전 운동

해설

신체부위 운동구분
① 내전(adduction) : 몸의 중심선으로의 이동
② 외전(abduction) : 몸의 중심선으로부터 멀어지는 이동
③ 외선 : 몸의 중심선으로부터 회전하는 동작
④ 내선 : 몸의 중심선으로 회전하는 동작
⑤ 굴곡 : 신체 부위 간의 각도의 감소

참고 | ① 산업안전산업기사 필기 p.2-166(2. 신체부위의 운동)
② 산업안전산업기사 필기 p.2-196(문제 26번)

KEY | ① 2009년 5월 10일(문제 23번) 출제
② 2022년 3월 2일(문제 31번) 출제

32. 인간공학의 중요한 연구과제인 계면(interface)설계에 있어서 다음 중 계면에 해당되지 않는 것은?

① 작업공간
② 표시장치
③ 조종장치
④ 조명시설

[정답] 28 ④ 29 ② 30 ① 31 ② 32 ④

해설

인간-기계체계 단계
① 제1단계 : 목표 및 성능 설정
　체계가 설계되기 전에 우선 목적이나 존재 이유 및 목적은 통상 개괄적으로 표현
② 제2단계 : 시스템의 정의
　목표, 성능 결정 후 목적을 달성하기 위해 어떤 기본적인 기능이 필요한지 결정
③ 제3단계 : 기본설계
　㉮ 기능의 할당
　㉯ 인간 성능 요건 명세
　㉰ 직무 분석
　㉱ 작업 설계
④ 제4단계 : 계면(인터페이스)설계
　체계의 기본설계가 정의되고 인간에게 할당된 기능과 직무가 윤곽이 잡히면 인간-기계의 경계를 이루는 면과 인간-소프트웨어 경계를 이루는 면의 특성에 신경을 쓸 수가 있다.
　📌 작업공간, 표시장치, 조종장치, 제어, 컴퓨터대화 등
⑤ 제5단계 : 촉진물(보조물) 설계
　체계설계과정 중 이 단계에서의 주 초점은 만족스러운 인간성능을 증진시킬 보조물에 대해서 계획하는 것이다. 지시수첩, 성능보조자료 및 훈련도구와 계획이 있다.

참고 산업안전산업기사 필기 p.2-12 (1) 체계설계 과정의 주요단계

KEY ① 2014년 5월 25일(문제 39번) 출제
　　　② 2022년 3월 2일(문제 38번) 출제

보충학습

감성공학
① 인간-기계 체계 인터페이스(계면) 설계에 감성적 차원의 조화성을 도입하는 공학이다.
② 인간과 기계(제품)가 접촉하는 계면에서의 조화성은 신체적 조화성, 지적 조화성, 감성적 조화성의 3가지 차원에서 고찰할 수 있다.
③ 신체적·지적 조화성은 제품의 인상(감성적 조화성)으로 추상화된다.

---

33 사용자의 잘못된 조작 또는 실수로 인해 기계의 고장이 발생하지 않도록 설계하는 방법은?

① FMEA
② HAZOP
③ fail safe
④ fool proof

해설

풀 프루프(fool proof)
① 인간의 실수가 있어도 안전장치가 설치되어 사고나 재해로 연결되지 않는 구조
② 바보가 작동을 시켜도 안전하다는 뜻

참고 산업안전산업기사 필기 p.1-6(합격날개 : 합격예측)

KEY ① 2020년 5월 24일 실기 필답형 출제
　　　② 2020년 8월 23일(문제 33번) 출제
　　　③ 2022년 3월 2일(문제 40번) 출제
　　　④ 2024년 2월 15일(문제 42번) 출제

---

34 FTA(Fault Tree Analysis)에서 사용되는 사상기호 중 통상의 작업이나 기계의 상태에서 재해의 발생 원인이 되는 요소가 있는 것을 나타내는 것은?

①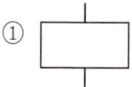
②
③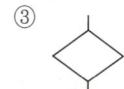
④

해설

FTA 기호

기호	명칭	기호	명칭
▭	결함사상	◇	생략사상
○	기본사상	⌂	통상사상

참고 산업안전산업기사 필기 p.2-70(표 : FTA 기호)

KEY ① 2007년 8월 5일(문제 33번) 출제
② 2016년 10월 1일 산업기사 출제
③ 2017년 5월 7일 기사 출제
④ 2017년 8월 19일 산업기사 출제
⑤ 2017년 8월 26일 기사, 산업기사 출제
⑥ 2018년 3월 4일 기사 출제
⑦ 2018년 8월 19일 산업기사 출제
⑧ 2020년 6월 14일 산업기사 출제
⑨ 2021년 5월 15일, 8월 14일(문제 33번) 출제
⑩ 2022년 4월 17일(문제 30번) 출제

---

35 동전던지기에서 앞면이 나올 확률이 0.2이고, 뒷면이 나올 확률이 0.8일 때, 앞면이 나올 확률의 정보량과 뒷면이 나올 확률의 정보량이 맞게 연결된 것은?

① 앞면:약 2.32[bit], 뒷면:약 0.32[bit]
② 앞면:약 2.32[bit], 뒷면:약 1.32[bit]
③ 앞면:약 3.32[bit], 뒷면:약 0.32[bit]
④ 앞면:약 3.32[bit], 뒷면:약 1.52[bit]

[정답] 33 ④　34 ④　35 ①

> **해설**

정보량 계산

① 앞면 = $\dfrac{\log\left(\dfrac{1}{0.2}\right)}{\log 2}$ = 2.32[bit]

② 뒷면 = $\dfrac{\log\left(\dfrac{1}{0.8}\right)}{\log 2}$ = 0.32[bit]

KEY ① 2013년 3월 10일(문제 27번) 출제
② 2015년 5월 31일(문제 32번) 출제
③ 2022년 7월 2일(문제 29번) 출제

> **보충학습**

bit(binary unit의 합성어)

① bit : 실현가능성이 같은 2개의 대안 중 하나가 명시되었을 때 얻을 수 있는 정보량
② 정보량 : 실현가능성이 같은 n개의 대안이 있을 때
③ 총 정보량 (H) = $\log_2 n$

36 건습지수로서 습구온도와 건구온도의 가중평균치를 나타내는 Oxford지수의 공식으로 맞는 것은?

① WD=0.65WB+0.35DB
② WD=0.75WB+0.25DB
③ WD=0.85WB+0.15DB
④ WD=0.95WB+0.05DB

> **해설**

Oxford지수 공식

건습지수(WD) = 0.85WB+0.15DB

참고 산업안전산업기사 필기 p.2-167(6. Oxford 지수)

KEY ① 2017년 3월 5일 기사 출제
② 2017년 9월 23일 기사 출제
③ 2021년 3월 2일(문제 22번) 출제

37 다음 설명에 해당하는 시스템 위험분석방법은?

[다음]
• 시스템의 정의 및 개발 단계에서 실행한다.
• 시스템의 기능, 과업, 활동으로부터 발생되는 위험에 초점을 둔다.

① 모트(MORT) ② 결함수분석(FTA)
③ 예비위험분석(PHA) ④ 운용위험분석(OHA)

> **해설**

운용 및 지원위험분석
(O&SHA : operating and support hazard analysis)

① 지정된 시스템의 모든 사용단계에서 생산, 보전, 시험, 운반, 저장, 운전, 비상탈출, 구조, 훈련, 폐기 등에 사용되는 인원, 순서, 설비에 관하여 위험을 동정하고 제어
② ①의 인원, 순서, 설비에 관한 안전요건을 결정하기 위해 실시하는 분석법

참고 산업안전산업기사 필기 p.2-64(합격날개:합격예측)

KEY ① 2014년 5월 25일(문제 29번) 출제
② 2021년 3월 2일(문제 28번) 출제

38 인체측정 자료를 장비, 설비 등의 설계에 적용하기 위한 응용원칙에 해당하지 않는 것은?

① 조절식 설계
② 극단치를 이용한 설계
③ 구조적 치수 기준의 설계
④ 평균치를 기준으로 한 설계

> **해설**

인간계측자료의 응용 3원칙

① 최대치수와 최소치수 설계(극단치 설계)
② 조절범위(조절식 설계)
③ 평균치를 기준으로 한 설계

참고 산업안전기사 필기 p.2-159(2. 신체반응의 측정)

KEY ① 2017년 3월 5일, 9월 23일 출제
② 2017년 8월 26일 기사 출제
③ 2018년 3월 4일 출제
④ 2019년 8월 4일 기사 출제
⑤ 2021년 3월 2일(문제 32번) 출제

39 국제노동기구(ILO)에서 구분한 "일시 전노동 불능"에 관한 설명으로 옳은 것은?

① 부상의 결과로 근로기능을 완전히 잃은 부상
② 부상의 결과로 신체의 일부가 근로기능을 완전히 상실한 부상
③ 의사의 소견에 따라 일정 기간 동안 노동에 종사할 수 없는 상해
④ 의사의 소견에 따라 일시적으로 근로시간 중 치료를 받는 정도의 상해

[정답] 36 ③ 37 ④ 38 ③ 39 ③

> [해설]
>
> **ILO의 국제 노동 통계의 구분(근로불능 상해의 종류)**
> ① 사망 : 안전 사고로 사망하거나 혹은 입은 사고의 결과로 생명을 잃는 것 – 노동 손실일수 7,500일
> ② 영구 전노동불능 상해 : 부상 결과로 노동 기능을 완전히 잃게 되는 부상(신체 장애 등급 제1급에서 제3급에 해당) – 노동 손실일수 7,500일
> ③ 영구 일부노동불능 상해 : 부상 결과로 신체 부분의 일부가 노동 기능을 상실한 부상(신체 장애 등급 제4급에서 제14급에 해당)
> ④ 일시 전노동불능 상해 : 의사의 소견(진단)에 따라 일정기간 정규 노동에 종사할 수 없는 상해 정도(신체 장애가 남지 않는 일반적인 휴업재해)
>
> [참고] 산업안전산업기사 필기 p.1-5(8. ILO의 구분)
>
> [KEY] ① 2021년 제1회 CBT(문제 19번) 출제
>   ② 2021년 3월 2일(문제 38번) 출제

40 어떤 소리가 1,000[Hz], 60[dB]인 음과 같은 높이임에도 4배 더 크게 들린다면, 이 소리의 음압수준은 얼마인가?

① 70[dB] ② 80[dB]
③ 90[dB] ④ 100[dB]

> [해설]
>
> **음압수준**
> ① 10[dB] 증가 시 소음은 2배 증가
> ② 20[dB] 증가 시 소음은 4배 증가
>
> [결론] $4\text{sone} = 2^{\frac{L_1-60}{10}}$ $10 \times \log 4 = (L_1 - 60) \log 2$
>
> $L_1 = \frac{10 \times \log 4}{\log 2} + 60 = 80$
>
> [참고] 산업안전산업기사 필기 p.2-173(합격날개 : 합격예측)
>
> [KEY] ① 2002년, 2003년 연속 출제
>   ② 2009년 8월 30일(문제 53번) 출제
>   ③ 2018년 4월 28일(문제 35번) 출제
>   ④ 2021년 8월 8일(문제 23번) 출제
>   ⑤ 2024년 3월 30일 산업안전지도사 출제
>
> [보충학습]
>
> [표] phon과 sone의 관계
>
> | sone | 1 | 2 | 4 | 8 | 16 | 32 | 64 | 128 | 256 | 512 | 1024 |
> |------|---|---|---|---|----|----|----|-----|-----|-----|------|
> | phon | 40 | 50 | 60 | 70 | 80 | 90 | 100 | 110 | 120 | 130 | 140 |
>
> [예] 10[phon]이 증가하면 2배의 소리 크기가 되며, 20[phon]이 증가하면 4배의 소리 크기가 된다.

3 기계·기구 및 설비안전관리

41 아세틸렌 용접장치의 발생기실을 옥외에 설치한 경우에는 그 개구부는 다른 건축물로부터 몇 [m] 이상 떨어져야 하는가?

① 1   ② 1.5
③ 2.5   ④ 3

> [해설]
>
> **발생기실 설치기준**
> ① 사업주는 아세틸렌 용접장치의 아세틸렌 발생기(이하 "발생기"라 한다)를 설치하는 경우에는 전용의 발생기실에 설치하여야 한다.
> ② 발생기실은 건물의 최상층에 위치하여야 하며, 화기를 사용하는 설비로부터 3[m]를 초과하는 장소에 설치하여야 한다.
> ③ 발생기실을 옥외에 설치한 경우에는 그 개구부를 다른 건축물로부터 1.5[m] 이상 떨어지도록 하여야 한다.
>
> [참고] 산업안전산업기사 필기 p.3-116(합격날개 : 합격예측)
>
> [KEY] ① 2020년 9월 27일 기사 등 10회 이상 출제
>   ② 2023년 3월 1일(문제 41번) 출제
>
> [합격정보]
> 산업안전보건기준에 관한 규칙 제286조(발생기실의 설치장소 등)

42 프레스 작업 중 작업자의 신체일부가 위험한 작업점으로 들어가면 자동적으로 정지되는 기능이 있는데, 이러한 안전대책을 무엇이라고 하는가?

① 풀 프루프(fool proof)
② 페일 세이프(fail safe)
③ 인터록(inter lock)
④ 리미트 스위치(limit switch)

> [해설]
>
> **풀프루프(fool proof)**
> ① 기계장치 설계단계에서 안전화를 도모하는 것으로 근로자가 기계 등의 취급을 잘 못해도 사고로 연결 되는 일이 없도록 하는 안전기구로 인간과오(human error)를 방지하기 위한 것이다.
> ② 용도는 가드(guard), 세이프티블록(safety block : 안전블록), 카메라의 이중 촬영방지기구 등이 있다.
>
> [참고] 산업안전산업기사 필기 p.3-5(표. Fail safe와 Fool proof)
>
> [KEY] ① 2023년 3월 1일(문제 42번) 출제
>   ② 2023년 6월 4일 기사 등 5회 이상 출제
>   ③ 2024년 2월 15일(문제 33번) 출제

[정답] 40 ②   41 ②   42 ①

보충학습
① 페일 세이프 : 기계나 그 부품에 고장이나 기능 불량이 생겨도 항상 안전하게 작동하는 구조와 기능
② 인터록 : 안전한 상태를 확보하도록 한 기계적 전기적 구조로 되어 있는 방호장치로 주어진 조건에 만족하지 않으면 작동할 수 없도록 한 기구
③ 리미트 스위치 : 기계의 움직임이 일정한 장소나 위치에 이르게 되면 작동하는 스위치

43 선반 작업의 안전사항으로 틀린 것은?

① 베드(bed) 위에 공구를 올려놓지 않아야 한다.
② 바이트를 교환할 때는 기계를 정지시키고 한다.
③ 바이트는 끝을 길게 장치한다.
④ 반드시 보안경을 착용한다.

해설
선반작업시 바이트(bite)도 짧게 장착합니다.

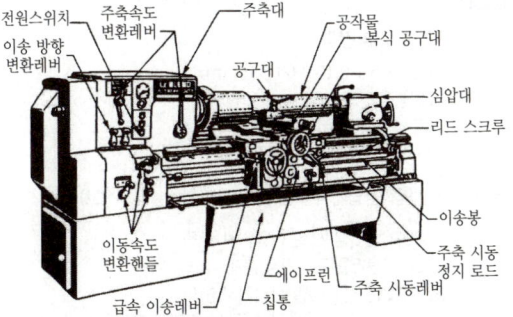

[그림] 선반의 각부 명칭

참고) 산업안전산업기사 필기 p.3-84(3. 선반재해 방지대책)

KEY ① 2020년 6월 14일(문제 47번) 출제
② 2023년 2월 28일 기사 출제
③ 2023년 3월 1일(문제 44번) 출제

44 산업안전보건법령상 양중기의 달기체인에 대한 사용금지 사항으로 틀린 것은?

① 달기체인의 한 꼬임에서 끊어진 소선의 수가 10[%] 이상인 것
② 링의 단면지름이 달기체인이 제조된 때의 해당 링의 지름의 10[%]를 초과하여 감소한 것
③ 달기체인의 길이가 달기체인이 제조된 때의 길이의 5[%]를 초과한 것
④ 균열이 있거나 심하게 변형된 것

해설
달기체인 사용금지 기준
① 달기체인의 길이가 달기체인이 제조된 때의 길이의 5[%]를 초과한 것
② 링의 단면지름이 달기체인이 제조된 때의 해당 링의 지름의 10[%]를 초과하여 감소한 것
③ 균열이 있거나 심하게 변형된 것

참고) 산업안전산업기사 필기 p.3-158(합격날개 : 합격예측)

KEY ① 2019년 8월 4일 산업기사 출제
② 2020년 6월 14일 산업기사 출제
③ 2023년 3월 1일(문제 45번) 출제
④ 2024년 5월 11일 작업형 출제

합격정보
산업안전보건기준에 관한 규칙 제166조(이음매가 있는 와이어로프 등의 사용금지)

45 컨베이어 작업시작 전 점검해야 할 사항으로 거리가 먼 것은?

① 원동기 및 풀리 기능의 이상 유무
② 이탈 등의 방지장치 기능의 이상 유무
③ 비상정지장치기능의 이상 유무
④ 자동전격방지장치의 이상 유무

해설
컨베이어의 작업시작전 점검사항
① 원동기 및 풀리기능의 이상 유무
② 이탈 등의 방지장치 기능의 이상 유무
③ 비상정지장치 기능의 이상 유무
④ 원동기·회전축·기어 및 풀리 등의 덮개 또는 울 등의 이상 유무

참고) 산업안전산업기사 필기 p.3-54(표. 기계·기구의 위험요소 작업시작전 점검사항)

KEY ① 2017년 8월 26일 기사 출제
② 2018년 3월 4일(문제 43번) 출제
③ 2023년 3월 1일(문제 47번) 출제

합격정보
산업안전보건기준에 관한 규칙 [별표 3] 작업시작전 점검사항

46 다음 중 연삭기를 이용한 작업을 할 경우 연삭숫돌을 교체한 후에는 얼마 동안 시험운전을 하여야 하는가?

① 1[분] 이상
② 3[분] 이상
③ 10[분] 이상
④ 15[분] 이상

[정답] 43 ③ 44 ① 45 ④ 46 ②

해설

연삭작업의 안전기준
① 덮개의 설치 기준 : 직경이 50[mm] 이상인 연삭숫돌
② 작업 시작하기 전 1[분] 이상, 연삭 숫돌을 교체한 후 3[분] 이상 시운전(숫돌파열이 가장 많이 발생하는 경우는 스위치를 넣는 순간)
③ 시운전에 사용하는 연삭숫돌은 작업시작 전 결함유무 확인 후 사용
④ 연삭숫돌의 최고 사용회전속도 초과 사용금지
⑤ 측면을 사용하는 것을 목적으로 하는 연삭숫돌 이외의 연삭숫돌은 측면 사용금지

참고 산업안전산업기사 필기 p.3-97(3. 연삭기 구조면에 있어서 안전대책)

KEY
① 2013년 6월 2일(문제 41번) 출제
② 2013년 8월 18일(문제 55번) 출제
③ 2022년 4월 24일 기사 등 10회 이상 출제
④ 2023년 3월 1일(문제 48번) 출제
⑤ 2024년 5월 14일 기사 출제

합격정보
산업안전보건기준에 관한 규칙 제122조(연삭숫돌의 덮개 등)

---

47 소성가공의 종류가 아닌 것은?

① 단조 ② 압연
③ 인발 ④ 연삭

해설

소성과 절삭
① 소성가공 : 재료의 전·연성을 이용(chip이 나오지 않음)
② 절삭가공 : 가공시 칩(chip)이 발생(예) 선반, 밀링, 연삭 등)

참고
① 산업안전산업기사 필기 p.3-92(6. 연삭기)
② 산업안전산업기사 필기 p.3-219(합격날개 : 합격예측)

KEY
① 2016년 3월 6일(문제 52번) 출제
② 2023년 6월 17일 지도사 2차 출제
③ 2023년 3월 1일(문제 52번) 출제
④ 2024년 2월 15일(문제 52번) 출제

보충학습
소성가공의 종류
① 단조가공(forging)   ② 압연가공(rolling)
③ 인발가공(drawing) ④ 압출가공(extruding)
⑤ 프레스가공(press working) ⑥ 전조가공(form rolling)

---

48 다음 중 컨베이어(conveyor)의 역전방지장치 형식이 아닌 것은?

① 래칫식   ② 전기브레이크식
③ 램식   ④ 롤러식

해설

역전방지 구분

구분	종류
기계적인 것	래칫식, 롤러식, 밴드식, 웜기어
전기적인 것	전기브레이크, 스러스트브레이크

참고 산업안전산업기사 필기 p.3-141(3. 컨베이어의 역전방지 장치)

KEY
① 2023년 2월 28일 기사 등 10회 이상 출제
② 2023년 3월 1일(문제 54번) 출제

---

49 개구부에서 회전하는 롤러의 위험점까지 최단거리가 60[mm]일 때 개구부 간격은?

① 10[mm]   ② 12[mm]
③ 13[mm]   ④ 15[mm]

해설

롤러 가드의 개구부 간격
$Y = 6 + 0.15X = 6 + 0.15 \times 60 = 15[mm]$
X : 가드와 위험점 간의 거리(mm : 안전거리)
Y : 가드 개구부의 간격(mm : 안전간극)
(단, $X \geq 160[mm]$일 때, $Y = 30[mm]$)

참고 산업안전산업기사 필기 p.3-114(합격날개 : 참고)

KEY
① 2016년 8월 21일 산업기사 출제
② 2017년 5월 7일 기사 출제
③ 2018년 8월 19일 산업기사 출제
④ 2020년 8월 14일 기사 등 10회 이상 출제
⑤ 2023년 3월 1일(문제 56번) 출제

---

50 보일러수에 불순물이 많이 포함되어 있을 경우, 보일러수의 비등과 함께 수면부위에 거품을 형성하여 수위가 불안정하게 되는 현상은?

① 프라이밍(priming)
② 포밍(foaming)
③ 캐리오버(carry over)
④ 워터해머(water hammer)

[정답] 47 ④ 48 ③ 49 ④ 50 ②

해설

포밍발생원인
① 보일러가 과잉 농축되었을 때
② 열부하가 급격하게 변동해 증감될 때
③ 운전 중 수위조절이 원활하게 이루어지지 못한 경우
④ 보일러의 운전 압력을 너무 낮게 설정해 놓았을 때
⑤ 기수분리기의 불량 등 기계적 고장

참고 산업안전산업기사 필기 p.3-123(1. 보일러 이상현상의 종류)

KEY ① 2016년 8월 21일 산업기사 출제
② 2021년 3월 7일 기사 출제
③ 2023년 3월 1일(문제 57번) 출제

---

51 다음 중 접근반응형 방호장치에 해당되는 것은?

① 손쳐내기식 방호장치
② 광전자식 방호장치
③ 가드식 방호장치
④ 양수조작식 방호장치

해설

접근반응형 방호장치
① 위험 범위 내로 신체가 접근할 경우 이를 감지하여 즉시 기계의 작동을 정지시키거나 전원이 차단되도록 하는 방법
② 프레스의 광전자식 방호장치가 해당

참고 산업안전산업기사 필기 p.3-15(표. 용도별 방호장치 구분)

KEY ① 2013년 6월 2일(문제 58번) 출제
② 2023년 6월 4일 기사 등 5회 이상 출제
③ 2023년 5월 13일(문제 43번) 출제

---

52 가공물 또는 공구를 회전시켜 나사나 기어 등을 소성가공하는 방법은?

① 압연　　② 압출
③ 인발　　④ 전조

해설

소성가공
(1) 전조
　① 다이(Die)나 Roll과 같은 성형공구를 회전 또는 직선운동시키면서 그 사이에 소재를 넣어 공구의 표면형상으로 각인하는 것이다.
　② 일종의 특수압연이라 볼 수 있다.
(2) 전조제품
　① 원통 롤러　　② Ball
　③ Ring　　　　④ 기어
　⑤ 나사　　　　⑥ Spline축
　⑦ 냉각 Fin이 붙은 관

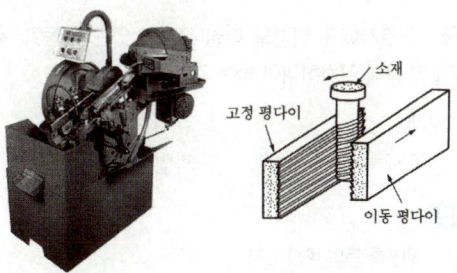

[그림] 나사 전조기 및 전조 원리

참고 산업안전산업기사 필기 p.3-219(합격예측 : 전조)

KEY ① 2012년 5월 20일(문제 20번) 출제
② 2023년 6월 17일 산업안전지도사 출제
③ 2023년 5월 13일(문제 50번) 출제
④ 2024년 2월 15일(문제 47번) 출제

---

53 휴대용 연삭기 덮개의 노출각도 기준은?

① 60[°] 이내　　② 90[°] 이내
③ 150[°] 이내　　④ 180[°] 이내

해설

휴대용연삭기 덮개 노출각도 : 180[°] 이내

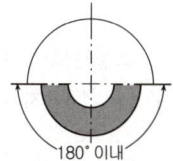

[그림] 휴대용 연삭기, 스윙연삭기, 슬라브연삭기, 기타 이와 비슷한 연삭기의 덮개 노출각도

참고 산업안전산업기사 필기 p.3-97(그림. 연삭기 종류 및 덮개의 표준현상)

KEY ① 2016년 8월 21일 기사 출제
② 2017년 3월 5일, 8월 26일 출제
③ 2017년 5월 7일 기사·산업기사 동시 출제
④ 2018년 4월 28일 기사·산업기사 동시 출제
⑤ 2023년 5월 13일(문제 57번) 출제

합격정보 방호장치자율안전인증고시 [별표 4] 연삭기 덮개의 성능기준

[**정답**] 51 ②　52 ④　53 ④

54 근로자에게 위험을 미칠 우려가 있는 원동기, 축이음, 풀리 등에 설치하여야 하는 것은?

① 덮개 ② 압력계
③ 통풍장치 ④ 과압방지기

해설

원동기·회전축 등의 위험 방지
사업주는 기계의 원동기·회전축·기어·풀리·플라이휠·벨트 및 체인 등 근로자가 위험에 처할 우려가 있는 부위에 덮개·울·슬리브 및 건널다리 등을 설치하여야 한다.

참고 산업안전산업기사 필기 p.3-10(합격날개 : 합격예측 및 관련법규)

KEY
① 2017년 3월 5일 기사 · 산업기사 동시 출제
② 2019년 4월 27일(문제 57번) 출제
③ 2023년 5월 13일(문제 60번) 출제

합격정보
산업안전보건기준에 관한 규칙 제87조(원동기 회전축 등의 위험방지)

---

55 산업안전보건법령상 프레스를 사용하여 작업을 할 때 작업시작 전 점검항목에 해당하지 않는 것은?

① 전선 및 접속부 상태
② 클러치 및 브레이크의 기능
③ 프레스의 금형 및 고정볼트 상태
④ 1행정 1정지기구·급정지장치 및 비상정지 장치의 기능

해설

프레스 작업시작 전 점검항목
① 클러치 및 브레이크의 기능
② 크랭크축·플라이휠·슬라이드·연결봉 및 연결나사의 풀림 유무
③ 1행정 1정지기구·급정지장치 및 비상정지장치의 기능
④ 슬라이드 또는 칼날에 의한 위험방지 기구의 기능
⑤ 프레스의 금형 및 고정볼트 상태
⑥ 방호장치의 기능
⑦ 전단기(剪斷機)의 칼날 및 테이블의 상태

참고 산업안전산업기사 필기 p.3-54(표. 작업 시작 전 기계·기구 및 점검내용)

KEY
① 2015년 8월 16일(문제 55번) 출제
② 2023년 7월 8일(문제 41번) 출제

합격정보
산업안전보건기준에 관한 규칙 [별표 3] 작업시작 전 점검사항

---

56 왕복운동을 하는 기계의 동작부분과 고정부분 사이에 형성되는 위험점으로 프레스, 전단기 등에서 주로 나타나는 곳은?

① 끼임점 ② 절단점
③ 협착점 ④ 접선 물림점

해설

협착점(Squeeze-point)
왕복운동을 하는 동작부분과 움직임이 없는 고정부분 사이에서 형성되는 위험점
예 프레스기, 전단기, 성형기, 조형기, 굽힘기계(bending machine) 등

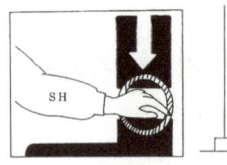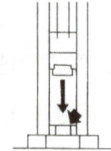

[그림] 협착점

참고 산업안전산업기사 필기 p.3-205(4. 위험점의 분류)

KEY
① 2006년 5월 14일(문제 55번) 출제
② 2017년 3월 5일, 5월 7일 출제
③ 2023년 7월 8일(문제 48번) 출제

---

57 산업안전보건기준에 의거하여 프레스 등의 금형을 부착, 해체 또는 조정작업 중 슬라이드가 갑자기 작동함으로써 발생하는 근로자의 위험을 방지하기 위하여 사업주가 설치해야 하는 것은?

① 안전블록 ② 방호울
③ 시건장치 ④ 게이트가드

해설

안전 블록(럭) : safety block
금형조정 위험방지장치 : 안전블록

참고 산업안전산업기사 필기 p.3-100(합격날개 : 합격예측 및 관련법규)

KEY
① 2007년 5월 13일(문제 57번) 출제
② 2022년 3월 2일(문제 51번) 출제

합격정보
산업안전보건기준에 관한 규칙 제104조(금형조정작업의 위험방지)

[정답] 54 ① 55 ① 56 ③ 57 ①

58 다음 중 지게차의 작업 상태별 안정도에 관한 설명으로 틀린 것은?(단, V는 최고속도[km/h]이다.)

① 기준 부하상태에서 하역작업 시의 전후 안정도는 20[%] 이내이다.
② 기준 부하상태에서 하역작업 시의 좌우 안정도는 6[%] 이내이다.
③ 기준 무부하상태에서 주행 시의 전후 안정도는 18[%] 이내이다.
④ 기준 무부하상태에서 주행 시의 좌우 안정도는 (15+1.1V)[%] 이내이다.

[해설]

지게차의 안정조건

안정도	지게차의 상태
· 하역작업시 전후 안정도 4[%] (5[t] 이상의 것은 3.5[%]) · 부하상태	
· 주행시의 전후 안정도 18[%] · 부하상태	위에서 본 모양
· 하역작업시의 좌우 안정도 6[%] · 부하상태	
· 주행시의 좌우 안정도 (15+1.1V)[%] V : 최고속도[km/hr] · 무부하상태	위에서 본 모양

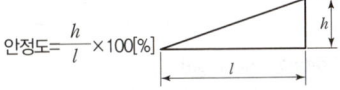

안정도 = $\dfrac{h}{l} \times 100[\%]$

[참고] 산업안전산업기사 필기 p.3-139(표. 지게차의 안정조건)

[KEY]
① 2016년 5월 8일 산업기사 출제
② 2016년 8월 21일 산업기사 출제
③ 2017년 5월 7일(문제 46번) 출제
④ 2022년 4월 17일(문제 44번) 출제

[합격정보]

건설기계 안전기준에 관한 규칙 제22조(안정도)
① 지게차는 다음 각 호에 해당하는 지면에서 중심선이 지면의 기울어진 방향과 평행할 경우 앞이나 뒤로 넘어지지 아니하여야 한다.
 1. 지게차의 최대하중상태에서 쇠스랑을 가장 높이 올린 경우 기울기가 100분의 4(지게차의 최대하중이 5톤 이상인 경우에는 100분의 3.5)인 지면
 2. 지게차의 기준부하상태에서 주행할 경우 기울기가 100분의 18인 지면
② 지게차는 다음 각 호에 해당하는 지면에서 중심선이 지면의 기울어진 방향과 직각으로 교차할 경우 옆으로 넘어지지 아니하여야 한다.
 1. 지게차의 최대하중상태에서 쇠스랑을 가장 높이 올리고 마스트를 가장 뒤로 기울인 경우 기울기가 100분의 6인 지면
 2. 지게차의 기준무부하상태에서 주행할 경우 구배가 지게차의 최고주행속도에 1.1을 곱한 후 15를 더한 값인 지면. 다만, 규격이 5,000킬로그램 미만인 경우에는 최대 기울기가 100분의 50, 5,000킬로그램 이상인 경우에는 최대 기울기가 100분의 40인 지면을 말한다.

59 산업안전보건법령상 보일러의 안전한 가동을 위하여 보일러 규격에 맞는 압력방출장치가 2개 이상 설치된 경우에 최고사용압력 이하에서 1개가 작동되고, 다른 압력방출장치는 최고사용압력의 몇 배 이하에서 작동되도록 부착하여야 하는가?

① 1.03배   ② 1.05배
③ 1.2배   ④ 1.5배

[해설]

압력방출 장치
① 보일러 규격에 적합한 압력방출장치를 최고사용압력 이하에서 작동하도록 1개 또는 2개 이상 설치
② 2개 이상 설치된 경우 최고사용압력 이하에서 1개가 작동되고, 다른 압력방출장치는 최고사용압력 1.05배 이하에서 작동되도록 부착
③ 1년에 1회 이상 토출압력시험 후 납으로 봉인(공정안전관리 이행수준 평가결과가 우수한 사업장은 4년에 1회 이상 토출압력시험 실시)
④ 종류 : 스프링식, 중추식, 지렛대식(일반적으로 스프링식 안전밸브를 많이 사용)

[그림] 압력방출장치(안전밸브)

[참고] 산업안전산업기사 필기 p.3-124(3. 방호장치의 종류)

[정답] 58 ①   59 ②

KEY
① 2016년 8월 21일 기사 출제
② 2017년 8월 16일 기사 출제
③ 2018년 4월 28일 기사 출제
④ 2019년 3월 3일 기사 출제
⑤ 2020년 9월 27일 기사 출제
⑥ 2021년 5월 15일(문제 46번) 출제
⑦ 2022년 4월 17일(문제 45번) 출제

합격정보
산업안전보건기준에 관한 규칙 제116조(압력방출장치)

60 다음 중 드릴작업의 안전수칙으로 가장 적합한 것은?

① 손을 보호하기 위하여 장갑을 착용한다.
② 작은 일감은 양손으로 견고히 잡고 작업한다.
③ 정확한 작업을 위하여 구멍에 손을 넣어 확인한다.
④ 작업시작 전 척 렌치(chuck wrench)를 반드시 뺀다.

해설
드릴작업 안전수칙
① 기계 작동 중 구멍에 손을 넣으면 위험하다.
② 작은 일감은 바이스, 클램프 등으로 고정하고 작업한다.
③ 회전기계에는 장갑 착용을 금지한다.

참고 산업안전기사 필기 p.3-92(3. 드릴 작업시 안전대책)

KEY
① 2020년 6월 14일 산업기사 등 10회 이상 출제
② 2023년 6월 4일(문제 50번) 출제

4 전기 및 화학설비 안전관리

61 근로자가 활선작업용 기구를 사용하여 작업할 경우 근로자의 신체 등과 충전전로 사이의 선간전압별 접근한계 거리가 틀린 것은?

① 15[kV] 초과 37[kV] 이하 : 80[cm]
② 37[kV] 초과 88[kV] 이하 : 110[cm]
③ 121[kV] 초과 145[kV] 이하 : 150[cm]
④ 242[kV] 초과 362[kV] 이하 : 380[cm]

해설
충전전로 접근 한계 거리

충전전로의 선간전압 (단위 : [kV])	충전전로에 대한 접근 한계거리 (단위 : [cm])
0.3 이하	접촉금지
0.3 초과 0.75 이하	30
0.75 초과 2 이하	45
2 초과 15 이하	60
15 초과 37 이하	90
37 초과 88 이하	110
88 초과 121 이하	130
121 초과 145 이하	150
145 초과 169 이하	170
169 초과 242 이하	230
242 초과 362 이하	380
362 초과 550 이하	550
550초과 800 이하	790

참고 산업안전산업기사 필기 p.4-88(문제 32번) 적중

KEY
① 2016년 5월 8일 기사 출제
② 2018년 3월 4일 기사 출제
③ 2023년 3월 5일 기사 등 10회 이상 출제
④ 2023년 3월 1일(문제 63번) 출제

합격정보
산업안전보건기준에 관한 규칙 제321조(충전전로에서의 전기작업)

62 송전선의 경우 복도체 방식으로 송전하는데 이는 어떤 방전 손실을 줄이기 위한 것인가?

① 코로나방전   ② 평등방전
③ 불꽃방전   ④ 자기방전

해설
코로나방전(Corona Discharge)
① 국부적으로 전계가 집중되기 쉬운 돌기상 부분에서는 발광방전에 도달하기 전에 먼저 자속방전이 발생하고, 다른 부분은 절연이 파괴되지 않은 상태의 방전이며 국부파괴(Partial Breakdown) 상태이다.
② 공기중 O_3 발생

참고 산업안전산업기사 필기 p.4-34(3. 방전의 형태 및 영향)

KEY
① 2016년 5월 8일 기사·산업기사 동시 출제
② 2017년 3월 5일 기사·산업기사 동시 출제
③ 2023년 2월 28일 기사 출제
④ 2023년 3월 1일(문제 67번) 출제

[정답] 60 ④ 61 ① 62 ①

63
인체가 전격을 당했을 경우 통전시간이 1초라면 심실세동을 일으키는 전류값[mA]은?(단, 심실세동전류값은 Dalziel의 관계식을 이용한다.)

① 100　　② 165
③ 180　　④ 215

해설

심실세동(치사)전류

전격의 영향	통전전류(값)
심근의 미세한 진동으로 혈액을 송출하는 펌프의 기능이 장애를 받는 현상을 심실세동이라 하며 이때의 전류	$I = \dfrac{165}{\sqrt{T}}$[mA] I : 심실세동전류[mA] T : 통전시간(s)

참고 산업안전산업기사 필기 p.4-17(3. 통전전류에 따른 인체의 영향)

KEY
① 2013년 8월 18일 문제 68번 출제
② 2015년 3월 8일 기사 출제
③ 2017년 3월 5일, 5월 7일기사 출제
④ 2018년 4월 28일 기사 출제
⑤ 2023년 3월 1일(문제 67번) 출제
⑥ 2023년 6월 4일 기사 출제
⑦ 2024년 5월 14일 기사 출제

64
배관용 부품에 있어 사용되는 용도가 다른 것은?

① 엘보(elbow)　　② 티이(T)
③ 크로스(cross)　　④ 밸브(valve)

해설

배관부품용도

용도	종류
두 개의 관을 연결할 때	플랜지, 유니언, 커플링, 니플, 소켓
관로의 방향을 바꿀 때	엘보, Y지관, 티, 십자
관로의 크기를 바꿀 때	축소관, 부싱
가지관을 설치할 때	티(T), Y지관, 십자
유로를 차단할 때	플러그, 캡, 밸브
유량 조절	밸브

참고 산업안전산업기사 필기 p.4-152(합격날개 : 합격예측)

KEY
① 2023년 2월 28일 기사 등 10회 이상 출제
② 2023년 3월 1일(문제 78번) 출제

65
일반적인 방전형태의 종류가 아닌 것은?

① 스트리머(streamer)방전
② 적외선(infrared-ray)방전
③ 코로나(corona)방전
④ 연면(surface)방전

해설

방전(discharge) 형태의 종류
① 코로나(corona)방전
② 스트리머(streamer)방전
③ 스파크(spark)방전
④ 연면(surface)방전
⑤ 브러시(brush)방전

참고 산업안전산업기사 필기 p.4-34(3. 방전의 형태 및 영향)

KEY
① 2016년 5월 8일(문제 68번) 출제
② 2023년 5월 13일(문제 66번) 출제

66
다음 중 폭발하한농도(vol%)가 가장 높은 것은?

① 일산화탄소　　② 아세틸렌
③ 디에틸에테르　　④ 아세톤

해설

주요 인화성 가스의 폭발범위

인화성 가스	폭발하한 값(%)	폭발상한 값(%)
아세틸렌(C_2H_2)	2.5	81
산화에틸렌(C_2H_4O)	3	80
수소(H_2)	4	75
일산화탄소(CO)	12.5	74
프로판(C_3H_8)	2.1	9.5
에탄(C_2H_6)	3	12.5
메탄(CH_4)	5	15
부탄(C_4H_{10})	1.8	8.4

참고 산업안전산업기사 필기 p.4-153(표1. 공기중의 폭발한계)

KEY
① 2017년 3월 5일 산업기사 출제
② 2020년 8월 23일(문제 76번) 출제
③ 2023년 5월 13일(문제 72번) 등 5회 이상 출제

[정답] 63 ②　64 ④　65 ②　66 ①

과년도 출제문제

67 산업안전보건법령상 방폭전기설비의 위험장소분류에 있어 보통 상태에서 위험 분위기를 발생할 염려가 있는 장소로서 폭발성 가스가 보통상태에서 집적되어 위험농도로 될 염려가 있는 장소를 몇 종 장소라 하는가?

① 0종 장소 ② 1종 장소
③ 2종 장소 ④ 3종 장소

해설

위험장소의 구분
① 0종 장소 : 장치 및 기기들이 정상 가동되는 경우에 폭발성 가스가 항상 존재하는 장소이다.
② 1종 장소 : 장치 및 기기들이 정상 가동 상태에서 폭발성 가스가 가끔 누출되어 위험 분위기가 존재하는 장소이다.
③ 2종 장소 : 작업자의 조작실 실수나 이상운전으로 폭발성 가스가 누출되거나 유출된 가스가 체류하여 폭발을 일으킬 우려가 있는 장소이다.

참고 산업안전산업기사 필기 p.4-52(3. 가스폭발 위험장소)

KEY ① 2015년 8월 16일(문제 61번) 출제
② 2023년 7월 8일(문제 67번) 출제

---

68 다음은 산업안전보건법령에 따른 위험물질의 종류 중 부식성 염기류에 관한 내용이다. ( )안에 알맞은 수치는?

농도가 ( )[%] 이상인 수산화나트륨, 수산화칼륨, 그 밖에 이와 같은 정도 이상의 부식성을 가지는 염기류

① 20 ② 40
③ 60 ④ 80

해설

부식성 물질
① 부식성 산류
  ㉮ 농도가 20[%] 이상인 염산, 황산, 질산, 기타 이와 동등 이상의 부식성을 지니는 물질
  ㉯ 농도가 60[%] 이상인 인산, 아세트산, 플루오르산, 기타 이와 동등 이상의 부식성을 가지는 물질
② 부식성 염기류 : 농도가 40[%] 이상인 수산화나트륨, 수산화칼슘, 기타 이와 동등 이상의 부식성을 가지는 염기류

참고 산업안전산업기사 필기 p.4-130(7. 부식성 물질)

KEY ① 2016년 3월 6일 출제
② 2017년 8월 26일 기사·산업기사 동시출제
③ 2023년 7월 8일(문제 80번) 출제
④ 2024년 5월 14일 기사 출제

합격정보
산업안전보건기준에 관한 규칙 [별표 1] 위험물질의 종류

---

69 정전기 제거방법으로 가장 거리가 먼 것은?

① 설비 주위를 가습한다.
② 설비의 금속 부분을 접지한다.
③ 설비의 주변에 적외선을 조사한다.
④ 정전기 발생 방지 도장을 실시한다.

해설

정전기 제거 방법

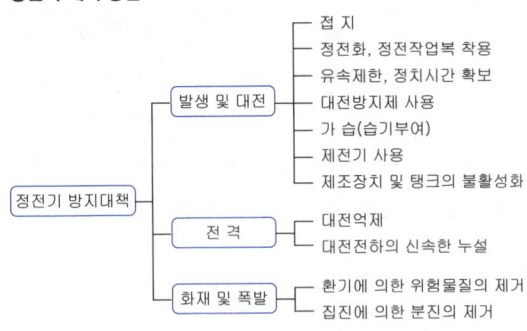

[그림] 정전기 제거 방법

참고 산업안전산업기사 필기 p.4-36(그림. 정전기 방지대책)

KEY ① 2021년 3월 2일(문제 66번) 출제
② 2022년 3월 5일 기사 출제
③ 2022년 3월 2일(문제 63번) 출제

---

70 사람이 접촉될 우려가 있는 장소에서 접지공사의 접지선을 시설할 때 접지극의 최소 매설깊이는?

① 지하 30[cm] 이상
② 지하 50[cm] 이상
③ 지하 75[cm] 이상
④ 지하 90[cm] 이상

해설

접지극은 지하 75[cm] 이상 깊이에 매설할 것(이유 : 접촉전압감소)

참고 산업안전산업기사 필기 p.4-36(2. 접지)

KEY ① 2016년 8월 21일 기사 출제
② 2017년 8월 26일 출제
③ 2019년 8월 4일(문제 64번) 출제
④ 2022년 3월 2일(문제 70번) 출제
⑤ 2022년 3월 5일 기사 출제

[정답] 67 ② 68 ② 69 ③ 70 ③

71. 정전기 발생에 영향을 주는 요인에 대한 설명으로 틀린 것은?

① 물체의 분리속도가 빠를수록 발생량은 적어진다.
② 접촉면적이 크고 접촉압력이 높을수록 발생량이 많아진다.
③ 물체 표면이 수분이나 기름으로 오염되면 산화 및 부식에 의해 발생량이 많아진다.
④ 정전기의 발생은 처음 접촉, 분리할 때가 최대로 되고 접촉, 분리가 반복됨에 따라 발생량은 감소한다.

해설

정전기 분리속도
① 분리속도가 빠르면 정전기의 발생량이 커(많아)진다.
② 전하의 완화시간이 길면 전하분리 Energy도 커져서 발생량이 증가한다.

참고 산업안전산업기사 필기 p.4-32((4) 정전기 분리속도)

KEY
① 2016년 8월 21일 출제
② 2017년 3월 5일, 5월 7일(문제 73번) 출제
③ 2022년 4월 17일(문제 67번) 출제

72. 피뢰기로서 갖추어야 할 성능 중 틀린 것은?

① 충격 방전 개시전압이 낮을 것
② 뇌전류의 방전 능력이 클 것
③ 제한 전압이 높을 것
④ 속류 차단을 확실하게 할 수 있을 것

해설

피뢰기의 성능
① 충격방전 개시전압이 낮을 것
② 제한전압이 낮을 것
③ 반복동작이 가능할 것
④ 구조가 견고하고 특성이 변화하지 않을 것
⑤ 점검, 보수가 간단할 것
⑥ 뇌전류에 대한 방전능력이 클 것
⑦ 속류의 차단이 확실할 것(정격전압 : 실효값)

참고 산업안전산업기사 필기 p.4-57((1) 피뢰기의 성능)

KEY
① 2016년 8월 21일 기사 출제
② 2018년 8월 19일 기사 출제
③ 2019년 8월 4일(문제 80번) 출제
④ 2022년 4월 17일(문제 69번) 출제

73. 산업안전보건법에서 정한 위험물질을 기준량 이상 제조하거나 취급하는 화학설비로서 내부의 이상상태를 조기에 파악하기 위하여 필요한 온도계·유량계·압력계 등의 계측장치를 설치하여야 하는 대상이 아닌 것은?

① 가열로 또는 가열기
② 증류·정류·증발·추출 등 분리를 하는 장치
③ 반응폭주 등 이상 화학반응에 의하여 위험물질이 발생할 우려가 있는 설비
④ 흡열반응이 일어나는 반응장치

해설

특수화학설비의 종류
사업주는 위험물을 같은 표에서 정한 기준량 이상으로 제조하거나 취급하는 다음 각 호의 어느 하나에 해당하는 화학설비(이하"특수화학설비"라 한다)를 설치하는 경우에는 내부의 이상 상태를 조기에 파악하기 위하여 필요한 온도계·유량계·압력계 등의 계측장치를 설치하여야 한다.
① 발열반응이 일어나는 반응장치
② 증류·정류·증발·추출 등 분리를 하는 장치
③ 가열시켜 주는 물질의 온도가 가열되는 위험물질의 분해온도 또는 발화점보다 높은 상태에서 운전되는 설비
④ 반응폭주 등 이상 화학반응에 의하여 위험물질이 발생할 우려가 있는 설비
⑤ 온도가 섭씨 350도 이상이거나 게이지 압력이 980킬로파스칼 이상인 상태에서 운전되는 설비
⑥ 가열로 또는 가열기

참고 산업안전산업기사 필기 p.4-111(합격날개 : 합격예측 및 관련법규)

KEY
① 2017년 8월 28일 출제
② 2018년 3월 4일 기사(문제 87번), 4월 28일 기사 출제
③ 2021년 3월 7일(문제 96번), 5월 15일(문제 81번) 출제
④ 2022년 4월 17일(문제 71번) 출제

합격정보
산업안전보건기준에 관한 규칙 제273조(계측장치 등의 설치)

74. 다음 중 폭발 방호 대책과 가장 거리가 먼 것은?

① 불활성화   ② 억제
③ 방산   ④ 봉쇄

해설

퍼지(불활성화 : purge)
연소되지 않은 가스가 노 안에 또는 기타 장소에 차 있으면 점화를 했을 때 폭발할 우려가 있으므로 점화시키기 전에 이것을 노 밖으로 배출하기 위하여 환기시키는 것을 퍼지라고 한다.(화재방호대책)

[정답] 71 ① 72 ③ 73 ④ 74 ①

> [참고] 산업안전산업기사 필기 p.4-114(4. 퍼지)
>
> [KEY] ① 2022년 4월 24일 기사(문제 82번) 출제
> ② 2022년 4월 17일(문제 75번) 출제

75 다음 중 방폭구조의 종류가 아닌 것은?

① 본질안전 방폭구조
② 고압 방폭구조
③ 압력 방폭구조
④ 내압 방폭구조

> [해설]
> **주요 국가 방폭구조의 기호**
>
> | 방폭구조
나라명 | 내압 | 유입 | 압력 | 안전증 | 본질
안전 | 특수 | 사입 |
> |---|---|---|---|---|---|---|---|
> | 한국 | d | o | p | e | i | s | — |
> | 영국 | FLT | | | | ELP | | |
> | 독일 | Exd | Exo | Exf | Exe | Exi | Exs | Exq |
> | 오스트리아 | Exd | Exo | Exe | Exi | Exs | Exq | |
> | 프랑스 | — | — | — | — | — | — | — |
> | 이태리 | Exd | Exo | Exp | Exe | Exi | | Exq |
> | 스위스 | Exd | Exo | Exf | Exe | | Exs | |
> | 스웨덴 | Xt | Xo | Xy | Xh | Xi | Xs | |

> [참고] 산업안전산업기사 필기 p.4-53((3) 방폭구조의 종류 및 특징)
>
> [KEY] ① 2016년 5월 8일 출제
> ② 2016년 8월 21일 출제 기사·산업기사 동시 출제
> ③ 2017년 3월 5일 출제
> ④ 2018년 3월 4일 산업기사 출제
> ⑤ 2022년 7월 2일(문제 65번) 출제
> ⑥ 2024년 5월 14일 기사 출제

76 인체가 현저히 젖어 있거나 인체의 일부가 금속성의 전기기구 또는 구조물에 상시 접촉되어 있는 상태의 허용접촉전압(V)는?

① 2.5[V] 이하
② 25[V] 이하
③ 50[V] 이하
④ 제한 없음

> [해설]
> **종별허용접촉전압**
>
> | 종별 | 접촉 상태 | 허용접촉
전압[V] |
> |---|---|---|
> | 제1종 | • 인체의 대부분이 수중에 있는 상태 | 2.5 이하 |
> | 제2종 | • 인체가 많이 젖어 있는 상태
• 금속제 전기기계장치나 구조물에 인체의 일부가 상시 접촉되어 있는 상태 | 25 이하 |
> | 제3종 | • 제1종, 제2종 이외의 경우로서 통상적인 인체 상태에 있어서 접촉전압이 가해지면 위험성이 높은 상태 | 50 이하 |
> | 제4종 | • 제1종, 제2종 이외의 경우로서 통상적인 인체 상태에 있어서 접촉전압이 가해져도 위험성이 낮은 상태
• 접촉전압이 가해질 우려가 없는 경우 | 무제한 |

> [참고] 산업안전산업기사 필기 p.4-20(표. 종별허용접촉전압)
>
> [KEY] ① 2016년 3월 6일 산업기사 출제
> ② 2016년 8월 21일 산업기사 출제
> ③ 2017년 5월 7일 기사·산업기사 동시 출제
> ④ 2018년 3월 4일 기사 출제
> ⑤ 2019년 4월 27일 기사·산업기사 동시 출제
> ⑥ 2021년 3월 2일(문제 63번) 출제
> ⑦ 2024년 5월 14일 기사 출제

77 전기화재의 발생원인이 아닌 것은?

① 합선   ② 절연저항
③ 과전류   ④ 누전 또는 지락

> [해설]
> **경로별 발생(원인별) 화재**
> ① 단락(합선) : 25[%]
> ② 전기스파크 : 24[%]
> ③ 누전 : 15[%]
> ④ 접촉부의 과열 : 12[%]
> ⑤ 접촉불량
> ⑥ 정전기

> [참고] 산업안전산업기사 필기 p.4-72(1. 화재 및 폭발의 원인)
>
> [KEY] ① 2021년 3월 2일 CBT 출제
> ② 2021년 5월 9일(문제 64번) 출제
> ③ 2024년 2월 15일(문제 80번) 출제

[정답] 75 ② 76 ② 77 ②

78 전기기계·기구에 대하여 누전에 의한 감전위험을 방지하기 위하여 누전차단기를 전기기계·기구에 접속할 때 준수하여야 할 사항으로 옳은 것은?

① 누전차단기는 정격감도전류가 60[mA] 이하이고 작동시간은 0.1초 이내일 것
② 누전차단기는 정격감도전류가 50[mA] 이하이고 작동시간은 0.08초 이내일 것
③ 누전차단기는 정격감도전류가 40[mA] 이하이고 작동시간은 0.06초 이내일 것
④ 누전차단기는 정격감도전류가 30[mA] 이하이고 작동시간은 0.03초 이내일 것

[해설]

누전차단기 설치기준[KSC4613]
① 정격감도 : 30[mA] 이하
② 작동시간 : 0.03초 이내

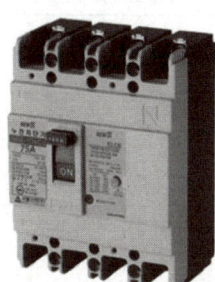

[그림] 누전차단기

[참고] 산업안전산업기사 필기 p.4-5(1. 누전차단기의 종류)

[KEY]
① 2016년 3월 6일 출제
② 2017년 5월 7일 기사 출제
③ 2017년 8월 26일 기사 출제
④ 2018년 3월 4일 기사·산업기사 동시 출제
⑤ 2021년 5월 9일(문제 67번) 출제
⑥ 2024년 5월 11일 기사 필답형 출제
⑦ 2024년 5월 14일 기사 출제

[합격정보]
산업안전보건기준에 관한 규칙 제304조(누전차단기에 의한 감전 방지)

79 다음 중 가연성가스가 아닌 것은?

① 이산화탄소   ② 수소
③ 메탄   ④ 아세틸렌

[해설]

가연(인화)성 가스의 종류
① 수소   ② 아세틸렌
③ 에틸렌   ④ 메탄
⑤ 에탄   ⑥ 프로판
⑦ 부탄   ⑧ 영 별표 10에 따른 인화(가연)성 가스

[참고] 산업안전산업기사 필기 p.4-130(인화성 가스)

[KEY]
① 2017년 8월 26일 기사 출제
② 2019년 3월 3일 기사·산업기사 동시 출제
③ 2021년 5월 9일(문제 72번) 출제

[합격정보]
산업안전보건기준에 관한 규칙 [별표1] 위험물질의 종류

[보충학습]
CO_2 : 불연성가스

80 다음 중 전기화재의 주요 원인이라고 할 수 없는 것은?

① 절연전선의 열화   ② 정전기 발생
③ 과전류 발생   ④ 절연저항값의 증가

[해설]

전기화재의 경로별발생(원인별)
① 단락(합선) : 25[%]
② 전기스파크 : 24[%]
③ 누전 : 15[%]
④ 접촉부의 과열 : 12[%]
⑤ 접촉불량
⑥ 정전기

[참고] 산업안전기사 필기 p.4-71(2.경로별 발생)

[합격팁]
(1) 화재의 3요건
  ① 산소
  ② 발화원
  ③ 착화물
(2) 전기화재
  ① 전기가 원인이 되어 일어나는 화재
  ② 전기화재는 광범위한 손실을 초래

[KEY]
① 2016년 5월 8일 기사
② 2018년 9월 28일 기사
③ 2018년 8월 19일 기사
④ 2021년 5월 15일 기사(문제 71번) 출제
⑤ 2024년 2월 15일(문제 77번) 출제

[정답] 78 ④   79 ①   80 ④

5 건설공사 안전관리

81 작업통로 경사로의 경사각이 30[°]일 때 미끄럼막이 간격으로 옳은 것은?

① 30[cm] ② 33[cm]
③ 35[cm] ④ 37[cm]

해설

미끄럼막이 간격

경사각	미끄럼막이 간격	경사각	미끄럼막이 간격
30[°]	30[cm]	22[°]	40[cm]
29[°]	33[cm]	19°20[′]	43[cm]
27[°]	35[cm]	17[°]	45[cm]
24[°]15[′]	37[cm]	14[°] 초과	47[cm]

참고 산업안전산업기사 필기 p.5-99(표. 미끄럼막이 간격)

82 철골작업을 중지하여야 하는 풍속과 강우량 기준으로 옳은 것은?

① 풍속 : 10[m/sec] 이상, 강우량 : 1[mm/h] 이상
② 풍속 : 5[m/sec] 이상, 강우량 : 1[mm/h] 이상
③ 풍속 : 10[m/sec] 이상, 강우량 : 2[mm/h] 이상
④ 풍속 : 5[m/sec] 이상, 강우량 : 2[mm/h] 이상

해설

작업중지기준

구 분	일반 작업	철골공사
강 풍	10분간 평균풍속이 10[m/sec] 이상	평균풍속이 10[m/sec] 이상
강 우	1회 강우량이 50[mm] 이상	1시간당 강우량이 1[mm] 이상
강 설	1회 강설량이 25[cm] 이상	1시간당 강설량이 1[cm] 이상

참고 산업안전산업기사 필기 p.5-148(표. 악천후 시 작업 중지 기준)

KEY
① 2016년 5월 8일 기사·산업기사 동시 출제
② 2016년 10월 1일 산업기사 출제
③ 2017년 5월 7일 기사 출제
④ 2017년 9월 23일 산업기사 출제
⑤ 2023년 2월 28일 기사 등 10회 이상 출제
⑥ 2023년 3월 1일(문제 89번) 출제
⑦ 2024년 5월 14일 기사 출제

합격정보
산업안전보건기준에 관한 규칙 제383조(작업의 제한)

83 다음 그림은 풍화암에서 토사붕괴를 예방하기 위한 기울기를 나타낸 것이다. x의 값은?

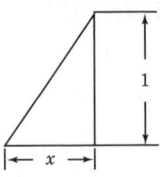

① 1.0 ② 0.8
③ 0.5 ④ 0.3

해설

굴착면의 기울기 기준

지반의 종류	굴착면의 기울기
모래	1 : 1.8
연암 및 풍화암	1 : 1.0
경암	1 : 0.5
그 밖의 흙	1 : 1.2

예 ① 1 : 1.8   ② 1 : 1

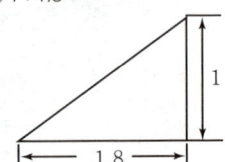 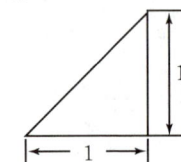

③ 1 : 1.2

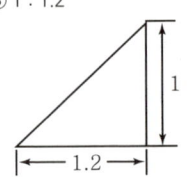

참고 산업안전산업기사 필기 p.5-56(표. 굴착면의 기울기 기준)

KEY
① 2016년 5월 8일 기사·산업기사 동시 출제
② 2017년 3월 5일 기사 출제
③ 2017년 9월 23일 기사 출제
④ 2018년 8월 19일 산업기사 출제
⑤ 2019년 4월 27일 기사·산업기사 동시 출제
⑥ 2023년 2월 28일 기사 출제
⑦ 2023년 3월 1일(문제 94번) 출제
⑧ 2024년 5월 14일 기사 출제

합격정보
산업안전보건기준에 관한 규칙 [별표 11] 굴착면의 기울기 기준

[정답] 81 ①　82 ①　83 ①

84 흙막이지보공을 설치하였을 때 정기적으로 점검하고 이상을 발견하면 즉시 보수하여야 하는 사항으로 거리가 먼 것은?

① 부재의 손상 변형, 부식, 변위 및 탈락의 유무와 상태
② 부재의 접속부, 부착부 및 교차부의 상태
③ 침하의 정도
④ 발판의 지지 상태

해설

흙막이지보공 정기점검사항
① 부재의 손상·변형·부식·변위 및 탈락의 유무와 상태
② 버팀대의 긴압의 정도
③ 부재의 접속부·부착부 및 교차부의 상태
④ 침하의 정도

참고 산업안전산업기사 필기 p.5-106(합격날개 : 합격예측 및 관련법규)

KEY
① 2017년 3월 5일 기사 출제
② 2017년 9월 23일 기사 출제
③ 2019년 3월 3일 기사·산업기사 동시 출제
④ 2023년 2월 28일 기사 출제
⑤ 2023년 3월 1일(문제 95번) 출제

합격정보
산업안전보건기준에 관한 규칙 제347조(붕괴등의 위험방지)

---

85 다음은 지붕 위에서의 위험방지를 위한 내용이다. 빈칸에 알맞은 수치로 옳은 것은?

> 슬레이트, 선라이트(sunlight)등 강도가 약한 재료로 덮은 지붕 위에서 작업을 할 때에 발이 빠지는 등 근로자가 위험해질 우려가 있는 경우 폭 (   ) 이상의 발판을 설치하거나 안전방망을 치는 등 위험을 방지하기 위하여 필요한 조치를 하여야 한다.

① 20[cm]   ② 25[cm]
③ 30[cm]   ④ 40[cm]

해설

슬레이트 및 선라이트 작업시 작업발판 폭 : 30[cm]이상

참고 산업안전산업기사 필기 p.5-149(합격날개 : 합격예측 및 관련법규)

KEY
① 2019년 4월 27일 산업기사 등 5회 이상 출제
② 2023년 3월 1일(문제 96번) 출제

합격정보
산업안전보건기준에 관한 규칙 제45조(지붕 위에서의 위험 방지)

보충학습

사업주는 슬레이트, 선라이트(sunlight) 등 강도가 약한 재료로 덮은 지붕 위에서 작업을 할 때에 발이 빠지는 등 근로자가 위험해질 우려가 있는 경우 폭 30[cm] 이상의 발판을 설치하거나 안전방망을 치는 등 위험을 방지하기 위하여 필요한 조치를 하여야 한다.

---

86 달비계(곤돌라의 달비계는 제외)의 최대 적재하중을 정하는 경우 달기와이어로프 및 달기강선의 안전계수 기준으로 옳은 것은?

① 5 이상   ② 7 이상
③ 8 이상   ④ 10 이상

해설

안전계수
① 달기와이어로프 및 달기강선의 안전계수는 10 이상
② 달기체인 및 달기훅의 안전계수는 5 이상
③ 달기강대와 달비계의 하부 및 상부지점의 안전계수는 강재의 경우 2.5 이상, 목재의 경우 5 이상

참고 산업안전산업기사 필기 p.5-91(합격날개 : 합격예측 및 관련법규)

KEY
① 2016년 10월 1일 산업기사 출제
② 2018년 3월 4일 기사·산업기사 동시 출제 등 10회 이상 출제
③ 2023년 3월 1일(문제 99번) 출제

합격정보
① 산업안전보건기준에 관한 규칙 제55조(작업발판의 최대적재량)
② 2024. 6. 28 법개정으로 안전계수가 삭제되었습니다.

---

87 콘크리트 타설작업을 하는 경우에 준수해야 할 사항으로 옳지 않은 것은?

① 당일의 작업을 시작하기 전에 해당 작업에 관한 거푸집동바리 등의 변형·변위 및 지반의 침하 유무 등을 점검하고 이상이 있으면 보수할 것
② 작업 중에는 거푸집동바리 등의 변형·변위 및 침하 유무 등을 감시할 수 있는 감시자를 배치하여 이상이 있으면 작업을 중지하고 근로자를 대피시킬 것
③ 설계도서상의 콘크리트 양생기간을 준수하여 거푸집동바리등을 해체할 것
④ 콘크리트를 타설하는 경우에는 편심을 유발하여 한쪽 부분부터 밀실하게 타설되도록 유도할 것

[정답] 84 ④   85 ③   86 ④   87 ④

> [해설]

콘크리트 타설작업시 준수사항
① 당일의 작업을 시작하기 전에 해당 작업에 관한 거푸집동바리 등의 변형·변위 및 지반의 침하유무 등을 점검하고 이상이 있으면 보수할 것
② 작업중에는 거푸집동바리 등의 변형·변위 및 침하유무 등을 감시할 수 있는 감시자를 배치하여 이상이 있으면 작업을 중지시키고 근로자를 대피시킬 것
③ 콘크리트의 타설작업시 거푸집붕괴의 위험이 발생할 우려가 있는 경우에는 충분한 보강조치를 할 것
④ 설계도서상의 콘크리트 양생기간을 준수하여 거푸집동바리 등을 해체할 것
⑤ 콘크리트를 타설하는 경우에는 편심이 발생하지 않도록 골고루 분산하여 타설할 것

> [참고] 산업안전산업기사 필기 p.5-91(합격날개 : 합격예측 및 관련 법규)

> [KEY]
> ① 2016년 5월 8일 기사 출제
> ② 2016년 10월 1일 출제
> ③ 2021년 8월 14일 기사 출제
> ④ 2023년 3월 1일(문제 100번) 출제

> [합격정보] 산업안전보건기준에 관한규칙 제334조(콘크리트 타설작업)

88 연약지반을 굴착할 때, 흙막이벽 뒤쪽 흙의 중량이 바닥의 지지력보다 커지면, 굴착저면에서 흙이 부풀어 오르는 현상은?

① 슬라이딩(Sliding)
② 보일링(Boiling)
③ 파이핑(Piping)
④ 히빙(Heaving)

> [해설]

히빙(Heaving) 현상
연약성 점토지반 굴착시 굴착외측 흙의 중량에 의해 굴착저면의 흙이 활동 전단 파괴되어 굴착내측으로 부풀어 오르는 현상

> [참고] 산업안전산업기사 필기 p.5-6(합격날개 : 합격예측)

> [KEY]
> ① 2016년 10월 1일 기사출제
> ② 2023년 5월 13일(문제 81번) 등 5회 이상 출제

89 말비계에 설치되는 작업발판의 폭에 대한 기준으로 옳은 것은?

① 20[cm] 이상
② 40[cm] 이상
③ 60[cm] 이상
④ 80[cm] 이상

> [해설]

말비계 작업발판 폭 : 40[cm] 이상

> [참고] 산업안전산업기사 필기 p.5-103(합격날개 : 합격예측)

> [KEY] 2023년 5월 13일(문제 83번) 등 5회 이상 출제

> [보충학습]

말비계
말비계를 조립하여 사용할 경우에는 다음 각호의 사항을 준수하여야 한다.
① 지주부재의 하단에는 미끄럼 방지장치를 하고, 양측 끝부분에 올라서서 작업하지 않도록 할 것
② 지주부재와 수평면과의 기울기를 75[°] 이하로 하고, 지주부재와 지주부재 사이를 고정시키는 보조부재를 설치할 것
③ 말비계의 높이가 2[m]를 초과할 경우에는 작업발판의 폭을 40[cm] 이상으로 할 것

90 산업안전보건법령에 따른 중량물을 취급하는 작업을 하는 경우의 작업계획서 내용에 포함되지 않는 사항은?

① 추락위험을 예방할 수 있는 안전대책
② 낙하위험을 예방할 수 있는 안전대책
③ 전도위험을 예방할 수 있는 안전대책
④ 위험물 누출위험을 예방할 수 있는 안전대책

> [해설]

중량물의 취급 작업
① 추락위험을 예방할 수 있는 안전대책
② 낙하위험을 예방할 수 있는 안전대책
③ 전도위험을 예방할 수 있는 안전대책
④ 협착위험을 예방할 수 있는 안전대책
⑤ 붕괴위험을 예방할 수 있는 안전대책

> [참고] 산업안전산업기사 필기 p.5-192(11. 중량물 취급작업)

> [KEY]
> ① 2018년 6월 30일 실기필답형 출제
> ② 2018년 4월 28일(문제 89번) 출제
> ③ 2023년 5월 13일(문제 85번) 등 5회 이상 출제

> [합격정보] 산업안전보건기준에 관한 규칙 [별표 4] 사전조사 및 작업계획서 내용

91 추락재해 방호용 방망의 신품에 대한 인장강도는 얼마인가?(단, 그물코의 크기가 10[cm]이며, 매듭 없는 방망)

① 220[kg]
② 240[kg]
③ 260[kg]
④ 280[kg]

[정답] 88 ④ 89 ② 90 ④ 91 ②

해설

방망사의 신품에 대한 인장강도

그물코의 크기 (단위 :[cm])	방망의 종류 (단위 : [kg])	
	매듭없는 방망	매듭 방망
10	240	200
5		110

참고 산업안전산업기사 필기 p.5-50(1. 방망사의 강도)

KEY
① 2016년 5월 8일 기사 출제
② 2017년 3월 5일 기사 출제
③ 2017년 8월 26일 기사 등 5회 이상 출제
④ 2023년 5월 13일(문제 88번) 출제

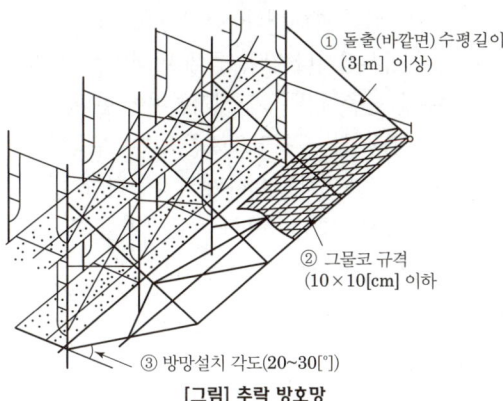

[그림] 추락 방호망

92
건축공사에서 대상액이 5억원 이상 50억원 미만인 경우에 산업안전보건관리비의 비율(가) 및 기초액(나)으로 옳은 것은?

① (가) 2.28[%], (나) 4,325,000원
② (가) 1.99[%], (나) 5,499,000원
③ (가) 2.35[%], (나) 5,400,000원
④ (가) 1.57[%], (나) 4,411,000원

해설

공사종류 및 규모별 안전관리비 계상기준표

구분 공사종류	대상액 5억원 미만	대상액 5억원 이상 50억원 미만		대상액 50억원 이상	영 별표5에 따른 보건관리자 선임대상 건설공사
		비율(X)	기초액(C)		
건 축 공 사	3.11[%]	2.28[%]	4,325,000원	2.37[%]	2.64[%]
토 목 공 사	3.15[%]	2.53[%]	3,300,000원	2.60[%]	2.73[%]
중 건 설 공 사	3.64[%]	3.05[%]	2,975,000원	3.11[%]	3.39[%]
특수건설공사	2.07[%]	1.59[%]	2,450,000원	1.64[%]	1.78[%]

참고 산업안전기사 필기 p.5-43(별표1. 공사종류 및 규모별 안전관리비 계상기준표)

KEY
① 2016년 3월 6일 산업기사 출제
② 2016년 10월 1일 산업기사 출제
③ 2017년 3월 5일 출제
④ 2017년 8월 26일 출제
⑤ 2019년 3월 3일 출제
⑥ 2020년 6월 14일 출제
⑦ 2020년 8월 22일 기사(문제 106번) 출제
⑧ 2023년 7월 8일(문제 86번) 출제

합격정보
건설업 산업안전보건관리비 계상 및 사용기준 : 고용노동부 고시 제 2025-11호(2025. 2. 12. 일부개정)

93
산업안전보건기준에 관한 규칙에 따라 계단 및 계단참을 설치하는 경우 매 [m²]당 최소 얼마 이상의 하중에 견딜 수 있는 강도를 가진 구조로 설치하여야 하는가?

① 500[kg]
② 600[kg]
③ 700[kg]
④ 800[kg]

해설

계단의 강도
계단 및 계단참은 500[kg/m²] 이상

KEY
① 2015년 8월 16일(문제 85번) 출제
② 2023년 7월 8일(문제 89번) 출제

합격정보
산업안전보건기준에 관한 규칙 제26조(계단의 강도)

94
터널공사 시 자동경보장치가 설치된 경우에 이 자동경보장치에 대하여 당일 작업시작 전 점검하고 이상을 발견하면 즉시 보수하여야 하는 사항이 아닌 것은?

① 계기의 이상 유무
② 검지부의 이상 유무
③ 경보장치의 작동 상태
④ 환기 또는 조명시설의 이상 유무

해설

터널건설작업시 자동경보장치 당일 작업시작전 점검사항 3가지
① 계기의 이상유무
② 검지부의 이상 유무
③ 경보장치의 작동상태

[정답] 92 ① 93 ① 94 ④

> 참고) 산업안전산업기사 필기 p.5-108(합격날개 : 합격예측 및 관련 법규)

> KEY) ① 2020년 8월 22일 기사(문제 102번) 출제
> ② 2023년 7월 8일(문제 93번) 출제

> 합격정보) 산업안전보건기준에 관한 규칙 제350조(인화성가스의 농도측정 등)

95 달비계의 최대 적재하중을 정하는 경우 달기 와이어로프의 최대하중이 50[kg]일 때 안전계수에 의한 와이어로프의 절단하중은 얼마인가?

① 1,000[kg]   ② 700[kg]
③ 500[kg]   ④ 300[kg]

> 해설) 절단하중 = 최대하중 × 안전계수 = 50 × 10 = 500[kg]

> 참고) 산업안전산업기사 필기 p.5-91(합격날개 : 합격예측 및 관련 법규)

> KEY) ① 2016년 10월 1일 출제
> ② 2018년 3월 4일 기사·산업기사 동시 출제
> ③ 2023년 7월 8일(문제 94번) 출제

> 합격정보) 산업안전보건기준에 관한 규칙 제55조(작업발판의 최대 적재 하중)

96 유해위험방지계획서 제출 시 첨부서류로 옳지 않은 것은?

① 공사현장의 주변 현황 및 주변과의 관계를 나타내는 도면
② 공사개요서
③ 전체공정표
④ 작업인부의 배치를 나타내는 도면 및 서류

> 해설)
> **건설업 유해위험방지계획서 첨부서류**
> ① 공사개요서
> ② 공사현장의 주변 현황 및 주변과의 관계를 나타내는 도면(매설물 현황을 포함한다)
> ③ 건설물, 사용 기계설비 등의 배치를 나타내는 도면
> ④ 전체 공정표
> ⑤ 산업안전보건관리비 사용계획
> ⑥ 안전관리 조직표
> ⑦ 재해 발생 위험 시 연락 및 대피방법

> 참고) 산업안전산업기사 필기 p.5-21(4. 제출시 첨부서류)

> KEY) ① 2016년 3월 6일 기사(문제 113번) 출제
> ② 2017년 3월 5일 기사문제 105번) 출제
> ③ 2020년 9월 27일 기사(문제 119번) 출제
> ④ 2022년 3월 2일(문제 81번) 출제

> 합격정보) 산업안전보건법 시행규칙 [별표 10] 유해위험방지계획서 첨부서류

97 거푸집 해체작업 시 유의사항으로 옳지 않은 것은?

① 일반적으로 수평부재의 거푸집은 연직부재의 거푸집보다 빨리 떼어낸다.
② 해체된 거푸집이나 각목 등에 박혀있는 못 또는 날카로운 돌출물은 즉시 제거하여야 한다.
③ 상하 동시 작업은 원칙적으로 금지하여 부득이한 경우에는 긴밀히 연락을 위하며 작업을 하여야 한다.
④ 거푸집 해체작업장 주위에는 관계자를 제외하고는 출입을 금지시켜야 한다.

> 해설)
> **거푸집 해체 순서**
> ① 거푸집은 일반적으로 연직부재를 먼저 떼어낸다.
> ② 이유 : 하중을 받지 않기 때문

> 참고) 산업안전산업기사 필기 p.5-114(7. 거푸집의 해체 시 안전수칙)

> KEY) ① 2017년 5월 7일 산업기사 출제
> ② 2017년 8월 26일 산업기사 출제
> ③ 2019년 4월 27일 기사(문제 102번) 출제
> ④ 2022년 3월 2일(문제 87번) 출제

98 취급·운반의 원칙으로 옳지 않은 것은?

① 운반 작업을 집중하여 시킬 것
② 생산을 최고로 하는 운반을 생각할 것
③ 곡선 운반을 할 것
④ 연속 운반을 할 것

[정답] 95 ③ 96 ④ 97 ① 98 ③

해설

취급, 운반의 5원칙
① 직선운반을 할 것
② 연속운반을 할 것
③ 운반작업을 집중화시킬 것
④ 생산을 최고로 하는 운반을 생각할 것
⑤ 최대한의 시간과 경비를 절약할 수 있는 운반방법을 고려할 것

> 참고) 산업안전산업기사 필기 p.5-171(합격날개 : 합격예측)

> KEY ① 2017년 8월 26일 출제
> ② 2018년 4월 28일 기사 출제
> ③ 2019년 3월 3일 산업기사 출제
> ④ 2022년 3월 2일(문제 89번) 출제

---

99 다음은 타워크레인을 와이어로프로 지지하는 경우의 준수해야 할 기준이다. 빈칸에 들어갈 알맞은 내용을 순서대로 옳게 나타낸 것은?

> 와이어로프 설치각도는 수평면에서 (　)도 이내로 하되, 지지점은 (　)개소 이상으로 하고, 같은 각도로 설치할 것

① 45, 4　　② 45, 5
③ 60, 4　　④ 60, 5

해설

와이어로프로 지지하는 경우 준수사항
① 「산업안전보건법 시행규칙」에 따른 서면심사에 관한 서류(「건설기계관리법」에 따른 형식승인서류를 포함한다) 또는 제조사의 설치작업 설명서 등에 따라 설치할 것
② 제①호의 서면심사 서류 등이 없거나 명확하지 아니한 경우에는 「국가기술자격법」에 따른 건축구조·건설기계·기계안전·건설안전기술사 또는 건설안전분야 산업안전지도사의 확인을 받아 설치하거나 기종별·모델별 공인된 표준방법으로 설치할 것
③ 와이어로프를 고정하기 위한 전용 지지프레임을 사용할 것
④ 와이어로프 설치각도는 수평면에서 60도 이내로 하고, 지지점은 4개소 이상으로 할 것
⑤ 와이어로프와 그 고정부위는 충분한 강도와 장력을 갖도록 설치하고, 와이어로프를 클립·샤클(shackle) 등의 고정기구를 사용하여 견고하게 고정시켜 풀리지 아니하도록 할 것
⑥ 와이어로프가 가공전선(架空電線)에 근접하지 않도록 할 것

> 참고) 산업안전산업기사 필기 p.5-138(합격날개 : 합격예측 및 관련법규)

> KEY 2015년 5월 31일(문제 114번) 출제

> 정보제공
> 산업안전보건기준에 관한 규칙 제142조(타워크레인의 지지)

---

100 강관틀비계를 조립하여 사용하는 경우 준수해야 할 기준으로 옳지 않은 것은?

① 수직방향으로 6[m], 수평방향으로 8[m] 이내마다 벽이음을 할 것
② 높이가 20[m]를 초과하거나 중량물의 적재를 수반하는 작업을 할 경우에는 주틀 간의 간격을 2.4[m] 이하로 할 것
③ 길이가 띠장 방향으로 4[m] 이하이고 높이가 10[m]를 초과하는 경우에는 10[m] 이내마다 띠장 방향으로 버팀기둥을 설치할 것
④ 주틀 간에 교차 가새를 설치하고 최상층 및 5층 이내마다 수평재를 설치할 것

해설

높이 20[m]이상 시 주틀간의 간격 : 1.8[m] 이하

> 참고) 산업안전산업기사 필기 p.5-101(합격날개 : 합격예측 및 관련법규)

> KEY ① 2016년 5월 8일 기사(문제 101번) 출제
> ② 2017년 9월 23일 산업기사 출제
> ③ 2018년 8월 19일 기사 출제
> ④ 2022년 3월 2일(문제 100번) 출제

> 합격정보
> ① 산업안전보건기준에 관한 규칙 [별표 5] 강관비계의 조립간격
> ② 산업안전보건기준에 관한 규칙 제62조(강관틀비계)

[정답] 99 ③　100 ②

2024년도 산업기사 정기검정 제2회 CBT(2024년 5월 9일 시행)

산업안전산업기사

종목코드	시험시간	수험번호	성명
2381	2시간30분	20240509	도서출판세화

※ 본 문제는 복원문제 및 2026년 예적(예상적중) 문제로 실제문제와 동일하지 않을 수 있습니다.

1 산업재해 예방 및 안전보건교육

01 레빈(Lewin)의 법칙에서 환경조건(E)에 포함되는 것은?

$$B = f(P \cdot E)$$

① 지능　　② 소질
③ 적성　　④ 인간관계

해설

K. Lewin의 법칙

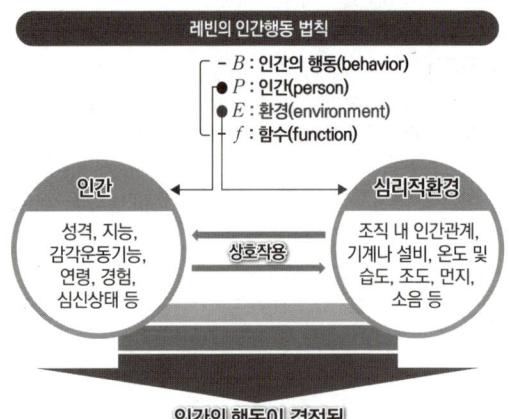

참고　산업안전산업기사 필기 p.1-77(7. K. Lewin의 법칙)

KEY
① 2016년 10월 1일 기사 출제
② 2017년 5월 7일 기사 출제
③ 2017년 8월 26일 기사 출제
④ 2017년 9월 23일 기사 출제
⑤ 2019년 4월 27일 산업기사 출제
⑥ 2023년 7월 8일(문제 3번) 출제

02 산업안전보건법령상 타워크레인 지지에 관한 사항으로 ( )에 알맞은 내용은?

타워크레인을 와이어로프로 지지하는 경우, 설치각도는 수평면에서 (㉠)도 이내로 하되, 지지점은 (㉡)개소 이상으로 하고, 같은 각도로 설치하여야 한다.

① ㉠ : 45, ㉡ : 3　　② ㉠ : 45, ㉡ : 4
③ ㉠ : 60, ㉡ : 3　　④ ㉠ : 60, ㉡ : 4

해설

타워크레인의 지지
① 와이어로프 설치각도 수평면에서 60도 이내
② 지지점은 4개소 이상

참고　산업안전산업기사 필기 p.5-138(합격날개 : 합격예측 및 관련 법규)

KEY
① 2018년 3월 4일 출제
② 2020년 8월 22일 출제
③ 2023년 7월 8일(문제 6번) 출제

합격정보
산업안전보건기준에 관한 규칙 제142조(타워크레인의 지지)

03 50인의 상시 근로자를 가지고 있는 어느 사업장에 1년간 3건의 부상자를 내고 그 휴업일수가 219일이라면 강도율은?

① 1.37　　② 1.50
③ 1.86　　④ 2.21

해설

강도율 $= \dfrac{\text{총요양근로손실일수}}{\text{연근로시간수}} \times 1{,}000$

$= \dfrac{219 \times \dfrac{300}{365}}{50 \times 2{,}400} \times 1{,}000 = 1.50$

[정답] 01 ④　02 ④　03 ②

참고) 산업안전산업기사 필기 p.3-44(4. 강도율)

KEY
① 2016년 3월 6일 기사·산업기사 동시 출제
② 2016년 10월 1일 기사 출제
③ 2017년 3월 5일 기사 출제
④ 2023년 7월 8일(문제 8번) 출제

04 연평균 1,000[명]의 근로자를 채용하고 있는 사업장에서 연간 24[명]의 재해자가 발생하였다면 이 사업장의 연천인율은 얼마인가?(단, 근로자는 1[일] 8[시간]씩 연간 300[일]을 근무한다.)

① 10
② 12
③ 24
④ 48

해설

$$\text{연천인율} = \frac{\text{연간 재해자수}}{\text{연평균 근로자수}} \times 1,000$$
$$= \frac{24}{1,000} \times 1,000 = 24$$

참고) 산업안전산업기사 필기 p.3-46(2. 천인율)

KEY
① 2014년 5월 25일(문제 4번) 출제
② 2021년 5월 15일 기사 등 10회 이상 출제
③ 2023년 5월 13일(문제 6번) 출제

05 파블로프(Pavlov)의 조건반사설에 의한 학습이론의 원리에 해당되지 않는 것은?

① 일관성의 원리
② 시간의 원리
③ 강도의 원리
④ 준비성의 원리

해설

파블로프의 조건반사설
① 일관성의 원리
② 강도의 원리
③ 시간의 원리
④ 계속성의 원리

참고) 산업안전산업기사 필기 p.1-222(표. S-R 학습이론의 종류)

KEY
① 2016년 5월 8일 기사 출제
② 2018년 4월 28일(문제 20번) 출제
③ 2023년 5월 13일(문제 10번) 출제

06 OJT(On the Job Tranining)에 관한 설명으로 옳은 것은?

① 집합교육형태의 훈련이다.
② 다수의 근로자에게 조직적 훈련이 가능하다.
③ 직장의 설정에 맞게 실제적 훈련이 가능하다.
④ 전문가를 강사로 활용할 수 있다.

해설

OJT의 특징
① 개개인에게 적절한 지도훈련이 가능하다.
② 직장의 실정에 맞게 실제적 훈련이 가능하다.
③ 즉시 업무에 연결되는 관계로 몸과 관련이 있다.
④ 훈련에 필요한 업무의 계속성이 끊어지지 않는다.
⑤ 효과가 곧 업무에 나타나며 훈련의 좋고 나쁨에 따라 개선이 쉽다.
⑥ 훈련효과를 보고 상호 신뢰, 이해도가 높아지는 것이 가능하다.

참고) 산업안전산업기사 필기 p.1-142(표. OJT와 OFF JT 특징)

KEY
① 2016년 5월 8일(문제 14번) 등 20회 이상 출제
② 2023년 5월 13일(문제 11번) 출제

07 산업안전보건법령상 안전인증대상 기계기구등이 아닌 것은?

① 프레스
② 전단기
③ 롤러기
④ 산업용 원심기

해설

안전인증대상 기계기구의 종류
① 프레스
② 전단기(剪斷機) 및 절곡기(折曲機)
③ 크레인
④ 리프트
⑤ 압력용기
⑥ 롤러기
⑦ 사출성형기(射出成形機)
⑧ 고소(高所) 작업대
⑨ 곤돌라

참고) 산업안전산업기사 필기 p.3-56(1. 안전인증대상 기계)

KEY
① 2017년 3월 5일 기사·산업기사 동시 출제
② 2020년 5월 15일 기사 출제
③ 2023년 3월 1일(문제 5번) 출제

합격정보
산업안전보건법 시행령 제74조(안전인증대상기계등)

[정답] 04 ③ 05 ④ 06 ③ 07 ④

과년도 출제문제

08 상시 근로자수가 75명인 사업장에서 1일 8시간 씩 연간 320일을 작업하는 동안에 4건의 재해가 발생하였다면 이 사업장의 도수율은 약 얼마인가?

① 17.68 ② 19.67
③ 20.83 ④ 22.83

[해설]

$$도수(빈도)율 = \frac{재해건수}{연근로시간수} \times 1,000,000$$
$$= \frac{4}{75 \times 8 \times 320} \times 10^6 = 20.83$$

[참고] 산업안전산업기사 필기 p.3-46(3. 빈도율)

[KEY]
① 2016년 10월 1일 산업기사 출제
② 2017년 3월 5일 기사 · 산업기사 동시 출제
③ 2018년 8월 19일 기사 출제
④ 2019년 8월 4일 기사 출제
⑤ 2019년 9월 21일 기사 출제
⑥ 2020년 6월 14일 산업기사 출제
⑦ 2023년 3월 1일(문제 9번) 출제

[합격정보]
산업재해 통계 업무처리 규정 제3조(산업재해 통계의 산출방법 및 정의)

09 재해원인을 직접원인과 간접원인으로 나눌 때, 직접원인에 해당하는 것은?

① 기술적 원인 ② 관리적 원인
③ 교육적 원인 ④ 물적 원인

[해설]

직접 원인(1차 원인)
시간적으로 사고발생에 가까운 원인
① 물적 원인 : 불안전한 상태(설비 및 환경)
② 인적 원인 : 불안전한 행동

[참고] 산업안전산업기사 필기 p.3-38(합격날개 : 합격예측)

[KEY]
① 2015년 3월 8일(문제 16번) 출제
② 2018년 9월 15일 기사 출제
③ 2023년 3월 1일(문제 12번) 출제

[보충학습]
간접 원인
재해의 가장 깊은 곳에 존재하는 재해원인
① 기초 원인 : 학교 교육적 원인, 관리적인 원인
② 2차 원인 : 신체적 원인, 정신적 원인, 안전교육적 원인, 기술적 원인

10 산업안전보건법령상 안전보건표지의 종류와 형태 중 그림과 같은 경고 표지는?

① 위험장소 경고 ② 낙하물 경고
③ 몸균형상실 경고 ④ 매달린 물체 경고

[해설]

경고표지의 종류

인화성 물질경고	산화성 물질경고	폭발성 물질경고	급성독성 물질경고	부식성 물질경고
방사성 물질경고	고압전기 경고	매달린 물체경고	낙하물 경고	고온 경고
저온 경고	몸균형 상실경고	레이저 광선경고	발암성 · 변이 원성 · 생식독 성 · 전신독성 · 호흡기과민성 물질 경고	위험장소 경고

[참고] 산업안전기사 필기 p.1-61(2. 경고표지)

[KEY]
① 2017년 9월 23일 기사 출제
② 2018년 3월 4일 기사 출제
③ 2019년 4월 27일 산업기사 출제
④ 2020년 6월 7일 기사 출제
⑤ 2023년 3월 1일(문제 17번) 출제

[합격정보]
산업안전보건법 시행규칙 [별표 6] 안전보건표지의 종류와 형태

[정답] 08 ③　09 ④　10 ④

11 재해원인의 분석방법 중 사고의 유형, 기인물 등 분류항목을 큰 순서대로 도표화하는 통계적 원인분석 방법은?

① 특성 요인도 ② 관리도
③ 크로스도 ④ 파레토도

해설

파레토도(Pareto diagram)
① 관리 대상이 많은 경우 최소의 노력으로 최대의 효과를 얻을 수 있는 방법
② 분류항목을 큰 값에서 작은 값의 순서로 도표화하는 데 편리

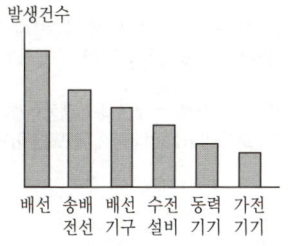

[그림] 전기설비별 감전사고 분포 파레토도 예

참고) 산업안전산업기사 필기 p.3-193(1. 파레토도)

KEY ① 2017년 8월 26일 기사출제
② 2018년 3월 4일 기사 출제
③ 2022년 7월 2일(문제 2번) 출제

12 산업안전보건법령에 따른 교육대상별 교육내용 중 근로자 정기안전보건교육 내용이 아닌 것은?(단, 산업안전보건법 및 일반관리에 관한 사항은 제외한다)

① 산업재해보상보험 제도에 관한 사항
② 산업보건 및 건강장해 예방에 관한 사항
③ 유해·위험 작업환경 관리에 관한 사항
④ 작업공정의 유해·위험과 재해 예방대책에 관한 사항

해설

근로자의 정기안전보건교육
① 산업안전 및 산업재해 예방에 관한 사항(화재·폭발 사고 발생 시 대피에 관한 사항을 포함한다)
② 산업보건 및 건강장해 예방에 관한 사항(폭염·한파작업으로 인한 건강장해 발생 시 응급조치에 관한 사항을 포함한다)
③ 위험성 평가에 관한 사항
④ 건강증진 및 질병예방에 관한 사항
⑤ 유해·위험 작업환경 관리에 관한 사항
⑥ 산업안전보건법령 및 산업재해보상보험 제도에 관한 사항
⑦ 직무스트레스 예방 및 관리에 관한 사항
⑧ 직장 내 괴롭힘, 고객의 폭언 등으로 인한 건강장해 예방 및 관리에 관한 사항

참고) 산업안전산업기사 필기 p.1-154 ((2) 근로자의 정기안전보건교육내용)

KEY 2022년 7월 2일(문제 11번) 출제

합격정보
산업안전보건법 시행규칙 [별표 5] 안전보건교육 교육대상별 교육내용

13 산업안전보건법령상 안전보건관리규정 작성에 관한 사항으로 ( )에 알맞은 기준은?

> 안전보건관리규정을 작성하여야 할 사업의 사업주는 안전보건관리규정을 작성해야 할 사유가 발생한 날부터 ( )일 이내에 안전보건관리규정을 작성해야 한다.

① 7 ② 14
③ 30 ④ 60

해설

제25조(안전보건관리규정의 작성)
① 법 제25조제3항에 따라 안전보건관리규정을 작성해야 할 사업의 종류 및 상시근로자 수는 별표 2와 같다.
② 제1항에 따른 사업의 사업주는 안전보건관리규정을 작성해야 할 사유가 발생한 날부터 30일 이내에 별표 3의 내용을 포함한 안전보건관리규정을 작성해야 한다. 이를 변경할 사유가 발생한 경우에도 또한 같다.
③ 사업주가 제2항에 따라 안전보건관리규정을 작성할 때에는 소방·가스·전기·교통 분야 등의 다른 법령에서 정하는 안전관리에 관한 규정과 통합하여 작성할 수 있다.

참고) 산업안전산업기사 필기 p.1-222(제2절 안전보건관리규정)

KEY 2022년 4월 17일(문제 1번) 출제

합격정보
산업안전보건법 시행규칙 제25조(안전보건관리규정의 작성)

14 재해 예방을 위한 대책선정에 관한 사항 중 기술적 대책(Engineering)에 해당되지 않는 것은?

① 작업행정의 개선
② 환경설비의 개선
③ 점검 보존의 확립
④ 안전 수칙의 준수

[정답] 11 ④ 12 ④ 13 ③ 14 ④

해설

안전수칙의 준수는 관리적 대책이다.

참고 산업안전산업기사 필기 p.3-34(합격날개 : 합격예측)

KEY 2022년 4월 17일(문제 5번) 출제

---

15 산업재해통계업무처리규정상 산업재해통계에 관한 설명으로 틀린 것은?

① 총요양근로손실일수는 재해자의 총 요양기간을 합산하여 산출한다.
② 휴업재해자수는 근로복지공단의 휴업급여를 지급받은 재해자수를 의미하여, 체육행사로 인하여 발생한 재해는 제외된다.
③ 사망자수는 통상의 출퇴근에 의한 사망을 포함하여 근로복지공단의 유족급여가 지급된 사망자수는 제외한다.
④ 재해자수는 근로복지공단의 유족급여가 지급된 사망자 및 근로복지공단에 최초요양신청서를 제출한 재해자 중 요양승인을 받은 자를 말한다.

해설

용어정의

"사망자수"는 근로복지공단의 유족급여가 지급된 사망자(지방고용노동관서의 산재미보고 적발 사망자를 포함한다)수를 말함. 다만, 사업장 밖의 교통사고(운수업, 음식숙박업은 사업장 밖의 교통사고도 포함)·체육행사·폭력행위·통상의 출퇴근에 의한 사망, 사고발생일로부터 1년을 경과하여 사망한 경우는 제외함.

참고 산업안전산업기사 필기 p.3-47(2. 사망만인율)

KEY 2022년 4월 17일(문제 10번) 출제

합격정보
산업재해통계업무처리규정 제3조(산업재해통계의 산출방법 및 정의)

---

16 조직 구성원의 태도는 조직성과와 밀접한 관계가 있는데 태도(attitude)의 3가지 구성요소에 포함되지 않는 것은?

① 인지적 요소 ② 정서적 요소
③ 성격적 요소 ④ 행동경향 요소

해설

태도의 3가지 구성요소

① 인지적 요소
② 정서적 요소
③ 행동경향 요소

참고 산업안전산업기사 필기 p.1-153(합격날개 : 은행문제)

KEY ① 2019년 4월 27일(문제 38번) 출제
② 2022년 4월 17일(문제 12번) 출제

보충학습

태도형성
① 태도의 기능에는 작업적응, 자아방어, 자기표현, 지식기능 등이 있다.
② 한 번 태도가 결정되면 오랫동안 유지되므로 신중한 태도 교육이 진행되어야 한다.
③ 행동결정을 판단하고 지시하는 것은 내적 행동체계에 해당한다.
④ 개인의 심적 태도교정보다 집단의 심적 태도교정이 용이하다.

---

17 호손(Hawthorne) 실험의 결과 작업자의 작업능률에 영향을 미치는 주요 원인으로 밝혀진 것은?

① 작업조건 ② 인간관계
③ 생산기술 ④ 행동규범의 설정

해설

호손(Hawthorne)공장 실험

① 인간관계 관리의 개선을 위한 연구로 미국의 메이요(E.Mayo, 1880~1949) 교수가 주축이 되어 호손 공장에서 실시되었다.
② 작업능률을 좌우하는 것은 단지 임금, 노동시간 등의 노동조건과 조명, 환기, 그 밖에 작업환경으로서의 물적 조건보다 종업원의 태도, 즉 심리적, 내적 양심과 감정이 중요하다.
③ 물적 조건도 그 개선에 의하여 효과를 가져올 수 있으나 종업원의 심리적 요소가 더욱 중요하다.
④ 결론은 인간관계가 작업 및 작업설계에 영향을 준다.

참고 산업안전산업기사 필기 p.1-74 (2) 호손 공장 실험

KEY ① 2018년 3월 4일 출제
② 2018년 9월 15일 출제
③ 2019년 4월 27일 출제
④ 2019년 9월 21일 산업기사 출제
⑤ 2020년 9월 5일 출제
⑥ 2021년 5월 15일(문제 26번) 출제
⑦ 2022년 3월 5일(문제 36번) 출제
⑧ 2022년 4월 17일(문제 14번) 출제

[정답] 15 ③ 16 ③ 17 ②

18 리더십(leadership)의 특성에 대한 설명으로 옳은 것은?

① 지휘형태는 민주적이다.
② 권한부여는 위에서 위임된다.
③ 구성원과의 관계는 넓다.
④ 권한근거는 법적 또는 공식적으로 부여된다.

해설

leadership과 headship의 비교

개인과 상황 변수	leadership	headship
권한 행사	선출된 리더	임명적 헤드
권한 부여	밑으로부터 동의	위에서 위임
권한 귀속	집단 목표에 기여한 공로 인정	공식화된 규정에 의함
상사와 부하와의 관계	개인적인 영향	지배적
부하와의 사회적 관계(간격)	좁음	넓음
지휘 형태	민주주의적	권위주의적
책임 귀속	상사와 부하	상사
권한 근거	개인적	법적 또는 공식적

참고 산업안전산업기사 필기 p.1-113 (5) leadership과 headship의 비교

KEY
① 2016년 3월 6일, 8월 21일, 10월 1일 기사 출제
② 2017년 5월 7일, 9월 23일 기사 출제
③ 2018년 3월 4일 기사ㆍ산업기사 동시 출제
④ 2018년 8월 19일 산업기사 출제
⑤ 2019년 9월 21일 기사 출제
⑥ 2020년 8월 23일(문제 1번) 출제
⑦ 2022년 3월 2일(문제 2번) 출제

19 안전모에 있어 착장체의 구성요소가 아닌 것은?

① 턱끈   ② 머리고정대
③ 머리받침고리   ④ 머리받침끈

해설

안전모의 구조

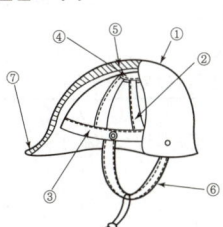

번호	명칭	
①	모체	
②	착장체	머리받침끈
③		머리받침(고정)대
④		머리받침고리
⑤	충격흡수재(자율안전확인에서 제외)	
⑥	턱끈	
⑦	모자챙(차양)	

참고 산업안전산업기사 필기 p.1-53(그림. 안전모의 구조)

KEY
① 2016년 10월 1일 기사 출제
② 2017년 9월 23일(문제 6번) 출제
③ 2022년 3월 2일(문제 4번) 출제

20 제조업자는 제조물의 결함으로 인하여 생명ㆍ신체 또는 재산에 손해를 입은 자에게 그 손해를 배상하여야 하는데 이를 무엇이라 하는가? (단, 당해 제조물에 대해서만 발생한 손해는 제외한다.)

① 입증 책임   ② 담보 책임
③ 연대 책임   ④ 제조물 책임

해설

제조물책임(PL)

① 제조물 책임이란 결함 제조물로 인해 생명ㆍ신체 또는 재산 손해가 발생할 경우 제조업자 또는 판매업자가 그 손해에 대하여 배상 책임을 지는 것
② 유럽에서는 100여년의 역사를 가지고 있으며, 미국, 일본에서도 1960~70년대부터 사회문제로 대두되어 '소비자 위험부담시대'에서 '판매자 위험부담시대'로 변환
③ 제조업에서 사고발생을 방지할 책임이 있기 때문에 결함 제조물에 대한 전적인 책임이 있다.

참고 산업안전산업기사 필기 p.1-8 (2) 제조물 책임

KEY
① 2019년 10월 3일(문제 10번) 출제
② 2022년 3월 2일(문제 18번) 출제

2 인간공학 및 위험성 평가ㆍ관리

21 다음 중 시스템에 영향을 미칠 우려가 있는 모든 요소의 고장을 형태별로 해석하여 그 영향을 검토하는 분석방법은?

① FTA   ② ETA
③ MORT   ④ FMEA

[정답] 18 ①   19 ①   20 ④   21 ④

해설

FMEA의 정의
① FMEA는 서브시스템 위험분석이나 시스템 위험분석을 위하여 일반적으로 사용되는 전형적인 정성적, 귀납적 분석방법
② 시스템에 영향을 미치는 모든 요소의 고장을 형태별로 분석하여 그 영향을 검토

참고 산업안전산업기사 필기 p.2-62(4. 고장형태와 영향분석)

KEY
① 2015년 3월 8일(문제 33번) 출제
② 2023년 7월 8일(문제 21번) 출제

22 체계 설계 과정 중 기본설계 단계의 주요활동으로 볼 수 없는 것은?

① 작업 설계
② 체계의 정의
③ 기능의 할당
④ 인간 성능 요건 명세

해설

제3단계 : 기본설계
① 기능의 할당
② 인간 성능 요건 명세
③ 직무 분석
④ 작업 설계

참고 산업안전산업기사 필기 p.2-6(합격날개 : 합격예측)

KEY
① 2013년 6월 2일(문제 28번) 출제
② 2016년 3월 6일 기사 출제
③ 2018년 3월 4일 출제
④ 2023년 7월 8일(문제 24번) 출제

23 시각적 표시장치와 청각적 표시장치 중 시각적 표시장치를 선택해야 하는 경우는?

① 메시지가 긴 경우
② 메시지가 후에 재참조되지 않는 경우
③ 직무상 수신자가 자주 움직이는 경우
④ 메시지가 시간적 사상(event)을 다룬 경우

해설

정보전송방법
① 시각적 표시장치 사용 : ①
② 청각적 표시장치 사용 : ②, ③, ④

참고 산업안전산업기사 필기 p.2-31(문제 43번)

KEY
① 2017년 5월 7일 출제
② 2018년 3월 4일, 4월 28일, 8월 19일, 9월 15일 출제
③ 2019년 4월 27일, 8월 4일, 9월 21일 출제
④ 2020년 6월 7일 출제
⑤ 2021년 3월 2일 PBT 출제
⑥ 2021년 3월 7일(문제 53번), 5월 15일(문제 60번) 출제
⑦ 2023년 7월 8일(문제 25번) 출제

24 어떤 기기의 고장률이 시간당 0.002로 일정하다고 한다. 이 기기를 100시간 사용했을 때 고장이 발생할 확률은?

① 0.1813
② 0.2214
③ 0.6253
④ 0.8187

해설

고장발생확률
① 신뢰도 $R(t)=e^{-\lambda t}$ (λ : 0.002, t : 100)
  $R(t)=e^{-(0.002 \times 100)}=0.8187$
② 고장발생확률(불신뢰도)
  $F(t)=1-R(t)=1-0.8187=0.1813$

참고 산업안전산업기사 필기 p.2-83(2. MTBF)

KEY
① 2008년 3월 2일(문제 25번) 출제
② 2023년 7월 8일(문제 27번) 출제

25 인간의 오류모형에서 상황해석을 잘못하거나 목표를 잘못 이해하고 착각하여 행하는 경우를 뜻하는 용어는?

① 실수(Slip)
② 착오(Mistake)
③ 건망증(Lapse)
④ 위반(Violation)

해설

인간의 오류 5가지 모형

구분	특징
착각(Illusion)	감각적으로 물리현상을 왜곡하는 지각 오류
착오(Mistake)	상황해석을 잘못하거나 목표를 잘못 이해하고 착각하여 행하는 인간의 실수로 위치, 순서, 패턴, 형상, 기억오류 등 외부적 요인에 의해 나타나는 오류
실수(Slip)	의도는 올바른 것이었지만, 행동이 의도한 것과는 다르게 나타나는 오류
건망증(Lapse)	일련의 과정에서 일부를 빠뜨리거나 기억의 실패에 의해 발생하는 오류
위반(Violation)	정해진 규칙을 알고 있음에도 의도적으로 따르지 않거나 무시한 경우에 발생하는 오류

참고 산업안전산업기사 필기 p.2-19(합격날개 : 합격예측)

[정답] 22 ② 23 ① 24 ① 25 ②

KEY ① 2009년 5월 10일 출제
② 2017년 8월 26일 출제
③ 2019년 3월 3일 출제
④ 2019년 4월 27일 출제
⑤ 2023년 7월 8일(문제 32번) 출제

26 시스템 안전 분석기법 중 인적 오류와 그로 인한 위험성의 예측과 개선을 위한 기법은 무엇인가?
① FTA
② ETBA
③ THERP
④ MORT

해설

THERP(인간과오율 예측기법)
① 인간의 과오(human error)를 정량적으로 평가
② 1963년 Swain이 개발된 기법

참고 산업안전산업기사 필기 p.2-65(8.THERP)

KEY ① 2017년 3월 5일 출제
② 2023년 2월 28일 기사 등 5회 이상 출제
③ 2023년 5월 13일(문제 21번) 출제

27 FT도에 사용되는 기호 중 "전이기호"를 나타내는 기호는?

①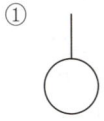
②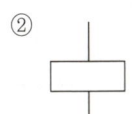
③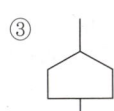
④

해설

FTA기호
① 기본사상
② 결함사상
③ 통상사상

참고 산업안전산업기사 필기 p.2-70(표. FTA기호)

KEY ① 1993년부터 2023년까지 계속 출제
② 2018년 4월 28일(문제 30번) 출제

28 다음 중 체계 설계 과정의 주요 단계 중 가장 먼저 실시되어야 하는 것은?
① 기본설계
② 계면설계
③ 체계의 정의
④ 목표 및 성능 명세 결정

해설

인간-기계 시스템 설계 순서
① 1단계 : 시스템의 목표와 성능 명세 결정
② 2단계 : 시스템의 정의
③ 3단계 : 기본설계
④ 4단계 : 인터페이스설계
⑤ 5단계 : 보조물설계
⑥ 6단계 : 시험 및 평가

참고 산업안전산업기사 필기 p.2-29(문제 31번) 적중

KEY ① 2011년 3월 20일(문제 29번) 출제
② 2019년 3월 3일 기사 출제
③ 2019년 4월 27일(문제 21번) 등 5회 이상 출제
④ 2023년 5월 13일(문제 23번) 출제

29 부품배치의 원칙 중 부품의 일반적인 위치를 결정하기 위한 기준으로 가장 적합한 것은?
① 중요성의 원칙, 사용빈도의 원칙
② 기능별 배치의 원칙, 사용순서의 원칙
③ 중요성의 원칙, 사용순서의 원칙
④ 사용빈도의 원칙, 사용순서의 원칙

해설

부품배치의 4원칙
① 중요성의 원칙(위치결정)
② 사용빈도의 원칙(위치결정)
③ 기능별 배치의 원칙(배치결정)
④ 사용순서의 원칙(배치결정)

참고 산업안전산업기사 필기 p.2-161(2. 부품(공간)배치의 4원칙)

KEY ① 2013년 3월 10일(문제 32번) 출제
② 2013년 6월 2일(문제 31번) 등 5회 이상 출제
③ 2023년 5월 13일(문제 29번) 출제

[정답] 26 ③ 27 ④ 28 ④ 29 ①

과년도 출제문제

30 인체의 동작 유형 중 굽혔던 팔꿈치를 펴는 동작을 나타내는 용어는?

① 내전(adduction) ② 회내(pronation)
③ 굴곡(flexion) ④ 신전(extension)

[해설]

인체유형의 기본적인 동작
① 굴곡(flexion) : 부위간의 각도가 감소(팔꿈치 굽히기)
② 신전(extension) : 부위간의 각도가 증가(팔꿈치 펴기 운동)
③ 내전(adduction) : 몸의 중심선으로의 이동(팔·다리 내리기 운동)
④ 외전(abduction) : 몸의 중심선으로부터의 이동(팔·다리 옆으로 들기 운동)
⑤ 회외 : 손바닥을 외측으로 돌리는 동작
⑥ 회내 : 손바닥을 몸통(내측) 쪽으로 돌리는 동작

[참고] 산업안전산업기사 필기 p.2-166(2. 신체부위의 운동)

[KEY]
① 2015년 5월 31일(문제 25번) 출제
② 2023년 5월 13일(문제 34번) 출제

---

31 인체측정치 응용원칙 중 가장 우선적으로 고려해야 하는 원칙은?

① 조절식 설계 ② 최대치 설계
③ 최소치 설계 ④ 평균치 설계

[해설]

조절범위(조정범위 : 조절식 설계)
① 사무실 의자의 높낮이 조절, 자동차 좌석의 전후조절 등
② 통상 5[%]치에서 95[%]치까지에서 90[%] 범위를 수용대상으로 설계
③ 가장 우선적으로 고려한다.

[참고] 산업안전산업기사 필기 p.2-159(2. 조절범위(조정범위) 설계)

[KEY]
① 2017년 9월 23일 기사 출제
② 2019년 3월 3일 기사 출제
③ 2023년 3월 1일(문제 23번) 출제

[보충학습]

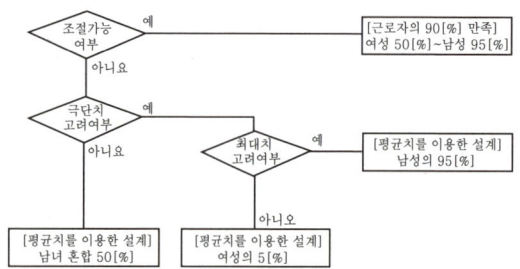

[그림] 인체측정치를 이용한 설계 흐름도

---

32 설비나 공법 등에서 나타날 위험에 대하여 정성적 또는 정량적인 평가를 행하고 그 평가에 따른 대책을 강구하는 것은?

① 설비보전 ② 동작분석
③ 안전계획 ④ 안전성 평가

[해설]

안전성 평가의 6단계
① 1단계 : 관계자료의 정비검토
② 2단계 : 정성적 평가
③ 3단계 : 정량적 평가
④ 4단계 : 안전대책
⑤ 5단계 : 재해정보에 의한 재평가
⑥ 6단계 : FTA에 의한 재평가

[참고] 산업안전산업기사 필기 p.2-37(1. 안전성 평가 6단계)

[KEY]
① 2016년 3월 6일 출제
② 2016년 10월 1일 기사 출제
③ 2023년 4월 1일 산업안전지도사 출제
④ 2023년 3월 1일(문제 25번) 출제

---

33 모든 시스템 안전 프로그램 중 최초 단계의 분석으로 시스템 내의 위험요소가 어떤 상태에 있는지를 정성적으로 평가하는 방법은?

① CA ② FHA
③ PHA ④ FMEA

[해설]

예비위험분석(PHA : Preliminary Hazards Analysis)
① PHA는 모든 시스템안전 프로그램의 최초 단계의 분석기법
② 위험요소가 얼마나 위험한 상태에 있는가를 정성적으로 평가하는 것이다.

[참고] 산업안전산업기사 필기 p.2-60(2. 예비위험분석)

[KEY]
① 2016년 5월 8일 산업기사 출제
② 2023년 2월 28일 기사 등 10회 이상 출제
③ 2023년 3월 1일(문제 33번) 출제

[정답] 30 ④ 31 ① 32 ④ 33 ③

34 동작경제의 원칙에 해당하지 않는 것은?

① 가능하다면 낙하식 운반방법을 사용한다.
② 양손을 동시에 반대 방향으로 움직인다.
③ 자연스러운 리듬이 생기지 않도록 동작을 배치한다.
④ 양손을 동시에 작업을 시작하고, 동시에 끝낸다.

> **해설**
> **동작경제의 3원칙(길브레드 : Gilbrett)**
> (1) 동작능력 활용의 원칙
>   ① 발 또는 왼손으로 할 수 있는 것은 오른손을 사용하지 않는다.
>   ② 양손으로 동시에 작업하고 동시에 끝낸다.
> (2) 작업량 절약의 원칙
>   ① 적게 운동할 것
>   ② 재료나 공구는 취급하는 부근에 정돈할 것
>   ③ 동작의 수를 줄일 것
>   ④ 동작의 양을 줄일 것
>   ⑤ 물건을 장시간 취급할 시 장구를 사용할 것
> (3) 동작개선의 원칙
>   ① 동작을 자동적으로 리드미컬한 순서로 할 것
>   ② 양손은 동시에 반대의 방향으로, 좌우 대칭적으로 운동하게 할 것
>   ③ 관성, 중력, 기계력 등을 이용할 것
>
> **참고** 산업안전산업기사 필기 p.2-76(합격날개 : 합격예측)
>
> **KEY** ① 2015년 3월 8일(문제 35번) 출제
> ② 2023년 3월 1일(문제 35번) 출제

35 인간공학에 대한 설명으로 틀린 것은?

① 인간-기계 시스템의 안전성, 편리성, 효율성을 높인다.
② 인간을 작업과 기계에 맞추는 설계 철학이 바탕이 된다.
③ 인간이 사용하는 물건, 설비, 환경의 설계에 적용된다.
④ 인간의 생리적, 심리적인 면에서의 특성이나 한계점을 고려한다.

> **해설**
> **인간공학**
> 기계, 기구, 환경 등의 물적 조건을 인간의 특성과 능력에 잘 조화하도록 설계하기 위한 수단을 연구하는 학문이다.
>
> **참고** 산업안전산업기사 필기 p.2-2(합격날개 : 합격용어)
>
> **KEY** ① 2015년 5월 31일(문제 34번), 8월 16일(문제 38번) 출제
> ② 2017년 9월 23일 출제
> ③ 2019년 4월 27일 출제
> ④ 2022년 4월 17일(문제 26번) 출제

36 FTA(Fault Tree Analysis)에서 사용되는 사상기호 중 통상의 작업이나 기계의 상태에서 재해의 발생 원인이 되는 요소가 있는 것을 나타내는 것은?

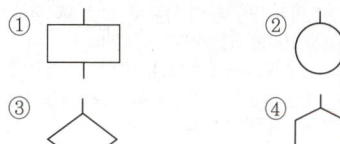

> **해설**
> **FTA 기호**
>
> | 기호 | 명칭 | 기호 | 명칭 |
> |---|---|---|---|
> | (직사각형) | 결함사상 | (마름모) | 생략사상 |
> | (원) | 기본사상 | (집모양) | 통상사상 |
>
> **참고** 산업안전산업기사 필기 p.2-82(표 : FTA 도표에 사용하는 논리기호)
>
> **KEY** ① 2007년 8월 5일(문제 33번) 출제
> ② 2016년 10월 1일 산업기사 출제
> ③ 2017년 5월 7일 기사 출제
> ④ 2017년 8월 19일 산업기사 출제
> ⑤ 2017년 8월 26일 기사, 산업기사 출제
> ⑥ 2018년 3월 4일 기사 출제
> ⑦ 2018년 8월 19일 산업기사 출제
> ⑧ 2020년 6월 14일 산업기사 출제
> ⑨ 2021년 5월 15일 기사 출제
> ⑩ 2021년 8월 14일(문제 33번) 출제
> ⑪ 2022년 4월 17일(문제 30번) 출제

37 다음에서 설명하는 용어는?

> 유해·위험요인을 파악하고 해당 유해·위험요인에 의한 부상 또는 질병의 발생 가능성(빈도)과 중대성(강도)을 추정·결정하고 감소대책을 수립하여 실행하는 일련의 과정을 말한다.

① 위험성 결정 ② 위험성 평가
③ 위험빈도 추정 ④ 유해·위험요인 파악

[정답] 34 ③ 35 ② 36 ④ 37 ②

> **해설**

위험성 평가 용어정의
① "유해·위험요인"이란 유해·위험을 일으킬 잠재적 가능성이 있는 것의 고유한 특징이나 속성을 말한다.
② "위험성"이란 유해·위험요인이 사망, 부상 또는 질병으로 이어질 수 있는 가능성과 중대성 등을 고려한 위험의 정도를 말한다.
③ "위험성평가"란 사업주가 스스로 유해·위험요인을 파악하고 해당 유해·위험요인의 위험성 수준을 결정하여, 위험성을 낮추기 위한 적절한 조치를 마련하고 실행하는 과정을 말한다.
④ "근로자"란 기간제, 단시간, 파견 등 고용형태 및 국적과 관계없이 「산업안전보건법」제2조제3호에 따른 근로자를 말한다.

> **참고** 산업안전산업기사 필기 p.2-43(합격날개 : 은행문제)

> **KEY** 2022년 4월 17일(문제 37번) 출제

> **합격정보**
사업장 위험성 평가에 관한 지침 제3조(정의)

38 시스템의 평가척도 중 시스템의 목표를 잘 반영하는 가를 나타내는 척도를 무엇이라 하는가?

① 신뢰성　　② 타당성
③ 측정의 민감도　　④ 무오염성

> **해설**

시스템 척도
① 적절성 : 기준이 의도된 목적에 적당하다고 판단되는 정도
② 무오염성 : 기준척도는 측정하고자 하는 변수외의 다른 변수 등의 영향을 받아서는 안 된다.
③ 기준척도의 신뢰성 : 척도의 신뢰성은 반복성을 의미
④ 민감도 : 피실험자 사이에서 볼 수 있는 예상 차이점에 비례하는 단위로 측정
⑤ 타당성 : 시스템의 목표를 잘 반영하는가를 나타내는 척도

> **참고** 산업안전산업기사 필기 p.2-6(합격날개 : 합격예측)

> **KEY** ① 2010년 5월 9일(문제 24번) 출제
> 　　② 2022년 3월 2일(문제 24번) 출제

39 다음 중 시스템의 수명곡선에서 고장의 발생형태가 일정하게 나타나는 구간은?

① 초기고장구간
② 우발고장구간
③ 마모고장구간
④ 피로고장구간

> **해설**

수명곡선 3가지 유형

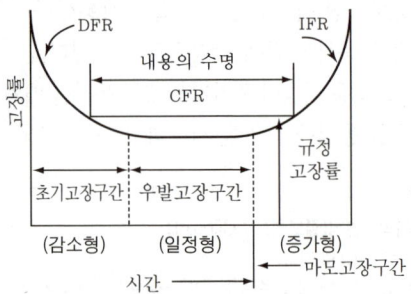

> **참고** 산업안전산업기사 필기 p.2-13(그림 : 기계설비 고장유형)

> **KEY** ① 2013년 9월 28일(문제 28번) 출제
> 　　② 2022년 3월 2일(문제 28번) 출제

40 사용자의 잘못된 조작 또는 실수로 인해 기계의 고장이 발생하지 않도록 설계하는 방법은?

① FMEA　　② HAZOP
③ fail safe　　④ fool proof

> **해설**

풀 프루프(fool proof)
① 인간의 실수가 있어도 안전장치가 설치되어 사고나 재해로 연결되지 않는 구조
② 바보가 작동을 시켜도 안전하다는 뜻

> **참고** 산업안전산업기사 필기 p.1-6(합격날개 : 합격예측)

> **KEY** ① 2020년 5월 24일 실기 필답형 출제
> 　　② 2020년 8월 23일(문제 33번) 출제
> 　　③ 2022년 3월 2일(문제 40번) 출제

3 기계·기구 및 설비안전관리

41 왕복운동을 하는 기계의 동작부분과 고정부분 사이에 형성되는 위험점으로 프레스, 전단기 등에서 주로 나타나는 곳은?

① 끼임점　　② 절단점
③ 협착점　　④ 접선 물림점

[정답] 38 ②　39 ②　40 ④　41 ③

해설

협착점(Squeeze-point)
왕복운동을 하는 동작부분과 움직임이 없는 고정부분 사이에서 형성되는 위험점
예 프레스기, 전단기, 성형기, 조형기, 굽힘기계(bending machine) 등

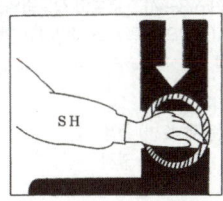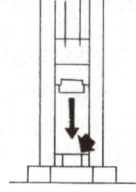

[그림] 협착점

참고 산업안전산업기사 필기 p.3-15(2. 위험점의 분류)

KEY
① 2006년 5월 14일(문제 55번) 출제
② 2017년 3월 5일 출제
③ 2017년 5월 7일 출제
④ 2023년 7월 8일(문제 48번) 출제

---

42 산업안전보건법령에 따라 목재가공용 기계에 설치하여야 하는 방호장치의 내용으로 틀린 것은?

① 목재가공용 둥근톱기계에는 분할날 등 반발예방장치를 설치하여야 한다.
② 목재가공용 둥근톱기계에는 톱날접촉예방장치를 설치하여야 한다.
③ 모떼기기계에는 가공 중 목재의 회전을 방지하는 회전방지장치를 설치하여야 한다.
④ 작업 대상물이 수동으로 공급되는 동력식 수동대패기계에 날접촉예방장치를 설치하여야 한다.

해설

모떼기기계 방호장치 : 날접촉예방장치

KEY
① 2014년 8월 17일(문제 57번) 출제
② 2023년 7월 8일(문제 52번) 출제

보충학습
모떼기기계의 날접촉예방장치
사업주는 모떼기기계(자동이송장치를 부착한 것은 제외한다)에 날접촉예방장치를 설치하여야 한다. 다만, 작업의 성질상 날접촉예방장치를 설치하는 것이 곤란하여 해당 근로자에게 적절한 작업공구 등을 사용하도록 한 경우에는 그러하지 아니하다.

합격정보
산업안전보건기준에 관한 규칙 제108조(띠톱기계의 날접촉 예방장치 등)

---

43 선반에서 일감의 길이가 지름에 비하여 상당히 길 때 사용하는 부속품으로 절삭 시 절삭저항에 의한 일감의 진동을 방지하는 장치는?

① 칩 브레이커
② 척 커버
③ 방진구
④ 실드

해설

방진(진동방지)구
① 선반작업시 일감의 진동 방지로 사용
② 일감의 길이가 지름의 12배 이상일 때 사용

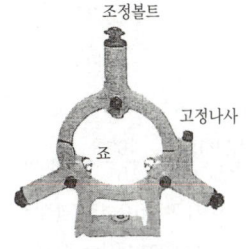

[그림] 고정식 방진구

참고 산업안전산업기사 필기 p.3-84(4. 선반 작업시 안전수칙)

KEY
① 2016년 5월 8일, 8월 21일 산업기사 출제
② 2019년 4월 27일, 8월 4일 기사 출제
③ 2020년 6월 7일 기사 출제
④ 2023년 7월 8일(문제 57번) 출제

---

44 기계의 안전조건 중 구조의 안전화가 아닌 것은?

① 기계재료의 선정 시 재료 자체에 결함이 없는지 철저히 확인한다.
② 사용 중 재료의 강도가 열화될 것을 감안하여 설계 시 안전율을 고려한다.
③ 기계작동 시 기계의 오동작을 방지하기 위하여 오동작 방지회로를 적용한다.
④ 가공경화와 같은 가공결함이 생길 우려가 있는 경우는 열처리 등으로 결함을 방지한다.

해설

구조의 안전화 3원칙
① 재료
② 설계
③ 가공

[정답] 42 ③ 43 ③ 44 ③

참고 ① 산업안전산업기사 필기 p.3-4(2. 구조적 결함 분류)
② 산업안전산업기사 필기 p.3-12(합격날개 : 합격예측)

KEY ① 2016년 5월 8일(문제 42번) 출제
② 2023년 5월 13일(문제 44번) 출제

45 산업안전보건법령상 양중기에서 절단하중이 100톤인 와이어로프를 사용하여 화물을 직접적으로 지지하는 경우, 화물의 최대허용하중(톤)은?

① 20
② 30
③ 40
④ 50

해설

최대허용하중 = $\dfrac{\text{절단하중}}{\text{안전율(계수)}} = \dfrac{100}{5} = 20[ton]$

참고 산업안전산업기사 필기 p.3-157(합격날개 : 합격예측)

KEY ① 2006년 8월 6일(문제 41번) 출제
② 2020년 8월 23일(문제 48번) 출제
③ 2023년 5월 13일(문제 45번) 출제

합격정보
산업안전보건기준에 관한 규칙 제163조(와이어로프 등 달기구의 안전계수)

보충학습
안전계수
① 근로자가 탑승하는 운반구를 지지하는 달기와이어로프 또는 달기체인의 경우 : 10 이상
② 화물의 하중을 직접 지지하는 달기와이어로프 또는 달기체인의 경우 : 5 이상
③ 훅, 샤클, 클램프, 리프팅 빔의 경우 : 3 이상
④ 그 밖의 경우 : 4 이상

46 산업용 로봇의 작동범위에서 그 로봇에 관하여 교시 등의 작업을 하는 경우 작업시간 전 점검사항에 해당하지 않는 것은?(단, 로봇의 동력원을 차단하고 행하는 것을 제외한다.)

① 회전부의 덮개 또는 울 부착여부
② 제동장치 및 비상정지장치의 기능
③ 외부전선의 피복 또는 외장의 손상유무
④ 머니퓰레이터(manipulator) 작동의 이상유무

해설
산업용 로봇의 작업시작전 점검사항
① 외부전선의 피복 또는 외장의 손상유무
② 머니퓰레이터(manipulator) 작동의 이상유무
③ 제동장치 및 비상정지장치의 기능

참고 산업안전산업기사 필기 p.3-54[2. 로봇의 작동범위 내에서 그 로봇에 관하여 교시 등(로봇의 동력원을 차단하고 행하는 것을 제외한다)의 작업을 할 때]

KEY ① 2018년 3월 4일 기사 출제
② 2019년 4월 27일(문제 42번) 출제
③ 2023년 5월 13일(문제 53번) 출제

합격정보
산업안전보건기준에 관한 규칙 [별표 3] 작업시작 전 점검사항

47 휴대용 연삭기 덮개의 노출각도 기준은?

① 60[°] 이내
② 90[°] 이내
③ 150[°] 이내
④ 180[°] 이내

해설
휴대용연삭기 노출각도 : 180[°] 이내

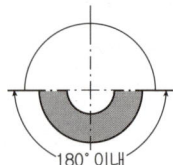

[그림] 휴대용 연삭기, 스윙연삭기, 슬라브연삭기, 기타 이와 비슷한 연삭기의 덮개 각도

참고 산업안전산업기사 필기 p.3-97(그림. 연삭기 종류 및 덮개의 표준현상)

KEY ① 2016년 8월 21일 기사 출제
② 2017년 3월 5일 출제
③ 2017년 5월 7일 기사 · 산업기사 출제
④ 2017년 8월 26일 출제
⑤ 2018년 4월 28일 기사 · 산업기사 동시 출제
⑥ 2023년 5월 13일(문제 57번) 출제

합격정보
방호장치자율안전인증고시 [별표 4] 연삭기 덮개의 성능기준

[정답] 45 ① 46 ① 47 ④

48 목재가공용 둥근톱의 목재 반발예방장치가 아닌 것은?

① 반발방지 발톱(finger)
② 분할날(spreader)
③ 덮개(cover)
④ 반발방지 롤(roll)

해설

둥근톱기계의 반발예방장치 3가지
① 반발방지 발톱(finger)
② 분할날(spreader)
③ 반발방지 롤(roll)

참고 산업안전산업기사 필기 p.3-133(합격날개 : 합격예측 및 관련법규)

KEY
① 2016년 5월 8일(문제 51번) 출제
② 2023년 6월 4일 기사 출제
③ 2023년 5월 13일(문제 59번) 출제

보충학습
둥근톱기계의 반발예방장치
사업주는 목재가공용 둥근톱기계(가로 절단용 둥근톱기계 및 반발(反撥)에 의하여 근로자에게 위험을 미칠 우려가 없는 것은 제외한다)에 분할날 등 반발예방장치를 설치하여야 한다.

49 컨베이어 작업시작 전 점검해야 할 사항으로 거리가 먼 것은?

① 원동기 및 풀리 기능의 이상 유무
② 이탈 등의 방지장치 기능의 이상 유무
③ 비상정지장치기능의 이상 유무
④ 자동전격방지장치의 이상 유무

해설

컨베이어의 작업시작전 점검사항
① 원동기 및 풀리기능의 이상 유무
② 이탈 등의 방지장치 기능의 이상 유무
③ 비상정지장치 기능의 이상 유무
④ 원동기·회전축·기어 및 풀리 등의 덮개 또는 울 등의 이상 유무

참고 산업안전산업기사 필기 p.3-54(표. 기계·기구의 위험요소 작업시작전 점검사항)

KEY
① 2017년 8월 26일 기사 출제
② 2018년 3월 4일(문제 43번) 출제
③ 2023년 3월 1일(문제 47번) 출제

합격정보
산업안전보건기준에 관한 규칙 [별표 3] 작업시작전 점검사항

50 보일러수에 불순물이 많이 포함되어 있을 경우, 보일러수의 비등과 함께 수면부위에 거품을 형성하여 수위가 불안정하게 되는 현상은?

① 프라이밍(priming)
② 포밍(foaming)
③ 캐리오버(carry over)
④ 워터해머(water hammer)

해설

포밍발생원인
① 보일러가 과잉 농축되었을 때
② 열부하가 급격하게 변동해 증감될 때
③ 운전 중 수위조절이 원활하게 이루어지지 못한 경우
④ 보일러의 운전 압력을 너무 낮게 설정해 놓았을 때
⑤ 기수분리기의 불량 등 기계적 고장

참고 산업안전산업기사 필기 p.3-123(1. 보일러 이상현상의 종류)

KEY
① 2016년 8월 21일 산업기사 출제
② 2021년 3월 7일 기사 출제
③ 2023년 3월 1일(문제 57번) 출제

51 롤러의 위험점 전방에 개구 간격 16.5[mm]의 가드를 설치하고자 한다면, 개구부에서 위험점까지의 거리는 몇 [mm] 이상이어야 하는가?(단, 위험점이 전동체는 아니다.)

① 70　　② 80
③ 90　　④ 100

해설

위험점 거리
① $Y = 6 + 0.15X$
② $16.5 = 6 + 0.15X$
③ $X = 70[mm]$

참고 산업안전산업기사 필기 p.3-12(합격날개 : 합격예측)

KEY
① 2016년 8월 21일 출제
② 2017년 5월 7일 기사 출제

【 정답 】 48 ③　49 ④　50 ②　51 ①

과년도 출제문제

52 다음 설명 중 ( )에 알맞은 내용은?

롤러기의 급정지장치는 롤러를 무부하로 회전시킨 상태에서 앞면 롤러의 표면속도가 30[m/min] 미만일 때에는 급정지거리가 앞면 롤러 원주의 ( ) 이내에서 롤러를 정지시킬 수 있는 성능을 보유해야 한다.

① $\dfrac{1}{2}$ ② $\dfrac{1}{4}$
③ $\dfrac{1}{3}$ ④ $\dfrac{1}{2.5}$

해설
롤러의 급정지거리

앞면롤러의 표면속도[m/min]	급정지거리	표면속도 산출공식
30 미만	앞면 롤러 원주의 1/3 이내 ($\pi \times D \times \dfrac{1}{3}$)	$V = \dfrac{\pi DN}{1,000}$ [m/min]
30 이상	앞면 롤러 원주의 1/2.5 이내 ($\pi \times D \times \dfrac{1}{2.5}$)	

참고 산업안전산업기사 필기 p.3-113 (표. 롤러의 급정지거리)

KEY
① 2016년 3월 6일 산업기사 출제
② 2017년 3월 5일 출제
③ 2017년 8월 26일 출제
④ 2022년 7월 2일(문제 51번) 출제

---

53 산업안전보건법령상 강렬한 소음작업에서 데시벨에 따른 노출시간으로 적합하지 않은 것은?

① 100데시벨 이상의 소음이 1일 2시간 이상 발생하는 작업
② 110데시벨 이상의 소음이 1일 30분 이상 발생하는 작업
③ 115데시벨 이상의 소음이 1일 15분 이상 발생하는 작업
④ 120데시벨 이상의 소음이 1일 7분 이상 발생하는 작업

해설
강렬한 소음작업 기준

dB 기준	90	95	100	105	110	115
허용노출시간	8시간	4시간	2시간	1시간	30분	15분

참고 산업안전산업기사 필기 p.2-172(표 : 음압과 허용노출관계)

KEY
① 2016년 8월 26일 기사, 산업기사 출제
② 2020년 8월 22일 기사 출제
③ 2021년 8월 14일(문제 41번) 출제
④ 2022년 4월 17일(문제 50번) 출제

합격정보
산업안전보건기준에 관한 규칙 제512조(정의)

보충학습
① 소음작업 : 1일 8시간 작업을 기준으로 85[dB] 이상의 소음을 발생하는 작업
② 충격소음(최대음압수준) : 140[dB(A)]

---

54 방호장치 안전인증 고시에 따라 프레스 및 전단기에 사용되는 광전자식 방호장치의 일반구조에 대한 설명으로 가장 적절하지 않은 것은?

① 정상동작표시램프는 녹색, 위험표시램프는 붉은색으로 하며, 근로자가 쉽게 볼 수 있는 곳에 설치해야 한다.
② 슬라이드 하강 중 정전 또는 방호장치의 이상 시에 정지할 수 있는 구조이어야 한다.
③ 방호장치는 릴레이, 리미트 스위치 등의 전기부품의 고장, 전원전압의 변동 및 정전에 의해 슬라이드가 불시에 동작하지 않아야 하며, 사용전원전압의 ±(100분의 10)의 변동에 대하여 정상으로 작동되어야 한다.
④ 방호장치의 감지기능은 규정한 검출영역 전체에 걸쳐 유효하여야 한다.(다만, 블랭킹 기능이 있는 경우 그렇지 않다.)

해설
광전자식 방호장치의 일반구조
① 방호장치는 릴레이, 리미트 스위치 등의 전기부품의 고장, 전원전압의 변동 및 정전에 의해 슬라이드가 불시에 동작하지 않아야 한다.
② 사용전원전압의 ±(100분의 20)의 변동에 대하여 정상으로 작동되어야 한다.

[정답] 52 ③ 53 ④ 54 ③

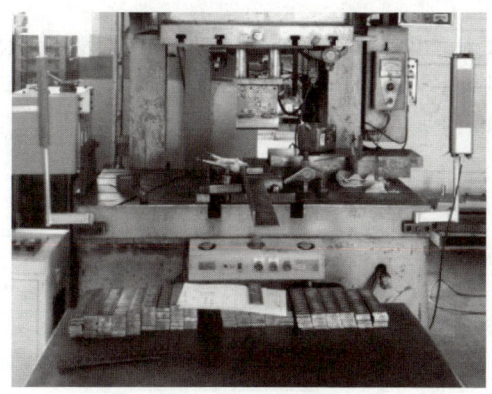

[그림] 광전자식 방호장치

참고) 산업안전산업기사 필기 p.3-106(합격날개 : 합격예측)

KEY ① 2018년 3월 4일 산업기사(문제 54번) 출제
② 2022년 4월 17일(문제 51번) 출제

55 산업안전보건법령상 프레스기를 사용하여 작업을 할 때 작업시작 전 점검사항으로 틀린 것은?

① 클러치 및 브레이크의 기능
② 압력방출장치의 기능
③ 크랭크축·플라이휠·슬라이드·연결봉 및 연결나사의 풀림 유무
④ 프레스의 금형 및 고정 볼트의 상태

해설
프레스 작업시작전 점검사항
① 클러치 및 브레이크의 기능
② 크랭크축·플라이휠·슬라이드·연결봉 및 연결나사의 풀림 유무
③ 1행정 1정지기구·급정지장치 및 비상정지장치의 기능
④ 슬라이드 또는 칼날에 의한 위험방지 기구의 기능
⑤ 프레스의 금형 및 고정볼트 상태
⑥ 방호장치의 기능
⑦ 전단기(剪斷機)의 칼날 및 테이블의 상태

참고) 산업안전산업기사 필기 p.3-54(표 : 기계·기구의 위험요소 작업시작 전 점검사항)

KEY ① 2016년 3월 6일 출제
② 2017년 3월 5일, 5월 7일, 8월 26일 출제
③ 2018년 3월 4일 출제
④ 2021년 8월 14일 출제
⑤ 2022년 3월 5일(문제 47번), 4월 17일(문제 55번) 출제

합격정보
산업안전보건기준에 관한 규칙 [별표 3] 작업시작전 점검사항

56 산업안전보건법령상 아세틸렌 용접장치의 아세틸렌 발생기실을 설치하는 경우 준수하여야 하는 사항으로 옳은 것은?

① 벽은 가연성 재료로 하고 철근 콘크리트 또는 그 밖에 이와 동등하거나 그 이상의 강도를 가진 구조로 할 것
② 바닥면적의 16분의 1 이상의 단면적을 가진 배기통을 옥상으로 돌출시키고 그 개구부를 창이나 출입구로부터 1.5미터 이상 떨어지도록 할 것
③ 출입구의 문은 불연성 재료로 하고 두께 1.0밀리미터 이하의 철판이나 그 밖에 그 이상의 강도를 가진 구조로 할 것
④ 발생기실을 옥외에 설치한 경우에는 그 개구부를 다른 건축물로부터 1.0미터 이내 떨어지도록 할 것

해설
산업안전보건기준에 관한 규칙 제287조(발생기실의 구조 등)
사업주는 발생기실을 설치하는 경우에 다음 각 호의 사항을 준수하여야 한다.
1. 벽은 불연성 재료로 하고 철근 콘크리트 또는 그 밖에 이와 같은 수준이거나 그 이상의 강도를 가진 구조로 할 것
2. 지붕과 천장에는 얇은 철판이나 가벼운 불연성 재료를 사용할 것
3. 바닥면적의 16분의 1 이상의 단면적을 가진 배기통을 옥상으로 돌출시키고 그 개구부를 창이나 출입구로부터 1.5미터 이상 떨어지도록 할 것
4. 출입구의 문은 불연성 재료로 하고 두께 1.5밀리미터 이상의 철판이나 그 밖에 그 이상의 강도를 가진 구조로 할 것
5. 벽과 발생기 사이에는 발생기의 조정 또는 카바이드 공급 등의 작업을 방해하지 않도록 간격을 확보할 것

참고) 산업안전산업기사 필기 p.3-118(합격날개 : 합격예측 및 관련 법규)

KEY ① 2016년 3월 6일 산업기사 출제
② 2017년 5월 7일 기사 출제
③ 2018년 3월 4일 산업기사 출제
④ 2018년 4월 28일 기사 출제
⑤ 2019년 8월 4일(문제 56번)
⑥ 2020년 9월 27일 (문제 44번) 출제
⑦ 2022년 4월 17일(문제 60번) 출제

보충학습
아세틸렌 용접장치 화기 안전거리
① 발생기 : 5[m]
② 발생기실 : 3[m]

합격정보
산업안전보건기준에 관한 규칙 제287조(발생기실의 구조 등)

[정답] 55 ② 56 ②

과년도 출제문제

57 프레스에 대한 안전장치 중 금형 안에 손이 들어가지 않는 구조(No Hand in Die Type)인 것은?

① 자동 송급식 ② 양수 조작식
③ 손쳐내기식 ④ 감응식

해설

프레스방호장치
(1) No-hand in die 방식의 종류
　① 안전울 부착 프레스
　② 안전금형 부착 프레스
　③ 전용 프레스 도입
　④ 자동 프레스(송급식) 도입
(2) hand in die 방식의 종류
　① 프레스기의 종류, 압력능력, 매분 행정수, 행정길이 및 작업방법에 따른 방호장치
　　㉮ 가드식 방호장치
　　㉯ 손쳐내기식 방호장치
　　㉰ 수인식 방호장치
　② 프레스기의 정지 성능에 상응하는 방호장치
　　㉮ 양수 조작식 방호장치
　　㉯ 감응식 방호장치

참고 산업안전산업기사 필기 p.3-109(표. 프레스기 안전장치)

KEY
① 1996년 10월 16일(문제 56번)
② 2001년 3월 4일(문제 59번)
③ 2006년 5월 14일(문제 49번) 출제
④ 2022년 3월 2일(문제 46번) 출제

58 동력 프레스를 숫돌의 지름이 D[mm], 회전수 N[rpm]이라 할 때 연삭숫돌의 원주속도 V[m/min]를 구하는 식으로 옳은 것은?

① $D \cdot N$ ② $\pi \cdot D \cdot N$
③ $\dfrac{D \cdot N}{1,000}$ ④ $\dfrac{\pi \cdot D \cdot N}{1,000}$

해설

숫돌의 원주속도
원주속도[m/분] = π×숫돌 지름 D[m]×숫돌의 매분 회전수 N[rpm]

$$= \frac{\pi D[\text{mm}] N[\text{rpm}]}{1,000}$$

참고 산업안전산업기사 필기 p.3-92(합격날개 : 합격예측)

KEY
① 2010년 3월 7일(문제 43번) 출제
② 2022년 3월 2일(문제 47번) 출제

59 그림과 같이 2[개]의 슬링 와이어로프로 무게 1,000[N]의 화물을 인양하고 있다. 로프 T_{AB}에 발생하는 장력의 크기는 약 몇 [N]인가?

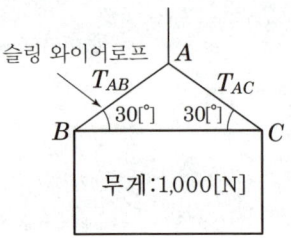

① 500[N] ② 707[N]
③ 1,000[N] ④ 1,414[N]

해설

$T_{(AB)}$ 장력크기
와이어로프 한 가닥에 작용하는 장력(T)
그림을 다음과 같이 변경할 수 있다.

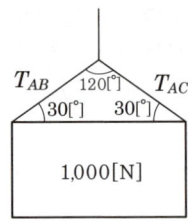

① 삼각형 전체 합산 각도는 180[°]이다.
　$180 = 30 + 30 + \theta \rightarrow \theta = 120[°]$
② 장력 $T_{AB} = \dfrac{\dfrac{W}{2}}{\cos\dfrac{\theta}{2}} = \dfrac{\dfrac{1,000}{2}}{\cos\dfrac{120}{2}} = 1,000[\text{N}]$

참고 산업안전산업기사 필기 p.3-151 (3. 와이어로프에 걸리는 하중계산)

KEY
① 2009년 3월 1일(문제 50번) 출제
② 2022년 3월 2일(문제 49번) 출제

보충학습
$\cos 60[°] = 1/2$

[정답] 57 ① 58 ④ 59 ③

60 프레스의 안전장치가 아닌 것은?

① 스위프가드(sweep guard)
② 풀 아웃(pull out)
③ 게이트가드(gate guard)
④ 롤 피더(roll feeder)

해설

프레스 안전장치
① 손쳐내기식(Push away, sweep guard)
② 수인식(Pull out)
③ 게이트가드
④ 양수조작식
⑤ 광전자식

참고 산업안전산업기사 필기 p.3-101 (4) 프레스의 안전장치 및 방호대책

KEY
① 2007년 5월 13일(문제 56번) 출제
② 2022년 3월 5일 기사 출제
③ 2022년 3월 2일(문제 57번) 출제

4 전기 및 화학설비 안전관리

61 절연물은 여러 가지 원인으로 전기저항이 저하되어 이른바 절연불량을 일으켜 위험한 상태가 되는데 절연불량의 주요 원인이 아닌 것은?

① 정전에 의한 전기적 원인
② 온도상승에 의한 열적 요인
③ 진동, 충격 등에 의한 기계적 요인
④ 높은 이상전압 등에 의한 전기적 요인

해설

전기기기의 절연저항값이 저하하는 요인
① 온도상승
② 진동
③ 충격
④ 높은 이상전압

 산업안전산업기사 필기 p.4-17(합격날개 : 합격예측)

KEY
① 2017년 8월 26일(문제 61번) 출제
② 2023년 7월 8일(문제 70번) 출제

62 아세톤에 관한 설명으로 옳은 것은?

① 인화점은 557.8[℃]이다.
② 무색의 휘발성 액체이며 유독하지 않다.
③ 20[%] 이하의 수용액에서는 인화 위험이 없다.
④ 일광이나 공기에 노출되면 과산화물을 생성하여 폭발성으로 된다.

해설

아세톤(CH_3COCH_3 : 디메틸케톤)
① 수용성의 인화성물질(인화점 : -18[℃])
② 일광이나 공기중에 노출되면 폭발성의 과산화물 생성
③ 피부에 닿으면 탈지작용을 일으킴
④ 저장용기는 밀봉하여 냉암소에 보관

KEY
① 2015년 8월 16일(문제 71번) 출제
② 2023년 7월 8일(문제 74번) 출제

보충학습

[표] 물질의 성장

물질명	화학식	인화점[℃]	비중(물=1)	수용성
아세트알데히드	CH_3CHO	-37.7	0.78	물에 작 녹음(용)
가솔린	$C_5H_{12} \sim C_9H_{20}$	-42~-20	0.7~0.8	물에 녹지 않음(불)
에테르	$C_2H_5C_2H_5$	-45	0.71	물에 잘 녹지 않음(난)
아세톤	$C_2H_5OC_2H_5$	-18	0.79	물에 잘 녹음(용)

63 산업안전보건법령에서 정한 위험물을 기준량 이상으로 제조하거나 취급하는 설비 중 특수화학설비에 해당하지 않는 것은?

① 발열반응이 일어나는 반응장치
② 증류·정류·증발·추출 등 분리를 하는 장치
③ 가열로 또는 가열기
④ 고로 등 점화기를 직접 사용하는 열교환기류

해설

고로 등 점화기를 직접 사용하는 열교환기류 : 화학설비

 산업안전산업기사 필기 p.4-168(문제 59번)

KEY
① 2016년 8월 21일 기사 출제
② 2017년 3월 5일 기사 출제
③ 2023년 7월 8일(문제 76번) 출제

[정답] 60 ④ 61 ① 62 ④ 63 ④

64 다음 중 건조설비의 사용상 주의사항으로 적절하지 않은 것은?

① 건조설비 가까이 가연성 물질을 두지 말 것
② 고온으로 가열 건조한 물질은 즉시 격리 저장할 것
③ 위험물 건조설비를 사용할 때는 미리 내부를 청소하거나 환기시킨 후 사용할 것
④ 건조 시 발생하는 가스·증기 또는 분진에 의한 화재·폭발의 위험이 있는 물질은 안전한 장소로 배출할 것

해설
건조설비 사용 시 주의사항
① 위험물 건조설비를 사용하는 경우에는 미리 내부를 청소하거나 환기할 것
② 위험물 건조설비를 사용하는 경우에는 건조로 인하여 발생하는 가스·증기 또는 분진에 의하여 폭발·화재의 위험이 있는 물질을 안전한 장소로 배출시킬 것
③ 위험물 건조설비를 사용하여 가열건조하는 건조물은 쉽게 이탈되지 않도록 할 것
④ 고온으로 가열건조한 인화성 액체는 발화의 위험이 없는 온도로 냉각한 후에 격납시킬 것
⑤ 건조설비(바깥면이 현저히 고온이 되는 설비만 해당)에 가까운 장소에는 인화성 액체를 두지 않도록 할 것

참고 산업안전산업기사 필기 p.4-148(합격날개 : 합격예측 및 관련 법규)

KEY ① 2016년 8월 21일(문제 79번) 출제
② 2023년 7월 8일(문제 78번) 출제

합격정보
산업안전보건기준에 관한 규칙 제283조(건조설비의 사용)

---

65 다음은 산업안전보건법령에 따른 위험물질의 종류 중 부식성 염기류에 관한 내용이다. ( )안에 알맞은 수치는?

> 농도가 ( )[%] 이상인 수산화나트륨, 수산화칼륨, 그 밖에 이와 같은 정도 이상의 부식성을 가지는 염기류

① 20   ② 40
③ 60   ④ 80

해설
부식성 물질
① 부식성 산류
  ㉮ 농도가 20[%] 이상인 염산, 황산, 질산, 기타 이와 동등 이상의 부식성을 지니는 물질
  ㉯ 농도가 60[%] 이상인 인산, 아세트산, 플루오르산, 기타 이와 동등 이상의 부식성을 가지는 물질
② 부식성 염기류 : 농도가 40[%] 이상인 수산화나트륨, 수산화칼슘, 기타 이와 동등 이상의 부식성을 가지는 염기류

참고 산업안전산업기사 필기 p.4-130(7. 부식성 물질)

KEY ① 2016년 3월 6일 출제
② 2017년 8월 26일 기사·산업기사 동시출제
③ 2023년 7월 8일(문제 80번) 출제

합격정보
산업안전보건기준에 관한 규칙 [별표 1] 위험물질의 종류

---

66 정전기 발생에 영향을 주는 요인이 아닌 것은?

① 물체의 특성   ② 물체의 표면상태
③ 접촉면적 및 압력   ④ 응집 속도

해설
정전기 발생에 영향을 주는 요인
① 물질(체)의 특성
② 물질의 이력
③ 물질의 표면
④ 정전기분리속도
⑤ 접촉면적 및 압력

참고 산업안전산업기사 필기 p.4-32(1. 정전기 발생 원리)

KEY ① 2016년 8월 21일 기사 출제
② 2017년 3월 5일, 5월 7일 기사 출제
③ 2023년 5월 13일(문제 62번) 기사 등 5회 이상 출제

---

67 제전기의 설치 장소로 가장 적절한 것은?

① 대전물체의 뒷면에 접지물체가 있는 경우
② 정전기의 발생원으로부터 5~20[cm] 정도 떨어진 장소
③ 오물과 이물질이 자주 발생하고 묻기 쉬운 장소
④ 온도가 150[℃], 상대습도가 80[%] 이상인 장소

[정답] 64 ② 65 ② 66 ④ 67 ②

> **해설**

제전기 설치 장소
① 제전기를 설치하기 전후의 전위를 측정하여 제전의 목표치를 만족하는 위치 또는 제전효율이 90[%] 이상이 되는 위치
② 제전기를 설치하기 전에 대전물체의 전위를 측정하여 그 전위가 될 수 있는 한 높은 위치
③ 정전기의 발생원에서 최소한 설치거리 이상 떨어져 있으면서 될 수 있는 한 발생원에 가까운 위치로서 일반적으로 정전기의 발생원에서 5~20[cm] 이상 떨어진 위치
④ 제전기의 설치위치는 원칙적으로 대전물체 배면의 접지체 또는 다른 제전기가 설치되어 있는 위치, 정진기의 발생원, 제전기에 오물이 묻기 쉬운 장소는 피하고 온도가 150[℃], 상대습도가 80[%] 이상이 되는 환경은 피해야 한다.

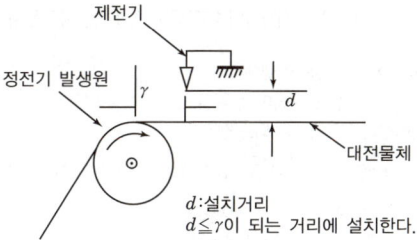

[그림] 제전기의 설치

> **참고** 산업안전산업기사 필기 p.4-41(4. 제전대상에 따른 제전기의 선정)

> **KEY** ① 2020년 8월 23일(문제 61번) 출제
> ② 2023년 5월 13일(문제 64번) 출제

68 감전을 방지하기 위하여 정전작업 요령을 관계근로자에게 주지시킬 필요가 없는 것은?

① 전원설비 효율에 관한 사항
② 단락접지 실시에 관한 사항
③ 전원 재투입 순서에 관한 사항
④ 작업 책임자의 임명, 정전범위 및 절연용 보호구 작업 등 필요한 사항

> **해설**

정전 작업 시 5대 안전수칙
① 작업 전 전원차단
② 전원투입방지
③ 작업장소의 무전압 여부 확인
④ 단락접지
⑤ 작업장소의 보호

> **참고** 산업안전산업기사 필기 p.4-76(1. 정전작업 시 조치사항)

> **KEY** ① 2016년 8월 21일 출제
> ② 2017년 5월 7일 기사·산업기사 동시 출제
> ③ 2023년 6월 4일 기사 등 5회 이상 출제
> ④ 2023년 5월 13일(문제 70번) 출제

69 산업안전보건법령상 관리대상 유해물질의 운반 및 저장 방법으로 적절하지 않은 것은?

① 저장장소에는 관계 근로자가 아닌 사람의 출입을 금지하는 표시를 한다.
② 저장장소에서 관리대상 유해물질의 증기가 실외로 배출되지 않도록 적절한 조치를 한다.
③ 관리대상 유해물질을 저장할 때 일정한 장소를 지정하여 저장하여야 한다.
④ 물질이 새거나 발산될 우려가 없는 뚜껑 또는 마개가 있는 튼튼한 용기를 사용한다.

> **해설**

관리대상물질의 저장방법
① 관리대상 유해물질의 증기를 실외로 배출시키는 설비를 설치할 것
② 저장장소에는 관계 근로자가 아닌 사람의 출입을 금지하는 표시를 한다.
③ 관리대상 유해물질을 저장할 때 일정한 장소를 지정하여 저장하여야 한다.
④ 물질이 새거나 발산될 우려가 없는 뚜껑 또는 마개가 있는 튼튼한 용기를 사용한다.

> **참고** 산업안전산업기사 필기 p.4-137(합격날개 : 합격예측 및 관련 법규)

> **KEY** ① 2018년 4월 28일(문제 76번) 출제
> ② 2023년 5월 13일(문제 74번) 출제

> **합격정보**
산업안전보건기준에 관한 규칙 제443조(관리대상물질의 저장)

70 염소산칼륨에 관한 설명으로 옳은 것은?

① 탄소, 유기물과 접촉 시에도 분해폭발 위험은 거의 없다.
② 열에 강한 성질이 있어서 500[℃]의 고온에서도 안정적이다.
③ 찬물이나 에탄올에도 매우 잘 녹는다.
④ 산화성 고체물질이다.

【 정답 】 68 ① 69 ② 70 ④

> **해설**

염소산 칼륨(KClO₃)
① 제1류 위험물 : 산화성고체
② 상온에서 고체상태, 마찰 충격 등으로 많은 산소를 방출
③ 가연물의 연소를 돕는 조연성 물질이며, 강산화성 물질
④ 유기물, 탄소, 황 등과 혼합하여 가열하거나 충격을 부여하면 폭발
⑤ 극약, 녹는점 368[℃], 비중 2.326(39[℃])이다.
⑥ 가열하면 400[℃]에서 분해하여 과염소산칼륨과 염화칼륨이 되며, 더 가열하면 산소를 방출하고 전부 염화칼륨이 된다.

> **참고** 산업안전산업기사 필기 p.4-133(3. 유해화학물질 취급 시 주의사항)

> **KEY**
> ① 2020년 8월 23일(문제 71번) 출제
> ② 2023년 5월 13일(문제 79번) 출제

71 다음 중 전류밀도, 통전전류, 접촉면적과 피부저항과의 관계를 설명한 것으로 옳은 것은?

① 같은 크기의 전류가 흘러도 접촉면적이 커지면 피부저항은 작게 된다.
② 같은 크기의 전류가 흘러도 접촉면적이 커지면 전류밀도는 커진다.
③ 전류밀도와 접촉면적은 비례한다.
④ 전류밀도와 전류는 반비례한다.

> **해설**

접촉면적이 작으면 피부저항은 크고 접촉면적이 넓으면 피부저항은 작다.

> **KEY**
> ① 2012년 3월 4일(문제 64번) 출제
> ② 2023년 3월 1일(문제 64번) 출제

> **보충학습**

ESR(electric skin resistance)
피부전기저항은 피부에 전류를 흘렸을 때 그에 대항하여 생기는 피부 내의 전기저항

> **참고** 산업안전산업기사 필기 p.4-24(문제 3번)

72 전기설비 등에는 누전에 의한 감전의 위험을 방지하기 위하여 전기기계·기구의 접지를 실시하도록 하고 있다. 전기기계·기구의 접지에 대한 설명 중 틀린 것은?

① 특별고압의 전기를 취급하는 변전소·개폐소 그 밖에 이와 유사한 장소에서는 지락(地絡)사고가 발생할 경우 접지극의 전위상승에 의한 감전위험을 감소시키기 위한 조치를 하여야 한다.
② 코드 및 플러그를 접속하여 사용하는 전압이 대지전압 110[V]를 넘는 전기기계·기구가 노출된 비충전 금속체에는 접지를 반드시 실시하여야 한다.
③ 접지설비에 대하여는 상시 적정상태 유지여부를 점검하고 이상을 발견한 때에는 즉시 보수하거나 재설치하여야 한다.
④ 전기기계·기구의 금속체 외함·금속제 외피 및 철대에는 접지를 실시하여야 한다.

> **해설**

누전차단기를 설치하여야 되는 장소
① 전기기계·기구 중 대지전압이 150[V]를 초과하는 이동형 또는 휴대형의 것
② 물 등 도전성이 높은 액체에 의한 습윤장소
③ 철판·철골 위 등 도전성이 높은 장소
④ 임시배선의 전로가 설치되는 장소

> **참고** 산업안전산업기사 필기 p.4-6(2. 누전차단기 설치 장소)

> **KEY**
> ① 2019년 8월 4일 (문제 62번) 출제
> ② 2020년 6월 14일(문제 70번) 출제
> ③ 2023년 3월 1일(문제 70번) 출제

> **합격정보**
산업안전보건기준에 관한 규칙 제304조(누전차단기에 의한 감전방지)

73 다음 중 분진폭발의 가능성이 가장 낮은 물질은?

① 소맥분   ② 마그네슘
③ 질석가루   ④ 석탄

> **해설**

분진 폭발 물질
① 금속 : Al, Mg, Fe, Mn, Si, Sn
② 분말 : 티탄, 바나듐, 아연, Dow합금
③ 농산물 : 밀가루, 녹말, 솜, 쌀, 콩, 코코아, 커피

> **참고** 산업안전산업기사 필기 p.4-103(표. 증기폭발, 분진폭발, 분해폭발)

> **KEY**
> ① 2016년 5월 8일 기사 출제
> ② 2017년 8월 26일 기사 출제
> ③ 2023년 3월 1일(문제 72번) 출제

> **보충학습**

질석
① 질석은 퍼미큐라이트 라고 하는 건축용자재로서 파종이나 삽목에 토양으로 사용하는 재료
② 주로 펄라이트와 배합을 해서 사용

[정답] 71 ① 72 ② 73 ③

74 다음 중 산업안전보건법령상 산화성 액체 또는 산화성 고체에 해당하지 않는 것은?

① 질산
② 중크롬산
③ 과산화수소
④ 질산에스테르

해설

질산에스테르 : 폭발성물질

참고) 산업안전산업기사 필기 p.4-129(1. 위험물의 성질과 위험성)

KEY ① 2018년 3월 4일 출제
② 2018년 4월 28일 출제
③ 2022년 7월 2일(문제 71번) 출제

합격정보
산업안전보건기준에 관한 규칙 [별표1] 위험물질의 종류

75 마그네슘의 저장 및 취급에 관한 설명으로 틀린 것은?

① 화기를 엄금하고, 가열, 충격, 마찰을 피한다.
② 질분말이 비산하지 않도록 밀봉하여 저장한다.
③ 제6류 위험물과 같은 산화제와 혼합되지 않도록 격리, 저장한다.
④ 일단 연소하면 소화가 곤란하지만 초기 소화 또는 소규모 화재 시 물, CO_2 소화설비를 이용하여 소화한다.

해설

마그네슘의 저장 취급방법
① 발화성 물질
② 반드시 격리 저장

참고) 산업안전산업기사 필기 p.4-131((2)유독성 물질관리와 관련된 중요사항)

KEY ① 2017년 8월 26일 기사 출제
② 2022년 7월 2일(문제 78번) 출제

보충학습
화재시 반드시 건조사를 사용한다.

76 다음 중 고체의 연소방식에 관한 설명으로 옳은 것은?

① 분해연소란 고체가 표면의 고온을 유지하며 타는 것을 말한다.
② 표면연소란 고체가 가열되어 열분해가 일어나고 가연성 가스가 공기 중의 산소와 타는 것을 말한다.
③ 자기연소란 공기 중 산소를 필요로 하지 않고 자신이 분해되며 타는 것을 말한다.
④ 분무연소란 고체가 가열되어 가연성 가스를 발생시키며 타는 것을 말한다.

해설

분무연소[spray combustion : 噴霧燃燒]
① 경질유나 중유의 공업상의 일반적 연소법으로서 연료유를 기계적으로 수(數)미크론 내지 수백(數百) 미크론의 무수한 오일방울로 미립화(분무)함으로써 증발 표면적을 비약적으로 증가시켜 연소시키는 것
② 보일러에 있어서의 오일 연소는 모두 분무 연소이다.

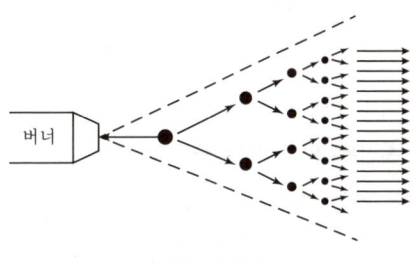

[그림] 분무연소

참고) 산업안전산업기사 필기 p.4-98 (2. 고체의 연소)

KEY ① 2016년 8월 21일 출제
② 2017년 5월 7일 출제
③ 2022년 7월 2일(문제 80번) 출제

보충학습

[표] 고체연소종류

종류	특징
표면연소	연소물 표면에서 산소와 급격한 산화반응으로 열과 빛을 발생하는 현상으로 가연성가스 발생이나 열분해 반응이 없어 불꽃이 없는 것이 특징 예 코크스, 금속분, 목탄 등
분해연소	고체 가연물이 점화원에 의해 복잡한 경로의 열분해 반응으로 가연성 증기가 발생하여 공기과 연소범위를 형성하게 되어 연소하는 형태 예 목재, 종이, 플라스틱, 석탄 등
증발연소	고체 가연물이 점화원에 의해 상태변화(융해)를 일으켜 액체가 되고 일정 온도에서 가연성 증기가 발생, 공기와 혼합하여 연소하는 형태 예 나프탈렌, 황, 파라핀 등
자기연소	분자내에 산소를 함유하고 있는 고체 가연물이 외부의 산소 공급원 없이 점화원에 의해 연소하는 형태 예 제5류 위험물, 니트로 글리셀린, 니트로 세룰로우스, 트리니트로 톨루엔, 질산 에틸 등

[정답] 74 ④   75 ④   76 ③

77 정전기 재해방지에 관한 설명 중 틀린 것은?

① 이황화탄소의 수송 과정에서 배관 내의 유속을 2.5[m/s] 이상으로 한다.
② 포장 과정에서 용기를 도전성 재료에 접지한다.
③ 인쇄 과정에서 도포량을 소량으로 하고 접지한다.
④ 작업장의 습도를 높여 전하가 제거되기 쉽게 한다.

해설

초기 배관 내 유속 제한
① 도전성 위험물로써 저항률이 $10^{10}[\Omega cm]$ 미만의 배관유속은 7[m/s] 이하
② 이황화탄소, 에테르 등과 같이 폭발위험성이 높고 유동대전이 심한 액체는 1[m/s] 이하
③ 비수용성이면서 물기가 기체를 혼합한 위험물은 1[m/s] 이하

참고 산업안전산업기사 필기 p.4-38(2. 배관내 액체의 유속제한)

KEY ① 2015년 3월 8일(문제 64번)
② 2016년 8월 21일 (문제 66번) 출제
③ 2022년 4월 17일(문제 64번) 출제

78 분진폭발의 특징으로 옳은 것은?

① 연소속도가 가스폭발보다 크다.
② 완전연소로 가스중독의 위험이 작다.
③ 화염의 파급속도보다 압력의 파급속도가 빠르다.
④ 가스 폭발보다 연소시간은 짧고 발생에너지는 작다.

해설

압력의 속도
① 압력속도는 300[m/s] 정도이다.
② 화염속도보다는 압력속도가 훨씬 빠르다.

참고 산업안전산업기사 필기 p.4-105(표. 분진 폭발의 특징)

KEY ① 2018년 4월 28일 기사 출제
② 2019년 8월 4일(문제 86번) 출제)
③ 2022년 4월 17일(문제 77번) 출제

79 다음 중 증류탑의 일상 점검항목으로 볼 수 없는 것은?

① 도장의 상태
② 트레이(Tray)의 부식상태
③ 보온재, 보냉재의 파손여부
④ 접속부, 맨홀부 및 용접부에서의 외부 누출유무

해설

증류탑 일상 점검항목
① 보온재 및 보냉재의 파손상황
② 도장의 열화상황
③ 플랜지부, 맨홀부, 용접부에서 외부 누출 여부
④ 기초볼트의 헐거움 여부
⑤ 증기배관에 열팽창에 의한 무리한 힘이 가해지고 있는지의 여부
⑥ 부식에 의해 두께가 얇아지고 있는지의 여부

참고 산업안전산업기사 필기 p.4-147(3. 증류탑의 점검사항)

KEY ① 2010년 7월 25일(문제 72번) 출제
③ 2022년 3월 2일(문제 78번) 출제

80 부탄의 공기 중 연소하한값 1.6[vol%]일 경우, 연소에 필요한 최소산소농도는 약 몇 [vol%]인가?

① 9.4
② 10.4
③ 11.4
④ 12.4

해설

최소산소농도
① $C_4H_{10} + 6.5O_2 \rightarrow 4CO_2 + 5H_2O$
② MOC(최소사용농도) = 연료의 연소하한치×산소 mol수
    = 1.6×6.5 = 10.4[%]

참고 산업안전산업기사 필기 p.4-113(보충학습 및 실전문제)

KEY ① 2005년 기사출제
② 2009년 5월 10일(문제 77번) 출제
③ 2022년 3월 2일(문제 80번) 출제

5 건설공사 안전관리

81 지반의 종류가 암반 중 경암일 경우 굴착면 기울기 기준으로 옳은 것은?

① 1 : 0.3
② 1 : 0.5
③ 1 : 1.0
④ 1 : 1.5

[정답] 77 ① 78 ③ 79 ② 80 ② 81 ②

해설

굴착면의 기울기 기준

지반의 종류	굴착면의 기울기
모래	1 : 1.8
연암 및 풍화암	1 : 1.0
경암	1 : 0.5
그 밖의 흙	1 : 1.2

예) 1 : 0.5

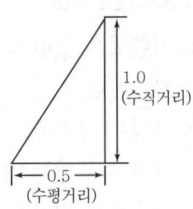

참고 산업안전산업기사 필기 p.5-56(표. 굴착면의 기울기 기준)

KEY
① 2016년 5월 8일 기사 · 산업기사 동시 출제
② 2020년 6월 7일 기사 (문제 111번) 출제
③ 2020년 9월 27일 기사 (문제 115번) 출제
④ 2023년 7월 8일(문제 97번) 출제

합격정보
① 산업안전보건기준에 관한 규칙 [별표 11] 굴착면의 기울기 기준
② 2023년 11월 14일 법 개정

---

82 옥내작업장에는 비상시에 근로자에게 신속하게 알리기 위한 경보용 설비 또는 기구를 설치하여야 한다. 그 설치대상 기준으로 옳은 것은?

① 연면적이 400[m²] 이상이거나 상시 40명 이상의 근로자가 작업하는 옥내작업장
② 연면적이 400[m²] 이상이거나 상시 50명 이상의 근로자가 작업하는 옥내작업장
③ 연면적이 500[m²] 이상이거나 상시 40명 이상의 근로자가 작업하는 옥내작업장
④ 연면적이 500[m²] 이상이거나 상시 50명 이상의 근로자가 작업하는 옥내작업장

해설

제19조(경보용 설비 등)
사업주는 연면적이 400[m²] 이상이거나 상시 50인 이상의 근로자가 작업하는 옥내작업장에는 비상시에 근로자에게 신속하게 알리기 위한 경보용 설비 또는 기구를 설치하여야 한다.

KEY
① 2019년 8월 4일(문제 89번) 출제
② 2023년 7월 8일(문제 99번) 출제

합격정보
산업안전보건기준에 관한 규칙 제19조

---

83 산업안전보건법령에 따른 크레인을 사용하여 작업을 하는 때 작업시작 전 점검사항에 해당되지 않는 것은?

① 권과방지장치·브레이크·클러치 및 운전장치의 기능
② 주행로의 상측 및 트롤리(trolley)가 횡행하는 레일의 상태
③ 원동기 및 풀리(pulley)기능의 이상 유무
④ 와이어로프가 통하고 있는 곳의 상태

해설

크레인을 사용하여 작업을 할 때 작업시작전 점검사항
① 권과방지장치·브레이크·클러치 및 운전장치의 기능
② 주행로의 상측 및 트롤리가 횡행(橫行)하는 레일의 상태
③ 와이어로프가 통하고 있는 곳의 상태

참고 산업안전산업기사 필기 p.3-54(표. 기계·기구의 위험요소 작업시작 전 점검사항)

KEY
① 2016년 3월 6일 기사 출제
② 2017년 3월 5일 기사 출제
③ 2017년 9월 23일 산업기사 등 5회 이상 출제
④ 2023년 5월 13일(문제 82번) 출제

합격정보
산업안전보건기준에 관한 규칙 [별표 3]작업시작전 점검사항

---

84 지반의 조사방법 중 지질의 상태를 가장 정확히 파악할 수 있는 보링방법은?

① 충격식 보링(percussion boring)
② 수세식 보링(wash boring)
③ 회전식 보링(rotary boring)
④ 오거 보링(auger boring)

해설

회전식 보링(Rotary Boring)
① 비트(Bit)를 약 40~150[rpm]의 속도로 회전시켜 흙을 펌프를 이용하여 지상으로 퍼내 지층상태를 판단하는 것
② 가장 정확한 지층상태 확인가능

참고 산업안전산업기사 필기 p.5-7(2. 보링의 종류)

KEY
① 2017년 5월 7일(문제 98번) 출제
② 2023년 5월 13일(문제 86번) 출제

[정답] 82 ② 83 ③ 84 ③

과년도 출제문제

85 추락재해 방호용 방망의 신품에 대한 인장강도는 얼마인가?(단, 그물코의 크기가 10[cm]이며, 매듭 방망)

① 200[kg] ② 220[kg]
③ 240[kg] ④ 110[kg]

해설

방망사의 신품에 대한 인장강도

그물코의 크기 (단위 :[cm])	방망의 종류 (단위 : [kg])	
	매듭없는 방망	매듭 방망
10	240	200
5		110

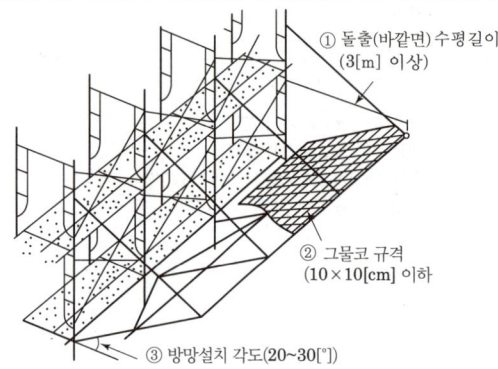

[그림] 추락 방호망

참고 산업안전산업기사 필기 p.5-50(1. 방망사의 강도)

KEY
① 2016년 5월 8일 기사 출제
② 2017년 3월 5일 기사 출제
③ 2017년 8월 26일 기사 등 5회 이상 출제
④ 2023년 5월 13일(문제 88번) 출제

86 옹벽이 외력에 대하여 안정하기 위한 검토 조건이 아닌 것은?

① 전도 ② 활동
③ 좌굴 ④ 지반 지지력

해설

옹벽의 안정조건 3가지
① 활동
② 전도
③ 지반지지력

참고 산업안전산업기사 필기 p.5-59(3. 옹벽의 안정조건 3가지)

KEY
① 2015년 5월 31일(문제 89번) 출제
② 2023년 5월 13일(문제 97번) 출제

87 철근콘크리트 슬래브에 발생하는 응력에 관한 설명으로 옳지 않은 것은?

① 전단력은 일반적으로 단부보다 중앙부에서 크게 작용한다.
② 중앙부 하부에는 인장응력이 발생한다.
③ 단부 하부에는 압축응력이 발생한다.
④ 휨응력은 일반적으로 슬래브의 중앙부에서 크게 작용한다.

해설

전단력은 단부에서 크게 작용한다.

참고 산업안전산업기사 필기 p.5-147(합격날개 : 은행문제)

KEY
① 2014년 8월 17일(문제 91번) 출제
② 2019년 4월 27일(문제 85번) 출제
③ 2023년 5월 13일(문제 98번) 출제

88 다음 중 구조물의 해체작업을 위한 기계·기구가 아닌 것은?

① 쇄석기 ② 데릭
③ 압쇄기 ④ 철제 해머

해설

데릭(derrick)
① 철골세우기용 대표적 기계
② 가장 일반적인 기중기

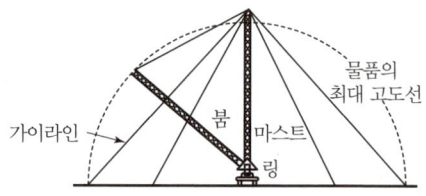

[그림] 가이데릭

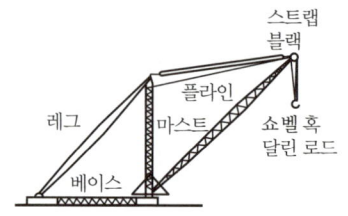

[그림] 스티프레그(삼각)데릭

[정답] 85 ① 86 ③ 87 ① 88 ②

참고 ① 산업안전산업기사 필기 p.5-137(1. 가이데릭)
② 산업안전산업기사 필기 p.5-157(합격날개 : 합격예측)

KEY ① 2018년 4월 28일(문제 83번) 출제
② 2023년 5월 13일(문제 99번) 출제

89 강관비계의 구조에서 비계기둥 간의 최대 허용 적재 하중으로 옳은 것은?

① 500[kg] ② 400[kg]
③ 300[kg] ④ 200[kg]

해설

강관비계의 비계기둥 간의 적재하중 : 400[kg]

참고 ① 산업안전산업기사 필기 p.5-94(라. 비계기둥 간의 적재하중)
② 산업안전산업기사 필기 p.5-99(합격날개 : 합격예측 및 관련법규)

KEY ① 2016년 10월 1일 기사 출제
② 2017년 3월 5일 기사 출제
③ 2018년 4월 28일(문제 83번) 출제
④ 2023년 5월 13일(문제 100번) 출제

합격정보

산업안전보건기준에 관한 규칙 제60조(강관비계의 구조)

90 안전난간의 구조 및 설치기준으로 옳지 않은 것은?

① 안전난간은 상부난간대, 중간난간대, 발끝막이판, 난간기둥으로 구성할 것
② 상부난간대와 중간난간대의 난간 길이 전체에 걸쳐 바닥면 등과 평행을 유지할 것
③ 발끝막이판은 바닥면 등으로부터 10[cm] 이상의 높이를 유지할 것
④ 안전난간은 구조적으로 가장 취약한 지점에서 가장 취약한 방향으로 작용하는 80[kg] 이상의 하중에 견딜 수 있는 튼튼한 구조일 것

해설

안전난간의 구조 및 설치기준

① 상부난간대, 중간난간대, 발끝막이판 및 난간기둥으로 구성할 것. 다만, 중간난간대, 발끝막이판 및 난간기둥은 이와 비슷한 구조와 성능을 가진 것으로 대체할 수 있다.
② 상부난간대는 바닥면·발판 또는 경사로의 표면(이하 "바닥면 등"이라 한다)으로부터 90[cm] 이상 지점에 설치하고, 상부 난간대를 120[cm] 이하에 설치하는 경우에는 중간난간대는 상부난간대와 바닥면 등의 중간에 설치하여야 하며, 120[cm] 이상 지점에 설치하는 경우에는 중간 난간대를 2단 이상으로 균등하게 설치하고 난간의 상하 간격은 60[cm] 이하가 되도록 할 것
③ 발끝막이판은 바닥면 등으로부터 10[cm] 이상의 높이를 유지할 것. 다만, 물체가 떨어지거나 날아올 위험이 없거나 그 위험을 방지할 수 있는 망을 설치하는 등 필요한 예방 조치를 한 장소는 제외한다.
④ 난간기둥은 상부난간대와 중간난간대를 견고하게 떠받칠 수 있도록 적정한 간격을 유지할 것
⑤ 상부난간대와 중간난간대는 난간 길이 전체에 걸쳐 바닥면 등과 평행을 유지할 것
⑥ 난간대는 지름 2.7[cm] 이상의 금속제 파이프나 그 이상의 강도가 있는 재료일 것
⑦ 안전난간은 구조적으로 가장 취약한 지점에서 가장 취약한 방향으로 작용하는 100[kg] 이상의 하중에 견딜 수 있는 튼튼한 구조일 것

참고 산업안전산업기사 필기 p.5-151(합격날개 : 합격예측 및 관련법규)

KEY ① 2023년 2월 28일 기사 등 5회 이상 출제
② 2023년 3월 1일(문제 82번) 출제

합격정보

산업안전보건기준에 관한 규칙 제13조(안전난간의 구조 및 설치요건)

91 철근콘크리트공사에서 슬래브에 대하여 거푸집동바리를 설치할 때 고려해야 할 사항으로 가장 거리가 먼 것은?

① 철근콘크리트의 고정하중
② 타설시의 충격하중
③ 콘크리트의 측압에 의한 하중
④ 작업인원과 장비에 의한 하중

해설

연직방향 하중

① 타설콘크리트 고정하중
② 타설시 충격하중
③ 작업원 등의 작업하중

참고 산업안전산업기사 필기 p.5-146(1. 연직하중)

KEY ① 2015년 3월 8일(문제 89번) 출제
② 2023년 3월 1일(문제 86번) 출제

보충학습

연직하중(W) = 고정하중 + 활하중
  = (콘크리트 + 거푸집)중량 + (충격 + 작업)하중
  = $(r \cdot t + 40)$[kg/m^2] + 250[kg/m^2]
(r : 철근콘크리트 단위중량[kg/m^3], t : 슬래브 두께[m])

[정답] 89 ② 90 ④ 91 ③

과년도 출제문제

92 강관틀비계의 높이가 20[m]를 초과하는 경우 주틀 간의 간격은 최대 얼마 이하로 사용해야 하는가?

① 1.0[m]   ② 1.5[m]
③ 1.8[m]   ④ 2.0[m]

해설

강관틀 비계의 높이가 20[m] 초과시 주틀간의 간격 : 1.8[m] 이하

참고
① 산업안전산업기사 필기 p.5-96(② 조립)
② 산업안전산업기사 필기 p.5-101(합격날개 : 합격예측 및 관련법규)

KEY
① 2019년 3월 3일(문제 97번) 출제
② 2023년 3월 1일(문제 91번) 출제

합격정보
산업안전보건기준에 관한 규칙 제62조(강관틀비계)

---

93 강관비계 중 단관비계의 조립간격(벽체와의 연결간격)으로 옳은 것은?

① 수직방향 : 6[m], 수평방향 : 8[m]
② 수직방향 : 5[m], 수평방향 : 5[m]
③ 수직방향 : 4[m], 수평방향 : 6[m]
④ 수직방향 : 8[m], 수평방향 : 6[m]

해설

강관비계 및 통나무비계 조립 간격

구 분	조립 간격(단위:m)	
	수직방향	수평방향
단관비계	5	5
틀비계(높이가 5[m] 미만의 것을 제외한다.)	6	8

참고 산업안전산업기사 필기 p.5-127(문제 35번)

KEY
① 2004년 5월 23일(문제 93번) 출제
② 2014년 3월 2일(문제 90번) 출제
③ 2023년 3월 1일(문제 97번) 출제

보충학습

블레이드
① 불도저의 부속장치
② 불도저는 배토정지용 기계

---

94 낮은 지면에서 높은 곳을 굴착하는데 가장 적합한 굴착기는?

① 백호우   ② 파워셔블
③ 드래그라인   ④ 클램쉘

해설

파워셔블(power shovel)
① 중기가 위치한 지면보다 높은 곳의 땅을 굴착하는데 적합
② 산지에서의 토공사, 암반 등 점토질까지 굴착가능

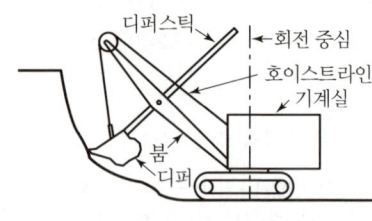

[그림] 파워셔블

참고 산업안전산업기사 필기 p.5-62(① 파워셔블)

KEY
① 2016년 5월 8일 기사 출제
② 2022년 7월 2일(문제 100번) 출제

합격정보
2022년 7월 24일 실기 필답형 출제

---

95 건설현장에 거푸집 및 동바리 설치 시 준수사항으로 옳지 않은 것은?

① 파이프 서포트 높이가 4.5[m]를 초과하는 경우에는 높이 2[m] 이내마다 2개 방향으로 수평연결재를 설치한다.
② 동바리의 침하 방지를 위해 깔목의 사용, 콘크리트 타설, 말뚝박기 등을 실시한다.
③ 강재와 강재의 접속부는 볼트 또는 클램프 등 전용철물을 사용한다.
④ 강관틀 동바리는 강관틀과 강관틀 사이에 교차가새를 설치한다.

[정답] 92 ③   93 ②   94 ②   95 ①

해설
동바리로 사용하는 파이프서포트 안전기준
① 파이프서포트를 3개 이상 이어서 사용하지 아니하도록 할 것
② 파이프서포트를 이어서 사용할 경우에는 4개 이상의 볼트 또는 전용 철물을 사용하여 이을 것
③ 높이가 3.5[m]를 초과할 경우에는 높이 2[m] 이내마다 수평연결재를 2개 방향으로 만들고 수평연결재의 변위를 방지할 것

참고 산업안전산업기사 필기 p.5-87(합격날개 : 합격예측 및 관련 법규)

KEY ① 2018년 3월 4일 기사·산업기사 동시 출제
② 2018년 8월 19일, 9월 15일 출제
③ 2022년 4월 17일(문제 81번) 등 20회 이상 출제

합격정보
산업안전보건기준에 관한 규칙 제332조의2(동바리유형에 따른 동바리 조립 시의 안전조치)

---

96 건설공사의 유해위험방지계획서 제출 기준일로 옳은 것은?

① 당해공사 착공 1개월 전까지
② 당해공사 착공 15일 전까지
③ 당해공사 착공 전날 까지
④ 당해공사 착공 15일 후까지

해설
유해위험방지계획서 제출기간
① 건설업 : 공사착공 전날까지
② 제조업 : 해당작업 시작 15일 전까지
③ 제출처 : 한국산업안전보건공단

참고 산업안전산업기사 필기 p.2-37(③ 법적 목적)

KEY ① 2012년 5월 20일(문제 57번) 출제
② 2016년 3월 6일(문제 57번) 출제
③ 2017년 9월 23일(문제 57번) 출제
④ 2022년 4월 17일(문제 83번) 출제

합격정보
산업안전보건법 시행규칙 제42조(제출서류 등)

---

97 사다리식 통로 등의 구조에 대한 설치기준으로 옳지 않은 것은?

① 발판의 간격은 일정하게 할 것
② 발판과 벽과의 사이는 15[cm] 이상의 간격을 유지 할 것
③ 사다리식 통로의 길이가 10[m] 이상인 때에는 7[m] 이내마다 계단참을 설치할 것
④ 사다리의 상단은 걸쳐놓은 지점으로부터 60[cm] 이상 올라가도록 할 것

해설
사다리식 통로의 길이가 10[m] 이상인 경우에는 5[m] 이내마다 계단참을 설치할 것

참고 산업안전산업기사 필기 p.5-18(합격날개 : 합격예측 및 관련 법규)

KEY ① 2016년 10월 1일 출제
② 2017년 5월 7일 기사·산업기사 동시출제
③ 2018년 4월 28일 출제
④ 2022년 4월 17일(문제 94번) 출제

합격정보
산업안전보건기준에 관한 규칙 제24조(사다리식 통로 등의 구조)

---

98 건설업 산업안전보건관리비 계상 및 사용기준은 산업재해보상 보험법의 적용을 받는 공사 중 총 공사금액이 얼마 이상인 공사에 적용하는가?

① 4천만원　　② 3천만원
③ 2천만원　　④ 1천만원

해설
제3조(적용범위) 이 고시는 「산업재해보상보험법」 제6조의 규정에 의하여 「산업재해보상보험법」의 적용을 받는 공사중 총공사금액 2천만원 이상인 공사에 적용한다. 다만, 다음 각 호의 어느 하나에 해당되는 공사중 단가계약에 의하여 행하는 공사에 대하여는 총계약금액을 기준으로 이를 적용한다.

참고 산업안전산업기사 필기 p.5-38(제3조 (적용범위))

KEY ① 2016년 3월 6일 기사 출제
② 2017년 5월 7일 출제
③ 2017년 8월 26일 기사·산업기사 동시 출제
④ 2019년 8월 4일 기사(문제 110번) 출제
⑤ 2022년 4월 17일(문제 97번) 출제

[정답] 96 ③　97 ③　98 ③

합격정보

건설업 산업안전보건관리비 계상 및 사용기준 : 고용노동부 고시 제2025-11호(2025. 2. 12. 일부개정)

99 거푸집 동바리의 침하를 방지하기 위한 직접적인 조치로 옳지 않은 것은

① 수평연결재 사용 ② 깔판의 사용
③ 콘크리트의 타설 ④ 말뚝박기

해설

거푸집동바리의 침하 방지를 위한 직접적인 조치
① 깔판의 사용
② 콘크리트 타설
③ 말뚝박기
④ 받침목 사용

참고 산업안전산업기사 필기 p.5-92(합격날개 : 합격예측 및 관련법규)

KEY 2022년 4월 17일(문제 81번) 출제

합격정보
산업안전보건기준에 관한 규칙 제332조(동바리 조립 시의 안전조치)

100 건설업 산업안전보건관리비 계상 및 사용 기준에 따른 안전관리비의 근로자 건강장해 예방비 항목에서 안전관리비로 사용이 가능한 경우는?

① 안전보건관리자가 선임되지 않은 현장에서 안전보건업무를 담당하는 현장관계자용 무전기, 카메라, 컴퓨터, 프린터 등 업무용 기기
② 중대재해 목격으로 발생한 정신질환을 치료하기 위해 소요되는 비용
③ 근로자에게 일률적으로 지급하는 보냉·보온장구
④ 감리원이나 외부에서 방문하는 인사에게 지급하는 보호구

해설

근로자의 건강장해예방비 등
① 법·영·규칙에서 규정하거나 그에 준하여 필요로 하는 각종 근로자의 건강장해 예방에 필요한 비용
② 중대재해 목격으로 발생한 정신질환을 치료하기 위해 소요되는 비용
③ 「감염병의 예방 및 관리에 관한 법률」제2조제1호에 따른 감염병의 확산 방지를 위한 마스크, 손소독제, 체온계 구입비용 및 감염병병원체 검사를 위해 소요되는 비용
④ 법 제128조의2 등에 따른 휴게시설을 갖춘 경우 온도, 조명 설치·관리기준을 준수하기 위해 소요되는 비용
⑤ 마. 건설공사 현장에서 근로자 심폐소생을 위해 사용되는 자동심장충격기(AED) 구입에 소요되는 비용

KEY ① 2017년 6월 7일 출제
② 2018년 3월 4일 기사 출제
③ 2019년 3월 3일 출제
④ 2020년 6월 14일 출제
⑤ 2022년 3월 2일(문제 83번) 출제

합격정보
건설업 산업안전보건관리비 계상 및 사용기준 : 고용노동부 고시 제2025-11호(2025. 2. 12. 일부개정)

[정답] 99 ① 100 ②

2024년도 산업기사 정기검정 제3회 CBT(2024년 7월 5일 시행)

자격종목 및 등급(선택분야): 산업안전산업기사
종목코드	시험시간	수험번호	성명
2381	2시간30분	20240705	도서출판세화

※ 본 문제는 복원문제 및 2026년 예적(예상적중) 문제로 실제문제와 동일하지 않을 수 있습니다.

1 산업재해 예방 및 안전보건교육

01 기업조직의 원리 중 지시 일원화의 원리에 대한 설명으로 가장 적절한 것은?

① 지시에 따라 최선을 다해서 주어진 임무나 기능을 수행하는 것
② 책임을 완수하는 데 필요한 수단을 상사로부터 위임받은 것
③ 언제나 직속 상사에게서만 지시를 받고 특정 부하 직원들에게만 지시하는 것
④ 가능한 조직의 각 구성원이 한 가지 특수 직무만을 담당하도록 하는 것

해설
지시 일원화 원리 : 직속상사에게 지시받고 특정부하에게만 지시

KEY
① 2019년 8월 4일(문제 5번) 출제
② 2023년 7월 8일(문제 9번) 출제

02 인간의 욕구에 대한 적응기제(Adjustment Mechanism)를 공격적 기제, 방어적 기제, 도피적 기제로 구분할 때 다음 중 도피적 기제에 해당하는 것은?

① 보상   ② 고립
③ 승화   ④ 합리화

해설
적응기제의 분류
(1) 방어적 기제
　① 보상   ② 합리화   ③ 동일시   ④ 승화
(2) 도피적 기제
　① 고립   ② 퇴행   ③ 억압   ④ 백일몽
(3) 공격적 기제
　① 직접적   ② 간접적

참고 산업안전산업기사 필기 p.1-115(보충학습)

KEY 2023년 7월 8일(문제 10번) 등 10회 이상 출제

03 위험예지훈련의 방법으로 적절하지 않은 것은?

① 반복 훈련한다.
② 사전에 준비한다.
③ 자신의 작업으로 실시한다.
④ 단위 인원수를 많게 한다.

해설
위험예지훈련 방법
① 반복훈련한다.
② 사전에 준비한다.
③ 자신의 작업으로 실시한다.
④ 단위 인원수를 최소로 한다.

KEY
① 2018년 8월 19일(문제 8번) 출제
② 2023년 7월 8일(문제 11번) 출제

04 무재해운동 추진기법 중 다음에서 설명하는 것은?

> 작업을 오조작 없이 안전하게 하기 위하여 작업공정의 요소에서 자신의 행동을 하고 대상을 가리킨 후 큰 소리로 확인 하는 것

① 지적확인   ② T.B.M
③ 터치 앤드 콜   ④ 삼각 위험예지훈련

해설
지적확인이란
① 작업을 안전하게 오조작 없이 하기 위하여 작업공정의 요소요소에서 자신의 행동을 [○○좋아!]라고 대상을 지적하여 큰 소리로 확인하는 것을 말한다.
② 눈, 팔, 손, 입, 귀 등 5관의 감각기관을 총동원하여 확인한다.

참고 산업안전산업기사 필기 p.1-13(합격날개 : 합격예측)

KEY
① 2017년 5월 7일 출제
② 2023년 7월 8일(문제 15번) 출제

【정답】 01 ③   02 ②   03 ④   04 ①

과년도 출제문제

05 리더십(leadership)의 특성에 대한 설명으로 옳은 것은?

① 지휘형태는 민주적이다.
② 권한부여는 위에서 위임된다.
③ 구성원과의 관계는 넓다.
④ 권한근거는 법적 또는 공식적으로 부여된다.

[해설]

leadership과 headship의 비교

개인과 상황 변수	leadership	headship
권한 행사	선출된 리더	임명적 헤드
권한 부여	밑으로부터 동의	위에서 위임
권한 귀속	집단 목표에 기여한 공로 인정	공식화된 규정에 의함
상사와 부하와의 관계	개인적인 영향	지배적
부하와의 사회적 관계 (간격)	좁음	넓음
지휘 형태	민주주의적	권위주의적
책임 귀속	상사와 부하	상사
권한 근거	개인적	법적 또는 공식적

[참고] 산업안전산업기사 필기 p.1-113(5. leadership과 headship의 비교)

[KEY] ① 2016년 3월 6일, 8월 21일, 10월 1일 기사 출제
② 2019년 9월 21일 기사 출제
③ 2020년 8월 23일(문제 1번) 출제
④ 2023년 5월 13일(문제 8번) 등 10회 이상 출제

06 산업안전보건법령상 산업재해 조사표에 기록되어야 할 내용으로 옳지 않은 것은?

① 사업장 정보
② 재해 정보
③ 재해발생개요 및 원인
④ 안전교육 계획

[해설]

산업재해 조사표 기록내용
① 사업장 정보
② 재해정보
③ 재해발생 개요 및 원인
④ 재발방지 계획
⑤ 직장복귀 계획

[참고] ① 산업안전산업기사 필기 p.3-40(참고1. 산업재해 조사표)
② 산업안전산업기사 필기 p.3-40(합격날개 : 은행문제 3)

[KEY] ① 2019년 4월 27일(문제 3번) 출제
② 2023년 5월 13일(문제 12번) 등 10회 이상 출제

[합격정보]
산업안전보건법 시행규칙 30호[별지 서식]

07 French와 Raven이 제시한, 리더가 가지고 있는 세력의 유형이 아닌 것은?

① 전문세력(expert power)
② 보상세력(reward power)
③ 위임세력(entrust power)
④ 합법세력(legitimate power)

[해설]

French와 Raven의 리더가 가지고 있는 세력의 유형
① 보상세력
② 합법세력
③ 전문세력
④ 강압세력
⑤ 참조세력

[참고] 산업안전산업기사 필기 p.1-113(합격날개 : 합격예측)

[KEY] ① 2011년 3월 20일(문제 19번) 출제
② 2014년 5월 25일(문제 20번) 출제
③ 2019년 4월 27일(문제 19번) 출제
④ 2023년 5월 13일(문제 17번) 출제

08 산업재해 예방의 4원칙 중 "재해발생에는 반드시 원인이 있다."라는 원칙은?

① 대책 선정의 원칙
② 원인 계기의 원칙
③ 손실 우연의 원칙
④ 예방 가능의 원칙

[해설]

하인리히 산업재해예방의 4원칙
① 예방가능의 원칙
② 손실우연의 원칙
③ 원인연계(계기)의 원칙
④ 대책선정의 원칙

[참고] 산업안전산업기사 필기 p.3-38(6. 하인리히 산업재해예방의 4원칙)

[KEY] ① 2016년 5월 8일 산업기사 출제
② 2016년 10월 1일 기사 출제
③ 2017년 3월 5일, 9월 23일기사 출제
④ 2017년 5월 7일 산업기사 출제
⑤ 2018년 3월 4일 기사·산업기사 동시 출제
⑥ 2018년 8월 19일 출제
⑦ 2019년 3월 3일 기사·산업기사 동시 출제
⑧ 2019년 9월 21일 기사 출제
⑨ 2020년 6월 7일 기사 출제
⑩ 2023년 3월 1일(문제 1번) 출제

[정답] 05 ①   06 ④   07 ③   08 ②

09
하인리히의 재해구성비율에 따라 중상 또는 사망사고가 3건, 무상해 사고가 900건 발생하였다면 경상해는 몇 건이 발생하였겠는가?

① 58건 ② 60건
③ 87건 ④ 120건

해설

하인리히(H.W.Heinrich)의 1 : 29 : 300 법칙
① 중상 또는 사망 = 900÷300 = 3건
② 경상해 = 3×29 = 87건

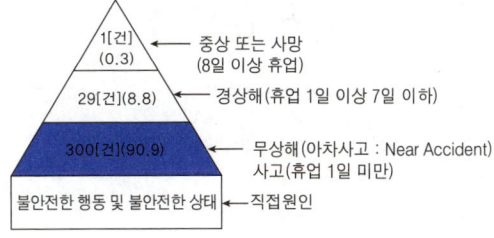

[그림] 하인리히 법칙[단위 : %]

참고 산업안전산업기사 필기 p.3-36(1. 하인리히(H.W.Heinrich)의 1 : 29 : 300)

KEY
① 2016년 10월 1일 기사 출제
② 2017년 9월 23일 산업기사 출제
③ 2018년 3월 4일 기사 출제
④ 2023년 2월 28일 기사 출제
⑤ 2023년 3월 1일(문제 2번) 출제

10
위험예지훈련 기초 4라운드(4R)에 관한 내용으로 옳은 것은?

① 1R : 목표설정 ② 2R : 현상파악
③ 3R : 대책수립 ④ 4R : 본질추구

해설

위험예지훈련의 4R(단계)
① 1단계 : 현상파악
② 2단계 : 본질추구
③ 3단계 : 대책수립
④ 4단계 : 목표설정

참고 산업안전산업기사 필기 p.1-12(합격날개 : 합격예측)

KEY 2023년 3월 1일 기사 등 20회 이상 출제

11
산업안전보건법령상 안전보건표지의 종류와 형태 중 그림과 같은 경고 표지는? (단, 바탕은 무색, 기본모형은 빨간색, 그림은 검은색이다.)

① 부식성물질 경고 ② 폭발성물질 경고
③ 산화성물질 경고 ④ 인화성물질 경고

해설

경고표지의 종류

인화성 물질경고	산화성 물질경고	폭발성 물질경고	급성독성 물질경고	부식성 물질경고

방사성 물질경고	고압전기 경고	매달린 물체경고	낙하물 경고	고온 경고

저온 경고	몸균형 상실경고	레이저 광선경고	발암성·변이원성·생식독성·전신독성·호흡기과민성 물질 경고	위험장소 경고

참고 산업안전기사 필기 p.1-61(2. 경고표지)

KEY
① 2017년 9월 23일 기사 출제
② 2018년 3월 4일 기사 출제
③ 2019년 4월 27일 출제
④ 2020년 6월 7일 기사 출제
⑤ 2023년 3월 1일 출제

합격정보
산업안전보건법 시행규칙 [별표6] 안전보건표지의 종류와 형태

[정답] 09 ③ 10 ③ 11 ④

12 상해의 종류 중 타박, 충돌, 추락 등으로 피부 표면보다는 피하조직 등 근육부를 다친 상해를 무엇이라 하는가?

① 골절   ② 자상
③ 부종   ④ 좌상

해설

상해종류

분류 항목	세부 항목
골절	뼈가 부러진 상태
동상	저온물 접촉으로 생긴 상해
부종	국부의 혈액순환의 이상으로 몸이 퉁퉁 부어 오르는 상해
찔림(자상)	칼날 등 날카로운 물건에 찔린 상해
타박상(뼘, 좌상)	타박, 충돌, 추락 등으로 피부표면보다는 피하조직 또는 근육부를 다친 상해

참고 산업안전산업기사 필기 p.3-46(합격날개 : 합격예측)

KEY 2022년 7월 2일(문제 1번) 출제

13 인간의 의식수준 5단계 중 정상 작업시의 단계는?

① Phase Ⅰ   ② Phase Ⅱ
③ Phase Ⅲ   ④ Phase Ⅳ

해설

인간의 의식수준 5단계

phase	생리상태	신뢰성
0	수면, 뇌발작	0
Ⅰ	피로, 단조로움, 졸음, 주취	0.9 이하
Ⅱ	안정기거, 휴식, 정상 작업시	0.99~0.99999
Ⅲ	적극적 활동시	0.999999 이상
Ⅳ	감정 흥분(공포상태)	0.9 이하

참고 산업안전산업기사 필기 p.1-119(합격날개 : 합격예측)

KEY
① 2016년 10월 1일 산업기사 출제
② 2017년 5월 7일 기사 출제
③ 2018년 4월 28일 기사 출제
④ 2022년 7월 2일(문제 6번) 출제

14 산업재해의 발생형태 종류 중 상호자극에 의하여 순간적으로 재해가 발생하는 유형으로 재해가 일어난 장소나 그 시점에 일시적으로 요인이 집중하는 것은?

① 단순 자극형   ② 단순 연쇄형
③ 복합 연쇄형   ④ 복합형

해설
재해(⊗)의 발생 형태 3가지

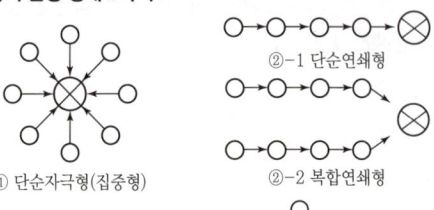

① 단순자극형(집중형)   ②-1 단순연쇄형
②-2 복합연쇄형

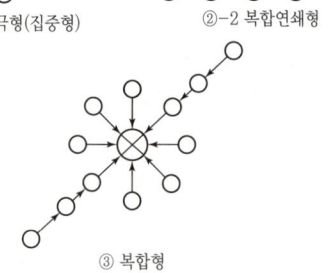

③ 복합형

참고 산업안전산업기사 필기 p.3-35(2. 산업재해발생의 mechanism(형태) 3가지)

KEY 2022년 7월 2일(문제 8번) 출제

15 산업안전보건법령에 따른 안전검사 대상 기계에 해당하지 않는 것은?

① 산업용 원심기
② 이동식 국소 배기장치
③ 롤러기(밀폐형 구조는 제외)
④ 크레인(정격 하중이 2톤 미만인 것은 제외)

해설

안전검사 대상 기계의 종류
① 프레스
② 전단기
③ 크레인(정격하중 2[t] 미만인 것은 제외한다)
④ 리프트
⑤ 압력용기
⑥ 곤돌라
⑦ 국소배기장치(이동식은 제외한다.)
⑧ 원심기(산업용만 해당한다)
⑨ 롤러기(밀폐형 구조는 제외한다.)
⑩ 사출성형기[형체결력 294[KN](킬로뉴튼)미만은 제외한다.]
⑪ 고소작업대[「자동차관리법」에 따른 화물자동차 또는 특수자동차에 탑재한 고소작업대(高所作業臺)로 한정한다.]
⑫ 컨베이어
⑬ 산업용 로봇
⑭ 혼합기
⑮ 파쇄기 또는 분쇄기

[정답] 12 ④   13 ②   14 ①   15 ②

> [참고] 산업안전산업기사 필기 p.3-62(1. 안전검사 대상 기계의 종류)

> [KEY]
> ① 2017년 5월 7일 기사·산업기사 동시 출제
> ② 2017년 8월 26일 산업기사 출제
> ③ 2017년 9월 23일 기사 출제
> ④ 2018년 4월 28일, 8월 19일기사 출제
> ⑤ 2022년 7월 2일(문제 17번) 출제

> [합격정보]
> 산업안전보건법 시행령 제78조(안전검사 대상 기계 등)

16 알더퍼의 ERG(Existence Relation Growth)이론에 해당하지 않는 것은?

① 기본욕구　② 생존욕구
③ 관계욕구　④ 성장욕구

> [해설]
> **Maslow의 이론과 Alderfer 이론과의 관계**
>
> | 이론 \ 욕구 | 저차원적 이론 ← | | → 고차원적 이론 |
> |---|---|---|---|
> | Maslow | 생리적 욕구, 물리적 측면의 안전 욕구 | 대인관계 측면의 안전 욕구, 사회적 욕구, 존경 욕구 | 자아실현의 욕구 |
> | Aldefer (ERG 이론) | 존재 욕구(E) | 관계 욕구(R) | 성장 욕구(G) |

> [참고] 산업안전산업기사 필기 p.1-101(6. 알더퍼의 ERG이론)

> [KEY] 2020년 8월 23일(문제 4번) 출제

17 산업재해통계에서 강도율의 산출방법으로 맞는 것은?

① $\dfrac{\text{재해건수}}{\text{연근로시간수}} \times 1{,}000{,}000$

② $\dfrac{\text{재해건수}}{\text{산재보험적용근로자수}} \times 100$

③ $\dfrac{\text{총요양근로손실일수}}{\text{연근로시간수}} \times 100$

④ $\dfrac{\text{총요양근로손실일수}}{\text{연근로시간수}} \times 1{,}000$

> [해설]
> 강도율 $= \dfrac{\text{총요양근로손실일수}}{\text{연근로시간수}} \times 1{,}000$

> [참고] 산업안전산업기사 필기 p.3-47(4. 강도율)

18 인간의 행동 특성에 관한 레빈(Lewin)의 법칙에서 각 인자에 대한 내용으로 틀린 것은?

$$B = f(P \cdot E)$$

① B : 행동　② f : 함수관계
③ P : 개체　④ E : 기술

> [해설]
> **K.Lewin의 법칙**
> $B = f(P \cdot E)$
> ① B : Behavior(인간의 행동)
> ② f : function(함수관계)
> ③ P : Person(개체 : 연령, 경험, 심신상태, 성격, 지능, 소질 등)
> ④ E : Environment(심리적 환경 : 인간관계, 작업환경 등)

> [참고] 산업안전산업기사 필기 p.1-77(합격날개 : 합격예측)

> [KEY]
> ① 2016년 10월 1일 기사 출제
> ② 2017년 3월 5일 기사·산업기사 동시 출제

19 산업안전보건법령상 사업주가 근로자에 대하여 실시하여야 하는 교육 중 특별안전보건교육의 대상이 되는 작업이 아닌 것은?

① 화학설비의 탱크 내 작업
② 전압이 30[V]인 정전 및 활선작업
③ 건설용 리프트·곤돌라를 이용한 작업
④ 동력에 의하여 작동되는 프레스기계를 5대 이상 보유한 사업장에서 해당 기계로 하는 작업

> [해설]
> **전압이 75[V] 이상인 정전 및 활선작업 시 특별안전보건 교육내용**
> ① 전기의 위험성 및 전격 방지에 관한 사항
> ② 해당 설비의 보수 및 점검에 관한 사항
> ③ 정전작업·활선작업 시의 안전작업방법 및 순서에 관한 사항
> ④ 절연용 보호구, 절연용 보호구 및 활선작업용 기구 등의 사용에 관한 사항
> ⑤ 그 밖에 안전보건관리에 필요한 사항

> [참고] 산업안전산업기사 필기 p.1-157(표. 특별안전보건교육대상 작업별 교육방법)

> [KEY]
> ① 2016년 10월 1일 출제
> ② 2017년 3월 5일(문제 3번) 출제

> [합격정보]
> 산업안전보건법 시행규칙 [별표 5] 안전보건교육 교육대상별 교육내용

【정답】 16 ①　17 ④　18 ④　19 ②

과년도 출제문제

20 다음 중 피로의 직접적인 원인과 가장 거리가 먼 것은?

① 작업환경 ② 작업속도
③ 작업태도 ④ 작업적성

해설

피로의 요인
① 개체의 조건
　신체적, 정신적 조건, 체력, 연령, 성별, 경력 등
② 작업조건
　㉮ 질적 조건 : 작업강도(단조로움, 위험성, 복잡성, 심적, 정신적 부담 등)
　㉯ 양적 조건 : 작업속도, 작업시간
③ 환경조건
　온도, 습도, 소음, 조명시설 등
④ 생활조건
　수면, 식사, 취미활동 등
⑤ 사회적 조건
　대인관계, 통근조건, 임금과 생활수준, 가족 간의 화목 등
⑥ 피로의 직접적 원인
　㉮ 인간적 요인 : 작업시간, 작업속도, 작업범위, 작업내용, 작업환경, 작업자세(태도), 생체적 리듬, 정신적·신체적 상태
　㉯ 기계적 요인 : 조작부분의 배치·감촉, 기계의 색체·종류, 기계이해의 난이도

참고 ① 산업안전산업기사 필기 p.1-104(합격날개 : 합격예측)
　　　② 작업적성 : 피로의 간접원인

KEY 2021년 3월 2일(문제 7번) 출제

---

2 인간공학 및 위험성 평가·관리

21 시각적 표시장치와 청각적 표시장치 중 시각적 표시장치를 선택해야 하는 경우는?

① 메시지가 복잡한 경우
② 메시지가 후에 재참조되지 않는 경우
③ 직무상 수신자가 자주 움직이는 경우
④ 메시지가 시간적 사상(event)을 다룬 경우

해설

정보전송방법
① 시각적 표시장치 사용 : ①
② 청각적 표시장치 사용 : ②, ③, ④

참고 산업안전산업기사 필기 p.2-31(문제 43번)

KEY ① 2017년 5월 7일 출제
② 2018년 3월 4일, 4월 28일, 8월 19일, 9월 15일 출제
③ 2019년 4월 27일, 8월 4일, 9월 21일 출제
④ 2020년 6월 7일 출제
⑤ 2021년 3월 2일 PBT 출제
⑥ 2021년 3월 7일 (문제 53번), 5월 15일(문제 60번) 출제
⑦ 2023년 7월 8일(문제 25번) 출제

22 다음 중 카메라의 필름에 해당하는 우리 눈의 부위는?

① 망막 ② 수정체
③ 동공 ④ 각막

해설

[표] 눈의 구조·기능·모양

구조	기 능	모 양
각막	최초로 빛이 통과하는 곳, 눈을 보호	
홍채	동공의 크기를 조절해 빛의 양 조절	
모양체	수정체의 두께를 변화시켜 원근 조절	
수정체	렌즈의 역할, 빛을 굴절시킴	
망막	상이 맺히는 곳, 시세포 존재, 두뇌전달	
맥락막	망막을 둘러싼 검은 막, 어둠 상자 역할	

참고 산업안전산업기사 필기 p.2-174(표 : 눈의 구조·기능·모양)

KEY ① 2012년 8월 26일(문제 22번) 출제
② 2023년 7월 8일(문제 28번) 출제

23 다음 중 예비위험분석(PHA)에 대한 설명으로 가장 적합한 것은?

① 관련된 과거 안전점검결과의 조사에 적절하다.
② 안전관련 법규 조항의 준수를 위한 조사방법이다.
③ 시스템 고유의 위험성을 파악하고 예상되는 재해의 위험 수준을 결정한다.
④ 초기의 단계에서 시스템 내의 위험요소가 어떠한 위험상태에 있는가를 정성적 평가하는 것이다.

[정답] 20 ④ 21 ① 22 ① 23 ④

해설

예비위험분석(PHA : Preliminary Hazards Analysis)
PHA는 모든 시스템안전 프로그램의 최초 단계의 분석으로서 시스템 내의 위험요소가 얼마나 위험한 상태에 있는가를 정성적으로 평가하는 것이다.

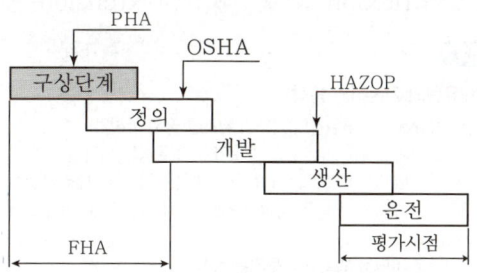

[그림] PHA, OSHA, FHA, HAZOP

참고) 산업안전산업기사 필기 p.2-60(2. 예비위험분석)

KEY ① 2014년 8월 17일 기사 출제
② 2023년 7월 8일(문제 31번) 출제

24 통신에서 잡음 중의 일부를 제거하기 위해 필터(filter)를 사용하였다면, 어느 것의 성능을 향상시키는 것인가?

① 신호의 양립성
② 신호의 산란성
③ 신호의 표준성
④ 신호의 검출성

해설

신호의 검출성(통신잡음 제거 시 filter 사용)
① 통신에서 대역폭 필터를 설치하여 원하는 대역폭 외의 신호는 제거
② 선택한 대역폭 내의 신호만 검출

KEY ① 2013년 6월 2일(문제 40번) 출제
② 2023년 7월 8일(문제 34번) 출제

보충학습

암호체계 사용상의 일반적 지침
① 암호의 검출성(detectability)
② 암호의 변별성(discriminability)
③ 부호의 양립성(compatibility)
④ 부호의 의미
⑤ 암호의 표준화(standardization)
⑥ 다차원 암호의 사용(multidimensional)

25 인간-기계 시스템의 신뢰도를 향상시킬 수 있는 방법으로 가장 적절하지 않은 것은?

① 중복설계
② 복잡한 설계
③ 부품 개선
④ 충분한 여유용량

해설

신뢰도 개선 방법
① 간단한 설계
② 여유있는 설계(여유용량, 안전계수)
③ 부품 개선
④ 중복설계

참고) 산업안전산업기사 필기 p.2-17(5. 신뢰도 개선 및 설계))

KEY ① 2016년 8월 21일(문제 27번) 출제
② 2023년 7월 8일(문제 35번) 출제

26 위험조정을 위해 필요한 기술은 조직형태에 따라 다양하며 4가지로 분류하였을 때 이에 속하지 않는 것은?

① 보유(Retention)
② 계속(Continuation)
③ 전가(Transfer)
④ 감축(Reduction)

해설

Risk 처리(위험조정)기술 4가지

구분		특징
위험의 회피		예상되는 위험을 차단하기 위해 위험과 관계된 활동을 하지 않는 경우
위험의 제거 (경감)	위험방지	위험의 발생건수를 감소시키는 예방과 손실의 정도를 감소시키는 경감을 포함
	위험분산	시설, 설비 등의 집중화를 방지하고 분산하거나 재료의 분리저장 등으로 위험 단위를 증대
	위험결합	각종 협정이나 합병 등을 통하여 규모를 확대시키므로 위험의 단위를 증대
	위험제한	계약서, 서식 등을 작성하여 기업의 위험을 제한하는 방법
위험의 보유 (보류)		무지로 인한 소극적 보유 위험을 확인하고 보유하는 적극적 보유(위험의 준비와 부담 : 준비금 설정, 자가보험 등)
위험의 전가		회피와 제거가 불가능할 경우 전가하려는 경향 (보험, 보증, 공제, 기금제도 등)

참고) 산업안전산업기사 필기 p.2-58(6. Risk처리기술 4가지)

KEY ① 2015년 8월 16일(문제 39번) 출제
② 2023년 7월 8일(문제 36번) 출제

[정답] 24 ④ 25 ② 26 ②

27 FT도에서 사용되는 다음 기호의 의미로 맞는 것은?

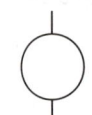

① 결함사상   ② 통상사상
③ 기본사상   ④ 제외사상

해설

FTA의 기호

기호	명칭	입·출력 현상
▭	결함사상	개별적인 결함사상
○	기본사상	더 이상 전개되지 않는 기본적인 사상
⌂	통상사상	통상 발생이 예상되는 사상(예상되는 원인)
◇	생략사상	정보 부족, 해석 기술의 불충분으로 더 이상 전개할 수 없는 사상, 작업 진행에 따라 해석이 가능할 때는 다시 속행한다.

참고) 산업안전산업기사 필기 p.2-70(표. FTA 기호)

KEY ① 2017년 8월 26일(문제 23번) 출제
② 2023년 7월 8일(문제 38번) 출제

28 인간의 시각특성을 설명한 것으로 옳은 것은?

① 적응은 수정체의 두께가 얇아져 근거리의 물체를 볼 수 있게 되는 것이다.
② 시야는 수정체의 두께 조절로 이루어진다.
③ 망막은 카메라의 렌즈에 해당된다.
④ 암조응에 걸리는 시간은 명조응보다 길다.

해설

암조응(Dark Adaptation)
① 밝은 곳에서 어두운 곳으로 갈 때 : 원추세포의 감수성 상실, 간상세포에 의해 물체 식별
② 완전 암조응 : 보통 30~40분 소요(명조응 : 수초 내지 1~2분)

참고) 산업안전산업기사 필기 p.2-175(7. 암조응)

KEY ① 2006년 8월 6일(문제 31번) 출제
② 2019년 4월 27일(문제 24번) 출제
③ 2023년 5월 13일(문제 31번) 출제

29 인체의 동작 유형 중 굽혔던 팔꿈치를 펴는 동작을 나타내는 용어는?

① 내전(adduction)   ② 회내(pronation)
③ 굴곡(flexion)   ④ 신전(extension)

해설

인체유형의 기본적인 동작
① 굴곡(flexion) : 부위간의 각도가 감소(팔꿈치 굽히기)
② 신전(extension) : 부위간의 각도가 증가(팔꿈치 펴기 운동)
③ 내전(adduction) : 몸의 중심선으로의 이동(팔·다리 내리기 운동)
④ 외전(abduction) : 몸의 중심선으로부터의 이동(팔·다리 옆으로 들기 운동)
⑤ 회외 : 손바닥을 외측으로 돌리는 동작
⑥ 회내 : 손바닥을 몸통(내측) 쪽으로 돌리는 동작

참고) 산업안전산업기사 필기 p.2-166(2. 신체부위의 운동)

KEY ① 2015년 5월 31일(문제 25번) 출제
② 2023년 5월 13일(문제 34번) 출제

30 작업기억(working memory)에 관련된 설명으로 옳지 않은 것은?

① 오랜 기간 정보를 기억하는 것이다.
② 작업기억 내의 정보는 시간이 흐름에 따라 쇠퇴할 수 있다.
③ 작업기억의 정보는 일반적으로 시각, 음성, 의미 코드의 3가지로 코드화된다.
④ 리허설(rehearsal)은 정보를 작업기억 내에 유지하는 유일한 방법이다.

해설

작업기억(working memory)의 특징
① 작업기억 내의 정보는 시간이 흐름에 따라 쇠퇴할 수 있다.
② 작업기억의 정보는 일반적으로 시각, 음성, 의미 코드의 3가지로 코드화된다.
③ 리허설(rehearsal)은 정보를 작업기억 내에 유지하는 유일한 방법이다.

참고) 산업안전산업기사 필기 p.2-71(합격날개 : 은행문제)

KEY ① 2020년 8월 23일(문제 22번) 출제
② 2023년 5월 13일(문제 36번) 출제

[정답] 27 ③ 28 ④ 29 ④ 30 ①

31 인간오류의 분류 중 원인에 의한 분류의 하나로 작업자 자신으로부터 발생하는 에러로 옳은 것은?

① command error   ② Secondary error
③ Primary error   ④ Third error

해설

실수원인의 level(수준적) 분류
① 1차실수(Primary error : 주과오) : 작업자 자신으로부터 발생한 실수
② 2차실수(Secondary error : 2차과오) : 작업형태나 조건 중에서 문제가 생겨 발생한 실수, 어떤 결함에서 파생
③ 커맨드 실수(Command error : 지시과오) : 직무를 하려고 해도 필요한 정보, 물건, 에너지 등이 없어 발생하는 실수

참고) 산업안전산업기사 필기 p.2-20[4. 실수원인의 level(수준적) 분류]

KEY ① 2019년 4월 27일(문제 30번) 출제
② 2023년 5월 13일(문제 38번) 출제

32 인간공학적인 의자설계를 위한 일반적 원칙으로 적절하지 않은 것은?

① 척추의 허리부분은 요부 전만을 유지한다.
② 좌판의 앞쪽은 높게 한다.
③ 좌판의 앞 모서리 부분은 5[cm] 정도 낮아야 한다.
④ 좌판과 등받이 사이의 각도는 90~105[°]를 유지하도록 한다.

해설

의자설계 기본원칙
① 체중분포 : 둔부(臀部)중심에서 바깥으로 점차 체중이 작게 걸리도록 좌판(坐板)의 재질이 -2[cm] 이상 내려가지 않도록 한다.
② 좌판의 높이 : 의자 밑바닥에서 앉는 면까지의 높이는 오금(무릎의 구부리는 안쪽)높이보다 높지 않고 앞쪽은 약간 낮게 한다.
③ 좌판각도 : 의자 앉는 면의 앞과 뒤의 기울어진 각도가 있어야 한다.
④ 좌판 깊이와 폭 : 장딴지 여유와 대퇴압박이 닿지 않도록 한다.
⑤ 몸통의 안정 : 사무용 의자(좌판각도 3도, 등판 100도 정도)/휴식 및 독서는 더 큰 각도로 한다.
⑥ 휴식용 의자 : 사무용 의자보다 7~8[cm] 낮은 좌판 27~38[cm], 좌판각도 25~26도, 등판각도 105~108도, 등판에는 5[cm] 정도의 완충재로 한다.

참고) 산업안전산업기사 필기 p.2-163(합격날개 : 합격예측)

KEY ① 2018년 4월 28일(문제 38번) 출제
② 2023년 5월 13일(문제 40번) 출제

33 인체측정치 응용원칙 중 가장 우선적으로 고려해야 하는 원칙은?

① 조절식 설계   ② 최대치 설계
③ 최소치 설계   ④ 평균치 설계

해설

조절범위(조정범위 : 조절식 설계)
① 사무실 의자의 높낮이 조절, 자동차 좌석의 전후조절 등
② 통상 5[%]치에서 95[%]치까지에서 90[%] 범위를 수용대상으로 설계
③ 가장 우선적으로 고려한다.

참고) 산업안전산업기사 필기 p.2-159(2. 조절범위)

KEY ① 2017년 9월 23일 기사 출제
② 2019년 3월 3일 기사 출제
③ 2023년 3월 1일(문제 23번) 출제

34 동작경제의 원칙에 해당하지 않는 것은?

① 가능하다면 낙하식 운반방법을 사용한다.
② 양손을 동시에 반대 방향으로 움직인다.
③ 자연스러운 리듬이 생기지 않도록 동작을 배치한다.
④ 양손을 동시에 작업을 시작하고, 동시에 끝낸다.

해설

동작경제의 3원칙(길브레드 : Gilbrett)
(1) 동작능력 활용의 원칙
  ① 발 또는 왼손으로 할 수 있는 것은 오른손을 사용하지 않는다.
  ② 양손으로 동시에 작업하고 동시에 끝낸다.
(2) 작업량 절약의 원칙
  ① 적게 운동할 것
  ② 재료나 공구는 취급하는 부근에 정돈할 것
  ③ 동작의 수를 줄일 것
  ④ 동작의 양을 줄일 것
  ⑤ 물건을 장시간 취급할 시 장구를 사용할 것
(3) 동작개선의 원칙
  ① 동작을 자동적으로 리드미컬한 순서로 할 것
  ② 양손은 동시에 반대의 방향으로, 좌우 대칭적으로 운동하게 할 것
  ③ 관성, 중력, 기계력 등을 이용할 것

참고) 산업안전산업기사 필기 p.2-76(합격날개 : 합격예측)

KEY ① 2015년 3월 8일(문제 35번) 출제
② 2023년 3월 1일(문제 35번) 출제

[정답] 31 ③ 32 ② 33 ① 34 ③

과년도 출제문제

35 결함수분석의 최소 컷셋과 가장 관련이 없는 것은?

① Boolean Algebra
② Fussell Algorithm
③ Generic Algorithm
④ Limnios & Ziani Algorithm

해설

미니멀 컷셋(minimal cut set : min cut set)
① 1972년 Fussel Algorithm 개발
② BICS(Boolean Indicated Cut Set)

참고 산업안전산업기사 필기 p. 2-78(합격날개 : 합격예측)

KEY ① 2014년 9월 20일(문제 26번) 출제
② 2016년 10월 1일(문제 23번) 출제
③ 2022년 3월 2일(문제 35번) 출제

보충학습
Generic Algorithm : 파형역산

36 FTA결과 다음과 같은 패스셋을 구하였다. 최소 패스셋(minimal path sets)으로 옳은 것은?

> [다음]
> $\{X_2, X_3, X_4\}$
> $\{X_1, X_3, X_4\}$
> $\{X_3, X_4\}$

① $\{X_3, X_4\}$
② $\{X_1, X_3, X_4\}$
③ $\{X_2, X_3, X_4\}$
④ $\{X_2, X_3, X_4\}$ 와 $\{X_3, X_4\}$

해설

최소 패스셋
① $T = (X_2 + X_3 + X_4) \cdot (X_1 + X_3 + X_4) \cdot (X_3 + X_4)$

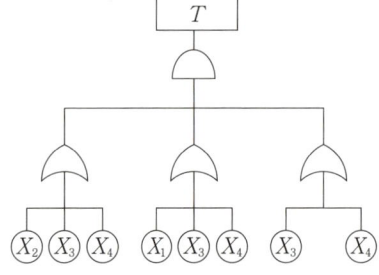

[그림] FT도

② 패스셋을 다음과 같이 표시할 수 있고, 패스셋 중 공통인 (X_3, X_4)를 FT도에 대입한다.

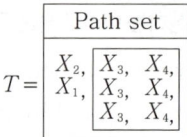

$$T = \begin{matrix} X_2, & X_3, & X_4, \\ X_1, & X_3, & X_4, \\ & X_3, & X_4, \end{matrix}$$

③ FT에도 공통이 되는 (X_3, X_4)를 대입하여 T가 발생하는지 확인

참고 산업안전산업기사 필기 p. 2-77(5. 컷셋·미니멀 컷셋 요약)

KEY ① 2014년 9월 20일(문제 53번) 출제
② 2017년 8월 26일(문제 27번) 출제
③ 2021년 8월 8일(문제 30번) 출제

37 결함수 분석법에서 일정 조합 안에 포함되는 기본사상들이 동시에 발생할 때 반드시 목표사상을 발생시키는 조합을 무엇이라 하는가?

① Cut set
② Decision tree
③ Path set
④ 불 대수

해설

컷셋과 패스셋
① 컷셋(cut set) : 정상사상을 발생시키는 기본사상의 집합으로 그 안에 포함되는 모든 기본사상이 발생할 때 정상사상을 발생시킬 수 있는 기본사상의 집합
② 패스셋(path set) : 모든 기본사상이 일어나지 않을 때 처음으로 정상사상이 일어나지 않는 기본사상의 집합(고장나지 않도록 하는 사상의 조합)

참고 산업안전산업기사 필기 p.2-77(합격날개 : 합격예측)

KEY ① 2017년 5월 7일 기사 출제
② 2018년 3월 4일, 4월 28일 출제
③ 2019년 4월 27일 산업기사 출제
④ 2020년 6월 14일 기사 출제
⑤ 2021년 5월 9일(문제 21번) 출제

38 산업안전보건법령에서 정한 물리적 인자의 분류 기준에 있어서 소음은 소음성난청을 유발할 수 있는 몇 dB(A) 이상의 시끄러운 소리로 규정하고 있는가?

① 70
② 85
③ 100
④ 115

[정답] 35 ③ 36 ① 37 ① 38 ②

> **해설**

① 소음작업
   1일 8시간 작업을 기준으로 85[dB] 이상의 소음을 발생하는 작업
② 충격소음(최대음압 수준) : 140[dB(A)]

> **참고** 산업안전산업기사 필기 p.2-172(합격날개:참고)

> **KEY** 2017년 3월 5일(문제 21번) 출제

> **합격정보**
산업안전보건기준에 관한 규칙 제512조(정의)

39 설비나 공법 등에서 나타날 위험에 대하여 정성적 또는 정량적인 평가를 행하고 그 평가에 따른 대책을 강구하는 것은?

① 설비보전
② 동작분석
③ 안전계획
④ 안전성 평가

> **해설**

안전성 평가의 6단계
① 1단계 : 관계자료의 정비검토
② 2단계 : 정성적 평가
③ 3단계 : 정량적 평가
④ 4단계 : 안전대책
⑤ 5단계 : 재해정보에 의한 재평가
⑥ 6단계 : FTA에 의한 재평가

> **참고** 산업안전산업기사 필기 p.2-37(1. 안전성 평가 6단계)

> **KEY**
> ① 2016년 3월 6일 출제
> ② 2016년 10월 1일 기사 출제
> ③ 2017년 3월 5일(문제 25번) 출제

40 인터페이스 설계 시 고려해야 하는 인간과 기계와의 조화성에 해당되지 않는 것은?

① 지적 조화성
② 신체적 조화성
③ 감성적 조화성
④ 심리적 조화성

> **해설**

[표] 감성공학과 인간 interface(계면)의 3단계

구 분	특 성
신체적(형태적) 인터페이스	인간의 신체적 또는 형태적 특성의 적합성여부(필요조건)
인지적 인터페이스	인간의 인지능력, 정신적 부담의 정도(편리 수준)
감성적 인터페이스	인간의 감정 및 정서의 적합성여부(쾌적 수준)

> **참고** 산업안전산업기사 필기 p.2-5(표. 감성공학과 인간 interface의 3단계)

> **KEY**
> ① 2015년 5월 31일 출제
> ③ 2017년 3월 5일(문제 29번) 출제

3 기계·기구 및 설비안전관리

41 연삭기의 방호장치에 해당하는 것은?

① 주수 장치
② 덮개 장치
③ 제동 장치
④ 소화 장치

> **해설**

연삭기 방호장치
① 덮개   ② 규격 : 숫돌지름 5[cm] 이상

> **참고** 산업안전산업기사 필기 p.3-94(4. 연삭기 구조면에 있어서 안전대책)

> **KEY**
> ① 2016년 8월 21일 산업기사 출제
> ② 2023년 7월 8일(문제 42번) 출제

42 다음 중 욕조 형태를 갖는 일반적인 기계 고장 곡선에서의 기본적인 3가지 고장 유형에 해당하지 않는 것은?

① 피로고장
② 우발고장
③ 초기고장
④ 마모고장

> **해설**

기계설비의 고장유형

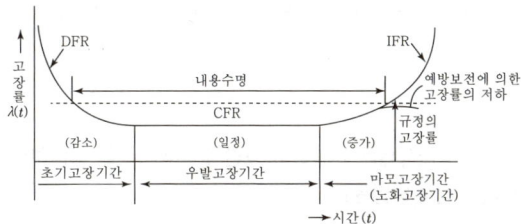

> **참고** 산업안전산업기사 필기 p.3-5(그림. 기계설비의 고장유형)

> **KEY**
> ① 2018년 4월 28일 출제
> ② 2018년 8월 19일 기사·산업기사 동시출제
> ③ 2023년 7월 8일(문제 43번) 출제

[**정답**] 39 ④ 40 ④ 41 ② 42 ①

과년도 출제문제

43 산업안전보건법령상 지게차의 최대하중의 2배 값이 6톤일 경우 헤드가드의 강도는 몇 톤의 등분포정하중에 견딜 수 있어야 하는가?

① 4　　② 6
③ 8　　④ 10

[해설]

지게차 헤드가드 설치기준
① 강도는 지게차의 최대하중의 2배 값(4[t]을 넘는 값에 대해서는 4[t]으로 한다)의 등분포정하중(等分布靜荷重)에 견딜 수 있을 것
② 상부틀의 각 개구의 폭 또는 길이가 16[cm] 미만일 것
③ 운전자가 앉아서 조작하거나 서서 조작하는 지게차의 헤드가드는 「산업표준화법」 제12조에 따른 한국산업표준에서 정하는 높이 기준 이상일 것(좌식 : 0.903[m], 입식 : 1.905[m] 이상)

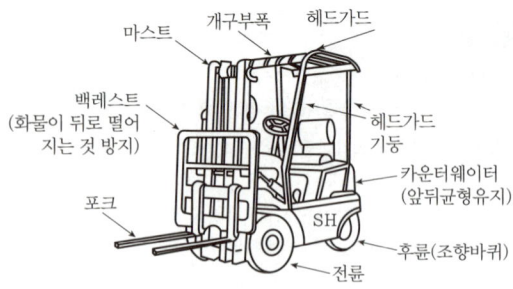

[그림] 지게차 구조

[참고] 산업안전산업기사 필기 p.3-152(합격날개 : 합격예측)

[KEY]
① 2016년 3월 6일 산업기사 출제
② 2016년 8월 21일 출제
③ 2017년 3월 5일 산업기사 출제
④ 2018년 8월 19일 산업기사 출제
⑤ 2019년 4월 27일 기사·산업기사 동시 출제
⑥ 2020년 9월 27일 (문제 52번) 출제
⑦ 2023년 7월 8일(문제 51번) 출제

[합격정보]
산업안전보건기준에 관한 규칙 제180조(헤드가드)

44 강자성체를 자화하여 표면의 누설자속을 검출하는 비파괴 검사 방법은?

① 방사선 투과 시험　　② 인장시험
③ 초음파 탐상 시험　　④ 자분 탐상 시험

[해설]

자기 탐상검사(MT : Magnetic Test)
① 강자성체(Fe, Ni, Co 및 그 합금)에 발생한 표면 크랙을 찾아내는 것
② 결함을 가지고 있는 시험에 적절한 자장을 가해 자속(磁束)을 흐르게 하여 결함부에 의해 누설된 누설자속에 의해 생긴 자장에 자분을 흡착시켜 큰 자분 모양으로 나타내어 육안으로 결함을 검출하는 방법

[참고] 산업안전산업기사 필기 p.3-223(3. 자기 탐상검사)

[KEY]
① 2019년 3월 3일 기사 (문제 57번) 출제
② 2023년 7월 8일(문제 51번) 출제

45 프레스기에 사용하는 양수조작식 방호장치의 일반구조에 관한 설명 중 틀린 것은?

① 1행정 1정지 기구에 사용할 수 있어야 한다.
② 누름버튼을 양손으로 동시에 조작하지 않으면 작동시킬 수 없는 구조이어야 한다.
③ 양쪽버튼의 작동시간 차이는 최대 0.5[초] 이내일 때 프레스가 동작되도록 해야 한다.
④ 방호장치는 사용전원전압의 ±50[%]의 변동에 대하여 정상적으로 작동되어야 한다.

[해설]

양수 조작식 방호장치의 일반구조
① 정상동작표시등은 녹색, 위험표시등은 빨간색으로 하며, 쉽게 근로자가 볼 수 있는 곳에 설치
② 슬라이드 하강 중 정전 또는 방호장치의 이상 시에 정지할 수 있는 구조
③ 방호장치는 릴레이, 리미트스위치 등의 전기부품의 고장, 전원전압의 변동 및 정전에 의해 슬라이드가 불시에 동작하지 않아야 하며, 사용전원전압의 ±(100분의 20)의 변동에 대하여 정상으로 작동
④ 1행정1정지 기구에 사용할 수 있어야 한다.
⑤ 누름버튼을 양손으로 동시에 조작하지 않으면 작동시킬 수 없는 구조이어야 하며, 양쪽버튼의 작동시간 차이는 최대 0.5초 이내일 때 프레스가 동작
⑥ 1행정마다 누름버튼에서 양손을 떼지 않으면 다음 작업의 동작을 할 수 없는 구조
⑦ 램의 하행정중 버튼(레버)에서 손을 뗄 시 정지하는 구조
⑧ 누름버튼의 상호간 내측거리는 300[mm] 이상
⑨ 누름버튼(레버 포함)은 매립형의 구조(다만, 개구부에 조작되지 않는 구조의 개방형 누름버튼(레버 포함)은 매립형으로 본다)
　㉠ 누름버튼(레버 포함)의 전 구간(360[°])에서 매립된 구조
　㉡ 누름버튼(레버 포함)은 방호장치 상부표면 또는 버튼을 둘러싼 개방된 외함의 수평면으로부터 하단(2[mm] 이상)에 위치

[참고] 산업안전산업기사 필기 p.3-104(4. 양수조작식)

[KEY]
① 2016년 8월 21일(문제 49번) 출제
② 2023년 7월 8일(문제 56번) 출제

[정답] 43 ①　44 ④　45 ④

46 그림과 같이 2줄의 와이어로프로 중량물을 달아 올릴 때, 로프에 가장 힘이 적게 걸리는 각도(θ)는?

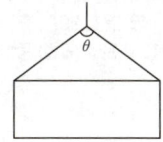

① 30[°] ② 60[°]
③ 90[°] ④ 120[°]

▶ **해설**

sling wire 한 가닥에 걸리는 하중

하중 = $\dfrac{\text{하물의 무게}}{2} \div \cos\dfrac{\theta}{2}$

[표] 각도변화

①	②	③	④
$\dfrac{W/2}{\cos\frac{30}{2}}=0.51$	$\dfrac{W/2}{\cos\frac{60}{2}}=0.57$	$\dfrac{W/2}{\cos\frac{120}{2}}=1$	$\dfrac{W/2}{\cos\frac{150}{2}}=1.9$

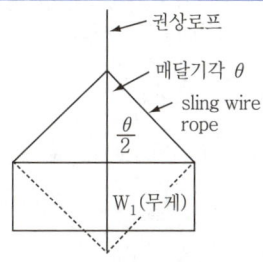

▶ **참고** 산업안전산업기사 필기 p.3-157(표. 슬링와이어의 매다는 각도와 로프에 걸리는 하중)

▶ **KEY**
① 2006년 3월 5일(문제 47번) 출제
② 2008년 5월 11일(문제 48번) 출제
③ 2023년 7월 8일(문제 58번) 출제

47 프레스 작업 시 왕복운동하는 부분과 고정부분 사이에서 형성되는 위험점은?

① 물림점 ② 협착점
③ 절단점 ④ 회전말림점

▶ **해설**

협착점(Squeeze-point)
왕복운동을 하는 동작부분과 움직임이 없는 고정부분 사이에서 형성되는 위험점 예) 프레스기, 전단기, 성형기, 조형기, 굽힘기계(bending machine) 등

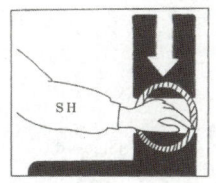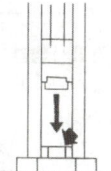

[그림] 협착점

▶ **참고** 산업안전산업기사 필기 p.3-205(1. 협착점)

▶ **KEY**
① 2017년 3월 5일, 5월 7일, 8월 26일 출제
② 2019년 4월 27일(문제 55번) 출제
③ 2023년 5월 13일(문제 42번) 출제

48 다음 중 드릴링 작업에서 반복적 위치에서의 작업과 대량생산 및 정밀도를 요구할 때 사용하는 고정 장치로 가장 적합한 것은?

① 바이스(vise)   ② 지그(jig)
③ 클램프(clamp) ④ 렌치(wrench)

▶ **해설**

공작물 고정 방법
① 바이스 : 일감이 작을 때
② 볼트와 고정구 : 일감이 크고 복잡할 때
③ 지그(jig) : 대량생산과 정밀도를 요구할 때

[그림] 지그   [그림] 클램프

▶ **참고** 산업안전산업기사 필기 p.3-92(4. 방호장치 및 공작물 고정 방법)

▶ **KEY**
① 2015년 5월 31일(문제 53번) 출제
② 2023년 5월 13일(문제 46번) 출제

49 다음 중 셰이퍼(shaper)의 크기를 표시하는 것은?

① 램의 행정   ② 새들의 크기
③ 테이블의 면적 ④ 바이트의 최대 크기

[정답] 46 ① 47 ② 48 ② 49 ①

해설

셰이퍼의 크기 표시 방법
① 램이 움직일 수 있는 거리
② 램의 최대 행정

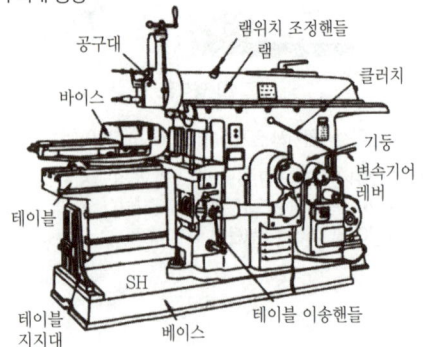

[그림] 셰이퍼의 구조와 명칭

> 참고 ① 산업안전산업기사 필기 p.3-88(2. 셰이퍼)
> ② 산업안전산업기사 필기 p.3-89(합격날개 : 합격예측)

> KEY ① 2015년 5월 25일(문제 59번) 출제
> ② 2023년 5월 13일(문제 48번) 출제

50 밀링작업 시 안전수칙에 해당되지 않는 것은?

① 칩이나 부스러기는 반드시 브러시를 사용하여 제거한다.
② 가공 중에는 가공면을 손으로 점검하지 않는다.
③ 기계를 가동 중에는 변속시키지 않는다.
④ 바이트는 가급적 짧게 고정시킨다.

해설

밀링 Tip
① 밀링머신에서는 TIP(팁)이라고 합니다.
② TIP은 규격품입니다.
③ 선반은 bite(바이트) 입니다.

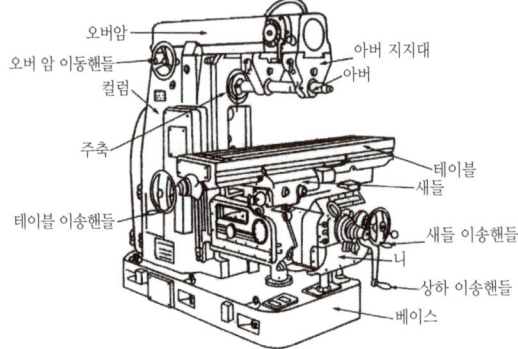

[그림] 밀링머신의 구조 및 명칭

> 참고 산업안전산업기사 필기 p.3-87(5. 밀링작업시 안전수칙)

> KEY ① 2016년 3월 6일 기사 출제
> ② 2018년 3월 4일, 4월 28일기사 출제
> ③ 2020년 6월 14일(문제 59번) 출제
> ④ 2023년 5월 13일(문제 49번) 등 5회 이상 출제

51 동력 프레스를 분류하는데 있어서 그 종류에 속하지 않는 것은?

① 크랭크 프레스   ② 토글 프레스
③ 마찰 프레스   ④ 터릿 프레스

해설

프레스의 종류
① 기계프레스   ② 핀클러치프레스
③ 키클러치프레스 ④ 크랭크프레스
⑤ 액압프레스

> 참고 ① 산업안전산업기사 필기 p.3-99(2. 프레스 종류 및 요약)
> ② 산업안전산업기사 필기 p.3-99(합격날개 : 은행문제) 적중

> KEY ① 2016년 8월 21일 기사 출제
> ② 2017년 8월 26일 출제
> ③ 2018년 4월 28일(문제 52번) 출제
> ④ 2023년 5월 13일(문제 58번) 출제

52 500[rpm]으로 회전하는 연삭기의 숫돌지름이 200[mm]일 때 원주속도[m/min]는?

① 628   ② 62.8
③ 314   ④ 31.4

해설

원주속도

$$V = \frac{\pi DN}{1,000} = \frac{3.14 \times 200 \times 500}{1,000} = 314 [m/min]$$

> 참고 산업안전산업기사 필기 p.3-83(합격날개 : 합격예측)

> KEY ① 2018년 3월 4일(문제 41번) 출제
> ② 2023년 3월 1일(문제 43번) 출제

[정답] 50 ④ 51 ④ 52 ③

53 피복 아크 용접 작업 시 생기는 결함에 대한 설명 중 틀린 것은?

① 스패터(spatter) : 용융된 금속의 작은 입자가 튀어나와 모재에 묻어있는 것
② 언더컷(under cut) : 전류가 과대하고 용접속도가 너무 빠르며, 아크를 짧게 유지하기 어려운 경우 모재 및 용접부의 일부가 녹아서 발생하는 홈 또는 오목하게 생긴 부분
③ 크레이터(crater) : 용착금속 속에 남아있는 가스로 인하여 생긴 구멍
④ 오버랩(overlap) : 용접봉의 운행이 불량하거나 용접봉의 용융 온도가 모재보다 낮을 때 과잉 용착금속이 남아있는 부분

해설

용접결함

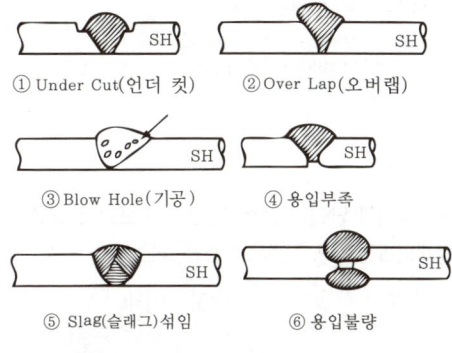

[그림] 용접결함의 종류

KEY
① 2015년 8월 16일 기사 출제
② 2019년 3월 3일 기사·산업기사 동시 출제
③ 2023년 6월 4일(문제 43번) 출제
④ 2023년 3월 1일(문제 46번) 출제

보충학습
① 크레이터(Crater) : 용접 길이의 끝부분에 오목하게 파진 부분
② 피트(Pit) : 용착금속 속에 남아있는 가스로 인하여 생긴 구멍

54 보일러에서 압력제한스위치의 역할은?

① 최고사용압력과 상용압력 사이에서 보일러의 버너연소를 차단
② 최고사용압력과 상용압력 사이에서 급수펌프 작동을 제한
③ 최고사용압력 도달 시 과열된 공기를 대기에 방출하여 압력 조절
④ 위험압력 시 버너, 급수펌프 및 고저수위조절 장치 등을 통제하여 일정압력 유지

해설

압력제한스위치
① 보일러의 과열방지를 위해 최고사용압력과 상용압력 사이에서 버너연소를 차단할 수 있도록 압력제한스위치 부착 사용
② 압력계가 설치된 배관상에 설치

참고 산업안전산업기사 필기 p.3-124(3. 방호장치의 종류)

KEY
① 2010년 7월 25일(문제 58번) 출제
② 2021년 5월 15일 기사 출제
③ 2023년 3월 1일(문제 49번) 출제

55 지게차의 안정도 기준으로 틀린 것은?

① 기준부하상태에서 주행시의 전후 안정도는 8[%] 이내이다.
② 하역작업시의 좌우안정도는 최대하중상태에서 포크를 가장 높이 올리고 마스트를 가장 뒤로 기울인 상태에서 6[%] 이내이다.
③ 하역작업시의 전후안정도는 최대하중상태에서 포크를 가장 높이 올린 경우 4[%] 이내이며, 5톤 이상은 3.5[%] 이내이다.
④ 기준무부하상태에서 주행시의 좌우안정도는 $(15+1.1\times V)[\%]$ 이내이고, V는 구내최고속도(km/h)를 의미한다.

[정답] 53 ③ 54 ① 55 ①

해설

지게차의 안정조건

도해	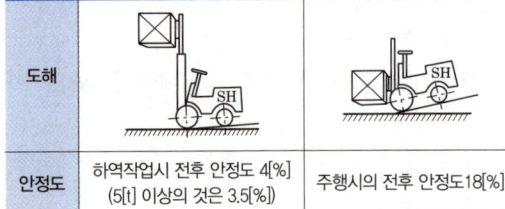
안정도	하역작업시 전후 안정도 4[%] (5[t] 이상의 것은 3.5[%]) / 주행시의 전후 안정도 18[%]

참고) 산업안전산업기사 필기 p.3-139(표 : 지게차의 안정조건)

KEY
① 2016년 5월 8일 출제
② 2016년 8월 21일 출제
③ 2017년 3월 5일(문제 43번) 출제
④ 2023년 3월 1일(문제 50번) 출제

---

56 다음 중 목재가공용 둥근톱에 설치해야 하는 분할날의 두께에 관한 설명으로 옳은 것은?

① 톱날 두께의 1.1배 이상이고, 톱날의 치진폭보다 커야 한다.
② 톱날 두께의 1.1배 이상이고, 톱날의 치진폭보다 작아야 한다.
③ 톱날 두께의 1.1배 이내이고, 톱날의 치진폭보다 커야 한다.
④ 톱날 두께의 1.1배 이내이고, 톱날의 치진폭보다 작아야 한다.

해설

분할날(spreader)의 두께
① 분할날의 두께는 톱날 1.1배 이상이고 톱날의 치진폭 미만으로 할 것
② 공식 : $1.1t_1 \leq t_2 < b$

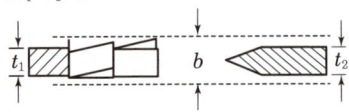

t_1 : 톱날두께 b : 톱날치진폭 t_2 : 분할날두께

참고) 산업안전산업기사 필기 p.3-135(ⓒ 분할날의 두께)

KEY
① 2017년 3월 5일 기사·산업기사 동시 출제
② 2023년 2월 28일 기사 등 5회 이상 출제
③ 2023년 3월 1일(문제 53번) 출제

---

57 롤러기의 방호장치 중 복부조작식 급정지 장치의 설치위치 기준에 해당하는 것은?(단, 위치는 급정지장치의 조작부의 중심점을 기준으로 한다.)

① 밑면에서 1.8[m] 이상
② 밑면에서 0.8[m] 미만
③ 밑면에서 0.8[m] 이상 1.1[m] 이내
④ 밑면에서 0.4[m] 이상 0.8[m] 이내

해설

급정지 장치의 설치위치

급정지장치 조작부의 종류	위 치
손으로 조작하는 것	밑면에서 1.8[m] 이내
작업자의 복부로 조작하는 것	밑면에서 0.8[m] 이상, 1.1[m] 이내
작업자의 무릎으로 조작하는 것	밑면에서 0.6[m] 이내

참고) 산업안전산업기사 필기 p.3-113(합격날개 : 합격예측 및 관련 법규)

KEY
① 2016년 8월 21일 기사 출제
② 2017년 3월 5일 기사·산업기사 동시 출제
③ 2023년 6월 4일 기사 등 10회 이상 출제
④ 2023년 3월 1일(문제 58번) 출제

---

58 방호장치의 안전기준상 평면연삭기 또는 절단연삭기에서 덮개의 노출각도 기준으로 옳은 것은?

① 80[°] 이내   ② 125[°] 이내
③ 150[°] 이내   ④ 180[°] 이내

해설

숫돌의 덮개 노출각도

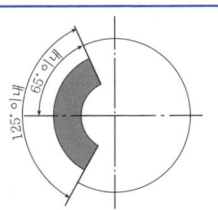	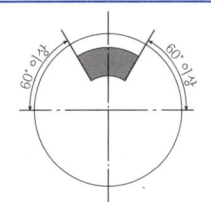
① 일반연삭작업 등에 사용하는 것을 목적으로 하는 탁상용연삭기의 덮개 각도	② 연삭숫돌의 상부를 사용하는 것을 목적으로 하는 탁상용 연삭기의 덮개 각도

[정답] 56 ② 57 ③ 58 ③

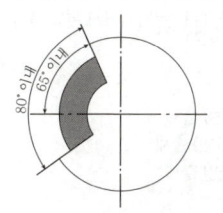
③ ① 및 ② 이외의 탁상용연삭기, 기타 이와 유사한 연삭기의 덮개 각도

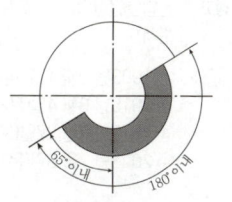
④ 원통연삭기, 센터리스 연삭기, 공구연삭기, 만능연삭기, 기타 이와 비슷한 연삭기의 덮개 각도

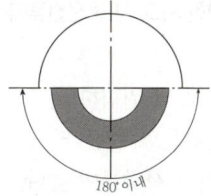
⑤ 휴대용연삭기, 스윙연삭기, 스라브 연삭기 기타 이와 비슷한 연삭기의 덮개 각도

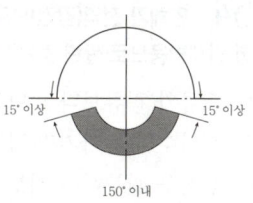
⑥ 평면연삭기, 절단연삭기, 기타 이와 비슷한 연삭기의 덮개 각도

> 참고) 산업안전산업기사 필기 p.3-97(그림:연삭기 덮개의 표준현상)

> KEY ① 2016년 8월 21일 기사 출제
> ② 2021년 3월 2일(문제 42번) 출제

> 합격정보
> 방호장치 자율안전기준 고시(제2022-113호) 2022. 3. 3. 고시 적용

59 선반 등으로부터 돌출하여 회전하고 있는 가공물이 근로자에게 위험을 미칠 우려가 있는 경우 설치할 방호 장치로 가장 적합한 것은?

① 덮개 또는 울
② 슬리브
③ 건널다리
④ 체인 블록

해설

원동기·회전축 등의 위험 방지

사업주는 기계의 원동기·회전축·기어·풀리·플라이휠·벨트 및 체인 등 근로자가 위험에 처할 우려가 있는 부위에 덮개·울·슬리브 및 건널다리 등을 설치하여야 한다.

> 참고) 산업안전산업기사 필기 p.3-84(합격날개:합격예측 및 관련법규)

> KEY 2017년 3월 5일 기사·산업기사 동시 출제

> 합격정보
> 산업안전보건기준에 관한규칙 제87조(원동기·회전축 등의 위험방지)

60 기계설비 구조의 안전을 위해 설계 시 고려하여야 할 안전계수(safety factor)의 산출 공식으로 틀린 것은?

① 파괴강도÷허용응력
② 안전하중÷파단하중
③ 파괴하중÷허용하중
④ 극한강도÷최대설계응력

해설

안전율(안전계수)

① 정의
설계상의 가장 큰 과오는 강도 산정상의 오산이다. 최대 부하 추정의 부정확성과 사용중 일부 재료의 강도가 열화될 것을 감안하여 안전율을 충분히 고려해야 한다.

② 안전율
$$= \frac{극한강도}{최대설계응력} = \frac{파괴하중}{안전하중}$$
$$= \frac{파괴하중(극한하중)}{최대사용하중(정격하중)} = \frac{인장강도}{허용응력}$$

③ 안전율이란 필연성에 잠재되어 있는 우연성을 감안하여 계산한 것이다.
④ 안전여유 = 극한강도 − 허용능력(사용하중)

> 참고) 산업안전산업기사 필기 p.3-2(합격날개 : 합격예측)

> KEY 2017년 3월 5일 기사·산업기사 동시 출제

4 전기 및 화학설비 안전관리

61 정전기 재해를 예방하기 위해 설치하는 제전기의 제전효율은 설치 시에 얼마 이상이 되어야 하는가?

① 40[%] 이상
② 50[%] 이상
③ 70[%] 이상
④ 90[%] 이상

해설

제전기 설치시 제전효율 : 90[%] 이상

> 참고) 산업안전산업기사 필기 p.4-41(보충문제)

> KEY ① 2020년 9월 19일(문제 64번) 출제
> ② 2021년 8월 14일 기사 출제
> ③ 2023년 7월 8일(문제 62번) 출제

[정답] 59 ① 60 ② 61 ④

과년도 출제문제

62 누설전류로 인해 화재가 발생될 수 있는 누전화재의 3요소에 해당하지 않는 것은?

① 누전점　　② 인입점
③ 접지점　　④ 발화점

[해설]

누전화재라는 것을 입증하기 위한 요건
① 누전점 : 전류의 유입점
② 발화점 : 발화된 장소
③ 접지점 : 확실한 접지점의 소재 및 적당한 접지저항치

[참고] 산업안전산업기사 필기 p.4-6(6. 누전화재라는 것을 입증하기 위한 요건)

[KEY] ① 2017년 8월 26일 기사 출제
② 2018년 8월 19일(문제 65번) 출제
③ 2023년 7월 8일(문제 64번) 출제

63 전류가 흐르는 상태에서 단로기를 끊었을 때 여러 가지 파괴 작용을 일으킨다. 다음 그림에서 유입차단기의 차단 순서와 투입순서가 안전수칙에 가장 적합한 것은?

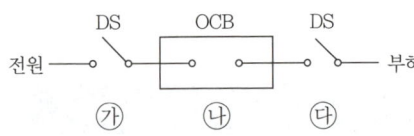

① 차단 : ㉮ → ㉯ → ㉰, 투입 : ㉮ → ㉯ → ㉰
② 차단 : ㉯ → ㉰ → ㉮, 투입 : ㉯ → ㉰ → ㉮
③ 차단 : ㉰ → ㉯ → ㉮, 투입 : ㉰ → ㉮ → ㉯
④ 차단 : ㉰ → ㉯ → ㉮, 투입 : ㉰ → ㉮ → ㉯

[해설]

유입차단기(Oil Circuit Breaker)
① 유입차단기의 작동순서

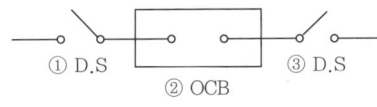

○ 투입순서 : ③-①-②　　○ 차단순서 : ②-③-①
② By-pass회로 사용시 유입차단기의 작동순서

④ 투입 후 ②-③-① 순으로 차단

[참고] 산업안전산업기사 필기 p.4-7(11. 유입차단기 투입 및 차단 순서)

[KEY] ① 1993년 9월 12일 출제
② 2018년 3월 4일(문제 78번) 출제
③ 2019년 4월 27일(문제 71번) 출제
④ 2023년 7월 8일(문제 66번) 출제

64 인체가 전격(감전)으로 인한 사고 시 통전전류에 의한 인체반응으로 틀린 것은?

① 교류가 직류보다 일반적으로 더 위험하다.
② 주파수가 높아지면 감지전류는 작아진다.
③ 심장을 관통하는 경로가 가장 사망률이 높다.
④ 가수전류는 불수전류보다 값이 대체적으로 작다.

[해설]

전격위험도 결정조건(1차적 감전위험요소)
① 통전전류의 크기
② 통전시간
③ 통전경로
④ 전원의 종류(직류보다 상용주파수의 교류전원이 더 위험한 이유 : 극성변화)
⑤ 주파수 및 파형
⑥ 전격인가위상

[참고] 산업안전산업기사 필기 p.4-19(1. 감전재해의 요인)

[KEY] ① 2016년 8월 21일(문제 69번) 출제
② 2023년 7월 8일(문제 69번) 출제

65 다음 중 화재의 종류가 옳게 연결된 것은?

① A급화재 - 유류화재
② B급화재 - 유류화재
③ C급화재 - 일반화재
④ D급화재 - 일반화재

[해설]

화재의 종류
① A급화재 : 일반 가연물화재(백색표시)
② B급화재 : 유류화재(황색표시)
③ C급화재 : 전기화재(청색표시)
④ D급화재 : 금속화재(색표시 없음)

[참고] 산업안전산업기사 필기 p.4-109(2. 화재의 분류)

[정답] 62 ② 63 ④ 64 ② 65 ②

KEY ① 2014년 8월 17일(문제 63번)
② 2023년 7월 8일(문제 73번) 출제

66 다음 중 고체연소의 종류에 해당하지 않는 것은?

① 표면연소　　② 증발연소
③ 분해연소　　④ 예혼합연소

해설

기체 연소
① 확산연소(불균질 연소) : 가연성 기체를 대기 중에 분출·확산시켜 연소하는 방식(불꽃은 있으나 불티가 없는 연소)
② 혼합연소(예혼합 연소, 균질연소) : 먼저 가연성 기체를 공기와 혼합시켜 놓고 연소하는 방식

참고 ① 산업안전산업기사 필기 4-98(2. 연소의 종류)
② 2017년 5월 7일 기사(문제 93번)

KEY ① 2017년 5월 7일 산업기사 출제
② 2023년 7월 8일(문제 79번) 출제

67 다음 중 통전경로별 위험도가 가장 높은 경로는?

① 왼손-등　　② 오른손-가슴
③ 왼손-가슴　　④ 오른손-양발

해설

통전경로별 위험도

통전경로	위험도
오른손-등	0.3
왼손-오른손	0.4
왼손-등	0.7
한손 또는 양손-앉아 있는 자리	0.7
오른손-한발 또는 양발	0.8
양손-양발	1.0
왼손-한발 또는 양발	1.0
오른손-가슴	1.3
왼손-가슴	1.5

참고 산업안전산업기사 필기 p.4-30(문제 26번)

KEY ① 2015년 5월 31일(문제 68번) 출제
② 2023년 4월 1일 지도사 출제
③ 2023년 5월 13일(문제 61번) 출제

68 전압과 인체저항과의 관계를 잘못 설명한 것은?

① 정(+)의 저항온도계수를 나타낸다.
② 내부조직의 저항은 전압에 관계없이 일정하다.
③ 1,000[V] 부근에서 피부의 전기저항은 거의 사라진다.
④ 남자보다 여자가 일반적으로 전기저항이 작다.

해설

전압과 인체저항
① 부(-)의 저항온도계수를 나타낸다.
　㉮ 정(+)의 온도계수 : 온도 상승에 따라 저항이 증가하는 것
　㉯ 부(-)의 온도계수 : 온도 상승에 따라 저항이 감소하는 것
② 내부조직의 저항은 전압에 관계없이 일정하다. : 내부조직의 전기저항은 직선적으로 직류, 교류에 관계없이 거의 일정하다.
③ 1,000[V] 부근에서 피부의 전기저항은 거의 사라진다. : 전압이 올라가면 피부저항이 내려가는데 1,000[V]에서 피부는 완전히 절연이 파괴되고 내부저항 500[Ω]만 남는다.
④ 남자보다 여자가 일반적으로 전기저항이 작다. : 전기저항은 몸무게에 따라 달라지므로 여자에 비해 남자가 몸무게가 커서 여자가 일반적으로 전기저항이 작다.

참고 산업안전산업기사 필기 p.4-18(2. 인체의 전기저항)

KEY ① 2014년 5월 25일(문제 64번) 출제
② 2023년 5월 13일(문제 65번) 출제

69 산업안전보건법상 전기기계·기구의 누전에 의한 감전 위험을 방지하기 위하여 접지를 하여야 하는 사항으로 틀린 것은?

① 전기기계·기구의 금속제 내부 충전부
② 전기기계·기구의 금속제 외함
③ 전기기계·기구의 금속제 외피
④ 전기기계·기구의 금속제 철대

해설

전기기계·기구의 접지
① 전기기계·기구의 금속제 외함
② 전기기계·기구의 금속제 외피
③ 전기기계·기구의 금속제 철대

KEY ① 2012년 5월 20일(문제 63번) 출제
② 2019년 4월 27일(문제 64번) 출제
③ 2023년 5월 13일(문제 68번) 출제

합격정보
산업안전보건기준에 관한 규칙 제 302조(전기기계·기구의 접지)

[정답] 66 ④ 67 ③ 68 ① 69 ①

70. 교류아크용접작업 시 감전을 예방하기 위하여 사용하는 자동전격방지기의 2차 전압은 몇 [V] 이하로 유지하여야 하는가?

① 25 ② 35
③ 50 ④ 40

해설

자동전격방지기 2차 전압 : 25[V] 이하

참고 산업안전산업기사 필기 p.4-78(2. 방호장치의 성능)

KEY 2023년 5월 13일(문제 69번) 등 5회 이상 출제

보충학습

교류아크용접기 등
① 사업주는 아크용접 등(자동용접은 제외한다)의 작업에 사용하는 용접봉의 홀더에 대하여 「산업표준화법」에 따른 한국산업표준에 적합하거나 그 이상의 절연내력 및 내열성을 갖춘 것을 사용하여야 한다.
② 사업주는 다음 각 호의 어느 하나에 해당하는 장소에서 교류아크용접기(자동으로 작동되는 것은 제외한다)를 사용하는 경우에는 교류아크용접기에 자동전격 방지기를 설치하여야 한다.
　㉮ 선박의 이중 선체 내부, 밸러스트(Ballast)탱크, 보일러 내부 등 도전체에 둘러싸인 장소
　㉯ 추락할 위험이 있는 높이 2[m] 이상의 장소로 철골 등 도전성이 높은 물체에 근로자가 접촉할 우려가 있는 장소
　㉰ 근로자가 물·땀 등으로 인하여 도전성이 높은 습윤 상태에서 작업하는 장소

71. 다음 중 증류탑의 원리로 거리가 먼 것은?

① 끓는점(휘발성) 차이를 이용하여 목적 성분을 분리한다.
② 열이동은 도모하지만 물질이동은 관계하지 않는다.
③ 기-액 두 상의 접촉이 충분히 일어날 수 있는 접촉면적이 필요하다.
④ 여러 개의 단을 사용하는 다단탑이 사용될 수 있다.

해설

증류탑의 원리
① 공장에서 대량의 액체 화합물을 분리하는 데 사용하며, 내부의 칸막이에서 여러 번 분별 증류가 일어나도록 설계되어 있다.
② 끓는점이 낮은 물질이 위쪽에서 분리되고 끓는점이 높은 물질이 아래쪽에서 분리된다.

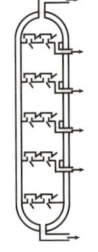

[그림] 증류탑

참고 산업안전산업기사 필기 p.4-145(합격날개 : 합격예측)

KEY ① 2017년 3월 5일 출제
② 2017년 5월 7일(문제 77번) 출제
③ 2023년 5월 13일(문제 76번) 출제

72. 다음 중 폭굉(detonation) 현상에 있어서 폭굉파의 진행전면에 형성되는 것은?

① 증발열 ② 충격파
③ 역화   ④ 화염의 대류

해설

폭굉파
① 진행속도가 1,000~3,500[m/sec]에 달하는 경우
② 폭굉파의 전파속도는 음속을 앞지르기 때문에 그 진행전면에 충격파가 형성되어 파괴작용을 동반
③ 충격파 파장이 아주 짧은 단일 압축파로 직진하는 성질로 인하여 파면선단에 물체가 있을 경우 심한 파괴작용 동반

참고 산업안전산업기사 필기 p.4-100(3. 폭굉의 조건)

KEY ① 2017년 5월 7일 출제
② 2019년 4월 27일(문제 72번) 출제
③ 2023년 5월 13일(문제 78번) 출제

73. 전기불꽃이나 과열에 대해서 회로특성상 폭발의 위험을 방지할 수 있는 방폭구조는?

① 내압방폭구조   ② 유입방폭구조
③ 안전증방폭구조 ④ 압력방폭구조

해설

안전증방폭구조(e)
정상 운전중에 폭발성 가스 또는 증기에 점화원이 될 전기불꽃, 아크 또는 고온이 되어서는 안 될 부분에 이런 것의 발생을 방지하기 위하여 기계적, 전기적 구조상 또는 온도상승에 대해서 특히 안전도를 증강시킨 구조

참고 ① 산업안전산업기사 필기 p.4-54(3. 안전증방폭구조)

KEY ① 2013년 6월 2일(문제 69번)
② 2014년 3월 2일(문제 69번)
③ 2014년 5월 25일(문제 63번)
④ 2020년 9월 27일 기사 등 5회 이상 출제
⑤ 2023년 3월 1일(문제 61번) 출제

[정답] 70 ① 71 ② 72 ② 73 ③

74 다음 중 정전기 재해의 방지대책으로 가장 적절한 것은?

① 절연도가 높은 플라스틱을 사용한다.
② 대전하기 쉬운 금속은 접지를 실시한다.
③ 작업장 내의 온도를 낮게 해서 방전을 촉진시킨다.
④ (+), (−) 전하의 이동을 방해하기 위하여 주위의 습도를 낮춘다.

해설

정전기 방지 대책

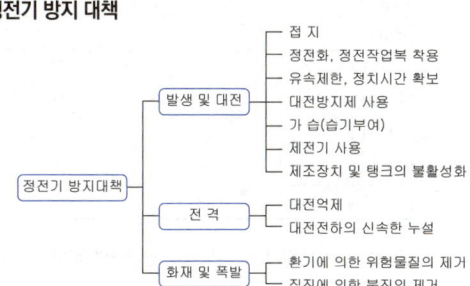

참고 산업안전산업기사 필기 p.4-36(그림. 정전기방지대책)

KEY
① 2016년 5월 8일 기사 출제
② 2016년 8월 21일 기사 출제
③ 2017년 5월 7일 산업기사 출제
④ 2023년 6월 4일 기사 등 10회 이상 출제
⑤ 2023년 3월 1일(문제 62번) 출제

75 방폭전기기기를 선정할 경우 고려할 사항으로 가장 거리가 먼 것은?

① 접지공사의 종류
② 가스 등의 발화온도
③ 설치될 지역의 방폭지역 등급
④ 내압방폭구조의 경우 최대 안전틈새

해설

방폭전기기기의 선정시 고려할 사항
① 방폭전기기기가 설치될 지역의 방폭지역 등급 구분
② 가스 등의 발화온도
③ 내압방폭구조의 경우 최대 안전틈새
④ 본질안전방폭구조의 경우 최소 점화전류
⑤ 압력방폭구조, 유입방폭구조, 안전증방폭구조의 경우 최고 표면온도
⑥ 방폭전기기기가 설치될 장소의 주변온도, 표고, 상대습도, 먼지, 부식성 가스 또는 습기등의 환경조건

참고 산업안전산업기사 필기 p.4-52(2. 방폭구조 선정 및 유의사항)

KEY
① 2015년 3월 8일(문제 69번) 출제
② 2023년 3월 1일(문제 68번) 출제

76 인체가 전격을 당했을 경우 통전시간이 1초라면 심실세동을 일으키는 전류값[mA]은?(단, 심실세동전류값은 Dalziel의 관계식을 이용한다.)

① 100   ② 165
③ 180   ④ 215

해설

심실세동(치사)전류

전격의 영향	통전전류(값)
심근의 미세한 진동으로 혈액을 송출하는 펌프의 기능이 장애를 받는 현상을 심실세동이라 하며 이때의 전류	$I = \dfrac{165}{\sqrt{T}}[mA]$ I : 심실세동전류[mA] T : 통전시간(s)

참고 산업안전산업기사 필기 p.4-17(3. 통전전류에 따른 인체의 영향)

KEY
① 2013년 8월 18일 문제 68번 출제
② 2015년 3월 8일 기사 출제
③ 2017년 3월 5일 기사 출제
④ 2017년 5월 7일 기사 출제
⑤ 2018년 4월 28일 기사 출제
⑥ 2023년 3월 1일(문제 69번) 출제
⑦ 2023년 6월 4일 출제

77 물질안전보건자료(MSDS)의 작성 항목이 아닌 것은?

① 물리화학적 특성   ② 유해물질의 제조법
③ 독성에 관한 정보   ④ 응급처치요령

해설

MSDS(물질안전보건자료) 작성 항목
① 물리·화학적 특성
② 독성에 관한 정보
③ 폭발·화재 시의 대처방법
④ 응급처치 요령
⑤ 그 밖에 고용노동부장관이 정하는 사항

참고
① 산업안전보건법 제110조(물질안전보건자료의 작성·비치 등)
② 산업안전보건법 시행규칙 제156조(변경이 필요한 물질안전보건자료의 항목 및 제출시기)
③ 산업안전산업기사 필기 p.1-233[6.MSDS (물질 안전보건자료)의 작성·비치]

KEY
① 2010년 7월 25일(문제 73번) 출제
② 2014년 3월 2일(문제 76번) 출제
③ 2023년 3월 1일(문제 76번) 출제

[정답] 74 ② 75 ① 76 ② 77 ②

과년도 출제문제

78 다음 중 산업안전보건기준에 관한 규칙에서 규정하는 급성 독성 물질에 해당되지 않는 것은?

① 쥐에 대한 경구투입실험에 의하여 실험동물의 50[%]를 사망시킬 수 있는 물질의 양이 [kg]당 300[mg]-(체중) 이하인 화학물질
② 쥐에 대한 경피흡수실험에 의하여 실험동물의 50[%]를 사망시킬 수 있는 물질의 양이 [kg]당 1,000[mg]-(체중) 이하인 화학물질
③ 토끼에 대한 경피흡수실험에 의하여 실험동물의 50[%]를 사망시킬 수 있는 물질의 양이 [kg]당 1,000[mg]-(체중) 이하인 화학물질
④ 쥐에 대한 4시간 동안의 흡입실험에 의하여 실험동물의 50[%]를 사망시킬 수 있는 가스의 농도가 3,000[ppm] 이상인 화학물질

해설

독성 물질 시험
① 쥐에 대한 경구 투입실험에 의하여 실험동물의 50[%]를 사망시킬 수 있는 물질의 양
② 즉 LD_{50}(경구, 쥐)이 킬로그램당(체중) 300[mg] 이하인 화학물질

참고 산업안전산업기사 필기 p.4-130(6. 급성독성물질)

KEY
① 2018년 3월 4일 (문제 77번) 출제
② 2020년 6월 14일(문제 80번) 출제
③ 2023년 3월 1일(문제 79번) 출제

합격정보
산업안전보건기준에 관한 규칙 [별표 1] 위험물질의 종류

79 산업안전보건법령에서 정한 안전검사의 주기에 따르면 건조설비 및 그 부속설비는 사업장에 설치가 끝난 날부터 몇 년 이내에 최초 안전검사를 실시하여야 하는가?

① 1 ② 2
③ 3 ④ 4

해설

안전검사 주기
프레스, 전단기, 압력용기, 국소 배기장치, 원심기, 화학설비 및 그 부속설비, 건조설비 및 그 부속설비, 롤러기, 사출성형기, 컨베이어 및 산업용 로봇, 분쇄기, 혼합기 및 파쇄기 : 사업장에 설치가 끝난 날부터 3년 이내에 최초 안전검사를 실시하되, 그 이후부터 2년마다(공정안전보고서를 제출하여 확인을 받은 압력용기는 4년마다) 실시

참고 산업안전산업기사 필기 p.3-62(표:안전검사의 주기)

KEY
① 2016년 8월 21일 기사 출제
② 2021년 3월 5일(문제 80번) 출제

80 다음 중 폭발한계의 범위가 가장 넓은 가스는?

① 수소   ② 메탄
③ 프로판   ④ 아세틸렌

해설

주요 인화성가스의 폭발범위

인화성 가스	폭발하한 값(%)	폭발상한 값(%)
아세틸렌(C_2H_2)	2.5	81
산화에틸렌(C_2H_4O)	3	80
수소(H_2)	4	75
일산화탄소(CO)	12.5	74
프로판(C_3H_8)	2.1	9.5
에탄(C_2H_6)	3	12.5
메탄(CH_4)	5	15
부탄(C_4H_{10})	1.8	8.4

참고 산업안전산업기사 필기 p.4-153(표 : 공기중의 폭발한계)

KEY 2021년 3월 5일(문제 75번) 출제

5 건설공사 안전관리

81 다음 빈칸에 알맞은 숫자를 순서대로 옳게 나타낸 것은?

> 강관비계의 경우, 띠장간격은 ( )[m] 이하로 설치하되, 첫 번째 띠장은 지상으로부터 ( )[m] 이하의 위치에 설치한다.

① 2, 2   ② 2.5, 3
③ 1.85, 2   ④ 1, 3

해설

강관비계의 띠장간격
① 띠장 간격은 2[m] 이하로 설치한다.(비계기둥의 간격은 띠장방향 1.85[m] 이하)
② 띠장은 지상으로부터 2[m] 이하의 위치에 설치한다.
③ 작업의 성질상 이를 준수하기가 곤란하여 쌍기둥틀 등에 의하여 해당 부분을 보강한 경우에는 그러하지 아니하다.

참고 산업안전산업기사 필기 p.5-98(합격날개 : 합격예측 및 관련법규)

[**정답**] 78 ④ 79 ③ 80 ④ 81 ①

KEY ① 2017년 3월 5일 기사 출제
② 2017년 8월 26일 기사·산업기사 동시출제
③ 2023년 7월 8일(문제 81번) 출제

합격정보
산업안전보건기준에 관한 규칙 제60조(강관비계의 구조)

참고 산업안전산업기사 필기 p.5-87(1. 가설 공사 개요)
KEY ① 2003년 8월 10일 기사 출제
② 2023년 7월 8일(문제 87번) 출제

---

82 철골공사 시 무너짐의 위험이 있어 강풍에 대한 안전 여부를 확인해야 할 필요성이 가장 높은 경우는?

① 연면적당 철골량이 일반 건물보다 많은 경우
② 기둥에 H형강을 사용하는 경우
③ 이음부가 공장용접인 경우
④ 단면구조가 현저한 차이가 있으며 높이가 20[m] 이상인 건물

해설

강풍시 검토사항
① 높이 20[m] 이상인 구조물
② 구조물의 폭과 높이의 비가 1 : 4 이상인 구조물
③ 건물, 호텔 등에서 단면 구조에 현저한 차이가 있는 것
④ 연면적당 철골량이 50[kg/m²] 이하인 구조물
⑤ 기둥이 타이 플레이트(tie plate)형인 구조물
⑥ 이음부가 현장 용접인 경우

참고 산업안전산업기사 필기 p.5-154(3. 철골의 자립도 검토)
KEY ① 2017년 9월 23일 기사 출제
② 2018년 3월 4일 기사 출제
③ 2019년 4월 27일 기사 출제
④ 2023년 7월 8일(문제 83번) 출제

84 철근의 가스절단 작업 시 안전상 유의해야 할 사항으로 옳지 않은 것은?

① 작업장에는 소화기를 비치하도록 한다.
② 호스, 전선 등은 다른 작업장을 거치는 곡선상의 배선이어야 한다.
③ 전선의 경우 피복이 손상되어 있는지를 확인하여야 한다.
④ 호스는 작업 중에 겹치거나 밟히지 않도록 한다.

해설

철근 가스절단시 안전대책
① 작업장에는 소화기를 비치하도록 한다.
② 전선의 경우 피복이 손상되어 있는지를 확인하여야 한다.
③ 호스는 작업 중에 겹치거나 밟히지 않도록 한다.

KEY ① 2019년 8월 4일(문제 92번) 출제
② 2023년 7월 8일(문제 90번) 출제

85 동바리등을 조립하는 경우의 준수사항으로 옳지 않은 것은?

① 강재와 강재의 접속부 및 교차부는 볼트·클램프 등 전용철물을 사용하여 단단히 연결할 것
② 동바리로 사용하는 강관(파이프 서포트는 제외)은 높이 2[m] 이내마다 수평연결재를 2개 방향으로 만들고 수평연결재의 변위를 방지할 것
③ 동바리의 이음은 맞댄이음으로 하고 장부이음의 적용은 절대 금할 것
④ 거푸집이 곡면인 경우에는 버팀대의 부차 등 그 거푸집의 부상(浮上)을 방지하기 위한 조치를 할 것

해설

동바리 이음 : 같은 품질의 재료를 사용

83 가설구조물의 특징으로 옳지 않은 것은?

① 연결재가 적은 구조로 되기 쉽다.
② 부재의 결함이 매우 복잡하다.
③ 구조상의 결함이 있는 경우 중대재해로 이어질 수 있다.
④ 사용부재가 과소단면이거나 결함재료를 사용하기 쉽다.

해설

가설 구조물의 특징
① 연결재가 부족하여 불안정해지기 쉽다.
② 부재 결합이 간략하고 불완전 결합이 많다.
③ 구조물이라는 통상의 개념이 확고하지 않아 조립의 정밀도가 낮다.
④ 부재는 과소 단면이거나 결함이 있는 재료가 사용되기 쉽다.

[정답] 82 ④ 83 ② 84 ② 85 ③

참고 | 산업안전산업기사 필기 p.5-92(합격날개 : 합격예측 및 관련법규)

KEY ① 2017년 8월 16일(문제 88번) 출제
② 2023년 7월 8일(문제 96번) 출제

합격정보
산업안전보건기준에 관한 규칙 제332조(동바리 조립시의 안전조치)

86 잠함, 우물통, 수직갱, 그 밖에 이와 유사한 건설물 또는 설비의 내부에서 굴착작업을 하는 경우에 준수해야 할 기준으로 옳지 않은 것은?

① 산소 결핍 우려가 있는 경우에는 산소의 농도를 측정하는 사람을 지명하여 측정하도록 할 것
② 근로자가 안전하게 오르내리기 위한 설비를 설치할 것
③ 굴착 깊이가 10[m]를 초과하는 경우에는 해당 작업장소와 외부와의 연락을 위한 통신설비 등을 설치할 것
④ 굴착깊이가 20[m]를 초과하는 경우에는 송기를 위한 설비를 설치하여 필요한 양의 공기를 공급할 것

해설
통신설비 설치기준
굴착깊이 20[m] 초과하는 경우 외부와의 연락을 위한 통신설비 설치

참고 | 산업안전산업기사 필기 p.5-146(합격날개 : 합격예측 및 관련법규)

KEY 2023년 7월 8일(문제 98번) 출제

합격정보
산업안전보건기준에 관한 규칙 제377조(잠함 등 내부에서의 작업)

87 다음은 이음매가 있는 권상용 와이어로프의 사용금지 규정이다. ( ) 안에 알맞은 숫자는?

와이어로프의 한 꼬임에서 소선의 수가 ( )[%]이상 절단된 것을 사용하면 안된다.

① 5 ② 7
③ 10 ④ 15

해설
달비계 와이어로프 사용금지 기준
① 이음매가 있는 것
② 와이어로프의 한 꼬임[[(스트랜드(strand)를 말한다. 이하 같다]에서 끊어진 소선(素線)[필러(pillar)선은 제외한다)]의 수가 10[%] 이상 (비자전로프의 경우에는 끊어진 소선의 수가 와이어로프 호칭지름의 6배 길이 이내에서 4[개] 이상이거나 호칭지름 30배 길이 이내에서 8[개] 이상)인 것
③ 지름의 감소가 공칭지름의 7[%]를 초과하는 것
④ 꼬인 것
⑤ 심하게 변형되거나 부식된 것
⑥ 열과 전기충격에 의해 손상된 것

참고 산업안전산업기사 필기 p.5-102(합격날개 : 합격예측 및 관련법규)

KEY ① 2015년 5월 31일 기사 출제
② 2023년 5월 13일(문제 84번) 출제
③ 2023년 6월 4일 기사 등 10회 이상 출제

합격정보
산업안전보건기준에 관한 규칙 제63조(달비계의 구조)

88 철근콘크리트 현장타설공법과 비교한 PC(precast concrete)공법의 장점으로 볼 수 없는 것은?

① 기후의 영향을 받지 않아 동절기 시공이 가능하고, 공기를 단축할 수 있다.
② 현장작업이 감소되고, 생산성이 향상되어 인력절감이 가능하다.
③ 공사비가 매우 저렴하다.
④ 공장 제작이므로 콘크리트 양생 시 최적조건에 의한 양질의 제품생산이 가능하다.

해설
프리캐스트 콘크리트(Precast concrete)
① 보, 기둥, 슬라브 등을 공장에서 미리 만들어 현장에서 조립하는 콘크리트
② 인력절감, 공기단축
③ 균등한 품질확보
④ 부재의 규격화, 대량생산 가능
⑤ 공사비 절감, 생산성 향상
⑥ 접합부위, 연결부위의 일체성확보가 RC공사에 비해 불리하다.
⑦ 외기에 영향을 받지 않으므로 동절기 시공이 가능하다.
⑧ 다양한 형상제작이 곤란하므로 설계상의 제약이 따른다.
⑨ 대규모 공사에 적용하는 것이 유리하다.

참고 | 건설안전산업기사 필기 p.5-169(1. PC 공사안전)

[정답] 86 ③ 87 ③ 88 ③

KEY ① 2020년 8월 23일(문제 97번) 출제
② 2023년 5월 13일(문제 87번) 출제

89 사다리식 통로의 설치기준으로 틀린 것은?

① 폭은 30[cm] 이상으로 할 것
② 발판과 벽과의 사이는 15[cm] 이상의 간격을 유지할 것
③ 사다리의 상단은 걸쳐놓은 지점으로부터 60[cm] 이상 올라가도록 할 것
④ 사다리식 통로의 길이가 10[m] 이상인 경우에는 7[m] 이내마다 계단참을 설치할 것

해설

사다리식 통로 설치기준
① 견고한 구조로 할 것
② 심한 손상·부식 등이 없는 재료를 사용할 것
③ 발판의 간격은 일정하게 할 것
④ 발판과 벽과의 사이는 15[cm] 이상의 간격을 유지할 것
⑤ 폭은 30[cm] 이상으로 할 것
⑥ 사다리가 넘어지거나 미끄러지는 것을 방지하기 위한 조치를 할 것
⑦ 사다리의 상단은 걸쳐놓은 지점으로부터 60[cm] 이상 올라가도록 할 것
⑧ 사다리식 통로의 길이가 10[m] 이상인 경우에는 5[m] 이내마다 계단참을 설치할 것
⑨ 사다리식 통로의 기울기는 75[°] 이하로 할 것. 다만, 고정식 사다리식 통로의 기울기는 90[°] 이하로 하고, 그 높이가 7[m] 이상인 경우에는 바닥으로부터 높이가 2.5[m]되는 지점부터 등받이울을 설치할 것
⑩ 접이식 사다리 기둥은 사용 시 접혀지거나 펼쳐지지 않도록 철물 등을 사용하여 견고하게 조치할 것

참고 산업안전보건기준에 관한 규칙 제23조(가설통로의 구조)

KEY ① 2014년 5월 25일(문제 99번) 출제
② 2023년 5월 13일(문제 90번) 출제

90 다음은 산업안전보건법령에 따른 승강설비의 설치에 관한 내용이다. ( )에 들어갈 내용으로 옳은 것은?

사업주는 높이 또는 깊이가 ( )를 초과하는 장소에서 작업하는 경우 해당 작업에 종사하는 근로자가 안전하게 승강하기 위한 건설작업용 리프트 등의 설비를 설치하는 것이 작업의 성질상 곤란한 경우에는 그러하지 아니하다.

① 2[m]   ② 3[m]
③ 4[m]   ④ 5[m]

해설

승강설비 높이 및 깊이 기준 : 2[m] 초과

참고 산업안전산업기사 필기 p.5-149(합격날개 : 합격예측 및 관련 법규)

합격정보 산업안전보건기준에 관한 규칙 제46조(승강설비의 설치)

KEY ① 2017년 5월 7일 기사 출제
② 2017년 8월 26일 기사 출제
③ 2020년 8월 23일(문제 94번) 출제
④ 2023년 5월 13일(문제 90번) 출제

91 공사현장에서 낙하물방지망 또는 방호선반을 설치할 때 설치높이 및 벽면으로부터 내민 길이 기준으로 옳은 것은?

① 설치높이 : 10[m] 이내마다, 내민 길이 2[m] 이상
② 설치높이 : 15[m] 이내마다, 내민 길이 2[m] 이상
③ 설치높이 : 10[m] 이내마다, 내민 길이 3[m] 이상
④ 설치높이 : 15[m] 이내마다, 내민 길이 3[m] 이상

해설

낙하물(안전)방망 설치기준
① 추락방호망의 설치위치는 가능하면 작업면으로부터 가까운 지점에 설치하여야 하며, 작업면으로부터 망의 설치지점까지의 수직거리는 10[m]를 초과하지 아니할 것
② 추락방호망은 수평으로 설치하고, 망의 처짐은 짧은 변 길이의 12[%] 이상이 되도록 할 것
③ 건축물 등의 바깥쪽으로 설치하는 경우 망의 내민 길이는 벽면으로부터 3[m] 이상 되도록 할 것. 다만, 그물코가 20[mm] 이하인 망을 사용한 경우에는 낙하물방지망을 설치한 것으로 본다.

참고 산업안전산업기사 필기 p.5-58(2. 낙하·비래재해의 예방대책에 관한 사항)

KEY 2023년 5월 13일(문제 96번) 등 5회 이상 출제

합격정보 산업안전보건기준에 관한 규칙 제42조(추락의 방지)

보충학습

내민길이
① 낙하물 방지망 : 2[m] 이상
② 바깥면 전용 추락방호망 : 3[m] 이상

[정답] 89 ④ 90 ① 91 ①

92 이동식 비계 작업 시 주의사항으로 옳지 않은 것은?

① 비계의 최상부에서 작업을 하는 경우에는 안전난간을 설치한다.
② 이동 시 작업지휘자가 이동식 비계에 탑승하여 이동하며 안전여부를 확인하여야 한다.
③ 비계를 이동시키고자 할 때는 바닥의 구멍이나 머리 위의 장애물을 사전에 점검한다.
④ 작업발판은 항상 수평을 유지하고 작업발판 위에서 안전난간을 딛고 작업을 하거나 받침대 또는 사다리를 사용하여 작업하지 않도록 한다.

해설
비계 이동시 작업지휘나 작업원이 탄채로 이동하면 안된다.

참고 산업안전산업기사 필기 p.6-96(4. 이동식 비계)

KEY
① 2011년 8월 21일(문제 81번) 출제
② 2020년 6월 14일(문제 85번) 출제
③ 2023년 3월 1일(문제 84번) 출제

합격정보
산업안전보건기준에 관한 규칙 제68조(이동식비계)

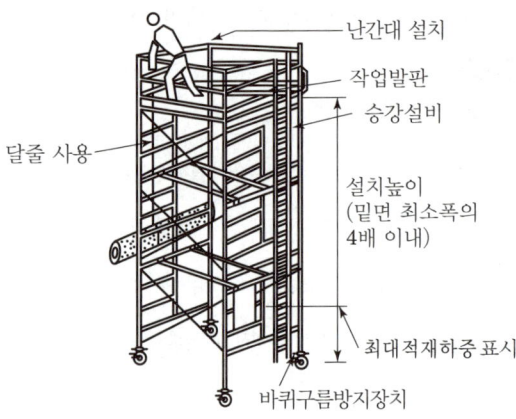

[그림] 이동식 비계

93 산업안전보건관리비 중 안전시설비 등의 항목에서 사용가능한 내역은?

① 외부인 출입금지, 공사장 경계표시를 위한 가설 울타리
② 용접 작업 등 화재 위험작업 시 사용하는 소화기의 구입·임대비용
③ 절토부 및 성토부 등의 토사유실 방지를 위한 설비
④ 공사 목적물의 품질 확보 또는 건설장비 자체의 운행 감시, 공사 진척상황 확인, 방범 등의 목적을 가진 CCTV 등 감시용 장비

해설
안전시설비 사용가능내역
① 산업재해 예방을 위한 안전난간, 추락방호망, 안전대 부착설비, 방호장치(기계·기구와 방호장치가 일체로 제작된 경우, 방호장치 부분의 가액에 한함)등 안전시설의 구입·임대 및 설치를 위해 소요되는 비용
② 「산업재해예방시설자금 융자금 지원사업 및 보조금 지급사업 운영규정」(고용노동부고시) 제2조제12호에 따른 "스마트안전장비 지원사업" 및 「건설기술진흥법」 제62조의3에 따른 스마트 안전장비 구입·임대 비용. 다만, 제4조에 따라 계상된 산업안전보건관리비 총액의 10분의 1을 초과할 수 없다.
③ 용접 작업 등 화재 위험작업 시 사용하는 소화기의 구입·임대비용

KEY
① 2017년 5월 7일 기사 출제
② 2018년 3월 4일 기사 출제
③ 2019년 3월 3일(문제 92번) 출제
④ 2023년 3월 1일(문제 87번) 출제

합격정보
고용노동부고시 제2025-11호(2025.2.12) 개정

94 철근을 인력으로 운반할 때의 주의사항으로서 옳지 않은 것은?

① 긴 철근은 2[인] 1[조]가 되어 어깨메기로 하여 운반한다.
② 긴 철근을 부득이 1[인]이 운반할 때는 철근의 한쪽을 어깨에 메고 다른 한쪽 끝을 땅에 끌면서 운반한다.
③ 1[인]이 1회에 운반할 수 있는 적당한 무게한도는 운반자의 몸무게 정도이다.
④ 운반시에는 항상 양끝을 묶어 운반한다.

[정답] 92 ② 93 ② 94 ③

해설

철근 인력 운반 시 주의사항
① 1[인]당 무게는 25[kg] 정도가 적절하며, 무리한 운반을 삼가야 한다.
② 2[인] 이상이 1[조]가 되어 어깨메기로 하여 운반하는 등 안전을 도모하여야 한다.
③ 긴 철근을 부득이 한 사람이 운반하는 경우에는 한쪽을 어깨에 메고 한쪽 끝을 끌면서 운반하여야 한다.
④ 운반하는 경우에는 양끝을 묶어 운반하여야 한다.
⑤ 내려놓을 때는 천천히 내려놓고 던지지 않아야 한다.
⑥ 공동 작업을 하는 경우에는 신호에 따라 작업을 하여야 한다.

참고 산업안전산업기사 필기 p.5-182(1. 인력운반안전기준)

KEY ① 2011년 3월 20일(문제 95번) 출제
② 2023년 3월 1일(문제 88번) 출제

---

95 유해위험방지계획서 제출대상 공사에 해당하는 것은?

① 지상높이가 21[m]인 건축물 해체공사
② 최대지간거리가 50[m]인 다리의 건설공사
③ 연면적 5,000[m²]인 동물원 건설공사
④ 깊이가 9[m]인 굴착공사

해설

유해위험방지계획서 제출대상 건설공사
(1) 건축물 또는 시설 등의 건설·개조 또는 해체공사
　가. 지상높이가 31미터 이상인 건축물 또는 인공구조물
　나. 연면적 3만제곱미터 이상인 건축물
　다. 연면적 5천제곱미터 이상인 시설
　　① 문화 및 집회시설(전시장 및 동물원·식물원은 제외한다)
　　② 판매시설, 운수시설(고속철도의 역사 및 집배송시설은 제외한다)
　　③ 종교시설
　　④ 의료시설 중 종합병원
　　⑤ 숙박시설 중 관광숙박시설
　　⑥ 지하도상가
　　⑦ 냉동·냉장 창고시설
(2) 연면적 5천제곱미터 이상인 냉동·냉장 창고시설의 설비공사 및 단열공사
(3) 최대지간길이가 50[m] 이상인 다리건설 등 공사
(4) 터널건설 등의 공사
(5) 다목적댐, 발전용댐 및 저수용량 2천만톤 이상의 용수전용댐, 지방상수도 전용댐 건설 등의 공사
(6) 깊이 10[m] 이상인 굴착공사

참고 산업안전산업기사 필기 p.5-20(3. 유해·위험방지계획서 제출대상 건설공사)

KEY ① 2022년 4월 24일 기사 등 10회 이상 출제
② 2023년 3월 1일(문제 92번) 출제

---

96 옹벽 축조를 위한 굴착작업에 대한 다음 설명 중 옳지 않은 것은?

① 수평방향으로 연속적으로 시공한다.
② 하나의 구간을 굴착하면 방치하지 말고 기초 및 본체구조물 축조를 마무리한다.
③ 절취경사면에 전석, 낙석의 우려가 있고 혹은 장기간 방치할 경우에는 숏크리트, 록볼트, 캔버스 및 모르타르 등으로 방호한다.
④ 작업위치의 좌우에 만일의 경우에 대비한 대피통로를 확보하여 둔다.

해설

옹벽축조시공시 굴착기준
① 수평방향의 연속시공을 금하며, 블럭으로 나누어 단위시공 단면적을 최소화하여 분단시공을 한다.
② 하나의 구간을 굴착하면 방치하지 말고 기초 및 본체구조물 축조를 마무리한다.
③ 절취경사면에 전석, 낙석의 우려가 있고 혹은 장기간 방치할 경우에는 숏크리트, 록볼트, 캔버스 및 모르타르 등으로 방호한다.
④ 작업위치의 좌우에 만일의 경우에 대비한 대피통로를 확보하여 둔다.

KEY ① 2010년 7월 25일(문제 84번) 출제
② 2020년 6월 14일(문제 92번) 출제
③ 2023년 3월 1일(문제 98번) 출제

---

97 연약점토 굴착 시 발생하는 히빙현상의 효과적인 방지대책으로 옳은 것은?

① 언더피닝공법 적용
② 샌드드레인공법 적용
③ 아일랜드공법 적용
④ 버팀대공법 적용

해설

히빙 방지대책
① 흙막이 근입깊이를 깊게
② 표토제거 하중감소
③ 지반개량
④ 굴착면 하중증가
⑤ 어스앵커설치
⑥ 아일랜드 공법 적용

참고 산업안전산업기사 필기 p.5-6 (합격날개 : 합격예측)

KEY 2022년 7월 2일(문제 85번) 출제

[정답] 95 ② 96 ① 97 ③

98 고소작업대가 갖추어야 할 설치조건으로 옳지 않은 것은?

① 작업대를 와이어로프 또는 체인으로 올리거나 내릴 경우에는 와이어로프 또는 체인이 끊어져 작업대가 떨어지지 아니하는 구조여야 하며, 와이어로프 또는 체인의 안전율은 3 이상일 것
② 작업대를 유압에 의해 올리거나 내릴 경우에는 작업대를 일정한 위치에 유지할 수 있는 장치를 갖추고 압력의 이상저하를 방지할 수 있는 구조일 것
③ 작업대에 정격하중(안전율 5 이상)을 표시할 것
④ 작업대에 끼임·충돌 등 재해를 예방하기 위한 가드 또는 과상승방지장치를 설치할 것

[해설]
고소작업대의 와이어로프 및 체인의 안전율 : 5 이상

[KEY] 2017년 3월 5일(문제 84번) 출제

[합격정보]
산업안전보건기준에 관한 규칙 제186조(고소작업대 설치 등의 조치)

99 건설공사 현장에서 사다리식 통로 등을 설치하는 경우 준수해야 할 기준으로 옳지 않은 것은?

① 사다리의 상단은 걸쳐놓은 지점으로부터 40[cm] 이상 올라가도록 할 것
② 폭은 30[cm] 이상으로 할 것
③ 사다리식 통로의 기울기는 75[°] 이하로 할 것
④ 발판의 간격은 일정하게 할 것

[해설]
사다리의 상단 높이 : 60[cm] 이상

[참고] 산업안전산업기사 필기 p.5-18 (합격날개 : 합격예측 및 관련 법규)

[KEY]
① 2016년 10월 1일 산업기사 출제
② 2017년 5월 7일 기사·산업기사 출제
③ 2018년 4월 28일 산업기사 출제
④ 2018년 9월 15일 기사·산업기사 출제
⑤ 2022년 7월 2일(문제 92번) 출제

[합격정보]
산업안전보건기준에 관한 규칙 제24조(사다리식 통로 등의 구조)

100 다음은 산업안전보건법령에 따른 지붕 위에서의 위험 방지에 관한 사항이다. ( )안에 알맞은 것은?

> 슬레이트, 선라이트 등 강도가 약한 재료로 덮은 지붕 위에서 작업을 할 때에 발이 빠지는 등 근로자가 위험해질 우려가 있는 경우 폭( )센티미터 이상의 발판을 설치하거나 안전방망을 치는 등 근로자의 위험을 방지하기 위하여 필요한 조치를 하여야 한다.

① 20
② 25
③ 30
④ 40

[해설]
발판폭
슬레이트, 선라이트(sunlight) 등 강도가 약한 재료로 덮은 지붕 위에서 작업을 할 때에 발이 빠지는 등 근로자가 위험해질 우려가 있는 경우 폭 30[cm] 이상의 발판을 설치하거나 안전방망을 치는 등 위험을 방지하기 위하여 필요한 조치를 하여야 한다.

[KEY]
① 2016년 10월 1일 출제
② 2017년 3월 5일(문제 91번) 출제

[합격정보]
산업안전보건기준에 관한 규칙 제45조(지붕위에서의 위험방지)

[정답] 98 ① 99 ① 100 ③

산업안전산업기사 필기

2025년 2월 07일 CBT 시행 **제1회**

2025년 5월 10일 CBT 시행 **제2회**

2025년 8월 09일 CBT 시행 **제3회**

2025년도 산업기사 정기검정 제1회 CBT(2025년 2월 7일 시행)

자격종목 및 등급(선택분야)
산업안전산업기사

종목코드	시험시간	수험번호	성명
2381	2시간30분	20250207	도서출판세화

※ 본 문제는 복원문제 및 2026년 예적(예상적중) 문제로 실제문제와 동일하지 않을 수 있습니다.

1 산업재해 예방 및 안전보건교육

01 산업안전보건법령상 안전보건표지의 종류와 형태 중 그림과 같은 경고 표지는?

① 위험장소 경고 ② 낙하물 경고
③ 몸균형상실 경고 ④ 매달린 물체 경고

해설
경고표지의 종류

인화성 물질경고	산화성 물질경고	폭발성 물질경고	급성독성 물질경고	부식성 물질경고
방사성 물질경고	고압전기 경고	매달린 물체경고	낙하물 경고	고온 경고
저온 경고	몸균형 상실경고	레이저 광선경고	발암성·변이원성·생식독성·전신독성·호흡기과민성 물질 경고	위험장소 경고

참고) 산업안전산업기사 필기 p.1-61(2. 경고표지)

KEY ① 2017년 9월 23일 기사 출제
② 2018년 3월 4일 기사 출제
③ 2019년 4월 27일 산업기사 출제
④ 2020년 6월 7일 기사 출제
⑤ 2023년 3월 1일(문제 17번) 출제
⑥ 2024년 2월 15일(문제 2번), 5월 9일(문제 10번) 출제

합격정보
산업안전보건법 시행규칙 [별표 6] 안전보건표지의 종류와 형태

02 다음 중 매슬로우(Maslow)가 제창한 인간의 욕구 5단계 이론을 단계별로 옳게 나열한 것은?

① 생리적 욕구 → 안전 욕구 → 사회적 욕구 → 존경의 욕구 → 자아 실현의 욕구
② 안전 욕구 → 생리적 욕구 → 사회적 욕구 → 존경의 욕구 → 자아 실현의 욕구
③ 사회적 욕구 → 생리적 욕구 → 안전 욕구 → 존경의 욕구 → 자아 실현의 욕구
④ 사회적 욕구 → 안전 욕구 → 생리적 욕구 → 존경의 욕구 → 자아 실현의 욕구

해설
Maslow의 욕구
① 제1단계 : 생리적 욕구(기본적 욕구, 종족 보존, 기아, 갈등, 호흡, 배설, 성욕 등)
② 제2단계 : 안전욕구(안전을 구하려는 욕구)
③ 제3단계 : 사회적 욕구(애정, 소속에 대한 욕구, 친화 욕구)
④ 제4단계 : 인정받으려는 욕구(자기존경 욕구, 자존심, 명예, 성취, 지위, 승인의 욕구)
⑤ 제5단계 : 자아실현의 욕구(잠재적 능력실현 욕구, 성취욕구)

참고) 산업안전산업기사 필기 p.1-101(5. 매슬로우의 욕구 5단계 이론)

KEY ① 2020년 6월 14일(문제 10번) 출제
② 2022년 3월 2일(문제 11번) 출제

💬 **합격자의 조언**
20번 이상 출제된 문제

03 50인의 상시 근로자를 가지고 있는 어느 사업장에 1년간 3건의 부상자를 내고 그 휴업일수가 219일이라면 강도율은?

① 1.37 ② 1.50
③ 1.86 ④ 2.21

[정답] 01 ④ 02 ① 03 ②

해설

강도율 = $\dfrac{\text{총요양근로손실일수}}{\text{연근로시간수}} \times 1,000$

$= \dfrac{219 \times \dfrac{300}{365}}{50 \times 2,400} \times 1,000 = 1.50$

참고 산업안전산업기사 필기 p.3-47(4. 강도율)

KEY
① 2016년 3월 6일 기사·산업기사 동시 출제
② 2016년 10월 1일 기사 출제
③ 2017년 3월 5일 기사 출제
④ 2023년 7월 8일(문제 8번) 출제
⑤ 2024년 5월 9일(문제 3번) 출제

---

04 평균 근로자수가 1,000명인 사업장의 도수율이 10.25이고 강도율이 7.25이었을 때 이 사업장의 종합재해지수는?

① 7.62 ② 8.62
③ 9.62 ④ 10.62

해설

종합재해지수(F.S.I)

$\sqrt{\text{빈도율} \times \text{강도율}} = \sqrt{FR \times SR} = \sqrt{10.25 \times 7.25} = 8.62$

참고 산업안전산업기사 필기 p.3-43(5. 종합재해지수)

KEY
① 2016년 5월 8일 기사 출제
② 2017년 8월 26일 기사 출제
③ 2018년 9월 15일 산업기사 출제
④ 2023년 9월 12일(문제 5번) 출제

합격정보 산업재해통계업무처리 규정 제3조(산업재해통계의 산출방법 및 정의)

---

05 다음 중 타박, 충돌, 추락 등으로 피부 표면보다는 피하조직 등 근육부를 다친 상해를 무엇이라 하는가?

① 골절 ② 자상
③ 부종 ④ 좌상

해설

자상과 좌상
① 자상(찔림) : 칼날 등 날카로운 물건에 찔린 상해
② 좌상(타박상, 삠) : 타박, 충돌, 추락 등으로 피부표면보다는 피하조직 또는 근육부를 다친 상해

참고 산업안전산업기사 필기 p.3-42(합격날개 : 합격예측)

KEY 2023년 5월 13일 출제

보충학습 산업안전산업기사 필기 p.3-36(합격날개 : 은행문제)

06 근로자가 작업대 위에서 전기공사 작업 중 감전에 의하여 지면으로 떨어져 다리에 골절상해를 입은 경우의 기인물과 가해물로 옳은 것은?

① 기인물-작업대, 가해물-지면
② 기인물-전기, 가해물-지면
③ 기인물-지면, 가해물-전기
④ 기인물-작업대, 가해물-전기

해설

재해발생의 요인분석 3가지
① 기인물 : 불안전한 상태에 있는 물체(환경포함 : 전기)
② 가해물 : 직접 사람에게 접촉되어 위해를 가한 물체(지면)
③ 사고의 형태(재해형태) : 물체(가해물)와 사람과의 접촉현상

참고 산업안전산업기사 필기 p.3-29(합격날개 : 합격예측)

KEY 2023년 5월 13일(문제 1번) 출제

---

07 기업 내 교육방법 중 작업의 개선 방법 및 사람을 다루는 방법, 작업을 가르치는 방법 등을 주된 교육내용으로 하는 것은?

① CCS(Civil Communication Section)
② MTP(Management Training Program)
③ TWI(Training Within Industry)
④ ATT(American Telephone & Telegram Co)

해설

기업내정형교육(TWI)
① 작업 방법 훈련(Job Method Training : JMT) : 작업개선
② 작업 지도 훈련(Job Instruction Training : JIT) : 작업지도·지시
③ 인간 관계 훈련(Job Relations Training : JRT) : 부하 통솔
④ 작업 안전 훈련(Job Safety Training : JST) : 작업안전

참고 산업안전산업기사 필기 p.1-145 (1) 기업 내 정형교육

[정답] 04 ② 05 ④ 06 ② 07 ③

KEY ① 2016년 3월 6일 기사 출제
② 2016년 8월 21일 출제
③ 2017년 5월 7일, 8월 26일 출제
④ 2018년 3월 4일 기사 · 산업기사 동시 출제
⑤ 2018년 4월 18일 기사 출제
⑥ 2022년 9월 14일(문제 2번) 출제

08 OJT(On the Job Tranining)에 관한 설명으로 옳은 것은?

① 집합교육형태의 훈련이다.
② 다수의 근로자에게 조직적 훈련이 가능하다.
③ 직장의 설정에 맞게 실제적 훈련이 가능하다.
④ 전문가를 강사로 활용할 수 있다.

해설

OJT의 특징
① 개개인에게 적절한 지도훈련이 가능하다.
② 직장의 실정에 맞게 실제적 훈련이 가능하다.
③ 즉시 업무에 연결되는 관계로 몸과 관련이 있다.
④ 훈련에 필요한 업무의 계속성이 끊어지지 않는다.
⑤ 효과가 곧 업무에 나타나며 훈련의 좋고 나쁨에 따라 개선이 쉽다.
⑥ 훈련효과를 보고 상호 신뢰, 이해도가 높아지는 것이 가능하다.

참고 산업안전산업기사 필기 p.1-142(표. OJT와 OFF JT 특징)

KEY ① 2016년 5월 8일(문제 14번) 등 20회 이상 출제
② 2023년 5월 13일(문제 11번) 출제

09 안전관리조직의 형태에 관한 설명으로 옳은 것은?

① 라인형 조직은 100명 이상의 중규모 사업장에 적합하다.
② 스태프형 조직은 100명 미만의 소규모 사업장에 적합하다.
③ 라인형 조직은 안전에 대한 정보가 불충분하지만 안전지시나 조치에 대한 실시가 신속하다.
④ 라인·스태프형 조직은 1000명 이상의 대규모 사업장에 적합하나 조직원 전원의 자율적 참여가 불가능하다.

해설

안전관리 조직 형태 3가지
① Line형(직계식) : 100명 미만의 소규모 사업장
② Staff형(참모식) : 100~1,000명의 중규모 사업장
③ Line-staff형(복합식) : 1,000명 이상의 대규모 사업장

참고 산업안전산업기사 필기 p.1-23(표. 안전보건 관리조직 형태)

KEY ① 2016년 3월 6일 기사, 산업기사 출제
② 2016년 10월 2일 산업기사 출제
③ 2017년 3월 5일, 5월 7일 출제
④ 2017년 8월 26일 기사 , 산업기사 출제
⑤ 2019년 3월 3일, 9월 21일 출제
⑥ 2019년 8월 4일 기사, 산업기사 출제
⑦ 2020년 8월 22일 출제
⑧ 2020년 8월 23일 산업기사 출제
⑨ 2021년 3월 7일(문제 20번) 5월 15일(문제 3번) 기사 출제
⑩ 2022년 4월 17일(문제 4번) 출제

10 안전인증 절연장갑에 안전인증 표시 외에 추가로 표시하여야 하는 등급별 색상의 연결로 옳은 것은? (단, 고용노동부 고시를 기준으로 한다.)

① 00등급 : 갈색
② 0등급 : 흰색
③ 1등급 : 노란색
④ 2등급 : 빨강색

해설

절연장갑의 등급 및 표시

등급	최대사용전압		등급별 색상
	교류(V, 실효값)	직류(V)	
00	500	750	갈색
0	1,000	1,500	빨간색
1	7,500	11,250	흰색
2	17,000	25,500	노란색
3	26,500	39,750	녹색
4	36,000	54,000	등색

㈜ 직류값은 교류에 1.5를 곱하면 된다. 예 $500 \times 1.5 = 750[V]$

참고 산업안전산업기사 필기 p.1-51(합격날개 : 합격예측)

정답확인
보호구안전인증고시 [별표3] 제8조(성능기준)

KEY ① 2018년 4월 28일 출제
② 2018년 8월 19일 기사 출제
③ 2019년 4월 27일 기사 출제
④ 2020년 6월 14일 출제
⑤ 2021년 9월 5일 출제
⑥ 2025년 2월 7일 기사 출제

[정답] 08 ③   09 ③   10 ①

11 인간관계의 매커니즘 중 열등감과 욕구불만을 사회적으로 바람직한 가치로 나타내는 것을 무엇이라고 하는가?

① 보상(Compensation)
② 승화(Sublimation)
③ 투사(Projection)
④ 동일시(Identification)

해설

인간의 적응기제 3가지
① 도피기제(Escape Mechanism) : 갈등을 해결하지 않고 도망감

구분	특징
억압	무의식으로 쑤셔 넣기
퇴행	유아 시절로 돌아가 유치해짐
백일몽	공상의 나래를 펼침
고립(거부)	외부와의 접촉을 끊음

② 방어기제(Defense Mechanism) : 갈등을 이겨내려는 능동성과 적극성

구분	특징
보상	열등감을 다른 곳에서 강점으로 발휘함
합리화	자기변명, 자기실패의 합리화, 자기미화
승화	열등감과 욕구불만을 사회적으로 바람직한 가치로 나타내는 것
동일시	힘 있고 능력 있는 사람을 통해 자기만족을 얻으려 함
투사	자신의 열등감을 다른 것에 던져 그것들도 결점이 있음을 발견해서 열등감에서 벗어나려 함

③ 공격기제(Aggressive Mechanism) : 직접적, 간접적

참고 산업안전산업기사 필기 p.1-115(보충학습)

KEY ① 2017년 3월 5일 기사 출제
② 2019년 3월 3일 기사·산업기사 동시 출제
③ 2021년 5월 9일 CBT (문제 7번) 출제

12 착오의 요인 중 인지과정의 착오에 해당하지 않는 것은?

① 정서불안정
② 감각차단현상
③ 정보부족
④ 생리·심리적 능력의 한계

해설

인지과정 착오의 요인
① 생리, 심리적 능력의 한계
② 정보량 저장(정보 수용능력의 한계)의 한계
③ 감각차단현상
④ 정서불안정

참고 산업안전산업기사 필기 p.1-82(1. 인지 과정 착오의 요인)

KEY ① 2016년 5월 8일 출제
② 2017년 9월 23일 기사 출제
③ 2018년 4월 28일 산업기사 출제

보충학습

판단과정 착오요인
① 자기합리화   ② 능력부족
③ 정보부족   ④ 과신(자신 과잉)
⑤ 작업조건불량

13 인간관계의 메커니즘 중 다른 사람의 행동 양식이나 태도를 투입시키거나, 다른 사람 가운데서 자기와 비슷한 것을 발견하는 것을 무엇이라고 하는가?

① 투사(Projection)
② 모방(Imitation)
③ 암시(Suggestion)
④ 동일화(Identification)

해설

동일화(identification)
① 다른 사람의 행동 양식이나 태도를 투입시키거나 다른 사람 가운데서 자기와 비슷한 점을 발견하는 것
② 부모나 형 등의 중요한 인물들의 태도나 행동을 따라하는 것

참고 산업안전산업기사 필기 p.1-73(3. 인간관계의 기제)

KEY ① 2018년 3월 4일 기사 출제
② 2018년 4월 28일 기사 출제

14 보호구 안전인증 고시에 따른 안전화의 정의 중 ( ) 안에 알맞은 것은?

> 경작업용 안전화란 (㉠) [mm]의 낙하높이에서 시험했을 때 충격과 (㉡ ±0.1) [kN]의 압축하중에서 시험했을 때 압박에 대하여 보호해 줄 수 있는 선심을 부착하여, 착용자를 보호하기 위한 안전화를 말한다.

① ㉠ 500, ㉡ 10.0   ② ㉠ 250, ㉡ 10.0
③ ㉠ 500, ㉡ 4.4   ④ ㉠ 250, ㉡ 4.4

[정답] 11 ② 12 ③ 13 ④ 14 ④

해설

안전화 높이 · 하중

구분	높이[mm]	하중[kN]
중작업용	1,000	15±0.1
보통작업용	500	10±0.1
경작업용	250	4.4±0.1

참고 산업안전산업기사 필기 p.1-57(표 : 안전화시험 높이·하중)

정답확인
보호구안전인증고시 [별표3] 제5조(정의)

KEY ① 2018년 4월 28일 산업기사 출제
② 2018년 9월 15일 산업기사 출제

---

15 산업안전보건법령상 상시 근로자수의 산출내역에 따라 연간 국내공사 실적액이 50억원이고 건설업 월평균임금이 250만원이며, 노무비율은 0.06인 사업장의 상시 근로자수는?

① 10인 ② 30인
③ 33인 ④ 75인

해설

$$상시\ 근로자수 = \frac{연간\ 국내공사\ 실적액 \times 노무비율}{건설업\ 월평균임금 \times 12}$$

$$= \frac{50억원 \times 0.06}{250만원 \times 12}$$

$$= 10[인]$$

참고 산업안전산업기사 필기 p.3-47(합격날개 : 합격예측)

정보제공
산업안전보건법 시행규칙 [별표1] 건설업체 산업재해 발생률 및 산업재해 발생 보고의무 위반건수의 산정기준과 방법

---

16 다음 중 산업재해 통계에 관한 설명으로 적절하지 않은 것은?

① 산업재해 통계는 구체적으로 표시되어야 한다.
② 산업재해 통계는 안전활동을 추진하기 위한 기초 자료이다.
③ 산업재해 통계만을 기반으로 해당 사업장의 안전 수준을 추측한다.
④ 산업재해 통계의 목적은 기업에서 발생한 산업재해에 대하여 효과적인 대책을 강구하기 위함이다.

해설

산업재해 통계
① 산업재해 통계는 구체적으로 표시되어야 한다.
② 산업재해 통계의 목적은 기업에서 발생한 산업재해에 대하여 효과적인 대책을 강구하기 위함이다.
③ 산업재해 통계는 안전활동을 추진하기 위한 기초 자료이다.

참고 산업안전산업기사 필기 p.3-47(합격날개 : 은행문제)

KEY ① 2011년 8월 21일(문제 20번) 출제
② 2019년 4월 27일 출제

---

17 공정안전보고서의 안전운전계획에 포함하여야 할 세부 항목이 아닌 것은?

① 설비배치도
② 안전작업허가
③ 도급업체 안전관리계획
④ 설비점검·검사 및 보수계획, 유지계획 및 지침서

해설

안전운전계획
① 안전운전지침서
② 설비점검·검사 및 보수계획, 유지계획 및 지침서
③ 안전작업허가
④ 도급업체 안전관리계획
⑤ 근로자 등 교육계획
⑥ 가동전 점검지침
⑦ 변경요소 관리계획
⑧ 자체감사 및 사고조사계획
⑨ 그 밖에 안전운전에 필요한 사항

참고 산업안전산업기사 필기 p.1-226(합격예측 및 관련법규)

KEY 2023년 6월 4일 기사 출제

정보제공
산업안전보건법시행규칙 제50조(공정안전보고서의 세부내용 등)

---

18 기업 내 정형교육 중 대상으로 하는 계층이 한정되어 있지 않고, 한번 훈련을 받은 관리자는 그 부하인 감독자에 대해 지도원이 될 수 있는 교육방법은?

① TWI(Training Within Industry)
② MTP(Management Training Program)
③ CCS(Civil Communication Section)
④ ATT(American Telephone & Telegram Co)

[정답] 15 ① 16 ③ 17 ① 18 ④

> [해설]

ATT(American Telephone & Telegraph Company)
(1) 특징
  ① 1차 훈련(1일 8시간씩 2주간), 2차 과정에서는 문제가 발생할 때마다 실시
  ② 진행방법은 통상 토의식에 의하여 지도자의 유도로 과제에 대한 의견을 제시하게 하여 결론을 내려가는 방식
(2) 교육내용
  ① 계획적인 감독   ② 인원배치 및 작업의 계획
  ③ 작업의 감독   ④ 공구와 자료의 보고 및 기록
  ⑤ 개인작업의 개선   ⑥ 인사관계
  ⑦ 종업원의기술향상 ⑧ 훈련
  ⑨ 안전 등

> [참고] 산업안전산업기사 필기 p.1-147(3. ATT)

> [KEY] 2016년 3월 6일 기사 출제

19 자율검사프로그램을 인정받으려는 자가 한국산업안전보건공단에 제출해야 하는 서류가 아닌 것은?

① 안전검사대상 유해·위험기계 등의 보유 현황
② 유해·위험기계 등의 검사 주기 및 검사기준
③ 안전검사대상 유해·위험기계의 사용 실적
④ 향후 2년간 검사대상 유해·위험기계 등의 검사수행계획

> [해설]

자율검사 프로그램을 인정받으려면 제출해야 할 서류
① 안전검사대상 유해·위험기계 등의 보유 현황
② 검사원 보유 현황과 검사를 할 수 있는 장비 및 장비 관리방법(지정검사기관에 위탁한 경우에는 위탁을 증명할 수 있는 서류를 제출한다.)
③ 유해·위험기계 등의 검사 주기 및 검사기준
④ 향후 2년간 검사대상 유해·위험기계 등의 검사수행계획
⑤ 과거 2년간 자율검사프로그램 수행 실적(재신청의 경우만 해당한다.)

> [참고] 산업안전산업기사 필기 p.1-233(합격예측 및 관련법규)

> [KEY] 2018년 5월 8일 기사 출제

> [정보제공] 산업안전보건법 시행규칙 제132조(자율검사 프로그램의 인정 등)

20 성공적인 리더가 갖추어야 할 특성으로 가장 거리가 먼 것은?

① 강한 출세욕구
② 강력한 조직 능력
③ 미래지향적 사고 능력
④ 상사에 대한 부정적인 태도

> [해설]

성공적 리더의 특성
① 업무수행능력   ② 강한 출세욕구
③ 상사에 대한 긍정적 태도 ④ 강력한 조직 능력
⑤ 원만한 사교성   ⑥ 판단능력
⑦ 자신에 대한 긍정적인 태도 ⑧ 매우 활동적이며 공격적인 도전
⑨ 실패에 대한 두려움   ⑩ 부모로부터의 정서적 독립
⑪ 조직의 목표에 대한 충성심 ⑫ 자신의 건강과 체력 단련

> [참고] 산업안전산업기사 필기 p.1-113(합격날개:합격예측)

2 인간공학 및 위험성 평가·관리

21 FT도에서 사용되는 다음 기호의 의미로 맞는 것은?

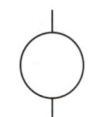

① 결함사상   ② 통상사상
③ 기본사상   ④ 제외사상

> [해설]

FTA의 기호

기호	명칭	입·출력 현상
▭	결함사상	개별적인 결함사상
○	기본사상	더 이상 전개되지 않는 기본적인 사상
⌂	통상사상	통상 발생이 예상되는 사상(예상되는 원인)
◇	생략사상	정보 부족, 해석 기술의 불충분으로 더 이상 전개할 수 없는 사상, 작업 진행에 따라 해석이 가능할 때는 다시 속행한다.

> [참고] 산업안전산업기사 필기 p.2-70(표. FTA 기호)

> [KEY] ① 2017년 8월 26일(문제 23번) 출제
>   ② 2023년 7월 8일(문제 38번) 출제

[정답] 19 ③ 20 ④ 21 ③

과년도 출제문제

22 인간오류의 분류 중 원인에 의한 분류의 하나로 작업자 자신으로부터 발생하는 에러로 옳은 것은?

① command error
② Secondary error
③ Primary error
④ Third error

해설

실수원인의 level(수준적) 분류
① 1차실수(Primary error : 주과오) : 작업자 자신으로부터 발생한 실수
② 2차실수(Secondary error : 2차과오) : 작업형태나 조건 중에서 문제가 생겨 발생한 실수, 어떤 결함에서 파생
③ 커맨드 실수(Command error : 지시과오) : 직무를 하려고 해도 필요한 정보, 물건, 에너지 등이 없어 발생하는 실수

참고 산업안전산업기사 필기 p.2-20[4. 실수원인의 level(수준적) 분류]

KEY
① 2019년 4월 27일(문제 30번) 출제
② 2023년 5월 13일(문제 38번) 출제

23 인체측정치 응용원칙 중 가장 우선적으로 고려해야 하는 원칙은?

① 조절식 설계
② 최대치 설계
③ 최소치 설계
④ 평균치 설계

해설

조절범위(조정범위 : 조절식 설계)
① 사무실 의자의 높낮이 조절, 자동차 좌석의 전후조절 등
② 통상 5[%]치에서 95[%]치까지에서 90[%] 범위를 수용대상으로 설계
③ 가장 우선적으로 고려한다.

참고 산업안전산업기사 필기 p.2-159(2. 조절범위(조정범위) 설계)

KEY
① 2017년 9월 23일 기사 출제
② 2019년 3월 3일 기사 출제
③ 2023년 3월 1일(문제 23번) 출제
④ 2024년 2월 15일(문제 38번) 출제

24 결함수 분석법에서 일정 조합 안에 포함되는 기본사상들이 동시에 발생할 때 반드시 목표사상을 발생시키는 조합을 무엇이라 하는가?

① Cut set
② Decision tree
③ Path set
④ 불 대수

해설

컷셋과 패스셋
① 컷셋(cut set) : 정상사상을 발생시키는 기본사상의 집합으로 그 안에 포함되는 모든 기본사상이 발생할 때 정상사상을 발생시킬 수 있는 기본사상의 집합
② 패스셋(path set) : 모든 기본사상이 일어나지 않을 때 처음으로 정상사상이 일어나지 않는 기본사상의 집합(고장나지 않도록 하는 사상의 조합)

참고 산업안전산업기사 필기 p.2-79(합격날개 : 합격예측)

KEY
① 2017년 5월 7일 기사 출제
② 2018년 3월 4일, 4월 28일 출제
③ 2019년 4월 27일 산업기사 출제
④ 2020년 6월 14일 기사 출제
⑤ 2021년 5월 9일(문제 21번) 출제

25 설비나 공법 등에서 나타날 위험에 대하여 정성적 또는 정량적인 평가를 행하고 그 평가에 따른 대책을 강구하는 것은?

① 설비보전
② 동작분석
③ 안전계획
④ 안전성 평가

해설

안전성 평가의 6단계
① 1단계 : 관계자료의 정비검토
② 2단계 : 정성적 평가
③ 3단계 : 정량적 평가
④ 4단계 : 안전대책
⑤ 5단계 : 재해정보에 의한 재평가
⑥ 6단계 : FTA에 의한 재평가

참고 산업안전산업기사 필기 p.2-37(1. 안전성 평가 6단계)

KEY
① 2016년 3월 6일 출제
② 2016년 10월 1일 기사 출제
③ 2017년 3월 5일(문제 25번) 출제
④ 2024년 5월 9일(문제 32번) 출제

26 동작경제의 원칙에 해당하지 않는 것은?

① 가능하다면 낙하식 운반방법을 사용한다.
② 양손을 동시에 반대 방향으로 움직인다.
③ 자연스러운 리듬이 생기지 않도록 동작을 배치한다.
④ 양손을 동시에 작업을 시작하고, 동시에 끝낸다.

[정답] 22 ③ 23 ① 24 ① 25 ④ 26 ③

> [해설]

동작경제의 3원칙(길브레드 : Gilbrett)
(1) 동작능력 활용의 원칙
  ① 발 또는 왼손으로 할 수 있는 것은 오른손을 사용하지 않는다.
  ② 양손으로 동시에 작업하고 동시에 끝낸다.
(2) 작업량 절약의 원칙
  ① 적게 운동할 것
  ② 재료나 공구는 취급하는 부근에 정돈할 것
  ③ 동작의 수를 줄일 것
  ④ 동작의 양을 줄일 것
  ⑤ 물건을 장시간 취급할 시 장구를 사용할 것
(3) 동작개선의 원칙
  ① 동작을 자동적으로 리드미컬한 순서로 할 것
  ② 양손은 동시에 반대의 방향으로, 좌우 대칭적으로 운동하게 할 것
  ③ 관성, 중력, 기계력 등을 이용할 것

> [참고] 산업안전산업기사 필기 p.2-76(합격날개 : 합격예측)

> [KEY]
> ① 2015년 3월 8일(문제 35번) 출제
> ② 2023년 3월 1일(문제 35번) 출제

27 다음에서 설명하는 용어는?

> 유해·위험요인을 파악하고 해당 유해·위험요인에 의한 부상 또는 질병의 발생 가능성(빈도)과 중대성(강도)을 추정·결정하고 감소대책을 수립하여 실행하는 일련의 과정을 말한다.

① 위험성 결정
② 위험성 평가
③ 위험빈도 추정
④ 유해·위험요인 파악

> [해설]

위험성 평가 용어정의
① "유해 위험요인"이란 유해·위험을 일으킬 잠재적 가능성이 있는 것의 고유한 특징이나 속성을 말한다.
② "위험성"이란 유해·위험요인이 부상 또는 질병으로 이어질 수 있는 가능성(빈도)과 중대성(강도)을 조합한 것을 의미한다.
③ "위험성평가"란 유해·위험 요인을 파악하고 해당 유해·위험요인에 의한 부상 또는 질병의 발생 가능성(빈도)과 중대성(강도)을 추정·결정하고 감소대책을 수립하여 실행하는 일련의 과정을 말한다.

> [참고] 산업안전산업기사 필기 p.2-103(합격날개 : 은행문제)

> [KEY] 2022년 4월 17일(문제 37번) 출제

> [합격정보]
> 사업장 위험성 평가에 관한 지침 제3조(정의) 24. 12. 18 개정고시적용

28 다음 중 시스템의 수명곡선에서 고장의 발생형태가 일정하게 나타나는 구간은?

① 초기고장구간   ② 우발고장구간
③ 마모고장구간   ④ 피로고장구간

> [해설]

수명곡선 3가지 유형

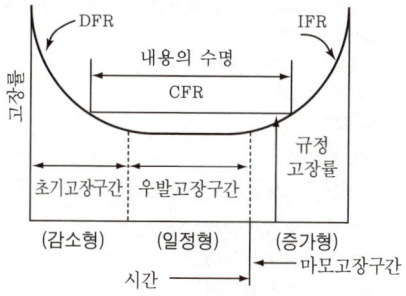

> [참고] 산업안전산업기사 필기 p.2-13(그림 : 기계설비 고장유형)

> [KEY]
> ① 2013년 9월 28일(문제 28번) 출제
> ② 2022년 3월 2일(문제 28번) 출제

29 조종장치를 15[mm] 움직였을 때, 표시계기의 지침이 25[mm] 움직였다면 이 기기의 C/R비는?

① 0.4   ② 0.5
③ 0.6   ④ 0.7

> [해설]

기기의 C/R비

$$\frac{C}{R} = \frac{조종장치의\ 이동거리}{표시장치의\ 이동거리} = \frac{15}{25} = 0.6$$

> [참고] 산업안전산업기사 필기 p.2-176(합격날개 : 합격예측)

> [KEY]
> ① 2018년 4월 28일 출제
> ② 2018년 9월 15일 출제
> ③ 2019년 4월 27일 출제
> ④ 2019년 8월 4일 출제
> ⑤ 2022년 7월 2일 출제

[정답] 27 ② 28 ② 29 ③

과년도 출제문제

30 다음 중 체계 설계 과정의 주요 단계 중 가장 먼저 실시되어야 하는 것은?

① 기본설계 ② 계면설계
③ 체계의 정의 ④ 목표 및 성능 명세 결정

해설

인간-기계 시스템 설계 순서
① 1단계 : 시스템의 목표와 성능 명세 결정
② 2단계 : 시스템의 정의
③ 3단계 : 기본설계
④ 4단계 : 인터페이스설계
⑤ 5단계 : 보조물설계
⑥ 6단계 : 시험 및 평가

참고 산업안전산업기사 필기 p.2-29(문제 31번) 적중

KEY
① 2011년 3월 20일(문제 29번) 출제
② 2019년 3월 3일 기사 출제
③ 2019년 4월 27일(문제 21번) 출제
④ 2023년 5월 13일(문제 23번) 등 5회 이상 출제
⑤ 2024년 2월 15일(문제 29번) 출제

31 어떤 상황에서 정보 전송에 따른 표시장치를 선택하거나 설계할 때, 청각장치를 주로 사용하는 사례로 맞는 것은?

① 메시지가 길고 복잡한 경우
② 메시지를 나중에 재참조하여야 할 경우
③ 메시지가 즉각적인 행동을 요구하는 경우
④ 신호의 수용자가 한 곳에 머무르고 있는 경우

해설

청각장치의 사용 예
① 전언이 간단할 경우
② 전언이 짧을 경우
③ 전언이 후에 재참조되지 않을 경우
④ 전언이 시간적인 사상(event)을 다룰 경우
⑤ 전언이 즉각적인 행동을 요구할 경우
⑥ 수신자의 시각 계통이 과부하 상태일 경우
⑦ 수신 장소가 너무 밝거나 암조응(暗調應) 유지가 필요할 경우
⑧ 직무상 수신자가 자주 움직이는 경우

참고 산업안전산업기사 필기 p.2-31(문제 43번)

KEY
① 2017년 5월 7일 산업기사 출제
② 2018년 3월 4일 산업기사 출제
③ 2018년 4월 28일 산업기사 출제
④ 2018년 8월 19일 산업기사 출제
⑤ 2018년 9월 15일 산업기사 출제

32 산업안전보건법령상 95[dB(A)]의 소음에 대한 허용 노출 기준시간은?(단, 충격소음은 제외한다.)

① 1시간 ② 2시간
③ 4시간 ④ 8시간

해설

소음작업기준

참고 산업안전산업기사 필기 p.2-172(표. 음압과 허용노출 관계)

KEY 2015년 9월 19일(문제 22번) 출제

보충학습
산업안전보건기준에 관한 규칙 제512조(정의)

33 인간공학의 주된 연구 목적과 가장 거리가 먼 것은?

① 제품품질 향상
② 작업의 안전성 향상
③ 작업환경의 쾌적성 향상
④ 기계조작의 능률성 향상

해설

인간공학의 목표
① 첫째 : 안전성 향상과 사고방지
② 둘째 : 기계조작의 능률성과 생산성의 향상
③ 셋째 : 쾌적성

참고 산업안전산업기사 필기 p.2-2(합격날개 : 합격예측)

KEY
① 2014년 5월 25일(문제 23번)
② 2025년 2월 7일 기사 출제

[정답] 30 ④ 31 ③ 32 ③ 33 ①

[그림] 인간공학의 목적

34 광원으로부터의 직사 휘광을 줄이기 위한 방법으로 적절하지 않은 것은?

① 휘광원 주위를 어둡게 한다.
② 가리개, 갓, 차양 등을 사용한다.
③ 광원을 시선에서 멀리 위치시킨다.
④ 광원의 수는 늘리고 휘도는 줄인다.

해설

광원으로부터의 직사휘광 처리방법
① 광원의 휘도를 줄이고 광원의 수를 늘린다.
② 광원을 시선에서 멀리 위치시킨다.
③ 휘광원 주위를 밝게 하여 광속 발산(휘도)비를 줄인다.
④ 가리개(shield), 갓(hood) 혹은 차양(visor)을 사용한다.

참고 산업안전산업기사 필기 p.2-169(① 광원으로부터의 직사휘광 처리방법)

KEY ① 2016년 5월 8일 기사 출제
② 2017년 9월 23일 기사 출제
③ 2019년 3월 3일 산업기사 출제

35 인간-기계 시스템에서 기계와 비교한 인간의 장점으로 볼 수 없는 것은?(단, 인공지능과 관련된 사항은 제외한다.)

① 완전히 새로운 해결책을 찾아낸다.
② 여러 개의 프로그램된 활동을 동시에 수행한다.
③ 다양한 경험을 토대로 하여 의사결정을 한다.
④ 상황에 따라 변화하는 복잡한 자극 형태를 식별한다.

해설

정보처리 결정에서 인간의 장점
① 많은 양의 정보를 장시간 보관 ② 관찰을 통한 일반화
③ 귀납적 추리 ④ 원칙 적용
⑤ 다양한 문제 해결(정서적)

참고 산업안전산업기사 필기 p.2-11(표. 인간과 기계의 장단점)

KEY ① 2018년 4월 28일, 8월 19일 9월, 15일기사 출제
② 2019년 9월 21일 출제
③ 2023년 6월 4일 기사 출제

36 A작업의 평균에너지소비량이 다음과 같을 때, 60분간의 총 작업시간 내에 포함되어야 하는 휴식시간(분)은?

- 휴식중 에너지소비량 : 1.5[kcal/min]
- A작업시 평균 에너지소비량 : 6[kcal/min]
- A기초대사를 포함한 작업에 대한 평균 에너지소비량 상한 : 5[kcal/min]

① 10.3 ② 11.3
③ 12.3 ④ 13.3

해설

휴식시간 계산

$$휴식시간(R) = \frac{60(E-5)}{E-1.5} = \frac{60(6-5)}{6-1.5} = 13.33[분]$$

여기서, R : 휴식시간(분)
E : 작업 시 평균 에너지 소비량[kcal/분]
60분 : 총작업 시간
1.5[kcal/분] : 휴식시간 중 에너지 소비량
5[kcal/분] : 기초대사량을 포함한 보통작업에 대한 평균 에너지(기초대사량을 포함하지 않을 경우 : 4[kcal/분])

참고 산업안전산업기사 필기 p.1-102(3. 휴식)

KEY ① 2016년 5월 8일, 10월 1일 기사 출제
② 2018년 9월 15일(문제 43번) 출제

37 그림과 같은 FT도에 대한 최소 컷셋(minimal cut sets)으로 옳은 것은?(단, Fussell의 알고리즘을 따른다.)

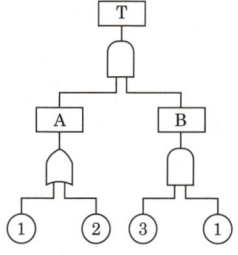

① {1, 2} ② {1, 3}
③ {2, 3} ④ {1, 2, 3}

[**정답**] 34 ① 35 ② 36 ④ 37 ②

해설

최소컷셋

① $T = A \cdot B$
$= \dfrac{X_1}{X_2} \cdot B$
$= X_1 X_1 X_3$
$\quad X_2 X_1 X_3$

② 컷셋 = $(X_1 X_3)(X_1 X_2 X_3)$

③ 미니멀(최소) 컷셋 = $(X_1 X_3)$

참고) 산업안전산업기사 필기 p.2-77(5. 컷셋·미니멀 컷셋 요약)

KEY ① 2016년 10월 1일 출제
② 2021년 8월 14일(문제 28번) 출제

---

38 근골격계질환 작업분석 및 평가 방법인 OWAS의 평가요소를 모두 고른 것은?

ㄱ. 상지
ㄴ. 무게(하중)
ㄷ. 하지
ㄹ. 허리

① ㄱ, ㄴ
② ㄱ, ㄷ, ㄹ
③ ㄴ, ㄷ, ㄹ
④ ㄱ, ㄴ, ㄷ, ㄹ

해설

OWAS의 평가도구

평가도구명 (Abaktsus Tools)	구분	평가요소
OWAS (와스 : Ovaco Working Posture Anslysing System)	평가되는 위해요인	자세, 힘, 노출시간
	관련된 신체부위	상체, 허리, 하체
	적용대상 작업종류	중량물 취급
	한계점	중량물작업 한정, 반복성 미고려

참고) 산업안전산업기사 필기 p.2-117(문제 1번) 적중

정답확인
KOSHA GUIDE(H-9-2022) : 근골격계 부담작업 유해요인조사 지침

---

39 산업안전보건법령상 정밀작업 시 갖추어져야할 작업면의 조도 기준은?(단, 갱내 작업장과 감광재료를 취급하는 작업장은 제외한다.)

① 75럭스 이상
② 150럭스 이상
③ 300럭스 이상
④ 750럭스 이상

해설

조명(조도)수준
① 초정밀작업 : 750[Lux] 이상
② 정밀작업 : 300[Lux] 이상
③ 보통작업 : 150[Lux] 이상
④ 그 밖의 작업 : 75[Lux] 이상

참고) 산업안전산업기사 필기 p.2-169(합격날개 : 합격예측)

KEY ① 2020년 8월 23일(문제 30번) 출제
② 2022년 3월 5일 기사 출제

합격정보
산업안전보건기준에 관한 규칙 제302조(조도)

---

40 1sone에 관한 설명으로 ( )에 알맞은 수치는?

1sone : (ㄱ)[Hz], (ㄴ)[dB]의 음압수준을 가진 순음의 크기

① ㄱ : 1,000, ㄴ : 1
② ㄱ : 4,000, ㄴ : 1
③ ㄱ : 1,000, ㄴ : 40
④ ㄱ : 4,000, ㄴ : 40

해설

음의 크기의 수준
① Phon : 1,000[Hz] 순음의 음압수준(dB)을 나타낸다.
② sone : 1,000[Hz], 40[dB]의 음압수준을 가진 순음의 크기
(= 40[Phon])를 1 [sone]이라 한다.
③ sone과 Phon의 관계식
∴ sone치 = $2^{(phon-40)/10}$

참고) 산업안전산업기사 필기 p.2-173(합격날개 : 합격예측)

KEY ① 2015년 8월 16일(문제 22번) 출제
② 2016년 3월 6일 기사, 산업기사 동시 출제
③ 2019년 3월 3일(문제 29번), 4월 27일(문제 55번)출제
④ 2021년 5월 15일(문제 30번) 출제
⑤ 2025년 2월 7일 기사 출제

[정답] 38 ④ 39 ③ 40 ③

3 기계·기구 및 설비안전관리

41 500[rpm]으로 회전하는 연삭기의 숫돌지름이 200[mm]일 때 원주속도[m/min]는?

① 628 ② 62.8
③ 314 ④ 31.4

해설
원주속도
$V = \dfrac{\pi DN}{1,000} = \dfrac{3.14 \times 200 \times 500}{1,000} = 314[m/min]$

 산업안전산업기사 필기 p.3-92(합격날개 : 합격예측)

KEY
① 2018년 3월 4일(문제 41번) 출제
② 2023년 3월 1일(문제 43번) 출제
③ 2024년 7월 5일(문제 52번) 출제
④ 2025년 2월 7일 기사 출제

42 산업안전보건법령상 양중기에서 절단하중이 100톤인 와이어로프를 사용하여 화물을 직접적으로 지지하는 경우, 화물의 최대허용하중(톤)은?

① 20 ② 30
③ 40 ④ 50

해설
최대허용하중 = $\dfrac{절단하중}{안전율(계수)} = \dfrac{100}{5} = 20[ton]$

 산업안전산업기사 필기 p.3-14(합격날개 : 합격예측)

KEY
① 2006년 8월 6일 (문제 41번) 출제
② 2020년 8월 23일(문제 48번) 출제
③ 2023년 5월 13일(문제 45번) 출제
④ 2024년 5월 9일(문제 45번) 출제

합격정보
산업안전보건기준에 관한 규칙 제163조(와이어로프 등 달기구의 안전계수)

보충학습
안전계수
① 근로자가 탑승하는 운반구를 지지하는 달기와이어로프 또는 달기체인의 경우 : 10 이상
② 화물의 하중을 직접 지지하는 달기와이어로프 또는 달기체인의 경우 : 5 이상
③ 훅, 샤클, 클램프, 리프팅 빔의 경우 : 3 이상
④ 그 밖의 경우 : 4 이상

43 다음 설명 중 ( )에 알맞은 내용은?

롤러기의 급정지장치는 롤러를 무부하로 회전시킨 상태에서 앞면 롤러의 표면속도가 30[m/min] 미만일 때에는 급정지거리가 앞면 롤러 원주의 ( )이내에서 롤러를 정지시킬 수 있는 성능을 보유해야 한다.

① $\dfrac{1}{2}$ ② $\dfrac{1}{4}$
③ $\dfrac{1}{3}$ ④ $\dfrac{1}{2.5}$

해설
롤러의 급정지거리

앞면롤러의 표면속도[m/min]	급정지거리	표면속도 산출공식
30 미만	앞면 롤러 원주의 1/3 이내 $(\pi \times D \times \dfrac{1}{3})$	$V = \dfrac{\pi DN}{1,000}$ [m/min]
30 이상	앞면 롤러 원주의 1/2.5 이내 $(\pi \times D \times \dfrac{1}{2.5})$	

참고 산업안전산업기사 필기 p.3-113 (표. 롤러의 급정지거리)

KEY
① 2016년 3월 6일 산업기사 출제
② 2017년 3월 5일, 8월 26일 출제
③ 2022년 7월 2일(문제 51번) 출제
④ 2024년 5월 9일(문제 52번) 출제

44 산업안전보건법령상 아세틸렌 용접장치의 아세틸렌 발생기실을 설치하는 경우 준수하여야 하는 사항으로 옳은 것은?

① 벽은 가연성 재료로 하고 철근 콘크리트 또는 그 밖에 이와 동등하거나 그 이상의 강도를 가진 구조로 할 것
② 바닥면적의 16분의 1 이상의 단면적을 가진 배기통을 옥상으로 돌출시키고 그 개구부를 창이나 출입구로부터 1.5미터 이상 떨어지도록 할 것
③ 출입구의 문은 불연성 재료로 하고 두께 1.0밀리미터 이하의 철판이나 그 밖에 그 이상의 강도를 가진 구조로 할 것
④ 발생기실을 옥외에 설치한 경우에는 그 개구부를 다른 건축물로부터 1.0미터 이내 떨어지도록 할 것

[정답] 41 ③ 42 ① 43 ③ 44 ②

해설

산업안전보건기준에 관한 규칙 제287조(발생기실의 구조 등)

사업주는 발생기실을 설치하는 경우에 다음 각 호의 사항을 준수하여야 한다.
1. 벽은 불연성 재료로 하고 철근 콘크리트 또는 그 밖에 이와 같은 수준이거나 그 이상의 강도를 가진 구조로 할 것
2. 지붕과 천장에는 얇은 철판이나 가벼운 불연성 재료를 사용할 것
3. 바닥면적의 16분의 1 이상의 단면적을 가진 배기통을 옥상으로 돌출시키고 그 개구부를 창이나 출입구로부터 1.5미터 이상 떨어지도록 할 것
4. 출입구의 문은 불연성 재료로 하고 두께 1.5밀리미터 이상의 철판이나 그 밖에 그 이상의 강도를 가진 구조로 할 것
5. 벽과 발생기 사이에는 발생기의 조정 또는 카바이드 공급 등의 작업을 방해하지 않도록 간격을 확보할 것

참고 산업안전산업기사 필기 p.3-118(합격날개 : 합격예측 및 관련 법규)

KEY
① 2016년 3월 6일 산업기사 출제
② 2017년 5월 7일 기사 출제
③ 2018년 3월 4일 산업기사 출제
④ 2018년 4월 28일 기사 출제
⑤ 2019년 8월 4일(문제 56번)
⑥ 2020년 9월 27일 (문제 44번) 출제
⑦ 2022년 4월 17일(문제 60번) 출제
⑧ 2024년 5월 9일(문제 56번) 출제

보충학습

아세틸렌 용접장치 화기 안전거리
① 발생기 : 5[m]
② 발생기실 : 3[m]

합격정보
산업안전보건기준에 관한 규칙 제287조(발생기실의 구조 등)

---

45 방호장치를 분류할 때는 크게 위험장소에 대한 방호장치와 위험원에 대한 방호장치로 구분할 수 있는데, 다음 중 위험장소에 대한 방호장치가 아닌 것은?

① 격리형 방호장치
② 접근거부형 방호장치
③ 접근반응형 방호장치
④ 포집형 방호장치

해설

방호장치 구분

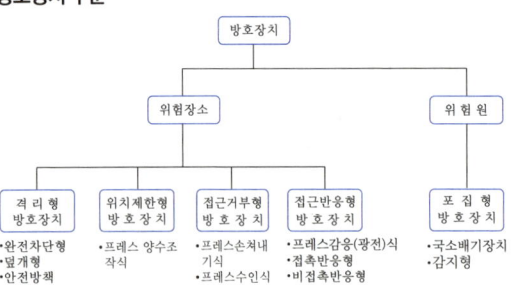

참고 산업안전산업기사 필기 p.3-15 (그림. 방호장치 구분)

KEY
① 2016년 3월 6일 산업기사 출제
② 2016년 8월 21일 산업기사 출제
③ 2018년 3월 4일 산업기사 출제
④ 2018년 4월 28일 산업기사 출제
⑤ 2022년 7월 2일(문제 46번) 출제

---

46 다음 중 기계설비에서 반대로 회전하는 두 개의 회전체가 맞닿는 사이에 발생하는 위험점을 무엇이라 하는가?

① 물림점(nip point)
② 협착점(squeeze point)
③ 접선물림점(tangential point)
④ 회전말림점(trapping point)

해설

물림점 (Nip-point)
① 회전하는 두 개의 회전체에는 물려 들어가는 위험성이 존재한다.
② 위험점이 발생되는 조건은 회전체가 서로 반대방향으로 맞물려 회전되어야 한다. 예 롤러와 롤러의 물림, 기어와 기어의 물림 등

[그림] 물림점

참고 산업안전산업기사 필기 p.3-205 ((4) 위험점의 분류)

KEY
① 2017년 3월 5일 산업기사 출제
② 2017년 5월 7일 산업기사 출제
③ 2017년 8월 26일 산업기사 출제
④ 2022년 7월 2일(문제 53번) 출제

---

47 산업안전보건법령에서 규정하는 양중기에 속하지 않는 것은?

① 호이스트
② 이동식 크레인
③ 곤돌라
④ 체인블록

[정답] 45 ④ 46 ① 47 ④

해설

양중기의 종류
① 크레인(호이스트(hoist)를 포함한다)
② 이동식 크레인
③ 리프트(이삿짐운반용 리프트의 경우에는 적재하중이 0.1[t] 이상인 것으로 한정한다.)
④ 곤돌라
⑤ 승강기

참고) 산업안전산업기사 필기 p.3-142(합격날개 : 합격예측 및 관련 법규)

KEY ① 2016년 8월 21일 기사 출제
② 2021년 5월 9일(문제 41번) 출제

합격정보
산업안전보건기준에 관한 규칙 제132조(양중기)

48 다음 중 원통 보일러의 종류가 아닌 것은?

① 입형 보일러
② 노통 보일러
③ 연관 보일러
④ 관류 보일러

해설

보일러의 구분

종류	구분
원통보일러	입형 보일러
	노통 보일러
	연관 보일러
	노통연관 보일러
수관 보일러	자연순환식 수관 보일러
	강제순환식 수관 보일러
	관류 보일러
그 밖의 보일러	난방용 보일러
	특수 보일러

참고) 산업안전산업기사 필기 p.3-123(합격날개 : 합격예측)

KEY ① 2017년 8월 26일 출제
② 2021년 5월 9일(문제 50번) 출제

49 산업안전보건법령에 따른 목재가공용 기계 중 모떼기기계에 설치하여야 하는 방호장치로 옳은 것은?

① 반발예방장치
② 톱날접촉예방장치
③ 날접촉예방장치
④ 회전방지장치

해설

모떼기 기계
① 목재의 측면을 원하는 형상으로 가공하는 데 사용되는 기계로서 곡면절삭, 곡선절삭, 홈붙이작업 등에 사용되는 것을 말한다.
② 방호장치 : 날접촉예방장치

참고) 산업안전산업기사 필기 p.3-133(1. 목재가공 둥근톱)

KEY 2021년 5월 9일(문제 51번) 출제

합격정보
산업안전보건기준에 관한 규칙 제110조(모떼기 기계의 날접촉 예방장치)

50 공기압축기의 작업시작 전 점검사항이 아닌 것은?

① 윤활유의 상태
② 언로드밸브의 기능
③ 비상정지장치의 기능
④ 압력방출장치의 기능

해설

공기압축기를 가동할 때 작업시작 전 점검사항
① 공기저장 압력용기의 외관상태
② 드레인밸브의 조작 및 배수
③ 압력방출장치의 기능
④ 언로드밸브의 기능
⑤ 윤활유의 상태
⑥ 회전부의 덮개 또는 울
⑦ 그 밖의 연결부위의 이상유무

참고) 산업안전산업기사 필기 p.3-54(3. 공기압축기를 가동할 때)

KEY 2023년 4월 1일 산업안전지도사 출제

합격정보
산업안전보건기준에 관한 규칙 [별표 3] 작업시작전 점검사항

[정답] 48 ③ 49 ④ 50 ③

51 프레스의 방호장치에 해당되지 않는 것은?

① 가드식 방호장치 ② 수인식 방호장치
③ 롤 피드식 방호장치 ④ 손쳐내기식 방호장치

해설
프레스의 방호장치

구 분	방호 장치
1행정 1정지식(크랭크프레스)	① 양수조작식 ② 게이트가드식
행정길이(stroke)가 40[mm] 이상의 프레스	① 손쳐내기식 ② 수인식
슬라이드 작동중 정지 가능한 구조(마찰프레스)	감응식(광전자식)

(주) 일반적으로 자동송급장치가 구비되어 있는 프레스기 또는 전단기는 방호장치가 설치된 것으로 간주한다.

참고 산업안전산업기사 필기 p.3-110(3. 프레스의 행정길이에 따른 방호장치)

KEY ① 2007년 3월 4일(문제 47번) 출제
② 2017년 8월 26일 기사 출제
③ 2019년 8월 4일 기사(문제 57번) 출제
④ 2020년 8월 23일 기사(문제 56번) 출제

52 작업장 내 운반을 주목적으로 하는 구내운반차가 준수해야 할 사항으로 옳지 않은 것은?

① 주행을 제동하거나 정지상태를 유지하기 위하여 유효한 제동장치를 갖출 것
② 경음기를 갖출 것
③ 핸들의 중심에서 차체 바깥 측까지의 거리가 65cm 이내일 것
④ 운전자석이 차 실내에 있는 것은 좌우에 한 개씩 방향지시기를 갖출 것

해설
구내운반차 사용시 준수사항
① 주행을 제동하거나 정지상태를 유지하기 위하여 유효한 제동장치를 갖출 것
② 경음기를 갖출 것
③ 운전석이 차 실내에 있는 것은 좌우에 한 개씩 방향지시기를 갖출 것
④ 전조등과 후미등을 갖출 것. 다만, 작업을 안전하게 하기 위하여 필요한 조명이 있는 장소에서 사용하는 구내운반차에 대해서는 그러하지 아니하다.

참고 산업안전산업기사 필기 p.3-159(5. 운반기계)

KEY 2020년 6월 14일(문제 41번) 출제

합격정보 산업안전보건기준에 관한 규칙 제184조 (제동장치등)

합격자의 조언 실기 필답형과 작업형에도 출제됩니다.

53 대패기계용 덮개의 시험 방법에서 날접촉 예방장치인 덮개와 송급테이블 면과의 간격기준은 몇 [mm] 이하여야 하는가?

① 3 ② 5
③ 8 ④ 12

해설
덮개와 송급테이블 면과의 간격 : 8[mm] 이하

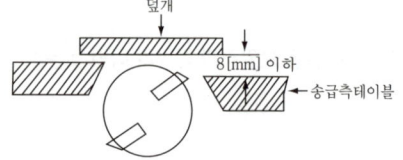

[그림] 덮개와 테이블간의 틈새

참고 산업안전산업기사 필기 p.3-138(2. 고정식)

KEY ① 2017년 5월 7일 산업기사 출제
② 2020년 6월 14일(문제 44번) 출제

54 연삭기 숫돌의 파괴원인으로 볼 수 없는 것은?

① 숫돌의 회전속도가 너무 빠를 때
② 숫돌 자체에 균열이 있을 때
③ 숫돌의 정면을 사용할 때
④ 숫돌에 과대한 충격을 주게 되는 때

해설
연삭 숫돌의 파괴원인
① 숫돌의 속도가 너무 빠를 때
② 숫돌에 균열이 있을 때
③ 플랜지가 현저히 작을 때
④ 숫돌의 치수(특히 구멍지름)가 부적당할 때
⑤ 숫돌에 과대한 충격을 줄 때
⑥ 작업에 부적당한 숫돌을 사용할 때
⑦ 숫돌의 불균형이나 베어링의 마모에 의한 진동이 있을 때
⑧ 숫돌의 측면을 사용할 때
⑨ 반지름방향의 온도변화가 심할 때

[정답] 51 ③ 52 ③ 53 ③ 54 ③

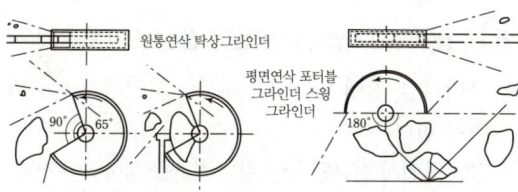

[그림] 안전덮개의 개구각과 파편의 비산방향

> 참고 산업안전산업기사 필기 p.3-94(1. 숫돌의 파괴원인)

> KEY
> ① 2016년 5월 8일 산업기사 출제
> ② 2016년 8월 21일 기사 출제
> ③ 2020년 6월 7일 기사 출제
> ④ 2020년 6월 14일(문제 48번) 출제

55 산업안전보건법령상 양중기에 사용하지 않아야 하는 달기 체인의 기준으로 틀린 것은?

① 심하게 변형된 것
② 균열이 있는 것
③ 달기 체인의 길이가 달기 체인이 제조된 때의 길이의 3[%]를 초과한 것
④ 링의 단면지름이 달기 체인이 제조된 때의 해당 링의 지름의 10[%]를 초과하여 감소한 것

> 해설
> **달기체인의 사용금지 기준**
> ① 달기 체인의 길이가 달기 체인이 제조된 때의 길이의 5[%]를 초과한 것
> ② 링의 단면지름이 달기 체인이 제조된 때의 해당 링의 지름의 10[%]를 초과하여 감소한 것
> ③ 균열이 있거나 심하게 변형된 것

> 참고 산업안전산업기사 필기 p.3-158(합격날개 : 합격예측 및 관련 법규)

> KEY
> ① 2019년 8월 4일 (문제 57번) 출제
> ② 2020년 6월 14일(문제 52번) 출제

> 합격정보
> 산업안전보건기준에 관한 규칙 제166조(이음매가 있는 와이어로프등의 사용금지)

56 연삭기에서 숫돌의 바깥지름이 180[mm]라면, 평형 플랜지의 바깥지름은 몇 [mm] 이상이어야 하는가?

① 30 ② 36
③ 45 ④ 60

> 해설
> 플랜지 바깥지름 = 숫돌 바깥지름 $\times \dfrac{1}{3}$
> $= 180 \times \dfrac{1}{3} = 60[mm]$

> 참고 산업안전산업기사 필기 p.3-96(합격날개 : 합격예측)

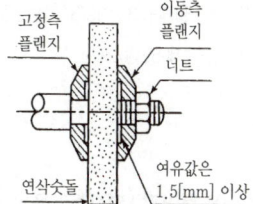

[그림] 플랜지

> KEY
> ① 2016년 8월 21일 출제
> ② 2017년 5월 7일 기사 · 산업기사 동시 출제
> ③ 2017년 8월 26일 기사 출제
> ④ 2018년 8월 19일 출제
> ⑤ 2019년 8월 4일 기사 · 산업기사 동시 출제

57 다음 중 산소-아세틸렌 가스용접 시 역화의 원인과 가장 거리가 먼 것은?

① 토치의 과열 ② 토치 팁의 이물질
③ 산소 공급의 부족 ④ 압력조정기의 고장

> 해설
> **역화의 원인**
> ① 팁의 끝이 막혔을 때
> ② 팁 끝이 과열되었을 때
> ③ 가스 압력과 유량이 적당하지 않았을 때
> ④ 팁의 조임이 풀려올 때
> ⑤ 압력조정기가 불량일 때
> ⑥ 토치의 성능이 좋지 않을 때 발생

> 참고 산업안전산업기사 필기 p.3-122(표. 역류와 역화)

> KEY
> ① 2019년 8월 4일(문제 49번) 출제
> ② 2023년 7월 8일 산업기사 등 3회 이상 출제

[정답] 55 ③ 56 ④ 57 ③

58 산업용 로봇의 동작 형태별 분류에 해당하지 않는 것은?

① 관절 로봇　　② 극좌표 로봇
③ 수치제어 로봇　　④ 원통좌표 로봇

해설

수치제어(NC) 로봇
① 로봇을 움직이지 않고 순서, 조건, 위치 및 기타 정보를 수치, 언어 등에 의해 교시하고, 그 정보에 따라 작업을 할 수 있는 로봇
② 기능수준에 의한 분류

참고 산업안전산업기사 필기 p.3-129(3. 기능수준에 의한 분류)

KEY 2019년 8월 4일(문제 59번) 출제

59 "가"와 "나"에 들어갈 내용으로 옳은 것은?

> 순간풍속이 (가)를 초과하는 경우에는 타워크레인의 설치, 수리, 점검 또는 해체작업을 중지하여야 하며, 순간풍속이 (나)를 초과하는 경우에는 타워크레인의 운전작업을 중지하여야 한다.

① 가. 10 [m/s],　나. 15 [m/s],
② 가. 10 [m/s],　나. 25 [m/s],
③ 가. 20 [m/s],　나. 35 [m/s],
④ 가. 20 [m/s],　나. 45 [m/s],

해설

순간풍속이 초당 10[m]를 초과하는 경우 타워크레인의 설치·수리·점검 또는 해체 작업을 중지하여야 하며, 순간풍속이 초당 15[m]를 초과하는 경우에는 타워크레인의 운전작업을 중지하여야 한다.

참고 산업안전산업기사 필기 p.5-49(합격날개 : 합격예측 및 관련 법규)

KEY
① 2015년 3월 8일 기사 출제
② 2018년 4월 28일 기사 출제
③ 2019년 4월 27일(문제 45번) 출제

정보제공
산업안전보건기준에 관한 규칙 제37조(악천후 및 강풍 시 작업중지)

60 정(chisel) 작업의 일반적인 안전수칙으로 틀린 것은?

① 따내기 및 칩이 튀는 가공에서는 보안경을 착용하여야 한다.
② 절단 작업시 절단된 끝이 튀는 것을 조심하여야 한다.
③ 작업을 시작할 때는 가급적 정을 세게 타격하고 점차 힘을 줄여간다.
④ 담금질 된 철강 재료는 정 가공을 하지 않는 것이 좋다.

해설

정작업 시 안전수칙
① 시선은 정의 날끝을 본다.
② 정을 잡은 손의 힘을 뺀다.
③ 처음에는 가볍게 두드리고 점차 힘을 가한 후, 작업이 끝날 때는 가볍게 두드린다.
④ 절삭 칩을 손으로 제거하지 말 것

참고 산업안전산업기사 필기 p.3-225(2. 정작업)

KEY
① 2012년 8월 26일 문제 41번 출제
② 2019년 3월 3일(문제 50번) 출제

4　전기 및 화학설비 안전관리

61 정전기 재해를 예방하기 위해 설치하는 제전기의 제전효율은 설치 시에 얼마 이상이 되어야 하는가?

① 40[%] 이상　　② 50[%] 이상
③ 70[%] 이상　　④ 90[%] 이상

해설

제전기 설치시 제전효율 : 90[%] 이상

참고 산업안전산업기사 필기 p.4-41(은행문제)

KEY
① 2020년 9월 19일(문제 64번) 출제
② 2021년 8월 14일 기사 출제
③ 2023년 7월 8일(문제 62번) 출제
④ 2024년 7월 5일(문제 61번) 출제

[정답]　58 ③　59 ①　60 ③　61 ④

62. 다음 중 화재의 종류가 옳게 연결된 것은?

① A급화재 - 유류화재
② B급화재 - 유류화재
③ C급화재 - 일반화재
④ D급화재 - 일반화재

[해설]

화재의 종류
① A급화재 : 일반 가연물화재(백색표시)
② B급화재 : 유류화재(황색표시)
③ C급화재 : 전기화재(청색표시)
④ D급화재 : 금속화재(색표시 없음)

[참고] 산업안전산업기사 필기 p.4-109(2. 화재의 분류)

[KEY]
① 2014년 8월 17일(문제 63번)
② 2023년 7월 8일(문제 73번) 출제
③ 2024년 7월 5일(문제 65번) 출제

63. 다음 중 정전기 재해의 방지대책으로 가장 적절한 것은?

① 절연도가 높은 플라스틱을 사용한다.
② 대전하기 쉬운 금속은 접지를 실시한다.
③ 작업장 내의 온도를 낮게 해서 방전을 촉진시킨다.
④ (+), (−) 전하의 이동을 방해하기 위하여 주위의 습도를 낮춘다.

[해설]

정전기 방지 대책

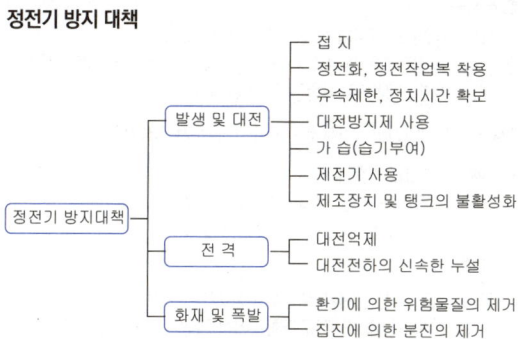

[참고] 산업안전산업기사 필기 p.4-36(그림. 정전기방지대책)

[KEY]
① 2016년 5월 8일, 8월 21일기사 출제
② 2017년 5월 7일 산업기사 출제
③ 2023년 6월 4일 기사 출제
④ 2023년 3월 1일(문제 62번) 출제
⑤ 2024년 7월 5일(문제 74번) 등 10회 이상 출제

64. 산업안전보건법령에서 정한 위험물을 기준량 이상으로 제조하거나 취급하는 설비 중 특수화학설비에 해당하지 않는 것은?

① 발열반응이 일어나는 반응장치
② 증류·정류·증발·추출 등 분리를 하는 장치
③ 가열로 또는 가열기
④ 고로 등 점화기를 직접 사용하는 열교환기류

[해설]

고로 등 점화기를 직접 사용하는 열교환기류 : 화학설비

[참고] 산업안전산업기사 필기 p.4-168(문제 59번)

[KEY]
① 2016년 8월 21일 기사 출제
② 2017년 3월 5일 기사 출제
③ 2023년 7월 8일(문제 76번) 출제
④ 2024년 5월 9일(문제 63번) 출제

65. 다음 중 분진폭발의 가능성이 가장 낮은 물질은?

① 소맥분   ② 마그네슘
③ 질석가루 ④ 석탄

[해설]

분진 폭발 물질
① 금속 : Al, Mg, Fe, Mn, Si, Sn
② 분말 : 티탄, 바나듐, 아연, Dow합금
③ 농산물 : 밀가루, 녹말, 솜, 쌀, 콩, 코코아, 커리

[참고] 산업안전산업기사 필기 p.4-103(표. 증기폭발, 분진폭발, 분해폭발)

[KEY]
① 2016년 5월 8일 기사 출제
② 2017년 8월 26일 기사 출제
③ 2023년 3월 1일(문제 72번) 출제
④ 2024년 5월 9일(문제 73번) 출제

[보충학습]

질석
① 질석은 퍼미큐라이트 라고 하는 건축용자재로서 파종이나 삽목에 토양으로 사용하는 재료
② 주로 펄라이트와 배합을 해서 사용

[정답] 62 ② 63 ② 64 ④ 65 ③

과년도 출제문제

66 부탄의 공기 중 연소하한값 1.6[vol%]일 경우, 연소에 필요한 최소산소농도는 약 몇 [vol%]인가?

① 9.4 ② 10.4
③ 11.4 ④ 12.4

[해설]
최소산소농도
① $C_4H_{10} + 6.5O_2 \rightarrow 4CO_2 + 5H_2O$
② MOC(최소사용농도) = 연료의 연소하한치×산소 mol수
  = 1.6×6.5 = 10.4[%]

[참고] 산업안전산업기사 필기 p.4-113(보충학습 및 실전문제)

[KEY] ① 2005년 기사출제
② 2009년 5월 10일(문제 77번) 출제
③ 2022년 3월 2일(문제 80번) 출제
④ 2024년 5월 9일(문제 80번) 출제

67 산업안전보건법령상 방폭전기설비의 위험장소분류에 있어 보통 상태에서 위험 분위기를 발생할 염려가 있는 장소로서 폭발성 가스가 보통상태에서 집적되어 위험농도로 될 염려가 있는 장소를 몇 종 장소라 하는가?

① 0종 장소 ② 1종 장소
③ 2종 장소 ④ 3종 장소

[해설]
위험장소의 구분
① 0종 장소 : 장치 및 기기들이 정상 가동되는 경우에 폭발성 가스가 항상 존재하는 장소이다.
② 1종 장소 : 장치 및 기기들이 정상 가동 상태에서 폭발성 가스가 가끔 누출되어 위험 분위기가 존재하는 장소이다.
③ 2종 장소 : 작업자의 조작실수나 이상운전으로 폭발성 가스가 누출되거나 유출된 가스가 체류하여 폭발을 일으킬 우려가 있는 장소이다.

[참고] 산업안전산업기사 필기 p.4-52(3. 가스폭발 위험장소)

[KEY] ① 2015년 8월 16일(문제 61번) 출제
② 2023년 7월 8일(문제 67번) 출제
③ 2024년 2월 15일(문제 76번) 출제

68 다음 중 가연성가스가 아닌 것은?

① 이산화탄소 ② 수소
③ 메탄 ④ 아세틸렌

[해설]
가연(인화)성 가스의 종류
① 수소
② 아세틸렌
③ 에틸렌
④ 메탄
⑤ 에탄
⑥ 프로판
⑦ 부탄
⑧ 영 별표 10에 따른 인화(가연)성 가스

[참고] 산업안전산업기사 필기 p.4-130(인화성 가스)

[KEY] ① 2017년 8월 26일 기사 출제
② 2019년 3월 3일 기사·산업기사 동시 출제
③ 2021년 5월 9일(문제 72번) 출제
④ 2024년 2월 15일(문제 79번) 출제

[합격정보] 산업안전보건기준에 관한 규칙 [별표1] 위험물질의 종류

[보충학습]
CO_2 : 불연성가스

69 다음 중 만성중독과 가장 관계가 깊은 유독성 지표는?

① LD_{50}(Median lethal dose)
② MLD(Minimum lethal dose)
③ TLV(Threshold limit value)
④ LC_{50}(Median lethal concentration)

[해설]
중독지수
① TLV : 1[일] 8[시간]의 작업시 폭로된 평균농도
② LD_{50} : 독극물 1회 투여로 7~10[일] 이내 실험동물수 50[%] 사망
③ LC_{50} : 호흡기 장애로 실험동물수 50[%] 사망

[참고] 산업안전산업기사 필기 p.4-158(문제 18번)

[KEY] ① 1992년 출제
② 2014년 8월 17일(문제 78번) 출제
③ 2023년 7월 8일(문제 77번) 출제

[보충학습]
① 만성중독과 가장 관계가 깊은 유독성 지표 : TLV
  • TLV : 미국 산업위생전문가회의에서 채택한 허용농도 기준
② 만성중독의 판정에 사용되는 지수
  ㉮ TLV ㉯ VHI ㉰ 중독지수

[정답] 66 ② 67 ② 68 ① 69 ③

70 전기기기, 설비 및 전선로 등의 충전 유무 등을 확인하기 위한 장비는?

① 위상검출기
② 디스콘 스위치
③ COS
④ 저압 및 고압용 검전기

해설

검전기 : 전기기기, 설비, 전선로 등의 충전유무 확인
① 저압용
② 고압용
③ 특고압용

[그림] 검전기 소형

참고 산업안전산업기사 필기 p.4-23(㉮ 검전기)

KEY ① 2011년 3월 20일(문제 64번) 출제
② 2019년 4월 27일(문제 65번) 출제
③ 2022년 4월 17일(문제 68번) 출제

보충학습
COS : Cut Out Switch

71 피뢰기로서 갖추어야 할 성능 중 틀린 것은?

① 충격 방전 개시전압이 낮을 것
② 뇌전류의 방전 능력이 클 것
③ 제한 전압이 높을 것
④ 속류 차단을 확실하게 할 수 있을 것

해설

피뢰기의 성능
① 충격방전 개시전압이 낮을 것
② 제한전압이 낮을 것
③ 반복동작이 가능할 것
④ 구조가 견고하고 특성이 변화하지 않을 것
⑤ 점검, 보수가 간단할 것
⑥ 뇌전류에 대한 방전능력이 클 것
⑦ 속류의 차단이 확실할 것(정격전압 : 실효값)

참고 산업안전산업기사 필기 p.4-57((1) 피뢰기의 성능)

KEY ① 2016년 8월 21일 기사 출제
② 2018년 8월 19일 기사 출제
③ 2019년 8월 4일(문제 80번) 출제
④ 2022년 4월 17일(문제 69번) 출제

72 다음 중 퍼지(purge)의 종류에 해당하지 않는 것은?

① 압력퍼지
② 진공퍼지
③ 스위프퍼지
④ 가열퍼지

해설

퍼지(purge)의 종류
① 압력퍼지
② 진공 퍼지
③ 가압퍼지
④ 스위프 퍼지
⑤ 사이펀 퍼지

참고 산업안전산업기사 필기 p.4-114(표. 퍼지의 종류)

KEY ① 2011년 6월 12일(문제 86번) 출제
② 2018년 4월 28일(문제 91번) 출제
③ 2021년 8월 14일(문제 82번) 출제
④ 2022년 4월 24일(문제 85번) 출제
⑤ 2022년 4월 17일(문제 72번) 출제

73 가스를 분류할 때 독성가스에 해당하지 않는 것은?

① 황화수소
② 시안화수소
③ 이산화탄소
④ 산화에틸렌

해설

독성가스 허용농도
① NH_3(암모니아) : 25[ppm]
② $COCl_2$(포스겐) : 0.1[ppm]
③ Cl_2(염소) : 1[ppm]
④ H_2S(황화수소) : 10[ppm]

참고 산업안전산업기사 필기 p.4-138(표. 주요 고압가스의 분류)

KEY ① 2017년 3월 5일 기사 출제
② 2019년 8월 4일 기사 출제
③ 2022년 4월 17일(문제 74번) 출제

보충학습
① $COCl_2$: 1차 세계대전 독가스
② CO_2 : 불연성가스(질식성 가스)

[정답] 70 ④ 71 ③ 72 ④ 73 ③

과년도 출제문제

74 산업안전보건법령상 다음 인화성 가스의 정의에서 ( )안에 알맞은 값은?

"인화성 가스"란 인화한계 농도의 최저한도가 (㉠)[%] 이하 또는 최고한도와 최저한도의 차가 (㉡)[%] 이상인 것으로서 표준압력(101.3[kPa]), 20[℃]에서 가스 상태인 물질을 말한다.

① ㉠ 13, ㉡ 12   ② ㉠ 13, ㉡ 15
③ ㉠ 12, ㉡ 13   ④ ㉠ 12, ㉡ 15

해설
"인화성 가스"란 인화한계 농도의 최저한도가 13[%] 이하 또는 최고한도와 최저한도의 차가 12[%] 이상인 것으로서 표준압력(101.3 [kPa])에서 20[℃]에서 가스 상태인 물질을 말한다.

참고 산업안전산업기사 필기 p.4-130(합격날개 : 합격예측)

KEY 2022년 4월 17일(문제 80번) 출제

합격정보
산업안전보건법 시행령 [별표 13] 비고

---

75 다음 방폭구조 중 전폐형 구조로 된 것이 아닌 것은?

① 내압방폭구조   ② 유입방폭구조
③ 압력방폭구조   ④ 안전증방폭구조

해설
안전증방폭구조의 특징
① 정상운전 중에 폭발성 가스 또는 증기에 점화원이 될 전기불꽃, 아크 또는 고온이 되어서는 안될 부분에 이런 것의 발생을 방지하기 위하여 기계적, 전기적 구조상 또는 온도상승에 대해서 특히 안전도를 증가시킨 구조(점화원 격리와 무관 : 전기설비의 안전도 증강)
② 정상적으로 운전되고 있을 때 내부에서 불꽃이 발생하지 않도록 절연 성능을 강화하고, 또 고온으로 인해 외부가스에 착화되지 않도록 표면온도 상승을 더 낮게 설계한 구조
③ 전폐형 구조 : 내부와 외부 사이를 완전히 차단시키는 구조
  ㉮ 내압방폭구조
  ㉯ 유입방폭구조
  ㉰ 압력방폭구조

참고 산업안전산업기사 필기 p.4-54(③ 안전증방폭구조)

KEY
① 1997년 3월 30일(문제 80번)
② 1997년 10월 12일(문제 64번)
③ 2002년 3월 10일(문제 77번)
④ 2003년 3월 16일(문제 68번)
⑤ 2006년 8월 6일(문제 63번)
⑥ 2022년 3월 2일(문제 61번) 출제

---

76 내전압용절연장갑의 등급에 따른 최대사용전압이 올바르게 연결된 것은?

① 00 등급 : 직류 750[V]
② 00 등급 : 교류 650[V]
③ 0 등급 : 직류 1,000[V]
④ 0 등급 : 교류 800[V]

해설
절연장갑의 등급 및 표시

등급	최대사용전압		등급별 색상
	교류(V, 실효값)	직류(V)	
00	500	750	갈색
0	1,000	1,500	빨간색
1	7,500	11,250	흰색
2	17,000	25,500	노란색
3	26,500	39,750	녹색
4	36,000	54,000	등색

㈜ 직류값은 교류에 1.5를 곱하면 된다.
예 $500 \times 1.5 = 750$

참고 산업안전산업기사 필기 p.4-23(합격날개 : 합격예측)

KEY
① 2018년 4월 28일 산업기사 출제
② 2018년 8월 19일 기사 출제
③ 2019년 4월 27일 기사 출제
④ 2020년 6월 14일(문제 62번) 출제
⑤ 2022년 3월 2일(문제 67번) 출제
⑥ 2025년 2월 7일 기사 출제

---

77 고압가스 용기에 사용되며 화재 등으로 용기의 온도가 상승하였을 때 금속의 일부분을 녹여 가스의 배출구를 만들어 압력을 분출시켜 용기의 폭발을 방지하는 안전장치는?

① 가용합금 안전밸브   ② 파열판
③ 폭압방산공   ④ 폭발억제장치

해설
가용합금 안전밸브
① Pb+Sn의 합금으로 용기의 온도 상승 시 녹아서 폭발을 방지한다.
② 200[℃] 이하의 녹는점을 갖는 금속을 가용합금이라고 하는데, 이러한 금속의 녹는점을 이용하여 압력을 방출하는 안전장치를 가용합금 안전장치라고 한다.
③ 폭발에 의한 순간적인 고온에는 작동하지 않아서 폭발의 방출에는 부적합하다.

참고 산업안전산업기사 필기 p.4-141 ((2) 안전장치)

[정답] 74 ① 75 ④ 76 ① 77 ①

KEY ① 2011년 3월 20일(문제 63번) 출제
② 2022년 3월 2일(문제 71번) 출제

78 분진폭발의 발생 순서로 옳은 것은?

① 퇴적분진-비산-분산-발화원 발생-폭발
② 퇴적분진-발화원 발생-분산-비산-폭발
③ 퇴적분진-분산-비산-발화원 발생-폭발
④ 비산-퇴적 분진-분산-발화원 발생-폭발

해설

분진폭발의 순서
① 인화성 분진 : 퇴적분진 → 비산 → 분산 → 발화원 → 전면폭발 → 2차 폭발
② 인화성 가스 : 입자 내의 열에너지 증가 → 입자표면에서 기체발생 → 혼합기체 형성 → 착화 → 폭발

참고 산업안전산업기사 필기 p.4-118(문제 15번) 적중

KEY ① 1995년 7월 30일(문제 73번)
② 1998년 7월 26일(문제 77번)
③ 1999년 6월 20일(문제 74번)
④ 2006년 8월 6일(문제 67번) 출제
⑤ 2022년 3월 2일(문제 72번) 출제

79 다음 정의에 해당하는 방폭구조는?

전기기기의 과도한 온도 상승, 아크 또는 불꽃 발생의 위험을 방지하기 위하여 추가적인 안전조치를 통한 안전도를 증가시킨 방폭구조를 말한다.

① 내압방폭구조   ② 유입방폭구조
③ 안전증방폭구조 ④ 본질안전방폭구조

해설

안전증방폭구조(e)
정상운전 중에 폭발성 가스 또는 증기에 점화원이 될 전기 불꽃, 아크 또는 고온이 되어서는 안 될 부분에 이런 것의 발생을 방지하기 위하여 기계적, 전기적 구조상 또는 온도상승에 대해서 특히 안전도를 증강시킨 구조

참고 산업안전산업기사 필기 p.4-54(3. 안전증방폭구조)

KEY ① 2016년 3월 6일 산업기사 출제
② 2017년 8월 26일 기사 · 산업기사 동시 출제
③ 2018년 3월 4일 산업기사 출제
⑤ 2019년 3월 3일(문제 61번) 출제

80 활선작업 시 사용하는 안전장구가 아닌 것은?

① 절연용 보호구   ② 절연용 방호구
③ 활선작업용 기구 ④ 절연저항 측정기구

해설

전기 활선작업용 안전장구
① 절연용 보호구
② 절연용 방호구
③ 검출용구
④ 활선작업용 장치
⑤ 활선작업용 기구

참고 산업안전산업기사 필기 p.4-23(2. 절연용 안전용구)

KEY ① 2016년 8월 21일 기사 출제
② 2019년 3월 3일(문제 64번) 출제

5 건설공사 안전관리

81 산업안전보건관리비 중 안전시설비 등의 항목에서 사용가능한 내역은?

① 외부인 출입금지, 공사장 경계표시를 위한 가설 울타리
② 용접 작업 등 화재 위험작업 시 사용하는 소화기의 구입·임대비용
③ 절토부 및 성토부 등의 토사유실 방지를 위한 설비
④ 공사 목적물의 품질 확보 또는 건설장비 자체의 운행 감시, 공사 진척상황 확인, 방범 등의 목적을 가진 CCTV 등 감시용 장비

해설

안전시설비 사용가능내역
① 산업재해 예방을 위한 안전난간, 추락방호망, 안전대 부착설비, 방호장치(기계·기구와 방호장치가 일체로 제작된 경우, 방호장치 부분의 가액에 한함)등 안전시설의 구입·임대 및 설치를 위해 소요되는 비용
② 「산업재해예방시설자금 융자금 지원사업 및 보조금 지급사업 운영규정」(고용노동부고시) 제2조제12호에 따른 "스마트안전장비 지원사업" 및 「건설기술진흥법」 제62조의3에 따른 스마트 안전장비 구입·임대 비용. 다만, 제4조에 따라 계상된 산업안전보건관리비 총액의 10분의 1을 초과할 수 없다.
③ 용접 작업 등 화재 위험작업 시 사용하는 소화기의 구입·임대비용

참고 산업안전산업기사 필기 p.5-39(2. 안전시설비 등)

[정답] 78 ① 79 ③ 80 ④ 81 ②

KEY
① 2017년 5월 7일 기사 출제
② 2018년 3월 4일 기사 출제
③ 2019년 3월 3일(문제 92번) 출제
④ 2023년 3월 1일(문제 87번) 출제
⑤ 2024년 7월 5일(문제 93번) 출제

합격정보
고용노동부고시 제2025-11호(2025. 2. 12, 개정)

82 유해위험방지계획서 제출대상 공사에 해당하는 것은?

① 지상높이가 21[m]인 건축물 해체공사
② 최대지간거리가 50[m] 이상인 다리의 건설공사
③ 연면적 5,000[m²]인 동물원 건설공사
④ 깊이가 9[m]인 굴착공사

해설

유해위험방지계획서 제출대상 건설공사
(1) 건축물 또는 시설 등의 건설·개조 또는 해체공사
  가. 지상높이가 31미터 이상인 건축물 또는 인공구조물
  나. 연면적 3만제곱미터 이상인 건축물
  다. 연면적 5천제곱미터 이상인 시설
    ① 문화 및 집회시설(전시장 및 동물원·식물원은 제외한다)
    ② 판매시설, 운수시설(고속철도의 역사 및 집배송시설은 제외한다)
    ③ 종교시설
    ④ 의료시설 중 종합병원
    ⑤ 숙박시설 중 관광숙박시설
    ⑥ 지하도상가
    ⑦ 냉동·냉장 창고시설
(2) 연면적 5천제곱미터 이상인 냉동·냉장 창고시설의 설비공사 및 단열공사
(3) 최대지간길이가 50[m] 이상인 다리의 건설 등 공사
(4) 터널건설 등의 공사
(5) 다목적댐, 발전용댐 및 저수용량 2천만톤 이상의 용수전용댐, 지방상수도 전용댐 건설 등의 공사
(6) 깊이 10[m] 이상인 굴착공사

참고 산업안전산업기사 필기 p.5-21(3. 유해·위험방지계획서 제출대상 건설공사)

KEY
① 2022년 4월 24일 기사 등 10회 이상 출제
② 2023년 3월 1일(문제 92번) 출제
③ 2024년 7월 5일(문제 95번) 출제

합격정보
① 산업안전보건법 시행령 제42조(유해위험방지계획서 제출대상)
② 2025. 1. 31 개정법 적용

83 다음은 산업안전보건법령에 따른 지붕 위에서의 위험 방지에 관한 사항이다. ( )안에 알맞은 것은?

슬레이트, 선라이트 등 강도가 약한 재료로 덮은 지붕 위에서 작업을 할 때에 발이 빠지는 등 근로자가 위험해질 우려가 있는 경우 폭( )센티미터 이상의 발판을 설치하거나 안전방망을 치는 등 근로자의 위험을 방지하기 위하여 필요한 조치를 하여야 한다.

① 20 ② 25
③ 30 ④ 40

해설

발판폭
슬레이트, 선라이트(sunlight) 등 강도가 약한 재료로 덮은 지붕 위에서 작업을 할 때에 발이 빠지는 등 근로자가 위험해질 우려가 있는 경우 폭 30[cm] 이상의 발판을 설치하거나 안전방망을 치는 등 위험을 방지하기 위하여 필요한 조치를 하여야 한다.

참고 산업안전산업기사 필기 p.5-149(합격날개 : 합격예측 및 관련법규)

KEY
① 2016년 10월 1일 출제
② 2017년 3월 5일(문제 91번) 출제
③ 2024년 7월 5일(문제 100번) 출제

합격정보
산업안전보건기준에 관한 규칙 제45조(지붕위에서의 위험방지)

84 지반의 종류가 암반 중 경암일 경우 굴착면 기울기 기준으로 옳은 것은?

① 1 : 0.3 ② 1 : 0.5
③ 1 : 1.0 ④ 1 : 1.5

해설

굴착면의 기울기 기준

지반의 종류	굴착면의 기울기
모래	1 : 1.8
연암 및 풍화암	1 : 1.0
경암	1 : 0.5
그 밖의 흙	1 : 1.2

[정답] 82 ② 83 ③ 84 ②

예 1 : 0.5

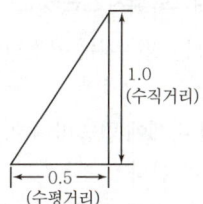

참고) 산업안전산업기사 필기 p.5-56(표. 굴착면의 기울기 기준)

KEY ① 2016년 5월 8일 기사·산업기사 동시 출제
② 2020년 6월 7일 기사 (문제 111번) 출제
③ 2020년 9월 27일 기사 (문제 115번) 출제
④ 2023년 7월 8일(문제 97번) 출제
⑤ 2024년 2월 15일(문제 83번) 출제
⑥ 2024년 5월 9일(문제 81번) 출제

합격정보
① 산업안전보건기준에 관한 규칙 [별표 11] 굴착면의 기울기 기준
② 2024년 12월 29일 시행법 개정

85 산업안전보건법령에 따른 크레인을 사용하여 작업을 하는 때 작업시작 전 점검사항에 해당되지 않는 것은?

① 권과방지장치·브레이크·클러치 및 운전장치의 기능
② 주행로의 상측 및 트롤리(trolley)가 횡행하는 레일의 상태
③ 원동기 및 풀리(pulley)기능의 이상 유무
④ 와이어로프가 통하고 있는 곳의 상태

해설
크레인을 사용하여 작업을 할 때 작업시작전 점검사항
① 권과방지장치·브레이크·클러치 및 운전장치의 기능
② 주행로의 상측 및 트롤리가 횡행(橫行)하는 레일의 상태
③ 와이어로프가 통하고 있는 곳의 상태

참고) 산업안전산업기사 필기 p.3-50(표. 기계·기구의 위험요소 작업시작 전 점검사항)

KEY ① 2016년 3월 6일 기사 출제
② 2017년 3월 5일 기사 출제
③ 2017년 9월 23일 산업기사 등 5회 이상 출제
④ 2023년 5월 13일(문제 82번) 출제
⑤ 2024년 5월 9일(문제 83번) 출제

합격정보
산업안전보건기준에 관한 규칙 [별표 3]작업시작전 점검사항

86 건설업 산업안전보건관리비 계상 및 사용기준은 산업재해보상 보험법의 적용을 받는 공사 중 총 공사금액이 얼마 이상인 공사에 적용하는가?

① 4천만원 ② 3천만원
③ 2천만원 ④ 1천만원

해설
건설업 산업안전보건관리비 계상 및 사용기준 제3조(적용범위)
이 고시는 법 제2조제11호의 건설공사 중 총공사금액 2천만 원 이상인 공사에 적용한다. 다만, 단가계약에 의하여 행하는 공사에 대하여는 총 계약금액을 기준으로 적용한다.

참고) 산업안전산업기사 필기 p.5-38(제3조. 적용범위)

KEY ① 2016년 3월 6일 기사 출제
② 2017년 5월 7일 출제
③ 2017년 8월 26일 기사·산업기사 동시 출제
④ 2019년 8월 4일 기사(문제 110번) 출제
⑤ 2022년 4월 17일(문제 97번) 출제
⑥ 2024년 5월 9일(문제 98번) 출제

합격정보
건설업 산업안전보건관리비 계상 및 사용기준(제2025-11호, 2025. 2. 12. 개정)

87 철골작업을 중지하여야 하는 풍속과 강우량 기준으로 옳은 것은?

① 풍속 : 10[m/sec] 이상, 강우량 : 1[mm/h] 이상
② 풍속 : 5[m/sec] 이상, 강우량 : 1[mm/h] 이상
③ 풍속 : 10[m/sec] 이상, 강우량 : 2[mm/h] 이상
④ 풍속 : 5[m/sec] 이상, 강우량 : 2[mm/h] 이상

해설
작업중지기준

구분	일반 작업	철골 공사
강풍	10분간 평균풍속이 10[m/sec] 이상	평균풍속이 10[m/sec] 이상
강우	1회 강우량이 50[mm] 이상	1시간당 강우량이 1[mm] 이상
강설	1회 강설량이 25[cm] 이상	1시간당 강설량이 1[cm] 이상

참고) 산업안전산업기사 필기 p.5-155(② 기후에 의한 영향)

KEY ① 2016년 5월 8일 기사·산업기사 동시 출제
② 2016년 10월 1일 산업기사 출제
③ 2017년 5월 7일 기사, 9월 23일 산업기사출제
④ 2023년 2월 28일 기사 출제
⑤ 2023년 3월 1일(문제 89번), 2월 15일(문제 82번) 출제
⑥ 2024년 5월 14일 기사 출제

[정답] 85 ③ 86 ③ 87 ①

과년도 출제문제

⑦ 2024년 2월 15일(문제 82번) 등 10회 이상 출제

합격정보
산업안전보건기준에 관한 규칙 제383조(작업의 제한)

88. 연약지반을 굴착할 때, 흙막이벽 뒤쪽 흙의 중량이 바닥의 지지력보다 커지면, 굴착저면에서 흙이 부풀어 오르는 현상은?

① 슬라이딩(Sliding)   ② 보일링(Boiling)
③ 파이핑(Piping)   ④ 히빙(Heaving)

해설
히빙(Heaving) 현상
연약성 점토지반 굴착시 굴착외측 흙의 중량에 의해 굴착저면의 흙이 활동 전단 파괴되어 굴착내측으로 부풀어 오르는 현상

참고 산업안전산업기사 필기 p.5-6(합격날개 : 합격예측)

KEY
① 2016년 10월 1일 기사 출제
② 2023년 5월 13일(문제 81번) 출제
③ 2024년 2월 15일(문제 88번) 등 5회 이상 출제

89. 산업안전보건법령에 따른 중량물을 취급하는 작업을 하는 경우의 작업계획서 내용에 포함되지 않는 사항은?

① 추락위험을 예방할 수 있는 안전대책
② 낙하위험을 예방할 수 있는 안전대책
③ 전도위험을 예방할 수 있는 안전대책
④ 위험물 누출위험을 예방할 수 있는 안전대책

해설
중량물의 취급 작업
① 추락위험을 예방할 수 있는 안전대책
② 낙하위험을 예방할 수 있는 안전대책
③ 전도위험을 예방할 수 있는 안전대책
④ 협착위험을 예방할 수 있는 안전대책
⑤ 붕괴위험을 예방할 수 있는 안전대책

참고 산업안전산업기사 필기 p.5-192(11. 중량물의 취급작업)

KEY
① 2018년 6월 30일 실기필답형 출제
② 2018년 4월 28일(문제 89번) 출제
③ 2023년 5월 13일(문제 85번) 출제
④ 2024년 2월 19일(문제 90번) 등 5회 이상 출제

합격정보
산업안전보건기준에 관한 규칙 [별표 4] 사전조사 및 작업계획서 내용

90. 이동식 비계 작업 시 주의사항으로 옳지 않은 것은?

① 비계의 최상부에서 작업을 하는 경우에는 안전난간을 설치한다.
② 이동 시 작업지휘자가 이동식 비계에 탑승하여 이동하며 안전여부를 확인하여야 한다.
③ 비계를 이동시키고자 할 때는 바닥의 구멍이나 머리 위의 장애물을 사전에 점검한다.
④ 작업발판은 항상 수평을 유지하고 작업발판 위에서 안전난간을 딛고 작업을 하거나 받침대 또는 사다리를 사용하여 작업하지 않도록 한다.

해설
비계 이동시 작업지휘자나 작업원이 탄채로 이동하면 안된다.

참고 산업안전산업기사 필기 p.5-103(합격날개 : 합격예측 및 관련법규)

KEY
① 2011년 8월 21일(문제 81번) 출제
② 2020년 6월 14일(문제 85번) 출제
③ 2023년 3월 1일(문제 84번) 출제
④ 2024년 2월 15일(문제 92번) 출제

합격정보
산업안전보건기준에 관한 규칙 제68조(이동식비계)

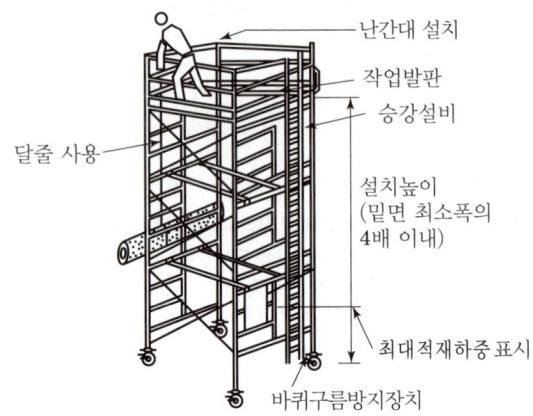

[그림] 이동식 비계

[정답] 88 ④ 89 ④ 90 ②

91 크레인의 와이어로프가 일정 한계 이상 감기지 않도록 작동을 자동으로 정지시키는 장치는?

① 훅해지장치　　② 권과방지장치
③ 비상정지장치　④ 과부하방지장치

해설

크레인 권과방지장치(prevention of over-winding device of crane, 卷過防止裝置)

① 크레인은 하중을 매달아 올릴 때 와이어로프를 드럼에 감아서 기능을 수행하지만, 잘못해서 와이어로프를 드럼에 지나치게 감으면 하중이 크레인에 충돌해서 낙하하여 중대한 재해를 발생하므로, 일정 이상의 짐을 권상하면 그 이상 권상되지 않도록 자동적으로 정지하는 장치
② 권과방지장치에는 리밋 스위치가 사용되며 드럼의 회전에 연동해서 권과를 방지하는 방식의 나사형 리밋 스위치, 캠형 리밋 스위치와 후크의 상승에 의해 직접 작동시키는 리밋 스위치가 있다.

참고 산업안전산업기사 필기 p.5-141(합격날개 : 합격예측 및 관련 법규)

KEY ① 2017년 9월 23일(문제 88번) 출제
② 2023년 9월 2일(문제 81번) 출제

92 유한사면에서 사면기울기가 비교적 완만한 점성토에서 주로 발생되는 사면파괴의 형태는?

① 저부파괴　　② 사면선단파괴
③ 사면내파괴　④ 국부전단파괴

해설

사면의 붕괴 형태
① 사면 선단 파괴(Toe Failure)
② 사면 내 파괴(Slope Failure)
③ 사면 저부 파괴(Base Failure)

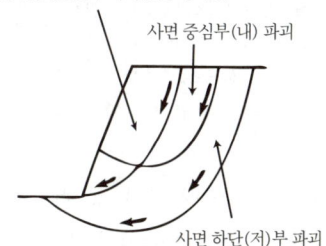

[그림] 사면 붕괴 형태

참고 산업안전산업기사 필기 p.5-55(합격날개 : 합격예측)

KEY ① 2016년 10월 1일(문제 99번) 출제
② 2023년 9월 2일(문제 95번) 출제

93 산업안전보건법령에 따른 이동식 크레인을 사용하여 작업을 하는 때 작업시작 전 점검사항에 해당되지 않는 것은?

① 권과방지장치 및 그 밖의 경보장치의 기능
② 브레이크·클러치 및 조정장치의 기능
③ 원동기 및 풀리(pulley)기능의 이상 유무
④ 와이어로프가 통하고 있는 곳의 상태

해설

이동식 크레인을 사용하여 작업을 할 때 작업시작전 점검사항
① 권과방지장치나 그 밖의 경보장치의 기능
② 브레이크·클러치 및 조정장치의 기능
③ 와이어로프가 통하고 있는 곳 및 작업장소의 지반 상태

참고 산업안전산업기사 필기 p.3-55(표. 작업시작 전 점검사항)

KEY ① 2016년 3월 6일 기사 출제
② 2017년 3월 5일 기사 출제
③ 2017년 9월 23일 산업기사 출제
④ 2023년 5월 13일(문제 82번) 출제

정보제공

산업안전보건기준에 관한 규칙 [별표 3]작업시작전 점검사항

94 다음 중 건설공사관리의 주요 기능이라 볼 수 없는 것은?

① 원가관리　② 공정관리
③ 품질관리　④ 재고관리

해설

건설공사관리
① 3대관리 :
　품질 + 공정 + 원가관리(좋게 + 빨리 + 싸게)
② 4대관리 :
　3대관리 + 안전관리(좋게 + 빨리 + 싸게 + 안전하게)
③ 5대관리 :
　4대관리 + 환경관리(좋게 + 빨리 + 싸게 + 안전하게 + 친환경)

참고 산업안전산업기사 필기 p.5-8(합격날개 : 합격예측)

KEY ① 2016년 3월 6일(문제 97번) 출제

[**정답**]　91 ②　92 ①　93 ③　94 ④

95 추락에 의한 위험방지를 위해 해당 장소에서 조치해야 할 사항과 거리가 먼 것은?

① 추락방호망 설치　② 안전난간 설치
③ 덮개 설치　　　　④ 투하설비 설치

해설

추락의 방지설비
① 비계　② 추락방망　③ 달비계　④ 수평통로
⑤ 난간　⑥ 울타리　⑦ 구명줄　⑧ 안전대

참고　산업안전산업기사 필기 p.5-49(3. 추락재해 방지설비)

KEY　① 2018년 4월 28일 출제
　　　② 2022년 9월 14일(문제 88번) 출제

보충학습
투하설비 : 높이 3[m] 이상 설치

정보제공
산업안전보건기준에 관한 규칙 제42조(추락의 방지)
사업주는 작업장이나 기계·설비의 바닥·작업 발판 및 통로 등의 끝이나 개구부로부터 근로자가 추락하거나 넘어질 위험이 있는 장소에는 안전난간, 울, 손잡이 또는 충분한 강도를 가진 덮개등을 설치하는 등 필요한 조치를 하여야 한다.

보충학습
산업안전보건기준에 관한규칙 제15조(투하설비 등)

96 건설용 타워크레인의 안전장치로 옳지 않은 것은?

① 비상정지장치　　② 권과방지장치
③ 해지장치　　　　④ 자동보수장치

해설

크레인의 방호장치

종류	용도
권과방지 장치	양중기의 권상용 와이어로프 또는 지브등의 붐 권상용 와이어로프의 권과 방지 ㉠ 나사형 제동개폐기 ㉡ 롤러형 제동개폐기 ㉢ 캠형 제동개폐기
과부하 방지 장치	정격하중 이상의 하중 부하시 자동으로 상승정지되면서 경보음이나 경보등 발생
비상 정지장치	돌발사태 발생시 안전유지 위한 전원차단 및 크레인 급정지시키는 장치
제동 장치	운동체와 정지체의 기계적접촉에 의해 운동체를 감속하거나 정지 상태로 유지하는 기능을 하는 장치
기타 방호 장치	① 해지장치 ② 스토퍼(Stopper) ③ 이탈방지장치 ④ 안전밸브 등

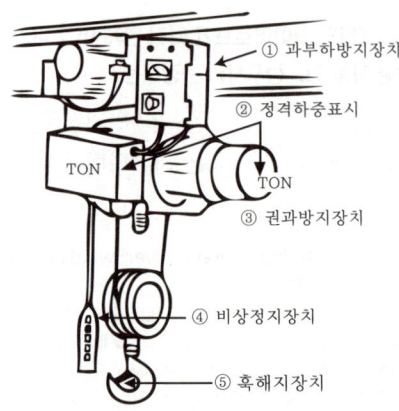

[그림] 크레인의 방호장치

참고　산업안전산업기사 필기 p.5-131(합격날개 : 합격예측)

KEY　① 2018년 8월 19일 기사 출제
　　　② 2019년 3월 3일 기사(문제 118번) 출제
　　　③ 2020년 4월 24일(문제 54번) 출제
　　　④ 2022년 4월 17일(문제 88번) 출제

97 건설재해대책의 사면보호공법 중 식물을 생육시켜 그 뿌리로 사면의 표층토를 고정하여 빗물에 의한 침식, 동상, 이완 등을 방지하고, 녹화에 의한 경관조성을 목적으로 시공하는 것은?

① 식생공　　　　　② 쉴드공
③ 뿜어 붙이기공　　④ 블럭공

해설

식생공법의 종류

구분	방법
떼붙임공	떼를 일정한 간격으로 심어서 비탈면을 보호하는 공법(평떼, 줄떼)
식생공	법면에 식물을 번식시켜 법면의 침식과 표면활동 방지
식수공	떼붙임공, 식생공으로 부족할 경우 나무를 심어서 사면보호
파종공	종자, 비료, 안정제, 흙 등을 혼합하여 압력으로 비탈면에 뿜어 붙이는 공법

참고　산업안전산업기사 필기 p.5-168(합격날개 : 합격예측)

KEY　① 2016년 3월 6일 기사(문제 114번) 출제
　　　② 2018년 8월 19일(문제 105번) 출제
　　　③ 2021년 9월 5일(문제 81번) 출제

[정답] 95 ④　96 ④　97 ①

98 산업안전보건법령에 따른 양중기의 종류에 해당하지 않는 것은?

① 곤돌라 ② 리프트
③ 클램쉘 ④ 크레인

해설

클램쉘(clam shell)
① 연약지반이나 수중굴착 및 자갈 등을 싣는 데 적합하다.
② 깊은 땅파기 공사와 흙막이 버팀대를 설치하는 데 사용한다.
③ 수중굴착 및 수조물의 기초바닥 등과 같은 협소하고 상당히 깊은 범위의 굴착과 호퍼(hopper)에 적당하다.

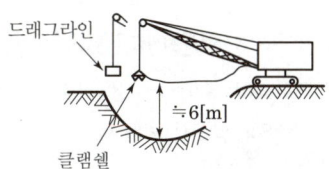

[그림] 드래그라인과 클렘쉘의 작업

참고: 산업안전산업기사 필기 p.5-63(4. 클렘쉘)

KEY
① 2016년 5월 8일 산업기사 출제
② 2017년 5월 7일 산업기사 출제
③ 2019년 8월 4일 기사(문제 120번) 출제
④ 2021년 9월 15일(문제 82번) 출제

보충학습

제132조(양중기)
"양중기"라 함은 다음 각 호의 기계를 말한다.
① 크레인(호이스트를 포함한다.) ② 이동식크레인
③ 리프트(이삿짐운반용 리프트의 경우에는 적재하중이 0.1[t] 이상의 것으로 한정한다.)
④ 곤돌라
⑤ 승강기

99 건설공사의 산업안전보건관리비 계상 시 대상액이 구분되어 있지 않은 공사는 도급계약 또는 자체사업 계획 상의 총 공사금액 중 얼마를 대상액으로 하는가?

① 50[%] ② 60[%]
③ 70[%] ④ 80[%]

해설

대상액이 구분이 없을 때 : 70[%]

참고: 산업안전산업기사 필기 p.5-38(제4조. 계상의무 및 기준)

KEY
① 2017년 5월 7일 기사 출제
② 2017년 9월 23일 기사 출제
③ 2019년 8월 4일 산업기사 출제
④ 2020년 6월 7일(문제 103번) 출제
⑤ 2021년 9월 15일(문제 88번) 출제

합격정보

건설업 산업안전보건관리비계상기준 고시 2025-11호(2025. 2. 12)

보충학습

공사진척에 따른 안전관리비 사용기준

공정률	50[%] 이상 70[%] 미만	70[%] 이상 90[%] 미만	90[%] 이상
사용 기준	50[%] 이상	70[%] 이상	90[%] 이상

100 무한궤도식 장비와 타이어식(차륜식) 장비의 차이점에 관한 설명으로 옳은 것은?

① 무한궤도식은 기동성이 좋다.
② 타이어식은 승차감과 주행성이 좋다.
③ 무한궤도식은 경사지반에서의 작업에 부적당하다.
④ 타이어식은 땅을 다지는 데 효과적이다.

해설

자동차와 불도저를 생각하면 답이 보인다.

참고: ① 산업안전산업기사 필기 p.5-61(합격날개 : 은행문제)
② 산업안전산업기사 필기 p.5-131(2. 휠 크레인)

[그림] 무한궤도식   [그림] 타이어식

[정답] 98 ③ 99 ③ 100 ②

2025년도 산업기사 정기검정 제2회 CBT(2025년 5월 10일 시행)

자격종목 및 등급(선택분야)
산업안전산업기사

종목코드	시험시간	수험번호	성명
2381	2시간30분	20250510	도서출판세화

※ 본 문제는 복원문제 및 2026년 예적(예상적중) 문제로 실제문제와 동일하지 않을 수 있습니다.

1 산업재해 예방 및 안전보건교육

01 성공적인 리더가 갖추어야 할 특성으로 가장 거리가 먼 것은?

① 강한 출세욕구
② 강력한 조직 능력
③ 미래지향적 사고 능력
④ 상사에 대한 부정적인 태도

[해설]
성공적 리더의 특성
① 업무수행능력
② 강한 출세욕구
③ 상사에 대한 긍정적 태도
④ 강력한 조직 능력
⑤ 원만한 사교성
⑥ 판단능력
⑦ 자신에 대한 긍정적인 태도
⑧ 매우 활동적이며 공격적인 도전
⑨ 실패에 대한 두려움
⑩ 부모로부터의 정서적 독립
⑪ 조직의 목표에 대한 충성심
⑫ 자신의 건강과 체력 단련

[참고] 산업안전산업기사 필기 p.1-113(합격날개:합격예측)

[KEY] ① 2016년 3월 6일 기사 출제
② 2025년 2월 7일 출제

02 기업조직의 원리 중 지시 일원화의 원리에 대한 설명으로 가장 적절한 것은?

① 지시에 따라 최선을 다해서 주어진 임무나 기능을 수행하는 것
② 책임을 완수하는 데 필요한 수단을 상사로부터 위임받은 것
③ 언제나 직속 상사에게서만 지시를 받고 특정 부하 직원들에게만 지시하는 것
④ 가능한 조직의 각 구성원이 한 가지 특수 직무만을 담당하도록 하는 것

[해설]
지시 일원화 원리 : 직속상사에게 지시받고 특정부하에게만 지시

[참고] 산업안전산업기사 필기 p.1-111(합격날개:은행문제2)

[KEY] ① 2019년 8월 4일(문제 5번) 출제
② 2023년 7월 8일(문제 9번) 출제
③ 2024년 7월 5일(문제 1번) 출제

03 인간의 욕구에 대한 적응기제(Adjustment Mechanism)를 공격적 기제, 방어적 기제, 도피적 기제로 구분할 때 다음 중 도피적 기제에 해당하는 것은?

① 보상
② 고립
③ 승화
④ 합리화

[해설]
적응기제의 분류
(1) 방어적 기제
 ① 보상 ② 합리화 ③ 동일시 ④ 승화
(2) 도피적 기제
 ① 고립 ② 퇴행 ③ 억압 ④ 백일몽
(3) 공격적 기제
 ① 직접적 ② 간접적

[참고] 산업안전산업기사 필기 p.1-149(표. 적응기제의 기본형태)

[KEY] ① 2023년 7월 8일(문제 10번) 등 10회 이상 출제
② 2024년 7월 5일(문제 2번) 출제

[정답] 01 ④ 02 ③ 03 ②

04 산업재해의 발생형태 종류 중 상호자극에 의하여 순간적으로 재해가 발생하는 유형으로 재해가 일어난 장소나 그 시점에 일시적으로 요인이 집중하는 것은?

① 단순 자극형 ② 단순 연쇄형
③ 복합 연쇄형 ④ 복합형

해설

재해(⊗)의 발생 형태 3가지

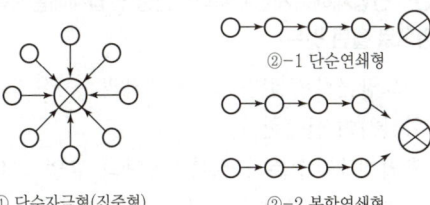

① 단순자극형(집중형) ②-1 단순연쇄형 ②-2 복합연쇄형 ③ 복합형

참고 산업안전산업기사 필기 p.3-35(2. 산업재해발생의 mechanism(형태) 3가지)

KEY ① 2022년 7월 2일(문제 8번) 출제
② 2024년 7월 5일(문제 14번) 출제

05 산업재해통계에서 강도율의 산출방법으로 맞는 것은?

① $\dfrac{재해건수}{연근로시간수} \times 1,000,000$

② $\dfrac{재해건수}{산재보험적용근로자수} \times 100$

③ $\dfrac{총요양근로손실일수}{연근로시간수} \times 100$

④ $\dfrac{총요양근로손실일수}{연근로시간수} \times 1,000$

해설

강도율 = $\dfrac{총요양근로손실일수}{연근로시간수} \times 1,000$

참고 산업안전산업기사 필기 p.3-47(4. 강도율)

KEY ① 2024년 7월 5일(문제 17번) 출제
② 2025년 2월 7일 등 20번 이상 출제

06 레빈(Lewin)의 법칙에서 환경조건(E)에 포함되는 것은?

$$B = f(P \cdot E)$$

① 지능 ② 소질
③ 적성 ④ 인간관계

해설

K. Lewin의 법칙

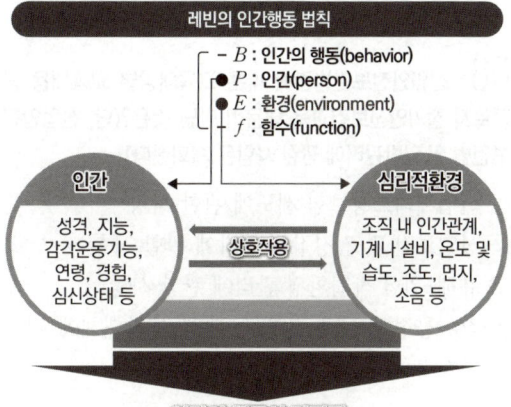

- B : 인간의 행동(behavior)
- P : 인간(person)
- E : 환경(environment)
- f : 함수(function)

인간: 성격, 지능, 감각운동기능, 연령, 경험, 심신상태 등
상호작용
심리적환경: 조직 내 인간관계, 기계나 설비, 온도 및 습도, 조도, 먼지, 소음 등

인간의 행동이 결정됨

참고 산업안전산업기사 필기 p.1-77(7. K. Lewin의 법칙)

KEY ① 2016년 10월 1일 기사 출제
② 2017년 5월 7일, 8월 26일, 9월 23일 기사 출제
③ 2019년 4월 27일 산업기사 출제
④ 2023년 7월 8일(문제 3번) 출제
⑤ 2024년 5월 9일(문제 1번) 출제

[정답] 04 ① 05 ④ 06 ④

07 재해원인을 직접원인과 간접원인으로 나눌 때, 직접원인에 해당하는 것은?

① 기술적 원인 ② 관리적 원인
③ 교육적 원인 ④ 물적 원인

해설

직접 원인(1차 원인)
시간적으로 사고발생에 가까운 원인
① 물적 원인 : 불안전한 상태(설비 및 환경)
② 인적 원인 : 불안전한 행동

참고) 산업안전산업기사 필기 p.3-33(② 물적원인)

KEY
① 2015년 3월 8일(문제 16번) 출제
② 2018년 9월 15일 기사 출제
③ 2023년 3월 1일(문제 12번) 출제
④ 2024년 5월 9일(문제 9번) 출제

보충학습

간접 원인
재해의 가장 깊은 곳에 존재하는 재해원인
① 기초 원인 : 학교 교육적 원인, 관리적인 원인
② 2차 원인 : 신체적 원인, 정신적 원인, 안전교육적 원인, 기술적인 원인

08 산업안전보건법령에 따른 교육대상별 교육내용 중 근로자 정기안전보건교육 내용이 아닌 것은?(단, 산업안전보건법 및 일반관리에 관한 사항은 제외한다)

① 산업재해보상보험 제도에 관한 사항
② 산업보건 및 건강장해 예방에 관한 사항
③ 유해·위험 작업환경 관리에 관한 사항
④ 작업공정의 유해·위험과 재해 예방대책에 관한 사항

해설

근로자의 정기안전보건교육
① 산업안전 및 산업재해 예방에 관한 사항(화재·폭발 사고 발생 시 대피에 관한 사항을 포함한다)
② 산업보건 및 건강장해 예방에 관한 사항(폭염·한파작업으로 인한 건강장해 발생 시 응급조치에 관한 사항을 포함한다)
③ 위험성 평가에 관한 사항
④ 건강증진 및 질병예방에 관한 사항
⑤ 유해·위험 작업환경 관리에 관한 사항
⑥ 산업안전보건법령 및 산업재해보상보험 제도에 관한 사항
⑦ 직무스트레스 예방 및 관리에 관한 사항
⑧ 직장 내 괴롭힘, 고객의 폭언 등으로 인한 건강장해 예방 및 관리에 관한 사항

참고) 산업안전산업기사 필기 p.1-154 ((2) 근로자의 정기안전보건교육내용)

KEY
① 2022년 7월 2일(문제 11번) 출제
② 2024년 5월 9일(문제 12번) 출제

합격정보
산업안전보건법 시행규칙 [별표 5] 안전보건교육 교육대상별 교육내용
(2026. 1. 1 개정법 적용)

09 산업재해통계업무처리규정상 산업재해통계에 관한 설명으로 틀린 것은?

① 총요양근로손실일수는 재해자의 총 요양기간을 합산하여 산출한다.
② 휴업재해자수는 근로복지공단의 휴업급여를 지급받은 재해자수를 의미하여, 체육행사로 인하여 발생한 재해는 제외된다.
③ 사망자수는 통상의 출퇴근에 의한 사망을 포함하여 근로복지공단의 유족급여가 지급된 사망자수는 제외한다.
④ 재해자수는 근로복지공단의 유족급여가 지급된 사망자 및 근로복지공단에 최초요양신청서를 제출한 재해자 중 요양승인을 받은 자를 말한다.

해설

용어정의
"사망자수"는 근로복지공단의 유족급여가 지급된 사망자(지방고용노동관서의 산재미보고 적발 사망자를 포함한다)수를 말함. 다만, 사업장 밖의 교통사고(운수업, 음식숙박업은 사업장 밖의 교통사고도 포함)·체육행사·폭력행위·통상의 출퇴근에 의한 사망, 사고발생일로부터 1년을 경과하여 사망한 경우는 제외함.

참고) 산업안전산업기사 필기 p.3-44(2. 사망만인율)

KEY
① 2022년 4월 17일(문제 10번) 출제
② 2024년 5월 9일(문제 15번) 출제

합격정보
산업재해통계업무처리규정 제3조(산업재해통계의 산출방법 및 정의)

[정답] 07 ④ 08 ④ 09 ③

10 안전모에 있어 착장체의 구성요소가 아닌 것은?

① 턱끈 ② 머리고정대
③ 머리받침고리 ④ 머리받침끈

해설

안전모의 구조

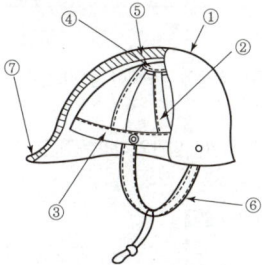

번호	명칭	
①		모체
②	착장체	머리받침끈
③		머리받침(고정)대
④		머리받침고리
⑤		충격흡수재(자율안전확인에서 제외)
⑥		턱끈
⑦		모자챙(차양)

참고 산업안전산업기사 필기 p.1-53(그림. 안전모의 구조)

KEY
① 2016년 10월 1일 기사 출제
② 2017년 9월 23일(문제 6번) 출제
③ 2022년 3월 2일(문제 4번) 출제
④ 2024년 5월 9일(문제 19번) 출제

11 안전교육의 순서로 옳게 나열된 것은?

① 준비 – 제시 – 적용 – 확인
② 준비 – 확인 – 제시 – 적용
③ 제시 – 준비 – 확인 – 적용
④ 제시 – 준비 – 적용 – 확인

해설

교육의 4단계(안전교육의 순서)
도입(준비) → 제시 → 적용 → 확인(평가)

참고 산업안전산업기사 필기 p.1-153(4. 교육진행 4단계 순서)

KEY
① 2016년 3월 6일, 10월 1일기사 출제
② 2017년 3월 5일, 5월 7일, 9월 23일 기사 출제
③ 2018년 8월 19일 기사 출제
④ 2019년 9월 21일 산업기사 출제
⑤ 2023년 9월 2일(문제 1번) 출제

12 스트레스(Stress)에 관한 설명으로 가장 적절한 것은?

① 스트레스 상황에 직면하는 기회가 많을수록 스트레스 발생 가능성은 낮아진다.
② 스트레스는 직무몰입과 생산성 감소의 직접적인 원인이 된다.
③ 스트레스는 부정적인 측면만 가지고 있다.
④ 스트레스는 나쁜 일에서만 발생한다.

해설

스트레스의 영향 : 직무 몰입 및 생산성 감소의 직접적 원인

참고 산업안전산업기사 필기 p.1-121(합격날개:합격예측)

KEY
① 2016년 10월 1일(문제 13번) 출제
② 2023년 9월 2일(문제 4번) 출제

13 근로자가 중요하거나 위험한 작업을 안전하게 수행하기 위해 인간의 의식수준(Phase) 중 몇 단계 수준에서 작업하는 것이 바람직한가?

① 0 단계 ② Ⅰ 단계
③ Ⅲ 단계 ④ Ⅳ 단계

해설

의식 수준의 단계적 분류

Phase	생리상태	신뢰성
0	수면, 뇌발작	0
Ⅰ	피로, 단조로움, 졸음, 주취	0.9 이하
Ⅱ	안정기거, 휴식, 정상 작업 시	0.99~0.99999
Ⅲ	적극적 활동 시	0.999999 이상
Ⅳ	감정 흥분(공포상태)	0.9 이하

참고 산업안전산업기사 필기 p.1-119(표. 의식 레벨의 5단계)

KEY
① 2016년 10월 1일(문제 1번) 출제
② 2023년 9월 2일(문제 8번) 출제

[정답] 10 ① 11 ① 12 ② 13 ③

과년도 출제문제

14 보호구 안전인증 고시에 따른 다음 방진 마스크의 형태로 옳은 것은?

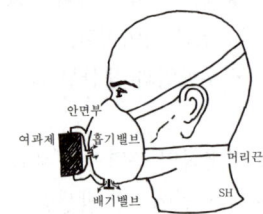

① 격리식 반면형 ② 직결식 반면형
③ 격리식 전면형 ④ 직결식 전면형

해설
방진마스크의 종류

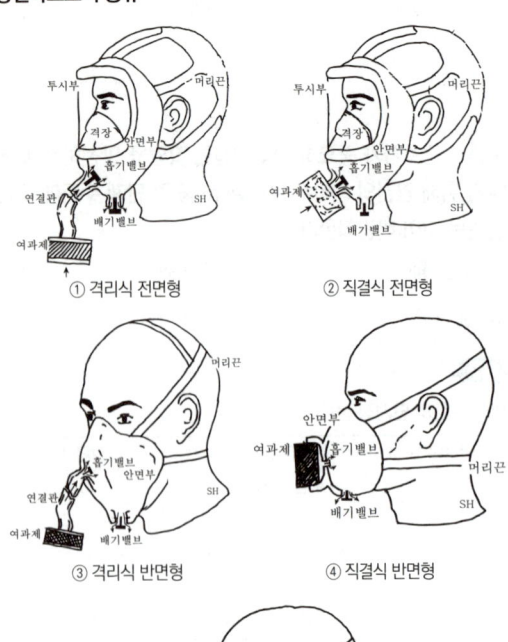

① 격리식 전면형   ② 직결식 전면형
③ 격리식 반면형   ④ 직결식 반면형

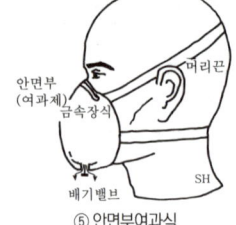

⑤ 안면부여과식

> 참고 산업안전산업기사 필기 p.1-55(2. 방진·방독마스크)

> KEY ① 2016년 8월 21일 기사 출제
> ② 2018년 9월 15일 산업기사 출제
> ③ 2023년 9월 2일(문제 16번) 출제
> ④ 2025년 7월 19일 실기필답형 출제

15 정지된 열차 내에서 창밖으로 이동하는 다른 기차를 보았을 때, 실제로 움직이지 않아도 움직이는 것처럼 느껴지는 심리적 현상을 무엇이라 하는가?

① 가상운동   ② 유도운동
③ 자동운동   ④ 지각운동

해설
유도운동
실제로 움직이지 않는 것이 어느 기준의 이동에 유도되어 움직이는 것처럼 느껴지는 현상

> 참고 산업안전산업기사 필기 p.1-117(4. 인간의 착각현상)

> KEY ① 2023년 9월 2일 기사 출제
> ② 2023년 9월 2일(문제 17번) 출제

> 보충학습
> ① 자동운동 : 암실 내에서 정리된 소광점을 응시하고 있으면 그 광점이 움직이는 것을 볼 수 있는데 이것을 자동운동이라 함
> ② 가현운동 : 객관적으로 정지하고 있는 대상물이 급속히 나타나거나 소멸하는 것으로 인하여 일어나는 운동으로 마치 대상물이 운동하는 것처럼 인식되는 현상(β-운동 : 영화 영상의 방법)

16 다음 중 무재해운동의 기본이념 3원칙에 포함되지 않는 것은?

① 무의 원칙   ② 선취의 원칙
③ 참가의 원칙   ④ 라인화의 원칙

해설
무재해운동 기본이념 3대원칙
① 무의 원칙('0'의 원칙)
② 선취의 원칙(안전제일의 원칙)
③ 참가의 원칙

> 참고 산업안전산업기사 필기 p.1-10(2. 무재해운동 기본이념 3대원칙)

> KEY ① 2016년 5월 8일 기사 출제
> ② 2016년 10월 1일 출제
> ③ 2017년 3월 5일, 9월 23일 기사 출제
> ④ 2017년 8월 26일 출제
> ⑤ 2019년 4월 27일 기사·산업기사 동시 출제
> ⑥ 2022년 3월 2일(문제 1번) 출제

[정답] 14 ② 15 ② 16 ④

17 재해의 원인 분석법 중 사고의 유형, 기인물 등 분류항목을 큰 순서대로 도표화하여 문제나 목표의 이해가 편리한 것은?

① 관리도(Control chart)
② 파레토도(Pareto diagram)
③ 클로즈 분석도(Close analysis)
④ 특정요인도(cause-reason diagram)

해설

파레토도(Pareto diagram)
① 관리 대상이 많은 경우 최소의 노력으로 최대의 효과를 얻을 수 있는 방법
② 분류항목을 큰 값에서 작은 값의 순서로 도표화하는 데 편리

참고 산업안전산업기사 필기 p.3-193(1. 파레토도)

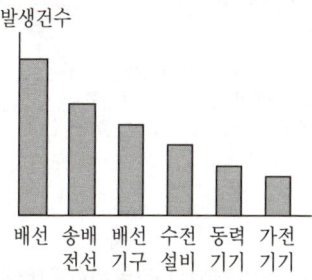

[그림] 예 전기설비별 감전사고 분포(파레토도)

KEY
① 2017년 8월 26일 기사 출제
② 2018년 3월 4일 기사 출제
③ 2018년 9월 15일 산업기사 출제
④ 2019년 9월 21일 기사 출제
⑤ 2020년 6월 14일(문제 15번) 출제
⑥ 2022년 3월 2일(문제 5번) 출제

18 다음의 설명과 그림은 어떤 착시 현상과 관계가 깊은가?

그림에서 선 ab와 선 cd는 그 길이가 동일한 것이지만, 시각적으로는 선 ab가 선 cd보다 길어 보인다.

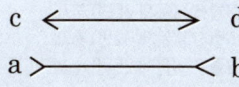

① 헬름홀츠(Helmholtz)의 착시
② 쾰러(Köhler)의 착시
③ 뮐러-라이어(Müller-Lyer)의 착시
④ 포겐도르프(Poggendorf)의 착시

해설

착시(착오)현상

① 헬름홀츠(Helmholtz) ② 쾰러(Köhler)

 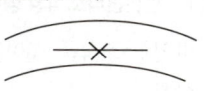

③ 포겐도르프(Poggendorf) ④ 헤링(Hering)

참고 산업안전산업기사 필기 p.1-116(2. 착시의 종류)

KEY
① 2004년 3월 7일(문제 5번) 출제
② 2005년 5월 29일(문제 2번) 출제
③ 2007년 5월 13일(문제 11번) 출제
④ 2022년 3월 2일(문제 14번) 출제

19 산업안전보건법령상 안전보건관리규정 작성에 관한 사항으로 ( )에 알맞은 기준은?

안전보건관리규정을 작성하여야 할 사업의 사업주는 안전보건관리규정을 작성해야 할 사유가 발생한 날부터 ( )일 이내에 안전보건관리규정을 작성해야 한다.

① 7 ② 14
③ 30 ④ 60

해설

제25조(안전보건관리규정의 작성)
① 법 제25조제3항에 따라 안전보건관리규정을 작성해야 할 사업의 종류 및 상시근로자 수는 별표 2와 같다.
② 제1항에 따른 사업의 사업주는 안전보건관리규정을 작성해야 할 사유가 발생한 날부터 30일 이내에 별표 3의 내용을 포함한 안전보건관리규정을 작성해야 한다. 이를 변경할 사유가 발생한 경우에도 또한 같다.
③ 사업주가 제2항에 따라 안전보건관리규정을 작성할 때에는 소방·가스·전기·교통 분야 등의 다른 법령에서 정하는 안전관리에 관한 규정과 통합하여 작성할 수 있다.

[정답] 17 ② 18 ③ 19 ③

참고 ▶ 산업안전산업기사 필기 p.1-222(제25조)
KEY ▶ 2022년 4월 17일(문제 1번) 출제
합격정보
산업안전보건법 시행규칙 제25조(안전보건관리규정의 작성)

20 안전관리조직의 형태에 관한 설명으로 옳은 것은?

① 라인형 조직은 100명 이상의 중규모 사업장에 적합하다.
② 스태프형 조직은 100명 미만의 소규모 사업장에 적합하다.
③ 라인형 조직은 안전에 대한 정보가 불충분하지만 안전지시나 조치에 대한 실시가 신속하다.
④ 라인·스태프형 조직은 1000명 이상의 대규모 사업장에 적합하나 조직원 전원의 자율적 참여가 불가능하다.

해설

안전관리 조직 형태 3가지
① Line형(직계식) : 100명 미만의 소규모 사업장
② Staff형(참모식) : 100~1,000명의 중규모 사업장
③ Line-staff형(복합식) : 1,000명 이상의 대규모 사업장

참고 ▶ 산업안전산업기사 필기 p.1-23(2. 안전보건 관리조직 형태)
KEY ▶ ① 2016년 3월 6일 기사·산업기사 출제
② 2016년 10월 2일 산업기사 출제
③ 2017년 3월 5일, 5월 7일 출제
④ 2017년 8월 26일 기사·산업기사 출제
⑤ 2019년 3월 3일, 8월 4일 기사 출제
⑥ 2019년 8월 4일, 9월 21일 산업기사 출제
⑦ 2020년 8월 22일 기사 출제, 8월 23일 산업기사 출제
⑧ 2021년 3월 7일(문제 20번), 5월 15일(문제 3번) 기사출제

2 인간공학 및 위험성 평가·관리

21 인간오류의 분류 중 원인에 의한 분류의 하나로 작업자 자신으로부터 발생하는 에러로 옳은 것은?

① command error   ② Secondary error
③ Primary error   ④ Third error

해설

실수원인의 level(수준적) 분류
① 1차실수(Primary error : 주과오) : 작업자 자신으로부터 발생한 실수
② 2차실수(Secondary error : 2차과오) : 작업형태나 조건 중에서 문제가 생겨 발생한 실수, 어떤 결함에서 파생
③ 커맨드 실수(Command error : 지시과오) : 직무를 하려고 해도 필요한 정보, 물건, 에너지 등이 없어 발생하는 실수

참고 ▶ 산업안전산업기사 필기 p.2-20[4. 실수원인의 level(수준적) 분류]
KEY ▶ ① 2019년 4월 27일(문제 30번) 출제
② 2023년 5월 13일(문제 38번) 출제
③ 2025년 2월 7일(문제 22번) 출제

22 설비나 공법 등에서 나타날 위험에 대하여 정성적 또는 정량적인 평가를 행하고 그 평가에 따른 대책을 강구하는 것은?

① 설비보전   ② 동작분석
③ 안전계획   ④ 안전성 평가

해설

안전성 평가의 6단계
① 1단계 : 관계자료의 정비검토
② 2단계 : 정성적 평가
③ 3단계 : 정량적 평가
④ 4단계 : 안전대책
⑤ 5단계 : 재해정보에 의한 재평가
⑥ 6단계 : FTA에 의한 재평가

참고 ▶ 산업안전산업기사 필기 p.2-37(2. 안전성 평가 6단계)
KEY ▶ ① 2016년 3월 6일 출제
② 2016년 10월 1일 기사 출제
③ 2017년 3월 5일(문제 25번) 출제
④ 2024년 5월 9일(문제 32번) 출제
⑤ 2025년 2월 7일(문제 25번) 출제

[정답] 20 ③   21 ③   22 ④

23 다음 중 시스템의 수명곡선에서 고장의 발생형태가 일정하게 나타나는 구간은?

① 초기고장구간 ② 우발고장구간
③ 마모고장구간 ④ 피로고장구간

해설

수명곡선 3가지 유형

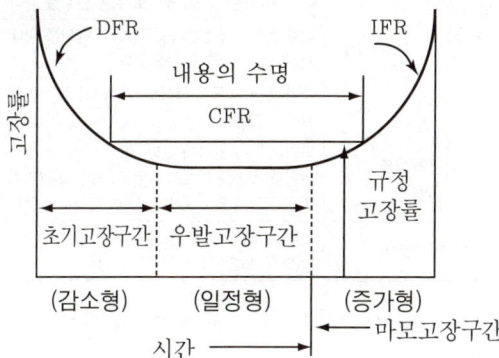

참고) 산업안전산업기사 필기 p.2-12(그림 : 기계설비 고장유형)

KEY ① 2013년 9월 28일(문제 28번) 출제
② 2022년 3월 2일(문제 28번) 출제
③ 2025년 2월 7일(문제 28번) 출제

24 조종장치를 15[mm] 움직였을 때, 표시계기의 지침이 25[mm] 움직였다면 이 기기의 C/R비는?

① 0.4   ② 0.5
③ 0.6   ④ 0.7

해설

기기의 C/R비

$$\frac{C}{R} = \frac{조종장치의\ 이동거리}{표시장치의\ 이동거리} = \frac{15}{25} = 0.6$$

참고) 산업안전산업기사 필기 p.2-176(2. 조종구에서의 C/D비 또는 C/R비)

KEY ① 2018년 4월 28일 출제
② 2018년 9월 15일 출제
③ 2019년 4월 27일 출제
④ 2019년 8월 4일 출제
⑤ 2022년 7월 2일 출제
⑥ 2025년 2월 7일(문제 29번) 출제

25 그림과 같은 FT도에 대한 최소 컷셋(minimal cut sets)으로 옳은 것은?(단, Fussell의 알고리즘을 따른다.)

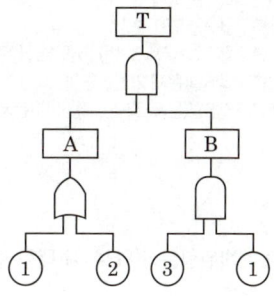

① {1, 2}   ② {1, 3}
③ {2, 3}   ④ {1, 2, 3}

해설

최소컷셋

① $T = A \cdot B$
$= \begin{matrix} X_1 \\ X_2 \end{matrix} \cdot B$
$= X_1 X_1 X_3$
$\quad X_2 X_1 X_3$

② 컷셋 = $(X_1 X_3)(X_1 X_2 X_3)$

③ 미니멀(최소) 컷셋 = $(X_1 X_3)$

참고) 산업안전산업기사 필기 p.2-77(6. 컷셋·미니멀 컷셋 요약)

KEY ① 2016년 10월 1일 출제
② 2021년 8월 14일(문제 28번) 출제
③ 2025년 2월 7일(문제 37번) 출제

26 시각적 표시장치와 청각적 표시장치 중 시각적 표시장치를 선택해야 하는 경우는?

① 메시지가 복잡한 경우
② 메시지가 후에 재참조되지 않는 경우
③ 직무상 수신자가 자주 움직이는 경우
④ 메시지가 시간적 사상(event)을 다룬 경우

해설

정보전송방법
① 시각적 표시장치 사용 : ①
② 청각적 표시장치 사용 : ②, ③, ④

참고) 산업안전산업기사 필기 p.2-31(문제 43번 적중)

[정답] 23 ② 24 ③ 25 ② 26 ①

> **KEY**
> ① 2017년 5월 7일 출제
> ② 2018년 3월 4일, 4월 28일, 8월 19일, 9월 15일 출제
> ③ 2019년 4월 27일, 8월 4일, 9월 21일 출제
> ④ 2020년 6월 7일 출제
> ⑤ 2021년 3월 2일 PBT 출제
> ⑥ 2021년 3월 7일 (문제 53번), 5월 15일(문제 60번) 출제
> ⑦ 2023년 7월 8일(문제 25번) 출제
> ⑧ 2024년 5월 9일(문제 23번), 7월 5일(문제 21번) 출제

27 다음 중 예비위험분석(PHA)에 대한 설명으로 가장 적합한 것은?

① 관련된 과거 안전점검결과의 조사에 적절하다.
② 안전관련 법규 조항의 준수를 위한 조사방법이다.
③ 시스템 고유의 위험성을 파악하고 예상되는 재해의 위험 수준을 결정한다.
④ 초기의 단계에서 시스템 내의 위험요소가 어떠한 위험상태에 있는가를 정성적 평가하는 것이다.

> **해설**
> 예비위험분석(PHA : Preliminary Hazards Analysis)
> PHA는 모든 시스템안전 프로그램의 최초 단계의 분석으로서 시스템 내의 위험요소가 얼마나 위험한 상태에 있는가를 정성적으로 평가하는 것이다.

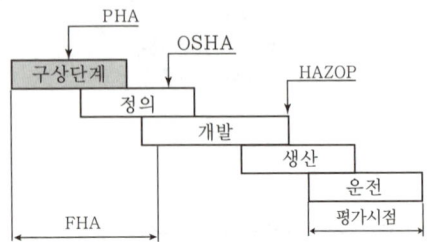

[그림] PHA, OSHA, FHA, HAZOP

> **참고** 산업안전산업기사 필기 p.2-60(2. 예비위험분석)

> **KEY**
> ① 2014년 8월 17일 기사 출제
> ② 2023년 7월 8일(문제 31번) 출제
> ③ 2024년 5월 9일(문제 33번) 출제
> ④ 2024년 7월 5일(문제 23번) 출제

28 위험조정을 위해 필요한 기술은 조직형태에 따라 다양하며 4가지로 분류하였을 때 이에 속하지 않는 것은?

① 보유(Retention)　② 계속(Continuation)
③ 전가(Transfer)　④ 감축(Reduction)

> **해설**
> Risk 처리(위험조정)기술 4가지
>
> | 구분 | | 특징 |
> | --- | --- | --- |
> | 위험의 회피 | | 예상되는 위험을 차단하기 위해 위험과 관계된 활동을 하지 않는 경우 |
> | 위험의 제거 (경감) | 위험방지 | 위험의 발생건수를 감소시키는 예방과 손실의 정도를 감소시키는 경감을 포함 |
> | | 위험분산 | 시설, 설비 등의 집중화를 방지하고 분산하거나 재료의 분리저장 등으로 위험 단위를 증대 |
> | | 위험결합 | 각종 협정이나 합병 등을 통하여 규모를 확대시키므로 위험의 단위를 증대 |
> | | 위험제한 | 계약서, 서식 등을 작성하여 기업의 위험을 제한하는 방법 |
> | 위험의 보유 (보류) | | 무지로 인한 소극적 보유
위험을 확인하고 보유하는 적극적 보유(위험의 준비와 부담 : 준비금 설정, 자가보험 등) |
> | 위험의 전가 | | 회피와 제거가 불가능할 경우 전가하려는 경향(보험, 보증, 공제, 기금제도 등) |

> **참고** 산업안전산업기사 필기 p.2-36(합격날개 : 합격예측)

> **KEY**
> ① 2015년 8월 16일(문제 39번) 출제
> ② 2023년 7월 8일(문제 36번) 출제
> ③ 2024년 7월 5일(문제 26번) 출제

29 연구 기준의 요건과 내용이 옳은 것은?

① 무오염성 : 실제로 의도하는 바와 부합해야 한다.
② 적절성 : 반복 실험 시 재현성이 있어야 한다.
③ 신뢰성 : 측정하고자 하는 변수 이외의 다른 변수의 영향을 받아서는 안된다.
④ 민감도 : 피실험자 사이에서 볼 수 있는 예상 차이점에 비례하는 단위로 측정해야 한다.

> **해설**
> 기준의 요건
>
> | 구분 | 특징 |
> | --- | --- |
> | 적절성(relevance) | 기준이 의도된 목적에 적합하다고 판단되는 정도 |
> | 무오염성 | 측정하고자 하는 변수외의 영향이 없도록 |
> | 기준척도의 신뢰성
(reliability criterion measure) | 척도의 신뢰성 즉 반복성(repeatability) |

> **참고** 산업안전기사 필기 p.2-6(합격날개 : 합격예측)

[정답] 27 ④　28 ②　29 ④

KEY ① 2011년 3월 20일 기사 출제
② 2013년 6월 2일 기사 출제
③ 2014년 3월 2일 기사 출제
④ 2017년 8월 26일 기사 출제
⑤ 2020년 6월 7일, 9월 27일 기사 출제
⑥ 2022년 3월 5일 기사 출제
⑦ 2023년 7월 8일(문제 28번) 출제
⑧ 2024년 2월 15일(문제 35번) 출제
⑨ 2025년 5월 10일 기사 출제

30 동작경제의 원칙에 해당하지 않는 것은?

① 가능하다면 낙하식 운반방법을 사용한다.
② 양손을 동시에 반대 방향으로 움직인다.
③ 자연스러운 리듬이 생기지 않도록 동작을 배치한다.
④ 양손을 동시에 작업을 시작하고, 동시에 끝낸다.

해설

동작경제의 3원칙(길브레드 : Gilbrett)
(1) 동작능력 활용의 원칙
  ① 발 또는 왼손으로 할 수 있는 것은 오른손을 사용하지 않는다.
  ② 양손으로 동시에 작업하고 동시에 끝낸다.
(2) 작업량 절약의 원칙
  ① 적게 운동할 것
  ② 재료나 공구는 취급하는 부근에 정돈할 것
  ③ 동작의 수를 줄일 것
  ④ 동작의 양을 줄일 것
  ⑤ 물건을 장시간 취급할 시 장구를 사용할 것
(3) 동작개선의 원칙
  ① 동작을 자동적으로 리드미컬한 순서로 할 것
  ② 양손은 동시에 반대의 방향으로, 좌우 대칭적으로 운동하게 할 것
  ③ 관성, 중력, 기계력 등을 이용할 것

참고 산업안전산업기사 필기 p.2-76(합격날개 : 합격예측)

KEY ① 2015년 3월 8일(문제 35번) 출제
② 2023년 3월 1일(문제 35번) 출제
③ 2024년 5월 9일(문제 34번), 7월 5일(문제 34번)출제

31 다음 중 시스템에 영향을 미칠 우려가 있는 모든 요소의 고장을 형태별로 해석하여 그 영향을 검토하는 분석방법은?

① FTA
② ETA
③ MORT
④ FMEA

해설

FMEA의 정의
① FMEA는 서브시스템 위험분석이나 시스템 위험분석을 위하여 일반적으로 사용되는 전형적인 정성적, 귀납적 분석방법
② 시스템에 영향을 미치는 모든 요소의 고장을 형태별로 분석하여 그 영향을 검토

참고 산업안전산업기사 필기 p.2-62(4. 고장형태와 영향분석)

KEY ① 2015년 3월 8일(문제 33번) 출제
② 2023년 7월 8일(문제 21번) 출제
③ 2024년 2월 15일(문제 28번) 출제
④ 2024년 5월 9일(문제 21번) 출제

32 부품배치의 원칙 중 부품의 일반적인 위치를 결정하기 위한 기준으로 가장 적합한 것은?

① 중요성의 원칙, 사용빈도의 원칙
② 기능별 배치의 원칙, 사용순서의 원칙
③ 중요성의 원칙, 사용순서의 원칙
④ 사용빈도의 원칙, 사용순서의 원칙

해설

부품배치의 4원칙
① 중요성의 원칙(위치결정)
② 사용빈도의 원칙(위치결정)
③ 기능별 배치의 원칙(일관성, 기능성 배치결정)
④ 사용순서의 원칙(배치결정)

참고 산업안전산업기사 필기 p.2-161(2. 부품(공간)배치의 4원칙)

KEY ① 2013년 3월 10일(문제 32번) 출제
② 2013년 6월 2일(문제 31번) 등 5회 이상 출제
③ 2023년 5월 13일(문제 29번) 출제
④ 2024년 5월 9일(문제 29번) 출제

33 인간공학에 대한 설명으로 틀린 것은?

① 인간-기계 시스템의 안전성, 편리성, 효율성을 높인다.
② 인간을 작업과 기계에 맞추는 설계 철학이 바탕이 된다.
③ 인간이 사용하는 물건, 설비, 환경의 설계에 적용된다.
④ 인간의 생리적, 심리적인 면에서의 특성이나 한계점을 고려한다.

[정답] 30 ③ 31 ④ 32 ① 33 ②

해설

인간공학
기계, 기구, 환경 등의 물적 조건을 인간의 특성과 능력에 잘 조화하도록 설계하기 위한 수단을 연구하는 학문이다.

[참고] 산업안전산업기사 필기 p.2-2(합격날개 : 합격용어)

[KEY] ① 2015년 5월 31일(문제 34번), 8월 16일(문제 38번) 출제
② 2017년 9월 23일 출제
③ 2019년 4월 27일 출제
④ 2022년 4월 17일(문제 26번) 출제
⑤ 2024년 5월 9일(문제 35번) 출제

---

34 다음에서 설명하는 용어는?

> 유해·위험요인을 파악하고 해당 유해·위험요인에 의한 부상 또는 질병의 발생 가능성(빈도)과 중대성(강도)을 추정·결정하고 감소대책을 수립하여 실행하는 일련의 과정을 말한다.

① 위험성 결정 ② 위험성 평가
③ 위험빈도 추정 ④ 유해·위험요인 파악

해설

위험성 평가 용어정의
① "유해·위험요인"이란 유해·위험을 일으킬 잠재적 가능성이 있는 것의 고유한 특징이나 속성을 말한다.
② "위험성"이란 유해·위험요인이 사망, 부상 또는 질병으로 이어질 수 있는 가능성과 중대성 등을 고려한 위험의 정도를 말한다.
③ "위험성평가"란 사업주가 스스로 유해·위험요인을 파악하고 해당 유해·위험요인의 위험성 수준을 결정하여, 위험성을 낮추기 위한 적절한 조치를 마련하고 실행하는 과정을 말한다.
④ "근로자"란 기간제, 단시간, 파견 등 고용형태 및 국적과 관계없이 「산업안전보건법」 제2조제3호에 따른 근로자를 말한다.

[참고] 산업안전산업기사 필기 p.2-103(합격날개 : 은행문제)

[KEY] ① 2022년 4월 17일(문제 37번) 출제
② 2024년 5월 9일(문제 37번) 출제

[합격정보]
사업장 위험성 평가에 관한 지침 제3조(정의)

---

35 사용자의 잘못된 조작 또는 실수로 인해 기계의 고장이 발생하지 않도록 설계하는 방법은?

① FMEA ② HAZOP
③ fail safe ④ fool proof

해설

풀 프루프(fool proof)
① 인간의 실수가 있어도 안전장치가 설치되어 사고나 재해로 연결되지 않는 구조
② 바보가 작동을 시켜도 안전하다는 뜻

[참고] 산업안전산업기사 필기 p.2-22(합격날개 : 합격예측)

[KEY] ① 2020년 5월 24일 실기 필답형 출제
② 2020년 8월 23일(문제 33번) 출제
③ 2022년 3월 2일(문제 40번) 출제
④ 2024년 2월 15일(문제 33번), 5월 9일(문제 40번) 출제

---

36 상황해석을 잘못하거나 목표를 잘못 설정하여 발생하는 인간의 오류 유형은?

① 실수(Slip)
② 착오(Mistake)
③ 위반(Violation)
④ 건망증(Lapse)

해설

인간의 오류 5가지 모형

구분	특징
착각(Illusion)	감각적으로 물리현상을 왜곡하는 지각 오류
착오(Mistake)	상황해석을 잘못하거나 목표를 잘못 이해하고 착각하여 행하는 인간의 실수로 위치, 순서, 패턴, 형상, 기억오류 등 외부적 요인에 의해 나타나는 오류
실수(Slip)	의도는 올바른 것이었지만, 행동이 의도한 것과는 다르게 나타나는 오류
건망증(Lapse)	일련의 과정에서 일부를 빠뜨리거나 기억의 실패에 의해 발생하는 오류
위반(Violation)	정해진 규칙을 알고 있음에도 의도적으로 따르지 않거나 무시한 경우에 발생하는 오류

[참고] 산업안전산업기사 필기 p.2-19(합격날개 : 합격예측)

[KEY] ① 2009년 5월 10일(문제 35번) 출제
② 2017년 8월 26일 출제
③ 2019년 3월 3일(문제 21번), 4월 27일(문제 47번) 출제
④ 2021년 5월 15일(문제 42번), 9월 12일(문제 59번) 출제
⑤ 2022년 4월 17일(문제 22번) 출제

[정답] 34 ② 35 ④ 36 ②

37 HAZOP 기법에서 사용하는 가이드워드와 그 의미가 잘못 연결된 것은?

① Part of : 성질상의 감소
② As well as : 성질상의 증가
③ Other than : 기타 환경적인 요인
④ More/Less : 정량적인 증가 또는 감소

해설

유인어(guide words)
① NO 또는 NOT : 설계 의도의 완전한 부정을 의미
② AS Well AS : 성질상의 증가를 나타내는 것으로 설계의도와 운전조건 등 부가적인 행위와 함께 일어나는 것을 의미
③ PART OF : 성질상의 감소, 성취나 성취되지 않음을 나타냄
④ MORE LESS : 양의 증가 또는 양의 감소로 양과 성질을 함께 나타냄
⑤ OTHER THAN : 완전한 대체를 의미
⑥ REVERSE : 설계의도와 논리적인0 역을 의미

참고 산업안전산업기사 필기 p.2-41(2. 유인어)

KEY ① 2016년 5월 8일 출제
② 2018년 3월 4일(문제 37번) 출제
③ 2020년 9월 27일(문제 58번) 출제
④ 2021년 9월 12일(문제 55번) 출제
⑤ 2022년 4월 17일(문제 27번) 출제

38 인간 - 기계 시스템에 관한 설명으로 틀린 것은?

① 자동 시스템에서는 인간요소를 고려하여야 한다.
② 자동차 운전이나 전기 드릴 작업은 반자동 시스템의 예시이다.
③ 자동 시스템에서 인간은 감시, 정비유지, 프로그램 등의 작업을 담당한다.
④ 수동 시스템에서 기계는 동력원을 제공하고 인간의 통제 하에서 제품을 생산한다.

해설

인간-기계 시스템
① 수동체계의 경우 : 장인과 공구, 가수와 앰프
② 기계화 체계의 경우 : 운전하는 사람과 자동차 엔진
③ 자동화 체계 : 인간은 주로 감시, 프로그램 입력, 정비유지

참고 산업안전산업기사 필기 p.2-9(③ 자동시스템)

KEY ① 2019년 3월 3일 출제
② 2019년 9월 21일(문제 46번) 출제
③ 2022년 4월 17일(문제 35번) 출제

39 통신에서 잡음 중의 일부를 제거하기 위해 필터(filter)를 사용하였다면, 어느 것의 성능을 향상시키는 것인가?

① 신호의 양립성   ② 신호의 산란성
③ 신호의 표준성   ④ 신호의 검출성

해설

신호의 검출성(통신잡음 제거 시 filter 사용) : 통신에서 대역폭 필터를 설치하여 원하는 대역폭 외의 신호는 제거하고 선택한 대역폭 내의 신호만 검출한다.

참고 산업안전산업기사 필기 p.2-82(합격날개 : 합격예측)

KEY ① 2013년 6월 2일(문제 40번) 출제
② 2022년 9월 14일(문제 23번) 출제

보충학습

암호체계 사용상의 일반적 지침
① 암호의 검출성(detectability)
② 암호의 변별성(discriminability)
③ 부호의 양립성(compatibility)
④ 부호의 의미
⑤ 암호의 표준화(standardization)
⑥ 다차원 암호의 사용(multidimensional)

40 청각적 자극제시와 이에 대한 음성응답과업에서 갖는 양립성에 해당하는 것은?

① 개념적 양립성   ② 운동 양립성
③ 공간적 양립성   ④ 양식 양립성

해설

양립성의 종류

구분	특징
공간(spatial)양립성	표시장치나 조종장치에서 물리적 형태 및 공간적 배치
운동(movement)양립성	표시장치의 움직이는 방향과 조종장치의 방향이 사용자의 기대와 일치
개념(conceptual) 양립성	이미 사람들이 학습을 통해 알고있는 개념적 연상 예) 버튼
양식양립성	직무에 알맞은 자극과 응답이 양식의 존재에 대한 양립성이다. 음성 과업에 대해서는 청각적 자극의 제시와 이에 대한 음성 응답 등을 들 수 있다.

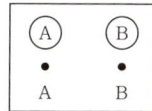
① 공간 양립성

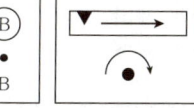
② 운동 양립성

③ 개념 양립성

[그림] 양립성 구분

[정답] 37 ③ 38 ④ 39 ④ 40 ④

> 참고 산업안전산업기사 필기 p.1-75(합격날개 : 합격예측)
>
> KEY ① 2018년 8월 17일(문제 25번) 출제
> ② 2022년 9월 14일(문제 36번) 출제

3 기계·기구 및 설비안전관리

41 산업안전보건법령상 지게차의 최대하중의 2배 값이 6톤일 경우 헤드가드의 강도는 몇 톤의 등분포정하중에 견딜 수 있어야 하는가?

① 4
② 6
③ 8
④ 10

해설
지게차 헤드가드 설치기준
① 강도는 지게차의 최대하중의 2배 값(4[t]을 넘는 값에 대해서는 4[t]으로 한다)의 등분포정하중(等分布靜荷重)에 견딜 수 있을 것
② 상부틀의 각 개구의 폭 또는 길이가 16[cm] 미만일 것
③ 운전자가 앉아서 조작하거나 서서 조작하는 지게차의 헤드가드는 「산업표준화법」 제12조에 따른 한국산업표준에서 정하는 높이 기준 이상일 것(좌식 : 0.903[m], 입식 : 1.905[m] 이상)

[그림] 지게차 구조

> 참고 산업안전산업기사 필기 p.3-152(합격날개 : 합격예측)
>
> KEY ① 2016년 3월 6일 산업기사 출제
> ② 2016년 8월 21일 출제
> ③ 2017년 3월 5일 산업기사 출제
> ④ 2018년 8월 19일 산업기사 출제
> ⑤ 2019년 4월 27일 기사·산업기사 동시 출제
> ⑥ 2020년 9월 27일 (문제 52번) 출제
> ⑦ 2023년 7월 8일(문제 51번) 출제
> ⑧ 2024년 7월 5일(문제 43번) 출제

> **합격정보**
> 산업안전보건기준에 관한 규칙 제180조(헤드가드)

42 프레스기에 사용하는 양수조작식 방호장치의 일반구조에 관한 설명 중 틀린 것은?

① 1행정 1정지 기구에 사용할 수 있어야 한다.
② 누름버튼을 양손으로 동시에 조작하지 않으면 작동시킬 수 없는 구조이어야 한다.
③ 양쪽버튼의 작동시간 차이는 최대 0.5[초] 이내일 때 프레스가 동작되도록 해야 한다.
④ 방호장치는 사용전원전압의 ±50[%]의 변동에 대하여 정상적으로 작동되어야 한다.

해설
양수 조작식 방호장치의 일반구조
① 정상동작표시등은 녹색, 위험표시등은 빨간색으로 하며, 쉽게 근로자가 볼 수 있는 곳에 설치
② 슬라이드 하강 중 정전 또는 방호장치의 이상 시에 정지할 수 있는 구조
③ 방호장치는 릴레이, 리미트스위치 등의 전기부품의 고장, 전원전압의 변동 및 정전에 의해 슬라이드가 불시에 동작하지 않아야 하며, 사용전원전압의 ±(100분의 20)의 변동에 대하여 정상으로 작동
④ 1행정1정지 기구에 사용할 수 있어야 한다.
⑤ 누름버튼을 양손으로 동시에 조작하지 않으면 작동시킬 수 없는 구조이어야 하며, 양쪽버튼의 작동시간 차이는 최대 0.5초 이내일 때 프레스가 동작
⑥ 1행정마다 누름버튼에서 양손을 떼지 않으면 다음 작업의 동작을 할 수 없는 구조
⑦ 램의 하행정중 버튼(레버)에서 손을 뗄 시 정지하는 구조
⑧ 누름버튼의 상호간 내측거리는 300[mm] 이상
⑨ 누름버튼(레버 포함)은 매립형의 구조(다만, 개구부에서 조작되지 않는 구조의 개방형 누름버튼(레버 포함)은 매립형으로 본다)
  ㉠ 누름버튼(레버 포함)의 전 구간(360[°])에서 매립된 구조
  ㉡ 누름버튼(레버 포함)은 방호장치 상부표면 또는 버튼을 둘러싼 개방된 외함의 수평면으로부터 하단(2[mm] 이상)에 위치

> 참고 산업안전산업기사 필기 p.3-104(4. 양수조작식)
>
> KEY ① 2016년 8월 21일(문제 49번) 출제
> ② 2023년 7월 8일(문제 56번) 출제
> ③ 2024년 7월 5일(문제 45번) 출제

43 프레스 작업 시 왕복운동하는 부분과 고정부분 사이에서 형성되는 위험점은?

① 물림점
② 협착점
③ 절단점
④ 회전말림점

[정답] 41 ① 42 ④ 43 ②

해설

협착점(Squeeze-point)
왕복운동을 하는 동작부분과 움직임이 없는 고정부분 사이에서 형성되는 위험점 예 프레스기, 전단기, 성형기, 조형기, 굽힘기계(bending machine) 등

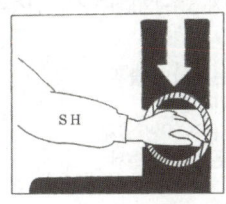

[그림] 협착점

> 참고   산업안전산업기사 필기 p.3-205(1. 협착점)

> KEY ① 2017년 3월 5일, 5월 7일, 8월 26일 출제
>   ② 2019년 4월 27일(문제 55번) 출제
>   ③ 2023년 5월 13일(문제 42번) 출제
>   ④ 2024년 7월 5일(문제 47번) 출제

44 동력 프레스를 분류하는데 있어서 그 종류에 속하지 않는 것은?

① 크랭크 프레스 ② 토글 프레스
③ 마찰 프레스   ④ 터릿 프레스

해설

프레스의 종류
① 기계프레스
② 핀클러치프레스
③ 키클러치프레스
④ 크랭크프레스
⑤ 액압프레스

> 참고 ① 산업안전산업기사 필기 p.3-99(2. 프레스 종류 및 요약)
>   ② 산업안전산업기사 필기 p.3-99(합격날개 : 은행문제) 적중

> KEY ① 2016년 8월 21일 기사 출제
>   ② 2017년 8월 26일 출제
>   ③ 2018년 4월 28일(문제 52번) 출제
>   ④ 2023년 5월 13일(문제 58번) 출제
>   ⑤ 2024년 7월 5일(문제 51번) 출제

45 500[rpm]으로 회전하는 연삭기의 숫돌지름이 200[mm]일 때 원주속도[m/min]는?

① 628   ② 62.8
③ 314   ④ 31.4

해설

원주속도
$$V = \frac{\pi DN}{1,000} = \frac{3.14 \times 200 \times 500}{1,000} = 314[m/min]$$

> 참고 산업안전산업기사 필기 p.3-83(합격날개 : 합격예측)

> KEY ① 2018년 3월 4일(문제 41번) 출제
>   ② 2023년 3월 1일(문제 43번) 출제
>   ③ 2024년 7월 5일(문제 52번) 출제

46 선반 등으로부터 돌출하여 회전하고 있는 가공물이 근로자에게 위험을 미칠 우려가 있는 경우 설치할 방호 장치로 가장 적합한 것은?

① 덮개 또는 울   ② 슬리브
③ 건널다리   ④ 체인 블록

해설

원동기·회전축 등의 위험 방지
사업주는 기계의 원동기·회전축·기어·풀리·플라이휠·벨트 및 체인 등 근로자가 위험에 처할 우려가 있는 부위에 덮개·울·슬리브 및 건널다리 등을 설치하여야 한다.

> 참고 산업안전산업기사 필기 p.3-84(합격날개:합격예측 및 관련법규)

> KEY ① 2017년 3월 5일 기사·산업기사 동시 출제
>   ② 2024년 7월 5일(문제 59번) 출제

[합격정보]
산업안전보건기준에 관한규칙 제87조(원동기·회전축 등의 위험방지)

47 산업안전보건법령에 따라 목재가공용 기계에 설치하여야 하는 방호장치의 내용으로 틀린 것은?

① 목재가공용 둥근톱기계에는 분할날 등 반발예방장치를 설치하여야 한다.
② 목재가공용 둥근톱기계에는 톱날접촉예방장치를 설치하여야 한다.
③ 모떼기기계에는 가공 중 목재의 회전을 방지하는 회전방지장치를 설치하여야 한다.
④ 작업 대상물이 수동으로 공급되는 동력식 수동대패기계에 날접촉예방장치를 설치하여야 한다.

해설

모떼기기계 방호장치 : 날접촉예방장치

[정답] 44 ④ 45 ③ 46 ① 47 ③

| 참고 | 산업안전산업기사 필기 p.3-136(합격날개 : 합격예측및 관련 법규) |

KEY ① 2014년 8월 17일(문제 57번) 출제
② 2023년 7월 8일(문제 52번) 출제
③ 2024년 5월 9일(문제 42번) 출제

보충학습
모떼기기계의 날접촉예방장치
사업주는 모떼기기계(자동이송장치를 부착한 것은 제외한다)에 날접촉예방장치를 설치하여야 한다. 다만, 작업의 성질상 날접촉예방장치를 설치하는 것이 곤란하여 해당 근로자에게 적절한 작업공구 등을 사용하도록 한 경우에는 그러하지 아니하다.

합격정보
산업안전보건기준에 관한 규칙 제108조(띠톱기계의 날접촉 예방장치 등)

48 휴대용 연삭기 덮개의 노출각도 기준은?

① 60[°] 이내   ② 90[°] 이내
③ 150[°] 이내 ④ 180[°] 이내

해설
휴대용연삭기 노출각도 : 180[°] 이내

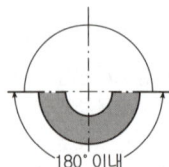

[그림] 휴대용 연삭기, 스윙연삭기, 슬라브연삭기, 기타 이와 비슷한 연삭기의 덮개 각도

| 참고 | 산업안전산업기사 필기 p.3-97(그림. 연삭기 종류 및 덮개의 표준현상) |

KEY ① 2016년 8월 21일 기사 출제
② 2017년 3월 5일, 8월 26출제
③ 2017년 5월 7일 기사 · 산업기사 출제
④ 2018년 4월 28일 기사 · 산업기사 동시 출제
⑤ 2023년 5월 13일(문제 57번) 출제
⑥ 2024년 5월 9일(문제 47번) 출제

합격정보
방호장치자율안전인증고시 [별표 4] 연삭기 덮개의 성능기준

49 목재가공용 둥근톱의 목재 반발예방장치가 아닌 것은?

① 반발방지 발톱(finger) ② 분할날(spreader)
③ 덮개(cover)   ④ 반발방지 롤(roll)

해설
둥근톱기계의 반발예방장치 3가지
① 반발방지 발톱(finger)
② 분할날(spreader)
③ 반발방지 롤(roll)

| 참고 | 산업안전산업기사 필기 p.3-133(합격날개 : 합격예측 및 관련법규) |

KEY ① 2016년 5월 8일(문제 51번) 출제
② 2023년 6월 4일 기사 출제
③ 2023년 5월 13일(문제 59번) 출제
④ 2024년 5월 9일(문제 48번) 출제

보충학습
둥근톱기계의 반발예방장치
사업주는 목재가공용 둥근톱기계[가로 절단용 둥근톱기계 및 반발(反撥)에 의하여 근로자에게 위험을 미칠 우려가 없는 것은 제외한다]에 분할날 등 반발예방장치를 설치하여야 한다.

50 다음 설명 중 ( )에 알맞은 내용은?

롤러기의 급정지장치는 롤러를 무부하로 회전시킨 상태에서 앞면 롤러의 표면속도가 30[m/min] 미만일 때에는 급정지거리가 앞면 롤러 원주의 (   )이내에서 롤러를 정지시킬 수 있는 성능을 보유해야 한다.

① $\dfrac{1}{2}$ ② $\dfrac{1}{4}$
③ $\dfrac{1}{3}$ ④ $\dfrac{1}{2.5}$

해설
롤러의 급정지거리

앞면롤러의 표면속도[m/min]	급정지거리	표면속도 산출공식
30 미만	앞면 롤러 원주의 1/3 이내 $(\pi \times D \times \dfrac{1}{3})$	$V = \dfrac{\pi DN}{1,000}$ [m/min]
30 이상	앞면 롤러 원주의 1/2.5 이내 $(\pi \times D \times \dfrac{1}{2.5})$	

| 참고 | 산업안전산업기사 필기 p.3-113 (표. 롤러의 급정지거리) |

KEY ① 2016년 3월 6일 산업기사 출제
② 2017년 3월 5일, 8월 26일 출제
③ 2022년 7월 2일(문제 51번) 출제
④ 2024년 5월 9일(문제 52번) 출제

[정답] 48 ④ 49 ③ 50 ③

51 산업안전보건법령상 아세틸렌 용접장치의 아세틸렌 발생기실을 설치하는 경우 준수하여야 하는 사항으로 옳은 것은?

① 벽은 가연성 재료로 하고 철근 콘크리트 또는 그 밖에 이와 동등하거나 그 이상의 강도를 가진 구조로 할 것
② 바닥면적의 16분의 1 이상의 단면적을 가진 배기통을 옥상으로 돌출시키고 그 개구부를 창이나 출입구로부터 1.5미터 이상 떨어지도록 할 것
③ 출입구의 문은 불연성 재료로 하고 두께 1.0밀리미터 이하의 철판이나 그 밖에 그 이상의 강도를 가진 구조로 할 것
④ 발생기실을 옥외에 설치한 경우에는 그 개구부를 다른 건축물로부터 1.0미터 이내 떨어지도록 할 것

해설

산업안전보건기준에 관한 규칙 제287조(발생기실의 구조 등)
사업주는 발생기실을 설치하는 경우에 다음 각 호의 사항을 준수하여야 한다.
1. 벽은 불연성 재료로 하고 철근 콘크리트 또는 그 밖에 이와 같은 수준이거나 그 이상의 강도를 가진 구조로 할 것
2. 지붕과 천장에는 얇은 철판이나 가벼운 불연성 재료를 사용할 것
3. 바닥면적의 16분의 1 이상의 단면적을 가진 배기통을 옥상으로 돌출시키고 그 개구부를 창이나 출입구로부터 1.5미터 이상 떨어지도록 할 것
4. 출입구의 문은 불연성 재료로 하고 두께 1.5밀리미터 이상의 철판이나 그 밖에 그 이상의 강도를 가진 구조로 할 것
5. 벽과 발생기 사이에는 발생기의 조정 또는 카바이드 공급 등의 작업을 방해하지 않도록 간격을 확보할 것

참고 산업안전산업기사 필기 p.3-118(합격날개 : 합격예측 및 관련 법규)

KEY
① 2016년 3월 6일 산업기사 출제
② 2017년 5월 7일 기사 출제
③ 2018년 3월 4일 산업기사 출제
④ 2018년 4월 28일 기사 출제
⑤ 2019년 8월 4일(문제 56번)
⑥ 2020년 9월 27일 (문제 44번) 출제
⑦ 2022년 4월 17일(문제 60번) 출제
⑧ 2024년 5월 9일(문제 56번) 출제

합격정보
산업안전보건기준에 관한 규칙 제287조(발생기실의 구조 등)

보충학습
아세틸렌 용접장치 화기 안전거리
① 발생기 : 5[m]   ② 발생기실 : 3[m]

52 프레스에 대한 안전장치 중 금형 안에 손이 들어가지 않는 구조(No Hand in Die Type)인 것은?

① 자동 송급식   ② 양수 조작식
③ 손쳐내기식   ④ 감응식

해설

프레스방호장치
(1) No-hand in die 방식의 종류
 ① 안전울 부착 프레스
 ② 안전금형 부착 프레스
 ③ 전용 프레스 도입
 ④ 자동 프레스(송급식) 도입
(2) hand in die 방식의 종류
 ① 프레스기의 종류, 압력능력, 매분 행정수, 행정길이 및 작업방법에 따른 방호장치
  ㉮ 가드식 방호장치
  ㉯ 손쳐내기식 방호장치
  ㉰ 수인식 방호장치
 ② 프레스기의 정지 성능에 상응하는 방호장치
  ㉮ 양수 조작식 방호장치
  ㉯ 감응식 방호장치

참고 산업안전산업기사 필기 p.3-109(표. 프레스기 안전장치)

KEY
① 1996년 10월 16일(문제 56번)
② 2001년 3월 4일(문제 59번)
③ 2006년 5월 14일(문제 49번) 출제
④ 2022년 3월 2일(문제 46번) 출제
⑤ 2024년 5월 9일(문제 57번) 출제

53 선반 작업의 안전사항으로 틀린 것은?

① 베드(bed) 위에 공구를 올려놓지 않아야 한다.
② 바이트를 교환할 때는 기계를 정지시키고 한다.
③ 바이트는 끝을 길게 설치한다.
④ 반드시 보안경을 착용한다.

해설

선반작업시 바이트(bite)도 짧게 설치해야합니다.

[정답] 51 ② 52 ① 53 ③

과년도 출제문제

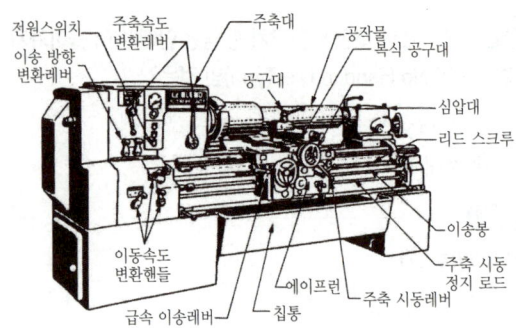

[그림] 선반의 각부 명칭

> **참고** 산업안전산업기사 필기 p.3-84(3. 선반재해 방지대책)

> **KEY**
> ① 2020년 6월 14일(문제 47번) 출제
> ② 2023년 2월 28일 기사 출제
> ③ 2023년 3월 1일(문제 44번) 출제
> ④ 2024년 2월 15일(문제 43번) 출제

54 프레스 작업 중 작업자의 신체일부가 위험한 작업점으로 들어가면 자동적으로 정지되는 기능이 있는데, 이러한 안전대책을 무엇이라고 하는가?

① 풀 프루프(fool proof)
② 페일 세이프(fail safe)
③ 인터록(inter lock)
④ 리미트 스위치(limit switch)

> **해설**
> **인터록**
> 안전한 상태를 확보하도록 한 기계적 전기적 구조로 되어 있는 방호장치로 주어진 조건에 만족하지 않으면 작동할 수 없도록 한 기구

> **참고** 산업안전산업기사 필기 p.3-5(표. Fail safe와 Fool proof)

> **KEY**
> ① 2023년 3월 1일(문제 42번) 출제
> ② 2023년 6월 4일 기사 등 5회 이상 출제
> ③ 2024년 2월 15일(문제 33번) 출제
> ④ 2024년 2월 15일(문제 42번) 출제

> **보충학습**
> ① 페일 세이프 : 기계나 그 부품에 고장이나 기능 불량이 생겨도 항상 안전하게 작동하는 구조와 기능
> ② 풀프루프(fool proof) :
>   ㉠ 기계장치 설계단계에서 안전화를 도모하는 것으로 근로자가 기계 등의 취급을 잘 못해도 사고로 연결 되는 일이 없도록 하는 안전기구로 인간과오(human error)를 방지
>   ㉡ 용도는 가드(guard), 세이프티블록(safety block : 안전블록), 카메라의 이중 촬영방지기구 등이 있다.
> ③ 리미트 스위치 : 기계의 움직임이 일정한 장소나 위치에 이르게 되면 작동하는 스위치

55 다음 중 드릴작업의 안전수칙으로 가장 적합한 것은?

① 손을 보호하기 위하여 장갑을 착용한다.
② 작은 일감은 양손으로 견고히 잡고 작업한다.
③ 정확한 작업을 위하여 구멍에 손을 넣어 확인한다.
④ 작업시작 전 척 렌치(chuck wrench)를 반드시 뺀다.

> **해설**
> **드릴작업 안전수칙**
> ① 기계 작동 중 구멍에 손을 넣으면 위험하다.
> ② 작은 일감은 바이스, 클램프 등으로 고정하고 작업한다.
> ③ 회전기계에는 장갑 착용을 금지한다.

> **참고** 산업안전기사 필기 p.3-92(3. 드릴 작업시 안전대책)

> **KEY**
> ① 2020년 6월 14일 산업기사 등 10회 이상 출제
> ② 2023년 6월 4일(문제 50번) 출제
> ③ 2024년 2월 15일(문제 60번) 출제

56 롤러에 설치하는 급정지 장치 조작부의 종류와 그 위치로 옳은 것은?(단, 위치는 조작부의 중심점을 기준으로 함)

① 발조작식은 밑면으로부터 0.2[m] 이내
② 손조작식은 밑면으로부터 1.8[m] 이내
③ 복부조작식은 밑면으로부터 0.6[m] 이상 1[m] 이내
④ 무릎조작식은 밑면으로부터 0.2[m] 이상 0.4[m] 이내

> **해설**
> **급정지장치 조작부 위치**
>
> | 급정지장치 조작부의 종류 | 위치 |
> | --- | --- |
> | 손으로 조작하는 것 | 밑면으로부터 1.8[m] 이내 |
> | 복부로 조작하는 것 | 밑면으로부터 0.8[m] 이상, 1.1[m] 이내 |
> | 무릎으로 조작하는 것 | 밑면으로부터 0.6[m] 이내 |

> **참고** 산업안전산업기사 필기 p.3-113(합격날개 : 합격예측 및 관련법규)

> **KEY**
> ① 2016년 8월 21일 기사 출제
> ② 2017년 3월 5일 기사·산업기사 동시 출제
> ③ 2017년 5월 7일 출제
> ④ 2017년 8월 26일 기사·산업기사 동시 출제
> ⑤ 2023년 7월 8일(문제 44번) 출제

[정답] 54 ③　55 ④　56 ②

57 산업안전보건법령에 따라 컨베이어에 부착해야 할 방호장치로 적합하지 않은 것은?

① 비상정지장치
② 과부하방지장치
③ 역주행방지장치
④ 덮개 또는 낙하방지용 울

해설

컨베이어 방호장치
① 안전(방호)장치 : 비상정지장치
② 화물의 낙하위험방지 : 덮개 및 울 설치
③ 역전방지장치
   ㉠ 기계식 : ⓐ 라쳇식 ⓑ 롤러식 ⓒ 밴드식
   ㉡ 전기식 : ⓐ 전기브레이크 ⓑ 슬러스트브레이크
④ 이탈방지장치
   ㉠ 전자식 브레이크
   ㉡ 유압조작식 브레이크

참고 산업안전산업기사 필기 p.3-141(4. 컨베이어의 역전방지장치)

KEY ① 2016년 8월 21일 출제
② 2017년 5월 7일 기사·산업기사 동시 출제
③ 2023년 7월 8일(문제 49번) 출제

---

58 보일러수에 유지류, 고형물 등에 의한 거품이 생겨 수위를 판단하지 못하는 현상은?

① 역화　　　　② 포밍
③ 프라이밍　　④ 캐리오버

해설

보일러 취급 시 이상현상
① 포밍(foaming : 물거품 솟음)
   보일러수 중에 유지류, 용해 고형물, 부유물 등에 의해 보일러 수면에 거품이 생겨 올바른 수위를 판단하지 못하는 현상
② 플라이밍(flyming : 비수 현상)
   보일러 부하의 급변, 수위 상승 등에 의해 수분이 증기와 분리되지 않아 보일러 수면이 심하게 솟아올라 올바른 수위를 판단하지 못하는 현상
③ 캐리오버(carriover : 기수 공발)
   보일러수 중에 용해 고형분이나 수분이 발생, 증기 중에 다량 함유되어 증기의 순도를 저하시킴으로써 관내 응축수가 생겨 워터 해머의 원인이 되고 증기 과열기나 터빈 등의 고장 원인이 된다.
④ 수격 작용 : 물망치 작용(워터 해머 : water hammer)
   고여 있던 응축수가 밸브를 급격히 개폐 시에 고온 고압의 증기에 이끌려 배관을 강하게 치는 현상으로 배관 파열을 초래한다.
⑤ 역화(Back Fire)
   보일러 시동 시 연료가 나온 다음 시간을 두고 착화하는 등으로 인해 미연소가스가 노내에 잔류하며 비정상적인 폭발적 연소를 일으킨다.

참고 산업안전산업기사 필기 p.3-123(1. 보일러 이상 현상의 종류)

KEY ① 2016년 8월 21일(문제 48번) 출제
② 2023년 7월 8일(문제 59번) 출제

---

59 작업장 내 운반을 주목적으로 하는 구내운반차가 준수해야 할 사항으로 옳지 않은 것은?

① 주행을 제동하거나 정지상태를 유지하기 위하여 유효한 제동장치를 갖출 것
② 경음기를 갖출 것
③ 핸들의 중심에서 차체 바깥 측까지의 거리가 65 [cm] 이내일 것
④ 운전자석이 차 실내에 있는 것은 좌우에 한 개씩 방향지시기를 갖출 것

해설

구내운반차 작업 시 준수사항
① 주행을 제동하거나 정지상태를 유지하기 위하여 유효한 제동장치를 갖출 것
② 경음기를 갖출 것
③ 운전석이 차 실내에 있는 것은 좌우에 한 개씩 방향지시기를 갖출 것
④ 전조등과 후미등을 갖출 것. 다만, 작업을 안전하게 하기 위하여 필요한 조명이 있는 장소에서 사용하는 구내운반차에 대해서는 그러하지 아니하다.

참고 산업안전산업기사 필기 p.3-186(문제 155번) 적중

KEY ① 2017년 5월 7일(문제 45번) 출제
② 2023년 5월 13일(문제 44번) 출제

합격정보 산업안전보건기준에 관한 규칙 제184조(제동장치 등)

---

60 산업안전보건법령상 양중기에서 절단하중이 100톤인 와이어로프를 사용하여 화물을 직접적으로 지지하는 경우, 화물의 최대허용하중(톤)은?

① 20　　　　② 30
③ 40　　　　④ 50

해설

최대허용하중 = $\dfrac{절단하중}{안전율(계수)}$ = $\dfrac{100}{5}$ = 20[ton]

[**정답**] 57 ②　58 ②　59 ③　60 ①

[참고] ① 산업안전산업기사 필기 p.3-2(합격날개 : 합격예측)

[KEY] ① 2006년 8월 6일 (문제 41번) 출제
② 2020년 8월 23일(문제 48번) 출제
② 2023년 5월 13일(문제 45번) 출제

[합격정보]
산업안전보건기준에 관한 규칙 제163조(와이어로프 등 달기구의 안전계수)

[보충학습]
안전계수
① 근로자가 탑승하는 운반구를 지지하는 달기와이어로프 또는 달기체인의 경우 : 10 이상
② 화물의 하중을 직접 지지하는 달기와이어로프 또는 달기체인의 경우 : 5 이상
③ 훅, 샤클, 클램프, 리프팅 빔의 경우 : 3 이상
④ 그 밖의 경우 : 4 이상

4 전기 및 화학설비 안전관리

61 정전기 재해를 예방하기 위해 설치하는 제전기의 제전효율은 설치 시에 얼마 이상이 되어야 하는가?

① 40[%] 이상   ② 50[%] 이상
③ 70[%] 이상   ④ 90[%] 이상

[해설]
제전기 설치시 제전효율 : 90[%] 이상

[참고] 산업안전산업기사 필기 p.4-41(은행문제)

[KEY] ① 2020년 9월 19일(문제 64번) 출제
② 2021년 8월 14일 기사 출제
③ 2023년 7월 8일(문제 62번) 출제
④ 2024년 7월 5일(문제 61번) 출제

62 다음 중 고체연소의 종류에 해당하지 않는 것은?

① 표면연소   ② 증발연소
③ 분해연소   ④ 예혼합연소

[해설]
기체 연소
① 확산연소(불균질 연소) : 가연성 기체를 대기 중에 분출·확산시켜 연소하는 방식(불꽃은 있으나 불티가 없는 연소)
② 혼합연소(예혼합 연소, 균질연소) : 먼저 가연성 기체를 공기와 혼합시켜 놓고 연소하는 방식

[참고] ① 산업안전산업기사 필기 4-98(2. 연소의 종류)
② 2017년 5월 7일 기사(문제 93번)

[KEY] ① 2017년 5월 7일 산업기사 출제
② 2023년 7월 8일(문제 79번) 출제
③ 2024년 7월 5일(문제 66번) 출제

63 다음 중 정전기 재해의 방지대책으로 가장 적절한 것은?

① 절연도가 높은 플라스틱을 사용한다.
② 대전하기 쉬운 금속은 접지를 실시한다.
③ 작업장 내의 온도를 낮게 해서 방전을 촉진시킨다.
④ (+), (-) 전하의 이동을 방해하기 위하여 주위의 습도를 낮춘다.

[해설]
정전기 방지 대책

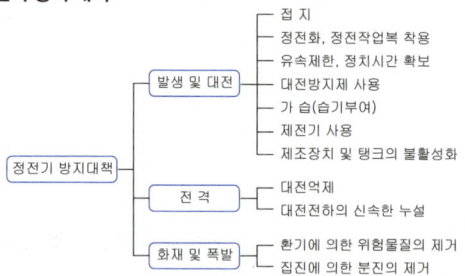

[참고] 산업안전산업기사 필기 p.4-36(그림. 정전기방지대책)

[KEY] ① 2016년 5월 8일 기사 출제
② 2016년 8월 21일 기사 출제
③ 2017년 5월 7일 산업기사 출제
④ 2023년 6월 4일 기사 등 10회 이상 출제
⑤ 2023년 3월 1일(문제 62번) 출제
⑥ 2024년 7월 5일(문제 74번) 출제
⑦ 2019년 8월 4일(문제 74번) 출제

[읽을거리]
Earthing(어싱)
'땅'(Earth)과 '현재진행형'(ing)의 합성어로, 맨발로 땅을 밟으며 지구와 몸을 하나로 연결한다는 의미를 갖고 있다. 이는 단순히 '걷기 운동'에 초점이 맞춰진 것이 아닌 땅과 직접 접촉하는 '접지(接地)'를 핵심으로 하는데, '지구와 우리 몸을 연결한다'는 의미에서 '어싱(Earthing)'이라는 명칭이 붙은 것이다. 그리고 이러한 어싱을 즐기는 이들을 가리켜 '어싱족 (Earthing族)'이라고 한다.

[정답] 61 ④   62 ④   63 ②

64. 물질안전보건자료(MSDS)의 작성 항목이 아닌 것은?

① 물리화학적 특성
② 유해물질의 제조법
③ 독성에 관한 정보
④ 응급처치요령

해설

MSDS(물질안전보건자료) 작성 항목
① 물리·화학적 특성
② 독성에 관한 정보
③ 폭발·화재 시의 대처방법
④ 응급처치 요령
⑤ 그 밖에 고용노동부장관이 정하는 사항

참고) 산업안전산업기사 필기 p.1-233[6.MSDS (물질 안전보건자료)의 작성·비치]

KEY
① 2010년 7월 25일(문제 73번) 출제
② 2014년 3월 2일(문제 76번) 출제
③ 2023년 3월 1일(문제 76번) 출제
④ 2024년 7월 5일(문제 77번) 출제

합격정보
① 산업안전보건법 제110조(물질안전보건자료의 작성·비치 등)
② 산업안전보건법 시행규칙 제156조(변경이 필요한 물질안전보건자료의 항목 및 제출시기)

65. 다음 중 폭발한계의 범위가 가장 넓은 가스는?

① 수소
② 메탄
③ 프로판
④ 아세틸렌

해설

주요 인화성가스의 폭발범위

인화성 가스	폭발하한 값(%)	폭발상한 값(%)
아세틸렌(C_2H_2)	2.5	81
산화에틸렌(C_2H_4O)	3	80
수소(H_2)	4	75
일산화탄소(CO)	12.5	74
프로판(C_3H_8)	2.1	9.5
에탄(C_2H_6)	3	12.5
메탄(CH_4)	5	15
부탄(C_4H_{10})	1.8	8.4

참고) 산업안전산업기사 필기 p.4-153(표 : 공기중의 폭발한계)

KEY
① 2021년 3월 5일(문제 75번) 출제
② 2024년 7월 5일(문제 80번) 출제

66. 다음은 산업안전보건법령에 따른 위험물질의 종류 중 부식성 염기류에 관한 내용이다. ( )안에 알맞은 수치는?

> 농도가 (   )[%] 이상인 수산화나트륨, 수산화칼륨, 그 밖에 이와 같은 정도 이상의 부식성을 가지는 염기류

① 20
② 40
③ 60
④ 80

해설

부식성 물질
① 부식성 산류
  ㉮ 농도가 20[%] 이상인 염산, 황산, 질산, 기타 이와 동등 이상의 부식성을 지니는 물질
  ㉯ 농도가 60[%] 이상인 인산, 아세트산, 플루오르산, 기타 이와 동등 이상의 부식성을 가지는 물질
② 부식성 염기류 : 농도가 40[%] 이상인 수산화나트륨, 수산화칼슘, 기타 이와 동등 이상의 부식성을 가지는 염기류

참고) 산업안전산업기사 필기 p.4-130(7. 부식성 물질)

KEY
① 2016년 3월 6일 출제
② 2017년 8월 26일 기사·산업기사 동시출제
③ 2023년 7월 8일(문제 80번) 출제
④ 2024년 5월 9일(문제 65번) 출제

합격정보
산업안전보건기준에 관한 규칙 [별표 1] 위험물질의 종류

67. 산업안전보건법령상 관리대상 유해물질의 운반 및 저장 방법으로 적절하지 않은 것은?

① 저장장소에는 관계 근로자가 아닌 사람의 출입을 금지하는 표시를 한다.
② 저장장소에서 관리대상 유해물질의 증기가 실외로 배출되지 않도록 적절한 조치를 한다.
③ 관리대상 유해물질을 저장할 때 일정한 장소를 지정하여 저장하여야 한다.
④ 물질이 새거나 발산될 우려가 없는 뚜껑 또는 마개가 있는 튼튼한 용기를 사용한다.

[정답] 64 ② 65 ④ 66 ② 67 ②

해설

관리대상물질의 저장방법
① 관리대상 유해물질의 증기를 실외로 배출시키는 설비를 설치할 것
② 저장장소에는 관계 근로자가 아닌 사람의 출입을 금지하는 표시를 한다.
③ 관리대상 유해물질을 저장할 때 일정한 장소를 지정하여 저장하여야 한다.
④ 물질이 새거나 발산될 우려가 없는 뚜껑 또는 마개가 있는 튼튼한 용기를 사용한다.

참고 산업안전산업기사 필기 p.4-137(합격날개 : 합격예측 및 관련 법규)

KEY ① 2018년 4월 28일(문제 76번) 출제
② 2023년 5월 13일(문제 74번) 출제
③ 2024년 5월 9일(문제 69번) 출제

합격정보 산업안전보건기준에 관한 규칙 제443조(관리대상물질의 저장)

---

68 전기설비 등에는 누전에 의한 감전의 위험을 방지하기 위하여 전기기계·기구의 접지를 실시하도록 하고 있다. 전기기계·기구의 접지에 대한 설명 중 틀린 것은?

① 특별고압의 전기를 취급하는 변전소·개폐소 그 밖에 이와 유사한 장소에서는 지락(地絡)사고가 발생할 경우 접지극의 전위상승에 의한 감전위험을 감소시키기 위한 조치를 하여야 한다.
② 코드 및 플러그를 접속하여 사용하는 전압이 대지전압 110[V]를 넘는 전기기계·기구가 노출된 비충전 금속체에는 접지를 반드시 실시하여야 한다.
③ 접지설비에 대하여는 상시 적정상태 유지여부를 점검하고 이상을 발견한 때에는 즉시 보수하거나 재설치하여야 한다.
④ 전기기계·기구의 금속체 외함·금속제 외피 및 철대에는 접지를 실시하여야 한다.

해설

누전차단기를 설치하여야 되는 장소
① 전기기계·기구 중 대지전압이 150[V]를 초과하는 이동형 또는 휴대형의 것
② 물 등 도전성이 높은 액체에 의한 습윤장소
③ 철판·철골 위 등 도전성이 높은 장소
④ 임시배선의 전로가 설치되는 장소

참고 산업안전산업기사 필기 p.4-6(2. 누전차단기 설치 장소)

KEY ① 2019년 8월 4일 (문제 62번) 출제
② 2020년 6월 14일(문제 70번) 출제
③ 2023년 3월 1일(문제 70번) 출제
④ 2024년 5월 9일(문제 72번) 출제

합격정보 산업안전보건기준에 관한 규칙 제304조(누전차단기에 의한 감전방지)

---

69 마그네슘의 저장 및 취급에 관한 설명으로 틀린 것은?

① 화기를 엄금하고, 가열, 충격, 마찰을 피한다.
② 질분말이 비산하지 않도록 밀봉하여 저장한다.
③ 제6류 위험물과 같은 산화제와 혼합되지 않도록 격리, 저장한다.
④ 일단 연소하면 소화가 곤란하지만 초기 소화 또는 소규모 화재 시 물, CO_2 소화설비를 이용하여 소화한다.

해설

마그네슘의 저장 취급방법
① 발화성 물질
② 반드시 격리 저장

 산업안전산업기사 필기 p.4-131((2)유독성 물질관리와 관련된 중요사항)

KEY ① 2017년 8월 26일 기사 출제
② 2022년 7월 2일(문제 78번) 출제
③ 2024년 5월 9일(문제 75번) 출제

보충학습
화재시 반드시 건조사를 사용한다.

---

70 근로자가 활선작업용 기구를 사용하여 작업할 경우 근로자의 신체 등과 충전전로 사이의 선간전압별 접근한계거리가 틀린 것은?

① 15[kV] 초과 37[kV] 이하 : 80[cm]
② 37[kV] 초과 88[kV] 이하 : 110[cm]
③ 121[kV] 초과 145[kV] 이하 : 150[cm]
④ 242[kV] 초과 362[kV] 이하 : 380[cm]

[정답] 68 ② 69 ④ 70 ①

해설

충전전로 접근 한계 거리

충전전로의 선간전압 (단위 : [kV])	충전전로에 대한 접근 한계거리 (단위 : [cm])
0.3 이하	접촉금지
0.3 초과 0.75 이하	30
0.75 초과 2 이하	45
2 초과 15 이하	60
15 초과 37 이하	90
37 초과 88 이하	110
88 초과 121 이하	130
121 초과 145 이하	150
145 초과 169 이하	170
169 초과 242 이하	230
242 초과 362 이하	380
362 초과 550 이하	550
550초과 800 이하	790

참고 산업안전산업기사 필기 p.4-89(문제 32번) 적중

KEY
① 2016년 5월 8일 기사 출제
② 2018년 3월 4일 기사 출제
③ 2023년 3월 5일 기사 등 10회 이상 출제
④ 2023년 3월 1일(문제 63번) 출제
⑤ 2024년 2월 15일(문제 61번) 출제

합격정보
산업안전보건기준에 관한 규칙 제321조(충전전로에서의 전기작업)

⑤ 2023년 3월 1일(문제 67번) 출제
⑥ 2023년 6월 4일 기사 출제
⑦ 2024년 5월 14일 기사 출제
⑧ 2024년 2월 15일(문제 63번) 출제

72 배관용 부품에 있어 사용되는 용도가 다른 것은?

① 엘보(elbow)
② 티이(T)
③ 크로스(cross)
④ 밸브(valve)

해설

배관부품용도

용도	종류
두 개의 관을 연결할 때	플랜지, 유니언, 커플링, 니플, 소켓
관로의 방향을 바꿀 때	엘보, Y지관, 티, 십자
관로의 크기를 바꿀 때	축소관, 부싱
가지관을 설치할 때	티(T), Y지관, 십자
유로를 차단할 때	플러그, 캡, 밸브
유량 조절	밸브

참고 산업안전산업기사 필기 p.4-152(합격날개 : 합격예측)

KEY
① 2023년 2월 28일 기사 등 10회 이상 출제
② 2023년 3월 1일(문제 78번) 출제
③ 2024년 2월 15일(문제 64번) 출제

71 인체가 전격을 당했을 경우 통전시간이 1초라면 심실세동을 일으키는 전류값[mA]은?(단, 심실세동전류값은 Dalziel의 관계식을 이용한다.)

① 100
② 165
③ 180
④ 215

해설

심실세동(치사)전류

전격의 영향	통전전류(값)
심근의 미세한 진동으로 혈액을 송출하는 펌프의 기능이 장애를 받는 현상을 심실세동이라 하며 이때의 전류	$I = \dfrac{165}{\sqrt{T}}$[mA] I : 심실세동전류[mA] T : 통전시간(s)

참고 산업안전산업기사 필기 p.4-17(3. 통전전류에 따른 인체의 영향)

KEY
① 2013년 8월 18일 문제 68번 출제
② 2015년 3월 8일 기사 출제
③ 2017년 3월 5일, 5월 7일기사 출제
④ 2018년 4월 28일 기사 출제

73 다음 중 폭발 방호 대책과 가장 거리가 먼 것은?

① 불활성화
② 억제
③ 방산
④ 봉쇄

해설

퍼지(불활성화 : purge)
연소되지 않은 가스가 노 안에 또는 기타 장소에 차 있으면 점화를 했을 때 폭발할 우려가 있으므로 점화시키기 전에 이것을 노 밖으로 배출하기 위하여 환기시키는 것을 퍼지라고 한다.(화재방호대책)

참고 산업안전산업기사 필기 p.4-114(4. 퍼지)

KEY
① 2022년 4월 24일 기사(문제 82번) 출제
② 2022년 4월 17일(문제 75번) 출제
③ 2024년 2월 15일(문제 74번) 출제

[정답] 71 ② 72 ④ 73 ①

74 다음 중 방폭구조의 종류가 아닌 것은?

① 본질안전 방폭구조   ② 고압 방폭구조
③ 압력 방폭구조   ④ 내압 방폭구조

[해설]

주요 국가 방폭구조의 기호

방폭구조 나라명	내압	유입	압력	안전증	본질 안전	특수	사입
한국	d	o	p	e	i	s	—
영국	FLT				ELP		
독일	Exd	Exo	Exf	Exe	Exi	Exs	Exq
오스트리아	Exd	Exo	Exe	Exi	Exs	Exq	
프랑스	—	—	—	—	—	—	
이태리	Exd	Exo	Exp		Exi		Exq
스위스	Exd	Exo	Exf	Exe		Exs	
스웨덴	Xt	Xo	Xy	Xh	Xi	Xs	

[참고] 산업안전산업기사 필기 p.4-53((3) 방폭구조의 종류 및 특징)

[KEY]
① 2016년 5월 8일 출제
② 2016년 8월 21일 출제 기사·산업기사 동시 출제
③ 2017년 3월 5일 출제
④ 2018년 3월 4일 산업기사 출제
⑤ 2022년 7월 2일(문제 65번) 출제
⑥ 2024년 5월 14일 기사 출제
⑦ 2024년 2월 15일(문제 75번) 출제

75 전기기계·기구에 대하여 누전에 의한 감전위험을 방지하기 위하여 누전차단기를 전기기계·기구에 접속할 때 준수하여야 할 사항으로 옳은 것은?

① 누전차단기는 정격감도전류가 60[mA] 이하이고 작동시간은 0.1초 이내일 것
② 누전차단기는 정격감도전류가 50[mA] 이하이고 작동시간은 0.08초 이내일 것
③ 누전차단기는 정격감도전류가 40[mA] 이하이고 작동시간은 0.06초 이내일 것
④ 누전차단기는 정격감도전류가 30[mA] 이하이고 작동시간은 0.03초 이내일 것

[해설]

누전차단기 설치기준[KSC4613]
① 정격감도 : 30[mA] 이하
② 작동시간 : 0.03초 이내

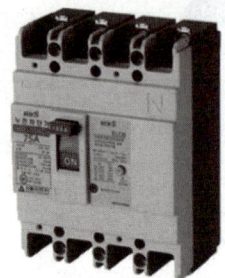

제품명 : 산업용 누전차단기 SBE-104Ca(75A)
극수및소자수 : 4P4E
정격전압 : AC 220V / 460V / 415V / 380V
정격전류 : 75A
동작시간 : 0.1초 이내
인증기관 : KSC 4613 제11675호
동작방식 : 전류 동작형
정격감도전류 : 100mA
정격부동작전류 : 50mA
정격차단전류 : 25kA(220V) / 14kA(460V)
　　　　　　　14kA(415V) / 14kA(380V)

[그림] 누전차단기

[참고] 산업안전산업기사 필기 p.4-5(1. 누전차단기의 종류)

[KEY]
① 2016년 3월 6일 출제
② 2017년 5월 7일 기사 출제
③ 2017년 8월 26일 기사 출제
④ 2018년 3월 4일 기사·산업기사 동시 출제
⑤ 2021년 5월 9일(문제 67번) 출제
⑥ 2024년 5월 11일 기사 필답형 출제
⑦ 2024년 5월 14일 기사 출제
⑧ 2024년 2월 15일(문제 78번) 출제

[합격정보]
산업안전보건기준에 관한 규칙 제304조(누전차단기에 의한 감전 방지)

76 산업안전보건법령상 방폭전기설비의 위험장소분류에 있어 보통 상태에서 위험 분위기를 발생할 염려가 있는 장소로서 폭발성 가스가 보통상태에서 집적되어 위험농도로 될 염려가 있는 장소를 몇 종 장소라 하는가?

① 0종 장소   ② 1종 장소
③ 2종 장소   ④ 3종 장소

[해설]

위험장소의 구분
① 0종 장소 : 장치 및 기기들이 정상 가동되는 경우에 폭발성 가스가 항상 존재하는 장소이다.
② 1종 장소 : 장치 및 기기들이 정상 가동 상태에서 폭발성 가스가 가끔 누출되어 위험 분위기가 존재하는 장소이다.
③ 2종 장소 : 작업자의 조작상 실수나 이상운전으로 폭발성 가스가 누출되거나 유출된 가스가 체류하여 폭발을 일으킬 우려가 있는 장소이다.

[참고] 산업안전산업기사 필기 p.4-52(3. 가스폭발 위험장소)

[KEY]
① 2015년 8월 16일(문제 61번) 출제
② 2024년 2월 15일(문제 67번) 출제

[정답] 74 ② 75 ④ 76 ②

77 일반적인 방전형태의 종류가 아닌 것은?

① 스트리머(streamer)방전
② 적외선(infrared-ray)방전
③ 코로나(corona)방전
④ 연면(surface)방전

해설

방전(discharge) 형태의 종류
① 코로나(corona)방전
② 스트리머(streamer)방전
③ 스파크(spark)방전
④ 연면(surface)방전
⑤ 브러시(brush)방전

참고) 산업안전산업기사 필기 p.4-34(3. 방전의 형태 및 영향)

KEY ① 2016년 5월 8일(문제 68번) 출제
② 2023년 5월 13일(문제 66번) 출제

78 다음 중 개방형 스프링식 안전밸브의 장점이 아닌 것은?

① 구조가 비교적 간단하다.
② 증기용에 어큐뮬레이션을 3[%] 이내로 할 수 있다.
③ 스프링, 밸브봉 등이 외기의 영향을 받지 않는다.
④ 밸브시트와 밸브스템 사이에서 누설을 확인하기 쉽다.

해설

개방형 스프링식 안전밸브 장점
① 구조가 비교적 간단하다.
② 증기용에 어큐뮬레이션을 3[%] 이내로 할 수 있다.
③ 밸브시트와 밸브시스템 사이에서 누설을 확인하기 쉽다.

[그림] 개방형

[그림] 밀폐형

참고) 산업안전산업기사 필기 p.4-141(합격날개 : 합격예측)

KEY ① 2015년 5월 31일(문제 75번) 출제
② 2023년 5월 13일(문제 77번) 출제

보충학습

개방식 스프링 안전밸브의 단점
① 옥내에서 가연성 가스나 독성가스용으로 사용할 수 없다.
② 배출관에 배압이 걸리는 경우에는 사용할 수 없다.
③ 스프링, 밸브봉 등이 외기의 영향을 받기 쉽다.

79 휘발유를 저장하던 이동저장탱크에 등유나 경유를 이동저장탱크의 밑 부분으로부터 주입할 때에 액표면의 높이가 주입관의 선단의 높이를 넘을 때까지 주입속도는 몇 [m/s] 이하로 하여야 하는가?

① 0.5   ② 1.0
③ 1.5   ④ 2.0

해설

등유·경유 주입
주입속도 : 1[m/s] 이하

참고) 산업안전산업기사 필기 p.4-148(합격날개 : 합격예측 및 관련법규)

KEY ① 2017년 5월 7일(문제 73번) 출제
② 2023년 5월 13일(문제 80번) 출제

합격정보

산업안전보건기준에 관한 규칙 제228조(가솔린이 남아 있는 설비에 등유 등의 주입)

80 폭발한계와 완전 연소 조성 관계인 Jones식을 이용하여 부탄(C_4H_{10})의 폭발하한계를 구하면 약 몇 [vol%]인가?

① 1.4   ② 1.7
③ 2.0   ④ 2.3

해설

C_4H_{10} 양론농도계산

① $C_{st} = \dfrac{100}{1 + 4.773\left(4 + \dfrac{10}{4}\right)} = 3.125$

② 연소하한값 $= 0.55 \times C_{st} = 0.55 \times 3.125 = 1.718$

참고) 산업안전산업기사 필기 p. 4-104(보충학습 : 폭발범위의 계산)

KEY ① 2020년 8월 22일(문제 86번) 출제
② 2021년 8월 14일(문제 94번) 출제
③ 2022년 4월 17일(문제 73번) 출제

[정답] 77 ②   78 ③   79 ②   80 ②

> **보충학습**
> 폭발범위의 계산 : Jones식
> ① 폭발하한계 $= 0.55 \times C_{st}$
> ② 폭발상한계 $= 3.50 \times C_{st}$
>
> 여기서, $C_{st} = \dfrac{100}{1+4.773\left(n+\dfrac{m-f-\lambda}{4}\right)}$
>
> (n:탄소, m:수소, f:할로겐원소, λ:산소의 원자수)

5 건설공사 안전관리

81 산업안전보건관리비 중 안전시설비 등의 항목에서 사용가능한 내역은?

① 외부인 출입금지, 공사장 경계표시를 위한 가설 울타리
② 용접 작업 등 화재 위험작업 시 사용하는 소화기의 구입·임대비용
③ 절토부 및 성토부 등의 토사유실 방지를 위한 설비
④ 공사 목적물의 품질 확보 또는 건설장비 자체의 운행 감시, 공사 진척상황 확인, 방범 등의 목적을 가진 CCTV 등 감시용 장비

> **해설**
> **안전시설비 사용가능내역**
> ① 산업재해 예방을 위한 안전난간, 추락방호망, 안전대 부착설비, 방호장치(기계·기구와 방호장치가 일체로 제작된 경우, 방호장치 부분의 가액에 한함) 등 안전시설의 구입·임대 및 설치를 위해 소요되는 비용
> ② 「산업재해예방시설자금 융자금 지원사업 및 보조금 지급사업 운영규정」(고용노동부고시) 제2조제12호에 따른 "스마트안전장비 지원사업" 및 「건설기술진흥법」 제62조의3에 따른 스마트 안전장비 구입·임대 비용. 다만, 제4조에 따라 계상된 산업안전보건관리비 총액의 10분의 1을 초과할 수 없다.
> ③ 용접 작업 등 화재 위험작업 시 사용하는 소화기의 구입·임대비용

> **참고** 산업안전산업기사 필기 p.5-39(2. 안전시설비)

> **KEY**
> ① 2017년 5월 7일 기사 출제
> ② 2018년 3월 4일 기사 출제
> ③ 2019년 3월 3일(문제 92번) 출제
> ④ 2023년 3월 1일(문제 87번) 출제
> ⑤ 2024년 7월 5일(문제 93번) 출제
> ⑥ 2025년 2월 7일(문제 81번) 출제

> **합격정보**
> 고용노동부고시 제2025-11호(2025. 2. 12, 개정)

82 지반의 종류가 암반 중 경암일 경우 굴착면 기울기 기준으로 옳은 것은?

① 1 : 0.3
② 1 : 0.5
③ 1 : 1.0
④ 1 : 1.5

> **해설**
> **굴착면의 기울기 기준** 예 1 : 0.5
>
> | 지반의 종류 | 굴착면의 기울기 |
> |---|---|
> | 모래 | 1 : 1.8 |
> | 연암 및 풍화암 | 1 : 1.0 |
> | 경암 | 1 : 0.5 |
> | 그 밖의 흙 | 1 : 1.2 |

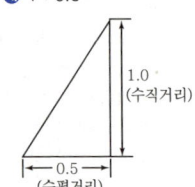

> **참고** 산업안전산업기사 필기 p.5-56(표. 굴착면의 기울기 기준)

> **KEY**
> ① 2016년 5월 8일 기사·산업기사 동시 출제
> ② 2020년 6월 7일 기사(문제 111번) 출제
> ③ 2020년 9월 27일 기사(문제 115번) 출제
> ④ 2023년 7월 8일(문제 97번) 출제
> ⑤ 2024년 2월 15일(문제 83번), 5월 9일(문제 81번) 출제
> ⑥ 2025년 2월 7일(문제 84번) 출제

> **합격정보**
> ① 산업안전보건기준에 관한 규칙 [별표 11] 굴착면의 기울기 기준
> ② 2025년 7월 17일 개정 적용

83 건설업 산업안전보건관리비 계상 및 사용기준은 산업재해보상 보험법의 적용을 받는 공사 중 총 공사금액이 얼마 이상인 공사에 적용하는가?

① 4천만원
② 3천만원
③ 2천만원
④ 1천만원

> **해설**
> **건설업 산업안전보건관리비 계상 및 사용기준 제3조(적용범위)**
> 이 고시는 법 제2조제11호의 건설공사 중 총공사금액 2천만 원 이상인 공사에 적용한다. 다만, 단가계약에 의하여 행하는 공사에 대하여는 총계약금액을 기준으로 적용한다.

> **참고** 산업안전산업기사 필기 p.5-38(제3조)

> **KEY**
> ① 2016년 3월 6일 기사 출제
> ② 2017년 5월 7일 출제
> ③ 2017년 8월 26일 기사·산업기사 동시 출제
> ④ 2019년 8월 4일 기사(문제 110번) 출제
> ⑤ 2022년 4월 17일(문제 97번) 출제
> ⑥ 2024년 5월 9일(문제 98번) 출제
> ⑦ 2025년 2월 7일(문제 86번) 출제

[정답] 81 ② 82 ② 83 ③

> [합격정보]
> 건설업 산업안전보건관리비 계상 및 사용기준(제2025-11호, 2025. 2. 12. 개정)

84 유한사면에서 사면기울기가 비교적 완만한 점성토에서 주로 발생되는 사면파괴의 형태는?

① 저부파괴
② 사면선단파괴
③ 사면내파괴
④ 국부전단파괴

[해설]

사면의 붕괴 형태
① 사면 선단 파괴(Toe Failure)
② 사면 내 파괴(Slope Failure)
③ 사면 저부 파괴(Base Failure)

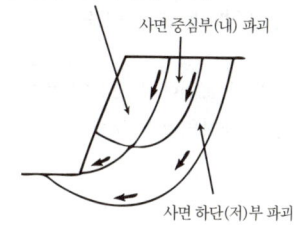

[그림] 사면 붕괴 형태

> [참고] 산업안전산업기사 필기 p.5-55(합격날개 : 합격예측)

> [KEY]
> ① 2016년 10월 1일(문제 99번) 출제
> ② 2023년 9월 2일(문제 95번) 출제
> ③ 2025년 2월 7일(문제 92번) 출제

85 산업안전보건법령에 따른 양중기의 종류에 해당하지 않는 것은?

① 곤돌라
② 리프트
③ 클램쉘
④ 크레인

[해설]

클램쉘(clam shell)
① 연약지반이나 수중굴착 및 자갈 등을 싣는 데 적합하다.
② 깊은 땅파기 공사와 흙막이 버팀대를 설치하는 데 사용한다.
③ 수중굴착 및 수조물의 기초바닥 등과 같은 협소하고 상당히 깊은 범위의 굴착과 호퍼(hopper)에 적당하다.

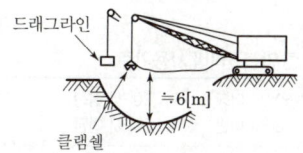

[그림] 드래그라인과 클램쉘의 작업

> [참고] 산업안전산업기사 필기 p.5-63(4. 클램쉘)

> [KEY]
> ① 2016년 5월 8일 산업기사 출제
> ② 2017년 5월 7일 산업기사 출제
> ③ 2019년 8월 4일 기사(문제 120번) 출제
> ④ 2021년 9월 15일(문제 82번) 출제
> ⑤ 2025년 2월 7일(문제 98번) 출제
> ⑥ 2025년 7월 19일 실기필답형 출제

> [보충학습]

제132조(양중기)
"양중기"라 함은 다음 각 호의 기계를 말한다.
① 크레인(호이스트를 포함한다.) ② 이동식크레인
③ 리프트(이삿짐운반용 리프트의 경우에는 적재하중이 0.1[t] 이상의 것으로 한정한다.)
④ 곤돌라
⑤ 승강기

86 건설공사의 산업안전보건관리비 계상 시 대상액이 구분되어 있지 않은 공사는 도급계약 또는 자체사업 계획 상의 총 공사금액 중 얼마를 대상액으로 하는가?

① 50[%]
② 60[%]
③ 70[%]
④ 80[%]

[해설]

대상액이 구분이 없을 때 : 70[%]

> [참고] 산업안전산업기사 필기 p.5-44(표. 공사진척에 따른 안전관리비 사용기준)

> [KEY]
> ① 2017년 5월 7일, 9월 23일기사 출제
> ② 2019년 8월 4일 산업기사 출제
> ③ 2020년 6월 7일(문제 103번) 출제
> ④ 2021년 9월 15일(문제 88번) 출제
> ⑤ 2025년 2월 7일(문제 99번) 출제

> [합격정보]
> 건설업 산업안전보건관리비계상기준 고시 2025-11호(2025. 2. 12)

[정답] 84 ①   85 ③   86 ③

보충학습

공사진척에 따른 안전관리비 사용기준

공정률	50[%] 이상 70[%] 미만	70[%] 이상 90[%] 미만	90[%] 이상
사용기준	50[%] 이상	70[%] 이상	90[%] 이상

---

87 다음 빈칸에 알맞은 숫자를 순서대로 옳게 나타낸 것은?

> 강관비계의 경우, 띠장간격은 ( )[m] 이하로 설치하되, 첫 번째 띠장은 지상으로부터 ( )[m] 이하의 위치에 설치한다.

① 2, 2   ② 2.5, 3
③ 1.85, 2   ④ 1, 3

해설
강관비계의 띠장간격
① 띠장 간격은 2[m] 이하로 설치한다.(비계기둥의 간격은 띠장방향 1.85[m] 이하)
② 띠장은 지상으로부터 2[m] 이하의 위치에 설치한다.
③ 작업의 성질상 이를 준수하기가 곤란하여 쌍기둥틀 등에 의하여 해당 부분을 보강한 경우에는 그러하지 아니하다.

참고) 산업안전산업기사 필기 p.5-98(합격날개 : 합격예측 및 관련법규)

KEY ① 2017년 3월 5일 기사 출제
② 2017년 8월 26일 기사·산업기사 동시출제
③ 2023년 7월 8일(문제 81번) 출제
④ 2024년 7월 5일(문제 81번) 출제

합격정보
산업안전보건기준에 관한 규칙 제60조(강관비계의 구조)

---

88 철골공사 시 무너짐의 위험이 있어 강풍에 대한 안전여부를 확인해야 할 필요성이 가장 높은 경우는?

① 연면적당 철골량이 일반 건물보다 많은 경우
② 기둥에 H형강을 사용하는 경우
③ 이음부가 공장용접인 경우
④ 단면구조가 현저한 차이가 있으며 높이가 20[m] 이상인 건물

해설
강풍시 검토사항
① 높이 20[m] 이상인 구조물
② 구조물의 폭과 높이의 비가 1 : 4 이상인 구조물
③ 건물, 호텔 등에서 단면 구조에 현저한 차이가 있는 것
④ 연면적당 철골량이 50[kg/m²] 이하인 구조물
⑤ 기둥이 타이 플레이트(tie plate)형인 구조물
⑥ 이음부가 현장 용접인 경우

참고) 산업안전산업기사 필기 p.5-154(3. 철골의 자립도 검토)

KEY ① 2017년 9월 23일 기사 출제
② 2018년 3월 4일 기사 출제
③ 2019년 4월 27일 기사 출제
④ 2023년 7월 8일(문제 83번) 출제
⑤ 2024년 7월 5일(문제 82번) 출제

---

89 다음은 이음매가 있는 권상용 와이어로프의 사용금지 규정이다. ( ) 안에 알맞은 숫자는?

> 와이어로프의 한 꼬임에서 소선의 수가 ( )[%]이상 절단된 것을 사용하면 안된다.

① 5   ② 7
③ 10   ④ 15

해설
달비계 와이어로프 사용금지 기준
① 이음매가 있는 것
② 와이어로프의 한 꼬임[(스트랜드(strand)를 말한다. 이하 같다]에서 끊어진 소선(素線)[필러(pillar)선은 제외한다]의 수가 10[%] 이상(비자로프의 경우에는 끊어진 소선의 수가 와이어로프 호칭지름의 6배 길이 이내에서 4[개] 이상이거나 호칭지름 30배 길이 이내에서 8[개] 이상)인 것
③ 지름의 감소가 공칭지름의 7[%]를 초과하는 것
④ 꼬인 것
⑤ 심하게 변형되거나 부식된 것
⑥ 열과 전기충격에 의해 손상된 것

참고) 산업안전산업기사 필기 p.5-102(합격날개 : 합격예측 및 관련법규)

KEY ① 2015년 5월 31일 기사 출제
② 2023년 5월 13일(문제 84번) 출제
③ 2023년 6월 4일 기사 등 10회 이상 출제
④ 2024년 7월 5일(문제 87번) 출제

합격정보
산업안전보건기준에 관한 규칙 제63조(달비계의 구조)

[정답] 87 ①   88 ④   89 ③

90 이동식 비계 작업 시 주의사항으로 옳지 않은 것은?

① 비계의 최상부에서 작업을 하는 경우에는 안전난간을 설치한다.
② 이동 시 작업지휘자가 이동식 비계에 탑승하여 이동하며 안전여부를 확인하여야 한다.
③ 비계를 이동시키고자 할 때는 바닥의 구멍이나 머리 위의 장애물을 사전에 점검한다.
④ 작업발판은 항상 수평을 유지하고 작업발판 위에서 안전난간을 딛고 작업을 하거나 받침대 또는 사다리를 사용하여 작업하지 않도록 한다.

해설
비계 이동시 작업지휘나 작업원이 탄채로 이동하면 안된다.

참고 산업안전산업기사 필기 p.5-103(4. 이동식 비계)

KEY
① 2011년 8월 21일(문제 81번) 출제
② 2020년 6월 14일(문제 85번) 출제
③ 2023년 3월 1일(문제 84번) 출제
④ 2024년 7월 5일(문제 92번) 출제

합격정보
산업안전보건기준에 관한 규칙 제68조(이동식비계)

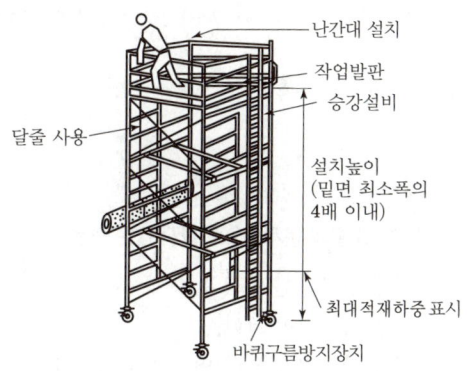

[그림] 이동식 비계

91 달비계의 최대 적재하중을 정하는 경우 달기 와이어로프의 최대하중이 50[kg]일 때 안전계수에 의한 와이어로프의 절단하중은 얼마인가?

① 1,000[kg]   ② 700[kg]
③ 500[kg]   ④ 300[kg]

해설
절단하중 = 최대하중 × 안전계수 = 50 × 10 = 500[kg]

참고 산업안전산업기사 필기 p.5-91(합격날개 : 합격예측 및 관련 법규)

KEY
① 2016년 10월 1일 출제
② 2018년 3월 4일 기사·산업기사 동시 출제
③ 2022년 9월 14일(문제 82번) 출제

합격정보
산업안전보건기준에 관한 규칙 제55조(작업발판의 최대 적재 하중)

92 높이 2[m]를 초과하는 말비계를 조립하여 사용하는 경우 작업발판의 최소 폭 기준으로 옳은 것은?

① 20[cm] 이상   ② 30[cm] 이상
③ 40[cm] 이상   ④ 50[cm] 이상

해설
말비계 작업 발판 최소 폭 : 40[cm] 이상

[그림] 달비계   [그림] 달대비계

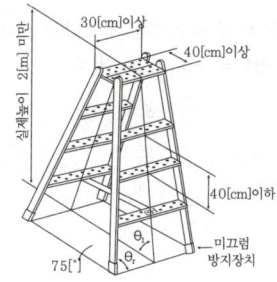

[그림] 말비계

참고 산업안전산업기사 필기 p.5-98(7. 말비계)

KEY
① 2016년 5월 8일 출제
② 2017년 3월 5일 출제
③ 2017년 9월 23일 기사 출제
④ 2018년 4월 28일 기사 출제
⑤ 2022년 9월 14일(문제 94번) 출제

합격정보
산업안전보건기준에 관한 규칙 제67조(말비계)

[정답] 90 ② 91 ③ 92 ③

93 산업안전보건법령에 따른 가설통로의 구조에 관한 설치기준으로 옳지 않은 것은?

① 경사가 25[°]를 초과하는 경우에는 미끄러지지 아니하는 구조로 할 것
② 경사는 30[°] 이하로 할 것
③ 수직갱에 가설된 통로의 길이가 15[m] 이상인 경우에는 10[m] 이내마다 계단참을 설치할 것
④ 건설공사에 사용하는 높이 8[m] 이상인 비계다리에는 7[m] 이내마다 계단참을 설치할 것

해설

미끄러지지 않는 구조기준 : 경사 15[°] 초과

참고 산업안전산업기사 필기 p.5-17(합격날개 : 합격예측 및 관련 법규)

KEY ① 2017년 3월 5일 출제
② 2017년 5월 7일 출제
③ 2017년 9월 23일 기사 출제
④ 2018년 4월 28일 기사·산업기사 동시 출제
⑤ 2022년 9월 14일(문제 96번) 출제

합격정보
산업안전보건기준에 관한 규칙 제23조(가설통로의 구조)

94 콘크리트 타설 시 거푸집의 측압에 영향을 미치는 인자들에 관한 설명으로 옳지 않은 것은?

① 슬럼프가 클수록 측압은 크다.
② 거푸집의 강성이 클수록 측압은 크다.
③ 철근량이 많을수록 측압은 작다.
④ 타설 속도가 느릴수록 측압은 크다.

해설

타설속도가 빠를수록 측압이 크다.

참고 산업안전산업기사 필기 p.5-151(3. 측압에 영향을 주는 요인)

KEY ① 2016년 5월 8일 출제
② 2016년 10월 1일 기사 출제
③ 2017년 5월 7일 출제
④ 2018년 8월 19일 기사·산업기사 동시 출제
⑤ 2022년 9월 14일(문제 99번) 출제

95 앞쪽에 한 개의 조향륜 롤러와 뒤축에 두 개의 롤러가 배치된 것으로(2축 3륜), 하층 노반다지기, 아스팔트 포장에 주로 쓰이는 장비의 이름은?

① 머캐덤 롤러   ② 탬핑 롤러
③ 페이 로더   ④ 래머

해설

머캐덤롤러(macadam roller)
① 2축 3륜으로 구성
② 용도 : 노반다지기, 아스팔트 포장

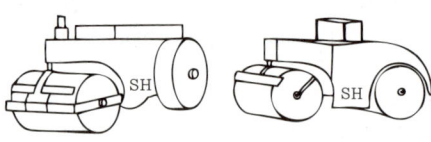

① 머캐덤 롤러   ② 탠덤 롤러

③ 타이어 롤러

[그림] 전압식 굴착기계

참고 산업안전산업기사 필기 p.5-74(표. 전압식 다짐기계의 종류 및 특징)

KEY 2022년 9월 14일(문제 100번) 출제

96 가설구조물의 문제점으로 옳지 않은 것은?

① 도괴재해의 가능성이 크다.
② 추락재해 가능성이 크다.
③ 부재의 결합이 간단하나 연결부가 견고하다.
④ 구조물이라는 통상의 개념이 확고하지 않으며 조립의 정밀도가 낮다.

해설

가설 구조물의 특징
① 연결재가 부족하여 불안정해지기 쉽다.
② 부재 결합이 간략하고 불완전 결합이 많다.
③ 구조물이라는 통상의 개념이 확고하지 않아 조립의 정밀도가 낮다.
④ 부재는 과소 단면이거나 결함이 있는 재료가 사용되기 쉽다.

참고 산업안전산업기사 필기 p.5-87(1. 가설 구조물의 특징)

KEY 2022년 3월 2일(문제 86번) 출제

[정답] 93 ①   94 ④   95 ①   96 ③

97 거푸집 해체작업 시 유의사항으로 옳지 않은 것은?

① 일반적으로 수평부재의 거푸집은 연직부재의 거푸집보다 빨리 떼어낸다.
② 해체된 거푸집이나 각목 등에 박혀있는 못 또는 날카로운 돌출물은 즉시 제거하여야 한다.
③ 상하 동시 작업은 원칙적으로 금지 하여 부득이한 경우에는 긴밀히 연락을 위하며 작업을 하여야 한다.
④ 거푸집 해체작업장 주위에는 관계자를 제외하고는 출입을 금지시켜야 한다.

해설
거푸집 해체 순서
① 거푸집은 일반적으로 연직부재를 먼저 떼어낸다.
② 이유 : 하중을 받지 않기 때문

참고 산업안전산업기사 필기 p.5-114(7. 거푸집의 해체 시 안전수칙)

KEY
① 2017년 5월 7일 산업기사 출제
② 2017년 8월 26일 산업기사 출제
③ 2019년 4월 27일 기사(문제 102번) 출제
④ 2022년 3월 2일(문제 87번) 출제

98 취급·운반의 원칙으로 옳지 않은 것은?

① 운반 작업을 집중하여 시킬 것
② 생산을 최고로 하는 운반을 생각할 것
③ 곡선 운반을 할 것
④ 연속 운반을 할 것

해설
취급, 운반의 5원칙
① 직선운반을 할 것
② 연속운반을 할 것
③ 운반작업을 집중화시킬 것
④ 생산을 최고로 하는 운반을 생각할 것
⑤ 최대한 시간과 경비를 절약할 수 있는 운반방법을 고려할 것

참고 산업안전산업기사 필기 p.5-171(합격날개 : 합격예측)

KEY
① 2017년 8월 26일 출제
② 2018년 4월 28일 기사 출제
③ 2019년 3월 3일 산업기사 출제
④ 2022년 3월 2일(문제 89번) 출제

99 사면지반 개량 공법으로 옳지 않은 것은?

① 전기 화학적 공법
② 석회 안정처리 공법
③ 이온 교환 공법
④ 옹벽 공법

해설
지반개량공법
① 점토질 지반개량공법 : 탈수공법(샌드드레인, 페이퍼드레인, 프리로딩, 침투압, 생석회 말뚝)과 치환공법
② 사질토 지반개량공법 : 다짐공법(다짐말뚝, 컴포우저, 바이브로플로테이션, 전기충격, 폭파다짐), 배수공법(웰 포인트), 고결공법(약액주입)
③ 일시적 개량공법 : 웰 포인트, 동결, 소결공법이 있다.

참고 산업안전산업기사 필기 p.5-62(합격날개 : 합격예측)

KEY
① 2013년 6월 2일 기사(문제 116번)
② 2015년 3월 8일 기사(문제 118번)
③ 2016년 3월 6일 기사(문제 106번) 출제
④ 2022년 3월 2일(문제 95번) 출제

100 건설작업장에서 근로자가 상시 작업하는 장소의 작업면 조도기준으로 옳지 않은 것은?(단, 갱내 작업장과 감광재료를 취급하는 작업장의 경우는 제외)

① 초정밀 작업 : 600럭스[lux] 이상
② 정밀 작업 : 300럭스[lux] 이상
③ 보통 작업 : 150럭스[lux] 이상
④ 초정밀, 정밀, 보통작업을 제외한 기타 작업 : 75럭스[lux] 이상

해설
조명(조도)수준
① 초정밀작업 : 750[Lux] 이상
② 정밀작업 : 300[Lux] 이상
③ 보통작업 : 150[Lux] 이상
④ 그 밖의 작업 : 75[Lux] 이상

참고 산업안전산업기사 필기 p.2-169(합격날개 : 합격예측)

KEY
① 2017년 3월 5일 기사 출제
② 2017년 8월 26일 기사 출제
③ 2019년 3월 3일(문제 117번) 출제
④ 2022년 3월 2일(문제 99번) 출제

합격정보
산업안전보건기준에 관한 규칙 제2조(조도)

[정답] 97 ① 98 ③ 99 ④ 100 ①

2025년도 산업기사 정기검정 제3회 CBT(2025년 8월 9일 시행)

자격종목 및 등급(선택분야)
산업안전산업기사

종목코드	시험시간	수험번호	성명
2381	2시간30분	20250809	도서출판세화

※ 본 문제는 복원문제 및 2026년 예적(예상적중) 문제로 실제문제와 동일하지 않을 수 있습니다.

1 산업재해 예방 및 안전보건교육

01 산업안전보건법령에 따른 교육대상별 교육내용 중 근로자 정기안전보건교육 내용이 아닌 것은?(단, 산업안전보건법 및 일반관리에 관한 사항은 제외한다)

① 산업재해보상보험 제도에 관한 사항
② 산업보건 및 건강장해 예방에 관한 사항
③ 유해·위험 작업환경 관리에 관한 사항
④ 작업공정의 유해·위험과 재해 예방대책에 관한 사항

해설

근로자의 정기안전보건교육
① 산업안전 및 산업재해 예방에 관한 사항(화재·폭발 사고 발생 시 대피에 관한 사항을 포함한다)
② 산업보건 및 건강장해 예방에 관한 사항(폭염·한파작업으로 인한 건강장해 발생 시 응급조치에 관한 사항을 포함한다)
③ 위험성 평가에 관한 사항
④ 건강증진 및 질병예방에 관한 사항
⑤ 유해·위험 작업환경 관리에 관한 사항
⑥ 산업안전보건법령 및 산업재해보상보험 제도에 관한 사항
⑦ 직무스트레스 예방 및 관리에 관한 사항
⑧ 직장 내 괴롭힘, 고객의 폭언 등으로 인한 건강장해 예방 및 관리에 관한 사항

참고 산업안전산업기사 필기 p.1-154 ((2) 근로자의 정기안전보건교육내용)

KEY ① 2022년 7월 2일(문제 11번) 출제
② 2024년 5월 9일(문제 12번) 출제
③ 2025년 5월 10일(문제 8번) 출제

합격정보
산업안전보건법 시행규칙 [별표 5] 안전보건교육 교육대상별 교육내용
(2026. 1. 1 개정법 적용)

02 다음 중 매슬로우(Maslow)가 제창한 인간의 욕구 5단계 이론을 단계별로 옳게 나열한 것은?

① 생리적 욕구 → 안전 욕구 → 사회적 욕구 → 존경의 욕구 → 자아 실현의 욕구
② 안전 욕구 → 생리적 욕구 → 사회적 욕구 → 존경의 욕구 → 자아 실현의 욕구
③ 사회적 욕구 → 생리적 욕구 → 안전 욕구 → 존경의 욕구 → 자아 실현의 욕구
④ 사회적 욕구 → 안전 욕구 → 생리적 욕구 → 존경의 욕구 → 자아 실현의 욕구

해설

Maslow의 욕구
① 제1단계 : 생리적 욕구(기본적 욕구, 종족 보존, 기아, 갈등, 호흡, 배설, 성욕 등)
② 제2단계 : 안전욕구(안전을 구하려는 욕구)
③ 제3단계 : 사회적 욕구(애정, 소속에 대한 욕구, 친화 욕구)
④ 제4단계 : 인정받으려는 욕구(자기존경 욕구, 자존심, 명예, 성취, 지위, 승인의 욕구)
⑤ 제5단계 : 자아실현의 욕구(잠재적 능력실현 욕구, 성취욕구)

참고 산업안전산업기사 필기 p.1-101(5. 매슬로우의 욕구 5단계 이론)

KEY ① 2020년 6월 14일(문제 10번) 출제
② 2022년 3월 2일(문제 11번) 출제
③ 2025년 2월 7일(문제 2번) 출제

합격자의 조언
20번 이상 출제된 문제

03 OJT(On the Job Tranining)에 관한 설명으로 옳은 것은?

① 집합교육형태의 훈련이다.
② 다수의 근로자에게 조직적 훈련이 가능하다.
③ 직장의 설정에 맞게 실제적 훈련이 가능하다.
④ 전문가를 강사로 활용할 수 있다.

[정답] 01 ④ 02 ① 03 ③

> **해설**

OJT의 특징
① 개개인에게 적절한 지도훈련이 가능하다.
② 직장의 실정에 맞게 실제적 훈련이 가능하다.
③ 즉시 업무에 연결되는 관계로 몸과 관련이 있다.
④ 훈련에 필요한 업무의 계속성이 끊어지지 않는다.
⑤ 효과가 곧 업무에 나타나며 훈련의 좋고 나쁨에 따라 개선이 쉽다.
⑥ 훈련효과를 보고 상호 신뢰, 이해도가 높아지는 것이 가능하다.

[참고] 산업안전산업기사 필기 p.1-142(표. OJT와 OFF JT 특징)

[KEY] ① 2016년 5월 8일(문제 14번) 등 20회 이상 출제
② 2023년 5월 13일(문제 11번) 출제
③ 2025년 2월 7일(문제 8번) 출제

04 자율검사프로그램을 인정받으려는 자가 한국산업안전보건공단에 제출해야 하는 서류가 아닌 것은?

① 안전검사대상 유해·위험기계 등의 보유 현황
② 유해·위험기계 등의 검사 주기 및 검사기준
③ 안전검사대상 유해·위험기계의 사용 실적
④ 향후 2년간 검사대상 유해·위험기계 등의 검사수행계획

> **해설**

자율검사 프로그램을 인정받으려면 제출해야 할 서류
① 안전검사대상 유해·위험기계 등의 보유 현황
② 검사원 보유 현황과 검사를 할 수 있는 장비 및 장비 관리방법(지정검사기관에 위탁한 경우에는 위탁을 증명할 수 있는 서류를 제출한다.)
③ 유해·위험기계 등의 검사 주기 및 검사기준
④ 향후 2년간 검사대상 유해·위험기계 등의 검사수행계획
⑤ 과거 2년간 자율검사프로그램 수행 실적(재신청의 경우만 해당한다.)

[참고] 산업안전산업기사 필기 p.1-233(합격예측 및 관련법규)

[KEY] ① 2018년 5월 8일 기사 출제
② 2025년 2월 7일(문제 19번) 출제

[정보제공] 산업안전보건법 시행규칙 제132조(자율검사 프로그램의 인정 등)

05 기업조직의 원리 중 지시 일원화의 원리에 대한 설명으로 가장 적절한 것은?

① 지시에 따라 최선을 다해서 주어진 임무나 기능을 수행하는 것
② 책임을 완수하는 데 필요한 수단을 상사로부터 위임받은 것
③ 언제나 직속 상사에게서만 지시를 받고 특정 부하 직원들에게만 지시하는 것
④ 가능한 조직의 각 구성원이 한 가지 특수 직무만을 담당하도록 하는 것

> **해설**

지시 일원화 원리
직속상사에게 지시받고 특정부하에게만 지시

[참고] 산업안전산업기사 필기 p.1-111(합격날개:은행문제2)

[KEY] ① 2019년 8월 4일(문제 5번) 출제
② 2023년 7월 8일(문제 9번) 출제
③ 2024년 7월 5일(문제 1번) 출제
④ 2025년 5월 10일(문제 2번) 출제

06 다음 중 피로의 직접적인 원인과 가장 거리가 먼 것은?

① 작업환경   ② 작업속도
③ 작업태도   ④ 작업적성

> **해설**

피로의 요인
① 개체의 조건
　신체적, 정신적 조건, 체력, 연령, 성별, 경력 등
② 작업조건
　㉮ 질적 조건 : 작업강도(단조로움, 위험성, 복잡성, 심적, 정신적 부담 등)
　㉯ 양적 조건 : 작업속도, 작업시간
③ 환경조건
　온도, 습도, 소음, 조명시설 등
④ 생활조건
　수면, 식사, 취미활동 등
⑤ 사회적 조건
　대인관계, 통근조건, 임금과 생활수준, 가족 간의 화목 등
⑥ 피로의 직접적 원인
　㉮ 인간적 요인 : 작업시간, 작업속도, 작업범위, 작업내용, 작업환경, 작업자세(태도), 생체적 리듬, 정신적·신체적 상태
　㉯ 기계적 요인 : 조작부분의 배치·감촉, 기계의 색체·종류, 기계이해의 난이도

[참고] ① 산업안전산업기사 필기 p.1-104(합격날개 : 합격예측)
② 작업적성 : 피로의 간접원인

[KEY] ① 2021년 3월 2일(문제 7번) 출제
② 2024년 7월 5일(문제 20번) 출제

[정답] 04 ③ 05 ③ 06 ④

과년도 출제문제

07 레빈(Lewin)의 법칙에서 환경조건(E)에 포함되는 것은?

$$B = f(P \cdot E)$$

① 지능　　② 소질
③ 적성　　④ 인간관계

해설

K. Lewin의 법칙

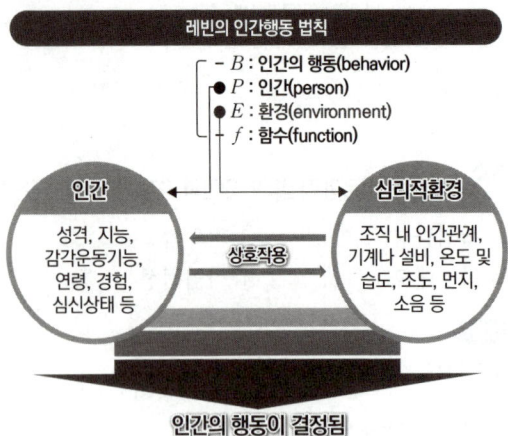

참고) 산업안전산업기사 필기 p.1-77(7. K. Lewin의 법칙)

KEY
① 2016년 10월 1일 기사 출제
② 2017년 5월 7일, 8월 26일, 9월 23일 기사 출제
③ 2019년 4월 27일 산업기사 출제
④ 2023년 7월 8일(문제 3번) 출제
⑤ 2024년 5월 9일(문제 1번) 출제

08 파블로프(Pavlov)의 조건반사설에 의한 학습이론의 원리에 해당되지 않는 것은?

① 일관성의 원리　　② 시간의 원리
③ 강도의 원리　　　④ 준비성의 원리

해설

파블로프의 조건반사설
① 일관성의 원리
② 강도의 원리
③ 시간의 원리
④ 계속성의 원리

참고) 산업안전산업기사 필기 p.1-222(표. S-R 학습이론의 종류)

KEY
① 2016년 5월 8일 기사 출제
② 2018년 4월 28일(문제 20번) 출제
③ 2023년 5월 13일(문제 10번) 출제
④ 2024년 5월 9일(문제 5번) 출제

09 호손(Hawthorne) 실험의 결과 작업자의 작업능률에 영향을 미치는 주요 원인으로 밝혀진 것은?

① 작업조건　　② 인간관계
③ 생산기술　　④ 행동규범의 설정

해설

호손(Hawthorne)공장 실험
① 인간관계 관리의 개선을 위한 연구로 미국의 메이요(E.Mayo, 1880~1949) 교수가 주축이 되어 호손 공장에서 실시되었다.
② 작업능률을 좌우하는 것은 단지 임금, 노동시간 등의 노동조건과 조명, 환기, 그 밖에 작업환경으로서의 물적 조건보다 종업원의 태도, 즉 심리적, 내적 양심과 감정이 중요하다.
③ 물적 조건도 그 개선에 의하여 효과를 가져올 수 있으나 종업원의 심리적 요소가 더욱 중요하다.
④ 결론은 인간관계가 작업 및 작업설계에 영향을 준다.

참고) 산업안전산업기사 필기 p.1-74 (2) 호손 공장 실험

KEY
① 2018년 3월 4일, 9월 15일출제
② 2019년 4월 27일 출제
③ 2019년 9월 21일 산업기사 출제
④ 2020년 9월 5일 출제
⑤ 2021년 5월 15일(문제 26번) 출제
⑥ 2022년 3월 5일(문제 36번), 4월 17일(문제 14번)출제
⑦ 2024년 5월 9일(문제 17번) 출제

10 제조업자는 제조물의 결함으로 인하여 생명·신체 또는 재산에 손해를 입은 자에게 그 손해를 배상하여야 하는데 이를 무엇이라 하는가? (단, 당해 제조물에 대해서만 발생한 손해는 제외한다.)

① 입증 책임　　② 담보 책임
③ 연대 책임　　④ 제조물 책임

해설

제조물책임(PL)
① 제조물 책임이란 결함 제조물로 인해 생명·신체 또는 재산 손해가 발생할 경우 제조업자 또는 판매업자가 그 손해에 대하여 배상 책임을 지는 것

[정답] 07 ④　08 ④　09 ②　10 ④

② 유럽에서는 100여년의 역사를 가지고 있으며, 미국, 일본에서도 1960~70년대부터 사회문제로 대두되어 '소비자 위험부담시대'에서 '판매자 위험부담시대'로 변환
③ 제조업에서 사고발생을 방지할 책임이 있기 때문에 결함 제조물에 대한 전적인 책임이 있다.

[참고] 산업안전산업기사 필기 p.1-8 (2) 제조물 책임

[KEY]
① 2019년 10월 3일(문제 10번) 출제
② 2022년 3월 2일(문제 18번) 출제
③ 2024년 5월 9일(문제 20번) 출제

11 산업안전보건법령상 안전보건표지의 종류와 형태 중 그림과 같은 경고 표지는? (단, 바탕은 무색, 기본모형은 빨간색, 그림은 검은색이다.)

① 부식성물질 경고
② 폭발성물질 경고
③ 산화성물질 경고
④ 인화성물질 경고

[해설]
경고표지의 종류

인화성 물질경고	산화성 물질경고	폭발성 물질경고	급성독성 물질경고	부식성 물질경고
방사성 물질경고	고압전기 경고	매달린 물체경고	낙하물 경고	고온 경고
저온 경고	몸균형 상실경고	레이저 광선경고	발암성·변이원성· 생식독성·전신독 성·호흡기과민성 물질 경고	위험장소 경고

[참고] 산업안전산업기사 필기 p.1-59(2. 경고표지)

[KEY]
① 2017년 9월 23일 기사 출제
② 2018년 3월 4일 기사 출제
③ 2019년 4월 27일 산업기사 출제
④ 2020년 6월 7일 기사 출제
⑤ 2023년 3월 1일(문제 17번) 출제
⑥ 2024년 2월 15일(문제 2번) 출제

[합격정보]
산업안전보건법 시행규칙 [별표6] 안전보건표지의 종류와 형태

12 리더십(leadership)의 특성에 대한 설명으로 옳은 것은?

① 지휘형태는 민주적이다.
② 권한부여는 위에서 위임된다.
③ 구성원과의 관계는 넓다.
④ 권한근거는 법적 또는 공식적으로 부여된다.

[해설]
leadership과 headship의 비교

개인과 상황 변수	leadership	headship
권한 행사	선출된 리더	임명적 헤드
권한 부여	밑으로부터 동의	위에서 위임
권한 귀속	집단 목표에 기여한 공로 인정	공식화된 규정에 의함
상사와 부하와의 관계	개인적인 영향	지배적
부하와의 사회적 관계(간격)	좁음	넓음
지휘 형태	민주주의적	권위주의적
책임 귀속	상사와 부하	상사
권한 근거	개인적	법적 또는 공식적

[참고] 산업안전산업기사 필기 p.1-113(5. leadership과 headship의 비교)

[KEY]
① 2016년 3월 6일, 8월 21일, 10월 1일 기사 출제
② 2019년 9월 21일 기사 출제
③ 2020년 8월 23일(문제 1번) 출제
④ 2023년 5월 13일(문제 8번) 등 10회 이상 출제
⑤ 2024년 2월 15일(문제 6번) 출제

13 산업안전보건법령상 관리감독자가 수행하는 안전 및 보건에 관한 업무에 속하지 않는 것은?

① 해당 작업의 작업장 정리·정돈 및 통로 확보에 대한 확인·감독
② 해당 작업에서 발생한 산업재해에 관한 보고 및 이에 대한 응급조치
③ 해당 사업장 안전교육계획의 수립 및 안전교육 실시에 관한 보좌 및 지도·조언
④ 관리감독자에게 소속된 근로자의 작업복·보호구 및 방호장치의 점검과 그 착용·사용에 관한 교육·지도

[정답] 11 ④ 12 ① 13 ③

> 해설

관리감독자 업무 내용
① 사업장내 관리감독자가 지휘·감독하는 작업과 관련되는 기계·기구 또는 설비의 안전보건점검 및 이상유무의 확인
② 관리감독자에게 소속된 근로자의 작업복·보호구 및 방호장치의 점검과 그 착용·사용에 관한 교육·지도
③ 해당 작업에서 발생한 산업재해에 관한 보고 및 이에 대한 응급조치
④ 해당 작업의 작업장의 정리·정돈 및 통로확보의 확인·감독
⑤ 해당 사업장의 다음 각 목의 어느 하나에 해당하는 사람의 지도·조언에 대한 협조
  ㉮ 산업보건의
  ㉯ 안전관리자(안전관리전문기관에 위탁한 사업장의 경우에는 그 전문기관의 해당 사업장 담당자)
  ㉰ 보건관리자(보건관리전문기관에 위탁한 사업장의 경우에는 그 전문기관의 해당 사업장 담당자)
  ㉱ 안전보건관리담당자(안전보건관리담당자의 업무를 안전관리 전문기관 또는 보건관리전문기관에 위탁한 사업장은 그 전문기관의 해당 사업장 담당자)
⑥ 위험성평가를 위한 업무에 기인하는 유해·위험요인의 파악 및 그 결과에 따른 개선조치의 시행
⑦ 그 밖에 해당 작업의 안전보건에 관한 사항으로서 고용노동부령으로 정하는 사항

> 참고 산업안전산업기사 필기 p.1-28(4. 관리감독자 업무내용)

> 합격정보
산업안전보건법 시행령 제15조(관리감독자 업무 등)

> KEY ① 2021년 8월 8일(문제 4번) 출제
>   ② 2024년 2월 15일(문제 14번) 출제

> 💬 안전관리자의 증언
> 안전교육 실시, 보좌, 지도, 조언은 나(안전관리자)의 업무이다.

14 KOSHA GUIDE(안전보건 기술지침)의 설명이 틀린 것은?
① 법령에서 정한 최소 수준이 아닌 더 높은 수준의 기술적 사항을 정리한 자료이다.
② 자율적 안전보건가이드이다.
③ 분류기준 D는 안전설계 지침이다.
④ 법적 구속력이 있다.

> 해설

KOSHA GUIDE
① 안전보건기술지침이다.
② 문항 ④번이 틀린 이유 : 법적 구속력이 없다.

> 참고 산업안전기사 필기 p.1-17(7. KOSHA GUIDE)

> KEY ① 2024년 2월 15일 기사, 산업기사(문제 19번) 출제
>   ② 2024년 5월 14일 기사·산업기사 출제

15 인간의 욕구에 대한 적응기제(Adjustment Mechanism)를 공격적 기제, 방어적 기제, 도피적 기제로 구분할 때 다음 중 도피적 기제에 해당하는 것은?
① 보상　　② 고립
③ 승화　　④ 합리화

> 해설

적응기제의 분류
(1) 방어적 기제 : ① 보상 ② 합리화 ③ 동일시 ④ 승화
(2) 도피적 기제 : ① 고립 ② 퇴행 ③ 억압 ④ 백일몽
(3) 공격적 기제 : ① 직접적 ② 간접적

> 참고 산업안전산업기사 필기 p.1-115(보충학습)

> KEY ① 2020년 9월 19일 출제
>   ② 2023년 7월 8일(문제 10번) 등 10회 이상 출제

16 벨트식, 안전그네식 안전대의 사용구분에 따른 분류에 해당되지 않는 것은?
① U자 걸이용　　② D링 걸이용
③ 안전블록　　　④ 추락방지대

> 해설

안전대의 종류

종류	사용 구분
벨트식(B식) 안전그네식(H식)	U자걸이 전용
	1개걸이 전용
안전그네식(H식)	안전블록
	추락방지대

> 참고 산업안전산업기사 필기 p.1-53(2. 안전대)

> KEY ① 2016년 8월 21일(문제 14번) 출제
>   ② 2023년 7월 8일(문제 13번) 출제

17 맥그리거(McGregor)의 X이론에 따른 관리처방이 아닌 것은?
① 목표에 의한 관리
② 권위주의적 리더십 확립
③ 경제적 보상체제의 강화
④ 면밀한 감독과 엄격한 통제

[정답]　14 ④　15 ②　16 ②　17 ①

해설

X·Y 이론의 관리처방

X 이론	Y 이론
경제적 보상 체제의 강화	민주적 리더십의 확립
권위주의적 리더십의 확보	분권화의 권한 위임
면밀한 감독과 엄격한 통제	목표에 의한 관리
상부책임제도의 강화	직무확장
조직구조의 고충성	비공식적 조직의 활용
	자체평가제도의 활성화

참고 산업안전산업기사 필기 p.1-100(표 : X·Y 이론의 관리처방)

KEY
① 2017년 3월 5일 기사 출제
② 2017년 5월 7일(문제 2번) 등 10회 이상 출제
③ 2023년 3월 1일 기사 출제
④ 2023년 5월 13일(문제 7번) 출제

---

18 기능(기술)교육의 진행방법 중 하버드 학파의 5단계 교수법의 순서로 옳은 것은?

① 준비 → 연합 → 교시 → 응용 → 총괄
② 준비 → 교시 → 연합 → 총괄 → 응용
③ 준비 → 총괄 → 연합 → 응용 → 교시
④ 준비 → 응용 → 총괄 → 교시 → 연합

해설

하버드 학파의 5단계 교수법
① 제1단계 : 준비시킨다.
② 제2단계 : 교시시킨다.
③ 제3단계 : 연합한다.
④ 제4단계 : 총괄한다.
⑤ 제5단계 : 응용시킨다.

참고 산업안전산업기사 필기 p.1-145(3. 하버드 학파의 5단계 교수법)

KEY
① 2020년 8월 23일(문제 6번) 출제
② 2023년 5월 13일(문제 15번) 등 5회 이상 출제

---

19 산업안전보건법령에 따른 근로자 안전보건교육 중 건설업 기초안전보건교육 과정의 건설 일용근로자의 교육시간으로 옳은 것은?

① 1시간   ② 2시간
③ 4시간   ④ 6시간

해설

건설 일용근로자 교육시간 : 4시간 이상

참고 산업안전산업기사 필기 p.1-155(표. 근로자 안전보건교육)

KEY
① 2018년 9월 15일 기사·산업기사 동시 출제
② 2022년 7월 2일(문제 5번) 출제

합격정보
산업안전보건법 시행규칙 [별표 4] 안전보건교육 교육과정별 교육시간

---

20 산업안전보건법령상 타워크레인 신호작업에 종사하는 일용근로자의 특별교육 교육시간 기준은?

① 1시간 이상   ② 2시간 이상
③ 4시간 이상   ④ 8시간 이상

해설

근로자 안전보건교육

교육과정	교육대상		교육시간
정기교육	사무직 종사 근로자		매반기 6시간 이상
	그 밖의 근로자	판매업무에 직접 종사하는 근로자	매반기 6시간 이상
		판매업무에 직접 종사하는 근로자 외의 근로자	매반기 12시간 이상
	관리감독자의 지위에 있는 사람		연간 16시간 이상
채용시의 교육	일용근로자		1시간 이상
	일용근로자를 제외한 근로자		8시간 이상
작업내용 변경시의 교육	일용근로자		1시간 이상
	일용근로자를 제외한 근로자		2시간 이상
특별교육	별표 5 제1호라목 각 호의 어느 하나에 해당하는 작업에 종사하는 일용근로자		2시간 이상
	별표 5 제1호라목 제39호의 타워크레인 신호작업에 종사하는 일용근로자		8시간 이상
특별교육	별표 5 제1호라목 각 호의 어느 하나에 해당하는 작업에 종사하는 일용근로자를 제외한 근로자		16시간 이상(최초 작업에 종사하기 전 4시간 이상 실시하고 12시간은 3개월 이내에서 분할하여 실시가능)
			단기간 작업 또는 간헐적 작업인 경우에는 2시간 이상
건설업 기초 안전·보건교육	건설 일용근로자		4시간 이상

참고 산업안전산업기사 필기 p.1-155(표 : 근로자 안전보건교육)

【 정답 】 18 ② 19 ③ 20 ④

> **KEY**
> ① 2016년 5월 8일 기사 출제
> ② 2020년 6월 7일 기사 출제
> ③ 2020년 8월 23일 산업기사 출제
> ④ 2022년 3월 5일 산업안전기사 출제
> ⑤ 2022년 4월 17일(문제 20번) 출제

> **합격정보**
> 산업안전보건법 시행규칙 [별표 4] 안전보건교육 교육과정별 교육시간

2 인간공학 및 위험성 평가·관리

21 인간공학에 대한 설명으로 틀린 것은?

① 인간-기계 시스템의 안전성, 편리성, 효율성을 높인다.
② 인간을 작업과 기계에 맞추는 설계 철학이 바탕이 된다.
③ 인간이 사용하는 물건, 설비, 환경의 설계에 적용된다.
④ 인간의 생리적, 심리적인 면에서의 특성이나 한계점을 고려한다.

> **해설**
> **인간공학**
> 기계, 기구, 환경 등의 물적 조건을 인간의 특성과 능력에 잘 조화하도록 설계하기 위한 수단을 연구하는 학문이다.

> **참고** 산업안전산업기사 필기 p.2-2(합격날개 : 합격용어)

> **KEY**
> ① 2015년 5월 31일(문제 34번), 8월 16일(문제 38번) 출제
> ② 2017년 9월 23일 출제
> ③ 2019년 4월 27일 출제
> ④ 2022년 4월 17일(문제 26번) 출제
> ⑤ 2024년 5월 9일(문제 35번) 출제
> ⑥ 2025년 5월 10일(문제 33번) 출제

22 FT도에서 사용되는 다음 기호의 의미로 맞는 것은?

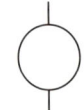

① 결함사상   ② 통상사상
③ 기본사상   ④ 제외사상

> **해설**
> **FTA의 기호**
>
> | 기호 | 명칭 | 입·출력 현상 |
> |---|---|---|
> | | 결함사상 | 개별적인 결함사상 |
> | | 기본사상 | 더 이상 전개되지 않는 기본적인 사상 |
> | | 통상사상 | 통상 발생이 예상되는 사상(예상되는 원인) |
> | | 생략사상 | 정보 부족, 해석 기술의 불충분으로 더 이상 전개할 수 없는 사상, 작업 진행에 따라 해석이 가능할 때는 다시 속행한다. |

> **참고** 산업안전산업기사 필기 p.2-70(표. FTA 기호)

> **KEY**
> ① 2017년 8월 26일(문제 23번) 출제
> ② 2023년 7월 8일(문제 38번) 출제
> ③ 2025년 2월 7일(문제 21번) 출제

23 인체측정치 응용원칙 중 가장 우선적으로 고려해야 하는 원칙은?

① 조절식 설계   ② 최대치 설계
③ 최소치 설계   ④ 평균치 설계

> **해설**
> **조절범위(조정범위 : 조절식 설계)**
> ① 사무실 의자의 높낮이 조절, 자동차 좌석의 전후조절 등
> ② 통상 5[%]치에서 95[%]치까지에서 90[%] 범위를 수용대상으로 설계
> ③ 가장 우선적으로 고려한다.

> **참고** 산업안전산업기사 필기 p.2-159(2. 조절범위(조정범위) 설계)

> **KEY**
> ① 2017년 9월 23일 기사 출제
> ② 2019년 3월 3일 기사 출제
> ③ 2023년 3월 1일(문제 23번) 출제
> ④ 2024년 2월 15일(문제 38번) 출제
> ⑤ 2025년 2월 7일(문제 23번) 출제

[정답] 21 ②   22 ③   23 ①

24. 결함수 분석법에서 일정 조합 안에 포함되는 기본사상들이 동시에 발생할 때 반드시 목표사상을 발생시키는 조합을 무엇이라 하는가?

① Cut set
② Decision tree
③ Path set
④ 불 대수

해설

컷셋과 패스셋
① 컷셋(cut set) : 정상사상을 발생시키는 기본사상의 집합으로 그 안에 포함되는 모든 기본사상이 발생할 때 정상사상을 발생시킬 수 있는 기본사상의 집합
② 패스셋(path set) : 모든 기본사상이 일어나지 않을 때 처음으로 정상사상이 일어나지 않는 기본사상의 집합(고장나지 않도록 하는 사상의 조합)

참고 산업안전산업기사 필기 p.2-79(합격날개 : 합격예측)

KEY
① 2017년 5월 7일 기사 출제
② 2018년 3월 4일, 4월 28일 출제
③ 2019년 4월 27일 산업기사 출제
④ 2020년 6월 14일 기사 출제
⑤ 2021년 5월 9일(문제 21번) 출제
⑥ 2025년 2월 7일(문제 24번) 출제

25. 산업안전보건법령상 95[dB(A)]의 소음에 대한 허용 노출 기준시간은?(단, 충격소음은 제외한다.)

① 1시간
② 2시간
③ 4시간
④ 8시간

해설

소음작업기준

참고 산업안전산업기사 필기 p.2-172(표. 음압과 허용노출 관계)

KEY
① 2015년 9월 19일(문제 22번) 출제
② 2025년 2월 7일(문제 32번) 출제

보충학습
산업안전보건기준에 관한 규칙 제512조(정의)

26. 고열환경에서 심한 육체노동 후에 탈수와 체내 염분농도 부족으로 근육의 수축이 격렬하게 일어나는 장해는?

① 열경련(Heat cramp)
② 열사병(Heat stroke)
③ 열쇠약(Heat prostration)
④ 열피로(Heat exhaustion)

해설

용어정의
① 열발진 : 작업환경에서 가장 흔히 발생하는 피부장해로서 땀띠라고도 함
② 열경련(Heat cramp) : 고열 작업환경에서 심한 근육작업 후에 근육의 수축이 격렬하게 일어나며, 탈수와 체내 염분농도 부족에 의해 야기되는 장해
③ 열소모 : 땀을 많이 흘려 수분과 염분 손실이 많을 때 발생하며 두통, 구역감, 현기증, 무기력증, 갈증 등의 증상이 발생
④ 열사병(Heat stroke) : 땀을 많이 흘려 수분과 염분 손실이 많을 때 발생하고, 갑자기 의식상실에 빠지는 경우가 많다.
⑤ 열허탈(Heat collapse) : 고온 노출이 계속되어 심박수 증가가 일정 한도를 넘었을 때 일어나는 순환장해
⑥ 열피로(Heat fatigue) : 고열에 순환되지 않은 작업자가 장시간 고열환경에서 정적인 작업을 할 경우 발생

참고
① 산업안전산업기사 필기 p.2-170(합격날개 : 은행문제)
② 산업안전산업기사 필기 p.2-176(합격날개 : 합격예측)

KEY
① 2014년 3월 2일 기사출제
② 2015년 3월 8일(문제 28번) 출제

27. 근골격계질환 작업분석 및 평가 방법인 OWAS의 평가요소를 모두 고른 것은?

| ㄱ. 상지 | ㄴ. 무게(하중) |
| ㄷ. 하지 | ㄹ. 허리 |

① ㄱ, ㄴ
② ㄱ, ㄷ, ㄹ
③ ㄴ, ㄷ, ㄹ
④ ㄱ, ㄴ, ㄷ, ㄹ

[정답] 24 ① 25 ③ 26 ① 27 ④

> **해설**

OWAS의 평가도구

평가도구명 (Abaktsus Tools)	구분	평가요소
OWAS (와스 : Ovaco Working Posture Anslysing System)	평가되는 위해요인	자세, 힘, 노출시간
	관련된 신체부위	상체, 허리, 하체
	적용대상 작업종류	중량물 취급
	한계점	중량물작업 한정, 반복성 미고려

> **참고** 산업안전산업기사 필기 p.2-117(문제 1번) 적중

> **KEY** 2025년 2월 7일(문제 38번) 출제

> **정답확인**
KOSHA GUIDE(H-9-2022) : 근골격계 부담작업 유해요인조사 지침

28 다음 중 시스템에 영향을 미칠 우려가 있는 모든 요소의 고장을 형태별로 해석하여 그 영향을 검토하는 분석방법은?

① FTA   ② ETA
③ MORT ④ FMEA

> **해설**

FMEA의 정의
① FMEA는 서브시스템 위험분석이나 시스템 위험분석을 위하여 일반적으로 사용되는 전형적인 정성적, 귀납적 분석방법
② 시스템에 영향을 미치는 모든 요소의 고장을 형태별로 분석하여 그 영향을 검토

> **참고** 산업안전산업기사 필기 p.2-62(4. 고장형태와 영향분석)

> **KEY**
① 2015년 3월 8일(문제 33번) 출제
② 2023년 7월 8일(문제 21번) 출제
③ 2024년 5월 9일(문제 34번) 출제

29 시스템 안전 분석기법 중 인적 오류와 그로 인한 위험성의 예측과 개선을 위한 기법은 무엇인가?

① FTA   ② ETBA
③ THERP ④ MORT

> **해설**

THERP(인간과오율 예측기법)
① 인간의 과오(human error)를 정량적으로 평가
② 1963년 Swain이 개발된 기법

> **참고** 산업안전산업기사 필기 p.2-65(8.THERP)

> **KEY**
① 2017년 3월 5일 출제
② 2023년 2월 28일 기사 등 5회 이상 출제
③ 2023년 5월 13일(문제 21번) 출제
④ 2024년 5월 9일(문제 26번) 출제

30 다음 중 시스템의 수명곡선에서 고장의 발생형태가 일정하게 나타나는 구간은?

① 초기고장구간   ② 우발고장구간
③ 마모고장구간   ④ 피로고장구간

> **해설**

수명곡선 3가지 유형

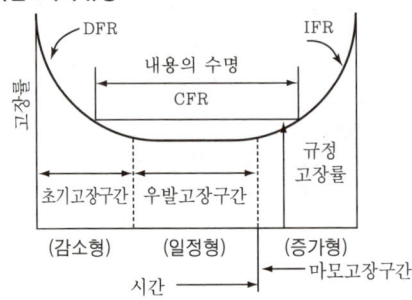

> **참고** 산업안전산업기사 필기 p.2-13(그림 : 기계설비 고장유형)

> **KEY**
① 2013년 9월 28일(문제 28번) 출제
② 2022년 3월 2일(문제 28번) 출제
③ 2024년 5월 9일(문제 39번) 출제

31 다음 중 체계 설계 과정의 주요 단계 중 가장 먼저 실시되어야 하는 것은?

① 기본설계   ② 계면설계
③ 체계의 정의 ④ 목표 및 성능 명세 결정

> **해설**

인간-기계 시스템 설계 순서
① 1단계 : 시스템의 목표와 성능 명세 결정
② 2단계 : 시스템의 정의
③ 3단계 : 기본설계
④ 4단계 : 인터페이스설계
⑤ 5단계 : 보조물설계
⑥ 6단계 : 시험 및 평가

[정답] 28 ④ 29 ③ 30 ② 31 ④

참고) 산업안전산업기사 필기 p.2-29(문제 31번) 적중

KEY
① 2011년 3월 20일(문제 29번) 출제
② 2019년 3월 3일 기사 출제
③ 2019년 4월 27일(문제 21번) 등 5회 이상 출제
④ 2023년 5월 13일(문제 23번) 출제
⑤ 2024년 5월 9일(문제 28번) 출제

32. 건습지수로서 습구온도와 건구온도의 가중평균치를 나타내는 Oxford지수의 공식으로 맞는 것은?

① WD=0.65WB+0.35DB
② WD=0.75WB+0.25DB
③ WD=0.85WB+0.15DB
④ WD=0.95WB+0.05DB

해설

Oxford지수 공식
건습지수(WD) = 0.85WB+0.15DB

참고) 산업안전산업기사 필기 p.2-167(6. Oxford 지수)

KEY
① 2017년 3월 5일 기사 출제
② 2017년 9월 23일 기사 출제
③ 2021년 3월 2일(문제 22번) 출제
④ 2024년 2월 15일(문제 36번) 출제

33. FT에서 사용되는 사상기호에 대한 설명으로 맞는 것은?

① 위험지속기호 : 정해진 횟수 이상 입력이 될 때 출력이 발생한다.
② 억제게이트 : 조건부 사건이 일어나는 상황하에서 입력이 발생할 때 출력이 발생한다.
③ 우선적 AND 게이트 : 사건이 발생할 때 정해진 순서대로 복수의 출력이 발생한다.
④ 배타적 OR 게이트 : 동시에 2개 이상의 입력이 존재하는 경우에 출력이 발생한다.

해설

억제 Gate(논리기호)
① 수정 Gate의 일종으로 억제 모디파이어(Inhibit Modifier)라고도 한다.
② 입력현상이 일어나 조건을 만족하면 출력이 생기고, 조건이 만족되지 않으면 출력이 생기지 않는다.

참고) 산업안전산업기사 필기 p.2-71(합격날개 : 합격예측)

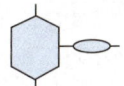

[그림] 억제 Gate

KEY
① 2019년 3월 3일 기사 출제
② 2019년 8월 4일(문제 30번) 출제
③ 2023년 7월 8일(문제 22번) 출제

34. 인간의 오류모형에서 상황해석을 잘못하거나 목표를 잘못 이해하고 착각하여 행하는 경우를 뜻하는 용어는?

① 실수(Slip)
② 착오(Mistake)
③ 건망증(Lapse)
④ 위반(Violation)

해설

인간의 오류 5가지 모형

구분	특징
착각(Illusion)	감각적으로 물리현상을 왜곡하는 지각 오류
착오(Mistake)	상황해석을 잘못하거나 목표를 잘못 이해하고 착각하여 행하는 인간의 실수로 위치, 순서, 패턴, 형상, 기억오류 등 외부적 요인에 의해 나타나는 오류
실수(Slip)	의도는 올바른 것이었지만, 행동이 의도한 것과는 다르게 나타나는 오류
건망증(Lapse)	일련의 과정에서 일부를 빠뜨리거나 기억의 실패에 의해 발생하는 오류
위반(Violation)	정해진 규칙을 알고 있음에도 의도적으로 따르지 않거나 무시한 경우에 발생하는 오류

참고) 산업안전산업기사 필기 p.2-19(합격날개 : 합격예측)

KEY
① 2009년 5월 10일 출제
② 2017년 8월 26일 출제
③ 2019년 3월 3일 출제
④ 2019년 4월 27일 출제
⑤ 2023년 7월 8일(문제 32번) 출제

35. 위험조정을 위해 필요한 기술은 조직형태에 따라 다양하며 4가지로 분류하였을 때 이에 속하지 않는 것은?

① 보유(Retention)
② 계속(Continuation)
③ 전가(Transfer)

[정답] 32 ③ 33 ② 34 ② 35 ②

④ 감축(Reduction)

해설

Risk 처리(위험조정)기술 4가지
① 위험회피(Avoidance)
② 위험제거(경감, 감축 : Reduction)
③ 위험보유(Retention)
④ 위험전가(Transfer) : 보험으로 위험조정

참고 산업안전산업기사 필기 p.2-58(6. Risk처리기술 4가지)

KEY ① 2015년 8월 16일(문제 39번) 출제
② 2023년 7월 8일(문제 36번) 출제

---

36 인간공학의 주된 연구 목적과 가장 거리가 먼 것은?

① 제품품질 향상
② 작업의 안정성 향상
③ 작업환경의 쾌적성 향상
④ 기계조작의 능률성 향상

해설

인간공학의 목표
① 첫째 : 안전성 향상과 사고방지
② 둘째 : 기계조작의 능률성과 생산성의 향상
③ 셋째 : 쾌적성

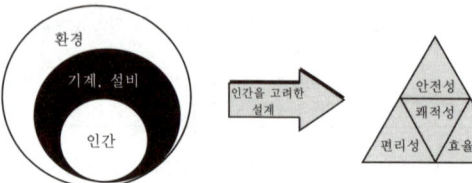

[그림] 인간공학의 목적

참고 산업안전산업기사 필기 p.2-2(합격날개 : 합격예측)

KEY ① 2014년 5월 25일(문제 23번) 출제
② 2015년 5월 31일(문제 21번) 출제
③ 2023년 5월 13일(문제 25번) 출제

---

37 휴먼 에러의 배후 요소 중 작업방법, 작업순서, 작업정보, 작업환경과 가장 관련이 깊은 것은?

① man
② machine
③ media
④ management

해설

미디어(Media)
① 인간과 기계를 잇는 매체란 뜻으로 작업의 방법이나 순서, 작업 정보의 실태나 환경과의 관계, 정리정돈 등이 포함된다.
② 환경개선 작업방법 개선 등

참고 산업안전산업기사 필기 p.2-19(1. 인간에러의 배후요인)

KEY ① 2023년 4월 1일 산업안전지도사 출제
② 2018년 4월 28일(문제 33번) 출제
③ 2023년 5월 13일(문제 27번) 출제

보충학습

4M의 종류
① Man(인간) : 인간적 인자, 인간관계
② Machine(기계) : 방호설비, 인간공학적 설계
③ Media(매체) : 작업방법, 작업환경
④ Management(관리) : 교육훈련, 안전법규 철저, 안전기준의 정비

---

38 FT도에 사용되는 기호 중 "전이기호"를 나타내는 기호는?

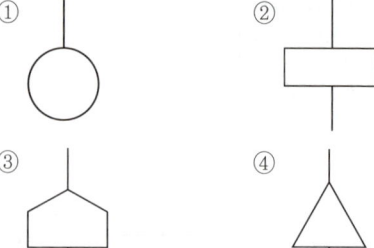

해설

FTA기호
① 기본사상
② 결함사상
③ 통상사상

참고 산업안전산업기사 필기 p.2-70(표. FTA기호)

KEY ① 1993년부터 2023년까지 계속 출제
② 2018년 4월 28일(문제 30번) 출제
③ 2023년 5월 13일(문제 22번) 출제

[**정답**] 36 ① 37 ③ 38 ④

39 그림과 같은 시스템에서 전체 시스템의 신뢰도는 얼마인가?(단, 네모 안의 숫자는 각 부품의 신뢰도이다.)

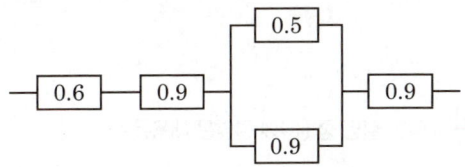

① 0.4104
② 0.4617
③ 0.6314
④ 0.6804

해설

신뢰도 계산
$Rs = 0.6 \times 0.9 \times [1-(1-0.5)(1-0.9)] \times 0.9 = 0.4617$

참고) 산업안전산업기사 필기 p.2-89(문제 25번)

KEY ① 2017년 5월 7일 기사 출제
② 2018년 3월 4일 기사 출제
③ 2018년 4월 28일(문제 21번) 출제
④ 2023년 3월 2일(문제 21번) 출제

40 NIOSH 지침에서 최대허용한계(MPL)는 활동한계(AL)의 몇 배인가?

① 1배
② 3배
③ 5배
④ 9배

해설

중량물 취급 기준(NIOSH)
① 중량물 취급 감시기준(AL)
 AL[kg] = 40 × (15/H) × {1-0.004(V-75)} × (0.7+7.5/D) × (1-F/Fmax)
 여기서
 ㉠ H = 대상물체의 수평거리
 ㉡ V = 대상물체의 수직거리
 ㉢ D = 대상물체의 이동거리
 ㉣ F = 중량물 취급작업의 빈도
② 중량물 취급 최대허용기준(MPL)
 MPL = 3 × AL

참고) 산업안전산업기사 필기 p.2-51(합격날개 : 은행문제)

KEY ① 2021년 9월 12일 기사 출제
② 2020년 9월 19일(문제 22번) 출제

3 기계·기구 및 설비안전관리

41 하인리히의 재해구성비율에 따라 중상 또는 사망사고가 3건, 무상해 사고가 900건 발생하였다면 경상해는 몇 건이 발생하였겠는가?

① 58건
② 60건
③ 87건
④ 120건

해설

하인리히(H.W.Heinrich)의 1 : 29 : 300 법칙
① 중상 또는 사망 = 900÷300 = 3건
② 경상해 = 3×29 = 87건

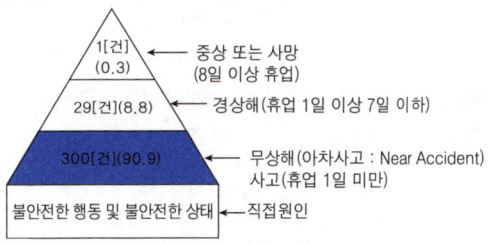

[그림] 하인리히 법칙[단위 : %]

참고) 산업안전산업기사 필기 p.3-36(1. 하인리히(H.W.Heinrich)의 1 : 29 : 300)

KEY ① 2016년 10월 1일 기사 출제
② 2017년 9월 23일 산업기사 출제
③ 2018년 3월 4일 기사 출제
④ 2023년 2월 28일 기사 출제
⑤ 2023년 3월 1일(문제 2번) 출제
⑥ 2024년 7월 5일(문제 9번) 출제

42 산업안전보건법령상 지게차의 최대하중의 2배 값이 6톤일 경우 헤드가드의 강도는 몇 톤의 등분포정하중에 견딜 수 있어야 하는가?

① 4
② 6
③ 8
④ 10

[정답] 39 ② 40 ② 41 ③ 42 ①

> **해설**
> **지게차 헤드가드 설치기준**
> ① 강도는 지게차의 최대하중의 2배 값(4[t]을 넘는 값에 대해서는 4[t]으로 한다)의 등분포정하중(等分布靜荷重)에 견딜 수 있을 것
> ② 상부틀의 각 개구의 폭 또는 길이가 16[cm] 미만일 것
> ③ 운전자가 앉아서 조작하거나 서서 조작하는 지게차의 헤드가드는 「산업표준화법」 제12조에 따른 한국산업표준에서 정하는 높이 기준 이상일 것(좌식 : 0.903[m], 입식 : 1.905[m] 이상)

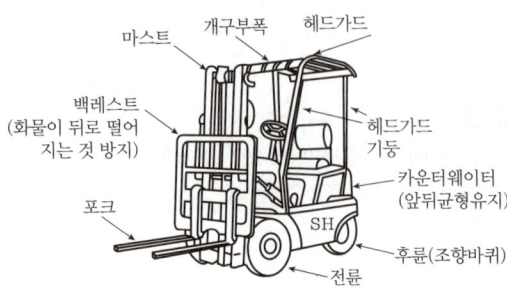

[그림] 지게차 구조

> **참고** 산업안전산업기사 필기 p.3-152(합격날개 : 합격예측)
> **KEY**
> ① 2016년 3월 6일 산업기사, 8월 21일 기사 출제
> ② 2017년 3월 5일 산업기사 출제
> ③ 2018년 8월 19일 산업기사 출제
> ④ 2019년 4월 27일 기사·산업기사 동시 출제
> ⑤ 2020년 9월 27일(문제 52번) 출제
> ⑥ 2023년 7월 8일(문제 51번) 출제
> ⑦ 2024년 7월 5일(문제 43번) 출제
> ⑧ 2025년 5월 10일(문제 41번) 출제

> **합격정보**
> 산업안전보건기준에 관한 규칙 제180조(헤드가드)

> **보충학습**
> **KS기준**
> ① KS B ISO 5353:1995 토공기계, 트렉터와 농업 및 임업용 기계
> ② KS B ISO 5053-1:2020 산업용 트럭-용어
> ③ KS B ISO 6055:2023 산업용 트럭-오버헤드 가드-제원과 시험

43 500[rpm]으로 회전하는 연삭기의 숫돌지름이 200[mm]일 때 원주속도[m/min]는?

① 628 ② 62.8
③ 314 ④ 31.4

> **해설**
> **원주속도**
> $V = \dfrac{\pi DN}{1,000} = \dfrac{3.14 \times 200 \times 500}{1,000} = 314$[m/min]
>
> **참고** 산업안전산업기사 필기 p.3-83(합격날개 : 합격예측)

> **KEY**
> ① 2018년 3월 4일(문제 41번) 출제
> ② 2023년 3월 1일(문제 43번) 출제
> ③ 2024년 7월 5일(문제 52번) 출제
> ④ 2025년 5월 10일(문제 45번) 출제

44 다음 설명 중 ( )에 알맞은 내용은?

롤러기의 급정지장치는 롤러를 무부하로 회전시킨 상태에서 앞면 롤러의 표면속도가 30[m/min] 미만일 때에는 급정지거리가 앞면 롤러 원주의 ( )이내에서 롤러를 정지시킬 수 있는 성능을 보유해야 한다.

① $\dfrac{1}{2}$ ② $\dfrac{1}{4}$
③ $\dfrac{1}{3}$ ④ $\dfrac{1}{2.5}$

> **해설**
> **롤러의 급정지거리**
>
> | 앞면롤러의 표면속도[m/min] | 급정지거리 | 표면속도 산출공식 |
> |---|---|---|
> | 30 미만 | 앞면 롤러 원주의 1/3 이내 ($\pi \times D \times \frac{1}{3}$) | $V = \dfrac{\pi DN}{1,000}$ [m/min] |
> | 30 이상 | 앞면 롤러 원주의 1/2.5 이내 ($\pi \times D \times \frac{1}{2.5}$) | |
>
> **참고** 산업안전산업기사 필기 p.3-113 (표. 롤러의 급정지거리)
>
> **KEY**
> ① 2016년 3월 6일 산업기사 출제
> ② 2017년 3월 5일, 8월 26일 출제
> ③ 2022년 7월 2일(문제 51번) 출제
> ④ 2024년 5월 9일(문제 52번) 출제
> ⑤ 2025년 5월 10일(문제 50번) 출제

45 프레스 작업 중 작업자의 신체일부가 위험한 작업점으로 들어가면 자동적으로 정지되는 기능이 있는데, 이러한 안전대책을 무엇이라고 하는가?

① 풀 프루프(fool proof)
② 페일 세이프(fail safe)
③ 인터록(inter lock)
④ 리미트 스위치(limit switch)

[정답] 43 ③ 44 ③ 45 ③

해설

인터록

안전한 상태를 확보하도록 한 기계적 전기적 구조로 되어 있는 방호장치로 주어진 조건에 만족하지 않으면 작동할 수 없도록 한 기구

> 참고) 산업안전산업기사 필기 p.3-5(표. Fail safe와 Fool proof)

> KEY
> ① 2023년 3월 1일(문제 42번) 출제
> ② 2023년 6월 4일 기사 등 5회 이상 출제
> ③ 2024년 2월 15일(문제 33번, 문제 42번) 출제
> ④ 2025년 5월 10일(문제 54번) 출제

> 보충학습
> ① 페일 세이프 : 기계나 그 부품에 고장이나 기능 불량이 생겨도 항상 안전하게 작동하는 구조와 기능
> ② 풀프루프(fool proof) :
> ㉠ 기계장치 설계단계에서 안전화를 도모하는 것으로 근로자가 기계 등의 취급을 잘 못해도 사고로 연결 되는 일이 없도록 하는 안전기구로 인간과오(human error)를 방지
> ㉡ 용도는 가드(guard), 세이프티블록(safety block : 안전블록), 카메라의 이중 촬영방지기구 등이 있다.
> ③ 리미트 스위치 : 기계의 움직임이 일정한 장소나 위치에 이르게 되면 작동하는 스위치

---

46 다음 중 드릴작업의 안전수칙으로 가장 적합한 것은?

① 손을 보호하기 위하여 장갑을 착용한다.
② 작은 일감은 양손으로 견고히 잡고 작업한다.
③ 정확한 작업을 위하여 구멍에 손을 넣어 확인한다.
④ 작업시작 전 척 렌치(chuck wrench)를 반드시 뺀다.

해설

드릴작업 안전수칙
① 기계 작동 중 구멍에 손을 넣으면 위험하다.
② 작은 일감은 바이스, 클램프 등으로 고정하고 작업한다.
③ 회전기계에는 장갑 착용을 금지한다.

> 참고) 산업안전기사 필기 p.3-92(3. 드릴 작업시 안전대책)

> KEY
> ① 2020년 6월 14일 산업기사 등 10회 이상 출제
> ② 2023년 6월 4일(문제 50번) 출제
> ③ 2024년 2월 15일(문제 60번) 출제
> ④ 2025년 5월 10일(문제 55번) 출제

---

47 연삭기 숫돌의 파괴원인으로 볼 수 없는 것은?

① 숫돌의 회전속도가 너무 빠를 때
② 숫돌 자체에 균열이 있을 때
③ 숫돌의 정면을 사용할 때
④ 숫돌에 과대한 충격을 주게 되는 때

해설

연삭 숫돌의 파괴원인
① 숫돌의 속도가 너무 빠를 때
② 숫돌에 균열이 있을 때
③ 플랜지가 현저히 작을 때
④ 숫돌의 치수(특히 구멍지름)가 부적당할 때
⑤ 숫돌에 과대한 충격을 줄 때
⑥ 작업에 부적당한 숫돌을 사용할 때
⑦ 숫돌의 불균형이나 베어링의 마모에 의한 진동이 있을 때
⑧ 숫돌의 측면을 사용할 때
⑨ 반지름방향의 온도변화가 심할 때

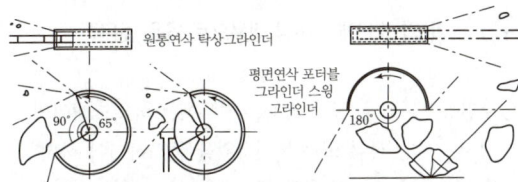

[그림] 안전덮개의 개구각과 파편의 비산방향

> 참고) 산업안전산업기사 필기 p.3-94(1. 숫돌의 파괴원인)

> KEY
> ① 2016년 5월 8일 산업기사 출제
> ② 2016년 8월 21일 기사 출제
> ③ 2020년 6월 7일 기사 출제
> ④ 2020년 6월 14일(문제 48번) 출제
> ④ 2025년 2월 7일(문제 54번) 출제

---

48 산업안전보건법령상 양중기에서 절단하중이 100톤인 와이어로프를 사용하여 화물을 직접적으로 지지하는 경우, 화물의 최대허용하중(톤)은?

① 20   ② 30
③ 40   ④ 50

해설

최대허용하중 = $\dfrac{\text{절단하중}}{\text{안전율(계수)}} = \dfrac{100}{5} = 20[\text{ton}]$

> 참고) 산업안전산업기사 필기 p.3-14(합격날개 : 합격예측)

> KEY
> ① 2006년 8월 6일 (문제 41번) 출제
> ② 2020년 8월 23일(문제 48번) 출제
> ③ 2023년 5월 13일(문제 45번) 출제
> ④ 2024년 5월 9일(문제 45번) 출제
> ⑤ 2025년 2월 7일(문제 42번) 출제

> 합격정보
> 산업안전보건기준에 관한 규칙 제163조(와이어로프 등 달기구의 안전계수)

[정답] 46 ④   47 ③   48 ①

보충학습

안전계수
① 근로자가 탑승하는 운반구를 지지하는 달기와이어로프 또는 달기체인의 경우 : 10 이상
② 화물의 하중을 직접 지지하는 달기와이어로프 또는 달기체인의 경우 : 5 이상
③ 훅, 샤클, 클램프, 리프팅 빔의 경우 : 3 이상
④ 그 밖의 경우 : 4 이상

49 "가"와 "나"에 들어갈 내용으로 옳은 것은?

> 순간풍속이 (가)를 초과하는 경우에는 타워크레인의 설치, 수리, 점검 또는 해체작업을 중지하여야 하며, 순간풍속이 (나)를 초과하는 경우에는 타워크레인의 운전작업을 중지하여야 한다.

① 가. 10 [m/s], 나. 15 [m/s],
② 가. 10 [m/s], 나. 25 [m/s],
③ 가. 20 [m/s], 나. 35 [m/s],
④ 가. 20 [m/s], 나. 45 [m/s],

해설
순간풍속이 초당 10[m]를 초과하는 경우 타워크레인의 설치·수리·점검 또는 해체 작업을 중지하여야 하며, 순간풍속이 초당 15[m]를 초과하는 경우에는 타워크레인의 운전작업을 중지하여야 한다.

참고 산업안전산업기사 필기 p.5-49(합격날개 : 합격예측 및 관련 법규)

KEY
① 2015년 3월 8일 기사 출제
② 2018년 4월 28일 기사 출제
③ 2019년 4월 27일(문제 45번) 출제
④ 2025년 2월 7일(문제 59번) 출제

합격정보
산업안전보건기준에 관한 규칙 제37조(악천후 및 강풍 시 작업중지)

50 강자성체를 자화하여 표면의 누설자속을 검출하는 비파괴 검사 방법은?

① 방사선 투과 시험
② 인장시험
③ 초음파 탐상 시험
④ 자분 탐상 시험

해설

자기 탐상검사(MT : Magnetic Test)
① 강자성체(Fe, Ni, Co 및 그 합금)에 발생한 표면 크랙을 찾아내는 것
② 결함을 가지고 있는 시험에 적절한 자장을 가해 자속(磁束)을 흐르게 하여 결함부에 의해 누설된 누설자속에 의해 생긴 자장에 자분을 흡착시켜 큰 자분 모양으로 나타내어 육안으로 결함을 검출하는 방법

참고 산업안전산업기사 필기 p.3-223(3. 자기 탐상검사)

KEY
① 2019년 3월 3일 기사 (문제 57번) 출제
② 2023년 7월 8일(문제 51번) 출제
③ 2024년 7월 5일(문제 44번) 출제

51 산업재해통계에서 강도율의 산출방법으로 맞는 것은?

① $\dfrac{재해건수}{연근로시간수} \times 1{,}000{,}000$

② $\dfrac{재해건수}{산재보험적용근로자수} \times 100$

③ $\dfrac{총요양근로손실일수}{연근로시간수} \times 100$

④ $\dfrac{총요양근로손실일수}{연근로시간수} \times 1{,}000$

해설
강도율 $= \dfrac{총요양근로손실일수}{연근로시간수} \times 1{,}000$

참고 산업안전산업기사 필기 p.3-47(4. 강도율)

KEY 2024년 7월 5일(문제 17번) 출제

52 그림과 같이 2줄의 와이어로프로 중량물을 달아 올릴 때, 로프에 가장 힘이 적게 걸리는 각도(θ)는?

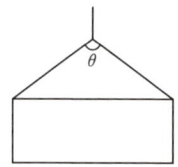

① 30[°] ② 60[°]
③ 90[°] ④ 120[°]

[정답] 49 ① 50 ④ 51 ④ 52 ①

> [해설]

sling wire 한 가닥에 걸리는 하중

$$하중 = \frac{하물의 무게}{2} \div \cos\frac{\theta}{2}$$

[표] 각도변화

①	②	③	④
$\dfrac{W/2}{\cos\frac{30}{2}}=0.51$	$\dfrac{W/2}{\cos\frac{60}{2}}=0.57$	$\dfrac{W/2}{\cos\frac{120}{2}}=1$	$\dfrac{W/2}{\cos\frac{150}{2}}=1.9$

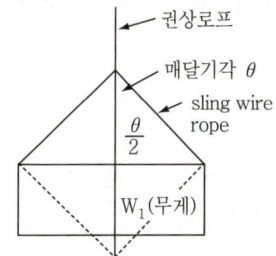

> [참고] 산업안전산업기사 필기 p.3-157(표. 슬링와이어의 매다는 각도와 로프에 걸리는 하중)

> [KEY]
> ① 2006년 3월 5일(문제 47번) 출제
> ② 2008년 5월 11일(문제 48번) 출제
> ③ 2023년 7월 8일(문제 58번) 출제
> ④ 2024년 7월 5일(문제 46번) 출제

53 산업안전보건법령상 프레스기를 사용하여 작업을 할 때 작업시작 전 점검사항으로 틀린 것은?

① 클러치 및 브레이크의 기능
② 압력방출장치의 기능
③ 크랭크축·플라이휠·슬라이드·연결봉 및 연결나사의 풀림 유무
④ 프레스의 금형 및 고정 볼트의 상태

> [해설]

프레스 작업시작전 점검사항
① 클러치 및 브레이크의 기능
② 크랭크축·플라이휠·슬라이드·연결봉 및 연결나사의 풀림 유무
③ 1행정 1정지기구·급정지장치 및 비상정지장치의 기능
④ 슬라이드 또는 칼날에 의한 위험방지 기구의 기능
⑤ 프레스의 금형 및 고정볼트 상태
⑥ 방호장치의 기능
⑦ 전단기(剪斷機)의 칼날 및 테이블의 상태

> [참고] 산업안전산업기사 필기 p.3-54(표 : 기계·기구의 위험요소 작업시작 전 점검사항)

> [KEY]
> ① 2016년 3월 6일 출제
> ② 2017년 3월 5일, 5월 7일, 8월 26일 출제
> ③ 2018년 3월 4일 출제
> ④ 2021년 8월 14일 출제
> ⑤ 2022년 3월 5일(문제 47번), 4월 17일(문제 55번) 출제
> ⑥ 2024년 5월 9일(문제 55번) 출제

> [합격정보] 산업안전보건기준에 관한 규칙 [별표 3] 작업시작전 점검사항

54 산업안전보건기준에 의거하여 프레스 등의 금형을 부착, 해체 또는 조정작업 중 슬라이드가 갑자기 작동함으로써 발생하는 근로자의 위험을 방지하기 위하여 사업주가 설치해야 하는 것은?

① 안전블록
② 방호울
③ 시건장치
④ 게이트가드

> [해설]

안전 블록(럭) : safety block
금형조정 위험방지장치 : 안전블록

> [참고] 산업안전산업기사 필기 p.3-100(합격날개 : 합격예측 및 관련법규)

> [KEY]
> ① 2007년 5월 13일(문제 57번) 출제
> ② 2022년 3월 2일(문제 51번) 출제
> ③ 2024년 2월 15일(문제 57번) 출제

> [합격정보] 산업안전보건기준에 관한 규칙 제104조(금형조정작업의 위험방지)

55 보일러수에 유지류, 고형물 등에 의한 거품이 생겨 수위를 판단하지 못하는 현상은?

① 역화
② 포밍
③ 프라이밍
④ 캐리오버

[정답] 53 ② 54 ① 55 ②

해설

보일러 취급 시 이상현상
① 포밍(foaming : 물거품 솟음)
　보일러수 중에 유지류, 용해 고형물, 부유물 등에 의해 보일러 수면에 거품이 생겨 올바른 수위를 판단하지 못하는 현상
② 플라이밍(flyming : 비수 현상)
　보일러 부하의 급변, 수위 상승 등에 의해 수분이 증기와 분리되지 않아 보일러 수면이 심하게 솟아올라 올바른 수위를 판단하지 못하는 현상
③ 캐리오버(carriover : 기수 공발)
　보일러수 중에 용해 고형분이나 수분이 발생, 증기 중에 다량 함유되어 증기의 순도를 저하시킴으로써 관내 응축수가 생겨 워터 해머의 원인이 되고 증기 과열기나 터빈 등의 고장 원인이 된다.
④ 수격 작용 : 물망치 작용(워터 해머 : water hammer)
　고여 있던 응축수가 밸브를 급격히 개폐 시에 고온 고압의 증기에 이끌려 배관을 강하게 치는 현상으로 배관 파열을 초래한다.
⑤ 역화(Back Fire)
　보일러 시동 시 연료가 나온 다음 시간을 두고 착화하는 등으로 인해 미연소가스가 노내에 잔류하며 비정상적인 폭발적 연소를 일으킨다.

참고 산업안전산업기사 필기 p.3-123(1. 보일러 이상 현상의 종류)

KEY ① 2016년 8월 21일(문제 48번) 출제
　　　② 2023년 7월 8일(문제 59번) 출제

---

56 기계의 안전조건 중 구조의 안전화가 아닌 것은?

① 기계재료의 선정 시 재료 자체에 결함이 없는지 철저히 확인한다.
② 사용 중 재료의 강도가 열화될 것을 감안하여 설계 시 안전율을 고려한다.
③ 기계작동 시 기계의 오동작을 방지하기 위하여 오동작 방지회로를 적용한다.
④ 가공경화와 같은 가공결함이 생길 우려가 있는 경우는 열처리 등으로 결함을 방지한다.

해설

구조의 안전화 3원칙
① 재료
② 설계
③ 가공

참고 ① 산업안전산업기사 필기 p.3-191(2. 구조적 결함 분류)
　　　② 산업안전산업기사 필기 p.3-199(합격날개 : 합격예측)

KEY ① 2016년 5월 8일(문제 42번) 출제
　　　② 2023년 5월 13일(문제 41번) 출제

---

57 다음 중 금형의 설계 및 제작시 안전화 조치와 가장 거리가 먼 것은?

① 펀치의 세장비가 맞지 않으면 길이를 짧게 조정한다.
② 강도 부족으로 파손되는 경우 충분한 강도를 갖는 재료로 교체한다.
③ 열처리 불량으로 인한 파손을 막기 위해 담금질(Quenching)을 실시한다.
④ 캠 및 기타 충격이 반복해서 가해지는 부분에는 완충장치를 한다.

해설

열처리불량 파손시 인성부여 : 뜨임

KEY ① 2015년 5월 31일(문제 47번) 출제
　　　② 2023년 5월 13일(문제 54번) 출제

보충학습

강의 일반 열처리

구분	특 징
담금질 (quenching)	고온에서 재료를 급랭시켜 재질을 경화시키는 열처리법
뜨임 (tempering)	담금질된 재료를 적당한 온도로 가열한 후 서서히 냉각시켜 담금질된 재료에 인성을 부여하는 열처리법
풀림 (annealing)	재료를 적당한 온도로 가열하고 서서히 냉각시켜 연화시키고 또 균일하게 하는 열처리법
불림 (normalizing)	압연 또는 단조한 재료에 대한 재질을 균질화하기 위한 열처리법

---

58 다음 중 연삭기를 이용한 작업을 할 경우 연삭숫돌을 교체한 후에는 얼마 동안 시험운전을 하여야 하는가?

① 1[분] 이상　　② 3[분] 이상
③ 10[분] 이상　④ 15[분] 이상

해설

연삭작업의 안전기준
① 덮개의 설치 기준 : 직경이 50[mm] 이상인 연삭숫돌
② 작업 시작하기 전 1[분] 이상, 연삭 숫돌을 교체한 후 3[분] 이상 시운전(숫돌파열이 가장 많이 발생하는 경우는 스위치를 넣는 순간)
③ 시운전에 사용하는 연삭숫돌은 작업시작 전 결함유무 확인 후 사용
④ 연삭숫돌의 최고 사용회전속도 초과 사용금지
⑤ 측면을 사용하는 것을 목적으로 하는 연삭숫돌 이외의 연삭숫돌은 측면 사용금지

[정답] 56 ③　57 ③　58 ②

> **참고** 산업안전산업기사 필기 p.3-97(3. 연삭기 구조면에 있어서 안전대책)

> **KEY**
> ① 2013년 6월 2일(문제 41번) 출제
> ② 2013년 8월 18일(문제 55번) 출제
> ③ 2022년 4월 24일 기사 등 10회 이상 출제
> ④ 2023년 3월 1일(문제 48번) 출제

> **합격정보**
> 산업안전보건기준에 관한 규칙 제122조(연삭숫돌의 덮개 등)

59 컨베이어(conveyor) 역전방지장치의 형식을 기계식과 전기식으로 구분할 때 기계식에 해당하지 않는 것은?

① 라쳇식 ② 밴드식
③ 스러스트식 ④ 롤러식

해설

컨베이어의 역전방지 장치
(1) 기계식
　① 라쳇식
　② 롤러식
　③ 밴드식
(2) 전기식
　① 전기브레이크
　② 스러스트브레이크

> **참고** 산업안전기사 필기 p.3-137[(3) 컨베이어의 역전방지 장치]

> **KEY**
> ① 2012년 8월 26일 문제60번 출제
> ② 2019년 3월 3일(문제 54번) 출제

60 산업안전보건법령상 근로자 안전보건교육중 채용 시의 교육 및 작업내용 변경 시의 교육 사항으로 옳은 것은?

① 물질안전보건자료에 관한 사항
② 건강증진 및 질병 예방에 관한 사항
③ 유해·위험 작업환경 관리에 관한 사항
④ 표준안전작업방법 및 지도 요령에 관한 사항

해설

근로자 안전보건교육 내용
(1) 채용시의 교육 및 작업내용 변경시의 교육내용
　① 산업안전 및 산업재해 예방에 관한 사항(화재·폭발 사고 발생 시 대피에 관한 사항을 포함한다)
　② 산업보건 및 건강장해 예방에 관한 사항
　③ 위험성 평가에 관한 사항
　④ 산업안전보건법령 및 산업재해보상보험 제도에 관한 사항
　⑤ 직무스트레스 예방 및 관리에 관한 사항
　⑥ 직장 내 괴롭힘, 고객의 폭언 등으로 인한 건강장해 예방 및 관리에 관한 사항
　⑦ 기계·기구의 위험성과 작업의 순서 및 동선에 관한 사항
　⑧ 작업 개시 전 점검에 관한 사항
　⑨ 정리정돈 및 청소에 관한 사항
　⑩ 사고 발생 시 긴급조치에 관한 사항
　⑪ 물질안전보건자료에 관한 사항
(2) 근로자의 정기안전보건교육
　① 산업안전 및 산업재해 예방에 관한 사항(화재·폭발 사고 발생 시 대피에 관한 사항을 포함한다)
　② 산업보건 및 건강장해 예방에 관한 사항(폭염·한파작업으로 인한 건강장해 발생 시 응급조치에 관한 사항을 포함한다)
　③ 위험성 평가에 관한 사항
　④ 건강증진 및 질병예 방에 관한 사항
　⑤ 유해·위험 작업환경 관리에 관한 사항
　⑥ 산업안전보건법령 및 산업재해보상보험 제도에 관한 사항
　⑦ 직무스트레스 예방 및 관리에 관한 사항
　⑧ 직장 내 괴롭힘, 고객의 폭언 등으로 인한 건강장해 예방 및 관리에 관한 사항

> **참고** 산업안전산업기사 필기 p.1-153(2. 안전보건교육 교육대상자별 교육내용 및 시간)

> **KEY**
> ① 2016년 3월 6일 기사·산업기사 동시 출제
> ② 2017년 3월 5일 기사 출제
> ③ 2018년 4월 28일, 8월 19일 산업기사 출제
> ④ 2020년 6월 14일(문제 5번) 출제

> **합격정보**
> 산업안전보건법 시행규칙 [별표 5] 안전보건교육 교육대상별 교육내용 (시행 2026. 1. 1. 고용노동부령 제443호 2025. 5. 30. 일부개정)

4 전기 및 화학설비 안전관리

61 정전기 재해를 예방하기 위해 설치하는 제전기의 제전효율은 설치 시에 얼마 이상이 되어야 하는가?

① 40[%] 이상 ② 50[%] 이상
③ 70[%] 이상 ④ 90[%] 이상

해설

제전기 설치시 제전효율 : 90[%] 이상

> **참고** 산업안전산업기사 필기 p.4-41(은행문제)

> **KEY**
> ① 2020년 9월 19일(문제 64번) 출제
> ② 2021년 8월 14일 기사 출제
> ③ 2023년 7월 8일(문제 62번) 출제
> ④ 2024년 7월 5일(문제 61번) 출제
> ⑤ 2025년 5월 10일(문제 61번) 출제

[정답] 59 ③　60 ①　61 ④

과년도 출제문제

62 다음 중 폭발한계의 범위가 가장 넓은 가스는?

① 수소 ② 메탄
③ 프로판 ④ 아세틸렌

해설

주요 인화성가스의 폭발범위

인화성 가스	폭발하한 값(%)	폭발상한 값(%)
아세틸렌(C_2H_2)	2.5	81
산화에틸렌(C_2H_4O)	3	80
수소(H_2)	4	75
일산화탄소(CO)	12.5	74
프로판(C_3H_8)	2.1	9.5
에탄(C_2H_6)	3	12.5
메탄(CH_4)	5	15
부탄(C_4H_{10})	1.8	8.4

참고 산업안전산업기사 필기 p.4-153(표 : 공기중의 폭발한계)

KEY
① 2021년 3월 5일(문제 75번) 출제
② 2024년 7월 5일(문제 80번) 출제
③ 2025년 5월 10일(문제 65번) 출제

---

63 인체가 전격을 당했을 경우 통전시간이 1초라면 심실세동을 일으키는 전류값[mA]은?(단, 심실세동전류값은 Dalziel의 관계식을 이용한다.)

① 100 ② 165
③ 180 ④ 215

해설

심실세동(치사)전류

전격의 영향	통전전류(값)
심근의 미세한 진동으로 혈액을 송출하는 펌프의 기능이 장애를 받는 현상을 심실세동이라 하며 이때의 전류	$I = \dfrac{165}{\sqrt{T}}$[mA] I : 심실세동전류[mA] T : 통전시간(s)

참고 산업안전산업기사 필기 p.4-17(3. 통전전류에 따른 인체의 영향)

KEY
① 2013년 8월 18일 문제 68번 출제
② 2015년 3월 8일 기사 출제
③ 2017년 3월 5일, 5월 7일기사 출제
④ 2018년 4월 28일 기사 출제
⑤ 2023년 6월 4일 기사, 3월 1일(문제 67번) 산업기사 출제
⑥ 2024년 5월 14일 기사 출제
⑦ 2024년 2월 15일(문제 63번) 출제
⑧ 2025년 5월 10일(문제 71번) 출제

---

64 다음 중 방폭구조의 종류가 아닌 것은?

① 본질안전 방폭구조 ② 고압 방폭구조
③ 압력 방폭구조 ④ 내압 방폭구조

해설

주요 국가 방폭구조의 기호

방폭구조 나라명	내압	유입	압력	안전증	본질 안전	특수	사입
한국	d	o	p	e	i	s	—
영국	FLT				ELP		
독일	Exd	Exo	Exf	Exe	Exi	Exs	Exq
오스트리아	Exd	Exo		Exe	Exi	Exs	Exq
프랑스	—	—	—	—	—	—	—
이태리	Exd	Exo	Exp	Exe	Exi		Exq
스위스	Exd	Exo	Exf	Exe		Exs	
스웨덴	Xt	Xo	Xy	Xh	Xi	Xs	

참고 산업안전산업기사 필기 p.4-53((3) 방폭구조의 종류 및 특징)

KEY
① 2016년 5월 8일 출제
② 2016년 8월 21일 출제 기사·산업기사 동시 출제
③ 2017년 3월 5일 출제
④ 2018년 3월 4일 산업기사 출제
⑤ 2022년 7월 2일(문제 65번) 출제
⑥ 2024년 5월 14일 기사 출제
⑦ 2024년 2월 15일(문제 75번) 출제
⑧ 2025년 5월 10일(문제 74번) 출제

---

65 전기기계·기구에 대하여 누전에 의한 감전위험을 방지하기 위하여 누전차단기를 전기기계·기구에 접속할 때 준수하여야 할 사항으로 옳은 것은?

① 누전차단기는 정격감도전류가 60[mA] 이하이고 작동시간은 0.1초 이내일 것
② 누전차단기는 정격감도전류가 50[mA] 이하이고 작동시간은 0.08초 이내일 것
③ 누전차단기는 정격감도전류가 40[mA] 이하이고 작동시간은 0.06초 이내일 것
④ 누전차단기는 정격감도전류가 30[mA] 이하이고 작동시간은 0.03초 이내일 것

[정답] 62 ④ 63 ② 64 ② 65 ④

해설

누전차단기 설치기준[KSC4613]
① 정격감도 : 30[mA] 이하
② 작동시간 : 0.03초 이내

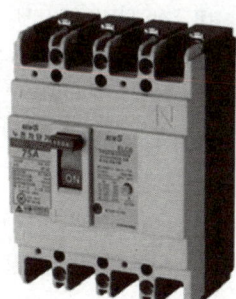

제품명 : 산업용 누전차단기 SBE-104Ca(75A)
극수및소자수 : 4P4E
정격전압 : AC 220V / 460V / 415V / 380V
정격전류 : 75A
동작시간 : 0.1초 이내
인증기관 : KSC 4613 제11675호
동작방식 : 전류 동작형
정격감도전류 : 100mA
정격부동작전류 : 50mA
정격차단전류 : 25kA(220V) / 14kA(460V)
　　　　　　　14kA(415V) / 14kA(380V)

[그림] 누전차단기

참고 산업안전산업기사 필기 p.4-5(1. 누전차단기의 종류)

KEY
① 2016년 3월 6일 출제
② 2017년 5월 7일, 8월 26일기사 출제
③ 2018년 3월 4일 기사·산업기사 동시 출제
④ 2021년 5월 9일(문제 67번) 출제
⑤ 2024년 5월 11일 기사 필답형 출제
⑥ 2024년 5월 14일 기사 출제
⑦ 2024년 2월 15일(문제 78번) 출제
⑧ 2025년 5월 10일(문제 75번) 출제

합격정보
산업안전보건기준에 관한 규칙 제304조(누전차단기에 의한 감전 방지)

66 폭발한계와 완전 연소 조성 관계인 Jones식을 이용하여 부탄(C_4H_{10})의 폭발하한계를 구하면 약 몇 [vol%]인가?

① 1.4　　② 1.7
③ 2.0　　④ 2.3

해설

C_4H_{10} 양론농도계산

① $C_{st} = \dfrac{100}{1+4.773\left(4+\dfrac{10}{4}\right)} = 3.125$

② 연소하한값 $= 0.55 \times C_{st} = 0.55 \times 3.125 = 1.718$

참고 산업안전산업기사 필기 p. 4-104(보충학습 : 폭발범위의 계산)

KEY
① 2020년 8월 22일(문제 86번) 출제
② 2021년 8월 14일(문제 94번) 출제
③ 2022년 4월 17일(문제 73번) 출제
④ 2025년 5월 10일(문제 80번) 출제

보충학습

폭발범위의 계산 : Jones식
① 폭발하한계 $= 0.55 \times C_{st}$
② 폭발상한계 $= 3.50 \times C_{st}$

여기서, $C_{st} = \dfrac{100}{1+4.773\left(n+\dfrac{m-f-\lambda}{4}\right)}$

(n : 탄소, m : 수소, f : 할로겐원소, λ : 산소의 원자수)

67 다음 중 화재의 종류가 옳게 연결된 것은?

① A급화재 - 유류화재
② B급화재 - 유류화재
③ C급화재 - 일반화재
④ D급화재 - 일반화재

해설

화재의 종류
① A급화재 : 일반 가연물화재(백색표시)
② B급화재 : 유류화재(황색표시)
③ C급화재 : 전기화재(청색표시)
④ D급화재 : 금속화재(색표시 없음)

참고 산업안전산업기사 필기 p.4-109(2. 화재의 분류)

KEY
① 2014년 8월 17일(문제 63번)
② 2023년 7월 8일(문제 73번) 출제
③ 2024년 7월 5일(문제 65번) 출제
④ 2025년 2월 7일(문제 62번) 출제

68 다음 중 만성중독과 가장 관계가 깊은 유독성 지표는?

① LD_{50}(Median lethal dose)
② MLD(Minimum lethal dose)
③ TLV(Threshold limit value)
④ LC_{50}(Median lethal concentration)

해설

중독지수
① TLV : 1[일] 8[시간]의 작업시 폭로된 평균농도(유독성 지표)
② LD_{50} : 독극물 1회 투여로 7~10[일] 이내 실험동물수 50[%] 사망
③ LC_{50} : 호흡기 장애로 실험동물수 50[%] 사망

참고 산업안전산업기사 필기 p.4-158(문제 18번)

[정답] 66 ② 67 ② 68 ③

KEY
① 1992년 출제
② 2014년 8월 17일(문제 78번) 출제
③ 2023년 7월 8일(문제 77번) 출제
④ 2025년 2월 7일(문제 69번) 출제

보충학습
① 만성중독과 가장 관계가 깊은 유독성 지표 : TLV
 • TLV : 미국 산업위생전문가회의에서 채택한 허용농도 기준
② 만성중독의 판정에 사용되는 지수
 ㉮ TLV ㉯ VHI ㉰ 중독지수

69. 산업안전보건법령상 다음 인화성 가스의 정의에서 ( )안에 알맞은 값은?

"인화성 가스"란 인화한계 농도의 최저한도가 (㉠) [%] 이하 또는 최고한도와 최저한도의 차가 (㉡) [%] 이상인 것으로서 표준압력(101.3[kPa]), 20[℃]에서 가스 상태인 물질을 말한다.

① ㉠ 13, ㉡ 12
② ㉠ 13, ㉡ 15
③ ㉠ 12, ㉡ 13
④ ㉠ 12, ㉡ 15

해설
"인화성 가스"란 인화한계 농도의 최저한도가 13[%] 이하 또는 최고한도와 최저한도의 차가 12[%] 이상인 것으로서 표준압력(101.3 [kPa])에서 20[℃]에서 가스 상태인 물질을 말한다.

참고 산업안전산업기사 필기 p.4-130(합격날개 : 합격예측)

KEY
① 2022년 4월 17일(문제 80번) 출제
② 2025년 2월 7일(문제 74번) 출제

합격정보
산업안전보건법 시행령 [별표 13] 비고

70. 인체가 전격(감전)으로 인한 사고 시 통전전류에 의한 인체반응으로 틀린 것은?

① 교류가 직류보다 일반적으로 더 위험하다.
② 주파수가 높아지면 감지전류는 작아진다.
③ 심장을 관통하는 경로가 가장 사망률이 높다.
④ 가수전류는 불수전류보다 값이 대체적으로 작다.

해설
전격위험도 결정조건(1차적 감전위험요소)
① 통전전류의 크기
② 통전시간
③ 통전경로
④ 전원의 종류(직류보다 상용주파수의 교류전원이 더 위험한 이유 : 극성변화)
⑤ 주파수 및 파형
⑥ 전격인가위상

참고 산업안전산업기사 필기 p.4-19(1. 감전재해의 요인)

KEY
① 2016년 8월 21일(문제 69번) 출제
② 2023년 7월 8일(문제 69번) 출제
③ 2024년 7월 5일(문제 64번) 출제

71. 다음 중 통전경로별 위험도가 가장 높은 경로는?

① 왼손-등
② 오른손-가슴
③ 왼손-가슴
④ 오른손-양발

해설
통전경로별 위험도

통전경로	위험도
오른손-등	0.3
왼손-오른손	0.4
왼손-등	0.7
한손 또는 양손-앉아 있는 자리	0.7
오른손-한발 또는 양발	0.8
양손-양발	1.0
왼손-한발 또는 양발	1.0
오른손-가슴	1.3
왼손-가슴	1.5

참고 산업안전산업기사 필기 p.4-30(문제 26번)

KEY
① 2015년 5월 31일(문제 68번) 출제
② 2023년 4월 1일 지도사 출제
③ 2023년 5월 13일(문제 61번) 출제
④ 2024년 7월 5일(문제 67번) 출제

72. 산업안전보건법령에서 정한 안전검사의 주기에 따르면 건조설비 및 그 부속설비는 사업장에 설치가 끝난 날부터 몇 년 이내에 최초 안전검사를 실시하여야 하는가?

① 1
② 2
③ 3
④ 4

[정답] 69 ① 70 ② 71 ③ 72 ③

해설

안전검사 주기

프레스, 전단기, 압력용기, 국소 배기장치, 원심기, 화학설비 및 그 부속설비, 건조설비 및 그 부속설비, 롤러기, 사출성형기, 컨베이어 및 산업용 로봇, 분쇄기, 혼합기 및 파쇄기 : 사업장에 설치가 끝난 날부터 3년 이내에 최초 안전검사를 실시하되, 그 이후부터 2년마다(공정안전보고서를 제출하여 확인을 받은 압력용기는 4년마다) 실시

참고 산업안전산업기사 필기 p.3-62(표:안전검사의 주기)

KEY
① 2016년 8월 21일 기사 출제
② 2021년 3월 5일(문제 80번) 출제
③ 2024년 7월 5일(문제 79번) 출제

---

73 다음 중 건조설비의 사용상 주의사항으로 적절하지 않은 것은?

① 건조설비 가까이 가연성 물질을 두지 말 것
② 고온으로 가열 건조한 물질은 즉시 격리 저장할 것
③ 위험물 건조설비를 사용할 때는 미리 내부를 청소하거나 환기시킨 후 사용할 것
④ 건조 시 발생하는 가스·증기 또는 분진에 의한 화재·폭발의 위험이 있는 물질은 안전한 장소로 배출할 것

해설

건조설비 사용 시 주의사항

① 위험물 건조설비를 사용하는 경우에는 미리 내부를 청소하거나 환기할 것
② 위험물 건조설비를 사용하는 경우에는 건조로 인하여 발생하는 가스·증기 또는 분진에 의하여 폭발·화재의 위험이 있는 물질을 안전한 장소로 배출시킬 것
③ 위험물 건조설비를 사용하여 가열건조하는 건조물은 쉽게 이탈되지 않도록 할 것
④ 고온으로 가열건조한 인화성 액체는 발화의 위험이 없는 온도로 냉각한 후에 격납시킬 것
⑤ 건조설비(바깥면이 현저히 고온이 되는 설비만 해당)에 가까운 장소에는 인화성 액체를 두지 않도록 할 것

참고 산업안전산업기사 필기 p.4-148(합격날개 : 합격예측 및 관련 법규)

KEY
① 2016년 8월 21일(문제 79번) 출제
② 2023년 7월 8일(문제 78번) 출제
③ 2024년 5월 9일(문제 64번) 출제

합격정보
산업안전보건기준에 관한 규칙 제283조(건조설비의 사용)

---

74 다음 중 분진폭발의 가능성이 가장 낮은 물질은?

① 소맥분 ② 마그네슘
③ 질석가루 ④ 석탄

해설

분진 폭발 물질

① 금속 : Al, Mg, Fe, Mn, Si, Sn
② 분말 : 티탄, 바나듐, 아연, Dow합금
③ 농산물 : 밀가루, 녹말, 솜, 쌀, 콩, 코코아, 커피

참고 산업안전산업기사 필기 p.4-103(표. 증기폭발, 분진폭발, 분해폭발)

KEY
① 2016년 5월 8일 기사 출제
② 2017년 8월 26일 기사 출제
③ 2023년 3월 1일(문제 72번) 출제

보충학습

질석
① 질석은 퍼미큐라이트 라고 하는 건축용자재로서 파종이나 삽목에 토양으로 사용하는 재료
② 주로 펄라이트와 배합을 해서 사용

---

75 배관용 부품에 있어 사용되는 용도가 다른 것은?

① 엘보(elbow) ② 티이(T)
③ 크로스(cross) ④ 밸브(valve)

해설

배관부품용도

용도	종류
두 개의 관을 연결할 때	플랜지, 유니언, 커플링, 니플, 소켓
관로의 방향을 바꿀 때	엘보, Y지관, 티, 십자
관로의 크기를 바꿀 때	축소관, 부싱
가지관을 설치할 때	티(T), Y지관, 십자
유로를 차단할 때	플러그, 캡, 밸브
유량 조절	밸브

참고 산업안전산업기사 필기 p.4-152(합격날개 : 합격예측)

KEY
① 2023년 2월 28일 기사 등 10회 이상 출제
② 2023년 3월 1일(문제 78번) 출제
③ 2024년 2월 15일(문제 64번) 출제

[정답] 73 ② 74 ③ 75 ④

76 다음 중 폭발하한농도(vol%)가 가장 높은 것은?

① 일산화탄소 ② 아세틸렌
③ 디에틸에테르 ④ 아세톤

해설

주요 인화성 가스의 폭발범위

인화성 가스	폭발하한 값(%)	폭발상한 값(%)
아세틸렌(C_2H_2)	2.5	81
산화에틸렌(C_2H_4O)	3	80
수소(H_2)	4	75
일산화탄소(CO)	12.5	74
프로판(C_3H_8)	2.1	9.5
에탄(C_2H_6)	3	12.5
메탄(CH_4)	5	15
부탄(C_4H_{10})	1.8	8.4

참고 산업안전산업기사 필기 p.4-153(표1. 공기중의 폭발한계)

KEY
① 2017년 3월 5일 산업기사 출제
② 2020년 8월 23일(문제 76번) 출제
③ 2023년 5월 13일(문제 72번) 출제
④ 2024년 2월 15일(문제 66번) 등 5회 이상 출제

77 다음 중 착화열에 대한 정의로 가장 적절한 것은?

① 연료가 착화해서 발생하는 전열량
② 연료 1[kg]이 착화해서 연소하여 나오는 총발열량
③ 외부로부터 열을 받지 않아도 스스로 연소하여 발생하는 열량
④ 연료를 최초의 온도로부터 착화온도까지 가열하는 데 드는 열량

해설

용어정의
(1) 인화점
　① 점화원에 의하여 인화될 수 있는 최저온도
　② 연소가능한 인화성 증기를 발생시킬 수 있는 최저온도
(2) 발화점 : 외부에서의 직접적인 점화원 없이 열의 축적에 의하여 발화되는 최저온도
(3) 착화열
　① 연료를 최초의 온도로부터 착화온도까지 가열하는 데 필요한 열량
　② 연료를 실온에서 불이 붙거나 타기 시작하는 온도까지 가열하는 데 드는 열

참고 산업안전산업기사 필기 p.4-133(합격날개 : 합격예측)

KEY
① 2015년 3월 8일(문제 71번) 출제
② 2024년 2월 15일 기사 등 3회 이상 출제

78 화염일주한계에 대해 가장 잘 설명한 것은?

① 화염이 발화온도로 전파될 가능성의 한계값이다.
② 화염이 전파되는 것을 저지할 수 있는 틈새의 최대 간격치이다.
③ 폭발성 가스와 공기가 혼합되어 폭발한계 내에 있는 상태를 유지하는 한계값이다.
④ 폭발성 분위기가 전기 불꽃에 의하여 화염을 일으킬 수 있는 최소의 전류값이다.

해설

화염일주한계 = 최대안전틈새 = 안전간격(safety gap)

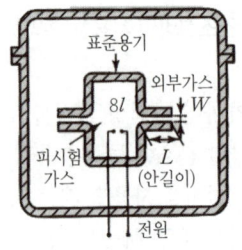

[그림] 폭발등급 측정에 사용되는 표준용기

참고 산업안전산업기사 필기 p.4-59(합격날개 : 합격예측)

KEY
① 2016년 8월 21일 출제
② 2022년 7월 2일(문제 66번) 출제

79 ABC급 분말 소화약제의 주성분에 해당하는 것은?

① $NH_4H_2PO_4$ ② Na_2CO_3
③ Na_2SO_4 ④ K_2CO_3

해설

분말소화약제의 종류

종류	주성분 품명	주성분 화학식	분말색	적용화재
제1종	탄산수소나트륨	$NaHCO_3$	백색	B, C급 화재
제2종	탄산수소칼륨	$KHCO_3$	담청색	B, C급 화재
제3종	인산암모늄	$NH_4H_2PO_4$	담홍색	A, B, C급 화재
제4종	탄산수소칼륨 요소	$KHCO_3 + (NH_2)_2CO$	쥐색 (회색)	B, C급 화재

참고 산업안전산업기사 필기 p.4-107(2. 분말소화약제의 종류)

[정답] 76 ①　77 ④　78 ②　79 ①

KEY ① 2018년 4월 28일 출제
② 2022년 7월 2일(문제 73번) 출제

합격정보
① 산업안전보건기준에 관한 규칙 [별표 11] 굴착면의 기울기 기준
② 2025년 7월 17일 개정 적용

80 폭발범위가 1.8~8.5[vol%]인 가스의 위험도를 구하면 얼마인가?

① 0.8　　　② 3.7
③ 5.7　　　④ 6.7

해설
위험도(H) = $\dfrac{U-L}{L} = \dfrac{8.5-1.8}{1.8} = 3.7$

① H : 위험도　② U : 폭발상한계　③ L : 폭발하한계

참고 ① 산업안전산업기사 필기 p.4-154(㉮ 위험도)
② 산업안전산업기사 필기 p.4-164(문제 40번)

KEY ① 2016년 5월 8일 기사 출제
② 2017년 3월 5일 기사 출제
③ 2018년 3월 4일 기사 출제
④ 2018년 8월 19일(문제 72번) 출제

82 건설공사의 산업안전보건관리비 계상 시 대상액이 구분되어 있지 않은 공사는 도급계약 또는 자체사업 계획 상의 총 공사금액 중 얼마를 대상액으로 하는가?

① 50[%]　　　② 60[%]
③ 70[%]　　　④ 80[%]

해설
대상액이 구분이 없을 때 : 70[%]

참고 산업안전산업기사 필기 p.5-44(표. 공사진척에 따른 안전관리비 사용기준)

KEY ① 2017년 5월 7일, 9월 23일기사 출제
② 2019년 8월 4일 산업기사 출제
③ 2020년 6월 7일(문제 103번) 출제
④ 2021년 9월 15일(문제 88번) 출제
⑤ 2025년 2월 7일(문제 99번), 5월 10일(문제 86번) 출제

합격정보
건설업 산업안전보건관리비계상기준 고시 2025-11호(2025. 2. 12)

보충학습
공사진척에 따른 안전관리비 사용기준

공정률	50[%] 이상 70[%] 미만	70[%] 이상 90[%] 미만	90[%] 이상
사용 기준	50[%] 이상	70[%] 이상	90[%] 이상

5 건설공사 안전관리

81 지반의 종류가 암반 중 경암일 경우 굴착면 기울기 기준으로 옳은 것은?

① 1 : 0.3　　　② 1 : 0.5
③ 1 : 1.0　　　④ 1 : 1.5

해설
굴착면의 기울기 기준

지반의 종류	굴착면의 기울기
모래	1 : 1.8
연암 및 풍화암	1 : 1.0
경암	1 : 0.5
그 밖의 흙	1 : 1.2

예) 1 : 0.5

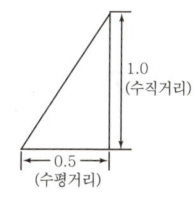

참고 산업안전산업기사 필기 p.5-56(표. 굴착면의 기울기 기준)

KEY ① 2016년 5월 8일 기사 · 산업기사 동시 출제
② 2020년 6월 7일 기사(문제 111번) 출제
③ 2020년 9월 27일 기사(문제 115번) 출제
④ 2023년 7월 8일(문제 97번) 출제
⑤ 2024년 2월 15일(문제 83번), 5월 9일(문제 81번) 출제
⑥ 2025년 2월 7일(문제 84번), 5월 10일(문제 82번) 출제

83 다음은 이음매가 있는 권상용 와이어로프의 사용금지 규정이다. (　) 안에 알맞은 숫자는?

> 와이어로프의 한 꼬임에서 소선의 수가 (　)[%]이상 절단된 것을 사용하면 안된다.

① 5　　　② 7
③ 10　　④ 15

[정답] 80 ②　81 ②　82 ③　83 ③

해설

달비계 와이어로프 사용금지 기준
① 이음매가 있는 것
② 와이어로프의 한 꼬임[(스트랜드(strand)를 말한다. 이하 같다)]에서 끊어진 소선(素線)[필러(pillar)선은 제외한다)]의 수가 10[%] 이상(비자전로프의 경우에는 끊어진 소선의 수가 와이어로프 호칭지름의 6배 길이 이내에서 4[개] 이상이거나 호칭지름 30배 길이 이내에서 8[개] 이상)인 것
③ 지름의 감소가 공칭지름의 7[%]를 초과하는 것
④ 꼬인 것
⑤ 심하게 변형되거나 부식된 것
⑥ 열과 전기충격에 의해 손상된 것

참고 산업안전산업기사 필기 p.5-102(합격날개 : 합격예측 및 관련법규)

KEY
① 2015년 5월 31일 기사 출제
② 2023년 5월 13일(문제 84번) 출제
③ 2023년 6월 4일 기사 등 10회 이상 출제
④ 2024년 7월 5일(문제 87번) 출제
⑤ 2025년 5월 10일(문제 89번) 출제

합격정보
산업안전보건기준에 관한 규칙 제63조(달비계의 구조)

---

84 유해위험방지계획서 제출대상 공사에 해당하는 것은?

① 지상높이가 21[m]인 건축물 해체공사
② 최대지간거리가 50[m] 이상인 다리의 건설공사
③ 연면적 5,000[m²]인 동물원 건설공사
④ 깊이가 9[m]인 굴착공사

해설

유해위험방지계획서 제출대상 건설공사
(1) 건축물 또는 시설 등의 건설·개조 또는 해체공사
　가. 지상높이가 31미터 이상인 건축물 또는 인공구조물
　나. 연면적 3만제곱미터 이상인 건축물
　다. 연면적 5천제곱미터 이상인 시설
　　① 문화 및 집회시설(전시장 및 동물원·식물원은 제외한다)
　　② 판매시설, 운수시설(고속철도의 역사 및 집배송시설은 제외한다)
　　③ 종교시설
　　④ 의료시설 중 종합병원
　　⑤ 숙박시설 중 관광숙박시설
　　⑥ 지하도상가
　　⑦ 냉동·냉장 창고시설
(2) 연면적 5천제곱미터 이상인 냉동·냉장 창고시설의 설비공사 및 단열공사
(3) 최대지간길이가 50[m] 이상인 다리의 건설 등 공사
(4) 터널건설 등의 공사
(5) 다목적댐, 발전용댐 및 저수용량 2천만톤 이상의 용수전용댐, 지방상수도 전용댐 건설 등의 공사
(6) 깊이 10[m] 이상인 굴착공사

참고 산업안전산업기사 필기 p.5-21(3. 유해·위험방지계획서 제출대상 건설공사)

KEY
① 2022년 4월 24일 기사 등 10회 이상 출제
② 2023년 3월 1일(문제 92번) 출제
③ 2024년 7월 5일(문제 95번) 출제
④ 2025년 2월 7일(문제 82번) 출제

합격정보
① 산업안전보건법 시행령 제42조(유해위험방지계획서 제출대상)
② 2025. 1. 31 개정법 적용

---

85 철골작업을 중지하여야 하는 풍속과 강우량 기준으로 옳은 것은?

① 풍속 : 10[m/sec] 이상, 강우량 : 1[mm/h] 이상
② 풍속 : 5[m/sec] 이상, 강우량 : 1[mm/h] 이상
③ 풍속 : 10[m/sec] 이상, 강우량 : 2[mm/h] 이상
④ 풍속 : 5[m/sec] 이상, 강우량 : 2[mm/h] 이상

해설

작업중지기준

구분	일반 작업	철골 공사
강풍	10분간 평균풍속이 10[m/sec] 이상	평균풍속이 10[m/sec] 이상
강우	1회 강우량이 50[mm] 이상	1시간당 강우량이 1[mm] 이상
강설	1회 강설량이 25[cm] 이상	1시간당 강설량이 1[cm] 이상

참고 산업안전산업기사 필기 p.5-155(② 기후에 의한 영향)

KEY
① 2016년 5월 8일 기사·산업기사 동시 출제
② 2016년 10월 1일 산업기사 출제
③ 2017년 5월 7일 기사, 9월 23일 산업기사출제
④ 2023년 2월 28일 기사 출제
⑤ 2023년 3월 1일(문제 89번), 2월 15일(문제 82번) 출제
⑥ 2024년 5월 14일 기사 출제
⑦ 2024년 2월 15일(문제 82번) 등 10회 이상 출제
⑧ 2025년 2월 7일(문제 87번) 출제

합격정보
산업안전보건기준에 관한 규칙 제383조(작업의 제한)

[정답] 84 ②　85 ①

86. 사다리식 통로의 설치기준으로 틀린 것은?

① 폭은 30[cm] 이상으로 할 것
② 발판과 벽과의 사이는 15[cm] 이상의 간격을 유지할 것
③ 사다리의 상단은 걸쳐놓은 지점으로부터 60[cm] 이상 올라가도록 할 것
④ 사다리식 통로의 길이가 10[m] 이상인 경우에는 7[m] 이내마다 계단참을 설치할 것

해설
사다리식 통로 설치기준
① 견고한 구조로 할 것
② 심한 손상·부식 등이 없는 재료를 사용할 것
③ 발판의 간격은 일정하게 할 것
④ 발판과 벽과의 사이는 15[cm] 이상의 간격을 유지할 것
⑤ 폭은 30[cm] 이상으로 할 것
⑥ 사다리가 넘어지거나 미끄러지는 것을 방지하기 위한 조치를 할 것
⑦ 사다리의 상단은 걸쳐놓은 지점으로부터 60 [cm] 이상 올라가도록 할 것
⑧ 사다리식 통로의 길이가 10[m] 이상인 경우에는 5[m] 이내마다 계단참을 설치할 것
⑨ 사다리식 통로의 기울기는 75도 이하로 할 것. 다만, 고정식 사다리식 통로의 기울기는 90도 이하로 하고, 그 높이가 7미터 이상인 경우에는 다음 각 목의 구분에 따른 조치를 할 것
　가. 등받이울이 있어도 근로자 이동에 지장이 없는 경우: 바닥으로부터 높이가 2.5미터 되는 지점부터 등받이울을 설치할 것
　나. 등받이울이 있으면 근로자가 이동이 곤란한 경우: 한국산업표준에서 정하는 기준에 적합한 개인용 추락 방지 시스템을 설치하고 근로자로 하여금 한국산업표준에서 정하는 기준에 적합한 전신안전대를 사용하도록 할 것
⑩ 접이식 사다리 기둥은 사용 시 접혀지거나 펼쳐지지 않도록 철물 등을 사용하여 견고하게 조치할 것

참고 산업안전보건기준에 관한 규칙 제23조(가설통로의 구조)

 ① 2014년 5월 25일(문제 99번) 출제
② 2023년 5월 13일(문제 90번) 출제
③ 2024년 7월 5일(문제 89번) 출제

87. 공사현장에서 낙하물방지망 또는 방호선반을 설치할 때 설치높이 및 벽면으로부터 내민 길이 기준으로 옳은 것은?

① 설치높이 : 10[m] 이내마다, 내민 길이 2[m] 이상
② 설치높이 : 15[m] 이내마다, 내민 길이 2[m] 이상
③ 설치높이 : 10[m] 이내마다, 내민 길이 3[m] 이상
④ 설치높이 : 15[m] 이내마다, 내민 길이 3[m] 이상

해설
낙하물(안전)방망 설치기준
① 추락방호망의 설치위치는 가능하면 작업면으로부터 가까운 지점에 설치하여야 하며, 작업면으로부터 망의 설치지점까지의 수직거리는 10[m]를 초과하지 아니할 것
② 추락방호망은 수평으로 설치하고, 망의 처짐은 짧은 변 길이의 12[%] 이상이 되도록 할 것
③ 건축물 등의 바깥쪽으로 설치하는 경우 망의 내민 길이는 벽면으로부터 3[m] 이상 되도록 할 것. 다만, 그물코가 20[mm] 이하인 망을 사용한 경우에는 낙하물방지망을 설치한 것으로 본다.

참고 산업안전산업기사 필기 p.5-58(2. 낙하·비래재해의 예방대책에 관한 사항)

KEY ① 2023년 5월 13일(문제 96번) 출제
② 2024년 7월 5일(문제 91번) 등 5회 이상 출제

합격정보
산업안전보건기준에 관한 규칙 제42조(추락의 방지)

보충학습
내민길이
① 낙하물 방지망 : 2[m] 이상
② 바깥면추락방호망 : 3[m] 이상

88. 철근을 인력으로 운반할 때의 주의사항으로서 옳지 않은 것은?

① 긴 철근은 2[인] 1[조]가 되어 어깨메기로 하여 운반한다.
② 긴 철근을 부득이 1[인]이 운반할 때는 철근의 한쪽을 어깨에 메고 다른 한쪽 끝을 땅에 끌면서 운반한다.
③ 1[인]이 1회에 운반할 수 있는 적당한 무게한도는 운반자의 몸무게 정도이다.
④ 운반시에는 항상 양끝을 묶어 운반한다.

해설
철근 인력 운반 시 주의사항
① 1[인]당 무게는 25[kg] 정도가 적절하며, 무리한 운반을 삼가야 한다.
② 2[인] 이상이 1[조]가 되어 어깨메기로 하여 운반하는 등 안전을 도모하여야 한다.
③ 긴 철근을 부득이 한 사람이 운반하는 경우에는 한쪽을 어깨에 메고 한쪽 끝을 끌면서 운반하여야 한다.
④ 운반하는 경우에는 양끝을 묶어 운반하여야 한다.
⑤ 내려놓을 때는 천천히 내려놓고 던지지 않아야 한다.
⑥ 공동 작업을 하는 경우에는 신호에 따라 작업을 하여야 한다.

[정답] 86 ④　87 ①　88 ③

> 참고) 산업안전산업기사 필기 p.5-182(1. 인력운반안전기준)
>
> **KEY** ① 2011년 3월 20일(문제 95번) 출제
> ② 2023년 3월 1일(문제 88번) 출제
> ③ 2024년 7월 5일(문제 94번) 출제

89 다음은 산업안전보건법령에 따른 지붕 위에서의 위험 방지에 관한 사항이다. ( )안에 알맞은 것은?

> 슬레이트, 선라이트 등 강도가 약한 재료로 덮은 지붕 위에서 작업을 할 때에 발이 빠지는 등 근로자가 위험해질 우려가 있는 경우 폭( )센티미터 이상의 발판을 설치하거나 안전방망을 치는 등 근로자의 위험을 방지하기 위하여 필요한 조치를 하여야 한다.

① 20 ② 25
③ 30 ④ 40

해설

발판폭
슬레이트, 선라이트(sunlight) 등 강도가 약한 재료로 덮은 지붕 위에서 작업을 할 때에 발이 빠지는 등 근로자가 위험해질 우려가 있는 경우 폭 30[cm] 이상의 발판을 설치하거나 안전방망을 치는 등 위험을 방지하기 위하여 필요한 조치를 하여야 한다.

KEY ① 2016년 10월 1일 출제
② 2017년 3월 5일(문제 91번) 출제
③ 2024년 7월 5일(문제 100번) 출제

합격정보
산업안전보건기준에 관한 규칙 제45조(지붕위에서의 위험방지)

90 낮은 지면에서 높은 곳을 굴착하는데 가장 적합한 굴착기는?

① 백호우 ② 파워셔블
③ 드래그라인 ④ 클램쉘

해설

파워셔블(power shovel)
① 중기가 위치한 지면보다 높은 곳의 땅을 굴착하는데 적합
② 산지에서의 토공사, 암반 등 점토질까지 굴착가능

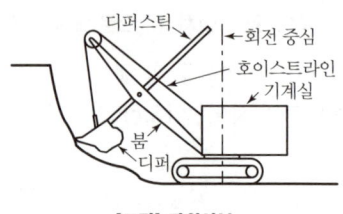

[그림] 파워셔블

> 참고) 산업안전산업기사 필기 p.5-62 (① 파워셔블)
>
> **KEY** ① 2016년 5월 8일 기사 출제
> ② 2022년 7월 2일(문제 100번) 출제
> ③ 2024년 5월 9일(문제 94번) 출제

합격정보
2022년 7월 24일 실기 필답형 출제

91 옥내작업장에는 비상시에 근로자에게 신속하게 알리기 위한 경보용 설비 또는 기구를 설치하여야 한다. 그 설치대상 기준으로 옳은 것은?

① 연면적이 400[m²] 이상이거나 상시 40명 이상의 근로자가 작업하는 옥내작업장
② 연면적이 400[m²] 이상이거나 상시 50명 이상의 근로자가 작업하는 옥내작업장
③ 연면적이 500[m²] 이상이거나 상시 40명 이상의 근로자가 작업하는 옥내작업장
④ 연면적이 500[m²] 이상이거나 상시 50명 이상의 근로자가 작업하는 옥내작업장

해설

제19조(경보용 설비 등)
사업주는 연면적이 400[m²] 이상이거나 상시 50인 이상의 근로자가 작업하는 옥내작업장에는 비상시에 근로자에게 신속하게 알리기 위한 경보용 설비 또는 기구를 설치하여야 한다.

KEY ① 2019년 8월 4일(문제 89번) 출제
② 2023년 7월 8일(문제 99번) 출제
③ 2024년 5월 9일(문제 82번) 출제

[정답] 89 ③ 90 ② 91 ②

92. 안전난간의 구조 및 설치기준으로 옳지 않은 것은?

① 안전난간은 상부난간대, 중간난간대, 발끝막이판, 난간기둥으로 구성할 것
② 상부난간대와 중간난간대의 난간 길이 전체에 걸쳐 바닥면 등과 평행을 유지할 것
③ 발끝막이판은 바닥면 등으로부터 10[cm] 이상의 높이를 유지할 것
④ 안전난간은 구조적으로 가장 취약한 지점에서 가장 취약한 방향으로 작용하는 80[kg] 이상의 하중에 견딜 수 있는 튼튼한 구조일 것

해설

안전난간의 구조 및 설치기준
① 상부난간대, 중간난간대, 발끝막이판 및 난간기둥으로 구성할 것. 다만, 중간난간대, 발끝막이판 및 난간기둥은 이와 비슷한 구조와 성능을 가진 것으로 대체할 수 있다.
② 상부난간대는 바닥면·발판 또는 경사로의 표면(이하 "바닥면 등"이라 한다)으로부터 90[cm] 이상 지점에 설치하고, 상부 난간대를 120[cm] 이하에 설치하는 경우에는 중간난간대는 상부난간대와 바닥면 등의 중간에 설치하여야 하며, 120[cm] 이상 지점에 설치하는 경우에는 중간 난간대를 2단 이상으로 균등하게 설치하고 난간의 상하 간격은 60[cm] 이하가 되도록 할 것
③ 발끝막이판은 바닥면 등으로부터 10[cm] 이상의 높이를 유지할 것. 다만, 물체가 떨어지거나 날아올 위험이 없거나 그 위험을 방지할 수 있는 망을 설치하는 등 필요한 예방 조치를 한 장소는 제외한다.
④ 난간기둥은 상부난간대와 중간난간대를 견고하게 떠받칠 수 있도록 적정한 간격을 유지할 것
⑤ 상부난간대와 중간난간대는 난간 길이 전체에 걸쳐 바닥면 등과 평행을 유지할 것
⑥ 난간대는 지름 2.7[cm] 이상의 금속제 파이프나 그 이상의 강도가 있는 재료일 것
⑦ 안전난간은 구조적으로 가장 취약한 지점에서 가장 취약한 방향으로 작용하는 100[kg] 이상의 하중에 견딜 수 있는 튼튼한 구조일 것

참고 산업안전산업기사 필기 p.5-151(합격날개 : 합격예측 및 관련법규)

KEY
① 2023년 2월 28일 기사 등 5회 이상 출제
② 2023년 3월 1일(문제 82번) 출제
③ 2024년 5월 9일(문제 90번) 출제

합격정보
산업안전보건기준에 관한 규칙 제13조(안전난간의 구조 및 설치요건)

93. 흙막이지보공을 설치하였을 때 정기적으로 점검하고 이상을 발견하면 즉시 보수하여야 하는 사항으로 거리가 먼 것은?

① 부재의 손상 변형, 부식, 변위 및 탈락의 유무와 상태
② 부재의 접속부, 부착부 및 교차부의 상태
③ 침하의 정도
④ 발판의 지지 상태

해설

흙막이지보공 정기점검사항
① 부재의 손상·변형·부식·변위 및 탈락의 유무와 상태
② 버팀대의 긴압의 정도
③ 부재의 접속부·부착부 및 교차부의 상태
④ 침하의 정도

참고 산업안전산업기사 필기 p.5-106(합격날개 : 합격예측 및 관련법규)

KEY
① 2017년 3월 5일 기사 출제
② 2017년 9월 23일 기사 출제
③ 2019년 3월 3일 기사·산업기사 동시 출제
④ 2023년 2월 28일 기사 출제
⑤ 2023년 3월 1일(문제 95번) 출제
⑥ 2024년 2월 15일(문제 84번) 출제

합격정보
산업안전보건기준에 관한 규칙 제347조(붕괴등의 위험방지)

94. 유해위험방지계획서 제출 시 첨부서류로 옳지 않은 것은?

① 공사현장의 주변 현황 및 주변과의 관계를 나타내는 도면
② 공사개요서
③ 전체공정표
④ 작업인부의 배치를 나타내는 도면 및 서류

해설

건설업 유해위험방지계획서 첨부서류
① 공사개요서
② 공사현장의 주변 현황 및 주변과의 관계를 나타내는 도면(매설물 현황을 포함한다)
③ 건설물, 사용 기계설비 등의 배치를 나타내는 도면
④ 전체 공정표
⑤ 산업안전보건관리비 사용계획
⑥ 안전관리 조직표
⑦ 재해 발생 위험 시 연락 및 대피방법

[정답] 92 ④ 93 ④ 94 ④

참고 산업안전산업기사 필기 p.5-21(4. 제출시 첨부서류)

KEY
① 2016년 3월 6일 기사(문제 113번) 출제
② 2017년 3월 5일 기사(문제 105번) 출제
③ 2020년 9월 27일 기사(문제 119번) 출제
④ 2022년 3월 2일(문제 81번) 출제
⑤ 2024년 2월 15일(문제 96번) 출제

합격정보
산업안전보건법 시행규칙 [별표 10] 유해위험방지계획서 첨부서류

---

95 다음은 타워크레인을 와이어로프로 지지하는 경우의 준수해야 할 기준이다. 빈칸에 들어갈 알맞은 내용을 순서대로 옳게 나타낸 것은?

> 와이어로프 설치각도는 수평면에서 ( )도 이내로 하되, 지지점은 ( )개소 이상으로 하고, 같은 각도로 설치할 것

① 45, 4
② 45, 5
③ 60, 4
④ 60, 5

해설

와이어로프로 지지하는 경우 준수사항
① 「산업안전보건법 시행규칙」에 따른 서면심사에 관한 서류(「건설기계관리법」에 따른 형식승인서류를 포함한다) 또는 제조사의 설치작업설명서 등에 따라 설치할 것
② 제①호의 서면심사 서류 등이 없거나 명확하지 아니한 경우에는 「국가기술자격법」에 따른 건축구조·건설기계·기계안전·건설안전기술사 또는 건설안전분야 산업안전지도사의 확인을 받아 설치하거나 기종별·모델별 공인된 표준방법으로 설치할 것
③ 와이어로프를 고정하기 위한 전용 지지프레임을 사용할 것
④ 와이어로프 설치각도는 수평면에서 60도 이내로 하고, 지지점은 4개소 이상으로 할 것
⑤ 와이어로프와 그 고정부위는 충분한 강도와 장력을 갖도록 설치하고, 와이어로프를 클립·샤클(shackle) 등의 고정기구를 사용하여 견고하게 고정시켜 풀리지 아니하도록 할 것
⑥ 와이어로프가 가공전선(架空電線)에 근접하지 않도록 할 것

참고 산업안전기사 필기 p.5-138(합격날개 : 합격예측 및 관련법규)

KEY
① 2015년 5월 31일(문제 114번) 출제
② 2024년 2월 15일(문제 99번) 출제

합격정보
산업안전보건기준에 관한 규칙 제142조(타워크레인의 지지)

---

96 흙막이 가시설의 버팀대(Strut)의 변형을 측정하는 계측기에 해당하는 것은?

① Water level meter
② Strain gauge
③ Piezometer
④ Load cell

해설

계측장치의 종류 및 설치목적

종류	설치목적
건물 경사계(tilt meter)	지상 인접구조물의 기울기 측정
지표면 침하계(level and staff)	주위 지반에 대한 지표면의 침하량 측정
지중경사계 (inclinometer)	지중수평변위를 측정하여 흙막이의 기울어진 정도 파악
지중 침하계 (extension meter)	지중수직변위를 측정하여 지반의 침하 정도 파악
변형률계(strain gauge)	흙막이 버팀대의 변형 정도 파악
하중계 (load cell)	흙막이 버팀대에 작용하는 토압, 토류벽 어스앵커의 인장력 등을 측정
토압계 (earthpressure meter)	흙막이에 작용하는 토압의 변화 파악
간극수압계(piezo meter)	굴착으로 인한 지하의 간극수압 측정
지하수위계 (water level meter)	지하수의 수위변화 측정

참고 산업안전산업기사 필기 p.5-119(표. 계측장치의 종류 및 설치)

KEY
① 2016년 3월 6일 산업기사 출제
② 2016년 10월 1일 산업기사 출제
③ 2017년 3월 5일 산업기사 출제
④ 2017년 5월 7일 기사·산업기사 동시 출제
⑤ 2018년 4월 28일 기사 출제
⑥ 2019년 3월 3일(문제 81번) 출제

---

97 추락방호망의 달기로프를 지지점에 부착할 때 지지점의 간격이 1.5[m]인 경우 지지점의 강도는 최소 얼마 이상이어야 하는가?

① 200[kg]
② 300[kg]
③ 400[kg]
④ 500[kg]

해설

지지점 강도(F) = 200 × B = 200 × 1.5 = 300[kg]

참고 산업안전산업기사 필기 p.5-5(3. 지지점의 강도)

KEY
① 2017년 5월 7일(문제 100번) 출제
⑥ 2019년 3월 3일(문제 83번) 출제

[정답] 95 ③ 96 ② 97 ②

보충학습

추락방호망 지지점 등의 강도

방망의 지지점은 최소한 600[kg] 이상이어야 한다. 단, 연속적인 구조물의 경우 다음 식으로 계산할 수 있다.

F = 200B

여기서, F : 외력(단위 : kg), B : 지지점 간격(단위 : m)

98 굴착면 붕괴의 원인과 가장 거리가 먼 것은?

① 사면경사의 증가
② 성토 높이의 감소
③ 공사에 의한 진동하중의 증가
④ 굴착높이의 증가

해설

토석붕괴 재해의 원인

(1) 외적 요인
　① 사면, 법면의 경사 및 기울기의 증가
　② 절토 및 성토 높이의 증가
　③ 공사에 의한 진동 및 반복하중의 증가
　④ 지표수 및 지하수의 침투에 의한 토사 중량의 증가
　⑤ 지진, 차량, 구조물의 중량
　⑥ 토사 및 암석의 혼합층 두께

(2) 내적 요인
　① 절토 사면의 토질·암질
　② 성토 사면의 토질
　③ 토석의 강도 저하

참고 산업안전산업기사 필기 p.5-55(1. 토석붕괴 재해의 원인)

 ① 2016년 5월 8일 출제
　　② 2017년 9월 23일 기사 · 산업기사 동시 출제
　　③ 2018년 3월 4일 출제
　　④ 2019년 4월 27일(문제 83번) 출제

99 추락방호용 방망 그물코의 모양 및 크기의 기준으로 옳은 것은?

① 원형 또는 사각으로서 그 크기는 5[cm] 이하이어야 한다.
② 원형 또는 사각으로서 그 크기는 10[cm] 이하이어야 한다.
③ 사각 또는 마름모로서 그 크기는 5[cm] 이하이어야 한다.
④ 사각 또는 마름모로서 그 크기는 10[cm] 이하이어야 한다.

해설

추락방호용 방망

① 형태 : 사각 또는 마름모
② 크기 : 10[cm] 이하

참고 산업안전산업기사 필기 p.5-49(③ 그물코)

 ① 2009년 5월 10일(문제 86번) 출제
　　② 2019년 3월 3일(문제 93번) 출제
　　③ 2019년 4월 27일(문제 90번) 출제

100 정기안전점검 결과 건설공사의 물리적·기능적 결함 등이 발견되어 보수·보강 등의 조치를 하기 위하여 필요한 경우에 실시하는 것은?

① 자체안전점검
② 정밀안전점검
③ 상시안전점검
④ 품질관리점검

해설

정밀안전점검(진단)

① "안전점검"이란 경험과 기술을 갖춘자가 육안이나 점검기구 등으로 검사하여 시설물에 내재(內在)되어 있는 위험요인을 조사하는 행위를 말한다.
② "정밀안전진단"이란 시설물의 물리적·기능적 결함을 발견하고 그에 대한 신속하고 적절한 조치를 하기 위하여 구조적 안전성과 결함의 원인 등을 조사·측정·평가하여 보수·보강 등의 방법을 제시하는 행위를 말한다.

참고 산업안전산업기사 필기 p.1-247(2. 정밀안전점검)

 ① 2014년 3월 2일(문제 97번) 출제
　　② 2019년 4월 27일(문제 94번) 출제

[정답] 98 ②　99 ④　100 ②

저자약력

정재수(靑波:鄭再琇)

인하대학교 공학박사/GTCC 교육학명예박사/한양대학교 공학석사/공학사/문학사/각종국가고시 출제, 검토, 채점, 감독, 면접위원역임/매경TV/EBS/KBS라디오 출연 및 강사/중소기업진흥공단 강사/대한산업안전협회 강사/호원대학교, 신성대학교, 대림대학교, 수원대학교 외래교수/울산대학교, 군산대학교, 한경대학교 등 특강/한국폴리텍Ⅱ대학 산학협력단장, 평생교육원장, 산학기술연구소장, 디자인센터장/한국폴리텍 대학 교수/한국폴리텍대학남인천캠퍼스 학장/대한민국산업현장 교수/(사)대한민국에너지사상생포럼 집행위원장/(사)한국안전돌봄서비스협회 회장/(사)대한민국 청렴코리아 공동대표/협성대학교 IPP추진기획단 특별위원/인천광역시 새마을문고 회장/한국요양신문 논설위원/생명살림운동 강사/GTCC 대학교 겸임교수/ISO국제선임심사원/열린사이버대학교 특임교수/**한국방송통신대학교 및 한국 폴리텍 대학 공동 선정 동영상 강의**

[저서]
- 산업안전공학(도서출판 세화)
- 기계안전기술사(도서출판 세화)
- 건설안전기술사(도서출판 세화)
- 산업안전기사(필기, 실기 필답형, 작업형)(도서출판 세화)
- 건설안전기사(필기, 실기 필답형, 작업형)(도서출판 세화)
- 산업안전지도사 시리즈(도서출판 세화)
- 산업보건지도사 시리즈(도서출판 세화)
- 산업안전보건(한국산업인력공단)
- 공업고등학교안전교재(서울교과서)
- 산업안전보건동영상(한국산업인력공단) 등 60여권 저술
- 한국방송통신대학과 한국폴리텍대학 선정 동영상 촬영

[상훈]
대한민국 근정 포장(대통령)/국무총리 표창/행정자치부 장관표창/300만 인천광역시민상 수상과 효행표창 등 8회 수상/인천광역시 교육감 상 수상/Vision2010교육혁신대상수상/2018년 대한민국청렴대상수상/30년이상봉사 새마을기념장 수상/몽골 옵스 주지사 표창 수상

[출강기업(무순)]
삼성(전자, 건설, 중공업, 조선, 물산)/현대(건설, 자동차, 중공업, 제철)/대우(건설, 자동차, 조선), SK(정유, 건설)/GS건설/에스원(S1)/두산(건설, 중공업), 동부(반도체), POSCO건설, 멀티캠퍼스, e-mart, CJ, 한국수자원공사 등 100여기업/이상 안전자격증특강

국가기술자격 필기시험 집중 대비서(녹색자격증, 녹색직업)

산업안전산업기사[필기] - 3권

26판 44쇄 발행	**2026. 01. 20.** **(25. 9. 1.인쇄)**	15판 33쇄 발행	2015. 01. 01.	9판 21쇄 발행	2009. 01. 10.	4판 9쇄 발행	2004. 06. 30.
		14판 32쇄 발행	2014. 06. 30.	8판 20쇄 발행	2008. 03. 20.	4판 8쇄 발행	2004. 04. 10.
25판 43쇄 발행	2025. 01. 11.	14판 31쇄 발행	2014. 01. 01.	8판 19쇄 발행	2008. 02. 20.	4판 7쇄 발행	2004. 01. 10.
24판 42쇄 발행	2024. 02. 25.	13판 30쇄 발행	2013. 07. 20.	8판 18쇄 발행	2008. 01. 01.	3판 6쇄 발행	2001. 07. 05.
23판 41쇄 발행	2023. 03. 30.	13판 29쇄 발행	2013. 01. 01.	7판 17쇄 발행	2007. 03. 30.	2판 5쇄 발행	1999. 09. 30.
22판 40쇄 발행	2022. 01. 11.	12판 28쇄 발행	2012. 09. 10.	7판 16쇄 발행	2007. 01. 10.	2판 4쇄 발행	1999. 06. 10.
21판 39쇄 발행	2021. 01. 10.	12판 27쇄 발행	2012. 05. 15.	6판 15쇄 발행	2006. 06. 20.	2판 3쇄 발행	1999. 01. 10.
20판 38쇄 발행	2020. 01. 17.	12판 26쇄 발행	2012. 01. 01.	6판 14쇄 발행	2006. 04. 10.	1판 2쇄 발행	1998. 07. 10.
19판 37쇄 발행	2019. 01. 10.	11판 25쇄 발행	2011. 05. 20.	6판 13쇄 발행	2006. 01. 10.	1판 1쇄 발행	1998. 01. 05.
18판 36쇄 발행	2018. 01. 10.	11판 24쇄 발행	2011. 01. 01.	5판 12쇄 발행	2005. 06. 10.		
17판 35쇄 발행	2017. 01. 01.	10판 23쇄 발행	2010. 07. 20.	5판 11쇄 발행	2005. 03. 20.		
16판 34쇄 발행	2016. 01. 01.	10판 22쇄 발행	2010. 01. 01.	5판 10쇄 발행	2005. 01. 10.		

지은이 정재수
펴낸이 박 용
펴낸곳 도서출판 세화 **주소** 경기도 파주시 회동길 325-22(서패동 469-2)
영업부 (031)955-9331~2 **편집부** (031)955-9333 **FAX** (031)955-9334
등록 1978. 12. 26 (제 1-338호)

정가 43,000원 (1권/2권/3권)
ISBN 978-89-317-1341-1 13530
※ 파손된 책은 교환하여 드립니다.

본 도서의 내용 문의 및 궁금한 점은 더 정확한 정보를 위하여 저자분에게 문의하시고, 저희 홈페이지 수험서 자료실이나 저자 이메일에 문의바랍니다.
저자명 정재수(jjs90681@naver.com) TEL 010-7209-6627

산업안전, 건설안전, 기술사, 지도사 등 안전자격증취득 준비는 이렇게 하세요

기초부터 차근차근 다져나가는 것이 중요합니다.
이론 습득을 정확히 한 후 과년도 기출문제 풀이와 출제예상문제로 반복훈련하십시오.

기사 · 산업기사

STEP 1 | 기초 이론 | **기 사 산업기사 필 기** | 과목별 필수요점 및 이론 학습과 출제예상문제 풀이로 개념잡고 최근 과년도 기출문제 풀이로 유형잡는 필기 수험 완벽 대비서

⇩

STEP 2 | 기출 문제 풀이 | **기 사 산업기사 필기 과년도** | 과년도 기출문제를 상세한 백과사전식 문제풀이로 필기 수험 출제경향을 미리 알고 대비할 수 있는 최고 · 최상의 수험준비서

⇩

STEP 3 | 실기 대비 | **실 기 필 답 형** | 요점 및 예상문제 합격작전과 과년도기출문제 풀이로 준비하는 실기 필답형시험 완벽 대비서

⇩

STEP 4 | 실전 테스트 | **실 기 작 업 형** | 요점 및 예상문제 합격작전과 과년도기출문제 풀이로 준비하는 실기 작업형시험 완벽 대비서

지도사 · 기술사

STEP 1 | 공통 필수 | **1 차 필 기** | 과목별 필수요점과 출제예상문제 풀이 및 과년도 기출문제 풀이로 준비하는 1차 필기시험 완벽 대비서

⇩

STEP 2 | 전공 필수 | **2 차 필 기** | 전공별 필수요점과 출제예상문제 풀이 및 과년도 기출문제 풀이로 준비하는 2차 필기시험 완벽 대비서
(기술사 STEP 1,2 동시)

⇩

STEP 3 | 실기 | **3 차 면 접** | 각 자격증별 면접의 시작부터 면접 사례까지, 심층면접 대비를 위한 면접합격 가이드

건설안전

「일품」 건설안전기사 필기, 건설안전산업기사 필기

2색 컬러 B5_합격요점 포함 [필기수험 대비 01]
- 본서의 요점정리는 간단하고 명료하게 구체적으로 표현을 했다.
- 본서는 최근 심도있게 거론이 되고 있는 출제예상문제를 빠짐없이 수록하여 타 교재와 차별화가 되도록 구성하였다.
- 건설안전기사(산업기사) 자격 취득의 결론은 본서의 요점과 예상문제 합격작전으로 합격을 보장할 수 있도록 엮었다.
- 최근까지 출제된 과년도 출제 문제를 수록하여 수험준비에 만전을 기하였다.

「일품」 건설안전기사필기 과년도, 건설안전산업기사필기 과년도

2색 컬러 B5_계산문제총정리, 미공개문제 포함 [필기수험 대비 02]
- 제1회의 해설에서 이해하지 못했다면 제2, 제3의 문제해설을 통하여 반드시 이해할 수 있도록 하였다.
- 한 문제(1항목)를 이해하여 열 문제(10항목)를 해결할 수 있게 구성하였다.
- 건설안전기사(산업기사) 자격취득의 결론은 본서의 문제와 해설의 합격작전으로 합격을 보장할 수 있도록 엮었다.
- 최근까지 출제된 과년도 출제 문제를 수록하여 수험준비에 만전을 기하였다.

「일품」 건설안전(산업)기사실기 필답형, 건설안전(산업)기사실기 작업형

2색 컬러 B5_최종정리 포함 [실기수험 대비 01] | _전면컬러 B5 [실기수험 대비 02]
- 본서의 요점정리는 간단하고 명료하게 구체적으로 표현을 했다.
- 본문의 요점에서 이해하지 못했다면 예상문제 합격작전에서 반드시 이해할 수 있도록 하였다.
- 한 문제(1항목)를 이해하면 열 문제(10항목)를 해결할 수 있도록 구성하였다.
- 참고 및 고시 등을 수록하여 단원마다 중요점을 재강조하였다.
- 본서는 최근 심도있게 거론이 되고 출제가 예상되는 모든 문제를 빠짐없이 수록하여 타 교재와 차별화가 되도록 구성하였다.
- 건설안전 자격취득의 결론은 본서의 요점과 예상문제 합격작전이 합격을 보장한다.

산업안전지도사
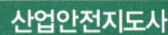

「일품」 산업안전지도사 1차필기

총 3단계로 구성 _1색 B5 [1차 필기수험 대비]
- [Ⅰ] 산업안전보건법령, [Ⅱ] 산업안전 일반, [Ⅲ] 기업진단 · 지도, 산업안전지도사(과년도)
- 본서의 요점정리는 간단하고 명료하게 구체적으로 표현을 했다.
- 본문의 요점에서 이해하지 못했다면 출제예상문제에서 반드시 이해할 수 있도록 하였다.
- 본서는 최근 심도있게 거론이 되고 있는 출제예상문제를 빠짐없이 수록하여 타 교재와 차별화가 되도록 구성하였다.
- 산업안전지도사 자격 취득의 결론은 본서의 요점과 예상문제 합격작전으로 합격을 보장할 수 있도록 엮었다.

「일품」 산업안전지도사 2차 전공필수 및 3차 면접

총 4과목 중 택1 _1색 B5 [2차 전공필수수험 대비]
- 본서의 요점정리는 간단하고 명료하게 구체적으로 표현을 했다.
- 본문의 요점에서 이해하지 못했다면 출제예상문제에서 반드시 이해할 수 있도록 하였다.
- 산업안전지도사 자격 취득의 결론은 본서의 요점과 예상문제 · 실전모의시험 합격작전으로 합격을 보장할 수 있도록 엮었다.

산업안전

「일품」 산업안전기사 필기, 산업안전산업기사 필기
2색 컬러 B5_합격요점 포함 [필기수험 대비 01]
- 본서의 요점정리는 간단하고 명료하게 구체적으로 표현을 했다.
- 본서는 최근 심도있게 거론이 되고 있는 출제예상문제를 빠짐없이 수록하여 타 교재와 차별화가 되도록 구성하였다.
- 산업안전기사(산업기사) 자격 취득의 결론은 본서의 요점과 예상문제 합격작전으로 합격을 보장할 수 있도록 엮었다.
- 최근까지 출제된 과년도 출제 문제를 수록하여 수험준비에 만전을 기하였다.

「일품」 산업안전기사필기 과년도, 산업안전산업기사필기 과년도
2색 컬러 B5_계산문제총정리, 미공개문제 포함 [필기수험 대비 02]
- 제1회의 해설에서 이해하지 못했다면 제2, 제3의 문제해설을 통하여 반드시 이해할 수 있도록 하였다.
- 한 문제(1항목)를 이해하여 열 문제(10항목)를 해결할 수 있게 구성하였다.
- 산업안전기사(산업기사) 자격취득의 결론은 본서의 문제와 해설의 합격작전으로 합격을 보장할 수 있도록 엮었다.
- 최근까지 출제된 과년도 출제 문제를 수록하여 수험준비에 만전을 가하였다.

「일품」 산업안전(산업)기사실기필답형, 산업안전(산업)기사실기작업형
2색 컬러 B5_최종정리 포함 [실기수험 대비 01] | _전면컬러 B5 [실기수험 대비 02]
- 본서의 요점정리는 간단하고 명료하게 구체적으로 표현을 했다.
- 본문의 요점에서 이해하지 못했다면 예상문제 합격작전에서 반드시 이해할 수 있도록 하였다.
- 한 문제(1항목)를 이해하면 열 문제(10항목)를 해결할 수 있도록 구성하였다.
- 참고 및 고시 등을 수록하여 단원마다 중요점을 재강조하였다.
- 본서는 최근 심도있게 거론이 되고 출제가 예상되는 모든 문제를 빠짐없이 수록하여 타 교재와 차별화가 되도록 구성하였다.
- 산업안전 자격취득의 결론은 본서의 요점과 예상문제 합격작전이 합격을 보장한다.

기술사

「일품」 기계안전기술사, 건설안전기술사, 화공안전기술사, 전기안전기술사
1색 B5 [기술사 필기수험 대비]
- 본서의 요점정리는 간단하고 명료하게 구체적으로 표현을 했다.
- 본문의 요점에서 이해하지 못했다면 출제예상문제에서 반드시 이해할 수 있도록 하였다.
- 본서는 최근 심도있게 거론이 되고 있는 출제예상문제를 빠짐없이 수록하여 타 교재와 차별화가 되도록 구성하였다.
- 기술사 자격 취득의 결론은 본서의 요점과 예상문제 합격작전으로 합격을 보장할 수 있도록 엮었다.
- 최근까지 출제된 과년도 출제 문제를 수록하여 수험준비에 만전을 기하였다.

기술사 200점

「일품」 기계안전기술사, 건설안전기술사, 화공안전기술사, 전기안전기술사
1색 B5 [기술사 필기수험 대비]
- 본서의 요점정리는 간단하고 명료하게 구체적으로 표현을 했다.
- 본문의 요점에서 이해하지 못했다면 출제예상문제에서 반드시 이해할 수 있도록 하였다.
- 본서는 최근 심도있게 거론이 되고 있는 시사성문제 및 모범답안을 빠짐없이 수록하여 타 교재와 차별화가 되도록 구성하였다.
- 기술사 자격 취득의 결론은 본서의 요점과 예상문제 합격작전으로 합격을 보장할 수 있도록 엮었다.
- 최근까지 출제된 과년도 출제 문제를 수록하여 수험준비에 만전을 기하였다.

안전관리 수험서의 대표기업   도서출판 세화

기사·산업기사

「일품」 건설안전분야 수험서

       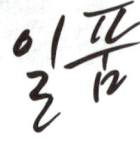

> 우리나라 국내 각종 안전관리자격증 수험에 대비하려면 이러한 내용들을 학습해야 합니다. 대부분의 내용이 자격증 취득에 많은 도움을 주도록 알찬 내용들로 꾸며져 있습니다.

| 건설안전기사 필기 | 건설안전산업기사 필기 | 건설안전기사필기 과년도 | 건설안전산업기사필기 과년도 | 건설안전(산업)기사실기 필답형 | 건설안전(산업)기사실기 작업형 |

「일품」 산업안전분야 수험서

| 산업안전기사 필기 | 산업안전산업기사 필기 | 산업안전기사필기 과년도 | 산업안전산업기사필기 과년도 | 산업안전(산업)기사실기 필답형 | 산업안전(산업)기사실기 작업형 |

지도사·기술사

「일품」 산업안전지도사 수험서

1차 필기   **2차 전공필수**   **3차 면접**

    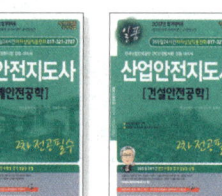 

[Ⅰ]산업안전보건법령   [Ⅱ]산업안전 일반   [Ⅲ]기업진단·지도   기계안전공학   건설안전공학

「일품」 기술사 200(300)점 수험서   「일품」 기술사 수험서

기계안전기술사 300점   건설안전기술사 300점   화공안전기술사 200점   전기안전기술사 200점   기계안전기술사   건설안전기술사

www.sehwapub.co.kr 에서 주문하세요!!